Cu

铜加工技术实用手册

TONGJIAGONG JISHU SHIYONG SHOUCE

主　编　钟卫佳

副主编　马可定

吴维治

北京

冶金工业出版社

2007

内 容 简 介

本《手册》是由中铝洛阳铜业有限公司与冶金工业出版社共同组织，国内20多家主要铜加工企业、科研设计院所、大专院校的百余名专家、学者和工程技术人员参与撰写的大型实用性工具书。

《手册》全面总结了我国近20年来铜加工工业，特别是铜加工技术方面所取得的成就和经验，系统地介绍了铜加工工业的产品、工艺、技术和装备，尤其对铜加工工业的新产品、新工艺、新技术和新设备进行了详细介绍，内容丰富、翔实，实用性强。

《手册》共分8篇，51章。第1篇：概论；第2篇：变形铜及铜合金；第3篇：铜及铜合金熔炼与铸造技术；第4篇：铜加工技术；第5篇：铜合金板、带、箔材生产；第6篇：铜合金管、棒、型、线材生产；第7篇：铜加工过程及产品检测技术；第8篇：工厂设计。

本《手册》是铜加工企业及科研设计院所的工程技术人员和研究人员必备的工具书；也可供从事金属材料生产、科研、设计、产品开发与深加工的技术人员阅读；并可作为大专院校有关专业师生的参考书。

图书在版编目(CIP)数据

铜加工技术实用手册/钟卫佳主编．—北京：冶金工业出版社，2007.1

ISBN 978-7-5024-4100-5

Ⅰ.铜…　Ⅱ.钟…　Ⅲ.铜-金属加工-技术手册

Ⅳ.TG146.1-62

中国版本图书馆CIP数据核字(2006)第158098号

出 版 人　曹胜利（北京沙滩嵩祝院北巷39号，邮编100009）
策划编辑　张登科（电话：010-64062877　E-mail：zhdengke@sina.com）
责任编辑　张登科　王雪涛　美术编辑　王耀忠
责任校对　刘　倩　李文彦　责任印制　牛晓波
北京兴华印刷厂印刷；冶金工业出版社发行；各地新华书店经销
2007年1月第1版，2007年1月第1次印刷
787mm×1092mm　1/16；86.25印张；2258千字；1349页；1-4500册
268.00元
冶金工业出版社发行部　电话：(010)64044283　传真：(010)64027893
冶金书店　地址：北京东四西大街46号(100711)　电话：(010)65289081
（本社图书如有印装质量问题，本社发行部负责退换）

编辑委员会

编写委员会

主要参编单位

中铝洛阳铜业有限公司
洛阳有色金属加工设计研究院
江苏高新张铜股份有限公司
浙江海亮集团有限公司
广东太平洋铜管有限公司
沈阳铜兴铜业有限公司
中南大学
北京有色金属研究总院
上海金泰铜业有限公司
宁波金田铜业股份有限公司
广州铜材厂有限公司
河南金龙精密铜管有限公司
无锡隆达金属材料有限公司
铜陵有色金属(集团)公司
浙江宏磊集团有限公司
上海第一铜棒厂
江苏万宝铜业集团有限公司
东北大学
西北铜加工厂
长沙铜铝材有限公司

序

铜及铜合金是既具有悠久历史，又充满勃勃生机的金属材料，它曾是人类文明史上的里程碑和划分时代的标志，又是当今现代化程度的指标之一。

铜及铜合金具有一系列的优异特性：导电、导热、耐蚀、耐磨、抑菌、可镀、装饰、易加工等，它广泛用于电力、电子、通讯、化工、机械、交通运输、海洋工程、航空航天、建筑装饰等领域，在人类生活和国民经济中发挥着巨大作用。特别是随着人们物质文化生活水平的提高和信息时代的到来，铜及铜合金已经并将继续成为与人类生活密不可分的重要基础材料。

近几十年来，我国铜加工业发生了巨大的变化：铜加工材产量由1985年的59万t增加到2005年的510万t，成为世界铜加工材生产第一大国。同时我国建成了几十条现代化的生产线，工艺、技术、装备水平不断提高，一大批高精尖产品不但满足国内经济建设的需要，而且还大量出口国外。作为一名在有色金属工业行业工作了几十年的老科技工作者，我亲身经历和目睹了我国铜加工业从无到有，从分散、落后到规模大、水平高的发展过程，对此深感高兴和骄傲。当然，我们也应当清楚地看到，我国铜加工业与国际先进水平相比还有很大的差距，特别是自主创新能力还比较低。因此，我建议：要继续深化改革，加快公司制改造步伐；继续进行结构调整，不断扩大专业化生产比例；加大技术更新改造力度，加快消化吸收的步伐；增加对科技投入的比例，促进技术创新平台建设，提高自主创新能力；加强产、学、研的联合和协作，缩短科技成果向生产力转化的进程；注重环境保护和资源再生利用，使铜加工领域向纵深扩展，走循环经济的发展道路。我深信，我国铜加工业的明天将会更加灿烂辉煌。

1979年出版的《重有色金属材料加工手册》，曾凝聚了我国老一辈有色金属科技工作者的聪明才智，对我国铜加工业的发展起到了巨大的作用，惠及几代人。这部《手册》是由原冶金工业部组织、冶金工业出版社出版的，可见其及时组织与出版意义之重大。然而，20多年过去了，铜加工业发生了翻天覆地的变化，出现了许多新材料、新工艺、新技术、新产品和新成果，对这些新技术、新成果等进行及时和全面的总结同样具有非凡的意义，它必将对我国铜加工业的进一步发展产生深远的影响。

现在这样一本全新的《铜加工技术实用手册》(简称手册)呈现在读者面前，它是铜加工业百余名专家、学者和工程技术人员经过两年多辛勤的工作和共同努力的结果,凝聚了他们的心血、汗水和智慧。《手册》共分8篇,51章,200多万字,可以说是一部鸿篇巨著。统览全书我觉得有以下几个显著特点:

新颖——几乎囊括了当今国内外铜加工领域全部新材料、新产品、新工艺、新技术、新成果,充分反映了我国近几十年来铜加工技术发展的新面貌,总结了生产、科研的新经验,传递了许多全新的信息,研究分析了新时期铜加工技术发展的新特点和新动向。

全面——不但介绍合金材料的性能,还提供了合金设计的原则和方法;不但重点介绍了熔铸、轧制、挤压、拉伸等成形技术,还系统介绍了以前常被人们忽视的各种相关辅助技术、检测技术、安全环保技术;不但重点介绍了铜加工的常用技术,还介绍了铜合金的特殊加工技术、深加工技术、回收利用技术和工厂设计技术;全面总结和反映了已有的技术现状,分析和预测了铜加工技术的发展趋势等。

实用——有关原理、理论性的阐述简明扼要,对现场实践经验的总结丰富详细,同时提供了大量实用性的图、表和公式,非常便于查阅和应用。

应当特别指出的是,我国铜资源十分有限,其人均铜资源拥有量只是世界人均拥有量的四分之一,作为世界上铜消费第一大国,如何节约铜资源和再生利用尤为重要。为此,《手册》中设专章论述了"铜材的再生和利用",这将对铜业的可持续发展和实现循环经济有所裨益。

这是一本既有继承又有发展的好书,它充分肯定了1979年出版的《重有色金属材料加工手册》的历史功绩,承其精华,又深度汲取和全面总结了20多年来铜加工业发展所取得的新经验、新技术等,形成了自己的新风格。

《手册》的编撰是一项庞大的系统工程,在其即将出版之际,我对全体编写人员、出版人员和支持、帮助《手册》编写和出版的单位和个人表示衷心的感谢,感谢他们的辛勤劳动和支持,感谢他们为我国铜加工事业的发展与技术进步做了一件具有深远意义的工作,为我国铜加工领域又增添了一部符合国情、很具实用价值的好书。

当然,铜加工工业正处于蓬勃发展的时期,《手册》不可能收集到所有的新技术、新成果等,局限和不妥之处还望读者见谅,参加编写的作者也期望指正,更期待有更多的著作来丰富铜加工工业的知识宝库。

让我们共同努力,为把我国铜加工工业建成世界铜加工材生产基地和铜加工技术创新基地,为铜加工工业的快速发展做出更大的贡献。

中国工程院院士 左铁镛

2006年8月

前　言

随着我国经济的高速发展，我国铜加工工业的规模迅速扩大，铜加工技术全面更新，出现了许多新材料、新技术、新工艺和新装备。比较而言，1979 年出版的《重有色金属材料加工手册》其内容已显陈旧，且远不能满足铜加工业快速发展的新要求，许多业内人士希望组织出版一本全面总结 20 多年来我国铜加工业所取得的成就和经验的新技术手册，以适应铜加工工业迅速发展的需要。为此，中铝洛阳铜业有限公司与冶金工业出版社共同协商，由中国有色金属加工工业协会重有色分会出面，以中铝洛阳铜业有限公司为核心，发起并组织编写《铜加工技术实用手册》(以下简称手册)。这一倡议得到了行业内主要企业、科研设计院所以及大专院校的积极响应。2004 年 2 月 17 日在洛阳召开了《手册》编写工作会议。会议听取了《手册》主编钟卫佳先生关于《手册》编写筹备情况的报告。与会代表就编写《手册》的目的、意义、编委会的组成、权利和义务、编写计划和要求、《手册》目录等进行了讨论。冶金工业出版社的有关负责同志就编写出版事宜作了说明，并对编写《手册》工作给予了高度评价，认为这是一件惠及国家、行业和企业的好事情。经过全体代表的友好协商和共同努力，达成如下主要共识：

1. 1979 年由洛阳铜加工厂任组长单位组织编写、由冶金工业出版社出版的《重有色金属材料加工手册》是老一辈重有色金属加工专家，特别是铜加工技术专家及学者智慧的结晶，它理论联系实际，系统地反映了我国改革开放前铜加工等重有色金属加工业的实践经验和技术水平，资料详尽实用，深受铜加工生产、管理、开发和应用的广大读者的喜爱和好评，成为铜加工科技工作者案头必备的工具书，为我国铜加工工业的发展做出了巨大贡献，泽惠几代人。改革开放后的 20 多年来，我国铜加工业发生了很大变化，现已成为世界铜材生产基地，一大批新技术、新工艺、新材料、新装备得到推广和应用，建成了几十条现代化的生产线，开发了许多新合金、新产品。随着铜加工业的飞速发展，人们迫切要求编写出版一本能充分反映这些新技术、新工艺、新材料、新装备和新产品的技术手册，一本能充分总结 20 多年来铜加工生产和技术开发经验、面向实际应用的工具书。因此，决定共同组成《手册》编写委员会，通力合作，编写好《手册》，向读者奉献一本好书。

2. 经过充分协商，一致推选中铝洛阳铜业有限公司为编辑委员会主任单位；洛阳有色金属加工设计研究院、浙江海亮集团有限公司、江苏高新张铜股份有限公司、广东太平洋铜管有限公司、沈阳铜兴铜业有限公司为副主任单位；其他参编单位为委员单位,组成编辑委员会,共同组织编写《手册》工作,同时欢迎业内其他单位参与和支持。

3. 一致同意聘请中铝洛阳铜业有限公司钟卫佳先生担任《手册》主编,聘请马可定先生、吴维治先生担任《手册》副主编,并全权负责《手册》的编写组织和审定工作。

根据编委会的建议和充分发挥各参编单位积极性的原则,《手册》聘请了行业内的专家、学者撰稿,各篇由专人负责,第1篇:娄花芬;第2篇:汪明朴;第3篇:肖恩奎;第4篇:马可定;第5篇:吴维治、娄花芬;第6篇:李耀群、郭莉;第7篇:梅恒星;第8篇:吴维治。经过集体初审、再审,专家专审(主要审稿专家有:董万余、钟致政、刘永亮、曹建国、刘光汉、吕德贵、方守谊、谢建新、谢水生等),最后由副主编马可定、吴维治修改统编,主编钟卫佳审定。

参加《手册》的撰稿人员有:中铝洛阳铜业有限公司的钟卫佳、马可定、肖恩奎、刘永亮、娄花芬、梅恒星、郭慧稳、陈少华、曹先杰、牛立业、赵泽江、黄自欣、刘月梅、李建涛、黄亚飞、刘富良、张书远、王进举、张平、程万林、金泉、孙水珠、肖中亚、黄春梅、张文芹、胡萍霞、黄天增、孟惠娟、郭淑梅、张敬华、路俊攀、胡晓春、王庆彦、王永翔、李湘海、秦勇、徐红、王红军、朱群范、陈明华、狄大江、邹建成、张建伟、曲刚、杜春生;洛阳有色金属加工设计研究院的吴维治、毕琳、刘光汉、朱学北、林道新、闫建设、张玉杰、赵明、肖翠萍、余显平;中南大学的尹志民、汪明朴、李周、宋练鹏、曹玲飞、李百治;东北大学的李宝绵;北京有色金属研究总院的谢水生、黄国杰、赵云豪;上海大学的钱俏鹂、蒋春蓉;大连理工大学的刘黎明;江苏高新张铜股份有限公司的李耀群、文继有、赵祥伟、万桂龙、朱卫光;浙江海亮集团有限公司的曹建国、赵学龙、居敏刚、冯建平;上海金泰铜业有限公司的方守谊;广州铜材厂有限公司的陈小祝;河南金龙精密铜管有限公司的董顺德、赵双、琚现超、刘滨、杨修堂;沈阳铜兴铜业有限公司的吕德贵、刘刚、王艳杰;西北铜加工厂的曹延年、周学智、罗晓玲;上海第一铜棒厂的姜功正;长沙铜铝材有限公司的周逵、李卫、潘志勇、李宏英、张玉武、黄大可、金庆贵、刘耀辉、于克桂;宁波金田铜业股份有限公司的王永如、洪燮平、李惠中、张学士、李红卫;江苏万宝铜业集团有限公司的钟致政;芜湖恒鑫铜业有限公司的吴昌业;铜陵有色金属(集团)公司的刘敦伟等。

《手册》共分8篇,51章,200多万字。第1篇:概论;第2篇:变形铜及铜合金;第3篇:铜合金熔炼与铸造技术;第4篇:铜加工技术;第5篇:铜合金板、带、箔材生产;第6篇:铜合金管、棒、型、线材生产;第7篇:铜加工过程及产品检测技术;第8篇:工厂设计。共有插图1200余幅、表格1160多个、公式2000多个。

《手册》力求科学性、先进性和实用性统一。科学性:坚持实事求是,言之有据。先进性:充分反映和总结国内外现代铜加工领域的新技术、新工艺、新设备、新材料和新经验。实用性:理论阐述尽可能简明扼要,着重介绍解决问题的思路、方法和应注意的问题,既讲普遍性,又讲特殊性,尽可能提供典型工艺参数;既讲基本原理，更突出关键技术和控制要点；尽量采用图表，方便查阅。作者和编审人员较好地贯彻了上述原则，使《手册》具有如下特点：

内容新——充分反映了铜加工业最近20多年来的新技术、新工艺、新设备、新材料、新经验以及新的发展趋势。

资料全——几乎涵盖了铜加工的所有产品及其加工技术，特别增加了辅助技术的内容。

很实用——无论是合金材料设计、工艺设计、工厂设计，还是生产技术，都强化了操作层面上的介绍和阐述，突出了生产中的可操作性和实用性。

在《手册》的编写过程中，得到了编委会各成员单位的大力支持，很多业内人士提供了许多帮助，同时冶金工业出版社一直参与组织并给予具体指导，在此一并表示衷心感谢。

在《手册》的编写过程中，参考了国内外许多专家、学者的有关资料、研究成果和著作等，在此表示真诚的谢意。

由于本书涉及面广、内容多、编写人员多，尽管经过反复修改、统编和审定，但在各章节资料的取舍、结构安排、内容协调、叙述风格以及其他方面难免有不妥之处，敬请广大读者批评指正。

编写委员会
2006年8月

目 录

第1篇 概 论

第2篇 变形铜及铜合金

第3篇　铜及铜合金熔炼与铸造技术

第4篇 铜加工技术

第 5 篇 铜合金板、带、箔材生产

第6篇　铜合金管、棒、型、线材生产

第7篇 铜加工过程及产品检测技术

第8篇　工厂设计

附　　录

第1篇

概　　论❶

❶ 本篇负责人:娄花芬。

铜及其合金材料以其优异而神奇的特性,使之成为人类祖先最早应用的金属。它不但为人类社会的进步做出了不可磨灭的贡献;而且随着人类文明的发展不断开发出新的用途。铜及其合金具有良好的导电导热性,这为其在当前以电气化和电子信息为特征、高度文明的社会中的应用开辟了更为广阔的天地。另外,铜及其合金还有许多优异的综合性能:它对大气、海水、土壤以及许多化学介质有很强的耐蚀性;它用在结构上刚柔并济,富有弹性,耐摩擦,抗磨损;它具有多彩的外观,是古朴典雅的象征,为人们所钟爱。此外,它还有一系列良好的加工、铸造、焊接、易切削等工艺性能,从而使它获得了经济和广泛的应用。铜以品种繁多的金属、合金和化合物的形式被人们利用,是除了钢铁和铝以外人们使用最广泛的金属材料之一。从拉链、纽扣到餐具、炊具;从螺钉、垫片到各种齿轮、机械;从建筑、装潢到现代交通工具;从电熨斗、热水器等家用电器到发电站、输变电设备;从网络通讯到太空探测,可以说人类的一切活动几乎都离不开铜及铜合金制品。铜及其合金已经深深地渗透到生产和生活的各个方面,成为人类跨入21世纪取得飞速发展的一个不可缺少的重要金属。因此,人们对铜及其合金的研究和开发也越发深入和系统。

1 铜及铜合金的特点和应用开发[1]

1.1 铜的基本特点和应用

铜是元素周期表第ⅠB族中的化学元素,原子序数为29,相对原子质量为63.57。纯铜为紫红色,无磁性,中等强度,密度8900 kg/m^3,熔点1083.4℃、沸点2360℃。

铜具有许多优异的性能,最突出的性能是导电、导热、耐蚀和易加工成形性。

1.1.1 导电、导热性

铜最优异的品质是具有极高的导电、导热性,其导电率为58 m/(Ω·mm^2),热导率为386 W/(m·K),仅次于银。但铜比金、银储量丰富,价格便宜。铜被制成电线电缆、接插件、端子、汇流排、引线框架等,从而广泛用于电力、电气、电讯和电子行业。铜是各种换热设备如热交换器、冷凝器、散热器的关键材料,被广泛应用于电站辅机、空调、制冷、汽车水箱、太阳能集热器栅板、海水淡化以及医药、化工、冶金等各种换热场合。

1.1.2 耐蚀性

铜具有良好的耐蚀性能,优于普通钢材,在碱性气氛中优于铝。铜的电位在正常电位序中是+0.34 V,比氢高,是电位较正的金属。铜极耐大气腐蚀,因在其表面可形成一层主要由碱式硫酸铜组成的保护薄膜。不含CO_2和O的凝结水对铜实际不起作用。铜在淡水中的腐蚀速度很低(约0.05 mm/a)。因此,铜材被用于建筑屋面板、雨水管、上下水管道、管件;化工和医药容器、反应釜、纸浆滤网;舰船设备、螺旋桨、生活和消防管网;冲制各类硬币(耐蚀耐磨性)、装饰、奖牌、奖杯、雕塑和工艺品(耐蚀性和色泽典雅)等。

1.1.3 易加工成形性

铜是面心立方晶体结构(fcc),有12个滑移系,塑性变形能力强(抗拉强度为220 MPa、疲劳强度为70 MPa、断裂韧性在室温时为80~140 J/cm^2),可以在冷、热状态下进行各种压力加工成形,如挤压、轧制、拉伸、冲压、模锻等,可

[1] 本章撰稿人:钟卫佳、马可定、娄花芬、张玉杰。

加工成板、带、箔、管、棒、型、线及各种形状的构件如螺母、螺栓、销钉、支架、罩壳、轴承保持器等,广泛用于所有工业领域,是世界上最重要的金属材料之一。

1.1.4 其他特性

其他特性包括:

(1)可焊性:可进行软钎焊和其他方式的焊接;(2)可镀性:表面可以作机械抛光,电镀其他各种金属,进行有机物涂层或化学着色;(3)抑菌性:铜离子的浓度超过0.002 mg/L时,即可抑制细菌的生长,因此铜常用作生活水管道、炊具、餐具等;(4)装饰性:纯铜本身为紫红色,亦称古铜色,庄重、高贵、典雅,常用作雕塑、奖杯、纪念品等。

1.2 铜及铜合金分类

尽管铜有许多优良的性能,但也有其弱点,如性软、强度不高等。为了适应各种不同应用条件,改善铜的某些性能,人们对铜进行合金化,发明了许多铜合金,极大地拓展了铜的应用范围和领域。

铜合金的分类方法基本有三种:(1)按合金系划分;(2)按功能划分;(3)按材料成形方法划分。

1.2.1 按合金系划分

按合金系划分:可分为非合金铜和合金铜。非合金铜包括高纯铜、韧铜、脱氧铜、无氧铜等。习惯上,人们将非合金铜称为紫铜或纯铜,而其他铜合金则属于合金铜。我国和俄罗斯把合金铜分为黄铜、青铜和白铜,然后再在大类中划分小的合金系。紫铜亦称纯铜,作者认为称非合金铜更科学、准确。黄铜是以锌为主要添加元素的铜合金,因色黄而得名。又分普通黄铜和特殊黄铜两大类,前者仅是在锌含量上有差别,后者则在Cu-Zn基础上添加其他组元,形成铅黄铜(Cu-Zn-Pb系)、锰黄铜(Cu-Zn-Mn系)、铝黄铜(Cu-Zn-Al系)、锡黄铜(Cu-Zn-Sn系)、铁黄铜(Cu-Zn-Fe系)、硅黄铜(Cu-Zn-Si系)、镍黄铜(Cu-Zn-Ni系)等。青铜是除锌和镍外以其他元素为主要添加元素的铜合金,因其颜色发青而得名。包括锡青铜(Cu-Sn系)、铝青铜(Cu-Al系)、铁青铜(Cu-Fe系)、铍青铜(Cu-Be系)、硅青铜(Cu-Si系)、铬青铜(Cu-Cr系)、锆青铜(Cu-Zr系)、镁青铜(Cu-Mg系)和镉青铜(Cu-Cd系)等。白铜是以镍为主要添加元素的铜合金,当镍含量达到一定数量后(质量分数约为20%)呈银白色。除普通白铜外,还有锌白铜(Cu-Ni-Zn系)和铁白铜(Cu-Ni-Fe系)。

美国、日本则直接按合金系划分,分为C10000系(纯铜和微合金化铜,或称低合金化铜)、C20000系(简单黄铜Cu-Zn系)、C30000系(铅黄铜Cu-Zn-Pb系)、C40000系(锡黄铜Cu-Zn-Sn系)、C50000系(磷青铜Cu-P系、含银磷青铜Cu-Ag-P系、锡磷青铜Cu-Sn-P系和含铅锡青铜Cu-Sn-Pb系)、C60000系(铝青铜Cu-Al系、硅青铜Cu-Si系及其他Cu-Zn合金)、C70000系(白铜Cu-Ni系、锌白铜Cu-Ni-Zn系等)、C80000系(铸造低合金化铜,包括铍青铜Cu-Be系、锡锌铅铜合金Cu-Sn-Zn-Pb系、锰青铜Cu-Mn系和硅青铜Cu-Si系等)和C90000系(铸造高合金化铜合金)。

一般认为,美国标准ASTM中C10000系列多为纯铜,但C16200~C19600显然属于合金铜,有人就这一些(或一类)合金提出了"高铜合金"的概念,但其高低并无定量的标志。就合金化的程度而言,用"微合金化"来表征合金组元含量低于0.5%左右而进行的合金设计开发活动更加确切。

1.2.2 按功能划分

按功能划分:有导电导热用铜合金(主要有非合金化铜和微合金化铜)、结构用铜合金(几乎包括所有铜合金)、耐蚀铜合金(主要有锡黄铜、铝黄铜、各种白铜、铝青铜、钛青铜等)、耐磨铜合金(主要有含铅、锡、铝、锰等多元复杂黄铜、铝青铜等)、易切削铜合金(铜-铅、铜-碲、铜-锑、铜-铋等合金)、弹性铜合金(主要有锡青铜、铝青铜、铍青铜、钛青铜等)、阻尼铜合金(高锰铜合金等)、艺术铜合金(纯铜、简单黄铜、锡青铜、铝青铜、白铜等)等。显然,许多铜合金都具有多重功能。

在传统的材料分类方式上,人们习惯于将功能材料和结构材料并列。作者认为根据铜及其合金材料的特性和实际应用状况,“结构”只是功能性的一种,并往往辅助于其他功能之上,典型的如引线框架铜合金材料需一定的强度做支撑(结构功能),但主要应用的是其高导电导热性(导电导热功能)。

1.2.3 按材料成形方法划分

按材料成形方法划分:可分为铸造铜合金和变形铜合金。事实上,许多铜合金既可以用于铸造,又可以用于变形加工。通常变形铜合金都可以用于铸造,而许多铸造合金却不能进行锻造、挤压、轧制、深冲和拉拔等变形加工。铸造铜合金和变形铜合金也可以细分为铸造用紫铜、黄铜、青铜和白铜以及变形用紫铜、黄铜、青铜和白铜。

R.W.卡恩等在其主编的《材料科学与技术丛书》第8卷《非铁合金的结构与性能》中将合金铜分为“不可硬化铜合金”和“可硬化铜合金”。所谓“不可硬化铜合金”是指添加的合金化元素完全溶于固溶体内,这些元素的加入并不能明显地提高强度或降低其导电性能。所谓“可硬化铜合金”是指可以通过热处理(如固溶处理)和沉淀硬化来改善其强度,当然这会降低导电性能。因此,称这两类合金为“不可热处理强化铜合金”和“可热处理强化铜合金”更为准确。属于前者的合金化元素有Ag、As、Cd、Mg、Mn、S和Te等,属于后者的合金化元素有Be、Cr、Ni和Si等。

1.3 铜及铜合金材料的发展趋势

分析铜应用及开发的历史和特点,可以得出这样的结论:开发具有新功能、新特性的新合金,研究新的材料成形技术,是开发铜合金材料新的应用领域和满足人类社会可持续发展新需求的两个基本途径(本章只涉及新合金材料的研究开发,成形技术的开发见第2章)。

在传统的铜及其合金材料体系的基础上,目前高性能铜合金材料的研究发展方向主要有四个方面:高纯化、微合金化、复杂多元合金化、复合材料化。

1.3.1 高纯化

高纯化的主要目的是尽可能地提高材料的导电、导热性。工业用铜的含铜量由99.90%到99.95%,再到99.99%(4N)甚至更高,如含铜99.9999%(6N)的超纯铜,杂质含量要求也更加严格。如含氧(O)量由0.01%~0.05%减少到0.001%~0.006%,直至0.0002%~0.0003%。最大限度地减少杂质对导电、导热性的影响。典型应用实例如网络传输连接导线用高纯铜、电真空器件用高纯无氧铜、精确制导和高保真信号传输及超导体用单晶铜和超纯铜等。

与多晶铜相比,单晶铜的抗拉强度降低了24.71%,伸长率增加了2.39倍,断面收缩率增加了4.14倍,电阻率降低了31.7%,小于$1.72\times10^{-8}\ \Omega\cdot m$,其含氧量小于$5\times10^{-6}$,含氢量小于$0.5\times10^{-6}$,密度大于8.92 t/m^3。

铜合金材料向高纯化方向发展的另一方面表现在微合金化铜合金中要求铜合金基体的高纯净化,以保证材料具备更高的综合性能。

1.3.2 微合金化

微合金化的目的是牺牲最少的导电导热性换取其他性能,如强度的大幅度提升等。如加入0.1%左右的铁(Fe)、镁(Mg)、碲(Te)、硅(Si)、银(Ag)、钛(Ti)、铬(Cr)或锆(Zr)、稀土元素等,可以提高其强度、硬度、抗软化温度或易切削性等。微合金化铜是当前铜合金材料开发的热门之一。有氧韧铜和高强高导铜合金是最主要的微合金化铜。

有氧铜的概念是相对无氧铜而言,其铜含量在99.90%以上,相当于一般的纯铜,但其氧含量控制在0.005%~0.02%,同时可以实现导电率在100% IACS以上。这是因为适量的氧对于晶间的杂质元素起到一定的氧化化合作用,在一定程度上净化了基体。有氧铜生产最大的特点是其原料的低成本化,采用品位不高的紫铜旧料生产相当于高导电导热性能的有氧铜材料。

高强高导铜合金由于其表现出的良好的综合性能,受到了世界各国材料科技工作者的青睐,是近年来发展最快的一类铜合金。其微合金化加入的元素主要有:P、Fe、Cr、Zr、Ni、Si、Ag、Sn、Al 等,具有代表性的合金体系主要有 Cu-P、Cu-Fe-P 系,Cu-Ni-Si 系, Cu-Cr、Cu-Cr-Zr 系,Cu-Ag、Cu-Ag-Cr、Cu-Ag-Zr 系,Cu-Sn 系等,以及各种加稀土的合金体系。合金中其他组元的含量之和最少可以是 0.01%~0.1%,最高一般不超过 3%。其共同的特点是材料具有高强高导性能。

1.3.3 复杂多元铜合金化

为了进一步改善铜及其合金的强度、耐蚀性、耐磨性及其他性能,或者为了满足某些特殊应用要求,在现有青铜、黄铜等的基础上添加到五元、六元等多种组元,实现材料高弹性、高耐磨、高耐蚀、易切削等不同的功能,多组元(四个或四个以上组元)合金化成为铜合金开发的另一个热门课题,新的复杂合金层出不穷。典型的合金有多元锰黄铜、硅锰黄铜、加硼锡黄铜、无铅易切削铜合金等。其共同特点是高强高韧性,抗拉强度一般可达到 600~700 MPa 以上。例如,新型锰黄铜 HMn59-2-1-0.5(Cu:58%~59%、Mn:1.8%~2.2%、Al:1.4%~1.7%、Fe:0.36%~0.65%、Si:0.6%~0.9%、Sn:0.1%~0.4%、Pb:0.3%~0.6%、Zn 余量),其挤制管的强度达 600 MPa 以上,伸长率超过 20%,硬度 HB 在 180 以上。铝黄铜 HAl64-5-4-2(Cu:63.5%~65.5%、Al:4.5%~6.0%、Mn:3.0%~5.0%、Fe:2.0%~3.0%、Pb:0.2%~1.0%、Zn 余量),其强度达到 750 MPa 以上,硬度 HB 超过 220。新型铝青铜 QAl9-5-1-1(Cu:余量、Al:8.0%~10.0%、Ni:4.0%~6.0%、Mn:0.5%~1.5%、Fe:0.5%~1.5%),其强度为 650 MPa,屈服强度达 400 MPa,伸长率达 14%以上。应用这些材料制造汽车同步器齿环、高压泵摩擦副或电极铜楔,其寿命比普通黄铜或青铜制造的要高出一至数倍。

近年来,随着人们环保意识的提高,环保成为世界文明发展的主题。人们更加关注铅、铍、镉、砷等有害元素的影响,无铅易切削黄铜、无铍高弹性铜合金、无砷耐蚀铜合金等环境友好铜合金材料的开发成为铜合金材料的重要发展方向之一。

1.3.4 复合材料化

铜合金材料强化方式主要有两种:一是引入合金元素强化铜基体形成合金;二是引入第二强化相形成复合材料。如弥散强化无氧铜是典型的人工复合材料,常用的弥散质点有 Al_2O_3、ZrO_2、Y_2O_3、ThO_2 等。人工复合材料法是指人工向铜中加入第二相的颗粒、晶须或纤维对铜基体进行强化,通过向铜基中引入均匀分布的、细小的、具有良好热稳定的氧化物颗粒来强化铜而制得的材料。其第二相的组分一般在1%以下甚至更低到 0.01%,但对材料的强化作用十分明显,尤其是大大提高材料的高温强度。如 Cu-2.5% TiB2 (体积分数),导电率为 76% IACS,抗拉强度为 675 MPa;Cu-0.5% Al_2O_3(质量分数)系列合金,材料的室温强度可达到 500~800 MPa,导电率可达 85% IACS 以上,在 900℃ 烧氢后材料的强度仍达到 200~400 MPa。

另一类发展较快的是原位复合材料(自生复合材料),原位复合材料是指在铜基体中,通过元素之间或元素与化合物之间发生放热反应生成增强体的一类复合材料。这类复合材料中的增强体没有界面污染,与基体有良好的界面相容性,与传统的人工外加增强体复合材料相比,其强度有大幅度的提高,同时保持较好韧性和良好的高温性能。如 Cu-20%Nb(体积分数)复合材料具有极高的抗拉强度,接近2000 MPa;Cu-18%Nb(质量分数)的导电率为 66.6% IACS,抗拉强度为 1450 MPa。其他如 Cu-Fe、Cu-Ta 系复合材料也具有较高的室温强度和高温强度,材料的强度一般可达 800~1500 MPa

1.4 铜加工产品分类

铜加工产品按照加工方式和外观形状习惯上分为两大类：板带条箔材和管棒型线材。但是，国家和行业统计分类为：板、带、排、箔、管、棒、型、线、其他及盘条。而海关进出口统计的分类为：铜粉、条杆形、丝、板带、箔、管、管件。

1.4.1 板带箔材

板带箔材类产品按照外形尺寸又细分为板材、带材、条材和箔材。

1.4.1.1 板材

板材按照成品前最后一道轧制状态分为热轧板材和冷轧板材。

热轧板材的常用尺寸范围为：4～150 mm(厚度)×200～3000 mm(宽度)×500～6000 mm(长度)。冷轧板材的常用尺寸为：0.2～12 mm(厚度)×100～3000 mm(宽度)×500～6000 mm(长度)。

板材产品的状态包括热轧态(R)、软态(M)、半硬态(Y_2)、硬态(Y)、特硬态(T)和热处理态(CS)。

1.4.1.2 带材

带材尺寸范围为：0.05～3 mm(厚度)×10～1000 mm(宽度)，成卷供货。带材产品的状态分软态(M)、半硬态(Y_2)、硬态(Y)、特硬态(T)。

1.4.1.3 条材(亦称铜排)

条材厚度介于板材和带材之间，尺寸范围一般为：0.2～10 mm(厚度)×50～100 mm(宽度)×1500～2000 mm(长度)。常用的条材产品有纯铜条材、黄铜条材、青铜条材等。

1.4.1.4 箔材

国内铜加工箔材指厚度在0.05 mm以下的板材和带材；国外指厚度在0.1 mm以下的板材和带材，均属轧制铜箔(压延铜箔)，不包括电解铜箔。

常用的箔材产品有纯铜箔、黄铜箔、青铜箔、白铜箔。

箔材尺寸范围为：0.05～0.010 mm(厚度)×40～600 mm(宽度)，成卷供货，长度一般不应小于5000 mm。其状态分软态(M)和硬态(Y)。铜合金箔产品多为硬态，厚度不大于0.02 mm的纯铜箔产品一般也为硬态。

1.4.2 管棒线材

管棒线材按照产品形状细分为管材、棒材和线材。

1.4.2.1 管材

管材分圆形、梯形、三角形、矩形管和方形管，其尺寸范围为：0.5～360 mm(外径)×0.1～50 mm(壁厚)，直条或成卷供货，产品的状态分挤制态(R)、软态(M)、轻软态(M_2)、硬态(Y)、半硬态(Y_2)、1/3硬态(Y_3)产品。

1.4.2.2 棒材

棒材分圆形棒、六角棒、方形棒、矩形棒和异形棒，其尺寸范围为：3～120 mm(直径)×500～5000 mm(长度)，直条供货，产品的状态分挤制态(R)、软态(M)、锻造态(D)、硬态(Y)、半硬态(Y_2)、软时效态(TF00)、硬时效态(TF04)产品。

1.4.2.3 线材

线材分圆线、扁线和异形线，其尺寸范围为：0.02～6 mm(直径)，或0.5～6 mm(厚度)×0.5～15 mm(宽度)，成卷供货，产品的状态有软态(M)、特硬态(T)、硬态(Y)、半硬态(Y_2)、3/4硬态(Y_1)产品。

1.4.2.4 铜盘条

铜盘条是指生产线材的坯料，也称铜线杆。分光亮杆和黑杆，黑杆由船形锭在横列式孔型轧机上热轧而成，表面氧化严重，现已基本被淘汰。盘条的直径在6～20 mm之间，由连铸连轧或上引(或水平)连铸法生产。

国内铜加工产品分类见表1-1。

表 1-1 国内铜加工产品分类表

序号	类别	产品名称	合金牌号	状态	规格范围/mm×mm×mm	国家标准
1	板材	纯铜板	T1、T2、TP1、TP2	R	4~60×200~3000×1000~6000	GB/T2040—2002
				M、Y_2、Y	0.2~10×200~3000×400~6000	
		黄铜板	H59、H62、H65、H68、H80、H90、H96、HMn58-2、HPb59-1、HSn62-1	R	4~60×200~3000×1000~6000	
				M、Y_2、Y	0.2~10×200~3000×400~6000	
		无氧铜板	TU1、TU2	M、Y	0.4~10×200~600×800~1500	GB/T14594—2005
		复杂黄铜板	HMn57-3-1、HMn58-3-1、HNi65-5 HAl60-1-1、HAl67-2.5、HAl66-6-3-2	R	4~40×400~1000×500~2000	GB/T2040—2002
		铝青铜板	QAl5、QAl7、QAl9-2、QAl9-4	M、Y_2、Y	0.4~12×100~1000×500~2000	
		镉青铜板	QCd1.0	Y	0.5~10×200~300×800~2000	GB/T2044—1980
		铬青铜板	QCr0.5、QCr0.5-0.2-0.1	Y	0.5~8×100~600>300	GB/T2045—1980
		锰青铜板	QMn1.5、QMn5	M、Y	0.5~5×100~600×600~1500	GB/T2046—1980
		硅青铜板	QSi3-1	M、Y、T	0.5~10×100~1000≥500	GB/T2047—1980
		锡青铜板	QSn6.5-0.1	R	9~50×300~500×1000~2000	GB/T2040—2002
			QSn6.5-0.1、QSn6.5-0.4、QSn4-3、QSn4-0.3	M、Y_2、Y、T	0.2~12×150~600≥500	
		锡锌铅青铜板	QSn4-4-2.5、QSn4-4-4	M、Y_3、Y_2、Y	0.8~5×200~600×800~2000	GB/T2049—1980
		普通白铜板	B5、B10、B30 B5、B10、B19、B30	R M、Y	7~75×600~1500<2000 0.5~10×100~1500<2000	GB/T2040—2002
		铝白铜板	BAl6-1.5、BAl13-3	Y、CS	0.5~12×100~600×800~1500	
		锰白铜板	BMn40-1.5、BMn3-12	M、Y	0.5~10×100~600×800~1500	GB/T2052—1980
		锌白铜板	BZn15-20	M、Y_2、Y、T	0.5~10×100~600×800~1500	GB/T2040—2002
		铜阳极板	T2、T3	R	5~15×100~1000×300~2000	GB/T2056—1980
				Y	2~5×100~1000×300~2000	
		铜导电板和条	T2	R、M、Y	4~20×50~400≥1000	GB/T2529—2005
		照相制版用铜板	TAg0.1	Y	0.7~2×400~600×550~1200	GB/T2530—1989
		热交换器固定板用黄铜板	HSn62-1	R	9~60×300~3000×1000~6000	GB/T2531—1981
		水箱水室用黄铜板	H68	TM、M	0.7~1.2×200~650×600~1500	GB/T2532—1997

续表 1-1

序号	类别	产品名称	合金牌号	状态	规格范围/mm×mm×mm	国家标准
2	带材	铜及铜合金带材	T1、T2、TU1、TU2 TP1、TP2	M、Y_4 Y_2、Y	0.05～0.5×≤600 0.5～3×≤1000	GB/T2059—2000
			H59、H62、H65、H68、H70、H80、H90、H96	M、Y_4、Y_2、Y、T	0.05～0.5×≤600 0.5～3×≤1000	
			HMn58-2、HPb59-1、HSn62-1	M、Y_2、Y	0.05～2×≤550	
			QSn7-0.2、QSn6.5-0.4、QSn4-3、QSn4-0.3	M、Y_4、Y_2、Y、T	0.05～2×≤600	
			QAl5、QAl7、QAl9-2、QAl9-4	M、Y_2、Y、T	0.05～1.2×≤300	
			QCd1.0	Y	0.05～1.2×≤300	
			QMn1.5、QMn5	M	0.1～1.2×≤300	
			QSi3-1	M、Y、T	0.05～1.2×≤300	
			QSn4-4-2.5、QSn4-4-4	M、Y_3、Y_2、Y	0.08～1.2×≤200	
			B5、B19、BMn40-1.5、BMn3-12、BZn15-20、BFe10-1-1、BFe30-1-1	M、Y_2、Y、T	0.05～1.2×≤300	
		引线框架用铜及铜合金带	C19400、C19200	Y(H)	0.1～2×16～500	
		散热器散热片专用纯铜及黄铜带、箔材	T2、H62、H90	Y_2、Y	0.05～0.2×30～125	GB/T2061—2004
		铝白铜带	BAl6-1.5、BAl13-3	Y、CS	0.05～1.2×30～300	GB/T2069—1980
		水箱水室用黄铜带	H68	TM、M	0.6～1.2×200～600	GB/T2532—1997
		散热器冷却管专用黄铜带	H90	Y	0.13～0.2×30～50	GB/T11087—2001
		专用铅黄铜带	HPb59-1	T	0.32～1.5×20～200	GB/T11089—1989
		雷管用铜及铜合金带	T2、T3、H68、H90、B19	M	0.05～1.35×20～200	GB/T11090—2005
		电缆用铜带	T2	Y	0.1～0.25×≤300	GB/T11091—2005
		无氧铜带	TU1、TU2	M、Y	0.06～1.2×20～300	GB/T14594—1993
		焊管专用黄铜带	H65	Y_4、Y_1	0.21～0.3×200～305	GB/T15714—1995
		电容器专用黄铜带	H62	Y_2、Y	0.1～1×100～130	YS/T29—1992
		纱管专用黄铜带	H68、H80	TM	0.35～0.4×40～250	YS/T30—1992
		铍青铜条材和带材	QBe2、QBe1.9、QBe1.9-0.1、QBe1.7			YS/T323—2002

续表 1-1

序号	类别	产品名称	合金牌号	状态	规格范围/mm×mm×mm	国家标准
3	箔材	纯铜箔	T1、T2、T3	M、Y	0.05～0.008×40～150	GB/T5187—1985
		黄铜箔	H62、H68	M、Y	0.05～0.01×40～150	GB/T5188—1985
		青铜箔	QSn6.5-0.1、QSi3-1	Y	0.05～0.005×40～200	GB/T5189—1985
		白铜箔	BZn15-20、BMn40-1.5	M、Y	0.05～0.005×40～200	GB/T5190—1985
		电解铜箔	标准箔	STD-E	0.206～0.005×50～1300	GB/T5230—1995
			高延箔	HD-E	0.103～0.018×50～1300	
4	管材	铜及铜合金拉制管	T2、T3、TU1、TU2、TP1、TP2	M、Y_2、Y	$\phi3$～360×0.5～10	GB/T1527—1997
			H62、H68、H96	M、Y_2、Y	$\phi3$～200×0.15～10	
			HSn70-1、HSn62-1	M、Y_2	$\phi3$～60×0.5～10	
			BZn15-20	M、Y_2、Y	$\phi4$～40×0.5～4	
		铜及铜合金挤制管	T2、T3、TU1、TU2、TP2	R	$\phi30$～300×5～30	GB/T1528—1997
			H62、H96、HPb59-1、HFe59-1	R	$\phi21$～280×1.5～42.5	
			QAl19-2、QAl19-4、QAl10-3-1.5、QAl10-4-4	R	$\phi20$～250×3～50	
		铜及铜合金毛细管	T2、TP1、TP2、H62、H68	M、Y_2、Y	$\phi0.5$～3×$\phi0.3$～2.5（外径×内径）	GB/T1531—1994.
			H96、QSn4-0.3、QSn6.5-0.1、BZn15-20	M、Y		
		镍铜合金管	NCu28-2.5-1.5、NCu40-2-1	M、Y	$\phi6$～40×1～4	GB/T2882—2005
		气门嘴用铅黄铜管	HPb63-0.1	Y_3、Y_2	$\phi8$～31×3～13	GB/T8010—1987
		热交换器用铜合金无缝管	H68A、H85A、HSn70-1、HAl77-2	M、Y_2	$\phi10$～45×0.75～3.5	GB/T8890—1998
			BFe10-1-1、BFe30-1-1	M	$\phi10$～35×0.75～3	
		铜及铜合金散热扁管	T2、H96	Y	16～25×1.9～6×0.2～0.7（宽度×高度×壁厚）	GB/T8891—2000
			H68	Y_2		
			HSn70-1	M		
		压力表用锡青铜管	QSn4-0.3、QSn6.5-0.1	M、Y	圆管 4～25×0.15～1.8	GB/T8892—2005
					椭圆管 5～15×2.5～6×0.15～1	
					扁管 7.5～20×5～7×0.15～1	

续表 1-1

序号	类别	产品名称	合金牌号	状态	规格范围/mm×mm×mm	国家标准
4	管材	矩形和方形铜及铜合金波导管	T2、TU1、H62、H96	Y	R400～14 \ M100～14 \ F70～22 \ Q130～41	GB/T8893—1988
		圆形铜合金波导管	H62、H96	Y	C380～16	GB/T8894—1988
		黄铜焊接管	H65、H68、H96	M、Y_2、Y	ϕ2～26×0.2～1	GB/T11092—1989
		水道管用紫铜焊接管	TP1、TP2	M、Y_2、Y	ϕ6～85×0.6～2.5	
		空调与制冷用无缝铜管	T2、TU1、TU2、TP1、TP2	M_2、M、Y_2、Y	ϕ4～30×0.25～2	GB/T17791—1999
		无缝铜水管和铜气管	T2、TP2	M、Y_2、Y	ϕ6～219×0.6～6	GB/T18033—2000
		航空散热管	H96	Y	圆形、梯形、三角形、矩形、方形	YS/T266—1994
		拉杆天线套管	H62	Y	ϕ2.8～13×0.2、0.25	YS/T267—1994
5	棒材	铜及铜合金拉制棒	T2、T3、H96、TU1、TU2、TP2	M、Y	直径或内切圆直径 5～80	GB/T4423—1992
			H62、H63、H65、H68、H80	M、Y_2、Y	直径或内切圆直径 5～80	
			HPb63-0.1、HPb63-3、HPb59-1	Y_2、Y	直径或内切圆直径 5～80	
			HFe59-1-1、HFe58-1-1、HMn58-2、HSn62-1	Y	直径或内切圆直径 5～60	
			QSn6.5-0.1、QSn6.5-0.4、QSn4-3、QSn4-0.3、QSn7-0.2、QSi3-1、QAl19-2、QAl19-4、QAl10-3-1.5	Y、T	直径或内切圆直径 5～40	
			QCd1.0、QCr0.5	M、Y	直径或内切圆直径 5～60	
			BMn40-1.5、BFe30-1-1、BZn15-24-1.5、BZn15-20	M、Y、T	直径或内切圆直径 5～50	
		镍铜合金棒	NCu28-2.5-1.5、NCu40-2-1	R、M、Y_2、Y	直径 5～60	GB/T4435—1984
		铜及铜合金挤制棒	T2、T3、H59、H62、H68、H80、H96、TU1、TU2、TP2	R	直径或内切圆直径 16～120	GB/T13808—1992
			HFe59-1-1、HFe58-1-1、HMn55-3-1、HMn57-3-1、HMn58-2、HSn62-1、HSn70-1、HPb59-1、HAl60-1-1、HAl77-2、HAl67-2.5、HAl66-6-3-2	R	直径或内切圆直径 10～160	
			QSi1-3、QSi3-1、QSi3.5-3-1.5、QCd1.0、QCr0.5	R	直径或内切圆直径 18～160	
			QSn6.5-0.1、QSn6.4-0.4、QSn4-3、QSn7-0.2	R	直径或内切圆直径 30～120	
			QAl19-2、QAl19-4、QAl10-3-1.5、QAl10-4-4 QAl11-6-6、HSi80-3、HNi56-3	R	直径或内切圆直径 10～160	
			BZn15-20、BFe30-1-1、BAl13-3、BMn40-1.5	R	直径或内切圆直径 25～120	

续表 1-1

序号	类别	产品名称	合金牌号	状 态	规格范围/mm×mm×mm	国家标准
5	棒材	铜及铜合金矩形棒	T2、H62、HPb63-3、HPb59-1	R、M、Y_2、Y	厚度 3～80×宽度 4～120	GB/T13809—1992
		黄铜磨光棒	H62、HPb63-3、HPb59-1	Y_2、Y	直径 5～19	GB/T13812—1992
		铅黄铜拉花棒	HPb59-1	Y_2	直径 3～32	YS/T76—1994
		铅黄铜针座棒	HPb59-1	Y_2	5～9×6～12	YS/T77—1994
		铍青铜棒	QBe2、QBe1.9、QBe1.9－0.1、QBe1.7、QBe0.6-2.5、QBe0.4－1.8、QBe0.3-1.5	R、D、M、Y_2、Y、TF00、TH04	直径 5～120	YS/T334—1995
6	线材	纯铜线	T2、T3、TU1、TU2	M、Y	直径 0.02～6	GB/T14953—1994
		黄铜线	H62、H65、H68	M、Y_1、Y_2、Y	直径 0.05～6	GB/T14954—1994
			HSn60-1、HSn62-1、HPb63-3、HPb59-1	M、Y_2、Y、T	直径 0.5～6	
		青铜线	QSi3-1、QSn4-3	Y	直径 0.1～6	GB/T14955—1994
			QCd1.0、QSn6.5-0.1、QSn6.5-0.4、QSn7-0.2	M、Y		
		专用铜及铜合金线	T2、H62、H68、HPb62-0.8、HPb59-1	M、Y_1、Y_2、Y	直径 1～6	GB/T14956—1994
			QSn6.5-0.1	M	直径 0.03～0.07	
		铜及铜合金扁线	T2、H62、H65、H68、QSn6.5-0.1、QSn4-3、QSn6.5-0.4、QSi3-1、	M、Y_2、Y	厚度 0.5～6×宽度 0.5～15	GB/T3114—1994
		白铜线	B19、BZn15-20、BFe30-1-1、BMn3-12、BMn40-1.5	M、Y_2、Y	直径 0.1～6	GB/T3125—1994
		铍青铜线	QBe2	M、Y_2、Y	直径 0.75～6	GB/T3134—1982

1.5 铜加工产品发展特点及趋势

1.5.1 铜加工产品开发与应用的特点

铜及其合金由于具有良好的综合性能，广泛应用于国民经济的各个方面。具体的消费结构如图 1-1 所示。可以看出，在其应用范围中，由于铜的高导电导热性，用于电气、电讯方面的比例最大，其次是建筑、轻工业等。传统的观点认为铜及其合金主要是用作结构材料。实际上，分析一下铜近年来的消费结构不难发现，铜纯粹作为结构材料的应用很少，基本上全部和其功能性相关。也可以说，结构用铜合金只是其功能性应用中很小的一部分。

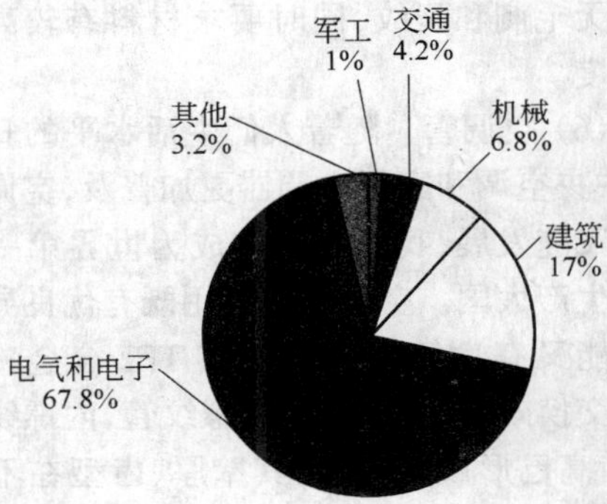

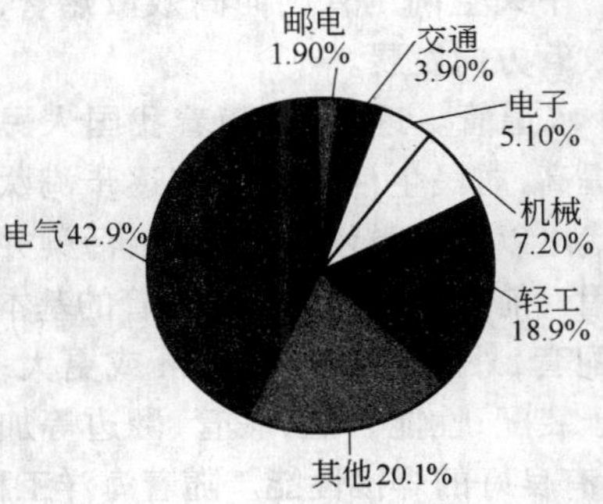

图 1-1 铜及铜合金的消费结构

a—美国；*b*—中国

随着科学技术的发展和人类物质、文化生活的日益丰富多彩，铜及铜合金材料的应用更加广泛，合金化的开发活动更加活跃。铜的应用和开发呈现如下特点：

(1) 由铸造铜合金向变形铜合金发展。对铜合金的应用和开发由最初的铸造铜合金逐步向变形铜合金拓展和延伸。从古代的简单铸造器皿（爵、盅、鼎）、钱币、装饰品（包括佛像）到锻打兵器（如剑）、生产、生活用品，再到各种轧制、挤压、拉伸、冲压等变形加工产品，变形铜合金的开发领域越来越广阔，应用量越来越大。如今，90％的铜资源是以变形材料而被人类消费的。

(2) 由一般功能向更高功能开发。高导电导热铜合金（导电率大于 100％ IACS）、高强度铜合金（抗拉强度大于 800 MPa）、高延展性、超塑性铜合金（伸长率大于 1000％）、耐高温铜合金（350℃以上强度不降低）、高弹性铜合金（$\sigma_e \geqslant 1000$ MPa）、高耐蚀性铜合金（腐蚀速度小于 0.001 mm/a）、高耐磨性铜合金、低线膨胀系数铜合金（如 ϕ25 mm 棒在 900℃时膨胀量小于 0.01 mm）等，其性能指标不断刷新、提高。例如，过去的导电体都用一般紫铜（T_2），现在用于高保真信号传输的导线需用单晶铜，导电率在 101％ IACS 以上。

(3) 由单一性能要求向良好综合性能发展。高强高导铜合金（R_m 大于 600 MPa、导电率大于 80％ IACS）、高温高强铜合金、高强耐蚀铜合金、高导热耐蚀铜合金、高耐磨耐蚀铜合金等不断地开发、应用。例如，铁路机车导线，由于高速化的要求，除了需要高导电性能外，还要求具有较高的强度、更高的耐磨性能和抗疲劳特性。因此开发了铜－银、铜－银－锡、铜－银－铬、铜－镍－硅等铜合金导线。引线框架铜带是追求产品优异综合性能指标的典型代表。不仅要求材料具有高强度、抗高温软化性能，还要求高的导电性能和可弯曲性能；既要高的尺寸精度、平直度，又要求高的表面质量、可镀性及镀层的可靠性等，形成了铜－磷、铜－铁－磷、铜－镍－硅、铜－铬－锆等系列合金材料。

(4) 铜加工材向小、薄、长、近终形尺寸和高精度的方向发展。超细线、超薄带、薄壁管、厚壁管、超长管、超长带、内外翅片(螺纹)管、异形管棒材、异形带等产品需求急剧增加。另外，小型化、集成化产品及其自动化、高速生产方式对铜材的产品尺寸精度要求比20年前提高了一个数量级。如0.25 mm带材的厚度公差由过去的±0.01 mm提高到现在的±0.003 mm；带材的平直度由40I、50I提高到5I～10I等等。

1.5.2 高性能铜加工产品发展现状及特点

铜及铜合金变形加工产品以板、带、箔、管、棒、线、型材等各种方式存在。我国铜加工产品品种命名习惯上采用三段式，即:应用方向+合金类别+产品类别。例如电真空用无氧铜棒、空调用紫铜管、钟表用铅黄铜板等等，多用于专用产品标准。更为流行的是二段式，即:应用方向+产品类别，如冷凝管、变压器带等等，多用于非标准场合。

在铜加工产品的产量结构中，对产品综合性能要求较高的高性能产品的比重正在不断加大。典型的高性能铜加工产品介绍如下：

(1) 引线框架铜带。用于冲制或蚀刻集成电路或分立器件的引线框架，尺寸精度高、表面质量要求严，要求消除残余应力，具有较高的软化温度、适当的强度和较高的导电性能。随着集成电路器件向小型化、高性能化和高可靠性发展，对带材的厚度要求更趋薄型化，性能要求更趋高强高导化。因此，合金牌号从铜-铁-磷系向铜-镍-硅系、铜-铬-锆系等发展，厚度尺寸公差也由±0.01 mm转为±0.003 mm。

(2) 接插件用铜带。也称端子用铜带，广泛应用于冲制各种接插件。要求尺寸精度高，有一定的强度、硬度和弹性，导电性好等。合金有H65、QSn6.5-0.1、BZn15-20等。

(3) 变压器带。由于绕带法干式变压器在许多应用场合取代绕线法湿式变压器，变压器铜带需求激增。变压器铜带要求导电率高，国外一般使用无氧铜，而国内则多用改进型的紫铜。带材宽度随变压器能力大小不同从100～1200 mm不等，厚度为0.2～1.5 mm，要求厚度公差一致性好，特别是边部要求无毛刺或加工成圆角及圆边，以防止击穿绝缘层。

(4) 电缆带。由于信息传输领域的不断扩大，通讯电缆的需求日益增加，品种也较多，如同轴电缆、射频电缆、防火电缆等等。电缆带要求导电性高，故一般应用无氧铜，也有使用TP2等。电讯传输的集肤效应要求带材表面优良。长度一般要求在3000 m甚至5000 m以上。为了后续成形加工方便，要求带材有较好的公差一致性和适当的强度和韧性。

(5) 超薄水箱带。随着汽车、拖拉机等水箱结构的改变，水箱带发生了本质性改变。高导热铜合金取代了普通H70黄铜，厚度大大减小(0.005 mm以下)，由于后期加工水箱的工艺需要，要求带材除具有很高的公差一致性外，还应有适当的硬度和韧性，以便保证在冲制波浪带时无毛刺和裂纹，同时要求材料有较高的软化温度。

(6) 空调管。随着人们生活水平的日益提高，中央空调和家用空调器更加普及，空调管得到了飞速发展，我国目前已成为世界第一空调管材生产大国。空调管一般用既有优良导电导热性能又有良好焊接性能的TP2合金。为提高热交换效率，大部分为内螺纹管，内螺纹的齿型、齿高已形成系列化；其壁厚、齿型在不断改进发展中，向更薄、齿型更加复杂的趋势发展；管材内表面更加洁净，尺寸一致性更好，力学性能更优。中央空调用管则向高效散热管，即外翅内螺纹管方向发展。

(7) 水道管。近年来，随着我国人民生活水平的提高，居民生活用水管在逐步淘汰镀锌铁管而代之以紫铜类水管(避免铅污染并兼有抑菌作用)，前景十分广阔。水道管的基本要求是规格配套，外径从6～219 mm或更大；尺寸精确便于装配；性能合适，胀管、翻边等加工时不裂，具有良好的焊接性能。随着海洋工程(船舶、海水淡化、滨海养殖等)的发展，白铜管也被大量使用。

(8) 易切削黄铜棒线。随着机械加工的高速化和加工零件的精密化，要求铜材切削性能更好，平直度更高，尺寸精度和公差一致性更高。随着人们环保意识的增强和环保法规日趋完善,无铅易切削黄铜将在许多场合逐步取代铅黄铜。

(9) 高速机车电力导线。电力机车高速化发展趋势迅猛,要求提供高强高导电异形铜线,其强度要求在 600 MPa 以上,导电率要求在 80%IACS 以上。一般铜-银合金已不能满足要求,正在开发铜-银-铬、铜-铬-锆等更高综合性能的合金。

(10) 冷凝管。随着能源工业的发展,电站等用冷凝管用量大增。随着机组大型化,对管材的耐蚀性要求更高,管材长度更长(18 m 以上),尺寸公差更严。一般采用具有较强耐蚀性能的锡黄铜、铝黄铜和白铜合金。

(11) 电解铜箔。各种精密电路板和柔性接插/连接器件越来越多地使用电解铜箔,其厚度从目前的 0.018 mm 向 0.012 mm 甚至 0.009 mm 等更薄方向发展。

分析 20 年来我国铜加工产品发展变化的情形,我们可以发现,这些发展变化具有如下一些特点和规律:

(1) 老材料开发新用途,开创一片新天地。如磷脱氧铜管,开发出尺寸配套的水道管(当然与解决水道管安装施工方法的突破密不可分),市场前景十分可观。再如,炼钢行业应用的高炉冷却壁铜板的开发,也是老材料(纯铜类)找到新用途的典型例子。

(2) 挖掘老材料的潜能,通过添加微量元素,大幅度提高铜材的某些性能,成为升级换代产品。如 TFe0.1 框架铜带、碲(硒)铜水箱带、TAg0.1 机车导线等。

(3) 开发新材料满足新要求是铜加工产品发展的主要手段。开发高强高导、耐热、耐蚀、耐磨新合金是其主要方向。

(4) 随着下游产品高性能化、小型化、低成本的要求,铜加工产品的高性能、超薄化、高精度、尺寸和性能的高度一致性是发展的必然趋势。

(5) 为适应下游用户不同生产线工艺条件,铜合金材料的成分、性能细化分类也是必然趋势。特别是某些性能的标定范围必将由过去的发散性要求(一般要求大于或小于)转变为有上下限的闭合性要求。换言之,个性化、精密化产品将越来越多。

1.5.3　我国铜加工材的发展现状及趋势

1.5.3.1　产量规模

20 年来,特别是近几年来,我国铜加工材产量快速增长,1985 年我国铜加工材产量为 59.07 万 t,而 2004 年铜加工材产量为 569.5 万 t,增长近 10 倍,跃居世界第一。我国铜及铜合金加工业实现了跨越式的发展,近 20 年来我国铜加工材产量、出口量、进口量及消费量情况见表 1-2。

表 1-2　近 20 年来我国铜加工材产量、出口量、进口量及消费量情况统计表　(万 t)

年　份	1985	1990	1995	2000	2002	2003	2004	2005
我国铜加工材产量	59.07	60.24	186.45	196.33	301.81	381.41	569.55	
其中:铜材	38.37	45.18	157.19	159.86	251.16	319.60	471.6	466.8
盘条	20.70	15.06	29.26	36.47	50.65	61.81	97.95	
出口量		8.39		13.7	17.17	23.29	39.0	46.4
进口量		3.02		73.7	91.77	105.58	119.5	118.7
表观消费量		55.87		256.33	376.41	463.70	650.05	

注:表观消费量=产量+进口量-出口量。

1.5.3.2　产品品种

我国纳入国家标准的变形铜及铜合金牌号一共有 110 个。其中紫铜 9 个,黄铜 43 个,青铜 40 个,白铜 18 个。但是,各铜加工生产企业实际生产的牌号远不止这些。各研究机构开发的合金更多。据不完全统计,仅近 10 年来申请专利的新型铜合金就达70个。相比20年前有了很大变化。如紫铜,纯铜中淘汰了含铜量99.5%的T4,无氧铜中增加了含铜99.99%的零号无氧铜,磷脱氧铜由一个牌号变为两个,剔除了锰脱氧铜,增加了含银无氧铜这个牌号。弥散强化无氧铜也根据强化质点 Al_2O_3 含量的不同,由一个牌号增加到现在的三个牌号。近年来由于重视产业化目标,新合金开发的商业化比例大幅度提高,开发速度大大加快,从根本上改变了“论文发表,束之高阁”的情况。尤其可喜的是随着专业化生产趋势的不断发展,合金系列化程度也在提高。例如铅黄铜,为了适应不同用户的车削条件(车速和润滑方法),将铅含量的范围细分,从而衍生出几个牌号。又如高锡青铜越来越受关注,含锡量由7%向10%甚至有向15%延展的趋势。但与国外发达国家和先进研发机构相比,我国铜合金研发仍存在简单、粗糙和不够系统等问题。研究开发往往仅针对一、两个实用特性,对与控制目标相关的因素、条件影响等缺乏深入系统的全面研究和优化,应当加以改进。

从最终产品品种方面讲,20年来有了很大的变化。一是品种结构更加均衡、合理;二是适应市场变化,增加了许多新品种。“小直径、薄壁、高清洁度、高精度内螺纹空调管”一举成为国产拳头产品,不但满足国内空调器厂的需求,而且大批出口国外。建筑用铜水(气)管,和覆塑铜管、铜管件一起成为一个专业化的产业正在迅猛发展;同步器齿环管、无铅易切削铜棒、无镍白铜、超薄水箱带、引线框架铜带、异型铜带等成为主打产品,高性能铜加工产品的比重正在不断的加大。

1.5.3.3 *产品质量*

我国铜加工产品质量在过去20年中更是发生了重大变化,使人耳目一新。从整体看,基本上改变了“脏、乱、差”(表面不净、长短不齐、精度差)的面貌,光亮、精密产品占据了主导地位,产品包装也发生了根本改观,产品的综合性能向更高方向发展。精益生产、清洁生产已是大多数企业的生产理念。

同样,我们在铜加工产品品种系列化、产品性能的适用性、产品性能的均一稳定性以及产品生产专业化程度等方面,还需要做大量的工作,才能跻身于国际先进铜加工行业之列,从产量大国变成为世界铜加工材制造强国。

2 铜加工技术及发展趋势[1]

铜加工技术体现在铜及铜合金材料的制备及铜加工产品的各个生产工序和采用的生产设备中。铜加工技术及其发展趋势与生产工艺流程和生产参数的改进以及生产装备的更新换代密切相关。其发展趋势的普遍特征是在追求高性能、高质量的前提下追求高效率、低能耗和自动化。

2.1 铜加工技术

按照铜加工产品生产工序的顺序，对铜加工技术及其发展趋势分别介绍如下。

2.1.1 熔炼铸造技术及发展趋势

2.1.1.1 熔炼技术

目前，铜加工产品的熔炼一般采用感应熔炼炉，也有采用反射炉熔炼和竖式炉熔炼。

感应电炉熔炼适于各种铜及铜合金，具有洁净熔炼、利于保证熔体质量的特点。感应电炉根据炉型结构分为有芯感应电炉和无芯感应电炉。有芯感应电炉具有生产效率高、热效率高的特点，适于连续化熔炼单一品种的铜及铜合金，如紫铜、黄铜。无芯感应电炉具有加热速度快、容易更换合金品种的特点，适于熔炼高熔点、多品种的铜及铜合金，如青铜、白铜等。

真空感应电炉是感应电炉配置真空系统，适于熔炼容易吸气、氧化的铜及铜合金，如电真空用无氧铜、铍青铜、锆青铜、镁青铜等。

反射炉熔炼可以对熔体进行精炼去杂，主要应用于废杂铜熔炼。

竖式炉是一种快速连续熔化炉，具有热效率高、熔化速率高、停开炉方便的优点；可采用天然气、液化石油气等作为燃料，烧嘴分层安装在炉膛壁上，炉内气氛可以控制；没有精炼过程，因此要求原料绝大多数为阴极铜。竖式炉一般配合连续铸造机进行连续铸造，也可以配合保温炉进行半连续铸造。

铜熔炼生产技术的发展趋势主要体现在减少原料烧损、减少熔体氧化吸气、提高熔体质量以及采用高效率（感应炉熔化率大于 10 t/h）、大型化（感应炉容量可大于 35 t/台）、长寿命（炉衬寿命 1～2 年）和节能（感应炉能耗小于 360 kW·h/t）的炉型、保温炉配置除气装置（CO 气体除气）、感应炉感应器采用喷射结构、电控设备采用双向可控硅加变频电源、炉料炉前预热、炉况和耐火材料温度场监控报警系统、保温炉带有称重装置、温度调控更加精确等方面。

2.1.1.2 铸造技术

铜及铜合金的铸造一般分为：立式半连续铸造、立式全连续铸造、水平连续铸造、上引连续铸造以及其他铸造技术等。

A 立式半连续铸造

立式半连续铸造具有设备简单、生产灵活的特点，适宜铸造各种铜及铜合金的圆、扁锭。立式半连续铸造机传动方式分为液压、丝杠和钢丝绳，由于液压传动比较平稳，已被更多地采用。结晶器可以根据需要以不同的振幅和频率进行振动。目前，铜及铜合金的铸锭生产广泛采用半连续铸造方法。

B 立式全连续铸造

立式全连续铸造具有产量大、成品率高（98%左右）的特点，适宜大规模、连续生产品种和规格单一的铸锭，正成为现代大型铜板带生产线上熔铸工序的主要选择方式之一。立式全连续铸造结晶器采用非接触式激光液面自动控制，铸造机一般采用液压夹持、机械传动、在线油冷干屑锯切和收屑、自动打号、倾斜出锭的方式，设备结构复杂、自动化程度高。

---

[1] 本章撰稿人：马可定、张玉杰、娄花芬、钟卫佳。

C 水平连续铸造

水平连续铸造可以生产带坯和管棒线坯。

带坯水平连续铸造可以生产出厚度为14～20 mm的铜及铜合金带坯，这种厚度范围的带坯可以不经热轧直接冷轧，因此常用于生产热轧困难的合金品种(如锡磷青铜、铅黄铜等)，也可生产黄铜、白铜以及生产低合金化铜合金带坯。根据铸造带坯宽度不同，水平连续铸造同时可铸1～4条带坯。常用水平连铸机可同时铸造2条、每条宽度为450 mm以下，或铸造1条、带坯宽度650～900 mm。水平连铸带坯一般采用拉－停－反推的铸造工艺，表面有周期性结晶线，一般应经铣面加以消除。国内已有经过工艺优化，拉铸带坯无需铣面可生产高表面紫铜带的实例。

管棒线坯水平连续铸造根据不同的合金和规格可以同时铸造1～20根锭坯。一般规格棒坯或线坯直径在6～400 mm，管坯外径为25～300 mm，壁厚为5～50 mm，方锭边长为20～300 mm。

水平连续铸造方法的优点在于其工序短，制造成本低，生产效率高。同时也是一些热加工性能不佳的合金材料所必须的生产方式。目前是锡磷青铜带、锌白铜带、磷脱氧铜空调管等常用铜产品制坯的主要方式，也是铅黄铜棒、锡磷青铜棒、锡锌铅铜棒、硅青铜棒等产品的主要生产方式。

水平连续铸造生产方法的缺点是：适于的合金品种比较单一，结晶器内套——石墨材料的消耗较大，锭坯横断面的结晶组织上下均匀性不易控制。锭坯下部因重力作用紧贴结晶器内壁受到持续的冷却，晶粒较细；上部因气隙的形成以及由于熔体温度较高而造成锭坯凝固滞后现象，使冷却速度减慢，而使结晶组织较粗，这一点对于大规格的锭坯尤为明显。针对上述缺点，目前人们正在开发带坯立弯铸造法。德国一公司用立弯连铸机以600 mm/min的速度试铸出了(16～18) mm×680 mm的DHP和CuSn6等锡青铜带坯。

D 上引连续铸造

上引连续铸造是近二三十年迅速发展起来的铸造技术，被广泛用于光亮铜线杆的线坯生产。它利用真空吸铸原理，采用停-拉技术实现连续多头铸造。具有设备简单、投资小、金属损耗少、环境污染程序低等特点。上引连铸一般适宜于紫铜、无氧铜线坯的生产。近年来发展的新成就是其在大直径管坯和黄铜、白铜方面的推广应用。目前已开发出年产5000 t、直径ϕ100 mm以上管坯的上引连铸机组；已经生产出二元普通黄铜和锌白铜三元合金线坯，线坯的成品率可达90%以上。

E 其他铸造技术

下引连续铸造管坯技术正在开发之中。它克服了上引连续铸造由于停-拉过程在铸坯外表面形成的竹节痕等缺陷，表面质量优良。而且由于其近乎定向凝固的特点，内部组织更加均匀纯净，因而产品的性能也更加优异。

轮带式连铸紫铜线坯的生产技术已经在万吨级以上的大型生产线上普遍采用。铸坯截面积一般都大于2000 mm^{2}以上，后接孔型连轧机组，生产效率极高。

电磁铸造早在20世纪70年代我国就有尝试，但并未实现工业化生产。近年来电磁铸造技术得到了长足的发展，目前已经成功地铸造出ϕ200 mm的无氧铜圆锭，表面光洁。同时电磁场对熔体的搅拌作用可促进排气、除渣，可获得含氧量低于0.001%的无氧铜。

铜合金铸造新技术的方向是根据凝固理论通过定向凝固、快速凝固、半固态成形、电磁搅拌、变质处理、液面自动控制等多种技术手段和改进结晶器结构，使铸坯组织更加细化、致密化、纯净化，并实现连续作业和近终成形。

从长远来看，铜及铜合金的铸造将会是半连续铸造技术与全连续铸造技术共存，并且连续铸造技术的应用比重将会不断增加。

2.1.2 铸锭加热技术及发展趋势

热轧或挤压前的铸锭加热可以保证热轧或挤压时所需的高温塑性，降低变形抗力、消除铸造应力、改善合金的组织状态和性能。

确定加热温度时应考虑合金品种(合金在不同温度条件下的相组成和特点)、高温塑性和变形抗力、铸锭规格及设备条件等。加热的上限温度一般相当于合金熔点（K 氏温度）的 80%～90%，终轧温度一般应控制在合金熔点的 60%～70%。根据合金成分的不同，加热时间包括升温及均热时间，应根据加热温度、铸锭规格、炉子结构和实际炉况等因素综合考虑。在保证铸锭温度均匀、热透的前提下，尽量缩短保温时间。保温时间一般为 1～3 h。

铸锭加热炉根据加热源的不同，可分为燃气、燃油的火焰加热炉和电加热炉；电炉又分为电阻炉和感应炉两类。电阻炉与火焰炉相比，主要优点是炉温易于调整控制，加热质量好，但其生产成本较高，加热速度不如火焰炉快，一般用于小直径铸锭加热。

热轧前的扁铸锭加热炉主要有步进炉、环形炉、链带式炉、推杆式炉、箱式炉等。在现代热轧生产中，热轧前的铸锭加热广泛采用步进式火焰加热炉。

热挤压前圆铸锭和挤压坯料的加热炉主要有斜底式炉、环形炉、中频感应加热炉、工频感应加热炉等。斜底式加热炉一般用于直径 250 mm 以下的铸锭加热。环形加热炉生产率和热效率较高，炉内气氛易控制，加热温度均匀，设备机械化程度高，因此多用于铸锭品种规格多、批量大的重有色金属生产。中频、工频感应加热炉具有设备占地面积小、自动化程度高，劳动条件好，没有污染，产品质量好以及加热周期短等优点；一般直径小于 130 mm 的铸锭可以采用中频感应加热炉，直径大于 130 mm 的铸锭则采用工频感应加热炉。圆锭加热将更多地采用感应加热或火焰炉预热加感应炉均热的配置。

加热技术的发展趋势是围绕高效、均匀、节能的目标，进一步改进结构、改善功能。如在火焰炉上强化燃气预热、实现完全燃烧、火焰形貌控制、余热利用；炉内气氛控制和保护；新型保温材料的开发以及进出料机构的机械化、自动化等。

2.1.3　板带材加工技术及发展趋势

2.1.3.1　热轧

热轧主要用于板带箔材生产的铸锭开坯轧制。

开坯轧制的铸锭规格应考虑产品品种、生产规模、铸造方法等因素，同时与轧制设备条件（如轧辊开口度、轧辊直径、轧制允许压力、电机功率、辊道长度）等有关。一般铸锭厚度与轧辊直径之比为 1∶(3.5～7)；宽度通常等于或数倍于成品宽度，并适当考虑宽展及切边量，一般铸坯宽度应在辊身长度的 80% 以内；铸锭长度应根据生产条件合理考虑，一般而言，在可控制热轧终轧温度的前提下，铸锭愈长，生产效率及成品率愈高。

中小型铜加工厂的铸锭规格一般为(60～150)mm×(220～450)mm×(2000～3200)mm，铸锭重量 1.5～3 t；大型铜加工厂的铸锭规格一般为(150～250)mm×(630～1250)mm×(2400～8000)mm，铸锭重量 4.5～20 t。

热轧时轧辊与高温轧件接触的瞬间辊面温度急剧上升，反复的热胀冷缩使轧辊表面开始出现裂纹及龟裂，因此热轧时必须进行冷却润滑。通常采用水或浓度较低的乳化液作为冷却润滑的介质。热轧的总加工率一般为 90%～95%。热轧带坯的厚度一般为 9～16 mm。

热轧后带坯的表面铣削可以除去在铸造、加热及热轧过程中产生的表面氧化层、氧化皮压入和其他表面缺陷。根据热轧带坯表面缺陷轻重程度及工艺需要，每面的铣削量为 0.25～0.5 mm。

热轧机一般为二辊或四辊可逆轧机。随着锭坯大型化和带坯长度的不断加长，热轧机的控制水平和功能有不断提高和完善的趋势，如采用厚度自动控制、液压弯辊、前后立辊、只冷却轧辊而不冷却轧件的装置、TP 辊（Taper Piston Roll 锥形活塞辊）凸度控制、轧后在线急冷（淬火）、在线卷取等技术，以提高带坯组织性能的均匀一致性和获得更好的板形。

2.1.3.2　冷轧

按照轧制的带坯规格和轧制过程，冷轧又细分为初轧、中轧和精轧。厚度为 14～16 mm 的铸造带坯和厚度约为 5～16 mm 厚的热轧坯料冷轧到 2～6 mm 的过程称为初轧，随后继续压薄轧件厚度的冷轧过程称为中轧，为达到成品要求进行的最后冷轧称为精轧。

冷轧过程需要根据不同合金和轧制规格及成品性能要求控制压下制度(总加工率、道次加工率和成品加工率),合理选择和调节辊型,合理选择润滑方式和润滑剂,进行张力测量和调节。

冷轧机一般采用四辊或多辊可逆轧机。现代冷轧机普遍采用液压正负弯辊、厚度、压力、张力自动控制、轧辊轴向移动、轧辊分段冷却、板形自动控制、轧件自动对中等一系列技术,使带材的精度可达 0.25 ± 0.005 mm 和板形 5I 以内。

冷轧技术的发展趋势体现在高精度多辊轧机的开发应用、轧制速度更高、带材厚度和板形控制更加精确,以及冷却、润滑、卷取、对中和快速换辊等辅助技术的精细化等方面。

2.1.3.3 热处理

锡磷青铜等少数在铸造过程枝晶偏析或铸造应力严重的合金锭(带)坯需经专门的均匀化退火,带坯均匀化退火一般在钟罩炉中进行。均匀化退火温度一般在 600~750℃。

铜合金板带的中间退火(再结晶退火)、成品退火(控制制品状态和性能的退火)目前大多数都采取气体保护的光亮退火。炉型有钟罩炉、气垫炉、立式牵引炉等。氧化退火正逐步被淘汰。

淬火-时效热处理主要用于可热处理强化铜合金,通过热处理使制品改变其显微组织,获得所要求的特殊性能。随着高强高导型合金的开发,淬火-时效热处理工艺将被更多地应用。时效处理设备与退火设备大致相同。

热处理技术的发展趋势体现在析出强化合金材料的热轧在线固溶处理及随后进行的形变热处理技术,在保护性气氛下进行的连续式光亮退火、张力退火等。

2.1.3.4 表面处理和精整

表面处理指带材中间产品和成品的表面清洗和钝化。通过表面处理,清除带材表面油污和氧化层;通过表面钝化,有效保证成品表面质量。带材的表面清洗通常采用酸碱洗,表面钝化采用专用钝化剂。

随着对产品表面质量要求的日益提高,表面处理技术及设备的研发和应用有了较大发展,目前已经形成机列,而且加入清刷、抛光、干燥等环节,不但提高了带材的表面质量,而且提高了生产效率。

精整是指带材的外形精处理,包括拉弯矫直和成品剪切。拉弯矫直的目的是矫直带材的板型缺陷、减少带材内部的残余应力,常用设备是拉弯矫直机。剪切分为纵剪和横剪。纵剪是按照产品的宽度要求剪切成成品规格的带卷,横切是按照产品要求的宽度和长度,将带材切成成品板材。

我国在精整技术和精整设备方面与国际水平还有相当差距,有必要加强精整技术和精整设备的研发。

2.1.4 管棒线材加工技术及发展趋势

目前,铜管棒线材按照开坯方式不同,主要分为挤压或挤压-冷轧开坯、水平连铸或水平连铸-冷轧开坯两种方式,这两种方式将长期共存。铜管棒线还有上引法供坯方式,虽然其能力和质量有一定局限性,但在我国目前特定历史条件下仍有一席之地,其应用范围可能还会有所拓展。铜带焊接成形生产铜管的生产工艺国外多有应用,在我国将会有所发展。

2.1.4.1 挤压技术

挤压是一种成熟、先进的铜及铜合金管棒、型材生产及供坯方式。通过更换模具或采用穿孔挤压的方式,可直接挤出各种合金品种、不同断面形状的接近成品规格的管棒坯或成品管棒材。通过挤压,将铸锭的铸造组织变为加工组织,挤出管坯及棒坯尺寸精度高,组织细致均匀。挤压法是目前国内外铜管棒生产企业普遍采用的一种生产方式。

挤压法可分为正向挤压、反向挤压和特殊挤压三种,其中正向挤压应用较多,反向挤压多用在中小规格棒、线材的生产中,特殊挤压用于特殊生产中。

挤压时要根据合金的性质、挤压制品的技术要求以及挤压机的能力和结构,合理选择锭坯种类、尺寸、挤压系数,使其变形程度不小于

85%。

挤压温度和挤压速度是挤压过程的基本参数,合理的挤压温度范围应根据金属的塑性图以及相图来决定。对于铜及铜合金而言,挤压温度一般在570～950℃之间,白铜的挤压温度甚至高达1000～1050℃,与挤压筒加热温度400～450℃相比,二者温差较大,如果挤压时速度太慢将会引起铸锭表面温降过快,致使金属流动不均匀性增加,从而导致挤压负荷上升,甚至产生闷车现象,因此铜及铜合金一般都采用较高速度进行挤压,挤压速度可达50 mm/s以上。

铜及铜合金在挤压时,多采用脱皮挤压,以清除铸锭表面缺陷,脱皮厚度1～2 mm。在挤压坯出口处普遍采用水封,以使制品挤出后即进入水槽中冷却,制品表面无氧化,不必酸洗即可进行后续冷加工。趋向于采用大吨位挤压机并配有同步收线装置,挤出单重达500 kg以上的管坯或线坯卷,以有效提高后序工序的生产效率及综合成品率。

目前铜及铜合金管材生产多采用带独立穿孔系统(双动)、油泵直接传动的卧式油压正向挤压机,棒材生产多采用不带独立穿孔系统(单动)、油泵直接传动的卧式油压正向或反向挤压机。常用的挤压机规格为8～50 MN,现在趋向于采用40 MN以上大吨位挤压机生产,以提高铸锭单重,从而提高生产效率和成品率。

现代卧式油压挤压机,在结构上采用了预应力整体机架、挤压筒"X"导向和支撑、内置式穿孔系统、穿孔针内冷、滑动模架或回转式模架及快速换模装置、大功率变量油泵直接传动、集成式逻辑阀、PLC控制等先进技术,设备精度高、结构紧凑、运行平稳、安全联锁,易于实现程序控制。

连续挤压(Conform)技术在近十多年来有了一些进展,特别是用来生产电力机车导线这样的异型棒线,很有前途。

近几十年来挤压新技术得到了迅速发展,挤压技术的发展趋势具体表现为:

(1) 挤压设备。挤压机的挤压力将向更大的方向发展,超过30 MN挤压机成为主体,挤压生产线的自动化程度不断提高。现代的挤压机已完全采用了计算机程序控制和可编程序的逻辑控制,从而使生产效率大幅度提高,操作人员显著减少,甚至有可能实现挤压生产线的自动无人化操作。

挤压机的本体结构也不断改进和完善,近几年来一些卧式挤压机采用了预应力机架,以保证整体结构的稳定。现代挤压机实现了正、反两用挤压方式,挤压机配有两根挤压轴(主挤压轴和模轴),挤压时挤压筒随主轴一起移动,此时制品的流出方向与主轴移动方向一致,而与模轴的相对移动方向相反。挤压机的模座也采用了多个工位的配置,既可方便换模也提高了生产效率。现代挤压机采用了激光调偏控制装置,对挤压中心线的状态提供有效数据,便于及时快速调整。采用油为工作介质的高压泵直接传动油压机已完全替代了水压机。

挤压工具也随挤压技术的发展而不断更新。内部通水冷却穿孔针已经普遍推广,变断面穿轧针大大提高了润滑效果。寿命更长、表面质量更高的陶瓷模、合金钢模的应用更加普及。

(2) 挤压生产工艺。挤压的产品品种、规格不断扩大。小断面超高精度的管、棒、型材和超大型型材的挤压,保证制品外观质量,减少产品的内部缺陷,降低几何损失,以使挤压制品性能均匀等挤压方法进一步推广。现代的反向挤压技术也得到普遍应用。对易氧化的金属则采用了水封挤压,可减少酸洗污染,降低金属损耗,又可提高制品表面质量。对需要淬火的挤压制品,只要控制适当的温度,采用水封挤压方法可达到目的,有效缩短生产周期,节省了能源。

随着挤压机能力和挤压技术的不断提高,现代挤压技术逐步得到应用,如等温挤压、冷却模挤压、高速挤压等正向挤压技术,反向挤压、静液挤压、Conform连续挤压技术的实用化,粉末挤压、低温超导材料的层状复合材料挤压技术的应用,半固态金属挤压,多坯料挤压等新方法的开发,小型精密零件的冷挤压成形技术等,都得到迅速发展和广泛的开发应用。

铜合金锻压成形在我国主要由机械制造厂进行，主要有自由锻和模锻，如大型齿轮、蜗轮、蜗杆、汽车同步器齿环等。

2.1.4.2 冷轧

冷轧是生产薄壁无缝管材的主要方法之一。由热挤压、斜轧热穿孔、上引连铸或水平连铸等方法提供管坯。

根据管材轧制时的工作特点，可分为周期式、旋压式、行星式轧制。旋压式主要用来生产大型薄壁管。周期式冷轧法是目前管材生产中应用最广泛的方法，常用的周期式冷轧管法有二辊式、多辊式。

轧辊孔型分为半圆形孔型和环形孔型两种，环形孔型轧槽行程较半圆孔型长。采用二辊环形孔型进行周期轧制，受力条件好，变形区长，变形量大，壁厚减薄率、减径率均很高，加工率达到90%以上，能够生产断面较大的管坯，可以减少后序拉伸道次以及中间退火次数，在生产低塑性、难变形合金的薄壁管材时，其优点更显著；同时，冷轧管又能够大幅度地消除挤压管坯的壁厚偏差，轧出的管坯精度高、质量好，是一种高效的管材生产方式。

二辊式冷轧管特点是变形量大，道次延伸系数可达8～12，且管材尺寸精度高，轧出的管材长度可超过120 m。

二辊冷轧管机有常速与高速之分，按同时轧制管材根数又可分为单线、双线、三线轧管机。为提高生产效率，目前已有企业采用三线高速冷轧管机。由于环形孔型具有变形区长、变形量大等优点，因此长行程环形孔型冷轧管机已逐渐取代传统的半圆孔型轧管机。高速冷轧管机，单位时间内轧机的行程次数高，为阻止主传动系统产生的动载荷传到电机轴上，采用了大型的平衡装置，设备结构复杂，维护麻烦。常速冷轧管机虽然生产效率较低，但省去了庞大的平衡装置，大大简化了设备基础和日常的维护，可通过选用适合的设备数量来满足实际生产需要。

多辊式冷轧机有3～5个轧辊，轧辊沿轧制中心均布，在轧辊圆周上带有不变断面的轧槽，轧槽直径与成品管材直径相同。其加工率较小，道次延伸系数通常为1.5～3，最大可达6。生产出的管子尺寸精度、表面光洁度均优于二辊式，适于生产高强度合金中的小直径薄壁管材。多辊式冷轧机的生产能力低于二辊式，一般用于成品管材轧制。此法对管坯的尺寸公差要求较高，要根据技术要求选择好坯料。

冷轧管机结构复杂，维护工作复杂，变换孔型较为麻烦，轧辊孔型加工制造要求配备专用机床，且加工费用较高。

三辊式行星轧制是靠三个互成120°角布置、围绕轧件旋转的锥形轧辊进行轧制。其特点是变形速度快。在变形区中，变形热可使轧件达到铜合金的再结晶温度，使轧件由铸态组织变为退火组织，因而变形量极大，可达90%以上。行星轧制采用经铣面的连铸管坯，单重可达500 kg以上。行星轧制目前已是空调制冷用紫铜盘管的主要供坯方法之一。

棒线坯连轧是目前线材生产的主要环节，竖炉熔炼、轮带式（或其他连铸方式）连铸的梯形坯料带温直接进入多机架孔型轧机，经过多道次连续轧制而获得线径为8～16 mm的线杆盘卷。其加工率大、速度快、效率高。连轧工艺的关键是道次加工率分配、孔型设计和各机架轧制速度的协调控制。

2.1.4.3 拉伸

拉伸是对挤压、轧制、连铸等提供的坯料施加拉力，使其通过模孔，实现塑性变形的过程，通常用于生产成品管棒线材。

拉伸分减径拉伸、固定芯头拉伸、游动芯头拉伸、扩径拉伸、长芯杆拉伸等。目前采用较多的是固定芯头拉伸、游动芯头拉伸和减径拉伸。

游动芯头拉伸时，借助芯头所具有的外形建立起来的力平衡使其稳定在变形区内。此法道次延伸系数较大，减径和减壁量较大，是管材拉伸中较为先进的一种方法，适用于长管和盘管拉伸生产。

延伸系数是管棒线型材拉伸工序中变形的主要参数，要根据金属塑性、配模设计、设备能力、生产方法、坯料质量、产品形状及产品性能要求等因素选择延伸系数。短芯头拉管材时道次延伸系数一般为1.1～1.6；空拉管材时为

1.2～1.5,游动芯头直线拉伸管材时可达1.8～2.0,圆盘拉伸管材时可选1.2～1.5。

常用的拉伸设备有链式拉伸机、圆盘拉伸机和液压拉伸机。链式拉伸机用于直条管棒材拉伸,有单链、双链和单线、多线拉伸机之分。圆盘拉伸机为盘管生产设备,采用游动芯头,可拉出长达数千米的管材。

现代化链式拉伸机包括自动上料机构、穿芯杆机构、拉伸小车自动咬料、挂钩、脱钩、小车自动返回并重新咬料等机构以及自动下料机构等先进的辅助装置,拉伸速度可由低到高平稳增加,拉伸速度在各段工作中是可变的。为了提高生产能力,链式拉伸机也向多线、高速、自动化方向发展。多线拉伸一般采用同时拉伸三根,最多可达九根;拉伸速度可达150 m/min,先进的链式拉伸设备已达到装、卸料等工序全部实现自动化控制。

液压拉伸是液压驱动的拉伸机,同时具有传动平稳、拉伸速度调整简易、停点控制准确的优点,最适宜于拉伸难变形合金和高精度、高表面质量的异形管材和型材,如变断面管材等。液压拉伸机可设计为扩径和减径拉伸两用,并用于生产大直径管材。

圆盘拉伸机主要用于紫铜盘管的拉伸,该设备按照卷筒的布置方式可分为卧式、立式两种,而立式圆盘拉伸机根据其传动方式的配置可分为正立式和倒立式,根据落料方式又可分为非连续落料和连续落料两种形式。目前常用的是倒立式连续落料圆盘拉伸机,管材长度不受卷筒高度的限制,适合大卷重盘管的生产,单重已达500 kg以上。拉伸时的最高速度可达1500 m/min,生产效率高,能充分发挥游动芯头拉伸的优点。

目前,用于生产紫铜盘管和内螺纹管的拉伸机多为倒立式连续落料圆盘拉伸机,配有料筐循环装置,该设备适应性较强。此外还有V形槽盘式拉伸机,它以V形槽代替拉伸圆盘,与管材在截面上有两点接触而降低了对管壁的压应力,从而更适于薄壁管材的拉伸。

连续拉伸和圆盘拉伸一样,是过去20年来拉伸技术取得的最大进展。特别是履带式夹持拉伸方法的出现,以及两次、三次连续直条拉伸组合在一起,使管材生产方式发生了革命性的变化,生产线更加紧凑,设备简单,免去中间卷取和庞大的卷料周转系统,成为真正意义上的连续拉伸。更重要的是全部为直条拉伸,避免了圆盘拉伸中管壁在弯曲变形时所承受的径向压力作用,不会造成管材椭圆或压扁缺陷,成品率更高。

2.1.4.4 热处理

在生产中常用的退火炉分为间歇式和连续式。间歇式退火炉有:箱式炉、井式炉、罩式炉;连续式退火炉有:辊底式炉、网带式炉、通过式感应炉等。

氧化退火大都为光亮退火所取代,因而老式的箱式炉、辊底炉、井式炉已被现代的强循环的罩式炉、带锁气室的辊底炉所取代。

间歇式退火炉装料量小,退火周期较长,生产能力小,现在仅用于小规模、多品种的生产线。用于直条产品的氧化退火的箱式炉已被逐步淘汰;井式炉、罩式炉主要用于线材和盘管的退火,大多采用保护性气氛加强制循环或低真空气氛退火,以保证制品表面光亮无氧化。

新型辊底式退火炉被用于生产量大的铜管生产线,生产效率高,能耗低。该炉既可进行氧化退火,也可在惰性气体的保护下进行光亮退火。辊底式退火炉有两种形式:一种可进行直管和盘管的退火处理,炉膛宽而扁,炉体长度较长,总长度在60 m以上;另一种为盘管专用退火炉,盘管采用多层放置,因此炉区的长度大为缩短,设备总长度在30 m左右,但该设备的高度较高,约为5.7 m。目前国内最大的辊底式光亮退火炉处理能力达到4.8 t/h,大规模铜盘管生产线均采用辊底式退火炉完成光亮退火。

网带式光亮退火炉主要用于直条管材,尤其是冷凝管的退火,设备简单、气密性好,容易保证管材表面质量。

连续感应退火炉用于完成内螺纹空调管光面管坯的中间光亮退火,实现了“料筐”到“料筐”的连续退火。该设备带有履带式张力器,可为不同壁厚管材提供正确的张力,避免管材断裂。精确的控制系统也能确保设备功率根据管材尺寸和相应的速度成比例变化。该设备最大速度可达 600 m/min，带有气体保护和清洗系统，质量可靠。

2.1.4.5 精整

目前铜及铜合金管棒型材生产中常用的矫直设备有辊式矫直机、正弦矫直机和张力矫直机。其中，正弦矫直机是近年来得到推广的矫直设备，又称为回转框架式矫直机，有一个能绕框架轴线作圆周运动的装有矫直辊的框架，送入的制品在框架内承受矫直辊多方面的弯曲变形，而制品自身并不旋转，从而达到矫正的目的；张力矫直机可分为不带扭拧头和带扭拧头两种结构形式，带扭拧头张力矫直机不仅可以进行矫直处理，还可消除制品的扭拧缺陷。

管棒材矫直技术发展的方向是围绕避免磕碰、擦伤管棒材表面这个中心议题，尽可能保持被矫工件不转动，依靠多方向受力、小变形量，达到矫直的目的。

管棒材生产的其他辅助技术发展相当迅速，如：液压制头、清洗钝化、内吹扫、复绕、在线探伤及多工序在线组合。

管棒型材的特殊成形技术在最近 20 多年来有了重大进展，最突出的当属内螺纹成形技术。它把游动芯头定位、行星球旋压和超高速微型电机传动技术结合起来，实现连续、高效、盘拉成形。而外翅内螺纹管成形技术正在推动高效换热管的发展。

2.2 高性能铜合金材料制备及产品加工新技术

铜合金材料性能的极大提高是在其制备方法有所突破的基础上实现的。目前铜合金材料的新型制备方法主要集中在高纯化铜、微合金化铜及复合材料的制备技术上。在高性能铜材产品的加工生产技术方面，有关微合金化铜产品的工艺技术是研究的热点，主要集中在高强高导铜材产品方面。

2.2.1 快速凝固技术

快速凝固技术是通过一定的手段使合金在高温下快速冷却，使高温下的组织保留下来。其最大特点是实现元素的强固溶，与常规的熔铸法相比，快速冷凝可使 Cr、Zr、Co、Fe、Ti 等元素在铜中的固溶度（原子分数）分别由 0.8%、0.014%、0.2%、4.5% 和 5.5% 提高到 3.6%、1.33%、15.0%、20.0% 和 10.0%，此外可细化组织，消除偏析。快速冷凝中常用甩带法难以制备出高精度的带材。另外喷射沉积技术不但可保留绝大部分快速冷凝技术的优点，而且可实现一次性从合金熔铸到坯件最终成形，并可制备大坯锭，有利于利用熔铸法中后续加工与热处理装备。

2.2.2 定向凝固及单晶铜制备技术

定向凝固技术的核心是运用冶金学、晶体学等理论，采用特殊的冷却、结晶方法和手段使合金晶体在凝固过程中向特定的方向生长，从而实现其高性能。定向凝固合金制品的晶粒较少，晶体生长方向相同，晶界面少，基体的纯净化程度高，是制备高纯化铜及铜合金制品的理想手段，典型的是单晶铜的制备技术。目前，单晶铜制备技术已经基本成熟，可以采用水平定向连铸坯批量生产上千米的 $\phi0.05$ mm 单晶铜丝，用于雷达及高端音响信号的传输/接收部件，可确保信号的高保真。定向凝固技术的应用可以用连续铸造方式生产只有几个晶粒的纯铜小管坯，如直接连铸生产 $\phi16\times1$ mm 的无氧铜薄壁小管，作为电缆管的生产坯料，在大大提高制品的加工工艺性能和力学性能、电性能的同时，极大的缩短生产流程降低成本。

2.2.3 铜基复合材料制备新技术

2.2.3.1 人工复合材料法

人工复合材料法目前比较成熟的引入法是内氧化法、共沉淀法等粉末冶金的方法。将氧化物颗粒与基体熔体一起剧烈搅拌，而后浇注的所谓复合铸造法也已得到开发。该技术的关键在于氧化物颗粒与熔融铜的融合与均匀化。用热压法制备的碳纤维－铜复合材料具有热膨胀系数可调整等优点，已用于触头件的制作。

2.2.3.2 原位复合材料法

原位复合材料亦称自生复合材料，是指往

铜中加入一定的合金元素，通过一些工艺手段，使铜合金内部原位生成增强体，与铜基体一起构成复合材料。原位复合材料法包括反应法、生长法和变形法，制备工艺相对比较复杂。

铜基原位变形复合材料的制备过程包括制坯、预变形、最终变形三个主要阶段。制坯的方法有两类：一是铸造法，对 Nb、Ta 等高熔点的合金元素，常采用自耗电极电弧熔炼，对 Fe、Cr 等合金元素可采用真空感应熔炼；二是粉末冶金法，可采用 Cu 与 X 元素两种粉末制坯，也可用预制 Cu-X 合金粉末制坯。集束拉拔法也用来制备铜基原位复合材料。预变形为锻造、挤压、轧制等热变形方法。最终变形主要采用多道次的拉拔。

2.2.4 形变热处理技术

高强高导铜合金一般属于沉淀析出强化型合金，目前国内外普遍采用的典型形变热处理工艺是固溶淬火→冷加工→分级时效→冷加工。固溶淬火目的是形成过饱和固溶体，冷加工作用则是造成位错、空位等缺陷，以增加时效时的形核率，使合金在时效中形成高度弥散的第二相粒子普遍沉淀组织以强化合金。在随后的时效过程中过饱和固溶元素析出后纯化了铜基体，实现高导电性。后续冷加工一方面是为了进一步控制板形，另一方面则是进一步利用加工硬化效应来强化合金。通过微合金化技术和多相形变热处理技术的综合利用可实现多相多级强化，从而实现材料的高强高导性和良好的加工特性。

其他还有半固态成形技术、锆的非真空加入技术等，在近年来也取得了一定的进展。

随着对铜合金先进材料及其制备方法研究的深入进行，可以相信，高性能铜及其合金在高科技领域的应用会越来越广阔。

第2篇

变形铜及铜合金[1]

[1] 本篇负责人:汪明朴。

3 铜合金设计原理❶

3.1 合金设计的原理和方法

合金设计是20世纪70年代发展起来的一门交叉学科。现今，根据科学理论，能动地设计出具有预想性能的材料，即"材料设计"正在逐步兴起。在金属材料领域中"合金设计"这一科学方法，更是为广大材料科学工作者所广泛采用。合金设计具体说来是指人们以材料开发的有关知识、经验为基础，并借助计算机等辅助工具，设计出满足特定性能要求的材料化学组成、制备、加工和热处理工艺的过程。合金设计是材料科学的一个分支，它是金属学、物理冶金学、电化学、定量金相学、力学、数学和计算机科学技术的综合应用，是开发新材料的有力武器。合金设计中各种因素的相关性如图3-1所示。

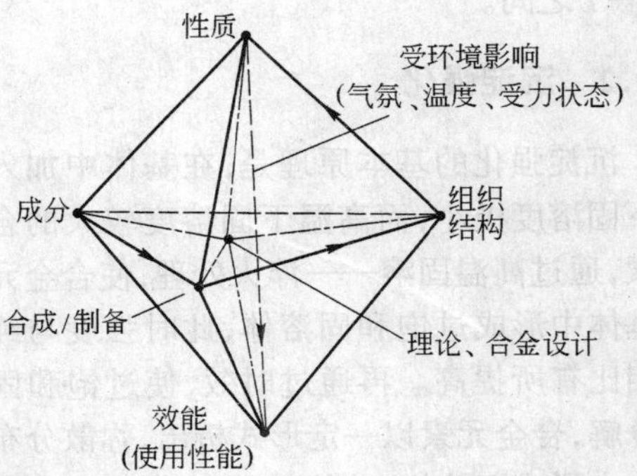

图3-1 合金设计所需考虑的各种因素

合金设计一般包括成分设计、工艺设计和组织设计等，所要实现的目的主要是应用合金成分的最佳组合、合理的加工和热处理来获得理想的组织和优异的性能。其中，成分是基础，是先天赋予的属性；工艺是手段，组织是保证，是后天的属性。因此设计时常以成分设计为重点。

在合金设计中最有效的方法之一就是利用计算机对真实的系统进行模拟"实验"，提供试验结果，指导新材料研究，其模拟对象遍及从材料研制到使用的全过程，包括合成、结构、性能、制备和使用等。其中，按照模拟尺度不同，合金设计的计算机模拟可以分为三类：

(1) 原子尺度模拟计算。空间尺度在约1 nm量级，主要采用分子动力学方法和蒙特-卡洛(Mante Carlo)方法等。前者根据粒子间相互作用势，计算多粒子系统的结构和动力学过程，可以广泛应用于计算各种物质的结构和性质。此外，还可以将分子动力学模拟和遗传算法结合进行合金设计，即利用分子动力学计算合金设计所需的物性值，再采用遗传算法，通过材料组成不断进化而达到材料特性最优为止。而蒙特-卡洛方法实际上是一种统计力学的计算技术，对结构引入某种随机变化，并根据能量判据加以取舍，对于处理无序系统特别有利。

(2) 显微尺度模拟计算。典型尺度在约1 μm量级，这时材料被看成连续介质，不考虑其中单个原子、分子的行为。例如，功能梯度材料是物相或化学组成连续过渡的复合材料，其最大优点是温度梯度大时热应力分散，适于在航天等领域中用作结构材料。因此，在研制功能梯度材料过程中可用计算机模拟方法计算热应力分布，为寻找合理的结构提供依据。此外，用热力学方法预测材料的相变过程及相变产物的显微结构，也属于此类方法研究范畴，如相图的计算机解析。制定相图首先要确定相界，最常用的方法是公切线法，以最简单的二元系为例，先算出各相在某一温度下的自由能曲线，引各曲线极小值的切线(多元系为切面)可得该温度下的相界，连接即成相图。近年来考虑到原子间相互作用力和各参数的影响，在Cluster变分法基础上，利用热力学、统计力学和电子理论，提出

❶ 本章撰稿人：曹玲飞、汪明朴。

合金相图的第一原理计算,可以对一些影响因素进行更严密的处理,以取得良好的效果。

(3) 宏观尺度模拟计算。此法一般与材料或材料部件的工业生产有关。例如,非晶态合金带材一般由液态合金急冷而成,在生产时为保证其中没有晶化"缺陷",就要求所用设备和工艺条件能保证获得均匀高速的冷却条件。采用计算机模拟计算液体合金快冷时的传热传质过程,有助于设计合理的设备和工艺以保证产品质量。

合金设计一方面要靠严密的科学理论,另一方面还要靠大量数据的积累,把理论和经验巧妙的结合,才能创造出满足需求的材料。多重回归分析法就是一种经验设计的典范。该方法以大量实验数据为基础,通过回归分析,建立合金性能、成分、加工、热处理工艺等因素之间的经验方程式,以这些经验方程式为基础通过内插、外插法设计新合金。在实用合金中,由于加入元素较多,为了简化计算,因此一般采用多元线性回归,其回归方程表示如下:$Y = a + bx_1 + cx_2 + dx_3 + ex_4 + \cdots + qx_n$,各项系数的确定可按最小二乘法原理求得,应用时只要将各元素 x_i 代入,即可求出目标性能 Y。

此外,在实际生产中,合金设计很大程度上有赖于对于金属学和相关物理学知识的应用,包括元素周期表的应用、相结构一般规律的应用,以及各种强化、韧化、耐蚀机理的应用等。合金设计从一定意义来说主要就是成分设计,它决定着相图的状态,从而决定着某种物相的存在与多少,控制着加工和热处理特性,如可轧制性、热塑性和相变特征等,因此,根据化学成分可定量地推断各种状态下的组织和性能。结合元素周期表中原子结构的周期性排列,以及由此引起的元素物理化学性质的周期性变化,对于合金元素的选择和替代,合金晶体结构的变化和在状态图中的行为等都可进行预测。再根据固溶体的 Hume-Rethery 法则和中间相的形成规律等,可推断相应的物相结构组成。同时,可以利用如下各种强韧化原理,制备满足不同性能要求的合金材料(具体应用将结合不同类型的铜合金设计实例进行叙述)。

3.1.1 固溶强化

固溶强化是利用固溶体中的溶质原子与运动位错相互作用而引起流变应力增加的一种强化方法。引起固溶强化的因素包括弹性交互作用(柯垂尔气团和史诺克气团)、电交互作用、化学交互作用等。例如,在固溶体中加入溶质原子,当基体原子与溶质原子的尺寸存在差别时,局部晶体点阵发生畸变而引起的应变场将产生与位错的交互作用的变化(包括超弹性作用力以及位错与溶质原子的介弹性作用能),最终起到增加晶体变形阻力,产生固溶强化的效果。因此,在基体中添加适量合金元素形成固溶体,合金的强度一般将得到提高。根据 Mott-Nabbaro 理论,对于稀薄固溶体,屈服强度随溶质元素浓度的变化可表示为:

$$\sigma = \sigma_0 + kC^m \tag{3-1}$$

式中,σ 为合金屈服强度;σ_0 为纯金属屈服强度;C 为溶质原子浓度;k、m 为决定于基体和合金元素的性质的常数,其中 m 的数值介于 0.5~1 之间。

3.1.2 沉淀强化

沉淀强化的基本原理是,在基体中加入常温下固溶度极小,而高温下固溶度较大的合金元素,通过高温固溶——淬火处理,使合金元素在基体中形成过饱和固溶体,此时强度与纯基体相比有所提高。再通过时效,使过饱和固溶体分解,合金元素以一定形式析出,弥散分布在基体中形成沉淀相。沉淀相能有效地阻止晶界和位错的移动,从而大大提高合金强度。

时效析出初期,析出物粒子尺寸较小,析出粒子与基体共格时,位错与粒子的交互作用为切割方式。按照 Fleisher 模式,析出粒子引起临界剪应力增量可表示为:

$$\Delta\tau_0 = c\varepsilon^{3/2}G(Rf/b)^{1/2} \tag{3-2}$$

式中,c 为常数(一般在 2.6 ~3.7);ε 为共格晶界处的位错配应变;G 为基体的剪切模量;b 为基体位错的 Burgers 矢量大小;R 为粒子的半径;f 为粒子所占的体积分数。时效析出中后期,析出物粗化,析出粒子与铜基体由共格转化为半共格或非共格，位错与粒子交互作用为绕过方式（Orowan 模式），其临界剪应力可表示为：

$$\Delta\tau_0 \approx 1.19 Tf^{1/2}/Rb \quad (3\text{-}3)$$

式中，T 表示位错线的线张力；R 代表粒子的半径；b 代表基体位错的 Burgers 矢量大小；f 代表粒子所占的体积分数。一般说来，析出粒子必须是纳米级的才能产生显著的 Orowan 强化。

3.1.3　细晶强化

在多晶体中，晶粒越细，屈服强度越高，两者关系可用 Hall-Petch 公式表示：

$$\sigma_y = \sigma_0 + k_y d^{-1/2} \quad (3\text{-}4)$$

式中，σ_y 为屈服应力；σ_0 和 k_y 为常数；d 为晶粒平均直径。多晶体在受力变形过程中，位错被晶界阻挡而塞积在晶界表面，从而迫使晶界内的滑移由易到难，最终合金被强化。此外，停留在晶界处的滑移带在位错塞积群的顶部会产生应力集中，位错塞积群可以与外加应力发生作用，当这个应力大到足以开动临近晶粒内部的位错源时，滑移带才能从一个晶粒传到下一个晶粒。由于晶界及相邻晶粒取向不同，从而使材料强化。为了得到超细晶粒组织，可以采用以下几种方式：(1)改变结晶过程的冷凝条件，尽量提高冷却速度，使结晶从改变结晶过程的冷凝条件，尽量提高冷却速度，使结晶从转变一开始就有相当大的成核速率，进而取得细小的初生晶粒组织；(2)通过加工变形，同时严格控制随后的回复和再结晶过程，以取得细小的变形组织；(3)采用脱溶反应、调幅分解、粉末烧结和内氧化等方法在合金内产生弥散的第二相，以限制基体组织的晶粒长大；(4)通过加入某种微量合金元素（如稀土元素等）细化晶粒。

3.1.4　形变强化

冷变形能使合金内部位错大量增殖，根据位错强化理论，金属变形的主要方式是位错的运动。位错在运动过程中彼此交截，形成割阶，使位错的可动性减小，许多位错交互作用后，缠结在一起形成位错结，使位错运动变得十分困难，从而提高材料的强度。不过，通过形变强化所获得的较高强度会在随后的退火过程中很快丧失，因而形变强化常与其他方式联合使用。

3.1.5　复合材料强化

复合材料强化主要是在基体中引入第二相粒子或纤维作为强化相，通过阻止位错在基体中的运动使合金得到强化。对于粒子增强型，合金强度取决于分散粒子对基体中位错的阻碍能力。而在纤维增强型复合材料中，纤维是载荷的主要承受者，基体只是传递和分散载荷到纤维中去的媒介，材料的强度取决于纤维的强度、纤维与基体界面的粘接程度以及基体的剪切强度等因素。

3.1.6　合金的韧化

韧性是金属材料塑性变形和断裂全过程吸收能量的能力，是强度和塑性的综合表现。具体的韧化方法包括：(1)细化晶粒：晶粒减小，相邻晶粒引起的应力集中也随之减小，这样不但可产生细晶强化，也减少了裂纹形成的几率，使材料得到韧化；(2)引入韧性相：裂纹伸展到韧性相受阻，或停止伸展，或改向阻力较小的方向，从而产生吸收能量、松弛应力、提高韧性的效果；(3)复合材料韧化：通过“分层”效应，引入第二相颗粒或纤维，分担负荷提高韧性；(4)位错胞块韧化：一般压力加工中形成的位错密度越高，亚晶胞块就越小，这可以改善合金韧性；(5)织构韧化：即利用轧制过程形成合理的织构来提高韧性；(6)无沉淀带韧化：一般认为无沉淀带较软，应力在其中发生松弛，故裂纹的萌生和发展困难，利于提高韧性。

3.1.7　添加微量元素

在基体中加入某些微量元素使之合金化不但可以使合金得到强化，而且对发展耐磨蚀材料也是一种有效手段。这些微量元素有的通过固溶，有的通过形成弥散相，有的通过净化基体组织而对合金起强化作用，但均不明显降低其耐蚀性，从而起到了提高合金综合性能的目的。如，稀土在冶金工业中常被称作是金属材料的

"维生素",在基体中添加适量的稀土元素能够很好的提高合金的综合性能。

3.2 合金设计的基本原则

合金设计是一门综合学科,是通过合金成分和组织的严格控制与合理配合而获得预期性能的,它是建立在合金成分—组织—性能—工艺定量关系基础上的综合结果。在设计时需要对以下三方面进行综合考虑:即要充分了解合金材料在服役条件下的使用性能(如力学性能、物理性能、化学性能等);要了解合金从生产到制成产品的工艺性能(如铸、锻、焊、切削加工等);还需要考虑非常重要的经济因素(如原料、价格、市场等)。因此,进行合金设计必须遵循下列基本原则:

(1) 要有良好的性能。其中力学性能是合金设计的重要依据和目标。金属材料在工程材料中的价值首先来自于其强度和韧性的良好配合。这是其他工程材料——如陶瓷,塑料等无法比拟的,然而即使是优异的金属材料,也不可能尽善尽美,因此要根据具体要求来进行设计。对结构材料来说,首先要满足强度要求,充分发挥强度作用,以减轻物件重量,节约金属;其次要有足够的塑性和韧性,以确保使用安全。在特殊情况下,除了常规力学指标外,还应具有优良的高温稳定性、疲劳强度、高温蠕变强度、断裂韧性等。此外,对于某些应用场景的材料来说,还要具体考虑其对于导电性、导热性、磁性和抗各种介质的腐蚀性能等的要求。

(2) 具有良好的加工成形性。加工成形性有两层含义:一是合金加工成材的性能,即冷、热加工成板、带、管、棒、型、线材的性能;二是材料加工成构件的性能。显然,成形性愈好,成本愈低,能耗也愈少。

(3) 成本低,经济适用。设计合金时,能少用稀贵金属就少用。在加入数量上,以满足性能为准。在工艺设计上,既要充分发挥合金潜力,又要力求简单合理。

(4) 合理使用资源。首先要充分利用本国资源,建立自己的合金系列;其次要合理利用共生矿床,有效地利用原材料中的残存元素;第三要合理利用稀贵金属。

(5) 环境保护。设计合金时,要充分考虑其制备、使用时对环境的影响,以及服役后易于回收和再生这一要素。

3.3 合金设计的一般过程

合金设计开发不限于单一的模型或方法,因此根据不同要求(用途、性能、成本、资源等)可以灵活地采用不同方法。一般的开发设计流程如图3-2所示,总的说来,服役条件是制定目标性能的主要依据,影响目标性能的相关因素是控制性能的主要措施,相关因素的定量计算是合金设计的关键,具体步骤如下:

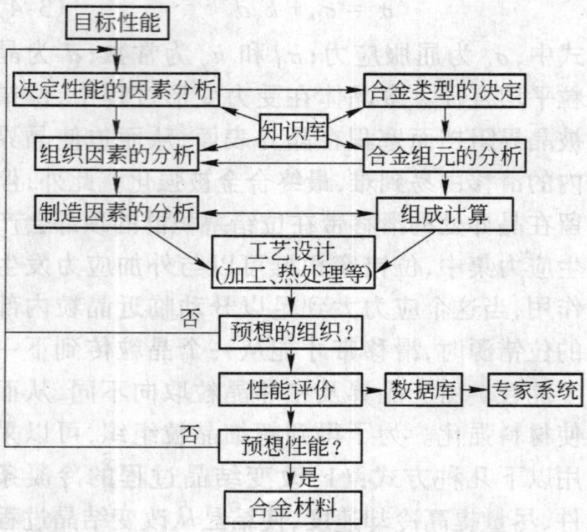

图3-2 合金设计流程图

(1) 根据材料在服役期间的工况状态,环境条件和使用寿命,确定确保使用安全的目标性能,在一般情况下,强度和塑性仍是合金设计的主要依据。

(2) 根据使用目的和要求,选择适当的强韧化方案,由此确定合金类型。

(3) 根据合金类型选择目标性能所应具有的化学成分和显微组织。一般情况下是加入某一种或几种合金元素,以获得某一项或几项性能,再加另一种或几种合金元素,以获得另外的某项性能或抑制某一性能,使所加合金元素各自发挥自己的特点,以获得良好的综合性能。

(4) 制定和选择适当的加工和热处理制

度，使合金元素在各相中得到合理的分布，从而得到理想的组织，使各项性能获得最佳的配合。

(5) 实测组织和性能，若未达到预想的结果，可修改成分或工艺，直至达到要求为止。

(6) 将有关新合金的基础数据，如成分、工艺、性能等存入数据库，为新的合金设计提供理论和实验依据。

3.4 铜合金的设计开发途径和方法

铜及铜合金是人类使用的最古老的金属材料，它至少有 5000 年的历史，在现代社会中铜及铜合金已成为第二大有色金属，是全球各行业中广泛需求的基础材料。铜及铜合金之所以得到广泛应用，是由于其具有一系列不可替代的优异特性，如优良的导电和导热性能，耐磨性能，具有很高的塑性，非常易于加工成形。铜尽管强度很低，但不少元素在铜中溶解度都较大，固溶强化效果好，这使得很多铜合金兼具有高强度和高韧性，从而广泛用来制造高强、高韧、高导电、高导热和高耐蚀的重要零件。铜通过合金化，还可使其产生一些奇特性能，如形状记忆效应，超弹性和减振性等。

铜合金按其强化途径可分为固溶合金、变性固溶合金、时效强化合金和其他合金等。

(1) 固溶合金：最适合于铜的合金元素是那些能与铜形成固溶相的元素。它们在这些合金体系中硬化作用大，足以达到实用目的，而不会遇到由第二相或化合物带来的脆性。弹壳黄铜是典型的固溶合金。弹壳黄铜含 30% Zn，由于偏析偶尔有少量 β 相出现，但 β 相通常在第一次退火后就消失。

铜的固溶强化合金以其强度和可成形性而著称。因为固溶强化合金是单相，而且在加热或冷却过程中均不发生相变，所以用冷轧或冷拔这样的冷加工方法，便可以达到其最大强度。

(2) 变性固溶合金：添加元素还可引起固溶合金的变性形成变性固溶合金。所添加元素可反应形成金属间化合物弥散颗粒，此弥散过程有晶粒细化和强化作用，故可产生更高的强度。因为这种变性处理不需要大量的昂贵元素，所以收效是相当经济的。

95Cu-2.8Al-1.8Si-0.4Co 合金是一种变性固溶高强度合金，其退火抗拉强度为 570 MPa，冷轧状态的抗拉强度为 660～900 MPa，钴便是这种金属间化合物弥散强化元素。86.5Cu-11.5Zn-1.5Fe-0.5Co 是一种添加铁和钴而变性的低锌黄铜。由添加的铁和钴产生的金属间化合物颗粒的弥散作用强化了合金。同时，导电率只有中等程度的减小，抗应力腐蚀能力很高。而具有相同强度和导电率的高锌黄铜，若无电镀保护将产生严重的应力腐蚀现象。

(3) 时效强化合金：时效硬化可产生很高的强度，但是只局限于合金元素的溶解度随温度降低而急剧减小的少数几种铜合金，铍－铜可以作为时效硬化铜合金的典型代表。

含 1.6%～2.0% Be（质量分数）和约 0.25% Co（质量分数）的铍青铜，常常叫做“金色合金”。因为其中有大量的铍（原子分数约为 12%）存在，故放出耀眼的光环。其经冷加工时效后的屈服强度大于 1380 MPa，导电率的范围视冷加工量和热处理工艺的不同而在 20%～30% IACS 之间。

其他时效硬化合金包括：锆－铜、铬－铜、铜－铁－磷、铜－镍－硅等合金。

铜－镍－锡合金也属时效强化型合金，其靠调幅分解及有序相沉淀作用得到硬化。靠冷加工与热加工相结合，这些合金可以达到与硬化铍－铜相等的高强度。成形特性的各向同性是这类合金所独有的，这样就不会反映出加工合金常有的方向性。

(4) 其他合金：某些铝青铜，尤其是含铝量大于 9% 的铝青铜，可以在临界温度以上淬火以得到硬化，此硬化过程属马氏体型过程，类似于铁－碳合金淬火时发生的马氏体型硬化，淬火后进行回火韧化或用间断式淬火代替标准式淬火还可进一步改善铝青铜性能。加入镍或锌的铝青铜，利用可逆马氏体相变还可产生形状记忆效应。

为了提高机加工性能，常把铅、碲和硒等不溶性元素添加到铜和铜合金中。碲和硒以及铋的添加，使铜合金的热轧和热成形几乎成为不可能，并严重限制了冷加工的使用范围。高锌黄铜避免了这些限制，因为高锌黄铜在高温下完全变成了β相。β相可以溶解铅，因而避免了在热锻或热挤压温度条件下生成液态晶界相，防止了热加工开裂现象。大多数易切削黄铜棒材采用β相挤压法生产就是这个道理。

3.4.1 高强高导铜合金的设计开发

高强度高导电铜合金是制备集成电路引线框架、发电机用集电环、电枢、电动工具换向器、电阻焊电极、缝焊滚轮、焊矩喷嘴、电气工程开关触桥、连铸机结晶器内衬、高速铁路电力机车架空导线芯、高速列车异步牵引电动机转子等器件的优良材料。高强高导铜合金的设计有两种思路：(1)加入适量合金元素强化铜基体来提高强度，同时尽量避免对导电率的不良影响；(2)引入第二相形成复合材料，通过复合强化取长补短，达到高强高导的目的。其中，合金化方法是制备高强高导铜合金的基本方法之一，即通过在铜基体中加入一定的合金元素，形成固溶体，再通过机械加工或热处理使其组织和结构发生变化，从而获得高强度和高导电性能兼备的铜合金。而复合材料法根据强化相引入方式的不同又可以分为人工复合法和自身复合法两种。

合金化法制备高强高导铜合金主要是固溶强化和沉淀强化两种方法，细晶强化和形变强化常作为辅助强化手段。固溶强化型铜合金导电性能较差。沉淀强化型合金，经高温固溶处理，随后时效，合金元素呈弥散相析出，固溶体贫化为纯铜基体，取得了强度和导电、导热性的平衡，因此，沉淀强化法是制备高强高导铜合金的主要途径。不同的元素对铜的固溶强化作用效果是不同的，常用的固溶元素有 Sn、Ag、Ni、Mg、Zn 和 Cd 等。但是，合金元素进入铜基体中，因其原子尺寸与铜的不同，将引起点阵畸变对电子运动产生强烈的散射作用，从而使合金导电率下降。根据 Mathiessen 定律，低浓度固溶体的电阻率可表示为：

$$\rho = \rho_0 + C\Delta\rho + K \qquad (3\text{-}5)$$

式中，ρ_0 为固溶体溶剂组元的电阻率；C 为溶质原子含量；$\Delta\rho$ 为 1% 溶质原子引起的附加电阻率；K 为与温度和溶质浓度有关的偏离参量。因 $\Delta\rho$ 不同，不同的合金元素对铜导电率的影响也不同。因此，固溶强化法制备高强高导铜合金的原则就是要选择强化效果较好，且对导电性影响较小的元素作为固溶元素，如 Cd、Sn、Ag 等。

采用沉淀强化方法强化铜基体时，产生沉淀强化的合金元素应满足两个条件：(1)高温和低温下在铜中的固溶度相差较大，以便时效时能产生足够多的强化相；(2)室温时在铜中的固溶度极小，以保证基体的高电导性。按这一原理开发的高强高导铜合金有 Cu-Cr、Cu-Zr、Cu-Cr-Zr、Cu-Fe、Cu-Fe-P、Cu-Fe-Ti、Cu-Ni-Si、Cu-Ni-Be 等系列。

沉淀强化型合金的屈服强度不仅与析出相粒子的种类、大小、数量有关，还同粒子与基体的界面结构有关。通过优化固溶——时效工艺，形成合适的析出相组态，即可获得不同强度级别的合金。固溶体脱溶过程中，铜基体中溶质浓度减小，成分接近纯铜，基体电阻率急剧下降。同时，析出粒子的出现会对电子产生附加散射，增大合金电阻率，但沉淀析出的第二相引起的点阵畸变对电子的散射作用要比铜基体中固溶原子引起的散射作用小得多，因而在总体上，脱溶过程后合金能获得较高的导电率。时效后的合金具有复相结构，用单元立方体模型可简单有效地解释其导电机理，其基本假设为把整个材料可看成由许多小立方体堆积而成，小立方体统称为单元立方体，所有第二相粒子均各自占据一个小立方体，合金导电率就是所有单元立方体导电率的平均值，由于此模型认为细小的粒子并联于高导电基体，使得其对整个合金的导电率的影响很小，从而解释了时效析出高强高导铜合金保持高导电性的原因。

综上所述，合金化强化的一般途径是添加适量合金元素实现固溶强化，通过塑性变形达到形变强化，通过时效析出或晶粒细化进一步强化。单一的固溶强化、沉淀强化及形变强化的效果往往有限，因而常常将几种强化方式联合使用。如通过固溶+冷变形+时效工艺可大大提高沉淀强化铜合金的强度而对导电率影响很小。Cu-Zn-Cr 合金就是综合运用上述方法的一个典型例子。利用在 Cu 中有较大固溶度的 Zn 对合金电阻率的调整效应和 Zn 本身的固溶强化效果，以及 Cr 粒子的沉淀强化和提高耐热性的作用，已经开发出新型的高强高导铜合金，满足了高速列车异步牵引电动机导条材料必须具备高温强度好、电阻率适当的要求。比较而言，复合强化能同时发挥基体和强化相的协同作用，又具有很大的设计自由度，因此不会明显降低铜基体的导电性，同时强化相还改善了基体的室温及高温性能，成为获得高强高导铜材的理想强化手段，代表了高强高导铜合金的发展方向。

采用人工复合法开发高强高导铜合金主要是指：人为向铜中加入第二相的纳米颗粒、晶须或纤维对铜基体进行强化，或依靠强化相本身的强度来增大材料强度。氧化物弥散强化铜(ODSC)就是通过向基体中引入均匀分布的、细小的、具有良好热稳定性的氧化物颗粒，如 Al_2O_3、ZrO_2、SiO_2、Y_2O_3、ThO_2 等来强化铜而制得的材料。氧化物弥散强化铜的强化机制和导电机制与沉淀强化型铜合金的类似，但弥散强化铜中的第二相颗粒在高温下性能稳定，具有较好的抗高温软化能力，这也是弥散强化铜的突出之处。制备 ODSC 铜的关键是如何向铜基体中引入均匀分布的细小氧化物。目前比较成熟的工艺是内氧化法，其基本过程是使 Cu-X 合金雾化粉末在高温氧化气氛中发生内氧化，使 X 合金元素转变为氧化物，然后在高温氢气气氛中将氧化的铜还原，形成铜与 X 氧化物的混合体，最后通过真空热挤压或真空热压进行致密化成形。目前研究得最充分的是 Cu-Al 系的内氧化，Cu-Si 系的研究也较多。提高弥散强化铜性能的关键有两个，一是优化内氧化工艺和还原工艺，确保弥散质点的均匀分布，保证材质的各向同性并使得氧化铜全部还原；二是要优化固化成形方法，提高成品的致密度。

此外，近年来应用机械合金化法已成功研制出一些高强高导铜合金，如 Cu-Al_2O_3、Cu-TiB_2、Cu-TiC、Cu-Nb、Cu-Zr 等。机械合金化法是通过将不同的金属粉末和弥散粒子粉末在高能球磨机中长时间研磨使金属原料达到原子级的紧密结合状态，同时使硬质粒子均匀地嵌入金属颗粒中得到复合粉末，然后压紧、成形、烧结、挤压。除了颗粒增强铜外，纤维增强铜也应用于开发高强高导铜合金。碳纤维－铜复合材料以其优良的导电性、导热性、抗磨损性能和低热膨胀系数而受到人们的重视。20％石墨纤维增强铜合金已成功地用作触头材料。

自身复合法是通过向铜中加入一定的合金元素，采用特定的工艺手段，使铜合金内部原位生成增强相，与基体铜一起构成复合材料，而并非加工前就存在增强相与基体铜两种材料。目前应用到高强高导铜合金的研制中的主要有原位反应复合法、原位生长复合法和塑性变形复合法。

(1) 原位反应复合法是指在铜基体中，通过元素之间或元素与化合物之间发生放热反应生成增强体的一类复合法，其优点是增强体没有界面污染，与基体有良好的界面相容性，与传统的人工外加增强体复合材料相比，强度大幅度提高，同时保持较好的韧性和良好的高温性能。

(2) 原位生长复合法是指利用共晶合金的定向凝固，在基体中形成定向排列纤维状增强体的复合材料方法。在一定条件下，偏离共晶成分的合金和有包晶或偏晶等转变反应的合金也能定向凝固生长出规则排列的增强纤维。目前，由于其制备工艺难以控制，适合的合金系也十分有限(如 Cu-Cr 系)，因此用这种方法制备高强高导铜合金的研究工作还处于初始状态。

(3) 塑性变形复合法是指往铜中加入过量的合金元素(Cr、Fe、Ta、V、Nb 等)，制得两相复合体，过量的元素以单质形式呈枝晶状结构存在于凝固态合金中，此后对合金进行大形变量拉伸，使合金成为纤维增强复合材料。适合这种方法的合金元素应具备以下两个条件：一是在铜中的溶解度很小，不至于对铜基体的导电率产生太大的影响；二是要具有良好的塑性，以便加工变形，其制备过程包括制坯、预变形、最终变形三个主要阶段。材料的主要性能指标是极限拉伸强度和导电率。极限拉伸强度主要取决于第二相含量、形变量、第二相原始尺寸等。形变量越大，极限拉伸强度越高。这种材料的强化机理主要有4种模式：1)混合规则，该规则指出，材料的极限抗拉强度为 $\sigma_c = \sigma_f V_f + \sigma_m V_m$，式中 σ_f 和 σ_m 分别为增强相和基体相的极限抗拉强度；V_f 和 V_m 是相应的体积分数，此式的适用性较差。2)修正混合规则，该规则认为铜基原位复合材料的屈服强度除了要考虑各相体积分数的影响外，还应考虑界面的作用。3)障碍模型，障碍模型是基于晶界阻碍位错，导致位错塞积，应力集中提出来的，如在 Cu-Nb 系中，界面作为位错源控制着横穿界面的塑性流变，并影响着材料的屈服特性。4)位错扩展模型，由于第二相纤维的阻碍作用，位错运动受阻。此类材料的电阻率由四部分组成，即：

$$\rho_{tot} = \rho_0 + \rho_{imp} + \rho_{int} + \rho_d \tag{3-6}$$

式中，ρ_{tot} 为总的电阻率；ρ_0 为基体的电阻率；ρ_{imp} 为杂质散射电阻率；ρ_{int} 为界面散射电阻率；ρ_d 为位错散射电阻率。为获得良好的导电性，应选择互不相溶或溶解度极小的第二组元，以减小杂质散射电阻。

此类铜基复合材料最早出现于20世纪70年代末。Beck 等在研究超导合金时首次发现，铸态 Cu-Nb 合金经大量拉拔变形后形成的 Nb 纤维分布在 Cu 基体中，Cu-20％Nb(体积分数)复合材料的抗拉强度接近2000 MPa。一般情况下，铜基原位复合材料的原始组织为铜基体中均匀分布着树枝状(熔炼法)或颗粒状(粉末冶金法)的第二相，经形变后第二相形成纤维状，其微观组织经较大的形变后，纤维内几乎没有位错存在，晶界处则是高密度位错区。要求铜基原位复合材料的合金元素 X 在铜中的固溶度很小，并具有良好的塑性，通常体积分数应保持在20％以下，纤维体使得基体的强度显著增高，而基体仍保持所希望的导热导电性能。

此外，为了进一步提高铜基二元合金的强度，改善导电性，弥补其他性能上的不足，人们在二元合金的基础上，添加微量的第三组元甚至第四组元。目前多元微合金化技术已越来越受到重视，已成为进一步改善高强高导铜合金综合性能的有效手段。例如，在铜基体中添加适量稀土可以脱氧、脱硫、脱氢及脱除铅、铋等有害杂质，净化铜合金的成分，消除枝状晶区、急剧细化晶粒，提高塑性和强度，减少表面裂纹和缺陷；改善和提高铜及其合金的热加工性能，提高塑性，改善结晶组织；提高铜及其合金的导电性、热强性、抗氧化性和焊接性能。稀土对铜合金性能的改善已被大量实验所证实。在铜合金中加入一定量的铈，可明显提高合金的耐腐性和抗局部腐蚀能力，在 Cu-2Cr-0.02Zr 合金中加入质量分数不超过0.5％的铈、镧等稀土元素可制得高强度耐蚀铜合金，其导电率能明显改善；在纯铜中加入0.05％左右的稀土可使其导电率达到103％IACS。但值得注意的是，各合金系中稀土的加入都有一最佳值或适当的用量范围，超过其临界值时，稀土的作用就与杂质元素差不多，严重影响铜合金的各项性能。

在许多应用领域，要求材料具有多项综合性能。因此，怎样通过优化合金成分，选择合理的制备工艺，设计和生产出满足综合性能要求的，市场潜力大、成本低、适合规模化生产的高强高导铜合金，也将成为今后的重要课题。此外，在高强高导铜合金的研制和生产中也日益重视环保和可持续发展，如采用清洁、健康，无 HNO_3 的光亮酸洗工艺。在添加合金元素方面，为节约贵重金属及有利于环境保护，比较重视开发无 Ag、Cd、As 等元素的合金体系。

3.4.2 耐磨铜合金的设计开发

当铜合金在具有磨损和冲蚀的环境中使用时，合金设计过程中不仅要考虑高强度，还要考虑其耐磨性、耐冲击性等要求。此时铜合金的摩擦方式实际为金属块相互滑过而造成的磨损。两个金属块之间的相互冲击引起的逐渐变化称之为“冲蚀磨损”。实践证明，在含有软相的基体中分布着一些高硬度颗粒，是理想的耐磨材料。强化颗粒必须为弥散分布，尺寸为亚微米级。这些细小颗粒一方面在金属发生变形时对位错的运动起到一定的阻拦，使位错线必须攀越颗粒才能向前运动，增强了材料的流变应力。另一方面又可在磨损过程中从基体脱落，滞留于两个摩擦面之间，产生滚动摩擦作用，减少了合金的体积磨损，起到了耐磨作用。并且由于基体具有一定的韧性，就可使材料在受到冲击时对冲击力有所减缓。由磨损定律可知，磨损体积与材料硬度成反比（$W = kL/H$，式中 W 为磨损体积，k 为摩擦系数，L 为法向载荷，H 为材料硬度），选择具有适当硬度值的强化颗粒可以有效控制金属的磨损。

下面以复杂铝黄铜为例说明耐磨铜合金的设计。在简单黄铜中加入 Al、Mn、Ni、Fe、Si、Sn、Ti 等元素，以铝为第三主元素的合金称为复杂铝黄铜，以锰为第三主元素的合金称为复杂锰黄铜。目前在工程材料中使用较广泛的主要是以上两种复杂黄铜。合金设计时需要综合考虑与最终产品质量密切相关的因素，如选择产生固溶强化作用的元素及其含量、颗粒强化作用的元素及其含量、α 相及 β 相的相对含量、加工工艺及热处理制度的最佳制定等。

3.4.2.1 合金元素的选择

铝为强化 Cu-Zn 合金母相的有效元素。因为铝的原子半径大于铜和锌的原子半径，铝溶入 Cu-Zn 合金中以置换原子的形式存在，当铝置换了晶格中的铜或锌原子后，使晶体的固有应力场的周期性在局部发生了变化，产生一定的晶格畸变，这样就引起了晶体弹性应力场发生改变。当合金在外力作用下通过运动位错产生形变时，弹性应力场与运动位错发生交互作用，增加了合金的变形阻力，从宏观上来看就提高了合金的强度。因为铝可缩小 α 相区，在 Cu-Zn 合金中加入铝元素，可大大地提高 β 相的稳定性，增强基体的强度。调整铝含量还可对 α 相和 β 相的相对比率产生很大影响，从而达到调整合金性能的目的。但铝含量超过 8%，则会因出现 γ 相而降低合金的加工性能，因此通常对铝含量的控制为不出现或少量出现 γ 相为宜。

铁在黄铜中的溶解度极小，超过溶解度的铁以富铁相微粒析出，作为“人工晶核”细化铸锭组织，并可抑制退火时再结晶晶粒长大，提高合金的力学性能和工艺性能。Fe 在黄铜中的含量通常低于 1.5%。若含铁量高，富铁相增加，甚至产生富铁相的偏析，会降低合金的耐蚀性，并影响电镀层表面质量。Fe 与 Mn、Sn、Al、Ni 等配合使用可增加其在大气、海水中的耐蚀性。

锰在黄铜中的溶解度较大，室温下可达 4%，但在复杂黄铜中由于受其他元素的影响，其溶解度有所下降。锰还可与硅结合，生成硬度相当高的六方结构的 Mn_5Si_3，从而提高了合金的耐磨性。

镍主要提高材料的抗蚀性与韧性。镍和铝结合，可生成球状的 Ni_3Al，引起明显的沉淀硬化。但镍具有抑制 β 相析出的作用，应引起注意。锡能少量溶于 α 相及（α + β）相黄铜中，起抑制脱锌、提高材料的抗蚀能力、改善耐磨性的作用，但锡过量会可导致铸锭的反偏析。

为了保证合金不仅要具有一定的强度、硬度使之耐磨损；而且还要保证其具有一定的韧性，使之能经受一定的冲击，这就对合金中 α 相与 β 相的相对含量有一定的要求。当合金中除 Cu、Zn、Al 以外其他元素不变的情况下，β 相相对含量高的合金抗拉强度及硬度均高。一般为了降低材料的成本，尽可能使锌含量高些，为了避免产生较多的 γ 相而使材料的韧性降低，锌的含量在设计合金时应有一个控制的上限。铝显著缩小 α 相区，因此 Zn、Al 含量是要统筹考虑的。在设计合金的相组织时，更是要将以上几个方面的因素综合到一起考虑，并充分考虑加工工艺和热处理制度的影响，以便获得理想的相组织。

3.4.2.2 加工工艺与热处理制度

当合金铸成锭坯后，加工工艺和热处理制度的制定就成为决定材料是否合格的关键因素，需要根据合金的成分、性能参数的要求、相组织的变化等几个方面因素并结合相图来制定上述制度。若加工工艺及热处理制度制定得合理，则可获得较理想的组织，如强化质点细小、弥散，晶界上存在有少量的 α 相，β 相中分布着少量块状的 γ 相。例如，HAl67 - 5 - 3 - 1 合金加热至 900 ℃、保温半小时、空冷，此时，硬化颗粒已从基体中沉淀析出并呈均匀、弥散分布，合金各项性能指标均较好，HB 可达 193。

随着现代化科学技术日新月异的迅猛发展.现代工业对铜合金的性能提出了更加严格的综合要求。例如,对于广泛应用于冶金、电力、矿山等部门的轧机轴瓦、挤压拉伸机的滑块等而言,需要材料能够满足重载荷及高转速下工作的要求。传统的铜基耐磨合金,如铸造锡青铜和铝青铜已逐渐不能适应。因此,可以在已得到的含有廉价金属 Al、Fe、Mn、Pb 的铜合金成分——性能数学模型的基础上,利用计算机进行最优化计算,设计出适用于不同工况的、可替代传统锡青铜和铝青铜的新型铜合金。这对于提高合金性能,开发新品种和提高经济效益是很有必要的。

3.4.3 耐腐蚀铜合金的设计开发

铜在大多数腐蚀环境中耐蚀能力极好。然而,在某些环境中,一些铜合金常常发生氢脆或应力腐蚀开裂,因而使用受到限制。如韧铜是含氧化亚铜的合金,当将其暴露在还原性气氛中时,就观察到氢脆现象。大多数铜合金是脱氧的,这样就不易发生氢脆。

黄铜的耐蚀性是极其重要的使用性能,其在大气、纯净淡水、多种介质的水溶液和有机物中均耐蚀。海水对黄铜的腐蚀作用也不大。但当黄铜暴露于氨或胺中时,容易产生应力腐蚀裂纹,其中含锌量大于 15% 的黄铜最为敏感。黄铜的应力腐蚀破裂是由压力加工等带来的残留应力、引起锌选择性溶解的腐蚀介质(含氧、水分、微量氨、二氧化硫、铵盐、硝酸、硫酸气氛等的介质)和合金本身容易脱锌等三个因素引起的。含锌量愈高,所受应力愈大,则在腐蚀介质中破裂前的持续时间愈短。含锌达 35%~40%时,黄铜的应力腐蚀破裂敏感性最大。低锌(如小于 26% Zn)黄铜多沿晶界产生应力腐蚀破裂,而高锌(如大于 30% Zn)黄铜则多产生穿晶腐蚀。铜和大多数不含锌或者含锌量低的铜合金,如白铜、磷脱氧铜一般对应力腐蚀裂纹不敏感。因为产生应力腐蚀裂纹需要拉应力和特殊化学物质二者同时存在,所以,或去除拉应力或去除特殊化学物质都能防止裂纹。成型后进行退火或消除应力,由于消除了残留应力,就减轻了应力腐蚀裂纹。只有当零件在随后的工作中不再产生弯曲或变形,应力消除才有效。任何弯曲或变形都会产生应力,使零件对应力腐蚀裂纹再度敏感化。

合金分解是腐蚀另一种根源,含锌量大于 15% 的铜 - 锌合金对合金分解过程敏感,该过程称之为脱锌。黄铜在脱锌过程中,锌被选择性地除去而留下相对多孔而易脆的铜和氧化铜层。性质相同的腐蚀在初始腐蚀层下面继续发生,结果正常的黄铜逐渐被易脆多孔的铜取代,除非加以抑制,否则合金分解过程将最终渗透整个合金,使其在结构上变得多孔、脆弱并使液体或气体通过残留结构中的多孔物质泄漏出来。

为了防止黄铜脱锌,从材料方面来说可采用低锌(如小于 15% Zn)黄铜,或在黄铜中加入 0.03%~0.05% As 或 P、Sb。此外,针对上述简单黄铜的特点,合金设计时可在铜 - 锌合金中加入少量 Sn、Al、Mn、Fe、Si、Ni 等元素以提高其耐蚀性,加入量一般为 1%~2%,少数达 3%~4%,极个别的到 5%~6%。所构成的复杂黄铜根据第三组元的不同,分别称为锡黄铜、铁黄铜、镍黄铜、铝黄铜、锰黄铜、硅黄铜等。常用锡黄铜含 1% Sn,含锡过多会降低合金塑性。锡的重要作用是抑制脱锌,提高黄铜的耐蚀性。锡黄铜在淡水及海水中均耐蚀,称“海军黄铜”,可用来制造海船及内陆热电厂用冷凝器及其他零件。在含 85%~90% Cu 的黄铜中加入 1%~2% Sn 可显著提高耐酸能力,特别是对酸性矿水的耐蚀能力。HSn70-1 中加入 0.02%~0.05% As 可进一步提高耐蚀性,另外,也可加入 0.05% Sb 来抑制脱锌腐蚀。铝是铝黄铜中的重要合金元素,生产上常采用 HAl77-2 型黄铜,制成高强、耐蚀的半成品,广泛用作海船和海滨发电站的冷凝器等。在铝黄铜表面铝的离子化倾向比锌大,优先与腐蚀性气体或溶液中的氧结合,形成坚硬致密的氧化膜,提高对气体、溶液、特别是高速海水的耐蚀性。在 HAl77-2 合金中加入微量 As、Sb、P、Be、Si、Ni 等元素,对进一步提高此合金的耐蚀性有很大作用。此外,硅也能提高黄铜在海水中的耐蚀性。

硅黄铜在大气和海水中均有较高的耐蚀性，并且比一般黄铜抗应力腐蚀破裂的能力为高。镍也能使合金抗脱锌及抗应力腐蚀破裂的能力增强，而 Fe 与 Mn、Sn、Al、Ni 等配合使用，可使黄铜具有高的强度并耐大气、海水的腐蚀。在淡水中可酌情采用紫铜、HSn70-1 或 HSn60-1；静止海水中用砷铜、HSn70-1 + As 或 HSn60-1 + As；流动海水中用 HAl77-2 + As；冲击海水中用 HAl77-2 + As。

对于耐蚀铜合金中另一类耐磨蚀合金来说，其主要是用于制造在严重腐蚀介质中工作的机械装备上的某些运动零部件，如滑动轴承的轴套、反应搅拌器或输送液相（或多相）流动介质的过流部件，如泵体、叶轮、阀门及管路等，材料的表面不仅受到环境介质的腐蚀，同时还发生磨损。目前为止，化工、化肥、石油采炼行业中最常见的腐蚀大多是以低应力冲蚀为主的二体磨粒磨损。就磨损的机制而言，则以微切削或犁削为主，只有在流体介质速度高到一定程度时才能观察到疲劳型的气蚀破坏。当然，无论哪种机制均因其发生在腐蚀表面而不同于单纯的机械磨损。因此，探索发展耐磨蚀合金的途径，应该以重点考虑介质腐蚀对微切削或犁削的影响为主。

耐蚀合金与耐磨合金的成分及组织设计和发展道路各不相同，前者多为添加合金元素增强其自发钝化能力，如在简单黄铜中加铝以形成致密氧化膜的铝黄铜系列，而后者则常用高硬度第二相强化来提高合金的承受载荷和抗犁削能力。顾名思义，耐磨蚀合金必然具有既耐蚀又耐磨的性质。腐蚀与磨损的交互作用使材料流失过程变得十分复杂，因此采用增强合金在介质中钝化能力的办法，即便在表面剪切力不大的摩擦条件下也难以有效地抑制材料的流失。虽然就其耐磨或耐蚀的单项指标而论，耐磨蚀合金可能逊色于典型的耐磨合金或耐蚀材料，但却不能在发展耐蚀或耐磨合金的指导思想下发展耐磨蚀材料，耐磨蚀合金应该有它自己的设计原则和发展道路。

3.4.3.1 形变强化

用材料的加工硬化能力来提高其耐磨性的办法是发展耐磨蚀合金的常用手段之一，因为加工硬化虽然会增加材料的表面活性，但它不会明显降低材料的耐蚀性，而这种强化又产生于运行过程中，即依靠自身形变能力提高的表面耐磨性，使零件变得外强内韧，这要比整体硬度高的材料具有更好的工艺性能，因而有利于推广应用。

3.4.3.2 第二相强化

依靠合金中硬度高的第二相可以在磨损过程中承受载荷，防止粘着、阻挡犁削，以及阻碍位错运动、有利于提高耐磨性能，这也是设计耐磨合金常用的方法。但在研制耐磨蚀合金时却必须注意区分它们的行为。合金中可以用来增强耐磨性的第二相大多是导体化合物，如金属间化合物、碳化物、磷化物、硼化物及某些氮化物，但它们在合金中却起着加速腐蚀的作用。而氧化物、硫化物及某些氮化物则是非导体相，它们不影响基体的腐蚀。导体化合物的第二相在腐蚀原电池中因电位较高扮演阴极角色，有些第二相因与基体电位差大，如碳化物，它们加速了材料腐蚀而不能在耐磨蚀合金中应用。即便这类第二相（如碳化铬）能够在腐蚀介质中钝化，也因表面剪切力对钝化膜的破坏而不能发挥作用。另一类导体化合物，如金属间化合物，它们虽然也是阴极相，但阴极性弱，对材料耐蚀性影响不大而在强化耐磨蚀合金中得到应用。所以，对耐蚀性影响不大而有助于耐磨性改善的手段均可以用来发展耐磨蚀合金，只是在使用时还必须注意由此给材料工艺及全面综合性能带来的影响。

3.4.3.3 热处理

热处理是一种简单易行的提高合金性能的方法，热处理制度的选择必须根据合金成分和组织，特别是服役环境而定。

3.4.3.4 微量元素合金化

合金中加入某些微量元素以提高其综合性能，对发展耐磨蚀材料也是一种有效手段。这些微量元素有的通过固溶，有的通过形成弥散相，有的通过净化基体组织而对合金起强化作用，但均不明显降低其耐蚀性。稀土元素对于净化基体的组织，提高合金的耐磨性也有明显作用，这些微量元素的加入能细化合金的晶粒，起到强韧化的作用。因此，既提高合金强度又保持其塑性的微量元素合金化，也是设计耐磨蚀材料可以采用的一种办法。

3.4.3.5 钝化膜的作用

众所周知，钝化膜是“不锈”金属材料的基础，但它在腐蚀磨损环境中能起的作用却是有争议的。在磨蚀条件下膜的作用并不完全由它的电化学行为来决定，还应当充分了解它的摩擦学行为，全面认识钝化膜在设计耐磨蚀合金中的作用。如果一种表面膜(包括服役中材料的自生膜和与环境及含添加剂作用形成的膜)既有缓蚀作用又能减少摩擦，显然，它能对腐蚀磨损起到抑制作用，特别是在磨损载荷很轻而膜的承载能力较大时，这种作用将更明显。但是，如果生成的钝化膜很薄(如厚度最多只有几个纳米)，而犁削中每一行程造成的材料流失大于膜的厚度，则钝化膜对抗磨蚀无益，此时剪切力造成钝化膜的破坏是肯定的。由于膜表面与犁沟内的无膜活性区构成了微电池，它起着加速腐蚀的作用，因此腐蚀磨损中阳极保护法一般是无效的，甚至还加剧材料的流失，故利用增加合金钝化倾向的思路去寻求新的耐磨蚀合金品种是不可行的。当然，具有一定承载能力且能牢固附着于轻载低速的摩擦表面的钝化膜，或一旦被表面剪切力撕坏但能很快愈合，从而使摩擦过程中的真实接触面积保持在或尽可能快恢复到钝化状态，也许能显示出钝化膜在腐蚀磨损中的作用。

通过上面几个问题的讨论，可以将设计或选择耐磨蚀合金的原则概括如下：首先认清材料的服役环境，对腐蚀介质的强弱与摩擦参数的轻重加以具体分析。对弱介质及轻磨损工况选用(或设计)一般材料，对强腐蚀、轻磨损与弱腐蚀、重磨损工况应分别强调合金的耐蚀性及耐磨性，对腐蚀和磨损均十分严重的工况选择(或设计)材料最苛刻，这时无论以耐蚀(耐磨)合金为基础，提高其耐磨(耐蚀)能力，都不可以以减少其本身的优良性能去求得另一性能的改善，而必须兼顾二者。此时，形变强化、弱阴极第二相强化、恰当的热处理制度以及微量元素合金化等项原则均可有针对性地采用。

3.4.4 高弹性铜合金的设计开发

高弹性铜合金主要用于生产仪器、仪表中的各种导电弹性元件，如各种载流弹性元件、接触弹簧、开关、转换器、端子类元件等。这些元件除要求合金有高的导电性和耐蚀性外，还要有优良的弹性等。近年来，随着电器设备和仪表日趋小型化、轻量化和高性能化，人们对在该领域中被广泛应用的弹性材料提出了更高的要求。一方面要求提高弹性元件如接插件、簧片、膜片等的强度以及减小元件尺寸；另一方面则要求长时间使用时，保持可靠的电接触，亦即保持良好的弹性稳定性，同时还要求具有耐高温、耐腐蚀、抗震动、抗辐射等性能，以适应各种不同的工作环境。

高弹性铜合金的设计若以其强化机制为主要依据，可分为以下五类(见表3-1)：(1)低温退火强化型合金；(2)时效强化型合金；(3)调幅分解强化型合金；(4)纳米粒子弥散强化型合金；(5)包覆型复合材料。

表 3-1 高弹性铜合金分类

强化方式	典型合金
低温退火强化型	黄铜、锡磷青铜、特殊铝青铜、锌白铜(Cu-Ni-Zn 系)
时效强化型	铍青铜、钛青铜、Cu-Ni-Si 系、镍铍合金、钴镍系(Co-Ni-Nb-Ti)
调幅分解强化型	Cu-Ni-Sn 系
纳米粒子弥散强化型	Cu-Fe 系、Cu-Al_2O_3、Cu-TiB_2、Cu-Nb
包覆型复合材料(层状复合材料)	轧制包覆型、电镀型等

3.4.4.1 低温退火强化型弹性铜合金

低温退火强化型弹性铜合金的共同特点是靠冷变形强化和低温退火效应改善其性能。众多学者研究证实，这类铜合金经冷变形可形成大量的孪晶、层错和板织构，这为进一步退火强化提供了能量和组织的准备。低温退火强化的机制是：溶质原子在层错、孪晶处的聚集和局部有序化，其综合作用使合金得到强化。

在我国，这类合金当前存在的主要问题是：(1)性能和使用寿命差，成品率低。如我国产锡磷青铜制成的弹性元件，其使用寿命一般仅为日本的1/3～1/4。(2)带材的尺寸精度、表面光洁度和平整度差。如厚度为0.254 mm的带材，国产产品的厚度公差为±0.05 mm以上，而日、美产品可达±0.0012 mm，而且一致性好。(3)我国锌白铜的牌号单一，且深冲性能差。

针对上述问题，这类合金的设计主要是向提高性能，降低成本，改进带材质量等方向发展，主要包括以下几个方面：

(1) 寻求改善该类合金性能的途径。研究各种细化晶粒的工艺途径，如合理选择再结晶温度，引入钢的细化晶粒工艺等。通过微量元素合金化，如提高锌白铜的锌含量，并添加Si、Al元素等，从而开发新品种。

(2) 用其他材料代替或部分代替锡磷青铜。有希望的是锌白铜，特殊黄铜或铝青铜，Cu-9Ni-2Sn合金以及廉价的Cu-3Si-1.5Sn-0.1Zr合金等。

(3) 采用连铸带坯→冷轧开坯→反复轧制工艺，并采用精密轧机，光亮退火等设备，提高其表面精度、光洁度及平整度。

3.4.4.2 时效强化型弹性铜合金

时效强化型弹性铜合金的共同特点是通过过饱和固溶体的脱溶分解来强化。在脱溶分解过程中，合金中往往出现沿晶界的层片状不连续析出产物。为防止这种不连续析出产物的出现，可采用分级时效，硬态时效等新工艺。关于不连续析出产物，也有人提出可利用其改善性能，如俄国科学家通过改变热处理工艺获得了不同状态的36нхтю合金。可见，不连续析出的机理、如何通过工艺控制其生成以及它对合金性能的影响等，也是研究的一个重要方面。

在这类合金中典型的是铍青铜。铍青铜以其强度，导电性、耐磨性、耐腐蚀等综合性能优异而著称。目前，它仍是仪表小型化首选材料，特别是改良型的铍青铜综合性能仍然最佳。因此，虽然其价格较高，但在世界范围内其生产规模不仅没有缩减，相反却在稳步增长。

但是铍青铜作为一种常用的弹性合金也有其固有的缺点，如合金成本高、生产工艺相对复杂，铍的氧化物或粉尘等有毒物质会对人体及环境造成公害，高温抗应力松弛能力差，不宜长时间在较高温度下工作，使用温度不能超过100～150℃，生产和使用时，合金性能对热处理敏感，工艺操作上的差异常造成合金性能不稳定等。因此近年来人们不断寻找铍青铜的代用合金，目前已成功研制了一些不含铍的铜基弹性合金，如钛青铜等。钛青铜是五十年代末期出现的一种新型铜基沉淀强化型弹性合金。1959年苏联和美国分别研究了铜钛合金的最佳成分范围及物理和力学性能。我国于1960年开始了对钛青铜的研制，近些年来，国外有人对含钛3.6%～6.5%的钛青铜的热处理工艺及强化机理进行了研究。钛青铜具有与铍青铜同样的高强度、硬度、弹性、良好的耐磨性、耐蚀性、加工性和可焊性，而且高温性能优于铍青铜。与铍青铜相比，钛青铜的生产工艺简单，原料丰富，价格便宜，所以，钛青铜可部分代替铍青铜，用于制造精密仪器、仪表的弹性元件和耐磨零件等。

该类合金设计主要包括：

(1) 重视铍青铜的生产，通过微量元素合金化(如加Mg、RE等)，采用电渣重熔工艺和新的热处理工艺等来进一步改善合金性能。同时应开发系列产品从而实现低铍化。

(2) 发展新型代用铜合金，最有希望的是调幅分解型合金、Cu-Ni-Si系合金以及锌白铜等。

(3) 发展高导电、耐高温型新合金，如Ni-Be合金、Cu-Ni-Sn系、Co-Ni系合金等。

(4) 深入研究控制和利用不连续析出产物的途径和方法。

这类合金还包括耐高温的高弹性合金，如Ni基、Nb基、Co基合金等。

3.4.4.3 调幅分解强化型弹性铜合金(spinodal分解型)

调幅分解强化型弹性铜合金的共同特点是可由母相通过浓度起伏连续长大形成新相，不需形核过程，脱溶分解后在整个晶粒范围内形成微细的成分呈周期变化的显微组织，这一成分不同的两相保持共格而产生的弹性应变场能强烈阻止位错移动，从而产生强化效果，称为 spinodal 强化。

具有 Spinodal 分解的合金有 Cu-Ni-Sn、Cu-Ni-Fe、Cu-Ti、Cu-Mn、Ni-Ti、Al-Ag、Al-Zn 等，甚至在玻璃、陶瓷等材料中也发现了 Spinodal 分解现象。利用 Spinodal 分解来强化合金虽然只有十余年历史，但已显示出独特的优越性，在弹性合金领域中已获得很大成功，其强度指标接近铍铜，且价格便宜，无公害问题，在有色弹性合金领域，颇有逐渐取代铍青铜的趋势。近十年来，以调幅分解强化为基础的一系列高强度铜合金应运而生，典型的有 Cu-Ni-Sn 系合金。与铍青铜相比，该合金以其高的强度和韧性相配合、优良的抗腐蚀性能、良好的焊接性以及无环境污染、生产工艺简单、成本低等优点，令人瞩目。同时 Cu-Ni-Sn 合金的力学性能、物理性能与铍青铜相当，是一种很有发展前途的高导电高弹性合金。而且该合金的使用温度可达 200～250℃，抗高温应力松弛性能大大优于铍青铜，可用作继电器、电位器、开关中的导电接触簧片、接插件以及精密仪表传感器的弹性敏感元件等，成为一种新型的铍青铜的代用材料。

我国近十年来也大力开展了这一领域合金的研究、开发工作，研制的四元该系列合金已成功地在一些继电器、电位器、开关和接插件中用做导电弹性元件，其生产成本仅是铍青铜的 1/3。

该类合金设计的方向是：

(1) 开发性能更为优异的合金系列，如 Cu-Ni-Zr 系。该类材料均质性好，热处理后尺寸变化小，可望作为精密弹性元件。此外，还有 Cu-Ni-Mn 系、Cu-Ni-Al-Ti 系，虽然其强化机理尚不十分清楚，但都具有 spinodal 分解过程。它们都是颇有发展前途和应用前景的材料。

(2) 对其热处理工艺和组织与性能的关系进行深入研究，以便充分发掘材料潜力。该类合金在 spinodal 分解过程中也常伴随有晶界处的不连续析出，这往往可以采用预变形加以控制。只有掌握这些规律，才能找到最优的冷热加工和热处理工艺，从而改善其性能。

(3) 对 spinodal 分解强化的机理进行深入的研究，以指导新型合金的开发。

3.4.4.4 纳米粒子弥散强化型弹性铜合金

纳米粒子弥散强化型弹性铜合金的共同特点是通过弥散微粒阻碍位错滑移和抑制再结晶来提高强化效果和热稳定性。纳米粒子弥散强化型合金是复合材料，其强度高，导电性和热稳定性好，是很有发展前途的一类合金，备受当前电子电器、仪器仪表工业界的关注。

当前已有的合金有：美国奥林公司开发的 Cu-Fe 系合金(CDA194、CDA195)。它是在铜中加入 Fe、P、Co、Sn 等制成的，由于 Cu 与 Fe 互不相溶而形成 Fe-Co-P 等微粒，其导电率可达 55%～65%IACS，强度 σ_b 可达 500～600 MPa。Ag-Mg-Ni 合金是内氧化微粒弥散强化型合金，弥散质点是 MgO，它以导电和弹性兼优的特点被用作触点弹簧，其 σ_b 接近500 MPa，当前该合金尚存在内氧化脆性问题，需认真解决。Cu-Al_2O_3 合金可采用内氧化等方法获得。其中高 Al_2O_3 浓度的合金导电率可达 75%～80% IACS，强度 σ_b 可达 600 MPa，使用温度可达 800℃，是一种很有发展前途的合金材料。这类材料的主要设计方向是：改进和开发新的材料制备技术，以获得性能优异的材料，并开发新品种，形成系列产品，同时要尽量推广应用和扩大生产。

3.4.4.5 包覆型复合材料

制备包覆型复合材料的根本目的是多功能化，这是单一金属材料所不能满足的。随着仪器仪表工业的发展，对一些构件要求其相关特性是多重的，如微型开关及继电器用电接触点及导电片，连接器用电接点及弹簧片，电位器用电刷及导电弹簧片等电器零部件要求材料的相关特性是：电接触特性、强度、耐蚀性、焊接性、硬度、耐磨、加工成形性、导电性等。为此，均需采用包覆材料。另外，为了降低成本也需采用贵－廉材料的包覆复合。主要材料有包覆型金属粉末 Cu/W、Ag/Cu-W 等制成的复合材料。当前总的趋势是经过对材料实施复合深加工，实现由单一材料→制品化材料→材料元件一体化的方向发展。当前在这一领域设计方面应解决的问题是:(1)大力开展复合工艺、技术与相应设备的研究与开发工作,实现制品化材料的高精度、高性能、高生产效率和低成本。(2)开展复层的表面及界面研究工作,发展新型的复层材料。

此外,铜基弹性导电材料的高导电性和抗高温应力松弛性能这一对矛盾也是在合金设计时必须解决的一大难题。铜合金的高导电性主要依赖于铜合金中铜基体的纯度,铜合金的高弹性则来源于纳米粒子强化。传统的铜基弹性导电材料,如铍青铜、Cu-Ni-Al、Cu-Ni-Si、Cu-Ni-Sn、卡密隆等,都是依赖于时效沉淀强化(包括调幅分解)来获得高弹性的。通过高合金化,利用时效处理可在铜合金中产生足够高密度的纳米强化粒子,从而使铜合金获得足够高的弹性。但高合金化带来的一个负面影响是纳米粒子难以充分析出,导致铜合金的铜基体不能高度纯化,因而导电性往往较低,不能满足要求。若要提高导电性,唯一办法是降低合金浓度,这又造成时效处理时在铜合金中不能形成足够高密度的纳米强化粒子,从而使铜合金弹性降低而不能满足要求。此外,铜基弹性导电材料的抗应力松弛性能主要取决于位错的不可动性,而阻碍位错运动要求铜合金强化粒子是纳米级的(30 nm 以下),并且粒子密度足够高。传统的铜基弹性导电材料若在250℃条件下处于高应力状态下工作,普遍存在加速过时效问题,即在使用过程中纳米粒子会失稳长大,导致粒子密度降低,并且出现胞状析出等严重问题,这些因素都会导致铜合金中位错组态的改变,使铜合金产生动态回复,从而产生应力松弛现象。因此传统的铜基弹性导电材料(包括铍青铜、Cu-Ni-Al、Cu-Ni-Si、Cu-Ni-Sn、卡密隆等)高导电性和抗高温应力松弛性的矛盾一直未能得到很好的解决。

最近的研究表明,选取合适的合金体系和加工工艺能够使得铜合金在具有高弹性和适宜的导电性的同时保持较高的抗应力松弛能力。例如,在 Cu-Nb 合金中,纳米铌粒子浓度可达10%(体积分数)左右。纳米级铌粒子在铜基体中是高度稳定的,即使在 900℃ 的高温下也难聚集长大,其在铜中溶解度极低。这一特点不但使我们可通过高浓度纳米弥散强化使 Cu-Nb 合金获得高弹性,而且同时可获得高纯度的铜基体,从而大大提高了导电性。由于该合金中纳米铌粒子具有极高的耐热稳定性,在 500℃ 的高温下,合金中位错组态也极难发生改变,不会产生回复,更不存在胞状析出问题,因此该合金不但具有高强度、高导电的特性,而且具有极高的高温抗应力松弛能力,可望获得 $\sigma_b \geqslant$ 1200 MPa、$\sigma_{0.01} \geqslant$ 900 MPa、导电率不小于 17% IACS、250℃ × 100 h 的抗应力松弛能力($(\sigma_0 - \sigma_k)/\sigma_0 = 3\%$)的高性能。

4　铜合金相图[1]

4.1　概述

4.1.1　金属相与晶体结构

4.1.1.1　金属相

在一个体系中，性质相同的均匀部分称为"相"。相与相之间有明显的界面分开。例如冰和水，它们各自为性质相同的均匀部分，但冰和水的性质是不同的，且有界面分开，所以冰和水是两种各不同的相态。又如食盐水溶液是一个相，若从饱和溶液中析出食盐晶体则成为两个相。

相与相之间存在界面，但同一相间也可能以界面相分开，如合金中同一相可以形成不同的晶粒，晶粒间以晶界相互分离。所以有界面分开的不一定都是两种相。此外，在合金中，同一相中由于成分偏聚，可能造成各微区的成分并不完全相同。也可能由于存在结构缺陷，使同一相各微区的性质也不完全相同。

合金的组元可以互相溶解形成固溶体。除固溶体外的合金相都是中间相。

A　固溶体

组成合金的组元在液态时形成均匀的液溶体，当转变为固态时，仍然保持着相互溶解状态和结构的均匀性，其结构上的特点是必须保持溶剂组元的晶格。如果溶剂是纯金属，那么，这一类相的结构类型应和纯金属的结构类型完全一致，纯金属的结构有哪些类型，固溶体也应有哪些类型。一般来说，固溶体本身没有独立的晶格类型，形成固溶体的组元，没有严格的比例，而是存在于一定的浓度范围内。

固溶体的分类如下：

(1) 按溶剂分类：

1) 一次固溶体。以纯金属组元作为溶剂的固溶体称为一次固溶体，也叫边际固溶体。若不加说明，通常所说的固溶体即指这一类而言。这类固溶体的结构类型总是与其纯金属组元之一的结构相同。

2) 二次固溶体。以中间相为基的固溶体称为二次固溶体，属于中间相的范畴。

(2) 按固溶度分类：

1) 有限固溶体。在一定条件下，溶质组元在固溶体内的浓度，只能在一个有限度的范围内变化，超过这个限度后，即不能再溶解，这限度叫固溶极限，或叫固溶度。具有固溶极限的固溶体叫有限固溶体，大部分固溶体（包括一次、二次）都属于这一类。

2) 无限固溶体。溶质组元可以以任何比例溶入溶剂时所形成的固溶体，称为无限固溶体或连续固溶体。习惯上以浓度大于50%的组元视为溶剂。如Cu-Ni系、Cu-Au系等。

(3) 按溶质原子在溶剂晶格中所占据的位置分类：

1) 置换固溶体。溶质原子进入到溶剂晶格内，占据了原先溶剂本身的原子在晶格中应该占据的位置，称为置换固溶体，如图4-1所示。有些合金系，如Fe-Cr系、Cu-Ni系等，形成置换固溶体时，各组元能以任意比例互相溶解，便形成无限固溶体。但对大多数合金而言，当形成置换固溶体时，其溶质原子在溶剂中的溶解度是有一定限度的，便形成有限固溶体。

2) 间隙固溶体。已知在面心立方、体心立方和密排六方的晶体结构中，都存在着四面体间隙和八面体间隙，它们的大小各有不同。当一些原子半径比较小的元素作为溶质而溶入溶剂中时，这些小的溶质原子填充在溶剂晶格中的某些空隙位置，形成间隙固溶体。

[1] 本章撰稿人：李周。

(4) 按溶质原子与溶剂原子的相对分布分类：

1) 无序固溶体。溶质原子统计式地分布在溶剂晶格的结点上，它们或占据着与溶剂原子等同的位置，或占据着溶剂原子间的空隙中，看不出有什么次序性或规律性，这类固溶体叫无序固溶体。

2) 有序固溶体(超结构)。有些固溶体合金在高温时形成无序固溶体，但在缓慢冷却或低温退火时，溶质原子按适当比例并按一定顺序和方向，围绕着溶剂原子重新排列，使溶质、溶剂原子在晶格中占据一定的位置，这一过程称为固溶体的有序化。溶质和溶剂原子呈有序排列的固溶体称为有序固溶体或称超结构。

例如：铜－金合金系中，成分为含金原子比25%的合金 Cu_3Au，原子的有序排列如图 4-1 所示。在晶胞的六个面的中心分布铜原子，在八个角上分布金原子，原子比恰好是 Cu_3Au。

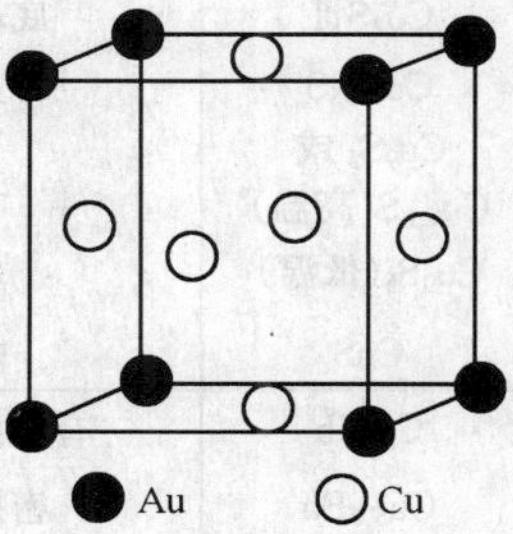

图 4-1 Cu_3Au 合金原子排列示意图

B 中间相

中间相亦称为金属化合物，其晶体结构往往与纯金属不同，键合方式也有不同类型，负电性相差较大的元素，所形成的化合物带有离子键成分，它们具有一定的原子比，通称为正常价化合物。但多数中间相，仍属金属键合类型，也保留一定的金属性能。其中包括有比电子浓度因素为主导的电子化合物，以原子堆垛形式为特点的拓扑密堆结构和由于组元间原子大小相对差别为主要因素而形成的间隙化合物等。

4.1.1.2 晶体结构

在晶体内部，原子、离子或原子集团规则排列的方式称为晶体结构。在整个晶体内部，排列的基本单元体在三维空间以规则的、周期的方式重复它本身。

将晶体中实际存在的原子、离子或原子集团等物质质点，抽象为纯粹的几何点，而完全忽略它的物质性，这些抽象的几何点称为阵点或结点。它们在空间周期性的、规则的排列称为空间点阵，也称空间晶格或简称晶格。它的主要特征是每个阵点或结点在空间都具有完全相同的环境(指在某一结点上向四周观察和从任何其他结点上向四周观察，所见到的景象完全相同)。

Bravais 曾用数学方法推算出所有结晶体分属 14 种空间点阵(表 4-1)，这些空间点阵又依据晶胞的 6 个参数，可以归纳为 7 种晶系，其组合关系见表 4-2。常见的二元铜合金中的金属间相及其晶体结构如表 4-3 所示。

表 4-1 14 种空间点阵及其 Hermann-Mauguin 和 Pearson 符号

晶 系	空间点阵	Hermann-Mauguin 符号	Pearson 符号
三 斜	简 单	*P*	a*P*
单 斜	简 单	*P*	m*P*
	底 心	*C*	m*C*
正 交	简 单	*P*	o*P*
	底 心	*C*	o*C*
	面 心	*F*	o*F*
	体 心	*I*	o*I*
四方(正方)	简 单	*P*	t*P*
	体 心	*I*	t*I*
立 方	简 单	*P*	c*P*
	体 心	*I*	c*I*
	面 心	*F*	c*F*
六 方	简 单	*P*	h*P*
三方(三角)	简 单	*R*	h*R*

表 4-2 7 种晶系的棱边长度和轴间夹角的关系

晶系	轴 长	轴 间 夹 角	举 例
三斜	$a \neq b \neq c$	$\alpha \neq \beta \neq \gamma \neq 90°$	K_2CrO_7
单斜	$a \neq b \neq c$	$\alpha = \gamma = 90° \neq \beta$	β-S，$CaSO_4 \cdot 2H_2O$(石膏)
正交	$a \neq b \neq c$	$\alpha = \beta = \gamma = 90°$	α-S，Ga，Fe_3C(渗碳体)
四方	$a = b \neq c$	$\alpha = \beta = \gamma = 90°$	β-Sn(白锡)，TiO_2
立方	$a = b = c$	$\alpha = \beta = \gamma = 90°$	Cu，Ag，Au，Fe，NaCl
六方	$a = b \neq c$	$\alpha = \beta = 90°, \gamma = 120°$	Zn，Cd，NiAs
三方	$a = b = c$	$\alpha = \beta = \gamma \neq 90°$	As，Sb，Bi，方解石

表 4-3 二元铜合金中的金属间相及其晶体结构

合金系	相的代号	相的结构式	相的晶体结构
Cu-Al	β	β-$AlCu_3$	体心立方
	γ	—	面心立方或复杂立方
	γ_1	—	有序体心立方
	γ_2	Al_4Cu_9	复杂立方
	χ	—	有序体心立方
	δ	—	—
	ε_1	—	—
	ε_2	Al_2Cu_3	伪立方
	ζ_1	—	六方
	ζ_2	—	单斜
	η_1	AlCu(高温)	斜方
	η_2	AlCu(低温)	底心斜方
	θ	Al_2Cu	体心正方
Cu-As	β	$Cu_{8-9}As$	密排六方
	γ	Cu_3As	三方
	δ	Cu_5As_2	正方或立方
Cu-Ba	—	$BaCu_{13}$	—
	—	BaCu	—
Cu-Be	γ,γ_1	β-$BeCu_2$	体心立方
	γ_2	γ-BeCu	有序体心立方
Cu-Ca	γ	$CaCu_5$	六方
	δ	Ca_4Cu(高温)	—
	ε	Ca_4Cu(低温)	—
Cu-Cd	β	$CdCu_2$	六方
	γ	Cd_3Cu_4	复杂立方
	δ	Cd_8Cu_5	有序复杂立方
	ε	Cd_3Cu	复杂六方
Cu-Ce	—	CeCu	—
	—	$CeCu_2$	—
	—	$CeCu_4$	—
	—	$CeCu_6$	—
Cu-Ga	β	β-Cu_3Ga	体心立方
	δ	Cu_3Ga	密排六方
	γ_1	Cu_2Ga	复杂立方
	γ_2	Cu_2Ga	有序立方
	γ_3	Cu_2Ga	有序立方
	ε	$CuGa_2$	正方
Cu-Ge	ζ	Cu_5Ge	密排六方
	ε	Cu_3Ge(高温)	三角晶系畸变的体心立方
	ε_1	Cu_3Ge(低温)	斜方

续表 4-3

合金系	相的代号	相的结构式	相的晶体结构
Cu-Ge	ε_2	约 Cu_3Ge	体心立方
Cu-In	β	β-Cu_4In	体心立方
	γ	Cu_3In	有序体心立方
	δ	Cu_9In	正方
		Cu_2In	六方
Cu-Mg	β	$CuMg_2$	正交结构
	γ	Cu_2Mg	有序面心立方
Cu-O	β	Cu_2O	立方
	γ	CuO	单斜
Cu-P	β	Cu_3P	三角
Cu-Pu	β	Cu_6Pu (或 $Cu_{11}Pu_2$)	斜方
	γ	$Cu_{17}Pu_4$	—
	δ	Cu_4Pu	斜方
	ε	Cu_2Pu	斜方
Cu-S	β	Cu_2SⅡ	六方
	β'	Cu_2SⅢ	底心斜方
	γ	$Cu_{1.96}S$	正方
	δ	Cu_9S_5 或 $Cu_{1.8}S$(高温)	立方
	δ'	Cu_9S_5(低温)	斜方
	ε	CuS	六方
Cu-Sb	β	Cu_3Sb	有序面心立方
	γ	$Cu_{5.5}Sb$	密排六方
	δ	$Cu_{4.5}Sb$	六方
	ε	Cu_3Sb	斜方
	ζ	$Cu_{3.3}Sb$	密排六方
	η	Cu_2Sb	有序正方
Cu-Se	β	Cu_2Se(高温)	复杂立方
		Cu_2Se(低温)	正方
Cu-Si	β	ζ-CuSi	密排六方
	γ	β-CuSi(高温)	体心立方
	δ	γ-Cu_5Si	复杂立方
	ε	γ-CuSi	复杂立方
	ζ	ε-$Cu_{15}Si_4$	复杂立方
	η		复杂立方
	η'		复杂立方
	η''		复杂立方
Cu-Sn	β	Cu_5Sn	体心立方

续表 4-3

合金系	相的代号	相的结构式	相的晶体结构
Cu-Sn	γ	γ-Cu_3Sn	面心立方
	δ	$Cu_{31}Sn_8$	复杂立方
	ε	Cu_3Sn	伪立方
	ζ	$Cu_{20}Sn_6$	三角
	η		
	η′	Cu_6Sn_5	六方
Cu-Te	β	Cu_2Te	六方
	β′,β″,β‴	Cu_2Te	六方
	γ,γ′	Cu_4Te_3	正方
	δ,δ′		
	ε	CuTe	斜方
Cu-Ti	γ	Cu_3Ti	三角或斜方
	δ	Cu_2Ti	斜方
	ε	Cu_3Ti_2	正方
	ζ	CuTi	有序正方
	η	$CuTi_2$	正方
	—	Cu_4Ti_3	正方
Cu-Zn	β	CuZn	体心立方
	β′	CuZn	有序体心立方
	γ	Cu_5Zn_8	有序体心立方
	δ	$CuZn_3$	有序体心立方
	ε	ε-CuZn	密排六方
Cu-Zr	β	Cu_5Zr	复杂立方
	γ	Cu_4Zr	复杂立方
	δ,ε,ζ		
	η	$CuZr_2$	正方

4.1.2 相平衡条件与相律

一个相转变为另一相的过程称为“相变”。如果系统中同时共存的各相在长时间内不相互转化，即可认为是处于“相平衡”状态。实际上，这种平衡属于动态平衡，从微观上看，即使在平衡状态，组元仍会不停地通过各相界面进行转移，只是同一时间内相互转移的速度相等而已。

在平衡条件下，合金的组元数和相数之间存在着一定的关系，这种关系称为“相律”。相律的数学表达式为：

$$f = C - P + 2 \qquad (4\text{-}1)$$

式中 C——合金的组元数；

P——平衡共存的相数；

f——自由度；

2——温度和压力。

所谓自由度是指在平衡系中不改变相数的前提下，可独立变化的因素数目。在研究不包括气相反应在内的合金相变时，压力的影响不大，故相律的表达式可改写为：

$$f = C - P + 1 \qquad (4\text{-}2)$$

根据式 4-2，纯金属最多只有两相平衡；二元系则存在三相平衡，在三相平衡时，自由度为零。

4.1.3 相图、杠杆定律、重心法则

合金相图是一种研究合金化的基本工具，通过它可以了解各合金系中各种成分的合金、它们的相组成以及不同组织的形成和变化规律，从而为确定合金成分提供依据。

应当指出，相图中所示的合金状态是热力学上的平衡状态，它不能表示在非平衡条件下的组织结构及其变化规律。但非平衡状态与平衡状态有着密切的关系，因此研究非平衡状态也应以相图为基础。

合金状态图可以通过热分析法、热膨胀法、磁性法、金相分析法、X 射线分析法等方法制得，也可以根据热力学中关于相平衡理论和计算出的成分－自由能曲线推导出来。

4.1.3.1 二元相图表示法及杠杆定律

若不考虑压力因素，影响二元合金状态的因素只有两组元的浓度和温度。所以二元相图是以横坐标表示成分，纵坐标表示温度的一个平面图。合金成分有两种表示法，即质量分数 w 和摩尔分数 x。图 4-2 为一简单的 A-B 二元合金相图示意图。相图中的线条表示相转变温度和平衡相的成分，被线条所划分的区域称为相区，在各相区内注明了线条表示相转变温度和平衡相的成分以及合金存在的相态。从相图上可以一目了然地看出任一成分的合金在任一温度下所存在的相态以及在什么温度下发生转变及转变类型等。

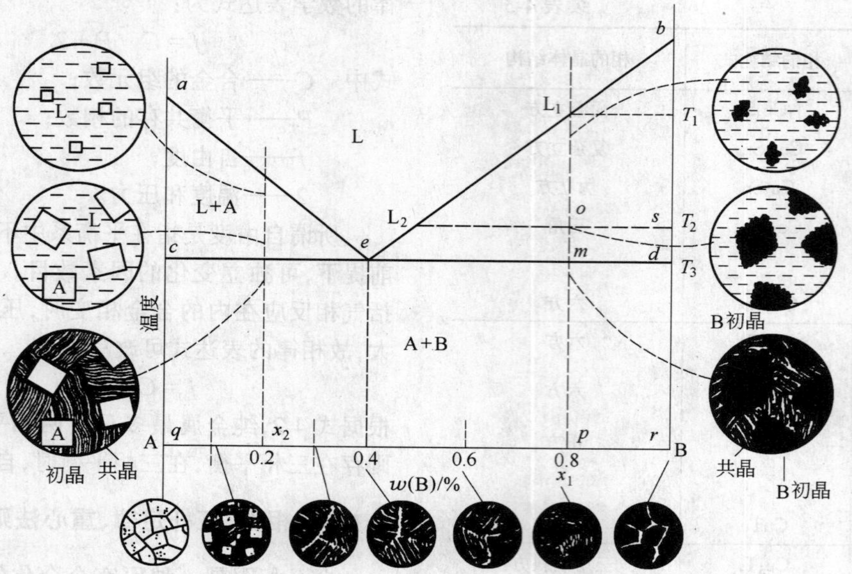

图4-2 A-B相图及各成分合金的组织变化示意图

根据相律，二元合金两相平衡只有一个自由度，因而在给定温度下这两个平衡相的成分均为固定值。在该温度作一水平线，使之与两侧的相区边界线相交，由交点的成分坐标即可确定两个平衡的成分。如图4-2中，过 o 点作水平线，交两相区的两条边界线于 L_2、s 点，即分别为 T_2 温度时L和B的成分点。

如果将L和B的成分坐标当作杠杆长度，以合金成分点为支点，两相成分点分别为重点和力点，则与力学上的杠杆定律一样，可以计算两相的质量分数为：

$$w(\mathrm{L})=(os/L_2s)\times100\% \qquad (4\text{-}3)$$

$$w(\mathrm{B})=(L_2o/L_2s)\times100\% \qquad (4\text{-}4)$$

但须指出，只有在平衡结晶条件下才能运用杠杆定律。

4.1.3.2 三元相图成分表示法

工业上应用的合金材料大多数是多元合金，即使是二元合金，一般均含有杂质，有时也当作三元合金来讨论。所以，三元相图亦有重要的作用。

完整的三元相图是一个立体模型。因为三元合金的成分包括两个变量，仅成分一项就需要两个坐标，加上垂直此两坐标轴所确定平面的温度轴，构成由这三个坐标轴所限定的空间，在此空间内由一系列曲面组成三元相图立体模型。三元相图图形比较复杂，类型很多，应用立体图形也不方便，因此在分析合金时，往往只研究那些有实用价值的截面图和投影图。

为了表示三元系的成分，目前通常采用浓度三角形。浓度三角形是一个等边三角形ABC(图4-3)，三个顶点分别表示三个纯组元，三条边AB、BC、CA分别表示A-B、B-C、C-A

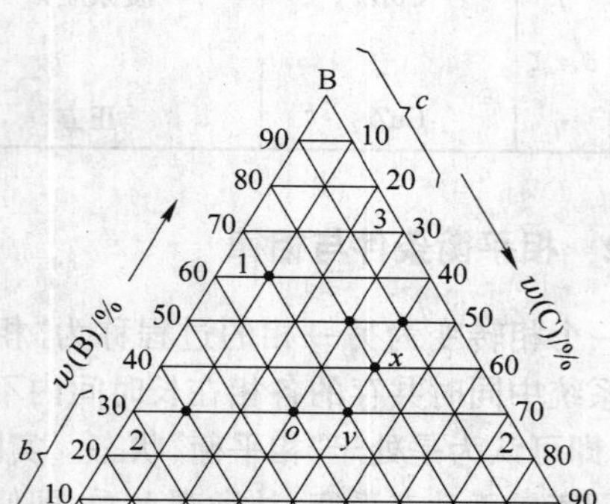

图4-3 三元相图的浓度三角形

简单二元合金的成分。凡是位于三角形边上的合金,都是二元合金,位于三角形内任一点的合金,都是三元合金。在图 4-3 所示的浓度三角形中,任选一点 o,通过 o 点分别向三边作平行线 1-1、2-2、3-3,顺时针(或逆时针)方向读取平行线的各边所截线段 a、b、c,这三条线段之和为一常数,等于三角形任一边长。即 $a+b+c=AB=BC=CA$。与二元合金相同,成分用质量分数 w 或摩尔分数 x 表示,即三角形三个边相应为 $w(A)$、$w(B)$、$w(C)$或 $x(A)$、$x(B)$、$x(C)$。

实际三元相图的浓度三角形常标上网格,这样可以很方便地由 x 点分别作各组元对边的平行线,交截于代表各组元的一边上,就可以直接读出 x 合金中 A、B、C 各组元的含量分别为 20%A、40%B、40%C。反过来,若已知 y 合金中三组元的含量为 30%A、30%B、40%C,欲求该合金在浓度三角形内的位置,也可以从代表各组元浓度线上的相应点,分别作其对边的平行线,这些平行线的交点 y 即为该合金的成分点。

在分析实际问题时,可利用浓度三角形的两个性质:

(1) 平行于浓度三角形任何一边的一直线(如图 4-4 中 de 线)上所有点代表的三元合金(如 M_1、M_2…),其中 B 的浓度相同,均为 Ad%B。

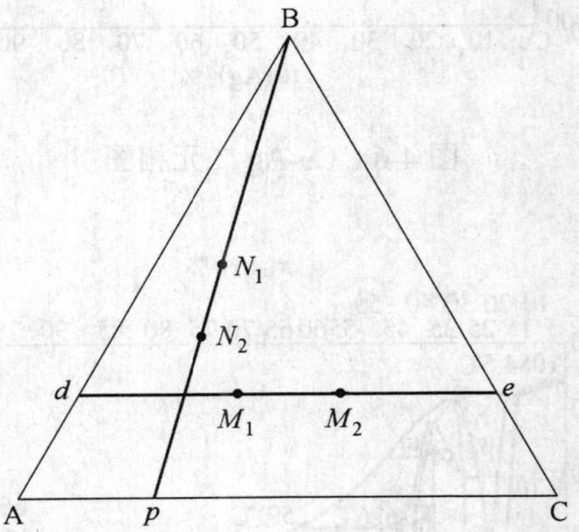

图 4-4 浓度三角形中的特性线

(2) 从浓度三角形的一个顶点到对边的任意直线(如图 4-4 中 Bp 线)上所有点代表的三元合金(如 N_1、N_2…),另外两组的角(A、B)浓度之比相同,均为 A/B=Cp/Ap。

4.1.3.3 三元相图中的杠杆定律及重心法则

根据相律,三元相图中的相平衡有单相平衡、两相平衡、三相平衡及四相平衡。对平衡相的定量计算来说,单相平衡无须计算,四相平衡无从计算。两相平衡和三相平衡则可用杠杆定律和重心法则来解决。

A 杠杆定律

在一定温度下三元合金两相平衡时,合金的成分点和两个平衡相的成分点必须位于浓度三角形内的一条直线上,这一规律称为共线法则。这一法则可用下述方法证明。

设在一定温度下,成分点 O 的合金成分分别为D 点和E 点的 α、β 两相平衡状态(见图 4-5)。由图可见,α 相中的 B 组元含量为 Ae_1,C 组元含量为 Ae_2;β 相中 B 组元含量为 Ao_1,C 组元含量为 Ao_2。设此时 α 相的质量分数为 w,β 相的质量分数为 $1-w$。由 B 组元和 C 组元的物料平衡可得:

$$Ad_1\times w+Ae_1(1-w)=Ao_1\times 1 \quad (4\text{-}5)$$

$$Ad_2\times w+Ae_2(1-w)=Ao_2\times 1 \quad (4\text{-}6)$$

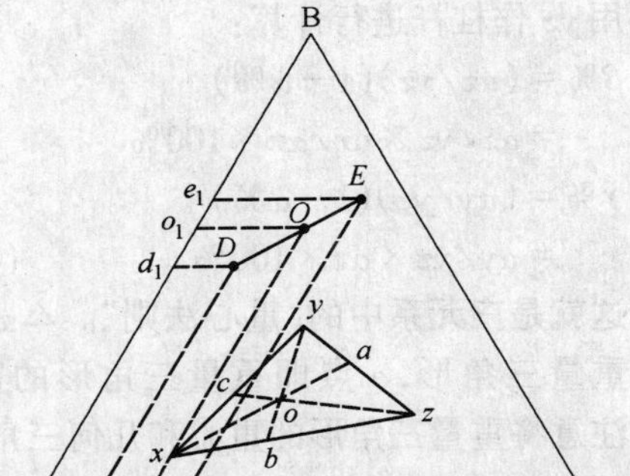

图 4-5 三元相图的杠杆定律和重心法则

由式(4-5)及式(4-6)可得:

$$(Ae_1-Ad_1)/(Ae_2-Ad_2)=(Ae_1-Ao_1)/(Ae_2-Ao_2) \quad (4\text{-}7)$$

式(4-7)就是解析几何中三点共线关系,因此可证明 D、O、E 三点必在一条直线上。

由式(4-6)还可以看出：

$$w=(Ae_1-Ao_1)/(Ae_1-Ad_1)=e_1o_1/e_1d_1=EO/DE \quad (4\text{-}8)$$

则

$$\left.\begin{aligned}\alpha\%&=(OE/DE)\times100\%\\ \beta\%&=(OD/DE)\times100\%\end{aligned}\right\} \quad (4\text{-}9)$$

式(4-9)即杠杆定律的表达式。说明当一个三元合金 O 分解为两个不同成分的平衡相α、β时，两相的质量比与其成分点 O 点的距离成反比。如果已知一合金 O 在液相的凝固过程中，析出α相的成分不变时，则液相的成分一定沿着α相的成分点与 O 点连线的延长线变化。

B 重心法则

当一个三元合金 O 分解为三个不同成分的平衡相α、β和γ时，合金成分点应位于由α、β和γ三相成分点所连成的三角形内(见图4-5)。O 为合金成分点，x、y、z 分别为α、β、γ三相成分点。此时α、β、γ三相的质量分数可分别按杠杆定律进行计算：

$$\left.\begin{aligned}&\alpha\%=(o\alpha/x\alpha)\times100\%\\ &(\alpha\text{ 点相当于}\beta、\gamma\text{ 两相混合物的成分点})\\ &\beta\%=(ob/yb)\times100\%\\ &\gamma\%=(oc/zc)\times100\%\end{aligned}\right\} \quad (4\text{-}10)$$

当计算出α含量之后，β和γ的含量也可以利用 yz 作杠杆进行计算：

$$\beta\%=(\alpha z/yz)(1-\alpha\%)=\alpha z/yz\times o x/\alpha x\times100\%$$

$$\gamma\%=(\alpha y/yz)(1-\alpha\%)=\alpha y/yz\times o x\times100\% \quad (4\text{-}11)$$

这就是三元系中的“重心法则”。$\triangle xyz$ 又称为重量三角形，o 点即重量三角形的重心。应当注意将重量三角形的重心和几何三角形的重心区别开来，只有当α、β、γ三相重量相等时，重量三角形和几何三角形的重心才会重合。

4.2 铜合金二元相图

铜合金二元相图大致可分为以下类型：

(1) 液态产生混溶间隙且无中间相生成的二元系。属于此类型的有：Cu-Cr、Cu-Pb、Cu-Tl、Cu-V 等二元系。

(2) 形成连续固溶体或大范围固溶体的二元系。属于此类型的有：Cu-Au、Cu-Mn、Cu-Ni、Cu-Pb、Cu-Pt、Cu-Rh 等二元系。

(3) 产生共晶反应但无中间相的二元系。包括：Cu-Ag、Cu-B、Cu-Bi、Cu-Li 等二元系。

(4) 产生包晶反应但无中间相的二元系。包括：Cu-Co、Cu-Fe、Cu-In、Cu-Nb 等二元系。

(5) 生成中间相的二元系。其中相图铜侧发生共晶反应的有：Cu-Al、Cu-As、Cu-Ca、Cu-稀土金属、Cu-Mg、Cu-O、Cu-S、Cu-P、Cu-Se、Cu-Sb、Cu-Pu、Cu-Th、Cu-U、Cu-Zr 等二元系。相图铜侧发生包晶反应的有：Cu-Ba、Cu-Be、Cu-Cd、Cu-Ga、Cu-Ge、Cu-In、Cu-Si、Cu-Sn、Cu-Sr、Cu-Ti、Cu-Zn 等二元系。

(6) 相图铜侧发生偏晶反应且生成中间相的二元系有：Cu-Te 系。

(7) 第二组元在液态和固态铜中仅有极微溶解度的二元系有：Cu-C 及 Cu-H 系。

主要铜合金的二元相图见图 4-6～图 4-56。

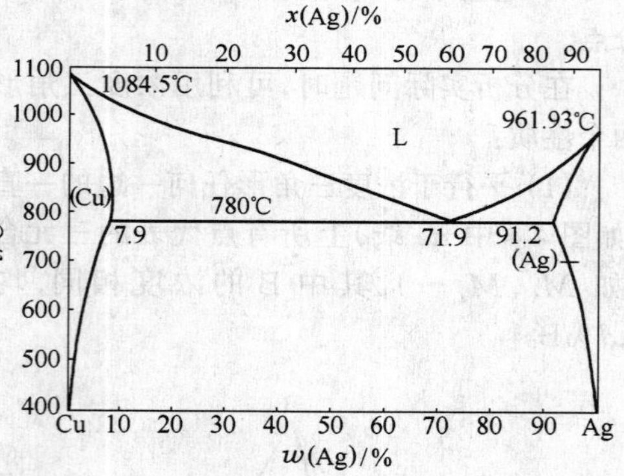

图 4-6 Cu-Ag 二元相图

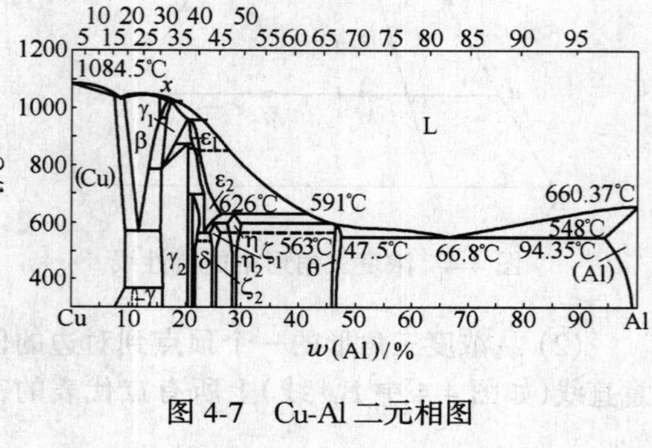

图 4-7 Cu-Al 二元相图

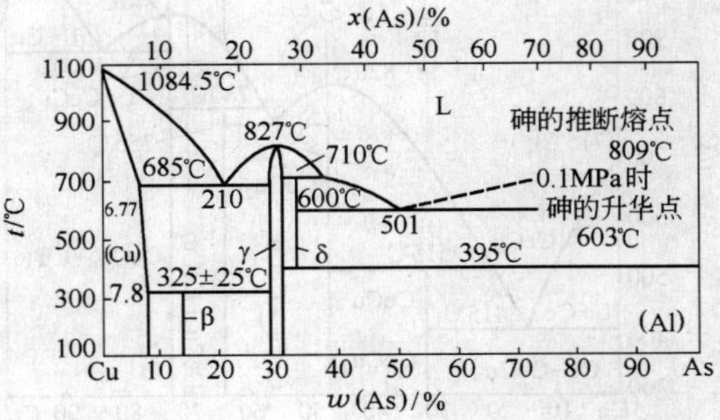

图 4-8 Cu-As 二元相图

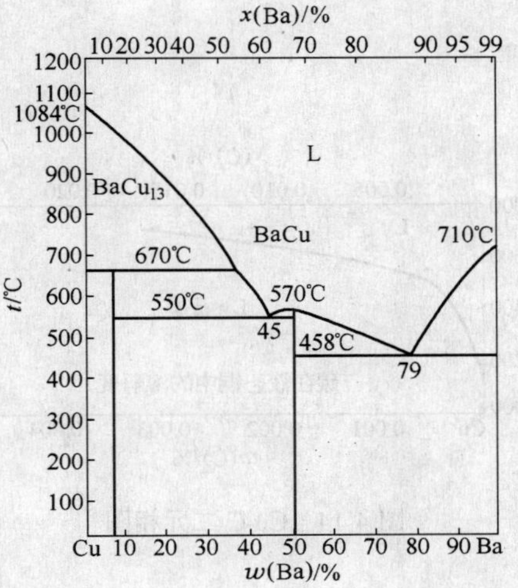

图 4-11 Cu-Ba 二元相图

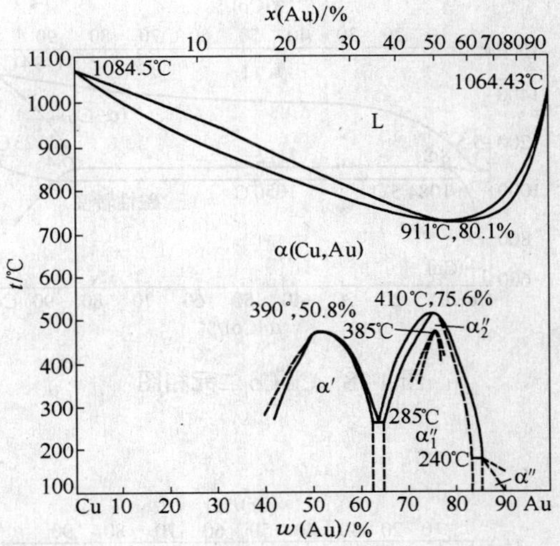

图 4-9 Cu-Au 二元相图

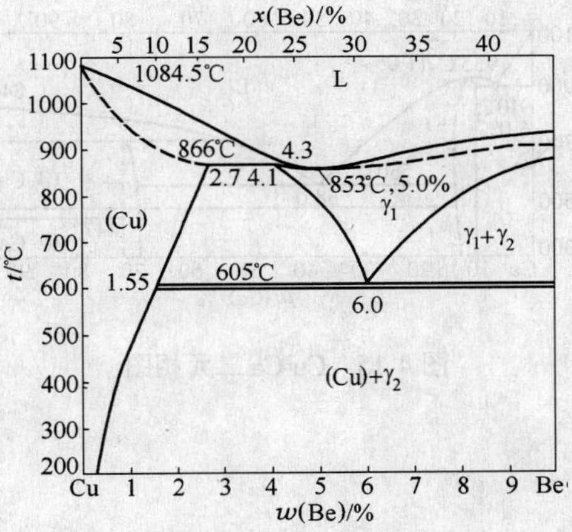

图 4-12 Cu-Be 二元相图

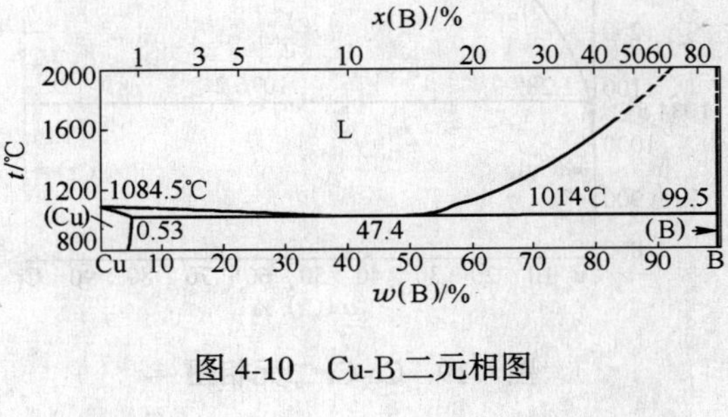

图 4-10 Cu-B 二元相图

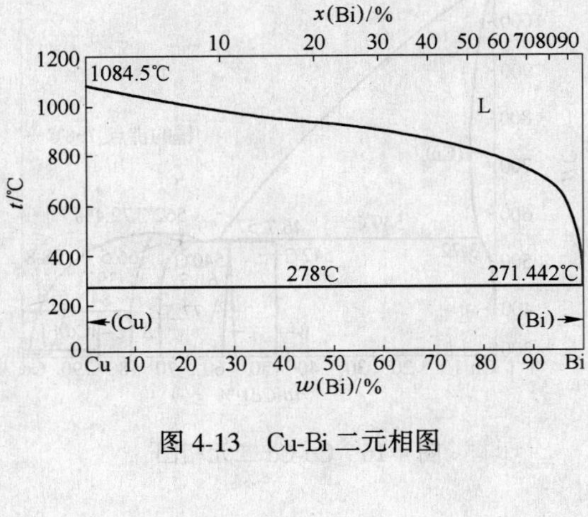

图 4-13 Cu-Bi 二元相图

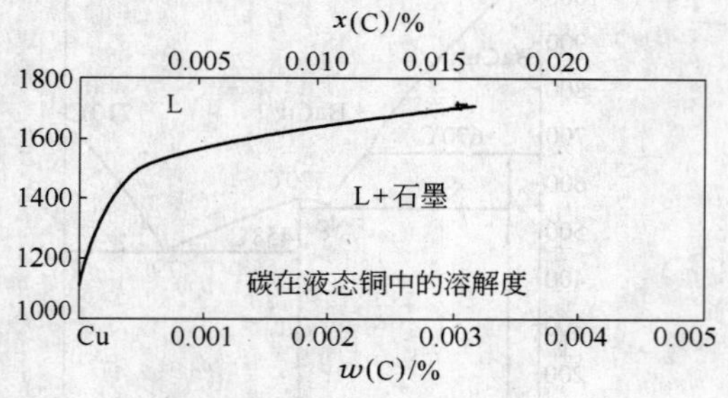

图 4-14 Cu-C 二元相图

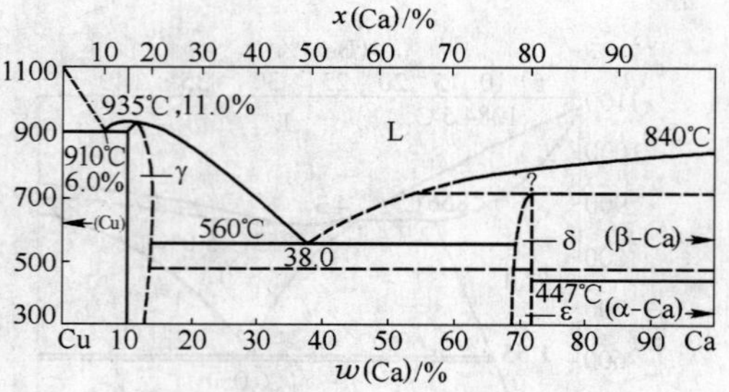

图 4-15 Cu-Ca 二元相图

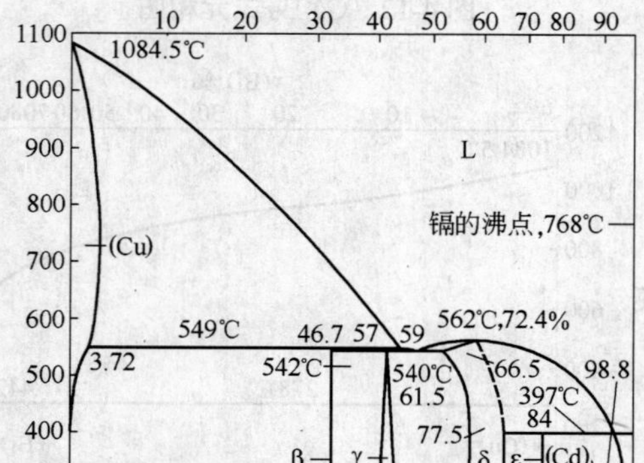

图 4-16 Cu-Cd 二元相图

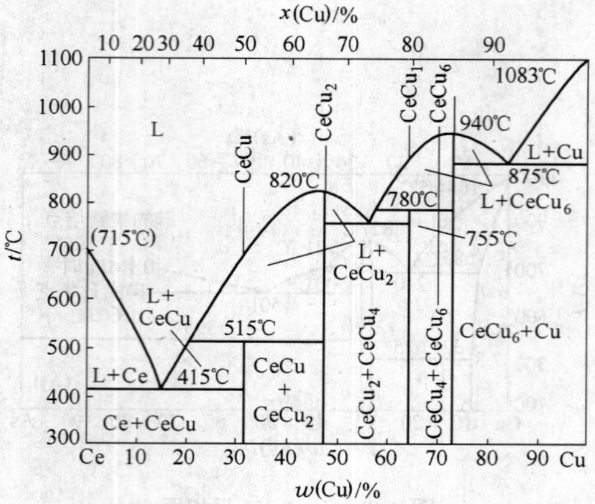

图 4-17 Cu-Ce 二元相图

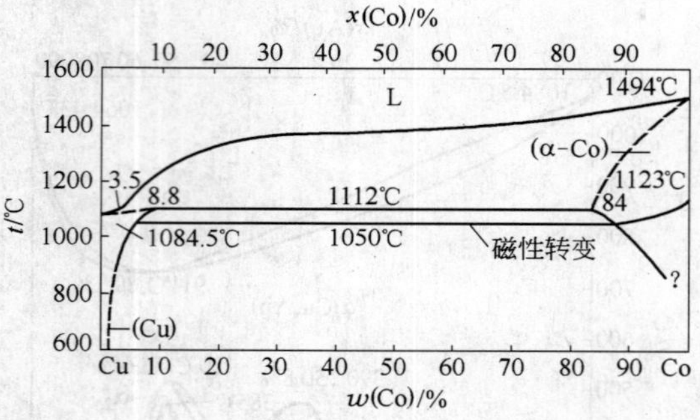

图 4-18 Cu-Co 二元相图

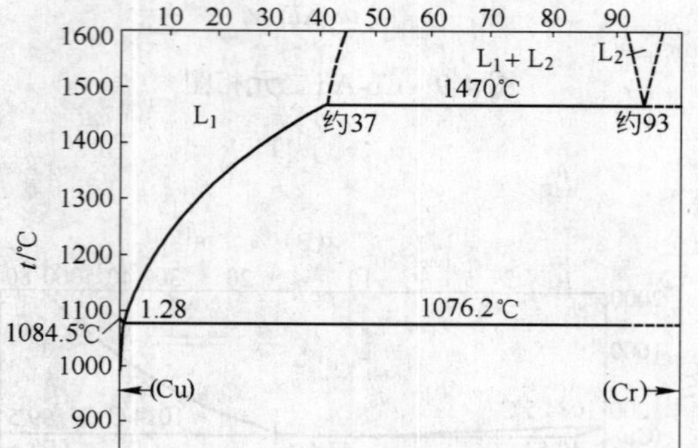

图 4-19 Cu-Cr 二元相图

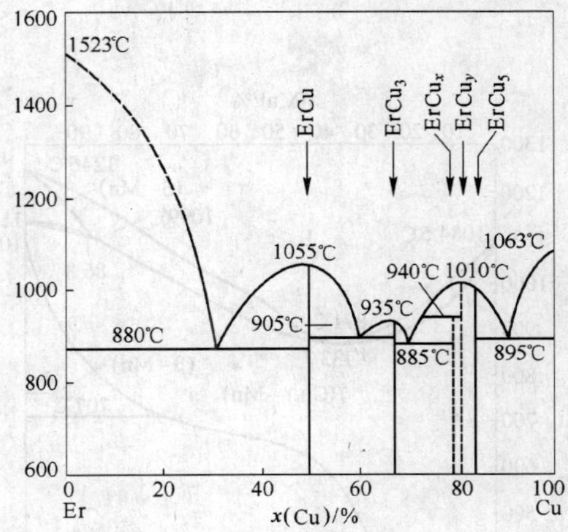

图 4-20 Cu-Er 二元相图

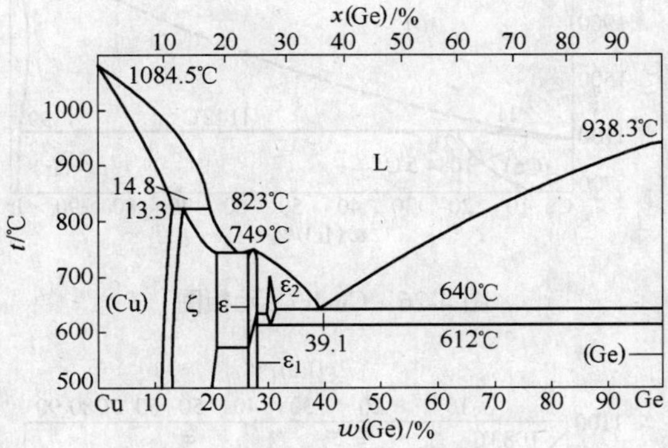

图 4-23 Cu-Ge 二元相图

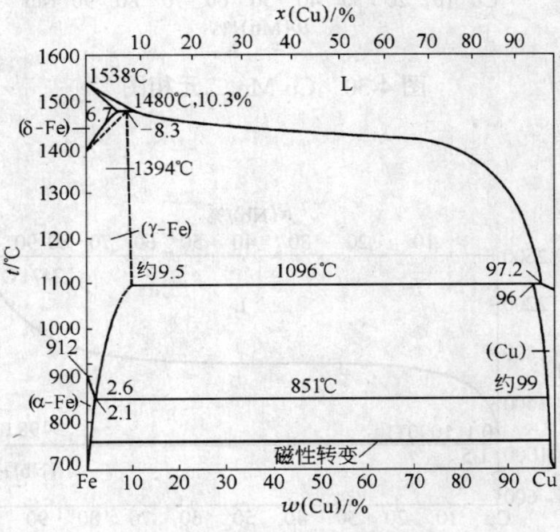

图 4-21 Cu-Fe 二元相图

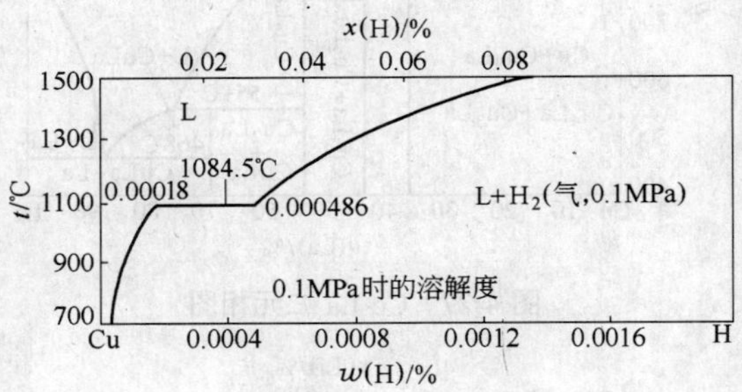

图 4-24 Cu-H 二元相图

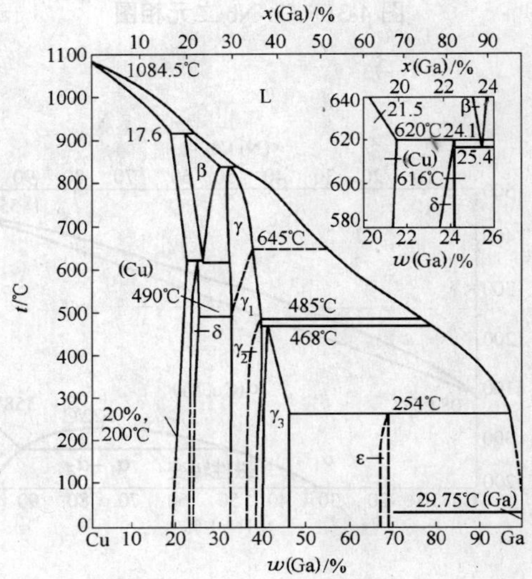

图 4-22 Cu-Ga 二元相图

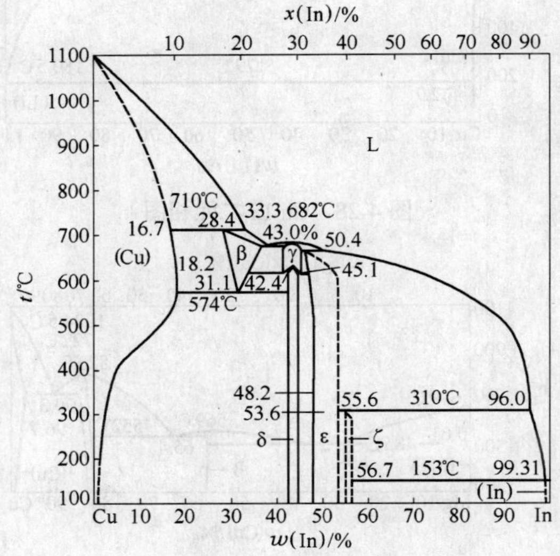

图 4-25 Cu-In 二元相图

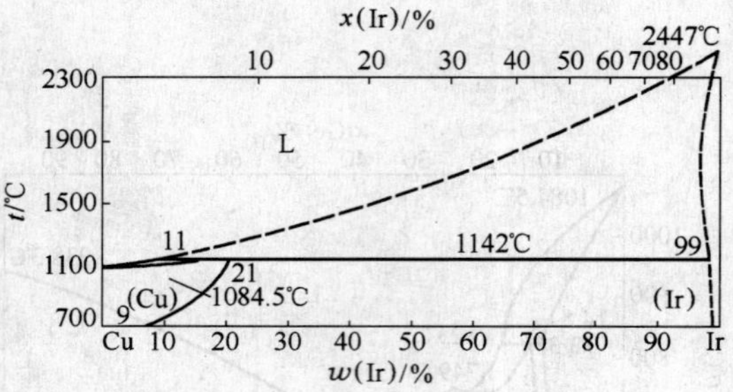

图 4-26 Cu-Ir 二元相图

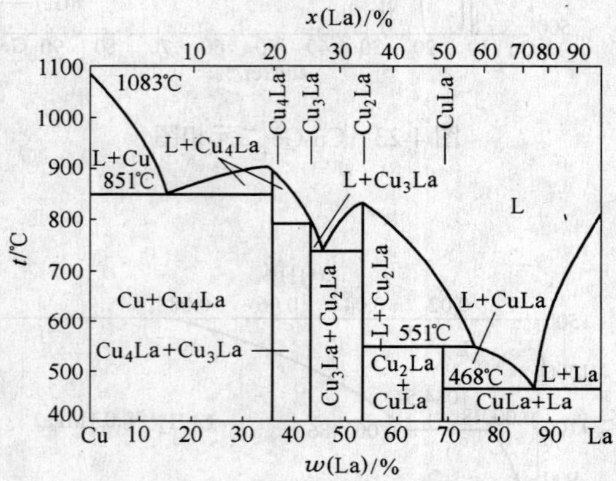

图 4-27 Cu-La 二元相图

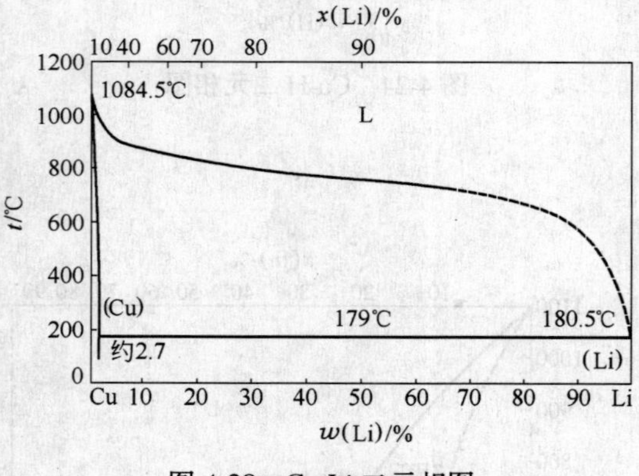

图 4-28 Cu-Li 二元相图

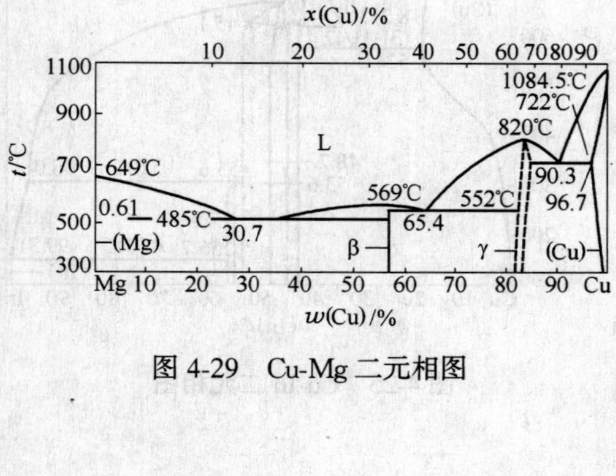

图 4-29 Cu-Mg 二元相图

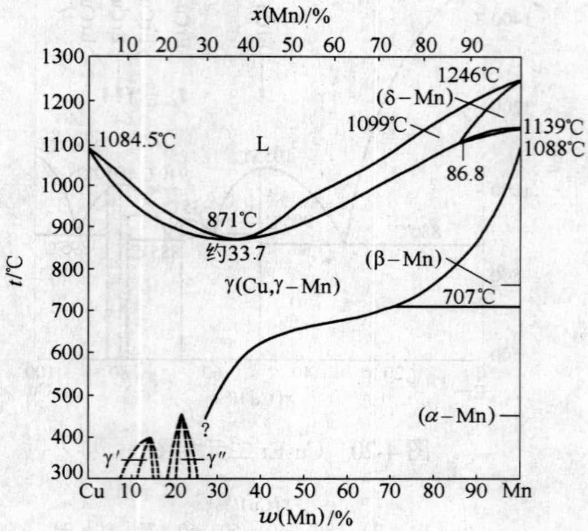

图 4-30 Cu-Mn 二元相图

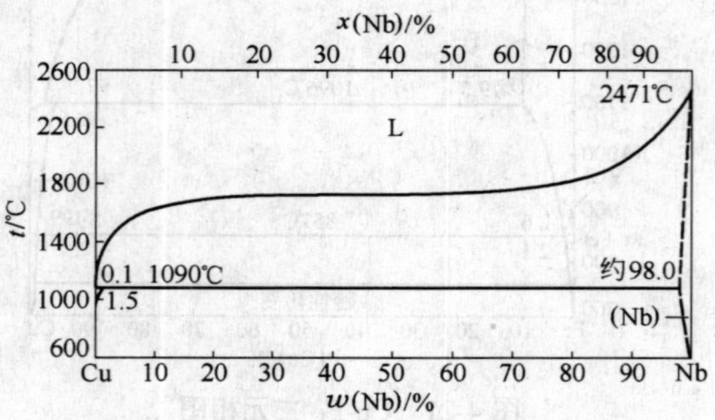

图 4-31 Cu-Nb 二元相图

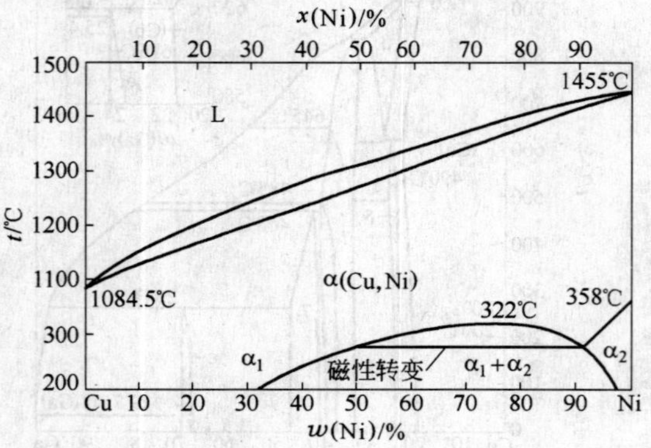

图 4-32 Cu-Ni 二元相图

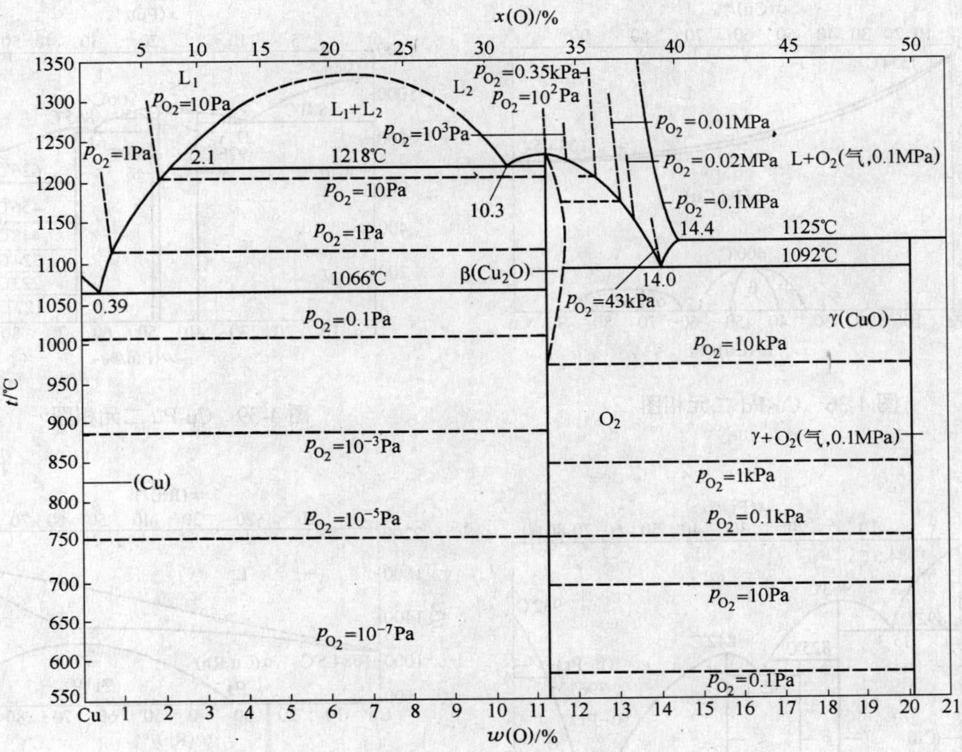

图 4-33 Cu-O 二元相图

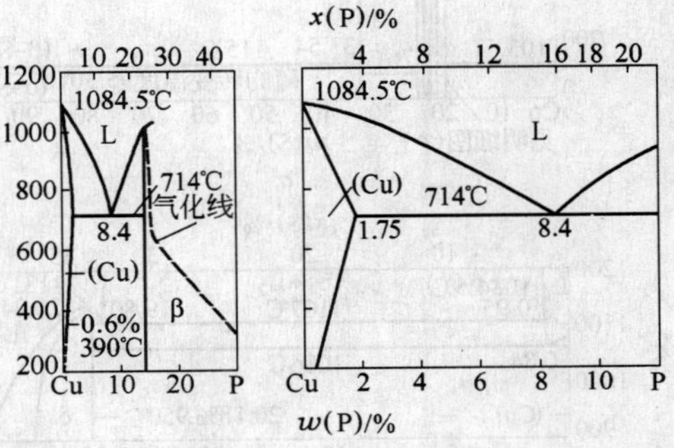

图 4-34 Cu-P 二元相图

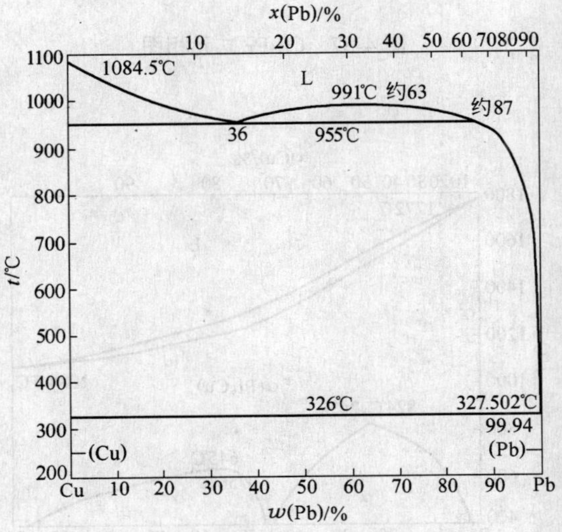

图 4-35 Cu-Pb 二元相图

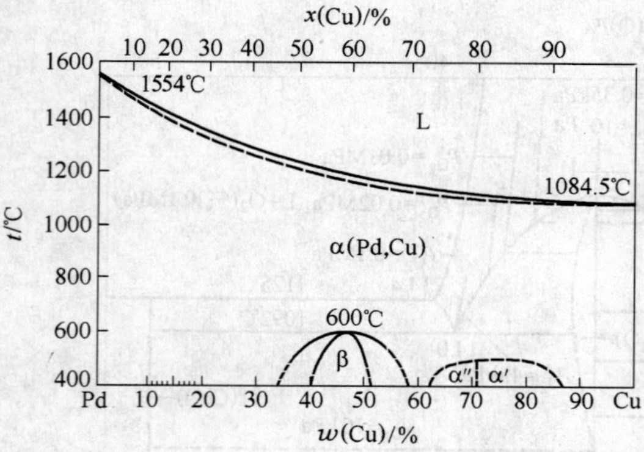

图 4-36　Cu-Pd 二元相图

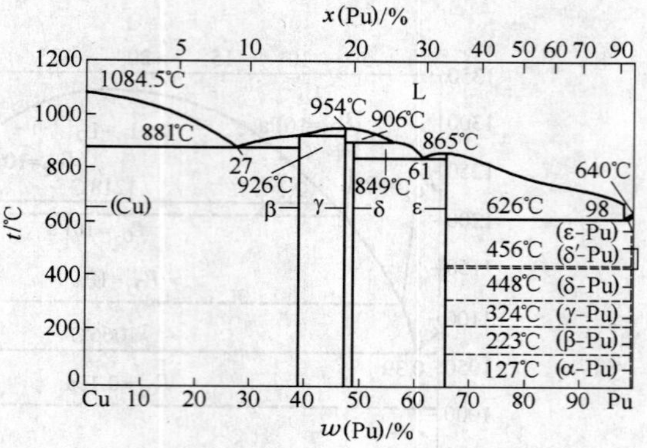

图 4-39　Cu-Pu 二元相图

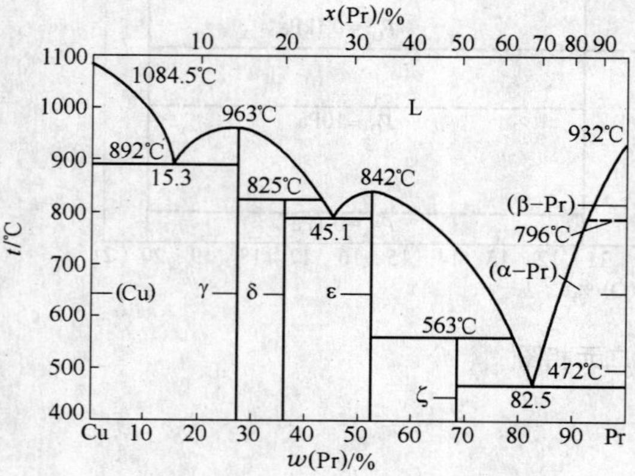

图 4-37　Cu-Pr 二元相图

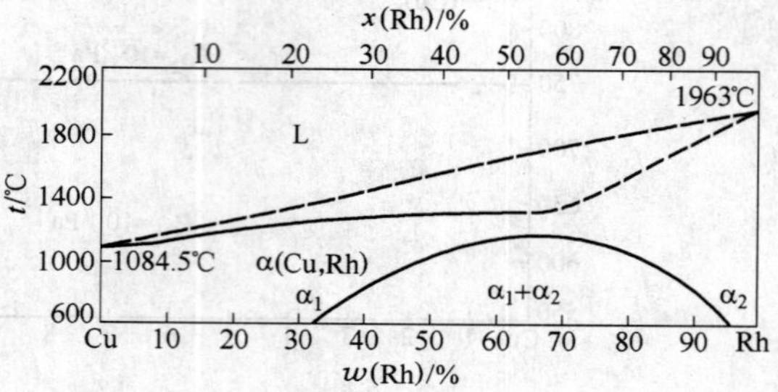

图 4-40　Cu-Rh 二元相图

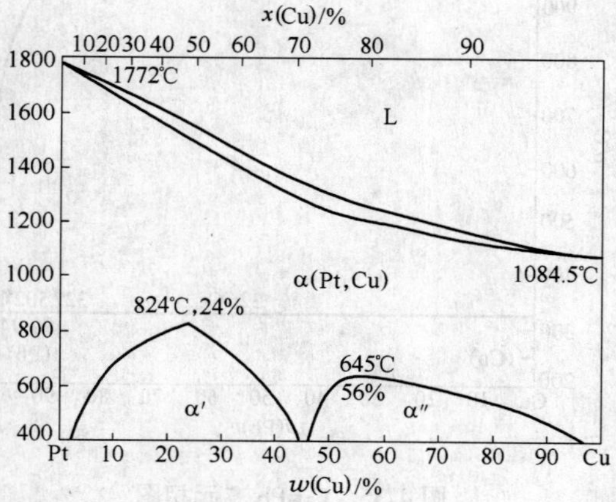

图 4-38　Cu-Pt 二元相图

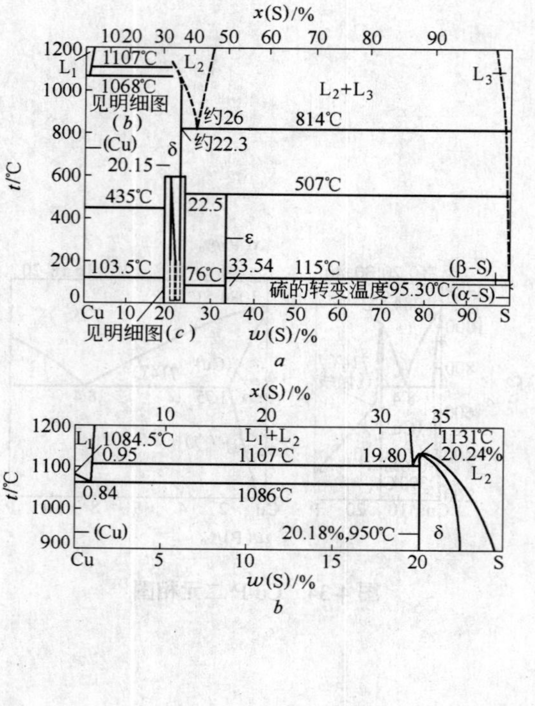

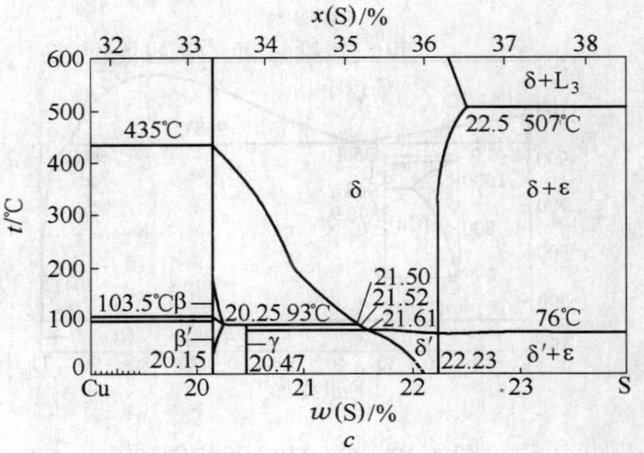

图 4-41 Cu-S 二元相图

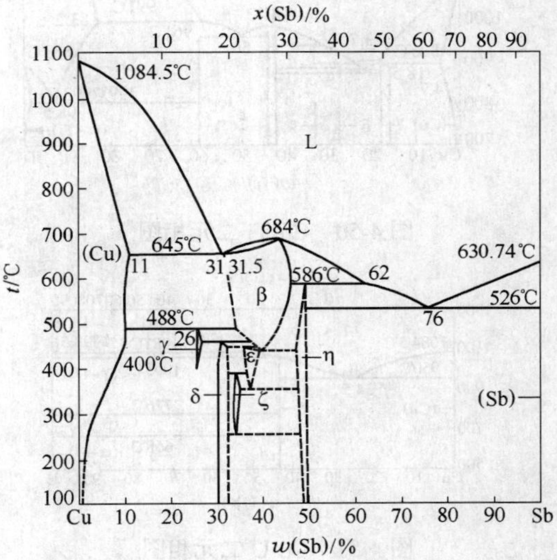

图 4-42 Cu-Sb 二元相图

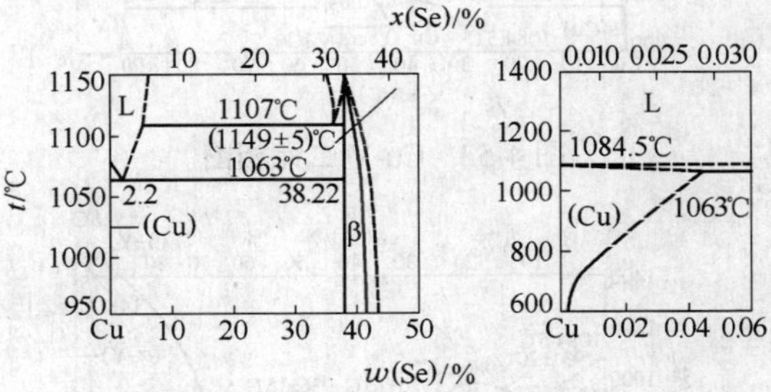

图 4-43 Cu-Se 二元相图

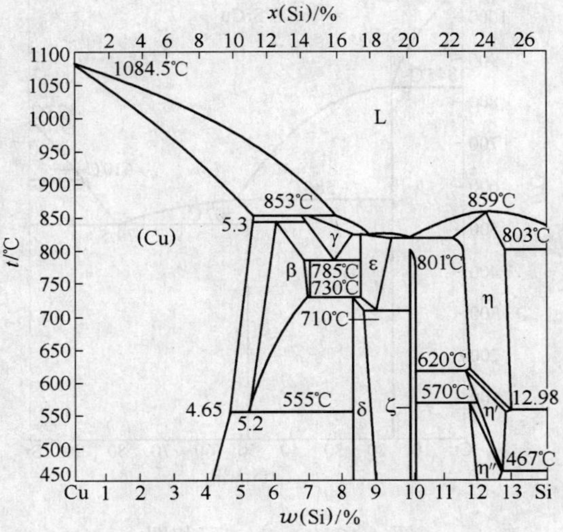

图 4-44 Cu-Si 二元相图

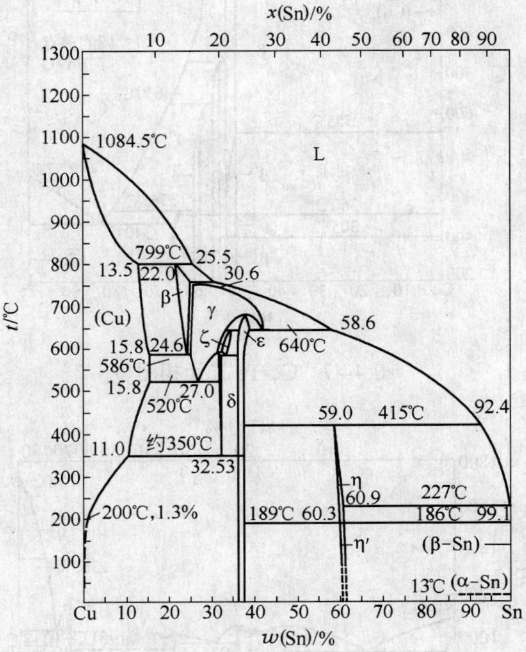

图 4-45 Cu-Sn 二元相图

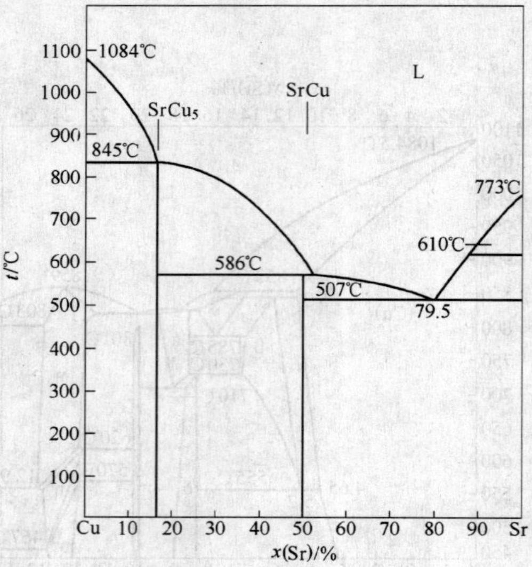

图 4-46 Cu-Sr 二元相图

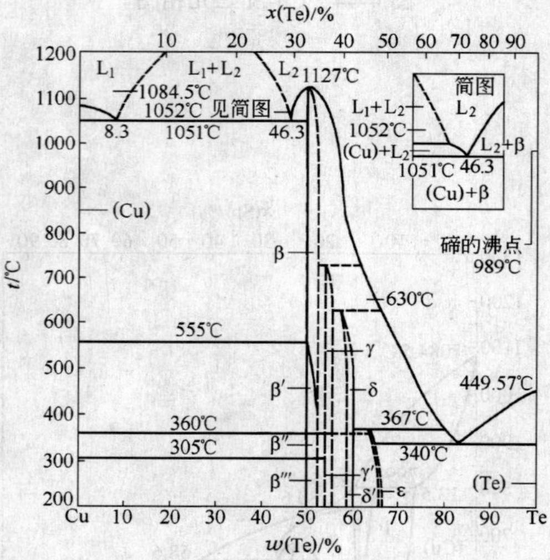

图 4-47 Cu-Te 二元相图

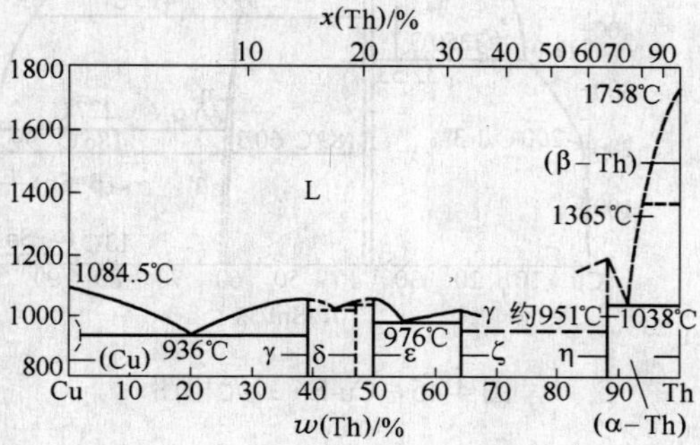

图 4-48 Cu-Th 二元相图

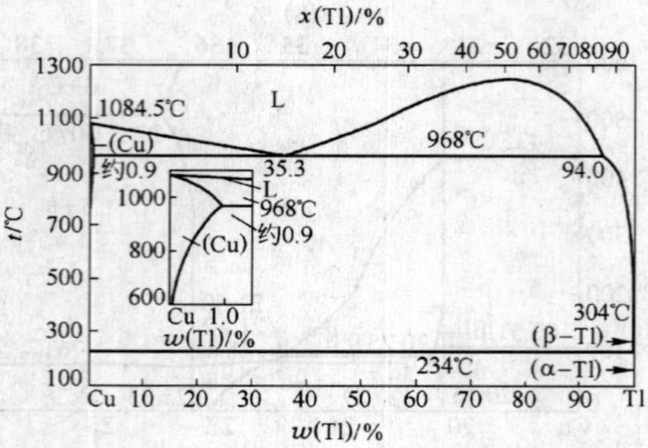

图 4-49 Cu-Tl 二元相图

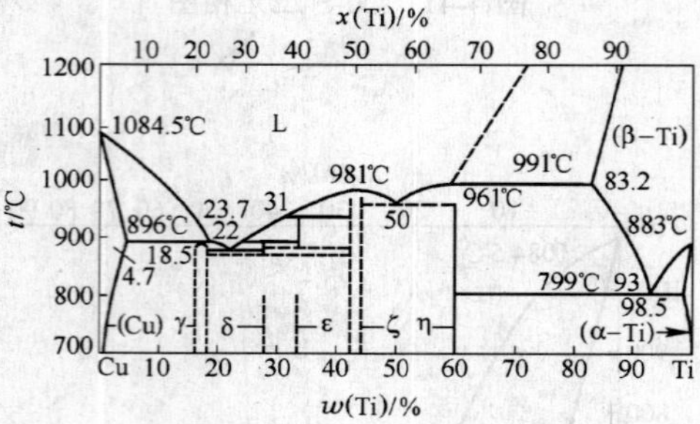

图 4-50 Cu-Ti 二元相图

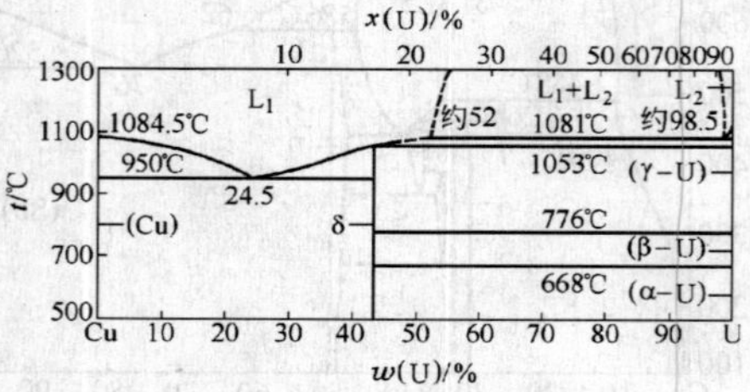

图 4-51 Cu-U 二元相图

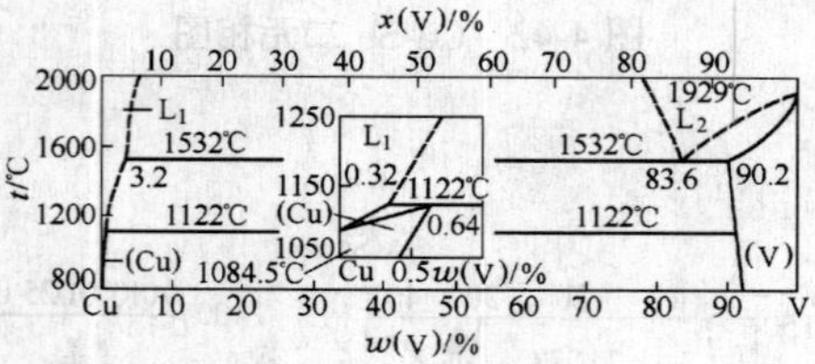

图 4-52 Cu-V 二元相图

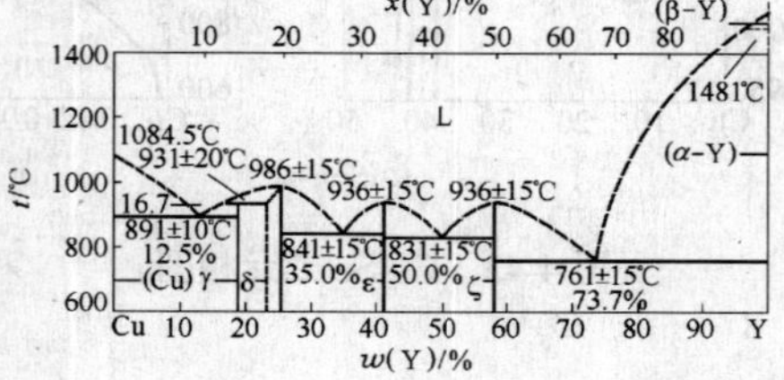

图 4-53 Cu-Y 二元相图

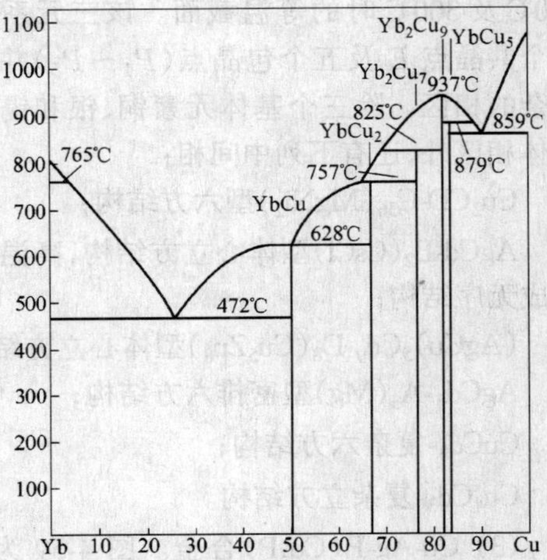

图 4-54 Cu-Yb 二元相图

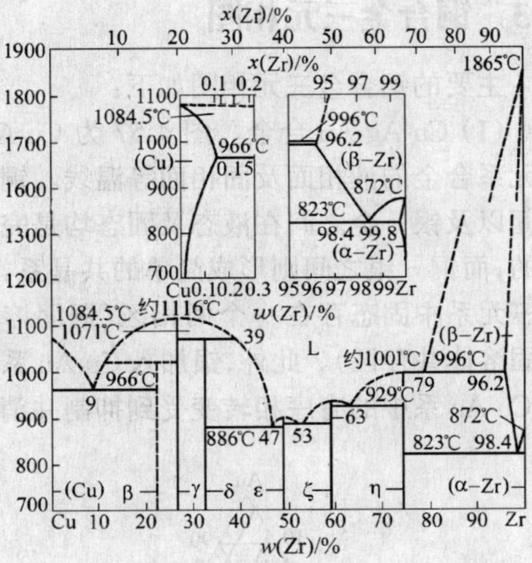

图 4-55 Cu-Zr 二元相图

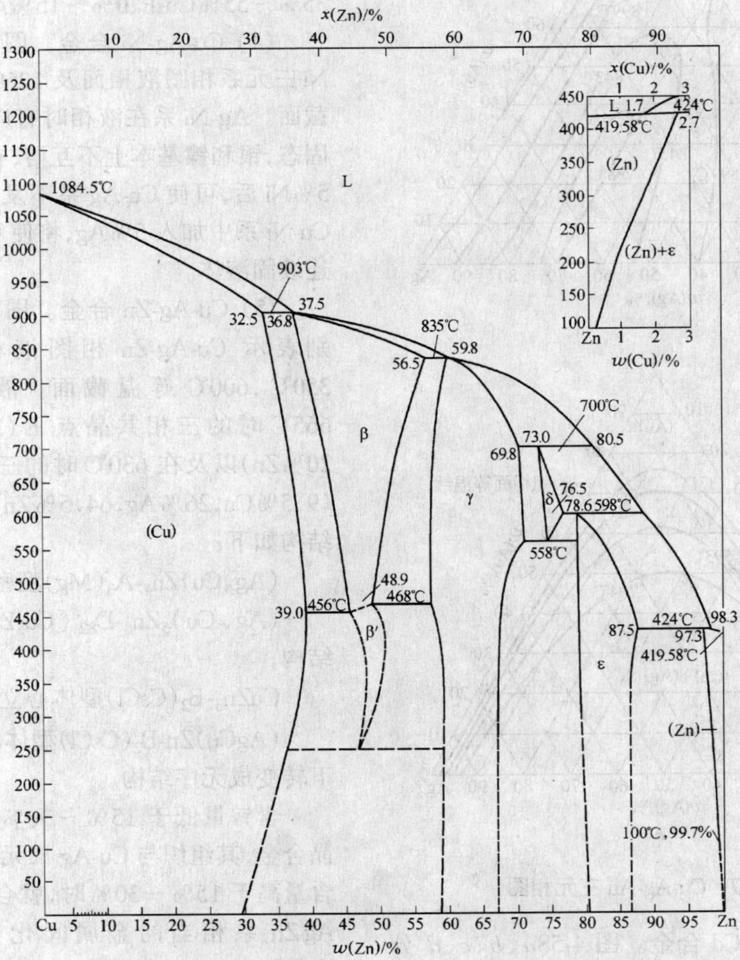

图 4-56 Cu-Zn 二元相图

4.3 铜合金三元相图

主要的铜合金三元相图如下：

(1) Cu-Ag-Au 合金。图 4-57 为 Cu-Ag-Au 三元系合金的液相面及固相面等温线。铜－金之间以及银－金之间在液态及固态均是完全互溶的，而铜－银之间则形成简单的共晶系，因此在三元系中固态存在一个两相区(铜固溶体与银固溶体共存区)。此外，银加入 Cu-Au 系中可使 Cu-Au 系中的有序相转变受到抑制并消失。

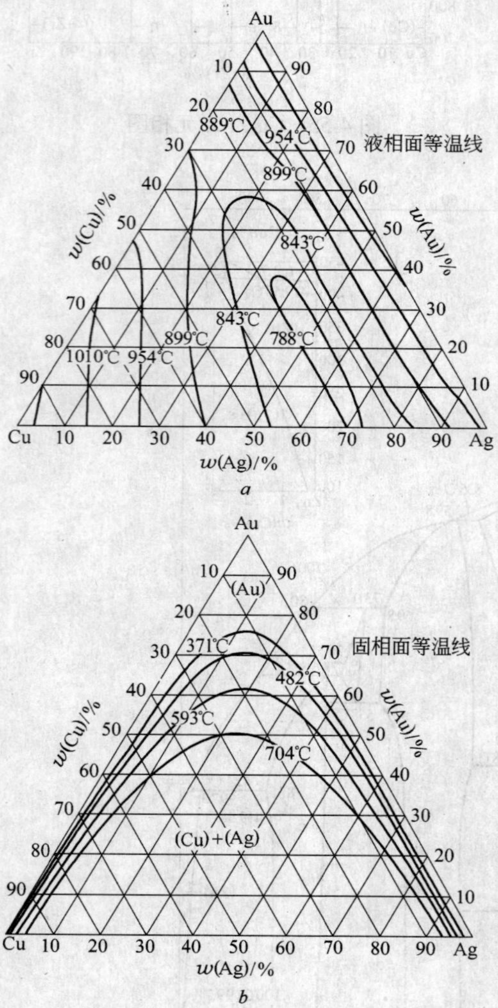

图 4-57 Cu-Ag-Au 三元相图

(2) Cu-Ag-Cd 合金。图 4-58*a*、*b*、*c*、*d* 分别表示 Cu-Ag-Cd 三元相图的液相面、固相面、600℃及 300℃时的等温截面。该三元系中有一个共晶点 E 及五个包晶点($P_1 \sim P_5$)并形成复杂的相区。除三个基体元素铜、银和镉的固溶体相区外，还有下列中间相：

Cu_2CD-C_{36}($MgNi_2$)型六方结构；

AgCd-B_2(CsCl)型体心立方结构，高温下转变成无序结构；

$(AgCu)_5Cd_0$-D_8(Cu_5Zn_8)型体心立方结构；

$AgCd_3$-A_3(Mg)型密排六方结构；

$CuCd_3$-复杂六方结构；

Cu_4Cd_3-复杂立方结构。

(3) Cu-Ag-P(Cu_3P)合金。图 4-59 为 Cu-Ag-Cu_3P 相图液相面。该系形成了一系列用于铜钎焊的合金，其成分范围为：40%～60% Cu、35%～55% Cu_3P、0%～15% Ag。

(4) Cu-Ag-Ni 合金。图 4-60 表示 Cu-Ag-Ni 三元系相图液相面及 1250℃和 1400℃等温截面。Ag-Ni 系在液相时有广泛的双液区。在固态，银和镍基本上不互溶，在 Cu-Ni 系中加入 5% Ni 后，可使 Cu-Ag 系不发生共晶分解，而在 Cu-Ni 系中加入 5% Ag，将使 Cu-Ni 合金不生成连续固溶体。

(5) Cu-Ag-Zn 合金。图 4-61*a*、*b*、*c*、*d* 分别表示 Cu-Ag-Zn 相图液相面、固相面和 350℃、600℃ 等温截面。液相面上可见到 665℃时的三相共晶点 E(20% Cu, 56% Ag, 20% Zn)以及在 630℃时的三相包晶反应点 P (9.5% Cu, 26% Ag, 64.5% Zn)。该系中间相的结构如下：

(Ag、Cu)Zn_4-A_3(Mg)型密排六方结构；

(Ag、Cu)$_5Zn_8$-D_{82}(Cu_5Zn_8)型体心立方结构；

$CuZn_3$-B_2(CsCl)型体心立方结构；

(AgCu)Zn-B_2(CsCl)型体心立方结构，高温下转变成无序结构。

含锌量低于 15%～30% 的三元合金属共晶合金，其组织与 Cu-Ag 二元系合金类似，当锌含量高于 15%～30% 时，就会生成与 Cu-Zn 及 Ag-Zn 系相当的金属间化合物相(电子化合物)。

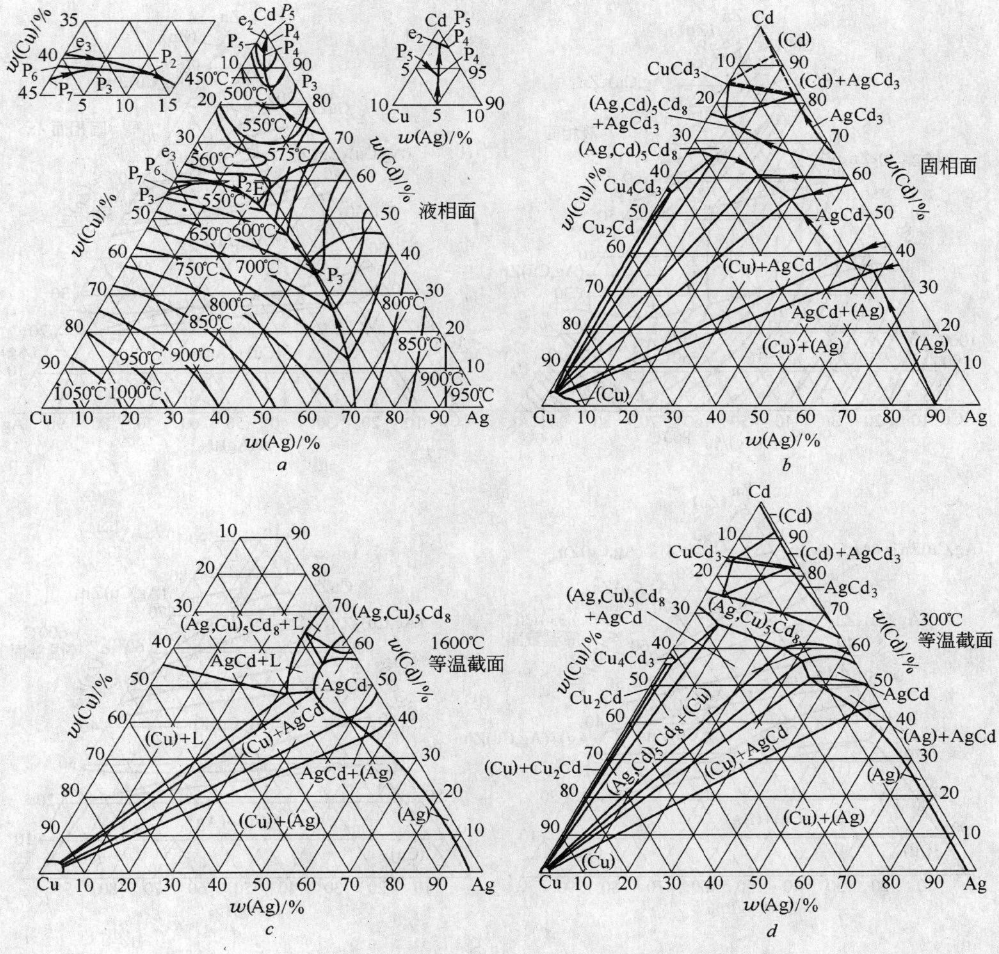

图 4-58　Cu-Ag-Cd 三元相图

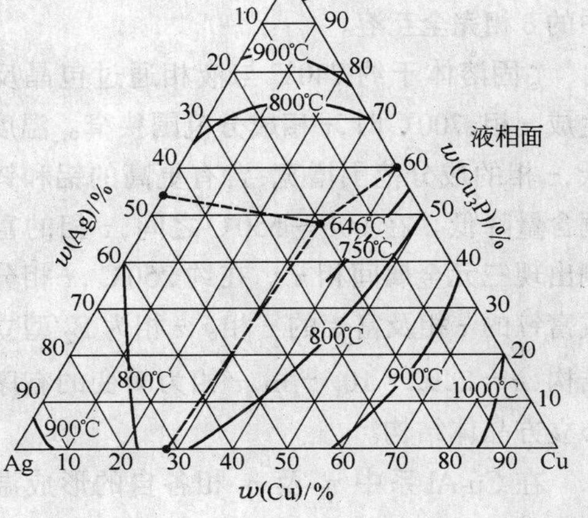

图 4-59　Cu-Ag-Cu_3P 相图液相面

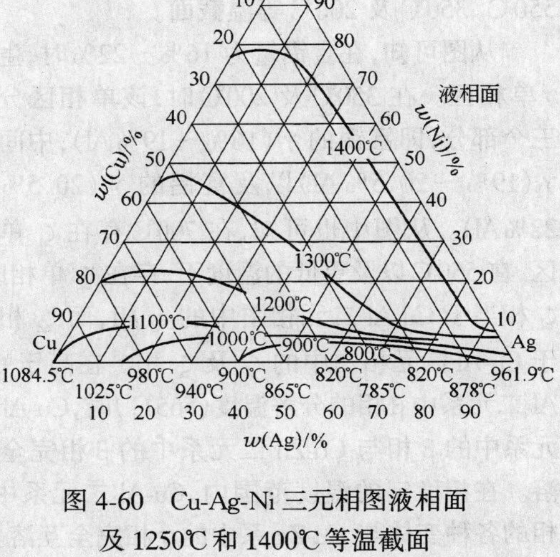

图 4-60　Cu-Ag-Ni 三元相图液相面
及 1250℃ 和 1400℃ 等温截面

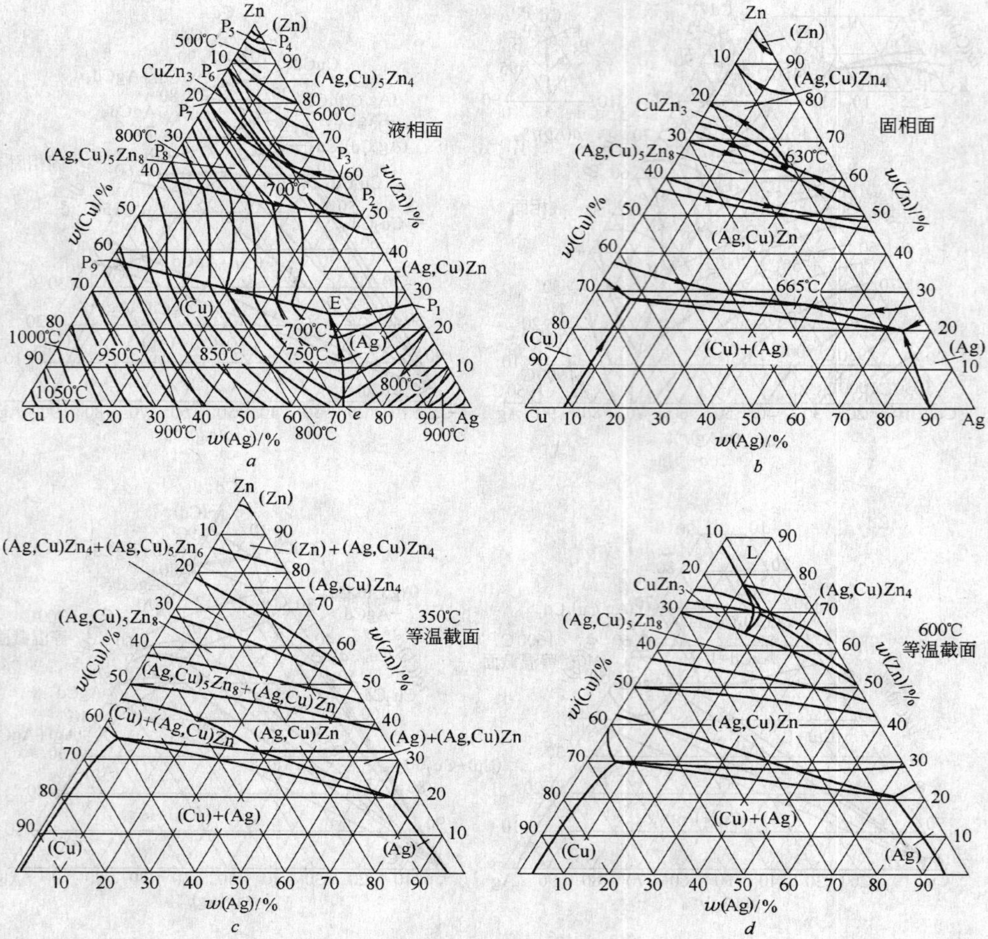

图4-61 Cu-Ag-Zn三元相图

(6) Cu-Al-Zn合金。图4-62*a*、*b*、*c*、*d*、*e*分别为Cu-Al-Zn系三元相图的液相面和700℃、550℃、350℃及200℃等温截面。

从图可知，在含铝量为16%～22%时，生成γ单相区。在350℃及200℃时，该单相区分成三个部分，即富铜的γ′(16%～19%Al)，中间的γ_1(19%～20.5%Al)以及富铝的γ_2(20.5%～22%Al)。从图中也可知，在700℃存在ζ_1单相区，在550℃以及更低的温度下，存在ζ_2单相区。ζ_1相当于Cu-Al二元相图中的ε_2相，而ζ_2相当于Cu-Al二元相图中的ζ_1及ζ_2相。在高于Cu-Al二元系中β相的分解温度(565℃)时，Cu-Al二元系中的β相与Cu-Zn二元系中的β相完全互溶。在相稳定的温度范围内，Cu-Al二元系中γ相的各种变体与Cu-Zn系中的γ相完全互溶。在约699℃至约680℃间的Cu-Zn二元系中δ相的狭窄形成温度，Cu-Al系中的ζ_1相与Cu-Zn系中的δ相完全互溶。

ζ固溶体于约740℃与液相通过包晶反应生成τ相，700℃时，τ相成分范围狭窄。温度降低，τ相的成分范围增宽，含有更高的铝和锌而铜含量降低。在600～550℃之间，τ相的富铝侧出现三元金属间相τ′。在约250℃，τ相分离成富锌的τ相及富铝的τ′相。τ相为B_2型立方结构，$a=2.92\times10^{-10}$ m，τ′相为畸变的有序体心立方晶体结构。

在Cu-Al系中η_1及η_2相各自的形成温度(626℃及597℃)以下，该两相与Cu-Zn中的ε相形成伪二元系。

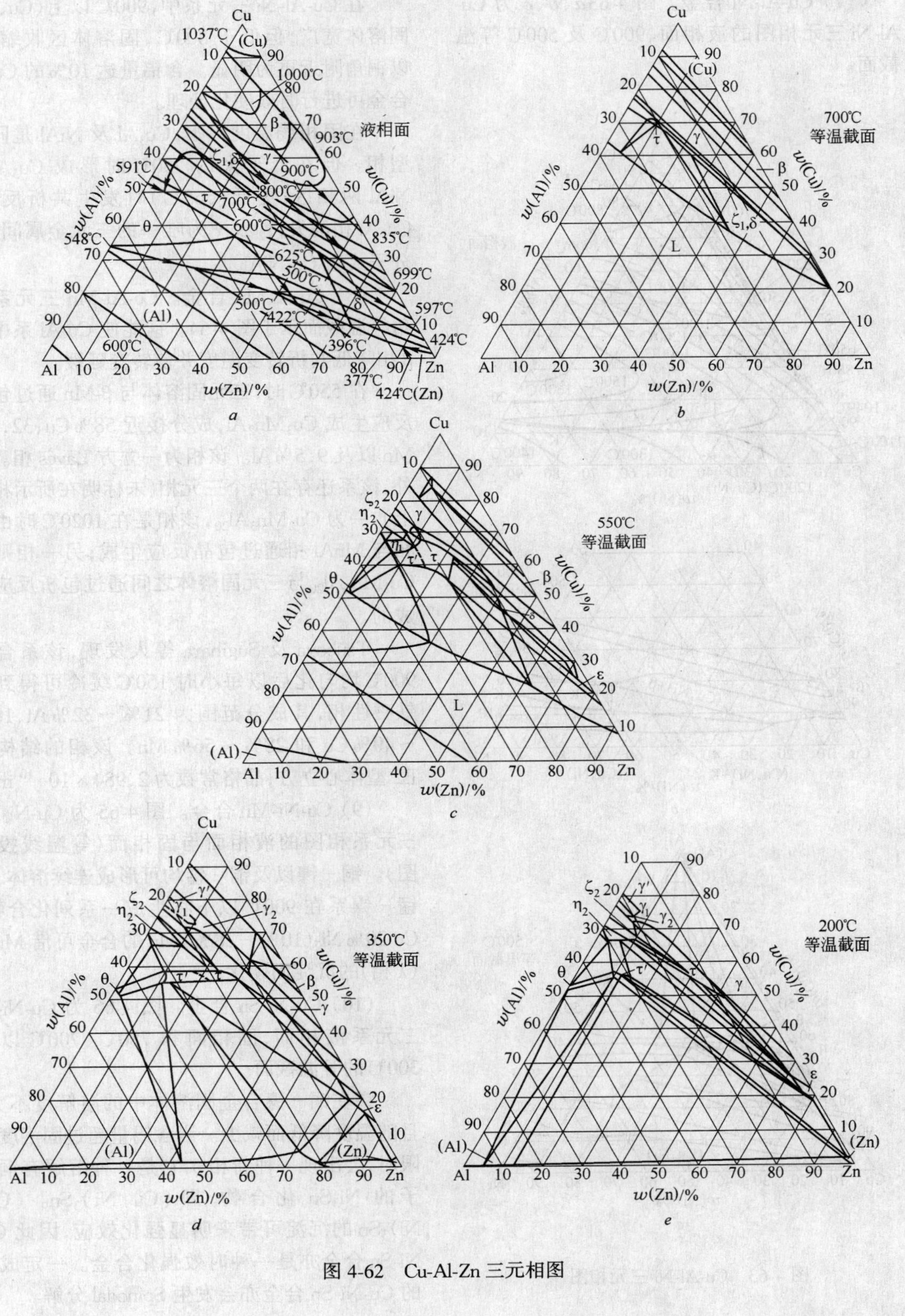

图 4-62 Cu-Al-Zn 三元相图

(7) Cu-Al-Ni 合金。图 4-63*a*、*b*、*c* 为 Cu-Al-Ni 三元相图的液相面、900℃及 500℃等温截面。

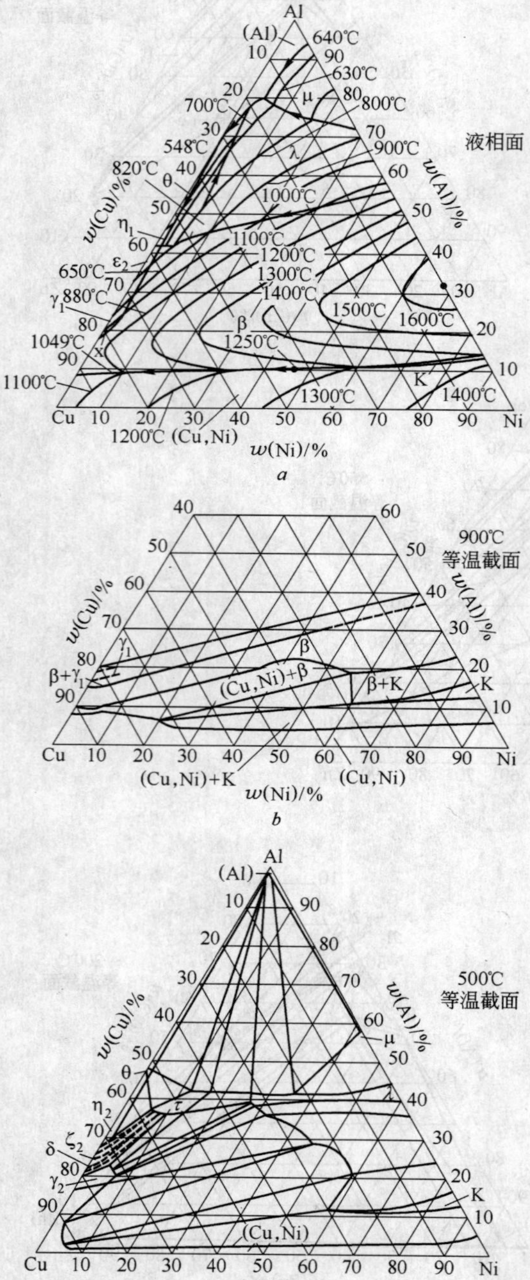

图 4-63 Cu-Al-Ni 三元相图

在 Cu-Al-Ni 三元系中，900℃以上(Cu、Ni)固溶体宽广，但低于 800℃，固溶体区收缩，尤以铜角附近更为明显。含铝量达 10% 的 Cu-Ni 合金可进行时效硬化处理。

在固相线温度以下，Cu_3Al 及 NiAl 是同晶型相。但在低于大约 750℃时形成 Cu_3Al + NiAl 两相区；更低(565℃)时发生共析反应，Cu_3Al 相消失，γ_2 及 τ 为唯一的三元金属间相，分子式为 Cu_3NiAl_6。

(8) Cu-Al-Mn 合金。Cu-Al-Mn 三元系铜角等温截面示于图 4-64。锰能使 Cu-Al 系中的 β 相降低共析转变温度并使转变延缓。

在 550℃时，三元固溶体与 β-Mn 通过包析反应生成 Cu_3Mn_2Al，成分接近 58% Cu、32.5% Mn 以及 9.5% Al。该相为一立方 Laves 相。此外，该系还存在两个三元相(未标明在所示相图上)：一为 $Cu_2Mn_3Al_{20}$，该相是在 1020℃时由液相与 MnAl 相通过包晶反应生成；另一相则是 $Cu_2Mn_3Al_{20}$ 与三元固溶体之间通过包析反应生成的。

Tsuboya 及 Sugihara 等人发现，该系合金 900℃均匀化后以每小时 150℃缓冷可得到一铁磁性相，其成分范围为 21%～32% Al、18%～40% Cu 和 28%～56% Mn。该相的结构为 B2 型体心立方，晶格常数为 2.984×10^{-10} m。

(9) Cu-Ni-Mn 合金。图 4-65 为 Cu-Ni-Mn 三元系相图的液相面与固相面(等温线投影图)。铜－镍以及铜－锰均可形成连续溶体，而锰－镍系在 900℃以下将生成一系列化合物。Cu-20% Ni-(10%～28%)Mn 的合金可借 MnNi (λ 相)的沉淀而硬化。

(10) Cu-Ni-Sn 合金。图 4-66 为 Cu-Ni-Sn 三元系液相面、固相面和 780℃、700℃以及 300℃的等温截面。

锡在铜－镍合金固溶体中的溶解度不大，且随温度降低而减少。当含锡量超过固溶度极限时，会出现一种新相 θ，它是一种溶解有铜原子的 Ni_3Sn 化合物，即 $(Cu、Ni)_3Sn$。$(Cu、Ni)_3Sn$ 的沉淀可带来明显强化效应，因此 Cu-Ni-Sn 合金亦是一种时效强化合金。一定成分的 Cu-Ni-Sn 合金亦会发生 Spinodal 分解。

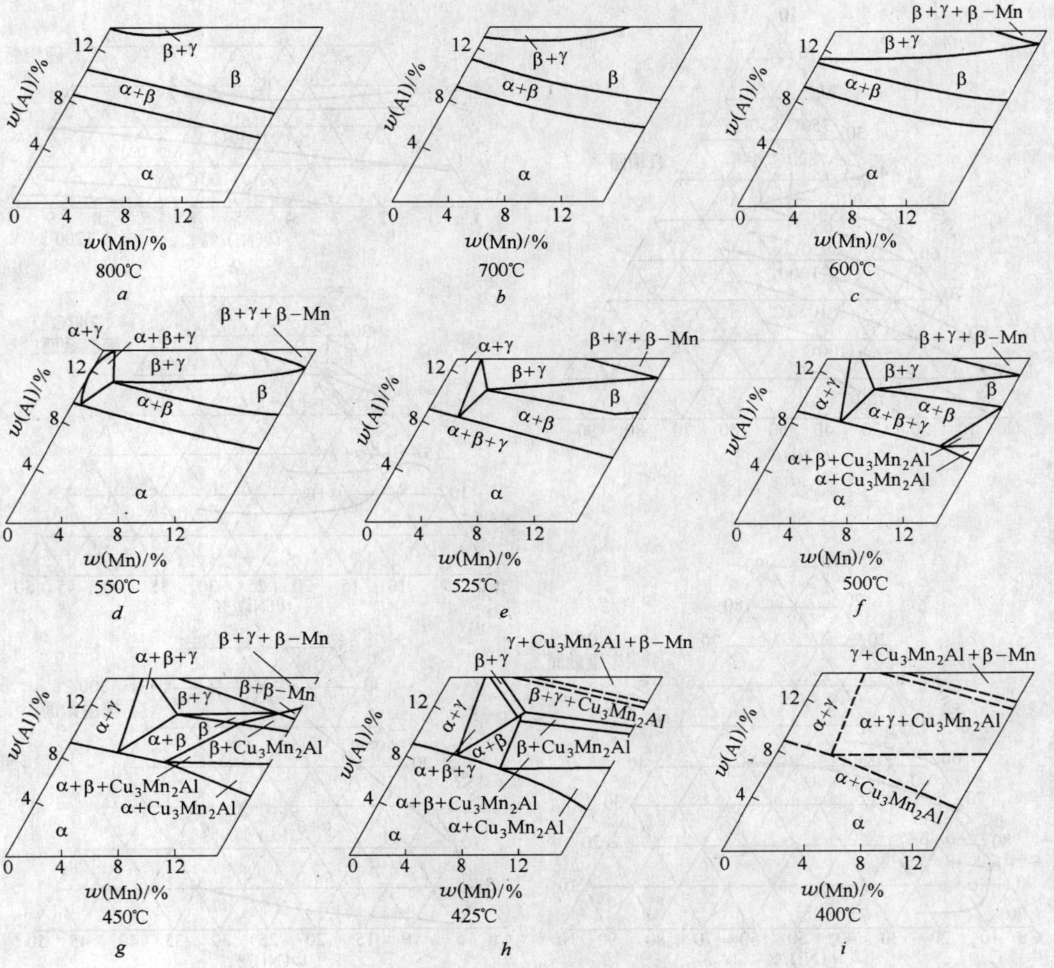

图 4-64 Cu-Al-Mn 三元系铜角等温截面

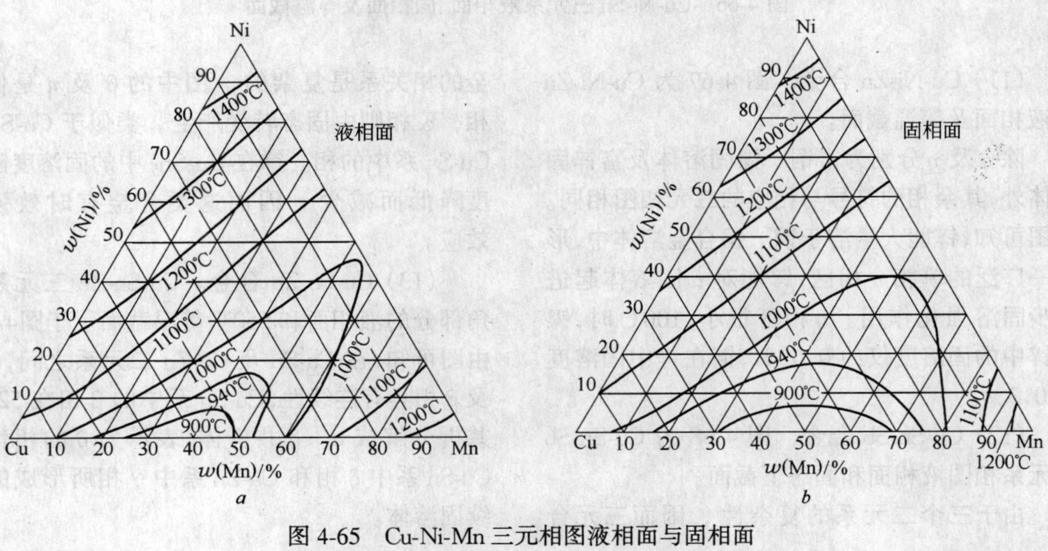

图 4-65 Cu-Ni-Mn 三元相图液相面与固相面

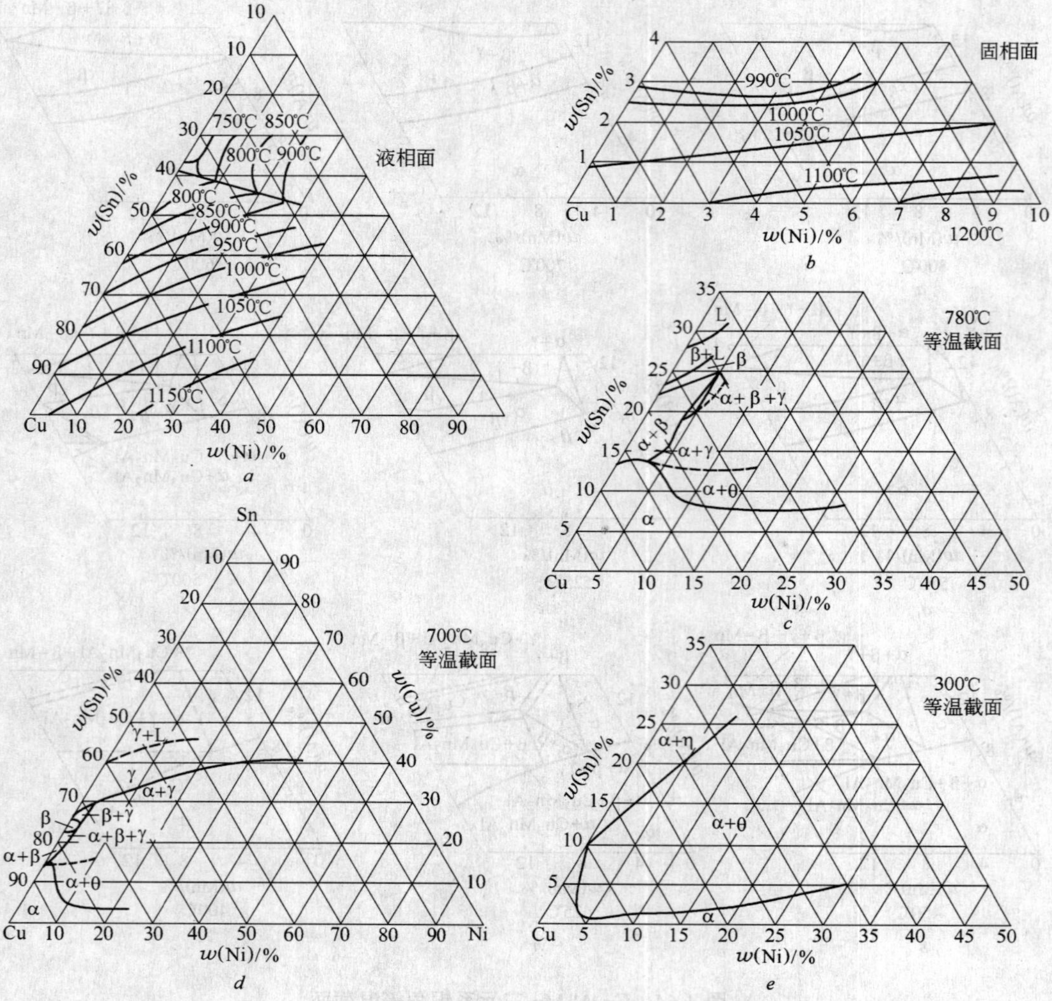

图 4-66 Cu-Ni-Sn 三元系液相面、固相面及等温截面

(11) Cu-Ni-Zn 合金。图 4-67 为 Cu-Ni-Zn 系液相面及等温截面。

除 α 及 η 分别为富铜－镍固溶体及富锌固溶体外，其余相的符号与相应的二元相图相同。从图可知，锌能大量溶于铜－镍合金溶体中，形成一广泛的单相 α 相区，锌能对 α 固溶体起进一步固溶强化作用。η 相区很小，100℃时，镍在锌中的固溶度仅约 0.02%，铜在锌中固溶度约 0.3%。

(12) Cu-Sn-Sb 合金。图 4-68 为 Cu-Sn-Sb 三元系相图液相面和固态下截面。

由于三个二元系的复杂性，因而三元合金的相关系是复杂的。图中的 β′ 及 η′ 是低温相，K 相则由固态转变产生，类似于 Cu-Sb 及 Cu-Sn 系中的相。锑在 Cu_6Sn_5 中的固溶度随温度降低而减少，因而这类合金有时效强化效应。

(13) Cu-Sn-Zn 合金。Cu-Sn-Zn 三元系铜角部分的液相面和 550℃ 等温截面示于图4-69。由图可知，在 Cu-Sn 及 Cu-Zn 二元系之间，α 相及 β 相具有连续性，Cu-Sn 系中的 β 相在 520℃ 共析分解成 α + δ 共析体，表示为 δ 的相代表 Cu-Sn 系中 δ 相和 Cu-Zn 系中 γ 相所形成的连续固溶体。

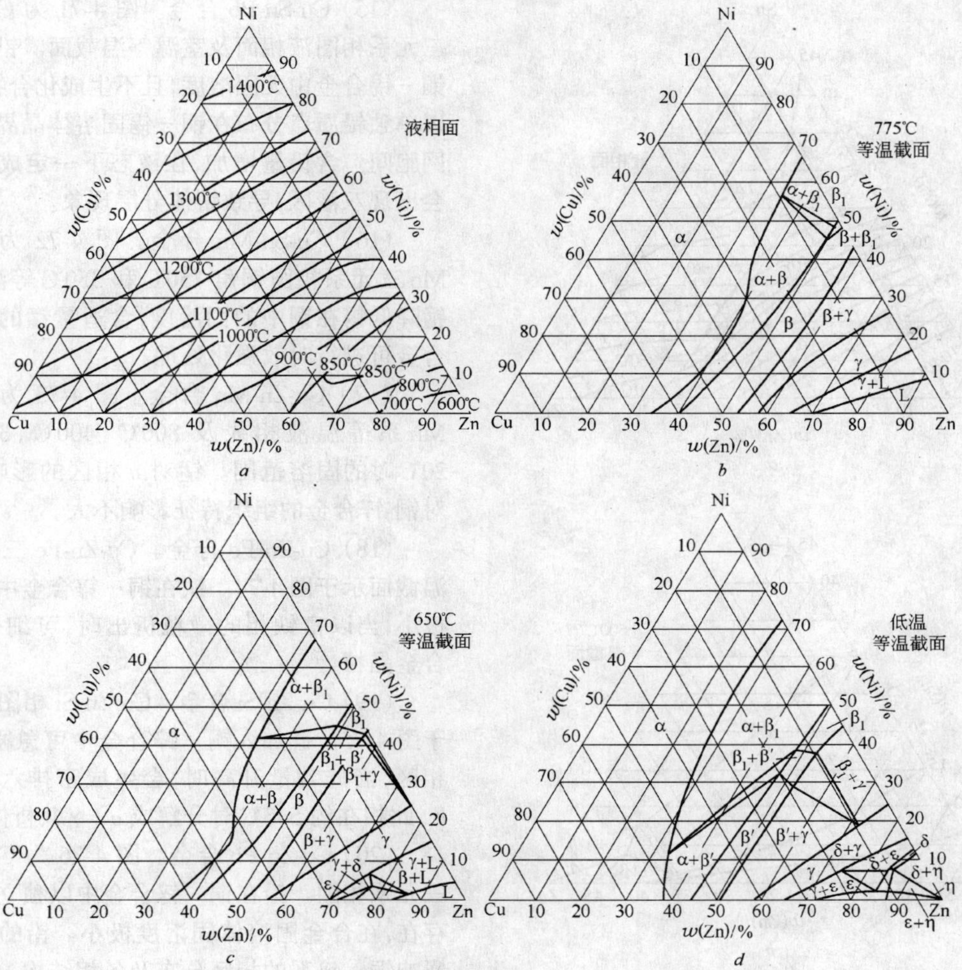

图 4-67 Cu-Ni-Zn 系液相面及等温截面

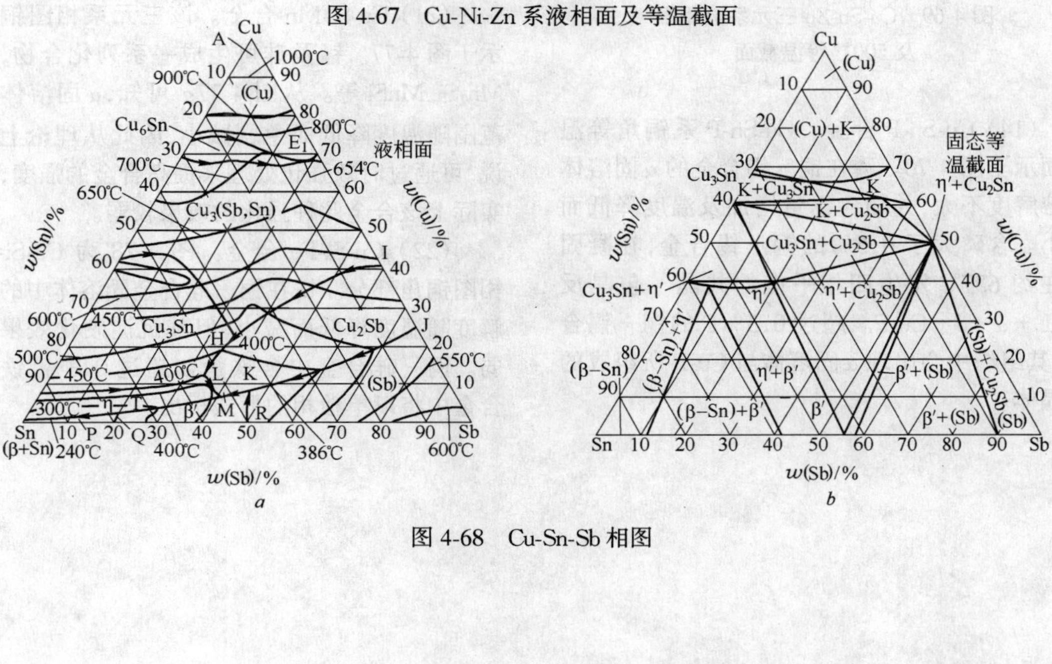

图 4-68 Cu-Sn-Sb 相图

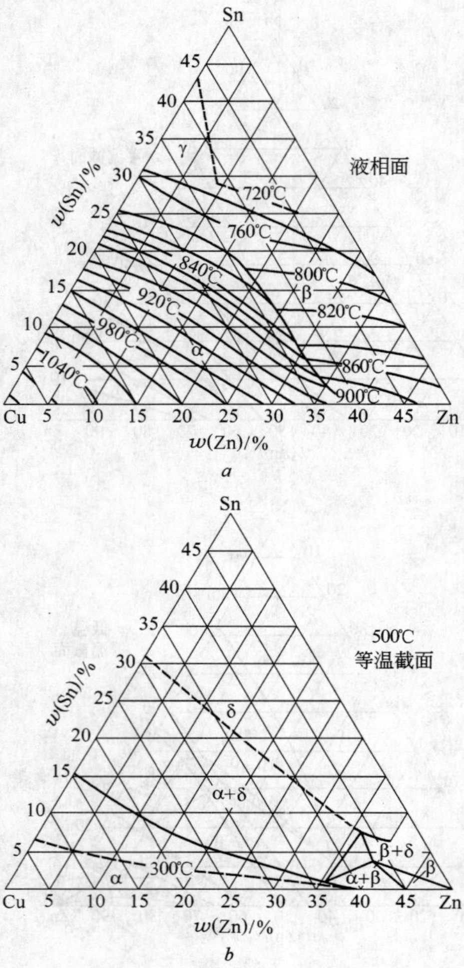

图 4-69 Cu-Sn-Zn 三元系液相面及 500℃ 等温截面

(14) Cu-Sn-P 合金。Cu-Sn-P 系铜角等温截面示于图 4-70。磷在铜－锡合金的 α 固溶体中溶解度不大，并随含锡量增加及温度降低而减小。含磷大于 0.5% 的铜－锡合金，在凝固时在约 637℃ 发生四相平衡的共晶－包晶反应：$L+\alpha \rightarrow \beta + Cu_3P$。超过 0.3%P 的铜－锡合金，其组织中会出现 α 固溶体与 Cu_3P 所组成的共晶体。

(15) Cu-Sn-Pb 合金。图 4-71 为 Cu-Sn-Pb 三元系相图液相面及室温等温截面。铅几乎在铜－锡合金中无固溶度，且不生成化合物，因而以单独铅质点分布在铜－锡固溶体晶界或枝晶网胞间。含铅量增加，在液态下一定成分范围会出现双液区，导致熔体分层现象。

(16) Cu-Sn-Mn 合金。图 4-72 为 Cu-Sn-Mn 三元系相图铜角 750℃ 和 350℃ 等温截面。锰降低锡在铜中的固溶度，含适量锰的铜－锡合金可进行时效强化处理。

(17) Cu-Zn-Mn 合金。图 4-73 为 Cu-Zn-Mn 系等温液相线及 800℃、400℃、360℃ 和 20℃ 时的固溶范围。锰对 α 相区的影响较小，对铜-锌合金的组织特征影响不大。

(18) Cu-Zn-Fe 合金。Cu-Zn-Fe 三元系室温截面示于图 4-74。铁在铜－锌合金中溶解度极小，当以富铁相的微粒析出时，可细化铜-锌合金晶粒。

(19) Cu-Zn-Si 合金。Cu-Zn-Si 相图铜角示于图 4-75。硅加入铜－锌合金中可急剧缩小 α 相区，当硅含量升高时，会生成密排六方新相 K，此相在约 545℃ 时分解成 α+γ 共析体。

(20) Cu-Zn-Pb 合金。图 4-76 为 Cu-Zn-Pb 三元系相图。铅在铜－锌合金中以独立铅质点存在，在合金固溶体固溶度极小。铅的存在不影响铜－锌系的相区分布及各相结构。

(21) Cu-Si-Mn 合金。该三元系相图铜角示于图 4-77。锰及硅可生成一系列化合物，如 Mn_2Si、MnSi 等。从图 4-77*a* 可知，α 固溶体的范围随温度降低而急剧减小，因此从理论上来说，可通过时效强化处理来提高合金的强度，但实际上该合金此种强化的效果较弱。

(22) Cu-Si-Fe 合金。图 4-78 为 Cu-Si-Fe 相图铜角部分。铁在铜－硅合金固溶体中的溶解度随温度降低而减小，但其沉淀硬化效果微弱。铜－硅合金中含铁量如超过 0.3%，铁在合金中将以单独相的形式析出。

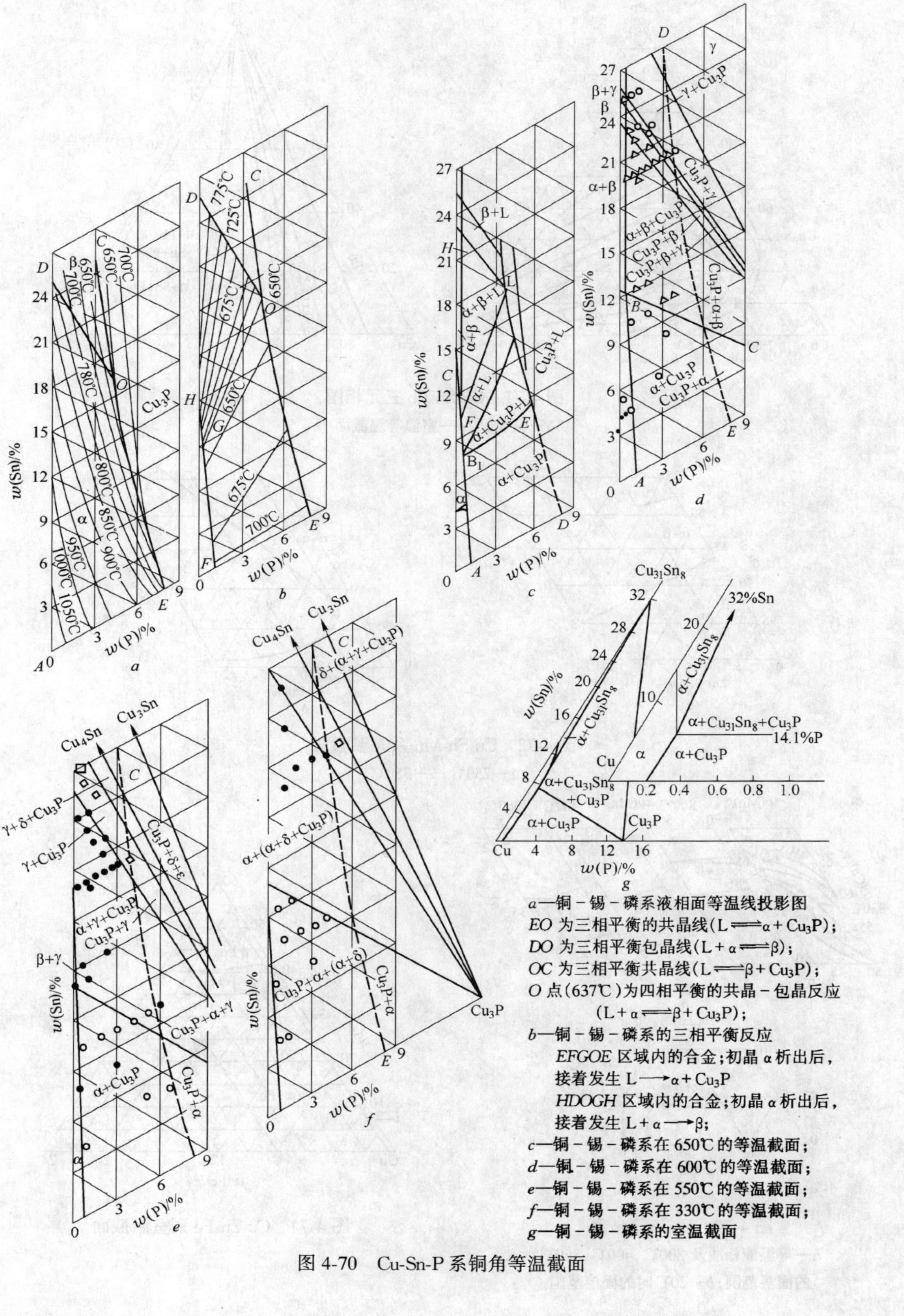

a—铜－锡－磷系液相面等温线投影图

EO 为三相平衡的共晶线（L⇌α＋Cu_3P）；

DO 为三相平衡包晶线（L＋α⇌β）；

OC 为三相平衡共晶线（L⇌β＋Cu_3P）；

O 点（637℃）为四相平衡的共晶－包晶反应（L＋α⇌β＋Cu_3P）；

b—铜－锡－磷系的三相平衡反应

EFGOE 区域内的合金；初晶 α 析出后，接着发生 L⟶α＋Cu_3P

HDOGH 区域内的合金；初晶 α 析出后，接着发生 L＋α⟶β；

c—铜－锡－磷系在 650℃ 的等温截面；

d—铜－锡－磷系在 600℃ 的等温截面；

e—铜－锡－磷系在 550℃ 的等温截面；

f—铜－锡－磷系在 330℃ 的等温截面；

g—铜－锡－磷系的室温截面

图 4-70 Cu-Sn-P 系铜角等温截面

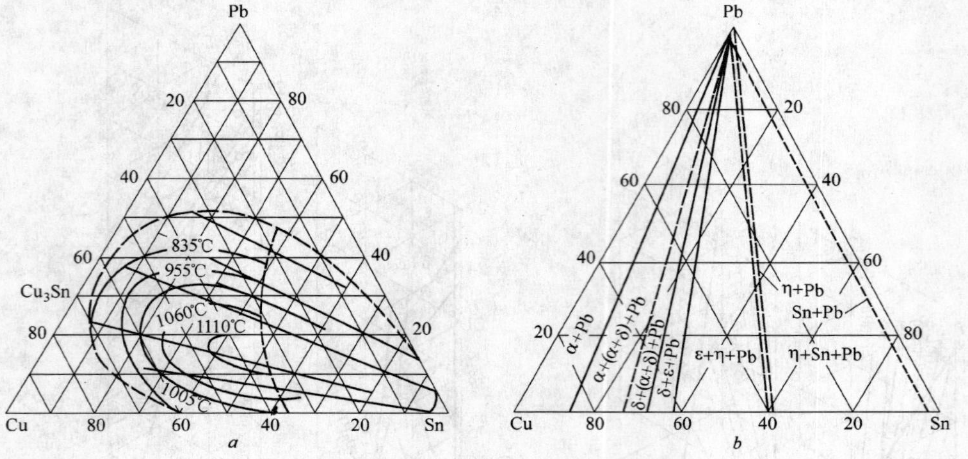

图 4-71 Cu-Sn-Pb 三元相图

a—液相面；*b*—室温等温截面

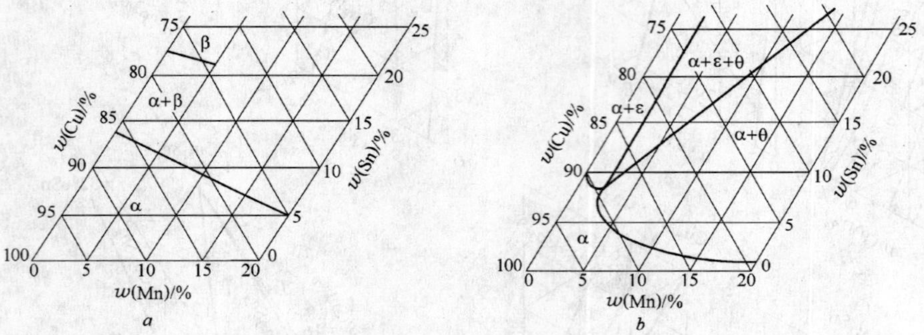

图 4-72 Cu-Sn-Mn 系等温截面

a—750℃；*b*—350℃

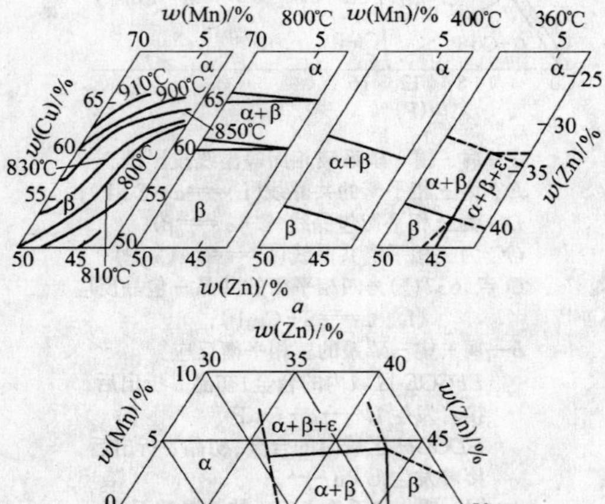

图 4-73 Cu-Zn-Mn 系

a—等温液相线及 800℃、400℃、360℃的固溶范围；*b*—20℃时的固溶范围

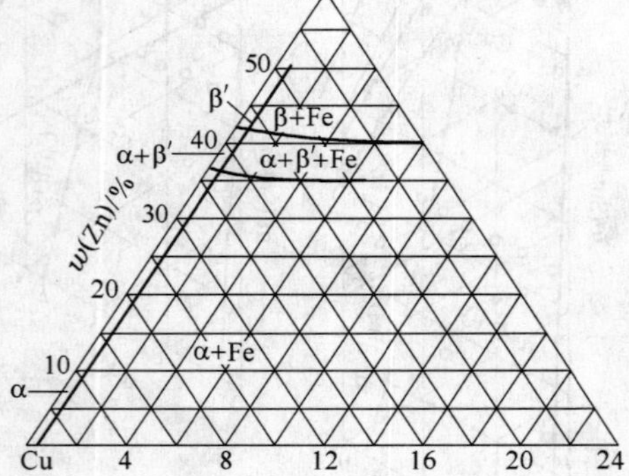

图 4-74 Cu-Zn-Fe 系室温截面

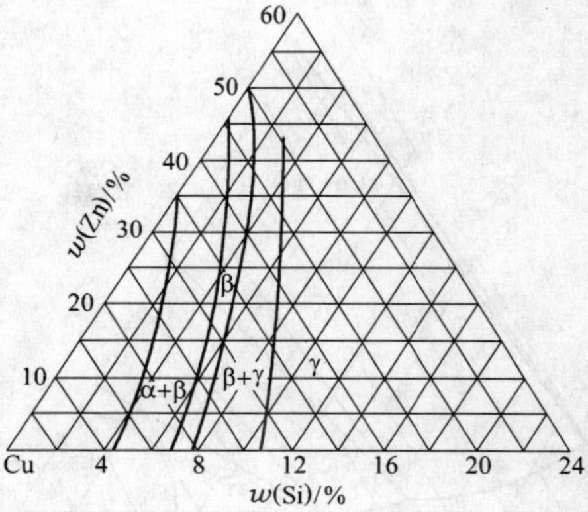

图 4-75　Cu-Zn-Si 相图铜角

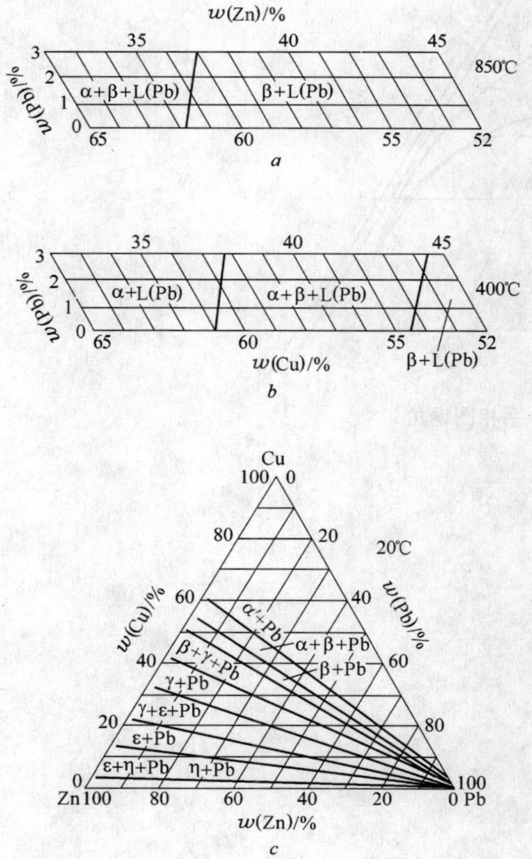

图 4-76　Cu-Zn-Pb 三元系相图

a—850℃；*b*—400℃；*c*—20℃

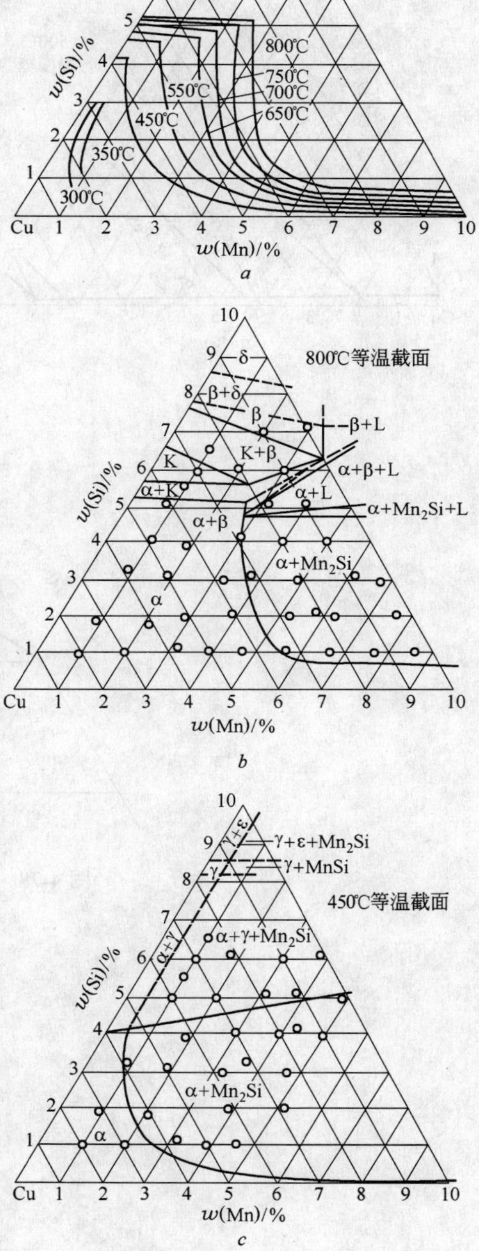

图 4-77　Cu-Si-Mn 系相图铜角

a—α 相固溶度的变化；*b*—800℃ 等温截面；

c—450℃ 等温截面

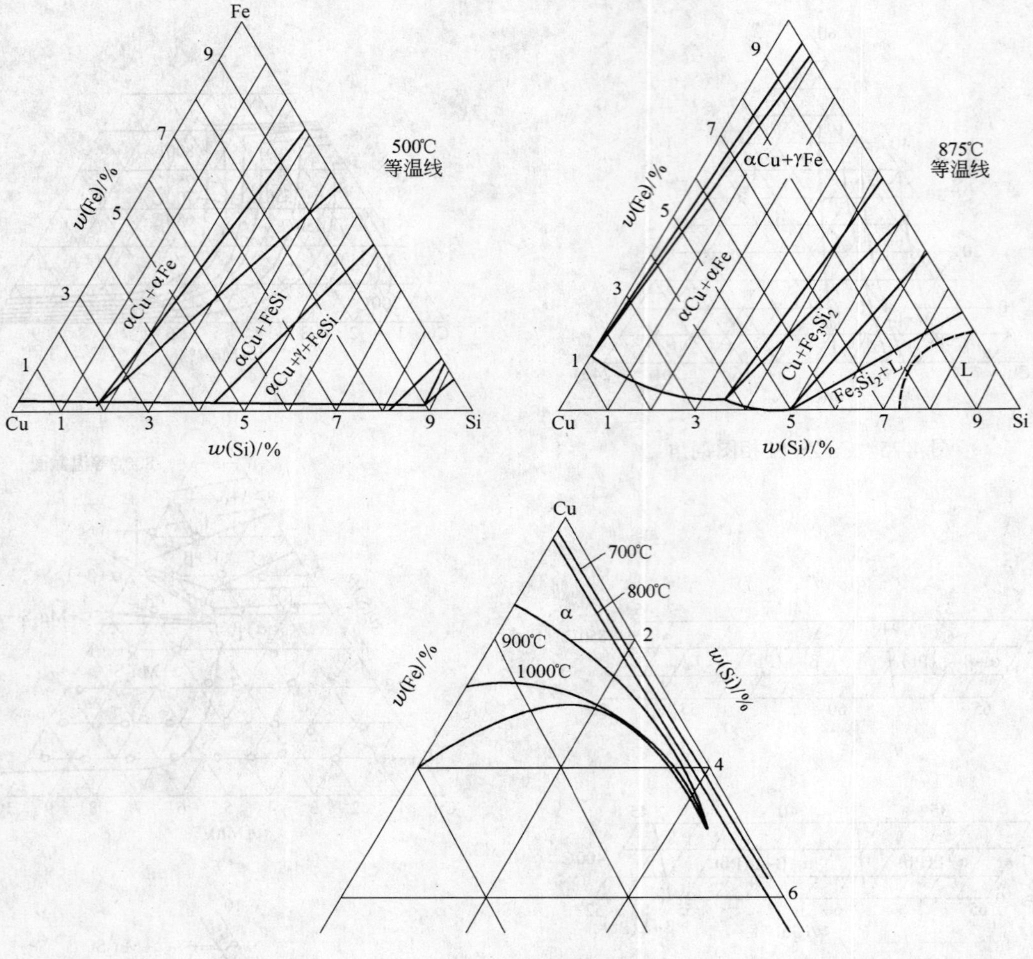

图 4-78 Cu-Si-Fe 系相图铜角

5 紫 铜❶

纯铜通常外观呈紫红色，故又称为紫铜。紫铜具有良好的导电导热性能、抗腐蚀性能、加工成形性能、可焊性能、抛光性能和表面处理性能等，它广泛用于电工及电子工业。

5.1 合金元素对铜的性能的影响

为改善紫铜的性能，常采用添加某些微量元素，或在铜中保留一定量脱氧剂元素的方法。合金元素的分类及其对铜性能的影响见表 5-1。

合金元素均不同程度地降低铜的导电性和导热性。固溶元素（除 Cd、Ag 以外）对铜的导电率和热导率影响最大，呈第二相析出的元素的影响相对较小。各种合金元素或杂质对铜导电性的影响相当于单个元素影响的总和。铜的导电性能、导热性能与各种元素含量的关系见图5-1～图 5-4。加工因素对铜的导电性也有一定影响，很大的冷加工率可使铜的导电率下降约 2％IACS。

表 5-1 微量合金元素对铜性能的影响

分 类	元 素	组 织 特 性	对铜性能的影响
固溶于铜的微量合金元素	铍、镁、钛、锆、铬、锰、铁、钴、镍、钯、铂、银、金、锌、镉、铝、镓、铟、硅、锗、锡、磷、锑、砷等	α 固溶体	1. 都不同程度地提高铜的硬度和强度；同时，并不降低铜的加工塑性； 2. 都不同程度地降低铜的导电性和导热性；其中以钛、磷、铁、硅、砷等降低最多，铍、铝、锑、锰、镍等次之，而银、铬、镉、镁、锌、锆等降低较少。降低导电率较少的元素，有的还常用作高强、耐磨、耐热的导电铜材
很少固溶于铜，并与铜形成易熔共晶的微量合金元素	铅、铋等	铜加含铅或铋的共晶	铅、铋呈易熔共晶分布的铜的晶界，热压时易开裂；铋还降低铜的室温塑性，使铜“冷脆”。铅、铋对铜的导电、导热性影响不大。铅可改善铜的切削性
几乎不固溶于铜、并与铜形成熔点较高的脆性化合物的微量合金元素	氧、硫、硒、碲等	在铜的晶粒边界含有 Cu_2O，或 Cu_2S，或 Cu_2Se，或 Cu_2Te 等脆性化合物的共晶	降低铜的塑性。对铜的导电、导热性影响不大。硒、碲均提高铜的切削性

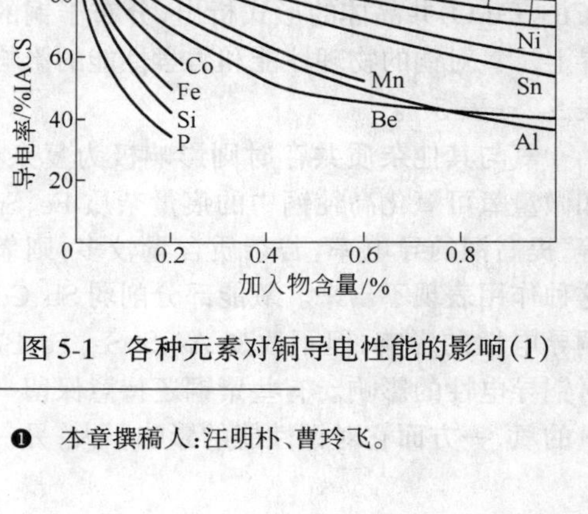

图 5-1 各种元素对铜导电性能的影响(1)

合金元素及杂质对铜的软化温度和晶粒大小也有较大影响。固溶和生成弥散析出相的杂质和微量元素，均提高铜的软化温度。在一定范围内随着这些元素含量的增加，铜的软化温度增高，但生成氧化物的杂质，大都对铜的软化温度没有明显影响。铜的软化温度增值，不是单个元素影响的算术和，而只是比具有最大影响的元素所提高的软化温度略高一点而已。此外，铜的软化温度与很多工艺因素有关，例如，

❶ 本章撰稿人：汪明朴、曹玲飞。

冷加工率大，冷加工前的退火温度低、冷却慢(此时固溶体的过饱和程度小)，冷加工后的退火时间长等，则铜的软化温度低。

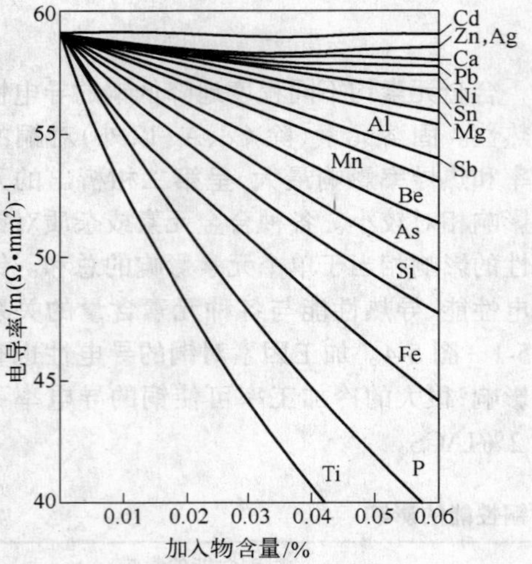

图 5-2 各种元素对铜导电性能的影响(2)

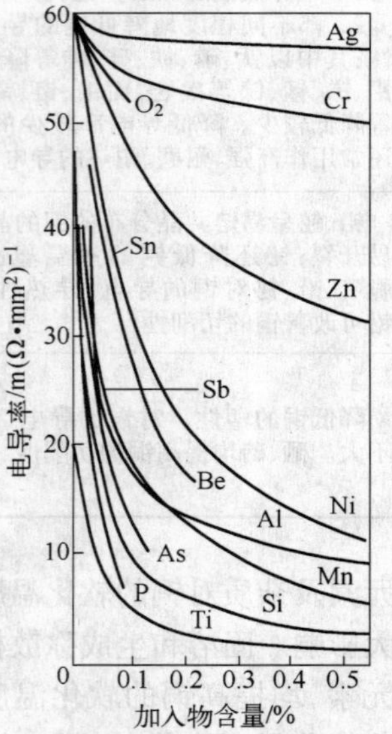

图 5-3 各种元素对铜导电性能的影响(3)

杂质对铜在退火时的晶粒长大有很大影响。高纯铜的晶粒随退火温度的升高而迅速长大，并且晶粒尺寸也很不均匀。导电用铜则由于氧化亚铜存在，在通常的退火温度范围内，可有效地抑制晶粒长大。脱氧铜和无氧铜虽然与高纯铜有类似之处，但也由于有微量杂质析出物的存在，仍可有效地控制晶粒长大，并获得均匀的晶粒尺寸。

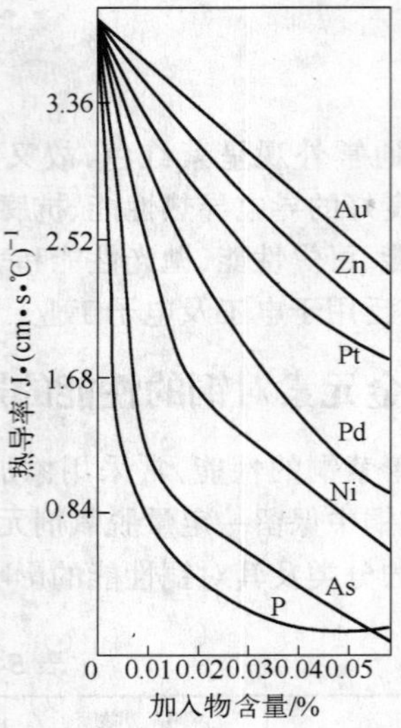

图 5-4 各种元素对铜导热性能的影响

合金元素及杂质对铜压力加工性能的影响视固溶状态不同而存在差异。固溶元素及杂质对铜冷、热压力加工性能影响很小；很少固溶或几乎不固溶于铜的杂质及微量元素，则视其所生过剩相的情况不同，对铜的压力加工性能将有着不同的影响。例如，氧、硫、硒、碲在铜中分别形成 Cu_2O、Cu_2S、Cu_2Se、Cu_2Te 等脆性化合物，降低铜的塑性；铅、铋与铜生成易熔共晶，热轧时易裂；脆性的铋呈薄层分布在铜的晶界上，还使铜产生冷脆性。

5.1.1 氧对铜的性能的影响

氧几乎不固溶于铜。含氧铜凝固时，氧以($Cu+Cu_2O$)共晶体的形式析出，分布于铜的晶界上。氧对铜的物理性能和力学性能的影响见表 5-2～表 5-7。

氧与其他杂质共存时则影响极为复杂，例如微量氧可氧化高纯铜中的痕量杂质 Fe、Sn、P 等，提高铜的导电率，若杂质含量较多，则氧的这种作用表现不出来。氧能部分削弱 Sb、Cd 对铜导电性的影响，但不改变 As、S、Se、Te、Bi 等对铜导电性的影响。有些紫铜还特意保留一定量的氧，一方面它对铜性能的影响不大，另一方

面 Cu_2O 可与 Bi、Sb、As 等杂质起反应，形成高熔点的球状质点分布于晶粒内，消除了晶界脆性。

可采用 P、Ca、Si、Li、Be、Al、Mg、Zn、Na、Sr、B 等作为铜的脱氧剂。磷是最常用的，含磷达 0.1% 时，虽不影响铜的力学性能，却严重地降低铜的导电率，对于高导铜，磷含量不得大于 0.001%。

表 5-2 氧与其他杂质对铜导电率的影响

杂质		氧含量（质量分数）/%	冷拉铜线导电率 /% IACS	备注
名称	含量（质量分数）/%			
铁	0.00007	无	100.0	氧使铁呈 Fe_3O_4，提高铜的导电率
	0.05	无	75.3	
	0.00007	铜在 850℃ 氧扩散饱和	102.2	
	0.05	铜在 850℃ 氧扩散饱和	99.9	
镍	0.0007	无	100.3	少量氧不干扰镍对铜导电率的影响
	0.05	无	96.3	
	0.0007	0.018	100.15	
	0.05	0.017	96.4	
磷	0.0008	无	99.55	氧可以氧化固溶于铜的磷，提高铜的导电率
	0.020	无	88.85	
	0.0008	铜在 850℃ 氧扩散饱和	100.0	
	0.020	铜在 850℃ 氧扩散饱和	100.2	
锡	0.005	无	99.7	氧与锡生成 SnO_2，使固溶的锡减少，提高铜的导电率
	0.050	无	88.85	
	0.005	0.023	100.0	
	0.050	0.024	100.2	
镉	0.044	无	99.25	
	0.164	无	97.6	
	0.050	0.017	99.75	
	0.168	0.017	98.45	
硫	0.005	无	99.9	硫降低铜的导电率不多，且不受氧的干扰
	0.010	无	99.8	
	0.005	铜在 850℃ 氧扩散饱和	99.8	
	0.010	铜在 850℃ 氧扩散饱和	99.95	
硒	0.005	无	99.6	硒降低铜的导电率不多，且不受氧的干扰
	0.05	无	99.3	
	0.005	0.037	99.7	
	0.05	0.035	99.35	
碲	0.005	无	99.9	碲降低铜的导电率不多，且不受氧的干扰
	0.05	无	96.65	
	0.005	0.030	99.85	
	0.05	0.025	99.6	
砷	0.0006	无	99.9	不管氧的存在与否，砷总是严重降低铜的导电率
	0.0465	无	87.8	
	0.0005	0.026	99.85	
	0.042	0.029	87.8	
锑	0.0194	无	96.9	氧能部分地减弱锑对铜导电率的影响
	0.060	无	91.0	
	0.0194	0.13	97.85	
	0.062	0.028	91.3	

表 5-3 氧对铜性能的影响

材料状态	氧含量(质量分数)/%	抗拉强度/MPa	伸长率/%	面缩率/%	导电率/%IACS	密度/g·cm^{-3}	疲劳强度(5×10^7次)/MPa	备 注
700℃退火30 min	0.016	228	54	77	101.4	8.091	77	氧稍微提高铜的强度,但降低铜的塑性和疲劳极限。氧对铜的导电率影响不大
	0.040	225	50	72	101.6	8.900	94	
	0.060	228	56	70	101.5	8.900	91	
	0.090	232	53	65	100.6	8.880	84	
	0.170	242	49	57	99.0	8.840	77	
	0.360	260	55	39	96.2	8.760	77	
	0.036	263	30	73	99.6		130	
	0.049	263	29	68	98.9		123	
冷拉态	0.094	267	27	63	97.9		134	
	0.220	288	27	49	94.6		120	

表 5-4 氧与铁对铜(700℃退火 300 min)性能的影响

氧含量(质量分数)/%	铁含量(质量分数)/%	抗拉强度/MPa	伸长率/%	面缩率/%	导电率/%IACS	密度/g·cm^{-3}	疲劳强度(2×10^7次)/MPa	备 注
0.014	0.06	228	57	73	101	8.900	98	氧和铁同时存在而含量在本表所述范围内时,铜的导电率和伸长率均显著降低;但强度和疲劳强度则显著升高
0.003	0.20	225	60	73	54.1	8.920	94	
0.004	0.40	235	60	80	42.8	8.920	101	
0.008	0.73	263	52	80	40.8	8.920	101	
0.005	0.96	253	45	82	38.9	8.910	105	
0.004	1.38	302	30	79	37.7	8.910	108	
0.007	1.80	312	29	79	37.7	8.910	112	
0.008	2.09	348	34	79	37.9	8.910	141	

表 5-5 O+Bi 对铜性能的影响

材料状态	氧含量(质量分数)/%	铋含量(质量分数)/%	抗拉强度/MPa	伸长率/%	面缩率/%	导电率/%IACS	密度/g·cm^{-3}	疲劳强度(2×10^7次)/MPa	备 注
700℃退火30 min	0.015	0.002	225	66	68	101.3	8.900	94	氧和铋的含量在本表所述范围内,对铜的导电性很少改变,但伸长率下降,而强度、疲劳强度升高
	0.016	0.006	232	62	72	101.0	8.920	94	
	0.011	0.016	235	60	74	101.0	8.910	94	
	0.015	0.015	232	64	73	99.5	8.890	105	
冷拉(加工率50%)	0.015	0.002	369	17	62	99.9	8.920	134	
	0.016	0.006	376	17	65	99.8	8.920	137	
	0.011	0.016	364	17	60	100.0	8.920	137	
	0.015	0.015	364	13	73	98.9	8.930	134	

表 5-6 氧和砷对铜(700℃退火 300 min)性能的影响

氧含量(质量分数)/%	砷含量(质量分数)/%	铁含量(质量分数)/%	抗拉强度/MPa	伸长率/%	面缩率/%	导电率/% IACS	密度/$g \cdot cm^{-3}$	疲劳强度(2×10^7 次)/MPa	备 注
0.016	0.053	0.008	221	57	72	85.5	8.910	98	
0.005	0.093	痕迹	225	57	70	76.9	8.980	101	
0.003	0.36	痕迹	228	60	79	45.3	8.920	95	
0.009	0.60	痕迹	235	55	62	33.7	8.850	101	
0.013	0.86	痕迹	239	56	66	25.6	8.860	105	
0.006	1.04	痕迹	239	59	79	22.5	8.910	108	
0.11	0.09				58	73.9	8.870	108	氧和砷共存,对铜的力学性能无明显影响,但显著降低铜的导电率
0.039	0.09		228	62	70	75.3	8.900	95	
0.04	0.24		232	57	71	55.1	8.890	108	
0.06	0.25		228	58	67	54.8	8.880	105	
0.07	0.30		232	55	66	49.9	8.880	105	
0.058	0.34		235	56	64	46.4	8.880	102	
0.071	0.44		232	59	67	40.8	8.880	108	
0.034	0.45		239	62	72	37.9	8.900	112	
0.05	0.93		249	61	72	24.0	8.900	108	
0.005	0.93				67	19.2	8.870	108	
0.006	2.02		256	59	64	14.2	8.860	120	

表 5-7 O + Sb 及 O + Sb + As 对铜(700℃退火 300 min)性能的影响

氧含量(质量分数)/%	锑含量(质量分数)/%	砷含量(质量分数)/%	抗拉强度/MPa	伸长率/%	面缩率/%	导电率/% IACS	密度/$g \cdot cm^{-3}$	疲劳强度(2×10^7 次)/MPa	备 注
0.008	0.035		221	63	75	101.0	8.910	84	
0.013	0.021		225	63	74	97.4	8.910	91	
0.005	0.046		225	60	72	94.8	8.900	91	
0.015	0.092		235	49	73	94.1	8.920	91	氧、锑及氧、锑、砷共存,而含量在本表所述范围内时,对铜的力学性能略有改善,但显著降低铜的导电率
0.016	0.22		232	67	77	75.6	8.920	108	
0.014	0.47		235	58	66	56.4	8.920	123	
0.014	0.05	0.05	225	60	73	82.5	8.900	105	
0.018	0.32	0.045	225	59	71	48.9	8.890	105	
0.019	0.51	0.048	232	58	73	38.8	8.890	112	
0.018	0.05	0.249	239	59	77	65.9	8.910	112	
0.017	0.32	0.244	235	59	75	46.2	8.900	112	
0.013	0.55	0.24	239	64	76	32.0	8.910	123	
0.018	0.06	0.49	246	60	76	56.0	8.890	120	
0.017	0.53	0.5	253	62	76	39.9	8.900	123	

5.1.2 其他元素等对铜性能的影响

5.1.2.1 氢的影响

氢在铜中的溶解度随着温度的升高而增大(见表 5-8),当铜由固态转变成液态时,其溶解度陡然增大。氢在固态铜中形成间隙式固溶体,提高铜硬度。含氧铜在氢气气氛中退火(俗称“烧氢”)时,氢可在高温下与 Cu_2O 反应,产生高压水蒸气使铜破裂,这种现象称为“氢病”,可用弯曲、扭转等试验方法检查出来。

氢对含氧铜的危害程度与温度有关。含氧铜在 150℃ 的氢气中可放置 10 年不裂,在 200℃时可放置 1 年半,在 400℃氢气中只能停放 70 h。以 Mg 或 B 脱氢的铜不发生氢病。CO 也能使含氧铜中 Cu_2O 还原,生成高压 CO_2 使铜破裂,但反应不像氢那样灵敏。

表 5-8 在1大气压下氢在铜中的溶解度

温度/℃	400	500	600	700	800	900	1000	1100	1200	1300	1400	1500
溶解度/$cm^3\cdot(100\ gCu)^{-1}$	0.06	0.16	0.30	0.49	0.72	1.08	1.58	6.3	8.1	10.0	11.8	13.6

5.1.2.2 硫的影响

室温下,硫在铜中的溶解度为零。硫对铜的导电性和导热性影响不大,但显著降低铜的塑性。硫在铜中形成 Cu_2S 弥散质点,改善铜的切削性能。硫对纯铜的性能影响见表 5-9。

表 5-9 硫对铜的性能影响

材料状态	硫含量(质量分数)/%	屈服点/MPa	抗拉强度/MPa	伸长率/%	导电率/%IACS	和 HPb 59-1 相比的切削性能/%
冷拉铜(加工率36%)	0	356	366	21.4	99.7	15
	0.15	348	376	14.3	97.8	24
	0.23	361	369	15.0	97.6	33
	0.54	369	382	12.1	95.1	41
	0.78	397	397	7.9	91.6	45
	0.97	373	398	8.6	90.9	45
600℃退火1h	0	610	228	60.0	100	22
	0.15	570	230	53.6	99.3	20
	0.23	550	232	51.4	99.6	21
	0.54	630	236	50.7	96.7	81
	0.78	77	244	45.7	92.5	70
	0.97	77	245	45.7	91.4	70

5.1.2.3 硒的影响

硒在固态铜中的溶解度极低,对铜的导电率及热导率影响很小,但显著降低铜的塑性。硒在铜中形成 Cu_2Se 弥散质点,能大幅度提高铜的切削性能。硒对铜的各种性能影响见表 5-10。

表 5-10 硒对铜性能影响

材料状态	硒含量(质量分数)/%	屈服点/%	抗拉强度/MPa	伸长率/%	导电率/%IACS	和 HPb 59-1 相比的切削性能/%
冷拉铜(加工率36%)	0	355	366	21.4	99.7	15
	0.11	360	374	19.9	98.9	38
	0.26	363	372	15.7	98.0	64
	0.48	358	376	15.7	97.4	89
	1.01	351	375	11.4	94.4	95
	1.44	365	381	10.0	92.0	91
600℃退火1h	0	61	228	60.0	100	22
	0.11	59	230	57.1	99.0	35
	0.26	62	228	55.7	100	63
	0.48	56	230	52.9	98.8	112
	1.01	60	234	48.6	95.6	140
	1.44	71	233	42.1	94.4	150

5.1.2.4 碲的影响

碲在固态铜中的溶解度很小,以 Cu_2Te 弥散质点存在,对铜的导电率及热导率的影响很小,但能显著改善铜的切削性能。含0.06%~0.7%Te 的铜在工业中获得了应用,并在淬火和加工状态下应用,不要回火,以免 Cu_2Te 沿晶界沉淀，使材料变脆。微量（0.003%）硒和碲（0.0005%～0.003%）显著降低铜的可焊性能。碲对铜性能的影响见表5-11。

表5-11 碲对铜性能的影响

材料状态	碲含量（质量分数）/%	屈服点/MPa	抗拉强度/MPa	伸长率/%	导电率/%IACS	和HPb 59-1相比的切削性能/%
冷拉铜（加工率36%）	0	356	366	21.4	99.7	15
	0.10	356	373	15.0	99.5	29
	0.25	362	375	14.3	98.9	45
	0.45	356	373	11.4	98.2	58
	1.05	360	374	10.7	97.1	91
	2.42	359	384	7.1	94.5	91
600℃退火1 h	0	61	228	60.0	100	22
	0.10	55	230	53.6	99.8	30
	0.25	55	232	54.3	100	45
	0.45	57	232	51.4	99.9	72
	1.05	58	233	41.4	98.0	126
	2.42	62	234		96.1	134

5.1.2.5 磷的影响

磷显著降低铜的导电率及热导率，但对铜的力学性能与焊接性能有良好的影响，并能提高铜熔体的流动性。磷常作铜的脱氧剂，其对铜性能的影响详见本章5.4节“磷脱氧铜”。

5.1.2.6 铁的影响

铁在铜的溶解度不大。1050℃时，溶解度为3.5%，635℃时下降到0.15%。铁能够细化铜晶粒，延迟铜的再结晶过程，提高其强度与硬度，但降低铜的塑性、导电率与热导率。如果铁在铜中呈独立的相，则铜具有铁磁性。铁对铜磁化率的影响见表5-12。

表5-12 铜的磁化率与铁含量的关系

杂质铁的含量/%	温度/℃ −259	温度/℃ 22	温度/℃ 1000
	磁化率 χ/%		
0.0025	−0.034	−7.9	−6.45
0.0085	−0.017	−8.0	−6.46
	固溶化并淬火的	轧制的	
0.01	约−10	约−10	
0.15	+10	+610	
0.30	+30	+1700	
0.85	+210	+52000	

含0.45%～4.5%Fe的铜合金具有高强度、良好的耐热性、导电性、可焊性与加工成形性，可广泛用作冷却散热器、波导元件以及仪表、半导体等电工材料。在组装某些电子器件时，引线框架需能承受350℃的高温数分钟，以及高达500℃的高温数秒钟。因此，导电率、强度与抗氧化能力好的含铁C19400及C19500合金被选为引线框架材料。

5.1.2.7 铅的影响

铅不固溶于铜，以质点分布于易熔共晶体中并存在于晶界上。铅对铜的导电率与热导率无显著影响，能大幅度提高铜的切削性能，但严重降低铜的高温塑性(图 5-5)。随着铅含量的增高,铜的高温脆性区范围扩大,伸长率 δ 与断面收缩率 ψ 急剧下降。

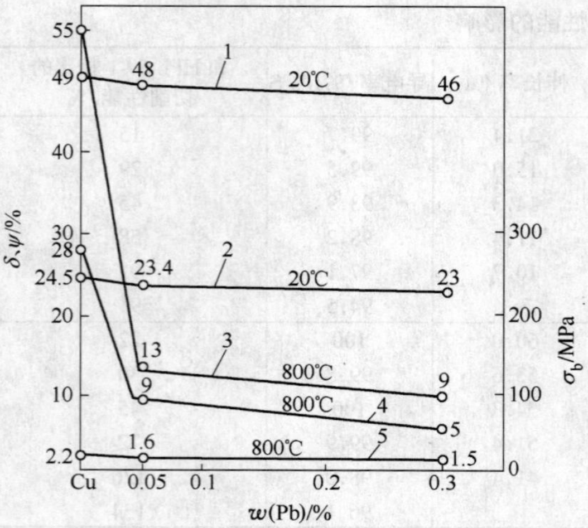

图 5-5 铜的力学性能与 Pb 含量及温度的关系
1、4—伸长率;2、5—抗拉强度;3—面收缩率

铅铜与碲铜的性能比较见表 5-13 和表 5-14。铅铜可用作真空电气开关,含铅约 1.0%的铜可用作高导电性、高切削性用的零件。

5.1.2.8 锡的影响

锡在铜中的室温溶解度约为 1.2%,可与氧化亚铜中的氧作用生成氧化锡,降低在铜中的溶解度。锡能够提高含氧铜和无氧铜的软化温度,对铜的冷、热压力加工性能无甚影响。以锡为主要合金元素的锡青铜具有良好的耐蚀、耐磨、加工和力学性能,详细介绍参见本书第 7 章"锡青铜"部分。

5.1.2.9 铝的影响

作为杂质存在的微量铝固溶于铜,对铜的力学性能与工艺性能无明显影响,但降低铜的导电率、热导率、钎焊性能与镀锡性能等,提高铜的抗氧能力。

表 5-13 碲铜和铅铜棒材性能的比较

成分(质量分数)/%	状态	直径/mm	抗拉强度/MPa	屈服点/MPa	伸长率/%
碲铜: Cu+Ag+Fe≥99.60 Te 0.40~0.60 P 0.004~0.012	1/2 硬棒	1.59~6.35	267	211	8
		>6.35~6.65	267	211	12
	硬棒	1.59~6.35	307	281	4
		>6.35~31.8	309	267	8
		>31.8~50.8	281	246	8
铅铜: Cu+Ag+Pb≥99.9 Pb 0.8~1.5	硬棒	4.78~9.52	295	246	10
		>9.52~12.7	281	225	10
		>12.7~50.8	232	127	12
		>50.8~102	225	105	12

表 5-14 铅铜与碲铜的物理及工艺性能

性能	铅铜(Cu-0.5%Pb)	碲铜(Cu-0.5%Te)
20℃时的密度/g·cm^{-3}	8.940	8.940
液相线温度/℃	1080	1080
固相线温度/℃	953	1050
20~300℃的线膨胀系数/℃$^{-1}$	17.7×10^{-6}	17.7×10^{-6}
质量热容/J·(kg·℃)$^{-1}$	386.4	386.4
20℃时的导热系数/J·(m·s·℃)$^{-1}$	386.4	369.6
20℃时的导电率(退火态)/%IACS	98	95
20℃时的电阻率(退火态)/Ω·mm^2·m^{-1}	0.0176	0.0182
切削性(相当于 HPb 63-3 的百分数)/%	80	80
热加工温度/℃	不能热加工	750~875
退火温度/℃	425~650	425~650

5.1.2.10 镍的影响

镍在铜中无限互溶形成连续固溶体(面心立方晶格),固态合金在322℃以下存在亚稳分解的成分－温度区,该区域的大小和位置可通过添加某些合金元素(如铁、铬、锡、钛、钴、硅、铝等)进行调整,以改善合金的性能。铜－镍合金具有好的耐蚀性、电学性能和中等强度、高塑性,能够冷、热态压力加工,被广泛用作耐蚀结构件、弹簧、插接件、高电阻和热电偶合金,详见第8章。

5.1.2.11 锰的影响

锰可作为铜的脱氧剂,在以锰脱氧的铜中一般含0.1%～0.3%Mn。锰大量固溶于铜,可提高铜的软化温度,改善铜的力学性能与工艺性能。

5.1.2.12 锑的影响

在共晶温度645℃时,锑在铜中的溶解度可达9.5%,并随着温度的下降而急速减少。锑提高铜的耐蚀性,降低其导电率与热导率。锑可与含氧铜中的Cu_2O反应形成高熔点的球状质点,分布于晶粒内,可消除晶界上的Cu＋Cu_2O共晶体,提高铜的塑性。锑对铜性能的影响见表5-15。铜中含锑量随加工工艺不同存在差异,如冲压用铜材含锑量可达0.2%,经P-Cu变质处理后,热压板可含锑3%。电工铜含锑量不得大于0.02%。

表5-15 锑对铜性能的影响

锑含量(质量分数)/%	抗拉强度/MPa	伸长率/%	面缩率/%	疲劳强度(2×10^7次)/MPa	导电率/%IACS	
					15℃	65℃
0.004	222	62	74	54		86.0
0.020	226	61	74	59	97.4	83.4
0.046	225	60	72	58	94.8	81.3
0.092	234	48	78	59	94.1	80.7
0.22	236			70	75.6	66.6
0.47	234	58	66	78	56.4	51.4

5.1.2.13 砷的影响

砷在铜中的固溶度很大。少量砷对铜的力学性能影响甚微,但会显著降低铜的导电导热性。砷可改善含氧铜的加工性能。

5.1.2.14 铋的影响

铋在铜中的溶解度可忽略不计,800℃时也只有0.01%。铋在270℃与铜形成共晶体,其中铋呈薄膜分布于铜晶界,严重降低铜的加工性能。因此,其含量不得大于0.002%。铋对铜的热导率与导电率的影响不大,真空开关触头铜可含0.7%～1.0%Bi,因为它有高的导电率,并能防止开关黏结,提高其工作期限与确保运转安全。

5.1.2.15 镉的影响

镉在铜中室温溶解度小于0.5%。因镉溶解度随温度降低而急剧减小,且其对铜的导电性影响很小,铜－镉合金可在通过沉淀强化提高力学性能的同时保持高的导电率。不过,含镉量很低时,沉淀强化效果不明显,工业上不采用。镉的挥发物对人的健康有害,熔炼时需注意防护。

5.1.2.16 锌的影响

锌大量固溶于铜,固态下具有一定成分范围的α、β、γ、δ、ε、η六个相。在454℃时,锌在α中的极限含量达39%。以锌为主要合金元素形成的黄铜具有良好的工艺性能、力学性能和耐蚀性,有的还具有较高的导电性和导热性,是重有色金属中应用最广的合金材料之一。锌对铜性能的影响参见本书第6章“黄铜”部分。

5.1.2.17 钙的影响

钙几乎不固溶于铜,作为杂质存在的钙可与杂质铋等形成高熔点化合物,以质点形式均匀地分布于晶粒内,提高铜的高温塑性。

5.1.2.18 硅的影响

硅在铜中室温溶解度为2%,其沉淀强化

效果很微弱，不能得到实际应用。硅能提高铜的硬度和强度，不降低其加工塑性，但显著降低铜的导电性和导热性。以硅为主要合金元素的铜合金称为硅青铜，具有力学性能高、耐蚀、耐磨、焊接性能好、可热冷态压力加工等特性，可用作弹性元件和耐磨零件等。加工硅青铜的含硅量常低于3.5%。

5.1.2.19　铍的影响

铍是铜的有效脱氧剂之一，但由于铍的价格昂贵又不易添加，故不用作脱氧剂，而作为铍青铜的主要合金元素。作为杂质存在的微量铍固溶于铜中，对铜的力学性能及工艺性能的影响甚微，并略使铜的导电率与热导率下降，明显提高铜的抗高温氧化能力。

5.1.2.20　锆和铬的影响

锆和铬均少量固溶于铜，能细化铜的晶粒，减弱易熔杂质的有害影响，改善铜的高温塑性。锆和铬对铜的导电性和导热性降低较少，含少量锆（C15000、C15100、C18100）、铬（C18400、C18200、C18500）的铜合金是良好的电工材料。

5.1.2.21　镁的影响

在共晶温度485℃时，镁在铜中的固溶度为0.61%，并随着温度的下降而急剧减少，因而含镁量高的（2.5%～3.5%）合金有沉淀硬化作用，不过由于第二相的出现，合金的加工性能大大下降，没有实用价值。而实际应用的Cu-Mg合金的镁含量还不到1%，如含0.3%～1.0%Mg的铜合金用于加工导电线材。这些合金无时效作用，只能通过冷加工强化。微量镁使铜的导电率略有下降，提高铜的抗高温氧化能力，也对铜有脱氧作用。

5.1.2.22　银的影响

Cu-Ag组成共晶相图，在共晶温度780℃时，银的溶解度为7.9%，但室温时的溶解度仅0.1%左右。尽管如此，含0.5% Ag的铜合金在实际生产中仍可能为单一的固溶体。银与可固溶Cu的元素不同，含银量少时，铜的导电率与热导率的下降不多，对塑性的影响也甚微，并显著提高铜的再结晶温度与蠕变强度。因此，含0.03%～0.25% Ag的高铜合金成为一类很有实用价值的电工材料，如C11300、C11400、C11500、C11600、C15500等。含银的铜带是一种广为应用的汽车水箱材料。含银的C15500合金（99.75Cu－0.11Ag－0.06P）是一种良好的引线框架材料，既有高的导电率，又有相当高的强度与抗软化能力。

5.1.2.23　稀土元素的影响

稀土元素如镧、铈、镨、钇等一般几乎不固溶于铜，但少量的稀土金属不管单个加入，还是以混合稀土的形式加入，都对铜的力学性能有益，而对铜的导电率影响不大。这类元素可与铜中的杂质铅、铋等形成高熔点化合物，呈细小的球形质点均布于晶粒内，细化晶粒，提高铜的高温塑性，如图5-6所示，在800℃时铜的伸长率δ与面收缩率ψ随着铈含量提高而显著上升。

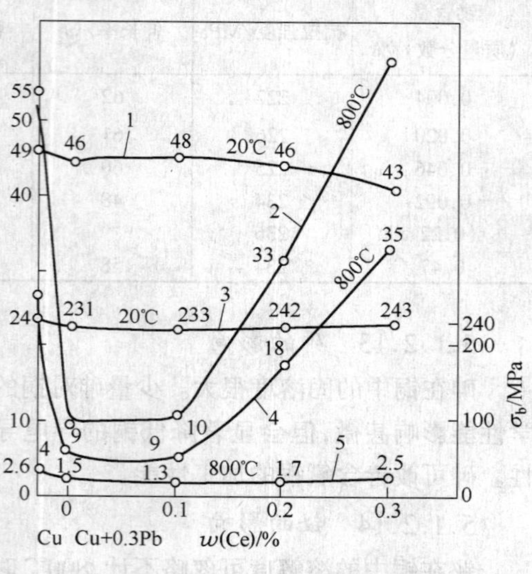

图5-6　铈对Cu-0.3Pb合金性能的影响

1、4—伸长率δ；2—面收缩率ψ；3、5—抗拉强度σ_b

向铜中添加0.008%混合稀土即可显著改善铜的工艺性能；加入小于0.1% Y时，铜的力学性能与工艺性能就有所改善；含0.01%～0.15% La的铜合金的力学性能、导电率、抗软化温度均优于Cu-0.15Ag合金，已在工业中获得应用。

5.2　紫铜的分类

紫铜可按其所含杂质及微量元素的不同，

分为三类：

(1) 普通纯铜。有 T1、T2、T3、T4 等，特点是氧含量较高。

(2) 无氧铜及脱氧铜。有 TU1、TU2、TUP、TP1、TP2 等，特点是氧含量极少，在脱氧铜中还残留少量脱氧剂元素。

(3) 特种铜。有砷铜、银铜、碲铜等；特点是分别加入了不同的微量合金化元素。

在美国，加工紫铜分为纯铜（C10100～C15760，铜含量大于 99%）与高铜合金（C16200～C19600 铜含量大于 96%）两类。以下各节中，将根据紫铜的类别分别介绍其特点与应用。

5.3 普通纯铜

5.3.1 概述

高导电用普通纯铜是铜的质量分数不低于 99.7%、杂质量极少的含氧铜，工业最常用的牌号是 T1、T2 和 T3。外观呈紫红色，故又称为紫铜，其再结晶温度为 200～280℃。

T1 和 T2 是阴极重熔铜，含微量氧和杂质，具有高的导电、导热性，良好的耐腐蚀性和加工性能，可以熔焊和钎焊。主要用作导电、导热和耐腐蚀元器件，如电线、电缆、导电螺钉、壳体和各种导管等，航空工业多使用 T2。

T3 是火法精炼铜，含氧和杂质较多，具有较好的导电、导热、耐腐蚀性和加工性能，可以熔焊和钎焊。主要作为结构材料使用，如制作电器开关、垫圈、铆钉、管嘴和各种导管等；也用于不太重要的导电元件。

T1、T2、T3 在含氢的还原介质中易产生氢脆，俗称“氢病”，故不宜在高温（＞370℃）还原介质中进行加工（退火、焊接等）和使用；在低温（至 -250℃）下，其强度将会提高。

5.3.2 牌号

常用普通纯铜的牌号见表 5-16。

表 5-16 常用普通纯铜的牌号

国别	GB(中国)	DIN(德国)	ГОСТ(前苏联)	ASTM(美国)	BS(英国)	NF(法国)	JIS(日本)	ISO
牌号	T1 T2 T3	E-Cu58	M0 M1 M2	C11000 C12500	C101、C102 C104	Cu/a1 Cu/a2 Cu/a3	C1020 C1100	Cu-ETP Cu-FRTP

5.3.3 化学成分

按 GB/T 5231—2001 规定，常用普通纯铜的化学成分见表 5-17。

根据 ASTM 规定，美国普通纯铜牌号有 C11000、C12500，其成分范围如下：

C11000：$(Cu+Ag)_{min}$ 99.90%，记作 99.95Cu-0.04O。

C12500：99.88Cu + Ag_{min}（最小 Ag 含量可协商确定），As_{max} 0.012%，Sb_{max} 0.003%，$(Se+Te)_{max}$ 0.025%，Ni_{max} 0.05%，Bi_{max} 0.003%，Pb_{max} 0.004%。

表 5-17 常用普通纯铜的化学成分（质量分数） (%)

牌号	Cu+Ag	P	Bi	Sb	As	Fe	Ni	Pb	Sn	S	Zn	O	杂质总和
	不小于	不大于											
T1	99.95	0.001	0.001	0.002	0.002	0.005	0.002	0.003	0.002	0.005	0.005	0.02	0.05
T2	99.90		0.001	0.002	0.002	0.005		0.005		0.005			0.1
T3	99.70		0.002					0.01					0.3

注：1. 表中未列入的杂质包括在总和内；

2. T2～T3 的磷含量在杂质总和内控制，对导电用 T2，杂质磷含量不大于 0.001%；

3. T3 在杂质总和中的铅含量，经需方同意可不超过 0.025%。

5.3.4　物理及化学性能

5.3.4.1　热学性能

热学性能如下：

熔点：T1 为 1084.5℃；T2 为 1065～1082.5℃；T3 为 1065～1082℃；C11000 为 1083℃；C12500 为 1085℃。

熔化潜热：T1、T2 为 212.5 kJ/kg；C11000 为 205.4 kJ/kg。

沸点：2350～2600℃。

比热容：385～420 J/(kg·K)（20℃ 时，C11000 与 C12500 为 385J/(kg·K)）。

热导率：20℃时，C11000 为 388W/(m·K)，C12500 为 377 W/(m·K)。普通纯铜在不同温度下的热导率见表5-18。

表 5-18　常用普通纯铜的热导率

温度 θ/℃	−256	−160	−79	0	20	100	324	667
热导率 λ/W·(m·K)$^{-1}$	约 5024	450	400	391	390	380	352	339

热膨胀：0～1084.5℃ 的线膨胀率为 2.25%，各温度范围线膨胀系数见表 5-19。

表 5-19　常用普通纯铜线膨胀系数

温度 θ/℃		20～100	20～200	20～300
线膨胀系数 α_1/℃$^{-1}$	普通纯铜	16.92×10^{-6}	17.28×10^{-6}	17.64×10^{-6}
	C11000	17.0×10^{-6}	17.3×10^{-6}	17.7×10^{-6}
	C12500			17.7×10^{-6}

蒸气压：蒸气压见表 5-20。

表 5-20　常用普通纯铜的蒸气压与温度的关系

温度 θ/K	温度 θ/℃	蒸发速度 v/g·cm^{-2}·s^{-1}	蒸气压 p/Pa
1144.6	870.86	2.438×10^{-8}	0.233×10^{-8}
1197.7	924	10.733×10^{-8}	1.054×10^{-8}
1293.8	1021.3	134.428×10^{-8}	13.672×10^{-8}
1357.9	1084.5	689×10^{-8}	71.8×10^{-8}
1468.1	1194.7	5580×10^{-8}	611×10^{-8}

热焓：热焓见图 5-7。

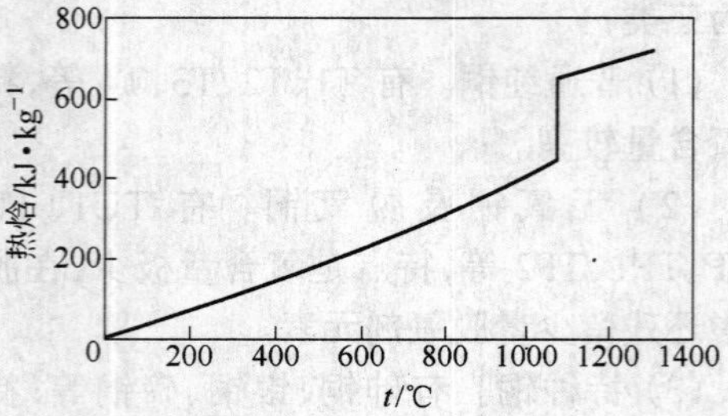

图 5-7　T1 的热焓与温度的关系

5.3.4.2　质量特性

20℃ 时，99.999% 加工纯铜的密度为 8.96 g/cm^3，铸态电解精铜的密度为 8.30～8.70 g/cm^3（可取平均值 8.50 g/cm^3），铸态无气体的电解精铜的密度为 8.85～8.93 g/cm^3（可取平均值 8920 kg/m^3），C11000 与 C12500 的密度为 8.89 g/cm^3。加工铜的密度与温度的关系见表 5-21。

表 5-21　加工铜的密度与温度的关系

状态	固态				液态	
温度 θ/℃	20	900	1000	1084.5	1084.5	1200
密度 ρ/kg·m^{-3}	8930	8680	8470	8320	7990	7810

T1 的密度与冷加工率的关系见图 5-8。

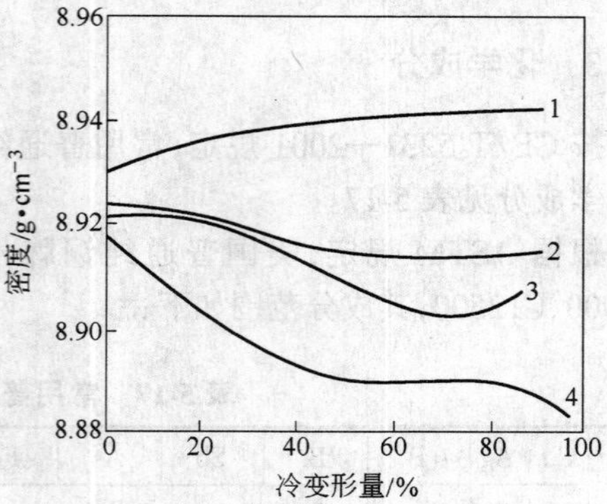

图 5-8　T1 的密度与冷加工率的关系

1—在 880℃ 真空退火 12 h，冷拔；

2—在 970℃ 真空退火 12 h，冷轧带材；

3—在 995℃ 真空退火 12 h，冷拔；

4—在 600℃ 真空退火 4 h，拉拔

5.3.4.3 电学性能

根据技术标准规定，T2线材的电性能见表5-22。

表 5-22 技术标准规定的T2线材在20℃时的电阻率

材料状态	电阻率 $\rho/\mu\Omega\cdot m$	技术标准
软(M) 硬(Y)	≤0.01800 ≤0.01820	GB/T 14953—1994

20℃时普通纯铜的导电率和电阻率见表5-23。

软态T1在不同温度下的电阻率见表5-24，退火温度对T2电阻率的影响见图5-9。

铜的电阻随着冷变形量的增大而上升，其增量大致可按式$\frac{\sigma_b}{157}\times 100\%$估算(冷加工铜的抗拉强度 $\sigma_b = 315 \sim 470$ MPa)；纯铜导电率随冷拉截面收缩的增大而下降。压力加工对铜的导电率与电阻率的影响见表5-25及图5-10。

表 5-23 普通纯铜的导电率和电阻率

牌 号	T1	T2	T3	C11000	C12500
导电率/%IACS	102.3①	101.5①	100.6	101.5(O60)	98
电阻率/$\mu\Omega\cdot m$	0.0168	0.0171	0.0171	0.0170②	0.0176

① 700℃退火30 min后测定。

② 100%IACS材料在−100～200℃时的电阻温度系数为0.00393/K，101%IACS材料在−100～200℃时的电阻温度系数为0.00397/K。H14状态：电阻率为1.78 $\mu\Omega\cdot m$。97%IACS材料在0～100℃时的电阻温度系数为0.00381/K。

表 5-24 T1在不同温度下的电阻率

温度 θ/℃	20	100	200	300	400	460	1084.5		1100	1340	1450
							固 态	液 态			
电阻率 $\rho/\mu\Omega\cdot m$	0.0168	0.0225	0.0296	0.0366	0.0437	0.0479	0.1020	0.2130	0.2143	0.2339	0.2422

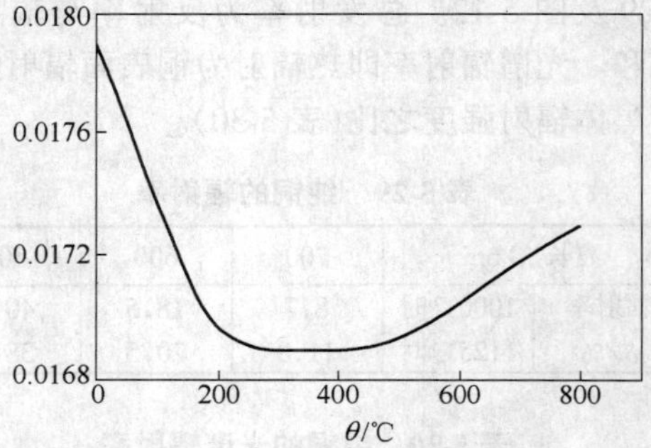

图 5-9 T2的电阻率与退火温度的关系(保温1 h)

表 5-25 纯铜冷拉引起的导电率降低

断面收缩率 ψ/%	25	50	75	87.5
导电率降低/%	1.5	2.0	2.3	2.6

铜的热电势与温度的关系见图5-11。

电解质溶液的电势：对标准氢电极时，Cu^{2+}为−0.344 V；Cu^{+}为−0.470 V。20～50℃时的温度系数为−0.01 mV/K。

氢超压：在稀硫酸溶液中约为0.23 V，但比值随电流密度变化而改变。

霍尔系数：−52 pV·m/(A·T)。

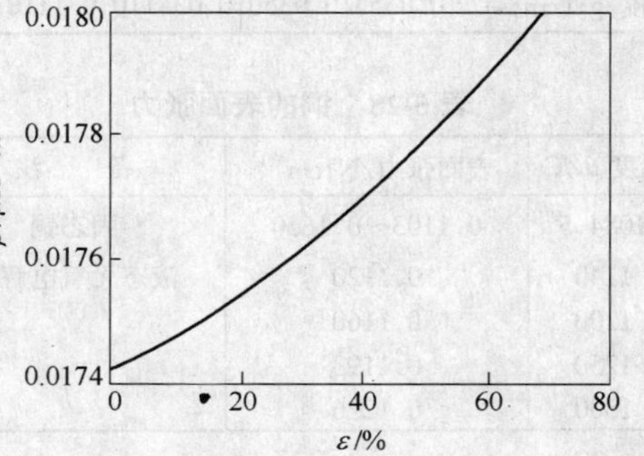

图 5-10 T2的电阻率与变形率的关系

5.3.4.4 扩散系数与激活能

铜中的扩散系数 D_0 与扩散激活能 Q($D = D_0\cdot e^{-Q/R(t+273)}$)见表5-26。

表 5-26 铜中的扩散系数 D_0 与扩散激活能 Q

温度 θ/℃	$D_0/cm^2\cdot s^{-1}$	Q/kJ·mol^{-1}	备 注
685～1062	0.468	197.99	纯铜内自扩散

续表 5-26

温度 θ/℃	D_0/cm²·s⁻¹	Q/kJ·mol⁻¹	备注
270～650	0.011	38.64	氢在电解铜中扩散
600～950	0.748	193.20	氧在电解铜中扩散

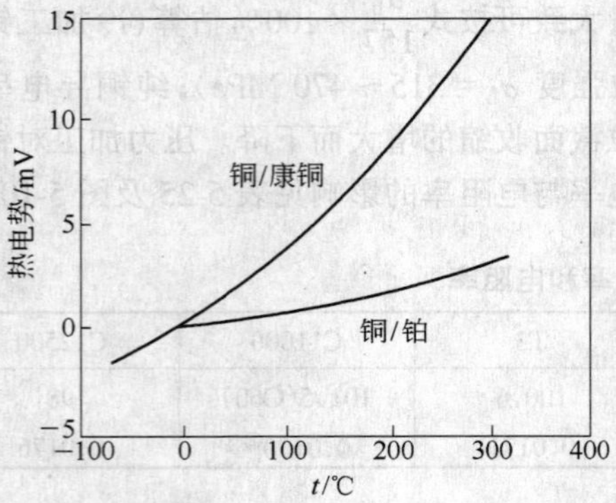

图 5-11 铜的热电势与温度的关系(0℃铜与冷端的热电性能)

(电化当量 Cu^{2+}：0.329 mg/C，Cu^{+}：0.659 mg/C)

5.3.4.5 液态电解铜的表面张力与黏度

液态电解精炼铜的黏度见表 5-27，而铜的表面张力见表 5-28。

表 5-27 液态电解精铜的黏度

温度 θ/℃	1084.5	1100	1145	1200	1300
黏度/g·(cm·s)⁻¹	0.0353	0.0350	0.0341	0.0311	0.2900

表 5-28 铜的表面张力

温度 θ/℃	表面张力/N·cm⁻¹	备注
1084.5	0.1103～0.1650	固态铜
1140	0.1120	液态无氧电解铜
1200	0.1160	
1250	0.1193	
1300	0.1226	

5.3.4.6 磁性

纯铜为抗磁性物质，室温磁化率为 -0.085×10^{-6}，温度对其磁化率的影响不大。铁磁性杂质(特别是铁)若在铜中呈不溶状态，则使铜显铁磁性。

5.3.4.7 声学性能

99.9%Cu(密度为 8.91 g/cm³)通过自身固定频率振动传播的声速 v 为：

温度 θ/℃	声速 v/m·s⁻¹
0	3852
14.6	3846
100	3815

材料状态与声速的关系

轧制状态	3852 m/s
退火状态	3730 m/s

对 1.765～22.3 MHz 超声波的传播

纵波(20℃)	最大 4605 m/s
横波(20℃)	最大 2210 m/s

5.3.4.8 光学性能

紫铜 T1 为淡红色，对光的反射率为：

波长	反射率
红外线(>700 nm)	>95%
可见光(630～430 nm)	80%～50%
紫外线(400～200 nm)	40%～10%
420 nm	32.7%
500 nm	43.7%
600 nm	71.8%
700 nm	83.4%

纯铜的辐射率与波长及温度的关系见表 5-29 及图 5-12。总发射率为反射率与辐射率之和。光谱辐射率即热辐射为铜表面辐射强度与黑体辐射强度之比(表 5-30)。

表 5-29 纯铜的辐射率

波长 λ/nm		700	600	500
辐射率 δ/%	1000℃时	8.7	18.5	40.4
	1125℃时	11.8	20.5	38.7

表 5-30 纯铜的光谱辐射率

温度 θ/℃	550 nm	650 nm	全波长的
1075	0.47	0.17	0.16
1125	0.38	0.15	0.15
1175	0.32	0.14	0.15
1225	0.28	0.13	0.14

5.3.4.9 弹性模量

20℃时纯铜的弹性模量为 105～137 GPa，切变模量为 38～48 GPa。C11000 及 C12500 在 O60 状态，拉伸弹性模量为 115 GPa，剪切弹性模量为 44 GPa；C11000 在 H 状态拉伸弹性模量为 115～130 GPa，剪切弹性模量为 44～49 GPa。再结晶铜的弹性模量见表 5-31。

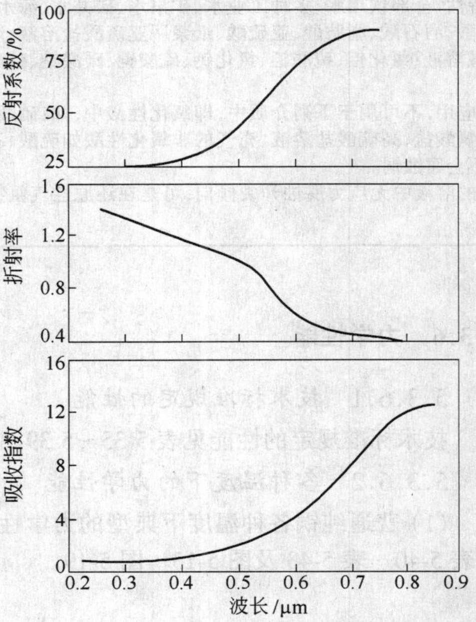

图 5-12 T1(C 11000)及同类铜 20℃的光学性能

表 5-31 20℃时再结晶铜的弹性模量和泊松系数

弹性模量 E/GPa	切变模量 G/GPa	压缩模量 K/GPa	泊松系数 μ	材 料
125	46.4	139	0.35	退火软化电解铜
133				高纯铜

5.3.4.10 衰减能量比

铜的衰减能量决定于振幅，在某些情况下也与振动频率、材料状态有关，未达到某一加工率时，衰减能量随冷加工率的增大而上升。退火单晶铜的单位衰减能量为 5×10^5；对数衰减量：退火材料为 3.2，冷轧到硬状态时为 5.0。

5.3.4.11 摩擦系数

在无润滑条件下，纯铜与下列材料间的摩擦系数为：

接触材料	滑动	静止
碳钢	0.53	0.36
铸铁	1.05	0.29
玻璃	0.68	0.53

5.3.4.12 化学性能

(1) 抗氧化性能。铜耐高温氧化性能较差，在大气中于室温下即缓慢氧化。温度升至 100℃时，表面生成黑色 CuO，其氧化速度与时间的对数成正比。当温度升至 400℃以上时，氧化速度按下式推算：

$$x=\sqrt{Kt}$$

式中 x——氧化膜质量大小，g/cm^2；

t——持续时间，s；

K——系数。

在空气中，各温度下的 K 值见表 5-32。

表 5-32 不同温度的 *K* 值

温度 θ/℃	700	800	900	1000
系数 K	8.03×10^{10}	79.7×10^{10}	336.0×10^{10}	1350.0×10^{10}

(2) 耐腐蚀性能。铜与大气、水等作用，生成难溶于水的复盐膜，能防止铜继续氧化。

铜的耐蚀性良好，在大气中的腐蚀速率为 0.002～0.5 mm/a，在海水中的腐蚀速率为 0.02～0.04 mm/a。铜有较高的正电位，在非氧化无机酸和有机酸介质中均保持良好的耐蚀性，但在氨、氰化物、汞化物和氧化性酸水溶液中的腐蚀速率较快。

美国纯铜的化学性能见表 5-33。

表 5-33 美国纯铜的化学性能

合 金	化 学 性 能
C10100、C10200	按电动势，铜呈阴极，位于氢之前。因此，在与 Fe、Al、Mg、Pb、Sn、Zn 组成电偶时为阴极。C10100、C10200 对大气、淡水、微咸水和海水有很强的抗蚀性，在非氧化酸中也有良好的抗蚀性，但对氧化性酸、湿氨、湿卤素、硫化物、含铵离子溶液的抗蚀性很低

续表 5-33

合 金	化 学 性 能
C11000	C11000 对下列介质有相当强的抗腐蚀特性：全部饮用水、多种工业水、矿泉水、矿井水、海水、微咸水；乙酸、醋酸、碳酸、柠檬酸、甲酸、草酸、酒石酸、脂肪酸、亚硫酸、纸浆厂亚硫酸盐溶液；熔融氢氧化钠与氢氧化钾，浓的或稀的苛性碱溶液；氯化铝、硫酸铝、氯化钙、硫酸铜、碳酸钠、硝酸钠、硫酸钠、硫酸锌溶液。 C11000 也抗土壤腐蚀，可在地下设施中应用，不可用于下列介质中，即氧化性酸中，如：硝酸、氨水、酸性铬酸盐溶液、三氯化铁、汞盐、高氯酸盐、高硫酸盐溶液、充气的非氧化性酸如硫酸、乙酸。不过在完全没有空气的条件下，它们不会腐蚀铜。 紫铜在氨水和可引起黄铜应力腐蚀开裂的溶液中无应力腐蚀开裂倾向，可是在还原性气氛特别是在有氢存在的还原性介质中易变脆

5.3.5 热加工与热处理规范

普通纯铜（T1、T2、T3）与 C11000 以及 C12500 铜的热加工与热处理规范见表 5-34。

表 5-34 不同纯铜的热加工与热处理规范

材 料	退火温度/℃	热加工温度/℃	典型软化温度/℃
C11000	475～750	750～875	360
C12500	400～650	750～900	
T1、T2、T3	380～650	800～900	

5.3.6 力学性能

5.3.6.1 技术标准规定的性能

技术标准规定的性能见表 5-35～5-39。

5.3.6.2 各种温度下的力学性能

(1) 普通纯铜各种温度下典型的力学性能见表 5-40～表 5-43 及图 5-13～图 5-19。

表 5-35 普通纯铜技术标准规定的拉伸性能

品 种	牌 号	状 态	δ 或 d/mm	σ_b/MPa	δ_{10}/%	δ_5/%（不小于）	技 术 标 准
带 材	T2 T3	M	0.05～2.0	206	30		GB/T 2059—1989
		Y_2		245～345	8		
		Y		294	3		
板 材	T2 T3	R	4～14	196	30		GB/T 2040—1989
		M	0.5～10	196	32		
		Y_2	0.5～10	245～343	8		
		Y	0.5～10	295			
棒 材	T2 T3	Y	5～40	275	5	10	GB/T 4423—1992
			＞40～60	245	8	12	
			＞60～80	210	13	16	
		M	5～80	200	35	40	
		R	30～120	186	30	40	GB/T 13808—1992
管 材	T2 T3	Y	D≤100	315			GB/T 1527—1997
			D＞100～360	295			
		Y_2	D≤100	235～345			
		M	3～360	205	35	49	

续表 5-35

品种	牌号	状态	δ或d/mm	σ_b/MPa	δ_{10}/%	δ_5/% (不小于)	技术标准
管材	T2 T3	R	D:30～300 S:5～30	186	35	42	GB/T 1528—1997
	T2	M	D:0.5～3.0 d:0.3～2.5	205	35		GB/T 1531—1994
		Y_2		245～370			
		Y		345			
线材[①]	T2 T3	M	0.1～0.3	196	15		GB/T 14953—1994
			>0.3～1.0	196	20		
			>1.0～2.5	205	25		
			>2.5～6.0	205	30		
		Y	0.1～2.5	380			
			>2.5～4.0	365			
			>4.0～6.0	365			
		Y_2	1.0～6.0	235	15		GB/T 14956—1994

① 线材 δ%之 $L_0=100$ mm。

表 5-36 技术标准规定的管材压扁和液压性能试验

方 法	压扁试验	水压试验	技术标准
状 态	试验条件及要求	试验条件及要求	
退火(Y 态退火温度 550～650℃,1～2 h)	压扁后内壁距离等于壁厚,压扁后不应产生裂纹或裂口	用于压力下工作的管材。 水压试验计算按下式进行: $p=\dfrac{2St}{D-0.8t}$ 持续时间 10～15 s,不应渗漏和永久变形	GB/T 1527—1997

注:p 为试验水压力,MPa;t 为管材壁厚,mm;D 为管材外径,mm;S 为材料的允许应力,纯铜的允许应力为 41.2 MPa。

表 5-37 技术标准规定的毛细管材气密性试验

外径和内径之差/mm (2 倍壁厚)	气体压力/MPa			持续时间/s	试验要求	技术标准
	高 级	较高级	普通级			
0.20～0.50		2.9	2.0	30～60	管材应不变形,不漏气	GB/T 1531—1994
>0.50～0.70		3.9	2.9			
>0.70～1.00	6.9	5.9	4.9			
>1.00～1.80	7.8	7.8	6.9			

表 5-38 技术标准规定的板材弯曲试验性能

牌 号	厚度/mm	弯曲角度	弯芯直径	试验要求	技术标准
T2 T3	≤5 >5	两面接触 两面平行	弯芯直径等于板材厚度	弯曲处不应有裂纹	GB/T 2040—1989

表 5-39 技术标准规定的带材、板材杯突试验要求

板材杯突试验（GB/T 2040—1989）				带材杯突试验（GB/T 2059—1989）			
状 态	δ/mm	冲头半径/mm	杯突深度/mm ≥	状 态	δ/mm	冲头半径/mm	杯突深度/mm ≥
冷轧板 δ ≤1.5 mm	0.2～0.5	10	7	M	>0.13～0.18	4（带材宽度<90 mm）	3.4
	>0.35～0.55		8		>0.18～0.30		3.8
	>0.55～1.15		9		>0.30～0.60		4.0
	>1.15～1.50		10		>0.13～0.18	10（带材宽度≥90 mm）	7.5
					>0.18～0.30		8.0
					>0.30～0.60		9.0
					>0.60～1.20		9.5
					>1.20～1.50		10.0
					>1.50～2.00		11.0

表 5-40 普通纯铜的典型力学性能

性 能	数 值		
	加 工 铜	退 火 铜	铸 造 铜
弹性极限 σ_e/MPa	280～300	20～50	
屈服点 σ_s/MPa	340～350	50～70	
抗拉强度 σ_b/MPa	370～420	220～240	170
伸长率 δ/%	4～6	45～50	
断面收缩率 ψ/%	35～45	65～75	
布氏硬度 HBS	110～130	35～45	40
剪切强度 σ_τ/MPa	210	150	
冲击功 A_K/J		16～18	
抗压强度 σ_y/MPa			157
镦粗率 φ/%			65

表 5-41 普通纯铜不同状态下的力学性能

代号	铜含量（质量分数）/%	材料，状态	抗拉强度 σ_b/MPa	伸长率 δ/%	断面收缩率 ψ/%	疲劳强度 σ_N/MPa	循环次数 N
T1	99.95	条材：软态	219	35		77	100×10^6
	99.95	冷加工 20%	310	8		91	100×10^6
	99.95	冷加工 50%	366	2		98	100×10^6
	99.96	棒材：700℃退火，30 min	203	60		87	30×10^6
	99.96（Fe、Ni、Sn 痕迹）	退火态	227	59	74	80	30×10^6
	99.98	700℃退火态	227	57	72	70	500×10^6
T2	99.92	棒材：600℃退火态	217	60	69	70	100×10^6
	99.92	冷拉态	252	32	84	122	30×10^6
	99.95（0.036%O_2）	冷拉态	262	30	73	120	50×10^6

表 5-42 加工用普通纯铜的高温拉伸性能

代号、成分及状态	温度 θ/℃	抗拉强度 σ_b/MPa	伸长率 δ/%	断面收缩率 ψ/%
T1,99.97%Cu,冷加工 25%	20	338	18	58
	150	294	15	60
	250	224	14	47
	375	107	54	72
	500	62	58	94
	625	36	56	96
	750	22	52	98
	875	14	79	95
	1000	8	77	100
T2,99.95%Cu-0.03%O_2,轧制和退火态	20	215	52.2	70.5
	300	185	50	76.2
	450	150	40	56
	500	123	28	38
	600	75	17.5	37.3
	700	50	21	38
	800	35	17	33
	900	20	16	34
T2,板材,退火态	100	185		57
	204	160		57
T2,棒材,冷加工 21%	260	262		14
	316	241		14
	371	124		41
	426	103		36
T2,棒材,冷加工 50%	300	275		13
	500	107		69
	600	68		71
	700	40		75

表 5-43 加工用普通纯铜的低温力学性能

代 号	状 态	温度 θ/℃	抗拉强度 σ_b/MPa	屈服点 σ_s/MPa	伸长率 δ/%	断面收缩率 ψ/%
T1	99.985%Cu,退火态	20	220	60	48	76
		−10	224	62	40	78
		−40	236	64	47	77
		−80	270	70	47	74
		−120	288	75	45	70
		−180	408	80	58	77

续表 5-43

代号	状态	温度 θ/℃	抗拉强度 σ_b/MPa	屈服点 σ_s/MPa	伸长率 δ/%	断面收缩率 ψ/%
T2	99.9%Cu,退火态	-40	240	76	53	60
		-68	255	76	55	55
		-196	345	76	58	52
	99.9%Cu,在800℃退火	17	240		29	70
		-196	380		41	72
		-253	460		48	74
T3	99.7%Cu,冷轧态	20	410	375	8.4	51.5
		-78	423	408	12	56.6
		-183	455	420	11.2	61.2
	热轧态	20	212	50	55	70
		-20	236	50	56.2	70
		-60	255	54	57.3	67
		-77	263	50	57.2	68
	750℃淬火态	20	271	175	37.5	77
		-253	310	214	60	75
	退火态	20	240	38	50.5	71.4
		-78	291	100	50	73.6
		-183	365	87	50.5	83.3
		18	230	51	52	70
		0	236	51	52	69
		-30	237	54	48	69
		-80	263	61	47	67
	冷拉93%	20	468		1.1	57
		0	486		1.8	56
		-20	487		1.2	56
		-30	493		1.9	54
		-60	506		2.0	58
	冷拉73%	20	411		2.0	57
		0	419		2.1	57
		-20	429		2.0	57
		-30	435		3.0	57
		-60	449		4.0	57

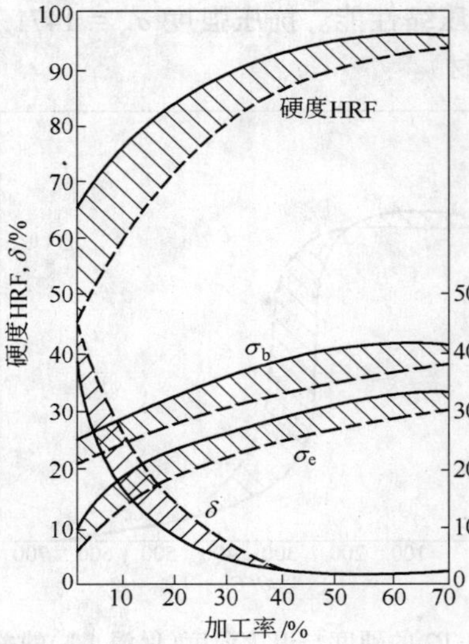

图 5-13 T1 铜(无氧的)的力学性能与加工率和晶粒大小的关系

原材料:厚 1 mm 的软板材;

——晶粒大小为 0.015 mm 的材料;

— — —晶粒大小为 0.040 mm 的材料

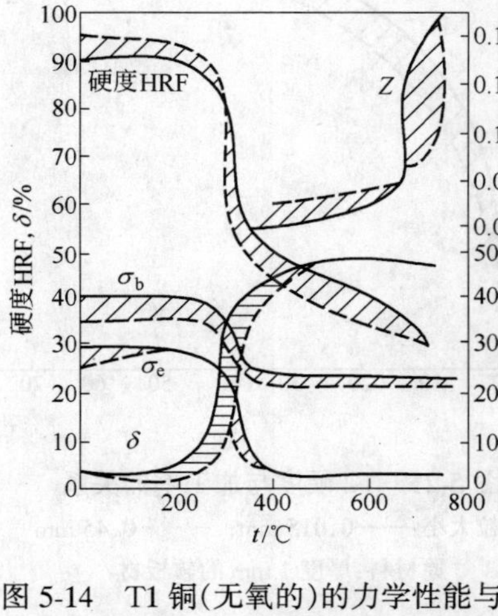

图 5-14 T1 铜(无氧的)的力学性能与退火温度(保温 1 h)和原始晶粒大小的关系

原材料:厚 1 mm 的板材,加工率 50%;

——晶粒大小为 0.015 mm 的材料;

— — —晶粒大小为 0.040 mm 的材料

(2) 硬度。普通纯铜室温硬度为 HBS35～45(M 态),HBS110～130(Y 态),高温硬度见表 5-44,退火温度及变形率对 T2 硬度的影响分别见图 5-20 和图 5-21。

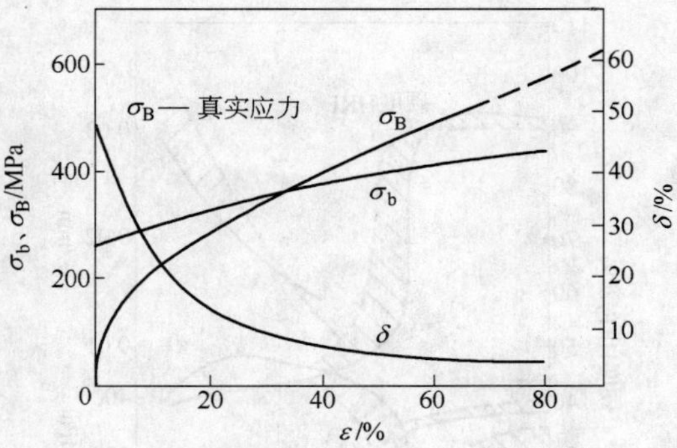

图 5-15 T2 拉伸性能与变形率的关系

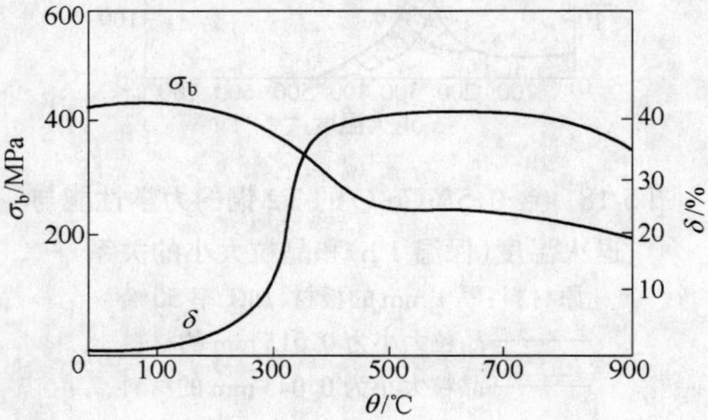

图 5-16 T2 的拉伸性能与退火温度的关系

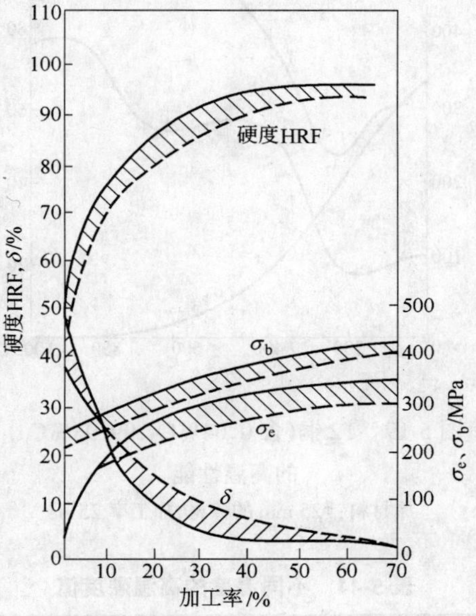

图 5-17 含 0.5% Cu_2O 的 T2 铜的力学性能与加工率和晶粒大小的关系

原材料:厚 1 mm 的软板材;

——晶粒大小为 0.015 mm 的材料;

— — —晶粒大小为 0.045 mm 的材料

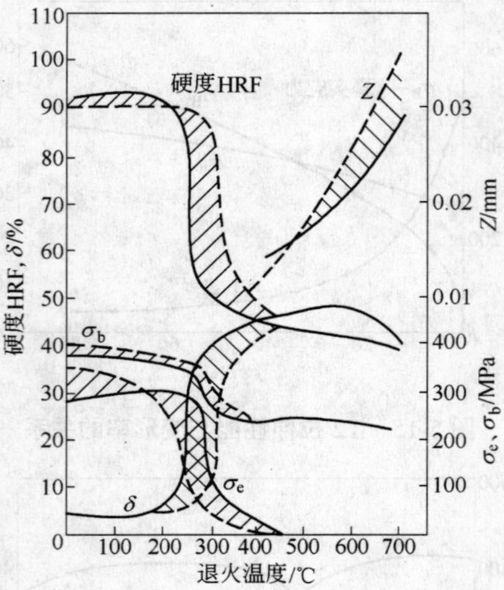

图 5-18 含 0.5%Cu_2O 的 T2 铜的力学性能与退火温度(保温 1 h)和晶粒大小的关系

原材料:厚 1 mm 的板材,加工率 50%

——晶粒大小为 0.015 mm 的材料

— — —晶粒大小为 0.045 mm 的材料

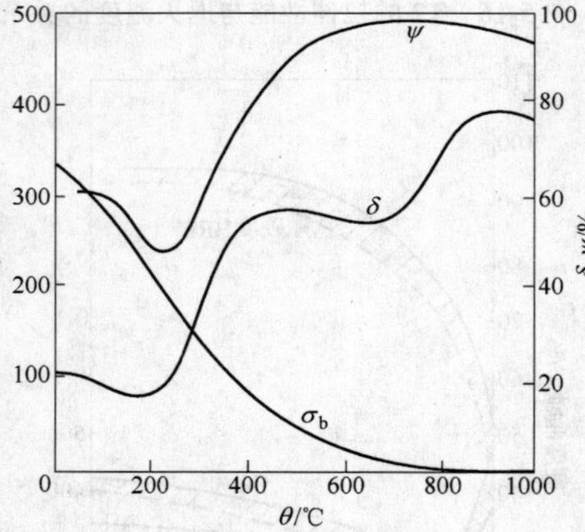

图 5-19 T2 铜(含 0.04%O_2,99.93%Cu)的高温性能

原材料:ϕ25 mm 的棒材,加工率 25%

表 5-44 不同温度的高温硬度值

温度 θ/℃	300	400	500	600
硬度 HBS	46	17	9	7

(3) 拉伸性能。不同状态高导电纯铜的拉伸性能见表 5-45。

(4) 压缩性能。抗压强度 σ_{bc} = 1471 MPa (M 态棒材)。

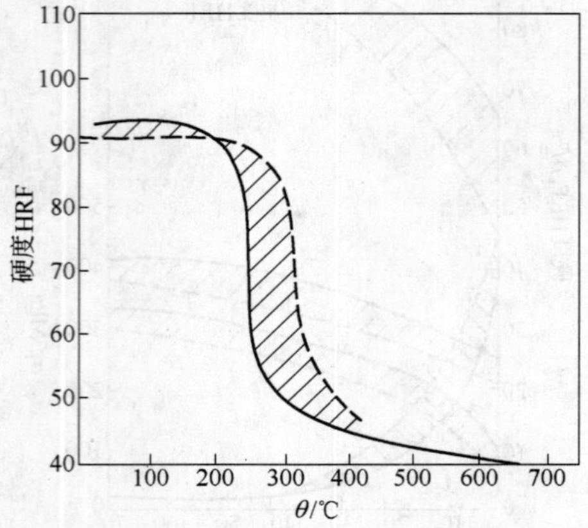

图 5-20 T2 的硬度与退火温度(保温 1 h)的关系

晶粒大小:——0.015 mm; － － －0.45 mm

原材料:厚度 1 mm 的板材硬态(变形率 50%)

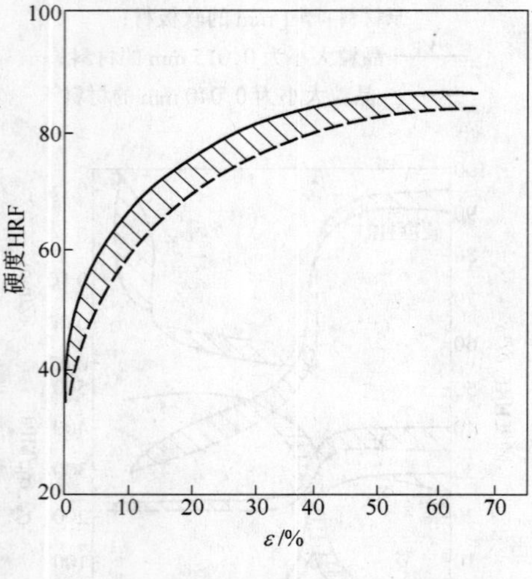

图 5-21 T2 硬度与加工率的关系

晶粒大小:——0.015 mm; － － －0.45 mm

原材料:厚度 1 mm 的软板材

(5) 冲击性能。冲击韧性 a_{KU} = 1560～1760 kJ/m^2(M 态棒材)。

(6) 扭转和剪切性能。剪切强度 τ = 150 MPa(M 态),τ = 210 MPa(Y 态)。

(7) 耐磨性能。摩擦系数 μ = 0.011(有润滑),μ = 0.40(无润滑)。

(8) 持久和蠕变性能。高温持久性能:硬态 T2 棒 100℃时的持久强度 σ_{100}^{100} = 98 MPa。

各种状态铜的蠕变断裂性能见表 5-46。

表 5-45　不同状态高导电纯铜的拉伸性能

品　种	状　态	σ_b/MPa			δ/%		
		min	max	$\bar{x}$	min	max	$\bar{x}$
带　材	M	215	255	235	36	57	45
	Y	315	440	390	3	12	4
板　材	M	215	245	230	30	63	50
	Y_2	265	360	315	3	14	7
	Y	295	390	345	2.2	17	4.5
管　材	M	215	440	250	36	60	48
	Y	315	490	395			
	R	195	225	215	39	49	42
棒　材	M	205	235	215	30	48	41
	Y	290	360	320	6	13	8
	R	205	235	220	41	51	45
线　材	M	205	265	240	21	53	47
	Y	380	490	435	1.5	3.0	2

表 5-46　铜的蠕变断裂性能

状 态	试验温度/℃	应力/MPa	试验时间/h	总伸长率①/%	截距/%	最小蠕变速度 /%·(1000 h)$^{-1}$
带材,厚度 2.5 mm						
OS030	130	55	2500	2.6	2.0	0.15
		100	2600	10.0	7.6	1.2
		140	170	29.8②		39
	175	55	2000	3.3	2.3	0.65
		100	350	15②	8.0	6.3
H01	130	55	8250	0.20	0.15	0.01
		100	8600	0.67	0.26	0.042
		140	1750	2.4②	0.32	0.45
	175	55	6850	1.14	0.14	0.088
		100	1100	2.0	0.22	0.66
H02	130	55	7200	0.24	0.13	0.01
		100	8600	1.02	0.25	0.04
		140	4680	3.4②	0.36	0.27
	175	55	1050	3.3②		0.6
H06	130	55	8250	1.58	0.08	0.035
		100	8700	7.31	0.16	0.055
		140	4030	11②	0.24	0.17
棒材,直径 3.2 mm						
OS025	260	2.5	6000	0.08	0.016	0.011
		4.1	6000	0.189	0.010	0.030
		7.2	6500	0.64	0.113	0.080
		13.8	6500	2.88	0.87	0.306

续表 5-46

状 态	试验温度/℃	应力/MPa	试验时间/h	总伸长率①/%	截距/%	最小蠕变速度 /%·(1000 h)$^{-1}$
H08	205	7.2	6500	0.06	0.045	0.011
		14.5	6500	0.20	0.112	0.012
		28	6500	1.08	0.41	0.097
		50	6500	5.42	2.47	0.44

注：表中数值表示各等级韧铜的典型数据。无氧铜、磷脱氧铜和含砷铜的抗蠕变能力增大。
① 总延伸等于初始延伸(表中未给出)+截距(第六列)+最小蠕变速度(第七列)与试验时间(第四列)的乘积。
② 断裂试验。O——退火或再结晶状态,H——冷加工硬化状态,下同。

(9) 疲劳性能。高周疲劳:疲劳强度极限见表5-47。

表 5-47 疲劳强度极限

品 种	状 态	循环次数/周	σ_D/MPa	品 种	状 态	循环次数/周	σ_D/MPa
T2 棒	M	10^8	80	T2 板	M	10^8	76
	Y	10^8	90		Y	10^8	90
					T	10^8	97

(10) 弹性性能。弹性模量 $E=107.9$ GPa(M态棒材), $E=117.7$ GPa(Y态棒材)。切变模量 $G=44.1$ GPa(M态棒材)。泊松比 $\mu=0.35$(M态棒材)。

美国纯铜典型的力学性能见表5-48～表5-50及图5-22～图5-27。

表 5-48 C11000 的典型力学性能

状 态	抗拉强度/MPa	屈服强度①/MPa	标距 50 mm 时的伸长率/%	硬度			抗剪强度/MPa	疲劳强度②/MPa
				HRF	HRB	HR30T		
板带材,厚度 1 mm								
OS050	220	69	45	40			150	
OS025	235	76	45	45			160	76
H00	250	195	30	60	10	25	170	
H01	260	205	25	70	25	36	170	
H02	290	250	14	84	40	50	180	90
H04	345	310	6	90	50	57	195	90
H08	380	345	4	94	60	63	200	97
H10	395	365	4	95	62	64	200	
M20	235	69	45	45			160	
板带材,厚度 6 mm								
OS050	220	69	50	40			150	
H00	250	195	40	60	10		170	
H01	260	205	35	70	25		170	
H04	345	310	12	90	50		195	
M20	220	69	50	40			150	

续表 5-48

状态	抗拉强度/MPa	屈服强度①/MPa	标距 50 mm 时的伸长率/%	硬度			抗剪强度/MPa	疲劳强度②/MPa
				HRF	HRB	HR30T		
板带材,厚度 25 mm								
H04	310	275	20	85	45		180	
棒材,直径 6 mm(0.25 in)								
H80(40%)	380	345	10	94	60	—	200	
棒材,直径 25 mm								
OS050	220	69	55	40			150	
H80(35%)	330	305	16	87	47		185	115③
M20	220	69	55	40			150	
棒材,直径 50 mm								
H80(16%)	310	275	20	85	45		180	
线材,直径 2 mm(0.08 in)								
OS050	250		35④				65	
H04	380		1.5⑤				200	
H08	455		1.5⑤				230	
管材,直径 25 mm×壁厚 1.65 mm								
OS050	220	69	45	40			150	
OS025	235	76	45	45			160	
H55(15%)	275	220	25	77	35	45	180	
H80(40%)	380	345	8	95	60	63	200	
型材,断面尺寸 13 mm								
OS050	220	69	50	40			150	
H80(30%)	275	220	30		35		180	
M20	220	69	50	40			150	
M30	220	69	50	40			150	

① 在负载下延伸 0.5%;
② 反复弯曲次数为 10^8 时;
③ 旋转试验循环次数为 3×10^8 时;
④ 250 mm 标距的伸长率;
⑤ 1500 mm 标距时的伸长率。

表 5-49 C11000 的典型冲击功

产品及状态	冲击功/J	产品及状态	冲击功/J
夏氏 V 形缺口		棒 材	
热轧,退火	96	退火和冷拔 30%	54
夏氏钥孔形缺口		冷拔 30%	45
铸造状态	11	厚 板	
热轧状态	43	热轧状态	52
棒 材		退 火	53①

续表 5-49

产品及状态	冲击功/J	产品及状态	冲击功/J
退　火	52	冷轧 50%	39②
商品状态	35		26①
悬臂梁式冲击试验			12②

① 与轧制方向平行；

② 与轧制方向垂直。

表 5-50　C12500 的典型力学性能

状　态	抗拉强度 /MPa	屈服强度/MPa		标距 50 mm 时的伸长率/%	硬　度			抗剪强度 /MPa
		载荷下延伸 0.5%	残余变形 0.2%		HRF	HRB	HR30T	
板带材，厚度 1 mm								
OS050	235	76		45	45			160
H00	250	195	235	30	60	10	25	170
H01	260	205	25	70	25	36	170	170
H02	290	250	270	14	84	40	50	180
H04	345	310	327	6	90	50	57	195
H08	380	345	360	4	94	60	63	200
H10	395	365	370	4	95	62	64	200
M20	235	69		45	45			160
棒材，直径 25 mm								
OS050	220	69		55	40			150
H80(35%)	330	305		16	87	47		185
M20	220	69		55	40			150
线材，直径 2 mm								
OS050	240			35①				165
H04	380			1.5②				200
H08	455			1.5②				230
型材，直径 13 mm								
OS050	220	69		50	40			150
H80(15%)	275	220		30		35		180
M20	220	69		50	40			150
M30	220	69		50	40			150

① 标距 250 mm 时的伸长率；

② 标距 1500 mm 时的伸长率。

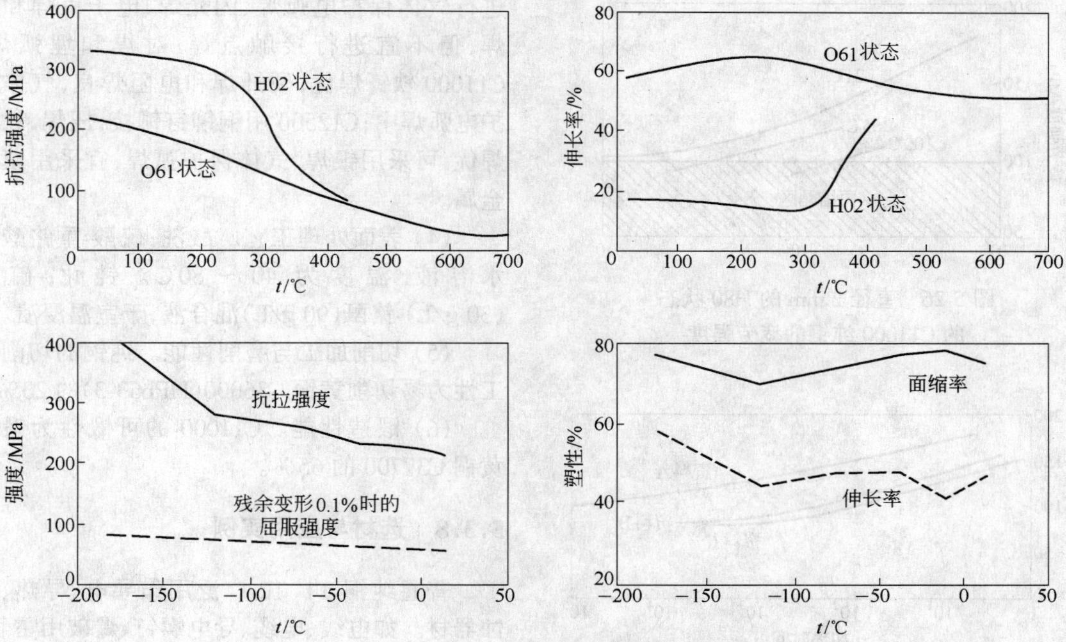

图 5-22 C11000 型纯铜的高温力学性能

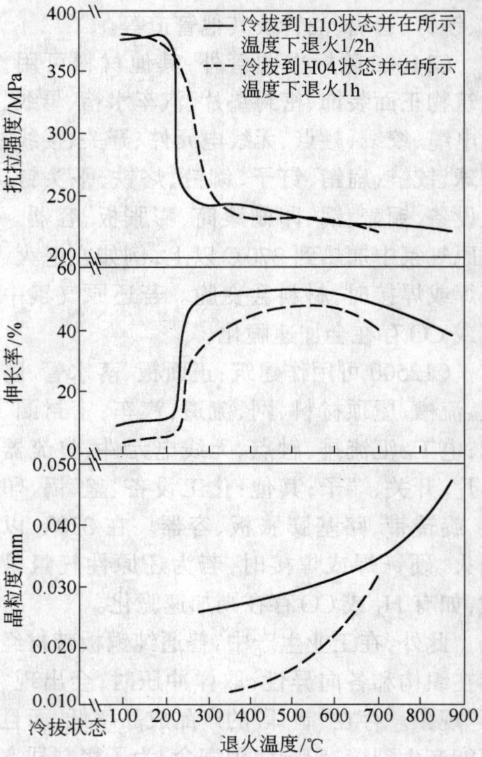

图 5-23 纯铜 C11000 及同类铜的抗拉性能及晶粒度与退火温度的关系

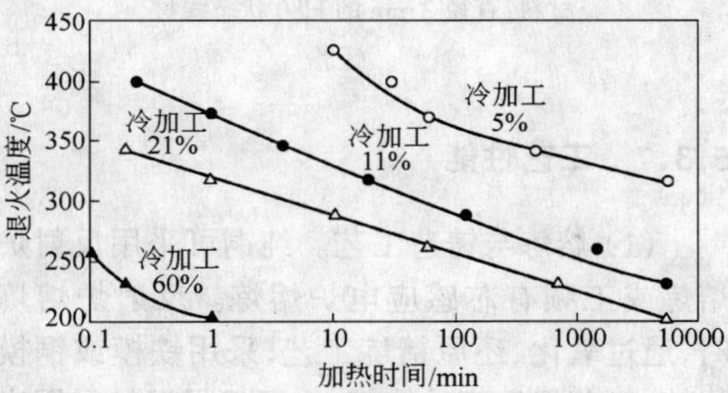

图 5-24 C11000 型纯铜的退火温度-时间曲线

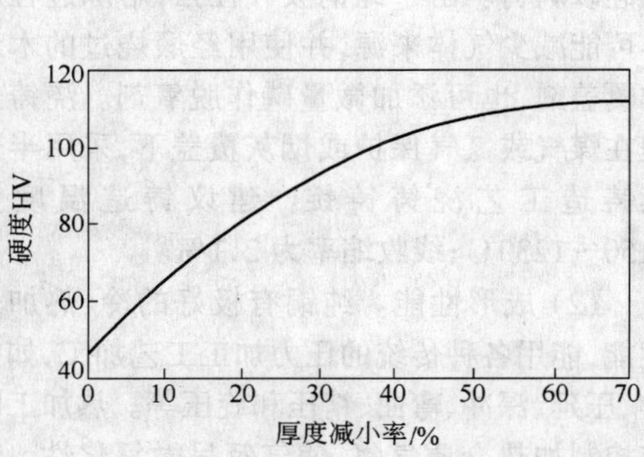

图 5-25 C11000 型纯铜的硬度与加工率(厚度减小率)的关系

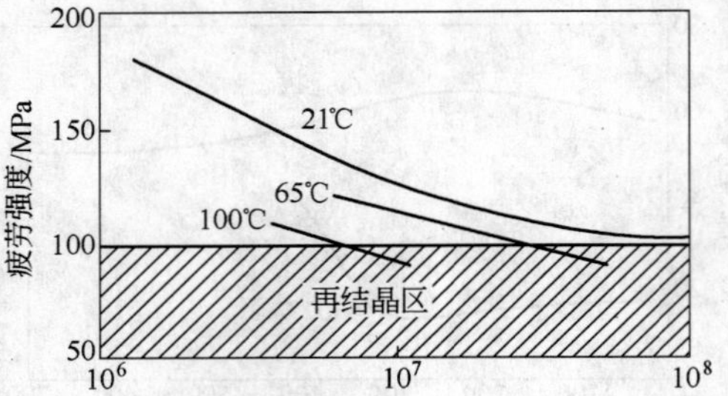

图 5-26 直径 2 mm 的 H80 状态的 C11000 纯铜的疲劳强度

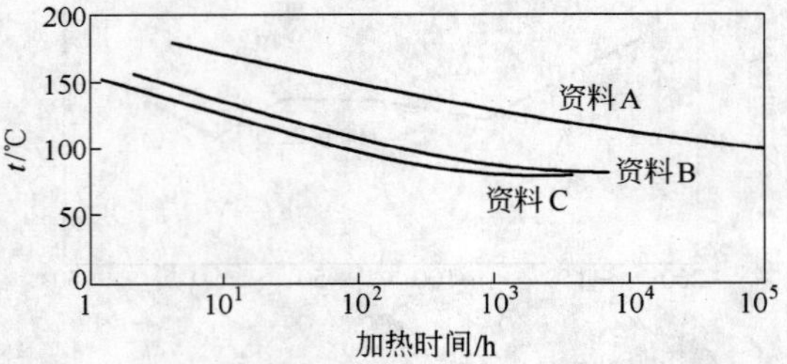

图 5-27 C11000 型纯铜的应力松弛特性
（表示抗拉强度降低 5%所需的时间-温度关系）
材料：直径 2 mm 的 H80 状态线材

5.3.7 工艺性能

(1) 熔炼与铸造工艺。纯铜可采用反射炉熔炼或工频有芯感应电炉熔炼。反射炉熔炼时，通过氧化、还原精炼工艺，采用铁模或铜模浇铸，可获得致密的铸锭，也可经保温炉采用半连续或连续铸造。工频有芯感应电炉熔炼多采用硅砂炉衬。由于纯铜吸气性强，熔炼过程应尽可能减少气体来源，并使用经煅烧过的木炭作覆盖剂，也可添加微量磷作脱氧剂。浇铸过程在煤气或氮气保护或烟灰覆盖下，采用半连续铸造工艺浇铸铸锭。建议铸造温度为 1150～1230℃；线收缩率为 2.1%。

(2) 成形性能。纯铜有极好的冷、热加工性能，能用各种传统的压力加工工艺加工，如拉伸、压延、深冲、弯曲、精压和旋压等。热加工时应控制加热介质气氛，使气氛呈微氧化性。热加工温度为 800～950℃。

(3) 焊接性能。纯铜易于锡焊、铜焊，也能进行气体保护电弧焊、闪光焊、电子束焊和气焊，但不宜进行接触点焊、对焊和埋弧焊。C11000 软钎焊优，硬钎焊和电阻焊良，气体保护电弧焊中；C12500 用铜铆钉铆接，压焊，软钎焊优，可采用银焊、气体保护弧焊，宜采用填充金属。

(4) 表面处理工艺。酸洗：硫酸-重铬酸钠水溶液，温度为 40 ～ 80℃。钝化：硫酸(30 g/L)-铬酐(90 g/L)混合液，于室温浸渍。

(5) 切削加工与磨削性能。纯铜的切削加工性为易切削黄铜 C36000(HPb63-3)的 20%。

(6) 锻造性能。C11000 的可锻性为锻造黄铜 C37700 的 65%。

5.3.8 选材与应用实例

普通纯铜 T1、T2 广泛用作导电、导热、耐蚀器材。如电线、电缆、导电螺钉、爆破用雷管、化工用蒸发器、贮藏器及各种管道等；

T3 用作一般铜材，如电气开关、垫圈、垫片、铆钉、管嘴、油管及其他管道等。

C11000 除标准圆管外，其他材料可用作：建筑物正面装饰、密封垫片、汽车水箱、母线、电线电缆、绞线、触点、无线电元件、开关、接线柱、浮球、铰链、扁销、钉子、铆钉、烙铁、平头钉、化工设备、铜壶、锅、印刷滚筒、膨胀板、容器。在还原气氛中加热到 370℃以上，例如在退火、硬钎焊或焊接时，材料会变脆。若还原气氛中有氢或 CO 存在会加速脆化。

C12500 可用作建筑：正面板、落水管、防雨板、流槽、屋顶材料、网、流道；汽车：密封圈、水箱；电工：汇流排、触点、无线电元件、整流器扇形片、开关、端子；其他：化工设备、釜、锅、印染辊、旋转带、路基膨胀板、容器。在 370℃以上退火、硬钎焊或焊接时，若为还原性气氛易发脆，如有 H_2 或 CO 存在则加速脆化。

此外，在工业生产中，普通纯铜板带材经常存在织构和各向异性，取样冲压时，会出现“制耳”现象。存在“制耳”的产品成品率低，而且还可能产生裂缝，影响使用寿命，为了将制耳率降低，可采用以下措施：

(1) 控制最后冷轧加工率不超过 60%，冷轧前退火温度在700℃左右，冷轧后的最终退火温度为550～600℃（对1.0 mm厚的铜板）。

(2) 当冷轧加工率不大（约50%）时，冷轧前可在较宽的温度范围内退火，也不影响紫铜板、带力学性能的均匀性；当冷轧加工率较大（70%～80%）时，则冷轧前的退火温度范围缩小至550～600℃，方可获得均一的力学性能。最终退火的温度比冷轧加工率和冷轧前退火温度对紫铜板、带各向异性的影响要小，提高最终退火温度，将增加紫铜板、带力学性能的各向异性。

(3) 取消中间退火，采用大的冷轧加工率（如大于95%），并选择合理的最终退火工艺，可使紫铜板、带获得较好的“伪各向同性”，从而在深冲时得到杯口较齐的制品。例如，在850～920℃将厚172 mm的T2铜锭快速热轧至厚12 mm（终轧温度为650～720℃），热轧坯铣面后（铣成11.5 mm厚），不经中间退火，连续冷轧至厚0.25 mm（加工率达97.8%），再于280～360℃最终退火，材料具有并存的(100)[001]再结晶织构和(110)$[1\bar{1}2]$+(112)[111]变形织构。这种由多种织构叠加的料，其方向性已相互抵消，经深冲和力学性能试验，证明完全可用作雷管制品。对加工率为99.4%或95.6%的板材，经适当温度退火后，均可得到满意的结果。

普通纯铜的品种规格与供应状态见表5-51。

表5-51 普通纯铜的品种规格与供应状态

牌 号	品 种		δ或d/mm	供应状态
T2、T3	带 材		0.05～2.0	M, Y_2, Y
	板 材	热轧板	4～60	R
		冷轧板	0.2～10	M, Y_2, Y
	棒 材	拉制棒	5～80	Y, M
		挤制棒	30～120	R
	管 材		D:3～360 S:0.5～10	Y, M
			D:3～100 S:0.5～10	Y_2
			D:30～300 S:5～30	R
T2	毛细管		D:0.5～3.0 d:0.3～2.5	M, Y
	散热扁管		宽度:16～22 高度:22～6 壁厚:0.2～0.7	Y
	换热器管		D:5.0～16.0 S:0.3～0.8	M, Y_2, Y
	波导管		矩形、中等扁矩形、扁矩形、方形	Y
T2、T3	线 材		0.02～6	M, Y
	专用线材		1～6	Y_2

5.4 磷脱氧铜

5.4.1 概述

磷脱氧铜是以元素磷精炼并残留微量磷的铜。由于磷强烈地降低铜的导电性，因此磷脱氧铜通常作为结构材料使用，若作为导体，则应选用低残留磷的脱氧铜。一般条件下无“氢脆性”，可以在还原性气氛条件下加工和使用，但不宜在高温氧化条件下加工和使用。

磷在铜中的最大溶解度(714℃共晶温度时)为1.75%,200℃时为0.4%,室温时几乎为零。磷能提高铜熔体的流动性,对铜的力学性能尤其是焊接性能有良好的影响。但能显著降低铜的导电性和导热性,对与玻璃直接封结的电真空用无氧铜,则要求含磷量极低(一般要求磷含量小于0.0008%;最好不大于0.0003%);否则,经涂硼氧化处理后,所生氧化膜极易剥落,会引起电子管漏气。

磷脱氧铜具有良好的导热、耐蚀性和优良的加工性,易于承受精冲、拉伸、镦铆、挤压、缠绕、深冲、热锻和焊接等加工。该合金主要用做各种供油、供水的管道,深冲件和焊接件等。

5.4.2　牌号

磷脱氧铜牌号见表5-52。

表5-52　磷脱氧铜牌号

国别	GB(中国)	ISO	ASTM(美国)	JIS(日本)	ГОСТ(前苏联)	DIN(德国)	BS(英国)	NF(法国)
牌号	TP1 TP2	Cu—DLP Cu—DHP	C12000 C12200 C12300	C1201 C1220 C1221	M1P M1Φ	SW—Cu SF—Cu	— C106	Cu—b2 Cu—b1

5.4.3　化学成分

按GB/T 5231-2001规定,磷脱氧铜的化学成分见表5-53。

5.4.4　物理及化学性能

磷脱氧铜的物理及化学性能如下。

5.4.4.1　热性能

熔化温度范围:1065～1083℃。

比热容:385.2J/(kg·℃)。

线膨胀系数:$\alpha_1 = 16.92\times10^{-6}$℃$^{-1}$(20～100℃);$17.28\times10^{-6}$℃$^{-1}$(20～200℃);$17.64\times10^{-6}$℃$^{-1}$(20～300℃)。

热导率:λ = 363.3 W/(m·℃)(TP1);339.2 W/(m·℃)(TP2)。磷显著降低铜的导热性,不同磷含量的磷脱氧铜热导率见表5-54。

表5-53　磷脱氧铜的化学成分(质量分数)　(%)

名称	牌号	Cu+Ag	P	杂质总和
一号脱氧铜	TP1(C12000)	99.90	0.004～0.012	0.10
二号脱氧铜	TP2(C12200)	99.90	0.015～0.040	0.10

表5-54　磷对铜的热导率λ的影响

磷含量(质量分数)/%	0.020	0.042	0.075	0.239
热导率 λ/W·(m·℃)$^{-1}$	340.20	305.34	239.40	142.80

5.4.4.2　质量特性

含磷0.02%的磷脱氧铜密度ρ为8.94 g/cm^3,不同磷含量对铜密度的影响见表5-55。

表 5-55 磷对铜的性能影响

磷含量(质量分数)/%	抗拉强度/MPa	伸长率/%	面缩率/%	导电率/% IACS	密度/kg·m^{-3}	疲劳强度(2×10^7)/MPa
0.014	242	62	73	94.3	8920	77
0.030	225	59	82	78.2	8910	84
0.045	228	50	86	72.4	8920	87
0.096	232	62	80	55.5	8920	99
0.148	239	63	85	45.2	8920	105
0.178	246	61	85	42.5	8900	92
0.254	249	63	84	33.1	8900	94
0.494	270	62	90	19.7	8870	108
0.690	270	63	84	15.5	8860	115
0.790	281	64	81	14.0	8840	123
0.950	281	66	85	11.6	8820	120

5.4.4.3 电性能

导电率：g = 90.2% IACS(TP1)；g = 85.0% IACS(TP2)。

电阻率：ρ = 0.0191 $\mu\Omega\cdot$m(TP1)；ρ = 0.0203 $\mu\Omega\cdot$m(TP2)。

不同磷含量对铜导电率的影响见表 5-55，磷脱氧铜导电率与面缩率的关系及其电阻率与压缩应力的关系见图 5-28。

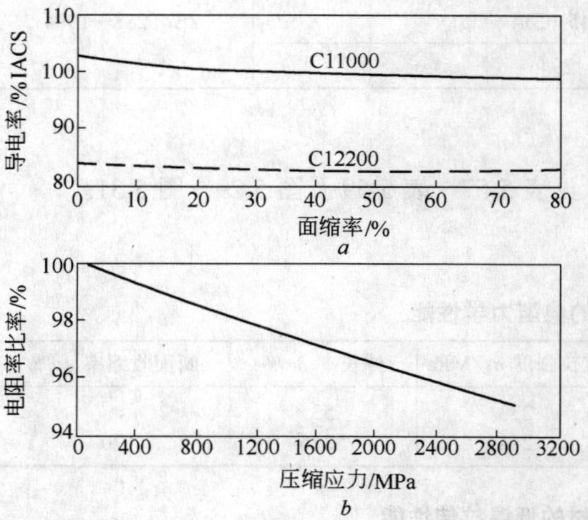

图 5-28 磷脱氧铜的导电率与面缩率的关系(a)及其电阻率比率与压缩应力的关系(b)(以无载荷时的电阻率为 100%计)

5.4.4.4 磁性能

磷脱氧铜具有抗磁性，室温质量磁化率 $\chi = -0.085\times10^{-6}m^3/kg$。

5.4.4.5 化学性能

抗氧化性能：高温抗氧化性能较差。

耐腐蚀性能：磷脱氧铜在室温大气、淡水和海水中具有耐蚀性，也能耐冷或热稀硫酸，冷浓硫酸的浸蚀。但在硫和硫化物、氨和氨溶液中腐蚀速度较快，且易被硝酸腐蚀。

磷脱氧铜具有优良的生物腐蚀抗力，是用于海洋环境中的最佳材料之一，这是因为在海水中铜的部件表面存在少量铜离子，这些铜离子有效地阻碍了海洋生物的附着。

5.4.5 热加工与热处理规范

磷脱氧铜的热加工与热处理规范为：

退火温度：400～650℃。

热加工温度：800～900℃。

5.4.6 力学性能

5.4.6.1 技术标准规定的力学性能

磷脱氧铜技术标准规定的力学性能如表 5-56 所示。

表 5-56 磷脱氧铜技术标准规定的力学性能

品种	状态	δ, d/mm或$D \times S$/mm×mm	σ_b/MPa	伸长率/% δ_{10} ≥	伸长率/% δ_5 ≥	技术标准
带材	M	0.5～2.0	206	30		GB/T 2059—1989
	Y_2		245～343	8		
	Y		294	3		
板材	R	4～14	196	30		GB/T 2040—1989
	M	0.5～10	196	32		
	Y_2		245～343	8		
	Y		295			
棒材（TP2）	R	16～120				GB/T 13808—1992
	Y	5～80				GB/T 4423—1992
拉制铜管	M	(3～360)×(0.5～10)	206	35	40	GB/T 1527—1997
	Y_2	≤100×(0.5～10)	235～343			
	Y	≤100×(0.5～10)	314			
		(>100～360)×(0.5～10)	294			
挤制铜管（TP2）	R	(30～300)×(5～30)	186	35	42	GB/T 1528—1997
毛细管	M	$\phi(0.5～3.0) \times \phi(0.3～2.5)$	205	35		GB/T 1531—1994
	Y_2		245～370			
	Y		345			
换热器铜管（TP2）	M	(5～10)×(0.3～0.8)	206	40		YS/T288—1994
	Y_2		245～314			
	Y		294			

5.4.6.2 不同状态下的力学性能 见表5-57～表5-59及图5-29～图5-31。

(1) 不同状态下磷脱氧铜的典型力学性能

表 5-57 磷脱氧铜的典型力学性能

牌号	成分	材料及状态	抗拉强度 σ_b/MPa	伸长率 δ/%	断面收缩率 ψ/%
TP2	99.9%Cu-0.02%P	管材:退火态	233	53	
	99.93%Cu-0.05%P	退火态	244	53.6	70

表 5-58 软态 TP2 板材的低温拉伸性能

θ/℃	σ_b/MPa	$\sigma_{P0.5}$/MPa	δ/%
−40	240	80	55
−68	260	82	57
−196	345	90	66

表 5-59 加工用磷脱氧铜的高温力学性能

牌号、成分及状态	温度/℃	抗拉强度 σ_b/MPa	伸长率 δ/%	断面收缩率 ψ/%
TP,99.9%Cu-0.02%P,退火	20	233	53	
	100	202	53	
	200	176	54	
	300	151	54	
TP,99.93%Cu-0.05%P,退火	20	244	53.6	70
	300	189	41.8	73.8
	400	168	41.3	78.5
	500	129	41.6	83
	600	105	39.5	92
	700	47.3	41.6	95.6
	800	37.8	41.4	99.3
	900	15.4	38.6	99.7

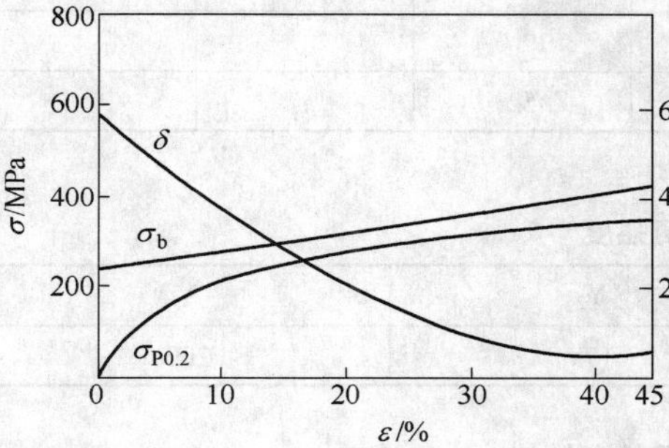

图 5-29 TP2 的拉伸性能与变形率的关系

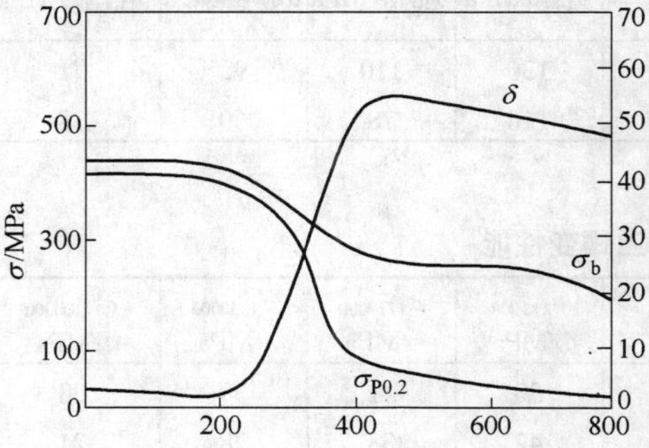

图 5-30 TP2 的拉伸性能与退火温度（保温 2 h）的关系

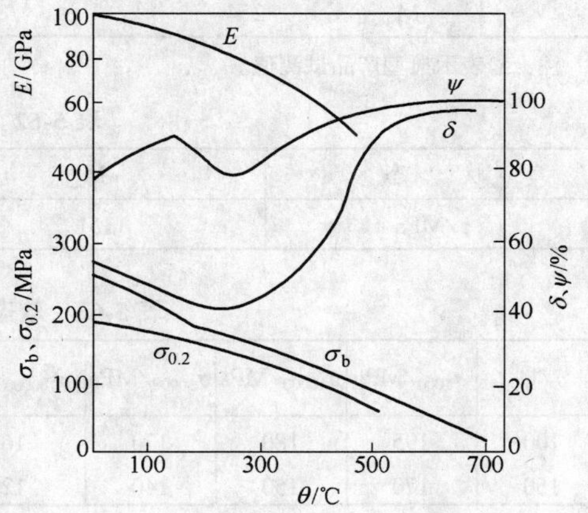

图 5-31 TP 的高温力学性能

（原材料：冷轧条件）

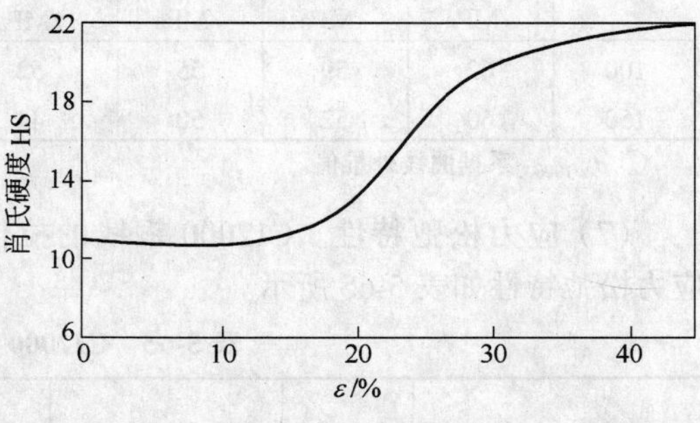

图 5-32 TP2 的硬度与变形率的关系

（2）硬度。供应状态材料的硬度见表 5-60。材料的硬度同变形率的关系见图 5-32。不同温度退火后材料的硬度见图 5-33。

表 5-60 供应状态磷脱氧铜的硬度

状 态	M	Y_2	Y
HRF	40～45	77	90～95

（3）拉伸性能。磷脱氧铜供应状态的拉伸性能见表 5-61。

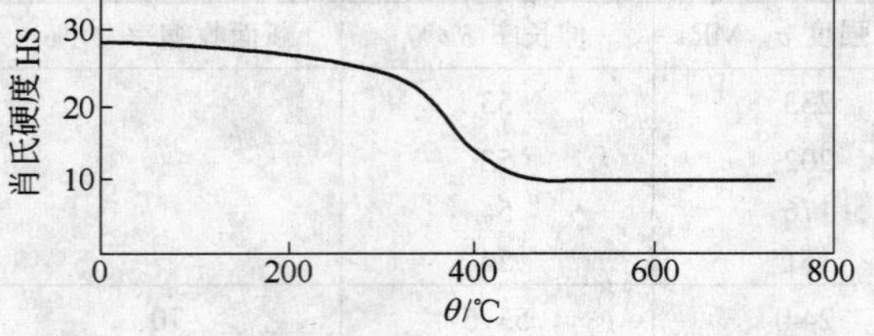

图 5-33 TP2 的硬度与退火温度(保温 2 h)的关系

(4) 冲击性能。冲击韧性 $a_{KU}=1670\sim1760\ kJ/m^2$。

(5) 扭转和剪切性能。剪切强度见表 5-62。

(6) 持久和蠕变性能。软态 TP2 板材的高温持久性能见表 5-63,高温蠕变性能见表 5-64。

表 5-61 磷脱氧铜供应状态的拉伸性能

品 种	状 态	σ_b/MPa			δ/%		
		X	min	max	X	min	max
带 材	Y	385	310	460	5.5		
板 材	Y	370	335	410	5	2	10
管 材	Y	295					
	M	254			52		

注:*X* 表示典型产品试测值。

表 5-62 磷脱氧铜剪切强度

状 态	M	Y_2	Y
τ/MPa	151	179	200

表 5-63 软态 TP2 板材高温持久性能

θ/℃	σ_{1000}/MPa	σ_{10000}/MPa	σ_{30000}/MPa	σ_{100000}①/MPa	θ/℃	σ_{1000}/MPa	σ_{10000}/MPa	σ_{30000}/MPa	σ_{100000}①/MPa
100	195	180	170	160	200	130	110	92	71
150	170	150	140	120	250	110	78	60	38

① σ_{100000}系据曲线外推值。

表 5-64 软态 TP2 板材高温蠕变性能

θ/℃	$\sigma_{1/1000}$/MPa	$\sigma_{1/10000}$/MPa	$\sigma_{1/30000}$/MPa	$\sigma_{1/100000}$①/MPa	θ/℃	$\sigma_{1/1000}$/MPa	$\sigma_{1/10000}$/MPa	$\sigma_{1/30000}$/MPa	$\sigma_{1/100000}$①/MPa
100	62	59	55	52	200	50	41	39	30
150	60	52	50	44	250	42	33	28	21

① $\sigma_{1/100000}$系据曲线外推值。

(7) 应力松弛特性。C12000 铜线的拉伸应力松弛特性如表 5-65 所示。

(8) 疲劳性能。高周疲劳:不同状态材料的疲劳强度极限见表 5-66。

表 5-65 C12000 铜线的拉伸应力松弛特性

材 料	状 态	试验时间/h	温度/℃	初始应力/MPa	经如下时间后残余应力量/%	
					10000 h	40a
C12000,镀锡	O61	10000	27	52.4	86	80
		10000	27	77.9	85	79
		10000	27	104	84	78

表 5-66 磷脱氧铜不同状态下疲劳强度极限

牌号及品种	TP1 板材				TP2 棒材		
状 态	M	Y_2	Y	T	M	Y_2	T
N/周	10^8				2×10^7		
σ_D/MPa	76	90	90	97	70	97	130

(9) 弹性性能。弹性模量：$E = 117.2$ GPa。切变模量：$G = 44.2$ GPa。

5.4.7 工艺性能

(1) 熔炼与铸造工艺。磷脱氧铜通常使用工频有芯感应电炉熔炼。高温下纯铜吸气性强，熔炼时尽可能减少气体来源，并使用经煅烧过的木炭覆盖和添加适量的磷铜脱氧。采用煤气保护或氮气保护或烟灰覆盖下的半连续铸造工艺浇注铸锭，铸造温度为1150～1180℃。

脱氧铜在浇铸过程中，如不用保护气氛，仍可吸收0.01%氧。

(2) 成形性能。磷脱氧铜有优良的冷、热加工性能，可以进行精冲、拉伸、镦铆、挤压、弯曲、缠绕、深冲、旋压以及热挤、热轧和热锻等加工。磷为表面活性元素，易吸附在铜的晶界上，使得磷脱氧铜在400～600℃呈热脆性，因此热加工宜在800～900℃进行。

(3) 焊接性能。易于熔焊、钎焊、气体保护电弧焊和炭弧焊，但不宜进行电阻对缝焊。

(4) 切削加工与磨削性能。磷脱氧铜的切削加工性为易切削黄铜HPb63-3的20%。

5.4.8 选材与应用实例

磷脱氧铜工艺性能好，焊接性能、冷弯性能好，一般无“氢病”，可在还原气氛中加工使用，但不能在氧化气氛中加工使用，该合金大批量生产，质量稳定。主要用做燃油系统、空气限制器、热交换器和泵的管道以及其他深冲和焊接制件。

主要以管材应用，也可以板、条供应。典型用途包括：汽油、气体供应管，排水管，冷凝管，水雷用管，冷凝器，燃气加热器和燃油烧嘴用管，卫生工程管道，驱动带用管，蒸发器和热交换器用管，火车厢零件等。主要的品种规格和供应状态见表5-67。

表 5-67 磷脱氧铜品种规格和供应状态

品 种	δ, d/mm 或 $D\times S$/mm×mm	供应状态	技术标准
带 材	0.05～2.0	M, Y_2, Y	GB/T 2059—1989
板 材	4～60	R	GB/T 2040—1989
	0.2～10.0	M, Y_2, Y	
棒 材 (TP2)	16～20	R	GB/T 13808—1992
	5～80	M, Y	GB/T 4423—1992
拉制管	(3～360)×(0.5～10)	M	GB/T 1527—1997
	(3～100)×(0.5～10)	Y_2	
	(3～360)×(0.5～10)	Y	
挤制管(TP2)	(30～300)×(5～30)	R	GB/T 1528—1997
换热器管(TP2)	(5～10)×(0.3～0.8)	M, Y_2, Y	YS/T 288—1994
毛细管(TP2)	ϕ(0.3～3.0)×ϕ(0.3～2.5)	M, Y_2, Y	GB/T 1531—1994

5.5　无氧铜

5.5.1　概述

1号、2号无氧铜TU1、TU2是含氧量极少的铜，具有纯度高、导电、导热性高的特点，无“氢病”或极少“氢病”。含磷量极低的无氧铜，与玻璃封结性好，加工性能、焊接性、耐蚀性、耐寒性均好。

无氧铜主要用于电真空仪器仪表用零件，广泛用于汇流排、导电条、波导管、同轴电缆、真空密封件、真空管、晶体管的部件等。

5.5.2　牌号

常用的无氧铜牌号见表5-68。

表5-68　无氧铜牌号

国别	GB(中国)	ISO	ASTM(美国)	JIS(日本)	ГОСТ(前苏联)	DIN(德国)	BS(英国)	NF(法国)
牌号	TU0、TU1 TU2	Cu-OFE Cu-OF	C10100 C10200	C1011 C1020	M00Б MO_6 M00Б $M1_6$	OF-Cu	C103 C110	Cu-C2 Cu-C1

5.5.3　化学成分

按GB/T 5231—2001规定，无氧铜的化学成分见表5-69。

5.5.4　物理化学性能

5.5.4.1　物理性能

A　热性能

熔点：1082.5～1083℃。

热导率：20℃时为391 W/(m·℃)。

比热容：20℃时为385 J/(kg·℃)。

线膨胀系数：无氧铜线膨胀系数见表5-70。

B　质量特性

无氧铜20℃时，凝固时的收缩率为4.92%，密度为8.94 g/cm³。

C　电性能

20℃时导电率为 $g=101.4\%$ IACS，700℃退火，30 min后测定。

20℃时电阻率为 $\rho=0.0171\ \mu\Omega\cdot m$。

表5-69　无氧铜化学成分(GB/T 5231—2001)(质量分数)　　(%)

名称	牌号	Cu+Ag	P	Ag	Bi①	Sb①	As①	Fe	Ni	Pb	Sn	S	Zn	O	杂质总和
零号无氧铜	TU0② (C10100)	Cu 99.99	0.0003	0.0025	0.0001	0.0004	0.0005	0.0010	0.0010	0.0005	0.0002	0.0015	0.0001	0.0005	0.01
				Se: 0.0003		Te: 0.0002		Mn: 0.00005		Cd: 0.0001					
一号无氧铜	TU1	99.97	0.002		0.001	0.002	0.002	0.004	0.002	0.003	0.002	0.004	0.003	0.002	0.03
二号无氧铜	TU2	99.97	0.002		0.001	0.002	0.002	0.004	0.002	0.004	0.002	0.004	0.003	0.003	0.05

注：经双方协商，可限制表中未规定的元素或要求严加限制表中规定的元素。

① 砷、铋、锑可不分析，但供方必须保证不大于界限值。

② TU0[C10100]铜量为差减法所得。

表5-70　无氧铜线膨胀系数 α　　(℃$^{-1}$)

温度 θ/℃	20～100	20～200	20～300
C10100	16.92	17.28	17.60
C10200	17.0	17.3	17.7

D 磁性能

无氧铜为抗磁性，室温质量磁化率为 $-0.085\times10^{-6}m^3/kg$。

5.5.4.2 化学性能

抗氧化性能：铜在高温时氧化速度显著提高，在大气中，于室温下即缓慢氧化。无氧铜在空气中退火，渗氧深度与退火温度及时间的关系见图 5-34。

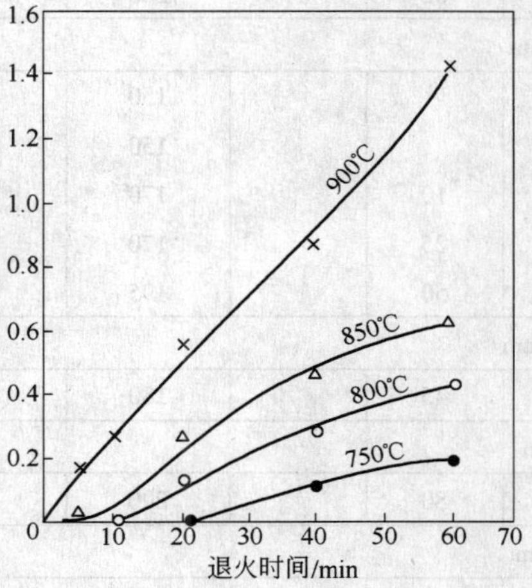

图 5-34 在空气中无氧铜渗氧深度与退火温度、时间的关系

耐腐蚀性能：无氧铜在大气、纯净淡水、流速不大的海水中均耐腐蚀，对非氧化性酸类也有良好的抗力，但对氧化性酸类、湿氨、湿卤素、硫化物和含铵离子溶液抗腐蚀性很低。

5.5.5 热加工与热处理规范

无氧铜热加工与热处理规范为：

退火温度：375～650℃。

热加工温度：750～875℃。

5.5.6 力学性能

5.5.6.1 技术标准规定的力学性能

无氧铜技术标准规定的拉伸性能见表 5-71。

根据 GB/T14953—1994 规定，线材反复弯曲性能试验标准为：直径不小于 0.3 mm 的线材在氢气退火后作反复弯曲试验，弯曲次数不少于 10 次。

5.5.6.2 室温及各种温度下的力学性能

(1) 无氧铜典型的力学性能如表 5-72 所示。

(2) 硬度。室温硬度：HBS 35～45(M 态)，HBS85～95(Y 态)。

退火温度对 TU1 硬度的影响见图 5-35，变形率对 TU1 硬度的影响见图 5-36。

表 5-71 无氧铜技术标准规定的拉伸性能

品种	牌号	状态	σ_b/MPa	δ_{10}/%	技术标准
			不小于		
δ>0.3 mm 的板、带材	TU1 TU2	M Y	196 275	35	GB/T 14594—1993

表 5-72 C10100 及 C10200 无氧铜的典型力学性能

状态	抗拉强度/MPa	屈服强度①/MPa	标距 50 mm 时的伸长率/%	硬度 HRF	硬度 HRB	硬度 HR30T	抗剪强度/MPa	疲劳强度②/MPa
板带材，厚度 1 mm								
M20	235	69	45	45			160	
OS025	235	76	45	45			160	76
OS050	220	69	45	40			150	
H00	250	195	30	60	10	25	170	

续表 5-72

状 态	抗拉强度 /MPa	屈服强度① /MPa	标距 50 mm 时的伸长率/%	硬 度			抗剪强度 /MPa	疲劳强度② /MPa
				HRF	HRB	HR30T		
板带材,厚度 1 mm								
H01	260	205	25	70	25	36	170	
H02	240	250	14	84	40	50	180	90
H04	345	310	6	90	50	57	195	90
H08	380	345	4	94	60	63	200	95
H10	395	360	4	95	62	64	200	
板带材,厚度 6 mm								
M20	220	69	50	40			150	
OS050	220	69	50	40			150	
H00	250	195	40	60	10		170	
H01	260	205	35	70	25		170	
H04	345	310	12	90	50		195	
板带材,厚度 25 mm								
H04	310	275	20	85	45		180	
棒材,直径 6 mm								
H80(40%)	380	345	10	94	80		200	
棒材,直径 25 mm								
M20	220	69	55③	40			150	
OS050	220	69	55③	40			150	
H80(35%)	330	305	16④	87	47		185	115
棒材,直径 50 mm								
H80(16%)	310	275	20	85	45		180	
线材,直径 2 mm								
OS050	240		35⑤	45			165	
H04	380		1.5⑥				200	
H08	455		1.5⑥				230	
管材,外径 25 mm×壁厚 1.65 mm								
OS025	235	76	45	45			160	
OS050	220	69	45	40			150	
H55(15%)	275	220	25	77	35	45	180	
H80(40%)	380	345	8	95	60	63	200	
型材,直径 13 mm								
M20	220	69	50	45			150	
M30	220	69	50	45			150	
OS050	220	69	50	45			150	
H80(15%)	275	220	30		35		180	

①载荷下延伸 0.5%;②$10^8$ 次;③面缩率 70%;④面缩率 55%;⑤标距 254 mm 的伸长率;⑥标距 1500 mm 时的伸长率。

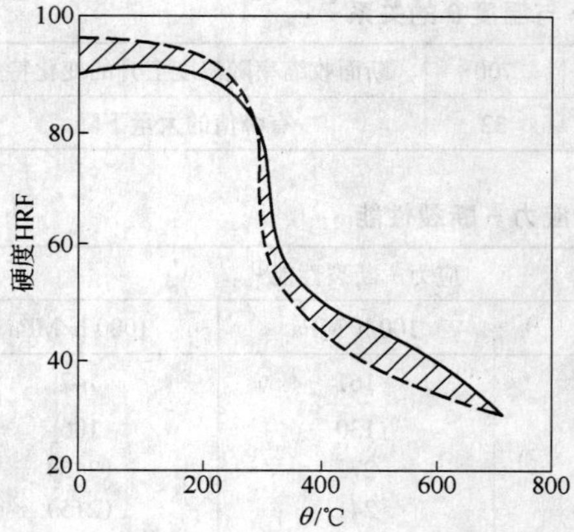

图 5-35 TU1 的硬度与退火温度(保温 1 h)的关系

晶粒大小:—— 0.015 mm; - - - 0.040 mm

原材料:厚度 1 mm

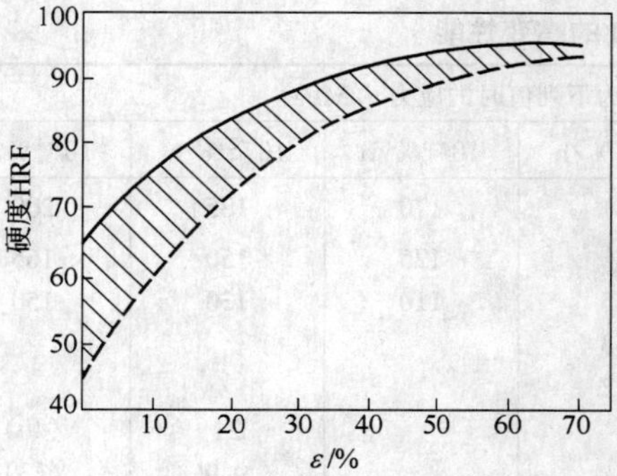

图 5-36 TU1 硬度与变形率的关系

(原材料:厚度 1 mm 的软板)

晶粒大小:—— 0.015 mm; - - - 0.040 mm

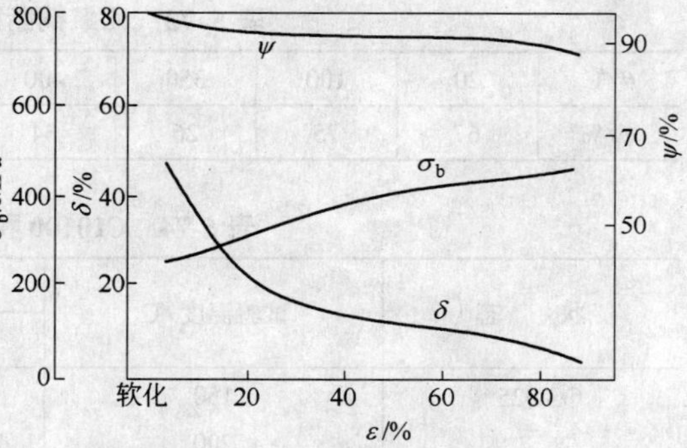

图 5-37 TU2 线材的拉伸性能与变形率的关系

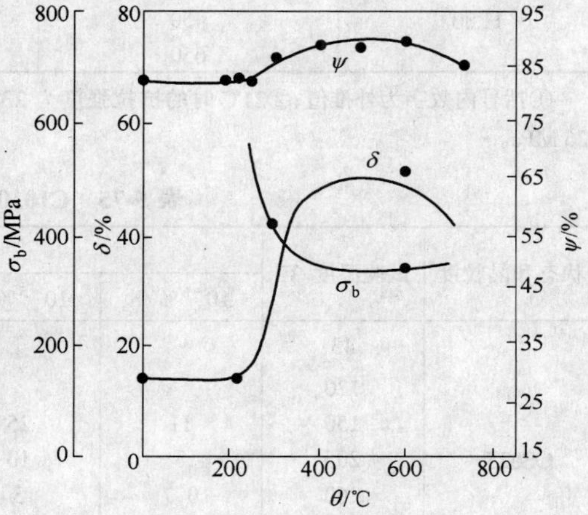

图 5-38 TU2 铜线(ε = 62.5%)拉伸性能与退火温度(保温 1 h)的关系

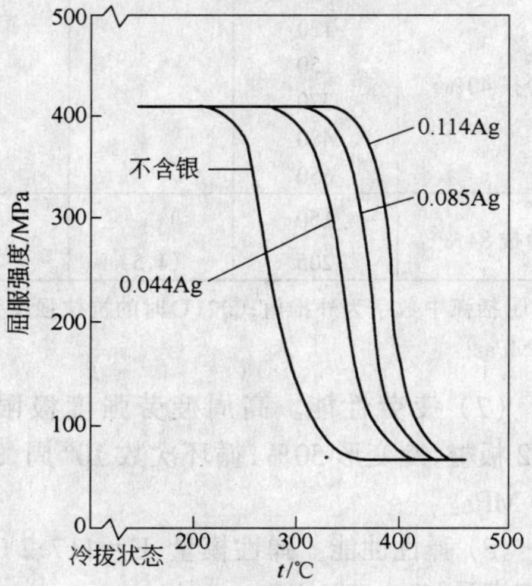

图 5-39 无氧铜的软化特性与银含量的关系

材料:直径 2 mm 的冷加工率 90% 的线材,在所示温度下退火 30 min

(3) 拉伸性能。室温下 TU2 板材的拉伸性能为:$\sigma_b = 350 \sim 390$ MPa, $\delta = 3\% \sim 10\%$(Y 态);

$\sigma_b = 220 \sim 235$ MPa, $\delta = 45\% \sim 55\%$(M 态)。

无氧铜断面收缩率与温度的关系见表 5-73;抗应力断裂性能见表 5-74;变形率、退火温度对 TU2 拉伸性能的影响,以及各种温度下无氧铜的拉伸性能见图 5-37~图 5-42。

(4) 冲击性能。冲击韧性:$a_{KU} = 1560 \sim 1760$ kJ/m^2(M 态棒材)。

(5) 扭转和剪切性能。剪切强度:$\tau = 210$ MPa(Y 态);$\tau = 150$ MPa(M 态)。

(6) 蠕变性能见表 5-75。

表 5-73 无氧铜断面收缩率 ψ 与温度 θ 的关系

θ/℃	20	100	350	400	500	700	断面收缩率随温度上升的变化特点
ψ/%	67	75	26	34	25	32	有峰值的大量下降

表 5-74 C10100 和 C10200 的应力－断裂性能

状 态	试验温度/℃	应力－断裂性能①		
		10 h/MPa	100 h/MPa	1000 h/MPa
OS 025②	150		161	147
	200		130	106
冷拔 40%③	120		272	(245)
	150		241	(215)
H 80④	450	33	17	
	650	9.7	5.2	

①括号内数字为外推值;②21℃时的抗拉强度为 238 MPa;③21℃时的抗拉强度为 352 MPa;④21℃时的抗拉强度为 426 MPa。

表 5-75 C10100 和 C10200 的蠕变性能

状态和晶粒度	试验温度/℃	蠕变速率为下列值时的应力①/MPa					
		10^{-6}%/h	10^{-5}%/h	10^{-4}%/h	10^{-3}%/h	10^{-2}%/h	10^{-1}%/h
OS025②	43				170	185	200
	120				125	150	165
	150	11	25	55	110	130	150
	205	3	10	33			
	260	0.7	3	12			
	370					21	(40)
	480					9.9	(23)
冷拔 40%③	43				310	330	
	120				240	270	(295)
	150				200	235	250
	370				11	26	(39)
	480					8.3	(17)
	650					3	6
冷拔 84%④	150		55	89.6			
	205	(4.5)	12	35			

①括弧中数字为外推值;②21℃时的抗拉强度为 220 MPa;③21℃时的抗拉强度 352 MPa;④21℃时的抗拉强度为 375 MPa。

(7) 疲劳性能。高周疲劳强度极限为:TU2 板材,冷变形 50%,循环次数 10^8 周,σ_D = 119 MPa。

(8) 弹性性能。弹性模量:E = 117.2 GPa。切变模量:G = 44.1 GPa。

5.5.7 工艺性能

(1) 熔炼与铸造工艺。无氧铜主要使用工频有芯感应电炉熔炼。为保证无氧铜质量,要做到“精料密封”,即:原料选用表面无结瘤、无锈的电解铜,并剪去四边。熔炼时必须注意减少气体的来源,并使用经煅烧处理的木炭覆盖,也可添加微量磷作脱氧剂。采用煤气或氮气保护或烟灰覆盖下的半连续铸造工艺浇注铸锭。铸造温度为 1150～1180℃。

(2) 成形性能。无氧铜的冷热加工性能均

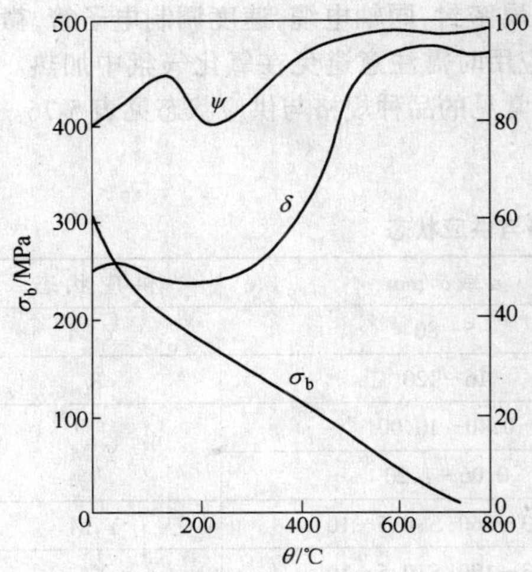

图 5-40 无氧铜高温拉伸性能

（原材料：ε＝6％的条材）

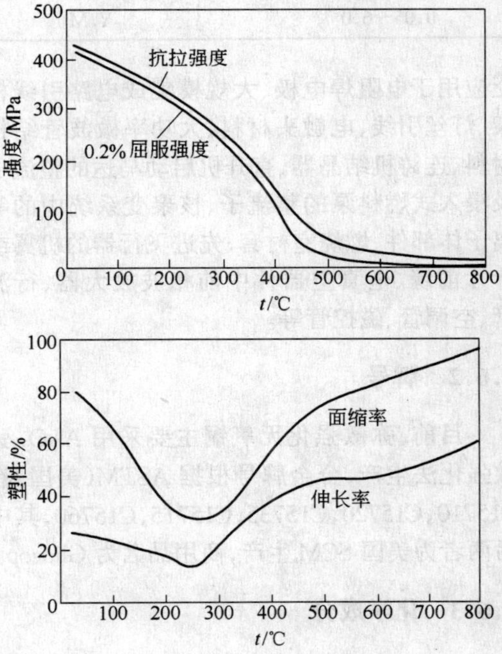

图 5-41 C10100 或 C10200（1180 状态）纯铜的高温拉伸性能

极好，可以拉伸、压延、挤压、弯曲、冲压、剪切、旋压、镦锻、旋锻、锻造、螺纹轧制、滚花、缠绕，可锻性极好，比锻造黄铜高 65％。热加工一般在 800～900℃进行。

(3) 焊接性能。易于进行熔焊、软钎焊、硬钎焊、气体保护钨弧焊、气体保护金属弧焊，其氧燃料气焊的性能良好，不推荐保护金属弧焊和大多数电阻焊方法。

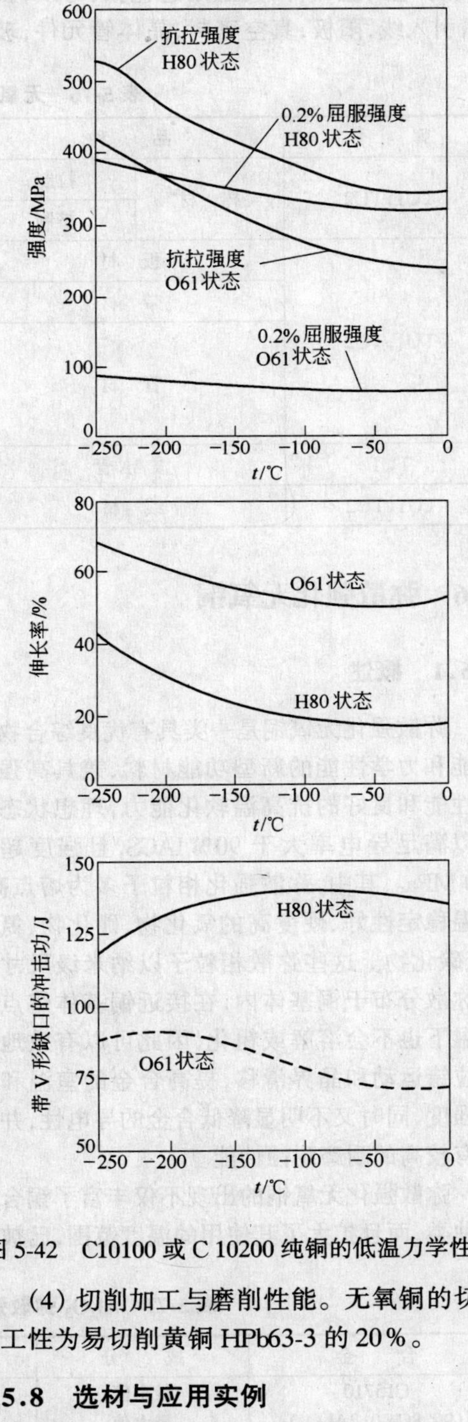

图 5-42 C10100 或 C 10200 纯铜的低温力学性能

(4) 切削加工与磨削性能。无氧铜的切削加工性为易切削黄铜 HPb63-3 的 20％。

5.5.8 选材与应用实例

无氧铜中氧和杂质的含量极低，特别适合

于有如下要求的应用领域:导电率高且延展性好,透气率低,不产生氢脆,或放气倾向小。主要用于电真空器件,典型用途包括:母线,波导管,引入线,阳极,真空密封,晶体管元件,玻璃-金属密封,同轴电缆,速度调制电子管,微波管,应用时需注意避免在氧化气氛中加热。无氧铜常见的品种规格与供应状态见表5-76。

表5-76 无氧铜的品种规格与供应状态

牌号	品种		d或δ/mm	供应状态
TU1,TU2	棒材	拉制	5~80	Y,M
		挤制	16~120	R
TU1,TU2	板材		0.40~10.00	Y,M
	带材		0.06~1.20	
	管材		D:3~360;S:0.5~10	Y,M
			D:3~100;S:0.5~10	Y_2
			D:30~300;S:5~30	R
TU1	波导管		矩形、中等扁矩形、扁矩形、方形	Y
TU1,TU2	线材		0.05~6.0	Y,M

5.6 弥散强化无氧铜

5.6.1 概述

弥散强化无氧铜是一类具有优良综合物理性能和力学性能的新型功能材料,兼具高强高导性能和良好的抗高温软化能力,理想状态时可以满足导电率大于90% IACS,且强度超过500 MPa。其中,弥散强化相粒子多为熔点高、高温稳定性好、硬度高的氧化物、硼化物、氮化物、碳化物。这些弥散相粒子以纳米级尺寸均匀弥散分布于铜基体内,在接近铜基体熔点的高温下也不会溶解或粗化,因此可以有效地阻碍位错运动和晶界滑移,提高合金的室温和高温强度,同时又不明显降低合金的导电性,并且具有较高的耐磨耐蚀性能。

弥散强化无氧铜的出现不仅丰富了铜合金的种类,而且扩大了其使用的温度范围,已被广泛应用于电阻焊电极、大规模集成电路引线框架、灯丝引线、电触头材料、大功率微波管结构材料、连铸机结晶器、直升机启动马达的整流子及浸入式燃料泵的整流子、核聚变系统中的等离子体部件、燃烧室衬套、先进飞行器的机翼或叶片前缘、电真空器件中前相波放大器、行波管、空调管、磁控管等。

5.6.2 牌号

目前,弥散强化无氧铜主要采用Al_2O_3弥散强化法生产,合金牌号根据ASTM(美国)有C15710,C15720,C15735,C15715,C15760,其中后两者为美国SCM生产,商用品名为Glidcop。

5.6.3 化学成分

弥散强化无氧铜的化学成分如表5-77所示。

表5-77 Al_2O_3弥散强化无氧铜化学成分(质量分数) (%)

合金	成分	Cu	Al_2O_3	Fe	Pb	O
C15710	最小值	99.69	0.15			
(99.8Cu-0.2Al_2O_3)	最大值	99.85	0.25	0.01	0.01	0.04
C15720	最小值	99.49	0.35			

续表 5-77

合 金	成 分	Cu	Al_2O_3	Fe	Pb	O
(99.6Cu-0.4Al_2O_3)	最大值	99.6	0.45	0.01	0.01	0.04
C15735	最小值	99.19	0.65			
(99.3Cu-0.7Al_2O_3)	最大值	99.35	0.75	0.01	0.01	0.04
Glidcop Al-10	标准组成	99.8	0.2			
Glidcop Al-35	标准组成	99.3	0.7			
Glidcop Al-60	标准组成	98.8	1.2			

5.6.4 物理化学性能

5.6.4.1 物理性能

弥散强化无氧铜的物理性能如表 5-78 所示。

5.6.4.2 化学性能

弥散强化无氧铜化学性能稳定，耐腐蚀性能良好。

表 5-78 Al_2O_3 弥散强化无氧铜物理性能

合 金	热学性能				密 度 /g·cm⁻³	电学性能	
	液相线温度/℃	比热容(20℃) /J·(kg·K)⁻¹	热导率 /W·(m·K)⁻¹	线膨胀系数 (20～300℃) /μm·(m·K)⁻¹		导电率(20℃，体积测定法) /%IACS	电阻率 (20℃) /μΩ·m
C15710	1080	380	360	19.5	8.82	90	0.0192①
C15720	1080	380	353	19.6	8.81	89	0.0194
C15735	1080	420	339	20	8.80	85	0.0203
C15715	1083		365	16.6②	8.84	92	0.0186
C15760	1083		322	16.6②	8.81	78	0.0221
Glidcop Al-10	1082		361.2	19.5③	8.82	90	0.0192
Glidcop Al-35	1082		340.2	20.0③	8.80	85	0.0203
Glidcop Al-60	1082		323.4	20.4③	8.78	80	0.0210

① 温度系数在 20℃ 时为 5.22 mΩ·m/K；
② 在 20～1000℃ 范围内的平均值，在此范围的狭小区段内的变化可忽略不计；
③ 温度约为 450℃。

5.6.5 热加工和热处理规范

弥散强化无氧铜的热加工和热处理规范为：

退火温度：650～875℃（C15710），650～925℃（C15720），650～925℃（C15735）。

5.6.6 力学性能

Al_2O_3 弥散强化无氧铜的典型力学性能见表 5-79～表 5-83 及图 5-43～图 5-47。

表 5-79 Al_2O_3 弥散强化无氧铜的典型力学性能

合 金		直径/mm(in)	冷加工率或状态符号	抗拉强度① /MPa	屈服强度②(残余变形 0.2%时) /MPa	伸长率(标距 50 mm)/%	硬度 HRB	弹性模量 (拉伸)/GPa
C15710	棒材	24(0.94)	0%	325	270	20	60	105
		22(0.88)	13%	345	330	18	65	
		19(0.75)	39%	415	400	16	70	
		16(0.63)	56%	450	425	12	70	
		10(0.38)	82%	510	470	10	72	
		6(0.25)	93%	530	485	10	74	
			O61	325	275	20	60	

续表 5-79

合金	直径/mm(in)		冷加工率或状态符号	抗拉强度[1]/MPa	屈服强度[2](残余变形0.2%时)/MPa	伸长率(标距50 mm)/%	硬度HRB	弹性模量(拉伸)/GPa
C15710	线材	2(0.09)	98.5%	565	540			105
		1(0.05)	99.5%	650	620			
			O61	325	275			
		0.8(0.03)	99.8%	685	650			
			65%	455	420			
		0.5(0.02)	99.9%	725	690			
			85%	475	450			
			O61	345	290			
C15720	板带材	0.76(0.03)	91%	570	545	7		113
		0.51(0.02)	95%	585	565	6		
		0.25(0.01)	97%	605	580	5		
		0.152(0.006)	98%	615	585	3.5		
			O61	485	380	13		
	棒材	24(0.94)	0%	470	365	19	74	113
		21(0.81)	26%	495	470	16	77	
		18(0.72)	42%	510	485	14	78	
		16(0.63)	56%	530	495	13	79	
		13(0.50)	72%	540	505	11	79	
		10(0.38)	82%	550	510	10	80	
		76(3.0)	M30	525	610	13	78	
		102(4.0)	M30	460	395	20	68	
C15735		24(0.94)	0%	485	420	16	77	123
		19(0.75)	39%	550	540	13	80	
		16(0.63)	56%	585	565	10	83	
		64(2.5)	M30	590	415	16	76	
		76(3.0)	M30	565	540	11	78	
		102(4.0)	M30	515	485	13	75	

注：1. Glidcop 的弹性模量：108 GPa(Al-10)；120 GPa(Al-35)；140 GPa(Al-60)，20℃。

2. C15715，C15760 的弹性模量为 115 GPa。

表 5-80 Glidcop($Cu-Al_2O_3$)的力学性能

合金 \ 性能	室温性能		高温性能							
			220℃		420℃		650℃		925℃	
	σ_b/MPa	δ/%	σ_b/MPa	δ/%	σ_b/MPa	δ/%	σ_b/MPa	δ/%	σ_b/MPa	δ/%
Al-10	500	10	500	11	440	24	415	26	395	27
Al-35	585	11	570	12	545	12	535	13	510	13
Al-60	620	3	620	3	600	4	600	4	550	5

注：Al-10 数据取自 90%冷加工度，Al-35、Al-60 数据均取自 55%冷加工。

表 5-81 各种工艺制备的弥散强化无氧铜的力学性能

制备方法	合金成分(体积分数)/%	冷加工率/%	状态或退火温度/℃	性能			
				σ_b/MPa	$\sigma_{0.2}$/MPa	伸长率/%	导电率/% IACS
内氧化法	$Cu-0.7Al_2O_3$	0	挤压态	393	324	27	93
		0	650℃/1h	393	324	28	

续表 5-81

制备方法	合金成分(体积分数)/%	冷加工率/%	状态或退火温度/℃	性能			
				σ_b/MPa	$\sigma_{0.2}$/MPa	伸长率/%	导电率/% IACS
内氧化法	$Cu\text{-}2.7Al_2O_3$	0	980℃/h	386	317	29	
		14	冷拉态	572	545	16	83
		14	650℃/h	524	486	22	
		14	980℃/1h	496	455	22	
	$Cu\text{-}2.65Al_2O_3$	50	冷加工态	628			87
		50	1000℃/h	560			87
	$Cu\text{-}2.7Al_2O_3$	0	挤压态	376			96
热化学法	$Cu\text{-}1ThO_2$		冷加工态	275	201	21	93.8
			600℃/h	270	193	25.8	
	$Cu\text{-}2ThO_2$		冷加工态	417	393	7.5	92.6
			600℃/h	284	216	21.2	
机械合金化法	$Cu\text{-}1CrB_2$	0	挤压态	507	476		
	$Cu\text{-}1TiB_2$	0	挤压态	502	422		
		0	900℃/h	456	394		
	$Cu\text{-}1ZrB_2$	0	挤压态	526	470		
	$Cu\text{-}1Al_2O_3$	0	挤压态	225	165		
	$Cu\text{-}3Al_2O_3$	0	挤压态	210	125		
	$Cu\text{-}5Al_2O_3$	0	挤压态	约 900	约 700		
	$Cu\text{-}5TiB_2$	0	挤压态	约 1000	约 800		
复合熔铸法	Cu-0.6WC	0	铸态	148		50	98.9
	Cu-19.7WC	0	铸态	304		3	
	Cu-1.1NbC	0	铸态	402		58.4	95.4
	Cu-32.9NbC	0	铸态	402		5	
	Cu-1.8TiC	0	铸态	178		32.8	95.2
	Cu-31.2TiC	0	铸态	357		8.9	47.6
	Cu-0.6TaC	0	铸态	153		44	103.4
	Cu-13.4TaC	0	铸态	269		12.9	73.4
	Cu-1.6VC	0	铸态	163		43.7	89
	Cu-15.3VC	0	铸态	323		21.8	
喷射沉积法	$Cu\text{-}26.7TiB_2$	0	挤压态		150		
反应喷射沉积法	$Cu\text{-}26.7TiB_2$	0	挤压态		262		
Mixalloy 法	$Cu\text{-}3TiB_2$	50	冷加工态	455	434	16	83
	$Cu\text{-}5TiB_2$	95	冷加工态	675	620	7.0	76

注：本表为力学性能表，但为了说明性能，增加了导电率一栏。

表 5-82 高温暴露 1 h 后，Glidcop Al-35 与 182 铜合金的室温硬度 R_B 对比

暴露温度/℃	36	110	220	320	430	540	650	760	870
Al-35	83	83	83	82.5	82	82	82	81	80
182 铜	86	86	81	72	58	40	22	7	

表 5-83 Glidcop Al-35 和 Be-Cu(CAl75)应力断裂性能对比

合金牌号	温度/℃	断裂应力/MPa		
		0.1 h	2 h	10 h
Al-35	430	290	280	203
	650	195	150	140
	870	100	77	55
Be-Cu(CAl75)	430		215	168

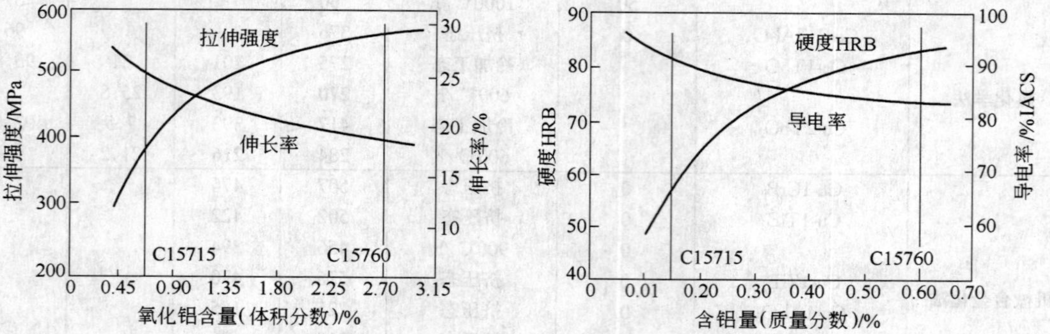

图 5-43 弥散强化铜合金的性能

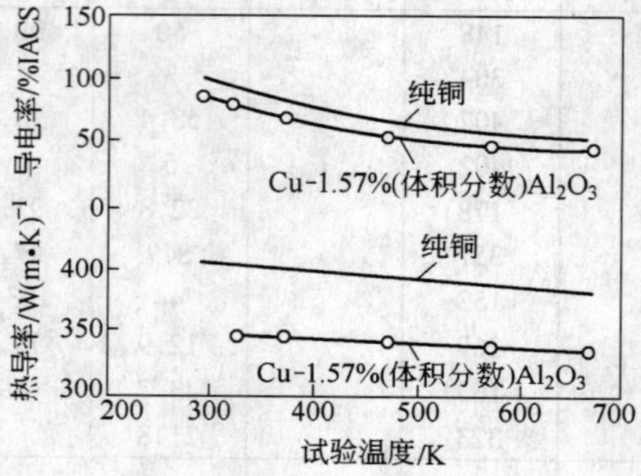

图 5-44 Cu-1.57%(体积分数)Al_2O_3 合金和纯铜的热导率与导电率

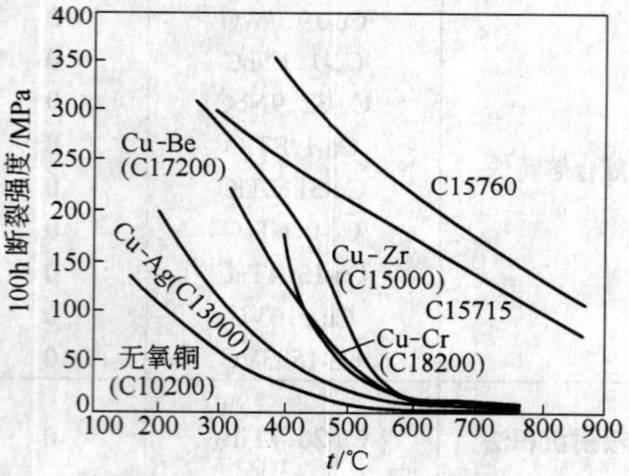

图 5-46 弥散强化铜合金的断裂性能

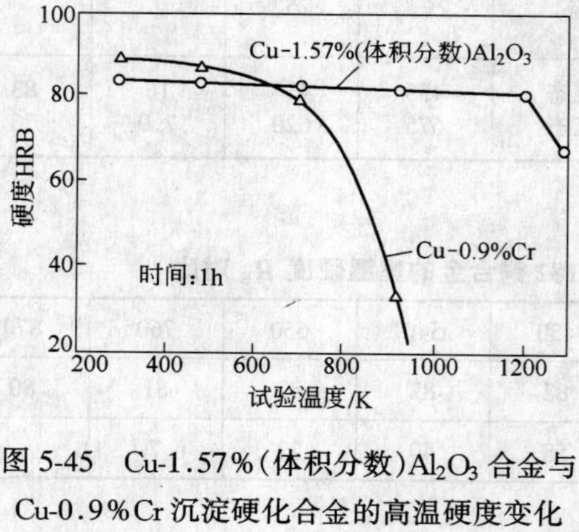

图 5-45 Cu-1.57%(体积分数)Al_2O_3 合金与 Cu-0.9%Cr 沉淀硬化合金的高温硬度变化

5.6.7 工艺性能

(1) 成形性能。弥散强化无氧铜具有极好的冷加工性能,可以进行挤压、拉拔、锻造、轧制、弯曲及切削等加工,以满足各种不同的应用要求。热成形性差。

(2) 焊接性能。软钎焊:优;硬钎焊:良;电阻对焊:中;电阻点焊和缝焊:差。不推荐氧乙炔焊、气体保护弧焊和保护金属弧焊。

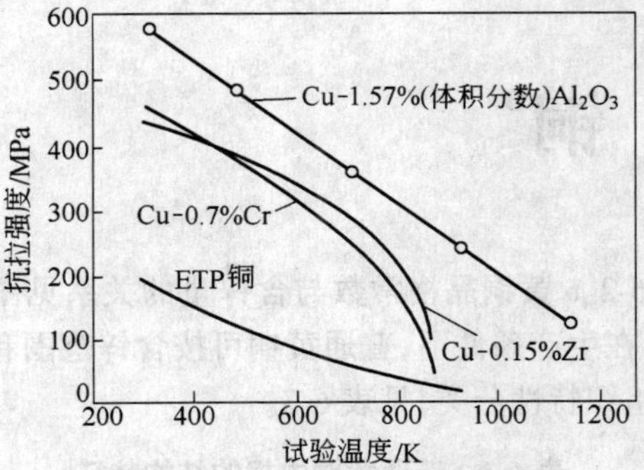

图 5-47 Cu-1.57%(体积分数)Al_2O_3 合金、Cu-0.15%Zr、Cu-0.7%Cr 合金和 ETP(电解韧性粗铜)的高温抗拉强度

5.6.8 选材和应用实例

(1) C15710 典型用途。轧制带材,轧制扁丝,电气接插件用棒材和线材,轻型载流弹簧,无机绝缘电线,热电偶线,引线,铝的电阻焊电极,散热器。

(2) C15720 典型用途。轧制和控制带材,轧制扁线,拉制异型棒材,棒材,线材,继电器和开关弹簧用型材,引线框架,接触支座,散热器,电路断路器零件,转子用异型棒材,电阻焊条、操纵盘和滚轮,接插件,同时要求高强度和高导电性能、特别是经过高温加工后的零件。

(3) C15735 典型用途。电阻焊条,断路器,引入导线,散热器,汽车零件;要求高温后仍保持高强度和高导电率的零件。

(4) C15760 典型用途。电阻焊电极,断路器,接插件,馈线接点,等离子体喷嘴,高强度高温零件等。

由于弥散强化铜合金在机电、电子、宇航和原子能等高科技领域的巨大应用潜力,正日益受到世界各国的重视。1973 年美国的 SCM 公司率先利用内氧化法将其工业化。其后弥散强化合金的制备新方法不断涌现,合金体系不断扩大,工艺不断简化,合金性能也有所改善。其主要的制备方法有:内氧化法(Internal Oxidation)、机械合金化法(Mechanical Alloying)、化学沉淀法(Chemical Precipitation)、Exothermal Dispersion (XD™)、自蔓延高温合成法(Self-propagating High temperature Synthesis)、复合铸造法(Compocasting)、喷射沉积法(Spray Deposition)、液相合金混合原位反应法(Mixalloy Process)。

6 黄 铜[1]

黄铜包括铜-锌二元合金(称普通黄铜)和铜-锌中加有其他组元的多元合金(称为特殊黄铜或复杂黄铜)。我国国标中黄铜合金牌号有43个,其中普通黄铜10个,复杂黄铜33个。主要的商业复杂黄铜有铅黄铜、铝黄铜、铁黄铜、锰黄铜、锡黄铜、硅黄铜和镍黄铜等。

黄铜有良好的力学性能、工艺性能和耐蚀性,有的还有较高的导电性能,或切削性能、耐磨性能,它是铜合金中用途最广泛的材料。

人们对普通黄铜的认识已经相当深入,黄铜的应用也有很长的历史和广阔的范围。但对复杂黄铜的研究仍方兴未艾,正向着四个或四个以上组元合金的方向发展。如同步器齿环和液压泵摩擦副是五组元或六组元复杂黄铜,这些材料的成功开发就是很好的例证。

6.1 普通黄铜

6.1.1 概述

铜锌二元合金中,锌大量溶解于铜中(见铜-锌二元相图图4-56),但有实际应用的是含锌在50%以内的黄铜,共有10个牌号。普通黄铜通常有α和β两种相:按组织分,普通黄铜有α单相黄铜(H96、H90、H85、H80、H70、H68)、α+β两相黄铜(H63、H62、H59)和β相黄铜。由于β相黄铜锌含量在46.5%~50%,塑性很低只作焊料使用,故标准中没有β单相黄铜的牌号。

在454~468℃有β(无序固溶体)→β′(有序固溶体)转变。各相的结构特征见表6-1。454℃时,锌在α中的极限含量达39%,当温度升高或降低时,锌在α黄铜中的极限含量均减少;在454℃以下经过长时间退火、处于平衡或接近平衡时,锌在α黄铜中的极限含量见表6-2。α黄铜晶格常数与含锌量的关系见图6-1。在生产条件下,普通黄铜可按含锌范围和室温组织特性分类,见表6-3。

表6-1 普通黄铜中相的结构特征

锌含量(原子分数)/%	相的名称	电子化合物	晶格类型	晶格常数
0~38	α		面心立方	3.608~3.693
45~49	β	CuZn 3/2	无序体心立方	2.942~2.949
	β′	CuZn 3/2	有序体心立方	2.942~2.949

表6-2 铜锌系中锌在α中的极限含量

温度/℃	锌在α中的极限含量/%	温度/℃	锌在α中的极限含量/%
400	36	167	33.35
250	35.2	0	28.4

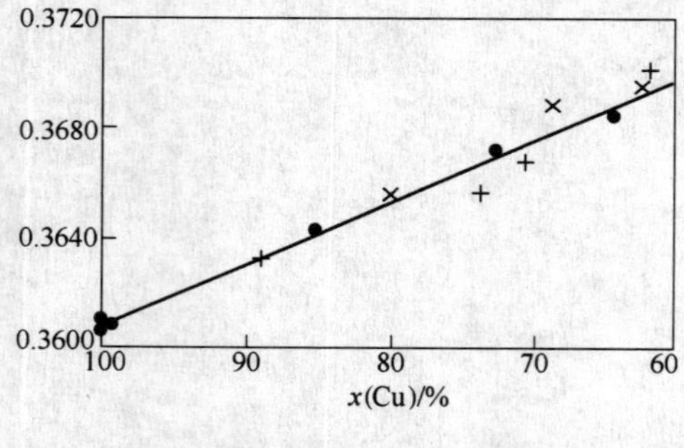

图6-1 α黄铜晶格常数与锌含量的关系

(α+β)黄铜可按下式近似计算其含锌量x(%):

$$x=(38.7\times F_{\alpha}+45.7\times F_{\beta})\div 100 \quad (6\text{-}1)$$

式中,F_{α}和F_{β}分别是α相和β相所占面积的百分数。

[1] 本章撰稿人:马可定。

表 6-3 普通黄铜在生产条件下按含锌量及组织特性分类

黄铜按组织分类	含锌量/%	不同状态下室温的组织特性
α-黄铜（单相黄铜）	<36	铸态组织：枝晶组织不严重，高锌（30%～33%）α黄铜的组织常见少量β相，加工和退火状态：带双晶的等轴α晶粒，晶粒大小与冷加工和退火工艺有关
（α+β）黄铜（两相黄铜）	36～46.5	铸态组织：α相呈针状析出，冷速愈大，α相愈细愈长。在浸蚀恰当时，α相呈亮色，β相呈黑色。加工及退火状态：α相显示双晶，β相不显示双晶
β-黄铜	46.5～50	只用作焊料，铸态下只显示β晶粒

6.1.2 合金牌号、特点和应用

普通黄铜的牌号、特点和应用见表 6-4。

表 6-4 普通黄铜的牌号、特点和应用

合金牌号	主要特性	应用举例
H96	具有良好的冷热加工性能，易焊接，表面工程特性良好，在大气和淡水中不腐蚀，无应力腐蚀破裂倾向，有庄重的古铜色泽	货币、纪念品、徽章、引信帽、起爆器、珐琅底胎、波导管、散热管、导电器件等
H90	有良好的力学性能和压力加工性能，耐蚀性好，能镀金、涂敷珐琅	装饰品、奖章、船用构件、铆钉、波导管、水箱带、电池帽、水道管等
H85	有足够的机械强度和耐蚀性，易成形	建筑装饰、徽章、波纹管、蛇形管、水道管、挠性软管、冷却设备制件等
H80	有良好的力学性能，在冷热状态下加工性能好，在大气、淡水和海水中有较高的耐蚀性	标牌标签、浮雕、电池帽、乐器、挠性软管、泵用管等
H70	有较好的塑性和较高的强度，易焊接，耐蚀性好，在氨气气氛中应力腐蚀开裂十分敏感	弹壳、汽车水箱、五金制品、卫生管道配件等
H68	具有良好的塑性和较高的强度，切削性好，易焊接，耐蚀，易成形	各种冷冲件和深冲件、散热器外壳、波纹管、门、灯具等
H65	有足够的机械强度和工艺性能，有美丽的金黄色光泽	各种五金制品、灯具、管道配件、拉链、牌匾、铆钉、弹簧、沉降过滤器等
H63	有足够的机械强度和工艺性能，耐蚀性一般	各种浅冲件、制糖管件、垫片等
H62 H59	有较高的机械强度，热塑性尚好，切削性能好，在某些情况下易脱锌和应力开裂	各种结构件、制糖热交换器管、销钉、夹线板、垫圈等

6.1.3 化学成分

普通黄铜的化学成分见表 6-5。

表 6-5 普通黄铜的化学成分（质量分数） （%）

合金牌号	Cu	Fe	Pb	Ni	Zn	杂质总和
H96	95.0～97.0	0.10	0.03	0.5	余量	0.2
H90	88.0～91.0	0.10	0.03	0.5	余量	0.2
H85	84.0～86.0	0.10	0.03	0.5	余量	0.3

续表 6-5

合金牌号	Cu	Fe	Pb	Ni	Zn	杂质总和
H80	79.0～81.0	0.10	0.03	0.5	余量	0.3
H70	68.5～71.5	0.10	0.03	0.5	余量	0.3
H68	67.0～70.0	0.10	0.03	0.5	余量	0.3
H65	63.5～68.0	0.10	0.03	0.5	余量	0.3
H63	62.0～65.0	0.15	0.03	0.5	余量	0.5
H62	60.5～63.5	0.15	0.08	0.5	余量	0.5
H59	57.0～60.0	0.30	0.50	0.5	余量	1.0

简单黄铜中杂质的影响：

铁：在简单黄铜中，杂质铁对力学性能没有显著影响。铁在黄铜中的溶解度极小，常以富铁相质点分布于基体中，具有细化晶粒的作用。当黄铜中有硅存在时，铁与硅会形成高硬度(HV950)硅化铁质点，使切削性能严重恶化。在H60中添加0.3%～0.6%的铁可以提高板材的深冲性能，但用做抗磁的黄铜零件时，铁含量应小于0.03%。

铅：铅在简单黄铜中是有害杂质，它常以颗粒状分布在晶界上的易熔共晶中，当α黄铜中的含铅量大于0.03%时，使黄铜在热加工时呈热脆性，但对冷加工性能无明显影响。(α+β)黄铜中铅的允许含量可以高一些，因为这种合金在加热和冷却过程中会发生固态相变($\alpha+\beta \rightleftharpoons \beta$)，可使铅大量转入晶内，减轻其危害。

铋：铋常呈连续性的脆性薄膜分布在黄铜晶界上，既产生热脆性，也产生冷脆性，对黄铜的危害比铅大5～10倍。

含有铅、铋等易熔杂质的黄铜，在冷加工之后如果迅速加热到再结晶温度以上进行退火，可能突然爆裂(俗称“火裂”)。黄铜的纯度越高，晶粒越细，铅铋的分布越弥散，就越不易产生这种现象。而最有效的办法是退火时缓慢加热。

锑：随着温度的降低，锑在α黄铜中的溶解度急剧减少，甚至锑含量小于0.1%时就会析出脆性化合物Cu_2Sb，它呈网状分布在晶界上，严重影响黄铜的冷、热加工性能，是黄铜中的有害杂质。加入微量锂可以减轻锑的危害，因为锂和锑可以形成高熔点(1145℃)化合物Li_3Sb质点，比较均匀地分布在晶粒内部，从而减轻其危害性。淬火也可提高含锑黄铜的冷加工塑性。

磷：很少固溶于铜-锌合金中，在α黄铜中超过0.05%磷就出现脆性相Cu_3P，降低黄铜的塑性。磷显著提高冷加工黄铜的再结晶温度，在退火时容易产生晶粒大小不均的现象。但少量磷可以使黄铜铸锭晶粒细化，提高黄铜的力学性能。

6.1.4 物理化学性能

普通黄铜的物理性能见表6-6，化学性能见表6-7。

表 6-6 普通黄铜的物理性能

合金牌号	熔化温度/℃		沸点/℃	密度/kg·m^{-3}	比热容/J·(kg·℃)$^{-1}$	线膨胀系数/℃$^{-1}$	热导率/W·(m·K)$^{-1}$	导电率/%IACS	电阻率/μΩ·m		电阻温度系数/℃$^{-1}$
	液相线温度	固相线温度							固态	液态	
H96	1071.4	1056.4	约1600	8850	0.093	18.0×10^{-6}	243.9	57	0.031	0.24	0.0027
H90	1046.4	1026.3	约1400	8800	0.095	18.4×10^{-6}	187.6	44	0.040	0.27	0.0018
H85	1026.3	991.0	约1300	8750	0.095	18.7×10^{-6}	151.7	37	0.047	0.29	0.0016
H80	1001.2	966.0	约1240	8660	0.093	19.1×10^{-6}	141.7	32	0.054	0.33	0.0015
H75	981.2			8630		19.6×10^{-6}	120.9	30	0.057		
H70	951.0	916.0	约1150	8530	0.09	19.9×10^{-6}	120.9	28	0.062	0.39	0.0015
H68	939.0	910.0		8500		20.0×10^{-6}	116.7	27	0.064		0.0015

续表 6-6

合金牌号	熔化温度/℃		沸点/℃	密度/kg·m^{-3}	比热容/J·(kg·℃)$^{-1}$	线膨胀系数/℃$^{-1}$	热导率/W·(m·K)$^{-1}$	导电率/%IACS	电阻率/μΩ·m		电阻温度系数/℃$^{-1}$
	液相线温度	固相线温度							固态	液态	
H65	936.0	906.0		8470		20.1×10^{-6}	116.7	27	0.069		
H63	911.0	901.0		8430		20.6×10^{-6}	116.7	27			
H62	906.0	899.0		8430		20.6×10^{-6}	116.7	27	0.071		0.0017
H59	896.0	886.0		8400		21.0×10^{-6}	125.1				0.0025

表 6-7　黄铜的化学性能

合金牌号	腐蚀介质	腐蚀速度/mm·a^{-1}	介质浓度/%	温度/℃	试验时间/h
各种黄铜	农村大气	0.0001～0.00075			
各种黄铜	城市和海滨大气	0.0012～0.0038			
各种黄铜	低速干燥纯净蒸汽	≤0.0025			
各种黄铜	常温纯净淡水	0.0025～0.025		20	
各种黄铜	常温海水	0.0075～0.1			
各种黄铜	土壤水	3.0			
各种黄铜	纯磷酸溶液	0.5			
各种黄铜	苛性钠溶液	0.5			
各种黄铜	含空气或较高温苛性钠溶液	1.8		20	
各种黄铜	脂肪酸	0.25～1.3			
各种黄铜	静置醋酸	0.025～0.75			
各种黄铜	甲醇、乙醇、乙二醇	0.0005～0.006			
各种黄铜	苦味酸	4.3		250	
H62	硫　酸	0.01～0.2	0.01～0.05	20	336～840
H68	硫　酸	0.05	0.01	50	336
HFe59-1-1	硫　酸	0.14	0.5	190	100
HSn70-1	硫　酸	0.6～1.0(增速)	浓的	20～40	720
HSn60-1	硫　酸	0.36	2	80	500

黄铜的物理性能与含锌量及工艺因素有关，锌含量对简单黄铜在不同状态的性能影响分别见图 6-2～图 6-7。

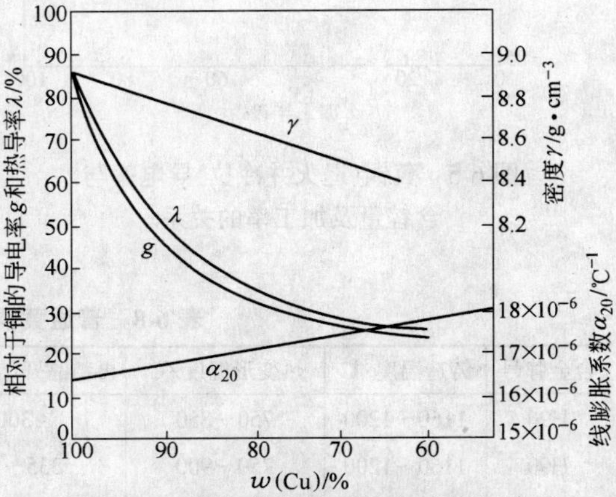

图 6-2　黄铜的物理性能与含锌量的关系

在大气中黄铜腐蚀得很慢，在淡水中黄铜的腐蚀速度也不大，在海水中则有可能达到 0.1 mm/a。随着温度的升高，腐蚀速度会加快，湿饱和蒸汽在高速时能引起冲击腐蚀。在坑内地下水中有 $Fe_2(SO_4)_3$ 离子时黄铜极易腐蚀。

黄铜特别是高锌黄铜易发生脱锌腐蚀和应力腐蚀破裂。为防止脱锌腐蚀，可在黄铜中加入不大于 0.05% 的砷。为防止应力腐蚀破裂，黄铜制品和半成品必须进行低温退火，以消除

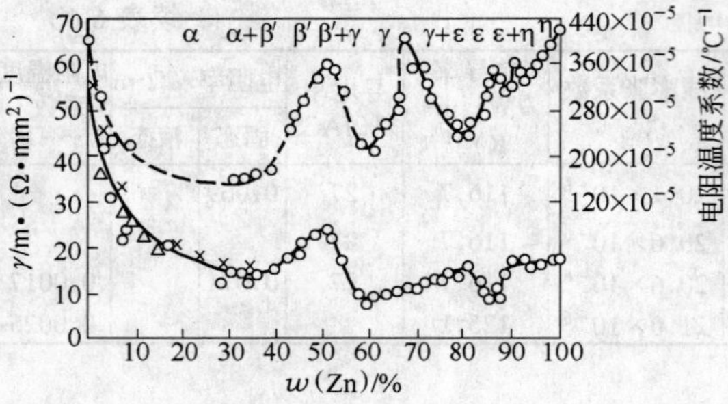

图 6-3 黄铜的电性能与含锌量的关系

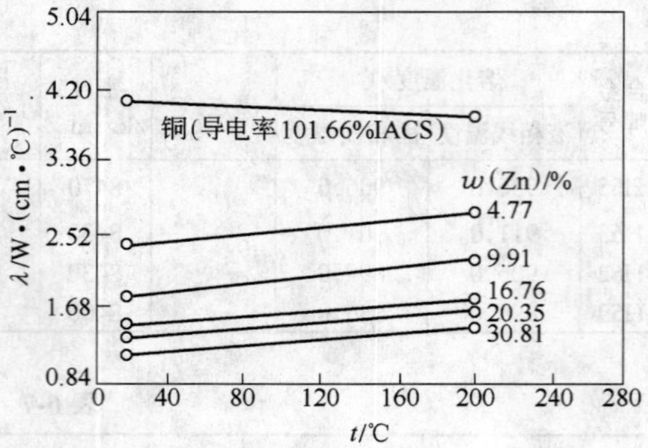

图 6-6 黄铜含锌量和温度与导热系数的关系

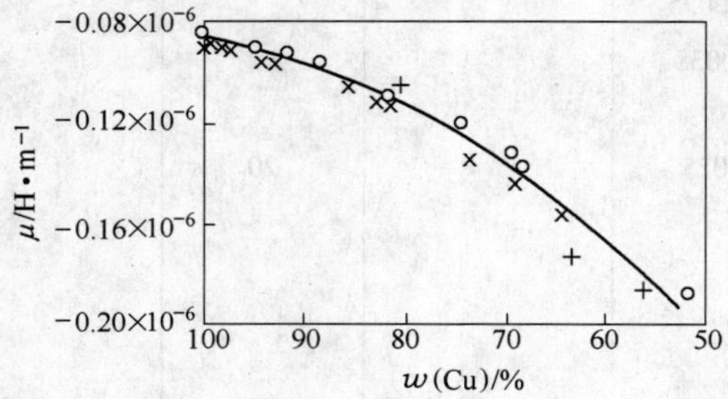

图 6-4 含锌量对黄铜磁导率 μ 的关系

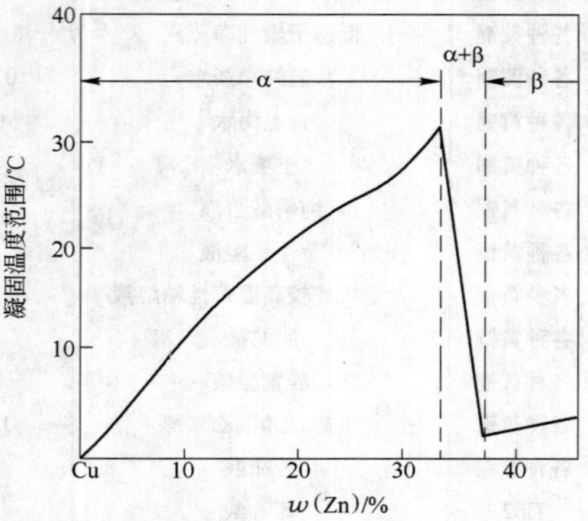

图 6-7 黄铜含锌量对凝固温度的影响

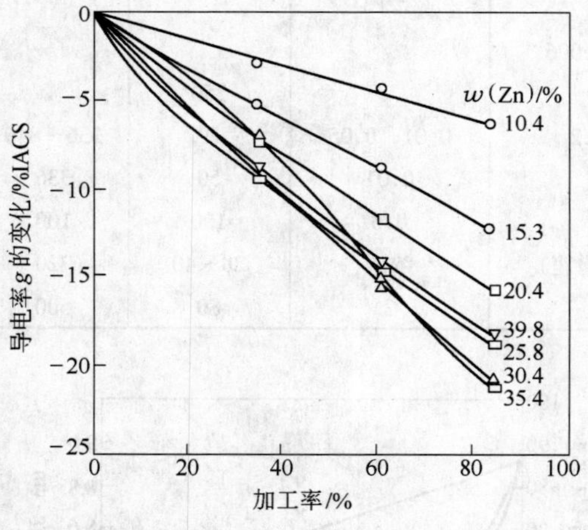

图 6-5 黄铜(退火并冷拉)导电率与含锌量及加工率的关系

内应力。

黄铜不应和铁、铝、锌接触，因为它们会迅速腐蚀。反过来，用铁、铝、锌作牺牲阳极可以保护黄铜。

6.1.5 热加工和热处理规范

普通黄铜的热加工工艺制度因铸锭锭坯尺寸和炉型不同而不尽相同。推荐的加热温度范围和应用实例见表6-8～表6-10。

表 6-8 普通黄铜的热加工和热处理制度

合金牌号	铸造温度/℃	热变形温度/℃	再结晶开始温度/℃	完全再结晶退火温度/℃	消除残余应力退火温度/℃
H96	1160～1200	750～850	300	450～600	300
H90	1160～1200	750～900	335～375	650～720	200
H85	1150～1180	830～900	335～370	560～720	200

续表 6-8

合金牌号	铸造温度/℃	热变形温度/℃	再结晶开始温度/℃	完全再结晶退火温度/℃	消除残余应力退火温度/℃
H80	1160~1180	820~870	320~360	650~720	200
H70	1100~1160	750~830	320~360	650~720	200
H68	1100~1160	750~830	300~370	520~650	260~270
H65①	1100~1160	750~830	300~370	520~650	260~270
H63	1060~1100	650~850	350~370	660~670	300①
H60	1030~1080	730~820	350~370	660~670	

① 薄带材除外。

表 6-9 普通黄铜挤压加热工艺规范举例

合金牌号	推荐加热温度/℃	品 种	锭坯规格/mm	出炉温度/℃	加热时间/h
H62	625~800	棒	≤245	640~690	1.0~2.0
H63			>245	660~710	1.5~2.6
H65	700~820	管	≤245	700~760	1.0~2.0
			>245	720~780	1.5~2.5
H68	720~800	棒	≤245	700~750	1.0~2.0
			>245	720~770	1.5~2.5
H70		管	≤245	740~780	1.0~2.0
			>245	790~850	1.5~2.5
H80	825~900	棒	≤245	850~900	1.0~2.0
H85			>245	870~920	1.5~2.6
H90	800~900	管	≤245	870~920	1.5~2.5
			>245	890~940	2.0~3.0
H96	750~870	棒	≤245	790~840	1.5~2.5
			>245	820~870	2.0~3.0
	870~970	管	≤245	870~950	1.5~2.5
			>245	890~970	2.0~3.0

表 6-10 普通黄铜热轧加热规范举例

合 金 牌 号	推荐温度/℃	Ⅰ区温度/℃	Ⅱ区温度/℃	加热时间/h	出炉温度/℃
H96	750~875	850~950	820~930	2.0~2.5	780~870
H90	750~875	900~950	850~950	2.0~2.5	850~900
H85	800~900	900~950	850~950	2.0~2.5	850~900
H80	825~900	850~900	840~880	2.0~2.5	800~850
H70	725~820	850~900	820~860	2.0~2.5	780~840
H68	725~820	850~900	820~860	2.0~2.5	780~840
H65	700~820	820~870	800~840	2.0~2.5	780~840
H63	700~820	820~870	800~840	2.0~2.5	780~840
H62	625~800	850~880	800~860	2.0~2.5	800~850

普通黄铜的热处理主要是中间退火和成品退火,应用实例见表 6-11~表 6-13。

表 6-11 带卷在周期式推料电阻炉中中间退火应用实例

合 金 牌 号	带材厚度/mm	退火温度/℃	推料周期/卷·h^{-1}
H96、H90、H85、H80	1.5~3.5	540	3
H70、H68	1.7~3.5	580	3
H65、H63、H62、H59	1.7~3.5	580	3

表 6-12 带卷在气垫式退火炉中退火应用实例

合金牌号	带卷厚度/mm	状态	炉温/℃	速度/m·min^{-1}
H65		S	730	17
H68	0.25	Y_4	700	27
H70		中间退火	730	19
H63		S	700	15
H62	5	Y_4	550	20
H59		中间退火	700	20
H90	0.5	S	600	13
		Y_2	500	13

表 6-13 普通黄铜管材在电阻炉内退火应用实例

合金牌号	规格/mm×mm	退火温度/℃			保温时间/min
		中间退火	M	Y_2	
H96	ϕ25×1	520～550	420～480	380～400	45～60
H68	ϕ35×1.8	580～620	500～520	450～480	80～90
H62	ϕ105×5	580～630	520～550	490～520	80～90

6.1.6 力学性能

黄铜的力学性能随锌含量的增加而改变，见图 6-8。从图中可见普通黄铜的强度随锌含量的增加而提高，而塑性随锌含量增加而降低，在含锌 15%(H85)时达到低谷。随锌含量的继续增加，塑性随之提高，含量达到 32%(H68)时达到峰顶。普通黄铜的室温、高温和低温力学性能分别见表 6-14、表 6-15 和表 6-16。简单黄铜的力学性能与加工率、退火温度的关系见图 6-9～图 6-24。

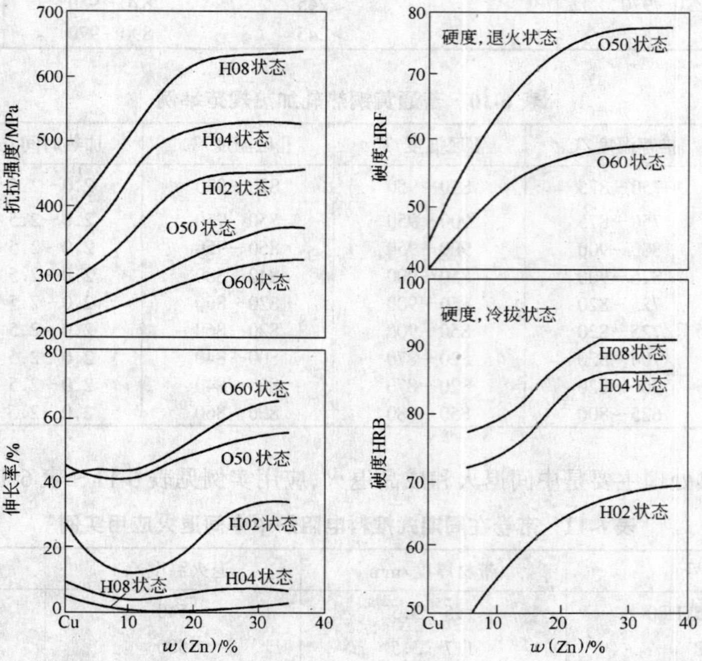

图 6-8 锌含量对黄铜力学性能的影响

表 6-14 普通黄铜的室温力学性能

合金牌号	弹性模量 /GPa	抗拉强度 /MPa	屈服强度 /MPa	弹性极限 /MPa	疲劳强度 /MPa	疲劳试验循环次数 （$\times10^{-6}$）	伸长率/%	断面收缩率 /%	冲击韧性 /J·cm^{-2}	硬度 HRB
H96	115	240/450	－/390	35/360			50/2		220	
H90	115	260/480	120/400	40/380	8.5/12.6	50/50	45/4	80	180	53/130
H85	115	280/550	100/450	40/450	10.6/14	100/300	45/4	85		54/126
H80	110	320/640	120/520	80/420	10.5/15.4	90/50	52/5	70	160	53/145
H75	110	340/590	110/540	80/450	12/15		58/6			
H68	106	320/660	90/520	70/500	12/15	100/100	55/3	70	170	－/150
H65	105	320/700	91/450	70/450	12/13.5	100/100	48/4			
H63	100	300/630	110/500	70/420			49/4	66	140	56/140
H62	100	330/600	150/200	80/420	12/15.4	100/300	49/3	66	140	56/164
H60	98	390/500		80/－	12/18.2	100/500	44/10	62	140	－/163

注：表中斜杠/前数据为软态，/后数据为硬态。

表 6-15 普通黄铜的高温力学性能

合金牌号	温度/℃	抗拉强度/MPa	伸长率/%	硬度 HB	冲击韧性/J·cm^{-2}
H90	100	270	48	53	180
	200	260	48	50	160
	300	260	50	48	150
	500	240		46	90
H80	100	310	52	53	160
	200	300	51	51	151
	300	280	42	48	135
	500	270	39	44	50
H60	100	390	57	56	70
	200	320	55	56	66
	300	210	48	43	40
	500	160		23	30

表 6-16 普通黄铜的低温力学性能

合金牌号	状 态	温度/℃	抗拉强度 /MPa	屈服强度 /MPa	伸长率/%	断面收缩率 /%
H70	加工退火的	20	358	198	49	77
		－10	372	201	49	77
		－40	383	189	58	77
		－80	400	192	60	79
		－120	429	196	55	78
		－180	515	189	75	73
H70 （Cu71.6%）	加工退火的	18	291	67	82.6	76.4
		0	300	69	79.7	78.7
		－30	303	76	75.9	79.7
		－80	341	85	74.5	80.0
H68 （Cu67.0%）	550℃退火	20	400	275	50.4	72
		－78	429	306	49.8	76.6
		－183	535	400	50.8	70.7

续表 6-16

合金牌号	状 态	温度/℃	抗拉强度/MPa	屈服强度/MPa	伸长率/%	断面收缩率/%
H68（Cu67.0%）	40%冷加工	20	601	592	6.3	66.5
		−78	648	643	7.8	71.5
		−183	720	712	10.1	66.5
H60（Cu60.6%）	25%冷加工	20	558	399	19.8	65.5
		−78	581	420	21.0	67.7
		−183	689	561	24.4	64.1
H60（Cu60.6%）	550℃退火	20	384	140	51.3	75.5
		−78	429	158	53.0	74.6
		−183	531	200	55.3	71.0

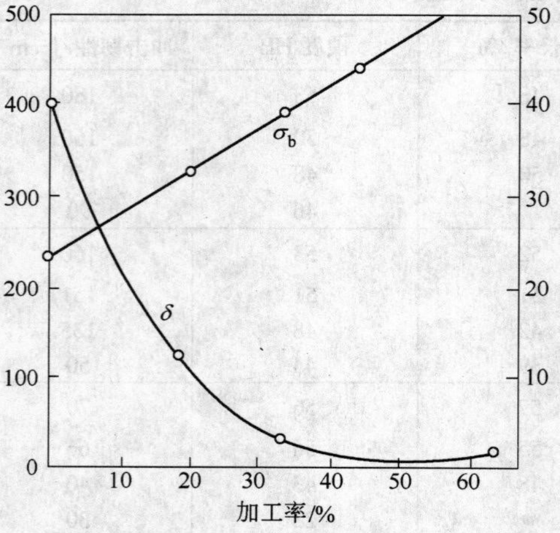

图 6-9 H96 的力学性能与加工率的关系（散热器软管）

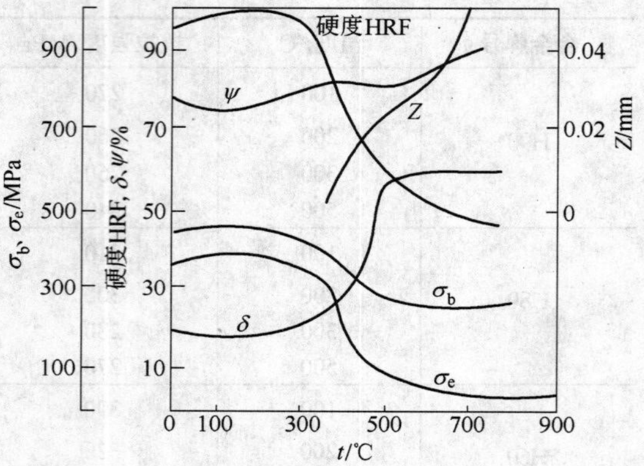

图 6-11 H90 的力学性能与退火温度的关系（加工率 37%的棒）

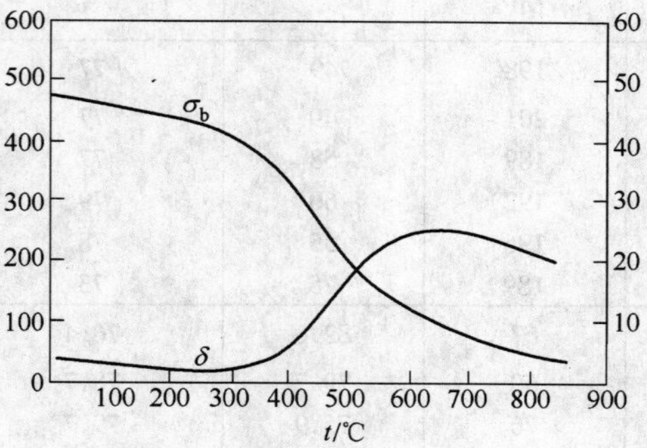

图 6-10 H96 的高温力学性能

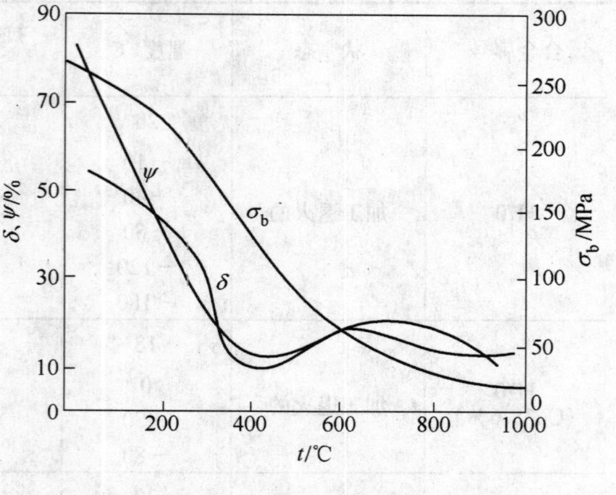

图 6-12 H90 的高温力学性能

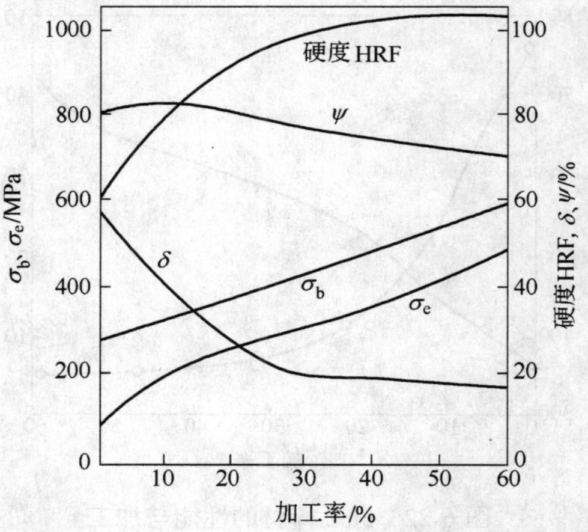

图 6-13 H85 的力学性能与加工率的关系（25 mm 软棒）

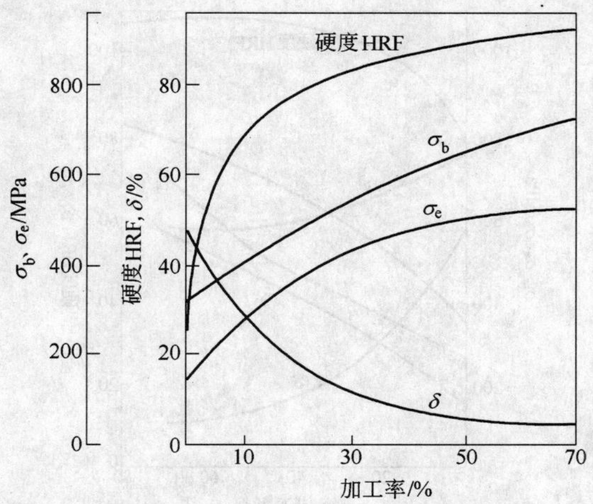

图 6-16 H80 的力学性能与加工率的关系（25 mm 软棒）

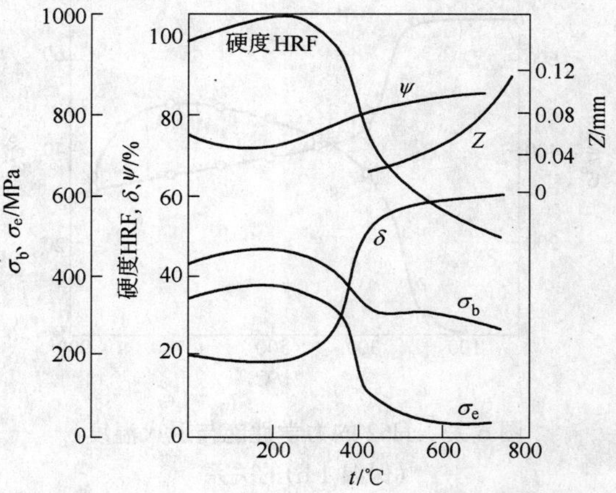

图 6-14 H85 的力学性能与退火温度（保温 1 h）的关系（25 mm 棒、加工率 37%）

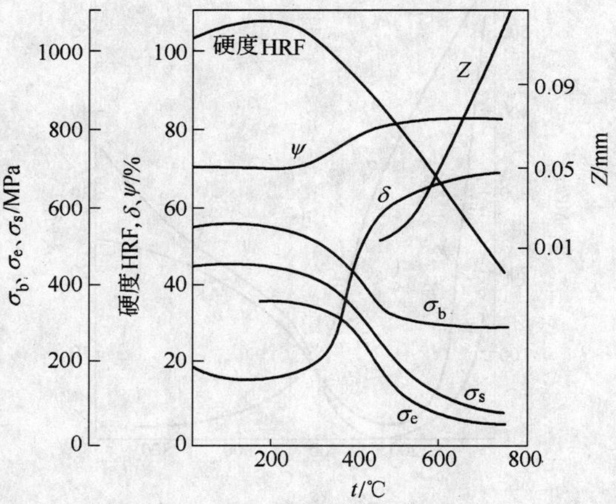

图 6-17 H80 的力学性能与退火温度的关系（25 mm 棒、加工率 37%）

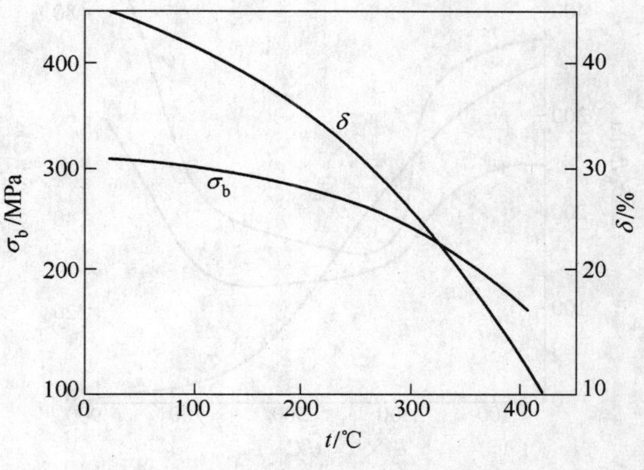

图 6-15 H85 的高温力学性能

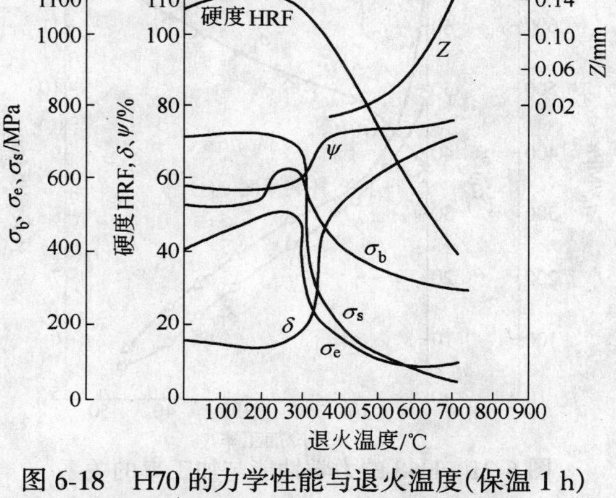

图 6-18 H70 的力学性能与退火温度（保温 1 h）和晶粒度的关系（25 mm 棒、加工率 50%）

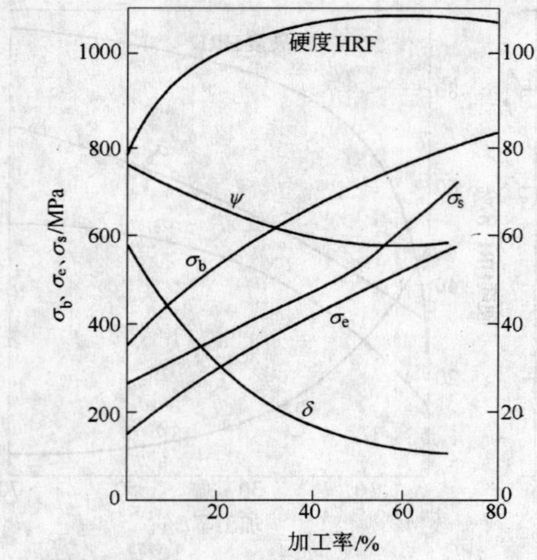

图 6-19 H70 的力学性能与加工率的关系(25 mm 软棒)

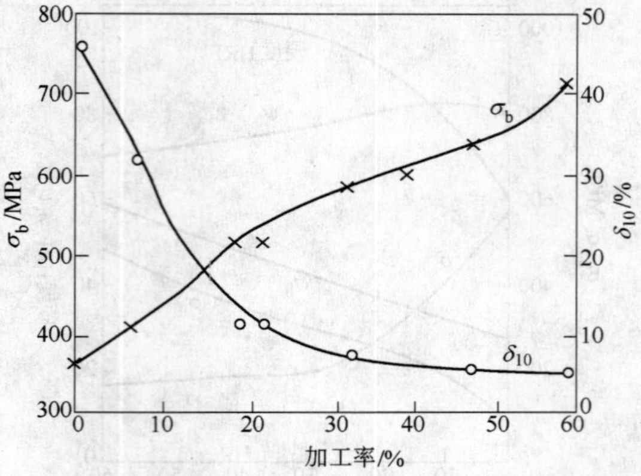

图 6-22 H62 棒材的性能与加工率的关系

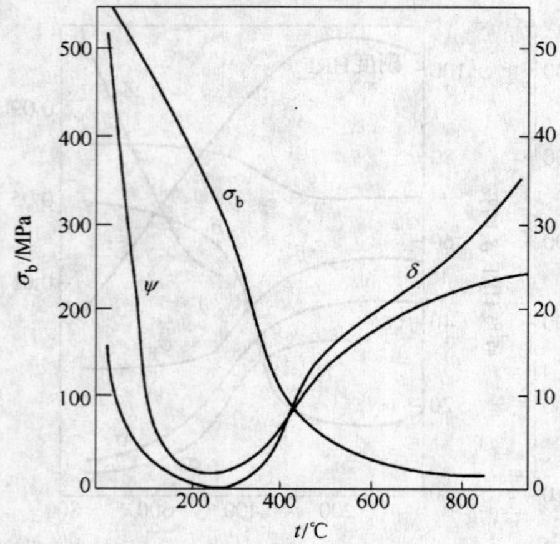

图 6-20 高温时 H80 的力学性能(加工率 30% 的棒材)

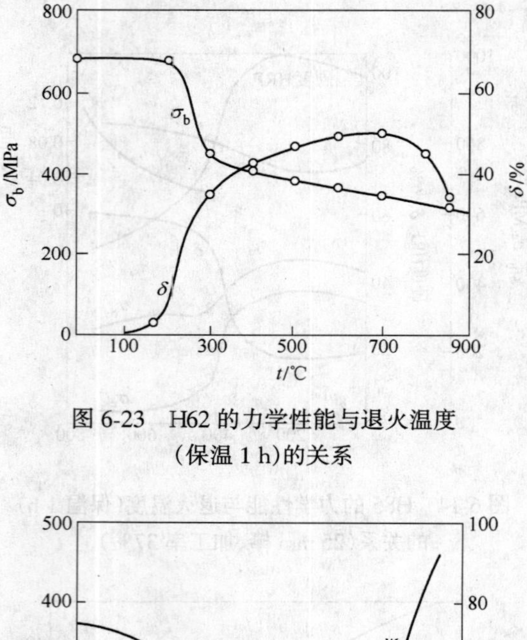

图 6-23 H62 的力学性能与退火温度(保温 1 h)的关系

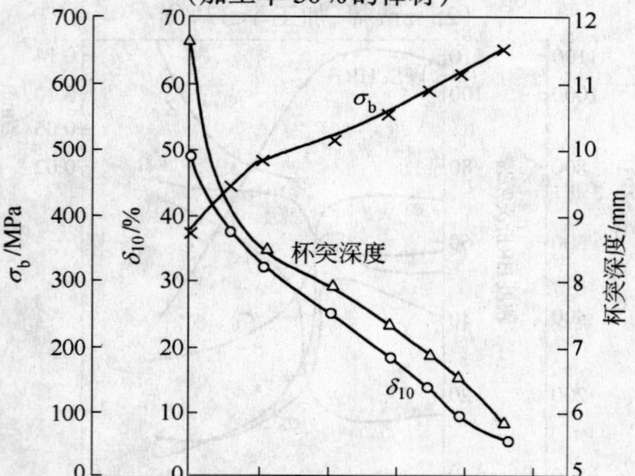

图 6-21 H68 的力学性能与加工率的关系(0.5 mm,495℃退火 50 min)

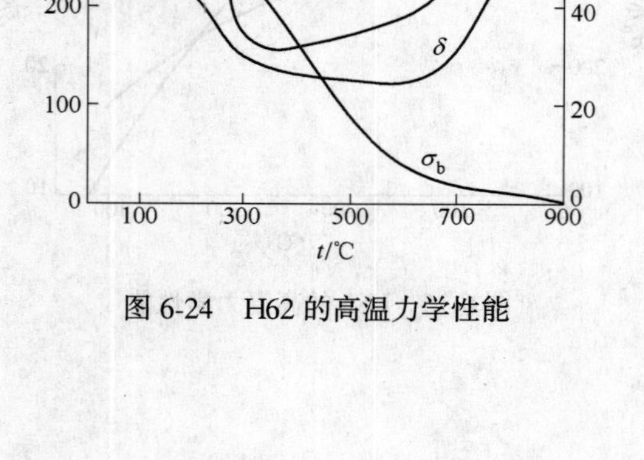

图 6-24 H62 的高温力学性能

6.1.7 工艺性能

普通黄铜因为凝固温度范围小、偏析倾向小、流动性好，具有较高的可铸性。锌有脱气作用，不易形成分散的气孔。含 30%～33%锌的黄铜凝固温度范围较宽，在快速凝固的铸造条件下，锭心部位含锌量较高，可能出现少量β相。

单相α黄铜塑性好，可冷热压力加工。其室温伸长率随锌含量的增加而提高，至 20%～32%锌(大体出现β相之前)时达最大值。如图 6-8。α黄铜热轧前的加热既可以使之软化，又能消除高锌黄铜在非平衡状态结晶时出现的少量β相，进一步改善室温塑性。β相在高温下比α相软化得更快，因此，双相黄铜的热加工性能也很好。因此，α+β双相黄铜常加热到β区的温度范围内热轧，但加热温度不宜超过(α+β)/β界线太远，其最佳加热条件是合金组织中仍保留极少量α相以限制β相晶粒长大，避免轧裂。

β黄铜在室温时硬而脆，但在高温时反而比α黄铜更为柔软，只适于热加工。

所有黄铜在 200～700℃之间的某一温度范围内均存在一个脆性区。因此热轧应在脆性区的温度范围以上进行。

黄铜在热挤压时易出现层状断口，这主要是因为晶界上存在显微缩孔或低熔点杂质。

(α+β)黄铜挤压时前后端的组织和性能有时差异很大，这是因为前端温度高于β→α的转变温度，挤压后可从β相析出针状α相，使黄铜具有高的塑性；而后端则由于挤压温度已冷至β→α的转变温度以下，挤压前就出现了两相组织，挤压后α相再结晶成带有双晶的等轴晶，而β相则未再结晶，仅被挤压成条状，使塑性降低并对后续加工带来困难。为防止发生上述现象，可采用提高锭坯加热温度、预热挤压筒和加快挤压速度等措施来解决。

黄铜铸锭反复加热将出现粗大晶粒，降低挤压制品质量。

黄铜的冷态压力加工性能与其成分和组织有关。α黄铜具有较高的室温塑性，两次中间退火之间的加工率可达 70%(对深冲用板带材)或 90%(对线材)，双相黄铜则易于加工硬化，且随着β′相的增加，双相黄铜的塑性剧烈降低，冷轧时要严格控制加工率，防止材料表面沿β′处开裂。

在相同的冷加工率下，黄铜的再结晶温度随含锌量的增加而降低。在生产条件下，常应用 500～700℃退火，可获得等轴的α晶粒。大加工率的两相黄铜在退火时，α相约在 300℃时即开始再结晶，而β相需在更高的温度才开始再结晶。因此在生产条件下一般采用 600～700℃退火。直接通电或感应加热等快速退火可使材料晶粒细化，在保证材料塑性和疲劳极限的同时，还可提高材料的强度。

普通黄铜的焊接性能和镀锡、镀镍等表面工程特性能良好。普通黄铜的切削性能随锌含量的增加而提高，见表 6-17。

表 6-17 普通黄铜相对于 HPb62-3 的可切削性

合金牌号	H96	H90	H85	H80	H70	H68	H65	H63	H62	H60
切削性/%	20	20	30	30	30	30	30	40	40	45

6.2 铅黄铜

6.2.1 概述

铅几乎不固溶于铜-锌合金中，而存在于固溶体的晶界处。经过压力加工，铅以游离的质点分布在固溶体内。由于游离的铅质点具有润滑和减磨的特性。因此，铅黄铜都具有极高的切削性能，切屑易碎，工件表面光洁，适宜于自动高速车床加工零件。但铅含量超过 3%以后，不但不会进一步改善合金的切削性能，反而由于铅质点性软、熔点低，会大大降低合金的综合性能。

在单相α黄铜中有不溶铅质点而不宜热

轧，但双相黄铜依靠相变重结晶(α→β)，可使铅分布于晶粒内部而不是在边界上。因而在热变形时的重熔已不再那么危险。

HPb63-3 中加入 0.15%～0.3%Fe、0.15%～0.5%Ni、0.05%～0.08%Sn 可提高其强度。

HPb59-1 连续铸造扁锭加入 0.1%Al、半连续铸造圆锭加入 0.04%Al，可改善铸锭表面质量，增大热加工温度范围。铁模铸造时加入 0.005%混合稀土金属，可细化晶粒，使铅分布更加均匀，同时提高热轧上限温度(由 650℃提高到 800℃)，扩大热加工范围。

铅对人体有害。铅黄铜在熔铸和切削加工中，铅蒸气和粉尘对环境和人身的危害越来越引起人们的重视。人们纷纷致力于寻找替代品，无铅易切削黄铜已经投入商业应用。

6.2.2 合金牌号、特点和应用

铅黄铜的合金牌号、特点和应用见表 6-18。

表 6-18 铅黄铜的合金牌号、特点和应用

合金牌号	主要特点	应用
HPb89-2	热成形性差但冷加工性良好，钎焊性优，切削性优	电气接插件、建筑金属构件、酸洗框、机械零件等
HPb66-0.5	热成形性差，但冷加工性优，钎焊性优良可气焊和电阻焊，切削性优	管道工程用弯头、存水管、泵用管等
HPb63-3	热挤压性良，其他热成形性差，冷加工性中，钎焊性优良，切削性优，强度中等	钟表材料、管件、螺钉等
HPb63-0.1	冷热加工性能均不良，切削性能一般	
HPb62-0.8	热成形性中等，冷加工性良，钎焊性优，切削性优，强度高	结构件
HPb62-3	热成形性中等，冷加工性能差，钎焊性优，切削性优，强度高	螺钉、销子垫片、管嘴、结构件、齿轮、管件等
HPb62-2	热加工性中等，冷加工性尚可，钎焊性优，切削性优	条纹板、钟表零件、管件等
HPb61-1	热成形性中等，冷加工性差，钎焊性优良，切削性好	小五金、销子、螺钉、管件等
HPb60-2	热成形性中等，冷加工性差，钎焊性好，强度高	小五金、销子、螺钉、管件等
HPb59-3	冷热加工性能良，钎焊性好，切削性优	各种销钉、螺钉、垫片、小五金、管件、轴承保持器等

6.2.3 化学成分

铅黄铜的化学成分见表 6-19。

表 6-19 铅黄铜的化学成分(质量分数) (%)

合金牌号	Cu	Fe	Pb	Ni	Zn	杂质总和
HPb89-2	87.5～90.5	0.10	1.3～2.5	0.7	余量	
HPb66-0.5	65.0～68.0	0.07	0.25～0.7		余量	
HPb63-3	62.0～65.0	0.10	2.4～3.0	0.5	余量	0.75
HPb63-0.1	61.5～63.5	0.15	0.05～0.3	0.5	余量	0.50
HPb62-0.8	60.0～63.0	0.20	0.5～1.2	0.5	余量	0.75
HPb62-3	60.0～63.0	0.35	2.5～3.7		余量	

续表 6-19

合金牌号	Cu	Fe	Pb	Ni	Zn	杂质总和
HPb62-2	60.0～63.0	0.15	1.5～2.5		余量	
HPb61-1	60.0～63.0	0.15	0.6～1.2		余量	
HPb60-2	58.0～61.0	0.30	1.5～2.5		余量	
HPb59-3	57.5～59.5	0.50	2.0～3.0	0.5	余量	1.2
HPb59-1	57.0～60.0	0.50	0.8～1.9	1.0	余量	1.0

6.2.4 物理化学性能

铅黄铜的物理性能见表 6-20,化学性能见表 6-7。

表 6-20 铅黄铜的物理性能

合金牌号	液相线温度/℃	固相线温度/℃	密度/$g \cdot cm^{-3}$	线膨胀系数/$℃^{-1}$	热导率/$W \cdot (m \cdot K)^{-1}$	导电率/%IACS	电阻率/$\mu\Omega \cdot m$
HPb89-2	1040	1010	8.85	18.4×10^{-6}	190	42	0.041
HPb66-0.5	940	905	8.50	20.2×10^{-6}	115	26	0.066
HPb63-3	906	886	8.50	20.5×10^{-6}	117	26	0.066
HPb62-3	900	885	8.50	20.5×10^{-6}	115	26	0.066
HPb62-2	905	885	8.50	20.5×10^{-6}	115	26	0.066
HPb61-1	900	885	8.41	20.8×10^{-6}	120	27	0.064
HPb60-2	895	880	8.44	20.7×10^{-6}	120	27	0.064
HPb59-1	900	885	8.50	20.6×10^{-6}	105		0.068

6.2.5 热加工与热处理规范

铅黄铜的典型热加工和热处理规范举例见表 6-21 和表 6-22。

表 6-21 典型铅黄铜热加工规范举例

合金牌号	铸锭规格/mm	产品	出炉温度/℃	加热时间/h
HPb59-1	160×620×1500	板	680～720	2.5～3.0
	ϕ195×(400～600)	棒	580～630	1.0～2.0
HPb63-3	ϕ195×(400～500)	棒	620～670	1.0～2.0

表 6-22 典型铅黄铜中间退火规范举例

合金牌号	产品名称	规格/mm	退火温度/℃	加热时间/h
HPb59-1	带卷	≥0.5	515～525	2卷
	带卷	0.3～0.5	480～500	1盘
	棒	ϕ5～100	650～680	0.2～2.5
HPb63-3	棒	ϕ5～100	500～550	2.0～2.5

6.2.6 力学性能

典型铅黄铜的力学性能见表 6-23～表 6-27。某些铅黄铜的力学性能与加工率、退火温度的关系见图 6-25～图 6-29。

表 6-23 HPb89-2 的典型力学性能

状 态	抗拉强度/MPa	屈服强度/MPa	伸长率/%	硬 度	抗剪强度/MPa
退火的	255	86	45	55HRF	165
1/2 硬	360	310	18	58HRB	205

表 6-24 HPb66-0.5 的典型力学性能

状态/晶粒度	抗拉强度/MPa	屈服强度/MPa	伸长率/%	硬 度
退火 0.025 mm	325	105	60	64HRF
退火 0.050 mm	360	135	50	75HRF
拉制的	450	345	32	100HRF
拉制硬态的	515	415	7	85HRB

注：数据来自 ϕ25 mm×1.05 mm 管材。

表 6-25 HPb63-3 的典型力学性能

状 态	抗拉强度/MPa	屈服强度/MPa	伸长率/%	硬度 HRB
退火的	350	9	45	40
硬 的	580	45	5	86

表 6-26 HPb62-3 的典型力学性能

状 态	抗拉强度/MPa	屈服强度/MPa	伸长率/%	硬 度
退火的	340	125	53	68HRB
1/2 硬	400	310	25	28HRF

表 6-27 HPb59-1 的典型力学性能

状 态	抗拉强度/MPa	屈服强度/MPa	伸长率/%	硬度 HRB
退火的	420	148	45	44
1/4 硬	620	420	5	80

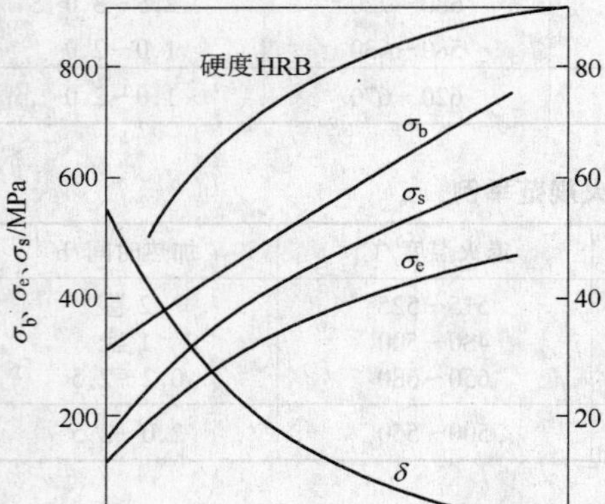

图 6-25 HPb63-3 的力学性能与加工率的关系（600℃退火 1 h 的条材）

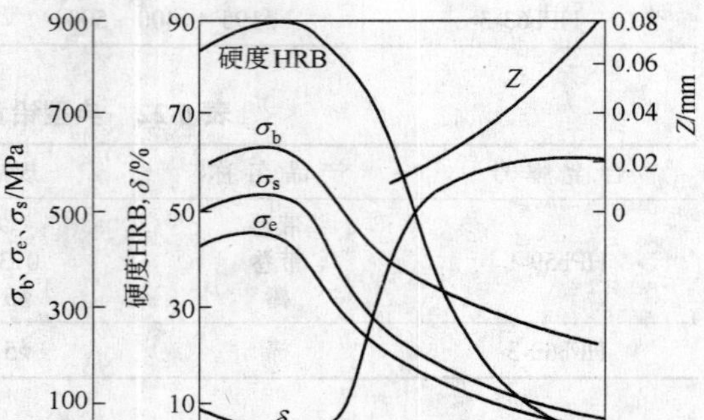

图 6-26 HPb63-3 的力学性能与退火温度（保温 1 h）的关系（加工率 50% 的条材）

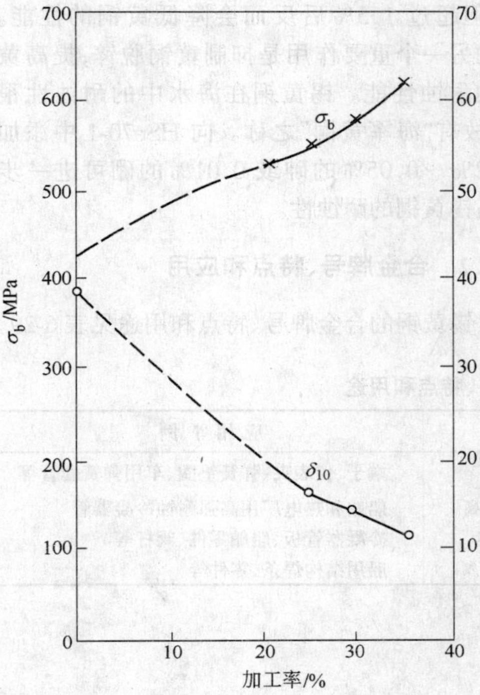

图 6-27 HPb59-1 的力学性能与加工率的关系

(610℃退火 50 min)

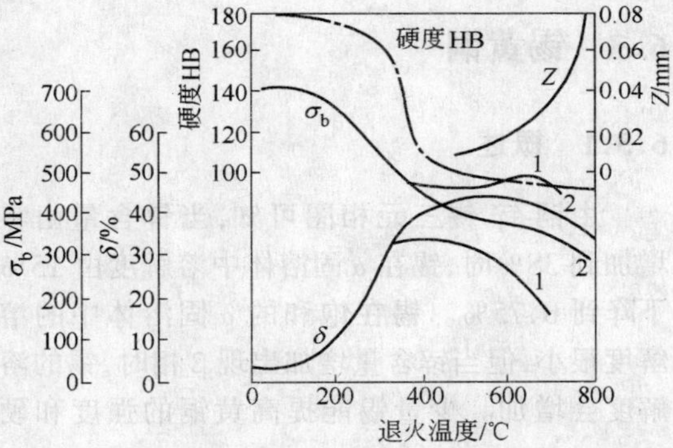

图 6-28 HPb59-1 的力学性能与退火温度的关系

(加工率 60%条材)

1—淬火；2—缓冷

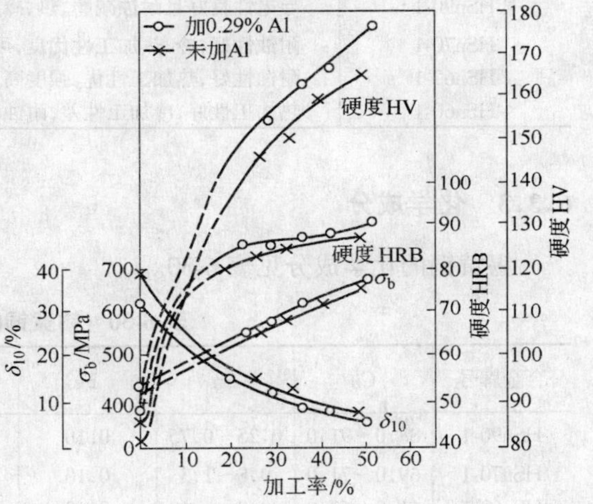

图 6-29 HPb59-2 力学性能与加工率的关系

(700～780℃热加工后 640℃退火 140 min)

6.2.7 工艺性能

铅黄铜的工艺性能见表 6-28。

表 6-28 铅黄铜的工艺性能

合金牌号	切削性①/%	热轧	热挤	热冲	热锻	热弯	冷加工	可焊性	再结晶温度/℃	退火温度/℃	热加工
HPb89-2	80	×	○	×	××		○	⊙		425～650	
HPb66-0.5	60	×	○	×	○		⊙	⊙	290	425～650	
HPb63-3	100	○	○	○	×	○	×	○		425～600	680～800
HPb63-0.5	40	×	○	×	○	×	○	○		420～600	
HPb62-3	100	○	○	○	○	○	×	○		425～600	700～800
HPb62-2	90	○	○	○	⊙	○	×	⊙		425～600	700～800
HPb61-1	70	○	⊙	△	⊙	○				425～600	625～800
HPb60-2	80	⊙	⊙	⊙	⊙	⊙	×	○		425～600	650～850
HPb59-1	80	○	⊙	△		○		×	360	425～600	650～850

注：⊙优；○好；△尚可；×不可。

① 相当于 HPb63-3 合金。

6.3 锡黄铜

6.3.1 概述

由铜-锌-锡三元相图可知，当锌含量由零增加到38%时，锡在α固溶体中溶解度由15%下降到0.75%。锡在饱和的α固溶体中的溶解度很小，但当锌含量增加出现β相时，锡的溶解度会增加。少量锡能提高黄铜的强度和硬度，但超过1.5%后反而会降低黄铜的性能。锡的另一个重要作用是抑制黄铜脱锌，提高黄铜的耐蚀性能。锡黄铜在海水中的耐蚀性很好，故有“海军黄铜”之称。向HSn70-1中添加0.02%～0.05%的砷或0.01%的硼可进一步提高锡黄铜的耐蚀性。

6.3.2 合金牌号、特点和应用

锡黄铜的合金牌号、特点和用途见表6-29。

表6-29 锡黄铜的合金牌号、特点和用途

合金牌号	主要特点	应用举例
HSn90-1	导电性良好且耐蚀减磨，热、冷加工性良好	端子、仪表夹、弹簧垫圈、车用弹簧套管等
HSn70-1	耐蚀性好，冷、热加工性优良，可热挤，强度高	船舶和热电厂用高强耐蚀冷凝器管
HSn62-1	耐蚀性好，热加工性优，强度高，切削性优良	冷凝器管板、船舶零件、阀杆等
HSn60-1	热加工性好，冷加工性差，耐蚀性良	船用结构焊条、零件等

6.3.3 化学成分

锡黄铜的化学成分见表6-30。

表6-30 锡黄铜的化学成分(质量分数) (%)

合金牌号	Cu	Sn	Fe	Pb	Ni	As	Zn	杂质总和
HSn90-1	88.0～91.0	0.25～0.75	0.10	0.03	0.5		余量	0.2
HSn70-1	69.0～71.0	0.8～1.3	0.10	0.05	0.5	0.02～0.06	余量	0.3
HSn62-1	61.0～63.0	0.7～1.1	0.10	0.10	0.5		余量	0.3
HSn60-1	59.0～61.0	1.0～1.5	0.10	0.30	0.5			1.0

6.3.4 物理化学性能

锡黄铜的物理性能见表6-31，化学性能见表6-7。

表6-31 锡黄铜的物理性能

合金牌号	液相线温度/℃	固相线温度/℃	密度/g·cm^{-3}	线膨胀系数/℃$^{-1}$	热导率/W·(m·K)$^{-1}$	电阻率/μΩ·m	导电率/%IACS	弹性模量/GPa
HSn90-1	1016	906	8.80	18.4×10^{-6}	126	0.054	41	105
HSn70-1	936	891	8.58	20.2×10^{-6}	110	0.069	25	110
HSn62-1	907	886	8.45	19.3×10^{-6}	116	0.066	26	100
HSn60-1	901	885	8.45	21.2×10^{-6}	116	0.066	26	100

6.3.5 热加工和热处理规范

锡黄铜的热加工和热处理规范见表6-32。

表 6-32 锡黄铜热加工和热处理规范实例

合金牌号	热加工工艺				退火工艺		
	推荐热加工加热温度/℃	加热时间/h	环形炉1区加热温度/℃	环形炉2区加热温度/℃	推荐退火温度/℃	退火温度/℃	退火时间/h
HSn90-1	830～890				510～670		
HSn70-1	650～800	1.5～2.0	800～880	800～850	425～600	470～500	1.5
HSn62-1	650～825	1.5～2.0	850～880	800～850	425～600	580～610	1.5
HSn60-1	650～750				425～600		

6.3.6 力学性能

锡黄铜的典型力学性能见表6-33。某些锡黄铜的力学性能与加工率、退火温度的关系见图6-30 ～图 6-33。

表 6-33 锡黄铜的典型力学性能

合金牌号	弹性极限/MPa	抗拉强度/MPa	屈服强度/MPa	伸长率/%	面收缩率/%	硬度 HRB
HSn90-1	70/380	280/520	85/450	40/4	55	13/82
HSn70-1	85/450	350/580	110/500	62/10	70	16/95
HSn62-1	110/480	380/700	150/550	40/4	52	50/95
HSn60-1	100/360	380/560	130/420	40/12	46	50/80

注：表中/前的数字为 600℃退火，/后的数字为加工率 50%。

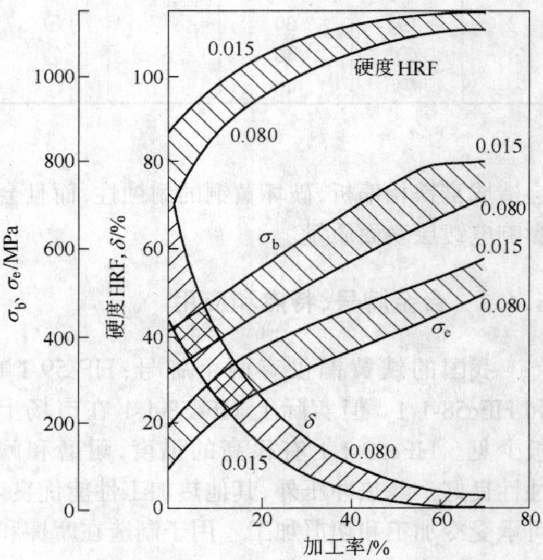

图 6-30 HSn70-1 的力学性能与加工率的关系

（软板、晶粒度 0.015～0.08 mm）

6.3.7 工艺性能

锡黄铜能较好地承受热、冷压力加工，但HSn70-1 的热压力加工易裂，需要严格控制杂质含量(如 Pb 含量小于 0.03%)，铜取上限(接近 71%)、锡取下限(1.0% ～1.2%)，这样，在700～720℃热轧或 670～720℃挤压，可获得良好效果。锡黄铜工艺性能见表 6-34。

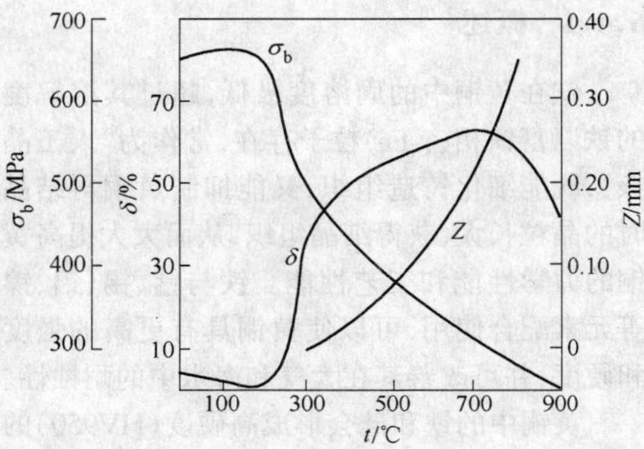

图 6-31 HSn70-1 的力学性能与退火温度(保温 1 h)的关系

（加工率 70%管）

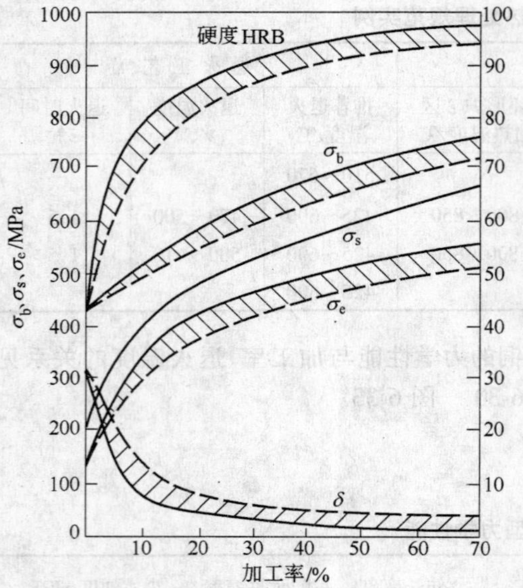

图6-32 HSn62-1的力学性能与加工率的关系(软带)
——晶粒0.015 mm；－－－晶粒0.08 mm

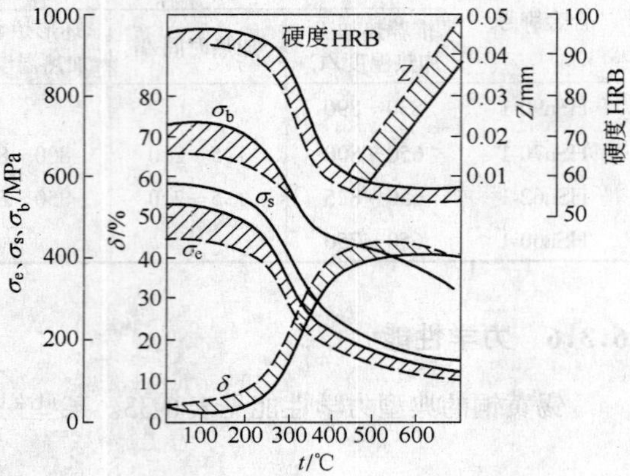

图6-33 HSn62-1的力学性能与退火温度(保温1 h)的关系(带材加工率50%)

表6-34 锡黄铜的工艺性能

合金牌号	热轧	热挤	热冲	热锻	热弯	冷加工	切削性/%	焊接性	耐蚀性
HSn90-1	△	○	×	△	○	⊙	20		○
HSn70-1	△	○	×	×	○	⊙	30		⊙
HSn62-1	⊙	⊙	⊙	⊙	⊙	○	40	⊙	○
HSn60-1	⊙	⊙	⊙	⊙	⊙	○	40	○	○

注：⊙优；○好；△尚可；×不可。

6.4 铁黄铜

6.4.1 概述

铁在黄铜中的固溶度极低，超过其溶解度的铁以富铁相(γ-Fe)粒子存在，常作为“人工晶核”，既能细化铸造组织，又能抑制黄铜再结晶时的晶粒长大，获得细晶组织，从而大大提高黄铜的力学性能和工艺性能。铁与锰、锡、铝、镍等元素配合使用，可以使黄铜具有更高的强度和硬度，并可改善其在大气和海水中的耐蚀性。

黄铜中的铁和硅会形成高硬度(HV950)的硅化铁粒子，恶化切削性能。

黄铜中的铁含量一般不超过1.5%，否则会造成富铁相偏析，破坏黄铜的耐蚀性，而且会影响电镀层表面质量。

6.4.2 合金牌号、特点和应用

我国的铁黄铜仅有两个牌号：HFe59-1-1和HFe58-1-1。但实际上HFe58-1-1在市场上极少见。HFe59-1-1有很高的强度，耐磨和耐蚀性良好。除热冲压外，其他热加工性能优良。可承受冷加工和切屑加工。用于制造在摩擦和海水环境中工作的零件，如垫圈、封套等。

6.4.3 化学成分

铁黄铜的化学成分见表6-35。

表 6-35 铁黄铜的化学成分(质量分数) (%)

合金牌号	Cu	Fe	Pb	Al	Mn	Sn	Ni	Zn	杂质总和
HFe59-1-1	57.0～60.0	0.6～1.2	0.20	0.1～0.5	0.5～0.8	0.3～0.7	0.5	余量	0.3
HFe58-1-1	56.0～58.0	0.7～1.6	0.7～1.3				0.5	余量	0.3

6.4.4 物理和化学性能

铁黄铜的物理性能见表 6-36,化学性能见表 6-7。

表 6-36 铁黄铜(HFe59-1-1)的物理性能

液相线温度/℃	固相线温度/℃	密度/g·cm^{-3}	线膨胀系数/℃$^{-1}$	热导系数/W·(m·K)$^{-1}$	电阻率/μΩ·m	导电率/%IACS	弹性模量/GPa
901	886	8.50	22	20.1	0.093	18.5	106

6.4.5 热加工和热处理规范

铁黄铜的热加工和热处理规范见表 6-37。

表 6-37 铁黄铜(HFe59-1-1)的加热和退火规范实例

加热方式	加热温度/℃	保温时间或推料周期
热轧前加热	720～800	3.0～3.5 h
热挤前加热	710～760	1.5～2.5 h
中间退火	540～560(1.5 mm 板) 600～650(ϕ40 mm 以下棒)	4 卷/h 1.0～1.2 h
成品退火	460(0.5 mm 板,S) 460～500(≤ϕ40 mm 棒,Y)	2 卷/h 1.0～1.2 h

6.4.6 力学性能

铁黄铜的力学性能见表 6-38。铁黄铜(HFe59-1-1)的力学性能与加工率、退火温度的关系见图 6-34 和图 6-35。

表 6-38 铁黄铜(HFe59-1-1)的典型力学性能

抗拉强度/MPa	屈服强度/MPa	伸长率/%	断面收缩率/%	硬度 HRB	冲击韧性/J·cm^{-2}
450/600	170/–	40/6	45	80/160	120

6.4.7 工艺性能

铁黄铜的工艺性能见表 6-39。

表 6-39 铁黄铜(HFe59-1-1)的工艺性能

热轧	热挤	热锻	热冲	热弯	冷加工	切削性/%	焊接性	耐蚀性	耐磨性
⊙	⊙	⊙	○	⊙	○	25	○	○	○

注:⊙优;○好。

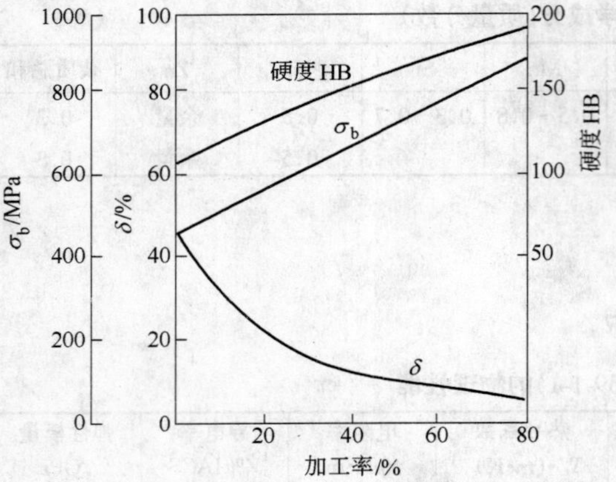

图6-34 铁黄铜(HFe59-1-1)的力学性能与加工率的关系

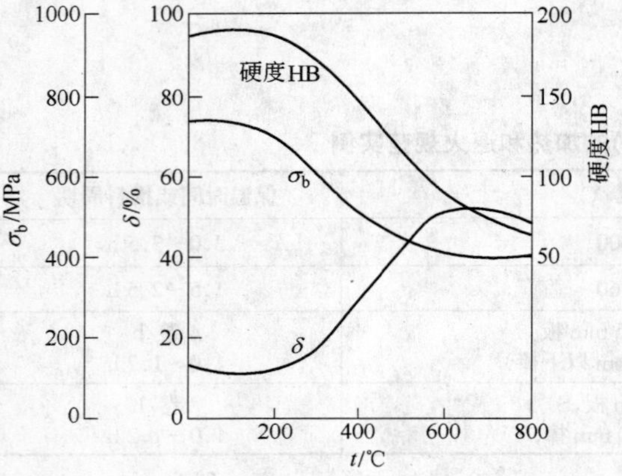

图6-35 铁黄铜(HFe59-1-1)的力学性能与退火温度(加工率50%条材、保温1 h)的关系

铁黄铜(HFe59-1-1)在海水中的腐蚀速度为0.22 mg/cm^2(24 h的重量损失)。它在无润滑条件件的摩擦系数为0.012。

6.5 铝黄铜

6.5.1 概述

和其他合金元素相比,铝能最显著地提高黄铜的强度和耐蚀性能。在黄铜中加入铝,会使α相区明显地移向铜角。当铝含量高时会出现硬而脆的γ相,提高合金的强度和硬度,同时大幅度降低其塑性。铝的锌当量系数高,形成β相的趋势大,强化效果好。含铝约2%、含锌约22%的黄铜热塑性最高。在铝黄铜中,铝的表面离子化倾向比锌的大,优先形成致密而坚硬的氧化铝膜,可以防止合金的进一步氧化。向铝黄铜中加入Sn、Sb、Bi、Te、Si、Ni等元素都可以进一步提高其耐蚀性。工业上变形铝黄铜的铝含量一般不超过4%。

6.5.2 合金牌号、特点和应用

铝黄铜的合金牌号、特点和应用见表6-40。

6.5.3 化学成分

铝黄铜的化学成分见表6-41。

表6-40 铝黄铜的合金牌号、特点和应用

合金牌号	主要特点	应用举例
HAl77-2	耐海水腐蚀,有良好的力学性能,可热挤压,冷加工性能良好	舰船用冷凝器管等;内陆热电厂用冷凝器管等
HAl67-2.5 HAl66-6-3-2 HAl61-4-3-1	具较高的强度和耐磨性,耐冲击性良好。可热挤压,冷加工性较好	汽车同步器齿环等

表6-41 铝黄铜的化学成分(质量分数) (%)

合金牌号	Cu	Al	Fe	Pb	Mn	Ni	Si	As	Zn	杂质总和
HAl77-2	76.0~79.0	1.8~2.5	0.06	0.07				0.02~0.06	余量	
HAl67-2.5	66.0~68.0	2.0~3.0	0.6	0.5		0.5			余量	1.5
HAl66-6-3-2	64.0~68.0	6.0~7.0	2.0~4.0	0.5	1.5~2.5	0.5			余量	1.5
HAl61-4-3-1	59.0~62.0	3.5~4.5	0.3~1.3			2.5~4.0	0.5~1.5	Co0.5~1.0	余量	1.0
HAl60-1-1	58.0~61.0	0.70~1.50	0.70~1.50	0.40	0.1~0.6	0.5			余量	0.7
HAl59-3-2	57.0~60.0	2.5~3.5	0.50	0.10		2.0~3.0			余量	0.7

6.5.4 物理和化学性能

铝黄铜的物理性能见表6-42,化学性能见表6-7。

表6-42 铝黄铜的物理性能

合金牌号	液相线温度/℃	固相线温度/℃	密 度/g·cm^{-3}	线膨胀系数/℃$^{-1}$	导热率/W·(m·K)$^{-1}$	电阻率/μΩ·m	弹性模量/GPa
HAl77-2	971	931	8.60	18.5×10^{-6}	208.4	0.075	102
HAl67-2.5	971	932	8.50	18.5×10^{-6}		0.077	
HAl66-6-3-2	900		8.50	19.8×10^{-6}	208.4		
HAl61-4-3-1	921	903	7.909	19.0×10^{-6}		0.090	
HAl60-1-1	905		8.20	21.6×10^{-6}	315.2	0.090	105
HAl59-3-2	957	893	8.40	19.0×10^{-6}	350.1	0.079	100

6.5.5 热加工和热处理规范

铝黄铜的热加工和热处理规范实例见表6-43。

表6-43 铝黄铜的热加工和热处理规范实例

合 金 牌 号	加热温度/℃	加热时间/h	退火温度/℃	退火时间/h
HAl77-2	740~780	1.5~2.5	650~680/600~620	1.2~1.4
HAl67-2.5	760~800	1.5~2.5		
HAl66-6-3-2	680~730	1.0~2.0		
HAl61-4-3-1	680~730	1.0~2.0		
HAl60-1-1	600~650	1.0~2.0		
HAl59-3-2	660~710	1.0~2.0	500~540/450~480	1.5~2.0

注：斜杠(/)前的数字是中间退火温度,后面为成品退火温度。

6.5.6 力学性能

铝黄铜的力学性能见表6-44。某些铝黄铜的力学性能与加工率、退火温度的关系见图6-36~图6-41。

表6-44 铝黄铜的典型力学性能

合 金 牌 号	抗拉强度/MPa	屈服强度/MPa	伸长率/%	硬度 HRB	断面收缩率/%	冲击韧性/kJ·cm^{-2}
HAl77-2	360/600	80/540	50/10	65/170	58	
HAl66-6-3-2	740①	400①	7①			
HAl61-4-3-1	745②		6.5②	230②		
HAl60-1-1	450/760	200	50/9	80/170	30	
HAl59-3-2①	380/650	304	45/12	75/155	20	41

注：斜杠(/)前面的数据是软态的,后面的数据是硬态的。

① 铸态的;② 挤制的。

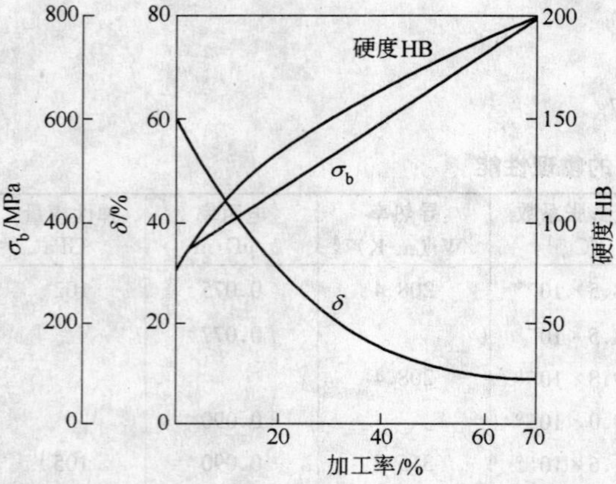

图 6-36 HAl77-2 的力学性能与加工率的关系
（软条材 600℃保温 1 h）

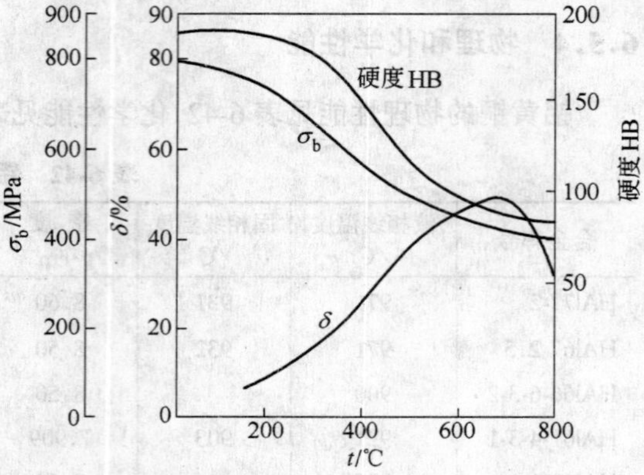

图 6-39 HAl60-1-1 的力学性能与退火温度的关系
（加工率 50%的条材）

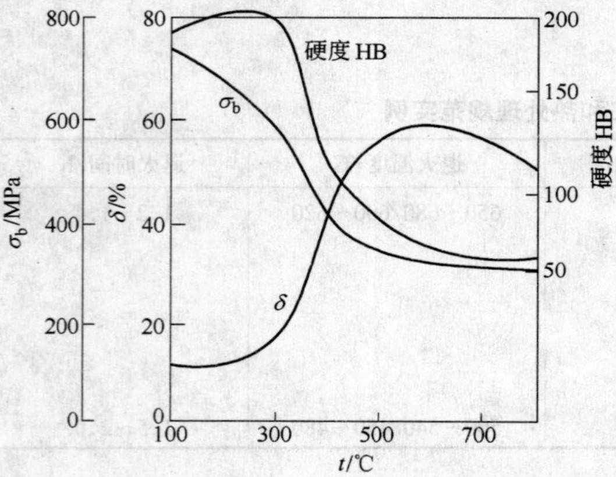

图 6-37 HAl77-2 的力学性能与退火温度的关系
（加工率 60%条材）

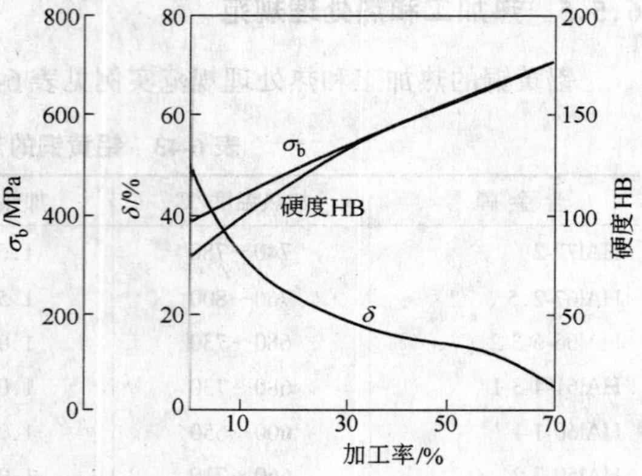

图 6-40 HAl59-3-2 的力学性能与加工率的关系
（600℃退火条材）

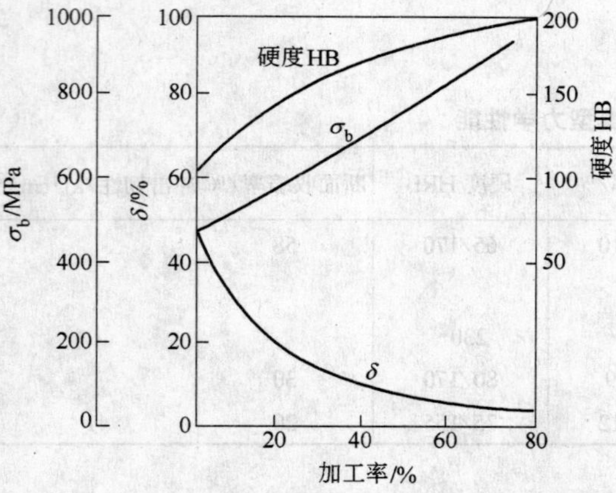

图 6-38 HAl60-1-1 的力学性能与加工率的关系
（600℃退火条材）

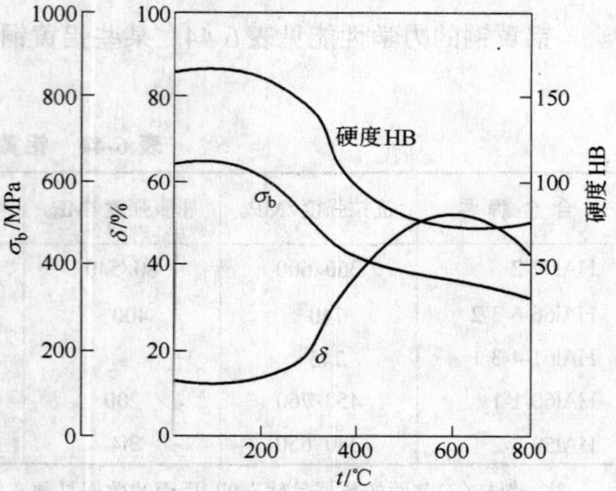

图 6-41 HAl59-3-2 的力学性能与退火温度的关系
（加工率 50%的条材）

6.5.7 工艺性能

铝黄铜的工艺特性和使用特性见表6-45。

表6-45 铝黄铜的工艺及使用特性

合金牌号	热轧	热挤	热锻	热冲	热弯	冷加工	切削性	焊接性	耐蚀性
HAl77-2	△	○	○	△	○	○	○	○	※
HAl67-2.5	△	○	○	△	○	○	○	○	※
HAl66-6-3-2	×	○	○	△	○	○	○	△	○
HAl61-4-3-1	×	○	○	△	○	○	○	○	△
HAl60-1-1	×	○	○	△	△		○	○	△
HAl59-3-2	×	○	○	△	△	△	△	○	△

注：×为差；△为尚可；○为好；※为优。

6.6 锰黄铜

6.6.1 概述

对黄铜而言，锰的加入对其α相区的影响极其微弱。因此，锰基本上不改变黄铜的组织，但却可以通过固溶强化使黄铜的强度和硬度提高，并大幅度提升其对海水、氯化物和过热蒸汽的耐蚀性。锰黄铜有相当好的冷、热加工性能，广泛用于舰船和海洋工程。也作为耐磨材料用于高压泵摩擦副和汽车同步齿环。铜－锌－锰系合金的颜色随含锰量的增加逐渐由红变黄、由黄变白。近年来人们开发的所谓“无镍白铜”大多数是锰黄铜。含63.5%Cu、24.5%Zn和12%Mn的“白铜”具有良好的力学性能、工艺性能和耐蚀性，可以部分替代含镍白铜。在铜－锌－锰系中添加少量铝、铁、硅的合金可以通过淬火－时效获得更高的强度(如834 MPa)和硬度(如HV400)。

6.6.2 合金牌号、特点和应用

部分锰黄铜的合金牌号、特点和应用见表6-46。

表6-46 部分锰黄铜的牌号、特点及应用

合金牌号	主要特点	应用举例
HMn62-3-3-0.7	强度高、热塑性好、耐磨性好、耐蚀、易切削加工	管、棒材，汽车同步器齿环
HMn58-2	有较高强度，加工性能良好，耐海水腐蚀	管、棒材，船用泵、阀等
HMn57-3-1	有很高的强度和硬度，耐磨，耐蚀，加工性良好	管、棒材，结构件、摩擦副

6.6.3 化学成分

锰黄铜的化学成分见表6-47。

表6-47 锰黄铜的化学成分(质量分数) (%)

合金	Cu	Mn	Fe	Pb	Al	Sn	Si	Ni	Zn	杂质总和
HMn62-3-3-0.7	60.0~63.0	2.7~3.7	0.11	0.05	2.4~3.4	0.1	0.5~1.5	0.5	余量	1.2
HMn58-2	57.0~60.0	1.0~2.0	1.0	0.1				0.5		1.2

续表 6-47

合　金	Cu	Mn	Fe	Pb	Al	Sn	Si	Ni	Zn	杂质总和
HMn57-3-1	55.0～58.5	2.5～3.5	1.0	0.2	0.5～1.5			0.5	余量	1.3
HMn55-3-1	53.0～58.0	3.0～4.0	0.5～1.5	0.5				0.5	余量	1.5

6.6.4 物理化学性能

锰黄铜的物理性能见表6-48，化学性能见表6-7。

表 6-48 锰黄铜的物理性能

合金牌号	液相线温度/℃	固相线温度/℃	密度/$g\cdot cm^{-3}$	线膨胀系数/$℃^{-1}$	热导率/$W\cdot(m\cdot K)^{-1}$	电阻率/$\mu\Omega\cdot m$	弹性模量/GPa
HMn57-3-1	870		8.10	21.0×10^{-6}	67	0.121	104
HMn58-2	881	866	8.50	21.2×10^{-6}	70.6	0.108	100
HMn62-3-3-0.7	901	855	8.02	19.3×10^{-6}		0.113	

6.6.5 热加工和热处理规范

锰黄铜的热加工和热处理规范实例见表6-49。

表 6-49 锰黄铜的热加工和热处理规范实例

合金牌号	热轧/挤压加热温度/℃	热轧/挤压加热时间/h	中间退火温度/℃	软态退火温度/℃	半硬态退火温度/℃	退火时间/h
HMn57-3-1	580～630	1～2	600～650		500～550	1.5
HMn58-2	600～650	1～2	600～650			1.5
	560～610	1～2	580～620			1.2
	700～760	2～2.5	540～560	460～480		
HMn62-3-3-0.7	620～680	1～2(挤)				

6.6.6 力学性能

锰黄铜的力学性能见表6-50。部分锰黄铜的力学性能与加工率、退火温度的关系见图6-42～图6-45。

表 6-50 锰黄铜的典型力学性能

合金牌号	抗拉强度/MPa	屈服强度/MPa	伸长率/%	面收缩率/%	硬度 HRB
HMn62-3-3-0.7	600～700		10～20		170～200
HMn58-2	400/700		40/10	52.5	90/178
HMn57-3-1	550/700	200/－	35/5		115/175

注：表中/前数据为软态，/后数据为硬态。

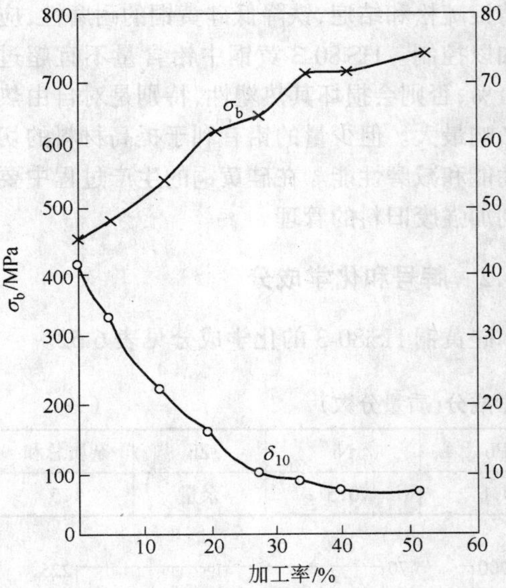

图 6-42 HMn58-2 的力学性能与加工率的关系（挤制棒）

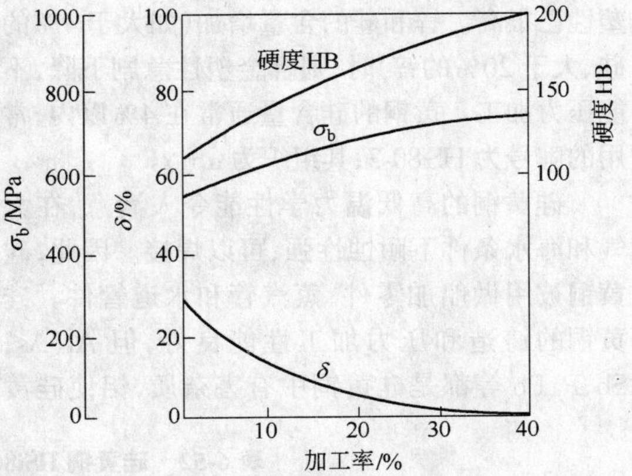

图 6-44 HMn57-3-1 的力学性能与加工率的关系（热轧条材）

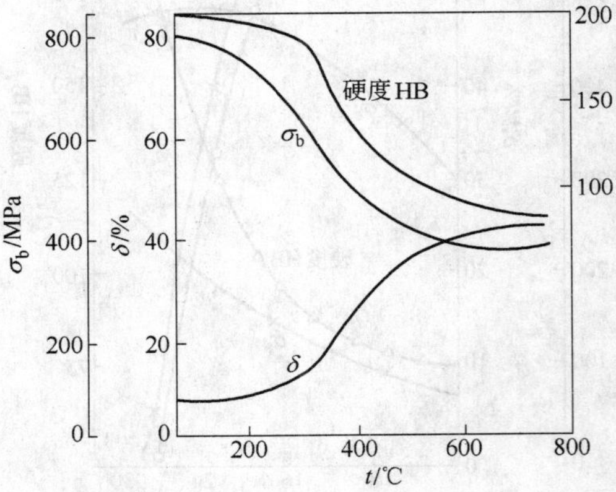

图 6-43 HMn58-2 的力学性能与退火温度的关系（加工率 60%条材）

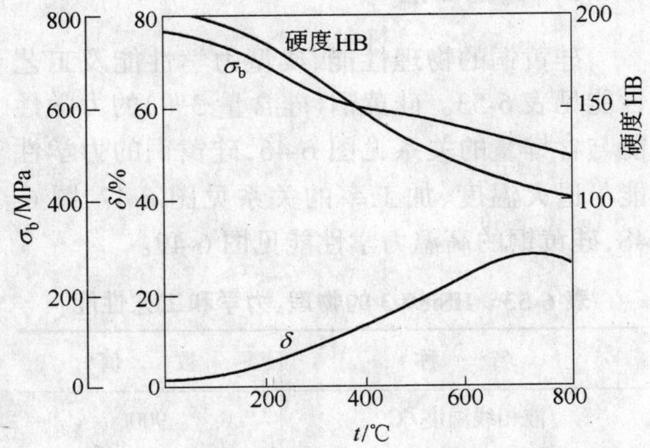

图 6-45 HMn57-3-1 的力学性能与退火温度的关系（加工率 40%条材）

6.6.7 工艺性能

锰黄铜的工艺性能和使用性能见表 6-51。

表 6-51 锰黄铜的工艺性能和使用性能

合金牌号	热 轧	热 挤	热 锻	热 冲	热 弯	冷加工	切削性	耐磨性	耐蚀性	焊接性
HMn57-3-1	△	○	○	△	○	△	△		○	△
HMn62-3-3-0.7	△	○	○	○	○	△	○	☆	○	△

注：☆为优；○为好；△尚可。

6.7 硅黄铜

6.7.1 概述

硅的锌当量系数高达 10。在黄铜中加入硅会显著地缩小 α 相区。增加硅含量到 4%会出现新的具有密排六方结构的 κ 相，它在高温下有足够的塑性，在 545℃时通过共析分解转变为 α + β（κ→α + β）。含锌小于 20%、硅含量为 3%的黄铜具有高的力学性能，铸态合金在室温下的塑性已很高。锌和硅的含量增加(如大于4%的硅、大于20%的锌)时,则合金塑性急剧下降,不能压力加工。黄铜的硅含量通常在4%以内,常用的牌号为HSi80-3,其组织为$\alpha+\gamma$。

硅黄铜的高低温力学性能令人满意,在大气和海水条件下耐蚀性强,可以焊接。因此,硅黄铜被用做船舶零件、蒸汽管和水道管件。硅黄铜的铸造和压力加工性能良好,但Al、As、Sb、P、Pb等都是硅黄铜中有害杂质,铝使硅黄铜铸锭疏松和结疤,铁降低硅黄铜的耐磨性,应当加以控制。HSi80-3黄铜中铅含量不宜超过0.01%,否则会损坏其热塑性,特别是对自由热锻影响最大。但少量的铅有利于提高材料的切削性能和减磨性能。在硅黄铜的生产过程中要特别加强废旧料的管理。

6.7.2 牌号和化学成分

硅黄铜HSi80-3的化学成分见表6-52。

表6-52 硅黄铜HSi80-3的化学成分(质量分数) (%)

合金牌号	Cu	Si	Fe	Pb	Ni	Zn	杂质总和
HSi80-3	79.0~81.0	2.5~4.0	0.6	0.1	0.5	余量	1.5

6.7.3 其他性能

硅黄铜的物理性能、典型力学性能及工艺性能见表6-53。硅黄铜(硅含量3%)的力学性能与含锌量的关系见图6-46,硅黄铜的力学性能与退火温度、加工率的关系见图6-47、图6-48,硅黄铜的高温力学性能见图6-49。

表6-53 HSi80-3的物理、力学和工艺性能

名 称	数 值
液相线温度/℃	900
密度/kg·m^{-3}	8600
线膨胀系数 α/℃$^{-1}$	17.0×10^{-6}
导热系数/W·(m·K)$^{-1}$	175.1
电阻率/μΩ·m	0.20
弹性模量/MPa	98000
抗拉强度/MPa	300/600
伸长率/%	58/4(软/硬)
硬度HRB	90/110(软/硬)
硬度HV	60/180(软/硬)
冲击韧性/J·cm^{-2}	120~160
铸造温度/℃	960~1000
热加工温度/℃	750~850
切削性(与HPb63-3比)/%	15

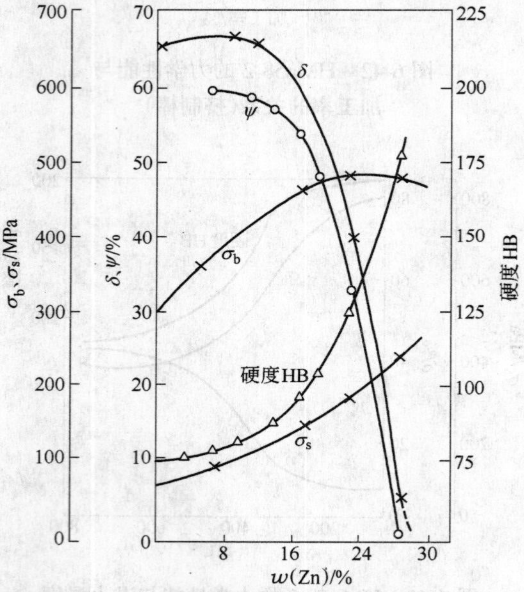

图6-46 硅黄铜(硅含量3%)的力学性能与含锌量的关系

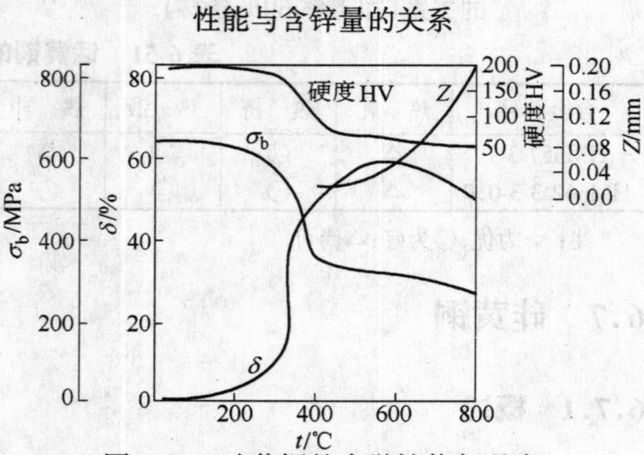

图6-47 硅黄铜的力学性能与退火温度的关系(厚0.5 mm硬带)

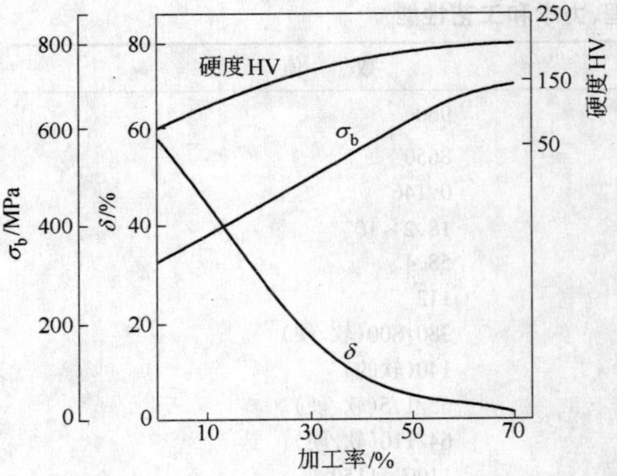

图 6-48 硅黄铜的力学性能与加工率的关系
（厚 1 mm 软带）

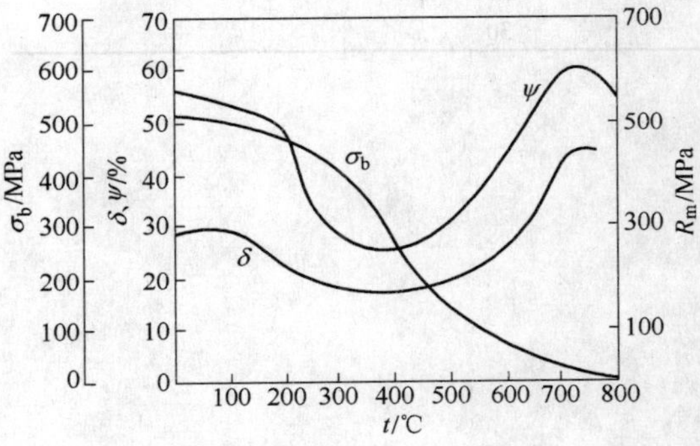

图 6-49 硅黄铜的高温力学性能
（硬拉棒，300℃退火）

6.7.4 热加工和热处理规范

硅黄铜 HSi80-3 的热加工和热处理实例见表 6-54。

表 6-54 HSi80-3 热加工加热和退火工艺规范举例

品 种	热轧/挤压加热温度（℃）/时间（h）	退火温度（℃）/时间（h）
板	Ⅰ区 780～800/3～3.5	
	Ⅱ区 720～800/3～3.5	
棒	740～790/1～2	600～650/2
管	780～830/1～2	600～650/2

6.8 镍黄铜

6.8.1 概述

镍和许多合金元素（如铝、锰、锡和硅等）不同，其锌当量系数是负值，能明显地扩大 α 相区域的范围，因而能用加镍的办法使某些两相黄铜转变为晶粒细小的单相黄铜，从而改善黄铜的工艺性能和力学性能。在高锌黄铜中加入镍，可获得具有少量 β 相的高强度合金。

典型的镍黄铜是 HNi65-5，它有很高的力学性能、耐蚀性和工艺性能，能极好地在冷、热状态下进行压力加工，代替锡磷青铜和白铜。但某些杂质如铅、锑、铋等会严重影响其热加工性，应严格控制，铅应小于 0.01%，锑和铋应小于 0.005%。镍黄铜 HNi65-5 可以加工成板、带、管、棒、线材，用于制造低压压力计管、纸浆铜网、船用冷凝器管和其他工业部门的零件。

在黄铜中同时加入一定数量和比值的镍和铝，可使合金产生回火硬化现象，例如，含 72% 铜、20.5% 锌、6% 镍和 1.5% 铝的黄铜，从 850℃淬火后处于软化状态，其抗拉强度为 350 MPa、伸长率为 60%，但经 500℃回火后即产生明显的强化现象，其抗拉强度增至 555 MPa、伸长率减至 30%。

6.8.2 化学成分及物理、力学和工艺性能

HNi65-5 的化学成分见表 6-55，物理、力学和工艺性能见表 6-56，化学性能见表 6-7。

表 6-55 镍黄铜 HNi65-5 的化学成分（质量分数） （%）

Cu	Ni	Zn	Pb	Fe	P	杂质总和
64.0～67.0	5.0～6.5	余量	0.03	0.15	0.01	0.3

表 6-56 HNi65-5 的物理、力学和工艺性能

名 称	数 值
液相线温度/℃	960
密度/kg·m^{-3}	8650
电阻率/μΩ·m	0.146
线膨胀系数/℃$^{-1}$	18.2×10^{-6}
导热系数/W·(m·K)$^{-1}$	58.4
弹性模量/GPa	112
抗拉强度/MPa	380/800(软/硬)
屈服强度/MPa	140(软的)
伸长率/%	65/1.5(软/硬)
硬度 HBR	64/110(软/硬)
铸造温度/℃	1100～1150
热轧温度/℃	820～870
挤压温度/℃	750～800
退火温度/℃	600～650
低温退火温度/℃	300～400
切削性能(与 HPb63-3 比)/%	30

7 青 铜[1]

7.1 概述

在我国,除铜-锌系(黄铜)、铜-镍系(白铜)合金以外的铜合金统称为青铜。青铜范围比较广,主要包括锡青铜、锡磷青铜、铝青铜、铍青铜、铬青铜、锆青铜、铬锆青铜、铁青铜、镉青铜、镁青铜、钛青铜、硅青铜。此外,还有镍硅青铜、钴铬硅青铜、银锆青铜等。国外将高铜合金单列一类,或并入紫铜系列,我国则列入青铜。

青铜有高的强度、硬度、耐热性和良好的导电性,它们广泛地应用于汽车、机械、电子行业。其中,锡青铜主要用于制造汽车及其他工业部门中承受摩擦的零件,如汽缸活塞销衬套、轴承和衬套的内衬、副连杆衬套、圆盘和垫圈等;锡磷青铜广泛用于制造弹性元件、精密仪器仪表中的耐磨零件和抗磁零件;铝青铜主要用作齿轮、摇臂、衬套、轴套、圆盘接管嘴、轴承、固定螺母等高强度的和耐磨的结构零件;铍青铜用于制造电机中的弹簧片,接触电桥、螺栓、紧固件以及仪器仪表中的弹簧、开关部件、电接插件和电阻点焊电极头、缝焊电极盘、模铸塞棒头、塑料模具等;铬青铜广泛用作电气设备的高温导电耐磨零件;锆青铜用于要求导电率高、强度适中、弯曲成形性和抗应力松弛性能好的场合;铬锆青铜、铁青铜和镍硅青铜是大规模集成电路引线框架关键材料;镉青铜广泛用于制造电工装置的导电、耐热、耐磨零件;镁青铜主要用作制造电缆、飞机天线等导电元件;硅青铜可用作弹性元件以及航空上工作温度较高、单位压力不大的摩擦零件;钴铬硅青铜可用于加工电阻焊电极、滚轮、电极块和水平连续浇铸的结晶器等。钛青铜可用于制造高强度、高弹性、高耐磨性的零件等。Cu-Ag-Zr 合金是航天飞行的液体火箭发动机燃烧室内壁理想的高强导热材料。

本章主要论述青铜的成分、制备工艺和不同处理状态合金的组织和性能。

7.2 锡青铜

7.2.1 概述

锡青铜是含锡、锌、铅或磷的铜合金。其中,元素锌除强化铜-锡固溶体(α)外,还改善合金的流动性,减小结晶温度范围,减轻反偏析的程度,提高合金的充型能力和补缩能力;铅以单质相存在,分布于枝晶间,减少晶间显微缩孔,有利于提高铸件的致密度,改善合金的耐磨性和切削性能;元素磷在铜中的溶解度很小,主要以($\alpha + Cu_3P$)共晶的形式存在,Cu_3P 化合物有很高的硬度,显著地提高合金的力学性能。同时,元素磷还能显著地降低铜合金熔体的表面张力,提高熔体的流动性和充型能力。

锡青铜具有较高的强度,良好的抗滑动摩擦性,优良的切削性能和良好的焊接性能,在大气、淡水中有良好的耐腐蚀性能。

7.2.2 锡青铜 QSn4-4-2.5

7.2.2.1 牌号、品种规格与供应状态

材料牌号: QSn4-4-2.5

相近牌号: БРОЦС 4-4-2.5(俄罗斯),C54400(美国),C5441(日本)

品种、规格与供应状态见表 7-1。

表 7-1 QSn4-4-2.5 合金品种、规格与供应状态

厚度/mm	0.8~1.0	0.8~5.0
供应状态	M、Y_3	M、Y_3、Y_2、Y
技术标准	GB/T 2059—2000	GB/T 2049—1980

7.2.2.2 化学成分

QSn4-4-2.5 的化学成分见表 7-2。

[1] 本章撰稿人:尹志民、宋练鹏、曹玲飞、李百治。

表7-2 QSn4-4-2.5合金的化学成分(质量分数) (%)

Sn	Zn	Pb	Cu	Fe	Sb	Bi	P	Al	杂质总和
3.0~5.0	3.0~5.0	1.5~3.5	余量	≤0.05	≤0.002	≤0.002	≤0.03	≤0.002	≤0.2

合金组织结构：铸态组织有枝晶偏析，有少量($\alpha+\gamma$)共析体，退火状态合金的组织由α固溶体和铅质点组成。

7.2.2.3 物理及化学性能

A 物理性能

密度：$\rho=9000\ kg/m^3$。

热性能：

熔化温度范围：927~999℃

热导率：$\lambda=87.12\ W/(m\cdot℃)$

比热容：$c=376\ J/(kg\cdot℃)$

线膨胀系数：$\alpha=18.0\times10^{-6}℃^{-1}$(20℃)，$\alpha=19.0\times10^{-6}℃^{-1}$(20~500℃)。

电性能：

导电率：$g=19.8\%$ IACS。

电阻率：$\rho=0.087\ \mu\Omega\cdot m$

B 化学性能

合金在大气、淡水和海水中有良好的化学稳定性，在不同介质中的腐蚀速度见表7-3。

表7-3 QSn4-4-2.5合金在不同介质中的腐蚀速度

介质	θ/℃	腐蚀速度/mm·a⁻¹
天然海水		0.028
人造海水	20	0.031
	40	0.07
10%硫酸溶液	20	0.242
30%乙酸溶液	20	0.03
10%盐酸溶液	20	7.39

7.2.2.4 热处理

QSn4-4-2.5合金不能热处理强化。退火温度：480~650℃。消除应力退火温度：200~290℃。

7.2.2.5 力学性能

A 技术标准规定的性能

技术标准规定的性能见表7-4。

表7-4 技术标准规定的QSn4-4-2.5合金性能

品种	状态	δ/mm	σ_b/MPa ≥	δ/% ≥	硬度HRB	技术标准
带材 板材	M	带0.8~1.0 板0.8~5.0	294	35		GB/T 14596—1993 GB/T 2049—1980
	Y_3		392~490	10	65~85	
	Y_2		422~510	9	70~90	
带材	Y	0.8~1.0	490	5		GB/T 14596—1993
板材	Y	0.8~5.0	510	5		GB/T 2049—1980

B 硬度

QSn4-4-2.5合金的硬度见表7-5和表7-6。

表7-5 QSn4-4-2.5合金的室温硬度

状态	M	Y_2	Y
硬度HBS	60	77	160

表7-6 QSn4-4-2.5合金的高温硬度

温度θ/℃	100	200	300	500
硬度HBS	59	50	50	45

C 拉伸性能

供应状态QSn4-4-2.5合金的拉伸性能见表7-7。

表7-7 QSn4-4-2.5合金的拉伸性能

品种	状态	σ_b/MPa min	σ_b/MPa max	$\sigma_{0.2}$/MPa	δ/% min	δ/% max
板材	M	295	335	130	41	63
	Y_3	420	480		10	22
	Y_2	440	490		11	16
	Y	540	620	275	5	11

不同加工变形率和不同温度退火后材料的拉伸性能见图 7-1 和图 7-2。

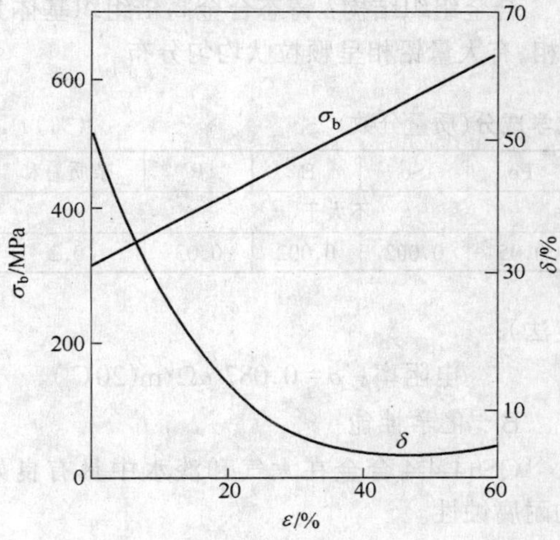

图 7-1 QSn4-4-2.5 合金拉伸性能与变形率的关系
原材料：$\delta=4$ mm 软板材

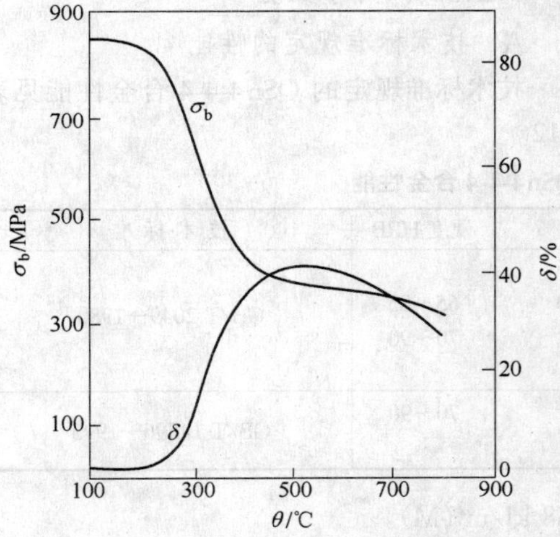

图 7-2 QSn4-4-2.5 合金拉伸性能与退火温度的关系(保温 1 h)
原材料：$\delta=4$ mm 硬板材

QSn4-4-2.5 合金高温拉伸性能见表 7-8。

表 7-8 QSn4-4-2.5 合金的高温拉伸性能

θ/℃	100	200	300	500
σ_b/MPa	320	295	320	270
δ/%	59	50	50	45

D 冲击性能

QSn4-4-2.5 合金的冲击性能见表 7-9。

表 7-9 QSn4-4-2.5 合金的冲击性能

θ/℃	20	100	200	300	500
a_{KU}/(kJ·m^{-2})	196	353	324	216	53

E 耐磨性能

QSn4-4-2.5 合金的摩擦系数为：$\mu=0.012$(有润滑剂)，$\mu=0.20$(无润滑剂)。

F 弹性性能

QSn4-4-2.5 合金的弹性性能主要为：

弹性模量：$E=107.9$ GPa；

切变模量：$G=38.6$ GPa。

7.2.2.6 工艺性能

(1) 熔炼与铸造工艺。通常用工频有芯感应电炉熔炼，熔体流动性较差，吸气性较强，熔炼时应使用经煅烧过的木炭覆盖，并在熔炼后期用磷铜脱氧。用铁模或无流铸造工艺浇注铸锭。当使用铁模浇注时，应在浇注前往模内添加少量机油，以改善铸锭的表面质量。浇注温度为 1180～1200℃。

(2) 成形性能。合金可以冷加工，总变形率为 50%，但不能热加工。

(3) 焊接性能。可以采用锡焊、铜焊、闪光电阻焊，能进行气体保护电弧焊，也可以采用气焊，但不能采用接触点焊和对焊。

(4)切削加工与磨削性能。合金具有优良的切削性，宜进行高速和自动切削加工。合金的切削加工性为易切削黄铜 HPb63-3 的 80%。

7.2.2.7 选材与应用实例

QSn4-4-2.5 合金主要用于制造航空、汽车及其他工业部门中承受摩擦的零件，如汽缸活塞销衬套、轴承和衬套的内衬、副连杆衬套、圆盘和垫圈等。

7.2.3 锡青铜 QSn4-4-4

7.2.3.1 牌号、品种规格与供应状态

材料牌号：锡青铜 QSn4-4-4

相近牌号：CuSn4Pb4Zn3(ISO)，C54400(美国)，БРОЦС 4-4-4(俄罗斯)，CuSn4Zn4Pb4(法国)。

品种规格与供应状态见表 7-10。

表 7-10 QSn4-4-4 合金的品种、规格及供应状态

品 种	δ/mm	供应状态
板 材	0.8～5.0	M, Y_3, Y_2, Y
带 材	>1.0～1.2	Y, Y_2

7.2.3.2 化学成分

QSn4-4-4 的化学成分见表 7-11。

合金组织结构：铸态合金高倍组织基体为α相，有大量铅相呈颗粒状均匀分布。

表 7-11 QSn4-4-4 合金的化学成分(质量分数) (%)

Sn	Zn	Pb	Cu	Al	Fe	Sb	Bi	P	杂质总和
				不大于					
3.0～5.0	3.0～5.0	3.5～4.5	余量	0.002	0.05	0.002	0.002	0.03	0.2

7.2.3.3 物理及化学性能

A 物理性能

密度：$\rho = 9000\ kg/m^3$。

热性能：

熔化温度范围：928～1000℃；

热导率：$\lambda = 87.12 W/(m \cdot ℃)$；

比热容：$c = 0.377\ kJ/(kg \cdot ℃)$；

线膨胀系数：$\alpha = 18 \times 10^{-6} ℃^{-1}$(20～100℃)，$\alpha = 19 \times 10^{-6} ℃^{-1}$(20～300℃)。

电性能：

导电率：20℃时为19% IACS(体积测定法)；

电阻率：$\rho = 0.087\ \mu\Omega \cdot m$(20℃)。

B 化学性能

QSn4-4-4 合金在大气和淡水中具有良好的耐腐蚀性。

7.2.3.4 热处理

QSn4-4-4 合金的退火温度为：500～600℃。

7.2.3.5 力学性能

A 技术标准规定的性能

技术标准规定的 QSn 4-4-4 合金性能见表 7-12。

表 7-12 技术标准规定的 QSn4-4-4 合金性能

品 种	状 态	δ/mm	σ_b/MPa	δ_{10}/%	硬度 HRB	技术标准
板 材	M	0.8～5.0	≥294	35		GB/T 2049—1980
	Y_3		392～490	10	65～85	
	Y_2		421～510	9	70～90	
	Y		510	5		
带 材	Y_2	1.0～1.2	422～510	9	70～90	GB/T 14596—1993
	Y		490	5		

B 硬度

QSn 4-4-4 合金的硬度为：HBS62(M)，HBS160～180(Y)。

C 拉伸性能

QSn4-4-4 合金的拉伸性能见表 7-13。

表 7-13 QSn4-4-4 合金的拉伸性能

合金状态	σ_b/MPa	$\sigma_{0.2}$/MPa	δ_{10}/%	ψ/%
M	294～343	127	46	34
Y	539～637	274	2～4	

D 冲击性能

QSn 4-4-4 合金的冲击性能为：$a_{KU} = 358\ kJ/m^2$(M)。

E 摩擦性能

QSn4-4-4 合金的摩擦系数见表 7-14。

表 7-14 QSn4-4-4 合金的摩擦系数

合金状态	摩擦系数 μ	
	有润滑剂	无润滑剂
M	0.016	0.26
Y	0.016	0.26

F 收缩率

QSn 4-4-4 合金凝固时的线收缩率为：1.5%～1.6%。

G 弹性模量

QSn4-4-4 合金的弹性模量为:$E=80$ GPa(Y)。

7.2.3.6 工艺性能与要求

(1) 熔炼与铸造工艺。合金凝固温度范围较大,凝固时易产生成分偏析,吸氧性强,故熔炼时需充分脱氧。采用石墨结晶器和带振动的半连续铸造机铸造,铸造温度 1200℃左右。

(2) 成形性能。合金具有良好的冷加工性能,变形程度小于或等于 30%。一般不能进行热加工。

(3) 焊接性能。QSn4-4-4 合金可进行软钎焊或硬钎焊;也可进行火花焊;一般不采用其他焊接方法。

(4) 切削加工与磨削性能。合金的切削加工性是易切削黄铜 HPb63-3 的 90%。

7.2.3.7 选材与应用实例

QSn4-4-4 合金主要用于制造承受摩擦的零件,如衬套、圆盘、轴套的衬垫等。

7.3 锡磷青铜

7.3.1 概述

含磷的锡青铜称锡磷青铜。加工锡磷青铜的磷含量一般不超过 0.45%。合金中的磷含量大于 0.3%时,组织中会出现铜与铜的磷化物(Cu_3P)组成的共晶体。磷含量大于 0.5%时在 637℃左右会发生共晶-包晶反应 $L+\alpha \rightarrow \beta+Cu_3P$,引起热脆。

磷是铜合金的有效脱氧剂,元素磷的加入,能提高合金的强度、硬度、弹性极限、弹性模量和疲劳强度,改善耐蚀性能和铸造时的流动性。缺点是加大铸锭的反偏析。

材料冷加工前的晶粒尺寸和加工后的低温退火对锡磷青铜的力学性能有较大的影响。晶粒细小时,材料的强度、硬度、弹性模量、疲劳强度都比粗晶粒材料的高,但塑性稍低。冷加工锡磷青铜在 200~260℃退火 1~2 h 后,其强度、塑性、弹性极限与弹性模量均有所提高,弹性稳定性也能得到改善。

7.3.2 合金牌号

锡磷青铜牌号见表 7-15。

7.3.3 化学成分

锡磷青铜的化学成分见表 7-16。

表 7-15 锡磷青铜牌号

国别	GB(中国)	ISO	ASTM(美国)	JIS(日本)	ГОСТ(俄罗斯)	DIN(德国)	BS(英国)	NF(法国)
牌号	QSn6.5-0.1	CuSn6	C51900	C5191	БРОФ 6.5~0.15	CuSn6	PB103	CuSn6P
	QSn6.5-0.4	CuSn6	C51900	C5191	БРОФ 6.5~0.4	CuSn6	PB103	CuSn6P
	QSn7-0.2	CuSn8	C52100	C5210	БРОФ 7~0.2	CuSn8	PB101	CuSn8P
	QSn4-0.3	CuSn4	C51100	C5101	БРОФ 4~0.25	CuSn4		CuSn4P

表 7-16 锡磷青铜的化学成分(GB/T5233—2001)(质量分数) (%)

合 金	成分	Sn	Al	Zn	Mn	Fe	Pb	Ni	As①	Si	P	Cu	杂质总和
QSn6.5-0.1	最小值	6.0									0.10	余量	
	最大值	7.0	0.002	0.3		0.05	0.2	0.2			0.25		0.10
QSn6.5-0.4	最小值	6.0									0.26	余量	
	最大值	7.0	0.002	0.3		0.02	0.2	0.2			0.40		0.10
QSn7-0.2	最小值	6.0									0.10	余量	
	最大值	8.0	0.01	0.3		0.05	0.2	0.2			0.25		0.15
QSn4-0.3	最小值	7.1									0.03	余量②	
(C51100)	最大值	4.9		0.3		0.01	0.05	0.2	0.002		0.35		
QSn8-0.3	最小值	7.0									0.03	余量②	
(C52100)	最大值	9.0		0.2		0.1	0.05	0.2			0.35		

注:1. 杂质镍计入铜含量中;2. 抗磁用的锡青铜,铁含量不大于 0.020%。

① 砷、铋和锑可不分析,但供方必须保证不大于界限值;② Cu^+ 所列出元素总和不小于 99.5%。

7.3.4 锡磷青铜常见品种规格和供货状态

表7-17列出了锡磷青铜常见品种规格与供货状态。

7.3.5 物理及化学性能

7.3.5.1 物理性能

A 热学性能

锡磷青铜的热学性能见表7-18～表7-25。

表7-17 锡磷青铜常见品种规格与供货状态

合 金	品 种	d,δ 或 $D\times S$/mm	供货状态	标 准
QSn4-0.3	棒材	5～40	Y	GB/T4423—1992
	带材	0.05～2.0	M、Y、T	GB/T2066—1989
	板材	0.2～12.0	M、Y、T	GB/T2049—1989
	管材	毛细管 $\phi(0.5～3.0)\times\phi(0.3～2.5)$	M、Y	GB/T1531—1994
		圆管(4～25)×(0.15～1.80) 椭圆管(5～15)×(2.5～6)×(0.15～1.0) 扁管(7.4～20)×(5～7)×(0.15～1.0)	M、Y	GB/T8892—1988
QSn6.5-0.1	带材	0.05～2.0	M、Y、Y_2、T	
	板材	9～50 0.2～12	R M、Y、Y_2、T	
	棒材	30～120 5～40	R Y	
	线材	0.1～6.0	Y	
QSn6.5-0.4	带材	0.05～2.0	M、Y、T	
	板材	0.2～12	M、Y、T	
	棒材	30～120 5～40	R Y	
	线材	0.1～6.0	M、Y	
QSn7-0.2	棒材	40～12 5～40	R Y、T	
	线材	0.1～6.0	M、Y	

表7-18 锡磷青铜的热学性能

合 金	熔化温度范围/℃	热导率/W·(m·℃)$^{-1}$	比热容/J·(kg·℃)$^{-1}$	凝固线收缩率/%	线膨胀系数/℃$^{-1}$
QSn4-0.3	974～1062	87.6	377	1.45	$\alpha_1=17.3\times10^{-6}$(20～100℃) $\alpha_1=19.4\times10^{-6}$(20～400℃)
QSn6.5-0.1	996	54.4	307	1.45	$\alpha_1=17.3\times10^{-6}$(20℃) $\alpha_1=18.9\times10^{-6}$(400℃)
QSn6.5-0.4	996	87.12	370	1.45	$\alpha_1=17.0\times10^{-6}$(20℃) $\alpha_1=19.0\times10^{-6}$(20～300℃)
QSn7-0.2	1025	54.4	376.8	1.5	$\alpha_1=18.1\times10^{-6}$(20℃) $\alpha_1=19.0\times10^{-6}$(400℃)

表 7-19 QSn6.5-0.1 锡青铜的低温平均热导率①

温度/℃	−269～−253	−269～−196	−253～−196
热导率/W·(m·K)$^{-1}$	6.238	17.324	19.427

① 被测线材直径为 3 mm。

表 7-20 QSn6.5-0.1 锡青铜的低温线膨胀系数

温度/℃	17	7	−3	−23	−43	−63	−83	−103	−123	−143	−163	−183
线膨胀系数/℃$^{-1}$	16.90 ×10^{-6}	16.76 ×10^{-6}	16.61 ×10^{-6}	16.28 ×10^{-6}	15.90 ×10^{-6}	15.05 ×10^{-6}	15.50 ×10^{-6}	14.53 ×10^{-6}	14.18 ×10^{-6}	12.96 ×10^{-6}	11.69 ×10^{-6}	10.03 ×10^{-6}

B 质量特征

锡磷青铜室温密度见表 7-21。

表 7-21 锡磷青铜室温密度

合 金	QSn4-0.3	QSn6.5-0.1	QSn6.5-0.4	QSn7-0.2
密度/g·cm^{-3}	8.86	8.65	8.80	8.65

C 电学性能

锡磷青铜室温电学性能见表 7-22。

表 7-22 锡磷青铜室温电学性能

合 金	QSn4-0.3	QSn6.5-0.1	QSn6.5-0.4	QSn7-0.2
导电率/%IACS	20	13	10	12
电阻率/μΩ·m	0.086	0.13	0.176	0.14
电阻温度系数/℃$^{-1}$		6.23×10^{-4}	(6～23)×10^{-4}	(6～23)×10^{-4}

D 磁性能

锡磷青铜 QSn6.5-0.1 有良好的抗磁性。

7.3.5.2 化学性能

锡磷青铜的抗氧化性能优于纯铜，在大气、淡水和海水中有高的耐腐蚀性能，QSn4-0.3、QSn6.5-0.1 和 QSn6.5-0.4 在天然海水中的腐蚀速度分别为 0.03 mm/a、0.03 mm/a 和 0.04 mm/a。QSn7-0.2 合金在海水中腐蚀速度小于 0.0018 mm/a，对稀硫酸、有机酸等也有好的耐蚀性。部分锡磷青铜在不同环境中的腐蚀速度见表 7-23。

表 7-23 锡磷青铜对酸的抗蚀性

合 金	酸类	浓度/%	温度/℃	腐蚀速度 质量/g·(m^2·h)$^{-1}$	腐蚀速度 深度/mm·a^{-1}
QSn6.5-0.4	硫酸	10	20	0.213	
		10	80	0.746	
		55	20	0.040	
		55	80	0.217	
QSn6.5-0.1	硫酸	0.5	190(1.2～1.4MPa)①	0.17	0.19
		12.5(发烟硫酸)	190(1.2～1.4MPa)①	0.58	0.55
		浓 的	20	0.06	0.06
			40	0.13	0.13
	醋酸酐	生产过程中获得的冰醋酸		可用	可用
	硝酸铵	结 晶			有爆炸危险
	安叶林	纯 的			不可用
	氟化铵	溶 液			不可用
	乙炔	潮湿的			(在480℃试验) 不可用

续表 7-23

合金	酸类	浓度/%	温度/℃	腐蚀速度	
				质量/g·$(m^2·h)^{-1}$	深度/mm·a^{-1}
QSn6.5-0.1	苯胺	纯的			不可用
	硫	熔体			不可用
	甲醇				可用
	乙醇	96			可用
	丁醇				可用
	苯	纯苯			可用
	砷酸	溶液			可用

① 指溶液蒸气压。

7.3.6 热加工与热处理规范

锡磷青铜的热加工与热处理规范见表7-24。

表7-24 锡磷青铜的热加工与热处理规范

合金	QSn4-0.3	QSn6.5-0.1	QSn6.5-0.4	QSn7-0.2
退火温度/℃	500～650	500～620	550～620	500～680
消除应力退火/℃	150～280	150～280	200～300	200～260
热加工温度/℃	750～780			750～850

注:合金不能热处理强化。

7.3.7 力学性能

7.3.7.1 技术标准规定的性能

锡磷青铜技术标准规定的性能见表7-25。

7.3.7.2 典型的力学性能

不同状态下加工锡磷青铜的典型力学性能见表7-26～表7-30和图7-3～图7-5。

表7-25 锡磷青铜技术标准规定的性能

合金	品种	状态	δ, d 或 $D\times S$/mm	σ_b/MPa	伸长率/% δ_{10}	伸长率/% δ_5	技术标准
				不小于			
QSn4-0.3	棒材	Y	5～12 >12～25 >25～40	410 390 355	8 10 12	10 13 15	GB/T 4423—1992
	带材	M Y T	>0.5～2.0	294 539～687 637	40 3 2		GB/T 2066—1989
	板材	M Y T	0.5～12.0	294 490～687 637	40 3 1		GB/T 2048—1989
	毛细管	M Y	φ(0.5～3.0)×φ(0.3～2.5)	325 490	30		GB/T 1531—1994
	管材	M	圆管(4～25)×(0.15～1.80) 椭圆管(4～50)×(2.5～6)×(0.15～1.0)	323～480	35		GB/T 8892—1988
		Y	扁管(7.4～20)×(5～7)×(0.15～1.0)	490～637	2		

续表 7-25

合 金	品种	状态	δ, d 或 $D \times S$/mm	σ_b/MPa	伸长率/% δ_{10}	伸长率/% δ_5	技术标准
				不小于			
QSn6.5-0.1	带材	M	0.05~2.0	294	40		TB/T 2066—1989
		Y_2		440~569	10		
		Y		539~687	8		
		T		667	2		
	板材	R	9~50	290	38		GB/T 2048—1989
		M	0.2~12	294	40		
		Y_2		440~569	8		
		Y		490~687	5		
		T		637	1		
	棒材	R	30~40	355	50	55	GB/T 13808—1992
			40~100	345	55	60	
			100~120	305	58		
		Y	5~12	470	11	13	GB/T 4423—1992
			12~25	440	13	15	
			25~40	410	15	18	
	线材	M	0.1~6.0	350	35~45		GB/T 14955—1994
		Y	>0.1~1.0	880~1130			
			>1.0~2.0	860~1060			
			>2.0~4.0	830~1030			
			>4.0~6.0	780~980			
QSn6.5-0.4	带材	M	0.05~2.0	294	40		GB/T 2066—1989
		Y		539~687	8		
		T		667	2		
	板材	M	0.2~12.0	294	40		GB/T 2048—1989
		Y		490~687	5		
		T		637	1		
	棒材	R	30~40	35	50	55	GB/T 13808—1992
			40~100	345	55	60	
			100~120	305	58		
		Y	5~12	470	11	13	GB/T 4423—1992
			12~25	440	13	15	
			25~40	410	15	18	
	线材	M	0.1~6.0	350	35~45		GB/T 14955—1994
		Y	0.1~1.0	880~1130			
			>1.0~2.0	860~1060			
			>2.0~4.0	830~1030			
			>4.0~6.0	780~980			
QSn7-0.2	棒材	R	40~120	355	55	64	GB/T 13808—1992
		Y	5~40	440	15	19	GB/T 4423—1992
		T		180			
	线材	M	0.1~1.0	350	35		GB/T14955—1994
			1.0~6.0		45		
		Y	0.1~1.0	880~1130			
			>1.0~2.0	860~1060			
			>2.0~4.0	830~1030			
			>4.0~6.0	780~980			

注:M 态的伸长率 δ 值为 $L_0 = 100$ mm。QSn7-0.2 棒材 HBS 为 70(R 态),130~200(Y 态)。

表 7-26 加工锡磷青铜的典型室温力学性能

合 金	状态	弹性模量 E/GPa	抗拉强度 σ_b/MPa	比例极限 σ_p/MPa	屈服强度 $\sigma_{0.2}$/MPa	伸长率 δ/%	面缩率 ψ/%	冲击韧性 α_K/J	布氏硬度 HB	摩擦系数 有润滑剂	摩擦系数 无润滑剂
QSn6.5-0.1	软态		350～450		200～250	60～70			70～90	0.01	0.12
	硬态	124	700～800	450	590～650	7.4～12			160～200	0.01	0.12
QSn6.5-0.4	铸件		250～350	100	140	15～30		50～60		0.01	0.12
	软态		350～450		200～250	60～70			70～90	0.01	0.12
	硬态	112	700～800	450	590～650	7.4～12			160～200	0.01	0.12
QSn7-0.2	软态	108	360	85	230	64	50	178	75		
	硬态		500			15	20	70	180	0.0125	0.2
QSn4-0.3	软态	100	340			52			55～70		
	硬态		600	350	540	8			160～180		

表 7-27 C51100（QSn4-0.3）锡磷青铜 1 mm 厚带材在不同状态下的典型力学性能

状 态	抗拉强度 σ_b/MPa	屈服强度 $\sigma_{0.2}$/MPa	标距 50 mm 的伸长率 δ/%	硬度 HRB	硬度 HR30T
OS 050	315	110	48	70HRF	
OS 035	330	130	47	73HRF	
OS 025	345	145	46	75HRF	
OS 015	350	160	46	76HRF	
H 01	380	295	36	48	45
H 02	425	385	19	70	65
H 03	510	495	11	84	72
H 04	550	530	7	86	74
H 06	635	615	4	91	78
H 08	675	655	3	93	79
H 10	710	675	2	95	80

表 7-28 C52100（QSn7-0.2）锡磷青铜在不同状态下的典型力学性能

状 态	抗拉强度 σ_b/MPa	屈服强度①$\sigma_{0.2}$/MPa	标距 50 mm 的伸长率 δ/%	硬度 HRF	硬度 HRB	硬度 HR30T
			板带材，厚度 1 mm			
OS 050	380		70	75		
OS 035	400		65	80		
OS 025	415	165	63	82	50	
OS 015	425		60	85		
H 02	525	380	32		84	73
H 04	640	495	10		93	78
H 06	730	550	4		96	80
H 08	770		3		98	81
H 10	825		2		100	82

续表 7-28

状 态	抗拉强度 σ_b/MPa	屈服强度①$\sigma_{0.2}$/MPa	标距 50 mm 的伸长率 δ/%	硬度 HRF	硬度 HRB	硬度 HR30T
棒材,直径 13 mm						
H 02	550	450	33		85	
线材,直径 2 mm						
OS 035	415	165	65			
H 01	560					
H 02	725					
H 04	895					
H 06	965					

① 载荷下延伸 0.5%。

表 7-29 锡磷青铜供应状态的室温硬度

合 金	状 态	HBS
QSn4-0.3	M	70～90
	Y	160～180
QSn6.5-0.4	M,带材	70～90
QSn7-0.2	Y,棒材	175～178
	R,棒材	80～89
QSn6.5-0.4	Y,带材	160～200

表 7-30 退火温度①对冷轧 QSn6.5-0.1 锡磷青铜②硬度 HV 的影响

退火温度/℃	加工率/% 10	20	30	40	50	60	70	80	90
室温	124	148	179	200	221	233	245	258	279
100	127	150	179	203	217	225	243	260	281
200	124	151	177	200	210	226	240	264	277
300	113	128	167	184	194	213	228	240	251
400	100	119	120	104	109	111	122	122	124
500	91	92	100	92	98	100	96	90	86
600	88	89	86	91	93	84	84	80	79
700	87	87	80	83	83	79	79	74	71
800	87	85	80	82	82	75	78	72	70

① 保温 30 min;②合金成分(质量分数,%):6.65Sn,0.12P,<0.01Fe,<0.005Pb,<0.01Zn,其余为铜。

7.3.7.3 拉伸性能

A 室温拉伸性能

锡磷青铜供应状态室温拉伸性能见表 7-31,不同变形率、不同退火温度后的室温拉伸性能见图 7-6～图 7-13。

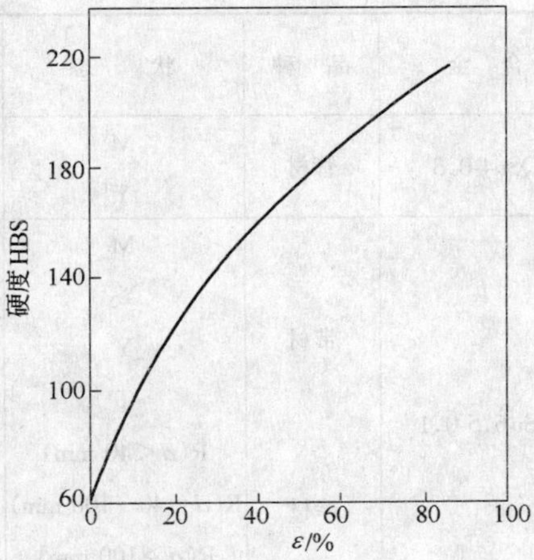

图 7-3 QSn4-0.3 硬度与变形率的关系

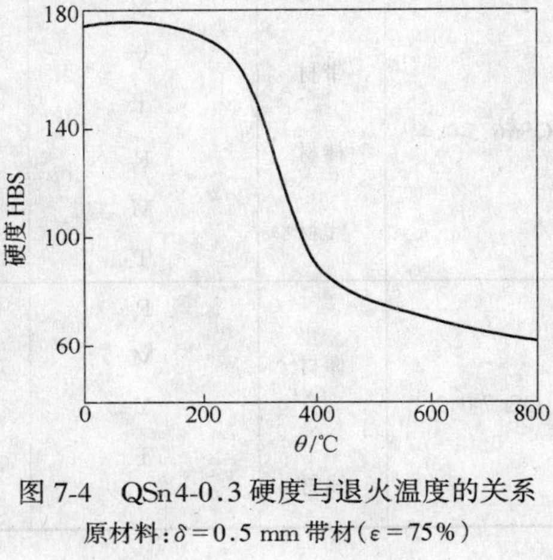

图 7-4 QSn4-0.3 硬度与退火温度的关系

原材料:δ=0.5 mm 带材(ε=75%)

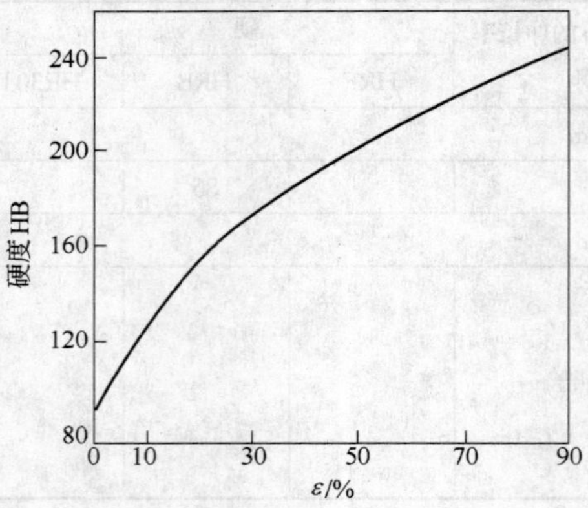

图 7-5 QSn7-0.2 硬度与加工率的关系
原材料:620℃退火 2 h 的软板材

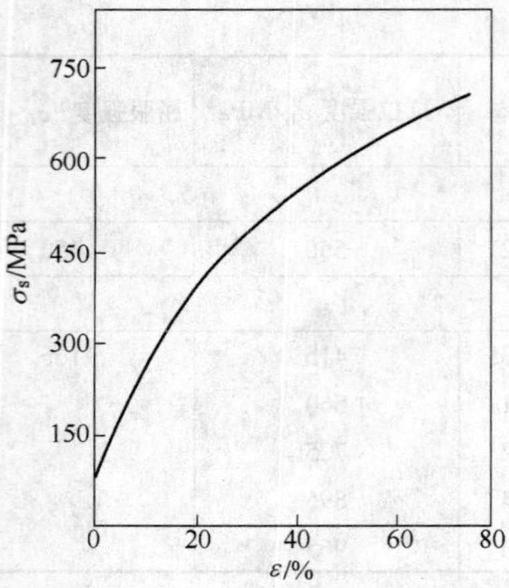

图 7-6 不同变形率 QSn4-0.3 的屈服强度
原材料:软带材

表 7-31 锡磷青铜供应状态室温拉伸性能

合金	品种	状态	σ_b/MPa			δ/%		
			$\bar{X}$	min	max	$\bar{X}$	min	max
QSn4-0.3	管材	M	375			46		
		Y	575	460	640	8	3	14
QSn6.5-0.1	带材	M	380	345	430	68	45	79
		Y_2	525	480	570	35	23	43
		Y	615	540	685	19	5	36
		T	725	665	805	7	2	14
	棒材	R(d<40 mm)	370	360	382	64	61	68
		R(d=40~100 mm)	380	360	420	66	57	71
		R(d>100 mm)	350	325	37	72	57	82
	线材	Y(d=0.1 mm)	1000	900	1060			
QSn6.5-0.4	带材	M	370			76		
		Y	605	540	685	22	8	34
		T	710	665	755	12	4	21
	棒材	R	390			66		
	线材	M	440	400	490	60	44	70
		T	975			4		
QSn7-0.2	棒材	R	385	355	430	65	47	73
		M	435			40		
		Y	505	450	570	29	20	38
	线材	T	600			22		
			940			2		

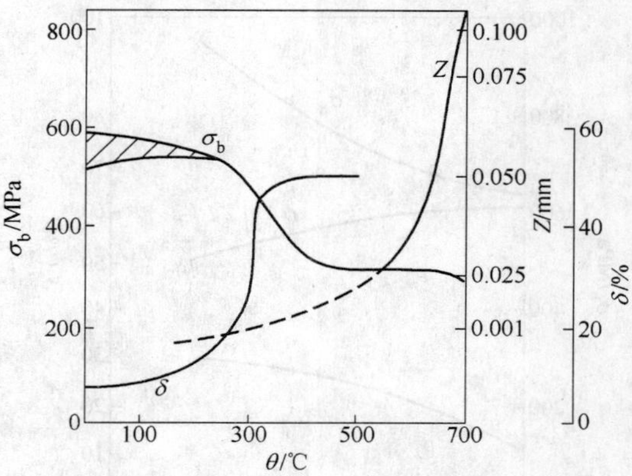

图 7-7　QSn4-0.3 拉伸性能和晶粒度与退火温度(保温 1 h)的关系

原材料:压力计用 6.8 mm×5 mm×0.9 mm 的硬管材

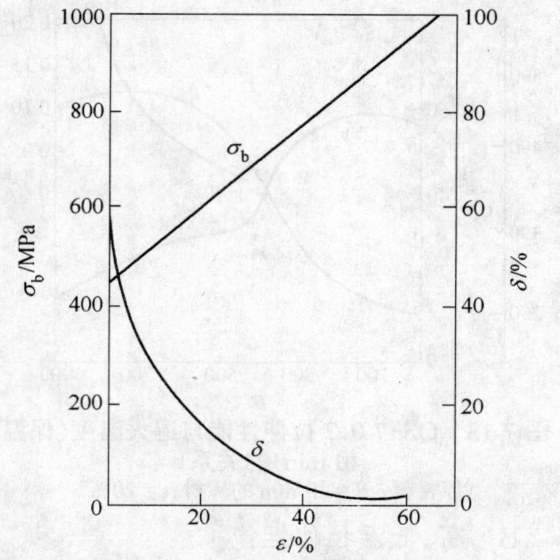

图 7-10　QSn6.5-0.4 的拉伸性能与加工率的关系

原材料:厚 4 mm 的软带材

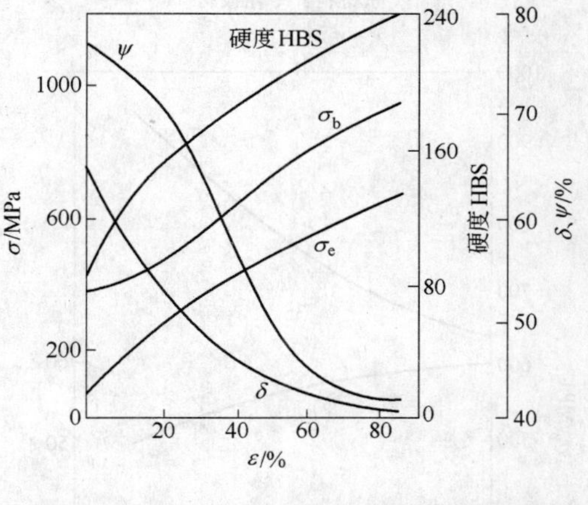

图 7-8　QSn6.5-0.1 的拉伸性能与加工率的关系

原材料:软带材

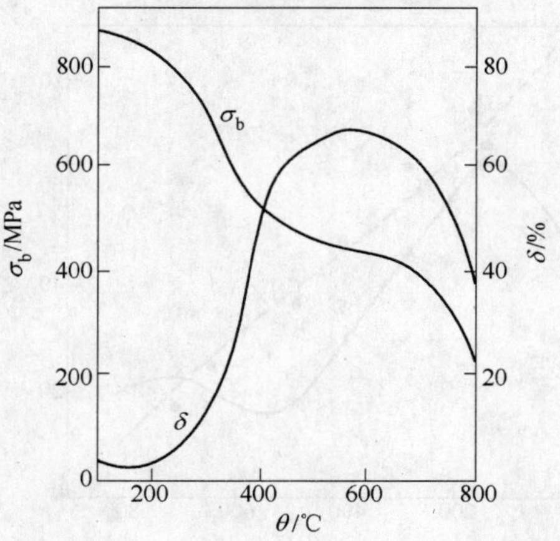

图 7-11　QSn6.5-0.4 的拉伸性能与退火温度(保温 1 h)的关系

原材料:厚 4 mm 的硬线材

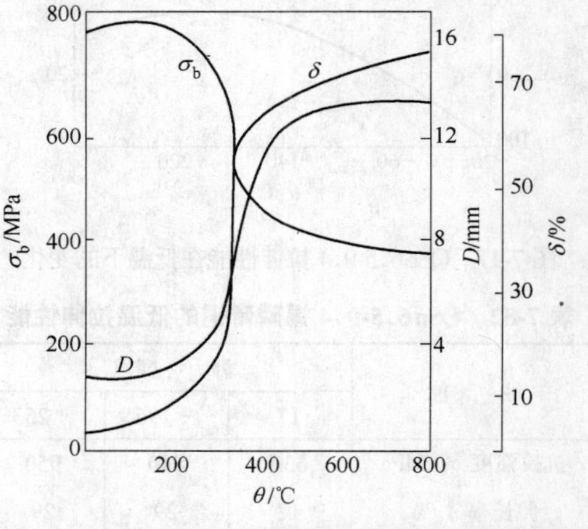

图 7-9　QSn6.5-0.1 的拉伸性能与退火温度的关系

原材料:硬带材,D 为杯突深度

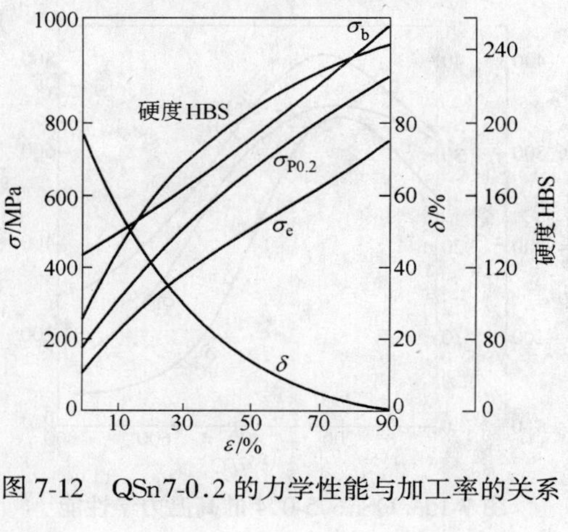

图 7-12　QSn7-0.2 的力学性能与加工率的关系

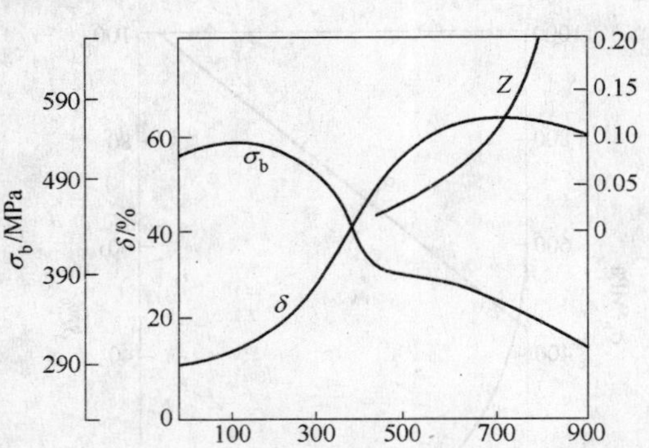

图 7-13 QSn7-0.2 拉伸性能与退火温度(保温 40 min)的关系

原材料：$d = 30$ mm 的棒材，$\varepsilon = 20\%$

B 高、低温拉伸性能

锡磷青铜高温拉伸性能见图 7-14 和图 7-15，低温拉伸性能见图 7-16、图 7-17 和表 7-32。

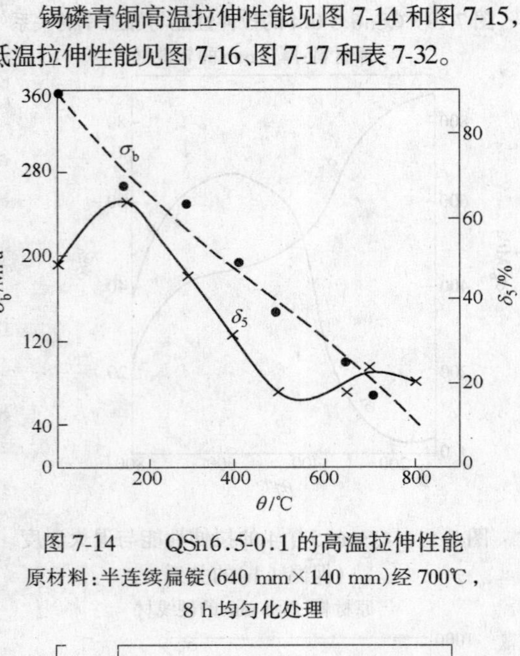

图 7-14 QSn6.5-0.1 的高温拉伸性能

原材料：半连续扁锭(640 mm×140 mm)经 700℃，8 h 均匀化处理

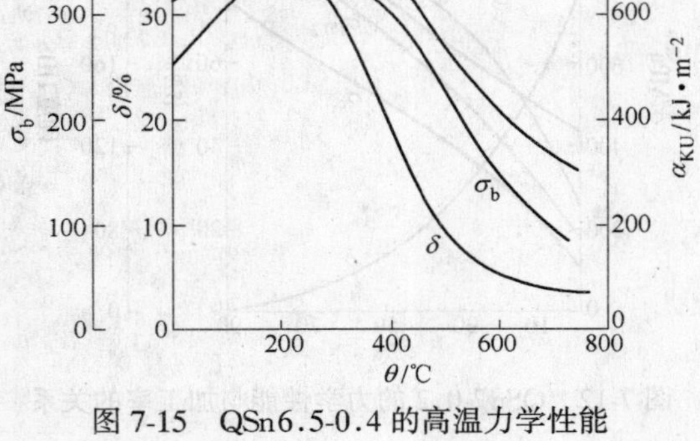

图 7-15 QSn6.5-0.4 的高温力学性能

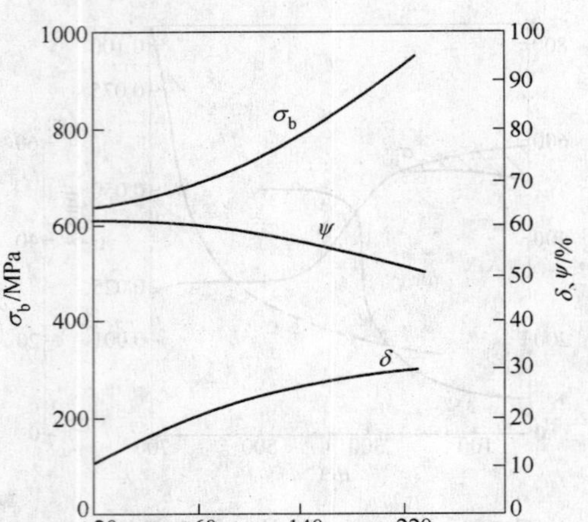

图 7-16 QSn6.5-0.15 拉伸性能在低温下的变化

原材料：冷轧板材

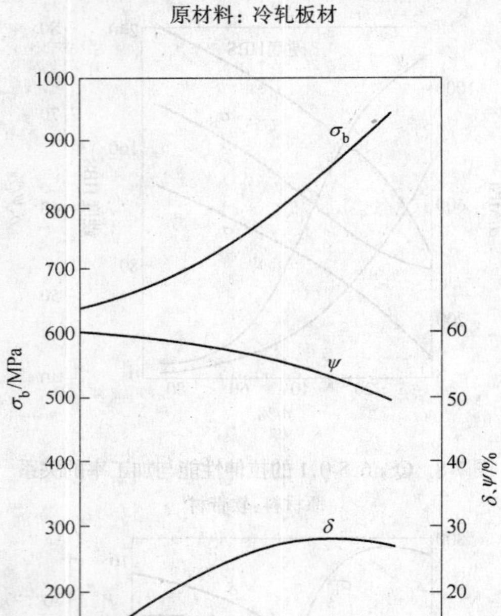

图 7-17 QSn6.5-0.4 拉伸性能在低温下的变化

表 7-32 QSn6.5-0.4 锡磷青铜的低温拉伸性能

性能	温度/℃		
	17	−196	−253
抗拉强度 σ_b/MPa	630	840	950
伸长率 δ/%	12	29	29
面缩率 ψ/%	61	54	51

C 冲击性能

QSn7-0.2 的 $\alpha_{KU}=686\ kJ/m^2$(Y 态),$\alpha_{KU}=1670\ kJ/m^2$(M 态);QSn6.5-0.4 的高温冲击性能见图 7-15。

D 耐磨性能

QSn7-0.2 硬态棒摩擦系数 $\mu=0.0125$(有润滑),$\mu=0.2$(无润滑)。

E 抗应力松弛和蠕变性能

锡磷青铜抗应力松弛性能见图 7-18～图 7-20 和表 7-33,蠕变性能见表 7-34。

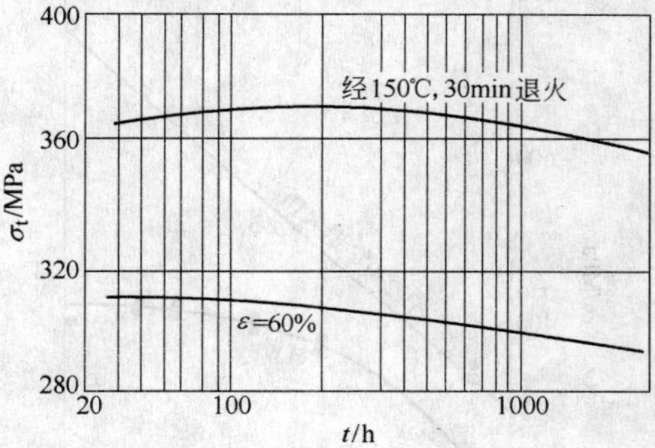

图 7-18 QSn4-0.3 室温应力松弛

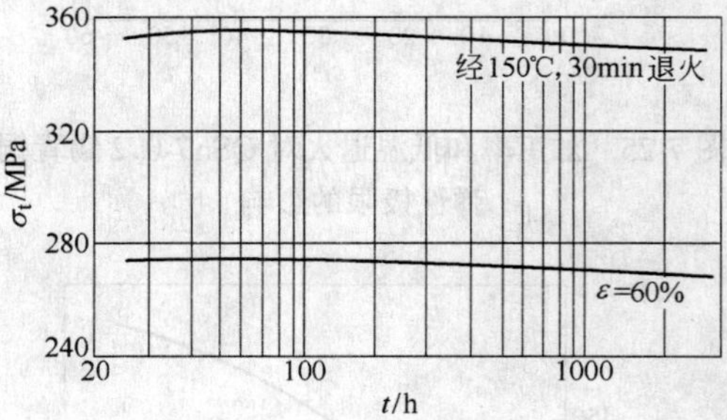

图 7-19 QSn6.5-0.1 室温应力松弛

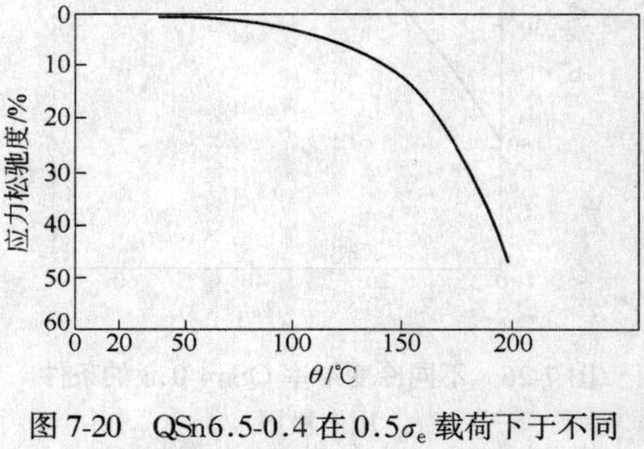

图 7-20 QSn6.5-0.4 在 $0.5\sigma_e$ 载荷下于不同温度试验 100 h 的应力松弛

表 7-33 QSn6.5-0.1 高温应力松弛

状 态	θ/℃	试验时间/h	σ_0/MPa	$\frac{\sigma_0-\sigma_t}{\sigma_t}\times100$
Y	100	100	245	1.0
加工率 80%并低温退火	150	100	245	15.0

表 7-34 QSn6.5-0.4 锡青铜的蠕变速度

材料状态	晶粒尺寸/mm	试验温度/℃	应 力/MPa	蠕变速度/%·h^{-1}
软 态	0.05	150	30	0.003
		150	70	0.008
		150	100	0.019
		150	140	
		200	14	0.003
		200	28	
		260	7	0.0036
		260	35	0.018
硬 态	加工率84%	150	30	0.0009
		150	100	0.0032
		150	140	0.0037
		150	200	0.0080
		200	40	0.0061
		200	70	0.020
		260	7	0.062

F 疲劳性能

QSn4-0.3 供应状态的疲劳强度极限(循环次数 N 为 5×10^7 周)$\sigma_D=215$ MPa(M 态管材),$\sigma_D=348$ MPa(Y 态管材)。各材料高周疲劳见表 7-35 和图 7-21～图 7-23。

表 7-35 QSn6.5-0.1(循环次数 $N=10^7$ 周时)不同加工率材料的疲劳强度极限和经低温退火后的疲劳强度

状态(ε/%)	Y_2(30)	Y(50)	T(90)	备 注
σ_D/MPa	260	345	365	
σ_D/MPa	295	365	460	150℃,退火 30 min

G 弹性性能

QSn6.5-0.4 合金 Y 态的弹性模量 $E=$

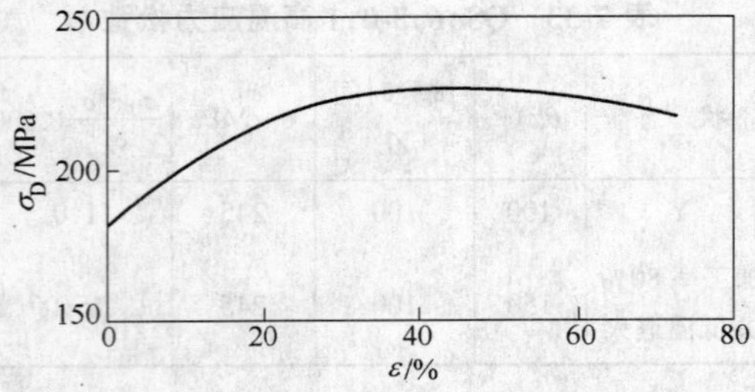

图 7-21 QSn4-0.3 不同变形率的疲劳极限
（循环次数 $N=10^8$ 周）

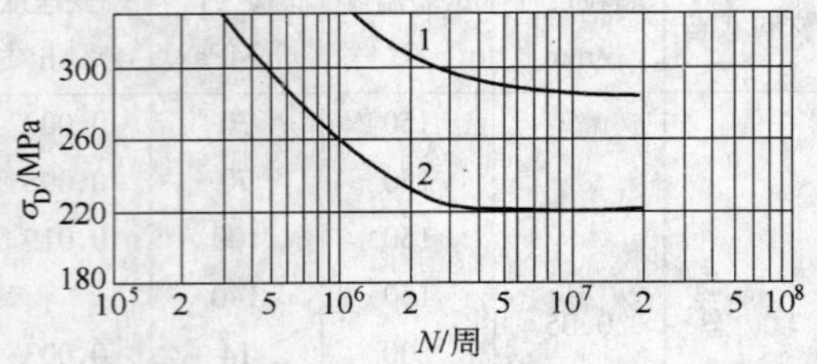

图 7-22 QSn6.5-0.4 的疲劳强度与循环次数的关系

1— 经微细晶粒化处理；2—未经微细晶粒化处理

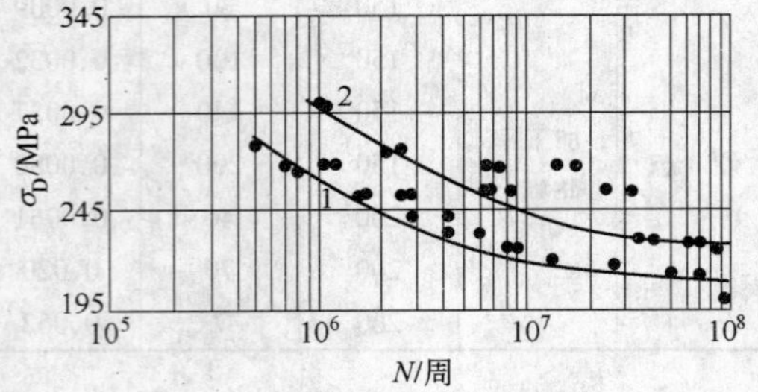

图 7-23 加工和低温退火的 QSn7-0.2 的疲劳强度极限

原材料：合金含 8%Sn，0.1%P，厚 0.508 mm 条材

1—ε 为 60%；2—冷轧后经 250℃ 低温退火 100 h

109.8GPa，QSn7-0.2 合金 M 态棒的弹性模量 $E=105.9$ GPa，QSn 6.5-0.1 合金的弹性模量见表 7-36。

表 7-36 QSn6.5-0.1 合金的弹性模量

状态	取样方向	试验方法	E/GPa
Y 棒	纵向	拉 伸	121.6
T 带	纵向	弯 曲	100.8
	横向		128.4

QSn4-0.3 合金的切变模量为 41.4 GPa，加工和热处理对锡磷青铜弹性的影响见图 7-24～图 7-26。

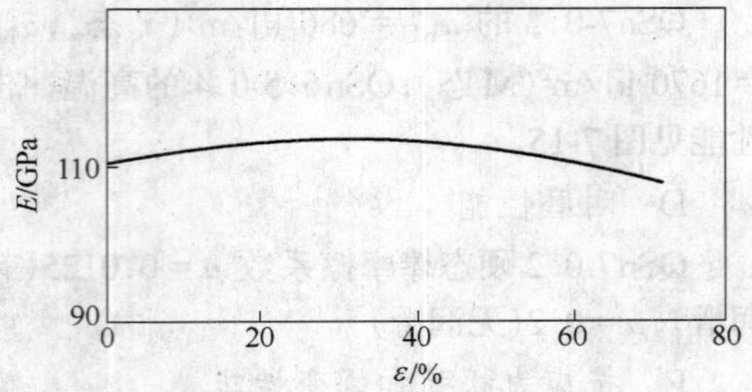

图 7-24 不同加工率 QSn4-0.3 的弹性模量

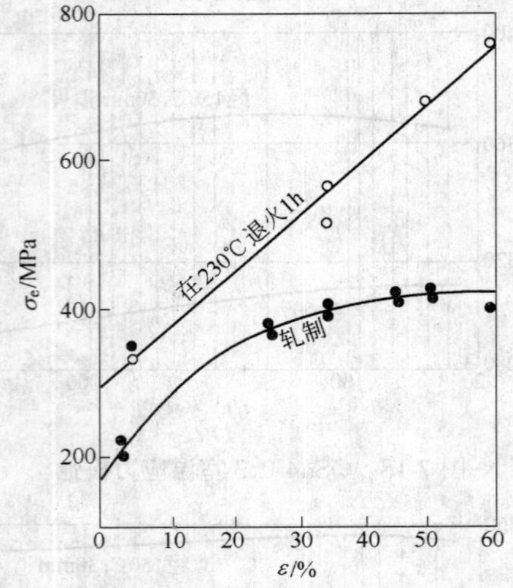

图 7-25 加工率和低温退火对 QSn7-0.2 锡青铜弹性极限的影响

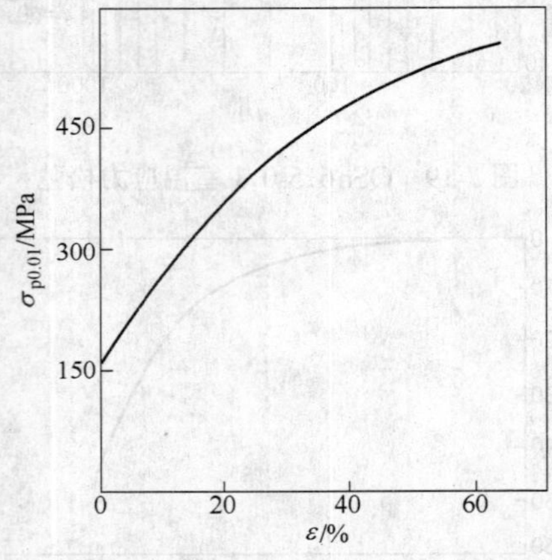

图 7-26 不同冷变形率 QSn4-0.3 的条件比例极限

规定非比例伸长应力见表 7-37。

表 7-37 QSn4-0.3 硬态($\varepsilon=80\%$)经 150℃,30 min 退火后的弯曲规定非比例伸长应力

$\sigma_{p0.002}$/MPa	$\sigma_{p0.005}$/MPa	$\sigma_{p0.01}$/MPa
415	480	540

7.3.8 工艺性能

(1) 熔炼与铸造工艺。锡磷青铜有较好的熔铸工艺性能。用工频有芯或无芯感应电炉熔炼,由于熔体吸气性强,熔炼时应使用经煅烧过的木炭覆盖。以烟灰加适量片状石墨粉作熔体覆盖剂,用半连续铸造或水平连续铸造工艺浇注铸锭。QSn 4-0.3 合金铸造温度为 1160～1200℃; QSn6.5-0.1 合金铸造温度为 1150～1200℃; QSn6.5-0.4 和 QSn7-0.2 合金铸造温度为 1160～1240℃。当采用铁模浇铸时,锡磷青铜出炉温度为 1200～1250℃。

(2) 成形性能。锡磷青铜具有良好的冷加工性。其中,QSn4-0.3 合金还具有良好的热加工性,可以用拉伸、弯曲、压扁、剪切等方法加工。QSn6.5-0.1 合金也具有良好的热加工性,总加工率可达 90%以上。QSn6.5-0.4 合金能冲压、模压、拉伸、弯曲等加工,在热状态下也可加工,但热裂趋向较大。QSn7-0.2 合金可以冲切、拉伸、弯曲和冲压等,也可热加工,如热挤压加工。

(3) 焊接性能。锡磷青铜有良好的焊接性。易于锡焊、铜焊、闪光焊,也能进行气体保护电弧焊、点焊,不宜埋弧焊和电渣焊。

(4) 切削加工与磨削性能。锡磷青铜的切削加工性为易切削黄铜 HPb63-3 的 20%。

7.3.9 选材与应用实例

QSn4-0.3 合金是低锡含量的锡磷青铜,有较高的强度、硬度、弹性,优良的耐蚀性和疲劳性能。还有良好的冷、热加工性。这种合金主要制成各种尺寸的扁管和圆管,供作弹性敏感元件使用。选用合适冷变形率的管材并进行消除应力的低温退火,以防压扁成形开裂。

QSn6.5-0.1 合金有高的强度、弹性、耐磨性和抗磁性,有良好的冷加工性、耐蚀性、焊接性和切削加工性,被广泛用于制造弹性元件、精密仪器仪表中的耐磨零件和抗磁零件。在航空工业中主要用于制造各种高度表、升降速度表的弹簧、连杆、垫圈、小轴,测压表的膜片、膜盒及波纹管等。对制造零件进行消除应力的热稳化处理能提高该材料的抗疲劳性能。

QSn6.5-0.4 合金组织中会出现磷化物 Cu_3P 组成的共晶体,是造成合金热加工时热裂的根源。合金有高的强度、硬度、弹性和耐磨性,在淡水和海水中抗蚀性良好,易于焊接。作为高强度、高弹性材料和耐磨材料在仪器仪表制造业中得到广泛的应用,主要用于制造弹性元件、耐磨零件及金属网等。在航空工业中主要用作组合空速表、进气压力表等的膜片、弹簧片等。

QSn7-0.2 合金 α 相固溶体中会产生少量的(α+δ)共析体,δ 相是一硬脆相,含量多时会降低合金的塑性和力学性能。合金具有很高的强度、硬度、高的弹性和耐磨性,在大气、淡水和海水中有高的耐蚀性,易于焊接,主要用于制造在中等载荷和中等滑动速度下工作的耐磨零件和结构零件,如抗磨垫圈、轴承、轴套、涡轮等;还可以制造弹簧、簧片及其他机械、电气零件。

7.4 铝青铜

7.4.1 概述

铝青铜除铝外,还含有铁、镍、锰等其他元素。铁能细化铝青铜铸造或再结晶后的晶粒,与铝形成微粒状的 $FeAl_3$ 化合物,显著提高合金的强度、硬度和耐磨性。但铁含量过高时,组织中会析出针状 $FeAl_3$ 化合物,降低合金力学性能。铁还能增加高温 β 相的稳定性,抑制 β 相共析分解及形成连续链状的粗大 γ_2 颗粒而使合金变脆的"自行退火"现象。镍能提高铝青铜共析转变温度,使共析点成分向高铝方向移动,改变 α 相的形态。含镍量较低时,α 相呈针状,镍量达 3%时则呈片状。镍显著提高铝青铜的强度、硬度、热稳定性和耐蚀性。锰可提高合金的工艺性能、力学性能和耐蚀性,合金能很

好地承受冷、热压力加工。加入0.3%～0.5%的锰,就可以减少热轧开裂,提高成品率,在含镍铝青铜中加入锰,有使β相的共析转变形成粒状组织的倾向。

加工铝青铜有QAl9-2、QAl9-4、QAl10-3-1.5、QAl10-4-4等四个牌号,下面对它们的成分、组织性能和制备工艺分别进行叙述。

7.4.2 铝青铜QAl 9-2

7.4.2.1 牌号、品种规格与供应状态

材料牌号:QAl9-2

相近牌号:БРАМЦ 9-2(俄罗斯),CuAl9Mn2(德国),CuAl9Mn2(ISO)。

品种规格与供应状态见表7-38。

表7-38 QAl9-2的品种规格与供应状态

品种	板材	带材	管材	棒材
d或δ或$D\times S$/mm	0.4～12.0	0.05～1.20	20～250×3～50	10～160
供应状态	M Y	M Y T	R	R

7.4.2.2 化学成分

铝青铜QAl9-2的化学成分见表7-39。

表7-39 QAl 9-2合金的化学成分(质量分数) (%)

成分	Al	Mn	Cu	Sn	Zn	Fe	Pb	Si	P	杂质总和
				不大于						
含量	8.0～10.0	1.5～2.5	余量	0.1	1.0	0.5	0.03	0.1	0.01	1.7

合金组织结构 铸锭金相组织为α相+(α+γ_2)共析体组织;冷轧态组织为α相和共析体,此时α相已破碎;退火后组织为再结晶α相和共析体;挤压态组织为α基体和少量共析体加γ_2相。

7.4.2.3 物理及化学性能

A 物理性能

QAl9-2铝青铜的物理性能如下:

密度:$\rho=7600$ kg/m^3。

热性能:

熔化温度范围:液相线温度为1061℃。

热导率:$\lambda=71.2$ W/(m·℃)。

线膨胀系数(20℃):

$\alpha=17.0\times10^{-6}$℃$^{-1}$。

电阻率:$\rho=0.11$ μΩ·m。

B 化学性能

QAl9-2铝青铜的化学性能如下:

(1) 抗氧化性能。合金在表面形成一层致密氧化膜,可防止高温氧化,其热稳定性较好。

(2) 耐腐蚀性能。合金具有优良的耐蚀性。在大气、海水及多数有机酸溶液中均有很高的耐蚀性。在某些硫酸盐、苛性碱、酒石酸等溶液中也有较好的耐蚀性。合金在海水中的腐蚀速度见表7-40。

表7-40 QAl9-2合金在海水中的腐蚀速度

介质	腐蚀速度 $g\cdot m^{-2}\cdot h^{-1}$	腐蚀速度 $mm\cdot a^{-1}$	备注
20℃人造海水	0.02	0.02	加工试样
40℃人造海水	0.03	0.03	加工试样

QAl9-2合金在某些介质中的腐蚀速度见表7-41。

7.4.2.4 热处理

中间退火温度:700～750℃(棒),540～700℃(板、带)。

7.4.2.5 力学性能

A 技术标准规定的性能

技术标准规定的QAl9-2合金的力学性能见表7-42。

表 7-41 QAl 9-2 合金在其他介质中的腐蚀速度

腐蚀介质	试验温度/℃	试验持续时间/h	腐蚀速度	
			$g\cdot m^{-2}\cdot h^{-1}$	$mm\cdot a^{-1}$
30%乙酸溶液	20	720	0.03	0.03
30%乙酸溶液	40	720	0.24	0.28
铸造试样在10%盐酸溶液中	20	720	2.16	2.46
铸造试样在10%盐酸溶液中	40	720	7.44	5.86
压力加工试样在10%盐酸溶液中	20	720	1.31	1.50
压力加工试样在10%盐酸溶液中	40	720	6.28	7.36
浓硫酸	20	720	0.06	0.07
浓硫酸	40	720	0.31	0.36
20%硫酸铵溶液	20	720	0.03	0.03
40%硫酸铵溶液	40	720	0.05	0.054

表 7-42 技术标准规定的力学性能

品种	状态	d 或 δ/mm	σ_b/MPa	δ/%		技术标准
			不小于			
板材	M Y	0.4～12.0	441 588	18 5		GB/T 2043—1989
带材	M Y T	0.3～12.0	441 588 880	18 5 —		GB/T 2062—1989
管材	R	3～50(壁厚)	470	15		GB/T 1528—1997
棒材	R	10～45 >45～120	490 470	15(δ_{10}) 20(δ_{10})	18(δ_5) 14(δ_5)	GB/T 13808—1992

B 硬度

供应状态 QAl 9-2 合金的硬度见表 7-43。

表 7-43 供应状态 QAl 9-2 合金的硬度

材料状态	铸铁模铸件	R	M	Y
硬度 HBS	90～120	160	80～100	160～180

合金力学性能与退火温度的关系分别见图 7-27 和图 7-28。

QAl 9-2 合金硬度与加工率的关系见图 7-29。

C 拉伸性能

供应状态 QAl 9-2 材料的拉伸性能见表 7-44。

QAl9-2 合金的高温力学性能见表 7-45。

QAl9-2 合金的力学性能与加工率的关系分别见图 7-29 和图 7-30。

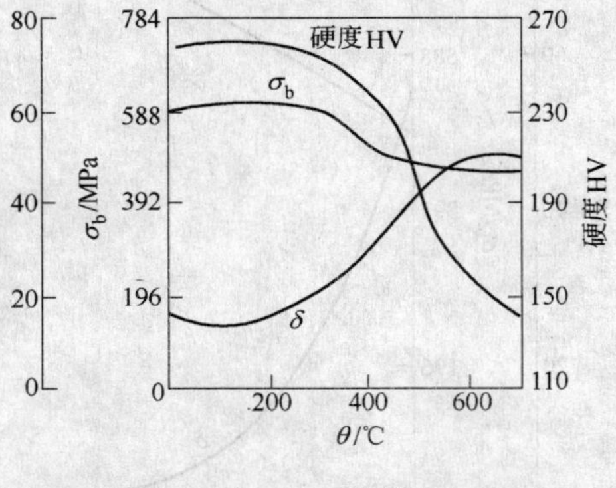

图 7-27 QAl 9-2 合金的力学性能与退火温度(保温 1 h)的关系(1)

表 7-44 供应状态 QAl 9-2 合金的拉伸性能

材料状态	σ_b/MPa	δ/%	ψ/%
R	392	25	
M	441	20～40	35
Y	588～784	4～5	

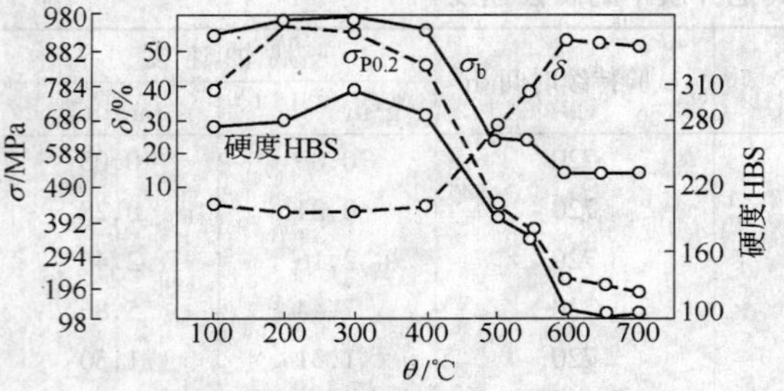

图 7-28 QAl 9-2 合金力学性能与退火温度的关系(2)

原材料:2.5 mm 板材,加工率 50%,在不同温度退火 30 min,纵向试样

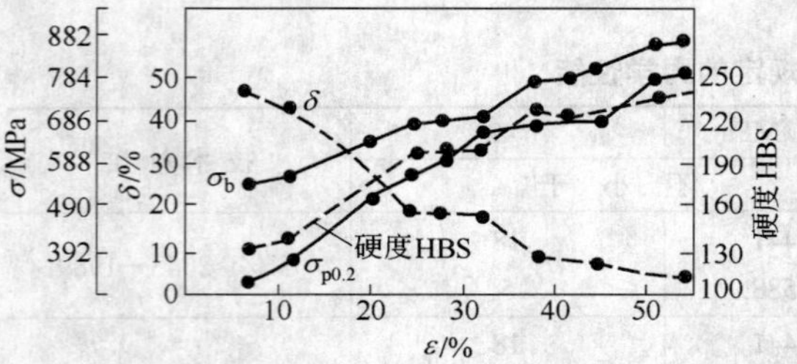

图 7-29 QAl 9-2 力学性能与加工率的关系

原材料:软板材

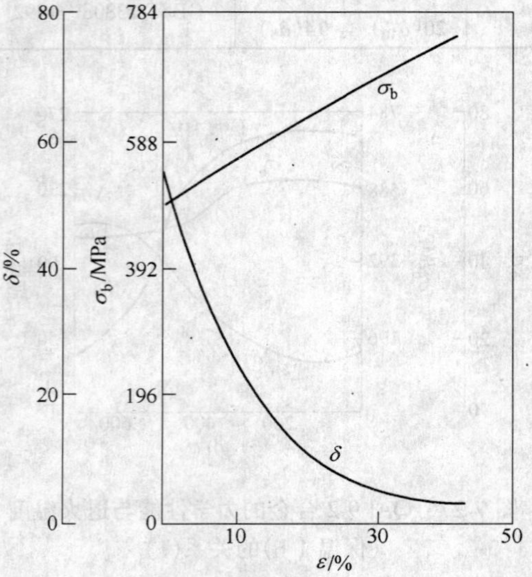

图 7-30 QAl 9-2 合金的力学性能与加工率的关系

D 冲击性能

QAl 9-2 合金的冲击韧性: a_{KU} = 686 kJ/m^2(铁模铸造),a_{KU} = 882 kJ/m^2(M)。

表 7-45 QAl 9-2 合金的高温力学性能

θ/℃	20	500	600	650	700	750	800	850
σ_b/MPa	412	176	88	39	15	10	8	4
δ/%	25	11	17	30	40	55	70	80

E 摩擦性能

QAl 9-2 合金的摩擦系数见表 7-46。

表 7-46 QAl 9-2 合金的摩擦系数

工艺条件	有润滑剂			无润滑剂		
材料状态	铸件	加工材		铸件	加工材	
	铁模铸造	挤制	软、硬态	铁模铸造	挤制	软、硬态
摩擦系数 μ	0.006	0.006	0.006	0.18	0.18	0.18

F 疲劳性能

QAl 9-2 合金的高周疲劳:疲劳强度 σ_D = 205.8 MPa(循环周次 106 次,硬态材料)。

G 弹性性能

QAl 9-2 合金的弹性模量 E = 90.2 GPa(铁模铸件)。

7.4.2.6 工艺性能

QAl 9-2 合金的工艺性能如下:

(1) 熔炼和铸造工艺。合金一般在感应电炉中熔炼。铝与氧的亲和力较大,易形成致密的 Al_2O_3 氧化膜,可不用脱氧剂、覆盖剂,但易形成氧化铝夹渣。熔炼温度不宜过高,避免或减少熔体搅动,捞渣要仔细,宜采用冰晶石清渣。铸造采用敞开式半连续铸造,铸造温度为 1200~1240℃。

(2) 成形性能。合金可良好地承受热态和冷态加工,热加工温度为 740~840℃。

(3) 焊接性能。合金宜于进行电焊和气焊,不易钎焊。

(4) 切削加工及磨削性能。合金的切削加工性为 20%(以 HPb63-3 为 100%)。

7.4.2.7 选材与应用实例

QAl 9-2 合金一般用于制造高强度零件,如轴承、齿轮、衬套及其他高承力结构件。

7.4.3 铝青铜 QAl 9-4

7.4.3.1 牌号、品种规格与供应状态

材料牌号:铝青铜 QAl 9-4

相近牌号:БРАЖ 9-4(俄罗斯),C61900

(美国)，CAl03(英国)，CuAl8Fe(德国)

品种规格与供应状态见表 7-47。

表 7-47 QAl 9-4 合金的品种规格与供应状态

品 种	挤制棒材	拉制棒材	带 材	板 材	管 材
d，δ 或 $D\times S$/mm	10～160	5～40	0.05～1.20	0.4～12.0	(20～250)×(3～50)
供应状态	R	Y	T	Y	R(热挤)

7.4.3.2 化学成分

QAl 9-4 合金的化学成分见表 7-48。

表 7-48 QAl 9-4 合金的化学成分(质量分数) (%)

成分	Al	Fe	Cu	Zn	Mn	Pb	Si	P	Sn	杂质总和
				不大于						
含量	8.0～10.0	2.0～4.0	余量	1.0	0.5	0.01	0.1	0.01	0.1	1.7

合金组织结构　合金共析转变温度为 565℃。在共析转变温度以上，合金为(α+β)两相组织；565℃发生 β→(α+γ)共析转变，快冷时 β 相通过无扩散相变变成 β′马氏体相，低于共析转变温度回火，β′相共析分解为($\alpha+\gamma_2$)，不同的回火制度得到不同析出形态的共析体。合金中还存在微粒状的 $FeAl_3$ 化合物。

7.4.3.3 物理及化学性能

A 物理性能

QAl 9-4 合金的物理性能如下：

密度：$\rho=7400\ kg/m^3$。

热性能：

熔化温度范围：1037～1048℃。

热导率：$\lambda=58.6W/(m\cdot℃)$。

比热容：$c=376.3\ J/(kg\cdot℃)$。

线膨胀系数：见表 7-49。

电性能：

导电率：$g=10.5\%$ IACS。

电阻率：$\rho=0.123\ \mu\Omega\cdot m$。

磁性能：

磁导率：磁场强度 $H=16$ kA/m 时，合金的磁导率 $\mu=1.2$。

表 7-49 QAl 9-4 合金的线膨胀系数

θ/℃	20～300	−20	−40	−60	−100	−140	−180	−190
α/℃$^{-1}$	19.0×10^{-6}	15.8×10^{-6}	17.3×10^{-6}	14.7×10^{-6}	17.14×10^{-6}	17.7×10^{-6}	12.0×10^{-6}	11.0×10^{-6}

B 化学性能

QAl 9-4 合金的化学性能如下：

抗氧化性能：抗高温氧化性能良好。

耐腐蚀性能：合金在大气、淡水、静止和流动的海水中有稳定的耐蚀性，对非氧化性酸、盐酸、硫酸和乙酸等也有好的耐蚀性，但不宜在碱性溶液条件下使用。

7.4.3.4 热处理

QAl 9-4 合金在 650～700℃加热后，空冷，可以降低脆性。退火：600～700℃，1～4 h，空冷。消除应力退火：300～400℃，1 h。

7.4.3.5 力学性能

A 技术标准规定的性能

QAl 9-4 合金的技术标准规定性能见表 7-50。

B 硬度

QAl 9-4 合金挤制棒材经 980℃淬火，不同温度回火后的硬度见表 7-51。

QAl 9-4 合金挤制棒材的高温和低温硬度见表 7-52。

C 拉伸性能

QAl 9-4 合金供应状态材料的室温拉伸性能见表 7-53。

表 7-50 技术标准规定的 QAl 9-4 合金的性能

品 种	状态	δ, d 或 $D\times S$/mm	σ_b/MPa	伸长率/%		硬度 HBS	技 术 标 准
				δ_{10}	δ_5		
挤制棒材	R	10～120	540	15	17	110～190	GB/T 13808—1992
		>120～160	450	12	13		
挤制棒材	Y	5～40	580	12	13		GB/T 4423—1992
板 材	Y	0.4～12.0	588				GB/T 2043—1989
带 材	Y	0.3～1.20	637				GB/T 2062—1989
管 材	R	(20～250)×(3～50)	490	15	17	110～190	GB/T 1528—1997

表 7-51 不同热处理后 QAl 9-4 合金的硬度

回火温度/℃	300	400	500	600	700	未回火
硬度 HBS	187	158	161	156	166	170

表 7-52 QAl 9-4 合金挤制棒材的硬度

试验温度/℃	−196	600	700	800	900
硬度 HRB	98.4	26	7.6	4.0	1.1

表 7-53 QAl 9-4 合金供应状态的室温拉伸性能

品 种	状 态	σ_b/MPa		δ/%	
		min	max	min	max
棒 材	R	540	686	18	41
管 材	R	520	657	19	38

不同变形率 QAl 9-4 合金的拉伸性能见图 7-31。

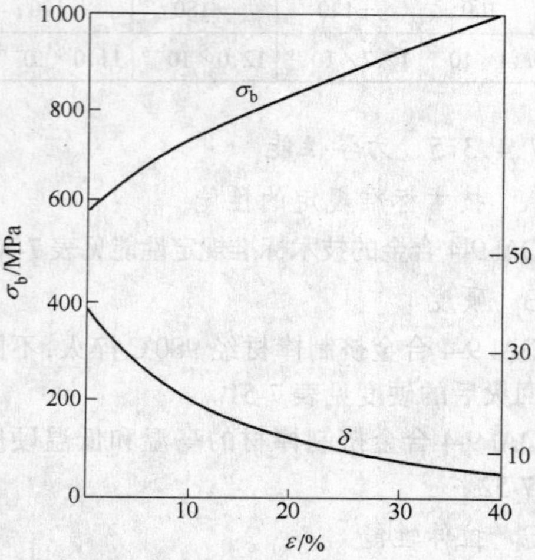

图 7-31 QAl 9-4 合金拉伸性能与变形率的关系

不同温度退火后 QAl 9-4 合金的拉伸性能见图 7-32。

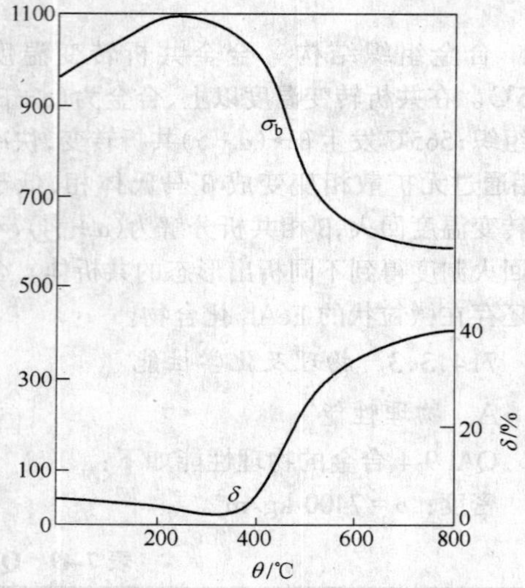

图 7-32 QAl 9-4 合金拉伸性能与退火温度（保温 1 h）的关系

QAl 9-4 合金高温拉伸性能见图 7-33。

QAl 9-4 合金低温拉伸性能见表 7-54。

表 7-54 QAl 9-4 合金的低温拉伸性能

状 态	θ/℃	σ_b/MPa	$\sigma_{0.2}$/MPa	δ/%	ψ/%
R(挤压)	−183	710	380	15	16
	−196	725	365	17	16
M(650℃, 1 h退火)	−183	670	315	25	25
	−196	715	345	27	25
M(700℃, 1 h退火)	−183	640	325	18	20
	−196	660	335	22	21
M(750℃, 1 h退火)	−183	610	330	14	13
	−196	650	340	18	16

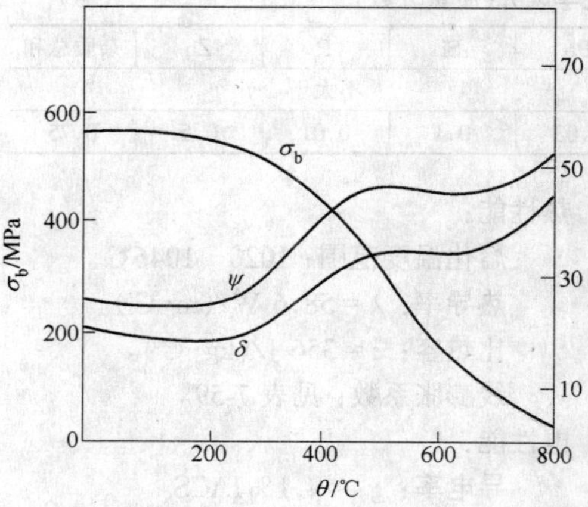

图 7-33 QAl 9-4 合金的高温拉伸性能

D 压缩性能

QAl 9-4 合金挤制棒材的抗压强度 σ_{bc} = 1127 MPa。

E 冲击性能

QAl 9-4 合金冲击韧性见表 7-55。

表 7-55 QAl 9-4 合金的冲击韧性

状 态	R(挤压)		M(650℃，1 h退火)	M(650℃，1 h退火)	M(700℃，1 h退火)	
θ/℃	20	−196	20	−196	20	−196
a_K/kJ·m^{-2}	304	147	402	256	392	256

F 扭转和剪切性能

剪切强度：挤压棒材的剪切强度 τ = 372 MPa。

耐磨性能：挤压棒材的摩擦系数，μ = 0.012(有润滑剂)；μ = 0.180(无润滑剂)。

G 疲劳性能

高周疲劳：挤压棒材的疲劳强度极限，循环次数 N 为 5×107 周时，σ_D = 206 MPa。

H 弹性性能

弹性模量：E = 117.14 GPa(R 态棒材)。

切变模量：G = 41.4 GPa(R 态棒材)。

7.4.3.6 工艺性能

QAl 9-4 合金的工艺性能如下：

(1) 熔炼与铸造工艺。合金凝固温度范围小，流动性好，能得到致密的铸锭。元素铝易氧化生成高熔点的氧化铝，形成悬浮渣，难以清除，应使用能溶解氧化铝的冰晶石作为覆盖剂。当使用回炉料时，宜用六氯乙烷进行精炼。常用中频或工频无芯感应电炉熔炼和半连续铸造工艺浇注铸锭。铸造温度为 1180～1240℃。

(2) 成形性能。β相在高温时富于塑性，因此合金有好的热加工性能，能进行热挤压，热轧和热锻。热锻率为锻造黄铜(美 C37700)的 80%。热加工温度为 750～850℃。合金还具有一定的冷加工性能，可进行冷轧、弯曲和成形加工。

(3) 焊接性能。合金能良好地进行氩弧焊、闪光焊，也可以进行铜焊，但不宜气焊、锡焊和电渣焊。

(4) 表面处理工艺。酸洗：采用硫酸 + 重铬酸钠水溶液。光亮处理：采用磷酸(55%体积分数) + 硝酸(20%体积分数) + 乙酸(25%体积分数)水溶液，于 50～80℃浸渍。

(5) 切削加工与磨削性能。合金的切削加工性为易切削黄铜 HPb63-3 的 30%。

7.4.3.7 选材与应用实例

QAl 9-4 合金在航空制造工业中主要用于制造支架、接管嘴、轴承、衬套、法兰盘、导阀、齿轮、泵杆以及凸轮等结构零件。

7.4.4 铝青铜 QAl 10-3-1.5

7.4.4.1 牌号、品种规格与供应状态

材料牌号：铝青铜 QAl 10-3-1.5

相近牌号：与 QAl 10-3-1.5 合金相近的国外牌号见表 7-56。

表 7-56 与 QAl 10-3-1.5 合金相近的国外牌号

国别	俄罗斯	德国	日本	美国	ISO
牌号	БРАЖМЦ10-3-1.5	CuAl10Fe	C6161	C61600	CuAl10Fe3

QAl 10-3-1.5 合金品种规格与供应状态见表 7-57。

表 7-57 QAl 10-3-1.5 合金的品种规格与供应状态

品 种	挤制棒材	拉制棒材	管 材
d 或 $D \times S$/mm	10～160	5～40	(20～50)×(3～50)
供应状态	R	Y	R(热挤)

7.4.4.2 化学成分

QAl 10-3-1.5 合金的化学成分见表 7-58。

表 7-58 QAl 10-3-1.5 合金的化学成分(质量分数) (%)

成分	Al	Fe	Mn	Cu	Pb	Si	P	Zn	杂质总和
					不大于				
含量	8.5～10.0	2.0～4.0	1.0～2.0	余量	0.03	0.1	0.01	0.5	0.75

合金的显微组织结构随铸锭和加工条件不同而有所变化。在生产条件下冷却为 $\alpha+(\alpha+\gamma_2)$共析体,若冷却过慢,则形成$(\alpha+\gamma_2)$,共析体有明显的片状特征,性能变脆;高温加热并快速冷却时,高温 β 相通过无扩散相变形成亚稳态的针状 β′马氏体;回火时 β′共析分解成$(\alpha+\gamma_2)$,通过改变回火制度可以调整共析体的析出形态,以得到所需的材料性能。

7.4.4.3 物理及化学性能

A 物理性能

QAl 10-3-1.5 合金的物理性能如下:

密度:$\rho=7400\ kg/m^3$。

热性能:

熔化温度范围:1020～1046℃。

热导率:$\lambda=58.6\ W/(m·℃)$。

比热容:$c=356\ J/(kg·℃)$。

线膨胀系数:见表 7-59。

电性能:

导电率:$g=9.1\%IACS$。

电阻率:$\rho=0.190\ \mu\Omega·m$。

磁性能:在磁场强度 $H=8\ kA/m$ 时,合金的磁导率 $\mu=1.49\ H/m$。

B 化学性能

抗氧化性能:高温抗氧化性能好。

表 7-59 QAl 10-3-1.5 合金的线膨胀系数

θ/℃	20～40	20	−20	−60	−100	−120	−160	−196
$\alpha/℃^{-1}$	20.0×10^{-6}	16.0×10^{-6}	15.9×10^{-6}	17.4×10^{-6}	14.5×10^{-6}	14.2×10^{-6}	17.11×10^{-6}	12.0×10^{-6}

耐腐蚀性能:QAl 10-3-1.5 合金在大气、淡水和海水中有高的耐蚀性。QAl 10-3-1.5 合金在不同介质中的腐蚀速度见表 7-60。

表 7-60 QAl 10-3-1.5 合金在不同介质中的腐蚀速度

介 质	温度/℃	腐蚀速度	
		$g·m^{-2}·h^{-1}$	$mm·a^{-1}$
人造海水	20	0.007	0.008
人造海水	40	0.012	0.013
30%乙酸溶液	20	0.03	0.03
30%乙酸溶液	40	0.104	0.12
10%硫酸溶液	20～80	<0.20	<0.20
35%硫酸溶液	80	0.404	0.45
浓硫酸	20	0.03	0.033
浓硫酸	40	0.166	0.190

7.4.4.4 热处理

淬火和回火:850℃,水淬;350～450℃,1～2 h 回火。

退火:650～750℃。

7.4.4.5 力学性能

A 技术标准规定的性能

技术标准规定 QAl 10-3-1.5 合金的性能见表 7-61。

表 7-61 技术标准规定 QAl 10-3-1.5 合金的性能

品 种	状 态	d/mm	σ_b/MPa	伸长率/% δ_{10}	伸长率/% δ_5	硬度 HBS	技 术 标 准
			≥				
挤制棒	R	10～16	610	8	9	130～190	GB/T 13808—1992
		>16～160	590	12	13		
拉制棒	Y	5～40	630	6	8		GB/T 4423—1992
挤制管	R	壁厚 S<20	590	12	14	140～200	GB/T 1528—1997
		壁厚 S≥20	540	17	15	135～200	

B 硬度

供应状态 QAl 10-3-1.5 合金的硬度见表 7-62。

表 7-62 供应状态 QAl 10-3-1.5 合金的硬度

品 种	状 态	硬度 HBS	
		min	max
管 材	R	161	179
棒 材	R	146	208

不同热处理状态 QAl 10-3-1.5 合金棒材的硬度见表 7-63。

不同温度退火后 QAl 10-3-1.5 合金的硬度见图 7-34。

退火温度和冷却方式对挤制管硬度的影响，见图 7-35。

C 拉伸性能

供应状态 QAl 10-3-1.5 合金的拉伸性能见表 7-64。

表 7-63 不同热处理状态 QAl 10-3-1.5 合金棒材的硬度

热处理制度		硬度 HRB	热处理制度		硬度 HRB
退火温度/℃	时间/h		淬 火	回 火	
600	1h,炉冷	92.6	850℃	300℃,1h,空冷	94.0
650		87.9		350℃,1h,空冷	95.0
750		76.8		450℃,1h,空冷	90.0

表 7-64 供应状态 QAl 10-3-1.5 合金的拉伸性能

品 种	状 态	σ_b/ MPa		δ/%	
		min	max	min	max
棒 材	R	590	685	16	44
管 材	R	560	725	11	38

不同加工变形率条件下 QAl 10-3-1.5 合金的拉伸性能见图 7-36。

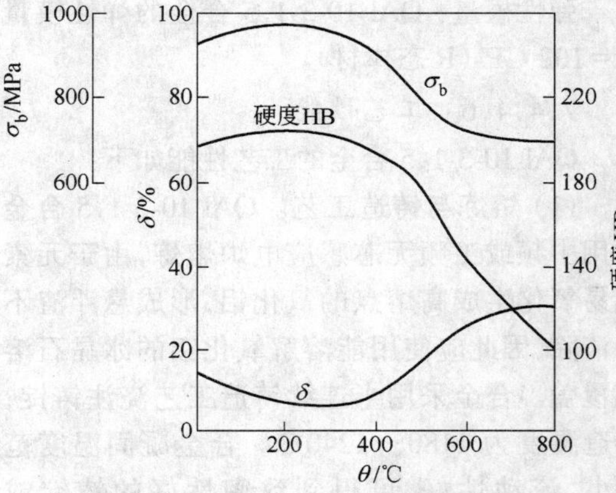

图 7-34 QAl 10-3-1.5 合金硬度和拉伸性能与退火温度(保温 1 h)的关系

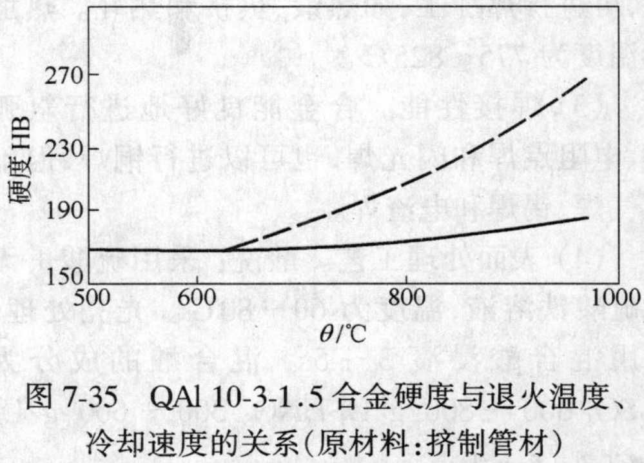

图 7-35 QAl 10-3-1.5 合金硬度与退火温度、冷却速度的关系(原材料:挤制管材)

——空冷; - - - 水冷

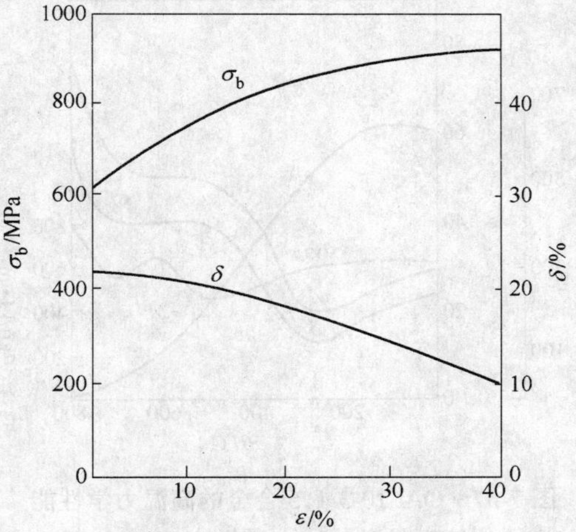

图 7-36 QAl 10-3-1.5 合金拉伸性能与变形率的关系

原材料:厚度为 3 mm 的热轧板材

不同条件热处理状态 QAl 10-3-1.5 合金棒材的拉伸性能见表 7-65。

表 7-65 不同条件热处理状态 QAl 10-3-1.5 合金棒材的拉伸性能

热处理制度		σ_b/MPa	$\sigma_{0.2}$/MPa	δ/%	ψ/%
淬火温度	回 火				
850℃		830	340	17.0	20.2
	300℃,1h,空冷	795	395	17.7	32.2
	350℃,1h,空冷	815	355	18.4	28.7
	400℃,1h,空冷	810	340	22.2	35.5
	450℃,1h,空冷	745	335	15.7	

D 冲击性能

850℃淬火后不同温度回火(保温 1 h,空冷)QAl 10-3-1.5 合金棒材的冲击韧性见表 7-66。

表 7-66 850℃淬火后不同温度回火(保温 1 h,空冷)QAl 10-3-1.5 合金棒材的冲击韧性

回火温度/℃	—	300	350	400	450
a_{KU}/kJ·m^{-2}	617	588	539	578	382

QAl 10-3-1.5 合金高温冲击韧性见图 7-37。

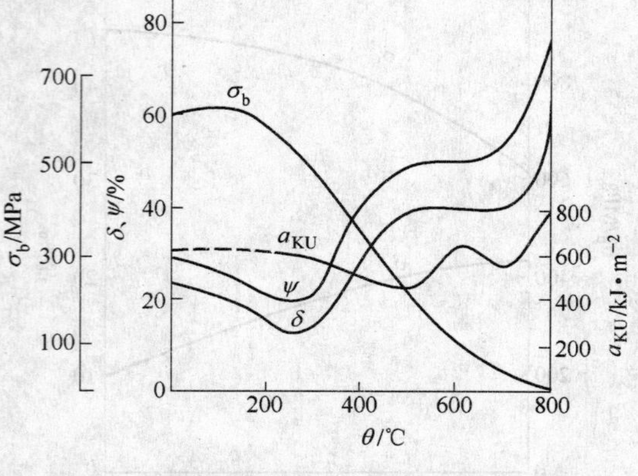

图 7-37 QAl 10-3-1.5 合金的高温力学性能

原材料:厚度为 3 mm 的板材,$\varepsilon=40\%$

E 扭转和剪切性能

QAl 10-3-1.5 合金的剪切强度:$\tau=372$ MPa(铸态)。

F 耐磨性能

QAl 10-3-1.5 合金的摩擦系数:$\mu=0.01$(有润滑剂);$\mu=0.2$(无润滑剂)。

G 蠕变性能

高温蠕变性能:QAl 10-3-1.5 合金铸态棒的蠕变极限见表 7-67。

表 7-67 QAl 10-3-1.5 合金铸态棒的高温蠕变极限

θ/℃	σ_b/MPa	$\sigma_{0.1/1000}$/MPa
200	415	130
300	370	37

H 疲劳性能

高周疲劳:循环次数 N 为 10^8 周时,QAl 10-3-1.5 合金铸态棒的疲劳强度 $\sigma_D=210$ MPa。

I 弹性性能

弹性模量:QAl 10-3-1.5 合金的弹性模量 $E=102$ GPa(R 态棒材)。

7.4.4.6 工艺性能

QAl 10-3-1.5 合金的工艺性能如下:

(1) 熔炼与铸造工艺。QAl 10-3-1.5 合金常用中频或工频无芯感应电炉熔炼,由于元素铝易氧化生成高熔点的氧化铝,形成悬浮渣不易清除,因此应使用能溶解氧化铝的冰晶石溶剂覆盖。合金采用半连续铸造工艺浇注铸锭,铸造温度为 1180~1240℃。合金凝固温度范围小、流动性好,可得到致密性好的铸锭或铸件。

(2) 成形性能。合金在高温下有良好的塑性,可进行热加工,如热锻、热挤和热轧。热加工温度为 775~825℃。

(3) 焊接性能。合金能良好地进行氩弧焊、电阻点焊和闪光焊,也可以进行铜焊,但不宜气焊、锡焊和电渣焊。

(4) 表面处理工艺。酸洗:采用硫酸+无水硫酸铁溶液,温度为 60~80℃。光亮处理:采用混合酸浸渍 3~5s。混合酸的成分为 H_2SO_4 600~800 g/L,HNO_3 300~600 g/L,NaCl 3~5 g/L。

(5) 切削加工与磨削性能。合金的切削加工性为易切削黄铜 HPb63-3 的 30%。

7.4.4.7 选材与应用实例

QAl 10-3-1.5 合金主要用做齿轮、摇臂、衬套、轴套、圆盘接管嘴、轴承、固定螺母等高强度的和耐磨的结构零件，可大批量生产，质量稳定。

7.4.5 铝青铜 QAl 10-4-4

7.4.5.1 牌号、规格与供应状态

材料牌号：铝青铜 QAl 10-4-4。

相近牌号：与 QAl 10-4-4 相近的国外牌号见表 7-68。

表 7-68 与 QAl 10-4-4 相近的国外牌号

国别	俄罗斯	美国	英国	法国	德国	日本	ISO
牌号	БРАЖН10-4-4	C63000	CA104	CuAl9Ni5	CuAl10Ni	C6301	CuAl10Fe5Ni5

QAl 10-4-4 品种规格与供应状态见表 7-69。

表 7-69 QAl 10-4-4 合金的品种规格与供应状态

品种	d 或 $D\times S$/mm	供应状态
棒材	10～160	R
管材	(20～250)×(30～50)	R

7.4.5.2 化学成分

QAl 10-4-4 合金的化学成分见表 7-70。

950℃以上，合金组织结构为 $\alpha+\beta$，室温时为 $\alpha+\kappa$。κ 相为铁镍铝三元化合物，其析出形式和分布形态与热处理条件有关。控制淬火和回火条件能改变 κ 相的析出量、尺寸和形状，当 κ 相呈颗粒状分布时，有利于提高合金的力学性能。

表 7-70 QAl 10-4-4 合金的化学成分(质量分数) (%)

成分	Al	Fe	Ni	Cu	Sn	Zn	Mn	Pb	Si	P	杂质总和
					不大于						
含量	9.5～11.0	3.5～5.5	3.5～5.5	余量	0.1	0.5	0.3	0.02	0.1	0.01	1.0

7.4.5.3 物理及化学性能

A 物理性能

QAl 10-4-4 合金的物理性能如下：

密度：$\rho = 7680\ kg/m^3$。

热性能：

熔化温度范围：1038～1054℃。

热导率：$\lambda = 77.13\ W/(m\cdot ℃)$。

比热容：$c = 376.8\ J/(kg\cdot ℃)$。

线膨胀系数见表 7-71。

表 7-71 QAl 10-4-4 合金的线膨胀系数

温度/℃	0～150	0～300	0～593	0～-20	0～-40	0～-60
α/℃$^{-1}$	16.56×10^{-6}	17.38×10^{-6}	19.26×10^{-6}	16.26×10^{-6}	17.13×10^{-6}	14.90×10^{-6}
温度/℃	0～-80	0～-100	0～-120	0～-140	0～-180	0～-196
α/℃$^{-1}$	14.55×10^{-6}	14.15×10^{-6}	17.14×10^{-6}	17.95×10^{-6}	12.40×10^{-6}	11.50×10^{-6}

电性能：

导电率：$g = 9.0\%$ IACS。

电阻率：$\rho = 0.193\ \mu\Omega\cdot m$。

磁性能：在磁场强度 $H = 5.8\ kA/m$ 时，合金的磁导率 $\mu = 1.25\ H/m$。

B 化学性能

QAl 10-4-4 合金的化学性能如下：

抗氧化性能：高温抗氧化性能好。

耐腐蚀性能：合金在大气、淡水和海水中有很好的耐蚀性能。对碱、非氧化性酸、磷酸、乙酸、硫酸和酚类都有较高的耐蚀性。在海水中的腐蚀量为0.0075 g/(m^2·h)，在10%硫酸溶液中的腐蚀量为0.024 g/(m^2·h)。

7.4.5.4　热处理

退火：650～700℃，1～2 h。

淬火和回火：900℃水淬，500～600℃回火1～2 h，空冷。

7.4.5.5　力学性能

A　技术标准规定的性能

技术标准规定的QAl 10-4-4性能见表7-72。

表7-72　技术标准规定的QAl 10-4-4合金性能

品种	状态	d / mm	σ_b/ MPa	δ_{10}/ %	δ_5/ %	硬度 HBS	技术标准
			≥				
棒材	R	10～29	690	4	5	170～240	GB/T 13808—1992
		>29～120	635	5	6	170～240	
		>120～160	590	5	6	170～240	
管材	R	壁厚3～50	635	5	6	170～230	GB/T 1528—1997

B　硬度

供应状态QAl 10-4-4合金的硬度见表7-73。

表7-73　供应状态QAl 10-4-4合金的硬度

品种	状态	d或D/mm	硬度HBS min	硬度HBS max
棒材	R	10～29	170	236
		30～150	180	237
管材	R	42～70		

QAl 10-4-4合金挤压棒材的硬度见表7-74。

表7-74　QAl 10-4-4合金挤压棒材的硬度

试验温度/℃	−181	−59	−7	93	204	315
硬度HBS	283	210	205	188	181	180

回火温度对QAl 10-4-4合金硬度的影响见表7-75。

表7-75　回火温度对QAl 10-4-4合金挤压棒材硬度的影响

回火温度/℃	500	550	600	650	700	未回火
硬度HBS	196	197	194	190	194	197

注：试样状态，900℃淬火后，回火(保温1 h)。

C　拉伸性能

供应状态QAl 10-4-4合金的拉伸性能见表7-76。

表7-76　供应状态QAl 10-4-4合金的拉伸性能

品种 d或D/mm	状态	σ_b/ MPa min	σ_b/ MPa max	δ/% min	δ/% max
管材	R	657	814	7	30
棒材(<29)	R	696	843	10	28
棒材(>29)		657	814	8	27

变形程度和退火温度对QAl 10-4-4合金拉伸性能的影响见图7-38和图7-39。

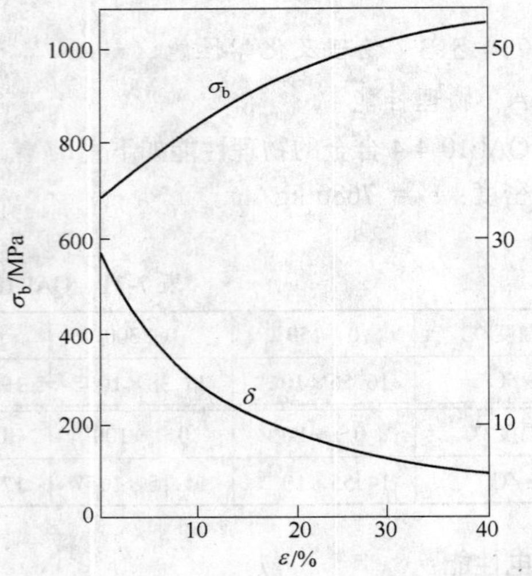

图7-38　QAl 10-4-4合金拉伸性能与变形率的关系
原材料：厚度为3 mm板材，800℃退火1 h

QAl 10-4-4合金高温拉伸性能见图7-40。

QAl 10-4-4合金挤压棒经900℃淬火，不同

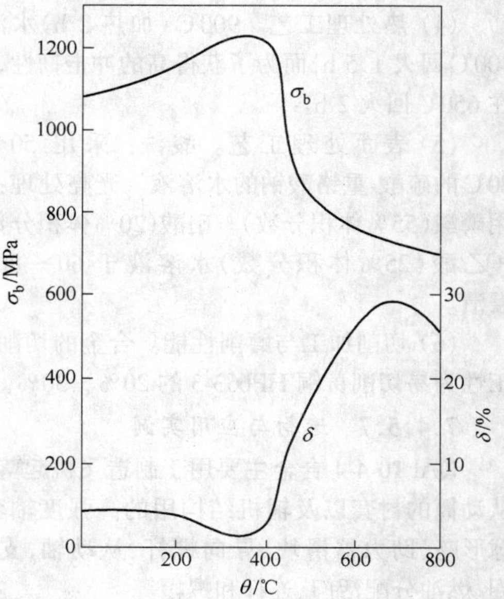

图 7-39 QAl 10-4-4 合金拉伸性能与退火温度（保温 1 h）的关系

原材料：厚度为 3 mm 板材，ε = 40%

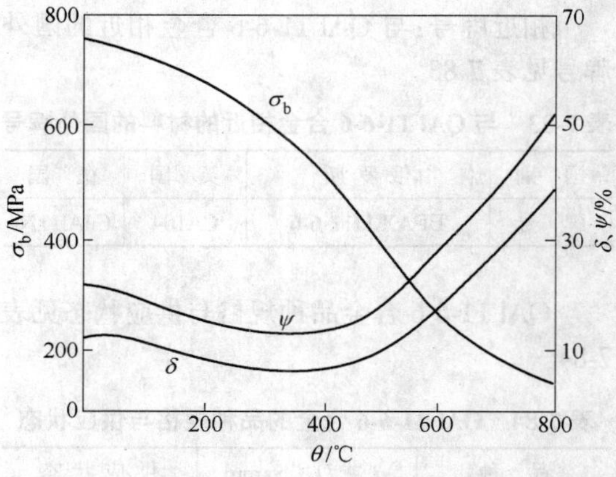

图 7-40 QAl 10-4-4 合金的高温拉伸性能

温度回火后（保温 1 h）的拉伸性能见表 7-77。

表 7-77 QAl 10-4-4 合金挤压棒经 900℃ 淬火，不同温度回火后（保温 1 h）的拉伸性能

回火温度/℃	未回火	500	550	600	650	700
σ_b/MPa	735	770	765	760	705	755
$\sigma_{0.2}$/MPa	435	515	520	435	455	440
δ/%	5.5	8.5	11.0	11.0	14.0	12.5

QAl 10-4-4 合金低温拉伸性能见表 7-78。

表 7-78 QAl 10-4-4 合金的低温拉伸性能

状态	θ/℃	σ_b/MPa	$\sigma_{0.2}$/MPa	δ①/%	ψ/%
R	-7	735	450	25	30
	-59	770	435	26	30
	-181	860	485	10	12

①标距为 50.8 mm。

D 冲击性能

冲击韧性：QAl 10-4-4 挤压棒材 900℃ 加热 1 h，水冷，经不同温度回火（保温 1 h）后的 a_{KU} 值见表 7-79。

表 7-79 QAl 10-4-4 挤压棒 900℃ 加热 1 h，水冷，经不同温度回火（保温 1 h）后的 a_{KU} 值

回火温度/℃	未回火	500	550	600	650	700
a_{KU}/kJ·m^{-2}	168	158	169	149	255	243

E 剪切强度

QAl 10-4-4 合金的剪切强度 τ = 440 MPa（硬模铸棒）。

F 耐磨性能

QAl 10-4-4 合金有润滑剂时摩擦系数 μ = 0.013；无润滑剂时摩擦系数 μ = 0.20。

G 持久和蠕变性能

高温持久性能：QAl 10-4-4 合金挤压棒材经 700℃，3 h 热处理后的高温持久性能见表 7-80。

表 7-80 QAl 10-4-4 合金挤压棒材经 700℃，3 h 热处理后的高温持久性能

θ/℃	σ_{1000}/MPa	σ_{10000}/MPa	σ_{30000}/MPa	σ_{100000}①/MPa
150	610	590	580	560
200	520	470	430	400
250	400	330	310	270
300	280	220	190	160

① σ_{100000}系外推值。

高温蠕变性能：QAl 10-4-4 合金挤压棒材经 700℃，3 h 热处理后的高温蠕变性能见表 7-81。

H 疲劳性能

高周疲劳：循环次数 N 为 5×10^7 周时，QAl 10-4-4 合金挤压棒材的疲劳强度 σ_D = 245 MPa。

表 7-81 QAl 10-4-4 合金挤压棒材经 700℃,3 h 热处理后的高温蠕变性能

θ/℃	$\sigma_{1/1000}$/MPa	$\sigma_{1/10000}$/MPa	$\sigma_{1/30000}$/MPa	$\sigma_{1/100000}$①/MPa
150	340	320	310	290
200	310	280	270	260
250	280	260	250	230
300	230	180	160	130

①$\sigma_{1/100000}$为外推值。

特种疲劳：循环次数 N 为 5×10^7 周时，QAl 10-4-4 合金软态棒材的试样在海雾环境条件下的疲劳强度极限 σ_D= 345 MPa。

I 弹性性能

QAl 10-4-4 合金的弹性模量见表 7-82。

表 7-82 QAl 10-4-4 合金的弹性模量

状 态	铸 态	热处理的铸件	热处理的挤制棒
E/GPa	115	125	125

7.4.5.6 工艺性能

QAl 10-4-4 合金的工艺性能如下：

(1) 熔炼与铸造工艺。合金中铝和镍含量高,在熔炼过程中易氧化,形成高熔点的悬浮渣不易清除,应使用能溶解氧化铝的冰晶石作覆盖剂和精炼剂,同时尽量避免熔体过热,以降低吸气量。通常用中频或工频无芯感应电炉熔炼,半连续铸造工艺浇注铸锭。铸造温度为1220～1260℃。合金凝固温度范围小,流动性好,能得到致密性的铸锭和铸件。

(2) 成形性能。合金在高温下有良好的塑性,能进行多种形式的热加工,如热锻、热挤、热弯等。热加工温度为850～900℃。

(3) 焊接性能。合金宜进行氩弧焊,将焊件预热到 200℃能得到良好的焊接性能,也能进行接触电阻焊,如点焊、喷射焊和闪光焊。当使用带合适的焊料的银焊条时也能钎焊。合金不宜锡焊、电渣焊和气焊。若必需采用气焊时,应将火焰调成非氧化性的。

(4) 热处理工艺。900℃(加热 2 h)水淬,400℃回火 1.5 h,而为了获得高的冲击韧性,应在 650℃回火 2 h。

(5) 表面处理工艺。酸洗：采用 50～80℃的硫酸-重铬酸钠的水溶液。光亮处理:采用磷酸(55%体积分数)+硝酸(20%体积分数)+乙酸(25%体积分数)水溶液于 60～80℃浸渍。

(6) 切削加工与磨削性能。合金的切削加工性为易切削黄铜 HPb63-3 的 20%～30%。

7.4.5.7 选材与应用实例

QAl 10-4-4 合金主要用于制造飞机起落架从动筒的衬套以及辅机结构用的高强度轴套、球形座、助力器滑块、导向螺杆、从动轴、支撑圈、燃油分配活门、连杆和螺帽等。

7.4.6 铝青铜 QAl 11-6-6

7.4.6.1 牌号、品种规格与供应状态

材料牌号:铝青铜 QAl 11-6-6。

相近牌号:与 QAl 11-6-6 合金相近的国外牌号见表 7-83。

表 7-83 与 QAl 11-6-6 合金相近的材料的国外牌号

国 别	俄罗斯	英 国	德 国
牌 号	БРАЖН11-6-6	CA104	CuAl11Ni

QAl 11-6-6 合金品种规格与供应状态见表 7-84。

表 7-84 QAl 11-6-6 合金的品种规格与供应状态

品 种	d 或 $D\times S$/mm	供应状态
棒 材	10～160	R

7.4.6.2 化学成分

QAl 11-6-6 的化学成分见表 7-85。

表 7-85 QAl 11-6-6 合金的化学成分(质量分数) (%)

成分	Al	Fe	Ni	Cu	Sn	Zn	Mn	Pb	Si	P	杂质总和
					不大于						
含量	10.0～11.5	5.0～6.5	5.0～6.5	余量	0.1	0.6	0.5	0.05	0.2	0.1	1.5

7.4.6.3 物理及化学性能

A 物理性能

QAl 11-6-6 合金的物理性能如下：

密度：$\rho = 8100\ kg/m^3$。

热性能：

熔化温度：液相线温度为 1141.5℃。

热导率：$\lambda = 67.114\ W/(m·℃)$。

线膨胀系数：$\alpha = 14.9 \times 10^{-6}℃^{-1}$(20～100℃)。

B 化学性能

QAl 11-6-6 合金的化学性能如下：

抗氧化性能：高温抗氧化性能好。

耐腐蚀性能：合金在大气、淡水和海水中有很好的耐蚀性能。对碱、非氧化性酸、磷酸、乙酸、硫酸和酚类都有较高的耐蚀性。在 35% 硫酸溶液中的腐蚀量为 0.04 g/(m²·h)。

7.4.6.4 热处理

退火：650～700℃，1～2 h。

淬火和回火：925℃水淬，500～600℃回火 1～2 h，空冷。

7.4.6.5 力学性能

A 技术标准规定的性能

技术标准规定的 QAl 11-6-6 合金性能见表 7-86。

表 7-86 技术标准规定的 QAl 11-6-6 合金性能

品种	状态	d/mm	σ_b/MPa	δ_{10}/% ≥	技术标准
棒材	R	10～28 >28～50	690 635	4 5	GB/T 13808—1992

B 硬度

供应状态 QAl 11-6-6 合金的硬度见表 7-87。

表 7-87 供应状态材料的 QAl 11-6-6 合金硬度

品种	状态	d 或 D/mm	硬度 HV	
			min	max
棒材	R	10～50	246	375

挤压棒材的高温和低温硬度见表 7-88。

表 7-88 QAl 11-6-6 合金挤压棒材的高温和低温硬度

θ/℃	300	500
硬度 HRB	21.4	20.7

C 拉伸性能

铸造状态 QAl 11-6-6 合金的力学性能见表 7-89。

表 7-89 铸造状态 QAl 11-6-6 合金的力学性能

铸造方法	σ_b/MPa	δ_{10}/%	ψ/%	硬度 HBS
	≥			
铁模铸造	600	8	2	260
砂模铸造	550	3	2	150

淬火和回火温度对 QAl 11-6-6 合金室温力学性能的影响见图 7-41 和图 7-42。

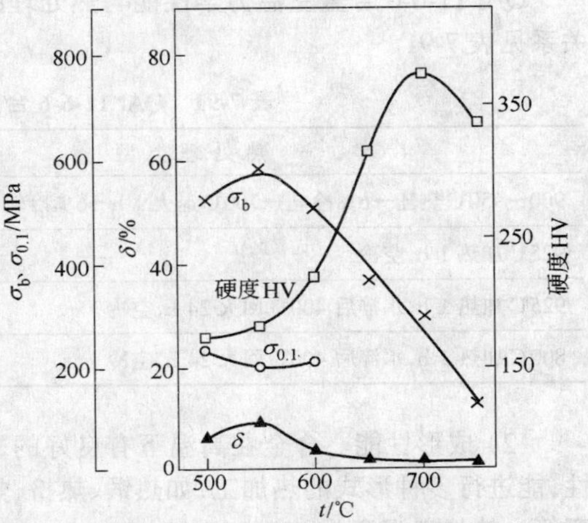

图 7-41 QAl 11-6-6 合金室温力学性能与淬火温度的关系

原材料：先加热到 1000℃而后随炉冷至所需温度淬火

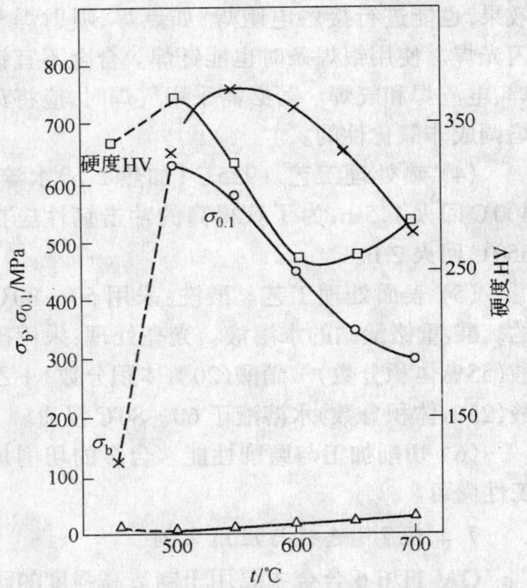

图 7-42 QAl 11-6-6 合金室温力学性能与回火温度的关系

原材料：保温 2 h，淬火温度 1000℃

QAl 11-6-6 合金棒材的高温拉伸性能见表 7-90。

表 7-90 QAl 11-6-6 合金棒材的高温拉伸性能

θ/℃	σ_b/MPa	δ/%	ψ/%
100	650	1.3	3
300	550	1.4	1.5
500	330	4.5	4.5

QAl 11-6-6 合金室温力学性能与热处理的关系见表 7-91。

表 7-91 QAl 11-6-6 合金室温力学性能与热处理的关系

热处理类型	σ_b/MPa	$\sigma_{0.2}$/MPa	δ/%	硬度 HV
900～950℃热轧→6%冷轧→700℃退火 1 h→6%冷轧→700℃退火 1 h	888	583	16	288
925℃加热 1 h,空冷	898	358	14	246
925℃加热 1 h,水淬后 400℃回火 24 h,空冷	1005	713	8	365
800℃加热 1 h,水淬后 400℃回火 24 h,空冷	931	438	11	272

(2) 成形性能。合金在高温下有良好的塑性,能进行多种形式的热加工,如热锻、热挤、热弯等。热加工温度为 880～950℃。

(3) 焊接性能。合金宜进行氩弧焊,将焊件预热到 200℃进行焊接,能得到良好的焊接效果,也能进行接触电阻焊,如点焊、喷射焊和闪光焊。使用银焊条时也能钎焊。合金不宜锡焊、电渣焊和气焊。若必需采用气焊时,应将火焰调成非氧化性的。

(4) 热处理工艺。925℃(加热 2 h)水淬,400℃回火 1.5 h,为了获得高的冲击韧性应在 650℃回火 2 h。

(5) 表面处理工艺。酸洗:采用 50～80℃的硫酸-重铬酸钠的水溶液。光亮处理:采用磷酸(55%体积分数)+硝酸(20%体积分数)+乙酸(25%体积分数)水溶液于 60～80℃浸渍。

(6) 切削加工与磨削性能。合金的切削加工性尚可。

7.4.6.7 选材与应用实例

QAl 11-6-6 合金主要用于制造高强度的耐磨零件和在 500℃以下工作的零件。

7.4.6.6 工艺性能

QAl 11-6-6 合金工艺性能如下:

(1) 熔炼与铸造工艺。由于合金中铝和镍含量高,熔炼过程中易氧化,容易形成高熔点的悬浮渣不易清除,应使用能溶解氧化铝的冰晶石作覆盖剂和精炼剂,同时尽量避免熔体过热,以降低吸气量。通常用中频或工频无芯感应电炉熔炼,半连续铸造工艺浇注铸锭,铸造温度为 1220～1280℃。合金凝固温度范围小,流动性好,能得到致密性的铸锭和铸件。

7.5 铍青铜

7.5.1 概述

铍青铜是典型的沉淀强化型高传导、高弹性铜合金。这种合金除有高的强度、弹性、硬度、耐磨性和抗疲劳等优点外,还有优良的导电性、导热性、耐腐蚀性、耐高低温、无磁、冲击时不产生火花等特性。固溶处理(或低温退火)后,铍青铜有非常好的加工性能,可采用各种成形方式加工成复杂的形状。铍青铜的弹性极限及松弛稳定性很高,用铍青铜制造的弹性元件,弹性滞后、弹性后效以及其他弹性不完整性较小。

铍青铜产品的 60%用于制造弹性元件,例如膜片、膜盒、波纹管、发电机刷弹簧、继电器弹簧、弹簧接触片、断路器弹簧、航空仪表上用的各类弹簧。此外,铍青铜还用于精密仪器制造,各种零件如轴承、齿轮、特殊的无火花工具的制造等,是各工业领域必不可少、不可替代的材料。

7.5.2 合金牌号

铍青铜加工材的牌号见表 7-92。

7.5.3 化学成分

铍青铜加工材的化学成分见表 7-93。

表 7-92 铍青铜加工材的牌号

国 别	GB(中国)	DIN(德国)	ГОСТ(俄罗斯)	ASTM(美国)	BS(英国)	NF(法国)	JIS(日本)	ISO
高强度加工铍青铜	QBe 2	CuBe 2	БРБ2	C 17200	CB 101		C 1720	$CuBe_2CoNi$
	QBe 1.9		БРБНТ 1.9	C 17200		CuBe 1.9	C 1720	
	QBe 1.7	CuBe 1.7	БРБНТ 1.7	C 17000		CuBe 1.7	C 1700	
	QBe 1.9-0.1		БРБНТ 1.9 МГ					
高传导加工铍青铜	QBe 0.6-2.5	CuCo2Be		C 17500			C 1750	
	QBe 0.4-1.8			C 17510			C 1751	
	QBe 0.3-1.5			C 17600			C 1760	

表 7-93 铍青铜加工材的化学成分(质量分数) (%)

类型	牌 号	Al	Be	Si	Ni	Fe	Pb	Ti	Mg	Co	Ag	Cu	杂质总和
高强度铍青铜	Q B2	0.15	1.80~2.1	0.15	0.2~0.5	0.15	0.005					余量	0.5
	QBe 1.9	0.15	1.85~2.1	0.15	0.2~0.4	0.15	0.005	0.1~0.25				余量	0.5
	QBe 1.9-0.1	0.15	1.85~2.1	0.15	0.2~0.4	0.15	0.005	0.1~0.25	0.07~0.13			余量	0.5
	QBe 1.7	0.15	1.6~1.85	0.15	0.2~0.4	0.15	0.005	0.1~0.25				余量	0.5
高传导铍青铜	QBe 0.6-2.5	0.20	0.4~0.7	0.20		0.10				2.4~2.7		余量	
	QBe 0.4-1.8	0.20	0.20~0.6	0.20	1.4~2.2	0.10				0.30		余量	
	QBe 0.3-1.5	0.20	0.25~0.5	0.20		0.10				1.4~1.7	0.9~1.1	余量	

注:摘自 GB/T5231—2001。

7.5.4 物理与化学性能

7.5.4.1 物理性能

A 热学性能

铍青铜加工材的热学性能见表 7-94。

表 7-94 铍青铜加工材的热学性能

合 金	熔化温度范围 /℃	比热容(室温) C/J·(kg·K)$^{-1}$	线膨胀系数 α/K^{-1}	室温热导率 λ/W·(m·K)$^{-1}$
QBe2	856~956	418.7	16.6×10^{-6}(20~100℃) 17.0×10^{-6}(20~200℃)	87.12 (固溶态) 104.7 (时效态)
QBe1.9, QBe1.7, QBe1.9-0.1	865~980	418.7		
QBe0.6-2.5, QBe0.6-1.8	1000~1070	420		
QBe0.3-1.5	1000~1110	420	17.6×10^{-6}(20~200℃)	201 (时效态)

B 质量特性

QBe 2、QBe 1.9、QBe 1.7、QBe 1.9-0.1 合金的密度为 8250 kg/m^3; QBe 0.6-2.5、QBe 0.6-1.8、QBe 0.3-1.5 合金的密度为 8750 kg/m^3。

C 电学性能

铍青铜加工材的电学性能见表 7-95。

表 7-95 铍青铜加工材的电学性能

合金	材料状态			电阻率 $\rho/\mu\Omega\cdot m$	导电率/% IACS
	状 态①	时效温度/℃	时效时间/min		
QBe 2	C			0.086～0.082	19.9～20.9
	CY(40)			0.089	19.2
	CY(61)			0.096～0.094	18.0～18.4
	CS	300	60	0.082	20.9
			120	0.074	27.7
			180	0.073	27.11
			240	0.071	24.2
			360	0.068	25.2
	CS	360	10	0.088	19.6
			20	0.087	19.8
			30	0.082	21.1
			60	0.081	21.2
			90	0.066	26.0
			120	0.058	29.4
			180	0.053	32.5
QBe1.9	C			0.106	15～19
		300	180	0.087	
	CY_2(ε=20%)			0.114	
		300	180	0.083	
	CY(ε=50%)			0.114	15～19
		300	180	0.080	
	C(780℃退火)			0.060	22～28②
		300	180	0.055	
	退火后 ε=20%			0.064	
		300	180	0.057	
	退火后 ε=50%			0.068	
		300	180	0.058	
	C	370	20	0.070	
	CY_2(ε=20%)			0.068	
	CY(ε=50%)			0.064	
QBe1.7	C, CY				15～19
	CS	320	100	0.06～0.078	26～85
QBe1.9-0.1	C			0.106	15～19
	CY			0.114	15～19
	CYS	300～370	20～180	0.06～0.08	22～28
QBe0.6-2.5	C, CY				20～30
	CS	480	120～180	0.036	45～60
	CYS	480	120～180	0.031	48～60

续表 7-95

合 金	材料状态			电阻率 $\rho/\mu\Omega\cdot m$	导电率/% IACS
	状 态①	时效温度/℃	时效时间/min		
QBe0.4-1.8	C, CY				20～30
	CS	480	120～180	0.034	45～60
	CYS	480	120～180	0.029	48～60
QBe0.3-1.5	C, CY				20～30
	CS	480	180	0.034	50～60
	CYS	480	180	0.029	50～60

① 状态：C 固溶处理状态；CY 固溶处理后冷轧；CS 淬火(软时效)；CYS 淬火+冷变形+时效(硬时效)。
② 该数据在 CS 及 CYS 态热处理 320℃(2～3 h)下获得。

D 磁性能

铍青铜加工材无磁性。

7.5.4.2 化学性能

加工铍青铜的抗氧化性优于紫铜。铍青铜合金在大气、淡水和海水中有很高的化学稳定性，晶间腐蚀倾向性小，并能耐冲击腐蚀，在稀盐酸、乙酸和磷酸等介质中也有良好的耐蚀性，但在潮湿氨、硝酸、铬酸盐溶液中腐蚀速度较快。

7.5.5 热加工与热处理规范

加工铍青铜的热加工与热处理规范见表 7-96 及表 7-97。

表 7-96 加工铍青铜的热加工规范

名称	温度/℃	高强度加工铍青铜	高传导加工铍青铜
热加工规范	加热温度	788～802	899～927
	始加工温度	788～802	899～927
	终加工温度	780～650	899～650
	冷却	水冷	水冷

表 7-97 加工铍青铜的热处理规范

名 称		固溶处理				时效处理		
	牌 号	加热温度/℃	材料厚度/mm	保温时间/min (每 25 mm 厚保温 60 min)	冷却	加热温度/℃	保温时间/min	冷却
高强度加工铍青铜	QBe2	780～800	< 0.13	2～6	急冷	315	120～180	空冷或随炉冷
	QBe1.9	770～790	0.13～0.25	3～9	急冷			
	QBe1.7	770～790	0.25～0.76	6～15	急冷			
	QBe1.9-0.1	770～790	0.76～2.3	10～30	急冷			
高传导加工铍青铜	QBe0.6-2.5 QBe0.4-1.8 QBe0.3-1.5	899～927			急冷	480	120～180	

7.5.6 力学性能

7.5.6.1 典型的弹性性能

A 弹性模量

QBe1.9 及 QBe2 合金的弹性模量见表7-98～表 7-100。

B 非比例伸长应力

QBe1.9 及 QBe2 合金的非比例伸长应力见表7-101 和表 7-102。

7.5.6.2 QBe2 铍青铜的力学性能

QBe2 合金加工材的力学性能见表 7-103 和图 7-43～图 7-48。

表 7-98 QBe1.9 合金的弹性模量

ε/%	时效制度 温度/℃	时效制度 时间/h	E/GPa
10	300	0.5	129.5
		1	131.4
		2	132.4
		4	137.9
30	300	0.5	131.4
		1	134.4
		2	134.4
		4	134.4
50	300	0.5	132.4
		1	134.4
		2	137.3
		4	137.3
10	350	0.25	131.4
		0.5	132.4
		1	132.4
		2	137.9
30	350	0.25	131.4
		0.5	132.4
		1	134.4
		2	132.4
50	350	0.25	137.9
		0.5	134.4
		1	137.9
		2	137.9

表 7-99 不同状态 QBe2 合金的弹性模量

状 态	780～790℃固溶	320℃,2 h时效	350℃,1 h时效
E/GPa	122.6	135.8	137.3

表 7-100 铍青铜 QBe2 的低温弹性模量

品 种	状态(ε,%)	在下列温度(℃)时的 E/GPa 25	−60	−78	−130	−183	−196	−235
棒 材	M		126.9		147.3	168.9		
	$Y_2(22)$	120.7		122.7			129.6	134.7

表 7-101 QBe1.9 合金的非比例伸长应力

原始态(ε,%)	时效制度 温度/℃	时效制度 时间/h	$\sigma_{P0.001}$/MPa	$\sigma_{P0.002}$/MPa	$\sigma_{P0.005}$/MPa
C			100	130	165
$Y_4(10)$			365	410	540
$Y_2(30)$			450	540	610
Y(50)			480	540	630
$Y_4(10)$	300	0.5	785	835	900
		1	855	910	980
		2	890	950	1000
		4	880	930	980
	350	0.25	920	950	990
		0.5	950	970	1020
$Y_4(10)$	350	1	920	950	1010
		2	900	930	1000
$Y_2(30)$	300	0.5	910	950	1020
		1	950	1000	1050
		2	990	1030	1100
		4	990	1030	1100
	350	0.25	940	980	1020
		0.5	970	1020	1080
		1	930	960	1030
		2	885	930	980

表 7-102 QBe2 合金的非比例伸长应力

时效温度/℃	$\sigma_{P0.001}$/MPa	$\sigma_{P0.001}$/MPa
300	820	930
320	435～725	525～775
340	425～540	495～605

注:时效时间 2 h。

表 7-103 QBe2 合金加工材的力学性能

品 种	材料状态	δ 或 D/mm	σ_b/MPa	δ_{10}/%（不小于）	硬 度
板带材	C	厚 度 0.25～6.0 mm	390～590	30	≤140 HV
	CY_4		520～630	10	120～220 HV
	CY_2		570～695	6	140～240 HV
	CY		≥635	2.5	≥170 HV
	CS		≥1125	2.0	≥320 HV
	CY_4S		≥1135	2.0	320～420 HV
	CY_2S		≥1145	1.5	340～440 HV
	CYS		≥1175	1.5	≥360 HV
棒 材	M	5～40	400	30	≥100 HB
	R	20～120	400	20	
	D	35～100	500～660	8	≥78 HRB
	Y_2	5～40	500～660	8	≥78 HRB
	Y	5～10	660～900	2	≥150 HB
		>10～25	620～860	2	
		>25	590～830	2	
	TF00 （时效：320±5℃×3 h）	5～40	1000～1380	2	30～40 HRC
	TH04 （时效：320±5℃×2 h）	5～10	1200～1500	1	35～45 HRC
		>10～25	1150～1450	1	35～44 HRC
		>25	1100～1400	1	34～44 HRC
线 材		硬化调质 σ_b/MPa			
		硬化调质前		硬化调质后	
	M	380～580		>1050	
	Y_2	550～800		>1200	
	Y	>80		>1300	

注：1. M 软态，R 挤制，D 锻造；

2. TF00 软时效态；

3. TH04 硬时效态；

4. 板带材执行 YS/T323—2002 标准；

5. 棒材执行 YS/T334—1995 标准；

6. 线材执行 GB/T3134—1982 标准。

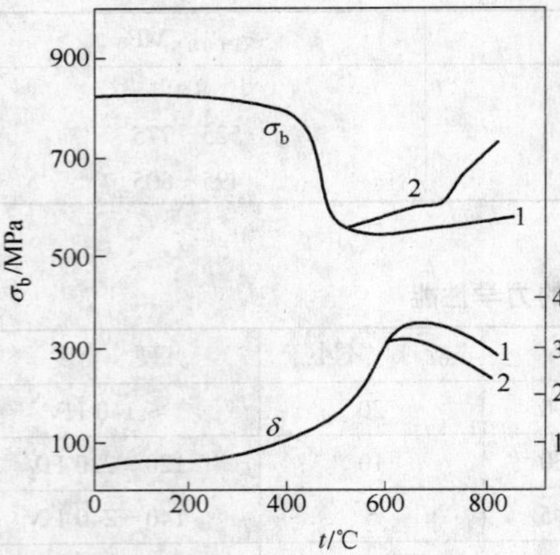

图 7-43 QBe2 的力学性能与退火温度的关系
1—水淬；2—慢冷

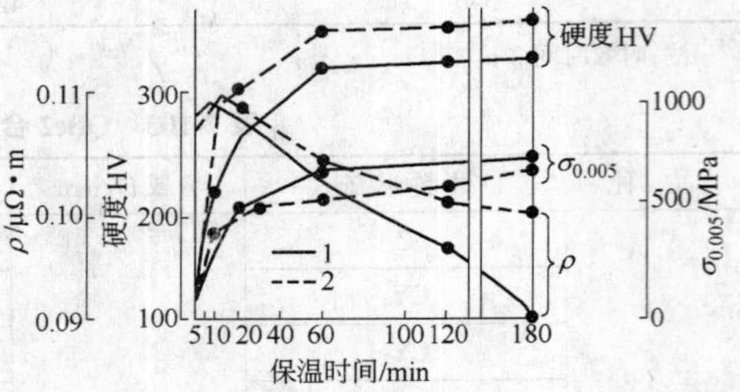

图 7-44 QBe2 的电阻率、硬度、弹性极限与300℃保温时间的关系

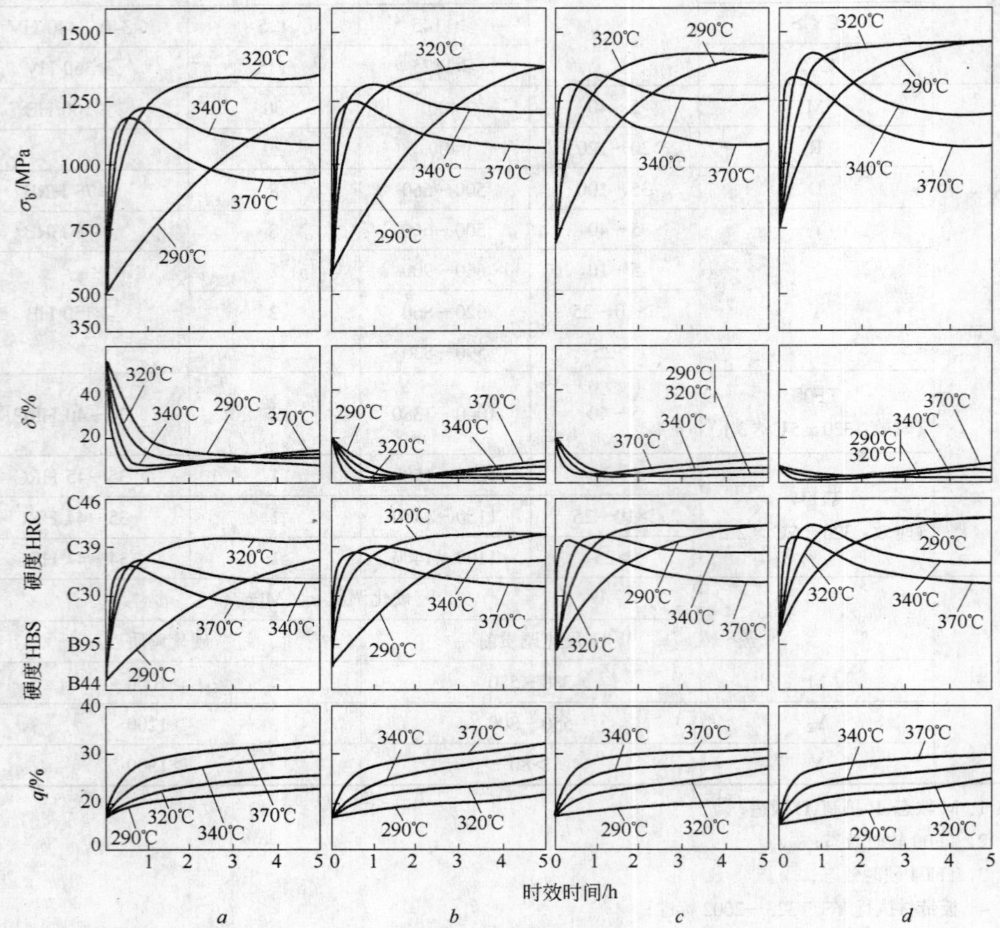

图 7-45 QBe2(含 1.9%Be,0.2%Ni)在时效时性能的变化
a—淬火后；*b*—经 11%冷轧后；*c*—经 23%冷轧后；*d*—经 37%冷轧后

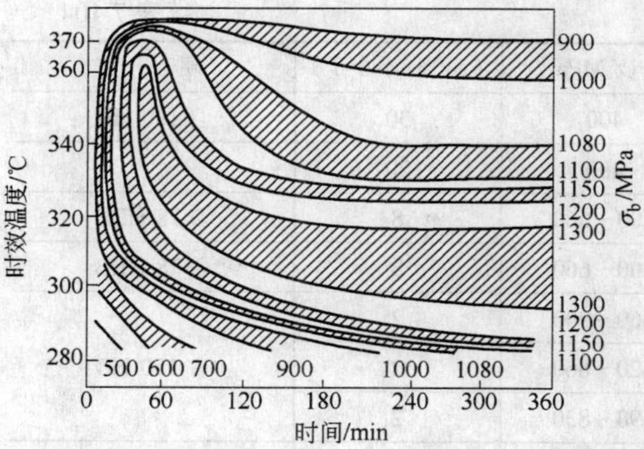

图 7-46 时效温度和时间对 QBe2 抗拉强度的影响

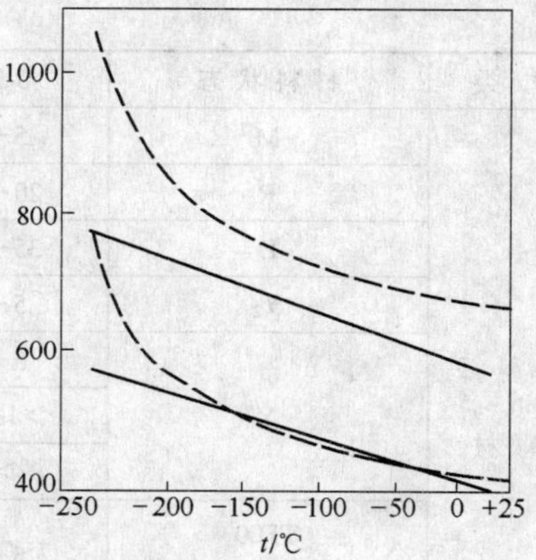

图 7-48 QBe2 在对称循环弯曲时的低温疲劳强度

-----为厚 0.5 mm 带材，经 320℃时效 3 h；

——为厚 1.98 mm 板材，冷轧和经 320℃时效 2 h

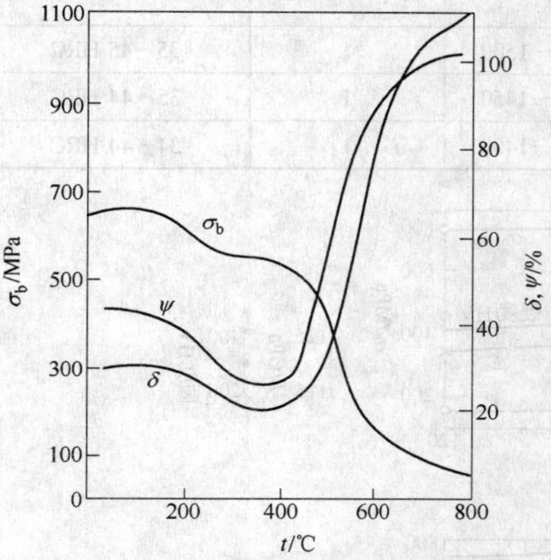

图 7-47 QBe2 的高温短时力学性能

7.5.6.3 QBe1.9 铍青铜的力学性能与工艺性能

QBe1.9 合金加工材的力学性能与工艺性能见表 7-104 和图 7-49～图 7-51。

7.5.6.4 QBe1.7 加工铍青铜的力学性能

QBe1.7 合金加工材的力学性能见表 7-105 和图 7-52～图 7-53。

表 7-104 QBe1.9 合金加工材的力学性能

种 类	材料状态	δ 或 D	σ_b/MPa	δ_{10}/%(不小于)	硬 度
板带材	C	厚度 0.25～6.0 mm	390～590	30	≤140 HV
	CY_4		520～630	10	120～220 HV
	CY_2		570～695	6	140～240 HV
	CY		≥635	2.5	≥170 HV
	CS		≥1125	2.0	≥320 HV
	CY_4S		≥1135	2.0	320～420 HV
	CY_2S		≥1145	1.5	340～440 HV
	CYS		≥1175	1.5	≥370 HV

续表 7-104

种　类	材料状态	δ 或 D	σ_b/MPa	δ_{10}/%(不小于)	硬　度
棒　材	M	5～40	400	30	≥100 HB
	R	20～120	400	20	
	D	35～100	500～660	8	≥78 HRB
	Y_2	5～40	500～660	8	≥78 HRB
	Y	5～10	660～900	2	≥150 HB
		>10～25	620～860	2	
		>25	590～830	2	
	TF00 (时效：320±5℃×3 h)	5～40	1000～1380	2	30～40 HRC
	TH04 (时效：320±5℃×2 h)	5～10	1200～1500	1	35～45 HRC
		>10～25	1150～1450	1	35～44 HRC
		>25	1100～1400	1	34～44 HRC

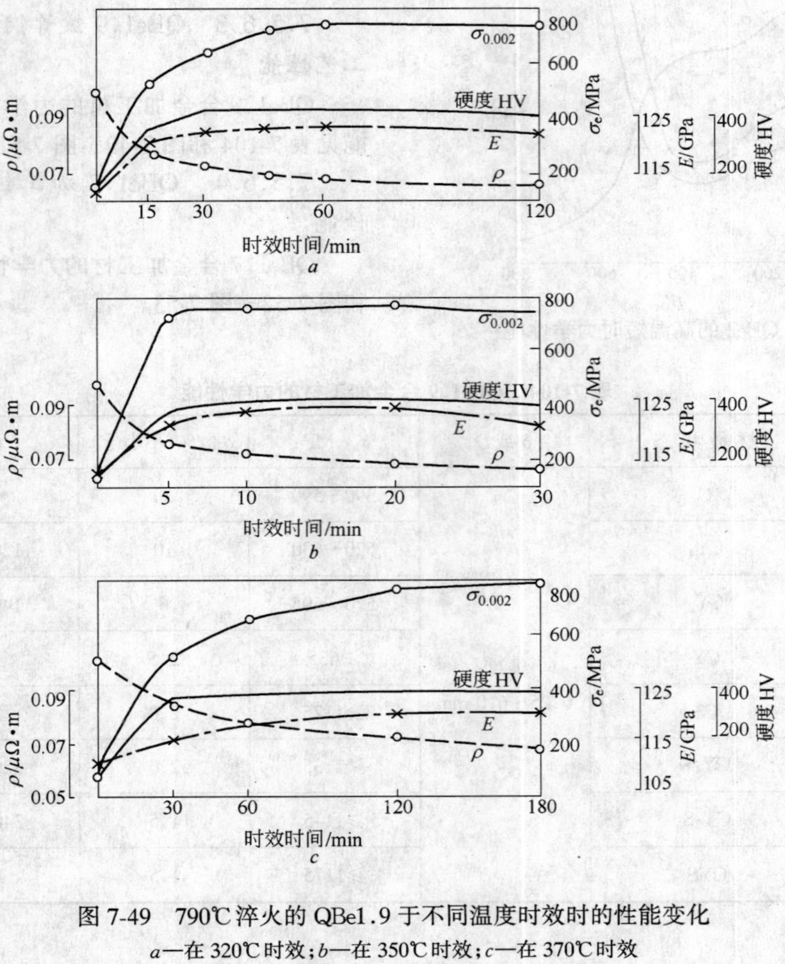

图 7-49 790℃淬火的 QBe1.9 于不同温度时效时的性能变化

a—在 320℃时效；*b*—在 350℃时效；*c*—在 370℃时效

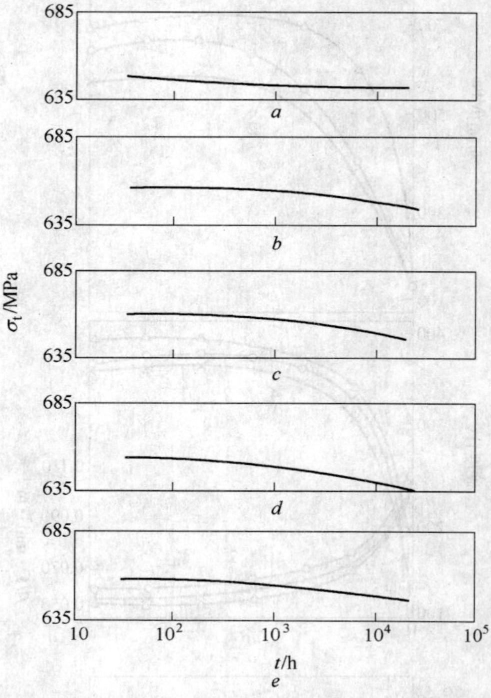

图 7-50 时效后的 QBe1.9 在 20℃时的应力松弛

a—300℃,4 h;*b*—320℃,2 h;*c*—320℃,3 h;

d—350℃,1 h;*e*—370℃,20 min

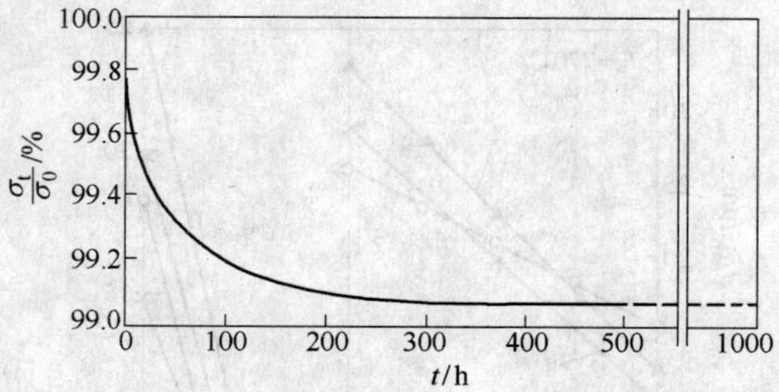

图 7-51 静载荷为 785 MPa 时 QBe1.9(340℃)的应力松弛度

7.5.6.5 QBe1.9-0.1 铍青铜的力学性能

QBe1.9-0.1 加工铍青铜的力学性能与工艺性能见表 7-106 和图 7-54～图 7-57。

7.5.6.6 其他铍青铜的力学性能

其他加工铍青铜的力学性能见表 7-107。

表 7-105 QBe1.7 合金加工材的力学性能

种 类	材料状态	δ 或 D/mm	σ_b/MPa	δ_{10}/%(不小于)	硬 度
板带材	CY_2	厚度 0.25～6.0 mm	570～695	6	140～240 HB
	CY		≥590	2.5	≥150 HB
	CY_2S		≥1030	2.0	340～440 HB
	CYS		≥1080	2.0	≥340 HB
棒 材	M	5～40	400	30	≥100 HB
	R	20～120	400	20	
	D	35～100	500～660	8	≥78 HRB
	Y_2	5～40	500～660	8	≥78 HRB
	Y	5～10	660～900	2	≥150 HB
		>10～25	620～860	2	
		>25	590～830	2	
	TF00 (时效：320±5℃×3 h)	5～40	1000～1380	2	30～40 HRC
	TH04 (时效：320±5℃×3 h)	5～10	1200～1500	1	35～45 HRC
		>10～25	1150～1450	1	35～44 HRC
		>25	1100～1400	1	34～44 HRC

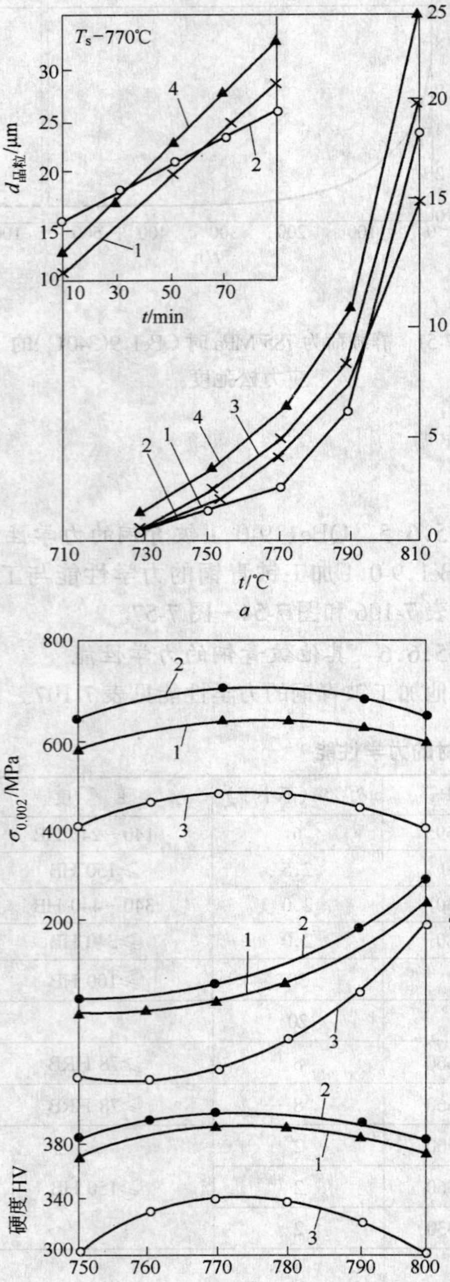

图 7-52 固溶处理对铍青铜组织和性能的影响

a—α 固溶体晶粒度 $d_{晶粒}$与固溶温度及保温时间的关系；*b*—铍青铜物理-力学性能与固溶温度的关系(320℃，4 h 时效处理)

1—QBe2；2—QBe1.9；3—QBe1.7；4—QBe2.5

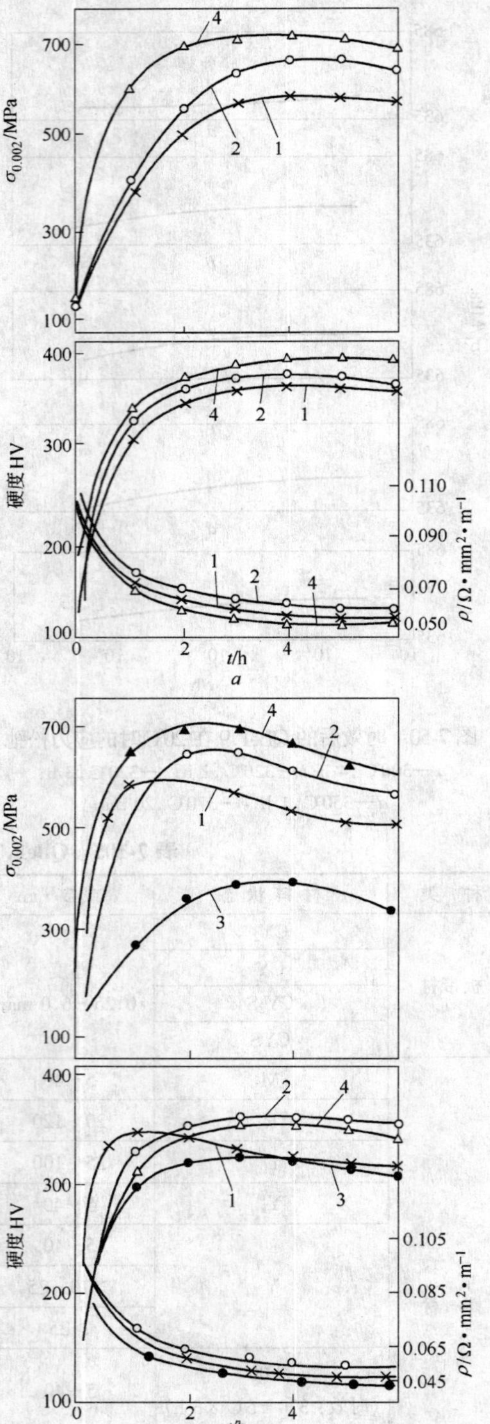

图 7-53 工业铍青铜物理力学性能与时效温度、时效时间的关系

1—QBe2；2—QBe1.9；3—QBe1.7；4—QBe2.5

a—320℃；*b*—340℃

表 7-106 QBe1.9-0.1 加工铍青铜的力学性能

种类	材料状态	δ 或 D/mm	σ_b/MPa	δ_{10}/%(不小于)	硬度(不小于)
棒材	M	5～40	400	30	100 (HB)
	R	20～120	400	20	
	D	35～100	500～660	8	78 (HRB)
	Y_2	5～40	500～660	8	78 (HRB)
	Y	5～10	660～900	2	150 (HB)
		>10～25	620～860	2	
		>25	620～830	2	
	TF00 (时效：320±5℃×3 h)	5～40	1000～1380	2	30～40 (HRC)
	TH04 (时效：320±5℃×3 h)	5～10	1200～1500	1	35～45 (HRC)
		>10～25	1150～1450	1	35～44 (HRC)
		>25	1100～1400	1	34～44 (HRC)

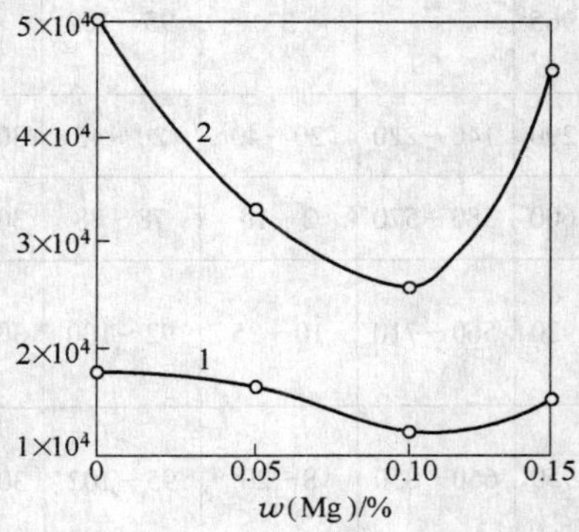

图 7-54 铍青铜 QBe1.9 中含镁量对循环松弛 $\varepsilon_{残}$(循环次数 10^4)变形量的影响应力值

1—440 MPa; 2—638 MPa

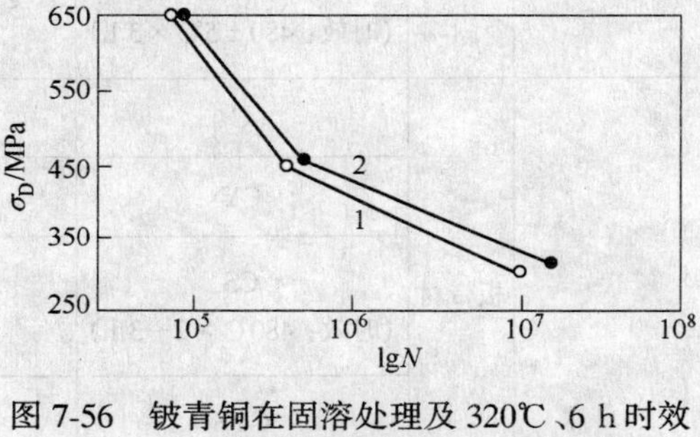

图 7-56 铍青铜在固溶处理及 320℃、6 h 时效后的疲劳强度

1—QBe1.9; 2—QBe1.9+0.05%Mg

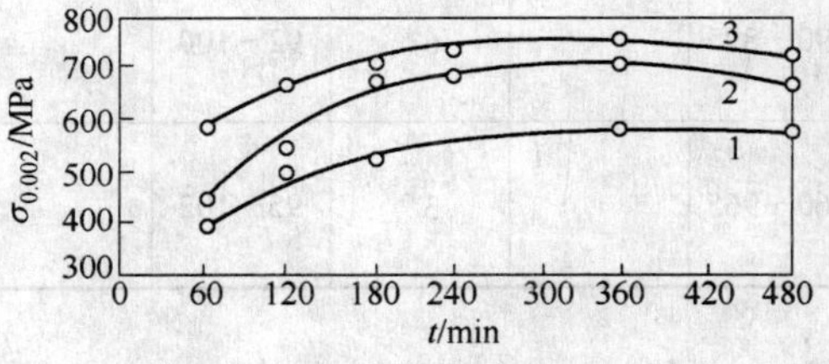

图 7-55 铍青铜 QBe1.9 弹性极限与 320℃ 时效保温时间的关系

1—QBe1.9; 2—QBe1.9+0.05%Mg; 3—QBe1.9+0.1%Mg

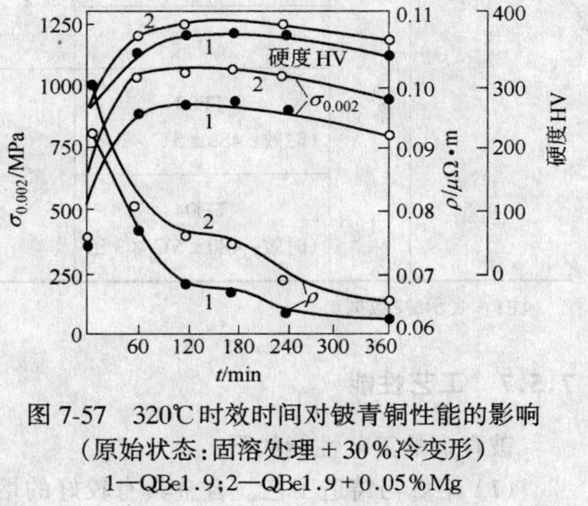

图 7-57 320℃ 时效时间对铍青铜性能的影响（原始状态：固溶处理+30%冷变形）

1—QBe1.9; 2—QBe1.9+0.05%Mg

表 7-107　其他加工铍青铜的力学性能

种　类		材料状态	δ或D/mm	σ_b/MPa	屈服强度/MPa	δ/%	硬度 HRB	硬度 表面
QBe0.6-2.5	板带材	C		240～390	140～220	20～40	20～45	30T28-45
		CY		490～600	380～570	2～10	78～88	30T69-75
		CS (时效：480℃×2～3 h)		700～920	560～710	10～25	92～100	30T77-82
		CYS (时效：480℃×2～3 h)		770～950	660～850	8～20	95～102	30T79-83
	棒材	M	5～40	240		20*	≤50	
		Y		450		2*	60	
		TF00 (时效：480±5℃×3 h)	5～40	690～895		6*	92～100	
		TH04 (时效：480±5℃×3 h)	5～40	760～965		3*	95～102	
QBe0.4～1.8	板带材	C		240～290	140～220	20～40	20～45	30T28-45
		CY		490～600	380～570	2～10	78～88	30T69-75
		CS (时效：480℃×2～3 h)		700～920	560～710	10～25	92～100	30T77-82
		CYS (时效：480℃×2～3 h)		770～950	660～850	8～20	95～102	30T79-83
	棒材	M	5～40	240		20*	≤50	
		Y		450		2*	60	
		TF00 (时效：480±5℃×3 h)	5～40	690～895		6*	92～100	
		TH04 (时效：480±5℃×3 h)		760～965		3*	95～102	

注：*表示 δ_5 数据。

7.5.7　工艺性能

铍青铜的工艺性能如下：

(1) 熔炼与铸造工艺。合金具有较好的熔铸工艺性能，但熔体吸气性较强，为降低气孔率和防止铍氧化物对人体的危害，宜采用真空感应电炉熔炼。电渣重熔能提高铸锭质量。常采用半连续或水平连续铸造工艺浇注铸锭，也可采用铁模无流浇铸。

(2) 成形性能。合金具有良好的热成形性,能热挤、热轧和锻造,在530～550℃具有超塑性。可加工成尺寸精确、外形完整与有良好时效硬化特性的零件。在淬火及中间软化退火状态下,合金有较好的冷加工性,总加工率可达50%以上,能进行冷轧、冲压、弯曲、旋压和液压成形。

(3) 焊接性能。合金有良好的焊接性,易于钎焊和熔焊,包括锡焊、电阻焊、等离子焊、电子束焊、超声焊和激光焊。真空或高压使用的组件宜用电子束焊。

(4) 表面处理工艺。合金表面光亮处理步骤一般是,先在氢氧化钠水溶液中浸泡以松动氧化膜,再在盐酸水溶液中预腐蚀,然后在硫酸和硝酸混合液中进行光亮处理;钝化处理有钠盐钝化、铬酐钝化等。

(5) 切削加工与磨削性能。合金的切削加工性为易切削黄铜 HPb63-3 的 20%。预时效或时效后能改善其切削加工性能。

7.5.8 选材与应用实例

7.5.8.1 高强度铍青铜

(1) QBe2 是广泛使用的高强度加工铍青铜,最高抗拉强度可超过1400 MPa,硬度约为洛氏硬度 HRC45,是商用铜基合金加工材中最高的。在充分时效的状况下,其导电率最低为22%IACS,合金对升温过程中的应力松弛也具有异常的抵抗力。

当部件经受剧烈成形过程又要求高强度、高滞弹性、抗疲劳和抗蠕变时,该合金应用于各种弹簧,金属软管、夹子、垫圈、扣环。要求高强度或高抗磨,同时又要求良好的导电或低磁性时,该合金应用于航空航天导航仪表,无火花工具,撞针、衬套、阀泵、轴、机械部件等。要求高强度、良好的耐蚀性和导电性,该合金被应用于电机弹簧片,接触电桥、螺栓、螺钉等。使用时的注意事项:由于此合金含铍,所以在熔化、研磨、机加工、焊接或其他制造及检验产生粉尘烟雾时,应配备适当的排风,以免危害健康。

(2) QBe1.9 合金在化学成分上类似于合金 QBe2,不同之处是在此基础上添加了少量的Ti(0.1%～0.25%),这样能细化铸态、热加工和固溶处理的晶粒,阻碍不连续析出,从而改善了合金组织的均匀性,提高了疲劳强度,使时效处理后合金具有良好的弹性稳定性和小的弹性滞后。应用同 QBe2。

(3) QBe1.9-0.1 合金化学成分是在 QBe1.9 的基础上添加了0.1%左右的镁,加入微量元素镁,可以改善其组织和性能。镁的加入,可抑制固溶温度升高时的晶粒长大。含镁在0.1%时,力学性能最好。其疲劳强度、循环松弛稳定性及静应力松弛也都有所提高,应用同 QBe2。

(4) QBe1.7-0.1 合金铍含量是控制在1.6%～1.85%并含有0.1%～0.25%的 Ti,Ti除了能细化铸态,热加工和固溶处理后的晶粒,阻碍不连续析出外,由于 Be 含量较低还能减少合金经固溶处理后残存的脆硬β相的数量,从而改善了合金组织的均匀性。与其他高强度铍青铜相比力学性能略低。可应用于对力学性能要求略低的仪器、仪表等。

7.5.8.2 高传导铍青铜

(1) QBe0.6-2.5 合金与高强度铍青铜相比,具有中等屈服强度(时效后为980 MPa)其导电率为纯铜的45%～65%,这一性质使其在需要散热及载流的场合得到应用。应用包括带、线材(熔断器、紧固件、弹簧、开关部件、电接插件、导线)和棒、板材(电阻点焊电极头、缝焊电极盘、模铸塞棒头、塑料模具、工作场合)。

(2) QBe0.4-1.8 合金与合金 QBe0.6-2.5 相比,添加元素为 Be 及 Ni,而 QBe0.6-2.5 合金添加元素为 Be 及 Co,合金的导热性在铍铜合金中为最高,并具有中等屈服强度,另外添加Ni可降低合金的成本。QBe0.4-1.8 合金的应用与 QBe0.6-2.5 合金相同。

7.6 铬青铜

7.6.1 概述

铬青铜是含0.4%～1.1%Cr(质量分数,以下同)的高铜合金。在共晶温度1072℃下,铬在铜中的最大固溶度为0.65%。随温度的降低，固溶度急剧下降(表7-108)，固溶后时效处理析出Cr粒子相。铬青铜可以通过淬火-时效或淬火-冷变形-时效处理获得强化。铬的加入，一方面明显提高合金的再结晶温度和热强性，;另一方面使铜的导电性略有下降。固溶处理的铬青铜导电率为45%IACS，时效处理后上升到80%IACS。时效态铬青铜的软化强度为400℃，是冷加工铜的2倍。这种合金可在铸造状态和变形状态下使用。

表7-108 铬在铜中的固溶度与温度的关系

温度/℃	1070	1000	800	600	400
铬在铜中的固溶度/%	0.65	0.4	0.15	0.07	0.03

7.6.2 牌号、品种、规格和供应状态

国产铬青铜的牌号为QCr0.5，国外与之相近牌号见表7-109，铬青铜的品种规格与供应状态见表7-110。

表7-109 铬青铜牌号

国别	中国	美国	俄罗斯	英国	德国	日本	ISO
牌号	QCr0.5	C18100 C18200 C18400	БPX1	CC101	CuCr	C1820	CuCr1

表7-110 铬青铜品种、规格与供应状态

品种	板材	棒	材
厚度或直径/mm	0.5～15	5～40	18～160
状态	Y	Y, M	R

7.6.3 化学成分

按GB/T5233—2001规定，QCr 0.5合金的成分见表7-111。

表7-111 QCr0.5合金的成分(质量分数)(%)

成分	Cr	Cu	杂质，不大于		
			Fe	Ni	杂质总和
含量	0.4～1.1	余量	0.1	0.05	0.5

C18200的成分为：0.6%～1.2%Cr，Fe不大于0.10%，Si不大于0.10%，Pb不大于0.05%，其他杂质总量不大于0.5%，余量为Cu+Ag。

C18400的成分为：0.40%～1.2%Cr，Zn不大于0.7%，Fe不大于0.15%，Si不大于0.10%，P不大于0.05%，Li不大于0.05%，As不大于0.005%，Ca不大于0.005%，其他杂质总量不大于0.5%，余量为Cu+Ag。

C18500的成分为：0.40%～1.0%Cr，P不大于0.04%，Li不大于0.04%，Pb不大于0.015%，余量为Cu+Ag。

7.6.4 物理及化学性能

7.6.4.1 物理性能

A 热学性能

铬青铜的热学性能如下：

液相线温度：1075～1080℃。

固相线温度：1070～1073℃。

比热容：20℃时为385J/(kg·℃)。

热导率：TB00状态，20℃时为171W/(m·℃)；TH04状态，20℃时为324W/(m·℃)。QCr 0.5的低温热导率见表7-112，高温热导率见表7-113。

表7-112 退火铬青铜QCr 0.5的低温热导率

温度/℃	-269	-263	-260	-251	-245	-242
热导率/W·(m·℃)$^{-1}$	85.09	200.21	265.28	390.41	380.40	377.13

表7-113 QCr 0.5合金的高温热导率

温度/℃	100	600	900
热导率/W·(m·℃)$^{-1}$	167	301	255

线膨胀系数：QCr 0.5合金20～100℃的平均线膨胀系数$\alpha_1=17.64\times10^{-6}$/℃，低温线膨胀系数见表7-114。

表 7-114 QCr 0.5 合金低温线膨胀系数

温度/℃	17	−3	−23	−43	−63	−83
线膨胀系数 α/℃	16.70×10^{-6}	16.60×10^{-6}	16.40×10^{-6}	16.00×10^{-6}	15.50×10^{-6}	14.90×10^{-6}
温度/℃	−103	−123	−143	−163	−173	
线膨胀系数 α/℃	14.20×10^{-6}	17.70×10^{-6}	12.30×10^{-6}	11.20×10^{-6}	10.50×10^{-6}	

B 质量特性

QCr 0.5 合金 20℃时的密度为 8890 kg/m³。

C 电性能

QCr 0.5 合金的电性能如下：

导电率：TB00 状态(固溶态)，20℃ 时为 40％IACS；TH04 状态(固溶-冷加工-时效态)，20℃时为 80％IACS。导电率与退火温度的关系如图 7-58 所示。

电阻率：TH04 状态(固溶-冷加工-时效态)，20℃时为 0.0216 μΩ·cm。20～100℃电阻温度系数为 0.0033/℃。

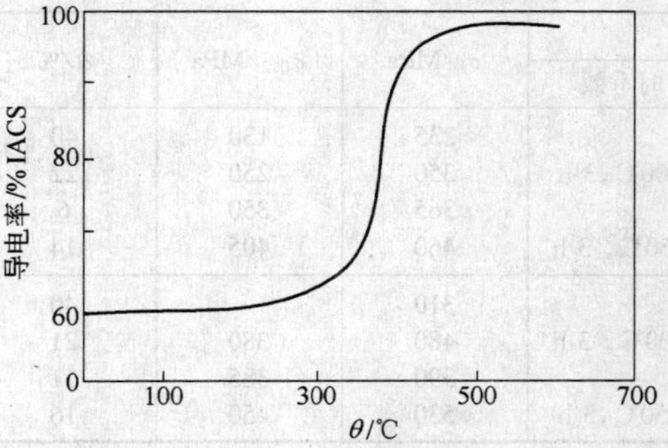

图 7-58 QCr 0.5 合金导电率与退火温度的关系

高温导电率和电阻率：含 0.7％Cr 的铬青铜经 1000℃固溶淬火＋84％冷变形＋450℃时效 1 h后，室温至 600℃的导电率和电阻率如图 7-59 所示。

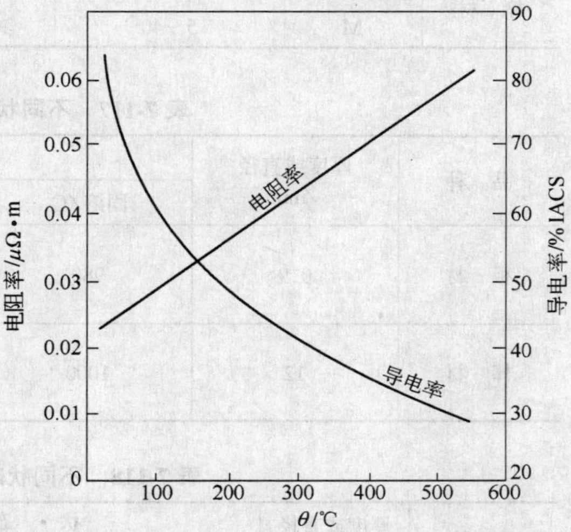

图 7-59 QCr 0.5 合金高温电阻率和导电率

7.6.4.2 化学性能

QCr 0.5 合金的化学性能如下：

耐腐蚀性能：耐蚀性类似纯铜，抗电蚀性能优于纯铜。

抗氧化性能：合金高温抗氧化性能良好，铬青铜的高温氧化性能见表 7-115。

表 7-115 铬青铜的高温氧化性能

合金	试样在不同温度下平均质量增加值 /mg·cm⁻²·h⁻¹			
	500℃	600℃	700℃	800℃
纯 铜	0.58	1.40	2.47	4.50
QCr 0.5	0.50	0.7	2.04	4.0
QCr 0.5-0.2-0.1	0.23	0.57	0.80	1.21

7.6.5 热加工与热处理规范

铬青铜的热加工与热处理规范如下：

热加工温度：800～925℃。

固溶处理：980～1000℃，10～30 min，水淬。

时效处理：425～500℃，2～4 h，空冷。

7.6.6 力学性能

7.6.6.1 技术标准规定的力学性能

技术标准规定的力学性能见表 7-116。

7.6.6.2 室温力学性能

A 硬度

室温下铬青铜的硬度见表 7-117。

B 拉伸性能

固溶-时效态和固溶-冷变形-时效态铬青铜的室温拉伸性能见表7-118。

C18200、C18400和C18500的典型力学性能见表7-119。

表 7-116 铬青铜技术标准规定的力学性能

品 种	状 态	厚度或直径/mm	σ_b/MPa	δ_{10}/%	硬度 HBS	技术标准
板 材	Y	0.5~15			≥110	GB/T 2045—1980
棒 材	Y	5~40	≥390	≥5		GB/T 4423—1992
	M	5~40	≥230	≥38		

表 7-117 不同状态下铬青铜的室温硬度

品 种	厚度或直径/mm	状 态			硬度 HRB
		固溶/℃	冷变形/%	时 效	
板 材	0.9	980	50		66
				500℃,3 h	59
			50	450℃,3 h	79
棒 材	12	1000			65
			50	500℃,3 h	70
					82

表 7-118 不同状态铬青铜的室温拉伸性能

品 种	厚度或直径/mm	状 态			σ_b/MPa	$\sigma_{0.2}$/MPa	δ/%
		固溶温度/℃	冷变形/%	时 效			
板 材	0.9	980			235	130	40
				500℃,3 h	350	250	22
			50		365	350	6
			50	450℃, 3 h	460	405	14
棒 材	12	1000			310		40
				500℃, 3 h	480	380	21
			60		390	385	11
			60	450℃,3 h	530	450	16

表 7-119 C18200、C18400和C18500的典型力学性能

状 态	σ_b/MPa	σ_s[①]/MPa	δ/%	硬度 HRB
TB00(固溶处理)	235	130	40	16
TF00(固溶-时效)[②]	350	250	22	59
TD04(固溶-冷加工到全硬)	365	350	6	66
TH04(TD04之后时效)[③]	460	405	14	79
TF00(固溶-时效)	400	290	25	70
TF00(固溶-时效)	385	275	30	68
TD08(固溶-冷加工到弹性)	510	505	5	
TH08(固溶-冷加工-时效到弹性)	595	530	14	
TB00(固溶处理)	310	97	40	
TF00(固溶-时效)[②]	485	380	21	70

续表 7-119

状　　态	σ_b/MPa	$\sigma_s^{①}$/MPa	δ/%	硬度 HRB
TD04(固溶-冷加工到全硬)	395	385	11	65
TH04(TD04 之后时效)③	530	450	16	82
TH03（固溶-冷加工到 3/4 硬-时效),冷加工 6%	530	460	19	83
TF00(固溶-时效)	495	450	18	80
TF00(固溶-时效)	485	450	18	75
TF00(固溶-时效)	450	380	18	70
TF00(固溶-时效)	380	295	25	68
O60（软化退火）	375	105	50	59HRF
TD04(固溶-冷加工到全硬)	405	395	21	67
TH04（TD04 之后时效),冷加工 28%	475	435	26	84

① 载荷下延伸 0.5%；② 500℃时效 3 h；③ 450℃时效 3 h。

C　压缩性能

铬青铜的压缩屈服强度为：$\sigma_{pc0.2} = 548$ MPa（60%冷变形＋450℃ 3 h 时效）。

D　扭转与剪切性能

铬青铜的扭转与剪切性能为：

扭转屈服强度：$\tau_{p0.3} = 280$ MPa(60%冷变形＋450℃ 3 h 时效)。

剪切强度：$\tau = 295$ MPa(60%冷变形＋450℃ 3 h 时效)。

E　弹性性能

铬青铜的弹性性能为：

弹性模量：117.3 GPa。

切变模量：49.6 GPa。

7.6.6.3　低温和高温力学性能

A　硬度

不同状态铬青铜的高温硬度见表 7-120。

B　拉伸性能

QCr 0.5 板材的低温拉伸性能见表 7-121。

铬青铜的其他性能见表 7-122、表 7-123 和表 7-124。

表 7-120　不同状态铬青铜的高温硬度

状　　态	温度/℃	20	300	400	500	600
含 0.6% Cr 棒材；980℃,水淬＋50%冷变形＋450℃,4 h 时效	硬度 HBS	129	69	48	23	12
含 0.79% Cr 棒材；1000℃,水淬＋50%冷变形＋450℃,4 h 时效	硬度 HV			75	45	33

表 7-121　QCr 0.5 板材的低温拉伸性能

拉伸性能	σ_b/MPa	$\sigma_{0.2}$/MPa	δ/%
－269℃	425	255	18.6

表 7-122　铬青铜(0.6% Cr)的高温拉伸性能

状　态	试验温度/℃	σ_b/MPa	δ/%	ψ/%
含 0.6% Cr 棒材；980℃ 固溶＋50%冷变形＋450℃,4 h 时效	20	460	18	54
	300	355	13	39
	500	285	5	9
	600	225	6	10
	700	165	7	19

表 7-123　铬青铜(0.7%Cr)在 400℃ 时的力学和物理性能

性能	抗拉强度 σ_b/MPa	屈服强度 $\sigma_{0.2}$/MPa	弹性模量 E/GPa	面缩率 ψ/%	电阻率 /μΩ·cm	导电率 /% IACS	线膨胀系数 α/℃$^{-1}$ 20～100 ℃	20～300 ℃	20～600 ℃
数值	310	230	110	32.0	0.505	34.0	16.27×10^{-6}	18.05×10^{-6}	20.71×10^{-6}

注：合金 1000℃淬火后，84%冷变形，之后 400℃时效 1 h，试样经 400℃保温 1 h 再测定各种性能。

表 7-124 铬青铜(0.8%Cr)在 290℃时的力学性能

试验温度/℃	取向	σ_b/MPa	$\sigma_{0.2}$/MPa	δ_5/%	ψ/%
室 温	纵向	511	450	16.0	47.9
290	纵向	352	186	4.2	7.3
290	横向	331	289	2.7	5.8

C 持久性能和蠕变性能

铬青铜高温持久性能见表 7-125，高温蠕变性能见表 7-126。

表 7-125 铬青铜高温持久性能

状 态	持久性能	200℃	300℃	400℃	500℃
1000℃ 固溶 + 84%冷变形 + 450℃ 2 h 时效	σ_{100}/MPa	340	205	72	39
	σ_{1000}/MPa	315		28	

表 7-126 铬青铜高温蠕变性能

状 态	温度/℃	$\sigma_{1/1000}$/MPa	$\sigma_{1/10000}$/MPa	$\sigma_{1/100000}$/MPa
1000℃固溶 + 43%冷变形 + 450℃, 1 h 时效	300	185	145	110
	400	95	60	35
1000℃固溶 + 84%冷变形 + 450℃, 1 h 时效	300	200	150	115
	400	85	55	35

注：高温蠕变时间单位为小时。

D 疲劳性能

铬青铜疲劳性能见表 7-127。

表 7-127 铬青铜的高周疲劳性能

状 态	σ_b/MPa	σ_b/MPa	N/周
84%冷加工	500	180	3×10^8
500℃, 2 h 时效	530	195	3×10^8

7.6.7 工艺性能

铬青铜的工艺性能如下：

(1) 熔炼与铸造工艺。合金通常采用中频感应电炉熔炼。熔池用 60%～70% 的硼砂加 30%～40% 玻璃组成的熔剂覆盖，也可采用煅烧木炭覆盖，采用磷铜脱氧。铬以 Cu-Cr 中间合金或金属铬的形式加入。在烟灰覆盖下进行半连续铸造，浇注温度 1300～1360℃。

(2) 成形性能。合金冷、热加工性能良好，可进行挤压、热轧、锻造(要求锻后进行固溶处理)等热加工，热加工温度为 820～930℃，热锻性为锻造黄铜 HPb60-2 的 80%。在固溶、退火或适当的拉拔状态下，可进行拉拔、冷轧、镦锻、型锻或弯曲等冷加工。

(3) 焊接性能。合金能锡焊、银焊和钎焊，易于进行气体保护电弧焊，对散热好的焊接部位采用电子束焊接效果好。熔焊和硬钎焊会降低热处理后材料获得的性能，这种焊接通常用于软状态，并随之施以必要的热处理。软钎焊性能良好，不推荐氧乙炔焊、保护金属弧焊、电阻点焊和电阻缝焊。

(4) 切削加工与磨削性能。合金的切削加工性为易切削黄铜 HPb63-3 的 20%。切削时使用含 20% 铅油的矿物油作冷却润滑剂。

7.6.8 选材与应用实例

铬青铜有高的硬度和强度，导电导热性好，抗软化性能好，加工成形性能也好。广泛用于电气设备的高温导电耐磨零件。主要用途有：电动机整流子、集电环、高温开关、电焊机的电极、滚轮、夹持器、以双金属形式使用的刹车盘、圆盘及其他要求高导热、导电和高热强性的零部件。

7.7 锆青铜

7.7.1 概述

锆青铜是含 0.15%～0.30%(质量分数)锆的高铜合金。在共晶温度 965℃下，锆在铜中的最大固溶度为 0.15%，随温度的降低，锆在铜中的固溶度急剧减少(表 7-128)。时效过程中，从固溶体中析出微细的 β 相质点(Cu_5Zr 或 Cu_3Zr)，产生沉淀硬化效果。锆的加入使铜的导电性略有下降，时效态合金的导电率为 90%IACS。锆大大提高合金的再结晶温度和热强性，其耐热性优于铬青铜。

锆青铜的力学性能与锆含量的关系见图 7-60，锆含量对铜软化温度的影响见表 7-129。此外，砷可把 Cu-Zr 合金的共晶温度提高到 1000～1020℃，增加锆在此温度时的溶解度，但降低它在低温下的溶解度。As 还可与 Zr 形成

Zr-As化合物，细化锆青铜的晶粒，抑制合金在加热时的晶粒长大。应当注意，锑、锡、铅、硫、铁、铋、镍等都是锆青铜的有害杂质，不应超出标准规定的极限值。

表 7-128 锆在铜中的固溶度随温度的变化

温度/℃	965	900	750	500
固溶度/%	0.15	0.08	0.03	0.01

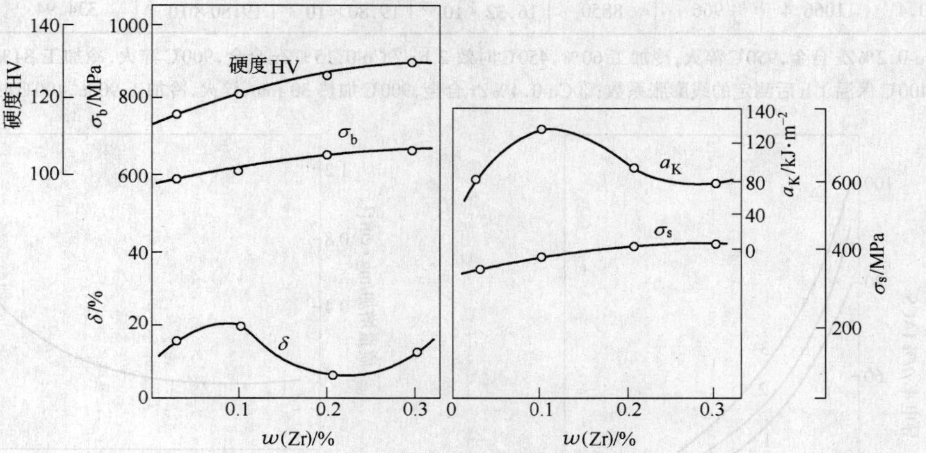

图 7-60 Cu-Zr 合金的力学性能与 Zr 含量的关系

表 7-129 锆含量对铜软化温度的影响

合 金	Cu-0%Zr	Cu-0.10%Zr	Cu-0.13%Zr	Cu-0.15%Zr	Cu-0.19%Zr	Cu-0.23%Zr
软化温度/℃	230	570	580	580	580	580

7.7.2 合金牌号

国产锆青铜的牌号有 QZr0.2 和 QZr0.4。国外与之相近的牌号是美国的 C15100、C15000 和俄罗斯的 БPH0.2。

7.7.3 锆青铜 QZr0.2 和锆青铜 QZr0.4

7.7.3.1 化学成分

按 GB/T 5233—2001 规定，QZr0.2 和 QZr0.4 锆青铜的化学成分见表 7-130。

7.7.3.2 物理及化学性能

A 物理性能

加工锆青铜的物理性能见表 7-131 和图 7-61。

B 化学性能

锆青铜的化学性能如下：

耐腐蚀性能：类似纯铜，在大气、淡水和海水中耐蚀性良好，抗电蚀性能优于纯铜。

表 7-130 锆青铜的化学成分(质量分数) (%)

合金	元素	Sn	Al	Zn	Mn	Fe	Pb	Sb①	Bi①	Si	Ni	S	Mg	Cr	Zr	As①	Cd	P	Cu	杂质总和
QZr0.2	最小值														0.15				余量	
	最大值	0.05				0.05	0.01	0.005	0.002		0.2	0.01			0.30					0.5
QZr0.4	最小值														0.30				余量	
	最大值	0.05				0.05	0.01	0.005	0.005		0.2	0.01			0.50					0.5

①As、Bi 和 Sb 可不分析，但供方必须保证不大于最大值。

表 7-131 锆青铜的物理性能

合 金	液相线温度/℃	固相线温度/℃	密度/kg·m^{-3}	线膨胀系数/℃$^{-1}$			热导率/W·(m·℃)$^{-1}$	导电率/%IACS
				20～100 ℃	20～300 ℃	20～600 ℃		
QZr0.2	1081.5		8930①	16.27×10^{-6}②	18.01×10^{-6}②	20.13×10^{-6}②	339.13	97.12①
QZr0.4	1066.4	966	8850	16.32×10^{-6}	19.80×10^{-6}	19.80×10^{-6}	334.94	84.5③

①Cu-0.2%Zr 合金，950℃淬火，冷加工 60%，450℃时效 2 h；②Cu-0.15%Zr 合金，900℃淬火，冷加工 84%，400℃时效 1 h；在 400℃保温 1 h 后测定的线膨胀系数；③Cu-0.4%Zr 合金，900℃加热 30 min，淬火，冷加工 90%，400℃时效 1 h。

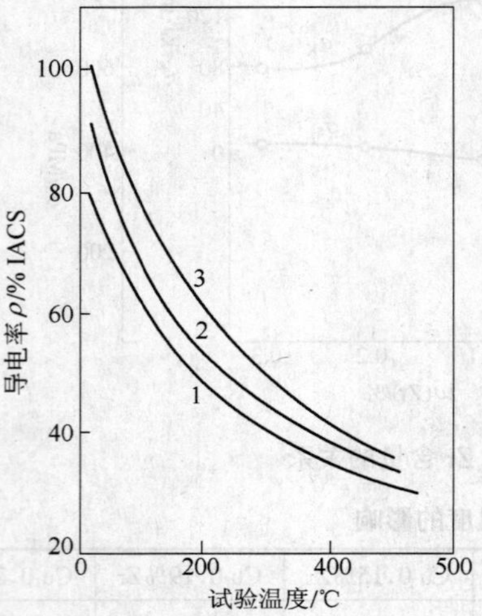

图 7-61 锆青铜的导电率与温度的关系

1—0.8%Zr；2—0.4%Zr；3—无氧铜

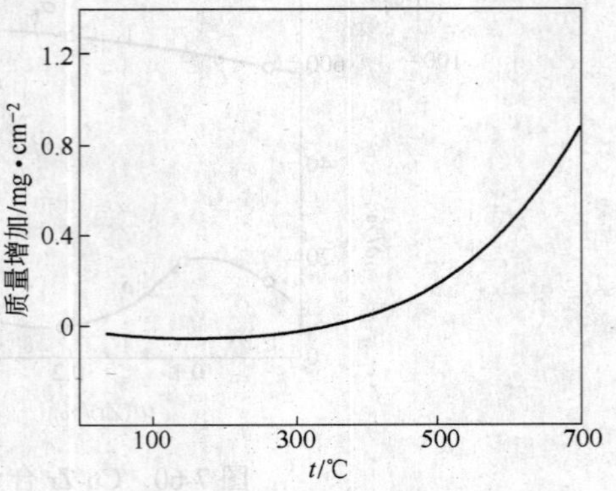

图 7-62 QZr0.2 的高温氧化性能

高温抗氧化性能：锆青铜有相当强的高温抗氧化性能，其热稳定性高于铬青铜 QCr0.5，大体与铬青铜 QCr0.5-0.2-0.1 相当。图 7-62 表示厚 0.5mm 的 QZr0.2 合金在固定加热速度(200℃/h)加热时的氧化增量。

C 热加工与热处理规范

锆青铜的热加工与热处理规范为：

退火温度：450～550℃。

热加工温度：750～875℃，锻造热加工时，如果温度降至 800℃以下即应中断锻造，在恢复锻造之前锻件至少再加热至 900℃。

固溶处理：900～950℃，15～30 min，水淬；时效处理：400～450℃，2～3 h，空冷。

7.7.3.3 力学性能

A QZr0.2 合金

技术标准规定的 QZr0.2 合金的室温力学性能见表 7-132。不同热处理状态 QZr0.2 的室温硬度如图 7-63 和图 7-64 所示，高温硬度见表 7-133。

表 7-132 技术标准规定的性能

品 种	状 态	d 或 δ/mm	σ_b/MPa	δ_{10}/%	硬度 HBS	技 术 标 准
棒 材	Y	5～80	≥294	≥5	130①	LTJ502—1997②
	M	5～80	≥196	≥30		
板、带材	M	0.3～12.0	≥205	≥30		Q/LT012—1992②
	Y	0.3～12.0	≥315	≥3		

①硬化时效后的值；② 洛阳铜加工厂企标。

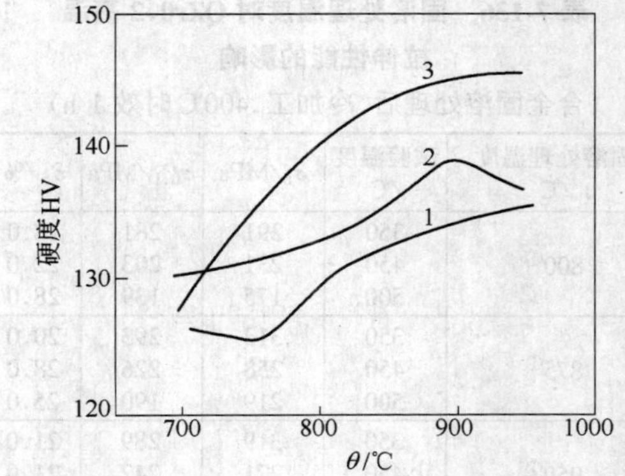

图 7-63 固溶处理温度对 QZr0.2 硬度的影响
1—淬火后冷轧 75%；2—250℃时效 1.5 h；
3—400℃时效 1.5 h

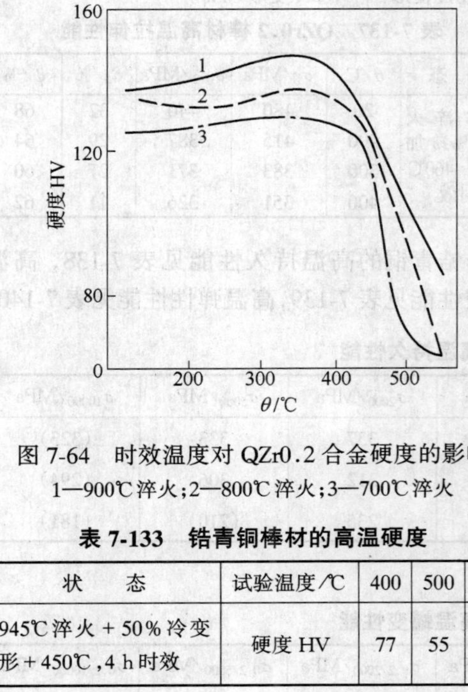

图 7-64 时效温度对 QZr0.2 合金硬度的影响
1—900℃淬火；2—800℃淬火；3—700℃淬火

表 7-133 锆青铜棒材的高温硬度

状 态	试验温度/℃	400	500	600
945℃淬火＋50%冷变形＋450℃，4 h时效	硬度 HV	77	55	32

冷加工对锆青铜 QZr0.2 抗拉强度的影响见图 7-65，时效温度对合金抗拉性能的影响见图 7-66。不同状态锆青铜 QZr 0.2 的力学及物理性能见表 7-134。

不同处理状态的 QZr0.2 线材力学性能及导电率见表 7-135。

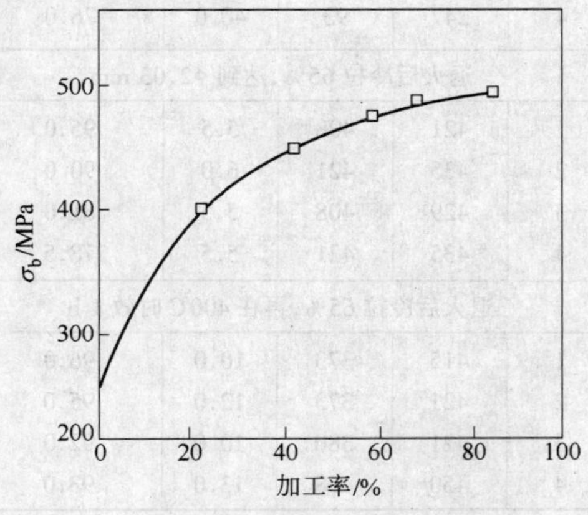

图 7-65 冷加工对锆青铜 QZr0.2 合金抗拉强度的影响

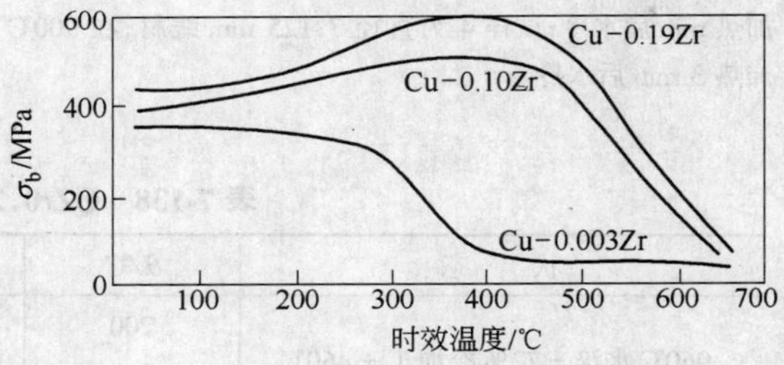

图 7-66 锆青铜 QCr0.2 的抗拉强度与时效温度的关系

固溶处理温度对 QZr0.2 高温拉伸性能的影响见表 7-136，QZr0.2 棒材高温拉伸性能见表 7-137。

表 7-134 QZr0.2 合金力学和物理性能

材料状态	σ_b/MPa	$\sigma_{0.2}$/MPa	δ/%	硬度 HV	E/GPa	导电率/%IACS
980℃淬火，500℃时效 1 h	260	134	19.0	83		90
900℃淬火，500℃时效 1 h	230	160	40.0			83
900℃加热 30min 淬火，冷变形 90%	450	385	3.0	137	136①	70
900℃加热 1h，冷变形 90%，400℃时效 1 h	470	430	10.0	140		90
980℃淬火，冷变形 90%，400℃时效 1 h	492	428	10.0	150	133	83

①950℃固溶处理后，冷变形 54%，425℃时效 1 h。

表 7-135　不同状态锆青铜 QZr0.2 线材力学性能及导电率

试样	σ_b/MPa	$\sigma_{0.2}$/MPa	δ_5/%	导电率/%IACS
1	260	107	37.0	97.0
2	260	93	37.0	94.0
3	240	86	40.0	78.0
4	247	93	40.0	76.0
退火后冷拉 65%，达到 ϕ2.03 mm				
1	421	408	5.5	95.0
2	435	421	6.0	90.0
3	429	408	5.5	81.0
4	435	421	5.5	78.5
退火后冷拉 65%，再在 400℃时效 1 h				
1	415	373	10.0	96.0
2	421	373	12.0	95.0
3	421	380	10.0	92.0
4	450	408	13.0	93.0

注：试样 1 为直径 7.125 mm 线材，在 750℃加热 30 min 后水冷；试样 2 为直径 7.125 mm 线材，在 800℃加热 30 min 后水冷；试样 3 为直径 7.125 mm 线材，在 900℃加热 min 后水冷；试样 4 为直径 7.125 mm 线材，在 900℃加热 3 min 后水冷。

表 7-136　固溶处理温度对 QZr0.2 高温拉伸性能的影响

（合金固溶处理后，冷加工，400℃时效 1 h）

固溶处理温度/℃	试验温度/℃	σ_b/MPa	$\sigma_{0.1}$/MPa	δ_5/%
800①	350	291	281	18.0
	450	231	203	22.0
	500	175	139	28.0
875①	350	313	293	20.0
	450	258	226	28.0
	500	219	190	25.0
950①	350	319	289	21.0
	450	271	242	21.0
	500	219	188	25.0
900②	350	394	324	16.0
	450	373	310	18.0
	500	324		17.0

①冷变形 54%；②冷变形 84%。

表 7-137　QZr0.2 棒材高温拉伸性能

状　态	θ/℃	σ_b/MPa	$\sigma_{0.2}$/MPa	δ_5/%	ψ/%
960℃淬火+72%冷加工+460℃ 3 h 时效	20	480	440	32	68
	200	415	387	29	64
	300	383	371	27	60
	400	351	326	11	62

锆青铜的高温持久性能见表 7-138，高温蠕变性能见表 7-139，高温弹性性能见表 7-140。

表 7-138　QZr0.2 锆青铜高温持久性能

状　态	θ/℃	σ_{1000}/MPa	σ_{2000}/MPa	σ_{5000}/MPa	σ_{10000}/MPa
960℃水淬+72%冷加工+460℃，3 h 时效	200	340	337	333	(323)
	300	319	312	306	(294)
	400	250	235	(210)	(181)

注：括弧内数字是依据实验曲线的外推值。

表 7-139　QZr0.2 锆青铜高温蠕变性能

状　态	θ/℃	$\sigma_{0.2/1000}$/MPa	$\sigma_{0.2/2000}$/MPa	$\sigma_{0.2/5000}$/MPa	$\sigma_{0.2/10000}$/MPa
960℃水淬+72%冷加工+460℃，3 h 时效	200	319	315	310	(299)
	300	289	282	275	(264)
	400	186	176	(156)	(137)

注：高温蠕变时间单位为小时。

表 7-140　QZr0.2 锆青铜的弹性性能

实验温度/℃	20	296	490	600
E/GPa	133	112	107	102

B　QZr0.4 合金

不同热处理状态 QZr0.4 合金的硬度和抗拉强度见图 7-67 和图 7-68。

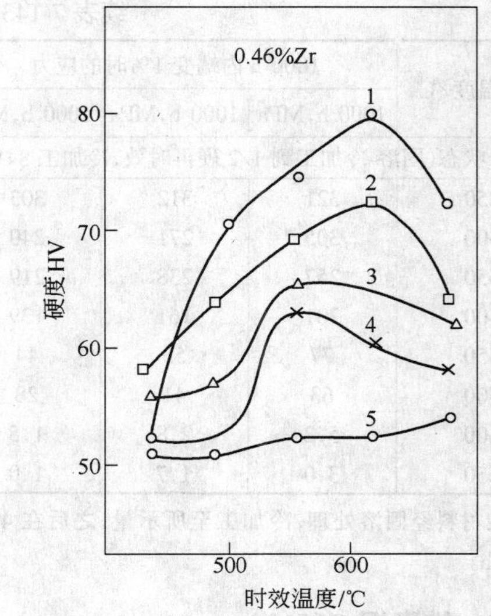

图 7-67 QZr0.4 合金硬度与固溶温度及时效温度(保温 1 h)的关系

固溶处理温度：1—1000℃；2—950℃；3—925℃；4—900℃；5—825℃

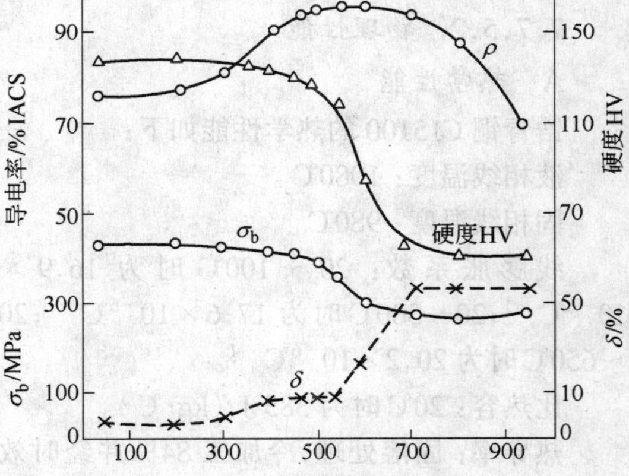

图 7-68 冷加工率 60% 的 QZr0.4 合金 950℃淬火后性能与时效温度(保温 1 h)的关系

7.7.4 锆青铜 C15000

C15000 的典型力学性能见表 7-141，低温力学性能见表 7-142。

C15000 在 950℃ 固溶处理 1 h，淬火，冷变形 85%，在 425℃ 时效 1 h 的短时高温拉伸性能见图 7-69。

表 7-141 C15000 的典型力学性能

断面尺寸/mm		冷加工率/% 固溶处理①	冷加工率/% 时效②	σ_b/MPa	$\sigma_{0.2}^{③}$/MPa	δ_5/%
棒材	5	—	76	430	385	8
	6	10④	—	285	250	34
	9.5	80	44	470	440	11
	13	56	47	460	435	15
	16	61	31	440	430	15
	19	50	34	435	420	15
	22	48	52	430	415	15
	25	48	47	430	415	15
	32	32	17	413	400	18
线材	1		98⑤	525	495	1.5
	2.3		62⑤	495	470	3
		0		200	40	54
		0		205	90	49
	6	0④⑥		255	75	50
	13	30④		365	340	23

①900～925℃；②400～425℃ 时效 1 h 或更长；③载荷下延伸 0.5%；④轧制退火；⑤固溶处理，冷加工至所示量；⑥OS025 状态(退火态，平均晶粒度 0.025 mm)。

表 7-142 C15000 的典型低温力学性能

试验温度/℃	抗拉强度/MPa	缺口抗拉强度/MPa	屈服强度①/MPa	伸长率②/%	面缩率/%	冲击强度③/%
22	445	673	411	16	62	121
−78	463	711	423	20	66	142
−197	534	775	453	26	71	155
−253	587	820	458	37	72	155
−269	591	838	446	36	69	

注：TH04 状态，材料在 950℃ 固溶处理，冷加工 85%～90%，在 450℃ 时效 1 h。

①残余变形 0.2%；② 两种直径；③ V 形缺口，摆锤式冲击试验，10 mm² 标准试样。

C15000 的蠕变强度见表 7-143。

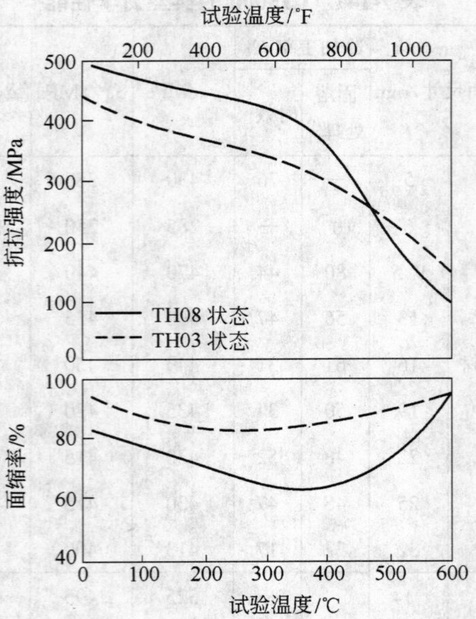

图 7-69 C15000 的短时高温拉伸性能
（材料在 900℃ 固溶处理 15 min，淬火，冷加工和时效，TH03 状态的材料冷加工 54% 后在 400℃ 时效 1 h；TH08 状态的材料冷加工 84% 后在 375℃ 时效 1 h。）

表 7-143 C15000 的蠕变强度

试验温度/℃	1000 h 内蠕变 1% 时的应力		
	1000 h, MPa	1000 h, MPa	1000 h, MPa
TH01 状态（固溶-冷加工到 1/4 硬再时效，冷加工 17%）			
300	277	241	208
350	217	166	185
400	150	123	102
450	98	70	51
500	88	39	16
600	28	15	7.4
TH02 状态（固溶-冷加工到 1/2 硬再时效，冷加工 43%）			
250	343	330	317
300	325	297	272
350	247	212	181
400	176	142	114
450	100	74	51
500	74	53	39
600	18	12	8.3

续表 7-143

试验温度/℃	1000 h 内蠕变 1% 时的应力		
	1000 h, MPa	1000 h, MPa	1000 h, MPa
TH02 状态（固溶-冷加工到 1/2 硬再时效，冷加工 84%）			
250	321	312	303
300	305	271	240
350	257	238	219
400	201	161	139
450	77	53	44
500	63	41	28
600	5.2	2.8	1.5
650	3.0	1.7	1.0

注：材料经固溶处理，冷加工至所示量，之后在 425℃ 时效 1 h。

7.7.5 锆青铜 C15100

7.7.5.1 化学成分

锆青铜 C15100 化学成分为：0.05%-0.15% Zr，Al≤0.005%，Mn≤0.005%，Fe≤0.005%，(Al+Mn+Fe)≤0.01%，余量 Cu。

7.7.5.2 物理性能

A 热学性能

锆青铜 C15100 的热学性能如下：

液相线温度：1080℃。

固相线温度：980℃。

线膨胀系数：20～100℃ 时为 $16.9\times10^{-6}℃^{-1}$；20～300℃ 时为 $17.6\times10^{-6}℃^{-1}$；20～650℃ 时为 $20.2\times10^{-6}℃^{-1}$。

比热容：20℃ 时为 385 J/(kg·℃)。

热导率：固溶处理，冷加工 84% 并经时效的材料，20℃ 时为 367 W/(m·℃)。

B 电性能

锆青铜 C15100 的电性能如下：

导电率：20℃ 时为 93% IACS。

电阻率：固溶处理，冷加工 84% 并经时效的材料，20℃ 时为 0.0186 μΩ·cm。

C 质量特性

锆青铜 C15100 合金 20℃ 时的密度为 8890 kg/m^3。

7.7.5.3 热加工与热处理规范

锆青铜 C15100 合金的热加工与热处理规

范为：

热加工温度：900～950℃。

退火温度：600～700℃。

固溶温度：900～925℃。

时效温度：固溶-时效，500～－550℃；固溶－冷加工－时效，375～475℃；时效温度和时间取决于截面尺寸和预先的冷加工量。

7.7.5.4 力学性能

锆青铜 C15100 合金的力学性能为：

硬度：直径 16 mm 棒材，TH04 状态（固溶－冷加工－时效），硬度 HRB 为 72；直径 6 mm 线材，OS025 状态（退火，平均晶粒度 0.025 mm），硬度 HRB 为 40；直径 13 mm 线材，H01 状态（冷加工到 1/4 硬状态），硬度 HRF 为 90。

拉伸性能和疲劳强度：不同处理态 C15100 带材的拉伸性能和疲劳强度见表 7-144。

表 7-144 不同处理态 C15100 带材的拉伸性能和疲劳强度

状 态	抗拉强度/MPa	屈服强度/MPa	伸长率/%	硬度HRB	疲劳强度①/MPa
H01（冷轧到 1/4 硬）	295	240	22	32	
H02（冷轧到 1/2 硬）	325	295	10	38	
H03（冷轧到 3/4 硬）	360	345	5	48	
H04（冷轧到硬）	400	385	3	57	95
H06（冷轧到超硬）	430	415	2	60	
H08（冷轧到弹性）	470	455	2	62	

①循环次数 1×10^{a}。

弹性模量：拉伸弹性模量为 129 GPa。

疲劳强度：TH04 状态（固溶-冷变形-时效）：循环次数 10^8 时为 180 MPa。

7.7.5.5 工艺性能

锆青铜 C15100 合金的工艺性能为：

可机加工性：为 C36000（易切削黄铜）的 20％

可成形性：冷加工和热成形优良；最常采用的加工方法为模锻、弯曲、镦粗或锻造。

可焊性：软钎焊特性优；硬钎焊或电阻焊对焊特性良；不推荐其他焊接方法。

7.7.6 工艺性能

锆青铜的工艺性能如下：

（1）熔炼铸造工艺。元素锆易氧化，熔体吸气性能较强，合金宜采用真空熔炼。将原料铜同底炭（石墨块）一起装炉，以利对铜熔体脱氧，熔体需静止精炼，浇注前加锆，采用真空浇注铸锭，铸造温度为 1150～1250℃。

（2）成形性能。合金具有良好的冷、热加工性能，可进行锻造、挤压、拉伸、弯曲和旋压成形。热加工温度为 800～950℃。

（3）焊接性能。合金可钎焊、闪光焊，不宜气焊、电弧焊及以对缝电阻焊。

（4）零件热处理工艺。固溶处理宜在保护气氛（氮气或木炭）或真空下进行，以防高温氧化。时效处理可使用中性盐浴炉或空气循环炉。

（5）表面处理工艺。表面酸洗采用硫酸加重铬酸钠水溶液，在 50～80℃下进行。

（6）切削加工与磨削性能。能满意地进行切削加工。锻造或挤压后的切削加工性为易切削黄铜 HPb63-3 的 20％；时效后为易切削黄铜 HPb63-3 的 30％。

7.7.7 选材与应用实例

锆青铜生产工艺成熟，质量稳定，是良好的高温导电材料。典型用途有大功率集成电路用引线框架接插件，主要用于要求导电率高、强度适中、弯曲成形性和抗应力松弛性能好的场合，输电装置和整流器、高温用开关和断路器的底座，整流器，电阻焊头与滚轮，电动机集电环、散热零件及在高温下工作的其他零件。

7.8 铬锆青铜

7.8.1 概述

在铬青铜中添加少量的锆，Cu 与 Zr 形成化合物 Cu_3Zr，高温下 Cu_3Zr 为密集六方晶格，低温时为面心立方晶格，锆在铜中的溶解度随着温度的降低而明显减少。Cu-Cr-Zr 合金由于 Cr、Zr 含量的不同，可从固溶体中单独析出 Cu_2Zr 或同时析出 Cu_3Zr 相和 Cr_2Zr，起析出强化作用，锆的加入使铬青铜合金的强度、硬度、耐热性提高，对合金导电率的影响不大。

Al与Mg可作为铬锆青铜的合金元素，它们可在Cu-Cr-Zr合金表面形成一层薄的、致密的与基体金属结合牢靠的氧化物膜，提高合金的高温抗氧化性能与耐热性，Al与Mg在合金中含量通常不大于0.3%。

7.8.2　合金牌号

国产铬锆铜牌号为QCr0.5-0.2-0.1，美国牌号为C18100。

7.8.3　化学成分

铬锆青铜的化学成分见表7-145。

表7-145　QCr 0.5-0.2-0.1和QCr0.6-0.4-0.005的化学成分（质量分数）　（%）

成　分	Cr	Zr	Mg	Cu
QCr 0.5-0.2-0.1	0.4～1.2	0.05～0.3	0.03～0.06	余量
QCr0.6-0.4-0.005	0.6	0.4	0.005	余量

C18100的化学成分为：99Cu-0.8Cr-0.16Zr-0.04Mg。

7.8.4　物理及化学性能

7.8.4.1　物理性能

A　热性能

液相线温度为：1075℃。

热导率：20℃时为324 W/(m·℃)。

线膨胀系数：20～100℃时为$16.7\times10^{-6}℃^{-1}$；20～200℃时为$18.2\times10^{-6}℃^{-1}$；20～300℃时为$19.3\times10^{-6}℃^{-1}$。

B　质量特性

铬锆青铜在20℃时的密度为8880 kg/m^3。

C　弹性模量

铬锆青铜的弹性模量为125 GPa。

D　电性能

导电率：在退火状态下，20℃时为80% IACS。

电阻率：在退火状态下，20℃时为0.0217 μΩ·m。

7.8.4.2　化学性能

铬青铜和铬锆青铜的氧化性能与温度的关系见图7-70。

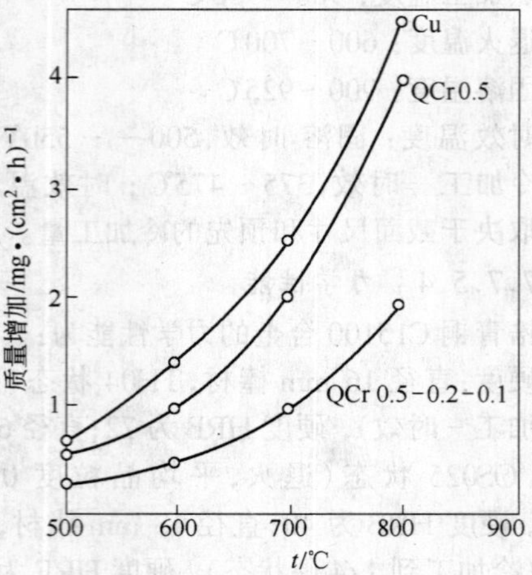

图7-70　温度对铬青铜的氧化性能影响

7.8.5　热加工与热处理规范

铬锆青铜的热加工与热处理规范为：

热加工温度：790～925℃。

退火温度：600～700℃。

固溶处理：900～975℃，1 h。

时效处理：400～500℃，1 h。

7.8.6　力学性能

C18100的力学性能见表7-146和表7-147。

表7-146　C18100带材和线材的力学性能

状　态	σ_b/MPa	$\sigma_{0.2}$/MPa	δ_5/%	硬度HRB
带材				
40%冷变形	460	430	6	
40%冷变形-时效	495	455	10	
线材				
60%冷变形	480	435	6	
60%冷变形-时效	515	470	11	80
75%冷变形	495	455	5	
75%冷变形-时效	550	475	12	
90%冷变形	500	455	4	
90%冷变形-时效	585	515	12	

表 7-147 QCr 0.5-0.2-0.1 和 QCr 0.5 在 400～600℃时力学性能的比较

合 金	不同温度下的持久硬度 HB			500℃时的持久强度	
	400℃	500℃	600℃	应力/MPa	断裂时间/h
QCr 0.5	54	42	25	70	105
QCr 0.5-0.2-0.1	58	50	27	90	160

7.8.7 工艺性能

铬锆青铜的工艺性能如下：

(1) 可成型性：冷热成型性优良。

(2) 可焊性：软钎焊性优，硬钎焊和气体保护弧焊良，电阻对焊中，不推荐氧乙炔点焊和电阻缝焊。

7.8.8 选材与应用实例

铬锆青铜主要用于电阻焊电极和轮盘、开关、断路器、高温线材、大功率集成电路用引线框架、半导体基极、散热器以及连续铸锭模等。

7.9 铁青铜

7.9.1 概述

Cu-Fe 二元系相图富铜角为包晶型，1094℃包晶温度下，铁在铜中的溶解度均为 4%，600℃时下降到 0.15%（表 7-148）。Fe 有细化晶粒作用，抑制铜的再结晶过程和提高铜的强度，但降低铜的塑性。铁显著降低铜的导电率与导热性，时效后合金导电率约为 70% IACS。Fe 以独立形式存在于铜中，使铜呈铁磁性，磁化率为 1.1×10^{-6}。铁青铜除主要合金元素 Fe 外，还添加少量 P、Co、Sn、Zn、Mg 等。

表 7-148 铁在铜中的固溶度与温度的关系

温度/℃	1094	835	759	600
铁在铜中的溶解度/%	4	1	0.6	0.15

7.9.2 合金牌号

国产铁青铜牌号有 QFe1.0、QFe2.5，国外铁青铜牌号有 C19200、C19210、C19400、C19500、C19520 和 C19700。

7.9.3 铁青铜 QFe1.0(C19200)

7.9.3.1 化学成分

QFe1.0 的化学成分见表 7-149。

表 7-149 QFe1.0 的化学成分(质量分数)(%)

元素	Cu	Fe	P
含量	98.7～99.1	0.8～1.2	0.01～0.04

C19200 的成分范围为：Cu 98.7% ～ 99.19%，Fe 0.8% ～ 1.2%，P 0.01% ～ 0.04%。

7.9.3.2 物理性能

A 热学性能

液相线温度：1084℃。

固相线温度：1078℃。

线膨胀系数：20～100℃时为 16.2×10^{-6}℃$^{-1}$。

比热容：20℃时为 380 J/kg。

热导率：带材：20℃时为 251 W/(m·℃)。
管材：20℃时为 380 W/(m·℃)。

B 质量特性

20℃时的密度为 8870 kg/m^3。

C 电性能

导电率：带材：20℃时为 60% IACS。
管材：20℃时为 50% IACS。

电阻率：带材：20℃时为 0.0288 μΩ·m。
管材：20℃时为 0.0345 μΩ·m。

7.9.3.3 热加工与热处理规范

退火温度：700～815℃。

热加工温度：825～950℃。

7.9.3.4 力学性能

C19200 的典型力学性能见表 7-150。拉伸弹性模量为 115 GPa；剪切弹性模量为 44 GPa。

表 7-150 C19200 合金的典型力学性能

状 态	σ_b/MPa	$\sigma_{0.2}$①/MPa		δ_5/%	硬度 HRB
		负荷下延伸 0.5%时	残余变形 0.2%时		
O60(软退火态)	310		140	25	38
O82(退火到 1/2 硬)	395		305	20	55
H02(冷轧到 1/2 硬)	395		305	9	55
H04(冷轧到 1/2 硬)	450		415	7	72
H06(冷轧到硬态)	485		460	3	75
H08(冷轧到弹性)	510		490	2	76
H10(冷轧到大弹性)	530		510	2	77
管材,外径 48 mm×3 mm					
O50(光亮退火)	290	160	150	30	
O60(软退火)	255	83	76	40	
H80(冷拔,40%)	385	360	360	7	
管材,外径 5 mm×壁厚 0.8 mm					
H55(小变形量冷加工)	290	215	205	35	

① 带材,厚 1 mm。

7.9.3.5 工艺性能

可机加工性:为 C36000(易切削黄铜)的 20%。

可锻性:为 C37700(锻造黄铜)的 65%。

可焊性:软钎焊、硬钎焊和气体保护弧焊:优;氧乙炔气焊:良;不推荐保护金属弧焊、电阻缝焊、点焊和对焊。

7.9.3.6 选材与应用实例

典型用途为:空调用轧制带材和管材以及热交换器管材以及抗软化和抗应力腐蚀的应用场合,如汽车液压制动管线,电缆包皮,断路器零件,接触弹簧,电气接插件和端子电子孔眼,挠性软管,保险丝夹,垫圈,凹型器皿(礼品),集成电路引线框架等。

7.9.4 铁青铜 QFe0.1(C19210)

7.9.4.1 化学成分

成分范围:0.05%~0.15%Fe,0.025%~0.04%P,余量为 Cu。

7.9.4.2 物理性能

液相线温度:1082℃。

线膨胀系数:20~300℃时为 $16.9\times10^{-6}℃^{-1}$。

弹性模量:125 GPa。

密度:20℃时为 8940 kg/m^3。

导电率:退火状态,20℃时为 80%IACS。

电阻率:退火状态,20℃时为 0.0216 μΩ·m。

7.9.4.3 力学性能

C19210 薄板的抗拉性能见表 7-151。

表 7-151 C19210 薄板的抗拉性能

状 态	抗拉强度/MPa	屈服强度/MPa	δ_5/%
H01(冷轧到 1/4 硬)	345	330	13
H02(冷轧到 1/2 硬)	390	385	6
H04(冷轧到硬态)	440	435	4
H08(冷轧到弹性)	490	480	2

7.9.4.4 热加工与热处理规范

热加工温度:700~900℃。

退火温度:450~550℃。

7.9.4.5 工艺性能

可机加工性:为 C36000(易切削黄铜)的 20%。

可成形性:冷热成形性好,可热锻性为 C37700(锻造黄铜)的 65%。

可焊性:软钎焊、硬钎焊和金属保护弧焊:优;对焊、电阻焊和氧乙炔气焊:良;不推荐气体保护弧焊,点焊和电焊缝焊。

7.9.4.6 选材与应用实例

典型用途:空调器和热交换器管材,集成电

路引线框架,电气接插件和端子。

7.9.5 铁青铜 QFe2.5(C19400)

7.9.5.1 化学成分

列入 GB/T5233—2001 的铁青铜为 QFe2.5,其成分相当于美国的 C19400 合金,具体成分见表 7-152。

表 7-152 QFe2.5 的化学成分(质量分数)(%)

元素	Fe	Zn	P	Pb (max)	Sn (max)	其他(杂)	Cu
含量	2.1~2.6	0.05~0.20	0.015~0.15	0.03	0.03	0.15 (max)	余量

7.9.5.2 物理及化学性能

A 物理性能

液相线温度:1090℃。

固相线温度:1080℃。

热导率:20℃时为 260 W/(m·℃)。

比热容:20℃时为 385 J/(kg·℃)。

线膨胀系数:20 ~ 300℃ 时为 16.3×10^{-6}℃$^{-1}$。

密度:20℃时为 8780 kg/m^3。

导电率(20℃):

O60 状态(软退火):40% IACS。

H14 状态(超级弹性):50% IACS(最小值)。

其他状态:65% IACS(典型值),60% IACS(最小值)。

在 O50(光亮退火),O80(退火到 1/8 硬)和 H02(1/2 硬态)状态下不同机加工方法所得导电率不同,但最低为 75% IACS。

电阻率(20℃时):

O60 状态(软退火):0.0431 $\mu\Omega\cdot$m(典型值)。

H14 状态(超级弹性):0.0345 $\mu\Omega\cdot$m(最小值)。

其他状态:0.0266 $\mu\Omega\cdot$m(典型值),在某种条件下可能仅为 0.0230 $\mu\Omega\cdot$m。

磁导率:1.1。

B 化学性能

抗腐蚀能力强,基本上无应力腐蚀开裂倾向。

7.9.5.3 力学性能

QFe2.5 的典型力学性能见表 7-153。

表 7-153 QFe2.5 合金的典型力学性能

状 态	σ_b/MPa	$\sigma_{0.2}$/MPa	δ_5/%	硬度 HRB	疲劳强度/MPa
板带材,厚度 0.64 mm					
O60(软退火)	310	150(max)	29(min)	38	110
O50(光亮退火)	345	160	28	45	
O82(退火到 1/2 硬)	400	255	15		
板带材,厚度 1 mm					
H02(1/2 硬)	400	315(d)	18	68	
H04(硬态)	450	380	7	73	145
H06(超硬)	485	465	3	74	
H08(弹性)	505	486	3	75	148
H10(大弹性)	530	507	2(max)	77	141
H14(超级弹性)	500(min)	530(min)	2(max)		
管材,外径 25 mm×壁厚 0.9 mm					
O60(软退火)	310	165	28	28	
O50(光亮退火)	345	205	16	45	
H55(小变形量冷拔)	400	380	9	61	
H80(冷拔 35%)	470	455	2	73	

注:转杆式疲劳试验确定为 10^8 周。

铁青铜带材的高温性能见表 7-154。

表 7-154 铁青铜带材的典型高温力学性能

试验温度/℃	抗拉强度/MPa	屈服强度/MPa	抗蠕变强度①/MPa	断裂应力②/MPa
温	341	150		
65	324	144		
95	313	144		
120	300	144	190	
150	289	139	171	171
175	276	135	143	148
205	266	131	124	25
230	253	131	110	105
260	235	127	96	82
290	219	123	84	65
315	203	116	74	47

① 在 10000 h 试验中，每 1000 h 产生两次蠕变 0.01% 的应力；② 100000 h 中产生断裂的应力(由 10000 h 的数据外推得到)。

弹性模量：正弹性模量为 121 GPa；剪切模量为 45.5 GPa。

冲击强度：厚板，纵向冲击能为 144 J，横向冲击能为 99 J。

疲劳性能：疲劳强度见表 7-153 所示。

持久和蠕变性能：铁青铜的蠕变和应力断裂特性见表 7-154。

7.9.5.4 工艺性能

(1) 成形性。易于用多种冷热方法进行成形：冲切，造币压花，铜匠作业，拉拔，弯曲，顶锻和镦锻，热锻和热压，穿孔和冲孔，螺纹轧制和滚花，剪切，旋锻，挤压，冲压。可机加工性为 C36000(易切削黄铜)的 20%。

(2) 可焊性。可软钎焊，硬钎焊和气体钨弧焊。

7.9.5.5 选材与应用实例

适用于要求冷热加工性能良好，且强度和导电率高的场合，如断路器元件，接触弹簧，电气用夹具，弹簧和端子，挠性软管，保险丝夹，垫圈，插头，铆钉，冷凝器焊管，集成电路引线框架，电缆屏蔽等。

7.9.6 铁青铜 C19500

7.9.6.1 化学成分

C19500 成分为：1.3%～1.7% Fe，0.6%～1.0% Co，0.08%～0.12% P，0.40%～0.7% Sn，Zn 不大于 0.2%，Al 不大于 0.02%，Pb 不大于 0.02%，其他元素小于 0.05%，余量为 Cu。

7.9.6.2 物理性能

液相线温度：1090℃。

固相线温度：1085℃。

线膨胀系数：20～300℃ 时为 16.9×10^{-6}℃$^{-1}$。

热导率：20℃ 时为 199 W/(m·℃)。

密度：20℃ 时为 8.92 g/cm^3。

导电率：退火状态，20℃ 为 50% IACS。

电阻率：20℃ 时为 0.0344 μΩ·m。

7.9.6.3 力学性能

C19500 的典型力学性能见表 7-155，拉伸弹性模量为 119 GPa。

表 7-155 C19500 的典型力学性能

状 态	σ_b/MPa	$\sigma_{0.2}$/MPa	δ_5/%	硬度 HRB
O61(退火态)	360(min)	170(min)	25(min)	
O50(光亮退火)	520～590	395～530	11～17	81～89
H02(1/2 硬)	565～620	505～605	3～13	85～88
H08(弹性)	605～670	585～650	2～5	87～90
H10(大弹性)	670(min)	650(min)	2(max)	90(min)

7.9.6.4 工艺性能

可机加工性：为 C36000(易切削黄铜)的 20%。

可成形性：适于弯曲、造币、拉拔和冲压等成形作业。

7.9.6.5 选材与应用实例

用于要求有高强度和抗软化特性的电工弹簧、插座、端子、接插件、线夹及其他载流元件，适用于制造强度高，导电率高，且冷热加工性能好的零件。

7.9.7 铁青铜 C19520

7.9.7.1 化学成分

铁青铜 C19520 的化学成分为：0.5%～1.5% Fe，0.3%～1.5% Sn，0.01%～0.35% P，

余量为 Cu。

7.9.7.2 物理性能

线膨胀系数：20～300℃时为 16.7 μm/(m·℃)。

热导率：20℃时为 173 W/(m·℃)。

密度：20℃时为 8.8 g/cm^3。

导电率：20℃时为 40％IACS。

电阻率：20℃时为 0.0493 μΩ·m。

7.9.7.3 力学性能

C19520 的硬度和抗拉性能见表 7-156。

C19520 的弹性模量为 117 GPa。

表 7-156 C19520 带材的标准力学性能

状 态	σ_b/ MPa	δ_5/ %	硬度 HV
H01	415	20	125
H02	440	10	140
H04	460	4	150
H06	515	2	160
H08	585		170
H10	640		180
H12	660		190

7.9.7.4 工艺性能

C19520 的工艺性能与 C19400 相同。

7.9.7.5 选材与应用实例

C19520 的典型用途：集成电路引线框架。

7.9.8 铁青铜 C19700

7.9.8.1 化学成分

C19700 的化学成分为：0.3％～1.2％Fe，0.1％～0.4％P，0.01％～0.2％Mg，Sn 和 Zn 不大于 0.2％，Co、Mn、Ni 和 Pb 均不大于 0.05％，余量为 Cu。

7.9.8.2 物理性能

液相线温度：1086℃。

固相线温度：1069℃。

线膨胀系数：20～100℃时为 15.8×10^{-6}℃$^{-1}$；20～200℃时为 16.87×10^{-6}℃$^{-1}$，20～300℃时为 17.4×10^{-6}℃$^{-1}$。

热导率：20℃时为 320 W/(m·℃)。

密度：20℃时为 8830 kg/m^3。

导电率：20℃时为 80％IACS。

电阻率：20℃时为 0.0216 μΩ·m。

7.9.8.3 力学性能

C19700 的硬度和抗拉性能见表 7-157，弹性模量为 121 GPa。

表 7-157 C19700 带材的力学性能

状态	σ_b/MPa	$\sigma_{0.2}$/MPa	δ_5/%	硬度 HRB
H02	380	315	10	68
H04	450	415	6	70
H06	480	470	3	73
H08	500	490	2	75

7.9.8.4 热加工与热处理规范

热加工温度：750～950℃。

退火温度：450～600℃。

7.9.8.5 工艺性能

可机加工性为：C36000（易切削黄铜）的 20％。

可成形性：冷热成形性优良

可焊性：软钎焊和硬钎焊性优良。

7.9.8.6 选材与应用实例

广泛用作成形性能好，强度和导电率高的材料，如电气电子接插件、断路器元件、保险丝夹、电缆屏蔽、引线框架等。

7.10 镍硅青铜

7.10.1 概述

镍硅青铜是 Cu-Ni-Si 三元系为基的合金，含有 0.1％～0.3％的 Mg，Ni 和 Si 形成化合物 Ni_2Si，Cu-Ni_2Si 伪二元系相图见图 7-71。富铜角为共晶型，960℃共晶温度下，Ni_2Si 在铜中的溶解度约为 8.5％，室温时下降到 0.5％。可见镍硅青铜是典型的时效强化型合金。

7.10.2 合金牌号

国外镍硅青铜牌号有 C70250，国内有实验室研究成果的报道，还未见有产品出售。

7.10.3 化学成分

镍硅青铜的化学成分见表 7-158。

表 7-158 镍硅青铜 C70250 的化学成分(质量分数) (%)

元 素	Ni	Si	Cu	Mg	Zn	Pb	Mo	Fe	杂质
含 量	2.2~4.2	0.25~1.2	余量	0.05~0.3	≤1.0	≤0.05	≤0.1	≤0.2	≤0.5

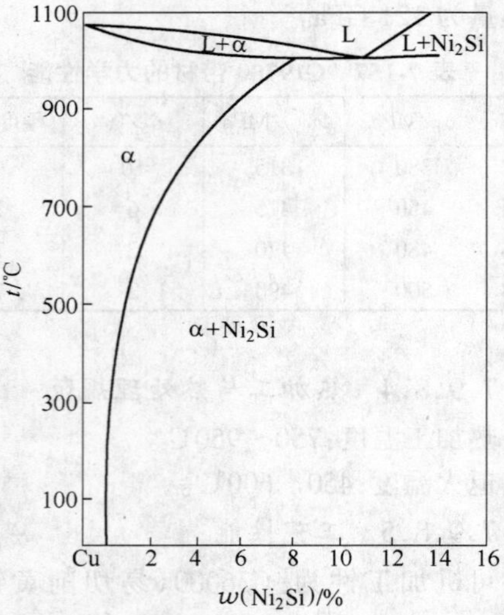

图 7-71 Cu-Ni_2Si 伪二元系相图

7.10.4 物理性能

镍硅青铜的物理性能如下:

液相线温度:1095℃。

固相线温度:1075℃。

线膨胀系数:20 ~ 300℃ 时为 17.6×10^{-6}℃$^{-1}$。

热导率:20℃时为 147~190W/(m·℃)。

密度:20℃时为 8800 kg/m^3。

导电率:体积测定法 20℃时为 35%~40% IACS。

电阻率:20℃时为 0.0431~0.0493 μΩ·m。

7.10.5 热加工与热处理规范

热加工温度: 850℃。

固溶处理:880℃。

时效处理:450 ℃,4 h。

7.10.6 力学性能

镍硅青铜的抗拉性能见表 7-159,弹性模量为 131 GPa。

表 7-159 镍硅青铜 C70250 带材的抗拉性能

状态	σ_b/MPa	$\sigma_{0.2}$/MPa	δ_5/%
TM00	585	655	2
TM04	690	730	2

7.10.7 选材与应用实例

镍硅青铜具有良好的成形性和耐应力松弛性能,导电性适度,可用作触点弹簧、接插件和引线框架等。

7.11 镉青铜

7.11.1 概述

镉青铜是含有 0.8%~1.3% Cd(质量分数)的高铜合金。高温时镉与铜形成 α 固溶体,随温度的降低,镉在铜中的固溶度急剧下降,在 300℃以下为 0.5%,并析出 β 相(Cu_2Cd)。由于镉的含量低,析出相质点强化效果很弱,因此,合金不能通过热处理时效硬化,只能采用冷变形加工获得强化。

镉的加入,使铜的导电率略有下降,但其强度,再结晶温度和抗高温软化能力明显提高,合金的耐热性不如铬青铜和锆青铜好,一般在 300℃以下工作。

镉是一种对人体有害的元素,在熔炼时应注意防护其蒸气对人的危害。

7.11.2 合金牌号

国产镉青铜的牌号有 QCd1,国外与之其相近牌号见表 7-160,技术标准见表 7-161。

表 7-160 国外与 QCd1 相近的牌号

国别	美 国	俄罗斯	英 国	德 国	日 本	ISO
牌 号	C16200,C16400	БРКД1	C108	CuCd1	C1620	CuCd1

表 7-161 镉青铜技术标准

材料品种	带材	板材	棒材	线材
技术标准	GB/T14596—1993《青铜带》	GB/T2004—1980《镉青铜板》	GB/T4423—1992《铜及铜合金拉制棒》 GB/T13808—1992《铜及制铜合金挤制棒》	GB/T14955—1944《青铜线》

7.11.3 化学成分

镉青铜的化学成分应符合 GB/T5233—1985 的规定,具体成分见表 7-162。

表 7-162 QCd1 的化学成分(质量分数) (%)

成分	Cd	Cu	杂质总和
含量	0.8~1.3	余量	≤0.3

7.11.4 物理及化学性能

7.11.4.1 物理性能

液相线温度:1076℃。

固相线温度:1040℃。

热导率:20℃时 345W/(m·℃)。

比热容:376.8J/(kg·℃)。

线膨胀系数:见表 7-163。

表 7-163 QCd1 合金线膨胀系数 α

温度/℃	20~100	20~200	20~300
α/℃$^{-1}$	16.92×10^{-6}	17.38×10^{-6}	17.64×10^{-6}

密度:8400 kg/m^3。

电性能:镉青铜的导电率见表 7-164,镉青铜的电阻率见表 7-165。

表 7-164 QCd1 合金的导电率

θ/℃	20	100	300	500
导电率/%IACS	90	66	43	32

表 7-165 QCd1 合金的电阻率 ρ

θ/℃	20	100	300	500
$\rho/\mu\Omega\cdot m$	0.0192	0.0261	0.0401	0.0539

7.11.4.2 化学性能

抗氧化性能:类似纯铜。

耐腐蚀性能:类似纯铜,抗电蚀性能优于纯铜。

7.11.5 热加工与热处理规范

热加工温度范围:750~875℃

退火:400~600℃,炉冷或空冷。

7.11.6 力学性能

7.11.6.1 技术标准规定的力学性能

技术标准规定的 QCd1 合金的力学性能见表 7-166。

表 7-166 QCd1 合金的力学性能

品种	状态	厚度或直径/mm	σ_b/MPa 不小于	δ_{10}/% 不小于	硬度 HBS	技术标准
带材	Y	0.3~1.2	392			GB/T14596—1993
板材	Y	0.5~10	390			GB/T 2044—1980
棒材	R	20~120	196	35	≤75	GB/T 13808—1992 GB/T 4423—1992
	M	5~60	215	35	≤75	
	Y	5~60	370	4	≥100	
线材	M	0.1~6.0	275	20(1~100 mm)		GB/T 14955—1994
	Y	0.1~0.5	590~880			
		>0.5~4.0	490~735			
		>4.0~6.0	170~685			

7.11.6.2 室温及各种温度下的力学性能

A 硬度

供应状态镉青铜硬度见表7-167，硬度随试验温度的变化如图7-72所示。

表7-167 QCd1合金供应状态的硬度

品种	状态	硬度 HBS	硬度 HRF	硬度 HRB
板、带材	M		47	
	Y			65～75
棒材	M	50～61	50	
	Y			55～73
	R	52～60		

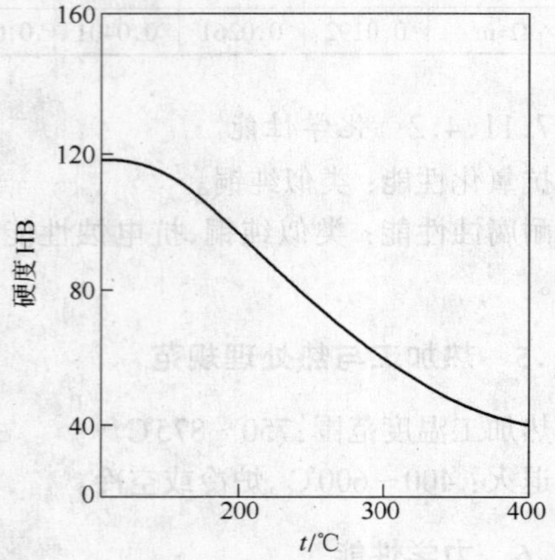

图7-72 QCd1合金硬度随试验温度的变化

B 室温拉伸性能

供应状态QCd1合金的拉伸性能见表7-168。

表7-168 供应状态QCd1合金的拉伸性能

品种	状态	σ_b/MPa 平均	σ_b/MPa min	σ_b/MPa max	δ/% 平均	δ/% min	δ/% max
板材	M	255			50		
	Y	435	400	480	5	3	8
棒材	M	250	215	275	50	38	57
	Y	460	385	590	8	6	11
线材	R	250	215	275	46	31	51
	Y	580	550	600			

不同变形率对室温镉青铜拉伸性能的影响如图7-73，不同退火温度对合金室温拉伸性能的影响如图7-74所示。

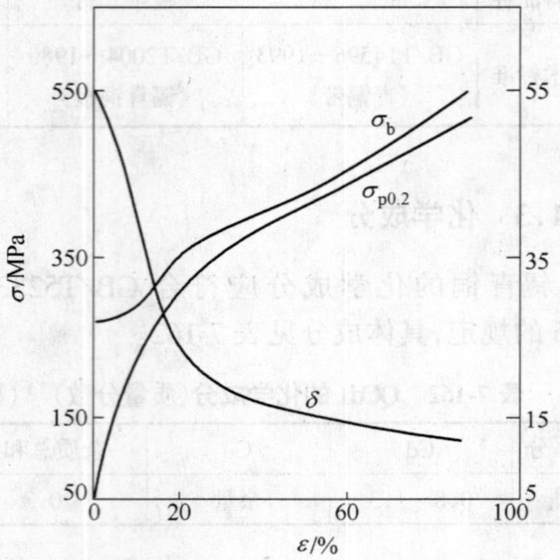

图7-73 QCd1合金的拉伸性能与冷变形率的关系

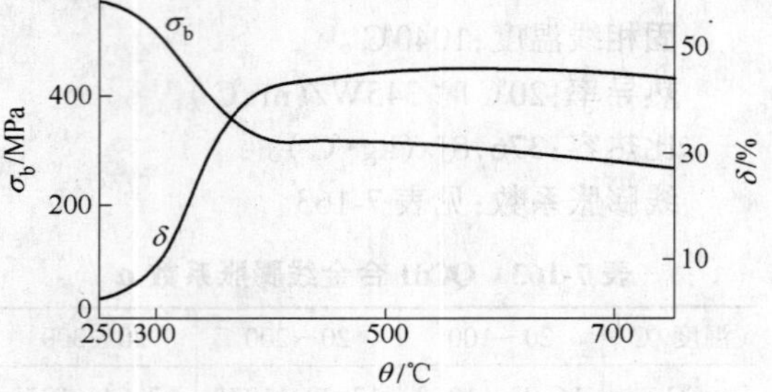

图7-74 QCd1合金的拉伸性能与退火温度的关系

C 高温拉伸性能

镉青铜的高温性能良好，试验温度对拉伸性能的影响见表7-169。

表7-169 QCd1合金的高温拉伸性能

θ/℃	200	300	400	500	600	700
σ_b/MPa	360	304	225	95	70	45
$\sigma_{p0.2}$/MPa	345	270	170		50	30
δ/%	15	17	31	64	95	139

冷加工44%的QCd1在室温、200℃、300℃的性能见表7-170。

镉青铜QCd1的力学性能与加工率的关系见图7-75所示。

表 7-170 冷加工 44%的 QCd1 在室温、200℃、300℃的性能

试验温度/℃	σ_b/MPa	$\sigma_{0.2}$/MPa	δ/%	硬度 HB	导电率/%IACS
室温	395	390	16.9	124	84.3
200	367	351	15.0		
300	310	275	17.0		

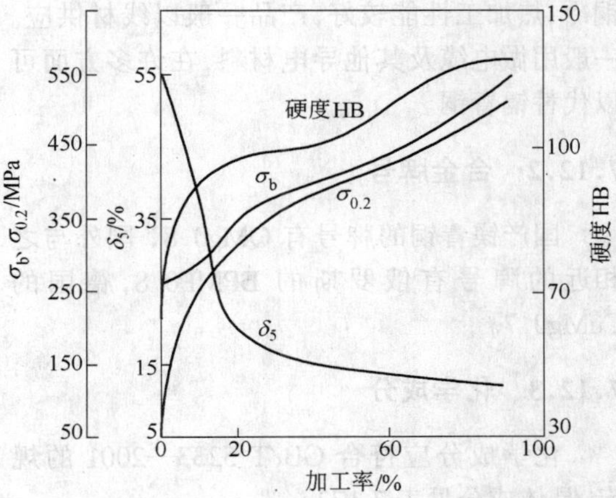

图 7-75 镉青铜 QCd1 的力学性能与加工率的关系

QCd1 的抗拉强度与加工率和退火温度的关系见图 7-76。

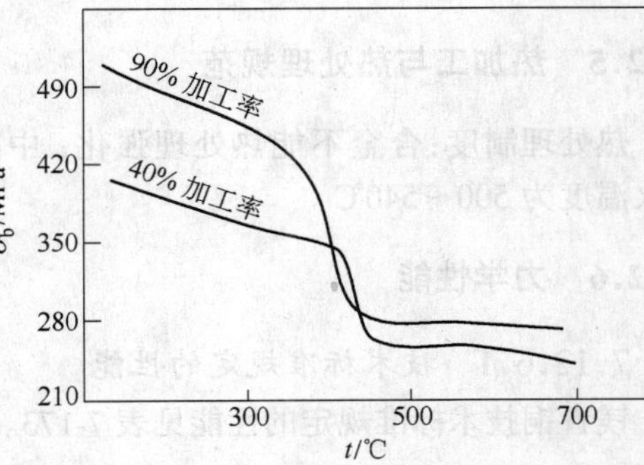

图 7-76 镉青铜的抗拉强度与加工率、退火温度(保温 30 min)的关系

冷加工 44% 的 QCd1 合金，200～300℃ 的蠕变性能见表 7-171。

高周疲劳条件下，镉青铜棒材的强度变化如图 7-77 所示。

扭转与剪切性能：软态合金的剪切强度为 185 MPa，合金的剪切强度为 385 MPa。

弹性模量：127.10 GPa（硬态棒）。

切变模量：44.1 GPa(硬态棒)。

表 7-171 冷加工 44%的 QCd1 的合金 200～300℃ 的蠕变性能

试验温度/℃	施加应力/MPa	试验时间/h	永久变形/%
200	140	3018	0.19
	161	2512	0.22
	179	3018	0.29
	200	2655	0.35
250	122	4276	0.29
	138	4276	0.41
	140	5010	0.51
	160	1747	0.56
	179	1747	1.42

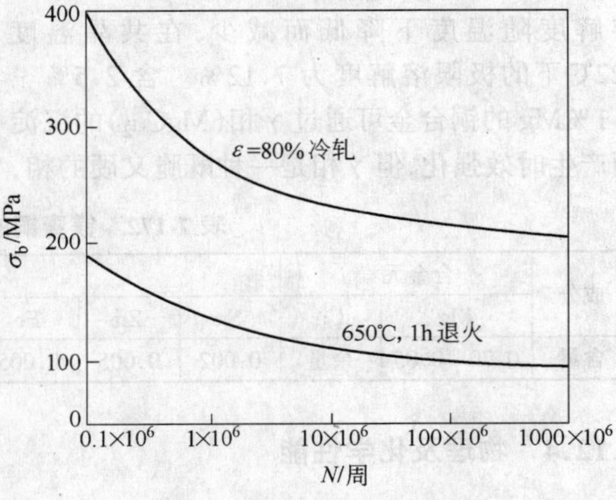

图 7-77 QCd1 合金的疲劳强度

7.11.7 工艺性能

镉青铜的工艺性能如下：

(1) 熔炼与铸造工艺。合金通常采用工频有芯感应炉熔炼，熔池用经煅烧的木炭覆盖。在用磷铜预脱氧后镉以 Cu-Cd 中间合金的形式加入。镉烟对人体有害，应尽可能减少镉的氧化挥发。用烟灰覆盖在半连续铸造条件下铸锭，铸造温度为 1230～1270℃。

(2) 成形性能。合金具有良好的冷、热加工性能。能承受热挤、热轧、热弯、锻造和多种形式的冷变形加工，变形率可达 90% 以上。

(3) 焊接性能。合金焊接性能良好，易于

熔焊、钎焊，也可进行闪光焊和点焊。

(4) 切削加工与磨削性能。合金的切削加工性为易切削黄铜 HPb63-3 的 20%。

7.11.8 选材与应用实例

镉青铜材料有板、棒、线三种，它们有高导电性和导热性，良好的耐磨性，减磨性，耐蚀性和加工性，广泛用于制造电工装置的导电、耐热、耐磨零件。主要用途有：电机整流子、开关元件，弹簧接点，波导腔，较高强度的传输线，接头及接触焊机电极和滚轮等。

7.12 镁青铜

7.12.1 概述

镁青铜是铜－镁系二元合金。镁在铜中的溶解度随温度下降低而减少，在共晶温度722℃下的极限溶解度为7.12%。含2.5%～7.1%Mg的铜合金可通过γ相($MgCu_2$)的沉淀而产生时效强化，但γ相是一种既脆又硬的相，合金的加工成形性能随着γ相的增加而急剧下降。因此，有实际应用意义的 Cu-Mg 合金的镁含量不大于1%，这类合金只能用加工硬化来提高强度。

元素 Mg 的加入使铜的导电性略有降低，热传导性，耐热性能则优于镉青铜，并有一定的抗扭转性和抗腐蚀性。微量镁加入还有一定的脱氧作用，对铜的高温抗氧化性也有益。镁青铜冷、热加工性能较好，产品一般以线材供应。一般用做电缆及其他导电材料，在许多方面可以代替镉青铜。

7.12.2 合金牌号

国产镁青铜的牌号有 QMg0.8，国外与之相近的牌号有俄罗斯的 БPMP0.8，德国的 CuMg0.7。

7.12.3 化学成分

化学成分应符合 GB/T 5233—2001 的规定，具体成分见表 7-172。

表 7-172 镁青铜的化学成分(质量分数) (%)

成分	合金元素		杂质，不大于								
	Mg	Cu	Sn	Zn	Fe	Pb	Sb	Bi	Ni	S	杂质总和
含量	0.70～0.85	余量	0.002	0.005	0.005	0.005	0.005	0.002	0.006	0.005	0.03

7.12.4 物理及化学性能

7.12.4.1 物理性能

熔化温度：约 1010～1070℃。

电阻率：$\rho=0.033\sim0.034\ \mu\Omega\cdot m$。

7.12.4.2 化学性能

抗氧化性能：高温抗氧化性能优于纯铜。

耐腐蚀性能：耐大气腐蚀。

7.12.5 热加工与热处理规范

热处理制度：合金不能热处理强化，中间退火温度为 500～540℃。

7.12.6 力学性能

7.12.6.1 技术标准规定的性能

镁青铜技术标准规定的性能见表 7-173。

表 7-173 镁青铜技术标准规定的性能

品 种	d/mm	状 态	σ_b/MPa	δ_{10}/%不小于	$\delta_i/\sigma_b\times100$	技术标准
线材	0.34,0.37	Y	788	0.5	48	LTJ501—1985

注：δ_i 是打结强度。

7.12.6.2 室温及各种温度下的力学性能

QMg0.8 合金线材的拉伸性能与变形率的关系见图 7-78。

7.12.6.3 扭转和剪切性能

扭转试验按 GB/T239—1982《金属材扭转试验方法》进行，线材扭转不小于 25(次/360)。

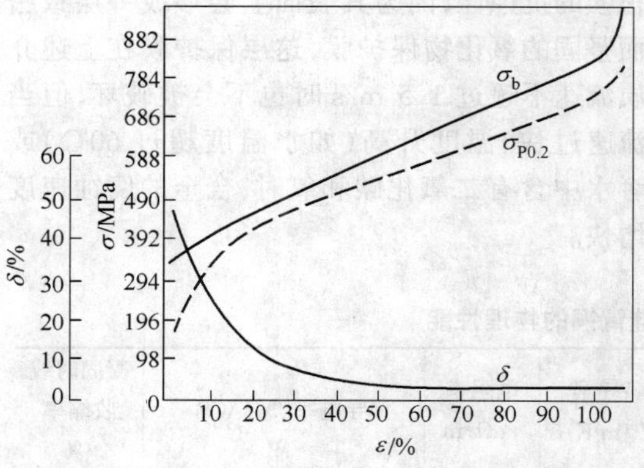

图 7-78 QMg0.8 合金线材的拉伸性能与变形率的关系

7.12.7 工艺性能

熔炼与铸造工艺：由于合金中的镁易氧化烧损，熔炼与铸造难度较大。一般采用真空熔炼。先加铜熔化，精炼后加氩气保护，然后加镁浇铸。采用铸铁模浇铸。铸造温度 1170～1200℃。

成形性能：合金具有较好的冷热加工性能，冷变形程度可达 99%以上。

7.12.8 选材与应用实例

镁青铜多以线材形式供应，主要用于制造电缆、飞机天线等导电元件。

7.13 硅青铜

7.13.1 概述

硅青铜是含 Si、Mn、Ni 等合金元素的铜合金，Si 含量一般不超过 7.10%。杂质元素有 As、Sb、Sn、Al、Pb、Fe、Zn 和 P 等。Fe 和 Zn 是杂质元素，但有时作合金元素加入。适量 Mn 对硅青铜的力学性能、抗蚀性能与工艺性能有益。Cu-Si 合金于 555℃ 发生共析转变 $\beta \rightarrow \alpha + \delta$，但在生产的非平衡结晶条件下，共析转变实际上很难发生，因而 β 相可保留到室温。硅青铜几乎没有沉淀硬化效果，但力学性能比锡青铜的高，成本也稍低一些。可作为后者的代用材料，其中作为高弹性用途的主要是 QSi3-1 合金。

7.13.2 硅青铜 QSi3-1

QSi3-1 是铜－硅－锰三元合金。含有 3% 硅和 1% 锰的硅青铜，高温呈单相 α 固溶体状态。当冷却到 450℃ 以下时，有少量脆性相 Mn_2Si（有文献认为是 MnSi）析出，但强化效果极弱，不能进行热处理强化。QSi3-1 合金拉制棒材在贮存期间发生的自裂现象，就是由于 Mn_2Si 相析出，产生的相变应力引起的。合金的 Si 含量越高，沉淀的 Mn_2Si 也越多，发生自裂的倾向也越大。把硅含量控制在 3%以下与对材料进行低温退火可消除自裂现象。该合金力学性能高，抗磨与抗腐蚀，可焊接，无磁性，冲击时不起火花，冷、热成形性能好，无低温脆性，多用于制造弹性零件、抗磨件和低温装备等。

7.13.2.1 合金牌号

与 QSi3-1 硅青铜相近的国外牌号见表 7-174。

7.13.2.2 化学成分

按 GB/T 5233—2001，QSi3-1 合金的化学成分见表 7-175。

表 7-174 与 QSi3-1 硅青铜相近的国外牌号

国别	GB(中国)	ASTM(美国)	ГОСТ(前苏联)	BS(英国)	DIN(德国)	ISO
牌号	QSi3-1	C65800，C65500	БРКМЦ3-1	CS101	$CuSi_3Mn$	$CuSi_3Mn$

表 7-175 QSi3-1 加工硅青铜的化学成分（质量分数） （%）

合金	元素	Sn	Al	Zn	Mn	Fe	Pb	Sb①	Si	Ni	Ti	Mg	Be	P	As①	Cu	杂质总和
QSi3-1②	最小值				1.0				2.75							余量	
	最大值	0.25		0.5	1.5	0.3	0.03		3.5	0.2							1.1

①砷、铋和锑可不分析，但供方必须保证不大于界限值；②抗磁用的铁含量不大于 0.030%。

7.13.2.3 物理及化学性能

A 物理性能

QSi3-1加工硅青铜的物理性能见表7-176～表7-177。

B 化学性能

硅青铜对大气、水蒸气、天然淡水、海水有很强的抗蚀性，因为其表面上会形成一层致密而坚固的氧化物保护膜，这层保护膜在上述介质流速不超过1.5 m/s时也不会被破坏，但当流速过快、温度升高（如水温度超过60℃）或者水中含有二氧化碳和氧时，合金的腐蚀速度增快。

表7-176 QSi3-1加工硅青铜的物理性能

合金	液相线温度/℃	固相线温度/℃	密度/kg·m^{-3}	线膨胀系数/℃$^{-1}$		热导率/W·(m·K)$^{-1}$	电阻率/μΩ·m	导电率/%IACS	凝固时线收缩率/%
				200～300℃	20℃				
QSi3-1	1026.3	971	8400	18×10^{-6}	18.5×10^{-6}	37.68	0.150	6.4%（加工率80%的硬态带材）；7%（600℃退火的软态带材）	1.6

表7-177 QSi3-1硅青铜的线膨胀系数

温度/℃	200	40	20	0	-20	-40	-60
线膨胀系数/℃$^{-1}$	20.2×10^{-6}	18.7×10^{-6}	18.5×10^{-6}	18.4×10^{-6}	18.2×10^{-6}	17.12×10^{-6}	16.6×10^{-6}
温度/℃	-80	-100	-120	-140	-160	-180	-196
线膨胀系数/℃$^{-1}$	17.3×10^{-6}	14.1×10^{-6}	17.12×10^{-6}	12.8×10^{-6}	12.3×10^{-6}	11.7×10^{-6}	11.2×10^{-6}

硅青铜在硫酸、盐酸、醋酸、柠檬酸等稀溶液中很稳定，升高温度则腐蚀速度增快，尤其是在浓酸中。硅青铜在浓度不大和温度不高的碱溶液中耐蚀。

硅青铜对低浓度和温度不高的碱溶液有高的抗蚀性。此外，$Fe_2(SO_4)_3$有阴极去极化作用，所以含$Fe_2(SO_4)_3$的酸性矿泉水对硅青铜将产生强烈腐蚀；铬酸盐、氯化铁溶液和浓氯化锌溶液会强烈地腐蚀硅青铜。

硅青铜在干燥的氯、溴、氟化氢、硫化氢、氯化氢、二氧化硫、氨等气氛中以及四氯化碳中均耐蚀。当这些介质中含有水汽时，合金耐蚀性降低。乙炔、潮湿氨、氢氧化铵、氯化铵、硝酸铵、铬酸、氯化铁、硫酸铁、潮湿硫化氢、汞、汞盐、硝酸、氰化钾、氢化钠、重铬酸钾、银盐、氢氧化钠、熔融硫、氰酸都会腐蚀硅青铜。

QSi3-1硅青铜在不同介质中的腐蚀速度见表7-178。

表7-178 QSi3-1硅青铜在不同介质中的腐蚀速度

介质	θ/℃	腐蚀速度/mm·a^{-1}	介质	θ/℃	腐蚀速度/mm·a^{-1}
大气		0.00025～0.0018	30%苛性钠溶液	60	0.048
矿井水		0.05～7.122	3%盐酸溶液	70	0.780
海水(静止)	20	0.01	10%盐酸溶液	25	0.091
海水(流动)	50	0.05	30%乙酸溶液	20	0.008
水蒸气	20	0.015		40	0.323
5%柠檬酸	20	0.04	10%硫酸溶液	25	0.058
10%硫酸铵	20	0.43	25%硫酸溶液	25	0.036
	40	0.59	25%硫酸溶液	70	0.094
氯化锌 94%+0.2%SO_4	20	0.013	浓硫酸溶液	20	0.390
			浓硫酸溶液	40	0.740

7.13.2.4 热加工和热处理规范

QSi3-1合金不能热处理强化。热加工温度:800～850℃,退火温度:550～650℃,消除应力退火温度:270～300℃,1 h。

7.13.2.5 力学性能

A 技术标准规定的性能

QSi3-1技术标准规定的性能见表7-179。

B 典型的力学性能

QSi3-1加工硅青铜的典型力学性能见表7-180、表7-181。

C 硬度

QSi3-1硅青铜供应状态的硬度见表7-182。不同加工率和不同温度退火对材料硬度的影响见图7-79、图7-80。

表7-179 QSi3-1技术标准规定的性能

品种	状态	δ或d/mm	σ_b/MPa	δ_{10}/%	δ_5/%	技术标准
带材	M Y T	0.15～1.2	≥375 640～785 ≥735	≥45 ≥5 ≥2		GB/T 14596—1993
板材	M Y T	0.4～12	≥345 590～735 ≥685	≥40 ≥3 ≥1		GB/T 2047—1980
棒材	R Y	20～100 >100～160 5～12 ≥12～40	≥345 295 ≥490 ≥470	≥20 ≥30 ≥10 ≥15	≥23	GB/T 4423—1992 GB/T 13808—1992
线材	Y	0.1～1.0 >1.0～2.0 >2.0～4.0 >4.0～6.0	880～1130 800～1060 830～1030 780～980			GB/T14955—1994

表7-180 QSi3-1加工硅青铜的典型力学性能

合金	材料状态		弹性模量 E/GPa	抗拉强度 σ_b/MPa	弹性极限 σ_e/MPa	屈服点 σ_s/MPa	$N=10^5$次疲劳强度 σ_D/MPa	伸长率 δ/%	面缩率 ψ/%	冲击韧性 a_K/kJ·m^{-2}	布氏硬度 HB	摩擦系数 有润滑剂	摩擦系数 无润滑剂
QSi3-1	棒材	冷拉态	120	550			210	12		150		0.015	0.4
	线材	软态(700℃退火1 h)	105	350～400	120	140	125	50～60	75	130～170	80	0.013	0.4
		硬态(加工率50%)	120	650～750	640	650	210	1～5			180	0.013	0.4
	铸件	金属模铸造的	104	350		140～200	130	25			85～90	0.015	0.4

表7-181 加工率对QSi3-1力学性能的影响

加工率/%	原始晶粒/mm	抗拉强度 σ_b/MPa	屈服强度 $\sigma_{0.2}$/MPa	弹性模量 E/MPa	伸长率 δ/%	硬度HRB	循环次数 $N\times10^6$	疲劳强度 σ_D/MPa
10	0.085	460	310	—	49	84	300	220
20	0.065	590	350	—	37	89	300	219
40	0.125	680	360	100	13	101	300	230
60		750		105	2	95	100	140

表 7-182　QSi3-1 供应状态硬度

品　种	板带材		棒材	线　材	
硬度 HV	105	180	190	100	220
状　态	M	Y	Y	M	Y

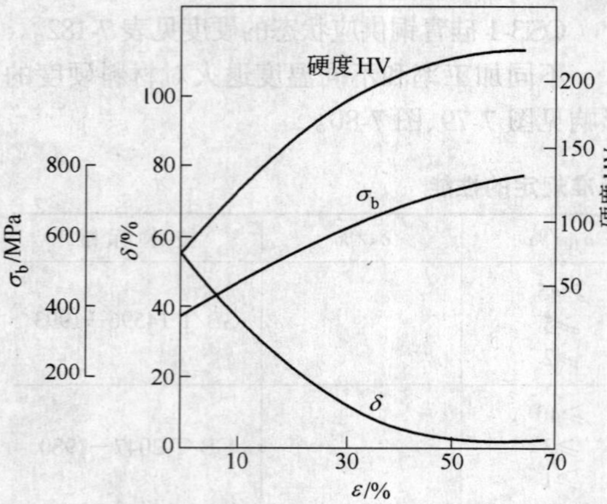

图 7-79　QSi3-1 硬度和拉伸性能与加工率的关系

原材料：厚 1 mm 软带材

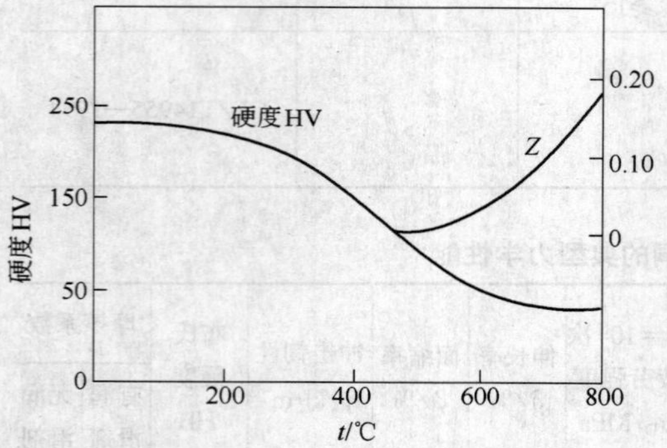

图 7-80　QSi3-1 硬度和晶粒度与退火温度（保温 1 h）的关系

原材料：厚 1 mm 带材，ε = 50%

D　拉伸性能

供应状态 QSi3-1 拉伸性能见表 7-183，退火温度及加工率对该合金拉伸性能的影响分别见图 7-81、图 7-82 和表 7-184。

表 7-183　供应状态 QSi3-1 的拉伸性能

品种	状态	δ 或 d /mm	σ_b/MPa			δ /%		
			$\bar{X}$	min	max	$\bar{X}$	min	max
带材	M	0.15～0.4	480	450	540	53	46	62
	Y	0.2～0.7	710	635	785	11	5	22
	T	0.2～0.6	810	755	885	7	5	13

续表 7-183

品种	状态	δ 或 d /mm	σ_b/MPa			δ /%		
			$\bar{X}$	min	max	$\bar{X}$	min	max
板材	M	2.0	420			61		
	Y	0.6～1.0	665	600	735	14	8	19
	T	0.8～2.0	780	755	835	10	8	12
棒材	Y	5～12	595	500	685	19	11	29
		14～40	540	480	655	27	19	36
	R	20～60	435	390	480	51	36	53
线材	Y	0.4～2.0	1005	921	1078			
		3～4	960	890	1060	2	1	4
		5～6	915	845	980	3	2	5

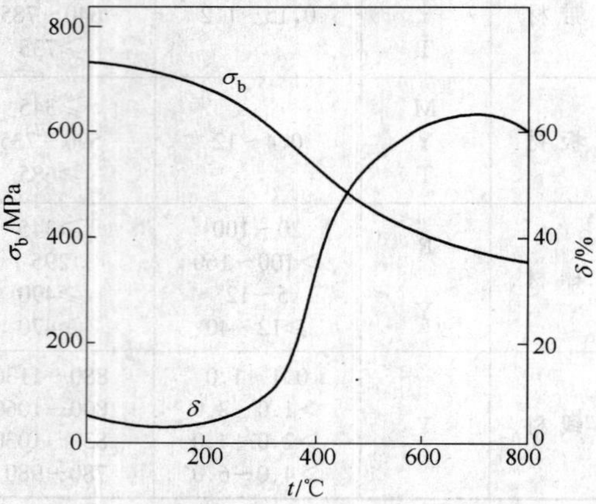

图 7-81　QSi3-1 拉伸性能与退火温度（保温 1 h）的关系

原材料：厚 1 mm 的带材，ε = 50%

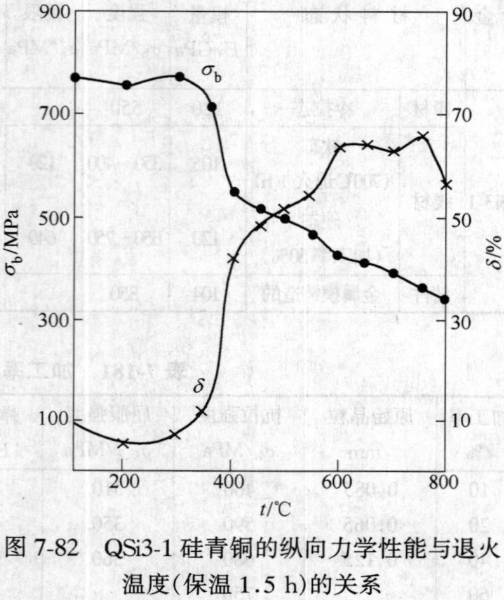

图 7-82　QSi3-1 硅青铜的纵向力学性能与退火温度（保温 1.5 h）的关系

表 7-184 QSi3-1 不同加工率的拉伸性能

ε/%	0	20	40	60	70
$\sigma_{P0.2}$/MPa	360	470	620	705	725
δ①/%	62	25	10	4	3

①标距为 50.8 mm。

QSi3-1 硅青铜高温及低温拉伸性能见表 7-185 及图 7-83、图 7-84。

表 7-185 QSi3-1 高温拉伸性能

θ/℃	20	100	200	300	400	500	600	700	800	900
σ_b/MPa	420	410	385	351	275	170	120	65	35	20
δ/%	67	64	64	57	58	62	62	63	89	105
ψ/%	78	77	78	63	64	88	95	96	100	100

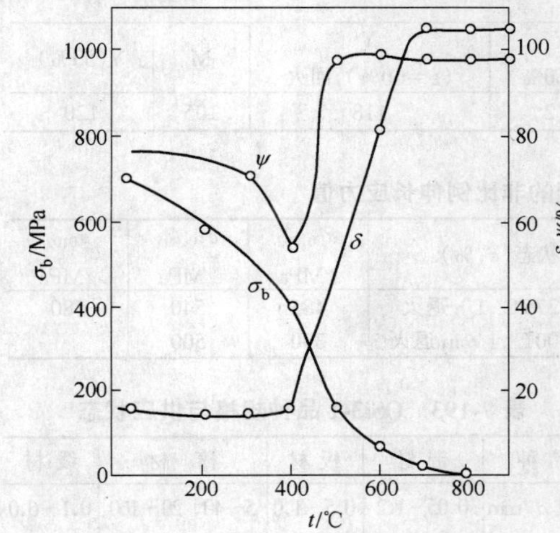

图 7-83 QSi3-1 硅青铜的高温力学性能
(试验时保温 1 h)
原材料:直径 25 mm 的棒材

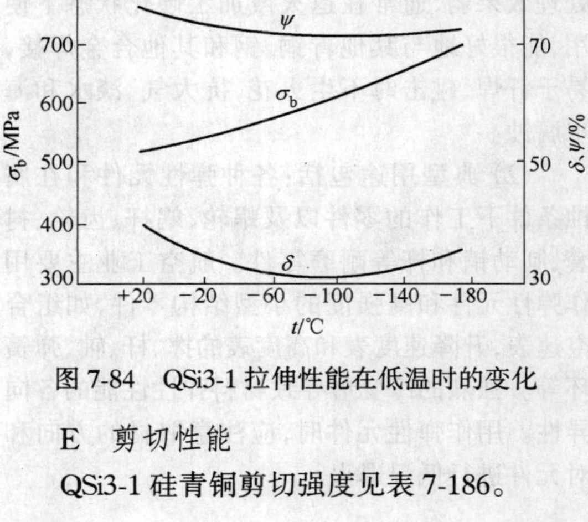

图 7-84 QSi3-1 拉伸性能在低温时的变化

E 剪切性能

QSi3-1 硅青铜剪切强度见表 7-186。

表 7-186 不同状态 QSi3-1 的剪切强度

状 态	M	Y_2	Y	T
τ/MPa	295	345	395	425

F 耐磨性能

QSi3-1 硅青铜耐磨性能见表 7-187。

表 7-187 不同状态 QSi3-1 的耐磨性能

状 态	摩擦系数 μ	
	有润滑剂	无润滑剂
Y 态棒材	0.015	0.4
M,Y 态线材	0.013	0.4

G 持久和蠕变性能

QSi3-1 硅青铜高温蠕变性能见表 7-188 和表 7-189,室温应力松弛见图 7-85。

表 7-188 QSi3-1 硅青铜的蠕变性能

材料状态	试验温度/℃	在 1000 h 产生下列残余变形值的应力/MPa	
		0.01%	0.10%
拉制棒材,600℃退火(HB 为 119,σ_b 为 490 MPa,δ 为 52%)	200 290	56 26	105 45
拉制棒材,550℃退火 1 h	200	72	155

表 7-189 不同状态 QSi3-1 的高温蠕变性能

状 态	θ/℃	$\sigma_{0.01/1000}$/MPa	$\sigma_{0.1/1000}$/MPa
退火棒材	148	159	199
	260	12	29
	204	34	103

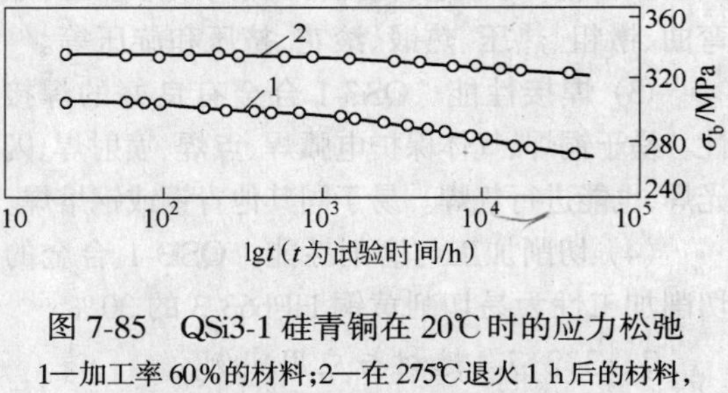

图 7-85 QSi3-1 硅青铜在 20℃ 时的应力松弛
1—加工率 60% 的材料;2—在 275℃ 退火 1 h 后的材料,退火前的冷加工率为 60%

H 疲劳性能

循环次数 $N = 10^7$ 周时,QSi3-1 硅青铜带材不同状态下及低温退火后的弯曲疲劳强度极限见表7-190；不同状态下材料的疲劳弯曲曲线见图7-86。

表 7-190 不同状态 QSi3-1 弯曲疲劳强度极限

状态	Y_2	Y	T	备注
σ_D/MPa	250	265	400	
	260	360	440	经275℃，1 h退火

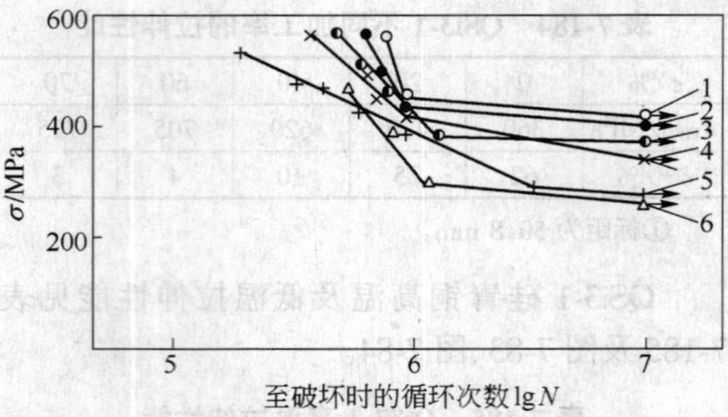

图 7-86 各种状态 QSi3-1 的疲劳强度

1—T+低温退火；2—T；3—Y+低温退火；4—Y；5—Y_2+低温退火；6—Y_2

I 弹性性能

QSi3-1硅青铜弹性模量见表7-191，规定非比例伸长应力见表7-192。

表 7-191 不同状态 QSi3-1 硅青铜的弹性模量

品种	棒材	带材				丝材	
状态	拉制	Y (ε=40%)	Y (ε=40%)，回火	Y (ε=60%)	Y (ε=60%)，回火	M	Y(50%)
E/GPa	104	113	118	112	118	105	120

表 7-192 不同状态 QSi3-1 硅青铜的非比例伸长应力值

状态(ε，%)	$\sigma_{P0.002}$/MPa	$\sigma_{P0.005}$/MPa	$\sigma_{0.01}$/MPa	状态(ε，%)	$\sigma_{P0.002}$/MPa	$\sigma_{P0.005}$/MPa	$\sigma_{0.01}$/MPa
M		235		Y+275℃，1 h退火	485	540	580
Y(80)	325	400		Y+400℃，1 min退火	390	500	

7.13.2.6 工艺性能

硅青铜QSi3-1合金的工艺性能如下：

(1) 熔炼与铸造工艺。QSi3-1合金通常采用工频(有芯或无芯)或中频感应电炉熔炼。熔池用经煅烧的木炭覆盖。用烟灰覆盖下的半连续铸锭工艺浇注铸锭，铸造温度为1180～1220℃。

(2) 成形性能。QSi3-1合金有优良的冷、热加工性能、可以进行各种形式的成形加工，如弯曲、镦粗、热压、热锻、滚花、挤压和旋压等。

(3) 焊接性能。QSi3-1合金有良好的焊接性。易于铜焊、气体保护电弧焊、点焊、喷射焊、闪光焊，也能进行气焊。易于同其他青铜或钢熔焊。

(4) 切削加工与磨削性能。QSi3-1合金的切削加工性为易切削黄铜HPb63-3的30%。

7.13.2.7 选材与应用实例

QSi3-1硅青铜是大批量生产和使用的无锡青铜弹性材料，用途广泛，质量稳定，其主要的品种规格与供应状态见表7-193。

表 7-193 QSi3-1 品种规格与供应状态

品种	带材	板材	棒材		线材
δ或d/mm	0.05～1.2	0.5～1.0	5～40	20～160	0.1～6.0
供应状态	M、Y、T	M、Y、T	Y	R	Y

(1) 该合金基本特性为：具有高的强度和弹性，塑性好，且在低温下不降低；耐磨性好，热处理效果弱，通常在退火或加工硬化状态下使用，能很好地与其他青铜、钢和其他合金焊接，易于钎焊，碰击时不生火花，抗大气、淡水和海水腐蚀。

(2) 典型用途包括：各种弹性元件和在腐蚀条件下工作的零件以及蜗轮、蜗杆、齿轮、衬套、制动销和杆等耐磨零件。航空工业主要用作弹性元件和高强度的小型结构零件，如组合空速表，升降速度表和高度表的撑、杆、轴、弹簧环等。强烈的冷变形导致材料弹性性能的各向异性。用作弹性元件时，应注意取材的方向和对元件进行低温退火。

7.13.3 硅青铜 QSi1-3

7.13.3.1 牌号、品种规格与供应状态

材料牌号：硅青铜 QSi1-3。

相近牌号：БРНК1-3(俄罗斯)，C64700(美国)，CuNi3Si(德国)。

品种规格与供应状态：挤制棒材(R)，直径 20～100mm，圆棒。

7.13.3.2 化学成分

QSi1-3 合金的化学成分见表 7-194。

表 7-194 QSi1-3 合金的化学成分(质量分数) (%)

成分	Mn	Si	Ni	Cu	Sn	Al	Zn	Fe	Pb	杂质总和
					不大于					
含量	0.1～0.4	0.6～1.1	2.4～3.4	余量	0.1	0.02	0.2	0.1	0.15	0.5

合金组织结构：合金经高温固溶处理并淬火后为 α 单相组织，时效时析出质点状的 Ni_2Si 金属间化合物。

7.13.3.3 物理及化学性能

A 物理性能

密度：ρ = 8600 kg/m^3。

熔化温度：液相点 1051.4℃。

热导率：λ = 105 W/(m·℃)。

线膨胀系数：α = 18 × 10^{-6}℃$^{-1}$(20～200℃)。

导电率：不同温度退火后保温时间与导电率的关系见图 7-87。

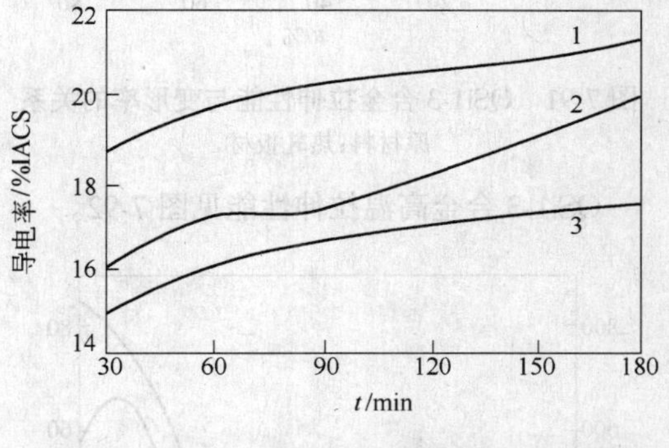

图 7-87 QSi1-3 合金的导电率与不同温度下保温时间的关系

1—475℃；2—450℃；3—425℃

电阻率：ρ = 0.046 μΩ·m(硬态)；ρ = 0.083 μΩ·m(时效状态)。

磁性能：无磁性。

B 化学性能

抗氧化性能：QSi1-3 合金在下列温度于空气中加热 1 h 的平均氧化增重见表 7-195。

表 7-195 QSi1-3 合金在下列温度的空气中加热 1 h 的氧化增重

加热温度/℃	500	600	700	800
平均增重/mg·cm^{-2}·h^{-1}	0.23	0.48	0.84	

耐腐蚀性能：合金在大气、淡水和海水中表面能形成致密的氧化物保护膜，因此在这些介质中合金有高的耐蚀性。在硫酸、盐酸、乙酸和碱的稀溶液中也有良好的耐蚀性。但在潮湿的氨、氢氧化铵、硝酸以及氢氧化钾等溶液中腐蚀速度较快。

7.13.3.4 热加工和热处理规范

合金可热处理强化。高温加热并淬火后得到过饱和的固溶体，时效时析出 Ni_2Si 使合金强化。时效前进行冷变形，能更迅速地达到有效的强化。淬火：850～875℃，水淬。时效：450～475℃，2～4 h，空冷。

7.13.3.5 力学性能

A 技术标准规定的性能

技术标准规定的性能见表 7-196。

表 7-196 技术标准规定的性能

品种	状态	直径/mm	σ_b/MPa	δ_{10}/%	技术标准
棒材	R	20～80	≥490	≥10	GB 13808—1992

B 硬度

室温硬度：HBS130～180(R 态)；HBS150～200(Y 态)。

变形率对材料以及对热处理后材料硬度的影响见图 7-88。

退火温度和时效条件对 QSi1-3 硬度的影响分别见图 7-89 和图 7-90。

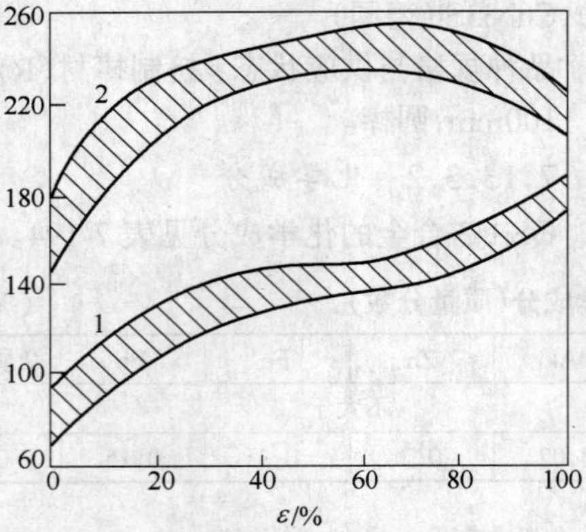

图 7-88 QSi1-3 硬度与变形率的关系
1—冷拉态；2—热处理态

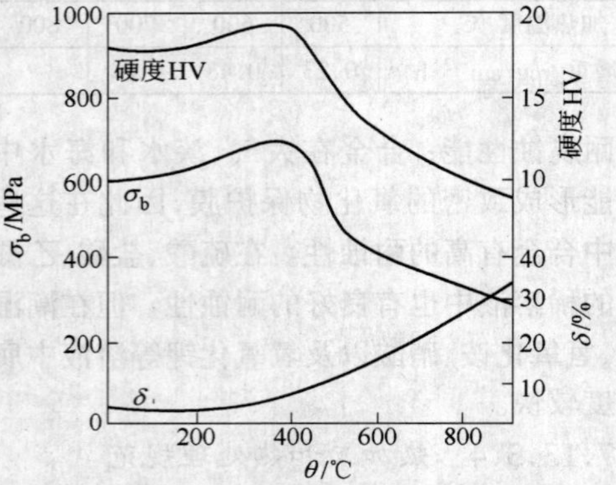

图 7-89 QSi1-3 硬度和拉伸性能与退火温度(保温 1 h)的关系
原材料：δ = 2 mm，软条，ε = 70%

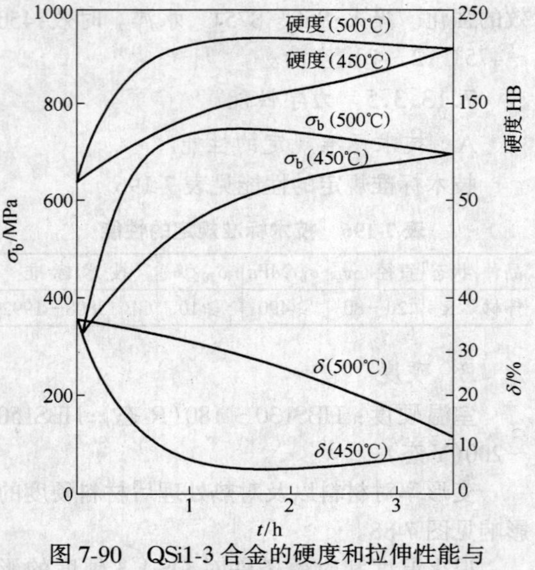

图 7-90 QSi1-3 合金的硬度和拉伸性能与时效时间的关系
原材料：挤压棒材于 860℃ 淬火

C 拉伸性能

供应状态 QSi1-3 合金的拉伸性能见表 7-197。

表 7-197 供应状态 QSi1-3 合金的拉伸性能

品种	状态	σ_b/MPa	$\sigma_{0.2}$/MPa	δ_{10}/%	ψ/%
		不小于			
棒材	热轧	420		27	
带材	变形 40%	580	520	8	28
	变形 80%	680		5	
棒材	淬火	350	150	30	70
	时效后	750	550	7	11

变形率对 QSi1-3 合金拉伸性能的影响见图 7-91。

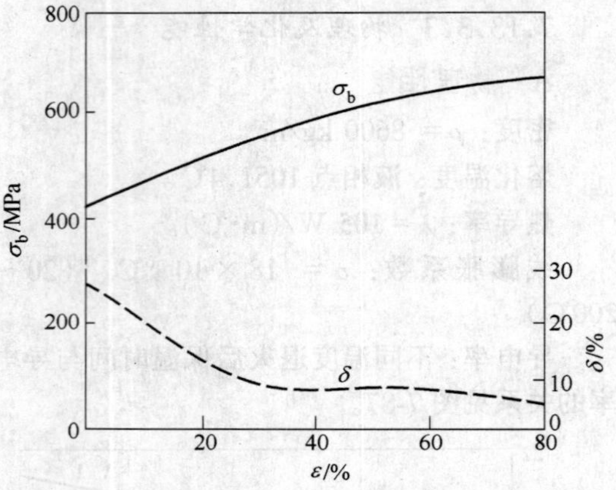

图 7-91 QSi1-3 合金拉伸性能与变形率的关系
原材料：热轧板材

QSi1-3 合金高温拉伸性能见图 7-92。

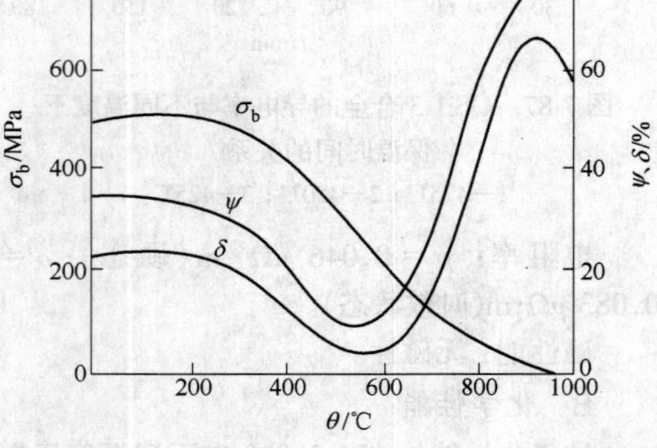

图 7-92 QSi1-3 高温拉伸性能

D 耐磨性能

QSi1-3 合金的摩擦系数为：$\mu=0.015$（有润滑剂）；$\mu=0.35$（无润滑剂）。

E 冲击性能

挤制棒热处理后的冲击韧性：$a_{KU}=400\ kJ/m^2$；

软态棒的冲击韧性：$a_{KU}=400\sim1000\ kJ/m^2$。

F 持久和蠕变性能

QSi1-3 合金的高温持久性能和高温蠕变性能见图 7-93。

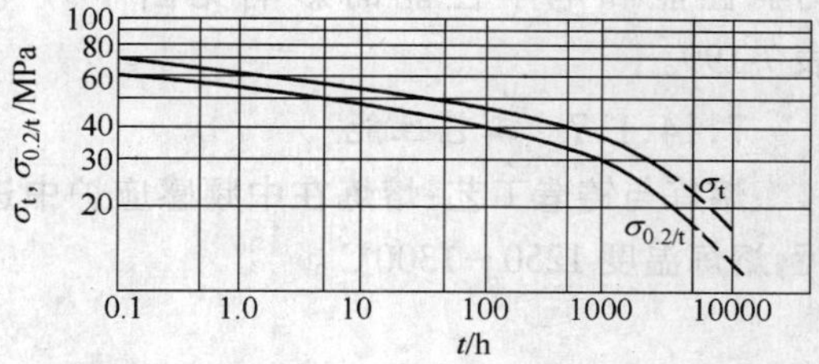

图 7-93 QSi1-3（含 0.2%Cr）在 300℃时的高温持久和蠕变特性

原材料：900℃水淬，60%冷加工，390℃，3 h 时效

G 疲劳性能

高周疲劳：循环次数 N 为 10^7 周时，挤制棒热处理后的疲劳强度 $\sigma_D=225$ MPa。

H 弹性性能

弹性模量：$E=140$ GPa（热轧态）。

7.13.3.6 工艺性能

QSi1-3 合金的工艺性能如下：

(1) 熔炼与铸造工艺。该合金可采用工频（有芯或无芯）或中频感应电炉熔炼，硅砂或镁砂炉衬，由于吸气性强，应使用煅烧木炭作覆盖剂。浇注过程在烟灰覆盖下，采用半连续铸造工艺浇注铸锭。铸造温度为 1180～1220℃。

(2) 成形性能。合金有良好的热加工性和一定的冷加工性。通常采用热挤压，热挤压温度为 800～910℃。

(3) 焊接性能。合金易于锡焊、铜焊、闪光焊和气体保护焊，也能气焊，但不宜电渣焊和埋弧焊。

(4) 切削加工与磨削性能。合金的切削加工性为易切削黄铜 HPb63-3 的 30%。

7.13.3.7 选材与应用实例

QSi1-3 合金在航空上主要用作在较高温度（300℃以下）工作的零件，包括润滑不良、单位压力不大的摩擦零件，如航空发动机的排气门和进气门的导向套、对开球形座等。

7.14 其他青铜

7.14.1 钴铬硅青铜

7.14.1.1 概述

钴铬硅青铜是添加少量 Co、Cr 和 Si 的高铜合金，为了改善合金的热锻性能还加入微量 Nb。固溶后时效处理，抗高温软化温度为 550～620℃。这种合金的相组织结构为 Cu 固溶体，Co_2Si 相和 $Cr_3CO_5Si_2$ 相。从 Cu-Co_2Si 的伪二元相图（图 7-94）可知，Co_2Si 能与铜形成固溶体，其固溶度随温度下降而急剧减少。Cu-Co-Cr-Si 合金除具有 Cu-Cr 和 Cu-Co-Si 合金的相成分和性能特征外，还可能生成新的相，且各个元素及相之间会产生交互作用，这些都会影响合金的最终性能。合金的强度提高，有高的耐热性，是制造要求高温抗软化性良好的导电结构材料。

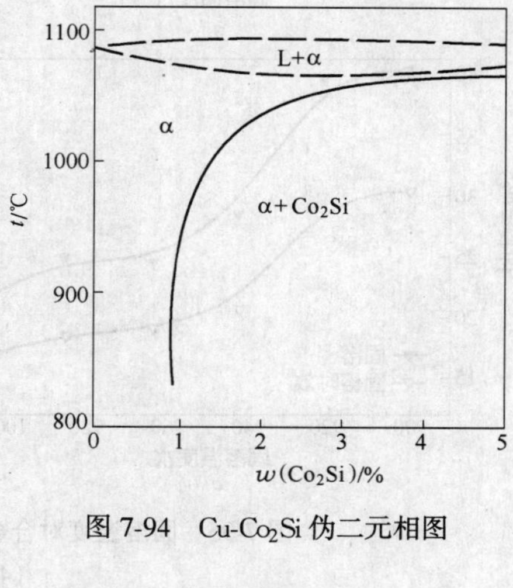

图 7-94 Cu-Co_2Si 伪二元相图

7.14.1.2 合金牌号

国产 Cu-Co-Cr-Si 合金的商业代号为航空

DJ100，为改善合金锻造性能添加某些微量元素的材料代号为航空 DJ101，也按钴铬硅青铜技术要求供应。

7.14.1.3 化学成分

Cu-Co-Cr-Si 合金的化学成分见表 7-198。

表 7-198 Cu-Co-Cr-Si 合金的化学成分(质量分数) (%)

元素	Co	Cr	Si	Nb	Cu
含量	2.3	0.8	1.0	0.05	余量

7.14.1.4 物理及化学性能

密度：20℃时为 8800 kg/m³。

导电率：20℃下固溶－时效态为 47% IACS，固溶－50%冷变形－时效态为 43% IACS。

抗氧化性能：抗氧性能良好。

耐腐蚀性能：耐大气腐蚀。

7.14.1.5 热加工与热处理规范

热加工温度：820～880℃。

固溶处理：980℃，60 min，冰盐水淬火。

时效处理：480℃，4 h，空冷。

7.14.1.6 力学性能

固溶温度对合金硬度、拉伸力学性能和导电率的影响见图 7-95，时效温度对合金性能的影响见图 7-96。固溶后预冷变形对合金力学性能和电学性能的影响见图 7-97 和表 7-199。

7.14.1.7 工艺性能

熔炼与铸造工艺：熔炼在中频感应炉中进行，熔炼温度 1250～1300℃。

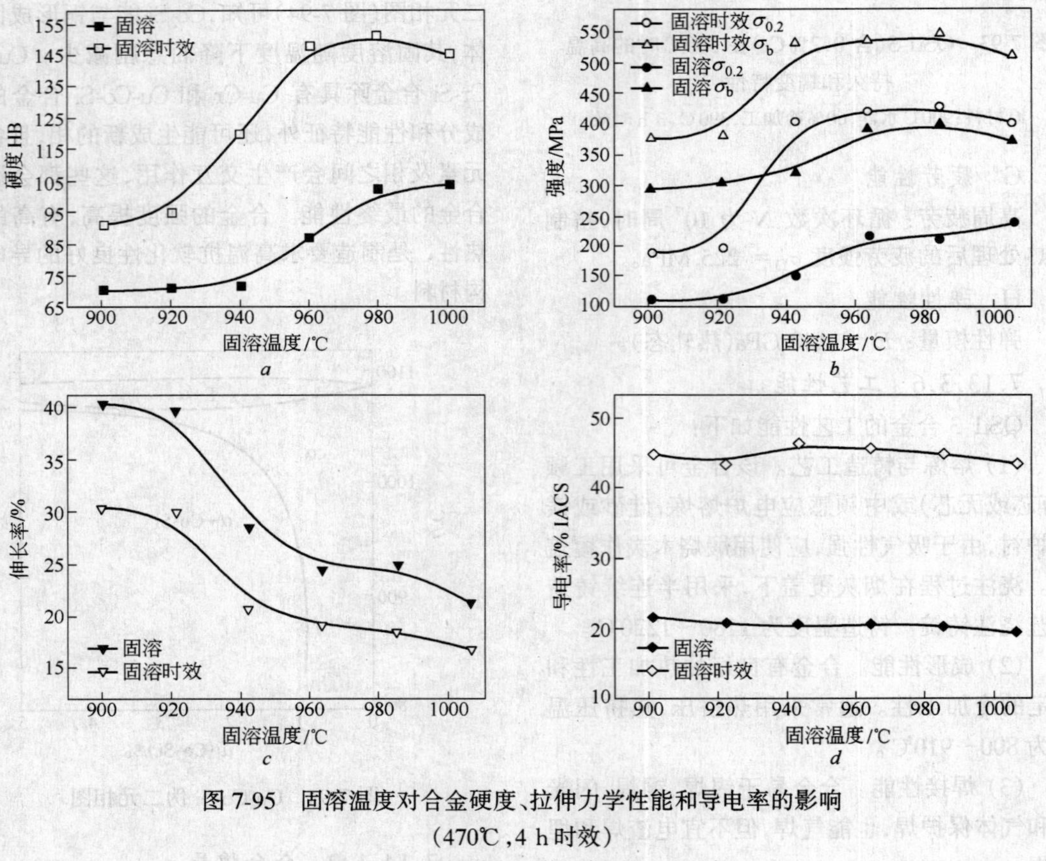

图 7-95 固溶温度对合金硬度、拉伸力学性能和导电率的影响
(470℃，4 h 时效)
a—硬度；*b*—强度；*c*—伸长率；*d*—导电率

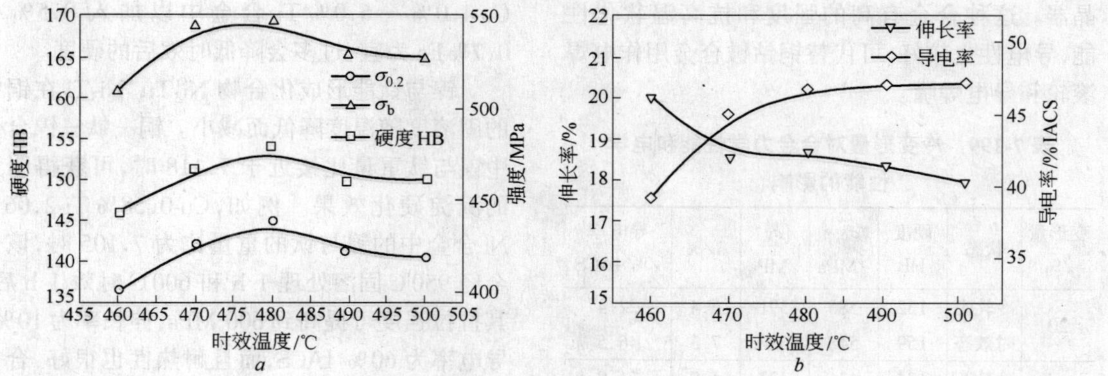

图 7-96　时效温度对合金硬度、拉伸力学性能和导电率的影响

(980℃/60 min,冰盐水淬火,时效 4 h)

a—硬度和强度；*b*—伸长率和导电率

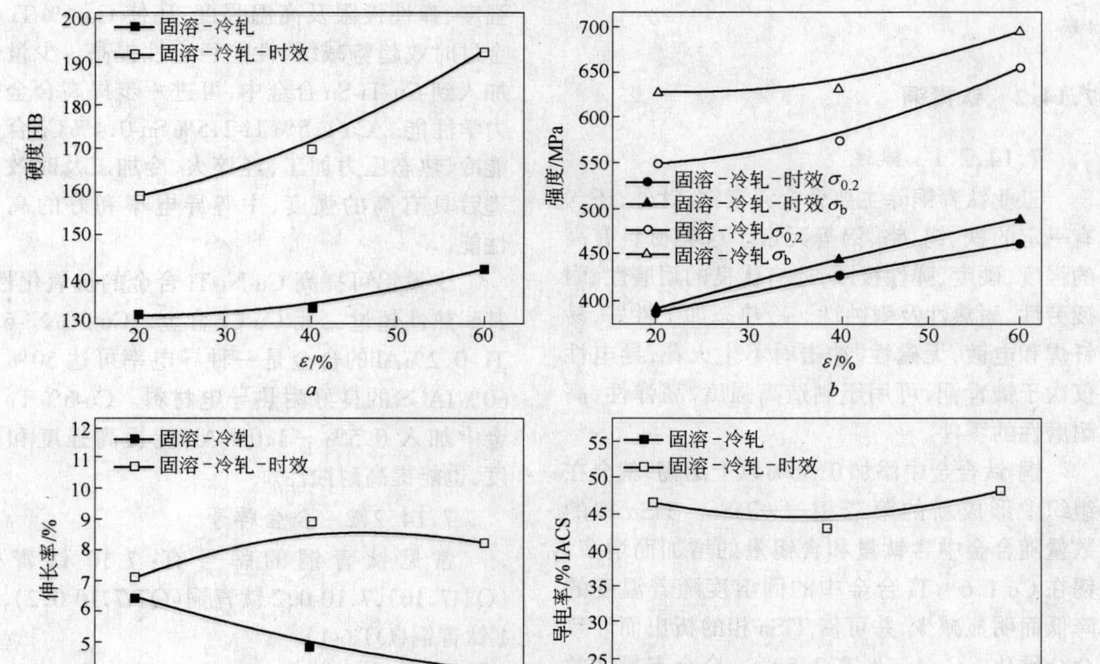

图 7-97　固溶后预冷变形对合金力学性能和电学性能的影响

a—硬度；*b*—强度；*c*—伸长率；*d*—导电率

成形性能：采用半连续铸造成锭。铸锭可采用热锻开坯，做成盘状，锻造温度为 700～900℃；也可以成杆状，之后进行冷拉。

7.14.1.8　选材与应用实例

钴铬硅铜不仅可用于加工电阻焊电极、滚轮和电极块，还可用来加工水平连续浇铸的结晶器。这种合金有高的强度和抗高温软化性能,导电性也较好,可代替铜钴铍合金用作电焊滚轮和导电焊嘴。

表 7-199 冷变形量对合金力学性能和电学性能的影响

变形量/%	状态	硬度 HB	$\sigma_{0.2}$ /MPa	σ_b /MPa	δ/%	导电率 /% IACS
20	冷轧态	132	385	391	6.4	22.4
	时效态	159	548	628	7.3	46.5
40	冷轧态	134	446	427	4.9	21.9
	时效态	170	575	634	8.9	47.7
60	冷轧态	142	462	486	4.1	17.12
	时效态	192	655	695	8.2	48

注:固溶 980℃,60 min,冰盐水淬火,时效温度 480℃,4 h。

7.14.2 钛青铜

7.14.2.1 概述

工业钛青铜除主要合金元素铜、钛外,还含有一定的铁、锡、铬、铝等元素。这类材料有高的强度、硬度、弹性极限,还有优良的耐磨性、耐疲劳性、耐热性及耐蚀性。冷热态加工性好,易钎焊和电镀,无磁性,冲击时不生火花,导电性仅次于铍青铜,可用于制造高强度、高弹性、高耐磨性的零件。

铜-钛合金中添加0.35%以上的锡,就会在组织中形成新的第二相——TiSn。TiSn 相的数量随合金中含钛量和含锡量的增加而增多。锡在 Cu-1.6%Ti 合金中的固溶度随着温度的降低而明显减少,并可借 TiSn 相的析出而导致合金硬化。Cu-1.6%Ti-2.5%Sn 合金有最佳的沉淀硬化效果。该合金的加工性能好,在900℃淬火后不经中间退火也可冷加工 90%。合金冷加工后在 400℃ 时效具有最高的强度,其导电率在 30%以上,是一种良好的高强度、中等导电率的材料。

铁能使二元铜-钛合金固溶处理后的硬度降低,塑性增高,能显著阻止加热时的晶粒长大,能抑制时效过程中的晶界反应,还能与钛形成金属间化合物,提高合金的耐磨性。加工用 Cu-4.0%~6.0% Ti 合金中以加入 0.5%~0.7%Fe 为宜,过多会降低时效后的硬度。

镍与钛能形成化合物 Ni_3Ti, Ni_3Ti 在铜中的固溶度随温度降低而减小。铜-钛-镍合金中镍与钛重量比接近于 7.118 时,可获得明显的沉淀硬化效果。例如,Cu-0.58% Ti-2.06% Ni 合金中的镍与钛的重量比为 7.105 时,该合金经 950℃ 固溶处理 1 h 和 600℃ 时效 1 h 后,其抗拉强度可提高到 600 MPa,伸长率为 10%,导电率为 60% IACS,而且耐热性也很好,合金的开始软化温度大约为 650℃。

铜-钛合金中加入少量硼、锆、铬,可阻碍加热时的晶粒长大,细化晶粒;使冷加工性能得到改善;抑制晶界反应;提高合金时效后的强度、弹性极限及高温强度;还使 Cu-4% Ti 合金过时效趋势减缓,性能稳定性提高。少量铬加入到 Cu-Ti-Sn 合金中,可进一步提高合金的力学性能。Cu-1.5% Ti-2.5% Sn-0.4% Cr 合金能冷、热态压力加工,经淬火、冷加工及时效处理后具有高的强度、中等导电率和好的高温性能。

少量铝可提高 Cu-Ni-Ti 合金的抗氧化性,其耐热性超过二元 Cu-Cr 合金。Cu-2% Ni-6% Ti -0.2%Al 的合金是一种导电率可达 50%~60%IACS 的良好耐热导电材料。Cu-6% Ti 合金中加入 0.5%~1.0% Al,能提高强度和硬度,也能提高耐蚀性。

7.14.2.2 合金牌号

常见钛青铜的牌号有:7.10 钛青铜(QTi7.10),7.10-0.2 钛青铜(QTi7.10-0.2),6-1 钛青铜(QTi6-1)。

7.14.2.3 化学成分

部分加工钛青铜的化学成分见表 7-200。

表 7-200 部分加工钛青铜的化学成分(质量分数) (%)

合 金	Ti	Cr	Cu	杂质总和
QTi7.10	7.10~4.0		余量	≤0.5
QTi7.10-0.2	7.10~4.0	0.15~0.25	余量	≤0.5
QTi6-1	5.8~7.4	Al 0.5~1.0	余量	≤0.5

7.14.2.4 物理及化学性能

A 物理性能

密度：8590 kg/m³(QTi7.10)，8400 kg/m³(QTi6-1)

线膨胀系数(0～300℃)：1.66×10^{-5}/℃(QTi7.10)，1.504×10^{-5}/℃(QTi6-1)

导电率：13%～18% IACS(QTi7.10)，QTi7.10的导电率与时效温度的关系见图7-98。

电阻率：0.12～0.57 μΩ·m(QTi7.10)，0.097 μΩ·m(QTi6-1)

B 化学性能

加工钛青铜的耐蚀性列于表7-201和表7-202。钛青铜在稀硫酸、硝酸和稀盐酸中均有较好的耐蚀性，QTi6-1在海水中的耐蚀性优于铍青铜。

7.14.2.5 热加工及热处理规范

钛青铜热加工及热处理规范见表7-203。

7.14.2.6 力学性能

加工钛青铜的室温力学性能见表7-204～表7-206和图7-98～图7-101。

表7-201 钛青铜与铍青铜的耐蚀性比较(1)

合 金	耐蚀性(每昼夜重量损失)/mg·m^{-2}				
	在蒸馏水中	在1%硫酸液中	在1%硝酸液中	在海水中	在大气中
Cu-4.8%Ti	0.40	67.46	39.16	6.32	74.0
QBe2	0.40	74.24	386.20	2.48	1.09

表7-202 钛青铜与铍青铜的耐蚀性比较(2)

腐蚀介质	腐蚀速度/mm·a^{-1}		
	Cu-6.0%Ti-1.0%Al	Cu-6.0%Ti	QBe1.9
10%氯化钠水溶液	0.0231	0.0586	0.0452
10%盐酸水溶液	0.2869	0.6516	0.3193

表7-203 钛青铜热加工及热处理规范

合 金	热加工温度/℃	固溶处理温度/℃	时效温度/℃	再结晶退火温度/℃
QTi7.10 QTi7.10-0.2	850～800	850～900	400～450	500～600
QTi6-1	850～800	800～850	350～400	

表7-204 加工钛青铜的室温力学性能

合 金	状 态	抗拉强度 σ_b/MPa	屈服强度 $\sigma_{0.2}$/MPa	伸长率 δ/%	维氏硬度 HV	纵向弹性模量 E/GPa
QTi7.10-0.2 (1 mm板材)	冷加工60%	750～800	700～720	7.10～4.0	230～250	
	850℃淬火	400～420	200～250	35～42	150～90	
	400℃时效2 h	1000～1050	950～980	7.0～9.0	350～360	
QTi7.10 (1 mm板材)	冷加工60%	700～750	650～700	2.5～7.10	220～228	
	850℃淬火	400～450	250～270	30～35	120～130	
	400℃时效2～3 h	650～750	450～500	24～28	210～215	

续表 7-204

合金	状态	抗拉强度 σ_b/MPa	屈服强度 $\sigma_{0.2}$/MPa	伸长率 δ/%	维氏硬度 HV	纵向弹性模量 E/GPa
QTi7.10 (0.35 mm带材)	冷加工50%	700～750	600～650	3.0～4.0	230～240	125
	850℃淬火	380～420	250～300	15～25		
	400℃时效5 h	380～700	500～550	15～25	220～230	118
QTi7.10 (0.15 mm带材)	冷加工50%	800～850		4.0～4.5		
	850℃淬火	300～350		15～20		
	400℃时效2 h	850～900		10～12		
QTi6-1	850℃淬火	470～510		40～41	140	
	冷加工	900～1080		1.5～7.10	297	
	淬火时效①	1020		6.0	257	121
	冷加工后时效	1300		4.0	461	130

① 800～850℃淬火，350～400℃时效2～3 h。

表 7-205 加工钛青铜的高温力学性能

合金	状态	抗拉强度 σ_b/MPa	伸长率 δ/%
QT7.10-0.2(铸造试样)	常温(20℃)	550～600	6.0～9.0
	850℃瞬时拉伸	55～80	45～80
	900℃瞬时拉伸	20～36	2.4～7.7
QTi7.10(铸造试样)	常温(20℃)	550～600	8.0～13
	850℃瞬时拉伸	50～60	64～66
	900℃瞬时拉伸	20～40	4.0～16

表 7-206 不同处理态部分钛青铜的力学性能

性能	Cu-1.5%Ti-2.5%Sn-0.5Cr			Cu-4.22%Ti-0.69%Fe-0.1%Zr		
	850℃淬火	淬火后在450℃时效6～8 h	淬火后冷加工再在450℃时效6～8 h	在870℃加热10 min淬火	500℃时效1 h	500℃时效10 h
抗拉强度 σ_b/MPa		632.8～707.6	689.0～808.6	557	938	
屈服强度 $\sigma_{0.2}$/MPa		527.4～597.6				
屈服强度 $\sigma_{0.1}$/MPa		492.2～562.5	597.6～667.9			
伸长率 δ/%	35～40	13～17	7～12	27.3	17.12	
断面收缩率 ψ/%		37				
维氏硬度 HV	80	200～210	230～250	140	294	305
洛氏硬度 HRB	20～30	90	HRG67～75			
弹性模量 E/GPa		>126.6			119.3	
比例极限 σ_p/MPa		316.4～421.9	386.7～527.4		727①	

注：厚1.27 mm板材，加工率从16.0%到80%。

① 弹性极限 σ_e。

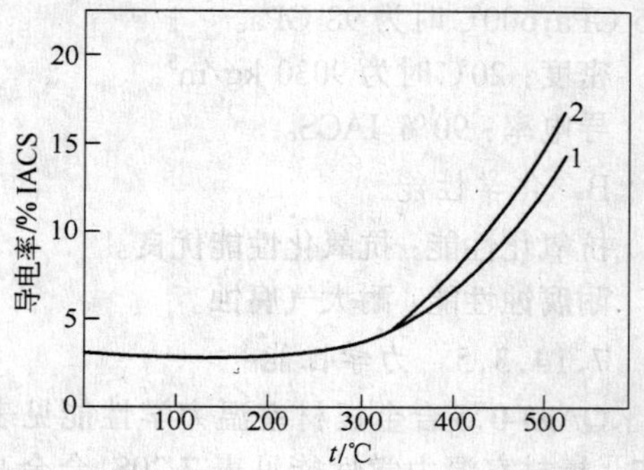

图 7-98 QTi7.10 的导电率与时效温度的关系(合金在各温度时效 1 h)
1—淬火后；2—淬火后并冷加工 50%

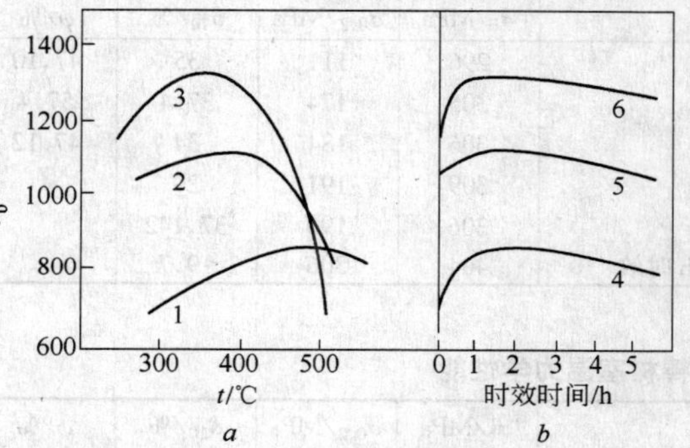

图 7-99 Cu-4.1%Ti 合金抗拉强度与时效工艺的关系
a—时效温度与强度的关系(合金在不同温度时效 1.5 h)；
b—时效时间与强度的关系
1—未加工；2—加工率 50%；3—加工率 85%；4—未加工，在 500℃时效；5—加工率 50%，在 400℃时效；6—加工率 85%，在 375℃时效

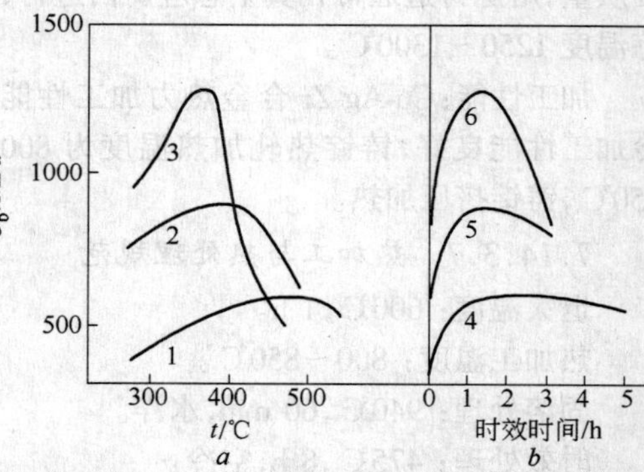

图 7-100 Cu-4.1%Ti 合金弹性极限与时效温度和时间的关系
a—合金弹性极限与时效温度的关系(在不同温度下时效 1.5 h)；b—合金弹性极限与时效时间的关系
1—未加工；2—加工率 50%；3—加工率 85%；4—未加工，在 500℃时效；5—加工率 50%，在 400℃时效；6—加工率 85%，在 375℃时效

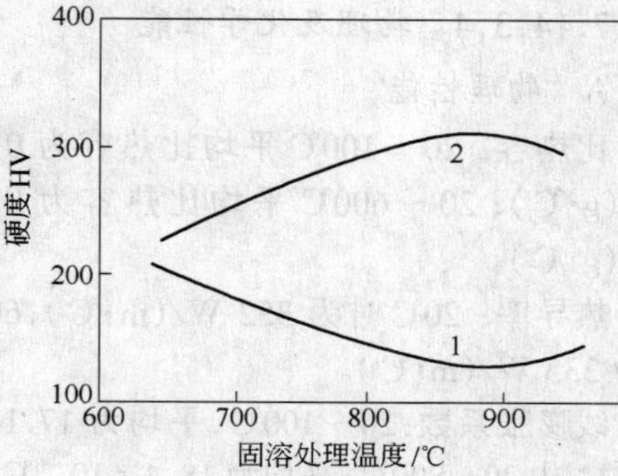

图 7-101 QTi7.10 的硬度与固溶处理温度的关系(原材料:厚 1 mm 板材)
1—在各温度保温 20 min，水淬；2—固溶处理后在 450℃时效 1 h

7.14.2.7 工艺性能

工业钛青铜具有优良的耐磨性和可焊性，能够冷、热态压力加工。

7.14.3 Cu-Ag-Zr 合金

7.14.3.1 概述

Cu-Ag-Zr 合金是添加少量 Ag 和锆的三元系铜合金。在 779℃共晶温度下，Ag 在 Cu 中的溶解度为 7.9%，随温度降低，Ag 在 Cu 中的溶解度显著下降，300℃时为 0.2%，室温下只有 0.1%，从 Cu-Zr 相图看，965℃下 Zr 在 Cu 中最大溶解度为 0.11%～0.13%，500℃时下降到 0.01%。因此，Cu-Ag-Zr 合金可通过固溶－时效处理得到强化，析出相为 Ag 和 Cu_3Zr 相，Ag 的加入稍微降低铜的导热性，但显著提高铜的再结晶温度、蠕变强度和抗高温热低周疲劳性能。Cu-Ag-Zr 合金是航天飞行的液体火箭发动机燃烧室内壁理想的高强导热材料。

7.14.3.2 合金牌号

国产银锆青铜牌号为 QAg3-0.5，美国牌号为 Narlog-Z。

7.14.3.3 化学成分

合金成分：3.0%～7.10% Ag，0.4%～0.7% Zr，余量为 Cu；杂质含量 P 不大于 0.002%，S 不大于 0.005%，Pb 不大于 0.003%，Fe 不大于 0.004%，Ni_2As，Sb，Sn 单个元素不大于 0.002%，Bi 不大于 0.001%。

7.14.3.4 物理及化学性能

A 物理性能

比热容：20～100℃平均比热容为0.091 Cal/(g·℃)；20～600℃平均比热容为0.096 Cal/(g·℃)。

热导率：20℃时为352 W/(m·℃)，600℃时为335 W/(m·℃)。

线膨胀系数：20～100℃，平均为17.141×10^{-6}℃$^{-1}$；20～800℃，平均为18.4×10^{-6}℃$^{-1}$。

弹性模量：20℃时为124 GPa；300℃时为115 GPa；600℃时为98 GPa。

密度：20℃时为9030 kg/m^3。

导电率：90% IACS。

B 化学性能

抗氧化性能：抗氧化性能优良。

耐腐蚀性能：耐大气腐蚀。

7.14.3.5 力学性能

QAg3-0.5合金板材室温力学性能见表7-207。棒材室温力学性能见表7-208，合金高温力学性能见表7-209。

表7-207 QAg3-0.5合金板材室温力学性能(纵向)

板厚/mm	状 态	σ_b/MPa	$\sigma_{0.2}$/MPa	δ_{10}/%	ψ/%
12	热轧退火	296	111	35	47.10
12	950℃/1 h，水淬+500℃/8 h时效	305	174	37.4	57.4
4	950℃/1 h，水淬+500℃/8 h时效	306	184	34	47.12
4	950℃/1 h，水淬+475℃/8 h时效	309	191	29	
1.5	950℃/1 h，水淬+475℃/8 h时效	306	190	37.142	
1.5	950℃/1 h，水淬+50%冷变形+475℃/8 h时效	404	306	19.7	

表7-208 QAg3-0.5棒材室温力学性能

直径/mm	状 态	σ_b/MPa	$\sigma_{0.2}$/MPa	δ_{10}/%	ψ/%
d_{30}挤压棒	挤压态	310	185	30	64
d_{20}锻棒	950℃，60 min，水淬+480℃，6 h时效	325	205	30	63

表7-209 3 mm厚QAg3-0.5冷轧板经固溶时效后的高温拉伸性能(950℃/1 h水淬+480℃/6 h时效)

温度/℃	σ_b/MPa	$\sigma_{0.2}$/MPa	δ_5/%	ψ/%
室温	321	234	28	31.5
100	277	174	33	45
200	256	164	30.2	40.5
300	240	150	24.7	37.4
400	214	177	41.4	27.3
500	170	154	47.4	42.5
550	127	113	55	30.0
600	97	92	62.7	39.3

7.14.3.6 工艺性能

熔炼与铸造工艺：Cu-Ag-Zr合金中含贵金属Ag，其中Zr极易氧化和吸气，此外，这种合金对杂质控制要求严，为了减少氧化和提高铸锭质量，熔炼铸造通常在真空感应炉内进行，熔炼温度1250～1300℃。

加工性能：Cu-Ag-Zr合金热力加工性能和冷加工性能良好，铸锭热轧加热温度为800～850℃，铸锭挤压加热。

7.14.3.7 热加工与热处理规范

退火温度：600℃，1 h。

热加工温度：800～850℃。

固溶处理：940℃，60 min，水淬。

时效处理：475℃，8 h，空冷。

7.14.3.8 选材与应用实例

国产QAg3-0.5合金已成功用于大推力液氢－液氧发动机燃烧室结构材料。

8 白 铜[1]

8.1 概述

以镍为主要合金元素的铜合金称为白铜。以铜-镍合金为基础加入第三元素如锌、锰、铝等的白铜，相应地称为锌白铜、锰白铜、铝白铜等。这类材料具有优良的耐蚀性和中等以上的强度，弹性好，易于热、冷压力加工，易于焊接，因而被广泛用于制造耐蚀的结构件和弹簧、插接件等。

铜与镍能无限互溶形成连续固溶体（面心立方晶格），固态合金在322℃以下的温度范围内，存在一个产生亚稳分解的较宽成分-温度区域，添加某些合金元素（如分别加入铁、铬、锡、钛、钴、硅、铝等）到铜-镍合金之后，将改变亚稳分解的成分-温度区域的大小和位置，并使这些三元系中的某些合金可借亚稳分解来改善其性能。

铜-镍合金具有好的耐蚀性和中等强度、高塑性，能热、冷态压力加工，还有很好的电性能，除用作结构材料外，还是重要的高电阻和热电偶合金。

铜-镍合金的物理、力学性能与成分的关系见图8-1和图8-2。

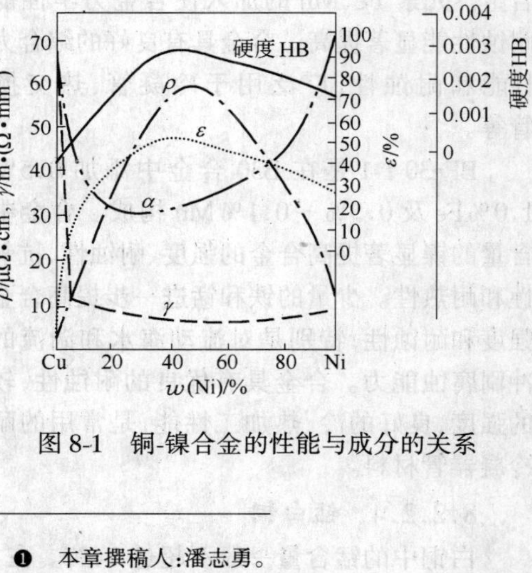

图8-1 铜-镍合金的性能与成分的关系

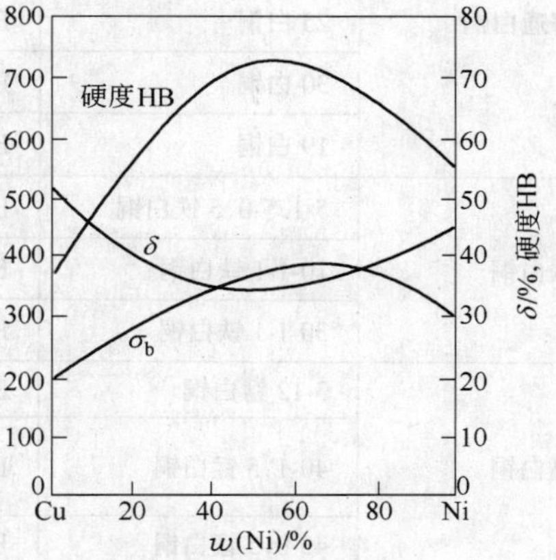

图8-2 铜-镍合金的力学性能与成分的关系

8.2 白铜的牌号、特点和应用

8.2.1 白铜的牌号及分类

白铜的牌号和分类应符合GB/T5231—2001《加工铜及铜合金化学成分和产品形状》的规定，见表8-1。

8.2.2 白铜的特点和应用

8.2.2.1 普通白铜

普通白铜是Cu与Ni形成的连续固溶体，具有面心立方晶格。温度低于322℃时，存在一个亚稳分解的相当宽的成分－温度区域，向Cu-Ni合金添加第三元素诸如Fe、Cr、Sn、Ti、Co、Si、Al等，可改变亚稳分解的成分－温度区域范围和位置，同时也可改善合金的某些性能。白铜除做结构材料外，另一类重要的应用是高电阻合金和热电偶合金。

8.2.2.2 锌白铜

若在铜-镍二元系合金中添加第三元素锌，则得到一系列具有美观银白色的锌白铜合金。

---

[1] 本章撰稿人：潘志勇。

表 8-1 白铜的牌号及分类

组 别	名 称	牌 号	产品形状	供应状态
普通白铜	0.6 白铜	B0.6	线	
	5 白铜	B5	管、棒	
	25 白铜	B25	板	R(热轧)、M、Y
	30 白铜	B30	板、管、线	R(热轧)、M、Y
	19 白铜	B19	板、带	R(热轧)、M、Y
铁白铜	5-1.5-0.5 铁白铜	BFe5-1.5-0.5	管	
	10-1-1 铁白铜	BFe10-1-1	板、管	
	30-1-1 铁白铜	BFe30-1-1	板、管	
锰白铜	3-12 锰白铜	BMn3-12	板、带、线	软态
	40-1.5 锰白铜	BMn40-1.5	板、带、箔、棒、线、管	硬态 软态
	43-0.5 锰白铜	BMn43-0.5	线	
锌白铜	15-21-1.8 锌白铜	BZn15-21-1.8	板、带	
	15-24-1.5 锌白铜	BZn15-24-1.5	棒	
铝白铜	13-3 铝白铜	BAl13-3	棒	Y
	6-1.5 铝白铜	BAl6-1.5	板	Y

锌在 Cu-Ni 合金固溶体中的溶解度相当大，有较大的固溶强化作用。当 Ni 含量相同时，提高合金的锌含量会增强合金抗大气腐蚀的能力。实际工业应用范围的锌白铜，一般含 5%～18%Ni 和 43%～72%Cu，其余为 Zn，它们的抗蚀性、弹性与强度均高。Ni 含量一般不超过 20%，这是合金使用工艺技术性能和经济成本综合评定的结果。

锌白铜以其优良的研磨性、钎焊性和抗应力松弛能力，较高的强度和弹性，良好的耐蚀性能，且易于电镀、热冷加工等技术工艺性能被广泛应用于制造耐蚀性结构件，诸如各种精密仪器仪表、高级电子元器件的弹簧、插口、罩壳等多种零部件。而含少量铅的锌白铜的切削性及冷加工性好，大量用于钟表、光学仪器等制作精密零件。此外，锌白铜在乐器、餐具、眼镜框架及装饰工程等方面亦有广阔市场。

8.2.2.3 铁白铜

铁在 Cu-Ni 合金中的固溶度较小，950℃时可固溶 4.8%，300℃时则剧降到 0.1%，它能提高 Cu-Ni 合金的抗蚀性与力学性能，特别能大幅度提高 Cu-Ni 合金抗海水冲击腐蚀的能力。一般 Cu-Ni-Fe 合金中的 Fe 含量不大于 2%，否则合金有应力腐蚀开裂倾向，若超过 4%，则腐蚀加剧。

BFe10-1-1 是铜镍基并有少量铁锰的四元合金。元素 Fe、Mn 的加入使合金力学性能和耐蚀性能显著提高。合金具有良好的综合力学性能和耐蚀性，广泛用于冷凝管、热交换器管等。

BFe30-1-1 是在 B30 合金中添加 0.5%～1.0%Fe 及 0.5%～0.1%Mn 构成。合金中高含量的镍显著提高合金的强度、耐蚀性、抗氧化性和耐热性。少量的铁和锰进一步提高合金的强度和耐蚀性，特别是对流动海水和湍流的抗冲刷腐蚀能力。合金具有优良的耐蚀性，较高的强度，良好的冷、热加工性能，是常用的耐蚀冷凝器管材料。

8.2.2.4 锰白铜

白铜中的锰含量一般不超过 14%。在 Cu-

Ni-Mn 合金中可形成 MnNi 化合物而有某些沉淀硬化作用，Mn 提高合金的强度、抗蚀性与弹性，还能提高 Cu-Ni 合金抗湍流冲击腐蚀的能力，不过会略使 B19 合金的抗应力腐蚀开裂的能力下降，但比 Al、Si、Sn、Cr、Be 等元素的影响小。Mn 能消除 Cu-Ni 合金中过量碳的不良影响，改善其工艺性能。向 Cu-Ni-Zn 合金添加少量 Mn，也有一定的好作用。

锰白铜是一类精密电阻合金，通常以线材供应，也有少量的板、带材，目前锰白铜国内有三种牌号 BMn3-12、BMn40-1.5 和 BMn43-0.5。

BMn3-12 锰白铜又称锰铜，它按用途不同又分为精密型和分流器两种，这两种合金的分级与用途见表 8-2。

表 8-2 BMn3-12 锰白铜的分级与用途

类 型	级别	主 要 用 途	使用温度范围/℃
精密型	AA	用于 0.01 级标准电阻和 0.05 级以上仪器的比例臂及精度更高的仪器，作为电阻元件，其年变化率应小于 0.002%	0～45
	A	用于 0.01、0.05 级标准电阻，0.2 级和精度更高的电压表附加电阻及电流表分流器电阻等	
	B	用于 0.5 级和精度更低的附加电阻及分流器电阻等	
分流器型	A B	用于一般电子仪器，精度较低的电表的附加电阻、分流器电阻等	0～100

BMn40-1.5 锰白铜（又称康铜）是一种比 BMn3-12 锰白铜使用更早的精密电阻合金。它的优点是：具有低的电阻温度系数，而且电阻-温度曲线的直线性关系比 3-12 锰白铜好，可在较宽的温度范围内使用；它的耐热性比 BMn3-12 锰白铜好，可以用至 400℃，而 BMn3-12 锰白铜的最高使用温度为 300℃；耐蚀性也比 BMn3-12 锰白铜好，还具有良好的加工性和钎焊性。它的缺点是对铜的热电势太高，不宜于作直流标准电阻和测量仪器中的分流器，而适用于作交流用的精密电阻、滑动电阻、启动、调节变压器及电阻应变计等。

BMn40-1.5 锰白铜箔还用于仪表、电子工业部门，供应规格：厚度为 0.030～0.050 mm，宽度为 40～200 mm，长度不小于 5000 mm(GB/T5190)。

另外，BMn40-1.5 锰白铜还可以用作热电偶和热电偶补偿导线。

8.2.2.5 铝白铜

铝在铜-镍固溶体中的溶解度不大，且随温度降低而减少。在铜-镍-铝系合金中，化合物 Ni_3Al(即 θ 相或 α_1 相)从固溶体析出能引起明显的沉淀硬化，提高合金的强度和硬度。

铝能显著提高铜-镍合金的强度和耐蚀性，但使合金的冷加工性能变差。在铜-镍-铝系中加入适量锰，可改善其塑性。铜-镍-铝合金中的镍铝含量之比对合金力学性能有明显的影响。试验证明，镍铝比为 10:1 左右的铜-镍-铝合金(16%镍、2%铝、5%锰、1%铁、余量为铜)具有最佳的综合性能：抗拉强度达 756 MPa、屈服强度达 395 MPa、伸长率为 25%、冲击韧性达 484 kJ/m²。这类合金可用作舰船材料，经热加工后空冷，不需重新加热淬火，即可自行沉淀硬化。合金中含铁过高时会阻碍沉淀硬化过程，不利于自行硬化。

含 30%镍、2.4%铝和 0.47%铍的铜合金可借助化合物 NiBe 和 Ni_3Al 的沉淀而硬化。它比未加铍的合金有更好的沉淀硬化效果。该合金在 1050℃ 固溶处理后冷加工 50%，在 400～500℃ 时效 1 h，弹性极限可达 1250 MPa，可与铍青铜(QBe_2)相比，而耐热性和压力加工性更好。

添加少量钛于铜-镍-铝合金中，可获得比 Ni_3Al 和 Ni_3Ti 沉淀硬化的强度更高、耐蚀性更好的合金。

8.3 白铜的化学成分

白铜的化学成分见表 8-3。

表 8-3　白铜的化学成分(质量分数)　(%)

牌　号	Ni+Co	Fe	Mn	Zn	Pb	Al	Si	P	S	C	Mg	Sn	Cu	杂质总和
B0.6	0.57~0.63	0.005			0.005		0.002	0.002	0.005	0.002			余量	0.1
B5	4.4~5.0	0.20			0.01			0.01	0.01	0.03			余量	0.5
B25	24.0~26.0	0.5	0.5	0.3	0.005		0.15	0.01	0.01	0.05	0.05	0.03	余量	1.8
B19	18.0~20.0	0.5	0.5	0.3	0.005		0.15	0.01	0.01	0.05	0.05		余量	1.8
B30	29~33	0.9	1.2		0.05		0.15	0.006	0.01	0.05			余量	
BFe5-1.5-0.5	4.8~6.2	1.3~1.7	0.30~0.8	1.0	0.05								余量	
BFe10-1-1	9.0~11.0	1.0~1.55	0.5~1.5	0.3	0.02		0.15	0.006	0.01	0.05		0.03	余量	0.7
BFe30-1-1	29.0~32.0	0.5~1.0	0.5~1.2	0.3	0.02		0.15	0.005	0.01	0.05		0.03	余量	0.7
BMn3-12	2.0~3.5	0.20~0.50	11.5~13.5		0.020	0.2	0.1~0.3	0.005	0.020	0.05	0.03		余量	0.7
BMn40-1.5	39.0~41.0	0.50	1.0~2.0		0.005		0.10	0.005	0.02	0.10	0.05		余量	0.9
BMn43-0.5	42.0~44.0	0.15	0.10~1.0		0.002		0.10	0.002	0.01	0.10	0.05		余量	0.6
BZn15-20	13.5~16.5	0.5	0.3	余量	0.02		0.15	0.005	0.01	0.03	0.05		62.0~65.0	0.9
BZn15-21-1.8	14.0~16.0	0.3	0.5	余量	1.5~2.0		0.15						60.0~63.0	0.9
BZn15-24-1.5	12.5~15.5	0.25	0.05~0.5	余量	1.4~1.7			0.02	0.005				58.0~60.0	0.75
BAl13-3	12.0~15.0	1.0	0.50		0.003	2.3~3.0		0.01					余量	1.9
BAl6-1.5	5.5~6.5	0.50	0.20		0.003	1.2~1.8							余量	1.1

注:BZn15-20 中 As 应小于 0.010%、Sb 应小于 0.002%、Bi 应小于 0.002%。

8.4　白铜的物理、化学性能

8.4.1　普通白铜的物理、化学性能

8.4.1.1　普通白铜的物理性能

普通白铜的物理性能见表 8-4 和表 8-5。

8.4.1.2　普通白铜的化学性能

B19 和 B30 在不同介质中的腐蚀速度见表 8-6 和表 8-7。

B30 白铜在 50℃ 的 10% H_2SO_4 溶液中和 10% HNO_3 溶液中的腐蚀速度分别见图 8-3 和图 8-4。

表 8-4　普通白铜的物理性能

性　能	合金牌号			
	B0.6	B5	B19	B30
液相点/℃	1085.5	1121.5	1191.7	1228.7
固相点/℃		1087.5	1131.5	1172.6
密度/$kg \cdot m^{-3}$	8960	8700	8900	8900
比热容(20℃)/$J \cdot (kg \cdot K)^{-1}$			378	387
线膨胀系数(20℃)/$℃^{-1}$		16.4×10^{-6}	16×10^{-6}	15.3×10^{-6}
热导率(20℃)/$W \cdot (m \cdot K)^{-1}$	272.14	130.0	38.5	36.8~37.3
电阻率(20℃)/$\mu\Omega \cdot m$	0.31	0.70	0.289	

续表 8-4

性 能	合金牌号			
	B0.6	B5	B19	B30
电阻温度系数 α_P/℃$^{-1}$	0.002758(0℃) 0.003147(20℃)		0.00029(100℃) 0.000199(300℃) 0.000127(500℃)	
弹性模量/GPa	120		140	150

表 8-5 B0.6 白铜的高温电学性能与热电性能

温度/℃	冷端为 0℃时与铂配对的热电势/mV	电阻率/μΩ·m	电阻温度系数/℃$^{-1}$
0	0	0.299	0.002758
10		0.241	0.003147
100	+0.12	0.30	
200	−0.61		
300	−1.36		
400	−2.17		
500	−3.17		

表 8-6 B19 在不同介质中的腐蚀速度

介 质	温度/℃	浓度/%	腐蚀速度/mm·a^{-1}
工业大气			0.0022
海洋大气			0.001
农村大气			0.00035
淡水			0.03
海水			
蒸气冷凝水			0.1
蒸气冷凝水		含 30% CO_2	
水蒸气		干的和湿的	
硝酸		50	
盐酸		2 mol	
盐酸	20	1	0.3
盐酸	20	10	0.8
硫酸	20	10	0.1
亚硫酸		饱和	2.6
氢氟酸	110	38	0.9
氢氟酸	38	98	0.05
无水氢氟酸			0.13
磷酸	20	8	0.58
醋酸	20	10	0.028
柠檬酸	20	5	0.02
酒石酸	20	5	0.019
脂肪酸	100	60	0.066
氨水	30	7	0.5
苛性钠	100	10～15	0.13

表 8-7 B30 白铜在氯化钠溶液中的腐蚀速度

介 质	温度/℃	流速/m·s^{-1}	质量损失/g·m^{-3}	腐蚀速度/mm·a^{-1}
3% NaCl	40	静止	0.013 23	0.0102
	40～50	8～11	0.019 3	0.019

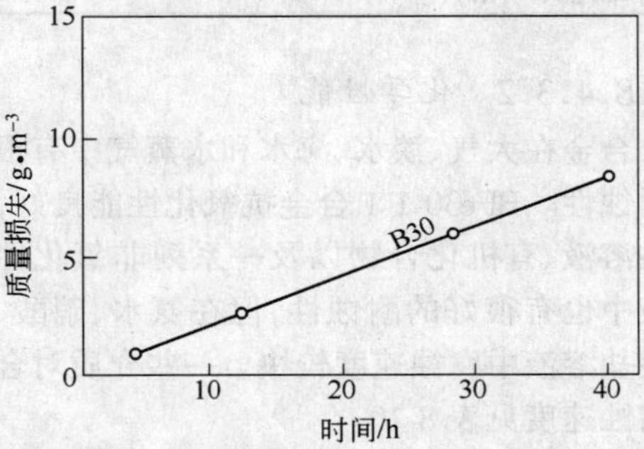

图 8-3 B30 白铜在 50℃的 10% H_2SO_4 溶液中的腐蚀速度

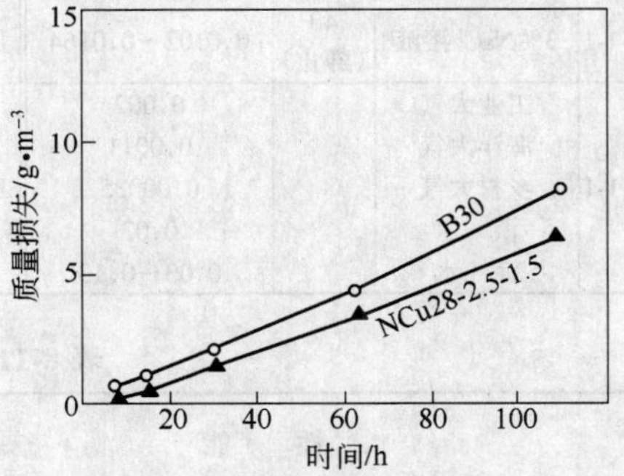

图 8-4 B30 白铜在 50℃的 10% HNO_3 溶液中的腐蚀速度

8.4.2 锌白铜的物理性能

锌白铜的物理性能见表 8-8。

8.4.3 铁白铜的物理、化学性能

8.4.3.1 物理性能

铁白铜的物理性能见表 8-9。

表 8-8 锌白铜 BZn15-20 的物理性能

性 能	数 据	性 能	数 据
液相点/℃	1081.5	密度/kg·m^{-3}	8700
固相点/℃	—	电阻率(20℃)/μΩ·m	260
比热容/J·(kg·K)$^{-1}$	399	电阻温度系数/℃$^{-1}$	2×10^{-4}
20~100℃线膨胀系数/℃$^{-1}$	16.6×10^{-6}	弹性模量/GPa	126~140
热导率(20℃)/W·(m·K)$^{-1}$	25.2~35.7		

表 8-9 铁白铜 BFe30-1-1 的物理性能

性 能	数 据	性 能	数 据
液相点/℃	1231.7	密度/kg·m^{-3}	8900
固相点/℃	1171.6	电阻率(20℃)/μΩ·m	420
比热容/J·(kg·K)$^{-1}$		电阻温度系数/℃$^{-1}$	20.012
20~100℃线膨胀系数/℃$^{-1}$	16×10^{-6}	弹性模量/GPa	154
热导率(20℃)/W·(m·K)$^{-1}$	37.3		

8.4.3.2 化学性能

合金在大气、淡水、海水和水蒸气中有很高的耐蚀性。BFe30-1-1 合金抗氧化性能良好，在碱性溶液、有机化合物以及一系列非氧化性酸溶液中也有很好的耐蚀性，但在氨水、硝酸、亚硫酸盐溶液中腐蚀速度较快。一些介质对合金的腐蚀速度见表 8-10。

8.4.4 锰白铜的物理、化学性能

8.4.4.1 锰白铜的物理性能

锰白铜典型的物理性能见表 8-11~表8-16。

8.4.4.2 锰白铜的化学性能

锰白铜 BMn43-0.5 在某些介质中的质量损失见表 8-17。

表 8-10 部分介质对铁白铜的腐蚀速度

合 金	介 质	θ/℃	腐蚀速度/mm·a^{-1}	合 金	介 质	θ/℃	腐蚀速度/mm·a^{-1}
BFe10-1-1	3%NaCl 溶液	40 (静止)	0.0102~0.0164	BFe10-1-1	3%NaCl 溶液	40~50 (流速 8~11 m/s)	0.048
BFe30-1-1	工业大气		0.002	BFe30-1-1	水蒸气		0.0025
	海洋大气		0.0011		10%硫酸水溶液	20	0.08
	乡村大气		0.00035		10%~50%苛性钠溶液	100	0.005
	淡 水		0.03		7%氨水	30	0.25
	海 水		0.03~0.13				

表 8-11 锰白铜的物理性能

性 能	合金牌号	
	BMn3-12	BMn40-1.5
液相点/℃	1011.2	
固相点/℃	961	1261.7
密度/kg·m^{-3}	8400	8900
18℃的比热容/J·(kg·K)$^{-1}$	409.5	410.3
100℃的线膨胀系数/℃$^{-1}$	16×10^{-6}	14.4×10^{-6}
热导率(20℃)/W·(m·K)$^{-1}$	21.8	20.9
电阻率(20℃)/μΩ·m	0.435	0.480
电阻温度系数/℃$^{-1}$	3×10^{-5}	2×10^{-5}(20~100℃)
和铜配对时每1℃的热电势/mV	1	电极电位 0.35 mV
直径 0.03~0.54 mm 线材的击穿电压/V	400	
弹性模量/GPa	126.5	166

表 8-12 BMn43-0.5 锰白铜的物理性能

性 能	数 据	性 能	数 据
液相点/℃	1291.8	热导率(20℃)/W·(m·K)$^{-1}$	24.4
固相点/℃	1221.7	0℃电阻率/μΩ·m	0.49~0.50(软状态)
密度/kg·m^{-3}	8900	0℃时电阻温度系数/℃$^{-1}$	-0.00014
20℃的线膨胀系数/℃$^{-1}$	14×10^{-6}	25℃时与铂配对的热电势/mV	1
150℃的线膨胀/mm·m^{-1}	2	弹性模量/GPa	95(软状态) 120(硬状态)
500℃的线膨胀/mm·m^{-1}	8		

表 8-13 BMn3-12 锰白铜的热电性能

温度/℃	冷端为0℃时与铂配对的热电势/mV	电阻率 ρ/μΩ·m	电阻温度系数 α/℃$^{-1}$
0	0.0	0.433	
100	+0.89	0.433	8.00×10^{-5}
200	+1.89	0.428	6.72×10^{-5}
300	+3.29	0.428	0.28×10^{-5}
400	+5.06	0.428	0.00×10^{-5}

表 8-14 加工率对 BMn3-12 锰白铜电学性能的影响

加工方法	加工率/%	电阻温度系数/℃$^{-1}$				电阻率 ρ/μΩ·m
		200℃退火		500℃退火		
		α_{25}	β	α_{25}	β	
冷加工	16	16.3×10^{-6}	-1.00×10^{-6}	14.7×10^{-6}	-0.81×10^{-6}	0.407
	80	12.0×10^{-6}	-0.54×10^{-6}	20.0×10^{-6}	-0.64×10^{-6}	0.419
热加工	16	20.8×10^{-6}	-1.20×10^{-6}	15.8×10^{-6}	-0.64×10^{-6}	0.404
	80	13.8×10^{-6}	-0.77×10^{-6}	19.6×10^{-6}	-0.81×10^{-6}	0.419

表 8-15 BMn40-1.5 锰白铜的电学性能与温度的关系

温度/℃	电阻率/μΩ·m	电阻温度系数/℃$^{-1}$	冷端为0℃时与铂配对的热电势/mV
0	0.482		0
100	0.482	2.06×10^{-5}	-3.4
200	0.483	2.07×10^{-5}	-7.2
300	0.485	4.14×10^{-5}	-11.3
400	0.488	7.02×10^{-5}	-15.5
500	0.497	11.25×10^{-5}	-19.9
600	0.503	18.20×10^{-5}	-24.5
700	0.509	12.90×10^{-5}	-29.1
800	0.515	13.75×10^{-5}	-33.7

表 8-16 BMn43-0.5 锰白铜的电学性能与温度的关系

温度/℃	电阻率/μΩ·m	电阻温度系数/℃$^{-1}$
0	0.504	-0.00014
100	0.497	-0.0012
200	0.491	-0.00010
300	0.486	-0.00006
400	0.483	0.000 00
500	0.483	+0.000 04
600	0.485	+0.000 06
700	0.488	+0.000 08
800	0.492	—

表 8-17 BMn43-0.5 的化学性能

介 质	质量损失/g·m^{-3}
10% H_2SO_4	1
2% NaOH	0.05
海 水	0.25

8.4.5 铝白铜的物理、化学性能

铝白铜BAl 13-3的熔点为1184.7℃；BAl6-1.5的熔点为1141.6℃。

铝白铜 BAl 13-3 的密度为 8500 kg/m³；BAl6-1.5的密度为8700 kg/m³。

铝白铜的耐蚀性能优于普通白铜，加钛的铝白铜的耐蚀性更优。

8.5 白铜典型的力学性能

8.5.1 普通白铜的力学性能

8.5.1.1 相关标准规定的性能

精密机械、化学和医疗器械等工业部门用的普通白铜板材的力学性能见表8-18。

表 8-18 普通白铜板材的力学性能

牌号	状态	抗拉强度 σ_b/MPa	伸长率 δ/%
		不小于	
B5	软	215	32
	硬	375	10
B19	热轧	295	30
	软	390	3
B25	热轧	345	15
	软	375	23
	硬	540	3

8.5.1.2 普通白铜典型的力学性能

普通白铜典型的力学性能见表8-19～表8-23和图8-5～图8-10。

表 8-19 普通白铜典型的力学性能

性能	B0.6	B5	B19	B30
抗拉强度 σ_b（软状态）/MPa （硬状态）/MPa	250～300 450（加工率80%）	270（板） 470（板）	400 800（加工率80%）	380
伸长率 δ（软状态）/% （硬状态）/%	<50 2（加工率80%）	50（板） 4（板）	35 5（加工率60%）	23
比例极限			100（软状态）	
屈服强度			600（硬状态）	
布氏硬度 HB①	50～60	38（软状态）	70（软状态）	

① 硬状态（加工率70%）为128。

表 8-20 B19白铜的低温力学性能

温度 θ/℃	抗拉强度 σ_b/MPa	屈服强度 $\sigma_{0.2}$/MPa	伸长率 δ/%	面缩率 ψ/%
20	361	194	26	78
-10	394	201	28	77
-40	418	203	29	77
-80	432	204	29	76
-120	464	205	28	75
-180	516	228	36	72

表 8-21 B30白铜的高温力学性能

温度 θ/℃	弹性模量 E/GPa	抗拉强度 σ_b/MPa	屈服强度 $\sigma_{0.2}$/MPa	伸长率 δ/%	面缩率 ψ/%
20	150	373	147	41	75
200	150	324	129	37	73
300	150	293	121	35	65
400	145	248	106	19	15
550	145	179	95	16	15

表 8-22 B19 及 B30 白铜的疲劳强度

合金状态	抗拉强度 σ_b/MPa	在规定循环周次的疲劳强度/MPa			
		10^5	10^6	10^7	10^8
B19:退火(760℃,1 h)		168	154	133	126
在245℃退火3 h,消除内应力		245	210	189	182
ϕ25.4 mm冷轧棒材	349			126	123
ϕ1.63 mm,冷拉88%的线材	590	371	287	238	238
B30:退火	410	203			175
冷拉33%的线材			301	252	245
厚0.63 mm退火带材			259	189	182
ϕ25.4 mm冷拉棒材	611			245	231
ϕ1.63 mm,冷拉88%的线材	673	413	308	245	245

表 8-23 B30 白铜的蠕变强度及持久强度

合金状态	试验温度/℃	蠕变强度/MPa			持久强度 σ_{1000}/MPa
		1/1000000	1/100000	1/10000	
退火(晶粒大小0.25 mm)	150	168			
	260	112			
退火(晶粒大小0.040 mm)	245				343
	316				308
	427				196
冷拉及消除内应力	260		413		
	315		343		
	393		119	266	392
	454		42	119	280
	510			28	210

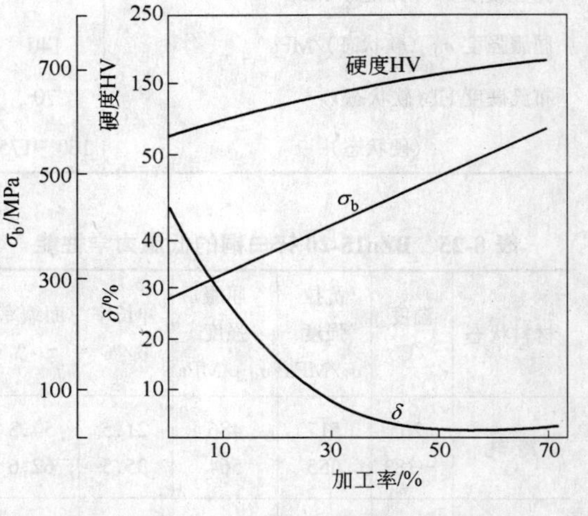

图 8-5 厚 1mm 的 B5 白铜的力学性能与加工率的关系

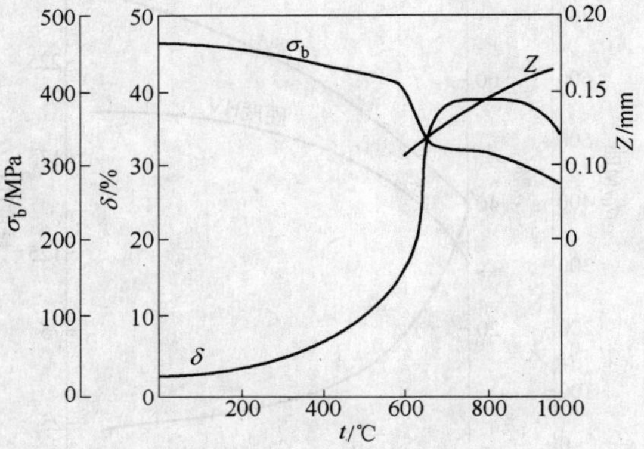

图 8-6 0.5 mm 厚的 B19 白铜的力学性能与退火温度(保温 40 min)的关系

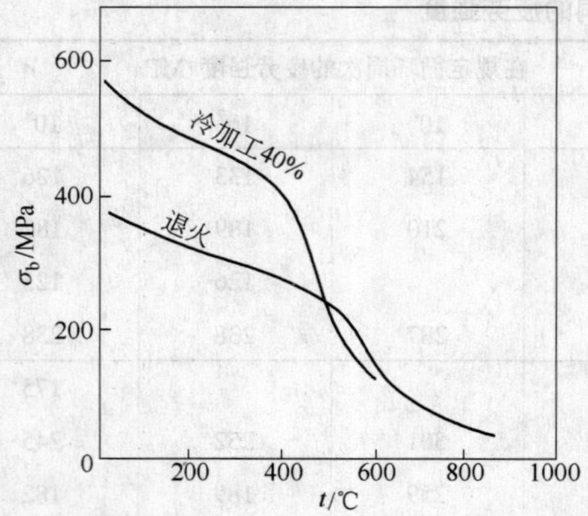

图 8-7 原加工率60%的在800℃退火1.5 h的B30白铜的力学性能与加工率的关系

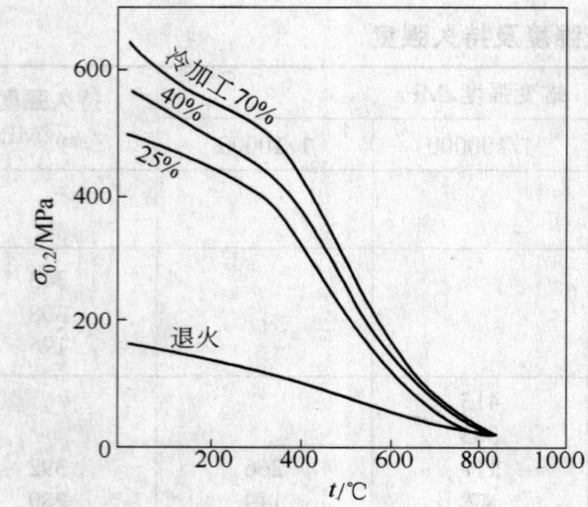

图 8-8 冷加工率90%的B30白铜的力学性能与退火温度(保温1 h)的关系

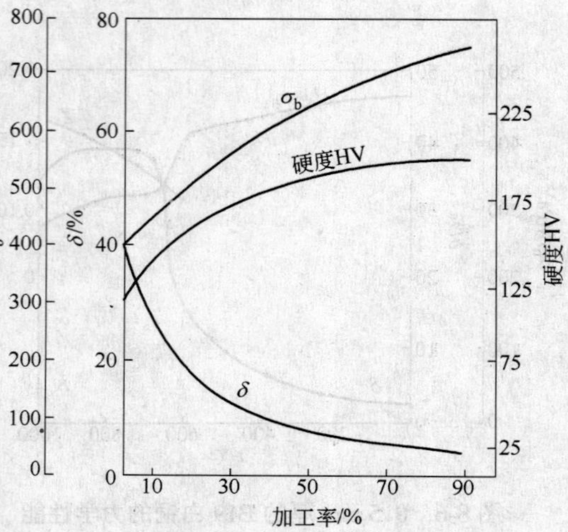

图 8-9 B30白铜的短时高温抗拉强度

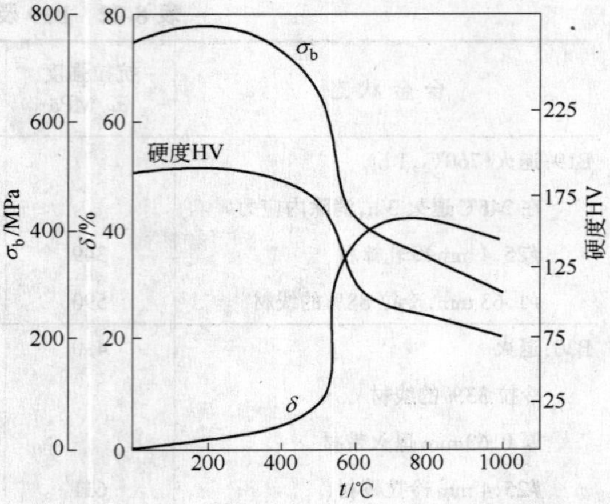

图 8-10 B30白铜的短时高温屈服强度

8.5.2 锌白铜的力学性能

锌白铜的力学性能见表8-24、表8-25和图8-11～图8-13。

表 8-24 锌白铜 BZn15-20 的力学性能

性　能	数　据
抗拉强度 σ_b(软状态)/MPa	380～450
(硬状态,加工率80%)/MPa	800
伸长率 δ(软状态)/%	35～45
(硬状态)/%	2～4
弹性极限 σ_e(软状态)/MPa	100
屈服强度 $\sigma_{0.2}$(软状态)/MPa	140
布氏硬度 HB(软状态)	70
(硬状态)	160～175

表 8-25 BZn15-20 锌白铜的低温力学性能

材料状态	温度/℃	抗拉强度 σ_b/MPa	屈服强度 $\sigma_{0.2}$/MPa	伸长率 δ/%	面缩率 ψ/%
冷 轧	20	517	486	21.5	54.3
	-183	655	564	35.5	62.6
退 火	20	455	207	46.8	62.3
	-183	584	268	56.8	69.5

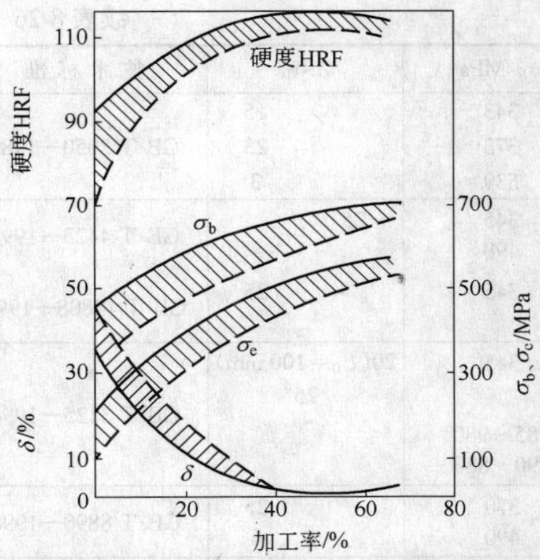

图 8-11 厚 1 mm 的 BZn15-20 锌白铜软板材的力学性能与加工率的关系
(实线晶粒尺寸 0.015 mm，虚线晶粒尺寸 0.10 mm)

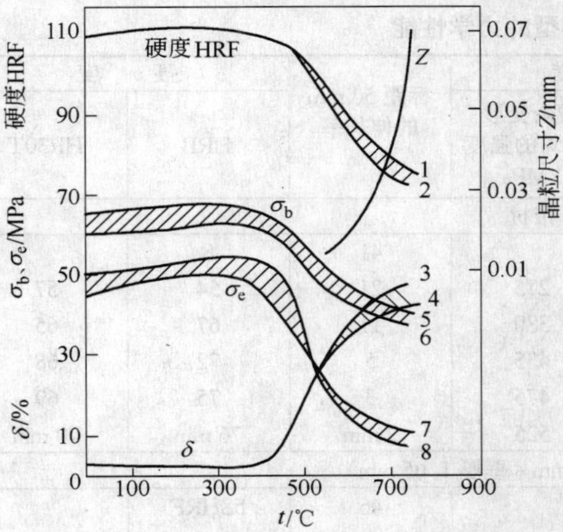

图 8-12 厚 1 mm 加工率 50% 的 BZn15-20 锌白铜的力学性能与退火温度(保温 1 h)的关系
1—$Z=0.015$ mm; 2—$Z=0.10$ mm; 3—$Z=0.50$ mm; 4—$Z=0.015$ mm; 5—$Z=0.015$ mm; 6—$Z=0.10$ mm; 7—$Z=0.015$ mm; 8—$Z=0.10$ mm

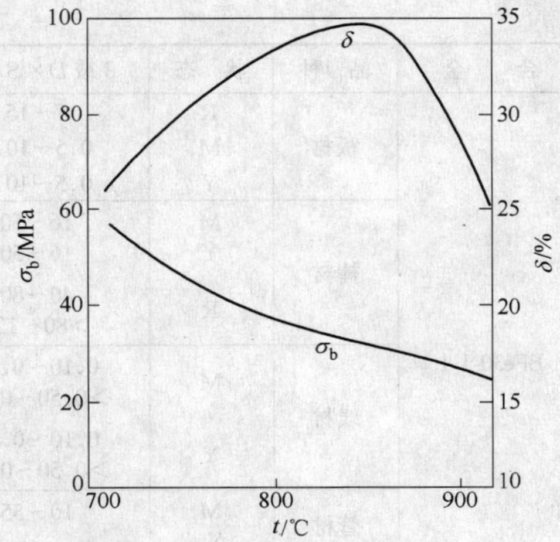

图 8-13 BZn15-20 锌白铜的高温力学性能

8.5.3 铁白铜的力学性能

8.5.3.1 技术标准规定的性能

技术标准规定的性能见表 8-26。

8.5.3.2 典型的力学性能

铁白铜典型的力学性能见表 8-27 和表 8-28。

8.5.3.3 硬度

BFe10-1-1 合金供应状态下的硬度为 HBS84.9～88.7，供应状态的室温硬度见表 8-29。变形率以及退火温度对 BFe30-1-1 合金硬度的影响见图 8-14～图 8-17。

8.5.3.4 拉伸性能

BFe10-1-1 合金供应状态下的拉伸性能为 $\sigma_b=314$ MPa(M)，$\delta=23\%$(M)。其他的拉伸性能见表 8-30 和图 8-18～图 8-21。

表 8-26 技术标准规定铁白铜的性能

合 金	品 种	状 态	δ 或 $D\times S$/mm	σ_b/MPa	δ/%		技 术 标 准
BFe10-1-1	板材	R	7～75	实测	实测		GB/T 2050—1980
		M	0.5～10.0	275	28		
		Y		373	3		
	带材	M	0.05～1.20	275	25		GB/T 14595—1993
		Y		373	3		
	管材				δ_5	δ_{10}	
		M	10～35×0.75～3.0	300		25	GB/T 8890—1998
		Y_2		345		8	
		M	8～159×1～5.0	290 ($\sigma_{0.2}$为 90 MPa)	30	25	LTJ314—1992

续表 8-26

合　金	品　种	状　态	δ或$D\times S$/mm	σ_b/MPa	δ/%	技术标准
BFe30-1-1	板材	R	7～15	343	15	GB/T 2050—1980
		M	0.5～10.0	373	23	
		Y	0.5～10.0	539	3	
	棒材	M	16～50	345	25	GB/T 4423—1992
		Y	16～50	490		
		R	40～80 ＞80～120	345	25	GB/T 13808—1992
	线材	M	0.10～0.50 ＞0.50～0.60	345	20($L_0=100$ mm) 25	GB/T 3125—1994
		Y	0.10～0.50 ＞0.50～0.60	685～980 590～880		
	管材	M	10～35	370	25	GB/T 8890—1998
		Y_2		490	6	
	带材	M	0.05～1.20	373	23	GB/T 14595—1993
		Y		539	3	

表 8-27　美国铁白铜典型的力学性能

合　金	状　态	抗拉强度/MPa	屈服强度：载荷下延伸0.5%的强度/MPa	屈服强度：残余变形0.2%的强度/MPa	标距50 mm的伸长率δ/%	硬度：HRB	硬度：HR30T
	带材						
C70400	O61	260	83		41	8	
	H01	350		275	21	54	57
	H02	395		380	11	67	65
	H04	440		435	5	72	68
	H06	485		475	3	75	69
	H08	530		525	2 min	76 min	70 min
	管材(外径25 mm×壁厚1.65 mm)						
	OS015	285	97		46	58HRF	
	H55	330	250		18	67HRF	
	带材(厚度1 mm)						
C70600	OS050	350	90	90	35	25	72①
	OS035	358	98	98	35	27	73①
	OS025	365	110	110	35	30	75①
	H01	415	330	338	20	58	92①
	H02	468	425	435	8	75	100①
	H04	518	490	500	5	80	
	H06	540	518	525	4	82	
	H08	565	540	545	3	84	
	H10	585	540	545	3	86	
	管材(外径25 mm×壁厚1.65 mm)						
	OS025	338	125		40	25	72①
	H55②	468	430		14	76	
	线材(直径2 mm)						
	H10	655	585		5		

①HRF；②在循环次数为10^8时，疲劳强度为138 MPa。

表 8-28 BFe30-1-1 铁白铜典型的力学性能

性 能	数 据
抗拉强度 σ_b(软态)/MPa	380
伸长率 δ(软态)/%	23～26
(硬态)/%	4～9
比例极限 σ_p(软态)/MPa	90
弹性极限 σ_e(软态)/MPa	80
疲劳强度 σ_{-1}(软态)/MPa	180
(硬态)/MPa	220
布氏硬度 HB(软态)	60～70
(硬态)	100

表 8-29 BFe30-1-1 合金供应状态的室温硬度

品种	状态	HBS	HRB	品种	状态	HBS	HRB
板材	M	60～70		管材	M		45
	Y	100	85		Y		80

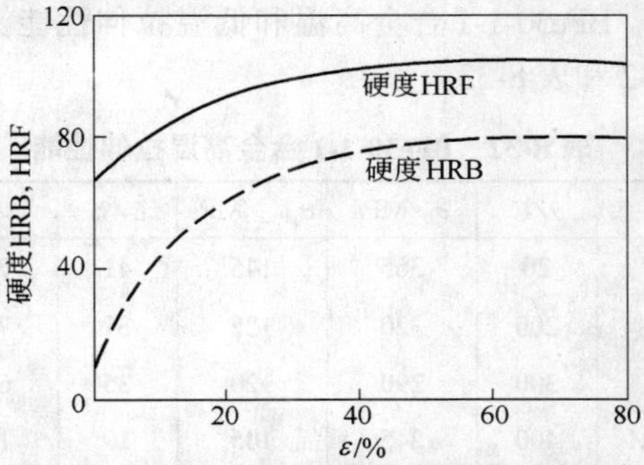

图 8-14 BFe10-1-1 不同冷变形量下的硬度
原材料：管材外径 60 mm，壁厚 4.8 mm

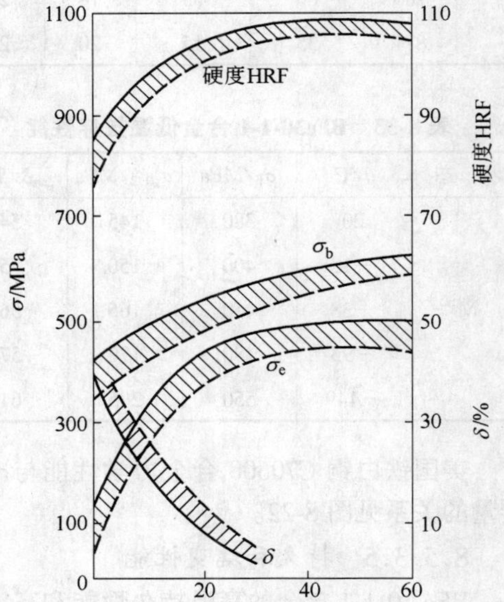

图 8-15 变形率对 BFe30-1-1 合金力学性能的影响
原材料：$\delta=1$ mm 软板
晶粒度：——0.015 mm；----0.07 mm

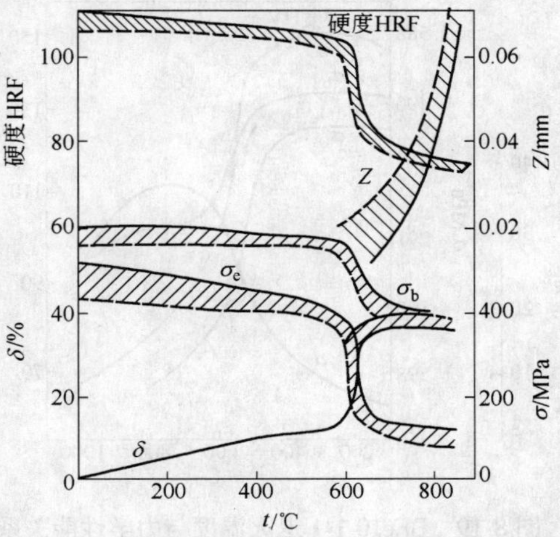

图 8-16 退火温度(保温 1 h)对 BFe30-1-1 合金力学性能的影响
原材料：$\delta=1$ mm 板，加工率 50%
晶粒度：——0.015 mm，----0.07 mm

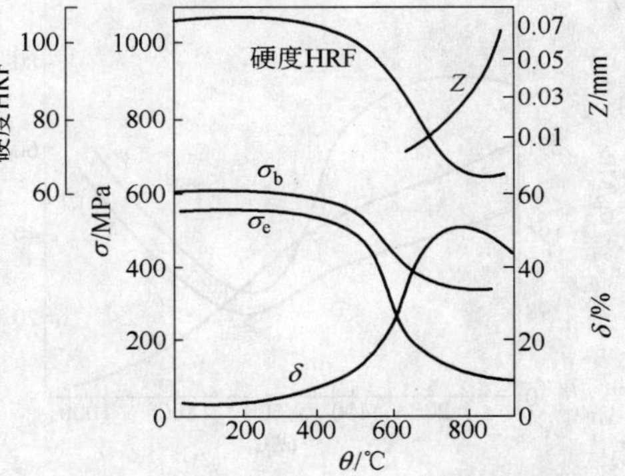

图 8-17 退火温度(保温 1 h)对 BFe30-1-1 合金力学性能和晶粒度的影响
原材料：加工率 70%，晶粒度：0.065 mm 的管材

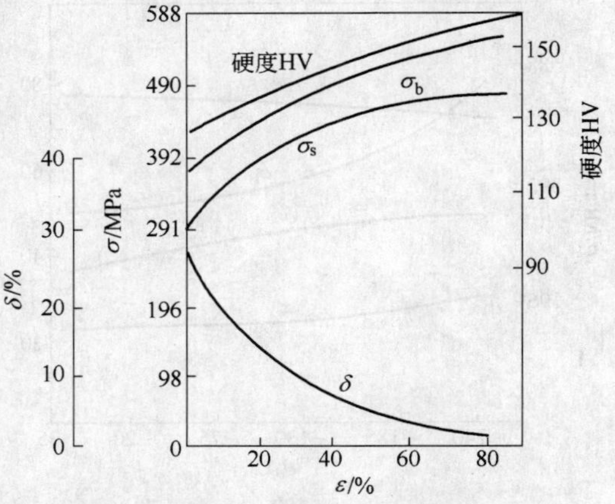

图 8-18 BFe10-1-1 加工率与力学性能关系
原材料：热轧后经 800℃ 退火 1.5 h 的条材

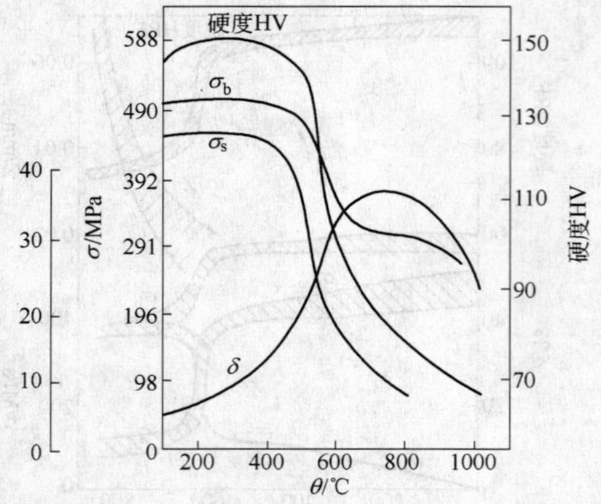

图 8-19　BFe10-1-1 退火温度与力学性能关系
原材料：加工率 50％的条材（退火 2 h）

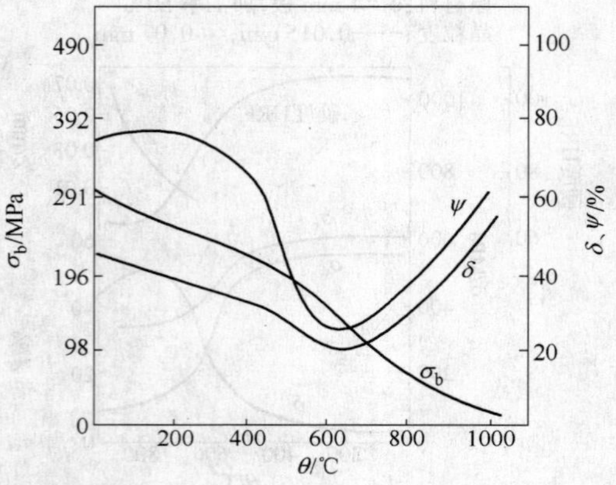

图 8-20　BFe10-1-1 高温拉伸性能
原材料：热轧条材

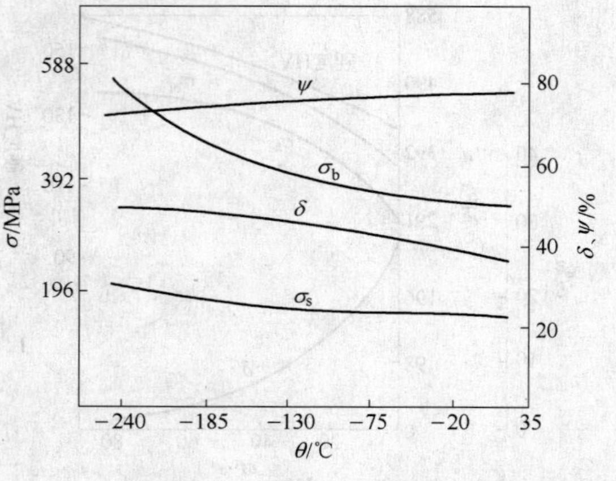

图 8-21　退火态 BFe10-1-1 的低温力学性能

表 8-30　BFe 10-1-1 合金不同温度下的断面收缩率

θ/℃	室　温	200	300	400	550
ψ/%	78	78	61	60	40

BFe30-1-1 合金供应状态的室温拉伸性能见表 8-31。

表 8-31　BFe30-1-1 合金供应状态的室温拉伸性能

品 种	状态	σ_b/MPa			δ/%		
		$\overline{X}$	min	max	$\overline{X}$	min	max
管 材	M	455	390	550	37	23	45
	Y	570	510	635	17	8	26

BFe30-1-1 合金变形率以及退火温度对材料拉伸性能的影响见图 8-18 和图 8-19。

BFe30-1-1 合金高温和低温拉伸性能见表 8-32 和表 8-33。

表 8-32　BFe30-1-1 合金高温拉伸性能

状态	θ/℃	σ_b/MPa	$\sigma_{p0.2}$/MPa	δ/%	ψ/%
M	20	365	145	41	75
	200	320	125	37	73
	300	290	120	35	65
	400	245	105	19	15
	500	175	95	16	15
	760	60	35	18	22
	871	35	15	20	26

表 8-33　BFe30-1-1 合金低温拉伸性能

状　态	θ/℃	σ_b/MPa	$\sigma_{p0.2}$/MPa	δ/%
M	20	380	145	54
	−18	400	150	55
	−38	450	165	56
	−93	480	170	57
	−149	550	205	61

美国铁白铜 C70600 合金力学性能与冷变形量的关系见图 8-22。

8.5.3.5　持久和蠕变性能

BFe 10-1-1 合金的高温持久性能和高温蠕变性能见表 8-34，BFe 30-1-1 合金的高温持久性能见表 8-35，高温蠕变性能见表 8-36。

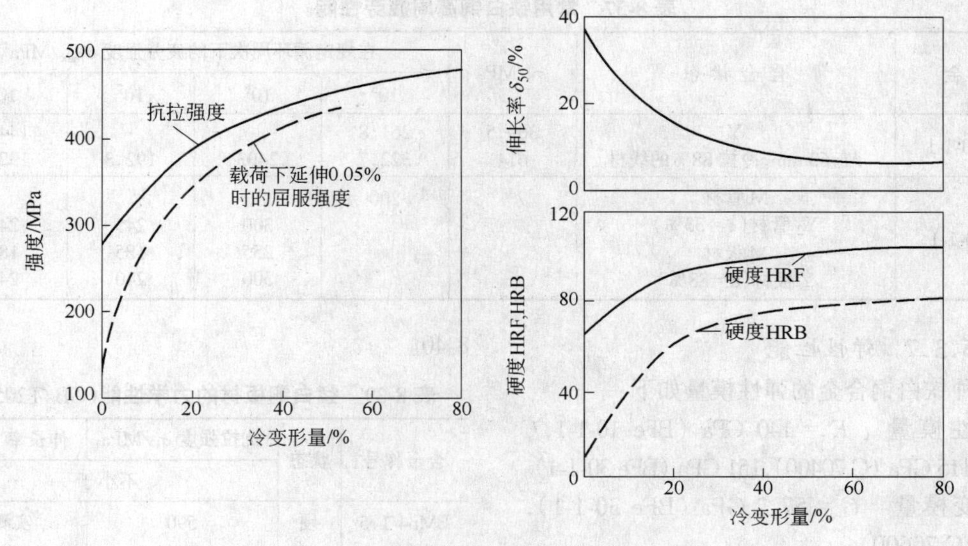

图 8-22 冷拔 C70600 合金管的力学性能与冷变形量的关系

表 8-34 BFe 10-1-1 合金的高温持久性能和高温蠕变性能

合金状态	试验温度/℃	蠕变强度/MPa			持久强度 σ_{100}/MPa	合金状态	试验温度/℃	蠕变强度/MPa			持久强度 σ_{100}/MPa
		$\sigma_{1/1000000}$	$\sigma_{1/100000}$	$\sigma_{1/10000}$				$\sigma_{1/1000000}$	$\sigma_{1/100000}$	$\sigma_{1/10000}$	
退火(晶粒大小 0.25 mm)	150	116.7	164.6			冷拉(加工率21%)	150	259.7			
	245	82.4	116.7				245	239.1	292.0	315.6	
	260	52.0	54.9		274.4		260	114.7	196.0	247.0	
	316		41.2		240.1						
	427				113.7						

表 8-35 BFe30-1-1 合金高温持久性能

状 态	θ/℃	σ_{100}/MPa	σ_{1000}/MPa	状 态	θ/℃	σ_{100}/MPa	σ_{1000}/MPa
M(平均晶粒尺寸 0.04 mm)	260	340	340	Y(消除应力后)	400	385	375
	316	305	285		454	275	230
	371	250	205		510	205	140
	427	185	150		566	125	70

表 8-36 BFe30-1-1 合金高温蠕变性能

状 态	θ /℃	$\sigma_{1/1000}$ /MPa	$\sigma_{1/10000}$ /MPa	$\sigma_{1/100000}$ /MPa	状 态	θ /℃	$\sigma_{1/1000}$ /MPa	$\sigma_{1/10000}$ /MPa	$\sigma_{1/100000}$ /MPa
M	149		214	165	Y(消除应力后)	399	260	115	
	260		206	110		454	115	40	
Y(消除应力后)	260		405			510	27		
	315		335						

8.5.3.6 疲劳性能

常用铁白铜高周疲劳性能见表 8-37。

表 8-37　常用铁白铜高周疲劳性能

合　金	合 金 状 态	σ_b/MPa	在规定循环周次下的疲劳强度 σ_{max}/MPa			
			10^5	10^6	10^7	10^8
BFe 10-1-1	Y	369.5	261.8			144.2
	ϕ1.63 mm,冷拉 88%的线材	614	322.7	2403	192.3	192.3
BFe30-1-1	M 管材		200			
	Y_2 管材(ε=33%)			300	245	240
	M 板材			255	185	180
	Y 板材(ε=88%)			300	240	240

8.5.3.7　弹性性能

几种铁白铜合金的弹性模量如下：

弹性模量　E = 140 GPa (BFe 10-1-1, C 70600), 115 GPa (C 70400), 151 GPa (BFe 30-1-1)。

切变模量　G = 57.2 GPa (BFe 30-1-1), 52GPa (C 70600)。

BFe10-1-1 在不同温度下的弹性模量,见表 8-38。

表 8-38　BFe 10-1-1 在不同温度下的弹性模量

θ/℃	室　温	200	300	400	550
E/GPa	120.5	120.5	112.7	112.7	102.9

8.5.4　锰白铜的力学性能

8.5.4.1　相关标准规定的性能

锰白铜板材的力学性能见表 8-39～表 8-40。

表 8-39　锰白铜板材的力学性能(GB/T2052)

合金牌号	状态	抗拉强度 σ_b/MPa	伸长率 δ/%
		不小于	
BMn4-1.5	硬	590	实测
BMn3-12	软	355	25

表 8-40　锰白铜板材的弯曲性能

合金牌号	材料状态	厚 度	弯曲角度	要 求	备 注
BMn4-1.5	软	≥1.0	180°	无裂纹和分层	弯心半径等于板厚
	硬		90°		

8.5.4.2　锰白铜典型的力学性能

锰白铜典型的力学性能见表 8-41～表 8-44。

表 8-41　BMn3-12 锰白铜的力学性能

性　能		性　能	
抗拉强度 σ_b(硬状态,加工率 60%)/MPa	900	屈服强度 $\sigma_{0.2}$(铸造状态)/MPa	140
(软状态) /MPa	400～550	(软状态) /MPa	200
伸长率 δ(软状态)/%	30	布氏硬度 HB(软状态)	120
(硬状态)/%	2		

表 8-42　BMn4-1.5 锰白铜的力学性能

性　能		性　能	
抗拉强度 σ_b(硬状态,加工率 80%)/MPa	700～850	疲劳强度 σ_{-1}(热轧棒材)/MPa	243
(软状态) /MPa	400～500	冲击功/J(铸造状态)	87
伸长率 δ(软状态)/%	30	布氏硬度 HB(铸造状态)	68
(硬状态,加工率 80%)/%	2～4	(软状态)	75～90
面缩率 ψ(铸造状态)/%	26	(硬状态)	155
(软状态)/%	71	电阻元件最高工作温度/℃	400
比例极限 σ_p(软状态) /MPa	87	热电偶最高工作温度/℃	900

表 8-43 BMn43-0.5 锰白铜的力学性能

性 能		性 能	
抗拉强度 σ_b(硬状态,加工率 80%)/MPa	700	弹性极限 σ_e(硬状态,加工率 50%)/MPa	100
(软状态)/MPa	400	8×10^6 次循环时的疲劳强度 σ_N(软状态)/MPa	190
伸长率 δ(硬状态,加工率 80%)/%	2	屈服强度 $\sigma_{0.2}$(铸造状态)/MPa	220
(软状态)/%	30	布氏硬度 HB(软状态)	85~90
面缩率 ψ(软状态)/%	72	(硬状态,加工率 80%)	185

表 8-44 BMn43-0.5 锰白铜的低温力学性能

材料状态	温度/℃	抗拉强度 σ_b/MPa	屈服强度 $\sigma_{0.2}$/MPa	伸长率 δ/%	面缩率 ψ/%
退火	20	422	138	40	77
	−10	463	129	47	78
	−40	474	147	43	78
	−80	506	155	48	75
	−120	540	169	48	74
	−180	628	185	57	76

8.5.5 铝白铜的力学性能

铝白铜的力学性能见表 8-45、表 8-46 及图 8-23、图 8-24。

表 8-45 铝白铜的力学性能

合金牌号	BAl13-3	BAl6-1.5
抗拉强度(软态)/MPa	380	360
(硬态)/MPa	900~950	650~750
伸长率(软态)/%	13	28
(硬态)/%	5	7
屈服强度(软态)/MPa		80
布氏硬度(HB)	260	210

表 8-46 BAl6-1.5 的低温力学性能

合金状态	温度/℃	抗拉强度/MPa	屈服强度/MPa	伸长率/%	面缩率/%
900℃淬火 550℃时效 2 h	20	639	—	24	50
	−10	701	385	22	48
	−40	726	432	25	57
	−80	706	361	23	57
	−120	755	444	26	63
	−180	750	385	26	67

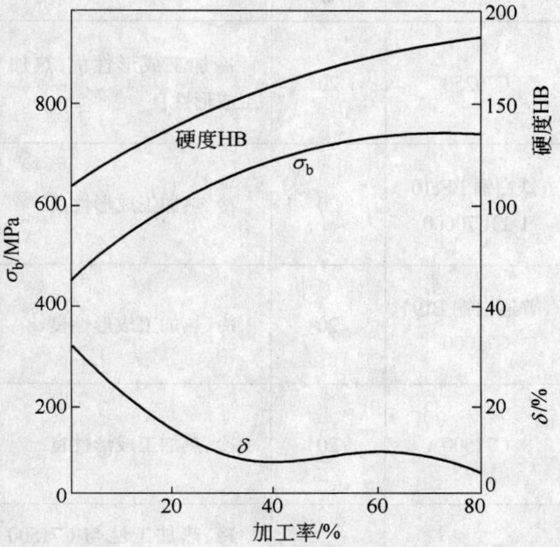

图 8-23 BAl6-1.5 铝白铜性能与加工率的关系(热轧条材)

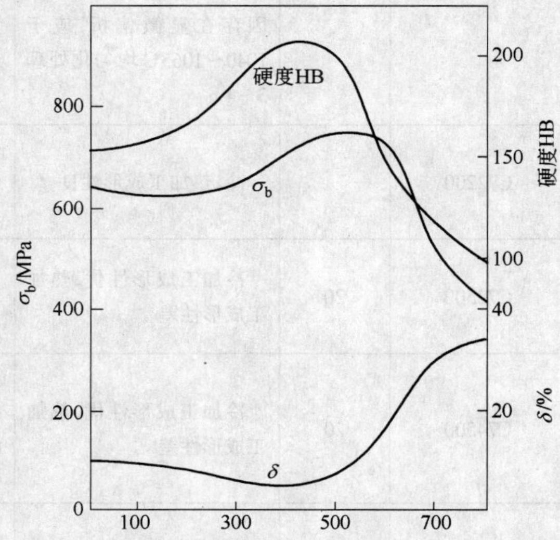

图 8-24 BAl6-1.5 铝白铜性能与退火温度的关系

8.6 白铜的工艺性能及热加工和热处理规范

8.6.1 白铜的工艺性能及热加工和热处理规范

白铜的工艺性能及热加工和热处理规范见表8-47。

8.6.2 白铜的应用

白铜的应用见表8-48。

表 8-47 白铜的工艺性能及热处理规范

合 金	可切削性能 /%[①]	成形性能	可焊性	退火温度 /℃	热加工温度 /℃
C70250	20	冷加工成形性优，热加工成形性良	软、硬钎焊和气体保护焊优；保护金属弧焊和电阻点焊、缝焊及对焊良；氧乙炔焊中	565～815	815～950
(铁白铜 BFe10-1-1)C70600	20	冷、热加工成形性良	软、硬钎焊，气体保护弧焊和电阻对焊优；保护金属弧焊、电阻点焊及缝焊良；氧乙炔焊中	600～825	850～950
(普通白铜 B19) C71000	20	冷、热加工成形性良	软、硬钎焊，气体保护弧焊和电阻焊优；保护金属焊良；氧乙炔焊中	650～825	875～1050
C71500	20	冷、热加工成形性良	软、硬钎焊，电弧焊，电阻焊优；氧乙炔焊良	650～825	925～1050
C71900		冷、热加工性与 C71500 合金的相当，热加工温度不得低于840℃，挤压力比 C71500 合金的大 25%。因存在显微偏析，应于 1040～1065℃均匀化处理 3～4 h	软、硬钎焊，电弧焊优；不推荐电阻焊、氧乙炔焊；多道焊接厚材料的屈服强度可达 345 MPa，单道焊接材料的最低屈服强度为 275 MPa；焊接后应于 480℃退火 1 h，屈服强度可提高到 345 MPa	在 900～1000℃处理后，于 760～425℃缓慢冷却，材料可处于旋转分解状态	900～1065
C72200		冷、热加工成形性良	气体保护弧焊优；软、硬钎焊，保护金属弧焊，电阻乙炔焊良；氧乙炔焊中	730～815	900～1040
C72500	20	冷加工成形性优，热加工成形性差	软、硬钎焊，电阻乙炔焊，电阻对焊优；气体保护弧焊、保护金属弧焊良；氧乙炔焊中	650～800	850～950
C74500	20	冷加工成形性优，热加工成形性差	软、硬焊性优；氧乙炔焊，电阻电焊、对焊良；气体金属弧焊和电阻缝焊尚可；不推荐保护金属弧焊	600～750	
C75200	20	冷加工成形性优，热加工成形性差	软、硬钎焊性优；氧乙炔焊、电阻对焊良；气体保护金属弧焊、电阻缝焊尚可；不推荐保护金属弧焊	600～815	

续表 8-47

合 金	可切削性能/%①	成形性能	可焊性	退火温度/℃	热加工温度/℃
(锌白铜 BZn15-20) C75400	20	冷加工成形性优，热加工成形性差	软、硬钎焊优；氧乙炔焊，电阻点焊，对焊良；气体保护金属弧焊和电阻缝焊尚可；不推荐保护金属弧焊	600～825	
C75700	20	冷加工成形性优，热加工成形性良	软、硬钎焊优；氧、乙炔焊，电阻点焊、对焊良；气体保护金属弧焊、电阻缝焊尚可；不推荐保护金属弧焊	600～825	
C77000	30	冷加工成形性良，热加工成形加工性差	软、硬钎焊优；氧乙炔焊，电阻点焊、对焊良；气体保护金属弧焊、电阻缝焊中；不推荐保护金属弧焊		
C78200	60	冷加工成形性良，热加工成形性差	软钎焊优；硬钎焊良；一般不宜氧乙炔焊、电阻焊和电弧焊	500～620	

① 以 C36000 合金的可切削性能为 100%。

表 8-48 白铜的典型用途

合 金	典 型 用 途
C70250	用于制造需要良好成形性能又有高耐应力松弛能力和适度导电性能的高强度零件，如触点弹簧、接插件和引线框架
C70400	用于制造冷凝器、蒸发器和热交换器零部件，套圈，咸水管道，溴化锂吸收系统管道，舰船冷凝器入口系统
铁白铜 BFe10-1-1	制造冷凝器，冷凝器板，蒸馏器管，蒸发器和热交换器管，套圈，咸水管道，舰船体结构等(C70600)
普通白铜 B19C7100	制造通讯中继站构件，冷凝器，冷凝器板，电器弹簧，蒸发器和热交换器管，套圈，电阻器等(C71000)
C71500	制造冷凝器，冷凝器厚板，蒸馏器管，蒸发器和热交换器管，环圈，咸水管道等
C71900	用于制造热交换器管和咸水管道，水箱零件，环圈等
C72200	制造冷凝器和热交换器管，咸水管道
C72500	制造继电器和开关弹簧，接插件，引线框架，控制与传感波导管，钎焊料等
C74500	制造金属构件，铆钉，螺钉，拉链，光学仪器零件，蚀刻板，中空件，铭牌，电镀件等
C75200	制造铆钉，螺钉，餐具，桁架线，拉链，光学仪器，照相机零件如芯棒、样板等，镀银底板，服饰，蚀刻基板，中空件，铭牌，收音机刻度盘等
锌白铜 BZN15-20	制造光学仪器及照相机零件，蚀刻基板，首饰等
C75700	制造拉链，照相机与光学仪器零件，蚀刻基板，铭牌等
C77000	制造光学仪器零件，弹簧，电阻件等
C78200	制造键盘坯料、表盘、手表零件等

9 特殊铜合金❶

9.1 艺术用铜合金

9.1.1 概述

我国是最早使用艺术铜合金的国家，早在殷商时代就大规模地使用锡青铜制作各种各样装饰性很强、艺术价值极高的器皿、雕塑。用铜合金制作艺术品具有古朴庄重或华丽典雅的特点，历来深受各国人民的青睐。随着合金设计、熔铸加工、仿古做旧、表面处理等相关技术的进步，艺术铜合金门类有了很大的发展。

艺术用铜合金是指那些用于制造鼎、镜、鼓、香炉、佛像、雕塑等艺术品、装饰品和乐器、兵器或钱币等的铜合金。与普通铜合金不同的是它们对色泽、耐蚀性、磨削加工性或音质、响度有特殊要求。和其他铜合金一样，艺术用铜合金按照工艺方法可以分为铸造合金和变形合金两大类。而按照合金成分则可以分为紫铜、黄铜、青铜和白铜。

紫铜具有古铜色，朴实、大方、庄严，韧性好，焊接性能优良，多用作雕塑、人物雕像。黄铜有华贵艳丽的金黄色，常用作饰品，富丽堂皇、高贵典雅。青铜具有青靛色，耐蚀性好，用作器皿，稳重耐久。而白铜则具有银白色光泽，多用作餐具、乐器、纪念品，显得高洁清新。

9.1.2 艺术用紫铜

艺术用紫铜主要有二号铜（T2）、三号铜（T3）和磷脱氧铜（TP2）三种。它们的成分、物理化学性能、工艺性能见第5章。常用作铸造小型雕像、景泰蓝和镶嵌装饰品的胎坯、钱币和器皿。紫铜板可作铜版画、大型浮雕等。

9.1.3 艺术用黄铜

艺术黄铜色如黄金，常作金箔和金粉的替代品，得到广泛使用。变形普通黄铜以薄板、箔、管、线的形态用于艺术品，它们的成分、性能见第6章。艺术用铸造黄铜的牌号和化学成分列于表9-1。含锌20%的黄铜经过研磨会显现出美丽的晶粒，在艺术品加工中称此工艺为“点金”。

表9-1 铸造艺术黄铜的牌号和化学成分（质量分数）（%）

合金	Cu	Zn	Sn	Al	Pb	Mn	色泽
ZCuZn6Al0.5P	余量	4~8		0.4~0.7	0.1~0.3/P		金黄
ZCuZn12	87~89	余量					
ZCuZn12Al	87~89	余量		1.0~2.0			
ZCuZn24Sn1Pb3	70~74	余量	0.5~1.5		1.5~3.5		
ZCuZn27Mn3Pb2Sn	余量	25~30	0.3~0.5		2.0~3.0	2.5~4.0	
ZCuZn30	68.5~71.5	余量					
ZCuZn33Mn2Pb	余量	32~34	0.3~0.5		0.5~1.0	1.5~2.7	
ZCuZn35Sn1Al	64~66	余量	0.5~1.5	0.2~0.4			
ZCuZn38Sn1Pb1Al	58~64	余量	0.5~1.5	0.5~1.0	0.8~1.5		
ZCuZn38Al1Mn	57~62	余量		0.25~0.5		0.1~1.0	银
ZCuZn20Mn20Sn1Al	55~61	17~23	0.5~2.5	0.25~3.0		0.1~2.17	

❶ 本章撰稿人：娄花芬、李周。

9.1.4 艺术用青铜

青铜种类很多，除做高强导电材料、弹性导电材料、高强耐热材料、高强耐磨材料（第7章）外，还大量用于艺术造型中。

9.1.4.1 锡青铜

艺术青铜中最主要的是铸造锡青铜，牌号和化学成分见表9-2。艺术青铜的锡含量一般小于20%，其组织为α+(α+δ)相。α相是锡在铜中的固溶体，面心立方晶格。δ相为复杂六方晶格的$Cu_{31}Sn_8$金属间化合物，其共析分解十分缓慢，硬而脆，故能提高强度和耐磨性。砂型铸造时如果Sn含量为7%、金属型铸造时如果Sn含量为5%，就会出现δ相。锡含量过多，则导致着色困难。而含5%Sn以下时为单一α相，易于着色。锡青铜结晶温度范围宽，易产生疏松和补缩困难。锡青铜耐蚀性优良，表面生成SnO_2薄膜，能起很好的保护作用。同时，α和δ相的电位相近，微电池作用很微弱。合金元素对锡青铜的影响见表9-3。

表 9-2 艺术锡青铜的化学成分（质量分数） （%）

合 金	Sn	Al	Zn	Pb	Mn	Cu
ZCuSn2Zn3	1.8～2.2		2.5～3.5			余量
ZCuSn3Al2	2.5～3.5	1.5～3.5				余量
ZCuSn12Mn1	10～15		0.15～0.25	0.2～0.3	1.0～1.25	余量
ZCuSn18	17～19				1.0～2.0	余量

表 9-3 合金元素对锡青铜的影响

元 素	作 用
Zn	溶于α固溶体，缩小凝固温度范围，提高流动性，能还原SnO_2，净化合金。含量超过5%后难以生成温雅的绿膜，容易风化，有时还会使铸文、图案细部模糊不清
Al	溶于α固溶体，其氧化物会使熔体的流动性降低。含量达到0.5%时就会使材料由暗红色变为金黄色
Pb	不溶于合金中，以质点分布，可改善合金的耐磨性和切削性能，提高合金的耐水性。Pb的衰减能力很大。含量过高时会形成重力偏析
P	磷在锡青铜中的溶解度很小，磷过量会析出硬而脆的Cu_3P，常与α、δ相形成二元或三元共晶。P降低青铜的着色性能，但有显著的脱氧作用
Fe	常以游离态分布在合金中，有利于着色
As	在锡青铜煮沸着色时效果明显，但含量以不超过0.45%为宜
Si	合金中有Si会由暗红转为茶色或紫葡萄色

A 像用锡青铜

锡含量一般不超过10%。古代著名铜像（佛像）的化学成分见表9-4。

表 9-4 古代著名铜像（佛像）的化学成分（质量分数） （%）

名 称	Cu	Sn	Fe	Ni	Zn	Pb
希腊古铜像	84～88	9.0～14.3	0.4～1.2	0.34		
罗马古铜像	72～80	7.3～9.0	0.3～1.2	0.35		10～19
日本奈良大佛	91～95	1.46～2.46	0.95～1.43	0.28		
中国天坛大佛	86～89.2	7.5～9.0			3～8	

B 钟用锡青铜

锡含量一般在13%～25%之间，含量偏低时（5.5%～12.5%），基音强度弱，其他分音的强度也弱，而第二分音特别强，音色单调、尖锐刺耳。含量过高(超过25%)时冲击韧性太差,不堪撞击。通常钟用锡青铜不宜加Pb,因为Pb的衰减能性大、抑振。但是,我国铜钟中往往加有0.6%～1.95%的Pb,并发现当Sn在13%～14%时,少量的Pb对基频影响很小,而且会适当改善音色。我国古铜钟的化学成分见表9-5。

表9-5　我国古代铜钟的化学成分(质量分数)　(%)

钟名及文献	Cu	Sn	Pb	其　他
《考工记》钟鼎之齐	83.4	16.6		
永乐大钟	80.54	16.4	1.12	
《天工开物》钟条	93	8.5		Au、Ag少量
《明实录》朝钟制度	81.2	5.4		Fe:13.4% Au、Ag少量

C　镜用锡青铜

镜用锡青铜的Sn含量很高,有的高达30%,基本上是单一的δ相,非常脆。高锡青铜有很高的硬度,研磨后可获得极光滑的表面。我国古代铜镜的化学成分见表9-6。

表9-6　我国古代铜镜的化学成分(质量分数)　(%)

年　代	Cu	Sn	Pb	Fe	其　他
战国以前	66～71	19～21	2～3		
	66.33	21.99	3.36		
	71.44	19.62	2.69		
	74	25	1		
汉魏时代	73	22	5		
	70	23.25	5.18		1.0
	68.82	24.65	5.25		
	69.24	22.94	6.48		
	67.82	22.35	6.09		4.15
	70.50	26.97	1.65		0.88
	72.64	24.16	2.06		1.14
隋唐时代	69.55	22.48	5.86		
	68.95	23.65	6.08		
	70	25	5		
宋代以后	69	12	14	5	
	69	8	15	6	

D　鼓用锡青铜

鼓用锡青铜和其他青铜器一样,是Cu、Sn、Pb三元合金,我国古代典型铜鼓的化学成分见表9-7。

表9-7　我国古代铜鼓的化学成分(质量分数)　(%)

出土地点	Cu	Sn	Pb
石家坝	87.95～95.63	4.64～6.87	
石寨山	77.45～85.43		0.37～4.00
冷水冲	62.43～74.03	6.88～14.96	14.50～27.41
遵　义	66.90～84.06	6.33～7.10	7.30～19.50
北　流	61.78～70.45	6.16～14.24	9.44～23.0
灵　山	60.12～70.56	8.84～12.80	7.60～19.76
麻　江	63.85～82.73	9.22～13.16	0.73～6.90
西　盟	70.12	2.22	23.36
容　县	82.05	7.36	5.8

E　币用锡青铜

币用锡青铜也是Cu、Sn、Pb三元合金,但成分不稳定。明、清以后多用紫铜和黄铜。我国古币的化学成分见表9-8。

表9-8　我国古币的化学成分(质量分数)(%)

年　代	名　称	Cu	Sn	Pb	Zn	Fe
战　国	货币	70.42	9.92	19.30		
	齐刀	55.10	4.29	38.60		1.00
	明刀	45.05	5.90	45.82		2.00
新　莽	大泉五十	86.72	3.41	4.33	4.11	0.13
	货泉	77.53	4.55	11.99	2.03	1.46
	小泉直一	89.27	6.39	0.37	2.15	1.50
	大布黄千	89.55	4.71	0.62	1.48	3.56
	货币	83.41	6.86	6.54	0.84	0.47
	契刀五百	81.13	6.96	6.17	1.01	1.39
西　汉	吕后八铢	61.23	9.83	25.49	1.55	1.54
	文帝四铢	92.66	0.27	0.43	2.82	0.28
	文帝四铢	70.77	8.19	12.50	2.66	2.80
	文帝四铢	93.97	0.16	0.57	3.85	0.05

9.1.4.2　铝青铜

铝青铜与锡青铜相比有更多的优点:材料表面有一层可以自愈的Al_2O_3保护膜,在大气和海洋环境中有很高的耐蚀性能。强度高、抗冲击,而且价格便宜。常温下铝在铜中的极限溶解度为9.4%。合金中Al含量超过固溶极限后会出现γ相,它硬而脆,且会在565℃以下温度发生缓冷脆裂,导致铸件裂纹。而加入Mn、Fe、Pb、Ni可以抑制这种现象。铸造铝青铜的化学成分见表9-9。

表 9-9 铸造铝青铜的化学成分(质量分数)(%)

合 金	Al	Fe	Mn	Cu
ZCuAl9Mn2	8.0～10.0		1.5～2.5	余量
ZCuAl9Fe3	8.0～10.0	2.0～4.0		余量
ZCuAl10Mn2Fe3	9.0～11.0	2.0～4.0	1.0～2.0	余量

9.1.4.3 现代仿金材料

近年来,仿金材料(亦称亚金合金)有重要发展。主要是在铝青铜中添加少量锌、镍、锡和稀有元素,充分利用铝青铜的耐蚀、抗冲击性,进一步改进铝青铜的色泽和加工性能,降低成本。其中"18合金"和造币材料 QAl5-5-1 颇为著名。"18 合金"添加有铟(In),色泽酷似 18K 黄金,并有极高的耐蚀性、优良的冷热加工性能和焊接性能,成为巨型佛像、城市纪念性雕塑的首选材料。"18 合金"的成分和性能见表 9-10 和表 9-11。铝青铜 QAl5-5-1 具有良好的加工性能和耐蚀、耐磨性能,色泽金黄,被选作冲制硬币的材料,其主要成分见表 9-10。

表 9-10 新型仿金材料的主要成分(质量分数)(%)

合 金	Cu	Al	Sn	Zn	Ni	In
18 合金	余量	3.0～5.0			1.5～2.5	0.2～1.0
QAl5-5-1	余量	4.0～6.0	0.5～1.5	4.0～6.0		

表 9-11 18 合金的性能

名 称	数 值
密度/$kg\cdot m^{-3}$	8130
固相线温度/℃	1046
液相线温度/℃	1065
比热容/$J\cdot kg^{-1}\cdot ℃^{-1}$	380
线膨胀系数/$℃^{-1}$	18.5×10^{-6}
抗拉强度/MPa	230～300
伸长率/%	24～50
硬度 BRS	73
3.5%NaCl25℃全浸的腐蚀速率/$g\cdot cm^{-2}\cdot a^{-1}$	7.26(锡青铜为 9.32)

9.1.5 艺术用白铜

白铜(见第 8 章)是 Cu-Ni 系合金,一般含 5%～30% Ni,色泽为银白色,光泽艳丽。含 20%左右的白铜常用来制造钱币和奖杯、奖牌,是白银的理想替代品。这些合金硬度较高,刻印时磨耗少,易于加工。加锌白铜最接近银色,具有很好的加工性能和耐蚀性,是选制餐具、乐器和装饰品的理想材料。常用艺术白铜的成分见表 9-12。

表 9-12 铸造艺术白铜的化学成分(质量分数)(%)

合 金	Cu	Ni	Zn	Sn	Pb	Fe	Mn	Si
ZCuNi12Zn20Pb10	余量	11～14	17～25	1.5～3.0	8～11	1.5	0.5	0.15
ZCuNi16Zn16Sn3Pb5	58～61	15.5～17	余量	2.5～3.5	4.5～5.5	1.5	0.5	
ZCuNi20Zn5Sn4Pb4	余量	9～21.5	3～9	3.5～4.5	3.0～5.0	1.5	1.5	0.15
ZCuNi25Zn2Sn5Pb2	余量	24～27	1～4	4.5～5.5	1.0～2.5	1.5	1.5	0.15

9.2 铜基形状记忆合金

9.2.1 概述

9.2.1.1 形状记忆合金的概念

给已适当变形的材料以温度变化,它能自动作功而回复变形前形状的效应称"形状记忆效应"(Shape Memory Effect),具有形状记忆效应的合金称为形状记忆合金(Shape Memory Alloy)。

早在 20 世纪 40 年代人们就对形状记忆效应进行了研究,但直至 60 年代,美国海军武器研究所首次将形状记忆合金应用于飞机油压管接头后才引起人们广泛关注。此后,经过近 40 多年的研究与开发,形状记忆合金才开始走向实用化阶段,广泛应用于航空、航天、能源、汽车工业、电子、医疗、机械、建筑、服装、玩具等各个领域。当前,形状记忆合金无论在材料的研究上，还是在制备工艺及元件的应用上都在不断的开拓和发展。其中，铜基形状记忆合金是目前发现的形状记忆合金中的一个主要类别，它具有形状记忆、超弹性、高阻尼和良好的导电性四大功能，且生产工艺简单、成本低廉和性能优良。其记忆性能仅次于 Ni-Ti 系合金，相变点可在 −100～300℃ 范围内调节，在要求反复使用次数不太高、条件不太苛刻情况下，应用前景非常广泛。

9.2.1.2 形状记忆效应与伪弹性

形状记忆效应有三种形式。

第一种称为单向形状记忆效应，即将母相冷却或加应力，使之发生马氏体相变，然后使马氏体发生变形，改变其形状，再重新加热到 A_s 以上，马氏体发生逆转变，温度升至 A_f 点，马氏体完全消失，材料完全恢复母相形状。一般没有特殊说明，形状记忆效应都是指这种单向形状记忆效应，见图 9-1*a*。

有些形状记忆合金在加热发生马氏体逆转变时，对母相有记忆效应；当从母相再次冷却为马氏体时，自觉回复原马氏体的形状，这种现象称为双向形状记忆效应，又称可逆形状记忆效应，见图 9-1*b*。

第三种情况是在 Ti-Ni 合金系中发现的，在冷热循环过程中，形状回复到与母相完全相反的形状，称为全方位形状记忆效应，见图 9-1*c*。

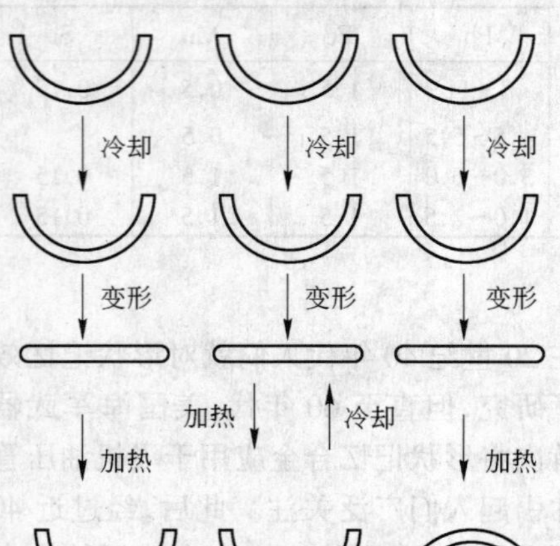

图 9-1 形状记忆效应的三种形状

冷却时，在无应力条件下，马氏体在 M_s 开始形成。若施加应力，马氏体可以在 M_s 以上温度形成，这种马氏体称为应力诱发马氏体（Stress-Induced Martensite，简称 SIM）。它的相变驱动力不是热能而是机械能。当材料处于 M_s～M_d 温度范围时发生变形，就会产生伪弹性，类似橡胶。M_d 是应力诱发马氏体相变的终了温度。在 M_s～M_d 之间外加应力，可以保持马氏体稳定，但应力一旦消除，马氏体就变得不稳定。图 9-2 表示超弹性的应力－应变曲线。曲线上部平台对应于应力作用下形成的马氏体，而曲线下部平台对应于应力消除时的马氏体可逆转变。它们的可恢复应变量达到 10% 以上。伪弹性也可称之为机械形状记忆效应。

伪弹性有三个应用特点：(1)其可恢复应变量能达到 10% 以上，几乎高出通常材料弹性应变两个数量级；(2)合金显示恒弹性，在应力恒定时会产生较大的应变；(3)在未发生应力诱发相变前，合金就具有 2% 的弹性应变，这样做成的弹簧也比一般弹簧性能好得多。

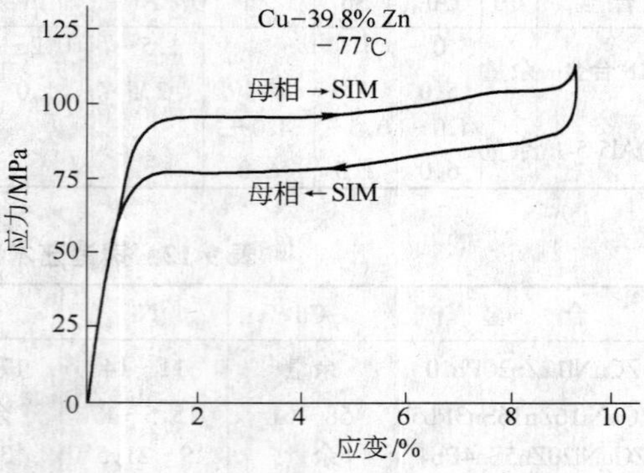

图 9-2 Cu-Zn 合金应力诱发马氏体相变呈现的伪弹性行为

9.2.2 铜基形状记忆合金种类

现已发现具有形状记忆效应的铜基形状记忆合金体系有：Cu - Zn，Cu-Zn-Al，Cu-Zn-Sn，Cu-Zn-Ni，Cu-Zn-Si，Cu-Zn-Ga，Cu-Al，Cu-Al-Ni，Cu-Al-Mn，Cu-Al-Si，Cu-Al-Nb，Cu-Al-Be 等。

9.2.3 部分铜基形状记忆合金的性能

部分铜基形状记忆合金的性能见表 9-13。

表 9-13 Cu-Zn-Al 和 Cu-Al-Ni 记忆合金相关性能

名称	单位	Cu-Zn-Al	Cu-Al-Ni
熔点	℃	950～1020	1000～1050
密度	kg/m^3	7800～8000	7100～7200
电阻率	$\mu\Omega\cdot m$	0.07～0.12	0.1～0.14
导热率	W/(m·℃)	120(20℃)	75
热膨胀系数		$16\sim18\times10^{-6}$(马氏体)	$16\sim18\times10^{-6}$(马氏体)
比热容	J/(kg·℃)	390	400～480
相变热	J/kg	7000～9000	7000～9000
弹性模量	GPa	70～100	80～100
屈服强度	MPa	150～300	150～300
抗拉强度(马氏体)	MPa	700～800	1000～1200
伸长率(马氏体)	%	10～15	8～10
疲劳极限	MPa	270	350
晶粒大小	μm	50～100	25～60
转变温度	℃	－200～＋170	－200～＋170
滞后大小(A_s-A_f)	℃	10～20	10～20
最大单向形状记忆(应变)	%	5	6
最大双向形状记忆(应变)	%		
$N=10^2$		1	1.2
$N=10^5$		0.8	0.8
$N=10^7$		0.5	0.5
上限加热温度(1 h)	℃	160～200	300
阻尼比 SDC	%	30	10
最大伪弹性应变(单晶)	%	10	10
最大伪弹性应变(多晶)	%	2	2
回复应力	MPa	200	

9.2.4 铜基形状记忆合金的工艺性能

9.2.4.1 熔炼与铸造工艺

合金通常采用中频感应电炉熔炼。对 Cu-Al-Ni、Cu-Al、Cu-Al-Si 系合金可采用真空熔炼或气体保护熔炼，对 Cu-Zn、Cu-Zn-Al、Cu-Zn-Sn、CuAlMn 等含 Zn、Mn 元素的合金不能采用真空熔炼，在 N_2 或 Ar 保护性气氛下进行熔炼。上述合金在大气中熔炼时可采用煅烧木炭做覆盖，造渣剂采用 Na_3AlF_6 与 CaF_2，浇注温度 1280～1360℃。

9.2.4.2 成形性能

合金热加工性能良好，可进行挤压、热轧、锻造等加工，热加工温度为 800～860℃。合金冷加工性能较差，可在双相区淬火后进行冷加工，冷加工后，合金需进行固溶处理，固溶温度 800～850℃，介质淬火或空冷。

9.2.5 铜基形状记忆合金的应用

9.2.5.1 自适应紧固件、连接件和密封垫

自动紧固件，即热收缩的管接头，使用方法是把制作好的记忆合金管接头（一般内径比被连接的管子外径小 4% 左右）放在低温（$T<M_s$）下扩大管径，然后套在要被连接的管子头上。当管接头渐渐升温超过 A_s 温度时，它将收缩到原来的形状，从而将被连接的管子牢固地连接起来（图 9-3）。如果这类管子在 M_s 温度以上工作的话，它们的结合是极为牢固的。

例：用 Cu-18.4Al-8.7Mn-3.4Zn-0.1Zr（质量分数）记忆合金管接头，进行管道连接，该管接头技术性能指标可达：

相变滞后宽度 ＞90℃

贮存温度	<50℃
记忆应变	>3.5%
拉脱力	>350 kg(φ8 管)
气密性	在振动及 5 MPa 静压下，5 min 压力不降，无泄露

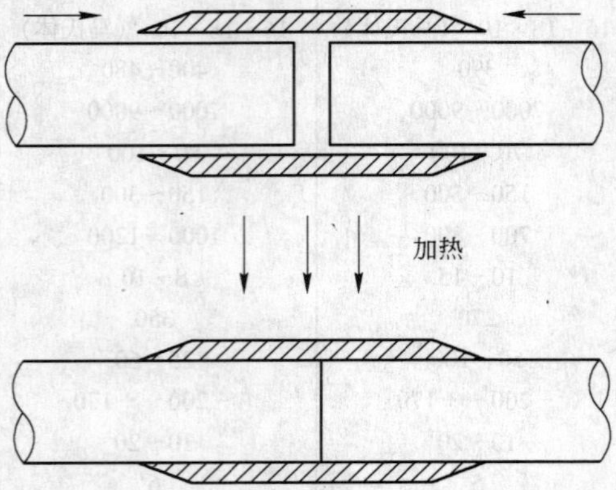

图 9-3 记忆管接头工作示意图

9.2.5.2 热敏控制器

SMAs是一种热敏材料。它可以按环境条件选取适当的合金，控制其 M_s、A_f 及变温范围，借助 SMAs 的形状记忆达到控温目的。很显然，它与常见的光电、压电、热电等感知器的原理不同，后者是在感知信号后输出电信号(或其他信号)，仅具有“感知”职能。SMAs 不仅可作为感知器，更重要的是可兼负驱动作用，主要应用在以下诸方面。

图 9-4 所示为电加热水壶的手柄控制器，柄内装有一只 SMAs 制作的弹簧。水开后，蒸汽吹至 SMAs 元件上发生马氏体向奥氏体相变，弹簧伸长带动按钮推开电触头，达到自动切断电源的目的。同双金属片比较，SMAs 元件机构简单，双金属片挠曲量相对 SMAs 要小得多。一块长 50 mm、厚 1 mm 的双金属片在 100℃ 温差产生的挠度仅 2～4 mm，而在相同条件下 SMAs 却可得到 20 mm 挠度，因而用后者更为灵敏可靠。

9.2.5.3 自动调节装置

图 9-5 所示为美国和日本生产的育苗室、温室等天窗自动控制器，其中用 Cu 基 SMAs 制作的弹簧充当温度传感器和动力机构。在预定的温度，通过 SMAs 弹簧的伸缩来开启和关闭窗户。铜基形状记忆合金已巧妙地应用于汽车的汽化器上。由 CuZnAl 合金制成一个简单的喷油嘴，插入 Stromberg 型汽化器中，喷嘴的尺寸可以根据燃料的温度高低而改变大小，从而正确控制燃料的流量来补偿燃料黏度的变化所造成的损耗。图 9-6 示出这种喷嘴的设计及测得的一些参量曲线。值得注意的是，在燃料温度较高时，这种喷嘴排出的 CO 气体减少，这样可防止对环境的污染。类似的还有热机冷却风扇启闭器、散热器阀门、空调风向调节器、电冰箱自动开关、化学反应温度自动控制器、干燥装置开关、对流电子炉灶中气流调节器等等。

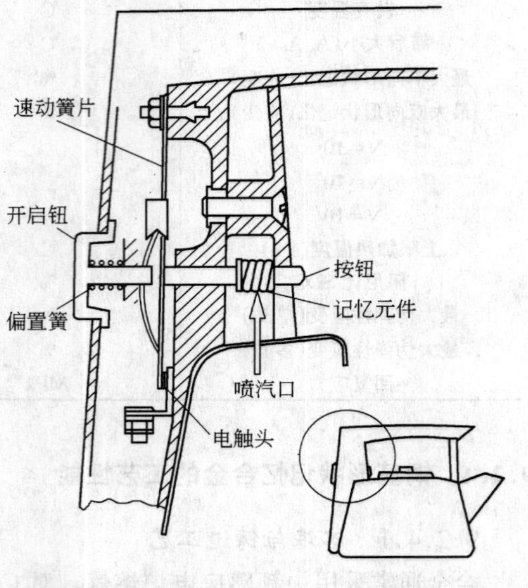

图 9-4 铜基 SMAs 制作的电加热水壶控制器

图 9-5 铜基形状记忆合金弹簧制作的天窗自动控制器

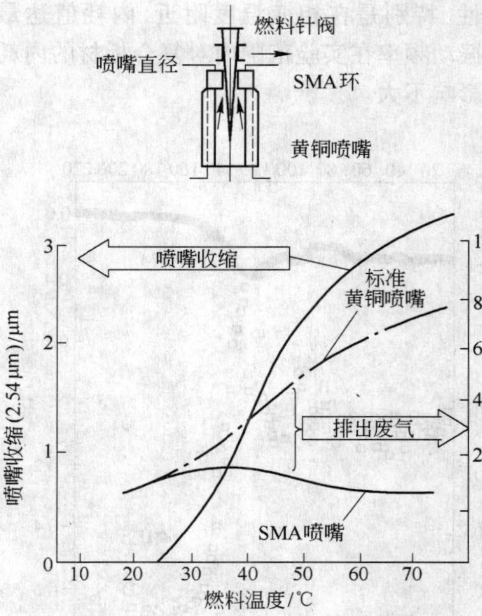

图 9-6 铜基形状记忆合金汽化器喷油及其参量曲线

9.2.5.4 色调记忆配件

含 12% ~ 15% Al(质量分数)和 1% ~ 5% Ni(质量分数)的铜合金是具有热弹性马氏体相变的色调记忆元件,在 200 ~ 400℃ 范围内具有相变特性温度。通过相变,合金的色调从红色变为金黄色。随着合金中 Al 含量的改变,相变特性温度最低可降到 -200℃。因此,通过加入适当 Al 和外加负荷,相变特性温度可在 -200 ~ 400℃ 间任意调整。这样就可以用色调记忆特性开发温度指示器和在交变应力作用下的指示器。

9.2.5.5 弹性减振复合材料

继电器是控制电路中的重要元件,广泛应用于国防及民用工业中。

电子器材专家认为真正理想的继电器弹簧片材料应具有以下四个基本特点:

(1) 优良的导电能力;

(2) 高弹性;

(3) 优良的阻尼性能,即高减振性;

(4) 良好的耐热能力。

铍青铜是一种高导电、高弹性的材料,而铜基记忆合金在马氏体状态及相变过程中具有优良的减振能力,选用铍青铜作为高导电、高弹性组元与高减振的铜基形状记忆合金进行爆炸复合,可制成一种新型弹性减振复合材料。

材料减振性能的主要衡量指标就是材料的内耗值。对利用 CuAlNiMnTi(M_s = 150℃)与 QBe2 爆炸复合的材料的内耗值进行测试,结果见图 9-7 和图 9-8。

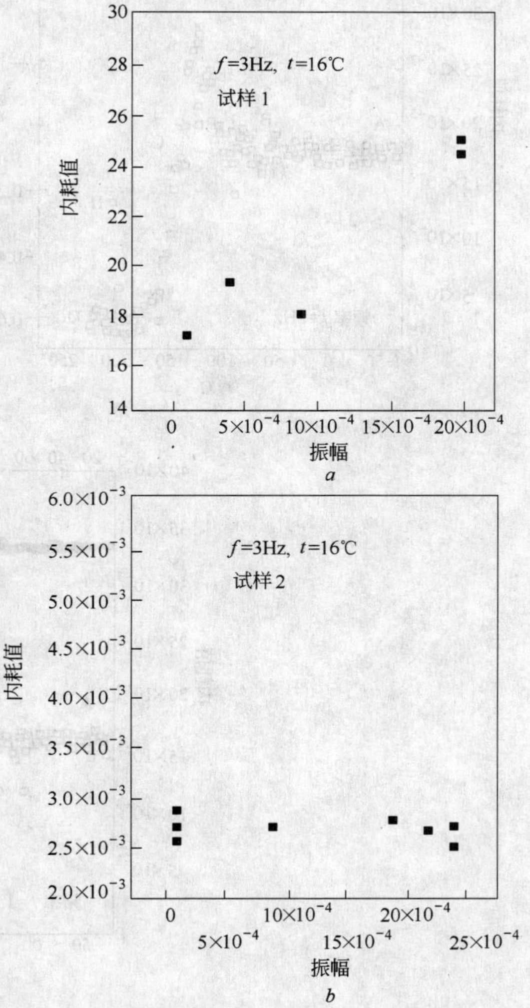

图 9-7 常温下复合板材、QBe2 内耗与应变振幅的关系
a—复合板材; b—QBe2

图 9-7 所示为复合板材、QBe2 常温下内耗与应变振幅的关系。复合板材的内耗值较之 QBe2 增加了近一个数量级,而且具有明显的振幅效应。

图 9-8 所示为复合板材在不同的振动频率下内耗随温度的变化关系。复合板材在 M_s 点附近及以下很宽的温度范围内均显示出优异的减振性，特别是在相变温度附近，内耗值达最大。振动频率在实验范围内对复合板材的内耗特性影响不大。

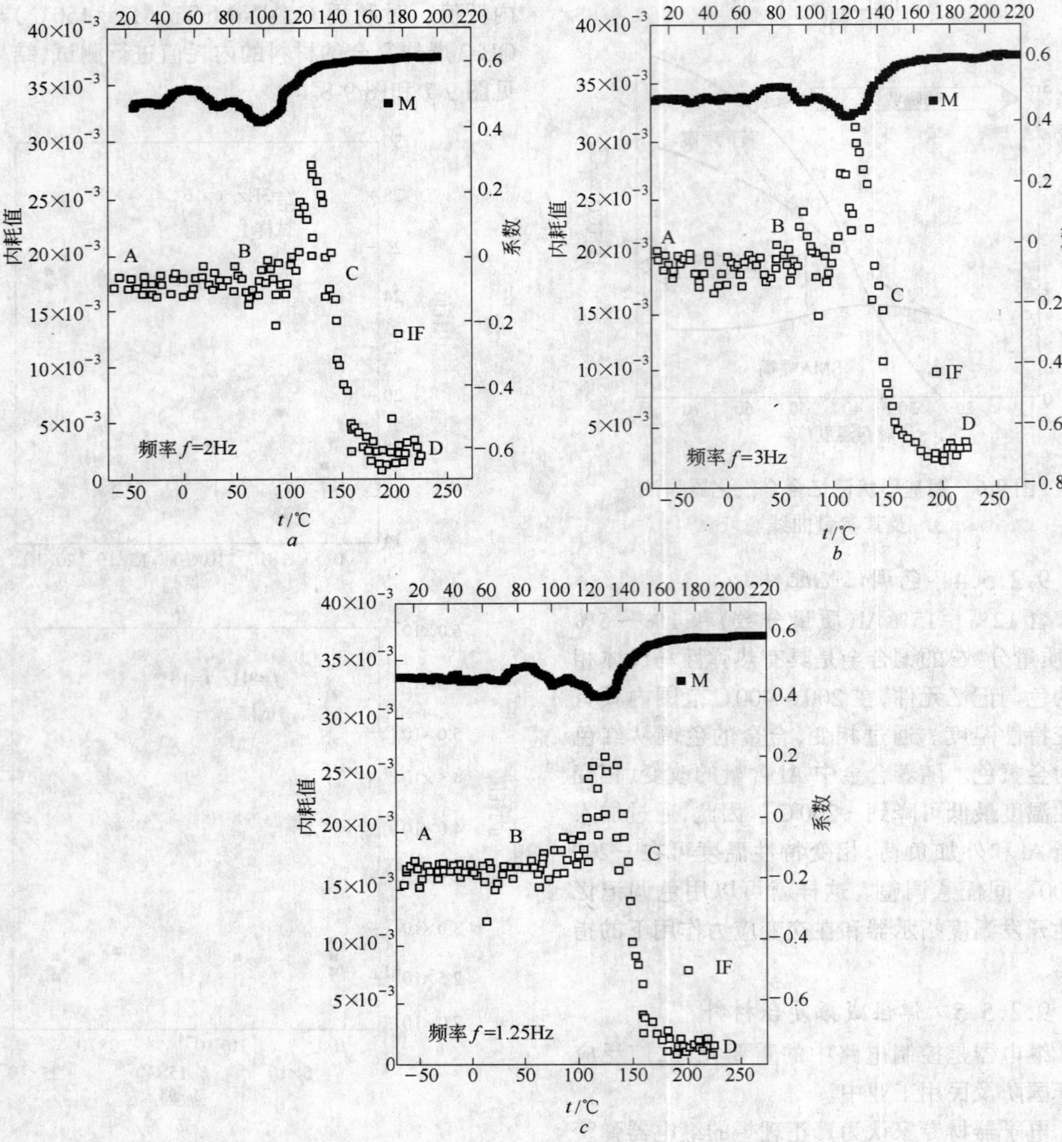

图 9-8 复合板材在不同频率下内耗随温度变化

第3篇

铜及铜合金熔炼与铸造技术[1]

[1] 本篇负责人：肖恩奎。

10　铜合金熔炼过程中的物理化学行为[1]

10.1　熔炼过程的物理基础

10.1.1　熔化的物理过程

10.1.1.1　铜的熔化

铜的熔点为1083℃，沸点为2574℃。

熔化需要一定的热量。理论上，铜在熔化过程中所需要的热量可通过以下方法计算：铜在固态时的平均比热容为0.42 kJ/(kg·℃)，液态时为0.50 kJ/(kg·℃)，熔解热为209 kJ/kg。1 kg铜从20℃加热到浇注温度1200℃时，理论上共需要热量712 kJ。

10.1.1.2　理论熔化温度与实际熔化温度

实际上，熔化是一个复杂的冶金过程。图10-1所示为理论的金属的熔化曲线示意图。

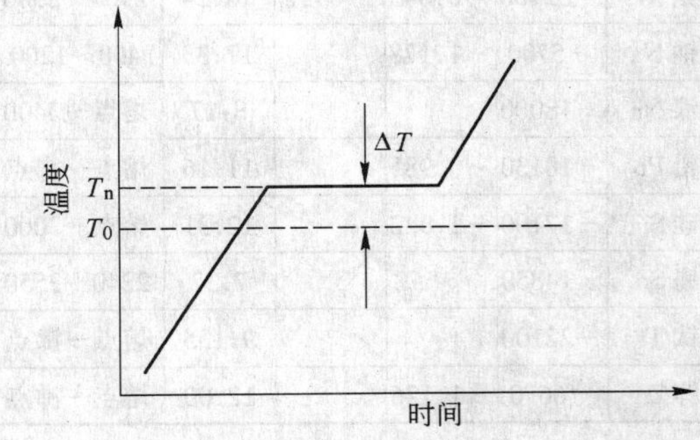

图10-1　金属的熔化曲线

T_0表示理论熔化温度，T_n表示实际熔化温度。随着加热的进行，金属不断升温，当温度升到T_0时，金属即使长时间保温也并不能熔化，待加热到T_0以上的某个温度时固体金属才开始熔化。这时，由于熔化过程的吸热消耗了加热增加的热能，所以，熔化曲线上出现"平台"。对应的平台的温度T_n即为实际熔化温度。平台所延续的时间就是熔化所用的时间。

金属的实际熔化温度T_n与理论熔化温度T_0之间的温度差，称为过热度，以ΔT表示：

$$\Delta T = T_n - T_0 \tag{10-1}$$

过热是熔化的必要条件。固态金属过热度的大小，一方面取决于固态金属自身的性质和纯度，另一方面取决于固态金属的加热速度。加热速度越快，实际熔化温度越高。加热速度越慢，则过热度越小，实际熔化温度越接近理论熔化温度。

10.1.2　金属的挥发

10.1.2.1　挥发的热力学原理

铜及其合金在熔炼过程中有挥发现象发生，常常导致大量的熔炼损失。

金属的蒸发是一个由固相或液相转变为气相的过程。其反应式为：

$$Me_{(L,S)} = Me_{(g)} \tag{10-2}$$

在某一温度下达到平衡时，气相中金属的蒸气分压称为该金属在该温度下的饱和蒸气压，简称蒸气压。

表10-1列出了某些元素的沸点和蒸发热数据。

表10-1　某些元素的沸点和蒸发热数据

元　素	沸点/℃	蒸发热/J·mol^{-1}	元　素	沸点/℃	蒸发热/J·mol^{-1}
P	280	53.34	Mn	1900	224.83
Hg	356.7	59.03	Ag	1955	251.21
Na	742	99.23	Au	2100	259.58
Cd	768	100.06	Cr	2200	221.48
Zn	907	120.58	Sn	2275	270.89
Mg	1100	127.70	Cu	2350	306.89
Te	1280	166.22	Ni	2400	374.30
Bi	1560	172.08	Fe	2450	340.39
Sb	1635	175.85	W	3700	766.18
Pb	1740	180.03	Mo	3700	506.60
Al	1800	291.40			

[1] 本章撰稿人：肖恩奎、黄亚飞、刘富良。

铜在熔点时蒸气压很低，仅有 0.012 mmHg (1 mmHg = 133.322 Pa，下同）柱，因此铜在熔炼过程中不易挥发。

蒸发热越小，沸点越低，越容易挥发。可以看出，铜合金中的某些合金元素，例如磷、锌、镉等，其沸点比铜的熔点还低，显然，在熔炼过程中非常容易挥发。

通常，蒸气压采用以下实验公式近似计算：

$$\lg P^{\circ}_{Me} = AT^{-1} + B\lg T + CT + D \tag{10-3}$$

式中 P°_{Me}——纯金属的蒸气压，Pa；

T——绝对温度，K；

A、B、C、D——实验测定的系数（见表 10-2）。

当外压一定时，纯金属的蒸气压只和该金属所处的温度有关，并且随着温度的升高而增加。

图 10-2 所示为金属的蒸气压与温度之间关系曲线。

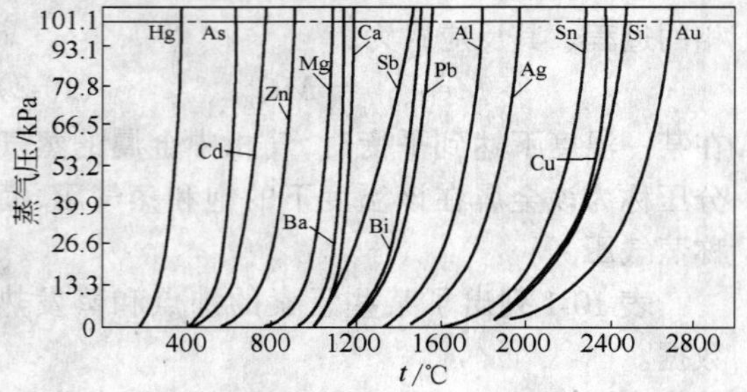

图 10-2 金属的蒸气压-温度关系曲线

除金属自身性质外，熔炼温度高、熔化时间长、熔池表面积大、炉膛内气压低等，也都可以造成较大的挥发损失。铝、铍等合金元素，由于容易在熔池表面形成保护性氧化膜，因此在某种程度上可以减少合金元素的挥发。

合金熔体的蒸气压总和为合金各元素蒸气分压之和。

当合金熔体中的某些元素间形成化合物时，合金的挥发趋势亦可能发生变化。当合金溶液中形成难以挥发的稳定的化合物时，则降低该元素的活度，从而使合金的总蒸气压降低；若化合物容易挥发，合金的总蒸气压将大于各元素蒸气压之和，合金的蒸发趋势就会增大。

表 10-2 某些元素在蒸气压公式(10-3)中的 A、B、C、D 值

元素名称	A	B	$C\times10^3$	D	温度范围/K
银 Ag	-14550	-0.27	-0.17	10.13	熔点～2500
铝 Al	-16450	-1.023		12.36	1200～2800
金 Au	-19280	-1.01		12.38	熔点～沸点
铍 Be	-17000	-0.775		11.90	1557～2670
铋 Bi	-10060	-1.325		12.70	1000～1900
钙 Ca	-9500	-1.275		11.91	1100～2000
镉 Cd	-5819	-1.257		12.287	594～1050
钴 Co		-5.03		1.48	2375
铬 Cr	-15700			8.68	熔点～沸点
铜 Cu	-17650	-1.273		13.39	熔点～沸点
铁 Fe	-20150	-1.27		13.98	熔点～沸点
钾 K	-4770	-1.37		11.58	350～1050
锂 Li	-8860	-1.275		12.50	700～1600
镁 Mg	-7610	-1.02		11.61	熔点～沸点
锰 Mn	-15240	-3.04		19.44	熔点～沸点
钼 Mo	-32150	-0.045	-0.27	10.24	2900～3500
钠 Na	-5700	-1.178		17.33	400～1200
镍 Ni	-18000			8.17	熔点～3400
铅 Pb	-10130	-0.985		11.16	熔点～沸点
硅 Si	-17100	-1.022		12.31	熔点～3000
锡 Sn	-14850			7.32	2240～2550
钛 Ti	-22100			9.135	熔点～沸点
锌 Zn	-6670	-1.126		12.00	熔点～沸点

10.1.2.2 挥发的动力学原理

挥发速率随着体系趋于平衡而减小。其数量关系可用 Dalton 经验公式表示：

$$u_V = b/p(p^{\circ}_{Me} - p_{Me}) \tag{10-4}$$

式中 u_V——挥发速率；

p、p°_{Me}及 p_{Me}——分别为体系的外压、金属的蒸气压和实际分压；

b——与度量单位和金属性质有关的常数。

由此可见，金属的挥发速率与 $p^{\circ}_{Me} - p_{Me}$成正比。当 $p^{\circ}_{Me} > p_{Me}$时，挥发速率为正，反之为

负，表示挥发不能发生，而是蒸气相的凝聚。

显然，凡是影响 p°_{Me} 和 p_{Me} 的因素，都可能影响挥发速率。例如：温度升高，p°_{Me} 增大，挥发速率增大；当挥发空间的体积一定时，挥发面积越大，p_{Me} 值升高越快，并迅速达到饱和值，即 $u_V \to 0$；当挥发表面积一定时，挥发空间体积越大，p_{Me} 值升高越慢，使挥发速率迅速达到零值所需的时间越长。

外部压力对金属的蒸气压影响不大，但外压对挥发过程的动力学却有显著的影响。p 减小，u_V 迅速增大，即金属在低于 p°_{Me} 很多的真空下熔炼时，可在较低温度下达到较高的挥发速率。

最大挥发速率：

$$u_{max} = (p^{\circ}_{Me} - p_{Me})\sqrt{\frac{M}{2\pi RT}} \qquad (10\text{-}5)$$

式中　u_{max}——最大挥发速率；

T——挥发表面蒸汽温度；

M、R——分别为金属的分子量和气体常数。

10.1.3　液体铜的物理性质

铜在固态时具有密集面心立方晶格，熔化时仍保留着原子排列形式，只是原子之间距离有所加大。不过到达一定温度以后，液体铜具有较高的原子迁移速率，某些物理性质将随之发生变化。

熔化时，液态铜的电阻系数 ρ 突增约 1.04 倍，即从 10 μΩ·cm 增加到 21.2 μΩ·cm。当温度达到 1197℃ 时，电阻系数 ρ 则为 22.1 μΩ·cm。

熔化时，铜的原子体积为 7.95 cm³/(g·原子)。临近熔点时，固态铜的体积膨胀系数 $\alpha_{固}$ 为 0.051 cm³/(mol·K)，液态铜的体积膨胀系数 $\alpha_{液}$ 为 0.100 cm³/(mol·K)，二者比值 $\alpha_{固}/\alpha_{液}$ 为 0.5。

图 10-3 为液态铜在不同温度下的密度。所见数据之差异，其中一个重要原因可能是研究时样品铜的纯度不同。通常，纯度越高，密度越高。

在 1100～1873℃ 的温度范围内，无氧铜的密度与温度的关系，可近似地表示为：

$$\rho = [8.3 - 0.0073(T - 1356\ \text{K})] \times 10^3\ \text{kg/m}^3$$

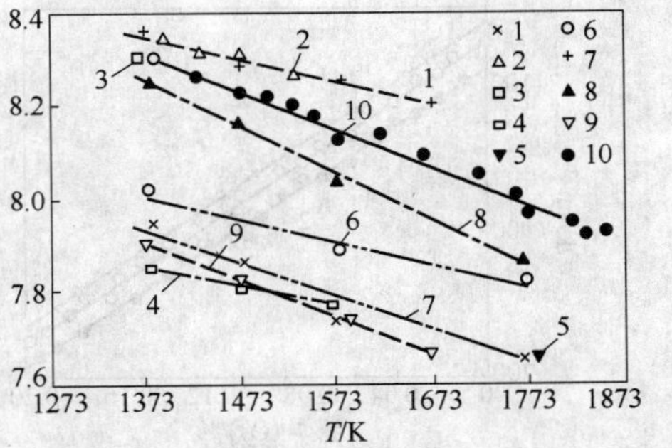

图 10-3　液态铜的密度与温度的关系

图 10-4 给出的是具有实际意义的温度范围内的液体铜的温度－黏度关系曲线。不同的研究资料中存在着的数据差异，可能是各试验中所用的铜的纯度不同，其中包括氧的含量的不同。

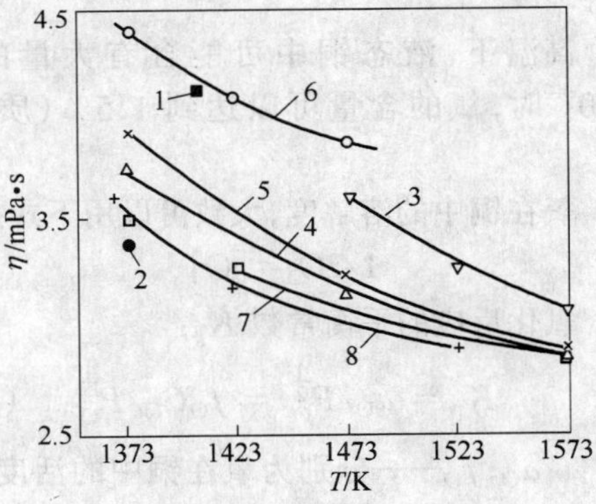

图 10-4　液态铜的黏度与温度的关系

图 10-5 给出的是氧的含量与铜液黏度之间的关系曲线。当铜中氧的含量从 0.1% 增加到 0.45% 时，铜液的黏度提高了 5 倍。

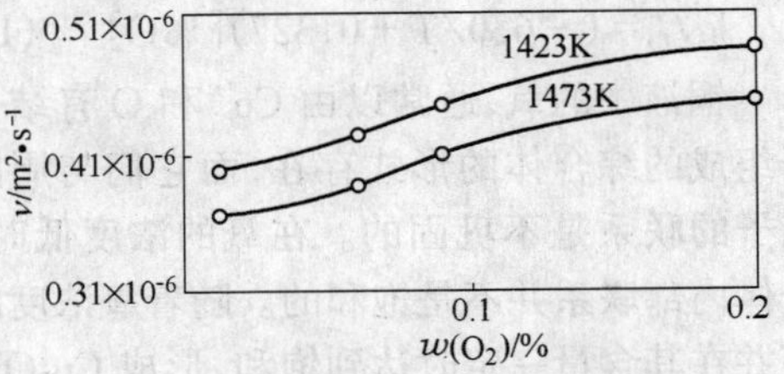

图 10-5　氧含量对液态铜黏度的影响

图 10-6 给出的是氧的含量与铜液表面张

力之间的关系曲线。

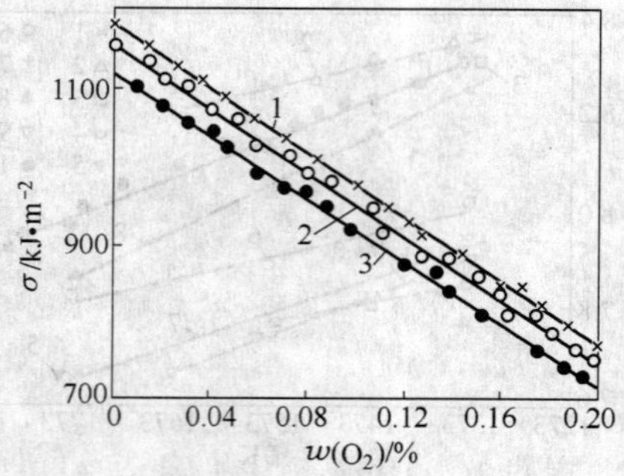

图 10-6 氧含量对液态铜表面张力的影响

10.2 熔炼过程中的化学反应

10.2.1 氧化反应热力学条件

10.2.1.1 标准状态下金属氧化的热力学条件

高温下，液态铜中可能含有大量的氧。1200℃时，氧的含量可以达到 1.5%（质量分数）。

氧在铜中的溶解度，大致可以用下式描述：

$$1/2O_2 = [O] \quad (10\text{-}6)$$

氧化反应的平衡常数 K_p：

$$K_p = a_O/P_{O_2}^{\frac{1}{2}} = f_O C_O/P_{O_2}^{\frac{1}{2}} \quad (10\text{-}7)$$

式中 a_O，f_O——分别为氧在铜中的活度和活度系数；

C_O——氧的浓度，%（原子分数）；

$P_{O_2}^{1/2}$——氧的分解压。

液态铜中氧的活度系数 f_O°，随着氧的浓度的增加和熔体温度的降低而减小：

$$\lg f_O^\circ = (-630/T + 0.327)[\%O] \quad (10\text{-}8)$$

铜液中的氧，通常以由 Cu^+ 和 O 有结合离子组成的综合体的形式存在，而它们与周围铜离子的联系是不巩固的。在氧的浓度低时，综合体内部联系并不是饱和的。随着氧浓度的提高并在其含量一定时达到饱和，形成 Cu_2O。氧在铜中的溶解度达到极限时，该化合物的分子被分离为独立相。

图 10-7 所示为氧在铜液中的浓度和活度之间的相互关系。

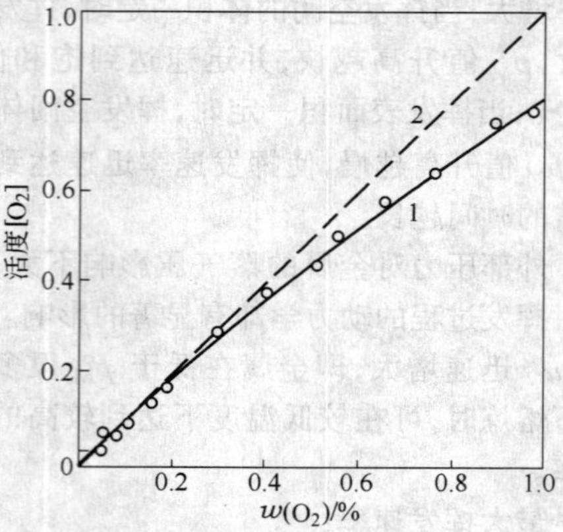

图 10-7 氧在铜液中的浓度和活度之间的相互关系

在含有其他元素的铜合金中，氧的活度不同于纯铜中氧的活度。铜合金中氧的活度取决于这些元素或杂质对氧的亲和力。铜合金组分中的大多数元素都降低氧在熔体中的活度。

当合金中含有与氧具有较高亲和力的元素，例如含有铝、硅、镁等时，氧的活度实际上是很小的数值。当合金中含有活度比氧小的元素，例如含有锌、铁、铅等时，可能存在一定数量的游离氧。

氧在铜中引起反应自由能和热焓的变化，可以用下式表示：

$$\Delta G^\ominus = -RT\lg(f_O C_O/P_{O_2}^{1/2}) \quad (10\text{-}9)$$

金属氧化趋势，可以用氧化物生成自由焓变量 $\Delta G^\ominus$ 表示。标准状态下，金属与 1 mol 氧作用生成金属氧化物的自由焓变量，称为氧化物标准生成自由焓变量 $\Delta G^\ominus$。

$\Delta G^\ominus$ 不仅是标准状态下金属氧化趋势的判据，也是衡量标准状态下氧化物稳定性大小的一种尺度。某一金属的 $\Delta G^\ominus$ 值越小或越负，则表示该元素与氧的亲和力越大，氧化反应的趋势亦越大，氧化物就越稳定。

图 10-8 所示为各种氧化物标准生成自由焓变量 $\Delta G^\ominus$ 与温度 T 的关系。

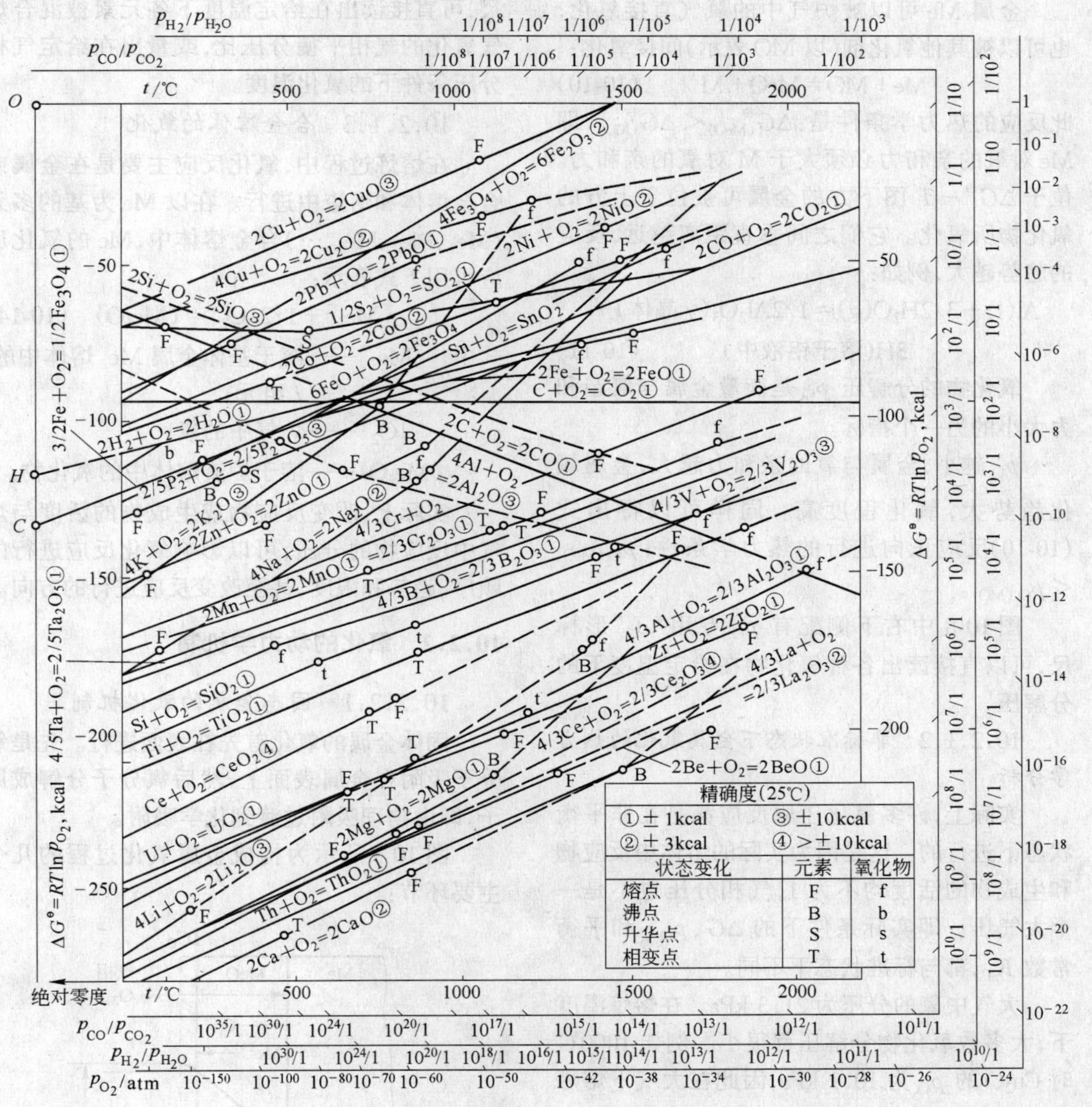

图 10-8 氧化物标准生成自由焓变量 $\Delta G^{\ominus}$ 与温度 T 的关系（1cal≈4.18 J）

从图中不难看出，几乎所有的元素在熔炼温度范围内的 $\Delta G^{\ominus}$ 值皆为负值，说明在标准状态下各元素的氧化反应在热力学上均为自动过程。从各直线之间的相互位置来看，直线所处位置越低，例如铝、镁、钙等的 $\Delta G^{\ominus}$ 越负，即表示这些金属的氧化趋势越强，氧化程度越大。反之，直线位置越高，例如铜、铅、镍等的 $\Delta G^{\ominus}$ 越大，表示金属的氧化趋势越弱，氧化程度越小。

根据图 10-8 中各直线之间的位置关系，可以排列出在熔炼温度范围内各元素的氧化顺序：钙、镁、铝、硅、钒、锰、铬、铁、钴、镍、铅、铜。此种排列表明，凡在铜线以下的元素，其对氧的亲和力都大于铜对氧的亲和力，故在熔炼铜时它们都可能被氧化而进入渣中。

可以认为：凡氧化物生成自由焓变量 ΔG 处于 CO 线以下的所有元素都能被氧化，而无论炉气的还原性多大。

金属 Me 可以被炉气中的氧气直接氧化，也可以被其他氧化剂(以 MO 表示)间接氧化：

$$Me + MO = MeO + M \qquad (10\text{-}10)$$

此反应的热力学条件是：$\Delta G^{\ominus}_{(MeO)} < \Delta G^{\ominus}_{(MO)}$，即 Me 对氧的亲和力必须大于 M 对氧的亲和力。位于 $\Delta G^{\ominus} - T$ 图下方的金属可被位于上方的氧化物所氧化。它们之间垂直距离越远，反应的趋势越大，例如：

$$Al(l) + 3/2H_2O(g) = 1/2Al_2O_3(\gamma\text{晶体}) + 3H(\text{溶于铝液中}) \qquad (10\text{-}11)$$

氧化物的分解压 p_{O_2} 是衡量金属与氧亲和力大小的另一个指标。

p_{O_2} 越小，金属与氧的亲和力越大，金属氧化趋势大，氧化程度高。同样可以得出式(10-10)反应正向进行的热力学条件：$p_{O_2(MeO)} < p_{O_2(MO)}$。

图 10-8 中右下侧配有 p_{O_2} 专用“⌟”形标尺，可以直接读出各种氧化物在给定温度下的分解压。

10.2.1.2 非标准状态下金属氧化的热力学分析

实际上，许多氧化还原反应都是在非平衡状态下进行的。这是因为实际的熔体中反应物和生成物的活度均不为 1，气相分压也不是一个大气压。即实际条件下的 ΔG、$p_{O_2实}$ 和平衡常数 K_P，都与标准状态下不同。

大气中氧的分压为 21.3 kPa。在熔炼温度下，大多数氧化物分解压都很小。例如 1000℃ 时 Cu_2O 的 p_{O_2} 为 10.1 kPa，因此在大气下熔炼铜时氧化反应是不可避免的。

由 CO、CO_2 或 H_2O、H_2 等组成的混合炉气，对金属的氧化还原作用可用如下方法进行判断：

$$2CO + O_2 = 2CO_2 \qquad (10\text{-}12)$$

$$2H_2 + O_2 = 2H_2O \qquad (10\text{-}13)$$

上述反应达到平衡时，体系中存在一氧分压 p_{O_2}，通过比较混合炉气中氧气分压和金属氧化物的分解压之间的数量关系，可以判断在混合炉气体系中金属的氧化还原规律。通过图 10-8 上的 p_{CO}/p_{CO_2} 和 p_{H_2}/p_{H_2O} 的“]”形专用标尺，可直接读出在给定温度下各元素被混合炉气氧化的气相平衡分压比，或量出在给定气相分压条件下的氧化温度。

10.2.1.3 合金熔体的氧化

在熔炼过程中，氧化反应主要是在金属或合金熔体和熔渣中进行。在以 Me 为基的多元(Me_1、Me_2、Me_3、…)合金熔体中，Me 的氧化反应可用下式表示：

$$[Me_i] + 1/2\{O_2\} = (Me_iO) \qquad (10\text{-}14)$$

式中 $[Me_i]$——溶于基体金属 Me_i 熔体中的 i 组元；

$\{O_2\}$——炉气中的氧；

(Me_iO)——溶于炉渣熔体中的氧化物。

实际上，改变反应物或生成物的活度与炉气中反应物的分压，可以影响氧化反应进行的顺序、趋势和限度，甚至改变反应进行的方向。

10.2.2 氧化的动力学机制

10.2.2.1 固态金属的氧化机制

固体金属的氧化首先在表面进行。先是氧分子吸附在金属表面上，然后氧分子分解成原子，即由物理吸附过渡到化学吸附。

图 10-9 所示为构成金属氧化过程的几个主要环节：

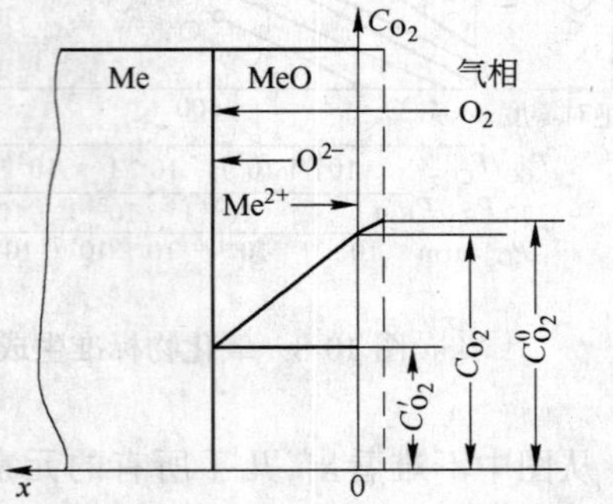

图 10-9 金属氧化机理示意图

(1) 氧由气相通过边界层向氧－氧化膜界面扩散；

(2) 氧通过固体氧化膜向氧化膜－金属界面扩散，即内扩散；

(3) 在金属－氧化膜界面上，氧和金属发生界面化学反应，同时金属晶格转变为金属氧化物晶格。

通常,熔炼过程中气流速度较快,常常高于形成边界层的临界速度,因而外扩散速度一般不是限制性环节。在内扩散和结晶-化学变化两个环节中,关键在于氧化膜的致密度,即氧化物的分子体积 M_V 与形成该氧化物的金属原子体积 A_V 之比,可表示为:

$$\alpha = M_V/A_V \tag{10-15}$$

表 10-3 所示为室温下某些金属氧化物的 α 值。

表 10-3 某些金属氧化物的 α 值(近似值)

金 属	钾	钠	锂	钙	镉	镁	铝	铅
氧化物	K_2O	Na_2O	Li_2O	CaO	CdO	MgO	Al_2O_3	PbO
体积比例系数 α	0.45	0.55	0.60	0.64	1.21	0.78	1.28	1.27
金 属	锡	镍	锌	铍	铜	硅	铁	钨
氧化物	SnO	NiO	ZnO	BeO	Cu_2O	SiO_2	Fe_2O_3	WO_2
体积比例系数 α	1.33	1.50	1.64	1.68	1.74	1.88	2.18	3.18

各种金属由于其氧化膜结构不同,对氧扩散的阻力不一样,因而氧化反应的限制性环节及氧化速度随时间的变化规律也各不相同:

当 $\alpha>1$ 时,生成的氧化膜一般是致密的,连续的,是有保护性的, Al、Be、Si 等大多数金属生成的氧化膜具有这种特性。因此,在感应电炉内熔炼以此类金属为主要添加元素的铜合金时,即使不对熔体进行保护,这些合金元素也不至被大量氧化。

当 $\alpha<1$ 时,氧化膜是松散的,多孔的,无保护性的。碱金属及碱土金属,例如 Li、Mg、Ca 等的氧化膜具有此种特性。

$\alpha\gg1$ 是一种极端情况,大量过渡族金属,例如铁的氧化膜即是如此。这种十分致密但内应力很大的氧化膜增长到一定厚度后即破裂,这种现象会周期性出现,所以这种氧化膜对机体没有保护性。

10.2.2.2 液态金属的氧化机制

熔炼过程中,影响液体金属实际的氧化程度的因素,除了上述各种金属自身的热力学和动力学条件外,同时将受到合金的组成、熔炉的热交换方式、炉料状态、熔炼气氛、熔炼温度等合金及冶金条件的影响。实际影响熔体氧化的因素很多,例如:

(1) 合金中含有能够强烈影响液体金属氧化过程的元素,例如:各种黄铜尤其是高锌黄铜、镉青铜,由于其中的锌、镉的大量挥发溢出时,总是将熔池表面的金属氧化物保护膜冲破,熔体表面直接暴露在空气或含氧量较高的炉气中,因此促进氧化反应进程。含有铝、铍、硅等合金元素的各种青铜,由于熔池表面常常被一层坚固的 Al_2O_3 或 BeO、SiO_2 等氧化膜保护着,熔池内部熔体可以免受进一步的氧化。

(2) 熔炼气氛对液体金属氧化反应的影响比较复杂。炉气性质取决于其平衡体系中氧的分压与金属氧化物在该条件下的分解压的相对大小。炉气中往往含有不同比例的 O_2、H_2O、CO_2、CO、H_2、C_mH_n、SO_2、N_2 等气体。同一组成的炉气,对某些金属是氧化性的,而对另外一些金属则可能是还原性的。实际上若金属与氧亲和力大于碳、氢与氧的亲和力,则含有 CO_2、CO 或 H_2O(g)的炉气就会使金属氧化,炉气属于氧化性的。否则便是还原性的或中性的。CO_2 和 H_2O(g)的炉气对铜基本上是中性的,但对含有铝、锰的铜合金则是氧化性的。

(3) 低温时,金属多按抛物线规律氧化。高温时,金属多按直线规律氧化。因为高温下扩散传质系数增大,氧化膜强度降低,加之氧化膜与金属的线膨胀系数差异容易引起氧化膜破裂。所以,一般情况下,温度越高,氧化损失越大。

(4) 凡是可以加快氧在熔体内部的扩散速度的因素,都可能促进氧化反应速度。

除了扩散之外,影响氧化速度的还有对熔体的搅拌强度等其他因素。

10.2.3 铜的氧化与还原

10.2.3.1 铜的化合物

铜在干燥空气中不会发生化学变化,但在潮湿空气中且有二氧化碳存在时,铜的表面可能生成一层绿色有毒的碱式碳酸铜 $CuCO_3\cdot Cu(OH)_2$ 薄膜,俗称“铜绿”。

铜在加热到 185℃ 以上时开始氧化。赤热时，在铜的表面上会生成一层由氧化铜和氧化亚铜组成的黑色覆盖物。氧充足时，铜的表层生成的是氧化铜，里层为氧化亚铜。

在铜的冶炼和熔炼过程中，铜的主要化合物有以下几种。

A 氧化铜 CuO

氧化铜呈黑色。温度高于 350℃ 时，可生成氧化铜 CuO。氧化铜系不稳定化合物，加热时依下式分解：

$$4CuO = 2Cu_2O + O_2 \quad (10\text{-}16)$$

当温度高于 1060℃ 时，氧化铜全部转化为氧化亚铜。

氧化铜容易被氢、碳、一氧化碳等还原。冶金过程中，氧化铜也可被硫化物及较负电性的金属，例如锌、铁、镍等还原。

B 氧化亚铜 Cu_2O

氧化亚铜的颜色为两种：组织致密时呈紫红色，组织为粉状时呈洋红色。

氧化亚铜的熔点为 1235℃，只在 1060℃ 以上时才是稳定的。低于该温度时，可被氧化成氧化铜。当在 800℃ 下长时间加热时，氧化亚铜可全部变成氧化铜。氧化亚铜只有在加热到 2208℃ 以上时才会按式 10-17 完全分解，因此可以认为氧化亚铜是高温下唯一稳定的氧化物。

$$2Cu_2O = 4Cu + O_2 \quad (10\text{-}17)$$

氧化亚铜可大量溶解于铜液中。在铜的氧化精炼过程中，向高温铜液内吹入空气过程中所形成的氧化亚铜，在几秒的时间内即可传播至整个熔池的熔体中。

氧化亚铜和氧化铜一样，容易被氢、碳、一氧化碳以及与氧亲和力较大的金属，例如锌、铁、镍等元素还原。

C 硫酸铜（$CuSO_4 \cdot 5H_2O$）

硫酸铜俗称胆矾，呈天蓝色的三斜晶系结晶。长久暴露于空气中即逐渐风化分解，失去结晶水变成白色粉末。在干燥空气中加热：27～30℃ 时，变成蔚蓝色的三水硫酸铜（$CuSO_4 \cdot 3H_2O$）；93～99℃ 时，变成藏蓝色的一水硫酸铜（$CuSO_4 \cdot H_2O$）；150℃ 时，变成白色的无水硫酸铜（$CuSO_4$）。

硫酸铜溶解于水，并且随着温度的提高而溶解度增加。

用铁和锌可以从硫酸铜溶液中置换出金属铜。

D 硫化铜（CuS）

硫化铜为绿黑色或棕黑色无定形物。

硫化铜是不稳定化合物，在中性或还原性气氛中加热时，依下式离解：

$$4CuS = 2Cu_2S + S_2 \quad (10\text{-}18)$$

硫化铜不溶于水，不与稀硫酸和苛性钠发生作用，但可溶于热硝酸和氰化钾溶液中。

10.2.3.2 氧在铜液中的溶解度

氧化亚铜在铜中的溶解度，与炉气中氧的分压、熔炼温度、保温时间等成正比。如果熔体表面覆盖不严密，或者熔体受到强烈搅动时，都将增加铜液氧化的机会。

表 10-4 所示为氧化亚铜在铜液中溶解度与温度之间的关系。

表 10-4 氧化亚铜在铜液中溶解度与温度之间的关系

温度/℃	1100	1150	1200
氧化亚铜在铜液中溶解度/%	5.0	7.8～8.9	12.4

图 10-10 为铜液中的氢和氧之间的关系：当铜液中氧的含量增加时，氢的含量将减少。反之，当铜液中的氢含量增加时，氧含量将减少。当铜液中含有一定比例的氢和氧时，在它们之间可能会发生下列反应：

$$Cu_2O + H_2 = 2Cu + H_2O(\text{水蒸气})\uparrow \quad (10\text{-}19)$$

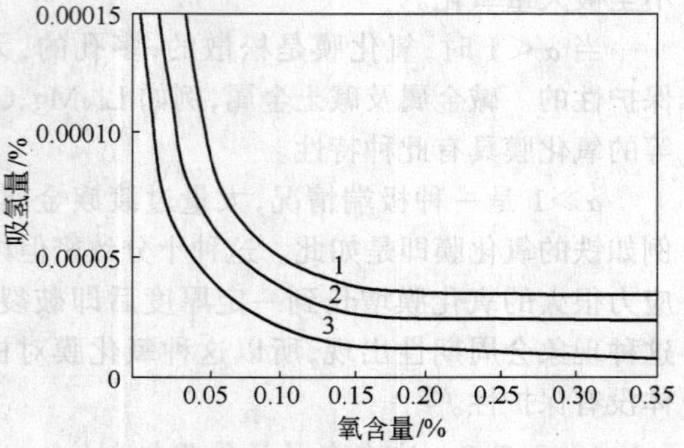

图 10-10 铜液中氢与氧的关系

1—1350℃；2—1250℃；3—1150℃

10.2.3.3 氧化亚铜的还原

将金属熔体中氧化物还原除氧的过程称为

脱氧。熔体中的脱氧过程属于置换反应过程。脱氧需借助于脱氧剂进行。以R代表脱氧剂，脱氧反应式为：

$$MeO + R = Me + RO \qquad (10\text{-}20)$$

熔池中脱氧剂的浓度越大，脱氧越完全，但过多地加入脱氧剂会增加杂质含量。

脱氧反应进行决定于参加反应的各氧化物的分解压力，并与温度、压力有关，氧化物分解压力近似计算公式为：

$$\lg p = \frac{Q}{1.094T} + 1.75\lg T + 2.8 \qquad (10\text{-}21)$$

式中 p——分解压力，atm；

T——绝对温度，K；

Q——氧化物生成热，kJ；

2.8——化学常数（对氧化物为2.8）。

氧化物分解压力相差越大，则分解压力较大的就越容易被分解压力较低的元素所还原。

脱氧剂对氧的亲和力必须大于铜对氧的亲和力，即 $\Delta G_{RO} > \Delta G_{Cu_2O}$，是熔炼铜时选择脱氧剂的一项根本原则。

结合氧化物标准生成自由焓变量 $\Delta G^{\ominus}$ 与温度 T 的关系图进行分析：氧化亚铜与钙、镁等元素的氧化物的分解压力相差甚远，因此钙、镁等元素都能使铜还原。

表10-5所示的是各种氧化物的生成热及某些物理性质。

比较各种氧化物的生成热，也可以看出金属对氧的亲和力大小。

表10-5 各种氧化物的生成热及某些物理性质

氧化物	反应式	氧化物的生成热/kJ		密度/$kg \cdot m^{-3}$	熔点/℃
		每1 mol氧化物	每1 mol氧		
氧化钙	$Ca + \frac{1}{2}O_2 = CaO$	635.1	635.1	3320	2572
氧化镁	$Mg + \frac{1}{2}O_2 = MgO$	611.7	611.7	3690	2800
氧化锂	$2Li + \frac{1}{2}O_2 = Li_2O$	595.8	595.8	2010	1700
氧化锶	$Sr + \frac{1}{2}O_2 = SrO$	589.5	589.5	4700	2430
氧化铍	$Be + \frac{1}{2}O_2 = BeO$	577.8	577.8	3020	2530
氧化钡	$Ba + \frac{1}{2}O_2 = BaO$	556.8	556.8	5720	1923
氧化铝	$2Al + \frac{3}{2}O_2 = Al_2O_3$	1646.7	548.9	4000	2050
氧化锆	$Zr + O_2 = ZrO_2$	1080.6	540.3	4600	2700
氧化钛	$Ti + O_2 = TiO_2$	912.7	456.4	4260	1825
二氧化硅	$Si + O_2 = SiO_2$	860.8	430.4	2650	1710
氧化钠	$2Na + \frac{1}{2}O_2 = Na_2O$	416.4	416.4	2270	920
三氧化二钒	$2V + \frac{3}{2}O_2 = V_2O_3$	1339.8	446.7	4870	1970
五氧化二钒	$2V + \frac{5}{2}O_2 = V_2O_5$	1829.6	365.9	3350	800
氧化钽	$2Ta + \frac{5}{2}O_2 = Ta_2O_5$	2089.2	417.8	8730	1470
三氧化二铬	$2Cr + \frac{3}{2}O_2 = Cr_2O_3$	1143.0	381.0	5210	1990
三氧化铬	$Cr + \frac{3}{2}O_2 = CrO_3$	583.2	194.3	2700～2800	196(分解)

续表 10-5

氧化物	反应式	氧化物的生成热/kJ		密度/$kg \cdot m^{-3}$	熔点/℃
		每1 mol氧化物	每1 mol氧		
氧化锰	$Mn + \frac{1}{2}O_2 = MnO$	389.8	389.8	5000	1785
二氧化锰	$Mn + O_2 = MnO_2$	525.0	262.5		
氧化铌	$2Nb + \frac{5}{2}O_2 = Nb_2O_5$	1938.5	387.7	4600	1520
氧化钾	$2K + \frac{1}{2}O_2 = K_2O$	360.9	360.9	2320	
氧化锌	$Zn + \frac{1}{2}O_2 = ZnO$	349.0	349.0	5470	2000
五氧化二磷	$2P + \frac{5}{2}O_2 = P_2O_5$	1507.2	301.4	2390	563
三氧化二铁	$2Fe + \frac{3}{2}O_2 = Fe_2O_3$	831.1	277.0	5240	1565
四氧化三铁	$3Fe + 2O_2 = Fe_3O_4$	1117.5	279.3	5000~5200	1538
二氧化钨	$W + O_2 = WO_2$	546.4	273.2	19600	3367
三氧化钨	$W + \frac{3}{2}O_2 = WO_3$	819.4	273.1		1473
二氧化钼	$Mo + O_2 = MoO_2$	544.3	272.1	4510	
三氧化钼	$Mo + \frac{3}{2}O_2 = MoO_3$	753.6	251.8	4500	795
氧化镉	$Cd + \frac{1}{2}O_2 = CdO$	261.1	261.1	8150	1426
氧化镍	$Ni + \frac{1}{2}O_2 = NiO$	244.5	244.5	7450	1990
氧化钴	$Co + \frac{1}{2}O_2 = CoO$	240.7	240.7	5630	1935
四氧化三钴	$3Co + 2O_2 = Co_3O_4$	822.7	205.7		
三氧化二锑	$2Sb + \frac{3}{2}O_2 = Sb_2O_3$	688.3	229.4	5670	656
四氧化二锑	$2Sb + 2O_2 = Sb_2O_4$	798.8	199.7		
五氧化二锑	$2Sb + \frac{5}{2}O_2 = Sb_2O_5$	963.0	192.6	3780	
氧化铅	$Pb + \frac{1}{2}O_2 = PbO$	219.2	219.2	9530	870
三氧化二砷	$2As + \frac{3}{2}O_2 = As_2O_3$	655.7	218.6	3710	315
五氧化二砷	$2As + \frac{5}{2}O_2 = As_2O_5$	918.6	183.8	4090	315
氧化铜	$Cu + \frac{1}{2}O_2 = CuO$	157.0	157.0		1026
氧化亚铜	$2Cu + \frac{1}{2}O_2 = Cu_2O$	170.0	170.0	6400	1235
氧化碲	$Te + O_2 = TeO_2$	324.8	162.4	58900	700
一氧化碳	$C + \frac{1}{2}O_2 = CO$	110.5	110.5		
二氧化碳	$C + O_2 = CO_2$	393.7	196.8		
二氧化硫	$S + O_2 = SO_2$	297.1	148.6		
三氧化硫	$S + \frac{3}{2}O_2 = SO_3$	440.5	146.8		

10.3　熔体中的气体

10.3.1　气体的形态

熔体具有一定的吸气性，这是铜及其合金熔炼的主要特性之一。

气体以吸附、溶解或者以化合物形式存在。

气体多以原子形态溶解在金属晶格内形成固溶体。超过溶解度的气体以及不溶解的气体，则以气孔形态存在。如果气体与金属中的某个元素间的化学亲和力大于气体原子间的亲和力，则可能形成化合物。

溶解于熔体中的气体，在凝固时容易析出而形成气孔。随着温度的降低，气体在金属熔体中的溶解度会急剧减少。气孔形状上的差异，主要是因为熔体的性质、熔体温度的不同和凝固速度的差异所致。金属的温度越低，凝固的速度越快，熔体的黏度越大，气孔越分散，越易形成针状气孔。反之，易形成椭圆状的气孔。气孔内壁呈现光洁而匀滑的表面，是与疏松缺陷区别的明显标志。气孔一般具有一定的方向性，正常情况下都是沿着结晶的方向分布。

铜及铜合金熔炼过程中，最容易和熔体接触并且危害比较大的气体是氢和水蒸气。氢是最容易被铜液大量吸收的一种气体。氢的原子半径非常小，几乎可溶解于所有金属及其合金中。氧的性质极其活泼，不但能与某些元素形成化合物，还能与某些金属形成中间相的固溶体，铁、镍、铜等金属的氧化物都能溶解于该金属的熔体中，而铝、镁、硅的氧化物则不能溶解。

所有气体都不是直接溶解于金属熔体中，它们首先要在金属的表面分解成气体原子，然后才能被金属吸收溶解。有时还可以以气泡或吸附状态少量存在于非金属夹杂物中。此外，金属熔体中的气体还可以络合物的形式存在。

10.3.2　气体的溶解度

气体的溶解度与金属或合金的组成，以及环境气体的性质、温度、及压力等因素有关。

10.3.2.1　溶解度与气体的分压

熔体从炉气中吸氢的反应为：

$$H_2(g)=2[H] \tag{10-22}$$

反应的平衡常数为：

$$K_H=[H]^2/p_{H_2} \tag{10-23}$$

$$[H]=K_H\sqrt{p_{H_2}} \tag{10-24}$$

通式为：

$$C=K\sqrt{p} \tag{10-25}$$

式中　C——气体的溶解度；

K——溶解度常数，表示标准状态时金属中气体的平衡溶解度；

p——气体分压。

通式表明，双原子气体在金属中的溶解度与其分压的平方根成正比。在一定温度下气体的溶解度随着分压的增大而增大。

表 10-6 所示为 1200℃ 时氢在铜液中的溶解度与压力的关系。

表 10-6　1200℃ 时氢在铜中的溶解度与压力的关系

压力/kPa	13.43	26.07	41.63	57.99	77.81	89.38	99.88
氢在铜中的溶解度/$cm^3\cdot(100\ g)^{-1}$	2.62	3.66	4.62	5.52	6.40	7.01	7.46

10.3.2.2　溶解度与温度

气体在多数金属及合金中的溶解度是随着温度的升高而加大的。当达到熔点温度时，气体的溶解度将急剧增加。但当接近沸点温度时，气体的溶解度又急剧降低，甚至达到零。

在气体分压一定时，气体在金属中的溶解度 C 与温度的关系式如下：

$$C=K\exp[-E/2RT] \tag{10-26}$$

式中　K——常数；

E——溶解热；

T——温度。

由上式可知，温度对溶解度的影响取决于溶解热。当溶解为吸热时，E 为正值，C 随 T 升高而增大。以原子状态溶解于金属熔体的气体都是如此。当气体能与金属形成化合物并且溶解热为负(即放热反应)时,溶解度随温度升高而降低。

图10-11所示为氢在铜中的溶解度与温度之间的关系。

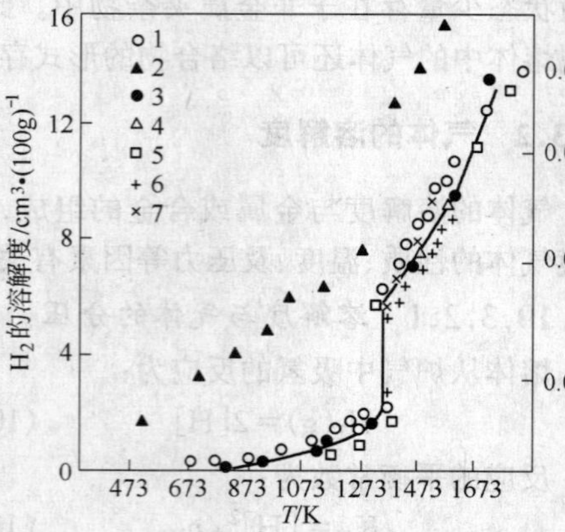

图10-11 氢在铜中的溶解度与温度的关系
(图中▲○□+符号表示数据来自于不同文献)

表10-7所列为在不同温度下氢在铜中的溶解度。

表10-7 氢在铜中的溶解度与温度之间的关系

温度/℃	溶解度 (0.1 MPa条件下) /$cm^3\cdot(100\ g)^{-1}$	温度/℃	溶解度 (0.1 MPa条件下) /$cm^3\cdot(100\ g)^{-1}$
400	0.06	1083	2.10(固体)
500	0.16		6.0(液体)
600	0.30	1100	6.3
700	0.49	1200	8.1
800	0.72	1300	10.0
900	1.08	1400	11.8
1000	1.58	1500	13.6

10.3.2.3 溶解度与合金元素的关系

多元系合金熔体中除温度和气体分压外,溶解度在一定程度上还受合金成分的影响。

金属与气体的亲和力不同,气体在金属中的溶解度也不同。与气体亲和力较大的合金元素,通常会使合金中的气体溶解度增大。

此外,金属在相变温度时,气体的溶解度变化较大。

图10-12所示的是合金元素对氢在铜合金中溶解度的影响。

表10-8所示为镍含量对氢在白铜中溶解度的影响。可以看出,白铜中氢的含量随着含镍量的增加而明显加大。

蒸气压高的金属,挥发过程会显著降低气体在金属液中的溶解度。

当合金中含有锌、镉、磷等元素时,氢的溶解度将降低,例如高锌黄铜中就很少含氢;当合金中含有铁、镍等元素时,气体的溶解度将有所增加。

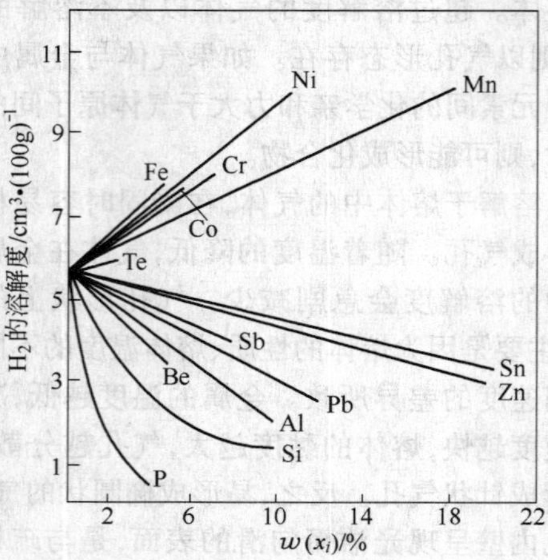

图10-12 合金元素对铜合金中氢溶解度的影响

表10-8 镍含量对白铜中氢溶解度的影响

白铜中镍的含量/%	0	10	20
氢的溶解度/$cm^3\cdot(100\ g)^{-1}$	8.8	14.7	21.8

10.3.3 吸气的过程

金属吸收气体的大致过程如下:

(1) 气体分子碰撞到金属表面;

(2) 金属表面上的气体分子离解为原子;

(3) 气体以原子状态吸附在金属表面上;

(4) 气体原子扩散到金属内部。

上述过程中,前三个过程属于吸附,第四个为扩散溶解过程。其中占主导地位的是扩散过程,它决定着金属的吸气速度。在达到饱和浓度之前,吸气速度越快,金属与气体接触时间越长,金属吸收的气体量就越多。

对于一定的金属或合金而言,熔体中的实际吸气量主要取决于吸气速度、熔炼温度及熔炼时间。从气体溶解机制可知,金属的吸气速度主要取决于其扩散速度。气体通过单位金属表面的扩散速度如下：

$$J=-\frac{D_0K}{x}\sqrt{p}\exp[-E_D/2RT] \quad (10\text{-}27)$$

式中 J——扩散速度，即扩散通量；

D_0——扩散系数；

E_D——扩散激活能；

x——扩散层厚度；

K——溶解度常数。

其他符号的意义同前。

由上式可以看出，气体分压越大，温度越高，扩散系数越大，金属的吸气速度就越快。

金属中气体的扩散系数与合金元素有关。气体原子通过金属表面致密的氧化膜或溶剂的扩散速度比在液体金属中慢得多，所以氧化膜和覆盖剂越致密、越厚，金属的吸气量就越少。氢通过铝表面的致密的氧化膜的扩散速度只为通过纯净铝液面时的十分之一。

气体分压大，气体在金属表面的浓度高，故气体在金属中的浓度梯度大，致使扩散速度加快。

吸气需要一定的时间，在达到饱和之前，持续的时间越长，吸气量越多。

10.3.4 铜合金中的气体

铜合金熔体中实际的溶解度，与熔炼气氛、加料与熔化顺序、熔炼温度及熔炼时间等许多因素有关。例如：采用燃气熔炉且同时采用木炭作覆盖剂，熔炼 HSi80-3 黄铜时，熔体中的氢含量通常增加 0.5～1.5 $cm^3/100$ g；熔炼锡青铜时，氢含量从 0.8～2.4 $cm^3/100$ g 增加到 1.76～3.9 $cm^3/100$ g。同样的合金，如采用感应炉熔炼时，使用木炭覆盖与否并不重要。但是，如果采用未经煅烧的木炭覆盖时，氢的含量却提高 0.3～0.5 $cm^3/100$ g。

表 10-9 所示为在 1150℃ 时铸造铜合金中氢含量计算值和实际值比较。

传统上一般认为：还原性气氛有助于水蒸气的分解，并增大氢在金属中溶解的危险，火焰炉熔炼时更是令人担心，甚至一般不建议采用木炭作覆盖剂。

表 10-10 所示为熔炼时间对 QAl10-4-4 中氢含量的影响的试验数据。

图 10-13 所示为不同的熔炼炉型及熔炼气氛对锡锌青铜中氢含量的影响。

表 10-9 在 1150℃ 时铸造铜合金中氢含量计算值和实际值比较 （$cm^3/100g$）

合金牌号	平衡溶解度计算值①	敞开式煤气炉熔炼		ДМ-0.5 电弧炉熔炼		ИСУ-0.05 中频感应炉熔炼		燃油反射炉熔炼	
		计算值②	实际数据	计算值③	实际数据	计算值④	实际数据	计算值⑤	实际数据
HSi80-3	1.3～1.5	0.4～0.5	1.22～1.36	0.35～0.38	1.2～1.36	0.20～0.25	0.72～0.89	0.65～0.75	
QSn10-1	0.67～1.15	0.20～0.37	2.3～2.7	0.2～0.28		0.1～0.7	0.8～1.1	0.35～0.57	
QAl9-2	3.42～4.3	1.11～1.42	2.2～2.8	0.86～1.12	0.19～2.5	0.52～0.68	2.2～2.4	1.79～2.27	
QAl10-4-4	4.5～6.0	1.42～1.9	3.8～4.4	1.7～1.43		0.68～0.9	2.7～2.9	2.25～3.0	4.3～4.5

① 0.101 MPa；②0.01 MPa；③0.006 MPa；④0.002 MPa；⑤0.02 MPa。

表 10-10 熔炼时间对 QAl10-4-4 中氢含量的影响(1553K)

熔炼炉类型	不同熔炼时间(h)的熔体中的氢含量/$cm^3\cdot(100\ g)^{-1}$				
	熔化后	0.1～0.2	0.25～0.3	0.7～1.2	2～2.5
煤气敞开式炉	1.8～2.0		2.4～2.9	3.9～4.5	
15 t 反射炉		2.7～2.65		3.4～3.6	4.3～4.5
2.5 t 有芯感应炉		2.0～2.12		2.5～2.7	2.7～2.9

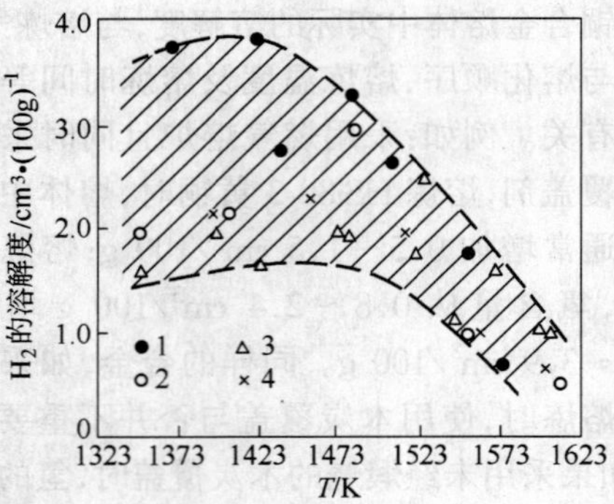

图 10-13 不同炉型对锡锌青铜中氢含量的影响
1—反射炉；2—坩埚炉；3，4—感应炉

熔炼某些多元青铜时，合金元素的加料顺序的改变可以明显地影响氢在液体金属中的含量。

图 10-14 所示为熔炼铝锰镍青铜时，加料顺序对其熔体中氢含量影响的试验数据分析。

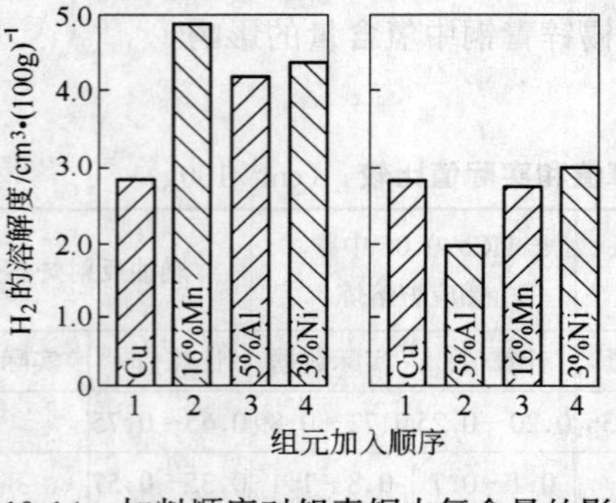

图 10-14 加料顺序对铝青铜中氢含量的影响

为了降低熔体中氢的含量，首先加入能够降低铜中氢溶解度的合金元素。如果在铜中首先加入提高氢在铜中溶解度的元素，或具有高的含气量的元素，例如锰，熔体吸氢量明显增加。但是，如果在加入锰和镍之前首先加入铝，随后再加入锰和镍，则将使液体中吸氢倾向明显降低。

图 10-15 所示为过热对 HSi80-3 黄铜中氢含量的影响。

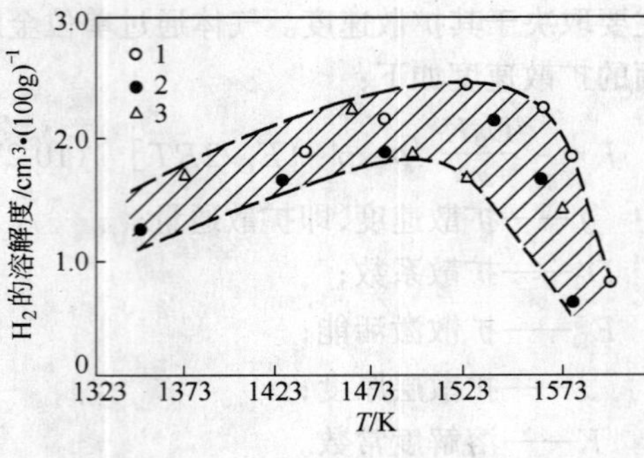

图 10-15 过热对 HSi80-3 黄铜中氢含量的影响
1—2.5%Si；2—4.5%Si；3—2.6%Si

10.4 合金化

10.4.1 合金化原理

10.4.1.1 熔化与溶解

A 液体金属的结构特征

液态是固态和气态之间的中间状态。固态金属是由许多晶粒组成的，气态金属是由类似弹性球的单个原子组成的，液态金属是由许多原子集团组成的，其结构具有以下特点：

(1) 每个原子集团约有十几个到几百个原子，在原子集团内仍保持较强的结合能，并能保持着固体的排列特征。然而，在原子集团之间的结合则受到很大破坏，且原子集团之间距离较大，比较松散，犹如存在“空穴”。

(2) 组成液态金属的原子集团是很不稳定的，时而长大，时而变小。也可以成组地脱离原有集团而加入其他的原子集团，或者组成新的原子集团。

(3) 原子集团的平均尺寸和稳定性都与温度有关。温度越高，则原子集团的平均尺寸越小，稳定性越差。

(4) 当金属中存在着其他种元素时，由于不同原子间的结合力不同，结合力较强的原子容易集聚在一起，同时排斥其他原子。因此，在原子集团之间还存在着成分的不均匀性，即浓度起伏，有时甚至形成不稳定或稳定的化合物。

B 熔化与溶解

合金在熔炼过程中，存在熔化和溶解两个

同时进行的过程。当合金被加热到一定的温度时就开始熔化，其热力学条件是过热。溶解是指固体金属被金属熔体侵蚀而进入溶液，实现固体到液体的转变过程。溶解无须过热，但温度越高，溶解速度越快。

实际上，只有在合金元素的熔点高于铜合金溶液的温度的条件下，合金元素进入熔体的过程才是纯粹的溶解过程。例如在铜合金中，组元铁、镍、铬和锰以及非金属元素硅、碳等，其熔点都高于铜，其在铜溶液中的溶入过程即可理解为其中含有溶解过程。实际上，熔化和溶解两个过程同时进行，其中溶解过程促进了熔化过程。

图 10-16 所示为金属液固界面溶解示意图。

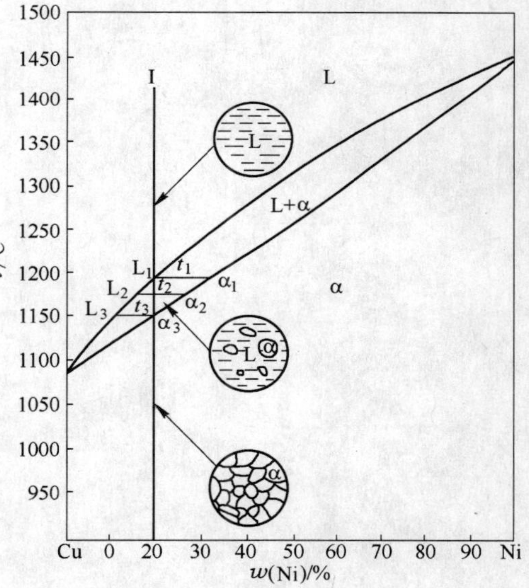

图 10-16 金属液固界面溶解示意图

影响金属溶解速度的因素很多。

首先，温度越高，越有利于溶解的进行。

其次，与被溶解物体的表面积有关，表面积越大，溶解速度就越快。

金属的溶解速度还与熔体的运动有关，当熔体流动时，溶解速度大于静止熔体内金属的溶解速度，并且熔体流动速度越快，溶解速度就会越快。

10.4.1.2 溶解与合金化

最早制造合金时，人们曾认为应当从难熔化（即熔点高）的组元开始熔化。例如，刚开始制造80%铜和20%镍的铜镍合金时，即是先将熔点为1451℃的镍熔化后再加入铜。有的则把铜熔化并加热至1500℃以后，才加入镍进行熔化。有关合金的理论发展起来以后，尤其是溶液的学说发展起来以后，以上两种熔化方法才被放弃。

从 Cu-Ni 合金相图可以看出，80%铜和20%镍的铜镍合金的固相线温度为 1140℃、液相线温度为 1200℃。从理论上分析：只要温度高于 1140℃，镍即开始溶解于铜液中。当温度达到 1200℃ 时，只要保持足够时间，镍则可以完全溶解于铜液中。

根据金相平衡图原理，可以降低合金的熔化温度，但也并非在所有情况下都可以随意采用。

当逐渐向已熔化的较低熔点的金属中加入熔点较高的合金的第二个组元时，合金的熔点将随之提高。当第二个组元含量达到某一数值，并且炉温来不及提高时，有可能发生凝固现象。

当 70%铜和 30%锌的黄铜的固相线温度为 915℃、液相线温度为 955℃ 时，如果首先熔化锌，并把温度提高到合金的熔化温度，必将造成大量锌的挥发，甚至发生沸腾现象。因为锌的沸点只有 907℃。

此外，对某些金属元素熔合过程中所引起的某些物理化学现象亦不容忽视。例如铝和铜熔合时，由于有新的化合物产生而释放出大量的热，容易造成局部熔体的过热现象。

10.4.2 非合金元素的积淀

造成金属及合金中非合金元素含量不断增加和积淀的原因是多方面的。

10.4.2.1 金属炉料带入杂质

即使是本厂生产过程中产生的工艺废料，如果反复使用，炉料中的某些杂质元素含量也会因为种种原因而不断增加。至于混料或者大量使用来历不十分清楚的外购料时，可能带入杂质及可能造成的影响则往往更是难以预料的。

10.4.2.2 炉衬材料选择不当

在熔炼温度下熔体中的某些元素有可能与之发生化学反应。例如炉衬采用硅质耐火材料，熔炼铝青铜并且温度较高时，有可能发生以下化学反应：

$$4Al + 3SiO_2 = 2Al_2O_3 + 3Si \quad (10\text{-}28)$$

还原出来的硅会进入熔体中。

10.4.2.3 燃料、覆盖剂材料、搅拌或扒渣工具等使用不当

例如，用质量不好的煤气或重油作燃料熔炼铜及白铜时，有可能发生以下反应：

$$2Cu + S = Cu_2S \quad (10\text{-}29)$$

$$3Ni + S = Ni_3S \quad (10\text{-}30)$$

可见，金属炉料及炉衬、炉气、覆盖剂或熔剂、操作工具等的选择和使用不当，都会造成熔体从中吸收某些非合金元素（即杂质元素），并且积淀下来。

11 铜及铜合金熔炼技术[1]

11.1 原料及其制备

11.1.1 原料分类

熔炼铜及铜合金时，所用的原料包括新金属（包括非金属元素）、本工厂生产过程中产生的各种几何废料、外购废料以及中间合金等。

11.1.1.1 新金属

表11-1～表11-16所列的是熔炼铜及铜合金时常用的各种新金属的标准化学成分。

由于熔炼铜及铜合金在各式感应电炉中进行，基本上不采取提纯精炼工艺，因此，各种金属（包括非金属元素）原料的杂质都可能进入熔体中并最终进入铸锭，因此原料品位的选择非常重要。

根据不同牌号铜及铜合金化学成分的要求标准，应该采用不同品位的新金属（包括非金属元素）作为原料。

表 11-1a 高纯阴极铜(Cu-CATH-1)
(GB/T 467—1997)

<table>
<tr><th>元素组</th><th>杂质元素</th><th>含量(质量分数)/%
(不大于)</th><th colspan="2">元素组总含量/%
(不大于)</th></tr>
<tr><td rowspan="3">1</td><td>Se</td><td>0.00020</td><td rowspan="2">0.00030</td><td rowspan="3">0.0003</td></tr>
<tr><td>Te</td><td>0.00020</td></tr>
<tr><td>Bi</td><td>0.00020</td><td></td></tr>
<tr><td rowspan="6">2</td><td>Cr</td><td></td><td colspan="2" rowspan="6">0.0015</td></tr>
<tr><td>Mn</td><td></td></tr>
<tr><td>Sb</td><td>0.0004</td></tr>
<tr><td>Cd</td><td></td></tr>
<tr><td>As</td><td>0.0005</td></tr>
<tr><td>P</td><td></td></tr>
<tr><td>3</td><td>Pb</td><td>0.0005</td><td colspan="2">0.0005</td></tr>
<tr><td>4</td><td>S</td><td>0.0015</td><td colspan="2">0.0015</td></tr>
<tr><td rowspan="6">5</td><td>Sn</td><td></td><td colspan="2" rowspan="6">0.0020</td></tr>
<tr><td>Ni</td><td></td></tr>
<tr><td>Fe</td><td>0.0010</td></tr>
<tr><td>Si</td><td></td></tr>
<tr><td>Zn</td><td></td></tr>
<tr><td>Co</td><td></td></tr>
<tr><td>6</td><td>Ag</td><td>0.0025</td><td colspan="2">0.0025</td></tr>
<tr><td colspan="2">杂质元素总含量</td><td colspan="3">0.0065</td></tr>
</table>

注：需在铸样上测定。

表 11-1b 标准阴极铜(Cu-CATH-2)

(Cu+Ag)/%(不小于)	杂质含量(质量分数)/%(不大于)									
	As	Sb	Bi	Fe	Pb	Sn	Ni	Zn	S	P
99.95	0.0015	0.0015	0.0006	0.0025	0.002	0.001	0.002	0.002	0.0025	0.001

注：供方需按批测定标准阴极铜中的铜、砷、锑、铋含量，并保证其他杂质符合本标准的规定。

表 11-2 电解镍(GB/T 467—1997)

<table>
<tr><td colspan="3">牌　号</td><td>Ni9999</td><td>Ni9996</td><td>Ni9990</td><td>Ni9950</td><td>Ni9920</td></tr>
<tr><td rowspan="3">化学成分
(质量分数)/%</td><td colspan="2">镍和钴总量，不小于</td><td>99.99</td><td>99.96</td><td>99.9</td><td>99.5</td><td>99.2</td></tr>
<tr><td colspan="2">钴，不大于</td><td>0.005</td><td>0.02</td><td>0.08</td><td>0.15</td><td>0.50</td></tr>
<tr><td>杂质含量
不大于</td><td>C</td><td>0.005</td><td>0.01</td><td>0.01</td><td>0.02</td><td>0.10</td></tr>
</table>

[1] 本章撰稿人：肖恩奎、牛立业、李建涛、胡萍霞。

续表 11-2

牌号			Ni9999	Ni9996	Ni9990	Ni9950	Ni9920
化学成分（质量分数）/%	杂质含量不大于	Si	0.001	0.002	0.002		
		P	0.001	0.001	0.001	0.003	0.02
		S	0.001	0.001	0.001	0.003	0.02
		Fe	0.002	0.01	0.02	0.20	0.50
		Cu	0.0015	0.01	0.02	0.04	0.15
		Zn	0.001	0.0015	0.002	0.005	
		As	0.0008	0.0008	0.001	0.002	
		Cd	0.0003	0.0003	0.0008	0.002	
		Sn	0.0003	0.0003	0.0008	0.0025	
		Sb	0.0003	0.0003	0.0008	0.0025	
		Pb	0.0003	0.001	0.001	0.002	0.005
		Bi	0.0003	0.0003	0.0008	0.0025	
		Al	0.001				
		Mn	0.001				
		Mg	0.001	0.001	0.002		

表 11-3 锌锭(GB/T 470—1997)

牌号	化学成分(质量分数)/%									
	Zn 不小于	杂质含量,不大于								
		Pb	Cd	Fe	Cu	Sn	Al	As	Sb	总和
Zn99.995	99.995	0.003	0.002	0.001	0.001	0.001				0.0050
Zn99.99	99.99	0.005	0.003	0.003	0.002	0.001				0.010
Zn99.95	99.95	0.020	0.02	0.010	0.002	0.001				0.050
Zn99.5	99.5	0.3	0.07	0.04	0.002	0.002	0.010	0.005	0.01	0.50
Zn98.7	99.7	1.0	0.20	0.05	0.005	0.002	0.010	0.01	0.02	1.30

注:Zn 99.99%的锌锭用于生产压铸合金,最高铅含量为0.003%。

表 11-4 锡锭(GB/T 728—1998)

牌号			Sn99.90	Sn99.95	Sn99.99
化学成分（质量分数）/%	Sn,不小于		99.90	99.95	99.99
	杂质含量不大于	As	0.008	0.003	0.0005
		Fe	0.007	0.004	0.0025
		Cu	0.008	0.004	0.0005
		Pb	0.040	0.010	0.0035
		Bi	0.015	0.006	0.0025
		Sb	0.020	0.014	0.002
		Cd	0.0008	0.0005	0.0003
		Zn	0.001	0.0008	0.0005
		Al	0.001	0.0008	0.0005
		总和	0.10	0.050	0.010

表 11-5 重熔用铝锭(GB/T 1196—2002)

牌 号	化学成分(质量分数)/%								
	Al	杂质含量,不小于							
	不小于	Fe	Si	Cu	Ga	Mg	Zn①	其他每种	总和
Al99.90	99.90	0.07	0.05	0.005	0.020	0.01	0.025	0.010	0.10
Al99.85	99.85	0.12	0.08	0.005	0.030	0.02	0.030	0.015	0.15
Al99.70A	99.70	0.20	0.10	0.01	0.03	0.02	0.03	0.03	0.30
Al99.70	99.70	0.20	0.12	0.01	0.03	0.03	0.03	0.03	0.30
Al99.60	9.60	0.25	0.16	0.01	0.03	0.03	0.03	0.03	0.40
Al99.50	99.50	0.30	0.22	0.02	0.03	0.05	0.05	0.03	0.50
Al99.00	99.00	0.50	0.42	0.02	0.05	0.05	0.05	0.05	1.00

注:1. 铝质量分数为 100% 与质量分数等于或大于 0.010% 的所有杂质总和的差值。
2. 表中未规定的其他杂质元素,如 Mn、Ti、V,供方可不做常规分析,但应定期分析,每年至少两次。
3. 用于食品、卫生工业用的重熔用铝锭,其杂质 Pb、As、Cd 的质量分数均不大于 0.01%。
4. 对于表中未规定的其他杂质元素含量,如需方有特殊要求时,可由供需双方另行协议。
5. 分析数值的判定采用修约比较法,数值修约规则按 GB/T8170 的有关规定进行。修约数位与表中所列极限值数位一致。

① 若铝锭中杂质 Zn 质量分数不小于 0.010% 时,供方应将其作为常规分析元素,并纳入杂质总和;若铝锭中杂质 Zn 质量分数小于 0.010% 时,供方可不做常规分析,但应每季度分析一次,监控其含量。

表 11-6 重熔用镁锭(GB/T 3499—1995)

级别	牌号	化学成分(质量分数)/%									
		Mg	杂质含量,不大于								
		不小于	Fe	Si	Ni	Cu	Al	Cl	Mn	Ti	杂质总和
特级	Mg99.96	99.96	0.004	0.004	0.0002	0.002	0.006	0.003	0.003		0.04
一级	Mg99.95	99.95	0.004	0.005	0.0007	0.003	0.006	0.003	0.01	0.014	0.05
二级	Mg99.90	99.90	0.04	0.01	0.001	0.004	0.02	0.005	0.03		0.10
三级	Mg99.80	99.80	0.05	0.03	0.002	0.02	0.05	0.005	0.06		0.20

注:1. 杂质 Na 和 K 的含量不包括在规定杂质总和内。但生产单位应保证所有牌号的镁中含 Na 不大于 0.01%,含 K 不大于 0.005%。
2. Mg 的含量以 100% 减规定杂质总和来规定。
3. 未做规定的其他单项杂质元素(不包括保证元素)含量大于 0.010% 时,应计入杂质总和。但供方可不做常规分析。
4. 如有特殊要求,由供需双方另行协议。
5. 表中所列杂质元素分析结果的数值修约按 GB/T 8170 第 3 章的规定进行。

表 11-7 铅锭(GB/T 469—1995)

牌 号	化学成分(质量分数)/%								
	Pb	杂质含量,不大于							
	不小于	Ag	Cu	Bi	As	Sb	Sn	Zn	Fe	总和
Pb99.994	99.994	0.0005	0.001	0.003	0.0005	0.001	0.001	0.0005	0.0005	0.006
Pb99.99	99.99	0.001	0.0015	0.005	0.001	0.001	0.001	0.001	0.001	0.01
Pb99.96	99.96	0.0015	0.002	0.03	0.002	0.005	0.002	0.001	0.002	0.04
Pb99.90	99.90	0.002	0.01	0.03	0.01	0.05	0.005	0.002	0.002	0.10

表 11-8 银(GB/T 4135—2002)

牌号	化学成分(质量分数)/%									
	Ag 不小于	杂质含量,不大于								
		Cu	Bi	Fe	Pb	Sb	Pd	Se	Te	杂质总和
IC-Ag99.99	99.99	0.003	0.0008	0.001	0.001	0.001	0.001	0.0005	0.0005	0.01
IC-Ag99.95	99.95	0.025	0.001	0.002	0.015	0.002				0.05
IC-Ag99.90	99.90	0.05	0.002	0.002	0.025					0.10

注:1. IC-Ag99.99、IC-Ag99.95 牌号,银质量分数是以100%减去表中杂质实测质量分数所得。IC-Ag99.90 牌号银质量分数是直接测定的。

2. 铅系统回收银,IC-Ag99.99 牌号中的铋质量分数可不大于 0.001%。

表 11-9 镉锭(YS 72—1994)

牌号	化学成分(质量分数)/%									
	Cd 不小于	杂质含量,不大于								
		Pb	Zn	Fe	Cu	Tl	As	Sb	Sn	总和
Cd99.995	99.995	0.002	0.001	0.001	0.0005	0.0015	0.0015	0.0002	0.0002	0.0050
Cd99.99	99.99	0.004	0.002	0.002	0.001	0.002	0.002	0.0015	0.002	0.010
Cd99.96	99.96	0.020	0.005	0.003	0.01	0.003	0.002	0.002	0.002	0.040

表 11-10 工业硅(GB 2881—1991)

名称	牌号	化学成分(质量分数)/%				应用范围
		Si, 不小于	杂质含量,不大于			
			Fe	Al	Ca	
A级硅	Si-A	99.3	0.4	0.2	0.1	化学用硅
B级硅	Si-B	99.0	0.5	0.3	0.2	
一级硅	Si-1	98.5	0.6		0.3	冶金用硅
二级硅	Si-2	98.0	0.7		0.5	
三级硅	Si-3	97.0	1.0		1.0	

注:1. 冶金用硅是指在冶金方面用于配制铝硅等各种合金所用的工业硅,化学用硅是指经化学方法处理后用于制取有机硅等所用的工业硅。

2. 硅含量以100%减去规定分析成分的铁、铝、钙之和来确定。

3. 如有特殊要求,表中未做规定的杂质元素,可由供需双方另行商定。需方对化学用硅的结晶状况如有要求,也可由供需双方商定。

表 11-11 金属锰(GB 2774—1991)

牌号	化学成分(质量分数)/%								
	Mn	C	Si	Fe	P	S	Ni	Cu	Al+Ca+Mg
	不小于	不大于							
JMn97	97.0	0.08	0.4	2.0	0.04	0.04	0.02	0.03	0.7
JMn96	96.5	0.10	0.5	2.3	0.05	0.05	0.02	0.03	0.7
JMn95-A	95.0	0.15	0.8	2.8	0.06	0.05	0.02	0.03	0.7

续表 11-11

牌　号	化学成分（质量分数）/%								
	Mn	C	Si	Fe	P	S	Ni	Cu	Al+Ca+Mg
	不小于	不大于							
JMn95-B	95.0	0.15	0.8	3.0	0.06	0.05	0.02	0.03	0.7
JMn93-A	93.5	0.20	1.8	2.8	0.06	0.05	0.02	0.03	0.7
JMn93-B	93.5	0.20	1.8	4.0	0.06	0.05	0.02	0.03	0.7

表 11-12　电解金属锰（YB/T 051—2003）

牌　号	化学成分（质量分数）/%						
	Mn	C	S	P	Si	Se	Fe
	不小于	不大于					
DJMnA	99.95	0.01	0.03	0.001	0.002	0.0003	0.006
DJMnB	99.9	0.02	0.04	0.002	0.004	0.001	0.01
DJMnC	99.88	0.02	0.02	0.002	0.004	0.06	0.01
DJMnD	99.8	0.03	0.04	0.002	0.01	0.08	0.03

注：锰含量由减量法减去产品中表列杂质含量总和得到，
即 $w(\mathrm{Mn})=100-[w(\mathrm{C+S+P+Si+Se+Fe})](\%)$

表 11-13　金属铬（GB 3211—1987）

牌　号	化学成分（质量分数）/%															
	Cr	Fe	Si	Al	Cu	C	S	P	Pb	Sn	Sb	Bi	As	N	H	O
	不小于	不大于														
JCr99-A	99.0	0.35	0.25	0.30	0.02	0.02	0.02	0.01	0.0005	0.001	0.001	0.001	0.001	0.05	0.01	0.50
JCr99-B	99.0	0.40	0.30	0.30	0.04	0.02	0.02	0.01	0.0005	0.001	0.001	0.001	0.001	0.05	0.01	0.50
JCr98.5-A	98.5	0.45	0.35	0.50	0.04	0.03	0.02	0.01	0.0005	0.001	0.001	0.001	0.001	0.05	0.01	0.50
JCr98.5-B	98.5	0.50	0.40	0.50	0.06	0.03	0.02	0.01	0.0005	0.001	0.001	0.001	0.001	0.05	0.01	0.50
JCr98	98.0	0.80	0.4	0.80	0.06	0.05	0.03	0.01	0.001	0.001	0.001	0.001	0.001			

表 11-14　海绵钛（GB/T 2524—2002）

产品等级	产品牌号	化学成分（质量分数）/%										布氏硬度 HBW/10/14700/30
		Ti，不小于	杂质含量，不大于									不大于
			Fe	Si	Cl	C	N	O	Mn	Mg	H	
0 级	MHT-100	99.7	0.06	0.02	0.06	0.02	0.02	0.06	0.01	0.06	0.005	100
1 级	MHT-110	99.6	0.10	0.03	0.08	0.03	0.02	0.08	0.01	0.07	0.005	110
2 级	MHT-125	99.5	0.15	0.03	0.10	0.03	0.03	0.10	0.02	0.07	0.005	125
3 级	MHT-140	99.3	0.20	0.03	0.15	0.03	0.04	0.15	0.02	0.08	0.010	140
4 级	MHT-160	99.1	0.30	0.04	0.15	0.04	0.05	0.20	0.03	0.09	0.012	160
5 级	MHT-200	98.5	0.40	0.06	0.30	0.05	0.10	0.30	0.08	0.15	0.030	200

表 11-15 工业赤磷(GB 4947—2003)

项 目	指 标		
	优等品	一等品	合格品
赤磷(以P计)质量分数/%	≥99.0	≥98.5	≥97.5
黄磷(以P计)质量分数/%	≤0.005	≤0.005	≤0.010
游离酸(以 H_3PO_4 计)质量分数/%	≤0.30	≤0.50	≤0.80
水分的质量分数/%	≤0.20	≤0.25	≤0.30
细 度	供需协商		

表 11-16 稀土金属及混合物技术条件

产品名称	牌号	规格/%	技术条件/%
富铈稀土金属	XtCe45-1	99	Ce≥45,非稀土杂质<1
	XtCe45-2	98	Ce≥45,Fe<1,S<0.02,P<0.01,Si<0.07
	XtCe45-3	95	Ce≥45,Fe<1,S<0.02,P<0.01,Si<0.07
富镧混合稀土金属	XtLa40	98	La≥40,Fe<1,S<0.02,P<0.01,Si<0.07
金属镧	La-1	>99.5	Ce、Pr、Nd、Fe、Si、Ca 总量≤0.5
	La-2	>99	Fe<0.5,S<0.02,P<0.01,Si<0.07
	La-3	>98	Fe<0.5,S<0.02,P<0.01,Si<0.07
	La-4	>95	Fe<1,S<0.02,P<0.01,Si<0.07
金属铈	Ce-1	>99.5	La、Pr、Nd、Fe、Si、Ca 总量≤0.5
	Ce-2	>99	Fe<0.5,S<0.02,P<0.01,Si<0.07
	Ce-3	>98	Fe<0.5,S<0.02,P<0.01,Si<0.07
	Ce-4	>95	Fe<1,S<0.02,P<0.01,Si<0.07

11.1.1.2 几何废料

生产过程中产生的半成品和成品中的头、尾、边、角、屑等废料,称为几何废料(返回料或旧料)。

11.1.1.3 外购废料

外购的各种商业废料,称为外购废料。

外购废料中,包括从本工厂客户回收的废料、从非本工厂客户回收的废料和从国内外市场上收购的废料。

本工厂客户回收料,基本等同于本厂生产过程中产生的各种几何废料。

11.1.1.4 化学废料

化学废料,是指其化学成分不符合标准的废料。

化学废料主要来源于本工厂的生产过程中,例如化学成分不合格的铸锭以及熔炼不同合金变料过程中产生的洗炉料,即过渡料。另外,混料造成的无名复熔料,以及某些可利用的再生铜等,有时也作为化学废料使用。

11.1.1.5 中间合金

熔炼铜及铜合金时,合金元素主要以两种方式加入:

(1) 以各种纯金属或非金属元素,以及合金废料的形式直接配料和熔化,例如新金属铜、锌、锡、铅等,以及加工过程中产生的各种牌号的铜及铜合金废料;

(2) 以中间合金,即母合金形式作为原料进行配料和熔化,例如铜-磷、铜-铁和铜-铍等中间合金。

以中间合金形式作原料的所谓二步熔炼法,似乎使合金的熔炼工艺过程增多了一道工

序,提高了成本。其实不尽然,使用中间合金对合金化过程有很多益处,例如:

(1) 可以降低合金的熔炼温度、缩短熔炼时间;

(2) 可以减少合金元素的熔炼损失,提高合金元素的熔炼实收率;

(3) 有利于提高合金化学成分的稳定性和均匀性;

(4) 为某些合金的熔炼过程提供了安全保证条件。

作为中间合金,应尽可能满足以下要求:

(1) 应采用较纯金属或非金属元素作原料,尽可能提高添加元素的含量;

(2) 熔化温度低于或者接近合金的熔炼温度;

(3) 化学成分均匀,添加元素和杂质元素含量都应符合相应的标准;

(4) 中间合金铸块具有一定的脆性,可以较容易地破碎成小块。

表 11-17 所列的是冶金行业通用标准的铜基中间合金锭的成分与性质。实际上,生产某些重要用途的铜合金有时需要使用更高品位级别的中间合金。

表 11-18 所列的是熔炼铜及铜合金时常用中间合金的成分与性质。

表 11-17 常用铜中间合金锭化学成分(GB 8736—1988)

牌号	化学成分(质量分数)/%												物理性能	
	主要成分			杂质含量,不大于										
	合金元素		Cu	Si	Mn	Ni	Fe	Sb	P	Pb	Zn	Al	熔化温度/℃	特性
	名称	含量												
CuSi16	Si	13.5~16.5	余量				0.50				0.10	0.25	800	脆
CuMn28	Mn	25.0~30.0	余量				1.0	0.1	0.1				870	韧
CuMn22	Mn	20.0~25.0	余量				1.0	0.1	0.1				850~900	韧
CuNi15	Ni	14.0~18.0	余量				0.5				0.3		1050~1200	韧
CuFe10	Fe	9.0~11.0	余量		0.10	0.10							1300~1400	韧
CuFe5	Fe	4.0~6.0	余量		0.10	0.10							1200~1300	韧
CuSb50	Sb	49.0~51.0	余量				0.2		0.1	0.1			680	脆
CuBe4	Be	3.8~4.3	余量	0.18			0.15					0.13	1100~1200	韧
CuP14	P	13.0~15.0	余量				0.15						900~1020	脆
CuP12	P	11.0~13.0	余量				0.15						900~1020	脆
CuP10	P	9.0~11.0	余量				0.15						900~1020	脆
CuP8	P	8.0~9.0	余量				0.15						900~1020	脆
CuMg20	Mg	17.0~23.0	余量				0.15						1000~1100	脆
CuMg10	Mg	9.0~11.0	余量				0.15						750~800	脆

注:作为脱氧剂的 CuP14、CuP12、CuP10、CuP8、其余杂质 Fe 的含量可允许不大于 0.3%。

表 11-18 铜合金用中间合金的成分与性质

名称	符号	化学成分(质量分数)/%	熔点/℃	物理性质
铜-磷	Cu-P	8~15 磷,余量为铜	780~840	脆
铜-镁	Cu-Mg	9.7~15 镁,余量为铜	722~819	脆
铜-锰	Cu-Mn	27 锰,余量为铜	860	韧
铜-铁	Cu-Fe	3.8~20 铁,余量为铜	1091~1390	韧

续表 11-18

名　称	符　号	化学成分(质量分数)/%	熔点/℃	物理性质
铜－镉	Cu-Cd	50 镉,余量为铜	780	脆
铜－铬	Cu-Cr	3～5 铬,余量为铜	1150～1180	韧
铜－钛	Cu-Ti	28 钛,余量为铜	875	韧
铜－铍	Cu-Be	4～4.5 铍,余量为铜	900～1050	韧
铜－锆	Cu-Zr	8～15 锆,余量为铜	965～1050	韧
铜－砷	Cu-As	30 砷,余量为铜	770	脆
铜－钴	Cu-Co	10 钴,余量为铜	1110～1240	韧
铜－硅	Cu-Si	15～25 硅,余量为铜	800～1000	脆
铜－铈	Cu-Ce	15 铈,余量为铜	875～880	脆
铜－锑	Cu-Sb	50 锑,余量为铜	680	脆
镍－镁	Ni-Mg	20Mg,余量为镍	520	脆
镍－铌	Ni-Nb	15 铌,余量为镍		韧
铝－铁	Al-Fe	59 铁,余量为铝	1165～1175	脆
锌－钛	Zn-Ti	5 钛,余量为锌		韧
锌－铁	Zn-Fe	1～4 铁,余量为锌	420～530	韧
锌－铜	Zn-Cu	20 铜,余量为锌	1000	韧

11.1.2 中间合金及其制备

由于中间合金的品种繁多,制造工艺复杂,但用量一般都不大,所以并不需要所有的铜加工厂都自己制造中间合金。中间合金宜于专业化生产,集中生产,从而有利于成套装备的配置、新技术的应用和产品质量方面的保证等。

根据需要,工厂也可以生产某些制造工艺比较简单的中间合金。

为保证熔制合金的质量,中间合金多采用纯度较高的新金属为原料进行熔制。有时,熔制中间合金过程中也进行脱气或除渣精炼。

中间合金制备方法主要有熔合法、热还原法、熔盐电解法及粉末法四种。其中,前两种较为常用。

11.1.2.1 熔合法

用两种和多种金属或元素直接熔化制成中间合金的方法,称为熔合法。

根据熔合工艺不同,熔合法又分三种类型:

(1) 先熔化易熔金属,并过热至一定温度后,再将难熔金属或元素分批加入。这种工艺操作简单,热损失较小;

(2) 先熔化难熔金属,后加易熔金属或元素;

(3) 首先将两种金属分别在两台熔炉内进行熔化,然后将其混合。

熔合法工艺简单,不需要复杂的熔炼和铸造设备,因此适于大量生产。实际上,铜及铜合金用大多数中间合金,例如铜－磷、铜－镁、铜－锰、铜－铁等中间合金,通常都是采用熔合法制造的。

11.1.2.2 热还原法

热还原法亦称置换法。铝－钛和铜－铍中间合金可用这种方法熔制。

铝－钛和铜－铍中间合金,采用 TiO_2 和 BeO 作原料,分别以铝、碳作还原剂,使钛和铍从 TiO_2 和 BeO 中还原出来,分别溶于铝和铜中而成中间合金。前者称铝热还原法,后者称碳热法。

11.1.2.3 熔盐电解法

熔盐电解法可制取铝铈中间合金,其工艺为:以电解槽的石墨内衬为阳极,用钼插入铝液中作阴极,以 KCl 和 $CeCl_3$ 熔盐作电解液。将铝液加热至 850℃左右时,通电进行电解,即可制得 10%～25%Ce-Al 中间合金。当然也可用铝热法制取铝－铈中间合金。

11.1.2.4 粉末法

将两种不易熔合的金属分别制成粉末,混合压块,然后加热扩散制成中间合金。此法优点是合金元素含量高。

某些中间合金在熔铸车间的熔制方法如表 11-19 所示。

表 11-19 中间合金的熔制方法

名 称	熔炼用炉	覆盖剂或熔剂	制 作 方 法
铜－磷	坩埚炉	木炭或木炭粉、焦炭粉等	方法 A:采用赤磷为原料,需用两个坩埚。 1. 在第一个坩埚内先熔化铜,熔体表面用木炭覆盖; 2. 在第二个坩埚(预热至 60～80℃)内装入赤磷粉,并用木锤捣实,赤磷粉上面盖上 50 mm 左右厚的木炭或焦炭粉; 3. 当第一个坩埚内的铜液温度达到 1250～1300℃时,将其浇入第二个盛有赤磷的坩埚中; 4. 将盛有磷和铜的坩埚继续加热 15～20 min,直到成分均匀; 5. 捞渣后,将铜－磷合金熔体浇入模中 方法 B:采用赤磷为原料,需用两个坩埚。 1. 在第一只坩埚内熔化铜。在第二只坩埚内放入赤磷; 2. 将铜液缓缓浇入盛赤磷的坩埚中,边浇注边搅拌,直至赤磷全部熔化; 3. 捞渣后将铜－磷合金熔液浇入模中。 其他方法: 1. 铜和赤磷同时装埚一次熔化法; 2. 气化磷和铜液混合法
铜－镁	坩埚炉	32%～40%KCl, 38%～46% $MgCl_2$, 5%～8%$BaCl_2$, 3%～6%CaF_2	1. 先在坩埚炉内熔化镁,熔体表面用熔剂覆盖; 2. 分批把预热了的小块铜加入镁中并继续加热,直至铜全部熔化; 3. 搅拌熔体使其成分均匀,然后浇入模中
铜－锰	坩埚炉或中频炉	木炭、冰晶石等	1. 在木炭覆盖下,先将铜熔化; 2. 分批向铜液中加入锰,并使其迅速熔化; 3. 搅拌熔体,用冰晶石清渣,然后将熔体浇入模中
铜－铁	坩埚炉或中频炉	木炭、冰晶石等	1. 在木炭覆盖下,先将铜熔化; 2. 提高铜液温度后,分批加入铁并使其迅速熔化; 3. 搅拌熔体,用冰晶石清渣,然后将熔体浇入模中
铜－镉	坩埚炉	木 炭	需用两个坩埚: 1. 在第一个坩埚炉内先把铜熔化。熔体表面用木炭覆盖; 2. 在第二个坩埚炉(预热至 120～180℃)内加入小块镉,上面盖 50 mm 厚的碎木炭; 3. 当第一个坩埚炉内的铜液温度达到 1250℃时,将其浇入盛有镉的第二个坩埚中; 4. 搅拌熔体,成分均匀后即可浇入模中
铜－铬	中频炉 真空炉	木 炭	1. 在木炭覆盖下,先把铜熔化; 2. 当铜液温度达到 1400℃左右时,把铬加入并使其迅速熔化; 3. 搅拌熔体,成分均匀后即可浇入模中 (在真空炉内熔炼最好,真空炉内熔炼时不加木炭)
铜－锆 铜－钛	真空炉		铜和钛、锆同时装入电炉的坩埚内熔化。两种金属都熔化完毕且又搅拌均匀时,可浇入模中
铜－砷	坩埚炉	木 炭	1. 预热坩埚 1→铜＋木炭→熔化→升温至 1250℃; 2. 预热坩埚 2 至 100℃→砷＋木炭→将坩埚 1 铜水浇入→搅拌→浇注
铜－铍	电弧炉	炭 粉	炭热还原法: 10%～13%BeO＋3%～7%炭粉于球磨机中混匀并磨碎,一层铜一层 BeO 与炭粉混合料分批装入电弧炉→通电熔化→化完后停电搅拌→扒渣→冷却到 950℃→浇注

续表 11-19

名称	熔炼用炉	覆盖剂或熔剂	制作方法
铜-硅	坩埚炉 中频炉	木炭	铜+木炭→熔化→硅→搅拌→浇注
铜-锑	坩埚炉	木炭	铜+木炭→熔化→升温至1250℃→坩埚→锑→搅拌→浇注
铜-钴	中频炉 真空炉	木炭	铜+木炭→熔化→钴→搅拌→浇注 (真空炉内熔炼时不加木炭)
铜-铈	坩埚炉	木炭	铜+木炭→熔化→升温至1200～1250℃→铈(或混合稀土)→搅拌→浇注 (也可采用铜—镁中间合金的配制方法)
镍-铌	中频炉	玻璃	镍+玻璃→熔化→捞玻璃→逐根加铌→熔化后搅拌→浇注
镍-镁	坩埚炉或中频炉	氯化钾、氯化钠、氯化镁及氯化钙等	1. 先在炉内熔化镁,熔体表面用熔剂覆盖; 2. 分批把预热了的小块镍加入镁熔体中,并使其很快彻底熔化; 3. 搅拌熔体,成分均匀后即可浇入模中
铝-铁	坩埚炉或中频炉	冰晶石	1. 铝和铁同时装炉熔化; 2. 铝、铁熔化后,搅拌熔体并用少量冰晶石清渣; 3. 将成分均匀的熔体浇入模中

工艺特性及操作要点是:

(1) 铈等易烧损的元素加入基体金属时,应采用压入法。就是将加入元素放入小坩埚中,迅速将小坩埚压入基体金属,直到全部熔化。

(2) 中间合金的浇注温度,要求不太严格,一般高于熔点100～200℃即可。

(3)铝铁中间合金在大气中易碎成粉状,通常在配制铝铁中间合金时,外加3%铜以利长期保存而不粉化。

11.2 配料

11.2.1 配料的主要任务

(1) 根据合金的化学成分标准确定各种合金元素的配料比;

(2) 根据原料库存状况确定配料所使用原料种类及各种原料的比例;

(3) 确定配料所采用原料的品位;

(4) 确认配料比,按熔次进行配料;

(5) 根据计算的各种原料的数量,准确称重和装箱。

11.2.2 配料的基本原则

(1) 生产高品质产品时,应该选用高品位的金属原料。生产普通产品时,在保证质量的前提下应尽可能地选用成本较低的炉料。

(2) 在合金化学成分允许的范围内,可适当调整某些贵重金属或合金元素的配料比,以节约原材料成本。

(3) 确定合金的配料比时,应充分考虑到熔炼过程中各元素可能的熔损情况,例如熔损量比较大的合金元素,配料时应适当提高其配料比。采用废料配料时,应对某些容易熔损的合金元素进行适当的预补偿。

(4) 合金中某些难熔或易挥发、易氧化的合金元素,应选用中间合金。

(5) 配料时应该遵循新料和废料、一级料和二级料,以及大块料和小块料合理搭配的原则。

(6) 化学废料,应按其实际化学成分经严格计算,并在留有余地的情况下使用。为了确保所熔合金的化学成分,在使用化学废料的同时,一般情况下应有足够数量的新金属或高品位旧料与之搭配。在生产纯金属时,一般不使用化学废料。

11.2.3 配料比

配料比,即配料中合金各组成元素所占的

比例,通常以百分比表示。

确定配料比,应以保证合金熔体的炉前分析结果完全符合规定的标准为主要依据。

下面举例说明简单的二元合金确定配料比的计算。

例:已知H68的标准化学成分为67.0%~70.0%铜,余量为锌,锌的熔损率为3%。试确定合金的配料比。假设

(1) 熔体的最终化学成分为67.5%铜,余量为锌。

(2) 铜不熔损,故炼得100 kg的H68,只需配铜67.5 kg。

(3) 考虑到锌的熔损率为3%,为炼得100 kg的H68,需配锌 x kg。

计算:根据各假设数据之间的关系:

$$67.5\% = \frac{100 + 3\% x - x}{100} \times 100\%$$

整理得:$67.5 = 100 + 0.03x - x$

$$x = 33.51 \text{ kg}$$

即为炼得100 kg含铜67.5%,余量为锌的熔体,需配铜67.5 kg,配锌33.51 kg。

将此配料比换成百分数:

$$铜:\frac{67.5}{67.5 + 33.51} \times 100\% = 66.83\%$$

$$锌:\frac{33.51}{67.5 + 33.51} \times 100\% = 33.17\%$$

应该指出,在实际生产中确定合金的配料比时,一般不进行这样复杂的计算。而在配料时,对不易熔损的元素配料比可取标准范围的中限;对易熔损的元素配料比可取标准范围的中、上限;对个别熔损特别大的合金元素配料比有时也可超过标准化学成分范围的上限。初步确定的配料比可根据铸锭化学成分检测结果,再进行修正。

11.2.4 配料计算

例1:全部使用新金属时,合金配料的计算。试计算出每炉投料量为300 kg,并全部使用新金属时的NCu28-2.5-1.5合金的配料。假设

NCu28-2.5-1.5合金的配料比为:

Cu:28%,Fe:2.5%,Mn:2%,Ni:67.5%

计算:Cu:300×28%=84(kg)

Fe:300×2.5%=7.5(kg)

Mn:300×2%=6(kg)

Ni:300-84-7.5-6=202.5(kg)或300×67.5%=202.5(kg)

合计:300 kg

例2:新金属和旧料混合使用时,合金的配料计算。试计算出每炉投料为1500 kg,配料中使用50%新金属,其余为本合金旧料时H68的配料(对H68旧料应补偿锌1%)。假设

(1) H68的配料比为:Cu:67%,Zn:33%;

(2) 使用H68旧料时,应补偿锌1%。

计算:

配料中使用的旧料量:1500×50%=750(kg)

对旧料应补偿锌:750×1%=7.5(kg)

应再配新料:1500-750-7.5=742.5(kg)

其中配铜:742.5×67%=497.5(kg)

其中配锌:742.5-497.5=245(kg)或742.5×33%=245(kg)

即配料组成为:

H68旧料:750 kg,铜:497.5 kg,锌:252.5 kg

合计:1500 kg

例3:使用中间合金时,合金配料的计算。试计算出每炉投料量为1000 kg的QSn6.5-0.1合金配料。原料要求:磷以含13%磷的铜-磷中间合金形式使用,其余元素均用纯金属。假设

QSn6.5-0.1的配料比为:

Sn:6.7%,P:0.22%,Cu:93.08%

(1) 配料中需要的铜-磷中间合金数量为:

1000×0.22%÷13%=16.92(kg)

在16.92 kg铜-磷中间合金中,包括有:

磷:1000×0.22%=2.2(kg)

铜:16.92-2.2=14.72(kg)

(2) 需另配纯金属的数量为:

铜:1000×93.08%-14.72=916.08(kg)

锡:1000×6.7%=67(kg)

由此得配料组成为:

铜:916.08 kg,锡:67 kg,铜-磷中间合金16.92 kg

合计:100 kg

例4:使用化学废料时,合金配料的计算。当使用化学成分不合格的废料进行配料时,应同时使用适量的新金属与之搭配,以冲淡不合格的元素。计算时,先求出需要新金属的最低量,然后再计算总的配料组成。

试计算出每炉投料量为500 kg的QSi3-1合金配料。原料要求:每炉料中带入一块50 kg重的含铁为1%的本合金废料,并且尽量少用新金属。假设

(1) QSi3-1合金的配料比为:Cu:95.1%,Si:3.4%,Mn:1.5%;

(2) 使用本合金旧料配比时,应补偿Si:0.1%,Mn:0.1%;

(3) 各新金属中铁杂质的限量为:铜为小于0.005%,硅为小于0.5%,锰为小于2.5%。

计算:

首先计算若使用这块含铁1%的QSi3-1化学废料时,最低需要搭配新金属的数量。

考虑到冲淡杂质时应留有余地,因此计算时把合金中铁杂质含量控制在0.25%以下(QSi3-1标准化学成分中,铁不大于0.3%,这样50 kg化学废料将带入合金中的铁量是:

$$50\times(1\%-0.25\%)=0.375(\text{kg})$$

各新金属自身都含有一定量的铁杂质,每100 kg新金属配料中,最多可带入铁的数量是:

Cu带入:$95.1\times0.005\%=0.00475(\text{kg})$

Si带入:$3.4\times0.5\%=0.017(\text{kg})$

Mn带入:$1.5\times2.5\%=0.0375(\text{kg})$

合计:0.05925 kg

若把合金中铁杂质控制在0.25%以下时,每100 kg新金属配料可以冲淡铁的数量是:

$$0.25-0.05925=0.19075(\text{kg})$$

若把化学废料中带入的0.375 kg铁全部冲淡,至少应搭配新金属量为:

$$\frac{0.375}{0.19075}\times100=190(\text{kg})$$

实取新金属配料重量为200 kg,其中:

铜:$200\times95.1\%=190.2(\text{kg})$

硅:$200\times3.4\%=6.8(\text{kg})$

锰:$200\times1.5\%=3(\text{kg})$

对旧料中的硅和锰两元素应进行补偿,其数量为:

硅:$250\times0.1\%=0.25(\text{kg})$

锰:$250\times0.1\%=0.25(\text{kg})$

由此而得总的配料组成为:化学废料:50 kg,本合金旧料:250 kg,铜:190.2 kg,硅:7.05 kg,锰:3.25 kg

合计:500.5 kg

例5:由一种合金旧料改做另一种合金配料时的计算。在熔制主要组成元素不相矛盾的同类型合金时,较高品位的合金旧料,可以改做较低品位合金的配料。

试计算出每炉投料量为500 kg,以H96合金旧料改做H62合金配料的配料量。假设

(1) H96旧料的平均含铜量为96%,余量为锌;

(2) H62合金的配料比为Cu:61%,Zn:余量;

(3) 在H96合金旧料重熔及H62合金熔炼时,锌的熔损率为合金旧料总重的1.5%。

计算:

在500 kg H62合金的配料中,应包括:

铜:$500\times61\%=305(\text{kg})$

在500 kg H62合金配料中,能够使用H96合金旧料的最大量:

$305/96\times100=317.7(\text{kg})$

在500 kg H62合金配料中,当使用317.7 kg的H96合金旧料时,还需另配锌:

$500-317.7=182.3(\text{kg})$

另外,需要补偿锌:$500\times1.5\%=7.5(\text{kg})$

由此可得出总的配料组成为:H96合金旧料:317.7 kg,锌:189.8 kg。

欲将炉内300 kg H68合金熔体变为HPb59-1时,试求出应补加的金属料量。

解:假设

(1) 炉内H68合金熔体的平均含铜量为68.5%,余量为锌;

(2) HPb59-1合金的配料比为Cu:57.5%,Zn:41.3%,Pb:1.2%。

计算:

300 kg H68熔体中,铜的总含量是:

300×68.5%=205.5(kg)

205.5 kg 铜可构成 HPb59-1 合金的重量：

$$\frac{205.5}{57.5}\times 100=357.4(\text{kg})$$

为构成 357.4 kg HPb59-1 合金熔体，应补加：

铅：357.4×1.2%=4.3(kg)

锌：357.4−300−4.3=53.1(kg)

11.3 熔炼气氛及其选择

11.3.1 "氧化－还原"熔炼

在反射炉中熔炼纯铜时，除了采用阴极铜作为原料以外，通常还大量使用废杂铜。为了除去铜中的某些有害杂质，例如铝、锰、锌、锡、铁、砷和铅等，需要在铜熔化以后进行"氧化－还原"精炼。

11.3.1.1 氧化精炼

氧化过程通常是以直接向铜液中吹送压缩空气的方式进行。

进入铜液中的氧首先与铜结合生成氧化亚铜 Cu_2O，然后依据各杂质元素与氧亲和力的大小先后发生化学反应，生成各种氧化物并进入熔渣中。

在氧化过程中，铜液中的氢和硫等亦可被去除，生成的气态产物水蒸气和二氧化硫从铜液中逸出。

11.3.1.2 还原精炼

还原过程通常是以向铜液中直接插木或吹送重油、木屑、炭粉等方式进行。

还原的作用是：除去铜液中气体，还原铜液中的多余的氧化亚铜。

正确的控制还原终点对保证铜液质量是非常重要的。当高温下铜液中氧的含量降低到一定极限时，氢的溶解度将可能急剧增加，造成熔体再次吸气。

11.3.2 还原性熔炼

还原性熔炼，是感应电炉熔炼铜、高铜合金和白铜时常采用的熔炼方式。

还原性熔炼气氛，可通过熔体表面覆盖固体碳质材料，或以还原性气体介质的保护的方法实现。

木炭和一氧化碳气体是被广泛采用的介质。炭黑、石墨粉、米糠、稻壳等也是可以利用的覆盖剂材料。不过，熔炼铜采用米糠作为覆盖剂时，须注意防止磷的增高现象。

11.3.2.1 木炭覆盖

A 木炭

表 11-20 为国家林业部门颁发的木炭标准。木炭分为三种，即硬阔木炭、阔叶木炭和松木炭。国外经常推荐一种名为山毛榉的优质木炭。

表 11-20 木炭的技术条件(LY—80)

指标名称	硬阔木炭		阔叶木炭		松木炭	
	特级	一级	一级	二级	一级	二级
全水分/%，≤	7	7	7	7	7	7
灰分/%，≤	2.5	3.0	3.9	4.0	2.0	2.5
固定碳/%，≥	86	82	80	76	75	70
小于 12 mm 的颗粒/%，≤	5	5	6	8	6	8
炭头及其他杂物/%，≤	1	3	1	3	1	3

木炭的主要成分为碳。作为覆盖剂用的木炭，其中的硫、磷等杂质含量应该比较低。

作为覆盖剂使用的木炭应仔细挑选，须将未完全烧透的夹生木炭及混入的树枝树皮、杂草、泥土、碎炭末等挑出。作为覆盖剂用的木炭的块度，一般应大于 40 mm。

虽然标准中规定水分不能大于 7%，实际上由于运输、贮存等条件限制，有时木炭的实际含水量最高时甚至超过了 20%，显然市购木炭是不能直接用做覆盖剂使用的。

B 木炭煅烧(干馏)

木炭中含有的主要气体有氮、氧、碳氢化合物和水汽等。高温下，大部分气体都可以析出，这对于铜及铜合金的熔炼是非常有害的。

图 11-1 所示为高温下从木炭中可能析出的气体以及气体析出与温度之间的关系。

煅烧木炭的方法：将挑选好的木炭装入煅烧筒中，在封闭条件下将煅烧筒放到火焰加热炉或电炉中。随着温度不断升高，木炭中的水分及气体不断地逸出。木炭煅烧温度应保持在800～900℃之间为宜,煅烧时间不少于4 h。

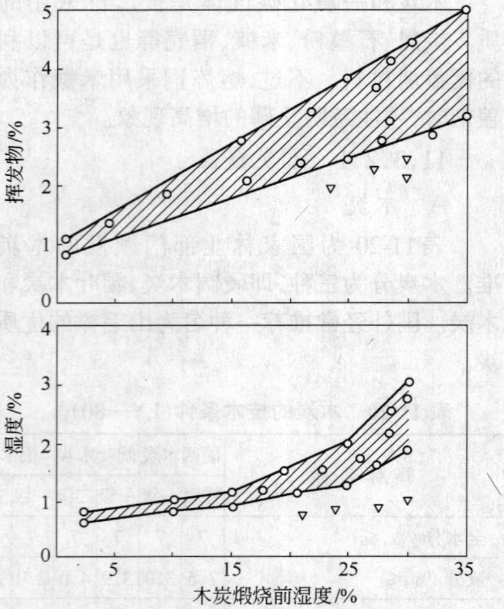

图 11-1 木炭中的气体

煅烧过的木炭仍然需要密封,以防高温木炭在与空气接触时燃烧和重新吸气。煅烧过的木炭,在现场存放时间不宜过长。

C 木炭覆盖

以碳为主要成分的木炭,具有对熔体保温、防止吸气和脱氧多种作用,还有利于减少某些合金元素的蒸发、氧化等熔炼损失,是一种非常适宜铜及铜合金熔炼用的固体覆盖剂。

木炭覆盖层应该具有一定的厚度,而且需要定期更新。决不允许用未经煅烧的潮湿木炭作为覆盖剂。

在熔炼紫铜时,也可以用米糠、麦麸和干馏稻壳等材料作为覆盖剂。

米糠等在熔池表面燃烧时,能够从炉气中夺取大量的氧,从而降低炉气中的氧,燃烧后形成的碳质颗粒物成为熔体覆盖剂。此外,米糠中还含有微量的磷和钾等,同时具有一定的脱氧和改善熔体流动性等作用。

D 炭黑及石墨粉覆盖

炭黑及石墨粉的主要成分也是碳,因此亦可作为铜及铜合金熔炼覆盖剂。

烟灰和石墨粉都呈粉状,可严密覆盖熔体表面,同样具有保温、防止氧化及避免吸气等作用,只是其活性略有逊色。与木炭一起使用时,可填充木炭之间的缝隙,进一步严密覆盖熔体。例如在中频感应电炉中熔炼铬青铜时,在熔体表面用烟灰覆盖的情况下加入金属铬,可有效减少铬的熔损。生产无氧铜时,熔体表面也可采用木炭与烟灰共同覆盖,对防止高温熔体吸气、保证熔体质量都非常有利。

11.3.3 敞开式熔炼

敞开式熔炼,即熔炼过程中金属熔池完全是敞开的,不使用任何介质保护。

铝青铜、硅青铜、铍青铜等,可采用此种熔炼方式。熔炼过程中,熔池表面的由三氧化二铝(Al_2O_3)、二氧化硅(SiO_2)以及氧化铍(BeO)等构成的氧化膜,可以有效地保护熔池内部熔体免受氧化和吸气。

不过,由于铝、硅和铍等元素自身都是铜合金良好的脱氧剂,在熔体得到良好脱氧的情况下,必须注意防止氢的吸入。

11.3.4 熔剂保护及精炼

11.3.4.1 熔剂分类

使用熔剂的主要目的是为了防止熔体氧化和吸气。有些熔剂同时兼有清渣、精炼的作用,

熔剂材料的基本条件:

(1) 必须经过脱水处理;

(2) 熔点低于合金的熔点,先于炉料熔化并成为熔体的保护层;

(3) 密度小于熔体密度,熔化后能浮在合金液体的表面上;

(4) 具有适宜的黏度和表面张力。既能形成连续的保护层,又容易与熔体分离;

(5) 尽可能不与炉衬起化学反应,但能很好地润湿炉衬;

(6) 不含有有害气体和杂质;

(7) 资源丰富,价格便宜,而且便于保存。

覆盖于金属熔池表面的熔剂,按照状态大致可以分为三类:

(1) 在熔化期间，熔剂基本仍保持其固体状态。显然，此种情况下不能完全阻止低挥发点和易氧化合金元素的挥发、氧化和减少熔炼损失。

(2) 在低温时熔化，在熔炼期间又重新凝结成块。很多情况下重新凝固是由于失去结晶水的结果。实际上，此种情况下亦不可能完全阻止低挥发点和易氧化合金元素的挥发、氧化和减少熔炼损失，而且渣中还容易包裹金属。

(3) 在整个熔炼过程中，熔剂一直保持液体状态。例如硼砂、硅酸盐、玻璃等。低黏度的液态熔剂层覆盖于整个熔池表面，形成了有效阻止合金元素挥发的有效屏障。同时，密度较大的金属颗粒可以返回到熔池中。

按照实际应用性质，亦可将上述熔剂分成两个大类，即保护型熔剂和精炼型熔剂。

玻璃和硅砂之类，属于纯保护型熔剂，无精炼作用。

精炼型熔剂中，多为金属及碱土金属的氯盐或氟盐。例如：氯化钠、碳酸盐、氟化钠、萤石、冰晶石，以及苏打(碳酸钠)、硼砂和硅砂等物质中的一种或几种的混合物。熔剂除起到保护作用外，同时具有精炼熔体或清渣的作用。

按熔剂化学性质可分为酸性、碱性和中性熔剂。

表 11-21 所示为某些常用的覆盖剂及熔剂材料的物理性质。

表 11-22 所示为某些常用的铜合金覆盖和精炼用熔剂配方及用途举例。

表 11-21 铜及铜合金用熔剂及熔剂材料的物理性质

序号	名称	化学式	密度/$g\cdot cm^{-3}$		温度/℃	
			固态	液态	熔点	沸点
1	氯化钙	$CaCl_2$	2.15	2.06	744	>1600
2	氯化镁	$MgCl_2$	2.18		715	1418
3	氯化锌	Zn_2Cl_2	2.91		365	732
4	氯化钠	NaCl	2.17	1.55	805	1439
5	氯化钾	KCl	1.99	1.53	772	1500
6	萤石	CaF_2	3.18		1378	2450
7	氟化镁	MgF_2	2.47		1396	2240
8	氟化锌	ZnF_2	2.61		734	
9	氟化钠	NaF	2.77	1.95	992	1605
10	氟化钾	KF	2.48	1.91	860	1505
11	硼砂	$Na_2B_4O_7$	2.37		741	1575(分解)
12	冰晶石	Na_3AlF_6	2.95	2.09	995	
13	光卤石	$KCl\cdot MgCl_2$		1.5	487	
14	硅砂	SiO_2	2.62		1710	2250
15	苏打	Na_2CO_3	2.5		851	960(分解)
16	碳酸钙	$CaCO_3$	2.9			825(分解)
17	木炭	C	2.35		4700	
18	玻璃	$Na_2O\cdot CaO\cdot 6SiO_2$	2.5		900~1200	

表 11-22 铜合金覆盖和精炼用熔剂配方及用途举例

序 号	适用合金	用 途	熔剂材料名称及配比/%
1	铜及铜合金	精 炼	冰晶石 40,食盐 60
2	铜及铜合金	精 炼	碳酸钙 55,食盐 30,硅砂 15
3	青铜、白铜	精 炼	苏打 50,冰晶石 50
4	锡青铜、硅青铜	精 炼	萤石 50,冰晶石 20,硼砂 10,氧化铜 20
5	锡青铜、硅青铜	精 炼	萤石 33,苏打 60,冰晶石 7
6	青铜、白铜	精 炼	萤石 50,碳酸钙 50
7	青铜、白铜	精 炼	萤石 33,碳酸钙 42,冰晶石 25
8	青铜、白铜	精 炼	硼砂 60～70,玻璃 30～40
9	铬青铜	覆 盖	玻璃 50,苏打 25,冰晶石 25
10	氧化性熔剂	脱 硫	玻璃 40,苏打 20,萤石 10,硅砂 20,氧化锰 10
11	氧化性熔剂	脱 硫	硅砂 20,苏打 20,氧化铜 30,氧化锰 30
12	铝青铜	精 炼	冰晶石 80,氟化钠 20
13	铝青铜	精 炼	冰晶石 50,萤石 15,食盐 35
14	黄 铜	精 炼	硅砂 54,苏打 40,冰晶石 6
15	铜合金	覆盖精炼	玻璃 60,冰晶石 10,食盐 15,氟化钠 15

11.3.4.2 熔剂保护熔炼

A 保护型熔剂应用

玻璃属于纯保护型熔剂。玻璃熔点为 900～1200℃,性能稳定,吸附性很低,与有色金属一般不产生化学反应,也不易吸收空气中的水分及气体。高温下,熔融的玻璃层将熔池表面覆盖,将熔体与炉气完全隔开。

熔炼某些青铜或白铜时,可以选择熔融玻璃作为覆盖剂。

使用熔融玻璃作为覆盖剂时,可掺入适量的冰晶石或苏打、硼砂等物质,以形成熔点低、流动性好的复合硅酸盐,从而有利于调节覆盖层的黏度。无论是玻璃还是冰晶石、硼砂、苏打等物质,都应进行干燥或脱水处理,以保证其不含水分。

玻璃覆盖的缺点是覆盖物熔点高,黏度大,不利于搅拌、捞渣等炉前操作,且增大金属损耗。同时,从熔体中析出来的气体也不易穿过覆盖层逸出。因此,使用熔融玻璃作为覆盖剂时,覆盖层不宜过厚,以免因导热性能差而凝结生壳,影响覆盖效果。

玻璃型覆盖剂的应用举例见表 11-23。

表 11-23 玻璃型覆盖剂的应用

合金牌号	覆盖剂组成/%
QCr0.5	脱水硼砂 60～70;玻璃 40～30 玻璃粉 50;苏打粉 25;冰晶石 25
BMn40-1.5	玻璃粉 60;萤石粉 15;氧化钙 25

B 精炼型熔剂的应用

采用精炼型熔剂的主要目的是:

(1) 采用氧化性熔剂精炼,可以除去铜液中某些杂质,例如硫;

(2) 采用还原性熔剂,例如采用石蜡熔剂可以使铜和含铝的铜合金熔体充气沸腾;

(3) 采用碱性熔剂,例如采用碳酸钠熔剂可以溶解产生于氧化性熔融物中的氧化锌(ZnO)或氧化铝(Al_2O_3)等;

(4) 采用酸性熔剂,例如采用硼砂、硅砂等可以用来除去合金中的碱性和中性氧化物。

(5) 中性熔剂,例如碱金属及碱土金属的氯盐或氟盐,有时可兼有覆盖、除气、精炼和变质等作用。

由于在铜及铜合金熔体中产生的金属氧化物几乎都属于碱性的,故这些氧化物可以通过酸性渣(例如采用石英砂或硼酸等材料造渣)排出。当两者的分子结构和化学性质相似时,在一定温度下可以互溶,或者化合成低熔点的盐。熔渣和金属氧化物生成的盐的液相线温度至少应该比金属或合金的熔体浇注温度高100℃以上,并且具有较强的反应能力。

熔炼铜合金时,碱性氧化物和酸性溶剂,或酸性氧化物和碱性溶剂,在一定温度下可以相互作用而形成体积较大、熔点较低,且易于与金属分离的复盐式炉渣。由于多数渣的密度都比铜熔体低,因此容易从熔池表面除去。

11.3.5 真空熔炼和电渣重熔

11.3.5.1 真空熔炼

真空熔炼,是指在相对于大气压力小得多的气氛下进行的熔炼。

在小型真空感应电炉中熔炼铜及其合金时,通常采用石墨坩埚炉衬,因此可以免受其他耐火材料对熔体的污染,同时也可充分利用碳的良好脱氧作用。

真空熔炼具有以下特点:

(1) 可以避免合金元素的氧化损失和吸气,而且有利于熔体中气体的析出;

(2) 不用任何覆盖剂,不仅熔体免受污染,甚至在某种程度上可以提高纯度;

(3) 有利于提高金属材料的某些力学或物理性能。

真空熔炼的缺点是可造成某些沸点比较低、蒸汽压力较高的合金元素的大量挥发损失。此时可以采用先抽真空,然后向熔室中充以某种惰性气体,例如充以氩气的方式进行熔炼。

真空熔炼的主要工艺条件和参数包括:炉衬材料、真空度、熔室气氛的选择,以及装料及熔化顺序、精炼方式、温度控制方式等。多数装置中,真空熔炼炉的炉体和真空铸造装置安装在同一真空室中,即铸造亦在真空下进行。

真空熔炼受设备能力限制,适合于小批量生产某些纯度比较高,或者合金中含有某些极易氧化元素的高铜合金、铜镍合金。

11.3.5.2 电渣重熔

电渣重熔,是指首先将初步合金化的合金熔体制成棒状锭坯即自耗电极,然后进行再次精炼的一种特殊的二次熔炼方法。

电渣重熔过程中,自耗电极即是电渣重熔的原料,水冷金属坩埚同时也是结晶器。通过电弧及渣料的电阻热熔化自耗电极,熔体通过熔渣时得到精炼,然后熔体在水冷结晶器中凝固结晶。

电渣重熔,不仅有利于提高纯度和保证化学成分的稳定,同时可以减少熔体中的气体含量和某些杂质元素的含量,而且由于同时采用了相当于无流浇注的水冷模铸造方式,因此获得的铸锭结晶组织亦比较致密。

电渣重熔过程的质量,实际上是通过熔渣即熔剂对熔体进行过滤和精炼的质量。

电渣重熔所用的渣料,应具备以下条件:

(1) 熔渣具有较高的比电阻,有利于渣中的电热交换过程,从而产生足够的热量。

(2) 具有与熔体相适宜的熔点和沸点。较低的熔点有利于提高渣的流动性,较高的沸点有利于避免挥发现象。

(3) 具有良好的脱氧、排气以及吸附、去硫及其他夹杂物的作用。

电渣重熔所用渣料分为起熔渣料(有的称引弧渣或引燃渣、导电渣)和工作渣料两种。前者在开始引弧即起熔期间使用,需要在熔炼前炼好。后者在正常工作即整个重熔精炼期间使用,需在使用前仔细烘烤。

氟化钙粉、三氧化二铝等,是铜合金重熔精炼时被广泛选择的熔渣材料之一。

11.4 熔炼及熔炼损失与污染

11.4.1 装料及熔化顺序

在铜及其合金熔炼时,采用合理的装料及熔化顺序,一是可以保证熔体的化学成分合格,减少吸气机会;二是可以加快熔化速度,减少金属的熔炼损失,提高劳动生产率。

装料及熔化顺序原则:

(1) 炉料中比例最大的金属,应首先装炉熔化。

(2) 炉料中易蒸发、易氧化的合金元素,如镉、锌、铬等，一般应该最后装炉熔化。

(3) 合金化过程中将有较大热效应的金属，不应单独加入。例如，若将铝单独加入到铜液中时，由于铝和铜熔合时放出大量的热，可以使熔体局部温度升高200℃以上，结果可能引起熔体的大量吸气和金属的严重烧损。如果在向铜液中加铝的同时加入一定数量其他炉料，例如铜或高熔点的镍、铁等，即可避免熔体的过热现象。因此，熔炼此类合金时，通常预先留下一部分固体料，作为冷却料。熔炼铝青铜时多以铜作冷却料，其数量可为铜总量的三分之一。

(4) 熔点高于合金熔炼温度的某些元素，应通过溶解的办法使之熔化，不必将熔化温度提高到熔点较高的合金元素的熔点。例如熔炼熔点为1170～1230℃的B30时，采用在铜液中溶解镍的办法，熔炼温度1300℃左右就可以使镍全部熔化。但是，若采用先熔化镍的办法，由于镍的熔点为1453℃，所以必须把炉温提高到1453℃以上才行。同样，熔炼比铜熔点高的铁、锰、硅、铬等合金元素时，都应该采用此法。

(5) 能够减少熔体大量吸气的合金元素，应先加入炉内熔化。例如在熔炼硅锰青铜时，若将硅和锰两种元素先熔在起熔体中，所得合金熔体的含气量就可以大大降低。

(6) 为了安全生产，加料及熔化时还要注意以下几点：

1) 熔炼黄铜时，应采取低温加锌和逐块加锌的原则。高温加锌可能引起锌的剧烈沸腾和大量熔损。当大量锌集中加入到铜液中时，要吸收大量的热，结果可能导致周围熔体急剧降温，甚至会造成熔池的局部表面凝固现象。此刻，如果熔池深处仍有大量锌蒸气继续产生，当具有一定压力的锌蒸气冲破凝壳时，立刻能造成铜液的喷溅。

2) 较大块炉料，应在先加入一定数量的小块料后再装炉，以防引起金属液的喷溅和砸坏炉衬。

3) 屑料应在炉内始终保持有一定数量的熔体的情况下加料和熔化，并且在熔化过程中应及时搅拌、捞渣，以防炉料搭桥和损坏炉衬。

4) 含有油、水或乳液等潮湿的炉料不能直接装炉熔化。因为湿炉料将会引起熔体大量吸气，严重者甚至会引起“爆炸”事故。

11.4.2 熔炼损失

熔炼过程中的金属损失，主要是指挥发、氧化损失和扒渣过程中的机械损失。

避免与减少熔炼损耗的途径主要有以下几个方面：

(1) 合理选择熔化炉的炉型：

1) 工频有铁心感应电炉熔池表面积较小，熔炼纯铜时的熔炼损失约为0.4%～0.6%。而反射炉熔炼时，不仅氧化性气氛会加大熔炼损失，同时熔池表面积也较大，熔炼损失可达0.7%～0.9%。

2) 无铁心工频感应电炉，由于具有强烈的熔体搅拌功能，则有利于加快细碎的炉料熔化速率，同时有利于减少细碎炉料熔化过程中的烧损。

(2) 尽可能地实行快速熔炼：

1) 合理的原料加工，包括大块原料的破断加工，以及干燥、打包或制团等，保证投炉料的装料密度。

2) 预热炉料等。

3) 采用合理的装料与熔化顺序，包括在感应电炉内熔炼时保持必要的起熔体数量。

4) 尽量减少打开炉门次数，保证炉子始终保持在较高功率下运行。

(3) 合理选择和控制炉子气氛：

1) 尽可能地避免采用强氧化气氛熔炼；

2) 熔炼含有易氧化损失元素的合金，例如熔炼铬青铜时，可选用熔剂覆盖或采用真空熔炼等具有良好保护的方式进行熔炼。

3) 避免频繁搅拌熔体。

(4) 合理控制炉温和减少扒渣过程中的机械损失。在保证金属熔体流动性及精炼工艺要求的条件下，应尽可能地采用较低的熔炼温度；避免长时间在高温下保温等。

(5) 尽可能地采用连续熔炼作业方式，不轻易更换熔炼的合金品种。

11.4.3 熔炼吸气

在加热和熔炼过程中，固态和液态金属都有一定的吸收氢、氧等气体的能力。

以吸附、溶解和化合状态存在于金属中的气体，对金属及合金的性能和铸锭质量有不良影响。合金中的氢是铸锭产生气孔、疏松、板带材起泡及分层的主要原因。材料中的氧和氮及其化合物夹杂，会恶化材料的工艺和力学性能。因此，熔炼的主要任务之一就是脱除溶解于金属熔体中的气体。

11.4.3.1 熔体中的气体

气体在熔体中的三种存在形态：固溶体、化合物和气孔。

气体和其他元素一样，多以原子状态溶解于金属晶格内，形成固溶体。超过溶解度的气体及不溶解的气体，则以气体分子吸附于固体夹渣上，或以气孔形态存在。若气体与金属中某元素间的化学亲和力大于气体原子间的亲和力，则可与该元素形成化合物。

在熔炼过程中，最常与金属熔体接触且危害较大的化合物气体是水蒸气，其次是 SO_2，另外还有 CO、CO_2 等。水蒸气与金属反应产生的氢和氧易于为金属所吸收。SO_2 能与铜、镍及铁等反应，使金属中的含硫量和含氧量增加。

无论是分子气体还是化合物气体，都不能直接溶解于金属熔体中。

11.4.3.2 气体的来源

在熔炼过程中，熔体中的气体主要来源于炉料、炉气、炉衬、辅助材料、工具等带入的水分和碳氢化合物。

A 来自炉料本身的气体

在熔炼铜及其合金时，配料中使用的阴极铜、电解镍等新金属，其本身大都含有一定数量的气体。例如，阴极铜中氧含量多在 0.004%～0.0166%之间。此外，阴极铜表面附着的铜豆、铜绿($CuSO_4 \cdot 5H_2O$)等，在高温下也可产生气体。

某些金属及合金的加工废料，其表面大都附有油、乳液、水分等。外来废料也有水垢、腐蚀物及锈层等。特别是在露天堆放和潮湿季节，炉料表面容易吸附一定的水分。

上述各种炉料，在与高温熔体直接接触时，熔体极容易吸收气体。

B 来自炉气的气体

非真空熔炼时，炉气是金属中气体的主要来源之一。炉气的成分因所用燃料和燃烧情况的不同而异。如煤气、氮气和空气中的氮、氧、一氧化碳、水分及碳氢化合物，以及燃烧产物一氧化碳、二氧化碳、二氧化硫和水蒸气等。高温下，这些气体与铜液之间的作用关系如表 11-24 所示，其中有许多气体被铜液直接或间接地吸收了。

表 11-24 某些气体与铜液之间的作用

气体	符号	气体与铜液之间的作用
氮	N_2	氮对铜呈惰性(即中性)，不溶于铜液，对铜液没有坏的作用
氢	H_2	原子状态的氢可大量溶于铜液中，且有害
氧	O_2	氧与铜之间的化学反应产物 Cu_2O 可溶于铜液中，有害
一氧化碳	CO	一氧化碳与铜液中的氧化亚铜可发生下列反应： $CO + Cu_2O = 2Cu + CO_2$ 使铜液中的 Cu_2O 含量减少。气态产物 CO_2 易从铜液中逸出
二氧化碳	CO_2	二氧化碳与铜之间不直接发生反应
二氧化硫	SO_2	二氧化硫与铜之间可发生下列化学反应： $SO_2 + 6Cu = 2Cu_2O + Cu_2S$ 进入铜液中的氧化亚铜和硫化亚铜都有害

C 熔剂

许多熔剂都带有水分，其中有些(如木炭、米糠等)含有吸附的水分，有些熔剂(如硼砂等)本身带有结晶水。这些水分在熔炼过程中都容易被熔体吸收。

D 来自其他方面的气体

若炉衬未经充分烘干(新炉更不易烘干)，或操作工具潮湿，或辅助材料如覆盖剂或保护气体等未经脱水处理，当其与熔体接触时，蒸发出来的某些气体将很容易被熔体吸收。

11.4.4 杂质元素的积累

11.4.4.1 混料

混料是直接造成金属或合金中杂质高，以致发生化学废品的主要原因。

11.4.4.2 从炉衬材料中吸收杂质

熔炼过程中，当高温熔体中某些元素与炉衬之间发生某些化学反应，而且反应产物又能被熔体吸收时，则会造成金属或合金熔体中相应杂质元素的含量增高。

感应电炉的炉衬材料多是由氧化硅、氧化铝以及氧化镁等氧化物所组成的。高温下，这些氧化物究竟能否与熔体中某些元素发生化学作用，除了与氧化物的自身性质有关外，还与熔体中某些元素对氧的亲和力大小有关。

由于铝和镁对氧的亲和力都比硅对氧的亲和力大，即氧化铝和氧化镁都比氧化硅稳定，因此用高铝砂和镁砂制造炉衬时，炉衬材料不易与熔体发生化学作用；而用硅砂制造炉衬时，熔体与炉衬材料之间发生化学作用的可能性就较大。例如，在硅砂炉衬中熔炼铝青铜时，由于铜液中的铝与硅砂之间发生化学反应：

$$4Al + 3SiO_2 = 2Al_2O_3 + 3Si \qquad (11\text{-}1)$$

结果炉衬被侵蚀，从硅砂中还原出来的硅可被铜液吸收。炉温越高，上述反应越容易进行。实践表明，在酸性炉衬的工频有芯感应电炉内熔炼铝青铜时，由于熔沟中的熔体温度过高而造成的含硅量过高的废品有时达10%以上。

为防止熔体与炉衬之间发生化学作用，除应尽可能地降低熔炼温度以外，主要还应根据所熔制的金属或合金化学性质不同，分别选用不同性质的炉衬材料。紫铜、黄铜、硅青铜、锡青铜等宜在硅砂炉衬中熔炼；铝青铜和低镍白铜宜在高铝砂炉衬或镁砂炉衬中熔炼；熔点较高的合金宜在镁砂炉衬中熔炼。

在真空高温下熔炼化学活性强的钛、锆等金属时，它们几乎能与所有耐火材料反应而吸收杂质。只有用水冷铜坩埚代替耐火材料坩埚，才解决了炉衬污染金属的问题。

11.4.4.3 从炉气中吸收杂质

使用含硫的煤气或重油燃料时，在加热和熔炼铜、镍的过程中，就可使下列反应向右进行而增硫：

$$2Cu + S = Cu_2S \qquad (11\text{-}2)$$

$$3Ni + S = Ni_3S \qquad (11\text{-}3)$$

即使吸收微量的硫，其危害性也是非常明显的，如含硫0.0012%以上的镍锭热轧即裂。

11.4.4.4 从覆盖剂材料中吸收杂质

若覆盖剂选用不当，不仅没有精炼作用，有时甚至会得出相反的结果，即覆盖物中某些元素可能通过物理或化学作用而进入熔体，使其杂质增加。在中频感应电炉中熔炼普通白铜时，如果采用木炭做覆盖剂，且熔炼温度较高，同时又大量使用多次往返过的旧料，那么，由于多次吸收碳及其积累的结果，最终可能因含碳过高而报废。而且当合金含碳量超过其溶解度时，结晶过程中碳就会以石墨形态沿晶界析出，导致合金轧制困难。

此外，在米糠及麦麸等物覆盖下熔炼的紫铜，亦明显发现随着重熔次数的增加，其中的磷含量也随之增高。

因此，在选用覆盖剂时，除应考虑到覆盖效果以外，还应充分注意到某些覆盖剂可能污染熔体的情况。

11.4.4.5 添加剂残余及其积累

在熔炼多数铜及其合金时，大都需要向熔体中加入一定数量的脱氧剂、变质剂等添加物，当旧料多次被往返使用时，对这类添加剂的残余量及其积累情况必须引起注意。

(1) 大量使用多次往返过的旧料时，脱氧剂的用量应适当减少。例如，全部使用旧料做炉料时，可把脱氧剂的用量减去一半(与全部使用新料做炉料时相比)。

(2) 熔炼某些对化学成分要求比较严格的金属或合金时，可采用多种脱氧剂，即复合脱氧的办法。例如，单用镁做B19合金的脱氧剂时，镁的用量为投料量的0.04%；若用镁、锰两种元素进行复合脱氧时，则其中镁的用量为投料量的0.03%。

(3) 当发现旧料中某些脱氧剂的残余量有所积累，且已显出危害作用时，应立即停用原来的脱氧剂，而改用其他元素作为脱氧剂。例如，长期用磷脱氧的紫铜，待其旧料中磷杂质已积累到一定程度之后，可改用镁或其他元素作为脱氧剂；长期用硅脱氧的白铜，待其旧料中硅杂质已普遍增加时，可改用镁或钛等另外一些元素作为脱氧剂。

11.4.4.6 变料与洗炉的影响

在同一熔炼炉内，先后熔炼化学成分不同的金属或合金时，中间需要变料。

变料前，如果炉内残留的熔体或炉壁上粘结的残料、残渣过多时，那么在变料后的最初几个熔次中，就有可能发生杂质明显增加的现象。为了避免此类现象发生，在变料时应进行洗炉。洗炉就是用纯净的金属熔体清洗炉衬。对工频有芯感应电炉来说，由于炉内熔体不能全部倒尽，因此其变料过程较为复杂。一般的方法是：尽量将炉内熔体倒出，然后投一炉或数炉紫铜料将起熔体中某些元素冲淡至要求范围内。

在大型熔铸车间里，可根据所熔金属及合金的化学成分不同，分别固定在专门的炉子中熔炼。例如，紫铜和各种简单黄铜可固定在工频有芯感应电炉内熔炼；化学成分复杂、产量不大的各种青铜和白铜等，应该在坩埚式感应电炉内熔炼，因为这类炉子的洗炉和变料比较方便。

11.5 除气精炼

为获得含气量低的金属熔体，一方面要精心备料，严格控制快速熔化，采用覆盖剂等措施以减少吸气；另一方面必须在熔炼后期进行有效的除气精炼，使溶于金属中的气体降低到尽可能低的水平。

气体从金属中脱除的途径有三：一是气体原子扩散至金属表面，然后脱离吸附状态而逸出；二是以气泡形式从金属熔体中排除；三是与加入金属中的元素形成化合物，以非金属夹杂物形式排除。这些化合物中除极少数（如 Mg_3N_2 等）较易分解外，大多数不在金属锭中产生气孔。

当铜合金中含有一定数量的锌、铝、硅等一类对氧有较大亲和力的元素时，由于这些元素本身就是良好的脱氧剂，因此合金中可能存在的主要气体是氢，而不会是氧。

溶解于金属中的气体，在铸锭凝固时析出来最易形成气孔。经分析，这些气孔中的气体主要是氢气，故一般所说的金属吸气，主要是指吸氢。金属中的含气量，也可近似地视为含氢量。除气精炼就是从熔体中除氢。

11.5.1 氧化除气法

氧化除气法是利用铜液中的氢和氧之间有一定比例关系的原理，有意识地使铜液中的含氧量增加，以降低氢的含量。凡氧化物能熔于金属中、最后又能脱氧的金属，均可采用氧化除气法。如在大气下熔炼铜、镍时，氧化生成的 Cu_2O 和 NiO 分别溶于铜和镍液中，增高含氧量即可相应降低铜、镍中的含氢量。

当向熔体中鼓入氧时，大量的铜将被氧化：

$$4Cu + O_2 = 2Cu_2O \qquad (11\text{-}4)$$

生成的氧化亚铜溶于铜液中。随后，氧化亚铜又与铜液中的氢发生反应：

$$Cu_2O + H_2 = 2Cu + H_2O(\text{水蒸气})\uparrow \qquad (11\text{-}5)$$

结果铜被还原，水蒸气从熔体中逸出。当上述两个反应能够连续不断地进行时，铜液中的氢将不断减少。

氧化铜液的方法：用风管直接向熔池深处吹送氧和氮的混合气体；吹送压缩空气；采用氧化性熔剂等。在氧化铜液的过程中，应不断从熔体中取样检查熔体被氧化的程度，当认定铜液中的含氧量已达到要求时，应立即停止氧化。另外，经氧化处理过的铜液，出炉前应该对铜液进行脱氧处理，以除去铜液中多余的氧化亚铜。

11.5.2 沸腾除气法

沸腾除气法是利用金属本身在熔炼过程中产生的蒸气泡内外气体分压差来除气的。这是在工频感应电炉熔炼高锌黄铜时常采用的一种特殊方法。

黄铜中锌的蒸气压高，且随温度的升高而增加，沸点只有 907℃。含锌高的黄铜受其影响，也有较高的蒸气压，而且黄铜的沸腾温度随含锌量的增加而降低(图 11-2)。

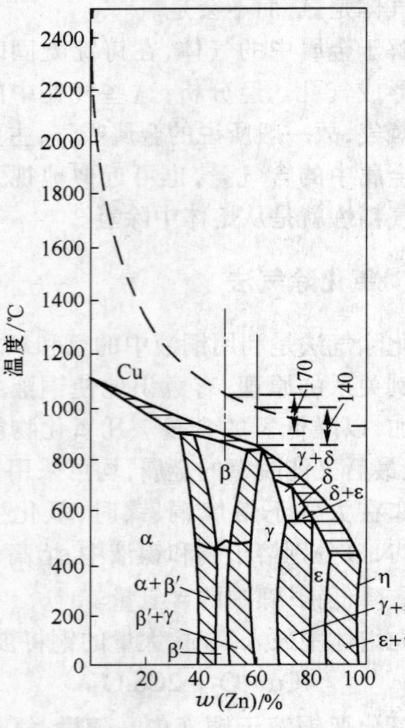

图 11-2 Cu-Zn 沸点与成分的关系

在工频有芯感应电炉中熔炼黄铜时，熔沟部分温度高，形成锌蒸气泡随即上浮，由于熔沟上部的金属液温度低，在气泡上浮过程中，可能有部分蒸气泡冷凝下来，只有那些吸收了氢以及来不及冷凝的蒸气泡，才能顺利逸出熔池。随着熔池温度升高，金属蒸气压也逐渐增大。当整个熔池温度升高到接近或超过沸点时，大量蒸气从熔池喷出，形成“喷火”现象。这种喷火程度越强烈，喷的次数越多，则熔体中的氢进入蒸气泡也越多，除气效果就越好。由于蒸气泡自下向上分布较均匀，所以沸腾除气的效果较好，一般喷火 2～3 次即可达到除气的目的。此现象还可作为工频有芯感应电炉熔炼时出炉的标志。

含锌低于 20% 的黄铜，不能利用沸腾除气。

沸腾除气的缺点是低沸点元素(如锌等)的熔炼损耗较大。

11 5.3 惰性气体除气法

用钢管将氮气、氩气等通入金属熔体时，气泡内的氢气分压为零，而溶于气泡附近熔体中的氢气分压远大于零，基于氢气在气泡内外分压力之差，使溶于熔体中的氢不断向气泡扩散，并随着气泡的上升和逸出而排到大气中，从而达到除气的目的。图 11-3 为气体除气示意图。

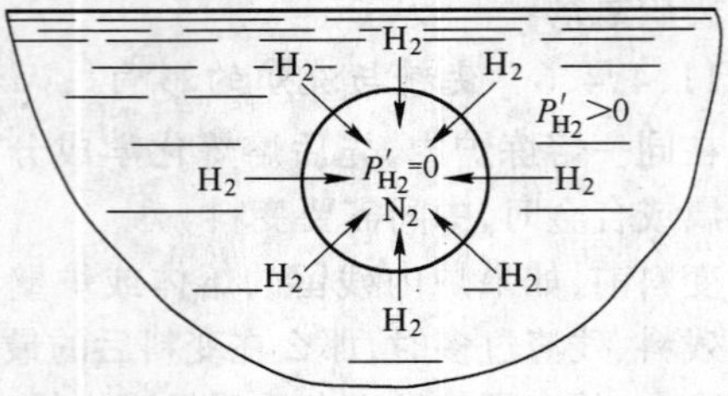

图 11-3 气体除气示意图

气泡越小，数量越多，对除气是有益的。但由于气泡上浮的速度大，通过熔体的时间短，且气泡不可能均匀地分布于整个熔体中，故用此法除气不容易彻底；随着熔体中含氢量的减少，除气效果显著降低(图 11-4)。

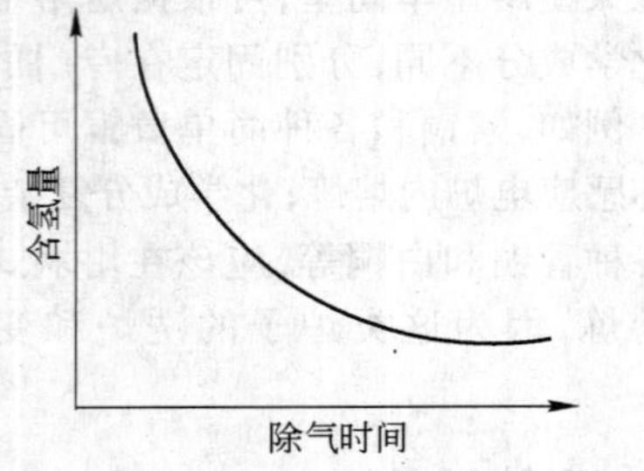

图 11-4 除气时间与除气程度的关系

为提高除气精炼效果，应注意控制气体的纯度。研究表明，若氮气中氧含量为 0.5% 和 1%，除气效果分别下降 40% 和 90%。故精炼气体中氧含量不得超过 0.03%(体积分数)，水分不得超过 3.0 g/L。

11.5.4 真空除气法

在真空条件下，由于熔池表面的气压极低，原来溶于铜液中的氢等气体，很容易逸出。其特点是除气速度和程度高，是一种有效的除气方法。实验表明，当分别在大气压下和真空中熔炼紫铜时，其熔体中的气体含量差别很大(如表 11-25 所示)。

表 11-25 不同条件熔炼纯铜熔体含气量比较

熔炼条件	含气量/%
大气下熔炼	0.00012
真空中熔炼	0.000008

活性难熔金属及其合金、耐热及精密合金等,采用真空熔铸法除气效果较好。

11.5.5 其他除气方法

11.5.5.1 熔剂除气法

使用固态熔剂除气时,将脱水的熔剂用干燥的带孔罩压入熔池内,依靠熔剂热分解或与金属进行置换反应,产生不溶于熔体的挥发性气泡而将氢除去。

例如,铝青铜常用冰晶石熔剂除气,白铜常用萤石、硼砂、碳酸钙等熔剂除气。熔剂与熔体可能发生以下化学反应:

$$2Na_3AlF_6 + 4Al_2O_3 = 3(Na_2O \cdot Al_2O_3) + 4AlF_3\uparrow \quad (11\text{-}6)$$

$$Na_3AlF_6 = 3NaF + AlF_3\uparrow \quad (11\text{-}7)$$

$$CaCO_3 + Al_2O_3 = CaO \cdot Al_2O_3 + CO_2\uparrow$$

$$2CaCO_3 + Na_2B_4O_7 + SiO_2 = Ca_2B_4O_8 + Na_2O \cdot SiO_2 + 2CO_2\uparrow \quad (11\text{-}8)$$

为提高除气效果,也可采用干燥氮气将粉状熔剂吹入熔池罩。熔剂在除气的同时,还可去渣。

11.5.5.2 预凝固除气法

在大多数情况下,气体在金属中的溶解度随温度的降低而减少。预凝固除气法就是利用这一规律,将熔体缓慢冷却到固相点附近,让气体按平衡溶解度曲线变化,使气体自行扩散析出而除去大部分气体,如图 11-5 中的 *abcd* 线所示。再将经过预先凝固除气处理的金属快速升温重熔,即可得到含气量较少的熔体。

由于预凝固除气法需要额外消耗能量和时间,不经济,因此在实际生产中并没有得到广泛应用。

11.5.5.3 振荡除气法

金属液受到高速定向往复振动时,处于振动面上的质点很快跟着振动,但距振动面较远的质点,由于惯性作用不能及时跟上去,因而在它们之间瞬时出现空穴。溶于金属中的气体,便进入该空穴,且复合成分子气体。当振动改变方向时,空穴消失。但充有气体的空穴仅被压缩,其中的分子气体不会重溶于金属中。由于这种快速往复振动的结果,气体便可连续不断地从金属扩散到空穴中,并逐渐长大成气泡,而后浮出金属液面。

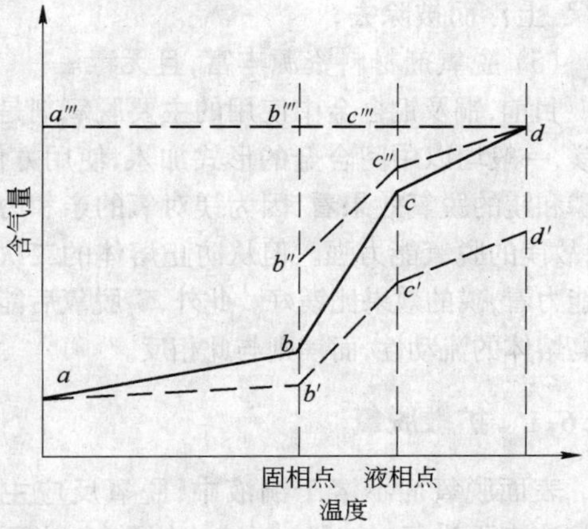

图 11-5 冷却速度和温度对含气量的影响示意图

振动方法有机械振动和超声波振动两种,超声波的振动频率较大,除气效果较机械振动好,并且可以细化晶粒。

11.5.5.4 直流电解除气法

这种方法是用一对电极插入金属液中,其表面用熔剂覆盖,或以金属熔体作为一个电极,另一极插入熔剂中,然后通直流电进行电解。在电场作用下,金属中的 H^+ 趋向阴极,取得电荷中和后聚合成氢分子并随即逸出,金属中的其他负离子如 O^{2-}、S^{2-} 等则在阳极上释放电荷,然后留在熔剂中化合成渣而被除去。实验表明,此法不仅能除气,还能除去夹杂。

11.6 脱氧精炼

凡在操作条件下,能从熔融金属中取得氧的任何物质,即氧化物的分解压比被脱氧金属氧化物分解压低的元素,称为脱氧剂。铜的脱氧剂分为两类,即表面脱氧剂和溶解于金属的脱氧剂。

脱氧剂应满足下列要求:

(1) 脱氧剂与氧的亲和力应明显大于基体金属与氧的亲和力。它们相差越大,其脱氧能力越强，脱氧反应进行得越完全、越迅速；

(2) 脱氧剂在金属中的残留量应不损害金属性能；

(3) 脱氧剂要有适当的熔点和密度，通常多用基体金属与脱氧元素组成的中间合金作为脱氧剂；

(4) 脱氧产物应不溶于金属熔体中，易于凝聚、上浮而被除去；

(5) 脱氧剂材料资源丰富，且无毒。

目前，铜及铜合金中使用的主要脱氧剂是磷和镁，一般均以中间合金的形式加入，使用方便。从磷和镁的脱氧效果看，因为镁对氧的亲和力较大，故镁的脱氧能力强。但从防止熔体的二次氧化能力看，磷的效果比镁好。此外，磷脱氧后能够提高熔体的流动性，而镁则与此相反。

11.6.1 扩散脱氧

表面脱氧剂不溶于铜液中，脱氧反应主要在熔池表面进行，熔池内部熔体的脱氧，主要是靠氧化亚铜不断向熔池表面扩散的作用实现的：一是因为氧化亚铜的比重较铜的比重小，它可以向熔池表面浮动；二是因为脱氧反应在熔池表面进行，熔体表面的氧化亚铜不断被还原，其浓度不断降低，由于浓度差的作用，熔池深处的氧化亚铜就不断上浮。

试验结果表明，熔铜在煅烧木炭的覆盖下，保温温度为1200℃，保持时间为20 min，铜液中氧化亚铜的含量由原来的0.7%下降到0.5%。

木炭的脱氧反应是：

$$2Cu_2O + C = 4Cu + CO_2 \tag{11-9}$$

表面脱氧速度较慢，达到完全脱氧需要较长时间。但是由于脱氧反应仅在表面进行，所以熔池内部的熔体不会受到污染。

常用表面脱氧剂除了木炭以外，还可以用某些密度远小于铜的可还原氧化亚铜的熔剂，例如硼化镁（Mg_3B_2）、碳化钙（CaC_2）、硼渣（$Na_2B_4O_6 \cdot MgO$）等。若将上述脱氧剂用于铜及铜合金时，其反应式如下：

$$6Cu_2O + Mg_3B_2 = 3MgO + B_2O_3 + 12Cu \tag{11-10}$$

$$5Cu_2O + CaC_2 = CaO + 2CO_2 + 10Cu \tag{11-11}$$

$$Cu_2O + Na_2B_4O_6 \cdot MgO = Na_2B_4O_7 \cdot MgO + 2Cu \tag{11-12}$$

11.6.2 沉淀脱氧

熔于金属的脱氧剂，能在整个熔池内与熔融金属渣的氧化物相互作用，脱氧效果显著得多。它的缺点是剩余的脱氧剂会形成夹杂，影响金属性能。

铜及铜合金常用的这类脱氧剂有磷、硅、锰、铝、镁、钙、钛、锂等。这些金属以纯金属或中间合金形式加入，脱氧结果形成气态、液态或固态生成物。主要反应式如下：

$$5Cu_2O + 2P = P_2O_5(g) + 10Cu \tag{11-13}$$

$$Cu_2O + P_2O_5 = 2CuPO_3$$

$$Cu_2O + Mg = MgO(s) + 2Cu \tag{11-14}$$

$$Cu_2O + 2Li = Li_2O(s) + 2Cu \tag{11-15}$$

脱氧反应所产生的细小固体氧化物，使金属的黏度增大或成为金属中分布不均匀的夹杂物。采用这类脱氧剂时，应控制加入量。

两类脱氧剂各有利弊，生产中可采用综合脱氧法。例如，用低频感应炉熔炼无氧铜时，先用厚层木炭覆盖进行表面脱氧，然后加磷铜进行熔池内部脱氧。也可采用以下措施：精选炉料，用足够厚度的煅烧木炭覆盖铜液，密封炉盖，尽量少开启炉盖，浇注时流柱尽可能短，并用煤气保护。

11.6.3 复合脱氧

采用两种或两种以上脱氧方式时，称为复合脱氧。

在利用木炭扩散脱氧的同时，再通过加磷或镁等进行沉淀脱氧剂的方法进行复合脱氧的工艺，在实际生产中已经得到了广泛应用。

“木炭－氩气”复合脱氧，指在传统的木炭覆盖熔体的基础上，同时向熔体中吹入惰性气体氩，从而达到脱氧目的的方法。

图11-6和图11-7表明：单纯采用木炭覆盖，熔体中氧含量变化并不大，甚至基本上维持

着几千分之一的高浓度，脱氧速度很慢。熔融铜所含的所有气体中，二氧化碳浓度比较高，一氧化碳浓度比较低。熔融铜中的氧与木炭中的碳的反应，以及与一氧化碳和二氧化碳之间的反应，进行得都比较缓慢。

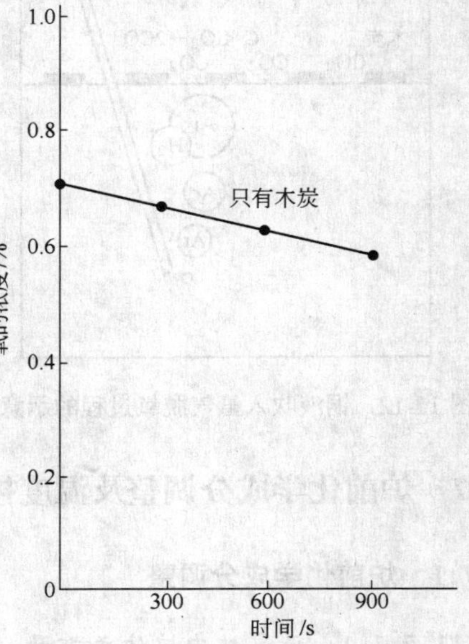

图 11-6　木炭覆盖时铜熔体中含氧量的变化

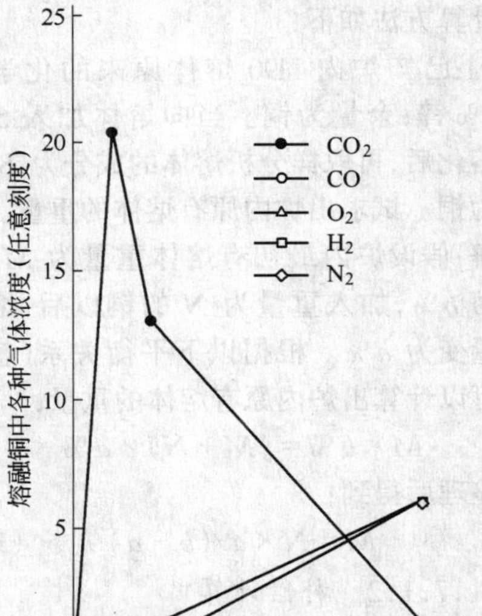

图 11-7　木炭覆盖时铜熔体中各种气体的含量

图 11-8 所示为在感应炉内向铜液中吹入氩气装置示意图。

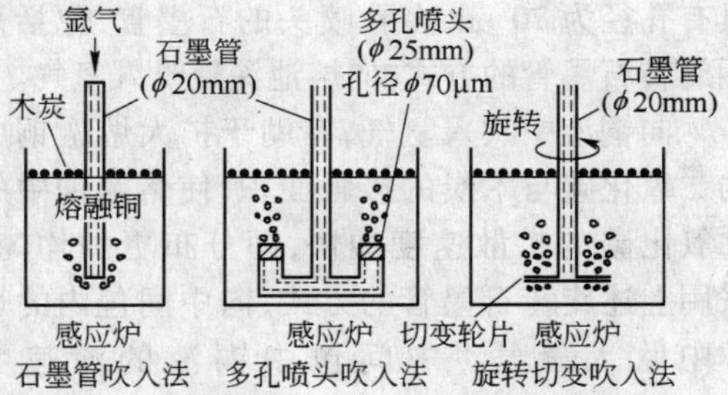

图 11-8　在炉内向铜液中吹入氩气的示意图

图 11-9 所示为在中间包中吹入氩气装置示意图。

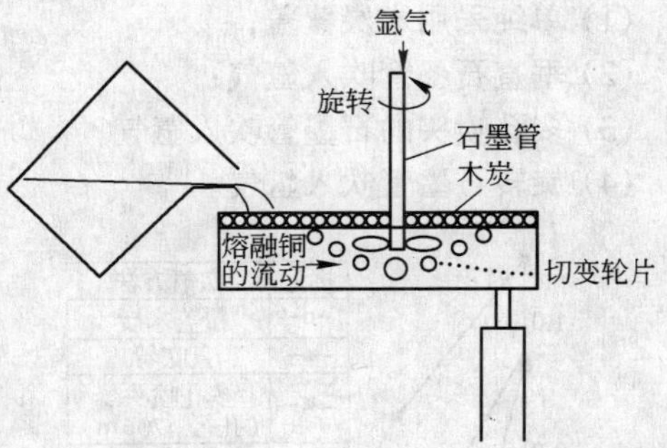

图 11-9　中间包内向铜液吹入氩气的示意图

图 11-10 所示为在铜液中吹入氩气对脱氧反应的影响。

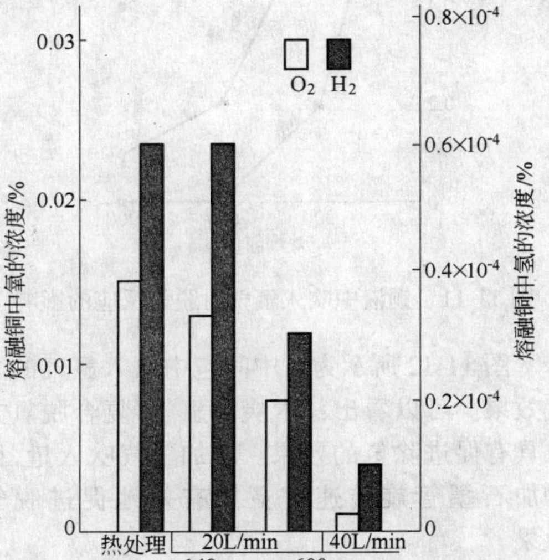

图 11-10　在中间包中吹入氩气的脱气效果

在熔体表面采用木炭覆盖的条件下，通过直径 φ20 mm 的石墨管，以及同样直径但头部具有孔径为 70 μm 多孔喷头的石墨管，包括采用旋转石墨管的方式，向熔池深处吹入氩气。

向铜液中吹入氩气，有助于扩大熔融铜中的二氧化碳与木炭的接触面积，使熔融铜中的二氧化碳的扩散速度加快，即分布更加均匀。采用上述旋转石墨管的方式，向中间包内的熔体中吹入氩气。中间包中铜液的流速为 0.2 m/s，石墨管旋转速度为 900 r/min，氩气吹入量（标态）为 20 L/min。

图 11-11 所示为氩气的吹入方式与脱氧效果的比较。脱氧效果顺序是：

(1) 单纯采用木炭覆盖；

(2) 垂直石墨管吹入氩气；

(3) 多孔喷头的石墨管吹入氩气；

(4) 旋转石墨管吹入氩气。

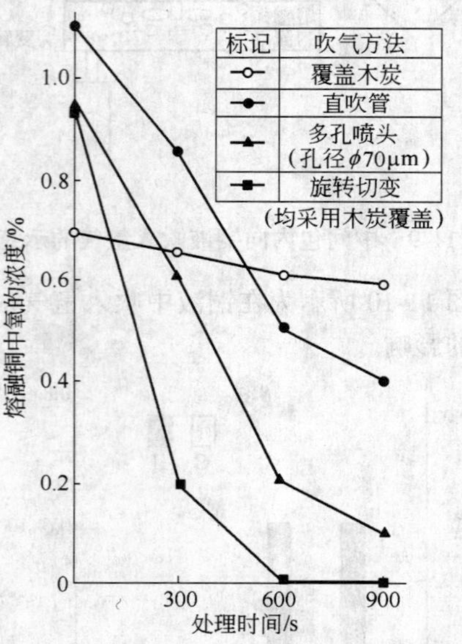

图 11-11 铜液中吹入氩气对脱氧反应的影响

图 11-12 所示为在中间包中吹入氩气的脱气效果。可以看出："木炭－氩气"复合脱氧方式具有促进除氢的效果。增加氩气吹入量，比增加石墨管旋转速度更能有效地促进脱气效果。

与在炉内单纯采用木炭覆盖相比，在中间包中吹入氩气以后，促进脱氧反应而大量生成一氧化碳的效果。

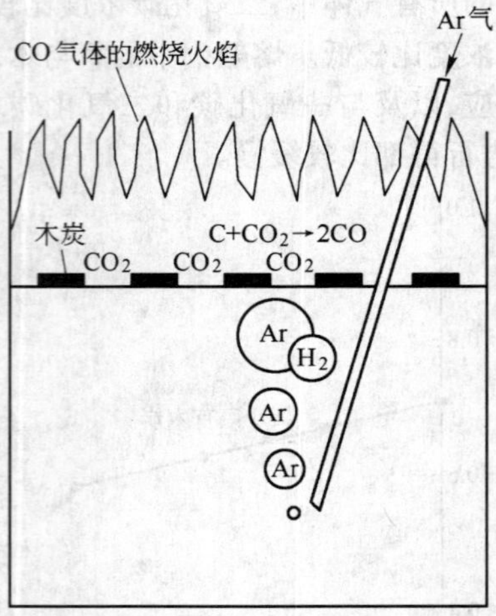

图 11-12 铜液吹入氩气脱氧过程的示意图

11.7 炉前化学成分调整及温度控制

11.7.1 炉前化学成分调整

11.7.1.1 计算炉内熔体总重量

进行炉前化学成分调整之前，首先必须知道炉内熔体总重量。

通过炉前化学成分分析，求得炉内熔体重量的计算方法如下：

例：已知炉内 H90 熔体原来的化学成分是：10% 锌，余量为铜。当向熔体加入 500 kg 铜并熔化后，再取样分析熔体的成分为：8% 锌，余量为铜。试求出炉内原有熔体的重量。

解：假设炉内最初有熔体重量为 M，其含锌量为 $b\%$，加入重量为 N 的铜以后，熔体的含锌量变为 $a\%$。根据以下平衡关系（忽略损失），可以计算出炉内原有熔体的重量：

$$M \times b\% = (M + N) \times a\%$$

整理后得到：

$$M = N \times a/(b - a) \qquad (11\text{-}16)$$

11.7.1.2 补偿计算

当炉前分析结果中，某元素含量低于规定的出炉范围的下限时，应对该元素进行补料。

A 采用纯金属作为原料进行补料时

可采用以下简易公式计算：

根据$(Q\times b\% + x)/(Q+x)=a\%$，可推导出补偿公式：

$$x=[(a-b)/(100-a)]\times Q \quad (11\text{-}17)$$

式中 x——应补料量，kg；

a——某元素的要求量，%；

b——该元素的炉前分析结果，%；

Q——熔体总量，kg。

B 采用中间合金作原料进行补料时

可采用以下简易公式计算：

$$X=[(a-b)\times Q+(x_1+x_2+x_3+\cdots)\times a]/(d-a) \quad (11\text{-}18)$$

式中 X——应补料量，kg；

a——某元素的要求量，%；

b——该元素的炉前分析结果，%；

Q——熔体总量，kg；

x_1,x_2,x_3——应补充的不同料各自的加入量，kg；

d——补料用中间合金或该金属中该元素的含量，%。

11.7.1.3 冲淡计算

当炉前分析结果中，某元素含量高于规定的出炉范围的上限时，应对该元素进行冲淡。

根据$(Q\times b\%)/(Q+X)=a\%$，可推导出补偿公式：

$$X=[(b-a)/a]\times Q \quad (11\text{-}19)$$

式中 X——应补加的冲淡料数量，kg；

a——某元素的要求量，%；

b——该元素的炉前分析结果，%；

Q——炉内原有熔体总量，kg。

如果需要补加的炉料应由不同的元素组成，每种元素的量可通过以下公式计算：

$$x_1=n_1(Q+X)-n_1'\times Q \quad (11\text{-}20)$$

$$x_2=n_2(Q+X)-n_2'\times Q \quad (11\text{-}21)$$

$$\vdots$$

$$x_n=X-(x_1+x_2+x_3+\cdots) \quad (11\text{-}22)$$

式中 X——应补加的冲淡料总量，kg；

$x_1,x_2,x_3,\cdots,x_n$——应补充的各元素的份量，kg，其中 x_n 为余量元素；

$n_1,n_2,n_3,\cdots,n_n$——应补加的各元素的配料比。

炉前分析结果中，如果除被冲淡元素外，其余各元素含量均符合要求时，上述公式可简化为：

$$x_1=n_1\cdot X \quad (11\text{-}23)$$

$$x_2=n_2\cdot X \quad (11\text{-}24)$$

$$\vdots$$

$$x_n=X-(x_1+x_2+x_3+\cdots) \quad (11\text{-}25)$$

11.7.2 炉前温度控制

通常，在各式感应电炉中熔炼时，都以熔体出炉时的温度作为铸造温度。

确定出炉温度的原则为：

(1) 保证金属液在出炉和浇注过程中的流动性，确保浇注过程正常进行；

(2) 保证熔体充满铸型过程中的流动性，避免铸锭产生表面冷隔、夹渣等缺陷；

(3) 保证熔体凝固过程中的气体析出，以及各种夹杂能够顺利地从液穴中上浮并排出；

(4) 在保证上述基本条件的前提下，应尽量采用较低的出炉温度。

采用大、中型有芯感应电炉熔炼铜及铜合金时，可在炉膛内固定安装浸入式热电偶进行连续的温度测量。

感应电炉内炉料温度控制，分为间接控制和直接控制两种方式。

温度的间接控制，通常是通过改变加于感应器的电压、电流或功率调节实现，即采用电压、电流或功率的自动调节系统。

温度的直接控制，即以炉料温度作为直接控制对象进行的自动控制系统。通常是在电压或功率自动控制的基础上，增加温度调节器、温度变送器和温度设定器等单元。最简单的温度自动控制系统，是把测温热电偶信号送到 XCT 动圈式温度指示调节仪，由调节仪输出信号到接触器，从而实现温度自动控制。

熔炼黄铜时，除低锌黄铜亦可采用热电偶直接测温外，采用工频有铁心感应电炉熔炼中、高锌黄铜时，可通过观察电流表指针的摆动或熔体的喷火程度来判断。喷火温度，是指烫过炉头后，炉体放平时有火焰喷出时的熔体温度。高锌黄铜可根据喷火次数和程度判定是否到达出炉温度。

简单黄铜的沸点与含锌量之间的关系见表11-26。

表 11-26 Cu-Zn 合金沸点与含锌量的关系

$w(Zn)$/%	10	20	30	35	40	100
沸点/℃	1600	1300	1185	1130	1080	907

11.8 熔炼过程优化

11.8.1 提高熔化速率

无论采用何种炉型，都需要尽可能地提高熔化速率。只有提高熔化速率，才有可能降低各项消耗，降低制造成本。

提高熔化速率的基本途径如下：

(1) 尽可能地减少加料次数。熔炼过程应该基本上在关闭炉门的状态下进行。预先对炉料进行加工，例如将大块料分切(剪)成适宜的小块料，将细碎的屑和松散的带材切边料打包制团等，都可减小炉料体积，增加装料的致密度。

(2) 预热炉料和机械化加料。采用机械化加料方式，有利于提高加料速度；预先将炉料预热到一定温度再投炉熔化时，将有助于提高熔化速度，同时可以去除原来吸附在炉料表面的潮气和水分；在加料机前面，配置预热炉的方案是可行的，在某些阴极铜机械化加料装置中，不仅配置了预热炉，而且对进入预热炉的阴极铜进行表面涂黑(刷石墨粉类涂料)，以增加黑度，从而提高加热时吸收热量的能力。

(3) 采用优质耐火材料砌筑炉衬，可以提高炉衬寿命，有利于充分发挥设备的生产能力。

(4) 机械化扒渣。

(5) 采用先进的分析及检验等仪器设备，加快生产节奏。

(6) 加强对炉衬的维护，包括选用合适的熔剂，避免因炉壁挂渣而减小有效容积或避免侵蚀炉衬。

表 11-27 列出了可以满足以上条件的有关熔剂的性质。

表 11-27 熔剂组成及其与炉衬材料和炉渣的反应温度

序号	熔剂组成(质量分数)/%	与炉渣反应温度/℃	与炉衬反应温度/℃
1	Na_3AlF_6 : NaCl = 80:20	>1500	1240
2	Na_3AlF_6	>1500	1045
3	$Al_6Na_5F_{14}$	1420	1080
4	Na_2SiF_6 : NaCl : KCl = 74:22:4	1210	1270
5	Na_2SiF_6 : NaCl = 74:26	1150	1290
6	$Na_2B_4O_7 \cdot 5H_2O$	880	750

采用表 11-27 中的 5 号熔剂，按金属炉料 1% 的比例，在熔化过程中分三次加入，结果炉渣的粘着量约为原来的三分之一。

11.8.2 变质处理技术

11.8.2.1 变质处理的方法

变质处理的方法很多，例如添加变质剂、振动下结晶、强化冷却等，其中添加变质剂是应用最为广泛的方法。

11.8.2.2 变质剂的目的

变质剂的主要作用是：

(1) 细化铸锭的结晶组织，变粗大柱状晶为细小等轴晶；

(2) 减少晶界上某些低熔点物，或促使其球化；

(3) 改变某些有害元素在铸锭结晶组织中的分布状况；

(4) 兼有脱氧及除气作用；

(5) 提高铸锭的高温塑性。

11.8.2.3 选择及使用变质剂的原则

(1) 变质剂元素应具有至少与合金中的一种组元形成化合物的能力，最好是通过包晶反应形成大量的化合物质点。为了达到最大的变质效果，变质剂元素能与合金中的主要组元形成化合物最为理想。

(2) 变质剂元素成为晶核或形成的化合物质点，其熔点应高于合金熔点。在合金结晶之前，应以分散的质点均匀地分布于熔体中。

(3) 变质剂元素具有较强的变质能力,以较小的添加量即能达到变质的目的。有的变质剂添加量过多,可能引起其他的负面影响。

(4) 变质剂应在临出炉前加入炉内或加入浇注包中。如加入时间过早,可能造成较大的烧失。

11.8.2.4　铜及铜合金变质剂应用实例

表 11-28 所示为铜及铜合金熔体变质处理的应用实例。

表 11-28　铜及铜合金熔体变质处理实例

合　金	变质剂及添加量/%	加入方法	实际效果
纯　铜	1. 锂:0.005～0.02; 2. 钛:0.05	以纯金属形式加入炉内	1. 细化铸锭结晶; 2. 提高合金塑性
H62	铁:0.3～0.5	以铜－铁中间合金形式加入炉内	1. 细化铸锭结晶; 2. 提高冷加工塑性
HPb59-1	1. 铈:0.1; 2. 混合稀土:±0.1	以铜基中间合金形式加入炉内	1. 细化晶粒; 2. 提高高温塑性和加热温度; 3. 提高切削性能和耐磨性能
QAl7	锰:0.3	以纯金属形式加入炉内	1. 细化晶粒; 2. 提高高温塑性
B30	1. 钛:0.05～0.1; 2. 锆:0.1	1. 以纯金属形式加入炉内; 2. 以铜－锆中间合金形式加入炉内	1. 细化晶粒; 2. 提高高温塑性

12 铜及铜合金熔炼工艺[1]

12.1 纯铜的熔炼

12.1.1 普通纯铜的熔炼

12.1.1.1 反射炉熔炼

反射炉适合熔炼韧铜，即具有一定氧含量的普通纯铜。

A 装料

阴极铜是反射炉熔炼普通纯铜的主要原料，同时也可以使用品位相当的各种回收铜。

装料前，需将炉温提高到1300℃以上，并向炉内加入适量的木炭。木炭可以保护炉底，后来的上浮又可以作为判断炉料是否彻底熔化的标志。

装料应尽可能快速进行，以减少炉温大幅下降。装料致密，有利于充分利用炉膛的有效面积，并可以减少加料次数。装料的基本原则是：

(1) 正确安排装料位置。一般情况下，先装炉子的高温区，再装低温区，最后补装高温区。

(2) 炉料整齐排列，充分利用炉子的有效空间。

(3) 力求一次将料装完。若一次加不完，其余料应在炉料未化完之前加入炉内。不宜把炉料直接加入铜液中。

对于固定式反射炉，在装料的同时可以捣筑出铜口。捣筑前先将流口处的残料和残渣清除干净。传统的捣打料配方为：

耐火黏土(80号以上)	50%
焦炭粉(60～80号)	50%
水	适量

装料结束应及时封闭炉门，以防冷空气进入炉膛。

B 熔化

熔化期间，炉内应保持微氧化性气氛和正压，尽量提高燃料供给量并控制空气过剩系数，使炉温始终保持在1300～1400℃之间。

炉料全部熔化的标志：

(1) 整个金属熔池液面翻动、沸腾冒气；

(2) 炉底的木炭全部浮起到液面上。

C 氧化

氧化过程可以通过向金属熔体中吹送压缩空气的方式实现。例如：采用外部敷以耐火材料的ϕ25.4 mm钢管作输导压缩空气工具，小型炉子风压应保持在0.2 MPa以上，大型炉子风压应保持在0.5 MPa以上。操作时，以风管头部插入金属熔池深度的三分之二左右为宜。

氧化过程中，随着铜液中氧化亚铜数量的增加，其中的某些杂质，例如铝、锰、锌、锡、砷、锑和铅等，将按其与氧亲和力大小的顺序，依次被氧化。其化学反应为：

$$2Al + 3Cu_2O = 6Cu + Al_2O_3 \quad (12\text{-}1)$$

$$Mn + Cu_2O = 2Cu + MnO \quad (12\text{-}2)$$

$$Zn + Cu_2O = 2Cu + ZnO \quad (12\text{-}3)$$

$$Sn + 2Cu_2O = 4Cu + SnO_2 \quad (12\text{-}4)$$

$$Fe + Cu_2O = 2Cu + FeO \quad (12\text{-}5)$$

$$Pb + Cu_2O = 2Cu + PbO \quad (12\text{-}6)$$

生成的各种氧化物都将进入熔渣。

氧化时，铜液中的氢和硫亦可被去除。其化学反应为：

$$H_2 + Cu_2O = 2Cu + H_2O\uparrow \quad (12\text{-}7)$$

$$Cu_2S + 2Cu_2O = 6Cu + SO_2\uparrow \quad (12\text{-}8)$$

生成的气态的H_2O和SO_2都从熔体中逸出。

氧化过程中，通常炉温控制为：

---

[1] 本章撰稿人：肖恩奎、黄自欣、刘月梅。

	炉膛温度/℃	铜液温度/℃
开始氧化时	1300～1400	1200～1300
氧化终了时	1200～1250	1150～1170

氧化强度取决于铜液温度、吹入压缩空气数量及其在熔池内部分布的均匀程度等因素。氧化期间，铜液保持适当的温度和尽可能的加大压缩空气吹入的强度，是促进氧化过程快速进行的基本条件。

氧化后期，应不断地取样即通过观察试样断口特征的变化来判断氧化过程的终点。试样断口上的结晶组织，由开始氧化时的细丝状逐渐转变为较粗的柱状，试样断面的颜色逐渐向近似红砖的颜色转变。当采用阴极铜为原料时，呈红砖颜色部分达断口总面积的 30%～35%时，可停止氧化；当以其他紫杂铜为原料时，呈红砖颜色部分达断口总面积的 80%以上，方停止氧化。

氧化过程中，应及时除去熔池表面上的熔渣。氧化结束，彻底扒渣，封闭炉门，提升炉温。

氧化结束，铜液温度以 1180～1200℃为宜。

D 还原

还原的目的：除去铜液中气体，还原氧化亚铜。

可作为还原剂的主要有木材、重油、天然气、氨气、石油液化气、木屑、炭粉、煤粉等。这些还原剂中都含有大量的碳和碳氢化合物，还原的主要反应有：

$$Cu_2O + C = 2Cu + CO\uparrow \quad (12\text{-}9)$$

$$4Cu_2O + CH_4 = 8Cu + CO_2 + 2H_2O\uparrow \quad (12\text{-}10)$$

$$Cu_2O + CO = 2Cu + CO_2\uparrow \quad (12\text{-}11)$$

插木还原是比较传统的工艺方法。

插木一般分两次进行：

第一次还原，俗称“小还原”，主要目的在于除气。通过化学反应所产生的大量的不溶于铜液的水蒸气、一氧化碳等气体强烈地洗涤熔体时，可将铜液中大部分气体带出。第一次插木还原的时间依炉子大小而定。小型炉子可能不超过 10 min，大型炉子可能需要 20 min 或者更长时间。第一次还原结束，熔池表面用木炭覆盖。

第二次还原，主要作用是还原氧化亚铜。还原后期，应及时取样观察其表面收缩和断口结晶组织变化情况。当试样表面呈细致皱纹，断口呈红玫瑰颜色且具有丝绢光泽时，表明氧含量大约在 0.03%～0.05%之间，可以停止还原了。

正确的判断还原终点是保证熔体质量的关键。氢在铜中的溶解度随着氧含量降低而增加，当氧的含量过低时，有可能造成熔体的重新吸气。浇注时，若铸锭浇口发生所谓的“穿水”现象，即表明已经发生了“过还原”。

重油、木屑等还原的技术条件如表 12-1 所列。

表 12-1 几种还原方法的技术条件

还原方法	技术条件	操作要点
重油还原	1. 重油硫含量应低于 0.5%，一般为 0.2%～0.3%； 2. 蒸汽压力为 0.3～0.45 MPa	1. 利用蒸汽经铁管将重油吹入金属熔池中； 2. 确定还原终点时，试样表面皱纹较插木还原时稍微粗大
木屑还原	1. 木屑需先过 26 目筛； 2. 蒸汽压力为 0.2～0.25 MPa	1. 利用蒸汽经铁管将木屑吹入金属熔池中； 2. 还原终点判断同插木还原
木屑炭粉还原	1. 配比：木屑（过 26 目筛）80%，炭粉（过 80 目筛）20%； 2. 蒸汽压力为 0.2～0.25 MPa	1. 利用蒸汽经铁管将木屑和炭粉吹入金属熔池中； 2. 还原终点判断同插木还原

还原结束，通常控制铜液温度为 1160～1180℃，此乃采用铁模铸造方式时比较合适的浇注温度。

12.1.1.2 感应电炉熔炼

关于普通纯铜中氧的含量控制范围，通常可以分为两组：一组氧含量为 0.002%～0.004%或者更低，即低氧铜；一组氧含量为 0.01%以上，即含氧铜。显然，按照产品种类的不同要求应该采取不同的熔炼工艺。

工频有铁心感应电炉，目前是熔炼普通纯

铜普遍选用的熔炼设备。

熔炼气氛和炉料选择是熔炼普通纯铜最基本的两项工艺选择。

木炭是在感应电炉内熔炼普通纯铜时采用最为普遍的一种覆盖材料。炭黑、焦炭、石墨粉等以碳为主要成分的物质，也可以作为覆盖剂材料。

熔池表面上的大约150～200 mm厚的木炭覆盖层，可以使熔体免受氧化。炽热木炭同时还具有良好的保温作用。

感应电炉适合于中性或还原性熔炼。在工频有铁心感应电炉内熔炼普通纯铜时，不方便采取火焰炉熔炼那样通过对熔体进行氧化而除去氢。另一方面，若完全采用木炭覆盖下的还原性熔炼气氛，则也不太容易达到韧铜通常所希望的氧含量。

国外曾有专利介绍，在已熔化的铜液中直接通入空气或者含氧气体，一直到熔体中氧的含量达到0.05%（重量比）为止。然后，在熔体表面上覆以一层还原剂。最后，用脱氧处理方法将铜液中的多余的氧除去，使氧的含量降低到所希望的范围。例如：在某小型工频有铁心感应电炉内熔化300 kg铜，在1150℃时开始向铜液中直接吹入空气，30 min左右即可完成氧化过程。期间，通过对熔体中氧的含量进行连续检测以决定氧化过程的终止。脱氧剂可采用Cu-P、Cu-Ca等中间合金。

阴极铜和加工过程中产生的纯铜废料，是生产普通纯铜的基本原料。

在工频有铁心感应电炉内熔炼纯铜时，大都选择还原性气氛进行熔炼作业。一般情况下，还原性气氛或微还原性气氛只能防止氧化，不能使熔体中的氢等气体和某些杂质元素除去，故原料的选择在很大程度上即决定了所生产金属的品位。

表12-2所列为不同质量的阴极铜中所含有的各种气体的分析结果。

表12-3所列为采用不同质量的阴极铜作为原料进行熔炼和铸造试验时，从获得的铸锭中切取试片所做的密度检查结果。

表 12-2 阴极铜中的气体含量分析结果

阴极铜特征	析出气体量 /μL·(100 g)$^{-1}$	气体成分（体积分数）/%					气体成分（质量分数）/%	
		H_2O	SO_2	H_2	CO	CH_4	H_2	O_2
致密的	18.48	10	7	47	27	9.0	0.0012	0.007
疏松的	48.96	41	20	4	34	1.0		0.040
最疏松	97.25	46	17	7	29	1.0	0.0047	0.070

表 12-3 阴极铜质量与铸锭疏松缺陷关系的试验结果

阴极铜的表面质量	试片数量	致密的		疏松的		备注
		片数	所占比例/%	片数	所占比例/%	
很多凸瘤	14	1	7	13	93	分布分散
少量凸瘤	25	14	56	11	44	疏松发生在铸锭底部和浇口附近
没有凸瘤	19	17	90	2	10	疏松发生在距铸锭浇口附近

阴极铜表面有大量凸瘤时，按总量计算其中的氢含量是表面有较少凸瘤阴极铜的3倍。显然，完全采用表面有大量凸瘤的阴极铜作为原料进行熔炼时，很难保证熔体的质量。

此外，阴极铜表面上残留的硫酸铜$CuSO_4\cdot 5H_2O$，在熔炼时其中的硫可能转入到熔体中并形成Cu_2S，水的分解则可造成熔体中氢含量的增加。

熔炼非导电用途的普通纯铜时，可使用少量的磷对熔体进行脱氧。

普通纯铜在工频有铁心感应电炉内熔炼的技术条件举例见表12-4。

表 12-4 工频感应电炉熔炼纯铜的技术条件

组 别	合金牌号	熔炼温度/℃	覆盖剂	脱氧剂	加料与熔化操作程序
普通纯铜	T1、T2、T3	1180～1200	木 炭	Cu-P	铜+木炭→熔化→升温,扒渣→出炉
磷脱氧铜	TP1、TP2	1180～1200	木 炭	Cu-P	铜+木炭→熔化→升温,扒渣→Cu-P→取样分析→出炉
无氧铜	TU1、TU2	1200～1220	木 炭		铜+木炭→熔化→升温,扒渣→出炉

12.1.1.3 竖式炉熔炼

竖式炉比较适合于韧铜。与反射炉相比,竖式炉的最大优点在于熔炼速度快,并且可以实现连续熔炼。

竖式炉通常采用弱还原性熔炼气氛,不能指望通过熔炼而去除某些杂质元素。竖式炉内的弱还原性气氛也不大可能使氧化亚铜还原,但竖式炉熔炼属于逆流方式作业。阴极铜表面附着的某些有机物和硫酸盐等,可以在预热阶段被分解而挥发。

竖式炉通常以天然气或煤气为燃料,以阴极铜为原料。

A 熔化温度控制

正常情况下,由于竖炉的熔化速度快,铜液受到杂质元素污染的时机应该是相对减少。可是,由于某些原因尤其是当使用某些尺寸不规则的回炉料时,可能产生炉内悬料现象。此时,炉内熔化段的局部温度可能会升到1200℃或者更高。高温下,不但加速耐火材料的热损耗,同时加速炉料氧化,包括炉料与炉衬耐火材料之间的某些化学反应,而且还可能使铜液吸收大量的气体。

由于悬料,熔化段出现较大的空间,在集聚一定压力和温度后气体产生较集中的上升气流,使竖炉出现烟囱效应,并从竖炉出铜口吸入空气,这些都可能成为熔体吸气的直接原因。

竖炉内温度过高不利于获得高质量的铜液,但过低的温度就无法提供足够的铜液流量。竖炉内衬材料的正常损耗无法避免,但可控制熔化温度和增加铜液流量来减少对单位重量的铜液的化学污染。即提高竖炉的熔化速度是保证熔化质量、防止污染、增加产量的关键环节;增大受热面积、提高热负荷是实现高速熔化的手段;在适当的温度下,获得较大的铜液流量是我们追求的目标。

可以通过扩大熔化区域和范围,增加烧嘴数量,也可将熔化段温度控制适宜的范围内,例如1150～1170℃之间。但若单纯追求单个烧嘴的发热量,以求达到增加竖炉的总熔铜量的目的,易使竖炉局部温度过高,SiC与CO_2之间可能发生某些反应,而且可能使炉口温度升高。竖式炉的加料口在顶部,炉料在下降过程中被燃烧火焰预热和熔化。炉料熔化首先从表面开始,熔化的液滴自然下落。实际上炉料熔化主要是在炉膛底部,即在烧嘴喷射火焰区域进行,形成所谓的铅笔形锥体。熔炼过程中,通过对整个燃烧系统的调整和控制,可以稳定地维持这个形状。

B 氧含量控制

韧铜产品的氧含量为几万分之一。韧铜产品的氧含量是通过铜液中氧含量的控制保证的。熔炼过程中,避免大气侵入炉膛和正确控制烧嘴的空燃比是实现氧含量控制的基本手段。

在炉区控制氧含量,一般采取调节混合气中燃气比例的方法,并有相关辅助设备进行监控。如:“CO”分析仪或“H”分析仪等。燃烧不充分,会导致铜液氧含量降低;燃烧过充分,会导致铜液氧含量升高。

阿萨克竖式炉有一套完整的燃烧控制系统,该烧嘴的主要特征是:燃料和空气能够完全均匀混合,烧嘴喷管断面内氧含量差值比较小,混合气体可微调成弱还原性并保持短火焰,未燃氧对铜液的污染非常小。

采用该烧嘴并按照以下调节方法调节烧嘴的混合气体的空燃比，可以比较准确地控制熔体中的氧含量：

(1) 点火前混合气的均匀性。进入炉内的燃气和空气的混合气体，在烧嘴喷管内氧含量的最大值和最小值之差越大，则熔融铜被氧污染的程度越大。混合气体通入炉内以前，烧嘴喷管断面内混合气体的氧含量差值应尽量小并满足如下试验值：

K 值的定义：

$$K = 0.0623A/(B + 0.01A) \quad (12\text{-}12)$$

式中，A 为燃烧空气中氧体积分数，B 为标准状态下燃料完全燃烧所需要的纯氧的质量分数。各种燃料的 K 值如表 12-5 所列。

K 值与铜熔体中氧含量的关系应该满足以下条件：

铜熔体中氧含量	混合气的最大与平均氧含量之差
$500\times10^{-4}\%$ 以下	$<K$
$350\times10^{-4}\%$ 以下	$<2/3K$
$100\times10^{-4}\%$ 以下	$<1/3K$

表 12-5 各种燃料的 *K* 值

燃料名称	*K* 值		*B* 值
	对空气	对 氧	
天然气(CH_4)	0.6	2.11	2
丙烷(C_3H_8)	2.555	1.05	5
甲烷(CH_3OH)	0.776	2.53	1.5
乙烷(C_2H_5OH)	0.414	1.58	3
煤油($C_{12}H_{24}$)	0.071	0.324	18.5

(2) 防止炉内燃烧火焰的氧污染。在竖式炉的熔炼过程中，炉料与高温的燃烧火焰直接接触。

若满足以下条件，基本上可避免未燃氧的污染，即距炉壁 152.4 mm 处，燃烧火焰中已用于燃烧的氧量和铜液中氧含量的关系：

铜液中氧含量	用于燃烧的氧量
$500\times10^{-4}\%$	>25%
$350\times10^{-4}\%$	>70%
$100\times10^{-4}\%$	>85%

为达到上述要求，需采取下列措施：

1) 燃料和燃烧空气都要预热至一定温度以上；

2) 采用富氧空气；

3) 空燃比应调节成弱还原性气氛。

以天然气为燃料与空气混合燃烧时，熔体中氧含量与气氛之间的关系为：

铜液中氧含量（质量分数）	燃烧前混合气中氧含量（容积体积分数/%）
$<500\times10^{-4}\%$	18.50～18.95
$<350\times10^{-4}\%$	18.65～18.95
$<100\times10^{-4}\%$	18.70～18.85

通常，当燃烧烧嘴的混合气氛比例调整为燃烧平衡比例的 1.2 倍左右，即保持弱还原性气氛时，燃烧可保持为短火焰，未燃氧对铜液的污染比较小。

在竖式炉中熔炼韧铜时，通常控制铜液在出炉时的氧含量为$(100\sim200)\times10^{-4}\%$。这主要与浇注方式和产品最终的氧含量要求有关。在控制竖炉出铜的氧含量时，应该充分考虑到铜液随后在流槽或保温炉中氧含量将有所变化的实际情况，即对竖炉熔炼的熔体中氧的含量控制应该留有充分的余地。

如果竖炉熔炼的铜液中氧含量不足，可通过在流槽或保温炉中的气氛进行调整。如果氧含量过高，也可以在保温炉中进行适当的还原，例如插木还原。

12.1.2 磷脱氧铜的熔炼

磷脱氧铜几乎可以在所有类型的炉子中熔炼，例如在工频有铁心感应电炉、中频无铁心感应电炉等熔炉中熔炼。当采用竖式炉熔炼及电弧炉熔炼时，磷应该在保温炉或流槽、中间浇注包等中间装置中加入。

磷的熔点和沸点都远低于铜的熔炼温度，而且熔体中的磷又可能被脱氧反应所消耗，因此磷含量的控制是个比较突出的工艺问题。

按照惯例，磷都以含 13%P 左右的 Cu-P 中间合金形式配料和投炉进行熔化。

只有知道铜液中的氧的含量，即在添加合金元素磷的同时，考虑到可能在熔炼过程中由于脱氧被消耗的量，才有可能保证最终熔体的磷含量。实际上，铜液中的磷含量是熔炼结束时最终剩余的量。

熔炼磷脱氧铜和熔炼无氧铜类似，铜液都需要严密保护。虽然因为合金中，当有磷存在时一般都可使铜液免受氧的污染，但如果铜液保护不当，则很容易造成磷的大量烧损，而且当磷与铜等元素之间发生某些化学反应而产生大量熔渣时，又可能影响到铜液的流动等铸造性能。

表 12-6 所示为 TP2 熔体在炉内长时间保温状态下磷含量变化的实际记录。保温期间，关闭炉门并且熔池表面采用木炭覆盖，铜液温度 1160～1180℃。开始保温时炉内铜液中磷含量为 0.026％，50 h 后磷的含量为 0.0020％，不到原来的十分之一。可见即使已经合金化了的磷，在长时间保温过程中其熔损量仍然比较大。

连续铸造时，由于持续的时间比较长，必要时应该考虑在铸造过程进行中定期向熔体补加一定数量的磷，或者从浇注一开始就连续不断地在流槽或中间包中不断地添加磷。球状的小颗粒 Cu-P 中间合金，更适合于浇注过程中连续加磷的精确控制。

表 12-6 TP2 熔体保温期间磷含量的变化

序 号	保温持续时间/h	磷含量/%
1	0	0.0260
2	17.5	
3	24.5	0.0049
4	32.5	0.0038
5	51.5	0.0020

12.1.3 无氧铜的熔炼

严格区分，无氧铜应分为普通无氧铜和高纯无氧铜。普通无氧铜可以在工频有铁心感应电炉中进行熔炼，高纯无氧铜的熔炼则应该在真空感应电炉中进行。

采用半连续铸造方式时，熔体在熔炼炉和保温炉内的精炼过程可以不受时间约束。连续铸造则不同，铜液的质量不仅依赖于熔炼炉和保温炉的精炼质量，更重要的是还需要依赖于整个系统和全过程的稳定性。

为了不使熔体被污染，无氧铜熔炼一般不采用任何添加剂的方式熔炼和精炼，熔池表面覆盖木炭以及所形成的还原性气氛是普遍采用的熔炼气氛。

熔炼无氧铜的感应电炉应该具有良好的密封性。

熔炼无氧铜应该以优质阴极铜作为原料。熔炼高纯无氧铜，应该以高纯阴极铜作为原料。阴极铜在进入炉膛之前，如果先经过干燥和预热，可以除去其表面可能吸附的水分或潮湿空气。

熔炼无氧铜时炉内熔池表面上覆盖的木炭层厚度，应该比熔炼普通纯铜时加倍，并需要及时更新木炭。木炭覆盖尽管有许多优点，例如保温、隔绝空气和还原作用，然而它同时存在一定的缺点，例如木炭容易吸附潮湿空气，甚至直接吸收水分，从而成为可能使铜液大量吸收氢的渠道。

木炭或一氧化碳对氧化亚铜具有还原作用，但对于氢则完全无能为力。因此，木炭在加入炉内之前，应该进行仔细挑选和煅烧。

在熔炼、转注、保温以及整个铸造过程中，对熔体采取全面的保护是无氧铜生产的必要条件。许多现代化的无氧铜熔炼铸造生产线，不仅熔炼，包括炉料的干燥预热、转注流槽、浇注室等都采取了全面的保护。

现代化的大型无氧铜生产线，有些是以发生炉煤气作为保护性气体，而煤气发生炉则大都以天然气为原料。

国外普遍采用的一种保护性气体的制造方法是：首先使硫含量比较低的天然气和 94％～96％甲烷用理论值空气进行燃烧，以氧化镍为媒介除去氢，制成的气体主要由氮和碳酸气组成。然后，通过热木炭使碳酸气变成一氧化碳，得到含一氧化碳为 20％～30％，其余为氮的无氧气体。

除发生炉煤气外，也有采用氮、一氧化碳或氩等气体作为无氧铜熔体保护或精炼用介质材料。

真空熔炼应该是熔炼高品质无氧铜的最好选择。

真空熔炼不仅可以使氧含量大大降低，同时也可以使氢以及某些其他杂质元素的含量亦同时大大降低。

在真空中频无芯感应炉内熔炼时，多采用石墨坩埚和选用经过两次精炼的高纯阴极铜或重熔铜作为原料。与阴极铜一起装入炉内的，还包括用以脱氧的鳞片状石墨粉。其实，脱氧主要是通过石墨坩埚材料中的碳进行。碳的消耗量，可以通过计算得知，例如 1 kg 铜消耗 100 g 碳。经验表明，开始时铜液中氧含量越高，熔炼初期脱氧反应进行得越迅速。

通过真空熔炼获得的无氧铜，其氧含量可以低于 0.0005%，氢含量低于 0.0001%～0.0003%。实际上，只有在一定的真空度下熔炼和铸造的铜，才可能获得完全不含氧和其他气体的铸件，因此生产电子管用铜材所用真空炉的真空度应在 10^{-6}以上。

表 12-7 所列为无氧铜的真空熔炼与大气熔炼的质量比较。

表 12-7 无氧铜真空熔炼与大气熔炼的质量比较

熔炼方法	杂质含量(质量分数)/%					
	氢	氧	硫	硒	碲	铅
大气熔炼	0.00012	0.00045	0.00023	0.00013	0.0001	0.0005
真空熔炼	0.00008	0.00004	0.0001	0.00005	0.00005	0.0001

12.2 黄铜的熔炼

12.2.1 普通黄铜的熔炼

12.2.1.1 炉型及熔炼气氛选择

A 炉型选择

工频有铁心感应电炉是熔炼各种普通黄铜比较理想的熔炼设备。

普通高锌黄铜熔点比较低，在熔炼温度下锌的挥发亦有利于熔体排气，一般不需要复杂的精炼过程，因此比较容易熔炼。

B 熔炼气氛选择

熔炼普通黄铜时通常采用木炭作为覆盖剂。实际上，由于熔池表面上总是会有一定数量的氧化锌积攒，浮在液面上的木炭经常被氧化锌紧紧包裹着。若不经常更新木炭，木炭的覆盖效果会受到影响。

为避免熔体金属由于氧化、挥发和成渣而造成大量的金属损失，现代生产中已经越来越多地采用各种由盐类组成的熔剂覆盖剂。例如：组成为 60% NaCl、30% Na_2CO_3、10% Na_3AlF_6 的混合熔剂，已在黄铜的熔炼过程中取得了比较好的保护效果，当使用量为炉料的 0.5%左右时，熔炼过程中随着除渣而损失的金属数量可减少一半，若包括挥发在内总的熔炼损失可降低三分之二至五分之四。另外一种比较理想的熔剂组成为硅酸盐（$m Na_2O \cdot n SiO_2$）50%、硼砂 30% 和冰晶石 20%，使用量仅为炉料的 0.2%～0.4%。

熔炼黄铜所用覆盖熔剂，大多数都是以碳为主要成分的材料，例如木炭、石墨粉等，以及适量的盐，例如冰晶石、硼砂和食盐等组成的复合型覆盖剂。有的熔剂中还掺有了少量的玻璃质材料。

黄铜熔炼炉渣通常是由金属、盐类和氧化物等多元共同构成的集合体，其中炉渣中的盐类组元起着黏结三种组元颗粒的作用。

对于黄铜而言，合理的原料选择、合理的加料和熔化顺序、合适的熔炼温度等方面的工艺设计，包括低温加锌和高温扒渣原则，每一项都不能忽视。

温度越高，蒸气压越高，锌的挥发损失越大，因此黄铜熔化一般都应该在较低温度下进行，只有在需要精炼和浇注需要时才可以适当提高温度。

熔体中气体的含量与原料质量、熔炼气氛、熔炼温度等许多因素有关。精炼方法亦不尽相同，例如：随着锌含量的增加而蒸气压力增大，熔液中气体的饱和度越低，锌的蒸发能有利于熔体中各种气体的排出，因此“喷火”已成为所有高锌黄铜除气精炼的主要工艺手段。

如果熔体中硫含量比较高，比较适用的是加入碳酸盐，例如碳酸钙（$CaCO_3$）或碳酸钠（$NaCO_3$）。此外，也可以通过添加能与硫起化合作用的镁、锰、钙、锂等元素。不过，在加入这些元素之前应该考虑到：只有熔体中含氧量比较低的条件下，加入这些元素才可能起到较好的脱硫作用，否则这些金属元素添加剂都可能成为脱氧剂元素而过早的被消耗。

12.2.1.2　普通黄铜的熔炼工艺

表12-8所列为某些普通黄铜的熔炼工艺技术条件。

表12-8　某些普通黄铜的熔炼工艺技术条件

合金名称	出炉温度/℃	脱氧剂	覆盖剂	加料与熔化操作程序
H96	1180～1220	铜－磷 新料:0.006%P; 废料:0.003%P	木炭或其他复合熔剂	铜＋(废料)＋覆盖剂→熔化→锌→熔化→搅拌，捞渣→取样分析→升温→铜－磷→搅拌→出炉
H90	1180～1220			
H85	1180～1220			
H80	1180～1220			
H70	喷火(1100～1160)			
H68	喷火(1100～1160)			
H65	喷火(1080～1120)			
H63	喷火(1060～1100)			
H62	喷火(1060～1100)			
H59	喷火(1030～1080)			

A　原料选择

不言而喻，原料品位应该随着黄铜品种品位的提高而提高。

熔炼非重要用途的黄铜时，如果炉料质量可靠，有时废料的使用量可以达到100%。不过，为了保证熔体质量和减少烧损，比较细碎的炉料，例如各种锯屑或铣屑的使用量，一般不宜超过30%。

试验表明，采用50%阴极铜和50%黄铜废料时，所需的熔炼时间最长，能耗最高。若使锌锭预先加热到100～150℃并分批加料，则非常有利于其迅速地在熔池中沉没及熔化，可以减少金属的烧损。

加入少量的磷，可以在熔池表面形成由$2ZnO\cdot P_2O_5$组成的较有弹性的氧化膜。加入少量的铝，例如0.1%～0.2%，可以在熔池表面形成Al_2O_3保护膜，并有助于避免及减少锌的挥发和改善浇注条件。

大量采用废料熔炼黄铜时，对某些熔炼损失比较大的元素应进行适当的预补偿。例如：熔炼低锌黄铜时锌的预补偿量0.2%，中锌黄铜锌的预补偿量0.4%～0.7%，高锌黄锌的预补偿量1.2%～2.0%。

B　熔化过程控制

熔炼黄铜时一般的加料顺序是：铜、废料和锌。

以纯的金属配料熔炼黄铜时，应首先熔化铜。通常，当铜熔化后并过热至一定温度时应进行适当脱氧(例如用磷)，然后熔化锌。

炉料中含有黄铜废料时，装料顺序可根据合金组元特征和熔炼炉型等实际情况做适当调整。因为废料中本身含有锌，为了减少锌元素的熔损，黄铜废料通常应该在最后加入和熔化。但是，大块炉料则不宜最后加料和熔化。

如果炉料潮湿，则不应该直接加入熔体中。潮湿的炉料若加在其他尚未熔化的炉料上面，即为其熔化之前提供一段干燥和预热时间，不仅有利于避免熔体吸气，同时亦有利于避免其他事故的发生。

低温加锌，几乎是所有黄铜熔炼过程中都必须遵循的一项基本原则。低温加锌不仅可以减少锌的烧损，同时也有利于熔炼作业的安全进行。

在工频有铁心感应电炉中熔炼黄铜时，由

于起熔体(过渡性熔池中熔体内本身)含有大量的锌,因此一般不必另外添加脱氧剂。不过当熔体质量较差时,也可按炉料总重量添加0.001%~0.01%的磷进行辅助脱氧。

出炉前,在熔体中加入少量的铜－磷中间合金,可以增加熔体的流动性。

12.2.2 复杂黄铜的熔炼

工频有铁心感应电炉,同样是熔炼各种复杂黄铜比较理想的熔炼设备。

若考虑到变料方便,熔炼复杂黄铜时亦可以选择坩埚式工频或者中频无芯感应电炉。坩埚式无芯感应电炉适合于多种牌号交替生产。

复杂黄铜,特别当含有某些熔点较高或者易氧化的合金元素时,熔炼气氛的选择和控制方法是比较重要的。

表12-9所列为某些复杂黄铜的熔炼工艺技术条件。

12.2.2.1 铅黄铜的熔炼

(1) 单纯采用木炭发生炉煤气覆盖时,熔炼过程中所产生的渣量占金属投料的1.61%,炉渣中金属含量为1.32%。总的熔炼损失为1.80%,其中浸渗到耐火材料中和挥发等其他损失为0.48%。

(2) 同时采用木炭、冰晶石和木炭发生炉煤气覆盖时,熔炼过程中所产生的渣量占金属投料的1.05%,炉渣中金属含量为0.7%。总的熔炼损失为1.09%,其中在耐火材料中浸渗和挥发等其他损失为0.39%。

(3) 采用木炭和冰晶石覆盖熔炼时,熔炼过程中所产生的渣量占投料量的1.41%,炉渣中金属含量为1.01%。总的熔炼损失为1.56%,其中浸渗到耐火材料中和挥发等其他损失为0.55%。

(4) 单纯采用发生炉煤气保护性熔炼试验,结果熔炼过程中所产生的渣量高达占金属投料的1.61%,熔炼时金属损失最高。

熔炼铅黄铜,几乎无一例外都大量采用废料,而且是大量采用外购的各种废杂料。原料中不乏细碎、金属镀层、带有锡焊料以及混有铁屑等各种杂质元素,有时还可能含有较多的油、乳液甚至水分等。

使用之前,对各种废杂原料仔细进行分拣和必要的处理是非常必要的。例如:采用物理方法像磁吸方法将铜屑中的铁屑分离,人工挑选异物和进行分级,然后烘干、制团,甚至包括对特别难以分辨的杂乱废料进行复熔处理等。

表12-9 某些复杂黄铜的熔炼工艺技术条件

组别	合金名称	出炉温度/℃	脱氧剂	覆盖剂	加料与熔化操作程序
铅黄铜	HPb63-0.1 HPb63-3 HPb62-0.8 HPb61-1 HPb59-1	喷火(1060~1100) 喷火(1060~1100) 喷火(1030~1080) 喷火(1030~1080) 喷火(1030~1080)	铜－磷 新料0.006%P 废料:0.003%P	木炭、米糠或其他熔剂	铜+(废料)+覆盖剂→熔化→铅+锌→熔化→搅拌,捞渣→取样分析→升温→铜－磷→搅拌→出炉
铝黄铜	HAl67-2.5 HAl60-1-1 HAl59-3-2 HAl66-6-3-2	喷火(1060~1100) 喷火(1080~1120) 喷火(1080~1120) 喷火(1080~1120)		木炭、冰晶石	铜+(废料)+ Cu-Mn + Cu-Fe + Cu-Ni +覆盖剂→熔化→铝+锌→熔化→冰晶石,搅拌,捞渣→取样分析→升温→搅拌→出炉
镍黄铜	HNi65-5 HNi56-3	喷火(1100~1150) 喷火(1060~1100)	铜－磷 新料:0.006%P 废料:0.003%P	木炭、或其他熔剂	铜+(废料)+ Cu-Ni +覆盖剂→熔化→锌→熔化→搅拌,捞渣→取样分析→升温→铜－磷→搅拌→出炉
加砷黄铜	H68A HSn70-1 HAl77-2	喷火(1100~1160) 喷火(1150~1180) 喷火(1100~1150)		木炭、冰晶石	铜+(废料)+覆盖剂→熔化→(锡)+(铝)+锌→熔化→搅拌,捞渣→取样分析→冰晶石→升温→铜－砷→搅拌→出炉

续表 12-9

组 别	合金名称	出炉温度/℃	脱氧剂	覆盖剂	加料与熔化操作程序
锡黄铜	HSn90-1 HSn62-1 HSn60-1	1180～1220 喷火(1060～1100) 喷火(1060～1100)	铜－磷 新料:0.006%P 废料:0.003%P	木炭、米糠	铜+(废料)+覆盖剂→熔化→锡+锌→搅拌,捞渣→取样分析→升温→铜－磷→搅拌→出炉
锰黄铜	HMn58-2 HMn55-3-1 HMn57-3-1	喷火(1040～1080) 喷火(1040～1080) 喷火(1040～1080)	铜－磷 新料:0.006%P 废料:0.003%P	木炭、冰晶石	铜+(废料)+Cu-Mn+Cu-Fe+覆盖剂→熔化→锌+(铝)→熔化→冰晶石,搅拌,捞渣→取样分析→升温→铜－磷→搅拌→出炉
铁黄铜	HFe59-1-1 HFe58-1-1	喷火(1040～1080) 喷火(1040～1080)		木炭或其他熔剂	铜+(废料)+Cu-Mn+Cu-Fe+覆盖剂→熔化→锌+(铝)→熔化→冰晶石,搅拌,捞渣→取样分析→升温→铜－磷→搅拌→出炉
硅黄铜	HSi80-3	喷火(1150～1180)	铜－磷 新料:0.006%P 旧料:0.003%P	木炭、米糠或其他熔剂	铜+(废料)+覆盖剂→熔化→Cu-Si→锌→熔化→搅拌,捞渣→取样分析→升温→铜－磷→搅拌→出炉

使用加工废料时需要增加相应的工序和成本,可是对于整个铜加工生产的全过程而言,往往都是所获远远大于投入。

为了改善铅黄铜的某些性能,可以在熔炼时添加某些微量元素,例如稀土元素。

稀土元素的加入量通常为0.03%～0.06%,稀土元素添加过晚或过多,可能严重降低合金熔体的流动性,并且可能导致凝固即相变过程中从液体中析出吸附气体困难,以致可能造成铸锭的气孔缺陷。加入稀土元素时,首先将其用较薄的紫铜或黄铜带进行包扎或捆绑,然后迅速地插入到熔池深处,以防稀土大量损失。当然,如果首先将稀土元素制成中间合金然后投料熔化,对于方便炉前操作和添加元素的实收率肯定都有益处。

熔体中的铅由于其密度比铜大,容易发生比重偏析。如果采用多台熔炼炉联合作业时,可以将铅加在熔炼炉的转炉流槽内,使其在高温铜液的冲刷下逐渐熔化。若采用单台熔炉并且是小型炉子熔炼时,可以采用慢慢涮铅的熔化方法,即将铅块用钳子夹住并放入铜液中反复涮之。

铅黄铜中加入少量的磷,有助于提高熔体铸造过程所要求的流动性质。

高温下铅亦挥发。氧化铅熔点为886℃,难分解而易挥发。950℃时挥发已显著。

铅极少在铜－锌合金中固溶,且液态下铅的流动性好,因此铅经常会析出。实际生产中,有时发现熔炼铅黄铜时,炉衬内有析出的铅凝结在一起,甚至发生铅的蒸气穿过炉衬,并凝结在感应体的某一间隙中的现象。

氧化铅能与酸性或碱性氧化物结合生成两性化合物,对硅砖和黏土砖有较强的腐蚀作用。因此在生产铅黄铜时,经常会发现炉壁上粘有大量渣子。对此需要及时清除,否则将可能影响到铸锭质量和炉膛有效容量。

铅黄铜熔炼时有时需要采取除气精炼工艺,尤其当采用某些质量欠佳的重熔废料、再生金属或者是使用含有大量油和水的细碎屑料时,熔炼过程中熔体常常会从中吸收一定数量的气体。

避免及降低熔体含气量的主要工艺措施包括:

(1) 严格炉料质量标准,不使用潮湿或含油、水或乳液等过多的炉料;

(2) 适当的保护熔体,包括选择合适的熔剂精炼熔体;

(3) 熔炼后期彻底搅拌熔体,或适当地提高熔体温度,例如充分利用熔体喷火现象除气;

(4) 熔炼末期,添加合适的脱氧剂或变质剂,提高熔体流动性以利排气。

12.2.2.2 铝黄铜的熔炼

铝黄铜系列比较复杂,复杂铝黄铜中有的含有锰、镍、硅、钴和砷等第三、第四种合金元素。合金元素比较多的HAl66-6-3-2和HAl61-

4-3-1，都是由六种元素组成的合金，其中部分加工复杂铝黄铜则源于异型铸造合金。

不同的合金往往具有不同的熔炼性质，因此需要不同的熔炼工艺。

首先，铝黄铜在熔炼过程中容易起“沫”，以及容易被铝或其他的金属氧化物夹杂所沾污，合理的熔炼工艺应该包括某些预防性措施。

熔体表面上若存在铝的氧化物薄膜，可对熔体有一定保护作用，熔化时可不用加覆盖剂。从理论上分析，在有 Al_2O_3 膜保护的熔池内加入锌时，可以减少锌的挥发损失。实际上，由于锌的沸腾可能使氧化膜遭到破坏，因此只有当采用合适的熔剂即熔体能够得到更可靠的保护时，才能有效地避免或减少锌的烧损。

冰晶石已经成为熔炼铝黄铜所用熔剂中不可缺少的重要组分。

铝黄铜熔体决不允许过热，以防熔体大量氧化和吸气。

如果熔体中气体含量比较多，可以选择熔剂覆盖进行精炼，或者采用惰性气体精炼，包括在浇注前更新熔剂并进行重复精炼，以及采用钟罩将氯盐压入熔体中进行熔体精炼的方式。

复杂铝黄铜中所含有的高熔点合金元素，例如铁、锰、硅等，都应该以 Cu-Fe、Cu-Mn 等中间合金形式使用。

通常，大块废料和铜应该首先加入炉内并进行熔化，细碎的炉料可以直接加入熔体中，锌在熔炼末期即最后加入。采用纯金属作为炉料时，应该在它们熔化之后先用磷进行脱氧，接着加入锰(Cu-Mn)、铁(Cu-Fe)，然后加铝，最后加锌。

复杂铝黄铜 HAl66-6-3-2 中，铁含量宜控制在 2%～3%、锰含量控制在 3%左右。否则，当它们含量过高时，可能对合金的某些性能带来负面影响。

由于铝密度小，如果熔体搅拌不彻底，有可能造成化学成分的不均匀现象。

当炉内有过渡性熔体时，一般可以将铝和部分铜首先加入，待其熔化后再加入锌。加入铝时，由于铜和铝的熔合可以放出大量的热。放热过程可借以加速熔化过程，但如果操作不当，激烈的放热反应可能造成熔池局部温度过高，以致引起锌的激烈挥发，严重时可能会有火焰从炉中喷出。

熔炼温度通常以 1000～1050℃ 为宜，应尽可能地采用较低的熔炼温度。

12.2.2.3　硅黄铜的熔炼

硅黄铜熔炼，当采用受到铝轻微污染的炉料熔炼时，应该采用木炭覆盖熔炼。必要时，可以采用熔剂进行熔炼。

硅黄铜亦可以采用无覆盖的熔炼方式。当熔体不被强烈过热时，熔体表面可以得到由 $SiO_2 \cdot ZnO$ 构成的氧化膜的良好保护。

选择硅黄铜炉料时，应该避免使用铝含量比较高的再生金属，杂质铝的存在对硅黄铜的熔体质量将造成非常不良的影响。同时，亦应尽可能地避免使用或者尽量少使用细碎的炉料。含有较多油或水的铜屑，都应该首先经过复熔处理。

使用铝含量较高的废料时，熔体容易被气体饱和，甚至可引起凝固过程中的上涨现象。这是由于凝固过程中析出大量气体将偏析物引到结晶前沿。经验表明，杂质铝含量比较低的废铸块，其表面常常呈黑色并具有正常收缩的形态。铝含量较高的废铸块，有时呈近似于发白的银色表面。

即使杂质铝的含量不高，当采用 $NaCO_3$ 等盐类覆盖熔炼时，亦容易引起铸锭凝固时的上涨。铝的存在，可能对气体的析出有促进作用。

采用全新金属作为炉料并在木炭覆盖下熔炼时，其加料顺序一般为：先加铜，铜熔化后加 0.01%～0.03%P 进行脱氧，然后加入硅或者 Cu-Si 中间合金，最后加入并熔化锌。如果配料中含有废料，大块炉料应该与铜一起加入并熔化，然后加硅，再加废料，最后加锌。

若直接采用结晶硅作为炉料，应先破碎成 10～20 mm 的小碎块，并应该在熔体温度提高到 1100～1150℃ 以上时加入硅。密度比较小的硅块，先浮在熔池表面被预热，随后可借助于熔体的搅拌被熔化。

熔炼硅黄铜时，由于硅的存在可能在熔体表面形成致密并具有一定弹性的氧化膜，此氧化膜有利于防止熔体的进一步氧化。但是，如果氧化膜若被随后的加料或者搅拌熔体时的冲击所破裂时，则可能导致氧化膜被卷进熔体中。

熔体中的氧化物如果与金属有较高的附着力，则可能会在熔体中形成较大颗粒的悬浮夹杂物，并最终表现为铸物内部的夹杂缺陷。

经分析，HSi75-0.5 铸物中夹杂物的组成为：2%～7%Si、30%～35%Zn。夹杂物中硅和锌的含量分别比合金的平均含量高出 4～14 倍和 1.2～1.4 倍。

采用以氯化钾为主要成分的熔剂覆盖精炼试验的结果如表 12-10 所列。虽然各种覆盖剂都有降低铸物中氧化物夹杂的实际效果，但却存在着不同程度的逸散 HF 等有害气体的现象，并不适于实际应用。同时进行试验的另外一种熔剂，可以大幅度降低氧化物夹杂率，并且不产生有害气体，只是熔剂的组成没有公开。

硅黄铜的流动性比较好，可以采用较低的浇注温度，例如 950～1030℃。

表 12-10 硅黄铜的熔剂覆盖精炼试验结果

序 号	熔剂组成(质量分数)/%	氧化物夹杂废品降低率/%	备 注
1	$BaCl_2$:5； Al_2O_3:3；Na_3AF_6:3； KCl:余量	30	快速加入，产生烟量较少，无味，结渣量不大
2	$BaCl_2$:5； Al_2O_3:3；Na_3AF_6:5； KCl:余量	50	快速加入，产生烟量中等，有味，结渣量不大
3	Na_2CO_3:30； NaF:5；KCl:余量	40	冒烟，无味，炉渣少
4	$BaCl_2$:4.0； Al_2O_3:2.5；Na_3AF_6:2.5； Na_2CO_3:20.0；KCl:余量	30	快速加入，产生烟量不多，无味，结渣量不大
5	Al_2O_3:3； Na_3AF_6:2；Na_2CO_3:20.0； KCl:余量	30	

12.2.2.4 其他复杂黄铜的熔炼

熔炼复杂黄铜时选择覆盖剂，主要应根据合金组成和合同的熔炼性质而定。

除了木炭以外，现代生产中广泛采用盐类熔剂覆盖下进行熔炼的工艺。例如：成分为60%氯化钠、30%碳酸钠和 10%冰晶石的保护性熔剂，掺有各种稀释添加剂，例如玻璃的熔剂，以及主要亦由含碳物质(例如木炭或石墨粉等)但掺和了少量盐(例如冰晶石、硼砂和食盐等)的复合覆盖剂。

原料中的铁、锰、镍和砷等，均应制成中间合金。

复杂黄铜的加料和熔化顺序，既取决于各组成元素的性质，也取决于原料自身的状态和品位。

采用新金属作为原料时，应该根据各合金元素的熔损量的实际经验确定配料比。某些易熔损元素，例如锌、铝、锑、砷、锰等，应取标准成分的上限配料；不容易熔损的元素，例如铜、铁、镍、锡、硅等，应取标准成分的中限或下限配料。使用废料熔炼时，对易熔损元素应进行适当的预补偿，例如：铝为 0.1%～0.15%；锰为 0.1%～0.3%；砷为 0%～0.01%；铍为 0%～0.01%；锡为 0.05%。

熔炼含有难熔合金成分，例如锰、铁等合金元素的复杂黄铜时，其加料及熔化顺序应依次为铜、锰、铁、废料、铝、铅等。合金中同时含有锰和铁时，最好先加锰，因为铜液中含有锰有利于铁的溶解。熔炼含有镍的黄铜时，镍或铜－镍中间合金、废料可以与铜一起加入炉内熔化。

熔炼锰黄铜和铁黄铜时，若全部采用新金属作为炉料，并且炉内没有过渡性熔体时，则应该在部分铜熔化后首先进行脱氧，然后熔化含有锰和铁的中间合金，最后熔化余下的铜。如果采取先把全部铜和大块料熔化完，然后熔化细碎的屑，最后熔化难熔的锰和铁，势必造成熔体过热至 1180～1200℃，显然这是不合理的。

复杂黄铜大都属高锌黄铜，可以通过喷火程度判断和控制熔体温度。

复杂黄铜的成分复杂，尤其是含有难熔组

元时，一定的熔炼温度有利于化学成分的均匀。但是，温度过高可以造成金属氧化烧损量增加。因此，对于化学成分范围比较窄且容易氧化烧损的元素的加入，掌握适当的温度和加入时机则显得非常重要。

熔炼复杂黄铜时，具有复杂组成的各种熔渣，有些可以和炉衬耐火材料之间发生某种化学反应，有的则可能直接粘附到炉壁上，不利于以后的变料，甚至妨碍操作以及明显减小炉膛的有效容积等。通过人工或者机械方法，或者采用适当的熔剂方法，及时除去粘在炉壁上的积渣是很有意义的。

12.3 青铜的熔炼

12.3.1 锡青铜的熔炼

12.3.1.1 锡青铜的熔炼特性

表12-11所示为合金组元及某些杂质元素对锡青铜基本性能和铸造组织的影响评价结果。锡青铜中最有害的杂质是铝、硅和镁，当它们的含量超过0.005%时，产生的SiO_2、MgO和Al_2O_3氧化物夹杂会污染熔体，并且降低合金某些方面的性能。

熔炼锡锌青铜时，由于锌的沸点比较低且与氧有较大的亲和力，应该在对熔体进行脱氧后再投炉熔化，这样锌可以补充脱氧，从而更有助于避免产生SnO_2的危险。熔体中的锌和磷综合脱氧的结果，生成的$2ZnO \cdot P_2O_5$比较容易与熔体分离，而且有利于提高熔体的流动性。

12.3.1.2 锡青铜的熔炼工艺

使用干燥炉料，甚至熔化前首先进行预热炉料，都可以减少甚至避免熔体吸收气体。新金属和工艺废料的合适的比例，亦有利于稳定熔体质量。工艺废料的使用量一般不宜超过20%～30%。

表12-11 锡青铜组元及某些杂质对铸造性能和组织结构的影响评价

性能	合金元素含量/%，不大于					杂质元素含量/%，不大于							
	Sn	Ni	Zn	Pb	P	Al	Si	Fe	As	Bi	Cd	Mg	Sb
	10	5	10	30	0.3	0.1	0.1	0.6	0.75	0.2	0.2	0.05	0.5
铸造性能	+	○	+	+/−	+	−	−	−	−	○	○	−	○
组织结构	+	+	○	+	+	−	−	+	*	*	*	−	○

注："+"表示具有正面影响；"−"表示具有负面影响；"○"表示基本上没有影响；"+/−"表示有正面影响，但组织结构的改变与其含量有关。

被杂质轻微污染的熔体，可通过吹入空气或借助加入氧化剂（例如氧化铜CuO），将杂质元素氧化。被某些杂质元素严重污染的废料，可以通过采用熔剂或惰性气体精炼，包括重熔处理等方式使其品质提升。

合适的加料和熔化顺序，包括采用具有强烈搅拌熔体功能的工频有铁心感应电炉进行熔炼，都有利于减轻和避免偏析现象发生。在熔体中加入适量的镍，有利于加速熔体的凝固和结晶速度，对减轻和避免偏析有一定效果。类似的添加剂，还可以选择锆和锂等。可以采取分别熔化铜和铅，然后将铅的熔体注入1150～1180℃的铜熔体中的混合熔炼方法。

一般情况下，熔炼含有磷的锡青铜多采用木炭，或石油焦等碳质材料覆盖熔体，而不使用熔剂。熔炼含有锌的锡青铜时所用的覆盖剂中，同样应该包括木炭等含有碳的材料。

连续铸造时，出炉温度控制在合金液相线以上100～150℃是适宜的。

表12-12所列为锡青铜的熔炼工艺技术条件举例。

表 12-12　某些锡青铜的熔炼工艺技术条件举例

组　别	合金名称	加料及熔炼操作顺序	覆盖剂	脱氧剂	熔炼温度/℃
锡磷青铜	QSn6.5-0.1 QSn6.5-0.4 QSn7-0.2 QSn4-0.3	铜＋(废料)＋锡＋木炭→熔化→铜－磷→熔化→升温,搅拌,扒渣→取样分析→升温出炉	木炭、米糠		1240～1300 1240～1300 1240～1300 1240～1300
锡锌青铜	QSn4-3 QSn4-4-2.5 QSn4-4-4	铜＋(废料)＋锡＋铅＋木炭→熔化→锌→熔化→铜－磷→熔化→搅拌,升温,扒渣→取样分析→升温出炉	煅烧木炭	铜－磷	1250～1300 1280～1320 1280～1320

12.3.2　铝青铜和硅青铜的熔炼

12.3.2.1　铝青铜的熔炼

A 铝青铜的熔炼特性

表 12-13 列出了铝青铜主要成分和某些杂质元素对合金铸造性能和组织结构的影响评价结果。可以看出,从有利于改善铸造和组织结构性能方面考虑,磷、砷、铋、锌和铅等都属于有不利影响的元素。

表 12-13　铝青铜组元及某些杂质元素对铸造性能和组织结构的影响评价

性　能	合金元素含量/%,不大于				杂质元素含量/%,不大于								
	Al 11	Ni 5	Mn 10	Fe 4	Si 1.0	Sn 1.0	P 0.1	As 0.1	Mg 0.1	Cd 0.2	Bi 0.1	Pb 0.25	Zn 1.0
铸造性能	＋	○	＋	－	○	－	○	－	－	○	○	○	－
组织结构	＋/*	＋	＋	＋	○	○	－	○	＋/*	＋/*	＋/*	＋/*	○

注:"＋"表示具有正面影响;"－"表示具有负面影响;"○"表示基本上没有影响;"＋/*"表示有正面影响,但组织结构的改变与其含量有关。

B　铝青铜的熔炼工艺

铝青铜以在中、工频无芯感应电炉中熔炼比较合适。在工频有芯感应电炉内熔炼时最大的障碍在于:熔沟壁上容易粘挂由 Al_2O_3 或 Al_2O_3 与其他氧化物组成的渣,使得熔沟的有效断面不断减小,直至最后熔沟整个断面全部被渣子所阻断。

感应炉熔炼气氛容易控制,而且熔化速度快,有利于减少甚至避免熔体大量吸氢和生成难以从熔体中排出的 Al_2O_3 的危险。虽然非常细小的 Al_2O_3 可能有细化结晶作用,但更大的危害是 Al_2O_3 有可能成为加工制品层状断口缺陷的根源。

表 12-14 所列为铝青铜用的某些精炼熔剂的成分。以氟盐和氯盐为主要成分的熔剂对 Al_2O_3 具有比较好的湿润能力,可以有效地进行清渣并因此而减少渣量。精炼铝青铜,亦可采用混合型熔剂,例如采用木炭与冰晶石比例为 2:1 的混合型熔剂。

表 12-14　精炼铝青铜用的某些熔剂组成及消耗量

熔　剂　组　成	消耗量/%(金属重量)	主 要 用 途
玻璃粉:Na_2CO_3＝1:1,另加 5%～10%氟盐	1～2	覆盖和精炼用
$KCl:Na_3AlF_6:Na_2B_4O_7:NaCl$:木炭＝35:25:28:10:2	2～3	覆盖和精炼用
$CaF_2:NaCl:Na_3AlF_6$＝40:20:40	23	覆盖和精炼用
硅盐(块状):$Na_3AlF_6:NaF$＝50:43:7	2	覆盖用
$NaF:Na_3AlF_6:CaF_2$＝60:20:20	2	用于包内精炼
石墨粉或电极石墨粉和冰晶石或硼砂的混合物	适量	覆盖用

实际上，在中、工频无芯感应电炉和工频有芯感应电炉内熔炼时，只要炉料不是很差，一般都可以不使用熔剂，依靠熔池表面上自然形成的 Al_2O_3 薄膜，也是能够防止熔体进一步氧化和成渣的。

为了降低熔炼温度，预先将铁、锰等合金元素制成 Cu-Fe(20%～30% Fe)、Cu-Mn(25%～35% Mn)、Cu-Al(50% Al)、Cu-Fe-Al、Cu-Fe-Mn、Al-Fe 等中间合金是必要的。

熔炼铝青铜时，通常使用25%～75%的本合金工艺废料。大量使用复熔的废料，可能引起过多的某些杂质元素、氧化物、气体的聚集。含有油、乳液及水分较多的碎屑，应该经过干燥处理或复熔处理后再投炉使用。

在中、工频无芯感应电炉内熔炼铝青铜时，一般应按照合金元素的难熔程度顺序控制加料和熔化顺序：铁、锰、镍、铜、铝。由于铝和铜熔合时伴随着放热效应，可被利用于熔化预先留下部分铜，此预先被留下的部分铜俗称"冷却料"。实际上，锰在加铁之前加入熔体是合理的，因为铁不容易在铜中溶解。为避免熔体中产生 NiO 和 $NiO·Cu_2O$ 等夹杂物，应注意避免熔体的氧化，必要时亦可在铜熔化后先进行脱氧。

理论上铝青铜似乎不需要脱氧，但也有文献介绍用镁和钠进行脱氧的报告：熔炼临结束前，在每100 kg熔体中加入30 g钠，或20 g锂，或30～50 g镁。这些被认为是脱氧剂的添加剂，通过专门的金属或陶瓷材料制成的小筒加入到熔体中。当熔体中有钠或锂、镁等元素存在时，有可能改变氧化物(例如 Al_2O_3)的性质，至少可使其易于与熔体分离。有些工厂采用易挥发的氯盐精炼熔体，用石墨制钟罩将其压入到熔体中。挥发性氯盐例如 $AlCl_3$ 升华时，形成的氯气泡可以将熔体中悬浮着的氧化夹杂物带出液体表面。精炼期间，如果能够静置5～10 min，则更有利于提高精炼效果。

在燃气炉中熔炼铝青铜时，常常在浇注开始之前对熔体进行吹氮气甚至氩气处理，以去除熔体在熔炼过程中所吸收的氢。氮吹入量视熔体质量而定，例如氮的吹入量为20 L/100 kg熔体。

铝青铜的熔炼温度，一般以不超过1240℃为宜。

某些铝青铜的熔炼工艺技术条件如表12-15所列。

表12-15　某些铝青铜和硅青铜的熔炼工艺技术条件

合金名称	加料与熔化操作程序	熔剂	脱氧剂	熔炼温度/℃
QAl5 QAl7 QAl9-2 QAl9-4 QAl10-3-1.5 QAl10-4-4	冰晶石＋镍＋铁＋锰＋2/3铜＋(废料)→熔化→铝→熔化→1/3铜→熔化→冰晶石→升温，搅拌，扒渣→取样分析→升温出炉	冰晶石		1200～1240 1200～1240 1200～1240 1200～1240 1200～1240 1220～1260
QSi3-1 QSi1-3	镍＋锰＋硅＋铜＋(废料)＋木炭→熔化搅拌→取样分析→升温→出炉	木炭		1140～1220 1180～1220

12.3.2.2　硅青铜的熔炼

A　硅青铜的熔炼特性

硅青铜的熔炼特性与铝青铜相似，硅具有自脱氧作用，其熔体的吸气性比较强。

采用感应电炉熔炼时，可以不用覆盖剂。熔池表面上的 SiO_2 膜可以保护内部熔体免受进一步氧化。若采用木炭覆盖，则木炭必须经过干馏处理。

B　硅青铜的熔炼工艺

硅青铜中的硅、锰和镍等合金元素，在中频无芯感应炉中都可以直接进行熔化。然而，如果预先将它们制成 Cu-Si、Cu-Mn 和 Cu-Ni 等中间合金，则可大大降低熔炼温度，减少吸气并缩短熔化时间。

熔炼硅青铜所用的原料必须干燥。细碎的或者潮湿的炉料，一般不能直接投炉使用。

熔体应该避免过热，过高的熔炼温度可能引起熔体的大量吸气。

经验表明，熔体达到浇注温度时，仔细搅拌熔体可使熔体中的气体含量大大降低。

某些硅青铜的熔炼工艺技术条件见表12-15。

12.3.3 其他青铜的熔炼

铍青铜、镉青铜、铬青铜、锆青铜、铁青铜、钛青铜、碲青铜等，在国外多被列为高铜合金。由于所添加的合金元素种类及添加元素含量不同，因而具有不同的熔炼性质。

表12-16所列为某些复杂青铜的熔炼工艺技术条件。

高铜合金中多数合金元素的熔点比较高，并且与氧的亲和力也都比较大。显然，应该根据合金特征即合金的不同熔炼特性进行工艺设计。

表12-16 某些复杂青铜的熔炼工艺技术条件

合金名称	熔炉类型	加料及熔炼操作顺序	覆盖剂	脱氧剂	熔炼温度/℃
QCr0.5	工频有铁心感应电炉	铜+硼砂+玻璃+废料→熔化→升温至1300~1350℃→Cu-P→Cu-Cr→搅拌，取样分析→出炉	硼砂玻璃	Cu-P	1300~1350
QCd1.0	工频有铁心感应电炉	铜+废料+木炭→熔化→Cu-P→Cu-Cd→搅拌，取样分析→出炉	木 炭	Cu-P	1230~1260
QTe2.5	中、工频无芯感应电炉	废料+木炭→熔化→Cu-P→Fe→熔化→铜→熔化→Cu-Zn→搅拌，取样分析→出炉	木 炭		1250~1290
QBe2.0	中频无芯感应电炉	镍(Cu-Ni)+铜+废料→熔化→Cu-Be→熔化→搅拌，取样分析→升温，出炉			1200~1250
QZr0.2	真空-中频无芯感应电炉	铜+废料→抽真空→熔化→精炼→关阀门，加锆→熔化→静止，升温→出炉			1180~1220

铬青铜可以在中频无芯感应电炉和真空中频无芯感应电炉内熔炼。在中频无芯感应电炉熔炼时，可以直接熔化铬，但工艺不当时其熔炼损失比较大。铬青铜熔炼亦可在工频有芯感应电炉内进行。不过，高熔点的铬应该预先在真空中频无芯感应电炉中熔炼并制成Cu-Cr中间合金。

在中频无芯感应电炉中直接熔化铬时，除了需要对熔体严密覆盖外，熔化温度的控制及铬的加入时机的选择尤为重要。可以采用煅烧木炭、炭黑，或者硼砂和玻璃粉等混合熔剂作为熔炼的覆盖剂。为减少铬的熔炼损失，熔化铬之前应该先对熔体进行彻底的脱氧，或者保证在铜的熔化过程中根本就未曾吸收氧。

镉青铜中的镉沸点765℃，比锌的沸点还低，在熔炼温度下镉的挥发甚至不可避免。镉青铜的结晶温度范围比较窄，一旦熔体中气体含量较高，则极容易在铸锭内产生气孔。因此，选择合适的覆盖剂和适宜的熔炼温度都是很重要的。

镉通常采用Cu-Cd中间合金加入，可以减少熔炼损失，但制造Cu-Cd时同样面临较大的熔炼损失和环境污染。

铍青铜的熔炼过程并不是很复杂。铍青铜和铝青铜、硅青铜等相似，铍有脱氧能力，熔体容易大量吸氢。炉料质量、熔炼温度等工艺条件的正确设计是保证熔炼质量的关键。

熔炼铍青铜所用原料必须保持干燥。通常，细碎或潮湿的原料不能直接投炉使用。

由于Cu-Be中间合金中的铍含量有限，熔炼铍青铜时中间合金的使用量是比较大的。例如熔炼QBe2.0时需要的Cu-Be中间合金数量，大约占总投料量的三分之一强。组元镍的熔点高，应该以 Cu-Ni 中间合金(实际上各种普通白铜工艺废料都可以当成中间合金)形式配料和进行熔化。

铍青铜浇注温度应该尽可能低，出炉前仔细搅拌熔体可以更好地排除气体。

实际上，真空下熔炼铍青铜是比较理想的。真空熔炼，对于保证熔体质量特别是避免熔体吸气是比较可靠的。

最后应该指出：铬、镉、铍等金属及金属的氧化物都属于有害物质，尤其是镉和铍及其氧化物，因此，熔炼含有这些元素的合金时，应注意劳动条件和环境保护，包括对熔炼过程中产生的熔渣等废弃物质的慎重处理。

12.4 白铜的熔炼

12.4.1 白铜的熔炼特性

镍的熔点为 1453℃。在不同镍含量的白铜中，随着镍含量的提高，其固相线温度随之提高。例如：B10 的固相线温度为 1100.5℃。普通白铜 B30 的固相线温度为 1172.6℃。

在白铜的熔炼过程中，由于氧化而产生的 NiO 和 Cu_2O 都属于碱性氧化物，若炉衬是以 SiO_2 为主要成分的石英砂材料，NiO 和 Cu_2O 都可以与 SiO_2 发生化学反应，结果炉衬被侵蚀。镍的含量越高，熔体对炉衬耐火材料的侵蚀越严重。

为了保证化学成分均匀和熔体具有一定的流动性，适当的熔炼温度是必需的。显然，熔炼白铜需要较高的熔炼温度，因而应该选择具有较高耐火度的耐火材料制造炉衬。

熔炼白铜过程中，熔体容易吸氢和增碳。

在第 10 章表 10-8 所列的数据中，已经看到了镍含量对氢在白铜中溶解度的影响，即白铜中氢的含量随着含镍量的增加而明显增大。

实践表明，在石墨坩埚中熔炼普通白铜时，熔炼温度一旦超过 1400℃，熔体中的碳含量将很快达到 0.03%～0.05%，甚至更多。因此，当采用木炭作覆盖剂熔炼白铜时，熔炼温度不宜超过 1350℃。试验也表明，在熔炼镍含量较高的白铜时，当熔体与木炭的接触时间超过 20 min 时，常常会使熔体中碳的含量超过标准限量。

12.4.2 白铜的熔炼工艺

12.4.2.1 熔炼设备及熔炼气氛的选择

普通白铜，通常都可以在工频有铁心感应电炉内熔炼，炉衬应该采用高铝质，甚至镁质耐火材料。

复杂白铜，由于熔点比较高，而且考虑到变料方便，因此实际上多在坩埚式的中频无铁心感应电炉内熔炼。在中频无铁心感应电炉内熔炼时，低镍白铜(例如 B0.6 和 B5)，只要过热温度不超过 1350℃，可以采用黏土石墨坩埚。

锰白铜在中频无铁心感应电炉内熔炼时，熔炼温度高并因为合金中含有一定数量的锰，所以炉衬采用镁砂或者电熔刚玉质耐火材料较为合适。

为了获得氢和碳含量都比较低的熔体，必要时可以采用氧化－还原精炼工艺。例如：开始在木炭覆盖下进行熔炼，当熔体达到 1250℃ 时迅速清除木炭并在无任何覆盖的情况下，使熔体直接暴露在空气中 3～5 min，或者直接把氧化镍加在熔池表面上，然后在出炉前再进行脱氧。

熔炼锌白铜时，可使用适量的冰晶石进行清渣。

为提高熔体质量，某些重要用途的白铜应该采用真空熔炼或者电渣熔炼的工艺。

12.4.2.2 白铜的熔炼工艺

熔炼白铜过程中，锰、铝和锌等合金元素的损耗比较大，配料时应取中、上限。铜、镍、铁和铅等合金元素不容易损失，配料时可取中、下限。如果从经济角度考虑，在不影响合金质量的前提下，亦可将较贵重的元素(例如镍)的含量控制在中、下限范围内。

大量使用本合金工艺废料配料时，对熔炼损失比较大的合金元素应当做适当的预补偿。例如，锰白铜使用本合金废料时，锰可补偿 0.5%。锌白铜使用本合金废料时，锌可补偿 1.5%。

表 12-17 所列为某些白铜在工频有铁心感应电炉熔炼时的工艺技术条件。

表 12-17 某些白铜在工频有铁心感应电炉熔炼时的熔炼工艺技术条件

组 别	合金名称	加料及熔炼操作顺序	覆盖剂	脱氧剂	熔炼温度/℃
普通白铜	B0.6 B5 B19 B30	镍+铜+(废料)+木炭→熔化→升温,搅拌,扒渣→取样分析→加镁脱氧→升温出炉	木 炭	铜-镁	1160~1180 1180~1240 1280~1330 1300~1350
铁白铜	BFe10-1-1 BFe30-1-1	镍+铜+铁+(废料)+木炭→熔化→锰→熔化→搅拌,升温,扒渣→取样分析→升温,加镁脱氧→升温出炉	木 炭	铜-镁	1280~1330 1300~1350
锰白铜	BMn3-12	镍+铜+(废料)+熔剂→熔化→硅+铁→熔化→锰→搅拌,升温,扒渣→取样分析→升温,加镁脱氧→升温出炉	硼 砂	铜-镁	1300~1350
	BMn40-1.5 BMn43-0.5		硼 砂 玻 璃		1360~1400 1360~1400
锌白铜	BZn15-20 BZn18-18 BZn18-26	镍+铜+铁+(废料)+木炭→熔化→锰+硅→熔化→锌→熔化→搅拌,升温,扒渣→取样分析→升温,加镁脱氧→升温出炉	木 炭	铜-镁、硅、锰	1180~1210
铝白铜	BAl13-3 BAl6-1.5	镍+铜+冰晶石+(废料)+木炭→熔化→铝→冰晶石→铝→搅拌,升温,扒渣→取样分析→升温出炉	木 炭 冰晶石		1350~1400 1300~1350

当炉内尚有剩余熔体,例如在工频有铁心感应电炉(即熔沟中始终保留有一定数量的起熔体的情况下)熔炼白铜时,应该首先熔化难熔成分,例如镍和铁等,随着熔化的进行再逐步加入大块废料、锰或铜-锰中间合金,最后加入并熔化铜。

通常,本合金工艺废料使用量不超过50%。加工过程中产生的各种锯、铣屑,应经充分干燥并将其打包或制团处理。各种细碎的屑和杂料,应该经过复熔处理后再投炉使用。

碳、磷、锰、硅、铝、镁、锂、锆等,都可作为白铜熔炼的脱氧剂,有的还采用多种元素按一定顺序进行的复合脱氧工艺。

白铜熔炼的脱氧剂选择,以及脱氧的时机选择应根据熔炼和铸造方式确定。铁模及水冷模铸造时浇注时间比较短,基本上不受或很少受二次氧化及吸气的影响。半连续铸造及全连续铸造则因铸造时间长而受到影响。

国外在熔炼普通白铜和铁白铜方面已有采用电渣熔炼的报道:采用氟化钡和氟化钙各50%的熔剂,生产 BFe30-1-1 合金大规格铸锭时,比采用氟化钡:氟化钙:氟化镁=70:15:15的熔剂熔炼时效果好。在熔炼镍含量为39.5%的普通白铜时,所用电极直径为530 mm (21 in),以约545 kg/h的熔炼速度熔炼并铸造φ610 mm(24 in)铸锭时,其表面质量比较光滑,不用铣面即可进行压力加工。

13 铜合金熔炼设备及炉衬技术[1]

13.1 工频有铁心感应电炉

13.1.1 工作原理

13.1.1.1 感应加热

图13-1所示为工频有铁心感应电炉原理图。

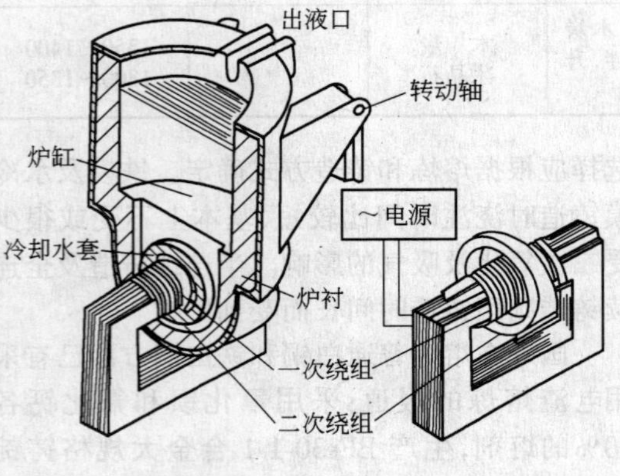

图13-1 工频有铁心感应电炉原理图

工频有铁心感应电炉主要由感应体、上炉体、倾动装置、电源和控制系统等部分组成。

感应体工作原理与降压变压器相似，一次线圈和二次线圈都绕在同一磁导体即铁心上，感应体耐火材料沟槽中的环状金属熔沟，相当于短路的二次线圈。

感应加热的基本原理，可以通过电磁感应定律和焦耳－楞次定律来理解。

电磁感应定律为：当穿过一闭合回路所限定的磁通量随时间改变时，无论改变的原因如何，在回路上总会产生感应电动势，即：

$$e = -\mathrm{d}\Phi/\mathrm{d}t \qquad (13\text{-}1)$$

式中，$\mathrm{d}\Phi/\mathrm{d}t$，即闭合回路所限定的磁通量变化率。前面的负号表示新的感应电动势具有产生感应电流的倾向，以感应电流产生的新磁通量来补偿原磁通量的变化。

焦耳－楞次定律的表达式为：

$$Q = 0.24 I^2 R t \qquad (13\text{-}2)$$

式中 Q——当电流流过具有电阻 R 的回路时，由零到 t 一段时间内，电阻所消耗的功率转变成的热量，cal，1 cal = 4.1868 J；

I——流过电阻 R 的电流，A；

R——回路电阻，Ω；

t——时间，s。

作为短路的熔沟中的金属导体，在感应电动势作用下产生电流（或称涡流）。涡流产生的磁通量，总是力图阻止感应线圈内磁通量发生变化。施于线圈的交变电流不止，熔沟金属中产生的涡流也不会停止。涡流在具有一定电阻的熔沟金属中的流动而产生热量，因此金属被加热以至熔化。

13.1.1.2 电磁现象和热现象

感应电炉的最大特点是炉内熔体具有较强的自搅拌作用。

图13-2所示为感应炉中熔体的电磁现象和热现象。

电流通过导体时，围绕导体将产生磁场。一次线圈和二次线圈即熔沟金属中的磁力线之间的相互排斥作用的结果，在熔沟金属中产生了一种电磁力，即原动力。

熔沟中金属除本身重力 G 以外，同时受到上述原动力的作用，两作用力之和应该具有 K 的方向。

熔沟中金属只有在喉口部有两个通往熔池通道，因此熔沟金属中产生相斥力的部位应该在最底部。此相斥力沿环沟高度的不均等的性质，促进了金属在熔沟中的运动的一种动力。

[1] 本章撰稿人：肖恩奎、张书远、郭淑梅、吴昌业、居敏刚。

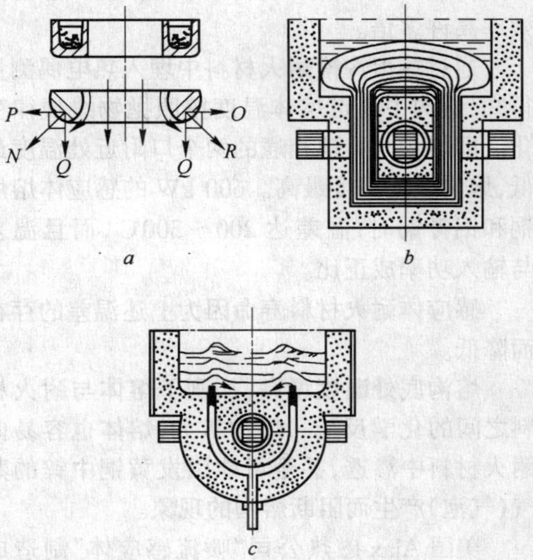

图 13-2　熔沟中的电磁力与热现象

a—熔沟中金属所受到的电磁力；
b—熔沟和熔池中金属内的电力线分布；
c—与喉口相通的两个熔沟熔体鼓动现象

熔沟中金属承受的第二种动力来自于压缩效应。

熔沟中金属可以看成是若干个同一方向导电体，熔沟中金属在环沟内承受由外缘向环沟断面中心方向的压缩应力。同时，环沟垂直段内的液体金属有静压力与此压缩重力抗争。当压缩应力大于静压力时，熔沟中金属熔体会发生喷流现象。

第三种效应是涡流。涡流效应是由于环沟中金属和熔池中金属电流密度不相等而产生的。熔沟断面比较小，熔池断面比较大。截面小的熔沟内磁感应强度大，电磁力大，熔体受到的压缩力大，即在熔沟出口，与熔池交汇处发生熔体向上鼓动的现象。

上述电磁力效应、压缩效应和涡流效应，构成了熔沟中金属和熔池中金属热能传递的一种综合动力。

其实，构成炉内熔体热传递的还有一种自然动力，即熔体自身的热对流作用。

熔沟底部的熔体温度高而比重小，而熔池中的熔体温度低却比重大，比重小的高温熔体可以自然地向熔池中流动。

13.1.2　感应体技术

感应体有单相、两相和三相不同的结构形式。

感应体设计，通常是以炉子的有效容量和熔化速率为依据。

首先，计算并确定感应体的有效功率，以及熔沟和线圈尺寸、熔沟断面、熔沟长度及熔沟环内、外径等各种尺寸。然后，结合实际经验确定熔沟与感应线圈之间的耐火材料厚度，以及保护线圈的风冷或水冷套等与感应体耐火材料相关的具体结构和尺寸。

通过感应器与炉料即被加热与熔化的金属系统的计算，确定炉料与感应器系统的阻抗、炉子的自然功率因数、电效率、感应器因数及炉子的输入功率等。计算的熔沟电流需要进行校验，以确保熔沟电流因压缩效应产生的力，不能大于熔沟中各截面上液态金属所受的静压力，以避免熔沟中出现断沟现象而影响功率的输入。铁心尺寸与线圈的冷却等亦需要通过计算确定。

13.1.2.1　大截面熔沟感应体

A　大截面熔沟感应体的特征

相当长一段时间内，国内外一直都采用宽厚比较大的熔沟断面。例如 22 mm×90 mm，单个熔沟的截面不超过 2200 mm^2，电流密度 6～9 A/mm^2。大功率感应体，采用双熔沟的方式。

这种结构的特点是：熔沟下部温度高，熔沟中金属流动性差，炉衬寿命低。大功率感应体的体积也大，影响了大功率感应体技术的发展。而且，小断面熔沟在起熔过程中常常因为断沟引发许多困难，旧炉重开也会遇到同样的困难。

瑞典 ABB 公司首先扩大了熔沟截面，突破了传统的截面厚度小于电流透入深度的理论界限，厚度达两倍于电流透入深度。熔铜的1000 kW感应体的熔沟截面达到了 75 mm×245 mm。

图 13-3 所示为大截面熔沟感应体原理示意图。

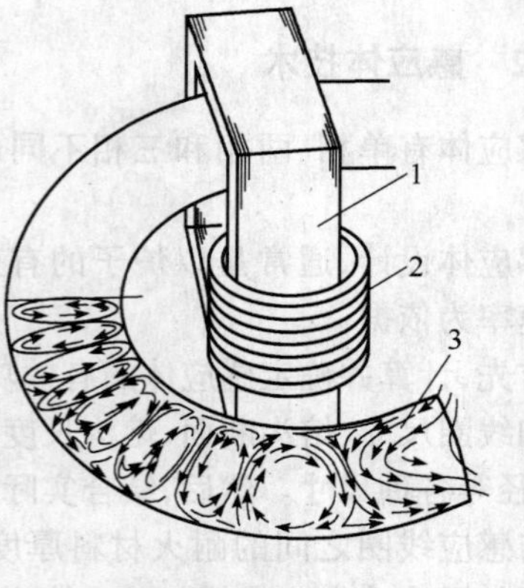

图13-3 大截面熔沟感应体示意图

1—铁心；2—感应线圈；3—熔沟中金属内的流动方向

由于加大了熔沟的厚度和截面，加大了熔沟中金属对流热交换的空间，因而减少了局部过热的倾向。

B 大截面熔沟感应体的应用

采用大断面熔沟以后，对于同等体积的感应体来说，可以输入更大的功率，因此大功率感应体设计不再困难。ABB公司最大的单相感应体功率已经达到3000 kW。

大断面熔沟对于熔炼黄铜，特别是熔炼铝青铜时熔沟的有效寿命方面也有优势。熔体中的氧化铝（Al_2O_3）在熔沟耐火材料壁上的不断积结，是熔炼铝青铜的难题。一旦熔沟的断面全部被积渣堵死，就得被迫停炉，尽管耐火材料尚未损坏。

大断面熔沟使炉子的自然功率因数大大降低，通过增加补偿电容器的数量可以得到改善，相应增大了设备造价。如果从生产的综合效益方面评价，一般情况下利大于弊。

13.1.2.2 喷流感应体

感应体的熔沟设计是从等断面熔沟开始的。

对等断面熔沟的研究表明，熔沟中电磁力与电流和磁场成直角，即与熔沟的轴线垂直，一般不产生平行于轴的分量。在此电磁力的作用下，主要在熔沟截面上形成涡流搅动，在熔池相接的熔沟出口处，产生由线圈侧指向熔沟槽外壁方向的搅动。熔体的这一激烈的紊乱运动使熔沟内金属成为热的良导体，比静止状态的热效率高许多倍。

通过在熔沟槽耐火材料中埋入热电偶测量得知，熔沟中各点熔体温度按照抛物线规律变化。即熔沟与熔池相通的两个口附近处温度最低，熔沟底处温度最高。600 kW的感应体熔炼铜和铝青铜时，温差达200～300℃，而且温差与输入功率成正比。

感应体耐火材料寿命因为上述温差的存在而降低。

熔沟底处温度增高，加剧了熔体与耐火材料之间的化学反应。熔沟扩大，熔体也容易向耐火材料中渗透，甚至可能引发黄铜中锌的蒸气（气泡）产生而阻断熔沟的现象。

美国Ajax磁热公司“喷流感应体”制造成功，显著地降低了熔沟中熔体的温差，单个感应体的功率达到了3000 kW。目前，“W”形熔沟“喷流”感应体技术已经日趋成熟，并在世界范围内得到了广泛推广。

A 单向流动现象

单向流动是指，感应体内熔沟槽中的熔体按照单一方向有序流动，而不再是紊流运动。不过，有关单向流动的理论研究似乎滞后于实践。

图13-4所示为熔沟变断面与温度分布。

仅仅改变熔沟形状，熔沟中金属过热温度并没有大的改变。

当把熔沟的形状改变扩大到熔沟各处截面面积的改变，即通过熔沟截面相对于感应线圈轴向、径向尺寸（即厚度）的变化，使两侧熔沟口截面小于中间熔沟口截面时，温差大幅降低。除Ⅰ以外，Ⅱ和Ⅲ的温差均小于30℃。显然实现了单向流动。这种流动的形成，主要是中间熔沟厚度与两侧熔沟厚度之比有关。在金属流动过程中，侧熔沟起主导作用。

由于熔沟中的金属具有一种潜在的电磁力，并在变断面熔沟中的侧出口处感应电流的突然散流，从而造成了熔体在此处的射流状态。电流突然散流的强度和量，以及与熔体各部位潜在的电磁力共同作用的结果，造成了熔体流动的动力，此动力克服涡流阻力即可产生熔体

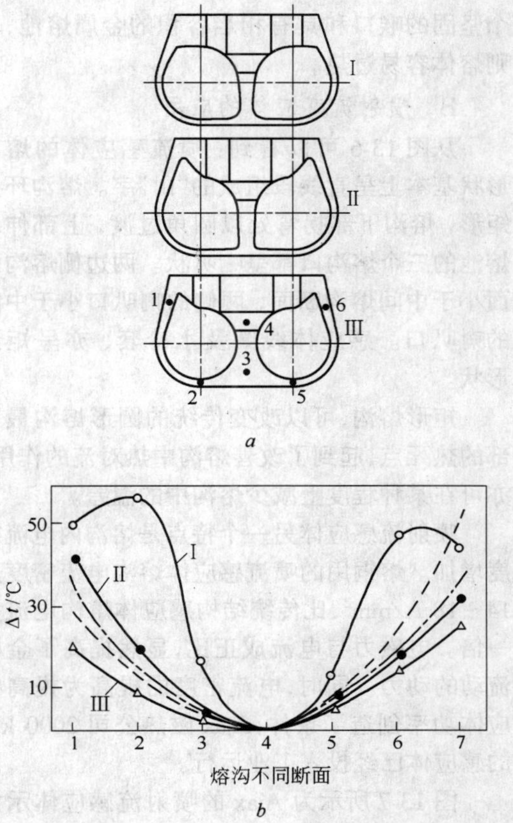

图 13-4 熔沟变断面与温度分布

a—Ⅰ、Ⅱ、Ⅲ为不同形状的变断面的熔沟；

b—熔沟中温度分布（金属最冷点 4，位于中间沟的吸入口）

1、2、3、4、5、6—温度测量点

的流动。

熔沟中金属在电流线弯曲的部位，发生较大的电磁力，而且电磁力随着曲率增大而加大。电流线的松散度，与熔沟与熔池交汇处截面的突然增大有关。与中间熔沟相比，若两个侧熔沟截面积小，则两个侧熔沟口与熔池交汇处可能成为引发熔体流动的起点。变断面熔沟试验表明：单向流动不仅与侧熔沟出口处熔沟曲率形状有关，而且与熔沟断面的厚度变化有关，即与中间熔沟断面厚度与侧熔沟断面厚度之比有关。

传统的感应体内熔体搅动及温度梯度分布情况如图 13-5 所示。

抛物线形状分布的温度曲线表明，不仅熔

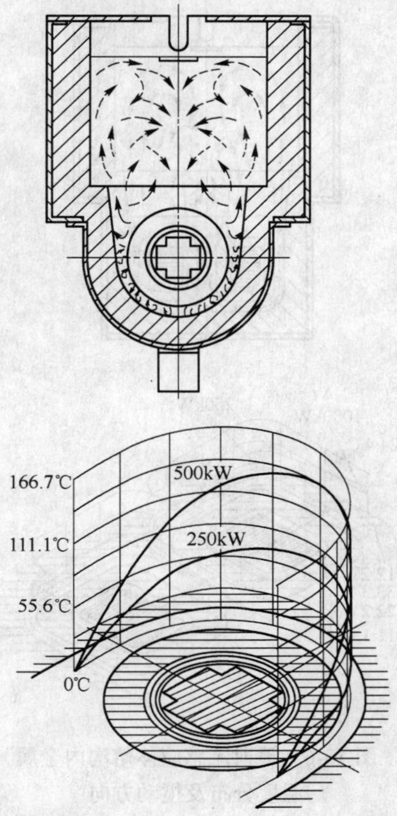

图 13-5 传统感应体熔沟内金属温度分布及搅动方向

沟底部与熔池中的温差比较大，而且与输入的功率有关，功率越高，温差越大。当输入功率为 250 kW 时，沟底与沟口温差将近 70℃，而输入功率为 500 kW 时，温差增加到将近 140℃，相当于功率每提高 100 kW，温差扩大近30℃。

图 13-6 所示喷射流感应体的情况就不同了。

由于熔沟内的熔体是单向流动，温度较高的熔体从两边的侧熔沟中喷出，温度较低的熔体从中间熔沟口进入。

喷射流感应体的基本设计思想来自熔沟断面的变化，适当的改变侧熔沟口和中部熔沟口的形状和截面积，从中部熔沟起到侧熔沟口逐渐减小熔沟的径向厚度，从而形成熔体单向流

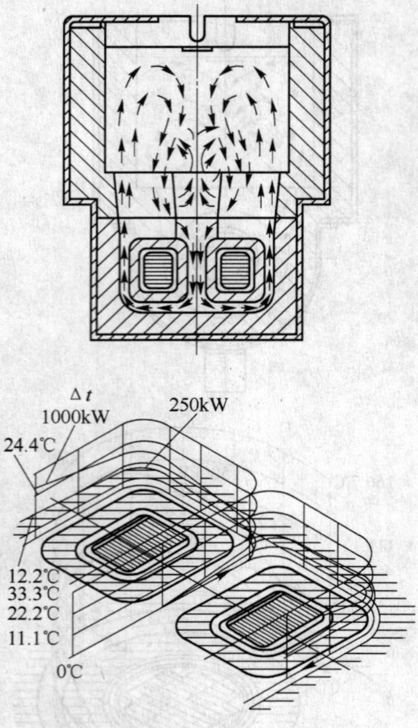

图 13-6 喷射流感应体熔沟内金属温度分布及搅动方向

动的压力梯度。这种结构使得中央沟和侧沟间的磁场强度和场型存在着固有的差别，为形成均匀纵向速度分量创造了有利条件。实际上，感应体中纵向速度分量占了整个熔沟，使熔体由中央沟向下进入熔沟底部，分成两路向两侧熔沟口喷出。金属熔体在流动过程中逐步升温，中央沟进口温度最低，两侧熔沟的出口处温度最高。

实践证明，喷射流感应体熔沟中熔体流动的速度和温度梯度的变化，都与输入功率的平方根成比例。熔体温差最大只有二十多摄氏度，有利于输入功率的提高，可以做成大功率的感应体。

喷射流感应体中熔体的流速之高是出乎意料的。800 kW 的感应体熔炼铜合金时，熔沟中熔体的喷流速度可达 762 mm/s，熔体的循环量可以达到 270 t/h。

不言而喻，由于喷流的存在，则需要有一个坚固的喉口和具有相当容积的金属熔池，否则熔体容易过热。

B 喷射流感应体的应用

从图 13-6 可以看到：喷流感应体的熔沟形状基本上呈直线段组成的“山”字。熔沟环呈矩形，熔沟下部拐弯处以圆角过渡，上部伸向熔池的三个熔沟口都呈喇叭状。两边侧熔沟断面小于中间熔沟断面，两侧的喇叭口小于中间的喇叭口。感应体线圈及水冷套，亦呈矩形形状。

矩形熔沟，可以改变传统的圆形熔沟最下部的热死点，起到了改善熔沟中热对流的作用，亦可在某种程度上减少熔沟中的温差。

喷射流感应体另一个特点是熔沟内电流密度增加。熔铜用的喷流感应体熔沟电流密度达 14～18 A/mm^2，比传统结构感应体熔沟电流大一倍。电磁力与电流成正比，显然提高了金属流动的动力。同时，电流密度的提高为提高感应体功率创造了条件，Ajax 磁热公司 2000 kW 的感应体已经投入工业运行。

图 13-7 所示为 Ajax 的喷射流感应体示意图。

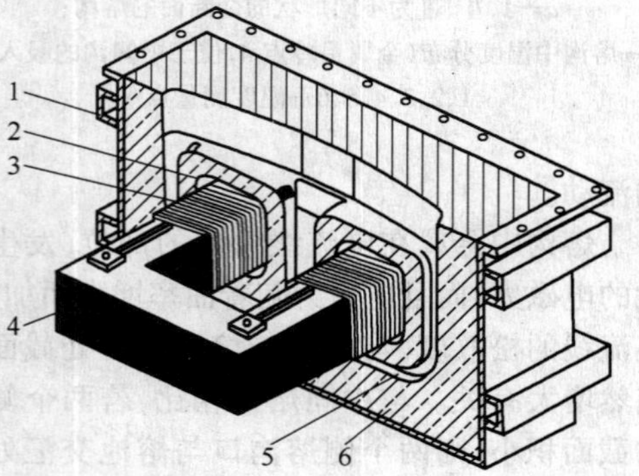

图 13-7 Ajax 的喷射流感应体
1—感应体外壳；2—线圈保护套；3—线圈；4—磁铁；5—熔沟槽；6—耐火材料

表 13-1 所示为 Ajax 的喷射流感应体产品系列。

表 13-1　Ajax 喷射流感应体系列

系　列	功率/kW	冷却方式	适用范围	熔铜时效率及电耗	
				$kg\cdot h^{-1}$	$kW\cdot h\cdot t^{-1}$
A	25	空　冷	有色金属	79.45	314.66
C	50	空　冷	有色金属	158.9	314.66
EH	120	空　冷	有色金属	381.36	314.66
F	200	空　冷	有色金属	635.6	314.66
TC	400	空　冷	有色金属	1271.2	314.66
TE	500	空冷/水冷	有色金属	1589	314.66
TG	1000/1750	水　冷	有色/黑色金属	3178/5561.5	314.66
TM	2000	水　冷	有色金属	6356	314.66
TJ	1200	水　冷	有色金属	3813.6	314.66

喷流感应体的主要缺点是：需要较深的喉口和炉膛熔池，因此不仅需要较多的起熔体，正常作业时炉膛内亦需始终保持一定数量的熔体。

13.1.2.3　变频电源技术

A　工作原理

变频电源可以通过改变工作频率的方式调节感应器功率。

工频有铁心感应电炉的变频电源具有以下主要特征：

(1) 电源采取变频工作方式，工作频率范围为 50～100 Hz，输出功率可在 1%～100% 之间无级调节；

(2) 采用二极管整流，电网侧功率因数始终大于 0.95。采用电容器滤波，减少了谐波干扰。采用 IGBT 作为逆变器件，开关速度快，损耗低。IGBT 是可关断器件，发生故障时自动关闭，可避免自身和其他电气零部件损坏。

B　变频电源的应用

采用变频电源技术，便于功率调节，使得功率的投入与炉料的投入选择与搭配变得更加方便。熔化期间投入较高的功率，保温期间投入较低的功率，可以减少电耗。900 kW 的感应器采用变频电源后，吨铜熔化的电耗只有 260 kW·h，熔化率达 3 t/h。

采用变频电源技术，主开关等器件不带负载动作，其通断靠电子开关元件实现，可降低运行故障率和备件消耗。

采用变频电源系统，为操作系统实现自动化创造了条件。在把 PLC 及熔化过程控制计算机引入系统后，某些安全运行参数和熔化过程参数，包括各水路温度、压力，炉内熔体温度和数量，感应体功率，线圈电流，甚至起熔过程中熔沟变化状况等，都可以实现连续监测和控制。

13.1.3　感应体炉衬技术

感应体炉衬烧成后成为坚固整体，俗称炉底石。

感应体中的耐火炉衬具有复杂的形状结构，感应线圈、铁心和金属熔沟都贯穿其中，尺寸要求精确。炉底石是炉子电热交换的中心，熔沟中熔体温度最高，感应线圈的绝缘却不能破坏。最薄位置，即厚度仅为 50～100 mm 的熔沟内侧的环状耐火材料层，一边承受着高温熔体的冲刷、侵蚀，另一边承受着强烈冷却，工作环境十分恶劣。

感应体中耐火炉衬的寿命，比上炉体炉膛寿命短得多。熔沟内侧环状耐火材料层发生严重磨损，或发生严重漏铜现象，即表明炉衬已经损坏。

感应体的耐火材料施工，通常采用不定形耐火捣打料捣筑的方式进行。

感应体筑炉技术，包括耐火材料选择、捣筑施工、烧结等方面。

13.1.3.1　耐火材料捣筑

感应体耐火材料捣筑，分为干打和湿打两种不同方式。

干打，即使用干散的耐火材料捣筑。半干打，即使用含有少量水分的所谓潮料进行捣筑。干打，可以人工进行，亦可采用振动器进行。半干打，通常采用捣固机进行。

筑炉用实心铜质熔沟模如图 13-8 所示。熔沟模材质取决于烤炉时加热和起熔方式。电感应加热时，通常采用实心铜模。火焰加热时，通常采用空心铜模或木模。

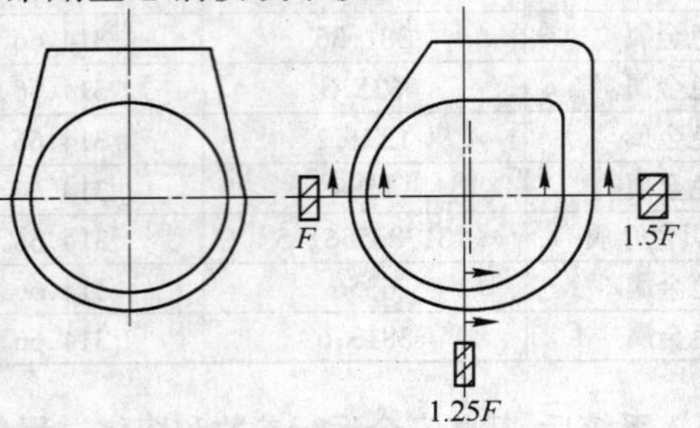

图 13-8　单相工频有铁心感应电炉熔沟模板

a—等截面熔沟；b—不等截面熔沟

图 13-9 所示为干打时采用的直立式和侧立式两种筑炉方法。

直立式捣筑，是比较传统的方法。捣筑时，感应体中的熔沟模直立放置，分层次填料和捣筑，熔沟模周围的耐火材料沿着熔沟高度方向自下而上，一层接着一层捣筑。侧立式捣筑时，感应体中的熔沟模水平放置，熔沟模周围的耐火材料亦是自下而上，但是沿着熔沟壁厚方向分层捣筑。

采用侧立式捣筑时，熔沟模周围部分的耐火材料，通常通过一、两次填料和捣筑即可全部完成。而采用直立式捣筑时，由于捣筑方向需要不断适应熔沟模曲面的变化而变化，容易出现受力不均匀现象。

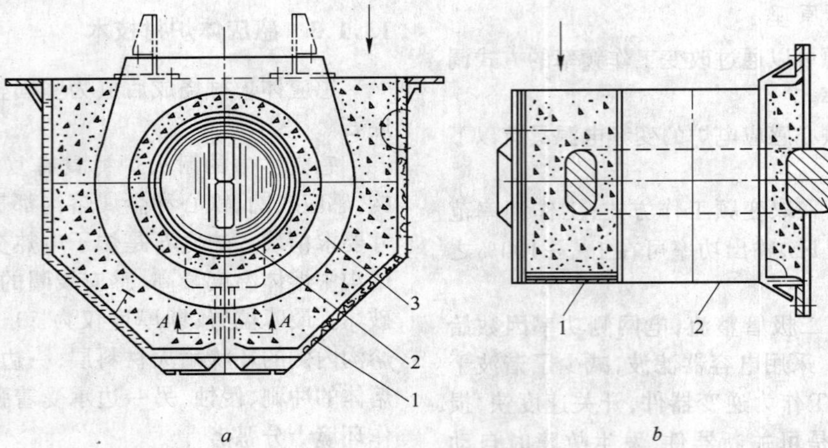

图 13-9　感应体耐火材料的捣筑方式

a—直立式捣筑；b—侧立式捣筑

1—感应体外壳；2—水冷套；3—熔沟模（图中箭头方向表示添料和捣筑方向）

为了防止分层，在每次填料前，都需要把上次的捣固层表面划松。如果是多人手工捣筑，应该每隔一定时间轮换一次工人站位，以求捣筑均匀。为了捣实，每层加料厚度 100～120 mm左右为宜。

13.1.3.2　烧结与起熔

捣打料成形后，必须经过烘烤和烧结（烧成）才能投入使用。

根据捣打混合料材料的特点，应采取不同的加热方式促其硬化和烧结，即应该按照不同的温升曲线进行烘炉。

起熔，即开始熔化。工频有铁心感应电炉起熔，意味着感应体内金属模板已经完全熔化，熔沟中金属已经能够流动，即能够送电进行正常运行。

采用实心金属熔沟模板筑炉时，直接向感应体送电即可完成起熔过程。

感应线圈通以电流时，相当于二次回路金

属模板内则有感应电流产生，并且此感应电流足以将金属模板加热直至熔化，并在起熔过程中完成耐火材料的干燥、硬化和初步烧结。当然，完全的烧结，需要经过一段时间的实际运行以后才能完成。

1000 kW感应器耐火材料（石英砂干打方式筑炉）烘炉升温程序见表13-2。

表13-2 1000 kW感应器烘炉升温程序

序号	温度区间/℃	温升速度/℃·h^{-1}	温升时间/h
1	室 温		8
2	20～150	10	10
3	150	0	19
5	150～1150	20	100
6	1150	0	至熔沟模板熔化

采用木质熔沟模或空心铜管做熔沟模板筑炉时，通常采用另外的烘烤和加热方式烧结耐火材料。

例如：预先进行感应体耐火材料的干燥和预烧结，当空心的熔沟槽内耐火材料达到规定温度时，直接向空心的熔沟槽中浇注高温熔体，并同时送电以完成起熔过程。

实心熔沟模板，通常采用纯铜制造。如果采用黄铜或者其他铜合金材料，且其熔点比较低，则不利于耐火材料的烧结。尚未烧结好的耐火材料过早的接触高温金属熔体，容易产生渗漏现象。采用空心熔沟模时，燃气可使熔沟槽内温度升高到1200℃，而许多高铝质耐火材料，需要这样高的温度才能完成烧结。显然，这对提高炉衬的使用寿命无疑是有益的。

实际上，起熔以后，即最初几天的熔炼和保温，亦是继续烧结炉衬耐火材料的过程。当感应体耐火材料完成烧结过程以后，方可进行正常的熔炼作业。

13.1.3.3 感应体耐火材料寿命

通常，炉衬寿命是指感应体耐火材料寿命。因为与炉膛耐火炉衬相比，感应体炉衬寿命低得多。

感应体耐火材料的使用寿命与很多因素有关，耐火材料的性质、筑炉质量、使用过程中的维护等都是很重要的因素。

A 筑炉质量的影响

筑炉质量，主要包括以下几个方面：

(1) 耐火材料材质质量，包括化学组成、粒度、干燥度及添加剂材料质量等；

(2) 捣筑质量，包括捣筑力度、受力均匀度以及粒度偏析等；

(3) 安装及维护质量，包括搬运及与上炉体对接，以及日常维护工作质量。例如：熔体温度的稳定性、通风或通水冷却系统的可靠运行等。

熔炼铝青铜时，有时采用一种主要以石墨粉为主要成分的熔沟模涂料，涂料依附在耐火材料烧结层表面，有利于阻止熔体中的铝和耐火材料中的二氧化硅（SiO_2）之间发生化学反应，即避免合金熔体中增硅，以及减缓在熔沟壁上结渣的保护作用。

B 合金熔体质量的影响

合金对感应体耐火材料寿命的影响来自两个方面：合金的熔化温度；合金组成及某些元素氧化物的性质。

熔化温度越高，或者熔化过程中产生的氧化物与炉衬耐火材料之间，可能发生某些化学反应，都会加速感应体耐火材料的熔蚀和破坏。

例如：CuO和SiO_2在1050℃时可能形成一种低熔点混合物，CuO和Al_2O_3在1150℃时可能生成低熔点混合物，发生化学反应的同时，耐火材料遭到熔蚀和破坏。铜液中氧含量的增加，都可能促使上述反应发生。显然，熔炼过程中应尽可能在无氧或者低氧的条件下进行。

在生产作业安排上，先熔炼纯铜，然后再熔炼H90、H80、H70、H60，最后生产HPb59-1等低熔点黄铜，不仅有利于耐火材料的烧结，同时可以避免化学成分污染。

13.1.3.4 感应体耐火材料磨损预测

熔炼过程中如果发生漏铜，可能破坏线圈绝缘，甚至烧坏线圈和铁心，发生事故。

实际上,感应体耐火材料的磨损是可以预测的。主动停炉,或者按照计划更换感应体则是最经济、最安全的办法。

图13-10所示为熔沟槽磨损预测原理示意图。

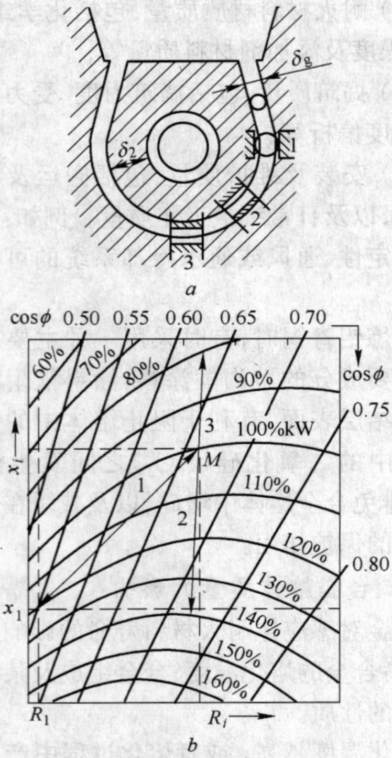

图13-10 熔沟部耐火材料磨损预测原理示意图

a—熔沟磨损实际状况; *b*—熔沟磨损原理图

1—同心熔损;2—偏内磨损;3—偏外磨损

熔沟磨损图,即耐火材料沟槽断面变化形态图。熔沟的磨损,是由于高温熔体在耐火材料沟槽中的流动造成的。耐火材料沟槽的磨损,引起了感应体-炉料系统等值阻抗 Z 即电阻 R 和电抗 X 的规律变化。其中,R 随炉温和被熔金属成分及熔沟截面的变化而变化,X 则与熔沟形态紧密相关。

熔沟磨损图中的横坐标为电阻 R,纵坐标为电抗 X。当感应体且熔炼合金品种确定时,原始状态的 R 和 X 值一定,即坐标图上的阻抗值 Z 所处的 M 点一定。运行过程中,R 值随熔沟截面的变化而变化,X 值随熔沟形态变化而变化。即:系统的 R 是熔沟径向厚度的函数,X 是耐火材料厚度的函数。

R 值和 X 值的计算公式如下:

$$R = P \times 10^3 / I^2 \tag{13-3}$$

$$X = \sqrt{\left(\frac{U}{I}\right)^2 - R^2} \tag{13-4}$$

式中 P——感应体功率,kW;

I——感应线圈电流,A;

U——感应器电压,V。

新感应体投入运行后,定期读表并计算出 R 和 X,并在图上打点。

如果 M 点是沿着图中箭头1的方向移动,这就意味着感应器的电阻和电抗减小,即熔沟更靠近线圈了,表明熔沟发生了对称同心扩大。如果是非对称扩大,则阻抗曲线走向变陡,至于 M 点是朝箭头3方向还是朝箭头2方向移动,则取决于熔沟断面的扩大是背离线圈还是朝着线圈方向。

感应体耐火材料磨损,也可以通过在熔沟环与水冷套(或风冷套)之间的耐火材料中预埋热电偶的方式,监视并对温度变化进行分析和判断。热电偶可对称放置4只或8只,以便于通过各点温度的异常变化,判断耐火材料变化的相对位置。

13.1.3.5 感应体热更换技术

热更换感应体应具备以下条件:

(1) 同一台炉子至少装有两只以上感应体。拆掉其中的一只或多只感应体时,另外的一只或多只感应体能够正常工作;

(2) 感应体和上炉体是可以分离的;

(3) 有备用的感应器,即可以替换的感应器;

(4) 成熟的感应体与上炉体对接技术。

感应体与上炉体对接时,主要需要以下两个方面的技术和材料:首先,如果采用干料捣打感应体耐火材料,应该具有硬化对接表面耐火材料的技术。因为对接感应体时,对接面通常呈垂直方向,耐火材料不能倾倒出来。其次,感应体耐火材料上表面和上炉体喉口下对接表面对接时,对接面上应该敷以必要厚度的既能密封但不烧结,又可以顺利分离的特种耐火材料层。

作为密封和分离材料，高温下应该具有较好的稳定性能，既能保证铜熔体不从结合处渗漏，又能在需要更换感应体时容易与喉口分离，并且保证喉口的结合面毫不损坏，以方便感应体的拆卸与安装。

更换感应体的一般程序是：

(1) 首先将炉内多余熔体倒出，只保留另外感应体进行保温所需要的熔体数量；

(2) 炉体倾斜，使将要更换的感应体与上炉体喉口对接面呈垂直位置，并使另外感应体能够正常送电，熔体保温；

(3) 拆除需要更换的感应体；

(4) 对接新的感应体；

(5) 如果新的感应体的耐火材料尚未进行烧结，则应在对接后按照一定的程序进行烘烤烧结。

如果是感应体的耐火材料已经在结合前进行了烧结，则可随即投入正常熔炼作业。

通常，热更换一只感应体，一两个小时即可完成。

13.1.4　上炉体炉衬技术

工频有铁心感应电炉的上炉体主要有坩埚型、箱型、鼓型等几种结构，其中坩埚型和箱型通常为立式结构，鼓型为卧式结构。

图 13-11 所示为立箱型工频有铁心感应电炉上炉体的炉衬结构。

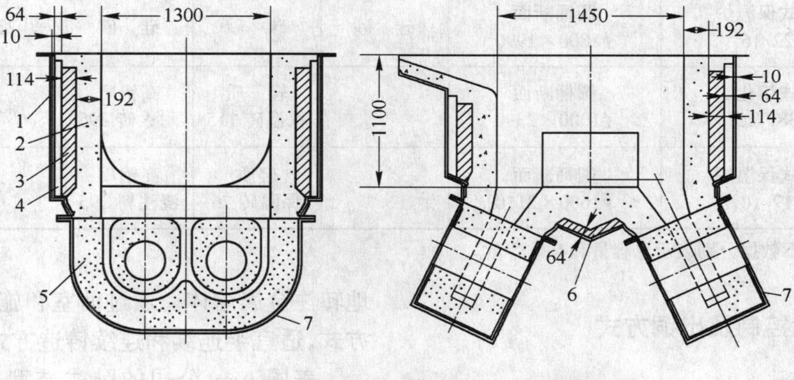

图 13-11　工频有铁心感应电炉上炉体的炉衬

1—上炉体外壳；2—上炉体热面耐火材料；3—上炉体保温材料；4—上炉体隔热材料；5—感应体及耐火材料；6—上炉体底部隔热材料；7—上下炉体结合用密封及隔离材料

上炉体炉衬一般由以下几部分组成：

(1) 最外层是隔热层。紧贴钢壳铺以石棉板或硅酸铝纤维毡之类，由于此层材料通常都具有一定的可塑性，亦有的称为缓冲层或滑动层。

(2) 次层为保温层。该层由轻质保温耐火材料构成。

(3) 最里层为耐火层。耐火层直接与高温熔体、熔渣接触，亦称为热面层或工作层。

上炉体耐火材料总厚度，根据炉子容量大小及熔炼温度不同，一般为 200～400 mm。耐火材料厚度不够，热损失大。保温层材料与热面耐火层材料，应该具有相同或者相近的组成及物理性质，例如热膨胀系数。否则，反复的加热与冷却将造成较大的裂纹。

热面耐火材料层，除必须具有一定的耐火度和强度外，还应具有较稳定的热膨胀系数，以及耐冲击、耐侵蚀等性质。

工作层可以用优质黏土砖或高铝砖等砌筑，也可以用类似组成的不定形耐火材料在现场进行浇注。

某些大中型工频有铁心感应电炉上炉体耐火材料的构成见表 13-3。

表 13-3 大、中型工频有铁心感应电炉上炉体耐火材料构成

序号	炉型及总容量/有效容量/t	炉膛形状及尺寸(断面×高或长)/mm	保温及耐火材料厚度/mm				熔炼合金
			隔热层	保温层	耐火层	总厚度	
1	立式熔化炉 3.5/2.3	椭圆断面 1140×590×1200	轻质高铝保温砖 65	轻质高铝保温砖 65	高铝质捣打料 235	365	锡磷青铜
2	立式保温炉 3.0/1.5	椭圆断面 1300×410×1300		轻质高铝保温砖 65	高铝质浇注料 130	175	锡磷青铜
3	卧式熔化炉 8.0/5.0	圆桶断面 ϕ1000×2390	硅质轻质保温砖 178	硅砂 59	硅质耐火砖 113	350	铜及黄铜
4	卧式保温炉 8.0/5.0	圆桶断面 ϕ890×2600	硅质轻质保温砖 113	硅砂 110	硅质耐火砖 113	288	铜及黄铜
5	立式熔化炉 29/16	矩形断面 2000×1500×1715	轻质高铝保温砖 65	轻质高铝砖和高铝耐火砖混砌 65	高铝质耐火砖 230	400	黄铜
6	立式保温炉 22/16	圆桶断面 ϕ1800×1990	硅砂	硅砂	硅砂	230	黄铜
7	卧式熔化炉 38/7.5	圆桶断面 ϕ1000×2390		轻质保温砖 115	高铝质耐火砖 295	410	纯铜
8	立式保温炉 17/10	圆桶断面 ϕ1600×2110		轻质保温砖 76	高铝质浇注料 295	370	纯铜

注:"/"上、下数据分别表示总容量和有效容量。

13.1.5 温度控制及出铜方式

13.1.5.1 温度控制

通常,直接以熔体为检测和控制对象,当熔体温度超出设定范围时,系统应该能自动切断或接通感应体供电源,或者自动在两挡之间进行功率转换。后者的高挡可以使熔体升温、低挡可以进行保温,任何时刻都保持有功率。

热电偶可以从水平方向穿过炉衬安装,或者沿炉壁从上至下垂直安装。热电偶的安装位置,应能保证连续测温,包括炉内只留少量熔体保温时的测温。

13.1.5.2 出铜方式

传统的出铜方式是倾动炉体,熔体通过出铜口(炉嘴)倾倒方式浇注。

现代工频有铁心感应电炉,出铜方式已经成为一种技术,不断推陈出新。

溢流转注方式,适宜在炉组之间连续不断地转注金属熔体。通过前室和施以气压的浇注方式,适宜半连续和连续铸造方式时的浇注。

美国 Ajax 公司的卧式鼓型工频有铁心感应炉的溢流出铜方式为:安装在鼓型炉体一侧端的出铜流槽与炉内熔池相通,即其中始终保持与炉内熔池一样水平的金属液面,流槽的出端是一个闸口。当炉内熔体液面提高时,熔体越过闸口可以流出。炉内熔液面水平由液位探测器自动监测。一旦没有熔体从闸口流出,即液位探测系统发现炉内金属液面低于预定水平时,自动通知加料系统。于是开始加料,熔体液面升高并促进溢流出铜。

溢流出铜方式最大的优点,一是密封了出铜口,防止空气进入炉膛,二是熔体温度非常稳定,可保证熔体质量,也有利于对炉衬耐火材料的保护。

瑞典 ABB 公司的气压式浇注炉,可作为铸造保温和浇注炉使用。气压炉所需的压力一般为 20~75 kPa。

由于炉室是密封的，对炉室施加压力时，两侧的受料口和出料口中的熔体液面同时升高。出料口与前室相通，熔体便进入了前室。

比较常见的两种出铜方式如图 13-12 所示。

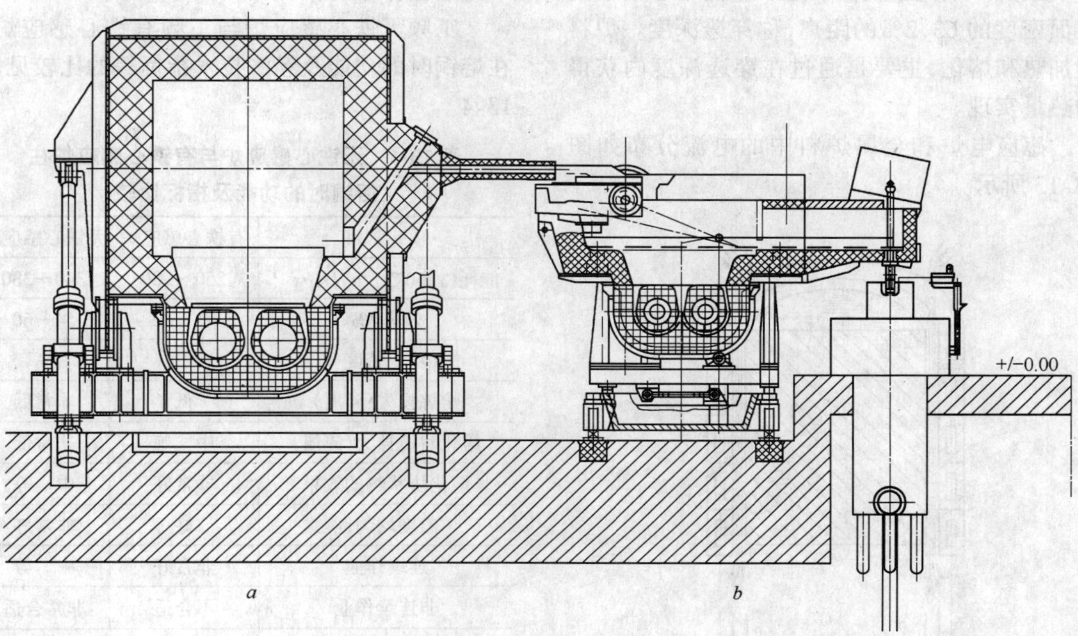

图 13-12　工频有铁心感应电炉的出铜方式
a—通过回转枢轴浇注；*b*—通过前室进行浇注

13.2　无铁心感应电炉

13.2.1　工作原理

无铁心感应电炉的炉体主要由耐火材料坩埚（即炉衬）及环绕其周围的感应器组成，它相当于一台变压器。感应器相当于变压器的一次线圈，坩埚内金属炉料相当于短路的二次线圈。电流通过感应器产生交变磁场，在金属炉料中产生感应电动势，因其短路便在炉料中产生强大电流，结果使金属炉料被加热和熔化。

按照使用电流频率不同，可将无铁心感应电炉分为以下几种：

(1) 工频无铁心感应电炉，直接使用频率 50 Hz 的工频电源；

(2) 中频无铁心感应电炉，使用频率高于 50 Hz，但低于 10000 Hz；

(3) 高频无铁心感应电炉，使用频率高于 10000 Hz。

电源的最低频率 f，可通过以下公式确定：

$$f = 25 \times 10^8 \rho / \mu D^2 (\mathrm{Hz}) \qquad (13\text{-}5)$$

式中　ρ——液体金属比电阻，Ω·cm；

μ——导体的相对磁导率；

D——圆柱形导体直径，即坩埚内径，cm。

可以看出，最低频率随着被熔金属比电阻的增加而提高，并随着坩埚内径的加大而降低。

金属炉料中的感应电动势与感应器匝数 w、电流频率 f、磁通 Φ 之间的关系是：

$$E_2 = 4.44 wf\Phi \times 10^{-8} \qquad (13\text{-}6)$$

无铁心感应电炉内液体金属的强烈搅拌现象，为加速熔化过程和合金化学成分的均匀创造了有利条件。强烈搅拌的副作用是，金属熔池表面涌起的驼峰不利于熔体的保护。为控制熔体搅拌强度，可以通过变换线圈匝数等设计进行调整。

无铁心感应电炉另一个特点是电流在炉料中的分布不均匀，靠近坩埚壁的炉料层中电流密度最大。电流密度由靠近炉壁向中心减小到表面密度的63.2%的距离，称穿透深度。炉料的加热和熔化，主要是通过在穿透深度内获得的热量实现。

感应电炉和金属炉料中的电流分布如图13-13所示。

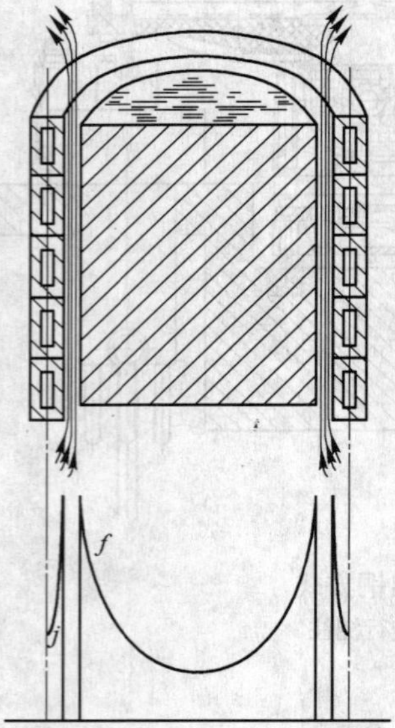

图13-13 感应电炉和金属炉料中的电流分布

穿透深度可通过下式计算：

$$\delta = 5030\sqrt{\frac{\rho}{\mu f}} \qquad (13\text{-}7)$$

式中 δ——穿透深度，cm；

ρ——炉料电阻率，Ω·cm；

μ——炉料相对导磁率(非磁体 $\mu=1$)；

f——电源频率，Hz。

与有铁心感应电炉相比，无铁心感应电炉有以下优点：

(1) 功率密度和熔化效率比较高，起熔方便；

(2) 铜液可以倒空，变换合金品种方便；

(3) 搅拌能力强，有利于熔体化学成分的均匀性；

(4) 尤其适合熔炼细碎炉料，如机加工产生的各种车屑、锯屑、铣屑等；

(5) 不需要起熔体，停、开炉比较方便，适于间断性作业。

工频无铁心感应炉与工频有铁心感应炉，在熔铜时的功能及经济技术指标等的比较见表13-4。

表13-4 无铁心感应炉与有铁心感应炉在熔铜时的功能及指标比较

项 目	有铁心感应炉	无铁心感应炉
能耗(1200℃)/kW·h·t^{-1}	250～280	340～380
效率/%	73～82	54～60
功率密度	中	高
熔炼损失(碎屑)	低	非常低
熔化时搅拌力(碎屑)	中 等	非常低
熔化块状料的效果	非常好	中 等
温度均匀性	好	非常好
连续作业	非常好	中 等
非连续作业	不合适	非常合适
变换合金	复 杂	简 单
筑炉作业	复 杂	简 单

13.2.2 设备组成

13.2.2.1 设备结构

无铁心感应电炉主要由炉体及其倾动、电源及控制系统，液压系统，水冷却系统等几个部分组成。

炉体及其倾动系统包括固定支架、炉体框架、感应器、磁轭、炉衬(坩埚)、炉盖，以及炉体倾动液压缸、输电母线、冷却水输送管等。

现代的中频无铁心感应电炉，已经普遍采用了SCR并逆变中频电源和IGBT串联逆变中频电源技术取代了传统的发电机组。

IGBT串联逆变中频电源具有许多优点：功率因数始终保持最佳；比较高的过载保护，安全可靠；恒功率输出。

中、高频无铁心感应电炉电气设备，包括相当数量的补偿电容器，以提高功率因数。

表13-5所列为JUNKER的熔铜中频感应电炉系列。

表 13-5 JUNKER 熔铜中频感应电炉系列

容量/kg	熔炼铜		熔炼黄铜	
	功率/kW	熔化率①/kg·h^{-1}	功率/kW	熔化率②/kg·h^{-1}
600	400	1000	400	1400
900	500	1200	500	1700
1200	600	1500	600	2100
1800	900	2300	900	3100
2400	1200	3000	1100	3800
3600	1800	4700	1400	4800
4800	2400	6200	1600	5500
6000	2800	7400	1800	6200
7200	3200	8500	2000	7000
9600	4000	10800	2500	8800
12000	4500	12200	2900	10500
14400	5000	13600	3300	12000
16000	5500	14800	3600	13300
20000	6300	17100	4300	15600
30000	8000	21000	6000	21800

① 此值用于 120 Hz 以及块状炉料；

② 此值用于 120 Hz 以及块状炉料，在熔化碎料的情况下按 80%～85%计算。

13.2.2.2 炉体构造

无铁心感应电炉的炉体结构图如图 13-14 所示。

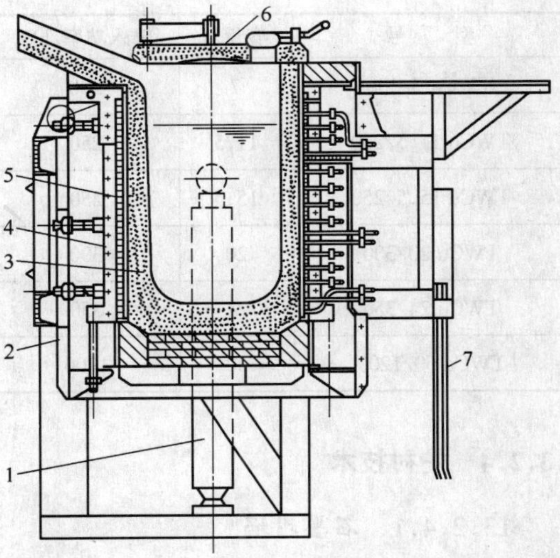

图 13-14 无铁心感应电炉炉体结构

1—倾动油缸；2—支架；3—炉衬；4—磁轭；5—感应器；6—炉盖；7—输电母线

绕制无铁心感应电炉感应器线圈用的不同断面的铜管如图 13-15 所示。

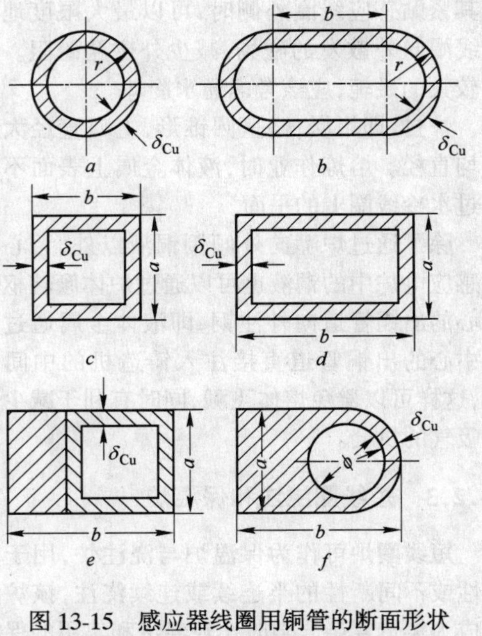

图 13-15 感应器线圈用铜管的断面形状

a—圆铜管；*b*—扁圆铜管；*c*—正方形铜管；*d*—长方形铜管；*e*—偏心方铜管；*f*—偏心圆铜管

传统的匝间绝缘方法是：用云母或玻璃丝布包扎后，涂以绝缘漆。当匝数不多，即匝间距离较大时，有的可利用空气间隙绝缘。新的线圈绝缘技术中，有的感应器线圈外层采用静电喷涂热固化工艺，在线圈外表面涂上一层特殊的绝缘材料，其耐压大于5000 V。与传统的涂绝缘漆相比，新的绝缘材料与线圈结合比较牢固，并且不怕潮湿。

大型无铁心感应电炉的感应器线圈，通常由焊接在其外圆周的数列支持螺栓，并通过螺栓和线圈外侧的硬木质或其他类似材料制成的绝缘支撑条固定。感应线圈的外表面上，有的还设有若干个用于安装测温探头，以对感应线圈的工作温度进行连续监测。

感应器线圈通常用水冷却，以排出线圈自身以及通过炉衬传导出的热量。在感应器线圈的上部和下部，都应另外设有几匝与感应器线圈尺寸相近似的不锈钢质的水冷圈，以使炉衬材料在轴向方向上的受热均匀。

磁轭通常由0.3 mm左右的高导磁率冷轧取向硅钢片叠制而成，主要起磁屏蔽作用，改善炉子的电效率和功率因数。磁轭同时具有支撑和固定感应器的作用，因此应该采用仿形结构，当其紧贴感应线圈外侧时，可以最大限度地约束线圈向外散发的磁场，减少外磁路磁阻。对比较大的磁轭，应该考虑通水冷却。

炉衬，即坩埚，略呈圆锥形，上口直径大于平均直径。熔炼作业时，液体金属上表面不应超过水冷线圈上的平面。

除了通过炉嘴向外倾倒铜液以外，无心中频感应电炉中的铜液也可以通过炉体倾转枢轴中心的出铜管道向外注铜，即液体金属通过枢轴中心的出铜管道直接注入铸造机的中间包中，这样可以避免熔体飞溅，同时有利于减少熔体吸气的机会。

13.2.3 短线圈浇注和保温炉

短线圈炉可作为保温炉与浇注炉，用于间断性或不间断性的半连续或连续浇注，该炉型已成为铸造复杂合金时比较经济和实用的保温单元(图13-16)。

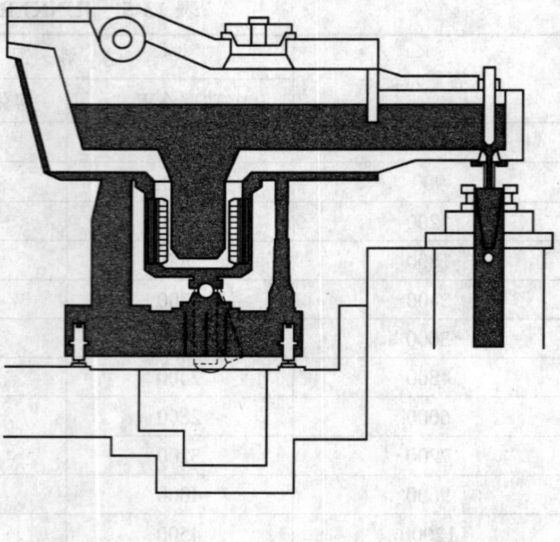

图13-16 无铁心感应保温浇注炉

短线圈保温炉主要有以下优点：可以倒空熔体，变换合金品种方便；熔体化学成分调整方便；可以间断运行，方便生产管理；坩埚耐火材料的砌筑和烧结周期性短，减少停机时间，节省开支。

JUNKER的铜及铜合金用短线圈炉产品系列见表13-6。

表13-6 JUNKER铜及铜合金用短线圈炉

型号	容量/t	输入功率/kW
TWCu 7/200	7	200
TWCu 11.5/250	11.5	250
TWCu 15.5/250	15.5	250
TWCu 20/300	20	300
TWCu 24/350	24	350
TWCu 50/1200	50	1200

13.2.4 炉衬技术

13.2.4.1 石墨坩埚

中、小型容量的中、高频无铁心感应电炉，可以采用黏土石墨坩埚。

小型真空感应炉，通常采用纯石墨质坩埚。

13.2.4.2 捣打坩埚

A 耐火材料选择

中、高频无铁心感应电炉的坩埚，通常采用干式振动料，并在现场通过捣打的方式进行施工。

干式振动料的品种有硅质、镁质、镁铝质、刚玉碳化硅质、铝镁质等。根据熔炼铜合金的种类不同，可分别选择：

(1) 熔炼紫铜、黄铜，可选用硅质干式振动料；

(2) 熔炼铝青铜、锡青铜，可选用硅质干式振动料；

(3) 熔炼铬青铜、铁青铜，可选用刚玉碳化硅质、铝镁质干式振动料；

(4) 熔炼白铜，可选用铝镁质干式振动料。

B 捣打坩埚技术

a 线圈浆料施工

开始捣打坩埚之前，应该首先进行线圈浆料的涂抹施工及其干燥。

线圈浆料，或称耐火胶泥是用于感应线圈匝间及内表面的一种耐火涂抹材料，可以代替传统的铺衬石棉板材料。

线圈浆料通常采用刚玉基材料，涂抹层为6～10 mm左右，匝间涂料同时起到绝缘作用。新线圈或进行较大的修补后的线圈，施工结束后首先在环境温度下自然养护，然后按照规定的加热程序进行充分干燥。

b 捣打坩埚

首先，在干燥的线圈浆料内表面均匀地铺一层石棉布或硅酸铝纤维布。隔热层不能有横向接缝，尽量减少纵向接缝，接头处必须搭接，并贴紧线圈。

(1) 坩埚底部捣打。捣打炉底时，加料厚度不宜过厚。从炉底中心开始，采用圆头或平头工具以螺旋线的形式向外圆周捣打。每层加料厚度和捣打次数根据材料性质而定。通常，加料厚度120 mm左右，捣打次数应不少于3～4次。每层加料捣实后，都需用叉子把表面刮松，再加入下一层料进行捣打；炉底料打结厚度应比规定高30 mm左右，刮回到规定高度后再安放坩埚模具。

(2) 坩埚壁捣打。首先，放置坩埚模胎具。放置时，要注意其与感应器线圈的同心度，并固定牢靠。开始捣打坩埚壁之前，需将底部耐火材料暴露部分的表层划松。捣打时，每层加料亦不超过120 mm。先用叉子轻插除气，然后用平头工具捣打。依此类推，直到将坩埚壁捣打至高出渣线以上20～25 mm的位置。

炉口采用湿料封顶的方式施工。

C 烘炉技术

由于采用的耐火材料以及捣打坩埚采用的模板材质不同，烘炉(即坩埚的预热)和烧结工艺也有所不同。

熔炼铜合金的炉子，可采用铜质坩埚模胎具，亦称消失模。铜质坩埚模胎具，可采用6～8 mm厚度的紫铜板制造。

采用铜质坩埚模胎具捣打坩埚时，可将铜原料直接加入炉内并送电，按照规定的温升曲线烘炉，烘炉后期铜坩埚模胎具将被熔化。不过，由于铜的熔点往往低于耐火材料的烧结温度，不利于耐火材料的烧结。

铸铁和钢的熔点都比铜高，制造坩埚模胎具也容易，因此在实际生产中的应用比较普遍。

采用厚壁铸铁坩埚模胎具时，可在烘炉后期即当耐火材料具有一定强度时脱模，铸铁坩埚模胎具可重复使用，亦称重复模。

铸铁坩埚模，适用于含低温黏结剂的耐火材料施工。模具外表面平整均匀且应具有一定的倒锥度，施工时模具外表面须贴一定厚度的纸板，以利于烘烤后期方便脱模。

采用普通钢板焊接时，可在其内加入电极石墨块或焦炭块的情况下送电进行烘炉。烤炉后期，即在坩埚模胎具未熔化之前及时将其取出，以防铁质污染合金熔体。

根据筑炉用耐火材料材质的不同，应该采用不同的温升制度进行烘炉。

(1) 采用重复使用坩埚模胎具，以及采用高铝质耐火材料捣打坩埚时的烘炉工艺实例：

1) 以不大于110℃/h的升温速度，升至600～800℃；

2) 在600～800℃时，最少保温6 h；

3) 通过鼓风机或压缩空气使模具迅速冷却到可以脱出的温度，进行脱模；

4) 加入金属炉料时，注意不能砸伤耐火材料。炉料应尽可能装得致密，并须装满坩埚；

5) 以不大于220℃/h的升温速度，升至最高出炉温度；

6) 在最高出炉温度下保温 1 h，然后开始正常生产。

(2) 采用熔化消失模捣打坩埚时的烘炉工艺实例：

1) 以不大于110℃/h的升温速度，升温至最高出炉温度；

2) 在最高出炉温度至少保温 1 h；

3) 降到正常出炉温度时开始生产。

13.2.4.3 复合坩埚

复合坩埚是指坩埚的内层用耐火砖砌筑，外层用干式振动料打结。砌筑用耐火砖和捣打用干式振动料，应该采用同种性质的材料。

容量为1.5 t的工频无芯感应电炉的高铝复合坩埚的施工方案如下：

坩埚的有效工作尺寸为 ϕ580 mm × 1040 mm。坩埚壁总厚度为110 mm，其中内层材料采用75 mm厚的异型高铝耐火砖砌筑，外层材料为捣打的35 mm厚的高铝砂。

异型砖的设计，既要考虑到其自身强度，又要考虑到整体的对称性。

整个坩埚内层，用四层异型高铝耐火砖砌筑。用大块的异型砖砌筑比用普通的标准砖砌筑可减少85%的灰缝。灰缝材料为高强度磷酸盐泥浆。高强度磷酸盐泥浆抗渣性好。水平接缝和垂直接缝均采用 Z 字形形状，这不仅有利于增加砌筑坩埚整体的强度，同时有利于减少砌体间隙的不利影响，增加了金属漏出时的阻力。

砌体外侧的干打耐火材料层，成为坩埚的最后防线。一旦从砖缝漏出铜液，捣打的耐火材料层可以进行阻挡。捣打耐火材料不仅有固定砌体的作用，同时有利于加强所有砖体朝着圆心方向的挤压力，即有利于减小灰缝和灰浆饱满。此外，捣打的耐火材料层亦有阻热和隔热的作用。

1.5 t工频无芯感应电炉的干式捣打坩埚和复合坩埚的平均使用寿命比较见表13-7。

表 13-7 捣打坩埚和复合坩埚使用寿命的比较

坩埚类型	坩埚平均使用寿命/h	
	A炉	B炉
干式捣打炉衬	504	552
复合炉衬	1128	

13.2.5 炉衬损坏预警和拆炉技术

13.2.5.1 坩埚损坏预警

坩埚投入使用后，由于受到金属熔液的连续冲刷和腐蚀，坩埚壁会变得越来越薄，因而影响炉子的电气参数。实际上，通过仔细观察和分析，可根据电流和功率因数的变化来判断炉衬损坏情况。

目前，许多大型的无心熔铜炉都已有漏炉报警装置。

A 单极接触式漏炉报警方案

如图13-17所示，将接地不锈钢电极埋入坩埚底部耐火材料中，接地的不锈钢电极穿过坩埚与炉内熔体金属连接。在感应器与地之间加一直流电压，并在直流回路中串接电流表和

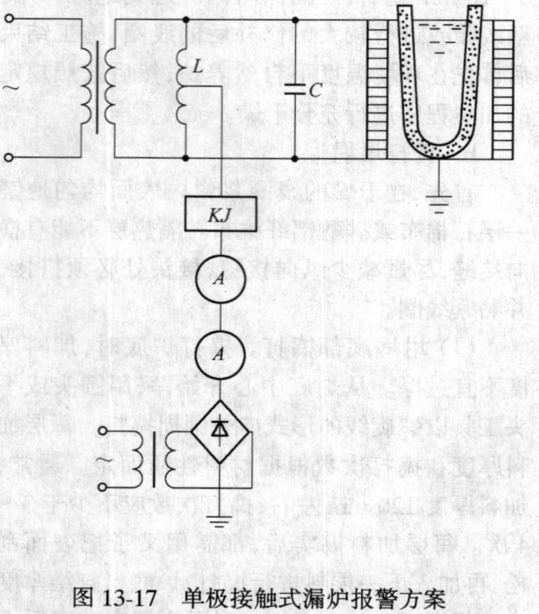

图 13-17 单极接触式漏炉报警方案

继电器。如果漏炉，熔体金属便接触了感应，则直流回路构成通路，电流数值突然增大，继电器动作切除电源并发出漏炉警报。

实际上，熔体对坩埚壁的冲刷和侵蚀是逐渐的，即感应器与熔体之间的绝缘电阻是逐渐由小变大的。通过对此电流的变化规律的不断摸索，并与日常的紧密监视相结合，应该可以做到在漏炉之前按计划进行停炉。

B　双层直流接触式报警方案

如图13-18所示，在坩埚底部设置6～7根不锈钢丝与熔体金属接触，作为第一电极。在坩埚壁与感应器之间装有相互绝缘的0.2～0.5 mm厚的不锈钢片或铝片，作为第二电极。为了不使钢片或铝片中产生涡流热而被烧毁，它们自身都不能构成回路。

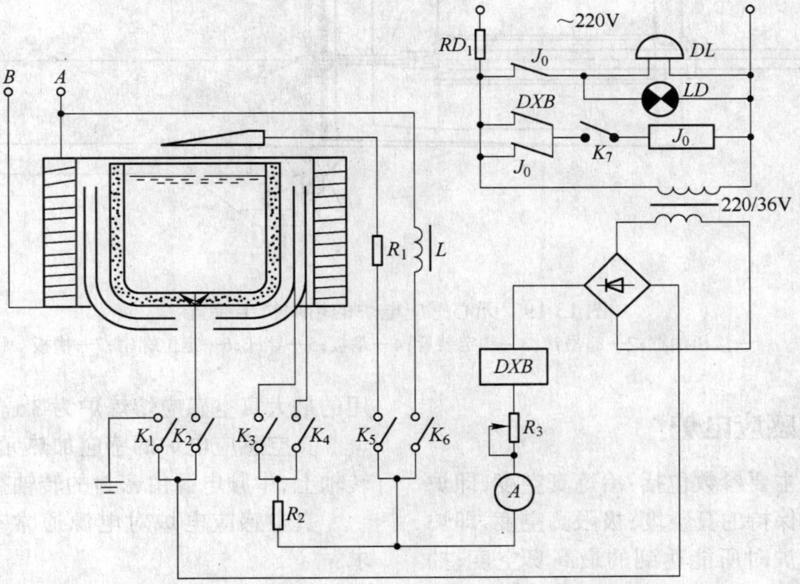

图13-18　双层直流接触式报警方案

正常工作期间，开关K_1～K_7（K_5和K_6除外）都应闭合，此时电流表反映第二电极和感应器的对地绝缘状况及坩埚被冲刷的程度。一旦坩埚破裂，漏出的熔体金属与内侧第二电极接触，警铃和信号灯即发出信号。如果分别同时闭合K_1或K_2与K_3～K_6中的任一个开关，则可检查报警线路和漏炉情况（在合上K_5的同时，应把测试棒插入熔体金属中）。

例如：闭合K_2、K_3可检查漏液是否已经漏到第二电极。根据长期观察和分析比较，合上K_2、K_3电流表读数，即判断坩埚被冲刷的程度，并决定是否更换坩埚。

闭合K_2、K_5，并把测试棒插入熔体金属中，可检查坩埚底部电极是否完好。

另外据资料介绍，已经有一种新型光学线圈保护系统（OCP）开始应用，新一代光纤传感器的温度测量和检测系统，适用于感应炉的无干扰坩埚监测，可以提供直接和独立的温度场数据，并有极高的局部分辨力，温度测量的绝对精度为±5℃。直接光学测量温度系统不立足于电路，更接近临界温度状态的早期报警。

13.2.5.2　机械化拆炉技术

无芯感应电炉坩埚快速拆除装置，已经得到了广泛的应用，它不仅省时、省力，更重要的是不伤害感应器线圈。

快速拆除坩埚装置，通常分为顶出和拉出两种结构形式，它们一般都由顶推块、液压装置和操作系统组成。

顶推块安装在炉体的底部，通过炉体底部

的顶推孔与顶推油缸连接。需要拆除炉衬时，炉体倾动到90°，将顶推油缸用固定销和炉体底部的连接法兰固定，通过给油缸加压即可将需要拆除的坩埚整体推出。或者将液压提取油缸装置从炉口正上方深入炉内，通过给油缸加压将需要拆除的坩埚整体拉出。采用拉出方式拆炉时，需首先在旧坩埚（即炉衬）的底部中间打出一个可以安装起吊销和导杆的孔。

图13-19所示为拉出式快速拆除装置。

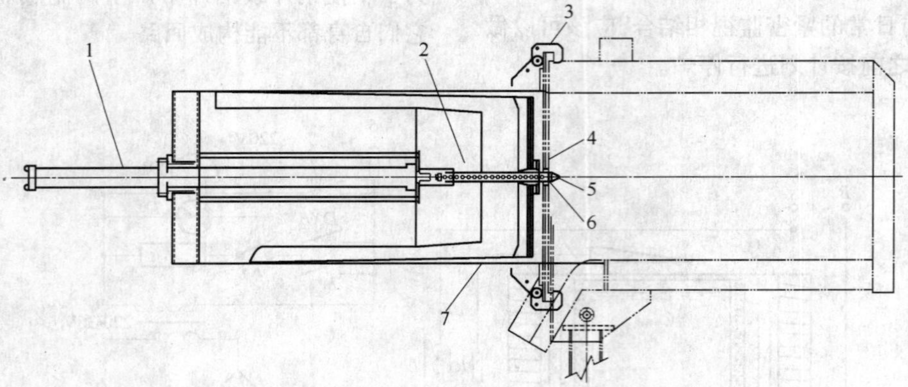

图13-19 无心感应电炉的坩埚拉出装置

1—液压油缸；2—起吊销；3—锁定装置；4—基板；5—导杆；6—定位螺帽；7—槽板

13.3 真空感应电炉

感应炉的主要参数包括：冶炼真空度，即炉子在工作期间保持的真空度；极限真空度，即炉子在室温下空炉时所能达到的最高真空度；抽气速率，即每秒钟真空机组自炉内抽出的气体量；升压率，即单位时间真空室内真空度下降值。

13.3.1 真空感应电炉装置

真空感应电炉装置，按照其真空室的启闭方式可分为卧式和立式两种。

卧式是真空室在垂直面上分开，开启时真空室的可移动部分向一侧水平移动，将感应线圈和坩埚暴露出来。这种结构便于坩埚的制作，真空室的清理、维修、检查，大型炉子一般采用这种方式。

立式的真空室上方有一个盖，来启闭真空室，这种结构占地面积小，容量10～500 kg。由于立式的真空结构具有高度方向上的优势，可以浇注规格相对较小、较长的铸锭，并且可以一次浇注2～3根铸锭。目前国内生产铜合金采用的最大真空感应熔炼炉为3 t。

真空感应电炉的感应加热元件线圈安装在转轴上，中频电源由密封的转轴接到感应器。

真空感应电炉对电源通常有以下特殊要求：

(1) 感应器的端电压低。真空感应炉使用的工作电压比普通中频感应炉低，通常在750 V以下，以防止电压过高引起真空下气体放电而破坏绝缘，造成事故。

(2) 防止高次谐波进入负载电路。使用晶闸管变频电路时，经常出现高次谐波进入负载电路的现象，使感应器对炉壳电压增高，从而引起放电。因此，必须在电源输出端增添中频隔离变压器，来截断高次谐波的进入。也可将逆变器前的滤波电抗器做成双线圈，并分别串接在整流器的输出端正负电路中，使感应器对炉壳电压均衡，以避免出现放电现象。

(3) 振荡回路的电流大。由于真空感应炉工作电压低，在输出功率一定的条件下，必须增大工作电流。为了减少振荡回路中电能损耗，应尽量缩短电容器柜与炉体的距离，合理地选择回路导体的形状与分布方式。

真空感应电炉的外壳由双层壁水冷却。坩埚上方有搅拌、测温和取样装置，能在真空下取样、测温。炉盖上有特制的加料箱，可盛装不同的合金元素，在真空下根据工艺要求依次加入坩埚。

13.3.1.1 真空系统

真空系统主要包括真空机组和测量仪表以及一些辅助设施。真空机组由不同的真空泵组成，常用的真空泵类型及使用范围是：油封机械泵用于 10～0.13 Pa；罗茨泵用于 0.04～0.013 Pa；油扩散泵用于 $0.13 \sim 1.3 \times 10^{-7}$ Pa。

为了满足真空度的要求，各种真空泵之间要合理配置。常见的有两级配置为机械泵—扩散泵或罗茨泵；三级配置为机械泵—罗茨泵—扩散泵。真空机组的配置线路见图 13-20。

真空泵通过真空阀与炉室相连。依真空泵的配制不同，可以获得不同的真空度。生产中控制真空度也靠开动不同的真空泵来实现。

测量真空度的仪表主要有三类：

(1) 利用气体压力差设计的各种压力计，如弹簧压力计、膜盒压力计，其测量范围为 $(1.0 \times 10^5) \sim (1.3 \times 10^2)$ Pa；

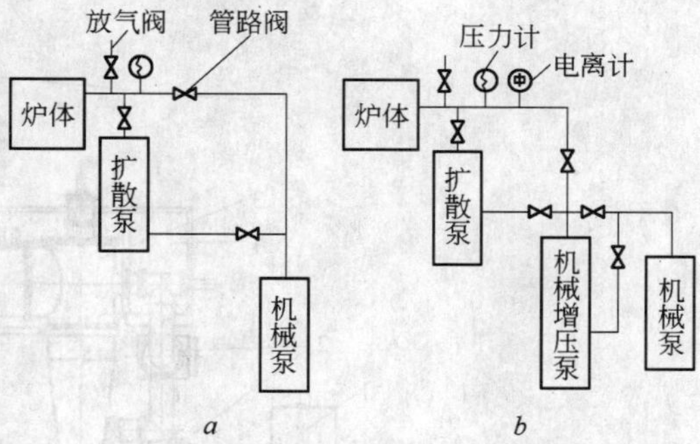

图 13-20 真空机组的配置线路

a—二级真空机组；*b*—三级真空机组

(2) 利用气体导热性质设计的真空计，如热电偶温度计，其测量范围为 $(1.3 \times 10) \sim (1.3 \times 10^{-1})$ Pa；

(3) 利用气体电离特征设计的真空计，如热阴极真空计，其测量范围为 $(1.3 \times 10^{-8}) \sim (1.3 \times 10^{-9})$ Pa。

13.3.1.2 真空感应炉结构

图 13-21 所示为卧式真空感应炉示意图。

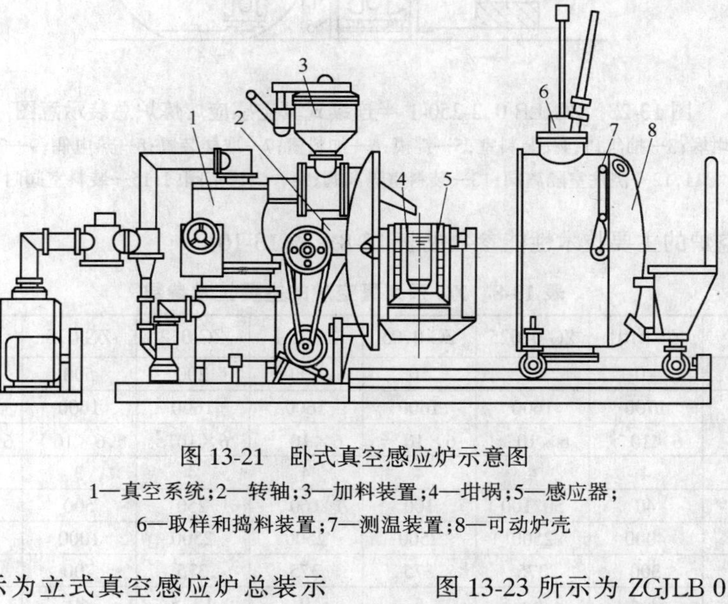

图 13-21 卧式真空感应炉示意图

1—真空系统；2—转轴；3—加料装置；4—坩埚；5—感应器；6—取样和捣料装置；7—测温装置；8—可动炉壳

图 13-22 所示为立式真空感应炉总装示意图。

图 13-23 所示为 ZGJLB 0.2-250-1 半连续式真空感应熔炼炉总装示意图。

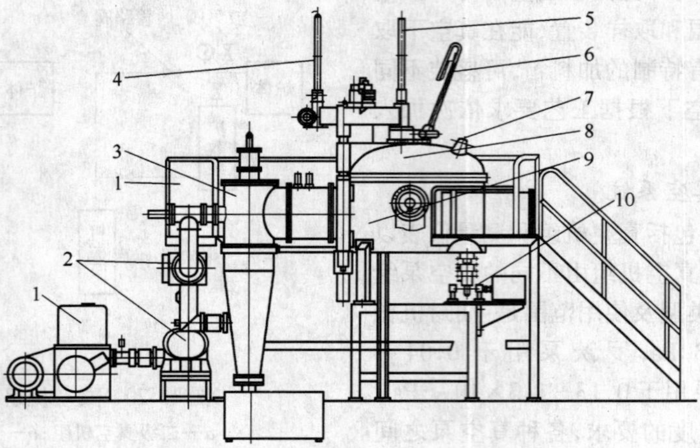

图 13-22 立式真空感应炉总装示意图

1—机械泵；2—增压泵；3—扩散泵；4—取样装置；5—测温装置；6—捣料装置；
7—观察孔；8—炉盖；9—炉体；10—铸模移动机构

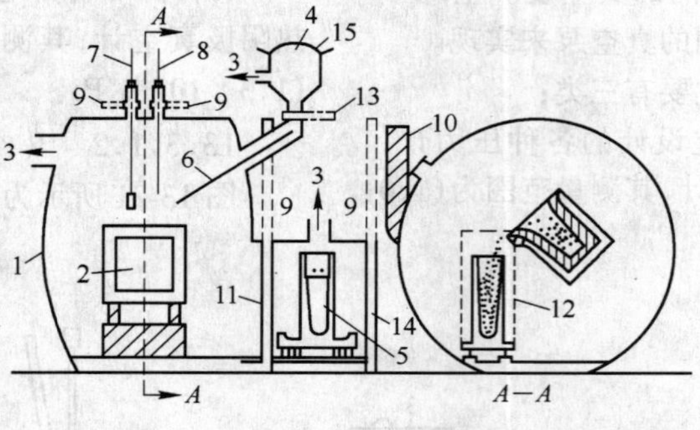

图 13-23 ZGJLB 0.2-250-1 半连续式真空感应熔炼炉总装示意图

1—炉体外壳；2—坩埚；3—抽气口；4—装料室；5—锭模；6—加料槽；7—取样装置；8—热电偶；9—安全阀；10—操作盘；
11，12—浇注室隔离阀；13—装料室隔离阀；14—浇注室阀门；15—装料室阀门

ZG 系列真空炉的主要技术性能参数见表 13-8～表 13-10。

表 13-8 ZG 系列真空炉的主要技术参数

技术参数	ZG-0.01	ZG-0.025	ZG-0.05	ZG-0.1	ZG-0.2	ZG-0.5	ZG-1	ZG-1.5
容量/kg	10	25	50	100	200	500	1000	1500
最高工作温度/℃	1700	1600	1600	1600	1600	1600	1600	1600
极限真空度/Pa	6×10^{-3}	6×10^{-2}	6×10^{-2}	6×10^{-2}	6×10^{-2}	6.6×10^{-3}	6.6×10^{-3}	6.6×10^{-3}
压升率/$Pa\cdot h^{-1}$	4	4	4	4	4	3	3	3
额定中频功率/kW	40	50/100	100	160	250	500	500	1000
额定中频频率/Hz	4000	2500	2500	2500	2500	1000	500	<500
中频电压/V	300	375	375	375	375	700	700	700
冷却水耗量/$m^3\cdot h^{-1}$	2.4	3.6～6	6	9	13.5	40	60	80
冷却水压力/MPa	0.3	0.3	0.3	0.3	0.3	0.3	0.3	0.3

表 13-9 铜及铜合金用真空感应炉的主要技术参数

技术参数	ZGT0.2-250-1	ZGT1-500-1
容量/kg	200	1000
最高工作温度/℃	1400	1400
极限真空度/Pa	1×10^{-1}	1×10^{-1}
压升率/$Pa\cdot h^{-1}$	3	3
额定中频功率/kW	250	500
额定中频频率/Hz	1000	1000
中频电压/V	750	750
冷却水耗量/$m^3\cdot h^{-1}$	20	45
冷却水压力/MPa	0.3	0.3

表 13-10 半连续式真空感应炉的主要技术参数

技术参数	ZGJLB0.025-100-2.5J	ZGJLB0.05-160-2.5J	ZGJLB0.1-160-2.5J	ZGJLB0.2-250-1J
容量/kg	25	50	100	200
最高工作温度/℃	1600	1600	1600	1600
极限真空度/Pa	6.7×10^{-3}	6.7×10^{-3}	6.7×10^{-2}	6.7×10^{-2}
压升率/$Pa\cdot h^{-1}$	6.5	6.5	6.5	6.5
额定中频功率/kW	100	160	160	250
额定中频频率/Hz	2500	2500	2500	1000
中频电压/V	750	750	750	750
冷却水耗量/$m^3\cdot h^{-1}$	7.2	8	14	20
冷却水压力/MPa	0.3	0.3	0.3	0.3

13.3.2 真空感应电炉炉衬技术

13.3.2.1 炉衬材料

真空能促进耐火材料和金属液的反应，要求所用的耐火材料有更高的化学稳定性。

真空熔炼所用坩埚，通常选用高纯氧化物制成，如氧化镁、铝镁尖晶石、氧化铝、氧化锆等。熔炼铜及铜合金最常用的坩埚是石墨，熔炼镍及镍合金最常用的耐火材料是电熔镁砂。

电熔镁砂的化学成分见表 13-11。

表 13-11 电熔镁砂的化学成分

成分	MgO	SiO_2	CaO	Al_2O_3	Fe_2O_3	烧失
质量分数/%	>97	<1.0	<0.6	<0.5	<0.5	<0.2

参考配料比如下：

粗粒度(1.0~5 mm)	36%
中粒度(0.2~1.0 mm)	30%
细粒度(<0.2 mm)	31%
硼酸	3%

13.3.2.2　筑炉和烤炉

筑炉工艺与无芯感应电炉基本相同，新筑的炉子需经 8～24 h 自然干燥，然后进行烤炉。烤炉制度按选用的炉衬材料特性制定，可以装入热电偶，利用调整输入感应器的功率控制，以一定的升温速率烤炉。

烤炉参考实例见表 13-12 和表 13-13。

表 13-12　ZG-0.2 真空感应电炉烤炉送电制度

功率/kW			20	40	50	60	70	80	90	100	120	140	160
时间/min	石墨芯	新　炉		30	30	15	15	15	15	30	30	30	30
		重开炉		30		30		30		20	20	30	
	石墨坩埚		30	30		30		30		30	30		

表 13-13　ZG-0.01 真空感应电炉烤炉送电制度（石墨坩埚）

功率/kW	3	5	10
时间/min	10	10	10

烤炉过程中，需要注意的事项包括：

(1)烤炉在非真空下进行，若炉口太湿，可用煤气烘烤。

(2) 以石墨芯子做炉胎的炉子，当温度达到 1700℃时，停电拔石墨芯子，从停电到拔出芯子，应在 20 min 内完成。

(3) 为使炉壁上部进一步烧结，第一炉按最大容量投料，缓慢升温，然后逐渐升温化料，根据炉容大小，确定升温化料时间。

(4) 石墨坩埚和坩埚样板筑的炉子，烤炉前要装满石墨块。

(5) 其他注意事项可参照中频感应电炉。

准备重开的炉子，停炉前趁高温时将炉壁、炉底清理干净，然后迅速合炉抽真空，防止炉衬急冷。数小时后关炉壳冷却水，线圈冷却水时间再长一些。

再开炉前仔细检查炉衬，进行补炉，补炉料根据所用的炉衬，可以自配或外购，通常采用 60％的中粒砂、40％的细粒砂，加适量硼酸和水玻璃。

对于短期(8～24 h)重开的炉子，可以直接加入炉料，缓慢升温化料，然后正常生产。

13.4　电渣重熔炉

电渣炉装置包括电气设备、机械设备、熔铸设备三部分。

电气设备包括降压变压器和供电电气元件等。

机械设备主要包括电极升降机构、排烟装置、抽锭装置和密封设备(通保护性气体用)等。

电极升降机构的传动方式基本上有三种：丝杠螺母式、链条链轮式、钢丝绳滚筒式。电极升降机构主要控制电极的送给速度。为适应熔化速度的要求，电极送给速度应可以大幅度调整和灵敏控制。为缩短辅助时间和换电极停电时间，要求有较高的非工作提升速度。根据生产实践经验，这两种速度大致控制范围为：

电极送给速度　　50～60 mm/min

非工作提升速度　　2～4 m/min

熔铸设备主要是结晶器和引锭托座或水冷底板。

电渣炉的机架和炉体结构有多种，铜合金生产中常用的是双臂抽锭式电渣炉。双臂抽锭式电渣炉结构如图 13-24 所示。

双臂式电渣炉的性能列于表 13-14。

结晶器是电渣重熔的主要工具设备，抽锭式和充填式结晶器示意图见图 13-25。通常用水冷铜结晶器，托座既可以用本合金材料，也可以用铸钢。

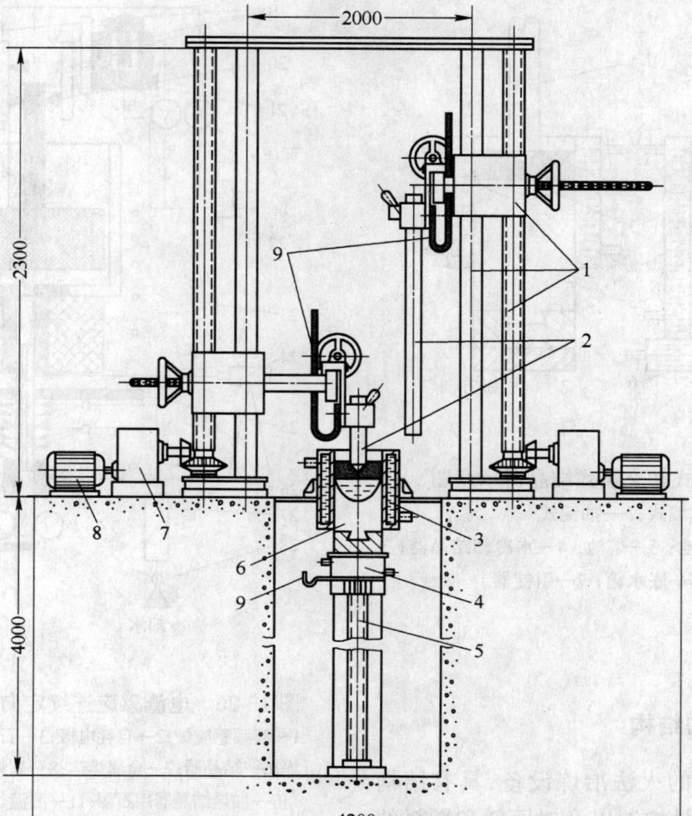

图 13-24 双臂抽锭式电渣炉结构

1—电极升降机架(左、右各一个);2—自耗电极;3—结晶器;4—底水箱;5—引锭机构;
6—铸锭;7—减速箱;8—电机;9—导线

表 13-14 双臂式电渣炉的技术性能

项 目	炉 型		
	30 kg 炉	200 kg 炉	500 kg 炉
变压器容量/kV·A	100	350	400
变压器相数/相	单	单	单
变压器一次电压/V	3000		10000
变压器二次电压/V	65	一级 44	一级 39.8
		二级 47	二级 49.6
		三级 50	三级 61
		四级 53	
		五级 58	
工作电流/kV·A	3.5	6	6.67

续表 13-14

项 目	炉 型		
	30 kg 炉	200 kg 炉	500 kg 炉
熔化速度/$kg \cdot h^{-1}$	50		500
非自耗电极直径/mm	85		100
自耗电极最大重量/kg			200
浇注形式	充填式	抽锭式	抽锭式
结晶器尺寸/mm	ϕ145	ϕ145	ϕ145

近年来,由于定向凝固技术的突破,国内学者将连续铸造、定向凝固、电渣感应三者联系在一起,发明了电渣感应连续定向凝固技术,该技术适合于黑色金属和除铝以外的有色金属。设备方法原理见图 13-26。

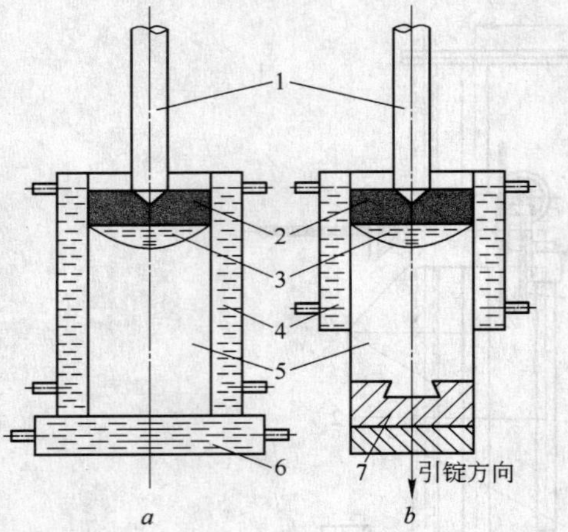

图 13-25 抽锭式和充填式结晶器示意图
a—充填式；*b*—抽锭式
1—自耗电极；2—渣池；3—熔池；4—水冷却结晶器；
5—铸锭；6—底水箱；7—引锭器

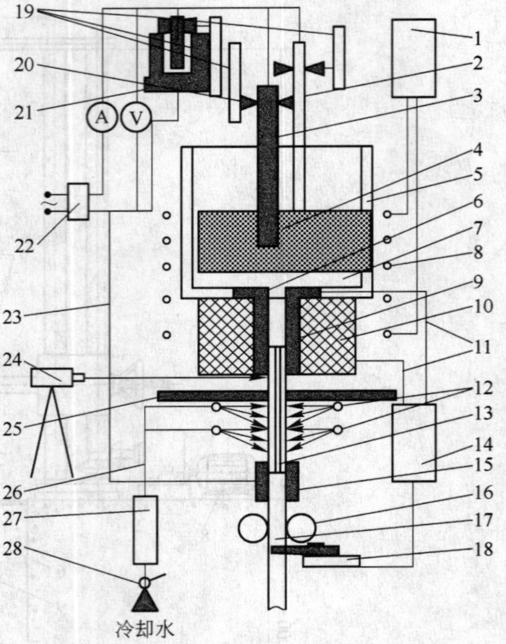

图 13-26 电渣感应连续定向凝固方法原理简图
1—高频感应炉；2—自耗电极；3—石墨电极；4—熔渣；5—坩埚；6—结晶器；7—金属熔体；8—高频感应圈；9—固液界面；10—加热结晶器用石墨；11—测温热电偶；12—喷水装置；13—铸锭；14—多点平衡记录仪；15—导电刷；16—牵引系统；17—引锭杆；18—位移传感器；19—升降机构；20—卡紧装置；21—化渣炉；22—电渣炉变压器；23—短网；24—红外线测温仪；25—封水板；26—输水管；27—水流量计；28—阀门

13.5 反射炉

13.5.1 反射炉的结构

反射炉属传统的火法冶炼设备，具有结构简单、操作方便、容易控制以及对原料和燃料的适应性强等优点。主要缺点是热效率较低（一般只有 15%～30%）、燃料和耐火材料消耗较大、占地面积较大。

表 13-15 所列为某些中、小型铜反射炉的主要技术性能参数。

表 13-15 某些中、小型铜反射炉主要技术性能参数

参 数	实例 1	实例 2	实例 3	实例 4	实例 5
炉子容量/t	8	20	35	40	70
炉床面积/m^2	4.2	8.5	9.9	11.0	14.8
熔池深度/mm	220	280	400	400	500
炉膛温度/℃	1300	1300	1300	1300	1300
生产率/$t\cdot(24h)^{-1}$	27	50	60	60	100
燃 料	煤 气	块 煤	重 油	重 油	重 油
燃料消耗/$kg\cdot t^{-1}$	750(m^3)	350～400	90～110	90～110	110～130
火室面积/m^2		2.17			

图 13-27 所示为固定式 100 t 铜反射炉。

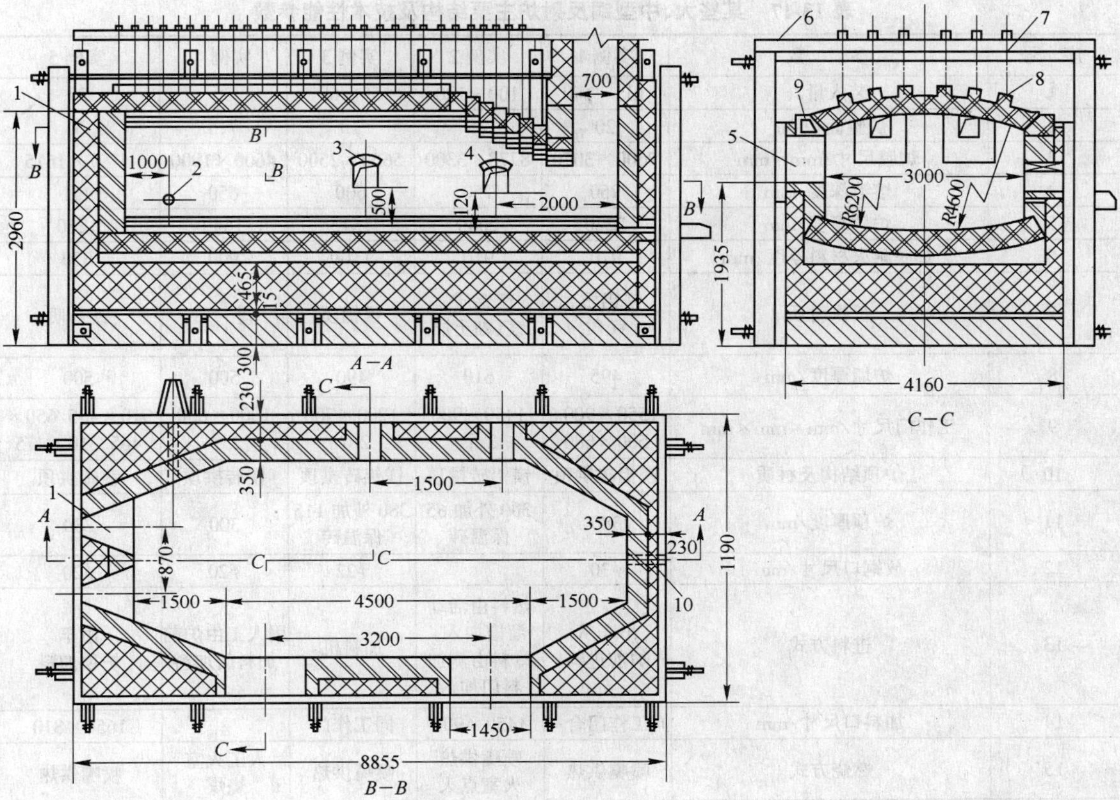

图 13-27　固定式 100 t 铜反射炉

表 13-16 所列为某厂 100 t 铜反射炉的主要技术性能参数。

表 13-16　某厂 100 t 铜反射炉主要技术性能参数

序号	参　数	数　量	序号	参　数	数　量
1	装料量/t·炉$^{-1}$	100	11	床能力/t·(m^2·d)$^{-1}$	8.2
2	熔池面积/m^2	20.25	12	日处理能力/t·d^{-1}	100
3	炉膛尺寸(长×宽×高)/m×m×m	7.5×3.0×1.8	13	炉膛最大容积热强度/kcal·(m^3·h)$^{-1}$	620×10^3
4	熔池深度/mm	750	14	每炉作业时间/h·炉$^{-1}$	22～24
5	重油最大耗量/kg·h^{-1}	1100	15	烧嘴个数/个	2
6	空气最大耗量/m^3·h^{-1}	14400	16	重油单耗/kg·t^{-1}	150
7	空气压力/mmHg 柱	65000～70000	17	还原木材消耗量/m^3·t^{-1}	0.075
8	最大炉气量/m^3·h^{-1}	16400	18	小修/季度	1
9	炉膛最高温度/℃	1526	19	中修/年	1
10	最高炉气温度/℃	1300	20	大修/年	8

表13-17所列为某些大、中型铜反射炉的主要结构及技术性能参数。

表13-17 某些大、中型铜反射炉主要结构及技术性能参数

序号	参数	实例1	实例2	实例3	实例4	实例5
1	装入量/t	135～140	100～120	55～60	36	25
2	炉膛面积/m^2	20	25	13	7.5	7
3	炉膛尺寸/mm×mm	7600×3070	8778×3300	5660×2500	4600×1900	4797×1615
4	熔池深度/mm	950	750	600	650	461
5	炉膛高度/mm	2220	2040	1615	1640	1260
6	炉底耐火材料厚度/mm	910	910	1100	900	630
7	反拱材质	镁铝质、镁质	镁铝质、镁、黏土质	镁铝质	镁质	镁质
8	炉墙厚度/mm	495	610	490	500	500
9	工作门尺寸/mm×mm×mm	1550×900/500×680	1450×900 2个	1200×700 2个	1000×600 2个	910×435/650×465/310×475
10	炉顶结构及材质	镁铝砖拱顶	镁铝砖拱顶	镁铝砖拱顶	镁砖拱顶	镁砖拱顶
11	炉顶厚度/mm	380	300外加65保温砖	380外加115保温砖	300	230
12	放铜口尺寸/mm	$\phi30$		$\phi22$	$\phi20$	$\phi20$
13	进料方式	吊车从炉前进料	热料由活动溜槽加入，冷料由侧加料门加入	加料机	用人工由炉前加料门加料	吊车炉顶加料
14	加料口尺寸/mm	同工作门合一	1450×900	同工作门		1650×810
15	燃烧方式	喷嘴供热	喷嘴供热火室点火	喷嘴供热	人工火室烧煤	喷嘴供热
16	喷嘴个数/个	2	1	3		1
17	燃料类型	重油	粗制粉煤	重油	块煤	重油
18	燃料单耗/$kg \cdot t^{-1}$	74～75	200～250	95～110	280～320	约100
19	还原油用量/$kg \cdot t^{-1}$	5～6	12～17（木炭粉）	20	约10	约10
20	炉内最高工作温度/℃	1300～1350	1300～1350	1300～1400	1250～1300	1350
21	出炉温度/℃	1150～1200	1100～1200	1150～1200	1050～1100	约1200
22	炉顶寿命/月	>24	3～4	12～24	约3	
23	炉子寿命/月(中修)	>12	3～4	12～24	约6	192炉(中修)

反射炉由炉基、炉底、炉体及炉体支架、炉门、燃烧系统和烟道等部分构成。

13.5.1.1 炉基、炉底与炉体支架

炉基通常由混凝土构成，有些基础中预留有冷却通道，利用空气自由流通冷却炉底。混凝土上面铺30 mm左右的铸铁板或10～20 mm的钢板，架空高度通常在350 mm左右。

反射炉通常采用砖砌反拱形炉底。砖砌反拱形炉底砌筑依次为：炉底铸铁板或钢板、石棉板10～20 mm、黏土砖230～345 mm、捣打料层50～100 mm，最上层砌镁砖或镁铝砖反拱230～380 mm。反拱中心角33°～40°。

13.5.1.2 炉墙与熔池

砖砌体外侧通常由铸铁围板、拉筋和立柱等钢结构构成的坚固的立体支架，并固定在基础中。

砌体的外层采用硅藻土之类的保温砖，内墙采用镁砖或镁铝砖砌筑。重要部分如炉门口、扒渣口、渣线位置采用铬镁砖砌。炉墙上部厚度为460～690 mm左右，熔池下部逐渐错台

加厚。

熔池面积与深度、容量有关。通常小炉子熔池深度为 300～400 mm，120～140 t 的炉子熔池深度为 750～950 mm。

13.5.1.3 炉顶

根据熔池大小，炉顶从结构形式上可分为砖砌拱顶和吊顶，大容量炉子采用悬挂吊顶。吊挂炉顶的优点是：

(1) 可以降低炉顶拱高，有利于强化炉气与炉料之间的热交换；

(2) 可以减少炉顶对炉墙的压力，有利于改善炉墙受力状况；

(3) 炉顶维护比较方便；

(4) 不容易发生大面积的炉顶塌落，延长炉顶使用寿命。

熔池液面至炉顶拱底的高度，称为炉空。炉空低，有利于火焰充满炉膛，火焰和炉料接触好，热损失小。但炉空低，辐射面亦减少。100 t 铜反射炉的炉空一般为 800～1100 mm。

表 13-18 列出某些铜反射炉砖砌拱顶的有关参数。

表 13-18 某些铜反射炉砖砌拱顶的有关参数

项 目	砖砌拱顶				吊 顶
	实例 1	实例 2	实例 3	实例 4	
炉内温度/℃	1300～1350	1300～1400	1300～1350	1250～1300	1250～1300
炉膛宽度/m	3.07	2.70	3.30	1.90	3.0
曲率半径/m	4.54	2.70		2.25	4.9
中心角/(°)	45	60	60	50	30
拱高/m	0.32	0.36	0.39	0.21	0.20
拱厚/m	0.38	0.23	0.30	0.30	0.30
炉顶材质	镁铝砖	镁砖	镁铝砖	镁砖	镁铝砖
进料方式	落地加料机	桥式加料机	落地加料机	人工加料	桥式加料机
炉顶寿命/月	＞24	10～12	＞24	12	240 炉(中修)

13.5.1.4 加料门

根据熔池大小，反射炉可设 1～2 个炉门(加料口)，一般 60 t 以下的炉子设一个炉门，70～100 t 炉子设两个炉门。采用机械加料时，炉门一般为 1500 mm×900 mm 左右，人工加料为 1200 mm×600 mm 左右。

炉门的密封已越来越引起人们的重视，因为它关系到还原黑烟和能源消耗问题。小型炉子的炉门可采用铁框内嵌耐火砖结构，大型炉子可采用水冷套结构的活动炉门，靠自重沿倾斜状的水套炉门框上下滑动。

表 13-19 列出某些铜反射炉加料门的有关数据。

表 13-19 某些铜反射炉加料门的有关数据

项 目		实例 1	实例 2	实例 3	实例 4
装入量/$t \cdot 炉^{-1}$		100	60	50	30
炉膛尺寸/m	长	8.87	5.67	5.50	4.25
	宽	3.30	2.50	2.40	2.00
加料方式		桥式加料机	落地加料机	人工加料	人工加料
炉门尺寸/m	宽	1.45	1.20	1.05	0.85
	高	0.90	0.70	0.72	0.65

13.5.1.5　燃烧室及烟道

A　燃烧室

为使炉膛温度能沿长度方向均匀分布，反射炉一般都有1.1～1.2 m长的燃烧前室，俗称火桥。如果没有此燃烧前室，则炉膛的前部起着燃烧前室的作用，不过这里比其他部位的温度低，不利于温度均匀分布。

B　烟道

周期作业的反射炉通常采用竖式烟道。当炉子宽度不大、竖式烟道垂直部分不高时，可直接压在炉子的拱顶上，此处拱顶采用“加强拱环”，以承受烟道的重量。当炉子宽度较大或竖烟道较高时，则需要另设钢架支承。

13.5.1.6　扒渣口及出铜口

A　扒渣口

扒渣口尺寸应根据渣量多少及操作情况确定，例如(0.3 m×0.5 m)～(0.5 m×0.8 m)。其位置多设定在烧火口对面的后端墙，此处便于插木还原，也有少数设在加料口对面的侧墙。渣口下沿一般应低于最大液面50～200 mm。

B　出铜口

反射炉通常采用小洞眼放铜。

图13-28和图13-29所示分别为铜反射炉放铜口的局部结构。

表13-20列出某些反射炉洞眼式放铜口的有关数据。

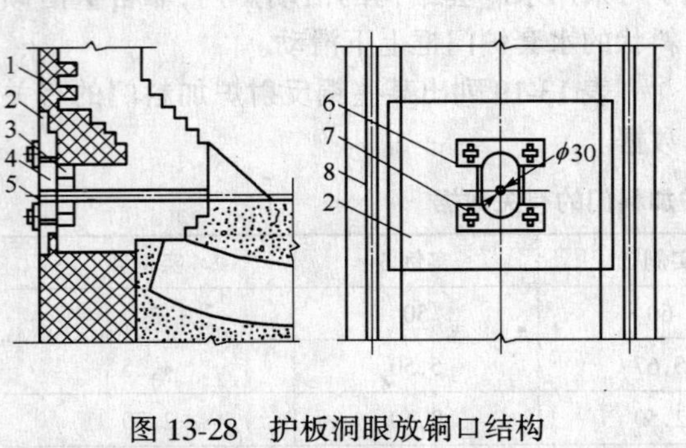

图13-28　护板洞眼放铜口结构

1—炉墙；2—铸铁护板；3—独立砖组；4—活动铸铁压板；5—出铜口；6—压板；7—楔子；8—立柱

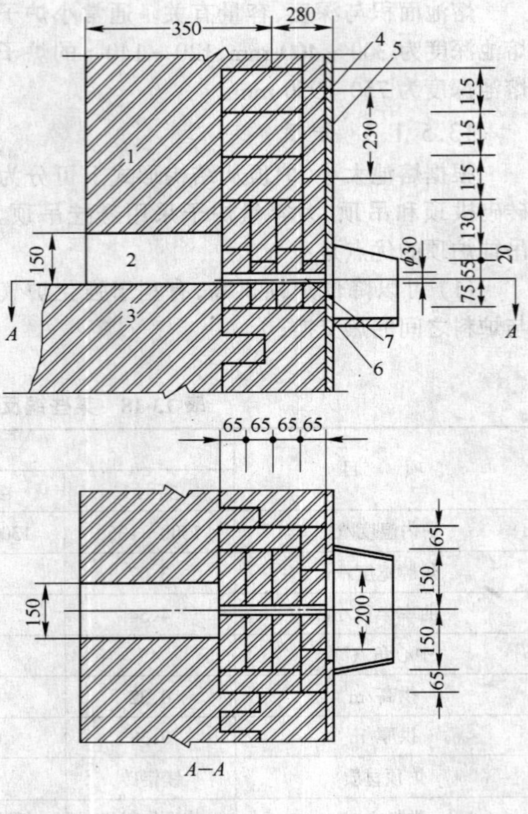

图13-29　洞眼放铜口结构

1—炉墙；2—内侧方形出铜口；3—炉底；4—出铜口砖组；5—放铜口铸铁护板；6—放铜口溜槽；7—外侧圆形洞眼

13.5.1.7　附属设备

反射炉的主要附属设备包括供风设备、加料设备、余热利用设备等。

13.5.2　耐火材料砌筑与烘烤

13.5.2.1　砌炉技术

A　炉底和熔池砌筑

(1) 炉底反拱砖缝应小于1～1.5 mm。

(2) 渣线以下炉墙砖缝应小于1～1.5 mm，渣线以上炉墙砖缝一般小于1.5～2.5 mm。

(3) 熔池内出铜口、扒渣口部应按一类砌体进行湿砌。

表 13-20　某些铜反射炉洞眼式放铜口的有关数据

项　目	实例 1	实例 2	实例 3	实例 4	实例 5	实例 6	实例 7	实例 8
炉容量/t	130	110～115	95	50	30	35	25	16
熔池深度/t	0.950	0.630	0.680	0.490	0.500	0.650	0.461	0.640
铜口留设位置	侧墙尾部	侧墙中部	后侧墙中部	后墙中部		尾部	前墙端	侧墙后部
浇注速度/$t \cdot h^{-1}$	20～25	16～20	23～25	12～13	7～8	10	10	8～10
浇注时间/h	6～7	6	4	4	约 4	3	2.45	2～2.5
洞眼直径/m	ϕ30	ϕ27	内 160×200，外 ϕ30	ϕ24	内 120×115，外 ϕ22	ϕ20	ϕ20	ϕ20

(4) 熔池反拱的横向膨胀缝，一般按膨胀量留在反拱的两侧。根据膨胀的实际情况，胀缝的形状宜上宽下窄。反拱的纵向膨胀缝可以集中留在两端，对长度较大的炉子可分散留设（例如最上层反拱每三块砖留一道，即每隔 115 mm×3 mm 留一膨胀缝；第二层反拱可以每四块砖留一道。缝宽度按砖种确定，缝内填塞纸板）。

(5) 熔池砌体除半缝外，不应出现其他通缝。

(6) 炉底在砌镁砖前，应先将填料层烘干。

(7) 镁砖反拱一般采用干砌，砌完后用细镁粉扫灌砖缝，务必将砖缝填满。

采用砖墩式架空炉底，架空高度为 300 mm 左右。例如炉底各层厚度（自上而下）为：镁铝砖反拱层 380 mm，镁砂捣固层 60 mm，黏土砖层 465 mm；钢板 15 mm。

B　炉顶的砌筑

炉顶一般采用湿砌，要求砖缝厚度在 2 mm 以下，较小跨度和吊挂炉顶采用环砌。具体要求：

(1) 炉顶纵向膨胀缝一般都集中于炉子的两端以及炉顶水平拱段与斜拱段的交接处；

(2) 砖砌拱顶一般不留横向膨胀缝，横向膨胀缝全由松紧拉杆来调节。

C　炉墙的砌筑

炉墙内壁采用镁砖，例如厚度为 350 mm。外壁采用黏土砖，厚 230 mm。炉墙外侧设 40～50 mm 的铸铁板。

D　炉门、扒渣口、出铜口的砌筑

60 t 以上反射炉设两个炉门，例如炉门宽 1300 mm，高 800 mm。炉门一般采用湿砌。60 t以下反射炉设一个炉门。

扒渣口一般位于炉门对面。扒渣口下沿一般低于加料口（炉门）下沿 130 mm 左右，周围一般采用镁砖砌筑。

出铜口一般为 ϕ25 mm 左右，砌筑材质一般为镁铝砖。

13.5.2.2　烘烤制度

根据炉子容量、耐火材料材质、施工方式，以及施工季节不同，炉子烘烤制度不尽相同。烘炉应按照预先编制的烘炉制度和升温曲线进行。

一般情况下，先用木柴烘干。当炉温高于 600～700℃时，方可用重油烘烤。

图 13-30 所示为某厂实际应用的 100 t 铜反射炉（硅砖炉顶）的烘炉升温曲线。

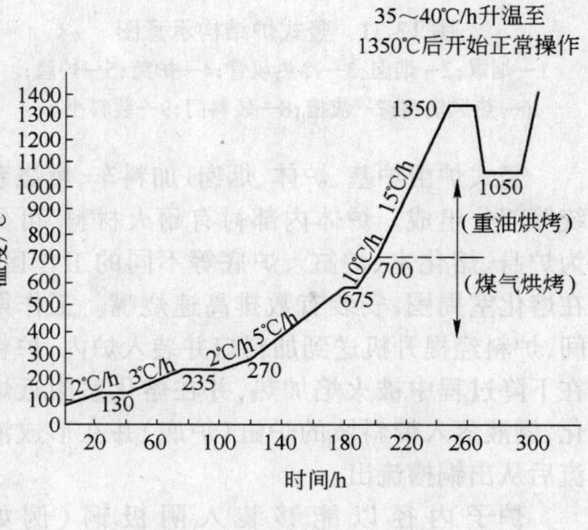

图 13-30　100 t 铜反射炉烘炉升温曲线

13.6 竖式炉

13.6.1 竖式炉的构造

竖式炉结构的示意图如图13-31所示。

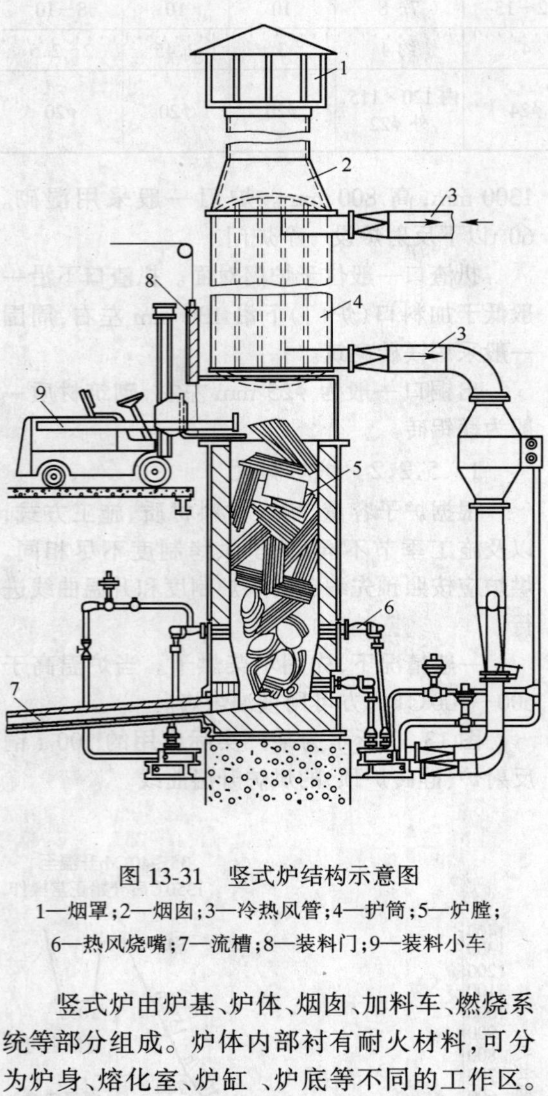

图13-31 竖式炉结构示意图

1—烟罩；2—烟囱；3—冷热风管；4—护筒；5—炉膛；6—热风烧嘴；7—流槽；8—装料门；9—装料小车

竖式炉由炉基、炉体、烟囱、加料车、燃烧系统等部分组成。炉体内部衬有耐火材料，可分为炉身、熔化室、炉缸、炉底等不同的工作区。在熔化室周围，安装有数排高速烧嘴。工作期间，炉料经提升机送到加料口并装入炉内，炉料在下降过程中被火焰加热，并在熔化室附近熔化，铜液落入带斜坡的炉缸(炉底)并在形成液流后从出铜槽流出。

炉子内径以能够装入阴极铜(例如1000 mm×1000 mm)为原则。炉料在炉内不应有太大的过渡空间，炉子内径以稍大于阴极铜对角线尺寸为宜。最初的竖式炉高6 m，后来为了使炉料吸收更多的炉气余热，以提高热效率，炉子高度有所增加。

13.6.2 燃烧系统

竖炉多使用天然气或甲烷、丙烷、石油液化气等气体燃料。若使用低硫液体燃料，例如煤油等燃料时，需进行气化。

竖式炉空气和燃气预热系统如图13-32所示。

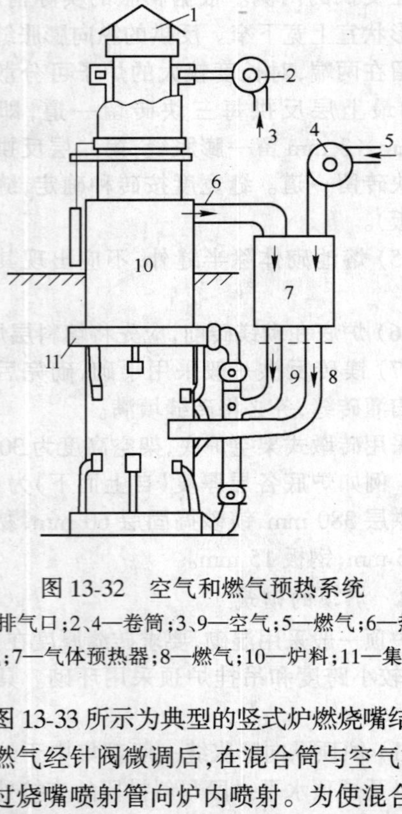

图13-32 空气和燃气预热系统

1—排气口；2、4—卷筒；3、9—空气；5—燃气；6—热空气；7—气体预热器；8—燃气；10—炉料；11—集管

图13-33所示为典型的竖式炉燃烧嘴结构。燃气经针阀微调后，在混合筒与空气混合，再经过烧嘴喷射管向炉内喷射。为使混合气在断面内的氧含量均匀，在烧嘴弯管的法兰处安装一个节流孔板。

该烧嘴的特征是：燃料和空气混合均匀，烧嘴断面内氧含量差值小，混合气可微调呈弱还原性气氛，并保持为较短的火焰形状，未燃氧对熔铜的污染非常小。空气经蝶阀进入烧嘴，蝶阀立即发出空气指令信号使比例调节器动作，调节燃气压力。

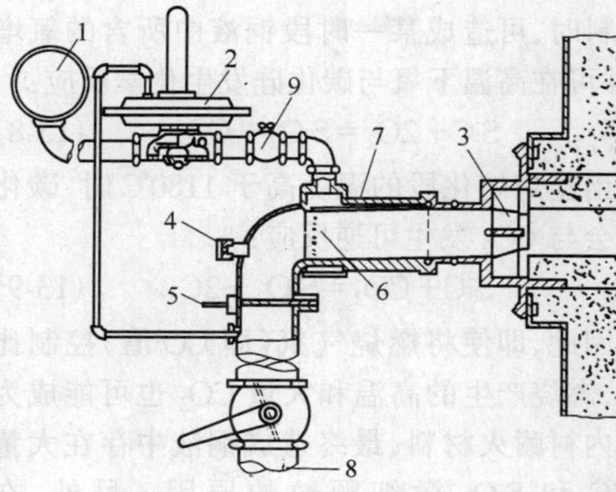

图 13-33　竖式炉燃烧嘴示意图

1—燃气管道；2—比例调节阀；3—烧嘴；4—观察孔；5—节流板；6—燃气流出孔；7—气体混合筒；8—空气；9—针阀

烧嘴都安装在炉体腹部，约位于自炉底起1/3炉体高度处。根据需要，烧嘴可设2～4排，每排6～8个。由于竖式炉炉料熔化总是在炉底部，并且是从周边开始，因此炉料自始至终保持着铅笔形锥体形状。

图13-34所示为竖式炉燃烧调节系统。

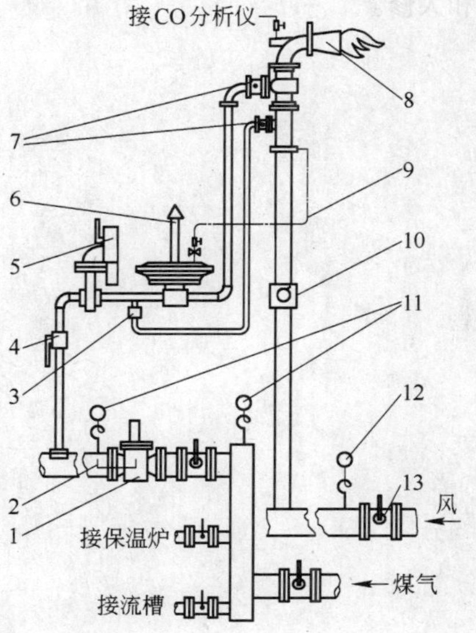

图 13-34　竖式炉燃烧调节系统

1—稳压阀；2—稳压信号传递管路；3—点火电磁阀；4—球阀；5—电磁阀；6—比例平衡阀；7—针阀；8—烧嘴；9—比例平衡信号传递管路；10—蝶阀；11—煤气压力表；12—风总压力表；13—风总阀

13.6.3　竖式炉的炉衬技术

13.6.3.1　炉衬及其材料

竖式炉内衬的热面通常采用碳化硅质或氮化硅质耐火砖砌筑。最内层耐火材料一般为碳化硅或氮化硅砖，中间层为高铝砖，最外层为高铝质可浇注耐火材料。此种复合式结构的炉衬，一方面可以减少热的损失，同时也可以节约成本。

某些碳化硅(SiC)和氮化硅(Si_3N_4)材料或二者结合材料的性能分别见表13-21和表13-22。

表 13-21　不同牌号碳化硅材料的性能

项　目	牌号		
	HY-60	HY-80	HY-90
SiC/%	60	80	90
耐火度/℃	1750	1800	1900
密度/g·cm^{-3}	2.45	2.6	2.65
荷重软化点/℃	1450	1550	1600
导热系数/kJ·(m·h·℃)$^{-1}$	29.3	35.5	37.6
常温耐压强度/MPa	60	70	75

表 13-22　碳化硅结合氮化硅高炉耐火材料的性能

项　目	产品1	产品2	产品3
密度/g·cm^{-3}	2.63	2.65	2.70
尾气孔率/%	16	16	14
耐压强度/MPa	138	138	213
常温抗折强度/MPa	38	38	47
135℃时抗折强度/MPa	42	42	48
20～1400℃平均体膨胀率/%	4.7	4.7	-5.1
热导率/W·(m·K)$^{-1}$			
25℃	35	35	41
800℃	20	20	20
1200℃	17.5	17.5	17
重量变化/%	-6～-20	-4	+0.7
残余抗折强度/MPa	19～28	30	47
抗折强度变化/%	-26～-50	-20	0
600 h体积膨胀率/%	1	25	5.7
顺序氧化/熔碱试验重量变化/%	-45	-25	-4
耐CO侵蚀性100 h试验	无影响	无影响	无影响

砌筑完成之后经过一昼夜自然干燥，即可进行烘炉。

开炉时，先经过 15～30 min 的低效率燃烧，预热炉衬和炉料。当炉料被加热到熔化温度之前的炽热状态时，即可转换成高负荷燃烧以加快熔化速度。随着熔化过程的进行，大约经过 30 min 就可以达到正常的熔化效率。之后，随着炉膛内炉料的下降不断地补加炉料，应同时调整各个烧嘴，并密切监视炉内状况和熔体质量的变化。

停炉时，停供燃料 1～2 min 以后即停止出铜。之后，为保持炉内剩余炉料呈铅笔状锥体形状，由烧嘴继续向炉内供风，强制冷却炉料。需要注意的是，冷却过程中不要引起过度氧化。

13.6.3.2 *炉衬材料与化学反应*

竖式炉采用燃气加热，局部炉温比较高，各种化学反应，包括与炉衬耐火材料之间的化学反应都比较容易进行，因此应该比较准确地控制熔炼温度。

实际上，控制燃烧速率就可控制炉区各段的温度。

碳化硅在 800℃ 开始氧化变成 SiO_2，但碳化硅砖的表面通常被 SiO_2 覆盖以防氧化。

但当大比例集中加入某些含氧量比较高的回炉料时，可造成某一时段铜液中所含的氧增加，并可在高温下氧与碳化硅发生化学反应：

$$SiC + 2O_2 = SiO_2 + CO_2 \tag{13-8}$$

当竖炉熔化段的温度高于 1180℃ 时，碳化硅还会与 CO_2 发生可逆反应：

$$SiC + CO_2 = SiO_2 + 2C \tag{13-9}$$

因此，即使将燃烧气氛（即 CO 值）控制比较好，燃烧产生的高温和大量 CO_2 也可能成为损耗内衬耐火材料，最终造成铜液中存在大量的 SiC 和 SiO_2 微细颗粒的原因。另外，在 1500℃ 以上高温下耐火材料表面的保护层 SiO_2 之间亦可能与碳发生以下反应：

$$SiO_2 + 3C = SiC + 2CO \tag{13-10}$$

显然，这些都是造成碳化硅颗粒存在于铜液中的原因。

通常，炉衬最容易损坏的部位发生在最下层烧嘴周围。轻微损坏时，可进行局部维修。炉膛上部温度低，主要是遭受固体炉料重力冲击。为了保证安全，根据炉膛容量及实际熔炼产量等情况的不同，应该有计划地对炉衬进行中修和大修。

14 铜合金铸造性质及铸造原理[1]

14.1 熔体的浇注

14.1.1 流动性

熔体较好的流动性，意味着在相同的铸造条件下熔体能够较顺利地通过浇注流道，充满铸型，从而获得外廓清晰，尺寸精确，无冷隔、夹渣(杂)等缺陷的铸锭。

熔体的流动性可以理解为黏度的倒数。当熔体从高温降至熔点或者液相线温度时，黏度急剧加大，流动性降低。

温度越高，黏度越低，流动性越好(图14-1)。

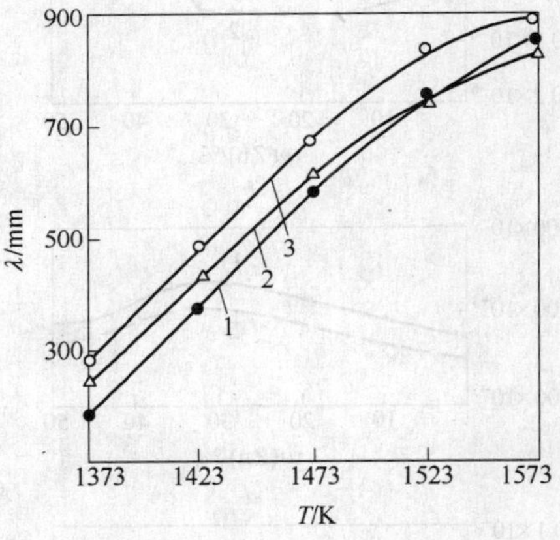

图 14-1 铜液流动性与温度的关系
1—锌脱氧；2—磷脱氧；3—硼脱氧

合金组成不同，其熔体的黏度、表面张力等性质也不同。熔体的浇注温度、流道表面粗糙度及保温条件等的变化，都会影响到熔体的流动性。

结晶潜热对纯金属和具有共晶成分的合金熔体的流动性有较明显的影响。结晶潜热约占熔体热含量的85%～90%。纯金属和共晶成分合金在固定温度下凝固，大量释放的潜热会使凝固过程放慢，促进熔体的流动性(图14-2)。

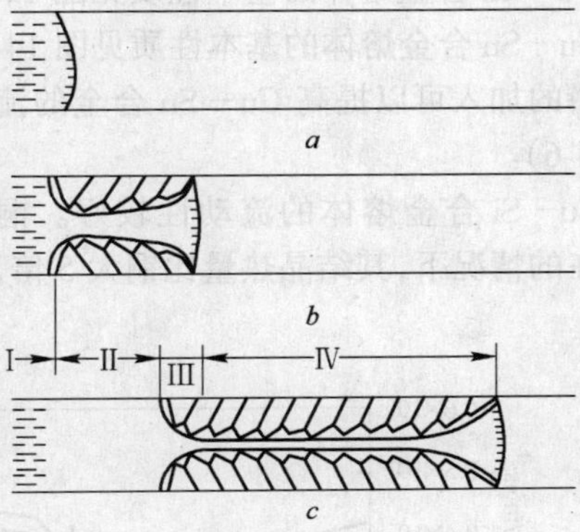

图 14-2 纯金属和结晶温度范围较窄的合金停止流动的机理示意图

形成固溶体的合金，当结晶温度范围较宽时，流动的熔体中由于有树枝晶的出现，特别是液流的前端枝晶不断发展长大的结果，熔体的黏度增加而使流速下降。当液流前端的枝晶数量达到某一临界值时，熔体便停止流动。合金的结晶温度范围愈宽，两相区域愈大，枝晶愈发达，熔体流动性愈差(图14-3)。

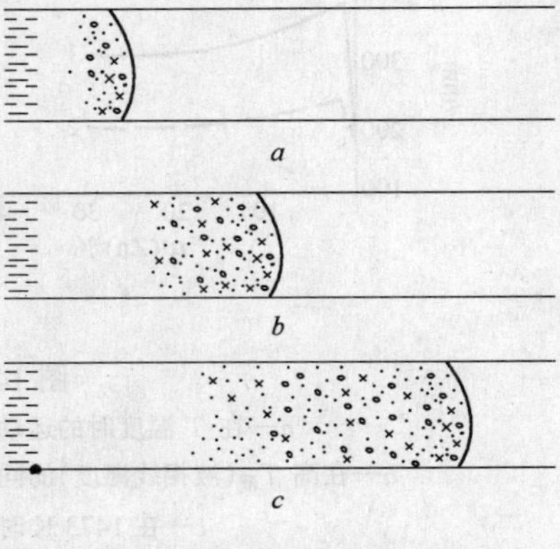

图 14-3 结晶温度范围较宽的合金停止流动的机理示意图

[1] 本章撰稿人：肖恩奎。

对于一定化学组成的合金，为了得到较佳的熔体流动性，除了应注意对熔体的脱氧、除气、清渣、精炼以外，同时应该注意对熔体的保护，以及浇注系统的合理设计。

在铜合金中，黄铜的流动性优于青铜，加入适量的磷、硅等元素往往会获得较佳的流动性。

Cu－Zn 合金熔体的基本性质见图 14-4。

Cu－Sn 合金熔体的基本性质见图 14-5。

磷的加入可以提高 Cu－Sn 合金的流动性（图 14-6）。

Cu－Si 合金熔体的流动性较好。铜在有硅存在的情况下，其结晶热量比铜大 5 倍，其导热率比较低（即散热性差）也是提高流动性的一个因素。含 2%～5% Si 时合金熔体流动性出现了低点，这是由于正处于结晶温度范围较大的区间的原因。

铜中加少量的铝也会提高流动性，Cu－Al 合金熔体流动性最小值大概对应于 α 固溶体最大结晶区间，随后流动性的提高与合金向共晶成分移近有关。

铜中加锰，开始时熔体流动性提高而后下降，含 20% Mn 时流动性处于最低点，含 20%～40% Mn 时流动性重新提高，同样也是结晶温度范围的变化所致。

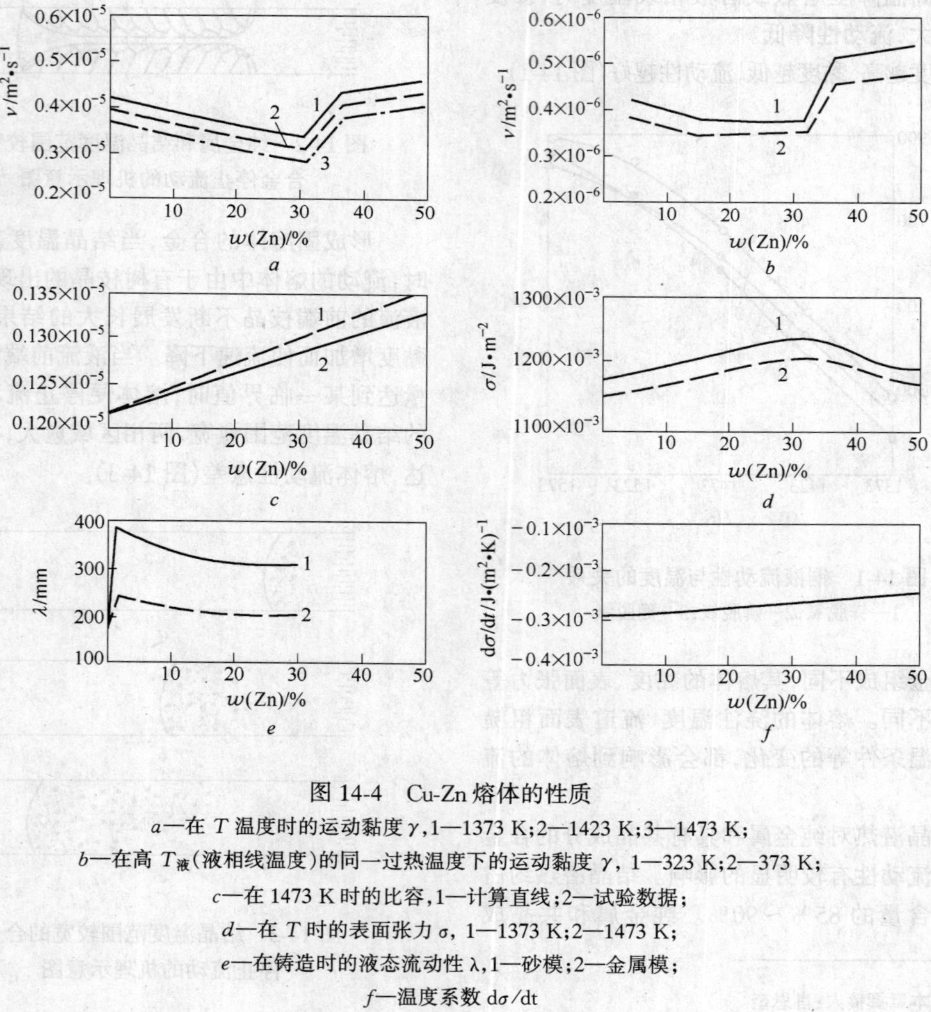

图 14-4 Cu-Zn 熔体的性质

a—在 *T* 温度时的运动黏度 γ，1—1373 K；2—1423 K；3—1473 K；

b—在高 $T_{液}$（液相线温度）的同一过热温度下的运动黏度 γ，1—323 K；2—373 K；

c—在 1473 K 时的比容，1—计算直线；2—试验数据；

d—在 *T* 时的表面张力 σ，1—1373 K；2—1473 K；

e—在铸造时的液态流动性 λ，1—砂模；2—金属模；

f—温度系数 dσ/dt

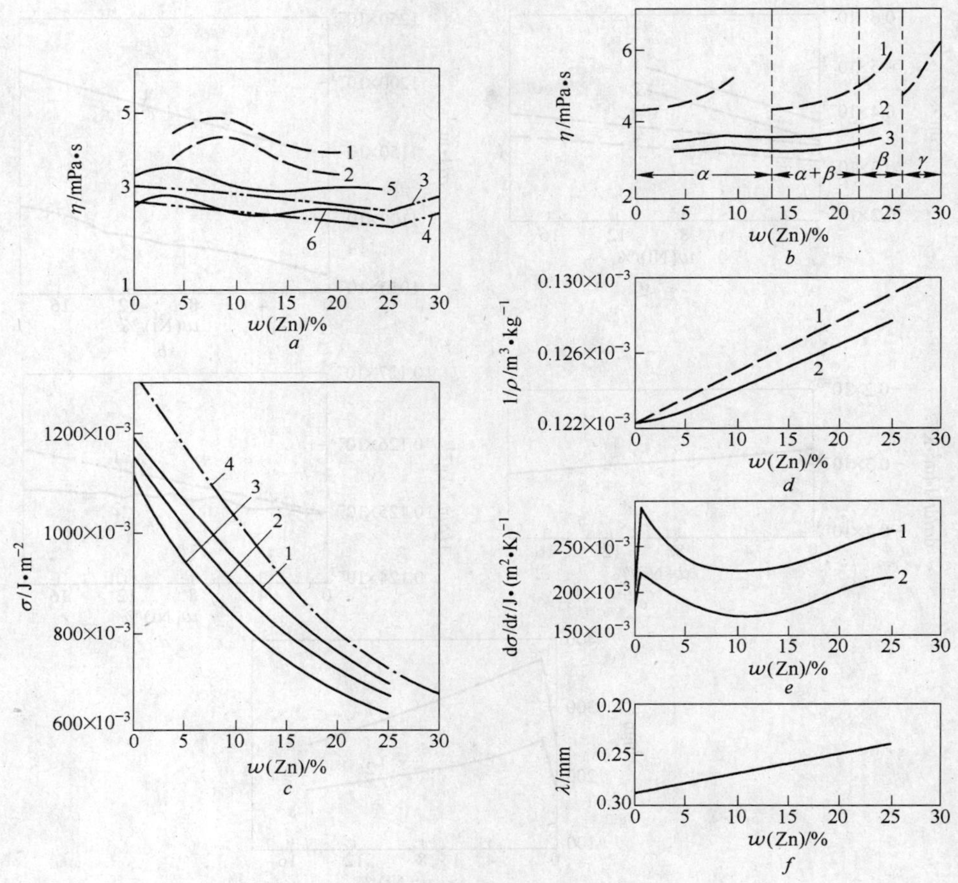

图 14-5 Cu-Sn 熔体的性质

a—在 *T* 时的运动黏度 η，1—1273 K；2—1473 K（以上数据来自同一个文献）；

3—1273 K；4—1473 K（以上数据来自另一个文献）；

5—1273 K；6—1473 K（以上数据来自同一个文献）

b—在液相线温度高 $T_{液}$ 以上同一过热温度下的运动黏度 η，

1—323 K（以上数据来自同一个文献）；2—323 K；3—373 K（以上数据来自另一个文献）

c—在 *T* 时的表面张力 σ，1—1373 K；2—1473 K；3—1573 K；4—1773 K

d—在 1473 K 时的比容 1/ρ，1—计算直线；2—试验数据

e—在铸造时的液态流动性 λ，1—砂模；2—金属模

f—温度系数 dσ/dt

铜－镍合金熔体的基本性质见图 14-7。

铜中加入 1％Ni 时熔体流动性出现最高点。镍含量 4％～10％时黏度明显提高，流动性明显下降。随着镍含量增加到 18％时，表面张力一直随着增加。总的来看，铜－镍合金随着结晶温度范围的扩大而流动性逐渐降低。

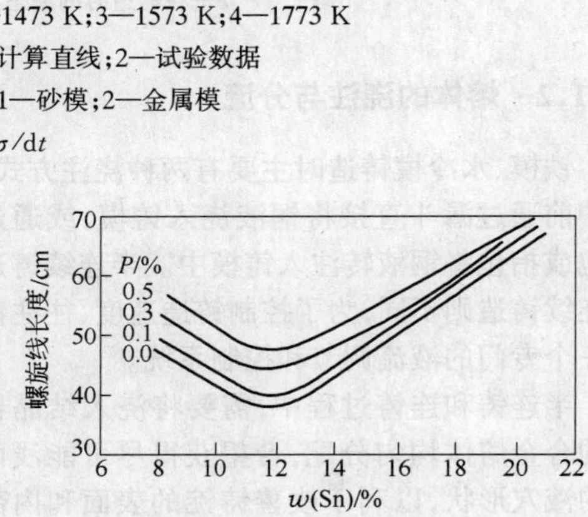

图 14-6 磷对锡青铜流动性的影响

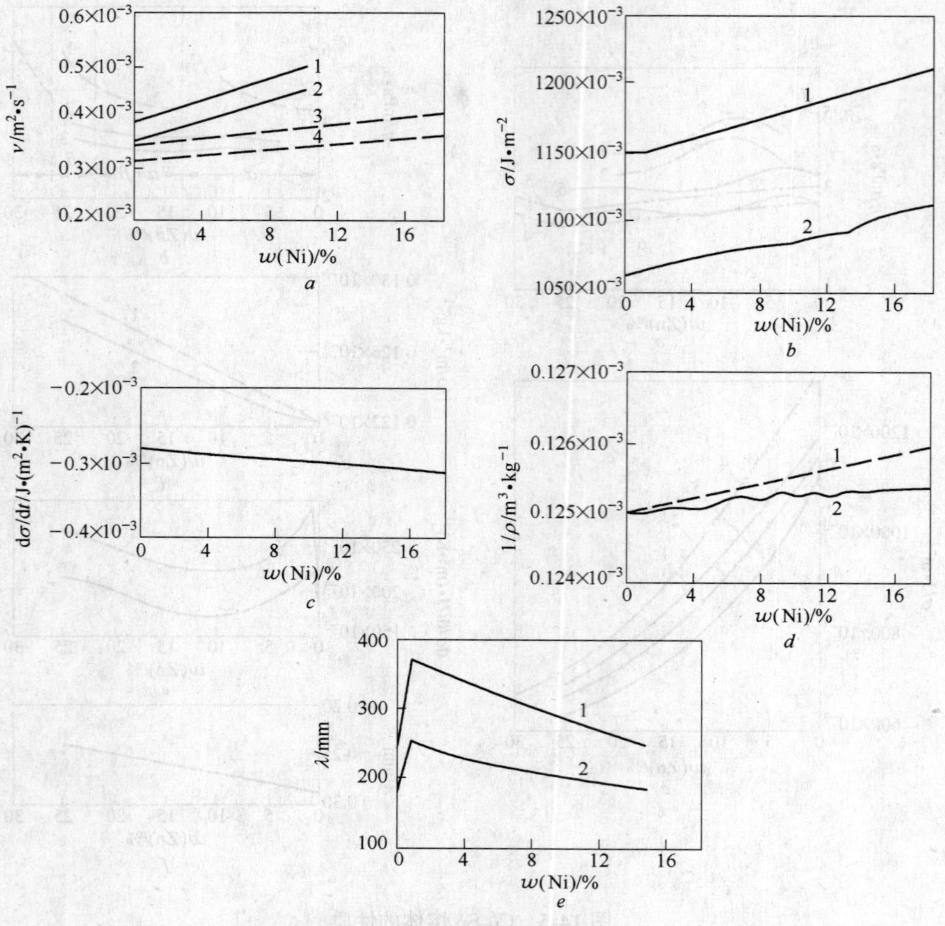

图 14-7　Cu-Ni 熔体的性质

a—在 *T* 时的运动黏度 γ，1—1123 K；2—1473 K；3—1773 K；4—1873 K

b—在 *T* 时的表面张力 σ，1—1473 K；2—1773 K；

c—温度系数 $d\sigma/dt$

d—在 1773 K 时的比容 $1/\rho$，1—计算直线；2—试验数据

e—在铸造时的液态流动性 λ，1—砂模；2—金属模

14.1.2　熔体的浇注与分流

铁模、水冷模铸造时主要有两种浇注方式，即炉前通过漏斗直接将铜液浇入铸模，或通过吊包或抬包将铜液转注入铸模中。半连续铸造和连续铸造则不同，为了控制铸造速度，往往都有一个专门的液流调节和控制系统。

半连铸和连铸过程中，需要将浇入结晶器中的合金熔体均匀分配，希望获得尽可能浅而平的液穴形状，以利于改善铸锭的表面和内部质量。

图 14-8 为通过石墨导流管向结晶器中注入熔体的示意图。导流管安装在分流箱的石墨水口座下面，二者通过螺纹连接。石墨水口座的上面有一个可以上升和下降的石墨塞棒控制液流。导流管偏斜时可能导致液穴形状的异常现象(图 14-9)。

铸造小断面圆锭时，由于导流管与铸锭轴线在同一中心，有一只导流管就够用了。但是铸造大断面圆铸锭时，在垂直导流管的下方装上能够向水平方向分流的石墨组件是合理的。图 14- 10*a* 为浇注圆铸锭的导流管和导流管下

端装有分流组件的浇注系统。在有水平分流组件的系统中，进入结晶器中的熔体被水平方向分流，而不是直接向着液穴深处冲击。

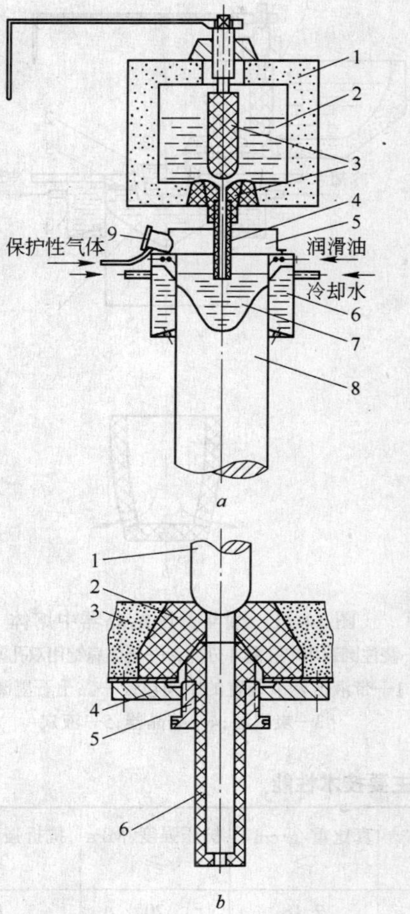

图 14-8　通过导流管向结晶器中注入熔体

a：1—分流箱；2—熔体；3—石墨塞棒和出铜口座砖；4—石墨锥体和导流管；5—保护罩；6—结晶器；7—液穴；8—铸锭

b：1—塞棒；2—出铜口座；3—炉头箱；4—带内螺纹的固定法兰；5—带外螺纹的可动套管；6—导流管

图 14-10*b* 和图 14-10*c* 分别为浇注扁锭(矩形断面)时通过直通管下方装配的水平三通管导流方式。铸锭宽度不同，横管的长度也不同。图 14-10*c* 所示的几种三通适合于铸造1000 mm以上的大型扁锭。

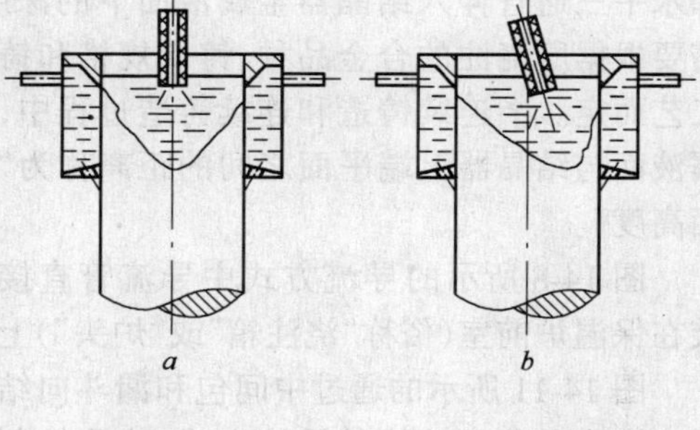

图 14-9　供流方式与液穴形状

a—单管集中供流时；*b*—导流管偏斜时

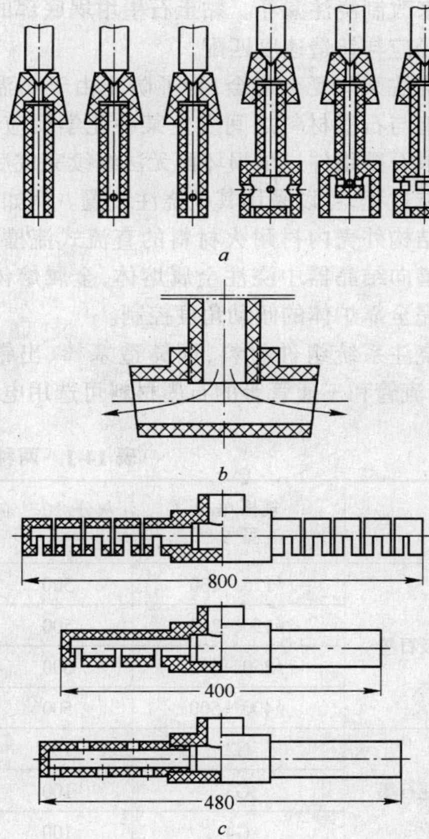

图 14-10　浇注管和三通管

a—浇注圆铸锭用的直通导流管；*b*—浇注扁锭用的短三通管；*c*—浇注宽扁锭用的长三通管

垂直管和三通管的装配应牢固，铸造过程中能始终保持其垂直和水平的既定位置。三通水平管还必须与结晶器大面始终平行。垂直管和水平三通管伸入结晶器金属液面下的深度，需要根据所浇注的合金品种、铸锭规格和铸造工艺而定。半连续铸造和连续铸造过程中，金属液面与结晶器上端平面之间的距离称为"液面高度"。

图 14-8 所示的导流方式中导流管直接安装在保温炉前室(俗称"浇注箱"或"炉头")上。

图 14-11 所示的通过中间包和漏斗向结晶器中浇注和分配熔体的导流方式，液流控制系统安装在中间包内。

市场上销售的相应型号的黏土石墨坩埚，可用来改制浇注漏斗。黏土石墨坩埚底部的钻孔孔径应与铸造速度匹配。

浇注某些复杂合金，为了防止由于高温熔体可能与石墨材料之间发生某种化学反应，结果造成石墨组件过早损坏而无法继续完成后面的铸造过程，可以采用其他浇注装置。例如，采用钢结构外壳内衬耐火材料的直流式流槽，通过流槽向结晶器中浇注金属熔体，金属熔体的流量完全靠炉体的倾动角度控制。

浇注系统组件材料，即铸造塞棒、出铜口座、导流管和三通管等的石墨材料可选用电极石墨或高纯石墨(表 14-1)。高纯石墨的密度、机械强度和抗氧化能力等理化指标都比普通的电极石墨高，使用寿命长。

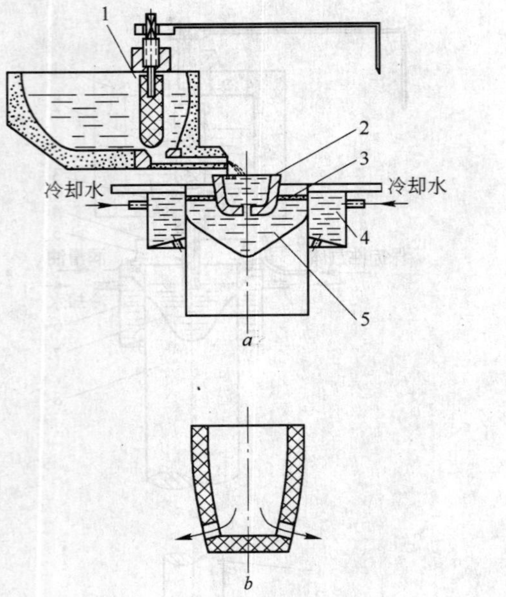

图 14-11　漏斗分配结晶器中熔体

a—浇注圆锭用单孔漏斗分配；*b*—浇注扁锭用双孔漏斗分配

1—带液流调节装置的中间包；2—黏土石墨漏斗；

3—炭黑层；4—结晶器；5—液穴

表 14-1　两种石墨材料的主要技术性能

种　类	规格/mm 型号	灰分/10^{-4}% ≤	密度/$g \cdot cm^{-3}$ ≥	真比重/$g \cdot cm^{-3}$ ≥	抗压强度/MPa ≥	抗折强度/MPa ≥
电极石墨	ϕ115～130	500	1.58	2.18	20	8
	ϕ150～200	500	1.52	2.18	18	8
	ϕ250～350	500	1.52	2.18	18	6.5
	ϕ400～500	500	1.52	2.18	18	6.5
高纯石墨	G2	100	1.65	2.20	40	20
	G3	100	1.55	2.15	25	14
	G4	100	1.55	2.15	25	17

注：表中数据来自《石墨电极》(GB3072—1982)和《高纯石墨》(JB2750—8)。

14.2　熔体保护与铸锭润滑

14.2.1　炭黑保护与润滑

图 14-11 所示的炭黑覆盖和润滑的铸造方式，直到今天在纯铜以及大多数青铜、白铜等合金铸造时仍普遍采用。

炭黑的主要成分是碳，如同炉中铜的熔体被烧红木炭作覆盖剂一样，结晶器中铜液表面的炭黑层亦被加热烧红。红热的炭黑层除了对熔体保温以外，具有还原性质的碳及其产生的一氧化碳气体，还能够有效地保护熔体不被氧化和吸气。

表 14-2 和表 14-3 列出工业用色素炭黑的技术条件。通常，高色素炭黑的粒径范围为 9～17 nm，中色素炭黑的粒径范围为 18～25 nm，普通色素炭黑的粒径范围为 26～37 nm。

表 14-2 高、中、普通色素炉法炭黑各项技术指标（GB/T7044—1993）

分类及品种	HCF		MCF		RCF	
	C151	C161	C351	C355	C655	C665
比表面积/$m^2 \cdot g^{-1}$	200～600	400～600	150～300		80～200	
加热减量/%	≤4.0	≤8.0	≤5.0		≤3.0	≤5.0
灰分/%	≤2.00				≤1.00	
DBP 吸收值/$mL \cdot g^{-1}$	≤1.10		≤1.05	≤0.80		
pH 值	5.0～9.0	2.0～6.0	5.0～9.0			3.0～6.0
杂质	无					
黑度（反射率）	≤20		≤30		≤40	≤45

表 14-3 高、中、普通色素接触法炭黑各项技术指标（GB/T7044—1993）

分类及品种	HCC		MCC		RCC	
	C111	C121	C311	C312	C611	
	合格品	合格品	一等品	合格品	一等品	合格品
比表面积/$m^2 \cdot g^{-1}$	200～600		150～400	100～300	80～200	
加热减量/%	≤6.0	≤8.0	≤5.0		≤4.0	
灰分/%	≤0.50		≤0.20			
DBP 吸收值/$mL \cdot g^{-1}$	≤1.80		≤1.20 ≤1.30		≤1.10	
pH 值	2.0～6.0					
杂 质	无					
黑度（反射率）	≤20	≤40	≤28 ≤32	≤30	≤40	≤44
着色力/%	≥110		≥120	≥110	≥116	
流动度（35℃）/mm	≥18	≥28	≥19 ≥16	≥32	23～27	≥23
挥发度/%	≥3.0	≥8.0	≥3.0	≥4.0	≥3.0	

炭黑覆盖和润滑作用的原理示意图见图 14-12*a*。铸造时，可以在炭黑中混入一定比例的石墨粉，以提高其润滑性。

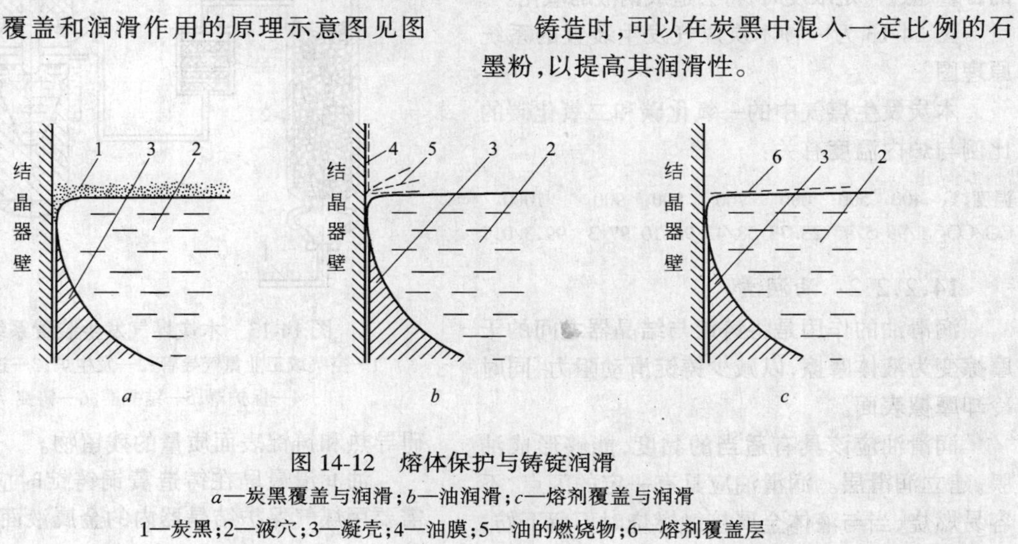

图 14-12 熔体保护与铸锭润滑

a—炭黑覆盖与润滑；*b*—油润滑；*c*—熔剂覆盖与润滑

1—炭黑；2—液穴；3—凝壳；4—油膜；5—油的燃烧物；6—熔剂覆盖层

表14-4列出石墨(粉)的技术条件。

石墨的主要成分也是碳。鳞片状石墨粉的润滑效果比土状石墨粉的润滑效果好。铸造过程中,随着液面金属向着结晶器壁方向的滚动,液面上的炭黑和鳞片状石墨粉的混合物亦随着流动到铸锭与结晶器壁的间隙中,正好充填了因金属冷却及凝固收缩以后在这里形成的间隙。在液穴中熔体静压力作用下,炭黑与石墨粉混合物被挤压在结晶器壁上,从而构成了一个理想的热导缓冲层和铸锭滑动的润滑面。显然,这种热导缓冲和润滑铸锭作用非常有利于改善铸锭的表面质量。

表14-4 石墨(粉)的技术条件(JC-120-66)

类 别	牌 号	固定碳/% ≥	灰分/% ≤	挥发物/% ≤	水分/% ≤	粒度/% ≤
鳞片石墨	ZZL84—1	84	14.5	2.2	0.5	90%通过0150号筛
鳞片石墨	ZZL78—1	78	20.5	2.7	0.5	90%通过0150号筛
土状石墨	ZZT84—2	84	13.5	3.4	2.0	90%通过0075号筛
土状石墨	ZZT79—2	79	19.0	3.5	2.0	90%通过0075号筛

14.2.2 气体保护和油润滑

铸造时采用气体保护和油润滑,其原理见图14-12*b*。

14.2.2.1 气体保护

作为铜及合金铸造用保护性气体,有煤气、氮气等。

表14-5列出几种实际应用的保护性气体成分。

表14-5 保护性气体成分举例

成分/%	一氧化碳	二氧化碳	氧	氢	碳氢化合物	氮
工业煤气	>23	5~7	<0.4	13~20	<1.0	余量
木炭发生器	>28	2.0~3.5	<0.20	<2	<0.4	余量
工业氮气	5~6	13~20	<0.20			余量
空分氮气	0.1~0.6	约11.4	<0.0005	0.1~0.6		余量

保护性气体中的氧含量需要严格控制,当氧的含量超过一定限度时,将会造成铜液的氧化。

图14-13为一种木炭煤气发生装置的系统原理图。

木炭发生煤气中的一氧化碳和二氧化碳的比例与炉内温度有关:

温度,℃	400	500	600	700	800	900	1000
CO/CO_2	1/99	5/95	23/77	58/42	90/10	97/3	99.3/0.7

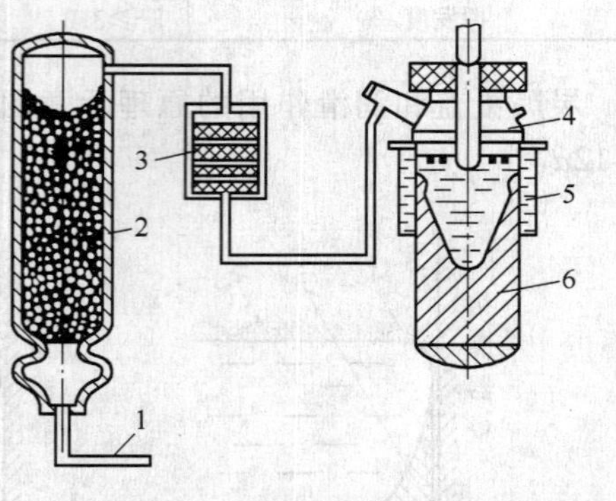

图14-13 木炭煤气发生装置系统

1—空气或工业氮气导管;2—发生炉;3—过滤器;4—保护罩;5—结晶器;6—铸锭

14.2.2.2 油润滑

润滑油的作用是将铸锭与结晶器之间的干摩擦变为液体摩擦,以减少铸锭滑动阻力,同时冷却摩擦表面。

润滑油应该具有适当的黏度,能够形成油膜,建立润滑层。润滑油应具有一定的闪点,不容易燃烧,当与液体金属接触燃烧时不留下妨碍导热和铸锭表面质量的残留物。

油润滑最早在铸造黄铜铸锭时应用,同时需要用煤气保护结晶器内的金属液面。

润滑油一般通过结晶器顶部法兰下面水平分布的环形槽引入，小槽与结晶器内壁表面有若干个相通的小沟槽。铸造过程中，润滑油经环形槽、小沟槽进入结晶器内壁工作表面。由于保护罩内有惰性或者还原性气体的保护，润滑油不燃烧，直到它接触到铜液才开始挥发。挥发的气体流可以把铜液表面上的渣物推开，从而保证铸锭表面的光洁。未挥发的油呈油膜状附在结晶器壁上起润滑作用。

闪点比较高的变压器油常用于黄铜铸造润滑。用油润滑时必须保证油的分布均匀，油量适宜，过多使用油也会引起铸锭的表面缺陷。

14.2.2.3 熔剂保护与润滑

作为铸造保护用熔融熔剂，它应满足下列几个条件：

(1) 熔剂的熔点低于铸造合金的熔点；

(2) 熔融熔剂流动性好，能将合金熔体严密覆盖；

(3) 熔融熔剂密度小于铸造合金熔体的密度。

表 14-6 列出作为熔剂的某些盐和复盐材料的物理性能。

表 14-6 保护性熔剂材料的物理性能

熔剂材料	化学式	密度/g·cm^{-3}		温度/℃	
		固态	液态	熔点	沸点
硼 砂	$Na_2B_4O_7$	2.37		741	(1575℃分解)
氯化钾	KCl	1.99	1.53	772	1500
氯化钠	NaCl	2.17	1.55	805	1439
苏 打	Na_2CO_3	2.5		851	(960℃分解)
冰晶石	Na_3AlF_6	2.95	2.09	995	

表 14-7 列出作为铸造保护用的复合熔剂配方的举例。

表 14-7 保护性复合熔剂的物理性能

性 能	熔剂组成(B_2O_3:SiO_2:Na_2O:ZnO)/%			
	70:20:10	60:30:10	50:40:10	10:45:10:5
γ/g·cm^{-3}	2.53	2.49	2.42	2.45
比热容/kJ·(kg·℃)$^{-1}$	1.13	1.11	1.09	1.05
导热系数 λ/kJ·(m·h·℃)$^{-1}$	8.37	7.30	7.62	6.96
熔点 T/℃	690	730	740	720

作为铜合金铸造保护熔体用硼砂的化学组成见表 14-8。

表 14-8 硼砂的化学组成(GB537—1979) (%)

元素及化合物	一级	二级
十水四硼酸钠($Na_2B_4O_7·10H_2O$)	≥99.5	≥95
碳酸钠(Na_2CO_3)	≤0.02	≤0.03
硫酸钠(Na_2SO_4)	≤0.20	≤0.20
氯化钠(NaCl)	≤0.05	≤0.05
铁(Fe)	≤0.002	≤0.002
水不溶物	≤0.04	≤0.04

熔融硼砂型熔剂在铸造黄铜时应用的原理见图 14-12*c*。

薄薄一层熔融状的保护层有效地把铜液与大气隔离开来，甚至可以完全避免结晶器内锌的挥发和氧化锌烟气弥漫现象。熔融熔剂随着金属液面向结晶器壁周边滚动，并顺着结晶器壁流动到铸锭凝壳与结晶器壁的间隙中。凝结在结晶器壁表面上的一薄层玻璃状物质是非常理想的润滑剂，对改善铸锭表面质量非常有利。

为调整熔剂的稠度，可以适当加入炭黑、石墨粉、玻璃或石英砂等。

用于铝黄铜铸造的 84% NaCl、8% KCl 和 8% Na_3AlF_6 复合熔剂，由于在改变铝黄铜铸锭表面质量方面有独到之处，已在许多工厂得到推广使用。

14.3 结晶器内金属液面的控制

14.3.1 液面的人工控制

图 14-8 和图 14-11 中所示的浇注系统中采用的都是液面人工控制方法。

塞棒和出铜口座砖都是用石墨材料制成。塞棒的下端被加工成圆滑的球面，塞棒的上端与一丝杠连接，人工旋转丝杠即可提升或下降塞棒。出铜口座砖内的锥体上的出铜孔被加工成与塞棒下端球面相应的圆锥状。塞棒压紧圆锥孔，铜的熔体被堵住。塞棒提升，铜的熔体可从塞棒与锥体孔之间的缝隙中流出，塞棒提升的高度决定导入结晶器中熔体流量的大小。

如果将出铜口锥体的中孔尺寸和铸锭断面尺寸配合设计，会取得更好的效果(见表14-9)。

表14-9　出铜口锥体中孔尺寸

合　金	铸锭断面/mm×mm	锥体中孔直径/mm
T2	100×100	7
	160×400	10
	160×600	12
	160×700	13
	ϕ150	8
	ϕ185	9
	ϕ220	10
	ϕ250	11
	ϕ300	12
	ϕ400	13
H68 H62 HPb59-1	160×600	17
	160×700	19
	ϕ185	10
	ϕ220	12
	ϕ250	13
	ϕ300	14
	ϕ400	16

人工手动控制浇注液流流量的方法简单易行，安全可靠，一直被许多工厂所采用。

14.3.2　液面的自动控制

液面的自动检测分接触式和非接触式两种形式。

14.3.2.1　接触式检测及自动控制

图14-14所示为一种以接触式电极原理控制金属液面的装置。

结晶器内金属液面附近有三只液位电极，即高、中、低位电极(液位探测棒)。其中，中位是理想的液位。液位低于低位电极，即液面离开低位电极时，系统开始提升塞棒，即加大熔体流量。如果液位上升触到高位电极时，则系统将下降塞棒，即减小熔体流量。系统中的塞棒由液压缸驱动，与液压缸平行安装的电位计指示塞棒的高度。控制盘上安装的同功能的电位计可选择设定塞棒的高、中、低位。

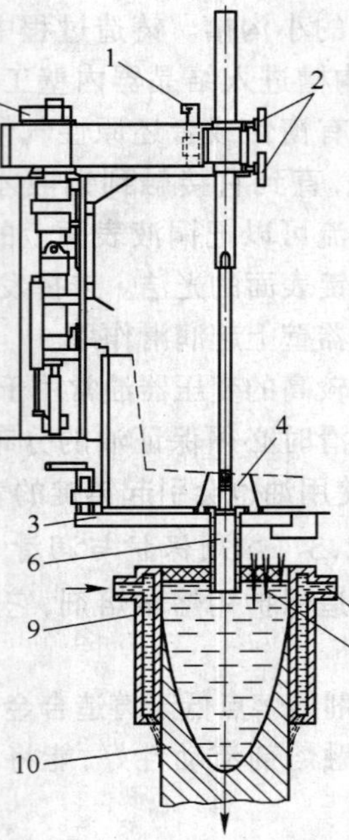

图14-14　电极控制液面自控装置
1、2、3、4、5—塞棒的液压提升装置及其组件；6—导流管；7—熔体表面覆盖物；8—液位电极(探棒)；9—结晶器；10—铸锭

接触式检测及自动控制系统，液位电极材料自身不应容易与金属熔体浸润和粘结，金属熔体表面也不应该有集渣，否则都可能引起液位电极发出错误信号。

通常，高、中、低三个液位电极探杆之间的位差设定在5 mm左右。

14.3.2.2　非接触式检测及自动控制

根据"电容"原理设计的液面控制系统如图14-15所示。

液位检测探头前端的工作表面的面积是给定的，当其与结晶器内金属液面之间的距离变化时，即两者之间的电容量发生变化，系统检测到的信号随之变化。结晶器内金属液面位置，是通过液位检测探头与传感器的检测和信号传送，并通过液压系统控制塞棒提升或下降控制的结果。

置于结晶器内金属液面上方的探头工作面，距离金属液面约15～25 mm。

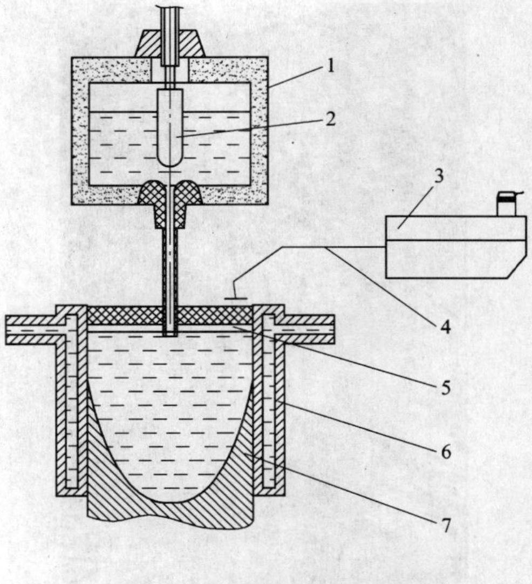

图 14-15 电容控制液面自控装置
1—分流箱；2—塞棒；3—传感器；4—液位检测探头；
5—液面覆盖物；6—结晶器；7—铸锭

为了保证自动控制液面的精度，结晶器内的金属液面应保持清洁，例如用可靠的气体或均匀的炭黑层进行覆盖保护。

仔细调整系统，结晶器内金属液面的波动范围不超过 3 mm。

14.4 铸锭的凝固

14.4.1 冷却与热的交换

结晶器是半连续铸造和连续铸造时铸锭凝固成型的滑动铸模。

铜及铜合金铸锭生产用结晶器都是直通式结构，结晶器工作腔横断面尺寸与铸锭横断面尺寸相当。铸造时，金属熔体从结晶器的一端进入，已经凝固了或者是至少已经基本凝固了(有可能在心部尚有未凝固或未完全凝固的部分)的铸锭从另一端被引出。

在结晶器有效高度内，其水室中的水通过结晶器工作壁对铸锭表面(包括凝壳和液穴)进行的间接冷却，称为一次冷却。铸锭自离开结晶器下缘起，直接受喷到铸锭表面上的水的冷却，称为二次冷却。

铸造过程中，导入结晶器中的液体金属和从结晶器下端引出的固体金属(即铸锭)，二者之间在质量上是平衡的。同时，单位时间里液体金属或合金带入结晶器内的热量，与结晶器的一次冷却及二次冷却过程中(包括铸锭离开二次冷却以后的自然冷却)所散失的总量，二者之间在量上是平衡的。半连续铸造和连续铸造过程中，上述铸锭的冷却和铸锭与结晶器之间的热交换过程是完全相同的。

14.4.2 凝壳和液穴

液穴形状是半连续铸造过程质量的重要标志。

铸造金属或合金与结晶器及其二次冷却区之间热交换过程决定了铸锭凝固过程中最初形成的铸锭凝壳和液穴的形状。

液穴深度计算公式如下：

$$h=\frac{L+1/2\cdot C(t_{熔}-t_{表})}{B\lambda(t_{熔}-t_{表})}\cdot x^2\cdot v_{铸}\cdot\gamma \tag{14-1}$$

式中 h——液穴深度，m；

L——合金的熔化潜热，kcal/kg，1cal≈4.18 J；

C——合金在 $t_{熔}-t_{表}$ 温度区间的平均热容，kcal/kg·℃，1cal=4.18 J；

$t_{熔}$——合金液相线温度，℃；

$t_{表}$——铸锭表面温度，℃；

B——形态系数，圆铸锭为 4，扁铸锭为 2；

λ——铸锭的导热率，kcal/m·h·℃；

x——铸锭特征尺寸，m，圆铸锭为半径，扁铸锭为厚度的一半；

$v_{铸}$——铸造速度，m/h；

γ——铸锭的密度，kg/m^3。

理论上的圆铸锭液穴呈不规则倒锥体形状，结晶前沿对铸锭轴线的倾斜由铸锭外表向中心逐渐减小，直到相当于半径 R 的 0.37 倍的圆周处为止。然后，结晶面的倾斜向铸锭中心增大。在 $0.37R$ 至 R 之间结晶面是凸的，在圆心至 $0.37R$ 之间是凹的。扁铸锭的液穴形状是一个带有曲线表面的倒四面锥体，结晶前沿对铸锭轴线的倾斜从铸锭外表向中心方向不断减小，结晶面基本上是凸的。

实际上，各种金属及合金不同的导热及凝固收缩等热物理性质，以及所采用的结晶器结构和冷却方式等工艺条件不同，实际的液穴形状可能有很大的差异。

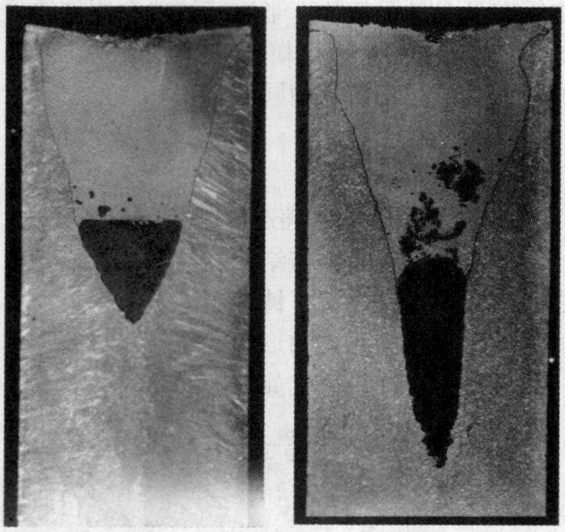

a *b*

图 14-16 HPb59-1ϕ195 mm 圆锭的液穴

a—直接水冷铸造；*b*—非直接水冷铸造

结晶器高度：250 mm；

铸造速度：*a*—7 m/h；*b*—9.8 m/h；

冷却水压力：*a*—0.05 MPa；*b*—0.1 MPa

图 14-16 和图 14-17 所示分别为铅黄铜和纯铜圆锭从铸锭浇口部切取的纵剖面的低倍组织照片，从中可以看到一轮廓清晰的“V”形液穴形状和结晶组织。

图 14-18 所示的圆锭凝固过程，是根据某种黄铜铸造过程中的实测数据作图，铸锭断面ϕ180 mm，结晶器高度275 mm，铸造速度12 m/h。铸锭浇口部呈倒锥形的液相区即为液穴。

图 14-18 中的液穴轮廓线非常清晰，实际上由于成分和温度的过冷的存在，它可能包含了液－固和固－液两相过渡区，但该区域比较窄。靠近导流管较近的层面，几乎全部呈熔体状态，称过热带。过热带往下一直到结晶器下缘，铸锭壳层的凝壳逐渐加厚，称一次冷却凝固带。再往下，即是二次冷却区域带。

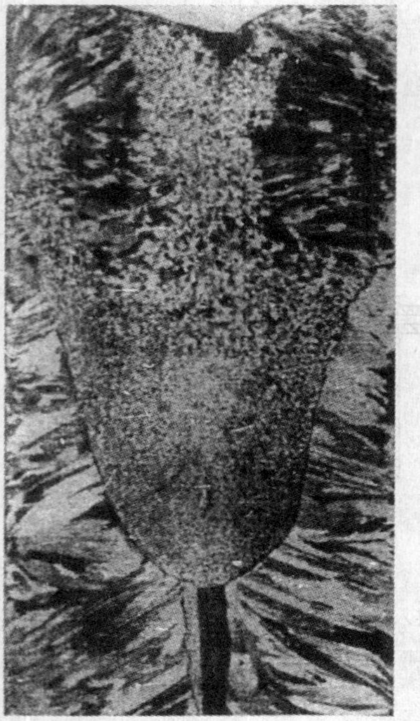

图 14-17 T2ϕ185 mm 圆锭的液穴(浇口部)

结晶器材质为紫铜；结晶器高度为 275 mm；

铸造速度为 12 m/h

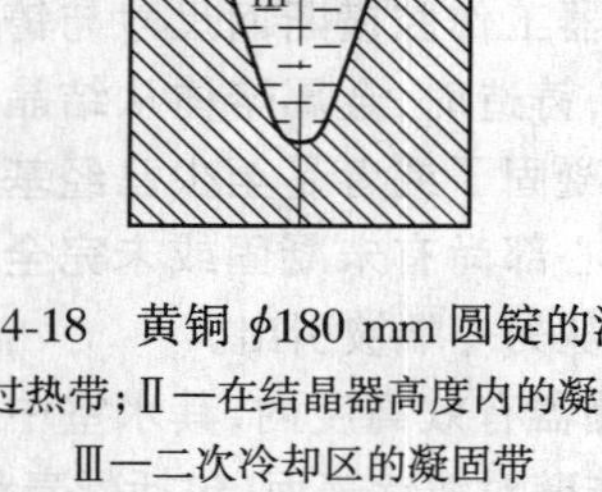

图 14-18 黄铜 ϕ180 mm 圆锭的液穴

Ⅰ—过热带；Ⅱ—在结晶器高度内的凝固带；

Ⅲ—二次冷却区的凝固带

液穴在进入二次冷却区一段距离以后才消失，这与浇注的黄铜自身的热导率和结晶器冷却壁铜材料的热导率不同有很大关系。如果浇注的是铜，结晶器冷却壁材质也是铜，则液穴的底基本上和结晶器下缘在同一水平位置。

图 14-19 和图 14-20 分别为磷脱氧铜和简单黄铜 H63 两种圆铸锭的液穴形状及温度场实测图。

图 14-19 中的液穴形状之所以中心未对称，可能是由于导流管偏离中心或者铸锭与结晶器冷却壁铜套，或者冷却壁铜套与冷却水之间的热交换障碍有关。

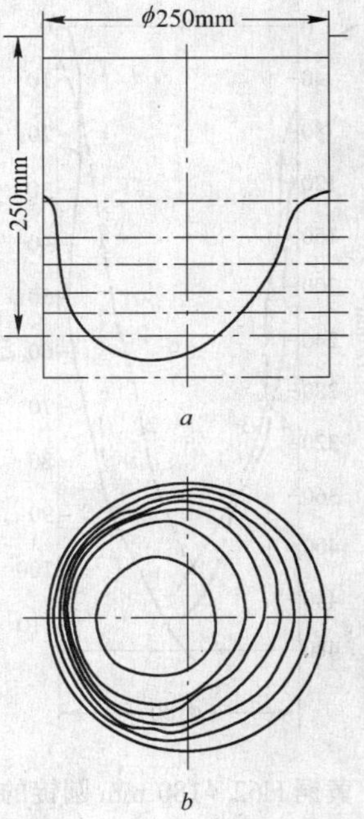

图 14-19　M3P 铸锭的液穴及温度场
a—纵断面；*b*—横断面
铸锭规格为 ϕ250 mm；浇注温度为 1150～1180℃；
铸造速度为 5 m/h；结晶器高度为 250 mm；
铜套壁厚为 12.5 mm；水室宽度为 17 mm；
冷却水流量为 18 m^3/h

14.4.3　凝壳和液穴的工艺因素

液穴形状与铸锭结晶组织密切相关，因此对它的研究一直成为半连铸以及连铸技术的中心课题。

研究液穴形状，主要是液穴深度。液穴深度，即自结晶器内金属液面起至 V 形之底的垂直距离。

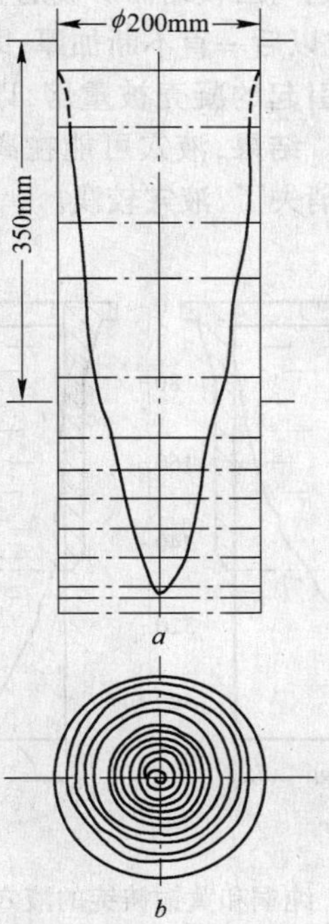

图 14-20　H63 黄铜铸锭的液穴及温度场
a—纵断面；*b*—横断面
铸锭规格为 ϕ200 mm；浇注温度为
1060～1100℃；铸造速度为 15 m/h；
结晶器高度为 350 mm；
铜套材质及壁厚分别为 H90、13.5 mm；
覆盖剂为熔盐；水室宽度为 5～19 mm；
冷却水流量为一次水量 10～20 m^3/h；
二次水量 10 m^3/h

铸造过程中，在结晶器内金属液面下不远处即开始形成薄薄的凝壳，随着铸锭不断地从结晶器中被引出，凝壳逐步加厚。凝壳由于收缩有时可能暂时离开结晶器壁，而凝壳一旦脱离结晶器壁，就可能很快又被液穴内部的高温熔体所加热甚至重熔。已经减薄了的凝壳，在液穴中液体金属静压力的作用下，可能再次被压靠至结晶器壁上，凝壳随之再度加厚。

从图 14-21 可以看到：使用同一个由铜质材料制造的结晶器，铸造规格均为 ϕ180 mm的纯铜和黄铜铸锭时，铸造速度和冷却强度基本相同，但液穴形状却有较大的差别。

铸造纯铜时，由于纯铜和结晶器壁材料一致，即两者的收缩率和导热率基本一致，所以结晶器与铸锭之间因收缩而形成的空气间隙非常小，凝壳形成以后一直不断加厚，即不大可能发生凝壳收缩引起的凝壳被重熔，以及凝壳由厚变薄的过程。结果，液穴可能在离开结晶器下沿时便基本消失了，液穴较浅。

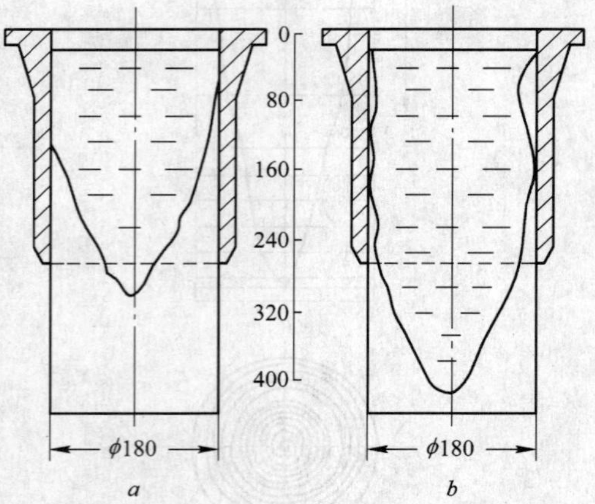

图 14-21 纯铜和黄铜铸锭的液穴形状比较

a—纯铜；*b*—黄铜

铸锭规格为 ϕ180 mm；结晶器材质为纯铜；

结晶器高度为 275 mm；铸造温度为紫铜 1180℃，

黄铜 1050℃；铸造速度为 12 m/h；

冷却水流量为 25 m^3/h

铸造黄铜则不同，由于黄铜和结晶器壁材质纯铜不同，而且它自身的散热性能差，在结晶器壁和凝壳之间可能形成了较大的空气间隙，铸锭连续冷却受阻，凝壳增长速度减慢。结果，液穴变得很深，甚至延伸到了结晶器下缘 100 mm 以外的位置。

半连续铸造和连续铸造时，铸锭是顺序凝固，即铸锭在滑动结晶器中基本上是自下而上的方向性凝固。铸锭的凝固过程是同时受到了两次冷却的结果，即水平（径向）方向的一次冷却和垂直方向（轴向）二次冷却合成的结果，由于二次冷却强度一般都大于一次冷却强度，因此凝固线成为一个倒锥状。与一次冷却强度相比，二次冷却强度愈大，液穴愈浅。

当铸造的金属或合金一定时，液穴形状的变化主要取决于结晶器结构以及各种铸造工艺参数的变化。

分别用纯铜和黄铜 H90 做结晶器冷却壁材料试验时，在其他工艺参数都基本相同的情况下，同样铸造黄铜 H62 铸锭，但液穴形状却有很大不同（图 14-22）。H62 热导率为 1.17 W/cm·℃，H90 热导率为 1.67 W/cm·℃，纯铜热导率为 3.93 W/cm·℃。

用 H90 作为结晶器材料铸造 H62 时，由于二者导热系数相近，铸锭受到连续冷却，凝壳迅速变厚。

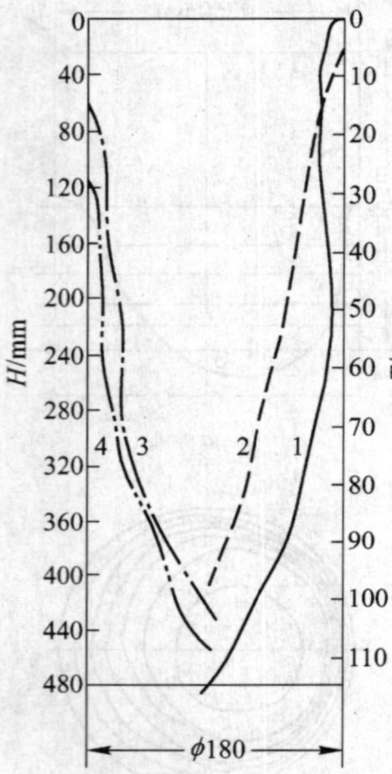

图 14-22 黄铜 H62 ϕ180 mm 圆锭的液穴形状

结晶器材质：1—铜；2—黄铜 H90；3—铜套衬以石墨材料；

4—铜套衬以碳化硅材料；结晶器高度为 275 mm；

浇注温度为 1050℃；铸造速度为 15 m/h；

冷却水流量为 3.0 m^3/h

用纯铜作为结晶器材料铸造 H62 时，由于 H62 和纯铜两者导热系数相差甚大，前者只为后者的三分之一，铸造过程中，从铸锭中向外散发出的热量和通过结晶器壁向外散发出的热量不能平衡，铸锭的连续冷却过程受阻，凝壳厚度增长速度变得缓慢，甚至局部凝壳还可能被重熔，因此直到铸锭离开结晶器很长一段距离以后，液穴才消失。

液穴的消失，标志着铸锭的凝固已经结束。

铸造过程并不希望液穴深。因为较深的液穴，可能在底部形成凝桥，不利于凝固收缩时熔体的补充，有可能造成缩孔或缩松缺陷。对结晶组织而言，液穴比较深时，铸锭最后结晶部分往往呈径向发展的趋势，不利于自上而下的轴向结晶。较深的液穴，过渡带也比较大，不利于排气。液穴较深时，如果铸锭离开结晶器后突然遭到强烈的二次冷却，铸锭内外温差急剧增大，有可能增加铸造应力甚至引起铸锭中心裂纹。

其实，液穴深度还与液流的供给方式、结晶器冷却壁材质、冷却壁工作腔表面的锥度等因素有关，甚至还与铸造过程中结晶器内液体表面覆盖剂的性质、是否采用振动铸造方式等因素有关。

铸造纯铜 160 mm×620 mm 铸锭时，液穴深度与冷却强度之间的关系如图 14-23 所示。

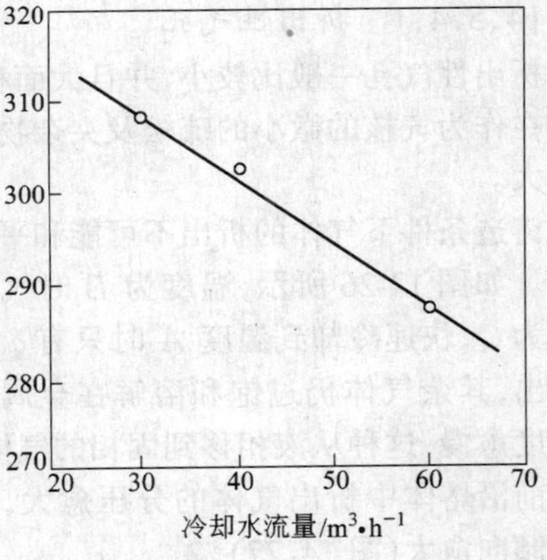

图 14-23 液穴深度与冷却强度之间的关系

合金牌号为纯铜；铸锭断面尺寸为 160 mm×620 mm；铸造速度为 6 m/h；结晶器高度为 300 mm；浇注温度为 1200～1220℃

铸造纯铜 160 mm×620 mm 铸锭时，液穴深度与铸造速度和结晶器高度之间的关系如图 14-24 所示。

铸造 H63 黄铜 160 mm×600 mm 扁铸锭时的液穴形状见图 14-25。液穴形状呈倒锥形状。从图中可以看到，结晶器小面高度大于结晶器大面高度。这是国外常用的一种结晶器结构。

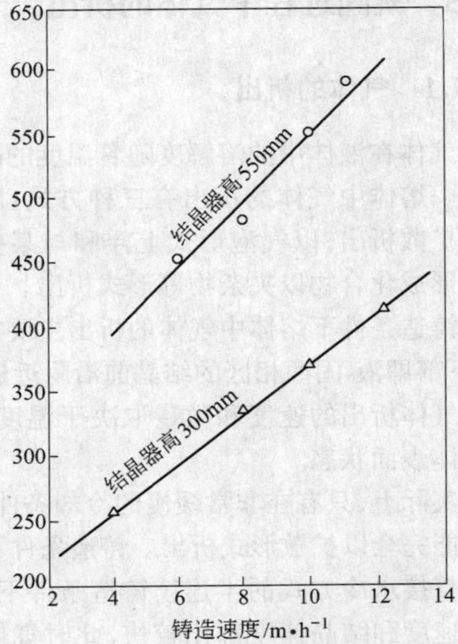

图 14-24 液穴深度与结晶器高度和铸造速度之间的关系

合金牌号为纯铜；铸锭断面尺寸为 160 mm×620 mm；浇注温度为 1200～1220℃；冷却强度为 50 m³/h

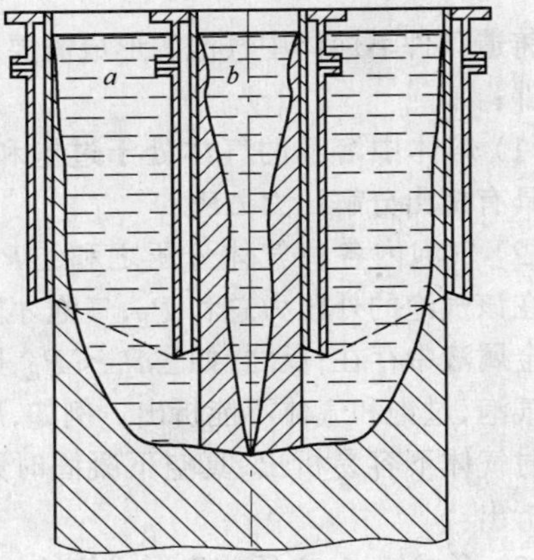

图 14-25 H63 160 mm×600 mm 扁铸锭的液穴形状

a—平行于宽面的剖面；b—平行于窄面的剖面

结晶器材质为铜；浇注温度为喷火；铸造速度为 12 m/h

浅、平的液穴形状是最希望得到的，所有的工艺参数控制都应该朝着这个方向努力。实际上，有时在现场采用探棒摸索的办法实测液穴深度，并以此来判断铸造过程是否成功。

14.5 凝固过程中气体的析出

14.5.1 气体的析出

气体在液体中的溶解度随着温度的降低而减小。熔体中气体的析出有三种方式：以原子状态扩散析出，以气泡形式上浮和与某些金属元素形成化合物以夹杂物等形式析出。

铸造条件下熔体中气体的析出主要在液穴中、下部即液-固两相区的结晶前沿附近进行。

气体析出的速度和数量取决于温度、压力及熔体表面状态。

实际上，只有在非常缓慢的冷却条件下，气体才能完全以扩散形式析出。铸造条件下特别是在直接水冷方式的半连续铸造条件下，由于冷却速度和结晶速度都比较快，此时气体的析出往往都不能充分进行。不过，通过对液穴形状的控制，以及通过对结晶器内金属液面的良好保护等，可以改善气体析出和气体向外扩散的条件。

14.5.2 气泡的形成

铸造条件下熔体中气泡的形成需要以下几个条件：

(1) 熔体中溶解的气体处于过饱和状态，并且具有析出分解压力 ΔP。

(2) 气泡内各种气体分压之和 $\sum P_G$ 大于作用在该气泡的外压力总和 P_E，气泡才能产生并在金属液中存在；反之，如 $\sum P_G < P_E$，则不能形成气泡，过饱和气体不能析出。例如，压力下凝固时气体不容易析出，真空下凝固时则气体容易析出。

(3) 形成气泡，必须首先形成气核。

和结晶过程一样，气核只有大于某一临界尺寸时才能存在。浇注过程中，随着温度的降低，析出的气体以及随液流卷入的气体泡沫、悬浮着的各种微小物质颗粒等都可以构成气核。气泡容易在气核表面形成。

14.5.3 气泡的上浮

气核形成之后，溶解在熔体中的气体由于压力差的存在，必然自动向气泡中扩散，气泡不断长大。当气泡长大到一定临界尺寸，就会脱离其原吸附表面而上浮。气泡尺寸的大小，取决于气泡与其脱离吸附时的上升力，以及使气泡保持在固定表面的附着力的平衡。

液体的动力黏度愈大，气泡半径愈小，金属和气体的密度差愈小，上浮速度愈慢，气泡留在铸锭中的可能性愈大。

14.5.4 气孔的形成

铸锭中最终是否有气孔出现，取决于很多因素。

即使在凝固过程中析出了气体，并且形成了气泡，最终也并非都能在铸锭内部留下气孔。实际上，只有浇注的熔体中溶解了大量的气体，并且在其凝固过程中来不及排除时才有可能产生气孔。

14.5.4.1 析出性气孔

析出性气孔一般比较小，并且大面积分布，有的在作为气核的微小的疏松及夹杂物周围集结长大。

铸造条件下气体的析出不可能和平衡状态一样。如图 14-26 所示，温度为 B 时气体的溶解度为 Q，快速冷却到温度 A 时只有 q 量的气体析出，其余气体仍过饱和溶解在金属中。凝固速度愈慢，这种从液相移到固相的气体愈多；结晶前沿熔体中析出气体的分压愈大，产生气孔的倾向愈大(图 14-27)。

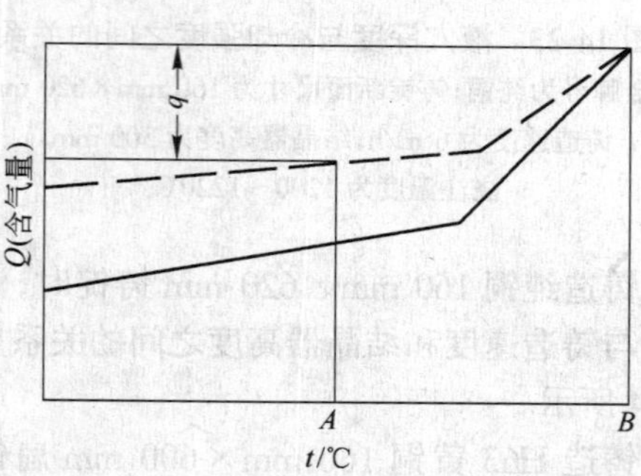

图 14-26 气体析出示意图

适当降低铸造速度，减小液穴深度，有助于气体的排出。降低铸造速度的同时，减小了液、固两相过渡带区域，显然为气体的析出和逸出都减少了路程，不至于因为气体的析出和气泡逸出速度小于凝固速度和结晶速度而被阻滞并凝固在固相之中。

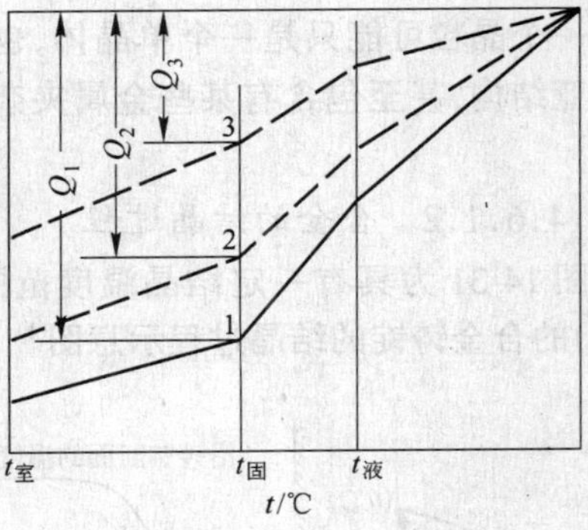

图 14-27 冷却速度对含气量的影响

14.5.4.2 反应性气孔

高温下，受水蒸气的影响，可能发生以下反应：

$$2H_2O = 2H_2 + O_2 \quad (14\text{-}2)$$

$$2Cu + H_2O = Cu_2O + H_2 \quad (14\text{-}3)$$

$$C + H_2O = CO + H_2 \quad (14\text{-}4)$$

$$C + 2H_2O = CO_2 + 2H_2 \quad (14\text{-}5)$$

根据氢在铜中溶解度的曲线可知，氢在液态和固态铜中的溶解度差别很大。因此，结晶时过饱和的氢则可能因氢的析出而成为气泡。在结晶前沿析出的氢，也可以还原氧化亚铜(Cu_2O)而生成水蒸气气泡。

高温下铜液中存在以下平衡关系：

$$H_2O = 2[H] + [O] \quad (14\text{-}6)$$

设平衡常数为 K，则有：

$$K = \frac{[H]^2[O]}{P_{H_2O}} \quad (14\text{-}7)$$

式中，[H]和[O]分别为铜液中氢和氧的含量，P_{H_2O}为液态环境下水蒸气的分压。P_{H_2O}增大，氢和氧的浓度乘积也增大，即双曲线位置上移(如图 14-28 所示)。进入铜液中的[O]很快都与铜生成氧化亚铜(Cu_2O)，而[H]过饱和度可达80～100 倍，因此在冷凝过程中上述反应实际向左进行，即在氢析出的同时还会有水蒸气析出。最多时，气孔体积可达铜体积的 10%。

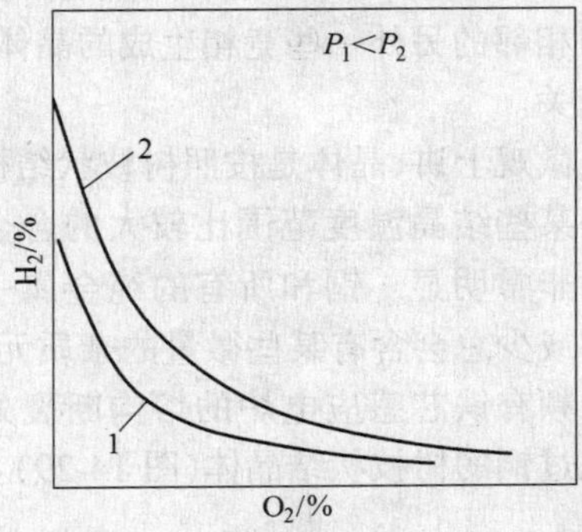

图 14-28 铜液中[H]和[O]的平衡关系曲线

铸造过程中，液体金属中的某些元素或者某些元素的化合物，与结晶器内金属液面上的覆盖物、润滑剂，或者因为铸造工具潮湿，包括从结晶器壁与铸锭表面之间的间隙中返上来的水或水蒸气等，都可能引起化学反应。当化学反应产生的气体压力增大到超过半凝固状态的铸锭凝壳强度时，气体便有可能突破凝壳成为铸锭的皮下气孔。

高温下，铜中的氧化亚铜被氢还原所引起的氢脆病，即是化学反应的结果。只是，此含氧铜氢脆病并非在铸造过程中发生，而是含氧铜材在使用过程中，即在氢气保护下进行钎焊时发生的：

$$Cu_2O + H_2 = H_2O + 2Cu \quad (14\text{-}8)$$

在晶界处产生大量的水蒸气(H_2O)可以造成铜材裂纹。这是因为在有限的晶界范围内产生的水蒸气数量非常大，理论上每 100 克含 0.01%氧的铜在 800℃下氢气中退火时，可产生 14 cm^3 的水蒸气。结果，水蒸气的压力特别大，足以造成铜基体的破裂。

14.6 结晶及结晶组织

14.6.1 结晶

14.6.1.1 树枝状结晶

铜及铜合金和其他金属及合金一样，在熔体中的结晶过程亦分为生核和晶体长大两个阶段。

熔体中首先生成很小但很稳定的固体质点，即晶核，然后长大变成晶体。晶体的大小及形状与相邻的另外一些竞相生成的晶体的相遇环境有关。

从微观上讲，晶体是按照树枝状结构长大，特别是某些结晶温度范围比较大的合金，树枝状结晶非常明显。铜和所有的纯金属一样，其中或多或少总会含有某些微量的杂质元素。在熔铜工频有铁芯感应电炉的熔沟断裂处，曾多次发现过铜的树枝状结晶体(图 14-29)。

×1/2

图 14-29 铜的树枝结晶现象

图 14-30 所示的树枝状结晶，是在紫铜 T3 ϕ245 mm铸锭的浇口下 70 mm 处切取试片做低倍组织检查时发现的。在仅被放大了 5 倍的金相图片上，已经清楚地看到晶粒、晶界，在其中的一些晶粒上清晰地显现了它的树枝状结晶骨架。

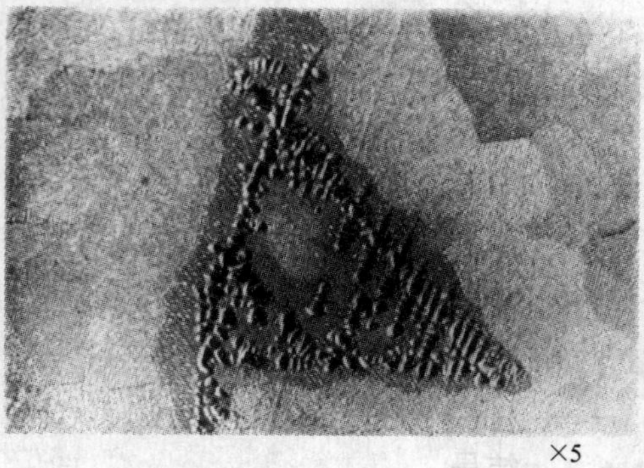

×5

图 14-30 紫铜的树枝状结晶

一次轴、二次轴的化学成分不完全相同，二次轴、三次轴往往包含了较多的低熔点组元，轴间剩余的母液则包含有更多的低熔点组元或者低熔点杂质元素。这种结晶现象称为选分结晶。不同方向成长的晶粒彼此相遇时形成了晶界。选分结晶的结果，晶界往往容易富集某些低熔点杂质。

一个晶粒可能只是一个单晶体，也可能包含有亚结构，甚至包含有某些金属夹杂物等质点。

14.6.1.2 合金的结晶过程

图 14-31 为具有一定结晶温度范围(结晶间隔)的合金铸锭的结晶过程示意图。

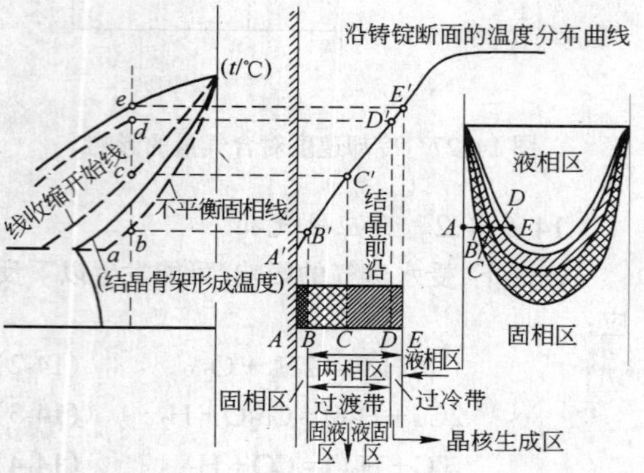

图 14-31 结晶与结晶温度范围的关系

图的右侧是铸锭相区图。液相区即液穴，固相区即已完全凝固的铸锭，两者之间属两相区，实际上铸锭的结晶过程都在这里完成。图的左侧是与之对应的合金相图的一角，同样，相图也存在液相区、固相区和两相区。

在两相区范围内，固相的数量从液相线向固相线逐渐增加。随着固相数量的不断增加，彼此接连的固相形成了一个面，这个面与液相构成分界，与形成这一固定界面温度相应的等温面，称为结晶前沿。

结晶前沿与结晶结束面之间的区域，称为过渡带，即图中的 BD 区间。过渡带大小与合金结晶温度范围、导热系数以及铸造过程中的冷却强度等许多因素有关。下面的公式表示了估计过渡带尺寸 B 与有关因素的关系：

$$B = \frac{t_1 - t_2}{G} \tag{14-9}$$

式中　t_1——合金液相线温度,℃;

t_2——合金固相线温度,℃;

G——过渡带内平均温度梯度,℃/mm。

过渡带的上部可称为液-固区,过渡带下部固相可称为固-液区。偏析往往容易在液-固区发生,而固-液区不仅对偏析,同时对热裂纹的产生和发展都是机会。整个过渡带的尺寸和形状决定着铸锭中心区域的偏析、疏松和热应力的特性及程度。

对于研究连续铸造过程,液穴、凝壳和凝固速度固然重要,然而对过渡带的关注则是更重要的课题。

连续铸造过程希望过渡带越小越好。

纯铜和结晶温度范围小的合金,如某些黄铜、铝青铜等凝固时过渡带比较小,过渡带小时固相在两相区移动甚小,容易长成柱状。而对一些结晶温度范围比较大的合金如锡青铜,由于其过渡带大,起始形成的晶核或者尚未长大的晶体有充分的时间自由生长,而不是很快彼此相遇,因此易长成等轴晶。

降低结晶器高度、加大冷却强度等都会在某种程度上减小过渡带。反之增加结晶器高度、减少冷却强度则会拉大过渡带。对于某些易裂纹的合金采用高结晶器铸造,甚至完全没有二次直接水冷的铸造方式,以拉大过渡带,减小铸锭内外温差,从而达到避免铸锭裂纹的目的。

纯金属铸造时的液穴的轮廓线理应是一条凝固线。可是,再纯的金属也有微量或者极微量的杂质存在,而且成分及温度过冷结晶现象也总是存在的。合金的结晶温度是一个范围,它的液穴轮廓线无疑应该是一条轮廓带。

14.6.1.3　结晶速度

图14-32为结晶线速度与铸造速度关系的示意图。

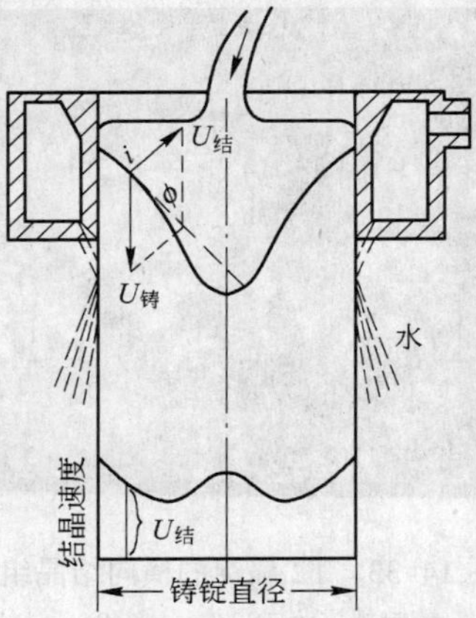

图14-32　结晶线速度与铸造速度的关系示意图

结晶前沿上任一点沿其法线方向移动的速度,称为该点的结晶线速度。结晶前沿各点在单位时间内沿各自的法线方向移动的平均距离,称为铸锭的平均结晶速度。

半连续铸造过程中,结晶面上各点的结晶线速度是不相同的。扁铸锭的结晶线速度从铸锭边缘到中心不断减小。圆铸锭的结晶线速度从铸锭边缘至$0.37R$处逐渐减小,从$0.37R$处至铸锭中心又逐渐增大。

其结晶面上任一点i的结晶线速度U_i为:

$$U_i = v_{铸} \cdot \sin\phi \quad (14\text{-}10)$$

式中　$v_{铸}$——铸锭的铸造速度;

ϕ——铸锭垂直中轴线与i点处结晶前沿的切线之间的夹角。

可以看出,铸锭断面上任一点的结晶线速度都小于铸造速度。

从上式14-10和图14-32可清楚地看出平均的结晶速度与铸造速度之间的关系:当液穴较深、ϕ角较小时,平均的结晶速度方向更趋于垂直于铸锭中轴线的方向;而ϕ角较大,液穴较平浅时,平均的结晶速度方向更趋于平行于铸锭中轴线的方向。平均结晶速度的方向实际上是晶粒长大的主方向。晶粒的长大是沿着各个方向同时进行,但晶粒长大是以主晶轴成长方向为主方向的。

14.6.2　结晶组织和晶粒细化

典型的半连续铸造的铸锭结晶组织如图14-33所示。

直接水冷半连续铸造的T2 180 mm×640 mm铸锭的横向结晶组织中,从表至里,结晶组织明显地分成三个区带:表层细等轴晶带、中心区域的粗大等轴晶带和位于二者之间的柱状晶带。

图 14-33 T2 扁锭的横向结晶组织
铸锭规格为 180 mm×640 mm;
冷却水压力为 0.15 MPa;
铸造速度为 5 m/h

14.6.2.1 表层激冷细等轴晶

高温熔体与结晶器壁之间温差较大。与结晶器壁接触的瞬间,高温熔体受到强烈激冷。结晶器壁表面和熔体流表面上的许多质点成为自然晶核,开始结晶。开始时温度过冷度和浓度过冷度也比较大,亦有利于晶核的产生。晶核多,相互限制生长,晶粒都不容易长大。晶粒小、数量多的结果,很难保证晶枝的取向发展,柱状晶不易形成。

表层细等轴晶区域的大小与合金成分、浇注温度、结晶器材料、供流方式等因素有关。纯铜铸锭有时表层细等轴晶区域很小。复杂合金,特别是结晶间隔很宽且含有高熔点元素的合金,表层细等轴晶区域比较大。

图 14-34 为复杂黄铜 HAl 59-3-2 的纵向低倍组织照片。

与一般铸锭表面激冷等轴晶不同的是,该等轴晶已经遍布整个铸锭断面,纵向结晶组织与横向结晶组织完全一样,全都是细小等轴晶。这是由于合金中含有高熔点的镍元素,自然结晶核心丰富的结果。

14.6.2.2 柱状晶

柱状晶,晶粒形状宛如柱状。斜生柱状晶,是一次冷却和二次冷却两个方向矢量之和产生的晶体倾斜方向生长的结果。

随着远离浇口,即液穴中液体对流强度的

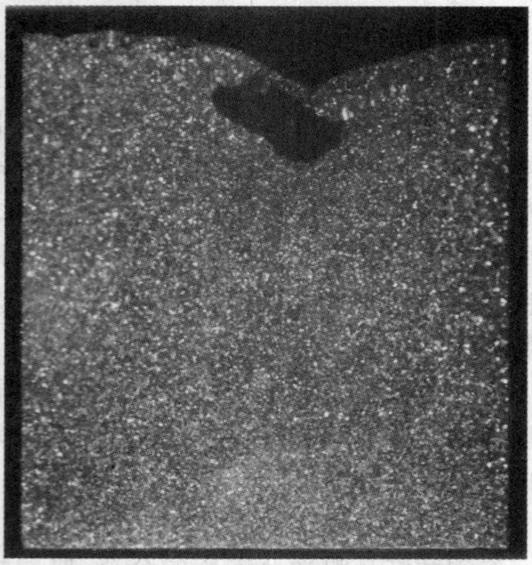

图 14-34 HAl 59-3-2 圆锭纵向结晶组织
铸锭规格为 ϕ295 mm; 结晶器高度为 400 mm;
铸造速度为 3.5 m/h

减弱,表层的激冷作用也逐渐减弱。液穴中的表层熔体和内层熔体温差的显著下降,产生于凝壳内壁附近的一批晶粒则有充分空间得以长大,由于竞相成长的结果,成长的方向只能指向液穴的中心,结果都成为柱状晶。

图 14-35 为直接水冷铸造的 QSn4-3 140 mm×640 mm 铸锭浇口部的纵向结晶组织照片。

图 14-35 QSn4-3 扁铸锭的纵向结晶组织
铸锭规格为 140 mm×640 mm;
浇注温度为 1280℃;铸造速度为 4 m/h;
结晶器高度为 240 mm

柱状晶的成长带有明显的择向性。如果结晶前沿始终保持窄小的成分过冷和较大的温度梯度，晶粒以枝晶状单方向延伸生长，其中以主散热方向对应的一次晶轴优先长大。这个主散热方向显然是一次冷却和二次冷却方向的矢量和，主散热方向决定了柱状晶斜生的角度。

纯铜，理论上没有结晶间隔，自然结晶核心不容易出现。铜自身导热(即散热)条件好，亦有利于柱状晶成长，有时从结晶凝壳一开始的第一批晶粒就直接长成了柱状晶。在现场观察铸锭表面时，有时甚至可以从光滑的铸锭表面上就能看出明显的柱状晶结构，柱状晶非常发达。

14.6.2.3 中部粗大等轴晶

从理论上讲，铸锭中心区的粗大等轴晶是在远离一次冷却和二次冷却的情况下体积结晶的结果。在铸锭中心部区域，熔体的成分过冷和温度过冷都比较小，先期熔体对流时从结晶前沿冲刷下来的悬浮在液穴中的枝晶，以及从液面(应该也是一个过冷面)上产生的晶核长成的小晶粒的沉降，都成为后来的晶粒成长中心。由于此区已基本上不存在晶粒择向长大的冷却条件，各次晶轴发展已基本没有倾向性，结果都长成了等轴晶。等轴晶粒的大小只取决于结晶核心的多少，合金中含有高熔点溶质元素愈少，冷却速度愈缓慢，等轴晶粒长得愈大。

14.6.2.4 偏析现象

铸锭内化学成分不均匀的现象，称为偏析。

偏析分为显微偏析和宏观偏析两大类。前者是指一个晶粒内部的偏析，即枝晶偏析和晶界偏析，后者是指较大区域内的偏析，即区域偏析。

生产条件下，由于冷却速度比较快，枝晶偏析和晶界偏析很难避免。但多数枝晶偏析可以通过加工和热处理的方法消除。

宏观偏析包括比重偏析、正偏析和反偏析以及带状偏析。比重偏析可以通过对熔体的搅拌、铸锭的快速冷却等手段加以克服。

在铜合金中，锡磷青铜中的锡反偏析现象是非常典型的，严重时可能影响到铸锭质量和压力加工生产。反偏析与正偏析正好相反，铸锭表面或者铸锭表层的低熔点元素含量高于铸锭内部的低熔点元素含量。

图 14-36 所示为直接水冷半连续铸造的 QSn6.5-0.1 ϕ195 mm 铸锭断面上的锡的分析结果。铸锭中锡的平均含量为 6.5% 时，铸锭表面和表层中锡的最高含量已经达到了 9.5% 以上。

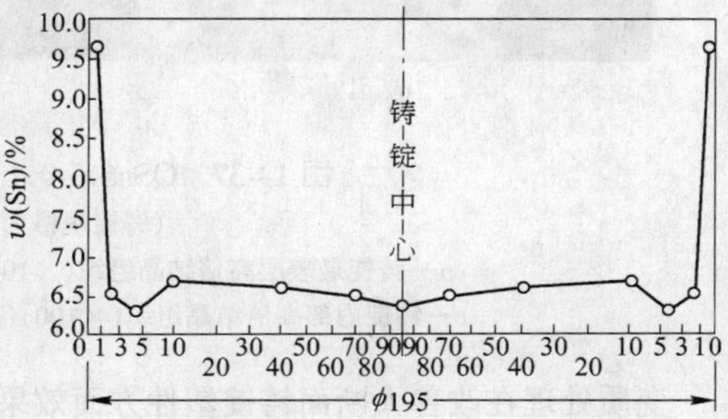

图 14-36 QSn6.5-0.1 ϕ195 mm 铸锭中的锡的分布

图 14-37 为直接水冷半连续铸造的 QSn6.5-0.1 铸锭表面和表层的高倍结晶组织照片。从高倍组织上看，正常的内部组织以 α 固溶体为基，其间少有 $(\alpha+\delta)$ 共析体，而表层严重反偏析处则是 $(\alpha+\delta)$ 共析体占了主导，硬脆相 δ 的比例甚高。

实际经验表明，只要最初形成的铸锭表层结晶组织致密，并且在随后的凝固过程中不再被重新加热至枝晶间富锡母液的液相线温度，富锡相就没有机会溢出，铸锭表面就不会发生严重的反偏析现象。

14.6.2.5 晶粒细化

细化结晶有很多途径，例如强化铸造工艺；变质处理；采用特种铸造方式，如电磁铸造、振动铸造等。铸造时采用熔剂型覆盖剂保护，亦有一定的细化结晶效果，因为熔剂被加热需要从熔体中吸收热量。

强化铸造工艺有很多方法，包括降低浇注温度、改善熔体在结晶器中的导入及分配条件，强化结晶器冷却条件等。

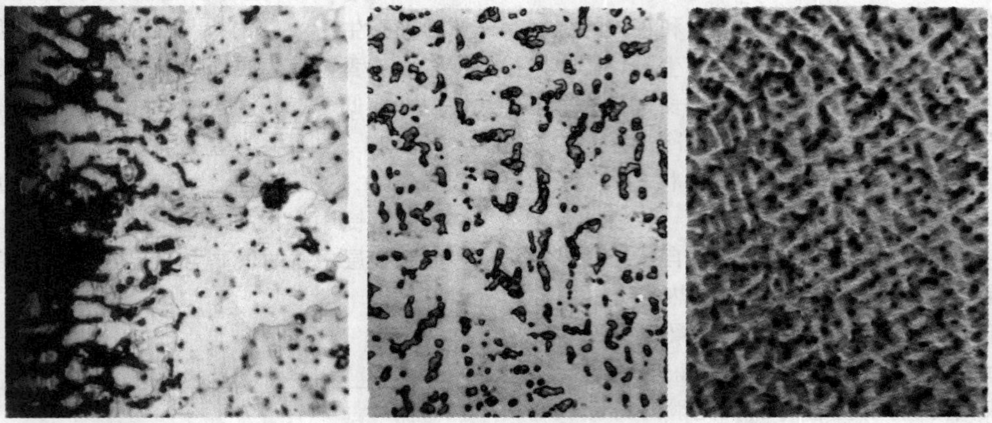

图 14-37　QSn6.5-0.1 ϕ195 mm 铸锭中的偏析组织

（铸锭规格为 140 mm×640 mm）

a—铸锭最表层高倍结晶组织（×100）；*b*—铸锭次表层高倍结晶组织（×100）；*c*—铸锭内部高倍结晶组织（×100）（高倍结晶组织中：白色为 α 相，黑色为 δ 相）

变质处理在改善大断面铸锭塑性方面效果更加明显。某些元素，如锂、钙及钛、锆等都是铜合金良好的变质剂。实践表明，通过对合金进行适当的变质处理，直接水冷半连续铸造的铝青铜 QAl 7、锡磷青铜 QSn6.5-0.1 和白铜 BFe30-1-1 等合金 140 mm 厚的大断面铸锭的结晶组织都得到了明显改善，并且都已实现了热轧的目的。

在锡磷青铜电磁铸造的试验中发现：铸锭结晶组织非常细微，表面反偏析表层基本上被抑制，材料的塑性指标也得到显著提高。在电磁场的作用下，由于液穴中的熔体受到强烈的搅动，因而破坏了大树枝晶长大的条件，许多碎小的熔断枝晶又形成了新的结晶核心，从而达到了细化结晶效果。

表 14-10 为铜及铜合金液态和固态收缩情况。

表 14-10　铜及铜合金的液态和固态收缩情况

合金成分	液态密度/g·cm^{-3}	体积收缩/%	液态收缩/%	最终收缩/%	
				体积收缩	线收缩
脱氧铜	7.89	10.7	3.8	6.9	2.32
Cu-5%Sn-7%Zn-6%Pb	7.95	10.6	6.3	4.3	1.44
Cu-10%Sn-10%Pb	8.116	11.2	7.3	3.9	1.29
Cu-10%Al	6.68	11.2	4.1	7.1	2.37
Cu-2%Pb-1%Sn-27%Zn	7.51	12.4	6.4	6.0	1.98
Cu-1.3%Fe-0.5%Sn-1.0%Al-0.5%Mn-40%Zn	7.23	11.5	4.6	6.9	2.32
白铜 Cu-15%Zn-20%Ni	7.72	12.1	5.5	6.6	2.19

14.7 收缩、铸造应力与裂纹

14.7.1 凝固收缩

和所有的金属及合金一样，铜从液态到固态的凝固过程中亦有体积减小即收缩的现象发生。

铸造过程中，金属及合金从液态到常温的体积改变量，称为体积收缩，金属及合金在固态时从高温到常温的尺寸改变量，称为线收缩。

当温度从 t_0 降到 t_1 时，金属的体积和线尺寸的变化如下：

$$V_1 = V_0[1-\alpha_V(t_0-t_1)] \quad (14\text{-}11)$$

$$L_1 = L_0[1-\alpha_L(t_0-t_1)] \quad (14\text{-}12)$$

式中 V_1、V_0——金属或合金在 t_0 和 t_1 时的体积，m^3；

L_1、L_0——金属或合金在 t_0 和 t_1 时的长度，m；

α_V、α_L——金属或合金在 t_0 和 t_1 温度范围内的体积收缩和线收缩系数，1/℃。

实际上，通常都以相对收缩量表示收缩特性，此相对收缩量称为收缩率。

温度从 t_0 降到 t_1 时，金属或合金的体积收缩率和线收缩率 ε 分别为：

$$\varepsilon_V = \frac{V_0-V_1}{V_0}\times 100\% = \alpha_V(t_0-t_1)\times 100\% \quad (14\text{-}13)$$

$$\varepsilon_L = \frac{L_0-L_1}{L_0}\times 100\% = \alpha_V(t_0-t_1)\times 100\% \quad (14\text{-}14)$$

$$\varepsilon_V = 3\varepsilon_L$$

ε 是某一温度区间的相对收缩量，为 α 与温度差的乘积。因此，ε 既与金属或合金的性质有关，也与温度区间的大小有关。

其实，任何一种液态金属或合金注入铸模以后，从浇注温度冷却到常温都要经历三个互相联系的收缩阶段：液态收缩阶段Ⅰ、凝固收缩阶段Ⅱ、固态收缩阶段Ⅲ（图 14-38）。金属或合金在不同的阶段其收缩特性是不同的，而且对铸锭质量有不同的影响。

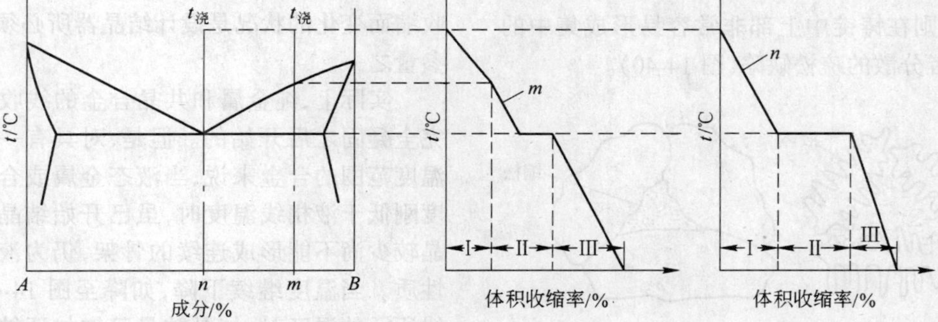

图 14-38 合金的收缩过程示意图

m—有一定结晶温度范围的合金；n—在恒温下凝固的合金

14.7.1.1 液态收缩

液态金属或合金由浇注温度冷却到开始凝固的液相线温度（对于纯金属是熔点）的体积收缩为液态收缩。浇注温度愈高，液态收缩愈大。

这个阶段处于液态，体积的缩小仅表现为铸型内金属或合金液面的降低。

固定模铸造时，由于顺序凝固的结果，即凝固主要是由底向上和由外向里逐层进行，经过一段时间后便形成一层凝壳。由于液态收缩和固态收缩同时进行的结果，在液面不断下降的同时，在新的液面下不断形成新的一层凝固壳。随着温度的降低，液面一次一次降低，在新的液面下形成的凝壳一层一层加厚,直至凝固完成为止,在铸锭最后凝固的位置就形成一个倒锥形缩孔(图 14-39)。

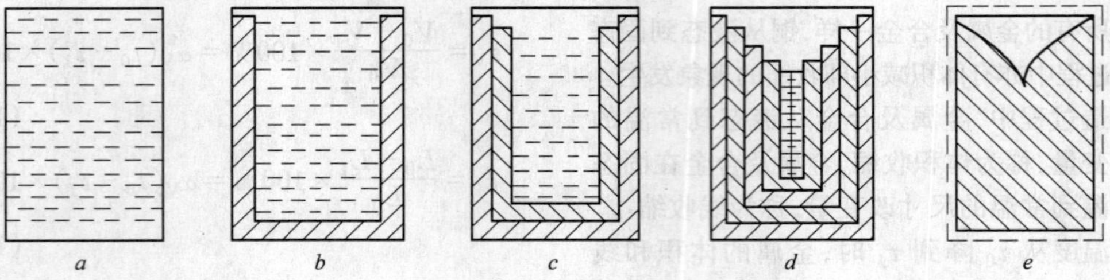

图 14-39 集中缩孔的形成过程示意图
a—完全液态;b—形成初壳;c—凝壳加厚;d—完全凝固;e—形成缩孔

14.7.1.2 凝固收缩

金属或合金从液相线温度到固相线温度(对于纯金属是在凝固点温度下)的体积收缩称为凝固收缩。金属或合金的凝固过程非常复杂,不同的金属或合金具有不同的凝固和结晶性质,凝固收缩给铸锭质量造成的影响也不一样。

对于铁模及水冷模铸造而言,金属熔体注入铸型以后,靠近铸型壁处首先形成凝固壳,液穴中的熔体的冷却和凝固在此凝壳中进行,凝固收缩而引起的体积缩小如果得不到外来熔体的补充,则在铸锭中上部非常容易形成集中的缩孔或者分散的疏松缺陷(图 14-40)。

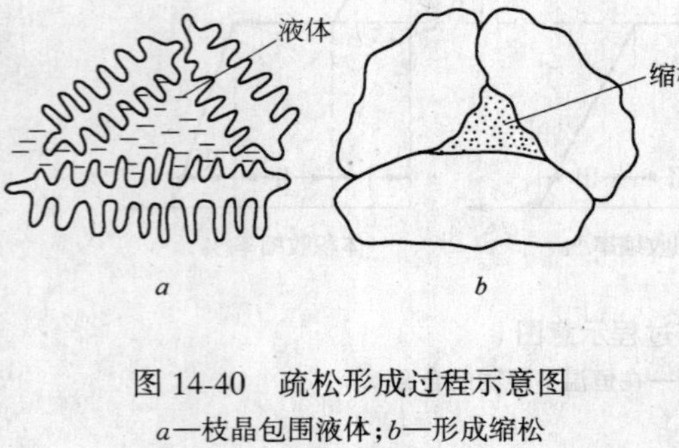

图 14-40 疏松形成过程示意图
a—枝晶包围液体;b—形成缩松

对于连续铸造过程而言,由于在结晶器内始终存在着一个稳定的液穴,上部一直都有高温的金属或合金熔体供给和补充,因此,纯金属或者结晶温度范围不大的合金铸造时,只要铸造工艺条件合适,不会因为凝固收缩而引起缩孔缺陷。但是,如果合金的结晶温度范围比较宽,同时结晶器比较高,或者二次冷却强度比较弱,即在液穴较深、过渡带较宽的情况下,凝固收缩则容易引起疏松缺陷。

总之,凝固收缩是铸锭产生缩孔及疏松缺陷的基本原因。

14.7.1.3 固态收缩与线收缩

在固态收缩阶段,铸锭各个方向上都表现出线尺寸的缩小。因此,该阶段对铸锭的形状和尺寸的精度都有影响。铸锭尺寸的这种因为收缩而变化的状况是设计结晶器所必须考虑的参量之一。

实际上,纯金属和共晶合金的线收缩是在完全凝固之后开始的。但是,对具有一定结晶温度范围的合金来说,当液态金属或合金的温度刚低于液相线温度时,虽已开始结晶但因枝晶较少尚不能形成连续的骨架,仍为液态收缩性质。当温度继续下降,如降至图 14-41 中虚线所示的温度时,枝晶数量已增加至彼此可以构成连续的骨架了,从这时起合金则开始表现为固态的性质,即开始线收缩。此刻,有的合金中尚有 20%~45% 的残留液体。

一般合金的线收缩规律都与状态图有关。

金属与合金的线收缩是铸锭中产生应力、变形和裂纹的基本原因。

14.7.2 铸造应力

铸锭在凝固和冷却过程中收缩受到阻碍而

产生的应力，称为铸造应力。

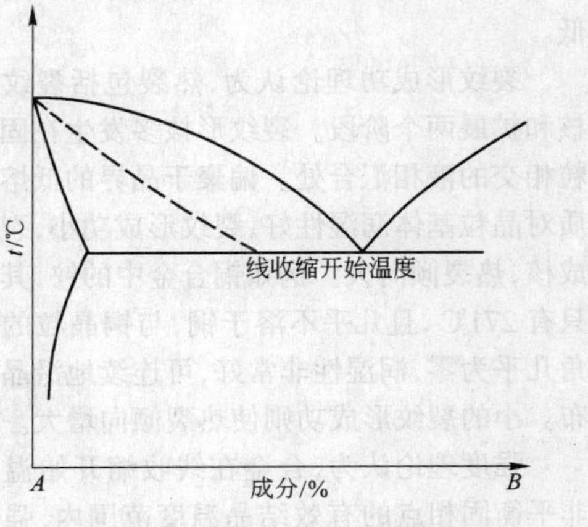

图 14-41 合金的线收缩开始温度与成分的关系

铸造应力按其产生的原因可分为热应力、相变应力和机械应力三种。按其应力产生的方向可分为拉应力和压应力两种。

铜合金铸锭铸造过程中，阻碍收缩的力主要是热应力。铸锭凝固过程中产生的热应力是由于不同部位温度变化的不同趋势引起的。

凝固开始时铸锭表层冷却快，温度低，收缩量大，内部冷却慢，温度高，收缩量小。温度高、收缩量小的内层会阻碍温度低、收缩量大的外层的收缩，使外层受到拉应力，而内层即受压应力。在整个凝固过程中热应力的大小和分布将随着铸锭断面上温度梯度的变化而变化。

图 14-42 为圆断面铸锭内应力分布与温度梯度变化示意图。

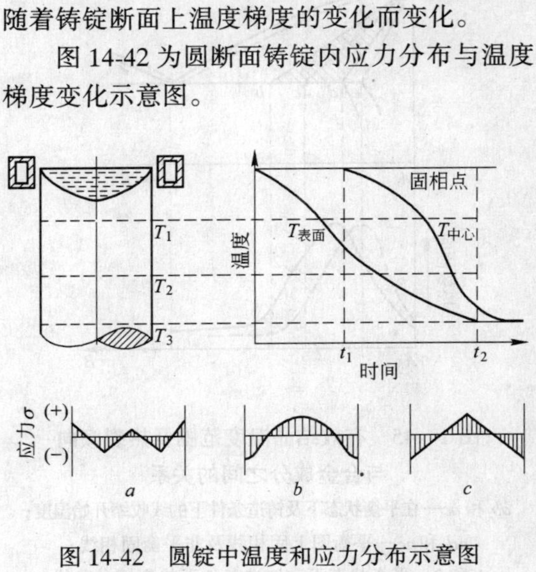

图 14-42 圆锭中温度和应力分布示意图

扁铸锭断面上的热应力分布比较复杂。

图 14-43 为矩形断面铸锭 1/4 部分内应力分布示意图。该图是根据室温下测定的某种合金铸锭一截面上各点的应力值所作的图。

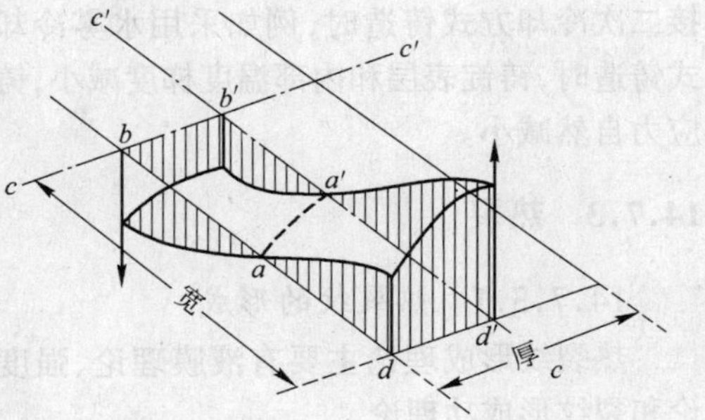

图 14-43 扁锭中温度和应力分布示意图

铸造时，由于存在着严重的不均匀冷却将产生收缩应力，而应力大小与矩形断面的宽厚比有关。当宽厚比较小时，断面接近方形，应力分布与圆锭相似，只有四个角部受拉应力，易于出现角裂。随着宽厚比增大，宽面侧中腰部分冷却强度及相对收缩量增加，产生相反的应力状态，即宽面侧中腰部分受到压应力。同时，铸锭窄面和角部将受拉应力。

铸造热应力 $\sigma_{热}$ 可按下式计算：

$$\sigma_{热} = E\varepsilon = E\alpha_L(t_1 - t_2) \qquad (14\text{-}15)$$

式中 E——弹性模量，kgf/mm^2，$1\ kgf/mm^2 \approx 10\ MPa$；

ε——收缩量或变形量，$\varepsilon = \alpha_L(t_1 - t_2)$；

α_L——线收缩系数；

t_1——铸锭内部温度，℃；

t_2——铸锭外部温度，℃。

由此可见，合金性质和铸造条件是影响热应力的主要因素。

合金材料自身的弹性模量和线收缩系数越大，铸锭中的热应力越大。合金自身导热性差，导致铸锭内外温度差增大，铸锭中热应力也增大。从铸造工艺条件方面分析，提高浇注温度和铸造速度，加大冷却强度等，都会使铸锭中的热应力增大。

对于同一种合金、同样断面尺寸的铸锭而

言，当浇注温度一定时，热应力主要与铸造方式(即冷却方式)有关。铁模铸造冷却强度最弱，铸锭表层和内部温差最小，热应力最小。同样采取二次水直接冷却，但结晶器高度不同时，结晶器越短，冷却强度越大，铸造应力越大。非直接二次冷却方式铸造时，例如采用水雾冷却方式铸造时，铸锭表层和内部温度梯度减小，铸造应力自然减小。

14.7.3 热裂

14.7.3.1 热裂纹的形成

热裂纹形成理论主要有液膜理论、强度理论和裂纹形成功理论。

液膜理论认为，铸锭裂纹与凝固末期晶间残留的液膜的性质和形状有关。凝固及结晶过程中，最后留在晶粒之间的液膜在拉应力作用下被拉伸，当拉应力或拉伸量足够大时，液膜就会破裂，形成晶间裂纹，此种裂纹称为热裂纹(图 14-44)。

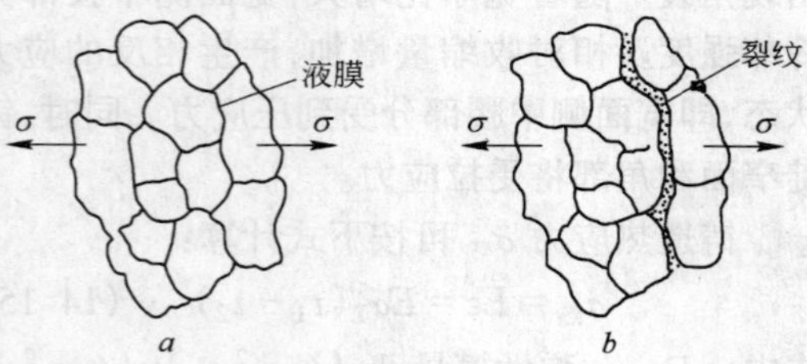

图 14-44 晶间有液膜时热裂形成示意图
a—形成液膜；*b*—形成晶间裂纹

热裂纹的形成取决于很多因素，主要是液膜张力和强度。当作用力垂直于液膜时，将液膜拉断所需要的拉力 P 为：

$$P=2\sigma F/b \qquad (14\text{-}16)$$

式中 σ——液膜的表面张力；

F——晶体与液膜的接触面积；

b——液膜厚度。

式 14-16 表明，拉断液膜所需的力与液膜的表面张力、晶体与液膜的接触面积成正比，与液膜本身的厚度成反比。液膜的表面张力主要与合金成分和温度有关。液膜厚度主要取决于晶粒尺寸大小，晶粒细化，晶界表面积大，界面上的液膜变薄，抗热裂能力增大。随着晶粒间低熔点物增多，液膜变厚，则抗热裂的能力降低。

裂纹形成功理论认为，热裂包括裂纹的形核和扩展两个阶段。裂纹形核多发生在固相晶粒相交的液相汇合处。偏聚于晶界的低熔点物质对晶粒基体润湿性好，裂纹形成功小，裂纹易成核，热裂倾向大。例如铜合金中的铋，其熔点只有 271℃，且几乎不溶于铜，与铜晶粒的接触角几乎为零，润湿性非常好，可连续地沿晶界分布。小的裂纹形成功则使热裂倾向增大。

强度理论认为，合金在线收缩开始温度至非平衡固相点的有效结晶温度范围内，强度和塑性极低，故在铸造应力作用下易于产生热裂纹。

通常，有效结晶温度范围越宽，凝固过程在此温度下保持时间越长，热裂纹越容易形成。

实际上，并非所有的合金凝固收缩受阻都会产生热裂。如果合金在有效结晶温度范围内具有较高的强度和塑性，也可通过塑性变形使应力松弛而不产生热裂。

图 14-45 为有效结晶温度范围及热裂倾向与化学成分的关系示意图。

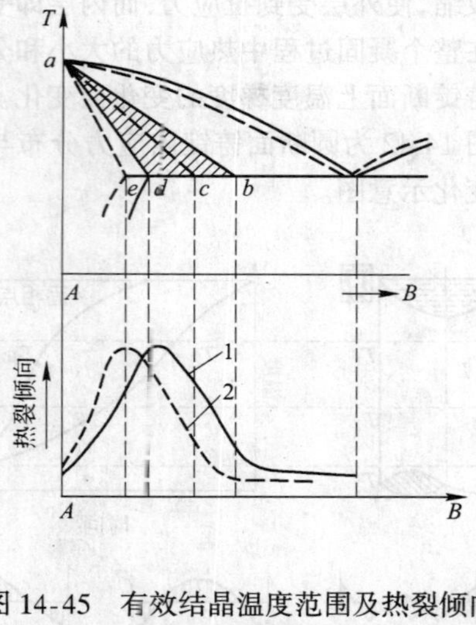

图 14-45 有效结晶温度范围及热裂倾向与合金成分之间的关系
ab 和 *ac*—在平衡状态下及铸造条件下的线收缩开始温度；
ad 和 *ae*—平衡图上固相线及非平衡固相线；
1 和 2—平衡状态下和铸造条件下热裂倾向曲线

14.7.3.2 热裂的合金和工艺因素

A 热裂的合金因素

合金的有效结晶温度范围宽、线收缩量大，合金的热裂倾向大。有效结晶温度范围和线收缩率均与合金化学成分有关，因此热裂倾向亦与化学成分有关。

非平衡凝固时的热裂倾向与平衡凝固时基本相似，可以根据合金的平衡结晶温度范围，粗略地评价合金的热裂倾向。从图 14-45 可以看出：化学成分越接近共晶点的合金，热裂倾向越小。

当合金元素含量比较低时，它们对合金凝固线收缩率的影响可能不明显，但有时对高温塑性的影响却比较大，因其在晶界偏聚影响到液膜的厚度，或者影响到晶粒尺寸的大小而改变晶界状况。

实际上，某些低熔点杂质元素的存在，有时对合金热裂倾向的影响远大于合金组成元素的影响。另外，有些合金虽然没有低熔点元素的影响，但合金材料自身可能存在某一温度范围的脆性区。

合金材料不同，它们的线收缩率、弹性模量、导热系数、高温伸长率等物理和力学性能会有很大的差别，因此它们会具有不同的抵抗热裂的能力。

B 裂纹的工艺因素

工艺因素主要是指铸造工艺参数、铸锭自身的几何形状和尺寸两个方面。

造成铸锭裂纹的主要工艺因素是铸造温度、冷却强度和铸造速度(图 14-46)。

铸造过程中，当铸锭尺寸和浇注温度一定时，凝固过程主要与冷却强度有关。冷却水流量不变时，铸造速度的提高和结晶器高度的降低，都有可能在某种程度上加大铸锭的实际冷却强度。

铸造速度为 150 mm/min、200 mm/min 和 250 mm/min 时，结晶器高度与铸锭内部温度分布的关系见图 14-47。

任一铸造速度下，都是在结晶器一次冷却下开始形成凝壳，越远离结晶器出口凝壳变得越厚。提高铸造速度，在结晶器中形成的凝壳厚度减薄，液穴位置下移。任何情况下，铸锭离开结晶器以后表面温度都会急剧下降，凝壳急剧变厚，这是二次水直接冷却方式的基本特征。

结晶器高度对铸锭表面温度和凝壳增长速度有一定的影响，但对铸锭中心即液穴深度影响并不明显。

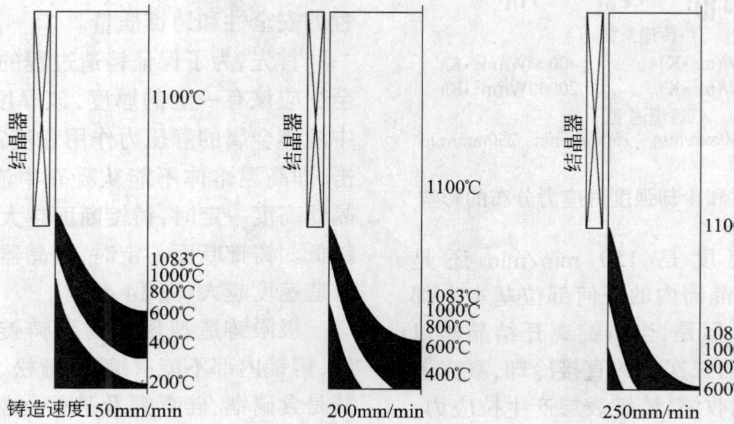

图 14-46 铸造速度对温度分布的影响

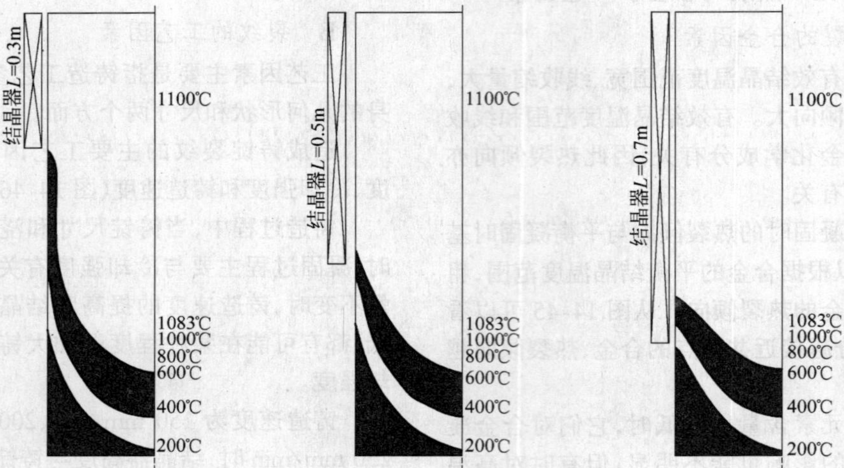

图 14-47 结晶器高度对温度分布的影响

铸造条件对铸锭热应力分布的影响见图 14-48。

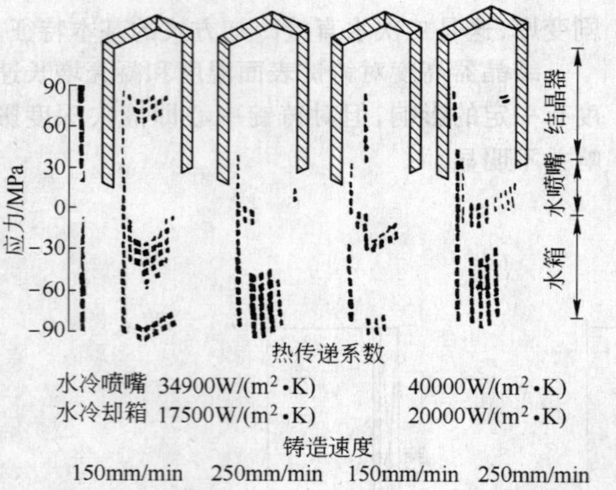

图 14-48 铸造速度和冷却强度对应力分布的影响

无论铸造速度是 150 mm/min 还是 250 mm/min，在结晶器内的任何部位基本上都还没有应力产生。但是，当铸锭离开结晶器以后，由于受到强烈的二次水的直接冷却，凝壳迅速增厚并开始急剧收缩，铸锭表层产生拉应力。然而，随着从铸锭表层向铸锭中心凝固过程的不断推进，上述热收缩过程逐步缓和。最后，铸锭中心部位的凝固和收缩反而妨碍了表面层，使表面层受到压缩应力，与此同时中心部位受到拉伸应力，直到表面出现最大的压缩应力和中心出现最大的拉应力。

提高铸造速度，铸锭中心部位的拉伸应力增大。铸造速度不变时，二次直接冷却强度增加，铸锭中心部位的拉伸应力也增大。

显然，铸锭中心部位所承受的拉应力越大，造成铸锭中心裂纹的倾向也越大。

冷却强度与结晶器及其二次冷却装置的结构有关。当结晶器结构一定时，其冷却强度的增大是有限的。铸造速度的极限受制于铸造过程的安全性和铸锭质量。

首先，为了保证铸造过程的安全，铸锭凝壳至少应该有一定的厚度，该厚度足以承受液穴中液体金属的静压力作用和液穴中熔体的热冲击，即高温熔体不能从凝壳中流漏出去。当结晶器高度一定时，铸锭断面越大，极限铸造速度越低。铸锭断面一定时，结晶器高度越高，极限铸造速度越大(图 14-49)。

极限铸造速度还受到铸锭内部质量的制约，铸锭内部不能有缩孔、疏松、裂纹等缺陷，尤其是含磷铜、硅青铜及某些化学成分复杂的铝黄铜等一些热裂纹倾向较大的合金，不仅冷却强度不能过大，铸造速度也不能过快。

从铸锭几何结构上分析，圆铸锭热应力集中在铸锭断面的几何中心。铸锭断面越大，集

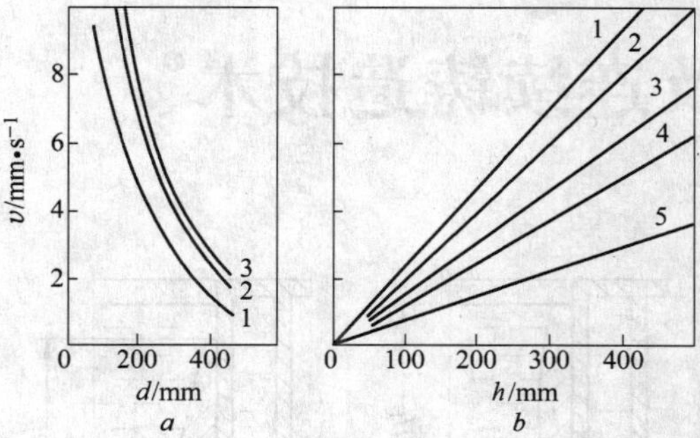

图 14-49 H63 圆锭的极限铸造速度
a—极限铸造速度 v 与铸锭直径 d 的关系：图中 1、2、3 分别为结晶器高度 240 mm、330 mm 和 380 mm 时的关系曲线；b—极限铸造速度 v 与结晶器高度 h 的关系：图中 1、2、3、4、5 分别为铸锭直径 ϕ165 mm、ϕ200 mm、ϕ250 mm、ϕ300 mm 和 ϕ400 mm 时的关系曲线；h 为结晶器高度

聚的热裂倾向越大。扁铸锭热应力与铸锭断面形状及宽厚比尺寸有关。一般情况下，铸锭宽厚比越小，热裂倾向越大(图 14-50)。

14.7.4 冷裂

铸锭冷却到较低温度的弹性状态时，如果铸锭内的残余应力超过合金的强度极限和塑性

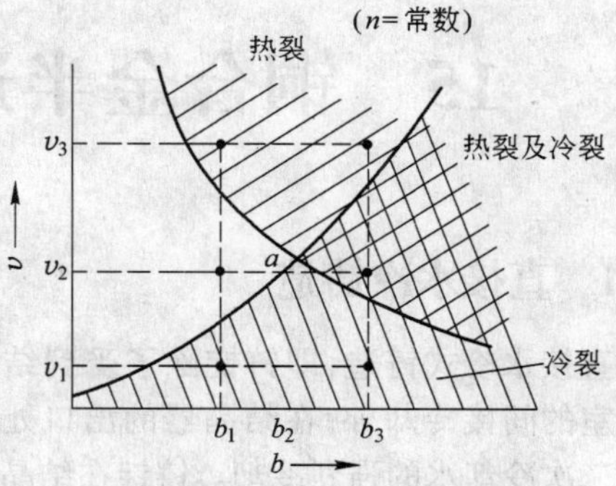

图 14-50 扁铸锭裂纹倾向与断面宽厚比的关系

极限，铸锭将可能发生冷裂。

热裂纹或者铸造残余应力集中之处成为冷裂的源头。

裂纹多呈直线状，甚至穿晶开裂，是冷裂纹的一个主要特征。

直接水冷半连续铸造的冷却强度大，以及合金导热性能差，都将扩大铸锭表面和内部的温度差，增大铸锭的冷裂倾向。复杂黄铜 HAl 66-6-3-2、HAl 59-3-2 和复杂青铜 QAl 14-8-3-2 铸锭的冷裂倾向非常大，有时甚至发生整个铸锭从头至尾全部劈裂为数块的现象。

15 铜合金半连续及连续铸造技术[1]

15.1 直接水冷铸造

直接水冷式铸造，即铸锭除了受到结晶器内水室的间接冷却外，在结晶器的出口处直接受到二次冷却水的强烈冷却。铸锭在结晶器有效高度内受到水室中水的间接冷却，称为一次冷却。

15.1.1 结晶器一次冷却

15.1.1.1 结晶器有效高度

直接水冷铸造的最主要特征就是突出了二次冷却的功能。因此，结晶器高度一般都比较短。否则，直接水冷的功能可能被淡化。

铜及铜合金铸造用结晶器的高度，经历了由长变短、由短变长的发展过程。在半连续铸造技术刚刚出现的时候，考虑到安全性，结晶器比较长。铸造技术发展到一定程度，质量摆到了第一位，短结晶器有利于晶粒细化。当认识到经济意义更重要时，结晶器高度又开始往中、长方向发展，中、长高度的结晶器有利于提高铸造速度和生产率。

直接水冷的半连续铸造和连续铸造过程中，通过结晶器水室间接进行的热交换量只有30%左右，实际上只需要形成一个铸锭凝壳而已，其余70%左右的热交换主要在直接水冷即二次冷却区进行。

铜及铜合金圆铸锭断面通常在 ϕ500 mm以下。扁铸锭厚度为 200 mm 左右、宽度为1000 mm 左右。结晶器的有效高度大都在500 mm以下。结晶器过高，一是对直接水冷功能体现不利，二是铸锭凝壳收缩产生的间隙危害将变得突出，因而不利于铸造过程。

H62 ϕ180 mm 圆铸锭凝固收缩间隙见图15-1。

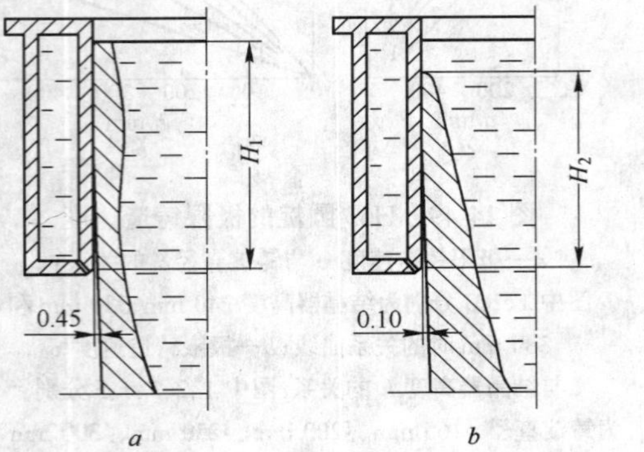

图 15-1 H62 ϕ180 mm 圆铸锭凝固收缩间隙
a—结晶器材质为纯铜；*b*—结晶器材质为黄铜 H90

15.1.1.2 结晶器内套材质

结晶器内套材料，是指铸造时与金属熔体及铸锭表面直接接触的材料。铸造过程中，结晶器水室中的水通过工作壁冷却铸锭。铜、银铜、铬铜等都是很好的结晶器工作壁材料。

液体金属中散失的热量要经过液体及凝壳、铸锭表面与结晶器之间的间隙、结晶器冷却壁散至结晶器水室的水中。热量传递过程中所经过的不同层面所受到的热阻不同，此类热阻与各层面材料的导热系数有关。不同的材料，导热系数不同，传热效率也不同。

各层面的热流 β 与层面中物质材料的导热系数 λ 和间隙层厚度 X 有关：

$$\beta = \lambda / X \qquad (15\text{-}1)$$

从表 15-1 中可以看出：铸锭表面与结晶器之间的间隙中的氧化物和润滑层的导热能力，要比铜质结晶器材料自身的导热能力差许多，结晶器材料 H90 的导热能力不及结晶器材料纯铜的导热能力。

[1] 本章撰稿人：肖恩奎。

表 15-1 结晶器材料及某些热阻物质的导热性能比较

材　料	λ/kcal·(m·h·℃)$^{-1}$	X/m	β/cal·(m^2·h·℃)$^{-1}$
纯　铜	325	0.0135	24100
黄铜(H90)	122	0.0135	9040
石　墨	55	0.0135	3820
碳化硅	16.2	0.0135	1180
氧化物和润滑层Ⅰ	0.51	0.00045	1130
氧化物和润滑层Ⅱ	0.51	0.0001	5100

注:1 cal≈4.18 J。

综上所述,作为结晶器首选材料,不能只考虑选用导热系数较高的纯铜而应该同时注意到浇注的合金的性质。如果浇注的不是纯铜,结晶器材质可选用 H90、TP2 等导热系数不同的合金材料,以达到强化铸锭冷却的目的。

15.1.1.3 结晶器结构

传统的结晶器是由铸铁或钢外壳和铜内套组合而成的。现代生产中,有些扁铸锭结晶器采用整体式结构,即用整块铜坯加工,结晶器的每一面壁中都有若干条纵横相贯的水道构成水室。组合式结晶器的外壳可用铸铁或钢制造,只是内套用铜或铜合金制造。组合式结晶器的水室通道宽度多在 20 mm 以上。

为了强制水流方向,即强化一次冷却强度,组合式结晶器可在结晶器外壳内侧或铜套的外侧加工出若干道螺旋槽。也可把水室分成上、下两段,让温度较低的水和已经被加热了的水分别按照工艺的要求在不同区域流动。

狭窄水室通道的结晶器设计如图 15-2 所示,结晶器中通以一定压力的水,水流以较高速度流动。实践表明,水室通道宽度适宜即可,水室过于宽会浪费水,也不能达到提高冷却强度的目的。图中的狭窄水槽通道仅为 5 mm。

该实验还表明:通过狭窄水通道结晶器设计,可以把 ϕ175 mm、ϕ250 mm、ϕ300 mm 和 ϕ400 mm 的 H62 黄铜铸锭,以及 ϕ250 mm 和 ϕ300 mm 的 HPb59-1 铸锭的铸造速度分别提高 50%～70%。

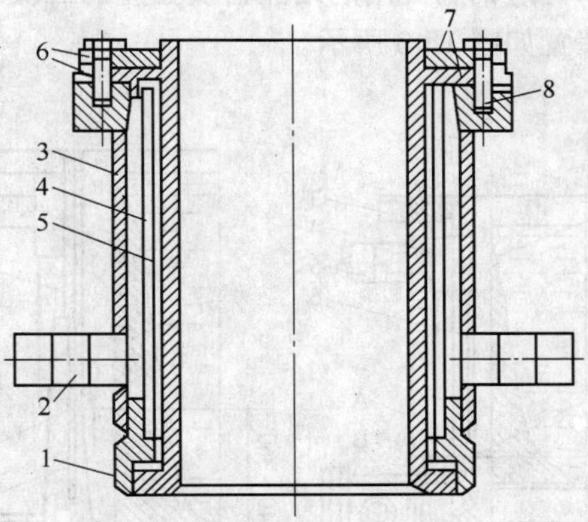

图 15-2 狭窄水通道双室结构结晶器

1—下法兰;2—输水连接管;3—外壳;4—内套;5—隔板;6—上法兰;7—密封垫圈;8—螺钉

15.1.2 二次直接冷却

最简单的二次冷却装置,由与结晶器水室下缘相通,并且呈等距离分布的若干个与铸锭表面成一定喷射角度的小水孔构成。在这样的装置中,经过结晶器水室的全部冷却水都直接转换成了直接喷射向铸锭表面的二次冷却水。尽管这种结构不利于二次冷却强度的调节,但对于大多数导热性能及高温强度都不错的铜及铜合金而言,由于铸锭产品质量基本上都能够得到保证,因此这种结构一直被工厂广泛采用。

其实,把二次冷却装置做成独立的设计并不困难。独立的二次冷却装置可以自由调节,不受一次冷却强度的限制,这对于同一种装置铸造不同的合金是非常重要的。

直接水冷铸造的二次冷却水,应该在铸锭离开结晶器下缘后立即喷到铸锭表面上。

不管是冷却水直接从结晶器水室中喷射出来,还是独立的二次冷却水装置向铸锭表面上喷射水流,设计喷射水流的孔径和喷射角度时都应注意到以下因素:喷射水流不能在与铸锭表面接触的瞬间全部反射出去,至少应该有一部分水流能够平稳地包围着铸锭表面流下,以对铸锭连续地进行冷却。

铸造铜扁锭用的结晶器及独立的二次冷却水装置如图15-3所示。

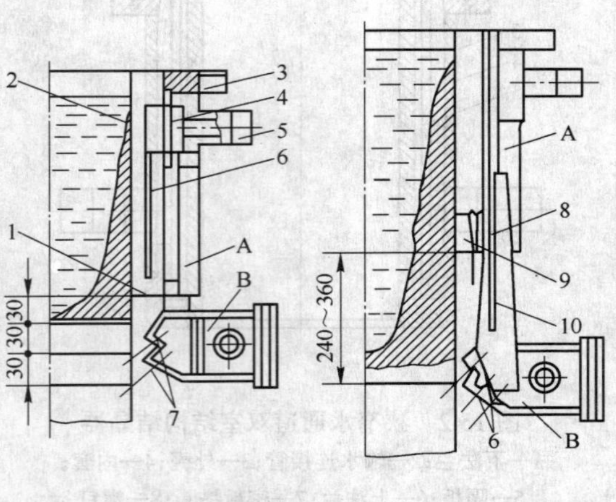

图15-3 铜扁锭结晶器及二次冷却装置

A—结晶器；B—二次冷却装置

1—结晶器水室下缘的喷水孔；2—结晶器内套（内壁）；3—外壳；4—过滤管；5—进水管；6—隔板；7—开孔；8—向铸锭供给部分水的出水口；9—供水到水幕上的出水口；10—吊架

强化二次冷却的根本措施在于改进二次冷却装置的结构，例如把二次冷却装置设计成一个较长的区段，在这个区段上有连续的水流向铸锭表面喷射，或者使铸锭自结晶器下缘离开以后直接进入水池中。

15.1.3 其他冷却方式

有关冷却剂冷却的工业试验，已经取得了一些成果。

所谓冷却剂冷却，是指在结晶器内通过对金属液面上覆以冷却剂材料进行的冷却。显然，这是在结晶器水室的一次冷却和二次直接水冷却以外，又一种新的冷却方式。

15.1.3.1 向液穴中添加粉状铜颗粒

试验在T2 ϕ250 mm铸锭的铸造过程中进行。铜颗粒尺寸为0.05～1.0 mm，借助一种特殊的装置将铜粉颗粒加入到液穴中心，浇注温度1200℃，铸造速度为6 m/h。测得的液穴中的温度、液穴深度和获得铸锭的质量情况见表15-2。

表15-2 铜颗粒冷却剂试验结果

序号	加入量/%	液穴温度/℃	液穴深度/mm	铸锭质量
1	0	1180	425	有热裂纹
2	1.3	1160	400	个别有热裂纹
3	4.2	1100	320	无裂纹

从试验过程中测得的液穴横截面温度分布绝对值看，添加铜粉颗粒以后，此值明显降低（图15-4）。从检查铸锭内部结晶组织方面看，添加铜粉颗粒以后柱状晶区大大缩小，甚至接近消失。在对试样做拉力试验时，发现加入4%的铜粉颗粒时试样的伸长率提高了13%。

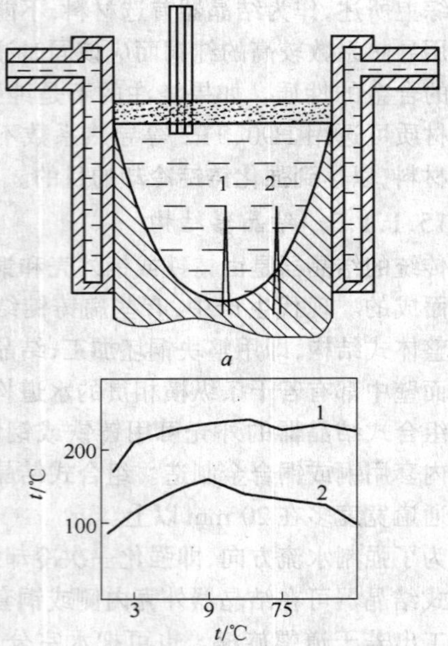

图15-4 液穴中横截面温度梯度变化

a—热电偶位置；*b*—温度梯度绝对值

1—未加铜颗粒铸造；2—添加铜颗粒铸造

15.1.3.2 在液穴表面使用冷却剂

试验是在铸造纯铜和H96黄铜锭时进行。铸造过程中，向结晶器内金属液面上加入硼硅酸盐熔剂。覆盖于金属液面的熔融硼硅酸盐既是液体金属的保护剂，同时又作为热交换介质，冷却液穴中的熔体。

显然，它与结晶器的一次冷却和二次冷却的冷却方式都不同。一次冷却是以径向冷却为主。二次冷却是以自下而上的方向(图 15-5～图 15-7)对铸锭冷却为主。冷却剂则完全不同,它是对结晶器中内液面金属的冷却。它的冷却方向是自上而下,可以称其为第三种冷却或超级冷却。

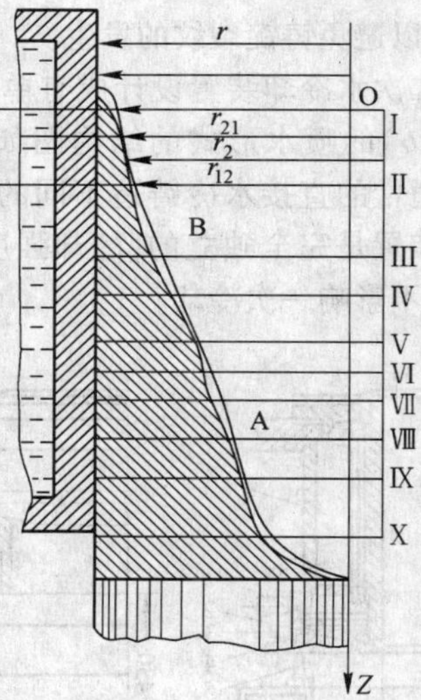

图 15-5　纯铜 ϕ180 mm 铜铸锭的液穴形状
铸造速度为 2.78 mm/s;
冷却水流量为 5～5.5 dm^3/s;
浇注温度为 1180℃
(A 为计算值;B 为试验值)

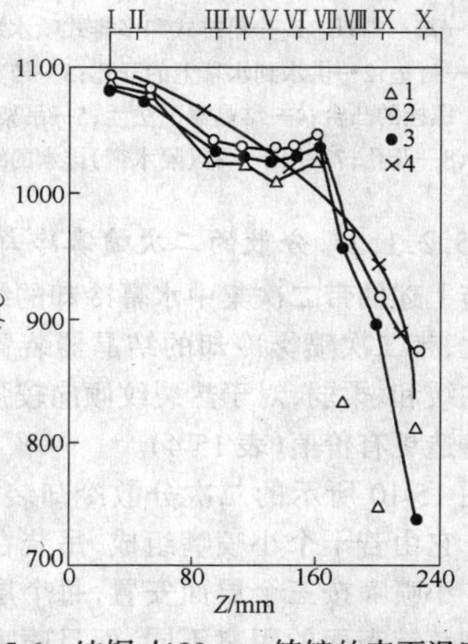

图 15-6　纯铜 ϕ180 mm 铸锭的表面温度
1—计算值;2、3—根据液穴分析计算值;4—试验数据

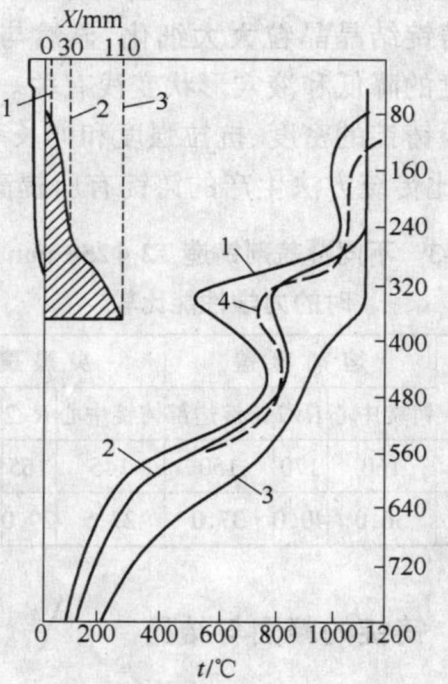

图 15-7　T2 220 mm×1050 mm 铜铸锭的液穴形状及温度场模型
一次冷却水为 10.3 dm^3/s;
二次冷却水为 5.6～6.95 dm^3/s;
铸造速度为 1.39 mm/s;1～3—测温截面位置及各截面的热电偶测温曲线;
4—温度场的计算结果

加热熔剂需要从液穴中吸取热量,从而达到冷却效果。从热电偶测得的液穴中同一水平截面温度分布情况看,比炭黑覆盖时温度低,液穴浅,冷却效果显著(图 15-8)。

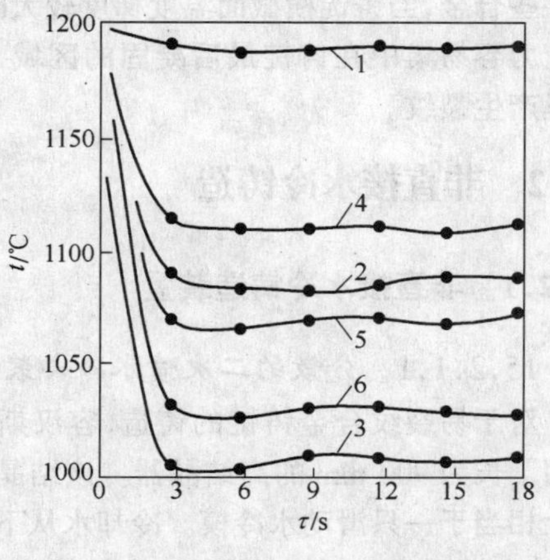

图 15-8　T2 ϕ250 mm 结晶器内金属液面下 10 mm 处的熔体温度分布
1～3—炭黑覆盖;4～6—熔剂覆盖;
1、4—铸锭中心处;3、6—铸锭表面处

通过结晶器组织对比检查发现，采用熔剂冷却的铸锭结晶晶粒大大细化，显然与液穴内熔体温度的降低和液穴形状变浅有关。

试验铸锭的密度、抗拉强度和伸长率值(表15-3)都比传统方法生产的铸锭有所提高。

表 15-3 不同覆盖剂铸造 T2 ϕ250 mm 铸锭时的力学性能比较

性能名称	熔剂覆盖			炭黑覆盖		
	铸锭中心	$R/2$	铸锭边部	铸锭中心	$R/2$	铸锭边部
σ_b/MPa	160	170	150	145	165	155
δ_5/%	36.0	40.0	37.0	27.5	29.0	27.5

15.1.4 铸锭的凝固与结晶

直接水冷连续铸造最重要的凝固与结晶特征，就是它具有自下而上的方向性。

液穴较浅，铸锭中的柱状晶容易长大。方向性凝固与结晶，对液穴中气体和某些夹杂异物的排出，对凝固收缩时的熔体补充都非常有利。从经济角度分析，直接水冷连续铸造可以充分利用某些导热性好且无裂纹倾向的合金特性，尽可能地提高铸造速度，提高生产效率。

直接水冷铸造主要的缺点在于，它不适合铸造某些热裂倾向较强的合金，热导性能差，化学成分复杂，尤其在凝固过程中有硬脆相生成的某些合金，当铸锭横截面温度梯度较大时，铸造应力容易集中在铸锭最后凝固的区域，并在那里产生裂纹。

15.2 非直接水冷铸造

15.2.1 非直接水冷铸造装置

15.2.1.1 分散的二次喷水冷却装置

对于易裂纹合金铸锭的铸造，容汉斯首先使用了长为 900 mm 的高结晶器。该结晶器实际上相当于一只滑动水冷模。冷却水从下端进入，从上端引出，对铸锭只有一次间接冷却，而无二次冷却。

含磷的铜、含硅的铜以及某些含铝较高的复杂黄铜，当采用直接水冷连铸方式铸造时，铸锭裂纹缺陷难以避免。当不得已采取非常小的冷却强度和铸造速度时，铸锭的表面质量却得不到保证。

后来，经过对二次冷却水系统进行的研究表明，如把二次冷却水直接喷射到铸锭表面的强烈冷却方式改成分散的、缓慢的柔性冷却方式时，可以避免铸锭裂纹的发生。

把二次水冷却装置设计成有单排孔(a)和多排孔(b)的喷水形式的结构图如图 15-9 所示。与通常的直接水冷铸造不同的是，此二次水冷却装置是完全独立的，冷却强度可以单独调节，而不影响一次冷却。

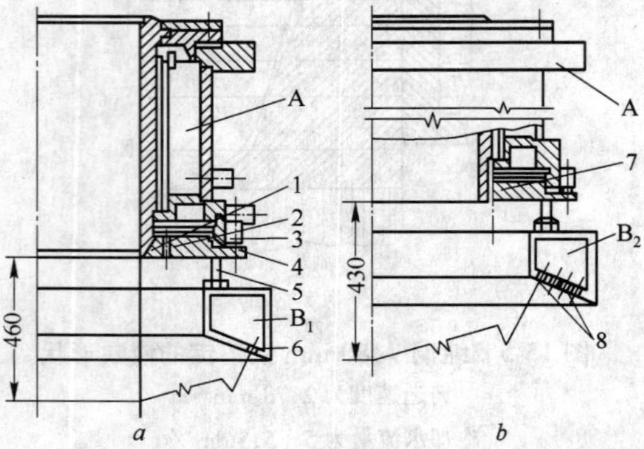

图 15-9 纯铜 ϕ300 mm 铸锭用带二次集中水幕冷却的结晶器

a—单排式喷水装置；b—多排式喷水装置
A—结晶器；B_1、B_2—单排式和多排式喷水装置
1—衬垫；2—供水到水幕上的开孔；3—带紧固螺栓的凸台；4—结晶器下法兰；5—吊架；
6、8—开孔；7—用于水幕(隔水帘)排水的缝隙

15.2.1.2 分散的二次喷雾冷却装置

与上述的带二次集中水幕冷却的结晶器装置相比，带二次喷雾冷却的结晶器装置冷却强度更加缓和、柔弱，对于热裂纹倾向较强的某些合金铸造更有价值(表 15-4)。

图 15-10 所示的二次分散冷却装置，单独供水。它由若干个小喷嘴组成，吊装在结晶器下缘。小喷嘴按三个层面安置，每个层面上的喷嘴到铸锭表面的距离不同，而且喷嘴与铸锭垂直中轴线有不同的夹角。实际上，铸锭受到的是冷却强度比较分散的水幕的冷却。

表 15-4　二次直接水冷与分散水冷的极限铸造速度比较

合　金	铸锭断面/mm	极限铸造速度/mm·s^{-1}		分散冷却装置说明
		直接水冷	分散冷却	
HPb59-1	ϕ200	1.94	5.55	结晶器高 300 mm。二次冷却水由 960 个 ϕ0.8 mm 的小孔喷出
QSi3-1	ϕ200	0.97	1.66	二次冷却水由 640 个 ϕ1.0 mm 的小孔喷出
TP2	ϕ300	1.67～1.8	1.94～2.08	结晶器高 300 mm。二次水孔为三排，水孔所在位置距结晶器下缘 430 mm
QAl 9-2	ϕ200	1.39	5.0	结晶器高 300 mm。二次冷却水由 960 个 ϕ0.8 mm 的小孔喷出

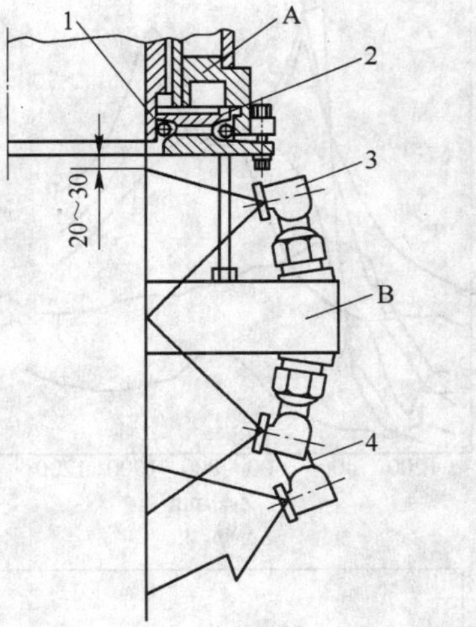

图 15-10　喷雾冷却系统(三层喷雾)
A—结晶器;B—二次冷却装置
1—密封衬垫;2—下压紧环;3—喷雾器;4—伸出臂

图 15-11 所示的装置中,在结晶器下缘有一个独立的“水－气”混合系统。经过混合的“水—气”混合物通过喷嘴直接喷到铸锭表面。与前一装置相比增加了一个“水—气”混合物冷却装置,使得一次冷却到二次喷雾冷却的过渡更加平稳。

压力为 0.3～0.4 MPa 的压缩空气进入混合器(即喷射器)中,从结晶器下端到混合物喷出孔中心线距离 60 mm,从喷出孔到铸锭表面的距离 100～120 mm。切线送进的水流在孔腔中旋转,并被空气流雾化成为约 100 μm 的水滴。水和空气的压力比为 0.05∶0.5 时,水量和空气重量比为 1∶6。在互不相通的小室中,通过不同角度进入的水流和空气流的相互作用生成“水－气”混合物。

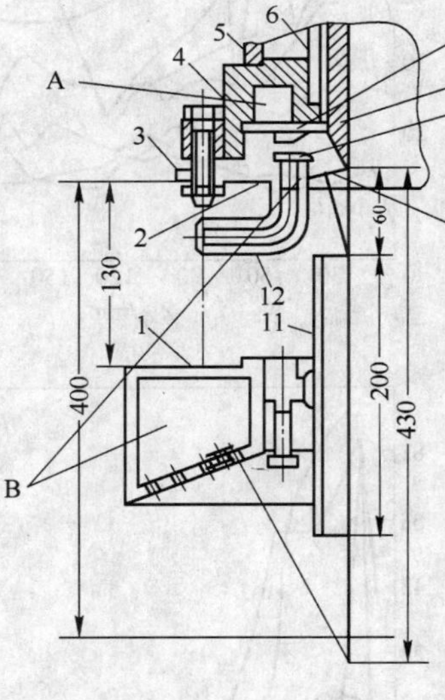

图 15-11　“水—空气”混合冷却系统
(带有一排喷嘴和水幕的喷雾室)
A—结晶器;B—二次冷却装置
1—喷雾器;2—排水孔;3—法兰;4—用于固定下法兰和喷嘴圆盘的螺栓;5—外壳;6—挡板;7—喷嘴圆盘;
8—内套;9—可拆卸喷嘴;10—孔;
11—金属挡板;12—供给压缩空气的连接管

另一种的“水－气”混合物的喷柱呈全锥形。该装置用压缩空气将水弥散雾化,水主管和压缩空气主管一个挨一个布置,或者一种主管包围另一种主管；在压缩空气管的开口孔径与水管的开口孔径分别为 ϕ3.5 mm 和 ϕ2.8 mm 的情况下，可产生喷雾的压力为 0.12～0.25 MPa。

15.2.2 铸锭的凝固与结晶

采用非直接二次冷却方式，即分散、柔弱的二次冷却方式，液穴比较深。某些铜合金当其采用红锭铸造时，液穴深达 800、900、1000 mm。

从图 15-12 不难看出，直接二次强烈水冷时，220 mm×1050 mm 铜铸锭在离开结晶器下缘后 100～200 mm 时，铸锭与冷却介质之间有效的热交换基本结束；直径 ϕ300 mm 的 TP2 铸锭，当采用分散的水幕式二次冷却，铸锭在结晶器下缘达 800～1000 mm 时，有效的热交换仍在继续。直接水冷使铸锭在较短时间内凝固和结晶，非直接水冷延缓了铸锭的冷却、凝固和结晶时间。有人观察过：同一种合金，同一种规格铸锭，采用二次直接水冷铸造时，铸锭在 2 h 之内已完全冷却至室温；当采用红锭铸造时，10 h 以后铸锭才冷却至室温。

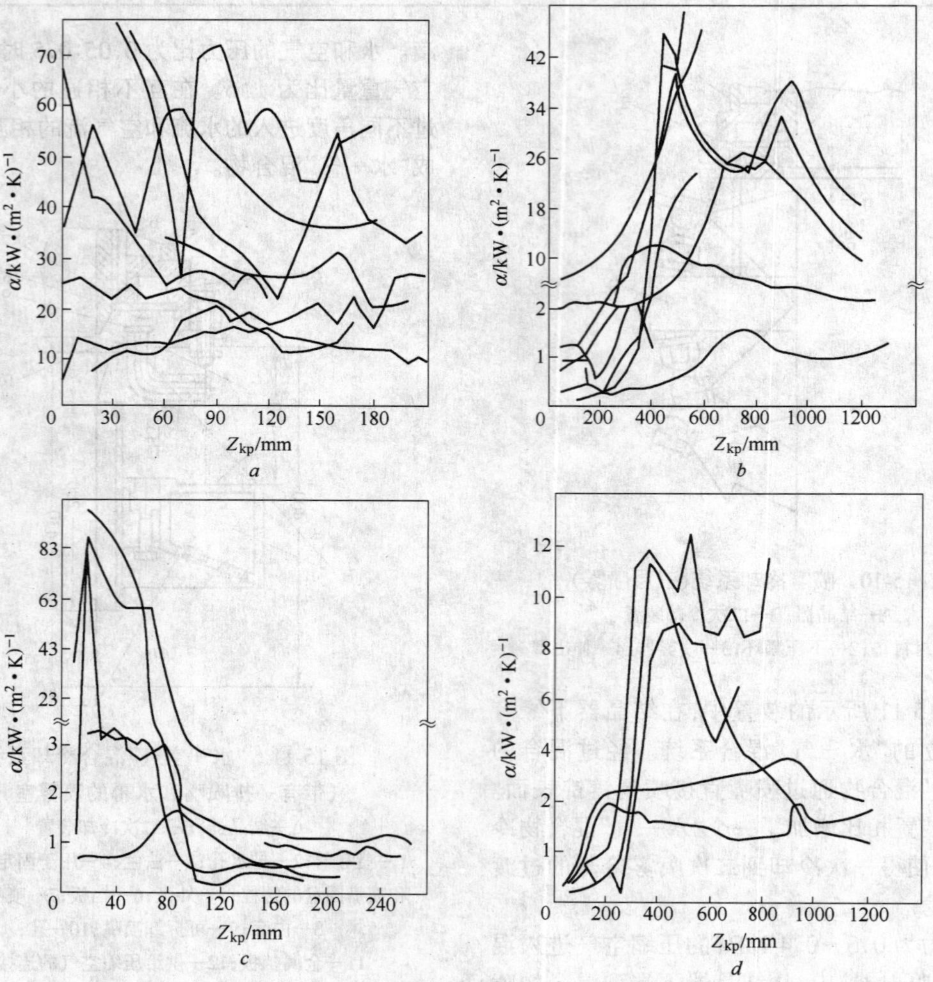

图 15-12 二次冷却区域内散热系数的变化

（横坐标 Z 的起点在结晶器下缘，纵坐标 α 为散热系数）

a、b—铜 220 mm×1050 mm 扁铸锭在不同结构的二次直接水冷式结晶器铸造；

c、d—T2P ϕ300 mm 圆铸锭分别在不同结构的二次喷雾分散冷却装置中铸造

非直接二次水冷铸造，铸锭的结晶组织多见等轴晶，少见柱状晶。在非常缓慢的结晶过程中，甚至微观上也很少发现晶界的杂质偏聚。

非直接二次水冷铸造的主要优点体现在能够避免某些合金的热脆裂纹。实践结果表明，某些合金如 HAl 66-6-3-2 和 HAl 59-3-2.等复杂合金铸锭，采用非直接水冷半连续铸造时，裂纹缺陷已经得到了有效控制。

有时，在检查二次直接水冷方式铸造的某些合金铸锭时，从低倍结晶组织上看不到有什么缺陷，可是铸锭加热过程中却出现了裂纹。对于同一种合金、同一种规格铸锭，当采用红锭铸造方式时，则完全不发生这样的问题。可见，非直接二次水冷铸造方式，不仅可以防止铸锭热裂纹的产生，同时可以消除铸锭内的残余应力。

15.3 振动铸造与间歇铸造

15.3.1 结晶器垂直振动

振动铸造的目的在于改善铸锭的表面质量。垂直振动铸造，是指结晶器振动的方向与铸锭滑动的方向平行。

15.3.1.1 结晶器振动装置

最简单的结晶器振动装置如图 15-13 所示。

通过可控硅电源直流电动机或者变频器—交流电动机驱动，经传动轮减速后驱动带有凸轮的水平轴，在凸轮的下方有一带支点的杠杆，杠杆的一端受凸轮压迫，杠杆的另一端连着顶杆，而顶杆带动结晶器支撑板连同结晶器上下移动。在此装置中通过更换不同的凸轮调节振幅。

为克服结晶器与其支持平板之间可能出现的间隙影响，两者之间应该紧密锁定。此外，两端对称的杠杆传递振幅也必须同步，以保证结晶器的水平度和上下移动的垂直度。

15.3.1.2 振动参数的选择

振动参数主要是指振动幅度和频率。选择振动参数除了考虑合金铸造性质以外，主要依据铸造速度。振动参数可通过传统的计算方式，也可通过实验确定。

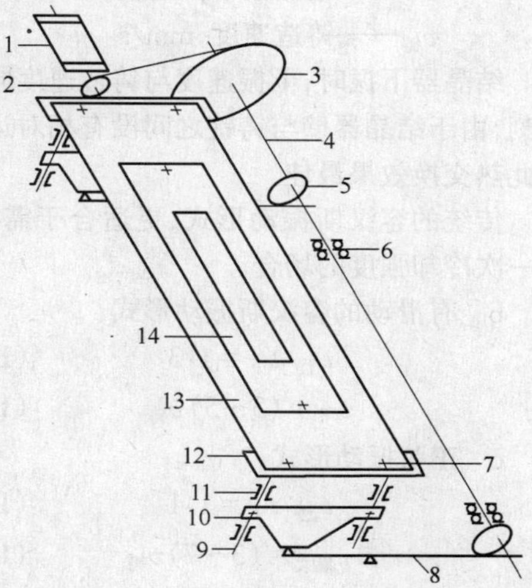

图 15-13 结晶器振动装置示意图

1—电动机；2—小皮带轮；3—大皮带轮；4—传动轴；5—变换振幅的凸轮；6—轴承；7—定位销；8—杠杆及支点；9—垂直导向轴；10—水平连接板；11—滑动轴承；12—振动横梁；13—结晶器支持平板；14—扁铸锭结晶器

振动速度对时间的关系如图 15-14 所示。

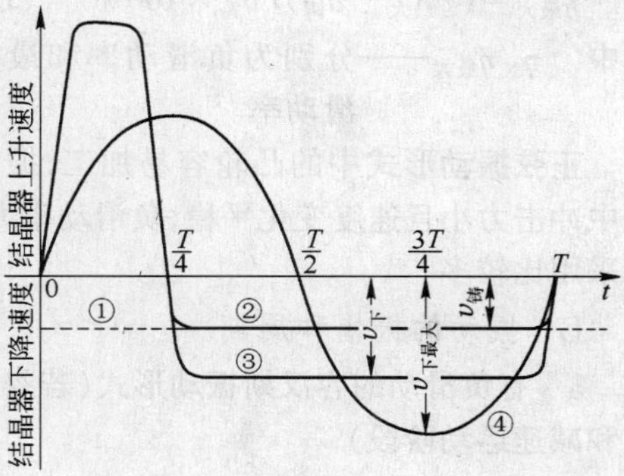

图 15-14 振动速度与时间关系曲线

①—铸造速度；②—标准容汉斯振动形式；③—有负滑动的容汉斯振动形式；④—正弦振动形式

A 几种常见的振动形式

a 标准的容汉斯(junghans)振动形式

$$t_上 : t_下 = 1:3 \quad (15\text{-}2)$$

$$v_下 = v_铸 \quad (15\text{-}3)$$

式中 $t_上$——结晶器上振时间，s；

$t_下$——结晶器下振时间，s；

$v_{下}$——结晶器下振速度,mm/s;

$v_{铸}$——铸造速度,mm/s。

结晶器下振时,下振速度与铸造速度同步。此刻,由于结晶器壁与铸锭之间没有相对运动,因此热交换效果最佳。

传统的容汉斯振动形式,更适合于需要强化一次冷却强度的场合。

b 有滑动的容汉斯振动形式

$$t_{上}:t_{下}=1:3 \quad (15\text{-}4)$$

$$v_{下}=(3\sim5)v_{铸} \quad (15\text{-}5)$$

c 正弦振动形式

$$t_{上}:t_{下}=1:1 \quad (15\text{-}6)$$

$$v_{下最大}=(3\sim7)v_{铸} \quad (15\text{-}7)$$

式中 $v_{下最大}$——结晶器最大下降速度。

b和c两种振动方式都有滑动,这是避免铸锭表面拉裂和避免铸锭表面夹渣的一种有利条件。

负滑动率是结晶器下振速度和铸造速度的相对比值:

$$\eta=(v_{下}-v_{铸})/v_{铸}\times100\% \quad (15\text{-}8)$$

$$\eta_{最大}=(v_{最大}-v_{铸})/v_{铸}\times100\% \quad (15\text{-}9)$$

式中 η、$\eta_{最大}$——分别为负滑动率和最大负滑动率。

正弦振动形式中的凸轮容易加工,振动过程中冲击力小且速度变化平稳,负滑动率大,实际采用比较多。

B 振动的振幅和周期

a 有负滑动的容汉斯振动形式(若忽略加速和减速运动阶段)

$$v_{下}=A/\{T[t_{下}/(t_{上}+t_{下})]\}$$
$$=A/\{(60/f)[3/(1+3)]\} \quad (15\text{-}10)$$

$$f=(45v_{下})/A \quad (15\text{-}11)$$

式中 A——振幅,mm;

T——周期,s;

f——振动频率,次/min。

当铸造速度为 9 m/h(即 150 mm/min)、振幅分别为 8 mm 和 5 mm 时,计算得出的振动频率为 42 次/min 和 67 次/min。铸造越快,振幅越小,则振动频率越高。

b 正弦振动形式

$$I=A/2\sin^2\pi(ft/60) \quad (15\text{-}12)$$

$$\mathrm{d}I/\mathrm{d}t=A/2\cos^2\pi(ft/60)2\pi(f/60) \quad (15\text{-}13)$$

$$(\mathrm{d}I/\mathrm{d}t)_{最大}=\pi fA/60=v_{下最大} \quad (15\text{-}14)$$

$$f=60v_{下最大}/(\pi A) \quad (15\text{-}15)$$

式中 I——结晶器离开振动中心点的位移,mm;

t——时间,s。

当铸造速度为 9 m/h(150 mm/min)、振幅为 2 mm 时,计算的振动频率为 71 次/min。

工厂在选择振动工艺参数时,较多地采用了实际的经验,而且大多装置不在铸造过程进行中改变振幅。因此,往往是多种合金甚至多种规格铸锭经常使用同一振幅和同一振动频率。

实际上,不同的合金铸造性质,不同的铸锭品质,其适应的振动幅度和振动频率不可能完全一样,有的适宜采用小振幅、高频率,有的则适宜采用大振幅、低频率,所以实验有时候比设计更重要。

15.3.2 结晶器水平振动

水平振动铸造是指结晶器振动的方向与铸锭滑动方向垂直。

结晶器垂直振动方式中,铸锭表面与结晶器壁间的接触部分摩擦力大,对某些高温强度较差的合金而言,强度不高的凝壳部分有时会被拉裂,甚至造成拉漏事故,于是出现了水平机械振动方式。

水平振动铸造过程的示意图如图 15-15 所示。

图 15-15*a* 为传统的垂直机械振动铸造的过程。为了提高铸造速度和防止拉漏,在铸锭表面与结晶器壁之间使用某种润滑剂,结晶器在6—6′的垂直方向做上下振动。可是,如果结晶器内金属液面上的浮动渣块落入铸锭表面与结晶器的间隙中去,就可能造成铸锭的表面夹渣缺陷。

图 15-15*b*、*d*、*c* 和 *e* 是水平振动结晶器示意图。水平机械振动,是把结晶器按垂直对称轴分成两半组合结构。例如:如图 15-15*d* 和 *e* 中沿工作腔的对角线分开。铸造过程中,通过

机械使两半组合的结晶器能沿 7—7′和 8—8′的水平方向，按照设计的振幅和频率有节奏地做闭合和分开运动。

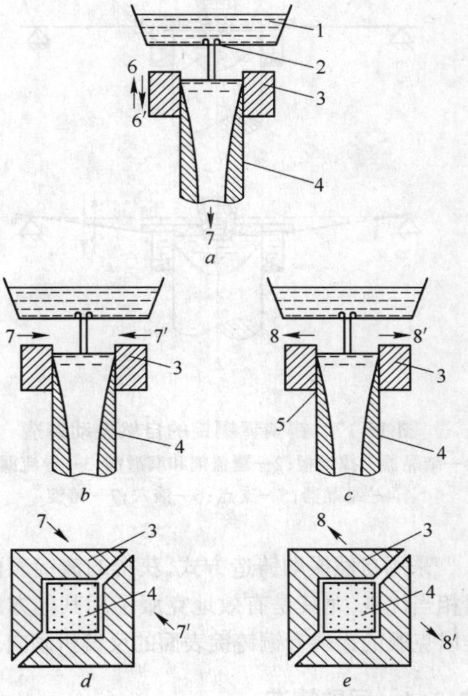

图 15-15 水平机械振动铸造示意图
1—中间包；2—浇注口；3—结晶器；4—铸锭凝壳；
5—铸锭表面与结晶器的间隙

铸造过程中，中间包内的熔体进入结晶器，而结晶器给以液体金属和铸锭凝壳在水平方向上以开闭式振动。显然，铸锭与结晶器之间不存在引拉摩擦力。结晶器内金属液面上，以及结晶器与铸锭之间，同样需要有保护剂和润滑剂，当结晶器分开时润滑剂充填到间隙中去。

振动过程中，其中的一半结晶器与另一半结晶器之间组合时的间隙，闭合状态时为 1 mm，分开时最大为 3 mm。由于两半结晶器的开闭振动是高频率的，而且有润滑物质始终充填着间隙，因此熔体是不可能从间隙中流出去的。

为防止结晶器内金属液面波动，振动频率以 5～30 次/s 为宜。如振动频率过高，有可能润滑剂供给不足而发生拉漏现象。如果振动频率太低，相当于没有振动，仍旧会发生夹渣等缺陷。

通常，结晶器水平振动的振幅以 0.2～2.0 mm为宜。振幅过小，润滑剂供给不足。振幅过大，可能引起较大的液面波动。

根据 160 mm×160 mm 正方形断面水平振动铸造铸锭试验，振动频率为 20 次/s，振幅为 0.7 mm 时，较为合适。

结晶器给以正在进行凝固的铸锭水平方向的开闭振动，实际上对液穴尚有某种程度的挤压作用。显然，不仅避免了垂直振动时铸锭通过结晶器时表面受到的摩擦，水平振动时同样也有将结晶器内金属液面上的浮动渣块推离结晶器壁的作用，从而也减少铸锭的表面夹渣缺陷。

试验表明，采用结晶器水平方式振动，铸锭表面质量大为提高。与采用结晶器垂直振动相比，水平振动使铸锭表面缺陷减少 70%。

15.3.3 结晶器自然振动

自然振动铸造，是洛阳铜加工厂在生产实践中创造的一种铸造方法。

所谓自然振动铸造，是指在没有任何机械的或者其他动力装置的情况下，结晶器能够自发地上下往复运动，而且幅度和频率与其他振动装置一样极有规律。

自然振动的实现借助于两个基本条件，一是使用一种工作壁表面上带有纵向沟槽的结晶器，二是铸造时结晶器被支撑在一个既有一定刚度又有一定弹性的平板上。凝固过程中锡磷青铜铸锭表面出现与结晶器工作壁表面沟槽相对应的凸棱，这种铸锭表面的纵向凸棱加剧了铸锭的"悬挂"现象。具有一定刚度和弹性，只有两端被支撑的结晶器支撑钢板，随着铸锭"悬挂"时间的推移，其中间部分随着铸锭和结晶器一起被拉着不断地向下弯曲。随后，支撑钢板中间部分向下弯曲的弧度越来越大，同时其欲恢复原位的弹力也越来越大。当支撑钢板的反弹力大到超过铸锭与结晶器工作表面的摩擦力，即不再"悬挂"时，支撑钢板随同结晶器立即跳回原来的水平位置。从"悬挂"开始到"悬挂"结束返回原位，即完成了一个振动周期。

自然振动铸造时，需要铸造机有足够的牵引能力，运行过程中不能打滑。结晶器工作壁采用纯铜质材料，纵向沟槽的深度 2 mm 左右，槽宽 2 mm 左右，沟槽间距 10 mm 左右（图 15-16）。结晶器支撑应该选用刚度和弹性合适的钢板制成，具体尺寸亦应该与铸锭断面尺寸相当。

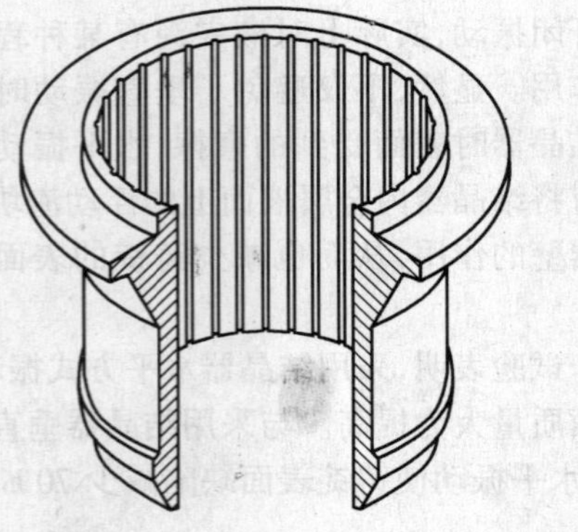

图 15-16　工作壁表面带沟槽的铜结晶器

结晶器的水平度及其与支撑钢板两侧支点间的对称性，结晶器纵向沟槽的设计，合适的辅助润滑剂选择是实现自然振动铸造过程的关键。铸造过程中，利用铸锭通过结晶器时摩擦阻力和支撑钢板反弹力之间的对峙作用，自然形成的相当于机械振动中的下振和上振动力，使铸锭与结晶器之间有规律地相对运动。

图 15-17 示出了上述自然振动过程：图 15-17*a* 为结晶器原始位置，图 15-17*b* 为结晶器与支撑钢板以及铸锭同步下移位置。到达图 15-17*b* 位置时，在支撑钢板回弹力作用下，结晶器随同支撑钢板一起迅速跳回到原始位置图 15-17*a*，于是就完成了一次自然振动过程。周而复始，这种有规律、有节奏的强烈振动能够自然地保持下去。

铸造 QSn6.5-0.1 ϕ195 mm 铸锭，当铸造速度为 5 m/h 时，结晶器自然振动的振幅为 2～3 mm，振动频率为 60～100 次/min。铸造 QSn6.5-0.1 140 mm×640 mm 扁铸锭，当铸造速度为 3 m/h 时，振幅约 1～2 mm，振动频率为 90～120 次/min。

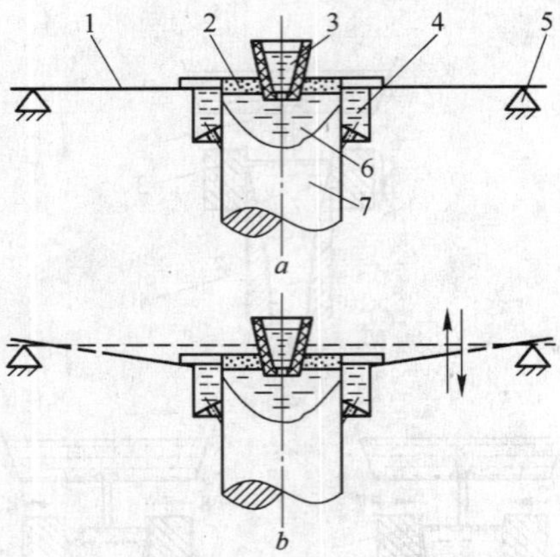

图 15-17、锡磷青铜锭的自然振动铸造
1—结晶器支撑钢板；2—覆盖剂和润滑剂；3—导流漏斗；4—结晶器；5—支点；6—液穴；7—铸锭

采用自然振动铸造方式，获得的铸锭表面质量相当优良，尤其是有效地克服了用其他方法都难以克服的锡磷青铜铸锭表面的反偏析倾向。

15.3.4　间歇铸造

顾名思义，间歇铸造即是在连续铸造过程中加入了中间停顿的程序。

连续铸造一般都采用均匀的引锭速度，加入停歇程序的目的同振动铸造一样，为了改善铸锭的表面质量。间歇铸造更有利于清理结晶器的工作表面。

停歇期间，与自然振动的"悬挂"时段一样，凝壳的生长没有停止，只是结晶器内的液体金属液面将逐步提高。此刻，铸锭与结晶器之间没有相对运动，结晶器工作壁连续地对铸锭进行一次冷却，其冷却作用比铸锭在结晶器中滑动时大。结果，凝壳厚度增加迅速，新的凝壳形成时则可能把原来附在结晶器上的氧化物凝渣等，牢牢地凝固在其表面上，待停歇结束开始引拉时，结晶器壁被清理干净。

停歇铸造，在液压传动的铸造机上容易进行。停歇铸造程序，通常由拉铸速度、拉铸时间和停歇时间等参数组成。

停歇铸造过程中，停歇阶段和自然振动铸造的“悬挂”相似，即铸锭与结晶器之间没有相对运动。停歇铸造之后的引拉，却和自然振动铸造的结晶器返回原位情况有所不同。相对铸锭而言，停歇后的引拉是结晶器向下运动，而自然振动铸造是结晶器向上运动。其实，自然振动铸造过程中的结晶器返回原位的跳动，与微程引拉程序中的反推动作相似。

停歇铸造程序中的停歇时间如果过长，铸锭表面会出现明显的冲程节距，节距的两端会出现铸锭断面径向尺寸的微量波动。

15.4　热顶及热模铸造

15.4.1　热顶铸造

热顶铸造，是指结晶器顶部有一段具有良好保温性能的区域的铸造形式。热顶铸造的根本目的在于减缓结晶器上部的一次冷却，而不是减缓整个结晶器的一次冷却。

热顶铸造不仅有利于改善铸锭表面质量，而且有利于铸锭自下而上的方向性凝固和补充收缩，如果在热顶区段同时增加过滤板，则可防止熔体渣进入铸锭中。

热顶铸造技术的关键在于结晶器的热顶设计。

热顶铸造结晶器有多种结构形式。

15.4.1.1　石棉衬型热顶结晶器

最初设计的热顶结晶器，是在铜结晶器的上方连接一个具有隔热和保温功能的附加石棉衬。图 15-18 所示的结构，下部是一个铜质结晶器，带二次直接喷水冷却系统。上部是一个用石棉板作为隔离热导衬的热顶。铜结晶器的高度不及热顶高度的一半。

图 15-19 所示的结晶器是图 15-23 结晶器的改进设计，钢制水冷套和下面的铜成型套构成一个整体，上面是一个铸铁外壳中做了石棉板衬里的隔热套，即热顶。

热顶铸造的工艺特性：在铜液进入铜结晶器以后的一段时间内，处于热顶中的熔体基本上仍能够保持较高的温度。这不仅有利于改善铸锭的表面质量，同时为液穴中渣子的上浮、熔体凝固过程中析出气体的上浮、补充凝固收缩等创造了良好的条件。

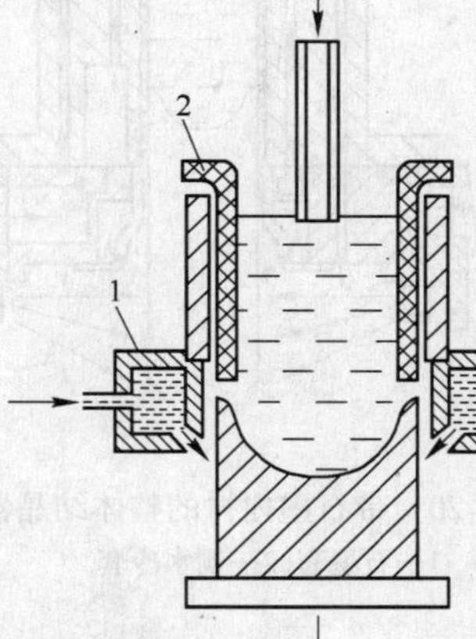

图 15-18　圆铸锭热顶结晶器
1—铜结晶器；2—石棉隔热衬

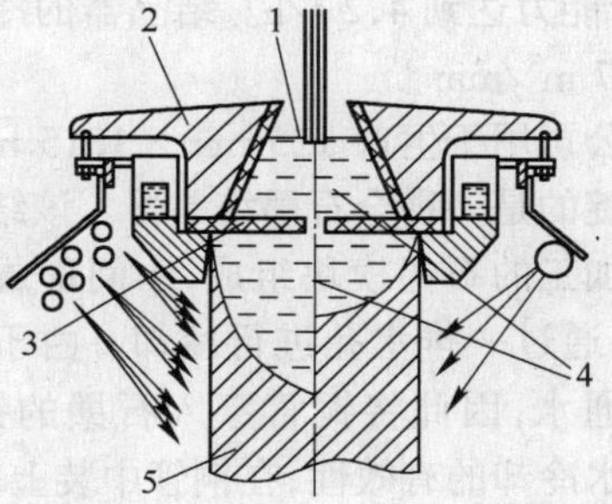

图 15-19　扁铸锭热顶结晶器
1—覆盖剂；2—结晶器；3—过滤板；
4—液体金属；5—铸锭

上述结构的热顶结晶器，曾在白铜、铝黄铜和含有铁、镍、锰等的铝青铜铸锭生产中显示出了优越性。

15.4.1.2　整体石墨型热顶结晶器

图 15-20 所示为美国熔炼和精炼公司铸造直径为 76.2 mm(3 in)、101 mm(4 in)和 127 mm(5 in)的无氧铜及高导铜圆断面铸锭时曾经使用过的结晶器。该结构结晶器由石墨内套与整体铜套组成，铜套里有 32 个纵向孔，冷却水以很高的流速从中通过，然后直接喷向铸锭表面。

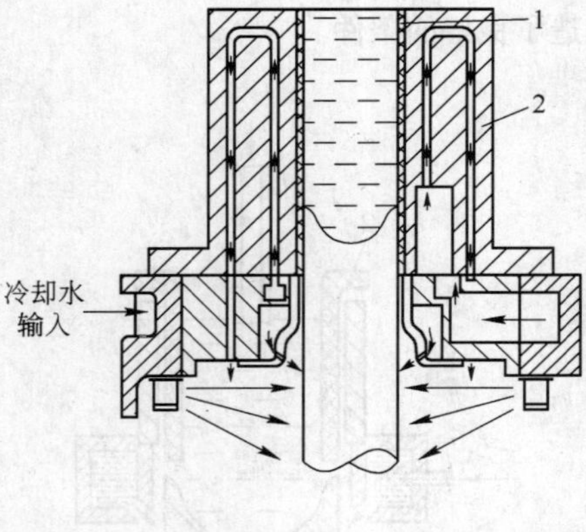

图 15-20　带石墨内衬的整体结晶器
1—石墨套；2—铜水冷套

该结晶器的结构特征：下部结构保留了直接水冷的铸造方式，保证了生产能力。上部的石墨内衬同时起到了缓冷、润滑铸锭的作用，铸锭表面质量有所提高，铸造 ϕ100 mm 圆铸锭时，生产能力达到 4.2 t/h。结晶器的冷却用水量为 1.7 m^3/min。

该公司用于生产 125 mm×1015 mm 大断面扁铸锭的是一种全石墨结晶器。该结构由两块经过加工的石墨模块组成，中间形成一个铸造空腔，通过一排水孔进行冷却。由于石墨不能直接通水，因此将铜管穿入石墨的钻孔中。为保证水冷却的有效性，在铜管中装上内管，使冷却水在两根管子之间的狭窄的间隙中流动。然后再喷向铸锭表面。为了克服铸锭凝固收缩时可能形成的铸锭表面与石墨模表面之间的空气间隙，石墨模的工作腔设计出倒锥度，而且大面壁做成一定的凸度，补偿了铸锭收缩可能造成的铸锭大面的凹心。该结晶器铸造铜扁锭的工艺参数为：铸造速度 500 mm/min，冷却水用量 5.8 m^3/min，生产率 18.2 t/h。

图 15-21 所示的另一种结构形式的全石墨组合体结构结晶器，适用于铸造铜扁锭。

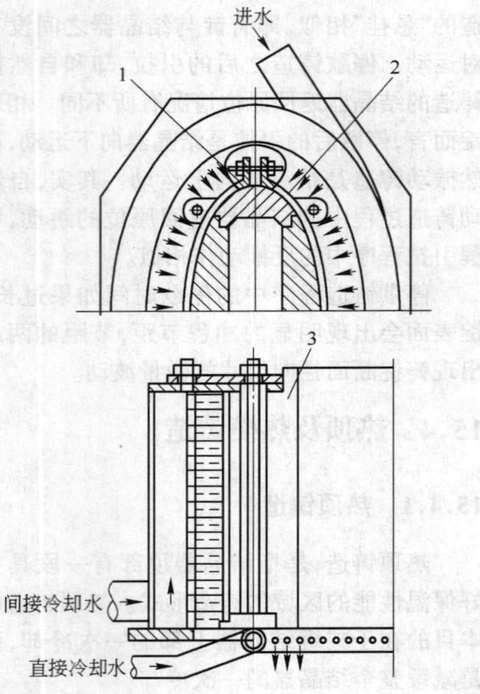

图 15-21　铸造铜扁锭用全石墨结晶器
1—夹紧圈；2—黄铜带；3—石墨组件

15.4.1.3　镶衬石墨型热顶结晶器

铸造纯铜铸锭的镶衬石墨型热顶结晶器如图 15-22 所示。

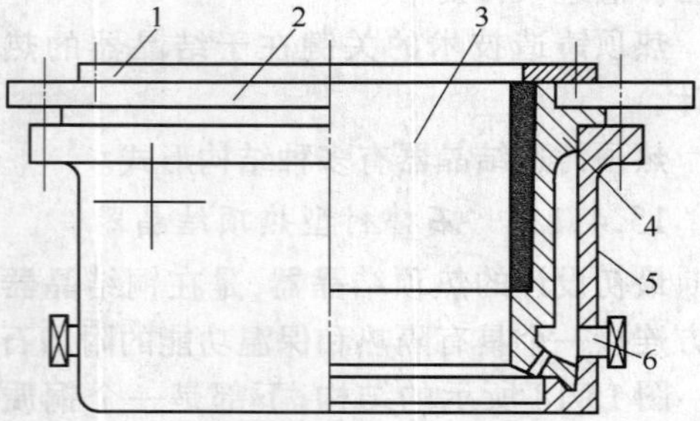

图 15-22　镶嵌石墨衬的圆铸锭结晶器
1—压紧石墨套的法兰；2—压紧铜套的法兰；3—石墨套；4—结晶器内套(铜套)；5—结晶器外壳；6—放水阀

镶衬在结晶器铜套内侧的石墨套通过上面的法兰压紧，铜套内表面和石墨套外表面被加工成同样的锥度，保证了二者的紧配合。石墨套的厚度和高度根据铸锭规格设计。实际上，此种结构的结晶器应该称为准热顶型。因为石墨衬比较薄，且石墨材料本身属于热的半导体材料，它的保温性能不如石棉材料。不过，石墨所特有的自润滑性几乎是其他所有耐火质材料所不能相比的。

由于冷却条件的改善，液穴变浅了。在铸造 TP2 ϕ245 mm 圆铸锭时采用这种结晶器以后，不仅铸锭表面质量大大提高，同时消除了铸锭表面的冷隔、纵向裂纹等缺陷。

扁铸锭结晶器镶嵌石墨比较困难，尤其是大规格扁铸锭结晶器。用整块石墨加工衬套浪费材料，并且整体热变形量大，石墨与铜套之间可能出现的间隙也大，结果导致热阻增大，最后只得不断地降低铸造速度。

随着结晶器设计水平的不断提高，洛阳铜加工厂在实践中摸索并设计了一种新型的结构比较简单的镶嵌石墨衬的结晶器(图 15-23)。

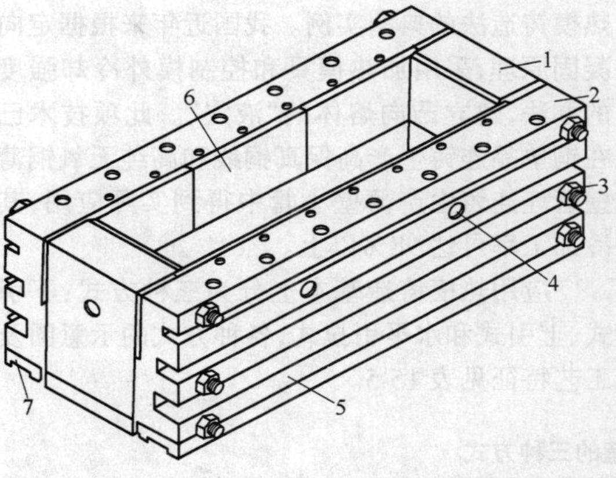

图 15-23　镶嵌石墨衬扁铸锭的结晶器
1—小面壁；2—大面壁；3—拉紧螺栓；4—铜本体及进水孔；
5—喷水孔(图中未画出)；6—石墨片；7—托板

镶嵌石墨衬结晶器采用小型石墨片，镶装在铜内套上的石墨片的厚度只有 10 mm 左右，其高度也只有结晶器有效高度的二分之一左右。之所以不需要较大尺寸的石墨材料，是因为设计时采用了小片拼装式结构。石墨片小，不仅容易加工，还有利于与铜套的压紧配合。同时，节省材料，安装和维护方便。每次维护时，只需调整或者更换其中需要调整和更换的部分。

用镶嵌石墨衬的结晶器铸造 200 mm×1050 mm 扁锭时，铸造速度可达 6 m/h。铸锭表面不用铣削加工即可直接作为热轧用坯料。

15.4.2　热模铸造(定向铸造)

与热顶铸造相比，热模铸造已经不仅仅是铸模的顶部被保温，而是整个被加热。铸造过程中，铸模始终保持一定的温度(金属熔点以上)，热模铸造因此而得名。

图 15-24 是热模铸造的工艺原理图。

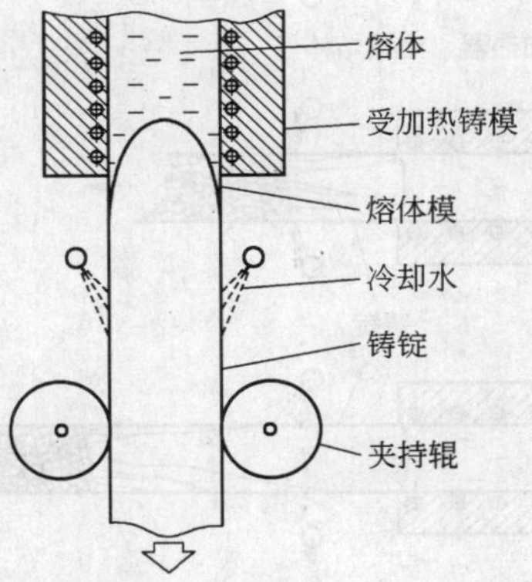

图 15-24　热模铸造的工艺原理图

由于铸模被加热，其内壁温度高于金属熔点，因此不会形成晶核。相反，由于铸模外金属受到直接水冷，受热传导的作用，铸模内中心的温度低于模壁的温度而首先形核结晶。靠近模壁的金属熔体只能在离开铸模时才会凝固。这就形成了与普通铸造方法相反的“液穴”形状，即中间凸起的抛物线而不是常见的倒锥体。

由于热传导主要在轴向上进行，晶粒的径向生长受到约束，因而可以实现定向凝固。同时，向上凸起的“液穴”可以有效地避免夹杂的裹入和产生中心疏松及缩孔，有利于气体的排出。另外，由于热模内壁表面始终保持在凝固点温度以上，铸锭并未在模内的壁上开始凝固生壳，即铸锭表面是在离开铸模以后才形成的，铸锭表面没有受到铸模的任何摩擦阻力的伤害，因此铸锭表面甚至可以达到光洁如镜的程度。

热模铸造单向结晶的生长过程如图 15-25 所示。

开始凝固及结晶阶段，被水冷却的引锭头(起始垫)将热模的出口堵住。由于铸模被加热，模壁表面附近没有晶核产生，但与浇注的合金熔体温差非常大的引锭头前端面附近却有大量晶核产生，因此开始引拉的一段铸锭呈细小的等轴晶组织。

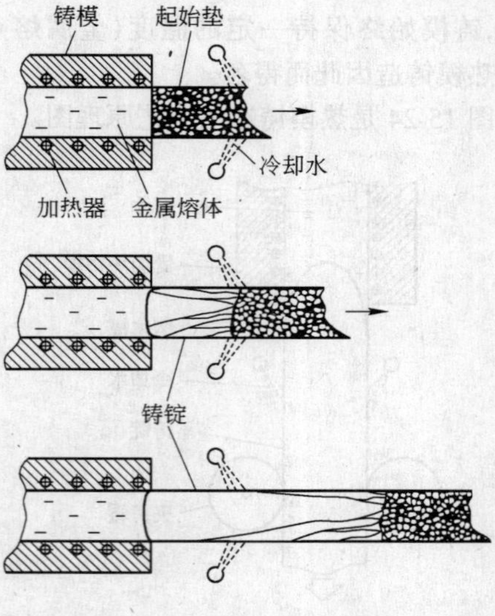

图 15-25 单向结晶的生长过程

开始引拉的一段铸锭被拖走以后,引锭头前端附近产生的晶核数量亦开始逐渐减少。开始时,等轴晶体数量逐渐减少,等轴晶尺寸逐渐变大。后来,出现了柱状晶。再后来,柱状晶逐渐变少,形状变长。最后,只剩下心部的一颗柱状晶粒生长。显然这是在热模作用下单向凝固的结果,容易获得单晶,这是热模铸造的优势所在。

热模作用的结果是不给铸造过程中生成新晶体的机会。离开热模后极短的一段液柱,由于被薄薄一层熔膜保护着,也没有产生新晶体的机会。实际上,热模铸造时结晶只能通过铸锭头部的晶体向前生长,单晶可以变得无限长。

显然,没有结晶界面的单柱状晶组织,比有晶界存在的等轴晶或柱状晶的多晶体结晶组织密度高,性能好。没有晶界,也就不容易存在杂质集聚、气孔、疏松等结晶弱面缺陷,铸锭的压延性能将会提高,加工制品的最终性能也将会有所提高。

日本学者大野笃美研究开发的 OCC 法是热模铸造法的典型实例。我国近年来根据定向凝固原理,采用加热模具和控制模外冷却强度的办法,建立凸向熔体的"液穴"。此项技术已在铜单晶连铸生产高保真铜线和高纯无氧铜薄壁管坯连铸生产薄壁小管中得到实际应用,其冷加工率可达 98% 以上。

应用热模铸造基本上分为三种方式:下引式、上引式和水平引拉式,各种方式的示意图及工艺特征见表 15-5。

表 15-5 热模铸造的三种方式

<table>
<tr><th>方 式</th><th>特 征</th></tr>
<tr><td>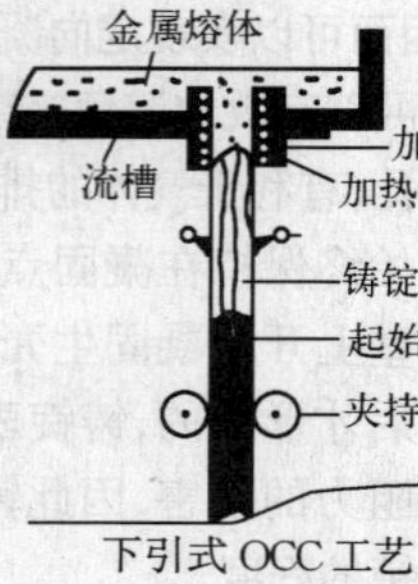

下引式 OCC 工艺</td><td>优点:
1. 铸锭中不会引入气体、杂质;
2. 能实现均匀冷却;
3. 铸锭尺寸无限制
缺点:
装置设计难度较大</td></tr>
<tr><td>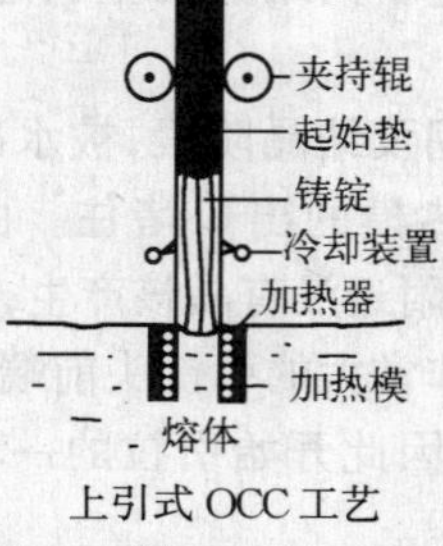

上引式 OCC 工艺</td><td>优点:
1. 铸物尺寸无限制;
2. 无拉裂危险;
3. 铸造温度容易控制
缺点:
1. 铸锭中易引入气体、杂质;
2. 有冷却水落入熔体、铸模上的危险</td></tr>
</table>

续表 15-5

<table>
<tr><th>方 式</th><th>特 征</th></tr>
<tr><td>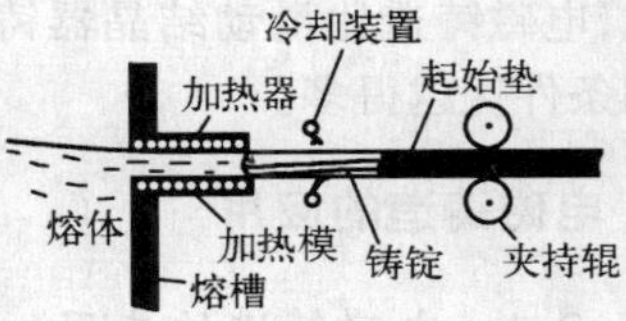

水平式 OCC 工艺</td><td>优点：
1. 装置设计容易；
2. 铸模温度控制容易
缺点：
1. 铸物尺寸有限；
2. 铸锭中易吸入气体、杂质；
3. 冷却(上、下方向)不均匀</td></tr>
</table>

15.5 电磁铸造

15.5.1 电磁力成型铸造原理

在半连续及连续铸造装置中，以一个感应器(线圈)代替结晶器作为铸模的铸造方法，称为电磁铸造(EMC法)。

电磁成型铸造原理示意图如图 15-26 所示。

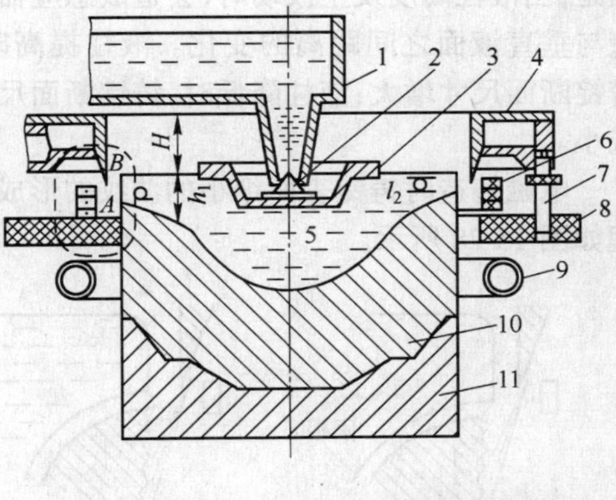

图 15-26 电磁成型连铸装置示意图

1—流槽；2—节流阀；3—漏斗；4—电磁屏；5—液穴；6—感应器；7—螺栓；8—支持板；9—冷却水环；10—铸锭；11—引锭器

电磁铸造装置由感应器、磁屏及冷却系统等部分组成。当感应器通以交流电时，感应器周围产生磁场，感应器内液体金属由此感生出相位相反的涡电流。由于磁场与涡电流的相互作用，根据左手定则产生一种指向铸锭中心的电磁力。根据集肤效应原理，金属液柱外层的感生涡流及电磁力最大，这种电磁力可以维持住液柱外廓形状而不发生流散。与此同时，液体金属柱在强烈的水冷却下凝固成为铸锭。

实际上，只有在金属液柱的静压力和电磁推力相平衡时，上述的铸造过程才是稳定的，即感应器内壁与液柱表面之间隙大小保持恒定，铸锭外廓尺寸(亦即外表面垂直度)稳定。

感应器产生的电磁推力 F：

$$F = k(IW/h)^2 \tag{15-16}$$

式中 I——感应器电流；

W——感应器线圈匝数；

h——感应器高度；

k——与电磁装置结构、电流频率、金属导电率等有关的系数。

金属液柱的静压力 P：

$$P = h_1\nu \tag{15-17}$$

$$h_1 = KI_1^2/\nu g \tag{15-18}$$

式中 ν——液体金属密度；

g——重力加速度；

h_1——金属液柱高度；

I——电流；

K——与铸锭尺寸、金属导电率、电流频率等有关的系数。

显然，在铸造过程中液柱各点的静压力是不同的。自液-固界面起，往上至液柱的上表面止，静压力逐渐减小。为了在液柱整个高度上维持电磁力和液柱静压力的平衡，在电磁铸造装置中设置了一个用非磁性材料制成的电磁屏蔽。位于感应器内壁与金属液柱之间的电磁屏蔽尺寸为上厚下薄，以逐步衰减上部磁场的强度。电磁力强度的改变，从而适应了沿液柱不同高度上液柱静压力的变化，即在有液柱存在的各个高度上，两个力的大小一直保持平衡。这种平衡的结果，保证了液柱侧表面即铸锭表面的垂度。

要保证上述平衡，必须具备以下三个基本条件：

(1) 感应器中点（感应器1/2高度处）平面位置上的磁场强度最大，故该平面位置上的电磁力也最大，铸造过程中希望使铸锭凝固的固-液界面控制在这一水平上。合金性质、铸造速度和冷却条件，是决定固-液界面位置的基本因素，务必恰当掌握。

(2) 电磁屏蔽的材料、形状（尖部角度）和位置应该适当，以使液柱上各点的电磁力和液体金属静压力都能够保持平衡。

(3) 铸造过程中，金属液柱的高度应该保持恒定。否则，铸锭的直径（对扁锭则是厚度和宽度尺寸）可能产生变化，甚至引起拉漏。通常，液体面水平波动应控制在10 mm以下，越恒定越好。

电磁铸造过程中，感应器线圈中接通中频电流。一般采用晶闸管中频电源，通过中频变压器向感应器线圈供电。

图15-27为结晶器成型铸造和电磁力成型铸造的热导出和铸锭凝固过程模型的比较。不难看出，从冶金学角度，两者有本质上的区别。

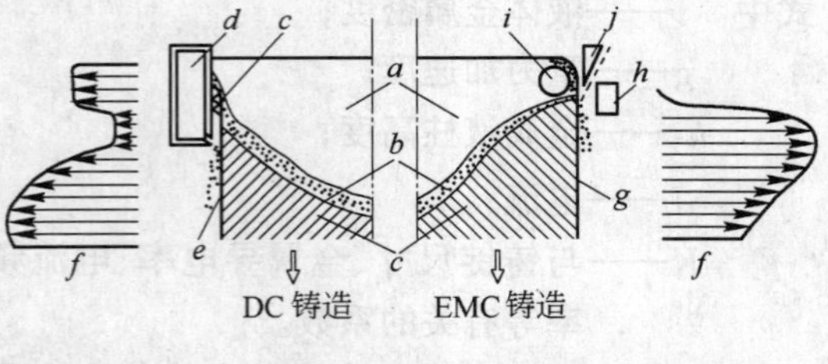

图15-27 电磁铸造与结晶器铸造的凝固过程比较
DC铸造—直接水冷半连续铸造；EMC铸造—电磁成型铸造
a—液体金属；*b*—液-固界面；*c*—凝固的铸锭；
d—滑动结晶器；*e*—水冷带；*f*—热流分布；
g—铸锭表面；*h*—感应器线圈；
i—电磁搅拌；*j*—电磁屏蔽

分析电磁成型铸造的冶金过程，其主要特征表现在：

(1) 液体金属与模壁之间始终没有接触；

(2) 液体金属柱上表面至直接水冷区的距离，已经减少到最小程度，相当于结晶器高度为零；

(3) 由于电磁力的作用，液穴中的熔体处于一种有规则的运动状态下结晶。

因此，电磁铸造比滑动结晶器铸造的热导出和凝固条件优越得多。

15.5.2 电磁铸造的应用

15.5.2.1 电磁铸造的应用

20世纪80年代初，洛阳铜加工厂在简易电磁铸造试验装置上，铸造了QSn6.5-0.1 ϕ195 mm铸锭。近两年一些工厂用电磁铸造法生产无氧铜圆锭获得成功。

15.5.2.2 铸锭质量及其控制

A 铸锭表面质量

首先，由于铸锭表面没有了与结晶器壁之间的摩擦，铸锭表面无论如何不可能出现拉裂缺陷。

电磁铸造时，一般铸锭表面不会产生冷隔。但是，当液柱高度发生波动时，会造成感应器内壁与垂直液面之间距离的变化。液柱提高时，铸锭断面尺寸增大；液柱降低时，铸锭断面尺寸减小。

电磁铸造时铸锭表面细小的波纹的形成原理如图15-28所示。

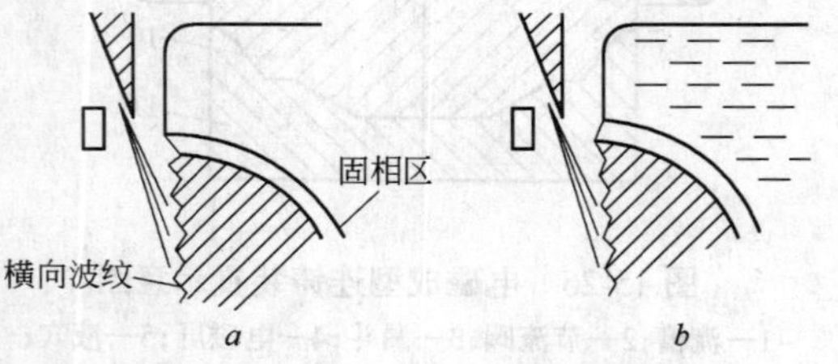

图15-28 电磁铸造铸锭表面横向波纹的形成
a—液柱高时；*b*—液柱低时

B 铸锭的结晶组织

图15-29示出了电磁成型铸造和普通滑动结晶器铸造QSn6.5-0.1 ϕ195 mm铸锭时不同的液穴形状。

电磁铸造过程中不存在凝壳收缩间隙引起的凝壳重新被加热和熔化现象，因此固-液过渡区的倾斜角度小，接近铸锭表面表层时，此角度几乎为0°。在这种情况下，晶体的生长方向自上而下，几乎是垂直的。而且，由于电磁铸造存在着电磁搅拌作用，其结晶组织要比滑动结晶器铸造时细致而均匀。

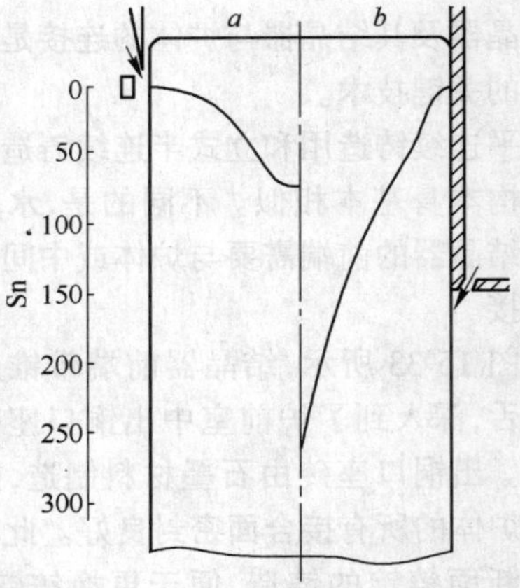

图 15-29 电磁铸造和滑动结晶器铸造 QSn6.5-0.1 ϕ195 mm 圆锭液穴形状比较
a—电磁铸造时；b—滑动结晶器铸造时
（铸造速度同为 4.5 m/h）

电磁铸造另一个优势是，能够有效地消除铸锭表面的反偏析缺陷。

锡磷青铜结晶温度范围变宽，树枝状结晶倾向大。滑动结晶器铸造过程中，凝固壳收缩出现空气间隙时，薄薄的一层由树枝状晶骨架构成的外壳中的低熔点物质首先被重熔，富锡物质可以通过枝晶间的孔道流向铸锭表面，形成铸锭表面的反偏析瘤。

电磁铸造时，铸锭表层凝固壳形成后，不可能产生凝壳被重熔现象，结晶致密的铸锭表层不给枝晶间富锡低熔点物涌流到铸锭表面的机会，即不发生反偏析缺陷。观察结果也表明，电磁铸造的铸锭表层中二次枝晶间距，比直接水冷半连续铸造的铸锭表层中二次枝晶间距缩小，减小了低熔点富锡物在枝晶间的流动性。

从图 15-30 可以看出，电磁铸造的铸锭化学成分分布比较均匀。

从图中还可看出，直接水冷半连续铸造的铸锭表层有明显反偏析现象，表层化学成分分布极不均匀。与平均化学成分相比，由表面至次层锡的含量有一个“高—低—正常”的变化过程，QSn6.5-0.1 ϕ195 mm 铸锭局部表面含锡量有的已达 9% 以上。

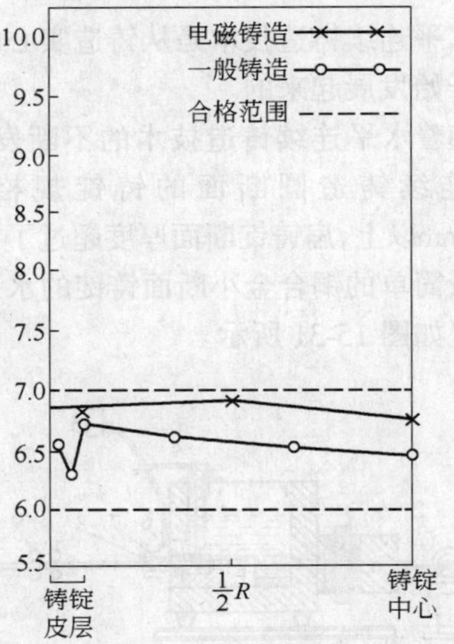

图 15-30 QSn6.5-0.1 ϕ195 mm 铸锭中锡的分布

C 铸锭性能的改善

电磁铸造的铸锭与直接水冷半连续铸造的 QSn6.5-0.1 ϕ195 mm 圆铸锭的力学性能比较，两者的常温性能差别不大，但高温下的抗拉强度和延伸率差别较大。如 750℃ 时，电磁铸造的铸锭 R_m 为 51 MPa，A 为 22.5%；而直接水冷半连续铸造的铸锭 R_m 为 10 MPa，A 仅为 1.5%。电磁铸造的铸锭的高温伸长率由中心向边缘逐渐提高，边层的伸长率大约为中心的 3 倍，显然对铸锭的热加工十分有利。

分别对电磁铸造和直接水冷半连续铸造的 QSn6.5-0.1 合金铸锭进行热轧对比试验时，结果表明，电磁铸造的铸锭具有非常好的热塑性，热轧时没有裂纹和裂边，且可热轧的温度区间也有所扩大。工业试验也表明，对于类似锡磷青铜其结晶温度范围比较宽，容易反偏析的合金，采用电磁铸造以后，不仅铸锭表层的铣削量可以大大减少，同时由于热塑性提高，铸锭的热压力加工性能亦大大改善。

15.6 棒坯和管坯水平连续铸造

15.6.1 棒坯水平连续铸造

15.6.1.1 水平连续铸造技术

水平连续铸造技术是从铸造实心的小断面铸锭开始发展起来的。

随着水平连续铸造技术的不断发展，目前水平连续铸造圆断面的铸锭规格达到了ϕ300 mm以上，扁铸锭断面厚度超过了200 mm。

最简单的铜合金小断面铸锭的水平连续铸造装置如图15-31所示。

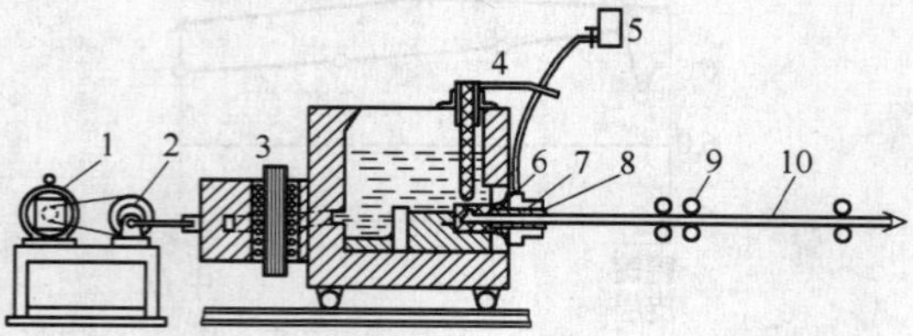

图15-31 简单的水平连续铸造装置

1—电机；2—偏心轮；3—电炉；4—液流控制装置；5—润滑油罐；6—出铜口；7—结晶器石墨模；8—结晶器；9—牵引装置；10—铸锭

有些简单的装置中甚至不用电炉，直接在中间浇注包（有的中间浇注包系用大号黏土石墨坩埚改制成）前端安装结晶器进行铸造。

图15-32所示为采用电阻加热结晶器的水平连续铸造装置。

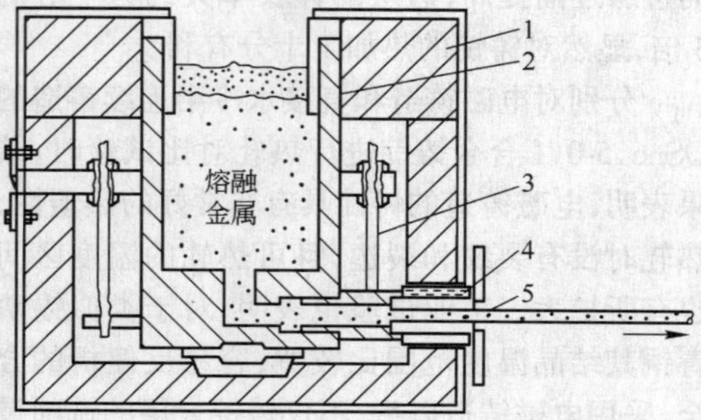

图15-32 结晶器入口端的电加热装置

1—隔热砖；2—石墨坩埚；3—加热元件；4—结晶器；5—铸锭

该装置中的保温浇注炉采用电阻加热炉衬，相当于石墨坩埚。结晶器与石墨坩埚之间通过石墨质导注管连接，石墨导注管处于电加热区内。

结晶器及其结晶器与炉体的连接是水平连续铸造的关键技术。

水平连续铸造用和立式半连续铸造用结晶器的结构本身基本相似。不同的是，水平连续铸造用结晶器的前端需要与炉体或中间浇注包密封连接。

如图15-33所示，结晶器前端带锥度的石墨套前舌，深入到了炉前室中出铜口座砖的锥形孔内。出铜口座砖由石墨材料制造，因此结晶器与炉体的所有接合面密封良好。此种方式适合小断面铸锭的铸造，便于更换铸锭规格。需要更换结晶器时，塞棒关闭即可。

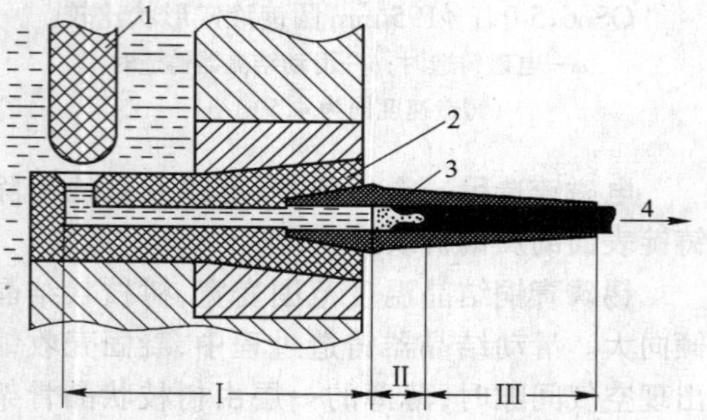

图15-33 结晶器通过出铜口座砖与炉体对接

Ⅰ—液态区；Ⅱ—半凝固区；Ⅲ—固态区

1—炉前室中的塞棒；2—出铜口座砖；3—结晶器石墨套前端；4—铸锭及引锭方向

如图15-34所示，结晶器和炉前室窗口之间，附加一个过渡的耐火材料制的导流砖，导流砖再通过一可更换的环形砖与炉体相连。

实际上，这种复杂的连接方式后来已经得到了很多改进。目前，多采用结晶器前端面直接与尺寸相当的炉前室窗口对接的连接方式。不过，直接连接时，做好结合面的密封是非常重要的。此种方式适合大断面铸锭的铸造，不宜频繁变换铸锭规格。更换结晶器时，需在炉内铜液的液面降到出铜口下沿以下位置时进行。

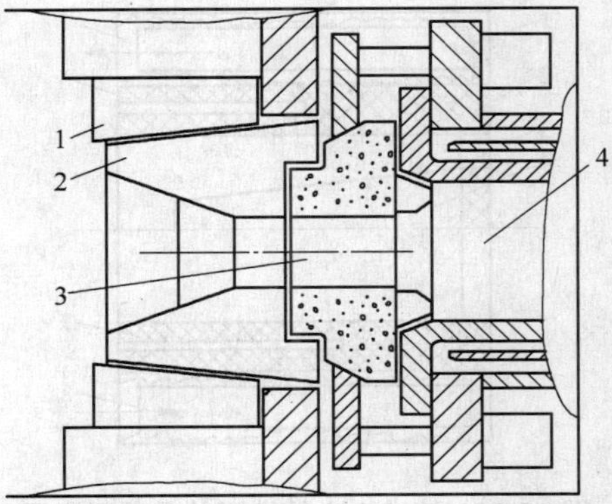

图 15-34 结晶器与炉体前室窗口对接

1—炉体上的固定座砖；2—可更换环形砖；
3—导流砖；4—结晶器前端

铸造开始前，必须将结晶器、引锭杆和引拉机牵引辊三者调整在同一水平中心线上。塞棒打开即行铸造。铸造期间，炉膛内始终应该保持一定高度的金属液位，同时需要对炉内铜液温度连续进行监控。与结晶器前端相面对的炉壁是安装热电偶的合适位置。

结晶器振动或者采用停、拉引锭工艺，或者采用带反推的微程引拉程序，可以有效地改善铸锭表面质量和内部结晶组织。铸造黄铜时需要用油润滑。

规格比较小的铜线坯，可同时铸造多根，并可分别将每条线坯都盘成规定长度或重量的圆盘。规格比较大的铸锭可通过同步运行的带锯或圆盘锯锯切成规定的长度。

表 15-6 为铜合金小断面铸锭水平连续铸造的工艺条件举例。

表 15-6 铜合金小断面铸锭水平连续铸造的工艺条件

合金牌号	铸锭直径 /mm	浇注温度 /℃	瞬时速度 /m·h^{-1}	平均速度 /m·h^{-1}	链振频率 /次·min^{-1}	结晶器长度 /mm	冷却水压力/MPa 一次冷却	冷却水压力/MPa 二次冷却
H80	40	1130～1160	15～25	10～15	50～80	190	0.20～0.30	0.05～0.10
H68	40	1050～1100	23～30	15～20	50～80	190	0.20～0.30	0.05～0.10
H65	40	1000～1050	23～30	15～20	50～80	190	0.20～0.30	0.05～0.10
H62	40	1000～1050	25～32	15～20	50～80	190	0.20～0.30	0.05～0.10
HPb59-1	40	990～1040	25～30	15～20	50～80	190	0.20～0.30	0.05～0.10
QSn6.5-0.1	12	1160～1200	110～120	40～80	105～135	120	0.10～0.25	
QSn6.5-0.4	12	1160～1200	90～100	40～80	105～135	120	0.10～0.25	
QSn7-0.2	12	1160～1200	100～110	40～80	105～135	120	0.10～0.25	
QSn4-3	12	1200～1250	90～110	40～80	80～100	120	0.10～0.25	
QSn3-1	35	1180～1230	10～15	4～6	40～50	190	0.15～0.20	0.10

注：铸造锡青铜 QSn6.5-0.1、QSn6.5-0.4、QSn7-0.2 时不用润滑油。铸造其余合金时采用 30 号汽轮机油作为润滑剂。

15.6.1.2 铸锭质量控制

结晶器内衬通常采用高密度、高强度石墨制造，铸锭的凝固过程基本上是在石墨衬套中进行。石墨容易加工，因此不仅可以铸造实心圆铸锭、空心铸锭，也可以铸造宽厚比较大的带坯，以及方坯、六角形断面等复杂断面的铸锭。石墨的工作表面可以通过涂料或电镀抛光等方式进行加工，一方面可以改善铸锭表面质量，同时可以延长石墨模的使用寿命。

小断面铸锭连铸通常采用步进式引拉，即带有间歇的引拉方式及带有反推程序的引拉方式铸造，目的在于克服模壁与铸锭表面之间的摩擦力，防止铸锭表面被拉裂。铸锭断面越小，铸锭与结晶器之间的收缩间隙越小，铸锭越容易被拉断。

水平连续铸锭的主要缺陷是下表面的裂纹，以及铸锭上、下不同部位结晶组织的不均匀。

水平连续铸造过程中一个重要的冶金现象是：铸锭在重力效应下而自动下沉，铸锭收缩后与结晶器壁之间的间隙不再均匀，导致下部间隙小于上部间隙。这种偏离的结果，造成了铸锭内部温度场的不对称和结晶组织的不均匀。在距离结晶器出口适当位置，设置支撑辊可以达到调整上述间隙的目的。

水平连铸适于铸造用常规方法难以生产的锡青铜、铅黄铜等复杂合金铸锭。

铸造复杂成分合金时，铸锭表面析出物对结晶器壁的粘着力、铸锭与结晶器壁之间的摩擦阻力及阻碍其收缩的拉应力，同时作用在铸锭表面上。当拉应力超过铸锭表面层强度时，将会造成裂纹。

微引程引拉不仅可以减小引锭阻力及"冷热节"裂纹，同时有利于促进液穴中晶核的形成及晶粒的细化。增加引锭频率和减少引锭行程，有利于晶粒的细化。反推时，不仅可以清理结晶器表面上粘结的金属氧化物凝渣，同时结晶前沿附近半固状金属亦将受到强烈的挤压而使结晶更加致密。试验表明：在水平连续铸造 HPb59-1 $\phi 78$ mm 铸锭的过程中，采用微引程和反推程序以后，铸锭结晶组织细致而均匀，抗拉强度比以前提高了 30%～40%，甚至相当于压力加工材水平。

15.6.2　管坯水平连续铸造

图 15-35 为空心铸锭的水平连铸装置示意图。

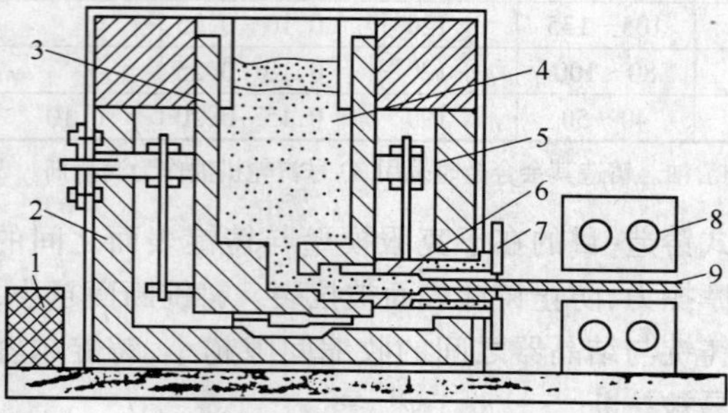

图 15-35　空心铸锭水平连铸装置

1—变压器；2—炉墙；3—石墨坩埚；4—熔体；5—电热体；6—石墨导注管；7—结晶器；8—牵引装置；9—铸锭

铸造空心铸锭时，需要在结晶器中嵌入与铸锭内径尺寸相当的芯子。芯子通常亦用石墨材料制造，和石墨内套表面一样，应具有一定的锥度(图 15-36)。

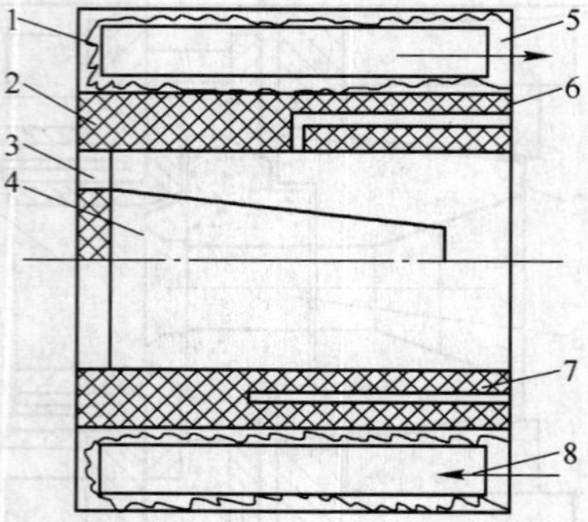

图 15-36　铸造空心铸锭用结晶器示意图

1—水冷套；2—石墨内套；3—铜液入口；4—石墨芯杆；5—出水孔；6—氮气输入口；7—热电偶插入孔；8—进水孔

图 15-37 为铸造空心铸锭时凝壳形成过程与铸锭表面质量之间关系的示意图。

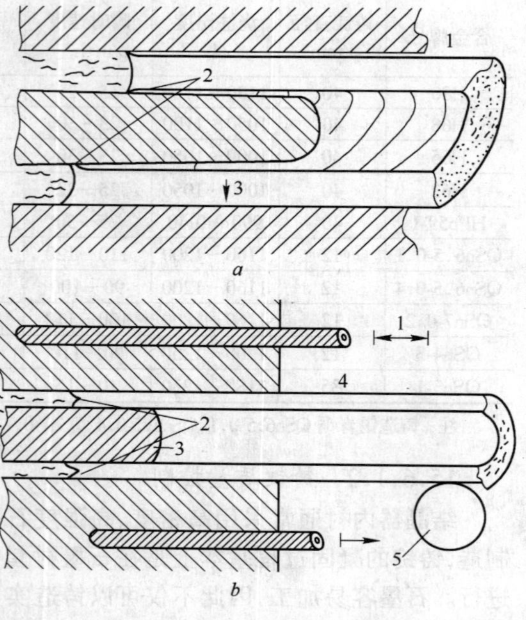

图 15-37　B10 空心铸锭凝壳形成过程

a—由于重力影响和收缩出现凝固前端不对称

1—不对称的收缩间隙；2—不对称的结晶前沿；3—重力效应方向

b—采用铜水冷塞冷却装置和设置支撑辊

1—可调的水冷铜塞装置；2—对称的结晶前沿；3—石墨芯棒；4—对称并极小的收缩间隙；5—承受管坯重力下落的支撑辊

由于保温炉与结晶器连通，在炉内液体金属静压力作用下，凝固过程中铸锭不产生较大的径向热应力。但是，铸锭的下表面却容易产生裂纹。

开始引拉时，与石墨内套和引锭器接触的铜液受到激冷很快形成凝壳，铸锭凝壳收缩产生的间隙有利于铸锭的引出。随后，当管坯凝固收缩，且管坯和石墨内套之间产生间隙时，由于重力效应，管坯下沉并使其下侧外表面贴紧石墨套工作表面（图 15-37*a*）。显然，引拉时下侧阻力大于上侧阻力，结果铸锭的下表面可能产生裂口，俗称“拉裂”。

如果采用带停歇的铸造程序，裂口可能为下次停歇时跟进的金属液所充填，并与留在模壁上的凝壳残余或凝结渣连接起来，而且凝固成新的较厚的凝壳，并在下一次引拉时被一道拉出。在上述过程中，如果每次裂口只能部分地被结晶前沿熔体所充填，铸锭表面将在那里留下结疤。同时由于高温下裂口附近受到氧化而变色，结果每拉停一次出现一道表征节距的环状斑纹。

通过适当的工艺调整，如：适当提高铸造温度，以保证熔体能够有效地将微小的裂口“焊合”；适当调整引拉程序，以保证得到有足够强度的铸锭凝壳而不被拉裂；铸造过程中，向石墨模内充以保护性气体，如氮气，可防止裂口氧化而有利于重新焊合。

试验表明，通过改进结晶器设计可以在很大程度上克服重力效应对管坯凝固过程的不良影响。

图 15-37*b* 所示为在石墨内套中设置水冷铜塞装置，以及在结晶器出口端附加支撑辊的示意图。

熔融金属通过结晶器时，通过设置在石墨内套中的水冷铜塞伸入深度的调整，可以达到精确控制结晶前沿凝固界面的位置和形状的目的。当位于石墨模内套下侧壁中的水冷铜塞伸入深度比上侧壁中的水冷铜塞伸入深度浅时，就能纠正凝固前沿界面的不对称行为，从而可以建立稳定的凝固过程。沿结晶器横断面基本对称的凝固界面的建立，可以有效地减少，乃至完全消除铸锭下部表面的裂纹。

另一种调节液穴和凝固界面形状的方法是：改进铜液进入结晶器的方式和铜液在结晶器中的分配方式。例如，将上下均匀或者对称的分配方式，改为上下非均匀或者非对称的分配方式。调整得当时，不仅可以减少或者避免铸锭的表面拉裂缺陷，同时也可以获得上下均匀的结晶组织。

表 15-7 为铜合金管坯水平连铸的工艺条件举例。

表 15-7　铜合金管坯水平连铸的工艺条件

合金牌号	管坯的外径/内径/mm	浇注温度/℃	结晶器长度/mm	引拉速度/m·h^{-1}	链振频率/次·min^{-1}	冷却水压力/MPa	
						一次冷却	二次冷却
HSn70-1	$\phi66/\phi29$	1170～1190	145	20	50～80	0.05	0.02
QSn4-0.3	$\phi65/\phi28$	1200～1250		10	70～100	0.40～0.50	
Cu-10%Al-3%Fe	$\phi105/\phi85$	1130～1180	230～260	约 15①	停拉时间比 1:10	3.5～5 m^3/h	

① 引锭行程 10～17 mm，引锭周期 3～7 s，平均速度约 15 m/h。

15.7　带坯的水平连续铸造

某些工厂的铜合金直条状带坯水平连续铸造条件及工艺参数见表 15-8。

表 15-8 铜合金直条状带坯水平连续铸造条件及工艺参数

合金牌号	带坯规格/mm	结晶器长度/mm		铸造温度/℃	引拉程序		铸造速度/m·h⁻¹	润滑油	冷却水压/MPa
		水冷套	石墨套		拉/s	停/s			
H90	15×100	100	170	1190～1220	1	2	8.5～10.5	蓖麻油	0.1～0.2
	15×200	140	260	1170～1210	1	2	8.5～10.5		
	35×115	140	240	1150～1170	2.5	5	4.5～6.0		
	50×200	150	260	1150～1170	1	4	4.5～6.0		
QSn4-4-2.5	15×150	110	250	1190～1240	0.5	1.5	9.0～13.0		0.01～0.06
	15×200	130	260	1190～1240	0.5	1.5	7.0～11.0		
	20×150	120	240	1190～1240	0.5	1.5	9.0～12.0		
QSn6.5-0.1	15×225	110	220	1180～1250	0.7	2.5	9.0～13.0		0.01～0.06

15.7.1 保温炉设计

铜带坯水平连铸机列中，通常以立式的工频有芯感应电炉作为保温炉。这种电炉具有良好的保温功能，安装结晶器也比较方便。

15.7.1.1 炉膛结构及容量设计

铜带坯水平连铸用保温炉的上炉体结构如图 15-38 所示。

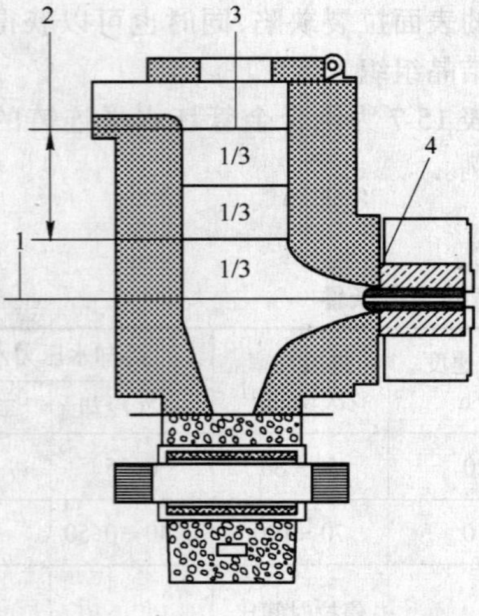

图 15-38 保温炉的上炉体结构

1—结晶器入口位置；2—熔池液面的波动范围；3—熔池最高液面；4—与结晶器前端对接的炉前窗口

上炉体与结晶器对接的前窗口，应该具有与带坯宽度和厚度相适应的尺寸。结晶器与感应体熔沟口相互对应的位置，可能影响到进入结晶器的铜液的温度分配。进入结晶器的铜液温度的不均匀，可能导致带坯结晶组织的不均匀。

随着铸造过程的进行，炉膛内熔池液面将不断降低。熔池的最低液面高度，不应少于有效高度的三分之二。一定高度的金属液柱，一方面有利于熔池内金属温度的均匀，另一方面一定的液体金属静压力有利于充填结晶器及结晶速度的稳定。同时，也不至于使炉内液面的浮动渣进入结晶器，不至于因铜液不足造成带坯的上表面凹心或引起其他缺陷。另外，炉内始终保持一定高度的金属液水平，可以防止熔炼炉转注铜液时，湍流向结晶器进口波及。

表 15-9 列举了保温炉容量配置设计。

保温炉的有效容量应该足够大，一般为生产线生产率的 1～1.5 倍，比较适宜。保温炉的功率设计，应该充分考虑到新开炉，即第一次从熔炼炉注入铜液时，能够很快达到并保持铸造所需要的温度。

15.7.1.2 熔体温度的监控

进入结晶器的铜液温度的恒定是铸造过程稳定的基础之一，因此，对炉内熔体温度的自动化检测和控制非常重要。

铸造比较窄的带坯时，至少应有一只热电偶监视进入结晶器口的铜液温度。如果带坯较宽，或者同时铸造两条以上带坯，增加热电偶监视点是必要的。

表 15-9 铜带坯水平连铸用保温炉配置

序 号	合金品种	带坯规格/mm	炉子总容量/kg	有效容量/kg	额定功率/kW
1	QSn6.5-0.1	12×220	1700	800	150
2	HPb59-1	(25～50)×150	2500	1500	150
3	QSn6.5-0.1	14×650	3000	1500	150
4	QSn6.5-0.1	15×420×2	4000	2000	200

热电偶应安装在与结晶器入口(进铜液口)面对的炉膛壁上。这样,热电偶检测到的温度即相当于铜液进入结晶器时的温度。

15.7.1.3 炉体位置的三维调整

由于结晶器固定在保温炉体上,炉体的三维调整即是结晶器安装位置的三维调整,这一点对铜带坯水平连铸过程非常重要。

铜带坯水平连铸生产机列中,牵引装置的水平位置一般不轻易调整。如果结晶器的水平和引拉机的牵引辊彼此不在同一个水平上,带坯可能在结晶器中滑动不畅,甚至卡住带坯造成拉停,或者因为结晶器石墨模各工作面上受力不均匀而造成石墨模的损坏。

每次铸造开始前,都需将炉体、结晶器和牵引拉机的牵引辊三者水平调整一致。由于牵引装置的水平位置已经相对固定,因此要求保温炉的炉体位置包括炉体的升降、前后倾、左右移动等多个方位的自由调整和锁定,即炉体位置可实现三维自由调整。

15.7.2 结晶器技术

图 15-39 为铜带坯水平连铸用结晶器及其安装示意图。

结晶器是由冷却器、石墨模,以及石墨模与冷却器、冷却器与结晶器框架组装用的各种紧固件构成。冷却器及石墨模的结构,包括石墨模与冷却器的装配方法,是结晶器设计的关键。通常,铜带坯水平连铸结晶器只有一次间接冷却,没有二次直接水冷。离开结晶器一段距离以后,即进入牵引辊之前可设置二次独立的冷却水装置,目的是进一步降低带坯温度。实际上,这种二次冷却已与带坯的凝固与结晶过程无关。

通常,结晶器通过螺栓与保温炉前室的窗口连接,结晶器与炉前室窗口之间应该有可靠的耐火材料进行密封。当然,也不仅仅是密封,还应该便于拆卸。

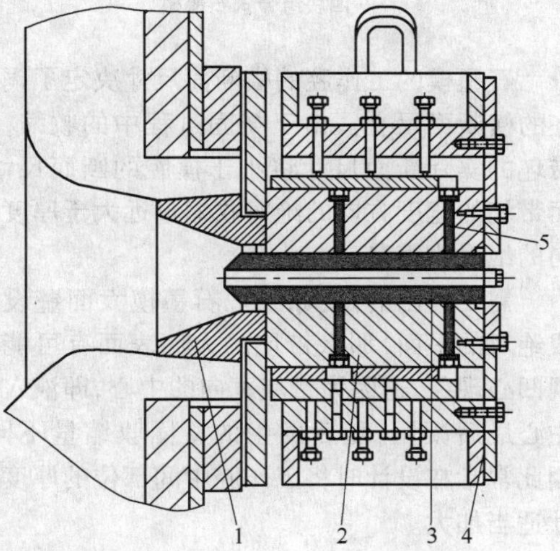

图 15-39 石墨模和冷却器的安装
1—炉前窗口砖;2—冷却器;3—石墨模;4—组装框架;5—石墨模与冷却器结合用螺栓

15.7.2.1 石墨模设计与安装

A 石墨模设计

铜带坯水平连铸结晶器石墨模可采用不同的结构方式(图 15-40)。

常见的石墨模结构主要是对开伴模结构,以及四块组合即两大块平石墨板和两小块条状石墨板的合成结构。前者安装使用方便、安全,但采用伴模方式耗费材料较多。后者安装和使用略显麻烦,但制造简单,节省石墨材料和便于旧模的复修。

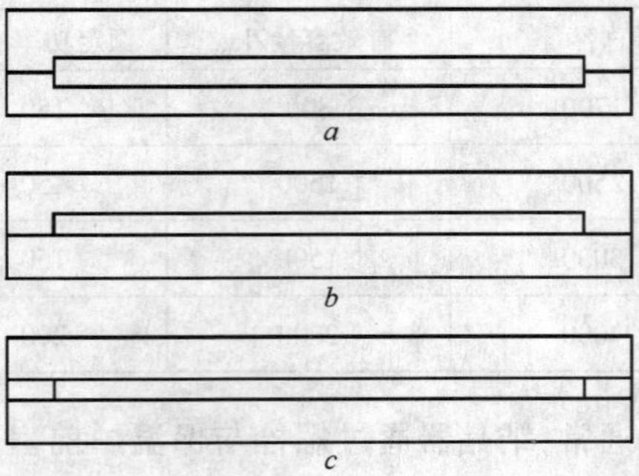

图 15-40 石墨模的组合形式
a—对称式对开石墨伴模；
b—非对称式对开石墨模；
c—四块组合式石墨模

石墨模的工作腔的横断面尺寸决定了铜带坯的横断面尺寸。由于凝固过程中的收缩，铜带坯的实际断面尺寸将小于模腔的断面尺寸，而带坯的宽度方向的绝对收缩量远大于厚度方向的绝对收缩量。

需要指出的是：如果把石墨模大面壁设计成绝对的平面，那么带坯的大面表面有可能出现凹心现象，这因为带坯宽向的中心，即液穴的中心最后凝固，随后发生的凝固收缩量不同。因此常常在设计时将工作腔中间部位的厚度尺寸适当加大。

石墨模的厚度与带坯的厚度有关，通常在15～30 mm之间。

石墨模的内腔工作表面应该精细加工，并进行抛光。

B 石墨模装配

石墨模的冷却是通过冷却器水室间接进行的，因此石墨模与冷却器的装配很重要。为避免石墨模和冷却器装配过程中以及随后工作中产生间隙，增加热阻，已有多种结构设计并在实际生产中得到应用。

在石墨模(大面)将与冷却器结合的一侧，加工出若干个螺纹孔，螺纹孔的相对位置与冷却器上的通孔一一对应。带有双头螺纹的拉杆的一端旋进石墨模内，拉杆穿过冷却器的另一端用螺帽紧固，使石墨模的结合面紧紧地贴合在冷却器的结合面上。石墨模与冷却器之间的紧固应该不完全是刚性的。既要拉紧石墨模，又不能妨碍石墨模的自由变形，设计紧固方案时必须充分注意。

在拉紧螺栓的两端，套上若干组元宝式弹簧垫圈可以缓冲对石墨的压力。装配石墨模时，使用力矩扳手紧固螺栓，可以避免用力不当造成石墨模损坏。元宝式弹簧垫圈的使用，可以始终保证石墨模处于理想的紧固状态。

在冷却器和石墨模之间加一层柔性石墨纸，或者涂一层石墨粉和耐热油脂材料混合而成的充填物质，可以在某种程度上冲减或弥补因冷却器或者石墨模结合表面平整精度不够的先天缺陷。

C 石墨模材质选择

表 15-10 列出高纯高密度石墨与普通异向石墨性质的比较。

挤压成型的电极石墨材料，不宜用做石墨模。静压高纯石墨是理想的石墨模材料。用质量不佳的石墨材料制成的石墨模，不仅使用寿命短，而且当其在使用过程中发生碎裂时可能带来安全隐患。

表 15-10 高纯高密度石墨与普通异向石墨的性质

序号	项　目	高纯高密度石墨	普通异向石墨
1	同向性(异向性)	1.02～1.08	1.2～1.5
2	平均粒径/μm	5～15	50～100
3	密度/g·cm^{-3}	1.75～1.90	1.6～1.8
4	抗弯强度/MPa	4000～9500	3000～5000

国内外某些高纯高强高密度石墨材料的主要性能比较见表 15-11。

某些推荐使用的石墨材料见表 15-12。

15.7.2.2 冷却器

铜带坯水平连续技术刚刚问世时，大都使用水平连续铸造设备制造商供应的结晶器。后来，许多铜加工厂开始自己改进或设计结晶器。目前，铜带坯水平连铸用的结晶器有许多不同的结构类型。

对于结晶器中的水冷却器，有的采用铜内套和钢外壳组装式结构，有的采用全铜质或者全钢质的整体式结构。选择冷却器材质时，有的出于尽可能强化对石墨模的冷却，有的希望所用材料与石墨模材料有相近的热传导效率。冷却器材料选择和冷却器设计的合理与否，应该通过对产品质量，以及生产效率等方面的综合评价来判断。实际上，生产中有时出现这样或那样的问题，其原因则在于结晶器的使用或日常维护工作存在缺欠。

表 15-11　国内外结晶器用高纯高密石墨材料的主要性能

制造商	牌　号	密度 /g·cm^{-3}	硬度 HS	比电阻 /μm	抗弯强度 /MPa	抗压强度 /MPa	弹性模量 /MPa	线膨胀系数 /10^{-6}·K^{-1}	热导率/W·$(m·K)^{-1}$	最大粒度/mm	气孔率/% (不大于)
德国 Linzdof	EK462	1.75	45	13.0	45.0	99.0	11000	2.5	100	0.090	14
	EK463	1.83	65	13.0	45.0	110.0	15000	3.8	100	0.063	8
美国 UCAR	CGW	1.82		12.5	28.5	80.0	12000	3.4		0.15	
	ATJS	1.83		8.3	36.0	87	10000	1.7		0.15	
日本东洋炭素	IG-11	1.77	55	11.0	39.2	78.4	9800	4.6	116		
	IG-11P	1.83	60	11.0	46.1	93.1	11300				
	IG-15	1.90	60	9.5	49.0	103.0	11800	4.8	139		
	IG-43	1.82	55	9.0	53.0	85.3	10800	4.8	139		
	IG-70	1.85	65	10.0	51.9	98.0	11800	4.6	128		
中国上海炭素	SMF-650	1.80		15		70					17
	SMF-800	1.80		15		74					17
	SIFB	1.80		15		74					17
	试制品	1.80			33.0		12000	4.5		0.15	

表 15-12　某些推荐使用的石墨材料

合金＼石墨	EK462	EK463	CGW	IG43	IG70	IG11P	IG15
青　铜	O	O	O	O	O		
黄　铜		O	O		O	O	O
白　铜		O	O			O	O

瑞士的 Alfred Wertli 发明的结晶器如图 15-41 所示。图中 1 和 2 分别是各自独立的上、下石墨半模的冷却器。每个冷却器都是由铜内套与钢外壳组成，铜套与钢外壳之间是冷却水的通道。每个冷却器中都分成 a、b 和 c 三个冷却室，通过调节阀控制进入各冷却室之冷却介质的流量。冷却介质可以是水或某种油。由于各冷却室可以单独控制冷却强度，因此可以自由调节带坯在宽度方向上不同部位的冷却强度。

有三种控制 a、b 和 c 三个区域冷却强度的方法：

(1) 调节阀控制冷却介质的流量；

(2) 调节进入各冷却室的冷却介质的温度；

(3) 向不同的冷却室通入不同特性的冷却介质，例如通入水或油等不同的冷却介质。

铸造窄带坯时，沿带坯宽度方向分成两个冷却区即可。铸造宽带坯时，分成 4 个、6 个，甚至多达 10 个冷却区。

然而，通过对带坯大面凝固线的观察发现，凝固线往往多是不平坦的。结晶线大多呈如图 15-42 的左半部所示的抛物线形状。采用间歇引拉程序时，则进一步发现带坯边侧两抛物线之间隔距离 h，比中心部位两抛物线之间的距离 H 小得多。此种不平坦的结晶线分布，意味着带坯内部存在着结晶组织的不均匀性，并常常引起加工制品的周期性裂纹。

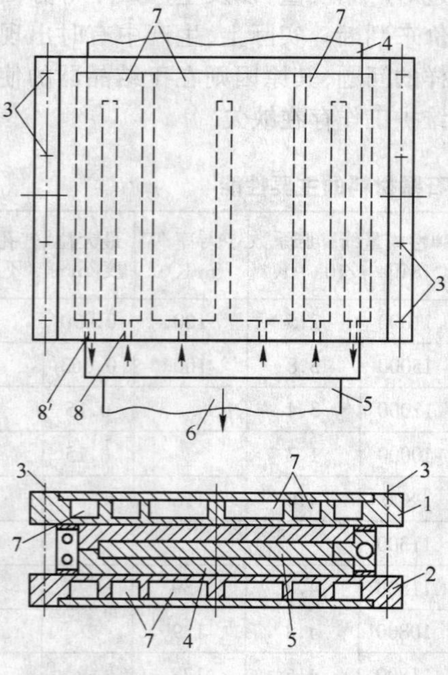

图 15-41　Wertli 早期的结晶器
1、2—分别为冷却器的上半模和下半模；3—紧固螺栓；
4—石墨模的上、下半模；5—铜带坯；6—牵引方向；
7—冷却器的水室；8、8′—分别为冷却水进出口

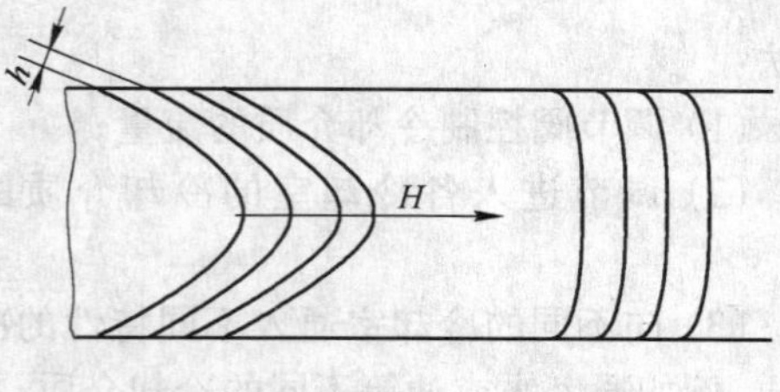

图 15-42　铜带坯表面的结晶线形状

于是，Alfred Wertli 又在图 15-41 的基础上提出了如图 15-43 所示结构的设计。

该结晶器的上、下两个冷却器与前述的结构相似。不同之处在于，在石墨模的两侧小面上，各增加了一个加热器（注意：不是冷却器）。A 为石墨模小面外侧的加热器，内有通道 B。被加入的介质由 B 的上孔进入、下孔排出。

由于石墨模小面被加热，避免了铸锭角部过早冷凝的现象。这样，带坯表面凝固线如图 15-42 的右半部所示，显然，带坯结晶组织得到了均匀化。

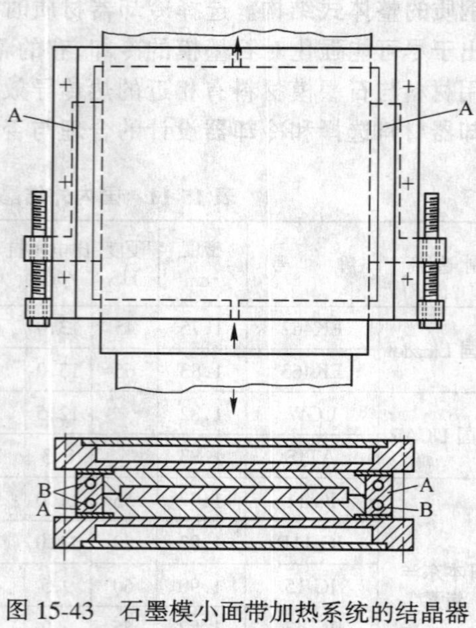

图 15-43　石墨模小面带加热系统的结晶器
A—加热器；B—介质孔

整体式结构的冷却器已经被普遍采用，它与早期的装配式结构相比，不容易变形。

在冷却器水路设计方面，内部的冷却水路的对称分布原则始终没有改变。小面石墨模不设冷却器的方案是可行的。

15.7.3　带坯引拉技术

15.7.3.1　引拉程序

铸造过程中，带坯在宽度方向上的绝对收缩量，远大于带坯在厚度方向上的绝对收缩量。因此，带坯通过结晶器时，主要是受到来自带坯大面与结晶器大面之间的摩擦阻力。带坯的宽厚比越大，带坯与结晶器之间的摩擦阻力越大。当带坯与结晶器之间的摩擦阻力大到一定程度，尤其在采用匀速引拉时，带坯通过结晶器可能不畅，甚至可能发生带坯在结晶器中滞留，或者带坯被拉裂现象。因此，引拉铜带坯时常常采用以下程序：

(1) 拉—停；

(2) 拉—停—反推—停。

引拉程序通常由引拉长度(mm)、引拉速度(mm/min)、停歇时间(s)、反推长度(mm)等参数组成。引拉长度，有的称冲程。

引拉带坯采用何种程序，主要取决于合金的铸造性质。

例如：铸造黄铜时，由于可能有氧化锌等凝结物粘附在石墨模工作表面上，则容易引起带坯的表面龟裂。欲从石墨模工作表面上将氧化锌等物质清除，第(2)类程序是有效的。通常的做法是：正常铸造时采用第(1)类程序。待石墨模工作表面粘附的氧化锌凝结物较多时，加入第(2)类程序。石墨模工作表面上的粘附物被清除后，重新恢复第(1)类程序。

当引拉程序中的停歇时间大于引拉时间时，称为清理程序。含锌在20%以上的黄铜，往往都在正常引拉程序中加入清理程序。

某种程序中速度随时间变化的曲线如图15-44所示。

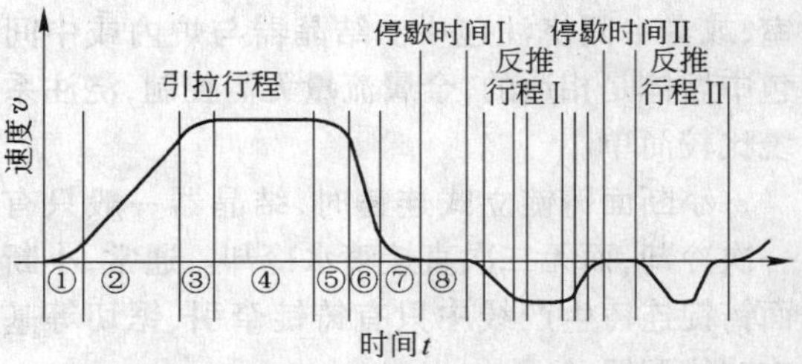

图15-44　引拉程序与速度/时间(模拟)变化曲线

①—变速加速段，1～15000 mm/s²；②—等速加速度曲线，最大为5000 mm/s²；③—变速加速段，1～15000 mm/s²；④—速度，1%～100%(1.4～140 mm/s)；⑤—变速减速段，1～15000 mm/s²；⑥—等速加速度曲线，最大为5000 mm/s²；⑦—变速减速段，1～15000 mm/s²；⑧—停歇时间，s

15.7.3.2　铜合金带坯铸造生产

A　纯铜和高铜合金

纯铜和含合金元素很少的高铜合金，熔体中的杂质含量低。凝固过程中，由于很少有氧化物等物质析出并粘附到石墨模上，带坯与石墨模之间摩擦力不大，简单的“拉—停”程序已足够。只有当带坯表面析出物增多，甚至影响表面质量时，才有必要引入清理程序，以清理结晶器。

由于纯的金属在凝固过程中的液-固两相区间狭小，大行程引拉容易促进大柱状晶形成，故宜采用小行程。为了不至于减低平均引拉速度，可采用小行程、低瞬速的高频率程序。

纯度越高的金属，越容易氧化和吸气。纯铜在凝固过程中，石墨模材料自身的碳和铜液中的氧化亚铜发生化学反应时，消耗碳，石墨模表面可能会出现凹坑，变得粗糙，显然，这时带坯引拉阻力增大。严重时带坯表面出现裂纹。在此情况下，适当提高铸造温度和引拉速度，可使相对于石墨模某一恒定区域的带坯凝固前沿位置向后移，从而改善带坯的表面质量。

B　低锌黄铜和高锌黄铜

含锌10%以下的低锌黄铜，铸造性质接近纯铜，宜采用接近纯铜带坯引拉的程序。随着引拉过程的进行，视带坯表面质量状况可适当增加反推动作，或采取降低铸造温度或降低引拉速度等措施。

高锌黄铜由于其中的锌含量高，锌易挥发并随即氧化。由于氧化过程产生大量氧化锌等物质，则在结晶后沿固相区对应的石墨模工作表面上，可能黏结有由氧化锌等物质与结晶过程中析出的其他物质组成的混合物。因此铸造高锌黄铜时，适宜采用“拉—停—反推—停”的带反推的程序。

与纯铜和高铜合金不同的是，高锌黄铜熔体中析出的锌，一般不会与石墨模发生反应而融蚀石墨模表面，只是在光滑的石墨模工作表面上逐渐凝聚锌和锌的氧化物等物质。可适当采取降低铸造速度、铸造温度的办法，使相对于石墨模工作表面恒定的区域的带坯凝固前沿向前移，带坯越过黏结物过多的区段凝固结晶。

简单黄铜宜采用中等的引拉行程、瞬速和频率。

C　锡磷青铜

锡磷青铜结晶温度范围大，树枝状结晶发达，带坯表面容易产生反偏析。

铸造过程中，锡磷青铜带坯表面析出的富锡偏析物质，并不直接和石墨模材料之间发生化学反应。带坯的宽厚比越大，带坯在宽度方向上的绝对收缩量越大，结果带坯小面与石墨模壁工作表面之间的间隙自然亦大，因此带坯侧面表面上的富锡偏析物比较多。带坯表面如有裂口,大都首先从四个角部开始。

锡磷青铜带坯在通过石墨模时,带坯表面不光滑的富锡物"凸瘤"像"锉"一样,磨着石墨模的工作表面。石墨模工作表面被不断磨损的结果,可以引起铸造带坯的断面尺寸的变化。

表 15-13 列举了某些铜合金带坯引拉程序。

表 15-13 铜合金带坯水平连铸引拉程序

序 号	合 金	带坯规格/mm×mm	均速/mm·min⁻¹	拉程/mm	停歇时间/s	反推/mm	停歇时间/s
1	NS60Pb	16×540	210	20.0	0.5	2.0	1.5
2	NS62⁄18	18×660	95	18.0	4.6	3.0	
3	QSn6.5-0.1	16.5×430	180	14.0	3.0	2.5	
4	CuSn5.0	16×500	135	12.5	3.0	2.5	0.5
5	QSn6.5-0.1	15.5×650	150	13.0	3.2	2.0	0.01

一般情况下,引拉行程不宜过大,引拉瞬速不能过快,引拉速度启动曲线不宜很陡,停歇时间应足够。实际上,停歇时间是带坯凝固完成不可缺少的重要环节。

15.8 立式连续铸造

15.8.1 小型铸锭立式连铸

图 15-45 为小型铸锭立式连续铸造的结晶器装置示意图。

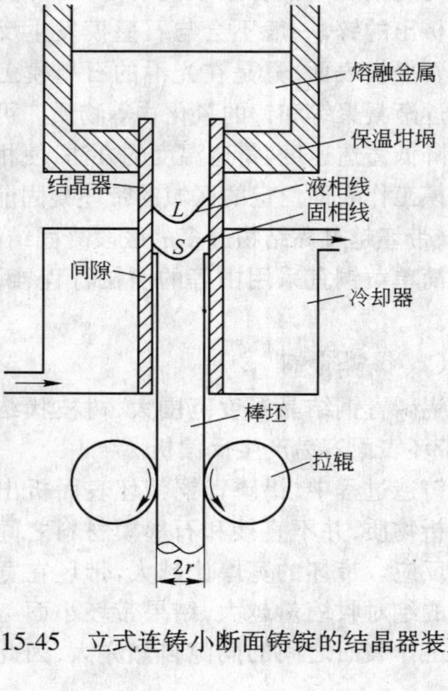

图 15-45 立式连铸小断面铸锭的结晶器装置

相对而言,小型铸锭的立式连铸装置比较简单。结晶器石墨模的前端伸入到保温炉前室,或者中间浇注包中。结晶器与炉内或中间包中熔体是相通的,金属流量无需控制,浇注系统比较简单。

小断面铸锭立式连铸时,结晶器一般只有一次冷却,而无二次直接喷水冷却。通常,小断面铸锭连铸生产线中只有铸锭牵引、锯切等基本功能配置。

图 15-46 所示为铸造 Cu-0.75%Sn-0.35%P 合金 ϕ195 mm 铸锭时,结晶器石墨模温度变化曲线。结晶器石墨模高度为 300 mm。

15.8.2 大型铸锭立式连铸

大断面铸锭立式连续铸造装置中,除结晶器及其冷却系统外,还包括熔炼炉、保温浇注炉、铸锭牵引装置、铸锭锯切和排屑装置、接受和倾翻铸锭装置,以及出锭辊道等一系列设备。

大断面铸锭立式连铸装置中,结晶器与浇注铜液的保温炉前室,或中间浇注包是相互独立的。结晶器装置与浇注系统的设计,已经考虑到了整个装置结构的适应性和协调性。

生产无氧铜的立式连铸机组中,熔炼炉通常是一台或几台大功率的工频有铁心感应电炉,熔体通过流槽进入保温浇注炉。熔炼炉、保温炉、流槽及结晶器内液体金属都被严密保护。

结晶器及结晶器振动装置、结晶器内金属

液面控制系统等，均安装在可移动的小车上。

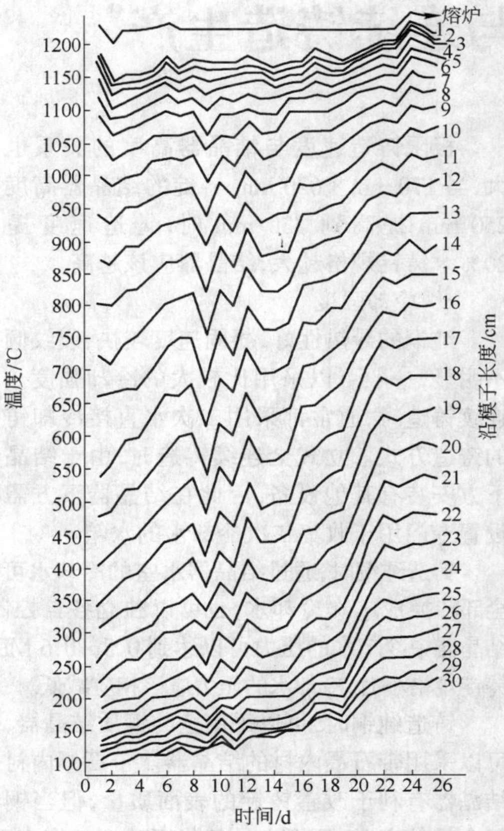

图 15-46 结晶器高度方向石墨衬模温度变化曲线

图 15-47 为立式连续铸造无氧铜大断面铸锭用结晶器装置示意图。

结晶器带石墨内衬和铸造过程中结晶器振动，都有助于改善铸锭的表面质量。精良的结晶器设计及材料选择、稳定可靠的冷却水分配及铸造过程的有效监控等，都有助于结晶器保持长时间连续不停地工作。

现代的大型铸锭的立式连铸装置中，通常都有以下的附加配置：熔炼炉熔化进程、保温炉内熔体液位、温度等监测及连锁控制系统；结晶器内金属液面自动控制系统；结晶器及其二次冷却装置中的冷却强度的监测及其控制系统；铸造程序和铸造工艺参数的控制和监视系统；按照规定的长度自动锯切铸锭，以及收屑和快速更换锯片系统；将锯切的锭坯自动下线，及其称重和打印系统等。

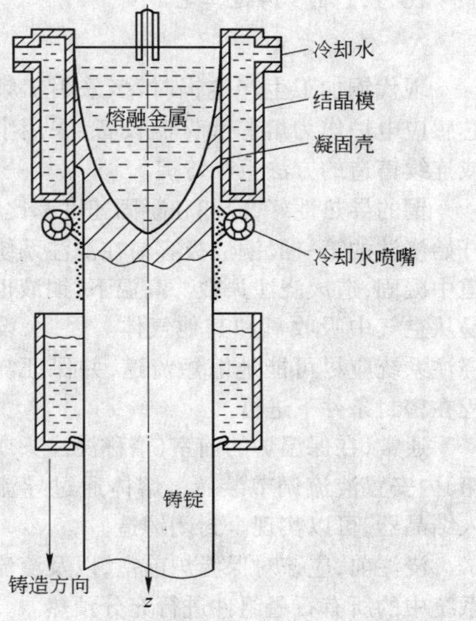

图 15-47 立式连铸大断面铸锭的结晶器装置

从铸造的冶金过程分析，立式连续铸造和立式半连续铸造基本一样。即铸造过程进入增长状态以后，铸锭的凝固和结晶过程基本一样。

连续铸造的铸锭质量控制方法与半连续铸造时基本相同。

16 铜合金半连续与连续铸造生产[1]

16.1 纯铜铸锭生产

16.1.1 普通纯铜铸锭生产

16.1.1.1 铸造工艺

A 铸造方式

现代铜加工生产纯铜时,多采用工频有铁芯感应电炉作为熔炼和保温设备,采用半连续或连续铸造的方法生产铸锭。

铜的导热性好,冷却和凝固速度都比较快,开始浇注的第一股铜液极容易在浇注系统的流道中凝固,造成浇注失败。高温下,铜液也极容易从空气中吸收氧和其他气体。因此,设计的浇注系统应尽可能地缩短流道,并保证浇注过程在密封条件下进行。

通常,在保温炉的前室(俗称浇注头或分流箱)内安置液流调节装置,熔体通过导流管进入结晶器,可以实现全封闭铸造。

浇注前,应该对保温炉前室,以及液流控制系统中的所有石墨组件进行充分预热。

B 铸造工艺参数

a 浇注温度

浇注温度越高,流动性越好。纯铜液的流动性还与其脱氧程度有关,氧含量较高时,流动性变差。

在保证铸造过程顺利进行的前提下,应该尽可能地降低浇注温度。

铸锭规格越小,越需要较高的浇注温度。铸造过程转入正常状态以后,如果提高铸造速度,则可有限地降低浇注温度。纯铜的浇注温度一般都在1150~1200℃之间。

b 铸造速度

铸造速度的极限是铸锭内部不产生裂纹。

极限铸造速度与结晶器高度的关系也很大,当170 mm×620 mm铸锭的结晶器高度从250 mm提高到330 mm时,铸造速度提高20%。铸锭规格越大,结晶器应该越高。

c 冷却强度

纯铜的导热性好,凝固速度较快,裂纹倾向不明显,一般可以采用比较大的冷却强度。半连续铸造时,通常都采用二次水直接冷却铸锭的铸造方式。立式全连续铸造时,由于结晶器下方安装有其他设备,因此在结晶器下方需要设置专门用于收集二次冷却水的水箱。

铸造纯铜时,通过结晶器水室的冷却水可以全部转换成二次冷却水,也可以独立各自控制。结晶器中冷却水的压力可以达到0.5~0.6 MPa。铸锭规格小时,冷却水的压力应该相应减低。

铸造纯铜时,可以采用全纯铜质结晶器,也可以采用带石墨内衬的结晶器。带石墨内衬的结晶器有利于改善铸锭的表面质量,但当铜中氧含量较高时,石墨容易氧化而破坏工作表面。

表16-1和表16-2分别列出了工频有铁芯感应电炉熔炼和立式半连续铸造方式生产纯铜铸锭的铸造工艺条件。

表16-1 纯铜铸锭半连续铸造工艺条件(一)

铸锭规格/mm	结晶器高度/mm	浇注温度/℃	覆盖及润滑剂	铸造速度/$m\cdot h^{-1}$
φ150	275	1170~1200	炭黑	12.0~13.0
φ185	275	1170~1190	炭黑	9.5~10.5
φ220	275	1165~1185	炭黑	7.5~8.5
φ250	275	1165~1185	炭黑	6.5~7.5
φ300	275	1160~1180	炭黑	5.5~6.5
φ400	275	1160~1180	炭黑	4.5~5.5
140×400	290	1160~1180	炭黑	8.0~10.0
160×600	290	1150~1170	炭黑	5.5~6.5
160×700	290	1150~1170	炭黑	5.0~6.0

[1] 本章撰稿人:肖恩奎。

表 16-2 纯铜铸锭半连续铸造工艺条件(二)

铸锭规格 /mm	结晶器高度/mm	浇注温度 /℃	冷却水压力/MPa	覆盖及润滑剂	铸造速度 /m·h^{-1}
ϕ85	150	1180～1200	0.08～0.10	炭黑或煤气、氮气	16.0～18.0
ϕ145	160	1180～1200	0.08～0.10	炭黑或煤气、氮气	10.0～14.0
ϕ245	200	1150～1180	0.10～0.15	炭黑或煤气、氮气	6.0～7.0
753×30	200	1160～1180	0.10～0.12	炭黑或煤气、氮气	7.0～7.6
170×620	250	1150～1180	0.12～0.15	炭黑或煤气、氮气	4.0～5.0
170×620	330	1150～1180	0.12～0.15	炭黑或煤气、氮气	5.0～6.0

16.1.1.2 氧含量控制

普通纯铜是应用最为广泛的电工铜。国标中对普通纯铜 T2 的氧含量没有明确要求,国外某些标准中把这类铜的氧含量规定为 100～650×10^{-4}%。

当采用反射炉熔炼普通纯铜时,铸锭中的氧含量通常在(200～500)×10^{-4}%之间。采用工频有铁芯感应电炉熔炼时,含氧量一般比较低。采用竖炉熔炼,铜中的含氧量相应高些。竖炉熔炼的铜液中含氧量控制在(90～100)×10^{-4}%的范围。由于转注过程中,以及在保温炉内保温期间都可能增加部分氧,最后铸锭中的氧含量为(100～650)×10^{-4}%。为了达到这个含量,可在流槽或者在保温炉中设置烧嘴,并通过调整烧嘴的空燃比进行调节。

如果没有氧含量调节问题,普通纯铜的铸造工艺并不复杂,用全铜质的,或者带有石墨内衬的结晶器都可以获得表面和内部质量完好的铸锭。

在反射炉熔炼普通纯铜时,一般通过炉前取样观察凝固面状态的方法来鉴别铜液中氧的含量。氧含量不同时,试样凝固表面具有不同的形貌。凝固表面呈凹状时表明氧含量较高,凝固表面呈凸状时表明氢含量较高(图 16-1)。

图 16-1 铜凝固表面形貌

现在,一种能可靠地监视铜液中氧含量的固体电解质氧传感器系统,已经在许多铜线锭、阳极板和韧铜铸锭生产线上采用。

竖炉熔炼→流槽转注→工频有铁芯感应电炉保温→浇注的方式,已经在铸锭生产中得到了应用。德国某工厂采用全连续铸造装置生产 ϕ80～500 mm 和 330 mm×1280 mm 纯铜圆、扁铸锭,铸锭中的氧含量控制在 0.015%～0.027%之间(见图 16-2),该机组铸锭年产量达 10 万 t 以上。

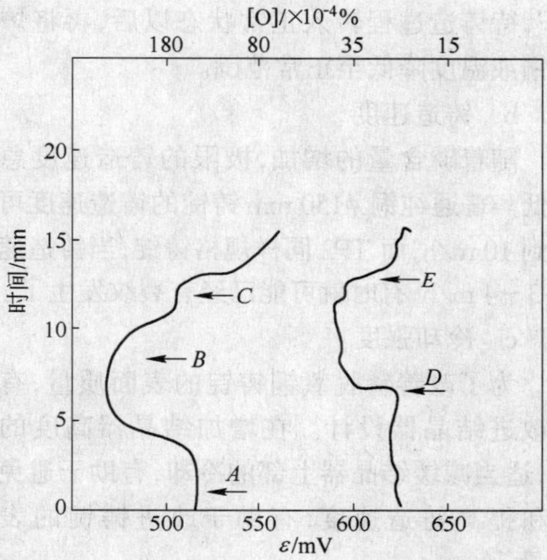

图 16-2 浇注铜线锭过程中氧含量的变化

工频有铁芯感应电炉熔炼时,主要通过密封或者还原性气氛保护,因此铜液中的氧含量通常都比较低。若希望得到具有一定氧含量的产品,可通过某种附加的工艺设施和手段,例如通过调整流槽上面烧嘴的空燃比,或者通过透气砖直接向炉内熔池中充入空气,实现适量增氧的目的。如果希望达到氧的增量能够得到准确控制,应该附加氧含量自动监测装置。

16.1.2 磷脱氧铜铸锭生产

16.1.2.1 铸造工艺

A 铸造方式

半连续和连续铸造磷脱氧铜铸锭时,可以采用工频有铁芯感应电炉或无芯感应电炉作为浇注设备。

B 铸造工艺参数

a 浇注温度

浇注温度过高时容易造成铸锭的内部裂纹缺陷。磷脱氧铜的铸造裂纹倾向比较明显。

当其他条件相同，浇注温度为1160～1180℃时的裂纹程度比浇注温度1120～1140℃时的裂纹程度严重得多。

为了实现在较低的温度下浇注，又不至于造成开始浇注的第一股铜液流凝固在出铜口或者导流管中，可先用稍高于正常浇注温度“放流”，待铸造过程转入正常状态以后，再将炉内的铜液温度降低至正常范围。

b 铸造速度

随着磷含量的增加，极限的铸造速度急剧降低。普通纯铜 ϕ150 mm铸锭的铸造速度可以达到10 m/h，而TP2同样规格铸锭，当铸造速度在3～4 m/h，有时就可能已经有裂纹发生了。

c 冷却强度

为了改善磷脱氧铜铸锭的表面质量，有必要改进结晶器设计。在增加结晶器高度的同时，适当减缓结晶器上部的冷却，有助于避免裂纹和提高铸造速度，有助于改进铸锭的表面质量。

在采用直接水冷方式铸造的情况下，当浇注温度和铸造速度一定时，即使把冷却水压力减低到0.01～0.05 MPa也没有消除裂纹。只有同时降低浇注温度、铸造速度和结晶器冷却强度时，铸锭裂纹率才明显降低。而采用石墨结晶器铸造时，当浇注温度为1130～1150℃、铸造速度为4.0～5.0 m/h、冷却水压力为0.01～0.05 MPa时，铸锭中则已没有裂纹发生了。

采取非直接水冷铸造方式，可以提高极限铸造速度。

表16-3给出的数据表明：铸造TP2 ϕ360 mm大型断面铸锭时，不同的冷却方式极限铸造速度不同。极限的铸造速度随着冷却强度的降低而增大，即喷雾分散冷却和水气混合分散冷却时，极限铸造速度达到2.78 mm/s；水幕分散冷却时，极限铸造速度为1.94～2.08 mm/s；而直接喷水冷却时，极限铸造速度只有1.67～1.80 mm/s。

表16-3 TP2 ϕ360 mm铸锭极限铸造速度与冷却强度的关系

铸锭冷却方式	水耗量 /$dm^3 \cdot s^{-1}$	极限铸造速度 /$mm \cdot s^{-1}$
直接喷水冷却	7.5	1.67～1.80
水幕分散冷却	1.28～2.75	1.94～2.08
水气混合分散冷却	1.28～2.75	2.78
喷雾分散冷却	1.28～2.75	2.78

注：1. 铸锭冷却方式中除直接水冷方式外，其余三种分散冷却方式中的一次冷却装置和二次冷却装置都是分开的，即一次冷却水和二次冷却水的流量可分别进行调整。

2. 试验的其他条件为：结晶器高度350 mm，浇注温度为1160～1190℃。

16.1.2.2 磷含量的控制

如果铜液中含氧较高，加入磷时不可避免地将有部分在脱氧反应中被消耗，因此首先要对铜液中氧含量进行控制。如果铜液中已经含有一定数量的氧，则加入磷的数量应同时考虑到脱氧将消耗的量。

现代的、规模较大的生产线，通常在流槽中连续地加磷。通过对铸造产品导电率的即时测定，及时调整磷的加入数量。

磷脱氧铜铸锭的铸造速度较低，因此铸锭表面不容易做得像普通纯铜和无氧铜那样光滑。

尤其当铸锭规格比较大时，铸造速度更低，铸锭凝固收缩的结果在铸锭与结晶器之间形成了较大的间隙，此间隙严重影响铸锭与结晶器之间的热交换，铸锭表面可能出现周期性的不规则的凸起瘤，甚至表面裂纹。

铜液中磷在0.01%～0.03%范围时，表面张力急剧下降。磷和铜之间结合力加强，磷化铜 Cu_3P 的形成降低了流动性。铸锭表面的磷化铜 Cu_3P 也容易粘结到结晶器上，从而恶化铸锭的表面质量。

石墨结晶器可以有效地改善铸锭表面质量。

采用非直接二次水冷的铸造方式，可以显著地提高极限铸造速度。铸造速度提高，铸锭的表面质量必然会得到改善。

16.1.3　无氧铜铸锭生产

16.1.3.1　铸造工艺

A　铸造方式

工频有铁芯感应电炉容易密封，有利于避免铜熔体的氧化和吸气，因此该炉型一般都作为无氧铜熔炼设备的首选。但更高品质的无氧铜，如电真空器件用的，可采用真空熔炼和铸造的方式生产铸锭。

工频有铁芯感应电炉，同时又是生产无氧铜较理想的保温和铸造设备。铜液通过炉前室中的锥形出铜口和导流管进入结晶器，流量可以自由调节。

半连续铸造和连续铸造一样，都需要对浇注过程进行严密的保护。炭黑、煤气或氮气等经常被作为无氧铜熔体的保护介质。氩气则是一种更高级的保护介质。结晶器内金属液面受到介质严密保护，但不能妨碍凝固过程中析出气体的顺利溢出。

带有石墨内衬的结晶器，比全铜质结晶器具有更好的冷却效果和润滑效果，铸锭表面质量比较好，而且稳定。

B　铸造工艺参数

表16-4列出了某些工厂实际应用的无氧铜铸造工艺参数。

表16-4　无氧铜铸锭铸造工艺参数

铸锭规格/mm	浇注温度/℃	结晶器高度/mm	铸造速度/m·h^{-1}	冷却水压力/MPa	结晶器内熔体保护介质
ϕ85	1160~1180	150	16.0~18.0	0.05~0.15	炭黑
ϕ145	1140~1160	160	9.0~10.0	0.08~0.15	炭黑
ϕ195	1160~1180	330	10.0~11.0	0.20~0.30	炭黑或氮气
75×360	1160~1170	260	10.0~12.0	0.10~0.15	炭黑或氮气
170×620	1180~1200	350	6.0~8.0	0.20~0.30	炭黑或氮气
100×100	1170~1190	900	约36.0	约0.25	炭黑或氮气

注：表中170 mm×620 mm铸锭为连续铸造。其余规格铸锭为半连续铸造。连铸170 mm×620 mm铸锭时，结晶器内一次冷却水和二次冷却水分别控制。

16.1.3.2　铸锭质量控制

A　氧含量控制

氧含量控制是无氧铜铸锭生产技术的关键。

现代电子工业的飞跃发展，对无氧铜氧含量的要求越来越严格。最新的国标（GB/5231—2001）中规定TU0牌号的氧含量在0.0005%（5×10^{-4}%）以下，TU1牌号的氧含量在0.002%（20×10^{-4}%）以下。

无氧铜的氧含量主要与熔炼有关。如果希望在保温炉内继续降低含氧量，亦可采用向熔池中吹入氮气，或者氮和一氧化碳的混合气体。

半连续铸造的无氧铜铸锭中，有时发生氧含量不均匀的现象，氧含量较高的点大都分布在铸锭浇口和底部的表面或表层。

半连续铸造时，从开始放流到进入铸造正常状态，需要一个过渡过程。浇注之前，浇注系统的水口座、导流管和结晶器、引锭器等铸造工具的干燥程度，铜液充入结晶器前型腔中的空气被排出的程度，以及使用的保护介质材料的干燥程度等，都可能引起铸锭开头一段的氧含量偏高，或者局部含氧量偏高的现象发生。

图16-3所示为洛阳铜加工厂现代化无氧铜生产线生产的TU1，以及按照美国ASTM标准生产的C10200牌号无氧铜铸锭的氧含量检测结果。

B　铸锭表面和内部质量

无氧铜采用石墨结晶器并振动铸造工艺时，铸锭表面质量比较容易控制。

但是，对铸锭内部极微量氧的不均匀分布，以及可能存在微小气孔等问题不容忽视。这是高纯无氧铜铸锭生产中特有的两个质量问题。

高纯无氧铜生产过程中，有一种现象已经引起了注意：铸锭化学成分分析时，氧含量不高。但有时对加工产品进行分析时，却出现局部氧含量增加的现象。研究者认为这有可能是铸锭中存在“泡沫”状气孔引起的。

所谓“泡沫”状气孔，即均匀分布在铸锭内的微小气孔群。此类气孔似海绵状或呈针状，或呈小球状分布在晶内或晶界上，只有非常仔

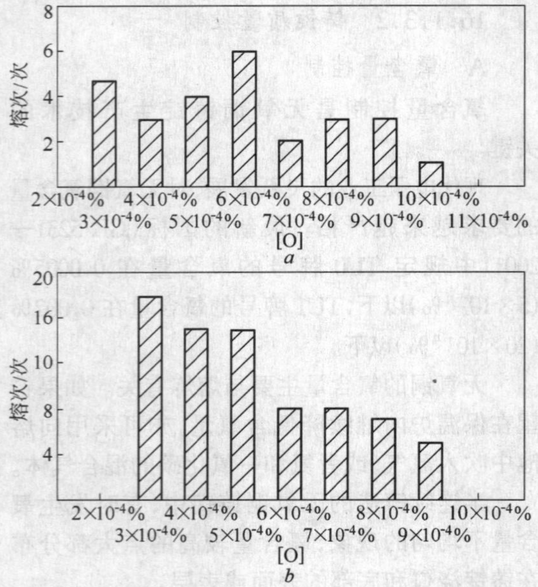

图 16-3　TU1 和 C10200 铸锭中的氧含量
a—TU1 铸锭中氧含量；*b*—C10200 铸锭中氧含量

细检查时才能发现。其实，此时铜的密度已经明显减小，曾发现一块试样的密度比正常值少了15%。用烧氢法检查铸锭氧含量时，由于“泡沫”状气孔的存在而掩盖了氧的氢脆病暴发。原来铸锭中氧含量比较高，但在烧氢即820～850℃氢气气氛中退火时，晶界上的 Cu_2O 与 H_2 反应所产生的高压水蒸气，有相当多的部分集聚到了压力较低的密集的“泡沫”状气孔中，因而减少了高压水蒸气致使晶界开裂的状况。

16.2　黄铜铸锭生产

黄铜具有很多优良的铸造性质，例如液态时流动性好，凝固收缩时容易补充，不容易产生集中缩孔。但同时也存在一些不良的性质，例如高温下锌容易挥发，氧化锌烟雾的产生妨碍铸造操作。熔体中的铁、锰等元素容易氧化并生渣。

16.2.1　普通黄铜铸锭生产

16.2.1.1　铸造工艺

A　铸造方式

工频有铁芯感应电炉，是普通黄铜半连续或连续铸造生产铸锭的理想浇注炉设备。工频有铁芯感应电炉的前室比较适合安装熔体流量调节系统。

某些大型铸造生产线，数台熔炼炉同时向一台保温炉供给铜液，一台保温炉通过长流槽同时向几台铸造机供给铜液，每台铸造机都有自己的分流装置。

高锌黄铜浇注温度比较低，熔体流量调节系统中的塞棒、出铜口和导流管，不仅可以采用石墨材质，也可以采用耐热铸铁或耐热铸钢材料制造。

熔融硼砂型覆盖铸造技术的出现，为黄铜半连续和连续铸造生产开辟了更加广阔的发展前景。在此之前，半连续和连续铸造黄铜时，结晶器内金属液面上通常采用的是用煤气保护和同时用变压器油等润滑的方法，但铸锭表面质量并不容易控制。

B　铸造工艺参数

a　浇注温度

普通黄铜的沸点与其锌含量的关系如表16-5所列。工频有铁芯感应电炉熔炼锌含量高于20%的黄铜时，可以以喷火作为熔体成熟（即到达出炉温度）的标志。

表 16-5　黄铜沸点与其锌含量的关系

合金牌号	沸点/℃	浇注温度/℃
H96	1600	1275～1300
H90	1400	1225～1250
H80	1240	1175～1200
H70	1150	1125～1150
H65	1135	1100～1180
H60	1080	1060～1080

熔炼锌含量低于20%的黄铜则仍需用热电偶实际测量温度，因为实际需要的浇注温度与合金熔体的沸点相差甚远。由于低锌黄铜，特别是锌含量在10%以下的黄铜，其某些铸造性质甚至与纯铜相似，铸造温度的微小变化都可能破坏铸造稳定的过程。

b　铸造速度

像所有的铜合金一样，铸锭规格越小，铸造

速度越快。表16-6列出H68各种规格铸锭的铸造速度。

表16-6 H68各种规格铸锭的铸造速度

铸锭规格/mm	结晶器高度/mm	冷却水压力/MPa	铸造速度/m·h⁻¹
ϕ85	170	0.05～0.10	14.0～16.0
ϕ145	200	0.05～0.10	9.5～10.5
ϕ195	225	0.06～0.12	9.0～10.0
ϕ245	250	0.06～0.12	7.0～8.0
ϕ295	280	0.08～0.15	4.5～5.5
ϕ360	280	0.08～0.15	4.0～5.0

浇注温度一定时，增加结晶器有效高度或者适当加大冷却强度，可在某种程度上提高铸造速度。表16-7列出两家工厂同样生产H65，铸锭规格亦相近，但所用的结晶器高度不同时，铸造速度参数亦不同的举例。

表16-7 H65扁铸锭铸造工艺参数

工厂	铸锭规格/mm	浇注温度/℃	结晶器高度/mm	铸造速度/m·h⁻¹
A	170×620	1160～1180	230	10.0～12.0
	180×645	1160～1180	230	10.0～12.0
B	160×600	1160～1180	550	11.0～12.0
	160×800	1160～1180	550	11.0～12.0

当黄铜扁铸锭铸造速度过快而冷却跟不上时，铸锭大面可能因收缩补充不足而出现凹心现象。

某些黄铜大断面圆铸锭，对铸造速度变化比较敏感。当某些杂质元素，例如铅的含量稍高时，即可能引起铸锭内部裂纹。

c 冷却强度

在保持冷却水流量不变的条件下，提高结晶器高度，有助于铸造速度的提高。铸造H63黄铜160 mm×610 mm铸锭时，结晶器高度从300 mm增加到400 mm时，铸造速度由原来的8.0 m/h提高到10 m/h。

铸造时采用硼砂作为覆盖剂，可以改善结晶器的一次冷却强度。

铸造H62 ϕ195 mm铸锭时，在其他铸造条件和工艺参数基本相同的情况下，测得的液穴深度不一样：以硼砂作为覆盖剂时，液穴深度为285～305 mm，采用气体保护和变压器油润滑铸造时，液穴深度为300～350 mm。

铸造HPb63-0.1 ϕ195 mm铸锭时，在其他铸造条件和工艺参数基本相同的情况下，测得的铸锭径向线收缩值也不一样：用硼砂覆盖铸造时，线收缩为3.5%～4.16%，采用气体保护和变压器油润滑铸造时，线收缩为3.06%～3.32%。

冷却强度的加强同时有利于结晶晶粒的细化，并为提高铸造速度提供了条件。表16-8为H68黄铜采用硼砂覆盖前后各种规格铸锭铸造工艺参数对比的举例。

表16-8 H68铸锭采用不同覆盖剂铸造时铸造速度的比较

结晶器内液体金属保护条件	以下铸锭规格(mm)的铸造速度/m·h⁻¹					
	180×640	ϕ360	ϕ295	ϕ245	ϕ195	ϕ145
保护气和润滑油	7.0～8.0	3.5～4.0	4.0～4.5	5.0～6.0	8.0～8.5	10.0～10.5
熔融硼砂	10.0～12.0	4.0～5.0	5.0～5.5	7.0～8.0	9.0～10.0	11.0～12.0

16.2.1.2 铸锭表面及内部质量

普通黄铜，特别是高锌黄铜用熔融硼砂覆盖铸造时，铸锭表面比较光滑。扁铸锭不用铣削表面即可进行热轧加工。

普通黄铜的结晶温度范围小，偏析倾向不大，化学成分分布比较均匀。由于熔体流动性好，很少形成集中缩孔和分散疏松缺陷。

16.2.2 复杂黄铜铸锭生产

16.2.2.1 铅黄铜铸锭生产

A 铸造方式

现代铜加工厂生产铅黄铜铸锭主要采用半连续和连续铸造的方法。

多品种、多规格生产时，宜采用半连续铸造

的生产方式。如产品品种单一、产量规模较大时，例如主要生产各种棒材坯料，则可采用水平连续铸造的生产方式。

立式半连续铸造，大多利用工频有芯保温炉的前室作导流箱，通过其中的液流调整装置控制流量。水平连铸则直接将结晶器水平安装在保温炉的前室上，在炉前室和结晶器之间可以安装液流调整装置，也可以完全不用液流调整装置，后者是炉前室中的熔体直通结晶器。水平连铸用保温炉的炉膛深度很重要，只有一定高度的液柱熔体，才能保持一定的静压力，以保证结晶器中始终被熔体所充满。

铅黄铜熔炼过程中容易氧化生渣，转炉和铸造之前都需要对熔体进行清渣。同时，可以在浇注前室或导流箱内设置挡渣的隔板，使液面上的浮渣不能流动到前室或导流箱中去。如果铸造期间前室或导流箱中的熔体不断地得到补充，将有利于避免或减轻铅的比重偏析。有的在保温浇注炉之前，另配置一台混合炉，目的在于使熔体中铅的分布更加均匀。

B 铸造工艺参数

a 浇注温度

小容量炉子铸造时，往往需要比较高的浇注温度，即“喷火”2～3次。大容量炉子熔炼时，“喷火”可能造成比较大的金属损失，往往不能等到“喷火”现象发生。实际上，感应器电流表指针出现摆动现象，表明熔沟熔体中已在发生锌沸腾现象，即表明温度已经成熟，可以进行浇注了。

b 结晶器及冷却强度

采用直接水冷方式铸造铅黄铜大规格铸锭时，铸锭内部容易产生裂纹，这主要是由于合金中一定数量铅的存在所致。为避免裂纹，不得已一再减低铸造速度时，往往造成铸锭表面质量的恶化。

适合铸造铅黄铜铸锭的一种结晶器及其冷却装置如图16-4所示。

该结晶器的主要特征是一次冷却和二次冷却强度可以分别控制。

铸造过程中，一次冷却仅仅形成铸锭表层的凝固壳，离开结晶器以后即进入微弱的二次冷却区，铸锭被缓慢冷却甚至在一定时间内保持为红热状态，俗称“红锭铸造”。

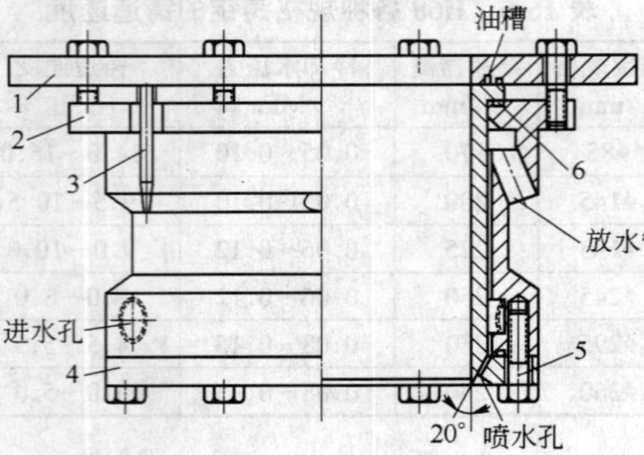

图16-4 铸造铅黄铜用结晶器
1—法兰；2—外壳；3—进油管；
4—底板；5—螺栓；6—密封材料

“红锭铸造”时，保证一次冷却强度尤为重要。结晶器工作腔断面尺寸的锥度设计，是为了减少铸锭与结晶器之间的空气间隙，强化一次冷却。红锭铸造提高了铸造速度，同时地改善了铸锭的表面质量。

表16-9列出某些HPb59-1铸锭的铸造工艺技术条件。

表16-9 某些HPb 59-1铸锭的铸造技术条件

铸锭规格/mm	结晶器高度/mm	浇注温度/℃	铸造速度/$m·h^{-1}$	冷却水压力/MPa	覆盖及润滑剂
ϕ245	285	喷火	10.0～10.5	0.04～0.10	硼砂
ϕ295	285	喷火	8.5～9.0	0.04～0.10	硼砂
ϕ360	285	喷火	5.5～6.0	0.04～0.10	硼砂
ϕ410	285	喷火,	4.0～4.5	0.04～0.10	硼砂

c 铸造速度

铅很少固溶于固溶体中，游离的铅会降低合金的强度和塑性。不当的铸造速度和不当的冷却强度一样，可能引起铸锭的裂纹缺陷。

表16-10列出半连续铸造试验HPb59-1 80 mm×360 mm扁铸锭的有关工艺参数和结晶组织检查的结果。

在其他条件不变的前提下，发现当把铸造速度从4.0～5.0 mm/s降到2.5～3.5 mm/s时，结晶组织由原来的粗大柱状晶变成了细小等轴晶。

表 16-10 HPb59-1 80 mm×360 mm 铸锭铸造工艺实验结果

化学成分/%					浇注温度/℃	铸造速度/mm·s⁻¹	冷却水压力/MPa	铸锭结晶组织
Cu	Zn	Pb	Fe	Al				
58.00	余量	1.11	0.025	0.022	108～1100	4.5～5.0	0.015～0.20	粗大柱状晶,有裂纹
58.37	余量	1.07	0.029	0.15	103～1070	3.5～4.5	0.15	较粗大柱状晶
59.20	余量	1.32	0.030	0.125	107～1090	2.5～3.0	0.08～0.10	细小等轴晶,无缺陷

进一步的热轧试验表明:较低铸造速度试生产的以细小等轴晶为主的铸锭,可以较好地承受压力加工。较高铸造速度试生产的以粗大柱状晶为主的铸锭,热轧时容易出现碎裂现象。

16.2.2.2 铝黄铜铸锭生产

A 铸造工艺

HAl77-2,通常采用带有前室的工频有铁芯感应电炉作为保温铸造炉,铜液通过导流管进入结晶器,实行封闭式铸造。某些小断面铸锭,有的采用了水平连续铸造的方式生产。

化学成分复杂的多元铝黄铜,例如 HAl59-3-2、HAl66-6-3-2 等,一般产量都比较小,为变料方便,可以采用工频无芯感应电炉熔炼兼保温方式生产。半连续铸造时,通常在炉前要附加中间浇注包,中间浇注包设液流调节装置。

B 铸造工艺参数

表 16-11 为 HAl77-2 圆铸锭的铸造工艺参数举例。

表 16-11 HAl 77-2 圆铸锭铸造工艺参数

铸锭规格/mm	结晶器高度/mm	浇注温度/℃	铸造速度/m·h⁻¹	冷却水压力/MPa	覆盖及润滑剂
ϕ145	300	喷火	5.5～6.0	0.03～0.13	混合溶剂
ϕ195	300	喷火	4.5～5.0	0.03～0.18	混合溶剂

HAl66-6-3-2 圆铸锭宜采用非直接水冷半连续铸造。

非直接水冷铸造时,结晶器的一次冷却和二次冷却是分别独立控制的。铸锭离开结晶器以后受到水的分散冷却,铸锭保持红热状态。红锭铸造过程中,铸锭横向温差小,有利于减小铸锭内部的铸造应力,避免裂纹。

16.2.2.3 其他复杂黄铜铸锭生产

复杂黄铜铸锭,主要采用半连续铸造方式生产。根据产量规模大小,复杂黄铜熔炼可在工频有铁芯感应电炉或中、工频无芯感应电炉熔炼。无芯感应坩埚式感应电炉熔炼,变料方便。此时,可采用中间包作为浇注装置。

根据合金组成不同,各种复杂黄铜在铸造过程中有不同的表现,以致需要在设计铸造工艺时采用不同的工艺方法。

硅黄铜和镍黄铜导热性能差,铸锭容易产生裂纹。宜采用较高的结晶器及较低的铸造速度和较小的冷却强度,进行铸造。

锰黄铜和铁黄铜中的锰和铁,都极易氧化生渣,为了保证铸锭表面质量,必须对中间包和结晶器内的金属液面采取非常可靠的保护。硅黄铜和镍黄铜容易产生内部裂纹,宜采用较高的结晶器、较小的冷却强度及较低的铸造速度等。

与普通黄铜相比,铸造含锰和铁的复杂黄铜时,结晶器内熔体中锰的氧化现象,给铸锭表面质量控制增加了不小的难度。

锰黄铜铸锭表面夹渣常呈绿色或黑色、棕褐色。保护介质质量较差时,这种带有各种颜色倾向的表面缺陷,在接近保护气引入口的铸锭表面附近尤为突出。

二氧化锰等氧化物的存在,使结晶器内金属液面具有较大的表面张力,阻碍液膜向结晶器周边的移动,同时容易造成铸锭表面的冷隔缺陷。

铸造锰黄铜时,结晶器内金属液面采用气体保护时,严格控制气体中的氧含量是至关重要的。

16.3 青铜铸锭生产

16.3.1 锡青铜铸锭生产

16.3.1.1 锡磷青铜铸锭生产

A 铸造方式

锡青铜具有较大的结晶温度范围、较小的线收缩率,以及严重的锡反偏析倾向等一系列特殊的铸造性质,给滑动结晶器铸造带来很大困难。在很长一段时间内,当大多数铜及铜合金都已实现了半连续乃至连续铸造时,仍然有不少工厂采用铁模或者水冷模铸造的方式生产各种规格的锡青铜铸锭。

立式半连续铸造锡青铜铸锭时,根据熔炼设备的不同可以采用不同的浇注方式。工频有铁芯感应电炉的前室,中、工频无芯感应电炉炉前的中间包,都可以作为锡青铜的浇注装置。液流通过导流管,或带漏孔的石墨坩埚进入结晶器。炭黑和石墨粉是结晶器内液面保护及铸锭润滑的理想介质材料。

结晶器自然振动铸造法,在改善铸锭表面质量,尤其是在减少和防止锡反偏析方面,与其他铸造方法相比,具有独到之处。结晶器自然振动铸造法,几乎适合于所有规格铸锭的生产。

带石墨内衬的结晶器非常适合于锡磷青铜铸锭的生产。

目前,多种规格的锡磷青铜带坯都可以在水平连铸线上生产。铸造的锡磷青铜带坯经铣面、成卷后可以直接进行冷轧加工。

B 铸造工艺参数表

表16-12列出锡磷青铜铸锭半连续铸造工艺参数。水平连铸的工艺参数见第15章第7节。

表 16-12 锡磷青铜铸锭半连续铸造工艺参数

合金牌号	铸锭规格 /mm	结晶器高度 /mm	石墨高度 /mm	浇注温度 /℃	铸造速度 /m·h^{-1}	冷却水压力/MPa	覆盖及润滑剂
QSn6.5-0.1 QSn6.5-0.4 QSn7-0.2	ϕ145	180	180	1180~1240	9.0~9.5	0.02~0.06	炭黑和石墨粉
	ϕ195	180	180		8.0~8.5	0.03~0.07	
	ϕ245	190	190		6.0~6.5	0.03~0.08	
	40×440	200			5.0×6.5	0.02~0.06	

16.3.1.2 锡锌青铜铸锭生产

A 铸造方式

锡锌青铜容易发生反偏析,而且锌挥发和生成的氧化锌等物质,容易集结在液面上或黏结到结晶器工作表面上。不仅妨碍连续铸造过程的正常进行,同时铸锭质量亦难以控制。

采用半连续铸造生产方式时,运用类似黄铜的封闭式炉前室或中间包浇注比较适宜。通过导流管直接将熔体引入结晶器,结晶器内采用气体保护及油润滑,或者炭黑的严密覆盖,都可以减少氧化和生渣的机会。

结晶器振动,有助于改善锡锌青铜铸锭的表面质量。

B 铸造工艺参数

采用滑动结晶器铸造锡锌青铜时,常发生铸锭表面反偏析、夹渣以至凝壳局部拉裂,甚至被拉断造成漏铜等现象。为了获得比较好的铸锭表面质量,对结晶器结构、浇注方式及浇注温度、铸造速度、冷却强度等工艺因素的选择和优化非常重要。

表16-13是锡锌青铜QSn 4-3 ϕ195 mm铸锭,优化半连续铸造工艺参数的试验记录。从表中可以看出:结晶器是主要因素。采用300 mm高结晶器时,铸锭表面质量得到了明显改善。降低结晶器高度时,不仅液面难以控制,而且铸锭表面偏析严重。浇注温度是次要因素,1280℃较合适,过高的浇注温度没有意义。

铸造速度和冷却强度对铸锭表面质量的影响并不明显。

表 16-13　QSn4-3 ϕ195 mm 铸锭优化铸造工艺参数试验结果

序号	结晶器高度/mm	浇注温度/℃	铸造速度/m·h	冷却水压力/MPa	铸锭表面质量情况
1	180	1320	5.50	0.10	表面质量差，铸锭长度 80% 报废
2	180	1280	6.00	0.08	表面质量好，没有大的缺陷
3	180	1300	6.50	0.12	表面质量差，大部分微废品
4	200	1300	5.50	0.08	表面偏析严重,大部分微废品
5	200	1320	6.00	0.12	表面质量差
6	200	1280	6.50	0.10	表面质量良好
7	300	1280	5.50	0.12	表面质量良好
8	300	1300	6.00	0.10	表面质量良好
9	300	1320	6.50	0.08	表面质量特别好

铸造工艺条件和工艺参数优化以后，铸锭的表面质量得到了明显提高，而且质量稳定。表 16-14 是 QSn 4-3 ϕ195 毫米铸锭半连续铸造工艺条件和工艺参数优化前后的对比。

表 16-14　QSn4-3 ϕ195 mm 铸锭铸造工艺参数比较

工艺参数及指标	工艺修订前	工艺修订后
结晶器高度/mm	200	300
浇注温度/℃	1280～1300	1280～1300
铸造速度/m·h^{-1}	6.5～7.5	6.5～7.0
冷却水压力/MPa	0.10～0.15	0.08～0.12
覆盖及润滑剂	炭　黑	炭黑和石墨粉混合物

QSn 4-3 铸锭半连续铸锭的表面质量难以提高，铸锭表面常被灰青色的反偏析物所覆盖。

16.3.2　铝青铜铸锭生产

16.3.2.1　铸造工艺

A　铸造方式

铝青铜具有吸气性强、易氧化生渣，以及凝固收缩量大、导热性能差等铸造性质，往往给铸造生产造成一定困难。

现代工厂通常都已采用半连续铸造方式生产各种规格铸锭。尽可能使铜液比较平稳地进入结晶器，是设计铸造方式时需要考虑的重要要素。结晶器内金属液面上覆盖炭黑，可以防止氧化生渣，同时起到润滑铸锭的作用。

铸造铝青铜圆铸锭时，可以像铸造铝合金一样，结晶器中金属液面不用任何保护，即采用敞流方式铸造。

在结晶器内的金属液面上，放置一个与结晶器工作腔截面尺寸相当的黏土石墨漏斗（漏斗可用外形尺寸相当的黏土石墨坩埚改制），熔体通过漏斗底部的孔进入结晶器。漏斗孔径的设计要同时满足两个条件：一要保证与铸造速度相匹配的流量；二要保证漏斗中始终保持一定高度的液位，使液面上的浮渣不能从漏斗孔流出去。

表 16-15 列出某工厂实际使用的漏斗外廓尺寸。这些漏斗是专门设计，并采用与市售黏土石墨坩埚相同的材料制造。黏土石墨材料与铜液基本上不相浸润。

表 16-15　敞流铸造用黏土石墨漏斗

铸锭规格/mm	结晶器高度/mm	漏斗外廓尺寸/mm×mm（上缘/下缘×高度）
ϕ145	190	ϕ170/ϕ90×150
ϕ195	190	ϕ175/ϕ120×150
ϕ245	210	ϕ235/ϕ185×150
ϕ295	210	ϕ285/ϕ235×150
ϕ360	230	ϕ350/ϕ300×150

铸造过程中，漏斗底部外缘与结晶器壁之间的距离约 20～30 mm，此敞露金属液面完全被一层坚固的氧化铝薄膜所保护。漏斗底埋入液面下 10～15 mm，使铜液在保持一定静压力的情况下进入结晶器。氧化铝薄膜具有比较大的表面张力，而且与结晶器壁和漏斗材料都不浸润，因而敞露液面始终保持着向上凸拱的状态。在液流的推动下，由氧化铝薄膜保护着的呈凸拱的液面，不停地向着结晶器壁的方向滚动。原来液面上的氧化铝薄膜即成为了后来铸

锭的表面。铸锭表面呈微波浪状，但比较圆滑。

铝合金铸造早已普遍采用了泡沫陶瓷和玻璃布过滤氧化铝的工艺，但在铝青铜的铸造中的应用试验进展缓慢。主要是因为铝青铜熔点高，尚未找到合适的过滤材料。不久前，俄罗斯工程师设计了一种泡沫陶瓷过滤器试样，其通道尺寸为1.08～1.86 mm。将过滤器试样放入熔体中浸泡1～5 h，表明可以用于铜合金。只是尚不能重复使用，当再次置入铜液中浸泡时容易损坏。

B　铸造工艺参数

表16-16列出某些工厂生产铝青铜QAl 10-3-1.5铸锭的铸造工艺参数。

表16-16　QAl 10-3-1.5圆锭铸造工艺参数

铸锭规格/mm	结晶器高度/mm	浇注温度/℃	铸造速度/$m\cdot h^{-1}$	覆盖及润滑剂
ϕ145	260	1160～1200	5.0～5.5	炭黑
ϕ175	260	1160～1200	4.0～5.0	炭黑
ϕ200	260	1140～1180	4.0～4.5	炭黑
ϕ250	260	1140～1180	3.3～3.7	炭黑
ϕ300	260	1120～1160	3.0～3.3	炭黑
ϕ400	260	1120～1160	2.4～2.6	炭黑

16.3.2.2　铸锭表面和内部质量

半连续铸造的铸锭表面质量一般都比较好。敞流铸造时，铸锭表面轻微的波浪不至于影响下道工序的加工。

铝青铜铸锭容易产生气孔和集中缩孔，但对半连续铸造方式，只要在浇注末期认真进行补口，避免铸锭的集中缩孔并不困难。

半连续铸造方式，还基本上解决了铝青铜铸锭氧化物夹杂问题。铸造前，用某些碱土金属的氧化物，如Na_3AlF_6和NaF的混合物作为清渣剂，净化铜液，对纯洁液体金属以及铸锭结晶组织的改善都是有效的。

16.3.3　硅青铜铸锭生产

16.3.3.1　铸造工艺

A　铸造方式

硅青铜具有强烈的吸气倾向，铸锭容易产生气孔；熔体中的硅和锰，容易氧化、生渣而恶化铸锭质量；合金的导热性能差，铸锭容易产生裂纹缺陷。长期以来，许多工厂都采用铁模铸造的方式生产铸锭，生产效率和铸造成品率都较低。

半连续铸造时，由于硅青铜流动性较好，炉前室直接浇注和采用中间浇注包浇注，都可以保证铸造过程顺利进行。不过采用中间包作为浇注装置时，需要注意防止熔体从大气中吸收气体。

硅青铜属热脆性合金，直接水冷半连续铸造时，必须注意防止铸锭裂纹的产生。

B　铸造工艺参数

硅青铜铸造的极限铸造速度有限。

QSi3-1 ϕ165 mm铸锭极限铸造速度与结晶器高度、热导比率的关系如图16-5所示。

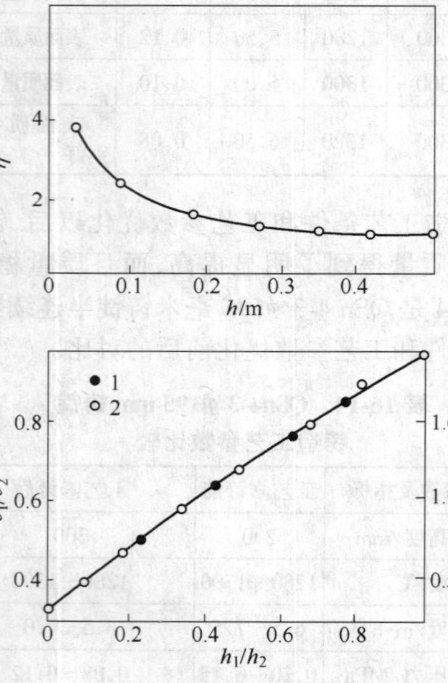

图16-5　QSi3-1 ϕ165 mm铸锭极限铸造速度与结晶器高度、热导比率的关系

η—总热导量与径向热导量之比；

h_1—结晶器高度；h_2——二次冷却区高度

提高极限铸造速度，可采取增加结晶器高度h_1的办法，也可以采取增加二次冷却区高度h_2的办法。h_1+h_2可认为是一种当量冷却系统。当h_1为常数时，增加h_2可以提高极限铸造速度。增加h_2意味着建立更加分散的二次

冷却区域。当 h_2 为常数时，增加 h_1 也可以在某种程度上提高极限铸造速度。当然，在增加结晶器高度（即使用高结晶器）的同时，适当减小二次冷却强度，避免铸锭裂纹的效果更佳。

铸锭规格越大，极限铸造速度越低。铸锭规格越大，越应该提高结晶器的有效高度。

表 16-17 列出某工厂生产 QSi 3-1 各种规格铸锭的半连续铸造工艺条件。

表 16-17 QSi 3-1 圆铸锭的铸造工艺条件

铸锭规格 /mm	结晶器高度 /mm	浇注温度 /℃	铸造速度 /m·h^{-1}	冷却水压力 /MPa	覆盖及润滑剂
ϕ145	250	1280～1300	3.3～3.5	0.02～0.03	炭黑
ϕ195	300	1280～1300	2.0～2.2	0.02～0.03	炭黑
ϕ245	350	1280～1300	1.4～1.6	0.03～0.05	炭黑
ϕ295	400	1280～1300	1.3～1.5	0.03～0.05	炭黑
ϕ360	450	1280～1300	0.8～1.0	0.03～0.05	炭黑

16.3.3.2 铸锭表面及内部质量

硅青铜熔体中的氧化渣容易集结，一般不容易呈分散状态流到结晶器壁或粘到铸锭表面上。但是，如果保温不良且铸造速度较低，结晶器内液面上的渣层较厚时，如果液面波动，大块浮动渣也可随液面熔体滑落而成为铸锭的表面夹渣。

内部裂纹和气孔是硅青铜铸锭容易产生的主要内部缺陷。

硅青铜铸锭不仅凝固过程中容易产生铸造应力，甚至在完全凝固以后，铸锭内仍有可能存在一定的残余应力。

16.3.4 其他青铜铸锭生产

16.3.4.1 铍青铜铸锭生产

A 铸造工艺

a 铸造方式

铍青铜是比较难以铸造的合金之一。

铍青铜铸锭容易产生的主要缺陷是偏析和气孔。前者可以通过对铸锭的表面铣削加工去除，后者往往会引起加工制品的层状组织或带材的起皮起泡缺陷。

即使采用真空熔炼，若铸造方法不当，气孔缺陷也不能完全避免。

表 16-18 列出了不同铸造方法生产的铍青铜铸锭的气孔率的比较。

表 16-18 不同铸造方法生产的铍青铜铸锭气孔率的比较

熔铸条件	铸锭规格 /mm×mm×mm	带材规格/mm	送检量 /kg	起泡量 /kg	起泡率 /%
非真空熔炼和带缝隙式浇口的倾斜浇注方式	40×120×250	0.3	33.95	30.50	89.84
		0.5	2.91	1.56	53.60
非真空熔炼和倾斜模浇注方式	40×120×250	0.3	19.05	13.80	72.44
		0.15	1.97	1.30	66.00
真空熔炼和倾斜模浇注方式①	40×120×250	0.3	15.55	2.7	17.36
		0.15	2.83	0.35	12.37
真空熔炼和非真空、带缝隙式浇口的倾斜浇注方式	40×120×250	0.3	30.0	3.0	10.0
		0.15	3.07	0.07	2.27
非真空熔炼和半连续铸造	42×110×790	0.3	40.4	-	6.1

① 真空熔炼和倾斜模浇注时，比真空熔炼和非真空下、带缝隙式浇口的倾斜浇注时气孔缺陷多，可能是因为真空铸造前铜液温度测量不准，实际浇注温度偏高所致。

真空熔炼，可大大降低熔体中的气体含量。同样采用带缝隙式浇口的倾斜模浇注方式，铸锭规格一样，采用大气中熔炼方式时，铸锭中气体含量为 12.6 cm^3/100 g，其中氢为 7.1 cm^3/100 g（折质量分数为 0.00063%）。采用真空熔炼方式时，铸锭中气体含量为 1.11 cm^3/100 g。

倾斜浇注和无流浇注方式，有利于防止铸锭中产生气孔缺陷。但是，几何废料数量大，成材率低。

b 铸造工艺参数

表 16-19 为 QBe 2.0 铸锭半连续铸造的工艺条件举例。

表 16-19 QBe 2.0 铸锭半连续铸造的工艺条件

铸锭规格/mm	结晶器高度/mm	浇注温度 /℃	铸造速度 /m·h^{-1}	冷却水压力 /MPa	覆盖及润滑剂
ϕ83.5	160	1120～1160	6.5～7.0	0.01～0.03	炭黑
ϕ145	160	1120～1160	4.0～5.0	0.03～0.06	炭黑
ϕ245	180	1120～1160	2.5～3.0	0.03～0.06	炭黑
40×110		1180～1200	10.5	-	炭黑

续表 16-19

铸锭规格/mm	结晶器高度/mm	浇注温度/℃	铸造速度/m·h^{-1}	冷却水压力/MPa	覆盖及润滑剂
75×330	200	1120～1160	4.0～4.5	0.01～0.03	炭黑
120×340		1250～1290	2.5～3.0	0.02～0.05	炭黑

注:表中浇注温度差别很大,这是因为采用的导流方式不同。有的采用中间包和漏斗浇注,有的在炉前通过漏斗直接浇注。

B 铸锭质量控制

铍青铜铸锭的主要缺陷是内部气孔和表面偏析。直接水冷半连续铸造的扁铸锭表面的反偏析层厚度,约 2～4 mm。

真空熔炼方式,以及适宜的铸造温度和铸锭顺序凝固等,是避免铸锭气孔产生的基本方法。

直接水冷半连续铸造方式,亦有利于铸锭内部气体的排出。

QBe1.8 15 mm×100 mm 带坯单向凝固试验结果见表 16-20。

表 16-20 QBe 1.8 15 mm×100 mm 带坯单向凝固试验结果

引拉速度/mm·min^{-1}	冷却水流量/L·min^{-1}	单向晶体比例/%	反偏析深度/mm
50	20	80	0.05
50	30	90	0.02
50	30	95	0

16.3.4.2 镉青铜铸锭的生产

A 铸造工艺

镉青铜中的镉,其沸点比合金的固相点还低。浇注过程中镉大量挥发,既影响合金化学成分的稳定性,也恶化生产作业环境。

带浇注前室的工频有铁芯感应电炉,能够保证整个浇注过程在封闭条件下进行。

半连续铸造镉青铜时,结晶器内铜液也需要严密的保护。烧红的炭黑是较适宜的熔体覆盖剂。优质炭黑更有利于液穴中气体的排出。

采用石墨结晶器,以及结晶器振动铸造,都有利于改善铸锭的表面质量。

表 16-21 为 QCd1.0 铸锭半连续铸造的工艺条件举例。

表 16-21 QCd 1.0 半连续铸造的工艺条件举例

铸锭规格/mm	结晶器高度/mm	浇注温度/℃	铸造速度/m·h^{-1}	冷却水压力/MPa	覆盖及润滑剂
ϕ145	165	1240～1270	7.5～8.5	0.04～0.08	炭黑
ϕ180	200	1240～1270	6.5～7.5	0.04～0.08	炭黑
ϕ245	180	1230～1260	3.5～4.0	0.05～0.10	炭黑
ϕ360	200	1230～1260	2.5～3.5	0.05～0.10	炭黑
75×330	200	1280～1330	3.5～4.0	0.01～0.03	炭黑

B 铸锭质量控制

用铜质结晶器直接水冷半连续铸造镉青铜时,有时整个铸锭表面都被密密层层的小皱褶所覆盖。所谓皱褶,实际上都是细小的冷隔。这可能与镉青铜熔体表面张力较小以及镉青铜熔体对铜质结晶器材料有良好的浸润性有关。

试验表明,采用石墨结晶器,同时引入结晶器振动工艺,不仅有利于改善铸锭的表面质量,同时对消除铸锭内部裂纹亦比较有效。

例如:铸造 QCd1.0 ϕ145 mm 铸锭时,采用铜质短结晶器,浇注温度 1290℃,铸造速度 6.5～6.0 m/h,结晶器冷却水压力 0.15 MPa 时,铸锭内部有裂纹发生。采用带石墨内衬的结晶器铸造时,工艺参数都没有改变,消除了铸锭内部的裂纹缺陷。

为了避免镉青铜铸锭内部产生气孔,可以采取:(1)降低结晶器高度;(2)采用石墨结晶器,强化自下而上顺序冷却,良好的液面保护,振动铸造等。

16.3.4.3 铬青铜铸锭生产

A 铸造工艺

由于铬青铜中铬熔点高,在高温下极易氧化,熔体内生渣多,给半连续浇注过程造成不少困难。

带浇注前室的工频有铁芯感应电炉,比较适合铬青铜的铸造。导流管直接将熔体导入结晶器,减少了中间环节,对避免或减少铬的氧化非常有利,同时也可以采用较低的浇注温度。

采用无芯工频电炉作为熔炼设备,并通过中间包进行浇注时,需要对中间包内的铜液进行良好保护。惰性气体及炭黑、石墨粉等,都是可以选择的保护介质。

表16-22为QCr0.5小规格铸锭半连续铸造工艺条件的举例。

表16-22　QCr0.5铸锭半连续铸造工艺条件

铸锭规格/mm	结晶器高度/mm	浇注温度/℃	铸造速度/m·h^{-1}	冷却水压力/MPa	覆盖及润滑剂
ϕ145	233	1320～1380	5.0～5.5	0.03～0.05	炭黑
ϕ180	200	1300～1350	3.6～4.5	0.04～0.08	炭黑
75×330	200	1350～1400	3.0～3.5	0.02～0.04	炭黑

B　铸锭质量控制

避免铸锭表面夹渣和使内部组织中的铬均匀分布，是铬青铜铸锭质量控制比较重要的两个主要方面。

通常，只要铜液供给流畅、结晶器内金属液面稳定，铸锭表面质量就不难控制。结晶器经常保持光滑，选用质量优良的炭黑作为覆盖和润滑剂都很重要。

铸锭中铬的均匀分布主要与熔炼工艺有关。

16.3.4.4　锆青铜铸锭的生产

锆青铜铸锭的铸造和熔炼一般都在真空下进行。

表16-23为QZr0.2圆铸锭真空铸造工艺条件举例。

表16-23　QZr0.2圆铸锭真空铸造工艺条件

铸锭规格/mm×mm	铸模形式	模温/℃	涂料	漏斗孔径/mm	浇注速度/mm·s^{-1}
ϕ200/ϕ210×650	整体模，内腔有倒锥度；带保温帽浇注	80～130	苯烟或骨粉水溶液	ϕ15～18	—

注：真空度为10^{-2} Pa。

16.3.4.5　铁青铜铸锭生产

A　铸造工艺

铁青铜中的铁、磷和锌等元素，高温下都极易氧化，不仅铸造性能差，合金化学成分亦不好掌握，当采用直接水冷方式半连续铸造方法生产时，铸锭有严重裂纹倾向。

目前，国内外铜加工厂在生产铁青铜铸锭时，主要采用立式半连续铸造方式，少数也有的采用水平连续铸造带坯方式。

立式半连续铸造铁青铜铸锭时，普遍采用非直接冷却的方式。

表16-24列出QFe2.5扁铸锭非直接水冷半连续铸造的某些工艺参数。采用非直接水冷半连续铸造方式时，铸锭离开结晶器以后仍保持红热状态。

表16-24　QFe2.5扁铸锭半连续铸造工艺条件

序　号	铸锭规格/mm×mm	结晶器高度/mm	铸造速度/mm·min^{-1}	覆盖剂
1	140×600	240	50～60	炭黑
2	180×640	330	80～100	炭黑
3	220×650	485	约100	炭黑
4	200×820	500	80～100	炭黑

B　铸锭表面及内部质量

采用半连续铸造，包括采用红锭铸造方式时，如果工艺和操作都控制得当，完全可以把铸锭表面质量控制好。通常，铸锭表面不用加工即可直接进行压力加工。

通过对Cu-0.1%Fe-0.03%P合金铸锭半连续铸造过程中的三维热应力分析，获得了以下结果：

(1) 铸锭内部三维热应力最大值，产生在液穴底部结晶线以下某一区段内。液穴形状与浇注温度、结晶器高度和二次冷却方式、铸造速度等因素有关。采用二次直接水冷方式铸造时，此区大概处于自液穴底部起，至1.5倍于铸锭厚度以下地方的某个部位。

(2) 对于宽厚比较大，即较薄的铸锭而言，在铸锭厚度中心线上与短边表面距离等于一半厚度处，应力最大。对于宽厚比较小，即较厚的铸锭而言，铸锭横断面中心应力最大。

(3) 当冷却强度不大时，如铸造速度缓慢，则应力与铸锭厚度无关。如铸造速度较快时，铸锭厚度越薄，应力越小。

16.3.4.6　碲青铜铸锭生产

碲青铜QTe0.5的合金化元素为：0.40～0.7%Te和0.004～0.012%P。

磷和碲的熔点和沸点都较低，易挥发。铸造过程进行中，需要认真控制碲和磷的含量。

高温下，碲青铜熔体容易吸气的性质，与纯铜相似。

浇注系统设计，应保证铸造过程中从液穴中析出的气体能够顺利排出。带浇注前室的炉子，兼作为碲青铜的浇注装置比较合适。降低结晶器高度，以及对液面的良好覆盖等，都有利于改善液穴中熔体的排气条件，即有助于避免铸锭产生气孔。

表16-25为QTe0.5圆铸锭铸造试验的工艺条件举例。

表16-25 QTe0.5圆铸锭铸造试验的工艺条件

铸锭规格/mm	结晶器高度/mm	浇注温度/℃	铸造速度/m·h⁻¹	冷却水力/MPa	覆盖剂
φ145	165	1150～1170	6.0～7.0	0.07～0.09	炭黑
φ195	190	1150～1170	5.0～6.0	0.07～0.10	炭黑
φ245	180	1150～1170	3.0～4.0	0.07～0.10	炭黑

表16-26列出QTe0.5 φ245 mm铸锭内，碲的含量分布的化学成分分析结果。

表16-26 QTe0.5 φ245 mm铸锭内部化学成分分布

元素名称	取样位置及含量/%						
	1	2	3	4	5	6	7
Te	0.543	0.536	0.544	0.516	0.548	0.494	0.547
P	0.0096	0.0095	0.0091	0.0091	0.0093	0.0084	0.0089

注：取样位置是从铸锭中心开始依次向外，即铸锭中心为"1"，铸锭最边缘为"7"。

与镉青铜相似，碲青铜铸锭的表面也不如纯铜铸锭表面那样好控制。

由于Cu-0.05%Te中Te的含量较少，铸造性质与纯铜相似。因此，可以采用类似纯铜的铸造工艺。

16.3.4.7 锰青铜铸锭的生产

表16-27列出锰青铜半连续铸造的工艺条件。

表16-27 锰青铜铸锭半连续铸造工艺条件

合金牌号	铸锭规格/mm	结晶器高度/mm	浇注温度/℃	铸造速度/m·h⁻¹	冷却水压力/MPa	覆盖剂
QMn2	φ145	300	1280～1320	5.0～6.0	0.02～0.035	炭黑
	75×330	200	1280～1320	3.8～4.5	0.015～0.020	炭黑
QMn5	140×640	240	1200～1220	3.5～4.0	0.05～0.15	炭黑

16.4 白铜铸锭生产

16.4.1 普通白铜铸锭生产

16.4.1.1 铸造工艺

A 铸造方式

白铜熔体容易吸气。吸气过多或脱氧不良时，铸锭内部容易产生气孔缺陷。因此，浇注过程中需要对熔体进行严密保护。

带浇注前室的工频有铁芯感应电炉是理想的浇注装置。

采用无芯感应电炉作为熔炼设备，通过中间包进行浇注时，中间包内应始终储存一定数量的熔体，并同时采取适当的防氧化保护和温度保护措施。

碳是白铜的一种良好的脱氧剂，白铜熔体中如果氧含量比较高时，浇注系统中的石墨组件可能因遭到熔蚀而过早损坏。

浇注过程中，石墨组件被不断熔蚀的同时，铜液中的碳的含量不断增加。当白铜中含碳量增加到一定程度时，将对加工造成危害。

于是，采用耐高温、热强度高、抗氧化能力强，尤其是使用不与镍等元素发生反应的材料制造浇注系统组件的研究和试验，越来越引起了关注。

普通白铜具有较好的铸造工艺性能，直接水冷半连续铸造是广泛采用的铸造方法。

B 铸造工艺参数

铸造白铜时，不宜采用过高的浇注温度，以避免铸锭产生气孔等缺陷。

提高铸造速度，可通过增加结晶器高度或减小冷却强度的办法实现。

B30 φ175 mm铸锭结晶器高度与铸造速度的关系见表16-28。

表 16-28 B30 ϕ175 mm 铸锭结晶器高度与铸造速度的关系

结晶器高度/mm	铸造速度/$m \cdot h^{-1}$
250	3.5～4.5
400	5.5～6.5
560	7.0～8.0

B30 ϕ195 mm 铸锭冷却强度与铸造速度之间的关系见表 16-29。

表 16-29 B30ϕ195 mm 铸锭冷却强度与铸造速度的关系

冷却水压力/MPa	铸造速度/$m \cdot h^{-1}$
0.35	2.5～3.0
0.06	3.0～3.5

表 16-30 和表 16-31 分别列出了 B19 和 B30 各种规格铸锭直接水冷半连续铸造的工艺参数。

表 16-30 B30 圆锭各种规格半连续铸造的工艺参数

铸锭规格/mm	结晶器高度/mm	浇注温度/℃	铸造速度/$m \cdot h^{-1}$	冷却水压力/MPa	覆盖及润滑剂
ϕ85	200	1350～1380	6.0～7.0	0.10～0.20	炭黑
ϕ98	200	1350～1380	5.5～6.5	0.10～0.20	炭黑
ϕ118	200	1350～1380	4.5～5.5	0.10～0.20	炭黑
ϕ145	300	1350～1380	4.0～4.5	0.15～0.35	炭黑
ϕ195	300	1350～1380	2.5～3.0	0.15～0.35	炭黑
ϕ245	300	1350～1380	2.0～2.5	0.15～0.35	炭黑

表 16-31 B19 和 B30 扁铸锭半连续铸造的工艺参数

合金牌号	铸锭规格/mm×mm	结晶器高度/mm	浇注温度/℃	铸造速度/$m \cdot h^{-1}$	冷却水压力/MPa	覆盖剂及润滑剂
B19	75×330	200	1280～1330	5.5～6.5	0.06～0.10	炭 黑
	150×450		1280～1330	3.0～3.5	0.01～0.15	炭 黑
	140×640	240	1280～1330	3.5～4.0	0.05～0.15	炭 黑
B30	75×330	200	1300×1350	4.0～4.5	0.06～0.10	炭 黑
	140×640	240	1300×1350	3.0～4.0	0.05～0.15	炭 黑

16.4.1.2 铸锭质量控制

普通白铜铸锭表面质量一般比较好控制。扁铸锭可不用铣面，即可直接进行轧制加工。

普通白铜铸锭内部可能产生的主要缺陷是气孔和裂纹。

即便是铸造前铜液已经彻底脱氧，开始铸造的铸锭内部没有气孔，但有时在铸造进行一段时间以后，即从铸锭的中部或者从某一位置起，后面铸造的铸锭也会出现气孔，并且气孔越来越多。这多半是炉内或中间包内熔体保护不良的结果。铸造期间，应该对炉内熔体进行严密覆盖，亦可通以保护性气体进行防氧化保护。

在炉子保护条件有限的情况下，可在铸造进行过程中，对熔体进行适当的补充脱氧。但进行二次或多次的补充脱氧时，应同时考虑到脱氧剂残余可能对合金造成的危害。

普通白铜可采用镁作脱氧剂。硅也是普通白铜理想的脱氧剂。

16.4.2 复杂白铜铸锭生产

除锌白铜带坯多采用水平连续铸造方式生产以外，多数复杂白铜铸锭主要还是以铁模铸造为主。除了技术上的原因以外，主要还是与复杂白铜材料的产量需求量有直接关系。

表 16-32 列出了某些牌号和规格复杂白铜铸锭的半连续铸造工艺条件。水平连铸工艺见第 15 章第 6 节。

铸造时，采用停拉铸造程序，或振动结晶器工艺，都有助于改善铸锭的表面质量。

表 16-32 复杂白铜铸锭半连续铸造工艺条件

合金牌号	铸锭规格 /mm	结晶器高度 /mm	浇注温度 /℃	铸造速度 /$m \cdot h^{-1}$	冷却水压力 /MPa	覆盖剂及润滑剂
BZn15-20	ϕ85	200	1100～1180	8.0～9.0	0.01～0.02	炭黑
	ϕ145	200	1100～1180	5.0～6.0	0.02～0.04	炭黑
	75×330	200	1100～1180	2.5～3.0	0.01～0.03	炭黑
BMn40-1.5	ϕ85	200	1380～1420	5.0～6.0	0.01～0.02	炭黑
	ϕ145	300	1380～1420	4.0～4.5	0.02～0.04	炭黑
	ϕ195	300	1380～1420	2.5～3.0	0.02～0.06	炭黑
BMn3-12	75×330	200	1320～1360	3.5～4.0	0.02～0.03	炭黑

16.5 铸锭质量及缺陷分析

16.5.1 化学成分废品

合金的主要元素成分或杂质元素不符合既定标准，即称为化学成分废品。

造成成分废品的主要原因包括：

(1) 配料错误，包括配料计算错误、混料及使用原料不当等；

(2) 熔炼操作不当，包括加料与熔化顺序、熔体覆盖与保护、搅拌熔体操作不当等；

(3) 化学成分分析错误；

(4) 化学成分出炉范围不当。

产生杂质元素废品的主要原因：

(1) 原料本身杂质元素含量高，包括混料、低品位原料混入高品位原料中，或者原料多次重复使用造成杂质元素含量逐步积累而增加等；

(2) 熔炼操作不当，例如熔炼温度过高，熔体与炉衬耐火材料、覆盖材料等之间发生化学反应，或者高温熔体与炉前工具接触不当等；

(3) 铸造操作不当，例如熔体保护不良，主要是指铸造过程中熔体的氧化和吸气。

16.5.2 表面质量缺陷

16.5.2.1 表面冷隔

铸锭表面的折叠现象，称为冷隔。产生冷隔的直接原因是结晶器内金属液面温度低。

铸造过程中，结晶器内金属液面采用气体保护，或者没有任何介质保护时，例如采用还原性气体保护，铸造纯铜或者敞开液面铸造铝青铜铸锭时，随着金属液表面温度的不断降低，金属液表面张力越来越大。当金属液表面膜向结晶器壁的移动不能与铸造速度同步时，表面膜厚度开始增加甚至出现冷凝现象。在随后内部液体金属静压力的推动下，几乎呈半凝固状态的液面表面膜才被迫向结晶器壁方向滚动，可是此时表面膜已无法被平展开来。

图 16-6 为 T2 ϕ410 mm 铸锭表面的冷隔缺陷照片。

图 16-6 T2 ϕ410 mm 铸锭表面冷隔

完全暴露的表面冷隔并不十分严重，严重的是冷隔深入了铸锭的表层。

图 16-7 为深入到了铸锭表层的冷隔缺陷照片。

图 16-7　QSi 3-1 ϕ295 mm 铸锭表层中的冷隔

防止出现冷隔的主要措施：

(1) 适当提高浇注温度或铸造速度；

(2) 保持结晶器内金属液面的稳定，避免液面波动；

(3) 适当减低导流管或漏斗埋入结晶器内金属液面下的深度；

(4) 适当提高结晶器内金属液面水平；

(5) 保持结晶器内金属液面一定的温度，例如采用炭黑保护结晶器中液体金属；

(6) 改进结晶器设计，例如适当增加结晶器高度，或加大结晶器上部缓冷带。

16.5.2.2　表面夹渣、流爪及凸瘤

A　表面夹渣

铸锭表面夹杂熔渣、金属氧化物、保护介质残留物等异物的现象，称为表面夹渣。

合金组元中易氧化的元素含量高，铸造时熔体中容易大量氧化而生渣，并导致流动性降低和由此而引起液面波动，极易造成铸锭表面夹渣缺陷。铸造时采用熔融硼砂作为覆盖剂时，若硼砂质量不好就会导致硼砂夹杂。

避免表面夹渣的主要措施：

(1) 浇注系统应能保证熔渣不进入结晶器中；

(2) 对结晶器中液体金属给以良好的保护，以防氧化和造渣；

(3) 结晶器内金属液面保持稳定；

(4) 及时、稳妥地清除结晶器内金属液面上的浮渣；

(5) 采用新型保护性铸造熔剂，例如熔融硼砂；

(6) 采用结晶器振动铸造技术。

B　表面流爪及凸瘤

铸锭过程中，由于漏铜而形成的铸锭表面凝瘤，称为流爪。由于凝壳重熔致使局部凝壳厚度减薄而不足以支持内部铜液静压力时，铸锭局部表面出现的隆起、结疤，称为凸瘤。

图 16-8 为 H65 170 mm × 620 mm 铸锭表面的凸瘤缺陷照片。

图 16-8　H65 170 mm × 620 mm 铸锭表面凸瘤

避免铸锭表面流爪及凸瘤缺陷产生的根本办法是尽量减小在铸造过程中因收缩而产生的铸锭与结晶器之间的间隙。适当减低结晶器内金属液面高度，或适当降低铸造速度，都有利于避免此类缺陷。

16.5.2.3　表面裂纹

铸锭表面裂纹，分为横向裂纹和纵向裂纹两种。

A　表面横向裂纹

产生铸锭表面横裂的直接原因是：铸锭通过结晶器时，铸锭表面受到的摩擦阻力大于铸锭表面的强度。

铸锭表面和结晶器工作表面粗糙度高，以及铸锭自身材料的高温抗拉强度低，是导致铸锭表面横裂产生的主要因素。铸锭表面粗糙，甚至有夹渣缺陷，往往助长横向裂纹发展。铸造复杂黄铜时，结晶器工作表面上氧化锌等凝结物较多时，无疑将加大铸锭在结晶器内滑动的阻力。

图 16-9 为 TP2 ϕ245 mm 铸锭表面的横裂缺陷照片。

图 16-9 TP2 ϕ245 mm 铸锭表面横裂

水平连铸过程中，铸锭自重效应的结果，铸锭下表面与结晶器之间的间隙小于铸锭上表面与结晶器之间的间隙，铸锭的表面裂纹多半发生在铸锭的下表面。

图 16-10 为水平连铸铜带坯的一种典型的因横裂引起的三角形裂口缺陷照片。此种形状的裂口通常起源于石墨模破裂点，在石墨模破裂点的石墨缝隙中首先有铜凝固。带坯在石墨模内滑动时，上述裂缝中凝铜与铜带坯局部凝结在一起，在引拉力作用下局部带坯被撕裂。此种裂纹若不能及时发现并消除，往往造成断带等严重后果。

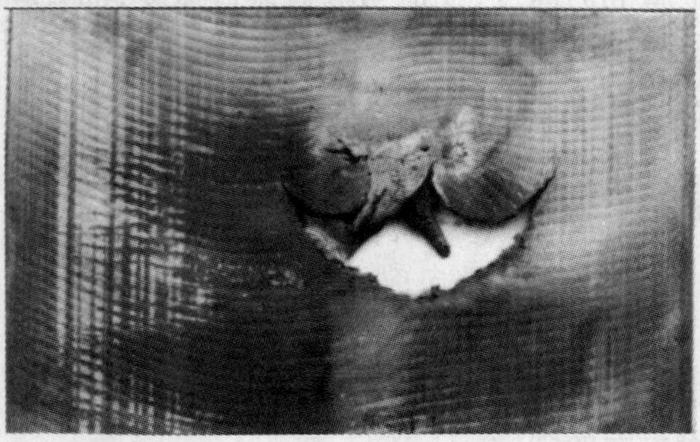

图 16-10 水平连铸铜带坯三角形裂口

避免铸锭表面横裂的主要措施如下：

(1) 始终保持引锭器与结晶器的同一中心性；

(2) 经常清理结晶器，始终保持其光滑的工作表面；

(3) 加强润滑，保证铸锭通过结晶器时顺畅；

(4) 采用结晶器振动铸造技术。

B 表面纵裂

产生铸锭表面纵裂的直接原因是铸锭表面局部温度过高。

在结晶器内或者铸锭离开结晶器时，由于铸锭表面的某一局部温度高于其他部位，致使该局部表面抗拉强度将低于其他部位抗拉强度。铸锭表面温度不均匀分布的结果，在温度最高点形成了裂纹发生的条件。

图 16-11 为 T2 ϕ195 mm 铸锭的表面纵裂缺陷照片。

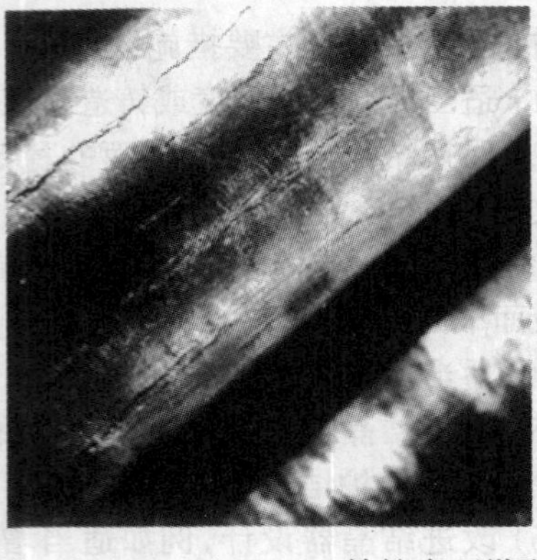

图 16-11 T2 ϕ195 mm 铸锭表面纵裂

避免铸锭表面纵裂的主要措施：

(1) 适当降低浇注温度，或适当降低结晶器内金属液体控制水平；

(2) 强化结晶器的一次冷却强度，减小铸锭表面与结晶器之间的间隙；

(3) 结晶器铜套外表面结水垢，严重降低热导效率；

(4) 结晶器局部出水孔阻塞，二次冷却水分布不均匀，造成铸锭断面上温度场的不均匀；

(5) 导流管或漏斗孔偏斜，造成液穴形状异常；

(6) 改进结晶器设计。

16.5.3 内部质量缺陷

16.5.3.1 气孔

A 内部气孔

产生气孔的主要原因在于熔体中含气量多。熔体中气体除了可能来自熔炼以外，铸造过程中亦有可能造成气体的增加。

图16-12为QAl 9-2 ϕ360 mm铸锭内部的放射状气孔照片。

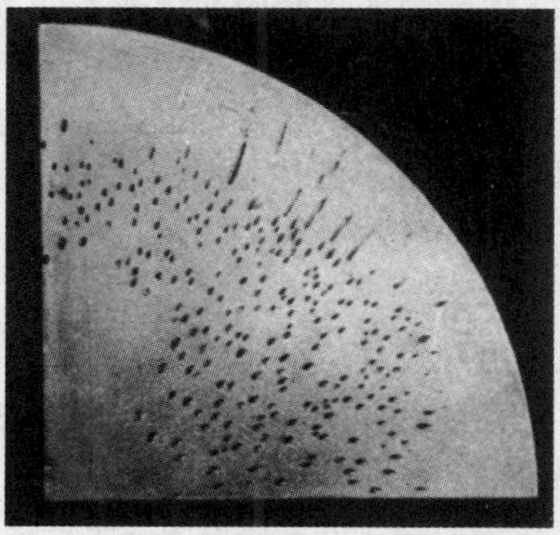

图16-12 QAl 9-2 ϕ360 mm铸锭放射状气孔

图16-13为集聚在T2 170 mm×740 mm扁铸锭中心部位的气孔照片。

图16-13 T2 170 mm×740 mm扁铸锭中心部位的气孔

避免气孔的方法：

(1) 改善熔体质量，强化熔体的脱氧及除气精炼；

(2) 铸造开始前，烘烤中间包、导流管或漏斗及结晶器、引锭器等铸造工具；

(3) 烘烤铸造用覆盖剂或熔剂；

(4) 适当降低浇注温度；

(5) 适当减少导流管或漏斗埋入液面下的深度；

(6) 适当减少液面覆盖物层厚度，及时捞除结晶器内金属液面上的浮渣。

B 皮下气孔

铸锭的皮下气孔，多是由于铸造过程中从铸锭与结晶器壁之间的缝隙中返水所致。有时，这种气孔直通铸锭表面。

图16-14为T2 ϕ145 mm铸锭的皮下气孔照片。所见的这些皮下气孔，大都已经穿破了铸锭表面。

图16-14 T2 ϕ145 mm铸锭皮下气孔

避免此类气孔的主要方法是适量减低冷却水的压力。必要时，改进结晶器设计，适当缩小结晶器二次水的喷射角度。

16.5.3.2 缩孔与疏松

A 缩孔

由于凝固收缩而在铸锭中留下的宏观孔洞，称为缩孔。

半连续铸造和连续铸造过程中，自下而上冷却并凝固的结果，如果有缩孔出现则应该位于铸锭的浇口部位，通常称为集中缩孔。如果操作不当，在铸锭内部也有可能产生分散的缩孔。

图16-15为H62 ϕ295 mm铸锭浇口部的集中缩孔照片。

避免铸锭缩孔的主要措施：

(1) 适当降低浇注温度和铸造速度。

(2) 合理分配结晶器内液体金属，例如减少导流管埋入液体中深度，或采用多孔分流熔体形式。

(3) 补口不当。铸造结束前，应该适当降

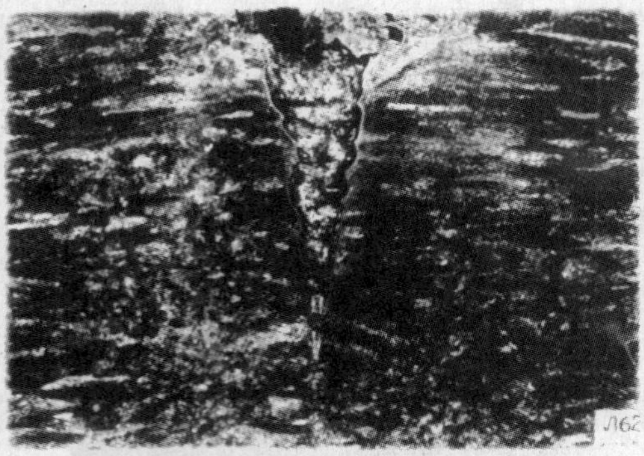

图 16-15 H62 ϕ295 mm 铸锭浇口部缩孔

低铸造速度、冷却强度。停止引拉铸锭以后，应及时向铸锭浇口中补充高温熔体，直到浇口中熔体完全凝固为止。

(4) 改进结晶器设计，例如适当减低结晶器高度。

B 疏松

由于凝固收缩而在铸锭中留下的微观孔洞，称为疏松。

疏松缺陷的产生除了与铸造工艺有关外，主要与合金的性质有关。合金的结晶温度范围大，树枝状结晶倾向明显时，有利于疏松缺陷的发生和发展。当然，不当的铸造方法，例如锡磷青铜在铁模或水冷模铸造时，疏松缺陷很难避免，而直接水冷半连续铸造时疏松缺陷可以大大减轻，甚至可以基本上得到消除。

疏松缺陷的存在，将导致铸锭密度和机械强度降低。

图 16-16 为 QSn 6.5-0.1 ϕ245 mm 铸锭内部的显微疏松照片。

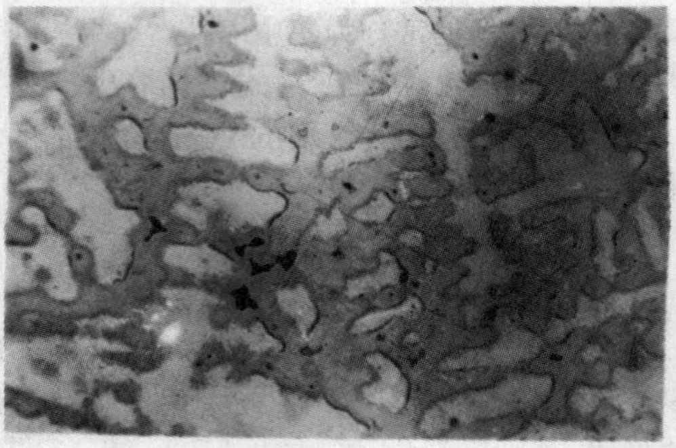

图 16-16 QSn 6.5-0.1 ϕ245 mm 铸锭显微疏松

避免铸锭疏松的主要措施：

(1) 强化铸锭的冷却，细化铸造结晶组织；

(2) 促进顺序化凝固和结晶条件，创造良好的补缩条件；

(3) 采用振动结晶器铸造技术，或电磁搅拌结晶器内液穴中液体金属，不断破坏大树枝状晶的形成条件。

16.5.3.3 裂纹

A 中心裂纹

中心裂纹，是指在铸锭中心部位附近发生的宏观裂纹。

产生中心裂纹的主要原因在于铸锭的内外温差大，铸造应力集中到了最后凝固的部位。

图 16-17 为 BZn 15-20 ϕ295 mm 铸锭的中心裂纹照片(局部)。

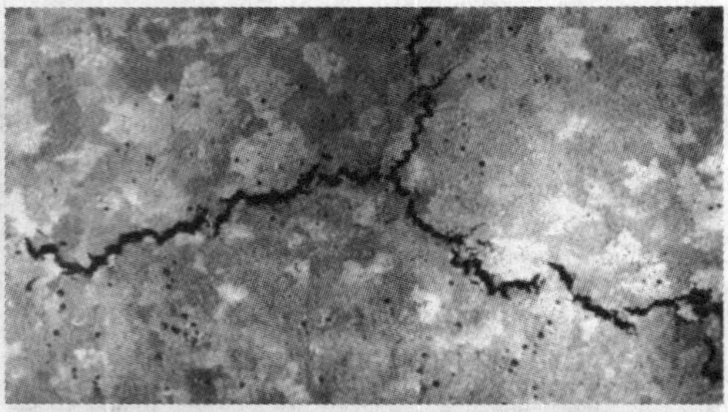

图 16-17 BZn 15-20 ϕ295 mm 铸锭中心裂纹

避免中心裂纹的主要措施：

(1) 适当降低浇注温度或铸造速度；

(2) 严格控制化学成分，防止某些有害杂质元素含量增高；

(3) 改进结晶器设计，适当提高结晶器高度或适当减小对铸锭的冷却强度。

B 晶间裂纹

晶间裂纹，是指存在于铸锭内部晶界的微小裂纹。

图 16-18 为 T4 ϕ245 mm 铸锭晶间裂纹照片。

产生晶间裂纹的主要原因在于晶界附近集聚某些低熔点物相所致。晶粒比较大时，往往晶界上集聚较多的低熔点物质，发生晶间裂纹的可能性更大。

实际上，多数中心裂纹的产生也起源于晶间裂纹。

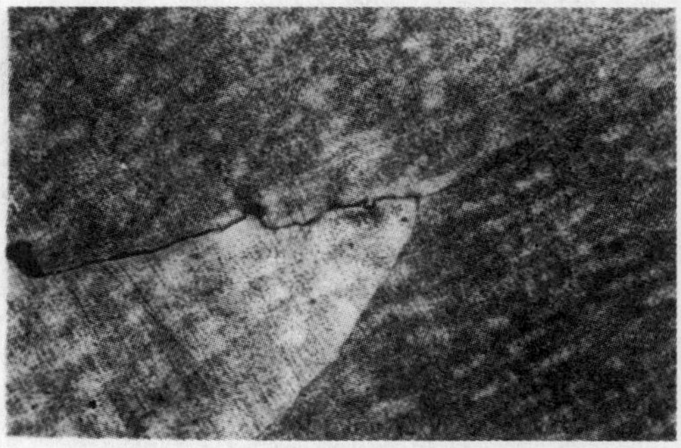

图 16-18　T4 ϕ245 mm 铸锭晶间裂纹(×70)

晶间裂纹产生的原因及防止的措施，基本上与中心裂纹相似。但是，细化结晶组织，更有助于对避免晶间裂纹。

C　劈裂

由热应力及热应力残余引起的铸锭碎裂现象，称为劈裂。劈裂多在温度较低情况下发生。

产生劈裂的主要原因在于合金自身性质。化学成分复杂，导热性能差，或者中温塑性比较低的合金，在直接水冷半连续铸造时容易发生劈裂。

图 16-19 为 QMn14-8-3-2 扁铸锭劈裂的照片，整块铸锭基本上已经从头到尾裂成了两半。HA66-6-3-2 直接水冷半连续铸造铸锭时发生劈裂的现象，更是早已屡见不鲜，甚至有时铸造过程正在进行而下半截铸锭突然裂成几瓣。

图 16-19　QAl 14-8-3-2 140 mm×640 mm 铸锭劈裂

16.5.3.4　夹杂

A　宏观夹渣

铸锭内部含有熔渣、金属氧化物或覆盖剂物等外来异物，称为宏观夹渣。

产生宏观夹渣的主要原因：

(1) 浇注系统不能很好地挡渣，熔渣进入了结晶器；

(2) 结晶器内金属液面保护不良，铸造过程中覆盖剂材料进入了液穴中；

(3) 铸造过程中，结晶器内金属液面发生波动。

B　显微夹杂

图 16-20 为 QBe2.0 ϕ195 mm 铸锭的显微夹杂缺陷照片。

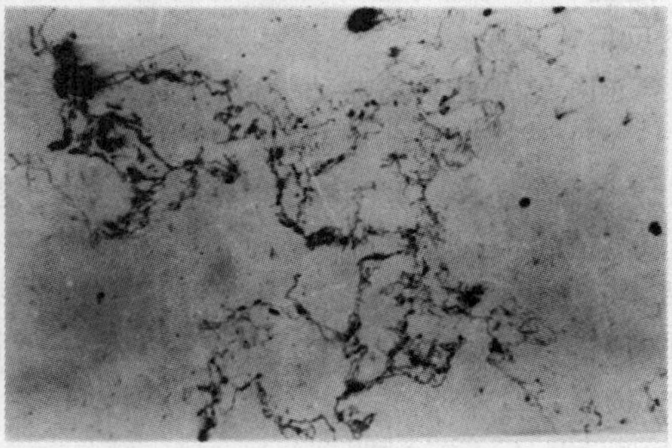

图 16-20　QBe2.0 ϕ195 mm 铸锭的显微夹杂

铸锭内部以游离状态或与基体金属结合成化合物状态存在，也可能是多种杂质的结合体形式存在的内生夹杂物，称为夹杂。

夹杂缺陷主要产生于熔炼过程，是由于原料不纯或选择不当，熔炼温度不够，精炼不够，或使用了不当的辅助材料，如炉衬材料、熔剂材料等造成的。

16.5.4　偏析缺陷

化学成分的分布不均匀现象，称为偏析。铸锭中的偏析主要是比重偏析，表面及表层反偏析和带状偏析。

16.5.4.1　比重偏析

因各合金元素的比重不同，尤其是合金元素不能固溶于基体金属中时，例如铅在铸锭内的比重偏析总是存在的，只是严重程度不同。况且，合金中各种元素的含量都有一个范围，相比之下比重偏析范围较小。实际上，影响使用的是它在基体中分布的均匀性及弥散的程度。

避免比重偏析的主要措施是保证浇注合金熔体成分的均匀性。

16.5.4.2 反偏析

铸锭表面及表层中某些低熔点合金元素含量高于平均含量，称为反偏析。

锡磷青铜铸锭表面及表层中锡和磷的偏析现象是比较典型的反偏析。

图16-21为QSn 7-0.2 ϕ295 mm铸锭表面和表层的反偏析缺陷照片。

采用新的铸造方法和铸造工艺技术，有助于避免以下锡磷青铜铸锭表面及表层中锡和磷的反偏析现象：

(1) 结晶器自然振动铸造；

(2) 石墨结晶器铸造；

(3) 带坯及小断面棒坯和管坯水平连续铸造。

遗憾的是，迄今为止以上方法并不能完全消除反偏析，只是减轻了反偏析程度。因此，挤压时对铸锭进行脱皮和压延前对铸锭进行铣面，仍然是必要的。

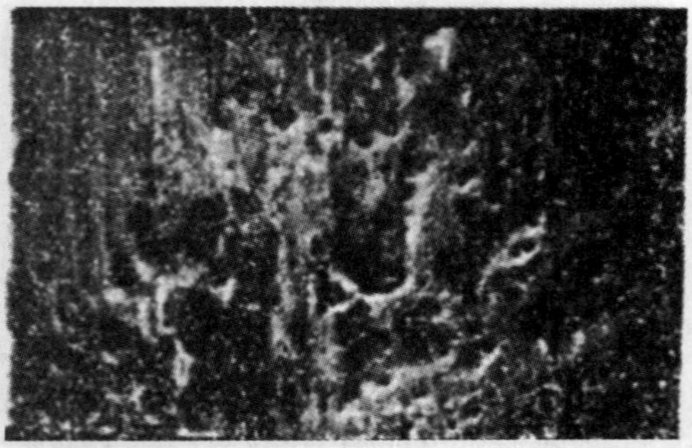
a

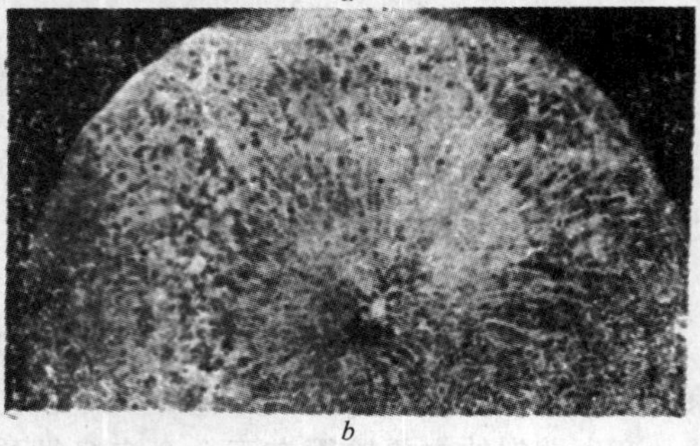
b

图16-21 QSn 7-0.2 ϕ295 mm铸锭表面反偏析
a—铸锭表面；*b*—铸锭横断面

17 铜合金铸造设备及工具[1]

17.1 立式半连续铸造设备

17.1.1 丝杠传动式半连续铸造机

丝杠传动式半连续铸造机如图 17-1 所示。它由电动机、变速箱、水平传动轴、伞齿轮、传动丝杆、导向杆、牵引及承载铸锭的升降台车、上下固定架等部件组成的主传动系统，以及铸造速度、铸锭长度和结晶器的冷却水控制等系统组成。

在铸造机主传动系统中，中、小型铸造机可采用单丝杠传动，大型铸造机可采用双丝杠传动。现代设计中采用一台交流变频调速电机。

铸造机运行期间，应经常对各传动机构进行润滑。尤其是铸造机丝杠、螺母、导向杠、滑块等活动部位，长期处在潮湿、热水冲击、飞溅铜液等恶劣条件下，因此需要经常性的润滑。因为受井下条件限制，通常以采用机械化干油泵注入润滑油的润滑方式较为合适。

图 17-2 所示的是一种典型的机械化引锭器自动钳联装置。

浇注过程中，应注意避免高温的铜液落入丝母。如果发现丝母严重磨损，应及时更换，以避免丝母脱落。铸造机运行过程中，应注意防止升降台车超越上、下极限位置，以免造成顶弯丝杠，或者滑块(轴瓦)脱落等事故

丝杠传动式半连续铸造机，具有控制系统简单、铸造速度稳定、运行可靠和牵引能力比较大，即有利于克服铸造过程中铸锭的悬挂现象等优点。最主要的优点是，铸造过程中的铸造速度不受铸锭自身重量逐渐增加的影响。

丝杠传动式半连续铸造机的主要缺点是：主要设备安装在深井中，工作条件不好，维护也不方便。另外，虽然丝杠传动比钢丝绳传动平稳，但却不如液压传动平稳。

表 17-1 列出某些丝杠传动式半连续铸造机的主要技术性能参数。

表 17-1 某些丝杠传动半连续铸造机的主要技术性能

性　能	铸造机载荷重量/t			
	1.0	3.0	11.0	22.0
铸锭最大重量/t	1.0	3.0	11.0	22.0
铸锭最大长度/m	6.0	4.5	6.0	5.5
铸造速度范围/$m\cdot h^{-1}$	0.8～10.0	2.6～21.5	0.8～21.0	0.8～25.0
升降台车最大上升速度/$m\cdot min^{-1}$	2.0	2.0	2.0	1.8
铸锭最大直径/mm	ϕ360	ϕ360	ϕ410	ϕ410
铸锭最大宽度/mm	750	750	1450	1500
冷却水压力/MPa	0.2～0.3	0.2～0.3	0.2～0.3	0.2～0.3
冷却水最大耗量/$m^3\cdot h^{-1}$	36	70	90	90

在传统的丝杠传动式半连续铸造机基础上，在采用伺服电动机、伺服驱动器和完善各种检测仪表等的在线配置以后，可以实现以 PLC 为核心的自动控制系统，即有比较精确的铸造程序，包括铸造速度、结晶器冷却水流量、铸锭长度等自动控制，以及液晶触摸屏或工控机控制。

通过 PLC 控制的铸造过程控制系统及铸造速度曲线如图 17-3 所示。

根据需要，通过 PLC 系统除可以实现传统的匀速铸造方式外，还可以实现含有“拉－停”等微变引程的铸造程序，包括各种铸造工艺参数，例如铸造速度、铸造速度变化曲线、冷却强度和铸锭长度等参数的设置、调节、监控，以及运行过程中有关信息的预警。

[1] 本章撰稿人：肖恩奎、赵泽江、王进举。

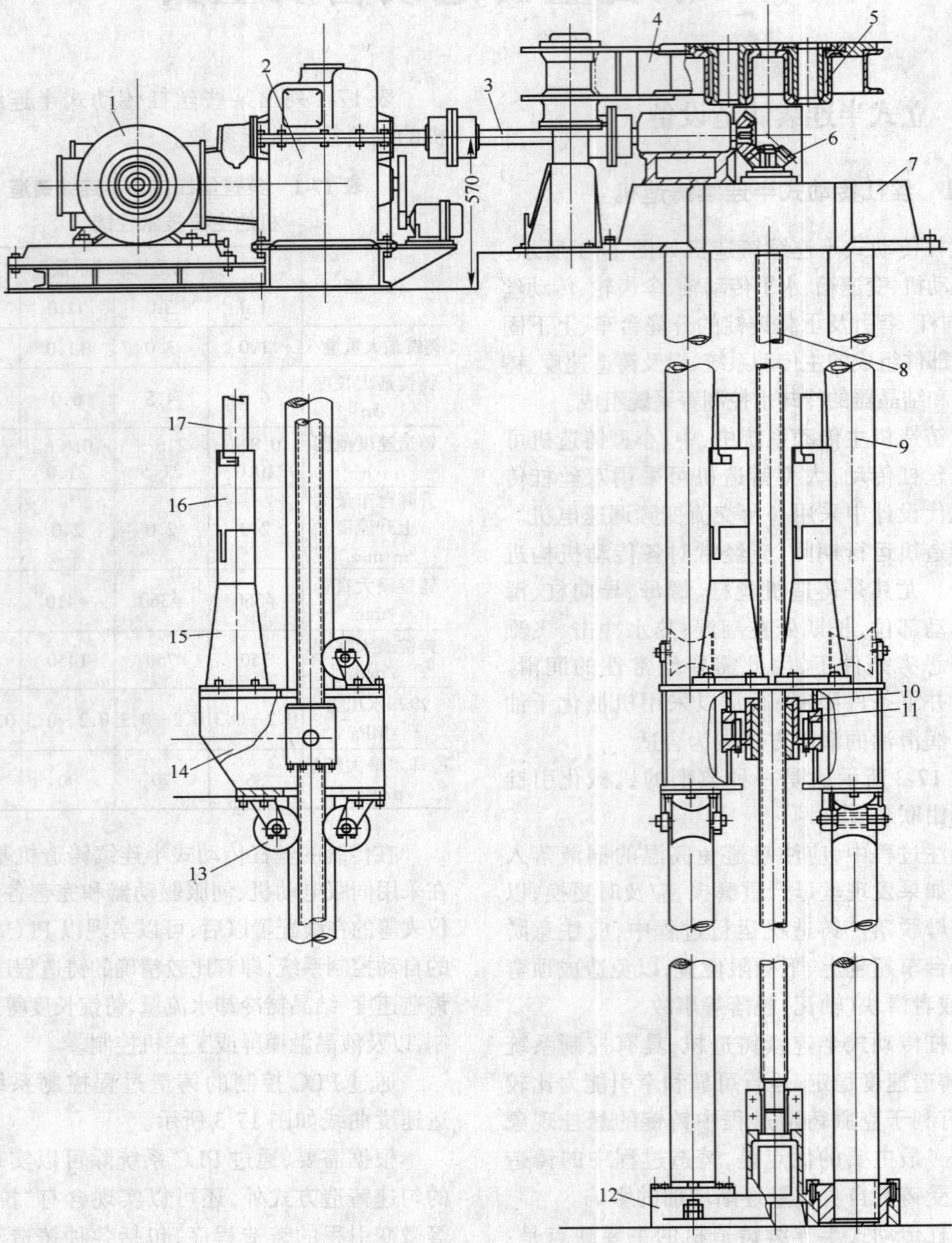

图 17-1　丝杠传动式半连续铸造机

1—电动机；2—减速机；3—传动轴；4—结晶器回转盘；5—结晶器；6—伞齿轮；
7—上部固定架；8—传动丝杠；9—导向杆；10—螺母座；11—对开螺母；
12—下部固定架；13—导向轮；14—升降台车；
15—引锭器固定座；16—引锭器；17—铸锭

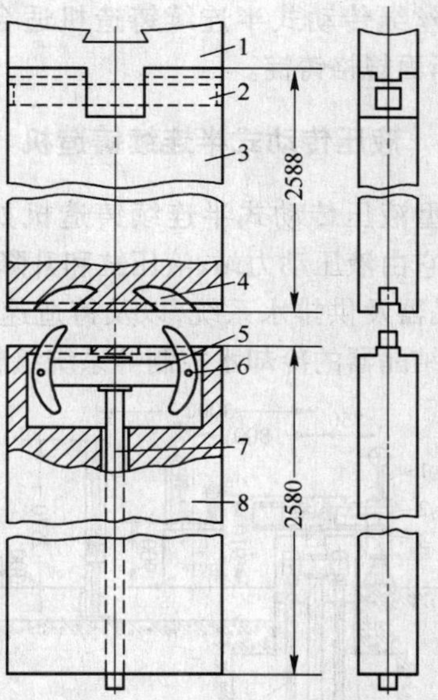

图 17-2　引锭器及其钳联装置
1—引锭器；2—销子；3，4—中间连接器的上下部；
5，6—夹爪及滑板；7—联杆；8—基座

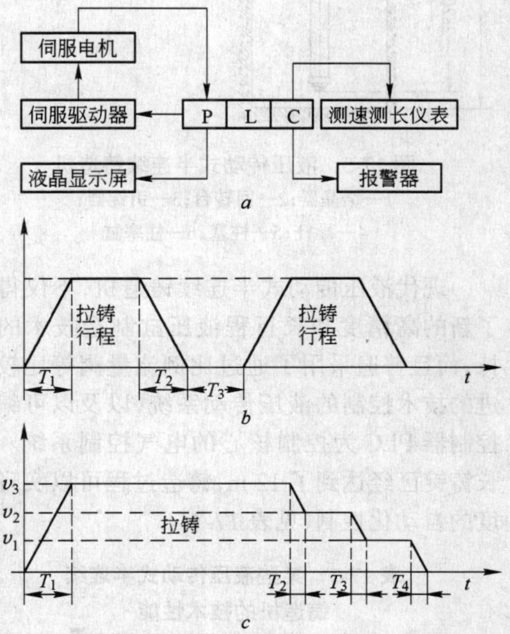

图 17-3　铸造过程控制系统及铸造速度曲线
a—“拉－停”程序控制系统；
b—“拉－停－拉”程序速度曲线；
c—匀速拉铸程序速度曲线

17.1.2　钢丝绳传动式半连续铸造机

钢丝绳传动式半连续铸造机如图 17-4 所示。它由电机、变速箱、卷筒、钢丝绳、升降台车、导向杆，引锭器及引锭器连接装置以及铸造速度、铸锭长度和结晶器的冷却水控制等系统组成。

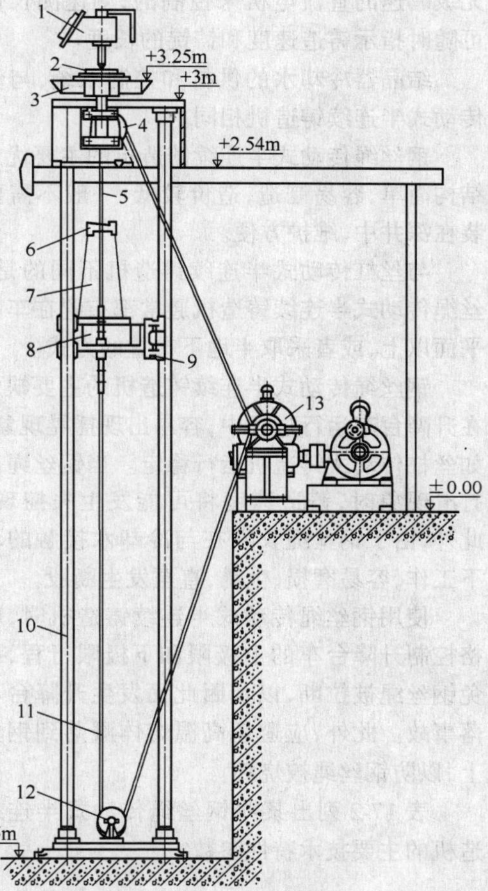

图 17-4　钢丝绳传动式半连续铸造机
1—浇注箱；2—结晶器；3—回转盘；4—上部滑轮；
5—向上牵引台车的钢丝绳；6—引锭器；7—引锭座；
8—升降台车；9—滑瓦；10—导向杆；11—向下牵
引台车的钢丝绳；12—下部滑轮；13—卷扬机

钢丝绳传动式半连续铸造机有四根导向立杆，升降台车的上升和下降借助于钢丝绳和卷扬机的动力。

铸造时升降台车的下降采用直流电机驱动，可以平稳地调节铸造速度。空载时可采用交流电机，借以实现升降台车的快速升降。其中一台电机工作时，另一台电机停止运转。卷筒上钢丝绳的另一端绕过滑轮后与升降台车相连，牵引升降台车上下滑动。升降台车上下滑动时,借助于四根导杆的支撑使之保持平稳运行。

结晶器安装在独立运行的回转盘或小车上。

铸造速度(即升降台车下降的速度)是通过无级调速的直流电机来控制的,测速测长仪表可随时指示铸造速度和铸锭的长度。

结晶器冷却水的供排和控制系统,与丝杠传动式半连续铸造机相同。

钢丝绳传动式半连续铸造机的主要优点是结构简单,容易制造,造价较低,一般不需要安装在深井中,维护方便。

与丝杠传动式半连续铸造机不同的是,钢丝绳传动式半连续铸造机通常都布置在车间的平面以上,或者采取半地下布置的方式。

钢丝绳传动式半连续铸造机的主要缺点是在升降台车运行过程中,容易出现摇晃现象,不如丝杠传动式铸造机运行稳定。当钢丝绳出现打滑现象时,铸造速度将可能发生失控现象。此外,由于钢丝绳长期在与冷却水接触的环境下工作,容易磨损、生锈,直至发生断股。

使用钢丝绳传动式半连续铸造机时,应严格控制升降台车的上极限和下极限行程,以避免钢丝绳被拉断,以及因此而发生升降台车坠落事故。此外,应避免高温熔体溅落到钢丝绳上,以防钢丝绳被烧坏。

表17-2列出某些钢丝绳传动式半连续铸造机的主要技术特性参数。

表17-2 某些钢丝绳传动式半连续铸造机的主要技术性能

性 能	铸造机载荷重量/t		
	5	10	23
底盘最大行程/m	7	6.7	6.7
铸锭最大重量/t	5	10	23
升降台车快速提升速度/$m \cdot min^{-1}$	3.33	3.33	3.73
铸造速度范围/$m \cdot h^{-1}$	4.5~20	0.5~8.0	0.5~10
冷却水耗量/$m^3 \cdot h^{-1}$	85	180	300
升降台车上升电机功率/kW	20	26.5	36
升降台车下降电机功率/kW	1.4	1.75	1.75

钢丝绳传动式半连续铸造机适合于铸造中、小断面规格铸锭。

17.1.3 液压传动式半连续铸造机

小型液压传动式半连续铸造机如图17-5所示。它由液压动力站、液压缸和升降台车、导轨、结晶器及供排水系统,以及铸造速度、铸锭长度和结晶器的冷却水控制等系统组成。

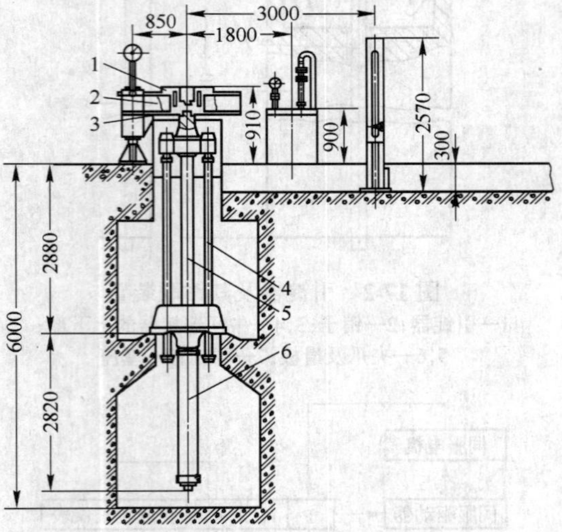

图17-5 液压传动式半连续铸造机
1—结晶器;2—回转台;3—引锭器;
4—导杆;5—柱塞;6—柱塞缸

现代液压传动式半连续铸造机,不仅得到了新的高精度和长行程液压缸制造技术的支持,而且普遍采用了通过比例流量阀等比较先进的技术控制的液压传动系统,以及以可编程控制器PLC为控制核心的电气控制系统。最长铸锭已经达到了12 m,铸造过程可以实现高度的自动化控制(见表17-3)。

表17-3 某些液压传动式半连续铸造机的技术性能

性 能	铸造机载荷重量/t			
	3	5	16	20
升降台车有效行程/m	6.30	5.55	8.50	8.50
升降台车最大行程/m	7.0	5.95	8.70	8.80
铸锭最大重量/t	3.0	5.0	16	20

续表 17-3

性　能	铸造机载荷重量/t			
	3	5	16	20
升降台车快速提升速度/m·min⁻¹(不小于)	1.5	2.0	1.50	1.50
铸造速度范围/mm·min⁻¹	0~400	0~350	40~200	0~300
铸造速度精度/±%(不大于)	1.0	0.5	1.5	1.5
铸锭长度精度/±%(不大于)	1.0		1.5	1.2
冷却水耗量/$m^3 \cdot h^{-1}$	70	100	160	180
系统工作压力/MPa	8.5	8.5	8.0	6.3
系统工作量/L·min⁻¹	53			250
油泵电机功率/kW	11	11	15	30
工作介质	抗磨液压油或水乙二醇			

现代液压式半连续铸造机,大体上由机械、液压、电气控制和冷却水系统等四个组成部分组成。

液压传动式半连续铸造机的机械本体部分包括井架、升降台车、导轨、结晶器与引锭器、结晶器台车及振动装置、冷却水供排系统等。

液压控制系统是铸造机的核心,它不仅为铸造机提供了动力,而且可控制升降台车运行的方向和速度,即实现铸造程序的控制。

液压系统通常由动力、方向控制、铸造速度控制、循环冷却过滤、液压执行元件、油箱等几个部分组成。

图 17-6 所示为液压传动式半连续铸造机的液压系统示意图。

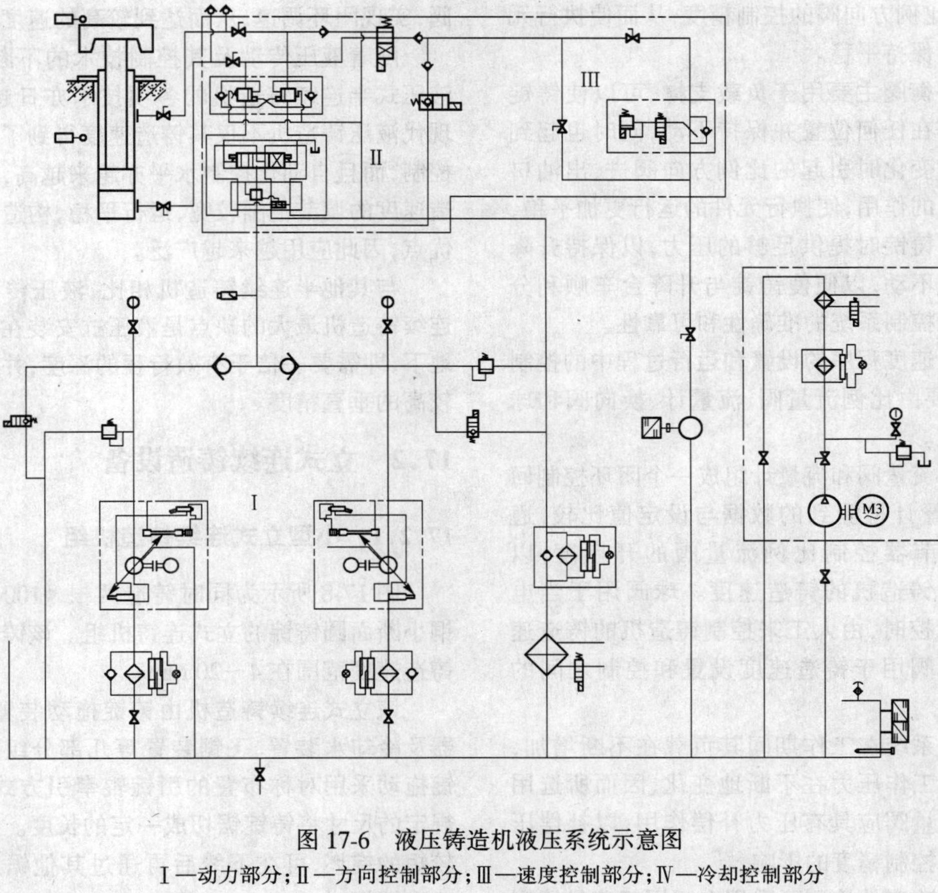

图 17-6　液压铸造机液压系统示意图

Ⅰ—动力部分;Ⅱ—方向控制部分;Ⅲ—速度控制部分;Ⅳ—冷却控制部分

动力部分包括主泵及其泵头阀，为整个系统提供压力油源。变量柱塞泵是常用的液压泵，其主要特点是压力和流量可闭环控制，即可以通过设定不同的电量信号控制泵的压力和流量，以满足不同铸造速度所要求的压力和流量，包括比较复杂的铸造程序，例如在铸造程序中包含有拉和停的交替动作。

方向控制部分用于升降台车的升或降的控制，通常由比例方向阀、压力补偿阀和双平衡阀组成。比例方向阀采用三位四通比例换向阀，以控制升降台车的上升或下降，可使升降台车停止在任意位置。当慢速铸造时，可使变量泵在死区外工作并通过比例阀控制所需的流量，以保证系统工作时所需的流量。

压力补偿阀与比例方向阀连用形成一个入口负载补偿回路，可减少负载变化对系统压力的影响，保证比例方向阀进、出油口压差基本恒定，提高比例方向阀的控制精度，从而使执行元件的运行保持平稳。

双平衡阀主要用于负载支撑，可以使铸锭稳定地停在任何位置并保持不动，同时也起到补偿负载变化时引起的比例方向阀进、出油口压差变化的作用，使执行元件的运行更加平稳，还为起吊铸锭时提供足够的压力，以保持升降台车静止不动，以便使铸锭与升降台车顺利分离。保证控制系统的准确性和可靠性。

铸造速度程序的设置和运行过程中的控制系统，主要由比例流量阀、流量计、换向阀和球阀等组成。

比例流量阀和流量计组成一个闭环控制回路，由流量计检测到的数据与设定值比较，通过PID调节器控制比例流量阀的开启度，以精确控制铸造机的铸造速度。球阀用于当电气元件失控时，由人工来控制铸造机的铸造速度。换向阀用于铸造速度设置和控制之间的切换。

由于系统在工作期间其负载在不断增加，即系统的工作压力在不断地变化，因而所选用的比例流量阀应具有压力补偿作用，以补偿压力变化对控制精度的影响。

铸造速度的检测可采用专门用于流量检测的VC流量计，该流量计的检测精度高，通常为±0.3%。

电气控制系统多采用可编程控制器PLC为控制核心，使用触摸屏作为状态显示及参数设置，通过比例变量泵完成比例阀控制升降台车的升降速度。

液压传动式半连续铸造机升降台车移动速度控制框图如图17-7所示。

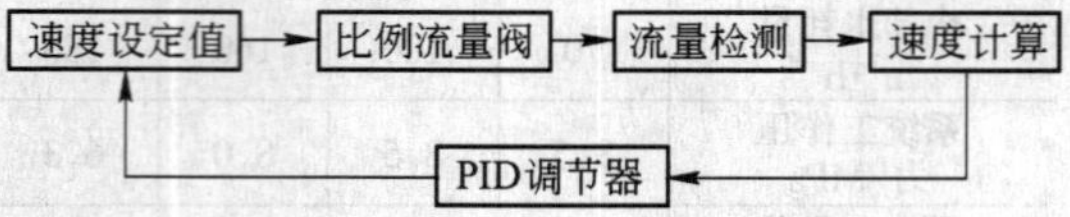

图17-7　液压铸造机速度控制框图

升降台车的调速系统采用油缸出口比例流量阀调速，通过对油缸出口流量的检测，折算出升降台车的移动速度，与升降台车移动速度的设定值进行比较计算，控制油缸出口比例流量阀，实现闭环调速，从而达到较高的速度精度。

随着液压传动及其控制技术的不断发展，液压式半连续铸造机的各项技术亦日趋成熟。现代液压铸造机不仅其铸造速度得到了精确的控制，而且自动化控制水平亦越来越高，加之铸造速度的调节范围较宽，运行平稳，构造简单等优点，因此应用越来越广泛。

与其他半连续铸造机相比，液压传动式半连续铸造机最大的缺点是液压缸安装在较深的地下，即需要一倍于有效行程的深度，并且要求较高的垂直精度。

17.2　立式连续铸造设备

17.2.1　小型立式连续铸造机组

图17-8所示为同时铸造两根ϕ100 mm黄铜小断面圆铸锭的立式连铸机组。该铸造机的铸造速度范围在4～20 mm/s。

该立式连续铸造机由铸锭拖动装置、结晶器及冷却水装置、飞锯装置等几部分组成。铸锭拖动采用对称布置的引锭辊牵引方式，按照规定的尺寸将铸锭锯切成一定的长度。若需要较短的锭坯，可在下线后再通过其他锯床进行二次锯切。

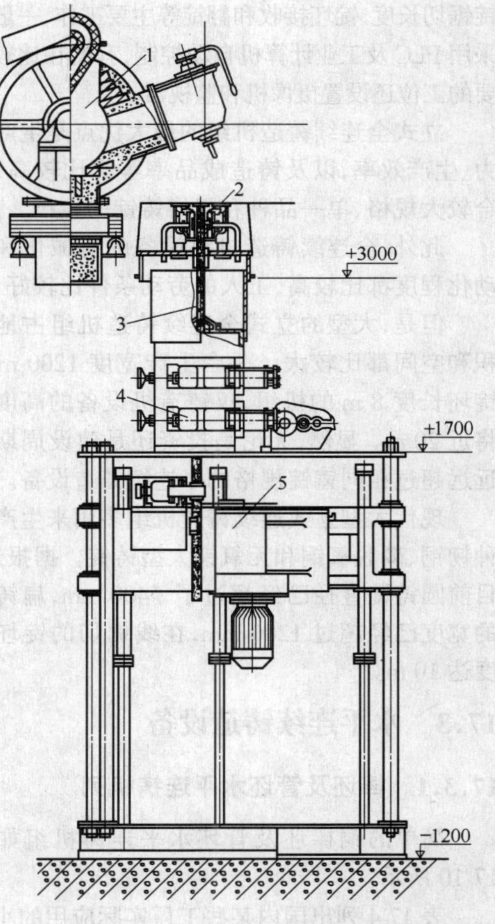

图 17-8 小型立式连续铸造机组

1—浇注炉；2—结晶器；3—铸锭；
4—拖动装置；5—飞锯

与立式半连续铸造机不同的是，立式连续铸造时从结晶器下方及其冷却系统中排放的水，需要通过专门的带密封的集水箱导引并通过系统管道输送出去。而且，锯切过程中产生的屑以及使用的润滑液都需要进行收集。

17.2.2 大型立式连续铸造机组

现代化的铸造圆断面铜铸锭的大型的立式连铸机组如图 17-9 所示。

大型立式连续铸造机组，需要有相应容量及生产率的熔炼炉组与之配套。铸造机的机架通常为坚固的钢结构，铸造机可以建在地上，也可以建在地下或者半地下。

该铸造机由结晶器平台及振动装置、铸锭拖动(牵引)装置、锯切装置、铸锭接收和倾翻装置、输送装置以及铸锭引拉程序、浇注炉的出铜流量控制、结晶器内金属液面控制和冷却水系统等组成。

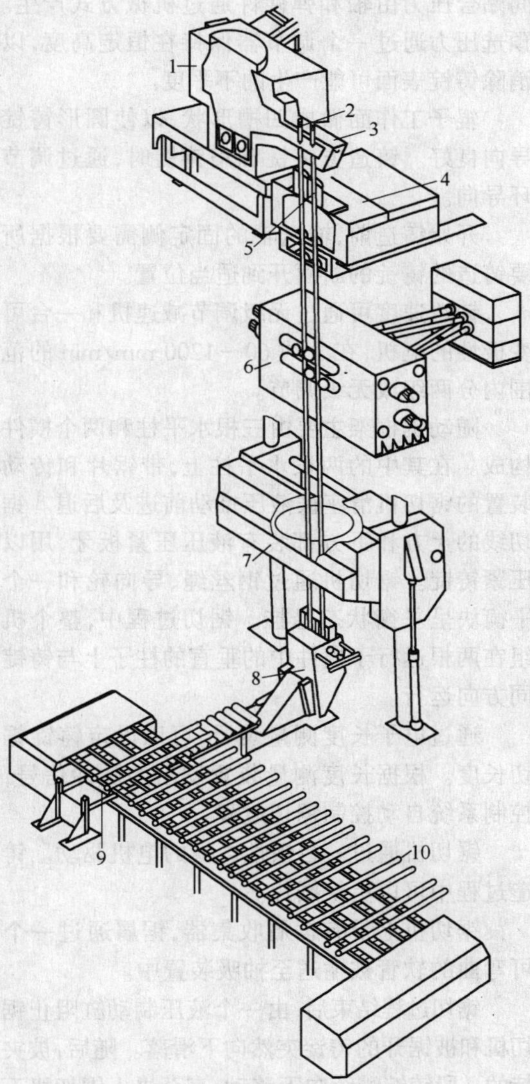

图 17-9 大型立式连续铸造机组

1—浇注炉；2—液体金属流量控制系统；
3—浇注炉前室；4—结晶器平台及振动装置；
5—结晶器；6—铸锭拖动(牵引)装置；
7—随动锯；8—铸锭接收筒及倾翻装置；
9—打印机；10—铸锭输送辊道

铸锭拖动(牵引)装置由上下错开的两对辊子组成，用以容纳及夹送引锭器和铸锭。牵引辊传动通过一台极性可换的电机、可进行无级调节的减速机、柔性联轴节、减速齿轮和万向轴等进行。成对布置的一对辊子中，固定侧的辊子呈刚性安装，压力侧辊子呈弹性安装，两辊之间贴合压力由轴和弹性件通过机械方式产生。预选压力通过一个调节器保持在恒定高度，以消除铸锭表面可能产生的不平度。

辊子工作面做成凹槽形状，以使圆形铸锭导向良好。铸造方铸锭和扁铸锭时，通过调节环导向。

开始铸造前，输送辊的固定侧需要根据所要铸造的铸锭的断面开到适当位置。

铸造速度可通过无级调节减速机和一台可变极性的电机，在大约 60～1200 mm/min 的范围内分两级或无级调节。

随动锯框架主要由三根水平柱和两个横件构成。在其中的两根水平柱上，带锯片和传动装置的锯切机滑座被液压推动前进及后退。锯切线的上方和下方都装有液压压紧板牙，用以压紧铸锭。锯切机通过钢丝绳、导向轮和一个平衡块呈平衡状态悬挂。锯切过程中，整个机组在两根运行于横件中的垂直的柱子上与铸锭同方向运行。

通过电子长度测量装置，可以设定铸锭锯切长度。根据长度测量装置发出的脉冲信号，控制系统自动控制锯切过程。

锯切机通过一台极性可换的电机驱动。铸造过程中可以更换锯片。

锯切机上带有锯屑收集器，锯屑通过一个可弯曲的软管被输送至抽吸装置中。

锯切过程结束后，由一个液压制动缸阻止锯切机和被锯开的铸锭突然向下滑落。随后，被夹持的一段铸锭继续向下移动，直至进入锯切机下部的接收筒中。铸锭进入接收筒之后，锯切机松开夹紧铸锭的板牙并返回到上终端位置。

最后，通过液压装置将铸锭随接收筒一起从垂直位置放倒至水平辊道上。

大型立式全连续铸造机组，通常都配置有自动打印机和电子称重等装置。

大型立式全连续铸造机组，铸造程序包括浇注的铜液流量、结晶器内金属液面、冷却强度、铸锭锯切长度、锭坯接收和翻锭等主要工作，一般都采用 PLC 及工业计算机自动控制，有的在比较重要的工位还设置摄像机和监视器。

立式全连续铸造机组的最大优点是生产能力、生产效率，以及铸造成品率等都比较高，适合较大规格、单一品种和规格铸锭的生产。

此外，全连续铸造机组设备的机械化和自动化程度都比较高，工人的劳动条件比较好。

但是，大型的立式全连续铸造机组占地面积和空间都比较大。一台生产宽度 1200 mm、锭坯长度 8 m 的机组，仅铸造机设备的高度就将近 20 m。显然，无论是投资还是建设周期都远远超过相同铸锭规格的半连续铸造设备。

现代大型立式连续铸造机组多用来生产各种韧铜、磷脱氧铜和无氧铜大型铸锭。据报道，目前圆铸锭直径已经超过了 ϕ400 mm，扁铸锭的宽度已经超过 1200 mm，在线锯切的锭坯长度达 10 m。

17.3　水平连续铸造设备

17.3.1　棒坯及管坯水平连铸机列

简单的铜棒坯及管坯水平连铸机组如图 17-10 所示。

表 17-4 列出国内某些工厂实际应用的小型铜及其合金水平连续铸造机组的主要技术性能。

表 17-4　水平连续铸造机组主要技术性能

设备序列		1	2	3
最大铸锭规格/mm		ϕ100	ϕ100	ϕ100
保温炉	总容量/kg	1000	1350	600
	有效容量/kg	450	600	300
	额定功率/kW	150	170	100
	炉车振幅/mm	0～15		0～8
	振动频率/次·min^{-1}	0～200		30～150
引拉机	驱动电机功率/kW	2.2	1.45	2.2
	引拉方式		链振	链振
	引拉间断时间/s		1～20	1～8
	速度范围/m·h^{-1}	0～60	0～135	0～88
锯切装置	锯切方式	自动	自动	自动
	夹紧方式	液压	液压	液压
	锯片直径/mm	ϕ510	ϕ510	ϕ510
	驱动电机功率/kW	5.5	3.0	3.0

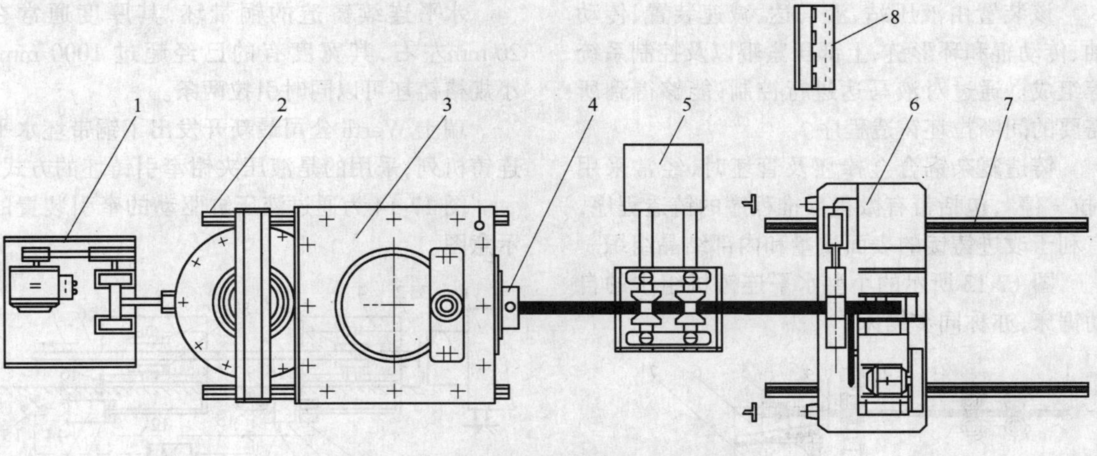

图 17-10 铜棒坯及管坯水平连铸机组

1—振动装置；2—保温炉行走轨道；3—浇注炉；4—结晶器装置；5—铸锭牵引装置；6—自动锯切装置；7—锯床行走轨道；8—操纵台

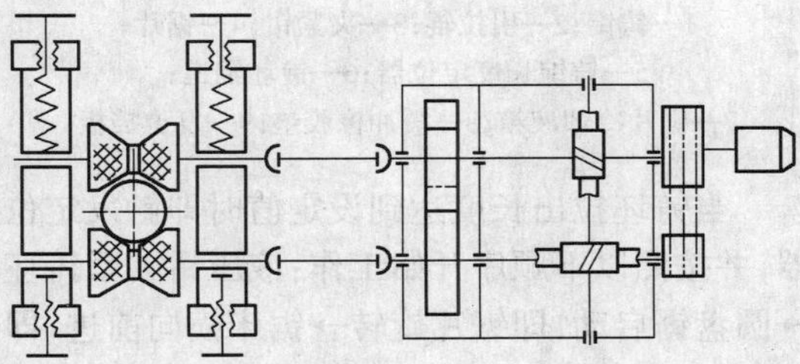

图 17-11 水平连铸机械牵引装置

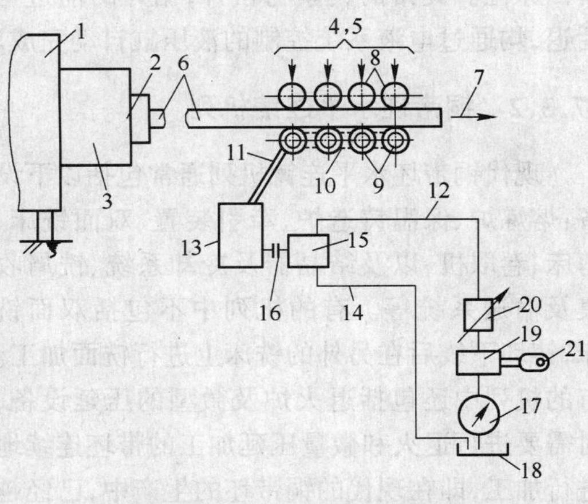

图 17-12 液压马达间断牵引装置示意图

1—浇注炉；2—结晶器；3—炉前室；4、5 和 8—牵引装置的上压紧辊；6—铸锭；7—引拉方向；9、10—下辊和环形链；11—传动轴；12—进油管；13—减速装置；14—回油管；15—液马达；16—联轴器；17—油泵；18—压力油贮存器；19—机械控制阀；20—流量调节器；21—凸轮

棒坯及管坯水平连铸机列，通常由保温浇注炉、结晶器装置、引锭装置和锯切装置等组成。

水平连铸机列适合于铸造中、小规格断面的铸锭。

目前水平连续铸造的铸锭规格大致为：棒坯直径 $\phi15\sim500$ mm，管坯外径 $\phi25\sim500$ mm，最小壁厚为外径的 10%。

较大规格铸锭在水平连续铸造过程中由于自重效应，在铸锭与结晶器之间往往出现不均匀的间隙。铸锭规格越大，此间隙越大，阻碍热交换的行为越严重，结果使铸造速度受到限制，进而可能影响到铸锭的表面质量。另外，由于上述间隙不均匀的结果，也导致了铸锭结晶组织的不均匀。

水平连续铸造适合各种铜及其合金。通过对结晶器及铜液分配系统不断改进设计，上述收缩间隙和铸锭组织缺陷正在逐步得到克服。

图 17-11 所示的最简单的机械牵引装置，通过电机、一级皮带传动、二级蜗轮减速器带动主传动轮，主传动轮再传给两对拉辊的上辊齿轮和下齿轮。机械式牵引装置适合于匀速铸造。

图 17-12 所示的液压马达牵引装置，由油泵、流量调节阀、液马达、减速装置、传动辊和环形链等及其控制系统组成。

该装置由液压站、液马达、减速装置、传动轴、传动辊和环形链、上部压紧辊以及控制系统等组成。通过对液马达进行控制,能够得到所需要的间断拉坯铸造程序。

铸造复杂铜合金棒坯及管坯时,经常采用“拉－停”,包括带有微程反推程序的铸造程序,有利于改进铸锭的表面质量和内部结晶组织。

图 17-13 所示的小型水平连铸机组中的自动锯床,亦称同步锯床。

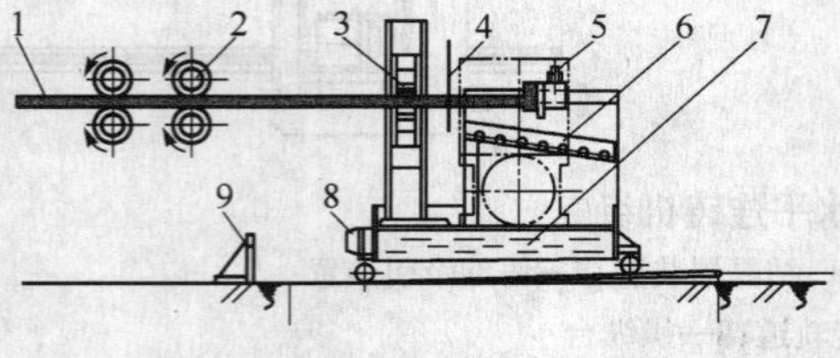

图 17-13 自动锯床示意图

1—铸锭;2—引拉辊;3—夹紧钳;4—锯片;5—铸锭长度定位器;6—锭坯辊道;7—锯片冷却液箱;8—缓冲橡胶垫;9—复位挡板

当铸坯拉出长度达到设定值时即触发定位器,并按照以下顺序开始工作:液压钳夹紧铸坯→圆盘锯启动,即锯片旋转→锯床横向前进,即切断铸坯→液压钳松开铸坯→锯床沿斜坡轨道滑回原位。夹钳的夹紧与松开,锯片的前进与后退,均通过电液系统控制的液压缸自动完成。

17.3.2 铜带坯水平连铸机列

现代铜带坯水平连铸机列通常包括以下设备:熔炼炉、保温铸造炉、牵引装置、双面铣床、剪床、卷取机,以及结晶器及冷却系统、铣屑收集及输送系统等。有的机列中不包括双面铣床,铸坯下线后在另外的铣床上进行铣面加工。有的机列中还包括退火炉及微型的压延设备,对需要进行退火和微量压延加工的带坯连续地进行加工,即在现代的铜带坯的生产中,已经越来越多地把压延加工生产的前道工序转移到了铸造方面。

由于铜带坯通常采用带反推的微程引拉程序,因此在线的双面铣床、牵切机、卷取机等设备都应是随动设备,即都能与铸造程序中的“拉－停－反推”等动作保持同步移动。

水平连续铸造的铜带坯,其厚度通常在 20 mm左右,其宽度有的已经超过 1000 mm。小规格铸坯可以同时引拉两条。

瑞士 Wertli 公司最新开发出了铜带坯水平连铸机列,采用的是液压夹钳牵引铸坯的方式。

图 17-14 为通过液压缸驱动的牵引装置的示意图。

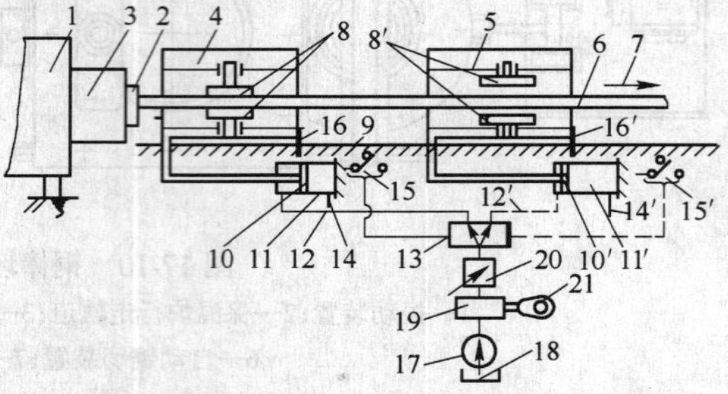

图 17-14 液压传动式间断牵引装置示意图

1—保温炉;2、3—结晶器系统;4、5—牵引台;6—铸造带坯;7—移动方向;8—夹爪;9—基础平面;10—活塞;11—液压缸;12—进给油路;13—换向阀;14—液压缸另端油路;15—限位开关;16—碰块;17—油泵;18—油箱;19—机械调节阀;20－流量调节阀;21－凸轮机构

此种液压缸驱动的牵引装置中,至少配置两对牵引台,每对牵引台上配置有一对夹爪,每一对夹爪夹都可在夹住铸造带坯时沿引拉方向移动一个或几个行程。一对夹爪松开带坯并向原位返回时,另一对夹爪则已经夹紧带坯并可以进行引拉。在一个循环周期内,铸造带坯的牵引速度、长度、时间等,都可以预先设置和在运行过程中调节。

德国 Technica－Guss 公司的铜带坯水平连铸机列,其引拉机采用大扭矩、低惯量直流马达驱动,专用谐波减速装置变速和精密链传动,液压夹紧和辊式引拉,通过测速电机和编码器系统,使直流马达的运行完全由计算机控制,可以实现铸造全过程的计算机控制。

图 17-15 所示为一种现代铜带坯水平连续铸造生产线。

表 17-5 列出引进的铜带坯水平连续铸造机列的主要性能。

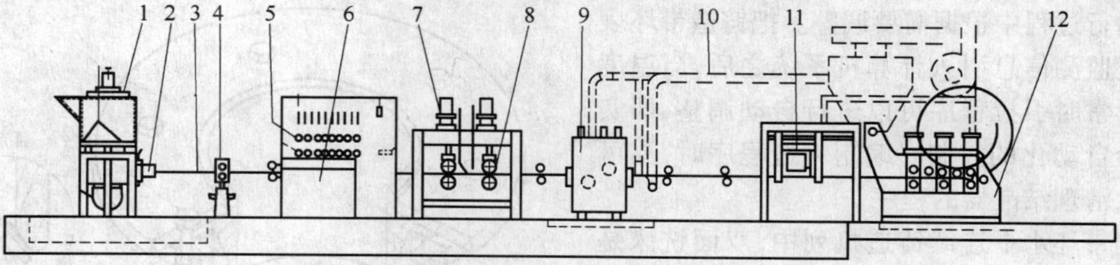

图 17-15 现代铜带坯水平连续铸造生产线

1—保温炉;2—结晶器装置;3—铸造带坯;4—托辊;5—冷却水分配器及控制系统;
6—保温炉和牵引装置的操作台;7—压紧辊;8—牵引辊;9—双面铣床;
10—抽吸铣屑系统;11—液压剪装置;12—卷取机

表 17-5 引进的铜带坯水平连续铸造机列的主要性能

设备制造商		Technica-guss	Wertli		Metatherm	Griset
带坯规格/mm×mm×mm		15×650×1	15×440×2 15×325×2	16×450×2 16×380×2	16×430×2 16×330×2	15×650×1
生产能力/$t \cdot h^{-1}$		0.8~1.0	0.8~1.0	1.1~1.20	1.0~1.3	0.8~1.0
保温炉	功率/kW	150	200		200	250
	有效容量/kg	1500	2000		2000	3500
	总容量/kg	3500	4000			5000
引拉机	牵引力/kN	26	60		50	
	牵引速度/$mm \cdot s^{-1}$	0~120	0~50		1.5~70	10~18
	拉程精度/±mm	0.1				0.1
	时间精度/±s	0.1				0.01
	牵引方式	液压夹紧辊	液压夹钳			液压夹钳
	驱动方式	直流马达	液压马达		伺服电机	液压马达
双面铣	铣刀类型	硬质合金	硬质合金	高速钢	高速钢	硬质合金
	铣削深度	0.1~2.0	0.2~1.0	0.1~2.0	0.1~0.5	0.5~1.2
	铣削精度/±mm					
剪切机	剪切方式	液 压	液 压	液 压	液 压	液 压
	剪切力/kN	4600	530	490	2000	
	带坯切口形状	凸 口	斜 口		斜 口	凸 口
卷取机	卷取形式	无芯三辊	卷筒式	三 辊	三 辊	三 辊
	带卷内径/mm	ϕ600	ϕ600	ϕ700~900	ϕ700~1200	ϕ500~600
	带卷外径/mm	ϕ1250	ϕ1200	ϕ1750	ϕ1800	ϕ1800
	带卷单重/kg	4500	3000	4000	6000	4500~8000

现代水平连续铸造机的控制精度一般都比较高,例如,不仅自由调节正向引拉和反推速度,而且运行的速度曲线亦可以进行设置,其运行精度为:正向引拉和反推行程精度:±0.1 mm;停歇时间精度:±0.1 s。

每一个铸造程序的组成都可以自行设计,

并在运行过程中根据需要调整。把铸造带坯表面温度监测信息引入计算机系统之后，当温度发生异常时引拉程序可以进行自动调整，即实行完全自动化的控制。编制铸造程序时，亦可以加入清理结晶器的程序。

铜带坯水平连续铸造机列中，双面铣床是仅次于引拉机的重要设备。

剪切机通常采用液压控制，夹紧缸和剪切缸安装在同一小车上。当铸坯达到要求的长度时，首先夹紧缸夹紧锭坯，然后启动剪切缸剪断锭坯。剪切口的形状应根据压力加工生产的需要决定。

铜带坯的卷取机任务是将铸造带坯按照一定的曲率半径成卷。采用三辊卷取机卷取时，可以比较方便地选择和控制带卷的卷径。

现代铜带坯水平连续铸造机列，通常都把保温铸造炉内铜液温度、结晶器冷却系统参数、铸坯表面温度和铣床、剪切机和卷取机等运行信息，以及生产统计信息等和带坯铸造程序参数等纳入到引拉机操作台及计算机的管理之中。

铜带坯水平连续铸造机列的主要优点在于：解决了某些铜合金(例如锡磷青铜、锌白铜和高铅黄铜等)采用厚断面铸锭热轧开坯困难的工艺难题，同时节省了热轧需要预先加热铸锭所需的大量能源。就铸造技术本身而言，铸造带坯直接成卷则已经是铸造方法的重大突破。

铜带坯水平连续铸造机列尤其适合于单一合金品种和单一铸锭规格带坯生产，所生产的带坯产品质量稳定，成品率比较高。

17.4 结晶器及其振动和间歇铸造装置

17.4.1 结晶器装置

图17-16所示的一种典型的、立式半连续铸造铜及其合金圆铸锭的组装式结晶器，主要由外壳、内套、上部压板，以及密封材料和螺栓等构成。

结晶器设计主要包括两个部分，即结晶器热交换能力计算和结晶器结构设计。

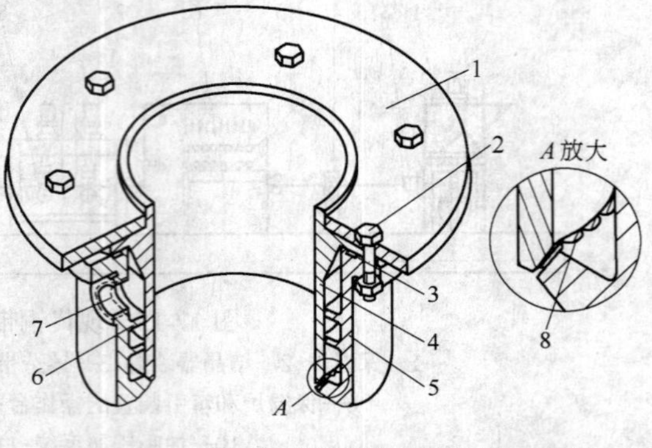

图17-16 组装式圆铸锭结晶器结构示意图

1—上部压板；2—连接螺栓；3—密封材料；4—内套；5—外壳；6—导向螺纹；7—进水孔；8—喷水孔

17.4.1.1 结晶器热交换及水路计算

A 结晶器热交换能力计算

铸造金属在冷却及凝固过程中所放出的总热量 q 为：

$$q=(t_1-t_2)c_1m+Qm+(t_3-t_4)c_2m \tag{17-1}$$

式中 t_1——铸造金属熔体的温度，℃；

t_2——铸造金属开始结晶温度，℃；

t_3——铸造金属结晶终了温度，℃；

t_4——铸造金属铸锭离开结晶器装置(或二次冷却装置)时的温度，℃；

c_1——铸造金属熔体在 t_1 与 t_2 之间的比热容，kcal/kg·℃，1 cal≈4.18 J；

c_2——铸造金属铸锭在 t_3 与 t_4 之间的比热容，kcal/kg·℃，1 cal≈4.18 J；

Q——铸造金属在结晶温度时的结晶潜热，cal/g，1 cal≈4.18 J；

m——铸锭的质量，kg。

铸造金属在冷却及凝固过程中需要的冷却水量 W 为：

$$W=q/c_3(t_5-t_6) \tag{17-2}$$

式中 q——铸造金属在冷却及凝固过程中所放出的总热量，cal，1 cal≈4.18 J；

c_3——水的比热容，kcal/kg·℃；

t_5——铸锭离开二次冷却区时的温度，℃；

t_6——结晶器的进水温度，℃。

以上为铸造金属与结晶器装置之间热交换时所需冷却水的理论计算。

实际上，由于结晶器装置的冷却分为一次冷却和二次冷却，结晶器高度往往是变数，而且由于不同金属及合金自身的导热性和线收缩性质等不同，在结晶器内工作壁和铸锭表面之间所形成的收缩间隙也不同，即热交换过程中的热阻不同，显然完全依靠理论计算是不够的。

实际设计结晶器时，对于冷却水的供给大多以经验数据作为主要参考依据。通常冷却水的温升不宜超过35～40℃。

一般设计大都采用远大于理论计算所需要的冷却水量。

B 结晶器冷却水路设计

a 结晶器冷却水路设计原则

铸造过程中，影响铸锭实际冷却强度的因素很多，除冷却水外，还有结晶器内套材质、有效高度和锥度、浇注温度和铸造速度等。当然，起决定性作用的因素是冷却水。

当冷却水温度一定时，提高一次冷却强度的主要措施包括：

(1) 在一定限度内增加冷却水量，例如加大水路横断面积，或在一定限度内增大水的压力(即流量)；

(2) 在冷却水的流量一定时，提高水在结晶器水室中，特别是贴近内套表面壁层的流速，例如采用小水缝或小水槽水路。

措施(2)可以提高冷却水的利用率。沿结晶器内壁的水流速度慢，不但水冷强度小，而且当水质较硬时，容易结垢而降低水冷强度。

一次冷却水全部转换为二次冷却水使用时，也可以用紧靠结晶器的单独的水冷套向铸锭表面喷水。

当水温一定时，提高二次冷却强度的措施包括：

(1) 在一定限度内增加冷却水的流量；

(2) 水流量一定时，提高水贴近内套表面壁层的流速，出水孔总横断面积等于或稍小于进水孔的总横断面积；

(3) 选择合理的射角及出水形状。

图17-17为结晶器二次冷却水喷射角度示意图。

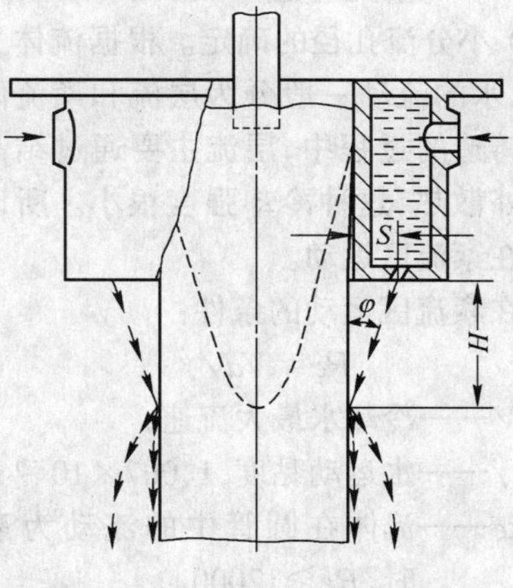

图17-17 结晶器二次水喷射角示意图

射角一般取15°～30°。射角偏小，铸锭出结晶器后较长一段(图中的H)得不到冷却。射角偏大，二次冷却水喷射到铸锭表面之后飞溅现象严重(如图中的外层箭头所示)，水的利用率不高，有时，水还容易会向上窜入结晶器内。

当射角一定时，在保证结晶器内壁翻修的加工余量和刚度的前提下，应尽量减小S，以减小H。当S较小时，射角取20°～25°，有利于提高二次冷却效果。

理想的二次冷却出水形状应该为均匀的片状水幕。但由于片状水幕对结晶器的制造、装配和维修精度要求都非常高，实际设计多将二次出水形状做成均匀分布的小水柱。

b 结晶器冷却水路设计实例

(1) 大汇流孔径及数量的确定：

铸造时间： $t = L/V$ (17-3)

铸造水流量： $Q = W/t$ (17-4)

式中 t——时间，min或h；

L——铸锭的长度，mm或m；

Q——热交换所需总热量，cal，1 cal≈4.18 J；

V——铸造速度，mm/min或m/h；

W——L或m^3。

考虑到加工的因素，汇流孔D的经验数据一般选用$D=25～35$ mm。故汇流孔的数量n：

$$n = Q/AV$$

式中 A——汇流孔的横断面积，$A = \pi d^2/4$；

V——水流速度，一般取 1.4～1.67 m/s。

(2) 小分流孔径的确定。根据流体力学理论可知，水的流动一般分为层流和紊流两种形式。在铸造的过程中，层流主要通过结晶器工作壁向外散热，这种冷却强度很小。所以主要考虑水在紊流区运动。

水在紊流区运动的条件：

$$Re = Vd/\gamma \quad (17\text{-}5)$$

式中 V——冷却水最大流速；

γ——水运动黏度，1.007×10^{-6} m²/s；

Re——流体在圆管中的流动为紊流区时，$Re \geqslant 12000$。

结果：$d \geqslant 12000\gamma/V$。

以上计算的数据均为理论计算。实际设计中靠实际经验进行适当调整。

此外，水孔的布置亦需根据实际情况，并结合热工理论进行合理布局。

17.4.1.2 结晶器结构设计

结晶器结构设计，除水路以外，还有工作腔横断面、锥度、高度方面的具体设计。

A 结晶器工作腔设计

a 结晶器内腔截面

结晶器内腔横断面尺寸是指圆锭结晶器的内套断面直径和扁铸锭内套断面的长与宽。这些尺寸主要取决于铸造金属的线收缩率，它通常比铸锭横断面尺寸大 0.7%～5.3%。

下面以 $a \times b$ 扁结晶器为例来说明结晶器结构参数设计。

(1) 结晶器上口尺寸：

$$L = a(\text{或 } b) \times [1 + (T_{结} - T_{室}) \times \alpha_{线}] \quad (17\text{-}6)$$

式中 $\alpha_{线}$——铸造合金的平均线膨胀系数；

$T_{结}$——铸造合金的结晶温度；

$T_{室}$——室温，20℃。

(2) 结晶器下口尺寸：

一般情况下，结晶器内的铸锭表面开始下降温度为硬化温度的 17%～27%。因此结晶器进出口温度差：$T_{\Delta} = T_{结} \times [(17+27)/2]\%$

$$L = a(\text{或 } b) \times [1 + (T_{结} - T_{\Delta} - T_{室}) \times \alpha_{线}] \quad (17\text{-}7)$$

对于某些合金扁锭大面凹下部分比较大时，可将结晶器大面向外凸出来修正，以减少铸锭表面的不平度，例如某种铜合金铸锭用的 170 mm×620 mm 扁结晶器的内腔尺寸设计如图 17-18 所示。

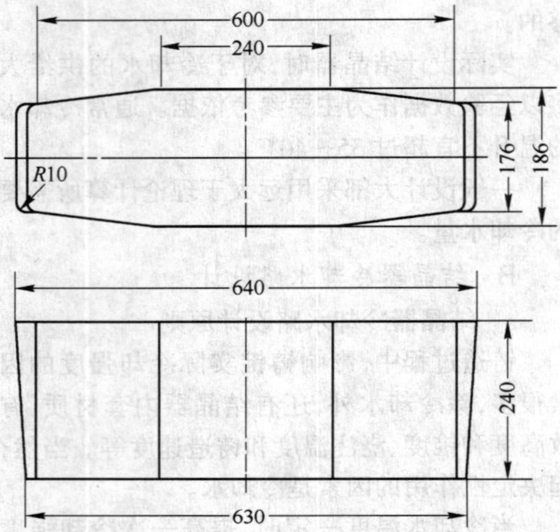

图 17-18 170 mm×620 mm 扁结晶器的内腔设计

为了提高一次冷却强度，可采用内腔带有适当倒锥度的结晶器（一般取 1°～2°）。结晶器内腔上、下口横断面尺寸可满足下列关系：

$$A_1 > A_2 \geqslant (A_1 + A_3)/2 \quad (17\text{-}8)$$

式中 A_1——结晶器内腔上口横断面；

A_2——结晶器内腔下口横断面；

A_3——冷却到室温时的铸锭（底部除外）横断面。

结晶器内腔圆角的确定如下：

一般情况下，液态金属与结晶器是不润湿的，表面张力使铸锭的边角呈圆形，而液态金属的静压力又使液态金属充满结晶器的整个空间，当铸锭表面的静压力与毛细附加压力相等时，该处的形状是稳定的。根据

$$h\rho g = 2\sigma/r \quad (17\text{-}9)$$

式中 σ——铜的表面张力，$\sigma = 1360$；

ρ——铜的密度，$\rho = 8.89$ g/cm³；

g——重力加速度，$g=980\ \mathrm{cm/s^2}$；

h——铸锭边部液穴深度，估计为 $h=3\ \mathrm{cm}$。

得出：$r=2\sigma/h\rho g$。

b 结晶器高度

(1) 结晶器有效高度 h：

结晶器工作壁的扭曲变形对结晶器的寿命有决定性的影响。扭曲变形的原因是，在结晶器工作面和外表面之间的温差作用下，使结晶器工作面产生热变形弯曲的结果。工作壁内侧的长度增量：

$$h_{\Delta}=h\times T_{\Delta壁}\times\alpha_{壁} \qquad (17\text{-}10)$$

式中 h——工作壁有效高度；

$T_{\Delta壁}$——工作壁内外温度差（$T_{\Delta壁}=T_{结晶温度}-T_{外表面温度}$）；

$\alpha_{壁}$——工作壁材料的热膨胀系数。

根据生产经验，当结晶器大面中部锥度产生 3 mm 以上变形量时，就必须停用待修。大面中部锥度变化是由于内外表面不均匀热膨胀使工作面向里弯曲而造成下面变大。结晶器的有效使用范围为：

$$h_{\Delta}<h\times T_{\Delta壁}\times\alpha_{壁} \qquad (17\text{-}11)$$

即 $h>h_{\Delta}/T_{\Delta壁}\alpha_{壁}$。

(2) 结晶器高度 H。结晶器的热变形发生在距离上口约 1/3 高度处，因而把横向大汇流孔安排在这个高度，使铸锭表面温度从这个高度开始大幅度下降，从而减缓结晶器的变形。缓冷带宽度通常定为 60～80 mm。

$$H=h+(60\sim80) \qquad (17\text{-}12)$$

圆结晶器的高度与直径的比值在 0.6～4 之间。

对多数铜合金来说，在一定的浇注条件下，能保证合金熔体在结晶器里凝固成足够厚的外壳而又操作安全时，应尽量采用短结晶器（通常为 150～300 mm），以充分发挥铸锭自下而上方向性结晶的优越性。

但是，国外有超过 400 mm 的高结晶器。采用高结晶器，可以提高铸造速度，有利于改善铸锭表面质量和提高生产效率。

表 17-6 为结晶器型腔尺寸设计及应用实例。

表 17-6 结晶器型腔尺寸设计及用途实例

铸锭规格 /mm		结晶器型腔尺寸/mm		用 途
		横断面	高 度	
圆铸锭	φ62	φ64	250(13)	铅黄铜
	φ83	φ85	155(25)	黄 铜
			130	铍青铜
			200	锡青铜、普通白铜
			300	普通白铜、铝白铜
	φ145	φ147	200(24)	纯铜、黄铜、青铜
			335(24)	复杂黄铜
	φ180	φ182	185	纯铜、青铜
			235(24)	复杂黄铜
	φ195	φ197	225(25)	铅黄铜
	φ195	φ197	200	纯铜、青铜
			300	硅青铜、白铜
			450	普通白铜、铝白铜
	φ360	φ368	275(25)	铅黄铜
				普通黄铜
		φ368	233	纯铜、青铜
			450	硅青铜
扁铸锭	58×195	60×200	200	黄铜、青铜
	72×330	75×200	200	纯铜、黄铜、青铜
	142×625	144×644	240	青铜、白铜
	175×620	180×640	230(40)	纯铜、黄铜

注：1. 黄铜用结晶器高度尺寸中含油盖尺寸；

2. 断面尺寸中含公差，表示结晶器内套工作壁具有锥度。

B 结晶器材料选择

结晶器外壳可以采用铸铁、铸钢材料或者钢结构材料制造。

外壳壁厚一般取 8～15 mm，内壁多采用导热性能良好的纯铜加工而成，厚度为 5～25 mm 之间，石墨套的厚度在 3～15 mm。

铸造扁锭多采用整体式结晶器。整体式结晶器的外壳和内套是一个整体，其内壁工作面粗糙度要达到 $Ra1.6$，并镀以 0.05～0.12 mm 的硬铬层。

在结晶器所有构件中，其内套的工作环境是最差的。其工作表面与高温铜液直接接触，另一侧被水室中的水冷却，两侧的最高温差达数百乃至上千摄氏度。因此内套材料的选择是结晶器设计的要素之一。

作为结晶器的内套材料，一般应该满足以下条件：

(1) 具有良好的导热性；

(2) 具有足够的强度和刚度，包括高温下强度和刚度，以避免或者减少在反复激冷激热工作条件下自身的变形，或者来自铸锭因收缩等原因引发的应力冲击；

(3) 具有足够的耐磨性，包括采用表面镀铬等手段获得的耐磨性；

(4) 资源丰富，容易加工。

某些常用的结晶器内套材料的导热性能比较见表17-7。

表17-7 常用结晶器内套材料的导热性能

材 料	纯铜	磷脱氧铜	H96	H90	石墨	铝青铜
导热系数 /kcal·(cm·s·℃)$^{-1}$	0.94	0.82	0.585	0.3	0.25～0.30	0.14～0.18

纯铜是铜及铜合金铸造结晶器内套的主要材料。

铬青铜和银铜虽然比纯铜具有更优良的性能，但是由于价格比较高而受到了限制。

石墨由于具有某些特殊的性能，例如耐高温、与铜的不湿润性和良好的自润滑性等，因此得到了比较广泛的应用。

在高温作用下，由于温度变化引起结晶器壁变形和附加温度应力，同时引起结晶器材料的机械性能发生变化，产生蠕变现象，因此，在高温条件下计算结晶器的工作壁厚度是比较复杂的。

目前，普遍采用的圆结晶器内套壁厚度为8～10 mm，扁结晶器的内套一般采用15～30 mm。在腔体结构布局合理的情况下，增加结晶器工作壁的厚度，可以提高结晶器的使用寿命。

C 结晶器装置设计实例

a 立式铸结晶器

(1) 立式实心铸锭结晶器。铜合金立式半连续及连续铸造结晶器，通常分为两种结构，即组装式结构和整体式结构。通常所用的组装式结晶器，主要由外壳和内套两部分组成，中间是水室，下面有若干个并排的且带有一定射角的喷水孔。整体式结晶器同样有水室和喷水孔，只是外壳和内套由一整体材料制成。

铸造时的热交换过程，主要通过结晶器水室中的冷却水，以及结晶器下缘所喷出的冷却水与铸锭表面进行。前者称为一次冷却，后者称为二次冷却。结晶器的主要性能参数有工作腔断面尺寸、高度、锥度，以及冷却水流量和温升幅度。

连续铸造时，其二次冷却装置安装在结晶器下方。水平连续铸造时，其二次冷却装置安装在结晶器的左方或者右方。

作为非直接二次冷却结晶器装置，可能没有二次水直接冷却，或者只有极其微弱的二次水冷却。具有微弱的二次水冷却装置，国内外已经有许多个性化的设计，这些个性往往都针对某一种或某几种合金特殊的铸造性质。

图17-19所示的组装式结晶器水室中的进水及水通道结构，a 为径向进水和螺旋导向式，

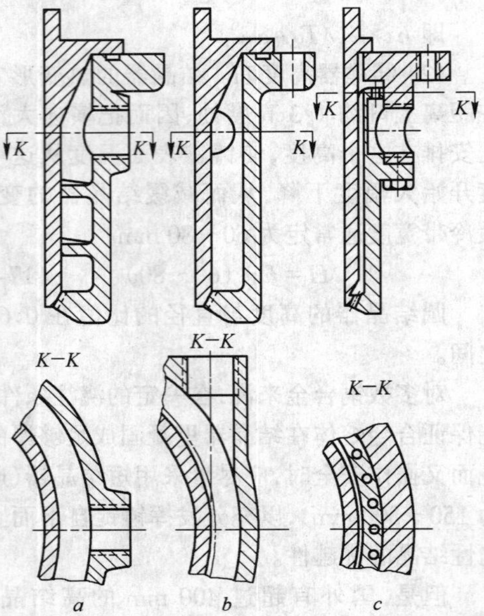

图17-19 组装式结晶器进水及水室通道
a—径向进水和螺纹导流式；
b—切向进水和大通道式；
c—径向进水和窄缝通道式

b 为切向进水和大通道式，*c* 为径向进水和窄缝通道式。*c* 与 *b* 比较，*b* 的冷却强度小而不均匀。在铸造纯铜铸锭时，*c* 结构内套结晶器的铸造速度大大高于 *b* 结构结晶器的铸造速度，其内套使用寿命为 *b* 结构内套寿命的 4 倍。

图 17-20 所示的整体式结晶器进水及水室中的水通道结构，进水不直接冲击结晶器内套，而是先进入汇水腔然后再沿着均匀分布的纵向管道流动。

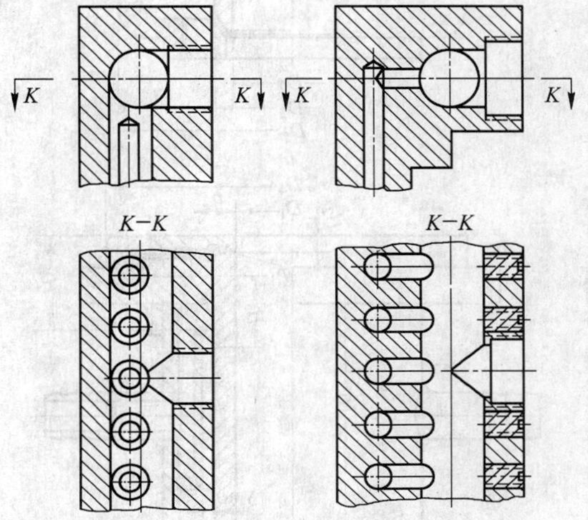

图 17-20　整体式结晶器进水及水室通道

a—结构一；*b*—结构二

图 17-21 所示的直接水冷式结晶器的二次水喷射孔形式，喷射孔常采用在外壳的结合斜面上加工出若干个槽，或者在内套结合斜面上加工出若干个槽，即在两者的结合斜面上形成若干个槽孔的结构形式。出水槽孔有不同的断面形状，例如半圆的、圆的、矩形的和梯形的等。通过槽孔喷射出的水流角度，称为二次冷却水的射角。有些结晶器的二次冷却水不是通过并列的许多个小孔喷出，而是通过结晶器外壳与内套之间的缝隙喷出，并形成连续的水幕。

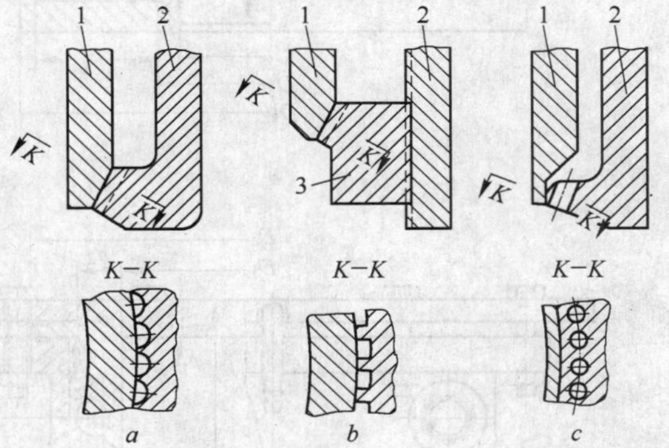

图 17-21　结晶器的二次冷却水喷射孔

a—半圆形出水孔；*b*—方槽形出水孔；*c*—圆形出水孔

1—内套；2—外壳；3—带出水孔的底板

图 17-22 所示的结晶器的进水管道，可以采用普通的管螺纹连接，或者用专门的卡子连接，以及直接插入式快速接头连接方式。

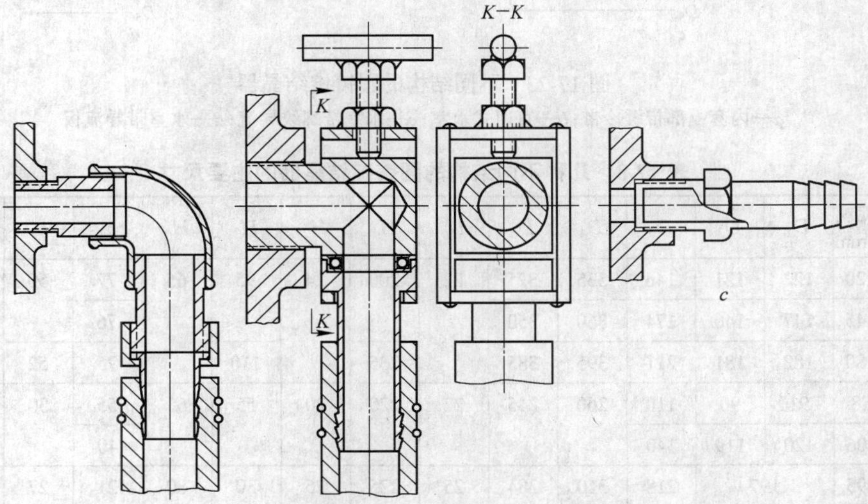

图 17-22　结晶器进水管的连接方式

a—螺纹连接；*b*—卡子连接；*c*—插入式连接

图 17-23 和表 17-8 中给出了常用的几种圆铸锭结晶器的结构和主要尺寸。

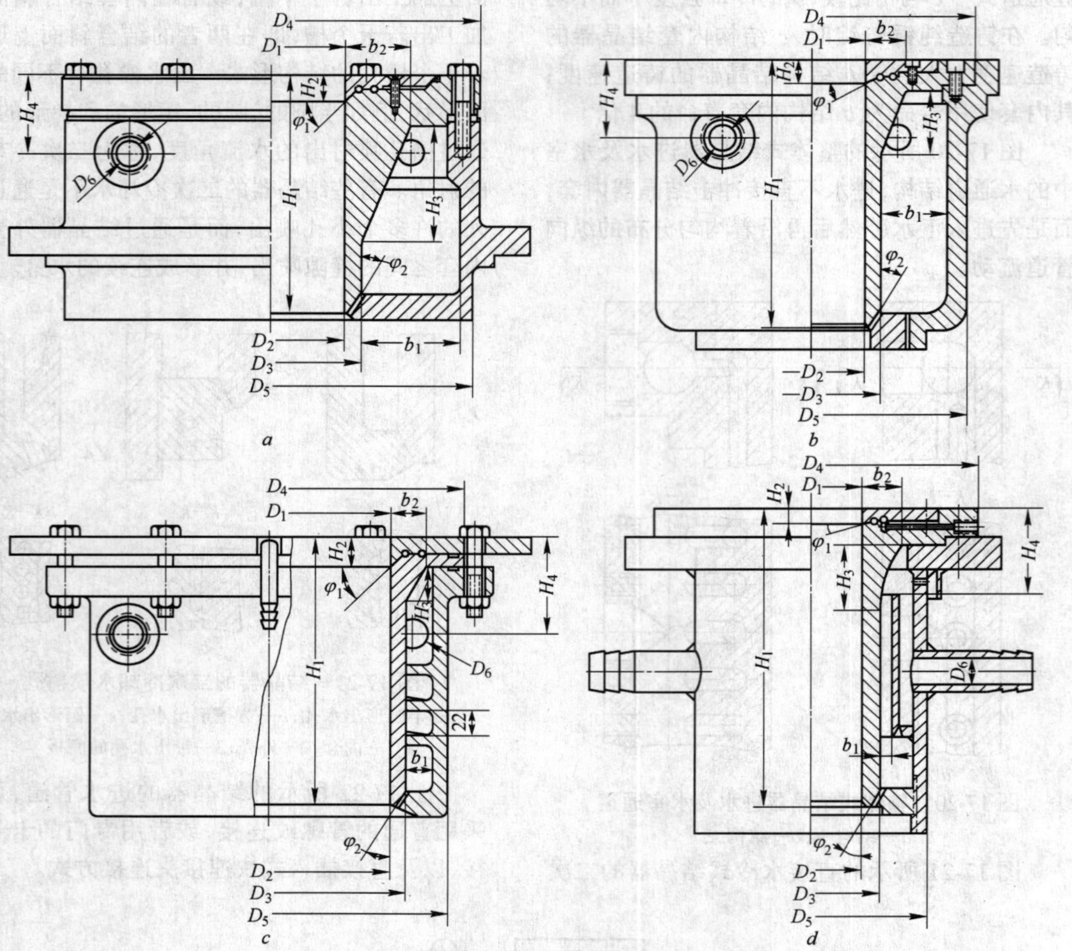

图 17-23　不同结构的圆铸锭结晶器

a—内套上部带缓冷带；*b*—直通式水室；*c*—水室带螺纹导流；*d*—水室带导流板

表 17-8　几种不同结构的圆铸锭结晶器的主要尺寸

类型	铸锭规格/mm	D_1	D_2	D_3	D_4	D_5	D_6	H_1	H_2	H_3	H_4	b_1	b_2	φ_1	φ_2
a	ϕ120	122	121	146	335	325	22	200	24	95	65	77	53	45°	30°
	ϕ145	147	146	174	360	350						76			
	ϕ180	182	181	211	395	385		235		110		75	52		
b	ϕ88	91	90	110	260	245	22	220	20	55	65	55	30	27°	30°
	ϕ106	120	119	140								40			
c	ϕ195	197		218	310	284	25	225	25	30	80	21	27	45°	30°
	ϕ295	300		320	410	384		275		50		20	39		
	ϕ410	416		436	520	494						17			

续表 17-8

类型	铸锭规格/mm	D_1	D_2	D_3	D_4	D_5	D_6	H_1	H_2	H_3	H_4	b_1	b_2	φ_1	φ_2
d	ϕ62	64		90	260	160	26	250	13	55	70	10	26	14°	30°
	ϕ88	82		110		182							32		
	ϕ99	102		120		210		220				12.5	29		
	ϕ140	145		165		250						10	30		

作为连续铸造用结晶器装置中，二次冷却系统多是独立的，并采用集水箱方式将冷却水引走，以防止冷却水滴落到下面的设备上。

铸造扁铸锭的整体式结晶器剖面如图 17-24 所示。

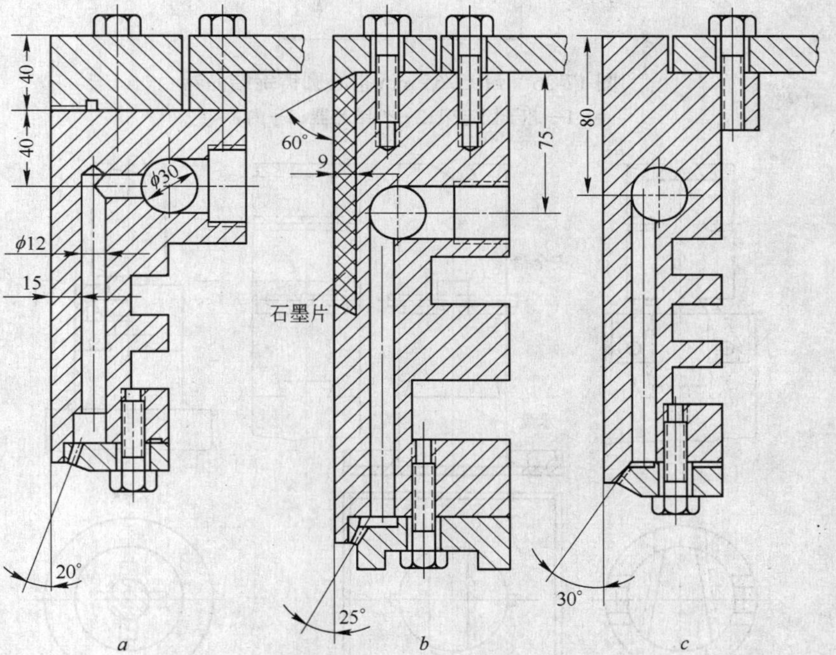

图 17-24　整体式结晶器剖面

a—结构一；*b*—结构二；*c*—结构三

铸造扁铸锭的组装式结晶器剖面如图 17-25 所示。

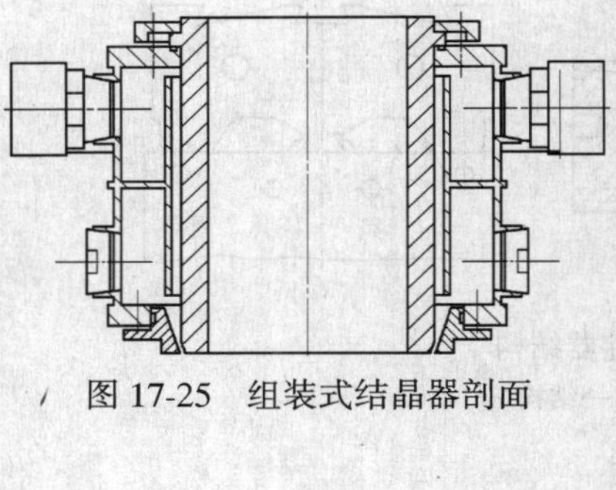

图 17-25　组装式结晶器剖面

（2）立式空心铸锭结晶器，如图 17-26 所示，它是在组装式圆铸锭结晶器的基础上，中间另外附加一个芯模，且该芯模同时具有导流功能。实际上，芯模亦是浇注液体金属的漏斗。芯模通常采用石墨材料制造，且需要一定的倒锥度。

（3）引锭器。图 17-27 和图 17-28 所示的几种常用的圆、扁铸锭铸造用引锭器（俗称托座），可以采用铜、铸铁、铸钢等材料制造。

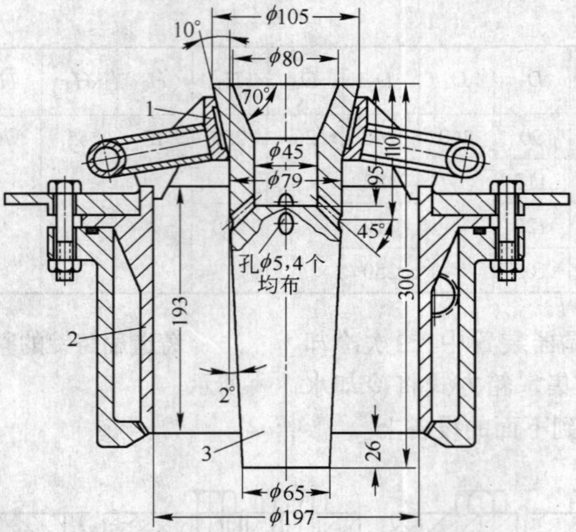

图 17-26 ϕ195/65 mm 空心圆铸锭结晶器

1—芯子固定架;2—外结晶器;3—内芯

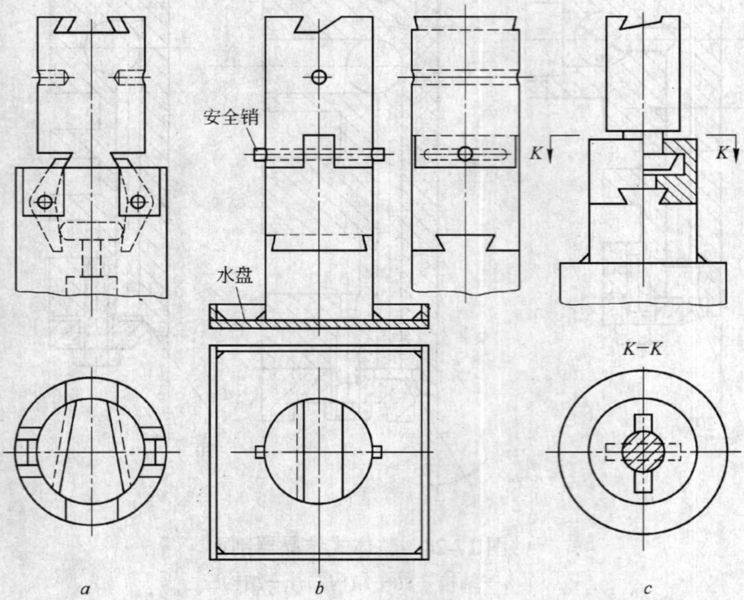

图 17-27 圆铸锭引锭器结构

a—结构一;b—结构二;c—结构三

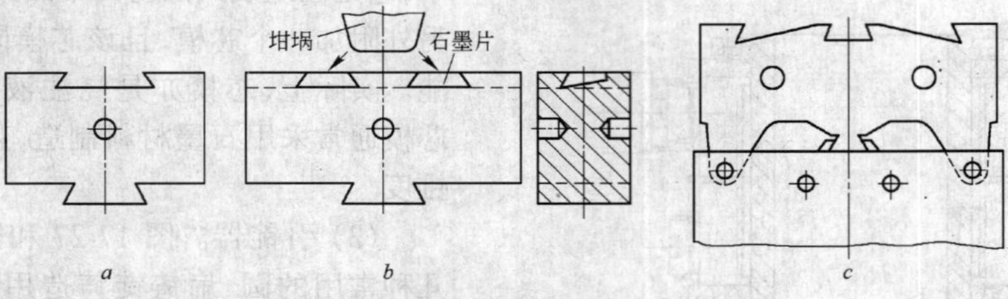

图 17-28 扁铸锭引锭器结构

a—结构一;b—结构二;c—结构三

b 水平连续铸造结晶器

(1) 水平连续铸造圆坯和管坯结晶器。图 17-29 为水平连铸圆铸锭用结晶器结构设计实例。表 17-9 列出与图 17-29 结构对应的水平连铸造用结晶器的主要结构尺寸。图 17-30 所示为某厂在铸造锡磷青铜 $\phi68/28$ mm 空心铸锭时所用结晶器装置中的石墨内套及芯模的结构尺寸。

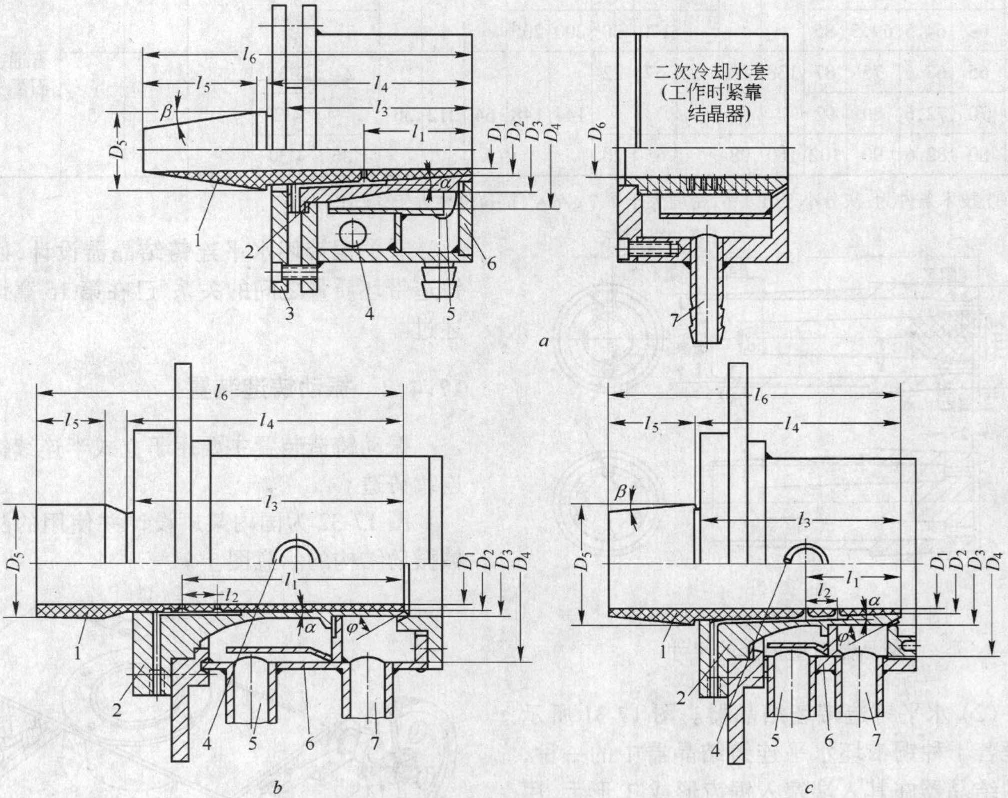

图 17-29 水平连铸圆铸锭结晶器的主要尺寸

a—结构一；*b*—结构二；*c*—结构三

1—石墨套；2—铜套；3—压板；4——次出水管；5——次进水管；6—外壳；7—二次进水管

表 17-9 水平连铸圆铸锭结晶器的主要结构尺寸

形式	铸锭直径/mm	结晶器尺寸/mm															出油孔/mm			内壁材料	
		D_1	D_2	D_3	D_4	D_5	D_6	l_1	l_2	l_3	l_4	l_5	l_6	φ	α	β	孔径	个数	间距	石墨套	铜套
	10	10.4	20	30	40	31	20			72	85	70	160			8°		6		高纯石墨①	H62
	12	12.4	17			30	22			74	77	41	120			12°					
	15	15.4	20			36	25			72	92		160			8°	1.5				
a												70			2°						
	25	25.4	32	62	68	45	35	62		106	118		190					8			
	35	35.4	44			65	45	75		110	125		205			10°	2				
	40	40.5	45	60	80		50	35		100	110	65	190								

续表 17-9

形式	铸锭直径/mm	结晶器尺寸/mm															出油孔/mm			内壁材料	
		D_1	D_2	D_3	D_4	D_5	D_6	l_1	l_2	l_3	l_4	l_5	l_6	φ	α	β	孔径	个数	间距	石墨套	铜套
b	60	61	68	79	148	85		160	25	195	200	50	265	30°	45′		1				
	63	64.5	69.5	85				170	30	200	205				2°				5		
	65	67.6	75	87	138	88		67	22						2°	3°35′				普通石墨	纯铜
c	70	72.6	80	92		94				144	148	64	212	30°		4°2′	1		5		
	80	82.6	90	102	160	98		65	20						1°36′	4°30′					

① 技术条件为:灰分小于 0.1%,密度大于 1.7 g/cm³,抗拉强度大于 45 MPa。

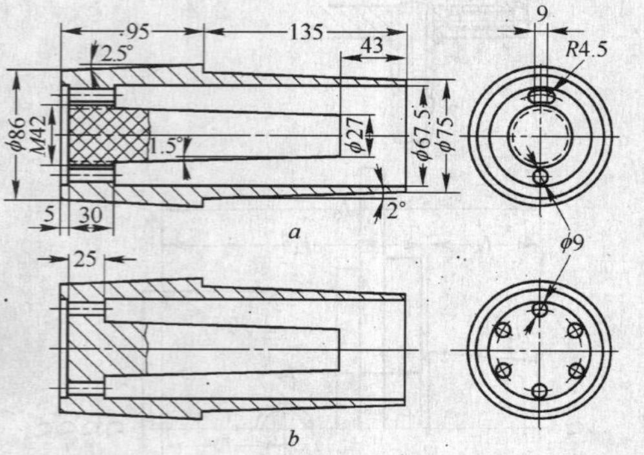

图 17-30　ϕ68/28 mm 空心铸锭结晶器石墨内套的尺寸

(2) 水平铸造带坯结晶器。图 17-31 所示的是若干种铜带坯水平连铸结晶器中的一种,有的结晶器在其入端塞入锯齿形或 T 形舌,用以分配熔体。

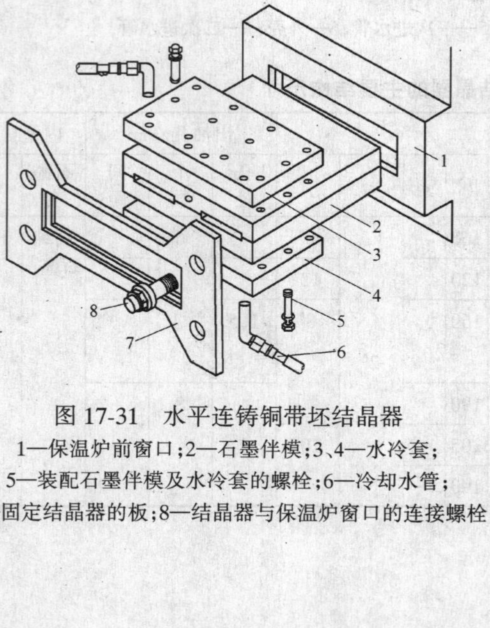

图 17-31　水平连铸铜带坯结晶器

1—保温炉前窗口;2—石墨伴模;3、4—水冷套;5—装配石墨伴模及水冷套的螺栓;6—冷却水管;7—固定结晶器的板;8—结晶器与保温炉窗口的连接螺栓

有关铜带坯水平连铸结晶器设计,以及与铸造带坯质量之间的关系,已在第 15 章详细叙述过。

17.4.2　振动铸造装置

振动铸造装置主要用于立式半连续铸造和连续铸造。

图 17-32 为国内某厂设计并使用的凸轮机械振动结构的示意图。

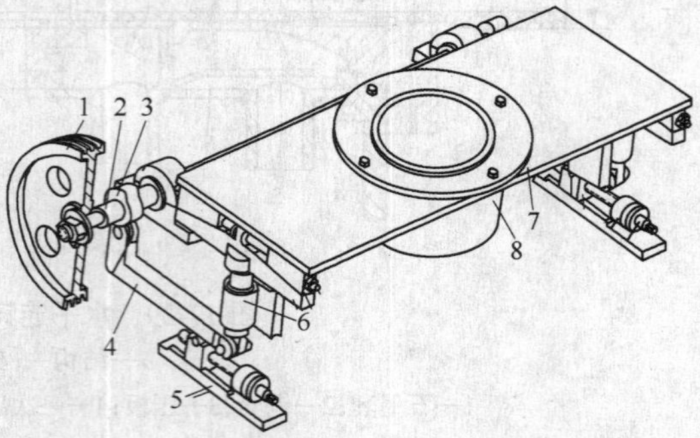

图 17-32　凸轮振动结构示意图

1—皮带轮;2—传动轴;3—凸轮;4—杠杆;5—杠杆的支点调节装置;6—顶杆及顶杆套;7—结晶器支撑板;8—结晶器

该机构有一只长轴,通过旋转的凸轮,以及杠杆和顶杆同时驱动结晶器支撑板的两端,结晶器固定安装在结晶器支撑板上。振动频率通过直流电动机或交流变频调速电机调节,振幅通过调整杠杆的支点实现。

图 17-33 为通过调整偏心轮和偏心套组合实现振幅调整的一种振动机构原理示意图。偏心轮和偏心套的不同工位组合,将产生不同的

振幅。根据需要，偏心轮和偏心套的组合工位可以设计为若干个。此种振动装置，调节振幅不仅不需要更换凸轮，而且振幅的调节操作比较方便。

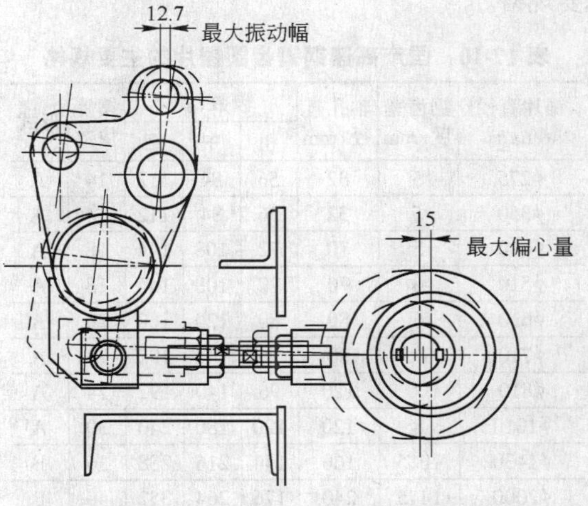

图 17-33 偏心轮和偏心套组合式振动结构示意图

17.4.3 间歇铸造装置

间歇铸造装置主要用于铜及其合金棒坯、管坯和带坯的水平铸造。

图 17-34 为偏心振动牵引机构示意图。

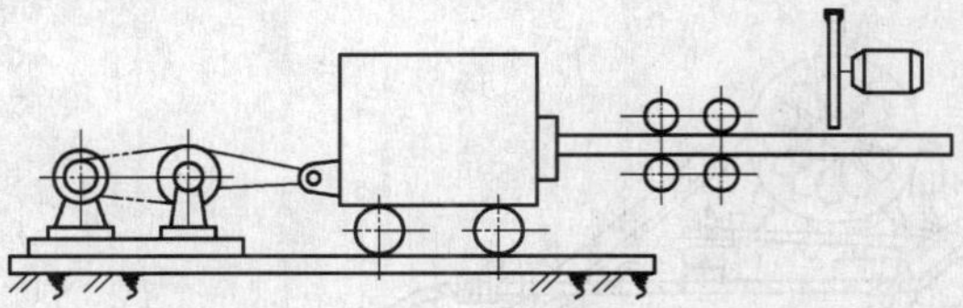
图 17-34 偏心振动牵引机构示意图

保温铸造炉和结晶器都安装在一台可以水平移动的小车上，此小车通过链条与一固定安装的偏心连杆机构相连。铸造过程中，通过小车的水平往返移动(即结晶器的水平往返移动)，铸锭沿水平方向被牵引。调整偏心轮的偏心距，可以得到不同的振幅。改变驱动偏心轮的电动机的转速，便可得到不同的振动频率。

图 17-35 为振打链条式间歇牵引机构示意图。

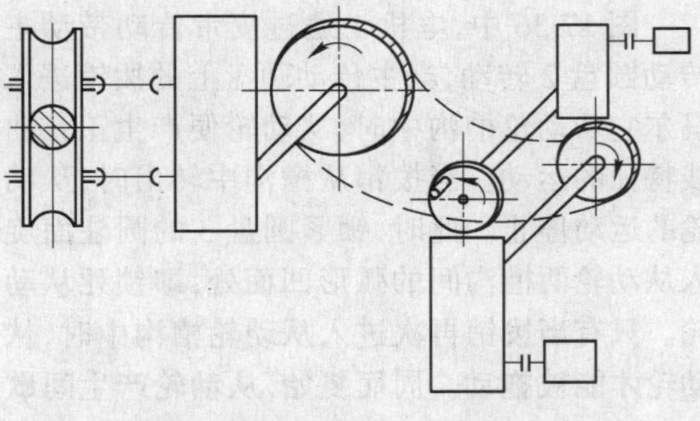
图 17-35 振打链条式间歇牵引机构示意图

在辊式牵引机的减速器出轴处，与驱动牵引辊的分动箱入端轴上加一链条传动。由于链条较长，当主动链轮开始传动时，仅将松下的链条转起但并未传动从动链轮。然而在链条旁装有一个偏心轮，轮上带一个拨爪，当偏心轮带动拨爪转到最下方位置时，链条才被完全张紧，此时主动链轮每转过一个齿，从动轮也转过一个齿。显然，通过振链式牵引，可以实现停歇铸造的工艺程序。

图 17-36 为马尔它式间断牵引机构示意图。

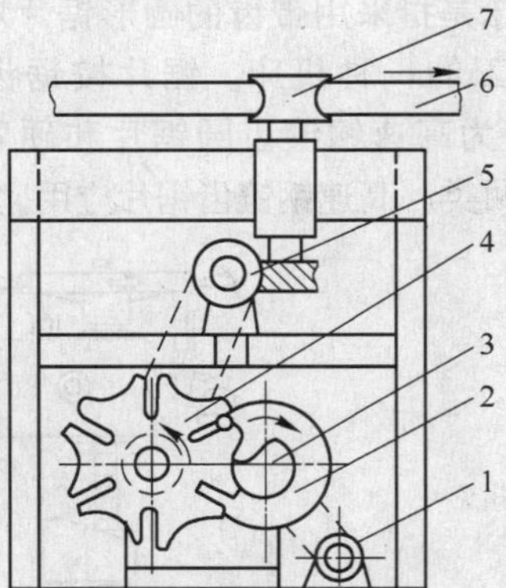

图 17-36 马尔它式间断牵引机构示意图
1—电机；2—主传动圆盘；3—锁紧圆盘；4—马尔它从动轮；5—蜗杆减速器；6—铸坯；7—夹紧辊

该结构可将输入的旋转运动变成断续转动，为铸造过程提供准确的拉－停传动方式。该装置提供的是具有正弦曲线特征的传动。改变马尔它机构中从动轮的槽数时，便能改变运动时间与间歇时间的比值，以满足铸造过程的需要。

图17-36中,电机1通过皮带传动带动主传动圆盘2转动,当主传动圆盘上的拨销进入马尔它从动轮槽沟中时,从动轮便产生正弦曲线特征的运动。当拨销从槽沟中转出时,从动轮的运动停止。此时,锁紧圆盘3的圆柱面旋入从动轮两槽沟间的弧形凹面处,即锁死从动轮。只有当拨销再次进入从动轮槽沟中时,从动轮才能被拖动。周而复始,从动轮产生间歇的运动,从动轮将这一运动通过链条传动传给蜗杆减速器5,连接在蜗轮轴端部的夹紧辊7将蜗轮的旋转运动传给铸坯6。

17.5 铸锭加工设备及运输工具

17.5.1 铸锭锯切设备

铸锭锯切设备的功能是将铸锭切成所需要的长度,包括切取试片和切除废品。

锯床按切削工具种类不同,可分为圆锯床和带锯床两种。

17.5.1.1 圆锯床与圆锯机列

圆锯床是指采用带齿的圆形锯片对金属进行切割加工的一种机床。锯片按锯齿材质不同,主要分为高速钢镶齿圆锯片和硬质合金镶齿圆锯片两类。高速钢镶齿锯片应用比较普遍,主要是重磨和维修都比较方便。硬质合金镶齿锯片的使用寿命较长,但重磨和维修一般都需要在专业工厂进行。

表17-10列出国产高速钢镶齿圆锯片的主要规格。

表17-10 国产高速钢镶齿圆锯片的主要规格

锯片直径/mm	锯齿宽度/mm	轴孔直径/mm	齿数(Z)			镶片块数	形式
			粗	中	细		
ϕ275	5	32	56	84	112	14	A
ϕ350	5	32	56	84	112	14	A
ϕ410	5	70	72	108	144	18	A
ϕ510	6	70	72	108	144	18	A
ϕ610	6	80	80	120	160	20	A
ϕ710	6.5	80	96	140	192	24	A
ϕ810	7	120	96	140	192	24	A
ϕ1010	8	120	120	180	240	30	A
ϕ1430	10.5	160	144	216	288	36	B
ϕ2000	14.5	240	176	264	352	40	B

锯切过程中,锯片可以通过乳液或者油雾进行冷却与润滑。

A 半自动圆锯床

图17-37所示的锯床是应用比较普遍的一种半自动型高效切割机床。该锯床由于进给采用了液压驱动方式,因此亦称液压锯床。

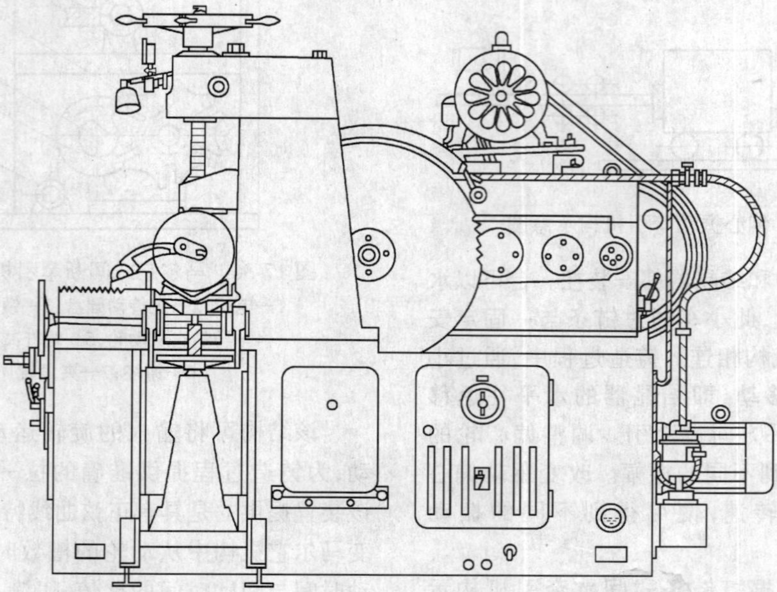

图17-37 G607半自动型高效切割机床示意图

圆锯床主要由床身、锯切、进给、润滑、输送管道、夹紧、润滑、排屑等系统组成。锯切系统由电动机、皮带一级减速、变速齿轮箱、传动轴和锯片组成。锯床可以无级调速。

表17-11列出几种半自动圆锯床的主要性能。

表17-11 几种半自动圆锯床的主要性能

技术性能		锯床类型(黑色/有色金属)型号、参数		
		G607/HN023	G6010/HN020	G6014/HN035
锯片直径/mm		710	1010	1430
加工范围/mm	圆料	240	350	500/520
	方料	220	300	350/360
锯片厚度/mm		6.5	8	10.5
锯片速度/$m\cdot min^{-1}$		(4级)10.6~30/(4级)67~212	(6级)6.3~63/(6级)32~320	(6级)6.6~71/(无级)72~507
锯片进给速度/$mm\cdot min^{-1}$		25~400	12~400	12~400/50~800
(锯)主电机功率/kW		5.5/7.5	10/15	15/55(变频)

液压锯床适合于多品种、产量要求不高时铸锭的锯切。其主要优点是设备简单、紧凑,造价低,安装场地小,操作简单、变料方便。其缺点是锯切效率比较低,锯切高抗拉强度合金材料困难。

B 卧式圆锯机列

表17-12列出某厂锯切铜及其合金各种规格铸锭的大型卧式圆锯机列的主要技术性能参数。

该锯切机列的锯切工艺流程如下:天车将铸锭吊至翻锭机→翻锭机倾翻即将铸锭从垂直位置放倒并平放至前辊道上→铸锭在前进过程中被初步导正→铸锭运至定尺机并给定长度→导正油缸将铸锭再次导正→通过油缸夹紧铸锭→锯床锯切→料头料尾与成品锭坯分离→成品锭坯进入后辊道→ 垛料机→天车将成品锭运走。

锯切机列经过技术改造,包括进给系统和旋转系统都采用变频无级调速系统,以及增加PLC程序自动控制功能,改造后进给速度达到0.3~95 mm/s,使机列的锯切容量增大,解决了较高强度复杂合金的锯切难题。

表17-12 某厂卧式滑动圆锯机列的主要技术性能

项目			技术性能
锯片		直径/mm	ϕ1430
		厚度/mm	10.5
		齿数	108
锯片旋转线速度/$m\cdot s^{-1}$			0.35~20
锯片进给速度/$mm\cdot s^{-1}$			5~20
锯片快速返回速度/$mm\cdot s^{-1}$			150
锯片最大行程/mm			1200
被切割金属的强度/$kg\cdot cm^{-2}$			σ_b=17~55
被切割金属的硬度			HB=40~120
切割铸锭规格	圆锭	直径/mm	约410
		长度/mm	约6000
	扁锭	宽度/mm	约1500
		长度/mm	约6000

C 龙门式圆锯机列

现代锯切大型扁铸锭的龙门式滑动圆锯机列由上料储存台、滑车移送装置、铸锭翻转检查台、前辊道、圆锯床本体、后辊道、出料辊道、称重装置和出料储存台等组成。

圆锯床本体,即带传动锯架被悬挂在铸锭上方的龙门架横梁上。锯架通过滚珠丝杠传动并沿着直线线性导轨做水平移动。铸锭在锯切之前首先经过翻转台,在翻转台上对铸锭上、下两个大面分别进行表面质量检查和缺陷修理。

该锯切机列的锯切工艺流程如下:铸锭由天车吊运至上料储存台→滑车移送装置→铸锭翻转检查台→前辊道→锯床→后辊道→出料辊道及称重装置→出料储存台。

表17-13列出国外某专业锯切设备公司的立式锯床的主要性能。

表17-13 某立式锯床的主要性能

牌号	T2	HSn62-1
规格/mm	1300×300	1300×300
锯片材质	镶齿 GAOS	
锯片规格/mm	ϕ1800	
进给速度/$m\cdot min^{-1}$	0.2	0.16
切削速度/$cm^2\cdot min^{-1}$	1349	1080

D 铜及铜合金铸锭锯切工艺

表17-14列出某厂卧式圆锯机列锯切铜及铜合金铸锭的工艺。

表17-14 卧式圆锯机列锯切铜及铜合金铸锭的工艺

锯切材料		锯片直径 /mm	切割速度 /m·min^{-1}	进给速度 /mm·min^{-1}
品种	规格/mm			
紫铜	ϕ195	ϕ1430	1200	780～900
	ϕ360			300～330
	180×620			600～720
	120×1040			780～960
黄铜	ϕ195			1680～1980
	ϕ295			1080～1200
	180×620			900～1020

17.5.1.2 带锯床

带锯床是以锯条作为对金属进行切割加工的一种机床。

表17-15列出某厂生产的双金属带锯条产品规格。双金属带锯条是采用高性能高速钢作为齿部材料和优质弹簧钢作为带体材料，通过电子束真空焊接和特殊热处理等先进工艺制造的一种新型带锯条产品。其齿部具有良好的红硬性，而带体保持较高的耐疲劳强度等使用性能。

带锯床分为卧式带锯床和立式带锯床两种。

在铜加工厂中带锯床使用不多，主要是用于锯切小断面铸锭，包括在水平连续铸造小断面铸锭的机列中配置相应规格的带锯床。实际上，带锯非常适合小批量、多品种铸锭的锯切。它具有锯切精度高、锯屑少、变料方便等优点。

带锯床的特点是机床结构紧凑合理，性能稳定可靠，锯口窄，锯切精度高。但生产效率较低，适合于中、小批量铜合金锭坯的锯切。

几种带锯床技术性能的比较见表17-16。

表17-15 某厂生产的双金属带锯条产品规格

带锯床型号	带锯条规格(宽×厚×长) /mm×mm×mm	带锯床型号	带锯条规格(宽×厚×长) /mm×mm×mm
G42200	80×1.6×17073	GZ4032-1/GZL4032	34×1.06×4115
G42100	67×1.6×8800	GZ4030/G4030	27×0.9×3820
G4280×130	67×1.6×9600	GZ4225/G4225	27×0.9×3505
G42130×160	41×1.25×9110	G4025-1B/G4025-1C	27×0.9×3420
G4280	67×1.6×8400	G4022×40	27×0.9×3055
G4265	41(50)×1.25×7650	G53100	67×1.6×7690
GZ4050	41×1.3×5600	G5385	67(50)×1.6×7440
G4250	41×1.25×4880	G5335	41×1.25×4570
G4040×65	41×1.25×5040	G5238	27×0.9×3350
GZ4040	34×1.06×4310	G5132	27×0.9×4250
G4240A	34×1.06×4585	G5150	27×0.9×44600 34×1.06×4600
G4235	34×1.08×4680	G5265×250	80×1.6×12350

表 17-16　某些型号带锯床的主要技术性能

锯床形式、型号		锯切能力/mm	切削线速度/m·min^{-1}	特点和控制方式
卧式带锯床	G4022×40 G4025-1D	○220/250 □220×400/220	21～60 30～75	液压无级调速/人工送料 带锯条机械有级变速
	G4030/GZ4030	○300/□300	21～60	液压无级调速/机动送料
	G4225/GZ4225	○250/□250	18,42,68	PLC自动控制、无级调速、自动送料
	G4240/GZ4240	○400/□400	20～70	PLC自动控制、进给无级调速、自动送料
	G4250/GZ4250	○500/□500	17～75	PLC自动控制、进给无级调速、自动送料
	G4265/GZ4265	○650/□650	20、40、60	PLC自动控制、进给无级调速、机动送料
	G4280/GZ42100	○800/1000 □800/1000	12～45	PLC自动控制、无级调速、机动送料
	G42100×130	○1000 □1000×1300	10～65	PLC自动控制、无级调速、机动送料
	G42130×160	○1300 □1300×1600	10～65	PLC自动控制、无级调速、机动送料
	G42200	○2000 □2000	15～60	PLC自动控制、无级调速、数控送料
立式带锯床	G5132	$H=320$、$W=500$	18～1080	锯条直流调速、液压无级进给
	G5150	$H=500$、$W=500$	12～60/160	锯条直流调速、液压无级进给
	G5265	$H=650$、$W=2500$	15～60	机械无级调速、液压无级进给
	G5328	○280 □280×400	25、40、64	机械有级调速、液压无级进给 兼有立式和卧式带锯床功能
	G5335A/G5350	□350×800/ □500×1000	15～60	PLC编程自动控制、交-直流调速 带锯条机械无级调速，机动抬送料
	G5385/G53100	□850×1060/ □1000×1600	12～72	PLC编程自动控制、交-直流调速 带锯条机械无级调速，机动抬送料

17.5.2　铸锭表面加工设备

铸锭表面加工设备的功能是将扁锭表面的缺陷(例如气孔、夹杂、冷隔等)去除。常用的铸锭表面加工设备主要有三种：铣床、立式车床和龙门刨床。

17.5.2.1　铣床

A　龙门铣床

前苏联曾为某综合性铜加工厂设计一台的Γϕ503大型铸锭半自动龙门铣床。其结构由框架、床身、工作台及加料、翻锭、推料和排屑等机械化装置组成。

表17-17列出Γϕ503龙门铣床的主要技术性能。

表 17-17　Γϕ503 龙门铣床的主要技术性能

技术性能		
	刀盘直径/mm	ϕ600
工作台	工作台行程/mm	8615
	工作台进刀范围/mm·min^{-1}	200～2140
	工作台快速移动速度/mm·min^{-1}	5850
加工铸锭规格	铸锭长度/mm	640～3300
	铸锭宽度/mm	620～1100
	铸锭厚度/mm	120～220
	铸锭最大重量/kg	8500
加工铸锭的最大硬度 HB		120

该铣床的工艺流程是：天车将锭坯吊至加

料机→工作台→夹紧油缸将铸锭夹紧固定→启动铣刀盘→铸锭随工作台一起移动并被铣面。铣完一面后，锭坯由翻锭机翻面，并由液压机构将其推至工作台，铣削另一面。铣削结束后，推料机将锭坯推至垛料机，等待吊运。

表17-18列出Γϕ503铣床铣削加工某些铜及其合金铸锭的工艺参数。

表17-18　某些铜及其合金铸锭的工艺参数

合金品种	吃刀量 /mm	刀头转速 R_m	铣削速度 /m·min^{-1}	进给速度 /mm·min^{-1}
普通黄铜	6	400	754	300～500
复杂黄铜	5	250	471	300～500
青　铜	5	160～250	301～471	200～300
白　铜	4	80～125	150～235	200

B　连续铣面机

某厂自行设计制造的LB-210型铸锭连续铣面机由上料台、送料链、推进辊、铣削工作台、铣削机头和卸料台等部分组成，可同时对小型铸锭的两个面进行铣削加工。

该铣面机的工作程序是：通过送料链连续地将竖立的铸锭送推进辊→推进辊将铸锭送铣削工作台，两侧的铣削机头分别对铸锭的两面进行加工。

该铣面机适合于小块状铸锭，即宽度180～210 mm、厚度55～60 mm和长度500～600 mm锭坯的表面进行铣削加工，每小时可以加工铸锭35～40块。

17.5.2.2　立式车床

普通的立式车床和龙门刨床也都可以用来加工扁铸锭的表面。

表17-19列出单柱立式车床的主要技术性能。

表17-19　单柱立式车床的主要技术性能

技术性能		C5112型	CY5112型
最大切削直径/mm		1250	2250
加工范围	刀架最大工作行程/mm	1250	2250
	工作物最大高度/mm	1000	1050
	工作物最大重量/kg	3200	6300
	最大切削力/kg	2000	3400

续表17-19

技术性能			C5112型	CY5112型
刀架	最大行程/mm	水平	825	1200
		垂直	700	750
	快速行程速度/m·min^{-1}		2.5	1.8
	最大回转角/(°)		向左30，向右40	±40
横梁	最大行程/mm		630	800
	升降速度/m·min^{-1}		0.44	0.4
工作台	直径/mm		1100	1250
	转速 R_m		18级6.3～315	12级6～120

表17-20列出立式车床铣削加工铜合金铸锭的主要工艺参数。

表17-20　立式车床铣削加工铜合金铸锭的主要工艺参数

合金品种	工作台转速 R_m/m·s^{-1}	进刀量/mm	吃刀深度/mm
黄　铜	115	1.1	6.0
白　铜	38～66	0.23～0.40	5.0

17.5.3　铸锭吊运工具

铜及铜合金铸锭，除中、小型圆铸锭可采用钢丝绳捆绑方式进行吊运以外，大、中型铸锭，尤其是大型扁铸锭都应该采用专用铸锭夹钳吊运。

17.5.3.1　简易铸锭夹钳

图17-38所示的几种简易铸锭夹钳，其中左边两种适合于小型圆铸锭的吊运。右边两种适合于小型扁铸锭的吊运。

17.5.3.2　大型水平铸锭夹钳

"三力汇交原理"是钳臂受力分析的基础。水平式夹钳的安全系数最大可取计算值的4倍。

图17-39所示的双臂式大型铸锭平移夹钳，起重量为11 t，最大开度为1050 mm。

该夹钳由钳体、上横梁、下横梁和开闭器等几部分组成。由于夹钳钳口开度可调，因此适合于不同宽度扁铸锭的吊运。该夹钳采用双钳臂结构，适合于较长铸锭的吊运，以及较远距离、大批量铸锭的运输。

图17-40所示的两臂间距可调的铸锭平移夹钳。该夹钳起重量35 t，两臂间距调节范围为4500～6050 mm。

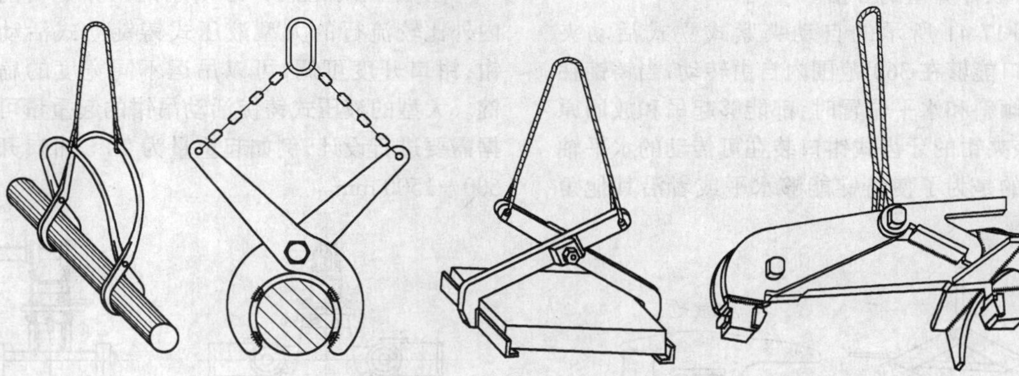

图 17-38 几种简易的铸锭水平吊钳

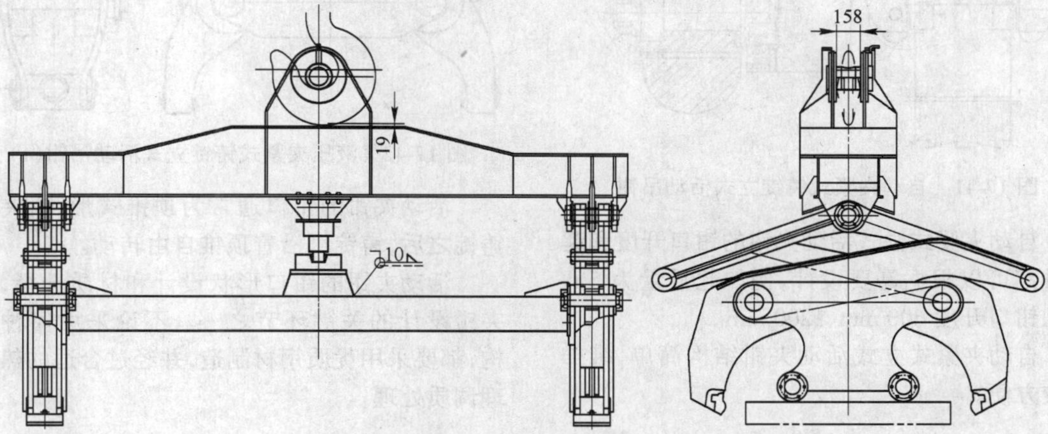

图 17-39 双臂式大型铸锭平移夹钳

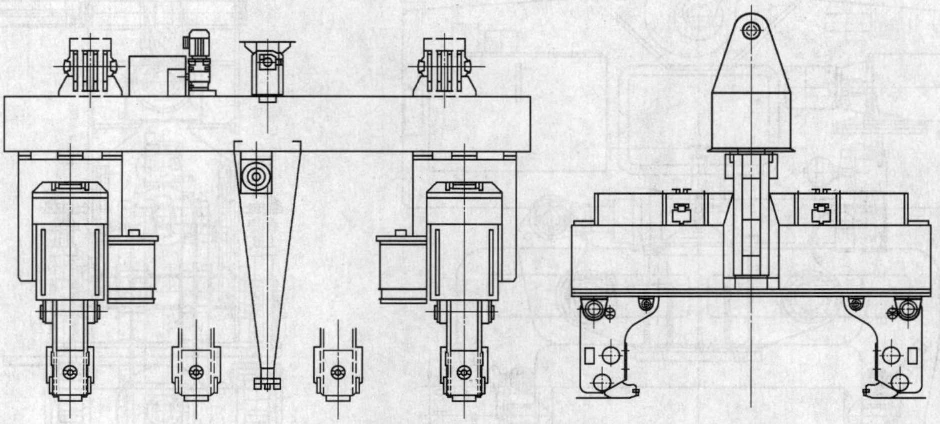

图 17-40 两臂间距可调的铸锭平移夹钳

17.5.3.3 立式活动铸锭夹钳

立式活动铸锭夹钳主要分为机械夹紧铸锭和液压夹紧铸锭两种结构形式。

机械式立式活动铸锭夹钳，大多通过夹钳的臂力和铸锭自重夹紧铸锭。“三力汇交原理”是钳臂受力分析的基础。立式夹钳的安全系数最大可取计算值的6倍。

图17-41所示的自动夹紧式立式活动夹钳，钳口能够在360°范围内自由转动，当铸锭在垂直、倾斜和水平位置时，都能够起吊和放回原位。该夹钳的牙齿式钳口装在可传动的水平轴上，目的是为了使铸锭能够水平或者沿其他角度放下。

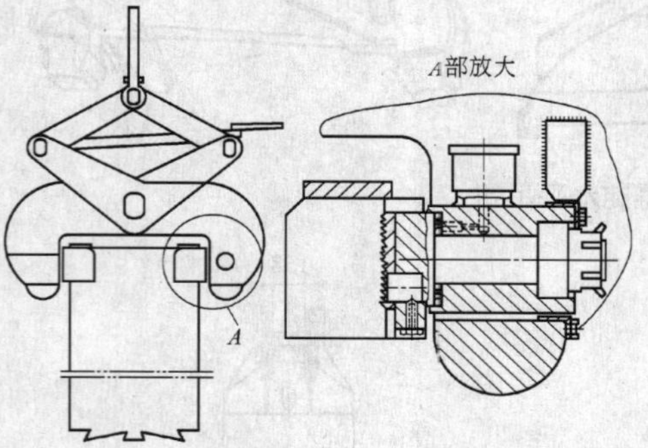

图17-41　自动夹紧式铸锭立式活动吊钳

自动夹紧式立式活动夹钳的钳口开度和起重量都可以根据需要设计，例如起重量为5 t、10 t，钳口开度600 mm、1200 mm。

自动夹紧式立式活动夹钳结构简单、维护比较方便。

图17-42和图17-43所示的吊钳是目前国内外比较流行的大型液压式铸锭立式活动夹钳，钳口开度可调，可以吊运不同宽度的扁铸锭。大型的液压式铸锭活动吊钳的起重量可根据需要进行设计，例如起重量为20 t，钳口开度600～1500 mm。

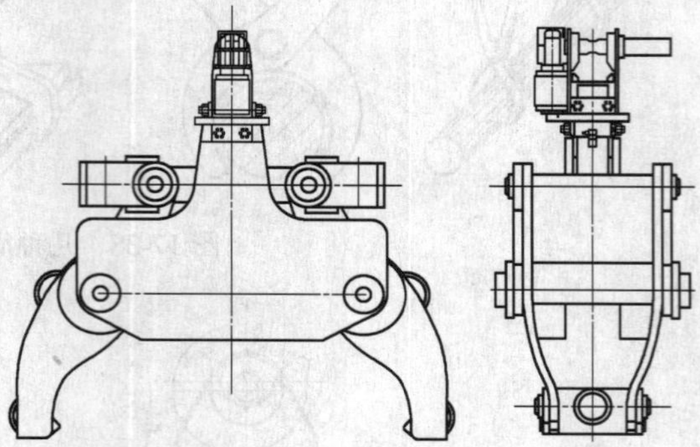

图17-42　液压夹紧式铸锭立式活动吊钳(1)

活动夹钳的钳口通常为顶锥式形状，夹住铸锭之后，铸锭可沿着顶锥自由转动。

活动夹钳的钳口形状设计和材质选择，是夹钳设计的关键环节之一。不论采用何种结构，都要采用优质钢材制造，并经过合适的热处理调质处理。

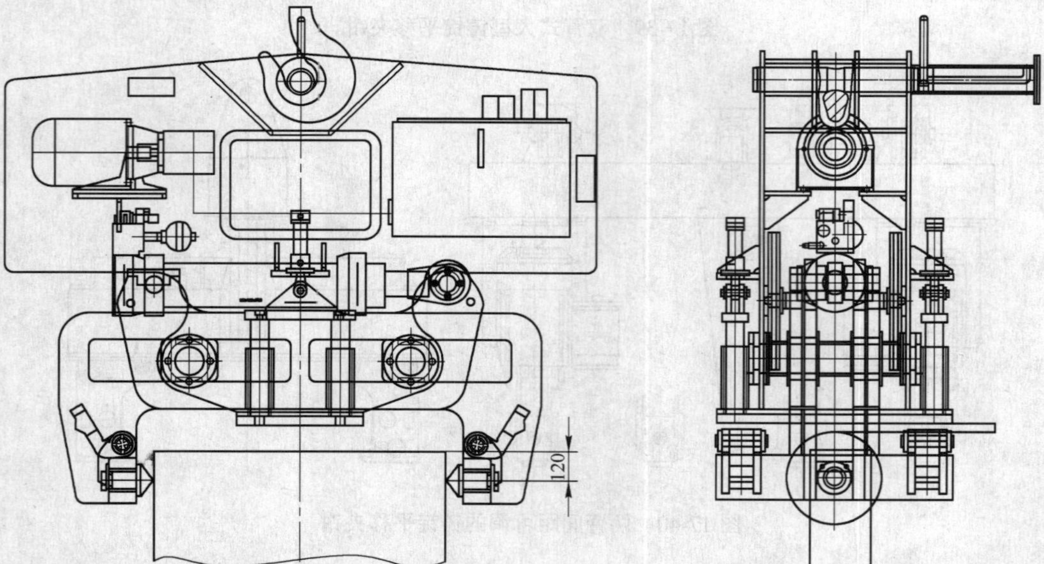

图17-43　液压夹紧式铸锭立式活动吊钳(2)

18　铜及铜合金铁模和水冷模铸造[1]

18.1　铁模和水冷模铸造技术

现代的铜加工厂已很少采用铸铁模和水冷模铸造方法了。不过,铸铁模和水冷模铸造作为一种基本的铸造方法,在中间合金铸锭的生产,以及某些复杂铜合金小规格、小批量铸锭生产中,仍然没有完全淘汰。特别是在产量少,不足以专门设计和制造结晶器的情况下,即使不是复杂合金,有时也选择铁模铸造的方案。其实,许多新型合金的实验,以及真空下铸造等都还是在铁模中进行铸造。毕竟铁模铸造方法比较简单,不需要太多的铸造机械设备。

铁模和水冷模铸造,分为平模铸造、立模铸造、倾斜模铸造和无流铸造等不同的浇注方式,生产中可根据需要进行选择。

18.1.1　浇注温度

铸造过程中,浇注温度过高,可能造成熔体吸气增加以及结晶晶粒尺寸粗大(图 18-1)。还可能引起涂料过早燃烧。浇注温度过低,可能造成涂料挥发过迟。两种情况,都可能恶化铸锭的表面质量。合理的浇注温度,有利于补充凝固过程中的收缩,避免铸锭缩孔缺陷的产生。

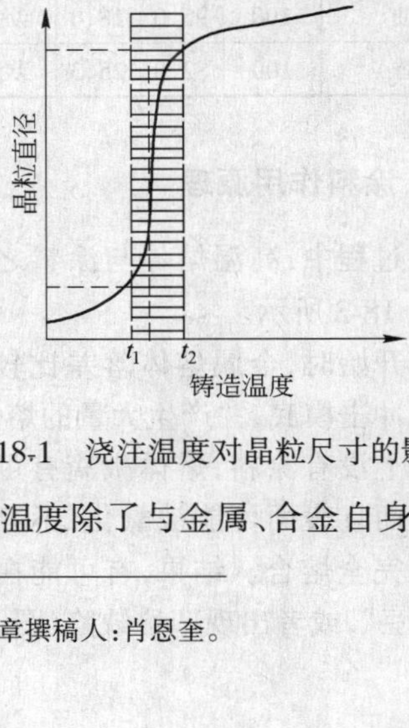

图 18-1　浇注温度对晶粒尺寸的影响

浇注温度除了与金属、合金自身的铸造性质如熔点、结晶温度范围以及熔体的流动性、凝固收缩量等因素有关以外,还主要取决于浇注方式、铸模的结构等铸造的实际条件。

铁模和水冷模铸造时,通常浇注温度选择在熔点或者液相线以上 100～150℃ 左右。采用立模并且通过漏斗浇注的方式,浇注温度应该比平模采用吊包浇注方式时稍高。当然,尽可能降低浇注温度,是所有铸造方式中都必须遵循的原则。

18.1.2　浇注速度

浇注速度取决于金属或合金的铸造性质、铸模结构、铸锭断面尺寸等因素。

浇注速度与铸锭内外温差之间的关系如图 18-2 所示。

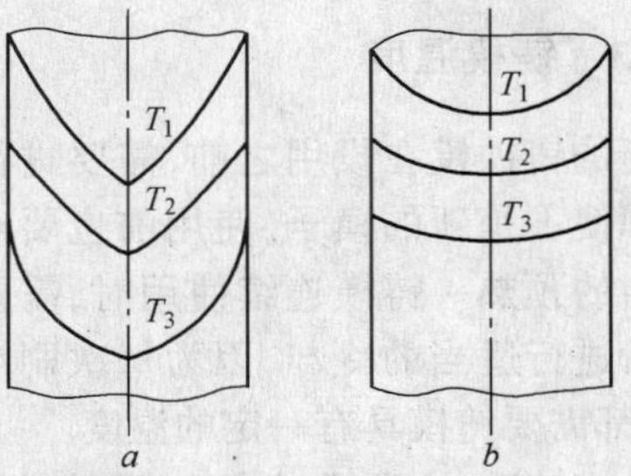

图 18-2　浇注速度对铸锭内温度分布的影响
a—浇注速度快;b—浇注速度慢
($T_1 > T_2 > T_3$)

浇注速度过快,凝固过程中发生收缩时,补充困难,容易产生缩孔等缺陷,同时,当浇注速度快时,液流中也容易裹进渣子。如果涂料燃烧速度跟不上,即在液面以下仍有涂料燃烧时,还可能引起铸锭表面粗糙,或者产生铸锭皮下气孔等缺陷。

浇注速度过慢,不仅铸锭表面容易出现冷隔,如果涂料过早燃烧,还可能造成铸锭表面夹

[1] 本章撰稿人:肖恩奎。

渣，而且，熔体中的夹杂物也不容易上浮。

采用立模浇注方式时，通常采用漏斗来控制浇注速度。漏斗孔径总的截面积可以通过计算确定。漏斗孔的数量可根据铸锭结构或几何尺寸等因素确定。

漏斗孔总截面积一般为铸锭断面积的0.4%～2.0%，具体值可用下式求得：

$$F = 1000Q/\mu\gamma 2\sqrt{gh} \quad (18\text{-}1)$$

式中 F——漏斗孔总的截面积，cm^2；

γ——浇注温度下金属或合金的密度，g/cm^3；

μ——液态金属的收缩系数，约为0.7～0.9；

g——重力加速度，9.8 m/s^2；

h——漏斗中熔池深度，cm；

Q——液体金属流量，kg/s，可按下式计算：

$$Q = PV_{铸}/H \quad (18\text{-}2)$$

式中 P——铸锭重量，kg；

$V_{铸}$——浇注速度，cm/s；

H——铸锭高度，cm。

18.1.3 铸模温度

新的铸铁模在投用之前，需要进行充分预热。即使不是新的模子，使用前也要对铸模进行适当的预热。铸模连续使用时，需要在每次脱模后进行适当的冷却，因为每次刷涂料和浇注时，都需要铸模具有一定的温度。

铁模铸造，主要通过模比，即铸模的壁厚设计，实现所要求的对铸锭冷却的强度。

水冷模铸造，通过冷却水的温度、水流量调节，控制铸锭冷却强度。同样，刷涂料时，也需要水冷模内壁具有一定的温度。

18.2 铸模涂料及其制备

向铸铁模和水冷模中浇注金属或者合金液体之前，都需要在模壁表面刷以涂料。涂料的作用是保护铸模，改善铸锭表面质量。

18.2.1 涂料的分类及组成

根据涂料中挥发物质的含量，可将涂料分为三类。

18.2.1.1 油脂型涂料

油脂型涂料中含挥发物质在90%以上。油脂型涂料的主要原料有：动物、植物以及矿物油，例如猪油、豆油、蓖麻油、菜籽油、肥皂、桐油和松香，以及煤油、机油、变压器油等。

18.2.1.2 耐火型涂料

耐火型涂料基本上不含有或者少量含有挥发物质，有的把此类涂料称为干性涂料。耐火型涂料的主要原料有炭黑、石墨粉、氧化镁、滑石粉和骨粉等。

18.2.1.3 混合型涂料

混合型涂料中，既含有油脂成分又含有耐火质成分，俗称半油脂或半干型涂料。

耐火型涂料适合于浇注过程中很少产生熔渣的熔体，涂料主要作用是保护铸模。

油脂型涂料中含有闪点高的油脂成分较多时，适合于浇注熔点比较高的金属。闪点低的适合于浇注熔点低的金属。

常用涂料的主要技术性能如表18-1所列。

表 18-1 某些涂料的主要技术性能

涂料组成/%		挥发物含量/%	挥发速度/$mg\cdot s^{-1}$	残焦质量/%	20℃时的附着力/$g\cdot cm^{-1}$
蓖麻油:石墨	50:50	49.8	21.8	松散	1.82
煤油:炭黑:氧化锌	45:5:50	49.9	20.4	结块性脆	2.16
重 油	100	91.0	21.0	结块性脆	0.42
蓖麻油	100	95.0	18.0	炭黑	0.34
松 香	100	82.0	25.3	炭黑	极大

18.2.2 涂料作用原理

浇注过程中，高温熔体与涂料之间的作用原理如图18-3所示。

浇注开始时，金属熔体落差比较大。当液流强烈地冲击模底，并产生大量的熔体飞溅时，如果模壁上没有涂料，熔体溅滴有可能凝结在模壁上。而且表面可能被氧化，不容易与后来浇注熔体完全熔合。结果，有可能在铸锭表面形成“铜豆”，或者出现凹坑缺陷（图18-3a）。

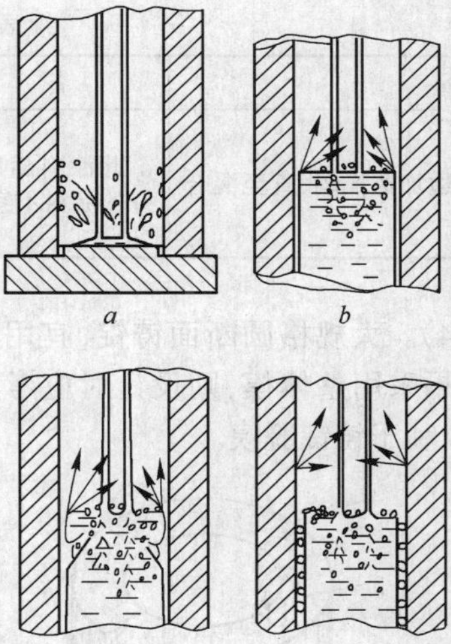

图 18-3　涂料作用原理示意图

a—不刷涂料时；*b*—涂料的挥发速度适宜；
c—涂料的挥发速度过慢；*d*—涂料的挥发速度过快

如果模壁表面有一层合适的涂料，由于涂料的隔离和挥发作用，即使有金属液飞溅，溅滴也会立即脱落下去，不会凝结在模壁上形成铸锭缺陷（图 18-3*b*）。

模壁表面涂料挥发过程中，产生的带有一定压力的气体流，对金属液面上的浮动渣有推离作用，有利于避免或者减少浮动渣向模壁靠拢或者停留的机会，这是涂料最基本的作用原理。如果涂料的挥发温度和挥发速度刚好和浇注速度匹配，模壁附近的渣子都将被推离开，从而可以改善和保证铸锭表面的质量。

当涂料中的挥发物质过多，例如刷的涂料层太厚，或者浇注的速度过快时，将发生如图 18-3*c* 所示的情况。在金属液面以下仍有大量的涂料挥发现象发生，结果容易在铸锭内部生成皮下气孔缺陷。

如果涂料中所含挥发物质较少，或者挥发温度较低，可能出现以下情况：在金属液面没有赶上来之前，涂料已挥发完毕。当液面上升时，模壁表面上已经没有了涂料，漂移到模壁附近的浮动渣，就有可能停留在那里，甚至凝结在铸锭的表面上成为缺陷（图 18-3*d*）。

18.2.3　涂料制备及应用

表 18-2 列出铜及铜合金铸造时常用涂料的配方和制作方法。

表 18-2　铸模涂料的配方及制作方法

序　号	配方/%	制 作 方 法	备　注
1	骨粉∶水＝6∶4	1. 将兽骨(例如牛骨)置于炉内，使其在 1100℃ 左右的温度下煅烧 4～6 h，煅烧后即成为白色骨炭； 2. 将白色骨炭和水混合在一起并放到球磨机内进行研磨加工，研磨后的骨粉粒度应在 0.074 mm(200 目)以上； 3. 使用前，将按比例调好的骨粉水溶液搅拌均匀	将骨粉水溶液喷到铸模的工作表面上，待其中的水分蒸发掉以后才能进行浇注作业
2	煤油∶炭黑＝(7～9)∶1	1. 将煤油稍微加热至 110～120℃，以去除其中的水分； 2. 将过了筛的干燥炭黑粉分批加入脱水煤油中，边加边搅拌直至均匀为止	煤油，亦即火油
3	豆油∶肥皂＝6∶4	1. 将切成小片的肥皂分批加入脱过水的油中慢火加热熔化，熬到油表面泡沫消失为止； 2. 以上过程须仔细进行，即待第一批肥皂化完后再加第二批，依此类推； 3. 在整个熬制过程中，应不断地搅动油液，以利于豆油和肥皂的均匀混合，油液表面不再起沫时表示涂料已经熬好	豆油可以用蓖麻油替代，熬制时蓖麻油脱水的标志是油表面开始冒烟，往蓖麻油中加肥皂的方法与熬制豆油肥皂涂料时相同
4	豆油∶煤油∶炭黑＝1∶(2～4)∶适量	1. 将豆油放在铁锅中用慢火加热，待油中水分全部蒸发完为止，其标志是油液表面上的泡沫消失； 2. 向脱水豆油中加入煤油； 3. 向豆油和煤油的混合物中加入干燥并过了筛的炭黑粉，仔细搅拌直到均匀为止	蓖麻油、机油都可以作为豆油的替代品，熬制方法与之相同

续表 18-2

序 号	配方/%	制作方法	备 注
5	酒精:松香=98:2	1. 将酒精放在铁锅中稍微加热; 2. 将松香加入预热了的酒精液中,边加边搅动,直至混合均匀为止	此涂料随用随熬,熬好的涂料不宜久放

任何一种油脂涂料或者含有油脂的涂料,都应当首先进行脱水处理。油脂涂料可以在小型电炉或者火焰炉内进行熬制。

涂料的使用方法基本上有两种,即喷涂或刷涂。

表 18-2 中的 1 号涂料,即骨粉水溶液(俗称"骨浆"),可通过喷雾器喷涂到铸模的工作表面上。大多数油脂涂料及半油脂涂料,可用毛刷刷到铸模的工作表面上。

刷涂料之前,应该用钢丝刷子将残留在铸模工作表面上的渣子清理干净。

刷涂料时,铸模应具有一定的温度,以使油脂涂料能够在模壁上均匀展开。模温过低时,涂料容易刷得过厚,而且不容易均匀。模温过高时,容易引起涂料的燃烧。喷涂骨粉水溶液时需要一定的模温,以保证其中的水分能够在浇注之前彻底蒸发。

某工厂在立式模中浇注锡锌铅青铜小规格铸锭时,摸索出了一种极特殊的涂料工艺方法:当模温 160℃ 左右时,临浇注前向漏斗中浇入适量的机油,用以替代铸模涂料。高温铜液遇到机油时,立即引起猛烈燃烧,有时甚至能听到"砰"的响声。燃烧过程中产生的大量的油烟在模腔中弥散,像刷涂料一样,一层薄薄的油膜便附在了铸模内壁表面上。模壁表面的这层薄薄油膜,可以防止液面上浮动渣的靠拢和黏结。与此同时,由于机油燃烧时大量夺取模腔内空气中的氧,从而也能减少乃至避免熔体的氧化和生渣的机会。

18.3 铸铁模及水冷模

18.3.1 铸模结构

18.3.1.1 圆断面铸锭铸模

小规格圆断面铸锭,宜用对开式结构立模(图 18-4)。大规格圆断面铸锭,宜用整体式立模。如果采用整体模,则设计时应考虑模腔的锥度,以利于铸锭脱模。

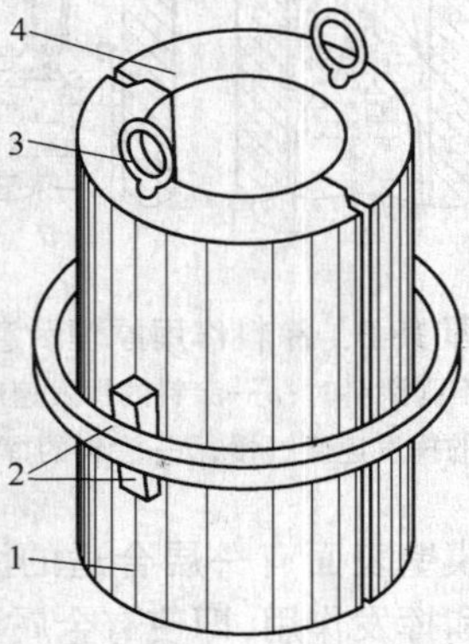

图 18-4 小型圆锭用对开式结构铸模
1—左半模;2—钢箍及楔铁;3—挂耳;4—右半模

18.3.1.2 扁锭(矩形断面)铸锭铸模

水平铸模和立式铸模两种形式,可根据需要选择:某些合金,如铅黄铜、锌白铜等容易产生气孔的合金,宜采用水平式铸模。其余大多数合金都可以采用立模。通常,小规格扁铸锭宜采用对开式结构立模(图 18-5),大规格扁铸锭宜采用整体式结构立模。

铸铁模的模比,即铸模自身重量与铸锭重量之比。铸模重量越大,浇入铸模内的高温熔体冷却得越快。但铸模过重(即铸模壁厚过大)没有必要,铸锭的冷却和结晶速度不会因此而无限制地随之增大。

根据铜及铜合金铸锭铸造经验,小规格铸锭模的模比可采用 4:1,大规格铸锭的模比可采用(2~3):1。

通常,铸锭直径或者厚度小于 25 mm 时,模壁可与铸锭直径或者厚度尺寸相当。当铸锭直径或者厚度在 25~130 mm 时,模壁厚度可取为铸锭直径或者厚度尺寸的 0.6~0.8 倍。

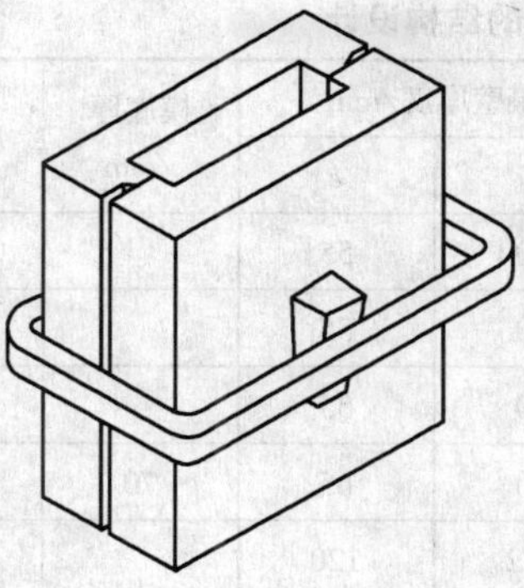

a

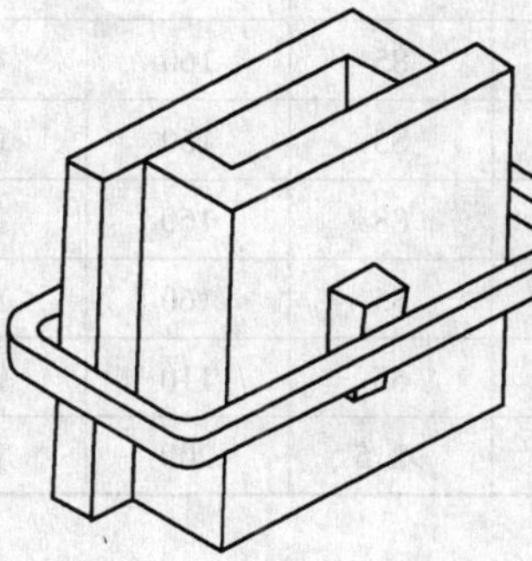

b

图 18-5　小型扁锭用对开式结构铸模
a—对开立模；b—宽度可调的对开立模

铸锭直径或者厚度大于 130 mm 时，模壁厚度可取为铸锭直径或者厚度尺寸的 0.4～0.6 倍。

确定模比时，应同时考虑铸造合金自身的某些性质。导热性和高温机械强度都比较好的合金，可采用较大的模比，例如：紫铜(5～7)∶1；黄铜(2.5～3)∶1；青铜和白铜 4∶1。

水冷模属于固定式铸模，水冷模的高度即铸锭的长度。铸造过程中，铸锭表面与模壁表面之间没有相对滑动，这与铁模铸造一样。

18.3.2　铸模材料

除了生产铜线锭时常用铜作为铸模材料以外，一般都以灰口铸铁或球墨铸铁材料作为制造铸模的材料。

灰口铸铁在高温下有较好的抗氧化能力及抵抗熔体冲刷、侵蚀的性能，当其被反复加热和冷却时也不容易发生扭曲变形或裂缝，而且价格便宜，制造容易。

表 18-3 列出常用的铸铁模的化学成分。

表 18-3　铜及铜合金用铸铁模的化学成分　　（%）

序号	C	Si	Mn	S	P
1	3.4～4.0	1.4～2.0	0.4～1.0	≤1.0	≤0.20
2	3.5～4.0	1.6～2.0	1.2～1.6	≤1.0	≤0.35

如果铸铁中硫和磷的含量较高，可能影响铸模的使用寿命。铸铁中含有一定数量的硅，有助于材料本身形成灰口。

除对化学成分要求严格外，铸模同时应具备以下条件：

(1) 结晶组织致密，无物理缺陷，尤其内壁表面应比较光滑。铸造的自然表面，往往是最理想的工作表面；

(2) 尺寸应该准确，对开式结构铸模，不仅工作尺寸要求准确，装配尺寸也要准确。

新的铸模投用之前，应进行适当的退火处理，以延长其使用寿命。

18.3.3　铸模设计

表 18-4 和表 18-5 列出几种规格的圆、扁铸锭用铸铁模的结构尺寸。

表 18-4　铜及铜合金圆铸锭用铸铁模的结构尺寸

序号	规格 /mm×mm	工作腔尺寸/mm		平均壁厚/mm	应用范围
		直径	高度		
1	ϕ120×900	ϕ120	900	100	各种铜合金
2	ϕ145×900	ϕ145	900	150	各种铜合金
3	ϕ180×900	ϕ180	900	130	各种铜合金
4	ϕ245×700	ϕ245	700		铜镍合金
5	ϕ295×700	ϕ295	700		黄　铜
6	ϕ360×700	ϕ360	700		黄　铜

图 18-6 和图 18-7 所示分别为铸造圆、扁铸锭用的水冷模结构。

图 18-8 所示为无流铸造铸锭用水冷模结构。

图 18-9 和表 18-5 给出扁铸锭用铸铁模的几种结构及尺寸。

表 18-5 铜及铜合金扁铸锭用铁模的结构设计

序 号	规格 /mm×mm×mm	工作腔尺寸/mm			模壁厚度/mm		模底厚 /mm	应用范围
		a	*b*	*c*	*d*	*e*		
立模 1	30×165×800	32	165	800	60	55		锡青铜
立模 2	30×240×800	32	240	800	60	55		锡青铜
立模 3	30×305×520	32	305	520	60	55		锡青铜
立模 4	60×220×500	220	60	500	70	65	70	硅青铜
立模 5	115×970×1040	126	980	1040	122	120		黄 铜
无流模	40×250×1100	40	250	1100	110	130	300	锡锌铅青铜
平模 1	80×320×410	320	410	80	80	85	160	黄 铜
平模 2	80×260×410	260	410	80	110	85	160	黄 铜
平模 3	85×205×450	205	450	80	65	88	160	黄 铜
平模 4	50×320×410	320	410	50	80	85	160	
平模 5	45×245×450	245	450	45	65	65	110	铅黄铜
平模 6	180×740×1060	755	1075	180	92.5	92.5	200	黄 铜

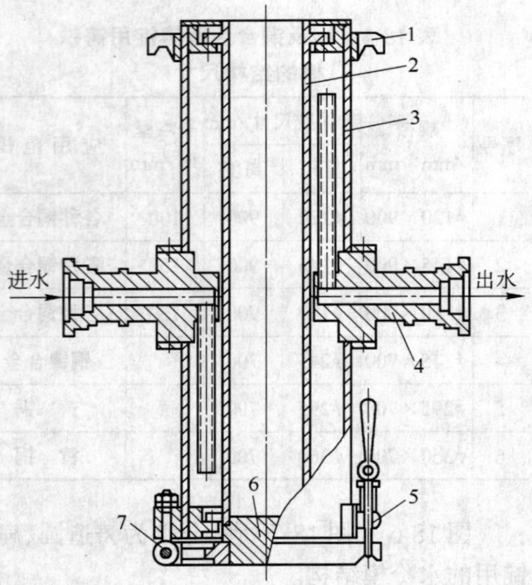

图 18-6 圆铸锭用水冷模

1—挂耳；2—铜内套；3—外壳；
4—中间带水道的转轴；5—底垫的锁紧机构；
6—活动底垫；7—铰链

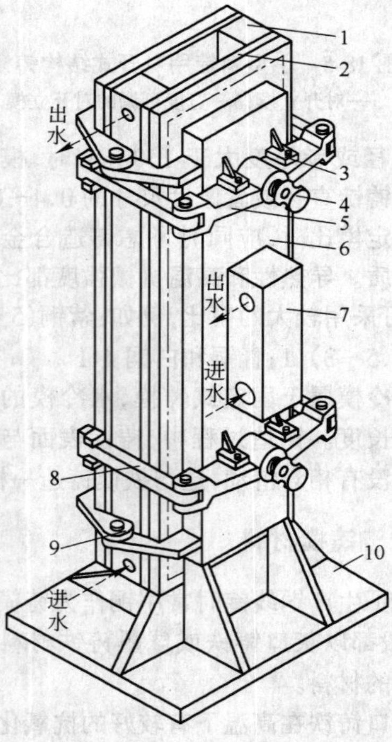

图 18-7 扁铸锭用对开式结构水冷模

1—窄面壁；2—宽面壁；3—导向座；4—顶丝；
5—顶丝座；6—水冷套；7—水管接头；
8—拉杆；9—铰链；10—底座

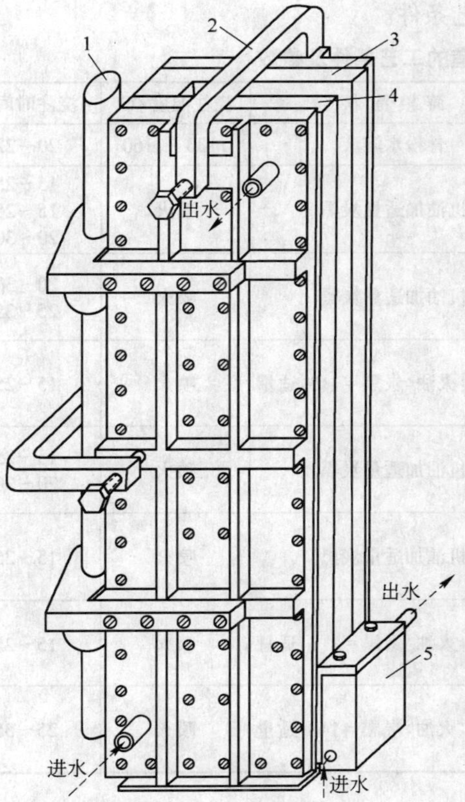

图 18-8　无流浇注用组合式水冷模

1—轴；2—卡子；3—左部模体；4—右部模体；5—固定模块

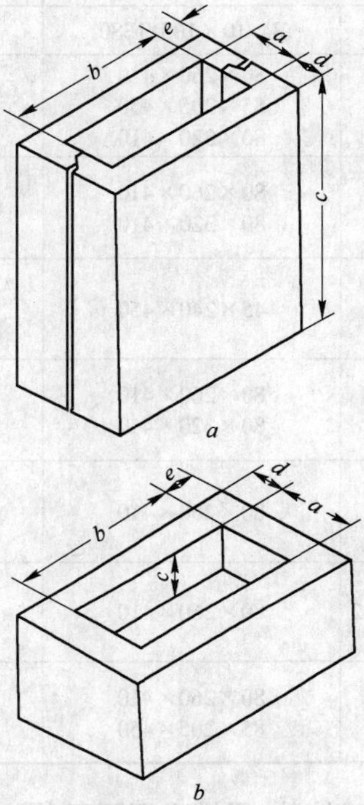

图 18-9　扁铸锭用铸铁模结构

a—立模；b—平模

18.4　铁模和水冷模铸造工艺

18.4.1　平模铸造

平模铸造过程示意图如图 18-10 所示。

平模铸造主要用来铸造横截面为方形或者矩形，而厚度(高度)尺寸不大的块状铸锭。

平模铸造大多通过盛有铜液的浇包直接浇注。

浇注时，首先将浇注包悬于模子上方适当高度，并使包嘴对准所要浇注的位置。

浇注过程中，既要掌握好浇注的速度，又要不停地摆动包嘴，不断地改变铜液的落点。如果铜液始终落在某一固定位置，有可能造成铸锭局部气孔，或者造成铸模局部表面裂纹，甚至熔化，严重时铸锭可能和模子粘连。浇注结束时，迅速将模内液体金属表面上的浮渣扒除，随即盖上稻草灰或者炭黑等，对铸锭浇口部进行保护和保温。

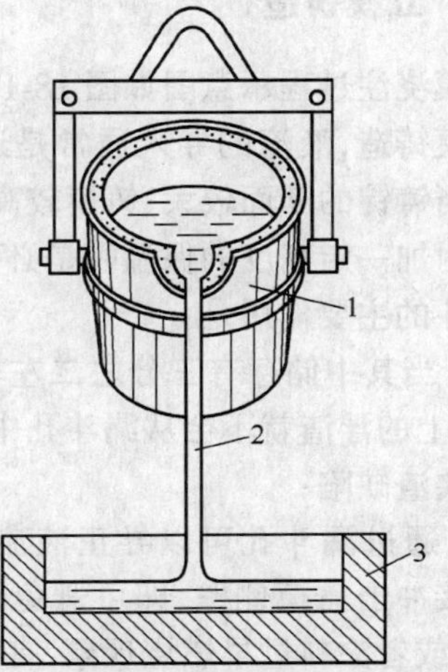

图 18-10　平模浇注过程示意图

1—吊包；2—熔体流柱；3—铸模

表18-6列出某些铜及铜合金铸锭平模铸造的工艺条件。

表18-6 铜合金铸锭平模铸造的工艺条件及参数

合金牌号	铸锭规格/mm×mm×mm	模温/℃	铸模涂料	浇注温度/℃	浇注时间/s
铜线锭	84/10×105/1380	80～110	骨粉水溶液	1130～1160	20～22
H62	80×260×410 85×205×450 80×320×410	80～160	机油加适量炭黑	喷火	15～25 15～25 20～30
HPb59-1	80×260×410 80×320×410	80～130	机油加适量炭黑	喷火	20～30 25～35
HPb63-3	45×240×450	80～130	蓖麻油:火油:炭黑=1:3:适量	喷火	15～25
HSn62-1	80×260×410 80×320×410	80～130	机油加适量炭黑	喷火	15～25 20～30
HMn58-2 HNi65-5 HFe59-1-1	80×260×410	80～130	机油加适量炭黑	喷火	15～25
HAl66-6-3-2	80×260×410		蓖麻油:火油:炭黑=1:3:适量	喷火	15～25
BZn15-20	80×260×410 85×205×450	80～130	蓖麻油:火油:炭黑=1:3:适量	喷火	25～35

除铜线锭外，平模主要用于某些易产生气孔及热轧易裂的合金，例如铅黄铜、锡黄铜、锌白铜等复杂合金铸锭。

平模铸造的主要缺点是浇口面积大，铸锭铣面时加工量大，成品率低。

18.4.2 立模铸造

立模浇注过程示意图如图18-11所示。

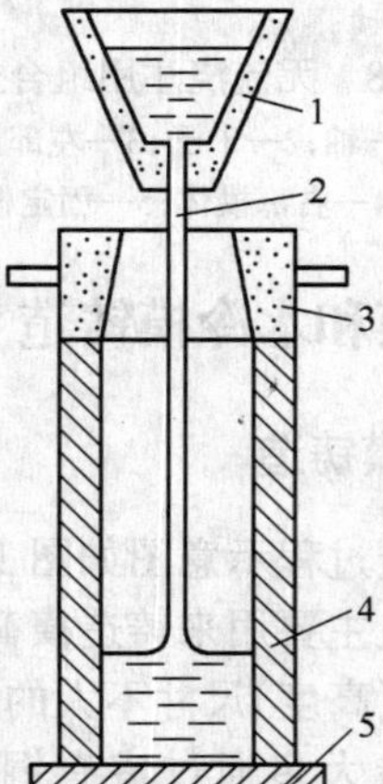

图18-11 立模浇注过程示意图

1—漏斗；2—流柱；3—保温帽；4—铸模；5—底垫

立模铸造，液流的导入通常是通过漏斗进行的。当铸锭的断面较大、铸模较高时，在铸模的顶部附加一定高度的保温帽是必要的。

漏斗的主要作用是：

(1) 当其中储存有三分之二左右高度熔体时，液面上的浮渣就不会从漏斗孔中流出，可避免铸锭夹渣缺陷；

(2) 通过漏斗孔可以导正液流方向，避免液流直接冲击铸模侧壁，即可避免铸模局部温度过高，或者涂料过早燃烧现象，有助于改善铸锭的表面质量；

(3) 通过漏斗孔径，可以控制浇注速度。

浇注前须将漏斗充分预热。

浇注小型铸锭时，可用黏土石墨坩埚改制浇注漏斗。

浇注大型铸锭时，漏斗通常为钢结构或铸铁结构外壳，内部衬有耐火材料，可以多次反复使用。浇注普通黄铜时，可以使用铸铁质材料制造的漏斗。

保温帽的作用是避免铸锭内部缩孔。

保温帽内衬应采用保温性能比较好的耐火材料。保温帽内熔体冷却速度应低于铸模内熔体的冷却速度。当浇注大断面铸锭时，铸锭的凝固收缩量比较大，保温帽中的高温熔体可以对铸锭凝固过程中的收缩进行补充，而最后将缩孔移到保温帽中。

一般情况下，浇注速度宜先快后慢。

当熔体充满保温帽时，可向保温帽内的敞露液面覆盖某种保温性能好，或者能够发热的材料，以延缓保温帽内熔体的冷却。

立模浇注大规格铸锭时，浇注后及时补口是非常必要的。所谓补口，即在通过铸锭浇口部不断地补充高温熔体，直到整个铸锭的凝固过程完全结束为止。

表 18-7 列出某些铜及铜合金铸锭立模浇注的铸造生产工艺条件及有关参数。

表 18-8 列出某些铜及铜合金水冷模浇注铸造生产工艺条件及有关参数。

表 18-7 铜及铜合金铸锭立模铸造工艺条件及参数

合金牌号	铸锭规格 /mm×mm×mm	模温/℃	铸模涂料	浇注温度 /℃	浇注速度		
					漏斗孔数	漏斗孔径/mm	浇注时间/s
T2	60×415×320 60×250×500 70×210×450	110～130	骨粉水溶液	1110～1160	3 3 3	12～13 12～13 12～13	18～30 16～25 14～25
H96	60×250×500 60×320×320	80～130	豆油:火油:炭黑=1:3:适量	1180～1220	4 6	10～12 7～8	22～30 18～28
HPb59-1	ϕ85×700	80～130	机油加适量炭黑	喷火	3	6～7	30～40
HPb63-3	ϕ120×900	80～30	蓖麻油:火油:炭黑=1:3:适量	喷火	3	5～7	130～150
QSn4-4-4	25×180×600 25×280×600	140～180	漏斗中加机油	1230～1280	3 5	4～4.5 4～4.5	120～150 120～150
QSn6.5-0.1 QSn6.5-0.4	ϕ180×900 ϕ145×900 ϕ120×900 30×160×800 30×240×800 30×305×520	80～130	蓖麻油:肥皂=6:4	1240～1300	1 1 1 2 3 4	7～8 7～8 6～7 3～4 2～3 3～4	350～450 300～400 250～350 120～180 140～200 40～200
QSn4-3	ϕ180×900 ϕ145×900 ϕ120×900 60×220×500	80～130	蓖麻油:肥皂=6:4	1250～1300	1 1 1 3	8～10 8～10 6～8 4～6	250～350 200～230 150～180 >50
QSi3-1	60×220×500	80～130	蓖麻油:肥皂=6:4	1180～1220	3	3～5	110～130
BMn40-1.5	80×260×620	80～130	蓖麻油:肥皂=6:4	1370～1420	3	13～16	30～35
BMn43-0.5	ϕ220/ϕ210×650	100～150	骨粉水溶液			16～18	
BFe5-1	ϕ180×300 ϕ145×300	80～130	蓖麻油加适量炭黑	1250～1300	1 1	19～22 16～19	20～25 14～18
BAl13-3	ϕ120×250	100～180	蓖麻油:肥皂=6:4	1350～1400	1	20～25	6～12
BAl6-0.5	80×260×620	80～130	蓖麻油:肥皂=6:4	1300～1350	3	13～16	30～35

表 18-8 铜及铜合金铸锭水冷模浇注铸造工艺条件及参数

合金牌号	铸锭规格/mm×mm×mm	铸模涂料	浇注温度/℃	浇注速度	
				漏斗孔径×漏斗孔数/mm·孔	浇注时间/s
H70	110×550×1350	无水机油:肥皂=99:1	喷火	共21孔:ϕ16×4;ϕ14×17	25~40
HPb59-1	ϕ145×900	蓖麻油或机油加适量炭黑	喷火	ϕ6~7×3	80~100
HAl77-2	ϕ145×900	蓖麻油或机油加适量炭黑	喷火	ϕ8~10×3	60~80
HAl66-6-3-2	ϕ180×1100	蓖麻油或机油加适量炭黑	喷火	ϕ11~12×3	>80

18.4.3 倾斜模铸造

倾斜模铸造过程示意图如图 18-12 所示。

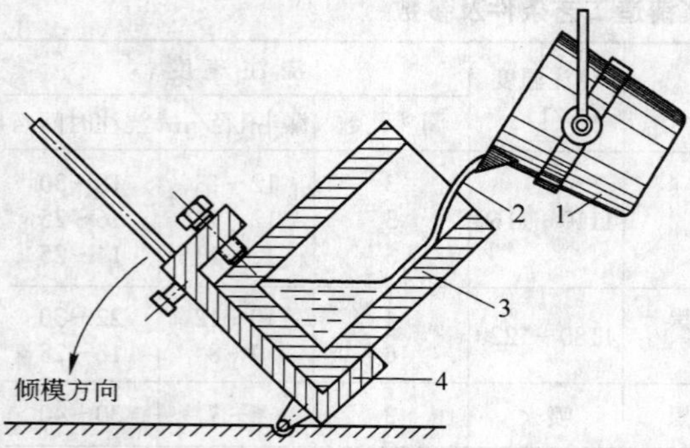

图 18-12 倾斜模浇注过程示意图
1—浇注包;2—熔体流柱;
3—铸模;4—铸模倾斜装置

铸造开始前,先将铸模倾斜至与水平成10°~25°角的位置。随着浇注过程的进行,即模腔内熔体液面的不断升高,同时使铸模逐步向着垂直方向转动。当熔体充满模腔时,铸模刚好到达垂直位置,浇注结束。

倾斜模铸造的主要特点是:浇注过程中,熔体落差小,而且是熔体始终沿着铸模的一面侧壁平稳流动,从而减少和避免了液体的飞溅,以及熔体的吸气和生渣的机会。实际上,由于不断上升的液面始终保持安静状态,凝固过程中析出的气体也容易排出。

显然,倾斜模铸造法对于某些浇注过程中容易吸气和生渣的合金(例如硅青铜、铍青铜等)则比较适合。

表 18-9 列出某些合金铸锭倾斜模铸造的工艺条件及参数。

表 18-9 某些铜合金铸锭倾斜模铸造的工艺条件及参数

合金牌号	铸锭规格/mm×mm×mm	铸模涂料	模温/℃	浇注温度/℃	浇注时间/s
HPb63-3	30×240×400	煤油:炭黑=7:1	80~130	喷火	30~45
QSi3-1	40×200×400	蓖麻油:肥皂=6:4	80~130	1180~1220	30~40
QBe2.0	ϕ120×400		80~130		180~210

倾斜模铸造法的主要缺点是:浇注液流的落点处,铸模局部温度较高,与该处相应的铸锭局部结晶组织较差。另外,倾斜模铸造法对操作技术的要求比较高,生产效率低,铸锭规格也受到限制。

18.4.4 无流铸造

铸造过程中,由于铸模内流柱短得几乎看不到流动,近似无流,因此称为无流铸造。

无流铸造所采用的铸模有铁模和水冷模两种。

无流铸造的原理如图 18-13 所示。

铸模主要由具有"ㄇ"形断面型腔的活动模3及具有"—"形断面型腔的固定模5两部分构成。这两部分结合时,则构成了一个具有四面壁的完整的铸模型腔。为使"—"形模和"ㄇ"形模能够严密配合,应保证两者工作面的加工精度,"—"形模的工作面宜采用石墨材料,以取得更好的效果。

浇注过程中,"—"形模始终呈固定位置。"ㄇ"形模通过某种机械传动方式做垂直向下移动。“ㄇ”形模移动的速度，即铸造速度。

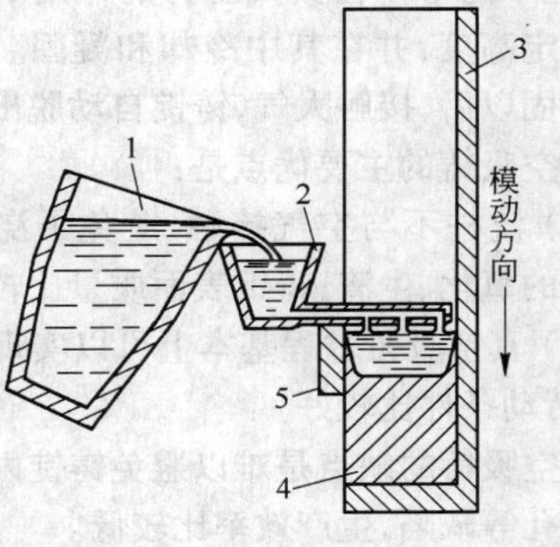

图 18-13　无流铸造过程示意图

1—浇注包；2—漏斗及液体分配槽；3—“ㄇ”形活动模；4—铸锭；5—“一”形活动模

液流分配槽通过“ㄇ”形模的开口，水平方向伸入模腔中。分配槽可用石墨管钻小孔的办法制成。浇注过程中，液流经过石墨管上的小孔进入铸模，呈水平走向的石墨管与铸模内的金属液面之间的距离比较小，即液体流柱非常短，落差非常小，液流飞溅和冲击现象几乎减小到了最低限度。

无流铸造时，模内金属液面始终不能超过“一”形模上缘。如果超过，铸造过程将可能失败。

无流铸造，特别是扁断面铸锭的无流铸造，沿铸锭断面长轴方向设置的液流分配槽，有利于液流的均匀分配，使得液穴趋于浅平形状。铸锭自下而上的方向性结晶倾向性强，因而非常有利于避免铸锭的气孔、夹杂、疏松、偏析等缺陷。另外，除了在“一”形模与铸锭表面之间有相对运动以外，铸锭的另三个表面均与铸模不发生相对运动，有利于改善铸锭的表面质量。

表 18-10 列出某些合金铸锭无流铸造的工艺条件及参数。

表 18-10　某些铜合金铸锭无流铸造的工艺条件及参数

合金牌号	铸锭规格 /mm	铸模结构	冷却水压力 /MPa	铸模涂料	浇注温度 /℃	漏斗孔径×漏斗孔数	浇注速度 /m·h^{-1}
HPb63-3	40×300	水冷模	0.12～0.15	机油＋适量炭黑	喷火	ϕ6×4	18～25
QSn4-4-4	40×330	水冷模	0.10～0.15		1300～1340	ϕ6×4	15～22
QSn4-4-2.5	40×250×1100	铸铁模		蓖麻油∶肥皂＝6∶4	1280～1320	ϕ6×4	7～10
QBe 2.0	ϕ145×300	铸铁模			1150～1200		8～10
QBe 2.5	40×220×320	铸铁模					18～20

无流铸造，作为一种特殊的铸造方法，在铸造某些具有特殊性质的合金方面，有其特殊的地位。例如铍青铜、锡锌铅青铜等合金，有时采用铁模或者水冷模、甚至半连续铸造法生产铸锭时，铸锭质量总是不能令人满意，而采用无流铸造时，问题则迎刃而解。

无流铸造的缺点是铸锭长度有限，铸造模具结构比较复杂，要求较高的操作水平。

18.5　真空吸铸

真空吸铸，指在真空下将熔体吸入铸模的一种方法。

真空吸铸的原理如图 18-14 所示。真空吸铸用结晶器如图 18-15 所示。

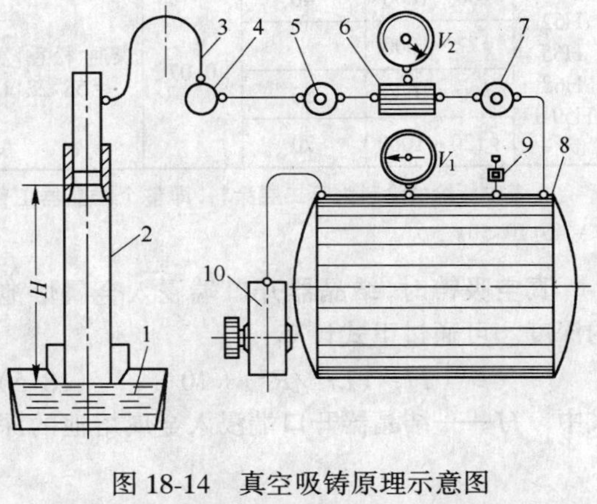

图 18-14　真空吸铸原理示意图

1—熔池；2—结晶器；3—橡皮连管；4—金属溅渣扑集器；5—真空阀；6—保证真空计指针平稳移动的补充容器；7—节流阀(真空调节器)；8—真空罐；9—放空阀；10—真空泵

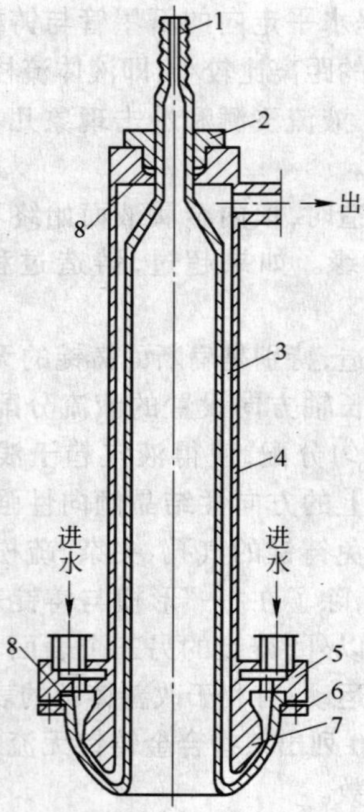

图 18-15 真空吸铸用结晶器
1—真空系统接口;2—压盖;3—内壁;
4—外壳;5—法兰盘;6—法兰托盘;
7—整流块;8—密封材料

铸造开始前,将结晶器的开口端浸入金属熔池液面下一定深度。然后,真空系统开始抽气,熔池中的熔体在大气压力的作用下进入结晶器一定高度,并在其中冷却和凝固。待金属完全凝固以后,接触大气,铸锭自动脱出。

真空吸铸的主要优点是:

(1) 流柱不与空气接触,避免了浇注过程中熔体的氧化、生渣,铸锭表面质量比较好;

(2) 真空吸铸过程基本上可以实现机械化操作,劳动条件比较好。

真空吸铸的缺点是难以避免铸锭内部的疏松和缩孔等缺陷,生产效率比较低。

真空吸铸时,所需真空度可通过下式计算:

$$p = 760 - L\nu/13.6 \quad (18\text{-}3)$$

式中 p——获得一定长度铸锭所需的真空度,Pa;

L——铸锭最大长度,mm;

ν——液态金属的密度,g/cm^3;

13.6——水银密度,g/cm^3。

真空吸铸的铸锭长度 L,可通过下式计算:

$$L = 760 \times 13.6/\nu \quad (18\text{-}4)$$

某些黄铜铸锭的真空吸铸工艺参数举例见表 18-11。

表 18-11 某些真空吸铸黄铜铸锭的工艺参数

合金牌号	铸锭规格 /mm×mm	结晶器浸入熔池深度/mm	真空度 /MPa	结晶器工作面涂料	吸铸温度/℃	冷却水条件 进水温度/℃	出水温度/℃	压力/MPa	吸铸时间/s	冷却时间/s
H62 H65 H68 H59-1	ϕ60×1000	40	0.07	煤油:松香:炭黑=58:28:14	喷火	30~45	≤70	0.15~0.25	10~15	70~75
	ϕ77×1000								15~20	80~100
	ϕ90×1000	50							20~25	100~120
	ϕ120×1000	70							25~30	180~200

注:表中所给的涂料为第二层涂料,即整个结晶器工作面所用的涂料。结晶器开口端第一层涂料为氧化锌:水玻璃:水=40:10:50。

真空吸铸时,结晶器开口端浸入金属熔池的深度。可通过下式计算:

$$H = (Lr^2/R^2) + 10 \quad (18\text{-}5)$$

式中 H——结晶器开口端浸入金属熔池的深度,mm;

L——铸锭最大长度,mm;

r——结晶器半径,mm;

R——熔池镜面半径,mm。

19 铜线坯连铸技术❶

19.1 上引式连铸

19.1.1 上引式连铸原理

上引式连铸法是利用真空将熔体吸入结晶器,通过结晶器及其二次冷却而凝固成坯,同时通过牵引机构将铸坯从结晶器中拉出的一种连续铸造方法。

上引铜杆所用结晶器示意图如图 19-1 所示。

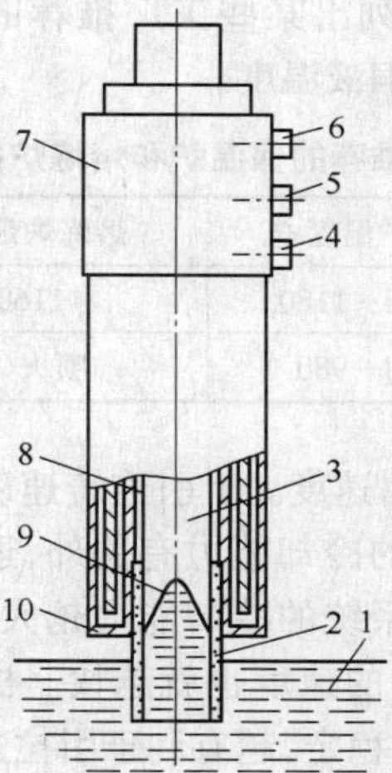

图 19-1 上引式连铸用结晶器结构示意图
1—铜液;2—石墨内衬;3—铸造杆;4—进水口;5—出水口;6—抽真空口;7—结晶器头部;8—真空室;9—液穴;10—冷却水套

该结晶器主要由铜质水冷套、石墨质内衬管及真空室等组成。铸造时,结晶器的石墨内衬管垂直插入熔融铜液中,根据虹吸原理,铜液在抽成真空的石墨管内上升至一定高度,当铜液进入石墨管外侧冷却水套部位以后,铜液被冷却和凝固。与此同时,牵引装置也在不停地将已凝固的铜杆从上面引出。铜杆离开结晶器时的温度约 155℃。

上引连铸过程中,结晶器对铜杆的冷却称为一次冷却,铜杆离开结晶器以后通过辐射散热,称为二次冷却。

对于上引连铸过程,匀速牵引在理论上应该是可行的,但这需要所有工艺条件和过程的控制都必须十分稳定,而实际上由于种种原因却很难始终保持稳定。经验表明,通过采用“停－快速提升”铸造方式可在某种程度上克服某些不稳定因素的负面影响,从而实现比较稳定的连续铸造过程,并保证产品质量的相对稳定。

由于在结晶器中铜液的冷却和凝固所散发出的热量都是通过间接方式进行的,而且铸坯发生收缩时即已离开模壁,加上模内又处于真空状态,铸坯的冷却强度受到一定限制,生产效率比较低。因此,上引连铸通常都是采取多个头(即多个结晶器)同时进行的生产方式。

19.1.2 上引式连铸装置及其应用

19.1.2.1 上引式连铸装置

一套完整的连铸上引设备包含有熔炼炉、保温铸造炉、牵引系统和收线机四个部分。

熔炼炉、保温炉通常采用工频感应电炉,也有的采用电阻炉。结晶器装载在牵引机的悬挂装置上。伺服电机依靠对电源的控制,使其具备在规定的时间内完成正转动、停歇、反转等多项功能,具有运行稳定、维护简单等特点。收线系统有一套铜杆杆长控制限位器和牵引、盘卷及托盘组成。收取 ϕ10 mm 以下收线系统中,铜杆托盘需配置旋转动力。

图 19-2 为同时铸造 6 根铜线坯的上引式连铸装置示意图。

❶ 本章撰稿人:肖恩奎。

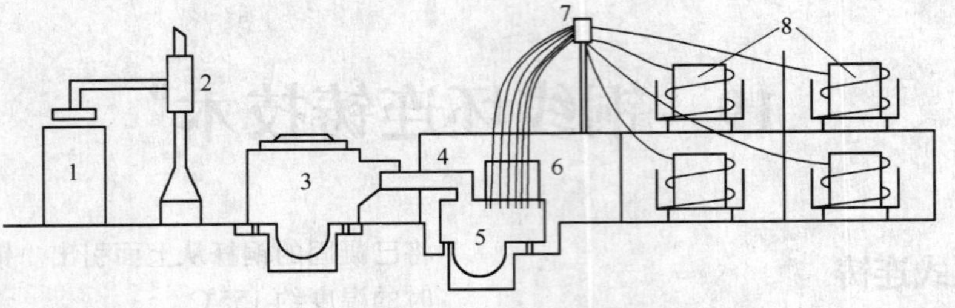

图 19-2 上引式连铸生产线示意图

1—料筒;2—加料机;3—感应熔化电炉;4—流槽;5—感应保温炉;6—结晶器;7—夹持辊;8—卷线机

如果从熔化炉和保温铸造炉的配置方面区分,一种是分体式配置,即熔炼炉和保温炉分别独立;一种是连体式配置,是指将保温炉和熔炼炉做成一体,熔化炉中的铜液通过两熔池间的通道自动进入保温炉。表 19-1 列出这两种不同配置方法的比较。

表 19-1 熔化炉和保温炉的不同配置比较

炉 型	优 点	缺 点
分体式	成分控制均匀,保温炉温度波动小,铜液经过精炼质量可控制	铜液在转移过程中保护有困难,保温炉液位有较大冲击,液位跟踪器频繁启动
连体式	炉子液位稳定(生产操作熟练后可基本控制不变,不用液位跟踪器)、铜液保护好、操作简便	保温炉的温度受加料影响大,精炼作用差,原料品质波动对产品质量影响明显,生产合金时成分波动大等

目前上引式铸造铜杆生产线中,越来越趋向于采用连体式配置。因为熔炼炉与保温铸造炉各自独立时,不利于铸造铜杆产品质量的稳定,而且消耗也比较高。

19.1.2.2 上引式连铸的应用

目前,上引式连铸法主要用来生产无氧铜铜杆。其实,上引式连铸法也适合于黄铜等其他铜合金杆乃至铜管坯的生产。

A 上引铜杆生产

上引连铸造铜杆的规格大多在 ϕ8～32 mm 范围内,常见的有 ϕ8、ϕ14.4、ϕ17、ϕ20 和 ϕ25 mm。铜杆直径尺寸越大,要求系统(主要指结晶器能力)的冷却能力越强。

对于纯铜铸造杆,ϕ8 mm 铜杆可以直接用拉丝机拉伸至 ϕ2～3.5 mm 线坯。上引连铸 ϕ8 mm 以上铜杆则可用轧机轧制或拉伸机拉成 ϕ8 mm 的铜杆,再用拉丝机拉伸。

上引铜杆的工艺控制:

(1) 铸造温度。熔炼炉与保温炉的铜液温度应该基本一致。稳定的温度控制,对稳定的铸造过程非常有利。

表 19-2 列出某些工厂推荐的保温铸造炉和熔炼炉内铜液温度。

表 19-2 推荐的保温炉和熔炼炉内铜液温度

合金	保温炉温度/℃	熔炼炉最高温度/℃
纯铜	1140～1180	1160～1190
H62	950～980	喷火(约 1110)

(2) 上引速度。上引连铸速度除与结晶器结构和系统的冷却能力有关外,还与上引牵引机构有关。系统的冷却能力越大,上引铜杆线径越小,上引的速度也就越快。机构控制精度越高,运行越稳定,越有利于引拉速度的提高。

表 19-3 列出某些工厂推荐某些规格铸造铜杆的上引速度。

表 19-3 推荐的铸造铜杆的上引速度

线径 ϕ/mm	8～10	12～15	16～20	25～32
速度/m·min^{-1}	2.5～3.5	0.7～1.5	0.5～1.0	0.3～0.7

(3) 冷却强度。通常,上引铸造铜杆时结晶器的进水温度可以控制在 20～32℃,水流量可以控制在 18～35 L/min。

上引连铸用的冷却水应低硬度,且水质清洁、无悬浮物,以保证结晶器内所有水路畅通,不结垢。可减少对结晶器的清理,也可提高设备的利用率。

(4) 铜液的质量控制。由于熔炼炉常采用弱还原性气氛熔炼，因此应该以优质的阴极铜为原料。熔炼炉和保温炉内的熔池，都可以采用干燥的木炭或鳞片石墨作为覆盖剂，以隔绝空气和保护熔体。

B　上引铜管坯生产

图 19-3 为上引铜管坯的结晶器结构图。

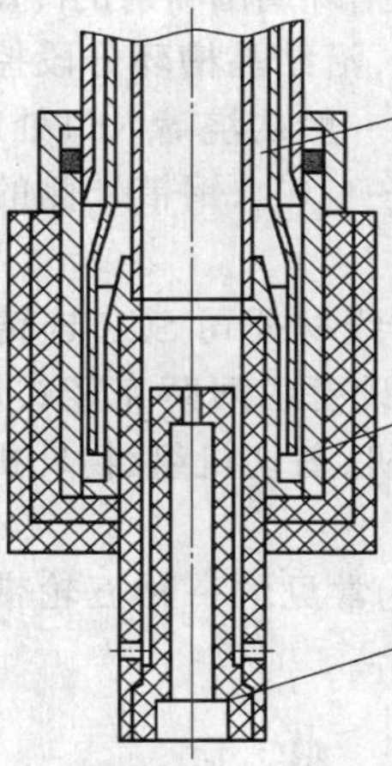

图 19-3　上引式铜管坯用结晶器结构示意图
1—石墨模；2—保护套；3—冷却部分

该结晶器由石墨模、水冷套、保护套等组成。

石墨模采用高纯石墨材料，且其内外面及芯柱表面经过精细加工。石墨模由外模(石墨筒)和内模(芯模或芯柱)组成，装配时必须保证二者的同心度。内模为空心结构，以利于均匀预热和避免变形。外模和内模下端均有若干个进铜液的孔，例如：外模上双排孔，每排有 20 个孔径为 ϕ4～12 mm 的小孔。进铜液孔的设置，应有利于控制铜液流速，减少温降，防止管坯纵向裂纹。内模应有一定锥度，以加强冷却过程中热的传递。

冷却套的外管为不锈钢材料，中间管由铜质或不锈钢材料制作，内管由铜质材料制作，冷却水从内管与中间管之间通过。内管的内径稍大于上引管坯的外径，间隙可为 0.25～0.5 mm，以利于二次冷却。石墨模与冷却套之间的间隙为 1～1.5 mm。隧道流速应大于 6 m/s。

铜管坯的凝固收缩为顺利脱模创造了条件。铜管坯从结晶器上方被垂直引出，然后弯转 90°并沿水平方向输出。随着上引铜管坯管径的不断加大，上述弯曲的曲率半径也从最初的 0.8 m 逐步增加到 1.4 m、2 m、3 m、4 m 等。

上引铜管坯生产工艺实例：铜管坯规格 ϕ40 mm×(2.5～4.5) mm，铸造温度 1135～1150℃，铸造节距 3 mm，引停频率 120～140 次/min，即平均铸造速度为 360～420 mm/min。

上引连铸产品常见缺陷及产生原因如表 19-4 所列。

表面裂纹、空心、疏松、夹杂以及表面擦伤、划伤等是上引铸坯的主要缺陷，这些缺陷可以造成加工制品的断裂、起刺或者导电率、抗拉强度、延伸率等物理或力学性能差等缺陷。

表 19-4　上引连铸产品的主要缺陷及产生原因

序号	缺陷名称	产生原因
1	裂　纹	1. 杂质元素或氧含量偏高，结晶组织中出现低熔点物； 2. 工艺不合理，例如温度波动大、上引速度过慢、节距偏长； 3. 结晶器使用时间过长，表面不光滑
2	空　心	1. 铸造温度过高，或结晶器冷却能力不足，中心出现疏松； 2. 铜液中气体含量高，凝固过程中大量析出气体
3	杂质和夹杂	1. 原料本身杂质元素含量高； 2. 结晶器位置偏高，熔池表层的杂质被吸入结晶器内； 3. 操作不当，将杂质搅入铜液中
4	擦伤、划伤	大多由机械故障造成

19.2　轮带式连铸

19.2.1　轮带式连铸原理

轮带式连铸是指采用由旋转的铸轮以及与该铸轮相互包络的钢带所组成的铸模进行浇注的一种特殊铸造方式。

图 19-4 为轮带式连铸过程原理示意图。

铸轮周边的凹槽呈船形，用一条无端钢带将铸轮和惰轮包覆起来，槽与钢之间的空间即为模腔。铸轮和钢带均采用水冷却。经流槽浇注的铜液温度和流量、铸轮的温度、冷却水的温

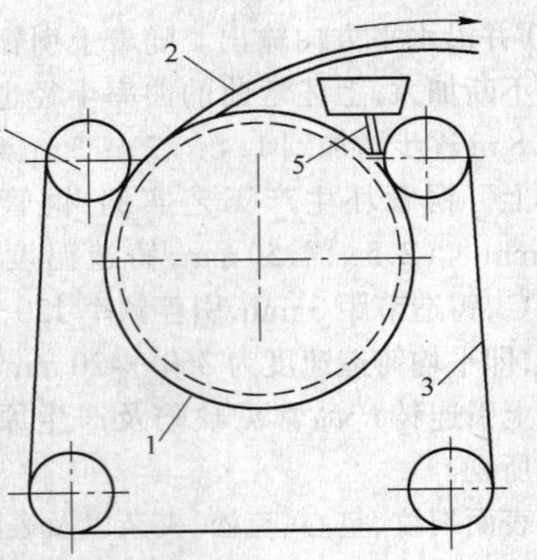

图 19-4 轮带式连铸原理示意图

1—铸轮；2—铸坯；3—钢带；4—导轮；5—浇注口

度和流量、引拉速度等都受到精确控制，从而获得稳定的结晶组织和开轧温度。

轮带式连铸不仅可以铸造线坯，也可以铸造带坯。

19.2.2 轮带式连铸装置及其应用

19.2.2.1 轮带式连铸装置

由于铸轮与钢带包络的方式不同，组成的连铸机类型亦有所不同。

塞西姆连铸机结晶轮结构的冷却装置如图 19-5 所示。

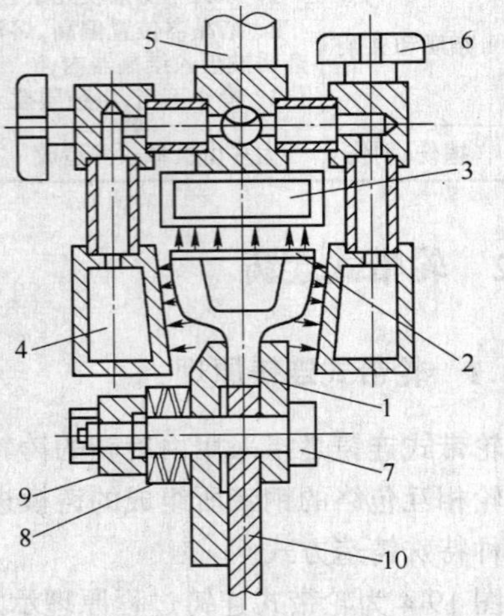

图 19-5 塞西姆连铸机结晶轮结构的冷却装置

1—结晶轮槽环；2—钢带；3—外冷却；4—侧冷却；5—进水管；6—调整阀；7—螺栓；8—蝶形弹簧；9—螺母；10—辐板

结晶轮通常采用导热性能良好的纯铜或含铬等元素的高铜合金制造，然后装在辐板上。结晶轮槽环 1 被螺栓 7 和蝶形弹簧夹持在辐板 10 上，此结构有利于避免结晶轮槽环受热时膨胀变形。

钢带可用厚 2.0～3.0 mm 的低碳钢材料制成，也可用合金钢材料制造。

在结晶轮槽环周围喷射的冷却水应该符合金属结晶规律，沿结晶槽环分段控制压力和流量。喷水范围一般从浇嘴入口处起，按铸轮旋转方向转 90°～110°。钢带外侧的冷却水亦分段进行控制。

美国南方线材公司 SCR 连铸连轧铜线坯机组，采用的设备由阿萨克竖式炉、保温浇注炉、SCR 连铸机、剪切机组、精轧机组和收线装置等组成。

图 19-6 为常见的一种五轮带式铜带坯连铸机组示意图。

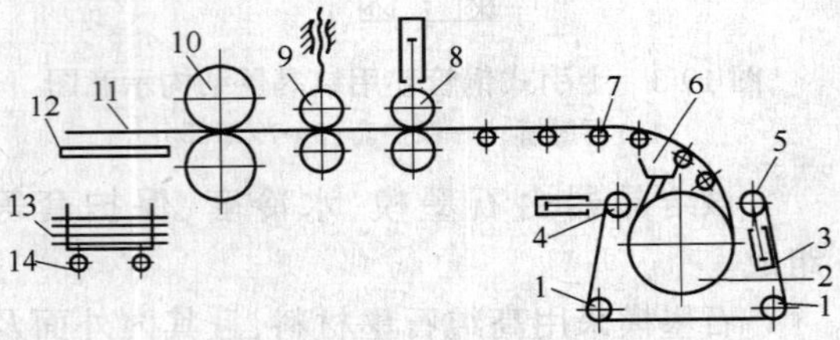

图 19-6 五轮轮带式铜线坯连铸机组示意图

1—导轮；2—结晶轮；3—钢带；4—压紧轮；5—张紧轮；6—中间包；7—引桥；8—牵引机；9—铣边机；10—对辊剪；11—铜线坯；12—翻板机构；13—剪断的铜线坯；14—堆料小车

19.2.2.2 轮带式连铸的应用

表 19-5 列出轮带式铜带坯连铸机组的主要技术特性。

表 19-5 轮带式铜带坯连铸机组的主要技术特性

主要技术性能	连铸机组 1 （美国南方线材公司 SCR）	连铸机组 2 （五轮带式）
熔炼炉	竖式炉 40 t/h，天然气燃料，炉内径 1.83 m，炉高 7.92 m，出铜流槽长 3.66 m	

续表 19-5

主要技术性能	连铸机组 1（美国南方线材公司 SCR）	连铸机组 2（五轮带式）
保温炉	圆筒形炉，容量 15 t，天然气燃料，经 4.27 m 长流槽进入浇包中间包（容积 0.03 m^3），铜液经 ϕ25.4 mm 的浇注管进入结晶器	
铸造机		
结晶轮直径/mm	ϕ2433	ϕ1800
铸造槽沟面积/mm^2	3225	2014、2580 及 2944
钢带宽度/mm	178	150(厚度 2.0)
结晶轮包角/(°)		195°～255°
牵引速度/$m\cdot min^{-1}$		17
牵引辊直径/mm		ϕ130(长度 130)
牵引电机/kW		0.8
导轮直径/mm		ϕ500
压紧轮直径/mm		ϕ500
张紧轮直径/mm		ϕ500
冷却水压力/MPa	1.0	
冷却水流量/$m^3\cdot h^{-1}$	200	
轧机	共 12 架。其中粗轧机 4 架，将截面 3225 mm^2 铸坯轧到 ϕ25.4 mm。精轧机 8 架，成品线坯 ϕ8 mm	
卷取机	最大卷取直径 ϕ1829 mm，最小卷曲直径 ϕ914 mm，卷重 6.4 t 和 2.7～3.6 t 两种	

牵引机主要起牵引铸坯作用，以及防止从连铸机出来的铸坯抛下较大的活套或被后继连拉机拉得太紧而影响铸坯质量。牵引机通常由机架、牵引辊、万向接轴、齿轮分动箱、减速机及电动机构成，类似小型两辊轧机。

轮带式连铸通常通过中间包并采用小断面流嘴进行浇注，因而有利于细化结晶组织。但是，由于结晶过程是在圆弧形结晶器内进行，凝固收缩容易引起裂纹，铸造低氧铜比较困难。而且，轮带式铸造的铸坯进入连轧前矫正铸坯的矫直应力比较大，也容易引起裂纹。因此，轮带式连铸机主要用来铸造氧含量(250～450)×10^{-4}%的韧铜线坯。

19.3 钢带式连铸

19.3.1 钢带式连铸原理

钢带式连铸，即金属熔体被浇注入由上下环形钢带和左右环形青铜侧链组成的结晶腔，从而被冷却和凝固成坯的一种特种铸造方法。

19.3.2 钢带式连铸装置及其应用

19.3.2.1 钢带式连铸装置

美国哈兹列特连铸机是这一类装备的典型代表。图 19-7 为哈兹列特双带式连铸系统示意图。图 19-8 所示为哈兹列特双带式连铸结晶器。

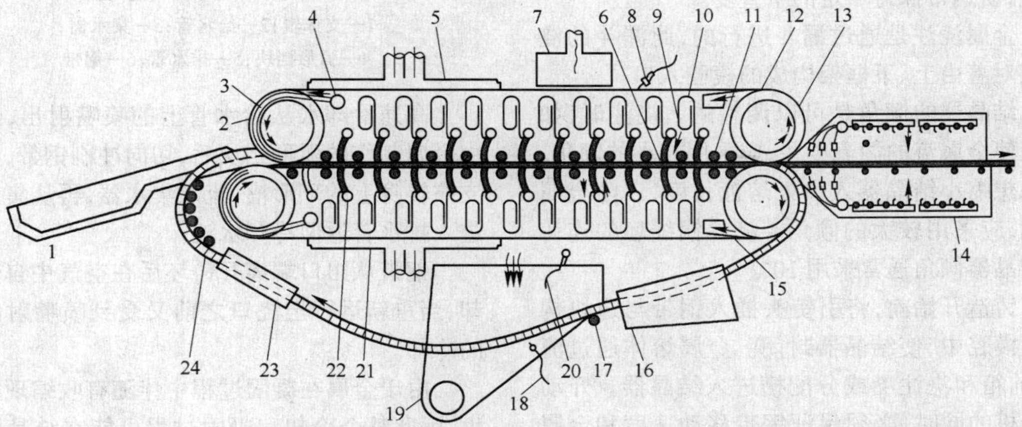

图 19-7 哈兹列特双带式连铸系统示意图

1—浇注漏斗；2—压紧轮；3—盘圆管喷嘴；4—集流水管；5—钢带烘干器；6—回水槽；7—排风系统；8—钢带涂层；9—分水导流器；10—集水器；11—鳍状支撑辊；12—上钢带；13—后轮；14—二次冷却室；15—下钢带；16—挡块冷却；17—下支撑辊；18—挡块涂层装置；19—排风系统；20－钢带涂层；21—钢带烘干器；22—高速冷却水喷射口；23—挡块预热器；24—挡块

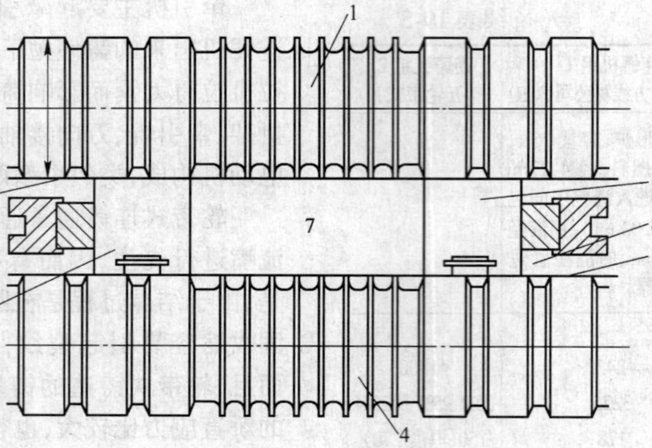

图 19-8　哈兹列特双带式连铸结晶器

1、4—上、下鳍状支撑辊；2、3—上、下钢带；5、6—左右挡块；7—模腔；8—穿块带子

铸造过程在两条同步运行钢带之间进行。两条钢带分别套在上、下两个框架上，每个框架上的钢带可用两个、三个或四个导轮支撑。框架间的距离可以调整，从而可得到不同厚度的铸造带坯。下框架带上带有不锈钢绳连接起来的金属块，以构成模腔的边块，它通过钢带的摩擦力与运动的钢带同步移动。调整两边块之间的距离，可以得到不同宽度的铸造带坯。

结晶器用钢带，是一种专用的冷轧低碳特种合金钢带。为了保证钢带的平直度，上下框架内都装有多对支撑辊，从两钢带的内表面成对地顶着钢带，并通过相应的机构控制其张紧程度，使钢带保持一定的平直度。

金属浇注是通过漏斗进行的，此漏斗的浇口正对着由上、下框架构成的模腔入口。

结晶器的倾角是可以调整的。浇注时，如果想使金属流的湍流小些，应采用较小的倾角。如果想缩小结晶器入口处熔池长度，以防金属氧化，应采用较大的倾角。浇注铜线坯的连铸机结晶器倾角通常采用10°。

铸造开始前，将引锭头插入钢带与边块构成的模腔中，使结晶器封闭。金属熔体通过流槽、前箱和浇注嘴或分配槽进入结晶器。开动连铸机的同时，必须保证钢带移动速度和金属流量之间的平衡，使液面刚好保持低于结晶器开口处。

钢带的冷却系统如图19-9所示。

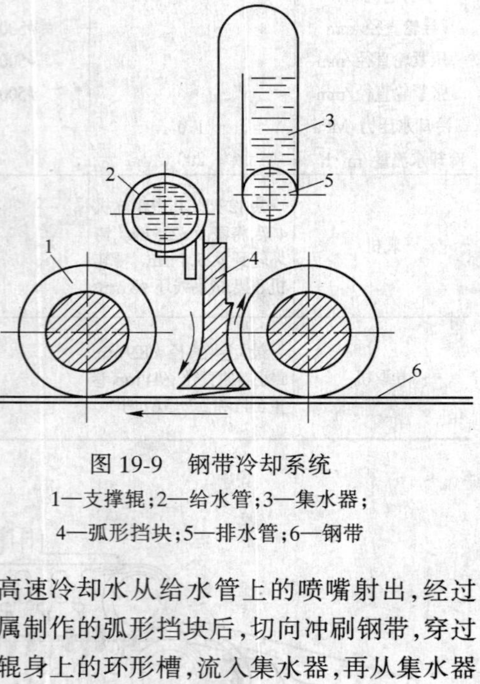

图 19-9　钢带冷却系统

1—支撑辊；2—给水管；3—集水器；
4—弧形挡块；5—排水管；6—钢带

高速冷却水从给水管上的喷嘴射出，经过由金属制作的弧形挡块后，切向冲刷钢带，穿过支撑辊身上的环形槽，流入集水器，再从集水器进入排水管返回冷却水池。

钢带从出口端离开铸坯后在空气中自然冷却，当重新运行至浇口之前又受到喷嘴射出水的冷却。

由于金属在凝固过程中伴随有收缩现象发生，因此整个冷却和凝固过程可能在结晶器总长度的三分之一、二分之一乃至全长上连续进行。采用向铸坯表面直接喷射二次冷却水的方式，可以提高铸造速度。

结晶器的钢带寿命短，通常每运行一个班就需要更换一次钢带。

19.3.2.2　钢带式连铸的应用

表 19-6 列出克虏伯公司生产的哈兹列特－克虏伯铜线坯连铸连轧机列及其主要技术性能。克虏伯公司主要是在哈兹列特双带式连铸机基础上，配上了 10～15 座两辊交替式轧机。

表 19-6　克虏伯公司生产的哈兹列特－克虏伯铜线坯连铸连轧机列及其主要性能

型　号	生　产　率			机架数(生产 φ8 mm 线坯)	铸坯截面/mm×mm
	t/h	万 t/a(二班生产)	万 t/a(三班生产)		
40C15/40W15	40	11.25	16.9	15	50×120
25C13/25W13	25	7.0	10.5	13	50×90
20C12/20W12	20	5.7	8.5	12	50×60
12C10	12	3.3	5.0	10	38×50

哈兹列特－克虏伯铜线坯连铸应用实例：熔炼炉采用竖式炉，50 t/h；浇注炉采用感应电炉，容量 25 t，800 kW；铸坯规格 50 mm×110 mm，出坯速度 11 m/min。

哈兹列特－克虏伯铜线坯连铸连轧机，由于采用大铸坯断面和高效冷却系统，因此生产效率非常高。生产 50 mm×120 mm 铸坯时，生产率 40 t/h。生产 70 mm×140 mm 铸坯时，生产率 55 t/h。

哈兹列特－克虏伯铜线坯连铸连轧机所铸的铜线坯是矩形断面，上下对称，冷却强度较大且均匀，为获得优质铸坯创造了条件。

19.4　浸渍成型铸造

19.4.1　浸渍成型铸造原理

浸渍成型铸造，亦称浸涂成型铸造，是指通过对“种子杆”在熔体中浸渍而凝固成型的一种特殊铸造方法。

浸渍成型铸造技术由美国通用电气公司(GE)开发，简称 DFP。

图 19-10 为浸渍成型铸造原理示意图。

将经过扒皮相对温度较低的芯杆(即种子杆)，以一定速度沿垂直方向通过盛有定量熔融铜的石墨坩埚。铸造过程中，移动的种子杆不断从熔融铜中吸热，熔融铜不断放热，即熔融铜不断在种子杆表面凝固，从而获得直径大于种子杆的铸造杆。

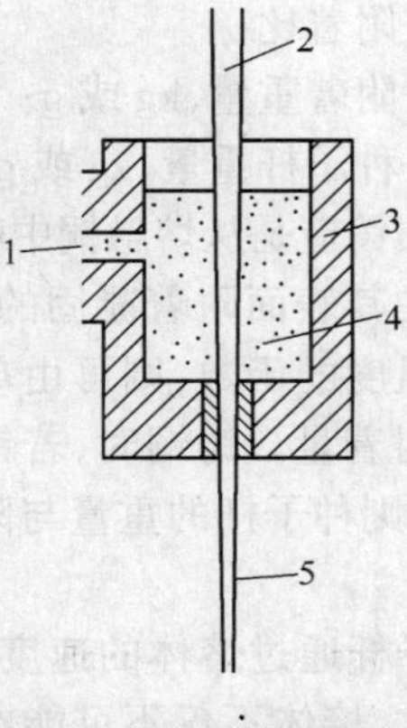

图 19-10　浸渍成型铸造原理示意图
1—保护气；2—铸造杆；3—坩埚；
4—铜液；5—种子杆

铸造杆直径与种子杆温度、铜液温度、坩埚中铜液面高度以及种子杆移动速度等因素有关。当这些因素都稳定不变时，铸造杆直径为一定值。例如种子杆 φ12.7 mm，铸造杆 φ15.9 mm。

种子杆通过熔融铜时，通过吸收周围熔融铜的融化潜热使其温度上升，并以其为中心在周围表面不断凝固。理论计算铜从室温上升到 1083℃ 时的热容量约为 418 J/g，熔融铜在熔点下凝固时放出的热量约为 209 J/g，即若按理论计算种子杆的重量为 1 时，最大可以得到约 2 倍于种子杆的附着凝固铜。

浸渍成型铸造的热交换过程，与传统的铸造方法相反。传统方法大都采用结晶器或其他形式的铸模，热流的方向是从里向外。浸渍成形铸造时的热流方向是从外向里。附着比是浸渍成型铸造的一个重要参数。附着比大，铸造效率高。

附着比，即附着重量与种子杆重量之比，亦称生成率。当熔体温度、种子杆尺寸与温度、种子杆通过熔体速度等条件一定时，附着比可用下式表示：

$$R = G/g$$

式中 R——附着比；

G——附着重量，kg或g；

g——种子杆重量，kg或g。

基于浸渍铸造是从熔融铜中吸收熔化潜热而使熔融铜在其表面附着凝固的原理，若凝固体的热容为温度的函数，则可由单纯的热平衡确定其最大附着量。铸铜时，若铸造杆的温度为1050℃时，则种子杆的重量与附着的重量之比为2:1。

如果种子杆通过熔体的速度过慢，或者熔体温度过高时，熔体不仅不可能在种子杆表面凝固，倒有可能使种子杆自身熔化，线径减小。反之，如果种子杆通过熔体的速度过快，或者熔体温度过低时，可能产生表面结疤等缺陷。

在热平衡计算中，假定固体棒(种子杆+附着凝固部分)的瞬时温度为同一温度，则无限长圆柱体内的温度分布为(kt/a^2)的函数，其中：k为散热系数，铜的散热系数为1.03；t为时间，s；a为半径，cm。

用手工进行浸渍，求得附着后形成结疤时的平衡时间($t=0.8a^2/k$)与再熔化时间的比较见表19-7。可以看出，平衡时间低于熔化时间的十分之一。

表19-7 浸渍试验温度平衡时间与熔融时间

种子杆直径/cm	最大附着半径 a/cm	温度平衡时间/s	熔融时间/s
ϕ1.27	1.10	0.9	15
ϕ0.953	0.827	0.5	10
ϕ0.318	0.275	0.06	2
ϕ0.150	0.108	0.01	0.5

浸渍成型铸造从铸造基础研究、样机开发到最后与轧机串联成为连铸连轧生产线，浸渍成型铸造技术在不断进步，装备在不断完善，其中主要成果概括如下：

(1) 当种子杆与附着铜界面上传热不完全均匀时，可能导致附着凝固的铜层出现凸凹不平。这种缺陷，可以通过对附着比与浸渍时间、种子杆温度等工艺因素的关系进行试验并积累经验得以消除。试验得知，若铜液温度过热30℃时，则附着比从2.2降到1.95。

(2) 种子杆通过石墨坩埚底部进入时对孔有一定的磨损，而且容易污染种子杆。开始研究阶段曾经试图通过电解研磨和干燥种子杆等办法，最终则是通过采取种线扒皮和真空保护技术，包括采用钼质套管等办法解决了问题，并且可以显著提高线速(包括铸造速度)。

(3) 通过采用密封良好的工频有铁心感应电炉熔化和保温，以及采用优质阴极铜作原料和木炭覆盖熔体等生产无氧铜的熔炼工艺，保证了进入石墨坩埚的熔体中氧含量在$10\times10^{-4}\%$以下，为浸渍成型铸造生产相应品质的无氧铜线坯创造了先决条件。

现代浸渍成型铸造的主要工艺特点是：

(1) 浸渍成型铸造是以种子杆作为铸模，因此省去了与铸模有关的设备及材料的消耗。

(2) 浸渍成型铸造过程中，从种子杆进入石墨坩埚起直到铸造杆生成，都不与其他介质接触，因此铸造杆不会产生夹杂等缺陷。

(3) 整个铸造过程都在保护气氛下封闭进行，非常适合于高品质无氧铜线坯的连续生产。

(4) 可以铸造断面非常小的铸造杆。

19.4.2 浸渍成型铸造装置

图19-11为浸渍成型法连铸连轧生产线工艺装备配置示意图。浸渍成型铸造装置是铜线坯连铸连轧生产线中的最重要的组成部分。

浸渍成型铸造装置主要由保温炉、石墨坩埚、上下传动和种子杆，以及种子杆扒皮装置、冷却系统等组成。

19.4.2.1 熔化炉及保温炉

熔化炉和保温炉通常都采用工频有铁心感应电炉，有的采用熔化炉和保温炉为一体的组合式炉。不论采用何种方式，都必须保证两炉内金属熔池液面和熔体温度的稳定。

通常，熔化炉通过连续的溢流方式向保温炉转注铜液，而保温炉内装有液位探杆，用以控制金属液面高度。液面信号反馈给加料系统，作为加料的指令信号。

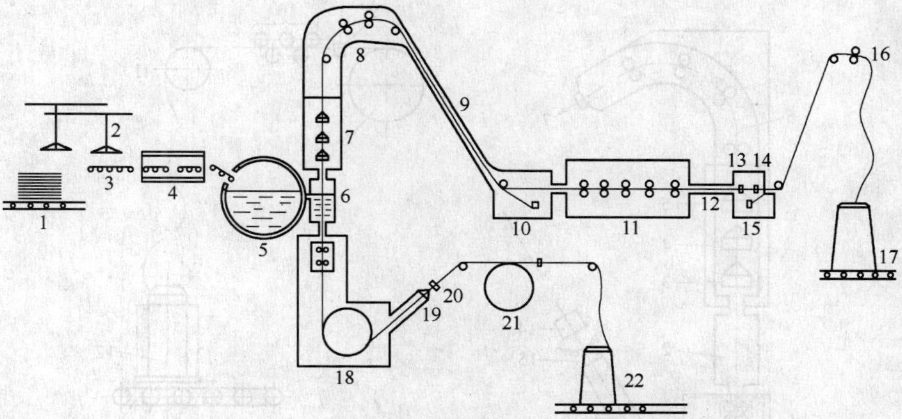

图 19-11　浸渍成型法工艺装备配置示意图

1—阴极铜；2—真空装料机；3—轨道；4—预热炉；5—组合炉；6—石墨坩埚；7—冷却室；8—上传动；9—冷却管；10—张力调节器；11—直列式轧机；12—冷却管；13—吹干器；14—探伤仪；15—张力调节器；16—绕杆机；17—成品杆；18—主传动；19—扒皮装置；20—导向装置；21—拉丝机；22—种子杆

保温炉由压力室和出液室组成，通过压力室内还原气氛的压力调节出液室的液面，从而使送入浸渍坩埚炉内的金属液面保持在恒定位置。

19.4.2.2　石墨坩埚

图 19-12 为石墨坩埚结构示意图。石墨坩埚亦称“铸造器”，种子杆为“铸模”。

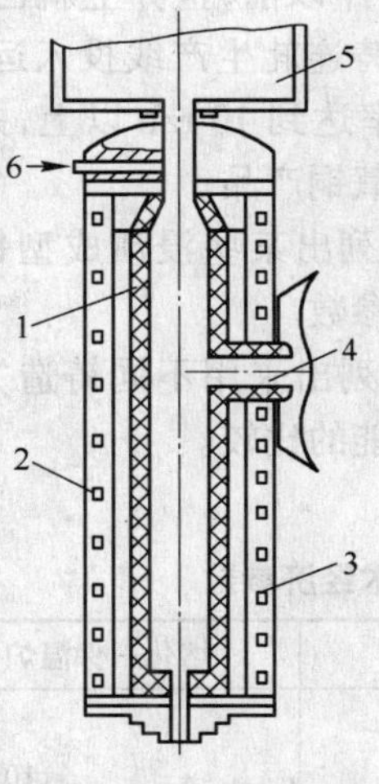

图 19-12　石墨坩埚结构示意图

1—石墨内套；2—加热线圈；3—保温层；4—流槽；4—冷却室；5—保护气

石墨坩埚通过感应加热，实际也是一台以石墨作为坩埚的小型无芯感应电炉。石墨坩埚由前面的保温炉供给铜液，并且坩埚炉内的金属液面始终保持恒定。石墨坩埚底部装有能够使种子杆穿入的钼质套筒。

19.4.2.3　种子杆加工及铸造杆传动装置

种子杆加工、铸造杆冷却及其传动装置如图 19-13 所示。

种子杆经拉伸和扒皮加工成铸造芯杆，种子杆表面质量是浸渍成型铸造杆质量的关键。

种子杆经过拉伸、扒皮，消除表面氧化物、油污等附着物后，通过 Mo-Ti-Zr 合金制成的真空管，并从下方垂直进入石墨坩埚。在石墨坩埚上方，通过主传动将垂直提升的铸造杆直接送入冷却室。

主传动鼓动轮和轧机间的张力控制及速度同步由张力调节器进行。

19.4.2.4　冷却室

冷却室位于石墨坩埚的上部。冷却室内装有喷嘴，通过高压水冷却铸造杆。通过冷却水流量的调节，可以使铸造杆冷却至轧制所需要的温度。冷却室内也通保护气，以防止铸造杆表面氧化。

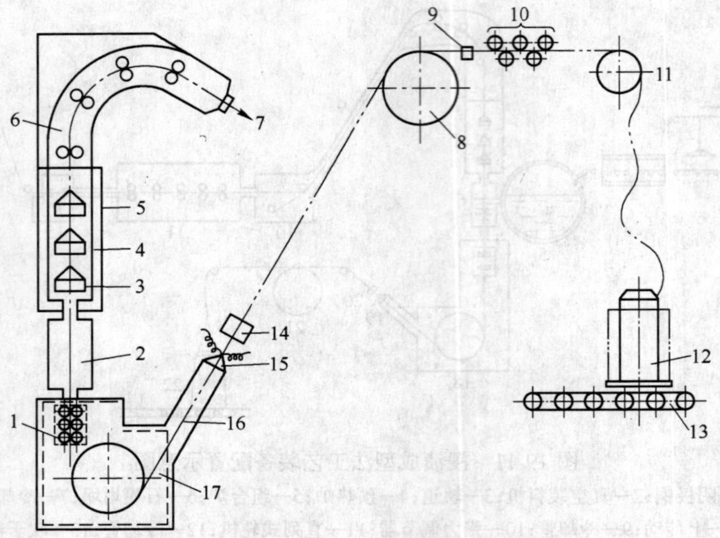

图 19-13 种线加工和生成线坯冷却装置

1—下传动；2—坩埚；3—喷头；4—观察孔；5—冷却室；6—上传动；7—线坯；
8—拉丝机；9，14—拉丝模；10—矫直轮；11—导轮；12—种子杆；13—传动辊道；
15—剥皮模；16—剥过皮的种子杆；17—主传动及真空室

19.4.2.5 保护气发生装置

整个浸渍成型生产线，从阴极铜进入熔化炉开始直至生产出成品杆，即从阴极铜预热炉、熔化炉、保温炉、石墨坩埚炉、冷却室一直到轧机，均需要气体保护。

氮气、一氧化碳等都可以作为浸渍成型生产线的保护气。保护性氮气，可通过天然气燃烧并经分子筛制得，亦可由空气分离制得。

19.4.3 浸渍成型铸造的应用

浸渍成型铸造没有铸模，采用的是中心铸模方式，即铸造过程中的热流和凝固方向与其他铸造方式完全不同的唯一的铸造方式。

浸渍成型铸造的主要优势在于：

(1) 完全不受铸模机械的约束，可以进行高速铸造；

(2) 可以生产出比较经济，即断面非常小的铸造杆。

早在20年以前，世界上就已经有20多条浸渍成型连铸连轧生产线投入运行，当时即有4条线生产率达到10 t/h以上，并且能够生产高品质的无氧铜产品。

表19-8列出某些浸渍成型铸造设备的主要技术经济参数。

表19-9列出采用不同铸造方法的铜铸坯及其制品性能的比较。

表 19-8 某些浸渍成型铸造设备的主要技术经济参数

参数	熔化－保温炉结合一体的炉组			熔化－保温炉分开的炉组
净生产能力				
小时生产量/t	3.6	6	7.5	10
年生产量(6000 h)/t	21600	36000	45000	60000
杆直径/mm				
扒皮后种子杆	7.2	9.6	10.8	12.7
铸造杆	11.8	15.9	17.8	20.7

续表 19-8

参　数	熔化－保温炉结合一体的炉组			熔化－保温炉分开的炉组	
标准成品杆	9.6,8	12,7,9.6,8	14.4,12.7 9.6,8	17,14.4,12.7, 9.6,8	
种子杆	9.6	12.7	14.4	17	
实际耗电量/kW					
生产运转	1381	2232	2812	2571	(3835)
生产准备		522	532	637	(761)
保护性气体耗量/$m^3 \cdot h^{-1}$					
生产运转	17	17	17	236	(42.5)
生产准备	8	8	8	62.3	(42.5)
循环水量/$m^3 \cdot h^{-1}$					
生产运转	87.5	185	231	287	(350)
生产准备	30.0	75	94	116	(140)
水的消耗损失/$m^3 \cdot h^{-1}$					
生产运转	3.5	7.4	9.3	11.5	(14.0)
生产准备	1.2	3.0	3.8	4.6	(5.6)
轧机机架数	4	5	8(7)	10(9)	10(9)

注:括号内数据为不用阴极铜预热炉时的消耗量。

表 19-9　不同铸造方法的铜铸坯及其制品性能的比较

铸坯及轧制线材的主要性能指标	浸渍成型－连续轧制	轮式铸造－连续轧制	传统铸造－环式热轧
铸造铜棒(杆):			
密度/$g \cdot cm^{-3}$	8.9	8.8	8.5
ϕ8 mm 拉制线坯:			
密度/$g \cdot cm^{-3}$	8.95	8.94	8.93
晶粒尺寸/mm	0.15	0.15	0.02
氧化物尺寸/mm		0.01	0.05
抗拉强度/MPa	228	234	224
伸长率/%	40.2	43.8	44.6
ϕ2.6 mm 硬铜线:			
抗拉强度/MPa	466	479	482
扭绞值/次·$(260\ mm)^{-1}$	122	93	90
弯曲/次	17	11	11
ϕ2.6 mm 软铜线:			
抗拉强度/MPa	247	25.2	25.1
伸长率/%	39.3	40.2	40.5
扭绞值/次·$(260\ mm)^{-1}$	140	124	110
导电率/% IACS	102.5	101.4	101.5
氢脆性/ϕ2 mm	无	有	有
低温电阻/$\Omega \cdot m \cdot (4.2\ K)^{-1}$	0.933×10^{-8}		1.71×10^{-8}

第4篇

铜加工技术[1]

[1] 本篇负责人:马可定。

20　平辊轧制技术[1]

20.1　平辊轧制基本原理

轧制过程是靠旋转的轧辊与轧件之间形成的摩擦力将轧件拖进辊缝之间，并使之受到压缩而产生塑性变形的过程。通过轧制使轧件获得一定的尺寸、形状和性能。

如果轧辊辊身为均匀的圆柱体，则这种轧辊称为平辊，用平辊进行的轧制称为平辊轧制。平辊轧制是生产板、带、箔材最主要的压力加工方法。

20.1.1　简单轧制过程及变形区主要参数

20.1.1.1　简单轧制过程

生产实践中遇到的轧机结构形式多种多样，为了搞清楚共性的问题，轧制原理先从简单轧制过程研究开始。所谓的简单轧制过程应具备下列条件：

(1) 上、下轧辊直径相等、转速相同且均为主动辊；

(2) 轧件除受轧辊作用外，不受其他任何外力（张力或推力）作用；

(3) 轧辊为刚性的；

(4) 轧件的性能均匀；

(5) 轧件在入辊处和出辊处的速度均匀。

总之，简单轧制过程对两个轧辊是完全对称的。

简单轧制过程在实际生产中是不存在的。例如，异步轧制时上、下轧辊的圆周速度不相等，张力轧制时给轧件施加外力，轧辊不可能是绝对刚体，轧件的性能也不可能完全均匀等。但为了研究问题方便，常常把复杂的轧制过程简化成理想的简单轧制过程。

20.1.1.2　变形区主要参数

轧件承受轧辊作用而发生塑性变形的区域称为轧制变形区。在图20-1中，轧辊和轧件的接触弧、轧件进入轧辊的垂直平面和出辊的垂直平面所围成的区域（AA_1B_1B）称为几何变形区，或理想变形区。实际上，在入、出口断面附近（几何变形区之外）的局部区域，轧件也有少量塑性变形存在，这两个区域称为非接触变形区。可见，轧制变形区包括几何变形区和非接触变形区。

在生产中，热轧头几道次轧件很厚，变形不容易渗透，甚至在几何变形区内也有部分金属不产生塑性变形。

在讨论简单轧制过程的基本概念时，主要研究几何变形区。几何变形区的主要参数有以下几个。

A　咬入角

轧件与轧辊的接触弧所对应的圆心角称为咬入角（α）。由图20-1可知：

$$\overline{BC}=\overline{OB}-\overline{OC}=R-R\cos\alpha=R(1-\cos\alpha)$$

又　$$\overline{BC}=\frac{1}{2}(H-h)=\frac{1}{2}\Delta h$$

因此有　$$\frac{1}{2}\Delta h=R(1-\cos\alpha)$$

或　$$\Delta h=D(1-\cos\alpha) \tag{20-1}$$

当接触角较小时（$\alpha<10^\circ\sim15^\circ$），由于

$$1-\cos\alpha=2\sin^2\alpha\approx\frac{\alpha^2}{2}$$

所以式20-1可简化成：

$$\alpha=\sqrt{\frac{\Delta h}{R}} \tag{20-2}$$

式中　D、R——分别为轧辊的直径和半径；

Δh——压下量。

B　变形区长度

轧件与轧辊接触弧水平投影的长度叫变形区长度（l），即图20-1中的AC线段。变形区

[1] 本章撰稿人：李宝绵、崔建忠、朱学北、王成阁、余金海。

的长度随轧制条件不同而不同，一般有以下3种情况。

(1) 两轧辊直径相等时的变形区长度。从图20-1中的几何关系可知：

$$l^2=\overline{AC}^2=R^2-\overline{OC}^2$$

由于 $\overline{OC}=R-\dfrac{\Delta h}{2}$

所以 $l^2=R^2-\left(R-\dfrac{\Delta h}{2}\right)^2$

因此 $l=\sqrt{R\Delta h-\dfrac{\Delta h^2}{4}}$

由于上式根号里的第二项比第一项小得多，因此可以忽略不计，则变形区长度的计算公式为：

$$l=\sqrt{R\Delta h} \tag{20-3}$$

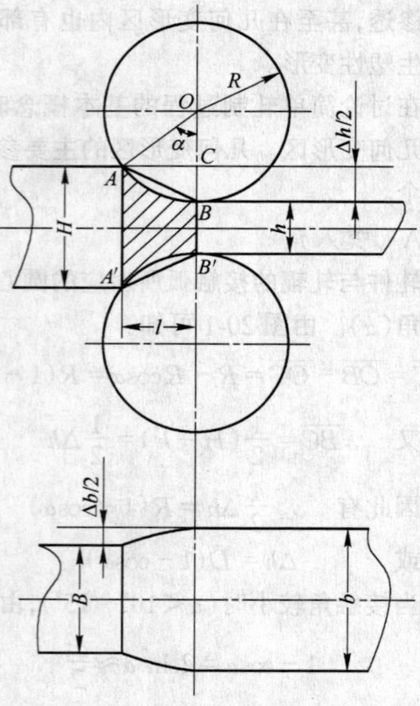

图20-1 几何变形区图示

(2) 两轧辊直径不相等时的变形区长度。此时可按下式计算：

$$l=\sqrt{\frac{2R_1R_2}{R_1+R_2}\Delta h} \tag{20-4}$$

上式是假设两个轧辊的接触弧长度相等而导出的，即：

$$l=\sqrt{2R_1\Delta h_1}=\sqrt{2R_2\Delta h_2} \tag{20-5a}$$

式中 R_1、R_2——分别为上、下轧辊的半径；

Δh_1、Δh_2——分别为上、下轧辊对轧件的压下量。

$$\Delta h=\Delta h_1+\Delta h_2 \tag{20-5b}$$

由式20-5*a*及式20-5*b*可得式20-4。

(3) 轧辊和轧件产生弹性压缩变形时变形区长度。在轧制压力的作用下，轧辊和轧件将产生局部的弹性压缩变形，导致变形区长度增加。轧辊的弹性压缩变形一般称为轧辊的弹性压扁，此变形在热轧薄板和冷轧板时可能很大，这种情况下，必须考虑轧辊和轧件的弹性压缩变形对变形区长度的影响。

轧辊和轧件的弹性压缩变形对变形区长度的影响如图20-2所示。如果用 Δ_1 和 Δ_2 分别表示轧辊与轧件的弹性压缩量，则为得到所需要的轧件尺寸，必须使轧辊多压下 $\Delta_1+\Delta_2$，即通过调整压下使轧辊中心由 O' 移到 O 点的位置。此时，轧件与轧辊的接触弧是 A_2B_2C，其水平投影长度为 l'。调整后未压扁或空载时假想的接触弧是 A_2B_3C，忽略轧辊和轧件弹性压缩时的接触弧是 A_1B_1。

由图20-2可知，考虑轧辊和轧件的弹性压缩变形后，变形区的长度为：

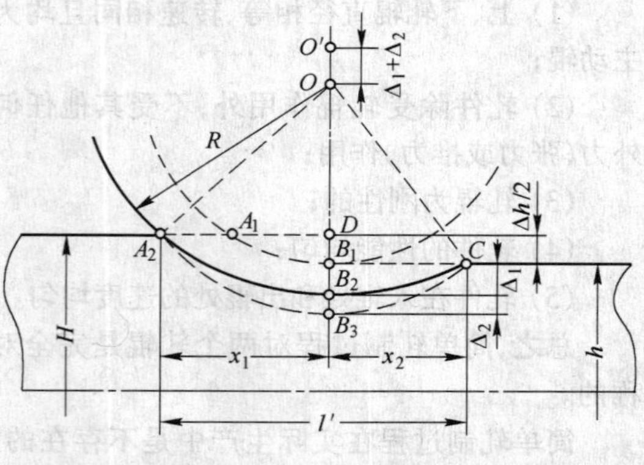

图20-2 轧辊和轧件弹性变形对接触弧长度的影响

$$l'=x_1+x_2=\overline{A_2D}+\overline{B_1C}$$

又 $\overline{A_2D}=\sqrt{R^2-(R-\overline{DB_3})^2}$

$$\overline{B_1C}=\sqrt{R^2-(R-\overline{B_1B_3})^2}$$

展开上两式，由于 DB_3、B_1B_3 的平方值较轧辊半径与它们的乘积小得多，可以忽略，则

$$\overline{A_2D}=\sqrt{2R\,\overline{DB_3}}\,;\overline{B_1C}=\sqrt{2R\,\overline{B_1B_3}}$$

因为 $\overline{DB_3}=\frac{\Delta h}{2}+\Delta_1+\Delta_2$；$\overline{B_1B_3}=\Delta_1+\Delta_2$

所以 $$l'=\overline{A_2D}+\overline{B_1C}=\sqrt{R\Delta h+2R(\Delta_1+\Delta_2)}+\sqrt{2R(\Delta_1+\Delta_2)} \quad (20\text{-}6)$$

或者 $$l'=\sqrt{R\Delta h+x_2^2}+x_2$$

这里 $$x_2=\sqrt{2R(\Delta_1+\Delta_2)} \quad (20\text{-}7)$$

轧辊和轧件的弹性压缩变形量 Δ_1 和 Δ_2 可从弹性力学中两圆柱体互相压缩时的计算公式求出：

$$\Delta_1=2q\frac{1-\nu_1^2}{\pi E_1};\Delta_2=2q\frac{1-\nu_2^2}{\pi E_2}$$

式中 q——圆柱体单位长度上的压力：

$$q=2x_2\bar{p}$$

$\bar{p}$——平均单位压力；

ν_1、ν_2——分别为轧辊与轧件的泊松系数；

E_1、E_2——分别为轧辊与轧件的弹性模量。

将 Δ_1 和 Δ_2 的值代入式 20-7 中得：

$$x_2=8\bar{p}\left(\frac{1-\nu_1^2}{\pi E_1}+\frac{1-\nu_2^2}{\pi E_2}\right)R \quad (20\text{-}8)$$

把 x_2 的值代入式 20-7 中即可计算出 l' 值。

若轧件很薄，则其弹性压缩变形很小，实际计算时可不考虑，即 $\Delta_2\approx0$，此时可得到只考虑轧辊弹性压缩变形时的变形区长度计算公式为：

$$x_2=8\frac{1-\nu_1^2}{\pi E_1}R\bar{p} \quad (20\text{-}9)$$

$$l'=\sqrt{R\Delta h+\left(8\frac{1-\nu_1^2}{\pi E_1}R\bar{p}\right)^2}+8\frac{1-\nu_1^2}{\pi E_1}R\bar{p} \quad (20\text{-}10)$$

20.1.2　实现轧制过程的条件

20.1.2.1　咬入条件

依靠回转的轧辊与轧件之间的摩擦力，轧辊将轧件拖入轧辊之间的现象称为咬入。为实现咬入，轧辊对轧件必须有与轧制方向相同的水平作用力，因此，讨论咬入条件应从轧件受力分析入手。

轧件的前棱和旋转的轧辊母线相接触瞬间，轧辊和轧件的受力情况分别如图 20-3a 和图 20-3b 所示。在接触点 A、B 处，轧辊受到轧件径向压力 P 的作用，同时产生摩擦力 T_0 阻碍轧辊的旋转；根据牛顿第三定律，轧辊对轧件同样作用有大小相等、方向相反的径向压力 N 及摩擦力 T，力图将轧件咬入轧辊之间。显然，与咬入条件直接相关的是轧辊对轧件的作用力。

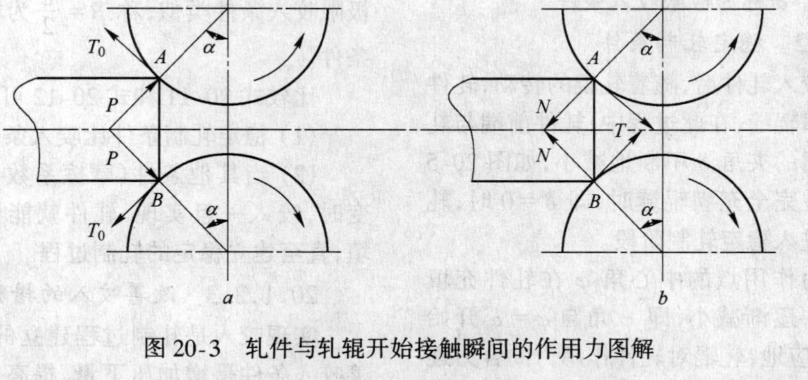

图 20-3　轧件与轧辊开始接触瞬间的作用力图解

将作用在轧件 A 点处的力分别沿水平和垂直方向分解，如图 20-4 所示。垂直分力 N_y 与 T_y 对轧件起压缩作用，使轧件产生塑性变形，但对轧件的水平运动没有影响；水平分力 N_x 与 T_x 对轧制过程的建立起不同的作用，N_x 是将轧件推出辊缝的力，而 T_x 是将轧件拖入辊缝的力。在轧件不受其他任何外力作用的情况下，这两个力的大小决定了轧件能否被咬入。显然，只有当 $T_x\geqslant N_x$ 时，轧件才能被咬入。

由图 20-4 可知：

$$T_x=T\cos\alpha=Nf\cos\alpha;$$

$$N_x=N\sin\alpha$$

式中 f——咬入时轧辊与轧件之间的摩擦系数。

代入 $T_x \geqslant N_x$ 中有

$$Nf\cos\alpha \geqslant N\sin\alpha$$

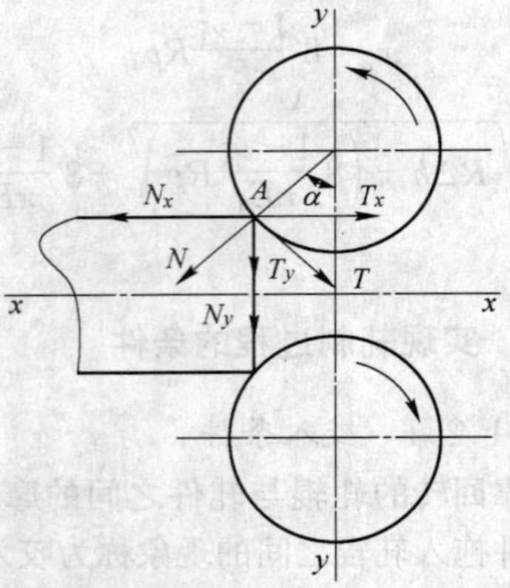

图 20-4 上轧辊对轧件的作用力分图解

即 $f \geqslant \tan\alpha$

因 $f = \tan\beta$

式中 β——摩擦角。

故有 $\beta \geqslant \alpha$ (20-11)

式 20-11,即摩擦角大于等于咬入角,是轧辊能咬入轧件的条件,又称为自然咬入条件,它表示轧件除受轧辊作用力外,不受其他任何外力作用时能被轧辊咬入的条件。$\beta=\alpha$ 为临界状态,此时,轧辊对轧件作用力的合力恰好是垂直方向,无水平分力,即是自然咬入的极限条件,故常把 $\beta=\alpha$ 称为极限咬入条件。

20.1.2.2 稳定轧制条件

当轧辊咬入轧件后,随着轧辊的转动,轧件开始逐渐充填辊缝,在此过程中,轧件前端与轧辊轴心连线间的夹角 δ 不断地减小,如图 20-5 所示。当轧件完全充满辊缝时,即 $\delta=0$ 时,轧制过程开始进入稳定轧制阶段。

表示合力作用点的中心角 φ 在轧件充填辊缝的过程中逐渐减小,即 φ 角自 $\varphi=\alpha$ 开始逐渐减小,相应地,轧辊对轧件作用力的合力逐渐向轧制方向倾斜,即向有利于咬入的方向发展。当轧件完全充满辊缝后,即过渡到稳定轧制阶段后,合力作用点的位置不再发生变化,所对应的中心角 φ 也不再变化,如果单位压力沿接触弧均匀分布,则中心角 φ 为咬入角 α 的一半。

稳定轧制阶段,能继续进行轧制的条件仍然应当是 $T_x \geqslant N_x$,此时(参见图 20-5):

$$T_x = T\cos\varphi = Nf\cos\varphi;\ N_x = N\sin\varphi \quad \left(\varphi=\frac{\alpha}{2}\right)$$

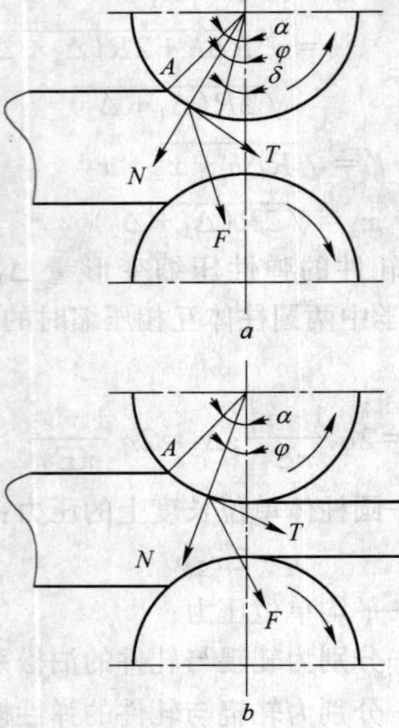

图 20-5 轧件充填辊缝过程中作用力变化图示

a—充填辊缝过程;b—稳定轧制阶段

因此有

$$\beta \geqslant \frac{\alpha}{2} \quad (20\text{-}12)$$

式 20-12 即为稳定轧制能进行的条件,与极限咬入条件类似,称 $\beta=\frac{\alpha}{2}$ 为极限稳定轧制条件。

比较式 20-11 和式 20-12 可知:

(1) 稳定轧制条件比咬入条件容易实现;

(2) 当其他条件(摩擦系数、压下量等)不变时,咬入一旦实现,轧件就能自然向辊缝充填,直至建立稳定的轧制过程。

20.1.2.3 改善咬入的措施

实现咬入是轧制过程建立的先决条件,改善咬入条件是增加压下量、提高生产率的重要措施。根据式 20-11 可知,凡是能提高 β 角和降低 α 角的一切因素都有利于咬入。

A 降低 α 角

由 $\alpha=\arccos\left(1-\frac{\Delta h}{D}\right)$ 可知,增加轧辊直径或减小压下量均能降低 α 角。实际生产中可采取以下措施:(1)轧件前端作成锥形或圆弧形；(2)采用大辊径轧辊；(3)给轧件施以顺轧制方向的水平力实现强迫咬入；(4)咬入时辊缝调大(减小压下量)，稳定轧制过程建立后再减小辊缝(增大压下)，即带负荷压下。

B　提高 β 角

提高摩擦系数可采取以下措施：(1)在粗轧机轧辊上打砂或粗磨，打砂比粗磨好，可延长轧辊使用寿命；(2)低速咬入，高速轧制；(3)咬入时不加或少加润滑剂。

在实际生产中，改善咬入不只限于上述方法，往往是根据不同条件采取适当的方法，有时需要几种方法同时并用。

20.1.3　轧制时金属的流动与变形

20.1.3.1　变形参数的表示方法

当轧件受到轧辊压缩时，金属便朝纵向和横向流动。轧制后，轧件在长度和宽度方向上的尺寸增大，而在高度方向上的尺寸减小。在工程上，常用如下参数表示轧件的变形量。

A　高度方向变形参数

压下量 Δh：轧件轧前厚度 H 与轧后厚度 h 的差称为绝对压下量，简称压下量，即：

$$\Delta h = H - h \tag{20-13}$$

加工率 ε：压下量 Δh 与轧件轧前厚度 H 的百分比称为相对压下量，简称加工率或压下率，即：

$$\varepsilon = \frac{\Delta h}{H} \times 100\% \tag{20-14}$$

加工率分道次加工率和总加工率两种。道次加工率是指某一个轧制道次轧件厚度变化的计算值；总加工率有两种：一种是一个轧程(两次退火间)的总加工率；另一种是一个轧程中某轧制道次前的总加工率，它可反映出轧件加工硬化的程度。

B　横向变形参数

宽展 Δb：轧件轧后宽度 b 与轧前宽度 B 的差称为绝对宽展量，简称宽展，即：

$$\Delta b = b - B \tag{20-15}$$

C　纵向变形参数

延伸系数 λ：轧件轧后长度 l 与轧前长度 L 的比值，即：

$$\lambda = \frac{l}{L} \tag{20-16}$$

根据体积不变条件，延伸系数也可以用轧件轧前的断面积 F_{H} 与轧后断面积 F_{h} 的比值表示，即：

$$\lambda = \frac{F_{\mathrm{H}}}{F_{\mathrm{h}}} \tag{20-17}$$

如果宽展在轧制时忽略不计，则延伸系数可写成如下形式：

$$\lambda = \frac{H}{h} = \frac{1}{1-\varepsilon} \tag{20-18}$$

20.1.3.2　轧制时金属的流动与变形

A　金属的高度方向变形

轧制时，沿轧件高度方向上的变形、应力和金属流动速度分布是不均匀的，如图 20-6 所示。

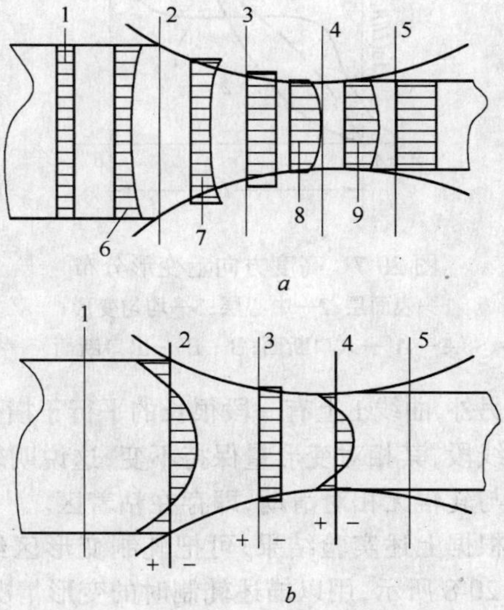

图 20-6　沿高度方向上金属流动速度和应力分布($l/\bar{h} > 0.5 \sim 1$)

a—速度图；*b*—应力图

1—后外端；2—入口面；3—中性面；4—出口面；5—前外端；6—变形发生区；7—后滑区；8—前滑区；9—变形衰减区

由图 20-6 可知：(1)在轧辊与轧件的接触表面不但有相对滑动，而且还有粘着，即轧辊与轧件间无相当大的滑动；(2)变形不但发生在几何变形区内，也产生在几何变形区以外，其变形分布也是不均匀的。这样就把轧制变形区分成变形过渡区、前滑区、粘着区和后滑区；(3)在粘着区内有一个临界面，在这个面上金属的流动速度分布均匀且等于该处轧辊的水平速度。

塔尔诺夫斯基等人用坐标网格法研究了轧制时高度方向上的不均匀变形，结果如图 20-7 所示。从图 20-7 可看出，轧件在入辊前和出辊后表面层和中心层都发生了变形，说明刚端与几何变形区之间确实存在非接触变形区。图中曲线 1 和曲线 2 的交点是临界面的位置，在临界面与入口断面之间，表面层金属的变形比中心层金属的变形大；相反，在临界面与出口断面之间，中心层金属的变形比表面层金属的变形大，说明沿轧件高度方向上的变形是不均匀的。

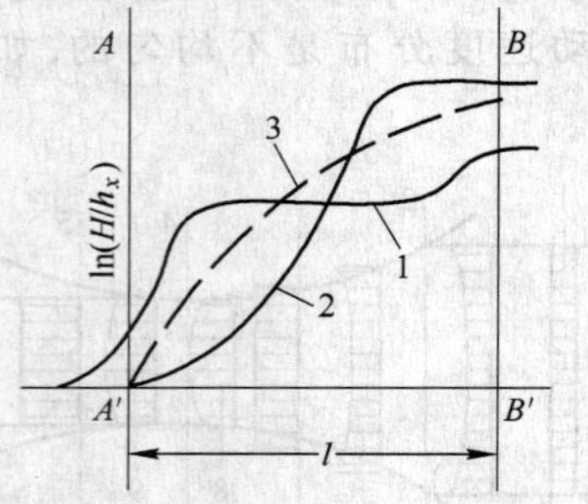

图 20-7 高度方向上变形分布

1—表面层；2—中心层；3—均匀变形；

A—A′—入口断面；B—B′—出口断面

另外，曲线 1 上有一段很长的平行于横坐标轴的线段，其相对变形量保持不变，这说明轧件表面与轧辊无相对滑动，即存在粘着区。

根据上述实验结果，可把轧制变形区绘成如图 20-8 所示，用以描述轧制时的变形情况。

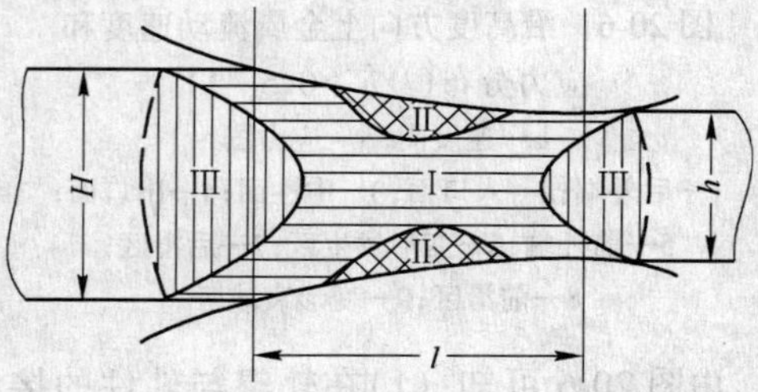

图 20-8 轧制变形区($l/\bar{h}>0.8$)

Ⅰ—易变形区；Ⅱ—难变形区；Ⅲ—自由变形区

实验研究还指出，变形沿高度方向上的不均匀分布特征与变形区形状系数 $l/\bar{h}$（变形区长度与平均高度之比）有很大关系。当 $l/\bar{h}>0.5\sim1.0$（热轧薄板和冷轧一般属于这种情况）时，轧件高度相对较小，变形能深入到内部，形成中心层变形比表面层变形大的现象；当 $l/\bar{h}<0.5\sim1.0$（铸锭热轧开坯前几道次一般属于这种情况）时，轧件高度相对较大，变形不能深入到内部，只限于表面层附近的区域，此时，表面层的变形比中心层变形大，如图 20-9 所示。

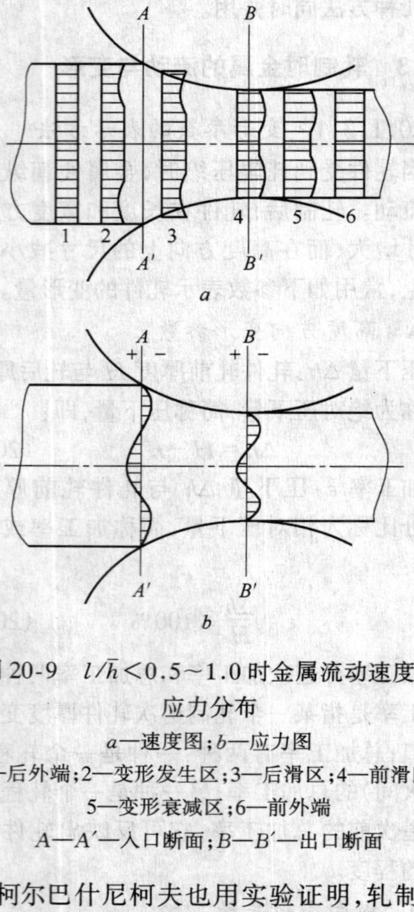

图 20-9 $l/\bar{h}<0.5\sim1.0$ 时金属流动速度和应力分布

a—速度图；b—应力图

1—后外端；2—变形发生区；3—后滑区；4—前滑区；

5—变形衰减区；6—前外端

A—A′—入口断面；B—B′—出口断面

柯尔巴什尼柯夫也用实验证明，轧制时变形沿高度方向上的分布是不均匀的。他用 LY12 铝合金扁锭分别以 2.8%、6.7%、12.2%、16.9%、20.4% 和 25.3% 的加工率进行热轧，用快速摄影对侧表面的坐标网格进行拍照，结果如图20-10所示。

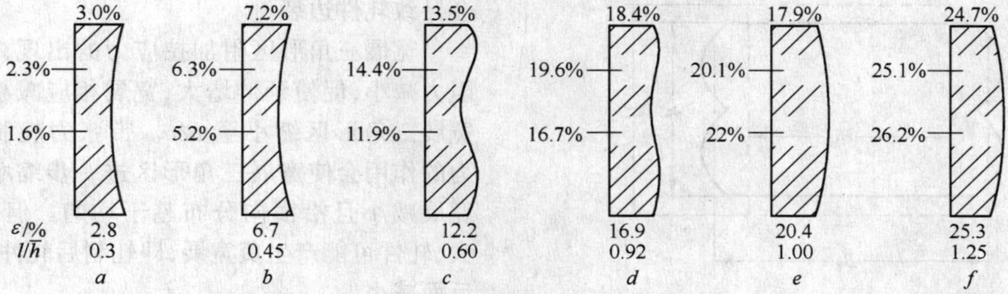

图 20-10 热轧 $LY12$ 时变形沿高度方向上的分布

该实验说明,在上述加工率范围内,变形沿轧件高向上的分布是不均匀的。当加工率在2.8%~16.9%范围内、$l/\bar{h}$ 在0.3~0.92范围时,轧件中心层的变形比表面层的变形小;当加工率等于20.4%和25.3%、$l/\bar{h}$ 等于1.0和1.25时,轧件中心层的变形比表面层的变形大。

B 金属的横向变形——宽展

轧制过程中高度方向压缩下来的体积,将按照最小阻力定律流向纵向和横向,由流向横向的体积所引起的轧件宽度的变化称为宽展。宽展会引起单位压力沿横向分布不均匀,导致轧件厚度沿横向分布不均匀,边部开裂,造成几何损失增加,成品率下降。此外,纵向轧制的目的是为了得到延伸,因此应尽量减小轧制时的宽展,进而提高生产率。由此可见,研究轧制过程中的宽展规律具有实际意义。

a 宽展沿高度方向的分布

由于轧辊与轧件接触表面摩擦力的影响,以及变形区几何形状和尺寸不同,引起宽展沿高向分布不均。当 $B/\bar{h}\geqslant 1$ 时,由于接触表面摩擦力的阻碍作用,轧件表面层金属的横向流动落后于中心层的金属,形成如图20-11所示的单鼓形状,其宽展由以下三部分组成:

(1) 滑动宽展。与轧辊接触的轧件表面产生相对滑动而使轧件宽度增加的量叫滑动宽展,用 ΔB_1 表示,宽展后轧件此部分的宽度为:

$$B_1 = B_H + \Delta B_1$$

(2) 翻平宽展。轧件侧面的金属在变形过程中翻转到接触表面上而使轧件宽度增加的量叫翻平宽展,用 ΔB_2 表示,加上这部分宽展后轧件的宽度为:

$$B_2 = B_1 + \Delta B_2 = B_H + \Delta B_1 + \Delta B_2$$

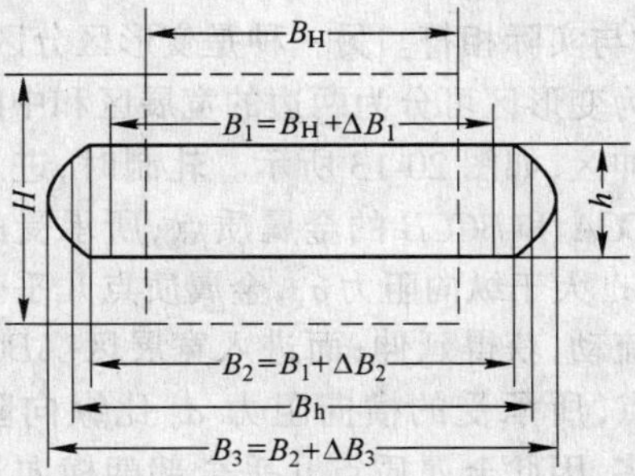

图 20-11 宽展沿高度方向的分布($B/\bar{h}\geqslant 1$)

(3) 鼓形宽展。轧件侧面变成鼓形而使轧件宽度增加的量叫鼓形宽展,用 ΔB_3 表示,此时轧件的最大宽度为:

$$B_3 = B_2 + \Delta B_3 = B_H + \Delta B_1 + \Delta B_2 + \Delta B_3$$

显然,轧件的总宽展量 ΔB 为:

$$\Delta B = \Delta B_1 + \Delta B_2 + \Delta B_3$$

通常理论上所说的和计算的宽展是将轧制后轧件的横断面化为同一厚度的矩形之后,其宽度与轧件轧制前宽度之差,即:

$$\Delta B = B_h - B_H$$

随 $B/\bar{h}$ 值的减小,粘着区增大,此时宽展主要由翻平和鼓形宽展组成;当 $B/\bar{h}<0.5$ 时,若压下量不大,轧件只发生表面变形,轧件侧面会形成如图20-12所示的双鼓形状。

b 宽展沿横向的分布

宽展沿横向的分布规律有两种假说:一种是宽展沿横向均匀分布,这种假说主要以均匀变形和刚端作用为理论。因为变形区与刚端是紧密联结在一起的同一整体,刚端的存在使沿

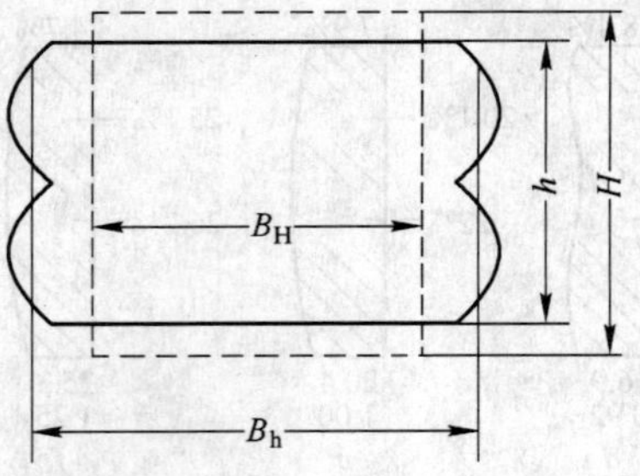

图 20-12 宽展沿高度方向的分布($B/\bar{h}<0.5$)

长度方向各部分金属的延伸相同,因此宽展沿横向的分布自然是均匀的。这种假说只有在宽展很小甚至可以忽略时,如轧制宽而薄的板带时,才与实际相符。另一种是变形区分区假说,即认为变形区可分为两边的宽展区和中间的前后延伸区,如图 20-13 所示。轧制时,进入延伸区 $ACCA$ 和 $BCCB$ 的金属质点,所承受的横向阻力 σ_y 大于纵向阻力 σ_x,金属质点几乎全部朝纵向流动,获得延伸;而进入宽展区 ABC 的金属质点,所承受的横向阻力 σ_y 比纵向阻力 σ_x 小得多,因此金属质点几乎全部朝横向流动形成宽展。

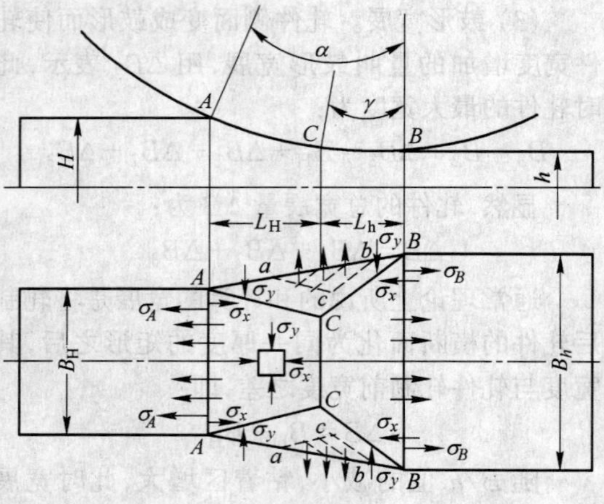

图 20-13 变形区水平投影分区图示

由于从轧件的中部到边缘,金属质点所承受的横向阻力越来越小于纵向阻力,因此越接近轧件边缘,金属质点越容易朝横向流动,所以横向变形是不均匀的。在刚端的作用下,轧件力图保持其完整性,结果宽展三角形区承受纵向附加拉应力的作用,如果此附加应力过大,则会导致轧件边裂。

宽展三角形区附加拉应力的出现,使纵向阻力减小,促使延伸增大,宽展相应减小,结果宽展三角形区缩小至 abc。带张力轧制时,张力的作用会使宽展三角形区进一步缩小,结果宽展减小且沿横向分布趋于均匀。但张力太大,轧件可能产生负宽展,即轧制后轧件的宽度反而减小。

生产中轧件头、尾部产生扇形端,即头、尾部宽展量大,是由于轧制时头部前外端没有建立,而尾部后外端已经消失,是轧件边部没有附加拉应力所致。

c 宽展的计算

计算宽展的公式很多,但没有一个能适应各种情况的准确计算公式,下面的经验公式仅反映出某些因素对宽展的影响,计算结果与实际有一些误差。

(1) 西斯公式:

$$\Delta B = c\Delta h \tag{20-19}$$

式中 Δh——压下量;

c——宽展系数,由实验确定,$c=0.35\sim0.48$。

西斯公式只考虑了压下量对宽展的影响,因此不全面,也不准确,但公式计算简单,应用方便,条件一定时系数 c 变化不大。

(2) 谢别尔公式:

$$\Delta B = c\frac{\Delta h}{H}\sqrt{R\Delta h} \tag{20-20}$$

式中 R——轧辊半径;

H——轧件轧前的厚度;

c——考虑金属性质、轧制温度等影响的宽展系数,$c=0.265\sim0.360$。

谢别尔公式考虑了加工率、变形区长度以及金属性质和轧制温度等参数对宽展的影响,其计算结果比西斯公式准确,但未考虑轧件原始宽度和接触摩擦等的影响。

(3) 古布金公式:

$$\Delta B = \left(1+\frac{\Delta h}{H}\right)\left(f\sqrt{R\Delta h}-\frac{\Delta h}{2}\right)\frac{\Delta h}{H} \tag{20-21}$$

式中 f——摩擦系数。

上式是在实验的基础上得到的,它反映了加工率、变形区长度、接触摩擦等的影响,但没有考虑轧件宽度的影响。

C 金属的纵向变形——前滑和后滑

a 前滑和后滑

在轧制过程中，轧件出口速度大于该处轧辊圆周速度的现象称为前滑，其大小（前滑值）用出口断面处轧件与轧辊速度的相对差值表示，即：

$$S_h = \frac{v_h - v}{v} \times 100\% \quad (20\text{-}22)$$

式中 S_h——前滑值；

v_h——轧件的出口速度；

v——轧辊的圆周速度。

后滑是指轧件的入口速度小于该处轧辊圆周速度水平分量的现象，其大小（后滑值）用入口断面处轧辊圆周速度的水平分量与轧件入口速度差的相当值表示，即：

$$S_H = \frac{v\cos\alpha - v_H}{v\cos\alpha} \times 100\% \quad (20\text{-}23)$$

式中 S_H——后滑值；

v_H——轧件的入口速度；

α——咬入角。

前滑值可通过实验求出。将式20-22的分子和分母乘以轧制时间 t，则得：

$$S_h = \frac{v_h t - vt}{vt} = \frac{L_h - L_H}{L_H} \times 100\% \quad (20\text{-}24)$$

式中 L_h——在时间 t 内轧出的轧件长度；

L_H——在时间 t 内轧辊表面任一点所走的距离。

实验时，在轧辊表面刻出距离为 L_H 的两个小坑，如图20-14所示。轧制后，轧件的表面会出现距离为 L_h 的两个凸包，测出尺寸后代入式20-24即可求出前滑值。

下面研究前滑、后滑以及伸长率之间的关系。

将式20-22改写成：

$$v_h = v(1 + S_h) \quad (20\text{-}25)$$

按秒流量相等条件有：

$$F_H v_H = F_h v_h \text{ 或 } v_H = \frac{F_h v_h}{F_H} = \frac{v_h}{\lambda}$$

将式20-25代入上式得：

$$v_H = \frac{v}{\lambda}(1 + S_h) \quad (20\text{-}26)$$

将式20-26代入式20-24得：

$$S_H = 1 - \frac{v_H}{v\cos\alpha} = 1 - \frac{\frac{v}{\lambda}(1 + S_h)}{v\cos\alpha}$$

或

$$\lambda = \frac{1 + S_h}{(1 - S_H)\cos\alpha} \quad (20\text{-}27)$$

当 α 很小时，如冷轧薄带或箔材，$\cos\alpha \approx 1$，则有：

$$\lambda = \frac{1 + S_h}{1 - S_H}$$

b 中性面和中性角

轧件由轧前高度 H 轧到轧后高度 h 的过程中，进入变形区的高度逐渐减小，若设轧件无宽展且沿每一高度断面上质点变形均匀，即质点运动的水平速度一样，见图20-14，则根据体积不变条件可知，质点从入口断面至出口断面的运动速度会逐渐加快。结果是：轧件在后滑区内的运动速度小于轧辊圆周速度的水平分量，且在入口断面处的速度 v_H 最小；轧件在前滑区内的运动速度大于轧辊圆周速度的水平分量，且在出口断面处的速度 v_h 最大。不难想像，在入口断面和出口断面之间，必定存在一个轧件运动速度与轧辊圆周速度水平分量相等的面，这个面称为中性面。中性面所对应的圆心角 γ 称为中性角。

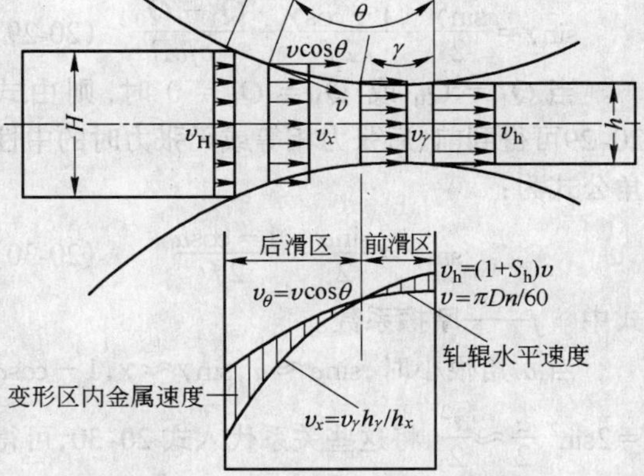

图20-14 轧制过程速度图示

中性面的位置及中性角的大小可根据轧件受力平衡条件确定。稳定轧制时作用于轧件上的力如图20-15所示，根据水平方向上合力为零的条件可得：

$$\sum x = -\int_0^{\alpha} p_x \sin\alpha_x R\mathrm{d}\alpha_x + \int_{\gamma}^{\alpha} F_x \cos\alpha_x R\mathrm{d}\alpha_x - \int_0^{\gamma} F'_x \cos\alpha_x R\mathrm{d}\alpha_x + \frac{Q_1 - Q_0}{2\bar{b}} = 0 \tag{20-28}$$

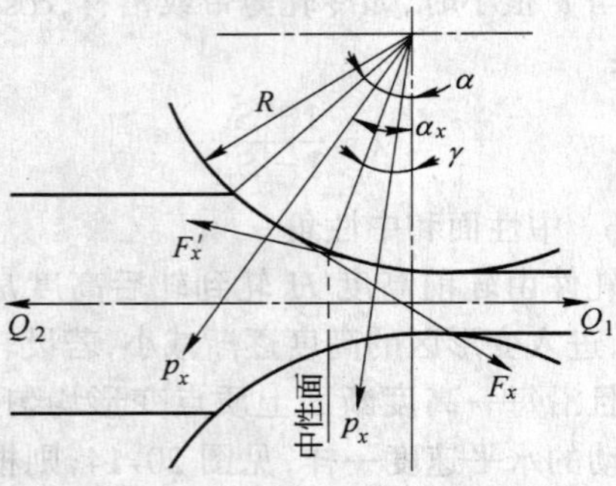

图 20-15 轧件受力图示

式中 p_x——单位压力；

F_x——后滑区单位摩擦力；

F'_x——前滑区单位摩擦力；

$\bar{b}$——轧件的平均宽度；

R——轧辊的半径；

Q_0、Q_1——分别为作用在轧件上的后张力和前张力。

假设单位压力 p_x 沿接触弧均匀分布，即 $p_x = \bar{p}$，且令 $F_x = fp_x$，将其代入式 20-28 并积分可得中性角公式为：

$$\sin\gamma = \frac{\sin\gamma}{2} - \frac{1-\cos\gamma}{2f} + \frac{Q_1 - Q_0}{4\bar{p}f\bar{b}R} \tag{20-29}$$

当 $Q_1 = Q_0$ 或 $Q_1 = Q_0 = 0$ 时，则由式 20-29可得到前、后张力相等或无张力时的中性角公式为：

$$\sin\gamma = \frac{\sin\alpha}{2} - \frac{1-\cos\alpha}{2f} \tag{20-30}$$

式中 f——摩擦系数。

当 α 角很小时，$\sin\alpha \approx \alpha$，$\sin\gamma \approx \gamma$，$1-\cos\alpha = 2\sin^2\frac{\alpha}{2} \approx \frac{\alpha^2}{2}$，将这些关系代入式 20-30，可得中性角的简化公式：

$$\gamma = \frac{\alpha}{2}\left(1 - \frac{\alpha}{2f}\right) \tag{20-31}$$

c 前滑的计算

由式 20-25 可知，为了求出轧件的出口速度，除需要知道轧辊的速度外，还必须知道前滑值。前滑值可根据中性面的位置导出。

忽略轧制过程中的宽展，则据秒流量体积不变条件，有：

$$v_{\mathrm{h}} h = v_{\gamma} h_{\gamma} \text{ 或 } v_{\mathrm{h}} = v_{\gamma}\frac{h_{\gamma}}{h} \tag{20-32}$$

式中 v_{h}、v_{γ}——分别为轧件出口和中性面的水平速度；

h、h_{γ}——分别为轧件出口和中性面的厚度。

因为 $v_{\gamma} = v\cos\gamma$，$h_{\gamma} = h + D(1-\cos\gamma)$，带入式 20-32 得：

$$v_{\mathrm{h}} = \frac{v\cos\gamma[h + D(1-\cos\gamma)]}{h}$$

将上式带入前滑公式 $S_{\mathrm{h}} = \frac{v_{\mathrm{h}} - v}{v} = \frac{v_{\mathrm{h}}}{v} - 1$ 中可得：

$$S_{\mathrm{h}} = \frac{\cos\gamma[h + D(1-\cos\gamma)]}{h} - 1 = \frac{(D\cos\gamma - h)(1-\cos\gamma)}{h}$$

当 γ 角很小时，$\cos\gamma \approx 1$，$1-\cos\gamma = 2\sin^2\frac{\gamma}{2} \approx \frac{\gamma^2}{2}$，则上式可简化成：

$$S_{\mathrm{h}} = \frac{\gamma^2}{2}\left(\frac{D}{h} - 1\right) \tag{20-33}$$

当轧制薄板时，D 比 h 大得多，即 $\frac{D}{h} \gg 1$，此时式 20-33 可进一步简化成：

$$S_{\mathrm{h}} = \frac{\gamma^2}{h}R \tag{20-34}$$

上式为不考虑宽展时前滑值的计算公式，若宽展不能忽略，则实际的前滑值小于用式 20-34计算所得的结果。在一般生产条件下，前滑值在 2%～10%之间。

20.1.4 轧制力及力矩的计算

20.1.4.1 轧制力的计算

轧制力是指轧件给轧辊的合力的垂直分量，如果忽略沿轧件宽向上的摩擦应力和单位压力的变化，则单位宽度上的轧制力可用下式表示(参见图 20-16)：

$$P = \int_0^{\alpha} p\frac{\mathrm{d}x}{\cos\theta} \times \cos\theta + \int_{\gamma}^{\alpha} F\frac{\mathrm{d}x}{\cos\theta} \times \sin\theta -$$

$$\int_0^{\gamma} F \frac{dx}{\cos\theta} \times \sin\theta \qquad (20\text{-}35)$$

式中 θ——变形区内任意角度。

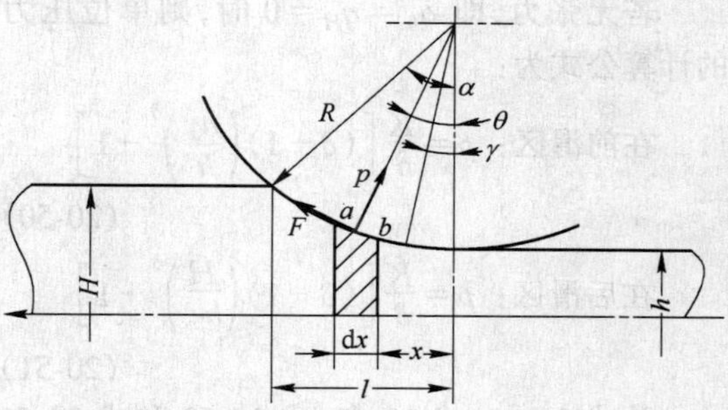

图 20-16 作用在轧辊上的力

在式 20-35 中，第 1 项是单位压力 p 的垂直分量之和，第 2、3 项分别为后滑区、前滑区单位摩擦力 F 的垂直分量之和，它们与第 1 项相比，其值较小，可以忽略。因此轧制力又可用下式表示：

$$P = \int_0^{\alpha} p \frac{dx}{\cos\theta} \times \cos\theta = \int_0^{\alpha} p dx \qquad (20\text{-}36)$$

如果用平均值表示，则式 20-36 为：

$$P = \bar{p}A \qquad (20\text{-}37)$$

式中 P——轧制力；

A——轧辊与轧件接触面积的水平投影，习惯上称轧辊与轧件的接触面积；

$\bar{p}$——平均单位压力，由下式决定：

$$\bar{p} = \frac{1}{A}\int_0^{\alpha} p dx \qquad (20\text{-}38)$$

可见，欲确定轧制力，需首先确定出轧辊与轧件的接触面积以及平均单位压力。

A 接触面积的确定

轧辊与轧件的接触面积可用轧件的平均宽度与变形区长度的乘积来计算，即：

$$A = \bar{b}l \qquad (20\text{-}39)$$

式中 $\bar{b}$——平均宽度，$\bar{b} = \frac{b+B}{2}$；

l——变形区长度。

当不考虑轧辊的弹性压扁时，变形区长度 l 用式 20-3 计算；若两个轧辊的直径不同，则 l 用式 20-4 计算。若考虑轧辊的弹性压扁，则 l 用式 20-10 计算。

B 平均单位压力的计算

a 卡尔曼（Karman）微分方程和采里柯夫单位压力公式

利用卡尔曼微分方程计算单位压力是较普遍的一种方法，其建立的假设条件为：把轧制过程看成是平面变形状态，即无宽展；变形区内质点沿轧件高向上的流动速度、应力均匀分布，即变形均匀分布；在接触弧上摩擦系数为常数；忽略轧辊和轧件的弹性变形；沿接触弧上的整个宽度的单位压力相同，故以单位弧度为研究对象。

在变形区的后滑区内取一单元体 $abcd$，其上作用的力如图 20-17 所示，根据力平衡条件有：

$$\sum X = (\sigma_x + d\sigma_x)(h_x + dh_x) - \sigma_x h_x - 2pR\sin\theta d\theta \pm 2FR\cos\theta d\theta = 0 \qquad (20\text{-}40)$$

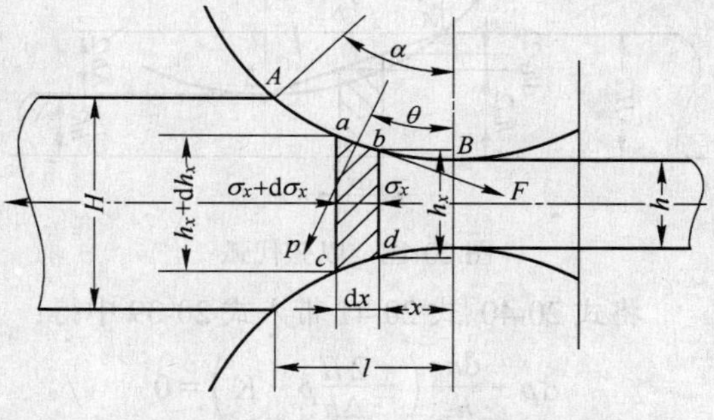

图 20-17 后滑区内单元体的受力情况

若将单元体的上、下界面 ab、cd 视为斜平面，则有：

$$R d\theta = \frac{dx}{\cos\theta} \text{及} \tan\theta = \frac{dh_x}{2dx}$$

将上两式带入式 20-40 中后展开并略去高阶无穷小，得：

$$\frac{d\sigma_x}{dx} - \frac{p-\sigma_x}{h_x} \times \frac{dh_x}{dx} \pm \frac{2F}{h_x} = 0 \qquad (20\text{-}41)$$

式 20-41 中第三项前的正号适用于后滑区，负号适用于前滑区。

为解方程式 20-41，必须找出单位压力 p 与应力 σ_x 之间的函数关系，为此引入塑性条件：

$$\sigma_1 - \sigma_3 = K$$

式中 K——平面变形抗力。

由于，$\sigma_1 = p$，$\sigma_3 = \sigma_x$，故有：

$$\sigma_x = p - K$$

将上式带入式 20-41 中可得：

$$\frac{dp}{dx}-\frac{K}{h_x}\times\frac{dh_x}{dx}\pm\frac{2F}{h_x}=0 \quad (20\text{-}42)$$

式20-42即为卡尔曼方程的一般形式。

精确求解式20-42有很大困难，因为轧辊与轧件接触表面的摩擦规律较为复杂，即 p 与 F 之间的关系较为复杂。因此，采里柯夫进一步做了如下两点假设：

(1) 轧辊与轧件接触表面符合库仑摩擦定律(全滑动)。按此假设有：

$$F=fp \quad (20\text{-}43)$$

(2) 接触弧 AB 用弦 AB 代替(以弦代弧)。按此假设有(参见图20-18)：

$$\frac{dh_x}{2dx}=\frac{\Delta h}{2l} \quad 或 \quad dx=\frac{l}{\Delta h}dh_x \quad (20\text{-}44)$$

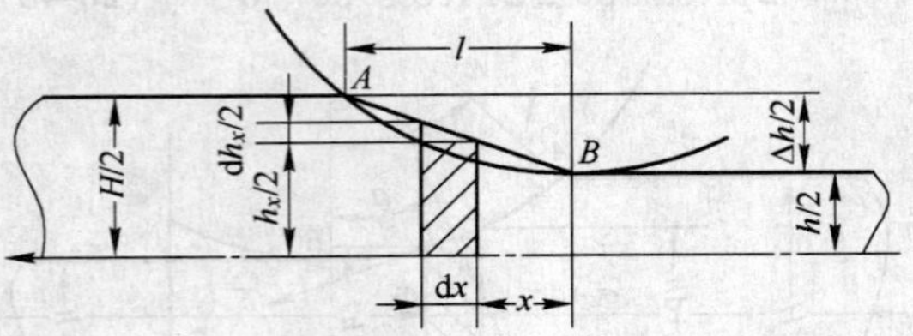

图20-18 以弦代弧

将式20-40、式20-41带入式20-39中得：

$$dp+\frac{dh_x}{h_x}\left(\pm\frac{2fl}{\Delta h}p-K\right)=0$$

令 $\delta=2fl/\Delta h$ 并积分上式得：

$$\frac{1}{\delta}\ln(\pm\delta p-K)=\ln\frac{1}{h_x}+C \quad (20\text{-}45)$$

式中，正号适用于后滑区，负号适用于前滑区。

在后滑区入口断面，即当 $h_x=H$ 时，若有后张力 q_H，则有：

$$p=K-q_H=\xi_H K \quad (20\text{-}46)$$

则 $$\xi_H=1-\frac{q_H}{K}$$

在前滑区出口断面，即当 $h_x=h$ 时，若有前张力 q_h，则有：

$$p=K-q_h=\xi_h K \quad (20\text{-}47)$$

则 $$\xi_h=1-\frac{q_h}{K}$$

由式20-45、式20-46及式20-47可得到单位压力的计算公式为：

在前滑区：$$p=\frac{K}{\delta}\left[(\delta\xi_h+1)\left(\frac{h_x}{h}\right)^{\delta}-1\right] \quad (20\text{-}48)$$

在后滑区：$$p=\frac{K}{\delta}\left[(\delta\xi_H-1)\left(\frac{H}{h_x}\right)^{\delta}+1\right] \quad (20\text{-}49)$$

若无张力，即 $q_h=q_H=0$ 时，则单位压力的计算公式为：

在前滑区：$$p=\frac{K}{\delta}\left[(\delta+1)\left(\frac{h_x}{h}\right)^{\delta}-1\right] \quad (20\text{-}50)$$

在后滑区：$$p=\frac{K}{\delta}\left[(\delta-1)\left(\frac{H}{h_x}\right)^{\delta}+1\right] \quad (20\text{-}51)$$

从式20-48、式20-49、式20-50和式20-51可看出，影响单位压力的主要因素是摩擦系数、轧辊直径、压下量、轧件厚度及前后张力等。图20-19～图20-22是上述公式的计算结果，分析这些曲线可知：摩擦系数、加工率及轧辊直径增加，单位压力增加；张力增加，单位压力减小。

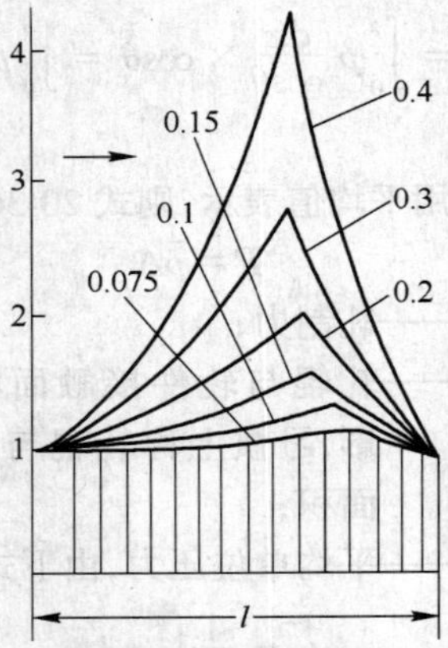

图20-19 摩擦系数对单位压力分布的影响

($\varepsilon=30\%$；$\alpha=5°40'$)

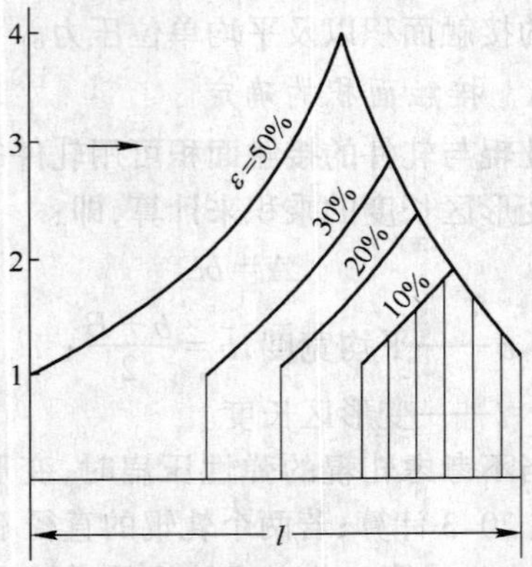

图20-20 压下量对单位压力分布的影响

($h=1$ mm；$D=200$ mm；$f=0.2$)

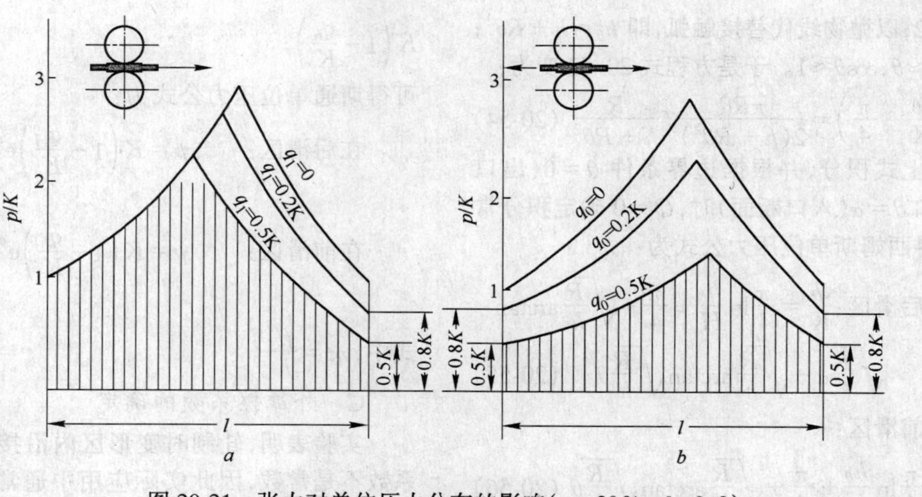

图 20-21　张力对单位压力分布的影响（$\varepsilon=30\%$；$f=0.2$）

a—只有前张力存在；b—同时有前后张力存在

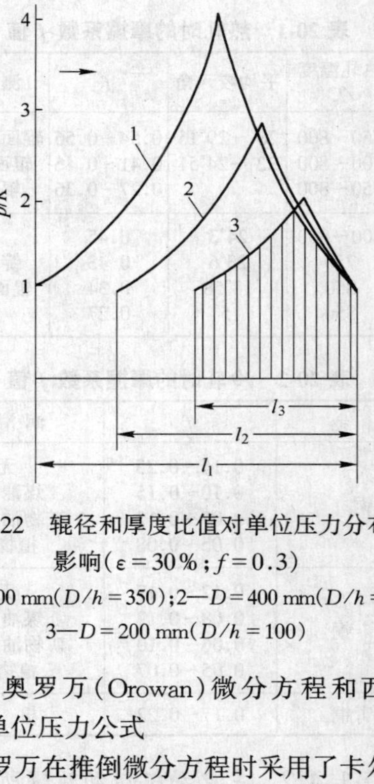

图 20-22　辊径和厚度比值对单位压力分布的影响（$\varepsilon=30\%$；$f=0.3$）

1—$D=700$ mm($D/h=350$)；2—$D=400$ mm($D/h=200$)；3—$D=200$ mm($D/h=100$)

b　奥罗万（Orowan）微分方程和西姆斯(Sims)单位压力公式

奥罗万在推倒微分方程时采用了卡尔曼所作的某些假设，其中主要是假设轧件发生平面变形，即无宽展。奥罗万假设与卡尔曼假设最重要的区别是：变形和应力沿轧件高向上的分布是不均匀的。

在变形区内取一圆弧形单元体 $abcd$，用剪应力 τ 代替接触表面的摩擦应力 F，用水平应力的合力 Q 代替水平应力 σ_x 沿高向上的不均匀分布，单元体的受力情况如图 20-23 所示。当单元体平衡时有：

$$\sum X = Q + \mathrm{d}Q - Q - 2pR\sin\theta \times \mathrm{d}\theta \pm 2\tau R\cos\theta\mathrm{d}\theta = 0$$

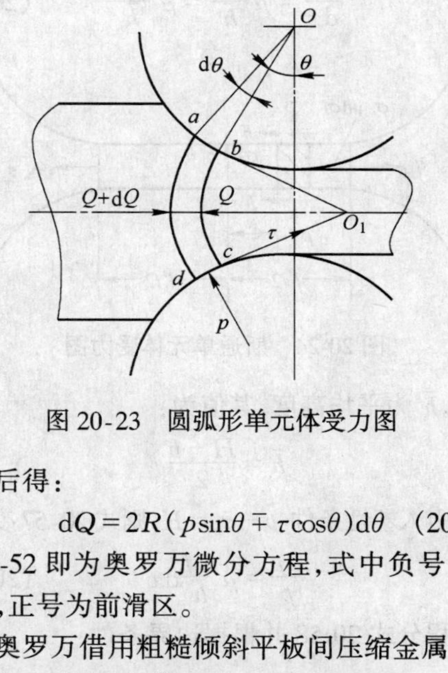

图 20-23　圆弧形单元体受力图

整理后得：

$$\mathrm{d}Q = 2R(p\sin\theta \mp \tau\cos\theta)\mathrm{d}\theta \qquad (20\text{-}52)$$

式 20-52 即为奥罗万微分方程，式中负号为后滑区，正号为前滑区。

奥罗万借用粗糙倾斜平板间压缩金属的应力分布理论，确定水平力 Q 的大小为：

$$Q = h_\theta\left(p - \frac{\pi}{4}K\right) \qquad (20\text{-}53)$$

西姆斯在奥罗万微分方程的基础上进一步假设：沿整个接触弧均为黏着区（全黏着），即

$\tau = K/2$；以抛物线代替接触弧，即 $h_\theta = h + R\theta^2$；取 $\sin\theta \approx \theta, \cos\theta \approx 1$。于是方程式 20-52 变为：

$$\frac{d}{d\theta}\left(\frac{p}{K} - \frac{\pi}{4}\right) = \frac{\pi R\theta}{2(h + R\theta^2)} f \frac{R}{h + R\theta^2} \quad (20\text{-}54)$$

对上式积分，并根据边界条件 $\theta = 0$（出口断面）和 $\theta = \alpha$（入口断面）时，$Q = 0$ 确定积分常数，可得西姆斯单位压力公式为：

在后滑区：$$\frac{p}{K} = \frac{\pi}{4}\ln\frac{h_\theta}{H} + \frac{\pi}{4} + \sqrt{\frac{R}{h}}\arctan\sqrt{\frac{R}{h}}\alpha - \sqrt{\frac{R}{h}}\arctan\sqrt{\frac{R}{h}}\theta \quad (20\text{-}55)$$

在前滑区：

$$\frac{p}{K} = \frac{\pi}{4}\ln\frac{h_\theta}{h} + \frac{\pi}{4} + \sqrt{\frac{R}{h}}\arctan\sqrt{\frac{R}{h}}\theta \quad (20\text{-}56)$$

c 斯通（Stone）微分方程及其单位压力公式

冷轧薄板时，轧辊的弹性压扁较大，基于此，斯通把轧制过程视为两平行平板间的压缩过程，并假定接触表面为全滑动，即 $F = fp$，压扁后变形区的长度为 l'，如图 20-24 所示。根据单元体力平衡方程可得：

$$\frac{d\sigma_x}{dx} = \mu\frac{2F}{\bar{h}} = \mu\frac{2fp}{\bar{h}} \quad (20\text{-}57)$$

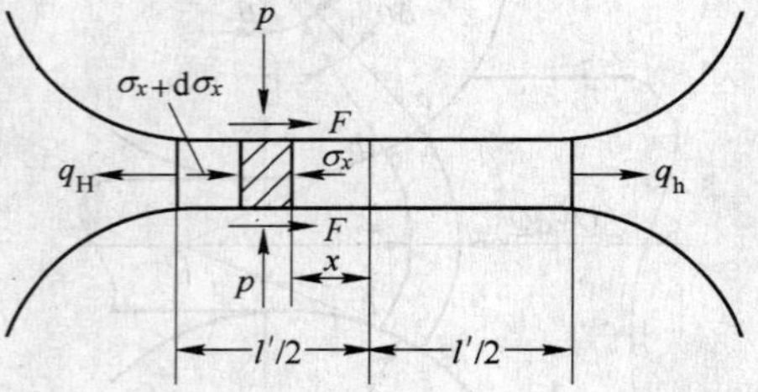

图 20-24 斯通单元体受力图

式中，$\bar{h}$ 为平均高度，其值为：

$$\bar{h} = \frac{H + h}{2}$$

引入塑性条件 $p - \sigma_x = K$，则式 20-57 变成：

$$\frac{dp}{p} = \mu\frac{2f}{\bar{h}}dx \quad (20\text{-}58)$$

积分式 20-58 并根据边界条件：

在入口处（有张力 q_H）：当 $x = \frac{l}{2}$ 时，$p = K\left(1 - \frac{q_H}{K}\right)$；

在出口处（有张力 q_h）：当 $x = -\frac{l'}{2}$ 时，$p = K\left(1 - \frac{q_h}{K}\right)$；

可得斯通单位压力公式为：

在后滑区：$$p = K\left(1 - \frac{q_H}{K}\right)e^{m\left(1 - \frac{2x}{l'}\right)} \quad (20\text{-}59)$$

在前滑区：$$p = K\left(1 - \frac{q_h}{K}\right)e^{m\left(1 + \frac{2x}{l'}\right)} \quad (20\text{-}60)$$

式中，$m = \frac{fl'}{\bar{h}}$。

C 外摩擦系数的确定

实验表明，轧制时变形区内沿接触弧摩擦系数不是常数，因此实际应用中通常采用平均摩擦系数。铜及其合金热轧和冷扎时的平均摩擦系数可参考表 20-1 和表 20-2。

表 20-1 热轧时的摩擦系数 f 值

合金	热轧温度/℃	平均咬入角	f	测定条件
铜	750～800	28°～29°15′	0.54～0.56	辊面粘有金属
	700～800	22°～24°51′	0.41～0.46	辊面有网纹
	750～800		0.27～0.36	辊面粗糙
黄铜	800～850	24°3′	0.45	锭坯铣面 辊面有网纹
	750	23°6′	0.43	
	850	18°58′	0.34	
	850	15°	0.27	

表 20-2 冷轧时的摩擦系数 f 值

合 金	f	润 滑 剂
铜	0.15～0.25	无
	0.10～0.15	煤油，水
	0.07～0.12	矿物油，乳液
	0.05～0.08	植物油
黄 铜	0.12～0.17	无
	0.08～0.12	煤油，水
	0.06～0.10	矿物油，乳液
	0.05～0.07	植物油
铍青铜	0.17～0.22	机 油

20.1.4.2 主电动机传动轧辊所需力矩及功率的计算

A 传动力矩的组成

轧制时，在主电动机轴上传动轧辊所需的力矩主要由以下 4 部分组成：

$$M = \frac{M_z}{i} + M_m + M_k + M_d \quad (20\text{-}61)$$

式中 M_z——轧制力矩，使轧件发生塑性变形所需的力矩；

M_m——附加摩擦力矩，克服轧制时发生在轧辊轴承、传动机构等的附加摩擦力矩；

M_k——空转力矩，克服空转时发生在轧辊轴承、传动机构等的摩擦力矩；

M_d——动力矩，克服轧机不匀速运动时产生的惯性力矩；

i——由主电机到轧辊的减速比。

式 20-61 中的前三项的和称为静力矩，即：

$$M_j=\frac{M_z}{i}+M_m+M_k \tag{20-62}$$

静力矩是轧辊匀速转动时所需的力矩，对任何轧机都是必不可少的，其中轧制力矩是有效力矩，通常其值最大；附加摩擦力矩和空转力矩是无效力矩，其值应尽量降低。通常将换算到主电机轴上的轧制力矩与静力矩之比称为轧机的效率，即：

$$\eta=\frac{\frac{M_z}{i}}{\frac{M_z}{i}+M_m+M_k} \tag{20-63}$$

轧机效率随轧制方式和轧机结构（主要指轧辊的轴承结构）的不同而不同，一般在 0.5～0.95 之间变化。

B 轧制力矩的确定

在简单轧制条件下，由于轧件在水平方向上静力平衡，因此两轧辊作用在轧件上的力必然大小相等、方向相反且作用在与轧辊中心连线平行的同一直线上，同时轧件以大小相等的反作用力作用在轧辊上，如图 20-25 所示。由该图可知，作用在轧辊上的轧制力矩为：

$$M_z=2Pa=2PR\sin\varphi \tag{20-64}$$

式中 P——轧制压力；

a——力臂；

R——轧辊半径；

φ——过合力作用点的半径与轧辊中心连线的夹角，即合压力作用角。

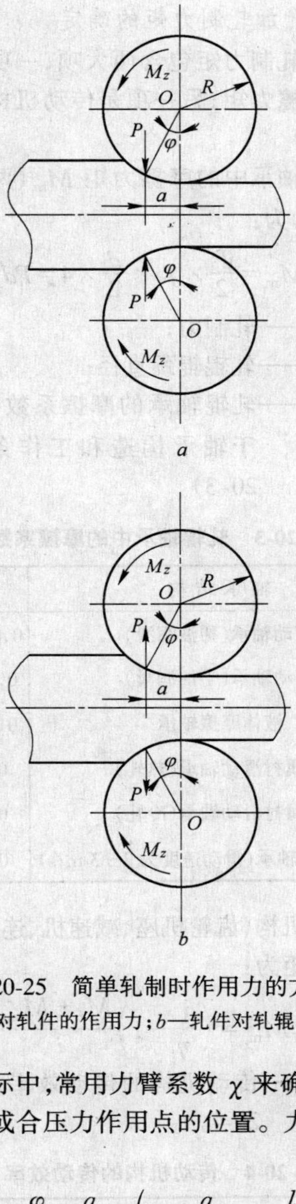

图 20-25 简单轧制时作用力的方向

a—轧辊对轧件的作用力；b—轧件对轧辊的作用力

在实际中，常用力臂系数 χ 来确定合压力作用角 φ 或合压力作用点的位置。力臂系数定义为：

$$\chi=\frac{\varphi}{\alpha}\approx\frac{a}{l}\quad\left(\varphi\approx\frac{a}{R},\alpha\approx\frac{l}{R}\right)$$

因此 $a=\chi l$

将上式带入式 20-64 中有：

$$M_z=2Pa=2P\chi l=2P\chi\sqrt{R\Delta h} \tag{20-65}$$

根据大量的实验数据统计，力臂系数值为：

热轧铸锭时：$\chi=0.55\sim0.60$；

热轧板带时：$\chi=0.42\sim0.50$；

冷轧板带时：$\chi=0.33\sim0.42$。

C 附加轧制力矩的确定

附加轧制力矩包含两大项，一项是轧辊轴承中的摩擦力矩；另一项是传动机构中的摩擦力矩。

轧辊轴承中的摩擦力矩 M_{m_1}（两个轧辊共四个轴承）为：

$$M_{m_1}=\frac{P}{2}\times f_1\times\frac{d}{2}\times4=Pdf_1$$

式中 P——轧制力；

d——轧辊辊颈直径；

f_1——轧辊轴承的摩擦系数，其值取决于轴承构造和工作条件（见表20-3）。

表 20-3 轧辊轴承中的摩擦系数 f_1

轴承结构	f_1
滚动轴承（稀油润滑）	0.0025～0.003
滚动轴承（干油润滑）	0.005～0.008
液体摩擦轴承	0.003～0.005
金属衬滑动轴承（热轧）	0.07～0.10
金属衬滑动轴承（冷轧）	0.05～0.08
胶木衬滑动轴承（滑动速度为2～3 m/s）	0.04～0.08

传动机构（齿轮机座、减速机、连接轴等）中的摩擦力矩为：

$$M_{m_2}=\left(\frac{1}{\eta}-1\right)\frac{M_z+M_{m_1}}{i}$$

式中 η——传动机构的传动效率，其值见表20-4。

表 20-4 传动机构的传动效率 η

传动方式	η
梅花接轴	0.94～0.96
万向接轴	
倾角 $\theta\leqslant3°$时	0.96～0.98
倾角 $\theta>3°$时	0.94～0.96
多级齿轮传动	0.92～0.94
一级齿轮传动	0.95～0.98

因此，换算到主电动机轴上的附加摩擦力矩为：

$$M_m=\frac{M_{m_1}}{i}+M_{m_2}=\frac{M_{m_1}}{i\eta}+\left(\frac{1}{\eta}-1\right)\frac{M_z}{i} \quad (20\text{-}66)$$

D 空转力矩的确定

空转力矩是空载时所有旋转部件（轧辊、人字齿轮、联轴器等）因自重而产生的摩擦力矩之和，因计算较复杂，通常按经验公式确定：

$$M_K=(0.03\sim0.06)M_H \quad (20\text{-}67)$$

式中 M_H——电动机的额定转矩。

对新式轧机可取下限，旧式轧机可取上限。

E 动力矩的确定

动力矩只发生在用不均匀转动进行工作的轧机中，如可调速的可逆式轧机，当轧制速度变化时，便产生克服惯性力的动力矩，其值可由下式确定：

$$M_d=\frac{GD^2}{375}\times\frac{d\omega}{dt} \quad (20\text{-}68)$$

式中 G——转动部分的重量；

D——转动部分的惯性直径；

$\frac{d\omega}{dt}$——角加速度。

F 轧制负荷图

轧制负荷图是指在一个轧制周期内，主电机轴上的力矩随时间而变化的图，有静负荷图和静负荷与动负荷的合成负荷图两种。

a 静负荷图

静负荷图是指静力矩随时间而变化的图。要绘制静负荷图，首先要决定在整个轧制过程中主电机轴上的静负荷值，即静力矩；其次决定各道次的轧制时间和间歇时间。静力矩由式20-62确定，每道次的轧制时间 t_n 可由下式计算：

$$t_n=\frac{L_n}{\overline{v_n}} \quad (20\text{-}69)$$

式中 L_n——轧件轧后的长度；

$\overline{v_n}$——轧件出辊平均速度，忽略前滑时等于轧辊的圆周速度。

间隙时间包括轧件沿辊道的移动、辊缝调整、轧机反转以及人工送料等的时间，由轧制设备和工艺条件决定，通常采用现场实测数据。

图20-26为两种基本的负荷图。

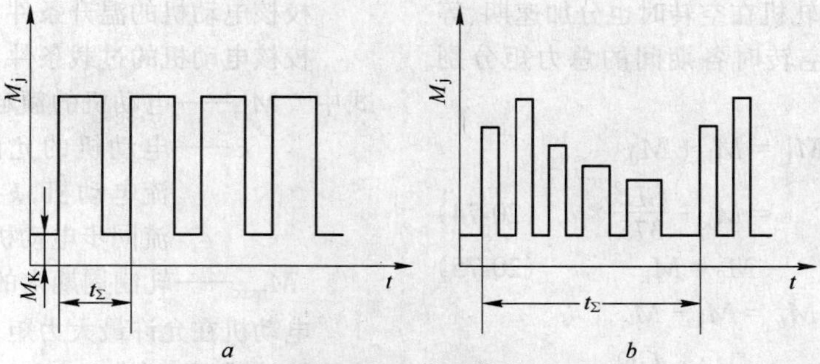

图 20-26 静负荷图

a—1 个轧件只轧 1 道；*b*—1 个轧件轧 5 道

b 静负荷与动负荷的合成负荷图

在可逆式轧机中常采用调速轧制，即低速咬入，然后加速至稳定速度轧制，在即将轧完时减速至低速抛出。由于轧制速度在轧制过程中是变化的，所以必须考虑动力矩 M_d，此时，负荷图是静负荷图与动负荷图的合成，如图 20-27 所示。

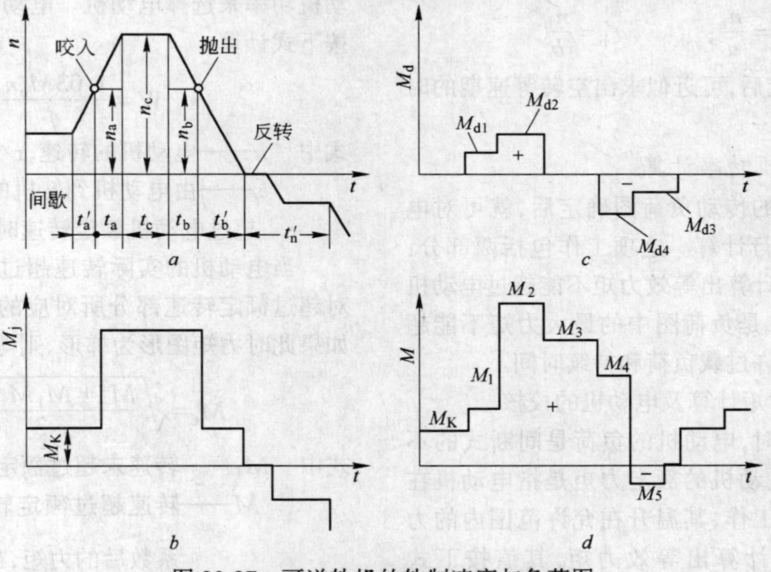

图 20-27 可逆轧机的轧制速度与负荷图

a—速度图；*b*—静负荷图；*c*—动负荷图；*d*—合成负荷图

如果用 a 和 b 分别表示电动机在加速期与减速期的加速度，则各轧制期间的传动总力矩为：

加速轧制期：$M_3 = M_j + M_d = \frac{M_z}{i} + M_m + M_k + \frac{GD^2}{375} \times a$ (20-70)

等速轧制期：$M_4 = M_j = \frac{M_z}{i} + M_m + M_k$ (20-71)

减速轧制期：$M_5 = M_j - M_d = \frac{M_z}{i} + M_m + M_k - \frac{GD^2}{375} \times b$ (20-72)

如果以 t_a、t_c 和 t_b 分别表示咬入后加速、稳定速度轧制以及减速至抛出期的时间，则各段时间分别按下式计算：

$$t_a = \frac{n_c - n_a}{a}; \qquad t_b = \frac{n_c - n_b}{b}$$

稳定等速轧制期的时间 t_c 由轧件长度 L_h 确定为：

$$t_c = \frac{60L_h}{\pi D n_c} - \frac{1}{n_c}\left(\frac{n_a + n_c}{2} \times t_a + \frac{n_b + n_c}{2} \times t_b\right) \tag{20-73}$$

同样，可逆式轧机在空转时也分加速期、等速期和减速期。空转时各期间的总力矩分别为：

空转加速期 $M_1 = M_k + M_d$

$$= M_k + \frac{GD^2}{375} \times a \quad (20\text{-}74)$$

空转等速期： $M_2 = M_k$ (20-75)

空转减速期：$M_6 = M_k - M_d$

$$= M_k - \frac{GD^2}{375} \times b \quad (20\text{-}76)$$

如果以 t'_a、t'_c 和 t'_b 分别表示空转加速、等速以及减速期的时间，停机反转时间为 t'_d，则道次间的总间歇时间 $t'_n = t'_a + t'_c + t'_b + t'_d$。各段空转时间分别按下式计算：

$$t'_a = \frac{n_a}{a}; \qquad t'_b = \frac{n_b}{b}$$

当 t'_n 确定后，可近似求出空转等速期的时间 t'_c。

G 主电机功率计算

当主电机的传动负荷图确定后，就可对电动机的功率进行计算。这项工作包括两部分：一是由负荷图计算出等效力矩不能超过电动机的额定力矩；二是负荷图中的最大力矩不能超过电动机的允许过载负荷和持续时间。

a 等效力矩计算及电动机的校核

轧机工作时，电动机的负荷是间断式的不均匀负荷，而电动机的额定力矩是指电动机在此负荷下长期工作，其温升在允许范围内的力矩。为此必须计算出等效力矩，其值按下式计算：

$$M_e = \sqrt{\frac{\sum M_n^2 t_n + \sum M_n'^2 t_n'}{\sum t_n + \sum t_n'}} \quad (20\text{-}77)$$

式中 M_e——等效力矩，N·m；

$\sum t_n$——轧制周期内各段纯轧时间的总和，s；

$\sum t'_n$——轧制周期内各段间隙时间的总和，s；

M_n——各段纯轧时间所对应的力矩，N·m；

M'_n——各段间隙时间所对应的空转力矩，N·m。

校核电动机的温升条件：$M_e \leqslant M_H$

校核电动机的过载条件：$M_{max} \leqslant kM_H$

式中 M_H——电动机的额定力矩；

k——电动机的允许过载系数，对直流电动机，$k = 2.0 \sim 2.5$；对交流同步电动机，$k = 2.5 \sim 3.0$；

M_{max}——轧制周期内的最大力矩。

电动机在允许最大力矩 kM_H 下工作时，其允许持续时间应在 15 s 以内，否则电动机温升将超过允许范围。

b 电动机功率的计算

对于新设计的轧机，不是校核电动机，而是根据等效力矩和所要求的电动机转速，计算电动机功率来选择电动机。电动机功率 W(kW) 按下式计算：

$$W = \frac{1.03 M_e n}{\eta} \quad (20\text{-}78)$$

式中 n——电动机的转速，r/min；

η——由电动机到轧机的传动效率。

c 超过电动机额定转速时电动机的校核

当电动机的实际转速超过额定转速时，应对超过额定转速部分所对应的力矩加以修正，如果此时力矩图形为梯形，则等效力矩为：

$$M_e = \sqrt{\frac{M_1^2 + M_1 M + M^2}{3}} \quad (20\text{-}79)$$

式中 M_1——转速未超过额定转速时的力矩；

M——转速超过额定转速时乘以修正系数后的力矩，$M = M_1 \dfrac{n}{n_H}$；

n、n_H——分别为超过额定转速时的转速和额定转速。

校核电动机过载条件为：

$$M_{max} \leqslant \frac{n_H}{n} \times kM_H \quad (20\text{-}80)$$

20.2 板带材（纵向）厚度控制技术

20.2.1 板带材厚度控制原理

20.2.1.1 轧机的弹性特性曲线

板带材轧制过程既是轧件产生塑性变形的过程，又是轧机产生弹性变形（弹跳）的过程。

因此，如果忽略轧件的弹性恢复量，则由于轧机的弹跳，使轧出带材的厚度 h 等于轧辊的原始辊缝（空载辊缝）s_0 加上轧机的弹跳值。

轧机在压力作用下产生的弹跳值与压力近似成线性关系，如图 20-28 所示，最初阶段的曲线段是由于各部件之间的配合间隙造成的。由于各部件之间配合间隙的随机性，导致辊缝的实际零位难以确定。实际生产中常采用预压靠的方法进行零位调整，即将轧辊预先压靠到一定程度，然后将此时的辊缝仪清零。

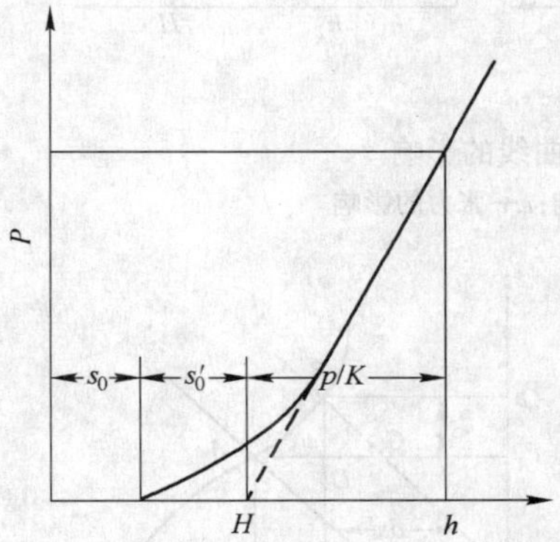

图 20-28　轧机的弹性特性曲线

如果忽略轧机弹性特性曲线的最初弯曲段，延长直线段与横坐标轴交于 s'_0 处，则在一定辊缝和负荷下所能轧出的轧件厚度为：

$$h = s_0 + s'_0 + P/K$$

如果把轧机的弹性特性曲线近似看作是一条直线，即忽略弯曲段的部件间隙值 s'_0，则上式可写成：

$$h = s_0 + P/K \tag{20-81}$$

式中　P——轧制力；

K——轧机的刚度。

式 20-81 称为轧机的弹跳方程，它反映了轧制工艺和设备因素的变化对轧件轧出厚度的影响，是板带厚度控制的基本方程之一。

20.2.1.2　轧件的塑性特性曲线

给轧件一定的压下量，就产生一定的压力。当料厚一定时，压下量越大，压力也越大。通过实测或计算可以求出对应于某一压下量时的压力值，将其绘成曲线（见图 20-29），称为轧件的塑性特征曲线。

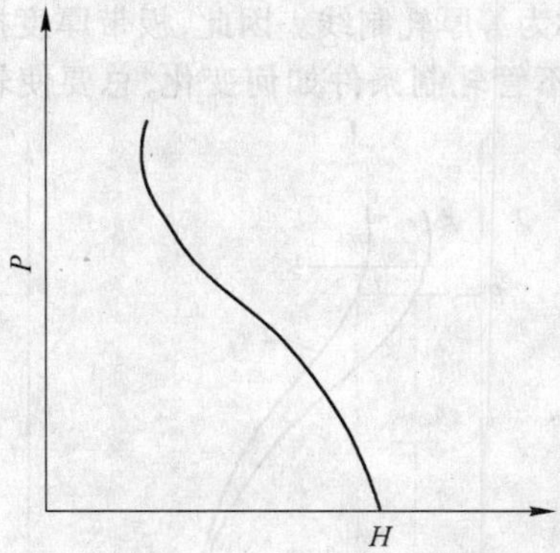

图 20-29　轧件的塑性特性曲线

利用塑性特性曲线可以分析轧件原始厚度相同时，某一工艺因素的变化对轧制压力与轧出厚度之间关系的影响。如图 20-30a 所示，当轧件的变形抗力不同时，则变形抗力大的曲线（曲线 2）比变形抗力小的曲线（曲线 1）要陡。因此，若保持压力不变，则轧出厚度 $h_2 > h_1$；若保持轧出厚度不变，则变形抗力大的轧件其轧制压力应增大。

图 20-30b 是外摩擦对塑性曲线的影响，摩擦系数大的塑性曲线（f_2）要陡，压力相同时轧出厚度也大。要使轧出厚度不变，则摩擦系数越大，所需轧制压力也越大。因此，润滑效果好时，可在相同的原始辊缝下轧出较薄的轧件。

张力的影响如图 20-30c 所示，张力越大，轧出厚度越薄。若保持轧出厚度不变，则张力越大，轧制压力越小。

20.2.1.3　轧制时的弹塑性特性曲线（P-H 图）

轧制时的弹塑性曲线是轧件的塑性特性曲线与轧机的弹性特性曲线的总称，即把它们画在一个图上表示两者相互关系的曲线（见图 20-31），又称 P-H 图。图中两线交点的横坐标即为轧件轧出的厚度，纵坐标为对应的轧制压力。

从 P-H 图可以看出，无论轧制过程的各种因素如何变化，要得到轧出厚度 h 相等的产品，必须使轧件的弹性特性曲线与轧件的塑性特性曲线始终交到从 h 所做的垂直线上。这条垂直线相当于轧机刚度为无穷大时的弹性特性曲线,又称为等厚轧制线。因此,板带厚度控制实质就是不管轧制条件如何变化,总要使轧机的弹性特性曲线与轧件的塑性特性曲线交到等厚轧制线上,这样就可得到恒定厚度的板带产品。

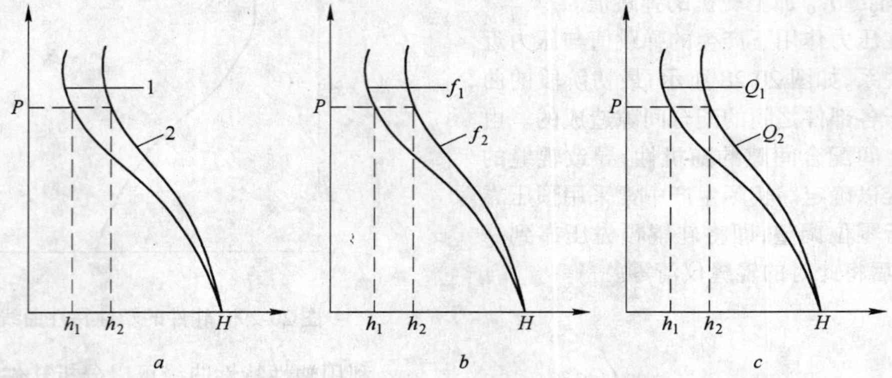

图 20-30 工艺参数对塑性特性曲线的影响

a—变形抗力的影响;b—摩擦系数的影响;c—张力的影响

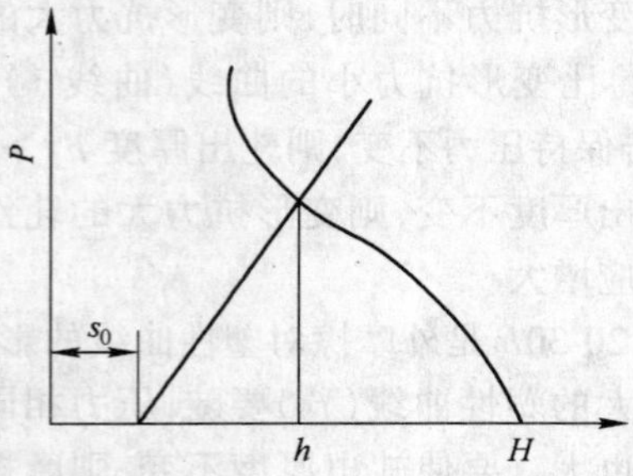

图 20-31 轧制时的弹塑性曲线

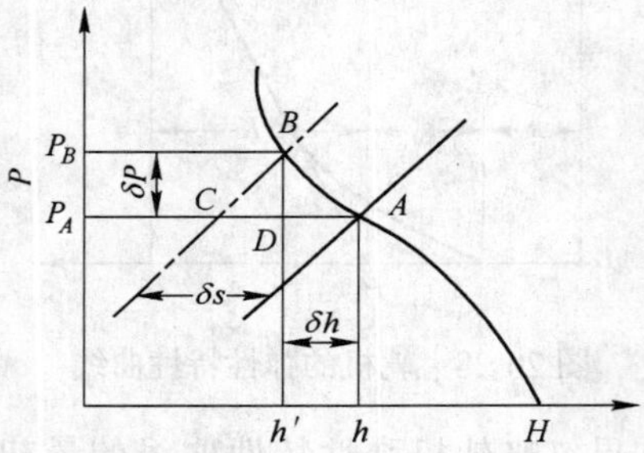

图 20-32 辊缝转换函数

20.2.1.4 辊缝转换函数

反映辊缝调整量 δs 与厚度变化量 δh 关系的函数叫辊缝转换系数,用 Θ 表示,即:

$$\Theta = \frac{\delta h}{\delta s}$$

辊缝转换系数反映了轧机的弹性效果,又称压下效率。例如,如果辊缝转换系数为 1/4,即 $\delta h = 4\delta s$,这表明辊缝调整量应为厚度变化量的 4 倍才能消除厚度差,即如果厚度差为 0.05 mm,那么压下调整量要为 0.2 mm 才能消除上述厚度差。

辊缝转换函数的大小和变化可用弹塑性曲线来说明。如图 20-32 所示,当轧件厚度轧到 h 时所需的压力为 P_A。如果调整压下改变产品厚度,则当压下 δs 距离时,弹性曲线与塑性曲线的交点由 A 变到 B,轧出厚度为 h',压力由 P_A 增加 δP 到 P_B,厚度变化 δh。

在微量变化条件下,可把 AB 曲线段视为直线段,若用 M 表示此塑性曲线段的斜率,则有:

$$M = \frac{\delta P}{\delta h}$$

M 反映了轧件抵抗塑性变形能力的大小,称为轧件的刚度。金属材料不同或轧制条件不同,则 M 值不同。由图 20-32 可知:

$$\delta s = \overline{AD} + \overline{DC} = \delta h + \frac{\delta P}{k} = \delta h + \frac{M\delta h}{k}$$

$$= \delta h\left(1 + \frac{M}{k}\right)$$

因此

$$\Theta = \frac{\delta h}{\delta s} = \frac{k}{k + M} \qquad (20\text{-}82)$$

由式 20-82 可知,当轧机刚度 k 一定时,轧制变形抗力高的金属或接近终轧道次(M 值很大)时,压下调整量必须很大才能减小或消除厚度差;当 M 接近无穷大,即 $\Theta \to 0$ 时,此时无论调多大压下也不能将轧件继续轧薄。反之,轧制变形抗力较小的金属,由于 M 值较小,$\Theta \approx 1$,此时压下调整量等于或稍大于厚度波动量即可消除厚度差。

当轧件的刚度 M 一定时,轧机刚度越大则压下调整量越小;当 k 接近无穷大时,$\Theta \approx 1$,此时轧出厚度等于所调的原始辊缝。

20.2.2 板带材厚度控制方法

20.2.2.1 调整压下(改变原始辊缝)

调压下是板厚控制最主要的方式,其原理是:调整轧机弹性特性曲线的位置,但不改变曲线的斜率,常用来消除影响轧制力的因素所造成的厚度偏差。

由图 20-33 可知,当来料厚度有厚度差 δH 波动(从 H_1 增加到 H_2)时,塑性特性曲线由 B 变为 B',此时若原始辊缝和其他条件不变,则由于压下量增加而导致轧制压力由 P_1 增加到 P_2,轧出厚度由 h_1 增加到 h_2,出现厚度差 Δh。如果要保持轧出厚度 h_1 不变,则可调整压下量,使辊缝由 s_{01}减小到 s_{02},即使弹性特性曲线 A 向左平移至A'并与塑性特性曲线B'相交于等厚轧制线上,结果可消除厚度差 Δh。

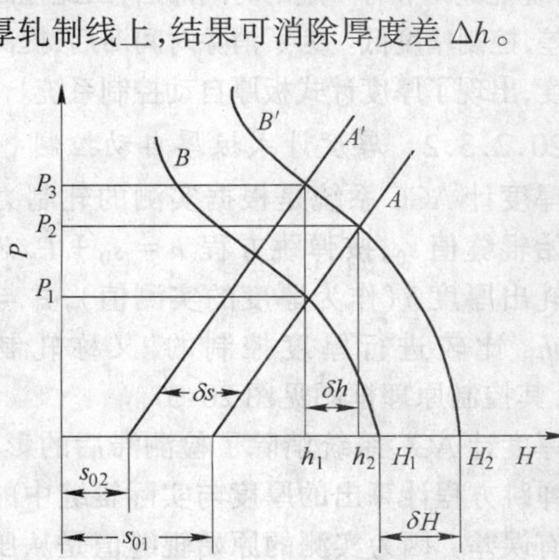

图 20-33 调压下(坯料厚度变化时)

如果来料由于退火不均而性能不均匀(变硬),或润滑不良使摩擦系数增大,或张力变化(变小),以及速度变化(减小)等,都会使塑性特性曲线的斜率变大。如图 20-34 所示,塑性特性曲线的形状由 B 变为B',导致轧出厚度产生厚度差 δh,同样可通过调整压下减小辊缝来消除此厚度差。

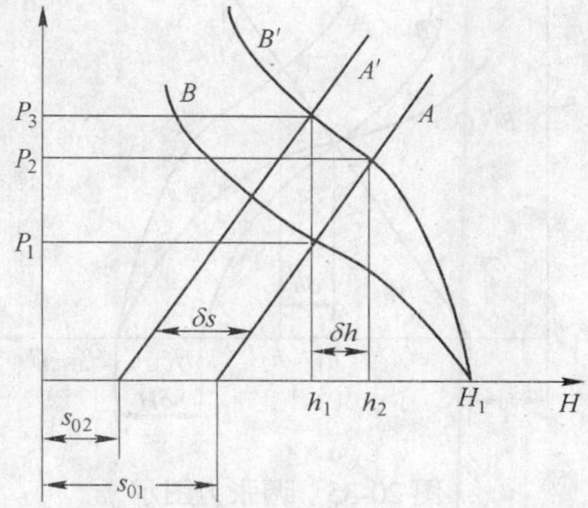

图 20-34 调压下(变形抗力、张力、速度以及润滑等变化时)

应该指出的是,如果轧件的变形抗力很大即 M 值很大,而轧机的刚度 k 又不大时,通过调压下来调厚度差的效率很低,即压下移动的距离 δs 虽很大,但能消除 δh 的作用很小,压下距离的大部分转换成了轧机的弹性变形,严重时甚至不起作用。此外,调压下对轧辊偏心等周期性高频变化量也无能为力。

20.2.2.2 调整张力

调整张力是通过调整前后张力以改变轧件塑性特性曲线的斜率,进而消除各种因素对轧出厚度的影响来实现板厚控制的。如图 20-35 所示,当来料厚度波动(增加)而导致轧出厚度产生偏差 δh 时,可通过增加张力使塑性特性曲线 B' 变为 B''(改变斜率),从而可以在原始辊缝不变的情况下,保持轧出厚度不变。这种方法在冷轧薄板时用得较多,热轧时由于张力变化范围有限,张力稍大易产生拉窄或拉薄,使控制效果受到限制。因此,热轧时一般不采用张力调厚。

调整张力控厚的方法,反应迅速、有效且精确,但因张力变化不能太大,故调厚范围较小,实际中一般不单独采用,通常和调压下相互配合。当厚度波动较小,如成品轧制道次,能在张力允许变化的范围内调整过来,可采用张力微调,而当厚度波动较大时改用调压下的方法控制。

20.2.2.3 调整轧制速度

轧制速度的变化会引起张力、摩擦系数、轧制温度以及轴承油膜厚度等因素的变化,因此

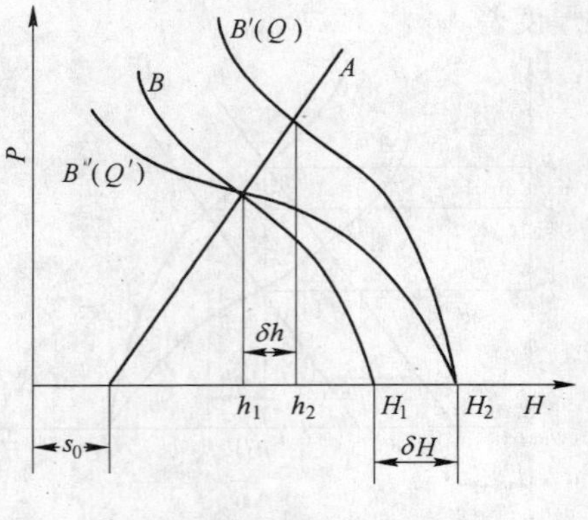

图 20-35　调张力图示

调整轧制速度可达到控制板厚的目的。如果改变轧制速度是通过摩擦系数的变化而改变轧制压力，进而导致塑性特性曲线的斜率发生改变，则其控厚原理与调张力控厚原理相同。

同张力控厚法一样，由于轧制速度调整范围较小，因此调整轧制速度控厚法也只适于微调，而且调速通过改变摩擦系数引起轧制压力变化，来改变塑性特性曲线斜率的过程反映较慢。

调压下、调张力和调速度三种厚度控制方法各有特点，实际生产中为了达到精确控制厚度的目的，往往要根据设备和工艺条件等将多种厚控方法结合起来使用。其中最主要、最基本、最常用的还是调压下的厚度控制方法，特别是采用液压压下，大大地提高了相应性，具有很多优点。

20.2.3　板厚自动控制

板厚自动控制系统是指对板带轧出厚度进行连续检测，并通过控制回路将厚度控制在允许范围内的自动控制系统，简称AGC(Automatic Gage Control)系统。根据轧制过程中对厚度调节方式的不同，分为反馈式、厚度计式、前馈式、张力式以及液压式等厚度自动控制系统。

20.2.3.1　反馈式板厚自动控制

用测厚仪测厚的反馈式厚度自动控制系统简称反馈式AGC或监控AGC，其控制原理框图见图20-36。由测厚仪测出实际厚度 h，与给定厚度 h_0 相比较得到厚度偏差 δh。如果 δh 不等于零，则按辊缝转换函数式20-82，即辊缝调节量与厚度偏差的关系式 $\delta s = \frac{k+M}{M}\delta h = c_p\delta h$，把 δh 转换为 δs 并输出给压下机构作相应的辊缝调节，进而消除厚度差。为了适应不同材质和尺寸轧件 M 值的变化，控制回路中设有调节比例系数 c_p 的电位器。

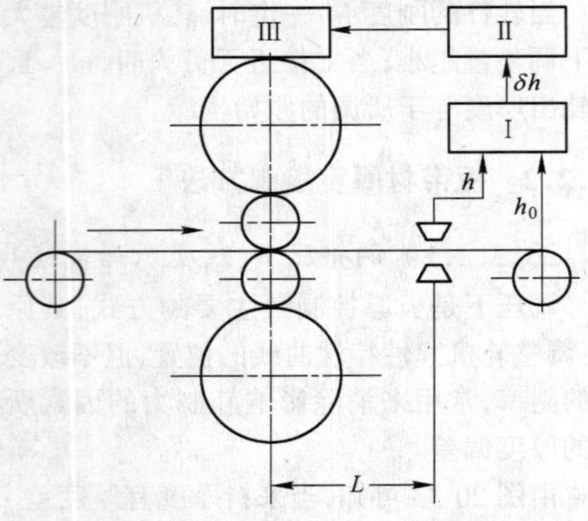

图 20-36　反馈式AGC图示

Ⅰ—厚度差运算；Ⅱ—厚度自动控制装置；Ⅲ—压下机构；h—实测厚度；h_0—给定厚度

在这种厚控系统中，厚度仪测出的板厚不是轧制时正在辊缝中的板厚，而是到达厚度仪处的板厚，故辊缝调节有一定的时间滞后，因此控制效果较差，控制精度低。为了消除时间滞后，提高控制精度，出现了厚度计式板厚自动控制系统。

20.2.3.2　厚度计式板厚自动控制

厚度计AGC系统是根据实测的轧制力 P 和原始辊缝值 s_0，按弹跳方程 $h = s_0 + P/k$ 计算出轧出厚度 h（作为厚度的实测值），并与设定值 h_0 比较进行厚度控制的，又称轧制力AGC，其控制原理框图见图20-37。

厚度计AGC系统消除了检测滞后的影响，但用弹跳方程计算出的厚度与实际辊缝中的板厚也有误差。因为实测的原始辊缝值是从压下螺丝或液压缸柱塞等某一点测得的，它不能反映出轧辊偏心、轧辊热膨胀、轧辊磨损以及轴承油膜厚度变化等所导致的原始辊缝变化情况。为了消除原始辊缝的测量误差，可加入各种补偿环节，于是便出现了完善的厚度计式AGC系统。

20.2.3.3　前馈式板厚自动控制

前馈AGC系统又称预控AGC系统，其控

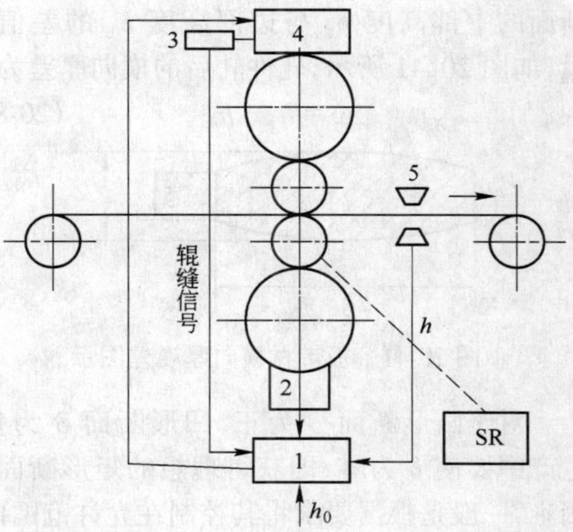

图 20-37 厚度计式 AGC 图示

1—厚度自动控制装置；2—压力传感器

3—空载辊缝计；4—压下装置；5—测厚仪

制原理是(见图 20-38)：用轧机入口处的测厚仪测量轧件的轧前厚度 H，与设定厚度 H_0 相比较，如有厚度偏差 δH，则预先估计出可能产生的轧出厚度偏差 δh，并确定为消除此偏差所需的辊缝调节量 δs。根据 δH 的检测点进入轧机的时间和移动 δs 的时间，提前进行厚度控制，使厚度的控制点正好落在 δH 的检测点上。

δH 和 δs 的关系可根据 P-H 图和辊缝转换函数确定。由 P-H 图可得：

$$\delta h = \frac{M}{k+M}\delta H$$

将上式带入辊缝转换函数式 20-82 可得前馈式 AGC 的控制原理式：

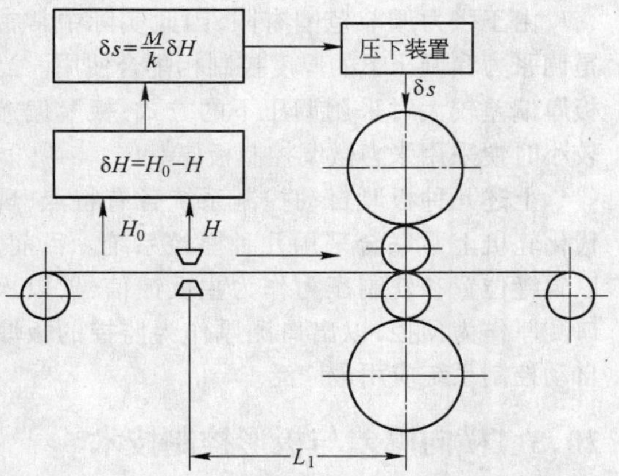

图 20-38 前馈式 AGC(以测厚仪为信号源)图示

$$\delta s = \frac{M}{k}\delta H \tag{20-83}$$

由于前馈式 AGC 系统属于开环控制，因此控制效果不能单独进行检查，一般是将前馈与反馈式厚控系统结合使用。

20.2.3.4 张力式板厚自动控制

在成品轧制道次，轧件的塑性系数 M 一般较大，此时靠调节辊缝控制厚度，效果往往很差，所以常采用张力 AGC 进行厚度微调。

张力 AGC 是根据精轧机出口侧 X 射线测厚仪测出的厚度偏差来调节带材上的张力，借以消除厚度偏差的板厚自动控制系统。张力调节通常通过调节轧制速度来实现，如图 20-39 所示。由 X 射线测厚仪测出厚度偏差后，通过张力控制器 TV 将控制信号传输给主电动机的速度调节器 SC。

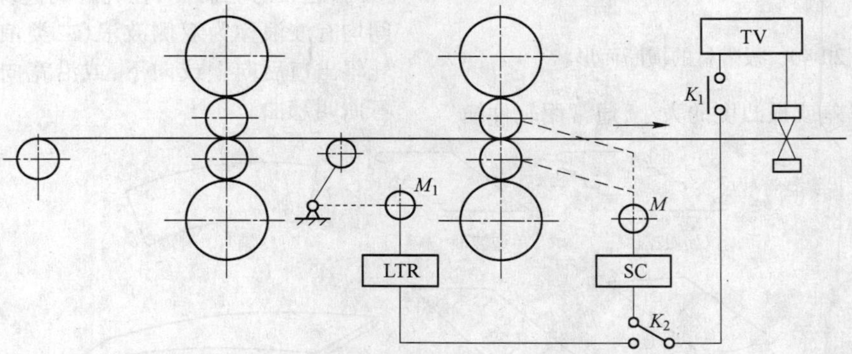

图 20-39 张力 AGC 图示

TV—张力微调控制器；M—主电机；SC—主电机速度调节器；

M_1—活套支持器的电动机；LTR—活套张力调节器

由于张力调节范围有限,因此实际中常常是调张力和调压下的厚度控制相配合使用。当板厚偏差较大时采用调压下的方式;板厚偏差较小时便采用张力微调控制板厚。

上述几种板厚自动控制系统各有特点,现代化轧机上常联合采用几种厚控系统。目前,以辊缝位置和轧制压力作为主反馈信号,以入口测厚作为预控,以出口测厚作为监控的板厚自动控制系统应用最广泛。

20.3 横向厚差与板形控制技术

20.3.1 基本概念

20.3.1.1 横向厚差

横向厚差,又称板凸度,是指板带沿宽度方向上的厚度差。横向厚差决定于板材横断面的形状,如图20-40所示。矩形断面的横向厚差为零,是希望的理想情况;梯形断面是一边厚一边薄,主要是由两边压下调整不当或轧件跑偏(不对中)引起的;而对称的凸形或凹形断面(多数情况是凸形断面)主要是由轧件沿横向的纵向延伸不均引起的。如果不考虑轧件的弹性恢复,则板材的横向厚差等于工作辊缝沿板宽范围内的开口度差。

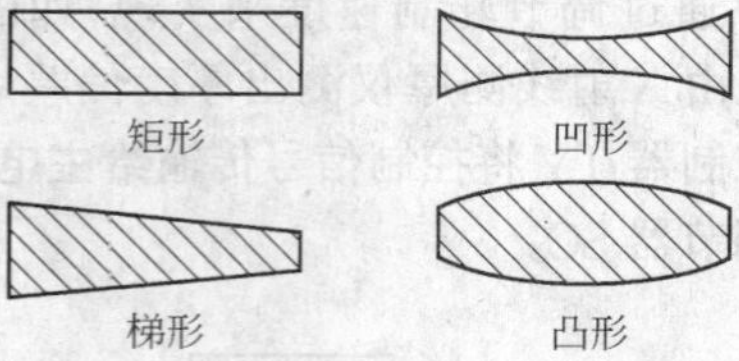

图20-40 板带材的横断面形状

横向厚差或板凸度的大小,通常用轧件横断面的中部高度 h_z 与边部高度 h_b 的差值表示,如图20-41所示,轧件轧后的横向厚差为:

$$\delta = h_z - h_b \tag{20-84}$$

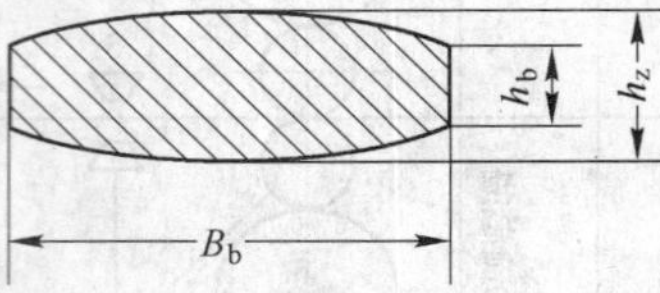

图20-41 板带材横向厚度差图示

对于凸形断面 δ 为正,凹形断面 δ 为负。生产中要使 δ 为零,即获得理想的矩形断面很困难,一般是根据要求将其控制在允许范围内。为了有利于轧件的稳定和对中,一般希望板材断面有稍许凸度,当然从技术上还是要求尽量减少这种断面的厚度差。

20.3.1.2 板形

板形是指板带材的平直度,即板带材是否产生波形、翘曲、侧弯即瓢曲等。板形的好坏取决于板带沿宽度方向上的延伸是否相等,而这一条件又由轧前坯料横断面厚度的均匀性和实际辊缝形状所决定。

波形是指板带材纵向呈起伏的波浪,有双边波浪、中间波浪、单边波浪等,如图20-42所示。当板带两边的延伸大于中部,则产生对称的双边波浪,反之则产生中间波浪;当两边的压下量不一致,则压下量(延伸)大的一边产生单边波浪或侧弯(镰刀弯);当波浪在轧件横向和纵向同时增大,板形凸凹形的轮廓呈椭圆或圆形时,通常称为瓢曲;在轧件两边缘与中心线之间均有波浪称为双侧波浪(二类浪);轧件离开轧辊出口后向上或向下,或沿宽向出现的弧形弯曲叫翘曲。

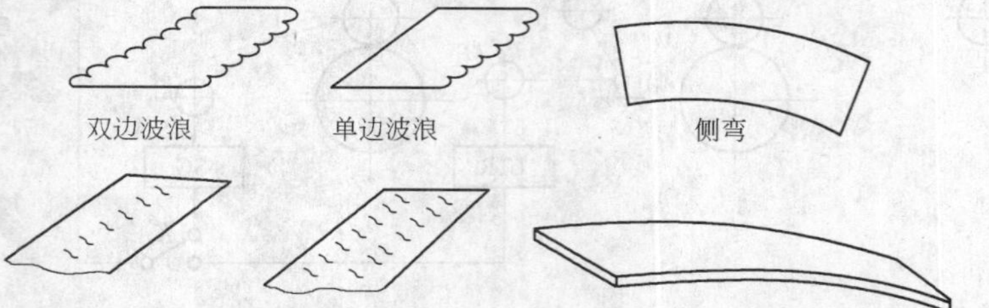

图20-42 板形缺陷示意图

板形缺陷是轧件沿宽向的纵向延伸不均而出现的结果。变形时，延伸大的部分产生附加的压应力，当此附加的压应力超过一定临界值时，则会出现类似于受压杆件失稳的情况，表现出该部分板材产生不同形式的弯曲，形成波浪、瓢曲等板形缺陷。沿宽向的纵向延伸越不均匀，轧件中产生的附加应力就越大，板形缺陷就严重，尤其是薄板带。

由此可见，为了获得良好的板形，轧制时必须保证轧件沿宽向各点的纵向延伸相等，或压下率相等。

20.3.1.3 板形与横向厚差的关系

设轧前板带边部的厚度为 H，中部的厚度为 $H+\Delta$，轧后其边部的厚度为 h，中部的厚度为 $h+\delta$，如图 20-43 所示。根据板形良好的条件，若忽略宽展，则中部的延伸应等于边部的延伸，即：

$$\frac{H+\Delta}{h+\delta}=\frac{H}{h}=\lambda$$

上式通过比例变换后得：

$$\lambda=\frac{H}{h}=\frac{\Delta}{\delta}\text{或}\delta=\frac{\Delta}{\lambda}\tag{20-85}$$

式中 λ——延伸系数；

Δ——轧前板材横向厚差；

δ——轧后板材横向厚差。

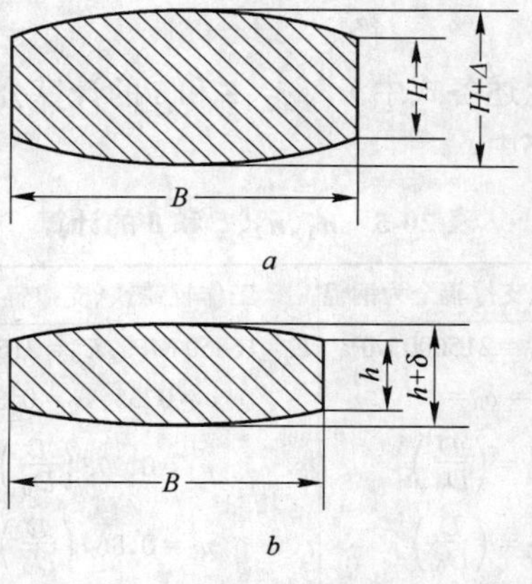

图 20-43 板带轧前轧后厚度变化

a—轧前；*b*—轧后

从式 20-85 可以得出这样一个重要结论：要想从原来就有横向厚差的坯料获得板形良好，同时没有横向厚差的产品是不可能的，产品的横向厚差只能与压下率成比例地减小，但不能完全消除。这是因为，板凸度控制是改变凸度（改变断面形状），而板形控制是要保持轧制前后横断面的相似性。可见，要使二者齐备，必须有较好的坯料精度。

生产中，热轧头几道次以控制横向厚差为主，因为此时轧件厚、刚性大、对不均匀变形造成的翘曲失稳的敏感性小，波浪很少见。随着轧制过程的进行，轧件逐渐变薄，板形的影响逐渐突出，此时应以控制板形为主，冷轧特别是板带既宽又薄时，对不均匀变形的敏感性很大，微小的延伸差就会引起板形的大幅度恶化。所以，冷轧尤其是冷轧薄板带时主要是控制板形。

20.3.2 轧辊辊型设计

板形的好坏和横向厚度精度，主要取决于轧制时的工作辊型和辊缝形状，故必须首先研究影响实际辊缝形状的因素，并据此对原始辊型进行合理的设计。

20.3.2.1 影响辊缝形状的因素

影响辊缝形状的因素很复杂，主要有以下几种：

(1) 轧辊的不均匀热膨胀。轧制时轧件变形功转化的热量、摩擦产生的热量以及高温轧件传递的热量等，使轧辊温度升高；冷却润滑液、空气以及与轧辊接触的部件等，使轧辊温度降低。轧制过程中，轧辊的这种受热和冷却条件沿轧辊断面和辊身长度的分布是不均匀的，一般情况下，辊身中部的温度高于边部，辊表面的温度高于辊中心的温度，结果使轧辊中部的热膨胀大于边部，形成热凸度，导致辊缝呈凹形形状。热凸度值 ΔR_t 可近似按下式计算：

$$\Delta R_t=K_T\alpha(T_Z-T_B)R\tag{20-86}$$

式中 T_Z、T_B——分别为辊身中部和边部的温度，℃；

R——轧辊半径，mm；

α——轧辊材料的线膨胀系数，钢辊 $\alpha=1.3\times10^{-5}$℃$^{-1}$，铸铁辊 $\alpha=1.2\times10^{-5}$℃$^{-1}$；

K_T——考虑轧辊中心层与表面层温

度不均匀分布的系数，一般 $K_T = 0.9$。

(2) 轧辊的磨损。工作辊与轧件、工作辊与支撑辊之间的摩擦会使轧辊产生不均匀磨损，结果影响辊缝的形状。由于影响轧辊磨损的因素太多(如轧辊的材质、辊面硬度和粗糙度、轧制压力和轧制速度、润滑及冷却条件)且是时间的函数，因此理论上计算很困难，只能靠大量实测来求得各种轧机的磨损规律，进而采取相应的补偿措施。

(3) 轧辊的弹性变形主要包括轧辊的弹性弯曲和弹性压扁。轧制时，单位压力沿辊身长度方向的分布是不均匀的，辊身中部大、边部小，所以轧辊的弹性压扁沿辊身长度的分布也是不均匀的，辊身中部压扁量大、边部小，结果使工作辊型凸度减小。在轧制压力的作用下，轧辊产生弹性弯曲变形，使辊缝的中部尺寸大于边部，形成凸辊缝形状，改变辊缝形状。

通常，轧辊的弹性弯曲挠度是影响辊缝形状的最主要因素。对于二辊轧机，辊身中部与辊身边缘的挠度差 f_p 可按下式计算：

$$f_p = \frac{P}{6\pi ED^4}\left[12aL^2 - 4L^3 - 4B^2L + B^3 + 15D^2\left(L - \frac{B}{2}\right)\right] \quad (20\text{-}87)$$

式中 P——轧制压力，N；

D——辊身直径，mm；

L——辊身长度，mm；

B——轧件宽度，mm；

a——轧辊两边轴承受力点之间的距离，mm；

E——轧辊材料的弹性模量，MPa。

对于四辊轧机，工作辊的弯曲挠度不仅取决于支撑辊的弯曲挠度，而且还取决于工作辊与支撑辊之间不均匀弹性压扁所引起的附加挠度。假设轧制时支撑辊和工作辊的实际辊型凸度为零，则工作辊和支撑辊的挠度关系由下式确定：

$$f_p = f_z + \Delta f \quad (20\text{-}88)$$

式中 f_p——工作辊的弯曲挠度；

f_z——支撑辊的弯曲挠度；

Δf——支撑辊与工作辊间不均匀压扁所引起的挠度差。

工作辊的挠度按下式计算：

$$f_p = \frac{A_0 + \varphi_1 B_0}{L\beta(1+\varphi_1)}P \quad (20\text{-}89)$$

支撑辊的挠度按下式计算：

$$f_z = \frac{B_0 + \varphi_2 A_0}{L\beta(1+\varphi_2)}P \quad (20\text{-}90)$$

式中 φ_1、φ_2、A_0、B_0——系数，分别按下式计算：

$$\varphi_1 = \frac{1.1n_1 + 3n_2\xi + 18\beta k}{1.1 + 3\xi}$$

$$\varphi_2 = \frac{1.1n_1 + 3\xi + 18\beta k}{1.1n_1 + 3n_2\xi}$$

$$A_0 = n_1\left(\frac{a}{L} - \frac{7}{12}\right) + n_2\xi$$

$$B_0 = \frac{3 - 4u^2 + u^3}{12} + \xi(1-u), \left(u = \frac{B}{L}\right)$$

工作辊与支撑辊间不均匀弹性压扁所引起的挠度差为：

$$\Delta f = \frac{18k(B_0 - A_0)}{1.1(1+n_1) + 3\xi(1+n_2) + 18\beta k} \quad (20\text{-}91)$$

式中 $k = \theta \ln 0.97 \frac{(D+D_0)L}{\theta P}$；

$$\theta = \frac{1-v^2}{\pi E} + \frac{1-v_0^2}{\pi E_0}$$

D、D_0——分别为工作辊和支撑辊的直径。

上述各式中 n_1、n_2、ξ 和 β 的计算公式列于表20-5中。

表 20-5 n_1、n_2、ξ 和 β 的计算

工作辊、支撑辊全为钢辊	工作辊铸铁、支撑辊锻钢
$E = E_0 = 215600$ MPa	$E = 16660$ MPa, $E_0 = 215600$ MPa
$v = v_0 = 0.3$	$v = 0.35$, $v_0 = 0.30$
$n_1 = \left(\frac{D}{D_0}\right)^4$	$n_1 = 0.773\left(\frac{D}{D_0}\right)^4$
$n_2 = \left(\frac{D}{D_0}\right)^4$	$n_2 = 0.864\left(\frac{D}{D_0}\right)^4$
$\xi = 0.753\left(\frac{D}{L}\right)^2$	$\xi = 0.674\left(\frac{D}{L}\right)^2$
$\beta = 34600\left(\frac{D}{L}\right)^4$	$\beta = 26700\left(\frac{D}{L}\right)^4$
$\theta = 0.263 \times 10^{-5}$	$\theta = 0.296 \times 10^{-5}$

20.3.2.2 轧辊辊型设计

由以上分析可知,由于轧制时轧辊的不均匀热膨胀、轧辊的不均匀磨损以及轧辊的弹性弯曲与弹性压扁,使空载时平直的辊缝在轧制时变得不平直了(凸或凹),致使板带的横向厚度不均和板形不良。为了补偿上述因素所造成的辊缝形状变化,需预先将轧辊设计成一定的原始凸度或凹度,使轧辊在工作状态时应能保持平直的辊缝。

在设计新轧辊的辊型曲线(凸度)时,主要是考虑轧辊的不均匀热膨胀和轧辊的弹性弯曲(挠度)的影响。

轧辊不均匀热膨胀产生的热凸度可近似按抛物线规律计算,即:

$$f_x = \Delta R_t\left[\left(\frac{2x}{L}\right)^2 - 1\right] = -\Delta R_t\left[1 - \left(\frac{2x}{L}\right)^2\right] \tag{20-92}$$

式中 f_x——距辊身中部为 x 的任意断面上的热凸度;

ΔR_t——辊身中部的热凸度值,按式 20-86 计算。

由轧制压力引起的轧辊挠度曲线也可近似按抛物线规律计算,即:

$$f_{px} = f_p\left[1 - \left(\frac{2x}{L}\right)^2\right] \tag{20-93}$$

式中 f_{px}——距辊身中部为 x 的任意断面上的热凸度;

f_p——辊身中部与边部的挠度差值,对二辊轧机按式 20-87 计算,对四辊轧机按式 20-89 计算。

将轧辊的挠度曲线与热凸度曲线叠加,即可得出轧辊原始辊型的凸度或凹度曲线,即:

$$C_x = f_{px} + f_x = (f_p - mR\alpha\Delta t)\left[1 - \left(\frac{2x}{L}\right)^2\right] \tag{20-94}$$

式中 Δt——辊身中部与计算断面的温度差,℃。

如果 C_x 为正值,说明轧制压力引起的挠度大于不均匀热膨胀产生的热凸度,原始辊型应磨削成凸度曲线;若 C_x 为负值,则相反,原始辊型应磨削成凹度曲线。

20.3.3 辊型及板形控制技术

原始辊型不能随轧制条件的改变而变化,而实际生产时的轧制条件是千变万化的,因此,轧制时必须根据不同的情况不断地对辊型和板形进行调整和控制,才能有效地补偿辊型变化,获得高精度产品。控制辊型的目的就是控制板形,故辊型控制技术实际就是板形控制技术,但后者的含义更广,它往往把板形检测以及许多旨在提高板形质量的新技术和新轧机都包括了进去。

20.3.3.1 调温控制法

调温控制法又称热凸度控制法,是人为地对轧辊某些部分进行冷却或加热,改变辊温的分布,以达到控制辊型的目的。实际中主要采用冷却液分段控制法,即通过对沿辊身长度方向上布置的冷却液流量和压力进行分段控制,改变各部分的冷却条件,进而控制轧辊的热凸度。如若轧件出现中间波浪,则说明凸度太大,此时应增大辊身中部的冷却液流量或减小辊身边部的冷却液流量,使辊身中部的热凸度减小;若轧件出现双边波浪,则与此相反。

调温控制法是辊型控制不可缺少的手段,对较复杂的局部波浪等也很有效。但由于轧辊本身的热容量较大,升、降温过渡时间较长,反应慢,而急冷急热又易损坏轧辊,因此,对现代高速轧机,单靠这种缓慢的调温控制法是不能满足要求的。

20.3.3.2 液压弯辊法

为了及时而有效地控制板带的横向厚差和板形,需要一种反应迅速的辊缝调整方法。利用液压弯辊技术,即利用液压缸施加压力使工作辊或支撑辊产生附加弯曲,以补偿由于轧制压力和轧制温度等工艺因素的变化而产生的辊缝形状变化。根据弯曲的对象和施加弯辊力的部位不同,液压弯辊技术可分为以下两种。

A 弯曲工作辊

弯曲工作辊又分为正弯辊和负弯辊两种方式。正弯辊时反弯力加在两工作辊瓦座之间(图 20-44a),使上、下工作辊轴承座受到与轧制压力 P 方向相同的弯辊力 F_1,结果是减少了轧制时工作辊的挠度,防止双边波浪。负弯辊时弯辊力加在两工作辊与支撑辊的瓦座之间(图20-44b),使工作辊轴承座受到与轧制压力P方向相反的弯辊力F_1,结果是增大了轧制时工作辊的挠度,防止中间波浪。正弯辊时,由于液压缸装在工作辊轴承座内,导致更换工作辊时拆装高压管路接头很不方便;负弯辊时,液压缸装在支撑辊轴承座内,无需拆装高压管接头,换辊方便,但当轧件咬入、抛出及断带时,为保持上辊平衡、防止轧辊产生冲击,液压系统需要切换。理想的弯辊方式是正弯辊与负弯辊并用,即采用所谓的工作辊综合弯辊系统,既有利于操作,又能扩大辊型调整范围,甚至用一种原始辊型就可以满足不同品种和不同轧制制度的要求。

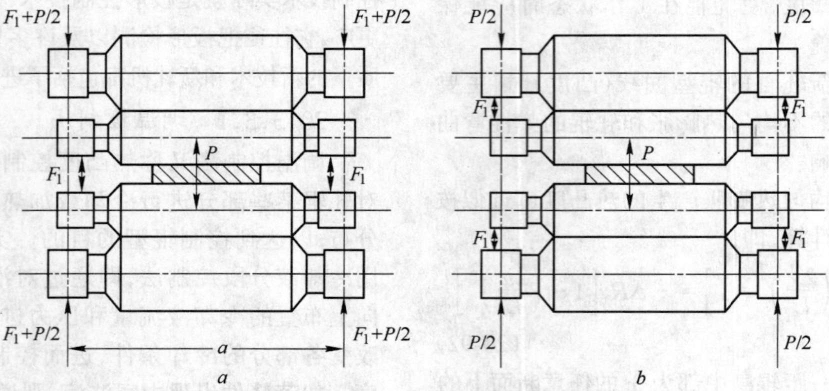

图20-44 弯曲工作辊的方法

a—减小工作辊挠度;b—增加工作辊挠度

B 弯曲支撑辊

弯曲支撑辊的弯辊力不是施加在轧辊轴承座上,而是施加在支撑辊轴承座之外的轧辊延长部分,如图20-45所示。这种结构的优点是可以同时调整纵向和横向厚度差,同时能得到较好吻合轧辊挠度(抛物线型)的辊型;缺点是轧机结构复杂而庞大,因为支撑辊的刚度比工作辊的刚度大得多,因此需要的弯辊力较大,大的正弯辊力会增加压下装置和机架的负荷与变形,引起纵向厚度变化。

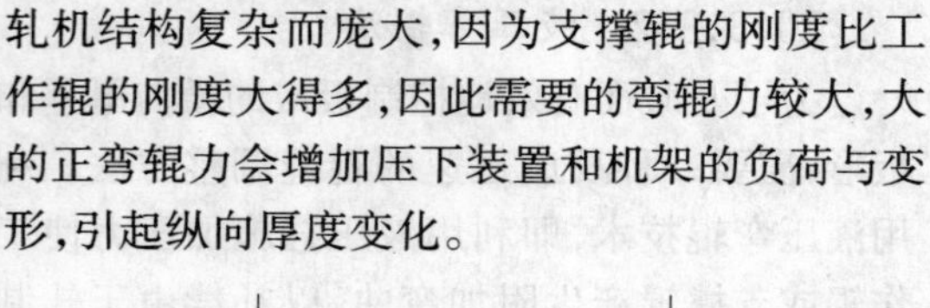

图20-45 弯曲支撑辊

由于支撑辊的弯曲刚度大,所以弯曲支撑辊主要适用于辊身长度L和辊径D_0比值较大的轧机。当$L/D_0 \geqslant 2$时,最好用弯曲支撑辊;当$L/D_0 < 2$时,一般用弯曲工作辊。弯辊力可用计算方法或参考经验数据选取,一般弯曲工作辊时的最大弯辊力约为最大轧制压力的15%~20%;弯曲支撑辊时的最大弯辊力约为最大轧制压力的20%~30%。

20.3.4 板形控制新技术和新型结构轧机

液压弯辊虽是一种无滞后的辊型控制的有力手段,但还有一定的局限性。首先,受液压油源最大压力的限制,很难完全补偿更换产品规格时需要做出的大幅度曲线变化;其次,弯辊控制对于轧制薄规格的产品,尤其是对于控制"二类浪"等的作用不大,有时还会影响所轧出板带的实际厚度。因此尽管液压弯辊技术已得到广泛应用,人们仍在不断研究开发能更有效地控制板形的新技术和新轧机,并取得了显著进展。

20.3.4.1 新型结构轧机

A HC轧机

HC(High Crown)轧机是高性能板形控制轧机的简称。该轧机是在普通四辊轧机的基础上,在支撑辊和工作辊之间安装一对可轴向移动的中间辊,而成为六辊轧机(图 20-46*b*),且两中间辊的轴向移动方向相反。

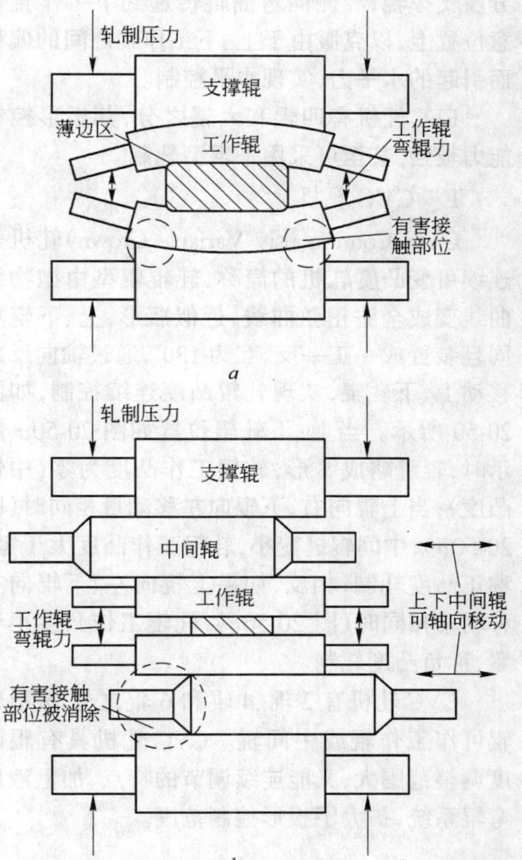

图 20-46 轧辊变形比较

a—一般四辊轧机;*b*—六辊轧机

如图 20-46*a* 所示,一般四辊轧机,其工作辊和支撑辊之间的接触部分在板宽之外形成一个有害的弯矩,使工作辊弯曲,最终影响板形。另外,有害弯矩抵消了相当一部分弯辊力的作用,结果阻碍了液压弯辊效果的发挥。实践表明,采用双阶梯或双锥度支撑辊,使工作辊与支撑辊在板宽之外的区域脱离接触,可消除或减少有害弯矩的影响,但支撑辊长度不能随板宽改变而变化,实际应用受到限制。基于这种认识,通过反向移动上、下中间辊,将工作辊与支撑辊的接触长度调整到与板宽相近,可以消除有害弯矩的影响,由此而设计了 HC 轧机。

HC轧机的优点是:(1)轧机的横向刚度大,板形稳定性好。当中间辊调到适当位置时,工作辊的挠度不受轧制力变化的影响,轧机的横向刚度相当于无限大,因此板形稳定性好。(2)板形控制性好。因为工作辊的一端是悬臂的,所以用很小的弯辊力就能明显地改变工作辊的挠度,使板形和板凸度发生明显的变化。此外,由于中间辊可轴向移动,使同一轧机上能控制的板宽范围扩大。(3)HC 轧机具有上述两种调整手段,可使原始辊凸度减小甚至采用平辊,因此减少了磨辊和换辊次数,降低辊耗。(4)轧机的生产率和产品的成品率高。由于压下量不受板形限制,因此可实现大压下量少道次轧制,减少或取消中间退火。此外,还减少板边变薄及裂边,使切边损失少。

实际中,通常移动中间辊实现粗调而弯辊实现微调。

B 双轴承座工作辊弯曲装置(DC-WRB)

DC-WRB 与单轴承座工作辊弯曲装置(WRB)相比,其主要区别是每侧使用两个独立的轴承座(图 20-47),内轴承座主要承受平衡力,外轴承座承受弯辊力,且分别进行单独控制。这种结构的优点是:(1)因为内、外轴承座分开,弯辊力独立调整,所以提高了板形控制能力,延长了轴承的使用寿命;(2)外侧轴承用于弯辊,弯曲力臂大,而且外侧辊颈小,能采用厚套轴承,承载能力大,可增大弯辊效果;(3)内轴承座主要承受平衡力,以保证轧辊平衡,操作方便,使用正负弯辊,能保证轧制过程稳定;(4)与 WRB 相比,板凸度控制能力扩大 2.5 倍,板形控制范围增大了 3.5 倍,容易实现现有轧机的改造。

C VC 轧机

VC(Variable Crown Mill)轧机是轧辊凸度可瞬时改变轧机的简称。如图 20-48 所示,可变凸度轧辊是一种组合式轧辊,由芯轴和轴套装配而成,芯轴和轴套之间有一液压腔,腔内充以压力可变的高压油。随轧制过程工艺条件的变化，不断调整高压油的压力改变轧辊的膨胀量(轧辊凸度)，以获得良好的板形。

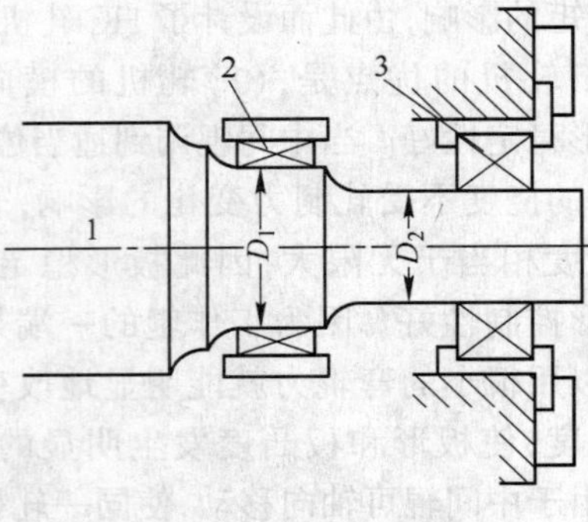

图 20-47 DC-WRB

1—工作辊；2—主要承受径向负荷的轴承；
3—承受径向、侧向负荷的轴承；
D_1—粗直径辊颈；D_2—细直径辊颈

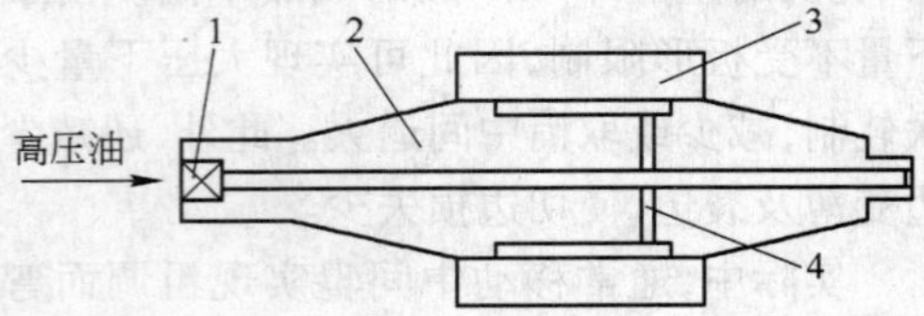

图 20-48 VC 轧辊结构示意图

1—回转接头；2—芯轴；3—辊套；4—油沟

VC 轧辊可用于二辊轧机的工作辊和四辊轧机的支撑辊，适于冷、热轧。它不仅控制板凸度能力较大，与液压弯辊配合，还可以控制较复杂的板形缺陷。

D FFC 轧机

FFC(Flexible Flatness Control Mill)轧机是平直度易控制轧机的简称，具有垂直、水平方向控制板形功能。如图 20-49 所示，如果产生中间波浪或双边波浪，由上工作辊 2 和中间支撑辊 4 之间的液压弯辊装置控制；其他板形缺陷通过侧弯系统控制。侧弯系统是用分段支撑辊 6，通过侧向弯曲辊 5 在水平面内弯曲下工作辊 3 来完成的。分段支撑辊由装在同一轴上的六个轧辊组成，其轴上安装液压缸 7，侧弯力通过分段支撑辊，经侧向弯曲辊传递到下工作辊任意位置上，以克服由于上、下工作辊之间的偏移而引起的水平力，实现水平控制。

FFC 轧机有四辊和六辊之分，其板形控制能力较强，甚至可采用平辊型轧制。

E CVC 轧机

CVC(Continuously Variable Crown)轧机是连续可变凸度轧机的简称，轧辊辊型由抛物线曲线变成全波正弦曲线，近似瓶形，上、下辊相同且装置成一正一反，互为 180°，通过轴向反向移动上、下轧辊，实现轧辊凸度连续控制，如图 20-50 所示。当上、下轧辊位置如图 20-50*a* 所示时，辊缝略成 S 形，轧辊工作凸度为零(中性凸度)；当上辊向右、下辊向左移动量相同时(图 20-50*b*)，中间辊缝变小，轧辊工作凸度大于零，称正凸度轧制；相反，如果上辊向左、下辊向右移动量相同时(图 20-50*c*)，轧辊工作凸度小于零，称负凸度轧制。

CVC 轧机有 2 辊、4 辊和 6 辊之分，S 形轧辊可作工作辊或中间辊。CVC 轧机具有辊凸度调整范围大，又能连续调节的特点，加上液压弯辊系统，扩大了板形控制范围。

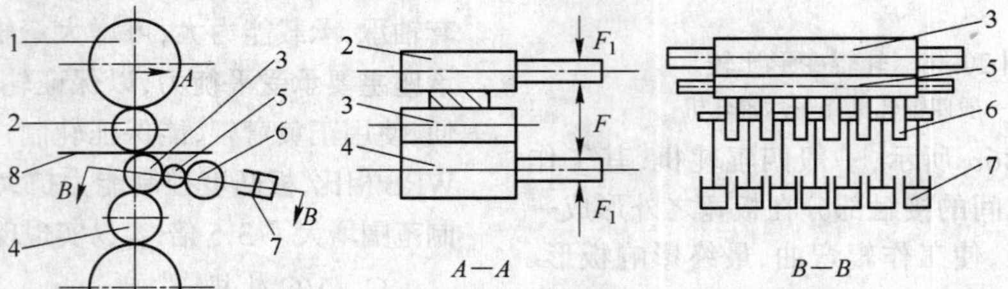

图 20-49 FFC 轧机控制结构简图

1—支撑辊；2—上工作辊；3—下工作辊；4—中间支撑辊；5—侧向弯曲辊；
6—分段支撑辊；7—液压缸；8—轧件

此外，在 HC 轧机基础上，除中间辊轴向移动外，还增加了工作辊的水平调节，以及中间辊的正负弯曲装置，发展了水平、垂直控制的HC轧机，称HVC轧机。还有通过控制轧制时力矩分配的方法，控制工作辊水平弯曲的新型轧机，即泰勒(Taylor)轧机等。

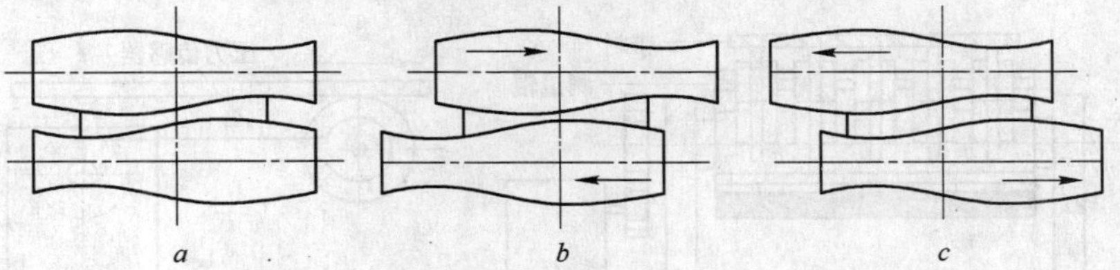

图 20-50　连续变化的辊凸度(CVC轧机)
a—中性凸度；b—正凸度；c—负凸度

20.3.4.2　张应力分布控制板形

张应力分布控制板形是通过控制张应力沿板宽的分布，进而促使金属纵向延伸均匀来改善板形的。实验表明：前张应力比后张应力的不均匀分布对板形影响更大，且发现控制辊(TDC)作用在带材边部比作用在中部更容易造成张应力不均匀分布。基于上述结论，日本首先应用了TDC新技术，安装的TDC装置结构如图20-51所示。图中控制辊可垂直升降和倾斜，升降高度和倾斜角度分别由下面和上面的两液压缸控制，TDC辊装在带材边部，且靠带材的摩擦作用转动。根据板形检测装置输出的不同信号，通过调整TDC辊的提升高度和倾斜角度对带材边部施以不同的力，从而改变出口张应力沿板宽的分布，达到控制板形的目的。该装置与液压弯辊相配合板形控制能力很强。

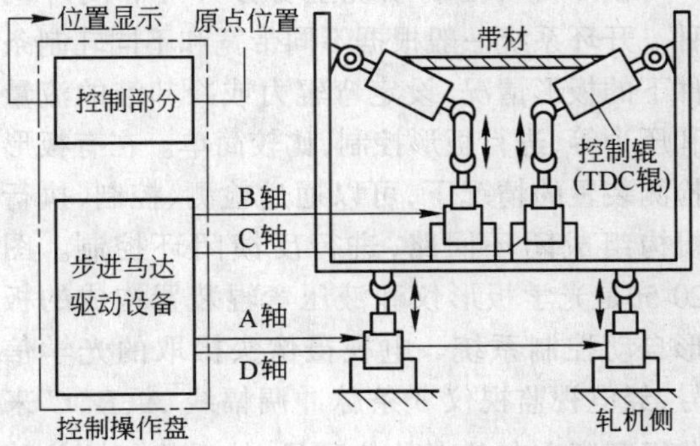

图 20-51　张应力分布控制装置图示

实践表明，在出口侧安装TDC装置控制板形的效果比一般液压弯辊大2～3倍。应用该装置使液压弯辊的效果增大，改变倾角和提升高度控制灵活，可控区域比液压弯辊宽。可见，张应力分布控制是一种有发展前途的板形控制技术。

20.3.5　板形检测与板形自动控制简介

20.3.5.1　板形检测

板形检测装置的形式很多，但按带材与板形检测仪的位置关系可分接触式和非接触式两类。下面简单介绍3种板形检测方法。

A　辊式测张法

因为带材内的张应力沿板宽的分布与带材的纵向延伸有关，因此通过测量沿板宽张应力分布的大小即可测出板形情况。辊式测张法属接触式，有多段组合张力辊和压磁式板形检测仪两种。多段组合张力辊板形仪(图20-52)由多个测量辊组成，在每个测量辊悬臂上装有压力传感器。当轧出的带材通过测量辊时，压力传感器便测出沿板宽的张应力，即测出了板形。

压磁式板形仪(图20-53)由一个与轧辊辊身长度相等的测量辊作为测量部分，在测量辊上沿周向刻有若干个均匀分布的通环槽，槽内装有压磁式压力传感器，外面用钢环套上。当带材绕过测量辊时，沿宽向延伸不同所引起的张应力不均将被压力传感器测出，即测出了板形。

B　透磁率法

透磁率法属非接触式(图20-54)，其检测对象也是带材中的张应力。因为带材张应力分布不均会引起磁性材料的磁导率发生变化，故利用导磁性的变化可以测出带材中张应力的变化和分布，测定带材的板形。其装置由上下一组成对探测头构成，上探测头为励磁线圈，下探测头为感应线圈。磁通通过被测带材时，感应线圈的输出电压是带材所受张应力的函数，因此根据输出电压的大小即可测定板形。

这种测量方法只能用于具有导磁性能的金属。

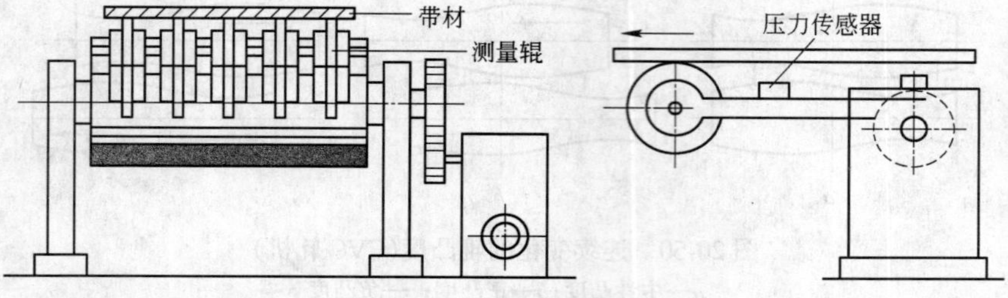

图 20-52　多段组合辊板形仪

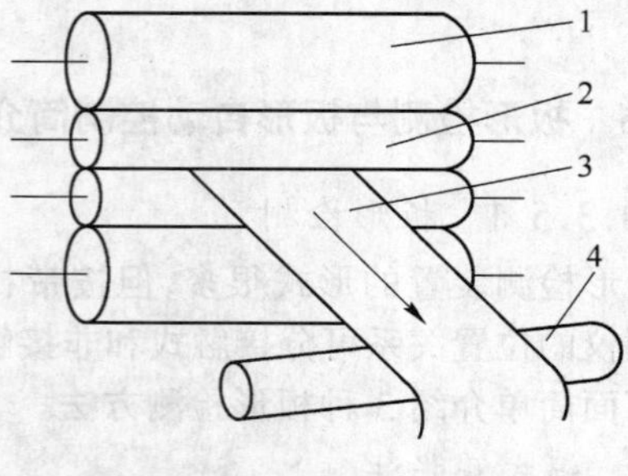

图 20-53　压磁式板形仪

1—支撑辊；2—工作辊；3—带材；4—测量辊

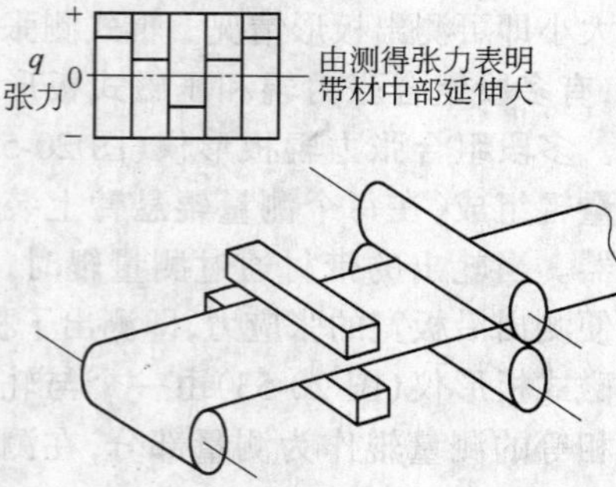

图 20-54　非接触式磁力板形仪

C　棒状光源法

棒状光源法是一种利用光学原理测定板形的方法。当不带张力或小张力轧制时，板形缺陷能直接反映在板面上，因此可用直接观测波形的方法测定板形。如图 20-55 所示，棒状光源法是利用电视摄影机摄取棒状强光源在板面上形成的条状映像，它的形状反映了板形的情况。当带材平直时（图 20-55*a*），其反射后形成的虚像为水平线；当带材出现中波浪时（图 20-55*b*），成像在对应中波的位置上发生凸起或凹入；当带材产生边部波浪时（图 20-55*c*），在对应位置上的成像发生向上或向下弯曲。带材波形越高，则成像偏离正常位置越大，虚像的位移量与带材不平度成正比。

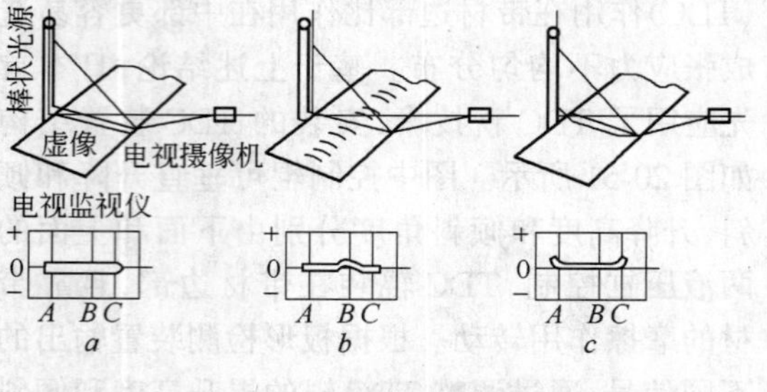

图 20-55　光学式板形检测装置的原理

a—平直；*b*—中波；*c*—边波

20.3.5.2　板形自动控制简介

板形自动控制系统主要分开环和闭环两种。开环系统一般根据不同带宽和不同轧制条件下的板形情况，设定弯辊力或冷却液的流量和压力等，进行板形控制，比较简单。在有板形检测装置的情况下，可以通过检测、控制、执行机构组成闭环回路，进行反馈闭环控制。图 20-56是光学板形仪和液压弯辊装置构成的板形自动控制系统。电视摄像头摄取的光学信号，经电视监视仪 3 条脉冲调幅线 *A*、*B*、*C* 来监视宽度方向各点的位移量，然后将相应位移量输入到相应的积分器中，经过运算放大在板形指示仪表及记录器上给出定量的板形值。将此信号送入弯辊控制系统，其伺服阀根据检测信号控制液压缸的压力，调整弯辊力使轧辊发生正弯或负弯，从而控制板形。为了消除弯辊力对板厚的影响，同时配备压下修正系统对厚度进行补偿，以充分发挥液压弯辊的板形控制能力。

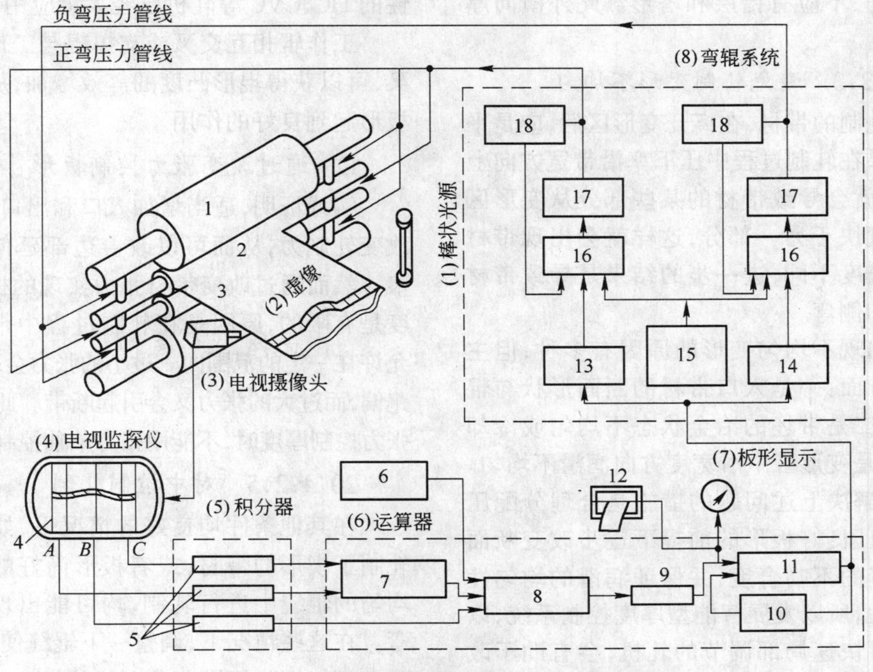

图 20-56　光学式板形检测装置的自动控制系统

1—支撑辊；2—工作辊；3—带材；4—取样线；5—积分器；6—板形设定；7—运算放大器 $1/2(A+C)$；8—运算放大器 $1/2(A+C)-B$；9—存储器；10—积累存储器；11—运算放大器；12—记录器；13—正极性运算；14—负极性运算；15—弯辊力设定；16—伺服控制；17—伺服阀；18—压力传感器

20.4　侧弯与对中控制技术

板带材生产，总是希望产品有良好的表面质量，较小的厚度公差以及良好的板形。板形不良即意味着板形出现了波浪或折皱。对热轧产品而言，即是指带材断面形状出现了不规则。当带材经轧制后出现纵向中心线不成直线时，即出现了横向弯曲。这些弯曲呈现弧形或蛇形，有时也称为侧弯、旁弯或镰刀弯。

20.4.1　侧弯产生的原因

产生侧弯的原因有很多，在不同的轧制阶段原因不尽相同。对于热轧，主要的原因有：坯料的尺寸公差及组织的不均匀性、加热温度不均匀、轧制中心线偏移、轧辊的水平调整不良、两边压下量的调整偏差、轧制中的冷却不均等。对冷轧而言，主要有来料的尺寸、轧制中心线、轧辊调整不良及变形不均匀等。此外残余应力的影响也不可忽视。当带材纵向应力不均时，或者带材带有荷叶边或中部浪瓢时，这些带材在经纵剪后多数会出现侧弯。

20.4.2　解决侧弯的有效途径

20.4.2.1　机械设备精度的保证

对轧制板带材来说，良好的机械设备精度，是控制良好板形的基础。这些精度的关键因素有：轧制中心线的偏移要小，轧辊的水平度调整要精确，各传动辊、偏导辊的平行性要好，开卷、卷取卷筒中心线与轧辊的平行性要好。对热轧来说，良好的辊道精度与传动性能也是防止板带跑偏和侧弯的有力保证。

20.4.2.2　对来料的控制

无论是热轧，还是冷轧，均应对上道工序的来料提出严格的要求。如果是热轧坯料，首先应保证断面尺寸的均匀和一致，尤其是要避免断面呈楔形；其次要保证内部组织的均匀和加热的温度均匀。如果是冷轧带材，主要是保证来料要卷齐、不应有错层和塔形。此外横向厚差要小。

20.4.2.3 避免轧制变形不均匀

经过轧制的带材，在离开变形区后，应是平坦的。如果在轧制过程中压下率沿带宽方向上分布不均，就会导致带材的某些部分从变形区出来的速度快于另一部分，这样就会出现带材各部分的长度不同，进一步的结果是导致带材出现瓢曲和侧弯。

带材出现不均匀变形的原因有多种，但主要有三个方面：一是入口带材的断面形状与辊缝不吻合；二是带坯的冶金状态不均匀或冷却不均匀；三是变形区中沿宽度方向润滑不均匀。

所以，解决上述问题的措施是合理分配压下率，在保证良好板形的前提下逐步改变断面形状与辊缝的不吻合度，并保证润滑的均匀性和可调整性，所以发展智能型厚度控制系统，以及冷却液可快速局部调节的轧机，会有助于改善上述问题。

20.4.2.4 加强板形控制

A 弯辊控制

弯辊控制分为工作辊弯辊和支撑辊弯辊。从控制效果讲，工作辊弯辊对板形的控制效果更直接。由于工作辊与支撑辊间的压扁以及弯曲抗力的联合作用，支撑辊的辊形对带材的影响受到了削弱。

弯辊控制是通过调节轧辊的凸度来对板形产生影响。有增加凸度和减少凸度两种形式，即所谓的正弯曲（增大轧辊凸度）和负弯曲（减小轧辊凸度）。正弯曲的目的是为了调整边部浪形，负弯曲的目的是为了调整中部延伸。

B 改变冷却和润滑

改善轧制润滑时，比如减小了轧件与轧辊的有效摩擦系数，为完成一定压下率所需的轧制压力就会减少。对轧辊来讲，可增加有效凸度。

使用轧制润滑剂与冷却剂时，通过调节喷射量可以改变轧辊的冷却，从而可以实现辊形控制。

C 轧辊交叉与横移

通过轧辊横移可扩大凸度的控制范围，有效地减少带材横断面上的边部减薄。具有代表性的HC、CVC等轧机已经大量应用在生产中。

工作辊相互交叉或支撑辊与工作辊相互交叉，可以获得辊形凸度的等效增加，从而对控制板形起到良好的作用。

D 通过改变张力控制板形

实践证明，适当增加入口和出口张力，可以改变轧制力，从而可以改善边部延伸过大或边浪。然而通过改变带材张力实现的板形控制程度是有限的，原因是在轧制过程中带材张力只允许在一定的范围内。过小的张力会引起带材的跑偏，而过大的张力又会引起断带。此外，当采取张力控制厚度时，不能用张力单独控制板形。

20.4.2.5 对中控制轧制

在其他条件均良好的情况下，如果辊缝中轧制了楔形的带材，或者板形尚好的带材在不均匀的辊缝中进行轧制，均可能出现带材的侧弯。在这些情况下，调整一下辊缝使带材对中，通常可能解决问题。所以热轧机一般都带有导尺等装置，以尽可能使轧制板坯对中。而冷轧机则会采取手动或自动对中装置确保带材对中。这种装置也是获得到整齐成卷带材的有效手段。

20.4.3 对中控制技术

由于现代板带材生产设备都朝着高速化、高效率及自动化方向发展，对中控制技术也得到了普及应用和快速发展。由于功能和用途的不同，对中控制装置有多种形式。从用途上来分，主要分为上卷对中、喂料对中和带材自动对中。

20.4.3.1 上卷对中

随着轧机等机组生产率及自动化程度的提高，要求上卷及卸卷时间尽可能缩短，并实现上卷过程的自动化操作。这些主要体现在上卷小车的控制上，包括上卷高度对中——控制卷材的升降高度使卷内孔对准开卷机卷筒和上卷横向位置对中——保证上卷位置在机列中心。

实现上卷对中的方式主要有两类：一类是上卷小车的升降和横移带有位置检测和反馈装

置，通过检测卷材的状态（包括卷外径、内径、宽度、放置位置）先计算出小车的各位移给定量，然后再自动控制小车移动到要求的位置，运行的结果是自动将卷材内孔对准卷筒中心，以及将卷材移动到卷筒的中心位置，完成自动上卷，并使料卷宽向中心与轧辊宽向中心一致。另一类是上卷小车虽不带移动量的检测和反馈装置，但在特定位置设有检测装置。当卷材高度符合要求时，就会停止升降，而横移位置达到要求时就停止横移，从而通过一组顺序动作而实现对中上卷。

20.4.3.2 喂料对中

由于喂料时的对中性会影响后续的运行过程，所以在喂料时应保证料头的对中。在轧制时坯料在进入轧辊前要通过机械机构（如导尺、侧导装置等）使带材（坯）对中。

20.4.3.3 带材自动对中控制

在冷轧以及其他带材处理设备上，为保证带材严格处于机列中心，一般设有开卷自动对中装置。当机组运行线路较长时，为了防止带材在运行中跑偏，还设有中间自动对中控制装置，统称为自动对中控制，简称 CPC。

开卷控制是通过浮动的开卷机的横向移动来控制带材的中心，从而使带材的中心线和机列中心线保持一致。

图 20-57 是一个典型的开卷 CPC 装置的示意图。它的基本原理是：检测装置从一个参考位置测量得到带材位置的偏差值，然后控制驱动开卷机的液压缸做相应的移动，从而使开卷后的带材准确回到预先给定的中心位置上。

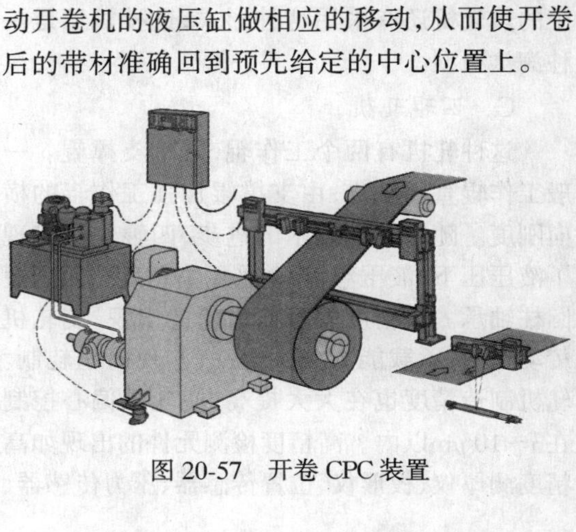

图 20-57 开卷 CPC 装置

常见的 CPC 系统有气液和光电液伺服控制系统，两者的工作原理基本相同，其区别仅在于检测器和伺服阀不同。前者为气动检测器和气液伺服阀，后者为光电检测器和电液伺服阀。近年来又发展出一种电电液伺服控制系统。与光电液伺服系统的不同仅在于采用电感式或电容式检测器取代光电检测器。电液控制系统的优点是信号传输快，电反馈和校正方便，检测器的安装位置也比较灵活。气液伺服系统的最大优点是系统简单且不怕干扰，缺点是气动检测器的开口较小，安装受到限制，且气信号的传输较慢，近年来除某些特殊场合以外很少采用。电感式或电容式检测器对环境的适应性更强，生产维护的工作量大大减少。

设在机组中间的 CPC 装置则是通过纠偏辊来实现带材的对中控制的。专业的 CPC 装置供应商如 EMG 公司等为适应不同部位的对中控制已研究出多种纠偏辊，包括夹送辊式、双辊式、单辊式等多种纠偏辊，如图 20-58 ~ 图 20-60所示。

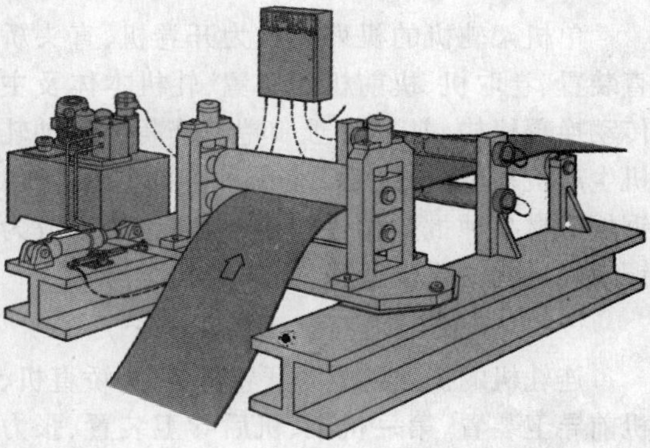

图 20-58 夹送辊式 CPC 装置

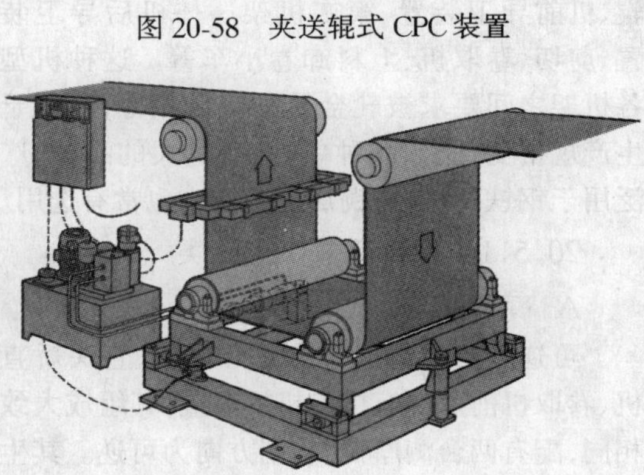

图 20-59 双辊式 CPC 装置

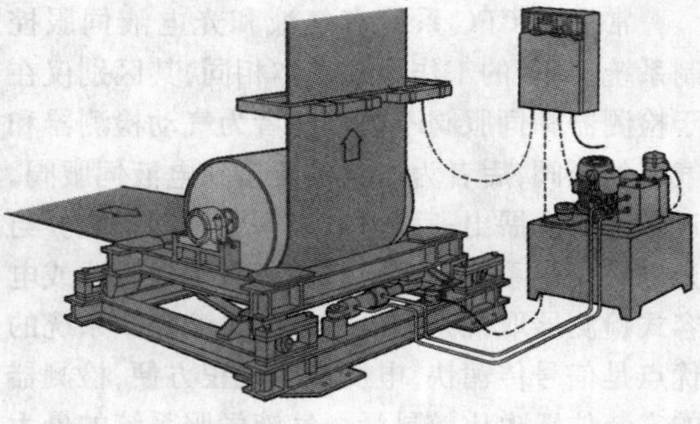

图 20-60　单辊式 CPC 装置

20.5　板带轧机的选择

20.5.1　轧机的类型、结构和特点

轧机有很多种类型，对各种金属而言有其相同的一面，又有其各自的特点。轧机分类，各种金属的轧机大致相同。相对于钢铁轧机和铝带箔轧机，铜轧机有其独特的一面，其分类形式如下。

20.5.1.1　按轧机组合形式分类

A　单机架轧机

单机架轧机的机列组成为开卷机、直头矫直装置、卷取机、机前机后装置、轧机本体及主传动换辊机构、剪切机、上卸卷小车等。这种轧机生产机动灵活，适用于多品种小批量的生产。铜加工材品种批量相对较小，因此单机架成为铜带轧机的主要机型。

B　连轧机(二连轧、三连轧……)

连轧机的机列组成为开卷机、直头矫直机、机前导卫装置、第一机架、机后导卫装置、张力辊、机前导卫装置、第二机架……机后导卫装置、剪切、卷取机、上料卸卷小车等。这种机型各机架之间要求被轧金属秒流量相等，适用于生产规格变化少、品种单一、产量大的品种，广泛用于钢铁轧机，在铜加工企业中也常有选用。

20.5.1.2　按运转形式分类

A　可逆轧机

可逆轧机的组成特点是开卷机、直头矫直机、卷取机前后都有机前机后装置，其组成大致相同，配有两台测厚仪，轧制方向为可逆。其生产特点是料卷开卷后，料就在前后卷取机上可逆卷取，轧机可逆轧制，直到需要退火或达到产品厚度要求为止。其特点是生产效率高，减少了上卸卷次数，辅助时间短，是铜轧机最常用的一种形式。

B　不可逆轧机

不可逆轧机的组成为开卷机直头送料、机前装置、轧机为不可逆，机后装置一般配有一台测厚仪、卷取机、助卷器及上卸卷小车等。其生产特点是，料卷在开卷机上开卷后轧制一道次后即卷取卸卷。轧机一般配有料卷返回机构，这种生产形式可将料卷分组，如五卷一组，即轧完五卷后才调整压下量，可使几卷料厚度公差很接近，这种形式用于轧制数卷焊接合成长卷的料较好，而且对于短料轧制其料头料尾损失小。铜带粗轧机有时也采用这种形式。铝轧机由于料卷较长和金属特性要求，多用不可逆轧制形式。

20.5.1.3　按轧机轧辊数分类

A　二辊轧机

轧机只有两个工作辊，没有支撑辊，轧辊要承受扭矩又要抵抗弯矩，因而轧辊直径一般都比较粗。多用于热轧机、开坯轧机等。其结构简单、质量轻。二辊要加液压弯辊时结构太复杂，故很少采用。其生产辊型主要靠磨辊来保证，一般不能进行调整。

B　三辊轧机

轧机有三个工作辊和摆动升降台，在轧机不可逆的情况下，可实现可逆轧制。这种轧机控制系统简单、精度差，目前一些小型铜加工厂中的热轧机还有采用这种形式，这种机型是一种淘汰机型。

C　四辊轧机

这种轧机有两个工作辊，两个支撑辊。一般工作辊直径较小，由支撑辊加强工作辊的横向刚度。随着科学技术的进步，四辊轧机实现了液压压下、液压弯辊，并采用高精度的四列短圆柱轴承。高精度硬齿面齿轮的出现，使轧机传动精度、承载能力大大提高，实现高速轧制。轧机制造精度也在大大提高，使轧辊偏心控制在3～10 μm以内。高精度检测元件的出现如高精度测厚仪、板形仪、位置传感器、压力传感器、伺服阀等，使控制精度大大提高，因此使四辊轧机成为现代化全液压高精度轧机，进而成为生产高精度铜带的主要设备。

D 六辊轧机

轧机有两个工作辊，两个中间辊，两个支撑辊。增加了两个可抽动的中间辊，强化了辊型调节的效果，其机型有CVC、HC、UC等，使宽带横断面公差、板形有很大的提高，使平辊轧制成为可能。这是一种新机型，其发展前途很好。

E 多辊轧机

由于轧制最小厚度与轧辊直径的比有一定的要求，故轧制箔材时工作辊直径很小，仅采用上部支撑已不够，为防止侧弯，其侧面也需要支撑，故形成多个支撑辊，使小工作辊轧制成为可能。其优点是：轧制力小，需要轧制力矩也小，如二十辊、十二辊等，其设备质量仅为四辊轧机的1/3，其电机也大大减小，最大缺点是要求制造精度高、结构复杂、维修困难。虽然有这些缺点，但目前的加工维修水平已可以满足要求。所以这种机型是生产箔材不可替代的机型。多辊轧机也包括如偏八辊、十六辊等。

20.5.1.4 按用途分类

用于铸锭热轧的轧机为热轧机；用于粗轧和冷开坯的轧机为粗轧机；用于精轧出成品的薄带轧机为精轧机；用于改善板形的大直径的轧机为平整机，有色金属加工很少采用此种轧机。因下面将分别叙述这里就不再详述。

20.5.2 热轧机

铜带产品大部分为窄带，带宽一般均小于450 mm，多用于电气元件。随着科学技术的进步，铜带应用范围的扩大，宽带的应用也有所增加，如变压器带最宽要到1250 mm，装饰用铜板带也在增加。所以最近世界上连续出现生产1250 mm带宽的轧机，我国目前也开始制造生产1250 mm带宽的轧机。但与铝材、钢材轧机比，其宽度还是较窄。

为了给粗、精轧机提供大的卷重，铜热轧机要实现大锭轧制。这给热轧提出了新的要求，最主要就是使带坯温降控制在允许范围内。一般金属终轧温度为550～780℃。为了使终轧温度满足要求，开轧温度也要相应地提高。根据合金成分不同，一般在780～980℃。这就对加热炉温度控制提出了较高要求，铸锭温差尽量小于5～10℃。为了获得大卷重，铸锭厚度一般加厚到200～250 mm。这种铸锭热轧头几道次因铸锭很厚再加上变形热，温降不大。但最后几道次，由于散热面积加大，带坯长达100多米，头尾温降也会很大。这时轧制力矩不大，但轧速要尽量高，以减少温降时间，因而使热轧速度提高到250 m/min。对于淬火料温度控制更严格，终轧温度要求达到700～780℃，当然这时铸锭大小可适当减小。

20.5.2.1 现代化热轧机的要求

现代化热轧机的要求如下：

(1) 轧机要有足够大的轧制力与强有力的轧制力矩，要能使厚度为200～250 mm厚的铸锭经9或7道次轧制，可将带厚轧到15 mm左右的能力；

(2) 为了达到足够大的卷重，其卷重的大小以每毫米带宽质量的千克数来计算，一般要达到8～17 kg/mm。这实际上是对带长的要求，冷轧机没有足够长度的带坯，就不能满足现代化冷轧机，即自动化生产线对带长的要求；

(3) 框架材料的出现，要求热轧料要能够实现在线淬火、在线冷却的功能，这就对铜的热轧机提出了新的工艺要求；

(4) 应具有快速准确的电动压下和精确的液压微调系统，可实现厚度自动控制、给定需要的辊缝、轧机调偏与卸荷。电动压下螺丝最好添加长行程传感器，也可采用光电码盘，并要求压下调节在3 s内完成；

(5) 轧制过程中最好不要将大量的乳液或水直接落在铸锭上，以减少温降，但又要对轧辊起到润滑作用。同时乳化液或水要加热，以防急冷急热，造成轧辊表面龟裂；

(6) 可生产卷材也可生产板材；

(7) 可实现在线双面铣或线外铣面。

20.5.2.2 热轧机组成与结构

铜带热轧机多为二辊可逆热轧机，四辊用于高强度铜合金热轧，三辊劳特式热轧机现已很少采用。

A 热轧机的组成

热轧机的组成包括：可逆主轧机、轧边辊或立辊、机前机后推床、上料小车或上料机构、辊道、在线淬火装置、在线冷却装置、剪切机、垛板装置、三辊卷取机、卸料装置等。

B 热轧机的结构

a 可逆主轧机

可逆主轧机的结构组成如下。

(1) 轧机本体：

轧辊：轧辊是工作机座的主要部件。板带轧机的轧辊呈圆柱形。热轧板轧辊的辊身微凹，当热轧膨胀时，可保持较好的板形。如图20-61、图20-62所示。

轧辊由辊身、辊颈和轴头三部分组成，辊颈安装在轴承中，并通过轴承座和压下装置把轧制力传给机架。轴头与万向节轴相连，传递轧制力矩。

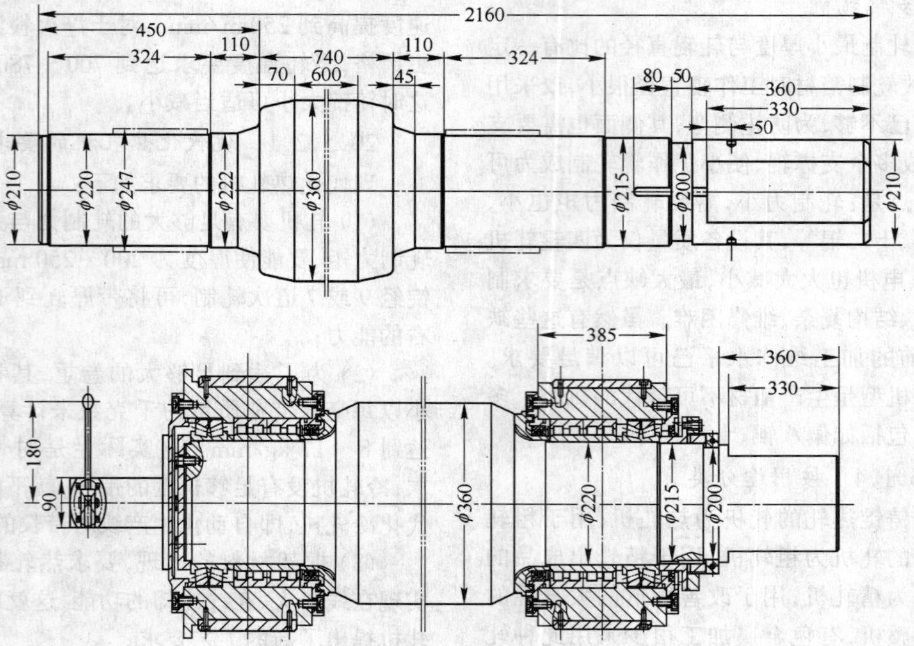

图 20-61 工作辊装配图

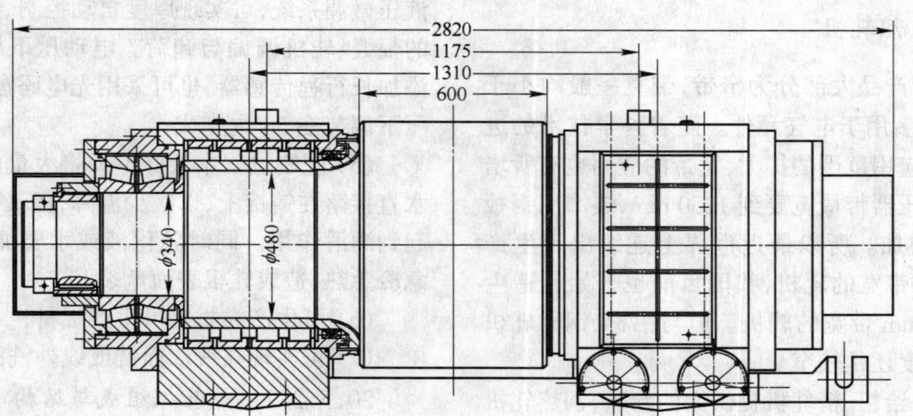

图 20-62 下支撑辊装配图

热轧辊设计中辊面不要太硬，以减少龟裂。并在设计中考虑采用大的车削余量，一般要达到90～100 mm，以延长轧辊的使用寿命。

轧辊轴承：铜材热轧机多采用四列短圆柱轴承。其特点是承载力大、摩擦系数小。有时也采用树脂瓦轴承，虽然摩擦系数小，但弹跳大，公差控制能力弱。

机架：机架为封闭式铸钢件，是工作机座的重要部件。轧辊轴承座、轧辊调整及轧制线调整装置等都安装在机架上。机架承受着轧制压力，必须有足够的强度与刚度。

压下与平衡：驱动采用直流电机或交流变频电机，减速采用斜齿平面蜗轮副、齿轮等，螺丝为锯齿形螺纹，止推为球面止推轴承。

平衡采用液压平衡，有单缸式、四缸式等，弹簧与重锤平衡已很少采用。

液压微调是现代化轧机不可缺少的部分。它必须具有对机架和辊系弹跳进行精确补偿的功能。多采用柱塞式结构，其特点是行程短，它对保证带的纵向差和纠偏起到决定作用。

线调整：多采用斜楔式，采用液压马达驱动或液压缸驱动。

(2) 主传动：由于热轧时采用大力矩需要电机要具备短时两倍过载能力，电机一般采用直流传动或交流变频电机。

减速装置：多采用联合齿轮箱，减速部分与齿轮座在一个箱体内，结构紧凑。还可以采用两个轧辊单独传动，电机为低速电机，或减速箱与齿轮座分开，但这种方法占地较大。现代化轧机大都采用高精度硬齿面齿轮。

万向接轴：多采用十字头万向接轴或弧形齿万向接轴，还有滚珠球万向接轴。滑块式已很少采用。因接轴较重需加接轴平衡。

抱轴器：用于换辊定位，轧机加有抱轴器。

b 轧边辊或立辊轧机

轧边辊或立辊轧机用于控制轧件的宽展和改善带坯边部质量，轧边辊可实现小辊轧大料，而且每一道次都可轧制。轧边辊本体采用悬臂式结构，用液压缸压下，它与平衡(返回)轴身是小倒锥接合。传动采用直流或交流变频电机、齿轮减速、万向接轴传动。

立辊轧机只能轧中间几道，它因辊径大，采用悬臂式结构，伞齿轮传动，直流或交流变频电机驱动，功率比轧边辊大的多，效果略逊于轧边辊。

c 机前机后推床

机前机后推床主要用于导正进料，产生一定的夹持力。一般采用液压缸驱动，齿轮齿条同步。

d 上料小车或上料机构

步进炉采用侧出料形式，需用上料小车运锭。如果是端出则要采用上料机构，将加热好的料送到轧机辊道上。

e 辊道

辊道可分为机前、机后工作辊道，多为空心辊，可集中传动也可采用单独传动。辊道的形式随料的宽窄而变化，小于和等于450 mm的料可采用V形辊道，结构轻、投资少，又不划伤带材，这种辊道无驱动，料由夹送辊传送。600 mm以上宽度的带坯应采用平辊道。虽然设备较重，但可以保证带坯平直，使铣面时带坯表面铣削量减少，提高了成品率。运输辊道一般为空心辊集体传动。有时延伸辊道可以不驱动，所有辊道辊间要加导板防止粘料。

f 在线淬火装置

一般设备放置在离轧机主机不太远的地方，并要保证淬火水与乳液的分别回收。淬火时，带材出轧机后快速通过淬火段，以防止头尾温差过大。淬火一般瞬时水量很大，为防止阀门漏水，不淬火将装置摆起。

g 在线冷却装置

轧完的带坯通过冷却段后将温度降至60℃左右，带材以卷取速度运动，其长度及水量可通过计算选用。冷却段一般在轧制区外，结构选用固定式。

h 剪切机

剪切机可处理热轧废料、去除不合格的头尾，并将带坯剪切成板材。其剪切厚度根据锭的大小、板材厚度等因素确定。一般在15～40 mm范围内，剪切次数根据剪板的多少而定。一般电动剪剪切次数快一些，一般为每分钟10次左右；液压剪慢一些，一般为每分钟3～5次，否则泵站太大。厚料采用双浮动剪，定尺根据需要设置。

i 垛板装置

垛板装置根据板材生产量来确定，其结构为摆动式，也可用倾斜式，由升降台和链式运输机组成简易装置。

j 三辊卷取机

三辊卷取机可分为冷料卷取与热料卷取。热料卷取速度快，一般为 100 m/min，卷后冷却；冷卷一般卷取速度为 20～30 m/min，卷取设计中一定要考虑大卷卷取，否则卷大时卷不紧，易松卷。

k 卸料装置及辊道

一般卷重卷取后可用推料的方式卸卷，但大卷重就需要采用专用吊具，吊下放在辊道上，一般采用液压起吊方式。

20.5.3 粗轧机

我国目前绝大多数厂家带坯热轧后，已用双面铣削工序取代老式酸洗方式。因而热带坯的厚度由过去的 4～6 mm 加厚到 10～15 mm，减轻了环境污染；铜带水平连铸的铸坯厚度也多为 15～17 mm。近年来，国内外出现了多种新型的铜带坯粗轧机，这种新机型产能一台轧机可以代替过去 2～3 台轧机，为新建铜带项目减少了投资。

20.5.3.1 现代粗轧机机型

A 冷轧机机型Ⅰ

冷轧机机型Ⅰ如图 20-63 所示。

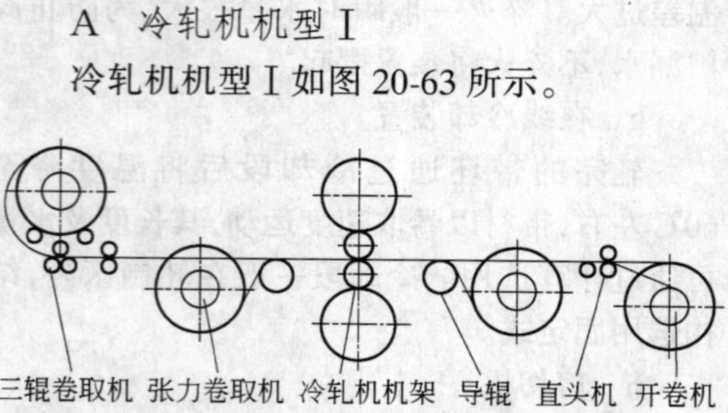

图 20-63 冷轧机机型Ⅰ

在这种机型上，来料厚度为 12.4～15.5 mm 的铜带坯料是采用不可逆冷轧方式进行成批冷轧的。不可逆冷轧时，每道次带卷均在开卷机上开卷，经直头矫直后，带材进入轧辊冷轧，一直轧到 5.5～6.0 mm 左右的厚度，然后由三辊卷取机将轧后的带材卷起来。厚料卷取时内径一般为 ϕ500～600 mm。厚度≤5.5～6 mm时，采用轧机两侧 ϕ500 mm 的张力卷轴进行可逆冷轧，一直轧到 0.5～2 mm。

B 冷轧机机型Ⅱ

冷轧机机型Ⅱ如图 20-64 所示。

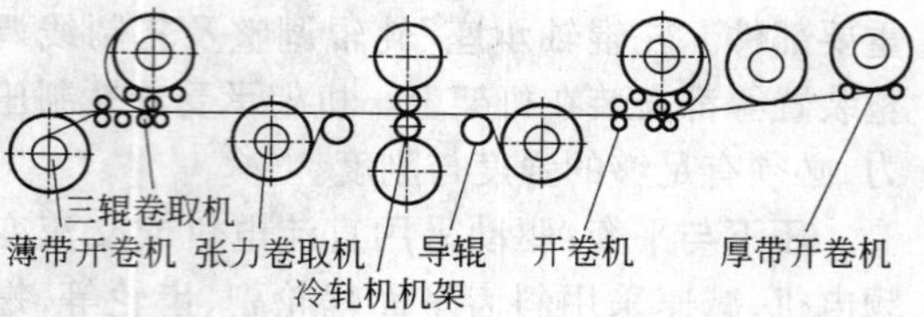

图 20-64 冷轧机机型Ⅱ

这种机型，来料厚度为 12.4～15.5 mm 的铜带卷坯在厚带开卷机上直头开卷，使带头展开 1 m 多长后，由卷材储运装置送到图中右侧三辊卷取机上，这时三辊卷取机调整成开卷机使用。由三辊卷取机送料辊，将铜带坯送去冷轧，带坯经冷轧后由图中左侧三辊卷取机成卷。第二道次冷轧时，左侧三辊卷取机担起开卷机作用，反向送铜带进行冷轧，冷轧后的铜带由右侧三辊成卷，即厚铜带坯是在冷轧机与两台三辊卷取机之间进行可逆轧制的。退火后的薄铜带在图中左侧薄带开卷机上开卷，经直头机，辊缝开启的三辊卷取机进入冷轧机轧制，轧后的铜带卷在左张力卷取机的卷筒上成卷。第二道次轧制后铜带即卷取在右侧张力卷取机的卷筒上。以后道次均按可逆轧制方式进行，直到生产出成品铜带材。

C 冷轧机机型Ⅲ

冷轧机机型Ⅲ如图 20-65 所示。

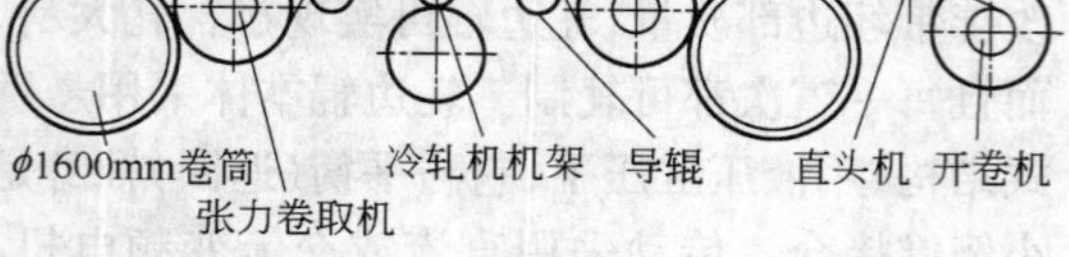

图 20-65 冷轧机机型Ⅲ

这种机型采用可逆冷轧，铜带坯卷材和中间退水后的卷材均在一个开卷机和直头机上进行开卷和直头。铜带厚 15.5～5.5 mm 在 ϕ1600 mm 卷筒上卷取与开卷。小于 5.5 mm 的薄带铜带在可逆冷轧机上用 ϕ500 mm 卷筒开卷与卷取。由于 ϕ1600 mm 卷筒为不可胀缩，所以出料都在 ϕ500 mm 卷筒上进行。

D 冷轧机机型Ⅳ

冷轧机机型Ⅳ如图 20-66 所示。

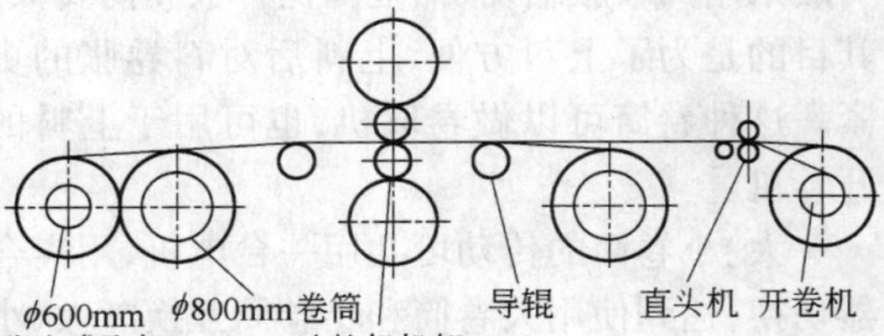

图 20-66 冷轧机机型Ⅳ

这种机型与机型Ⅲ的不同点是它只有 3 个卷筒和一套开卷机，不论薄的铜带与厚的铜带都用轧机两侧 ϕ800 mm 卷筒的张力卷取机实现可逆轧制。由于 ϕ800 mm 卷筒只有钳口而不能胀缩，所以轧制后的出料一律卷在 ϕ500 mm 卷筒上。

以上四种机型是世界上目前生产中常用的铜带粗轧机机型。这几种机型所以能够并存，因为它们都可以正常使用，在使用中各有利弊，各自适应不同的情况。

机型Ⅰ在厚料不可逆轧制时，其优点是对短料带头带尾浪费少。成批轧制，每批料带厚较一致，各卷间带的厚差小，有利于一批小卷重料焊接成大卷轧制以提高成品率。此外，轧制较长料时开卷机可以产生一定的后张力，有利于稳定轧制。缺点是卷材返回比较麻烦，需加一套卷材返回机构，占地面积大，投资高，而且每次轧制都需要开卷，增加辅助时间。

机型Ⅱ的优点是对来料卷材内径大小没有严格的要求，适应性大，可逆轧制不需要卷材返回机构，设有厚料开卷与薄料开卷两套机构。在轧制中厚料开卷时，卷取均用三辊无芯卷取机，因而无法产生前后张力。料在无张力情况下轧制不稳定，轧速低。这种机型还有设备多、机组长、设备重量较大等缺点。

机型Ⅲ的优点是轧厚料时也是可逆轧制，并在带张力的情况下轧制，因而轧制状态稳定，厚料轧速也可提高。大卷筒直径为 ϕ1600～2000 mm，在带张力情况下带材弯曲半径大，对轧制锡磷青铜及铸造带坯有利，不易产生裂纹，缺点是轧制短料不方便，设备庞大。

机型Ⅳ的优点是厚料、薄料都用 ϕ800 mm 卷筒实现可逆轧制，并且是带张力轧制。该机组设备组成少，结构简单、紧凑；缺点是这种形式卷筒为中鼓轮。ϕ800 mm 卷筒如轧制热轧后铣面料比较可靠，但如果轧制铸造坯料或锡磷青铜等，厚料卷取时带材弯曲仍在弹塑性区内，可能会产生裂纹。用一个 ϕ500 mm 卷筒只能单道次出料；一般情况下力能参数小一些，因而造价低。

20.5.3.2 粗轧机的组成、结构与特点

A 粗轧机的组成

现代化铜带粗轧机，机型种类较多，结构也比较复杂，它由开卷装置，直头送料装置，左、右卷取机，机前机后装置，主轧机及换辊小车，上、卸卷小车等部分组成。

B 粗轧机的结构与特点

a 开卷装置

由于铜带坯厚料来源于热轧铣面或水平连铸铣面，其卷取机多为三辊卷取，因而其内径变化较大，一般为 ϕ500～800 mm，对开卷设备有一些特殊要求。其开卷装置可以分为以下几种：

(1) 开卷箱：这种形式适用于厚料开卷，只要求外径控制在一定范围内，对内径的大小没有限制。其结构有上压式与侧压式两种。其优点是结构简单、质量轻，缺点为开卷时不能产生后张力。

(2) 大胀缩量开卷机：

1) 四棱锥式开卷机：其胀缩范围一般可达到 ϕ470～620 mm(或 ϕ580～730 mm)，胀缩量可达 150 mm，由液压缸胀缩。结构为悬臂式，其他部分与一般开卷机相同。

2) 油缸驱动齿轮齿条式结构。其胀缩部

分为悬臂式结构，一般用于带宽不大于450 mm窄带；带宽600 mm以上需采用双锥头开卷，其胀缩范围为ϕ470～900 mm，一般为四瓣式，胀缩范围大。

3) 油马达驱动伞齿轮带动丝杆螺母使其卷筒块开合式开卷机，胀缩部分为悬臂式，一般用于窄带，其带宽不大于450 mm。

厚带开卷机在设计中一定要保证有足够大的开卷力，要求有强有力开卷驱动压辊，位置恰当的直头刮刀，足够大的送料力，将带头送往轧机。开卷机由对中液压缸驱动对中，其移动量为±50～±100 mm，移动滑轨为滑板式或直线滚动轴承式。

(3) 薄带开卷机：厚料为开卷箱式结构时，其薄带开卷应另设薄带开卷机。其来料为卷筒卸下来的退火料，卷材内径为固定值。为了上卷方便，其开卷卷筒的胀缩范围一般为ϕ470～520 mm(或ϕ580～630 mm)，胀缩量为50 mm。薄带开卷机应具有开卷驱动压辊，直头刮刀和足够大的送料力。开卷机能左右移动对中，其对中量为±50～±100 mm。

b 直头送料装置

直头送料装置有以下几种：

(1) 五辊直头送料装置：其结构为一对夹送辊及上辊可调的三辊矫直部分。其驱动为交流电机、齿轮分配箱、万向接轴和超越离合器等组成。送料速度为轧机的给料速度，开卷轧制时超载离合器工作。直头刮刀及压辊也安装在该设备上，多用于厚料。

(2) 三辊直头送料装置：其两个辊有一定的偏心量，起夹送作用，第三个辊高度可调与前两个一起起到矫直作用。该机构一般驱动前两个辊，由万向接轴和超越离合器等组成，装有直头刮刀，用于薄带直头送料。

c 左、右卷取机

由于来料厚度范围很大，所以粗轧机卷取机设计比较复杂，各型轧机的特点主要表现在卷取结构上，各种机型不再重述。卷取机有以下几种：

(1) 三辊卷取机的使用要求其既能做卷取机用，也能做开卷机用。其特点是两个下辊能分别调节，以满足特殊需要；

(2) 不可胀缩的卷取机。分为外径ϕ1600 mm(ϕ2000 mm)的大鼓轮型和ϕ800 mm的中鼓轮型。其钳口由液压缸驱动，可分为大开口型——最大开口度可达150 mm；小开口型，其开口度一般为20～40 mm左右。这种卷筒可形成张力，做往复轧制，其上无法卸卷。多用于厚料轧制，也可轧制薄料。

(3) 用于装退火料可胀缩卷筒。这种卷筒一般采用两级胀缩，胀缩范围比一般卷筒要大。其目的是为了上料方便，上料后对料卷胀的更紧。这种卷筒可以做卷取机，也可用于上料的开卷机。

大、小卷筒的传动可共用一台电机，用离合器切换，达到使用大卷筒和小卷筒互换。大、小卷筒或三辊卷取机也可采用分别传动，但占地面积和装机容量增大。

d 机前机后装置

机前机后装置布置在轧机左右，形式多种多样，各有千秋，但就其功能可分为以下几部分：

(1) 强迫送料压板：只有粗轧机才有。工作时将料压住，强迫送入旋转的轧辊中，可加大道次压下量，减少轧制道次。其结构为液压驱动带导向的上压板产生足够大的压紧力，由送进液压缸将其压住的铜带送入旋转的轧辊。

(2) 挤干辊装置：将轧制时的乳液或轧制油初步除去，防止大量液体流出以影响测厚精度。其结构为液压缸驱动的橡胶辊，挤掉多余液体。

(3) 侧导卫装置：作用是使进入轧机的带材对中后进入轧辊。其结构为用丝杠螺母调整对中宽度，用液压缸打开或夹住。其调宽可以手动或油马达驱动。

(4) 测厚仪及支架：多用接触式测厚仪测量带材厚度。由液压缸完成测厚仪的进入与退出动作，支架为焊接结构。

(5) 真空抽吸装置：目的是除去带材表面及两边残留的轧制油或乳液。其结构多为六辊式，上、下偏心50 mm，并有压下定位螺丝控制压下量。其升起与压下由两侧液压缸完成，沿两侧导向柱上下滑动。其气路为中间进气两侧抽吸，在带材表面形成大的风速，使液体挥发。抽吸管路有蝶阀控制出料侧打开，经粗过滤和精过滤，由风机排到油雾净化装置净化排出。在有条件的地方，可加一对气动压紧的星形尼龙条清除残留液体，以达到完美的除油效果。

(6) 偏导辊测速装置：作用是保持带材的轧制水平及带材卷取转向，两侧可装脉冲发生器用以测量带材速度。结构为淬硬表面的金属辊，两侧轴承支撑。为了防止与带材打滑可以加驱动电机，效果较好。

(7) 板形仪：测量带材板形，闭环控制轧机达到全机自动化。板形仪有很多种结构，因此其安装位置各有不同，如ABB板形仪安装在偏导辊位置即可。用空气轴承式板形仪则要安装在偏导辊与轧机之间。

板形仪有压磁式、压电晶体式、空气轴承式和高精度传感器式等。其控制系统也各不相同。

e 主轧机及换辊小车

粗轧机的核心部分，其力能参数决定轧机的主要性能，如轧辊尺寸、轧制速度、轧制力、轧制力矩、主电机功率等。其组成有以下几部分：

(1) 轧机本体。

1) 机架：机架是工作机座的重要组成部件，为闭式铸钢件。对于板带轧机，为了提高轧制精度，需要有较高的机架刚度。

机架立柱的断面尺寸是根据强度条件确定的。由于作用于轧辊辊颈和机架立柱上的力相同，而辊颈强度近似与其直径的平方(d^2)成正比，故机架的断面积(F)与轧辊辊颈的平方有关。为了增强其抗弯能力，板带轧机立柱断面一般采用具有较大惯性矩断面的矩形断面。板带轧机一般有下式关系：

$$F/d^2 = 0.8 \sim 1.0$$

在闭式机架中，机架窗口宽度应稍大于轧辊的最大直径，以便于换辊。机架的窗口高度要根据最大轧辊在最大开口度位置时，考虑换辊装置，并留有一定的余量。机架中间有弯辊凸块。工作辊有快速换辊小车，机架的中间装有换辊轨道，下部有支撑辊换辊轨道。机架下部放在地脚板上。图20-67为轧机牌坊图。

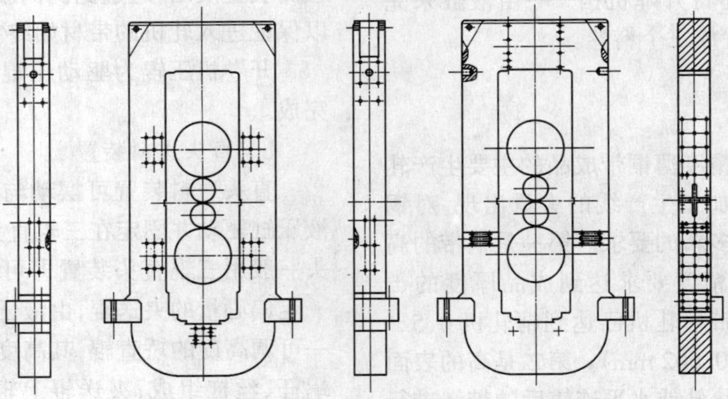

图20-67 轧机牌坊图

2) 辊系：冷轧多为四辊轧机，装有工作辊和支撑辊。支撑辊主要承受弯曲力矩。板带轧机工作辊根据受理弯曲的大小磨出适当的凸度，以保证带材具有良好的板形。工作辊由辊身、辊颈和轴头三部分组成，轴颈安装在轴承中，并通过轴承座和压下装置，把轧制压力传递给机架。轴头和万向接轴相连，传递轧制力矩。轧辊轴承多为四列短圆柱轴承。

轴承润滑采用油气润滑、油雾润滑、干油润滑等。

3) 压下(或压上)油缸、电动压下装置：现代化轧机多用液压压下，精度高、响应快。

4) 轧线调整：多采用油马达驱动丝杠斜楔式和油缸驱动斜楔式，也可采用台阶式斜楔。

(2) 主传动装置。

主传动装置有以下几部分：

1) 主减速机:多采用硬齿面磨齿。为了得到大力矩,粗轧机多采用换挡来达到要求。厚料大力矩低速,薄料小力矩高速。

2) 万向接轴:滑块式的已很少用,大多采用十字头接轴、球笼式接轴或弧形齿接轴等。大型接轴要加接轴平衡,目前多采用液压式平衡。

3) 抱轴器:为实现快速换辊,现代化轧机都采用抱轴器。

(3) 换辊机构。

工作辊快速换辊机构由轧辊小车牵引机、横移机构和大车运行机构等组成。也可以用下支撑辊做换辊小车,把工作辊拉出,这种方式结构简单。

支撑辊换辊采用长行程液压缸加上换辊架,把上、下支撑辊拉出。

f 上、卸卷小车

上、卸卷小车的功能是将料卷装在开卷机上,或将料卷从卷取机上卸下。其组成为两大部分:一是小车行走机构——由电机或油马达经减速机驱动;卷材升降机构——由液缸来完成,一般贮料位置放三个料卷。

20.5.4 精轧机

精轧机是高精度薄铜带成品的主要生产轧机。由于铜带深加工生产线的大量出现,对铜带产品提出了很多新的要求。第一是铜带的高精度。一般铜带精度要求达到成品厚度的±1%(目前国产铜带精轧机已达到精轧机 0.5±0.004 mm、0.1±0.002 mm)。第二是高的表面质量。这就要求热轧或水平连铸后的带坯进行铣面以消除带材表面缺陷和中间凸度;第三要实现全油轧制,获得好的表面质量。由于产量的不断扩大,再加上现代化轧机的大卷重,因而薄带长度达到数千米,这就给轧机高速创造了条件。一般精轧机的轧速达到 600 m/min。随着控制水平的不断提高,精轧机的轧速可达到 800~1000 m/min。这就要求轧机制造精度和齿轮、轴承等精度有相应的提高。

20.5.4.1 精轧机的组成、结构与特点

A 精轧机的组成

精轧机由以下部件组成:(1)开卷机;(2)直头送料装置;(3)左、右卷取机;(4)左、右助卷器;(5)机前机后装置;(6)主轧机及换辊小车;(7)上、卸卷小车;(8)轧机工艺润滑;(9)设备润滑;(10)灭火装置;(11)抽风及油雾净化装置等部分组成。

B 精轧机结构的特点

a 开卷机

由于铜精轧机均为可逆轧机,开卷机只用于第一道次的开卷,所以其开卷机速度较低,一般为 120~240 m/min。张力变化也比卷取机的范围小,很少用机械变速。卷筒胀缩量一般为 ϕ470~520 mm(或 ϕ580~630 mm)。其胀紧力以最大卷径、最大张力时不打滑为准。卷筒结构一般为四棱锥。

为了满足对中要求,开卷机一般可左、右移动±50 mm,其动力为油缸。对中信号由带材检测装置发出,通过比例伺服阀控制油缸动作,以保证进入轧机的带材始终在轧机中心。

开卷机压辊为驱动压辊,其摆动由液压缸完成。

b 直头送料装置

直头送料装置可摆动与伸缩直头刮板,由液压缸驱动并固定在三辊直头装置上。薄带直头一般用三辊直头装置即可,其前部有一对有一定偏心量的夹送辊,由液压马达驱动;后部为一可调高度的矫直辊,其高度调节由电机、蜗轮蜗杆、丝杠组成,夹送辊上辊由液压缸抬起压下,保证同步运动。

c 左、右卷取机

左、右卷取机为可胀缩卷筒,其卷筒直径为 ϕ500 mm(或 ϕ610 mm)。大卷重对卷筒的径向压力很大,对卷筒的结构与强度提出更高的要求。其胀缩缸的大小由径向压力、卷筒结构、强度等决定。为达到卷筒刚度可调,可采用套筒轧制和增加卷轴端头支承,以减小对卷筒的径向压力。

减速机大部分采用高精度硬齿面齿轮机械

变速、气动离合；采用多台电机驱动，中间加离合器，可单台电机或多台电机驱动，以达到张力数十倍的变化，又满足张力精度要求。其张力精度应达到稳态时±2%最大张力；加减速时达到±5%最大张力。卸料推板，由两上导柱导向，液压缸驱动，推板上有弹簧压紧的润滑块，保证钳口部的料头推出，防止卸料形成塔形。

d 左、右助卷器

助卷器有立式、摆动式和水平式等。对于可逆精轧机，多采用立式或摆动式。这两种助卷器当液压失灵时易摆下(落下)伤人，所以在上部都设有机械锁紧机构。助卷器设有移动(或摆动液压)、张紧气缸和摆臂缸等。皮带厚度根据带厚选用，不宜太厚，应便于装拆。

e 机前机后装置

由于是可逆轧机，机前机后装置基本相同，只是有时入口侧设一台剪子。其组成有五辊展平辊(或三辊展平)、侧导辊装置、测厚仪、真空抽吸装置、剪子和偏导辊等。装备精良的轧机安装有板形辊。根据速度测量的特点来决定偏导辊上是否安装测速脉冲发生器。高速轧机常用激光测速仪测量带材速度。工作辊和支撑辊的轧辊分段冷却梁及吹扫喷嘴安装在导板处。

五辊展平装置结构为上两辊、下三辊，交叉排列，上辊由液压缸升降。

侧导辊装置用丝杠定位，液压缸开合，将进入轧机的带材导正，送入轧辊。

测厚仪进入与退出机构。测厚仪有接触式测厚仪或非接触式测厚仪。铜带多用前一种，其最大使用速度为 500 m/min，进退由液压缸完成。

液压剪用于料头的剪切，薄带多用单斜刃液压缸驱动。

真空抽吸装置的形式有六辊式、四辊式和尼龙条式。在带材表面形成高速气流，使液体挥发并将边部油滴抽走，或吹进高速气流，达到将带材表面的油除去的目的。其抽吸动力多采用真空泵或罗茨风机等。

f 主轧机及换辊机构

主轧机及换辊机构是轧机的核心部分，按辊系分布可分为四辊、六辊和多辊轧机。极薄带目前仍用多辊轧机完成，有二十辊、十二辊、十四辊和六辊等。其力能参数决定着轧机的主要性能，如轧辊尺寸、轧制速度、轧制力、轧制力矩、主电机功率等。

(1) 轧辊辊径：铜带轧机与铝带轧机不同，铝带用大直径的辊子也可生产出双零铝箔。但铜带精轧工作辊径，一般由最小可轧成品厚度来决定：

$$D=(1500\sim2000)h_{min}$$

式中 D——工作辊辊径，mm；

h_{min}——成品最小厚度，mm。

(2) 主轧机。

1) 轧机本体。

机架为闭式铸钢件，中间有弯辊凸块，工作辊快换辊轨道，下部有支撑辊换辊轨道。机架支脚放在地脚板上。

辊系：轧辊轴承采用四列短圆柱轴承、滚针轴承、四列锥柱轴承等。轧辊材质常用86CrMoV7、9Cr2MoV等；轴承润滑采用油雾润滑、油气润滑或干油润滑等。压下装置采用液压压下(或压上)；轧线调整采用油马达驱动丝杠斜楔式。

2) 主传动装置：由于工作辊径很小，其传动方式有工作辊传动或支撑辊传动等形式。由于轧速较高，主减速机多采用高精度硬齿面齿轮，精度可达 7-6-6、6-5-5 等。为了提高小张力，精度多采用机械换挡。万向接轴多采用十字头接轴、弧形齿接轴或球笼式接轴。为实现快速换辊，抱轴器用液压抱轴。

(3) 换辊机构分两种形式：1)工作辊快速换辊。大型轧辊用电动拉出、小型轧辊用手动拉出，达到快速换辊；2)支撑辊换辊：用液压缸加上换辊架把支撑辊拉出。

g 上、卸卷小车

上、卸卷小车行走由油马达或电机驱动，短行程也可用油缸驱动。升降用液压缸托住料卷，装上或卸下。

h 轧机工艺润滑

为了获得高质量的带材表面，现代化精轧机几乎都用全油润滑。其组成由污油箱、净油箱、泵、加热器、冷却器和板式过滤机等。

为了控制轧辊辊型，喷嘴采用多种流量组合和分段控制，并采用各种不同形式组合消除板形缺陷。用气动电磁阀控制喷嘴打开与关闭。组合可以手动单独调整，也可由板形仪成组调整。

i 设备润滑

随着轧制速度的提高，主减速机卷取、开卷减速机等多采用集中润滑或减速箱自带泵的循环油滑。组成有油箱、泵加热器、冷却器、过滤器等，现已为标准泵站，集中配置。轧辊轴承及机前机后多采用油气润滑或油雾润滑。油气润滑由油泵、压缩空气、供油、分配器将油气混合物分配到润滑点上。其特点是省油又不污染环境。油雾润滑组成有油雾发生装置，其中有油的加热、压缩空气的加热等。用管路送往各润滑点，在润滑点经凝缩嘴把油雾变成油滴送到各润滑点，同时用压缩空气冷却。缺点是有时出现断雾。所以一般需保留一定的液位，解决短时断雾的轴承润滑。

j 二氧化碳灭火装置

工艺润滑采用全油润滑时，易出现火灾，因此都配有二氧化碳灭火装置。组成有瓶组、控制部分、测温探头及喷头等。灭火区域有辊缝、轧机区、地下室、主地沟、过滤装置等。

k 抽风及油雾净化装置

为防止轧机区油雾浓度过大或达到着火浓度，现代化轧机均有抽风装置，其组成有大风量排风机、排烟罩及油雾净化装置等。环保对抽风、排出风中油含量有严格要求，以防止污染周围环境。油雾净化装置是抽风系统不可缺少的组成部分，抽风系统必须加油雾净化装置。

20.6 轧辊的设计和使用维护

20.6.1 轧辊辊径的确定

20.6.1.1 热轧机、粗轧机的轧辊直径

轧辊工作辊径 D_1 可根据最大咬入角 α（或压下量与辊径之比$\dfrac{\Delta h}{D_1}$）和轧辊的强度要求来确定。

轧辊的强度条件是轧辊及传动各部分的计算应力应小于许用应力。轧辊的许用应力是其材料的强度极限除以安全系数。通常轧辊的安全系数选取5。

按照轧辊的咬入条件，轧辊的工作直径 D_1 应满足下式：

$$D_1 \geqslant \frac{\Delta h}{1-\cos\alpha}$$

式中 D_1——工作辊直径，mm；

Δh——道次压下量，mm；

α——咬入角度。

热轧机：咬入角取 15°～20°；粗轧机：咬入角取 3°～16°。

热轧摩擦系数：0.27～0.45；冷轧摩擦系数：0.06～0.18。

20.6.1.2 辊身长度

辊身长度 L 应大于所轧带材的最大宽度 b_{max}：

$$L = b_{max} + a$$

式中 L——辊身长度，mm；

b_{max}——带材最大宽度，mm；

a——辊宽增加量，mm。

热轧带材：$a = 200 \sim 400$ mm；冷轧带材：$a = 100 \sim 200$ mm。

20.6.1.3 四辊轧机的辊径比

对于工作辊传动的四辊轧机，其辊径比为：

$$\frac{D_2}{D_1} = 1.5 \sim 3.5$$

式中 D_2——支撑辊直径，mm；

D_1——工作辊直径，mm。

对于支撑辊传动的四辊轧机，其辊径比为：

$$\frac{D_2}{D_1} = 3.0 \sim 5$$

20.6.1.4 精轧机轧制最薄料的辊径选择

精轧机轧制最薄料时的辊径选择，其经验公式为：

$$D_1 < (1500 \sim 2000) h_{min}$$

式中 D_1——工作辊径，mm；

h_{min}——轧制最薄料，mm。

工作辊直径受被轧料的最小厚度限制，因此，精轧机的工作辊不按咬入角选用，而是根据

轧制最小料来选择，同时要满足所传递的扭矩。如果最小辊径的轴径传送扭矩有困难，则采用支撑辊传动。

20.6.2　轧辊重磨量的确定

设计轧机时轧辊重磨量需根据轧机性质、轧辊轴承的选用、轧制力的大小等确定。

20.6.2.1　热轧辊

轧辊的最小辊径应根据最大道次压下的咬入角来确定。其辊径大小还需根据轧辊轴承(承载能力的大小)、轧制力的大小、传送扭矩的大小及重磨量来确定。重磨量是轧机设计的一个重要参数。重磨量的大小决定轧制线调整装置的调整量及压下油缸的行程或压下螺丝的调节量，并与机架窗口尺寸有关。热轧辊由于其工作环境恶劣，急冷急热等使热轧辊的辊面龟裂相当严重。由于一次重磨量太大，热轧辊辊面硬度又较低，所以经常采用重车的方法以消除轧辊表面的龟裂。

为了使轧辊使用寿命延长，其重磨量要大。大型铜的热轧轧辊重磨量达到90～100 mm，一般占工作辊的10% D_1 左右。热轧辊的每次重车量为0.5～3.0 mm，视龟裂情况而定。

20.6.2.2　冷轧辊

冷轧辊多为四辊轧机，有粗轧机与精轧机、工作辊与支撑辊之分。粗轧机工作辊径较大，精轧机工作辊径较小。支撑辊直径大，但其重磨量的百分比基本一致，一般取其辊径的重磨率为4%～7%。

轧辊的每次重磨量：精轧机工作辊的重磨量一般为0.01～0.5 mm，粗轧机一般为0.2～0.8 mm；支撑辊的重磨量一般为0.1～1.0 mm。

20.6.3　轧辊的材质、硬度及粗糙度的选择

20.6.3.1　轧辊的材质

热轧辊一般采用70Cr3NiMo、60CrNiMo、6CrMnV、60SiMnMo；冷轧工作辊一般采用86CrMoV7、9Cr2Mo、9Cr2MoV、9Cr2Mo。冷轧支撑辊一般采用：9Cr2Mo、9Cr2。

20.6.3.2　轧辊的硬度

热轧辊一般取HS60～65；冷粗轧工作辊取HS94～98，精轧工作辊取HS96～100；支撑辊一般取HS70～75，有的取到HS80。

20.6.3.3　轧辊表面粗糙度 R_a 值

热轧辊一般取 R_a=0.8～0.4 μm。冷粗轧工作辊取 R_a=0.2～0.1 μm；精轧辊取 R_a=0.05～0.012 μm。支撑辊一般取 R_a=0.8～0.4 μm。

20.6.4　轧辊的轴承与润滑

轧辊的轴承是轧机现代化标志之一，其轴承有胶木瓦、巴氏合金瓦的滑动轴承；以四列短圆柱轴承、四列锥柱轴承和针轴承为代表的滚动轴承；以及动压轴承、静压轴承、动静压轴承等液体摩擦轴承。

四列短圆柱轴承是铜轧机最常采用的轴承，其特点一是在同样的内、外径尺寸时承载能力大，对轧辊轴承来讲这是最重要的特点；另一点是随速度改变油膜只有几个微米变化，这对高精度轧机来说，是最关键的一点。如动压轴承尽管其寿命长和摩擦系数小，但其油膜随速度变化而变化量很大，有的达到100～250 μm，而变化量又与很多因素有关，如油的黏度、温度、轧制压力等。到目前为止，其补偿为开环，对生产高精度带产生一定干扰。

油气润滑是用高黏度油与压缩空气混合后送到润滑点上，其特点是工作可靠，用油量少，现代化轧机多采用这种润滑。油雾润滑是用高黏度油，经加热后用压缩空气雾化产生油雾，其浓度为3～12 g/m^3，用管路输送，经凝缩嘴凝缩后送到各润滑点。其优点是润滑油消耗少，压缩空气又可以冷却轴承。稀油循环润滑多用于热轧机的轴承润滑，可防止轴承温度偏高。

20.6.5　轧辊的辊型

为轧出横向厚度均匀的带材，保证轧辊辊型是必不可少的。辊型有两大类：一类是用轧辊磨床磨出所需要的辊型；另一类是用调节的方法产生不同的辊型。

目前一般轧机上都在采用固定辊型，热轧用凹形辊型，冷轧用凸形辊型。热轧辊辊型一般为－0.5 mm左右；冷轧辊辊型为＋0.02～

+0.06 mm。

四辊轧机中液压弯辊是最常用的调节辊型的一种方法，其方法简单易行，不需要增加其他装置。调节辊型的方法有：VC、CVC、HC、UC、PT等，都需要采用专用结构，但调节量可加大。

20.6.6 轧辊的使用与维护

轧辊的使用与维护需做到以下几点：

(1) 轧辊的预热：轧机开轧前半小时，应以给料速度使轧辊转动，并将加热到40℃左右的轧制液喷射到轧辊上，对轧辊预热。使辊面温度达到30℃左右，避免轧料时急冷急热，以延长轧辊使用寿命。

(2) 轧机工艺润滑液的加热与冷却：开机前首先要对工艺润滑液加热，使其温度达到40℃左右，特别是热轧辊不能用冷水喷轧辊，应减少轧辊表面龟裂，延长轧辊使用寿命。工艺润滑系统出问题时，轧机不应该继续轧制，这样会使轧辊温度过高；工艺润滑系统恢复时突然喷到轧辊上会引起轧辊爆裂，使轧辊报废。

开轧以后工艺润滑液要保持在40～55℃之间，如温度继续升高就要打开冷却器将温度保持在规定的温度之间。

(3) 勤磨轧辊：由于精轧辊决定着成品表面质量，一般生产厂都换得很勤；热轧辊与粗轧辊常采用尽量使用的原则，但每次磨削量要加大，使用寿命并不能延长，特别是热轧辊、表面龟裂出现较明显时就应磨辊，否则因应力集中龟裂深度加快，一次磨削量则更大，轧辊寿命反而缩短。当四辊轧机使用不等宽轧辊时，短辊面的过渡区一定要磨好，否则将引起边部爆辊，缩短轧辊寿命。

(4) 四辊轧机的工作辊要按要求修磨正常使用的凸度。虽然液压弯辊可以调节辊型，但长时间使用特大的弯辊力会减少工作辊的轴承寿命，也可引起轧辊边部爆裂。正常使用方法是磨削凸度恰当，弯辊力只用于宽窄变化、厚薄变化等引起的凸度变化的调节，以延长轧辊寿命。

21 型辊轧制技术[❶]

21.1 型辊轧制的基本原理

21.1.1 型辊轧制的特点

在刻有轧槽的轧辊中轧制各种型材称为型辊轧制。型辊轧制时，轧件沿其宽度上的压下量是不同的，因此变形更为复杂，与平辊轧制板材相比，不均匀变形是其显著特点之一。

如图 21-1*a* 所示，平辊轧制板材时，沿轧件宽度上的延伸系数 λ、轧辊工作直径 D_G、轧件轧制前后的高度 H 和 h，以及咬入角 α 等参数均相同，因此沿轧件宽度上的变形比较均匀。如图 21-1*b* 所示，平辊轧制圆形坯料时，由于其高度 H 不同，故沿宽度上的不均匀变形有所增加。如图 21-1*c* 所示，在椭圆孔型中轧制高度为 H 的方轧件时，轧辊工作直径 D_G、咬入角 α 以及轧件轧后的高度 h 沿轧件宽度上是不同的，这将引起沿孔型宽度上轧辊圆周速度的不同，所以不均匀变形大大增加。图 21-1*d* 所示系在方孔型中轧制椭圆件，其不均匀变形是图 21-1*b* 和图 21-1*c* 所示不均匀变形的综合。在这里 D_G、H、h 以及 α 等 4 个参数均为变值，因此不均匀变形程度更大。

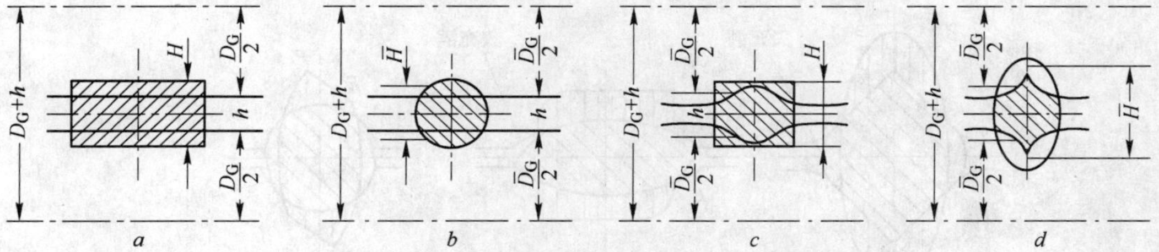

图 21-1 平辊轧制与型辊轧制的比较（α 在图中未标出）

图 21-1 所示各种轧制情况的共同特点是，轧辊孔型和轧件形状均对称于轧辊垂直轴线和水平轴线。至于轧制不对称型材时，轧制条件更加复杂，轧件不均匀变形也更加严重。

表 21-1 示出各种轧制情况的基本参数变化的比较。

表 21-1 各种轧制情况基本参数变化的比较

轧制情况	不变参数	可变参数
图 21-1*a*	D_G、H、h、α、λ 和 D_G+h	
图 21-1*b*	D_G、h 和 D_G+h	H、α、λ
图 21-1*c*	H	$\bar{D}_G$、h、α、λ、D_G+h
图 21-1*d*		$\bar{D}_G$、h、α、λ、D_G+h

注：表中 λ 指轧件沿其宽度上单元体的延伸系数。

型材轧制的第二个特点是，坯料必须通过一系列断面尺寸和形状变化的孔型轧制成形，这就要求各道孔型中所轧制的轧件形状必须正确，过充满（图 21-2*a*）和欠充满（图 21-3*a*）对成品质量均有不良影响。过充满在下道孔型中轧制时易产生折叠或夹层等缺陷（图 21-2*b*）；欠充满易产生形状不正、局部表面（图 21-3*b*，*EF* 段）粗糙等缺陷。

21.1.2 型辊轧制时的不均匀变形

轧件在孔型中轧制时，沿轧槽宽度上的压下、宽展和延伸都是不均匀的。如图21-4所示，方轧件在椭圆孔型中绝对压下量的分布是$\Delta h_3 >$

❶ 本章撰稿人：李宝绵、朱群范、刘光汉、陈民华、王永如、董顺德、金庆贵、潘志勇、邹建成。

$\Delta h_2 > \Delta h_1$，因此也影响延伸和宽展的不均。如果把轧件沿其宽度分成 b_1、b_2、b_3 等许多等宽小片且假设相邻金属片之间互无影响，则在忽略宽展的情况下，很容易算出各片的延伸量，通常称其为“自然延伸”。由图21-4不难看出，最大自然延伸发生在轧件的边缘，而最小延伸出现在轧件的中间部位。然而，轧件是一个整体，各片之间彼此互相牵连着，且在变形后长度几乎相等，因此延伸较大的部分将受到压副应力，迫使其减少自然延伸，而延伸小的部分受到拉副应力，迫使其增加自然延伸，即所谓的“拉缩”现象。由于这种不均匀变形，必然出现残余应力，其分布如图21-5所示，若孔型设计不当，轧件会出现裂纹，甚至发生拉断现象。

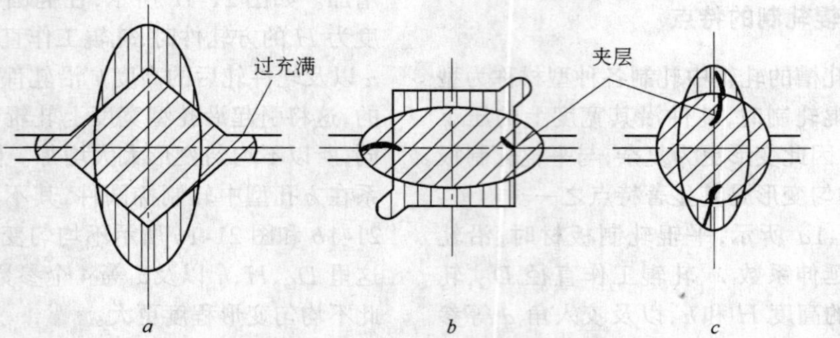

图 21-2　过充满（a）及其引起的夹层缺陷（b、c）

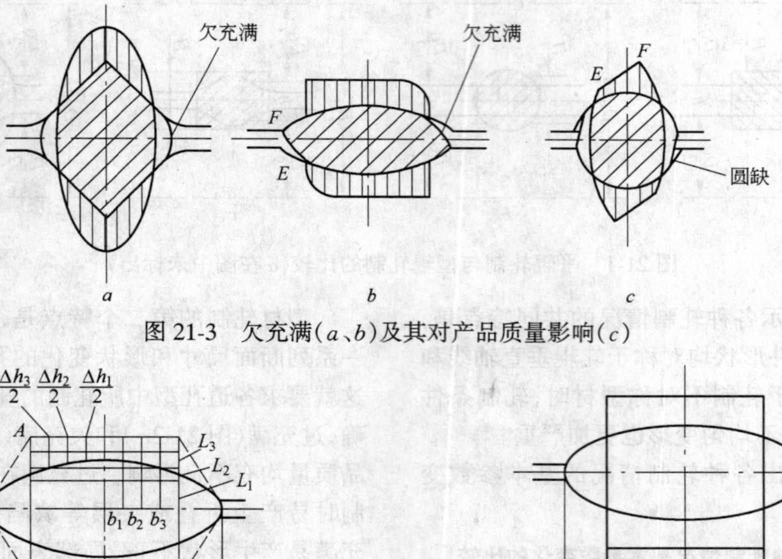

图 21-3　欠充满（a、b）及其对产品质量影响（c）

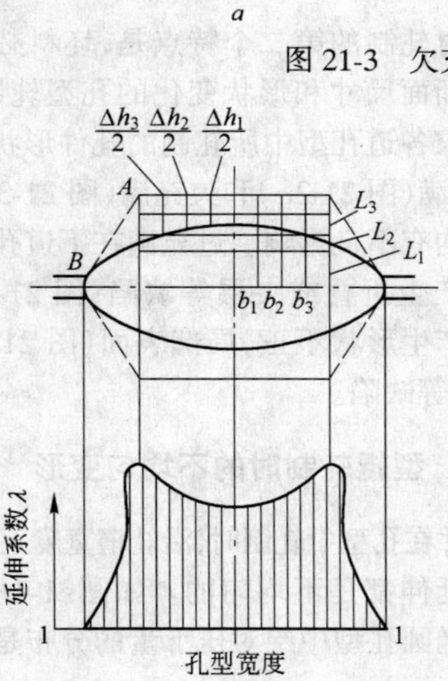

图 21-4　方轧件在椭圆孔型中变形是延伸在孔型宽度上分布

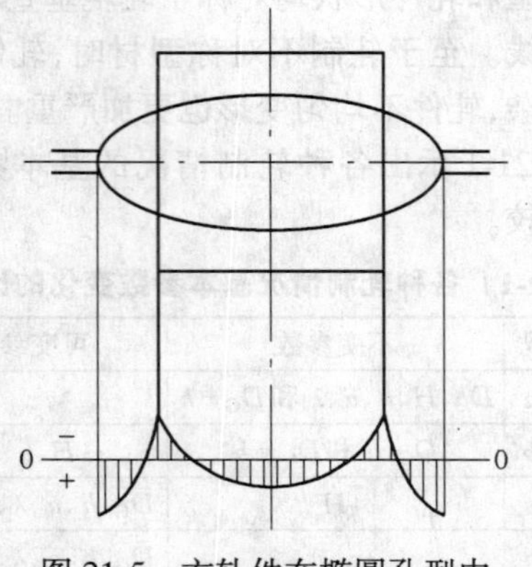

图 21-5　方轧件在椭圆孔型中变形后的残余应力分布

图 21-6 中的曲线是按照不同孔型形状测得的每一层各段金属的相对宽展系数。由图可

以看出，轧件沿孔型宽度上的变形相当不均匀。一般地说，孔型边部宽展量较大，中部较小；靠近轧件中心层宽展量较大，而上、下层较小。

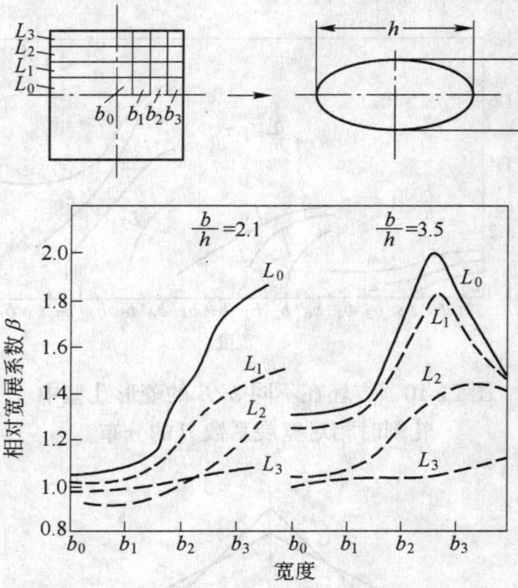

图 21-6　方轧件在不同形状的椭圆孔型中轧制时的相对宽展系数分布

图 21-7 是用塑胶泥（$CaCO_3$ 和凡士林油的混合物）制成的方形试样在椭圆孔型（b/h = 3.0；b 为椭圆孔型的宽度；h 为椭圆孔型的高度）中轧制变形的情况。由图 21-7a 可看出，方轧件在椭圆孔型中轧制时不仅高向压下不等和变形不均匀，而且沿孔型宽度上的变形尤为不均。椭圆轧件断面上两端宽展量大，中部宽展量小，由于宽向上变形的不均匀，常引起椭圆轧件断面上的两端尖角处出现微裂纹。所以在孔型设计时应根据金属塑性的不同，采用不同宽高比的椭圆孔型，以防止出现裂纹，影响产品质量。

同样，由图 21-7b 可看出，方轧件在菱形孔型中变形也是不均的，其不均程度与方轧件在椭圆孔型中变形基本相同。

椭圆轧件在方孔型中轧制时变形也是不均匀的。如图 21-8 所示，椭圆轧件与方孔型形状完全失去了相似性，所以不仅绝对压下量和相对压下量沿孔型宽度上分布不均，同时也引起轧件在孔型宽向上变形不均。由图 21-9 示出的试验结果看出，当椭圆轧件以及方孔型的面积一定时（即断面收缩率一定），椭圆轧件形状（b/h）对变形影响很大：高宽比 b/h 越大，则宽展越不均匀，两侧宽展量大，中间小；当 b/h 为 2.1 时，各层金属沿孔型宽度上的宽展量比较一致，变形也比较均匀；当 b/h 为 3.5 左右时，轧件中部相对宽展量大，两侧则小。实践表明，在这种情况下，变形不均匀程度虽比前者略有增加，但它对增大在方孔型中的压下量是有利的，所以在生产中常常采取增大椭圆孔型高宽比的措施，减少轧制道次。

a

b

图 21-7　方形试样（塑胶泥）在不同孔型中的变形情况
a—椭圆孔型；b—菱形孔型

用同样的方法可测得各种形状试样在不同孔型中轧制时的相对宽展系数。图 21-10 为方坯在不同 b/h 的菱形孔型中轧制时相对宽展系数 β 的分布。由该图可看出，菱形孔型形状对宽展量影响较大，b/h 值越大，宽展量也越大，因此设计菱形孔型时，应尽量选用小的 b/h 值。这种孔型不仅能防止过大的宽展，还能增大孔型的道次加工率，同时轧件形状运转时也比较稳定。由该图还可看出,方坯在菱形孔型中轧制时,孔型中间部分的金属相对宽展量较大,边部较小;中间层宽展量最大,上、下层较小。这是由于越靠近孔型边部,孔型侧边限制宽展的阻力越大,因而相应的宽展量越小。又由于轧件与孔型形状失去了相似性,所以变形也不均匀。图21-11示出的方轧件在菱形孔型中轧制时,压下和延伸的分布情况也完全证实了这一点。

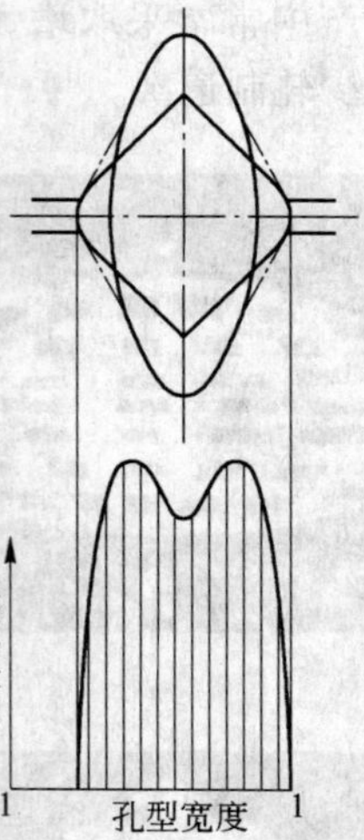

图21-8　椭圆轧件在方孔型中变形时延伸在孔型宽度上的分布

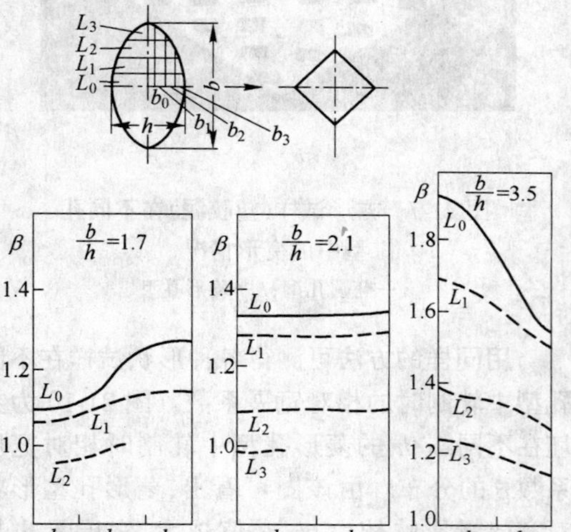

图21-9　b/h 不同的椭圆轧件在方孔型中轧制时的相对宽展系数 β

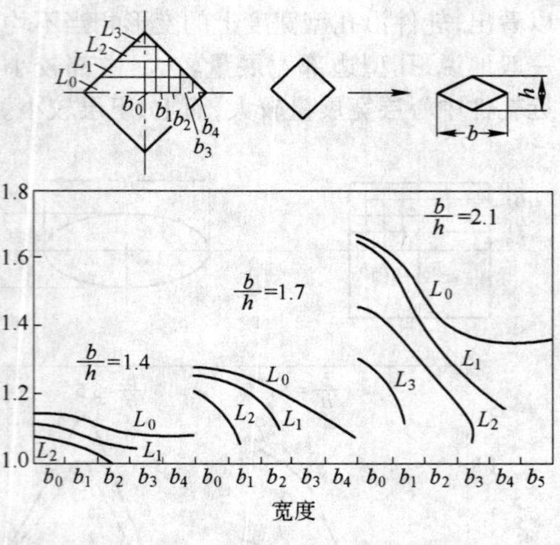

图21-10　方坯在不同 b/h 的菱形孔型中轧制时相对宽展系数 β 的分布

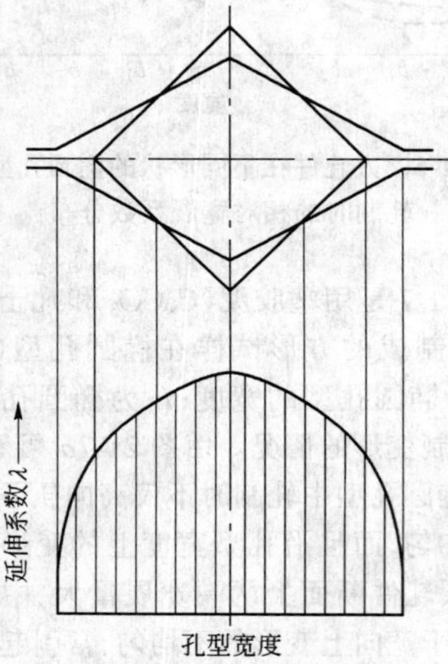

图21-11　方坯在菱形孔型中轧制时的压下和延伸的分布

综上所述,型辊轧制时,由于轧件与孔型形状失去了相似性,金属质点在变形区内各方向上的流动阻力不同,又由于金属质点的流动受轧件整体性的制约,结果金属流动不均匀,轻则使轧件内部产生附加应力,甚至发生扭曲;重则出现拉缩和裂纹等质量问题。可见,在孔型设计中如何减小和限制不均匀变形是一个十分重要的问题。

21.1.3 型辊轧制时压下与宽展的计算

21.1.3.1 压下量的计算

平辊轧制时压下量的计算公式 $\Delta h = H - h$,对于型辊轧制时均匀压下的情况也基本适用。但在其他孔型中轧制时,由于压下量分布不均,不能应用此公式计算压下量。

A 平均高度法

用轧件轧制前后的平均高度来计算压下量的方法称为平均高度法。轧件的平均高度等于该轧件的断面积除以它的最大宽度,即:

$$\bar{h} = \frac{F}{b_{\max}} \tag{21-1}$$

式中 $\bar{h}$——轧件的平均高度;

F——轧件的断面积;

$b_{\max}$——轧件的最大宽度。

a 六角形轧件(或孔型)的平均高度

图 21-12 为六角孔型和轧出的六角形轧件,其断面积可按两个梯形和一个矩形计算,则:

$$F = (B + b_1)h' + Bs$$

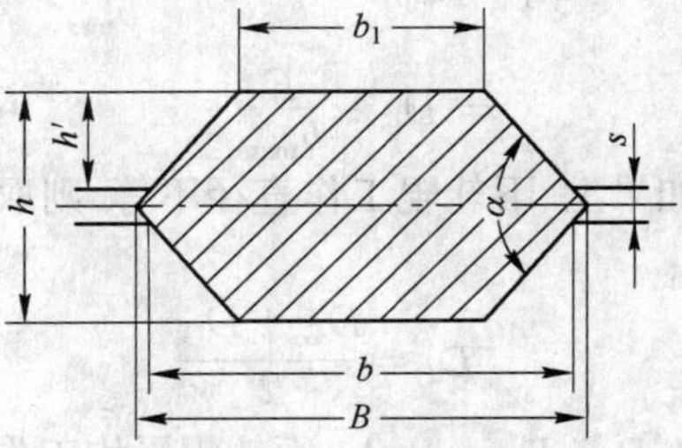

图 21-12 六角孔型及轧件图

于是可求出其平均高度为:

$$\bar{h} = \frac{F}{B} = \left(1 + \frac{b_1}{B}\right)h' + s \tag{21-2}$$

b 方形轧件(或孔型)的平均高度

方形孔型或轧件的断面积如图 21-13 所示,可近似算得:

$$F = a^2 - 0.86r^2$$

所以平均高度为:

$$\bar{h} = \frac{F}{B} = \frac{a^2 - 0.86r^2}{1.414a} \tag{21-3}$$

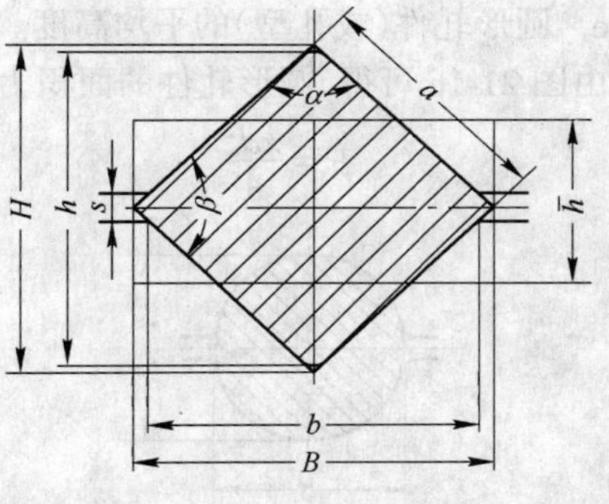

图 21-13 方孔型及轧件图

c 椭圆轧件(或孔型)的平均高度

如图 21-14 所示,椭圆面积可按下式求得:

$$F \approx \frac{4}{3}Bh' + Bs$$

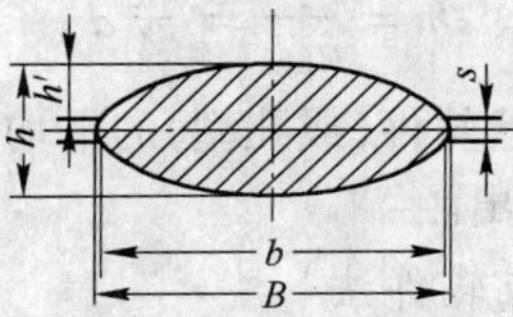

图 21-14 单半径椭圆孔型及轧件图

因此,椭圆轧件的平均高度为:

$$\bar{h} \approx \frac{F}{B} = \frac{h'}{3}(4 + 3s) \tag{21-4}$$

d 菱形轧件(或孔型)的平均高度

由图 21-15 看出,菱形轧件的面积为:

$$F = 2l^2\cos\frac{\alpha}{2}\cos\frac{\beta}{2} = 2l^2\cos\frac{\alpha}{2}\sin\frac{\alpha}{2}$$

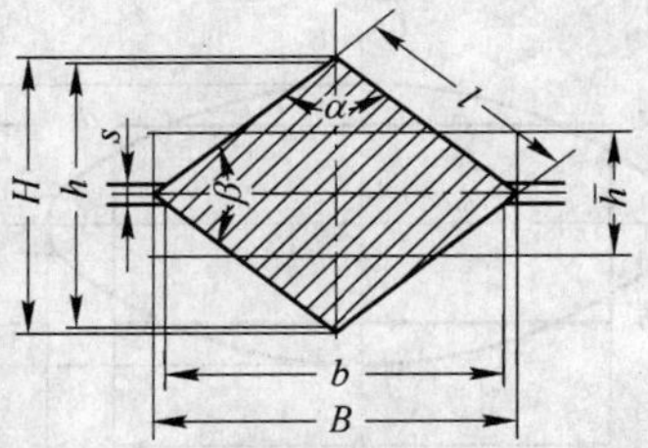

图 21-15 菱形孔型及轧件图

菱形轧件的最大宽度为:

$$b_{\max} = B = 2l\sin\frac{\alpha}{2}$$

所以菱形轧件的平均高度为:

$$\bar{h} = \frac{F}{b_{\max}} = \frac{2l^2\cos\frac{\alpha}{2}\sin\frac{\alpha}{2}}{2l\sin\frac{\alpha}{2}} = l\cos\frac{\alpha}{2} \tag{21-5}$$

e 圆形轧件(或孔型)的平均高度

由图 21-16 可得,圆形轧件的面积为:

$$F = \frac{\pi d^2}{4}$$

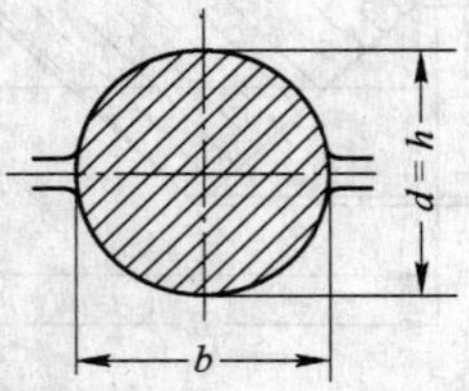

图 21-16 圆孔型及轧件图

圆形轧件的最大宽度为:

$$b_{max} = d = h$$

故圆形轧件的平均高度为:

$$\bar{h} = \frac{F}{b_{max}} = \frac{\pi}{4} d \tag{21-6}$$

其他形状轧件(或孔型)的平均高度均可按式 21-1 计算出。

B 相应轧件法

以面积相等、尺寸相应的矩形轧件代替复杂断面的轧件,且该矩形轧件的高与宽之比等于被代替的轧件边长之比,然后按相应的矩形轧件的尺寸来计算压下量。

图 21-17 示出以相应矩形轧件 *abcd* 代替孔型内椭圆轧件的相互关系。根据两个轧件对应边成比例可得:

$$\frac{\bar{h}}{\bar{b}} = \frac{h}{B} \tag{21-7}$$

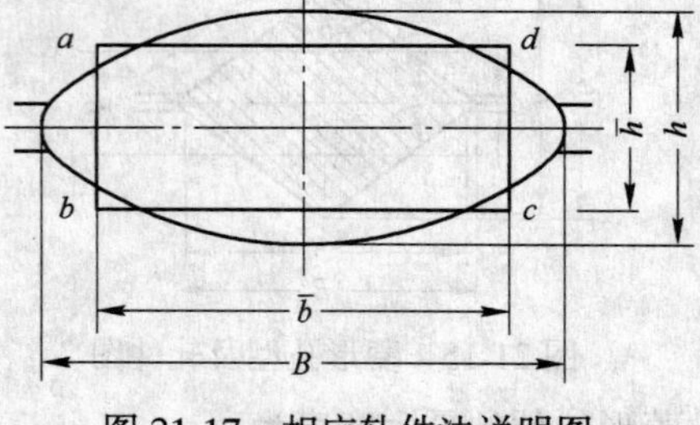

图 21-17 相应轧件法说明图

又由于相应轧件的断面积应等于被代替轧件的断面积,故有:

$$\bar{b}\,\bar{h} = F \tag{21-8}$$

式中 $\bar{b}$——相应轧件的宽度;

$\bar{h}$——相应轧件的高度。

由式 21-7 和式 21-8 即可求出相应轧件的高度 $\bar{h}$ 和宽度 $\bar{b}$。

21.1.3.2 轧辊平均工作直径的确定

与轧件相接触的轧辊直径称为轧辊工作直径。平辊轧制时(图 21-18),工作辊直径沿轧件宽度上不变,所以其工作直径等于轧辊直径,即:

$$D_G = D_0 = D_j - h \tag{21-9}$$

式中 D_G——轧辊工作直径;

D_0——轧辊直径;

D_j——轧辊假想直径。

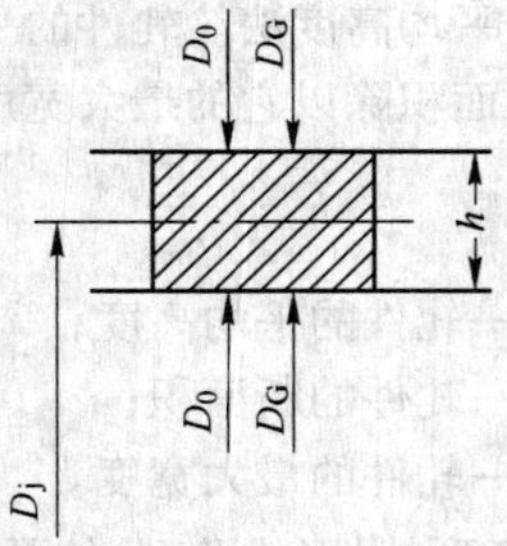

图 21-18 平辊轧制时辊径示意图

型辊轧制时,轧辊工作直径是变化的(图 21-19),在计算中应以轧辊平均工作直径代替,即:

$$\overline{D}_G = D_j - \bar{h} = D_j - \frac{F}{b_{max}}$$

$$= D_G - \frac{F}{b_{max}} + s \tag{21-10}$$

如果上、下轧辊工作直径不等,则取其平均值,即:

$$D_G = \frac{D_{G_1} + D_{G_2}}{2}$$

式中 D_{G_1}、D_{G_2}——上、下轧辊平均工作直径。

轧辊平均工作直径是型轧时计算宽展、轧制力、轧制速度等的基本参数,又称轧制直径。

21.1.3.3 宽展的计算

型轧时的宽展除了可应用式 20-19、式 20-20或式 20-21 计算外,还可用下面的半经验公式计算。

在轧制铜盘条时常采用方-椭-方孔型系,如图 21-20 所示,此时椭圆轧件在高向上被压缩的面积 Q 与其宽展的面积 q 存在如下关系:

$$\frac{q}{Q} = \frac{7}{\sqrt{F_n} + 7} \tag{21-11}$$

式中 F_n——第 n 道椭圆轧件的断面积。

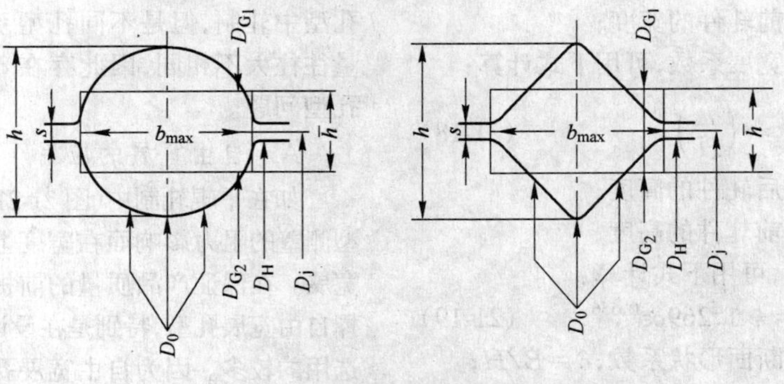

图 21-19 型辊轧制时辊径示意图

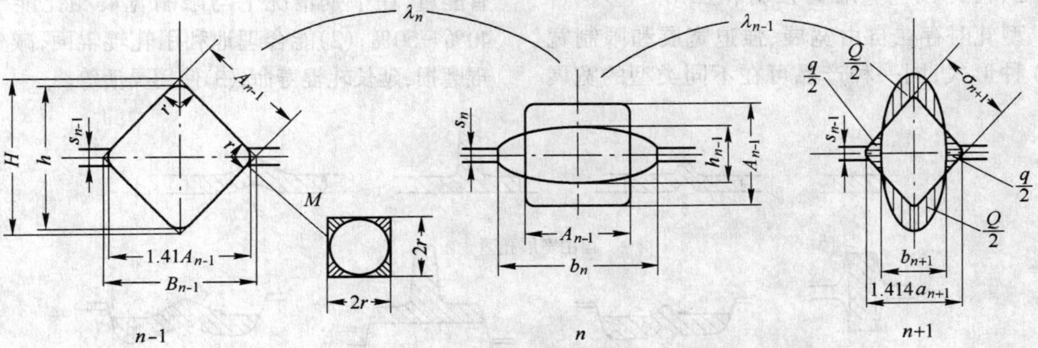

图 21-20 椭－方孔型中金属变形示意图

由图 21-20 可看出：

$$q = \frac{(1.414a_{n+1} - h_n)^2}{2} - \frac{s_{n+1}^2}{2} \quad (21\text{-}12)$$

$$Q = F_n - a_{n+1}^2 + \frac{(1.414a_{n+1} - h)^2}{2} \quad (21\text{-}13)$$

式中 a_{n+1}——第 $n+1$ 道方轧件的边长；

s_{n+1}——第 $n+1$ 道轧辊辊缝；

h_n——第 n 道椭圆轧件的高度。

将式 21-12 和式 21-13 代入式 21-11 中整理后可得，在方－椭孔型系中轧制铜盘条时所要求的椭圆孔型高度为：

$$h_n = 1.414a_{n-1} - \sqrt{\frac{14}{\sqrt{F_n}}(F_n - a_{n+1}^2) + \frac{\sqrt{F_n}+7}{\sqrt{F_n}}s_{n+1}^2} \quad (21\text{-}14)$$

若记第 $n-1$ 道方形轧件的边长为 A_{n-1}，则当 4 个角的圆角半径为 r 时（参见图 21-20），其面积为：

$$F_{n-1} = A_{n-1}^2 - (4r^2 - \pi r^2) = A_{n-1}^2 - 0.86r^2$$

根据金属的塑性和椭圆孔型的特点，选定方轧件进入椭圆孔型的延伸系数为 λ_n，则：

$$\lambda_n = \frac{F_{n-1}}{F_n} = \frac{A_{n-1}^2 - 0.86r^2}{F_n}$$

所以 $$F_n = \frac{A_{n-1}^2 - 0.86r^2}{\lambda_n} \quad (21\text{-}15)$$

当椭圆孔型高度 h_n 确定后，椭圆轧件的宽度 b_n 可由下式计算：

$$b_n = A_{n-1} + \left(\frac{K}{A_{n-1}} + 1\right)(A_{n-1} - h_n) \quad (21\text{-}16)$$

式中 K——系数，当 $A_{n-1} = 10 \sim 40$ mm 时，$K = 8 \sim 14$；A_{n-1}越大，则 K 值越大，反之亦然。

根据大量的实验数据，利用数学上的统计规律，导出了计算宽展用的相对宽展公式 21-17，经实际检验，该公式简单、适用，在实际中具有一定价值。

$$b = \beta B \quad (21\text{-}17)$$

式中 b——轧制后轧件的宽度；

B——轧制前轧件的宽度；

β——相对宽展系数，可用下式计算：

$$\beta=\left(\frac{h}{H}\right)^{-10^{W}} \tag{21-18}$$

式中 h——轧制后轧件的高度；

H——轧制前轧件的高度；

W——系数，可用下式计算：

$$W=-1.269\delta\varepsilon^{0.556} \tag{21-19}$$

式中 δ——轧件断面形状系数，$\delta=B/H$；

ε——辊径系数，$\varepsilon=H/D$。

21.1.3.4 宽展的控制和应用

型轧时存在自由宽展、强迫宽展和限制宽展3种形式，同一种产品可在不同类型的宽展孔型中轧制，但是不同孔型系生产出的产品质量往往大不相同，因此存在着选择和设计最佳孔型问题。

A 自由宽展的应用

如在平辊轧制中(图21-21e)轧件侧边不受孔型侧壁的阻力影响而在宽度上的扩展，称为自由宽展。在保证产品质量的前提下，一般趋向于选择自由宽展孔型，特别是在设计粗轧压下孔型时，选用的较多。因为自由宽展孔型具有以下优点：(1)由于没有孔型侧壁阻力，单位压力降低，可节省能量，在个别情况下与限制宽展相比能节约40%～50%；(2)能合理地利用轧辊辊面，减少轧辊磨损，延长轧辊寿命；(3)使用灵活等。

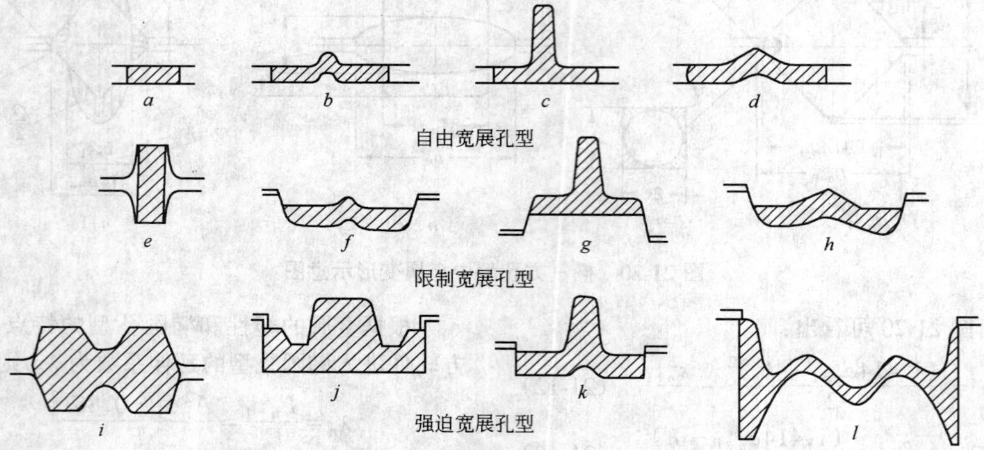

图21-21 自由、限制和强迫宽展孔型图例

a～d—自由宽展孔型；e～h—限制宽展孔型；i～l—强迫宽展孔型

B 限制宽展的应用

诸如侧壁斜度较大的箱形孔型、菱形孔型、椭圆形孔型、方形孔型以及圆形孔型等(图21-21e～h)，侧壁对宽展均有限制作用。由图21-22可看出，这类孔型侧壁对金属的反作用力在孔型宽度方向上均存在着限制金属宽展的分力，侧壁倾角越大，则限制宽展的阻力越大，宽展量越小。可见，如能正确地设计孔型侧壁斜度，就能在很大程度上控制宽展量。

限制宽展孔型有以下优点：(1)孔型侧壁的存在，可提高轧件表面质量，使断面形状精确化，特别是棱角形状；(2)能减轻或防止轧件的扭转、倾斜和轧件变歪；(3)孔型侧壁压力还能防止轧件表面出现裂纹。

C 强迫宽展的应用

与限制孔型相反的凸形孔型称为强迫宽展孔型(图21-21i～l)。当要求轧制成品宽，而坯料的宽度不足时，可以采用强迫宽展孔型，通过轧制增大轧件宽度。

强迫宽展变形是不均匀的，由于不均匀变形的出现，将给轧制型材带来很多困难，所以应尽量避免使用强迫宽展孔型。但在生产复杂断面的型材时，有时不得不利用不均匀变形造成的强迫宽展来达到成形的目的，尤其当用较窄的坯料轧制较宽的产品时，更能表现出其优越性。图21-21i～l所示的强迫宽展孔型是在生产中应用的几个实例。

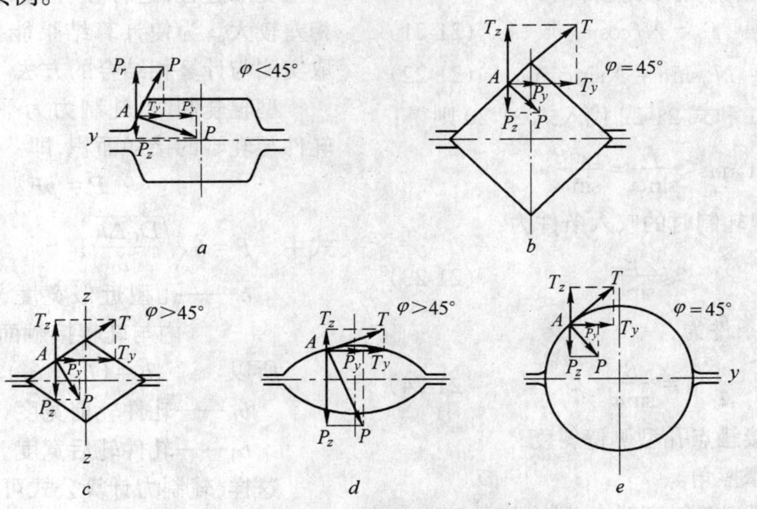

图 21-22 孔型形状与宽展阻力的关系

a—箱形孔型；*b*—方形孔型；*c*—菱形孔型；*d*—椭圆孔型；*e*—圆形孔型

φ—侧壁斜度，孔型侧壁与 *Z* 轴之间的夹角

21.1.4 型辊轧制时的咬入条件

在平辊轧制中，轧件与轧辊接触瞬间的咬入条件为 $\alpha \leqslant \beta$，当轧制过程建立后，稳定轧制条件为 $\alpha \leqslant 2\beta$。型轧时，除满足上述条件外，还必须考虑孔型和轧件形状以及其他因素对咬入的影响。现以方轧件进入椭圆孔型为例，分析孔型形状对咬入条件的影响。

如图 21-23 所示，咬入时轧辊与轧件首先在孔型侧壁 *A* 点接触，之后随压下的进行，轧件逐渐在整个高度上受到压缩。为使轧辊咬入轧件摩擦力的水平分力必须大于正压力的水平分力，即：

$$T_x \geqslant N_x \tag{21-20}$$

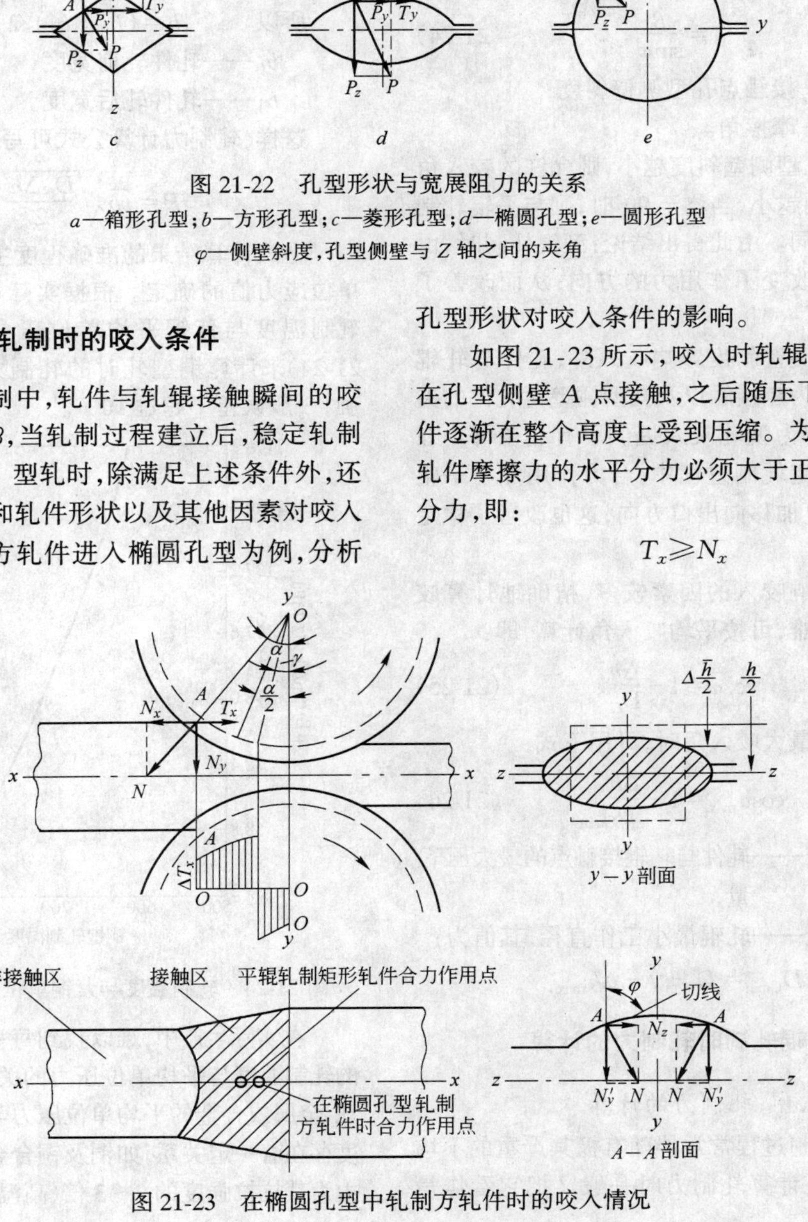

图 21-23 在椭圆孔型中轧制方轧件时的咬入情况

在椭圆孔型中咬入方轧件时，有：

$$T_x = Nf\cos\alpha \tag{21-21}$$

$$N_x = N'_y\sin\alpha = N\sin\varphi\sin\alpha \tag{21-22}$$

将式21-21和式21-22代入式21-20则得：

$$\tan\alpha \leqslant \frac{f}{\sin\varphi} = \frac{\tan\beta}{\sin\varphi}$$

所以，型辊轧制时的咬入条件为：

$$\alpha \leqslant \frac{\beta}{\sin\varphi} \tag{21-23}$$

极限咬入条件为：

$$\alpha = \frac{\beta}{\sin\varphi} \tag{21-24}$$

式中 φ——接触点孔型侧壁斜度；

β——摩擦角。

可见，孔型侧壁斜度越小，则允许的咬入角越大，反之则越小，当增至90°时，则与平辊轧制咬入条件相同。由此得出结论：型辊轧制时，由于孔型侧壁改变了作用力的方向，从而改善了咬入条件。

除孔型侧壁斜度影响咬入外，轧件与轧辊在咬入瞬间为点接触以及孔型侧壁对轧件的夹持作用等，都为型轧咬入提供了有利条件。在咬入后的稳定轧制过程中，合力作用点与平辊轧制相比，更加移向出口方向，这也改善了稳定轧制条件。

由于影响咬入的因素较多，精确地计算咬入角比较困难，可按平均咬入角计算，即：

$$\cos\bar{\alpha} = 1 - \frac{\Delta h}{D_G} \tag{21-25}$$

当计算最大咬入角时，可用下式：

$$\cos\alpha_{max} = 1 - \frac{\Delta h_{max}}{D_{Gmin}} \tag{21-26}$$

式中 Δh_{max}——轧件与轧辊接触点的最大压下量；

D_{Gmin}——轧辊最小工作直径，其值为：

$$D_{Gmin} = D_0 + t - \Delta h_{max}$$

21.1.5 型辊轧制时轧制力的计算

21.1.5.1 轧制力的计算

型辊轧制过程常常伴随有极其严重的不均匀变形，而在计算轧制力时一般又把它看作是均匀变形过程，这样使算出的压力值与实际值相差较大。为使计算结果能接近实际，必须采取实测与计算相结合的方法。

型辊轧制时，轧制力为平均单位压力乘以轧件与轧辊的接触面积，即：

$$P = \bar{p}F$$

式中 $F = \bar{b}\sqrt{\frac{D_G\Delta h}{2}}$；

$\bar{b}$——孔型近似宽度，即轧件在变形区内与轧辊接触面的平均宽度。

所以 $\bar{b} = (b_0 + b_1)/2$

b_0——轧件轧前宽度；

b_1——轧件轧后宽度。

这样，轧制力计算公式可写成：

$$P = \bar{p}\bar{b}\sqrt{\frac{D_G\Delta h}{2}} \tag{21-27}$$

上式计算结果的准确程度主要取决于平均单位应力值的确定。根据实际计算验证，利用轧制温度与紫铜平均单位压力关系曲线（图21-24）来计算铜型轧时的轧制力，结果比较准确，一般误差不超过10%。

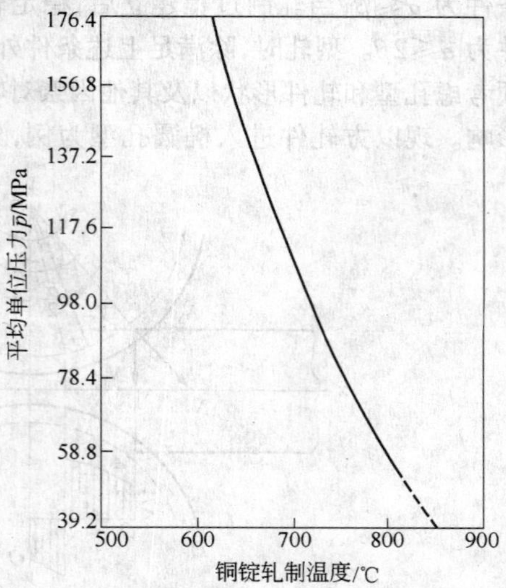

图21-24 轧制温度与紫铜单位压力关系曲线

在实际生产中，难以找到每一种金属或合金的轧制温度与平均单位压力的关系曲线，但是发现，金属或合金的平均单位压力与它们的抗拉强度存在着一定关系，如铜及铜合金的平均单位压力为其抗拉强度的2～3倍（高温时取下限，低温时取上限)。这样计算出的结果比较准确。

21.1.5.2 道次电机功率计算

型辊轧制时,根据轧机工作特点,分为带飞轮轧制和无飞轮轧制,确定道次电机功率可采用下面的近似计算法。

A 无飞轮时道次电机功率计算

此时道次电机功率可由下式求得:

$$N_W = N_K + N_Z + N_m + N_s \tag{21-28}$$

a 轧机空转功率

轧机空转功率 N_K(kW)计算式为:

$$N_K = \sum \frac{G_n f_n d_n}{2 i_n} n \tag{21-29}$$

式中 G_n——电机带动的旋转部件的质量,t;

f_n——旋转部件轴颈处的摩擦系数;

d_n——旋转部件轴颈直径,m;

i_n——旋转部件与电机间的传动比;

n——电机的转数,r/min。

b 实现金属塑性变形所需要的轧制功率

实现金属塑性变形所需的轧制功率 N_Z(kW)为:

$$N_Z = 0.001 nP\sqrt{\frac{D_G}{2}\Delta h} \tag{21-30}$$

式中 P——轧制力。

c 克服辊径在轴承中摩擦所需要的功率

克服辊径在轴承中摩擦所需的功率(kW)为:

$$N_m = P d_j f_j n \tag{21-31}$$

式中 d_j——轧辊直径,m;

f_j——轧辊轴承摩擦系数,其值见表 20-3。

d 克服传动损失所需要的功率

克服传动损失所需的功率(kW)为:

$$N_s = \varphi(N_Z + N_m) \tag{21-32}$$

式中 φ——与传动结构相关的参数:

对于单级齿轮传动:$\varphi = 0.05 \sim 0.02$;

对于皮带轮传动:$\varphi = 0.25 \sim 0.11$。

B 带飞轮时道次电机功率计算

这种情况下道次电机功率 N_d(kW)可由下式求得:

$$N_d = N_W - (N_W - N_0)\exp\left(-\frac{t}{T}\right) \tag{21-33}$$

式中 N_W——无飞轮时的电机功率,kW,由式 21-28 计算;

N_0——电机开始转动时的功率,kW,对每道轧制来说,等于轧机空转功率,即 $N_0 = N_K$;

t——每道次的轧制时间,s;

T——电机的飞轮惯性常数,s,由下式计算:

$$T = \frac{GD_u^2 n^2 S_H}{366000 N_H (1 - S_H)}$$

G——飞轮时的质量,kg;

D_u——飞轮轮缘直径,m;

n——电机在额定功率负荷下的转数,r/min;

N_H——电机额定功率,kW;

S_H——电机额定转差率,由下式决定:

$$S_H = \frac{n_0 - n}{n} = 0.03 \sim 0.10$$

n_0——电机在无负荷时的转数(同步转数),r/min。

为了求得 N_d 值,必须知道与 N_H 有关的 T 值,所以先要近似地算出 N_H 值,然后按照公式 21-33 计算 N_d 值。如果这样算出的 N_d 值与所采用 N_H 差值很大,则应该反复进行必要的校正。

21.2 型辊轧制型、棒材技术

21.2.1 棒型材轧制工艺

铜及其铜合金棒型材轧制直接出成品的较少,一般是作为棒型材的坯料生产,经轧制的棒型材还要通过进一步的拉伸等加工才成为成品。棒型材轧制各工序的流程见图 21-25。

21.2.2 轧制工艺参数

21.2.2.1 铸坯尺寸

轧制铜及铜合金棒型材一般采用梯形和圆形的实心铸坯。梯形铸坯多用于利用浇铸余热轧制;圆形铸坯用于二次加热的轧制。梯形铸坯为保证铸坯温度均匀和便于操作等,铸坯的长度一般取 1500～1800 mm;圆形铸坯的长度一般取 1000～1200 mm。

图 21-25 棒型材轧制工艺流程图
a—利用铸坯余热轧制;b—铸坯加热轧制

无论梯形铸坯还是圆形铸坯,其断面积一般要取成品断面的三倍以上,以保证制品有良好的组织性能,即轧制变形的总延伸系数要大于3。

21.2.2.2 轧制温度

常用铜及铜合金棒型铸坯的加热和轧制温度见表 21-2。

21.2.2.3 加热保温时间

充分的加热保温时间能保证被加热铸坯温度和组织均匀,并使变形抗力降低,也有利于塑性的恢复和提高。加热保温的时间主要根据铜及铜合金的成分及横截面的大小来定,紫铜加热一般温度达到就可出炉并尽量缩短在炉内时间;单相黄铜加热保温时间为 60～90 min;铅黄铜加热保温时间不少于 150 min;青铜、白铜加热保温时间为 90～150 min。

21.2.3 轧制孔型选择、延伸系数分配

21.2.3.1 轧制孔型选择

常用孔型形状、应用范围及特点见表 21-3。

表 21-2 铜及铜合金棒型铸坯的加热和轧制温度

牌 号	加热温度/℃	开轧温度/℃	终轧温度/℃	备 注
T2	850～920	850～900	500	
H80	830～870	820～860	550	
H68	800～850	800～830	550	
H62	780～830	780～820	550	
HPb59-1	730～780	730～760	550	630～680(余热)
QSn4-3	720～750	720～740	550	
QAl9-2	780～820	780～800	600	
QSi3-1	800～850	800～840	600	
QBe2	780～830	780～820	600	
QCd1	850～900	850～890	550	
QCr0.5	900～950	880～930	550	
B6	820～900	820～880	600	
B19	900～950	900～940	600	
B30	990～1040	980～1020	600	
BZn15-20	900～950	900～940	650	
BMn3-12	780～850	780～840	600	
BMn40-1.5	1130～1180	1100～1150	650	
BMn43-0.5	1100～1180	1100～1150	650	

表 21-3　常用孔型形状、应用范围及特点

孔型形状	孔型名称	应用范围	特　点
	箱形孔	主要用于延伸孔型	沿轧件整个宽度上变形均匀，可承受较大的压下量；在同一孔型内通过调整辊缝的方法，可以得到不同厚度的轧件，可以减少换辊
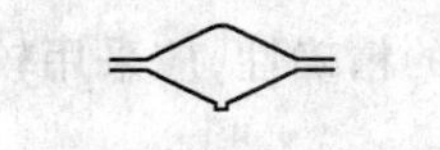	菱形孔	方棒的成品前孔型 菱形－方形延伸孔型系统	轧件在孔型内稳定，能得到形状和尺寸精确的方形断面；轧件角部位置固定，而且角部冷却快、这样在轧制过程中易产生缺陷
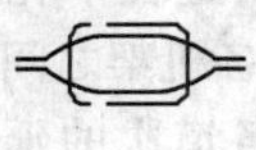	椭圆孔	圆棒的成品前孔型棒成品孔型 椭圆－方型延伸孔型系统	轧件角部位置经常变换，冷却均匀，四个方向都得到加工可承受较大的变形量；轧件在方孔或椭圆孔内，变形都是不均匀的，槽孔磨损快
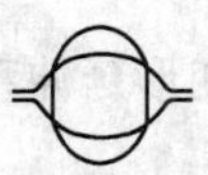	圆孔	圆棒的成品孔型椭圆－圆形延伸孔型系统	孔型与孔型间能很平滑地过渡，可防止产生局部应力，冷却均匀，适用于轧制低塑性的金属；可在延伸孔型中获得成品圆，可减少换辊次数；轧件变形不均匀，延伸系数小，易出现耳子
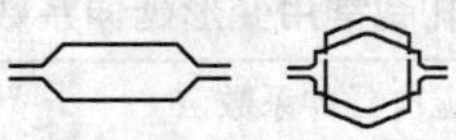	六角孔	六角棒的成品前孔和成品孔型六角－方形延伸孔型系统	软件在孔型内变形均匀，稳定性好，伸长率大；方进六角孔时延伸系统必须大于 1.4，否则六角孔将充不满
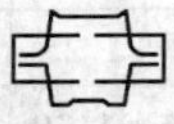	扁孔	扁棒的粗轧和成品孔型 平－立孔型系统	孔型形状简单，对孔型尺寸要求不高；孔型共用性大，一套轧辊能轧制多种规格产品；调整方便，尺寸容易控制；导卫装置简单

注：延伸孔型是指粗中轧孔型，其作用是压缩轧件断面，使其比较接近成品的最终形状和尺寸；成品前孔型是指位于成品前一道，其作用是保证成品孔轧制出合格产品。

21.2.3.2　孔型组成参数的选择

孔型通常由辊缝(s)、圆角(r)、侧壁斜度($\tan\alpha$)、锁口(闭口孔型)、辊环等组成，其各部分参数选择见表21-4。

表 21-4　孔型组成参数的选择

孔型组成参数	选　择　原　则
辊缝(s)	辊缝值应大于辊跳与孔型允许磨损量之和。辊缝值一般取孔型高度的 10%～20%。大中型轧机的延伸孔型取 6～10 mm，成品前孔取 3～5 mm，成品孔取 1～3 mm
孔型侧壁斜度($\tan\alpha$)	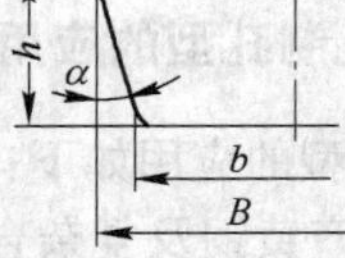 如左图所示，角的正切称为孔型的侧壁斜度，即 $\tan\alpha=(B-b)/2h$ 一般取　$\alpha=3°\sim6°$
辊　环	辊身两侧的辊环；大型轧机一般取 100～150 mm；小型轧机一般取大于 40 mm；开口孔型的辊环宽度一般取等于相邻两孔中最深槽孔的深度值。在闭口孔型中，铸钢轧辊的辊环取槽孔深度的 0.8～1.8 倍；铸铁辊则取槽孔深度的 1.2～1.5 倍；而且还要考虑侧压力的大小和辊环根部的圆弧大小的影响。侧压力小，根部圆弧较大时可取较小的辊环值
锁　口	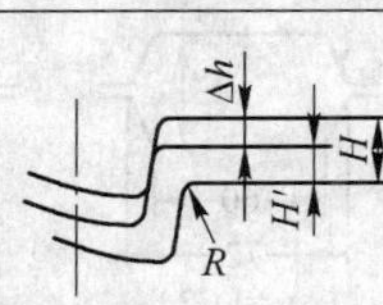 在闭口孔型中为了便于调整轧件形状，在开口处的辊环需有一个锁口。锁口高度 H 按公式$H=R+\Delta h+H'$确定。 式中 H 取 2～8 mm；R 为辊环过渡圆弧半径；Δh 为孔型高度调整值

续表 21-4

孔型组成参数	选择原则
圆　角	在孔型的各过渡部分和辊环部分都采用圆弧连接，其目的是：(1)防止轧件尖角部分冷却太快造成角部的裂纹和孔型磨损不均；(2)防止尖角部分应力集中，削弱轧辊强度；(3)防止孔型过充满时造成尖锐耳子形成折叠

21.2.3.3 变形系数及其分配

选择好孔型系统后，进一步应确定道次和逐道次分配延伸系数。

总延伸系数 $\mu_{\Sigma}=F_0/F_n$ (21-34)

式中 F_0——坯料断面积；

F_n——成品断面积。

轧制道次 n 可由 F_0、F_n 和平均延伸系数 $\mu_{平}$ 确定：

$$n=\frac{\lg F_0-\lg F_n}{\lg\mu_{平}}=\frac{\lg\mu_{\Sigma}}{\lg\mu_{平}} \tag{21-35}$$

而

$$\mu_{平}=n\sqrt{\frac{F_0}{F_n}}=\sqrt[n]{\mu_{\Sigma}} \tag{21-36}$$

横列式轧机的生产率在很大程度上决定于每道次的延伸系数。延伸系数大则轧制道次少、轧制节奏短，生产率便高。

连轧机的生产率主要决定于轧制速度，采用大的延伸系数可减少机架，这样可降低设备投资。在轧制时限制每道次变形量的主要因素有金属塑性、咬入条件、电动机能力、设备强度、轧辊磨损和轧件的宽展值等。实际生产中，选择平均延伸系数和确定轧制道次必须根据具体情况综合考虑。逐道分配变形延伸系数的原则是：

(1) 轧制开始时，轧件温度高、塑性好、变形抗力低、有利于轧制，应主要考虑咬入条件。轧制紫铜时咬入角一般取 26°～30°，轧制黄铜和复杂合金时咬入角一般取 22°～24°；

(2) 轧制中、后期，随轧件温度降低、轧件变形抗力增加，应适当减小延伸系数；

(3) 在最后几道中，为减小孔型磨损与保证成品断面形状和尺寸的精确性，应采用较小的延伸系数；

(4) 在连轧机上，因轧制过程中轧制速度很快，轧件温度变化很小，且各机架之间的同步(即金属秒流量相等)，所以各道次的延伸系数可取相等或几乎相等。

铜及其铜合金轧制常用变形延伸系数见表 21-5。

表 21-5 铜及其铜合金轧制常用变形延伸系数

牌　号	道次延伸系数 μ		
	延伸孔型	成品前孔型	成品孔型
紫铜 T2	1.4～1.9	1.2～1.25	1.15
H90、H80	1.3～1.8	1.15～1.20	1.10
H68、H62	1.25～1.6	1.15～1.20	1.08
HPb59-1	1.20～1.50	1.10～1.15	1.05
QSn4-3、QSi3-1	1.25～1.50	1.15～1.20	1.08
QBe2.0	1.20～1.45	1.15～1.20	1.06
B0.6、B5、B19	1.25～1.50	1.15～1.20	1.08
BMn3-12	1.22～1.45	1.10～1.15	1.05
BMn40-1.5	1.20～1.40	1.10～1.15	1.05
BMn15-20	1.25～1.35	1.10～1.15	1.05

21.2.4 几种轧制孔型的应用

几种轧制孔型的应用如下：

(1) 某厂生产黄铜及复杂合金轧制延伸孔型见图 21-26。

(2) 某厂生产黄铜 $\phi22$ mm、$\phi15$ mm 棒轧制孔型，见表 21-6。

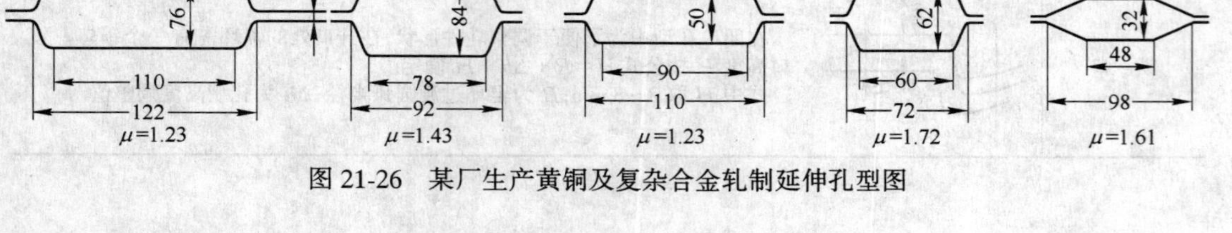

图 21-26 某厂生产黄铜及复杂合金轧制延伸孔型图

表 21-6 某厂生产黄铜 ϕ22 mm、ϕ15 mm 棒轧制孔型表

道 次	孔型			延伸系数	轧件长度/m	辊缝/mm
	形 状	尺寸/mm	面积/mm²			
0		ϕ43	1460		1.20	
1		20×70	1040	1.4	1.68	3
2		28	770	1.35	2.27	3
3		11×32/60	408	1.89	4.28	3
4		ϕ22	380	1.07	4.58	2
		18.4	310.3	1.32	5.66	3
5		8×34	210	1.48	8.28	3
6		ϕ15	176.6	1.19	9.92	2

(3) 国外某厂采用多机架交叉平、立辊无槽轧机连续轧制 ϕ12 mm 棒的孔型，见表 21-7。它通过调节辊缝来改变轧件尺寸，巧妙利用轧件宽展而形成矩形－方形的变形过程。因此轧件的断面积可以在很大范围内任意调节，很容易调节到轧制道次的金属秒流量相等，也有称该孔型设计为“保险孔型”。

表 21-7 多机架交叉平、立辊无槽轧制 ϕ12 mm 棒的孔型表

道 次	孔型			延伸系数
	形 状	尺寸/mm 或 mm×mm	面积/mm²	
0	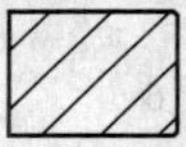	26.5×26.5	702	
1	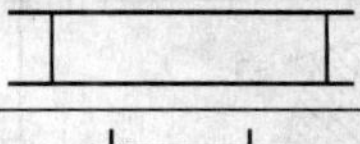	33.3×18	600	1.18
2	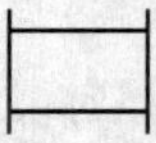	22×22	484	1.24
3		30×12	360	1.34
4	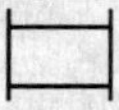	17×17	289	1.25
		21.8×11	239	1.20
5		13×13	169	1.42
6		14.6×11	126	1.34
7		ϕ12	113	1.12

21.3 管材轧制技术

21.3.1 概述

铜及铜合金管材轧制种类繁多。按加工方式可分为斜轧(横轧)和纵轧;按加工温度可分为热轧和冷轧;按加工产品的类型又可分为普通圆管轧制、内筋管轧制、外筋管轧制、内外筋管轧制、螺旋管轧制等;按轧机轧辊的运动方式可分为连续式轧制和周期式轧制。每种轧制方法都有其自身的特点,都有其特定的适用范围。在不同的领域中,铜合金管材的各种轧制方法都获得了不同程度的应用和发展。本节着重阐述周期式冷轧管技术。

周期式冷轧管按轧辊的数量又可分为二辊冷轧管和多辊冷轧管。多辊冷轧管的轧辊数量通常为3个、4个或5个。

二辊冷轧管的主要特点是道次轧制加工率大(减径量和减壁量都大,尤其减壁量更大)、壁厚纠偏能力强。因此广泛用于各种铜合金管材的在制品生产,如:紫铜盘管、黄铜冷凝管、白铜冷凝管等在制品的生产,多为连拉、盘拉或直拉工序供坯,而不直接生产成品。

多辊冷轧管与二辊冷轧管相比,道次轧制加工率较小、减径量小、生产能力较低;但加工制品尺寸精度高、表面质量好,尤其适用于加工径厚比大的管材。因此多用于要求较高、径厚比大的各种铜合金管材的成品生产。

21.3.2 二辊周期式冷轧管

21.3.2.1 二辊周期式冷轧管轧制原理

目前,比较常用的二辊周期式冷轧管,按其工艺特点主要分为半圆形孔型轧制和环形孔型轧制两种。半圆形孔型轧制多用于老式轧管机,环形孔型轧制多用于新式高速、长行程轧管机。

A 半圆形孔型的工作原理

如图21-27所示,在轧辊2中部凹槽内装着带有变断面轧槽的孔型块1,其最大断面与管坯5外径相当,最小断面等于轧制后成品管6的外径。置于管坯5中的锥形芯棒3,与芯杆4相连接。在轧制过程中,芯棒3与芯杆4只做间歇式的转动。

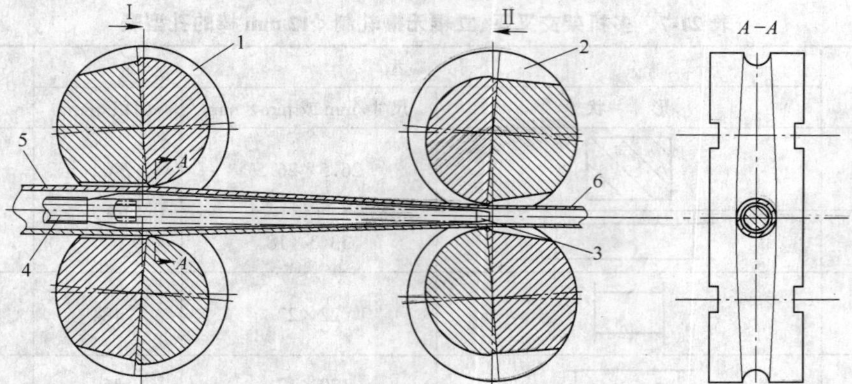

图21-27 半圆形孔型轧管过程示意图

1—孔型块;2—轧辊;3—芯棒;4—芯杆;5—管坯;6—成品管

轧制开始时,轧辊位于孔型开口最大的极限位置处,用送进机构将管坯向前送进一段距离,即一个“送进量”。随后轧辊向前滚动,对管坯进行轧制,直到轧辊位于孔型开口最小的极限位置为止,轧出一段成品管。然后,借助回转机构使管坯转动一个40°～60°的角度,轧辊开始向回滚动,再对管坯进行均整碾轧,直到极限位置为止,完成一个轧制周期。如此重复以实现管材的周期式轧制过程。

上、下轧辊的旋转往复运动是借助如图

21-28所示的机构完成的。

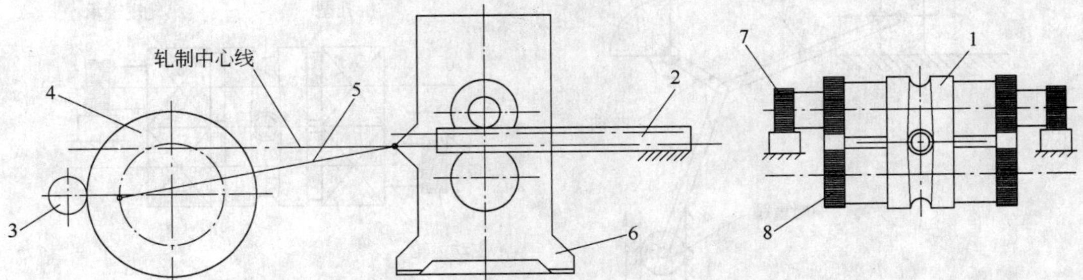

图 21-28 轧辊旋转往复运动机构示意图

1—上、下轧辊；2—齿条；3—主传动的主动齿轮；4—曲柄齿轮；5—连杆；6—工作机架；7—轧辊的主动齿轮；8—同步齿轮

在上、下轧辊 1 的辊颈两端装有互相啮合的同步齿轮 8，上轧辊辊颈的最外端装有轧辊主动齿轮 7。轧辊主动齿轮 7 分别与固定在机座上的两个齿条 2 相啮合。装有轧辊的工作机架 6 通过连杆 5 与曲柄齿轮 4 相连接。当主传动的主动齿轮 3 使曲柄齿轮 4 旋转时，连杆 5 带动工作机架 6 做往复直线运动，从而使上、下两个轧辊获得旋转往复直线运动。

半圆形孔型轧制的缺点是：

(1) 孔型轧槽的工作长度受到限制，可利用的轧辊有效回转角度不超过 180°，故其单道次轧制加工率较低；

(2) 由于采用曲柄齿轮机构传动，轧制速度低，设备冲击载荷较大；

(3) 此类轧机多采用闭式工作机架，轧辊的更换和维修保养十分不便。

B 环形孔型的工作原理

如图 21-29 所示，与半圆形孔型不同的是：环形孔型直接热装于轧辊轴上；孔型轧槽的工作长度几乎等于整个轧辊的周长，因此使道次轧制加工率得到很大提高；管坯的送进和回转在孔型开口最大的极限位置和孔型开口最小的极限位置均可同时进行。

环形孔型上、下轧辊的旋转往复运动是借助如图 21-30 所示的机构完成的。

由于使用了平衡重锤和平衡扇块进行配重，大大降低了机架运动的冲击载荷，因此设备的轧制速度较前者有了大幅度的提高。另外新式环形孔型轧管机多采用开式工作机架，给轧辊的更换和维修保养工作带来了很大方便。当采用刚性好的闭式机架时，配有专门的换辊小车，在短时间内把机架内的辊系整体地拉出或装入。

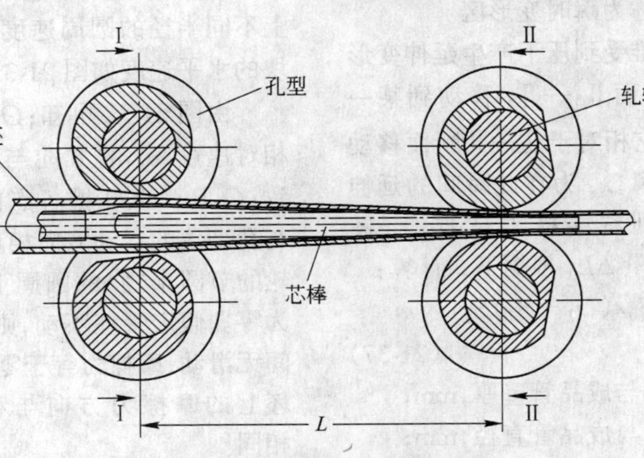

图 21-29 环形孔型轧管过程示意图

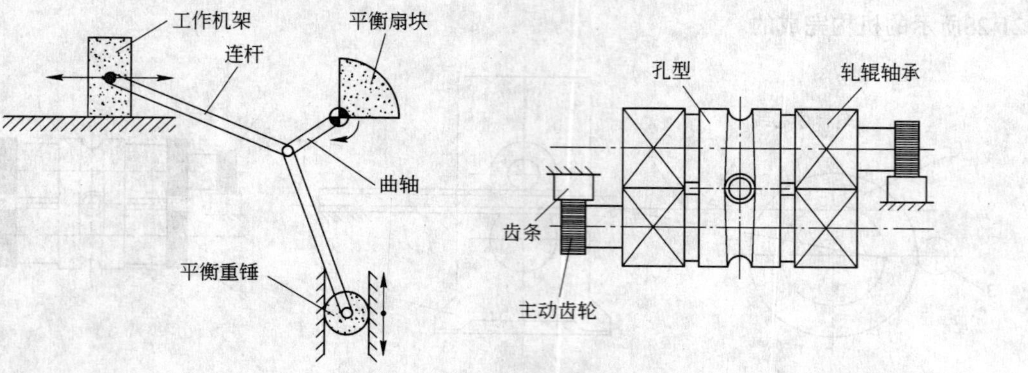

图 21-30 环形孔型轧辊旋转往复运动机构示意图

21.3.2.2 二辊周期式冷轧管的金属变形过程

二辊周期式冷轧管的金属变形过程如图 21-31 所示。

当机架处于左端原始位置时，孔型与管坯脱离接触，用送料机构将管坯向前送进一段长度 m，因此，工作锥 1(即管坯的变形段)也向前移动一段距离 m(图 21-31a)。相应地，工作锥上的截面Ⅰ—Ⅰ与Ⅱ—Ⅱ分别移动到$Ⅰ_1—Ⅰ_1$与$Ⅱ_1—Ⅱ_1$位置。

在送进一段管坯后，工作锥内表面与芯棒 3 脱离接触，形成间隙 s。当机架向前运动时，孔型 2 逐渐与工作锥的一小部分相接触。先是工作锥的直径减小、壁厚略有增加，直到其内表面与芯棒相接触，随后是壁厚减薄，并且相应地构成减径角 θ_p 与压下角 θ_0，总的构成咬入角 θ_z(图 21-31b)。将咬入角所对应的弧的水平投影所包容的金属体积称为瞬时变形区。

由于这部分工作锥受到压下产生延伸变形 ΔL_x，使工作锥前端断面$Ⅱ_1—Ⅱ_1$移动到某一过度位置$Ⅱ_x—Ⅱ_x$。它相对于Ⅱ—Ⅱ断面移动一段 $\Delta L_x = m\lambda_x$ 的距离，λ_x 为在此瞬间的延伸系数。当孔型滚动到右端极限位置时(图 21-31c)管子的总延伸量 ΔL_1 根据下式计算：

$$\Delta L_1 = \{(D_0 - S_0)S_0/(D_1 - S_1)S_1\} \times m = \lambda_{\Sigma} m \tag{21-37}$$

式中 S_0、S_1——管坯与成品管壁厚，mm；

D_0、D_1——管坯与成品管直径，mm；

λ_{Σ}——总延伸系数，等于管坯与成品管断面面积之比；

m——送进量，mm。

21.3.2.3 冷轧管时变形区内金属的应力状态及其影响因素

冷轧管时变形区内金属各部位的应力状态比较复杂，而且随外界因素的变化而变化。影响变形区内金属各部位应力状态的因素主要有外摩擦、变形不均匀性以及轧制制度等。本节仅以单回转、单送进的轧制为例，对二辊周期式冷轧管的金属应力状态进行分析。

A 外摩擦的影响

冷轧管时变形区内摩擦力的作用方向和摩擦力的分布，与工具相对于管坯的运动速度以及金属变形时的流动速度有关。孔型块在轧制过程中，在随着机架做直线运动的同时又在主动齿轮带动下转动。假定 v_j 表示机架速度(即孔型直线运动速度)，v_T 表示孔型块在 OB 线上不同半径的圆周速度，则在 OB 轴线上孔型块的水平速度如图 21-32 所示。

由图 21-32 可知：O_1AO_1 弧上轧槽各点的相对速度 v_{xd} 的方向与孔型块的运动方向一致；O_1B 弧上轧槽各点的相对速度 v_{xd} 的方向与孔型块的运动方向相反，在半径为 ρ_j(主动齿轮的节圆半径)的圆周上的 O_1 点的相对速度为零。假定管坯不动，则此处的轧槽与管坯之间无滑动，摩擦力等于零。其余各处，作用在管坯上的摩擦力方向与相应的相对速度方向相同。

实际上，管坯在轧制时发生塑性变形，金属

顺着机架的运动方向以变化的速度向前流动(金属横向流动的宽展量很小,可忽略不计),从而使轧槽各点的相对速度、O_1-O_1 位置和摩擦力作用方向发生改变(图 21-33)。

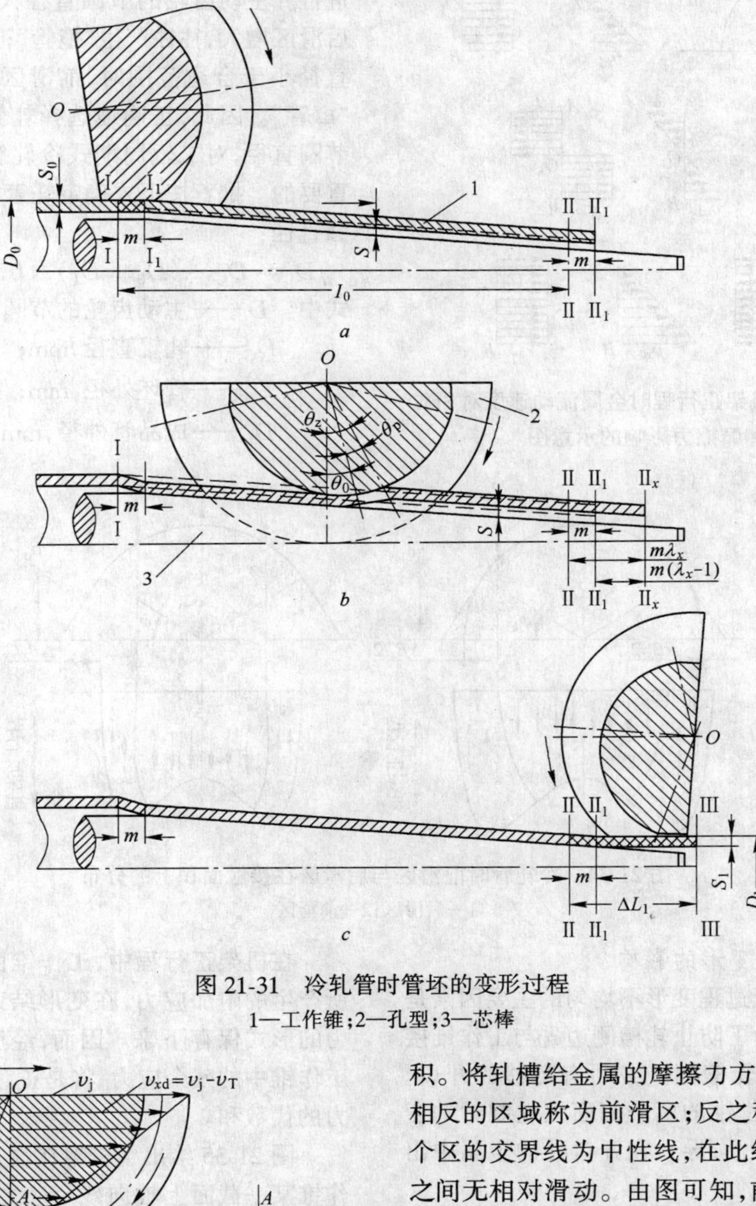

图 21-31 冷轧管时管坯的变形过程

1—工作锥;2—孔型;3—芯棒

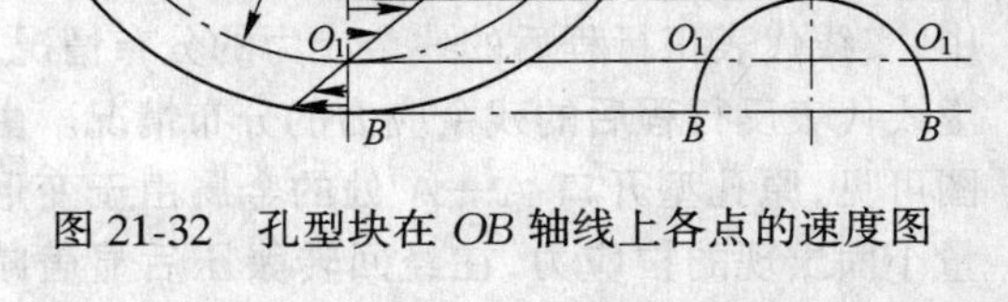

图 21-32 孔型块在 OB 轴线上各点的速度图

图 21-34 为工作机架正、反行程时在变形区中轧槽作用给金属的摩擦力方向和不同方向的摩擦力在接触面积的水平投影上所占据的面积。将轧槽给金属的摩擦力方向与其流动方向相反的区域称为前滑区;反之称为后滑区。两个区的交界线为中性线,在此线上金属与轧槽之间无相对滑动。由图可知,前滑区金属在轴向上受到的是压应力,而后滑区受到的是拉应力。

在实际生产中,有时会发生管坯沿机架运动方向窜动(俗称"拖管")或管坯向机架运动方向反向窜动(俗称"窜管")的现象。上述现象均因人为改变了孔型的轧制成品规格,而未能同时改变主动齿轮的节圆直径,造成轧槽与金属

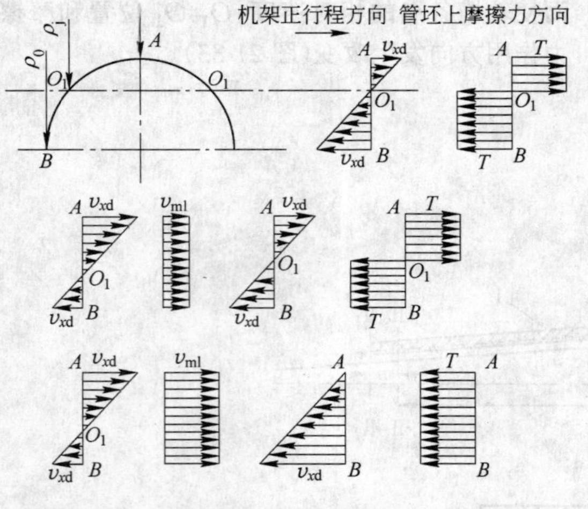

图 21-33 工作机架正行程时金属流动速度对相对速度和摩擦力影响的示意图

的接触区内前滑区和后滑区的比例失调，致使孔型磨损严重，甚至导致冷轧管生产无法顺利进行。主动齿轮的节圆直径大于合适范围时，后滑区增大，往往产生“拖管”；主动齿轮的节圆直径小于合适范围时，前滑区增大，往往产生“窜管”。因此，正确地选择轧管机主动齿轮的节圆直径，对二辊周期式冷轧管的生产是至关重要的。推荐按下式确定轧管机主动齿轮的节圆直径：

$$D_j = D_G - (D_0 + D_F) \times 0.315 \quad (21\text{-}38)$$

❶

式中 D_j——主动齿轮的节圆直径，mm；

D_G——轧辊直径，mm；

D_0——管坯外径，mm；

D_F——成品管外径，mm。

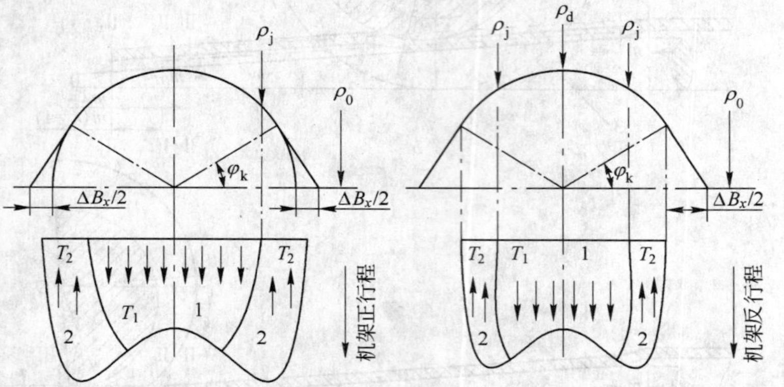

图 21-34 冷轧管时前滑区与后滑区在接触面积上的分布

1—后滑区；2—前滑区

B 不均匀变形的影响

影响冷轧管过程变形不均匀的主要因素是轧槽的形状。为了防止轧槽侧边先与工作锥接触造成“卡伤”，轧槽侧壁必须有足够的开口。这样，就使得工作锥的两个侧面在轧制时的变形量比其他部分小，导致在开口处的金属中出现轴向拉应力。

C 轧制制度的影响

在二辊周期式冷轧管时，为了获得壁厚均一的管材，消除孔型开口处管壁较厚的部分，在机架返回之前将管坯回转 40°～60°，然后对工作锥进行碾轧以达到此目的。

在机架正行程中，工作锥由于变形不均匀所产生的附加应力，在变形结束后将以残余应力的形式保存下来。因而，经反行程碾压过的工作锥中的残余应力，将是正、反行程的残余应力的代数和。

图 21-35 给出了机架在往复运动一次后工作锥某一截面上轴向残余应力数值的变化，其中：实线代表正行程后的残余应力的分布情况；虚线代表反行程后的残余应力的分布情况。由图可见，原孔型开口 A—A 处的金属由于变形量小而出现的拉应力，在经回转碾压后显著减小，而原轧槽顶部B—B处的压应力则相应地

❶ 系作者提出的经验公式。

减小。D-D 和 C-C 处的应力也皆有所变化。

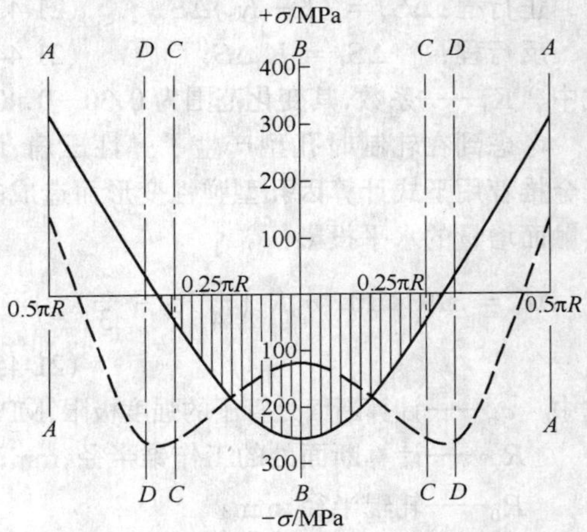

图 21-35　管材断面中的残余应力分布

由此可见,"回转"不但可以减小壁厚不均,而且附带的还减小工作锥中的拉应力,使塑性差的金属在机架正行程中不致出现裂纹。

在二辊周期式冷轧管时,每送进一段 m 长的管坯,都要在工作锥上轧十几次到几十次,才能轧制到成品管。一般将送进量为 m 的管坯轧制成成品管时的正行程轧制次数的多少称为分散变形度。它与总变形量和送进量大小,以及轧槽工作段长度有关。分散变形程度越大,则每道次的变形量越小,从而不均匀变形所产生的轴向拉应力也较小。在此情况下,金属不易产生裂纹,显示出具有较高的塑性。

根据上述分析,二辊周期式冷轧管时金属在变形区内可能的应力状态如图 21-36 所示。

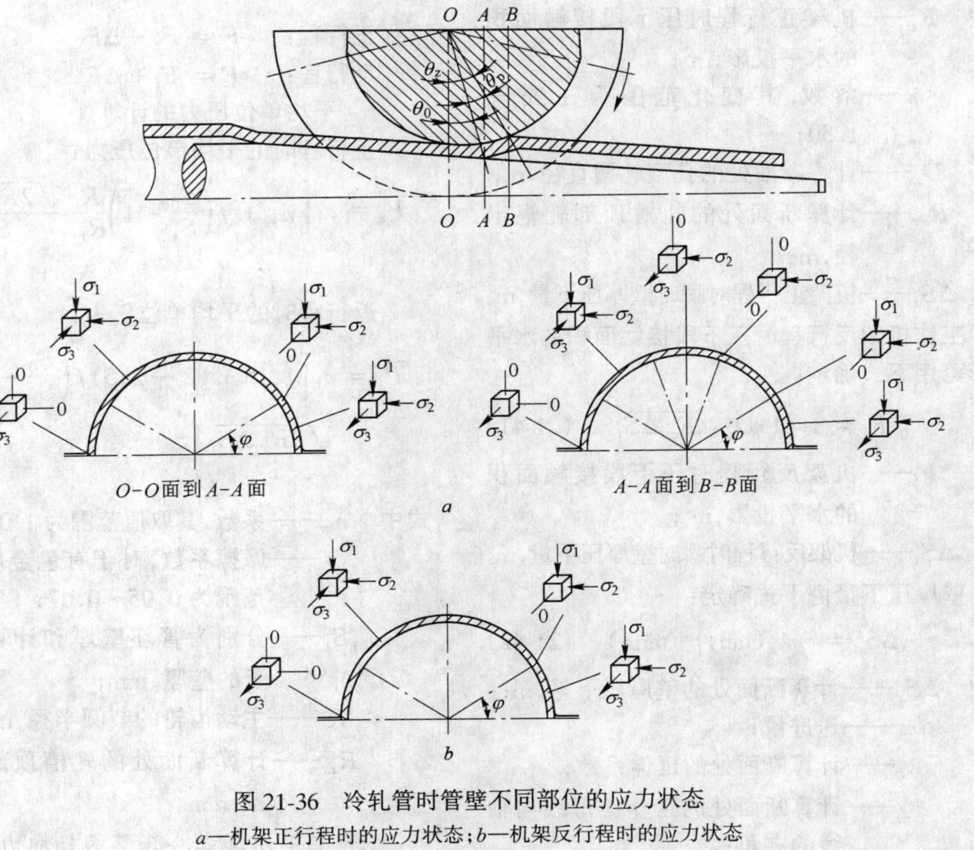

图 21-36　冷轧管时管壁不同部位的应力状态

a—机架正行程时的应力状态;*b*—机架反行程时的应力状态

21.3.2.4　二辊周期式冷轧管的作用力及其计算

二辊周期式冷轧管的作用力主要是轧制力与轴向力。

A　二辊周期式冷轧管的轧制力计算

影响轧制力的因素有送进量、变形量、金属变形抗力、管子的直径、润滑条件以及轧槽的开口值、轧辊半径和工作段长度等。

目前,计算管材轧制力的经验公式较多,而比较常用且较准确的为谢瓦金公式:

在轧制过程中,计算断面上的金属对轧辊的全压力 P_{Σ} 为:

$$P_{\Sigma} = \overline{P}F \tag{21-39}$$

式中 $\overline{P}$——平均单位压力,MPa;

F——金属与轧槽接触面积的水平投影,mm^2。

a 金属与轧槽接触面积水平投影的计算

金属与轧槽接触面积水平投影是指压下段的接触面积,而减径段的接触面积可忽略。

工作机架正行程时压下段接触面积的水平投影可用下式确定:

$$F_z = 1.41\eta D_x\sqrt{R_{xr}\Delta S_z} \tag{21-40}$$

式中 F_z——机架正行程时压下段接触面积的水平投影,m^2;

η——系数,其变化范围为 1.26～1.30;

D_x——计算断面处的孔型轧槽直径,m;

R_{xr}——计算断面处的轧槽顶部轧辊半径,m;

ΔS_z——机架正行程时瞬时壁厚压下量,m。

工作机架反行程时压下段接触面积的水平投影可用下式确定:

$$F_f = 1.41\eta D_x\sqrt{R_{xr}\Delta S_f} \tag{21-41}$$

式中 F_f——机架反行程时压下段接触面积的水平投影,m^2;

ΔS_f——机架反行程时瞬时壁厚压下量,m。

壁厚压下量由下式确定:

$$\Delta S_x = m\lambda_x(\tan\gamma - \tan\alpha) \tag{21-42}$$

式中 ΔS_x——计算断面处的壁厚压下量,m;

m——送进量;

λ_x——计算断面处的延伸系数;

γ——计算断面处的工作锥母线与轴线的夹角;

α——计算断面处的芯棒锥角。

由于机架和轧辊在轧制时的弹性变形以及孔型开口的影响,有相当大一部分金属的变形是在反行程中进行的。为了使变形量计算精确,谢瓦金对上述公式进行了修正:

正行程:$\Delta S_z = (1 - K_t)\Delta S_x$ (21-43)

反行程:$\Delta S_f = K_t\Delta S_x$ (21-44)

式中 K_t——系数,其变化范围为 0.30～0.40。

考虑到在轧制时孔型产生了弹性压扁,谢瓦金推荐用下式计算因孔型弹性变形而造成的接触面增量的水平投影:

$$\Delta F = 3.9\times10^{-4}\sigma_b R_x\left(\frac{\pi}{4}R_0 - \frac{2}{3}R_x\right) \tag{21-45}$$

式中 σ_b——计算断面处管子的强度极限,MPa;

R_x——计算断面处的工作锥半径,mm;

R_0——轧辊半径,mm。

因此,整个接触面的水平投影可用下式计算:

正行程:$F = F_z + \Delta F$ (21-46)

反行程:$F = F_f + \Delta F$ (21-47)

b 平均单位压力的计算

正行程时的平均单位压力:

$$\overline{P}_z = \sigma_b\left[n_w + f\left(\frac{S_0}{S_x} - 1\right)\frac{R_j}{R_{xr}}\frac{\sqrt{2R_{xr}\Delta S_z}}{S_x}\right] \tag{21-48}$$

返行程时的平均单位压力:

$$\overline{P}_f = \sigma_b\left[1.15 + (2\sim2.5)f\left(\frac{S_0}{S_x} - 1\right)\frac{R_j}{R_{xr}}\frac{\sqrt{2R_{xr}\Delta S_f}}{S_x}\right] \tag{21-49}$$

式中 n_w——系数,其取值范围为 1.02～1.08;

f——摩擦系数,对于有色金属的取值范围为 0.05～0.07;

S_0、S_x——分别为管坯壁厚和计算断面管子的壁厚,mm;

R_j——主动齿轮的节圆半径,mm;

R_{xr}——计算断面处的轧槽顶部轧辊半径,mm。

B 二辊周期式冷轧管的轴向力计算

在冷轧管过程中,工作锥受到来自变形工具的径向力和轴向力。轴向力产生的根本原因是由于在变形区中作用力在轧制轴线上的投影不为零所致。

轴向力的大小与轧制力、送进量、金属与轧槽间的相对滑动、摩擦力、工艺润滑以及孔型设计有关。对轴向力影响最大的因素是轧辊主动齿轮的节圆半径，它决定着轴向力的大小和方向。

轴向力过大会造成工艺上的一些缺陷：管端插头、芯杆纵向弯曲、轧制中工作锥窜动、送进时管子从芯棒上脱开的力很大、送进机构的迅速磨损等。

在机架的正、反行程中，轴向力的大小是不同的：在正行程时，为轧制力的6%～10%；反行程时，为轧制力的10%～15%。而且，轴向力在机架行程中是变化的，特别在行程终了时可达最大值。

21.3.2.5　二辊周期式冷轧管工艺

A　孔型系列的选择

轧管机的孔型系列，应根据车间整体的工艺流程、设备配置、产品结构等综合因素，合理地进行选择。孔型的设计是根据生产工艺给定的管坯和轧出成品管尺寸进行的。孔型确定后，管坯及轧出的成品管的外径就确定了，只是管坯和轧出成品管的壁厚可在一定范围内调整。常用孔型系列见表21-8。

表21-8　常用孔型系列表

机　型	孔型系/mm×mm
LG-100C	$\phi115\times\phi56$、$\phi115\times\phi80$
LG-80	$\phi100\times\phi85$、$\phi85\times\phi60$、$\phi65\times\phi45$、$\phi65\times\phi38$
LG-55	$\phi65\times\phi45$、$\phi65\times\phi38$、$\phi55\times\phi32$
LG-30	$\phi38\times\phi28$、$\phi38\times\phi25$
LG-75C	$\phi85\times\phi46$

B　工艺参数的选择

a　送进量

送进量选择合适与否直接关系到轧机的生产效率和产品质量。送进量选择过小，不能发挥设备能力，降低生产效率；选择过大，则可能出现飞边、棱子、椭圆甚至出现裂纹等质量缺陷，还可能造成工具、安全垫等的损坏。生产中应根据合金牌号、状态、加工率、轧制速度等因素合理选择送进量。

通常，合金塑性好，送进量可大些，反之可小些；轧制加工率大，送进量应小些；合金变形抗力小，送进量可大些。二辊冷轧管机送进量范围见表21-9。

表21-9　二辊冷轧管机送进量范围

合金牌号	送进量/mm·次$^{-1}$				
	LG30	LG55	LG-75C	LG80	LG-100C
紫　铜	5～15	4～15	4～20	5～30	4～20
黄　铜	4～15	4～15		5～25	
白　铜	4～15	4～15		5～30	

b　轧制速度

轧制速度主要取决于轧机传动装置的结构。小型轧机因运动部分质量轻、惯性力矩小，轧制速度高于大型轧机。大型轧机可在其传动部分增加平衡装置提高轧制速度。轧制变形抗力高的合金时，轧制速度应慢于变形抗力低的合金。

低速二辊冷轧机轧制速度见表21-10，高速二辊冷轧管机轧制速度见表21-11。

表21-10　低速二辊冷轧管机轧制速度

机　型	双行程次数/次·min^{-1}
LG30	90～100
LG55	75～85
LG-75C	70～80
LG80	60～65
LG-100C	60～80

表21-11　高速二辊冷轧机轧制速度

机　型	双行程次数/次·min^{-1}
SKW75VMRCK	50～145
ITAM冷轧机	70～105

c　回转角

轧制过程中使管坯转动一个适当的角度可减少轧制管坯壁厚不均，防止裂纹的出现。通常，轧制制度为单回转时，取回转角为40°～60°；轧制制度为双回转时，取入口回转角70°，出口回转角为40°，且角度都不能是360°/n，以避免回转角的耦合。

d 变形程度

变形程度常用延伸系数(λ)和加工率(ε)来表示。

延伸系数:$\lambda = F_0/F_1 = (D_0 - S_0) \times S_0 / (D_1 - S_1) \times S_1$ (21-50)

加工率:$\varepsilon = (F_0 - F_1)/F_0 \times 100\% = (1 - 1/\lambda) \times 100\%$ (21-51)

式中 F_0——管坯截面积,mm^2;

F_1——成品管截面积,mm^2;

D_0——管坯外径,mm;

S_0——管坯壁厚,mm;

D_1——成品管外径,mm;

S_1——成品管壁厚,mm。

冷轧管的变形程度与合金性能及产品的质量要求、孔型设计(环形或半圆形)等因素有关。通常塑性好的合金,其延伸系数大于塑性差的;轧制厚壁管的延伸系数大于轧制薄壁管的;环形孔型的延伸系数大于半圆形孔型的。冷轧管最大加工率可超过90%,延伸系数最大可超过10以上。二辊冷轧管机延伸系数选择范围见表21-12。

表21-12 二辊冷轧管机延伸系数

机 型	延伸系数	
	紫 铜	铜合金
LG30	4.5~9.5	3~9
LG55	5.5~9.0	4.5~6.5
LG-75C	≤10	
LG80	9~12.5	3.8~8.0
LG-100C	≤10	

21.3.2.6 二辊周期式冷轧管机生产能力计算及提高生产能力的途径

A 周期式冷轧管机生产能力计算

周期式冷轧管机生产能力一般用每小时轧出管子的长度或重量来表示。

a 按每小时轧出管子的长度计算

每小时轧出管子的长度可按下式计算:

$$G = 60K\eta m n\lambda/1000 \quad (21\text{-}52)$$

式中 G——每小时生产能力,m/h;

K——同时轧制根数;

η——轧管机设备利用系数,通常取$\eta = 0.8 \sim 0.9$;

m——轧管机送进量,mm;

n——轧管机双行程次数,次/min;

λ——总延伸系数。

b 每小时轧出管子的重量计算

每小时轧出管子的重量可按下式计算:

$$Q = 60k_1k_2cf\,mn \quad (21\text{-}53)$$

式中 Q——每小时生产能力,kg/h;

k_1——同时轧制根数;

k_2——设备利用系数,通常取$k_2 = 0.8 \sim 0.9$;

c——轧制金属密度,kg/mm^3;

f——轧制管坯的横截面积,mm^2;

m——送进量,mm/次;

n——机架双行程次数,次/min。

B 提高轧管机生产能力的途径

从式21-52和式21-53可见,轧管机的生产能力与轧管机送进量、双行程次数、总延伸系数、轧机线数及轧管机设备利用系数有关。

a 送进量的影响

生产中操作人员要精心操作,根据送进量选择原则及产品具体情况合理选择送进量;改进孔型设计,安全合理地增长孔型压下段长度从而增加送进量,多段孔型大于四段孔型;环形孔型大于半圆形孔型;采取措施提高所轧金属的塑性以提高送进量,如对硬态管进行退火等。

b 提高双行程次数

当送进量小或轧制软合金、小直径管和厚壁管时,可适当提高双行程次数。另外,合理设计主传动装置结构,提高机架性能,如在主传动部分增加平衡装置、减轻运动部分重量等均可提高轧机速度。

c 适当提高延伸系数

轧制最大延伸系数可超过10。生产中应根据设备状况、合金性质、产品规格及要求进行选择。塑性好的合金可适当提高延伸系数;厚壁管的延伸系数可大于薄壁管。

d 轧制线数

与单线轧管机比,采用双线或多线轧制可

提高轧管机生产率。但多线轧制也有其弊端，往往 n 线轧管机的产量不是单线轧管机的 n 倍。

e 设备利用系数

端上料轧管机的设备利用系数大于侧上料的；连续式轧管机的设备利用系数大于间歇式的。

多年的生产实践表明，在现有轧制设备的条件下，要想通过提高送进量、行程次数、延伸系数、增加轧制线数来提高生产能力，都受到设备本身、金属塑性和工具等诸多条件的限制，潜力都已不会很大。而加强设备的维护和保养，提高设备完好率对提高生产能力的重要影响，却往往被忽略了。

21.3.3 多辊周期式冷轧管

21.3.3.1 多辊周期式冷轧管轧制原理

多辊周期式冷轧管的变形指数，应力、应变状态与二辊式周期冷轧管相同。应力状态为三向压应力，应变状态是主变形为延伸，其余两向为压缩。

多辊周期式冷轧管机工作原理见图21-37。轧管机工作机架5安装在轻便的小车上，工作机架5本身就是一个厚壁套筒，滑道4装在厚壁套筒内，三个互成120°的轧辊2装在辊架3中，轧辊2沿滑道4滚动。轧管机工作时，安装在小车套筒(机架)5内的滑道4，在摇杆7的带动下，随小车做往复运动。辊架3通过连杆6和摇杆7连接，而小车则通过连杆6和摇杆7连接，因此辊架在轧制中心线上的水平移动速度和移动距离，都小于小车(工作机架)在轧制中心线上的水平移动速度和移动距离。由于小车(工作机架)与辊架有速度差，因此轧辊2在滑道的工作面上产生滚动。当轧辊位于滑道的低端时，孔型的断面最大，此时进行坯料的送进和回转；当轧辊位于滑道的高端时，孔型的断面最小，管坯被轧到成品尺寸。在每一个轧制周期中，管坯金属在变形区内受到周期性的压缩。与二辊周期式冷轧管不同，多辊周期式冷轧管轧辊孔型是半圆形的，孔槽的半径不变；轧辊数量多；轧辊尺寸小；金属对轧辊的压力小，由此而产生的机架系统弹性变形也相应减小。

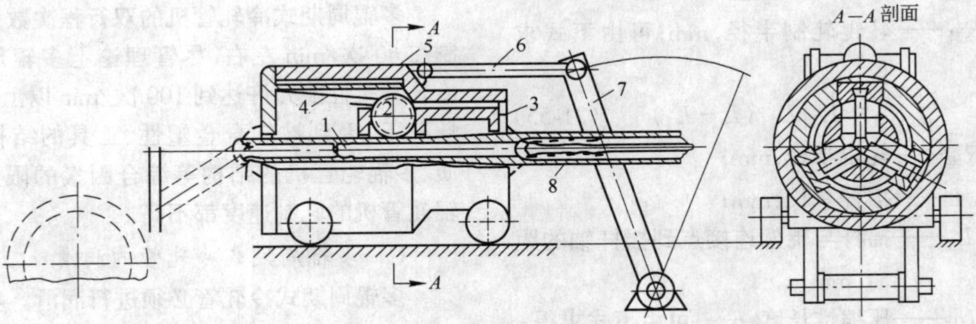

图 21-37 多辊周期式冷轧管机工作原理图

1—芯头；2—轧辊；3—辊架；4—滑道；5—工作机架；6—连杆；7—摇杆；8—管材

21.3.3.2 多辊周期式冷轧管的特点

多辊周期式冷轧管，金属变形较均匀，适于轧制壁厚特薄的管材，其最大径厚比可高达250∶1。轧制管材尺寸精度高，表面粗糙度低，因此可以直接生产成品管材。

多辊周期式冷轧管，轧辊数量多、轧辊直径小、总轧制力小、能耗少。

多辊周期式冷轧管工具制造简单。轧辊孔槽是半圆形的，易于加工，尺寸精度和表面粗糙度都易得到保证。

由于轧辊孔槽是非变断面的，芯头是圆柱状，滑道的坡度不能太大，因此减径量小，道次延伸系数小；加之在滑道的低端(轧辊开口度大的一端)有附加拉应力存在，送进量不可能大，故多辊周期式冷轧管的生产能力低。

通常是在特定的条件下，如大径厚比、合金

塑性较差、产品精度要求高，要求直接生产成品管材时才选用。

21.3.3.3 多辊周期式冷轧管轧制压力计算

多辊周期式冷轧管，金属对轧辊的全压力可按下式计算：

$$P = K\overline{\sigma_b}(D_{坯} + D_{成})\sqrt{m\lambda_{\Sigma}(\delta_{坯} - \delta_{成})R_{轧}/L_{id}} \quad (21\text{-}54)$$

式中 K——系数，与轧制条件和滑道精整段形状有关。当滑道精整段做成合理的反斜度时，K 值可在 1.6～2.2 范围内选取；在轧制条件(外接触区、不均匀变形、摩擦条件等)不好时宜取上限；

$\overline{\sigma_b}$——被轧制金属的平均抗拉强度，MPa；

$D_{坯}$——管坯外径，mm；

$D_{成}$——轧制成品管外径，mm；

m——轧制管坯送进量，mm；

λ_{Σ}——总延伸系数；

$\delta_{坯}$——管坯壁厚，mm；

$\delta_{成}$——轧制成品管壁厚，mm；

$R_{轧}$——轧辊轧制半径，mm；可由下式求得：

$$R_{轧} \approx R_{辊}L_1/(L - L_1) \quad (21\text{-}55)$$

$R_{辊}$——轧辊半径，mm；

L——摇杆总长，mm；

L_1——摇杆与辊架连接点到摇杆轴的距离，mm；

L_{id}——压缩锥长度，mm；可由下式求得：

$$L_{id} = L_{压}L_1/(L - L_1) \quad (21\text{-}56)$$

$L_{压}$——滑道压下段长度，mm。

21.3.3.4 多辊周期式冷轧管轧制工艺

A 坯料的准备

多辊周期式冷轧管的坯料通常由二辊周期式冷轧管或直条拉伸供坯，如坯料弯曲，应进行矫直(坯料最大弯曲度不宜大于 3 mm/m)；应锯切头、尾，打毛刺，吹扫内、外表面，清除残留的锯屑。多辊周期式冷轧管的壁厚纠偏能力较小，故管坯的壁厚偏心率应接近成品的壁厚偏心率。为充分利用金属的塑性，坯料宜选软态的。

B 工艺参数的选择

a 延伸系数的选择

多辊周期式冷轧管的加工率较小，延伸系数在 1.5～3 之间。紫铜可取上限，黄铜、白铜取下限。

b 减径量的选择

多辊周期式冷轧管的道次减径量小，不同规格轧管机的减径量如下：

LD8	减径量不大于 1.5 mm；
LD15、LD30	减径量不大于 2.0 mm；
LD60	减径量不大于 4～5 mm；
LD120	减径量不大于 5～7 mm

c 送进量的选择

多辊周期式冷轧管的送进量除与金属塑性有关之外，还与轧管机大小有关。LD15 以下的小轧管机送进量在 1.5～3 mm/次之间。LD30 以上的大轧管机送进量在 1.5～6 mm/次之间。紫铜取上限，黄铜、白铜取下限。

d 轧制速度的选择

多辊周期式冷轧管机的双行程次数多半控制在 60 次/min 左右，尽管理论上多辊周期式冷轧管机性能允许达到 100 次/min 以上。多数情况下，受到被轧合金塑性、工具的结构和材质、多辊轧管机的结构等综合因素的限制，多辊轧管机的轧制速度都不高。

C 多辊周期式冷轧管的润滑

多辊周期式冷轧管必须进行润滑。实际上润滑有两个作用，一是润滑；二是冷却。为确保产品质量，在润滑外表面的同时，还应润滑内表面。常用的润滑剂是冷轧管专用乳化液。轧制速度、延伸系数和送进量都较低时，亦可用机油做润滑剂。

D 多辊周期式冷轧管生产能力计算及提高生产能力的途径

多辊周期式冷轧管生产能力通常是以每小时产量计算的，即：

$$Q = 60k_1k_2cf\,mn \quad (21\text{-}57)$$

式中 Q——每小时生产能力，kg/h；

k_1——同时轧制根数；

k_2——设备利用系数，通常取 $k_2=0.8\sim0.9$；

c——轧制金属密度，kg/mm³；

f——轧制管坯的横截面积，mm²；

m——送进量，mm/次；

n——机架双行程次数，次/min。

显而易见，增加轧机的行程次数和送进量，可以提高多辊周期式冷轧管的生产能力，但都受到多辊轧管机的变形特点和多辊轧管机结构的限制。增加同时轧制根数，对小型多辊轧管机易于实现，如 LD-12 型三辊周期式冷轧管机有双线和四线的。而加强设备的维护，提高设备的利用系数，则是提高生产能力更为有效的途径。

21.3.4 三辊行星轧制

20 世纪 90 年代，行星轧机运用到铜管生产线，铜管的生产工艺发生了巨大的革命。铸轧法以其操作简单、工艺流程短、成材率高、能耗低的特点，成为空调铜管制造业的主流。国内使用行星轧机生产线生产的铜管(光管)成品率可达 92%以上，其主要设备三辊行星轧机是 70 年代初期发展起来的一种新型、高效率、大压下量的轧制设备。它是在三辊斜轧技术的基础上发展而来的，最初被应用在钢铁材料加工中。因为它采用行星斜轧辊轧制的方式替代了原有的固定斜轧辊轧制方式，由原来的坯料直线运动、轧制产品旋转的形式变成坯料旋转、轧制产品直线运动的形式，从而使轧制产品避免旋转运动，使轧制产品在表面保护以及便于大长度收卷的方式上更具备优势，使制品的质量和自动化程度得以大幅提高。这种轧机由原西德施罗曼－西马克(Schloemann-Siemag)公司首先研制成功，并于 1970 年开始工业性试验。继 1975 年霍希公司(Hoesch Hutten Werke)贺恩林堡厂建立了世界第一台工业生产用行星轧机之后，瑞典和日本也分别制造了这种轧机，这些轧机都是应用于钢铁行业。到 20 世纪 90 年代初，芬兰的奥托昆普公司率先成功地利用行星轧机技术生产出铜管产品。与传统的挤压法生产工艺相对比，铸轧法的工艺路线短，设备投资小，加工过程材料的几何损失少，有效地避免挤压所固有的管坯偏心及挤压缺陷，而且能很好地适应于单重更大(单重可达 1000 kg 以上)的铜管材料加工。因此，其经济性、铜管产品质量保证都更为突出。在进入 20 世纪 90 年代后期，以利用三辊行星轧制技术为核心的铸轧法已成为制冷铜管新建生产线的主流选择。

三辊行星轧制方法的特点是：管坯加工率大，一般可达 90%，管材出口速度为 10～15 m/s；管坯在没有预加热的情况下，变形温度可达到 700～800℃。铜管坯在这样高的温度下，可以发生动态再结晶。从而可以获得内部组织均匀、晶粒细小、伸长率高的管材。若采用水平连铸空心锭坯，用它生产管坯，可以代替挤压；但金属在锥形变形区内以螺旋状运动，管材任一截面上的壁偏差将螺旋贯穿整根管子。

21.3.4.1 行星轧机的工作原理

轧辊在绕自身轴线转动(自转)的同时，也绕轧制中心线转动(公转)，如图 21-38、图21-39 所示。铸坯在推料小车和轧辊自转的联合作用下将管坯咬入并通过锥形轧制变形区。调节轧辊公转速度，可以使出口管材教室不发生旋转(在实际操作过程中，先将公转速度升至工作速度，再把轧辊自转速度升至一定值，待管材轧出后视其旋转方向，然后再调整其速度使管材不旋转)，从而可实现管材的在线收卷。

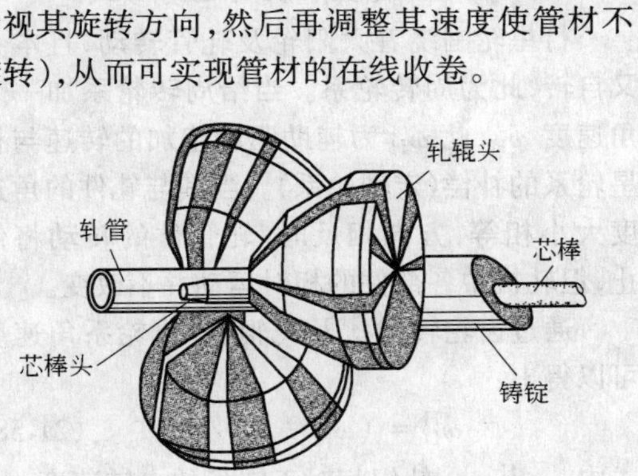

图 21-38 三辊行星轧制示意图

轧辊轴线与轧制中心线成一定的倾角，要实现轧制，必须使轧辊轴线绕行星轮轴线再偏转一个角度，轧辊轴线与轧制线成空间交叉的两直线所决定的角度产生轴向送进，铜管以螺

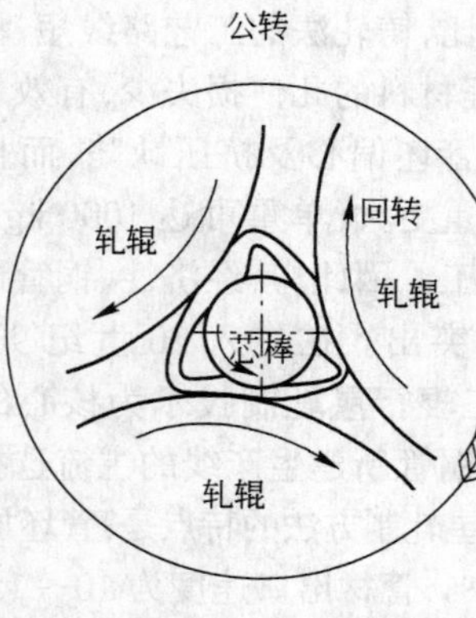

图 21-39 三辊行星轧制的轧辊、芯棒转动方向示意图

旋方式运动，边旋转边前进。

行星轧机的结构参数是指行星轮轴线到中心轮轴线间的中心距，它反映了轧机结构尺寸的大小，产品规格的范围及轧机生产能力。在结构参数一定时，通过改变主轴电机的转速比，使轧辊与轧管的接触点为瞬时圆心，轧管只前进而不旋转，这时轧辊的传动便成为只围绕轧管的公转又自转的行星运动，使每个轧辊都围绕着与之接触的轧管表面碾轧，从某一瞬间，它们接触表面只有一条狭长的带状。但从宏观看，这种微观小变形量累计成铜管的宏观瞬间变形，变形量可达到90%以上。

21.3.4.2 *行星轧机的运行形式*

行星轮围绕着太阳轮及轧管转动，且本身又自转，此为周转轮系。当给周转轮系加一个角速度 ω_H，此 ω_H 为辅助驱动施加的转速与行星轮系的补偿（定轴轮系）。当其与轧件的角速度大小相等，方向相反时，轧管件的转动将停止，但轧机中各部件的相对运动并不改变。

通过齿轮转动比及轧辊、行星轮系角速度可以得出：

$$\omega_D^H = (\omega_H - \omega_a)/i_0 i_1 \qquad (21\text{-}58)$$

式中 ω_D^H——轧辊相对于转子的自转速度；

ω_H——转子 H 的角速度；

ω_a——太阳轮的角速度；

i_0——轧辊底座中伞齿轮副的传动比；

i_1——太阳轮与行星轮之间的传动比。

管坯旋转进入变形区后，轧管从轧机中不旋转只前进是行星轧机的重要特征。通过计算主、辅电机的功率比可以得出轧管不旋转只前进的条件：

$$i = \omega_H i_0 i_1 / \omega_H + \omega_a \qquad (21\text{-}59)$$

轧制速度是出口段产品外径的主要函数。它与管坯质量、轧辊倾斜度、主辅驱动的转速调整、冷却条件和芯棒头与轧辊开口配合有着密切关系。

图 21-40 给出了行星轧机的工作状态。

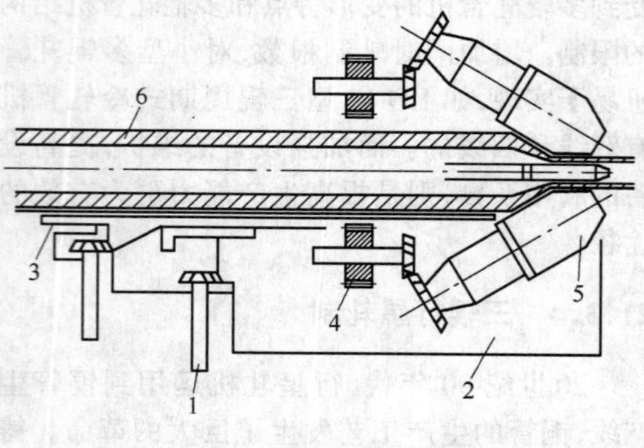

图 21-40 行星轧机的工作状态
1—主传动伞齿轮；2—太阳轮；3—叠加传动伞齿轮；4—行星辊伞齿轮；5—行星轧辊；6—管坯

21.3.4.3 *轧制区域变形特点*

行星轧机核心工作部分——轧辊是控制产品质量的关键。轧辊工作表面形状复杂，各段工作状态都不一样。图 21-41 给出了轧辊的工作状态。

图 21-41 轧辊的工作状态

咬入减径段：通过轧辊表面开有的波浪沟槽，给轧辊与管坯间提供了足够的摩擦力，便于管坯的咬入喂进。此段受力比较复杂，外径、壁厚均变形，金属滑移剧烈。

减径减壁段：此段加剧了金属变形，增加了减壁量，轧件温度升高，金属晶粒发生严重扭曲、破碎。

突变减壁段：轧管变形量最大，产生巨大的变形热和摩擦热量，温度达到400℃以上，组织出现了再结晶。此段对轧辊的耐高温性能和高温下的耐磨性能要求很高。

减径定径段：变形速度放慢。温度最高，达到600～800℃，晶粒进一步长大。此段对轧辊表面粗糙度要求较高。

定径均整段：要求轧辊表面精度高，圆度好，此段处于喷淋位置，晶粒组织稳定。同时铜管随着辊形变化，有扩径现象。

目前，轧辊材料多选用3Cr2W8V和4Cr5MoSiV。

21.3.4.4 管材的轧制工艺

铣面后的水平连铸空心铸锭上到推料床后，芯杆开始在夹送传动机构的作用下把芯杆穿进铸锭内孔。在穿芯的同时，链条驱动系统带着推料小车将铸锭头部送进中心管内。当芯杆到达前端位置，芯棒进入预定的变形区后，铸锭也靠近了变形区。当铸锭接触轧辊后，在轧辊和推料小车的联合推力作用下进入轧制变形区进行轧制。轧制后的管坯经一次和二次冷却水冷却至室温后离开密封罩，经切头、预弯后收线成卷。

根据图21-38和图21-39所示，三辊行星轧制时使管坯变形的工具是芯棒和3个锥形轧辊。

芯棒：芯棒由芯杆支承，放在管坯内部，并保持在轧制锥形区内。空心芯棒可以将氮气送入管坯，使内部形成保护气氛。

轧辊：3个锥形轧辊彼此呈120°，轧辊轴线与轧制中心线偏置一定角度。

轧辊在绕自身轴线转动（自转）的同时，还可绕轧制中心线转动（公转），见图21-39。轧辊自转可将管坯咬入并通过锥形轧制变形区。调节轧辊公转速度，可以使出口管材不发生旋转，从而可实现管材的在线成卷。

A 工艺技术条件

选用$\phi(80\sim100)$ mm×$t(20\sim25)$ mm空心铸坯，经过铣面，清除表面氧化皮和裂纹缺陷。通过推料小车（中间穿有芯杆）送入轧机进行轧制。整个轧制过程在高纯度氮气保护下，铸坯通过轧制实现二次咬入，即铸坯被轧辊咬入和进入变形区的二次咬入。

二次咬入应符合以下要求：

(1) 铸坯轴线方向上合力$\sum F_x \geqslant 0$；

(2) 铸坯旋转方向合力矩$\sum M_y \geqslant 0$。

通过轧制的大变形量及变形摩擦热量，管材实现了再结晶，经过一、二次冷却水系统冷却，进入放料装置。

轧后管尺寸为$\phi(45\sim52)$ mm×$t(2.1\sim2.8)$ mm；

轧制速度为8.5～16 m/min，变形率最大为93%。

B 管材质量标准

轧制后管材质量要求如下：

(1) 外表面纹路清晰、螺距均匀，无氧化、擦伤，参见图21-42。

图21-42 轧制后管材外表面

(2) 几何尺寸均匀一致，壁厚偏心不大于0.35 mm。

(3) 力学性能要求：抗拉强度为230～260 MPa，伸长率大于40%。

(4) 晶粒度为0.020～0.045 mm，参见图21-43。

C 工模具选配

目前三辊行星轧机轧铜，一种型号的设备主要生产一种规格管材，其外径主要由三个轧辊组成的空腔形状所决定，调整好空腔形状就基本上确定了管材的外径。

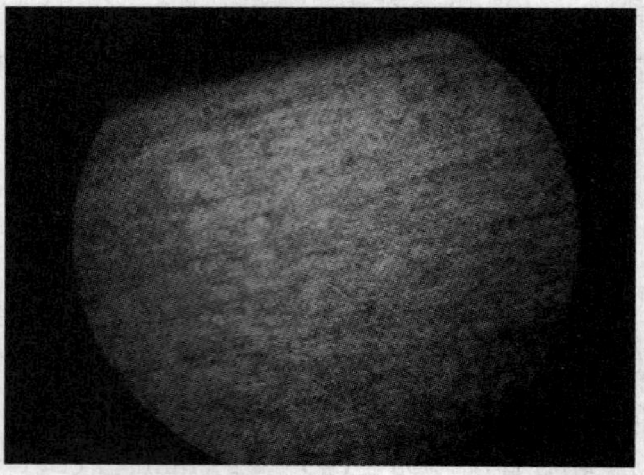

图 21-43 晶粒度

芯棒头的尺寸选用按照下式确定：

$$d_1 = D - 2t - (0.5 \sim 1)\lambda \quad (21\text{-}60)$$

式中 D——轧管外径；

d_1——芯棒头尺寸；

t——轧管壁厚；

0.5～1——修正系数；

λ——延伸系数。

21.3.5 旋压横轧

旋压时轧辊的轧制方向与金属流动方向垂直或成一定角度，旋压又称旋轧或横轧。

21.3.5.1 拉伸旋压和扩径旋压

图 21-44 是拉伸旋压和扩径旋压变形的示意图。芯棒和轧辊是旋压机加工管坯的主要工具。管坯套在芯棒上，轧辊安放在芯棒和管坯的外边。一般芯杆主动旋转。轧辊是被动旋转。当管坯不断被送入芯棒与轧辊之间的变形区内，管坯就被轧薄、伸长或扩大直径。

对于拉伸旋压，其管坯壁厚的减薄量转变为管材长度上的延伸；扩径旋压时管坯壁厚的减薄量转移到管材的直径扩大上。若管坯通过变形区时，改变轧辊与芯杆间变形区高度，则可以旋压出变断面管材，如图 21-45 所示。

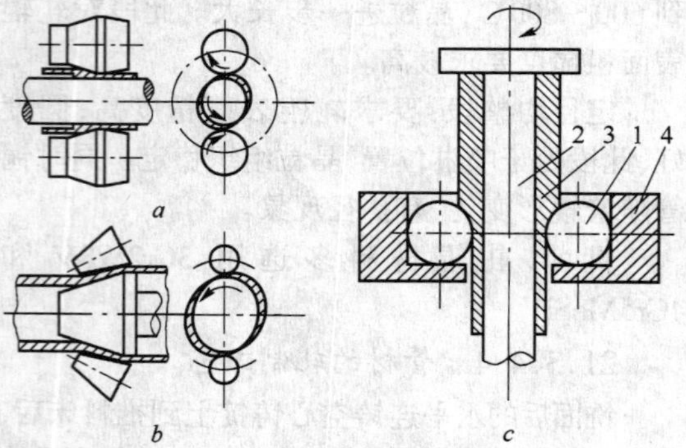

图 21-44 拉伸旋压和扩径旋压

a—拉伸旋压；*b*—扩径旋压；*c*—滚珠旋压

1—滚珠；2—芯棒；3—管坯；4—模套

拉伸旋压和扩径旋压的特点是管坯与轧辊接触面积小，单位轧制压力大，而电机消耗功率小，适应生产薄壁短管和难加工的大直径薄壁管。生产管材的尺寸精度高，表面粗糙度 R_a 可在 1.25 μm 以下；道次变形量可达 60%～70%。但是生产效率比一般的冷轧管的低。

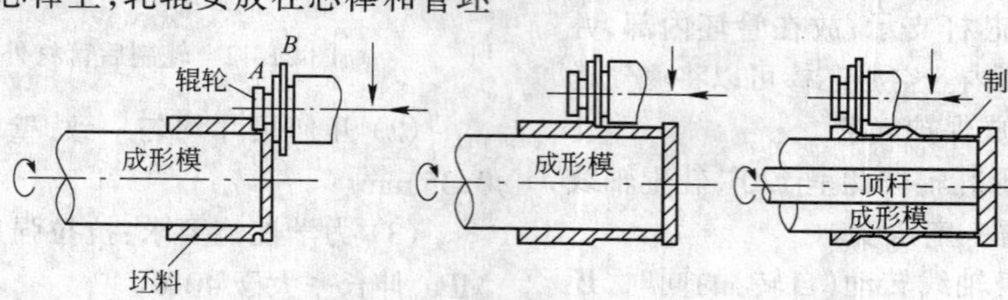

图 21-45 壁厚不同的管材旋压

21.3.5.2 辊压螺纹管

图 21-46 是辊压螺纹管示意图。轧件（管料）在轧辊的带动下做螺旋直线运动，通过轧辊轧槽与芯棒组成的孔型逐渐加工成圆翼螺纹管。其变形过程有如下的特点：周期性反复加工，轧件上任一点金属每旋转一周与三个轧辊各接触一次，即每旋转一周经受轧辊的三次加工，因此能获得很大的变形量；变形集中于表面；管坯径向压缩时，金属受轧辊形状的限制，轴向流动困难，被迫向翼片部分流动，使翼片增高，管材的延伸系数小。

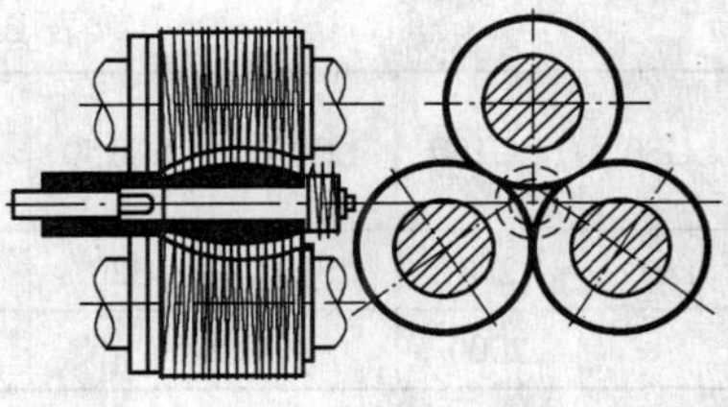

图 21-46 辊压螺纹管示意图

21.4 管棒型轧制设备

21.4.1 管棒型材轧制设备的选择

现代铜管轧制用轧机的种类很多，但由于铜及其合金棒型材生产，具有多品种多规格、小批量等特点，现通常采用的轧机种类有三辊轧机和二辊平、立辊轧机，且三辊轧机一般采用 ϕ500 mm 以下的中小型轧机；二辊平、立辊轧机一般采用 ϕ300 mm 以下轧机 。常用三辊、二辊轧机的技术特性见表 21-13。

表 21-13 常用三辊、二辊轧机的技术特性

轧机型号	轧辊直径 /mm	辊身长度 /mm	轧制速度 /m·s^{-1}	最大轧制力 /kN	主传动电机/kW
ϕ500 mm	470～530	1500	2.35	1200	550
ϕ330 mm	300～330	600	3.1～6.6	580	480
ϕ260 mm 平辊	260～280	400	6.8～16.3	120	250
ϕ260 mm 立辊	260～280		8.2～16.3	150	250
ϕ320 mm	310～330	600	0.5		280
ϕ230 mm	210～230	450	0.75		115

21.4.2 二辊周期式冷轧管设备

从 20 世纪 50 年代起，经过 50 余年的发展，我国二辊周期式冷轧管机已经形成了较完整的系列。LG 二辊冷轧管机系列见表 21-14。

表 21-14 二辊周期式 LG 系列冷轧管机主要技术参数

技术参数	LG30	LG55	LG60-Ⅱ 双线	LG60-GH	LG75	LG80	LG100	LG120	LG150	LG200
管坯外径/mm	22～46	38～75	60～90	38～80	60～90	57～102	80～115	89～146	108～171	180～230
管坯壁厚/mm	1.35～6	1.75～12	3～12	2.5～16	3～14	2.5～20	5～20	4～26	5～28	6～32
管坯长度/m	1.5～5	1.5～5	6～15	约 12	7～14	1.5～5	7～15.5	2.5～6.5	2～6.5	1.5～6.5
成品管外径/mm	16～32	25～55	25～60	20～60	25～65	40～80	30～90	80～120	100～150	150～200
成品管壁厚/mm	0.4～5	0.6～10	1.8～9	1～12	2～10	0.75～10	约 18	1.4～16	3～18	3.5～20
成品管长度/m	约 25	约 25			约 85	约 25	170	4～10	4～10	4～25
最大延伸系数 λ（铜合金）	3～8	3～8	3～9	3～9	3～10	3～9	3～10	3～10	3～10	3～10
工作机架双行程次数/次·min^{-1}	80～120	68～90	50～83	60～130	60～80	60～70	60～80	60～100	45～80	45～70
管坯送进量 /mm·次$^{-1}$	2～30	2～30	4～15	4～24	3～20	2～30	4～20	2～20	2～20	2～15
轧辊直径/mm			490	370	370	434	450			
轧辊齿轮节圆直径/mm			448	324	336	406	400			
机架行程长度 /mm	453	625	1000	1023	900	705	1200	802	905	1076

续表 21-14

技术参数	LG30	LG55	LG60-Ⅱ双线	LG60-GH	LG75	LG80	LG100	LG120	LG150	LG200
主电机功率/kW	72	100	280	325	132	130	280	320	320	600
最大轧制力/kN				1500	1500		2000			

LG冷轧管机主要由下列部分组成:(1)主传动装置;(2)工作机架及底座;(3)管坯的回转和送进机构;(4)芯杆回转机构;(5)卡盘;(6)装送料系统;(7)液压系统;(8)冷却及润滑系统;(9)电气传动及控制系统等。

LG冷轧管机在轧制过程中,主要完成三个动作:(1)工作机架沿轧制方向往复移动;(2)轧辊在随工作机架移动的同时,围绕各自的轴心做相对转动;(3)工作机架移动到前、后两极限位置时,芯杆和管坯的回转与管坯的送进。为了实现以上三个动作,LG冷轧管机通过传动、控制系统把各组成部分有机地组合起来,使冷轧管机有规律、协调地完成轧制过程。

21.4.2.1 LG冷轧管机传动系统的类型

目前,LG冷轧管机传动系统大致有三种类型。第一种类型:机架主传动机构与回转送进机构是由同一个电机拖动的。第二种类型:机架主传动机构由主电机拖动,而回转送进机构是由各自的电机单独拖动的,如图21-47所示。第三种类型:机架主传动机构由液压缸拖动,回转送进机构由各自的电机单独拖动。

在图21-47的传动系统中,由主传动电机1出轴的一端传至主减速机2,使传动轴3转动,传动轴3带动曲柄齿轮4转动,通过连杆5使工作机架6沿轧制中心线做往复移动。主传动电机的另一端出轴传至减速机11,通过回转送进减速机12,传递至成品卡盘10、管坯回转机构13、芯杆回转机构16,使芯杆、管坯和成品在工作机架行至前极限位置时同时转动一个角度。在工作机架移动到后极限位置时,回转送进减速机使丝杠转动,把管坯向前送进一个"送进量"。该系统回转送进是靠机械协调来完成的。

LG冷轧管机另一种传动系统,如图21-48所示。在该系统中,芯杆和管坯的回转送进机构分别直接由直流电机拖动,机构动作的协调和有规律的连续运转,由PLC指挥中心完成。

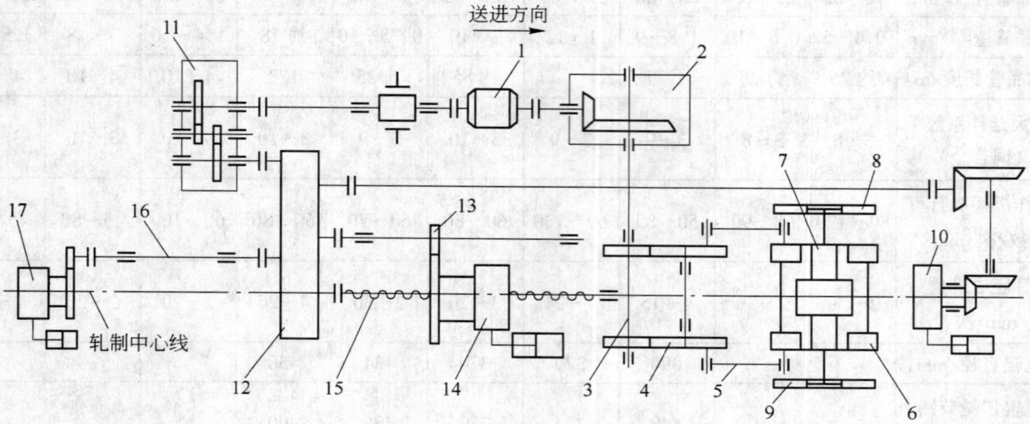

图21-47 LG轧管机机械传动回转送进传动系统示意图

1—主传动电机;2—主减速机;3—传动轴;4—曲柄齿轮;5—连杆;6—工作机架;7—轧辊;8—上齿条及齿轮;9—下齿条及齿轮;10—成品卡盘;11—减速机;12—回转送进减速机;13—管坯回转机构;14—管坯卡盘及送进小车;15—丝杠;16—芯杆回转机构;17—芯杆卡盘

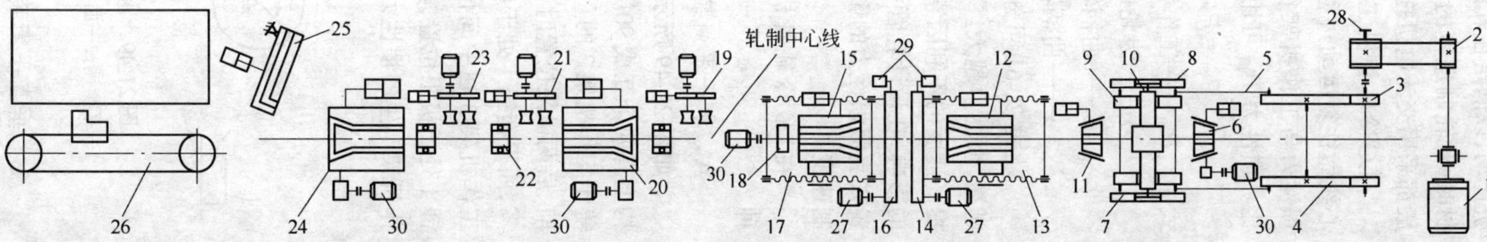

图 21-48　LG轧管机电控回转送进传动系统示意图

1—主传动电机；2—皮带轮；3—传动轴；4—曲柄齿轮；5—连杆；6—成品卡盘；7—上齿条及齿轮；8—下齿条及齿轮；9—工作机架；10—轧辊；11—管坯入口卡盘；12—2号小车管坯卡盘；13—2号送进小车；14—2号送进减速机；15—1号小车管坯卡盘；16—1号送进减速机；17—1号送进小车；18—管坯回转机构；19—3号夹送辊；20—2号芯杆卡盘；21—2号夹送辊；22—旋转导套；23—1号夹送辊；24—1号芯杆卡盘；25—内润滑装置；26—上料推进机；27—送进直流电机；28—信号采集装置；29—信号检测装置；30—回转直流电机

当主传动电机1带动皮带轮2转动，通过传动轴3、曲柄齿轮4、连杆5带动工作机架9沿轧制中心线做往复运动。由信号采集装置28，将工作机架移动位置的信号，通过采集和放大后输入指挥中心——PLC系统；PLC系统通过信号处理，按照设定的程序发出指令至执行机构——直流电机27、30。当工作机架行至前极限位置时，回转直流电机30在设定的时间内完成回转；当工作机架行至后极限位置时，送进直流电机27在设定的时间内完成送进。它们工作的准确性由信号检测装置29来完成；信号检测装置29把检测到的信号反馈到PLC指挥中心，PLC指挥中心把反馈信号进行处理，实现闭环控制。

该传动系统的特点是：

(1) 省掉了繁琐的机械传动，使整机结构简单；

(2) 采用两个送进小车交替送进，可实现连续轧制，提高轧管机的效率；

(3) 采用双芯杆卡盘，装料时不用停机，可实现连续上料；

(4) 自动化程度高，设定或更改工艺参数十分方便，既可连续性生产，也可间断性生产；既可单回转单送进，亦可双回转双送进(即工作机架在前、后极限位置时，都可同时回转送进)。

第一、二种传动系统，在生产实际中都得到了广泛地应用。第三种传动系统则少见，尚待完善。

21.4.2.2 LG轧管机主传动装置

主传动装置的传动形式较多，主要有以下几种：

(1) 主传动电机→主减速机→传动轴→齿轮曲柄连杆；

(2) 主传动电机→皮带轮→传动轴→齿轮曲柄连杆；

(3) 主传动电机→主减速机→曲轴→连杆；

(4) 主传动电机→皮带轮→曲轴→连杆。

前两种传动形式在低速轧管机中采用较多，后两种传动形式在高速轧管机中采用较多。中小型轧管机，主传动电机一般都采用直流电机拖动，以满足在轧制不同合金、不同规格的管材时，对轧制速度的不同要求。大型轧管机一般都采用交流电机拖动。

LG冷轧管机工作机架较重，在沿轧制中心线做往复运动过程中会产生很大的惯性力。惯性力与工作机架往复运动次数的平方成正比。惯性力$P_{惯}$可用下式表示：

$$P_{惯}=P_{机}r\omega^2\cos\alpha\times 1/g \qquad (21\text{-}61)$$

式中 $P_{机}$——工作机架重量；

r——齿轮曲柄半径；

ω——曲柄转动角速度；

α——曲柄转动角度。

从式21-61可知：工作机架往复运动次数越高，惯性力越大。因而惯性力是阻碍轧管机提高速度的不利因素。为了消除或减少惯性力的影响，在设计轧管机主传动时，采用了平衡装置来克服惯性力的影响，减少轧机振动，提高轧制速度。

在LG冷轧管机中常见的平衡装置有三种。

A 水平平衡装置

如图21-49所示，水平平衡锤1在曲柄机构上有两个互成90°的曲柄2，平衡锤1的重量等于工作机架3的重量。当工作机架3移动到前、后两极限位置时，此时工作机架3的速度为零，而平衡锤1处于中间位置，其速度最大。当工作机架3在中间位置时其速度最大，而平衡锤1处于极限位置，其速度为零，从而平衡了工作机架产生的惯性力和力矩。

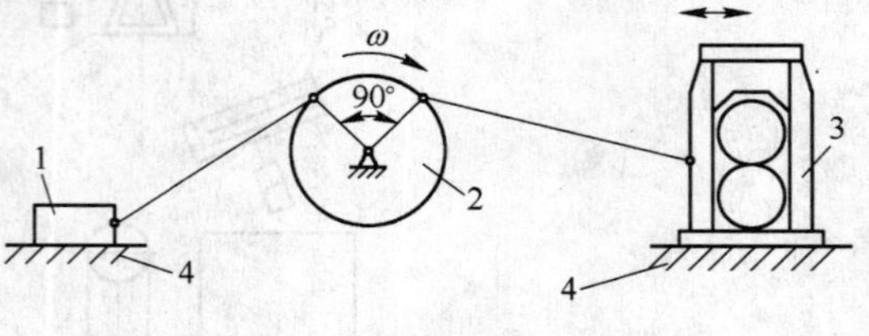

图21-49 水平平衡装置示意图
1—平衡锤；2—曲柄；3—工作机架；4—滑道

B 垂直平衡装置

如图21-50所示，重锤4的重量等于工作机架1的重量。由于工作机架1的惯性力与重锤 4 的重力的合力在曲柄轮转动中产生一个较大的离心力。要使曲柄运转平稳，因而需要在合力的相反方向加配重 3，配重 3 应满足以下条件：

$$P_{配} r_2 = P_{机} r_1 \tag{21-62}$$

式中 $P_{配}$——配重重量；

r_2——配重转动半径；

$P_{机}$——工作机架重量；

r_1——曲柄回转半径。

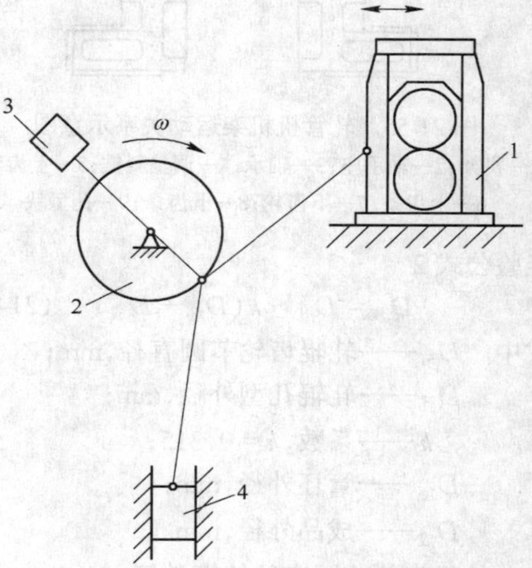

图 21-50 垂直平衡装置示意图

1—工作机架；2—曲柄；3—配重；4—重锤

C 气动液压平衡装置

如图 21-51 所示，当机架 2 在中间位置时，液压缸 3 的活塞在中间位置，缸的两端压力平衡。机架 2 在前极限位置时，液压缸 3 前腔蓄力最大，推动机架返回。当机架在后极限位置时，液压缸 3 后腔压力最大，推动机架 2 向前，从而达到平衡功能。气动液压平衡要达到较好的平衡作用，液压缸的最大推力应能克服工作机架 2 的惯性力。

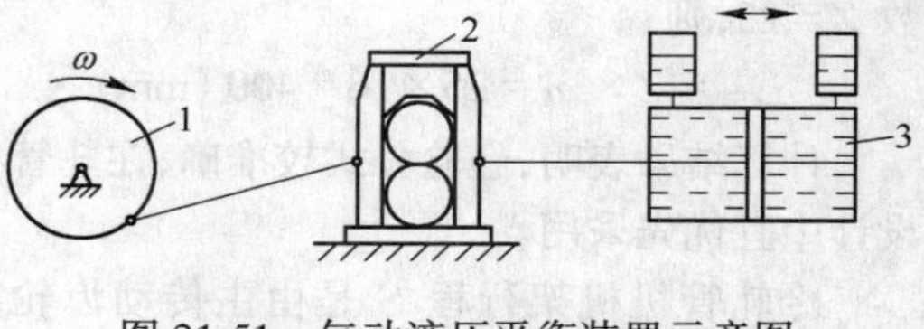

图 21-51 气动液压平衡装置示意图

1—曲柄；2—工作机架；3—液压缸

21.4.2.3 工作机架

工作机架主要由机架、轧辊、轴承、轴承座等组成。

通常，机架有两种结构形式，典型的结构是闭式，其优点是机架刚度好、重量轻、运行能耗低，且加工制造相对容易；其缺点是更换轧辊及轧辊轴承不方便；较新的结构是开式，其突出的优点是更换轧辊及轧辊轴承方便；其缺点是整体刚度稍差，重量偏重，运行能耗偏高，且加工制造相对难些。

A 闭式机架

闭式机架有整体闭式机架和组合闭式机架两种结构。图 21-52 为整体闭式机架结构。

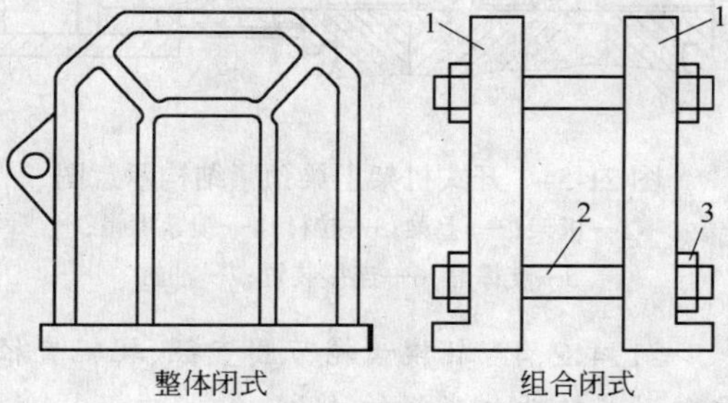

图 21-52 整体闭式机架示意图

1—牌坊；2—连接杆；3—螺帽

闭式机架可以采用铸造或焊接毛坯进行加工。整体闭式机架刚性好，机架质量轻，相对于组合式机架在工作中变形较小，但加工比组合式机架难。

B 开式机架

图 21-53 所示为开式机架结构。在开式机架中，只要把机架的上梁拆除，轧辊就能从机架上开口吊出，因而拆装轧辊十分方便。

开式机架在安装时，用油缸使拉杆产生弹性伸长变形，然后锁紧拉杆螺帽，卸去压力。如图 21-54 所示，由于锁紧螺帽的作用，使拉杆仍保持弹性变形，在拉杆弹性力的作用下，迫使机架开口与上梁保持紧密配合，使机架有足够的刚性；拉杆螺帽不会发生松动，使机架在轧制中达到整体式机架的效果。拆卸时，只需加压松开锁紧螺帽，抽出拉杆，拆去上梁即可吊出轧辊。

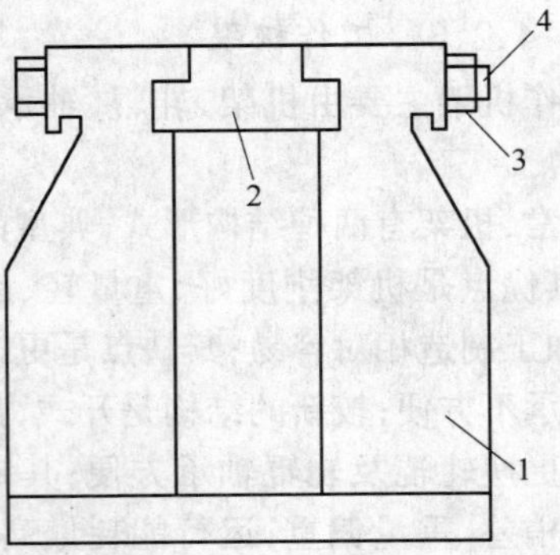

图 21-53　开式机架示意图

1—机架；2—上梁；3—拉杆螺帽；4—拉杆

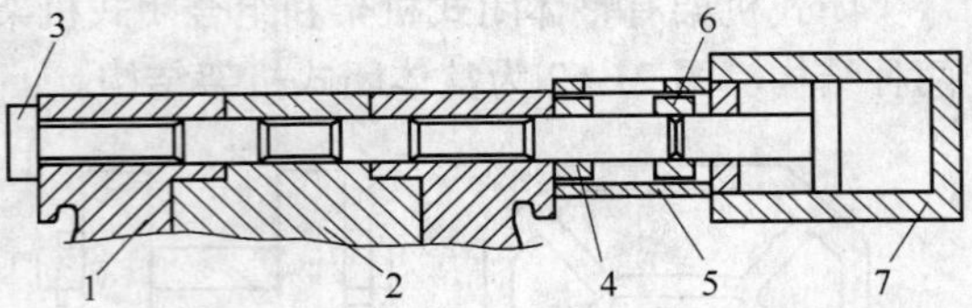

图 21-54　开式机架上梁预紧结构示意图

1—机架；2—上梁；3—拉杆；4—锁紧螺帽；5—支撑套；6—连接装置；7—油缸

21.4.2.4　轧辊齿轮节圆直径、轧辊直径、主传动齿轮曲柄半径的关系

工作机架上的轧辊自转是靠齿条齿轮来实现的，为减轻工作机架的质量，一般都采用单齿轮传动。如图 21-55 所示。当工作机架沿轧制中心线移动时，由于齿条固定在机座上，齿轮受齿条的阻力而沿齿条滚动，使轧辊绕自身轴线往复转动，实现对管坯的轧制。

新设计的轧机，为了提高轧机的产量，延长孔型的寿命，多数都采用长行程、环形孔型的设计。

轧辊直径是根据工艺要求来设计的，为了减少金属与孔型的相对滑动速度，减轻孔槽的磨损，轧辊齿轮的节圆半径应选择等于轧辊孔型的轧制半径，即 $R_{节}=R_{轧}$。由于轧辊孔型的断面是变化的，故轧制半径也是变化的。通常轧辊齿轮节圆半径用经验公式估算。

经验公式 1

$$R_{节}=R_{辊}-0.7R_{成} \qquad (21\text{-}63)$$

式中　$R_{节}$——轧辊齿轮节圆半径，mm；

$R_{辊}$——轧辊半径，mm；

$R_{成}$——成品管半径，mm。

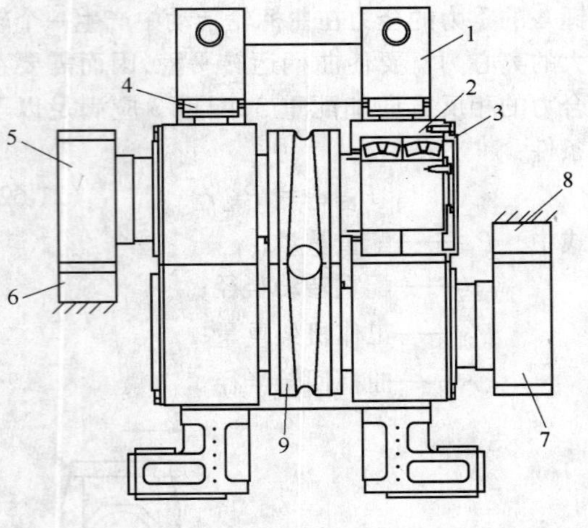

图 21-55　轧管机机架运动关系示意图

1—机架；2—轴承座；3—轴承；4—调整斜铁；5—上齿轮；6—上齿条；7—下齿轮；8—下齿条；9—孔型块

经验公式 2

$$D_{节}=D_{孔}-k(D_{坯}+D_{成}) \qquad (21\text{-}64)$$

式中　$D_{节}$——轧辊齿轮节圆直径，mm；

$D_{孔}$——轧辊孔型外径，mm；

k——系数，$k=0.315$；

$D_{坯}$——管坯外径，mm；

$D_{成}$——成品外径，mm。

轧辊齿轮节圆直径估算举例：

已知：轧辊直径 450 mm，管坯外径 112 mm，成品外径 55 mm，求轧辊齿轮节圆直径：

用经验公式 1(式 21-63)求得 $R_{节}$ 为：

$$R_{节}=R_{辊}-0.7R_{成}=225-0.7\times55/2=205.75\ (\text{mm})$$

$$D_{节}=411.5\ (\text{mm})$$

用经验公式 2(式 21-64)求得 $D_{节}$ 为：

$$D_{节}=D_{孔}-k\times(D_{坯}+D_{成})=450-0.315\times(112+55)=397.395\ (\text{mm})$$

根据齿轮强度计算，取齿轮模数 $m=16$，数 $Z=25$，则：

$$D_{节}=Z\times m=25\times16=400\ (\text{mm})$$

计算结果表明，经验公式较准确，在轧管机设计中宜优先采用。

冷轧管机机架行程 S 是由主传动齿轮曲柄半径 r 决定的，可用下式表示：

$$S=2r \tag{21-65}$$

根据经验,通常取:

$$\pi D_{节} \geqslant 2r \tag{21-66}$$

21.4.2.5 回转送进装置

轧管机在轧制过程中,对回转送进机构的动作要求很高:(1)必须在设定的时间内完成规定的送进量和回转角度;(2)误差要小,送进量的误差不应超过 10%~12%;(3)惯性要小;(4)机构动作协调,回转、送进与工作机架的运动应配合协调,准确无误。由于轧管机的速度越来越高,在轧制过程中,回转送进的时间极短,如双行程次数为 150 次/min 时,回转送进时间大约是 0.06 s。如果轧制次数再高,回转送进时间更短,所以在高速轧管机中对回转送进机构要求更高。

A 减速机式回转送进机构

如图 21-56 所示,该机构是通过凸轮 1 和超越离合器 8、9 的联合动作来实现的。凸轮 1 的圆弧共分$\widehat{ab}$、$\widehat{bc}$、$\widehat{cd}$和$\widehat{da}$四段,$\widehat{ab}$段半径等于 r,$\widehat{cd}$段半径等于R,它们所对的圆心角是 120°。$\widehat{bc}$和$\widehat{da}$它们所对的圆心角是 60°,通过圆心连接$\widehat{bc}$和$\widehat{da}$上的任意两点的直线都等于$R+r$。滚轮 2 和 3 在弹簧的压力作用下,它始终在凸轮圆弧面上滚动,同时也沿导槽上、下移动。超越离合器 8 与回转轴相连,超越离合器 9 与送进轴相连,当凸轮顺时针转动时,在$\widehat{ab}$和$\widehat{bc}$段上,由于圆弧半径无变化,所以摆杆 4、5 不摆动。当滚轮 2 从 b 点移向 c 点时,由于圆半径增大,滚轮 2 向离开圆心方向运动,使摆杆 4 向反时针方向转动,通过拉杆 6 使超越离合器 9 向反时针转动。由于超越离合器 9 与送进轴相连,从而带动送进丝杠转动,完成一个“送进量”。与此同时滚轮 3 也从 d 点移向a 点,由于圆弧半径减小,滚轮 3 向圆心方向移动。使拉杆 6 沿顺时针方向转动,通过拉杆 7 使超越离合器 8 沿顺时针方向移动。由于离合器脱开无输出,故回转不转动。凸轮继续转动,滚轮 2 从 c 点到d 点,滚轮 3 从 a 点到b 点,由于半径无变化,摆杆不动。滚轮 2 从 d 到a,半径减少,滚轮 2 向圆心移动,带动摆杆 4 向顺时针方向移动,通过拉杆 6 带动超越离合器 9 也向顺时针方向转动;由于超越离合器 9 脱开,无输出;与此同时滚轮 3 从 b 到c,圆弧半径增大,故滚轮 3 向离开圆心方向移动,带动摆杆 5 向反时针方向转动,通过拉杆 7,使超越离合器 8 也向反时针方向转动,超越离合器 8 带动回转轴转动一个角度。凸轮每转一周就完成一次送进回转,此机构能满足轧制要求。

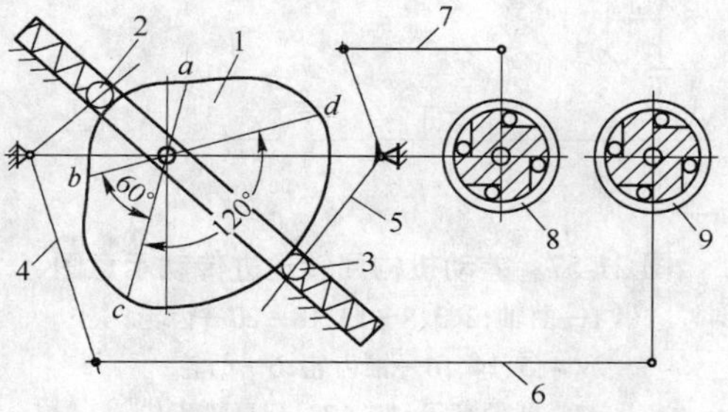

图 21-56 减速机式回转送进机构示意图
1—凸轮;2、3—滚轮;4、5—摆杆;6、7—拉杆;8、9—超越离合器

B 差动式回转送进机构

如图 21-57 所示,差动式回转送进机构主要是利用凸轮来改变差动轮的转速,控制行星轮的转动方向和速度,来实现回转、送进的。原理如下:曲轴 1 转动带动齿轮 2,经齿轮 3、4、5 使凸轮轴做连续匀速转动,凸轮轴经两条路线把运动传出,一是经凸轮轴上齿轮 8,使齿轮 9、10、11、12、13 转动,带动差动器的锥齿轮 14 做连续匀速转动;二是通过固定在凸轮轴上的凸轮 6,将运动传给凸轮滚子 7,使差动轴带动差动器的另一个锥齿轮 16 转动。差动轴和锥齿轮 16 的运动规律是由凸轮的轮廓曲线来决定的。由于差动器锥齿轮 14 和 16 的齿数和模是相等的,当两锥齿轮做方向相反的匀速转动时,锥齿轮(行星轮)15、17 则围绕自己的轴心做匀速转动,不围绕差动轴转动,此时无输出。当凸轮 6 通过凸轮滚子 7 使锥齿轮 16 变慢(或变快)时,则行星轮 15、17 在两锥齿轮(14、16)速度差的作用下不但自转,而且还要绕差动轴转动,即行星轮的“公转”,通过摆杆轴带动齿轮 18 转动,齿轮 18 的转动分别带动齿轮 19、20 转动,实现送进、回转。

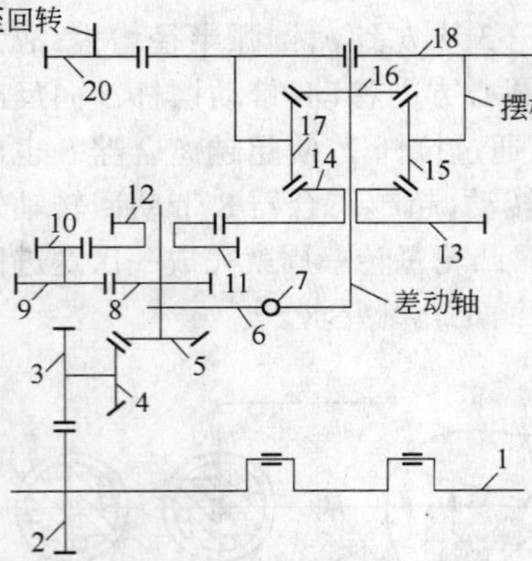

图 21-57 差动机构回转送进传动示意图

1—曲轴；2、3、8～13、18～20—齿轮；

4、5、14、16—锥齿轮；6—凸轮；

7—凸轮滚子；15、17—行星锥齿轮

C 带止退的回转送进装置

如图 21-58 所示，带止退的回转送进装置。该装置由止退卡盘 1、送进卡盘 3、凸轮 7 和杠杆 8 等组成。两个卡盘又都由卡爪 4、卡套 6、轴向弹簧 10 和径向弹簧 5 组成。卡爪 4 内孔是同一圆柱面，外表面是与卡套 6 内锥为同一锥度的圆锥面。在径向弹簧 5 的作用下，卡爪 4 与卡套 6 的锥面始终是贴合在一起的，卡爪 4 在卡套 6 内锥面上作轴向移动。

止退卡盘 1 的卡套是不能在轴向方向移动。当管坯不移动时，卡爪 4 总是紧紧地卡着管坯 9，使管坯 9 不能后退。送进时管坯 9 向前移动，管坯 9 也带着卡爪 4 向前移动，但在径向弹簧 5 的作用下，卡爪 4 迅速打开与管坯 9 脱离，管坯 9 向前移动一个“送进量”；送进完后，卡爪 4 在轴向弹簧 10 的作用下，退回原位，紧紧卡住管坯，使管坯不能后退，从而达到止退的目的。

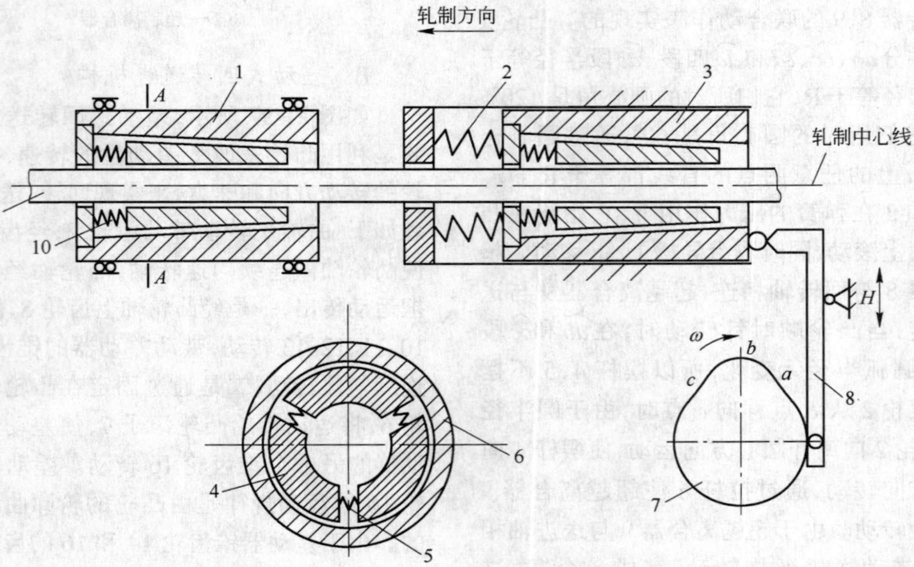

图 21-58 带止退的回转送进装置示意图

1—止退卡盘；2—压簧；3—送进卡盘；4—卡爪；5—径向弹簧；6—卡套；

7—凸轮；8—杠杆；9—管坯；10—轴向弹簧

送进卡盘 3 由卡盘、杠杆 8、凸轮 7、压簧 2 等组成。卡盘能在滑道上沿轧制中心线做轴向移动，也能绕轴向转动，支点 H 是可移动的，移动 H 点的位置来调整送进量，压簧 2 使杠杆 8 上的滚轮紧贴凸轮 7 外圆面，不会脱离；凸轮 7 与曲柄的转速同步，凸轮曲线的设计是 $\overset{\frown}{ab}$ 段为送进，$\overset{\frown}{bc}$ 段为回程，$\overset{\frown}{ca}$ 段由于半径相等，杠杆不摆动而无输出。当凸轮转动从 a 点移至 b 点时，这时杠杆推动卡盘向前移动，在卡盘向前移动的同时，卡套和卡爪的锥面配合，使卡爪抱紧管坯，则管坯也随着卡盘一起向前移动，进行“送进”。凸轮从 b 点移至 c 点，杠杆退回，压簧迫使送进卡盘回到原位，送进卡爪打开，这时由于止退卡盘把管坯紧紧卡住，管坯不会随送进卡盘后退而后退，故完成一个“送进量”。管坯和芯杆的回转由回转凸轮来完成。

D 小车式回转送进装置

如图 21-59 所示，小车式回转送进装置，主要由卡爪 8、移动套 3、拨叉 2、油缸 1、送进丝杠 4、回转轴 10 和车体等组成。送进丝杠 4 和回转轴 10 与回转送进减速机相连，回转送进信号可以由曲柄齿轮(或曲轴)箱通过机械传递到回转送进减速机，由回转送进减速机带动送进丝杠和回转轴转动来实现送进回转。也可以由直流电机直接驱动回转送进减速机带动送进丝杠和回转轴来完成，其机构的运转由 PLC 系统来协调。

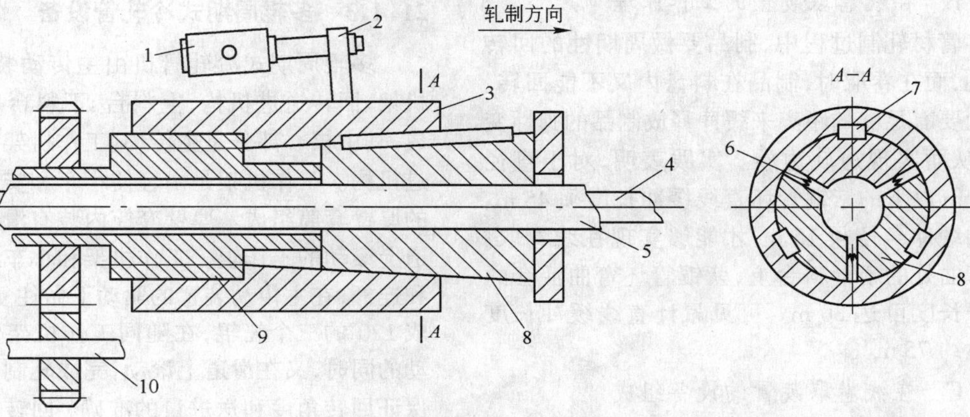

图 21-59 小车式回转送进装置示意图

1—油缸；2—拨叉；3—移动套；4—送进丝杠；5—管坯；6—径向弹簧；7—导向滑板；8—卡爪；9—空心轴；10—回转轴

送进时，工作机架处在后极限位置，油缸 1 推动拨叉 2 使移动套 3 向前移动。由于卡爪 8 与移动套 3 是锥面配合，卡爪 8 不能轴向移动，移动套 3 向前移动时迫使卡爪 8 向圆心移动抱紧管坯 5，当送进丝杠 4 转动时，带动小车向前移动，管坯 5 也随小车向前移动，完成一个“送进量”。当送进丝杠 4 带动小车向前移动一段距离，达到设定的位置时，丝杠 4 停止送进，油缸 1 带动移动套 3 返回，卡爪 8 在径向弹簧 6 的作用下，向离开圆心方向移动，卡爪 8 打开并与管坯 5 脱离，送进丝杠 4 快速反转，把小车带回原始位置，准备下次工作。卡爪 8 夹紧管坯 5 的松紧强度，是通过调整油缸 1 的压力来实现的。油缸压力既要保证在送进时卡爪 8 不能与管坯 5 打滑，又不能使卡爪 8 压伤管坯 5 表面。

回转时，工作机架处于前极限位置，回转轴转动，通过齿轮带动卡爪和管坯一起回转。小车式送进回转装置是通过丝杠和光杠(回转轴)的转动来实现送进回转的。光杠与齿轮的配合是滑动配合，靠键来传递扭矩，因而不会影响送进小车的轴向移动。

回转送进装置形式很多，各有其特点，如带止退的回转送进装置(图 21-58)，结构紧凑，体积小，适用于多线轧管机或高速轧管机；差动式回转送进装置(图 21-57)反应快，惯量小，多用于高速轧机。

综上所述，不论采用哪种回转送进装置，只有轧管机安装两个回转送进小车，并且两个小车交替工作，再配以两套芯杆卡盘，连续上料，才能实现真正意义上的连续轧制。

21.4.2.6 在线卷取装置

20 世纪 70 年代末，原西德在推出高速二辊周期式冷轧管机的同时，推出了在线卷取装置。在线卷取装置主要用于紫铜盘管的生产。

A 在线卷取的特点

在线卷取装置的特点是在轧制的同时可进

行在线卷取,即能够实现所谓的"边轧边卷"。该装置可配置在高速或常速二辊周期式冷轧管机的生产线上,缩短轧制生产线出料台的直线长度,可轧出几百米的管子而出料台直线长度不超过45 m。但在线卷取装置会使轧制生产线的宽度增加,一般情况下轧制中心线至卷取中心线的距离不小于20 m,至卷取装置边缘的距离约25 m。

B 在线卷取装置的工作原理

管材轧制过程中,制品要做周期性的回转运动,而在卷取时,制品在料盘内又不能回转。因而要有足够的距离来缓冲释放制品的弹性变形,从而实现边轧边卷。实践表明,对于直径50 mm以下的紫铜管坯直线缓冲长度须45 m、弯曲缓冲半径须15 m,才能够实现在线卷取。在弯曲处的扇形料台上,紫铜管坯弯曲活套的展开长度可达30 m。可见累计直线缓冲长度可达约75 m。

C 在线卷取装置的设备组成

在线卷取装置大致由机械、电气、液压三部分组成,其中机械部分包括直线出料台、弯曲的扇形料台、卷取机构、料盘回转及传送机构。卷取装有水平安装的两对夹送辊、三个卷取辊。两对夹送辊都是经万向连接轴传动的主动辊。夹送辊和卷取辊的调整是通过各自的液压缸单独进行。料盘回转及传送机构中可同时存放两个料盘,一个在收料位置,一个在出料位置,收料位置还装有料盘提升和料盘回转机构,以保证在收料时料盘做相应的回转。当收料位置的料盘完成收料后,由料盘传送机构将装满盘管的料盘送到出料位置,由车间运输机械将料盘吊走,而后再在出料位置上放置空料盘。

21.4.3 多辊周期式冷轧管设备

多辊周期式冷轧管机由主传动装置、工作机架、回转送进机构、上料台、下料台等部分组成,其中核心部分是主传动、工作机架和回转送进机构。工作机架是由轻便小车和安装在其上的厚壁套筒组成。厚壁套筒内装有滑道和在滑道上滚动的工作辊。工作机架和小车通过摇杆和连杆,在主传动装置的驱动下做往复运动,互成120°的三个轧辊,在随同工作机架做往复运动的同时,又在滑道上滚动,完成轧制过程。为保证回转角度和送进量的准确,回转送进装置多沿用马尔泰盘式结构。

多辊周期式冷轧管设备典型结构示于图21-60,传动示意图如图21-61所示。

国产多辊周期式冷轧管设备主要技术性能见表21-15。

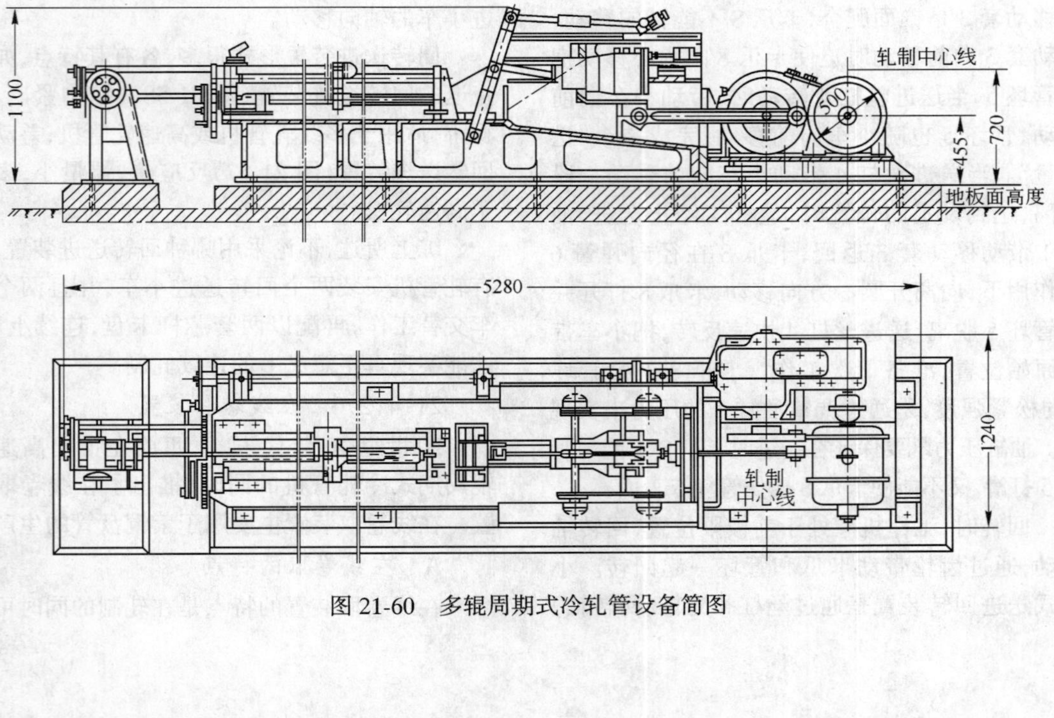

图21-60 多辊周期式冷轧管设备简图

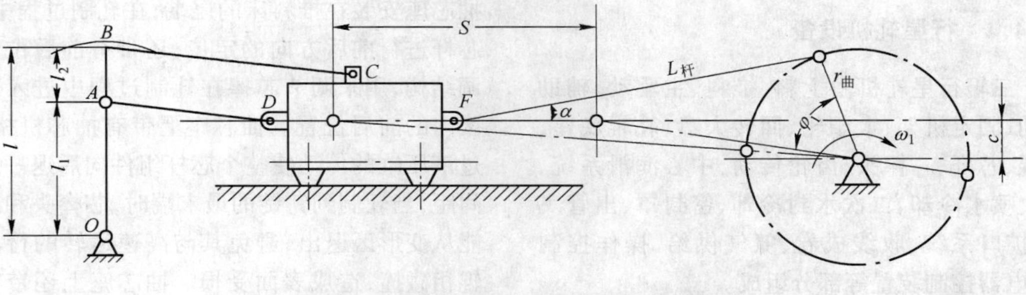

图 21-61 多辊周期式冷轧管机传动示意图

表 21-15 国产多辊周期式冷轧管设备主要技术性能表

名 称	LD8	LD12 双线	LD12 四线	LD15	LD30	LD60	LD120 五辊	SG32-1	SG70/50 三辊	SG70/50 四辊
管坯直径 /mm	3.5～9.0	6.5～14	6.5～14	9～17	17～34	32～64	63.5～127	17～34	54/34～76/57	54/34～76/57
管坯最大壁厚/mm	1.3	1.3	1.3	1.8	2.5	4	3.5	3.5	6	6
管坯长度 /mm	1.2～3.0	1.2～3.0	1.2～3.0	0.8～4	2～5	2～5	2～5	1.5～3	1.5～5	1.5～5
成品管直径/mm	3～8	6～12	6～12	8～15	15～30	30～60	60～120	16～32	50/30～70/50	50/30～70/50
成品管壁厚/mm	0.1～1.0	0.1～1.0	0.1～1.0	0.1～1.0	0.1～2.0	0.3～3.0	0.25～2.5	0.2～2	0.2～2	0.2～2
成品管最大长度/m	6	6	6	8	15	15	15	8	18	18
延伸系数范围	2.5	2.5	2.5	2.5	2～3.5	3	3	2～3	2～3.5	2～3.5
工作机架行程长度/mm	400	400	400	450	475	603	755	364	475	475
送进量 /mm·次$^{-1}$	1.5～4.3	1.5～4.3	1.5～4.3	1.65～7.1	2～14	2～14	2.04～7.14	1.5～5.0	1～10	1～10
工作机架行程次数/次·min^{-1}	60～150	47～141	64～192	70～140	65～130	50～100	35～100	50	51;81;103	51;81;103
主电机功率/kW	4.7	2.5～7.5	2.5～7.5	10	30	56	100	40	40	40
主电机转速/r·min^{-1}	550/1650	470/1410	470/1410	550/1650	750/1500	450/1350	410/1240	945	965	965
机头部分质量/kg	64	90	90×2	150	694	1340	3500	840	2206	1637
轧机尺寸(长×宽×高)/m×m×m	5.4×1.9×1.1	5.6×1.9×1.1	5.7×1.2×1.1	7.1×2.2×1.1	13.6×3.3×1.3	18.5×3.2×1.4	28×3.5×1.7	6.13×2.5×1.0	17.2×3.5×1.5	10×3.5×1.5
轧机质量(含电机)/t	2.49(不含电机)	2.25(不含电机)	4.55(不含电机)	4.75	14.5	28	42.5	4	24	13

21.4.4 行星轧机设备

三辊行星轧机由上料、推料、主驱动、辅助驱动、固定机架、太阳轮、回转大盘、轧辊底座、轧辊、芯杆、芯棒头、齿轮传动、中心润滑系统、一次喷水冷却、二次水封冷却、密封罩、出管飞剪、扩口系统、收线成卷、氮气供给、操作控制台、电器控制装置等部分组成。

主电机通过传动装置驱动锥齿轮，锥齿轮驱动回转大盘，回转大盘上安装太阳轮、行星轮和三个轧辊座，辅助电机通过传动装置驱动太阳轮，太阳轮通过行星轮使三个轧辊座中的轧辊轴产生旋转运动，进而驱动轧辊运动，因此轧辊既随回转大盘做圆周运动，又接受辅助电机的驱动，绕其自身轴线旋转。

21.4.4.1 上料装置

铣面后的铸锭通过一个翻料机构逐根上到轧制料架上存放；另有一个翻料机构将轧制料架翻到推料床上至轧制过程起始位置。

21.4.4.2 推料床

推料床由推料小车、小车传动链条、驱动装置、芯杆送进和返回装置等构成。推料小车位于料床上，用于把待轧铸锭送进轧制变形区，并在轧制过程中，通过小车上可随铸锭自由旋转的推料杆对铸锭尾部施加轧制所需的水平推力。小车传动链条上每隔一定间距，装有多个支撑小车，每个小车上有能转动的滚轮，在轧制过程中，铸锭可在小车滚轮上自由滚动。小车传动链条由可调速电机（或液压马达）和变速机构驱动，可在推料床的导轨上做正反运动。

21.4.4.3 轧制芯杆、芯棒头及抽芯座

轧制芯杆对处于轧制变形区的芯棒起定位作用。它的一端固定在推料床后端的抽芯座上，可随轧制过程中的轧件一起自由旋转。一般使用屈服强度很大的不锈钢管制造，前端带螺纹接口，与芯棒头相连，后端稍大，用以卡在抽芯座上对自身及芯棒起到前后定位的作用。它的后端还带有旋转接头结构，可从芯杆尾端充入氮气，一直通到前端的芯棒头中，在轧制高温变形过程中用以保护轧件内壁不产生氧化。抽芯座安装在推料床的尾端，在轧制过程中，对芯杆进行前后方向的定位，还带有前后位置微调结构，用来调节芯棒在轧制过程中进入变形区内的前后位置。抽芯座上带有抽芯机构，通过液压缸的传动使整个芯杆组件向后退一定的间距，当轧制到铸锭的最末端时，芯棒头和芯杆能从变形区退出，避免其与高速运转的行星轧辊相碰撞，造成表面受损。抽芯座上还带有芯杆夹送装置，由两个可控制松开夹紧并可正反转的辊子传动，使芯杆前进与后退。

21.4.4.4 主机驱动装置

主机驱动装置用来驱动回转大盘旋转。由计算机控制的可调速的大功率电机提供动能，其附带有降温、自动监测、速度反馈系统。在正常工作下，主驱动装置只朝一个方向旋转。

21.4.4.5 辅机驱动装置

辅机驱动装置由辅助电机驱动，它通过中心轴（中心管）和太阳轮来驱动行星齿轮；行星齿轮又通过齿轮传动来驱动轧辊座和轧辊，使三个轧辊在能够自由公转的同时，随回转大盘旋转实现对铸坯的轧制。在正常工作条件下，驱动装置只朝一个方向旋转。在主驱动系统锁住时可以进行慢速工作（检查轧辊时），该装置能够朝两个方向旋转。

21.4.4.6 回转大盘与底座

太阳轮套装在回转大盘的中心孔内，三个行星齿轮及轧辊座等分别排列在回转大盘上，辅电机传动的太阳轮与行星齿轮相连，行星齿轮又与轧辊座齿轮相连接，轧辊安装在轧辊座上，辅电机的传动使轧辊实现高速自转。底座用来支撑回转大盘、轧辊座前支承及主机、辅机的传动系统等。

21.4.4.7 轧辊座

轧辊座安装在回转大盘上，并由太阳轮传动，其内部结构复杂，通过一对圆锥齿轮将太阳轮的传动传递给轧辊，使轧辊绕其轴线自转，内部还带有调节装置，可以使轧辊沿倾斜轴线的上下移动，实现轧辊的进退微调，以保证三个轧辊形成孔型的精确调整。轧辊座与回转大盘的相对位置可通过调节螺栓对其倾斜角度进行调

节，以保证三个轧辊的空间倾角。

21.4.4.8 前支承

轧辊座一端安装在回转大盘上，另一端由前支承支撑，限制轧辊座在高速运转下的离心力和支承轧制变形区轧件对轧辊座的径向力。

21.4.4.9 中心管

中心管位于整个三辊行星轧机主机、辅机运行的中心位置，是一根中空的导管，前端通过轴承固定在回转大盘上，后端固定在底座上，待轧的铸锭通过中心管进入到轧制变形区。在轧制过程中，中心管保持固定，对铸锭进入轧制变形区起到导向作用，并保护待轧铸锭表面不受到高速运动部件的损伤。

21.4.4.10 密封护罩及气体保护系统

轧制过程中，轧机运动部件高速运转，油和水会飞出对环境造成影响，而且一旦发生运动部件的脱落，还会产生安全事故。另外，正常的行星轧制过程在高温下进行，高温下的铜材很容易产生表面氧化，必须对变形区内外表面用惰性气体进行保护，以保证加工后的制品内外表面光亮。保护气体一般使用氮气。因此用一个大的密封护罩将回转大盘、轧辊座等运动部件和前支承封闭起来。密封护罩不但要有较高的强度以保证安全，同时要与轧机底座一起形成一个密封性较好的空间，以保证高温轧件在保护性气氛中不发生氧化。

21.4.4.11 一次冷却系统

一次冷却系统可保证轧制变形区温度处在适当的范围内，并使轧制后的轧件迅速冷却而产生再结晶。固定在密封护罩上的喷头把轧制乳液喷射到轧制变形区和轧辊上，保证了轧辊良好的润滑和冷却，使轧辊正常连续工作，并延长工具使用寿命。喷头的压力、流量和喷射方向必须得到较为精确的控制。含有轧制润滑剂的一次冷却水（乳液）通过泵的供给与回收通道在一个大的水池内循环。一次冷却水池内设有换热系统，保证一次冷却水温度适宜。

21.4.4.12 二次冷却系统

密封护罩上有一水封的通道，轧制后的坯管经过一次冷却后，通过水封从密封护罩中流出，对从轧制变形区出来的坯管做进一步的冷却，使其温度降至接近常温。二次冷却水也通过泵循环供给。

21.4.4.13 润滑系统

承接传动的齿轮、轴承和轧辊座需要润滑，才能保证其长时间的正常运转。为此设置了一个专门的润滑站，通过油泵把润滑油打到每一个需要的润滑点，并有压力表、流量表、油位计等一系列监控仪表和自动信号连锁电气控制系统，给设备运行提供可靠的润滑保证。

21.4.4.14 收卷机构

收卷机构有分料筐式和垂直料架卷取两种方式。轧制后的轧件较软，容易受到铜坯管本身接触及所接触设备部件的损伤，为此多采用垂直料架卷取方式收卷。成卷后的坯管一圈接一圈地挂在收卷机构横梁上，重量都落在横梁的橡胶轮上，铜管与铜管之间相互很少碰撞，最大限度地避免坯管之间的相互接触。牵引、导向和弯曲成卷与铜坯管有接触的工具都使用橡胶或尼龙材料，很好地保护了坯管的表面。

21.4.4.15 电气控制系统

通过电气控制系统可实现各个操作动作的自动控制，对轧制过程中主机和辅机速度、推力以及收卷速度匹配进行精确调节，对设备关键功能进行信号连锁控制。通过摄像与显示对关键的操作进行及时人工监控。采用图形模拟显示和简单的命令输入，以实现直观而简便的人机对话，使三辊行星轧机在单人操作下实现稳定高效运行。

21.5 管棒型轧制工具设计和使用维护

21.5.1 二辊周期式冷轧管工具

二辊周期式冷轧管的工具主要包括孔型和芯棒。孔型按其轧槽顶部曲线的形状主要分为半圆形、马蹄形和环形三种（图 21-62）。芯棒工作段曲线的形状分为圆锥形和抛物线形两种。其中，环形孔型因其较高的生产效率正在被越来越多地应用于二辊冷轧管机的生产。

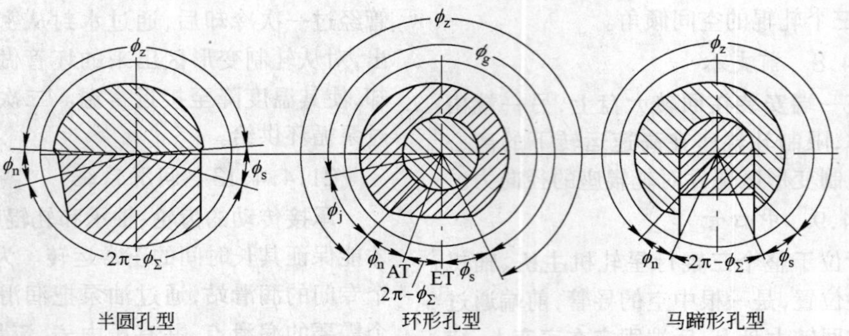

图 21-62 不同形状的孔型示意图($\phi_\Sigma = \phi_z + \phi_n + \phi_s$)

ϕ_z—轧制角;ϕ_n—出口回转角;ϕ_s—入口回转角;ϕ_g—工作角;ϕ_j—精整角

21.5.1.1 二辊周期式冷轧管的工具设计

在二辊周期式冷轧管生产过程中,工具设计的正确、合理与否将直接影响到轧管机的生产效率、管材的质量以及工具自身的寿命。在所有冷轧管工具中,孔型设计是最为复杂,同时也是对冷轧管生产影响最大的一项工作。

圆形和马蹄形孔型已逐渐被淘汰,且有关对半圆形孔型设计的文献甚多,故不赘述。本节着重介绍环形孔型及其芯棒的设计。

环形孔型轧槽的特点是:由于有效的工作轧程加长,成品管尺寸精度提高;轧辊承受的最大压力不增大,延长了轧槽的使用寿命;减小了芯棒的反作用力;产量增加。

A 孔型设计的依据

孔型设计的依据如下:

(1) 设备固有参数:轧辊直径、工作机架的行程长度、孔型空转行程长度(入口和出口)、轧辊间隙;

(2) 设计目标参数:管坯和成品管的尺寸(外径和壁厚)、设计预期的每次工作行程的最大送进量。

B 孔型设计的内容

孔型设计的内容如下:

(1) 确定主动齿轮的节圆直径;

(2) 确定孔型上各段对应的展开长度及其圆心角;

(3) 确定孔型轧槽和芯棒的形状尺寸;

(4) 确定轧槽侧边开口和过度圆半径。

C 环形孔型和芯棒的设计

a 主动齿轮节圆直径的确定

主动齿轮节圆直径 D_j 的确定见式 21-64。与之啮合的齿条参数也应做相应调整。

b 孔型各段展开长度及其对应圆心角的确定(图 21-63)

入口回转段:

$$L_{入口} = \frac{\phi_s \pi D_j}{360°} \qquad (21\text{-}67)$$

式中 $L_{入口}$——入口回转段长度(设备固有参数),mm;

ϕ_s——入口回转段对应的圆心角,(°)。

出口回转段:

$$L_{出口} = \frac{\phi_n \pi D_j}{360°} \qquad (21\text{-}68)$$

式中 $L_{出口}$——出口回转段长度(设备固有参数),mm;

ϕ_n——出口回转段对应的圆心角,(°)。

精整段:

$$L_{精整} = \eta m \lambda_\Sigma = \frac{\phi_j \pi D_j}{360°} \qquad (21\text{-}69)$$

式中 $L_{精整}$——精整段长度,mm;

η——系数,一般取 1.5~2.0,对成品管尺寸精度要求较高时取 2.5~4.0;

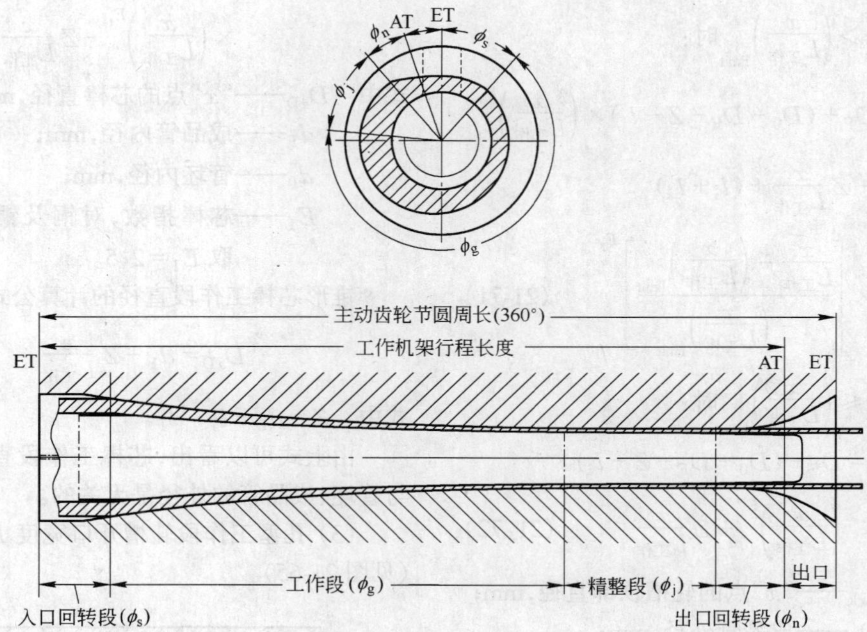

图 21-63　孔型各段展开长度及其对应的圆心角

m——设计预期的每次工作行程的最大送进量,mm;

λ_Σ——总延伸系数,等于管坯与成品管断面面积之比;

ϕ_j——精整段对应的圆心角,(°)。

工作段:

$$L_{工作}=L_{机架}-L_{入口}-L_{出口}-L_{精整}=\frac{\phi_g\pi D_j}{360°} \tag{21-70}$$

式中　$L_{工作}$——工作段长度,mm;

$L_{机架}$——工作机架行程长度,mm;

ϕ_g——工作段对应的圆心角,(°)。

在进行孔型设计时,应根据轧机的具体情况,对孔型的空转行程长度(入口回转段和出口回转段)留有一定余量,以防止出现送进或回转不灵活的现象。

c　孔型各段轧槽顶部曲线、芯棒曲线及孔型轧槽开口宽度的确定。

(1) 孔型工作段轧槽顶部曲线直径的计算公式(环形孔型轧槽展开图见图 21-64)。

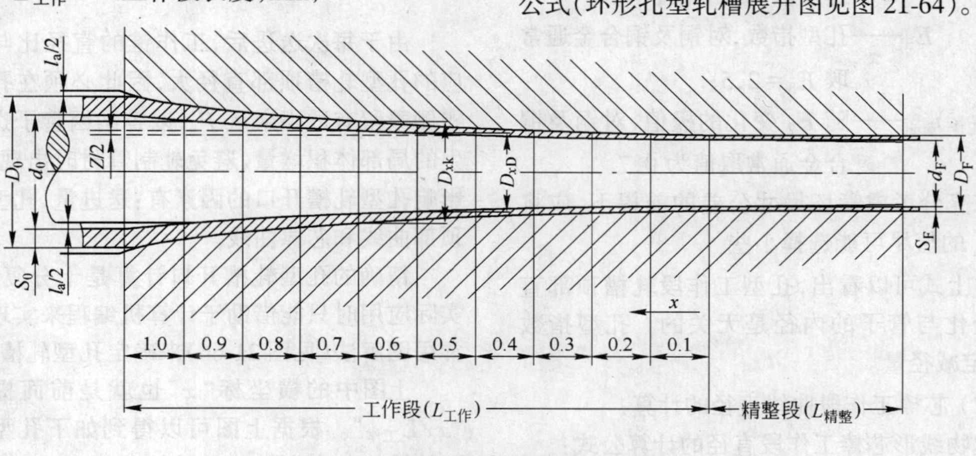

图 21-64　环形孔型轧槽展开示意图

当$\frac{x}{L_{工作}} > \left(\frac{x}{L_{工作}}\right)_{\text{limit}}$时：

$$D_{x_k} = D_F + (D_0 - D_F - Z - l_i) \times \left(\frac{x}{L_{工作}}\right)^{E_3} + Z\frac{x}{L_{工作}} + (l_i + l_a) \times \left[\frac{\frac{x}{L_{工作}} - \left(\frac{x}{L_{工作}}\right)_{\text{limit}}}{1 - \left(\frac{x}{L_{工作}}\right)_{\text{limit}}}\right]^{E_2} \quad (21\text{-}71)$$

当$\frac{x}{L_{工作}} \leqslant \left(\frac{x}{L_{工作}}\right)_{\text{limit}}$时：

$$D_{xk} = D_F + (D_0 - D_F - Z - l_i) \times \left(\frac{x}{L_{工作}}\right)^{E_3} + Z\frac{x}{L_{工作}} \quad (21\text{-}72)$$

式中 D_{xk}——“x”点的轧槽顶部直径，mm；

D_F——成品管外径，mm；

D_0——管坯外径，mm；

Z——芯棒要求的最小锥度；$Z = Z_{相} \times \left(\frac{L_{工作}}{100}\right)$；$Z_{相}$为相对最小锥度，以0.25%进行计算；

l_i——管坯内壁与芯棒之间的间隙，mm；

l_a——在$X/L_{工作}=1$处轧槽顶部与管坯外壁之间的间隙，mm；

E_2——孔型间隙指数，对铜及铜合金通常取$E_2=2.0$；

E_3——孔型指数，对铜及铜合金通常取$E_3=2.5$；

$(X/L_{工作})_{\text{limit}}$——随$E_2$变化的极值，对铜及铜合金通常取值为0.7。

在充分考虑管坯尺寸公差的前提下，应将l_i和l_a的值尽可能选择小些。

由上式可以看出，孔型工作段轧槽顶部直径的变化与管子的内径是无关的。孔型指数E_3决定减径量。

(2) 芯棒工作段曲线直径的计算：

抛物线形芯棒工作段直径的计算公式：

$$D_{xD} = d_F + (d_0 - d_F - Z - l_i) \times \left(\frac{x}{L_{工作}}\right)^{E_1} + Z\frac{x}{L_{工作}} \quad (21\text{-}73)$$

式中 D_{xD}——“x”点的芯棒直径，mm；

d_F——成品管内径，mm；

d_0——管坯内径，mm；

E_1——芯棒指数，对铜及铜合金通常取$E_1=2.5$。

锥形芯棒工作段直径的计算公式：

$$D_{xD} = d_F + Z\frac{x}{L_{工作}} \quad (21\text{-}74)$$

式中 $Z = d_0 - l_i - d_F$。

由上式可以看出，芯棒工作段直径的变化与管坯、成品管的外径是无关的。

(3) 孔型工作段轧槽开口宽度B_{KW}的计算(见图21-65)。

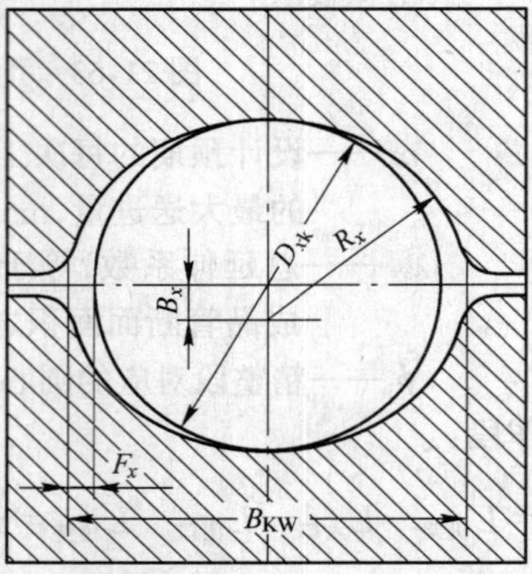

图21-65 孔型轧槽断面示意图

由于每次送进后，工作锥的直径比与之对应的孔型轧槽顶部直径大，因此必须在孔型轧槽侧壁留有适当余量F_x，以容纳因管子送进产生的局部体积增量，避免轧制管材时出现耳子。影响孔型轧槽开口的因素有：送进量、孔型轧槽顶部曲线和芯棒曲线。

精确的孔型轧槽开口计算是十分复杂的，实际应用时只能借助于计算机编程来实现。通常用图解法(见图21-66)来确定孔型轧槽开口。

上图中的横坐标“x”也就是前面提到的“$x/L_{工作}$”。根据上图可以得到如下孔型工作段轧槽开口宽度B_{KW}的计算公式：

当$\frac{x+m\lambda_x}{L_{工作}}>\left(\frac{x}{L_{工作}}\right)_{limit}$时：

$$B_{KW}=D_F+(D_0-D_F-Z-l_i)\times\left(\frac{x+m\lambda_x}{L_{工作}}\right)^{E_3}+Z\frac{x+m\lambda_x}{L_{工作}}+(l_i+l_a)\times\left[\frac{\frac{x+m\lambda_x}{L_{工作}}-\left(\frac{x}{L_{工作}}\right)_{limin}}{1-\left(\frac{x}{L_{工作}}\right)_{limit}}\right]^{E_2} \tag{21-75}$$

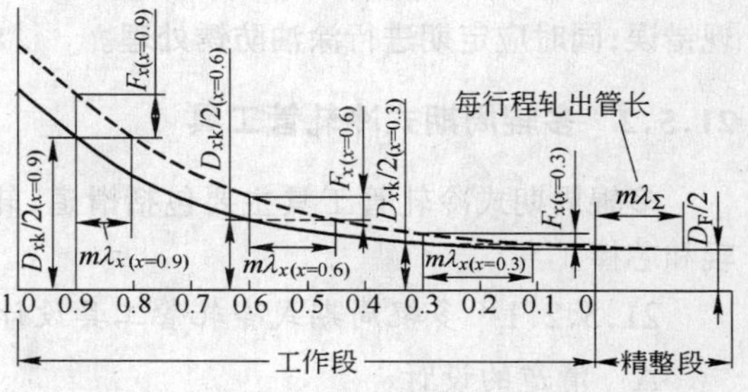

图 21-66 孔型轧槽开口的确定

当$\frac{x+m\lambda_x}{L_{工作}}\leqslant\left(\frac{x}{L_{工作}}\right)_{limit}$时：

$$B_{KW}=D_F+(D_0-D_F-Z-l_i)\times\left(\frac{x+m\lambda_x}{L_{工作}}\right)^{E_3}+Z\frac{x+m\lambda_x}{L_{工作}} \tag{21-76}$$

式中 m——送进量，mm；

λ_x——计算断面的延伸系数，等于管坯与计算断面管子的断面面积之比；

$$F_x=\frac{B_{KW}-D_{xk}}{2} \tag{21-77}$$

$$R_x=\frac{D_{xk}}{2}+B_x \tag{21-78}$$

$$B_x=F_x+\frac{F_x^2}{D_{xk}} \tag{21-79}$$

在实际制造过程中，孔型轧槽两侧的边部应加工一定的圆角，以确保孔型轧槽开口处的圆滑。

d 孔型精整段轧槽顶部直径、轧槽开口宽度和芯棒精整段直径的确定

孔型设计时，孔型精整段各断面的轧槽顶部直径是不变的，其值等于成品管外径 D_F；轧槽开口宽度应从工作段结束时的宽度逐渐圆滑过渡到接近成品管外径。

芯棒精整段各断面的直径，理论上也是不变的，其值等于成品管内径 d_F。在实际生产中，为了减小送进时的阻力和减少对芯棒精整段的磨损，通常在制造时，在芯棒精整段都留有一定的锥度（0.1～0.2 mm）。

孔型过渡段（从精整段到 ET）轧槽顶部直径和轧槽开口宽度的计算（见图 21-67）。

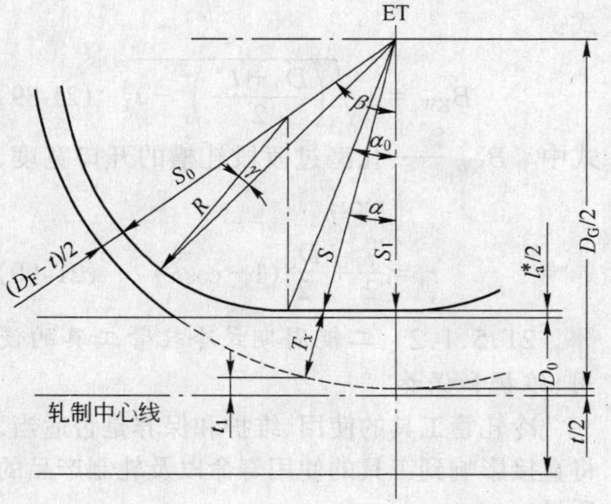

图 21-67 环形孔型过渡段轧槽示意图

（1）孔型过渡段轧槽顶部直径的计算公式：

$$D_k=2(T_x+t) \tag{21-80}$$

式中 D_k——孔型过渡段轧槽顶部直径，mm；

t——轧辊间隙，mm；

T_x——孔型过渡段轧槽顶部深度，mm；

$$T_x=\frac{1}{2}D_G-S \tag{21-81}$$

D_G——轧辊直径，mm；

$$当\ 0\leqslant\alpha\leqslant\alpha_0\ 时：S=\frac{S_1}{\cos\alpha} \tag{21-82}$$

$$当\ \alpha_0<\alpha\leqslant\beta\ 时：S=R\frac{\sin(\beta-\alpha+\gamma)}{\sin(\beta-\alpha)} \tag{21-83}$$

$$S_1=\frac{D_G+t-D_0-l_a^*}{2} \tag{21-84}$$

$$R=\frac{S_1-S_0\cos\beta}{1-\cos\beta} \tag{21-85}$$

$$\beta = 360° - \varphi_s - \varphi_g - \varphi_j \quad (21\text{-}86)$$

l_a^*——孔型过渡段轧槽与管坯外径之间的间隙(取值比 l_a 大于 4～5 mm),mm;

$$\gamma = \arcsin\left[\left(\frac{S_0}{R} - 1\right)\sin(\beta - \alpha)\right] \quad (21\text{-}87)$$

$$\alpha_0 = \arctan\frac{(S_0 - R)\sin\beta}{S_1} \quad (21\text{-}88)$$

(2) 孔型过渡段轧槽开口宽度的计算公式:

$$B_{KW_1} = 2\sqrt{\left(\frac{D_0 + l_a^*}{2}\right)^2 - t_1^2} \quad (21\text{-}89)$$

式中 B_{KW_1}——孔型过渡段轧槽的开口宽度,mm;

$$t_1 = \frac{t}{2} + \frac{D_G}{2}(1 - \cos\alpha) \quad (21\text{-}90)$$

21.5.1.2 二辊周期式冷轧管工具的使用、维护和保养

冷轧管工具的使用、维护和保养是否适当,将直接影响到工具的使用寿命以及轧制产品的质量。

A 二辊周期式冷轧管工具的使用注意事项

二辊周期式冷轧管工具的使用注意事项如下:

(1) 由于孔型的设计和制造是成对进行的,因此必须配对使用,不应轻易调换;

(2) 在使用环形孔型和抛物线形芯棒时,必须保证孔型和芯棒的工作段相对应;

(3) 孔型与芯棒组合使用时必须具备以下条件:

1) 基于相同主动齿轮节圆直径和相同工作段、精整段长度的设计条件;

2) 设计时的芯棒指数和孔型指数必须相等(指用上述方法设计的环型孔型和芯棒);

3) 芯棒最小锥度"Z"必须小于或等于孔型设计时所使用的最小锥度"Z"。

B 冷轧管工具的维护和保养

a 在用工具的维护和保养

在用工具的维护和保养应注意以下几点:

(1) 应经常检查工具的表面质量,发现工具表面出现磨损时,应及时进行抛光处理;必要时可先卸下工具,然后进行处理。

(2) 应在每天停机时,用软布擦拭工具表面;同时,应将机架尽可能停于入口位置,以使孔型与管坯脱离,使工具处于不受力状态。

(3) 长时间停机时,应注意对工具进行涂油防锈。

b 库存工具的维护和保养

应将工具按规格分类摆放,防止组合时出现错误;同时应定期进行涂油防锈处理。

21.5.2 多辊周期式冷轧管工具

多辊周期式冷轧管工具主要包括滑道、轧辊和芯棒。

21.5.2.1 多辊周期式冷轧管工具设计

A 滑道的设计

轧制时轧辊的辊颈在滑道工作面上滚动,滑道工作面的形状决定了管坯在轧制变形过程中工作锥(变形锥)的形状。变形锥各段的长度与滑道各段的长度相差 $D_{轧}/D_{颈}$ 值。

滑道由送进回转段、减径段、压下段、精整(定径)段四段组成。

a 确定滑道的最大长度

小车传动方式不同,滑道的计算长度也不同。

当小车为连杆传动时,滑道最大长度为:

$$L_{max} = S(1 - l_{min}/l) \quad (21\text{-}91)$$

式中 L_{max}——滑道最大长度,mm;

S——小车行程长度,mm;

l_{min}——摇杆轴与摇杆上辊架拉杆固定点之间的最小距离,mm;

l——摇杆长度,mm。

当小车为摇杆传动时,滑道最大长度为:

$$L_{max} = S - \theta l_{min} \quad (21\text{-}92)$$

式中 L_{max}——滑道最大长度,mm;

S——小车行程长度,mm;

θ——摇杆的整个摆角,(°);

l_{min}——摇杆轴与摇杆上辊架拉杆固定点之间的最小距离,mm。

b 滑道回转送进段长度

滑道回转送进段长度可按下式计算：

$$L_{送}=[\sqrt{L_{杆}^2-(e-r_{曲}\sin\varphi_1)^2}-\sqrt{(L_{杆}-r_{曲})^2-e^2}-r_{曲}\cos\varphi_1]\times(1-a_{\min}/S) \quad (21\text{-}93)$$

式中 $L_{送}$——送进回转段长度，mm；

$L_{杆}$——主传动连杆长度，mm；

e——连杆和小车相连接的铰链中心线同曲柄轴之间的垂直距离，mm；

$r_{曲}$——主传动曲柄半径，mm；

φ_1——连杆的倾角，(°)；

$$\varphi_1=\arcsin(r_{马}/r_{曲}\times\sin\frac{360°}{2n})-\arcsin[e/(L_{杆}-r_{曲})] \quad (21\text{-}94)$$

$r_{马}$——马尔泰盘半径，mm；

n——马尔泰盘槽数；

$a_{\min}$——辊架行程长度，mm；

S——小车行程长度，mm。

c 滑道减径段长度

滑道减径段长度可按如下经验公式计算：

$$L_{减}=k\Delta D \quad (21\text{-}95)$$

式中 $L_{减}$——减径段长度，mm；

k——系数，不同规格的多辊轧管机 k 值如下：

LD8	$k=7\sim8$
LD15、LD30	$k=5\sim6$
LD60	$k=2.5\sim3$
LD120	$k=1.5\sim2$

ΔD——减径量，mm。

d 滑道压下段长度

滑道压下段长度可按下式计算：

$$L_{压}=L_{\max}-L_{送}-L_{减}-L_{精} \quad (21\text{-}96)$$

式中 $L_{压}$——压下段长度，mm；

$L_{精}$——精整段长度，mm。

为提高轧制精度，通常将压下段长度再等分成若干小段，以保证曲线的精度。实践表明，等分成7段已经足够精确了。

e 滑道精整段长度

滑道精整段长度可按下式计算：

$$L_{精}=km\lambda_{\Sigma}D_{颈}/D_{轧} \quad (21\text{-}97)$$

式中 k——精整系数，$k=4\sim5$；

m——轧制管坯送进量，mm；

λ_{Σ}——总延伸系数；

$D_{颈}$——轧辊轴颈直径，mm；

$D_{轧}$——轧辊轧制直径，mm。

多年的生产实践表明，滑道精整段工作面不宜与轧制轴线完全平行，而宜做成很小的反斜度（即精整段末端的孔型开度比始端的略大一些），有利于减小轧制力，提高 $m\lambda_{\Sigma}$ 值，减小薄壁成品管的“波浪”，改善轧制成品管材的表面质量。斜度可取 $\tan\alpha=0.005\sim0.008$；亦可根据不同轧机来确定精整段末端断面的下降高度 Δh：

LD8	$\Delta h=0.15\sim0.2$
LD15	$\Delta h=0.2\sim0.3$
LD30	$\Delta h=0.25\sim0.35$
LD60、LD120	$\Delta h=0.35\sim0.45$

为进一步改善轧制条件，亦可将精整段细分为定径段和回程段。定径段长度可按下式确定：

$$L_{定}=(1.5\sim2)\ m\lambda_{\Sigma} \quad (21\text{-}98)$$

式中 $L_{定}$——定径段长度，mm。

回程段长度可按经验值确定，$L_{回}=50\sim70$ mm，此时仅回程段做成反斜度，斜度值同上。

f 滑道各断面的高度

如图21-68所示，精整定径段（$b_{定}$ 段）的原始高度 E 由设备结构尺寸决定，是已知的。送进回转段（b_1 段）的高度差应使管子在送进回转时避免与轧辊接触，通常取3～4 mm。减径段（$b_{减}$）的高度差等于管坯减径量之半，即：

$$\Delta y=\Delta D/2 \quad (21\text{-}99)$$

式中 ΔD——减径量，mm。

压下段的总高度差为总壁厚减缩量，但由于在减径段有壁厚的增加，故压下段的总高度差并非等于管坯与成品的壁厚差。为使变形在整个压下段内均匀分布，故宜将压下段等分成

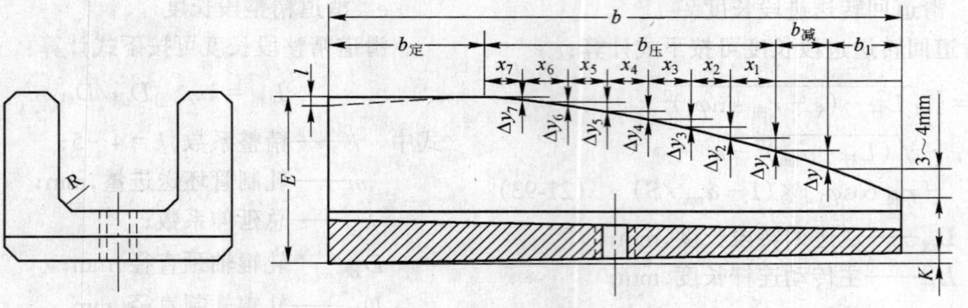

图 21-68　滑道断面高度示意图

若干小段，分别计算出各段的高度差。实践表明，对多辊周期式冷轧管而言，将压下段等分成7段已经足够准确了。首先求出变形锥内各等分点1、2、…、7点对应管材壁厚值 δ_1、δ_2、…、δ_7。第1点的壁厚 δ_1 为管坯壁厚与壁厚增加量之和，即：

$$\delta_1=\delta_{坯}+(0.05\sim0.06)\Delta D \quad (21\text{-}100)$$

其余各点的壁厚值可按下式计算：

$$\delta_x=\frac{\delta_1}{\dfrac{\dfrac{\delta_1}{\delta_{成}}-1}{1-e^{-n}}\left(1-e^{-nx\frac{x}{L_{压}}}\right)+1} \quad (21\text{-}101)$$

式中　δ_x——第 x 点的壁厚，mm；

δ_1——管坯壁厚与壁厚增加量之和，mm；

$\delta_{成}$——成品管壁厚，mm；

n——系数，$n=0.64$；

x——第 x 点的长度，mm；

$L_{压}$——压下段长度，mm。

则第7段的高度差为变形锥内第7点壁厚与成品管的壁厚差，即：

$$\Delta y_7=\delta_7-\delta_{成}$$

同理　$\Delta y_6=\delta_6-\delta_7$

$$\Delta y_5=\delta_5-\delta_6$$

$$\vdots \qquad \vdots$$

$$\Delta y_1=\delta_1-\delta_2$$

$$=\delta_{坯}+(0.05\sim0.06)\Delta D-\delta_2 \quad (21\text{-}102)$$

滑道底面做成一定的斜度，其值是由轧机结构尺寸给定的，其作用是用楔铁来调整轧辊间的距离，以适应轧制不同规格的管材，同时控制成品管材的外径偏差。

B　轧辊的设计

a　孔型顶部最大直径

沿孔型顶部轧辊最大直径可按下式确定：

$$D_{辊max}=2\delta_1\times10^4/(1.87f\sigma_s) \quad (21\text{-}103)$$

式中　δ_1——轧制成品管壁厚，mm；

f——轧辊与被轧金属表面之间的摩擦系数，可取 $f=0.1$；

σ_s——被轧制金属的屈服强度，MPa。

孔型顶部轧辊实际最大直径可比计算值略小些，定为 $D_{辊}$，它能轧出所规定的最小壁厚的管材。

b　轧辊轧制直径

轧辊轧制直径可按下式确定（见图21-69）。

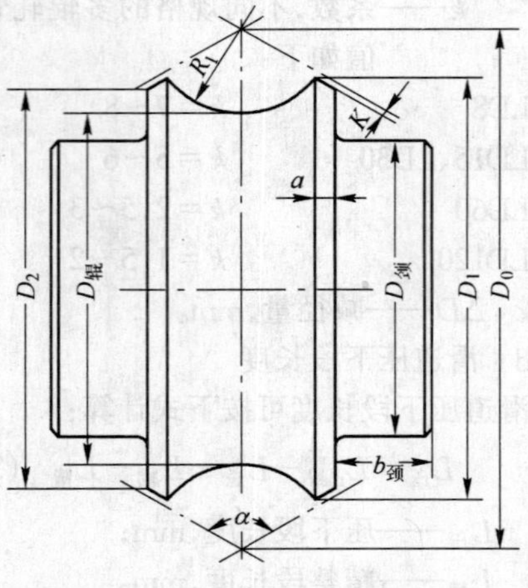

图 21-69　多辊周期式冷轧管机轧辊

三辊轧机　$D_{轧}=D_{辊}+0.2D_{成}$　(21-104)

四辊轧机　$D_{轧}=D_{辊}+0.1D_{成}$　(21-105)

五辊轧机　$D_{轧}=D_{辊}+0.08D_{成}$　(21-106)

式中 $D_{轧}$——轧辊轧制直径,mm;

$D_{辊}$——孔型顶部轧辊直径,mm;

$D_{成}$——轧制成品管外径,mm。

c 辊颈直径和宽度

为保证轧辊辊颈有足够的强度，辊颈直径可按下式确定：

对三辊轧机 $D_{颈}=0.75D_{辊}$ (21-107)

对四辊轧机 $D_{颈}=0.62D_{辊}$ (21-108)

对五辊轧机 $D_{颈}=0.49D_{辊}$ (21-109)

不同规格多辊轧管机的辊颈宽度如下：

LD15 $b_{颈}=0.74R_{颈}$ (21-110)

LD30 $b_{颈}=0.78\sim0.82R_{颈}$ (21-111)

LD60 $b_{颈}=0.92R_{颈}$ (21-112)

LD120 $b_{颈}=0.57\sim0.6R_{颈}$ (21-113)

式中 $b_{颈}$——辊颈宽度,mm;

$R_{颈}$——辊颈半径,mm。

d 轧制成品管中心距

轧制成品管中心距计算如下：

$$D_0=D_{辊}+D_{成} \quad (21\text{-}114)$$

e 辊环直径和厚度

辊环直径可按下式确定：

$$D_1=D_0-D_{成}\cos\frac{\alpha}{2}-2K\sin\frac{\alpha}{2} \quad (21\text{-}115)$$

式中 K——定径段两个轧辊之间间隙的一半，不同规格多辊轧管机的 K 值如下：

LD15 $K=0.5$ mm

LD30 $K=0.5\sim0.75$ mm

LD60 $K=0.8\sim1.0$ mm

α——包角,(°)。

辊环厚度可按下式确定：

$$a=0.7R_{管max}\left(1-\cos\frac{180°}{n}\right) \quad (21\text{-}116)$$

式中 $R_{管max}$——最大成品管半径,mm;

n——轧辊个数。

f 辊肩直径

辊肩直径可按下式确定：

$$D_2=D_0-a\cot\frac{\alpha}{2}-2K/\sin\frac{\alpha}{2} \quad (21\text{-}117)$$

式中,D_0、a、K 与辊环直径公式同。

g 轧辊孔槽开口角

轧辊孔槽开口角可按下式确定：

$$\varphi=\arccos\frac{\alpha}{1+R_{坯}/R_{成}} \quad (21\text{-}118)$$

式中 $R_{坯}$——管坯半径,mm;

$R_{成}$——成品管材半径,mm。

当轧制薄壁管材时,建议开口角 φ 比计算值小 20%左右。

开口深度对中小轧机可取 0.2～0.3 mm。

h 轧辊孔槽开口的圆角半径

轧辊孔槽开口的圆角半径可按下式确定：

$$r=0.6(R_{坯}-R_{成}) \quad (21\text{-}119)$$

C 芯棒的设计

多辊周期式冷轧管所用的芯棒为圆柱形的,如图 21-70 所示。为减小送进的阻力,尽量消除管材内表面的环形压痕,通常芯棒前端稍带锥度。在芯棒前端 20～50 mm 的长度上,直径相差 0.2～0.3 mm。小轧机取下限,大轧机取上限。芯棒的长度应比辊架的最大行程长 80～150 mm。

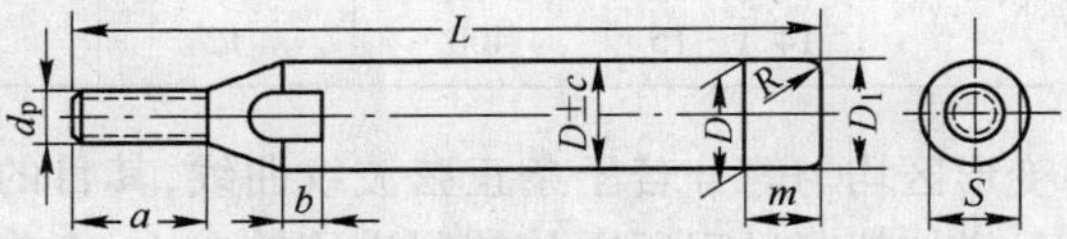

图 21-70 多辊周期式冷轧管机芯棒结构图

21.5.2.2 多辊周期式冷轧管用工具的尺寸

多辊周期式冷轧管用工具的尺寸如下：

(1) 多辊周期式冷轧管用工具材料通常选用轴承钢 GCr15。轧辊的表面硬度为 60～62HRC;滑道的表面硬度为 55～60HRC; 芯棒的表面硬度为 55～60HRC。

(2) 轧辊。不同型号多辊周期式冷轧管机的轧辊结构尺寸列于表 21-16。

(3) 芯棒。不同型号多辊周期式冷轧管机的芯棒结构尺寸列于表 21-17。

21.5.3 三辊行星轧制的模具设计

21.5.3.1 轧头设计

如图 21-71 所示,三辊行星轧头的工作区划分为入料区、变形区、定径区和出料区、工艺区五个区段。在图21-72三辊行星轧制原理图中,

表 21-16 不同型号多辊周期式冷轧管机轧辊结构尺寸

轧机型号	R	D_Z	D_j	D_1	D_0	B	A
LD30	7.5	75.0	45	80.62	90	34.5	74
	10	70	45	77.87	90	34.5	74
	15	60	45	72.35	90	34.5	74
LD15	7	28	22	33.52	42	19	35
	6.5	29	22	34.07	42	19	35
	6	30	22	34.62	42	19	35
LD8	3	27	16	28	30	11	23
	5	25	16	27	30	11	23
	8	22	16	25.5	30	11	23

表 21-17 不同型号多辊周期式冷轧管机芯棒结构尺寸

轧机型号	D	L	S	a	b	D_1	R	D_P
LD60	28～36	520	22	40	20	D－0.3	4	M16×2
	36.1～46	520	27	40	20	D－0.3	4	M22×1.5
	46.1～60	520	32	40	20	D－0.3	4	1M30×2
LD30	12～14	480		30		D－0.2	2	M8×1
	18.1～22	480		30		D－0.2	2	M12×1
	26.1～30	480		30		D－0.2	2	M20×1.5
LD15	6～8	400	4	10	10	D－0.2	2	M4
	10.1～11	400	8	12	10	D－0.2	2	M6
	14.1～15	400	12	20	10	D－0.2	2	M10×1.25

变形区均匀等分若干条正弦波纹曲线，其目的是增加轧制过程所需的轧制进给轴向力；工艺区为一个工艺过渡区（采用圆锥和圆弧衔接），目的是为了增加定径区的返修次数而设定的一特定区段；定径区为一圆锥区，其锥面与轧制轴线成一小夹角，有利于保证管坯轧制的表面质量；出料区为一大圆弧段。设计前需已知的参数为：轧头中心轴线与轧制轴线的夹角 α、轧头变形区与轧制轴线的轧制角 β 以及定径区精整角 γ。坯料外径 $d_{坯外}$、坯料内径 $d_{坯内}$、成品管外径 $d_{成外}$、成品管内径 $d_{成内}$ 和芯棒外径 $d_{芯}$。

根据图 21-72 其结构尺寸计算公式如下：

$$a=(d_4-d_3)/2\sin(\alpha-\beta) \quad (21\text{-}120)$$

$$d_1=d_{芯}+2(d_{成外}\ d_{成内}) \quad (21\text{-}121)$$

$$d_2=2c\sin(\alpha-\gamma)+d_1 \quad (21\text{-}122)$$

$$d_3=Kd_2 \quad (21\text{-}123)$$

其中 a——变形区宽度，mm；

b——工艺区宽度，一般取值为 7～10 mm；

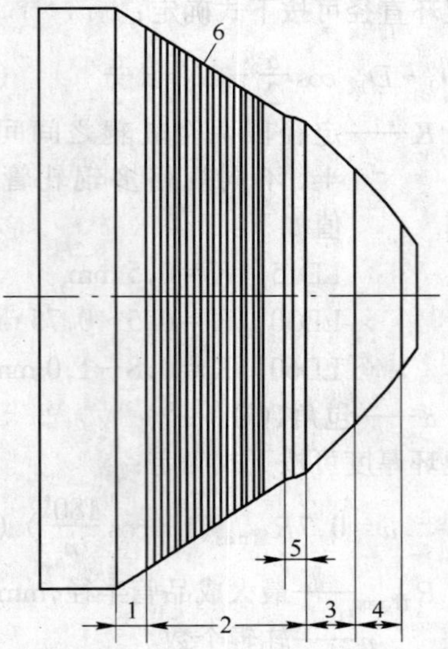

图 21-71 三辊行星轧头

1—入料区；2—变形区；3—定径区；4—出料区；5—工艺区；6—正弦波纹曲线

c——定径宽度，与轧机工艺送进量有关，一般为 20 mm 左右；

d——出料区宽度，一般取值为 15～

20 mm；

α——轧头中心轴线与轧制轴线的夹角，(°)；

β——轧头变形区与轧制轴线的轧制角，(°)；

γ——定径区精整角，一般 $\gamma \leqslant 5°$；

d_4——轧头大径，与设备安装尺寸相关；

K——经验取值，一般为 1～1.1 左右。

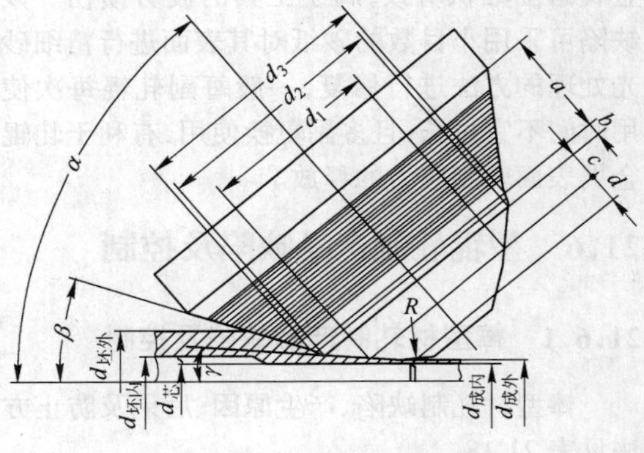

图 21-72　三辊行星轧制原理图

21.5.3.2　芯棒设计

如图 21-73 所示，芯棒两大参数指标为外径 $d_{芯}$、芯棒工作长度 L。外径由成品管内径决定；长度 L 不宜选择过长，一般为 150 mm 左右，过长会增加铜管内壁与芯棒的摩擦力，不利于生产的稳定性。芯棒的两端加工了顶尖孔，是为了方便芯棒的返修。

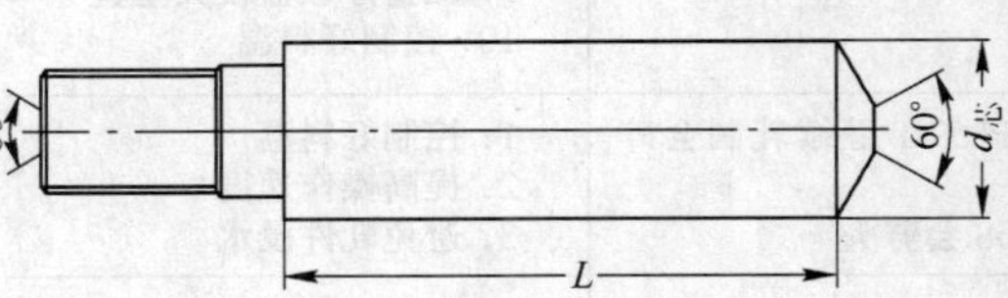

图 21-73　芯棒结构图

21.5.4　轧制工具的使用与维护

图 21-74～图 21-76 给出了轧辊常见的缺陷。缺陷的形式主要有：热处理不当产生的应力裂纹；点状腐蚀；高温作业导致工作表面质量下降（出现细微裂纹）；工作表面出现橘皮状金属波纹等。

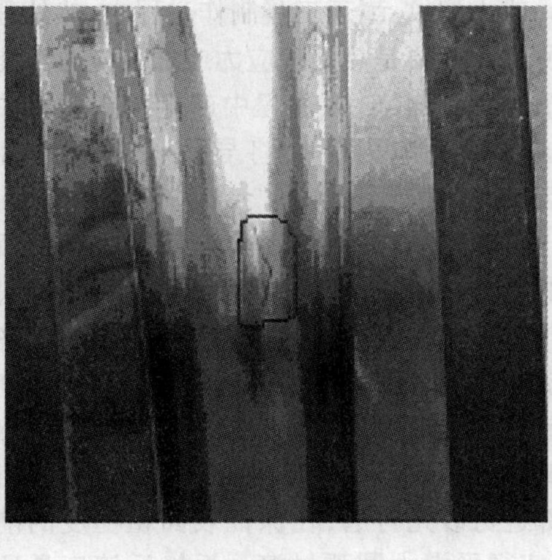

图 21-74　裂纹

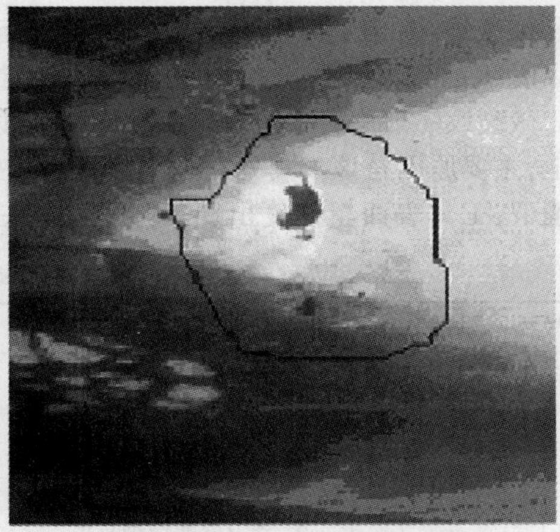

图 21-75　点状腐蚀

图 21-76　表面质量下降

应力裂纹：属于工具制作过程中，热处理不当所致。主要是热处理应力或加工应力未能完全消除，在模具时效过程中产生组织裂纹。一般这种情况应力裂纹将导致该工具的直接报废。

点状腐蚀：是指该工具在使用过程中所出现的局部抛光层(或镀铬抛光层)斑块状脱落。它与工具制作时因加工余量不足而出现的斑块状缺陷类似。主要原因是局部金属组织强度较差或轧制乳液的腐蚀，在工具使用过程中出现金属脱落导致。一般情况可采用手动砂轮对该局部进行砂光打磨，在保证表面粗糙度的前提下，实行平滑大圆弧过渡。返修后该工具还可再次利用。

细微裂纹：其主要表现为工作区域表面出现大面积的细微裂纹，影响该工具的正常使用。微裂纹一般出现在三辊行星轧辊轧头或芯棒上，主要原因是该工具处在高温、高压的工作环境下，工具表面粗糙度出现下降。对于三辊行星轧辊轧头的修复必须采用专用数控车床进行小加工量的精加工修复。在修复前最好进行消除应力退火，加工完毕后还需进行淬火处理。对于芯棒而言，可采用普通外圆磨床对该工具表面进行小加工量的磨削处理。

橘皮状金属波纹：一般这种情况出现在冷轧管机的轧辊表面。主要原因是工具在进行大加工量的轧制时，因周期性承受高压导致表层金属错位堆积所致，属于工具的疲劳损伤。该缺陷可采用小目数的砂纸对其表面进行精细砂光处理的方法进行修复，一般每副轧辊每次使用时间不宜过长，且多副更换使用，有利于轧辊金属表面轧制应力的释放。

21.6　型辊轧制产品缺陷及控制

21.6.1　棒型材轧制产品缺陷及控制

棒型材轧制缺陷、产生原因、后果及防止方法见表21-18。

表21-18　棒型材轧制缺陷、产生原因、后果及防止方法

序号	缺陷名称	产生原因	后　果	防止方法
1	耳　子	1. 上道料尺寸大 2. 本道次压下量大 3. 料温过低 4. 上、下辊槽错位 5. 轧槽粗糙 6. 导卫与轧槽不对正 7. 导板旷量松 8. 导板一前一后或一高一低 9. 导板与轧辊轴线不垂直 10. 来料温度不均	1. 继续加工产生折叠包层，拉伸时产生起刺和斑痕 2. 严重的耳子会造成挤线缠绕辊事故	1. 调整上道轧辊压下 2. 调整本道次压下量 3. 提高料温 4. 检查轴瓦进行调整 5. 更换轧辊 6. 调整导卫装置 7. 减少导板间隙 8. 调整导板位置 9. 调整导板盒使其垂直 10. 控制好料温
2	轧　裂	1. 料温过低 2. 中间操作太慢 3. 轧件局部浸水	1. HPb59-1 继续轧制会碎裂 2. H68 会劈头	1. 控制好料温 2. 提高操作速度 3. 避免轧件浸水
3	挤　线	1. 喂料不正 2. 轧件有双耳子 3. 导卫松动脱离原位	1. 造成设备人身事故 2. 停车处理影响生产	1. 喂料要正 2. 消除耳子 3. 稳固导卫装置
4	咬不住	1. 毛料尺寸过大 2. 孔型调整过小 3. 导板安装过窄 4. 料温过高 5. 料头劈开打钩 6. 新孔型或孔型有油	1. 造成事故 2. 影响生产增加废品	1. 控制毛料尺寸 2. 调整辊缝 3. 导板放宽 4. 降低料温 5. 剪掉料头 6. 孔型不要沾油
5	成品表面质量不合格	1. 轧制中有耳子产生 2. 表面斑痕 3. 划伤	拉制时表面起刺、起皮	1. 控制好各道次轧件形状 2. 防止划伤

续表 21-18

序号	缺陷名称	产生原因	后果	防止方法
6	成品公差不合格	1. 成品孔型辊缝过大 2. 孔型磨损过大 3. 进料局部温降过大	1. 拉伸时困难 2. 力学性能不稳定	1. 调整好辊缝 2. 及时更换孔型 3. 避免轧件局部温度过高或局部降温
7	上、下弯曲	1. 辊面粗糙度不均 2. 辊径大小不一致 3. 出口托板过低 4. 料温不均	1. 易造成人身设备事故 2. 影响生产	1. 将粗糙面抛光 2. 改进设计 3. 提高托板 4. 料温要均匀

21.6.2 二辊周期式冷轧管轧制产品缺陷及控制

21.6.2.1 坯料的技术要求

为了能轧出表面品质好、尺寸精度高的管材，挤压管坯在冷轧前须进行如矫直、切头尾、中断、切定尺、退火酸洗、清理表面缺陷和油污等辅助工序。具体要求如下：

外径的允许偏差为名义外径的±2%，壁厚的允许偏差为名义壁厚的±1%；管坯不允许有飞边、金属压入、裂纹、起皮、压坑、夹渣、划沟、擦伤、碰伤等表面缺陷。管材表面有压坑、夹渣、划沟、擦伤、碰伤等表面缺陷时允许修理，但是修理后表面要平滑，缺陷修理的深度不应超过直径的允许偏差。管材端面应切齐，毛刺、锯屑及其他赃物要清除干净。

21.6.2.2 产品缺陷的分类、产生原因及消除方法

二辊周期式冷轧管机在生产中所产生的产品缺陷大部分是和设备调整、工具设计、工具制造以及操作不当等因素有关。产品缺陷分类有飞边压入、轧制裂纹、压痕、划伤、金属压入、环状波纹、竹节痕、尺寸超差及搭接等。

A 飞边压入

飞边压入是周期式冷轧管生产过程中所特有的一种缺陷。它对产品危害极大，特别是在生产空调管等薄壁管时尤甚，造成大量废品。其主要特征是：通常具有明显的对称性，有时也呈非对称性，部分呈螺旋状，长度有限，如图 21-77 所示。

此种缺陷产生的机理是：轧制时金属产生宽展，使金属流入上、下孔型的间隙里，在变形锥体的金属表面上，形成翅膀一样的金属突起，即“耳子”。在被轧制的管材回转后，机架回轧时，又将这些“耳子”压入金属表面上，从而形成与轧制变形方式密切相关的飞边压入缺陷。

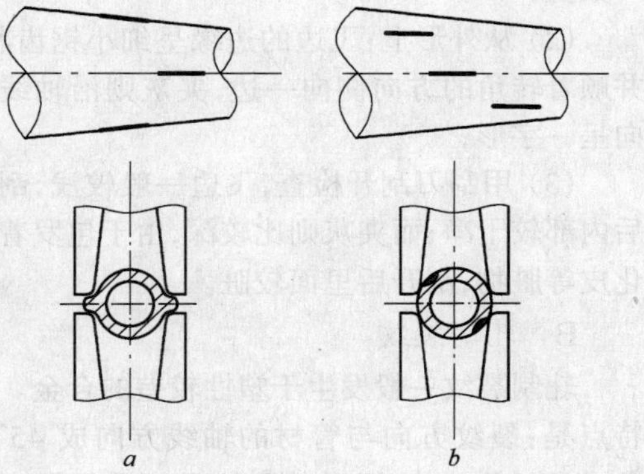

图 21-77 飞边压入示意图

a—飞边；b—压入

产生飞边压入缺陷的原因有：

(1) 送进量过大或送进量不稳定，超出孔型所能包容的金属宽展量；

(2) 上轧辊压下不足或孔型低于轧辊造成孔型间隙过大(仅指半圆形孔型)；

(3) 孔型设计不当，开口过小；

(4) 管坯回转角度不当或不转角；

(5) 孔型与芯棒尺寸配合不当。当芯棒大头尺寸小于设计尺寸要求，或孔型太深及孔型宽展与高度不相适应，将造成金属局部集中压下；

(6) 安全垫一侧变形造成孔型间隙不一致；

(7) 孔型局部严重磨损，导致金属压下量增大；

(8) 管坯偏心严重,造成一侧加工率过大。

消除方法:

(1) 正确设计孔型、芯棒,使之能相互匹配;

(2) 正确调整管坯送进量、回转角度;

(3) 调整孔型间隙,检查工作锥体;

(4) 经常检查孔型磨损情况,修理或更换已磨损的孔型,加强内、外表面润滑。

在生产过程中,经轧制后的挤压夹灰或深划沟所形成的缺陷往往和飞边相似。区别的方法是:

(1) 从长度上:飞边长度有限,一般不超过送进量×延伸系数的值,而夹灰长度远超过这一数值;

(2) 从外形上:飞边的边缘呈细小锯齿状,并顺着转角的方向侧向一边,夹灰则沿轴线方向呈一字形;

(3) 用刮刀刮开检查,飞边一般较浅,刮开后内部较干净;而夹灰则比较深,由于包罗着氧化皮等脏物,刮开后里面较脏。

B 轧制裂纹

轧制裂纹一般发生于塑性较差的合金。其特点是:裂纹方向与管材的轴线方向成45°夹角或呈三角口状,轻微的裂纹只能看见细小的滑移线,并不裂开,用手触摸会有凹凸感,经振动或存放一段时间后会开裂。45°方向的裂纹基本上出现在轧制HSn62-1、HSn70-1黄铜管中。产生这种缺陷的机理是:在轧制过程中,存在着不均匀变形,不均匀变形就产生附加拉应力,当局部附加拉应力超过金属的抗拉强度时,就会产生局部裂纹。对塑性较好的合金,如紫铜,当加工工艺不合理,使孔型开口处的附加拉应力过大时,也会出现月牙痕,如图21-78所示。

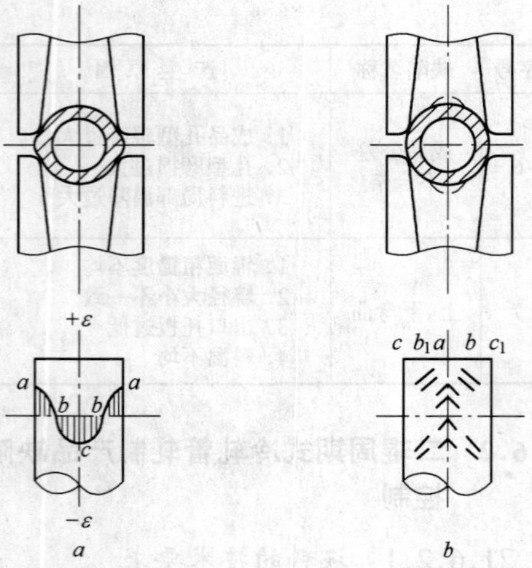

图21-78 轧制裂纹形成示意图

a—前轧;b—回轧

产生轧制裂纹的原因:

(1) 管坯挤压温度过低或退火不均,使管坯残余应力未彻底消除而导致管坯塑性降低;

(2) 轧制加工率过大,送进量过大或送进量不均,降低了轧制过程的变形分散度;

(3) 孔型开口过大或孔型错位,造成管坯延伸不均;

(4) 芯棒选择不当或减径量过大,造成集中压下。

消除办法:

(1) 将管坯重新退火,提高退火温度或延长退火时间;

(2) 重新制定加工工艺,合理控制加工率;

(3) 减小和调匀送进量;

(4) 设计合理的孔型开口尺寸;

(5) 选择与轧辊孔型相匹配的合适芯棒,避免减径后出现瞬时加工率过大的现象。

此外,局部裂纹的出现也可能是由于管坯表面划伤或刮皮不净所引起的。对于管端的裂开主要是由于孔型间隙太小而引起的,在正轧时被轧成椭圆形,而在回轧时,转料后的椭圆又被压回,管端由于这样反复不均匀的变形,所以会产生裂纹。一般情况下,只需抬高轧辊即可。

挤压裂纹也往往在轧制中暴露出来,可分为纵向裂纹和横向裂纹。纵向裂纹即平行于轴线的裂纹,主要是由挤压温度过低造成的。横向裂纹即是垂直于轴线的裂纹,主要是因为挤压速度过快造成的,常见于塑性较低的合金。通常在轧制锡磷青铜时,加工率过大就能明显地发现。

C 压痕、划伤和金属压入

压痕和划伤是管材表面留下的不正常的痕

迹。压痕的缺陷多见于轧管过程中，而内、外表面划伤则与成品卡爪、芯杆、出料槽等有关。

a　压痕

压痕大多数是由于轧制过程中出现啃伤造成的。引起啃伤的机理：当两孔型边缘没对准，互相错位，在轧制时就会在孔型的预精整段和定径段出现切割工作锥表面的情况而留下了压痕；当机架回轧时若没辗平就将出现凹陷，这种缺陷特别在轧制薄壁管时容易出现，如图 21-79 所示。

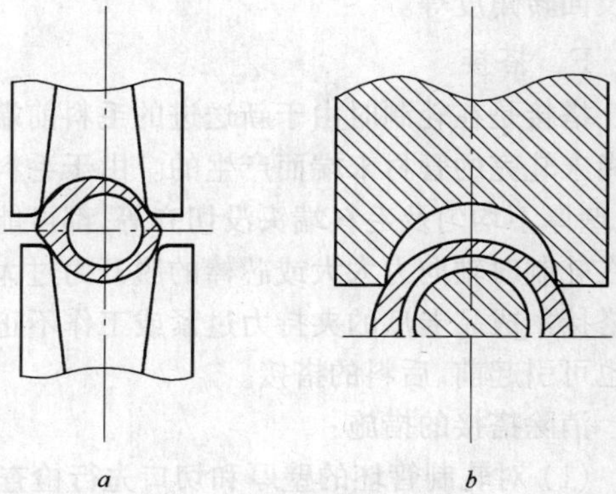

图 21-79　管材啃伤示意图
a—辊型错位；*b*—孔型开口度小

产生啃伤的主要原因：

(1) 上、下孔型错位，孔型边缘啃伤工作锥体；

(2) 孔型开口太小，金属充满孔型开口后被孔型边缘啃伤；

(3) 孔型边缘损坏或磨损严重；

(4) 孔型不成对，导致孔型开口不对称；

(5) 安全垫变形，使孔型间隙不一致，导致间隙大的一侧孔型金属过充满；间隙小的一侧孔型边缘移近轧制中心线而啃伤工作锥体。

消除办法：

(1) 调整孔型的位错，保证孔型对正；

(2) 合理设计孔型开口尺寸，保证孔型间隙一致。

b　划伤

表面划伤的原因很多。一般轧制管材表面划伤的特征是具有螺旋性。凡是与管坯和成品接触的工具及设备上的零部件，都有可能引起管坯或成品的划伤。对于管子外表面的划伤，主要是由于成品卡爪不光洁，或卡爪表面粘有金属所产生的，这种划伤往往呈有规律的螺旋状。而上料槽、导套、导路、夹送辊等对管坯的划伤，出料槽不光洁，粘有金属等对成品管的划伤则不具有明显的规律性。管子内表面的划伤，则主要是芯杆表面存在毛刺、表面不光洁或表面粘有金属等造成的。

消除办法：保持与管坯和成品接触的工具、导路、料槽表面清洁，除去毛刺及粘有的金属即可。

c　金属压入

金属压入缺陷是由于管坯内、外表面清理不干净，粘有金属或乳液太脏，以及芯杆表面或孔型磨损剥落金属异物粘到管坯上而造成的。

消除办法：认真清理管坯内、外表面，更换清洁乳液，清理和磨光芯杆、孔型表面。

D　环状波纹和竹节痕

环状波纹是在制品内、外表面有呈圆环状的压痕，这种缺陷可以通过肉眼观察到，如图 21-80 所示。

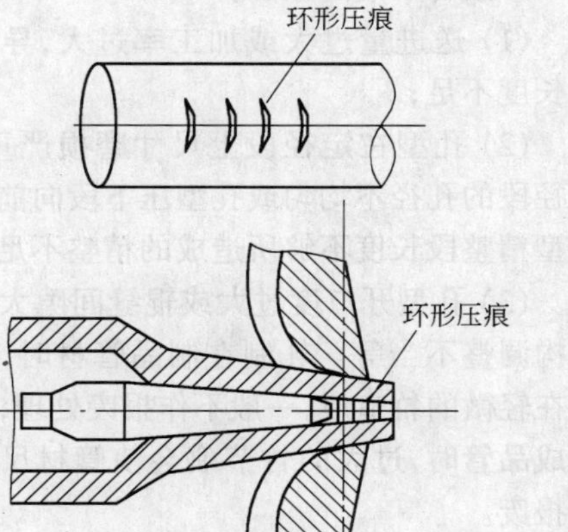

图 21-80　环形压痕示意图

产生环状波纹的原因：

(1) 孔型精整段开口不圆滑或过小；

(2) 送进量过大；

(3) 芯棒位置调整不合适，在管内啃出一个个圆环；

(4) 芯棒选择尺寸不合适或轧制时由于振

动所造成的。

通常,在操作过程中发现环状波纹就应立即停机检查,适当减小送进量,合理地选择和调整芯棒的位置即可消除此种缺陷。

竹节痕也称环状棱,如图21-81所示。这种缺陷可用手摸到一个个等距的棱,就如同竹节,部分可用肉眼观察到。

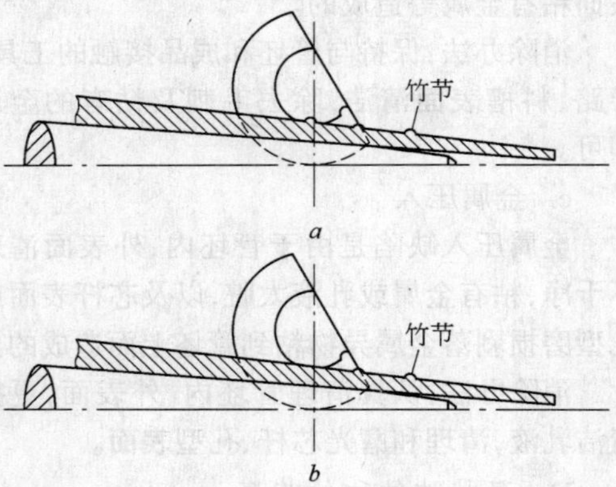

图21-81 竹节缺陷形成示意图
a—定径段磨损严重;b—送进量过大或加工率过大

形成竹节痕的原因:

(1) 送进量过大或加工率过大,导致均整段长度不足;

(2) 孔型在定径段上尺寸磨损严重,造成定径段的孔径不均匀或孔型压下段向前移位和孔型精整段长度不够所造成的精整不足。

(3) 孔型开口度过大或辊缝间隙大及回转机构调整不当等。轧制在制品管材时,可允许存在轻微的竹节痕,一般不作报废处理,但在轧制成品管时,过大的竹节痕会使管材尺寸超差而报废。

避免产生竹节痕的措施:

(1) 适当减小送进量,合理地选择加工率;

(2) 设计孔型时应合理分配孔型各段的长度及孔型开口;

(3) 对出现问题的孔型及时修磨或更换。

E 管材尺寸超差

管材尺寸超差是指管材外径及壁厚尺寸超出规定的偏差范围。

产生的原因:

(1) 轧制管坯本身偏心过大,经轧制后仍无法纠偏;

(2) 孔型芯棒尺寸不合或位置不当;

(3) 因送进量过大而引起的竹节痕所致;

(4) 孔型磨损严重、孔型的椭圆度过大、孔型间隙不一致、回转角不合适等,也会造成外径不合。因此,要控制管材外径尺寸偏差和壁厚不均,首先应检查轧制管坯壁厚偏心率是否符合要求;其次应合理地控制送进量;再次须正确选择孔型、芯棒、合理调整芯棒位置、孔型间隙以及回转角度等。

F 搭接

搭接是在轧制时由于新送进的毛料前端插到尚未轧完的管材末端而产生的。由于毛料弯曲、壁厚不均匀及毛料端头没切齐等,都可能造成在轧制时轴向力太大或芯棒的脱开力过大产生搭接。成品卡爪的夹持力过紧或工作不正常等也可引起前、后料的搭接。

消除搭接的措施:

(1) 对轧制管坯的壁厚和切口先行检查;

(2) 对弯曲的管坯应重新矫直;

(3) 采用合适的润滑油及润滑方式;

(4) 高速轧制时,宜增加成品抛出机构。

总之,在生产实际中,为了提高轧制产品的质量和生产率应尽量避免轧管中产生的缺陷,操作人员应经常检查设备、轧管坯料及工具等可能引起产品缺陷的因素,发现问题及时解决,以保证正常生产。

21.6.3 多辊周期式冷轧管轧制产品缺陷及控制

多辊周期式冷轧管产品缺陷的形态、分类、产生原因及控制措施与二辊周期式冷轧管基本相同,请参阅21.6.2节。

21.6.4 行星轧制产品缺陷及控制

21.6.4.1 坯料的技术要求

为了能轧出表面品质好,达到后道拉伸工序质量要求的管材,供给的铸锭内表面应无氧化、光滑平整,外表面经铣面无气孔、裂纹,几何尺寸符合工艺要求,端面整齐,无毛刺、锯屑及其他脏物。

21.6.4.2 产品缺陷分类、产生原因及防止方法

在生产中所产生的产品缺陷大部分是由设备调整、工具设计、工具制造以及操作不当等因素造成的,其产品缺陷分类如下:氧化、轧制裂纹、划伤、金属压入、环状波纹竹节、尺寸超差、螺距不均等。

A 氧化

产生原因:轧制温度过高,一冷和/或二冷水冷却强度低,氮气供应不足,密封罩泄漏。

消除方法:调整轧制加工量,增强一冷和/或二冷水冷却强度,保证氮气供应,消除密封罩泄漏。

B 轧制裂纹

产生原因:铸锭裂纹、气孔,化学成分不符合工艺要求,轧制温度过低,轧辊裂纹,辊形不符合工艺要求或轧辊角度调整不当。

消除方法:选择符合工艺要求的铸锭,调整轧制温度,换轧辊或重新调整轧辊角度。

C 划伤

产生原因:表面划伤的原因很多,凡是与铸锭和轧制出的管材有接触的工具和零部件,都有可能引起划伤。对于管子外表面具有螺旋形的划伤,主要是由轧辊、中心管等部件不光洁,或表面粘有金属所产生的。对于管子外表面具有的直线或点状伤,主要是由水封槽、导套、夹送辊、弯曲辊划伤或收料成卷装置收料不整齐,管材互相碰撞所造成划伤。对于管子内表面的划伤,主要是芯棒头表面存在毛刺,表面不光洁或表面粘有金属等造成的。

消除办法:保持铸锭和轧出管材接触或接近的工具、导路表面清洁,除去毛刺及粘有的金属,更换或处理相关的工模具。对收料成卷装置收料不整齐造成划伤,可在管材表面涂油解决。

D 金属压入

产生原因:金属压入缺陷是由于铸锭内、外表面清理不干净,粘有金属或乳液太脏,以及芯杆头表面或轧辊表面金属脱落造成。

消除办法:认真清理铸锭内、外表面,更换清洁的乳化液,更换芯棒头和/或轧辊。

E 环状波纹竹节

产生原因:环状波纹竹节是轧出管材内、外表面像波纹管,内、外径忽大忽小,这种缺陷主要是铸锭化学成分不均匀,表现在轧制时推力大小急剧变化,同时轧制速度也时大时小。此外轧辊孔形调整不好,开轧时轧制温度低也有此种现象。

消除办法:更换合格的铸锭,调整轧辊孔形。

F 管材尺寸超差

产生的原因:铸锭本身偏心过大,经轧制后仍无法纠偏,孔型与芯棒头尺寸配合不当,轧辊调整不当。

消除办法:选择合适的铸锭,调整孔型与芯棒头配合,重新调整轧辊。

G 螺距不均匀

产生的原因:铸锭化学成分不合格,轧辊调整不当。

消除办法:选择合适的铸锭,重新调整轧辊。

图 21-82～图 21-85 是行星轧机轧出的管材常见的缺陷实物图。

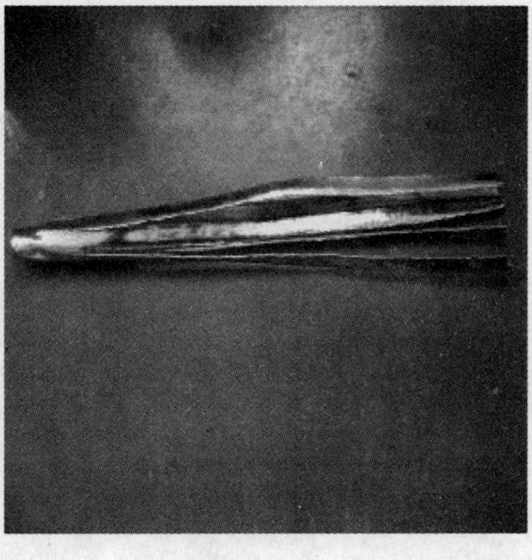

图 21-82 轧制温度低,轧管开裂

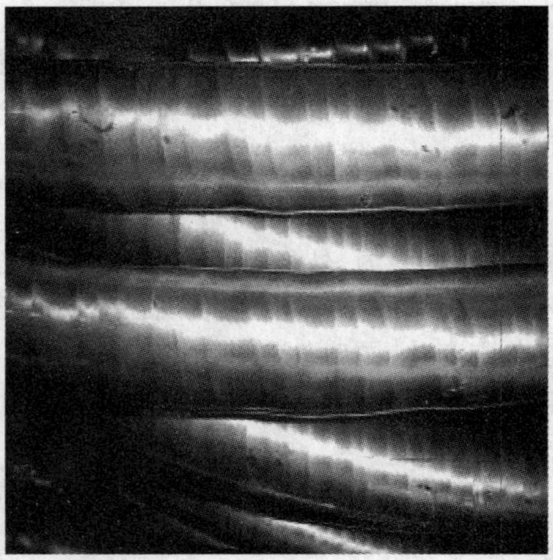

图 21-83 轧辊开口调整不好，螺距不均匀

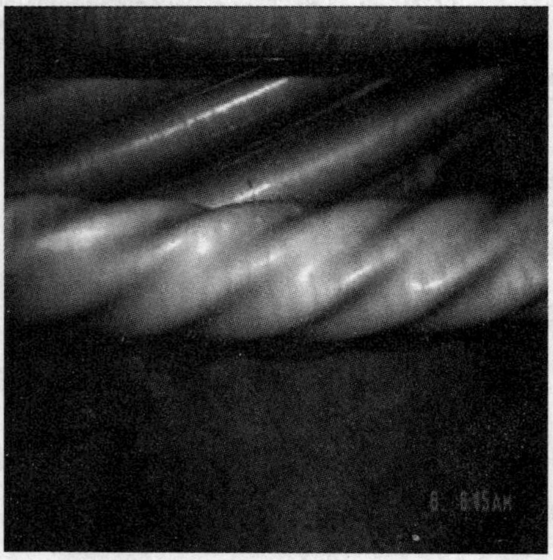

图 21-84 主辅电机速度不匹配，轧管拧麻花

图 21-85 轧机密封不严，轧管表面氧化

22 挤压技术[❶]

22.1 挤压基本原理和挤压方法分类

22.1.1 金属挤压的基本原理

金属挤压的基本原理见图 22-1。金属挤压加工是用施加外力的方法使处于耐压容器中承受三向压应力状态的金属产生塑性变形。挤压时首先将加热锭坯放入挤压筒内，在挤压轴压力的作用下使金属通过模孔流出，从而产生断面压缩和长度伸长的塑性变形过程，获得断面形状、尺寸与模孔相同的制品。金属挤压加工具备以下三个条件：

(1) 使金属处于三向压应力状态。

(2) 建立足够的应力，使金属产生塑性变形。

(3) 有一个能够使金属流出的孔，提供阻力最小的方向。

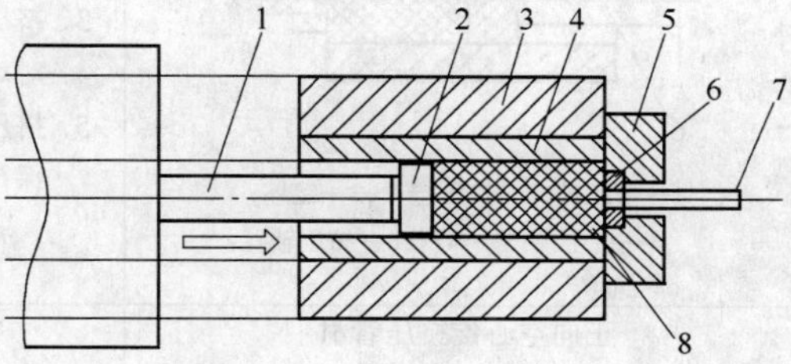

图 22-1 金属正向挤压

1—挤压轴；2—挤压垫片；3—挤压筒；4—挤压筒内衬；5—模支承；6—挤压模；7—挤压制品；8—锭坯

22.1.2 挤压方法分类

挤压方法很多，一般可按金属流动方向、制品形状、挤压工艺等分类。

几种主要分类方法如下：

挤压
- 按金属流动方向分类
  - 正向挤压：金属流动方向与挤压轴运动方向相同
  - 反向挤压：金属锭坯与挤压筒之间无相对运动
- 按制品形状分类
  - 棒材挤压
  - 管材挤压
  - 型材挤压
  - 线材挤压
- 按挤压工艺分类
  - 连续挤压
  - 静液挤压
  - 润滑挤压

主要挤压方法的图示和说明见表 22-1。

表 22-1 各种挤压方法的图示和说明

挤压方法的图示	说 明
正向脱皮挤压棒、型材 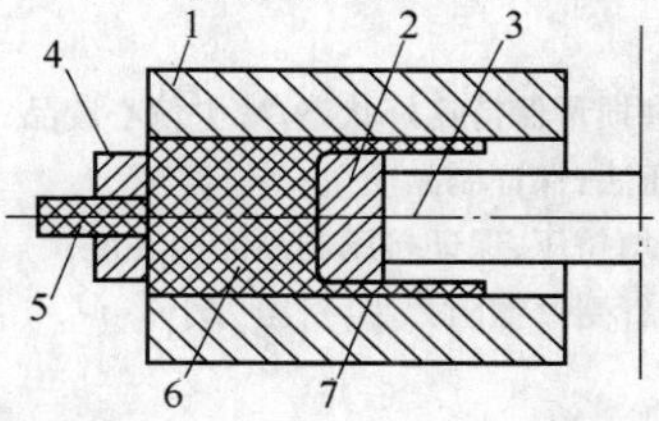 1—挤压筒；2—挤压垫片；3—挤压轴； 4—挤压模；5—制品棒；6—锭坯；7—脱皮	1. 采用脱皮挤压可以防止锭坯表面缺陷，随金属流动挤压到制品中去； 2. 改善表面质量，减少挤压缩尾，使挤压残料量减少 8%～12%； 3. 采用直径比挤压筒内径小 1～3 mm 的挤压垫片； 4. 每次挤压后必须将残留在挤压筒内的脱皮清理干净； 5. 易形成挤压缩尾的合金，如青铜和一些黄铜采用脱皮挤压； 6. 保证脱皮的完整，主要取决于脱皮垫片的形状，挤压机的中心位置，垫片与挤压筒的间隙和金属的某些性质。 7. 脱皮挤压时，垫片与挤压筒间隙不能过大，否则由于金属流入间隙的阻力减小，将造成在间隙处挤出(反流)

❶ 本章撰稿人：刘永亮、李耀群、金庆贵。

续表 22-1

挤压方法的图示	说　明
正向不脱皮挤压棒、型材 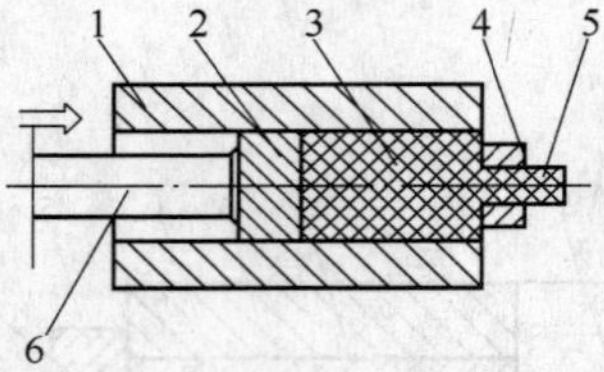 1—挤压筒；2—挤压垫片；3—锭坯； 4—挤压模；5—棒材；6—挤压轴	1．对锭坯表面质量要求高； 2．挤压机的生产效率高； 3．挤压时要保证筒内干净、光滑； 4．对难挤压合金和黏性很大的合金可采用不脱皮挤压； 5．挤压型材和多孔模挤压时，选择合适的模孔位置，使金属流动尽量保持均匀和对称性，避免产生扭曲、波浪、裂边等质量缺陷
正向空心锭挤压管材 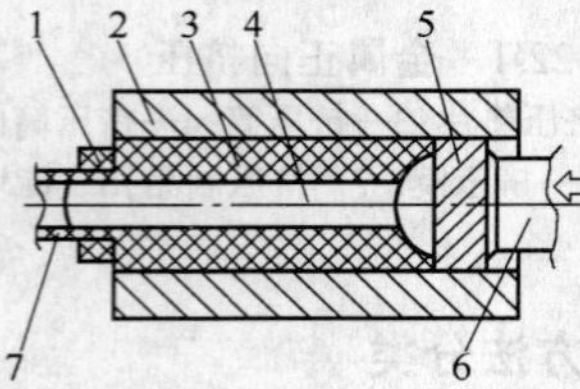 1—挤压模；2—挤压筒；3—锭坯；4—穿孔针； 5—挤压垫片；6—挤压轴；7—挤压管材	1．可用于无独立穿孔系统的挤压机来挤压管材； 2．锭坯的钻孔直径比穿孔针直径大一些； 3．空心铸锭加热时，内表面易氧化，增加了管材内表面缺陷； 4．一般生产小规格管材时才采用此方法
正向固定穿孔针挤压管材 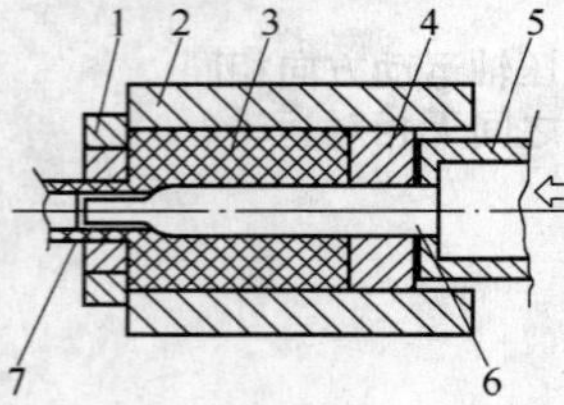 1—挤压模；2—挤压筒；3—锭坯；4—挤压垫片； 5—挤压轴；6—穿孔针；7—挤压管材	1．穿孔针不随挤压轴移动而相对固定不动； 2．固定穿孔针挤压时挤压力较大； 3．穿孔针可分为，瓶式穿孔针和圆柱形穿孔针两种形式； 4．挤压小规格管材时，可选用瓶式穿孔针挤压，防止针体过细而被拉断，一般直径小于 $\phi 30$ mm 的穿孔针可用瓶式穿孔针固定挤压
正向随动穿孔针挤压管材 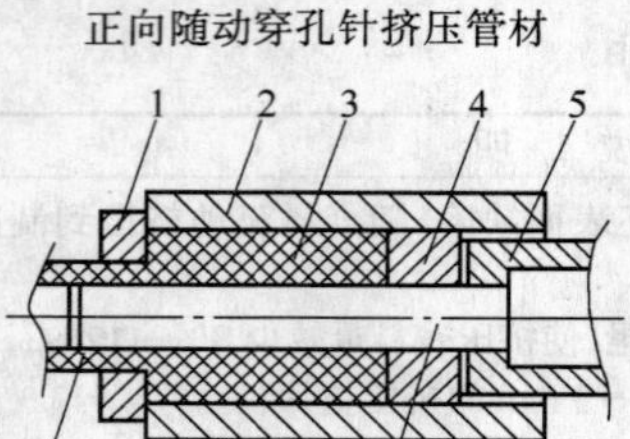 1—挤压模；2—挤压筒；3—锭坯；4—挤压垫片； 5—挤压轴；6—穿孔针；7—挤压管材	1．生产中一般采用随动穿孔针挤压法生产管材； 2．穿孔时产生穿孔残料，特别是生产大管材时，穿孔残料较大，致使成品率降低； 3．要求挤压中心线和工具的磨损量保持良好状态，减少偏心废品； 4．管材挤压也可采用脱皮挤压法，保证制品质量； 5．管材挤压时，一定要进行充填挤压，保证挤压制品的同心度； 6．随动穿孔挤压管材时，穿孔针受摩擦阻力小，挤压力小

续表 22-1

挤压方法的图示	说　明
正向立式挤压管材 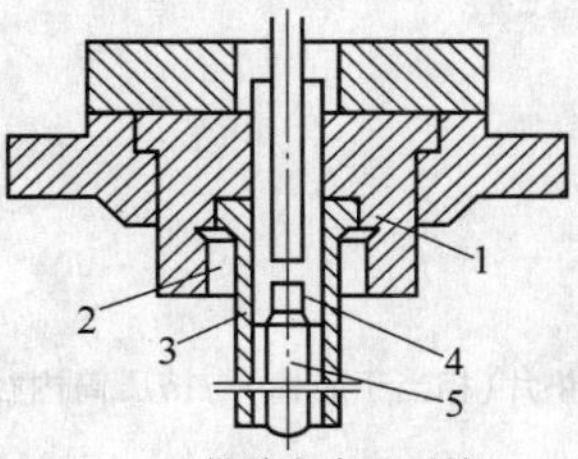 *a* 不带独立穿孔系统 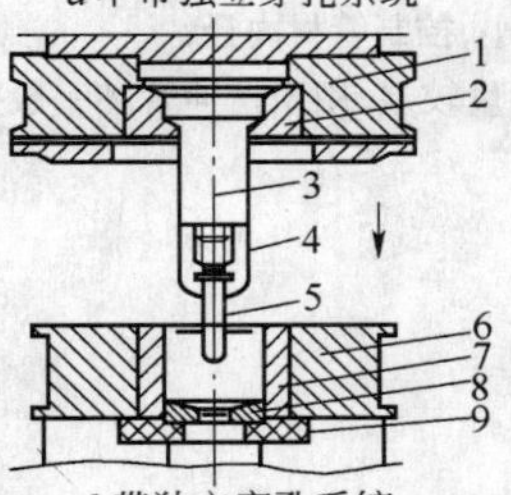 *b* 带独立穿孔系统 *a*、*b* 图说明： 1—挤压轴支座；2—螺帽；3—挤压轴； 4—穿孔针支座；5—穿孔针；6—挤压筒； 7—内衬；8—挤压模；9—支承环	1. 不带独立穿孔系统立式挤压机，穿孔针只能与挤压轴随动； 2. 带独立穿孔系统立式挤压机，穿孔系统固定在主柱塞上，可独立运动，也可随动； 3. 立式挤压机一般吨位比较小； 4. 一般用来挤压小直径管材或管坯（一般外径小于 ϕ30 mm 的薄壁管）、小直径棒、型材； 5. 可采用空心锭挤压； 6. 占地面积小； 7. 采用润滑挤压，压余可少留； 8. 设备和工具的同心度较好，不易产生偏心
反向挤压棒材 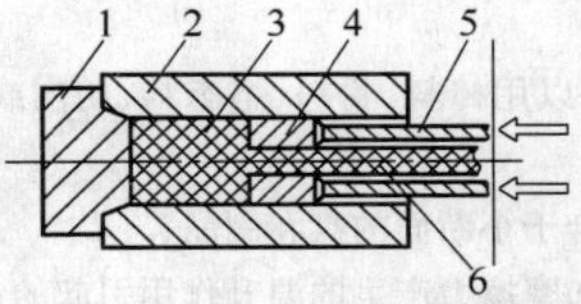 *a* 带封闭板反向挤压 1—封闭板；2—挤压筒；3—锭坯； 4—模垫；5—挤压轴；6—棒材 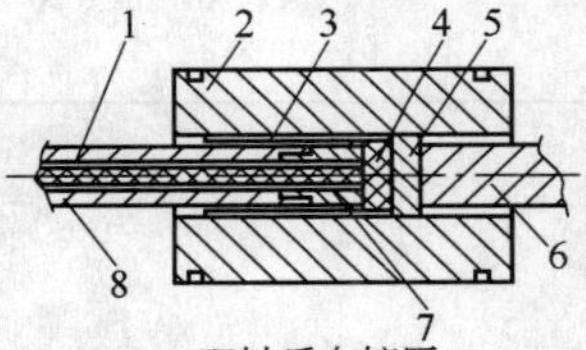 *b* 双轴反向挤压 1—挤压制品；2—挤压筒；3—残皮；4—锭坯； 5—挤压垫片；6—主轴；7—挤压模；8—模轴	1. 挤压过程中锭坯与挤压筒之间无相对运动； 2. 挤压棒材时，采用空心挤压轴和带模孔的挤压垫（模垫），挤压轴前进，金属从模垫挤出并沿空心挤压轴流出； 3. 可使用大直径的长锭坯进行低温快速挤压； 4. 金属流动比较均匀，制品的组织和性能较均匀
反向挤压管材 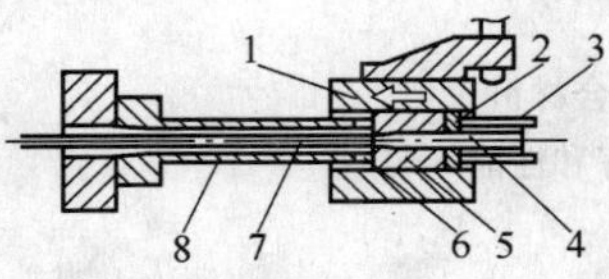 *a* 双轴反向挤压 1—挤压筒；2—挤压垫；3—挤压轴；4—穿孔针； 5—锭坯；6—模垫；7—管材；8—模轴	1. 中小管材反挤时，可采用空心铸锭挤压； 2. 利用装在封闭板上的芯棒（穿孔针）或采用直接穿孔（双轴反挤）的方法通过模垫反挤管材；

续表 22-1

挤压方法的图示	说　明
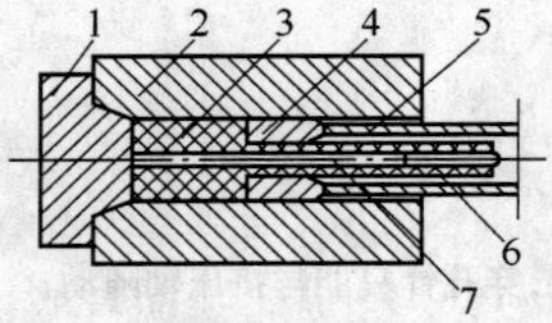 *b*带封闭板反向挤压 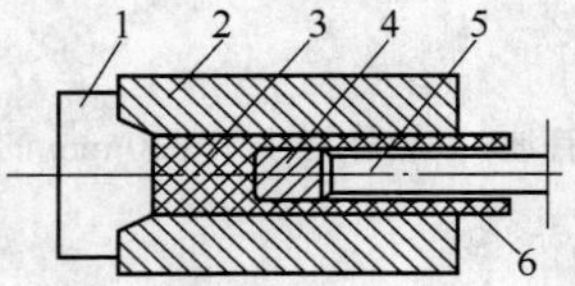 *c*大管反向挤压 *b*、*c* 图说明： 1—封闭板；2—挤压筒；3—锭坯； 4—模垫（挤压垫）；5—挤压轴（模轴）； 6—管材；7—穿孔针	3. 大管反向挤压时，金属在挤压垫片（相当于芯棒）与挤压筒内径形成的间隙中流出； 4. 大管反挤压时，挤压垫片的大小，控制管材内径； 5. 大管反向挤压的管坯，表面质量较差，用于拉伸管坯一般要安排车皮工序
连续挤压（conform） 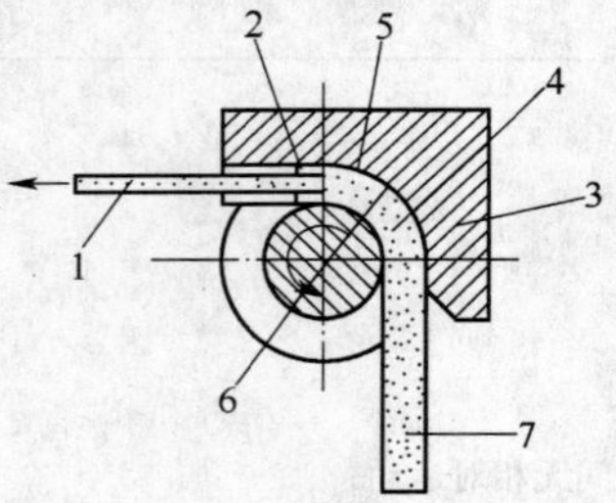 1—制品；2—模子；3—导向块；4—初始咬入区； 5—挤压区；6—槽轮；7—坯料	1. 连续挤压时，挤压制品靠挤压轮转动与坯料间产生的摩擦，将坯料挤出模具； 2. 除了可用实体金属挤压，也可以用棒料、粉料、熔态料、切削或废料作为原料进行挤压； 3. 可产生管、棒、型、线材，更适合于小断面的盘卷制品； 4. 金属的塑性流动是靠摩擦力和摩擦力产生的温升作用引起的； 5. 对铜的温升可达 400～500℃； 6. 挤压制品成品率高
静液挤压 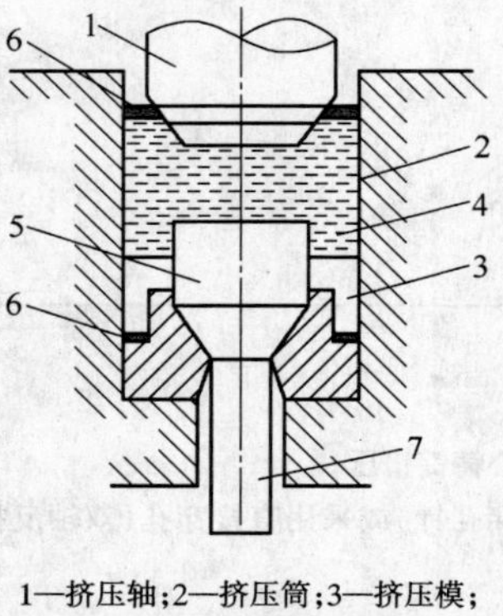 1—挤压轴；2—挤压筒；3—挤压模； 4—高压液体；5—锭坯；6—密封环； 7—挤压制品	1. 挤压时挤压筒内通过高压液体将锭坯挤出模孔形成制品，压力不小于 1500 MPa。高压液体的压力可直接用增压器或用挤压轴压缩挤压筒内的液体来建立； 2. 静液挤压一般在常温下进行，如果需要也可在高温下进行挤压； 3. 挤压力小，可采用大挤压比； 4. 可生产断面复杂的型材和复合材料； 5. 制品尺寸精度高，表面质量好和性能均匀

22.1.3 挤压加工的特点

挤压加工的主要优缺点见表22-2。

表22-2 挤压加工的主要优缺点

加工方法	优　　点	缺　　点
正向挤压	1. 具有比轧制更为强烈的三向压应力，金属可以发挥其最大塑性，如纯铜挤压比可达400； 2. 可以在一台设备上生产形状简单的管、棒、型、线材，也可以生产断面复杂的产品； 3. 具有较大的灵活性，一台设备可以生产出多个品种和规格的产品； 4. 产品尺寸精确，表面质量好； 5. 相对穿孔轧制、孔型轧制等一些生产管材的方法，挤压加工工艺流程简单； 6. 实现生产过程自动化比较容易； 7. 挤压变形可以改善金属材料的组织，提高其力学性能； 8. 采用水封挤压产品，表面无氧化，产品晶粒度细小，提高其塑性	1. 金属的固定废料损失较大，压余残料损失一般可占铸锭重量的10%～15%，挤压管材时还有穿孔料头损失，切头尾损失，脱皮挤压时还有脱皮残料损失，成品率低； 2. 挤压时锭坯长度受限制； 3. 挤压制品长度方向上的组织和机械性能不够均匀； 4. 管材挤压时易产生偏心废品； 5. 空心锭坯挤管时，会增加锭坯大量的附加加工； 6. 挤压工具处于高温高压条件下工作，工具消耗较大，工具成本高； 7. 挤压机结构复杂，投资费用大； 8. 生产效率低
反向挤压	1. 锭坯在挤压筒内与挤压筒之间基本没有相对滑动，挤压力比正向挤压力小； 2. 金属流动比较均匀，挤压残料（压余）可少留，成品率高； 3. 金属流动较均匀，制品组织和性能较均匀； 4. 所需的挤压力与锭坯长度无关，可采用长锭坯挤压制品； 5. 锭坯和挤压筒之间不产生摩擦热，所以变形热小，可以提高挤压速度； 6. 挤压筒和模具的磨损小，使用寿命长，工具成本低； 7. 可生产大直径管材，直径超过ϕ300 mm	1. 死区小，难以对锭坯表面杂质和缺陷起阻滞作用，制品表面质量较差； 2. 工模具固定较复杂，操作麻烦，辅助时间长，生产效率降低； 3. 制品尺寸受空心挤压轴（模轴）内腔尺寸限制，产品规格较少； 4. 大管反挤压时，管材长度受挤压轴长度限制； 5. 反向挤压时出现闷锭事故不好处理； 6. 采用专用反向挤压机，投资费用大
连续挤压	1. 可以实现真正意义上的无间断，连续挤压生产，减少非生产时间，提高生产效率； 2. 挤压轮转动与坯料间产生的摩擦大部分得到有效利用，挤压变形能耗大大降低； 3. 可节省热挤压过程中锭坯的加热工序、加热所用的设备投资； 4. 生产成本和能耗低； 5. 可减少挤压压余、切头尾等几何损失，成品率高； 6. 制品沿长度方向组织和性能均匀； 7. 设备紧凑，占地面积小，投资费用较低	1. 挤压槽轮表面、导向块、模子等处于高温摩擦状态，因而对工模具材料的耐磨耐热性要求高； 2. 对坯料预处理要求高； 3. 连续挤压法一般用于小断面的盘卷生产，生产大断面的产品时，产量远低于常规挤压法； 4. 由于连续挤压法的特点，生产高精度的产品受限； 5. 工模具更换比常规挤压机困难； 6. 对设备液压系统，密封和控制系统要求高
静液挤压	1. 锭坯与挤压筒没有直接接触，无摩擦，模子的润滑条件好，所以金属流动均匀，制品的组织性能在断面和长度上都很均匀； 2. 挤压力小，一般比正向挤压力小20%～40%，可采用大挤压比，一般挤压比可达400以上； 3. 可采用长锭坯及连续挤压线材，并可实现高速挤压，制品表面光洁度较好； 4. 可挤压断面复杂的型材和复合材料，并可挤压高强度、高熔点和低塑性的金属材料	1. 需要进行锭坯的预先加工，挤压成材率降低； 2. 挤压筒和挤压轴在工作时承受很高的压力，材料的选择和结构的设计应考虑如何保证其强度问题； 3. 高压液体的选择和高压液体的密封等问题

22.1.4 挤压加工适用范围

挤压加工适用范围见表 22-3。

表 22-3 挤压加工适用范围

适用范围	挤压加工种类	主要用途和性能
建筑五金	管、棒、型材	门、窗、扶手、五金配管、五金装饰、建筑用管，一般使用紫、黄铜管棒； 耐腐蚀性，可成型性，杀菌性能，审美效果
电力电子工业	管、棒、型材 异型管材	各种导体、电力机车用材、微波通信、大型电子管及母线，一般使用无氧铜； 冷热加工性能优良，导电性能好，传热
交通运输	管、棒、型材（异型截面）	电动车辆、船舰、航天、汽车等，一般使用铜及黄铜； 耐腐蚀，传热，电性能等
工业用阀件、管件	管、棒、型材	各种泵阀、垫片、各种阀芯等，一般使用铜、黄铜、青铜挤棒； 耐磨，耐腐蚀，可机加工性等
热交换器	管 材	工业用热交换器管、大型冷冻机用管、化工冷凝管等，一般使用铜、黄铜和白铜管； 耐腐蚀性，可成型性，传热性等
其他方面	管、棒、型、线坯	各种切削、成型管、棒材、空心波导管，各种挤制管、棒、型、线坯料等； 铜及铜合金具有良好的导热性、抗腐蚀性、易切削加工性、可成型性等

22.1.5 挤压时金属流动特点

A 挤压时金属的应力和应变

挤压时金属内的应力状态和变形是十分复杂的，并因挤压方法及其工艺条件不同而异。简单挤压过程的外力、应力和变形状态如图 22-2所示。

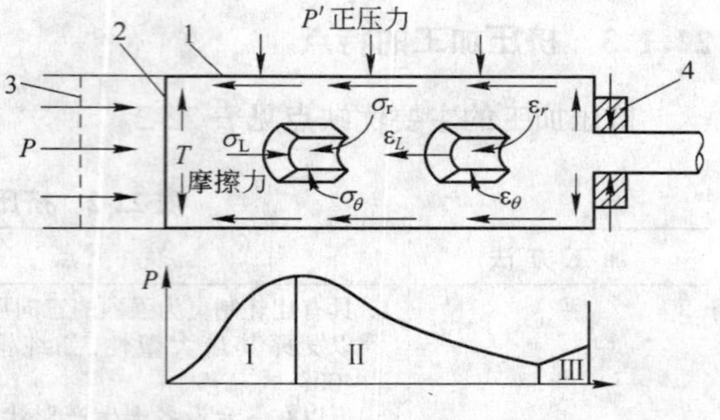

图 22-2 挤压过程的外力、应力和变形状态
1—挤压筒；2—挤压垫片；
3—充填挤压前垫片的原始位置；4—模子
P—挤压力；P'—正压力（反作用力）；T—摩擦力；
Ⅰ—充填挤压阶段；Ⅱ—平流阶段；Ⅲ—紊流阶段

a 挤压金属所受的外力

(1) 挤压轴的正压力 P，挤压筒壁和模孔壁的反作用压力 P'，金属与垫片、挤压筒及模孔接触面上的摩擦力 T，其作用方向与金属的流动方向相反，由于这些外力的作用决定了挤压时的基本应力状态是三向压应力状态，这种应力状态对利用金属的塑性是极其有利的。

(2) 挤压筒内金属为三向压缩应力状态。轴向压应力为 σ_L、径向压应力 σ_r 及周向压应力 σ_θ，如图 22-2 所示。挤压时的变形状态为：一向延伸变形，即轴向变形 ε_L；二向压缩变形，即径向变形 ε_r 及周向变形 ε_θ。根据塑性变形理论，由于挤压过程是轴对称的，故有：

$$\sigma_r = \sigma_\theta$$

$$\varepsilon_r = \varepsilon_\theta$$

b 挤压时金属的不均匀流动

挤压时整个挤压锭坯的体积可分为三个区域，即弹性变形区、塑性变形区和死区，各区域的大小受多种因素的影响，如锥模挤压时可减小死区，锭坯与挤压筒接触表面的摩擦力增大，使塑性变形区扩大，弹性变形区缩小，随挤压过程的进行，塑性变形区也会发生变化。

B 不同挤压过程的金属流动的特点

a 圆棒正向挤压时金属流动的特点

金属流动的特点见图 22-3。

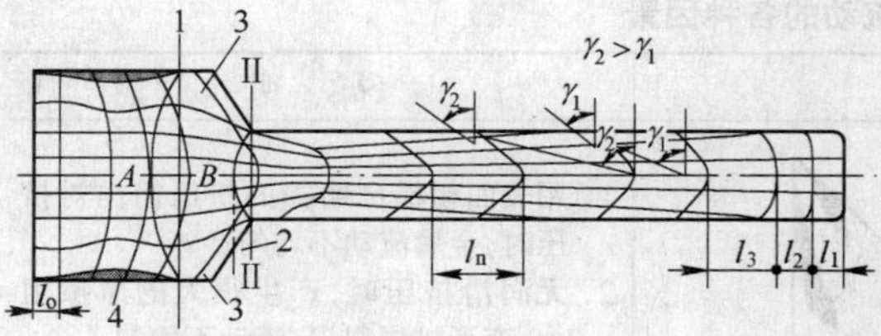

图 22-3 单孔锥模不润滑正向挤圆棒时金属流动的情况
1—开始压缩部位；2—压缩终了部位；3—死区；4—堆聚区

锭坯受到挤压轴的正压力和工模具的反作用力及接触摩擦力的作用，在挤压过程中，沿制品长度方向和制品横断面上都存在着明显的不均匀变形和不均匀流动。各种工艺因素都对这种不均匀流动和变形有影响，这种不均匀变形也对制品质量有很大的影响，可造成挤制品的前后端和内外层性能不均。

b 多孔模挤压时金属流动的特点

采用多孔模挤压棒材或实心型材时，如果多孔模的位置设计得当，增加金属流动的对称性，则比单孔模挤压金属流动更为均匀，变形区高度显著缩短，用相同的锭坯和相同的挤压比挤压棒材时，多孔模挤压时可以少留压余，缩尾短。采用多孔模挤压棒材时，容易产生制品从各模孔流出的速度不相等，造成制品长短不一，出现短尺缺陷。

c 型材挤压时金属流动的特点

由于型材断面形状不同，金属流动失去了单孔模挤压棒材时那种完全对称性。因此，金属流动更为复杂和不均匀。挤压型材时，在壁厚处，金属变形小，流动快。在壁薄处金属变形程度大，流动速度慢。因此型材挤压时很容易产生波浪、翘曲、扭拧、裂纹、撕裂等缺陷。

d 管材挤压时金属流动的特点

挤压管材时，可用实心锭坯穿孔挤压，也可用空心锭坯挤压。不论采用哪种方法挤压，锭坯在挤压时均可受到挤压筒内衬和模子定径带以及锭坯中心穿孔针的摩擦阻力，这样使整个断面上金属流动比圆棒挤压时较为均匀。

e 反向挤压时金属流动的特点

反向挤压时，金属流动状态与正向挤压时有很大不同，如图 22-4 所示。

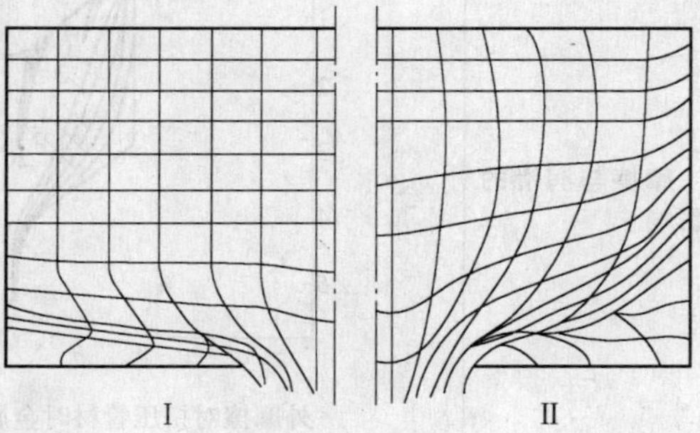

图 22-4 坐标网络对比
Ⅰ—反向挤压；Ⅱ—正向挤压

除“死区”附近的金属与挤压筒有相对滑动外，其余锭坯表面与挤压筒内衬间没有相对滑动，变形区集中在模孔附近处，所以摩擦阻力较小，金属流动均匀。

反向挤压时，由于变形区小，流动均匀，制品的力学性能较均匀，减少了挤压缩尾和挤压残料(压余)损失。此外，反向挤压所需挤压力小。由于反向挤压时的“死区”很小，锭坯表面的氧化皮以及脏物易流入制品表面，影响了表面质量。

C 影响金属流动的因素

影响金属流动的因素见表 22-4。

金属的流动除受摩擦阻力影响外，锭坯与挤压工具的预热温度，工具的形状和尺寸，变形程度和挤压速度等因素的影响也很大。在热挤压条件下，锭坯内外部温度不一致所引起的变形抗力的差异，对金属流动也起着很大作用，根据金属流动的特点可归纳为四种基本类型(如图 22-5 所示)。

(1) *A* 型。金属流动均匀，这种流动模式只有反向挤压时才可获得，变形区局限在模口，变形区和死区很小，只集中在模口附近，弹性区域的体积较大，特别应注意的是，它的死区形状与正向挤压时有很大不同。

表 22-4 影响金属流动的各种因素

影响因素	图例	说明
摩擦与润滑的影响	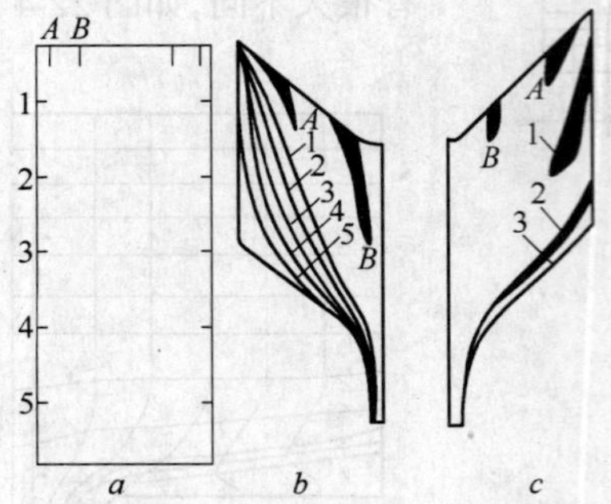外摩擦对挤压管材时金属流动的影响 *a*—挤压前；*b*—无润滑；*c*—有润滑	1. 用表面粗糙已磨损的挤压筒内衬挤压时，金属流动不均匀； 2. 无润滑挤压时，产生很大的摩擦阻力，变形扩展很深，流动不均匀； 3. 润滑挤压时，摩擦阻力小，变形区在模子附近，金属流动较均匀； 4. 挤压管材时，锭坯中心部分受穿孔针摩擦力和冷却作用，其流动速度降低，挤压管材时比挤压棒材金属流动要均匀； 5. 无润滑挤压的 $\alpha+\beta$ 两相黄铜和铝青铜等，金属流动最不均匀
锭坯温度与挤压筒温度的影响	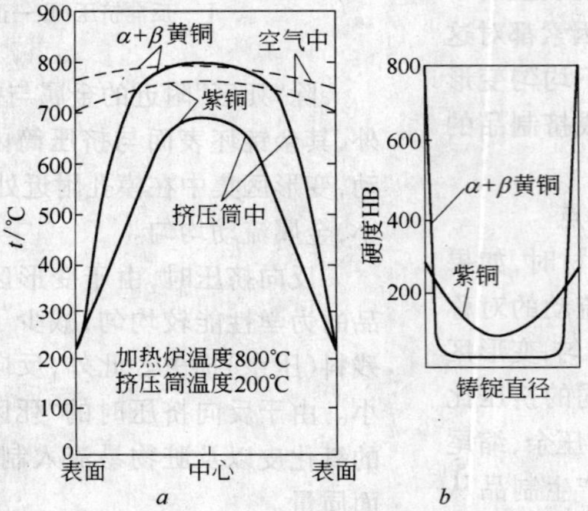紫铜与黄铜锭坯断面上温度和硬度分布 *a*—断面上温度差；*b*—断面上硬度差	1. 对多数金属，如黄铜等，随锭坯温度升高，摩擦系数增大，金属流动不均匀（纯铜则相反）； 2. 温度改变，对一些合金来说，可能发生相变，影响金属流动均匀性，如H62黄铜、HPb 59-1黄铜等合金； 3. 挤压筒温度升高，金属流动趋于均匀； 4. 传热系数低的金属，锭坯径向上的温度分布和硬度分布很不均匀，其流动不均匀程度严重
挤压工具形状和结构的影响	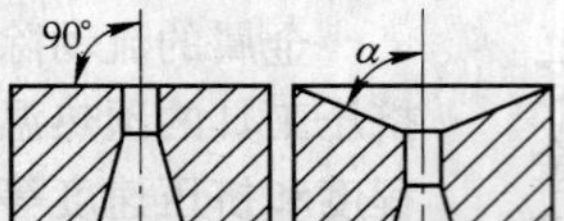*a*—平模；*b*—锥模 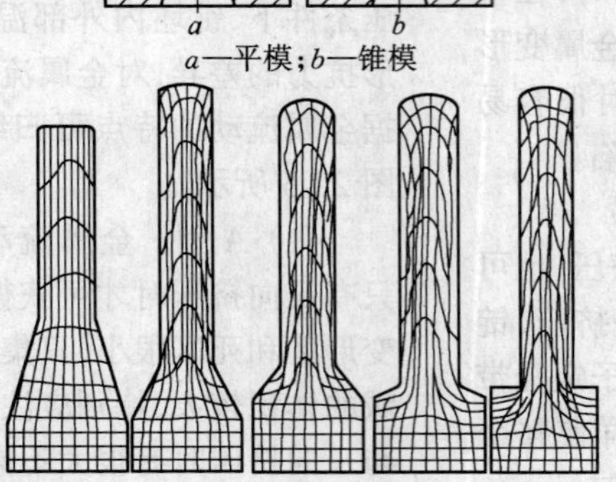挤压比较小时模角对金属流动的影响	1. 锥模挤压时要比平模挤压时金属流动均匀； 2. 用凹形垫片挤压时比用平垫片挤压时金属流动均匀一些； 3. 采用多孔模挤压比单孔模挤压时金属流动均匀； 4. 挤压比较小时，模角越大，金属流动越不均匀

续表 22-4

影响因素	图例	说明
变形程度与挤压速度的影响	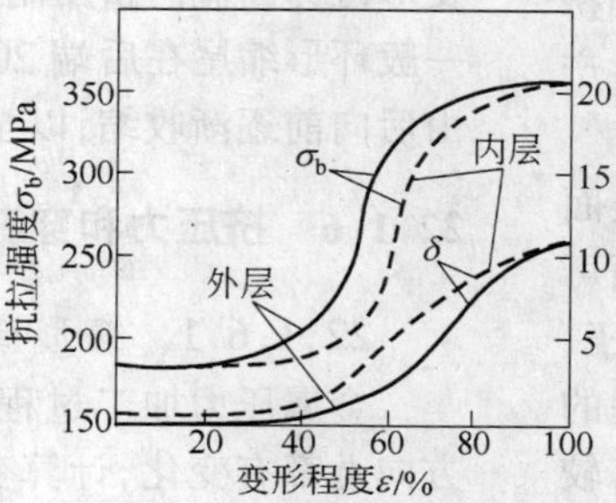 挤压制品力学性能与变形程度的关系	1. 变形程度(挤压比)增大时,锭坯中心与表层金属流动速度差增加,金属流动均匀性下降; 2. 挤压温度越高,挤压速度越快,金属流动不均匀程度越大
金属强度特性的影响		1. 强度高的金属比强度低的金属流动均匀; 2. 合金比纯金属挤压流动均匀; 3. 一般铜、磷青铜、H96 等合金,金属流动均匀; 4. α 黄铜、H68、H80、HSn70-1、白铜、镍合金等金属流动不均匀
挤压方法和制品形状与尺寸的影响		1. 采用静液挤压法,金属流动最均匀; 2. 反向挤压比正向挤压金属流动均匀; 3. 脱皮挤压比普通挤压金属流动均匀; 4. 棒材挤压比型材挤压金属流动均匀

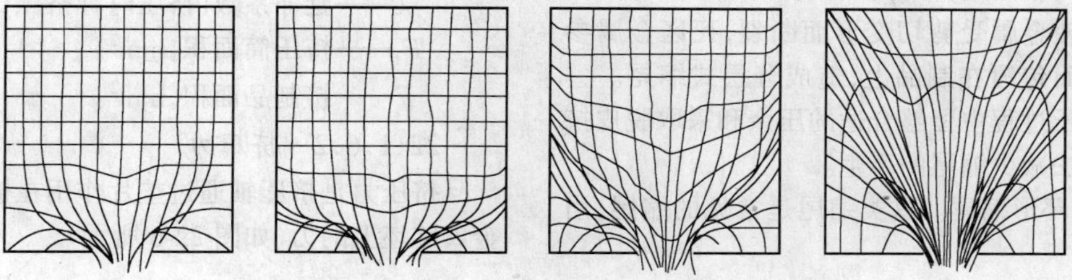

图 22-5　平模挤压时金属流动的四种基本类型示意图

(2) B 型。正向挤压时,如果挤压筒壁与金属间的摩擦阻力很小,则会获得 B 型流动,它的变形区和死区比 A 型的稍大,金属流动比较均匀。因此不易产生中心缩尾和环形缩尾。如:紫铜、锡磷青铜等,属于这种类型。

(3) C 型。挤压工具对金属流动摩擦阻力较大时,就会获得 C 型流动,金属流动不均匀,变形区已扩展到整个锭坯的体积,在挤压后期会出现不太长的缩尾。如 α 黄铜、白铜、镍合金等,属于这种类型。

(4) D 型。当挤压工具对金属流动摩擦阻力很大,且锭坯内外温差又很明显时,金属流动很不均匀。挤压一开始,外层金属由于沿筒壁流动受阻而向中心流动,变形区扩大到整个锭坯体积。因此,缩尾最长。如 $\alpha+\beta$ 黄铜、铝青铜等,属于这种类型。

必须指出,这些金属与合金所属的流动类型是在通常生产条件下获得的,并非永远固定不变,挤压条件改变,可能导致所属流动模式的变化。

D 金属不均匀流动对产品质量的影响

(1) 挤压制品前后组织性能不均。一般当挤压比较大时,性能不均匀将大为减小,故实际生产中,规定变形程度一般在 ε>80%~85%以上。

(2) 由于挤压时金属的中部流动快,表面流动慢,使制品表面产生拉副应力,制品表面可能产生周期性的环状裂纹。可采用润滑挤压、锥形模挤压、水冷模挤压等。另外采用合理的挤压温度、挤压速度规程,使金属变形时具有较高的塑性,以减少裂纹的产生。

(3) 制品的缩尾。挤压缩尾分为以下三种类型:

1) 中空缩尾。在挤压过程中,由于挤压筒内壁、模子断面的摩擦力,造成金属不均匀流动,使锭坯中间金属比周边流动快,造成中间部分金属量不足。在挤压后期,残料(压余)很薄时,中间金属流出而得不到补充,形成中空缩尾。一般在挤压制品直径大,挤压比小,残料(压余)较薄时,易产生中空缩尾。

2) 皮下缩尾。皮下缩尾出现在挤压制品表皮内,它多数呈不连续的圆形或弧形的薄层分布。其原因是,在挤压后期,由于死区界面剧烈滑动使金属受剪切变形而断裂,死区金属参与流动而包覆在制品上,造成分层式缩尾。一般在挤压过程中留够合适的压余和采取脱皮挤压的方法减少缩尾的产生。

3) 环形缩尾。这类缩尾是常见的缩尾,当挤压到最后紊流阶段,堆积在靠近挤压垫片和挤压筒交界角落处的含油脏物金属沿着后端难变形区界面流向挤压制品中间层,形成了缩尾。一般环形缩尾在后端 200~1000 mm 的长度上由后向前逐渐收缩,以至消失。

22.1.6 挤压力和穿孔力

22.1.6.1 变形程度的确定

金属压力加工过程中,坯料的尺寸在三个方向上都有变化,计算变形程度时则以尺寸变化最大的方向为准。

变形程度也称为加工率,它是表示金属相对变形的一个参数。

$$\varepsilon = \frac{F_t - F}{F_t} \times 100\% \quad (22\text{-}1)$$

管、棒、型材生产时一般常用延伸系数(挤压比)λ 表示。

根据体积的不变原理:

$$\varepsilon = 1 - \frac{1}{\lambda} \quad (22\text{-}2)$$

$$\lambda = \frac{1}{1-\varepsilon} \quad (22\text{-}3)$$

式中 ε——变形程度;

λ——延伸系数(挤压时称挤压比);

F_t——挤压筒面积,mm^2;

F——挤制品面积,mm^2。

22.1.6.2 挤压力

挤压力是挤压轴通过垫片作用在被挤压的金属锭坯上的力(如图 22-6 所示)。

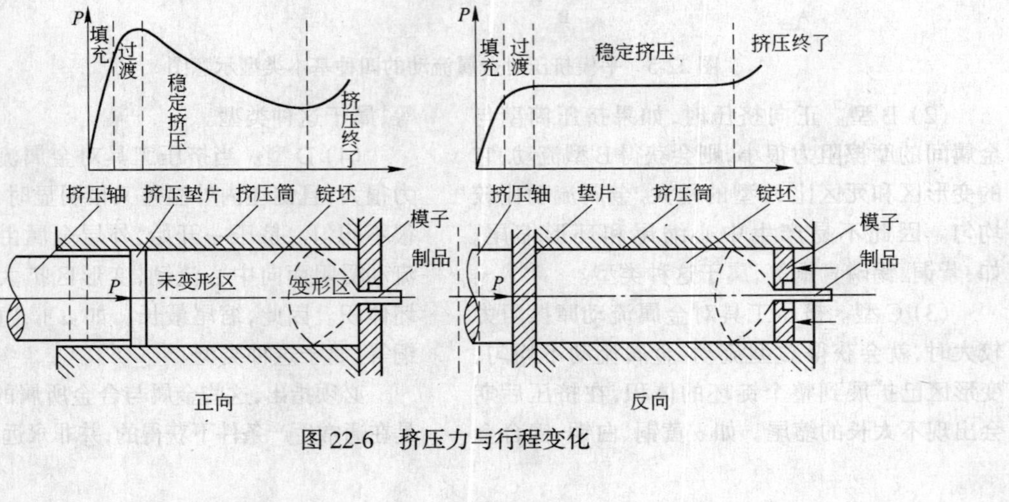

图 22-6 挤压力与行程变化

挤压力是随挤压轴的行程而变化的，挤压的第一阶段为填充阶段，随着挤压轴向前移动，挤压力不断增加。第二阶段为稳定挤压阶段，正向挤压时，金属被挤出模孔，挤压筒壁与锭坯间的摩擦面积不断减小，挤压力由最大值开始不断下降。而反向挤压时则不同，锭坯的未变形部分与挤压筒壁没有相对运动，因此，没有摩擦力作用，挤压力基本保持稳定。第三阶段为挤压终了阶段，因锭坯温度降低，挤压接近死区，这时挤压力出现回升。这里要计算的挤压力是指挤压力曲线中的最大值。

A 利用压力表或专用测压仪器确定挤压力计算公式(一)

$$P=\frac{N}{P_{\mathrm{H}}}M \tag{22-4}$$

式中 P——挤压力，MN；

N——挤压机额定压力，MN；

P_{H}——挤压机的额定单位压力，MPa；

M——挤压时压力表的读数，MPa。

实际生产中，挤压机的各部件之间存在摩擦，挤压轴作用在锭坯上的压力比利用压力表上读数计算出来的挤压力要低，一般要考虑一个系数 e，$e=0.95\sim0.98$。

那么，利用压力表或专用测压仪器确定挤压力计算公式为：

$$P=e\frac{N}{P_{\mathrm{H}}}M \tag{22-5}$$

B 挤压力计算公式(二)

$$P=F_{\mathrm{t}}\times P_{\mathrm{J}} \tag{22-6}$$

式中 F_{t}——挤压筒面积，mm²(棒型材挤压时为挤压筒面积，管材挤压时要减去穿孔针截面积)；

P_{J}——挤压应力，MPa。

棒材单孔模挤压应力计算公式：

$$P_{\mathrm{J}}=\left[\left(1+\frac{1}{\sqrt{3}}\times\cot\alpha\right)\ln\lambda+\frac{2L_{定}}{D_{\mathrm{a}}}+\frac{4}{\sqrt{3}}\times\frac{L_{定}}{D_{\mathrm{b}}}\right]\sigma_{\mathrm{s}} \tag{22-7}$$

多模孔、型材挤压应力计算公式：

$$P_{\mathrm{J}}=\left[\left(1+\frac{\sqrt[3]{a}}{\sqrt{3}}\times\cot\alpha\right)\ln\lambda+\frac{\sum L_{周}L_{定}}{2\sum f}+\frac{4}{\sqrt{3}}\times\frac{L_{锭}}{D_{\mathrm{b}}}\right]\sigma_{\mathrm{s}} \tag{22-8}$$

用固定穿孔针挤压管材(瓶式针)挤压应力计算公式：

$$P_{\mathrm{J}}=\left[\left(1+\frac{1}{\sqrt{3}}\times\cot\alpha\times\frac{\overline{D}+d}{\overline{D}}\right)\ln\lambda+\frac{2L_{定}}{D_{\mathrm{a}}-d}+\frac{4}{\sqrt{3}}\times\frac{L_{锭}}{D_{\mathrm{b}}-d'}\right]\sigma_{\mathrm{s}} \tag{22-9}$$

当穿孔针为圆柱体时，d'变为d。

用随动穿孔针挤压管材，挤压应力计算公式：

$$P_{\mathrm{J}}=\left[\left(1+\frac{1}{\sqrt{3}}\times\cot\alpha\times\frac{\overline{D}+d}{\overline{D}}\right)\ln\lambda+\frac{2L_{定}}{D_{\mathrm{a}}-d}+\frac{4}{\sqrt{3}}\times\frac{L_{锭}D_{\mathrm{b}}}{D_{\mathrm{b}}^2-d^2}\right]\sigma_{\mathrm{s}} \tag{22-10}$$

式中 λ——挤压比(挤压系数)；

α——模角，(°)；

$L_{定}$——挤压模定径区长度，mm；

$L_{锭}$——锭坯未变形部分长度，mm；

$$L_{锭}=L_{坯}-\frac{D_{\mathrm{b}}-D_{\mathrm{a}}}{2\tan\alpha}$$

$L_{坯}$——镦粗后锭坯长度，mm；

D_{b}——挤压筒直径，mm；

D_{a}——挤压制品外径，mm；

σ_{s}——挤压坯料变形抗力，MPa；

a——经验系数；

$$a=\frac{\sum L_{周}}{1.13\pi\sqrt{\sum f}}$$

$\sum L_{周}$——挤压制品的周边长度总和；

$\sum f$——挤压制品断面积总和，多孔模型材挤压时用$\sqrt[3]{a}$来修正，根据实践经验进行检验校正；

$\overline{D}$——变形区坯料平均直径，mm；

$$\overline{D}=\frac{1}{2}(D_{\mathrm{b}}+D_{\mathrm{a}})$$

d——挤压制品内径，mm；

d'——瓶式穿孔针针体直径，mm。

C 挤压力计算公式(三)

$$P=F_{\mathrm{t}}\times P_{\mathrm{J}} \tag{22-11}$$

挤压棒材时挤压应力计算公式：

$$P_J = 10k_1\sigma_s \lg\lambda \quad (22\text{-}12)$$

挤压管材时挤压应力计算公式：

$$P_J = k_2\sigma_s\left(10 + 0.25 \times \frac{L_0}{D_b}\right)\lg\lambda \quad (22\text{-}13)$$

式中 k_1——系数，紫铜为 0.9～1.3，黄铜为 0.8～1.0，青铜为 0.8～1.0；

k_2——系数，紫铜为 1.2～1.5，黄铜为 1.2～1.4，青铜为 1～1.5；

L_0——锭坯长度，mm；

D_b——挤压筒直径，mm。

D 挤压力计算公式（经验公式）（四）

$$P_J = ab\sigma_s\left(\ln\lambda + \mu \times \frac{4L_{坯}}{D_b - d}\right) \quad (22\text{-}14)$$

式中 P_J——挤压应力，MPa；

μ——摩擦系数，无润滑热挤压为 0.5，带润滑热挤压为 0.2～0.25，冷挤压为 0.1～0.15；

D_b——挤压筒直径，mm；

d——挤压制品内径，mm，对棒材、实心型材为 $d=0$；

$L_{坯}$——坯料充填后长度，mm；

a——合金修正系数，$a=1.3$～1.5，硬合金取下限，软合金取上限；

b——制品断面形状修正系数，棒材、圆管材为 $b=1.0$，复杂断面、异型材为 $b=1.1$～1.6。

E 挤压力计算公式中金属变形抗力的确定

挤压坯料变形抗力 σ_s 取决于坯料牌号、变形温度、变形速度。目前关于变形抗力与变形速度的关系资料较少，在实际应用中可用下式来近似确定变形抗力。

$$\sigma_s = n_v \sigma_{静} \quad (22\text{-}15)$$

式中 n_v——变形速度系数，按图 22-16 确定；

$\sigma_{静}$——变形温度下静态拉伸的屈服应力，可按表 22-5、表 22-6 确定。

平均变形速度按下式计算：

$$\bar{\omega} = \frac{6\mathrm{tg}\alpha V_{挤}\varepsilon}{D_b\left(1 - \dfrac{1}{\lambda^{\frac{3}{2}}}\right)} \quad (22\text{-}16)$$

式中 $V_{挤}$——挤压速度，m/s；

ε——变形程度，%；

λ——延伸系数；

D_b——挤压筒直径，mm。

金属挤压力计算公式较多，应合理选择计算公式，力求简便、迅速。挤压力计算所得结果的准确度，不仅取决于计算公式本身的精确度，而且很大程度上取决于其中的参数和系数的选择，对经验公式系数的选择更为重要。可根据现场生产实践经验和实测值的比较来找出合理的系数值，作为以后计算时的使用范围。

表 22-5 铜及铜合金的 σ_s 值（MPa）

合金牌号	变形温度/℃								
	500	550	600	650	700	750	800	850	900
Cu	58.8	53.9	49.0	43.1	37.2	31.4	25.5	19.6	17.6
H96			107.8	81.3	63.7	49.0	36.3	25.5	18.1
H80	49.0	36.3	25.5	22.5	19.6	17.2	12.3	9.8	8.3
H68	53.9	49.0	44.1	39.2	34.3	29.4	24.5	19.6	
H62	78.4	58.8	34.3	29.4	26.5	23.5	19.6	14.7	
HPb59-1			19.6	16.7	14.7	12.7	10.8	8.8	
HAl77-2	127.4	112.7	98.0	78.4	53.9	49.0	19.6		

续表 22-5

合金牌号	变形温度/℃								
	500	550	600	650	700	750	800	850	900
HSn70-1	80.4	49.0	29.4	17.6	7.8	4.9	2.9		
HFe59-1-1	58.8	27.4	21.6	17.6	11.8	7.8	3.9		
HNi65-5	156.8	117.6	88.2	78.4	49.0	29.4	19.6		
QAl9-2	173.5	137.2	88.2	38.2	13.7	10.8	8.2	3.9	
QAl9-4	323.4	225.4	176.4	127.4	78.4	49.0	23.5		
QAl10-3-1.5	215.6	156.8	117.6	68.6	49.0	29.4	14.7	11.8	7.8
QAl10-4-4	274.4	196.0	156.8	117.6	78.4	49.0	24.4	19.6	14.7
QBe2.0					98.0	58.8	39.2	34.3	
QSi1-3	303.8	245.0	196.0	147.0	117.6	78.4	49.0	24.5	11.8
QSi3-1			117.6	98.0	73.5	49.0	34.3	19.6	14.7
QSn4-0.3			147.0	127.4	107.8	88.2	68.6		
QSn4-3			121.5	92.1	62.7	52.9	46.1	31.4	
QSn6.5-0.4			196.0	176.4	156.8	137.2	117.6	35.3	
QCr0.5	245.0	176.4	156.8	137.2	117.6	68.6	58.8	39.2	19.6

表 22-6 白铜、镍及镍合金 σ_s 值(MPa)

合金牌号	变形温度/℃								
	750	800	850	900	950	1000	1050	1100	1150
B5	53.9	44.1	34.3	24.5	19.6	14.7			
B20	101.9	78.9	57.8	41.7	27.4	16.7			
B30	58.8	54.9	50.0	42.7	36.3				
BZn15-20	53.4	40.7	32.8	27.4	22.5	15.7			
BFe5-1	73.5	49.0	34.3	24.5	19.6	14.7			
BFe30-1-1	78.4	58.8	47.0	36.3					
Ni		110.7	93.1	74.5	63.7	52.9	45.1	37.2	
NiMn2-2-1		186.2	147.0	98.0	78.4	58.8	49.0	39.2	29.4
NiMn5		156.8	137.2	107.8	88.2	58.8	49.0	39.2	29.4
NiCu28-2.5-1.5		142.1	119.6	99.0	80.4	61.7	50.0	39.2	

铜及铜合金不同温度下屈服强度 σ_s 曲线见图 22-7。

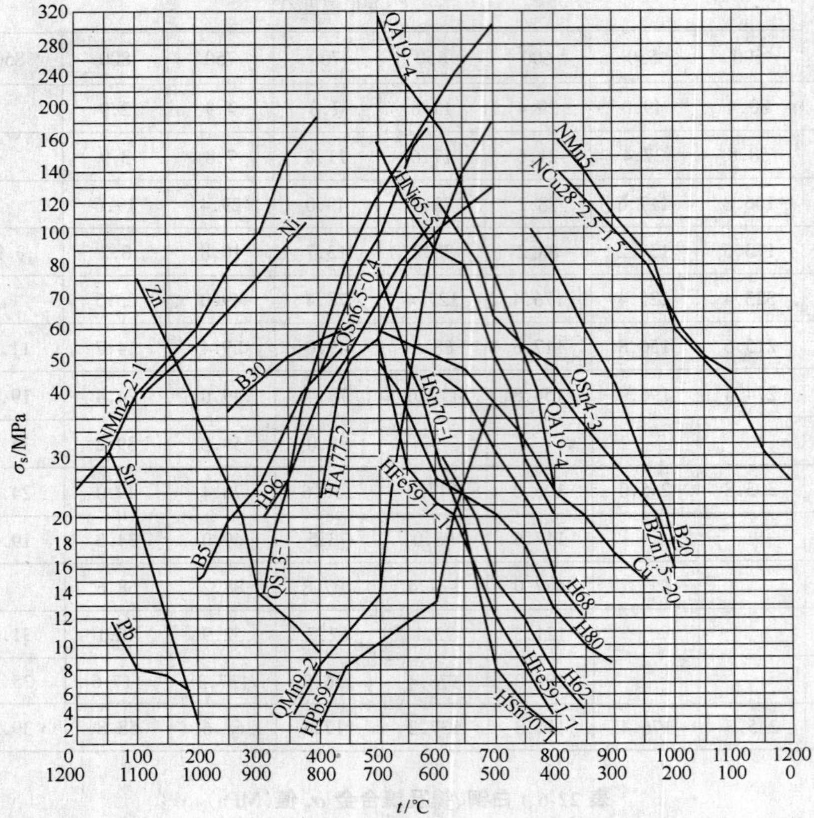

图 22-7 铜及铜合金不同温度下屈服强度 σ_s 曲线

（图中坐标 t 的下刻度适用于从左到右递增的曲线）

图 22-8～图 22-15 为常用有色金属及合金在不同温度下变形抗力与变形速度的关系。

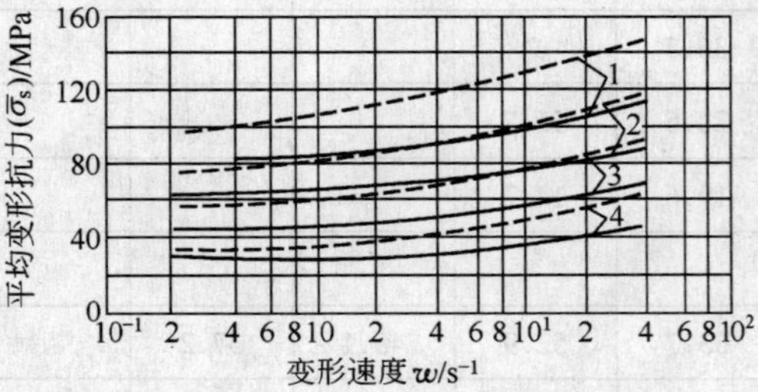

图 22-8 T_2 铜在不同温度下平均变形抗力与变形速度 w 的关系

1—450℃；2—600℃；3—750℃；4—950℃

——$\varepsilon=20\%$；－－－$\varepsilon=40\%$

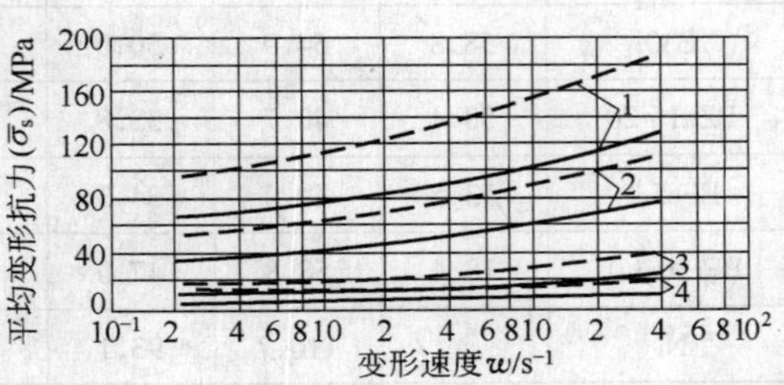

图 22-9 H62 黄铜在不同温度下平均变形抗力与变形速度 w 的关系

1—450℃；2—600℃；3—750℃；4—900℃

——$\varepsilon=20\%$；－－－$\varepsilon=40\%$

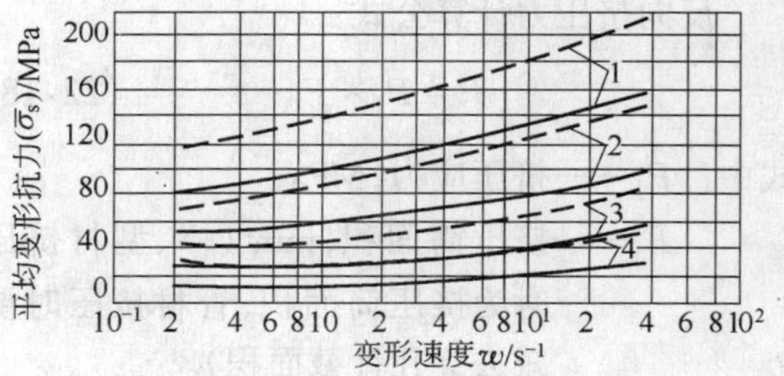

图 22-10 H68 黄铜在不同温度下平均变形抗力与变形速度 w 的关系

1—450℃;2—600℃;3—750℃;4—900℃

——ε=20%;－－－ε=40%

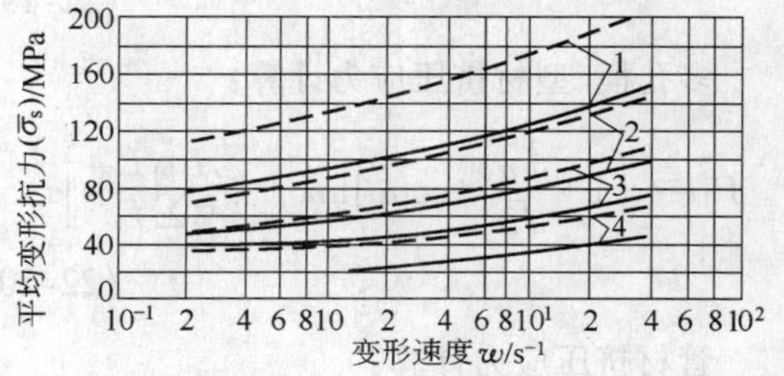

图 22-11 H90 黄铜在不同温度下平均变形抗力与变形速度 w 的关系

1—450℃;2—600℃;3—750℃;4—900℃

——ε=20%;－－－ε=40%

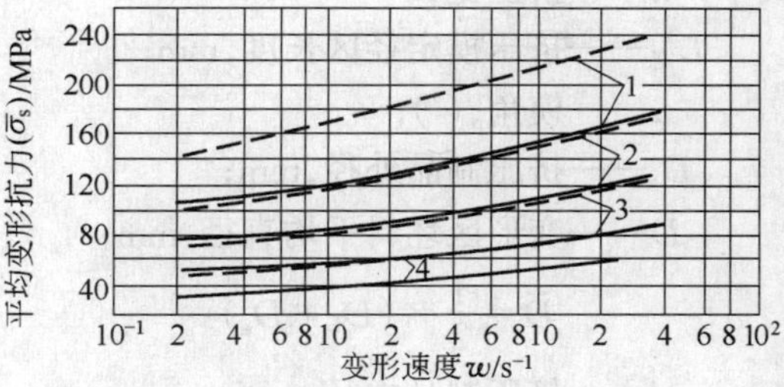

图 22-12 白铜 B19 在不同温度下平均变形抗力与变形速度 w 的关系

1—600℃;2—700℃;3—930℃;4—1000℃

——ε=20%;－－－ε=40%

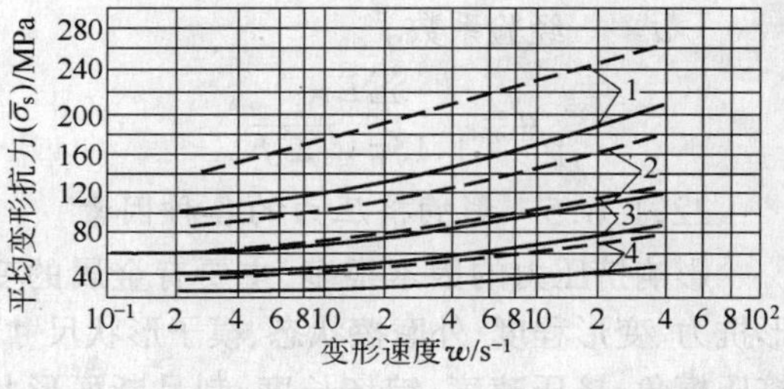

图 22-13 锌白铜 BZn15-20 在不同温度下平均变形抗力与变形速度 w 的关系

1—650℃;2—750℃;3—850℃;4—950℃

——ε=20%;－－－ε=40%

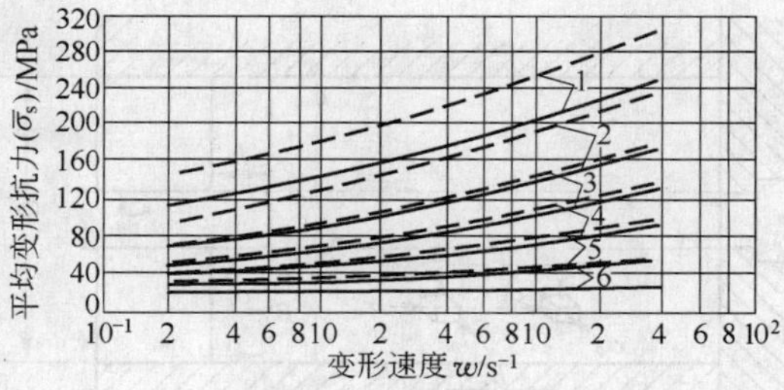

图 22-14 纯镍铜(Ni+Cu99.7%)在不同温度下平均变形抗力与变形速度 w 的关系

1—600℃;2—800℃;3—900℃;4—1000℃;5—1150℃;6—1250℃

——ε=20%;－－－ε=40%

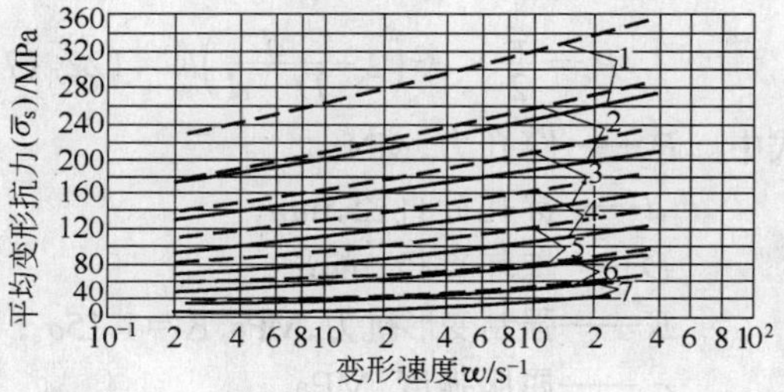

图 22-15 镍铜合金 NiCu28-2.5-1.5 在不同温度下平均变形抗力与变形速度 w 的关系

1—600℃;2—700℃;3—800℃;4—900℃;5—1000℃;6—1100℃;7—1200℃

——ε=20%;－－－ε=40%

铜及铜合金变形速度系数与变形温度、平均变形速度的关系曲线(变形速度系数曲线)见图 22-16。

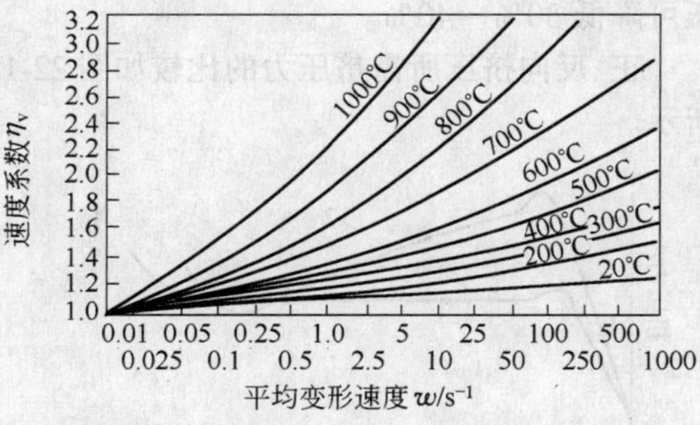

图 22-16 铜及铜合金变形速度系数曲线

22.1.6.3 穿孔力

穿孔针在挤压管材时穿入锭坯,穿孔针断面上受到压力和穿孔针侧表面受到摩擦力,穿孔时受到的阻力称穿孔力(如图 22-17 所示)。

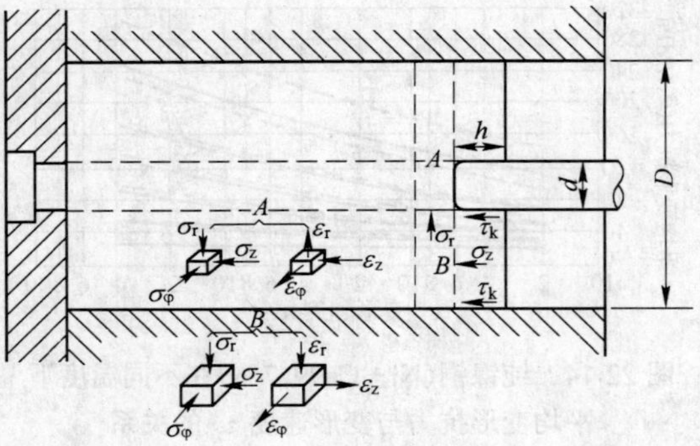

图 22-17 穿孔示意图

穿孔力计算公式：

$$P_c=\frac{\pi}{2}\times d^2\left(2+\frac{d}{D-d}\right)K \qquad (22\text{-}17)$$

式中 P_c——穿孔力，MN；

d——穿孔针直径，mm；

D——锭坯直径，mm；

K——强制变形抗力，MPa，$K=1.15\sigma_s$；

σ_s——屈服强度，MPa。

当用瓶式穿孔针时，式中 d 应该是穿孔针针体的大直径，实际生产中填充后，穿孔挤压时一定要将大车（挤压轴）后退一些，后退的多少根据穿孔针直径来考虑，便于穿孔时金属反流，否则穿孔力会增大，而且"萝卜头"损失也较大。

22.1.6.4 反向挤压力

反向挤压时，锭坯与挤压筒内壁之间无相对滑动，不产生摩擦损耗，最大挤压力比正向挤压可降低 30%～40%。

正、反向挤压所需挤压力的比较如图 22-18 所示。

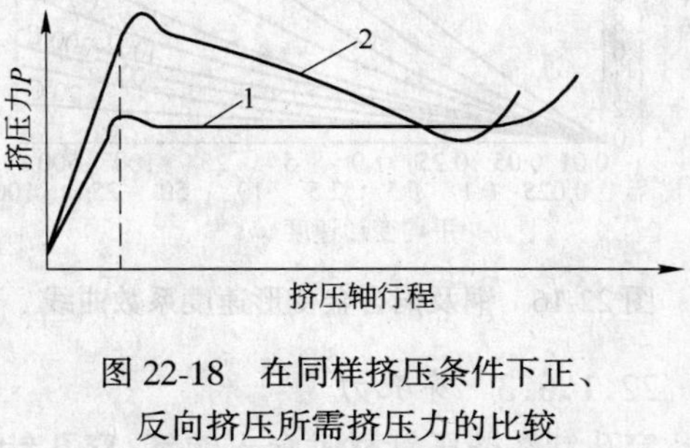

图 22-18 在同样挤压条件下正、反向挤压所需挤压力的比较

1—反向挤压；2—正向挤压

反向挤压力计算公式：

$$P=P_J\times F_t \qquad (22\text{-}18)$$

式中 P_J——挤压应力，MPa；

F_t——挤压筒面积，mm^2（棒、型材挤压时为挤压筒面积，管材挤压时要减去穿孔针截面积）。

棒材单孔模挤压应力计算：

$$P_J=\left[\left(1+\frac{1}{\sqrt{3}}\times\cot\alpha\right)\ln\lambda+\frac{2L_{定}}{D_a}\right]\sigma_s \qquad (22\text{-}19)$$

多孔模、型材挤压应力计算：

$$P_J=\left[\left(1+\frac{\sqrt[3]{a}}{\sqrt{3}}\times\cot\alpha\right)\ln\lambda+\frac{\sum L_{周}L_{定}}{2\sum f}\right]\sigma_s \qquad (22\text{-}20)$$

管材挤压应力计算：

$$P_J=\left[\left(1+\frac{1}{\sqrt{3}}\times\cot\alpha\times\frac{\bar{D}+d}{\bar{D}}\right)\ln\lambda+\frac{2L_{定}}{D_a-d}\right]\sigma_s \qquad (22\text{-}21)$$

式中 λ——挤压比；

$L_{定}$——挤压模定径区长度，mm；

α——模角，(°)；

D_a——挤压制品外径，mm；

$\bar{D}$——变形区坯料平均直径，mm；

$$\bar{D}=\frac{1}{2}\times(D_b+D_a)$$

d——挤压制品内径，mm；

σ_s——屈服强度，MPa；

$\sum L_{周}$——挤压制品的周边长度总和；

$\sum f$——挤压制品断面积总和；

a——经验系数。

$$a=\frac{\sum L_{周}}{1.13\pi\sqrt{\sum f}}$$

22.1.6.5 影响挤压力的各种因素

影响挤压力的因素很多，主要有金属的变形抗力、变形程度、外摩擦状态、模子形状尺寸、挤压模角、挤压速度、锭坯长度、制品断面形状以及挤压方法等（见表 22-7）。

表 22-7 影响挤压力的各种因素

各种影响因素	挤压力变化	说明
金属的变形程度	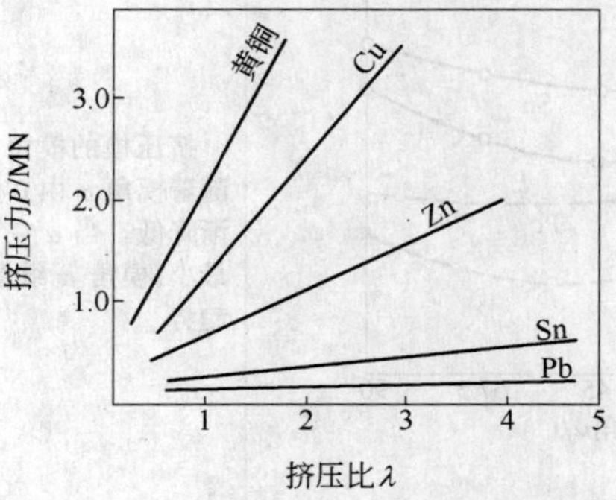	挤压力随着变形程度增大而升高
加工率	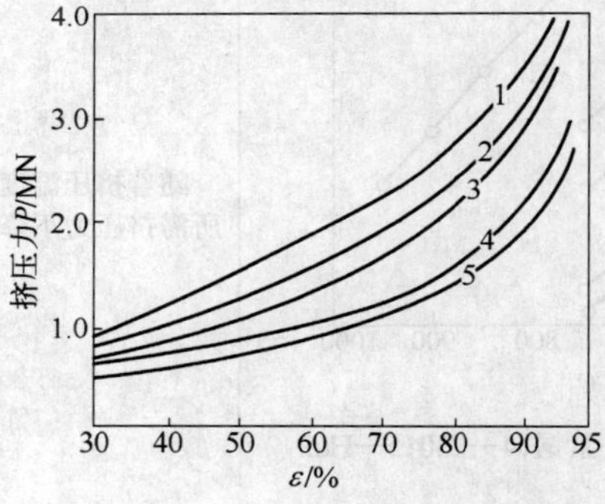1—QSn4-0.3；2—B30；3—H96； 4—紫铜；5—H62	挤压力随着加工率增加而增加
工具摩擦	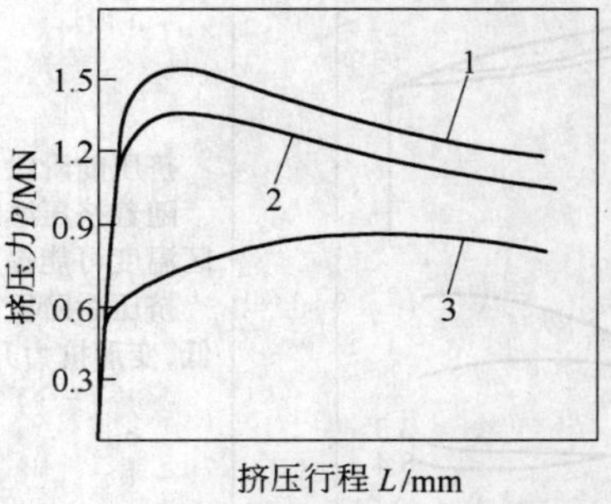1—粗糙面；2—光滑面； 3—光滑面并润滑	金属与挤压筒内衬、挤压模具表面之间的摩擦阻力增大，挤压力也增大

续表 22-7

各种影响因素	挤压力变化	说明
挤压模角	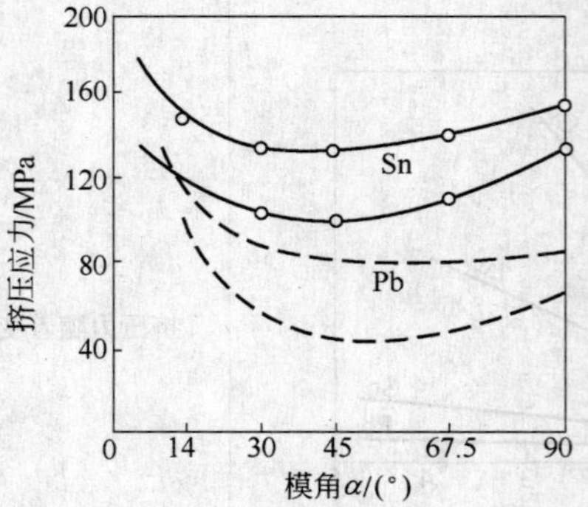	挤压模的模角 α 对挤压力有明显影响，随着模角 α 由 0°开始逐渐增大，挤压力逐渐降低。当 α 在 45°～60°范围时，挤压力最小，模角 α 继续增大时，挤压力呈升高趋势
挤压温度	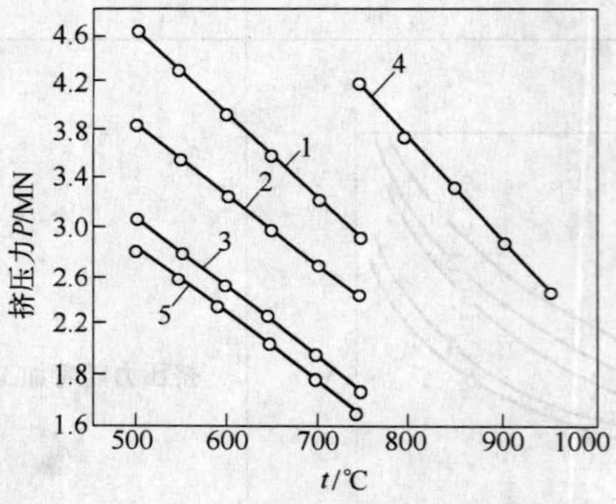 1—QSn4－0.3；2—H96；3—紫铜；4—B30；5—H62	随着挤压温度升高，金属变形抗力下降，所需挤压力下降
挤压速度	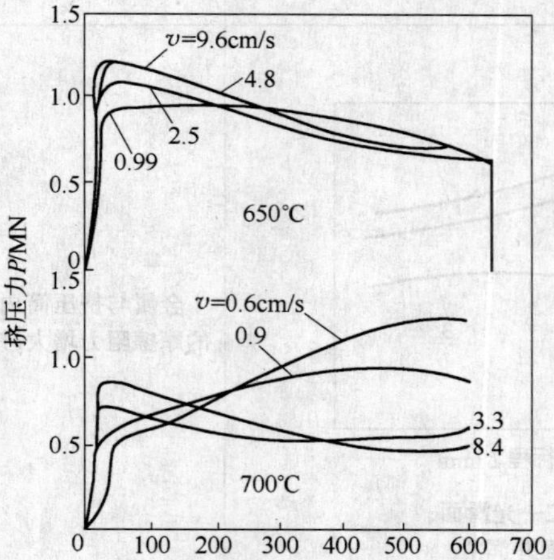	挤压前阶段，挤压速度高，挤压力大； 随着挤压继续进行，锭坯冷却较慢，变形区温度可能提高，挤压力逐渐降低； 挤压后阶段，挤压速度慢时，锭坯温度降低，变形抗力升高，挤压力反而升高

续表 22-7

各种影响因素	挤压力变化	说明
锭坯长度	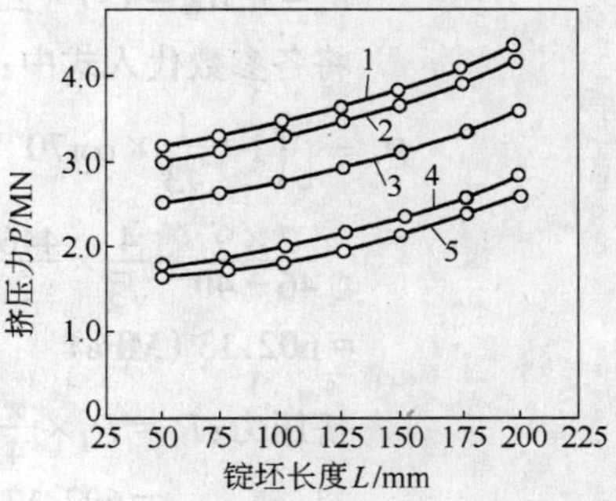 1—QSn4-0.3；2—B30；3—H96； 4—T2～T4；5—H62	正向挤压时，锭坯与挤压筒内衬之间存在摩擦阻力，挤压力随锭坯长度增加而增大； 反向挤压时，锭坯与挤压筒内衬之间无相对滑动，挤压力与坯料长度无关
挤压方法	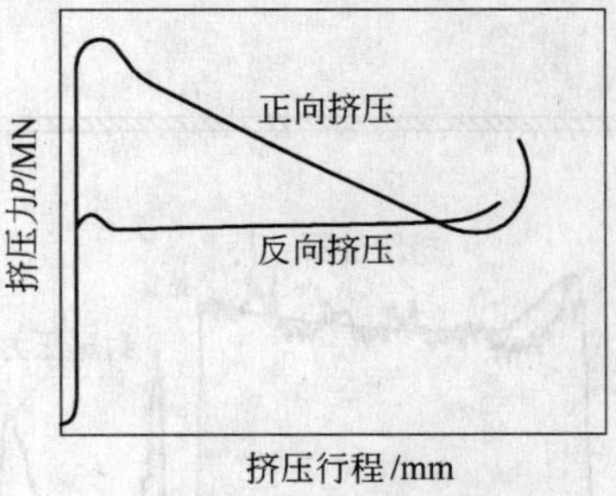	反向挤压比同等条件下正向挤压所需挤压力低30%～40%； 静液挤压，连续挤压比正向挤压所需挤压力低
制品断面形状	$g=\dfrac{\text{型材断面周长}}{\text{等断面圆周长}}$ g——断面复杂程度	当断面复杂程度系数大于1.5时，制品断面形状对挤压力影响较明显； 在挤压变形条件下，制品断面形状越复杂，所需的挤压力越大

22.1.6.6 挤压力计算举例

在30 MN的卧式正向挤压机上生产紫铜管，挤压筒直径为ϕ200 mm；锭坯尺寸为ϕ195 mm×500 mm；制品规格为ϕ46 mm×3 mm；挤压温度800℃；挤压速度$v_{挤}=15$ mm/s；挤压模角$\alpha=70°$；挤压模定径带长度$L_{定}=9$ mm；计算挤压力。

首先计算挤压应力(最大应力)：

$$P_J=\left[\left(1+\frac{1}{\sqrt{3}}\times\cot\alpha\times\frac{\bar{D}+d}{\bar{D}}\right)\ln\lambda+\frac{2L_{定}}{D_a-d}+\frac{4}{\sqrt{3}}\times\frac{L_{锭}D_b}{D_b^2-d^2}\right]\sigma_s$$

式中 P_J——挤压应力；

$\bar{D}$——变形区坯料平均直径；

$$\bar{D}=\frac{1}{2}\times(D_b-D_a)=\frac{1}{2}\times(200+46)=123$$

d——制品内径，ϕ40 mm；

D_a——制品外径，ϕ46 mm；

D_b——挤压筒直径，ϕ200 mm；

$L_{定}$——挤压模定径带长度，9 mm；

α——挤压模角，70°；

$L_{锭}$——坯料未变形部分长度，mm；

$$L_{锭}=L_{坯}-\frac{D_b-D_a}{2\tan\alpha}=475-\frac{200-46}{2\tan70°}=446.97\ (\text{mm})$$

λ——延伸系数；

$$\lambda = \frac{D_b^2 - d^2}{D_a^2 - d^2} = 74.42$$

$L_{坯}$——镦粗后坯料长度，475 mm。

计算变形程度：

$$\varepsilon = \frac{\lambda - 1}{\lambda} = \frac{74.42 - 1}{74.42} = 98.6\%$$

平均变形速度：

$$\bar{\omega} = \frac{6\tan\alpha V_{挤}\varepsilon}{D_b\left(1 - \frac{1}{\lambda^{\frac{3}{2}}}\right)}$$

$$= \frac{6 \times \tan70° \times 15 \times 0.986}{200 \times \left(1 - \frac{1}{74.42^{\frac{3}{2}}}\right)}$$

$$= 1.2\left(\frac{1}{s}\right)$$

根据 $T = 800℃$；$\omega = 1.2$，查得速度系数约 1.7。

查紫铜曲线：$\sigma_{静} = 25.5$ MPa

$\sigma_s = n_v \sigma_{静} = 1.7 \times 25.5 = 43.35$ (MPa)

将各参数代入式中：

$$P_J = \left[\left(1 + \frac{1}{\sqrt{3}} \times \cot70° \times \frac{123 + 40}{123}\right)\ln 74.42 + \frac{2 \times 9}{46 - 40} + \frac{4}{\sqrt{3}} \times \frac{446.97 \times 200}{200^2 - 40^2}\right] \times 43.35$$

$$= 602.13\ (\text{MPa})$$

挤压力：$P = P_J \times \frac{\pi}{4} \times (D_b^2 - d^2)$

$= 602.13 \times 30144 = 18.15$ (MN)

实测挤压力计算：

实测主缸压力曲线见图 22-19 和图 22-20。

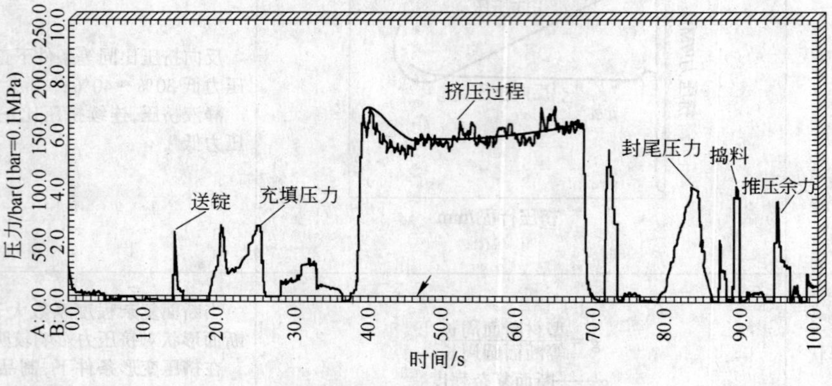

图 22-19　挤压时间与主缸压力曲线

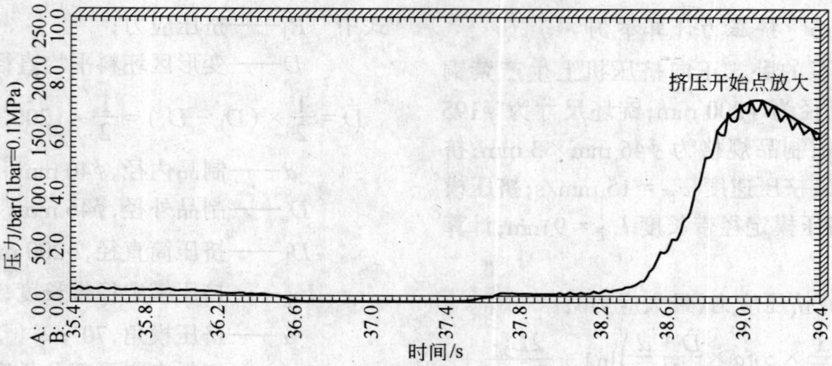

图 22-20　挤压开始时主缸压力曲线放大图

根据实际测压曲线，挤压开始主缸压力表的读数(最大)：$M_{开始}=180\ \text{bar}=18.37\ (\text{MPa})$

挤压力：$P=\dfrac{N}{P_H}\times M$

$$=\frac{30}{31.5}\times 18.37=17.5\ (\text{MN})$$

根据实测曲线，实测挤压力为17.5(MN)，相对误差：

$$\frac{18.15-17.5}{17.5}\times 100\%=3.7\%$$

22.1.6.7 静液挤压单位挤压力计算公式(圆棒或简单断面型材)

$$P_J=\frac{2\sigma_K}{3\sqrt{3}\sin^3\alpha}\times\{[m_z(1-\cos^3\alpha)+\sqrt{3}\sin^3\alpha]\varepsilon_e+(2-3\cos\alpha+\cos^3\alpha)\}+\frac{4\sigma_K}{\sqrt{3}}\times\left(\frac{m_tL_t}{D_t}+\frac{m_dL_d}{d}\right)\tag{22-22}$$

式中 α——模角；

σ_K——平均变形抗力，参照 σ_s 取值；

m_z——模锥面上摩擦系数；

m_d——定径带上摩擦系数；

L_d——定径带长度，mm；

ε_e——变形程度，$\varepsilon_e=\ln\lambda$；

λ——挤压比。

采用的高压介质液体不同，m_z 与 m_d 的取值也不同。当挤压筒内锭坯表面的摩擦阻力很小(黏性液体)时，取 $m_t=0$，$m_z=m_d=0.1\sim0.15$。

当液体与挤压筒之间存在摩擦阻力(黏塑性液体)时，选取 $m_t=0.1\sim0.3$，$m_z=m_d=0.3\sim0.5$。此时应以锭坯外径代替式中的挤压筒直径来计算。

m_t——变形区模锥面或死区界面上摩擦系数($0\leqslant m_t\leqslant1.0$)；无润滑热挤压或产生死区时 $m_t=m_d=1.0$，带润滑热挤压或无死区时 $m_t=0.5$；$m_d=1.0$，冷挤压无死区时 $m_t=m_d=0.2\sim0.3$。

L_t——锭坯与挤压筒壁之间产生相对滑动最大长度；

$$L_t=\frac{D_0^2}{D_t^2}\times L_0-h_{sl}$$

D_0——锭坯原始直径，mm；

L_0——锭坯原始长度，mm；

h_{sl}——计算死区高度：

$$h_{sl}=\frac{D_t-d}{2}\times(\cot\alpha_{cr}-\cot\alpha)$$

α——挤压模角($\alpha>\alpha_{cr}$)，当模角较大出现死区时，取 $\alpha=\alpha_{cr}$；

α_{cr}——极大无死区模角，可近似取 $\alpha_{cr}=65°$；

D_t——挤压筒直径，mm；

d——制品直径，mm。

一般管材挤压力比圆棒挤压力高5%，矩形材挤压力比圆棒高5%～10%，复杂断面型材挤压力比圆棒高20%～30%。

22.1.6.8 连续挤压时挤压功率计算公式

作用在轮缘上的总切向力：

$$P_t=3\mu\sigma_K\chi L_1+3k\omega L_2+2kb(L_1+L_2)\tag{22-23}$$

式中 μ——填充段内坯料与凹槽侧壁间摩擦系数；

σ_K——金属的平均流动应力；

χ——填充段内凹槽侧壁与金属坯料之间的平均接触宽度，采用圆杆坯料时可取：$\chi=\dfrac{\omega}{4}$

ω——挤压轮凹槽深度与宽度；

b——凹槽两侧每一侧轮缘上飞边的平均宽度；

k——系数，$k=\dfrac{\sigma_K}{\sqrt{3}}$；

L_1——填充段长度；

$$L_1\geqslant\frac{2}{\mu}\times\omega$$

由于准确确定 μ 的大小较困难，所以 L_1 的大小只能近似预测。

L_2——挤压段长度；

$$L_2 \geqslant \frac{\sqrt{3}(P_e - \sigma_K)\omega}{2\sigma_K}$$

P_e——金属通过挤压模挤出成型，而在槽封块或堵头上入口处所需单位压力。

挤压所需总功率：

$$N = P_t R \omega \tag{22-24}$$

式中 ω——挤压轮旋转角速度；

R——轮半径。

22.2 正向挤压技术

采用正向挤压法可以生产铜及铜合金的管、棒、型、线材，一般在卧式挤压机和立式挤压机上进行生产。

22.2.1 正向挤压机的主要结构

22.2.1.1 张力柱

现有挤压机中，大多为圆柱形四张力柱结构。张力柱将挤压机的前、后横梁连接在一起，是承受挤压力的最基本构件。现代挤压机一般采用预应力张力柱结构，使机架有较高的刚度（如图22-21所示）。

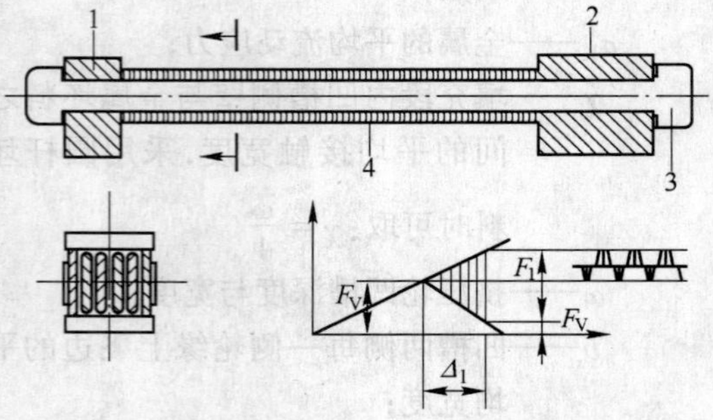

图22-21 预应力张力柱结构

1—前梁；2—后梁；3—拉杆；4—箱形压柱

这种结构具有以下特点：

(1) 正常生产中，在挤压力的作用下，预应力张力柱的伸长变形小，有较大的机架刚度，可保证挤压机的稳定性。

(2) 这种张力柱除了承受挤压力外，还可作为挤压筒座和挤压活动横梁的导轨，因而提高了导向精度，有助于提高挤压制品的精度。

(3) 挤压机的移动模座、压余分离装置、挤压筒移动等部件均设在框架内，结构紧凑，便于操作，挤压工具中心线易保证，有助于提高挤压制品精度。

22.2.1.2 送锭系统

送锭系统的形式较多，一般可分为两种形式：一种是将出炉的锭坯通过送锭小车送到挤压机，然后再升高到挤压中心线位置；另一种是将出炉的锭坯通过送锭机构直接送到挤压中心线上。图22-22为带活动钳口的回转式送锭机构。

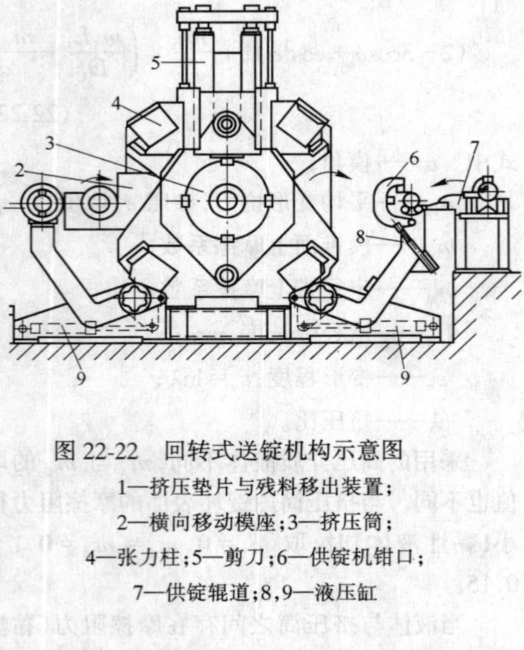

图22-22 回转式送锭机构示意图

1—挤压垫片与残料移出装置；2—横向移动模座；3—挤压筒；4—张力柱；5—剪刀；6—供锭机钳口；7—供锭辊道；8，9—液压缸

送锭系统应满足下列要求：

(1) 准确无误地将锭坯送至挤压中心线上，防止挤压轴将锭坯推入挤压筒的过程中出现啃锭、推弓等现象。

(2) 机构要紧凑，行程短，落位准确，尽可能减少辅助时间，减少锭坯的氧化和降温。

(3) 运行可靠，动作灵活，减少故障，减轻工人的劳动强度。

22.2.1.3 挤压筒系统

挤压筒是挤压机的重要部件，它在高温、高压条件下工作。挤压筒一般由外套、中衬、内衬在一定的过盈配合下装配而成。为了防止锭坯温降，保证挤压筒不受剧烈的热冲击，挤压筒工作时应加热到350～450℃。预热方式有两种：一种是电阻加热，另一种是工频感应加热。挤压筒的中衬和内衬可以是圆柱形也可以是带锥度的，如图22-23所示。

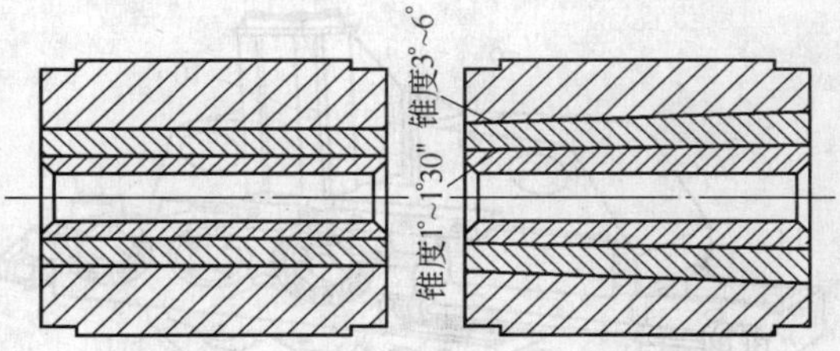

图22-23 挤压筒中衬和内衬的配合方式

挤压筒内衬表面的粗糙度、筒与模具的配合方式对挤压制品的表面和壁厚偏心有直接的影响。挤压筒内衬梢口(锥面)与模支承梢口配合的两种方式如图22-24所示。

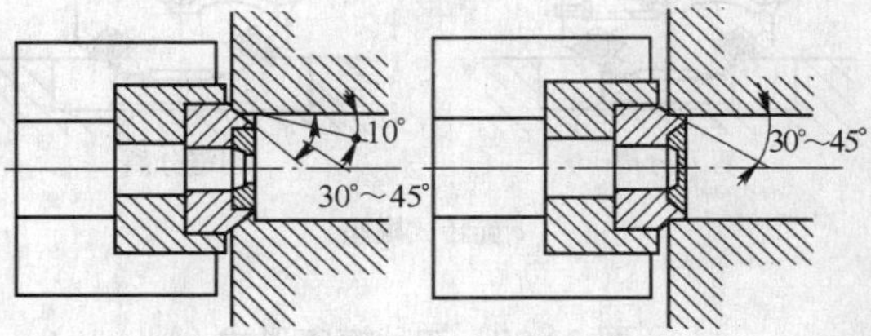

图22-24 挤压筒与模支承配合方式

近代的管、棒、型材正向挤压机的挤压筒座以及活动横梁，采用了X形导轨结构，这种结构的活动部件同心度高，对中心性好，可以减少热胀冷缩引起的误差，特别是可以防止金属流动不均匀和挤压筒受到倾斜力矩导致偏离挤压中心线现象，有利于提高挤压制品的精度。X形导轨结构如图22-25所示。

挤压筒系统应满足下列要求：

(1) 挤压筒与模支承的配合要保证靠紧后准确无误地位于挤压中心线上，确保工具中心线一致和防止金属从配合处流出。

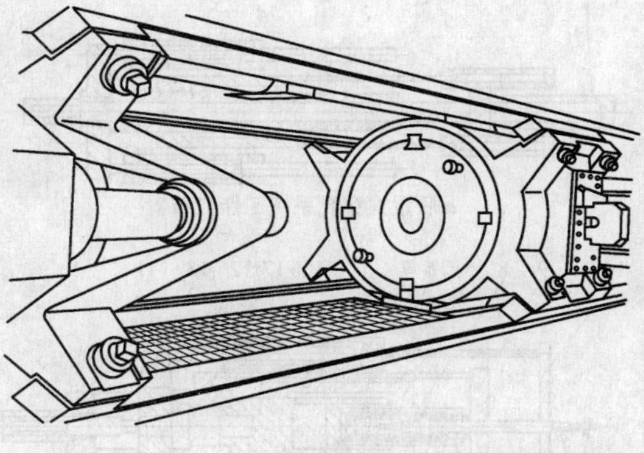

图22-25 上下滑板四点接触X形导轨

(2) 挤压筒内衬在工作中要保持光洁、干净，内衬磨损到一定程度要及时更换，内衬的梢口(锥面)与模支承梢口配合紧密，保证挤压制品的表面质量和管材的同心度。

(3) 挤压筒的预热温度应加热到规定要求，生产中出现加热问题可及时修理，减少锭坯的温降和防止出现闷锭事故。

(4) 使用圆柱形衬套的挤压筒在热过盈和装配中要精确，防止生产过程中衬套松动和脱出。

22.2.1.4 穿孔系统

穿孔系统是用来完成锭坯穿孔挤压，生产管材的装置。穿孔系统包括穿孔横梁、缸、柱塞、针支承、连接器、限位装置等部分。卧式挤压机一般可分为内置式、侧置式、后置式三种基本形式，如图22-26所示。

三种穿孔系统具有以下特点：

(1) 后置式穿孔系统，机身较长，穿孔装置也较长，易产生偏斜，容易造成挤压管材偏心。一般可实现随动穿孔挤压。

(2) 侧置式穿孔系统，穿孔缸有两个，对称分布在两侧，机身也较长，该穿孔系统使用维护较方便，较难实现随动穿孔挤压，对穿孔针的使用寿命不利。

(3) 内置式穿孔系统，穿孔缸装在主柱塞内部，机身长度短，刚性好，导向精确，管材挤压时同心度好，内置式穿孔系统可实现随动穿孔挤压，通过限位装置也可实现固定穿孔针挤压，目前这种挤压机使用较多。

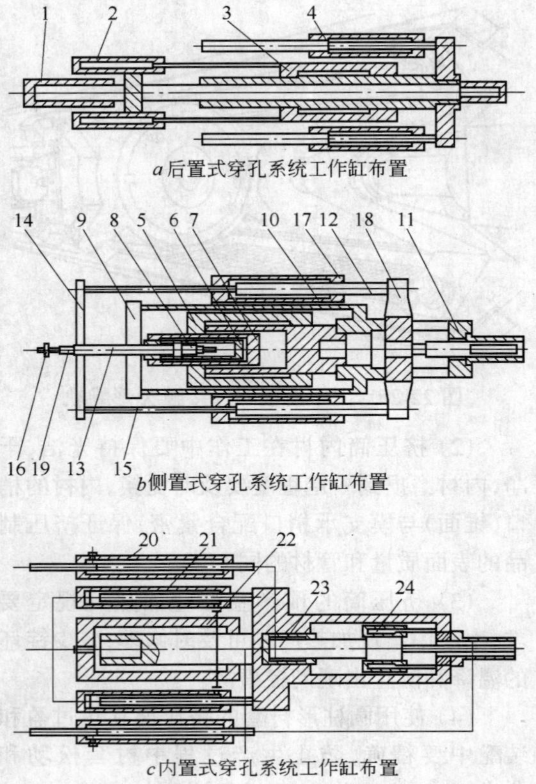

图 22-26　穿孔系统的内置式、侧置式、后置式三种基本形式

1、17、23—穿孔缸；2—穿孔返回缸；3、5、22—主缸；4—主返回缸；6—主柱塞；7—主柱塞回程缸；8—回程缸的空心柱塞；9—横梁；10—拉杆；11—主柱塞横梁；12—穿孔柱塞；13—穿孔回程的空心柱塞；14—横梁；15—拉杆；16—支架；18—穿孔横梁；19—进水管；20—进水管；21—副缸及主回程缸；24—穿孔回程缸

穿孔针支承和穿孔针通过连接器刚性连接，针支承和穿孔针状态的好坏（如产生弯曲、偏移等），也是引起挤压管材偏心的主要原因。现代挤压机使用的穿孔针一般都是内水冷式的，穿孔针支承是空心结构形式。

22.2.1.5　模座系统

卧式正向挤压机的模座是用来安装模支承和模具的部件。一般挤压机上使用的模座有纵向移动模座、横向移动模座、旋转式模座（如图22-27 所示）。

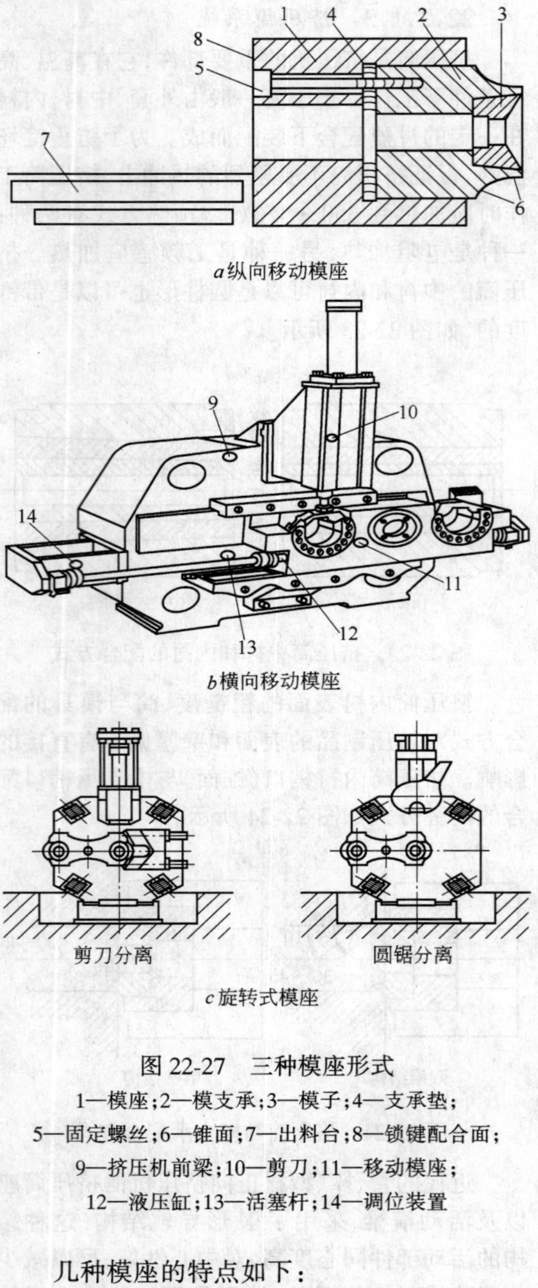

图 22-27　三种模座形式

1—模座；2—模支承；3—模子；4—支承垫；5—固定螺丝；6—锥面；7—出料台；8—锁键配合面；9—挤压机前梁；10—剪刀；11—移动模座；12—液压缸；13—活塞杆；14—调位装置

几种模座的特点如下：

(1) 纵向移动模座，又称挤压嘴。装入模支承和模具后，由后边的移动平台推入到挤压筒梢口（锥面）位置，由锁键锁紧后开始挤压，压余的分离是由纵向移动模座运动到后部的压余分离装置下进行分离。这种模座形式由于往返运动降低了挤压机的生产效率，而且不宜实现水封挤压。

(2) 横向移动模座是利用液压缸在挤压机两侧移动，移动距离短，工作时由挤压筒靠紧后开始挤压。模座一般有几个工作位置（两工位的较多），压余的分离装置一般在模座的上方，可用分离剪也可用锯切形式来分离。模子的检查、更换、修理、冷却等较方便，不影响挤压生产时间，效率高。这种模座在处理闷锭事故时没有纵向移动模座方便。

(3) 旋转式模座，一般也有几个工位，模座在180°内旋转。工作中模子的检查，更换、修理、冷却等辅助操作可以在挤压中心线外进行，不影响挤压机的生产效率，压余的分离方式也可采用剪切和锯切两种方式。

22.2.1.6 挤压垫片传送和压余分离系统

挤压垫片在挤压机工作中是反复使用的，每次完成挤压后，挤压垫片与压余要进行分离，使金属压余进入残料箱中，而挤压垫片通过设备的专用溜槽传送系统送到垫片供给装置上待用。使用纵向移动模座的挤压机，挤压垫片与金属压余以及挤压制品随模座一同移动到挤压机尾部的分离装置下进行分离。第一次进行制品与压余分离，分离为在线工作，待压余和垫片落入挤压机侧边的压余分离装置下（剪刀），再进行垫片与压余的分离，这种方式使挤压周期延长，而对脱皮挤压垫片的分离很不方便。

使用横向移动模座和旋转式模座的挤压机，垫片和压余与挤压制品的分离直接可在模座上方的分离装置下（剪刀和圆锯）进行制品与压余的在线分离，减少了模座移动，垫片与压余通过传送装置移至挤压中心线外进行分离。使用横向移动模座和旋转式模座的挤压机也可采用，即管材挤压时，靠挤压封尾后用穿孔针倒掉分离；棒材挤压时，挤压终了可直接用针倒掉分离的工作方式。如图22-28所示。

新式油泵传动的卧式正向挤压机，垫片与压余的分离装置操作比较方便，分离装置设在挤压机侧面。主要包括垫片和压余接收装置、分离装置、垫片溜槽转送装置等部分。垫片与压余以及脱皮残料的分离靠接收筒接收，然后移至侧边的分离装置一次分离完成，生产效率较高（如图22-29所示）。

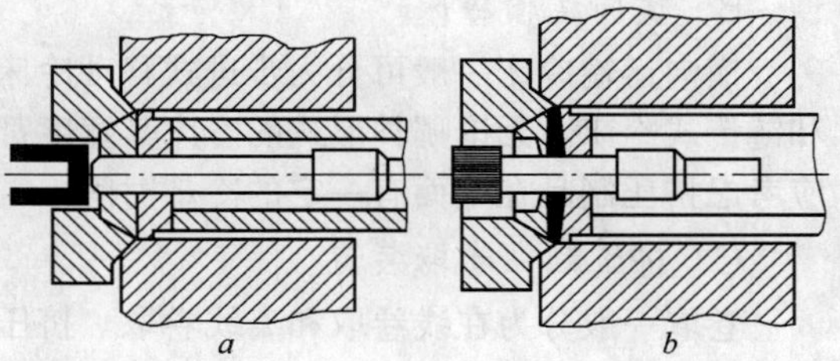

图22-28 挤管、挤棒的分离示意图

a—挤管分离；*b*—挤棒分离

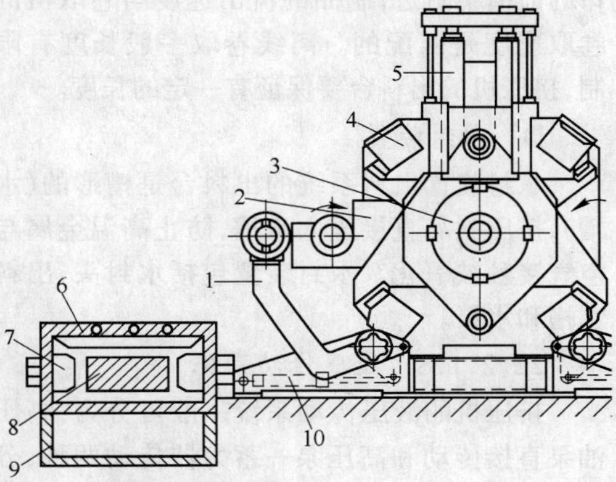

图22-29 垫片与残料接收和分离

1—垫片与残料的接收筒；2—横向移动模座；3—挤压筒；4—张立柱；5—剪刀；6—压余和垫片分离装置；7—残皮分离侧刀；8—分离推杆；9—垫片溜槽；10—液压缸

22.2.1.7 出料系统

出料系统一般包括出料台、横向运输冷床、挤压制品在线卷曲装置等。现代挤压机还包括水封装置、制品的牵引装置、挤压制品的锯切装置等。

A 出料台

使用纵向移动模座挤压机的出料台，一般是与模座连接在一起的，利用出料台下的传动装置往返运动。压余与挤压制品分离后，制品脱离模孔由拨料装置将挤压制品拨到横向运输冷床上，进行冷却。使用横向移动模座或旋转式模座挤压机的出料系统，一般是用出料台下面的辊道传动装置将制品移出。压余与挤压制品分离后，制品脱离模孔由出料台上的提升机构或翻料机构将挤压制品移送到横向运输冷床上进行冷却。

B 横向运输冷床

横向运输冷床一般可分为步进式移动冷床和链传式冷床。无论哪种形式的冷床其宽度都应考虑挤压制品在上面有一定的冷却时间。

C 挤压制品卷取装置

卷取一般分为在线卷取和离线卷取。挤压制品(小棒坯)的在线卷取,可一次卷取一根或两根(双孔模)制品。卷取机一般靠近模支承出口的前横梁附近,制品的流出速度与卷取机的卷取速度是匹配的。离线卷取一般长度有限制,挤压机的出料台要保证有一定的长度。

D 水封装置

水封装置出料系统的出料台是槽形的(水槽),挤压制品直接进入水槽,防止高温金属与空气接触被氧化。水封装置包括水封头、出料水槽和水泵。

22.2.1.8 液压传动系统

挤压机的液压传动系统一般可分为:高压油泵直接传动和高压泵—蓄力器传动两种,分别如图 22-30 和图 22-31 所示。

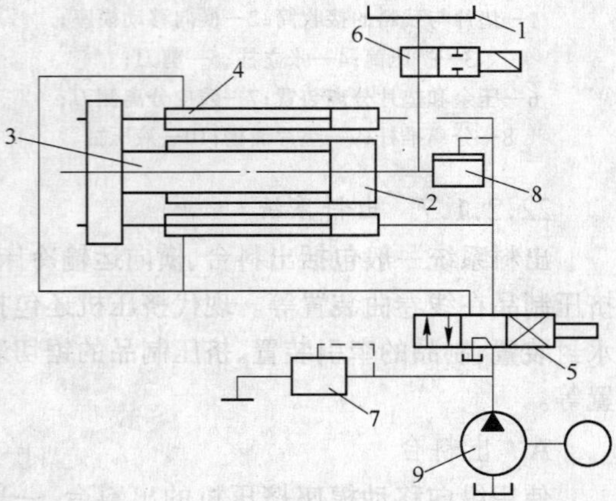

图 22-30 高压油泵直接传动

1—充填罐;2—主缸;3—主柱塞;4—回程缸;5—换向阀;6—充填阀;7—溢流安全阀;8—压力阀;9—泵

A 高压泵—蓄力器传动方式

这种方式的特点是:工作液体的压力是不变的,挤压速度因挤压力不同而异。对于挤压速度高,在短时间内需要大量工作液体,而且液体波动较大的情况,由于有蓄力器的储备和平

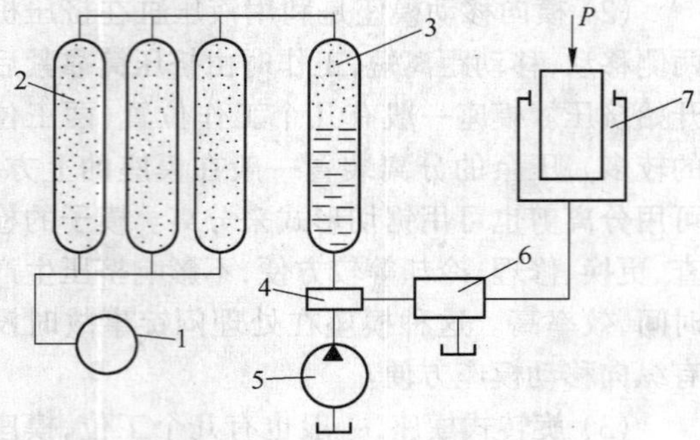

图 22-31 高压泵—蓄力器传动

1—高压空压机;2—空气罐;3—液压罐;4—主截止阀;5—高压泵;6—液体分配器;7—挤压机

衡作用,高压泵—蓄力器传动较适用。一般来说,适合于大吨位、高速、高压,特别是多台挤压机联用,比较经济。高压泵—蓄力器传动的工作液体一般以水或乳化液(乳液)为工作液体。

B 高压泵直接传动方式

挤压机工作缸所用的高压液体由高压泵通过控制机构供给,其特点是:泵输出的能量随被挤压金属变形需要的挤压力大小而变化。挤压速度与挤压力的大小无关,取决于高压泵的流量。高压泵直接传动适用于挤压速度不太高,挤压过程中高压液体消耗较均匀的单台挤压机供液。现代的挤压机随着大功率的变量泵发展,采用高压泵直接传动的形式越来越普遍。高压泵传动的工作液体,一般用油作为工作液体。两种传动方式的比较见表 22-8。

C 挤压机的动力系统采用几台并联的定量泵的方式

在铜及铜合金挤压生产时,有些挤压机的动力系统采用几台并联的定量泵的方式也是可行的,可用搭配启动不同的泵(相同流量或不同流量)的方法来改变挤压机的挤压速度,以满足挤压工艺需要。液压动力系统一般由多台泵组成,根据流量调整的需要,来选用油泵(定量泵或变量泵)。一般可根据主柱塞的最大挤压速度来确定高压液体的总需要量。

$$Q_{总流} = K \cdot F_{柱} \cdot V_{挤}$$

表 22-8 高压泵直接传动和高压泵—蓄力器传动比较表

传动方式	优 点	缺 点
高压泵—蓄力器传动挤压机	1. 在短时间内,工作液体波动很大时,由于蓄力器的储备和平衡作用,适用于吨位大、高速、高压的挤压机; 2. 采用多台挤压机联用较经济; 3. 在其他条件相同时,高压泵—蓄力器传动的功率低于高压泵直接传动的功率; 4. 设备维修较容易	1. 由于其传动特点,挤压速度控制较难; 2. 需要设泵站系统,设备占地面积大; 3. 挤压机与高压泵—蓄力器传动装置距离较远,安装工程较大。由于管道在传输液体时的阻力而损失部分能量(压力); 4. 泵站系统一次投资大
高压油泵传动挤压机	1. 利用伺服系统和变量泵易改变和控制主柱塞的运动速度,挤压速度较稳,适合于单体挤压机; 2. 挤压过程中高压液体消耗均匀,没有较大的波动,单台挤压机供液时,高压液体的能量利用率高,压力损失小; 3. 以油为工作液体,各部件润滑好,使用寿命长; 4. 不需要泵站系统,占地面积小,设备投资少; 5. 容易实现挤压设备的自动化	1. 挤压速度不能太快; 2. 必须按最大速度、最大压力选择泵的功率,因而功率不能充分发挥; 3. 在同样条件下,高压泵直接传动的总功率大得多; 4. 对设备维护要求高; 5. 一般适合于单体挤压机供液

式中 $Q_{总流}$——系统所需的总流量,L/min;

K——考虑系统泄漏的系数,一般可在1.05~1.15之间选取;

$F_{柱}$——主柱塞截面面积,cm^2;

$V_{挤}$——最大挤压速度,cm/min。

根据所需总流量 $Q_{总流}$ 确定高压油泵的台数 n。

$$n = Q_{总流}/Q_{单}$$

式中 $Q_{单}$——单台泵的流量,L/min。

22.2.2 立式挤压机

立式挤压机主要部件的运动方向和挤压制品的流出方向与地面垂直。一般挤压机安装在地面上,挤压制品挤入地坑中,再用提升机构将制品提升到地面。所以,需要较深的地坑,对制品长度有一定的限制。立式挤压机也可分为带独立穿孔系统和无独立穿孔系统两种。因运动部件与地面垂直,所以磨损较小,挤压中心线不易偏移,主要用于生产小直径管材。带穿孔系统的立式挤压机可用实心锭坯进行穿孔挤压,挤压管材的偏心度很小,内表面质量也较好。不带穿孔系统的立式挤压机一般使用空心锭坯挤制管材(不充填挤压),挤压制品内表面不如实心锭坯挤压。带穿孔系统的立式挤压机结构较复杂,应用不广泛。铜及铜合金的管、型材挤压一般都采用无穿孔系统的立式挤压机。立式挤压机的液压传动系统也可分为用高压泵—蓄力器传动方式和用高压泵直接传动的方式。挤压铜及铜合金无独立穿孔系统的立式挤压机如图22-32所示。

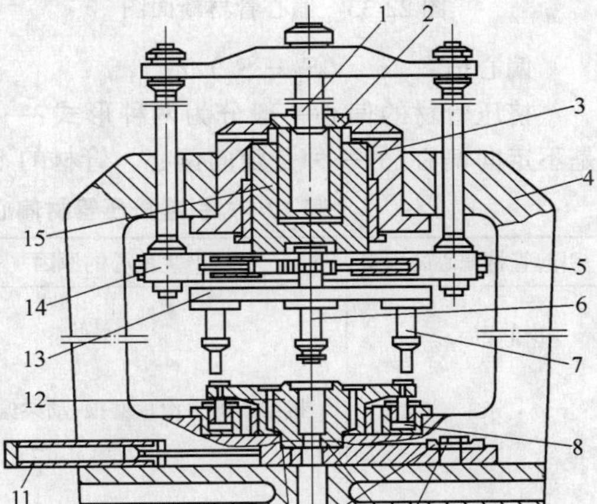

图 22-32 无独立穿孔系统立式挤压机

1—回程缸;2—主柱塞回程缸;3—主缸;4—机架;5—滑板;6—冲头;7—挤压轴;8—挤压筒锁紧缸;9—模子;10—模支承;11—模座移动缸;12—挤压筒;13—回转盘;14—滑座;15—主柱塞

22.2.3　正向挤压控制与调整技术

正向挤压铜及铜合金管、棒、型材的方法是目前有色金属压力加工的基本方法。在铜及铜合金的挤压中，挤压缩尾，氧化皮的压入，挤压制品的表面氧化，挤压管材的偏心等，是铜及铜合金挤压技术中较为突出的问题。

22.2.3.1　调偏技术

偏心是穿孔挤压管材时最容易产生的缺陷之一。挤压机运动部件的磨损，机械的同心度，挤压工具的刚度和磨损，操作方法等是引起挤压管材偏心的主要因素。一般管材外圆的圆心与内圆的圆心不重合，称为管材偏心（如图22-33所示）。

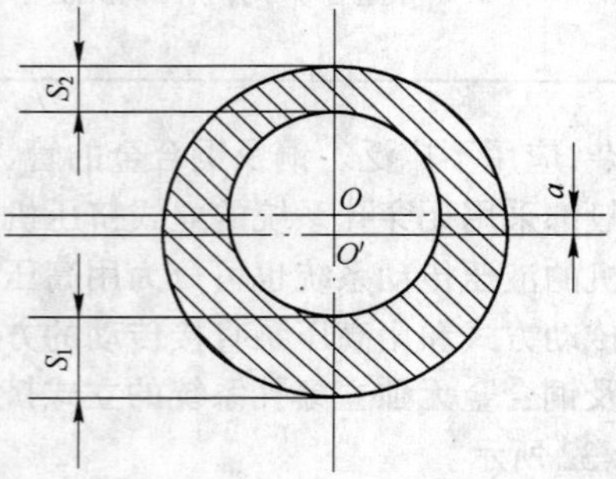

图 22-33　偏心管材断面图

偏心值：　$a=(S_1-S_2)/2$

挤压管材的偏心一般分为两种形式：一种是不定向偏心；另一种是定向偏心。管材的不定向偏心一般与锭坯加热、挤压垫片尺寸、穿孔针状态、挤压模的加工和磨损、挤压轴安装松动、挤压筒的调整间隙等因素有关。挤压管材的定向偏心一般与设备中心线、挤压筒内衬的磨损、挤压轴端面不垂直、挤压轴变形（弯曲）、模座的支承面磨损变形、针支承、连接器和穿孔针连接松动等因素有关。挤压管材偏心产生的原因如表22-9所示。

A　激光对中技术

采用激光对中装置可精确确定挤压机中心线，并在挤压过程中对挤压轴、穿孔系统、挤压筒和挤压模的同心度进行监测。该装置由激光发射、接收和检测信息处理与显示三个部分组成。

实际使用中可分为两步进行，第一步是在挤压机处于原始状态时（安装或检修完后投入工作前），在固定横梁上安装激光发射装置，并在挤压筒两端，挤压轴和穿孔系统前端等活动部件上安装监测装置。打开激光发射，各检测装置接收信号，通过显示屏显示光束是否处于平衡位置，如果平衡，则说明挤压中心线良好，如果有问题可根据检测数据逐一进行调整。第二步，首先拆除原始状态激光装置的安装，将发射装置、检测装置分别安装在挤压筒支座下部左右对称位置和挤压机活动横梁下部左右对称位置，并将激光束调至平衡，即可投入生产。

表 22-9　引起挤压管材偏心的因素、产生偏心的原因和解决办法

引起管材偏心的因素	产生偏心的原因	解　决　办　法
挤压设备	机架内的大滑板磨损，动梁偏离中心	1. 检查滑板尺寸，按照设备检修和维护规程调整动梁下的导向滑板，恢复中心位置，如果磨损严重可更换滑板； 2. 挤压机机架内大滑板工作条件差，脏物易侵入，造成滑板磨损。因此，在工作中应经常清理滑板脏物，必须用干净油润滑。现代挤压机滑板润滑都带有自动润滑装置，要经常检查润滑嘴是否堵塞，以保持其通畅
	挤压筒座滑板磨损，挤压筒偏离中心线	1. 调整挤压筒座下的导向滑板，使之达到中心位置，磨损严重可更换滑板； 2. 现代挤压机使用X形导轨，挤压筒均有四个导向面，一般对中性好，可减少热胀冷缩引起的误差，X形导轨与挤压筒上滑板调整的间隙可控制在0.1～0.3 mm之间

续表 22-9

引起管材偏心的因素	产生偏心的原因	解 决 办 法
挤压设备	锁键与挤压模座配合面磨损，横向移动和旋转模座支承面磨损变形，造成动态中心移位	1. 更换和修理锁键和模座的配合面，横向移动和旋转模座的支承面； 2. 横向移动和旋转模座都带有滑板润滑装置，工作中要保证润滑效果
	大机头与挤压轴配合的端面变形	1. 现代挤压机大机头内装有支承垫，生产中如果测量发现平面压斜变形，要随时更换，保证挤压轴的中心位置； 2. 更换挤压轴
	设备中心线没调好	1. 检查设备状态（用铅垂线的方法，通过测量仪器检测），校正和调整挤压中心线； 2. 一般调整各运动部件导向的滑板间隙
	穿孔系统导向不好	1. 检查穿孔系统的导向滑板间隙，恢复中心位置； 2. 必须保持良好的润滑条件。
挤压工具	挤压轴变形	1. 挤压轴可用水平仪和磁性千分表检查水平和跳动量情况； 2. 挤压轴受力弯曲变形，一般小系统的挤压轴易产生弯曲变形，通过测量，发现弯曲变形及时更换； 3. 挤压轴端面镦粗变形，使轴的工作面产生偏斜，造成与轴线不垂直，可更换或修复挤压轴； 4. 挤压轴尾部端面压斜变形，挤压轴尾部端面与大机头内支承垫接触，长期受力出现压斜现象，一般更换挤压轴或支承垫
	针支承变形	1. 针支承在挤压轴内孔中反复运动，易产生磨损变形，造成间隙过大不稳定，调整间隙或更换针支承； 2. 针支承弯曲变形，及时更换
	穿孔针弯曲或端头变形	1. 穿孔针弯曲变形在实际生产中常有发生，根据弯曲情况可转动一下穿孔针位置（有些设备带有转针机构），弯曲变形严重的应及时更换穿孔针； 2. 穿孔针端头压秃变形造成穿孔受力不均，偏离中心位置，更换或修复穿孔针； 3. 穿孔针与连接器和针支承连接松动，造成穿孔不稳定，上紧
	挤压筒内衬和锥面磨损变形	1. 挤压筒内衬磨损变形是生产中经常出现的情况，一般筒内磨损不均匀，内衬磨损程度影响制品质量时，要及时更换内衬； 2. 挤压筒内衬锥面与模支承锥面配合，磨损变形造成筒、模支承配合的中心位置不好，应更换内衬； 3. 选择优良的内衬材料减少磨损，延长使用寿命
	挤压筒和挤压轴的中心位置	1. 可用塞尺检查挤压轴和挤压筒的环形间隙； 2. 根据间隙大小来调整挤压筒位置，保证轴与筒的中心位置

续表 22-9

引起管材偏心的因素	产生偏心的原因	解决办法
挤压工具	挤压垫片磨损变形	1. 挤压垫片外圆磨损，尺寸变小，及时更换挤压垫片； 2. 挤压垫片内孔磨损，尺寸变大，造成垫片与穿孔针配合间隙过大产生偏心，及时更换挤压垫片； 3. 挤压垫片端面磨损、偏斜变形，影响穿孔针的中心位置，更换垫片
	挤压模支承磨损变形	1. 模支承与内衬配合的锥面不均匀磨损变形，造成中心位置不对正，更换或修复模支承； 2. 挤压模支承端面变形，更换模支承
	挤压模偏心	1. 挤压模加工不正确，本身带有偏心，检查模子同心度，及时更换模具； 2. 按标准验收模具
	挤压轴、穿孔针、挤压筒、挤压模中心线不同心	1. 挤压工具的安装不到位或不紧，有松动，检查工具安装情况并装紧到位； 2. 工具的制造有误差，不符合标准，按标准验收工模具，不合格的挤压工具不能使用
挤压工艺	锭坯加热不均匀和端面切斜	1. 锭坯加热不均匀，使金属各部分变形抗力不同，穿孔针向温度高的一侧偏移，造成挤压制品头部偏心，按规程加热锭坯，并保证加热时间，消除锭坯加热不均； 2. 锭坯端面切斜度较大时，如果充填挤压不好，造成穿孔针移位，产生管材偏心。按标准验收锭坯，不合格的不准装炉
	空心锭坯钻孔偏移	1. 空心锭坯的孔钻偏，影响穿孔针的定位，造成移位，影响管材壁厚不均（头部偏心）； 2. 按标准验收锭坯
挤压操作	充填挤压不充分	1. 充填挤压不充分，易造成挤压管材头部偏心； 2. 一般管材都要求充填挤压消除头部偏心
	脱皮挤压时，铜皮清理不彻底	1. 现代挤压技术中，一般挤压制品都进行脱皮挤压，保证制品表面质量；如果脱皮挤压后挤压筒内的残料皮清理不干净，再挤压时的锭坯和垫片中心位置不好，造成管材偏心； 2. 使用清理垫片需彻底清理残皮，保证筒内干净

挤压开始时，由于挤压筒（包括挤压模）、挤压轴和穿孔系统（穿孔针），都处于已调好的正确位置，在显示屏上无显示数据。经过一段时间的挤压工作，通过显示数据来判断各运动部件的位置误差，并可根据数据调整偏移部件，保证挤压机处于良好状态。

我国进口波兰卧式正向挤压机的激光对中装置的技术参数为：发射波长 0.63 μm，能量 1 mW，电源电压 220 V，频率 50 Hz，功率 50 W，光束直径 10～15 mm，接收装置为圆盘形状，并有四个光电二极管，分别检测光束在 X 方向和 Y 方向的位移并可显示位移方向，精度可达 ±0.1 mm，激光对中技术主要应用于挤压设备各运动部件的对中调整。

B 调偏穿孔针挤压调偏技术

采用调偏穿孔针挤压管材的首要条件是，挤压机的穿孔系统必须可以实现定位和调节行程。调偏穿孔针由针体、浮动套和固定连接杆组成,如图 22-34 所示。

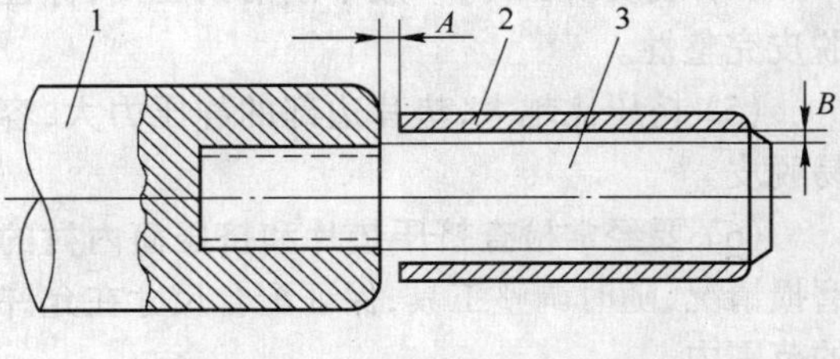

图 22-34 调偏穿孔针示意图
1—针体;2—浮动套;3—固定连接杆;
A—轴向间隙;B—径向间隙

采用调偏穿孔针挤压,当穿孔针偏离模孔中心位置时,挤压管材壁厚出现不均匀,壁厚薄的部分变形量大,静压力大,壁厚薄的部分流出速度也快,迫使穿孔针的浮动套(浮动套与固定连接杆之间有间隙)向流出速度慢、静压力小的厚壁一边浮动。因此,使偏心得到一定程度的纠正。

采用调偏穿孔针挤压时应注意以下几点:

(1) 针体直径与浮动套直径之差对纠偏有一定的影响,针体直径可根据锭坯直径大小来确定。

(2) 浮动套的有效长度应小于挤压垫片厚度,直径由管材内径确定。

(3) 浮动套的环形断面应考虑所承受的轴向拉应力和径向压应力,通过理论计算确定。

(4) 浮动套与固定连接杆之间的径向间隙 B 与针体之间的轴向间隙 A 不能过大,可根据合金和挤压管材壁厚情况确定。

(5) 调偏穿孔针与模子定径带的位置要正确调整(如图 22-35 所示)。

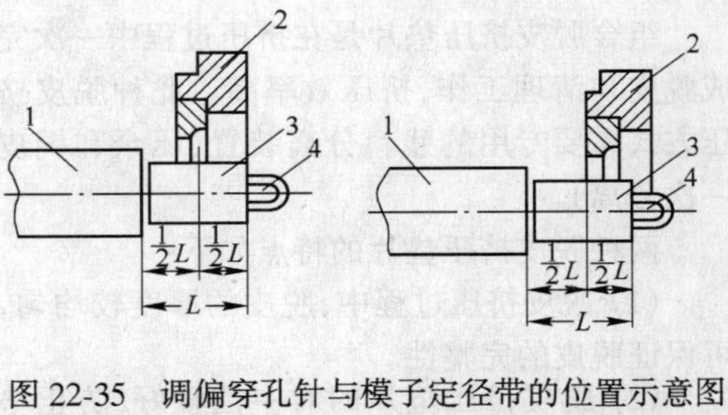

图 22-35 调偏穿孔针与模子定径带的位置示意图
1—针体;2—模支承;3—浮动套;4—固定连接杆

(6) 每次挤压管材分离压余后,制品必须脱离模孔。否则,易造成固定连接杆弯曲。

(7) 调偏穿孔针不进行充填挤压。

(8) 严格控制压余厚度,防止金属倒流入挤压垫片内孔。

采用调偏穿孔针挤压管材时,可调整定向和不定向偏心。

为了减少卧式挤压机易产生偏心的问题,对挤压工具的设计采取了很多措施,如定心双锥面(梢口)的模支承和挤压筒内衬,带定位的脱皮挤压垫片,偏心模支承等。图 22-36 为双锥面模支承与挤压筒内衬梢口的配合示意图。

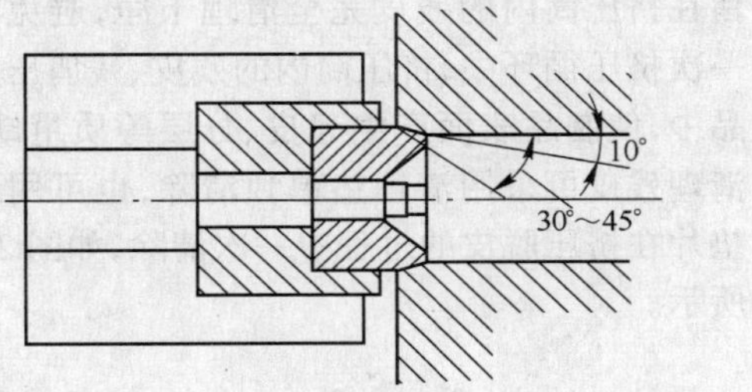

图 22-36 双锥面模支承与挤压筒内衬梢口配合示意图

22.2.3.2 脱皮挤压技术

脱皮挤压的目的在于防止锭坯在浇铸、运输、存放和加热过程中产生的表面缺陷随着挤压过程流入到制品中去,从而减少挤压缩尾、制品表面缺陷等,使挤压残料减少,表面质量提高,成品率可提高 15%～20%。要保证脱皮挤压的效果,就必须保持脱皮的完整性。这主要取决于挤压垫片与挤压筒之间的间隙、垫片的形状与挤压筒内衬表面的磨损程度以及金属的某些性质等。间隙小,脱皮薄,锭坯表面缺陷脱离不彻底,完整性不好。间隙大,脱皮的厚度较均匀,可较好地消除锭坯表面缺陷的影响,但间隙过大易造成金属反流,出现包垫包轴的现象。实际生产中一般采用挤压垫片直径比挤压筒内衬直径小 2～4 mm 的垫片进行挤压,脱皮厚度一般为 2～3 mm。脱皮挤压方法如图 22-37 所示。

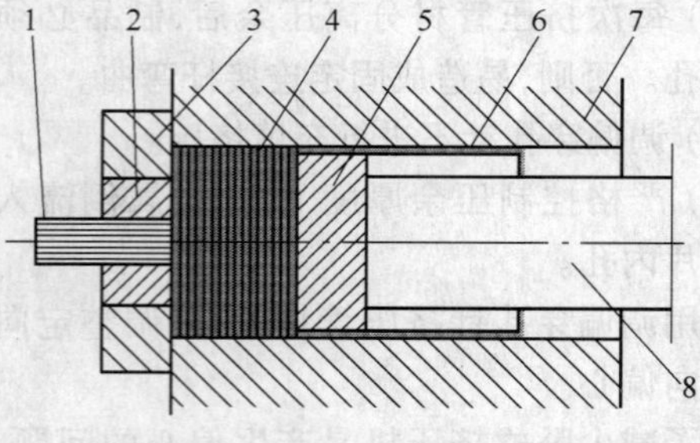

图 22-37 脱皮挤压棒材示意图

1—制品；2—挤压模；3—模支承；4—锭坯；5—垫片；6—残皮；7—挤压筒；8—挤压轴

在生产过程中，每次脱皮挤压后，必须将残留在挤压筒内的残皮完全清理干净，避免在下一次挤压循环中，挤压筒内的残皮、残屑压入制品中，使制品表面产生起皮、分层等质量缺陷。清理残皮可采用清理垫单独清除，也可用组合垫片在挤压脱皮的过程中一次清除，如图 22-38 所示。

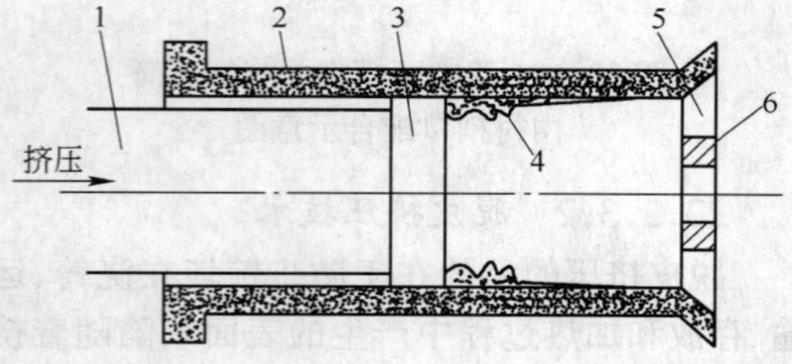

图 22-38 清理残皮示意图

1—挤压轴；2—挤压筒内衬；3—清理垫片；4—残皮；5—模支承；6—模子

脱皮挤压中应注意以下问题：

(1) 调整好挤压设备和工具的中心线，保证脱皮挤压的完整性，也可减少制品的偏心。

(2) 黏性较大的金属，易粘结工具，难以形成完整的残皮，此时在金属加热温度允许的范围内尽量降低挤压温度或加强挤压垫片的冷却，以防粘结，便于形成完整的脱皮。

(3) 采用脱皮挤压时，需要较大的挤压力，一般在小吨位的挤压机上生产某些产品时难度较大。如果采用非脱皮挤压方法，需要进行锭坯表面处理。可采取锭坯表面刷洗、车皮、热扒皮和锭坯加热过程中气体保护，防止氧化等措施，保证挤压制品表面质量。

(4) 脱皮挤压时，一般不润滑挤压筒，保证脱皮完整性。

(5) 挤压比越大，垫片边部的静压力大，容易脱皮。

(6) 要经常检查挤压垫片和挤压筒内衬的磨损情况，随时调整工具，保证配合尺寸在允许的范围内。

两种特殊脱皮垫片的形式如图 22-39 所示。

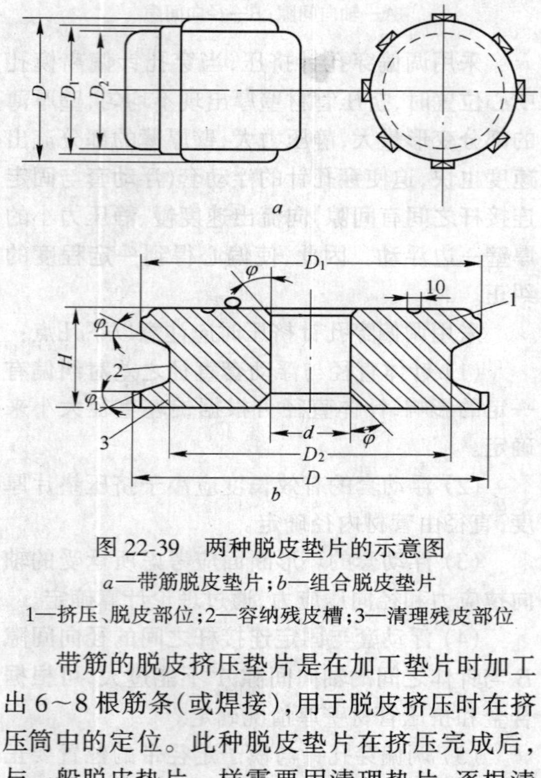

图 22-39 两种脱皮垫片的示意图

a—带筋脱皮垫片；*b*—组合脱皮垫片

1—挤压、脱皮部位；2—容纳残皮槽；3—清理残皮部位

带筋的脱皮挤压垫片是在加工垫片时加工出 6～8 根筋条(或焊接)，用于脱皮挤压时在挤压筒中的定位。此种脱皮垫片在挤压完成后，与一般脱皮垫片一样需要用清理垫片，逐根清理残皮。

组合脱皮挤压垫片是在挤压过程中一次完成脱皮和清理工作，挤压效率高。此种脱皮挤压方式需要专用的残料分离装置(压余和铜皮一次分离)。

两种脱皮挤压垫片的特点如下：

(1) 脱皮挤压过程中，脱皮的厚度较均匀，可保证脱皮的完整性。

(2) 脱皮挤压垫片的对中性较好，防止垫片移动中带动穿孔针偏离中心位置，挤压管材的同心度较好。

(3) 使用组合垫片挤压时，要根据锭坯的长短、脱皮量的大小来计算出容纳残皮槽的大小，保证有足够的空间容纳残皮。

22.2.3.3 水封挤压技术

近年来，很多挤压机采用了水封挤压技术。其方法是，在挤压过程中使制品不与空气接触，而直接进入出料水槽中，防止挤压制品在高温下与空气接触而氧化，以便减少酸洗等工序，减少金属损耗和提高制品内外表面质量与细化制品晶粒。对需淬火处理的挤压制品，在挤压后使其直接进入冷却水中，当温度控制适当时，也可达到淬火的目的，使淬火与挤压两道工序合并，大大简化生产工序，缩短生产周期，节省能量消耗，如图 22-40 所示。

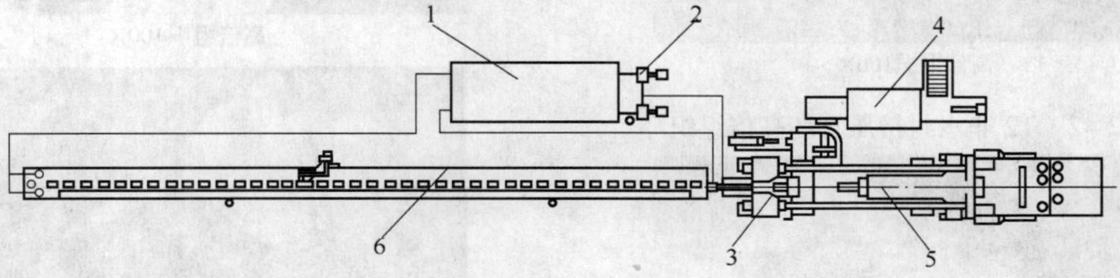

图 22-40 带水封装置的挤压机示意图

1—水箱；2—泵；3—水封头；4—加热炉；5—挤压机；6—出料水槽

水封装置主要包括水封头、出料水槽、水箱和泵。水封头是水封挤压的主要装置，图 22-41 为两种形式的水封头装置示意图。

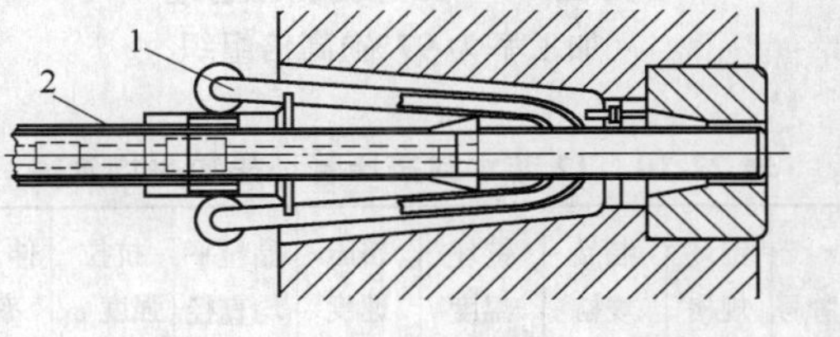

*a*带水帘的水封头

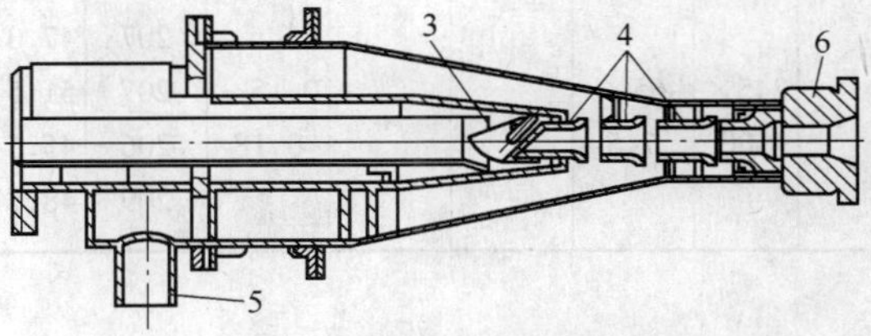

*b*带水封挡板的水封头

图 22-41 两种形式的水封头示意图

1—进水口；2—套管装置；3—水封挡板；4—导路；5—排水管路；6—模支承

水封头内靠供水管路进水（带有一定压力），使装置内充满水，实现水封挤压。由于在水封头入口处有一负压区，挤压完了，制品由牵引辊道拖出后，水不会从模口流出。水封头与出料水槽连接，保证挤压制品挤出后，直接进入水槽冷却，使金属不与空气接触，防止制品氧化。水封装置中的水，靠排水管路与水箱连接，由油泵工作形成循环流动方式。水封挤压的特点如下：

(1) 采用水封挤压，管坯呈现晶粒细小，抗拉强度高，延伸好。

T2 水封挤压与 T2 非水封挤压晶粒度对比分别见图 22-42 ~ 图 22-44 和表 22-10 ~ 表 22-12。

高倍组织100×

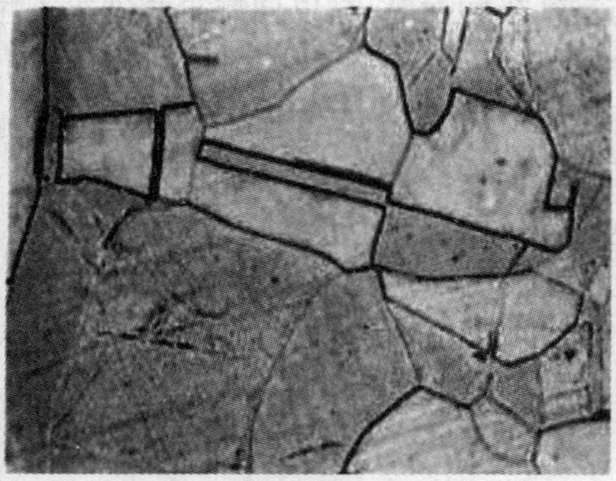
高倍组织100×

图 22-42 T2 非水封挤压管坯高倍组织

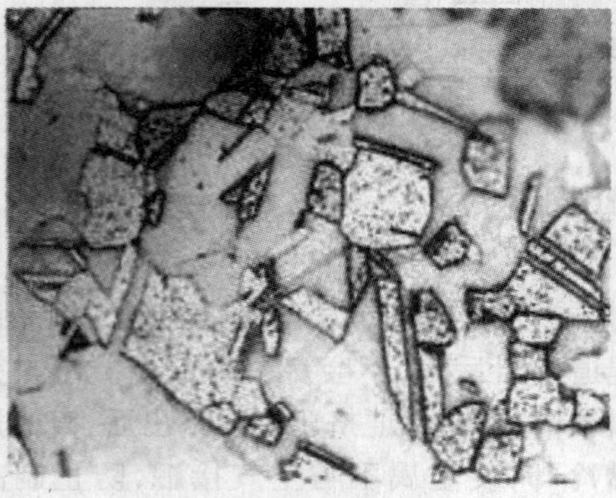
高倍组织100×

高倍组织100×

图 22-43 T2 水封挤压管坯（加工率为 95%）高倍组织

高倍组织100×

高倍组织100×

图 22-44 T2 水封挤压管坯（加工率为 97%）高倍组织

表 22-10 T2 非水封挤压管坯晶粒平均直径

牌号	锭坯规格 /mm	制品规格 /mm	锭坯温度 /℃	挤压速度 /m·s^{-1}	晶粒平均直径 /mm	抗拉强度 σ_b /MPa	伸长率 δ_5/%
T2	245×500	65×7.5	813	4	0.15～0.18	207	47.0
						207	51.5
						206	45.5
						209	48.5

表 22-11 T2 水封挤压管坯（加工率为 95%）晶粒平均直径

牌 号	锭坯规格 /mm	制品规格 /mm	锭坯温度 /℃	挤压速度 /m·s^{-1}	晶粒平均直径 /mm	抗拉强度 σ_b/MPa	伸长率 δ_5/%
T2	245×500	65×7.5	815	4	0.075	227	53.5
					0.075	236	51.5
					0.075	220	50.0
					0.090	228	50.0

表 22-12 T2 水封挤压管坯(加工率为 97%)晶粒平均直径

牌号	锭坯规格 /mm	制品规格 /mm	锭坯温度 /℃	挤压速度 /m·s^{-1}	晶粒平均直径 /mm	抗拉强度 σ_b/MPa	伸长率 δ_5/%
T2	195×550	46×3	810	3	0.065 0.065 0.055 0.055	223 228 228 218	51.0 51.5 50.0 50.0

B30 水封挤压管坯(加工率 95%)晶粒平均直径见表 22-13。

表 22-13 B30 水封挤压管坯(加工率 95%)晶粒平均直径

牌号	锭坯规格 /mm	制品规格 /mm	锭坯温度 /℃	挤压速度 /m·s^{-1}	晶粒平均直径 /mm
B30	195×350	65×7.5	1000	0.6	0.025 0.030 0.025

(2) 由于金属性质的特点,白铜管、黄铜冷凝管等挤压管坯受冷却变形不均匀与急冷变形大的影响,管坯会出现较大弯曲现象。可采用机械装置(如压料辊道、牵引装置等)来解决。

允许水冷的合金见表 22-14。

表 22-14 允许水冷的合金

合金	允许水冷的合金
紫铜	T2~T4 Tul Tup
黄铜	H96 H90 H85 H80 H68 HSn70-1 HAl77-2
青铜	硅青铜 锡青铜
白铜	B30 B10 BFe30-1-1 BFe10-1-1
镍合金	N6 NCu28-2.5-1.5

(3) 水封挤压采用封头、尾工作方式。水封挤压时为避免管坯内表面氧化和挤压完了管坯内倒灌水现象,采用封头、尾挤压。制品封头、尾长度一般为 80~120 mm。压余分离,用穿孔针顶断方式来分离,所以,在实际生产中考虑穿孔针的强度来选择水封挤压的合金和规格范围。

(4) 水封头前端由于受快速通水和排水速度等原因的影响,水封头内会出现因未充满水而产生空气的现象,导致挤压完了封尾挤压时,管坯尾端产生氧化,一般长度为 200~400 mm。可采用水封头内通保护气体的方法进行双重保护(现已使用双重保护水封装置)。

(5) 随着挤压连续进行,水槽中的水温会不断升高。应严格控制循环水量(一般水温低于 60℃),保证管坯表面不发红。

22.2.3.4 压余控制技术

为消除和减少挤压缩尾,根据合金、规格、锭坯等挤压条件进行不完全挤压,即不把锭坯全部挤出,而把坯料的尾部留在挤压筒内,挤压完了随制品推出切掉,这部分金属称为压余。

挤压缩尾是铜及铜合金挤压过程中容易产生的缺陷,其主要原因是挤压时金属的不均匀流动,在挤压后期产生紊流造成的。一般在无润滑热挤压条件下,锭坯挤压剩余长度减小到与挤压筒半径相等时,死区逐渐减小,剩余长度减小到挤压筒半径 1/2 以下时,死区几乎消失,金属流动进入明显的紊流状态,缩尾一般是在金属进入明显的紊流状态后形成的。为减少和消除挤压缩尾,挤压时必须留压余。根据合金、规格、锭坯直径大小等,压余长度可取锭坯直径的 10%~30%左右。表 22-15 列出不同合金和系统的压余厚度。

其中:棒材挤压采用上限;管材和多孔模棒材挤压采用下限;锭坯长径比大,取上限;长径比小,取下限。水封挤压和用穿孔针顶断分离挤压的压余，是指封尾挤压之前的压余厚度。

在小吨位立式挤压机上挤压制品时，采用全润滑挤压，压余厚度较薄，一般压余厚度为2～3 mm。

压余一般可占坯料重量的10%～15%，使挤压成品率大大降低。压余控制技术中的根本措施是改善金属流动，一切减少流动不均匀的措施，都有利于减少和消除挤压缩尾，减少压余损失，提高挤压成品率。

表22-15 不同合金和系统的压余厚度

合金牌号	压余厚度/mm					
	ϕ150 mm 挤压筒	ϕ200 mm 挤压筒	ϕ250 mm 挤压筒	ϕ300 mm 挤压筒	ϕ370 mm 挤压筒	ϕ420 mm 挤压筒
紫铜	20～25	25～30	30～35	30～35	35～40	35～40
黄铜	30～40	35～40	35～40	40～50	45～55	50～65
青铜	35～45	40～45	40～45	40～50	45～55	55～65
其余	25～35	30～35	30～40	35～45	45～50	45～60

22.2.3.5 挤压润滑和冷却技术

为使挤压时金属流动均匀，提高挤压制品的表面质量，改善和延长挤压工具的使用寿命以及降低挤压力，减少能量消耗，在挤压过程中，应对挤压工具进行润滑。挤压时使用润滑剂的作用是，尽可能地改善金属与挤压筒、挤压模、穿孔针等工具的摩擦条件，减少表面干摩擦，这不仅可提高挤压制品的质量和工具的使用寿命，而且由于降低了挤压工具对金属的冷却作用，可使金属流动不均匀性减少。

A 挤压润滑剂的选择要求

(1) 使摩擦表面尽可能有最大的活性，以保证形成完整、结实的润滑层。

(2) 有足够的黏度，以使润滑层有足够的厚度，随着黏度的增加，同时也会使润滑剂的活动性降低，所以黏度要适当。

(3) 对挤压工具及变形金属有一定的化学稳定性，以免腐蚀工具及变形金属表面。

(4) 有适当的闪点，避免在开始挤压时燃烧，影响润滑效果。

(5) 燃烧后的灰分要少，减少挤压制品内外表面的污染。

(6) 冷却性能好。

(7) 挤压润滑剂本身产生的气体，不应对人体和环境产生有害作用。

(8) 制造和使用方便，价格低廉，成本低。

B 挤压常用润滑剂

(1) 大多数铜及铜合金的挤压，可采用45号机油加入20%～30%鳞片状石墨调制成的润滑剂。

(2) 挤压白铜或青铜时，鳞片状石墨含量可增加至30%～40%。

(3) 冬季为增加润滑剂的流动性，在润滑剂中可加入5%～9%的煤油，以保证润滑效果。

(4) 夏季为使石墨质点处于悬浮状态，可在润滑剂中加入适量的松香。

(5) 挤压高温、高强合金时，如镍、铜镍合金等，可采用玻璃润滑剂，即玻璃垫、玻璃布、玻璃粉。

(6) 在卧式挤压机上，也常采用石油沥青作为挤压工具的润滑剂。

(7) 立式小吨位挤压机可采用轧钢机油加30%～40%的鳞片状石墨作为润滑剂，进行全润滑挤压。

C 挤压润滑时的工艺要求

挤压过程中，润滑剂的润滑部位要严格控制，如果润滑部位不当，润滑剂选择不好，会造成挤压制品内部灰渣，增加缩尾，制品产生气泡等缺陷。

(1) 穿孔针润滑。每次挤压后要进行穿孔针表面润滑，涂抹要均匀。首次使用新针时，要用润滑剂涂抹针体表面并用净布反复擦拭，确保针体充分润滑。

(2) 挤压模润滑。挤压过程中，可选择性地对挤压模孔进行润滑。穿孔针和挤压模润滑时，对于 H62、HPb59-1 等低温合金，涂层要薄而均匀，以免制品产生气泡缺陷。

(3) 挤压筒一般不润滑，但对难挤压合金，高温、高强合金可有针对性选用合理的润滑剂，如石墨和玻璃润滑剂等，润滑挤压筒内壁。

(4) 挤压垫片的润滑。禁止润滑挤压垫片端面，以免增加缩尾。为减少摩擦，便于垫片分离，可润滑挤压垫片的外圆。

D 玻璃润滑剂使用方法

(1) 挤压筒润滑。一般选择玻璃布包在锭坯上，随锭坯一起送入挤压筒内，挤压进行过程中使挤压筒内壁得到润滑。

(2) 挤压模润滑。一般选择玻璃垫润滑，玻璃垫内孔比模孔稍大些，外圆直径比挤压筒小 4～5 mm，厚度为 4～10 mm，放在挤压模前，进行模子润滑。

(3) 穿孔针润滑。一般采用先在穿孔针体上涂上润滑剂（如沥青）然后包上玻璃布，进行穿孔针的润滑。

玻璃润滑还有其他的方法，现代挤压机采用了喷涂式自动润滑装置，可对挤压筒、穿孔针、挤压模进行自动润滑，采用自动润滑的润滑剂要求较严格。润滑剂呈半胶体状的乳化石墨，在高温 850～1050℃时，对挤压工具有较好的润滑性、喷涂性和可清除性，不污染工作环境。如荷兰生产的 Dag563/Acheson 润滑剂，使用效果良好。

E 挤压过程中的冷却

在挤压过程中，主要对挤压工具进行冷却，提高其使用寿命，改善挤压制品表面质量。

(1) 挤压筒内壁一般采用空冷和风冷。

(2) 穿孔针一般采用水冷，实心外冷式穿孔针，在挤压完成一个循环后，每次都要对针体进行水冷，冷却要均匀。空心内冷式穿孔针，一般由设备自动控制，穿孔针通过内部通冷却水、吹气的工作方式来冷却。

(3) 挤压模一般可用空冷、水冷和油冷。水冷挤压模表面时，冷却要均匀，冷却完后，要清除表面粘附的氧化皮后再使用，以保证挤压制品表面质量。使用横向移动和旋转式模座的挤压机，可根据情况，两个模子轮换使用，即可达到冷却目的。

(4) 挤压过程中，一般是几个垫片交替使用，空冷即能满足要求。

应注意掌握冷却方法，避免引起工具的龟裂、炸裂、穿孔针弯曲变形等。

22.2.4 挤压工艺参数选择的原则和方法

最佳的挤压工艺包括：

(1) 正确选择挤压方法和挤压设备。

(2) 确定合理的锭坯尺寸和正确确定挤压工艺参数。

(3) 选择优良的润滑条件和采用最佳的挤压工具设计。

22.2.4.1 挤压方法的选择

金属的基本挤压方法是正向挤压法和反向挤压法。在实际生产中可根据被挤金属材料的不同特性，流动不均匀性、高温塑性和产品质量要求等，来考虑挤压方法和挤压设备的选择。

A 正向挤压

(1) 正向挤压机已用于所有挤压过程和挤压各种制品，根据被挤压金属材料的不同性质，可采用脱皮挤压、水封挤压、包套挤压、润滑挤压、多孔模挤压等。

(2) 对生产壁厚尺寸要求严格的中、小管材，如外径小于 $\phi 30$ mm 的薄壁管，可考虑在立式挤压机上生产。

B 反向挤压

(1) 根据不同金属材料的流动特点，考虑哪些材料可采用反向挤压。一般采用平模无润滑反向挤压铜和铜合金的管、棒、型、线材，有利于提高挤压制品组织性能的均匀性和减少挤压制品的缩尾。

(2) 对需要进行润滑挤压的金属材料，可采用反向挤压。

(3) 对于尺寸精度要求高的挤压管材和高温塑性范围狭窄的合金，可采用反向挤压。

22.2.4.2 挤压工艺参数选择

A 锭坯尺寸的选择

选择锭坯尺寸时应考虑以下原则：

(1) 为保证挤压制品端面上组织和性能均匀,其变形程度大于85%,一般可取90%以上,对于二次挤压的坯料可不受此限制。

(2) 在挤压定尺或倍尺产品时,应考虑压余量的大小及制品切头、尾所需的金属量。

(3) 为提高成品率,可采用长锭坯挤压,一般取锭坯长度为1.5~3倍的锭坯直径。

(4) 确定锭坯尺寸时,必须考虑设备的能力和挤压工具的强度。

(5) 为保证操作顺利进行,挤压筒与锭坯之间,空心锭坯的内径与穿孔针之间,都应留有一定间隙(如表22-16所示)。

表22-16 锭坯与挤压筒、穿孔针之间的间隙

合金	挤压机类型	挤压筒直径 D/mm	定坯与挤压筒间隙 ΔD/mm	空心锭与穿孔针间隙 Δd/mm
铜及铜合金	卧式	≤100 100~300 ≥300	1~3 5 10	1~5
	立式	75~120	1.0~2	1~5

对于塑性很差的合金,在选择 ΔD 时,应取小些,以防填充挤压时锭坯周边产生裂纹。

B 锭坯直径和长度的确定

a 锭坯直径的确定

挤制管材的锭坯直径:

$$D_0=\sqrt{\lambda(d^2-d_1^2)+d_1^2}-\Delta D \quad (22\text{-}25)$$

挤制棒材的锭坯直径:

$$D_0=d\sqrt{\lambda n}-\Delta D \quad (22\text{-}26)$$

式中 D_0——锭坯直径,mm;

d——成品外径,mm;

d_1——挤制管材内径,mm;

λ——挤压比;

n——模孔个数;

ΔD——锭坯与挤压筒间隙,mm。

锭坯直径与挤压筒直径有直接关系,确定挤压筒直径时,必须满足以下三个条件:

(1) 挤压比的大小应满足制品质量的要求。

(2) 单位挤压力的大小应满足金属塑性变形的需要。

(3) 挤压力不能超过设备能力。

b 锭坯长度的确定

$$L_0=K\left(\frac{L+L_1}{\lambda}+h\right) \quad (22\text{-}27)$$

式中 L_0——锭坯长度,mm;

L——成品长度,mm;

L_1——制品切头尾长度,mm;

λ——挤压比;

h——挤压压余的厚度,mm;

K——挤压填充系数:

$$K=\frac{F_{筒}}{F_{锭}}=\frac{D_{筒}^2}{D_{锭}^2}$$

在实际生产中,锭坯长度的确定还应考虑切定尺和倍尺的裕量(锯口),在挤压管材时,产生的穿孔料头可按实心端面计入,一般穿孔料头长为其直径的1~1.5倍。对于不定尺产品,为提高成品率,根据设备能力和挤压制品规格,可按已规格化的常用锭坯来选择,一般不计算锭坯长度。

C 挤压比的确定

(1) 根据制品的温度范围,为避免制品表面粗糙化和产生裂纹,应选择适当的挤压比。

(2) 根据制品的组织与性能要求,为获得较高的机械性能,应尽量选择大挤压比,一般不小于10~12。

(3) 最大的挤压比由于受挤压机的挤压力、挤压工具的强度限制,选择挤压比时,不能超过设备能力。

挤压比计算公式:

$$\lambda=\frac{F_t}{\Sigma F} \quad (22\text{-}28)$$

挤压圆形管、棒材可用下列简化公式:

圆棒:
$$\lambda=\left(\frac{D_t^2}{d^2}\right)\Big/ n \quad (22\text{-}39)$$

圆管:
$$\lambda=\frac{(D_t-S_t)\times S_t}{(d-S)\times S} \quad (22\text{-}30)$$

式中 λ——挤压比;

F_t——挤压筒的断面积,mm^2;

$\sum F$——挤压制品的总断面面积,mm^2;

D_t——挤压筒直径，mm；

d——挤压制品直径，mm；

n——模孔个数；

S——挤压制品壁厚，mm；

S_t——锭坯穿孔后环形断面的壁厚，mm：

$$S_t=\frac{D_t-d_t}{2}$$

d_t——穿孔针直径，mm。

挤压用于二次挤压的毛坯时，挤压比可不限，在挤压小断面的棒、型材时，为使金属流动较均匀，可采用多模孔挤压，降低挤压比。

铜及铜合金挤压比见表22-17。

表22-17　铜及铜合金的最大挤压比与常用挤压比

合金牌号	挤压温度/℃	最大挤压比	常用挤压比
紫　铜	750～920	400	10～200 T2线坯160
黄　铜	670～870	100～300	5～50 H62线坯225
铅黄铜	550～680	300	5～50 HPb59－1 线坯225
铝黄铜	640～800	75～250	5～45
锡黄铜	640～820	300	5～45
铝青铜	740～900	75～100	7～60
锡青铜	650～900	80～100	5～25
硅青铜	850～940	30	5～22
锡磷青铜	660～840	30	4～20
白　铜	900～1050	80～150	10～20
镍及镍合金	920～1200	玻璃润滑200 石墨润滑20	5～15
锌	140～250	200	

D　挤压温度的确定

铜及铜合金在挤压温度下应具有低变形抗力和良好的塑性。合理的挤压温度范围，应以合金的塑性图、再结晶图、相图为依据，并考虑实际生产情况加以确定。

(1) 加热温度一般是合金熔点温度的0.75～0.95倍，可以根据金属与合金的熔点和该成分合金在相图上的固相点温度，确定挤压温度范围的上限，避免挤压时的热脆性（过热、过烧现象）。挤压温度范围的下限，应考虑高温的良好塑性，还应该使金属与合金的变形抗力不太高。

(2) 对合金在高温时存在相变的合金，最好选择在单相区进行热挤压。

(3) 应尽量在高温塑性区范围内的温度下进行热挤压，以免产生横向裂纹。但同时应考虑合金在高温下的表面性质，防止锭坯表面过度氧化或粘结。某些合金对工具的黏性随温度的升高而增大，如白铜、铝青铜等，考虑尽量采用较低的温度挤压。此外，考虑挤压温度时，还需要考虑挤压机能力。在采用较低的挤压温度时，应使用大吨位挤压机。

(4) 挤压时变形量很大，变形速度快，金属与工具间的摩擦都会产生大量的热量，可引起挤压过程中锭坯温度升高。在确定加热温度时，尽量采用温度下限挤压。

(5) 在不同的温度下进行挤压，可获得不同的机械性能，在选择挤压温度时，应考虑制品的性能要求。某些合金在较高温度下挤压时缩尾太长，压余增加，如HPb59-1等。挤压黄铜时温度太低，挤压制品尾端容易形成条状组织。

(6) 挤压制品的形状、变形程度、工具温度、润滑条件等，对挤压温度都有一定的影响。

图22-45为紫铜高温时的塑性图，在相同时间内，加热温度对紫铜氧化的影响见图22-46。

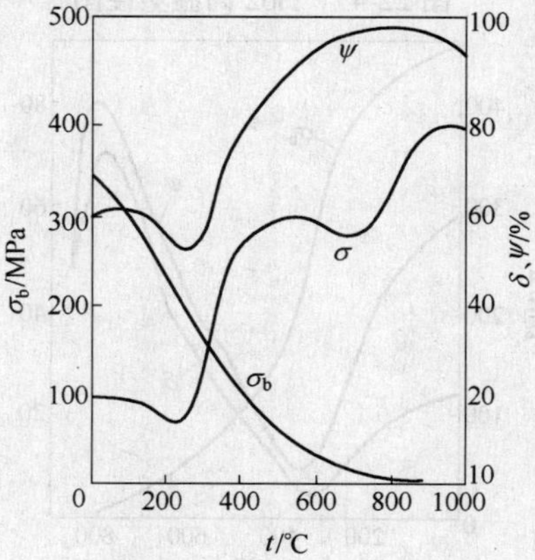

图22-45　紫铜高温时的塑性图

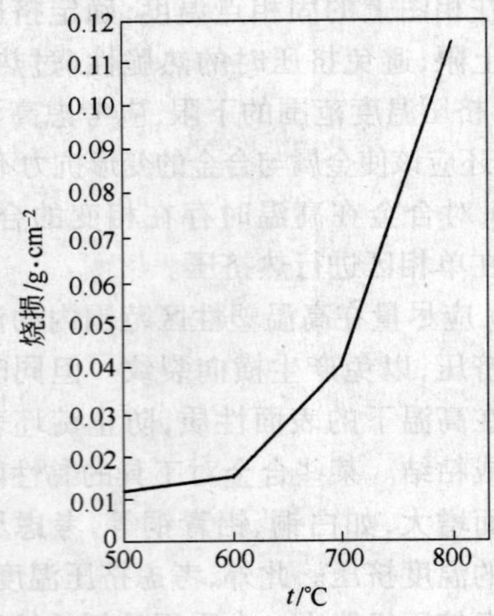

图 22-46 相同时间内加热温度对紫铜氧化的影响

图 22-47～图 22-57 为黄铜高温时的塑性图。

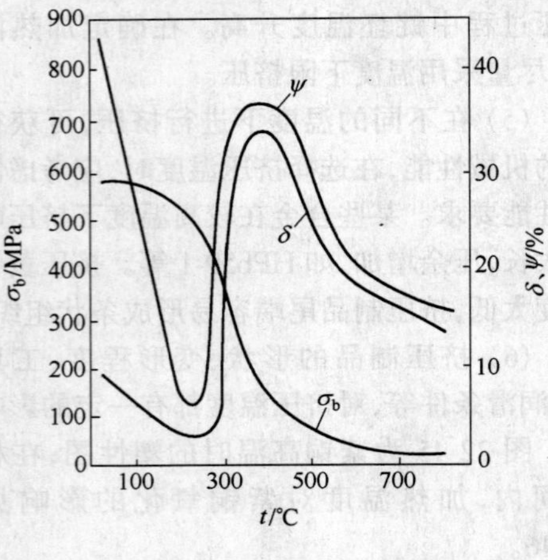

图 22-47 H62 高温塑性图

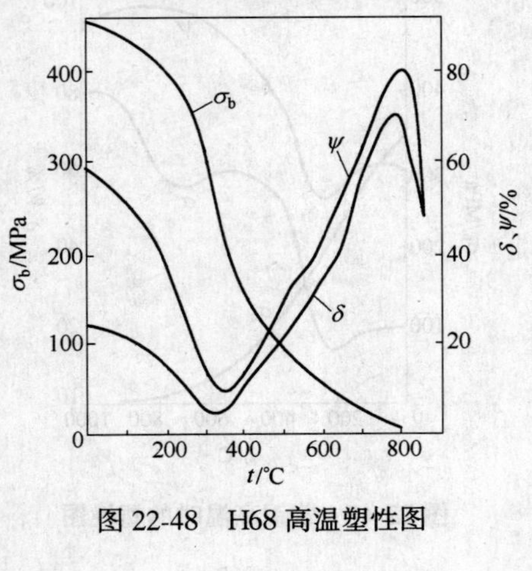

图 22-48 H68 高温塑性图

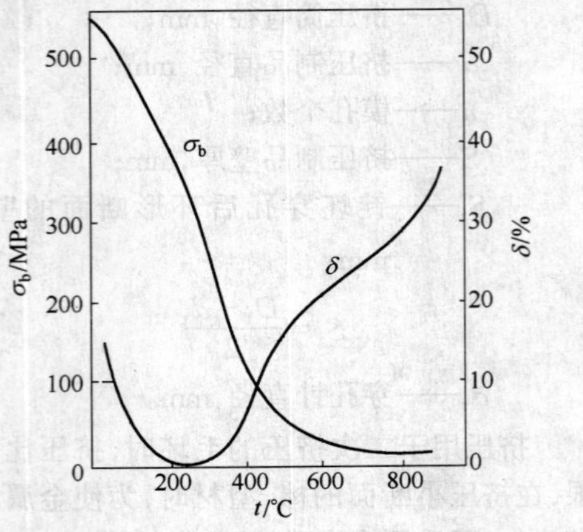

图 22-49 H80 高温塑性图

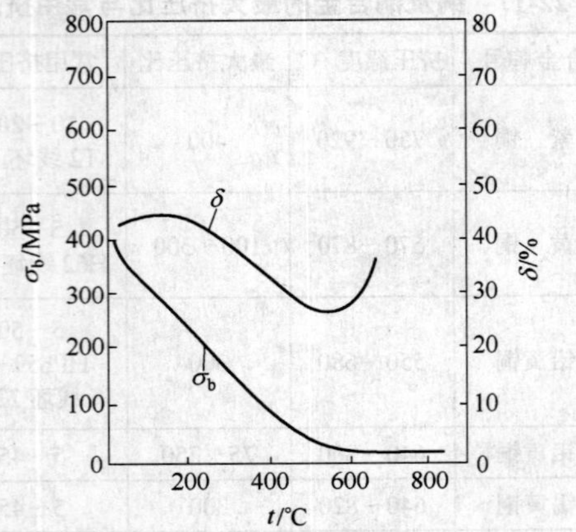

图 22-50 H59 高温塑性图

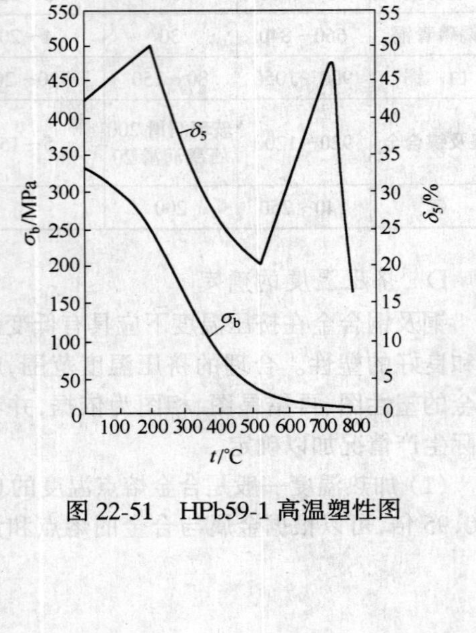

图 22-51 HPb59-1 高温塑性图

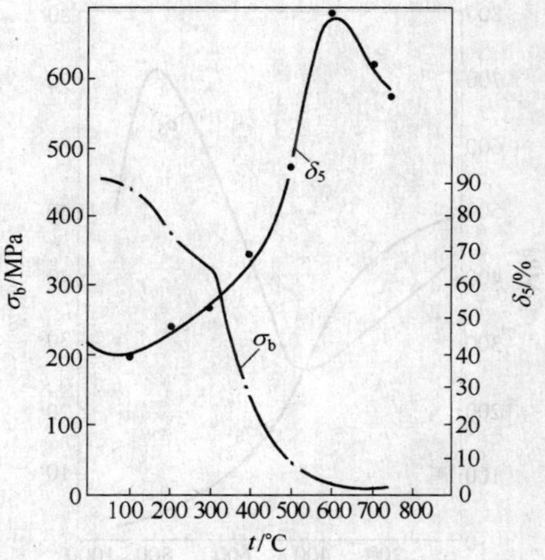

图 22-52　HMn58-2 高温塑性图

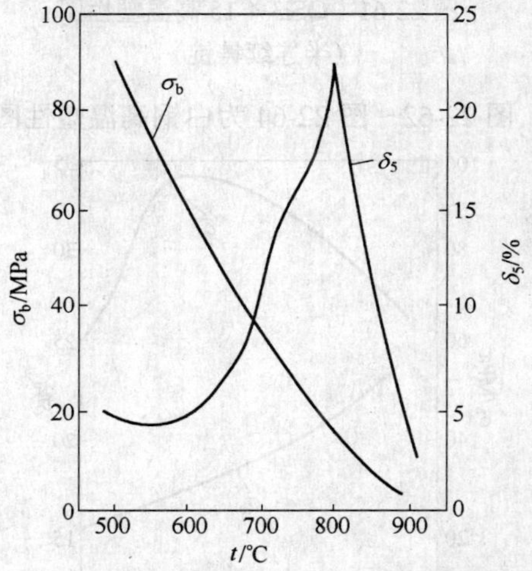

图 22-53　HSn70-1 高温塑性图
（半连续铸造圆锭）

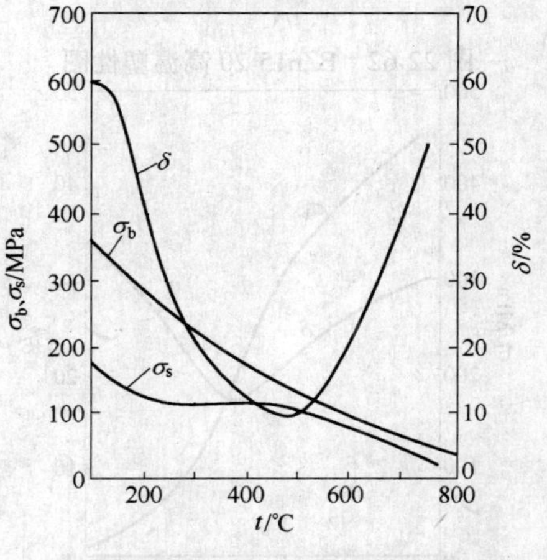

图 22-54　HAl77-2 高温塑性图

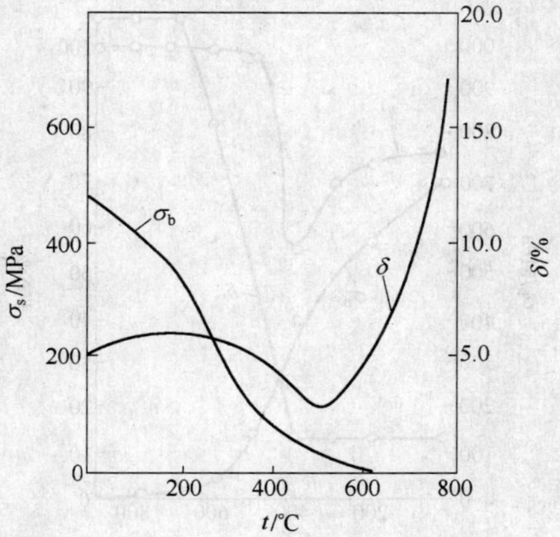

图 22-55　HSn60-1 高温塑性图

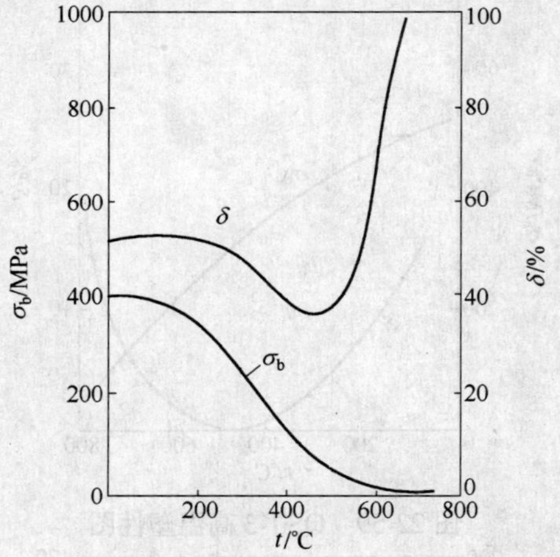

图 22-56　HFe59-1-1 高温塑性图
（半连续铸造圆锭）

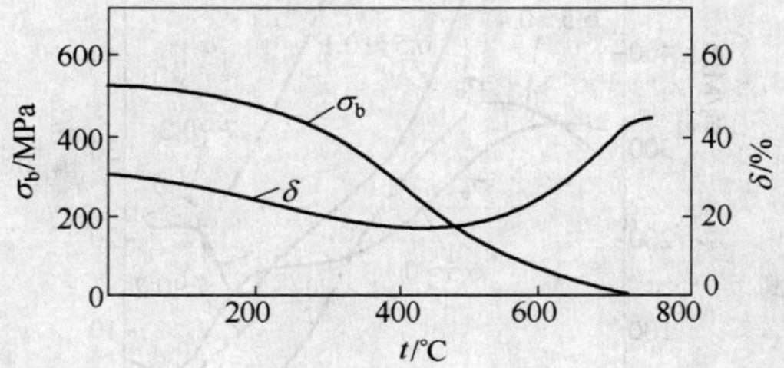

图 22-57　HSi80-3 高温塑性图

图 22-58～图 22-61 为青铜高温塑性图。

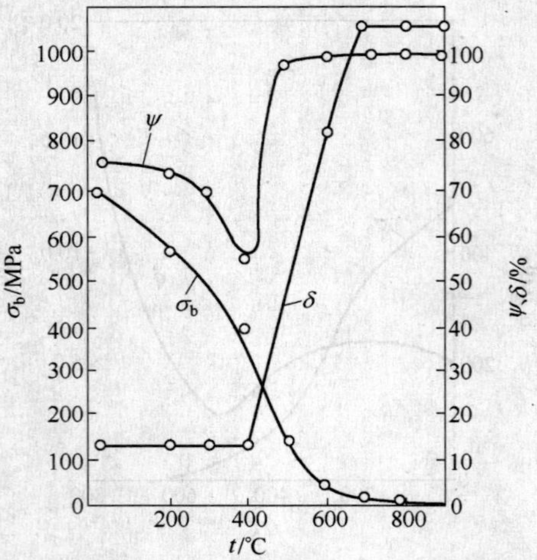

图 22-58 QSi3-1 高温塑性图

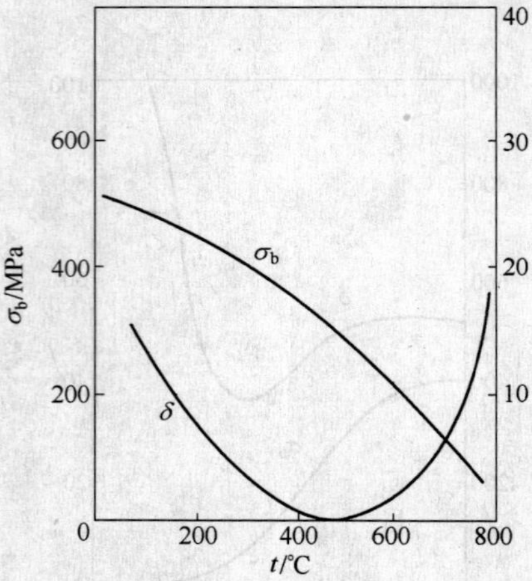

图 22-59 QSi1-3 高温塑性图

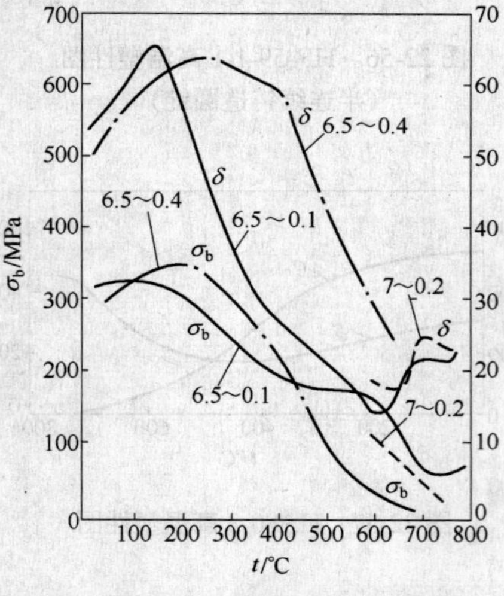

图 22-60 锡磷青铜高温塑性图

QSn6.5-0.4；QSn6.5-0.1；QSn7-0.2

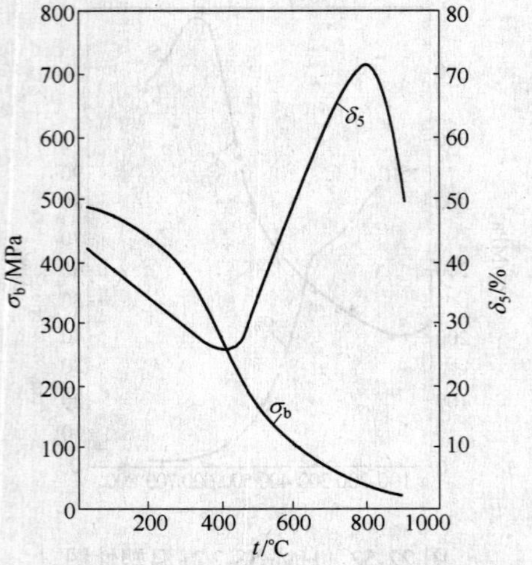

图 22-61 QSi3-4-15 高温塑性图

（半连续铸锭）

图 22-62～图 22-64 为白铜高温塑性图。

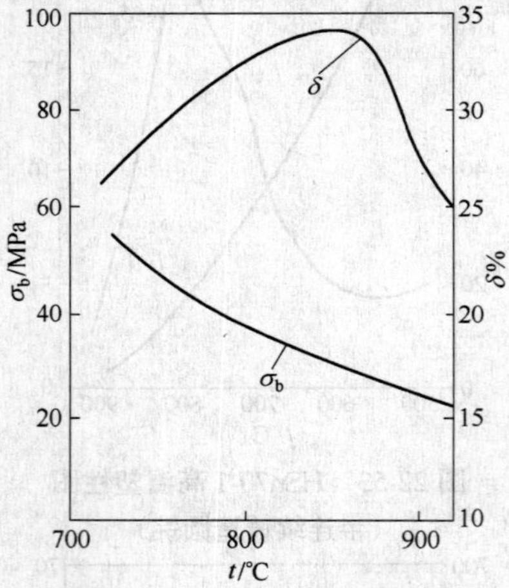

图 22-62 BZn15-20 高温塑性图

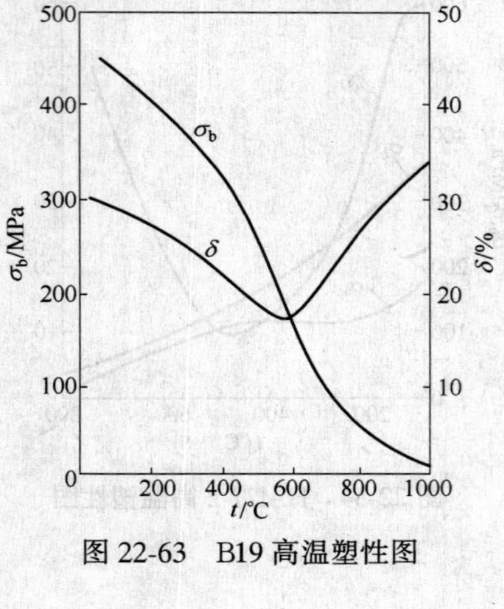

图 22-63 B19 高温塑性图

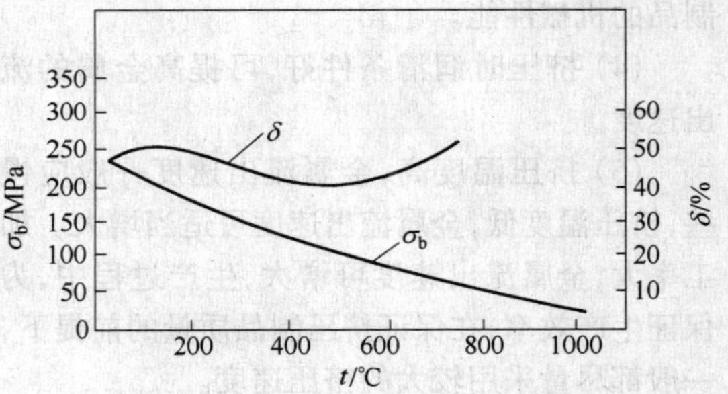

图 22-64 B5 高温塑性图

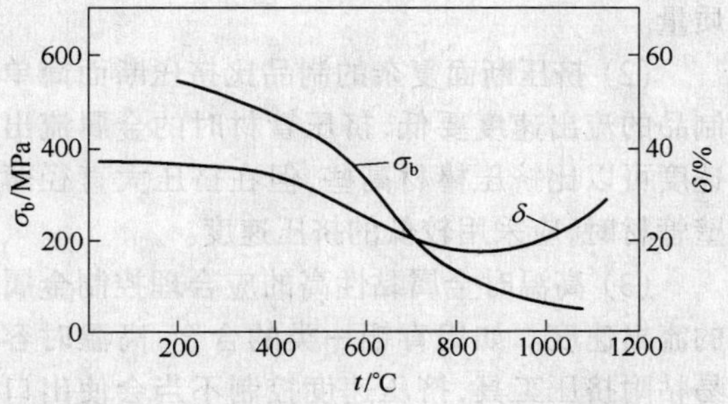

图 22-65 NiCu28-2.5-1.5 高温塑性图

图 22-65 为镍合金高温塑性图。

挤压时的锭坯加热温度见表 22-18。

表 22-18 不同合金牌号的锭坯加热温度

合 金 牌 号	加热温度/℃	合 金 牌 号	加热温度/℃
锌	140～180	QMn5	770～840
HPb59-1	550～680	H96；BZn15-20	790～970
HMn58-2	560～630	QCr0.5；QCd1.0；QZr0.2	800～870
HMn57-3-1	580～670	QAl 9-4；QAl 5；QAl 7	800～890
HPb63-3；HAl60-1-1	600～670		
H59；HNi56-3	620～690	QAl 10-4-4；QAl 10-5-5；QNi65-5	820～910
H62；HSn62-1；HFe59-1-1	640～800		
HAl59-3-2；HAl66-6-3-2	660～800	QSn4-3	770～860
QSn6.5-0.4；QSn6.5-0.1；QSn7-0.2；QSn4-0.3；QSi3-1	660～840	QSi1-3	850～940
		H80；H90；QAl 13-3	840～940
QBe2.0；QBe2.5	710～810	B30；B10；BFe30-1-1	900～1050
H68；HSn70-1；HAl77-2	700～850		
HSi80-3；QAl 9-2；QAl 10-3-1.5；QSi3.5-3-1.5	740～840	BMn40-1.5	920～1100
		N6	920～1250
紫 铜	750～900	NiCu28-2.5-1.5	950～1250

E 挤压速度和金属的流出速度选择

一般将挤压轴的移动速度称为挤压速度，每台挤压机都有设计的挤压速度范围。金属流出模孔时的速度称为流出速度，挤压速度与金属流出速度的关系如下：

$$V_L = \lambda V_J \tag{22-31}$$

式中 V_L——金属流出速度，m/s；

λ——挤压比；

V_J——挤压速度，m/s。

确定挤压速度时应考虑以下原则：

(1) 金属高温塑性区温度范围宽时，可采用较高的金属流出速度。例如，紫铜高温塑性区宽，采用快速挤压不会出现质量问题。

金属塑性区温度范围窄，必须控制金属流出速度，如锡磷青铜、HSn70-1、HAl77-2、QSi3-1等合金，高温塑性差，在挤压过程中，如果速度控制不当，将使变形热效应增大，金属变形区内产生过热或过烧现象，在金属流出模口时，由于表面拉负应力的作用而产生表面裂纹，因而必须降低金属的流出速度，保证挤压制品的表面质量。

(2) 挤压断面复杂的制品比挤压断面简单制品的流出速度要低，挤压管材时的金属流出速度可以比挤压棒材高些，但在挤压大直径薄壁管材时，应采用较低的挤压速度。

(3) 高温时金属黏性高的应合理控制金属的流出速度。如铝青铜一类的合金，高温时容易粘附挤压工具，挤压速度控制不当会使出口温度升高，更进一步加剧金属与工具间的粘结，使挤压制品表面产生起刺、划伤等缺陷。挤压黏性大的合金，金属流出速度快会使不均匀变形进一步加剧，形成较长的缩尾，同时也会降低制品的机械性能。

(4) 挤压时润滑条件好，可提高金属的流出速度。

(5) 挤压温度高，金属流出速度一般应慢些，挤压温度低，金属流出速度可适当增大。加工率大，金属流出速度可增大，生产过程中，为保证生产效率，在保证挤压制品质量的前提下，一般都尽量采用较大的挤压速度。

(6) 挤压速度受挤压机能力的制约。

挤压速度的分类排列顺序见表22-19，挤压金属的流出速度见表22-20。

表 22-19 铜及铜合金正向挤压速度由快到慢的分类排列顺序

分类	铜及铜合金牌号
1	紫铜；H96；NiCu28-2.5-1.5；镍
2	HPb59-1；H62；HAl60-1-1；HAl59-3-2；HFe59-1-1；HFe58-1-1；HMn58-2；HMn57-3-1；HNi56-3；H63；HPb63-0.1；H59；HSn62-1；HPb58-2.5
3	HAl66-6-3-2；QAl 9-2；QAl 9-4；QAl 10-3-1.5；QAl 10-4-4；QAl 10-5-5；QAl 11-6-6；QZr0.2；H90；H80；HNi65-5；QCr0.5；QCd1.0；BZn15-20；QCr0.6-0.4-0.05
4	BFe30-1-1；BMn40-1.5；HPb63-3；HAl77-2；H68；H68A；HSn70-1
5	QSi3-1；QSi1-3；QSi3.5-3-1.5；HSi80-3
6	QSn4-3；QSn4-0.3；QSn6.5-0.1；QSn7-0.2；QSn8-0.4

表 22-20 铜及铜合金正向挤压金属的流出速度

金属与合金	金属的流出速度/$m\cdot s^{-1}$					
	$\lambda<40$		$\lambda=40\sim100$		$\lambda>100$	
	管材	棒材	管棒	棒材	管棒	棒材
紫铜；无氧铜；H96	1～2	0.3～1.5	3～5	0.5～2.5	3～5	1～3.5
H90；H85；H80	0.2～0.8	0.2～1.0				
H62；HPb59-1；两相黄铜	0.7～0.8	0.4～1.5	2～4	0.6～3		1～4
QAl9-2；QCd1.0；QAl9-4；QCr0.5；QZr0.2；QAl10-3-1.5；QAl10-4-4	0.15～0.25	0.1～0.2	0.5～0.8	0.3～0.8		
QSi3-1；QBe2.0；QSi1-3；QBe2.5；QSn4-3		0.04～0.1	0.07～0.15			
QAl13-3		0.5～1.0		0.8～1.5		
BZn15-20	0.5～1.1	0.5～1.0	1～2	0.8～1.5		
H68；HSn70-1；HAl77-2	0.25～0.6		0.25～0.6			

续表 22-20

金属与合金	金属的流出速度/m·s^{-1}					
	λ＜40		λ＝40～100		λ＞100	
	管材	棒材	管棒	棒材	管棒	棒材
QSn6.5-0.1；QSn7-0.2；QSn6.5-0.4；QSn4-0.3	0.03～0.06			0.06～0.12		
BFe30-1-1；B30；N6	0.3～1.2	0.3～1.2				
NiCu28-2.5-1.5	0.3～1.0					

22.2.5 挤压的操作要求和解决问题的方法

22.2.5.1 挤压过程中的操作要求

根据各生产厂的实际情况，正确选择挤压设备、挤压工艺参数、挤压工模具、润滑条件和挤压过程中能否满足挤压制品的质量要求等。制定出合理的操作规程，保证生产过程中正确操作，是满足铜及铜合金挤压的基本条件。实际生产中铜及铜合金挤压的操作规程见表22-21。

表 22-21 操作规程要求

名 称	项 目	要 求
正向卧式挤压机	设备检查	1. 根据各项操作规程对设备进行检查，做好开车前的检查、紧固、润滑； 2. 带负荷挤压前，要手动或自动运行2～3个空行程(循环)，确认各运动部件正常； 3. 检查水压或油压系统各部分压力是否处在规定范围； 4. 观察各部件运转是否平稳无冲击现象，发现液压缸内有空气应随时放出； 5. 挤压机停机时，各机构应处在规定的原始位置，挤压筒处于紧锁位置，模座处于挤压中心线位置，供锭机构处于供锭位置
	工具的装配	1. 在更换和新安装挤压工具时，要认真检查各工具是否安装正确。对挤压轴、穿孔系统的针支承、连接器等部件要压紧或将螺纹部分上到底，防止移动。检查各工模具的质量、尺寸是否符合挤压制品的要求； 2. 对挤压筒、挤压轴、穿孔针、挤压模等工具要进行对中检查调整，保证挤压中心线一致； 3. 安装瓶式针，要检查小针头与模孔的相对位置是否合乎要求； 4. 安装型材模时，应使型材的大平面在下方，并检查出料口，防止划伤型材棱角； 5. 对预热的挤压模安装要压紧，特别对预热的挤压垫片应和挤压筒试配一下，观察间隙大小，如有问题及时调整，不能强行使用； 6. 检查供锭机、分离装置等工具是否与挤压筒系统配套
	工具的预热	1. 挤压筒预热温度300～400℃，应保证有足够的预热时间。在正常生产过程中，挤压筒应保持规定的预热温度； 2. 穿孔针，挤压模预热温度300～350℃，预热时间不少于1 h； 3. 挤压垫片，清理垫片预热温度250～350℃，预热时间不少于1 h； 4. 对挤压铝青铜等一些难挤合金，工模具的预热温度可偏高一些，一般为350～400℃，时间不少于1 h，但应控制温度不得超过450℃
	工具的冷却	1. 不带内水冷的实心体穿孔针，用环形冷却器人工冷却。每挤压一根制品，冷却一次，要求冷却均匀，防止出现针体弯曲和过热拉细拉断。内水冷式穿孔针为设备自动控制冷却，即内部通水冷却，然后吹气的方式。经常检查针支撑与穿孔针连接处是否有漏水现象；

续表 22-21

名　　称	项　目	要　　求
	工具的冷却	2. 挤压垫片,清理垫片。生产中准备一定的垫片组(一般选择4～6组垫片)交替循环使用,保证有冷却时间; 3. 挤压模冷却是选择性的。一般呈暗红色时可进行均匀的水冷,不使其温度继续升高; 4. 挤压筒一般为自然冷却
	工具的润滑	1. 工具润滑按照工具的润滑部位选择适当的润滑剂,根据要求进行润滑; 2. 可采用在净布(石棉布)上,涂润滑剂来擦拭工具,也可用石油沥青直接润滑挤压工具; 3. 润滑剂涂抹要均匀,防止出现制品划伤、起泡、起皮等缺陷; 4. 对新使用的挤压工具要严格按照润滑要求进行润滑,防止损坏工具和造成制品质量缺陷
正向卧式挤压机	工艺要求	1. 锭坯的加热温度应符合加热制度规定; 2. 根据不同合金、锭坯温度、挤压制品规格等,合理设定和控制挤压速度; 3. 根据不同合金、挤压筒系统(内径)、管、棒、型材品种等,合理控制挤压压余厚度; 4. 一般对Ni6、NiCu28-2.5-1.5等,一些特殊合金可不脱皮挤压外,其余挤压的管、棒、型材可采用脱皮挤压方法,以防止制品缩尾过长和制品表面质量不好。采用脱皮挤压时,必须逐根清理挤压筒中的残皮,保证挤压筒内干净; 5. 挤压管材,应先进行充填挤压,减少管材偏心。对直径较大(一般在ϕ60 mm以上)的穿孔针,锭坯充填后,将挤压轴后退一段距离,然后再进行穿孔挤压,以免穿孔残料过大,降低挤压制品成品率。采用瓶式穿孔针挤压,可不进行充填; 6. 生产中要保持穿孔针光滑,及时清理针体上的金属残屑,防止出现管材内表面划伤等废品; 7. 挤压小规格制品时,如多孔模挤压,采取措施尽可能使制品尾端整齐。对弯曲较大的制品可采取人工或其他方法趁热矫直。挤压型材时,注意防止扭曲,也可趁热矫直制品; 8. 在不水封挤压薄壁黄铜管时,穿孔挤压一般要求穿掉料头,以免出现穿孔针返回时抽扁管材的现象; 9. 水封挤压时,采用封头、尾的挤压方式。一般封头、尾长度为80～120 mm; 10. 一般在大系统的生产中,制品内径大于120 mm以上的挤压管材,可采用堵板挤压技术,提高挤压成材率; 11. 出现挤不动金属(闷锭)的情况时,应立即卸压,待金属降温后,将其推出
	质量检查	1. 锭坯加热前要进行表面和端面检查,对严重的表面碰坑、冷隔、端面切斜、毛刺、气孔、夹杂等缺陷,应修理或退回,不准装炉。对生产中扒炉的锭坯要集中存放,并将表面的氧化物清理干净再使用; 2. 坚持首料检查和中间抽查制度,特别是每次更换挤压模和挤压管材工具后的挤压制品,必须做外径和壁厚检查,注意尺寸变化和内外表面质量情况,一般前3根需要逐根检查; 3. 挤压过程中,对制品进行监控,发现尺寸不合、表面划伤、挤压裂纹、气泡、起皮、夹灰、型材扭拧、棒材缩尾过长和管材偏心等质量问题,应停车查找原因,及时处理并做好记录,消除缺陷后再进行生产
正向立式挤压机	设备检查	1. 根据各项操作规程对设备进行全面检查,确认各运动部件和液压系统是否正常; 2. 检查回转盘、冲头座等是否灵活
	工具装配	1. 检查挤压工具的安装是否正确,注意工具的配合尺寸,安装要紧密可靠; 2. 选择合适的压余调整垫; 3. 工作中注意工具的状态和工具的同心性,发现工具有裂纹、粘金属、变形等,应及时修理或更换

续表 22-21

名　称	项　目	要　求
正向立式挤压机	工具预热	挤压工具预热温度为200～350℃，预热时间不少于一小时，在正常生产过程中，应保持规定的预热温度
	工具润滑和冷却	1．挤压过程中，对挤压筒、穿孔针、挤压模可逐根进行润滑； 2．挤压难挤合金时，可用黏度大一些的轧钢机油加片状石墨来进行润滑； 3．润滑剂要搅拌均匀，每次抹油要均匀适量； 4．穿孔针要求进行冷却(可用油冷却)
	工艺要求	1．需要车皮和钻孔的锭坯，根据挤压机系统、穿孔针大小，制定出合理工艺。如6 MN立式挤压机，挤压筒内径为ϕ85 mm和ϕ100 mm两种，两个系统车皮锭坯的外径分别为ϕ83.5 mm和ϕ98 mm，钻孔后锭坯内孔直径比穿孔针直径大1.5～2 mm； 2．根据不同合金和挤压制品规格，选择合理的温度范围和挤压速度； 3．根据不同合金，挤压筒系统控制压余厚度，如6MN立式挤压机压余厚度为1.5～3 mm，当超过厚度时，应调整更换压余调整垫； 4．经常检查出料机构和提升机构，防止出现弯料和窝料现象
	质量检查	1．坚持首料检查和抽查制度，注意尺寸变化和制品内外表面质量； 2．挤压过程中发现质量问题应停机检查，并采取措施后再生产； 3．检查挤压润滑剂，不准有金属屑、沙粒、水分和其他脏物，挤压润滑剂要搅拌均匀使用，防止出现起泡等质量缺陷

22.2.5.2　挤压过程中的闷锭和夹挤压轴的解决方法

A　闷锭的解决方法

实际生产中，因某些原因，可能造成锭坯在挤压筒中挤不动(闷锭)。此时应立即卸压，将挤压轴后移，待锭坯温度降低，稍停后，采用专用装置(如横向移动模座的事故接收筒)，再用挤压轴将降温后的锭坯推到专用装置内取出。若推不动，可继续降低锭坯温度或同时采取升高挤压筒内衬温度的方法，稍停后将其推出。处理闷锭故障时千万不可硬推，并严防挤压筒内衬同时被推出。

B　夹挤压轴的解决方法

挤压筒内不干净，由于有脏物、残屑，脱皮挤压时脱皮过厚或内有残皮清理不干净等原因，造成挤压完了挤压轴不能返回的现象(夹轴)。可采取以下步骤解决：

(1) 采用法兰压紧挤压轴的设备，可先将法兰螺丝卸掉，拆开挤压轴与大车的连接，大车返回使挤压轴留在挤压筒内。采用液压缸和专用装置(如卡盘)压紧挤压轴的设备先卸压，将专用装置松开，使挤压轴与大车脱离，大车返回，挤压轴留在筒内。

(2) 挤压筒运动离开模座一段距离，用天车吊一个凉锭坯(和原锭坯一样大或小一点)，到挤压筒与模座中心位置，使凉锭坯两头端面中的一头对准筒内挤压轴断面，另一头对准模支撑断面。

(3) 准备两个有一定大小，能承受一定压力的方钢或圆钢(有些厂矿使用旧销键)，通过吊车吊运到大车与挤压筒之间的中间位置，左右对称放平，并用大车端面(不因受力而受伤的安全端面)，将两个钢块或旧销键靠紧在挤压筒端面上。

(4) 人工控制大车逐渐上压(慢上压)，利用顶在模座上的凉锭坯将挤压轴逐渐推出，直至挤压轴能移出为止。如果一个凉锭坯长度不能完成工作，可再用一个凉锭坯接着顶出。

(5) 卸掉钢块或旧销键，将挤压轴与大车装好并返回原始位置，清除挤压筒内杂物，再将锭坯顶出，完成准备工作后，方可继续生产。

在处理夹轴故障时，要注意各受力的部位，一定要平面接触。挤压机上压时，人工控制慢上压并控制压力不宜过高，观察挤压轴移出情况。如推不动，不能硬推，找出原因并采取措施后再按上述方法工作。

22.3 反向挤压技术

反向挤压时作用于金属的力与金属流动情况如图22-66所示。

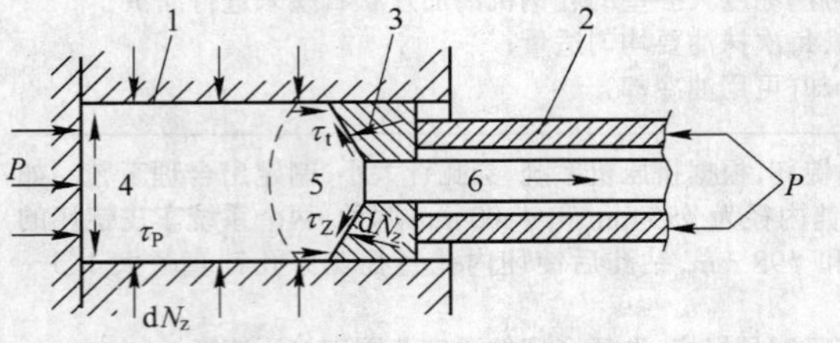

图22-66 反向挤压时作用于金属的力
1—挤压筒;2—空心挤压轴;3—模子;
4—锭坯未挤部分;5—塑性变形区;6—挤压制品

由于锭坯未挤部分4的金属与挤压筒壁之间不存在摩擦,也未参与变形,故金属的受力条件是三向等压应力状态。

22.3.1 反向挤压金属流动及变形特征

(1) 挤压时金属的变形区紧靠模面,变形区后面的金属不发生任何变形。

(2) 靠近模面处仅产生一高度很小的金属流动死区,该死区金属几乎不参与变形,直到挤压最后阶段,挤压筒内剩余锭坯很少时才产生显著的横向流动。

(3) 反向挤压制品横断面组织要比正向挤压制品均匀得多。

(4) 反向挤压时锭坯边部无激烈摩擦而产生的强附加剪切变形。

(5) 反向挤压时,锭坯最表层被阻止在模面附近的死区内,而稍深层金属可能直接流入挤压制品表层中,尾端金属无倒流现象。

22.3.2 普通卧式挤压机反向挤压技术

在正向卧式挤压机上也可进行反向挤压,如图22-67所示。

这种挤压方法一般只适用于挤制直径大于ϕ260 mm以上管材,挤压制品长度受挤压轴长度限制,一般挤制塑性好的金属。该方法挤压操作麻烦,挤压机的生产效率较低,挤压制品表

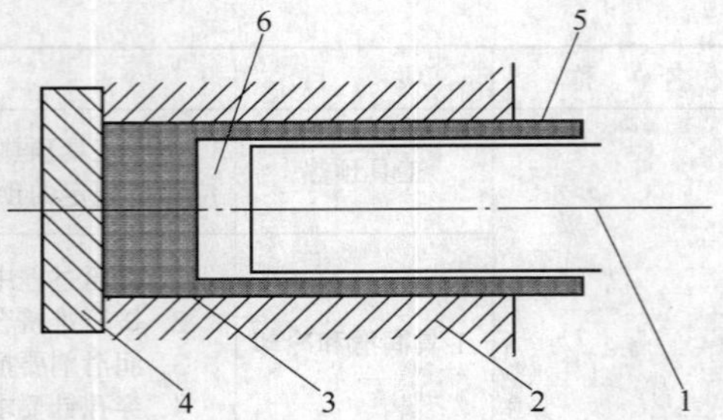

图22-67 管材反向挤压
1—挤压轴;2—挤压筒;3—锭坯;
4—堵板;5—管材;6—反挤垫

面质量较差。目前反向挤压法仍广泛使用。采用这种方法应注意以下几点:

(1) 根据下达的产品规格,合理选定反挤轴和反挤垫,直径之差不得小于15 mm。

(2) 挤压开始前,应确定出挤压轴行程位置(根据设备上的行程标尺)。

(3) 挤压结束时,留杯底厚度(压余)10~20 mm。

(4) 冲杯底时,挤压轴前进40~50 mm。

(5) 如挤压轴长度不足,行程未达到标定位置时,允许加补垫片。补充垫片应稳固套在挤压轴销上,并同时考虑确定补充垫片的厚度位置(在设备的标尺上确定)。

具体的操作控制和要求以及注意事项,可根据挤压制品规格、合金和挤压机吨位大小来确定。

22.3.3 反向挤压机

在普通的挤压机上进行反向挤压生产,效率较低,近代的反向挤压机一般分为两类,即,正、反两用挤压机和专用反向挤压机。反向挤压根据设备结构特点还可分为中间框架式、挤压筒剪切式和后拉式三种,其中,中间框架式可通过中间框架的作用来实现正/反挤压。反向挤压机的穿孔装置,也可分为带独立穿孔系统和不带独立穿孔系统。反向挤压法可生产有色金属管、棒、型、线材制品。

反向挤压机的基本结构与正向挤压机的基本结构之间没有太大的差别,为适合反向挤压,挤压机应具备以下两个条件:

(1) 挤压筒能够移动，其行程不能短于挤压筒的长度。

(2) 主柱塞行程应略大于挤压筒长度的两倍。否则，只能适用短锭坯挤压。

22.3.3.1 反向挤压机的主要结构

A 张力柱

反向挤机压的张力柱，有的采用圆形实心张力柱，也有的采用预应力张力柱。采用预应力张力柱机架变形小，挤压制品的精度高。带T形头的板式张力柱如图22-68所示。

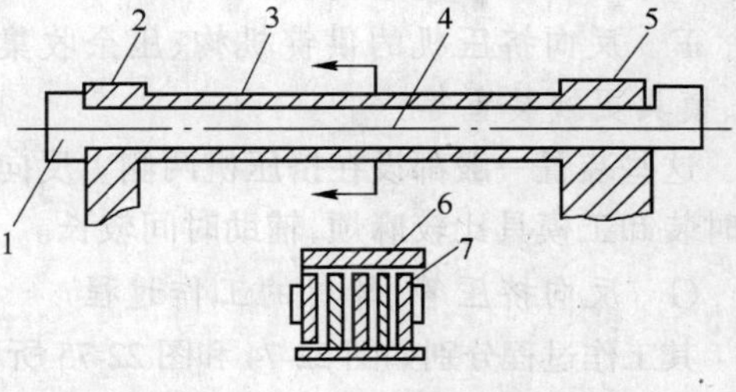

图22-68 板式张力柱结构

1—T形头；2—前梁；3—承压柱；4—预应力张力板；5—后横梁；6—承压柱；7—张力板

B 挤压筒装置

为保证反向挤压时的生产效率，挤压筒的行程要略大于其自身的长度。现代反向挤压机的活动横梁与挤压筒滑轨一般采用X形导轨，对中心性能好，减少热胀冷缩引起的误差，可保证活动横梁和挤压筒长行程的稳定性。挤压筒座如图22-69所示。

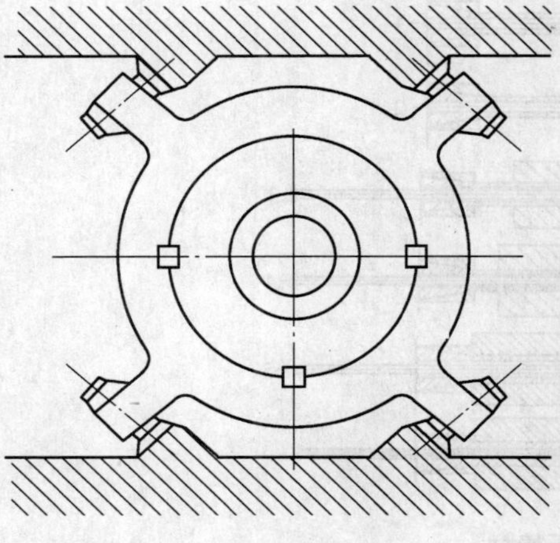

图22-69 X形挤压筒座

C 模轴(空心轴)和堵头装置

专用反向挤压机的空心模轴装在原来安装模座的位置，挤压模具装在空心模轴的头部，可更换模具。在动梁原装挤压轴的位置装上堵头代替挤压轴，用来封闭挤压筒并可通过大车头推压堵头，使挤压筒前移来实现挤压。在正、反两用挤压机上一般配有两根挤压轴，即主轴和模轴。在挤压时，挤压筒随主轴一起移动，使挤压制品的流出方向与主轴移动方向一致，而与模轴的相对移动方向相反，分别如图22-70和图22-71所示。

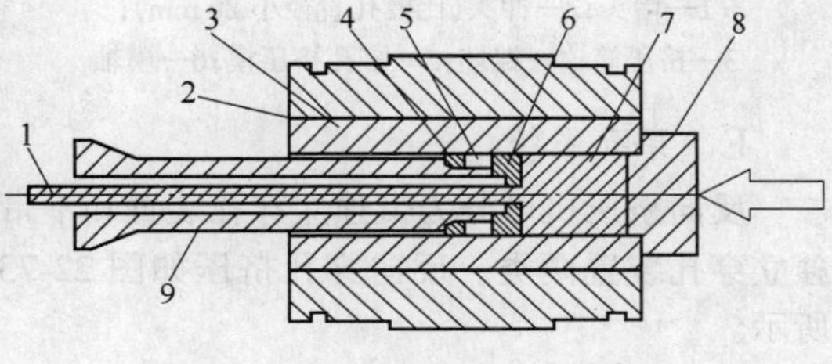

图22-70 带堵头反向挤压

1—挤压制品；2—挤压筒；3—挤压筒内衬；4—清理环；5—残皮；6—挤压模；7—锭坯；8—堵头；9—模轴

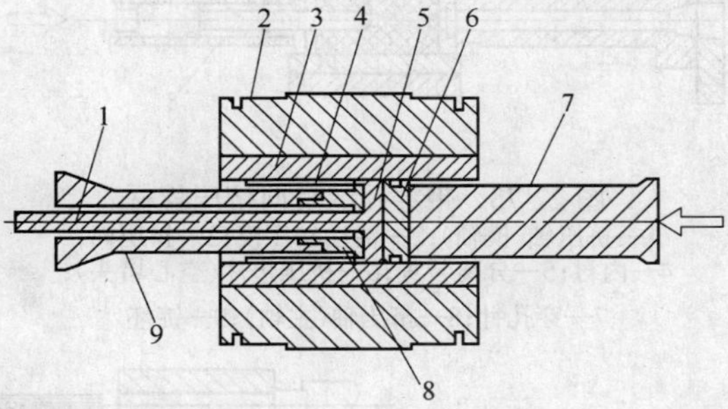

图22-71 双轴反向挤压

1—挤压制品；2—挤压筒；3—挤压筒内衬；4—残皮；5—锭坯；6—挤压垫片；7—主轴；8—挤压模；9—模轴

D 压余分离装置

压余分离是反向挤压时的较重要环节，反向挤压机的分离装置(剪刀)可装在挤压筒上，利用活动液压管道连接，随挤压筒移动，分离压余时剪刀下移切除压余。分离装置也可固定装在前梁上，免去活动液压管路，分离压余时剪刀上下移动切除压余。使用剪切模装置分离压余时，通过横向活动柱塞前进切除，并将其送到压余垫片清理机构上进行分离。使用冲头分离装置的反向挤压机，主要用于多孔模反向挤压，如图22-72所示。

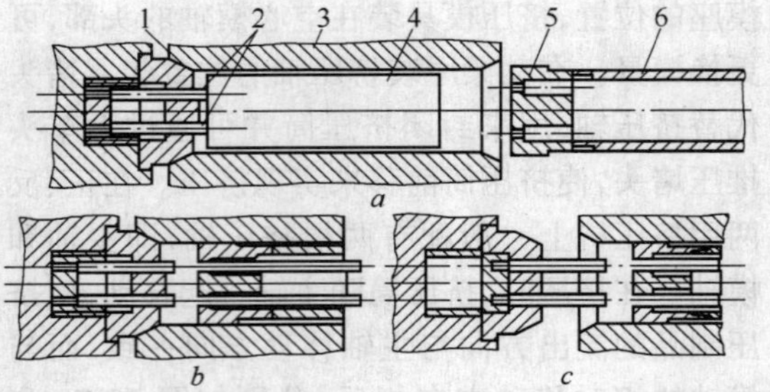

图22-72　用冲头分离压余的反向挤压示意图
a—准备挤压；b—挤压完成；c—准备分离压余
1—堵头；2—冲头（比模孔直径小20 mm）；
3—挤压筒；4—锭坯；5—多孔挤压模；6—模轴

E　穿孔系统

反向挤压机可分为带独立穿孔装置和不带独立穿孔装置两类。反向穿孔挤压如图22-73所示。

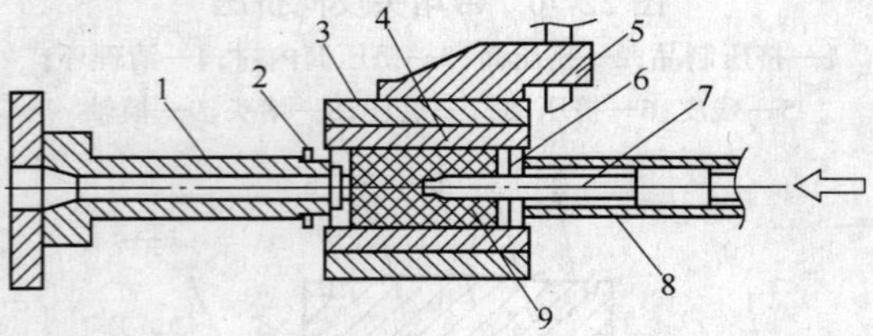

图22-73　带穿孔的反向挤压管材
1—挤压轴（模轴）；2—活动挤压模；3—挤压筒；
4—内衬；5—分离装置；6—挤压垫片（空心堵头）；
7—穿孔针；8—挤压轴（主轴）；9—锭坯

反向挤压管材时，管材的壁厚偏差比正向挤压法要小，这一效果除工艺原因（流动均匀、温度均匀）外，还有设备的特点。在正向挤压时，穿孔针是由挤压筒内的垫片来定心的，由于挤压垫片与挤压筒内衬之间存在一定的间隙（特别是脱皮挤压时），穿孔针的中心位置较差，造成挤压管材壁厚前端偏差较大。在反向挤压管材中，穿孔针是由空心堵头定心的，由于空心堵头装在主柱塞上，因此，能够保持反向挤压时，穿孔针在整个挤压过程中都能很好的对中，可保证挤压管材壁厚偏差小。

F　反向挤压机的供锭机构、压余收集装置、模具更换装置等

这些装置一般都设在挤压机两侧。反向挤压时装卸工模具比较麻烦，辅助时间较长。

G　反向挤压管、棒材的工作过程

其工作过程分别如图22-74和图22-75所示。

H　反向挤压机的液压传动系统

反向挤压机的液压传动系统与正向挤压一样，可分为高压油泵直接传动和高压泵—蓄力器传动两类。现代反向挤压机的液压传动一般都为高压油泵直接传动，以油为工作液体，挤压机各部件润滑好，使用寿命较长，挤压速度稳定，设备自动化程度高。采用多台联用的挤压机，液压传动系统多用泵—蓄力器传动（老式较多）。图22-76为22MN反向挤压机的电控系统和液压系统图。

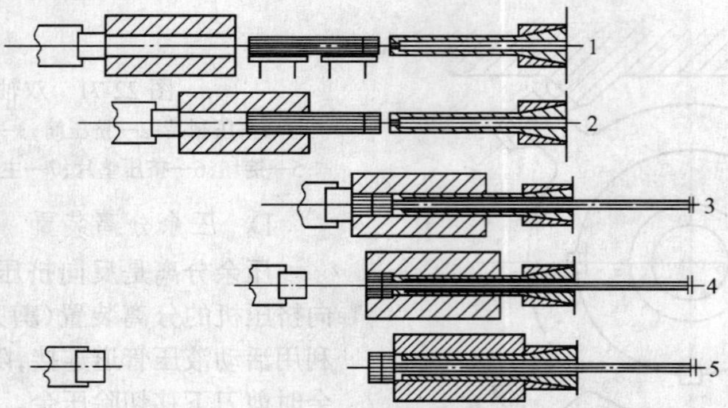

图22-74　反向挤压棒材
1—锭坯与模具送到挤压中心线；2—挤压筒向前移动锭坯装入筒内；3—挤压循环终了；
4—主柱塞返回；5—挤压筒返回至前梁初始位置；6—剪刀下移分离压余

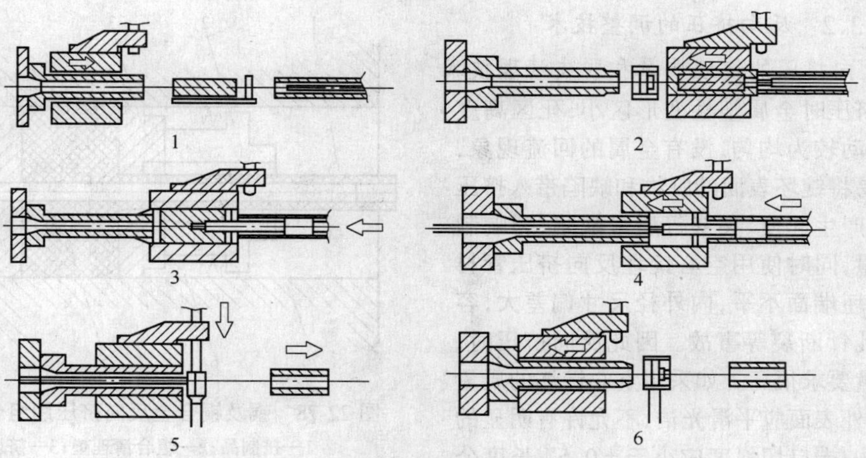

图 22-75 反向挤压管材

1—准备装入锭坯和垫片(空心堵头)；2—装入挤压模；3—穿孔；4—挤压(同时清理筒内表面残皮)；
5—分离剪下移切除压余；6—取出挤压模和清理环

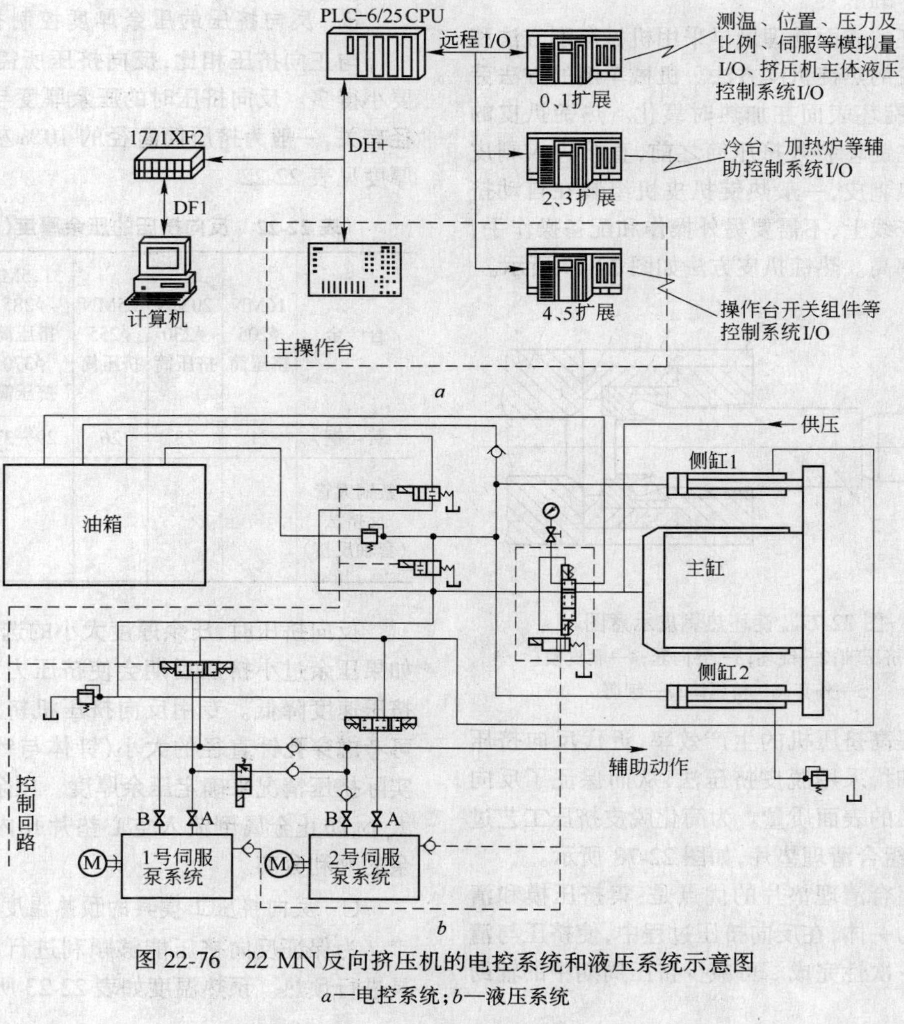

图 22-76 22 MN 反向挤压机的电控系统和液压系统示意图

a—电控系统；*b*—液压系统

22.3.3.2 反向挤压的调整技术

A 反向挤压的锭坯质量和脱皮清理技术

反向挤压时金属塑性变形区小,死区高度小,金属流动较为均匀,没有金属的回流现象,所以很容易将锭坯表面的脏物和缺陷带入挤压制品表面,产生起皮、夹灰等质量缺陷,影响制品表面质量,同时使用空心锭坯反向挤压管材时,如果锭坯端面不平,内外径尺寸偏差大,容易引起穿孔针断裂等事故。因此反向挤压时,对锭坯质量要求很高。如采用空心锭坯的质量要求为:内外表面应平滑光洁,不允许有明显的灰尘和污物;端口切斜度应小于±0.5°;长度公差小于 ± 4.0 mm;内孔非直线度小于±0.5 mm;内孔比穿孔针大 $1^{+0.5}$ mm;外径偏差小于1 mm。

锭坯的表面处理最早采用机械车削方法和近代开发的热锭扒皮方法。机械车削的方法劳动量大,锭坯表面在加热时氧化。热锭扒皮的方法是在锭坯装入挤压筒之前,直接进入剥皮机进行热剥皮,一般热锭扒皮机组装在自动挤压机生产线上,不需要另外操作和配备操作手,生产效率高。热锭扒皮方法如图22-77所示。

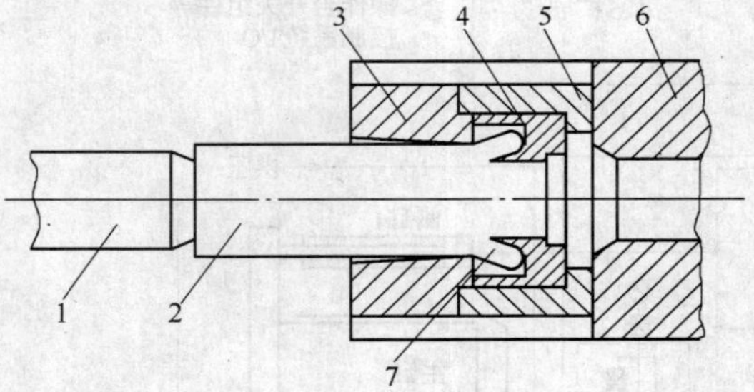

图22-77 锭坯热剥皮示意图
1—挤压轴;2—锭坯;3—导向套;4—剥皮模;5—外套;6—挤压筒;7—刨屑

为提高挤压机的生产效率,近代反向挤压紫、黄铜时,采用脱皮挤压法,从而保证了反向挤压制品的表面质量。为简化脱皮挤压工艺过程,采用组合清理垫片,如图22-78所示。

该组合清理垫片的优点是:集挤压模和清理垫片为一体,在反向挤压过程中,使挤压与清理残皮一次性完成。可减少挤压周期中的辅助

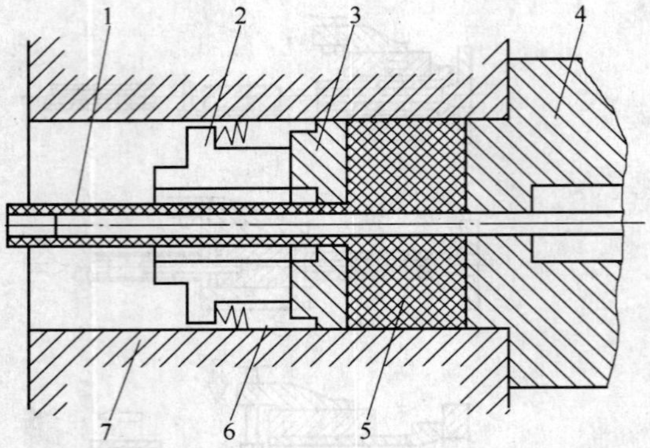

图22-78 铜及铜合金反向挤压用组合清理垫片
1—挤制品;2—组合清理垫;3—挤压模;4—堵头;5—锭坯;6—残皮壳;7—挤压筒

时间20%~25%,并能保证制品的表面质量。

B 反向挤压的压余厚度控制技术

与正向挤压相比,反向挤压所需压余厚度要小得多。反向挤压时的压余厚度与挤压筒直径有关,一般为挤压筒直径的10%左右。压余厚度见表22-22。

表22-22 反向挤压的压余厚度(mm)

合金	16MN ϕ205 挤压筒	20MN ϕ230 挤压筒	25MN ϕ255 挤压筒	31.5MN ϕ285 挤压筒 ϕ370 挤压筒	35MN ϕ370 挤压筒 ϕ420 挤压筒
黄铜	21	23	26	29~37	
紫铜大管反挤法(套轴反挤)					10~20

反向挤压时,压余厚度大小的选择要适当,如果压余过小挤压后期会使挤压力急剧上升,挤压速度降低。专用反向挤压机挤压管材时,可考虑穿孔针直径的大小(针体与针头),根据实际挤压情况来确定压余厚度。压余厚度不能太小,防止金属倒流入空心垫片孔内和保证压余的顺利分离。

C 反向挤压工模具的预热温度和润滑要求

为保证反向挤压能够顺利进行,对挤压工具进行预热。预热温度如表22-23所示。

表 22-23　反向挤压工模具的预热温度

挤压工具	预热温度/℃	加热时间(不小于)/h
挤压筒	350～400	1
穿孔针	300～400	1
挤压模	300～400	1
模垫	350～400	1
环	300～370	1
挤压垫	250～300	1
模支承	300～400	0.5

防止挤压过程中出现挤不动的情况，可提高挤压工具预热温度，但应控制预热温度不超过450℃。如生产白铜的挤压工模具预热温度为：挤压筒350～450℃，挤压模、穿孔针350～450℃。

反向挤压工模具润滑剂可以采用高温钙基脂+鳞片石墨，按比例搅拌均匀配制，也可采用石油沥青作为润滑剂润滑挤压模、穿孔针。因反向挤压锭坯与挤压筒无相对运动，挤压筒可不润滑。

反向挤压过程中挤压模、穿孔针需要冷却。可采用水冷（陶瓷模不能水冷），以提高生产效率。为防止急冷炸裂，立式挤压机穿孔针可用油冷。

22.3.4　反向挤压工艺参数选择

22.3.4.1　反向挤压铜及铜合金比压的选择

挤压时可对垫片施加的最大单位挤压力称为比压。挤压工艺中比压值的大小，直接关系到锭坯直径和长度的选择，以及挤压比和反向挤压制品最大外接圆等一系列参数的选择。由于反向挤压时，挤压力比正向挤压时的挤压力低20%～50%，所以在相同的工艺条件下，可采用比正向挤压低的比压条件来实现反挤。

表22-24和表22-25分别列出正向挤压时所用比压值与反向挤压时推荐的比压值。

表 22-24　铜及铜合金正向挤压用比压值
（挤压温度625～900℃）

挤压机吨位/MN	挤压筒直径/mm	比压/MPa
8	100	1020
	125	650
	150	455
12	125	975
	150	682
	185	446
15	200	474
	250	306
25	200	795
	250	508
	300	354
35	250	712
	300	495
	370	324

表 22-25　铜及铜合金反向挤压推荐比压值
（挤压温度625～900℃）

挤压机吨位/MN	8	12～16	20～25	31.5～50
推荐比压值/MPa	310～700	280～670	250～600	160～580

22.3.4.2　挤压筒尺寸及挤压制品最大外接圆直径

挤压筒直径的上限一般由所需最小比压值来确定，下限应根据挤压工具允许的最大强度来确定。生产实践中正向挤压黄铜时其比压在700 MPa以下，正向挤压紫铜时其比压在500 MPa以下。反向挤压时比压相应下降20%～50%，故挤压筒的面积最大尺寸可比正向挤压相应增加20%～50%。例如：20 MN反向挤压机可采用ϕ250 mm挤压筒，10 MN反向挤压机可采用ϕ120 mm挤压筒。挤压筒的长度按坯料长度上限加上挤压垫片厚度来确定。

反向挤压时，空心模轴的内径是由其纵向稳定强度来确定的，而反向挤压制品时，制品最大外接圆尺寸由空心模轴的最大内径尺寸来确确定。

反向挤压时，模孔边缘离挤压筒内壁最小距离通常为15～50 mm，大挤压机取上限。

22.3.4.3　锭坯尺寸确定

反向挤压时，锭坯直径的选择与正向挤压

锭坯直径选择相同，锭坯最大长度选择受空心挤压轴(模轴)长度的限制，空心模轴长度应根据理论计算来校核纵向弯曲稳定强度。在一般情况下，最大的锭坯长径比可达6～7。在实际生产中，考虑挤压合金的性质、挤压过程中的温降、挤压制品规格和类型等因素。通常，取长径比3～5为宜，反向挤压管材时锭坯长度可短些。

22.3.4.4　反向挤压时的挤压比确定

反向挤压时挤压比的确定，同正向挤压时挤压比的确定一样，都要考虑工艺的合理性、挤压坯料的长度、温度的范围、挤压后制品的中断、生产效率和成品率的提高以及设备能力等条件。在实际生产中，反向挤压所节省的挤压力已用来增加挤压筒直径，增加锭坯重量，提高生产能力。所以反向挤压时的挤压比提高幅度不大，一般可取正向挤压时挤压比范围的上限。

22.3.4.5　反向挤压时温度和速度的选择

反向挤压时温度和速度的选择原则同正向挤压时一样，在保证反向挤压制品质量的前提下，可在最低的允许温度下，以最高的允许速度进行反向挤压，尽可能提高生产效率，降低生产成本。反向挤压时塑性变形靠近模面，产生的变形热比正向挤压少，而且因锭坯与挤压筒之间无相对滑动，故不产生摩擦热。因此，反向挤压过程中温度波动很少，如在反向挤压黄铜棒材时，出口温度波动不超过20℃。这也是反向挤压制品沿长度截面上的组织和性能比正向挤压均匀的原因。

表22-26和表22-27分别列出常用铜及铜合金的反向挤压温度和速度。

表22-26　铜及铜合金反向挤压锭坯加热温度

合金牌号	锭坯直径/mm	锭坯加热温度/℃
紫铜	≤97	720～750
	145～200	750～850
	200～250	850～900
	250～300	850～900
	300～400	900～950
H62 H59	145～250	700～750
	250～300	640～750
HPb59-1	145～250	600～700
	250～300	580～700
H68 HSn70-1 HAl77-2	≤97	740～780
	145～200	770～820
	250～300	780～850
QAl10-3-1.5 QAl9-2	175	800～870
	200～250	820～880
	250～400	850～900
QBe2.0 QBe2.5	≤83	740～810
	>145	800～850
QSn4-0.3 QSn6.5-0.4 QSn7-0.2 QSn6.5-0.1	83～97	700～770
	200～250	800～870

表22-27　铜及铜合金反向挤压金属流出速度

合金	紫铜 H96	H62 HPb59-1 HSn62-1	H68 HSn70-1 HAl77-2	QAl10-3-1.5 QAl9-2	QBe2.5 QBe2.0	QSn4-0.3 QSn6.5-0.4 QSn7-0.2 QSn6.5-0.1
金属流出速度/$m \cdot min^{-1}$	约100	约90	约35	约18	约7	约4

确定反向挤压温度、速度时应考虑以下几点：

(1) 反向挤压时，尤其在采用长锭坯时，由于镦粗的影响，极易使制品表面产生气泡等缺陷。因此，既要考虑是否能挤动，又要满足除气的要求，规程规定对锭坯采用温度梯度加热方式，达到顺次排气，一般三相工频感应电炉加热可满足梯度加热的要求。

(2) 对不同的制品规格，挤压比不同，反向挤压速度也不同，不同的合金采用不同的反挤速度。

(3) 反向挤压过程中的初始速度挤压期间，增速要稳，否则容易断针。相同的合金大管反挤时，采用较低的挤压速度。

22.3.5 反向挤压闷锭的处理方法

出现闷锭(挤不动)情况，应立即停车卸压，待锭坯降温后，采用专用装置来处理，一般采用两种方法处理。

22.3.5.1 通过主轴处理(带滑动模架双轴反挤机)

在滑动模架另一个位置上安装一个套筒(事故处理筒)，将其推移到挤压中心位置，主轴施加压力将挤压筒内锭坯推入到套筒内取出(如图 22-79 所示)。

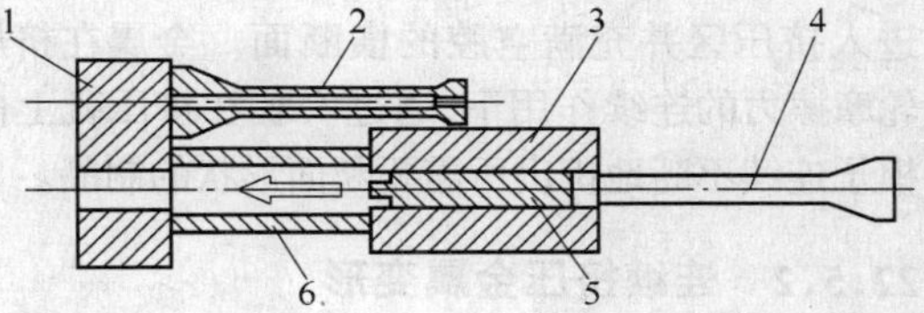

图 22-79 主轴顶出方法

1—滑动模架；2—挤压轴(模轴)；3—挤压筒；4—挤压轴(主轴)；5—锭坯；6—套筒

22.3.5.2 通过模轴处理

采用一个套筒放置主柱塞和挤压筒之间，通过模轴将挤压筒内锭坯向后推入套筒内取出(如图 22-80 所示)。

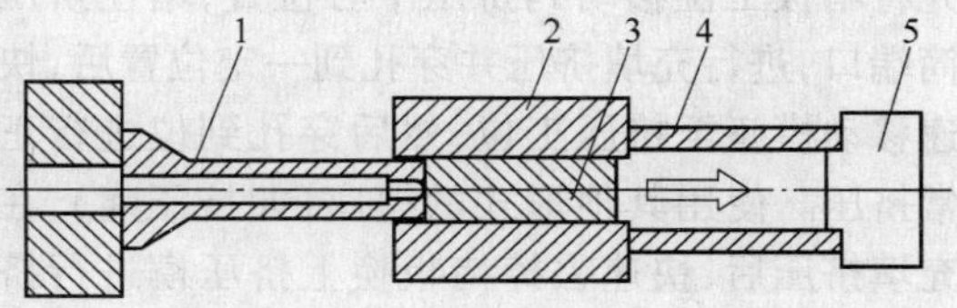

图 22-80 模轴顶出方法

1—挤压轴(模轴)；2—挤压筒；3—锭坯；4—套筒；5—柱塞

22.4 联合挤压法(堵板挤压)

正向穿孔挤压大直径管材时，有一部分金属被顶出成为废料(萝卜头)，一般占锭坯重量的 40%，生产大直径管材很不经济，采用堵板挤压技术可大大减小穿孔料头损失，提高成品率。所谓联合挤压法，即在穿孔时采用反向挤压法，此时模孔需要堵死，挤压穿孔完成后，再去掉堵垫，然后进行正常的管材挤压。堵板挤压过程如图 22-81 所示。

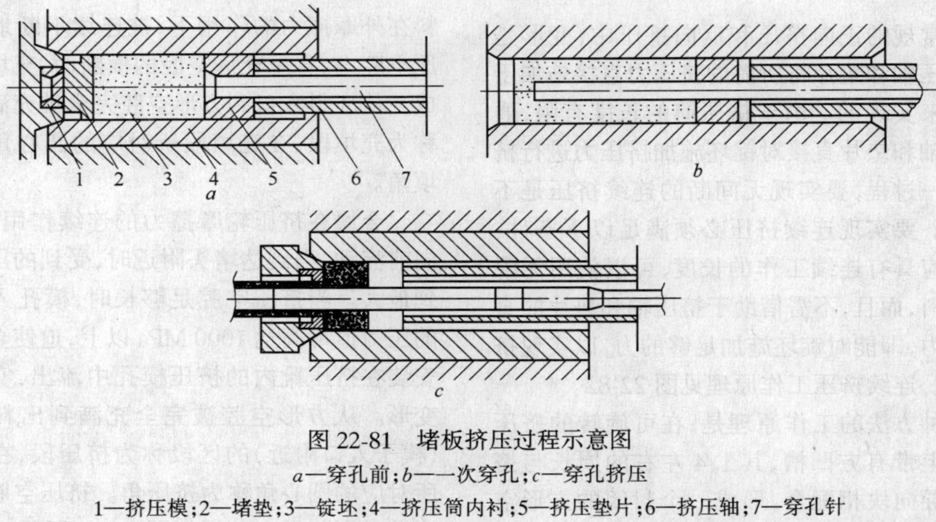

图 22-81 堵板挤压过程示意图

a—穿孔前；*b*—一次穿孔；*c*—穿孔挤压

1—挤压模；2—堵垫；3—锭坯；4—挤压筒内衬；5—挤压垫片；6—挤压轴；7—穿孔针

采用堵板挤压应注意以下几点：

(1) 挤压内径大于 ϕ120 mm 以上的紫铜、黄铜管材，采用堵板挤压。

(2) 采用横向移动或旋转模座的挤压机，先将堵板工位移动到挤压中心位置，堵住挤压筒端口，进行充填挤压并穿孔到一定位置后，快速移动模座至挤压工位，然后穿孔到位进行正常挤压。使用其他形式的模座(如挤压嘴)，在充填挤压后，快速去掉堵板换上挤压模进行挤压。采用堵板挤压时，应适当提高加热温度，防止温降的影响。

(3) 采用堵板挤压时，锭坯在穿孔过程中，金属产生倒流，应考虑锭坯的允许长度，计算堵板挤压锭坯长度，是指堵板挤压一次穿孔锭坯产生回流后的长度。

(4) 堵板挤压一次穿孔离锭坯前端的距离(不穿透)，可以根据材料和规格确定，一般为75～80 mm。

(5) 堵板工具应进行预热，防止锭坯降温。一般预热温度为250～300℃。

22.5　连续挤压技术

22.5.1　连续挤压原理

在常规的正向挤压和反向挤压中，变形是通过挤压轴和垫片将所需的挤压力直接施加于坯料上来实现的。由于挤压筒的长度有限，通过挤压轴和垫片直接对锭坯施加挤压力进行挤压的这一过程，要实现无间断的连续挤压是不可能的。要实现连续挤压必须满足以下条件：挤压筒应具有连续工作的长度，可以使用无限长的坯料，而且，不需借助于挤压轴和垫片的直接作用力，即能对锭坯施加足够的力，以实现挤压变形。连续挤压工作原理见图22-82。

这种方法的工作原理是，在可旋转的挤压轮表面上带有方凹槽，其1/4左右的周长与挤压靴的导向块相配合，形成一个封闭的方形空腔，将挤压模固定在导向块的一端。挤压时，将比方形空腔断面大一些的圆坯料端头碾细，然后送入空腔中，借助于挤压轮凹槽与坯料之间

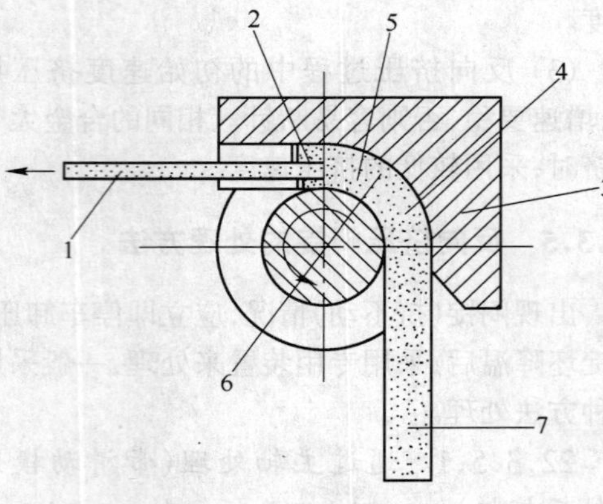

图22-82　连续挤压工作原理示意图
1—制品；2—模子；3—导向块(挤压靴)；4—初始咬入区；5—挤压区；6—槽轮(挤压轮)；7—坯料

产生的摩擦力，将坯料连续不断地拉入空腔中，坯料在初始咬入区中逐渐产生塑性变形，直到进入挤压区并充满空腔的横断面。金属在挤压轮摩擦力的连续作用下，通过安装在挤压靴上的模子连续不断地挤出所需要断面形状的制品。

22.5.2　连续挤压金属变形

22.5.2.1　金属流动过程

金属在方形空腔内的流动变形过程分为两个阶段，即充填变形阶段和挤压变形阶段。坯料在外摩擦力的作用下，被连续不断地拉入挤压空腔内，直至充满空腔的横断面，充填过程完成。从坯料入口到方形空腔完全被充满的阶段称为充填段，在充填段所对应的圆心角称为充填角。

金属在挤压轮摩擦力的连续作用下，继续向前流动，当到达堵头附近时，受到的压应力达到最大。当挤压空腔足够长时，模孔入口附近的压力值可高达1000 MPa以上，迫使金属通过安装在挤压靴内的挤压模孔中流出，实现挤压变形。从方形空腔被完全充满到出料孔之间(模子入口附近)的区段称为挤压段，在挤压段所对应的圆心角称为挤压角。挤压空腔内金属流动过程与受力分析如图22-83所示。

22.5.2.2　金属受力分析

如图22-83所示，挤压轮缘上的凹槽槽底和两个侧壁作用在金属接触表面上的摩擦应

力,方向与金属流动方向相同。而槽封块作用在金属接触表面上的摩擦力与金属流动方向相反。由图 22-83 可以看出,挤压轮旋转时,凹槽槽底部分作用在金属表面上摩擦力 τ_2 的方向,与固定在挤压靴上的槽封块作用在金属表面上摩擦力 τ_1 的方向相反,一般认为二者数值近似相等,相互抵消,对金属的塑性变形没有影响。但有使金属温度升高的作用,而凹槽两侧壁上摩擦力 τ_3 和 τ_4 的合力,是实现金属塑性变形所需的挤压力。

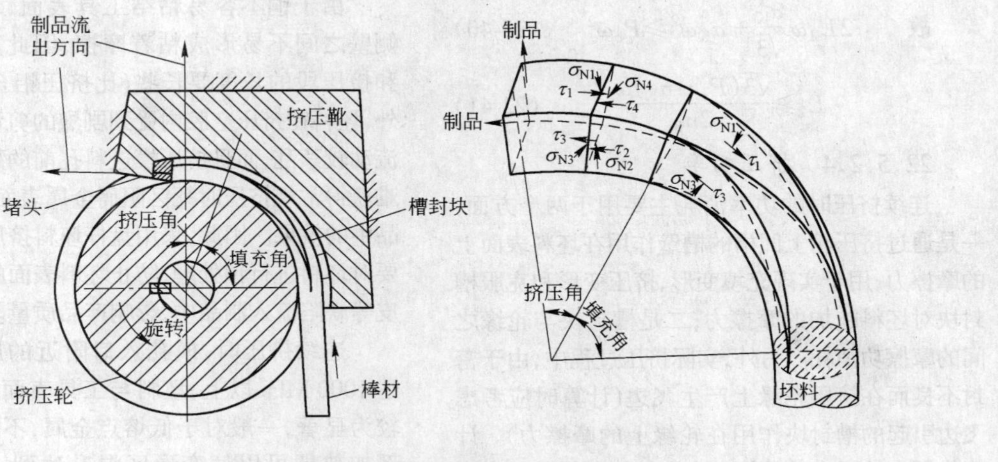

图 22-83 连续挤压金属流动过程与受力分析

由金属流动过程和受力特点可以看出,方形空腔内变形金属横断面上平行于挤压轮缘切线方向的应力,越靠近模孔越大。理论分析表明,凹槽侧壁与槽封块上所受到的正压力也随着靠近模孔而迅速增加。

22.5.2.3 充填段和挤压段长度理论计算

A 充填段长度

充填段凹槽侧壁作用于金属上的总摩擦力为:

$$f_1 = 2\mu\sigma_K L_1 \chi \tag{22-32}$$

使金属产生镦粗变形充满整个方形空腔横断面所需的力:

$$f_2 = \sigma_K \omega^2 \tag{22-33}$$

式中 μ——坯料与凹槽侧壁间摩擦系数;

σ_K——金属的平均流动应力;

L_1——充填段长度;

χ——充填段内凹槽侧壁与金属坯料之间的平均接触宽度;

ω——挤压轮凹槽深度与宽度(方形)。

为实现稳定连续成型,在挤压条件下:

$$f_1 \geqslant f_2 \tag{22-34}$$

故

$$2\mu\sigma_K L_1 \chi \geqslant \sigma_K \omega^2 \tag{22-35}$$

采用圆杆坯料时,可取 $\chi = \omega/4$ 进行计算。

因而

$$L_1 \geqslant 2\omega/\mu \tag{22-36}$$

由上式可知,充填段所需的最小长度只与凹槽的断面尺寸和接触摩擦状态有关,而与其他挤压条件无关。

坯料进入挤压空腔时为室温状态,随着坯料向前运动,其温度逐渐升高,因此流动应力 σ_K 逐渐下降。另外接触面上的摩擦状态也较复杂,μ 不能精确确定,所以对 L_1 的大小只能进行近似预测。

B 挤压段长度

由于高温高压的作用,挤压段内接触摩擦应力一般达到极限状态($\sigma_K/\sqrt{3}$)。考虑挤压段凹槽两侧摩擦力和挤压段起始横断面上的合力,则作用在坯料上的力为:

$$f_3 = 2L_2\omega \frac{\sigma_K}{\sqrt{3}} + \sigma_K \omega^2 \tag{22-37}$$

使金属通过挤压模挤出制品,而在槽封块或堵头上入口所需的力为:

$$f_4 = P_e \omega^2 \tag{22-38}$$

式中 L_2——挤压段长度;

P_e——在槽封块或堵头上入口所需的单位压力。

入口处附近的应力状态近似于三向等压力状态，由力平衡条件，应满足：

$$f_3 \geqslant f_4 \tag{22-39}$$

故 $$2L_2\omega\frac{\sigma_K}{\sqrt{3}}+\sigma_K\omega^2 \geqslant P_e\omega^2 \tag{22-40}$$

$$L_2 \geqslant \frac{\sqrt{3}(P_e-\sigma_K)\omega}{2\sigma_K} \tag{22-41}$$

22.5.2.4 挤压功率

连续挤压时的功率消耗主要用于两个方面：一是通过挤压轮上凹槽的槽壁作用在坯料表面上的摩擦力，用于实现充填变形、挤压变形和克服槽封块对坯料施加的摩擦力；二是槽封块与轮缘之间的摩擦功消耗。另外，实际挤压过程中，由于密封不良而在挤压轮缘上产生飞边（计算时应考虑飞边引起的槽封块作用在轮缘上的摩擦力）。计算作用在轮缘上总的切向力和挤压所需总功率可按式22-23和式22-24来计算。

22.5.3 连续挤压工艺

22.5.3.1 工艺特点

坯料可采用盘条、棒材和连铸坯料等，而且还可以用金属粉末、颗粒、切屑或废料作为原料进行挤压。既可以挤压纯铜，也可以挤压部分黄铜、青铜等合金，既可以挤压线材产品，也可以挤压空心或实心的各种断面形状管材和型材产品。

由于铜不容易粘结工具表面，坯料与凹槽侧壁之间不易形成粘着摩擦，因此所需充填段和挤压段的长度要长些（比挤压铝合金长）。另外，坯料在挤压空腔内受到剧烈的剪切作用，金属流动较紊乱，而且挤压模进料孔前的死区很小，很难获得常规挤压时死区阻碍金属表面缺陷流入制品中的效果。因此，采用盘杆坯料挤压时，一般都要对坯料进行预处理，防止坯料表面的油污、氧化皮等缺陷流入制品中，影响产品质量。

连续挤压时，模孔入口附近的压力值可高达1000 MPa以上，坯料与工具表面的摩擦发热较为显著，一般对于低熔点金属，不需要进行外部加热即可以使变形区温升达到400～500℃而实现热挤压。对于铜及铜合金等较高熔点的材料，单靠摩擦发热很难达到金属变形的热挤压温度，所以挤压铜及铜合金制品时，一般需要对轮槽、模座进行辅助加热才能实现稳定挤压。

连续挤压工艺流程如下：

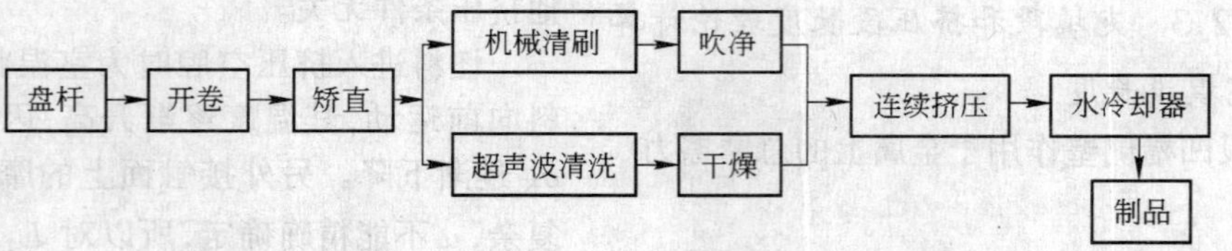

采用连续挤压法挤压铜及铜合金时，最大挤压比可达20。制品可以挤压成卷，也可以生产定尺长度的制品，对于铜合金制品一般以ϕ5 mm以下的线材以及小尺寸简单端面形状的异型材为主。挤压制品沿长度方向组织、性能均匀，成品率可达90%以上，甚至可高达95%～98.5%。其生产能力取决于挤压轮的直径和转速。

22.5.3.2 连续挤压的工艺冷却

连续挤压法，是靠摩擦力迫使金属从模孔中挤出，因此挤压过程中产生的热量，一方面是挤压所必需的，另一方面如不随时将部分热量排出，亦将导致工具的损坏。所以在实际生产中，根据设备的特点，一般对堵头和模套进行冷却。

22.5.3.3 连续挤压棒、线材模具

在连续挤压机上生产铜及铜合金棒、线材多半是采用平模，只是其工作端面的入口处均带有一个过渡圆角，其半径 $r=0.5\sim1.5$ mm。

A 模孔数目

模孔分为单孔模和多孔模两种，一般单孔模应用较为普遍。模孔数目可按下式确定：

$$n=F_c/\lambda F_k \tag{22-42}$$

式中 n——模孔数目；

F_c——模子入口工作端面前部坯料的断面积，mm^2；

F_k——单孔制品的断面积，mm^2；

λ——挤压比，此值可根据连续挤压机的规格、产品的力学性能和组织要求，以及被挤压合金的变形抗力等来确定。

B 模孔尺寸

模孔尺寸的确定与热挤压基本相同，线、棒材模孔尺寸可按下式确定：

$$A = A_0(1+K) \quad (22\text{-}43)$$

式中 A_0——棒、线材名义尺寸，对圆棒、线材，A_0 为直径；对方棒，A_0 为边长；对六角棒，A_0 为内切圆直径；

K——模孔裕量系数，对铜及铜合金，$K=1.0\%\sim1.5\%$。

C 模孔定径带长度

连续挤压的棒、线材模子，一般为模片与底模两件组合体，模片厚度等于定径带长度，对铜合金一般取 4～6 mm，底模的厚度根据具体情况确定。

D 模具强度与强度校核

为提高模具的使用寿命，模孔离模子外径的距离和模孔之间的距离都应保持一定值。对单轮单槽和双轮单槽连续挤压机，一般距离可取 8～30 mm。

需要对模孔之间和模子与模子外径圆周之间的危险断面进行强度校核。配有专用模垫和模支承时，只需校核抗压强度，而使用通用大内径模垫和模支承时，还需要校核抗剪强度和抗弯强度。

E 几种模子的形式

几种模子的形式如图 22-84 所示。

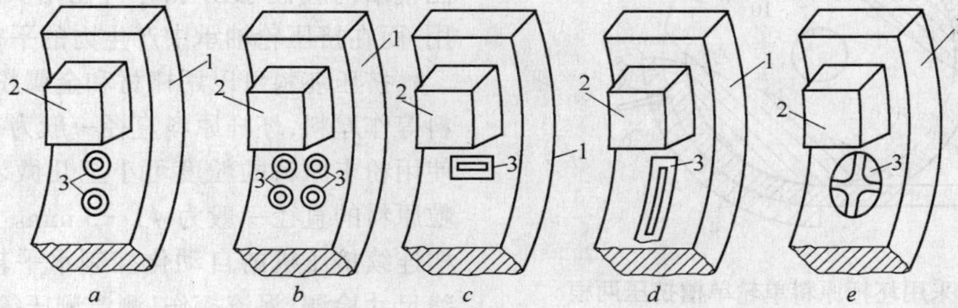

图 22-84 几种模子的形式

a—有两个模子；*b*—有四个较小的模子；*c*—矩形模，模孔的长度取决于挤压轮上凹槽的宽度；*d*—矩形模，此设计可使模孔的长度较长；*e*—舌形模，可以挤压管材

1—挤压靴；2—堵头；3—模子

22.5.4 连续挤压设备及主要技术参数

22.5.4.1 连续挤压设备

普通连续挤压机的设备结构形式主要有立式和卧式两种。根据连续挤压机的挤压轮上的凹槽数和挤压轮的数目，又可以分为单轮单槽、单轮双槽、双轮单槽等几种类型。

连续挤压机主要设备结构如图 22-85～图 22-89所示。

A 单轮单槽连续挤压机

单轮单槽是连续挤压机的主流，一般采用

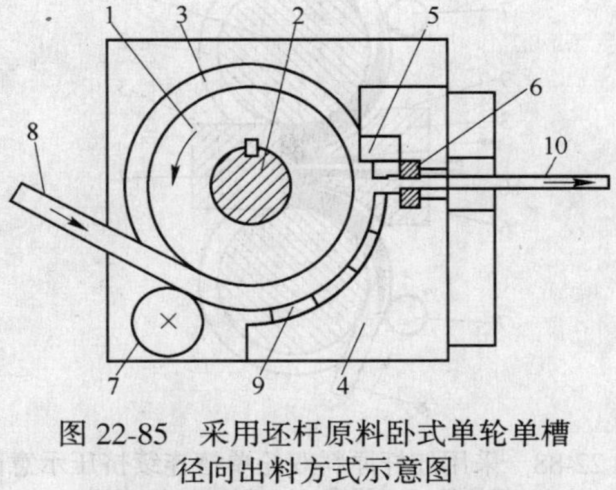

图 22-85 采用坯杆原料卧式单轮单槽径向出料方式示意图

1—挤压轮；2—轴；3—凹槽；4—挤压靴；5—堵头；6—挤压模；7—压轮；8—坯杆料；9—槽封块；10—挤压制品

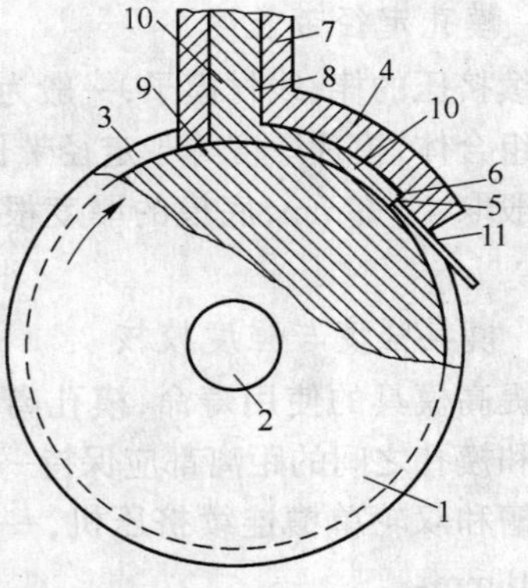

图 22-86 采用粉状原料卧式单轮单槽切向出料方式示意图

1—挤压轮；2—轴；3—方形横断面的凹槽；4—挤压靴；5—堵头；6—挤压模；7—进料室；8—粉状进料腔孔；9—槽封块；10—金属粉状坯料；11—挤压制品

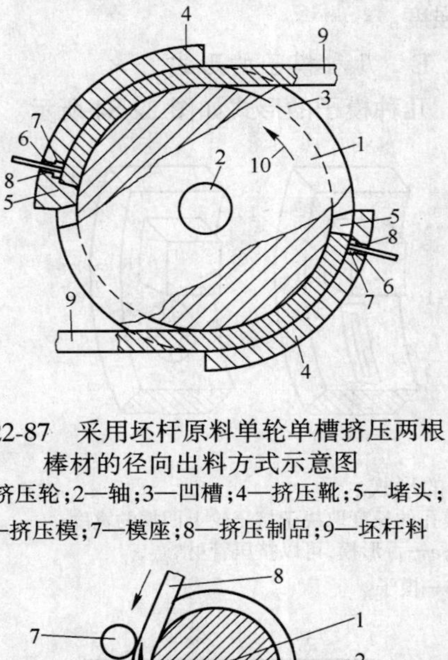

图 22-87 采用坯杆原料单轮单槽挤压两根棒材的径向出料方式示意图

1—挤压轮；2—轴；3—凹槽；4—挤压靴；5—堵头；6—挤压模；7—模座；8—挤压制品；9—坯杆料

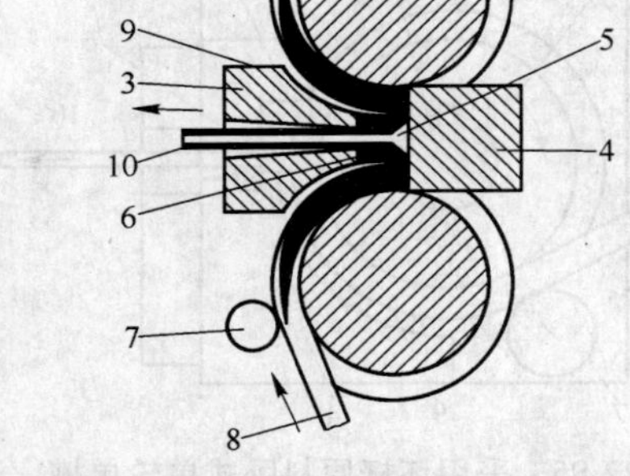

图 22-88 采用坯杆原料双轮单槽连续挤压示意图

1—挤压轮；2—凹槽；3—挤压靴；4—堵头；5—模芯；6—挤压模；7—压轮；8—坯杆料；9—槽封块；10—挤压制品

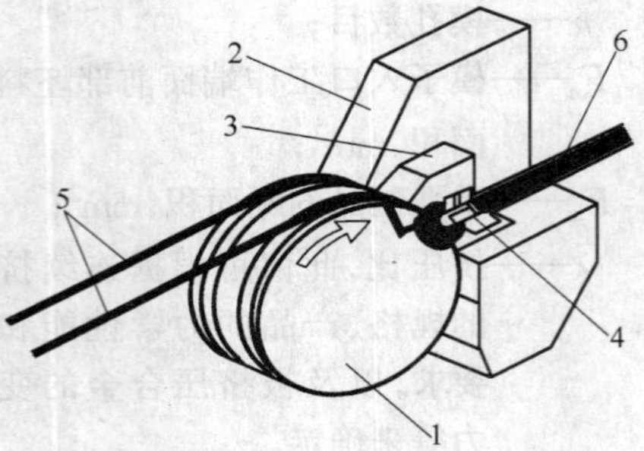

图 22-89 采用坯杆原料单轮双槽径向出料方式示意图

1—带凹槽的挤压轮；2—挤压靴；3—堵头；4—挤压模；5—坯杆料；6—挤压制品

卧式结构和直流电机驱动方式。生产铜及铜合金线材、管材和型材时，一般采用径向出料方式，挤压包覆材料成型时，一般采用切向出料方式。

在单轮单槽连续挤压机上采用两个挤压靴与挤压轮相连，可同时挤压两根棒材，采用多挤压靴结构应注意由于材料在堵头处的压缩作用，而在挤压轮轴承中产生力的平衡问题。

挤压坯料可以用棒材和金属粉末颗粒或废料等作原料，坯杆原料直径一般为 ϕ8～15 mm，使用粉末原料的粒度可小至几微米，碎屑等颗粒原料的直径一般为 ϕ1～3 mm。现代单轮单槽连续挤压机的自动化控制水平较高，配有在线尺寸检测、涡流探伤、测温测压等装置。

B 单轮双槽连续挤压机

单轮双槽连续挤压机的基本原理是两个凹槽内的坯料通过槽封块上的两个进料孔汇集到挤压模前的空腔内，焊合成一体后，再通过挤压模挤压成所需要的制品。单轮双槽连续挤压机具有两种结构形式：一种为双槽径向挤压方式，用于各种管、棒、型、线材的挤压成型；另一种为切向挤压方式，主要用于包覆材料的挤压成型。

C 双轮单槽连续挤压机

双轮单槽连续挤压机不仅可以生产线材、棒材以及包覆材料，而且也可以生产管材或空心型材。其特点是不需要使用分流模即可以挤压管材或空心型材，挤压模的结构大大简化。模芯可以安装在堵头上，挤压模和模芯的强度条件显著改善。由于进料孔附近的压力显著降低，因此作用在槽封块和挤压轮缘上的压力下降，可以减轻其磨损，延长使用寿命。金属流动的对称性增加，可以提高制品尺寸的精度和均匀性。

双轮单槽连续挤压机克服了单轮单槽或单轮双槽连续挤压机，存在的由于空间限制，分流模的尺寸较小，而挤压压力较高，模芯的强度难以得到充分保证和由于剧烈的摩擦与长时间处于高温作用之下，挤压轮磨损快、寿命短的缺点。

显然，双轮单槽连续挤压机在设备结构及其控制上都要复杂一些。

22.5.4.2　连续挤压机主要技术参数

单轮单槽连续挤压机主要技术参数见表22-28。

表 22-28　单轮单槽连续挤压机主要技术参数

型　号		C300H	C300H	C400H	C500H	C600H
挤压轮直径/mm		300	300	400	500	1000
最大轮速/$r \cdot min^{-1}$		39	34	36	30	15
驱动功率/kW		130	130	180～250	300～500	500～1000
最大模圆直径/mm	扩展靴	90		150	200	420
	普通靴	50		85	100	250
最大坯料尺寸/mm		$\phi 15$	$\phi 9.5$	$\phi 19$	$\phi 25$	1200 mm^2 截面铸坯
制品最大外径/mm	扩展靴	50		75	100	200
	普通靴	30	20	45	55	130
最大理论产量/$kg \cdot h^{-1}$		600		1000	2000	6000

注：1. 型号中的 H 表示卧式结构。
2. 型号为 C300H 的连续挤压机其中一种用于包覆材料成型。

单轮双槽连续挤压机主要技术参数见表22-29。

表 22-29　单轮双槽连续挤压机主要技术参数

型　号		2-350-$\frac{150}{200}$	2-350-$\frac{150}{200}$	2-550-$\frac{260}{400}$	2-550-$\frac{260}{400}$
挤压轮直径/mm		340	340	550	550
最大额定轮速/$r \cdot min^{-1}$		32/16	24/9.6	32/16	24/9.6
驱动功率/kW		150　200	150　200	260　400	260　400
最大转矩/$kN \cdot m$	启动	118.7　158.3	118.7　158.3	343　527.6	343　527.6
	运转	79.1　105.5	79.1　105.5	228.6　351.8	228.6　351.8
最大坯料尺寸/mm	EC铝杆	$2 \times \phi 9.5$ $2 \times \phi 12.5$	$2 \times \phi 9.5$	$2 \times \phi 12.5$ $2 \times \phi 15$	$2 \times \phi 12.5$
常用出线速度/$m \cdot min^{-1}$	铝包钢线		200		200
	同轴电缆		150		150
制品最大外圆直径/mm		70	30	110	50
最大理论产量/$kg \cdot h^{-1}$	实心制品	600　1140		1400　2040	
	管材	430　570		740　1140	

双轮单槽连续挤压机主要技术参数见表22-30。

表 22-30 双轮单槽连续挤压机主要技术参数

型　号	C2－300 V(立式)
槽轮尺寸/mm	2×ϕ300
最大转速/$r\cdot min^{-1}$	25
驱动功率/kW	180
杆坯尺寸/mm	ϕ9.5、ϕ12、ϕ15
管材最大外径/mm	ϕ45
最大产量/$kg\cdot h^{-1}$	350　600　800

注:管材最大外径和最大产量是指铝合金生产时。

22.6 静液挤压技术

22.6.1 静液挤压工作原理

与正、反挤压等方法不同,静液挤压时金属锭坯不直接与挤压筒内表面产生接触,锭坯借助于筒内的高压液体压力从挤压模孔中挤出,获得所需形状和尺寸的制品。一般情况下,静液挤压是在常温下进行的,但根据需要,静液挤压也可在不同的温度下进行。处于室温时的挤压过程称为冷静液挤压;在室温以上再结晶温度以下的挤压过程称为温静液挤压;而在再结晶温度以上的挤压过程称为热静液挤压。静液挤压工作原理如图22-90所示。

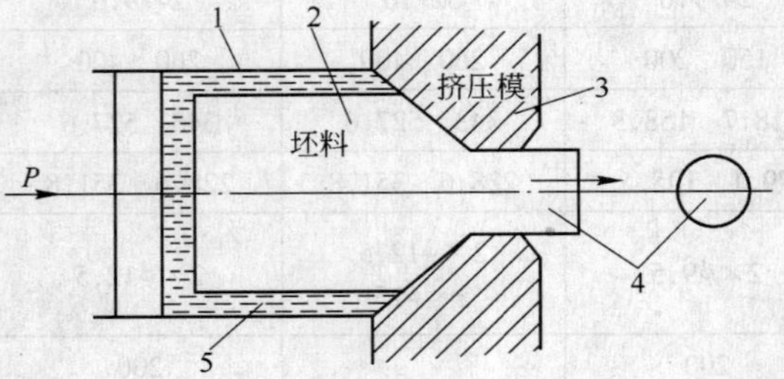

图22-90 静液挤压工作原理示意图
1—挤压筒;2—锭坯;3—挤压模;
4—挤压制品;5—高压介质

静液挤压所用的高压介质,一般有黏性液体和黏塑性体。如蓖麻油、矿物油等黏性液体,主要用于冷静液挤压和500～600℃以下的温、热静液挤压。如耐热脂、玻璃、玻璃和石墨混合物等黏塑性体,主要用于较高熔点金属和700℃以上的热静液挤压。

22.6.2 挤压力

影响挤压力的主要因素有挤压比、挤压温度、挤压速度、高压介质、挤压模的形状等。静液挤压时,锭坯与挤压筒内壁不直接接触,无摩擦,挤压力比通常的正向挤压力小20%～40%。简单的静液挤压与传统挤压法挤压力的比较如图22-91所示。

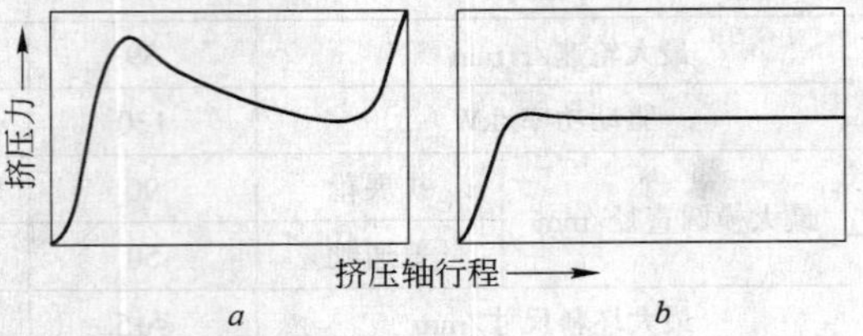

图22-91 挤压力的比较示意图
a—传统挤压法采用平模挤压;
b—静液挤压法采用锥形模挤压

静液挤压时,由于锭坯处于均匀的外摩擦和温度条件下,挤压力与挤压变形程度一般都具有良好的线性关系(如图22-92所示)。

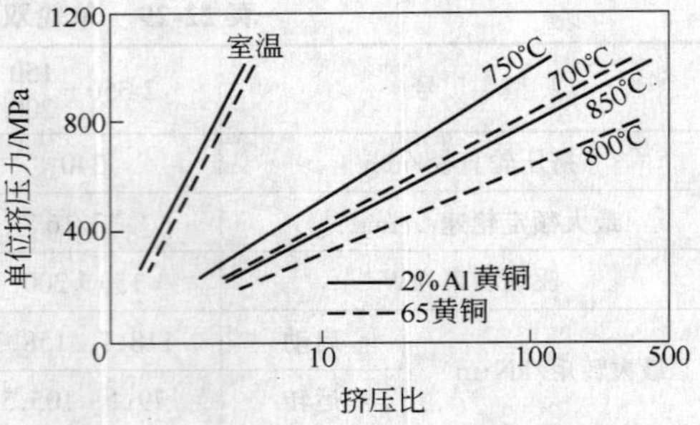

图22-92 挤压力与挤压比的线性关系

采用黏性液体作高压介质的冷静液挤压和500～600℃以下的温热静液挤压,锭坯长度对挤压力没有影响。采用黏塑性体作为高压介质和600～700℃以上的热静液挤压时,锭坯长度对挤压力的影响取决于黏塑性体在给定的挤压温度和挤压速度条件下黏性摩擦阻力,阻力越大,锭坯长度对挤压力的影响也就越大。

静液挤压时实际所需挤压力的大小,可以采用理论计算的方法来预测,具体可按公式22-

22来计算。

22.6.3 静液挤压工艺

22.6.3.1 工艺特点

静液挤压时,锭坯不与挤压筒内壁接触,作用于锭坯表面上的摩擦力为高压介质的黏性摩擦阻力,在变形区内,锭坯与锥形模表面接近于流体润滑状态,降低了金属与模子间的摩擦阻力。因此静液挤压时的金属变形极为均匀,产品质量好。这一特性,特别适合于各种包覆材料的挤压成型。另外,静液挤压时,锭坯周围被高压介质包围,有利于提高锭坯的变形能力,实现低温、高速、大变形加工。这一特点,适合于难加工材料成型、精密型材成型,还可以利用大变形量加工的特点简化挤压工艺。

用于静液挤压的锭坯比普通挤压时要求要高。为了挤压初期能顺利在挤压筒内建立起工作压力,一般需要将锭坯的头部车成与所用挤压模入口处相一致的锥体形状。为保证挤压制品的质量,防止污染高压介质,需要对锭坯表面进行车皮处理。对于管材挤压时,锭坯还需要进行钻孔处理。

22.6.3.2 挤压比

静液挤压时,金属处于较为理想的变形状态,强烈的三向静压力有利于提高金属的变形能力。因此在其他条件相同的情况下,静液挤压可以在较大的挤压比条件下实现挤压。实际生产中,挤压比的选择应考虑高压介质与工模具的最高允许工作压力、密封性能等因素的影响。一般冷静液挤压时,高压介质的工作压力能高达1500 MPa,而热静液挤压时,高压介质的工作压力选取在1000 MPa以下。另外,由于材料的变形抗力随温度的增高而降低,因此挤压力随挤压温度的升高而下降。当使用设备等其他条件相同时,挤压温度越高,挤压比可选择得越大。如在400℃静液挤压纯铜时,挤压比能达到75以下,而锭坯预热温度在600℃时,挤压比增加到大于600以上。最大挤压比与挤压温度的关系如图22-93所示。

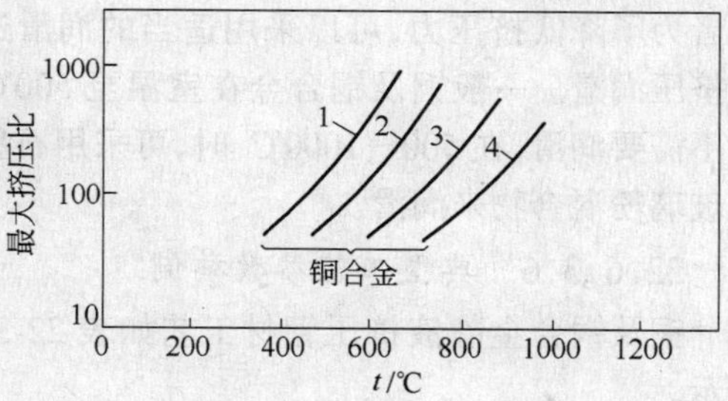

图22-93 几种合金最大挤压比与温度的关系
(单位挤压力为980 MPa时)

1—纯铜;2—65/35黄铜;3—2%Al黄铜;4—白铜

22.6.3.3 挤压温度

冷静液挤压主要用于软材料挤压、精密型材挤压和获得高表面质量的挤压(如贵金属)等。温静液挤压和热静液挤压可以用于铜及铜合金、镁合金以及粉末材料、包覆材料等。挤压温度高,金属的变形抗力随温度升高而降低,挤压力也就低,挤压比可以选择得大一些。但是挤压温度越高,越容易产生挤压裂纹、粘结、晶体粗大等挤压缺陷,致使挤压制品质量和成品率降低。

静液挤压温度的选择范围一般为:铜及铜合金600~900℃;钛包铜等包覆材料700~800℃。

22.6.3.4 挤压速度

挤压速度的确定主要考虑设备的能力、静液挤压过程中的稳定性、挤压制品质量要求以及挤压金属材质等因素的影响。挤压速度对静液挤压过程中的稳定性有重要影响。当挤压速度选择不合理、锭坯直径与挤压筒直径之差过大或挤压黏结性高的金属时,容易产生锭坯在挤压筒内出现间断式变形现象,造成挤压制品不连续或以不均匀的速度从挤压模孔中流出,挤压力出现锯齿形振动的粘结——滑动式变形现象。

实际生产中,一般选取挤压轴的速度为10~50 mm/s,而对容易产生粘结的金属,挤压速度可降低至2~5 mm/s左右。

22.6.3.5 工艺润滑

静液挤压过程中,由于高压介质的作用,可形成理想的强制流体润滑效果,因此挤压时可不进行特殊的润滑处理。但对表面质量要求高或者为了降低挤压力，可以采用适当的润滑进行挤压润滑。一般铜及铜合金在室温至500℃时不需要润滑，在500～1000℃时，可采用石墨与玻璃粉混合物来润滑。

22.6.3.6　典型工艺参数举例

铜及铜合金静液挤压管材工艺如表22-31所示。

表22-31　铜及铜合金管材静液挤压管材工艺

合　金	制品尺寸 /mm×mm	锭坯尺寸 /mm	挤压比 λ	挤压温度 /℃
Cu	ϕ15×1	ϕ158	450	550
Cu Zn37	ϕ18×1.4	ϕ155	256	600
Cu Zn20 Al	ϕ29×1.5	ϕ155	142	600
Cu Zn28 Al	ϕ28×1.4	ϕ155	160	600

22.6.3.7　静液挤压制品质量

由于静液挤压时金属流动均匀的特点，可以获得晶粒细小、组织与性能沿制品断面和长度方向均匀，以及表面质量与尺寸精度高的挤压制品。当挤压工艺条件、挤压工模具设计等选择不合理，以及控制不当时，静液挤压同样会产生制品晶粒粗大、表面粘结、表面裂纹、桔子皮表面、管材偏心、外径周期性波动（粘结－滑动式变形）、包覆层破断、包覆层胀凸和皱、包覆层厚度不均以及界面接合强度不足等缺陷。

22.6.3.8　挤压工具

A　挤压模

静液挤压使用的挤压模形状有单锥形和多锥形。一般对于强度高而容易产生粘结的铜合金，可以采用双锥形挤压模（如 $\alpha_1=50°$；$\alpha_2=65°$）。对于纯铜这类不容易产生粘结的合金，可以采用单锥模（如 $\alpha=40°$）。挤压模的设计也可以考虑采用组合模来代替整体模，提高模子的使用寿命。

B　穿孔针

静液挤压使用的穿孔针与普通的挤压相同，管材挤压时可采用固定式和随动式两种形式。考虑穿孔针前端部工作条件恶劣，可设计成组合式穿孔针，针头部分采用抗粘结好、耐热、耐磨损的热合金钢加工，提高其强度。对挤压温度高于600～700℃的合金时，可采用内水冷式穿孔针，如图22-94所示。

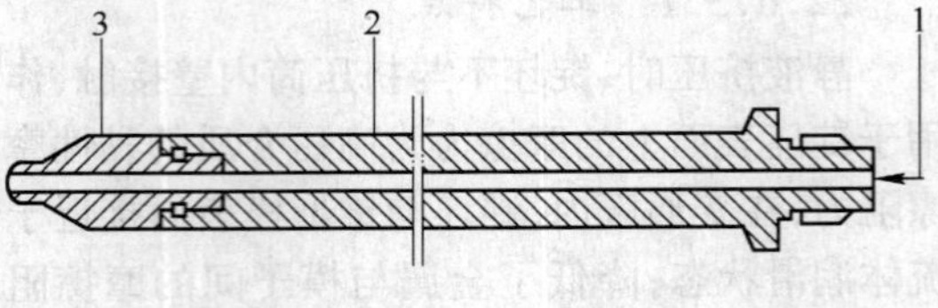

图22-94　组合内水冷式穿孔针示意图
1—通水孔；2—穿孔针体；3—穿孔针头部

C　挤压筒

冷静液挤压，高压介质的工作压力高达1500 MPa，挤压筒设计时，可采用特殊的多层结构，其长度与外径要比普通正向挤压大得多。热静液挤压时，工作压力一般为1000 MPa以下，挤压筒设计可采用与普通挤压筒相同的2层或3层热装配合结构形式。

22.6.4　静液挤压设备

早期的静液挤压机与普通挤压机在结构上有较大差别，多采用双挤压筒结构形式，一个用于高压介质的升压，一个用于实现挤压。随着高压介质性能的改善，热静液挤压技术的不断开发，近年来静液挤压机在结构上不断简化，多采用单挤压筒结构，与普通正向挤压机差别越来越小。根据用途不同，静液挤压机又分为单动式和双动式。静液挤压机的基本结构如图22-95所示。

22.6.4.1　普通型静液挤压机

这种静液挤压机与普通挤压机的主要区别是：挤压轴不直接与被挤压的锭坯接触，而是通过中间高压介质的静压作用，使锭坯在巨大的压力下产生塑性变形，并由模孔中挤出形成制品。

当采用黏性液体作为高压介质时，单动挤压机上设有专门的高压介质交换盘，也称为液体充填阀，用于挤压时的供液和挤压结束时的液体回收。这种方式的缺点是操作复杂，生产周期长，锭坯温度下降明显，易产生着火危险等，一般挤压温度控制在500～600℃以下。

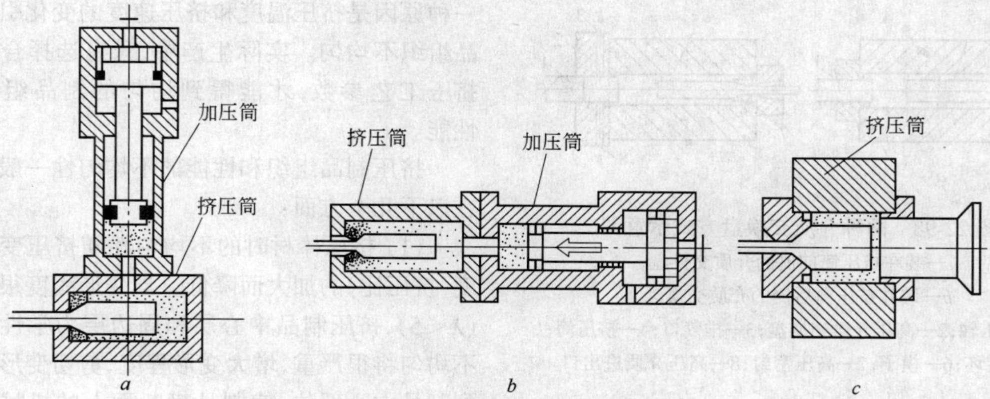

图 22-95 静液挤压机基本结构类型

a—垂直配列式双挤压筒；*b*—串联式双挤压筒；*c*—单挤压筒

采用黏塑性体作为高压介质时，单动静液挤压机不需要专门的介质充填阀，高压介质以块状供给。这种方式具有便于快速操作、可有效控制锭坯温度下降、缩短操作周期等优点。

双动静液挤压机用于生产空心挤压制品、双金属管等。这种挤压方式与普通的带有穿孔系统的挤压机基本相同，穿孔针与挤压轴均能单独移动。

22.6.4.2 高压密封

为防止高压介质的泄漏，挤压模与挤压筒，挤压垫片（密封压垫）与挤压筒之间必须密封良好。高压密封装置有两种结构形式，分别如图 22-96 和图 22-97 所示。

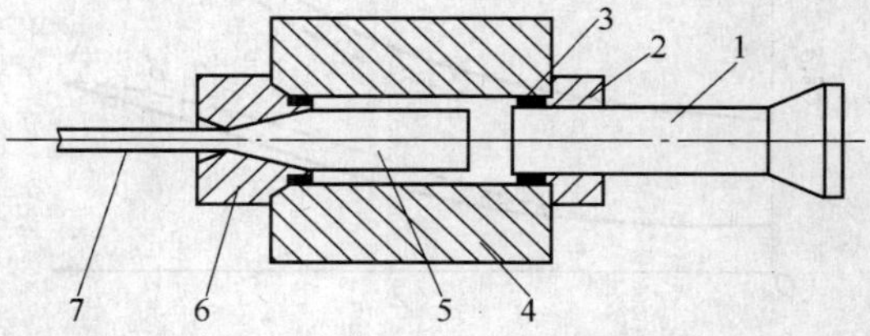

图 22-96 法兰密封式装置

1—挤压轴；2—法兰；3—密封填料；4—挤压筒；5—锭坯；6—模子；7—制品

一般挤压模处采用固定式密封，而挤压垫片处多采用滑动式密封。

22.6.4.3 高压介质交换装置

在进行静液挤压时，锭坯和高压介质同时密封在挤压筒内。挤压结束时，高压介质必须排出回收，完成这个过程的装置称为介质交换装置（液体充填阀）。

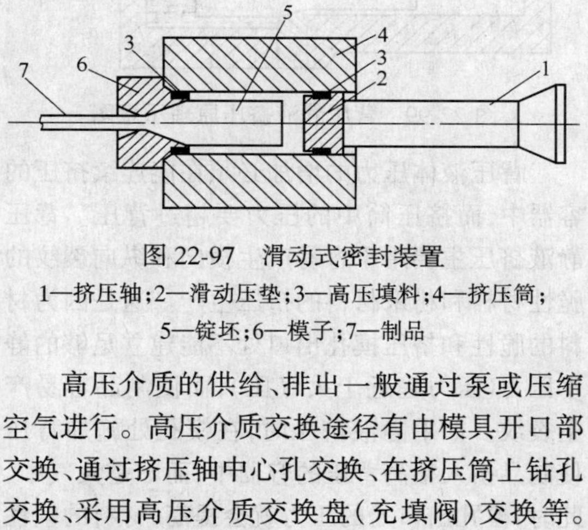

图 22-97 滑动式密封装置

1—挤压轴；2—滑动压垫；3—高压填料；4—挤压筒；5—锭坯；6—模子；7—制品

高压介质的供给、排出一般通过泵或压缩空气进行。高压介质交换途径有由模具开口部交换、通过挤压轴中心孔交换、在挤压筒上钻孔交换、采用高压介质交换盘（充填阀）交换等。较理想的是采用介质交换盘方式。交换盘可以设在挤压筒前、后两侧，如图 22-98 所示。

22.6.4.4 串联式双挤压筒静液挤压机

串联式双挤压筒静液挤压机的两个挤压筒，通过连接器相连。一个是充满高压介质的挤压筒，可以做得短而粗，便于挤压轴直径有条件加大，提高其强度。另一个是锭坯挤压筒可以做得细长一些，一般内径只要能够容纳所挤锭坯即可。挤压模封装在锭坯挤压筒一端。这种方式的静液挤压机主要用在挤压变形抗力大、挤压系数小（3～4）、锭坯长径比大的生产

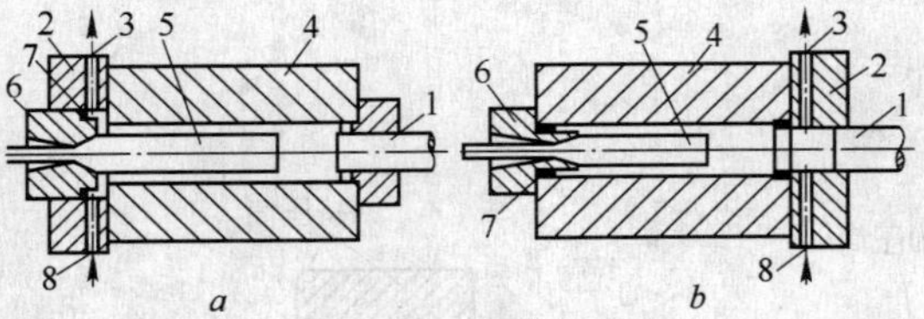

图 22-98 两种介质交换盘方式示意图
a—装在挤压筒前侧的介质交换盘；
b—装在挤压筒后侧的介质交换盘
1—挤压轴；2—高压介质交换盘；3—排气口；4—挤压筒；
5—锭坯；6—模子；7—高压密封；8—高压介质进出口

中。可以解决因挤压轴细长而容易超过强度允许范围这一问题。

22.6.5.5 背压静液挤压机

背压静液挤压原理如图22-99所示。

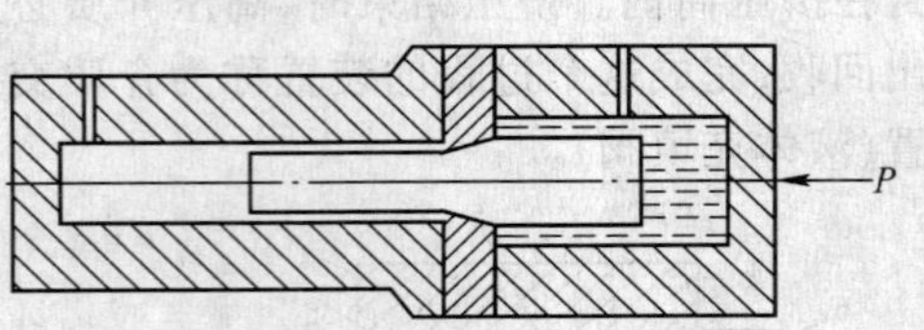

图 22-99 背压静液挤压原理示意图

背压液体压力的增加必须在能连续挤压的容器中，而挤压筒中的压力要超过背压。背压静液挤压主要用于容易产生横向和纵向裂纹的脆性材料和粉末材料的挤压生产。这是因为材料的脆性和挤压模孔出口处不能建立足够的静水压力(压力趋近于大气压)，而使制品容易产生裂纹。如果静液挤压时，在模孔处施加背压使制品挤入很高背压的容器中，而不是大气中，此时，模孔出口处的压力就会提高，材料的塑性就会改善。

22.7 挤压产品的缺陷与控制

22.7.1 组织和性能不均匀

挤压制品的组织无论在端面上，还是在长度方向上都很不均匀，一般表现为外层晶粒比内层晶粒细，后部晶粒比前端晶粒细，这主要是由于变形不均匀引起的。一种原因是由于金属在挤压过程中受挤压工具的摩擦阻力作用，使金属产生不均匀变形，引起制品组织不均匀；另一种原因是挤压温度和挤压速度的变化引起制品组织不均匀。实际生产中，只有选择合理的挤压工艺参数，才能得到均匀的制品组织和性能。

挤压制品组织和性能的不均匀性一般表现在以下几个方面：

(1) 挤压棒材时的不均匀性随挤压变形程度(挤压比)的加大而降低。当变形程度很小时($\lambda<5$)，挤压制品中心层和周边层力学性能的不均匀将很严重，增大变形程度，剪切变形深入到制品中心部位，使制品横断面上的机械性能趋于均匀。不同变形程度与力学性能的关系分别如图22-100和图22-101所示。

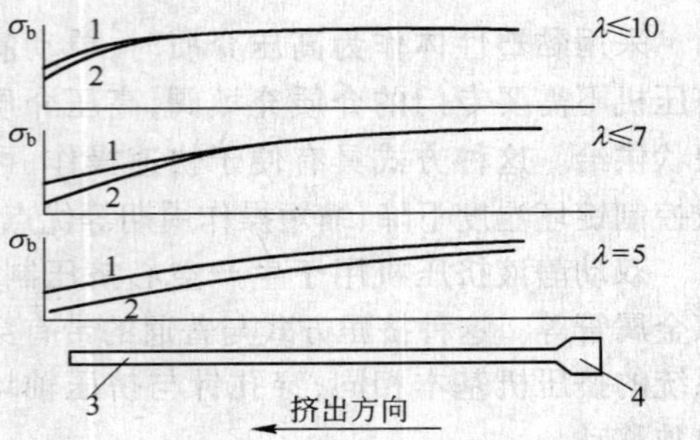

图 22-100 不同变形程度的挤压制品长度方向上的力学性能变化
1—周边层；2—中心层；3—挤压制品；4—压余

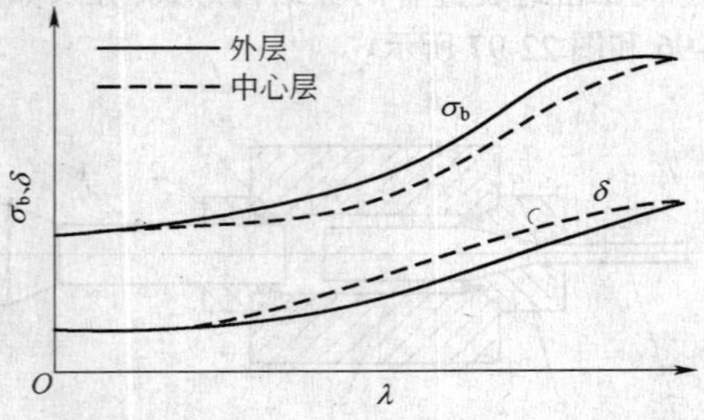

图 22-101 挤压制品内外层性能与变形程度的关系

(2) 挤压管材时不均匀性比挤压棒材小。挤压过程中，锭坯中心部分的金属受穿孔针摩擦力和冷却作用的影响，金属的流动速度降低，因此，管材的金属流动比棒材挤压均匀得多。

(3) 挤压速度、挤压温度对塑性较差的合金和挤压两相或复杂合金时，不均匀性影响很大。挤压高温塑性区窄、难变形合金(如锡磷青铜)时，由于挤压速度很慢，锭坯前端在较高的温度下进行塑性变形，制品出模孔后，可以得到较充分的再结晶过程，故晶粒粗大。锭坯后部由于冷却，在较低的温度下进行塑性变形，制品出模孔后，再结晶过程不如前端那样充分，故晶粒细小，造成挤压制品组织性能不均匀。挤压两相或复杂合金(如 HPb59－1)时，由于温度变化，使合金在相变温度下进行塑性变形，产生条状组织，造成制品前后组织和性能不均匀。

(4) 挤压润滑条件对制品的不均匀性影响较大。挤压过程中，金属与挤压工具间产生摩擦力，当摩擦力小时，变形区很小，集中在模孔附近，流动均匀。当摩擦力大时，变形区和死区的高度都会增大，造成金属流动很不均匀。采取有效的润滑，减少摩擦阻力，可以改善制品的不均匀性。

22.7.2 挤压制品的层状组织和挤压缩尾

22.7.2.1 制品的层状组织

挤压制品的层状组织也称片状组织，表现在折断口后出现类似木质的端口。分层的断口表面不平并带有布状裂纹，分层方向近似于轴向平行。铝青铜(QAl10-3-1.5，QAl10-4-4)和含铅的黄铜，(HPb59－1)等合金，容易产生层状组织。挤压制品中的层状组织对制品纵向机械性能影响不大，但制品的横向机械性能，特别是延伸率和冲击韧性会明显降低。层状组织一般分布在前端，与条状组织不同。产生层状组织的主要原因是铸造组织不均匀，如锭坯中存在气孔、缩孔或晶界上分布有未溶入固溶体的第二相质点和杂质等。采取防止挤压制品出现层状组织的措施，应从严格控制锭坯组织入手，减少锭坯柱状晶区，扩大等轴晶区，严格控制晶间杂质等。对于不同合金可采取相应措施控制层状组织，如对铝青铜，适当控制铸造结晶器的高度，可清除或减少层状组织，如对铅黄铜，可减小铸造的冷却强度，扩大等轴晶区，来减少挤压制品的层状组织。

22.7.2.2 挤压缩尾

挤压缩尾是制品尾部出现的一种缺陷，生产过程中，如果控制不当，缩尾的长度有时可达制品长度的一半，一般出现在挤制棒材、型材和厚壁管材的尾部，主要产生在挤压终了阶段。挤压缩尾一般分为三种类型：中心缩尾、环形缩尾和皮下缩尾(如图 22-102 所示)。

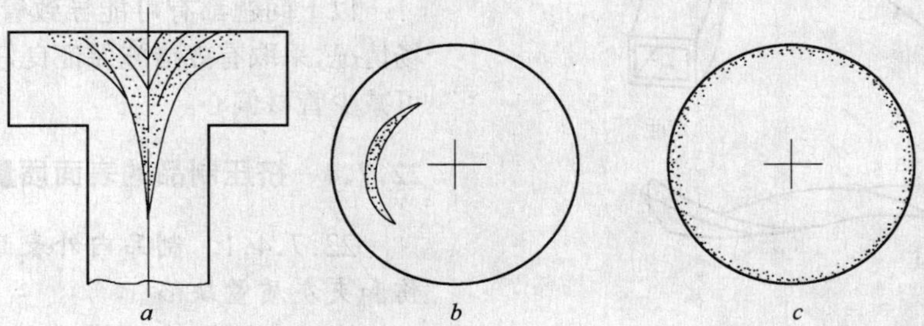

图 22-102 三种类型的挤压缩尾
a—中心缩尾；*b*—环形缩尾；*c*—皮下缩尾

型材挤压与棒材挤压相比，不易产生缩尾，管材挤压不会产生中心缩尾，产生环形缩尾和皮下缩尾的情况比棒材挤压要少。

消除或减小挤压缩尾的措施如下：

(1) 保持挤压筒和锭坯表面光洁，严禁挤压垫片端面粘附润滑剂。

(2) 严格按照挤压工具的预热制度使用工具。

(3) 控制锭坯加热温度不要过高，防止挤压过程中锭坯内、外层温差过大或粘结工具等。

(4) 对易产生挤压缩尾的合金(如 HPb59－1、H62 等)，采取低温快速加热措施，减少金属流动不均匀性。

(5) 采用机械加工锭坯表面或采用脱皮挤压方法。

(6) 留有足够的压余。

防止和减少挤压缩尾的根本措施是改善金属的流动,一切减少流动不均匀的措施都有利于减少或消除缩尾。

22.7.3 挤压制品端面、长度上的形状和尺寸偏差

22.7.3.1 挤压制品端面尺寸偏差

挤压制品实际端面尺寸与模孔设计,模子和穿孔针的尺寸,挤压设备运动部件的磨损和工模具磨损变形不对中,以及挤压操作方法等有关。

A 制品的扭曲、弯曲、波浪质量缺陷

挤压型材时,制品的形状失去对称性,使型材挤压中金属流动不均匀性比圆形端面的制品严重得多,导致挤压型材时出现扭曲、弯曲和波浪缺陷(如图22-103所示)。

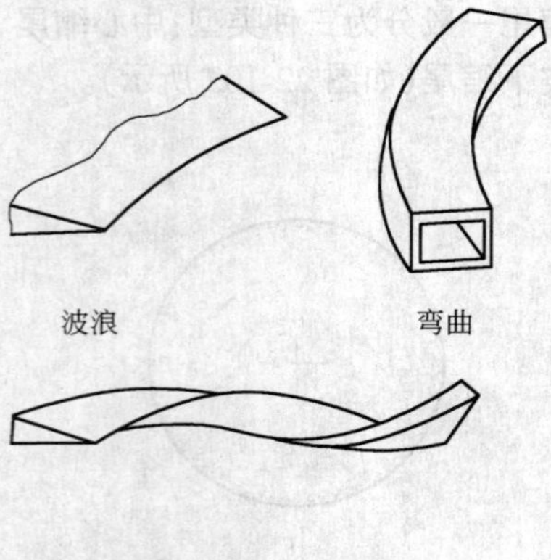

图22-103 挤压型材缺陷类型

产生这类挤压缺陷的主要原因是模孔设计中的模孔排列、模子工作带设计不当,模子加工精度差,模子的磨损和模孔润滑不均匀等,造成制品端面上各处金属流动不均匀所致。

首先,要从挤压模设计上来考虑,尽量避免型材各部分流出速度不等的现象。其次,生产中可加装导路,使挤压型材出模孔后直接进入导路或牵引装置,趁热强制矫正。

B 制品尺寸偏差缺陷

a 制品外径偏差

挤压模磨损变形、压锥,造成制品外径超差。挤压模选择不当,热挤压制品出模孔后,冷却收缩,造成制品外径超差。

应根据合金牌号正确选择模孔裕量,做好制品首料检查和抽查,特别是对挤压温度高、变形抗力大的合金,如白铜、镍合金等,更要注意模孔尺寸变化,加强模子的冷却和润滑,减少挤压模发生塑性变形而使模孔变小的现象。

b 管材壁厚不均(偏心)缺陷

在卧式挤压机上生产管材的主要质量问题之一是管材偏心,挤压管材产生偏心的主要原因有:

(1) 挤压机运动部件磨损,设备调整不当,挤压中心线不好。

(2) 挤压工具磨损不均匀,工具变形,工具的对中性不好。

(3) 挤压轴、针支承、穿孔针发生弯曲变形。

(4) 锭坯加热不均匀。

(5) 挤压操作不当,锭坯充填挤压不充分或脱皮挤压时挤压筒中的残皮清理不彻底等。

以上问题都有可能导致管材偏心,根据现场情况,采取有效措施保证良好的挤压中心线,可减少管材偏心。

22.7.4 挤压制品的表面质量

22.7.4.1 制品内外表面划伤、擦伤、碰伤和夹灰质量缺陷

挤压过程中,由于模子变形、磨损或裂纹,氧化皮或金属粘附在挤压模工作带上,挤压筒内残留金属屑,穿孔针表面粘铜、划伤或有裂纹,受料台上有冷硬金属或不光滑,受料台与横向运输装置落差大,出料辊道与导路粘铜和有硬碎屑等,都有可能造成制品内外表面划伤、擦伤和碰伤。另外,由于锭坯加热中氧化严重,脱皮挤压时脱皮不完整,锭坯铸造中的缺陷和表面不清洁等,可造成制品夹灰。

严格控制锭坯表面质量和挤压工具质量,

根据设备特点选择好脱皮挤压垫片形状，保证脱皮的完整性。保持受料台和横向运输装置的良好接触，减少落差，可消除制品划伤、擦伤、碰伤和夹灰质量缺陷。

22.7.4.2 挤压裂纹

挤压裂纹的产生与金属流动不均匀所导致局部金属内附加拉应力的大小有关。制品中常出现表面裂纹、中心裂纹和型材边部裂纹，通常称为周期性裂纹。在铜及铜合金挤压加工中，锡磷青铜、铍青铜、锡黄铜等，易产生挤压裂纹。这些合金由于高温塑性范围窄，挤压过程中速度稍快，就会由于金属的变形热使变形区温度升高，超出合金的塑性温度范围。另外，挤压速度提高致使变形更加不均匀，越接近模口，内外金属流速差越大，附加拉应力也就越大，因此，制品通常在出模口处形成裂纹。裂纹的几种形式如图22-104所示。

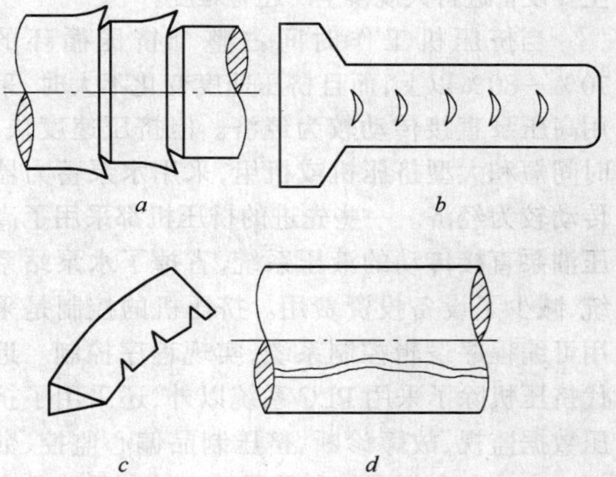

图22-104 挤压裂纹示意图
a—周期性表面裂纹；b—中心裂纹；
c—形材边部裂边；d—纵向裂纹

有些合金在高温下易粘结工具，可引起挤压制品头部出现裂纹。另外在充填挤压阶段容易形成挤制棒材头部开裂缺陷，主要与填充挤压时的金属流动和受力特点有关。

针对挤压裂纹产生的原因，可以采取以下工艺措施：

(1) 选择合适的挤压速度和挤压温度，使金属具有较高的塑性。通常挤压温度偏高时，可使用较低的挤压速度。

(2) 在允许的条件下采用润滑挤压、锥模挤压等措施，减少金属不均匀变形。

(3) 可通过适当增大模子工作带长度、增大挤压比、型材挤压时可采用阻碍角和增加附加模孔等措施，使金属流动趋于均匀，减少或消除挤压裂纹。

(4) 采用挤压新技术，如水冷模挤压、等温挤压技术等。

总之，一切有利于改善金属流动均匀性的措施，都可以有效地防止挤压裂纹的产生。

22.7.4.3 气泡、起皮和重皮

产生气泡、起皮和重皮缺陷的主要原因有：

(1) 锭坯内部有气孔、砂眼、裂纹等缺陷。挤压过程中不能焊合，形成表面气泡。

(2) 锭坯与挤压筒壁间隙较大，充填变形量大，充填挤压速度太快，使气体来不及排出压入锭坯表面，形成制品表面气泡。

(3) 挤压筒温度低，筒内进水或润滑剂过多，形成气体，容易被压入锭坯表面微裂纹内，形成制品表面气泡。

(4) 挤压筒内壁磨损不光滑，脏物较多，穿孔针表面不光滑或涂抹润滑剂过多，容易造成制品内外表面气泡和起皮。

(5) 挤压过程中浅表皮下气泡被撕破，形成制品表面起皮缺陷。

(6) 挤压筒内残留铜皮、脏物较多，脱皮不完整。在下一个挤压循环中，脏物或残皮粘附在锭坯表面被挤出模孔，形成制品表面重皮。

22.8 挤压设备

22.8.1 挤压设备选择

用于生产铜及铜合金的挤压管材、棒材、型材和线材的挤压机按传动方式可分为机械传动方式和液压传动方式两种。机械传动挤压机，在负荷变化时易产生冲击，对挤压速度的调节反应不灵敏，防止过载能力小并难以大型化，可用于小吨位、高速冷挤压，现在已很少使用。液压传动挤压机运行平稳，对过载的适应性较好，挤压速度易调整，适用于挤压各种管、棒、型、线材产品，被广泛采用。

22.8.1.1 卧式正向挤压机

卧式正向挤压机具有技术成熟,可用于挤压铜及铜合金的管、棒、型、线材各种产品,挤压制品规格不受限制,工艺操作简单,生产灵活性大,易实现挤压机设备机械和控制的自动化等特点,是目前挤压机中最广泛使用的一种。其缺点是:挤压制品时,锭坯与挤压筒壁之间产生很大的外摩擦力,造成金属流动不均匀,因而给挤压制品的质量带来不利影响,挤压管材时易产生偏心。另外,挤压工具磨损很快,挤压能耗大,占地面积较大。

22.8.1.2 卧式反向挤压机

在挤压制品时,锭坯与挤压筒之间无相对滑动,金属流动集中在模孔附近,变形较均匀。反向挤压管材时偏心度比正向挤压好,挤压能耗低,压余小,成品率高。但反向挤压操作较为复杂,间隙时间较正向挤压长,挤压制品质量的稳定性仍需要进一步提高,反向挤压技术仍需完善。

22.8.1.3 立式挤压机

只要挤压机和挤压工具调整精度符合要求,它就可以保证挤压制品的几何尺寸精度,一般管材挤压不易产生偏心缺陷。但立式挤压机需要构建很深的地坑,需要较高的厂房。所以向大吨位发展受到限制,立式挤压机的吨位一般都较小,适合挤压小尺寸的管材和型材制品。

22.8.1.4 静液挤压机

与正向挤压、反向挤压方法不同,金属锭坯不直接与挤压筒壁产生接触,而是介于高压介质之间。挤压力通过高压介质传递到锭坯上实现挤压,挤压过程中几乎没有摩擦存在,金属流动均匀。静液挤压主要用于各种包覆材料成型,低温超导材料成型,难加工材料成型,精密型材成型等方面。由于静液挤压机使用高压介质,需要进行锭坯预加工和介质充填与排放等操作,挤压机生产的成材率降低,挤压周期长,所以其应用受到很大限制。

22.8.1.5 连续挤压机

利用变形金属与工具之间的摩擦力而实现挤压,即由旋转挤压槽轮上的矩形端面槽和固定模座所组成的环形通道起到普通挤压机中挤压筒的作用,当挤压槽轮旋转时,借助于槽壁上的摩擦力不断将杆状坯料送入而实现连续挤压。对于铜及铜合金等较高熔点的材料,靠摩擦发热很难达到金属变形的热挤压温度,一般需要对挤压轮槽和模座进行辅助加热,才能实现稳定的挤压。这种连续挤压机具有结构简单、能耗小、挤压制品沿长度方向组织性能均匀、减少挤压几何废料以及设备占地面积小等优点,可以用棒料、粉料、熔态料来生产挤压制品,适合于中小型企业专业化生产。连续挤压机的缺点是:对坯料预处理要求高,线杆进入挤压轮前的表面清洁程度直接影响挤压制品的质量,会产生夹杂、气孔、针孔、挤压裂纹等缺陷。另外,挤压槽轮表面、槽封块、堵头等工具始终处于高温、高摩擦状态下,对工模具材料性能要求高,工模具的更换比其他挤压机困难,所以将它作为大型工厂的主要设备进行大规模生产还有难度。

当挤压机工作时间占整个挤压循环的70%～80%以上,而且挤压速度变化不大时,采用高压泵直接传动较为经济。但挤压速度快、时间短和大型挤压机或机组,采用水泵蓄力器传动较为经济。一些先进的挤压机都采用了高压油泵直接传动的液压系统,省掉了水泵站系统,减少了设备投资费用。挤压机的控制是采用可编程序逻辑控制系统,实现程序控制。近代挤压机除了采用PLC系统以外,还采用了挤压数据监视、故障诊断、挤压制品偏心监控、数据生产控制和报表打印等系统。控制系统具有工作可靠性高和维护容易,并适应以后机能扩充带有伸缩性的优点。

选择挤压机还需要考虑的一个重要环节,就是挤压机的辅助系统,它们与挤压机一起构成一个完整的生产手段。在挤压机的工作过程中,有相当于30%～70%的工作时间消耗于辅助操作,常因辅机结构不完善而影响挤压机的生产效率和挤压产品质量,同时也增大了操作劳动强度,所以辅助装置的选择和设计,对于提高挤压制品的产品质量和提高作业流水线的自动化水平至关重要。

22.8.1.6 挤压机的辅助装置

A 挤压机的供锭装置

按供锭机构的运动特点，一般可分为直线运动和回转运动。直线运动供锭机构目前使用较多，但它的缺点是工作行程较长，供锭时间延长，而且刚度较差。回转式供锭机的特点是机构紧凑，行程短，通过限位装置落位精度高，这种机构需要有锭坯和挤压垫片的夹紧装置。先进的挤压机供锭机构，多采用可单独退出的两组装置，在挤压轴推锭坯到一定程度时先退出一组，另一组仍然托着锭坯，挤压轴继续运动将锭坯推入挤压筒内后，另一组退出，缩短了挤压轴的停顿时间。目前供锭机构的形式很多，无论采用哪种形式，都应该满足供锭过程中，送进或退出的时间要短，能够准确地将锭坯送至挤压中心线上，并容易调整，运行可靠，故障少等要求。

B 挤压垫片与压余和铜皮的分离机构

在每次挤压完了之后，挤压垫片与压余要通过分离装置进行分离，使压余进入残料箱，而挤压垫片经过溜槽回到垫片供给装置，以备再使用。在不脱皮挤压时，分离过程比较容易。脱皮挤压时残料的一次分离较困难。目前，先进的挤压机采用了挤压垫片与压余和残皮一次性分离的装置，效果良好(如图 22-105 所示)。

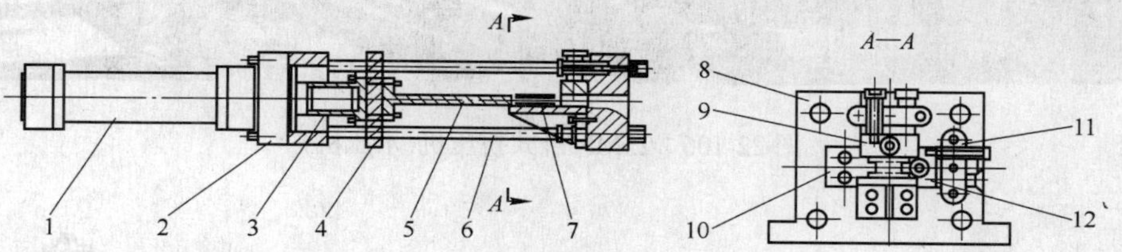

图 22-105 挤压残料的一次性分离示意图

1—液压缸；2—后端板；3—法兰；4—导向连接件；5—冲头；6—拉杆；7—挤压垫片；8—前端板；9—上刀；10—固定侧刀；11—蝶形弹簧；12—调整侧刀

C 挤压模具的清理、修理、冷却和润滑等装置

现代挤压机使用的模座一般为横向移动和旋转式模座两种形式。为满足挤压模具的清理、修理等要求，挤压机采用了旋转式模座。它有两个以上的工作位置，其优点是在挤压机一侧装有快速喷水和旋转钢刷或抛模用的旋转芯棒等装置，模子的清理、润滑、修理和快速换模可在挤压机一侧进行，不影响挤压工作时间。可保持模具的清洁和延长模具的使用寿命，并可以保证制品的表面质量。

D 挤压机的出料机构

挤压机的出料机构包括出料台或出料辊道、在线卷曲装置、水封装置以及横向运输机构等。选择以上装置时，要考虑挤压制品出料畅通，不产生表面划伤、碰伤等缺陷。选用出料辊道时，辊子的转速要与挤压速度匹配(特别是10 m以上的长制品)，防止出料辊擦伤制品表面。挤压制品从出料装置送至横向运输机构时，要考虑接料方式，防止制品表面碰伤。采用水封挤压时，要考虑制品在水中的弯曲(如白铜、黄铜等合金因冷却变形不均匀引起弯曲)，水温的控制等。设计时可合理增大水封槽，增加牵引或辊子压料装置等。

总之，根据选用挤压机的结构形式、用途、产品品种和规格的不同，以及生产工艺要求等，选择不同的设备，以保证挤压生产效率和产品质量。

22.8.2 典型挤压机的技术参数

22.8.2.1 卧式正向挤压机(水压机)主要技术参数

卧式正向挤压机结构如图 22-106 和图 22-107所示，其主要技术参数见表 22-32。

图 22-106 25MN卧式挤压机(水压机)

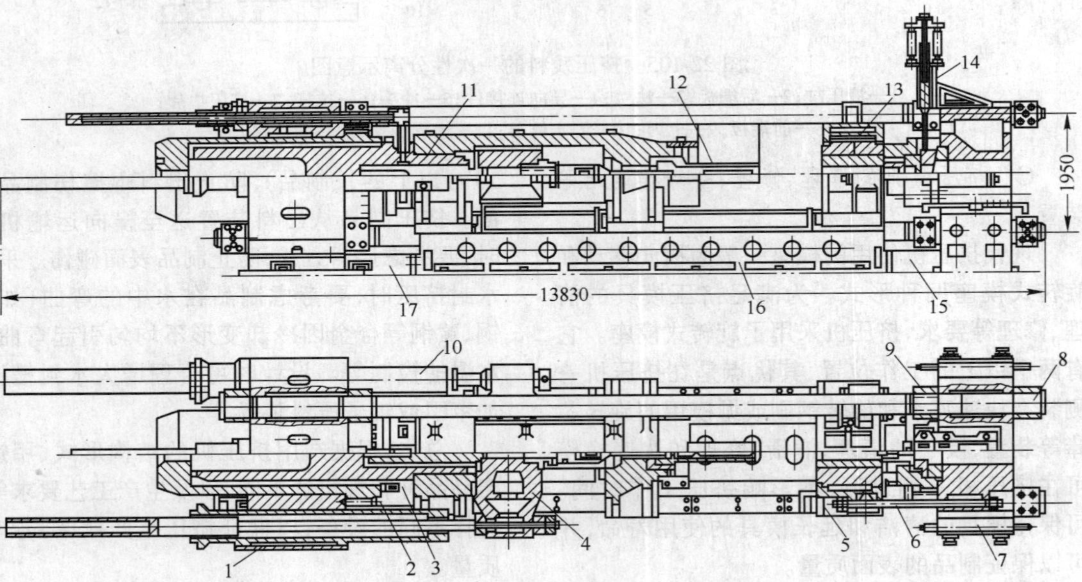

图 22-107 25MN卧式挤压机本体结构(水压机)

1—后梁;2—主缸;3—主柱塞;4—动梁;5—挤压筒座;6—挤压筒固定螺栓;7—前梁;8—张力柱;9—张力柱连接螺母;10—主柱塞回程缸;11—穿孔柱塞;12—挤压轴;13—挤压筒;14—锁紧缸;15、16、17—机座

表 22-32 挤压机主要技术参数(水压机)

参数		挤压力/MN							
		4	5	6	8	12	15	25	35
挤压组件	挤压力/MN	4	5	6	8	12	15	25	35
	回程力/MN	1.25					1.17	3.0	4.0
	挤压速度/mm·s^{-1}	0~33	0~200	0~133	0~38	0~200	0~140	0~200	0~120
	空程速度/mm·s^{-1}		200	400	370		0~300	0~250	0~200
	回程速度/mm·s^{-1}			600	372		0~400	0~250	0~200
	最大行程/mm	820	800	1000	1320	1600	1700	1700	2100
穿孔组件	穿孔力/MN	1.0	1.0		1.03	1.2	3.2	3.60	5.0
	回程力/MN	0.3			0.63		0.47	3.0	1.0
	穿孔速度/mm·s^{-1}			300		180	0~140	0~150	0~150
	回程速度/mm·s^{-1}				370		0~400	0~150	0~150
	穿孔行程/mm	400	1250		570	610	相对 800	相对 800	相对 1100
挤压筒	压紧力/MN	0.60	0.50		6.85		1.12		2.30
	离开力/MN						0.60		3.0
	最大行程/mm	420	500	50			300		1175
	长度/mm	340	400	390		735	815	815	1000
	内径/mm		50~95	75~120		125~185	150~200	200~250	200~420
工作液体压力/MPa				32	21	25	32	32	32

22.8.2.2 卧式正向挤压机(油压机)的主要技术参数

这种挤压机(油压机)的结构如图 22-108 和图 22-109 所示,主要技术参数见表 22-33。

图 22-108 复动卧式挤压机(油压机)

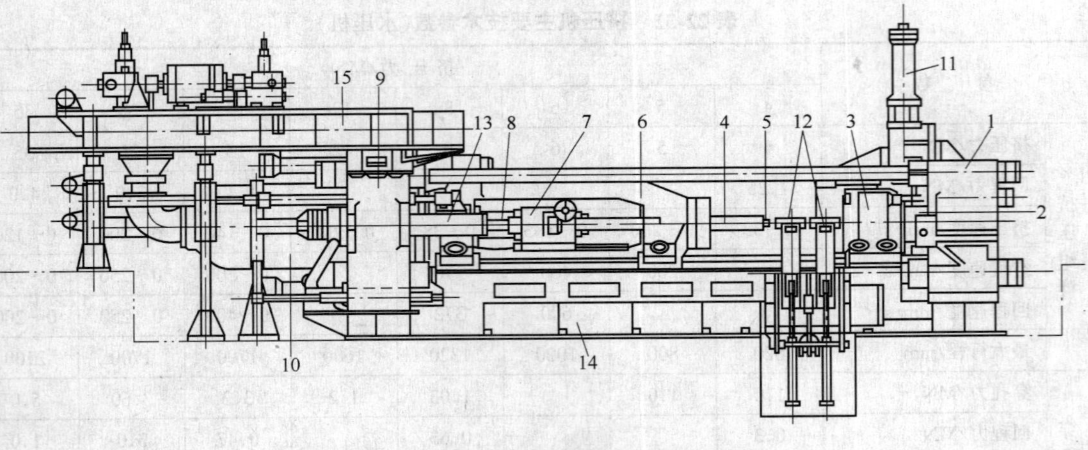

图 22-109 复动卧式挤压机本体结构(油压机)

1—横梁;2—移动模座;3—挤压筒;4—挤压轴;5—穿孔针;6—动梁;7—穿孔动梁;8—穿孔杆;9—后梁;10—主缸;11—分离剪;12—两组装置送锭机;13—穿孔针限位器;14—机座;15—油箱

表 22-33 挤压机(油压机)主要技术参数

参数		挤压力/MN						
		5	8	16	20	25	30	40
挤压组件	挤压力/MN	5	8	16	20	25	30	40
	回程力/MN	0.4	0.6	0.9	1.2	1.5	2.6	3.0
	挤压速度/mm·s^{-1}	0~30	0~37	0~25	0~25	0~25	0~50	2~55
	空程速度/mm·s^{-1}					400	250	
	回程速度/mm·s^{-1}					400	300~390	250
	最大行程/mm	1000	1250	1730	1840	1950	1700	2100
穿孔组件	穿孔力/MN	0.7	1.2	2.7	3.0	3.8	6.0	6.0
	回程力/MN	0.3	0.5	1.2	1.3	1.5	3.0	2.6
	穿孔速度/mm·s^{-1}					150	0~220	0~200
	回程速度/mm·s^{-1}					495	300	250
	穿孔行程/mm	480	500	800	850	900	950	900
挤压筒	压紧力/MN	0.4	0.6	1.2	1.4	1.6	3.0	3.3
	离开力/MN	0.6	0.9	1.5	2.0	2.4	5.0	5.0
	最大行程/mm	250	300	375	400	425	1000	1600
	长度/mm	450	550	750	800	850	815	815
	内径/mm	85~125	110~160	160~210	180~250	200~270	200~250	200~420
其他	主剪力/MN	0.15	0.25	0.5	0.6	0.75	1.0	1.5
	工作液体压力/MPa	20	20	20	20	20	31.5	28
	机械润滑						集中润滑	
	油压机对中检测						激光对中检测	

22.8.2.3 反向挤压机的主要技术参数

反向挤压机结构如图22-110所示,主要技术参数见表22-34。

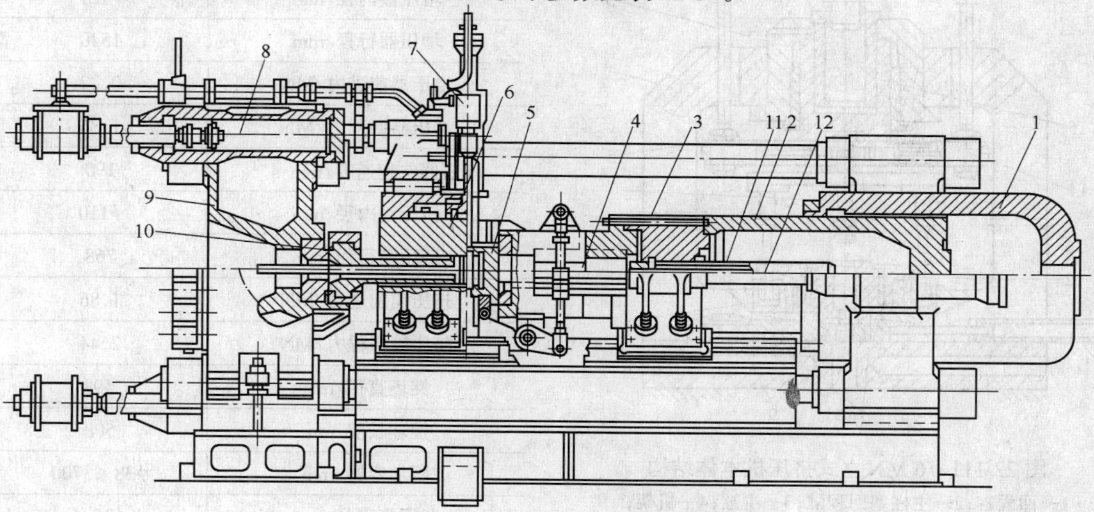

图22-110 20 MN卧式反向挤压机本体结构

1—主缸;2—主柱塞;3—动梁;4—供锭装置;5—移动堵垫;6—挤压筒;7—分离剪;8—挤压筒移动缸;9—前梁;10—挤压轴(模轴);11—活塞杆;12—推锭坯液压缸

表22-34 反向挤压机主要技术参数

参数	挤压力/MN				
	12	18	28	35	35
挤压力/MN	12	18	28	35	35
挤压速度/mm·s^{-1}	40	41	39	33	33
主电机总功率/kW	430	650	950	1000	1000
挤压筒直径/mm	175	215	265	300	300
锭坯长度/mm	650	750	900	1000	1500
生产挤压制品的最大外接圆/mm	ϕ112	ϕ140	ϕ170	ϕ195	ϕ195
生产能力/t·h^{-1}	7.5	11	17	21	25

22.8.2.4 立式挤压机的主要技术参数

立式挤压机的结构如图22-111所示,主要技术参数见表22-35。

表22-35 立式挤压机主要技术参数

参数	挤压力/MN	
	6	10
挤压力/MN	6	10

续表22-35

参数	挤压力/MN	
	6	10
回程力/MN	0.7	0.83×2
挤压速度/mm·s^{-1}	133	5~133
主柱塞行程/mm	1000	1100
主柱塞空程速度/mm·s^{-1}	400	500
主柱塞回程速度/mm·s^{-1}	600	500
挤压筒行程/mm	50	60
挤压筒直径/mm	75~120	100~140
挤压筒长度/mm	400	400
模座行程/mm	400	520
挤压制品长度/mm	2000~7500	1200~7500
挤压制品规格/mm	ϕ20×2~ϕ47×5	ϕ33×3~ϕ58×10.5
生产能力/根·h^{-1}	180	180
挤压机地上高度/mm	6285	6250
挤压机地下高度/mm	9500	8000
工作液体压力/MPa	32	32

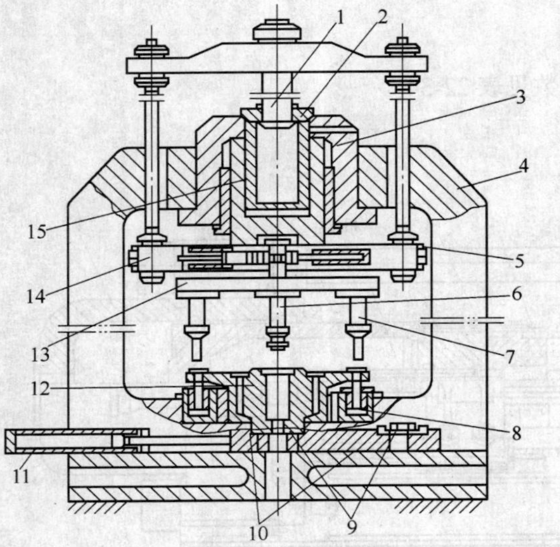

图 22-111 6 MN立式挤压机本体结构

1—回程缸；2—主柱塞回程缸；3—主缸；4—机架；5—滑板；6—冲头；7—挤压轴；8—挤压筒锁紧缸；9—模子；10—模支承；11—模座移动缸；12—挤压筒；13—回转盘；14—滑座；15—主柱塞

22.8.2.5 静液挤压机的主要技术参数

静液挤压机的结构如图 22-112 所示，主要技术参数见表 22-36。

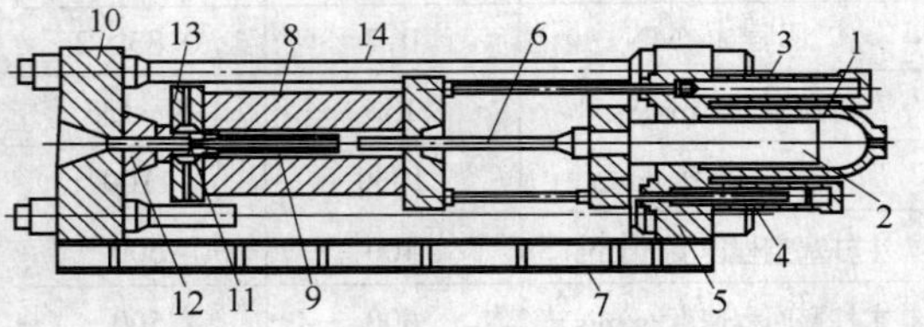

图 22-112 普通静液挤压机本体结构

1—主缸；2—主柱塞；3—挤压筒移动缸；4—侧油缸；5—后梁；6—挤压轴；7—机座；8—挤压筒；9—锭坯；10—前梁；11—模具；12—挤压制品；13—交换盘；14—张力柱

表 22-36 静液挤压机主要技术参数

参 数	16 MN 静液挤压机
挤压力/MN	16
主柱塞行程/mm	1540
挤压速度/mm·s^{-1}	20
辅助缸柱塞前进力/MN	1.6
辅助缸柱塞回程力/MN	0.78
增压器内径/mm	ϕ127
增压器行程/mm	1540
增压器前进力/MN	0.22
增压器回程力/MN	1.86
增压器空程速度/mm·s^{-1}	190
挤压筒内径/mm	ϕ110
挤压筒行程/mm	768
挤压筒前进力/MN	1.86
挤压筒回程力/MN	2.44
锭坯直径/mm	ϕ98
锭坯长度/mm	508
附加容器/mm	ϕ38×3700
背压管直径/mm	ϕ25.4
背压管长度/mm	6160
生产效率/件·h^{-1}	45
静液压力/MPa	1256

22.8.2.6 连续挤压机的主要技术参数

连续挤压机的基本结构如图 22-113 所示，主要技术参数见表 22-37。

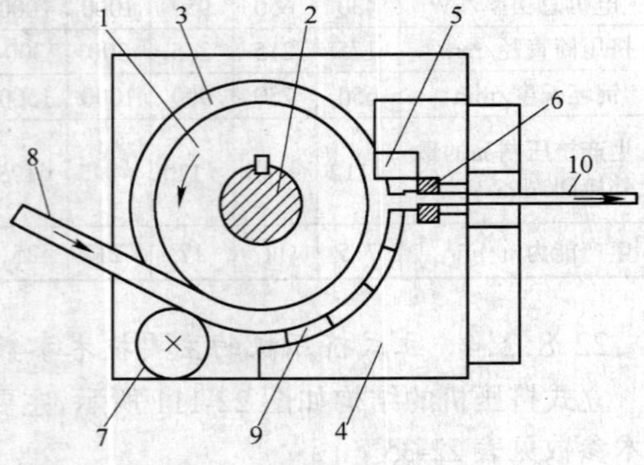

图 22-113 卧式单轮单槽连续挤压机的基本结构形式

1—挤压轮；2—轴；3—凹槽；4—挤压靴；5—堵头；6—挤压模；7—压轮；8—坯杆料；9—槽封块；10—挤压制品

表 22-37 单轮单槽连续挤压机的主要技术参数

参数	型号		
	1-300-120	1-350-150/200	1-550-260/400
挤压轮直径/mm	300	340	550
最大轮速/$r\cdot min^{-1}$	40	32	24
额定轮速/$r\cdot min^{-1}$	16	16	9.6
驱动功率/kW	120	150 200	260 400
最大转矩(启动)/kN·m	95.0	118.7 158.3	343.0 527.6
最大转矩(运转)/kN·m	63.3	79.1 105.5	228.6 351.8
最大坯料尺寸(软态铜材)/mm	ϕ12	ϕ12	ϕ15
制品最大外径/mm	ϕ30	ϕ50	ϕ90
最大理论产量/$kg\cdot h^{-1}$	900	1200	2455

22.9 挤压工具设计和使用维护

挤压工具一般包括挤压轴、穿孔针、挤压垫片、挤压模、挤压筒，此外还有模支承、针支承等一些部件。挤压工具的设计不仅要从保证产品质量的角度来考虑，使其形状合理，而且在设计和选择材质时，还应考虑其使用寿命，使用和维护是否方便等，以提高生产效率，降低产品成本。图 22-114 为挤压工具装配示意图。

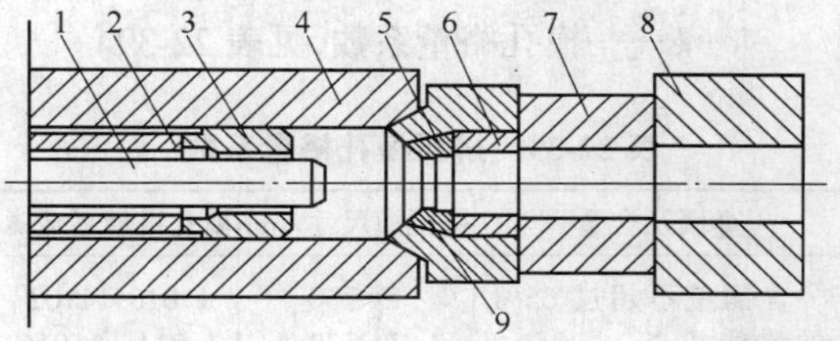

图 22-114 挤压工具装配示意图
1—穿孔针；2—挤压轴；3—挤压垫；4—挤压筒；5—模支承；6—模垫；7—支承垫；8—承压板；9—挤压模

22.9.1 挤压模设计

22.9.1.1 模孔形状

挤压模按模孔的剖面形状可分为平模、锥形模、平锥模、双锥模等，如图 22-115 所示。

铜及铜合金常采用平模和锥形模。

22.9.1.2 模角

模角 α 是挤压模的最基本参数之一。它是指模子的轴线与其工作端面间所构成的夹角。采用平模（$\alpha=90°$）挤压时形成较大的死区，可以阻止锭坯表面缺陷、氧化皮等流入到挤压制品中去，对制品表面质量有良好的改善作用。但平模需要的挤压力较大，特别在挤压高温和高强度的合金时，模孔易产生塑性变形而变小。在实际生产中平模一般用于挤压棒材和型材较多。锥形模的最佳模角为 45°～60°，这个范围内虽然可减小挤压力使金属流动均匀，延长挤压模的使用寿命，但是，从保证制品质量的方面来看，挤压过程中死区减少，锭坯表面杂质易流入制品表面，造成挤压制品质量恶化。所以在铜及铜合金挤压中，模角以 60°～65°为佳，锥形模用于管材挤压较多，立式挤压机生产铜及铜合金时常用锥形模。随着挤压条件的改变，最佳模角值也会发生变化。如静液挤压时，最佳模角一般在 15°（小挤压比）～40°（大挤压比）之间。

为了兼有平模与锥形模的优点，可以采用双锥模或平锥模，双锥模的模角为 $\alpha_1=60°\sim65°$，$\alpha_2=10°\sim45°$，采用这种锥模挤压铜合金可以提高其使用寿命。

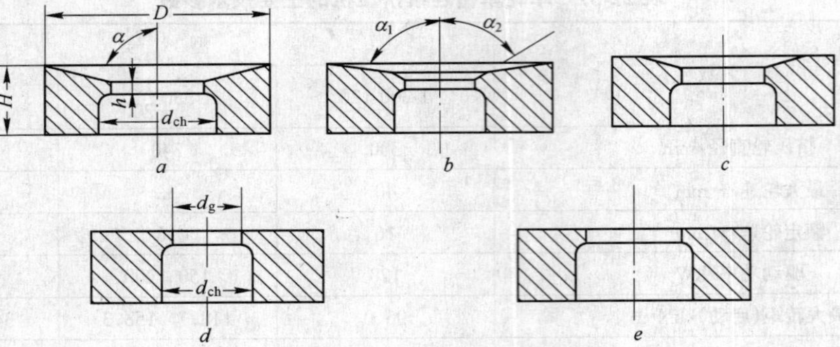

图 22-115 模孔形状

a—锥形模；b—双锥模；c—平锥模；d—平模；e—带圆角平模

22.9.1.3 工作带长度

工作带也称定径带，是决定挤压制品形状和尺寸的关键部分，同时也可起到金属流动的均衡作用。模子工作带长度 h 主要根据挤压制品的断面尺寸和金属性质来确定，工作带过短，模孔易磨损，容易产生制品尺寸超差，同时容易出现压痕、椭圆、扭曲等缺陷。工作带过长，容易在工作带表面上粘附金属，制品表面产生划伤、毛刺、麻面等缺陷，也使挤压力增大。模孔工作带长度设计可按表 22-38 选取。

表 22-38 模孔工作带长度

合 金	模孔工作带长度范围/mm
紫铜、黄铜、青铜	8～12
白铜、镍合金	5～10

立式挤压机所用的模子工作带长度取 3～5 mm。对断面形状复杂、壁厚不相等的型材，可根据各部位的不同变化设计不相等的工作带长度。

22.9.1.4 工作带直径(模孔尺寸)

模子工作带直径 d_g 与实际所挤出制品的直径并不相等。设计时应保证制品在冷状态下不超过规定的偏差范围，同时又能尽量地延长模子的使用寿命。确定工作带直径需要考虑以下因素：

(1) 制品的名义尺寸和公差范围。

(2) 制品冷却时的线收缩。

(3) 挤压模预热时的线膨胀量。

(4) 挤压时制品的温度、压力和挤压速度条件。

(5) 金属在挤压变形区压缩锥处所发生的非接触变形。

确定挤压模工作带直径的经验公式：

挤压棒材时： $d_g = kd$ (22-44)

挤压管材时：$d_g = kd + 0.04S$ (22-45)

式中 d_g——挤压模工作带直径(模孔直径)，mm；

d——挤压制品公称外径，mm；

S——挤压管材时的壁厚，mm；

k——模孔裕量系数，见表 22-39。

表 22-39 挤压模孔裕量系数

金属及合金	挤压模尺寸/mm	模孔裕量系数 k
含铜量不超过 65% 的黄铜	D≤30 D>30	1.016～1.02 1.014～1.016
紫铜、青铜、含铜量大于 65% 的黄铜	D≤30 D>30	1.018～1.022 1.017～1.02
白铜及镍合金		1.025～1.03

金属的线收缩系数，不同工厂有不同的数值，但差异并不大。设计时还要考虑制品的公差和模子预热的膨胀量，一般模子预热的膨胀量为 0.1～0.5 mm，外径小的模子取下限，外径大的模子取上限。挤压管材的模孔直径应增加外径正公差的一半，这是为了确保管材的壁厚公差。

22.9.1.5 模子出口直径

模子的出口直径不能过小,否则挤压时易划伤制品表面。直径一般为:

$$d_{cu}=d_g+(4\sim5)\ \text{mm} \qquad (22\text{-}46)$$

式中 d_{cu}——模子出口直径,mm;

d_g——模子工作带直径,mm。

挤压薄壁管材时,此值可增大到10~15 mm,为保证模子工作带部分的强度,工作带与出口直径的过渡部分可以采用20°~45°的斜面过渡,也可采用圆角半径为4~5 mm的圆弧连接。

22.9.1.6 模子的入口圆角半径

模子入口圆角半径的作用是防止低塑性合金在挤压时产生表面裂纹,并可减轻金属在进入工作带时所产生的非接触变形。模角太小时,模子工作带很容易被压秃和压堆,使模孔尺寸变小,难以保证挤压制品的尺寸精度。入口圆角半径的选取,与金属的强度、挤压温度和制品断面尺寸有关。根据生产经验,入口圆角半径可按表22-40选取。

表22-40 模子入口处圆角半径

金属及合金	入口处圆角半径 r/mm
紫铜、黄铜	2~5
青铜、白铜	4~8
镍铜合金	10~15

22.9.1.7 模子的外形尺寸

模子的外圆直径和厚度主要根据挤压机吨位大小、挤压模的强度和标准系列化来考虑。

A 模子外圆直径 D

挤压制品的最大外接圆直径 $D_{外}$ 是确定模子外圆直径 D 的一个重要参数,可根据挤压筒内径 $D_{筒}$ 来确定。

$$D_{外}=(0.80\sim0.85)D_{筒} \qquad (22\text{-}47)$$

根据经验,对管、棒材和简单的型材,模子的外圆直径可根据经验公式确定。

$$D=(1.25\sim1.50)D_{外} \qquad (22\text{-}48)$$

对比较复杂的型材(包括薄壁的或难挤压合金型材),模子的外圆直径可根据下式确定:

$$D=(1.45\sim1.60)D_{外} \qquad (22\text{-}49)$$

考虑节约钢材、节约成本等因素,所选用的模子外圆直径一般都低于最大值,为便于制造、更换和形成系列化,对同一台挤压机最好使用1~2种外圆的挤压模。

B 模子厚度 H

模子厚度 H 应从挤压金属的强度,即挤压力的大小来考虑。实际生产中,挤压模子的厚度趋向于减薄,其强度主要靠模垫和其他支承环来保证。设计模子厚度时,在保证强度的前提下,可根据挤压机能力的大小,考虑安装和调整方便,以及尽可能形成系列化,模子厚度一般取 H=20~100 mm,挤压机能力大的取上限。

C 模子外形结构

模子的外形结构根据安装方式确定,在卧式挤压机上常用带正锥和倒锥的两种外形结构。带正锥的挤压模操作时,顺着挤压方向放入模支承中,一般锥度为:1°30′~4°。带倒锥的挤压模操作时,逆着挤压方向装入模支承中,锥度为:3°~10°,一般取6°。

立式挤压机上模子的外形结构分为圆柱形和带台肩形两种。

挤压模外形尺寸和典型模子的技术参数分别如图22-116、图22-117和表22-41所示。

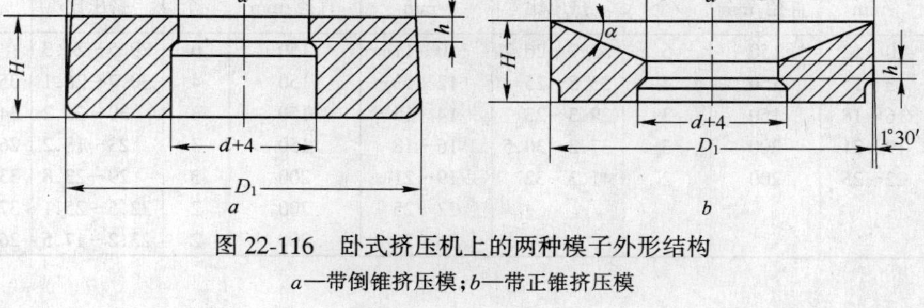

图22-116 卧式挤压机上的两种模子外形结构

a—带倒锥挤压模;b—带正锥挤压模

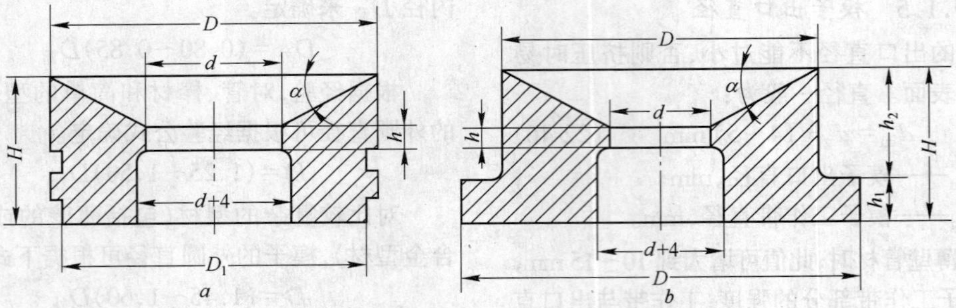

图 22-117 立式挤压机上的模子外形结构
a—圆柱形挤压模；b—带台肩挤压模

表 22-41 挤压模的典型尺寸参数

挤压机/MN	挤压筒/mm	制品公称尺寸/mm	D/mm	d d+模孔余量/mm	D_1/mm	d_1 d+4/mm	H/mm	h/mm	α/(°)	重量/kg	备注
30	ϕ150～250	ϕ46	154	47.3	160	51.3	45	12	6	6.4	倒装模
		ϕ51		52.4		56.4				6.3	
		ϕ52		53.4		57.4				6.3	
		ϕ55		56.5		60.5				6.2	
		ϕ65		66.6		70.6				5.8	
		ϕ80		81.7		85.7				5.3	

22.9.1.8 多孔挤压模

生产小直径棒材和形状简单的小断面型材时，常采用多孔模挤压。另外，在生产断面较复杂的型材时，为使金属流动均匀，也常采用多孔模挤压。多孔模的孔数一般在8孔以下，孔数过多，金属流出模孔后易咬在一起和擦伤，导致操作困难和无法分开，废品增加。确定模孔数目时，要考虑模子的强度、挤压筒和制品的断面积、挤压产品的机械性能要求、挤压机的能力和挤压延伸系数等。模孔数 n 可按下式确定：

$$n = \frac{F_{筒}}{\lambda F_{制}} \tag{22-50}$$

式中 $F_{筒}$——挤压筒的断面积，mm^2；

$F_{制}$——单根制品的断面积，mm^2；

λ——多孔模挤压时的挤压比；

n——模孔数。

多孔模挤压时的挤压比 λ，可根据挤压机能力的大小，挤压机受料台长度，挤压筒的大小，制品机械性能和被挤压合金的变形抗力大小等来确定。一般取 $\lambda = 20 \sim 50$。表22-42列

表 22-42 挤压制品规格与常用的模孔数和挤压比

挤压机/MN	挤压圆棒				挤压方、六角棒				
	制品规格/mm	挤压筒直径/mm	模孔数/个	圆棒材挤压比	制品规格/mm	挤压筒直径/mm	模孔数/个	方型棒挤压比	六角棒挤压比
15	10～12	150	6	33.7～26.2	10～11	150	6	29.5～24.3	34～28
	13～15	150	4	33.3～25	12～13	150	4	30.7～26.1	35.3～30.1
	16～18	150	3	29.3～23	14～15	150	3	30～26.2	34.6～30.2
	19～21	200	3	37.2～30.5	16～18	150	3	23～18.2	26.6～21
	22～25	200	2	41.3～32	19～21	200	3	29～23.8	33.5～27.5
					22～25	200	2	32.5～25.1	37.5～29
					26～30	200	2	23.2～17.5	26.8～20.2

出多孔模挤压时常用的模孔数和挤压比。

多孔模的模孔配置对金属流动有很大影响，在设计多孔模时，不宜将模孔安置得过分靠近模子边缘，否则会降低模子的强度和导致死区流动，恶化挤压制品的表面质量。若模孔太靠近模子中心时，金属流动过程中锭坯中心部分金属不足，造成挤压缩尾较长，有时会出现纵向开裂。模孔排列一般采用对称形式，排列在同一圆周上，各模孔要直径相同，孔间距相等。多孔模的模孔同心圆直径如图 22-118 所示。

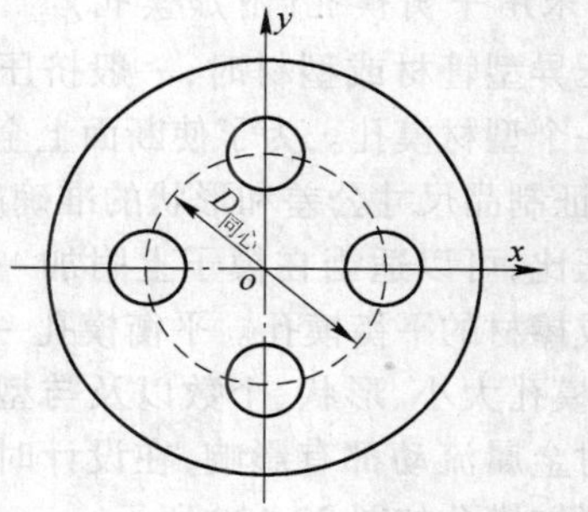

图 22-118　多孔模的模孔同心圆直径

多孔模的同心圆直径 $D_{同心}$ 与挤压筒直径 $D_{筒}$ 之间的关系可按下式确定：

$$D_{同心}=\frac{D_{筒}}{a-0.1(n-2)} \qquad (22\text{-}51)$$

式中 $D_{同心}$——同心圆直径，mm；

$D_{筒}$——挤压筒直径，mm；

n——模孔个数；

a——经验系数，一般为 2.5～2.8，n 值大时，取下限，$D_{筒}$ 大时，取上限，一般取 2.6。

计算同心圆直径 $D_{同心}$ 后，还要考虑节约工具钢材料、模子的系列化和模垫、导路的通用性等，对 $D_{同心}$ 加以适当修正。

22.9.1.9　型材挤压模

型材挤压时的变形特点是挤压过程中金属流动不均匀，导致型材发生扭曲、断裂和尺寸改变等。设计型材模子时必须考虑以下原则。

A　合理配置模孔

设计单孔型模时，原则上把型材的重心配置在模子中心上，但是对一些断面形状差异较大的型材，考虑到各部分比周长不同，必须将型材的重心相对于模子的中心做一定的偏移，使难流动的部分更靠近模子中心，尽可能使供给各部分的金属比例适中(如图 22-119 所示)。

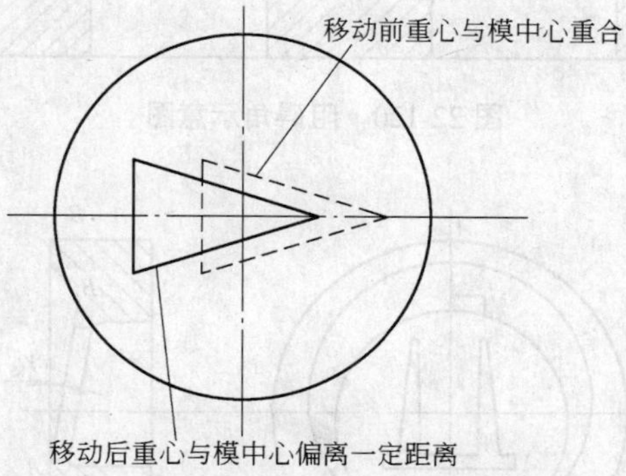

图 22-119　调整型材的重心位置示意图

B　采用不等长定径带

设计时，使型材断面厚处的定径带长度大于其薄处的定径带长度，达到调整金属流速的目的。定径带一般最短为 2.5～3 mm，定径带最长不应大于 20 mm。

C　采用阻碍角或促流角

采用增减定径带长度的办法来调整金属的流动是有一定限度的。当型材厚度很大时，就要采用阻碍角的办法来调整金属的流动速度。同样对厚度薄的部分可以采用促流角，增加金属的供给量。

阻碍角均加于型材厚度较大的部分，一般阻碍角为 3°～9°，不得大于 15°。大于 15°时，接近金属的自然流动角，不但不起阻碍作用，反而会起到促使金属流动的作用。阻碍角取小一些，可以给模子修理留有余地。促流角是倾斜于模子断面与模子轴线垂直面之间的夹角。由于模子断面是由型材厚的部分向薄的部分倾斜，促使金属沿模子断面向型材薄的部分流动，增加型材薄部分的金属供给量，使金属流动均匀。促流角一般取 3°～10°。图 22-120 为阻碍角示意图，图 22-121 为促流角示意图。

D　采用多孔模对称排列

对于非对称或对称面少的小断面型材，可以采用多孔模挤压，合理配置模孔来解决金属

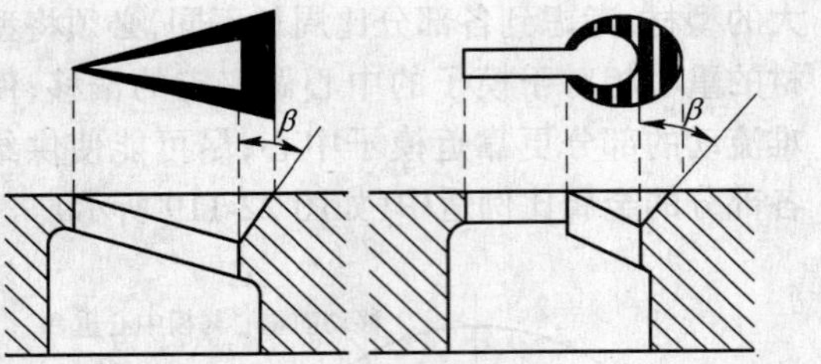

图 22-120 阻碍角示意图

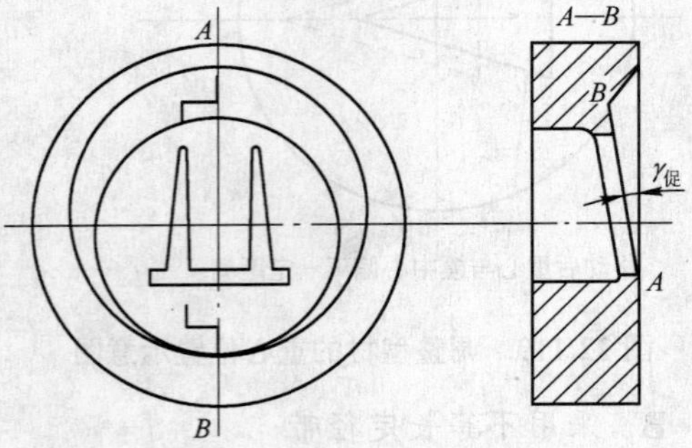

图 22-121 促流角示意图

流动不均匀和防止型材扭曲，还可以降低挤压比，提高生产效率。在设计时，将型材壁厚的部分布置在靠近模子外缘，将壁薄的部分靠近中心。布置多孔模的模孔时，不仅要考虑型材各部分的流动均匀性，而且还要考虑模子的强度问题，设计时各个模孔之间的距离应当合适，不能过小。为防止锭坯表面杂质流入挤制品中，模子边缘距挤压筒内壁要保持一定的距离，一般取挤压筒直径的 10%～15%。多模孔的合理布置如图 22-122 所示。

E 采用平衡模孔(附加模孔)

挤压异型管材或型材时，一般挤压模上只能布置一个型材模孔。为了使断面上金属流动均匀，保证制品尺寸公差和形状的准确度，以及减小挤压比，可以适当在模子上附加一个或两个挤压成棒材的平衡模孔。平衡模孔一般设计成圆形，模孔大小、形状、个数以及与型材模孔的距离对金属流动都有影响，在设计时应加以考虑。附加模孔如图 22-123 所示。

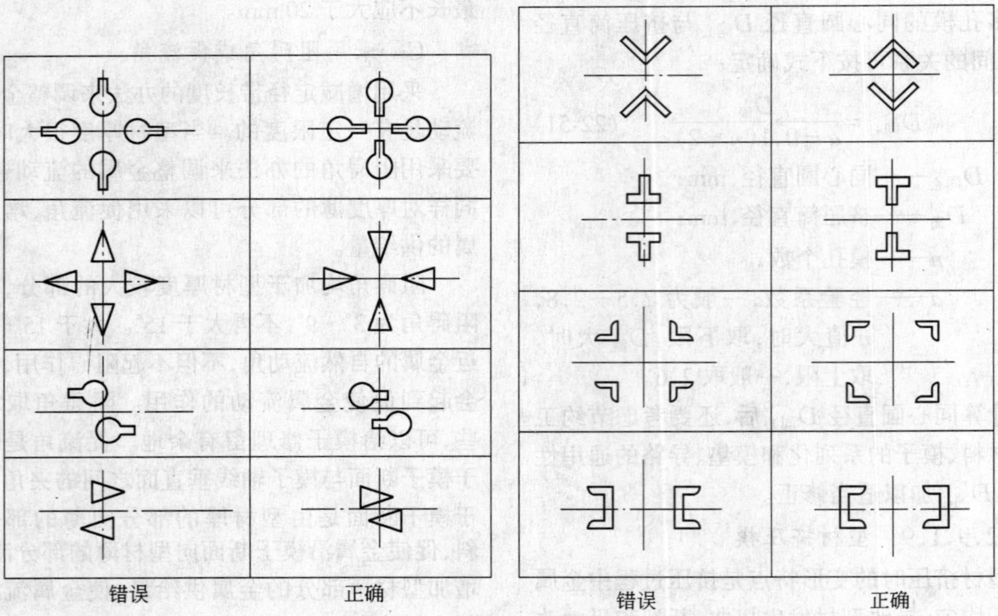

图 22-122 多模孔在模子上的合理布置

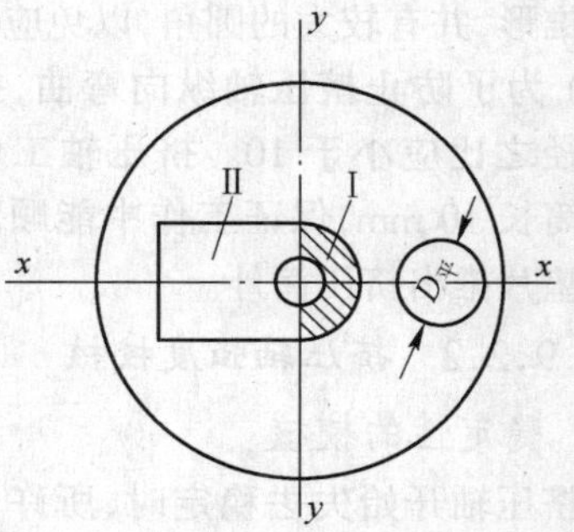

图 22-123 附加模孔示意图

Ⅰ、Ⅱ—型材各部分面积；$D_平$—平衡模孔

平衡模孔的尺寸，可按下式计算：

$$D_平 = 2a\left(1+\sqrt{1+\frac{N_1}{\pi a n}}\right) \quad (22\text{-}52)$$

$$a = \frac{F_2 - F_1}{N_2}$$

式中 $D_平$——平衡模孔直径，mm；

F_1、F_2——异型管材大（Ⅱ）、小（Ⅰ）断面部分的面积，mm^2；

N_1、N_2——异型管材大、小断面的内、外周长，mm；

n——平衡模孔个数。

平衡模孔直径计算只有近似值，必须通过实践加以修正，并确定它与异型管材模孔间的距离。

F 型材模孔设计时需要注意的其他问题

对带有角度的型材，设计模孔时，一般按要求角度设计。但对某些带角度的型材，挤压时容易发生扩口和拼口现象，如挤压角材和槽形材时，容易发生此现象，尤其是壁厚在 3 mm 以下时，更易发生。所以在设计角材模孔时，要扩大 1°～2°，而对有扩口的槽形材，设计时则相应减小 1°～2°。角材和槽形材模孔如图 22-124 所示。

壁厚相差较大的型材，如图 22-125 所示。

Ⅰ区和Ⅱ区流出速度相差很大，Ⅰ区受到Ⅱ区的强大拉负应力的影响而变薄，因此，在设计时，应给Ⅰ区的尺寸增加一定余量，一般为 0.2～0.5 mm（如图中虚线所示）。

对某些型材，由于挤压过程中模子变形下塌，使中间部分模孔变小，挤压型材中间变薄，因此，在设计模孔时，对易变薄处，适当增加余量。一般为 0.1～0.6 mm。如图 22-126 虚线所示。

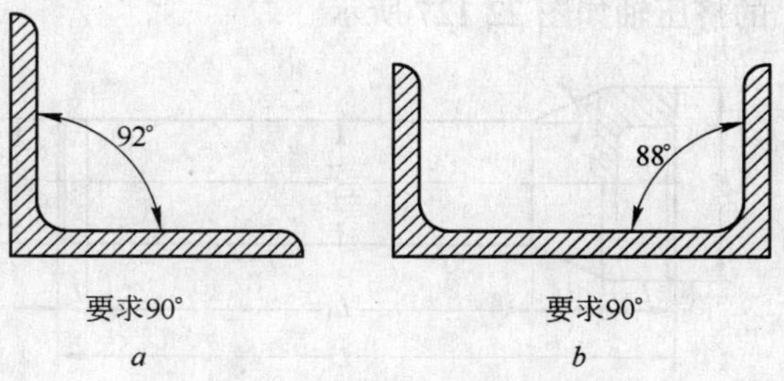

图 22-124 角材和槽形材模孔

a—角材（要求 90°时）；b—槽形材（要求 90°时）

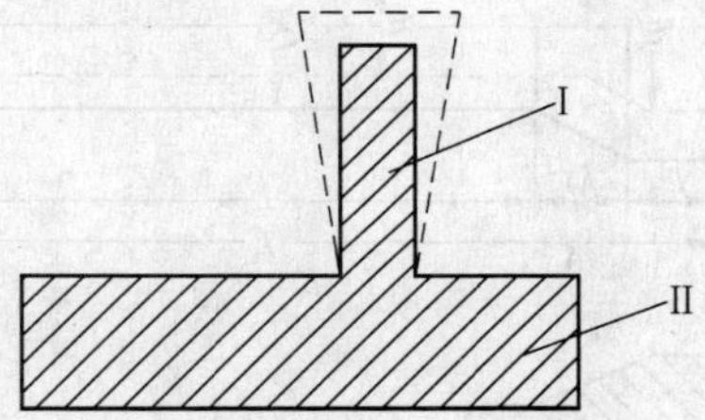

图 22-125 相差较大的型材

图 22-126 不同断面形状的型材

另外，在型材模设计中，对所设计的模具，尤其是带有悬臂部分的模具，必须进行强度校核。因为挤压时，模子所受的单位压力很大，容易发生变形及损坏。

22.9.2 挤压轴设计

挤压轴是把主柱塞上的压力传到垫片上而使金属在挤压筒内发生变形的工具。挤压轴在工作时，承受很大的弯曲应力，所以如果设计不合理，易产生弯曲变形，这也是导致管材偏心的主要原因之一。此外，还有可能产生轴端部压堆、压斜和龟裂等缺陷。

挤压轴分空心和实心两种，其形状一般都

是圆形的(特殊的也有扁圆形和异型)。空心挤压轴用于正向挤压管材和反向挤压管材、棒、型材。实心挤压轴一般用于正向挤压棒、型材和特殊反向挤压生产大口径管材。不同结构形式的挤压轴如图 22-127 所示。

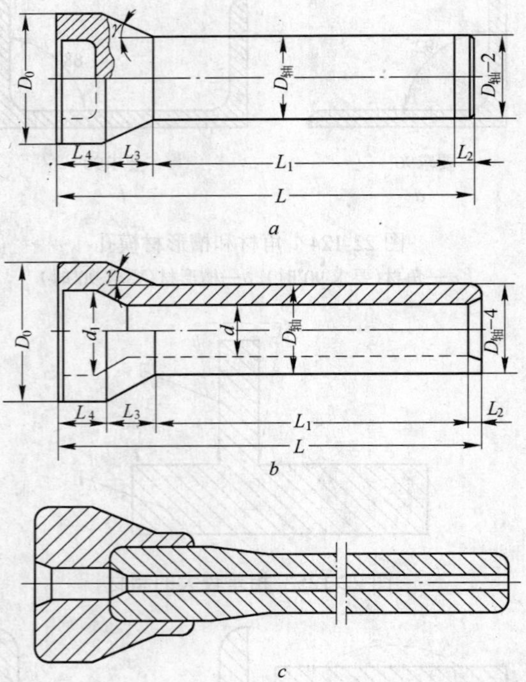

图 22-127 不同结构形状的挤压轴
a—棒材、型材挤压轴;
b—管材挤压轴;c—组合挤压轴

22.9.2.1 挤压轴尺寸

(1) 挤压轴的直径 $D_{轴}$ 根据挤压筒的内径大小确定。

卧式挤压机:$D_{轴}=D_{筒内径}-(4\sim10)$ mm

立式挤压机:$D_{轴}=D_{筒内径}-(2\sim3)$ mm

式中 $D_{筒内径}$——挤压筒内径,mm。

(2) 空心挤压轴内孔直径的大小,应根据其环形端面上所承受的压力不超过材料的允许应力来确定。另外,还要考虑本挤压轴所配备的最大外径穿孔针能通过。

(3) 圆形挤压轴在高温、高压下工作,其端头易发生塑性变形而被镦粗、压堆,所以设计时应考虑其端头直径可小些,同样道理,管材挤压轴端头内径可稍大些。挤压轴根部的过渡部分应做成锥形,并有较大的圆角,以免应力集中。

(4) 为了防止挤压轴纵向弯曲,挤压轴长度与直径之比应小于 10。挤压轴工作长度要比挤压筒长 10 mm,保证工作中能顺利将压余和挤压垫片推出挤压筒外。

22.9.2.2 挤压轴强度校核

A 稳定性的校核

当挤压轴开始失去稳定时,所许可的最大临界载荷按下式计算:

$$P_{临界}=\frac{\pi^2 EJ}{(\mu L_{效})^2} \tag{22-53}$$

式中 $P_{临界}$——许可的最大临界压力;

E——材料的弹性模量,对 3Cr2W8V,取 2.2×10^5 MPa;

J——断面惯性矩,mm^4;

对圆形挤压轴:

$$J=\frac{\pi D_{轴}^4}{64}=0.05D_{轴}^4$$

μ——长度系数,当挤压轴一端固定,一端自由状态时,取 $\mu=1.5\sim2.0$;

$L_{效}$——挤压轴的有效工作长度,mm。

挤压轴的稳定条件为:

$$P_{临界}\geqslant(1.25\sim2.0)P \tag{22-54}$$

式中 P——挤压力公称值。

B 抗压强度的校核

挤压轴的抗压强度条件为:

$$\sigma_{压}=\frac{P_{最大}}{\Psi F_{轴}}\leqslant[\sigma_{压}] \tag{22-55}$$

式中 $\sigma_{压}$——纵向压应力,MPa;

$P_{最大}$——最大挤压力,MN;

$F_{轴}$——挤压轴端面面积,mm^2;

$[\sigma_{压}]$——许用压应力,MPa,对于 3Cr2W8V,在工作温度为 400℃时,取$[\sigma_{压}]=1000\sim1100$ MPa,最好介于 800~1000 MPa之间;

Ψ——折减系数,根据挤压轴的材料和挤压轴的柔度大小确定,为简化计算,一般在挤压轴计算时,可直接取 $\Psi=0.9$。

C 挤压轴根部基座

挤压轴根部基座，作用在活动横梁支承面上（大机头断面），单位压力不应超过200 MPa。

22.9.2.3 挤压轴典型尺寸

挤压轴的典型尺寸参数见表22-43。

表22-43 挤压轴的典型尺寸参数

挤压力/MN	挤压筒直径/mm	挤压轴种类	典型挤压轴尺寸参数/mm									γ/(°)
			$D_{轴}$	D_0	d	d_1	L_1	L_2	L_3	L_4	L	
15	150	棒	145	380			916	50	204	135	1305	30
	150	管	145	380	70	226	916	50	204	135	1305	30
	200	棒	195	380			960	50	160	135	1305	30
	200	管	195	380	105	226	960	50	160	135	1305	30
25	200	棒	195	470			892	50	238	150	1330	30
	200	管	195	470	105	280	892	50	238	150	1330	30
	250	棒	245	470			935	50	195	150	1330	30
	250	管	245	470	150	280	935	50	195	150	1330	30
35	300	棒	295	560			1225	50	230	195	1700	30
	300	管	295	560	180		1225	50	229	195	1700	30
	370	棒	360	560			1282	50	173	195	1700	30
	370	管	360	560	203		1282	50	173	195	1700	30

22.9.3 穿孔针设计

穿孔针是用于锭坯穿孔和确定制品内孔尺寸和形状的工具。对挤压管材内表面质量起着决定性的作用。

22.9.3.1 穿孔针的结构

穿孔针的结构有许多种，最常用的是圆柱式穿孔针和瓶式穿孔针两种。圆柱式穿孔针的工作部分是圆棒形，在长度方向上带有很小的锥度，以减小金属流动时作用在针体上的摩擦力，以及方便挤压完后针体从管材中退出。在卧式挤压机上采用随动针挤压时，整个工作长度上都带有锥度。采用固定针挤压时，只在针体前端一段距离上带有锥度。针体的锥度不应超出挤压管材壁厚的负公差，一般在卧式挤压机上穿孔针的锥度为1∶500～1∶250，在立式挤压机上穿孔针的锥度为1∶1500～1∶500。

瓶式穿孔针的主要特点是强度提高，使用寿命延长，穿孔时形成的料头小。当挤压管材内径小于20～30 mm时，一般宜采用瓶式穿孔针挤压。这种针要求在挤压过程中固定不动，所以挤压机应具备独立穿孔系统。瓶式穿孔针的结构分为针头定径部分和针体部分。针头部分的直径小，决定挤压管材的内径尺寸，针体部分的直径较粗，一般为50～60 mm或更大，以增大抗纵向弯曲强度。针头与针体的过渡区锥角为30°～45°，也可做成圆弧形，针头锥度为1∶1500。

22.9.3.2 穿孔针的尺寸

穿孔针的直径根据管材的内径确定。穿孔针的工作长度，对圆柱式穿孔针，可按下式计算：

$$L_{针} = L_{锭} + h_{垫} + h_{定} + L_{出} \tag{22-56}$$

式中 $L_{针}$——穿孔针工作长度，mm；

$L_{锭}$——锭坯长度，mm；

$h_{垫}$——挤压垫片厚度，mm；

$h_{定}$——挤压模定径带长度，mm；

$L_{出}$——穿孔针伸出模子定径带的长度，mm（一般取10～15 mm）。

对瓶式穿孔针，定径部分长度可按下式计算：

$$L_{针} = h_{定} + L_{出} + L_{余} \tag{22-57}$$

式中 $L_{针}$——瓶式穿孔针定径部分长度，mm；

$h_{定}$——挤压模定径带长度，mm；

$L_{出}$——针头伸出模子定径带长度，mm；

$L_{余}$——余量，一般不应大于压余厚度，以免金属倒流入空心挤压轴中，余量一般取15~25 mm。

穿孔针的工作断面为平面，略带倒角，这时的穿孔力较小。穿孔针与针座的连接部分一般采用细牙螺纹，当针较细时，螺纹连接部分与工作部分之间应有均匀的过渡区，必要时可增大其过渡部分的直径，以保证穿孔针在受拉时具有足够的强度。

22.9.3.3 穿孔针强度的校核

A 抗弯强度校核

$$P_{穿} < \frac{P_{临界}}{n} = [P_{允}] \tag{22-58}$$

$$P_{临界} = \frac{\pi^2 EJ}{(\mu L_{效})^2}$$

式中 $P_{穿}$——实际穿孔时的压力，N；

$P_{临界}$——临界穿孔力，N；

E——材料弹性模量，钢为 2.2×10^5 MPa；

J——惯性矩，mm^4，圆断面为 $J=\frac{\pi d^4}{64}=0.05d^4$；

d——穿孔针的直径，mm；

μ——长度系数，一端固定、一端自由时，取1.5~2.0；

$L_{效}$——穿孔针工作长度，mm；

n——安全系数，取1.5~3.0；

$[P_{允}]$——允许穿孔压力，N。

满足 $P_{穿}<[P_{允}]$，抗弯强度满足要求，穿孔针不会发生弯曲。

B 抗拉强度校核

挤压时穿孔针所受拉力 $P_{拉}$ 可按下式计算：

$$P_{拉} = P_{平} f \pi d_{针} h \tag{22-59}$$

式中 $P_{平}$——变形区内金属对穿孔针的平均单位压力，可采用挤压垫片接近变形区时作用在垫片上的平均单位压力，$P_{平}\approx\sigma_{0.2}$ MPa；

f——金属与穿孔针的摩擦系数；

$d_{针}$——穿孔针的直径，mm；

h——变形区高度，mm；

$$h = \frac{D_{筒} - D_{管}}{2}$$

$D_{筒}$——挤压筒直径，mm；

$D_{管}$——挤压管材的直径，mm。

作用在穿孔针上的拉应力 $\sigma_{拉}$ 满足下式时则安全：

$$\sigma_{拉} = \frac{P_{拉}}{F_{针}} < [\sigma_s] \tag{22-60}$$

式中 $F_{针}$——穿孔针的断面积，mm^2；

$[\sigma_s]$——穿孔针材料的屈服极限，MPa。

22.9.3.4 穿孔针的结构和典型尺寸参数

穿孔针的结构和典型尺寸参数分别如图22-128和表22-44、表22-45所示。

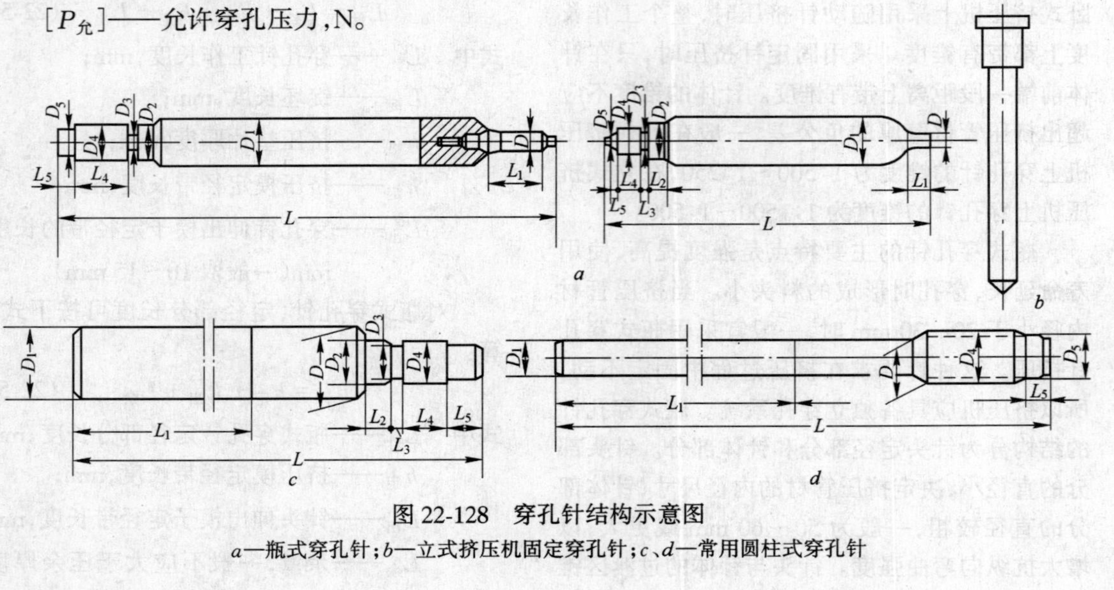

图22-128 穿孔针结构示意图

a—瓶式穿孔针；*b*—立式挤压机固定穿孔针；*c*、*d*—常用圆柱式穿孔针

表 22-44 圆柱式穿孔针的尺寸参数

挤压力/MN	穿孔针形式	穿孔针尺寸参数/mm										螺纹管 D_4	锥度
		D	D_2	D_3	D_5	L_1	L_2	L_3	L_4	L_5	L		
12	d	26～30	33.8	29.5	28.5	250	10	5	70	20	605	M33×2	1:417
15	c	31～35		29.4	28.8	250		5	65	20	695	M33×2	1:417
	d	40～45	49.7	44	41.5	250	25	5	70	30	935	M48×3	1:433
	c	50～65	49.7	44	41.5	250	30	5	70	30	935	M48×3	1:433
35	c	70～90	65.8	58.5	57.5	300	35	10	80	30	960	M64×4	1:433
	c	95～160	104.65	97	91	300	40	10	90	30	1080	M100×3	1:428
	c	165～200	142.55	135	129	300	60	10	120	30	1130	M140×3	1:428
	c	205～260	142.55	135	129	300	60	10	120	30	1130	M140×3	1:375

表 22-45 瓶式穿孔针的尺寸参数

挤压力/MN	瓶式穿孔针的尺寸参数/mm											螺纹管 D_4
	$D_{针头}$	$D_{1针体}$	D_2	D_3	D_5	$L_{针头长}$	L_2	L_3	L_4	L_5	L	
15	18	51.2	49.7	44	39	75	25	5	70	30	830	M48×3
35	19.5～29.5	51.2	49.7	44	39	70	25	5	70	30	860	M48×3
	31.5～39.5	71.2	70.8	62	57	70	40	10	80	30	860	M48×3

22.9.4 挤压垫片设计

挤压垫片的主要作用是避免挤压轴与高温锭坯直接接触，防止挤压轴端面过早磨损和变形。挤压垫片一般分为棒、型材挤压垫和管材挤压垫，它的工作环境比较恶劣，工作中一般使用4～6组挤压垫循环使用，防止垫片过热而引起变形，提高其使用寿命。

22.9.4.1 挤压垫片的尺寸确定

A 垫片的外径尺寸

挤压垫片的外径可按挤压筒内径选取。垫片的外径应比挤压筒内径小 ΔD 值，ΔD 值太大，形成局部脱皮挤压，影响挤压制品质量，而且易产生管材偏心。如挤压垫片与挤压筒内径的间隙过小，装入困难，同时加速挤压筒内衬的磨损。一般 ΔD 值根据挤压筒内径选取。

卧式挤压机：$\Delta D = 0.5 \sim 1.5$ mm

立式挤压机：$\Delta D = 0.2 \sim 1.0$ mm

脱皮挤压时：$\Delta D = 2 \sim 3$ mm，根据合金牌号，锭坯表面质量等，也可将 ΔD 值取更大一些。

B 垫片的内孔尺寸

挤压垫片内孔直径决定于穿孔针的直径，两者之差 Δd 的数值不能太大，如果间隙大了，不但不能校正穿孔针在挤压筒内的位置，而且还可能在挤压时金属倒流包住穿孔针，影响产品质量，并且清除包覆在穿孔针上的金属时耗费很多时间，影响生产效率。Δd 过小，穿孔针不能顺利穿过，并易造成针表面划伤，殃及管材内表面。

卧式挤压机：$\Delta d = 0.3 \sim 1.2$ mm

立式挤压机：$\Delta d = 0.15 \sim 0.5$ mm

C 垫片的厚度尺寸

挤压垫片的厚度主要取决于它的抗压强度，垫片太薄将产生塑性变形。一般取：

$$H = (0.4 \sim 0.56) D_{外}$$

式中 H——挤压垫片厚度，mm；

$D_{外}$——挤压垫片外径，mm。

在挤压白铜和镍合金一类温度高、变形抗力大的制品时，挤压垫片的内、外圆棱角不能太尖锐，否则会产生塑性变形，使尖棱角压堆，所以在设计时这些部位取较大的圆角，$r = 20 \sim 30$ mm，一般垫片取 $2 \times 45°$ 倒角即可。在挤压铝青铜、黄铜和脱皮挤压时，应采用带凸缘的垫片，可减少垫片与金属的粘结和摩擦，也有利于压余、残皮和垫片的分离。

凸缘挤压垫片工作部分厚度：$h_{厚}=(1/3\sim1/4)H$。

凸缘挤压垫片工作部分直径 D 与非工作部分直径 D_1 之差，取 $\Delta D_1=5\sim10$ mm。

采用中间带凹形、表面不平的垫片，可减少挤压制品后端面的缩尾，提高成品率。

22.9.4.2 挤压垫片强度校核

挤压垫片的变形和损坏与挤压力的大小、挤压温度和长时间连续工作等有关。当垫片承受的压力超过材料允许的强度时，会产生塑性变形。可按下式进行校核计算：

$$\sigma_{压}=\frac{P_{最大}}{F_{垫}}\leqslant[\sigma_{压}] \quad (22\text{-}61)$$

式中 $\sigma_{压}$——挤压垫片上的压缩应力，MPa；

$P_{最大}$——最大挤压力，MN(按挤压机额定能力计算)；

$F_{垫}$——挤压垫片工作部分的断面积，mm^2；

$[\sigma_{压}]$——材料允许抗压应力，MPa，取垫片材料 $\sigma_{0.2}$ 或 σ_b 的 0.9～0.95。

22.9.4.3 挤压垫片的结构和典型尺寸参数

挤压垫片的结构和典型尺寸参数分别如图 22-129 和表 22-46 所示。

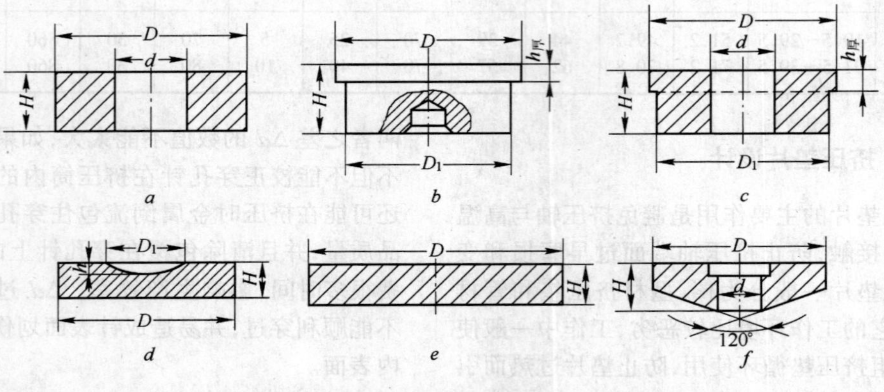

图 22-129 挤压垫片结构图(带凸缘也可以用做清理垫)
a—管材垫片；*b*—棒材垫片(带凸缘)；*c*—管材垫片；
d—棒材垫片(凹形)；*e*—棒、型材垫片；*f*—立式挤压机挤压垫片

表 22-46 挤压垫片主要尺寸参数

挤压筒内径/mm	不脱皮垫片外径 D/mm	脱皮垫片外径 D/mm	垫片内径 d/mm	垫片厚度 H/mm
125	124.5	122	针径+0.3	67
150	149.5	147	针径+0.3	80
200	199.2	197.3	针径+0.3	97～120
250	249.2	248	针径+0.3～0.4	97～150
300	299.4	298	针径+0.3～0.4	97～150
370	369.4	368	针径+0.4	97～150
420	419.4	418	针径+0.4	97～150

22.9.5 挤压筒设计

挤压筒是被挤压金属发生塑性变形的大型容器，它在高压、高温的条件下工作，而且其内壁又与高温锭坯产生剧烈摩擦和热冲击，工作条件十分恶劣。挤压筒在所有挤压工具中是最

昂贵的重要部件。为了改善受力条件,延长使用寿命,可以将挤压筒做成多层组合式结构,通常设计成两层或三层以上的衬套,以过盈热配合组装在一起。将挤压筒做成多层的目的是,使筒壁中的应力分布均匀些和降低应力的峰值,另外,在内衬磨损或损坏后可以更换,这样可以节省大量昂贵的工具钢材。

22.9.5.1 挤压筒的结构和尺寸的确定

A 挤压筒的结构

现在大多使用两层至三层结构的挤压筒。挤压筒的内衬套和中衬套可以是圆形的,也可以是带一定锥度或带有台阶的。圆柱形衬套加工方便,易测量尺寸,但更换内衬套的时间较长。锥形衬套,更换内衬套节省时间,但不易加工,锥面上的平直度不易保证,尺寸不易检测。带台阶的挤压筒衬套,可便于圆柱形衬套的装配和防止工作中内衬套从外套(中衬)中脱出。挤压筒衬套的配合方式如图 22-130 所示。

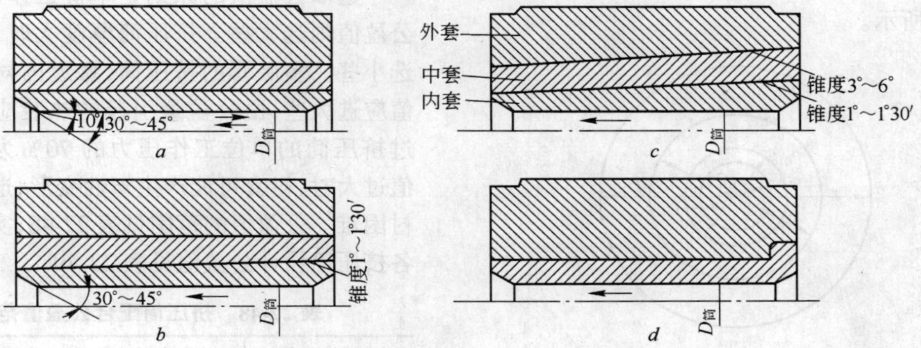

图 22-130 挤压筒衬套的配合方式

a—圆形内衬套和中衬套;*b*—锥形内衬套;*c*—锥形内衬套和中衬套;*d*—带台阶内衬套

B 挤压筒尺寸的确定

挤压筒内径 $D_{筒}$ 与所要挤压合金的强度、挤压比、挤压工具的强度、挤压机能力和挤压筒的允许外径有关。筒最大内径应保证作用在挤压垫片上的单位压力不低于金属的变形抗力,筒最小内径应保证工具(挤压轴)的强度。一台挤压机通常配有 2～4 种内径的挤压筒,以满足生产不同挤压比、不同合金和不同尺寸规格制品的需要。

挤压筒的外径一般是其内径的 4～5 倍,最大外径取决于挤压机的前梁尺寸,一般同一台挤压机上的几个挤压筒外径都是一样的,以便于更换。

挤压筒的长度不宜过长,筒的长度 $L_{筒}$ 可按下式确定:

$$L_{筒}=(L_{最大}+L)+t+H_{厚} \qquad (22\text{-}62)$$

式中 $L_{最大}$——锭坯最大长度,其中对棒、型材,取 $(2.5\sim3.5)D_{筒}$,对管材,取 $(1.5\sim2.5)D_{筒}$;

L——锭坯穿孔时金属向后流动增加的长度,mm;

t——挤压模进入挤压筒的深度,mm;

$H_{厚}$——挤压垫片厚度,mm。

挤压机能力与其配置的挤压筒内径 $D_{筒}$ 和长度 $L_{筒}$ 如表 22-47 所示。

表 22-47 铜合金正向挤压机能力与配置挤压筒的内径、长度范围

挤压力 /MN	挤压筒内径 $D_{筒}$/mm	挤压筒长度 $L_{筒}$ /mm	比压 /MPa
6	100～120	400	764～528
8	100～150	450	1020～455
12	125～185	735	975～446
15	120～200	815	849～474
25	200～300	815	795～345
31.5	200～355	815	1003～318
35	200～420	1000	1150～256

C　挤压筒衬套厚度的确定

挤压筒各层衬套厚度尺寸一般靠经验数据初步确定，而后进行强度校核修正。根据所挤压合金和单位压力的不同，挤压筒各层衬套外径、内径的比值可在以下所给出的范围内选取：

$$\frac{D_1}{D_0}=1.5\sim2.0$$

$$\frac{D_2}{D_1}=1.6\sim1.8$$

$$\frac{D_3}{D_2}=2.0\sim2.5$$

挤压筒各层衬套外径、内径尺寸如图22-131所示。

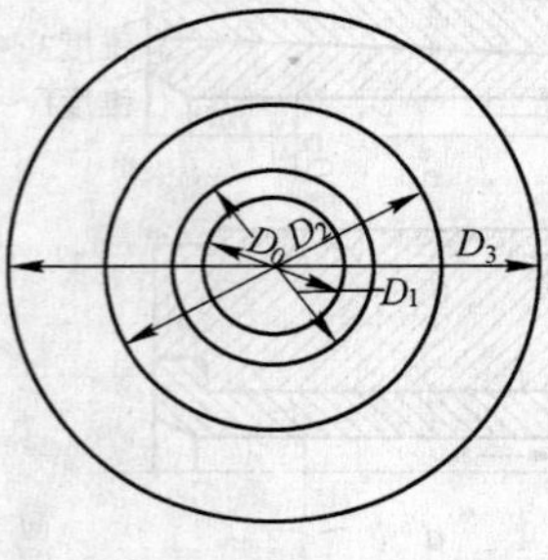

图 22-131　挤压筒各层衬套外径、内径尺寸示意图

挤压筒各层厚度的大小与比值对装配应力有很大影响，对同一台挤压机，内径大的取下限值，内径小的取上限值。挤压筒外套因有加热孔和键槽而使强度减弱，这会降低中衬套的装配应力，因而挤压筒的外套宜采用较大的径比值。

D　公盈值的确定

挤压筒各层间的配合是有过盈量的热装配合。在装配以前外套的内径略小于内套的外径，装配时将外套加热，使外套受热膨胀，装入内套冷却后则两套紧密配合。在实际设计中，公盈值都是根据使用经验选用的非标准公盈值。公盈值 ΔC 一般按以下经验公式计算：

$$\Delta C=\varepsilon D_{配} \qquad (22\text{-}63)$$

式中　$D_{配}$——配合面直径，mm；

ε——过盈配合系数，一般取 0.0015～0.0018。

选取公盈值的原则是单位工作压力大时，公盈值则选大些。挤压筒厚度大时，公盈值则选小些。多层套的挤压筒，靠近内衬套的公盈值应选大些，由公盈量引起的热装应力以不超过挤压筒的单位工作压力的70%为宜。公盈值过大时，衬套可能产生塑性变形，造成更换内衬困难。公盈值的范围见表22-48；实际使用的各挤压筒设计公盈值见表22-49。

表 22-48　挤压筒配合公盈值范围

挤压筒结构	配合直径/mm	公盈值 ΔC/mm
双层套	200～300	0.3～0.5
	310～500	0.5～0.6
	510～700	0.6～1.0
三层套	800～1130	1.05～1.35
	1600～1810	1.4～2.35
四层套	1130	1.65～2.2
	1500	2.05～2.3
	1810	2.5～3.0

表 22-49　实际使用的各挤压筒设计公盈值范围

挤压力/MN	挤压筒径/mm	材　料	热装层数	热装形式	主要尺寸/mm					比压/MPa	计算公盈值 ΔC/mm
					$L_{筒}$	D_0	D_1	D_2	D_3		
12	125	5CrNiMo	3	锥面热配合	735	125	284/306	479	950	975	0.5～0.6
	150					150	274/298	479		680	0.5～0.6
	185					180	262/286	458		446	0.5～0.6
15	150	5CrNiMo	2	圆柱面配合	815	150	380			849	0.4～0.6
	200					200				474	

续表 22-49

挤压力/MN	挤压筒径/mm	材料	热装层数	热装形式	主要尺寸/mm					比压/MPa	计算公盈值 ΔC/mm
					$L_{筒}$	D_0	D_1	D_2	D_3		
25	200 250 300	5CrNiMo	2	圆柱面配合	815	200 250 300	380 380 380			795 510 345	0.5~0.6
30	200 250	GH2132	3	圆柱面配合	815	200 250	370 390	580 580		955 611	0.6~1.0
35	250 300 370 420	5CrNiMo	2 2 2 2	圆柱面配合	1000	250 300 370 420	635 635 635 635			710 495 325 256	0.6~0.95

22.9.5.2 挤压筒各层套的应力计算

挤压筒内衬套和外套受力如图 22-132 所示。

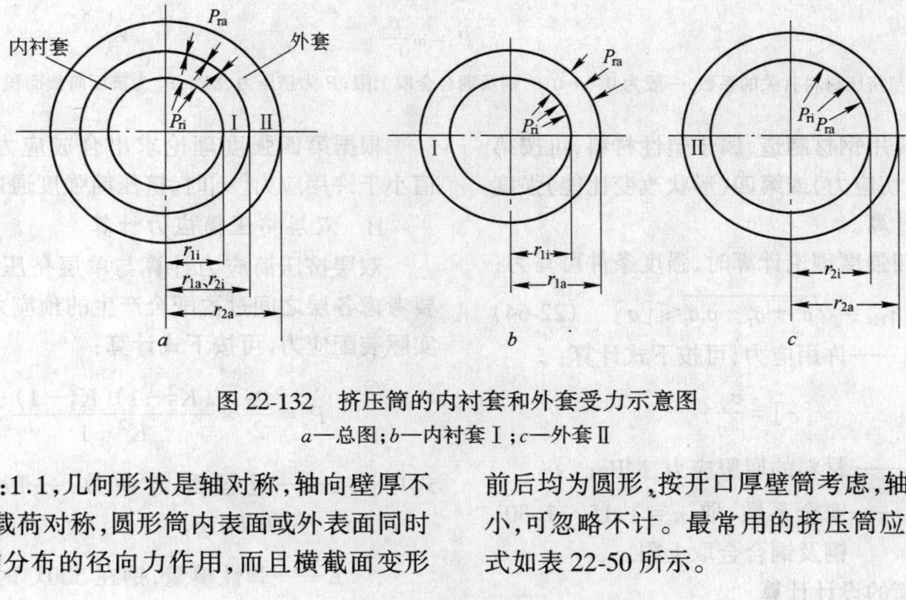

图 22-132 挤压筒的内衬套和外套受力示意图

a—总图；*b*—内衬套Ⅰ；*c*—外套Ⅱ

挤压筒各层套的应力计算相当于材料力学中厚壁筒的应力计算，并要符合外径与内径之比大于 1:1.1，几何形状是轴对称，轴向壁厚不变，承受载荷对称，圆形筒内表面或外表面同时承受均匀分布的径向力作用，而且横截面变形前后均为圆形，按开口厚壁筒考虑，轴向应力较小，可忽略不计。最常用的挤压筒应力计算公式如表 22-50 所示。

表 22-50 单层厚壁筒应力(MPa)计算公式

作用点	作用力		
	只受内压力 P_{ri} 作用 $P_{ra}=0$	只受外压力 P_{ra} 作用 $P_{ri}=0$	同时受外压力 P_{ra} 和内压力 P_{ri} 作用(迭加应力)
r	$\sigma_r=\frac{P_{ri}r_i^2}{r_a^2-r_i^2}\left(1-\frac{r_a^2}{r^2}\right)$ $\sigma_t=\frac{P_{ri}r_i^2}{r_a^2-r_i^2}\left(1+\frac{r_a^2}{r^2}\right)$	$\sigma_r=-\frac{P_{ra}r_a^2}{r_a^2-r_i^2}\left(1-\frac{r_i^2}{r^2}\right)$ $\sigma_t=-\frac{P_{ra}r_a^2}{r_a^2-r_i^2}\left(1+\frac{r_i^2}{r^2}\right)$	$\sigma_{rt}=\frac{P_{ri}r_i^2}{r_a^2-r_i^2}\left(1-\frac{r_a^2}{r^2}\right)-\frac{P_{ra}r_a^2}{r_a^2-r_i^2}\left(1-\frac{r_i^2}{r^2}\right)$ $\sigma_{tt}=\frac{P_{ri}r_i^2}{r_a^2-r_i^2}\left(1+\frac{r_a^2}{r^2}\right)-\frac{P_{ra}r_a^2}{r_a^2-r_i^2}\left(1+\frac{r_i^2}{r^2}\right)$

续表 22-50

作用点	作用力		
	只受内压力 P_{ri}作用 $P_{ra}=0$	只受外压力 P_{ra}作用 $P_{ri}=0$	同时受外压力 P_{ra}和 内压力 P_{ri}作用(迭加应力)
$r=r_i$	$\sigma_r=-P_{ri}$ $\sigma_t=P_{ri}\frac{r_a^2+r_i^2}{r_a^2-r_i^2}=P_{ri}\frac{K^2+1}{K^2-1}$	$\sigma_r=0$ $\sigma_t=-P_{ra}\frac{2r_a^2}{r_a^2-r_i^2}=-P_{ra}\frac{2K^2}{K^2-1}$	$\sigma_{rt}=-P_{ri}$ $\sigma_{tt}=P_{ri}\frac{K^2+1}{K^2-1}-P_{ra}\frac{2K^2}{K^2-1}$
$r=r_a$	$\sigma_r=0$ $\sigma_t=P_{ri}\frac{2r_i^2}{r_a^2-r_i^2}=P_{ri}\frac{2}{K^2-1}$	$\sigma_r=-P_{ra}$ $\sigma_t=-P_{ra}\frac{r_a^2+r_i^2}{r_a^2-r_i^2}=-P_{ra}\frac{K^2+1}{K^2-1}$	$\sigma_{rt}=-P_{ra}$ $\sigma_{tt}=P_{ri}\frac{2}{K^2-1}-P_{ra}\frac{K^2+1}{K^2-1}$

注:表中的 P_{ra}为作用在单个挤压筒(衬)上的外压力;σ_r 为由内工作压力和装配应力引起挤压筒(衬)上的径向应力;σ_t 为由内工作压力和装配应力引起挤压筒(衬)上的切向应力;σ_{rt}为径向总工作应力;σ_{tt}为切向总工作应力;r 为任意点半径;r_i 为内衬内半径;r_a 为内衬外半径;K 为外径与内径之比;p_{ri}为作用在单个挤压筒(衬)的内压力,可按下式求出:

$$P_{ri}=\omega\frac{P}{F_t}$$

ω 为与挤压材料有关的系数,一般为 0.6~0.8,铜及铜合金取上限;P 为挤压力,MN;F_t 为挤压筒截面积,mm^2。

挤压筒用钢材制造,属于塑性材料,可按第三(最大剪切应力)或第四(形状改变比能)强度理论进行计算。

按第四强度理论计算时,强度条件可写为:

$$\sigma_{H4}=\sqrt{\sigma_t^2+\sigma_r^2-\sigma_t\sigma_r}\leqslant[\sigma] \quad (22\text{-}64)$$

式中 $[\sigma]$——许用应力,可按下式计算:

$$[\sigma]=\frac{\sigma_{0.2}}{n}$$

$\sigma_{0.2}$——材料的屈服应力,MPa;

n——安全系数,取 $n=1.15\sim1.30$,铜及铜合金取上限。

挤压筒的设计计算

A 单层挤压筒应力计算

一般挤压筒的工作应力在 200~1200 MPa 之间,在此范围内可以设计出内径不同而外径相同的各种挤压筒,以满足工艺上的要求。单层挤压筒相当于受内压 P_{ri}作用时,内壁的切向和径向应力均为最大值。可按下式计算:

$$\sigma_{r(r=r_i)}=-P_{ri} \quad (22\text{-}65)$$

$$\sigma_{t(r=r_i)}=P_{ri}\frac{k^2+1}{k^2-1} \quad (22\text{-}66)$$

根据第四强度理论求出合成应力 σ_{H4},其值小于许用应力$[\sigma]$时,挤压筒强度通过校核。

B 双层挤压筒应力计算

双层挤压筒应力计算与单层挤压筒不同,要考虑各层之间过盈配合产生的预应力。计算实际装配应力,可按下式计算:

$$P_s=\frac{E\varepsilon}{2}\times\frac{(K_2^2-1)(K_1^2-1)}{K^2-1} \quad (22\text{-}67)$$

式中 ε——过盈配合系数,一般取 $\varepsilon=0.0018$;

E——弹性模量,钢在 500℃时为 1.83×10^5 MPa;

K——径比(外径与内径之比),可根据实际经验选取。

对于内衬:$K_1=\frac{D_{1a}}{D_{1i}}=\frac{r_{1a}}{r_{1i}}=1.5\sim2$

对于中衬:$K_2=\frac{D_{2a}}{D_{2i}}=\frac{r_{2a}}{r_{2i}}=1.6\sim1.8$

对于外套:$K_3=\frac{D_{3a}}{D_{3i}}=\frac{r_{3a}}{r_{3i}}=2\sim2.5$

双层挤压筒的应力可按表 22-51 计算。

表 22-51　双层挤压筒应力(MPa)计算

作用点	内压力 P_{ri} 引起的应力	装配压力 P_s 引起的应力	迭加应力 $\sigma_{(Pri)}+\sigma_{(Ps)}$	合成应力 $\sigma_{H4}=\sqrt{\sigma_{tt}^2+\sigma_{rt}^2-\sigma_{tt}\sigma_{rt}}$
内衬内壁	$\sigma_{r(Pri)}=-P_{ri}$ $\sigma_{t(Pri)}=P_{ri}\dfrac{K^2+1}{K^2-1}$	$\sigma_{r(Ps)}=0$ $\sigma_{t(Ps)}=-P_s\dfrac{2K_1^2}{K_1^2-1}$	$\sigma_{rt(d1i)}=-P_{ri}+0$ $\sigma_{tt(d1i)}=P_{ri}\dfrac{K^2+1}{K^2-1}-P_s\dfrac{2K_1^2}{K_1^2-1}$	$\sigma_{H4(d1i)}=\sqrt{\sigma_{tt(d1i)}^2+\sigma_{rt(d1i)}^2-\sigma_{tt(d1i)}\sigma_{rt(d1i)}}$
内衬外壁	$\sigma_{r(Pri)}=-P_{ri}\dfrac{K_2^2-1}{K^2-1}$ $\sigma_{t(Pri)}=P_{ri}\dfrac{K_2^2+1}{K^2-1}$	$\sigma_{r(Ps)}=-P_s$ $\sigma_{t(Ps)}=-P_s\dfrac{K_1^2+1}{K_1^2-1}$	$\sigma_{rt(d1a)}=-P_{ri}\dfrac{K_2^2-1}{K^2-1}-P_s$ $\sigma_{tt(d1a)}=P_{ri}\dfrac{K_2^2+1}{K^2-1}-P_s\dfrac{K_1^2+1}{K_1^2-1}$	$\sigma_{H4(d1a)}=\sqrt{\sigma_{tt(d1a)}^2+\sigma_{rt(d1a)}^2-\sigma_{tt(d1a)}\sigma_{rt(d1a)}}$
外套内壁	$\sigma_{r(Pri)}=-P_{ri}\dfrac{K_2^2-1}{K^2-1}$ $\sigma_{t(Pri)}=P_{ri}\dfrac{K_2^2+1}{K^2-1}$	$\sigma_{r(Ps)}=-P_s$ $\sigma_{t(Ps)}=P_s\dfrac{K_2^2+1}{K_2^2-1}$	$\sigma_{rt(d2i)}=-P_{ri}\dfrac{K_2^2-1}{K-1}-P_s$ $\sigma_{tt(d2i)}=P_{ri}\dfrac{K_2^2+1}{K^2-1}+P_s\dfrac{K_2^2+1}{K_2^2-1}$	$\sigma_{H4(d2i)}=\sqrt{\sigma_{tt(d2i)}^2+\sigma_{rt(d2i)}^2-\sigma_{tt(d2i)}\sigma_{rt(d2i)}}$
外套外壁	$\sigma_{r(Pri)}=0$ $\sigma_{t(Pri)}=P_{ri}\dfrac{2}{K^2-1}$	$\sigma_{r(Ps)}=0$ $\sigma_{t(Ps)}=P_s\dfrac{2}{K_2^2-1}$	$\sigma_{rt(d2a)}=0+0$ $\sigma_{tt(d2a)}=P_{ri}\dfrac{2}{K^2-1}+P_s\dfrac{2}{K_2^2-1}$	$\sigma_{H4(d2a)}=\sqrt{\sigma_{tt(d2a)}^2+\sigma_{rt(d2a)}^2-\sigma_{tt(d2a)}\sigma_{rt(d2a)}}$

挤压筒内衬和外套的危险点均在内壁上，用第四强度理论求出合成应力 σ_{H4} 并与许用应力[σ]比较，其值小于许用应力时，挤压筒强度通过校核。

C　三层挤压筒应力计算

三层挤压筒与双层挤压筒计算方法基本相同，只是要考虑到有两个配合面装配应力的影响。

实际装配应力计算公式：

$$P_{s1}=\frac{E\varepsilon_1}{2}\times\frac{(K_3^2K_2^2-1)(K_1^2-1)}{K^2-1} \tag{22-68}$$

$$P_{s2}=\frac{E\varepsilon_2}{2}\times\frac{(K_2^2K_1^2-1)(K_3^2-1)}{K^2-1} \tag{22-69}$$

式中　P_{s1}、P_{s2}——分别为挤压筒内衬与中衬装配预应力和中衬与外套间的装配预应力，MPa；

ε_1、ε_2——分别为挤压筒内衬与中衬的配合系数和挤压筒中衬与外套间的配合系数，一般可在 0.0015～0.0018 之间选取。

K_1、K_2、K_3——分别表示外径与内径之比。

三层挤压筒的应力可按表 22-52 计算。

根据第四强度理论求出挤压筒各层的内、外壁合成应力 σ_{H4} 并与挤压筒材料相应的许用应力进行比较，若各层的合成应力小于或等于许用应力，挤压筒通过强度校核。

22.9.5.3　计算举例（三层挤压筒应力计算）

30 MN 挤压机，挤压筒内径为 250 mm，内衬外径为 370 mm，中衬外径和外套内径为 580 mm，外套外径为 1160 mm。

A　计算各层比径

$$K=\frac{D_{3a}}{D_{1i}}=\frac{1160}{250}=4.64$$

$$K_1=\frac{D_{1a}}{D_{1i}}=\frac{370}{250}=1.48$$

$$K_2=\frac{D_{2a}}{D_{2i}}=\frac{580}{370}=1.57$$

$$K_3=\frac{D_{3a}}{D_{3i}}=\frac{1160}{580}=2$$

B　计算内应力

$$P_{ri}=\omega\frac{P}{F_t}$$

式中　$P=30\ \text{MN}=30\times10^7(\text{N})$

$F_t=\frac{\pi}{4}d^2=\frac{\pi}{4}\times250^2=49062.5$

ω 取 0.7。

表 22-52 三层挤压筒应力(MPa)计算

作用力	内压力 P_{ri} 引起的应力	装配压力 P_{s1} 引起的应力	装配压力 P_{s2} 引起的应力	迭加应力 $\sigma_{(Pri)}+\sigma_{(Ps1)}+\sigma_{(Ps2)}$	合成应力 $\sigma_{H4}=\sqrt{\sigma_{tt}^2+\sigma_{rt}^2-\sigma_{tt}\sigma_{rt}}$
内衬内壁	$\sigma_{r(Pri)}=-P_{ri}$ $\sigma_{t(Pri)}=P_{ri}\frac{K^2+1}{K^2-1}$	$\sigma_{r(Ps1)}=0$ $\sigma_{t(Ps1)}=-P_{s1}\frac{2K_1^2}{K_1^2-1}$	$\sigma_{r(Ps2)}=0$ $\sigma_{t(Ps2)}=-P_{s2}\frac{2K_2^2K_1^2}{K_2^2K_1^2-1}$	$\sigma_{rt(d1i)}=-P_{ri}+0+0$ $\sigma_{tt(d1i)}=P_{ri}\frac{K^2+1}{K^2-1}-P_{s1}\frac{2K_1^2}{K_1^2-1}-P_{s2}\frac{2K_2^2K_1^2}{K_2^2K_1^2-1}$	$\sigma_{H4}=\sqrt{[\sigma_{tt(d1i)}]^2+[\sigma_{rt(d1i)}]^2-[\sigma_{tt(d1i)}][\sigma_{rt(d1i)}]}$
内衬外壁	$\sigma_{r(Pri)}=-P_{ri}\frac{K_3^2K_2^2-1}{K^2-1}$ $\sigma_{t(Pri)}=P_{ri}\frac{K_3^2K_2^2+1}{K^2-1}$	$\sigma_{r(Ps1)}=-P_{s1}$ $\sigma_{t(Ps1)}=-P_{s1}\frac{K_1^2+1}{K_1^2-1}$	$\sigma_{r(Ps2)}=-P_{s2}\frac{K_2^2K_1^2-K_2^2}{K_2^2K_1^2-1}$ $\sigma_{t(Ps2)}=-P_{s2}\frac{K_2^2K_1^2+K_2^2}{K_2^2K_1^2-1}$	$\sigma_{rt(d1a)}=-P_{ri}\frac{K_3^2K_2^2-1}{K^2-1}-P_{s1}-P_{s2}\frac{K_2^2K_1^2-K_2^2}{K_2^2K_1^2-1}$ $\sigma_{tt(d1a)}=P_{ri}\frac{K_3^2K_2^2+1}{K^2-1}-P_{s1}\frac{K_1^2+1}{K_1^2-1}-P_{s2}\frac{K_2^2K_1^2+K_2^2}{K_2^2K_1^2-1}$	$\sigma_{H4}=\sqrt{[\sigma_{tt(d1a)}]^2+[\sigma_{rt(d1a)}]^2-[\sigma_{tt(d1a)}][\sigma_{rt(d1a)}]}$
中衬内壁	$\sigma_{r(Pri)}=-P_{ri}\frac{K_3^2K_2^2-1}{K^2-1}$ $\sigma_{t(Pri)}=P_{ri}\frac{K_3^2K_2^2+1}{K^2-1}$	$\sigma_{r(Ps1)}=-P_{s1}$ $\sigma_{t(Ps1)}=P_{s1}\frac{K_3^2K_2^2+1}{K_3^2K_2^2-1}$	$\sigma_{r(Ps2)}=-P_{s2}\frac{K_2^2K_1^2-K_2^2}{K_2^2K_1^2-1}$ $\sigma_{t(Ps2)}=-P_{s2}\frac{K_2^2K_1^2+K_2^2}{K_2^2K_1^2-1}$	$\sigma_{rt(d2i)}=-P_{ri}\frac{K_3^2K_1^2-1}{K^2-1}-P_{s1}-P_{s2}\frac{K_2^2K_1^2-K_2^2}{K_2^2K_1^2-1}$ $\sigma_{tt(d2i)}=P_{ri}\frac{K_3^2K_2^2+1}{K^2-1}+P_{s1}\frac{K_3^2+K_2^2+1}{K_3^2K_2^2-1}-P_{s2}\frac{K_2^2K_1^2+K_2^2}{K_2^2K_1^2-1}$	$\sigma_{H4}=\sqrt{[\sigma_{tt(d2i)}]^2+[\sigma_{rt(d2i)}]^2-[\sigma_{tt(d2i)}][\sigma_{rt(d2i)}]}$
中衬外壁	$\sigma_{r(Pri)}=-P_{ri}\frac{K_3^2-1}{K^2-1}$ $\sigma_{r(Pri)}=P_{ri}\frac{K_3^2+1}{K^2-1}$	$\sigma_{r(Ps1)}=-P_{s1}\frac{K_3^2-1}{K_3^2K_2^2-1}$ $\sigma_{r(Ps1)}=P_{s1}\frac{K_3^2+1}{K_3^2K_2^2-1}$	$\sigma_{r(Ps2)}=-P_{s2}$ $\sigma_{t(Ps2)}=-P_{s2}\frac{K_2^2K_1^2+1}{K_2^2K_1^2-1}$	$\sigma_{rt(d2a)}=-P_{ri}\frac{K_3^2-1}{K^2-1}-P_{s1}\frac{K_3^2-1}{K_3^2K_2^2-1}-P_{s2}$ $\sigma_{tt(d2a)}=P_{ri}\frac{K_3^2+1}{K^2-1}+P_{s1}\frac{K_3^2+1}{K_3^2K_2^2-1}-P_{s2}\frac{K_2^2K_1^2+1}{K_2^2K_1^2-1}$	$\sigma_{H4}=\sqrt{[\sigma_{tt(d2a)}]^2+[\sigma_{rt(d2a)}]^2-[\sigma_{tt(d2a)}][\sigma_{rt(d2a)}]}$
外套内壁	$\sigma_{r(Pri)}=-P_{ri}\frac{K_3^2-1}{K^2-1}$ $\sigma_{t(Pri)}=P_{ri}\frac{K_3^2+1}{K^2-1}$	$\sigma_{r(Ps1)}=-P_{s1}\frac{K_3^2-1}{K_3^2K_2^2-1}$ $\sigma_{t(Ps1)}=P_{s1}\frac{K_3^2+1}{K_3^2K_2^2-1}$	$\sigma_{r(Ps2)}=-P_{s2}$ $\sigma_{t(Ps2)}=P_{s2}\frac{K_3^2+1}{K_3^2-1}$	$\sigma_{rt(d3i)}=-P_{ri}\frac{K_3^2-1}{K^2-1}-P_{s1}\frac{K_3^2-1}{K_3^2K_2^2-1}-P_{s2}$ $\sigma_{tt(d3i)}=P_{ri}\frac{K_3^2+1}{K^2-1}+P_{s1}\frac{K_2^2+1}{K_3^2K_2^2-1}+P_{s2}\frac{K_3^2+1}{K_3^2-1}$	$\sigma_{H4}=\sqrt{[\sigma_{tt(d3i)}]^2+[\sigma_{rt(d3i)}]^2-[\sigma_{tt(d3i)}][\sigma_{rt(d3i)}]}$
外套外壁	$\sigma_{r(Pri)}=0$ $\sigma_{t(Pri)}=P_{ri}\frac{2}{K^2-1}$	$\sigma_{r(Ps1)}=0$ $\sigma_{t(Ps1)}=P_{s1}\frac{2}{K_3^2K_2^2-1}$	$\sigma_{r(Ps2)}=0$ $\sigma_{t(Ps2)}=P_{s2}\frac{2}{K_3^2-1}$	$\sigma_{rt(d3a)}=0+0+0$ $\sigma_{tt(d3a)}=P_{ri}\frac{2}{K^2-1}+P_{s1}\frac{2}{K_3^2K_2^2-1}+P_{s2}\frac{2}{K_3^2-1}$	$\sigma_{H4}=\sqrt{[\sigma_{tt(d3a)}]^2+[\sigma_{rt(d3a)}]^2-[\sigma_{tt(d3a)}][\sigma_{rt(d3a)}]}$

代入式中：$P_{ri}=0.7\times\dfrac{3\times10^7}{49062.5}=428$ (MPa)

C　计算装配应力

取过盈系数：$\varepsilon_1=\varepsilon_2=0.0018$

取弹性模量：$E=1.83\times10^5$(MPa) (500℃条件下)

计算装配应力 P_{s1}、P_{s2}

$$P_{s1}=\frac{E\varepsilon_1}{2}\times\frac{(K_3^2K_2^2-1)(K_1^2-1)}{K^2-1}$$

$$=\frac{1.83\times10^5\times0.0018}{2}\times$$

$$\frac{(2^2\times1.57^2-1)(1.48^2-1)}{4.64^2-1}$$

$$=84.61\ (\text{MPa})$$

$$P_{s2}=\frac{E\varepsilon_2}{2}\times\frac{(K_2^2K_1^2-1)(K_3^2-1)}{K^2-1}$$

$$=\frac{1.83\times10^5\times0.0018}{2}\times$$

$$\frac{(1.57^2\times1.48^2-1)(2^2-1)}{4.64^2-1}$$

$$=105.88\ (\text{MPa})$$

D　计算三层挤压筒迭加应力

三层挤压筒迭加应力计算结果见表22-53。

22.9.5.4　校核挤压筒强度

根据三层挤压筒合成工作应力最大值均在各层筒的内壁。即：

内衬内壁：$\sigma_{H4}=387.31$(MPa)

中衬内壁：$\sigma_{H4}=428.09$(MPa)

外套内壁：$\sigma_{H4}=459.84$(MPa)

根据三个最大应力值选取：

内衬用 3Cr2W8V 材料，$\sigma_S=1100$(MPa)(600℃条件下)

中衬和外套用 5CrNiMo 材料，$\sigma_s=780$(MPa)(500℃条件下)

根据要求，应满足 $\sigma_{H4}\leqslant[\sigma]_{许}$

安全系数选取 $n=1.3$

强度校核：

内衬$[\sigma]_{许}=\dfrac{\sigma_{0.2}}{n}=\dfrac{1100}{1.3}=846.15$(MPa)

$\sigma_{H4(内)}<[\sigma]_{许}$

中衬$[\sigma]_{许}=\dfrac{\sigma_{0.2}}{n}=\dfrac{780}{1.3}=600$(MPa)

$\sigma_{H4(中)}<[\sigma]_{许}$

外套 $[\sigma]_{许}=\dfrac{\sigma_{0.2}}{n}=\dfrac{780}{1.3}=600$(MPa)

$\sigma_{H4(外)}<[\sigma]_{许}$

所以，内衬、中衬和外套的强度通过校核。

22.9.5.5　挤压筒结构尺寸和典型尺寸参数

A　挤压筒内衬结构尺寸

挤压筒内衬结构如图22-133所示。

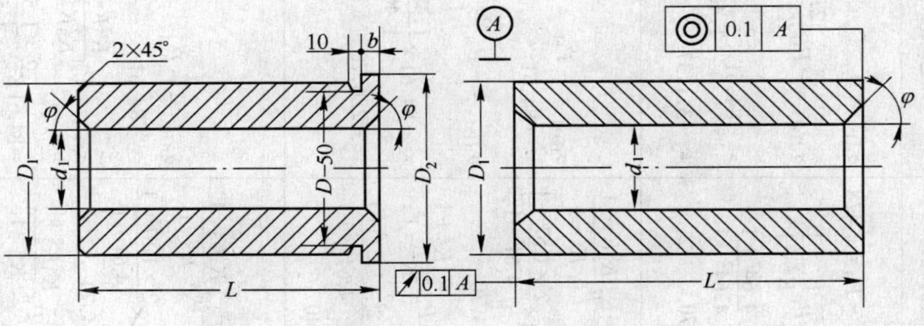

图22-133　挤压筒内衬结构

表 22-53 三层挤压筒应力(MPa)计算结果

作用力	内压力 P_{ri} 引起的应力	装配压力 P_{s1} 引起的应力	装配压力 P_{s2} 引起的应力	迭加应力 $\sigma_{(Pri)}+\sigma_{(Ps1)}+\sigma_{(Ps2)}$	合成应力 $\sigma_{H4}=\sqrt{\sigma_{tt}^2+\sigma_{rt}^2-\sigma_{tt}\sigma_{rt}}$
内衬内壁	$\sigma_{r(Pri)}=-P_{ri}=-428$ $\sigma_{t(Pri)}=P_{ri}\dfrac{K^2+1}{K^2-1}$ $=428\times\dfrac{4.64^2+1}{4.64^2-1}$ $=469.70$	$\sigma_{r(Ps1)}=0$ $\sigma_{t(Ps1)}=-P_{s1}\dfrac{2K_1^2}{K_1^2-1}$ $=-84.61\times\dfrac{2\times1.48^2}{1.48^2-1}$ $=-311.37$	$\sigma_{r(Ps2)}=0$ $\sigma_{t(Ps2)}=-P_{s2}\dfrac{2K_2^2K_1^2}{K_2^2K_1^2-1}$ $=-105.88\times\dfrac{2\times1.57^2\times1.48^2}{1.57^2\times1.48^2-1}$ $=-260.0$	$\sigma_{rt(d1i)}=-428$ $\sigma_{tt(d1i)}=469.7-311.37-260$ $=-101.67$	$\sigma_{H4}=\sqrt{(-101.67)^2+(-428)^2-(-101.67)\times(-428)}$ $=387.31$
内衬外壁	$\sigma_{r(Pri)}=-P_{ri}\dfrac{K_3^2K_2^2-1}{K^2-1}$ $=-428\times\dfrac{2^2\times1.57^2-1}{4.64^2-1}$ $=-184.70$ $\sigma_{t(Pri)}=P_{ri}\dfrac{K_3^2K_2^2+1}{K^2-1}$ $=428\times\dfrac{2^2\times1.57^2+1}{4.64^2-1}$ $=226.40$	$\sigma_{r(Ps1)}=-P_{s1}$ $=-84.61$ $\sigma_{t(Ps1)}=-P_{s1}\dfrac{K_1^2+1}{K_1^2-1}$ $=-84.61\times\dfrac{1.48^2+1}{1.48^2-1}$ $=-226.76$	$\sigma_{r(Ps2)}=-P_{s2}\dfrac{K_2^2K_1^2-K_2^2}{K_2^2K_1^2-1}$ $=-105.88\times\dfrac{1.57^2\times1.48^2-1.57^2}{1.57^2\times1.48^2-1}$ $=-70.62$ $\sigma_{t(Ps2)}=-P_{s2}\dfrac{K_2^2K_1^2K_2^2}{K_2^2K_1^2-1}$ $=-105.88\times\dfrac{1.57^2\times1.48^2+1.57^2}{1.57^2\times1.48^2-1}$ $=-189.28$	$\sigma_{rt(d1a)}=-184.70-84.61-70.62$ $=-339.93$ $\sigma_{tt(d1a)}=226.4-226.76-189.28$ $=-189.64$	$\sigma_{H4}=\sqrt{(-189.64)^2+(-339.93)^2-(-189.64)\times(-339.93)}$ $=295.04$
中衬内壁	$\sigma_{r(Pri)}=-P_{ri}\dfrac{K_3^2K_2^2-1}{K^2-1}$ $=-428\times\dfrac{2^2\times1.57^2-1}{4.64^2-1}$ $=-184.70$ $\sigma_{t(Pri)}=P_{ri}\dfrac{K_3^2K_2^2+1}{K^2-1}$ $=428\times\dfrac{2^2\times1.57^2+1}{4.64^2-1}$ $=226.40$	$\sigma_{r(Ps1)}=-P_{s1}$ $=-84.61$ $\sigma_{t(Ps1)}=P_{s1}\dfrac{K_3^2K_2^2+1}{K_3^2K_2^2-1}$ $=84.61\times\dfrac{2^2\times1.57^2+1}{2^2\times1.57^2-1}$ $=103.71$	$\sigma_{t(Ps2)}=-P_{s2}\dfrac{K_2^2K_1^2-K_2^2}{K_2^2K_1^2-1}$ $=-105.88\times\dfrac{1.57^2\times1.48^2-1.57^2}{1.57^2\times1.48^2-1}$ $=-70.62$ $\sigma_{t(Ps2)}=-P_{s2}\dfrac{K_2^2K_1^2K_2^2}{K_2^2K_1^2-1}$ $=-105.88\times\dfrac{1.57^2\times1.48^2+1.57^2}{1.57^2\times1.48^2-1}$ $=-189.28$	$\sigma_{rt(d2i)}=-184.7-84.61-70.62$ $=-339.93$ $\sigma_{tt(d2i)}=226.4+103.71-189.28$ $=140.83$	$\sigma_{H4}=\sqrt{(140.83)^2+(-339.93)^2-(140.83)\times(-339.93)}$ $=428.09$

续表 22-53

作用力	内压力 P_{ri} 引起的应力	装配压力 P_{s1} 引起的应力	装配压力 P_{s2} 引起的应力	迭加应力 $\sigma_{(Pri)}+\sigma_{(Ps1)}+\sigma_{(Ps2)}$	合成应力 $\sigma_{H4}=\sqrt{\sigma_{tt}^2+\sigma_{rt}^2-\sigma_{tt}\sigma_{rt}}$
中衬外壁	$\sigma_{r(Pri)}=-P_{ri}\frac{K_3^2-1}{K^2-1}$ $=-428\times\frac{2^2-1}{4.64^2-1}$ $=-62.54$ $\sigma_{t(Pri)}=P_{ri}\frac{K_3^2+1}{K^2-1}$ $=428\times\frac{2^2+1}{4.64^2-1}$ $=104.24$	$\sigma_{r(Ps1)}=-P_{s1}\frac{K_3^2-1}{K_3^2K_2^2-1}$ $=-84.61\times\frac{2^2-1}{2^2\times1.57^2-1}$ $=-28.65$ $\sigma_{t(Ps1)}=P_{s1}\frac{K_3^2+1}{K_3^2K_2^2-1}$ $=84.61\times\frac{2^2+1}{2^2\times1.57^2-1}$ $=47.75$	$\sigma_{r(Ps2)}=-P_{s2}$ $=-105.88$ $\sigma_{t(Ps2)}=-P_{s2}\frac{K_2^2K_1^2+1}{K_2^2K_1^2-1}$ $=-105.88\times\frac{1.57^2\times1.48^2+1}{1.57^2\times1.48^2-1}$ $=-154.02$	$\sigma_{rt(d2a)}=-62.54-28.65-105.88$ $=-197.07$ $\sigma_{tt(d2a)}=104.24+47.75-154.02$ $=-2.03$	$\sigma_{H4}=\sqrt{(-2.03)^2+(-197.07)^2-(-2.03)\times(-197.07)}$ $=196.06$
外套内壁	$\sigma_{r(Pri)}=-P_{ri}\frac{K_3^2-1}{K^2-1}$ $=-428\times\frac{2^2-1}{4.64^2-1}$ $=-62.54$ $\sigma_{t(Pri)}=P_{ri}\frac{K_3^2+1}{K^2-1}$ $=428\times\frac{2^2+1}{4.64^2-1}$ $=104.24$	$\sigma_{r(Ps1)}=-P_{s1}\frac{K_3^2-1}{K_3^2K_2^2-1}$ $=-84.61\times\frac{2^2-1}{2^2\times1.57^2-1}$ $=-28.65$ $\sigma_{t(Ps1)}=P_{s1}\frac{K_3^2+1}{K_3^2K_2^2-1}$ $=84.61\times\frac{2^2+1}{2^2\times1.57^2-1}$ $=47.75$	$\sigma_{r(Ps2)}=-P_{s2}$ $=-105.88$ $\sigma_{t(Ps2)}=P_{s2}\frac{K_3^2+1}{K_3^2-1}$ $=105.88\times\frac{2^2+1}{2^2-1}$ $=176.47$	$\sigma_{rt(d_{3i})}=-62.54-28.65-105.88$ $=-197.07$ $\sigma_{tt(d_{3i})}=104+47.75+176.47$ $=328.46$	$\sigma_{H4}=\sqrt{(328.46)^2+(-197.17)^2-(328.46)\times(-197.07)}$ $=459.84$
外套外壁	$\sigma_{r(Pri)}=0$ $\sigma_{t(Pri)}=P_{ri}\frac{2}{K^2-1}$ $=428\times\frac{2}{4.64^2-1}$ $=41.70$	$\sigma_{r(Ps1)}=0$ $\sigma_{t(Ps1)}=P_{s1}\frac{2}{K_3^2K_2^2-1}$ $=84.61\times\frac{2}{2^2\times1.57^2-1}$ $=19.10$	$\sigma_{r(Ps2)}=0$ $\sigma_{t(Ps2)}=P_{s2}\frac{2}{K_3^2-1}$ $=105.88\times\frac{2}{2^2-1}$ $=70.59$	$\sigma_{rt(d_{3a})}=0$ $\sigma_{tt(d_{3a})}=41.7+19.1+70.59$ $=131.39$	$\sigma_{H4}=\sqrt{(131.39)^2+0^2}$ $=131.39$

B　挤压筒内衬的典型尺寸参数

挤压筒内衬结构的典型尺寸参数见表22-54。

表22-54　挤压筒内衬的典型尺寸参数

挤压力/MN	挤压筒内径 d_1/mm	D_1	D_2	ϕ	L	b
8	100 125	240		10°	560	
15	150 200	380	410	15°	815	65
25	200 250	380	410	15°	815	65
30	200 250	370 390		25° 25°	815	
35	300 370 420	635	660	15°	1000	65

22.9.6　材料的选择及提高寿命的途径

22.9.6.1　挤压工具材料选择

A　挤压工具材料选择的要求

(1) 在工作温度下,有足够的高温强度和硬度,高的耐回火性和耐热性。

(2) 有足够的韧性,低的热膨胀系数和良好的热导性。

(3) 为保证工具整个断面机械性能均一,要有良好的淬透性和耐高温氧化性能。

(4) 有良好的耐磨性和良好的抗热疲劳性能,并加工工艺良好,价格低廉。

22.9.6.2　常用挤压工具材料的化学成分与国外牌号的对照

挤压工具常用的耐热钢的牌号和化学成分如表22-55所示。

表22-55　常用挤压工具钢牌号及化学成分

工具钢牌号	化学成分(质量分数)/%									
	C	Si	Mn	P≤	S≤	Cr	W	Mo	V	Ni
3Cr2W8V	0.3~0.4	0.15~0.4	0.2~0.4	0.03	0.03	2.2~2.7	7.5~9		0.2~0.5	
5CrNiMo	0.5~0.6	0.15~0.35	0.5~0.8	0.03	0.03	0.5~0.8		0.15~0.3		1.4~1.8
5CrMnMo	0.5~0.6	0.25~0.6	1.2~1.6	0.03	0.03	0.6~0.9		0.15~0.3		
5CrNiW	0.5~0.6	0.15~0.35	0.5~0.8	0.03	0.03	0.5~1.85	0.6~1.0			1.4~1.8
4Cr5MoSiV	0.33~0.43	0.8~1.2	0.2~0.5	0.03	0.03	4.75~5.5		1.1~1.6	0.3~0.6	
4Cr5MoSiV1	0.32~0.45	0.8~1.2	0.2~0.5	0.03	0.03	4.75~5.5		1.1~1.75	0.8~1.2	
4Cr5W2VSi	0.32~0.42	0.8~1.2	0.15~0.4	0.03	0.03	4.5~5.5	1.6~2.4		0.6~1.0	

我国常用挤压工具钢的牌号与国外相应牌号对照见表22-56。

表22-56　挤压工具钢合金牌号对照

中　国	美　国	日本(JIS)	德国(DIN)	前苏联(ГОСТ)
3Cr2W8V	H21(AISI)	SKD_5	X30WCrV9-3	3X2B8

续表 22-56

中　国	美　国	日本(JIS)	德国(DIN)	前苏联(ГОСТ)
5CrNiMo	L6 (AISI、SAE)	SKT_4	55CrNiMoV6	5XHM
5CrMnMo	VIG (ASM)	SKT_5	40CrMnMo7	5XГM
5CrNiW				5XHB
4Cr5MoSiV	H11 (AISI)	SKD_6	X38CrMoV51	4X5MΦC
4Cr5MoSiV1	H13 (AISI)	SKD_{61}	40CrMoVSi	4X5MΦC
4CrNi Mo			X40CrMoV51	4XHM

22.9.6.3 常用挤压工具材料及其力学性能

A　3Cr2W8V

3Cr2W8V是我国挤压工具常用的最有代表性的铬钨钢。它最早在铜及铜合金挤压生产中应用。其主要特点是具有较高的高温强度，良好的耐磨性能和热稳定性。在600℃时，抗拉强度可保持在1280 MPa，硬度HB＝290，有较高的热疲劳强度，但温度超过650℃，强度和硬度会迅速下降。其缺点是韧性和塑性差，脆性大，同时因含钨量高，热导性能差，线膨胀系数高，在使用中易产生很大的热应力，导致工具裂纹和破碎。这种工具钢的加工工艺性能也较差，难以用来制造大型挤压工具。

B　5CrNi Mo和5CrMn Mo

5CrNiMo和5CrMnMo是被广泛采用的一种中碳低合金钢，有良好的韧性和耐磨性，在400℃时的性能几乎与室温下的性能相同。目前，常用于挤压筒衬套、中衬以及模套、模垫和针支承等工具材料。其缺点是淬透性能稍差，淬火和回火后的强度低于3Cr2W8V，一般用于应力不太高的大型挤压工具。

C　4Cr5MoSiV1和4Cr5MoSiV铬钼钢

作为制造挤压工具材料，它在美国、日本等国家早已广泛使用，近年在我国铜及铜合金生产中逐渐用它来代替3Cr2W8V制造挤压工具。其主要特点是热导系数大，工具的温度不易升高，在400～500℃有良好的强韧性和耐磨性能，另外，它的热膨胀系数低，可水冷而不易开裂。

D　5CrNi W工具钢

5CrNiW工具钢具有良好的冶金工艺性能，在500℃时，强度极限为892 MPa，屈服极限为831 MPa。5CrNiW强度比5CrNiMo高3 %～5 %，近几年来大型挤压工具大多选用此工具钢，但这种钢不宜用于制造大型成套的挤压筒。

E　常用挤压工具钢

挤压工具钢的力学性能分别见表22-57和图22-134、图22-135。

表22-57　挤压工具钢的力学性能

牌　号	温度/℃	σ_b/MPa	σ_s/MPa	δ/%	ψ/%	冲击功 A_K/J	硬度HB (HRC)	线膨胀系数/℃$^{-1}$
3Cr2W8V	20	1900	1750	7.0	25	35	481	10.28×10^{-6}
	300						429	13.05×10^{-6}
	400	1520	1400	5.6			402	13.20×10^{-6}
	450	1500	1390			61.9	405	13.20×10^{-6}
	500	1460	1360	8.3	15	51.6	363	13.20×10^{-6}
	550	1340	1230			56.7	325	13.20×10^{-6}
	600	1280				58.1	290	13.20×10^{-6}

续表 22-57

牌　号	温度/℃	σ_b/MPa	σ_s/MPa	δ/%	ψ/%	冲击功 A_K/J	硬度 HB (HRC)	线膨胀系数/℃$^{-1}$
5CrNiMo	20	1460	1380	9.5	42	38	418	12.55×10^{-6}
	300	1370	1060	17.1	60	42	368	14.11×10^{-6}
	400	1110	900	15.2	65	48	351	14.11×10^{-6}
	500	860	780	18.8	68	37	285	14.2×10^{-6}
	600	470	410	30.0	74	12.5	109	14.2×10^{-6}
5CrMnMo	100	1180	970	9.3	37	38	351	12.17×10^{-6}
	300	1150	990	11.0	47	65	331	13.52×10^{-6}
	400	1010	860	11.1	61	49	311	15.56×10^{-6}
	500	780	690	17.5	80	32	302	15.56×10^{-6}
	600	430	410	26.4	84	38	235	15.56×10^{-6}
5CrNiW	20	1241	1020	12.4	44.4			
	200	1208		9.5	33.5			
	300	1198		7.4	22.2			
	400	1011	942	11.3	45.1			
	500	892	831	13.0	66.3			
4Cr5MoSiV1	20	1960	1240	13.0	46.2	16	(55)	
	425	1625	1000	13.7	50.6		(47)	
	540	1305	825	13.9	54.0	31	(42)	
	650	450		28.9	88.9		(22)	
4Cr5MoSiV	20	1810	1480	9.8	35.4		(54)	
	315	1600	1330	10.3	36.0	42.7	(49)	
	425	1500	1270	11.4	38.8	40.0	(47)	
	540	1240	970	12.2	41.3	41.4	(42)	
	650	590	440	19.0	66.8	80.0	(22)	
4Cr5W2SiV	20	1930	1700	3.8	8.5	30	(50)	
	500	1420		5.4		58		

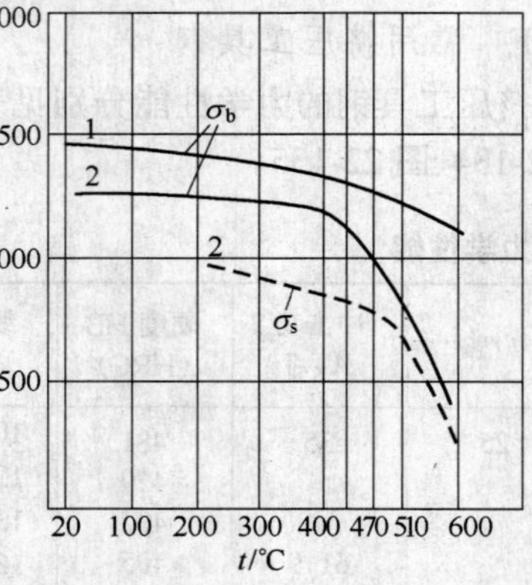

图 22-134　挤压工具钢高温下的 σ_b、σ_s 值

1—3Cr2W8V；2—5CrNiMo

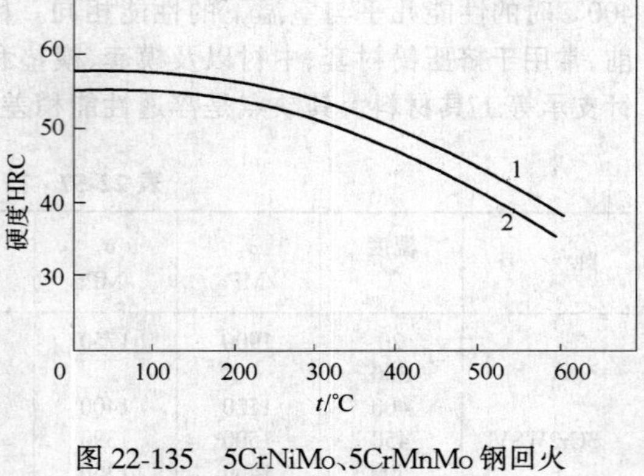

图 22-135　5CrNiMo、5CrMnMo 钢回火温度与硬度的关系

1—5CrNiMo；2—5CrMnMo

22.9.6.4 其他几种挤压工具新材料

无论是铬钨系钢还是铬钼系钢都不能在600～700℃范围内保持强度不降低，因此，必须寻求新的材料来满足挤压工具在高温下长时间工作的要求。

A 金属陶瓷材料

用粉末冶金和颗粒冶金制作的金属及金属氧化物陶瓷模具，一般都具有高的耐磨性能、高的硬度和高温强度，它在高温下可连续工作，在1200℃或更高一些温度仍有很好的抗氧化性。目前我国研制的铬基合金和钨基合金陶瓷材料，已用于挤压模具并取得了满意的效果。如CA59金属陶瓷挤压模，在挤压机上使用表明，模具的平均使用寿命比3Cr2W8V挤压模高20～30倍，可用于挤压紫铜、黄铜、白铜和镍合金。CA59金属陶瓷材料的主要配比和材料的力学性能分别见表22-58和表22-59。

表22-58 主要化学成分(质量分数) (%)

Cr	Al_2O_3	Mo	TiO_2
59	19	20	2

表22-59 材料力学性能

抗弯强度/MPa	抗压强度/MPa	硬度 HRC		线膨胀系数/℃$^{-1}$ (20～900℃)
		20℃	1000℃	
400	1750	60	56	9.4×10^{-6}

钨基合金陶瓷材料在生产使用中比CA59陶瓷材料效果好，从试验结果来看，钨基陶瓷材料模具的使用寿命比CA59陶瓷模具更长，质量更好，而其成本相当。

这类材料的缺点是脆性大，不能承受很大的拉应力。该材料制作的模具必须镶入有预应力的钢套中使用，过盈量可根据模具的外径适当选择，可采用H_7/U_7配合或更紧些(配合直径的3‰～3.5‰)，热装温度一般为500～600℃之间。挤压模在使用中，端面易产生很小的裂纹，一般不影响使用，经抛光后可继续使用，能满足挤压制品表面质量要求。

B KDR17材料

KDR17材料(韩国牌号，相当于中国的GH4169和美国的InCOnEL718)是一种镍铬合金，可以通过热处理获得较高的强度、好的耐磨性能和塑性，在高温时，能够抗拉和抗冲击。这种材料主要的添加合金元素为钼、铌+钽、铝和钛。这些合金组合到一起，通过强化钼的沉淀析出进行强化，可以得到高的强度和耐腐蚀性。KDR17化学成分和力学性能分别见表22-60和表22-61。

KDR17材料热处理硬度一般不超过HRC41，这个硬度值的材料有较好的切削性能，易加工。该材料可以用于制作挤压模等工具，目前国内有些企业已开始使用，挤压模的试用效果优于H13或金属陶瓷合金。KDR17合金挤压模使用中的几个特点是：

表22-60 KDR17化学成分

牌号	化学成分(质量分数)/%							
	C	Mn	Si	P	S	Cr	Ni	Mo
KDR17	0.5～0.08	0.35	0.35	0.015	0.015	17～21	50～55	2.8～3.3
	化学成分(质量分数)/%							
	Cb+Ta	Ti	Al	Co	B	Cu	Fe	
	4.75～5.5	0.65～1.15	0.2～0.8	1.0～2.0	0.006	0.30	余量	

表22-61 KDR17力学性能

牌号	温度/℃	σ_b/MPa	δ_5/%	ψ/%
KDR17	95	1470	22	35
	315	1434	22	36
	540	1335	23	38
	760	878	30	57

(1) 初始使用中,模孔发生变化较大,尺寸变小(与热装配应力和材料的变形有关),经几次抛光后挤压模孔尺寸变化趋于稳定。

(2) 几个模子轮换使用(经抛光后再使用),效果更佳,特别在生产 HAl77－2、白铜等一些难挤压品种时效果更为突出。

(3) 在连续挤压过程中,KDR17 合金模子内孔无裂纹出现,这对挤压制品表面质量大有好处。

C GH2132 热强工具钢

GH2132 合金具有高温热强性、组织稳定性,以及较高的抗氧化性和高的耐磨性等优点。在挤压筒内衬的使用中,它比 H13 合金的寿命提高约 8 倍以上。GH2132 合金的化学成分及力学性能分别见表 22-62 和表 22-63。

表 22-62 GH2132 合金化学成分

	化学成分(质量分数)/%						
	C	Si	Mn	P	S	Cr	Mo
GH 2132	≤0.08	0.4～1.0	1.0～2.0	≤0.02	≤0.03	13～16	1.0～1.5
	化学成分(质量分数)/%						
	Ni	V	W	Al	Ti	B	Fe
	24～27	0.1～0.5	1.0～1.5	≤0.40	1.75～2.30	0.001～0.010	余量

表 22-63 GH2132 合金力学性能

	温度/℃	σ_b/MPa	$\sigma_{0.2}$/MPa	δ_5/%	ψ/%	硬度 HRC
GH 2132	20	950	820	25	51	32.2
	540	880	730	27.8	43	
	650	790	640	28.9	41	

GH2132 合金挤压筒内衬使用中的几个特点:

(1) 该合金约含 15% 左右的铬,表面氧化膜主要由 Cr_2O_3 构成,这种氧化膜本身致密且与基体结合牢固,有效地减缓了在高温下自身的氧化,内衬始终保持较好的表面粗糙度,减少了内衬粘结氧化皮的倾向,有利于提高制品的表面质量。

(2) 挤压筒内衬在使用中硬度不断变化(与材料中的强化相不断析出有关),在热处理后硬度值为 HRC 31～32.2。经初期使用(挤压 18630 根左右)后硬度值为 HRC 36.6～38.8,在继续使用(挤压 36604 根左右)后硬度值为 HRC 40.8。硬度值的增大也能适当提高材料的屈服强度,这对提高挤压筒内衬的使用寿命非常有利。内衬在使用中硬度值的变化为初期变化大,后期变化趋缓。

(3) 挤压筒内衬在初期使用中(挤压 10000 根左右)内孔出现比较明显的网络状微裂纹,此时不影响使用。但随着应力的不断累积,内衬的裂纹逐渐扩大,会造成内衬粘结氧化皮严重,并出现内衬裂纹处有脱落现象,最终内衬报废。

(4) 该合金内衬在使用初期(18630 根左右)内孔尺寸变化较大,尺寸变小。经过两次修复后,筒内孔开始出现均匀磨损并趋于变大,其变化规律是开始时变化量较大,逐渐趋于平稳。

所以,在使用 GH2132 合金挤压筒内衬时,必须掌握内孔尺寸的变化规律,在使用过程中对挤压筒内孔尺寸定期进行检查、修理,以免影响脱皮的完整性和脱皮厚度。

22.9.6.5 提高挤压工具寿命的途径

挤压生产中的一个实际问题是挤压工具损耗大,并且工具质量对挤压制品质量影响也很大。因此提高工具使用寿命和质量就具有重要的意义。提高挤压工具使用寿命和质量的措施有以下几个方面:

(1) 优选、研制和寻找新的钢种和材料,是提高挤压工具使用寿命和质量的根本途径。

(2) 改进挤压工具的结构形状。例如设计双锥模、变断面挤压轴等都是为了提高挤压工具的使用寿命，采用多层挤压筒衬套，改善内衬的受力条件，也可提高其使用寿命。

(3) 合理预热和冷却挤压工具，防止激冷和激热。

(4) 合理润滑挤压工具。

(5) 正确使用、维护和修理挤压工具，要正确安装和调整好挤压工具，严格保持挤压轴、穿孔针、挤压筒和挤压模的中心位置，避免出现因偏心载荷造成工具折断和严重磨损。

工具经过一段时间的使用后，要卸下来进行抛光修复并进行预热后再使用，这样可以提高工具的使用寿命和质量（特别是穿孔针和挤压模）。

挤压工具变形后，可进行修复，如挤压轴端面变形、挤压模支承和挤压模孔变形、挤压垫片变形等，都可在修复后继续使用，对垫片和挤压筒内衬的磨损变形，也可采用堆焊修补的方法进行修复。实践证明，堆焊挤压筒内衬的使用效果良好，可延长其使用寿命。

(6) 采用表面化学处理或喷涂技术等新的加工工艺，提高挤压工具的耐磨性和抗高温的能力。

23 拉伸技术[1]

23.1 拉伸方法分类和基本原理

23.1.1 拉伸方法分类

拉伸是指在拉伸力的作用下,使加工件的尺寸(包括横断面和长度方向的尺寸)发生改变的压力加工方法。拉拔通常有以下几种分类方法:

(1) 按加工产品可分为棒材拉伸、型材拉伸、线材拉伸和管材拉伸。

(2) 按加工方式可分为间断式拉伸和连续拉伸;也可分为直条拉伸和盘式拉伸。

(3) 按加工方法可分为有衬芯拉伸和无衬芯拉伸;有衬芯拉伸中又可细分为固定短芯头拉伸、中式芯头拉伸、游动芯头拉伸和长芯杆拉伸等。

(4) 按加工性质可分为缩径拉伸和扩径拉伸。

23.1.2 基本原理

23.1.2.1 拉伸时的变形指数

(1) 加工率,用“ε”表示。是指拉伸前、后的材料的断面积差与拉伸前的断面积的百分比。

(2) 延伸系数,用“λ”表示。是指拉伸后材料的长度与拉伸前的长度之比,也可以是拉伸前的断面积与拉伸后的断面积之比。

(3) 伸长率,用“δ”表示。是指拉伸前、后的断面积差与拉伸后断面积的百分比。

(4) 总加工率,用“ε_Σ”表示。是指两次退火间的加工率。

(5) 道次加工率,用“ε_n”表示。是指一个拉伸道次的加工率。

(6) 总延伸系数,用“λ_Σ”表示。是指两次退火间的延伸系数。

(7) 道次延伸系数,用“λ_n”表示。是指一个拉伸道次的延伸系数。

(8) 断面收缩系数,用“ψ”表示。是指拉伸后的断面积与拉伸前断面积之比。

表23-1列出了不同拉伸方法适用的产品、拉伸方式及特点。

表23-1 不同拉伸方法适用的产品、拉伸方式及特点

拉伸方法	特点
减径拉伸 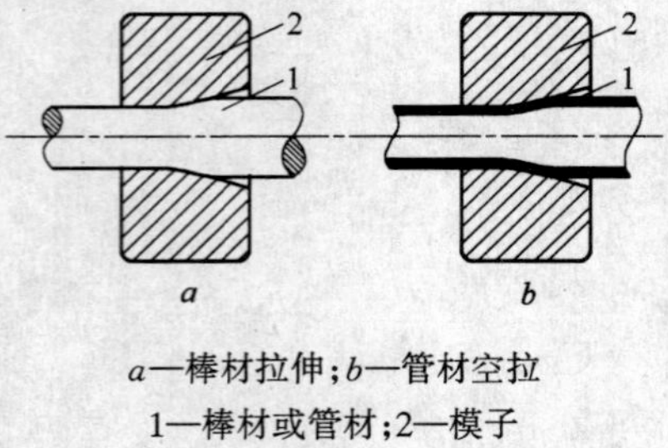 a—棒材拉伸;b—管材空拉 1—棒材或管材;2—模子	1. 棒材拉伸和管材空拉是最基本的拉伸方法; 2. 棒材直径减小; 3. 管材空拉时直径减小,$D/S=3\sim7$时,壁厚基本不变,但内表面粗糙; 4. 薄壁管空拉时可能有压瘪现象; 5. 用空拉可以减小管材壁厚的偏心; 6. 空拉使用于减径拉伸,整径拉伸

[1] 本章撰稿人:曹建国、李耀群、赵学龙、王虎、冯建平、范新方。

续表 23-1

拉伸方法	特 点
扒皮拉伸 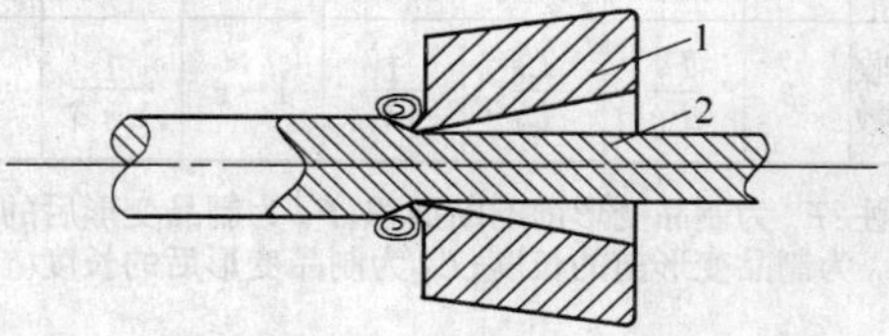 1—模子；2—棒材或管材	1．用扒皮模将制品表面扒去 0.10～0.8 mm； 2．扒皮可以消除制品表面的缺陷，提高表面质量
倍模拉伸 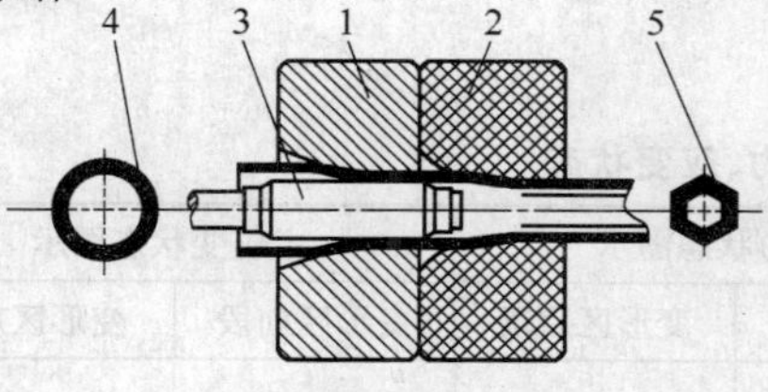 通过双模拉制六角管 1—圆形模；2—六角模；3—芯头； 4—拉伸前管坯；5—拉制后管材	1．制品同时通过两个模子的拉伸； 2．制品尺寸均匀，道次加工率大； 3．倍模拉制六角管材时，采用芯头拉伸方法，使管坯通过第一个模子，接着又采用空拉的方法，通过六角模，该模只起改变形状和定形的作用
游动芯头拉伸 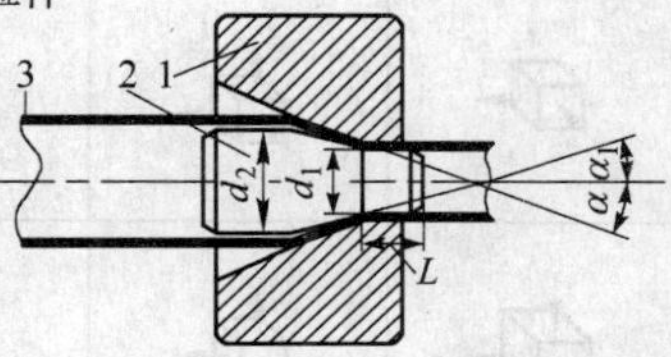 1—模子；2—芯头；3—管材； L—芯头圆柱部分；α—拉伸模角；α_1—芯头拉伸角	1．靠作用在芯头上的轴向力平衡，使其定位于模孔的适当位置； 2．用圆盘拉伸可以拉长管； 3．道次延伸系数比较大，约为 1.4～1.8，拉伸力比固定短芯头小； 4．管材内表面有良好的润滑，管材表面质量好
中式芯头拉伸 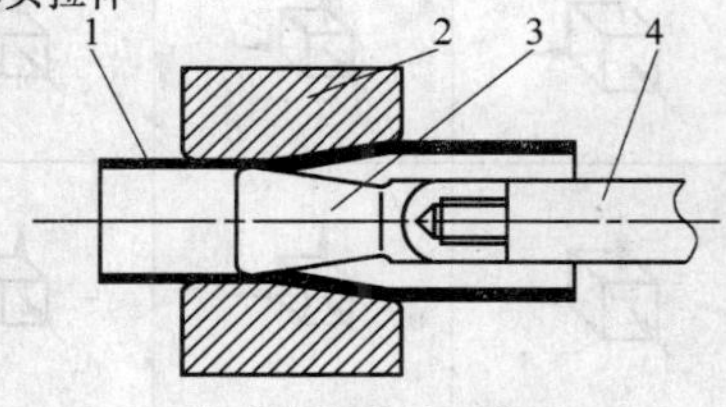 中式芯头拉伸示意图 1—管材；2—模子；3—中式芯头；4—芯杆	适于减径量小，减壁量大的管子
扩径拉伸 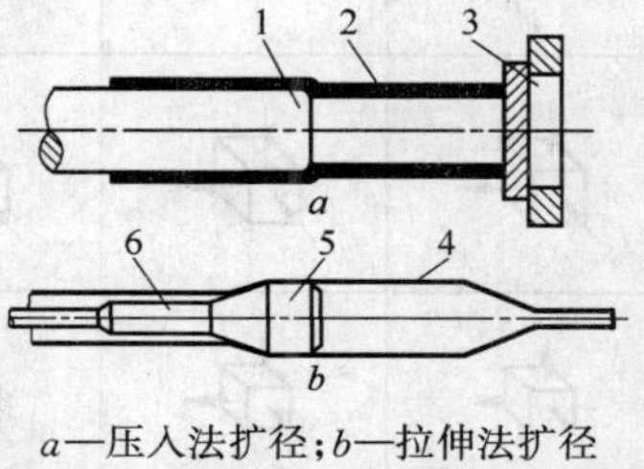 a—压入法扩径；b—拉伸法扩径 1—芯杆；2—管材；3—挤压机的十字接头； 4—管材；5—圆锥形芯头；6—拉杆	1．压入法扩径：在油压机上将直径大于管坯内径的芯棒压入管材内部，使管材内径扩大，壁厚、长度减小； 2．拉伸法扩径：用拉伸机将直径大于管材内径的芯头拉过管坯内部，使管材内径扩大，壁厚、长度减小； 3．扩径时，管材周向受拉应力，因此，塑性低的合金不宜采用

拉伸时各变形指数之间的相互关系见表23-2。

表 23-2 各变形指数之间的相互关系

变形指数	符号	由下列数值表示指数值					
		工作面积	工作长度	延伸系数	加工率	伸长率	断面收缩系数
延伸系数	λ	$\frac{F_g}{F_h}$	$\frac{L_1}{L_0}$	λ	$\frac{1}{1-\varepsilon}$	$1+\delta$	$\frac{1}{\psi}$
加工率	ε	$\frac{F_g-F_h}{F_g}$	$\frac{L_1-L_0}{L_1}$	$\frac{\lambda-1}{\lambda}$	ε	$\frac{\delta}{1+\delta}$	$1-\psi$
伸长率	δ	$\frac{F_g-F_h}{F_h}$	$\frac{L_1-L_0}{L_0}$	$\lambda-1$	$\frac{\varepsilon}{1-\varepsilon}$	δ	$\frac{1-\psi}{\psi}$
断面收缩系数	ψ	$\frac{F_h}{F_g}$	$\frac{L_0}{L_1}$	$\frac{1}{\lambda}$	$1-\varepsilon$	$\frac{1}{1+\delta}$	ψ

注：F_g 为制品变形前的断面积；F_h 为制品变形后的断面积；L_0 为制品变形前的长度；L_1 为制品变形后的长度。

23.1.2.2 拉伸时的应力与应变状态

表23-3列出了不同拉伸方法与应力、应变状态。

表 23-3 不同拉伸方法与应力、应变状态

拉伸方法名称			拉伸方法简图	主应力状态图示		主应变状态图示	
				变形区前段	变形区后段	变形区前段	变形区后段
无衬芯拉伸	型、棒材拉伸		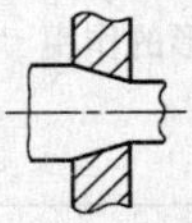	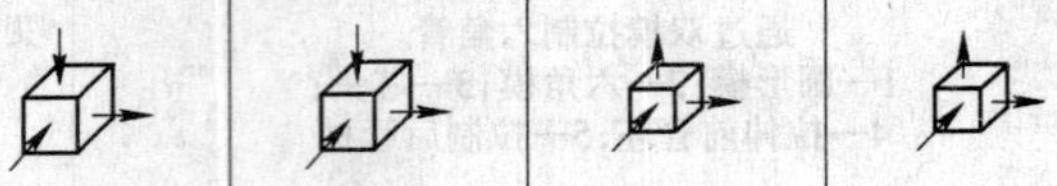			
无衬芯拉伸	管材空拉		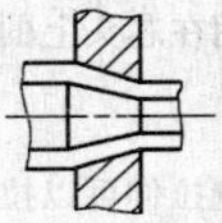	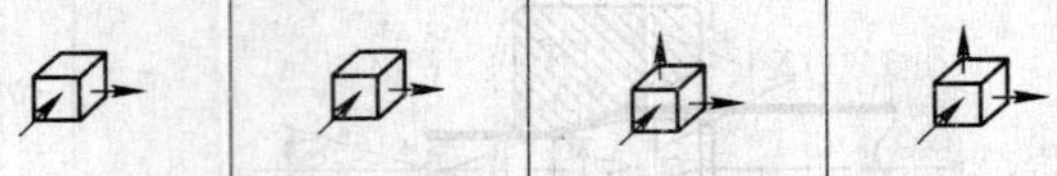			
衬拉	圆柱芯头拉伸		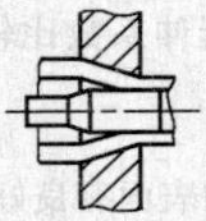				
衬拉	中式芯头拉伸						
衬拉	游动芯头拉伸		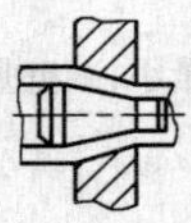	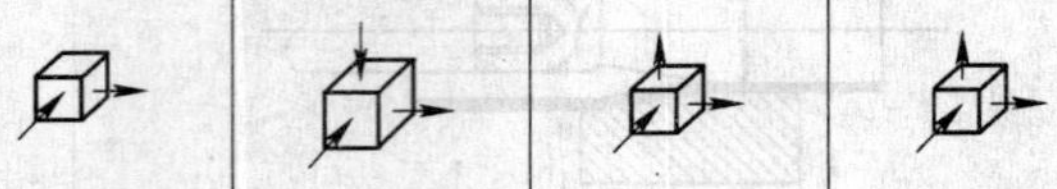			
衬拉	长芯杆拉伸	第一道拉伸					
衬拉	长芯杆拉伸	第二道拉伸		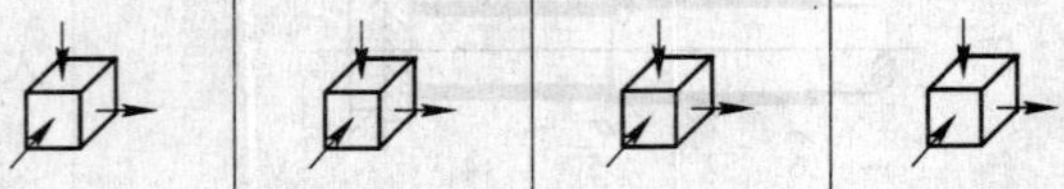			
扩径拉伸				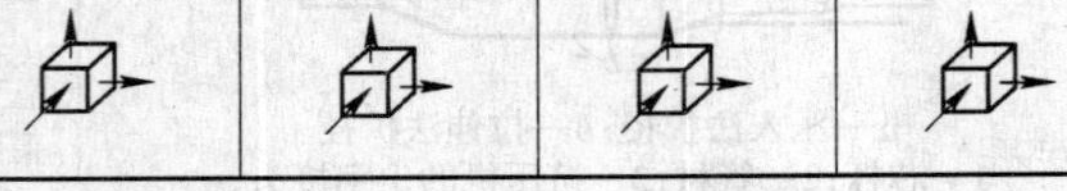			

23.1.2.3 实现稳定拉伸的条件

A 实现直条拉伸的条件

(1) 实现一般拉伸的必要条件：拉伸力小于被拉制品的出口端抗拉强度，即 $\sigma_b \geqslant \sigma_l$，否则就有被拉断的可能。

(2) 实现一般拉伸的充分条件：拉伸力小于被拉制品的出口端屈服强度，即 $\sigma_s \geqslant \sigma_l$，否则就有在模具外变形的可能。

被拉制品拉伸后的抗拉强度 σ_b 与拉伸应力 σ_l 的比值，称为拉伸时的安全系数，用"K"表示。其关系式如下：

$$K = \frac{\sigma_b}{\sigma_l}$$

安全系数与被拉制品的外形尺寸、所处状态、变形条件（如温度、速度、反拉力等）有关。一般正常拉伸过程中 K 值在 1.40～2.00 的范围内，即：$\sigma_l = (0.7 \sim 0.5)\sigma_s$。

在实际生产中，拉伸管材时的安全系数按以下范围控制：

紫铜管	1.20～1.25
黄铜管	
HSn70-1	1.10～1.35
HAl77-2	1.10～1.25
H68	1.10～1.55
H62	1.25～1.55
白铜管	1.15～1.40
镍及镍合金管材	1.20～1.35

B 实现游动芯头拉伸管材的条件

(1) 应满足一般拉伸的条件；

(2) 保持游动芯头在管材内孔相对位置的稳定，即芯头轴向受力是平衡的；

(3) 管材不得被拉伸模具及游动芯头"剪断"，拉伸模与游动芯头之间的夹角应合理选择。

23.1.3 拉伸力计算

拉伸力是实现拉伸的基本条件。拉伸力也是拉伸过程最基本的工艺参数，是选择、确定拉伸机电机功率、校核拉伸机各部件和拉伸工具的强度、制定拉伸工艺制度及参数的重要依据。

23.1.3.1 影响拉伸力的主要因素

影响拉伸力的因素很多。拉伸力既受被拉伸制品的材料本身特性所决定的因素的影响，也受拉伸过程工艺参数的影响。概括起来，一般有以下几种主要影响因素。

A 被拉伸材料的变形抗力

拉伸力与被拉伸材料的变形抗力成正比。被拉伸制品的变形抗力与其合金牌号、变形状态、热处理状态等有关。

B 变形速度

在一般情况下，拉伸力与变形速度成正比。在速度不高的情况下，提高拉伸速度，使金属的变形抗力增大，从而增大拉应力，使拉伸力增大。当速度增加到一定程度时，由于高速拉伸产生的变形热来不及散发，致使在变形区内的金属温度升高，而降低金属的变形抗力，致使拉应力下降，拉伸力减小。而拉伸速度增大，在润滑剂黏度不变的情况下，可更加有效地在拉伸模具与被拉伸制品之间形成油楔，增加拉伸模具与被拉伸制品之间的油膜厚度，减小拉伸模具与被拉伸制品之间的摩擦力，从而减小拉应力和拉伸力。因此，拉伸速度对拉伸力的影响需要分析其对拉伸制品的材料的强化与软化的结果以及改善润滑等的综合效果来加以判断。

C 变形程度

拉伸力与变形程度成正比。采用不同的拉伸方式拉伸管材时的道次延伸系数与拉伸应力之间的关系如图 23-1 所示。

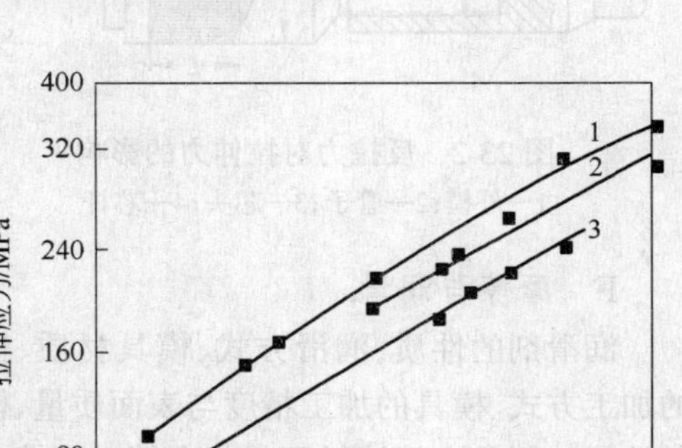

图 23-1 延伸系数对拉伸应力的影响

1—固定芯头拉伸；2—游动芯头拉伸；3—空拉

D 模具参数

一般情况下，拉伸模定径带愈长，拉应力愈大，拉伸力也愈大。拉伸模角在一定范围内时，拉伸模角愈大，拉应力愈大，拉伸力也愈大。通常选择拉伸模角在6°～15°之间。

E 反拉力

反拉力对拉伸力的影响如图23-2所示。由图可见，随着反拉力Q值的增加，模子所受到的压力M_q近似直线下降，拉伸力P_q逐渐增加。但是在反拉力达到临界反拉力Q_j值之前，对拉伸力并无影响。临界反拉力与临界反拉应力σ_{qj}值的大小主要与被拉伸制品材料的弹性极限和拉伸前的预先变形程度有关，而与该道次的加工率无关。弹性极限与预先变形程度愈大，则临界反拉应力σ_{qj}也愈大。利用这一点，将反拉应力控制在临界反拉应力σ_{qj}值以内，可以在不增大拉伸应力和不减小道次加工率的情况下，减小模子入口处和变形区内被拉伸制品对模壁的压力，从而减小对模壁的摩擦而延长模具的使用寿命。

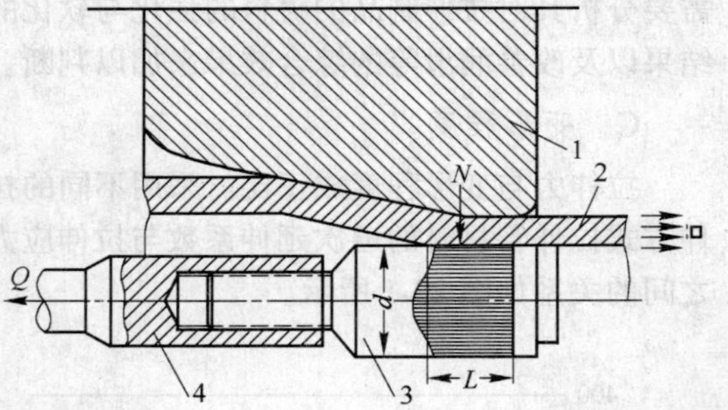

图23-2 反拉力对拉伸力的影响

1—外模；2—管子；3—芯头；4—芯杆

F 摩擦与润滑

润滑剂的性质、润滑方式、模具材质、模具的加工方式、模具的加工精度与表面质量、模具与被拉伸制品之间接触面的状态等对摩擦力的影响很大。拉伸模具材质愈硬、加工表面愈光滑、润滑性能愈好、润滑愈充分、模具与被拉伸制品之间直接接触面愈小，模具与被拉伸制品之间的摩擦力就愈小，拉应力和拉伸力也就愈小，反之则相反。在实际生产中可很好地利用这些规律，选择正确的拉伸模具的材质和工艺参数、不同性质的润滑剂和润滑方式。如在其他拉伸条件相同的情况下，用硬质合金模进行拉伸时，其拉伸力比钢模拉伸时的拉伸力要小。

拉伸时采用流体动力润滑方式，可以使拉伸模具与被拉伸制品之间的润滑膜增厚，实现液体摩擦，从而减小拉伸力。流体动力润滑如图23-3所示，在被拉伸制品与增压管之间有窄小的间隙时，借助于被拉伸制品和润滑剂的黏度，使模子入口处的润滑剂压力增大，使润滑膜增厚，被拉伸制品与模子“不直接接触”而实现液体摩擦。

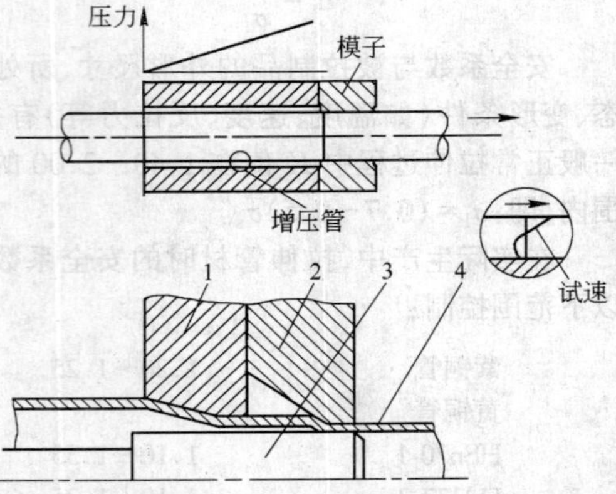

图23-3 流体动力润滑

1—减径模；2—减壁模；3—芯头；4—管子

G 振动

在拉伸时，对拉伸工具施加振动可以显著降低拉伸力。振动的方式有轴向、径向和周向振动。振动的频率分为声波（25～500 Hz）和超声波（16～800 Hz）。如图23-4为拉伸时振动方式的示意图。

H 拉伸方式

不同的拉伸方法其拉伸力将会不完全相等。一般情况下，游动芯头拉伸的拉伸力比固定圆柱短芯头拉伸力要小。

23.1.3.2 拉伸力的计算公式

A 拉伸力计算基本公式

$$P = F\sigma_1 \quad (23\text{-}1)$$

式中 P——拉伸力，/kN；

F——制品拉伸后的横截面面积，mm^2；

σ_1——拉伸应力，MPa。

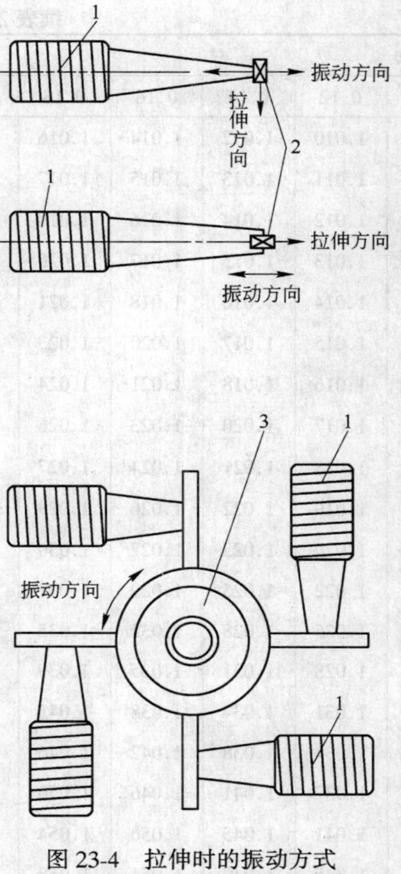

图 23-4 拉伸时的振动方式
1—振子;2—模子;3—带外套的模子

B 拉伸应力计算公式

a 棒材拉伸

$$\sigma_1 = \frac{1}{\cos^2\left(\frac{\alpha+\rho}{2}\right)} \bar{\sigma}_b \frac{a+1}{a} \left[1-\left(\frac{F}{F_0}\right)^a\right] + \sigma_f \left(\frac{F}{F_0}\right)^a \qquad (23\text{-}2)$$

$\frac{1}{\cos^2\left(\frac{\alpha+\rho}{2}\right)}$值见表 23-4。

式中 σ_1——拉伸应力,MPa;

$\bar{\sigma}_b$——在变形区中的平均抗拉强度,MPa;

a——系数,$a=\cos^2\rho\times(1+\mu\cot\alpha')-1$,见表 23-5;

μ、ρ——摩擦系数和摩擦角,$\mu=\tan\rho$,见表 23-9;

α'——导角:

$$\tan\alpha' = \frac{(D_0-D)\tan\alpha}{(D_0-D)+2m\tan\alpha}$$

m——模子定径带长度与棒材直径的比,一般为 0.2~1.5;

F_0、F——分别为变形前后制品的面积,mm^2;

D_0、D——变形前后制品的直径,mm;

σ_f——外加的反拉力,MPa;

$$\sigma_f = \sigma_{fg} = \frac{\sigma_e}{\cos^2\left(\frac{\alpha+\rho}{2}\right)}$$

σ_e——材料的弹性极限,MPa,见表 23-6;

σ_{fg}——入口端反拉力极限,MPa。

表 23-4 $\frac{1}{\cos^2\left(\frac{\alpha+\rho}{2}\right)}$值

α	μ = tanρ										
	0.00	0.02	0.04	0.06	0.08	0.10	0.12	0.14	0.16	0.18	0.20
0°	1.000	1.000	1.000	1.001	1.002	1.003	1.004	1.005	1.006	1.008	1.010
0°30′	1.000	1.000	1.000	1.001	1.002	1.003	1.004	1.005	1.007	1.009	1.011
1°	1.000	1.000	1.001	1.001	1.002	1.003	1.005	1.006	1.008	1.010	1.012
1°30′	1.000	1.000	1.001	1.001	1.002	1.003	1.005	1.007	1.009	1.011	1.013
2°	1.000	1.001	1.001	1.002	1.003	1.004	1.006	1.008	1.010	1.012	1.014
2°30′	1.000	1.001	1.001	1.002	1.003	1.004	1.006	1.008	1.010	1.012	1.015
3°	1.001	1.001	1.002	1.003	1.004	1.005	1.007	1.009	1.011	1.013	1.016
3°30′	1.001	1.001	1.002	1.003	1.005	1.006	1.008	1.010	1.012	1.014	1.017
4°	1.001	1.002	1.003	1.004	1.006	1.007	1.009	1.011	1.013	1.015	1.018

续表 23-4

α	μ = tanρ										
	0.00	0.02	0.04	0.06	0.08	0.10	0.12	0.14	0.16	0.18	0.20
4°30′	1.001	1.002	1.003	1.004	1.006	1.008	1.010	1.012	1.014	1.016	1.019
5°	1.002	1.003	1.004	1.005	1.007	1.009	1.011	1.013	1.015	1.017	1.021
5°30′	1.002	1.003	1.005	1.006	1.007	1.009	1.012	1.014	1.016	1.018	1.022
6°	1.003	1.004	1.005	1.006	1.008	1.010	1.013	1.015	1.017	1.020	1.023
6°30′	1.003	1.004	1.006	1.007	1.009	1.011	1.014	1.016	1.018	1.021	1.024
7°	1.004	1.005	1.007	1.008	1.010	1.012	1.015	1.017	1.020	1.023	1.026
7°30′	1.004	1.005	1.007	1.009	1.011	1.013	1.016	1.018	1.021	1.024	1.027
8°	1.005	1.006	1.008	1.010	1.012	1.014	1.017	1.020	1.023	1.026	1.029
8°30′	1.005	1.007	1.009	1.011	1.013	1.015	1.018	1.021	1.024	1.027	1.030
9°	1.006	1.008	1.010	1.012	1.014	1.016	1.019	1.022	1.026	1.029	1.032
9°30′	1.007	1.009	1.011	1.013	1.015	1.017	1.020	1.023	1.027	1.030	1.033
10°	1.008	1.010	1.012	1.014	1.016	1.019	1.022	1.025	1.029	1.032	1.035
11°	1.009	1.011	1.014	1.016	1.019	1.022	1.025	1.028	1.032	1.035	1.039
12°	1.011	1.013	1.016	1.018	1.021	1.024	1.028	1.031	1.035	1.039	1.043
13°	1.013	1.015	1.018	1.021	1.024	1.027	1.031	1.034	1.038	1.042	1.047
14°	1.015	1.018	1.021	1.024	1.027	1.030	1.034	1.038	1.042	1.046	1.051
15°	1.017	1.020	1.023	1.026	1.030	1.033	1.037	1.041	1.046	1.050	1.055
16°	1.020	1.023	1.026	1.029	1.033	1.037	1.041	1.045	1.050	1.054	1.059
17°	1.022	1.026	1.029	1.032	1.036	1.040	1.045	1.049	1.054	1.058	1.063
18°	1.025	1.029	1.032	1.035	1.039	1.044	1.049	1.053	1.058	1.063	1.068
19°	1.028	1.032	1.035	1.039	1.043	1.048	1.053	1.058	1.063	1.068	1.073
20°	1.031	1.035	1.039	1.043	1.047	1.053	1.057	1.062	1.068	1.073	1.079

表 23-5 $a = \cos^2\rho \times (1 + \mu\cot\alpha') - 1$ 的值

α′	μ = tanρ										
	0.00	0.02	0.04	0.06	0.08	0.10	0.12	0.14	0.16	0.18	0.20
0°	0.000	∞	∞	∞	∞	∞	∞	∞	∞	∞	∞
0°30′	0.000	2.290	4.573	6.848	9.103	11.336	13.541	15.715	17.846	19.948	22.000
1°	0.000	1.145	2.286	3.422	4.548	5.662	6.763	7.848	8.913	9.957	10.979
1°30′	0.000	0.763	1.523	2.280	3.029	3.771	4.498	5.225	5.933	6.627	7.306
2°	0.000	0.572	1.142	1.708	2.270	2.825	3.373	3.913	4.443	4.959	5.468
2°30′	0.000	0.458	0.913	1.366	1.184	2.258	2.695	3.126	3.538	3.902	4.366
3°	0.000	0.381	0.760	1.137	1.510	1.879	2.243	2.600	2.952	3.295	3.631
3°30′	0.000	0.326	0.650	0.974	1.293	1.609	1.920	2.226	2.526	2.819	3.106
4°	0.000	0.286	0.572	0.851	1.130	1.406	1.678	1.945	2.206	2.462	2.712

续表 23-5

α′	μ = tanρ										
	0.00	0.02	0.04	0.06	0.08	0.10	0.12	0.14	0.16	0.18	0.20
4°30′	0.000	0.254	0.506	0.756	1.004	1.248	1.489	1.725	1.957	2.184	2.405
5°	0.000	0.228	0.455	0.680	0.902	1.122	1.338	1.550	1.758	1.961	2.160
5°30′	0.000	0.207	0.413	0.617	0.819	1.018	1.214	1.417	1.596	1.779	1.959
6°	0.000	0.190	0.378	0.565	0.750	0.932	1.111	1.287	1.459	1.627	1.791
6°30′	0.000	0.175	0.349	0.521	0.691	0.859	1.024	1.185	1.344	1.499	1.649
7°	0.000	0.162	0.323	0.483	0.641	0.796	0.949	1.099	1.246	1.388	1.528
7°30′	0.000	0.151	0.302	0.451	0.597	0.742	0.884	1.024	1.160	1.293	1.422
8°	0.000	0.142	0.283	0.422	0.559	0.695	0.827	0.958	1.085	1.209	1.330
8°30′	0.000	0.133	0.286	0.397	0.526	0.653	0.777	0.900	1.019	1.135	1.248
9°	0.000	0.126	0.251	0.374	0.496	0.615	0.733	0.848	0.960	1.070	1.176
9°30′	0.000	0.119	0.237	0.354	0.469	0.582	0.693	0.801	0.907	1.010	1.111
10°	0.000	0.113	0.225	0.335	0.444	0.552	0.657	0.759	0.860	0.957	1.052
11°	0.000	0.102	0.204	0.304	0.402	0.500	0.594	0.687	0.778	0.865	0.950
12°	0.000	0.094	0.186	0.278	0.368	0.456	0.542	0.627	0.709	0.789	0.866
13°	0.000	0.086	0.171	0.255	0.338	0.419	0.498	0.575	0.651	0.724	0.794
14°	0.000	0.080	0.159	0.236	0.312	0.387	0.460	0.532	0.601	0.668	0.733
15°	0.000	0.074	0.147	0.220	0.291	0.360	0.427	0.493	0.557	0.619	0.679
16°	0.000	0.069	0.138	0.205	0.271	0.335	0.398	0.460	0.518	0.577	0.632
17°	0.000	0.065	0.129	0.192	0.254	0.314	0.373	0.430	0.485	0.539	0.591
18°	0.000	0.061	0.121	0.180	0.238	0.295	0.350	0.403	0.455	0.505	0.553
19°	0.000	0.058	0.114	0.170	0.224	0.278	0.329	0.380	0.428	0.475	0.520
20°	0.000	0.055	0.108	0.161	0.212	0.262	0.311	0.359	0.404	0.448	0.490

表 23-6 材料的弹性极限

材　料	弹性极限 σ_e/MPa		材　料	弹性极限 σ_e/MPa	
	退火状态	硬状态		退火状态	硬状态
紫铜	25	300	H59	80	
H96	35	360	HSn70-1	85	450
H90	40	380	HSn62-2	110	480
H85	40	450	HSn60-1	100	360
H80	80	420	HFe59-1-1	170	
H75	50～100	430～470	HNi65-6	100～150	500
H70	70	50	HAl77-2	100	540
H68	70	50	QAl5	130	500
H65	70	450	QAl7	100	700
H63	70	420	QAl9-4	110	
H62	80	420	QMn5	50	350

b 管材拉伸

空拉： $\sigma_1 = 1.2\bar{\sigma}_b\varepsilon\omega$ (23-3)

固定短芯头拉伸： $\sigma_1 = 1.05\bar{\sigma}_b\varepsilon\omega_1$ (23-4)

长芯杆拉伸： $\sigma_1 = 1.75\bar{\sigma}_b\varepsilon\omega_2$ (23-5)

式中 σ_1——拉应力，MPa；

ε——加工率，%；

$\bar{\sigma}_b$——管材拉伸前后的平均抗拉强度，MPa；

ω、ω_1、ω_2——系数；

$\omega = \dfrac{\tan\alpha + \mu}{(1-\mu\tan\alpha)\tan\alpha}$值见表23-7。

$\omega_1 = \omega + c\dfrac{\mu}{\tan\alpha}$，$\dfrac{\mu}{\tan\alpha}$值见表23-8。

表23-7 $\omega = \dfrac{\tan\alpha + \mu}{(1-\mu\tan\alpha)\tan\alpha}$值

α	μ									
	0.02	0.04	0.06	0.08	0.10	0.12	0.14	0.16	0.18	0.20
6°	1.191	1.389	1.588	1.776	2.170	2.436	2.754	3.047	3.354	3.676
6°30′	1.174	1.362	1.539	1.716	1.900	2.088	2.267	2.446	2.633	2.828
7°	1.166	1.334	1.499	1.667	1.837	2.006	2.177	2.350	2.521	2.696
7°30′	1.155	1.310	1.467	1.623	1.782	1.942	2.102	2.262	2.425	2.593
8°	1.145	1.292	1.439	1.593	1.737	1.006	2.037	2.188	2.339	2.492
8°30′	1.136	1.282	1.420	1.553	1.693	1.842	1.977	2.121	2.264	2.410
9°	1.131	1.260	1.392	1.524	1.657	1.791	1.926	2.062	2.198	2.336
9°30′	1.123	1.247	1.372	1.497	1.624	1.751	1.880	2.007	2.139	2.271
10°	1.117	1.235	1.354	1.474	1.606	1.722	1.840	1.963	2.087	2.212
10°30′	1.112	1.225	1.338	1.452	1.568	1.684	1.802	1.921	2.039	2.159
11°	1.107	1.215	1.324	1.433	1.544	1.657	1.786	1.882	1.996	2.111
11°30′	1.103	1.206	1.310	1.421	1.522	1.629	1.743	1.846	1.957	2.067
12°	1.098	1.198	1.298	1.400	1.503	1.605	1.709	1.814	1.924	2.026
12°30′	1.094	1.191	1.287	1.385	1.484	1.583	1.682	1.785	1.887	1.990
13°	1.091	1.184	1.277	1.372	1.466	1.563	1.660	1.758	1.856	1.956
14°	1.085	1.172	1.259	1.347	1.437	1.527	1.618	1.710	1.803	1.896
15°	1.080	1.161	1.243	1.326	1.411	1.495	1.581	1.669	1.755	1.845

表23-8 $\dfrac{\mu}{\tan\alpha}$值

α	μ									
	0.02	0.04	0.06	0.08	0.10	0.12	0.14	0.16	0.18	0.20
1	1.143	2.286	3.429	4.572	5.715	6.858	8.001	9.144	10.287	11.430
2	0.573	1.146	1.719	2.292	2.865	3.438	4.011	4.584	5.157	5.730
3	0.381	0.762	1.143	1.524	1.905	2.286	2.667	3.048	3.429	3.810
4	0.286	0.572	0.858	1.144	1.430	1.716	2.002	2.288	2.574	2.860
5	0.228	0.456	0.384	0.912	1.140	1.368	1.596	1.824	2.052	2.280
6	0.191	0.382	0.573	0.754	0.955	1.146	1.337	1.528	1.719	1.910
7	0.163	0.326	0.489	0.652	0.815	0.978	1.141	1.304	1.467	1.630

续表 23-8

α	μ									
	0.02	0.04	0.06	0.08	0.10	0.12	0.14	0.16	0.18	0.20
8	0.142	0.284	0.426	0.568	0.71	0.852	0.994	1.136	1.278	1.420
9	0.126	0.252	0.378	0.504	0.630	0.756	0.882	1.008	1.134	1.260
10	0.114	0.228	0.342	0.456	0.570	0.684	0.798	0.912	1.026	1.140
11	0.103	0.206	0.309	0.412	0.515	0.618	0.721	0.824	0.927	1.030
12	0.094	0.188	0.282	0.376	0.470	0.564	0.658	0.752	0.846	0.94
13	0.087	0.174	0.261	0.348	0.435	0.522	0.609	0.696	0.783	0.87
14	0.080	0.160	0.240	0.320	0.400	0.480	0.560	0.640	0.720	0.80
15	0.074	0.148	0.222	0.296	0.370	0.444	0.518	0.592	0.666	0.74

$$\omega_2 = \omega - c\,\frac{\mu}{\tan\alpha}$$

式中　c——拉伸前后管材的平均半径之比。

$$c = \frac{\bar{R}_0}{\bar{r}}$$

c　游动芯头拉伸

(1) 计算公式之一：

$$\sigma = C\beta\bar{\sigma}_s K\ln\lambda \qquad (23\text{-}6)$$

式中　K——系数，$K = \dfrac{\mu_1 + \mu_2}{\tan(\alpha - \alpha_1)} + 1$，见表 23-10；

$\bar{\sigma}_s$——拉伸前后的平均屈服应力值，MPa；

β——体应力状态系数，取 1.155；

C——考虑非接触变形区应力及空拉区对拉伸的影响系数，$C = 1.08$；

λ——拉伸延伸系数；

α、α_1——分别为拉伸模角和芯头圆锥角，(°)；

μ_1、μ_2——分别为管坯与模子，管坯与芯头接触面上的摩擦系数，见表 23-9。

表 23-9　摩擦系数 μ

拉伸材料	使用条件	拉模材料	
		钢	硬质合金
铜及铜锌合金	软化	0.08	0.07
	硬化	0.07	0.06
青铜、镍及镍合金、铜镍合金	软化	0.07	0.06
	硬化	0.06	0.05
锌及其合金		0.11	0.10

表 23-10　$K = \dfrac{\mu_1 + \mu_2}{\tan(\alpha - \alpha_1)} + 1$ 值

$\alpha - \alpha_1$	$\mu_1 + \mu_2$														
	0.02	0.04	0.06	0.08	0.1	0.14	0.18	0.22	0.26	0.3	0.34	0.38	0.42	0.46	0.5
0°30′	3.292	5.584	7.875	10.167	12.459	17.042	21.626	26.21	30.793	39.96	39.96	44.544	49.127	53.711	58.294
1°0′	2.146	3.292	4.437	5.583	6.729	9.021	11.312	13.604	15.895	20.479	20.479	22.77	25.062	27.353	29.645
1°30′	1.764	2.528	3.291	4.055	4.819	6.346	7.874	9.401	10.929	13.984	13.984	15.512	17.039	18.567	20.094
2°0′	1.573	2.145	2.718	3.291	3.864	5.009	6.155	7.3	8.445	10.736	10.736	11.882	13.027	14.173	15.318
2°30′	1.458	1.916	2.374	2.832	3.29	4.207	5.123	6.039	6.955	8.787	8.787	9.703	10.62	11.536	12.452
3°0′	1.382	1.763	2.145	2.526	2.908	3.671	4.435	5.198	5.961	7.488	7.488	8.251	9.014	9.777	10.541
3°30′	1.327	1.654	1.981	2.308	2.635	3.289	3.943	4.597	5.251	6.559	6.559	7.213	7.867	8.521	9.175
4°0′	1.286	1.572	1.858	2.144	2.43	3.002	3.574	4.146	4.718	5.862	5.862	6.434	7.006	7.578	8.15
4°30′	1.254	1.508	1.762	2.016	2.271	2.779	3.287	3.795	4.304	5.32	5.32	5.828	6.337	6.845	7.353
5°0′	1.229	1.457	1.686	1.914	2.143	2.6	3.057	3.515	3.972	4.886	4.886	5.343	5.801	6.258	6.715
5°30′	1.208	1.415	1.623	1.831	2.039	2.454	2.869	3.285	3.7	4.531	4.531	4.946	5.362	5.777	6.193

续表 23-10

$\alpha-\alpha_1$	$\mu_1+\mu_2$														
	0.02	0.04	0.06	0.08	0.1	0.14	0.18	0.22	0.26	0.3	0.34	0.38	0.42	0.46	0.5
6°0′	1.19	1.381	1.571	1.761	1.951	2.332	2.713	3.093	3.474	4.235	4.235	4.615	4.996	5.377	5.757
6°30′	1.176	1.351	1.527	1.702	1.878	2.229	2.58	2.931	3.282	3.984	3.984	4.335	4.686	5.037	5.388
7°0′	1.163	1.326	1.489	1.652	1.814	2.14	2.466	2.792	3.118	3.769	3.769	4.095	4.421	4.746	5.072
7°30′	1.152	1.304	1.456	1.608	1.76	2.063	2.367	2.671	2.975	3.583	3.583	3.886	4.19	4.494	4.798
8°0′	1.142	1.285	1.427	1.569	1.712	1.996	2.281	2.565	2.85	3.419	3.419	3.704	3.988	4.273	4.558
8°30′	1.134	1.268	1.401	1.535	1.669	1.937	2.204	2.472	2.74	3.275	3.275	3.543	3.81	4.078	4.346
9°0′	1.126	1.253	1.379	1.505	1.631	1.884	2.136	2.389	2.642	3.147	3.147	3.399	3.652	3.904	4.157
9°30′	1.12	1.239	1.359	1.478	1.598	1.837	2.076	2.315	2.554	3.032	3.032	3.271	3.51	3.749	3.988
10°0′	1.113	1.227	1.34	1.454	1.567	1.794	2.021	2.248	2.475	2.928	2.928	3.155	3.382	3.609	3.836

(2) 计算公式之二：

$$\sigma = 1.6\bar{\sigma}_s\varepsilon\ln\lambda \tag{23-7}$$

式中 $\varepsilon = \dfrac{\mu_1+\tan\alpha}{(1-\mu_1\tan\alpha)\tan\alpha} + \dfrac{\mu_2}{\tan\alpha}\times\dfrac{d}{D}$ (23-8)

$\dfrac{\mu_2}{\tan\alpha}$的值见表 23-8。

(3) 计算公式之三：

弹塑性变形区边界上的应力 σ_0(MPa)计算：

$$\sigma_0 = (0.14\sim0.30)\sigma_{s0} \tag{23-9}$$

式中 σ_{s0}——拉伸前管材的屈服极限，MPa。

空拉区最终断面上的拉应力 σ_1（MPa）计算：

$$\sigma_1 = \beta\bar{\sigma}_{s1}\frac{\omega}{\omega-1}\left[1-\left(\frac{\bar{D}_1}{\bar{D}_0}\right)^{\omega-1}\right] + \sigma_0\left(\frac{\bar{D}_1}{\bar{D}_0}\right)^{\omega-1} \tag{23-10}$$

式中 $\omega = \dfrac{\tan\alpha+\mu_1}{(1-\mu_1\tan\alpha)\tan\alpha}$，根据 μ_1、α 确定 ω 值，见表 23-7；

$$\bar{D} = D_0 - S_0$$

$$\bar{D}_1 = d' + S_1$$

$$S_1 = S_0/\cos\alpha$$

β——考虑中间主应力数值影响的系数，$\beta = 1.155$；

$\bar{\sigma}_{s1}$——1 区开始和最终断面管材屈服极限的平均值，MPa；

$$\bar{\sigma}_{s1} = \frac{1}{2}(\sigma_{s0}+\sigma_{s1})；$$

α——拉伸模角，(°)；

μ——管材与拉伸模接触表面的摩擦系数；

S_0、D_0——分别为 1 区(图 23-5)开始断面上管材的壁厚和外径，mm；

S_1、d'——分别为 1 区最终断面上管材的壁厚与外径，mm；

$$d' = \sqrt{d\left(d+\frac{N_1}{N_2}\times L\times\frac{4\mu\tan\alpha_1}{\tan\alpha_1-\mu}\right)}$$

式中 d——芯头定径圆柱段直径，mm；

N_1、N_2——芯头变形区内正压力；

L——芯头定径圆柱段的长度，mm；

α_1——芯头锥角，(°)；

减径区最终断面上的拉应力 σ_2(MPa)计算：

$$\sigma_2 = 1.1\bar{\sigma}_{s2}\frac{\omega_1}{\omega_1-A}\left[1-\left(\frac{F_2}{F_1}\right)^{\frac{\omega_1}{A}-1}\right] + \sigma_1\left(\frac{F_2}{F_1}\right)^{\frac{\omega_1}{A}-1} \tag{23-11}$$

式中 $\bar{\sigma}_{s2} = \dfrac{1}{2}(\sigma_{s1}+\sigma_{s2})$；

$$\omega_1 = \frac{\psi(\mu_1+\tan\alpha)+(\mu_2-\tan\alpha_1)}{\psi\tan\alpha-\tan\alpha_1}；$$

$$\varphi = \frac{d'+2S_1}{d'}；$$

$$A = 1-\frac{\mu_1\tan\alpha-\mu_2\tan\alpha_1}{2}；$$

α_1——芯头锥角，(°)；

μ_2——管材与芯头接触表面的摩擦系数；

F_1、F_2——分别为 2 区(图 23-5)开始和最终断面上管材断面积，mm^2；

根据 $\dfrac{F_2}{F_1}$、$\dfrac{\omega_1}{A}-1$ 确定 $\left(\dfrac{F_2}{F_1}\right)^{\frac{\omega_1}{A}-1}$，可由图 23-6查得。

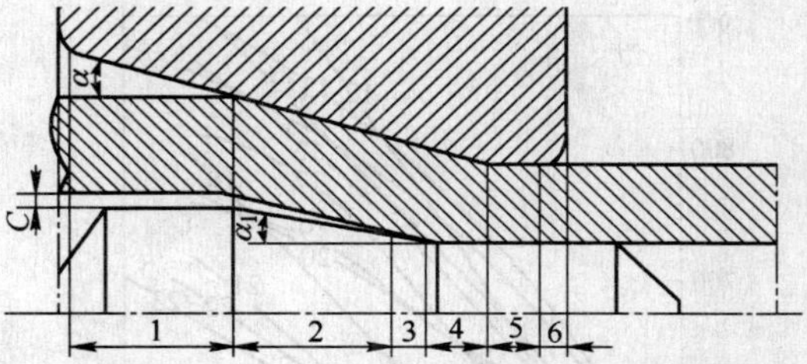

图 23-5 游动芯头拉管变形区特征

1—非接触变形区；2—空拉区；3—减径区；4—第二段空拉区；5—减径减薄区；6—定径区

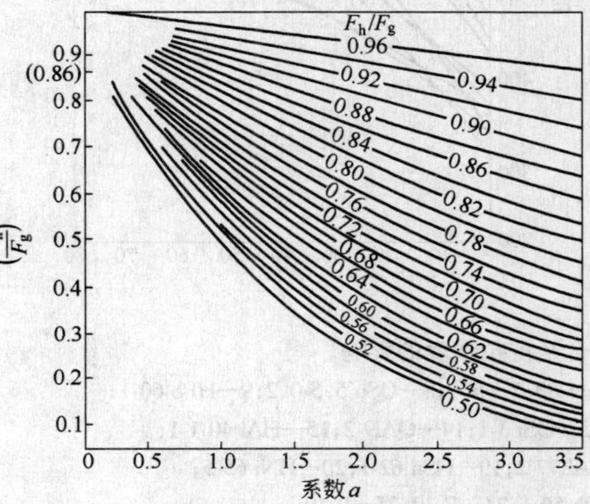

图 23-6 $\left(\frac{F_h}{F_g}\right)^a$ 值计算图

F_h、F_g—分别为变形前与变形后制品的面积，mm^2

减壁区最终断面上的拉伸应力 σ_3(MPa)计算：

$$\sigma_3 = 1.1\bar{\sigma}_{s3}\frac{\omega_2}{\omega_2 - 1}\left[1 - \left(\frac{F_3}{F_2}\right)^{\omega_2 - 1}\right] + \sigma_2\left(\frac{F_3}{F_2}\right)^{\omega_2 - 1} \qquad (23\text{-}12)$$

式中 $\bar{\sigma}_{s3} = \frac{1}{2}(\sigma_{s2} + \sigma_{s3})$，MPa；

$$\omega_2 = \frac{\mu_1 + \tan\alpha}{(1 - \mu_1\tan\alpha)\tan\alpha} + \frac{\mu_2}{\tan\alpha}\frac{d}{D};$$

根据 α_1、μ_1、μ_2 确定 $\frac{\mu_1 + \tan\alpha}{(1 - \mu_1\tan\alpha)\tan\alpha}$，$\frac{\mu_2}{\tan\alpha}$，可分别由表 23-7、表 23-8 查得。

F_3 为 3 区(图 23-5)最终断面上管材面积，mm^2；D、d 分别为拉伸后管材的外径和内径，mm；

根据 $\frac{F_3}{F_2}$、$\omega_2 - 1$ 确定 $\left(\frac{F_3}{F_2}\right)^{\omega_2 - 1}$，可由图 23-6查得。

定径区最终断面上的拉伸应力 σ_4(MPa)计算：

$$\sigma_4 = 1.1\sigma_{s4}\left(1 - e^{-4l\frac{D\mu_1 + d\mu_2}{D^2 - d^2}}\right) + \sigma_3 e^{-4l\frac{D\mu_1 + d\mu_2}{D^2 - d^2}}, \text{MPa}$$

计算拉伸力时，可查图 23-6～图 23-8。

23.1.3.3 拉伸力计算举例

[例 1] 拉制紫铜棒，拉伸前直径为 $\varphi 16.5$ mm，拉伸后直径为 $\varphi 14.8$ mm，拉伸模角 α 为 12°，摩擦系数 μ 为 0.1，求拉伸力 P_L。

解：按拉伸力计算公式 23-2 计算

(1) 求拉伸时加工率：

$$\varepsilon = \frac{F_g - F_h}{F_g} = \frac{16.5^2 - 14.8^2}{16.5^2} = \frac{215 - 172}{215} = 20\%$$

(2) 求导角 α'：

$$\tan\alpha' = \frac{(D_g - D_h)\tan\alpha}{(D_g - D_h) + 2m\tan\alpha}$$

$$= \frac{(16.5 - 14.8)\tan 12°}{(16.5 - 14.8) + 2\times 0.3\tan 12°}$$

$$= \frac{1.7\times 0.21}{1.7 + 0.6\times 0.21} = 0.2$$

所以 $\alpha' = 11°19'$

(3) 求系数：根据公式 $a = \cos^2\rho\times(1 + \mu\cot\alpha')^{-1}$，由 $\mu = 0.1$，$\alpha' = 11°19'$ 查表 23-5，求得 $a = 0.5$；

(4) 求 $\frac{1}{\cos^2\left(\frac{\alpha + \rho}{2}\right)}$：由 $\mu = 0.1$，$\alpha = 12°$，根据表 23-4 查得：

$$\frac{1}{\cos^2\left(\frac{\alpha + \rho}{2}\right)} = 1.024$$

(5) 求 $\frac{F_h}{F_g}$： $\frac{F_h}{F_g} = \frac{D_h^2}{D_g^2} = \frac{14.8^2}{16.5^2} = 0.8$；

(6) 求 $\left(\frac{F_h}{F_g}\right)^a$： 由 $\left(\frac{F_h}{F_g}\right) = 0.8$，$a = 0.5$，查图 23-6，得 $\left(\frac{F_h}{F_g}\right)^a = 0.86$；

(7) 求 $\frac{a + 1}{a}\left[1 - \left(\frac{F_h}{F_g}\right)^a\right]$：由 $\left(\frac{F_h}{F_g}\right) = 0.8$，$a = 0.5$ 查图 23-8，得其值为 0.32；

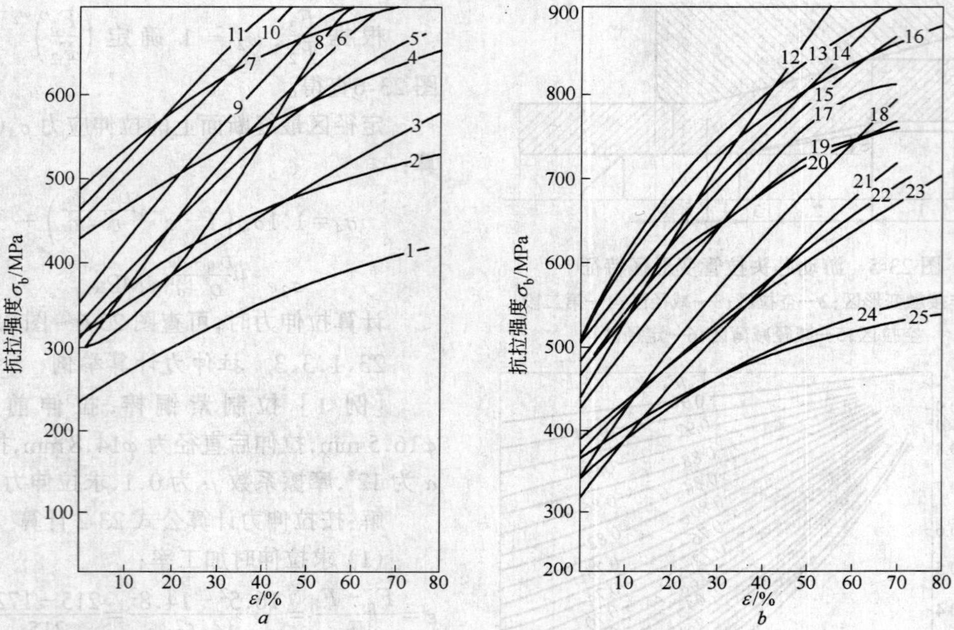

图 23-7 加工率对金属和合金抗拉强度的影响

1—紫铜；2—H96；3—QSn；4—HSn 60-1；5—H68；6—H80；7—B30；8—QSn 5.5-0.2；9—HPb 60-1；10—QBe；11—HFE 59-1-1；12—QSn 6.5-0.4；13—QSi 3-1；14—QAl9-2；15—HAl 40-1-1；16—NiCu 28-2.5-1.5；17—HSn 70-1；18—HAl 77-2；19—HSn 62-1；20—HNi 65-5；21—HPb 63-3；22—H 62；23—HPb 59-1；24—B 30；25—B 10

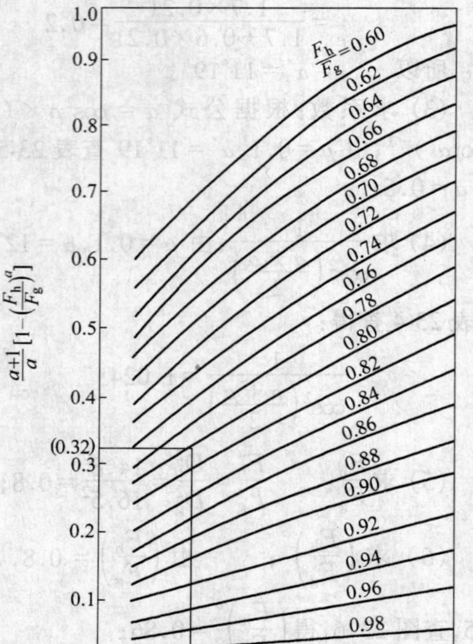

图 23-8 $\frac{a+1}{a}\left[1-\left(\frac{F_h}{F_g}\right)^a\right]$值计算图

（8）求$\bar{\sigma}_b$：查图 23-7 得$\bar{\sigma}_b=\frac{240+300}{2}=270$ MPa；

（9）求 σ_f：在拉伸时，若无反拉力，按表 23-6求得 $\sigma_e=25$ MPa，并将$\frac{1}{\cos^2\left(\frac{\alpha+\rho}{2}\right)}=1.024$代入公式 $\sigma_f=\frac{\sigma_e}{\cos^2\left(\frac{\alpha+\rho}{2}\right)}$，求得：$\sigma_f=25.6$ MPa。

将以上所得各值代入公式：

$$\sigma_1=\frac{1}{\cos^2\left(\frac{\alpha+\rho}{2}\right)}\bar{\sigma}_b\frac{a+1}{a}\times\left[1-\left(\frac{F_h}{F_g}\right)^a\right]+\sigma_f\left(\frac{F_h}{F_g}\right)^a$$

得 $\sigma_1=1.024\times270\times0.32+25.6\times0.86=110.5$ MPa

（10）求拉伸力 P：$P=\sigma_1F_h=110.5\times0.785\times14.8^2=19000\ \text{N}=19\ \text{kN}$。

［例 2］计算 H68 管材拉伸力。拉伸前为退火状态，规格为 $\phi28.3\times1.32$ mm，拉伸后规格为 25×1 mm，拉伸模角 α 为 12°，芯头锥角 α_1 为 9°，拉伸模定径带长度 l 为 2 mm，芯头定径圆柱段长度为 10 mm。

拉伸前管材屈服极限 $\sigma_s=100$ MPa，取 $\mu_1=0.1$，$\mu_2=0.05$。

解：按式 23-9 计算 σ_0

$$\sigma_0=0.15\times100=15\text{ MPa}$$

按式 23-10 计算 σ_1

$$\omega=\frac{0.2126+0.1}{(1-0.1\times0.2126)0.2126}=1.503\approx1.5$$

$$\frac{\omega}{\omega-1}=3$$

$$d'=\sqrt{23\left(23+\frac{2}{3}\times10\times\frac{4\times0.1584\times0.05}{0.1584-0.05}\right)}=24\text{ mm}$$

$$S_1=\frac{1.32}{0.9781}=1.35\text{ mm}$$

$$\left(\frac{\overline{D}_1}{\overline{D}_0}\right)^{\omega-1}=\left(\frac{24+1.35}{28.3-1.32}\right)^{0.5}=0.94^{0.5}=0.9694\approx0.97$$

$$\lambda_1=\frac{(D_0-S_0)S_0}{(d'+S_1)S_1}=\frac{26.98\times1.32}{25.35\times1.35}=1.04$$

相应的加工率 $\varepsilon_1=3.85\%$

$$\sigma_{s1}=180\text{ MPa}$$

$$\bar{\sigma}_{s1}=1/2\times(100+180)=140\ (\text{MPa})$$

$$\sigma_1=1.155\times140\times3(1-0.97)+15\times0.97=29\text{ MPa}$$

按式 23-11 计算 σ_2

$$\varepsilon=\frac{24+2\times1.35}{24}=1.11$$

$$\omega_1=\frac{1.11(0.1+0.2126)+(0.05-0.1584)}{1.11\times0.2126-0.1584}=3.06$$

$$A=1-\frac{0.1\times0.2126-0.05\times0.1584}{2}=0.993$$

$$\frac{\omega_1}{\omega_1-A}=\frac{3.06}{3.06-0.993}=1.48$$

$$\frac{\omega_1}{A}-1=\frac{3.06}{0.993}-1=2.08$$

$$\left(\frac{F_2}{F_1}\right)^{\frac{\omega_1}{A}-1}=\left[\frac{(23+1.35)1.35}{(24+1.35)1.35}\right]^{2.08}=0.96^{2.08}=0.9187\approx0.92$$

$$\lambda_2=\frac{(D_0-S_0)S_0}{(d+S_2)S_2}=\frac{26.98\times1.32}{24.35\times1.35}=1.085$$

相应的加工率 $\varepsilon_2=7.8\%$，$\sigma_{s1}=240$ MPa；

$$\bar{\sigma}_{s2}=1/2\times(180+240)=210\text{ MPa};$$

$$\sigma_2=1.1\times210\times1.48\times(1-0.92)+29\times0.92=54.1\text{ MPa};$$

按式 23-12 计算 σ_3

$$\omega_2=\frac{0.1+0.2126}{(1-0.1\times0.2126)0.2126}+\frac{23}{25}\times\frac{0.05}{0.2126}=1.716$$

$$\frac{\omega_2}{\omega_2-1}=2.395$$

$$\left(\frac{F_3}{F_2}\right)^{\omega_2-1}=\left[\frac{(23+1)\times1}{(23+1.35)\times1.35}\right]^{0.716}=0.798\approx0.8$$

$$\lambda_3=\frac{26.98\times1.32}{(23+1)\times1}=1.48$$

相应的加工率 $\varepsilon_3=32.5\%$，$\sigma_{s3}=480$ MPa；

$$\bar{\sigma}_{s3}=(240+480)/2=360\text{ MPa}$$

$$\sigma_3=1.1\times360\times2.395\times(1-0.8)+54.1\times0.8=233.0\text{ MPa};$$

按式 23-13 计算 σ_4

$$\sigma_4=1.1\sigma_{s4}\left(1-e^{-4l\frac{D\mu_1+d\mu_2}{D^2-d^2}}\right)+\sigma_3e^{-4l\frac{D\mu_1+d\mu_2}{D^2-d^2}}\ (\text{MPa})$$

$$-4l\frac{D\mu_1+d\mu_2}{D^2-d^2}=-4\times2\frac{25\times0.1+23\times0.05}{25^2-23^2}=-0.297$$

$$e^{-0.297}=0.7432$$

$$\sigma_4=1.1\times360\times2.395\times(1-0.8)+233.0\times0.7432=314.7\text{ MPa}$$

计算拉伸力 P

$$P=314.7\times\pi(25-1)\times1=23727.8\approx23700\text{ N}=23.7\text{ kN}$$

23.2 直条拉伸技术

23.2.1 拉伸工艺流程

拉伸是一般拉制管、棒、型、线材的最后一道塑性加工工序。坯料在拉制过程中，要进行中间热处理、酸洗和制夹头、切头切尾、定尺锯切、扒皮等辅助工序。最终拉伸后的制品还要进行精整、成品热处理等，最后经检查合格后才为成品。不同的产品及生产方式，选择的拉伸工艺不完全相同。几种典型的棒材及管材拉伸工艺流程框图分别如图23-9和图23-10所示。

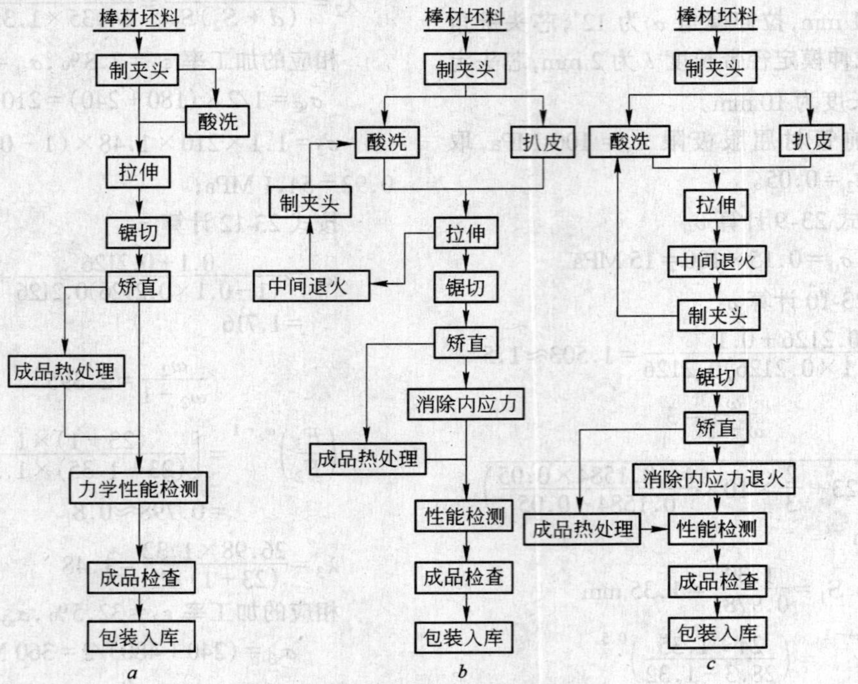

图23-9 棒材拉制工艺流程图

a—紫铜；*b*—黄铜；*c*—青铜

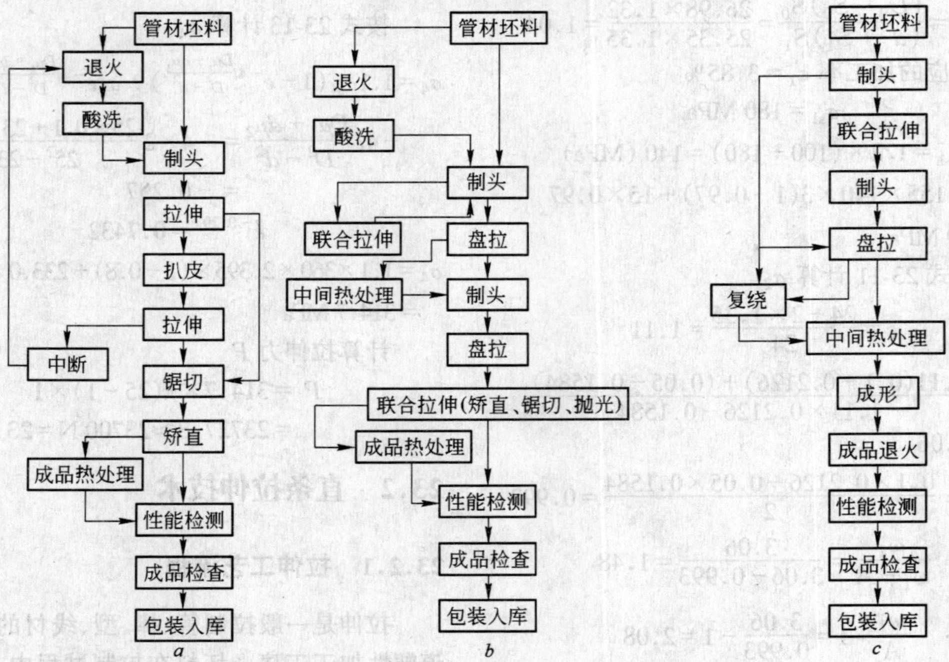

图23-10 典型管材拉伸工艺流程图

a—直条拉伸管材；*b*—联合拉拔的方式生产管材；*c*—盘拉管材(内螺纹铜管)

23.2.2 拉伸工艺参数的选择

23.2.2.1 拉伸坯料

A 确定坯料截面尺寸的基本原则

(1) 拉伸是冷变形，在确定坯料尺寸时，要考虑拉伸变形量对制品组织与性能的影响。

(2) 对于表面质量差的管坯，要考虑坯料在拉伸过程中进行扒皮和表面修理等精整工序对坯料尺寸的影响。

(3) 确定管坯的外径和内径尺寸时，要考虑减径量和减壁量的合理分配。

(4) 在生产中为便于管理，挤压坯料和冷轧管坯料的尺寸一般按系列化生产。因此确定坯料截面尺寸时，要考虑坯料的具体生产条件。

(5) 对于异型棒材、异型管材，在选用截面形状(如圆形、方形或矩形)简单的坯料时，要尽量减小拉伸过程中的不均匀变形。

拉制异型管材如波导管，一般都以圆管作为坯料。经过渡拉伸、成形拉伸，最后得到异型管材。圆管坯的直径可根据异型管材外轮廓线长度来确定。如图 23-11 所示，异型管的坯料为圆管，管坯直径可用下式来计算：

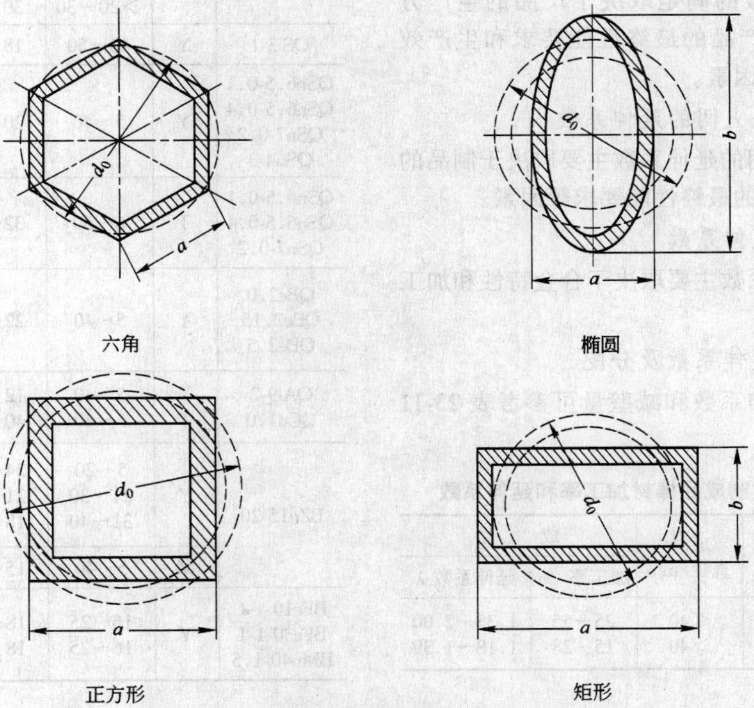

图 23-11 异型管与其过渡拉伸用圆管坯示意图

椭圆形： $d_0=0.5(a+b)$ (23-13)

方　形： $d_0=1.27a$ (23-14)

六角形： $d_0=1.91a$ (23-15)

矩　形： $d_0=0.637(a+b)$ (23-16)

式中 d_0——圆管坯直径；a、b 见图(23-11)。

为了使圆管坯能够在异型模内充满，实际采用的坯料直径一般要比计算的直径大 3%～5%。

B 坯料长度的确定

首先要根据制品长度来计算坯料的长度，同时还要考虑设备的能力、成品率和生产效率等因素。坯料长度可以用下式计算：

$$L_0=\frac{nL}{\lambda_\Sigma}+\frac{L_1}{\lambda_\Sigma} \qquad (23\text{-}17)$$

式中 L——制品定尺长，mm；

L_0——坯料长度,mm;

L_1——成品剪切时的切头、切尾长度,mm;

n——剪切成品根数,n 取整数,可根据拉伸机允许拉伸长度确定,n 值大,说明生产效率高;

λ_Σ——总延伸系数;

若坯料在拉伸过程中要经过多次中断,这时可以根据上式类推,算出坯料长度。

23.2.2.2　拉伸时的延伸系数

A　总延伸系数

总延伸系数的确定取决于产品的生产方式、金属特性、产品的最终性能要求和生产效率、制造成本等因素。

B　两次退火间的延伸系数

两次退火间的延伸系数主要取决于制品的金属特性、产品的最终性能要求等因素。

C　平均延伸系数

平均延伸系数主要取决于合金特性和加工方法。

D　道次延伸系数及分配

常用的延伸系数和减壁量可参考表23-11～表23-16。

表23-11　拉制成品棒材加工率和延伸系数

合金牌号	状态	成品直径/mm	成品	
			加工率/%	延伸系数 λ
紫铜、H96		≤40 >40	25～55 15～28	1.33～2.00 1.18～1.39

续表23-11

合金牌号	状态	成品直径/mm	成品	
			加工率/%	延伸系数 λ
H62 HMn58-2 HPb63-3		5～40 41～80	12～30 10～20	1.14～1.43 1.11～1.25
HPb59-1 HSn62-1 HFe58-1-1		5～40 41～80	10～30 8～15	1.11～1.43 1.09～1.18
H68		5～40 41～80	24～36 17～25	1.16～1.56 1.20～1.34
HPb63-3	Y	5～9.5 >9.5～14 >14～20 >20～30	43～50 40～45 35～40 30～36	1.75～2.00 1.67～1.82 1.54～1.67 1.43～1.53
QSi3-1	Y	40～50	18～36	1.22～1.53
QSn6.5-0.1 QSn6.5-0.4 QSn7-0.2 QSn4-3	Y	5～40	20～36	1.22～1.56
QSn6.5-0.1 QSn6.5-0.4 QSn7-0.2	T	6～60	32～40	1.47～1.67
QBe2.0 QBe2.15 QBe2.5	Y	5～40	22～36	1.28～1.56
QAl9-2 QCd1.0	Y T	5～40 5～60	12～20 40～62	1.18～1.25 1.67～2.64
BZn15-20	Y	5～20 21～30 31～40	24～30 21～30 18～25	1.32～1.43 1.26～1.43 1.22～1.34
	M	5～40	15～30	1.18～1.43
BFe10-1-1 BFe30-1-1 BMn40-1.5	Y	16～25 16～25	18～30 18～25	1.22～1.43 1.22～1.34

表23-12　固定短芯头拉伸常见牌号的铜及铜合金管材道次延伸系数

管坯尺寸/mm		合金牌号	道次				
直径	壁厚		1	2	3	4	5
3～10	0.5～2.0	T2～4、H96 H62	1.45～1.50 1.50～1.70	1.40～1.48 1.35～1.45	1.40～1.48 1.30～1.40	1.38～1.42	1.40～1.25
10～30	0.5～2.0	T2～4、H96 H62 HSn70-1 BZn15-20、H68	1.40～1.48 1.40～1.70 1.50～1.90 1.30～1.45	1.35～1.48 1.25～1.50 1.30～1. 50 1.25～1.45	1.30～1.40 1.30～1. 40 1.20～1.40	1.30～1.35 1.20～1.40	 1.25～1.30
	2.0～5.0	T2～4、H96 H62 BZn15-20、H68	1.30～1.48 1.30～1.50 1.25～1.35	1.30～1.40 1.20～1.40 1.20～1.30	 1.20～1.25		

续表 23-12

管坯尺寸/mm		合金牌号	道次				
直径	壁厚		1	2	3	4	5
30～75	1.0～2.0	T2～4、H96 H62	1.35～1.50 1.30～1.55	1.30～1.45 1.15～1.40	1.30～1.35 1.15～1.25	1.20～1.35	1.25～1.30
	2.0～5.0	T2～4、H96 H62	1.20～1.45 1.20～1.40	1.27～1.40 1.10～1.15	1.25～1.30		
	5.0～10.0	T2～4、H96 H62	1.15～1.40 1.20～1.30	1.15～1.22 1.10～1.15			
75～150	2.5～5.0	T2～4、H96 H62	1.20～1.60 1.30～1.55	1.15～1. 30 1.15～1.25	1.15～1.25 1.15～1.25		
	5.0～10.0	T2～4、H96 H62	1.15～1.30 1.10～1.25	1.10～1. 25 1.10～1.15	 1.10～1.40		
150～360	2.0～5.0 5.0～10.0	T2～4、H96	1.15～1.35 1.10～1.25	1.10～1. 20 1.05～1.15	1.15～1.25		

表 23-13　空拉铜及铜合金圆管两次退火间道次延伸系数

外径/mm	壁厚/mm	合金牌号	从退火算起的空拉道次			
			1	2	3	4
3～10	0.5～2.0	T2～4、H96 H62	1.25～1.55 1.25～1.45	1.20～1.50 1.20～1.45	1.20～1.50	1.35～1.25
＞10～30	0.5～2.0	T2～4、H96 H62 HSn70-1 BZn15-20 H68	1.20～1.50 1.20～1.40 1.30～1.40 1.30～1.50 1.25～1.30	1.20～1.30		
	2.0～5.0	T2～4、H96 H62 BZn15-20	1.25～1.37 1.20～1.45 1.20～1.30	1.20～1.37 1.25～1.40 1.20～1.30	 1.30～1.40	

表 23-14　固定短芯头拉伸铜及铜合金圆管两次中间退火的道次延伸系数

合金牌号	两次退火间		
	总延伸系数 λ_{Σ}	道次数 n	道次延伸系数 λ
T2～4、H96	不限	不限	1.20～1.70
H68、HSn70-1、HAl77-2、HAl70-1.5	1.67～3.30	2～3	1.25～1.60
H62	1.25～2.23	1～2	1.18～1.43
QSn4-0.3、QSn7-0.2、QSn6.5-0.1	1.67～3.30	3～4	1.18～1.43
BFe10-1-1、BFe30-1-1	1.67～3.30	3～4	1.18～1.43
HPb59-1	1.18～1.54	1～2	1.18～1.25
HSn62-1	1.25～1.83	1～2	1.18～1.33
NCu28-2.5-1.5、NCu40-2-1	1.43～2.23	2～3	1.18～1.33

表 23-15　固定短芯头拉伸铜及铜合金管减壁量(mm)

合金牌号 / 管坯壁厚	紫铜、H96	H68、HSn70-1 退火后 第1道	H68、HSn70-1 退火后 第2道	HAl77-2、H62 退火后 第1道	HAl77-2、H62 退火后 第2道	HPb59-1 退火后 第1道	白　铜	QSn4-0.3
1.0 以下	0.2	0.2	0.1	0.2	0.1	0.15	0.20	0.15
1.0～1.5	0.4～0.6	0.25～0.35	0.10～0.15	0.20～0.30	0.10～0.15	0.20	0.20～0.30	0.15～0.30
1.5～2.0	0.5～0.7	0.35～0.50	0.15～0.20	0.25～0.40	0.10～0.20	0.20	0.30～0.40	0.30～0.40
2.0～3.0	0.6～0.8	0.50～0.60	0.25	0.35～0.50	0.10～0.25	0.25	0.40～0.50	0.40～0.50
3.0～5.0	0.8～1.0	0.60～0.80	0.20～0.30	0.70～0.80	0.25～0.30		0.50～0.55	0.50～0.60
5.0～7.0	1.0～1.4	0.8	0.30～0.40				0.55～0.70	0.60～0.70
7.0 以上	1.2～1.5							

表 23-16　游动芯头直条方式拉伸铜及铜合金管道次延伸系数

合金牌号	道次最大延伸系数 第1道	道次最大延伸系数 第2道	平均道次延伸系数	两次退火间总延伸系数
紫　铜	1.72	1.90	1.65～1.75	不限
HAl77-2	1.92	1.58	1.70	3
H68、HSn70-1	1.80	1.50	1.65	2.5
H62	1.65	1.40	1.50	2.2

23.2.3　不同拉伸方法时特定工艺参数的选择

23.2.3.1　管材空拉

A　管材空拉的临界变形量

在薄壁管空拉时，如果减径量太大，会出现沿管材纵向凹陷，即所谓压扁现象。这是由于管材周向刚性小，出现失稳现象造成的。

空拉时是否出现失稳现象与空拉的变形量和管坯的壁厚与外径比(S_0/D_0)有关，如图 23-12所示，在(S_0/D_0)≤0.04 时，出现压扁现象的临界变形量符合下式：

$$\varepsilon_{临}=\frac{S_0(D_0-S_0)-S_1(d-S_1)}{S_0(D_0-S_0)}$$

不考虑空拉过程的壁厚变化：

$$\varepsilon_{临}=\frac{D_0-d}{D_0}$$

$$\varepsilon_{临}=(4\sim7)\times\frac{S_0}{D}\times100\% \qquad (23\text{-}18)$$

通常，强度较高的取上限，强度较低的取下限；同一牌号的，软状态的取下限，硬状态的取上限。

空拉的减径量 ε 应满足下面的关系式：

$$\varepsilon\leqslant\varepsilon_{临} \qquad (23\text{-}19)$$

当(S_0/D_0)≥0.04 时，管材能否稳定拉伸，主要取决于夹头处管材截面的抗拉强度。

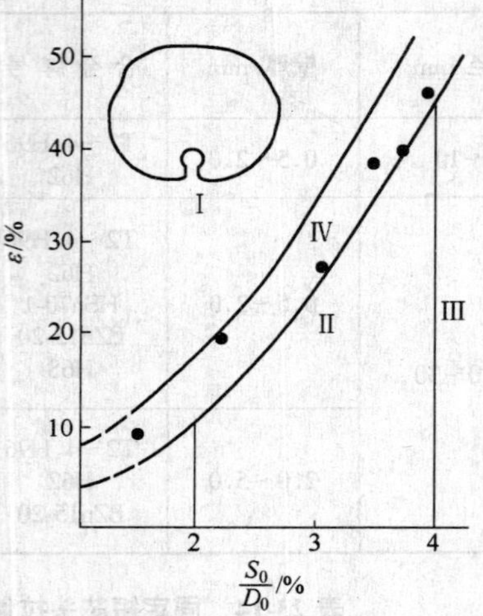

图 23-12　空拉时临界变形量与壁厚和直径之比的关系

Ⅰ—不稳定区；Ⅱ—稳定区；Ⅲ—变形量受限区；Ⅳ—波动区

B　管材空拉时的壁厚变化

管材在空拉时，其主要目的是减小外径，其壁厚处于自由变化的状态。实际生产过程中，管材在空拉时，在减小外径的同时，壁厚也在发生变化。其变化的机理是与管坯在拉伸模具内的应变状态有关。空拉时管材的壁厚变化虽有一定的规律，但也不是十分稳定。因此考虑管材空拉时的壁厚变化对控制成品尺寸，保证产品质量是十分必要的。

影响管材空拉时壁厚的主要因素有：

(1) 坯料的外径与壁厚之比值(D_0/S_0)。一般情况下:

当(D_0/S_0)≥7时,空拉后壁厚增加;

当(D_0/S_0)≤3时,空拉后壁厚减小;

当(D_0/S_0)=3~7时,空拉后壁厚有的时候增加,有的时候减小,有的时候不变。

(2) 合金牌号。合金牌号对空拉时的壁厚变化的影响主要取决于其变形抗力。变形抗力愈大的合金,其壁厚变化愈小;反之则相反。

(3) 拉伸前管坯的状态。一般情况下,同一种牌号的合金,软状态的管材空拉时,其壁厚容易变厚,且变厚的速度比硬状态的要快。

(4) 拉伸模具的参数。在拉伸同一牌号、同一状态的管材时,拉伸模变形区的模角愈大,定径带的长度愈长,则壁厚变薄的趋势愈明显。反之则相反。

(5) 润滑条件。润滑愈充分,空拉管材的壁厚变厚的趋势愈明显。

(6) 外径减缩量(减缩比)。一般情况下,减缩比愈大,壁厚变化的趋势愈明显。表23-17和表23-18分别列出典型合金牌号在不同条件下空拉管材的壁厚变化情况。

表 23-17 合金牌号、润滑条件及拉伸道次对空拉管材壁厚的影响①

影响因素	管坯			管材尺寸及壁厚变化比	
	合金牌号	状态	$D_0\times S_0$/mm×mm	$D\times s$/mm×mm	ε_s②/%
合金牌号	T2	M	11.98×1.01	8.90×1.09	7.9
	H62	M	11.98×1.03	8.79×1.10	6.8
	BFe30-1-1	M	12.00×1.04	8.95×1.08	3.8
润滑条件	T2	M	11.80×0.91	8.90×1.04(润滑)	12.5
				8.90×1.00(不润滑)	9.0
	H62	M	10.00×0.21	8.90×0.23(润滑)	9.5
				8.90×0.22(不润滑)	4.8
拉伸道次	T2	Y	22.85×1.30	10.80×1.36(3道次)	4.8
		M		10.80×1.57(3道次)	19.9

① 表中的 D_0、S_0、d、s 分别为管坯的直径、壁厚和拉伸后的管材直径、壁厚;

② 为相对壁厚变化量,$\varepsilon_s=\frac{s-s_0}{s_0}\times100\%$。

表 23-18 道次加工率对空拉管材壁厚的影响①

管坯				制品尺寸	道次加工率/%	ε_s②/%
合金牌号	状态	$D_0\times S_0$/mm×mm	D_0/S_0	$d\times s$/mm×mm		
T2	M	19.10×1.01	18.91	17.0×1.06	7.32	4.95
		19.10×1.02	18.71	16.0×1.08	12.62	5.88
		19.10×1.00	19.10	14.0×1.08	23.24	8.00
		19.10×1.00	19.10	13.0×1.01	33.09	1.00
		20.00×2.11	9.48	12.85×2.04	41.85	-3.32
		20.00×2.12	9.43	12.85×2.04	42.75	-3.77
H62	M	11.89×1.03	11.54	10.29×1.08	10.25	4.90
		11.89×1.03	11.54	8.97×1.10	22.61	6.80
		18.00×2.09	8.61	15.0×2.23	14.36	6.70
		14.90×2.21	6.74	10.80×2.30	30.29	4.07

① 表中的 D_0、S_0、d、s 分别为管坯的直径、壁厚和拉伸后的管材直径、壁厚;

② 为相对壁厚变化量,$\varepsilon_s=\frac{s-s_0}{s_0}\times100\%$。

C　空拉管材的壁厚控制

管材空拉时，虽然影响壁厚变化的因素很多，但它还是遵循一定的变化规律，国内外有关学者通过实验已总结出一些经验公式和图表可供利用。

Г.А. 斯米尔诺夫-阿利亚耶夫公式：

$$\ln\frac{S_1}{S_0}=\frac{\ln\left(\frac{D_0}{D_1}\right)^{2\theta}-(1+\Delta)\ln\left[3\Delta^2+\left(\frac{D_0}{D_1}\right)/3\Delta^2+1\right]}{2\theta\Delta} \quad (23\text{-}20)$$

式中　$\Delta=\frac{d_0}{D_0}=\frac{D_0-2S_0}{D_0}$；

$\theta=1+f\cot\alpha$；

f——摩擦系数；

α——拉伸模角；

D_0、d_0、S_0——分别为拉拔前管坯的外径、内径与壁厚；

D_1、S_1——分别为拉拔后管材的外径与壁厚。

Ю.Ф. 舍瓦金公式：

$$\frac{\Delta S}{S_0}=\frac{1}{6}\left[3-10\left(\frac{S_0}{D_0}\right)^2-13\left(\frac{S_0}{D_0}\right)\right]\frac{\Delta D}{D_0-S_0} \quad (23\text{-}21)$$

式中　ΔS——空拉前、后管材的壁厚差；

ΔD——空拉前、后管材的外径差。

有关学者通过实验已总结出一些经验公式和图表可供利用：

由 A_0 求 s 问题的算式为：

$$\varepsilon_s=\left[\frac{3}{(2A_0-1)B-1}+2\right]\ln\frac{1}{1-\varepsilon_D} \quad (23\text{-}22)$$

由 A 求 S_0 问题的算式为：

$$\varepsilon_S=\left\{\frac{3}{\left[\frac{2A(1-\varepsilon_D)}{1+\varepsilon_S}\right]B-1}+2\right\}\ln\frac{1}{1-\varepsilon_D} \quad (23\text{-}23)$$

在式(23-22)和式(23-23)中，B 为经验参数，取

$$B=1-1.05\left(1-\sin\frac{\alpha}{2}\right)(1+\mu)\sqrt{\varepsilon_D}\left(\frac{1}{\varepsilon_D+2}+1\right)$$

$$=1-C\sqrt{\varepsilon_D}\left(\frac{1}{\varepsilon_D+2}+1\right)$$

$C=1.05\left(1-\sin\frac{\alpha}{2}\right)(1+\mu)$，见表23-23。

当模角 α 取12°，摩擦系数 μ 取0.1时，则

$$C=1.03$$

$$B=1-1.03\sqrt{\varepsilon_D}\left(\frac{1}{\varepsilon_D+2}+1\right)$$

式(23-22)和式(23-23)中，A_0、A 分别为空拉圆管前、后的壁厚与外径比，取

$$A_0=\frac{S_0}{D_0}\times100\% \quad (23\text{-}24)$$

$$A=\frac{s}{d}\times100\% \quad (23\text{-}25)$$

ε_D 和 ε_S 分别为圆管的外径加工率和圆管壁厚变化率，取

$$\varepsilon_D=\frac{D_0-d}{D_0}=\frac{\Delta D}{D_0}\times100\% \quad (23\text{-}26)$$

$$\varepsilon_s=\frac{s-S_0}{S_0}=\frac{\Delta S}{S_0}\times100\% \quad (23\text{-}27)$$

式中，D_0、S_0、d、s 分别为管坯的直径、壁厚和拉伸后的管材直径、壁厚。

由式(23-22)和式(23-23)求得 ε_s，则按式(23-26)可求得管材空拉后的壁厚 s(由 A_0 求 s 问题)，或按式(23-27)求得空拉前管坯的壁厚 S_0(由 A 求 S_0 问题)：

$$s=(1+\varepsilon_s)S_0 \quad (23\text{-}28)$$

$$S_0=\frac{s}{1+\varepsilon_s} \quad (23\text{-}29)$$

在实际运算中，采用算图是比较方便的简化方法。但是，当 A_0 和 ε_D 或 A 和 ε_D 正好使 ε_s 为零时，算图上的线条比较密集，读图带来的误差就会增大，此时可用数表代替算图。

表23-19列出了公式的计算结果，其条件为模角 α 取12°，摩擦系数 μ 取0.1。

下面以表23-20来说明“由 A 求 S_0 问题”的例子。设有一成品铜管 ϕ7 mm×(0.75±0.05) mm，由外径为16 mm的管坯空拔而成。试求管坯壁厚的上、下限，以及制定空拔管的配模规程。

根据经验，取空拔配模规程为：16→12→9→7共空拔3道次。由于成品管壁厚偏差为±0.05 mm，则成品管的壁厚上限为0.80 mm，下限为0.70 mm。通过计算，得管坯壁厚上限为0.67 mm，下限为0.58 mm。表23-21列出了计算结果。

表 23-19　空拉前 A_0 的值

ε_D/%	空拉前(厚度/外径)的比值 A_0/%									
	1	2	3	4	5	6	7	8	9	10
1	0.448	0.432	0.416	0.400	0.384	0.367	0.350	0.332	0.314	0.296
2	0.866	0.835	0.803	0.771	0.738	0.704	0.670	0.635	0.599	0.562
3	1.267	1.220	1.172	1.123	1.074	1.023	0.971	0.918	0.864	0.809
4	1.654	1.591	1.527	1.462	1.395	1.327	1.258	1.187	1.115	1.041
5	2.030	1.951	1.871	1.789	1.705	1.620	1.533	1.444	1.354	1.261
6	2.396	2.301	2.204	2.105	2.005	1.902	1.797	1.690	1.581	1.470
7	2.754	2.643	2.529	2.414	2.296	2.175	2.053	1.927	1.800	1.669
8	3.105	2.977	2.847	2.714	2.579	2.441	2.300	2.156	2.010	1.860
9	3.450	3.305	3.158	3.008	2.855	2.699	2.540	2.377	2.212	2.043
10	3.789	3.627	3.463	3.295	3.125	2.951	2.773	2.592	2.408	2.219
11	4.123	3.944	3.763	3.578	3.389	3.197	3.001	2.801	2.597	2.389
12	4.453	4.257	4.058	3.855	3.648	3.438	3.223	3.004	2.781	2.553
13	4.779	4.566	4.349	4.129	3.904	3.674	3.441	3.202	2.959	2.712
14	5.102	4.872	4.637	4.399	4.155	3.907	3.654	3.396	3.133	2.865
15	5.423	5.175	4.923	4.665	4.403	4.136	3.864	3.587	3.304	3.015
16	5.742	5.476	5.205	4.930	4.649	4.362	4.071	3.773	3.470	3.161
17	6.059	5.775	5.486	5.192	4.892	4.586	4.275	3.957	3.634	3.304
18	6.375	6.073	5.766	5.452	5.133	4.808	4.476	4.139	3.794	3.443
19	6.691	6.371	6.044	5.712	5.373	5.028	4.676	4.318	3.953	3.580
20	7.007	6.668	6.322	5.970	5.612	5.247	4.875	4.496	4.109	3.715
21	7.323	6.965	6.600	6.229	5.850	5.465	5.072	4.672	4.265	3.849
22	7.640	7.263	6.879	6.487	6.089	5.683	5.270	4.848	4.419	3.981
23	7.959	7.562	7.158	6.747	6.328	5.901	5.467	5.024	4.573	4.112
24	8.280	7.863	7.439	7.008	6.568	6.120	5.664	5.200	4.726	4.243
25	8.603	8.166	7.722	7.270	6.809	6.340	5.863	5.376	4.880	4.374
26	8.929	8.472	8.008	7.534	7.053	6.562	6.063	5.553	5.035	4.506
27	9.258	8.781	8.296	7.802	7.298	6.786	6.264	5.732	5.190	4.638
28	9.591	9.094	8.588	8.072	7.547	7.012	6.468	5.913	5.348	4.772
29	9.929	9.411	8.883	8.346	7.799	7.242	6.674	6.096	5.508	4.907
30	10.273	9.733	9.183	8.624	8.055	7.475	6.884	6.283	5.670	5.045
31	10.621	10.060	9.489	8.907	8.315	7.712	7.098	6.472	5.835	5.186
32	10.977	10.393	9.800	9.195	8.580	7.954	7.316	6.666	6.004	5.329
33	11.339	10.733	10.117	9.490	8.851	8.201	7.539	6.864	6.177	5.477
34	11.708	11.080	10.441	9.790	9.128	8.454	7.767	7.067	6.354	5.628
35	12.086	11.435	10.773	10.098	9.412	8.713	8.001	7.276	6.537	5.785

续表 23-19

ε_D/%	空拉前(厚度/外径)的比值 A_0/%									
	1	2	3	4	5	6	7	8	9	10
36	12.473	11.798	11.112	10.414	9.703	8.979	8.242	7.491	6.726	5.946
37	12.869	12.171	11.461	10.738	10.002	9.253	8.490	7.712	6.921	6.114
38	13.275	12.553	11.819	11.071	10.310	9.535	8.745	7.941	7.122	6.288
39	13.693	12.946	12.187	11.414	10.627	9.825	9.009	8.178	7.332	6.469
40	14.122	13.351	12.566	11.767	10.954	10.126	9.283	8.424	7.549	6.658
41	14.564	13.768	12.957	12.132	11.292	10.437	9.566	8.679	7.776	6.855
42	15.020	14.197	13.361	12.509	11.642	10.759	9.860	8.945	8.012	7.062
43	15.489	14.641	13.777	12.899	12.004	11.093	10.166	9.221	8.258	7.278
44	15.975	15.099	14.209	13.302	12.379	11.440	10.483	9.509	8.516	7.505
45	16.476	15.574	14.655	13.721	12.769	11.800	10.814	9.809	8.786	7.743
46	16.995	16.065	15.118	14.155	13.174	12.175	11.158	10.123	9.068	7.993
47	17.532	16.573	15.598	14.605	13.595	12.566	11.518	10.451	9.364	8.256
48	18.088	17.101	16.096	15.074	14.033	12.973	11.893	10.794	9.674	8.533
49	18.665	17.649	16.614	15.561	14.489	13.397	12.285	11.153	10.000	8.825
50	19.264	18.217	17.152	16.068	14.964	13.840	12.695	11.530	10.342	9.132

ε_D/%	空拉前(厚度/外径)的比值 A_0/%									
	11	12	13	14	15	16	17	18	19	20
1	0.277	0.258	0.239	0.219	0.198	0.177	0.156	0.134	0.112	0.089
2	0.525	0.486	0.447	0.407	0.366	0.324	0.282	0.238	0.193	0.147
3	0.753	0.695	0.636	0.576	0.515	0.452	0.388	0.322	0.255	0.186
4	0.966	0.889	0.811	0.730	0.648	0.564	0.479	0.391	0.301	0.209
5	1.167	1.070	0.972	0.871	0.768	0.663	0.556	0.446	0.334	0.219
6	1.356	1.240	1.122	1.001	0.877	0.751	0.622	0.489	0.354	0.216
7	1.536	1.401	1.262	1.120	0.976	0.828	0.676	0.522	0.364	0.202
8	1.708	1.552	1.393	1.230	1.065	0.895	0.722	0.545	0.364	0.179
9	1.871	1.695	1.516	1.332	1.145	0.954	0.758	0.559	0.354	0.146
10	2.027	1.831	1.631	1.426	1.218	1.005	0.787	0.564	0.337	0.104
11	2.177	1.960	1.739	1.514	1.283	1.048	0.807	0.562	0.311	0.054
12	2.320	2.083	1.841	1.594	1.342	1.084	0.821	0.552	0.277	-0.004
13	2.459	2.201	1.937	1.669	1.394	1.114	0.828	0.536	0.237	-0.068
14	2.592	2.313	2.028	1.738	1.441	1.138	0.829	0.513	0.190	-0.140
15	2.721	2.421	2.114	1.802	1.483	1.157	0.824	0.484	0.137	-0.218
16	2.846	2.524	2.196	1.861	1.519	1.171	0.814	0.450	0.079	-0.301
17	2.967	2.624	2.274	1.916	1.552	1.179	0.799	0.411	0.014	-0.391
18	3.085	2.720	2.348	1.968	1.580	1.184	0.780	0.367	-0.055	-0.486

续表 23-19

ε_D/%	空拉前(厚度/外径)的比值 A_0/%									
	11	12	13	14	15	16	17	18	19	20
19	3.201	2.814	2.419	2.015	1.604	1.184	0.756	0.318	−0.129	−0.585
20	3.314	2.904	2.487	2.060	1.625	1.181	0.728	0.265	−0.207	−0.690
21	3.425	2.993	2.552	2.102	1.643	1.175	0.697	0.209	−0.290	−0.799
22	3.535	3.080	2.616	2.142	1.659	1.166	0.663	0.149	−0.376	−0.912
23	3.643	3.165	2.678	2.180	1.672	1.154	0.626	0.086	−0.465	−1.028
24	3.751	3.250	2.738	2.216	1.684	1.141	0.586	0.020	−0.558	−1.148
25	3.859	3.334	2.798	2.251	1.694	1.125	0.544	−0.048	−0.653	−1.271
26	3.967	3.418	2.857	2.286	1.703	1.108	0.501	−0.119	−0.751	−1.397
27	4.075	3.502	2.916	2.320	1.711	1.090	0.456	−0.191	−0.851	−1.526
28	4.185	3.586	2.976	2.354	1.719	1.071	0.410	−0.265	−0.953	−1.657
29	4.296	3.672	3.036	2.388	1.727	1.052	0.363	−0.339	−1.057	−1.789
30	4.409	3.760	3.098	2.423	1.735	1.033	0.316	−0.415	−1.161	−1.923
31	4.524	3.849	3.161	2.460	1.744	1.014	0.269	−0.491	−1.266	−2.059
32	4.642	3.941	3.226	2.498	1.755	0.996	0.223	−0.566	−1.372	−2.195
33	4.763	4.036	3.294	2.538	1.767	0.980	0.177	−0.642	−1.478	−2.332
34	4.888	4.134	3.365	2.581	1.781	0.965	0.133	−0.717	−1.584	−2.469
35	5.018	4.236	3.439	2.626	1.798	0.952	0.090	−0.790	−1.688	−2.605
36	5.152	4.343	3.517	2.676	1.818	0.942	0.049	−0.862	−1.792	−2.742
37	5.292	4.454	3.600	2.729	1.841	0.935	0.011	−0.932	−1.895	−2.877
38	5.438	4.571	3.688	2.787	1.869	0.932	−0.024	−1.000	−1.995	−3.011
39	5.590	4.694	3.781	2.850	1.901	0.932	−0.056	−1.064	−2.093	−3.143
40	5.750	4.824	3.881	2.919	1.938	0.937	−0.084	−1.125	−2.188	−3.274
41	5.918	4.962	3.987	2.994	1.981	0.947	−0.107	−1.183	−2.281	−3.401
42	6.094	5.107	4.101	3.075	2.030	0.963	−0.125	−1.236	−2.369	−3.526
43	6.279	5.261	4.223	3.165	2.085	0.985	−0.138	−1.284	−2.453	−3.647
44	6.474	5.424	4.353	3.262	2.149	1.013	−0.145	−1.327	−2.533	−3.764
45	6.680	5.597	4.493	3.368	2.220	1.049	−0.145	−1.363	−2.607	−3.877
46	6.898	5.781	4.644	3.483	2.300	1.094	−0.137	−1.394	−2.675	−3.984
47	7.127	5.977	4.805	3.609	2.390	1.146	−0.122	−1.417	−2.738	−4.086
48	7.370	6.185	4.977	3.746	2.490	1.209	−0.098	−1.432	−2.793	−4.182
49	7.627	6.407	5.163	3.894	2.601	1.281	−0.065	−1.438	−2.840	−4.271
50	7.899	6.643	5.362	4.055	2.723	1.365	−0.021	−1.436	−2.879	−4.353

ε_D/%	空拉前(厚度/外径)的比值 A_0/%									
	21	22	23	24	25	26	27	28	29	30
1	0.065	0.041	0.016	−0.009	−0.035	−0.062	−0.089	−0.117	−0.146	−0.176

续表 23-19

ε_D/%	空拉前(厚度/外径)的比值 A_0/%									
	21	22	23	24	25	26	27	28	29	30
2	0.100	0.052	0.003	-0.048	-0.099	-0.153	-0.207	-0.263	-0.321	-0.380
3	0.116	0.044	-0.030	-0.106	-0.184	-0.263	-0.345	-0.429	-0.515	-0.603
4	0.115	0.019	-0.080	-0.181	-0.284	-0.390	-0.499	-0.611	-0.725	-0.843
5	0.101	-0.019	-0.143	-0.269	-0.399	-0.531	-0.667	-0.807	-0.950	-1.097
6	0.075	-0.070	-0.218	-0.370	-0.526	-0.685	-0.848	-1.016	-1.188	-1.364
7	0.037	-0.132	-0.305	-0.483	-0.664	-0.850	-1.041	-1.237	-1.437	-1.643
8	-0.011	-0.205	-0.403	-0.606	-0.814	-1.027	-1.245	-1.469	-1.698	-1.933
9	-0.068	-0.287	-0.510	-0.739	-0.973	-1.213	-1.459	-1.711	-1.970	-2.235
10	-0.134	-0.378	-0.627	-0.881	-1.142	-1.410	-1.683	-1.964	-2.252	-2.546
11	-0.209	-0.477	-0.752	-1.033	-1.321	-1.615	-1.917	-2.226	-2.543	-2.868
12	-0.291	-0.585	-0.885	-1.193	-1.507	-1.829	-2.159	-2.497	-2.844	-3.199
13	-0.380	-0.700	-1.026	-1.360	-1.702	-2.052	-2.410	-2.778	-3.154	-3.539
14	-0.477	-0.822	-1.175	-1.536	-1.905	-2.283	-2.670	-3.066	-3.472	-3.888
15	-0.580	-0.951	-1.330	-1.718	-2.115	-2.521	-2.937	-3.363	-3.799	-4.246
16	-0.690	-1.087	-1.493	-1.908	-2.332	-2.767	-3.212	-3.668	-4.134	-4.613
17	-0.805	-1.228	-1.661	-2.104	-2.557	-3.020	-3.495	-3.980	-4.478	-4.987
18	-0.926	-1.376	-1.836	-2.306	-2.788	-3.280	-3.784	-4.300	-4.829	-5.370
19	-1.052	-1.529	-2.017	-2.515	-3.025	-3.547	-4.081	-4.627	-5.187	-5.760
20	-1.183	-1.687	-2.203	-2.730	-3.269	-3.820	-4.384	-4.962	-5.553	-6.158
21	-1.319	-1.851	-2.394	-2.950	-3.518	-4.099	-4.694	-5.303	-5.926	-6.564
22	-1.459	-2.019	-2.590	-3.175	-3.773	-4.384	-5.010	-5.650	-6.306	-6.977
23	-1.603	-2.191	-2.791	-3.405	-4.033	-4.675	-5.332	-6.005	-6.693	-7.397
24	-1.751	-2.367	-2.997	-3.641	-4.299	-4.972	-5.660	-6.365	-7.086	-7.825
25	-1.903	-2.548	-3.207	-3.880	-4.569	-5.274	-5.994	-6.732	-7.486	-8.259
26	-2.057	-2.731	-3.420	-4.124	-4.844	-5.581	-6.334	-7.104	-7.893	-8.700
27	-2.215	-2.918	-3.638	-4.373	-5.124	-5.892	-6.678	-7.482	-8.305	-9.147
28	-2.375	-3.109	-3.858	-4.624	-5.408	-6.209	-7.028	-7.866	-8.724	-9.602
29	-2.537	-3.301	-4.082	-4.880	-5.696	-6.530	-7.383	-8.255	-9.148	-10.062
30	-2.702	-3.496	-4.309	-5.139	-5.987	-6.855	-7.742	-8.650	-9.578	-10.529
31	-2.868	-3.694	-4.538	-5.401	-6.282	-7.184	-8.106	-9.049	-10.014	-11.002
32	-3.035	-3.893	-4.770	-5.665	-6.581	-7.517	-8.474	-9.453	-10.455	-11.480
33	-3.203	-4.094	-5.003	-5.932	-6.882	-7.854	-8.847	-9.862	-10.902	-11.965
34	-3.372	-4.295	-5.238	-6.202	-7.187	-8.193	-9.223	-10.276	-11.353	-12.455
35	-3.542	-4.498	-5.475	-6.473	-7.494	-8.537	-9.603	-10.694	-11.810	-12.951
36	-3.711	-4.701	-5.713	-6.746	-7.803	-8.882	-9.986	-11.116	-12.271	-13.453

续表 23-19

ε_D/%	空拉前(厚度/外径)的比值 A_0/%									
	21	22	23	24	25	26	27	28	29	30
37	-3.880	-4.905	-5.952	-7.021	-8.114	-9.231	-10.373	-11.542	-12.737	-13.960
38	-4.049	-5.108	-6.191	-7.297	-8.427	-9.582	-10.763	-11.971	-13.207	-14.472
39	-4.216	-5.311	-6.430	-7.573	-8.741	-9.935	-11.156	-12.405	-13.682	-14.989
40	-4.382	-5.513	-6.669	-7.850	-9.057	-10.290	-11.551	-12.841	-14.161	-15.511
41	-4.545	-5.714	-6.907	-8.127	-9.373	-10.647	-11.949	-13.281	-14.644	-16.038
42	-4.707	-5.913	-7.145	-8.404	-9.690	-11.005	-12.349	-13.724	-15.130	-16.569
43	-4.866	-6.110	-7.381	-8.680	-10.007	-11.364	-12.751	-14.170	-15.621	-17.105
44	-5.021	-6.305	-7.616	-8.955	-10.324	-11.724	-13.155	-14.618	-16.114	-17.646
45	-5.173	-6.496	-7.848	-9.230	-10.641	-12.084	-13.559	-15.068	-16.611	-18.190
46	-5.320	-6.685	-8.078	-9.502	-10.957	-12.445	-13.965	-15.521	-17.111	-18.739
47	-5.463	-6.869	-8.305	-9.773	-11.272	-12.805	-14.372	-15.975	-17.614	-19.292
48	-5.600	-7.049	-8.529	-10.041	-11.586	-13.165	-14.780	-16.431	-18.120	-19.849
49	-5.732	-7.224	-8.748	-10.306	-11.897	-13.524	-15.187	-16.888	-18.628	-20.409
50	-5.857	-7.394	-8.964	-10.567	-12.206	-13.882	-15.595	-17.347	-19.139	-20.973

ε_D/%	空拉前(厚度/外径)的比值 A_0/%									
	31	32	33	34	35	36	37	38	39	40
1	-0.206	-0.237	-0.270	-0.303	-0.337	-0.372	-0.408	-0.446	-0.484	-0.524
2	-0.440	-0.503	-0.567	-0.633	-0.701	-0.770	-0.842	-0.916	-0.993	-1.072
3	-0.694	-0.787	-0.883	-0.981	-1.083	-1.187	-1.294	-1.405	-1.519	-1.636
4	-0.964	-1.088	-1.215	-1.346	-1.481	-1.619	-1.762	-1.909	-2.060	-2.216
5	-1.248	-1.402	-1.561	-1.725	-1.893	-2.066	-2.243	-2.426	-2.615	-2.809
6	-1.545	-1.730	-1.921	-2.117	-2.318	-2.525	-2.738	-2.958	-3.183	-3.415
7	-1.854	-2.071	-2.293	-2.522	-2.756	-2.998	-3.246	-3.501	-3.764	-4.034
8	-2.175	-2.422	-2.677	-2.938	-3.206	-3.482	-3.765	-4.057	-4.357	-4.666
9	-2.506	-2.785	-3.072	-3.365	-3.667	-3.977	-4.296	-4.624	-4.961	-5.309
10	-2.849	-3.159	-3.477	-3.804	-4.140	-4.484	-4.839	-5.203	-5.578	-5.963
11	-3.201	-3.543	-3.893	-4.253	-4.622	-5.002	-5.392	-5.793	-6.205	-6.629
12	-3.563	-3.936	-4.319	-4.712	-5.116	-5.530	-5.956	-6.394	-6.844	-7.307
13	-3.934	-4.339	-4.755	-5.182	-5.620	-6.069	-6.531	-7.006	-7.494	-7.995
14	-4.315	-4.752	-5.201	-5.661	-6.133	-6.618	-7.116	-7.628	-8.154	-8.695
15	-4.704	-5.174	-5.656	-6.150	-6.657	-7.178	-7.712	-8.261	-8.826	-9.406
16	-5.103	-5.605	-6.120	-6.648	-7.190	-7.747	-8.318	-8.905	-9.508	-10.128
17	-5.509	-6.044	-6.593	-7.156	-7.733	-8.326	-8.935	-9.559	-10.202	-10.861
18	-5.924	-6.493	-7.075	-7.673	-8.286	-8.915	-9.561	-10.224	-10.906	-11.606
19	-6.348	-6.949	-7.566	-8.199	-8.848	-9.514	-10.198	-10.899	-11.620	-12.361

续表 23-19

ε_D/%	空拉前(厚度/外径)的比值 A_0/%									
	31	32	33	34	35	36	37	38	39	40
20	-6.779	-7.414	-8.066	-8.734	-9.419	-10.123	-10.844	-11.585	-12.346	-13.128
21	-7.218	-7.888	-8.574	-9.278	-10.000	-10.741	-11.501	-12.281	-13.082	-13.906
22	-7.665	-8.369	-9.091	-9.831	-10.590	-11.369	-12.167	-12.988	-13.830	-14.695
23	-8.119	-8.858	-9.616	-10.393	-11.189	-12.006	-12.844	-13.705	-14.588	-15.495
24	-8.581	-9.356	-10.149	-10.963	-11.797	-12.653	-13.531	-14.432	-15.357	-16.307
25	-9.050	-9.860	-10.691	-11.542	-12.415	-13.310	-14.228	-15.170	-16.137	-17.131
26	-9.526	-10.373	-11.241	-12.130	-13.041	-13.976	-14.935	-15.919	-16.929	-17.966
27	-10.010	-10.893	-11.798	-12.726	-13.676	-14.651	-15.652	-16.678	-17.731	-18.813
28	-10.500	-11.421	-12.364	-13.330	-14.321	-15.337	-16.379	-17.448	-18.545	-19.671
29	-10.998	-11.956	-12.938	-13.943	-14.974	-16.032	-17.116	-18.228	-19.370	-20.542
30	-11.502	-12.498	-13.519	-14.565	-15.637	-16.736	-17.863	-19.020	-20.207	-21.425
31	-12.013	-13.048	-14.108	-15.195	-16.308	-17.450	-18.621	-19.822	-21.055	-22.320
32	-12.530	-13.605	-14.705	-15.833	-16.989	-18.174	-19.389	-20.636	-21.915	-23.228
33	-13.054	-14.168	-15.310	-16.480	-17.679	-18.907	-20.168	-21.460	-22.787	-24.148
34	-13.584	-14.739	-15.923	-17.135	-18.377	-19.651	-20.957	-22.296	-23.671	-25.081
35	-14.120	-15.317	-16.543	-17.798	-19.085	-20.404	-21.756	-23.143	-24.567	-26.027
36	-14.663	-15.902	-17.170	-18.470	-19.802	-21.167	-22.566	-24.002	-25.475	-26.987
37	-15.211	-16.493	-17.805	-19.150	-20.527	-21.940	-23.387	-24.872	-26.396	-27.960
38	-15.766	-17.091	-18.448	-19.838	-21.262	-22.722	-24.219	-25.755	-27.330	-28.946
39	-16.326	-17.696	-19.098	-20.535	-22.007	-23.515	-25.062	-26.649	-28.276	-29.947
40	-16.893	-18.307	-19.756	-21.240	-22.760	-24.319	-25.916	-27.555	-29.236	-30.961
41	-17.464	-18.925	-20.421	-21.953	-23.523	-25.132	-26.782	-28.474	-30.209	-31.991
42	-18.042	-19.550	-21.093	-22.675	-24.295	-25.956	-27.659	-29.405	-31.196	-33.035
43	-18.625	-20.180	-21.773	-23.405	-25.077	-26.790	-28.547	-30.349	-32.197	-34.094
44	-19.213	-20.818	-22.461	-24.144	-25.868	-27.635	-29.447	-31.306	-33.212	-35.169
45	-19.807	-21.461	-23.155	-24.891	-26.669	-28.491	-30.360	-32.276	-34.242	-36.259
46	-20.405	-22.111	-23.857	-25.646	-27.479	-29.358	-31.284	-33.260	-35.286	-37.366
47	-21.009	-22.767	-24.567	-26.410	-28.300	-30.236	-32.221	-34.257	-36.346	-38.490
48	-21.618	-23.429	-25.284	-27.183	-29.130	-31.125	-33.171	-35.269	-37.421	-39.630
49	-22.231	-24.097	-26.008	-27.965	-29.970	-32.026	-34.133	-36.295	-38.513	-40.788
50	-22.850	-24.771	-26.739	-28.755	-30.821	-32.938	-35.109	-37.336	-39.620	-41.965

表 23-20 空拉后 A_0 的值

ε_D/%	空拉后(厚度/外径)的比值 A/%									
	1	2	3	4	5	6	7	8	9	10
1	0.448	0.433	0.417	0.401	0.385	0.369	0.352	0.335	0.317	0.300
2	0.867	0.838	0.807	0.776	0.744	0.712	0.679	0.646	0.611	0.576
3	1.270	1.226	1.181	1.135	1.088	1.041	0.992	0.943	0.893	0.841
4	1.659	1.601	1.542	1.482	1.421	1.359	1.296	1.231	1.165	1.098

续表 23-20

ε_D/%	空拉后(厚度/外径)的比值 A/%									
	1	2	3	4	5	6	7	8	9	10
5	2.037	1.966	1.894	1.820	1.745	1.669	1.591	1.512	1.431	1.349
6	2.407	2.323	2.237	2.150	2.062	1.972	1.880	1.787	1.692	1.596
7	2.769	2.672	2.574	2.474	2.373	2.270	2.165	2.058	1.950	1.839
8	3.124	3.015	2.905	2.793	2.679	2.563	2.446	2.326	2.204	2.081
9	3.473	3.353	3.231	3.107	2.981	2.853	2.723	2.591	2.457	2.320
10	3.818	3.686	3.553	3.417	3.280	3.140	2.998	2.854	2.708	2.559
11	4.158	4.015	3.871	3.725	3.576	3.425	3.272	3.116	2.958	2.797
12	4.494	4.341	4.186	4.029	3.870	3.708	3.544	3.377	3.207	3.036
13	4.827	4.665	4.499	4.332	4.162	3.990	3.815	3.637	3.457	3.275
14	5.158	4.986	4.811	4.633	4.453	4.271	4.086	3.898	3.708	3.515
15	5.487	5.305	5.121	4.934	4.744	4.552	4.357	4.160	3.959	3.756
16	5.814	5.623	5.430	5.233	5.035	4.833	4.629	4.422	4.212	3.999
17	6.141	5.941	5.738	5.533	5.326	5.115	4.902	4.686	4.467	4.245
18	6.466	6.258	6.047	5.834	5.618	5.398	5.177	4.952	4.724	4.493
19	6.792	6.576	6.357	6.135	5.911	5.683	5.453	5.220	4.984	4.745
20	7.119	6.894	6.668	6.438	6.206	5.970	5.732	5.491	5.247	5.000
21	7.446	7.214	6.980	6.743	6.503	6.260	6.014	5.765	5.513	5.258
22	7.775	7.536	7.294	7.050	6.802	6.552	6.299	6.043	5.784	5.521
23	8.106	7.860	7.611	7.360	7.105	6.848	6.588	6.325	6.058	5.789
24	8.439	8.186	7.931	7.673	7.412	7.148	6.881	6.611	6.338	6.062
25	8.775	8.516	8.254	7.990	7.722	7.452	7.179	6.902	6.623	6.340
26	9.115	8.849	8.582	8.311	8.037	7.761	7.481	7.199	6.914	6.625
27	9.458	9.187	8.913	8.637	8.357	8.075	7.790	7.502	7.210	6.916
28	9.806	9.530	9.250	8.968	8.683	8.395	8.104	7.811	7.514	7.214
29	10.160	9.878	9.593	9.305	9.015	8.722	8.426	8.127	7.825	7.520
30	10.519	10.231	9.942	9.649	9.354	9.055	8.754	8.450	8.143	7.833
31	10.884	10.592	10.297	10.000	9.699	9.396	9.090	8.782	8.470	8.155
32	11.256	10.959	10.660	10.358	10.053	9.745	9.435	9.122	8.805	8.486
33	11.635	11.334	11.030	10.724	10.415	10.103	9.788	9.471	9.150	8.827
34	12.023	11.717	11.410	11.099	10.786	10.470	10.151	9.830	9.505	9.178
35	12.419	12.110	11.798	11.484	11.167	10.847	10.524	10.199	9.871	9.540
36	12.825	12.512	12.196	11.878	11.558	11.234	10.908	10.579	10.248	9.913
37	13.241	12.924	12.605	12.284	11.960	11.633	11.303	10.971	10.637	10.299
38	13.667	13.348	13.026	12.701	12.374	12.044	11.711	11.376	11.038	10.697
39	14.106	13.783	13.458	13.130	12.800	12.467	12.132	11.794	11.453	11.110

续表 23-20

ε_D/%	空拉后(厚度/外径)的比值 A/%									
	1	2	3	4	5	6	7	8	9	10
40	14.557	14.231	13.903	13.573	13.240	12.904	12.566	12.225	11.882	11.536
41	15.021	14.693	14.362	14.029	13.693	13.355	13.015	12.672	12.326	11.978
42	15.499	15.169	14.836	14.500	14.162	13.822	13.479	13.134	12.786	12.436
43	15.993	15.660	15.324	14.987	14.647	14.305	13.960	13.613	13.263	12.911
44	16.502	16.167	15.830	15.490	15.148	14.804	14.458	14.109	13.758	13.404
45	17.028	16.692	16.352	16.011	15.668	15.322	14.974	14.623	14.271	13.915
46	17.573	17.234	16.894	16.551	16.206	15.859	15.509	15.157	14.803	14.447
47	18.136	17.796	17.454	17.110	16.764	16.415	16.065	15.712	15.356	14.999
48	18.720	18.378	18.035	17.690	17.343	16.993	16.642	16.288	15.932	15.573
49	19.324	18.982	18.638	18.292	17.944	17.593	17.241	16.886	16.530	16.171
50	19.952	19.609	19.264	18.917	18.568	18.217	17.864	17.509	17.152	16.793

ε_D/%	空拉后(厚度/外径)的比值 A/%									
	11	12	13	14	15	16	17	18	19	20
1	0.281	0.263	0.244	0.224	0.204	0.184	0.163	0.142	0.120	0.098
2	0.541	0.504	0.467	0.429	0.390	0.351	0.310	0.269	0.227	0.183
3	0.789	0.736	0.681	0.625	0.569	0.511	0.452	0.391	0.329	0.266
4	1.030	0.960	0.889	0.817	0.743	0.667	0.590	0.512	0.432	0.350
5	1.266	1.180	1.093	1.005	0.915	0.823	0.729	0.633	0.535	0.435
6	1.498	1.397	1.295	1.191	1.086	0.978	0.868	0.756	0.641	0.525
7	1.727	1.613	1.496	1.377	1.257	1.134	1.008	0.881	0.750	0.618
8	1.955	1.827	1.696	1.563	1.428	1.291	1.151	1.008	0.863	0.715
9	2.181	2.040	1.896	1.750	1.602	1.450	1.297	1.140	0.980	0.818
10	2.408	2.254	2.097	1.938	1.777	1.612	1.445	1.275	1.102	0.926
11	2.634	2.468	2.300	2.128	1.954	1.777	1.597	1.415	1.228	1.039
12	2.861	2.684	2.503	2.320	2.135	1.946	1.754	1.558	1.360	1.158
13	3.089	2.901	2.709	2.515	2.318	2.117	1.914	1.707	1.497	1.284
14	3.318	3.120	2.918	2.713	2.505	2.293	2.079	1.861	1.640	1.415
15	3.550	3.341	3.129	2.913	2.695	2.473	2.248	2.020	1.788	1.553
16	3.784	3.565	3.343	3.118	2.890	2.658	2.423	2.185	1.943	1.697
17	4.020	3.792	3.561	3.326	3.089	2.848	2.603	2.355	2.104	1.848
18	4.260	4.023	3.782	3.539	3.292	3.042	2.789	2.532	2.271	2.007
19	4.502	4.257	4.008	3.757	3.501	3.243	2.980	2.715	2.445	2.172
20	4.749	4.496	4.239	3.979	3.715	3.449	3.178	2.904	2.627	2.345
21	5.000	4.739	4.475	4.207	3.935	3.661	3.383	3.101	2.815	2.526
22	5.256	4.987	4.715	4.440	4.162	3.879	3.594	3.305	3.012	2.715

续表 23-20

ε_D/%	空拉后(厚度/外径)的比值 A/%									
	11	12	13	14	15	16	17	18	19	20
23	5.517	5.241	4.962	4.680	4.394	4.105	3.812	3.516	3.216	2.913
24	5.783	5.500	5.215	4.926	4.633	4.338	4.038	3.735	3.429	3.119
25	6.055	5.766	5.474	5.179	4.880	4.578	4.272	3.963	3.650	3.334
26	6.333	6.038	5.740	5.439	5.134	4.826	4.514	4.199	3.880	3.558
27	6.619	6.318	6.014	5.707	5.396	5.083	4.765	4.444	4.120	3.792
28	6.911	6.605	6.296	5.983	5.667	5.348	5.025	4.699	4.370	4.036
29	7.211	6.900	6.586	6.268	5.947	5.623	5.295	4.964	4.629	4.291
30	7.520	7.204	6.884	6.562	6.236	5.907	5.574	5.239	4.899	4.557
31	7.837	7.516	7.192	6.865	6.535	6.201	5.864	5.524	5.181	4.833
32	8.164	7.839	7.510	7.179	6.844	6.507	6.166	5.821	5.473	5.122
33	8.501	8.171	7.839	7.503	7.165	6.823	6.478	6.130	5.778	5.423
34	8.848	8.515	8.178	7.839	7.497	7.151	6.803	6.451	6.096	5.738
35	9.206	8.869	8.529	8.187	7.841	7.492	7.140	6.785	6.427	6.065
36	9.576	9.236	8.893	8.547	8.198	7.846	7.491	7.133	6.771	6.407
37	9.959	9.615	9.269	8.920	8.568	8.213	7.855	7.494	7.130	6.763
38	10.354	10.008	9.659	9.307	8.953	8.595	8.234	7.871	7.504	7.134
39	10.764	10.415	10.063	9.709	9.352	8.992	8.629	8.263	7.894	7.522
40	11.188	10.837	10.483	10.126	9.767	9.404	9.039	8.671	8.300	7.926
41	11.627	11.274	10.918	10.559	10.198	9.833	9.466	9.096	8.724	8.348
42	12.083	11.728	11.370	11.009	10.646	10.280	9.911	9.540	9.165	8.788
43	12.556	12.199	11.840	11.477	11.112	10.745	10.375	10.002	9.626	9.247
44	13.048	12.689	12.328	11.964	11.598	11.229	10.857	10.483	10.106	9.727
45	13.558	13.198	12.835	12.470	12.103	11.733	11.360	10.985	10.607	10.227
46	14.088	13.727	13.363	12.997	12.629	12.258	11.885	11.509	11.130	10.749
47	14.639	14.277	13.913	13.546	13.177	12.805	12.431	12.055	11.676	11.294
48	15.213	14.850	14.485	14.118	13.748	13.376	13.001	12.625	12.245	11.864
49	15.810	15.446	15.081	14.713	14.343	13.971	13.596	13.219	12.840	12.458
50	16.431	16.068	15.702	15.334	14.964	14.591	14.217	13.840	13.461	13.079

ε_D/%	空拉后(厚度/外径)的比值 A/%									
	21	22	23	24	25	26	27	28	29	30
1	0.075	0.052	0.028	0.003	−0.022	−0.048	−0.074	−0.101	−0.129	−0.158
2	0.139	0.094	0.047	0.000	−0.049	−0.098	−0.149	−0.202	−0.255	−0.310
3	0.202	0.136	0.068	−0.001	−0.071	−0.144	−0.218	−0.293	−0.371	−0.450
4	0.266	0.181	0.093	0.004	−0.087	−0.181	−0.276	−0.374	−0.474	−0.576
5	0.334	0.230	0.124	0.015	−0.095	−0.209	−0.324	−0.442	−0.563	−0.687

续表 23-20

ε_D/%	空拉后(厚度/外径)的比值 A/%									
	21	22	23	24	25	26	27	28	29	30
6	0.406	0.284	0.160	0.034	-0.095	-0.227	-0.362	-0.499	-0.640	-0.783
7	0.482	0.345	0.204	0.060	-0.086	-0.235	-0.388	-0.543	-0.702	-0.865
8	0.565	0.411	0.255	0.095	-0.068	-0.234	-0.403	-0.576	-0.752	-0.932
9	0.653	0.484	0.313	0.138	-0.040	-0.222	-0.407	-0.596	-0.788	-0.984
10	0.747	0.564	0.378	0.189	-0.004	-0.200	-0.400	-0.604	-0.811	-1.023
11	0.847	0.651	0.452	0.249	0.042	-0.168	-0.382	-0.600	-0.822	-1.048
12	0.953	0.745	0.533	0.317	0.097	-0.126	-0.353	-0.585	-0.820	-1.060
13	1.067	0.846	0.622	0.394	0.162	-0.074	-0.314	-0.557	-0.806	-1.058
14	1.187	0.955	0.719	0.479	0.236	-0.011	-0.263	-0.519	-0.779	-1.044
15	1.314	1.071	0.824	0.574	0.319	0.061	-0.202	-0.469	-0.740	-1.016
16	1.448	1.195	0.938	0.677	0.412	0.143	-0.130	-0.408	-0.690	-0.976
17	1.589	1.327	1.060	0.789	0.515	0.236	-0.047	-0.335	-0.627	-0.923
18	1.739	1.467	1.191	0.911	0.627	0.339	0.046	-0.251	-0.552	-0.858
19	1.895	1.615	1.330	1.041	0.749	0.452	0.150	-0.155	-0.466	-0.780
20	2.060	1.771	1.478	1.181	0.880	0.575	0.265	-0.048	-0.367	-0.690
21	2.233	1.937	1.636	1.331	1.022	0.709	0.392	0.070	-0.256	-0.587
22	2.415	2.111	1.803	1.490	1.174	0.854	0.529	0.200	-0.133	-0.471
23	2.605	2.294	1.979	1.660	1.337	1.009	0.678	0.342	0.002	-0.343
24	2.805	2.487	2.165	1.840	1.510	1.176	0.838	0.496	0.149	-0.202
25	3.014	2.689	2.362	2.030	1.694	1.354	1.010	0.661	0.309	-0.048
26	3.232	2.902	2.568	2.231	1.889	1.543	1.194	0.840	0.481	0.119
27	3.460	3.125	2.786	2.443	2.096	1.745	1.390	1.031	0.667	0.299
28	3.699	3.359	3.015	2.666	2.314	1.958	1.598	1.234	0.866	0.493
29	3.949	3.604	3.255	2.902	2.545	2.184	1.820	1.451	1.078	0.701
30	4.210	3.860	3.507	3.149	2.788	2.423	2.054	1.681	1.305	0.924
31	4.483	4.129	3.771	3.409	3.044	2.675	2.302	1.926	1.545	1.160
32	4.768	4.410	4.048	3.683	3.314	2.941	2.564	2.184	1.800	1.412
33	5.065	4.703	4.338	3.969	3.597	3.221	2.841	2.457	2.070	1.679
34	5.376	5.011	4.642	4.270	3.894	3.515	3.132	2.746	2.355	1.961
35	5.700	5.332	4.960	4.585	4.207	3.825	3.439	3.050	2.657	2.260
36	6.039	5.668	5.293	4.916	4.534	4.150	3.762	3.370	2.975	2.576
37	6.392	6.019	5.642	5.262	4.878	4.491	4.101	3.707	3.310	2.909
38	6.762	6.386	6.006	5.624	5.238	4.849	4.457	4.061	3.662	3.259
39	7.147	6.769	6.388	6.003	5.616	5.225	4.831	4.433	4.033	3.628

续表 23-20

ε_D/%	空拉后(厚度/外径)的比值 A/%									
	21	22	23	24	25	26	27	28	29	30
40	7.549	7.170	6.787	6.400	6.011	5.619	5.223	4.824	4.422	4.017
41	7.970	7.588	7.203	6.816	6.425	6.032	5.635	5.235	4.831	4.425
42	8.408	8.025	7.639	7.251	6.859	6.464	6.066	5.665	5.261	4.854
43	8.866	8.482	8.095	7.705	7.313	6.917	6.518	6.117	5.712	5.304
44	9.345	8.959	8.572	8.181	7.788	7.391	6.992	6.590	6.185	5.776
45	9.844	9.458	9.070	8.679	8.285	7.888	7.488	7.086	6.680	6.272
46	10.366	9.979	9.590	9.199	8.805	8.408	8.008	7.605	7.200	6.792
47	10.910	10.524	10.135	9.743	9.349	8.952	8.552	8.149	7.744	7.336
48	11.480	11.093	10.704	10.312	9.918	9.521	9.122	8.719	8.315	7.907
49	12.074	11.688	11.299	10.907	10.513	10.117	9.718	9.316	8.912	8.506
50	12.695	12.309	11.921	11.530	11.136	10.740	10.342	9.941	9.538	9.132

ε_D/%	空拉后(厚度/外径)的比值 A/%									
	31	32	33	34	35	36	37	38	39	40
1	-0.187	-0.217	-0.248	-0.280	-0.313	-0.347	-0.382	-0.418	-0.454	-0.493
2	-0.367	-0.425	-0.484	-0.545	-0.608	-0.672	-0.739	-0.807	-0.877	-0.949
3	-0.532	-0.615	-0.701	-0.789	-0.879	-0.972	-1.067	-1.164	-1.265	-1.368
4	-0.681	-0.788	-0.898	-1.011	-1.126	-1.245	-1.366	-1.491	-1.619	-1.751
5	-0.814	-0.943	-1.076	-1.211	-1.350	-1.493	-1.639	-1.788	-1.942	-2.099
6	-0.930	-1.080	-1.234	-1.391	-1.552	-1.716	-1.885	-2.057	-2.234	-2.415
7	-1.030	-1.200	-1.373	-1.550	-1.731	-1.916	-2.106	-2.299	-2.498	-2.701
8	-1.115	-1.303	-1.494	-1.690	-1.889	-2.094	-2.302	-2.516	-2.734	-2.957
9	-1.185	-1.389	-1.597	-1.810	-2.028	-2.249	-2.476	-2.708	-2.945	-3.187
10	-1.239	-1.459	-1.683	-1.912	-2.146	-2.385	-2.628	-2.876	-3.130	-3.389
11	-1.279	-1.514	-1.753	-1.997	-2.246	-2.500	-2.759	-3.023	-3.292	-3.567
12	-1.304	-1.553	-1.806	-2.064	-2.327	-2.596	-2.869	-3.148	-3.432	-3.722
13	-1.315	-1.577	-1.844	-2.115	-2.391	-2.673	-2.959	-3.252	-3.549	-3.853
14	-1.313	-1.587	-1.866	-2.149	-2.438	-2.732	-3.031	-3.336	-3.646	-3.962
15	-1.297	-1.582	-1.872	-2.168	-2.468	-2.773	-3.084	-3.401	-3.723	-4.051
16	-1.267	-1.563	-1.864	-2.170	-2.481	-2.798	-3.119	-3.446	-3.779	-4.118
17	-1.225	-1.531	-1.842	-2.158	-2.479	-2.805	-3.137	-3.474	-3.817	-4.166
18	-1.169	-1.484	-1.804	-2.130	-2.460	-2.796	-3.137	-3.484	-3.836	-4.194
19	-1.100	-1.424	-1.753	-2.087	-2.426	-2.771	-3.121	-3.476	-3.837	-4.204
20	-1.018	-1.350	-1.687	-2.030	-2.377	-2.730	-3.088	-3.451	-3.820	-4.195
21	-0.922	-1.263	-1.607	-1.957	-2.312	-2.673	-3.038	-3.409	-3.785	-4.167
22	-0.814	-1.161	-1.514	-1.871	-2.233	-2.600	-2.972	-3.350	-3.733	-4.122

续表 23-20

ε_D/%	空拉后(厚度/外径)的比值 A/%									
	31	32	33	34	35	36	37	38	39	40
23	-0.693	-1.047	-1.405	-1.769	-2.138	-2.511	-2.890	-3.274	-3.664	-4.059
24	-0.558	-0.918	-1.283	-1.653	-2.028	-2.408	-2.792	-3.182	-3.578	-3.978
25	-0.410	-0.776	-1.147	-1.522	-1.903	-2.288	-2.678	-3.074	-3.474	-3.880
26	-0.248	-0.620	-0.996	-1.377	-1.762	-2.153	-2.548	-2.948	-3.354	-3.765
27	-0.073	-0.449	-0.830	-1.216	-1.606	-2.002	-2.402	-2.807	-3.217	-3.632
28	0.117	-0.265	-0.650	-1.040	-1.435	-1.835	-2.239	-2.648	-3.062	-3.481
29	0.320	-0.065	-0.455	-0.849	-1.248	-1.652	-2.060	-2.473	-2.891	-3.313
30	0.538	0.149	-0.245	-0.643	-1.045	-1.452	-1.864	-2.280	-2.702	-3.127
31	0.771	0.378	-0.019	-0.420	-0.826	-1.237	-1.651	-2.071	-2.495	-2.924
32	1.020	0.623	0.223	-0.182	-0.591	-1.004	-1.422	-1.844	-2.270	-2.702
33	1.283	0.884	0.481	0.073	-0.338	-0.754	-1.174	-1.599	-2.028	-2.462
34	1.563	1.161	0.755	0.346	-0.069	-0.487	-0.909	-1.336	-1.767	-2.202
35	1.860	1.455	1.047	0.635	0.219	-0.201	-0.626	-1.054	-1.487	-1.924
36	2.173	1.767	1.356	0.942	0.524	0.102	-0.324	-0.754	-1.188	-1.627
37	2.504	2.096	1.684	1.268	0.848	0.425	-0.003	-0.434	-0.870	-1.309
38	2.853	2.443	2.030	1.612	1.191	0.767	0.338	-0.094	-0.531	-0.971
39	3.221	2.810	2.395	1.976	1.554	1.129	0.699	0.266	-0.171	-0.612
40	3.608	3.196	2.780	2.361	1.938	1.511	1.081	0.647	0.210	-0.231
41	4.015	3.602	3.185	2.765	2.342	1.915	1.485	1.051	0.613	0.172
42	4.443	4.029	3.612	3.192	2.768	2.341	1.910	1.476	1.039	0.597
43	4.893	4.479	4.061	3.641	3.217	2.790	2.359	1.925	1.488	1.047
44	5.365	4.951	4.533	4.113	3.689	3.262	2.832	2.398	1.961	1.521
45	5.861	5.446	5.029	4.609	4.185	3.758	3.329	2.896	2.459	2.020
46	6.380	5.966	5.549	5.129	4.706	4.280	3.851	3.419	2.984	2.545
47	6.926	6.512	6.096	5.676	5.254	4.829	4.401	3.969	3.535	3.098
48	7.497	7.084	6.668	6.250	5.829	5.404	4.977	4.547	4.114	3.679
49	8.096	7.684	7.269	6.852	6.432	6.009	5.583	5.154	4.723	4.289
50	8.724	8.313	7.899	7.483	7.064	6.643	6.218	5.791	5.362	4.929

表 23-21 空拉配模计算结果

项 目	倒数道次	D_H/mm	S_H/mm	D_0/mm	A_H/%	ε_D/%	ε_s/% (查表 23-20)	$S_{0算}$/mm (按式 23-29)
求管坯壁厚上限	1	7.0	0.80	9.0	11.43	22.2	4.767	0.764
	2	9.0	0.76	12.0	8.48	25.0	6.514	0.717
	3	12.0	0.72	16.0	5.97	25.0	7.179	0.669
求管坯壁厚下限	1	7.0	0.70	9.0	10.00	22.2	5.093	0.666
	2	9.0	0.67	12.0	7.40	25.0	6.850	0.623
	3	12.0	0.62	16.0	5.19	25.0	7.502	0.580

摩擦系数见表23-22。

表 23-22 摩擦系数

模角,α/(°)	摩擦系数,μ									
	0.02	0.04	0.06	0.08	0.1	0.12	0.14	0.16	0.18	0.20
8	0.996	1.016	1.035	1.055	1.074	1.094	1.114	1.133	1.153	1.172
8.5	0.992	1.011	1.031	1.050	1.069	1.089	1.108	1.128	1.147	1.167
9	0.987	1.006	1.026	1.045	1.064	1.084	1.103	1.122	1.142	1.161
9.5	0.982	1.002	1.021	1.040	1.059	1.079	1.098	1.117	1.136	1.156
10	0.978	0.997	1.016	1.035	1.054	1.074	1.093	1.112	1.131	1.150
10.5	0.973	0.992	1.011	1.030	1.049	1.068	1.087	1.107	1.126	1.145
11	0.968	0.987	1.006	1.025	1.044	1.063	1.082	1.101	1.120	1.139
11.5	0.964	0.983	1.001	1.020	1.039	1.058	1.077	1.096	1.115	1.134
12	0.959	0.978	0.997	1.015	1.034	1.053	1.072	1.091	1.109	1.128
12.5	0.954	0.973	0.992	1.011	1.029	1.048	1.067	1.085	1.104	1.123
13	0.950	0.968	0.987	1.006	1.024	1.043	1.061	1.080	1.099	1.117
13.5	0.945	0.964	0.982	1.001	1.019	1.038	1.056	1.075	1.093	1.112
14	0.940	0.959	0.977	0.996	1.014	1.033	1.051	1.070	1.088	1.106
14.5	0.936	0.954	0.973	0.991	1.009	1.028	1.046	1.064	1.083	1.101
15	0.931	0.949	0.968	0.986	1.004	1.023	1.041	1.059	1.077	1.096
15.5	0.927	0.945	0.963	0.981	0.999	1.017	1.036	1.054	1.072	1.090
16	0.922	0.940	0.958	0.976	0.994	1.012	1.030	1.048	1.067	1.085
16.5	0.917	0.935	0.953	0.971	0.989	1.007	1.025	1.043	1.061	1.079
17	0.913	0.931	0.948	0.966	0.984	1.002	1.020	1.038	1.056	1.074
17.5	0.908	0.926	0.944	0.961	0.979	0.997	1.015	1.033	1.051	1.068
18	0.903	0.921	0.939	0.957	0.974	0.992	1.010	1.027	1.045	1.063
18.5	0.899	0.916	0.934	0.952	0.969	0.987	1.005	1.022	1.040	1.057
19	0.894	0.912	0.929	0.947	0.964	0.982	0.999	1.017	1.035	1.052
19.5	0.890	0.907	0.925	0.942	0.959	0.977	0.994	1.012	1.029	1.047
20	0.885	0.902	0.920	0.937	0.954	0.972	0.989	1.006	1.024	1.041
20.5	0.880	0.898	0.915	0.932	0.949	0.967	0.984	1.001	1.019	1.036
21	0.876	0.893	0.910	0.927	0.945	0.962	0.979	0.996	1.013	1.030
21.5	0.871	0.888	0.905	0.922	0.940	0.957	0.974	0.991	1.008	1.025
22	0.867	0.884	0.901	0.918	0.935	0.952	0.969	0.986	1.003	1.020
22.5	0.862	0.879	0.896	0.913	0.930	0.947	0.963	0.980	0.997	1.014
23	0.857	0.874	0.891	0.908	0.925	0.942	0.958	0.975	0.992	1.009
23.5	0.853	0.870	0.886	0.903	0.920	0.937	0.953	0.970	0.987	1.003
24	0.848	0.865	0.882	0.898	0.915	0.931	0.948	0.965	0.981	0.998
24.5	0.844	0.860	0.877	0.893	0.910	0.926	0.943	0.960	0.976	0.993
25	0.839	0.856	0.872	0.889	0.905	0.921	0.938	0.954	0.971	0.987
25.5	0.835	0.851	0.867	0.884	0.900	0.916	0.933	0.949	0.966	0.982
26	0.830	0.846	0.863	0.879	0.895	0.911	0.928	0.944	0.960	0.977

23.2.3.2 芯头拉伸

芯头拉伸的变形量由减径变形和减壁变形组成，管材内表面比空拉好。在配模时，要合理搭配减径和减壁量。减径量过大，造成拉伸力过大，易出现断头；减壁量太小，则会造成管壁变形不均，影响管材质量。

A 固定短芯头拉伸时的“跳车现象”

固定短芯头拉伸时，当管坯壁厚不均，或润滑条件变化，会使芯杆弹性伸长发生变化，从而引起芯头、芯杆弹性系统的振动。这就是所谓的“跳车现象”。“跳车”使管材表面产生明暗交替的环状纹或纵向壁厚不均。“跳车”时振动的频率主要与拉伸速度有关。当拉伸速度大到一定程度时，芯头、芯杆弹性系统的固有振动与外因造成的强迫振动产生共振，可能会引起拉伸失败。因此，用短芯头拉伸时，管坯的长度、道次加工率和拉伸速度受到限制。

B 游动芯头拉伸工艺特点

(1) 芯头不用芯杆固定位置。用游动芯头进行盘管拉伸时，可以实现长管、小管材衬芯拉伸，这样可以提高管材表面质量，便于实现高速拉伸，实现机械化和自动化，厂房面积比较小。

(2) 道次加工率大。一般短芯头拉伸的道次延伸系数为1.3~1.5。而游动芯头拉伸时，由于拉拔力可以相应减小25%，因此，道次延伸系数可以达到1.6~1.9，从而可以减少拉伸道次。

(3) 道次减壁量 ΔS 要满足下列关系：

$$D-d \geqslant (3\sim6)\Delta S \tag{23-30}$$

式中 D、d——分别为游动芯头的大圆柱体和定径圆柱体直径，mm。

(4) 分别用游动芯头和固定短芯头拉伸时，在制品的尺寸和拉伸道次相同时：

$$\Delta D_{游} < \Delta D_{固} \tag{23-31}$$

$$\Delta S_{游} > \Delta S_{固} \tag{23-32}$$

(5) 由于游动芯头拉伸要求有良好的润滑条件，因此工具的使用寿命长。

23.2.3.3 型棒材直条拉伸

直条拉伸是将挤压、轧制、连续铸造等方法提供的坯料经多次冷拉而成的型、棒材。拉伸具有制成品尺寸精确、表面光洁、更换模子等操作方便、生产灵活、拉伸机机构比较简单、拉伸工具的制造比较灵活、设备的投资和维修费用少等优点。

A 型、棒材直条拉伸的实现原理、特点

实心断面坯料，在出口端面上拉制力 P 的作用下，经固定在模座上的模孔，受模壁垂直压力 dN 和与金属流动方向相反的接触摩擦力 dT 的作用而产生拉制塑性变形，如图23-13所示，Q 为反拉力。

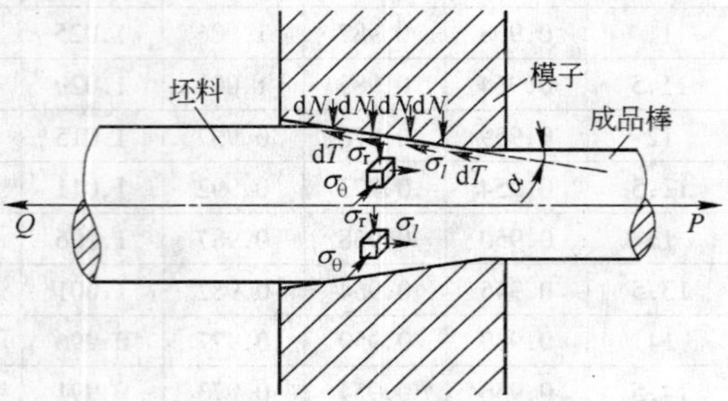

图23-13 型材拉伸受力图

在图23-13中，α 为拉模半角，简称模角。在变形区中，受两向压缩应力(径向应力 σ_r 和周向应力 σ_θ 及一向轴向拉伸 σ_l 应力)作用，产生两向压缩变形(径向 δ_r 变形和轴向 δ_θ 变形)及一向轴向延伸 δ_L 变形。

拉伸时的主要变形指数有延伸系数、加工率、伸长率和断面减缩系数等，其相互间的关系见表23-2。

棒材拉伸力的计算公式：

$$P_l = \overline{\sigma_b}(F_g - F_h)(1-\mu\cot\alpha) \tag{23-33}$$

式中 $\overline{\sigma_b}$——拉伸前后的平均抗拉强度，MPa；

F_g、F_h——变形前和变形后的制品面积，mm^2；

μ——摩擦系数；

α——拉伸模角，(°)。

由于模角和道次加工率不同，拉制金属在变形区中可能出现不同的变形特征，只有采用合理模角和合理的道次加工率时，才能获得均匀流动变形。当采用大于合理模角的拉模和较小的道次加工率时，由于表面弯曲变形程度和变形量大于中心部位，所以在中心部位易出现周期性裂纹。若再增大模角，因弯曲变形程度较高，会在入口出现切削金属倒流现象。当采用大于合理模角的拉模，又用较大的道次加工率时，就会出现死区的变形特征，若再增大模角，会在拉模的出口处产生缩径或断裂。

模壁接触表面的外摩擦力对金属变形的不均匀性也起重要作用。外摩擦力增大，则阻碍表面层金属流动的附加剪切变形程度也增加，有时在变形区的表面层会产生金属与模壁粘着现象，而处在中心层的金属主要产生均匀压缩和延伸变形，流动速度最快。

坯料进入模孔后，在未发生塑性变形之前与模壁入口区接触部分，受坯料轴向和径向压应力及周向拉应力作用而产生非接触直径增大的弹性变形区。坯料非接触直径增大，使本道次的实际压缩率增加，入口端的模壁压力和摩擦阻力增大。由此而引起拉模入口端过早磨损和出现环行沟槽。同时随着摩擦力和模角增大，金属的倒流量增多，拉模入口环行沟槽加深，导致使用寿命明显降低。而且沟槽中剥落下来的金属还能划伤制品的表面，降低成品率。如图 23-12 所示，附加反拉力 Q 可减小或消除非接触直径的增大。因反拉力使坯料在非接触区产生直径变细的弹性变形。

在塑性变形过程中，坯料和拉模还要产生一定的弹性变形，因此当拉制力去除后，由于弹性变形消失，制品的直径会略大于拉模定径带的直径，称为增径。并且随着制品断面尺寸和模角的增大，以及坯料的拉模弹性模数的减小，拉模定径带长度变短，则增径程度增加。但是当摩擦力和变形热效应较高时，制品的出口直径又会小于拉模定径带的直径，称为缩径。

此外，制品经过长时间的存放和在随后的使用过程中，有时会逐渐改变自身的形状、尺寸和性能，称为自然变形。自然变形量的大小，随着拉制中不均匀变形程度的增加而相应加大。这种自然变形不利于使用，因而要求尽量减小拉制中的不均匀变形程度。

拉制中不均匀变形和不均匀应力分布，在变形结束后会在制品中残留有不均匀的拉应力和压应力，称为残余应力。拉制中的摩擦力和模角过大，以及道次变形量过小，则变形和应力分布越不均匀，残余应力值亦越大。这时，拉制后的棒材会产生弯曲变形，线材的线圈回扭成“8”字形。在库存的产品中会出现形状、尺寸、性能的变化，有的甚至产生应力腐蚀开裂。

为了减少残余应力，要求制定合理的控制工艺，采用合理的润滑，精心设计与制造拉模，以便减少不均匀变形。当出现明显的残余应力时，还可采取矫直和退火等方法消除。

B 型、棒材直条拉伸的道次和道次加工率的设计原则和方法

首先要充分利用金属的可加工性能，保证安全系数 K_z（$\sigma_{b2}/\sigma_z = K_z \geqslant 1$，$\sigma_{b2}$ 为抗拉强度；σ_z 为作用在模孔出口后端面上的拉制应力）的合理值和设备安全。同时，要使产品尺寸偏差、表面质量和性能指标达到用户要求。在以上前提下，尽可能地增大道次变形量，以减少拉制次数，提高生产率和经济效益。

道次极限变形量，纯铜的最高，并随着棒材含铜量的减少而递减。同时随着预先变形程度的增加，极限道次变形量下降。经预先或中间退火的坯料，因消除了加工硬化可使极限道次变形量达到最大值。

拉制的摩擦与润滑条件是限制极限变形量的重要因素。凡使摩擦力增大的因素，都会降低极限道次变形量。

拉制道次 n 值取决于坯料横断面积（按正偏差计算）F_o 与成品横断面面积（按负偏差计算）F_k 之比及平均道次变形量 λ_c 值。

$$\begin{aligned}\lambda\sum &= F_o/F_k = \lambda_1\cdot\lambda_2\cdot\lambda_3,\cdots,\lambda_n \\ &= \lambda_c n = \ln\lambda\sum/\ln\lambda_c \qquad (23\text{-}34)\end{aligned}$$

在已知 F_o、F_k 和 $\lambda\sum$ 时，λ_c 可视不同条件而定。对加工硬化不明显的合金，一般按 λ 均等规律分配各道次的变形量。对加工硬化明显的合金，一般可按各道次 λ_c 值查表 23-23 确定。

表 23-23　铜合金棒材 λ_c 值

棒材直径/mm	λ_c
3～6	1.2
7～12	1.1
13～22	1.04
23～40	1.02

拉制道次不可过少，否则因道次变形量大，拉制稳定性降低。若道次过多，则会导致生产率低，变形不均匀性增加，润滑和产品表面质量差。同时，还导致模具较严重的磨损。对预先和中间退火后的坯料，一般第一道次选用最大道次变形量。但是，若坯料表面较粗糙，且有斜轧环痕时，则最初几道次不宜选用较大的道次变形量。随着表面状况好转，可逐渐增加道次变形量。然而此时又因加工硬化程度不断增加，所以要转为各道次递减规律分配变形量。最后一道次视不同要求而定，为了保证型、棒材的平直度和表面光亮度，以适当提高变形量为佳。

C　型、棒材直条拉伸的配模技术

配模是依据成品的技术要求，即以满足一定的尺寸、形状、力学性能和表面质量要求为准则，在充分利用金属的塑性和强度，提高生产效率和缩短生产周期，以及不发生“缩径”或“拉断”或“跳车”或设备事故的条件下，确定合理的拉制道次和各道次所需模孔尺寸和形状。为此，要求进行必要的配模计算，其中包括：坯料尺寸、道次变形量和道次确定以及控制应力计算；安全系数和设备能力校核，即校核安全系数是否符合表23-24所列的合理值，若 K_z 过大或过小，则要求反复重新分配道次变形量，再次校核 K_z 值，一直到 K_z 达到合理值为止；设备能力校核，要求计算的拉制力小于设备的允许能力。

表23-24　安全系数 K_z 的合理值

产品品种	成品直径/mm	K_z
线　材	16.0～4.5 4.49～1.00	1.3～2.0 1.40～2.0
棒材、型材		1.35～1.40

在拉制工艺中，模角 α 和定径区长度是重要工艺参数，它们对坯料的变形特性、组织和性能、尺寸精度和表面质量、模孔的磨损及使用寿命都有决定性的影响。拉制时，合理模角 α_p 随着变形程度的增加而增大。同时摩擦系数 f 增大，α_p 也相应增大。经验公式如下：

$$\alpha_p=\frac{180^\circ}{\pi}\sqrt{\frac{3}{2}f\ln\lambda} \qquad (23\text{-}35)$$

取 f 为0.10，由计算可得，与道次 λ 为1.05、1.11、1.25、1.42相对应的拉伸力最低的 α_p 为5°、7°、10°和13°。若 α 大于或小于 α_p，拉伸力都增大。若 f 增加，α_p 还要相应增大。由此可见，对粗拉第1～2道次，因 λ 值高和坯料表面相对粗糙，f 值也高，应选用 α 较大的模子。反之，对最后一道次定径拉制，因 λ 值低和 f 值低，则以 α 值较小的拉模为佳。

模孔严重磨损会使实际的 α 值增加到40°以上，而 λ 值可减小10%～20%；若模孔有明显的粘结形成契形堵塞时，则 α 显著减小，λ 可增加到30%以上。这时拉伸力都会增大，从而会破坏稳定拉伸条件。定径区长度会因制造偏差或磨损而短于合理值或形成无定径区的现象。这时拉伸品的形状不稳定，尺寸易超差，表面质量失控，拉模使用寿命降低。

目前最先进的配模方法是用计算机辅助设计CAD配模。在配模设计时，只需要输入产品截面图形和所拉伸金属特性及原始资料，系统即可自动进行配模设计，确定达到预定产品性能要求的总变形量、坯料形状及尺寸，确定控制道次和各道次延伸系数；优化配模，能以最少的拉制道次得到质量最佳的产品，同时降低能耗和提高模具使用寿命。此外MRB公司已有软盘用于配模。

23.2.4　联合拉伸技术

23.2.4.1　管材联合拉伸技术

目前联合拉伸的方式有两种，即双凸轮小车往返交替工作式与履带连续运转式。管材联合拉伸的原理如图23-14所示

A　管材联合拉伸的优点

除具有一般拉伸方式的优点外，还具有以下优点：

(1) 通过连续拉伸，可生产无限制长度的制品，目前可生产重量达到1 t左右的制品，长度可达到40000 m；

(2) 通过连续拉伸机构的串联，可一次实现多道次的拉伸，目前有二串联、三串联、四串联拉伸机；

(3) 产品的形式多样化，即可以生产直条管材、蚊香盘管材、盘管材；

(4) 生产效率高，运行成本低。

B　管材联合拉伸的缺点

除具有一般拉伸方式的缺点外，还具有以下缺点：

(1) 产品的断面形状比较单一，目前主要是生产断面形状为圆形的管材；

(2) 拉伸力是靠连续拉伸的夹具(抱钳或履带块)与制品的摩擦力提供的，因而对连续拉伸的夹具(抱钳或履带块)的设计、加工制造及使用调整的要求比较高，否则，拉伸易打滑或啃伤制品。

C　实现联合拉伸的条件

(1) 为保证拉伸过程中不发生管材断、弯、扁的现象，实现稳定拉伸的条件是：

$$\sigma_{拉} < \sigma_s \qquad (23\text{-}36)$$

$$\sigma_{拉}/\sigma_s = K \quad (K>1)$$

式中　$\sigma_{拉}$——拉伸应力，MPa；

σ_s——制品拉出后的屈服强度，MPa；

K——安全系数，一般 $K=1.5\sim2$。

(2) 为保证拉伸过程中不发生制品与连续拉伸夹具之间的打滑现象，则必须满足的条件是：

$$F=\mu\Sigma W\sum N=P \qquad (23\text{-}37)$$

式中　F——制品与连续拉伸夹具之间的摩擦力；

μ——制品与连续拉伸夹具之间的摩擦系数；

ΣW——连续拉伸夹具与拉伸制品的接触面积之和；

$\sum N$——连续拉伸夹具作用在制品上的正压力之和；

P——拉伸时需提供的最大拉力。

若 $F<P$ 则发生打滑现象，而无法实现拉伸。

D　实现无压痕拉伸的条件

(1) 在其他条件不变的情况下，尽可能降低$\sum N$的值，即在不影响制品表面质量的情况下，尽可能提高摩擦系数 μ 的值，具体方法有以下三种：

1) 提高连续拉伸夹具表面粗糙度，目前采用的有效办法是工具表面喷金刚砂；

2) 制品进入连续拉伸夹具前增加清洗工艺，去除工具表面引起摩擦系数 μ 降低的拉伸润滑油膜；

3) 在连续拉伸夹具设计时，尽可能保证足够大的接触面，即 ΣW 值尽可能大。

(2) 降低 P 值的方法有以下两种：

1) 选择合适的润滑剂，保证拉伸制品与拉伸外模、游动芯头之间压力油膜的强度，降低拉伸制品与拉伸外模、游动芯头之间的摩擦系数；

2) 降低加工率至不发生打滑为止。

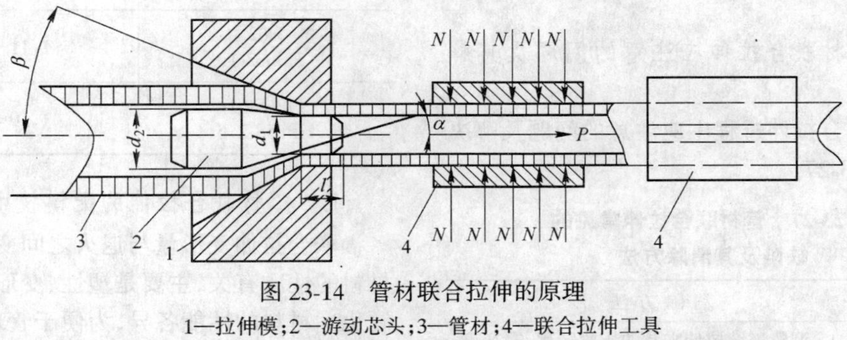

图 23-14　管材联合拉伸的原理

1—拉伸模；2—游动芯头；3—管材；4—联合拉伸工具

α—心头拉伸角；β—模角；N—联合拉伸工具对管材的正压力；P—拉伸力(摩擦力)

E　管材联合拉伸道次及道次加工率的设计原则

(1) $\lambda_{均}$ 取值推荐原则：当最后道次制品壁厚 $t\geqslant0.5$ mm 时，$\lambda_{均}=1.50\sim1.65$；当最后道次制品壁厚 0.4 mm$<t<$0.5 mm，且第 1 道次管坯壁厚 $t_0>0.5$ mm 时，$\lambda_{均}=1.45\sim1.55$；当最后道次制品壁厚 $t<0.4$ mm，且第 1 道次管坯的壁厚 $t_0\leqslant0.5$ mm 时，$\lambda_{均}=1.35\sim1.50$；一

般情况下，最后制品的管壁越厚，$\lambda_{均}$ 取值越大。

(2) 紫铜联合拉伸时，壁厚 $t \geqslant 0.5$ mm 时可采用平均延伸系数法编制工艺。

(3) 紫铜联合拉伸时，壁厚 $t < 0.5$ mm 时可采用延伸系数递减法编制工艺。

(4) 紫铜拉伸的延伸系数推荐值。用于中间坯料拉伸时，可尽量发挥其塑性，从而尽可能地采用大的加工率，坯料拉伸时紫铜拉伸的延伸系数推荐值见表 23-25。

表 23-25 坯料拉伸时紫铜拉伸的延伸系数推荐值

道次制品壁厚 (t)	$t \geqslant 1$ mm	0.50 mm $< t <$ 1.0 mm	$t \leqslant 0.5$ mm
推荐延伸系数 (λ)	1.55～1.75	1.55～1.65	1.35～1.50

用于成品道次拉伸时，制品的表面粗糙度要求比较高，为保证制品的表面质量，可适当减小加工率，成品道次拉伸时紫铜拉伸的延伸系数推荐值见表 23-26。

表 23-26 成品道次拉伸时紫铜拉伸的延伸系数推荐值

道次制品壁厚 (t)	$t \geqslant 1$ mm	0.50 mm $< t <$ 1.0 mm	$t \leqslant 0.5$ mm
推荐延伸系数 (λ)	1.50～1.60	1.40～1.55	1.25～1.40

F 管材联合拉伸的配模原则

管材联合拉伸可按照管材拉伸的配模原则考虑。

G 管材联合拉伸应注意的问题及其解决方法

管材联合拉伸过程中应注意的问题及解决方法见表 23-27。

表 23-27 管材联合拉伸常见的缺陷及其消除方法

缺陷	消除方法
拉伸打滑	1. 调整连续拉伸夹具的压紧行程，提高连续拉伸夹具与制品之间的正压力 N； 2. 提高连续拉伸夹具的表面粗糙度，加大连续拉伸夹具与制品之间的摩擦系数 μ； 3. 对制品表面进行清洗，加大连续拉伸夹具与制品之间的摩擦系数 μ； 4. 改善润滑条件或降低道次加工率，即降低拉伸力
制品压伤	1. 调整连续拉伸夹具(如抱钳、履带块)的压紧行程，降低连续拉伸夹具与制品之间的正压力 N，消除表面压伤； 2. 降低连续拉伸夹具的表面粗糙度，减小连续拉伸夹具与制品之间的摩擦系数 μ，消除表面压伤； 3. 改善润滑条件或降低道次加工率，降低拉伸力 P，改善制品表面质量

23.2.4.2 棒材联合拉伸技术

A 棒材联合拉伸时的延伸系数

确定道次延伸系数时，要考虑金属的塑性与安全系数，既要保证拉伸时制品不被拉断，表面不出现裂纹，又要保证抱钳不发生打滑。多道次拉伸时，还要考虑经过前面拉伸变形后坯料性能的变化，变形量和延伸系数可随着拉伸道次的增加而减小，成品拉伸时变形量和延伸系数可适当减小，以保证制品的尺寸精度和质量。通常逐阶段减小，大拉时为 20%～30%，中拉时为 20%左右，小拉时为 20%以下，这是因为工件越细，断线的敏感性越大。

生产上常用的延伸系数见表 23-28。

表 23-28 联合拉伸成品棒材延伸系数

合金牌号	延伸系数 λ
紫铜	1.18～1.30
H62 HSn62-1	1.11～1.20
HPb59-1 HPb58-2.5	1.10～1.17

B 棒材联合拉伸的配模技术

联合拉伸变形量与退火之间变形量和工件材料的性质有关，主要是塑性、变形抗力和加工硬化。材料的性能各异，为便于管理，可按塑性分为好、中、差三等，按变形抗力分为高、中、低三挡，按加工硬化分为快、中、慢三级，归类处理。

由圆坯联拉形线配模举例见表 23-29～表 23-31。

表 23-29 H62 黄铜六角形线配模

线坯/mm	配模/mm
ϕ8.0	8.0 $\xrightarrow{\Delta}$ 6.5(六)⟶6.0(六)*
ϕ7.4	7.4 $\xrightarrow{\Delta}$ 6.0(六)⟶5.5(六)
ϕ6.7	6.7 $\xrightarrow{\Delta}$ 5.5(六)⟶5.0(六)
ϕ6.6	6.6 $\xrightarrow{\Delta}$ 5.0(六)⟶4.5(六)
ϕ5.9	5.9 $\xrightarrow{\Delta}$ 4.5(六)⟶4.0(六)
ϕ5.1	5.1 $\xrightarrow{\Delta}$ 4.0(六)⟶3.5(六)
ϕ4.5	4.5 $\xrightarrow{\Delta}$ 3.5(六)⟶3.0(六)

注：Δ为退火；* 为六角形内切圆。

表 23-30 HPb59-1 铅黄铜六角形线配模

线坯/mm	配模/mm
ϕ7.2	7.2 $\xrightarrow{\Delta}$ 6.5(六)⟶6.0(六)*
ϕ6.6	6.6 $\xrightarrow{\Delta}$ 5.9(六)⟶5.5(六)
ϕ6.0	6.0 $\xrightarrow{\Delta}$ 5.4(六)⟶5.0(六)
ϕ5.4	5.4 $\xrightarrow{\Delta}$ 4.8(六)⟶4.5(六)
ϕ4.8	4.8 $\xrightarrow{\Delta}$ 4.3(六)⟶4.0(六)
ϕ4.2	4.2 $\xrightarrow{\Delta}$ 3.8(六)⟶3.5(六)
ϕ3.6	3.6 $\xrightarrow{\Delta}$ 3.3(六)⟶3.0(六)

注：Δ为退火；* 为六角形内切圆。

表 23-31 H62 黄铜方形线配模

线坯/mm	配模/mm
ϕ8.8	7.2 $\xrightarrow{\Delta}$ 6.5(六)⟶6.0(六)*
ϕ8.1	6.6 $\xrightarrow{\Delta}$ 5.9(六)⟶5.5(六)
ϕ7.4	6.0 $\xrightarrow{\Delta}$ 5.4(六)⟶5.0(六)
ϕ7.3	5.4 $\xrightarrow{\Delta}$ 4.8(六)⟶4.5(六)
ϕ6.5	4.8 $\xrightarrow{\Delta}$ 4.3(六)⟶4.0(六)
ϕ5.7	4.2 $\xrightarrow{\Delta}$ 3.8(六)⟶3.5(六)
ϕ4.9	3.6 $\xrightarrow{\Delta}$ 3.3(六)⟶3.0(六)

注：Δ为退火；* 为六角形内切圆。

C 联合拉伸成品常见缺陷及其消除方法

联合拉伸成品常见缺陷及其消除方法见表 23-32。

表 23-32 联合拉伸成品常见缺陷及其消除方法

成品缺陷	产生原因	消除方法
不圆度超差、在表面线轴方向呈连续直线状的划伤	1. 模具表面粗糙度差，粘有金属粉末； 2. 润滑剂不清洁； 3. 模具变形区有肩状突出现象； 4. 模具定径带太长，出口区角度偏小	1. 清理、修整或调换模具； 2. 调换润滑油； 3. 修整或调换模具； 4. 合理设计模具
定尺长度未达到预定的要求	1. 定尺长度设定不当； 2. 信号控制器出故障； 3. 抱钳打滑，剪刀车失灵	1. 调整定尺长度设定； 2. 调整和修理信号控制器； 3. 更换抱钳，调整剪刀车
表面有螺纹印、不规则的划伤现象	抛光盘、导向嘴、导板、导管有缺陷	调换或打光工具，修整抛光盘、导向嘴、导板和导管
直度未达到要求	1. 产品出模孔直度未达到要求； 2. 垂直、水平矫直轮压弯量调整不当； 3. 精矫导向嘴压弯量调整不当	1. 反复调整球形模座、球形帽罩(插座)的方位； 2. 反复调整各矫直轮压弯量； 3. 反复调整各导向嘴压弯量
端面剪切不平整	剪切刀口和剪切套口钝	修整或更换剪切刀口和剪切套口

23.3 盘法拉伸技术

23.3.1 概述

盘式拉伸技术是在直条拉伸技术基础上发展起来的一种生产效率更高、成材率更高的拉伸技术。盘式拉伸工艺被广泛地应用于线材与管材生产中，可以生产出大盘重供货的产品，也为实现材料使用过程中的高自动化和高效率提供了条件。盘式拉伸可分为正立式盘式拉伸(包括 V 形槽拉伸)、卧式盘式拉伸、倒立式盘式拉伸三大类。其中倒立式盘式拉伸技术最先进，应用最为全面，设备设计也比较典型。

23.3.2 实现管材圆盘稳定拉伸的条件

23.3.2.1 管材圆盘拉伸的应力状态

盘式拉伸的实现必须以游动衬芯拉伸技术为基础,也充分发挥了游动芯头拉伸技术的优越性。其拉伸原理以及拉伸变形区模具与加工材料的受力状态,与直条拉伸基本相同,其不同之处在于施加拉伸力的装置与原理。圆盘拉伸的特点是:驱动装置带动一个圆盘(或圆柱)绕轴线旋转,通过一定的方式使管线材料缠在圆盘面上,依靠圆盘旋转力的作用,沿材料进入的圆弧切线方向对材料施加拉伸力。管材进行圆盘拉伸时,管材不仅受到拉伸应力的作用,而且管材在进入施加拉伸力的圆盘切点位置,管材的弯曲外侧还要受到一个附加弯曲应力的作用。管材圆盘拉伸时的应力状态如图23-15所示。

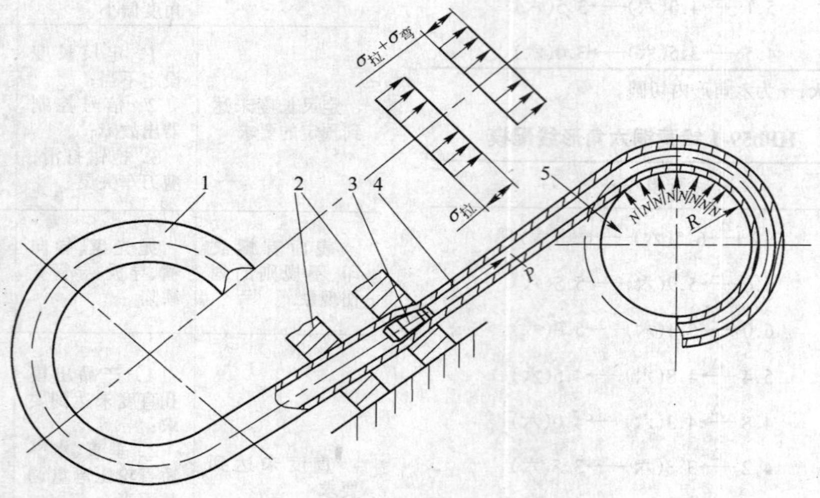

图 23-15 管材圆盘拉伸时的应力状态

1—拉伸管坯;2—拉伸导向模和外模;3—游动芯头;4—拉伸制品;5—拉伸卷筒

P—拉伸力;N—管材对卷筒的正压力;$\sigma_{拉}$—拉伸应力;$\sigma_{弯}$—弯曲应力

23.3.2.2 实现管材圆盘拉伸的条件

(1) 为保证管材在拉伸过程中不发生断、弯、扁的现象,由管材圆盘拉伸的应力状态分析可知,实现管材圆盘拉伸的条件是:

$$(\sigma_{拉}+\sigma_{弯})<\sigma_s$$

$$\frac{\sigma_s}{\sigma_{拉}+\sigma_{弯}}=K \qquad (K>1)$$

式中 σ_s——拉伸后管材的屈服强度,MPa;

$\sigma_{弯}$——管材缠绕在卷筒上产生的最大弯曲应力,MPa,它随着卷筒直径减小而增大;

$\sigma_{拉}$——管材拉伸时产生的拉应力,MPa;

K——盘管拉伸时的安全系数。

管材在缠绕到卷筒上时不仅受到弯曲应力的作用,而且还受到卷筒的反向力 N 的作用,管材可能被压扁成椭圆形。

(2) 对靠摩擦力提供拉伸力的拉伸(如:倒立式圆盘拉伸机),保证拉伸过程中不发生制品与卷筒之间的打滑现象,则必须满足的条件是:

$$F=\mu\Sigma W\Sigma N=P$$

式中 F——制品与卷筒(带压紧轮的包括压紧轮)之间的摩擦力;

μ——制品与卷筒之间的摩擦系数;

ΣW——卷筒与拉伸制品的接触面积之和;

ΣN——卷筒作用在制品上的正压力之和;

P——拉伸时需提供的最大拉力。

若 $F<P$,则发生打滑现象,而无法实现拉伸。

要实现稳定的圆盘拉伸,必须保证材料所承受拉伸力与进入圆盘切点位置的弯曲应力之和小于经拉伸后材料屈服强度所能承受的拉力。因为材料的弯曲外侧受到的附加弯曲应力的影响，材料在盘拉时所能达到的最大延伸系数一般比直拉工艺要小一些。而施加拉伸力作用的圆盘直径的大小直接决定弯曲程度，弯曲直径越大，弯曲应力越小，拉伸过程所受到的不利影响也越小，能适应正常拉伸的延伸系数越大，所以盘拉设备也在向大的圆盘直径方向发展。但圆盘越大，施加拉伸力的力矩也越大，对驱动机构及设备制造要求也越高，对设备的构造及运行经济性不利。一般用途的管材盘拉设备圆盘直径在 2 m 左右。在对拉伸力要求不是很严的情况下，还要适当减小圆盘直径。而线材盘拉设备则主要考虑设备多道次组合构造及运行的高效。

23.3.3 倒立式盘法拉伸

倒立式盘式拉伸设备的主驱动装置在卷筒的顶部，卷筒旋转轴线垂直于水平面。

倒立式盘拉技术最关键的创新在于推料环装置的巧妙设计，以及利用材料自重连续落料的技术。它改变了采用端头固定进行拉伸的方式，材料在卷筒上排管后，由多套压辊系统把材料压在卷筒上，依靠卷筒面与材料间的静摩擦力作用继续拉伸。材料一方面在推料环作用下在卷筒上受推力下移，另一方面，从压辊压住部位出来的材料依靠自重不断落入专用的收卷料筐内，这样，使拉伸材料的长度完全脱离了卷筒直径与高度的限制，变成只受料筐承重的限制，使拉伸材料的长度可以大大增加，从而可以充分利用设备能够达到的拉伸高速度（设计拉伸线速度可以达到 1500 m/min 以上），发挥设备的最大效能。同时，因为不再需要拉伸后把卷料从卷筒上抽出，而是用专用料筐通过小车实现盘与盘之间及道次之间的切换，也使设备操作更加简单，设备运行效率更高，避免卸料碰撞，也使加工材料表面质量更好。另外，推料环只要开始工作，材料进入卷筒的位置就固定下来，此时要保证材料拉伸变形时的直线度是静态的，通过设备精度及调节即可得到保证，所以也使加工材料的尺寸精度能得到更好的保证。

23.3.3.1 工作过程及原理

倒立式盘拉法的工作过程见图 23-16～图 23-18。

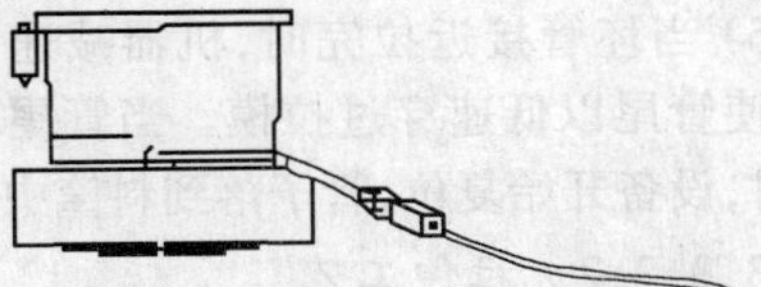

图 23-16 准备拉伸阶段

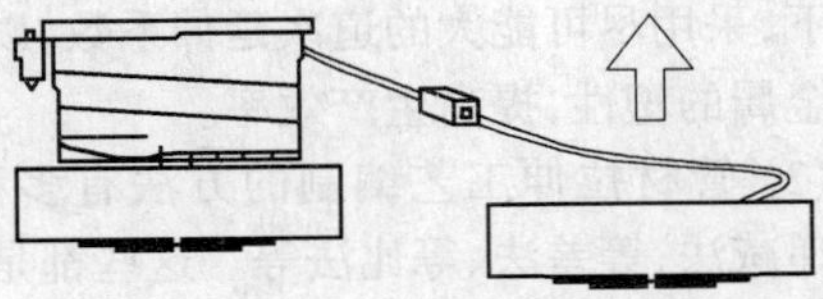

图 23-17 卷筒布管阶段

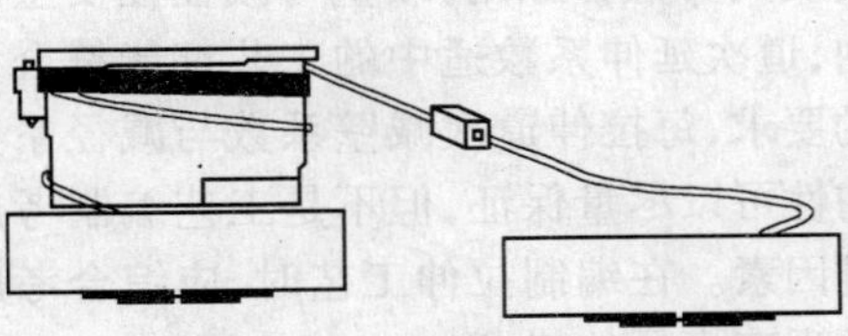

图 23-18 正常拉伸阶段

(1) 经过预先注入内壁工艺润滑油、装入游动衬芯和碾头等准备工作的坯管，通过环形链轨输送装置的运行送到开卷位置。在此同时，操作员对管端进行穿管，碾好的夹头从拉模模孔内伸出，引入夹钳把夹头夹住。

(2) 启动拉伸后，卷筒加速到引入速度。

当卷筒已转过约 3/8 转时，模盒滑架以适当的速度向上移动，卷筒在穿线速度下继续转动。

(3) 直到所设定缠绕圈数的管子缠在卷筒上，压辊进入并以设定的适当压力压住管子。拉入夹钳张弛机构松弛，释放张紧力。卷筒上剪切机构动作，剪断管头，管头落入料筐，从此刻开始，管材开始通过与卷筒面之间的静摩擦力进行拉伸，并开始连续落料。同时，卷筒开始加速到设定的正常拉伸速度。

(4) 拉伸时，卷取机构与卷筒同步运转，成品管被收集在卷取机构上的收卷料筐内，其开卷、卷筒拉伸速度、收卷速度根据输入计算机的工艺参数进行自动匹配，开卷速度由传感测速装置瞬时检测其快慢，计算机根据检测反馈信息自动调节开卷速度。

(5) 当坯管接近拉完时，机器减速到慢行速度，使管尾以低速穿过拉模。当管尾端离开拉模时，设备开始复位，管子落到料筐中。

23.3.3.2 拉伸工艺

(1) 编制拉伸工艺首先要考虑的是金属材料在下次热处理之前能够和必须承受的总延伸系数。在保证生产过程稳定和保证产品质量的前提下，采用尽可能大的道次延伸系数，以充分利用金属的塑性，提高生产效率。

(2) 管材拉伸工艺编制的方法有多种，例如双递减法、等差法、等比法等。这些都是有很好参照作用的一些计算方法，但决不能照搬。应当说只要符合原则，减壁与减径在安全的范围内，道次延伸系数适中的工艺都能符合大生产的要求，每拉伸道次减壁系数与减径系数的均匀性可以尽量保证，但不是工艺编制考虑的关键因素。在编制拉伸工艺时，应综合考虑设备及现有模具的特点。

(3) 圆盘拉伸通过卷筒对管材施加拉伸力，管材在进入卷筒的切点位置开始弯曲，管材在经过此处时，除了受到拉伸力的作用，同时弯曲的外侧变形点还要受到一个附加弯曲应力的作用，该处是易产生断裂的薄弱环节。因此，针对圆盘拉伸的特点，编制工艺时必须考虑平均每拉伸道次延伸系数比直条拉伸要小。而且，卷筒直径越小，弯曲应力作用越明显。实践表明，对于紫铜管在 ϕ2135 mm 直径卷筒的倒立式盘拉机上拉伸，考虑成品外径值在 4～19 mm 之间，壁厚值在 0.3～1.0 mm 之间，各道次平均延伸系数的设计一般保持在 1.38～1.48 之间，成品管壁厚值越厚，外径值越大，选择应偏上限；成品管壁厚值越薄，外径值越小，选择则应偏下限。

(4) 因为圆盘拉伸道次较多，而金属的塑性随着总变形量的增加而降低，延伸系数应当均匀递减。前后道次的延伸系数差值一般为 0.05～0.12，拉伸道次越多，差值越大。

(5) 每个拉伸道次必须有足够的减径量配合。一方面，为了使游动芯头容易装入管内，避免拉伸过程中游芯大头与管内壁产生接触而破坏芯头力平衡，产生拉伸异常，游芯大头直径必须与管内径有足够的差值，考虑紫铜管成品外径值在 4～19 mm 之间，壁厚值在 0.3～1.0 mm 之间，一般其最小取值为 0.20～0.60 mm，管内径越小，该值也越小；另一方面，为了防止芯头拉过模孔，游芯大头直径必须大于模孔直径，一般其最小取值为 0.15～0.30 mm，管径越小，该值也越小。

(6) 对于盘式拉伸，因为加工管材在缠在其筒面期间，铜管所受拉伸力受到管材与卷筒面静摩擦力的抵消，材料所受拉伸力从卷筒切点进入后逐步降低，材料产生弹性变形，拉伸卷筒锥度设计难以完全兼顾消除，使管材与管材在上下接触部位产生强烈摩擦，导致铜管表面擦伤。加工管径越大，拉伸速度越低，这种情况越明显；对于小管径材料拉伸，该因素影响则可忽略不计。因此，对于表面质量要求严格的管材，不提倡在倒立式盘拉机上加工 ϕ25 mm 外径以上管材。联合拉拔工艺虽在速度、规格及工艺的设计变更的灵活性方面不如盘式拉伸，但因为其在加工率、表面质量保证等方面的优越性，可以很好地弥补盘式拉伸的不足，使联合拉拔后再接倒立式盘式拉伸成为目前换热铜管生产线拉伸工艺设计的主流选择。

(7) 拉伸工艺一经确定，其他加工工艺参数为某一值时，拉伸应力和芯头在变形区内的轴向位移达到最小值，加工也最稳定，这一定值是工艺参数最佳值。工艺参数包括模具几何参数、模具表面粗糙度、加工材料质量、润滑油润滑状况等。追求工艺参数最佳值是保证拉伸顺利进行，并通过加大道次延伸系数提高生产效率的条件。

23.3.3.3 盘拉变形量的分配与各拉伸道次计算

盘拉生产中最主要的工艺参数是变形量的分配即拉伸道次的确定。其原则是最少的拉伸次数和最大的道次变形量相匹配，也就是以最佳的综合效果完成由管坯到成品的变形，在确定这些工艺参数时需要考虑的主要因素有：

(1) 考虑被拉金属材料本身的塑性，确定总变形量和道次变形量；

(2) 考虑其各拉伸道次的变形对拉模与芯头设计参数、加工精度、润滑条件、拉拔速度以及变形过程的稳定性(包括设备运行的稳定性)的影响；

(3) 保证盘拉成品符合相应的标准对管材性能、表面、尺寸公差的要求。

A　双递减法

设计工艺流程时，考虑到材质的塑性随加工道次的增加而逐渐降低，所以在设计加工工艺时都希望道次延伸系数的分配呈递减关系变化。本计算方法是通过一个线性公式使计算出的外径和壁厚的减缩系数(λ_{Di}和 λ_{Si})均依等差数列递减排列，从而实现各拉伸道次的变形系数逐次递减，使之接近于变形金属的硬化曲线。

既然这个线性方程可求出一个等差数列，因此也适合用于铜合金板带材的热轧和冷轧的工艺计算，以及棒线材的冷拔工艺计算。

盘管拉伸工艺流程设计的双递减法计算程序可分为三个步骤进行。

a　第一步，拉伸次数的计算

拉伸次数 n 的计算公式：

$$n=\frac{\lg\lambda_{\Sigma}}{\lg\bar{\lambda}}\quad（四舍五入取整）\tag{23-38}$$

式中　λ_{Σ}——两次退火间总延伸系数，对于管材：

$$\lambda_{\Sigma}=\frac{D_0-S_0}{D_n-S_n}\times\frac{S_0}{S_n}=\lambda_{D\Sigma}\times\lambda_{S\Sigma}\tag{23-39}$$

式中　D_0、S_0——分别为管坯的外径和壁厚；

D_n、S_n——分别为成品管的外径和壁厚；

$\lambda_{D\Sigma}$、$\lambda_{S\Sigma}$——分别为直径和壁厚的总减缩系数；

$\bar{\lambda}$——专为计算拉伸次数 n 而设定的平均道次延伸系数，见表 23-33。

表 23-33　设定的平均道次延伸系数 $\bar{\lambda}$

合金类别	热轧板	冷轧板带	冷拉管材	棒、线材拉制
紫　铜	1.1～1.4	1.05～1.1	1.35～1.55	1.2～1.5
黄　铜	1.2～1.3	1.05～1.1	1.3～1.5	1.1～1.3
复杂黄铜	1.2～1.3	1.03～1.1	1.2～1.4	1.1～1.2
青　铜	1.1～1.3	1.02～1.1		

拉伸次数 n 计算取整后，还需要再计算实际的平均道次延伸系数：

$$\bar{\lambda}=10^{\frac{\lg\lambda_{\Sigma}}{n}}\tag{23-40}$$

b　第二步，各拉伸道次的外径减缩系数 λ_{Di}和壁厚减缩系数 λ_{Si}的计算

$$\lambda_i=\frac{\bar{\lambda}[n-1+\Delta\lambda(n+1)]}{n-1}-\frac{2\Delta\lambda\bar{\lambda}}{n-1}\times i\tag{23-41}$$

式中　i——拉伸道次，$i=1,2,3,\cdots,n$；

$\Delta\lambda$——该工艺延伸系数的增量，其取值列于表 23-34。

表 23-34　增量系数 $\Delta\lambda$

合金类别	热轧板	冷轧板	管材		棒、线材
			外径	壁厚	
紫　铜	0.01～0.05	0.01～0.03	0.01～0.04	0.03～0.07	0.01～0.03
黄　铜	0.01～0.04	0.01～0.02	0.01～0.02	0.02～0.06	0.01～0.02
复杂黄铜	0.01～0.03	0.01～0.02	0.01～0.02	0.02～0.04	0.01～0.02
青　铜	0.01～0.03	0.01～0.02			0.01～0.02

c　第三步，管材各拉伸道次的壁厚 S_i 和外径 D_i 的计算

管材壁厚的计算公式：

$$S_i=\frac{S_{i-1}}{\lambda_{Si}}\tag{23-42}$$

在计算第一道时，应考虑管坯的壁厚偏差对工艺的影响，需按下式修正：

$$S'_1=S_1+0.5\Delta S\tag{23-43}$$

式中　ΔS——管坯允许的最大壁厚偏差。

管材外径的计算公式：

$$D_i=\frac{D_{i-1}-S_{i-1}}{\lambda_{Di}}+S_i \qquad (23\text{-}44)$$

计算示例：试计算盘拉紫铜管的拉伸工艺，管坯尺寸为 $\phi 38\ \text{mm}\times 1.5\ \text{mm}$，成品管尺寸为 $\phi 10\ \text{mm}\times 0.5\ \text{mm}$，$\Delta S=\pm 0.15\ \text{mm}$。

计算拉伸次数及平均道次延伸系数 $\bar{\lambda}$：

$$\lambda_\Sigma=\frac{(D_0-S_0)S_0}{(D_n-S_n)S_n}=\frac{(38-1.5)\times 1.5}{(10-0.5)\times 0.5}=11.526$$

按式 23-38 计算拉伸次数 n，查表 23-26，取 $\bar{\lambda}=1.45$

$$n=\frac{\lg\lambda_\Sigma}{\lg\bar{\lambda}}=\frac{\lg 11.526}{\lg 1.45}\approx 6.579\approx 7，取\ n=7$$

按式 23-40 计算平均道次延伸系数 $\bar{\lambda}$

$$\bar{\lambda}=10^{\frac{\lg\lambda_\Sigma}{n}}=10^{\frac{\lg 11.526}{7}}=1.418$$

计算各拉伸道次的壁厚减缩系数 λ_{Si} 和外径减缩系数 λ_{Di}

平均壁厚减缩系数 $\bar{\lambda}_s$

$$\bar{\lambda}_s=10^{\frac{\lg\lambda_{S\Sigma}}{n}}=10^{\frac{\lg 3}{7}}=1.16993$$

计算各道次壁厚减缩系数 λ_{Si}

查表 23-27，取 $\Delta\lambda=0.05$，代入式 23-41

$$\lambda_{Si}=\frac{\bar{\lambda}_s[n-1+\Delta\lambda(n+1)]}{n-1}-\frac{2\Delta\lambda\bar{\lambda}_s}{n-1}\times i$$
$$=\frac{1.16993[7-1+0.05\times(7+1)]}{7-1}-\frac{2\times 0.05\times 1.16993}{7-1}\times i$$
$$=1.24793-0.0195\times i$$

把 $i=1\sim 7$ 代入上式，分别得出各道次的壁厚减缩系数 λ_{Si}

$\lambda_{S1}=1.22843$，　$\lambda_{S2}=1.20893$，

$\lambda_{S3}=1.18943$，　$\lambda_{S4}=1.16993$，

$\lambda_{S5}=1.15043$，　$\lambda_{S6}=1.13093$，

$\lambda_{S7}=1.11143$

平均外径减缩系数 $\bar{\lambda}_D$

$$\bar{\lambda}_D=10^{\frac{\lg\lambda_{D\Sigma}}{7}}$$

$$\lambda_{D\Sigma}=\frac{D_0-S_0}{D_n-S_n}=\frac{38-1.5}{10-0.5}=3.842$$

所以 $\bar{\lambda}_D=10^{\frac{\lg 3.842}{7}}=1.212$

计算各道次外径减缩系数 λ_{Di}

查表 23-35，取 $\Delta\lambda=0.02$，代入式 23-41

$$\lambda_{Di}=\frac{\bar{\lambda}_D[n-1+\Delta\lambda(n+1)]}{n-1}-\frac{2\Delta\lambda\bar{\lambda}_D}{n-1}\times i$$
$$=\frac{1.212[7-1+0.02(7+1)]}{7-1}-\frac{2\times 0.02\times 1.212}{7-1}\times i$$
$$=1.2443-0.00808\times i$$

把 $i=1\sim 7$ 代入上式，分别求出各道次外径的减缩系数 λ_{Di}

$\lambda_{D1}=1.236$，　$\lambda_{D2}=1.228$，

$\lambda_{D3}=1.220$，　$\lambda_{D4}=1.212$，

$\lambda_{D5}=1.204$，　$\lambda_{D6}=1.196$，

$\lambda_{D7}=1.188$

按式(23-42)和式(23-43)计算各拉伸道次壁厚 S_i：

$$S_1=\frac{S_0}{\lambda_{S1}}=\frac{1.5}{1.22843}=1.221\ \text{mm}$$

$$S'_1=1.221+0.5\times 0.15=1.296\ \text{mm}$$

$$S_2=\frac{1.221}{1.20893}=1.010\ \text{mm}$$

$$S_3=\frac{1.010}{1.18943}=0.849\ \text{mm}$$

$$S_4=\frac{0.849}{1.16993}=0.725\ \text{mm}$$

$$S_5=\frac{0.725}{1.15043}=0.63\ \text{mm}$$

$$S_6=\frac{0.63}{1.13093}=0.557\ \text{mm}$$

$$S_7=\frac{0.557}{1.11143}=0.501\ \text{mm}$$

按式(23-44)计算各拉伸道次的外径 D_i：

$$D_1=\frac{D_0-S_0}{\lambda_{D1}}+S_1=\frac{38-1.5}{1.236}+1.221=30.752\ \text{mm}$$

$$D_2=\frac{30.752-1.221}{1.228}+1.010=25.058\ \text{mm}$$

$$D_3=\frac{25.058-1.010}{1.220}+0.849=20.56\ \text{mm}$$

$$D_4=\frac{20.56-0.849}{1.212}+0.725=16.988\ \text{mm}$$

$$D_5=\frac{16.988-0.725}{1.204}+0.63=14.137\ \text{mm}$$

$$D_6=\frac{14.137-0.63}{1.196}+0.557=11.85\ \text{mm}$$

$$D_7=\frac{11.85-0.557}{1.188}+0.501=10.00\ \text{mm}$$

由于对 S_1 进行了修正，则

$$\lambda'_{S1}=\frac{S_0}{S'_1}=\frac{1.5}{1.298}=1.1574$$

$$\lambda'_{S2}=\frac{S'_1}{S'_2}=\frac{1.296}{1.010}=1.2831$$

其余 λ_{Si} 的值不变。

将上面计算得出的工艺列于表 23-35，并做工艺分析。

表 23-35　ϕ38 mm×1.5 mm～ϕ10 mm×0.5 mm 盘拉工艺

道　次	$D_i \times S_i$/mm×mm	λ_{Ai}	λ_{Di}	λ_{Si}	C_i	e_i
管　坯	ϕ38.0×1.50					0.39
1	ϕ30.75×1.30	1.43	1.236	1.157	4.25	0.42
2	ϕ25.06×1.01	1.576	1.228	1.283	3.09	0.40
3	ϕ20.56×0.85	1.45	1.220	1.188	2.48	0.41
4	ϕ16.99×0.73	1.411	1.212	1.154	1.87	0.43
5	ϕ14.14×0.63	1.395	1.204	1.159	1.39	0.45
6	ϕ11.85×0.56	1.346	1.196	1.125	1.03	0.47
7	ϕ10.00×0.50	1.331	1.188	1.120	0.73	0.50

B　ZBL 法

a　第一步，拉伸次数 n 的计算

拉伸次数的计算公式：

$$n=\frac{\lg\lambda_{\Sigma}}{\lg\bar{\lambda}}$$

为了得到正确的 n 值，$\bar{\lambda}$ 的取值十分重要。该方法给出了各种不同条件下 $\bar{\lambda}$ 的具体取值，见表 23-36。

表 23-36　设定的平均道次延伸系数 $\bar{\lambda}$

e_n	D_B/mm		
	1500	1800	≥2000
≤0.5	1.36	1.38	1.40
0.5～0.6	1.38	1.40	1.42
≥0.6	1.40	1.42	1.44

注：D_B 为盘拉机卷筒直径；e_n 为成品管厚度指数，$e_n=S_n\times10/D_n$。

表 23-37 给出的数据是在盘拉机的设备结构完善、润滑条件良好、模具状况正常的条件下，采用冷拉管坯或冷轧管坯时的 $\bar{\lambda}$ 值。当采用水封大挤压比的管坯时，可在管坯的偏差上适当考虑。如果设备结构不够完善，润滑条件不够理想，或其他条件不太完备时，可按表 23-36取值计算。得出的拉伸次数 n 后再增加一个道次，即：

$$n'=n+1 \tag{23-45}$$

b　第二步，各拉伸道次壁厚 S_i 的计算

求数列的公比 q

$$q=\frac{1}{2}n(n-1)\sqrt{\frac{\lambda_{S\Sigma}}{\lambda_{S1}^n}} \tag{23-46}$$

式中　n——拉伸次数；

$\lambda_{S\Sigma}$——总的壁厚减缩系数，$\lambda_{S\Sigma}=\dfrac{S_0}{S_n}$；

λ_{S1}——第一道拉伸的壁厚减缩系数。

$$\lambda_{S1}=\bar{\lambda}_S+\Delta\lambda_S \tag{23-47}$$

式中　$\bar{\lambda}_S$——平均壁厚减缩系数，$\bar{\lambda}_S=\sqrt[n]{\lambda_{S\Sigma}}$；

$\Delta\lambda_S$——壁厚减缩的增量系数，

$$\Delta\lambda_S=\frac{2(\bar{\lambda}_S-1)}{n} \tag{23-48}$$

求各拉伸道次的壁厚减缩系数 λ_{Si}

$$\lambda_{Si}=\lambda_{Si-1}\cdot q \tag{23-49}$$

求各拉伸道次的壁厚 S_i

$$S_i=S_{i-1}/\lambda_i \tag{23-50}$$

c　第三步，各拉伸道次的外径 D_i 的计算

为了满足 $\Delta D_i \geqslant D_{i-1}-2S_{i-1}-\Delta_1-\Delta_2$ 的要求，避免芯头通过模孔，各拉伸道次的外径是通过合理分配径差的方法来计算的。

求各拉伸道次径差的总和，即径差和 C_Σ：

$$C_\Sigma = D_0 - D_n - 2(S_0+S_1+S_2+\cdots+S_{n-1}) \tag{23-51}$$

由式(23-51)可见，径差和 C_Σ 仅与管坯和成品管的外径及各道次的壁厚 S_i 有关，而与其他道次的外径 D_i 无关。因此可以把径差和合理地分配到各拉伸道次上去，由此得出各拉伸道次的外径 D_i，从而满足公式的要求，解决了其他方法所没有解决的问题。

求等差数列的公差 P：

$$P=\frac{nC_1-C_\Sigma}{\frac{1}{2}n(n-1)} \tag{23-52}$$

式中 C_1——设定的第一道拉伸径差。

$$C_1=\frac{3}{2}\bar{C}=\frac{3}{2}\times\frac{C_\Sigma}{n} \tag{23-53}$$

求各拉伸道次的径差 C_i：

$$C_i=C_{i-1}-P \tag{23-54}$$

求各拉伸道次的外径 D_i：

$$D_i=D_{i-1}-2S_{i-1}-C_i \tag{23-55}$$

计算示例：试计算在国产 ϕ2000 mm 盘拉机上，用轧制管坯 ϕ45 mm × 2.5 mm 生产 ϕ10 mm×0.6 mm 无缝铜水管的盘拉工艺。

(1) 计算拉伸次数：

按式 23-38 计算，$n=\dfrac{\lg\lambda_\Sigma}{\lg\lambda}$

$$\lambda_\Sigma=\frac{(45-2.5)\times2.5}{(10-0.6)\times0.6}=18.84$$

查表 23-36，$\bar{\lambda}=1.44$

$(e_n=0.6\times10\div10=0.6)$

$$n=\frac{\lg\lambda_\Sigma}{\lg\bar{\lambda}}=\frac{\lg18.84}{\lg1.44}=\frac{1.275}{0.158}=8.05\text{，取 } n=8$$

(2) 计算壁厚 S_i：

1) 按式 23-46 求公比：

$$q=\frac{1}{2}n(n-1)\sqrt{\frac{\lambda_{S\Sigma}}{\lambda_{S1}^n}}$$

$$\lambda_{S\Sigma}=\frac{S_0}{S_n}=\frac{2.5}{0.6}=4.16667$$

$$\lambda_{S1}=\bar{\lambda}_S+\Delta\lambda_S=\sqrt[n]{\lambda_{S\Sigma}}+\frac{2(\bar{\lambda}_S-1)}{n}$$
$$=\sqrt[8]{4.16667}+\frac{2(\bar{\lambda}_S-1)}{n}$$
$$=1.19529+\frac{2(1.19529-1)}{8}$$
$$=1.19529+0.04882$$
$$=1.24411$$

$$q=\frac{1}{2}\times8\times(8-1)\sqrt{\frac{4.16667}{1.24411^8}}=0.98863$$

2) 按式 23-49 求壁厚减缩系数：

$\lambda_{Si}=\lambda_{Si-1}\cdot q$

$\lambda_{S1}=1.24411$，

$\lambda_{S2}=1.24411\times0.98863=1.22996$，

$\lambda_{S3}=1.22996\times0.98863=1.21598$，

$\lambda_{S4}=1.20215$，$\lambda_{S5}=1.18849$，

$\lambda_{S6}=1.17497$，$\lambda_{S7}=1.16161$，

$\lambda_{S8}=1.14841$

3) 按式 23-50 求各道次壁厚：

$S_i=S_{i-1}/\lambda_i$

$S_0=2.5$，$S_1=2.5\div1.24411=2.01$，

$S_2=2.01\div1.22996=1.63$，

$S_3=1.63\div1.21598=1.34$，

$S_4=1.12$，$S_5=0.94$，

$S_6=0.80$，$S_7=0.69$，$S_8=0.60$

(3) 计算外径 D_i：

1) 按式 23-51 求径差和：

$$C_\Sigma=D_0-D_n-2(S_0+S_1+S_2+\cdots+S_{n-1})$$
$$C_\Sigma=45-10\times2\times(2.5+2.01+1.63+1.34+1.12+0.94+0.80+0.69)$$
$$=12.94$$

2) 按式 23-52 求公差：

$$p=\frac{nC_1-C_\Sigma}{\frac{1}{2}n(n-1)}$$

$$C_1=\frac{3}{2}\bar{C}=\frac{3}{2}\times\frac{C_\Sigma}{n}=\frac{3}{2}\times\frac{12.94}{8}=2.42625$$

$$P=\frac{8\times2.42625-12.94}{\frac{1}{2}\times8\times(8-1)}=0.23107$$

3) 按式 23-54 求各道次的径差：

$C_i = C_{i-1} - P$

$C_1 = 2.42625$,

$C_2 = 2.42625 - 0.23107 = 2.19518$,

$C_3 = 2.19518 - 0.23107 = 1.96411$,

$C_4 = 1.73304, C_5 = 1.50197$,

$C_6 = 1.2709, C_7 = 1.03983, C_8 = 0.80876$

4）按式 23-55 求各道次外径：

$D_i = D_{i-1} - 2S_{i-1} - C_i$

$D_0 = 45$,

$D_1 = 45 - 2 \times 2.5 - 2.42625 = 37.57$,

$D_2 = 37.57 - 2 \times 2.01 - 2.19518 = 31.36$,

$D_3 = 26.13, D_4 = 21.72, D_5 = 17.98$,

$D_6 = 14.83, D_7 = 12.19, D_8 = 10.00$

将上面计算出的工艺流程列于表 23-37，并做工艺分析。

表 23-37　ϕ45 mm×2.5 mm～ϕ10 mm×0.6 mm 的盘拉工艺

道　次	$D_i \times S_i$/mm×mm	λ_{Ai}	λ_{Di}	λ_{Si}	C_i	e_i
管　坯	ϕ45×2.5					0.56
1	ϕ37.57×2.01	1.486	1.195	1.244	2.43	0.54
2	ϕ31.36×1.63	1.475	1.196	1.233	2.19	0.52
3	ϕ26.13×1.34	1.159	1.199	1.216	1.97	0.51
4	ϕ21.72×1.12	1.440	1.203	1.196	1.73	0.52
5	ϕ17.98×0.94	1.440	1.209	1.191	1.50	0.52
6	ϕ14.83×0.80	1.428	1.215	1.175	1.27	0.54
7	ϕ12.19×0.69	1.414	1.220	1.159	1.04	0.57
8	ϕ10.00×0.60	1.407	1.223	1.150	0.81	0.60

23.3.3.4　拉伸配模

配模使用原则是保证每一道次的实际延伸系数控制在较为精确的范围内，使拉伸顺利进行。配模重点在于保证管材拉伸后的平均壁厚与拉伸工艺基本相符，一旦产生非材料本身原因和模具表面粗糙度原因引起的拉伸异常，必须重新进行配模。

模孔尺寸及精度的设计是以拉伸成品尺寸精度要求和拉伸中间道次工艺要求为基础的，但在成品配模时需要注意的是，因为在拉伸力的作用下，材料有一定的伸长，同时随着拉伸变形热的散失而产生的热胀冷缩，材料在拉伸后的外径比模孔直径小 0.15% 左右，而如果在特殊拉伸条件下，拉伸应力大于材料屈服强度所能承受的拉力时，还会导致直径小得更多，所以拉伸配模时要考虑这一点。

23.4　拉伸产品缺陷及控制

23.4.1　尺寸超差

23.4.1.1　尺寸超差的原因及防止措施

尺寸超差的原因及防止措施列于表 23-38。

表 23-38　尺寸超差的原因及防止措施

缺陷名称	原　因	措　施
圆管平均外径超正公差或负公差	1. 拉伸外模定径带直径偏大或直径偏小； 2. 定径带与拉伸模工作锥过渡带圆角过小； 3. 定径带长度过短，易超正公差； 4. 芯头位置过前或位置过后； 5. 拉伸道次延伸系数过大，拉伸力过大； 6. 衬拉芯头未衬上，形成空拉，易超负差； 7. 拉伸工艺不合理，空拉减径量过大，易超负公差	1. 重新选择拉伸外模； 2. 根据铜管直径偏差重新选择拉伸外模定径带直径余量，适当减小或放大（抛大）拉伸外模定径带直径，适当放大定径带与拉伸模工作锥过渡带圆角半径； 3. 根据不同的模具形式，合理确定（加长）定径带长度，调节芯头的位置； 4. 合理设计拉伸工艺，适当减小道次延伸系数，充分润滑，降低拉伸力； 5. 合理上杆，控制超负公差

续表 23-38

缺陷名称	原因	措施
圆管平均内径超正公差或负公差	1. 芯头定径带直径偏大或直径偏小； 2. 中式芯头位置过前或位置过后； 3. 空拉工艺不当，薄壁管空拉减径量过小或过大； 4. 厚壁管空拉减径量过大或过小； 5. 空拉前铜管状态偏硬或偏软； 6. 厚壁管衬拉或薄壁管衬拉形成空拉	1. 根据铜管内径偏差重新选择拉伸芯头定径带直径余量，适当减小（抛小）芯头或放大芯头定径带直径； 2. 中式芯头拉伸适当调整芯头前后位置； 3. 薄壁管空拉减壁量适当放大或减小； 4. 厚壁管空拉减径量适当放小或放大； 5. 根据铜管壁厚允许偏差，合理确定空拉前管坯的状态； 6. 衬牢芯杆
圆管内外径不均，沿铜管轴向时大时小	1. 拉伸力过大； 2. 拉伸小车钳口与模口不对中； 3. 外模不正，偏斜； 4. 固定芯头窜动，拉伸过程中有空拉段； 5. 润滑不良，拉伸时有抖动现象	1. 合理选择道次延伸系数； 2. 调整设备，使小车钳口与模口对中； 3. 调整模座，调正、调平拉伸模； 4. 保持良好润滑，调整好芯杆位置，保证衬拉平稳，避免拉伸过程中有空拉现象； 5. 保持良好润滑，退火酸洗后用清水洗，一定要干净
圆管直径椭圆	1. 外模椭圆； 2. 道次延伸系数过大，拉伸力过大； 3. 模孔与拉伸小车不对中，铜管受力不均（弯曲）	1. 修整或调换外模； 2. 合理安排工艺，选择合适的道次延伸系数，适当减少拉伸力； 3. 调整模子或模套，减少弯曲
圆管平均壁厚偏正或偏负差	1. 拉伸外模定径带直径偏大或偏小、拉伸芯头定径带直径偏小或偏大； 2. 芯头位置过后或过前； 3. 减壁量过大； 4. 薄壁管空拉减径量过大或过小，厚壁管空拉减径量过大，空拉前性能控制不良； 5. 衬拉有空拉段	1. 根据壁厚尺寸公差，合理确定尺寸余量，合理选择拉伸外模与芯头； 2. 调节并固定好芯头位置； 3. 合理选择工艺参数，适当减少减壁量； 4. 严格控制空拉前铜管性能，适当增加薄壁管空拉减壁量、减少厚壁管空拉减径量； 5. 合理调节衬拉时芯头位置，合理衬杆，使芯杆衬牢，避免空拉段
圆管沿轴向上壁厚不均	1. 拉伸时芯头松动、窜动； 2. 芯头与外模配合不稳，有空拉段； 3. 材料性能不均； 4. 来料壁厚不均	1. 合理调节芯头； 2. 合理配模和上杆，避免空拉段； 3. 稳定来料性能； 4. 保证来料壁厚尺寸在一定公差范围内
圆管壁厚偏心	1. 来料偏心严重，不能纠正； 2. 拉伸模不正，偏斜，芯头不正； 3. 拉伸模和芯头椭圆、不圆； 4. 拉伸小车钳口与模口中心线不对中	1. 减少来料偏心； 2. 调整拉伸模、模座和芯头，保持端正； 3. 检查更换拉伸模和芯头； 4. 调整设备，使拉伸小车钳口和模口中心线对中

23.4.1.2 异型管尺寸超差

异型管尺寸超差的原因及防止措施见表 23-39。

表 23-39 异型管尺寸超差的原因及防止措施

缺陷名称	原因	措施
方形、矩形管材对边平均尺寸超正偏差或负偏差	1. 拉伸外模定径带对边尺寸偏大或偏小； 2. 定径带与拉伸模工作锥过渡带圆角过小； 3. 拉伸外模定径带长度过短； 4. 拉伸该道次延伸系数过大，拉伸力过大； 5. 衬拉芯头未衬上，形成空拉； 6. 拉伸工艺不合理，空拉减径量过大	1. 重新选择拉伸外模； 2. 根据铜管直径偏差重新选择拉伸外模定径带直径余量，适当减小或放大（抛大）拉伸外模定径带直径； 3. 适当放大定径带与拉伸模工作锥过渡带圆角半径，根据不同的模具形式合理确定（加长）定径带长度，调节好芯头的位置； 4. 适当减小拉伸该道次延伸系数，减小拉伸力； 5. 采用合理芯杆拉伸

续表 23-39

缺陷名称	原　因	措　施
方形、矩形管材多边形凹边或凸边	1. 模具设计或制作不合理； 2. 道次延伸系数过大，拉伸力大； 3. 模孔与拉伸小车不对中，铜管受力不均(弯曲)； 4. 空拉减径量过大	1. 合理设计外模、修整或调换外模； 2. 合理安排工艺，选择合适的道次延伸系数，适当减少拉伸力； 3. 调整模子或模套，减少弯曲； 4. 适当减少空拉减径量
方形、矩形管材平均壁厚超正偏差或负偏差	1. 拉伸外模定径带直径偏大或偏小、拉伸芯头定径带直径偏小或偏大； 2. 薄壁管空拉时减径量过大或过小，厚壁管空拉减径量过大，空拉前性能控制不良； 3. 衬拉有空拉段或芯头位置过前	1. 根据壁厚尺寸公差，合理确定尺寸余量，合理选择拉伸外模与芯头； 2. 严格控制空拉前铜管性能，适当增加薄壁管空拉减壁量、减少厚壁管空拉减径量； 3. 合理调节衬拉时芯头位置，合理衬杆，使芯杆衬牢，避免空拉段
方形、矩形管材壁厚不均	1. 拉伸时芯头松动、窜动； 2. 芯头与外模配合不稳，有空拉段； 3. 材料性能不均； 4. 来料壁厚不均； 5. 来料偏心严重，不能纠正； 6. 拉伸模不正，偏斜，芯头不正； 7. 拉伸模和芯头椭圆、不圆； 8. 拉伸小车钳口与模口中心线不对中	1. 合理调节芯头位置，拧紧、固定好芯头，避免空拉段，稳定来料性能； 2. 保证来料壁厚尺寸在一定的公差范围内； 3. 调整拉伸模、模座和芯头，保持端正； 4. 调整设备，使拉伸小车钳口和模口中心线对中； 5. 检查更换拉伸模和芯头； 6. 合理设计拉伸工艺，适当增加空拉或采用游动芯头大加工率拉伸等纠偏效果较好的拉伸方式
异型管尺寸不合格	1. 过渡圆管坯及过渡形状的管坯尺寸确定不当； 2. 过渡圆管坯及过渡形状的管坯性能不当； 3. 模具设计不当； 4. 拉伸工艺设计不当； 5. 加工方式选择不当	1. 合理确定过渡圆管坯及过渡形状的管坯尺寸； 2. 合理确定过渡圆管坯及过渡形状的管坯性能状态； 3. 合理设计模具； 4. 合理设计拉伸工艺； 5. 合理选择加工方式，如可采用滚压法、辊轧法、辊式模拉伸及其他拉伸方式等

23.4.2 形状缺陷

拉伸的管材弯曲主要是拉伸过程中变形不均匀而造成的。由于不均匀变形的存在，拉伸后的成品铜管一般存在着不同程度的弯曲、异型管扭拧等，通常需要在以后的矫直中矫正。在实际拉伸中应减少拉伸的弯曲，以利于提高矫直的质量。

管材形状缺陷产生的原因及防止措施见表 23-40。

表 23-40 管材形状缺陷产生的原因及防止措施

缺陷名称	原　因	措　施
圆管、正方、正六边形等轴对称截面单侧弯曲	1. 模子安装不良有偏斜，模孔与拉伸小车运动不在同一轴线上，管坯偏心严重； 2. 模座、模套和模子配合不良，模套或模座变形，模座偏斜，模座孔与小车钳口不对中； 3. 外模与芯头配合不良，模具设计外模和芯头制作不良； 4. 工艺设计不当，减径和减壁量配合不当，空拉不当	1. 检查和调整外模、模套或芯头； 2. 检查并改善来料管坯偏心情况； 3. 检查并调整拉伸设备； 4. 合理设计和制作工模具，检查模座是否偏斜，合理安装外模，模座孔与小车钳口对中； 5. 合理设计工艺，调整减径和减壁量的配合，合理控制成品空拉

续表 23-40

缺陷名称	原因	措施
异型管的扭拧	1. 模子安装不当; 2. 模子设计不当; 3. 管坯来料壁厚不均; 4. 拉伸时外模有动,芯头有窜动; 5. 铜管制头不良	1. 合理设计模子,合理安装模子,外模和芯头配合要合理; 2. 改善和控制管坯来料壁厚,减少壁厚不均; 3. 检查模座、模套和外模(外套)是否有变形、不规整,并予以纠正; 4. 改善制头质量,型材拉伸要合理设计工艺过渡和成品拉伸要采用芯杆
拉断	1. 拉伸芯头超前; 2. 局部拉伸力过大或夹头制作不良; 3. 芯头进入空拉段; 4. 减径量过大	1. 适当向后调整拉伸芯头位置; 2. 夹头制作要实,制头要圆滑过渡,制头时不能使管头有硬伤; 3. 上杆时防止芯头进入空拉段; 4. 适当减小道次减径量,减径量和减壁量配合要合理

23.4.3 表面质量缺陷

表面质量缺陷产生的原因及防止措施见表 23-41。

表 23-41 表面质量缺陷产生的原因及防止措施

缺陷名称	原因	措施
表面横向裂纹或纵裂纹	1. 拉伸润滑不良,包括润滑剂选择不当、润滑剂不干净、润滑剂变质等,使润滑没有起到有效作用; 2. 模具设计不合理,主要包括外模模角偏大、外模工作带过长,外模定径带过长,外模内表面粗糙度低或有损伤、裂纹、粘铜、拉毛等; 3. 工艺设计不合理,退火间总延伸系数过大或道次延伸系数过大,或减径量与减壁量配合不良; 4. 来料管坯不良,主要包括管坯表面有裂纹、夹杂、夹灰等,来料材质不良,杂质含量偏高,铜管偏硬塑性不好; 5. 空拉减径量过大,尤其对于黄铜管材,当空拉减径量过大时,直径与壁厚比越大,纵向开裂的倾向也越大	1. 针对不同的材料,合理选择润滑剂,及时更换、过滤润滑剂,改善拉伸过程中的摩擦条件,减少摩擦; 2. 合理设计和制作拉伸模具,适当减小模角,防止表面纵裂; 3. 拉伸时要经常检查拉伸管材和拉伸模,及时更换和修理有损伤、裂纹、粘铜、拉毛等不良状况的拉伸模,提高其表面粗糙度和清洁度; 4. 改善管坯质量,减少和消除表面裂纹、夹杂、夹灰等缺陷,尽可能降低熔铸杂质含量,提高材料塑性; 5. 合理设计拉伸工艺,减少硬态管空拉伸次数,减小减径量。适当增加退火次数,适当提高退火温度,延长保温时间,减少退火装料量,充分再结晶均匀退火
表面45°裂纹	1. 模具设计不合理,模角选择不当,型材过渡圆选择不合理,模具形状不合理,圆模椭圆或变形,模具表面粗糙度不够; 2. 工艺设计不合理,退火间总延伸系数过大或道次延伸系数过大,或减径量与减壁量配合不当; 3. 来料管坯偏心太大,杂质含量偏高; 4. 空拉减径量过大,连续空拉次数过多; 5. 拉伸润滑不良; 6. 模座或模具装配不正	1. 合理设计和制作拉伸模具,提高拉伸外模内表面粗糙度和清洁度; 2. 合理设计拉伸工艺,适当增加退火次数,适当提高退火温度,延长保温时间; 3. 改善和控制来料管坯质量,尽可能减小管材偏心,尽可能降低熔铸杂质含量; 4. 减少空拉次数,合理设计空拉减径量; 5. 改善拉伸润滑; 6. 调整模座或模具装配平整
表面轴向点状开裂	挤压时制品表面形成的周期性小裂纹,进入拉伸后,由于受到轴向拉应力的作用,裂纹中间沿轴向扩展拉开,形成了沿轴向周期性分布的呈三角状的小裂口	减少和消除挤压裂纹,加强挤压坯料的检验

续表 23-41

缺陷名称	原　因	措　施
表面夹渣、夹灰、夹杂、针眼、针孔、砂眼、麻点、起皮、起刺、碰伤、擦伤、闪光片	1. 熔炼浇铸带入杂质，金属内形成硬脆相的杂质含量偏高； 2. 挤压带入，如挤压工具破碎、挤压筒不干净、挤压时铸锭加热和传送时表面粘有夹杂物，挤压温度高，氧化严重，挤压过程中产生的氧化皮、夹杂、夹灰，小的疏松、气孔起皮、皮下缩尾、润滑残留物等制品缺陷带入拉伸； 3. 制品转序、运输、吊装等过程中防护不当产生的磕碰伤、擦伤并夹带入沙土、油泥以及其他脏物，在拉伸时形成缺陷； 4. 拉伸时外模及芯头破碎，润滑剂不干净，有金属颗粒、杂物等； 5. 拉伸模粘铜而造成的制品表面拉毛； 6. 表面碰擦伤造成脏物压入； 7. 拉伸制品表面有油泥、杂物、灰尘，拉伸时形成表面粗拉道或金属压入物等； 8. 制品表面粗糙，拉伸后即形成起皮； 9. 中间退火温度高，酸洗不干净，表面粘有铜粉等； 10. 扒皮的铜制品表面扒皮不均匀，有阴阳面，或扒皮不干净，扒皮前加工量控制不当或因刃口损伤造成的表面粗拉道，或表面损伤，产生拉伸表面缺陷	1. 加强铸造和挤压的质量控制； 2. 严格控制和防止挤压或其他各工序裂纹的产生； 3. 加强转序、吊运、运输及生产各环节的产品防护，减少卸料落差，减少碰擦伤，保持转序、贮存时制品表面清洁； 4. 加强拉伸前制品(拉伸坯料和各中间坯料)的质量检验； 5. 拉伸时经常检查工模具的使用情况，及时更换有破损或破损倾向的外模及芯头； 6. 合理设计拉伸工艺，合理配模，提高模具表面粗糙度，确定合理的模具硬度，及时清理内外工具； 7. 加强过程检验，发现不良品时要及时调整； 8. 加强润滑剂的保管和使用防护，及时检查和更换润滑剂； 9. 调整退火工艺，严格控制退火温度和保温时间，酸洗要充分干净，但不能过酸洗，酸洗后要用清水泡洗和冲洗干净； 10. 适当调整扒皮模和扒皮工艺，合理控制扒皮前的加工余量，使扒皮均匀干净； 11. 合理设计轧制孔型、道次和道次变形量
铜沫印	1. 锯切后制品锯屑没有清理或清理不干净； 2. 润滑油不干净，有铜粉	1. 锯切后清理干净制品上的铜屑，尤其是管材的内表面，可用压缩风或高压水冲洗，也可用干净布清理等； 2. 加强润滑剂的保管和使用防护，及时检查和更换润滑剂
扒皮痕	1. 扒皮模设计不合理，如扒皮模刃角、模角等； 2. 扒皮时拉伸小车抖动； 3. 来料软硬不均或过硬； 4. 扒皮余量过小或过大； 5. 材料性能与扒皮余量不匹配； 6. 扒皮时拉伸小车行走速度不稳定或拉伸力量不够	1. 合理设计扒皮模，选择合适的扒皮模角和刃角； 2. 合理设计拉伸工艺，控制好扒皮余量，不宜过大，也不宜过小； 3. 控制好材料性能，不宜过软，也不宜过硬； 4. 调整拉伸设备
划伤、粗拉道、纵向线形伤、跳车环、表面橘皮和龟裂	1. 拉伸工艺不合理，减径量和减壁量不匹配，拉伸芯杆调整过后或过前； 2. 工艺设计不合理，道次变形量过大，产生表面龟裂； 3. 拉伸速度过快，而润滑又跟不上，产生表面龟裂； 4. 挤压或中间退火温度过高，退火保温时间过长造成的过热使晶粒粗大，晶界氧化，晶界强度降低并有部分晶界开裂，拉伸后制品表面形成沿晶界开裂的龟裂表面；拉伸后制品表面形成橘皮状的粗糙表面； 5. 退火温度不均匀； 6. 管材壁厚不均，偏心过大，润滑剂选用不当或润滑不充分； 7. 游动芯头设计和道次延伸系数选择不合理； 8. 酸洗不彻底，氧化铜粉末冲洗不干净； 9. 冷轧的坯料竹节、环状痕过大	1. 合理设计拉伸工艺，尤其是合理确定道次的减径和减壁量，拉伸前和拉伸过程中及时调整好拉伸芯杆的前后位置； 2. 严格挤压和退火工艺，降低挤压铸锭加热温度，降低退火温度，针对不同的退火温度，确定合理保温时间，消除表面橘皮、龟裂； 3. 加强退火工艺控制，保持退火均匀一致； 4. 加强上道工序控制和来料管坯的检验，减小管坯偏心和其他形式的壁厚不均，改善润滑，保持润滑均匀充分； 5. 合理设计游动芯头模具和道次延伸系数； 6. 加强工模具的管理和防护，及时检查、更换和修理工模具； 7. 酸洗要充分干净，但不能过酸洗，酸洗后要用清水泡洗和冲洗干净； 8. 改善冷轧工序并加强坯料检验，减少冷轧坯料竹节和其他环状痕； 9. 加强制品存放、运输管理，保证制品拉伸时表面干净无杂物，加强拉伸后制品的防护，防止被硬物划伤

续表 23-41

缺陷名称	原因	措施
表面凹折、皱纹	1. 空拉或空拉减径量过大； 2. 厚壁管变形不均匀； 3. 衬拉时形成空拉； 4. 来料塑性差，偏心严重； 5. 工模具设计不当，模角过大或过小，外模厚度不够，外模最大圆周小于铜管外径或异型管配模及模具设计、制作不合理	1. 对于薄壁管拉伸，尽可能不空拉，即使空拉也应根据模角合理确定减径量，尽量减少管材空拉次数； 2. 合理设计拉伸工艺，衬拉时减径量与减壁量合理配合，尤其是异型管要注意过渡圆的设计，成品拉伸不宜采用空拉； 3. 合理衬杆，可采用头部敲坑的方式或液压方式衬杆，避免衬拉时形成空拉； 4. 工模具设计要合理，合理确定模角和模具厚度及有关的模具参数，异型模设计要合理确定各有关参数； 5. 厚壁管拉伸时要合理安排拉伸工艺，加强润滑，合理配模，尽可能减少变形的不均匀性； 6. 严格控制挤压偏心，加强坯料检验，在拉伸头几道次时，尽可能地采用较大加工率或游动芯头等纠偏效果好的拉伸方式

23.5 拉伸设备选择

23.5.1 拉伸设备的分类

在实际生产中，常用拉伸设备的形式很多，通常分为直条拉伸机和盘拉机两大类，也可以按拉伸装置结构分类。直条拉伸机有：链条式拉伸机（单链拉伸机、双链拉伸机）、液压拉伸机、履带式拉伸机、联合拉伸机等；盘拉机有正立式圆盘拉伸机、倒立式圆盘拉伸机和卧式盘拉机。

23.5.2 拉伸设备的典型结构及技术参数

23.5.2.1 链式拉伸机

A 单链式拉伸机典型结构

单链式拉伸机结构简单，制作成本低廉，操作维护简单，是中、小企业使用最多的管棒型材拉伸设备。它主要由电动机、减速箱、机体、主链条、拉伸小车、模座机构、储料架、进料机架、进料装置、收料架等构成。

B 双链式拉伸机典型结构

近代的链式拉伸机多为双链式结构，其工作机架是由许多的C形架组成的，如图 23-19 所示。在C形架内装有两条水平横梁，用于支撑拉伸小车及链条，两侧面装有小车运行的导轨。C形架内上方设置有储料台、分料机构及自动送料机构，一般采用水平或倾斜布置方式。

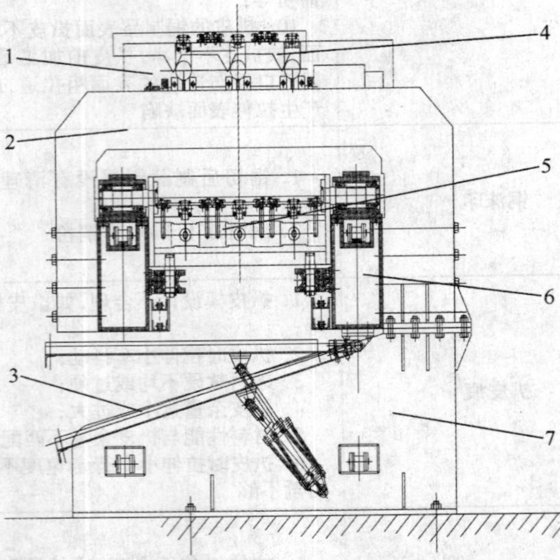

图 23-19 双链式拉伸机结构示意图

1—上料机构；2—C形支架；3—落料架；4—分料器及滑板；5—拉伸小车；6—横梁；7—主机架

C形架下方设置落料机构，当一次拉伸完成后，落料机构自动上升接住下落的管坯，以避免铜管碰伤及变形。拉伸模座多采用球形，以利于拉伸过程中自动调心，从而确保拉伸后铜管的直度。目前，铜管自动套芯杆机构大多采用如图 23-20 所示的两种机构。一种是采用滚筒 180°回转的方式，另一种是采用液压油缸驱动机架升降的方式，而穿模机构均在尾端使用长行程的油缸进行推动。

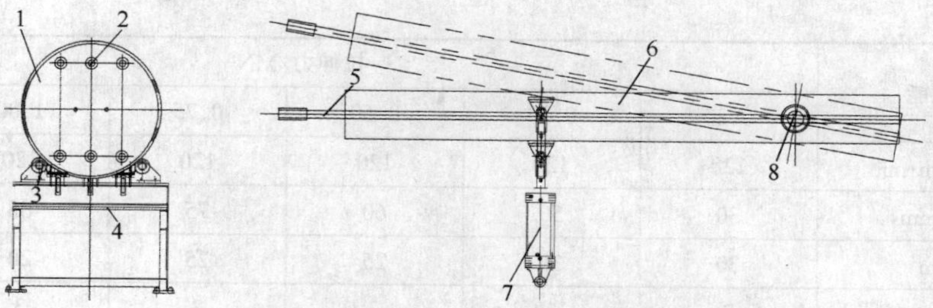

图 23-20 拉伸机铜管自动套芯杆机构示意图

1—辊筒；2、5—固定芯杆；3—支承辊；4、6—机架；7—驱动油缸；8—回转中心轴

C 链式拉伸机主要技术参数

链式拉伸机主要技术参数见表 23-42。

表 23-42 链式拉伸机主要技术参数

种类	拉伸机性能	拉伸力/MN								
		0.02	0.05	0.10	0.20	0.30	0.50	0.75	1.00	1.50
管材	拉伸速度范围/m·min⁻¹	6~48	6~48	6~48	6~48	6~25	6~15	6~12	6~12	6~9
	额定拉伸速度/m·min⁻¹	40	40	40	40	40	20	12	9	6
	拉伸最大直径/mm	20	30	55	80	130	150	175	200	300
	拉伸最大长度/m	9	9	9	9	9/12	9	9	9	9
	小车返回速度/m·min⁻¹	60	60	60	60	60	60	60	60	60
	主电机功率/kW	21	55	100	160	250	200	200	200	200
棒材	拉伸速度范围/m·min⁻¹			6~35	6~35	6~35	6~25	6~15		
	额定拉伸速度/m·min⁻¹			25	25	25	25	15		
	拉伸最大直径/mm			35	65	80	80	110		
	拉伸最大长度/m			9	9	9	9	9		
	小车返回速度/m·min⁻¹			60	60	60	60	60		
	主电机功率/kW			55	100	100	160	160		

目前常用的高速双链拉伸机的性能如表 23-43 所示。高速双链拉伸机发展至今，其最大拉伸力已达 4 MN 以上，机身长度可达 50～60 m，个别的达到 120 m，拉伸速度通常是 120 m/min，最高的达到 190 m/min；拉伸小车返回速度已达 360 m/min。为了提高拉伸机的生产能力，目前拉伸机正朝着多线、高速、自动化方向发展。

表 23-43 高速双链式拉伸机主要技术参数

拉伸机性能	拉伸力/MN					
	0.20	0.30	0.50	0.75	1.00	1.50
额定拉伸速度/m·min⁻¹	60	60	60	50	40	40
拉伸速度范围/m·min⁻¹	3~120	3~120	3~120	3~120	3~100	3~100

续表 23-43

拉伸机性能	拉伸力/MN					
	0.20	0.30	0.50	0.75	1.00	1.50
小车返回速度/m·min⁻¹	120	120	120	120	120	100
拉伸最大直径/mm	30	50	60	75	85	100
拉伸最大长度/m	30	30	25	25	20	20
拉伸产品根数	3	3	3	3	3	3
主电机功率/kW	125×2	200×2	400×2	400×2	400×2	630×2

23.5.2.2　履带式拉伸机

履带式拉伸机应用十分广泛，其结构紧凑，拉伸可靠，对改善铜管椭圆度、偏心度及保护成品有明显作用。但铜管规格、型号适应范围小，更换夹紧模具繁琐，拉伸大规格铜管时整机体积明显增大。

由于履带式拉伸机靠铜管与夹具之间的摩擦力来实现铜管拉伸，故在变更铜管规格及材质时须调整正压力的大小。履带式拉伸机由驱动装置、履带、张紧装置、模座、润滑系统组成。其主要结构如图 23-21 所示。履带式拉伸机最适合于成品的拉伸。

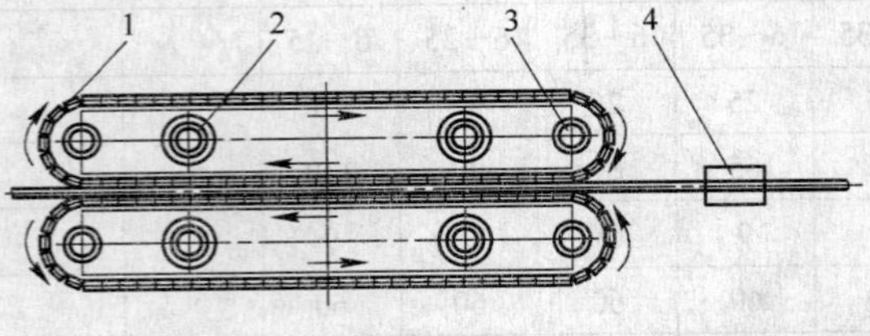

图 23-21　履带式拉伸机结构示意图

1—履带及夹紧模具；2—传动机构；
3—履带张紧机构；4—拉伸模具

23.5.2.3　联合拉伸机

联合拉伸机是近 20 年来发展起来的，国内外铜管、棒加工企业大多采用这种拉伸设备。因其消除了盘拉设备盘拉时弯曲应力的影响，与链条式拉伸机相比，不受铜管、铜棒拉伸长度的限制。同时，使用灵活，可单台、多台组合使用，在车间布置上，可根据车间情况布置成直线形、U 形或多角度布置。

联合拉伸机拉伸原理是利用两个拉伸小车交替连续拉伸，从而实现铜管连续拉伸的过程。

A　联合拉伸机典型结构

联合拉伸机的主要结构由主电机、减速箱、机座、模座、凸轮机构、拉伸小车、柱塞装置、模座机构等组成。联合拉伸机的拉伸小车所需的拉伸力由一个具有内外导轨的凸轮系统提供，拉伸小车安装在导轨上，当凸轮转动时可以自由地在导轨上滑动。拉伸小车抱钳的张开和闭合由液压系统控制，确保拉伸小车的动作十分准确，这一点在高速运转及拉伸薄壁管时非常重要。拉伸管材时小车抱钳形状必须与管材直径配合准确无误。联合拉伸机具有自动调整夹紧力的能力，确保夹紧力始终与拉伸力相匹配，从而保证管材在拉伸过程中不变形。其主要结构如图 23-22 所示。

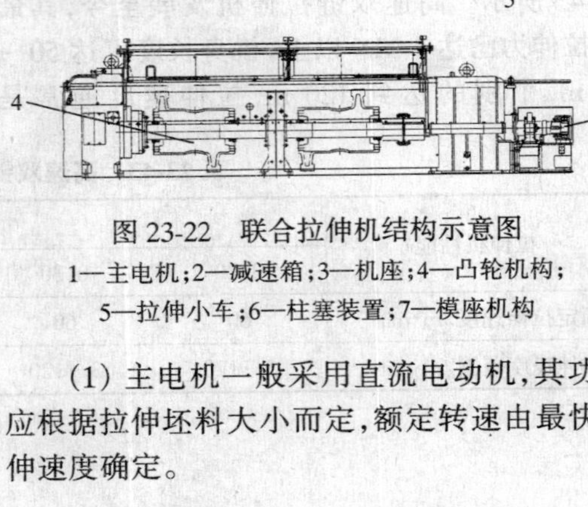

图 23-22　联合拉伸机结构示意图

1—主电机；2—减速箱；3—机座；4—凸轮机构；
5—拉伸小车；6—柱塞装置；7—模座机构

(1) 主电机一般采用直流电动机，其功率应根据拉伸坯料大小而定，额定转速由最快拉伸速度确定。

(2) 减速箱一般采用硬齿面齿轮减速机，其速比由拉伸速度及铜材延伸率确定。

(3) 机座采用铸钢件，须经去应力退火。机座包括前机座、支承中座、前后连接横梁及小车滑动导轨。

(4) 凸轮多采用球墨铸铁、合金钢，经铸造而成，硬度一般为 HRC27～35 之间。

(5) 两拉伸小车上均装有抱钳及抱钳控制油缸。两拉伸小车在凸轮的驱动下沿凸轮曲线来回运动，抱钳经抱钳控制油缸由柱塞装置控制，从而实现小车包紧铜材拉伸。

(6) 柱塞装置用于控制两拉伸小车交替联合拉拔工作，其功能相当于一个液压换向阀。

(7) 模座机构用于安装拉伸模具。模具座多采用球面，以利于拉伸过程中自动调整中心，从而确保拉伸后产品的直度。

B 串联联合拉伸机的典型结构

两台联合拉伸机中间加装补偿机构等辅助机构就可组成二串联联合拉伸机。图 23-23、图 23-24为两种常见的二串联联合拉伸机的排布示意图。其典型结构包括两台主机、制头机、打坑装置、清洗装置、弯曲矫直、切断等机构。

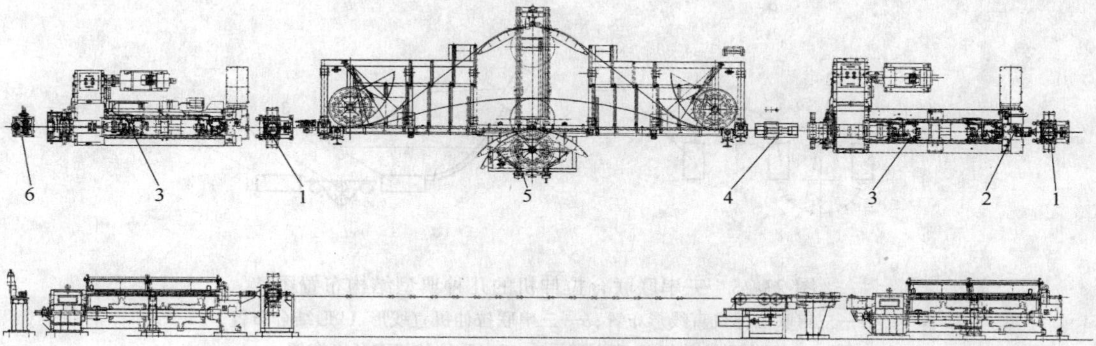

图 23-23 二联拉设备直线形排布示意图

1—制头机；2—打坑装置；3—主机；4—清洗装置；5—补偿机构；6—切断机构

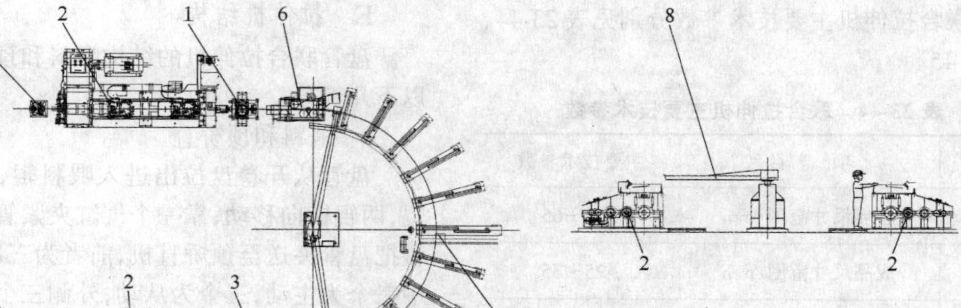

图 23-24 二联拉设备 U 形排布示意图

1—制头机；2—主机；3—清洗装置；4—弯曲机构；5—补偿机构；6—矫直机构；7—切断机构；8—弯曲摆臂；9—打坑装置

二串联、三串联、多串联拉伸机的整体布置形式可根据用户需要而定。二串联、三串联、多串联联合拉伸机在铜管、棒材拉伸工艺过程中具有明显的优势，它可以实现铜管、棒材多道次连续拉伸，从而节约操作辅助时间、减少操作人员，加之该机自动化程度高，故生产周期短，效率高。串联式联合拉伸机要求在铜管内放多个游动芯头，而只做一次拉伸夹头。因此要求在每个模具后面设计、安装一个自动打坑装置，拉伸多次而只进行一次制头，可减少材料损失，同时也可降低断管的危险性，显著提高成品率。

C 串联联合拉伸机的几种典型布局

串联联合拉伸机一般有二串联、三串联、多串联联合拉伸机，基于二串联联合拉伸机补偿机构的运用，可以设计出各种各样的生产线。通常的组合不是二串联就是三串联，或者是两者结合。三串联联合拉伸机的结构布置如图 23-25所示。

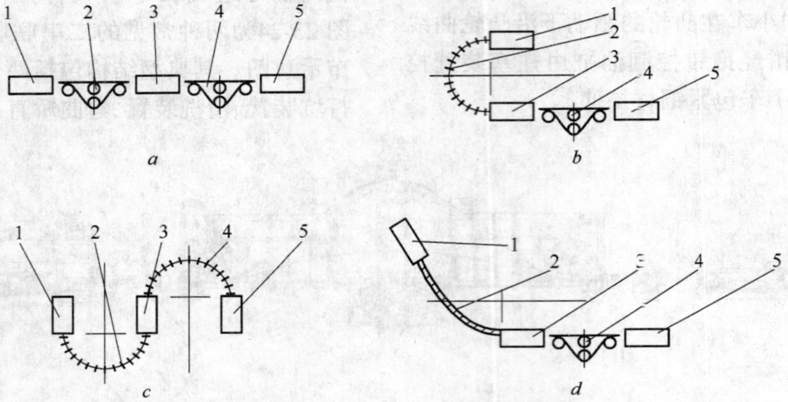

图 23-25 三串联联合拉伸机的几种典型结构布置图
a—三串联拉伸机直线形布置；*b*—三串联拉伸机直线形、U形结合布置；
c—三串联拉伸机U形布置；*d*—三串联拉伸机多角度布置；
1、3、5—拉伸主机；2、4—补偿机构

D 联合拉伸机主要技术参数

联合拉伸机主要技术参数分别见表 23-44、表 23-45。

表 23-44 联合拉伸机主要技术参数

序号	项 目	主要技术参数
1	管坯尺寸范围/mm	ϕ40～65
2	成品尺寸范围/mm	ϕ25～35
3	最大拉伸力/kN	250
4	拉伸调速范围/$m \cdot min^{-1}$	0～120
5	拉伸小车行程长度/mm	800～1300
6	主电机功率/kW	150～250
7	整机总功率/kW	360～600
8	附属设备	收卷机、飞锯、精定尺机组

E 拉伸机结构

盘管联合拉伸机的结构喂料和预矫直包括以下几部分。

a 喂料和预矫直

盘管从开卷盘拉出进入喂料辊，它是主动辊，两辊横向移动，靠一个气缸夹紧管子。喂料辊把盘管夹送至预矫直机，前者为三对立辊，其中三个为主动，三个为从动，外侧三个辊通过手柄调节辊子间距；后者为两对水平辊，其中两个为下辊主动，两个为上辊从动，下辊可调，以保证重启后辊子的水平标高不变，上辊通过手轮调节其上下位置。两套矫直辊共用一个传动系统。

b 连续拉伸设备

该设备为整个机组的核心设备，前部有床头，内有模座，在模座环上有油孔，用以对管子进行清洗和润滑。

表 23-45 国产联合拉伸机技术参数

设 备	A	B	C	D	E	F	G
拉伸力/kN	120/150	60/80	40/50	20/30	40	100	150
最高速度/m·min^{-1}	60	100	120	80	100	90	90
主电机功率/kW	200/220	110/132	75/99	55/80	70	160	250
拉伸车行程/mm	580	480	450	400			
管坯最大直径/mm	52	42	32	25	22	50	60
凸缘厚度/mm	125	110	100	90			
附属设备	收卷机	收卷机、飞锯、精确定尺装置	收卷机、飞锯、精确定尺装置	飞剪、磨光、矫直装置			

连续拉伸机有两组拉伸夹头，它在机组两侧的三角凹形导轨中平移滑动，拉伸头下有转鼓，两个转鼓装在同一根旋转的芯轴上，转鼓上分别有近似矩形的渐开线凸缘，两个凸缘分别为左右旋，拉伸头下的滑块卡在凸缘上，随着转鼓的转动便带着两个拉伸头前、后反向移动。当前拉伸头夹住管子向后拉时，则后拉伸头空载向前移动；当两个拉伸头的位置达到凸缘的拐点时，两个拉伸头变为反向移动，后拉伸头夹住管子由中心向后拉伸，而前拉伸头则松开夹块，空载向前移动，当两个拉伸头分别达到前、后顶端时，则又变向重复开始的动作。上述动作的周而复始就构成了直线拉伸的过程。这一动作过程如图 23-26 所示。

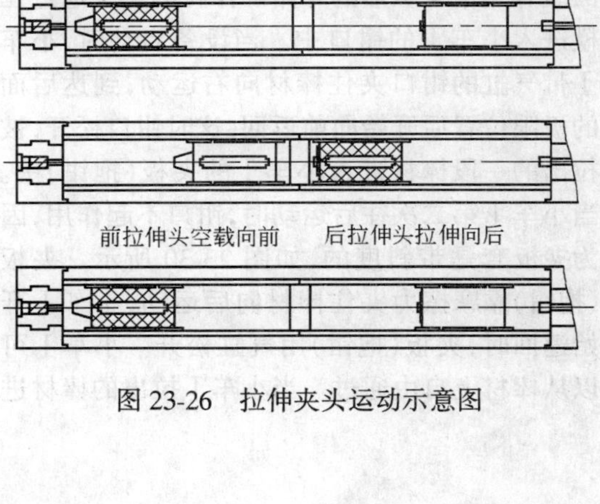

图 23-26 拉伸夹头运动示意图

拉伸头内有一对钳口用来夹住管子，其内径尺寸即是管子的外径尺寸，钳口座的外侧为一斜面，与滚柱轴承滑动使钳口张开、夹紧；前端有一喇叭口，以便于管子的导入。

c 传动系统

拉伸机的床尾箱即是减速箱，直流主电机经靠背轮接减速箱的高速轴，进入床尾箱。该传动系统除带动连续拉伸机外，还通过万向接轴带动后面所有传动设备。

d 精矫直设备与打印辊

精矫直前为七辊水平辊矫直机，下面三辊为主动，上面四辊为从动，分别用手柄调节。后为七辊立辊矫直机，里面三辊为主动，外面四辊为从动，分别用手柄调节。传动由主减速箱出轴通过万向接手相连。

两打印辊装在单独机架内，有标记的钢块镶在大辊的凹槽中，用手柄可调节其前后位置。

e 同步飞锯

它用来在线把管子锯成定尺，前部有一夹钳，夹住管子先把管头锯掉，之后飞锯的夹头夹住管子切断，锯片的进刀和转动均由液压带动，而锯本身的移动是由气缸完成的。锯切长度为 3～6.5m，精度为 ±10 mm（若采用 DDS 锯，则精度可小于 ±3 mm）。切头速度为 20 m/min，之后自动升速至 60～80 m/min。直条成品管经过涡流探伤可自动分检，由气缸分别顶到两侧成品和不合格品的集料槽中。如精整棒材，则该装置为同步飞剪。

如要按蚊香盘交货，则在料槽后面由专门的蚊香盘装置把切成定尺的管子卷成蚊香盘管。

f　液压和气动系统

(1) 液压系统。主要用于飞锯。供锯切机的液压电机，锯片进给，前夹钳的开启、闭合，锯切机上盖的打开之用。

(2) 气动系统。有两个贮气罐，一个用在预矫直的喂料辊，两个拉伸钳口的夹紧；一个用在飞锯出口送料和随管子同步移动。

飞锯的液压和气动系统如图23-27所示。

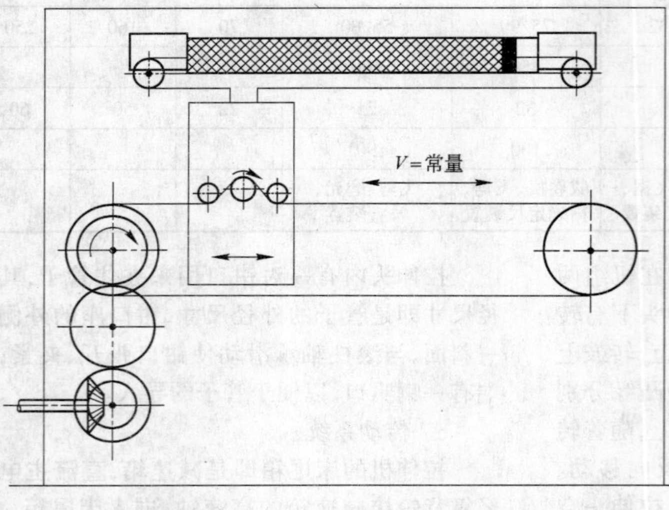

图23-27　飞锯的液压和气动系统示意图

F　棒材联合拉伸机列。其结构由预矫直、拉伸、矫直、剪切和抛光等部分组成（如图23-28所示）。

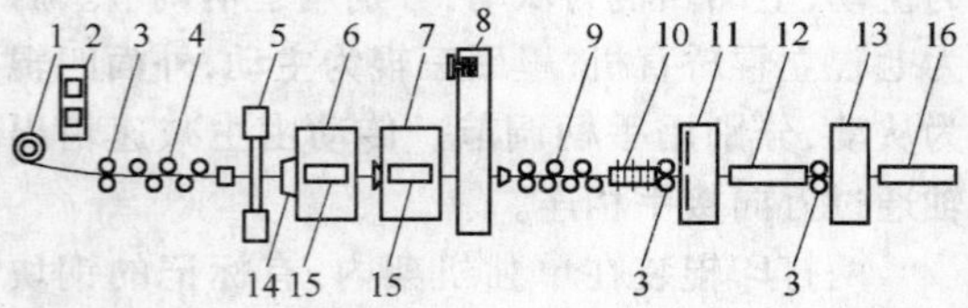

图23-28　DC-SP-1型联合拉伸机列示意图

1—线料盘；2、3—导轮；4—预矫直轮；5—球面模座；6、7—拉伸小车；8—主电动机和减速机；9—水平矫直辊；10—垂直矫直辊；11—剪切装置；12—导管箱；13—抛光机；14—小车钳口；15—小车中间夹板（抱钳）；16—收料台

a　预矫直装置

对来自放线架的盘条进行预矫直，然后把矫直材料送入拉伸模和拉伸小车。预矫直机包括两组矫直辊装置，一组是水平矫直，另一组是垂直矫直。预矫直机的直度校准对于棒材最后的精确矫直非常重要。

b　拉伸机构

拉伸机构如图23-29所示。从减速机出来的主轴上，设有两个双凸轮（相同的凸轮，位置上相互差180°）。当凸轮位于图23-29a的位置时，小车Ⅰ由凸轮Ⅰ带动并夹住棒材沿凸轮曲线向后运动。同时，小车Ⅱ借助于凸轮Ⅱ的曲线向前返回。当主轴转到180°时，凸轮小车位于图23-28b的位置，再继续转动时，小车Ⅰ沿凸轮Ⅰ的曲线向前返回，同时小车Ⅱ由凸轮Ⅱ带动沿其曲线向后运动。当主轴转到360°时，小车和凸轮又恢复到图23-28a的位置。凸轮转动一圈，小车往返一个行程，其距离等于S。拉伸小车中间各装有一对夹板（抱钳），小车Ⅰ的前面还带有一个装有板牙的钳口，小车Ⅱ前面装有一个喇叭形的导路。棒材的夹头通过拉模进入小车Ⅰ的钳口中。当设备启动时，小车Ⅰ带气缸的钳口夹住棒材向右运动，到达后面的极限位置后开始向前返回，这时钳口松开，被拉出的一段棒材进入小车Ⅰ的夹板（抱钳）中。当小车Ⅰ第二次往后运动时，钳口不起作用，因为夹板套是带斜度的，如图23-30所示。夹板（抱钳）靠摩擦力夹住棒材向后运动，小车Ⅰ开始返回时，夹板（抱钳）用气缸松开。小车Ⅰ可以从棒材上自由通过。当小车Ⅰ拉出的棒材进入小车Ⅱ的夹板(抱钳)中以后,就形成了连续拉伸过程。

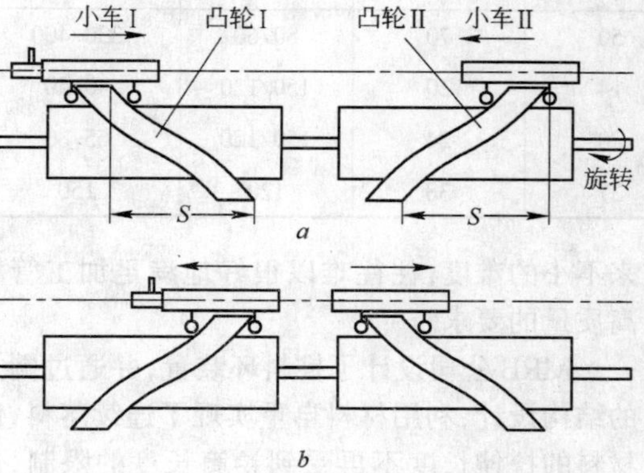

图 23-29 拉伸机构示意图

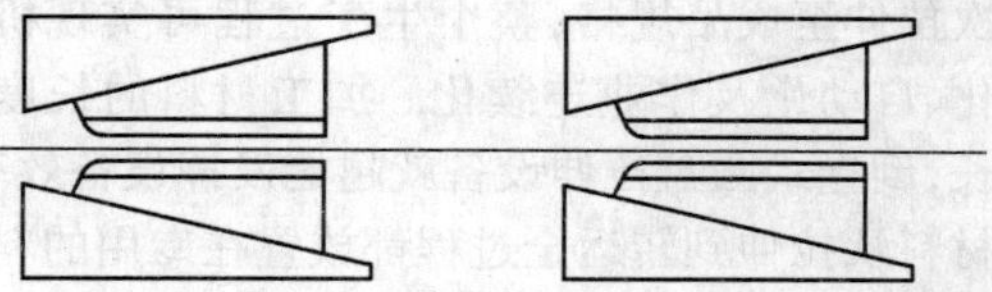

图 23-30 拉伸夹持机构示意图

c 垂直-水平辊子矫直机

垂直-水平辊子矫直机主要是用于六角形和方形棒材的矫直,并可用于圆棒的导向装置。

d 剪切装置

飞剪装置把经过拉拔和矫直的棒材连续地按需要的长度剪切。它位于水平辊矫直和导管装置之间。该装置包括一个辊子输送器和一个飞剪装置。它是靠主传动齿轮箱的共用轴来传动的。

剪切台包括一对导轨、一个飞剪台和一个带气动离合器的凸轮轴。飞剪输送器有一对可换接的剪切刀,对于不同棒材的尺寸和形状可以调换。通过传动凸轮轴使凸轮接触轮与传动凸轮啮合,飞剪台朝前移动。在传动凸轮啮合后,飞剪台剪切拉拔棒材。

e 抛光机

图 23-31 为抛光机工作原理示意图。图中 4、7 为固定抛光盘,5、8 为调节抛光盘。棒材通过导板 3 进入第一对抛光盘,然后通过三个矫直喇叭筒,再进入第二对抛光盘。抛光盘带有一定的角度,使棒材旋转前进,抛光速度必须大于拉伸速度和矫直速度,一般抛光速度为拉伸速度的 1.4 倍。抛光盘的表面粗糙度和硬度以及导向板的质量是影响棒材质量的主要因素,抛光盘一般采用工具钢或硬质合金制成。

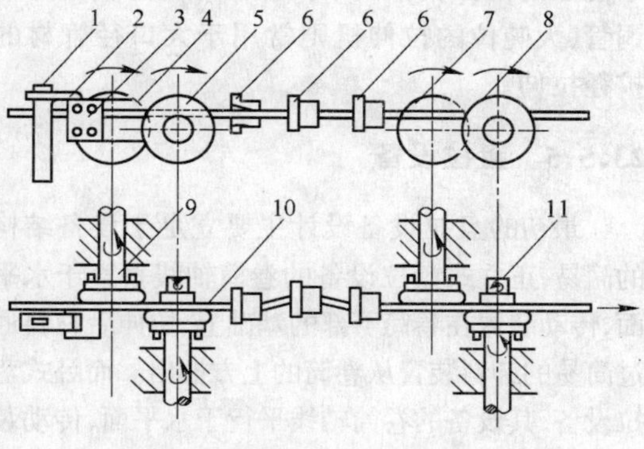

图 23-31 抛光机工作原理示意图

1—立柱;2—夹板;3—导板;4、7—固定抛光盘;5、8—调节抛光盘;6—矫直喇叭;9—轴;10—棒材;11—导向板

我国引进的部分联合拉伸机列的主要技术性能列于表 23-46。

表 23-46 联合拉伸机列的主要技术性能

机 型	棒材最大直径 ϕ/mm	棒材最小直径 ϕ/mm	方棒最大对边/mm	六角棒最大对边/mm	扁材最大对角/mm	V_Z/m·min^{-1}	F_Z/kN
0B/2	8	2	7	8	12	120/100	16/20
ⅠB/3	12	5	10	11	18	120/100	25/33
ⅠB/5	16	5	12	14	20	100/80	40/50
ⅠB/8	22	6	16	20	24	100/80	65/80
ⅡB/15	32	10	25	27	38	100/80	120/150
ⅢB/20	35	10	26	28	40	100/80	160/200
ⅢB/25	42	19	36	40	52	80/60	200/250

续表 23-46

机 型	棒材最大直径 ϕ/mm	棒材最小直径 ϕ/mm	方棒最大对边/mm	六角棒最大对边/mm	扁材最大对角/mm	V_Z/m·min^{-1}	F_Z/kN
ⅣB/40	55	20	45	50	70	80/60	330/400
ⅠD	16	5	12	14	20	150/120	40/50
ⅡD	22	6	16	20	24	150/120	65/80
ⅣD	32	10	25	27	38	120	150

23.5.4 液压拉伸机

液压拉伸机与链式拉伸机的最大区别在于其动力源来自液压泵，由液压缸直接驱动拉伸小车运动而实现拉伸。液压拉伸机运动平稳，不会产生链式拉伸时可能出现的跳车环。中、小吨位的拉伸机常用来拉伸波导管等精密异形铜管，大吨位的拉伸机则常用于大口径管材的扩径拉伸。

23.5.5 盘拉设备

最初的盘拉设备设计主要立足于设备结构的简易，正立式盘拉设备的卷筒轴线垂直于水平面，传动装置在卷筒下部的基础上，拉伸后材料通过简易的卸料装置从卷筒的上方抽出。而卧式盘拉设备，其设备的卷筒轴线平行于水平面，传动装置在卷筒的侧面。拉伸后材料从卷筒的侧面抽出。这两种盘拉设备都采用常规的设备结构设计，设备制造难度及成本较低，运行较可靠。

但材料的重量和长度仍不可避免地受到卷筒长度设计的影响，而且卷筒和材料的长度进一步加长，对卸料造成的不利影响也会增大。另外，在卸料方式上及下一拉伸道次开卷上，也难以避免工具及卷筒对加工材料表面产生的机械损伤，给生产质量要求高的产品带来一定困难。

在管材拉伸生产时，要求管材从导模到拉伸变形，再到进入卷筒切点位置，要始终保持较好的直线度，这样才能保证拉伸生产的管材壁厚偏心不致产生大的异常变化。这就要求在设备运行时，通过开卷及拉伸变形部分的移动，使开卷及拉伸变形部分的位置与管材进入卷筒的位置保持直线，在这一点上，动态的直线度保证也给正立式和卧式盘拉设备自动控制的设计带来不小的难度，往往难以很好地满足加工管材高质量的要求。

MRB公司设计了推料环装置，并通过倒立的结构设计，利用材料自重实现了连续落料，使材料的拉伸长度不再受到卷筒长度的限制，使盘拉技术得到进一步的突破。可在一台倒立式圆盘拉伸机上将多卷(6～8卷)管坯进行多道次拉伸至成品规格，整个生产过程可实现机械化、自动化及作业连续化。加工材料的长度越长，倒立式圆盘拉伸设备就越能发挥设备效率。材料从拉伸到转运全过程都放置在专用的料篮内，有效避免了材料的磕碰，这种先进的生产工艺主要用于管材的生产，特别是对于小径薄壁的管材生产具有很大的优越性。

圆盘式拉伸机必须防止管材缠绕在拉伸圆盘上时可能变椭圆，因此拉伸圆盘直径较大，结构也比较复杂，并往往配备其他专用设备，组成一个完整的机列，以实现操作自动化和机械化。圆盘拉伸机结构原理如图 23-32 所示。

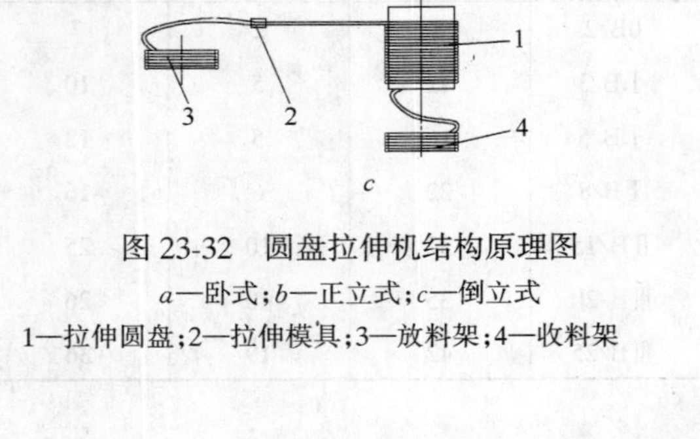

图 23-32 圆盘拉伸机结构原理图

a—卧式；*b*—正立式；*c*—倒立式

1—拉伸圆盘；2—拉伸模具；3—放料架；4—收料架

目前最常用的倒立式圆盘拉伸机的结构如图 23-33 所示。

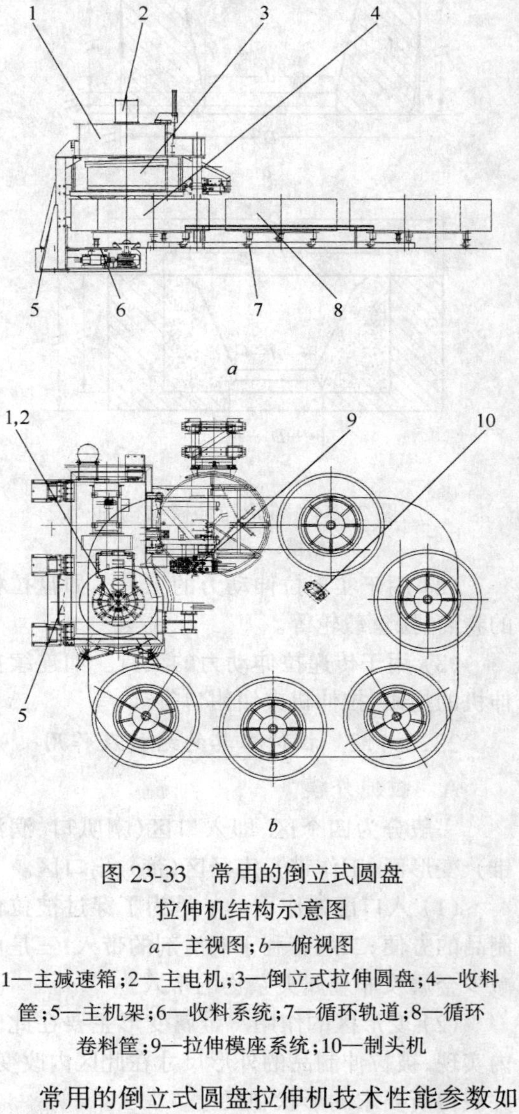

图 23-33 常用的倒立式圆盘拉伸机结构示意图

a—主视图；*b*—俯视图

1—主减速箱；2—主电机；3—倒立式拉伸圆盘；4—收料筐；5—主机架；6—收料系统；7—循环轨道；8—循环卷料筐；9—拉伸模座系统；10—制头机

常用的倒立式圆盘拉伸机技术性能参数如表 23-47 所示。

表 23-47 常用的倒立式圆盘拉伸机技术性能参数

序号	项 目	技术性能参数
1	最大拉伸力/kN	80
2	拉伸速度范围/$m\cdot min^{-1}$	0~1000
3	卷筒直径/mm	ϕ2130
4	卷筒工作长度/mm	450
5	成品尺寸/mm	ϕ4~22
6	每一循环卷坯数/个	7+1
7	整机总功率/kW	460

圆盘拉伸机最适合于拉伸紫铜管和铝管等塑性良好的管材。对需经常退火、酸洗的高锌黄铜管不太适用，因为管子内表面的处理比较困难。

为了使拉伸后的管子在拉伸卷筒上排列成均匀紧密的螺旋状，一般采用以下两种方式：

(1) 模座移动法。使拉伸模座平行于圆柱形拉伸卷筒的轴线均匀移动，拉伸管材可均匀紧密地呈螺旋状排布在拉伸卷筒上。

(2) 压出排管法。拉伸模座不动，依靠后一圈管材压下前一圈管材逐圈推进实现排管。

23.5.6 V 形槽盘拉机

随着制冷电器工业的快速发展，对高效换热铜管(内螺纹铜管)的需求大幅增加，产业规模越来越大，因为内螺纹成形拉伸对拉伸力及拉伸速度的数值要求不高，而且内螺纹铜管的规格范围也比较窄，可采用一种结构简单巧妙、投资省、能耗低、占地少的新型盘法拉伸设备，即采用 V 形槽盘拉机拉伸成形。

23.5.6.1 V 形槽盘拉机结构特点

(1) 设备主驱动装置(有正立式和倒立式)带动拉伸圆盘沿垂直轴线旋转，从而对材料施加拉伸力作用。

(2) 圆盘的侧面圆周上带有 V 形槽，槽的表面经过淬火处理。

(3) 拉伸夹钳带有可摆动钳臂，位于拉伸圆盘的上方边部，可以向下翻滚 180°到达拉伸圆盘侧面，通过这种设计，既可完成拉伸初期的引入，又可通过复位在正常拉伸过程中不碰到加工材。

(4) 圆盘侧面设有两套尼龙材料的压辊系统，压辊把拉伸材料压在 V 形槽内，拉伸夹钳松开后，材料依靠与 V 形槽面的静摩擦力继续进行拉伸。

(5) 开卷机构与收卷机构通过转速自动控制与调节，使之与拉伸速度匹配。

(6) 设备带有内螺纹成形高速旋模系统和制头机以及夹钳导轨等。

23.5.6.2 拉伸过程及原理

首先对拉伸圆盘进行定位，保持在拉伸起

始位置，把夹钳向下翻滚180°，装入夹钳导轨；经过制头的铜母管从开卷机构穿过内螺纹成形高速旋模机构，铜管端部夹头伸进夹钳口夹住，同时启动拉伸系统和旋压成形系统，铜管开始拉伸并内螺纹成形；通过压辊方向后，压辊马上进入，将铜管压在V形槽内；夹钳自动打开并复位，铜管开始依靠铜管与V形槽面的静摩擦力作用继续拉伸；成形后的内螺纹铜管进入收卷机构收卷，直到铜管拉完后，压辊复位，内螺纹铜管成形拉伸结束（V形槽盘拉机也可拉光管）。

典型的V形槽内螺纹成形机的主要技术性能见表23-48。

表23-48 V形槽内螺纹成形机的主要技术性能

序号	项 目	技术性能参数
1	ϕ9.52 mm外径规格材料拉伸工作直径/mm	1976
2	ϕ9.52 mm外径规格材料拉伸工作直径/mm	1962
3	最大拉伸力/N	6000
4	最大拉伸速度/m·min^{-1}	65
5	拉伸后产品外径规格范围/mm	ϕ5~10
6	总装机功率/kW	45

23.6 拉伸工具

23.6.1 拉伸工具的种类、结构特点

23.6.1.1 拉伸工具的种类

(1) 用于变形的拉伸模具：

1) 拉伸外模。简称拉模。用来改变并确定拉伸制品的外表形状和尺寸的模具。它分为圆形外模和异型外模，如图23-34所示。

2) 拉伸芯头。用来改变并确定拉伸制品内腔形状或尺寸的模具。在减小外径的同时减小壁厚，需要使用衬拉的方式，采用衬拉，就必须使用芯头。拉伸芯头根据不同的拉伸方法可分为以下几种类型：固定短芯头、中式芯头、游动芯头、内螺纹成形芯头、异型芯头等。

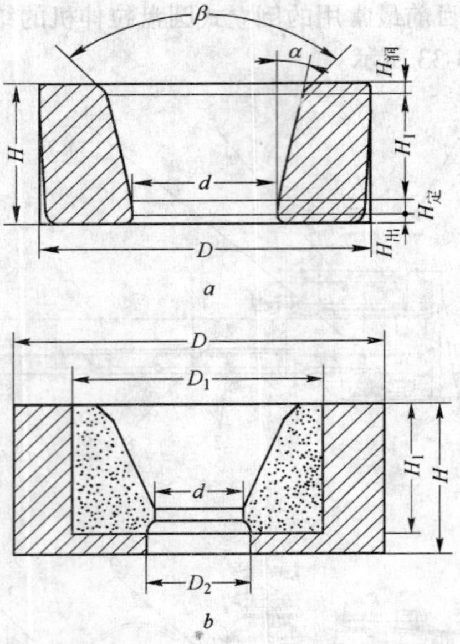

图23-34 锥形拉伸模结构图
a—钢模；b—硬质合金模

(2) 用于实现拉伸动力的工具。如盘拉机的卷筒、拉丝毂轮等。

(3) 用于传递拉伸动力的工具。如连续拉伸机的抱钳、拉伸机夹钳钳口等。

23.6.1.2 拉伸工具的结构及作用

A 拉伸外模

一般分为四个区，即入口区（喇叭口、润滑锥）、变形区（工作带）、定径区（带）、出口区。

(1) 入口区的作用。一是为了穿过被拉伸制品的方便；二是有利于润滑剂的带入；三是可减少金属及非金属夹杂物的带入。

(2) 变形区的作用。金属变形主要在此区内实现，被拉伸制品的外形尺寸在此区内改变，并获得所要求的形状和尺寸。

(3) 定径区的作用。进一步整定被拉伸制品的外形尺寸，消除拉伸制品的残余弹性变形。

(4) 出口区的作用。防止模子出口端的剥落及金属出模时被刮伤。

B 拉伸芯头

不同的芯头有不同的结构：

(1) 固定短芯头。其形状为一圆柱体。主要用于拉伸内表面要求较高的管材，如铜及铜

合金冷凝管等。

(2) 中式芯头。其形状类似花瓶状。主要用于拉伸有一定的内表面要求，而外表面要求较严格，且外径与壁厚较大的管材。如黄铜薄壁管、拉杆天线套管等铜及铜合金管材。

(3) 游动芯头(如图 23-35 所示)由两个不等径的圆柱体和中间一个圆锥体构成，游动芯头锥角比拉模小 1°～3°，可保证拉伸过程的最大稳定性。主要用于盘式拉伸、大长度的直条管材拉伸、有较严格的偏心度要求的管材拉伸和无法采用固定短芯头和中式芯头拉伸等产品的拉伸过程。采用游动芯头拉伸在减小壁厚的同时，应有足够的外径减缩量。

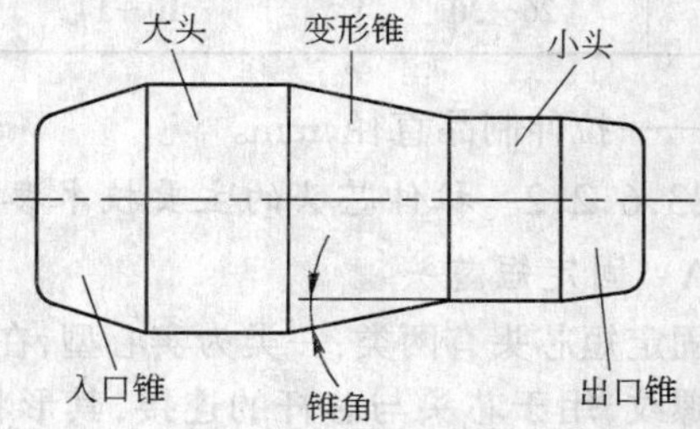

图 23-35　游动芯头

(4) 内螺纹成形芯头(如图 23-36 所示)。在一圆柱体外表面刻有若干条螺旋槽。主要用于内螺纹铜管旋压成形。

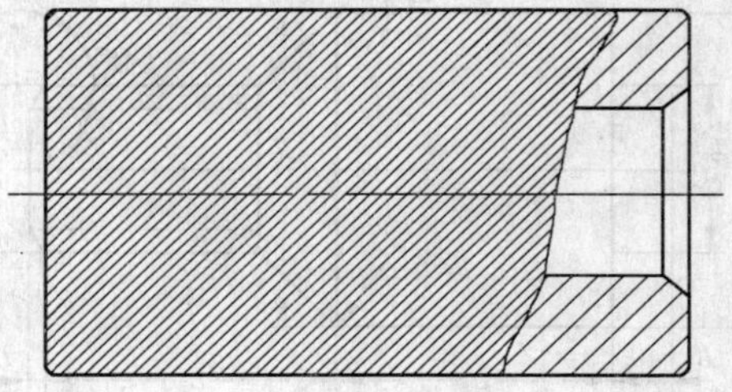

图 23-36　内螺纹芯头

(5) 异型芯头：其断面为非圆形的芯头。主要用于拉伸内表面要求严格的异型管材。如波导管、载波管等。

23.6.2　常用拉伸工具的主要参数

23.6.2.1　外模的主要技术参数

A　润滑区的角度与长度

(1) 润滑区的角度。它是其锥面母线与母线之间的夹角，用 β 表示。润滑区的角度大小要适当，角度过大，不易储存润滑剂，润滑效果不好，容易导致模具磨损速度加快，缩短模具的使用寿命，并对被拉伸制品的外表面质量产生不良影响。角度过小，拉伸时的金属屑容易堆积在模孔前，很容易带入变形区内，造成拉伸制品产生表面夹灰、夹杂、划伤等缺陷。润滑区的角度硬质合金模为 $\beta=40^\circ\sim50^\circ$；钢模为 $\beta=50^\circ\sim60^\circ$。

(2) 润滑区的长度。主要取决于以下几个因素：一是整个拉伸模具的高度；二是拉伸的工艺方法。一般情况是拉伸模具高度大，其润滑区的长度就长一些；高度小，则润滑区的长度就小一些。另外，因中式芯头、游动芯头的定径带都比固定芯头拉伸的模具要短一些，所以其润滑区的长度就长一些。根据经验，固定短芯头拉伸、空拉和棒线材拉伸的模具润滑区的长度为定径带直径的 0.6 倍，其他拉伸模具的润滑区的长度为定径带直径的 1.5～2.5 倍。

B　拉伸模角

拉伸模角(简称模角)是指拉伸模变形区的角度，即变形区锥面母线与拉伸模轴线之间的夹角，用 α 表示。模角是拉伸模的主要技术参数之一，模角大小对拉伸力的大小和变形特点都有很大影响，应根据拉伸制品的材质、形状、拉伸时的润滑条件和拉伸方法等因素来综合考虑确定。模角的大小一般为 $\alpha=6^\circ\sim15^\circ$。根据经验，拉伸大口径管材时，可取上限，拉伸小口径薄壁管材、硬质棒材时，可取下限。

C　变形区的长度

变形区的长度(工作带)可按下式计算：

$$H_{工}\geqslant\frac{D_0-d}{2\tan\alpha}=\frac{d\sqrt{\lambda}-1}{2\tan\alpha} \tag{23-56}$$

式中　$H_{工}$——变形区的长度(工作带)，mm；
D_0——坯料直径，mm；
d——制品或定径带直径，mm；
α——模角，(°)；
λ——延伸系数。

D　定径带直径

定径带的大小也是拉伸模的一个主要技术

参数，是决定制品外形尺寸的关键因素。定径带直径的大小主要根据制品外形尺寸、允许偏差、制品的弹性回复的大小以及拉伸时所使用的设备来确定。

E 定径带长度

合理的定径带的长度应保证拉伸制品的尺寸精度、模具的使用寿命，并有减小拉伸力、降低拉伸能耗的特点。拉伸模定径带的长度一般按表23-49来选择。

F 出口区

出口区为一倒圆锥体。其出口锥角度一般为30°～60°，出口锥长度一般取(0.1～0.5)d。

表23-49 制品尺寸与拉伸模定径带长度

棒材拉模		管材拉模		与中式芯头配套的拉模	
棒材直径/mm	定径带长度/mm	管材直径/mm	定径带长度/mm	管材直径/mm	定径带长度/mm
5～15	3.5～5	3～20	1～1.5	4～8	4～6
15.1～25	4.5～6.5	20.1～40	1.5～2	9～13	5～8
25.1～40	6～8	40.1～60	2～3	14～19	6～10
40.1～60	10	60.1～100	3～4	20～25	8～12
		100.1～400	5～6	26～30	10～14

G 拉伸模厚度

拉伸模厚度为各区厚度之和，即：

$$H = H_{润} + H_{工} + H_{定} + H_{出} \quad (23\text{-}57)$$

硬质合金模的厚度还要加上钢模套厚度。

H 拉伸模外圆直径

确定拉伸模外圆直径时要考虑：

(1) 保证拉伸模有足够的强度，并要考虑节约拉伸模材料。

(2) 便于生产管理，可将模子外圆直径制成几种规格，实现系列化。

根据制品的大小确定拉伸模外圆直径，可用以下经验公式计算：

$$D_{外} = (1+K)d \quad (23\text{-}58)$$

式中 $D_{外}$——拉伸模外圆直径，mm；

K——系数，当 $d \leq 60$ mm时，$K=1$～3；当 $d>60$ mm时，$K=0.5$～0.8；

d——拉伸制品直径，mm。

23.6.2.2 拉伸芯头的主要技术参数

A 固定短芯头

固定短芯头有两类：一类为实心型，在尾部有一螺纹，用于芯头与芯杆的连接，其形状、尺寸如图23-37所示，其参数如表23-50所示。另一类为空心型，其形状、尺寸如图23-38所示，其参数如表23-51所示。

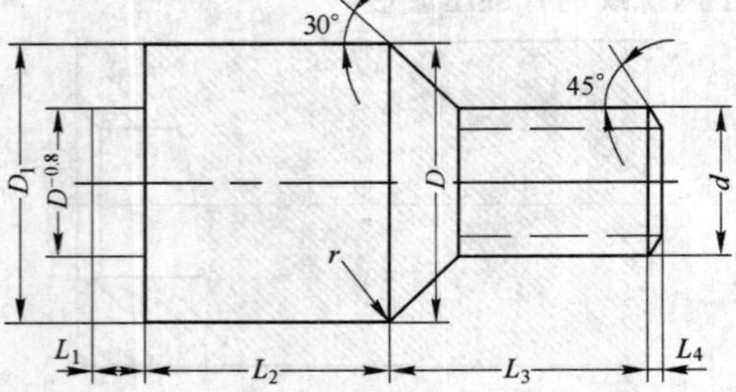

图23-37 实心短芯头的形状、尺寸

表23-50 实心短芯头的主要参数 (mm)

芯头直径 D	D_1	d	L_1	L_2	L_3	L_4	r	标准螺纹
8～10	D-0.05	6	5	30	32	1.5	1.5	M6×0.7
10.1～13	D-0.05	8	5	30	32	1.5	1.5	M8×1.0
13.1～18	D-0.05	10	5	30	32	1.5	1.5	M10×1.0

续表 23-50

芯头直径 D	D_1	d	L_1	L_2	L_3	L_4	r	标准螺纹
18.1～24	D-0.05	14	5	35	40	1.5	1.5	M14×1.5
24.1～32	D-0.05	18	5	35	40	1.5	1.5	M18×1.5
32.1～41	D-0.05	24	7	35	49	2.0	2.0	M24×2.0

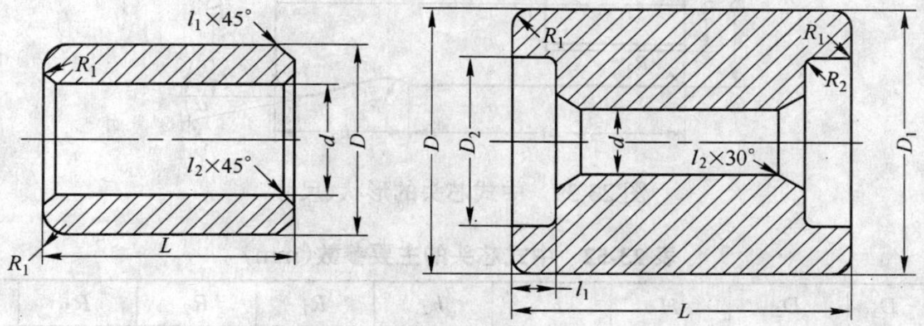

图 23-38　空心短芯头的形状、尺寸

表 23-51　空心短芯头的主要参数(mm)

芯头直径 D	D 偏差	d	d 偏差	L	l_1	l_2
12～14	±0.01	8	+0.05 +0.15	25	1.5	1.0
14.1～16	±0.01	9	+0.05 +0.15	25	1.5	1.0
16.1～20	±0.01	10	+0.06 +0.18	30	1.5	1.0
20.1～25	±0.01	12	+0.06 +0.18	30	2.0	1.5
25.1～30	±0.02	16	+0.06 +0.18	35	2.0	1.5
30.1～35	±0.02	18	+0.07 +0.021	35	2.5	1.5
35.1～40	±0.02	22	+0.08 +0.25	40	2.5	1.5
40.1～45	±0.02	24	+0.08 +0.25	40	3.0	2.0
45.1～50	±0.02	30	+0.08 +0.25	45	3.0	2.0
50.1～55	±0.02	30	+0.08 +0.25	45	3.5	2.0
55.1～60	±0.03	30	+0.50 +1.00	50	3.5	2.5
60.1～100	±0.03	33	+0.50 +1.00	60	3.5	2.5
100.1～155	±0.03	46	+0.50 +1.50	110	4	5
155.1～200	±0.04	60	+0.50 +2.00	150	6	10

B 中式芯头

其形状、尺寸如图23-39所示，其参数如表23-52所示。

C 游动芯头

其形状、尺寸如图23-40所示，其参数如表23-53所示。

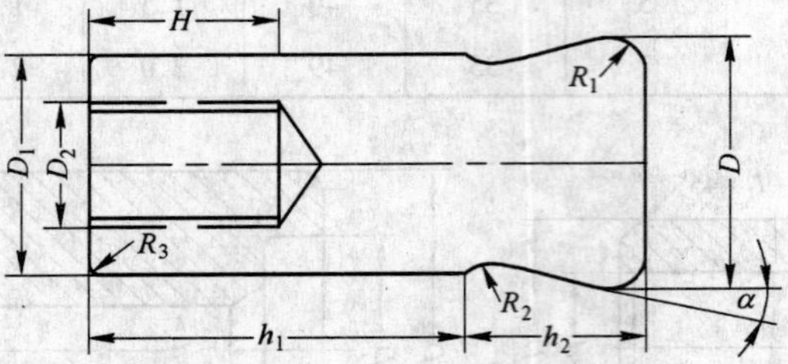

图23-39 中式芯头的形状、尺寸

表23-52 中式芯头的主要参数(mm)

D	$D-D_1$	D_2	H	h_1	h_2	R_1	R_2	R_3	α/(°)
30～25	2～3	20～15	20～15	30～35	18～25	3	12～14	2	15～18
24～15	1～2	15～7	16～20	25～30	14～20	3	10～12	2	13～16
14～18	1～0.7	8～4.2	14～18	25～30	14～20	2	10～12	1.5	12～15
7～4	0.5～0.3	4～2.8	10～16	20～25	10～15	2	8～10	1.5	10～13

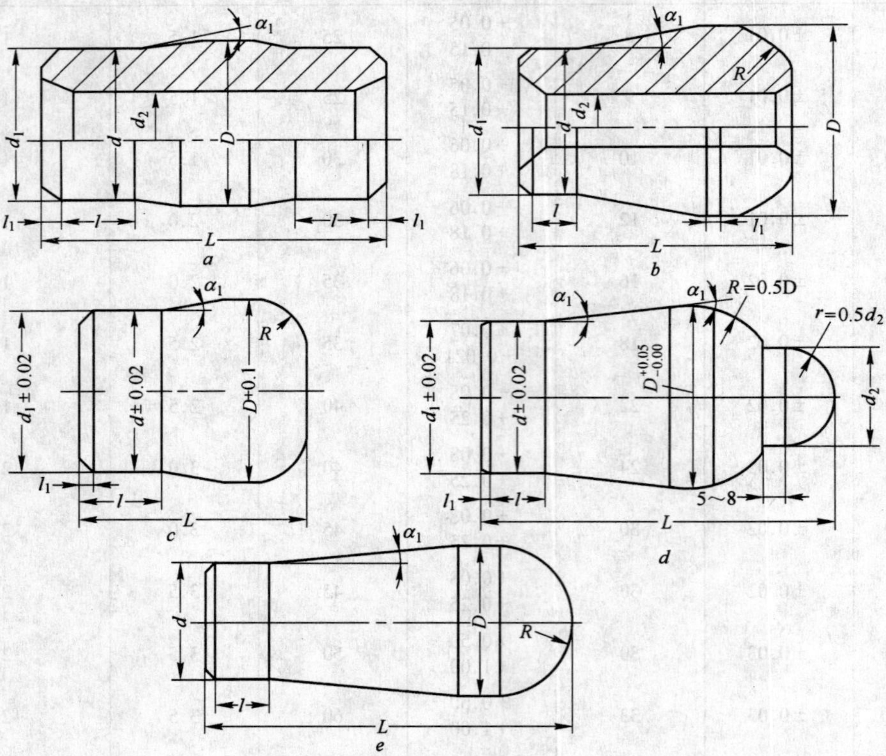

图23-40 游动芯头的形状、尺寸

a—双向游动芯头，适用于直线拉伸；*b*—直条拉伸用；*c*、*d*、*e*—盘管拉伸用

表 23-53 游动芯头的主要参数

类型	d	d_1	D	d_2	l	l_1	L	R	α_1/(°)
a	10～14	$d-0.05$	$d+1$	5	7.5	2	24		9
			$d+1.5$	5	7.5	2	24		9
			$d+2$	5	7.5	2	28		9
			$d+2.5$	5	7.5	2	28		9
	14.1～18	$d-0.1$	$d+1$	8	7.5	2	24		9
			$d+1.5$	8	7.5	2	24		9
			$d+2$	8	7.5	2	28		9
			$d+2.5$	8	7.5	2	28		9
b	18.1～23	$d-0.1$	$d+1$	10	7.5	2	30		9
			$d+2$	10	10	2	45		9
			$d+3$	10	10	2	55		9
	23.1～28	$d-0.1$	$d+2$	12	10	3	45		9
			$d+3$	12	10	3	55		9
	28.1～35	$d-0.7$	$d+2$	14	10	3	45		9
			$d+3$	14	10	3	55		9
			$d+4$	14	10	3	60		9
c	12	$d-0.1$	14.2		10	2	45	5	9.5
	15	$d-0.1$	17.5		10	2	45	5	9.5
	18.5	$d-0.1$	21.4		10	2	45	7	9.5
	22.5	$d-0.1$	25.8		15	3	50	10	9.5
	27	$d-0.1$	31		15	3	50	10	9.5
	33	$d-0.1$	37.7		15	3	50	10	9.5
d	2.0～8.0	$d-0.1$			5.0	1.5	25		9
	8.01～13.0	$d-0.1$			6.0	2.0	35		9
	13.01～20.0	$d-0.1$			10.0	2.0	45		9
	20.01～25.0	$d-0.1$			12.0	3.0	50		9
	25.01～32.0	$d-0.1$			12.0	3.0	55		9
e	3.00		3.60		1.5		10	$D/2$	5
	3.70		4.10		2		10	$D/2$	5
	4.25		4.75		2.5		12.5	$D/2$	6
	4.85		5.45		2.5		12.5	$D/2$	6

D 波导管芯头

波导管芯头的形状、尺寸如图 23-41 所示，其参数如表 23-54所示。

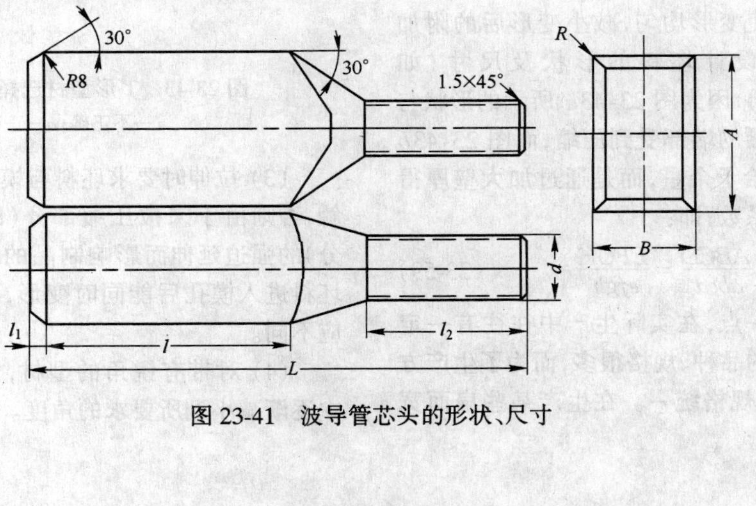

图 23-41 波导管芯头的形状、尺寸

表 23-54　波导管芯头的主要参数(mm)

短边 B	l	l_1	L_2	L	d	R	备　注
8～8.5	30	6	25	90	M6×0.75	0.35～0.4	A＞20,芯头用焊接
8.6～11	30～36	6～8	25～30	90～100	M8×1.0	0.35～0.4	A＞25,芯头用焊接
11.1～13	35	8	30	110	M10×1.5	0.35～0.55	A＞35,芯头用焊接
13.1～16	35～40	8	35	115	M12×1.75	0.40～0.6	A＞45,芯头用焊接
16.1～24	40	8～10	35	120～125	M16×2.0	0.40～0.6	A＞50,芯头用焊接
24.1～30	60	10	40	125	M20×2.0	0.7～0.8	
30.1～41	70	12	45	130	M25×2.0	1.0～1.2	

23.6.3　拉伸异形产品工具的设计原则及方法

23.6.3.1　异形模设计应考虑的因素

(1) 设计异形产品拉拔时,要求成品型材的外形必须包括在坯料外形之中。因为实现拉拔变形的首要条件是拉力,材料的横向尺寸难以增大。因此不可能用一个直径小于成品椭圆长轴的圆形坯料拉拔出此椭圆断面型材(如图 23-42所示)。

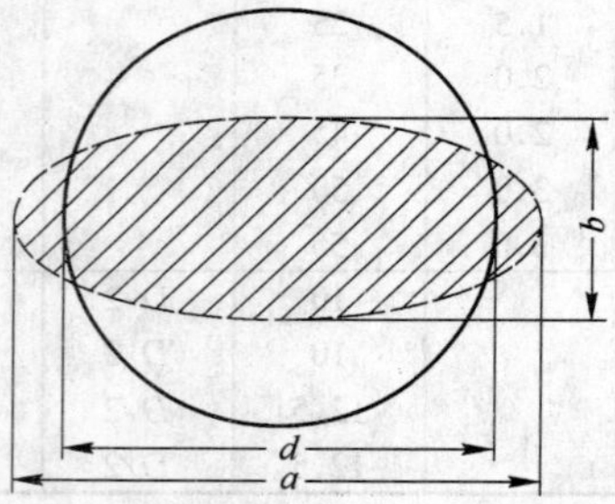

图 23-42　用圆形坯料拉伸椭圆制品时不正确的配模设计

(2) 为了使变形均匀,减小变形后的附加应力,应正确设计坯料的形状及尺寸(如图 23-43b 所示),因为图 23-43a 所示的形状与尺寸不能使其腰的端部受到压缩,而图 23-43b 不是在壁高上给予余量,而是通过加大壁厚得到相等的压缩系数,即:

$$\frac{ABCD}{abcd}=\frac{EFGH}{efgh} \tag{23-59}$$

若满足这一点,在实际生产中往往有一定困难。因型材的品种、规格很多,而为了生产方便,又要求坯料规格统一。在生产某些扁而宽的产品,如矩形、梯形型材时,往往只对其中的某一对平面与表面粗糙度要求较高。在此情况下,一般是两个方向上的延伸系数不相等,要求对精度与表面粗糙度要求高的面予以较大的变形。

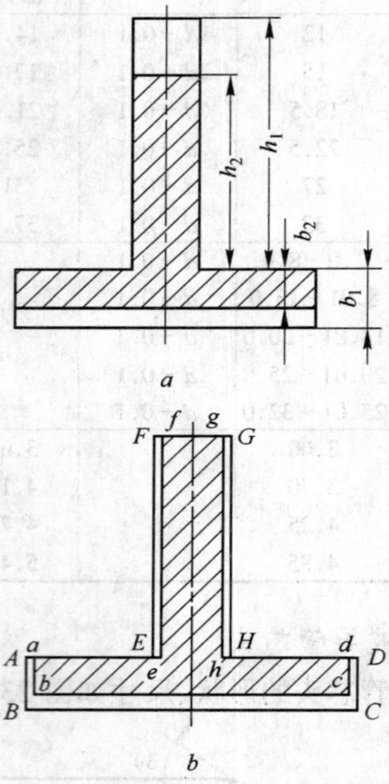

图 23-43　T形型材选择坯料尺寸
a—不正确;b—正确

(3) 拉伸时要求坯料与模孔各部分同时接触,否则由于未被压缩部分(即未接触模壁部分)的强迫延伸而影响制品的精确性。为了使坯料进入模孔后能同时变形,各部分的模角亦应不同。

(4) 对带有锐角的型材,只能在拉拔过程中逐渐减小到所要求的角度。不允许中间带有锐角，更不得从锐角转变成钝角。这是因为拉伸型材，特别是拉伸复杂断面型材时，一般道次较多而延伸系数不大，这将导致金属塑性的降低，在锐角处因应力集中而出现裂纹。

总之，型材模孔设计的关键是使坯料各部分同时得到尽可能均匀的压缩。

23.6.3.2 用图解法进行异型材配模设计

图解法设计的步骤如下：

(1) 选择与成品形状相近，但又简单的坯料，坯料的断面尺寸应满足制品的力学性能要求和表面质量的要求。

(2) 参考与成品同种金属、断面积又相等的圆断面制品的配模设计，初步确定拉伸道次，道次延伸系数和各道次的断面积(F_1、F_2、F_3…)。

(3) 将坯料和成品断面的形状放大10～20倍，然后将成品的图形置于坯料的外形轮廓中，在使它们的重心尽可能重合的同时，力求坯料与型材轮廓之间的最短距离在各处相差不大，以便使变形均匀。

(4) 根据型材断面形状的复杂程度，在坯料外形轮廓上分为30～60个等距离的点。通过这些点作垂直于坯料与型材外形轮廓且长度最短的曲线。这些曲线应该是金属在变形时的流线。在画金属变形流线时应注意到这样的特点：金属质点在向型材外形轮廓凸起部分流动时，彼此逐渐靠近，而在向其凹陷部分流动时，彼此逐渐散开(见图23-44中的m与n处)。

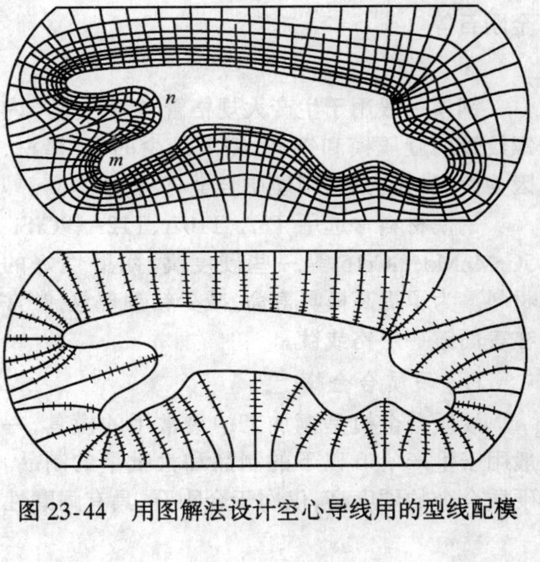

图23-44 用图解法设计空心导线用的型线配模

(5) 按照$\sqrt{F_0}-\sqrt{F_1}$、$\sqrt{F_1}-\sqrt{F_2}$、…、$\sqrt{F_{K-1}}-\sqrt{F_K}$值比例将各金属流线分段，然后将相同的段用曲线圆滑地连接起来，这样就画出了各模子定径带的断面形状。为了获得正确的正交网，在金属流线比较疏的部分可作辅助的金属流线。

(6) 设计模孔，计算拉伸力并校核安全系数。

23.6.4 旋压拉伸工具

为了提高铜管的热传导效率，铜管的内表面、外表面被旋压出各种凸凹不平的形状。目前最常见的高效管为内螺纹铜管和外翅片管。

内螺纹铜管的拉伸工具有减径模、固定芯头、旋压模、内螺纹芯头、定径模。旋压模和内螺纹芯头的结构分别如图23-45、图23-46所示。

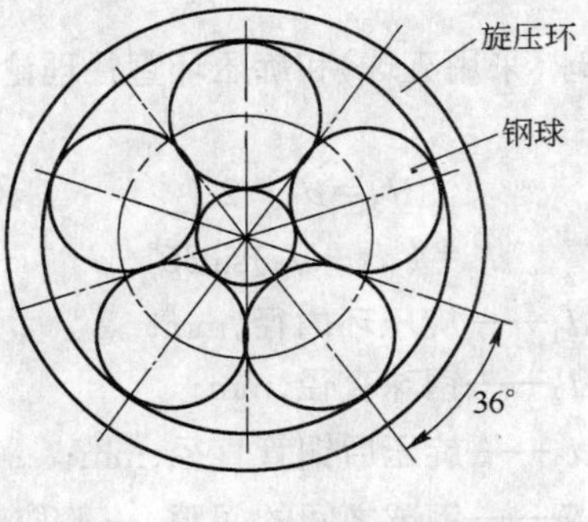

图23-45 旋压模的结构

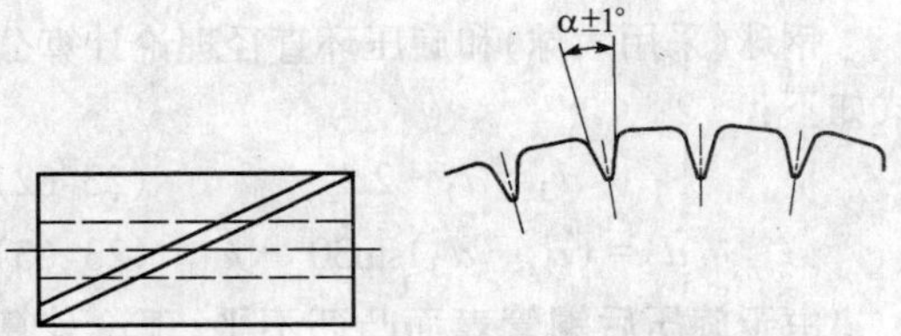

图23-46 内螺纹芯头的结构

23.6.4.1 减径模

减径模的主要作用是退火后的管坯经过减径模，使管子外径减小，减径模和固定芯头的共同作用，使内螺纹芯头的位置固定，阻止了铜管从旋压模孔拉出时把内螺纹芯头拉出。减径模和固定芯头与压缩区为锥形的模子形状相似，减径模定径区比拉伸光面铜管用的模子短。

23.6.4.2 固定芯头

固定芯头与中空的游动芯头一样，形状相似，固定芯头的定径区很短或者不用定径区，铜管在此处基本为空拉。

23.6.4.3 旋压模

旋压模是金属塑性变形的主要部分。旋压模由旋压环和钢球两部分组成。

旋压环是钢球旋转的辊道，所以旋压环的辊道表面粗糙度要求非常高，并且尺寸和形位公差精度要求也非常高，以保证铜管的外径尺寸，防止钢球旋转时跳动。

旋压环中钢球在高速旋转时就相当于一个压缩区为圆弧形的拉伸模。钢球最常采用的是五球和六球两种，钢球直径选择非常重要，铜管外径减径量越大，钢球直径越大，钢球数量越多，但钢球增大，钢球高速旋转的功率消耗也大。

钢球(采用五球)和旋压环直径理论计算公式如下：

$$d_3=d_1-2d_2 \qquad (23\text{-}60)$$

$$d_2=(d_2+d_3)\sin36^\circ-k \qquad (23\text{-}61)$$

式中 d_1——旋压环内径，mm；

d_2——钢球直径，mm；

d_3——旋压后铜管直径，mm；

k——钢球之间的间隙，一般取 0.03～0.06 mm。

钢球(采用六球)和旋压环直径理论计算公式如下：

$$d_3=d_1-2d_2 \qquad (23\text{-}62)$$

$$d_2=(d_2+d_3)\sin30^\circ-k \qquad (23\text{-}63)$$

由于旋压后铜管表面凸凹不平，理论计算所得的铜管直径比实际要小。同样，计算出的铜管制品的底壁厚比实际要薄。

23.6.4.4 内螺纹芯头的设计

铜管在钢球的旋压力作用下，内螺纹芯头在铜管内壁旋压出螺纹。内螺纹芯头的尺寸有芯头外径、螺旋角 β、齿顶角、齿数、齿高、齿槽宽。内螺纹芯头的尺寸要求非常严格。内螺纹芯头的外径可按下式计算：

$$d_4=d_3-2t_{底} \qquad (23\text{-}64)$$

式中 $t_{底}$——铜管底壁厚，mm；

d_4——内螺纹芯头外径，mm；

d_3——旋压后铜管外径，mm。

由于钢球之间的间隙的原因，d_4 的计算值一般比实际值小 0.03～0.08 mm 左右。

芯头螺旋角的计算公式为：

$$\mathrm{tg}\beta_1=d_4\times\lambda\,\mathrm{tg}\beta_0/d_{制} \qquad (23\text{-}65)$$

式中 $d_{制}$——制品内径，mm；

β_0——制品的螺旋角，(°)；

β_1——内螺纹芯头的螺旋角，(°)；

λ——定径模处的延伸系数。

齿高是内螺纹铜管的一个非常重要的参数，设计内螺纹芯头的齿高一般比标准齿高大 0.01 mm。齿高、齿槽宽、齿顶角决定齿的形状以及铜管每米克重的参数。

23.6.4.5 定径模(整径模)

定径模没有明显的压缩区，定径区的长度比相应的拉伸模长，其作用是把旋压出的铜管表面凸凹不平处进行整径，提高管子外表面质量，提高尺寸精确度。定径模的模孔尺寸由制品的外径尺寸决定，一般整径后管子外径比模孔尺寸小，所以模孔尺寸设计时比制品应大一些。

23.6.5 拉伸工具的制造方法

23.6.5.1 拉伸模具材料的选择

拉伸模具常用的材料有工具钢、硬质合金、金刚石等。

A 钢模

钢模一般用于生产大规格管、棒材，生产内螺纹管的旋压模和钢球，需求量少的管、棒材，因为大规格模具采用硬质合金材料，成本高。

钢模材料常选用 T8A、T10A、T12A、9CrSi、5CrMnMo、GCr15 等一些硬度高、耐磨性好的材料。为了提高模具寿命，减少粘铜现象，常常在表面镀一层铬或钛。

B 硬质合金模

硬质合金模是铜加工中最常用的模具，一般用于生产 $\phi50$ 以下的制品和大批量的制品。硬质合金的硬度高，仅次于金刚石，具有耐磨性好、表面粗糙度低、寿命长等优点。常用的硬质合金材料有 YG6、YG8、YG10 等。

a 硬质合金的材料要求

硬质合金材料的硬度一般为 HRA 88～92，随着硬度的提高，材料的耐磨性能也提高。材料抗弯强度与材料中钴的含量、晶粒度大小、致密程度等有关。钴含量提高，抗弯强度提高，但材料的硬度降低；晶粒越细小，抗弯强度越高。抗弯强度高，模具不易断裂，尤其是生产大规格棒、管材和内螺纹管模具时，需要考虑抗弯强度。

b 硬质合金坯料的选择

根据国家或行业标准中拉伸棒、线、型、管材的硬质合金标准，结合生产规格尺寸，确定坯料的规格。一般坯料孔的直径比生产规格尺寸要求小 0.3～0.5 mm 左右比较合适，另外还要考虑定径带的长度和压缩区入口处的直径。

小规格拉伸芯头所用坯料常用实心或空心棒材，生产大规格模具时，应由厂家按设计图纸加工成毛坯，使用这样的毛坯可以减少磨削量，降低成本。

23.6.5.2 一般工具钢的模具制造方法

A 拉伸模制造工艺流程

拉伸模制造工艺流程如图 23-47 所示。

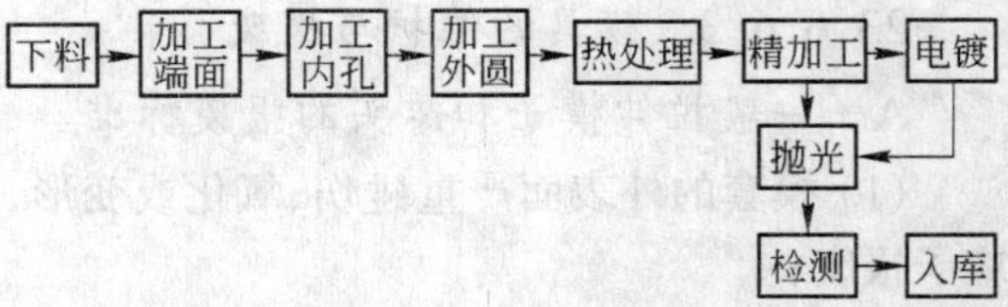

图 23-47 拉伸模(一般工具钢)制造工艺流程

B 拉伸芯头制造工艺流程

拉伸芯头制造工艺流程如图 23-48 所示。

图 23-48 拉伸芯头(一般工具钢)制造工艺流程

23.6.5.3 硬质合金模具制造方法

A 常用硬质合金的牌号、成分及性能

硬质合金的牌号、成分及性能见表 23-55。

表 23-55 硬质合金的牌号、成分及性能

合金牌号	成分/%		密度/g·cm^{-3}	性能(不小于)	
	WC	Co		抗弯强度/MPa	硬度 HRA
YG3	97	3	14.9～15.3	1030	89.5
YG6	94	6	14.6～15.0	1324	88.5
YG8	92	8	14.0～14.8	1422	88.0
YG12	90	12	14.2～14.6		
YG15	85	15	13.9～14.1	1716	86.0

B 工艺流程及制造方法

拉伸模制造工艺流程如图 23-49 所示。

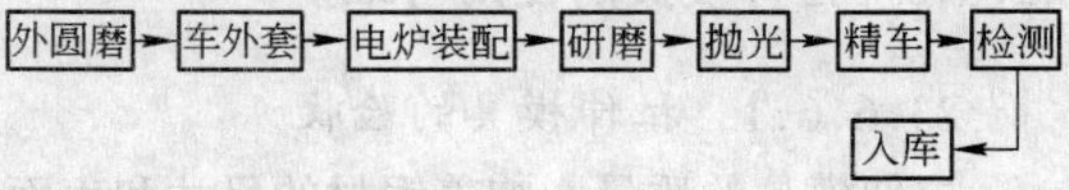

图 23-49 拉伸模(硬质合金)制造工艺流程

拉伸芯头制造工艺流程如图 23-50 所示。

图 23-50 拉伸芯头(硬质合金)制造工艺流程

C 模套的制造

生产棒、线、管材所用的模子，一般在硬质合金坯料的外面镶上模套，以减少硬质合金模坯工作时承受的压力，模套与硬质合金坯料之间不能有松动现象。对模套材料也有一定要求，要求它具有高的导热性、弹性和屈服极限，常用的材料有 45 号、50 号钢，也可用 T8A、T10A 和 T12A 优质碳素钢。

模套的规格一般比较少，以便使用统一的模具架，更换模子也方便。

模子的镶套方式有焊接法、冷压法、热压法、热镶法等，空心游动芯头须用堵头把孔堵上，常用方法有焊接法和铆堵法等。

(1) 焊接法。是指把铜管或黄铜焊接料装在模套和模坯之间(用于模子)或者芯头孔与堵头之间(用于芯头)一起加热到高于焊料熔点温度，冷却后硬质合金与铜材牢固粘接在一起，采用这种工艺装配的模子，强度较低，只适用于拉伸力不大的管子。但这种工艺使芯头与堵头粘接牢固，比铆接法强度要高一些。

(2) 冷压法。是指把表面磨光的模坯放在相适的过盈量的模套中，用压力机压入，然后再将露出模坯上的套边进行滚压，冷压法工艺复杂，采用不多。

(3) 热镶法。是指把模套加热到350～450℃，然后把模坯放入模套内，用压力机把模坯热压到模套底部，使模坯端面与模套底面充分接触，经过自然冷却，模套收缩后，模坯被牢固地镶嵌在模套中。这是模子生产中最常用的方法。

23.6.6 拉伸模具的使用与维护

23.6.6.1 拉伸模具的验收

拉伸模具的质量影响着铜材的尺寸和表面质量，模具的验收非常重要，应根据模子和芯头的图纸进行验收。

A 一般拉伸模子和芯头的验收项目

(1) 内外表面粗糙度，尤其是压缩区和定径区的粗糙度应在0.0125 μm左右。

(2) 模子的定径区、压缩区、入口区的同轴度；芯头的定径段、圆锥段、导向段的同轴度。

(3) 模套在出口区的外圆端面与模孔的轴线垂直度。

(4) 拉伸模子和芯头表面无砂眼、划伤、裂纹和沟槽等缺陷。

(5) 拉伸模子和芯头定径区的尺寸达到标准。拉伸模子和芯头的定径区的圆度最好控制在0.01 mm以下。

B 旋压模子的验收

旋压模子的旋转速度很高，一般在20000 r/min以上，旋压模子的精度要求很高。旋压模子的验收项目有：

(1) 旋压环的动平衡和静平衡试验，一旦动平衡差，旋压模在高速旋转时就产生振动和噪声，影响主轴的轴承寿命，并且铜管表面会产生花纹。

(2) 旋压环内圈表面不能有大的跳动，否则钢球旋转不稳定，会引起铜管表面花纹。

(3) 旋压环内圈的直径尺寸和圆度；

(4) 旋压环的端面与旋压环轴线的垂直度；

(5) 旋压环内表面的表面粗糙度、钢球的尺寸及表面粗糙度。

C 内螺纹芯头的验收项目

(1) 芯头外径尺寸、芯头的齿数、齿槽深、齿槽顶宽、齿夹角、螺旋角；

(2) 芯头的表面粗糙度、芯头的圆柱度、圆度、外圆跳动等。

23.6.6.2 模具的使用管理

由于拉伸模具规格很多，不容易区分开，为了加强模具管理，一般在模具的非工作面刻上拉伸模具的规格和锥度等重要参数，以方便使用。

另外，拉伸模具也可采用一模一卡的方式进行管理，每个模具都有一张卡片，上面记录有模具的编号、尺寸、使用日期和制品的产量等有关事项。

拉伸模具使用前，应将模具清洗并擦拭干净，检查模具的工作面是否合格，并检测尺寸是否合适，必要时进行简单抛光处理。

每次使用模具后都要清洗干净，并涂抹防锈油，放在通风良好的地方，湿度应保持在70%以下。

23.6.6.3 模具的维护与报废

A 一般拉伸模子和芯头的报废标准

(1) 模套的外表面严重碰伤、氧化或变形，应予报废；

(2) 模子和芯头磨损严重，锥面存在明显的环沟槽或定径区尺寸超差，应予报废；

(3) 模子和芯头在使用过程中有粘铜现象，应及时抛光，如果粘的铜抛不掉，应予报废；

(4) 模子和芯头表面有划伤、裂纹、掉块等缺陷，引起制品划伤的，应予报废；

(5) 制品表面出现花纹时，应及时调换拉伸模具，确实是由于模具同轴度、垂直度差引起的，应予报废；

(6) 由于拉伸模子和芯头锥角角度不符合要求，引起断管、空拉的，应予报废。如果是芯头引向区直径过大引起的断续空拉，应进行修整或报废。

B 旋压模具的报废标准

(1) 旋压环、钢球由于磨损严重,无法调整尺寸,引起制品每米克重超差的,应予报废;

(2) 旋压环、钢球表面粘铜或表面裂纹、起皮、粗糙,应予报废;

(3) 旋压环和钢球使用过程中引起振动,铜管表面出现花纹,应予报废;

(4) 内螺纹芯头粘铜应及时抛光,如果粘铜严重或引起管内壁划伤,应再抛光或报废;

(5) 内螺纹芯头断齿,由于严重磨损引起齿高低或管子底壁厚超差,应调整内螺纹芯头旋压的位置,如果断齿严重或芯头轴向整体磨损严重应予报废;

(6) 如果调整旋压量仍不能满足齿高或制品每米克重要求的,内螺纹芯头应予报废。

23.6.6.4 如何提高工模具的寿命

(1) 选用优质的耐磨材料生产拉伸工具;

(2) 提高拉伸工具工作面的光洁程度;

(3) 拉伸工具要轻拿轻放,不要碰撞工模具外形,以免碰伤和引起变形;

(4) 拉伸工具要经常涂油防锈;

(5) 选用模坯时,要留有一定的余量,以便工模具能够重新修复再利用,减少材料的浪费;

(6) 改善润滑条件,减少工具的磨损;

(7) 防止冲击和振动载荷,避免急冷急热等非正常使用;

(8) 由于工模具磨损或制造失误等原因引起拉伸模具失效的,可以采用镀铬、镀钛或其他机加工、电加工、化学处理、手工研磨等方法修复,重新使用。

24 矫正技术[1]

矫正是针对材料在加工过程中由于控制不当、内部应力严重不均而导致其形状发生诸如弯曲、扭曲、瓢曲等缺陷而采取的补救措施。矫正技术包括管、棒材的矫直技术和板、带材的矫平技术。它们的共同点是对材料施加一个略大于其屈服极限的力,使其发生一定的变形,以改变材料的内应力分布,使其趋于均匀,因而是一个矫枉过正的过程。

24.1 矫正方法的分类和特点

24.1.1 铜管、棒材的矫直

铜管、棒材的矫直方法一般有张力矫直、压力矫直、辊式矫直、正弦矫直等。

(1) 张力矫直。是借助于卡具卡紧制品两端头后施加拉力,使制品产生微量变形达到矫直的目的,其拉伸率为1%~3%,主要用于特殊型材矫直。

(2) 压力矫直。是将制品放在两个支点上给以压力而进行矫直的方法,一般用于厚壁管和大直径棒材。

(3) 辊式矫直。是通过不同的辊形经过反复的弯曲而达到矫直目的的方法,其应用较广。图24-1为斜辊矫直机辊子排列示意图。

(4) 正弦矫直。是对直径较小的管、棒材,通过正弦矫直辊反复弯曲以达到矫直目的的方法。

24.1.2 铜板、带材的矫平

矫平方法有:弯曲矫平(亦称辊式矫平)、张力矫平和拉伸弯曲矫平,分别见图24-2、图24-3、图24-4。弯曲矫平一般用于厚度1.5 mm以上的板带材,薄带材一般通过张力矫直或拉伸弯曲矫直来达到矫平的目的。

(1) 弯曲矫平。也称多辊矫平,它通过多个交错排列的工作辊对板、带材施加相反的作用力,使其在正、负交变应力作用下达到应力均匀,从而达到矫平的目的。

(2) 张力矫平。也称拉伸矫平。通过两对S形辊对板、带材施加张力,使板、带材产生变形,内应力分布均匀。

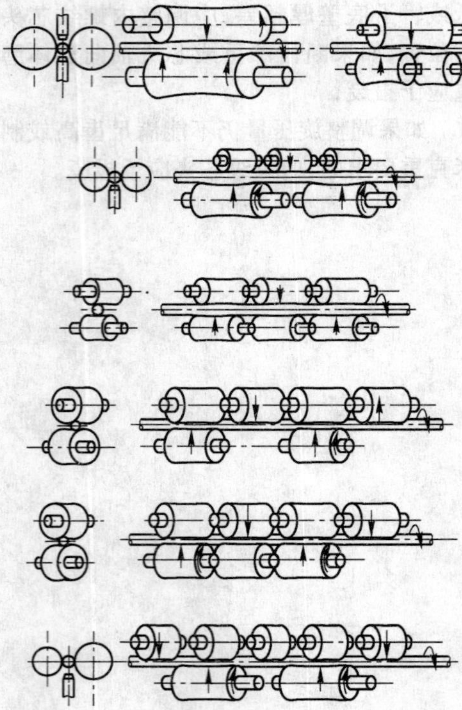

图24-1 斜辊矫直机辊子排列示意图

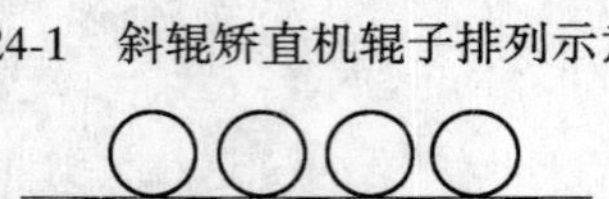

图24-2 弯曲矫平

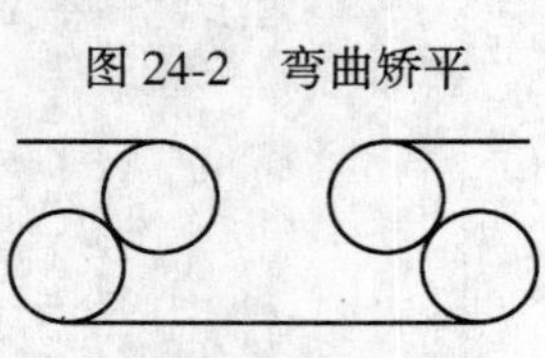

图24-3 张力矫平

[1] 本章撰稿人:闫建设、赵明。

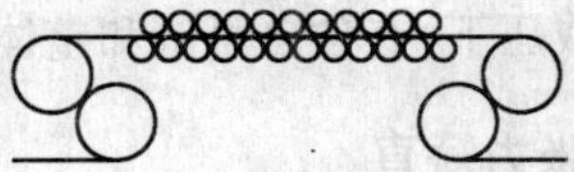

图 24-4　拉伸弯曲矫平

(3) 拉伸弯曲矫平是上述两种矫平方法的组合。

24.2　管、棒材矫直技术

24.2.1　压力矫直

在压力机上进行矫直时，工艺简单，需要注意的是压力应是匀速、可控，最好采用液压驱动；两支点间距不宜过大。

24.2.2　拉伸矫直

在拉伸矫直机上进行矫直时，其伸长变形一般不大于 3%，否则成品断面尺寸将发生较大改变，通常伸长变形设定在 1.5%左右。

24.2.3　辊式矫直

辊式矫直是被矫直制品通过不同的辊形、不同形式排列的辊系，经过反复弯曲而达到矫直目的的方法。这种方法在管、棒材生产中应用较广。按结构分类，管、棒辊式矫直可分为平行辊式矫直和斜辊矫直。

24.2.3.1　平行辊式矫直

平行辊式矫直时，制品通过 1 台或 2 台相互平面为 90°的平行辊式矫直，从制品的一个或两个方向反复弯曲，进而矫直，在矫直过程中被矫管、棒材为直线运动。

平行辊式矫直机分为立式矫直机、卧式矫直机和复合式矫直机。复合式矫直机是将卧式矫直机和立式矫直机联合使用，即平立辊矫直机。制品通过开有孔型的水平辊和垂直辊的双重递减反弯，起到矫直功能。这类矫直机辊数多为七辊和九辊，主要用于方形、扁形、六边形及其他一侧扁平的型、棒材矫直，特别在盘料变直料的矫直中普遍采用。

24.2.3.2　斜辊式矫直机

斜辊矫直是将圆形棒材或管材送入轴向交叉的矫直辊中，矫直辊给管、棒材施以超出其弹性极限的弯曲力来进行矫直，在制品与轧辊的回转运动中完成轴线对称的矫直。制品表面在矫直旋转过程中交替受拉应力和压应力的影响。此类矫直机的结构和调整简单，矫直时，由于制品旋转摆尾大，易碰伤制品，因此不易矫直长度大的制品。

斜辊式矫直机可分为多斜辊矫直机、二辊矫直机、旋转框架矫直机等。

A　多斜辊矫直机

一般采用六辊对辊式、七辊对辊式、多辊复合辊系式、十辊对辊式、多辊非对辊式、可调辊距矫直机等。

对辊矫直机多用于直条管材的成品矫直，根据不同精度的要求，选择不同的辊数。在一般精度范围内(如不小于 1 mm/m)，多采用六辊对辊式、七辊对辊式。对精度要求较高的，采用特殊的辊系配置和设置较多的辊数。七辊矫直机技术性能见表 24-1。

一般情况下，经多斜辊矫直后的金属表面有明显的肉眼可观测到的螺旋线痕迹，但可以做到没有任何手感。

表 24-1　多斜辊铜管、棒矫直机

型　号	管材直径/mm	棒材直径/mm	材　质	屈服极限/MPa	精度/$mm\cdot m^{-1}$	速度/$m\cdot min^{-1}$
GBJ20-7	φ5～20	φ5～10	紫铜、黄铜等	≤500	1～2	5～60
GBJ40-7	φ10～40	φ10～20	紫铜、黄铜等	≤500	1～2	5～60
GBJ60-7	φ15～60	φ15～30	紫铜、黄铜等	≤500	1～2	5～60
GBJ80-7	φ20～80	φ20～40	紫铜、黄铜等	≤500	1～2	5～60
GBJ100-7	φ25～100	φ25～50	紫铜、黄铜等	≤500	1～2	5～60
GBJ120-7	φ30～120	φ30～60	紫铜、黄铜等	≤500	1～2	5～60
GBJ140-7	φ40～140	φ40～80	紫铜、黄铜等	≤500	1～2	5～60

B 二辊矫直机

一般用于棒材和厚壁管的矫直，矫直精度较高。由于配有侧导板等结构，多用于黄铜类较硬的材料。这种矫直机的矫直精度可以达到0.5 mm/m以内，有色金属行业中采用的矫直速度通常在30 m/min以内。

C 旋转框架矫直机

这种矫直机将矫直辊安装在框架上，在矫直过程中被矫管、棒材为直线运动，以矫直辊框架的旋转替代管、棒材旋转，有效地防止了管、棒材因旋转运动而引起的磕碰伤、划伤，可应用于超长管、棒和不允许材料旋转的场合。这种矫直机的缺点是改变规格时调整困难。回转式矫直机性能见表24-2。

24.3 板、带材矫直技术

板、带材矫直技术可分为辊式矫直、张力矫直和拉弯矫直三种方式。

24.3.1 辊式矫直

辊式矫直技术是通过工作辊对轧件(板、带材)施加作用力，使其经过反复多次弯曲后，产生弹塑性弯曲变形，在消除轧件原始曲率不均匀性的同时将轧件矫平。它适用于板、带材产品精度(平直度)相对要求不高、加工板、带材的厚度相对较厚的产品。

这种方法采用多辊式弯曲矫直机，产品精度(平直度)相对要求不高，主要用于铜带坯铣面机组、轧制后成品板、带材的精整和横剪机列板、带材定尺剪切前的矫直工序。其主要特点是：矫直的板带材厚度在0.2～20 mm之间，宽度在330～3200 mm之间；工作辊数量在9～19根之间，均有支承辊(分段配置)支承；工作辊直径相对较大，通常在ϕ45～190 mm之间，支承辊直径基本与工作辊直径相等，除19辊矫直机外，工作辊都是主动的。

设备由工作机座、机架本体、工作辊、支撑辊、压下装置和摆动装置等部分组成，是由电动机经减速机、齿轮分配箱和万向联轴节来驱动的。

多辊矫直机的结构有平列式和整体倾斜式，辊缝(或压下)有独自可调和整体调节形式。

24.3.2 张力矫直

张力矫直是通过前、后两个张力辊组对带材施加单纯的拉力，使带材伸长，整个断面上应力达到或超过材料的屈服极限 σ_s，使之产生弹塑性变形，去除拉力后，弹缩量相等或接近相等，则轧件变为平直或曲率得到减小，从而得到一定程度的矫平。这种技术在铝加工行业应用较多，在铜加工行业中很少采用。

在张力矫直机上，带材在经过纯拉伸矫直后，虽能获得平直的板形，但带材内部的残余应力将会增大，这对于一般用途的带材使用是没有问题的，但对于质量要求很高的产品，如大规模集成电路芯片所用的引线框架材料，就难以满足要求。因为在以后进行的带材剪切和冲制等工序的加工时，由于内应力的影响，带材将发生扭曲或翘曲变形，造成大量的废品，严重时可导致引线框架材料冲模的损坏。

24.3.3 拉伸弯曲矫直

如要矫直经轧制或退火后带材的三元形状缺陷(如边浪、肋浪、中间瓢曲等)，就必须使带材产生塑性延伸，而传统的辊式矫直机由于其结构和工艺的局限性，几乎无法消除这种缺陷。采用张力矫直机，虽然能使带材矫直，但易出现以下问题：需使带材产生超过材料屈服极限的拉应力，对较厚、较宽的材料必须施加很大的张力，能耗量大；矫直脆性材料和屈服极限与断裂强度接近的材料时容易断带，易造成设备事故；增大了带材的内部应力。

如果采用拉弯矫直技术进行带材的矫直，就可以有效地解决上述存在的问题。该方法是采用多辊弯曲矫直单元与前、后张力辊组联合工作的拉伸弯曲矫直机组，主要用于对板型精度要求较高、带材厚度较薄产品进行矫直，尤其是对计算机、电子工业所需的高精度引线框架材料，更是必不可少的精整设备。通过拉弯矫直处理后的带材，板形的平直度通常可达3 I左右。如果在拉弯矫直机组中再配备有板型仪，带材的平直度可达1 I左右。

24.3.3.1 拉伸弯曲矫直机的工作原理

铜带拉弯矫直机通常有 23 根矫直辊，25 根中间辊，若干组支承辊(由宽度而定)。在下部矫直辊的轴向方向上有若干可单独调整矫直辊挠度的斜楔机构，它通过比例阀控制液压缸并根据来料带材的板形状况来调整不同位置辊子的挠度，以达到控制板形的目的，其原理类似于板、带材轧机液压弯辊的控制系统。在拉伸弯曲矫直时，带材在张力的作用下经过多辊矫直机反复的弯曲，通过叠加的拉伸和弯曲应力作用，产生弹塑性延伸变形，从而达到矫平的目的。

图 24-5 为带材在矫直辊上弯曲时，其上表层应力和端面应力分布图。由图可看出，带材经过矫直时，其弯曲曲率是逐渐增大的，因而带材表面层的应力与应变亦逐渐增大。在端面 0-2 段，带材处于弹性变状态，此后，表层应力超过屈服极限，进入弹塑性变形状态，在 4 处，带材接近于全塑变形状态。在拉伸弯曲变形时，由于拉伸应力的叠加作用，带材弯曲变形后的中性层将向带材弯曲曲率中心方向偏移，这是由带材断面的静力平衡条件决定的。拉伸弯曲时

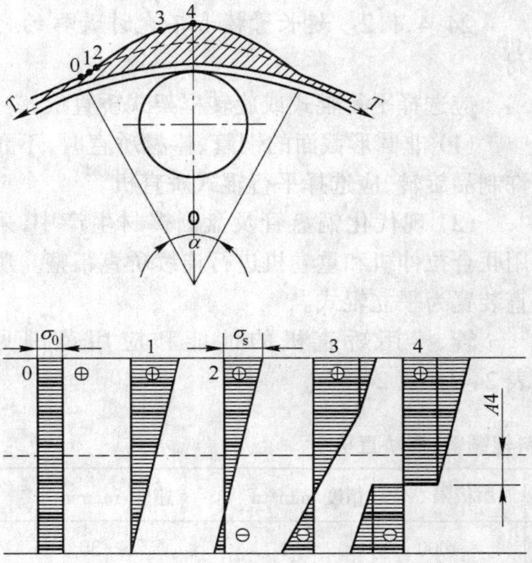

图 24-5 带材在矫直辊上弯曲时的应力分布

带材断面的静力平衡方程式为：

$$\int_0^{\frac{h}{2}+A}\left(\sigma_s+\frac{E_1}{\rho}Z\right)dz-\int_0^{\frac{h}{2}-A}\left(\sigma_s+\frac{E_1}{\rho}Z\right)dz-\sigma_0 h=0 \qquad (24\text{-}1)$$

式中 σ_s——带材屈服极限；

E_1——带材弹性模数；

$\frac{1}{\rho}$——带材反弯曲率；

h——带材厚度；

σ_0——带材拉伸应力；

A——中性层偏移量。

经积分后，得出中性层偏移公式：

$$A=\frac{\sigma_0 h}{2\sigma_s+\frac{E_1}{\rho}h} \qquad (24\text{-}2)$$

由式(24-2)可看出，中性层偏移量 A 与拉伸应力成正比，当 σ_0 为零时，带材处于纯弯曲状态，中性层偏移量 A 为零。在这种情况下，带材虽经反复弯曲，其外层纤维的拉伸与压缩变形总是相互抵消的，因而纯弯曲不会使带材产生塑性延伸，正是由于这一原因，没有矫直辊挠度调整的辊式矫直机无法消除诸如边浪、肋浪、瓢曲和镰刀弯等类型的三元形状的缺陷。

在拉伸弯曲矫直机上，带材中性层偏移量 A 与带材厚度相比，其数值很小，但它对矫平带材的作用却很大，正是由于中性层的偏移，使带材在反复弯曲时拉伸应变与压缩应变不能相互抵消，从而在不大的拉伸应力下，带材产生塑性拉伸变形。带材的一个断面在拉力的作用下，通过矫直辊时的应力变化过程如图 24-6 所示。在通过各个辊子时，带材断面产生的应变相互叠加，最终使整个断面产生均匀的塑性延伸。

通过以上的分析得知，拉伸弯曲矫直的简单原理是：所有带材的短纤维组织将在彼此重叠的张力和弯曲力的作用下产生延伸变长。在它们弹性收缩之后，延伸变长的纤维仍然保留。这就是说，由于张力所产生的永久性塑性变形表现为延伸变形，使得带材在最后出口时沿带材纵向应力值相同，且方向一致，最终达到矫平的目的。

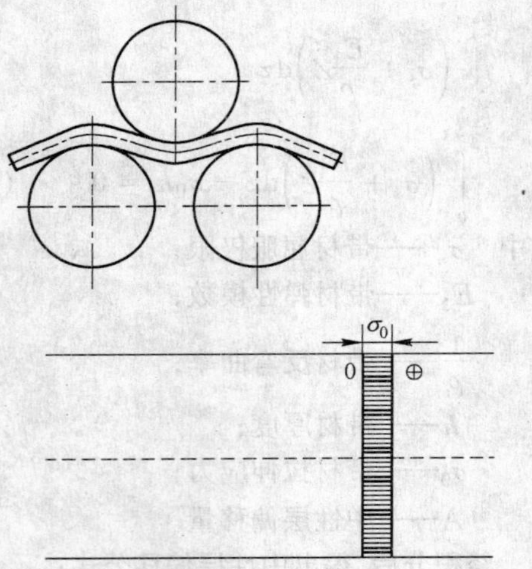

图 24-6 反复弯曲后的应力分布

24.3.3.2 拉伸弯曲矫直机的主要特点

被矫直带材的厚度相对较薄，通常在 0.05～1.0 mm之间；通常有工作辊 23 根，中间辊 25 根和支承辊若干组（由宽度而定）；工作辊直径一般在 ϕ12～19.05 mm 之间，中间辊直径 ϕ20～25.4 mm 之间，支承辊直径在 ϕ24.5～50.8 mm之间；工作辊被动，由张力辊组带（拉）动带材来使之转动；操作模式灵活，可根据来料状况和工艺要求采用纯拉伸或拉伸加弯曲组合的模式对带材进行矫直。辊型调整可分自动和手动两种模式，在矫直单元下部辊子轴线方向上分别排列有奇数的支承辊组，自动时由板形辊反馈板形信号，通过计算机，调整板形；手动时操作人员可以根据带材板形缺陷的状况，在操作台上选择已存入电脑中若干个典型缺陷中比较相似的一个，随后计算机就会发出指令，自动进行辊型调整，操作人员也可通过操作台上的键盘，手动单独调整每个下支承辊组的升降，来实现辊型（工作辊挠度）的调整，从而使带有双边波浪板形或中间瓢曲等三元形状缺陷的带材得到矫直，最终获得良好的板形。

24.4 矫直设备的选择

24.4.1 管、棒矫直设备选择

铜管、棒材矫直多为成品矫直，中间制品矫直仅对轧制管坯进行矫直。对不同规格、不同品种的铜管、棒材制品，选择不同类型的矫直机。

24.4.1.1 圆形截面的铜管、棒材

直料大多采用多斜辊类型的矫直机矫直。矫直中被矫圆材得到旋转矫直，可提高其成品精度。根据不同精度的要求，选择不同的辊数。铜管、棒材的弯曲精度要求一般不小于1 mm/m，采用六辊对辊式、七辊对辊式矫直机矫直均可满足要求。对精度要求较高的，采用特殊的辊系配置和设置较多的辊数。按矫直机的用途多斜辊矫直机可分为管材矫直机、棒材矫直机、管棒矫直机。铜管、棒材生产的主要特点是批量小、品种规格多，一般希望能拥有多功能的设备，即一台精整设备能最大限度地适应产品范围。常用多斜辊铜管棒矫直机见表 24-1。

24.4.1.2 超长管棒和不允许旋转的材料

应选择平行辊式或旋转框架式矫直机。

(1) 非圆形截面的铜管、棒材矫直时，不允许制品旋转，应选择平行辊式矫直机。

(2) 现代化铜盘管及盘圆棒材生产中，采用联合拉伸机和重卷机进行连续矫直精整。矫直装置为平立辊式。

管、棒用矫直机的性能和应用范围见表 24-2～表 24-8。

表 24-2 可调辊距的七斜辊铜管、棒矫直机

型　号	管材直径/mm	棒材直径/mm	材　质	屈服极限/MPa	精度/mm·m^{-1}	速度/m·min^{-1}
GBJ80-7T	ϕ10～80	ϕ10～40	铍青铜等	≤1000	约 1	5～30
GBJ180-7T	ϕ60～180	ϕ60～80	紫铜、黄铜等	≤500	约 1	3～30

表 24-3 二辊高精度铜棒矫直机

型 号	棒材直径/mm	材 质	屈服极限/MPa	矫直精度/mm·m^{-1}	速度/m·min^{-1}
BJ30-2	ϕ8~30	紫铜、黄铜等	≤500	1	5~30
BJ50-2	ϕ10~50	紫铜、黄铜等	≤500	1	3~30
BJ90-2	ϕ25~90	紫铜、黄铜等	≤500	1	3~30

表 24-4 多辊高精度铜棒矫直机

型 号	管材直径/mm	棒材直径/mm	材 质	屈服极限/MPa	精度/mm·m^{-1}	速度/m·min^{-1}
BJ40-10	ϕ10~40	ϕ10~30	紫铜、黄铜等	≤500	1	5~50
BJ180-11	ϕ60~180	ϕ60~100	紫铜、黄铜等	≤500	1	3~50

表 24-5 旋转框架式管材矫直机技术性能

被矫管材/mm		矫直速度/m·min^{-1}	矫直辊			矫直辊数	旋转角度/(°)	主传动电机	
外径范围	壁厚		最大直径/mm	最小直径/mm	辊身长度/mm			功率/kW	转速/r·min^{-1}
2~12	0.1~0.8	12~30	30	25	35	7	24~30	1.7/2.8	930/1420
2~20	0.1~1.0	22.2~82.8	30	25	35	8	20~35	1.7/2.8	940/1430
20~60	0.25~1.0	10.6~74.7	60	50	120	10	±45	2/3/3.5/4.5	460/1425
8~30	0.35~3	5~35	124	80	240	8	26~30	7/11/13/20	500/750/1000/1500
20~60	1~4	5~25	140	100	270	8	24~30	22	132/1320
40~100	0.8~10	5~15	166	130	300	8	24~30	30	82/820

表 24-6 正弦管材矫直机主要技术性能

外径范围/mm	壁厚/mm	矫直速度/m·min^{-1}	主电机功率/kW	外形尺寸(长×宽×高)/mm×mm×mm
0.2~1	0.05~0.2	43.2/24/18	0.25	325×350×1180
3~8	<2.5	30	1	1175×830×620
2~12	0.1~0.8	12~30	1.7/2.8	12400×1035×1092
2~20	0.1~1.0	22.2~82.8	1.7/2.8	12400×1035×1092
15~43	0.35~1.0	8.85~28.4	7.5	13415×1866×1312
20~60	0.25~1.0	10.6~74.7	3.5/4.5	39185×1760×1280

表 24-7 压力矫直机主要技术性能

技术性能	矫直机吨位/MN		
	0.63	1.6	3.15
最大压力/MN	0.63	5	5
活塞行程/mm	400	500	500
活塞距工作台最大距离/mm	550	750	800
工作台尺寸(长×宽)/mm×mm	2500×400	3000×500	3000×600
活塞工作速度/mm·s^{-1}	2.5	1.58	1.5
管材最大外径/mm	150	200	420
管材最小外径/mm	50	80	150
棒材最大外径/mm	120	160	250
棒材最小外径/mm	30	60	80

表 24-8 辊式矫直机主要技术性能

管材最大直径/mm	管材最小直径/mm	管材最大壁厚/mm	棒材最大外径/mm	矫直速度/m·min^{-1}	电机功率/kW
25	5	7	20	36/72	3.2/4.2
30	6	7	30	29.5/59.2	5/7
40	5	5		30/60	5/7
40	6	4.5	30	33.4/60.4	5/7
40	10	8		30/60	10/14
50	20	6		150	20
65	24	12		30	40
75	15	7.5	50	156/278	14/20
75	25		50	14.6/29.5	14/20
76	21			107/201	38
80	25			107/201	38
80	35	8		30	40
120	40	15	100	31.4/15.6	40/70
160	60	7	100	14.7/16.6	28/40
220	85	12.5			40
325	165	15		21	36

24.4.2 板带矫直设备选择

24.4.2.1 多辊矫直机

常用的多辊矫直机有九辊、十一辊、十七辊和十九辊矫直机，其技术性能见表24-9。设备一般由辊系、机架及辊缝调节装置、传动系统组成。辊系由上下错开排列的工作辊和支承辊组成。宽幅不大的矫直机的支承辊与工作辊等长。而宽幅矫直机通常用2～3个短支承辊支承一个工作辊，而且其压下可调，这就大大改善了支承效果。

表 24-9 辊式铜板带材矫直机主要参数

序号	辊 数	辊径/mm	辊距/mm	辊身有效长度/mm	板、带材厚度/mm	矫直速度/m·min^{-1}	主电机功率/kW
1	9	190	200	1200	8.0～16	10～15	60
2	9	190	200	1200	12～20	5～8.3	29
3	11	120	130	3400	3.0～12	0.7	55
4	11	90	100	1200	2.0～3.0	10	
5	17	60		1200	0.5～2.0	10	
6	17	60		1200	0.2～2.5	45～90	
7	19	45	90	1370	0.5～3.0	30～80	73.5

24.4.2.2 拉弯矫直机

拉弯矫直机组由开卷机、S形辊、多辊矫直单元、卷取机和电控、液压等设备组成(见图24-7)。

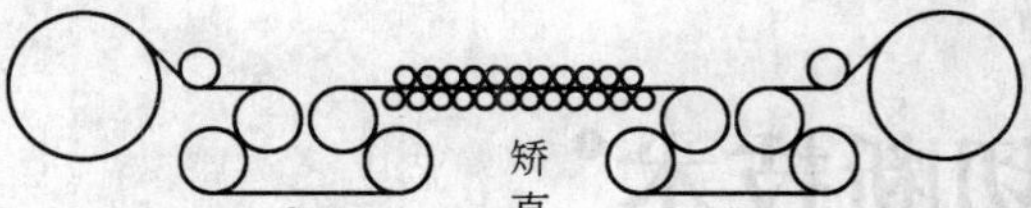

图 24-7　设备组成简图

我国引进的第一套拉弯矫直机组的主要技术参数如下：被矫材料的屈服强度 120～600 MPa；伸长率 3%～50%；厚度范围 0.08～1.0 mm；最大宽度 620 mm；最大卷重 4500 kg；张力辊 2 组，张力辊规格 ϕ500 mm×950 mm；矫直辊 23 个，直径 ϕ16（ϕ11）mm；中间辊 23 个，直径 ϕ 20 mm；支承辊 189 个，直径 ϕ24 mm；最大机列速度 200 m/min。

25 剪切与切断技术[1]

25.1 分类、特点和适用范围

25.1.1 分类和适用范围

铜材加工过程中的切断方法主要有两种：锯断(锯切)和剪断(剪切)。圆形制品(管、棒材)、型材、铸锭、特厚板一般采用锯断法；而板带材一般采用剪切法。但在处理中、小规格(ϕ15～40 mm)管、棒废料时，也采用剪切法(鳄鱼剪)，而小于 ϕ10 mm 的管、棒材则常用手工剪断方法。基本的锯切方式有两种：条锯(含带锯)和圆盘锯。剪切的基本方式也有两种：直刃剪和圆盘剪。

25.1.2 特点

锯切是一种机械车削加工形式。即依靠锯齿(作用与车刀相同)将金属从基体上一点一点切割下来而使基体分为两部分，锯屑即成为废料损耗。剪切则为一种冲压变形而断裂的一个过程，没有金属损耗。

25.2 剪切的基本原理

25.2.1 剪切时材料受力情况

剪刃对材料进行剪切时的情形如图 25-1 所示。当上剪刃下降至与材料相接触时，材料就受到上下剪刃的作用力。由于剪刃之间存在间隙，使上下剪刃施加于材料的力产生一个力矩 M，力矩使材料变形，作用于材料的垂直压力呈不均匀分布，随着向刃口靠近而急剧增大。

剪切时各点的应力状态如图 25-2 所示。

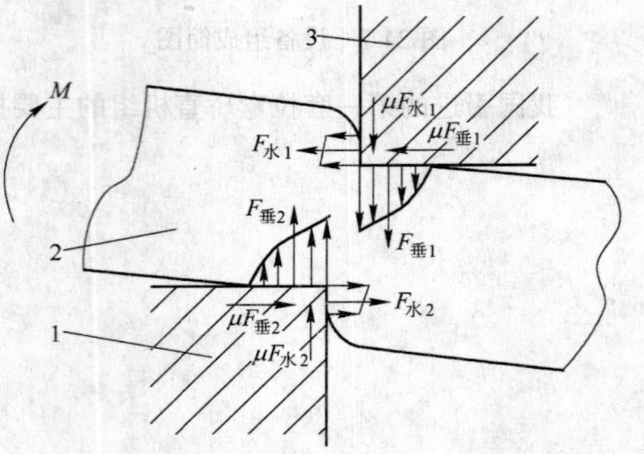

图 25-1 剪切时作用在材料上的力

1—下剪刃；2—材料；3—上剪刃

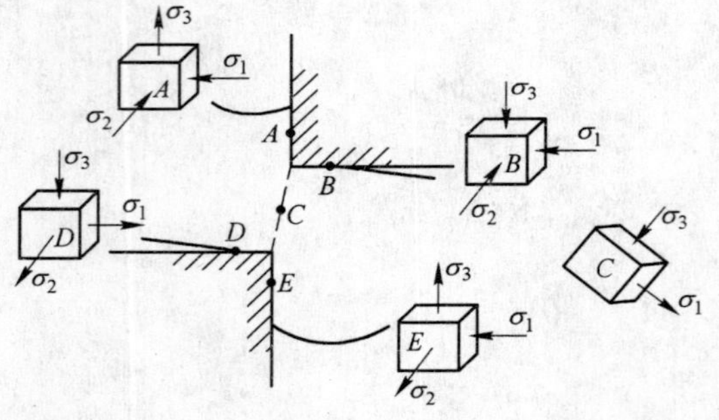

图 25-2 剪切应力图

25.2.2 剪切过程

25.2.2.1 剪切过程的压入变形阶段和剪切滑移阶段

剪切过程是以材料的弹、塑性变形开始，以断裂告终。当上剪刃下降接触材料时，材料即受到上下剪刃压力而产生弹性变形，由于力矩 M(图 25-2)的存在，使材料产生弯曲，即从剪刃接触面上翘起。随着剪刃压下，剪刃刃口压入材料，当内应力状态满足塑性变形条件时，产生塑性变形，变形集中在刃口附近的区域。塑

[1] 本章撰稿人：程万林、肖中亚。

性变形从刃口开始，随着切刃的深入，变形区向材料的深度方向发展、扩大，直到在材料的整个厚度方向上产生塑性变形，材料的一部分相对于另一部分滑移。力矩 M 将材料压向剪刃的侧表面，故剪刃相对于材料移动时，这些力将表面压平，在切口表面上形成光亮带。当剪刃附近材料达到极限应变与应力值时，便产生微裂，裂纹产生后，沿最大剪应变速度方向发展，直至上下裂纹会合，材料就会完全分离。

25.2.2.2　剪切裂纹的形成和发展

金属一般都能承受一定的塑性变形而不破裂，同理，剪切过程也必定是塑性变形增大到一定值时，断裂才能开始。这种极限塑性应变值（无裂纹）与应力状态及应力大小有关，随着静水压应力的增大而增加。剪切时最大应变发生在刃口附近，从应力状态分析中得知，刃口侧面静水压应力低于端面静水压应力，且下剪刃刃口侧面的静水压应力最低，所以首先在下剪刃侧面处材料中产生裂纹，进而在上剪刃刃口侧面处产生裂纹，上下裂纹会合后材料最后分离。因此裂纹形成时，就在剪切断面上留下了毛刺。一些相关研究采用电镜扫描绘制了侧裂纹成长模型，如图 25-3 所示。

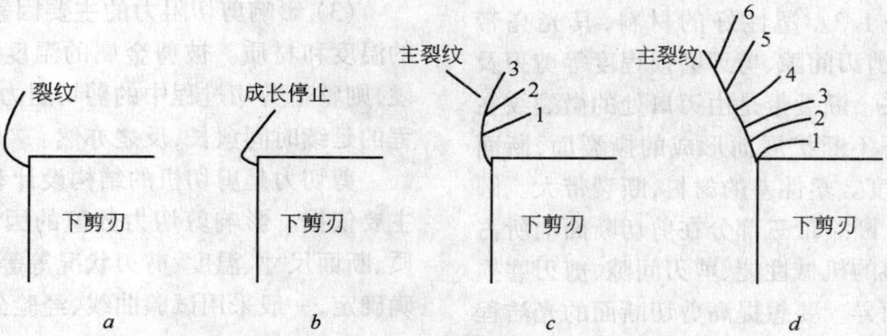

图 25-3　典型裂纹成长模型图

a—产生第一微裂纹；b—第一微裂纹成长停止；

c—产生 2、3 微裂纹；d—主裂纹成长

图 25-4 所示为剪刃间隙、不同材料对剪断线的影响。图 25-4a 所示为剪刃间隙合适的脆性材料剪断；图 25-4b 所示为剪刃间隙合适的弹性材料剪断；图 25-4c 所示为剪刃间隙偏小的弹性材料剪断（形成二次剪断面）；图 25-4d 所示为剪刃间隙偏大的弹性材料剪断（出现毛刺和弯曲）。

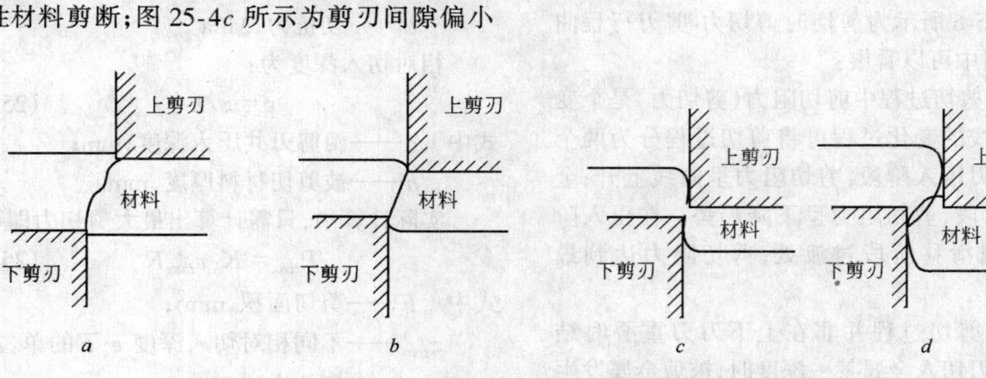

图 25-4　剪刃间隙、不同材料对剪断线的影响

由于剪切变形的特点，剪切的材料断面明显地分为三个特征区，即圆角带、光亮带、断裂带。图 25-5 所示为剪切断面的情况。

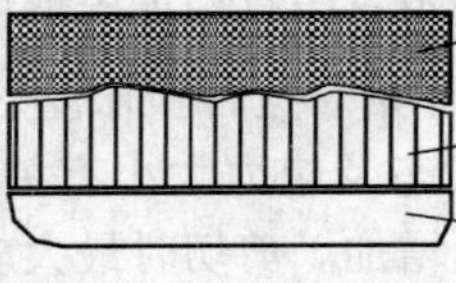

图25-5 剪切断面示意图

圆角带是剪切过程中剪刃刚压入材料时，刃口附近材料产生弯曲和伸长变形的结果，软质材料比硬质材料的圆角大。影响圆角带大小的因素包括材料特性、剪刃质量、剪刃间隙等。光亮带是材料塑剪变形时，在材料一部分相对于另一部分滑移过程中，剪刃侧压力将材料压平而形成的光亮垂直的断面。通常光亮带占全断面的1/2～1/3。塑性好的材料，其光亮带大，同时还与剪刃间隙、剪刃磨损程度等剪刃及调整情况有关。断裂带是由刃口处的微裂纹在拉应力作用下不断扩展而形成的撕裂面，断面粗糙，且有斜度。塑性差的材料，断裂带大。圆角带、光亮带、断裂带三部分在剪切断面上所占的比例因材料的机械性能、剪刃间隙、剪刃磨损程度等不同而异。要想提高剪切断面的光洁程度、尺寸精度，可通过增加光亮带的高度或采用修整边部工序来实现。增加光亮带高度的关键是延长塑性变形阶段，推迟裂纹的产生，这可以通过增加金属塑性和减少刃口附近的变形和应力集中来实现。

25.2.3 剪切力的计算

图25-6所示为剪切时剪切力-剪刃行程曲线。从图中可以看出：

(1) 剪切过程中剪切阻力(剪切力)是个变量，由曲线的变化过程可将剪切过程分为两个阶段：刀刃压入阶段，剪切阻力呈曲线上升；金属滑移阶段，剪切阻力呈下降趋势。在压入阶段向金属滑移阶段过渡处，剪切阻力达到最大值。

(2) 剪切过程并非在上下刀刃重叠时结束，当刀刃切入金属某一深度时，被剪金属发生了断裂，从而结束了剪切过程。即金属剪切断裂时的相对切入深度小于材料厚度，这从剪切坯料的断口上能清晰地看出。

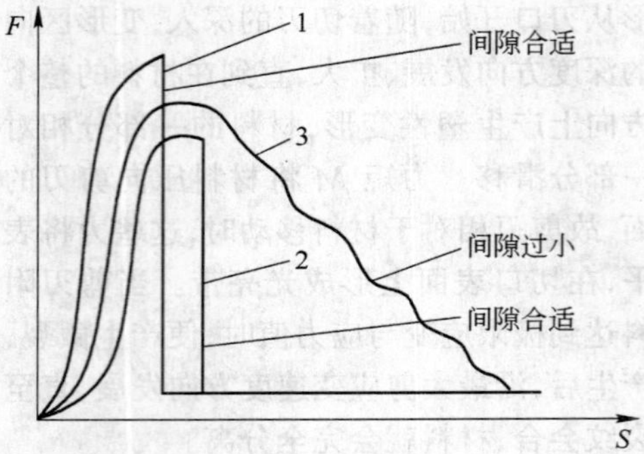

图25-6 剪切力-剪刃行程曲线

1—低塑性材料；2、3—塑性材料

(3) 影响剪切阻力的主要因素是被剪金属的温度和材质。被剪金属的温度愈低，材质愈硬，则整个剪切过程中的剪切阻力愈大，剪切过程的延续时间愈长，反之亦然。

剪切力是剪切机的结构设计和形式选择的主要依据。影响剪切力数值的因素很多，如材质、断面尺寸、温度、剪刃状况等等，因此难以精确确定，一般采用试验曲线、经验公式计算。

25.2.3.1 平刃剪

可根据实验的剪切应力曲线 $\tau = f(\varepsilon)$ 来进行剪切力计算。

各个不同相对切入深度 ε 的剪切力：

$$P = \tau F \quad (25\text{-}1)$$

式中 F——剪切面积，mm^2；

τ——不同相对切入深度 ε 下的单位剪切抗力，MPa。

相对切入深度为：

$$\varepsilon = z/h \quad (25\text{-}2)$$

式中 z——两剪刃共压入深度，mm；

h——被剪切材料厚度，mm。

实际计算中，只需计算出最大剪切力即可：

$$P_{max} = K_1 \tau_{max} F \quad (25\text{-}3)$$

式中 F——剪切面积，mm^2；

τ_{max}——不同相对切入深度 ε 下的单位剪切抗力，MPa；

K_1——考虑剪刃变钝和剪刃间隙增大使剪切力增大的系数，其值与剪切机能力有关，可按下面经验数据选取：

小型($P\leqslant 160$ t)　　$K_1=1.3$；

中型($P=250\sim 900$ t)　　$K_1=1.2$；

大型($P\geqslant 1000$ t)　　$K_1=1.1$。

如没有被剪切材料的 τ_{max}，可用材料的强度极限 σ_b 换算为 τ_{max}

$$\tau_{max}=K_2\sigma_b \tag{25-4}$$

式中　K_2——可按经验数据选取，0.8～0.9。

几种材料的剪切强度极限值见表 25-1。

表 25-1　常用铜合金的剪切强度(MPa)

材 料	软 态	硬 态
紫 铜	176～216	245～290
黄 铜	216～294	343～392
青 铜	314～392	392～588
白 铜	274～353	441～549

25.2.3.2　斜刃剪

可按以下经验公式计算：

$$P=K_1K_2K_3\sigma_b h^2/\mathrm{tg}\alpha \tag{25-5}$$

式中　K_1——剪刃变钝系数，一般 $K_1=1.2$；

K_2——金属抗剪强度与抗拉强度之比，一般 $K_2=0.7\sim 0.8$；

K_3——剪刃间隙距离系数，α 角为 2°～10°时，$K_3=2\sim 1$；

σ_b——金属的抗拉强度，MPa；

h——金属的厚度，mm；

α——剪刃的倾斜角度，(°)。

25.2.3.3　圆盘剪

在图 25-7 中，压下力 F_v 与转矩 T 的计算公式为：

$$F_v=s\tau=\frac{1}{2}\left[t\sqrt{4Rt-t^2}-R^2(\pi\omega/90-\sin 2\omega)\right]\tau \tag{25-6}$$

$$T/2=F_v r \tag{25-7}$$

式中　r——剪断面积 $baa'(S)$的重心与 OO' 的距离，mm；

τ——剪切强度，MPa。

在图 25-8 中，压下力 F_v 与转矩 T 的计算公式为：

$$F_v=K\tau\omega t \tag{25-8}$$

$$T/2=F_v X \tag{25-9}$$

$$\omega=x'-x=\sqrt{R}(\sqrt{t+L}-\sqrt{L}) \tag{25-10}$$

$$x=\sqrt{R(t+l)} \tag{25-11}$$

$$x'=\sqrt{RL} \tag{25-12}$$

$$X=\alpha\omega+x' \tag{25-13}$$

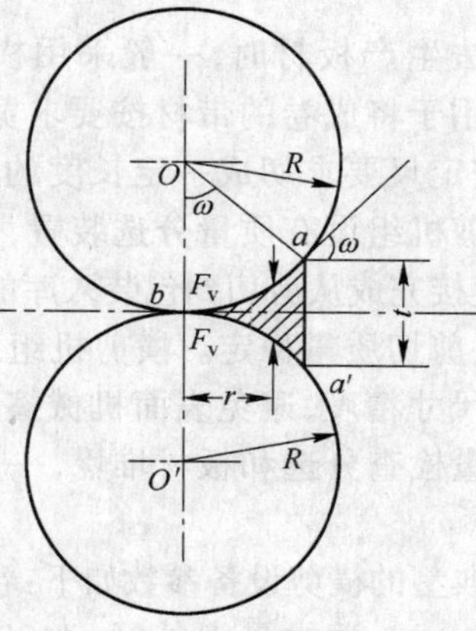

图 25-7　不重叠时的剪切力

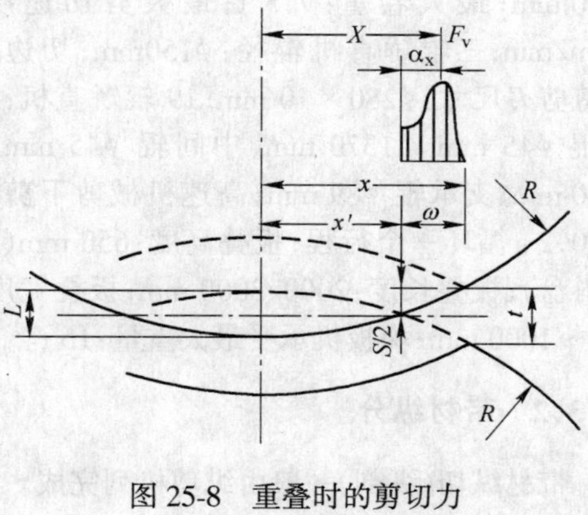

图 25-8　重叠时的剪切力

式中　τ——剪切强度，MPa；

α——0.444～0.545；

K——常数 0.66～0.75。

25.3　板带材的横切和纵分

25.3.1　板材横切

块式法生产板材时，一般采用下切剪。剪切时要调整好剪刃间隙，推荐的调整范围见表 25-2。为防止切成菱形，要调整好侧导卫和压板压力。

表 25-2 剪刃间隙调整范围

板材厚度/mm	剪刃间隙调整范围/mm
0.5～1.0	0.025～0.050
1.0～2.5	0.075
2.5～3.0	0.125～0.150

卷式法生产板材时，一般采用横剪机列。横剪机组用于将成卷的带材按要求宽度切边、矫平后，按定尺要求切成一定长度的板材。较先进的横剪机组设有质量分选装置，可实现在线包装，直接完成从剪切到包装入库的过程，生产效率高，剪切质量稳定。横剪机组应保证板材的外形尺寸精度，避免表面机械擦伤。由于要进行质量检查分选和板材堆垛，一般剪切速度不高。

一台典型的横剪设备参数如下：卷材内径：ϕ450～550 mm；卷材最大外径：ϕ1250 mm；卷材厚度：0.5～3.0 mm；卷材宽度：300～1070 mm；最大卷重：7.5 t；最大剪切速度：80 m/min；三辊矫直机辊径：ϕ150mm；切边圆盘剪剪刃尺寸：$\phi280\times10$ mm；19 辊矫直机：工作辊 $\phi45$ mm × 1370 mm、中间辊 $\phi45$ mm × 1370 mm、支承辊 ϕ89 mm；高速机械剪下剪速度：0.2 s 循环一个行程；板叠高度：650 mm(包括料盘)；板叠长度：2000/3000 mm；板叠宽度：300～1000 mm；垛板机承受最大重量：15 t。

25.3.2 带材纵分

带材纵切(纵剖)一般由纵剪机列完成。

25.3.2.1 机列的几种形式

A 单入口活套纵剪

(1) 在剪床前设置活套。将带材送入入口活套的方法是中央驱动开卷，即由一个电机驱动开卷机。这种方法配有一台直流电机，但在低速机列上也可采用一台用开关操作的交流电机。

(2) 将带材送入活套的方式是采用拉紧开卷装置。这种装置克服开卷机拉紧制动器的作用，将带材送入纵剪机前的自由活套。该活套通常也是采用自动控制保持恒定位置的。这种方法与中央驱动法相比，需要一个较简单的直流传动系统和较小马力的传动电机，另外也消除了由于来料带材相互粘结带来的开卷问题。

(3) 浮动辊控制开卷方法。一个略重的浮动辊压在活套中的带材上，控制开卷传动电机的速度，以保持活套位置恒定。与其他方式一样，这个系统适于控制薄带大卷纵剪。由于带材基本上是处于张紧运动状态，因此在将带材送入纵剪机入口平台时，需要一个边部导向系统，以避免损坏边部。同样，浮动辊也有可能损伤带材的表面。

(4) 利用浮动辊控制开卷机将带材送入张紧装置。即在张紧装置和开卷机之间将各条带张紧送入纵剪机前的一个无张力的自由活套中。该系统适用于多头横向卷取纵剪机列，这种机列是将几个已剪切过的卷材装在开卷机上进行二次加工。

B 单出口活套纵剪

这种类型的纵剪在剪床后设置活套，剪切后的带材由剪切机推入位于剪切机和张紧装置之间的无张力活套中。对于薄带，为保证剪切时带卷开卷稳定，需要一个入口边部导向系统。如果开卷带卷未与纵剪机的入口点对中，则会造成边部损坏或切不到边，这种未对中有可能是因为操作者没能正确地将卷材放在开卷机卷轴上，卷材本身的边部不齐或是上料后卷材摆动等因素所造成的。如果不能适当地控制卷取前带材的张力，就无法得到合格的成品带卷，因而需要一个张紧装置。

C 双活套纵剪

双活套纵剪切综合了单入口活套纵剪和单出口活套纵剪两种形式。带材在离开开卷机之后进入剪切机之前，由一个夹送辊装置或拉紧装置送入一个自由活套，被剪切后的带材离开剪床后被送入另一个活套，然后再进入张紧装置，故这种纵剪方式称“双活套”纵剪。这种形式的纵剪仅用于剖分带材，因而也就消除了带材在剪刃刀口打滑的可能性。

25.3.2.2 张紧装置

对于较常用的出口活套纵剪，要有效地完成剪切操作，需要一个张紧装置，没有这个装置，卷取机就无法克服反向作用力而产生卷取张力。目前有几种形式的张紧装置可选用，每一种形式都有其优点，但任何一种形式都无法满足剪切所有状态材料的要求，需要根据现场生产情况合理选择。

A 压板式张紧装置

最初的压板式张紧装置由两个表面包有毛毡的压板组成。压板对通过的带材施加压力，从而产生一个与挤压力成正比的卷取张力。但是这种压力在两块刚性压板的整个表面上无法做到均匀分布，因此现场实际生产中将其中的一块板(一般是下压板)更换成可膨胀的气囊或水龙带，从而在整个板的长度方向上产生相对较为均匀的压力，并可适应带材形状的变化。这个压力可以由一气压计记录，以便于实现对压板压力的量化设定。

除了毛毡外，压板外包覆的介质还可采用片状的织布、室内或室外地毯、皮革等。应确保所选用的张紧装置可以快速更换压板包覆介质，因为压板包覆介质必须经常更换，以保证卷取张力的恒定性，同时避免积存的污物污染带材。另外，现场生产中一般还在压板包覆介质的表面上覆上纸巾、无纺布等，这样可以在每卷带材运行完后及时更换，将旧的纸巾丢弃，更换成新的纸巾，减少主要压板材料的更换次数，方便操作。压板的清理维护在任何情况下都是极其重要的，若无定期、有效的清理维护，可能会使压板划伤带材表面。

B 夹送辊式张紧装置

另一种形式的张紧装置是夹送辊装置。这种装置由两个包覆辊所组成，其表面可能刻有花纹(小的方格)，这些辊子与单独的制动器或直流电机相连，对带材产生张力。辊子表面随带材同步转动，因而消除了划伤带材的可能性，但是带材穿过辊缝可能需要一些入口张力，这个张力可以由一个低压的压板产生，仔细选择压板介质可以避免带材划伤。

如果辊子表面根据带材的速度刻有花纹，则在运行过程中一些残余物可能会聚集在这些花纹的沟槽中，然后印在带材的表面，形成纵横交错的图案，这些物质浮在带材的表面。更重要的是由于这种张紧方式是采用一个夹紧装置，如果辊子的表面有缺陷，夹紧力就有可能会损坏薄带和软材料。因而要始终保持辊子表面光滑、清洁，并能有效地控制和设定辊子夹紧力。仅仅用控制压力来夹紧辊子是不够的，还有可能造成偏带问题。

C “S”形辊式张紧装置

装有两个或更多辊子的“S”形辊式张紧装置，提供了另一种张紧带材的方式，这种装置中的辊子成为张力控制器。摩擦系数和辊子包角可以决定需要多少辊子才可产生预定的张力。对大多数纵剪机而言，通常 2 个或 3 个辊子就足够了。为了提高效率和进行正确的力矩分配，每个辊子应配有单独的电机或制动器，这种设计既可产生高的张力，又不损坏带材。这种装置并不具备适应厚度变化要求的“带条调整”功能，这种厚度变化可产生不同的卷取直径，偶尔还会形成松卷。

25.3.2.3 张紧机列和芯轴滑动卷取

将带材送入有张紧装置的纵剪机并生产出密实的卷材并不容易，但若采用芯轴滑动式卷取机(或称“无活套机列”)是会很有帮助的。芯轴滑动卷取是将各个带条卷取在单独的芯轴上，这个芯轴在卷取过程中可以在卷轴上滑动。利用端侧压力和芯轴内的卷轴过速而在侧面挤压芯轴，使其紧靠在驱动环上，这样的结果与每个带条采用单独的卷取机是一样的。这种卷取方式可以使带卷以不同的速度旋转，以适应由于来料横向厚度的变化而产生的不同卷材外径。

芯轴滑动卷取目前可用于生产小内径、卷径受限制的带卷和大内径、大卷径的带卷。多数纵剪机都可经改造增加一个芯轴滑动卷轴，对大多数纵剪机列而言，可以使用现有的悬臂隔离器，也可增设新的隔离器。这种卷取技术提高了纵剪机剪切薄带的生产能力，对于薄带也可以生产出密实的带卷，其限制的因素不是材料的厚度，而是能否将带材卷在芯轴上开始卷取。

芯轴滑动卷取并不能解决所有的问题，但这种方法可以改善带卷的质量，并可扩大有张紧装置的纵剪机的薄规格产品范围。

25.3.2.4 纵剪机的喂料

剪床入口导料台是将带材送入纵剪机的一个非常重要的部件,这个装置应尽量操作灵活。入口导料台应垂直地调整到带材进入剪刃刀口的适当位置。尤其是在剪切薄带时,进入刀口前位于刀片上的带材应平稳地、无皱折地运动。对于将带材导入剪刃刀口的边部导向装置应加以重视,边部导向应装有平板和辊式两种导向机构。对于薄带,采用平板导向效果较好,而对较厚的带材,则最好使用辊式边部导向。

25.3.2.5 剪刃调整

圆盘剪剪刃间隙主要根据合金品种及厚度选择。一般剪刃的间隙是板带厚度的0.04~0.12倍,其重叠量可以在0~4.0 mm,需根据不同产品确定。

推荐的剪刃调整范围见表25-3。几种圆盘剪剪刃调整实例见表25-4。

表 25-3 剪刃调整范围(mm)

	厚 度	间 隙	重 叠 量
带材	0.10~0.25	0.010~0.020	0.4~0.8
	0.25~0.50	0.015~0.030	0.8~1.0
	0.50~0.8	0.030~0.080	1.0~1.5
	0.80~1.00	0.055~0.100	1.2~1.8
	1.00~2.50	0.060~0.150	1.2~2.0
板材	4.0~14.0	0.3	0~4
	15.0~40.0	0.3	0~10

表 25-4 几种圆盘剪剪刃调节值

D			*E*			*F*		
厚度/mm	间隙/mm	重叠量/mm	厚度/mm	间隙/mm	重叠量/mm	厚度/mm	间隙/mm	重叠量/mm
0.5~1.0	0.04~0.10	1.0~1.8	0.10~0.25	0.010~0.020	0.4~0.8	0.12~0.25	0.010~0.020	0.4~0.8
>1.0~2.5	0.06~0.15	1.2~2.0	0.25~0.50	0.015~0.030	0.8~1.0	0.25~0.50	0.015~0.030	0.8~1.10
			0.50~0.80	0.030~0.080	1.0~1.5	0.50~0.80	0.030~0.080	1.0~1.5
						0.80~1.20	0.040~0.100	1.0~1.8
						1.20~2.00	0.060~0.150	1.2~2.0

25.4 管棒型材切断

管、棒、型材切断技术比较简单,一般型、棒材和厚壁管材均用圆盘锯;薄壁中小管用铣刀锯和切管机。它们的差别主要在于锯缝的大小,而切管机则是用切刀切剖薄壁管,属于无屑切割。锯切工序的质量控制主要是:

(1) 切斜度,应确保制品与锯片垂直,管棒料要夹紧,锯片不应瓢曲变形。

(2) 长度公差,定尺要准确。

(3) 端部毛刺,应完全切断后再退刀,锯齿应定时修磨,保持锋利,必要时应增加打毛刺划伤工序。

(4) 对锯切的管材应用高压空气吹扫管内壁,防止后续加工时引起金属压入或划伤内表面。

25.5 板带材剪切质量控制

(1) 板材剪切时要防止切成菱形,因此在单体剪床上剪切时,要调整好侧边导板,并且调整好剪刀前压板的压力,防止板材摆动错位。

(2) 控制剪切毛刺,剪刃间隙过大是产生毛刺的主要原因。因此,要控制一切可能造成间隙偏离的因素,主要是圆盘剪刃瓢曲、剪轴窜动、剪刃环片厚度不一致等。

(3) 预防翻边,翻边的原因是剪刃间隙太大。预防方法与防止毛刺相同。

(4) 防止边部碎浪,剪刃间隙过小、橡胶环外径偏小或太软,都会造成边部碎浪。

(5) 避免产生剪切镰刀弯。

25.5.1 平衡组装剪床刀具

剪切时,带材两侧不同的剪切间隙是造成剪切镰刀弯的主要原因。因此剪刃配置必须两侧相等。刀片的锋利度也应相同,否则,也会在带材上产生一个不均衡的剪切断裂比。

25.5.2 均匀分布

将切好的带条沿与刀片垂直以外的任何方向拉出都有可能造成偏心。因而带条应尽量直地从刀口拉出。如果在张紧纵剪机列上使用一个共同卷轴,就无法避免带条的出料偏角。若能在生产中注意采用平衡的带条分布,则可以消除由于过大的侧向拉力而造成的弯曲。

带有出口活套的纵剪机可以有助于消除由于纵剪机对带条的过大拉力所产生的弯曲。因为从纵剪机出来的带条可以无张力状态进入活套。出口活套纵剪机可以消化卷取中心线的调整,并使得操作者对于被卷取带条的起点有一个较大的选择范围。然而,沿着装置的中心线运行带条仍不失为一个好的方法,因为张紧装置内所受的负荷是对称和平衡的。

25.6 剪切设备选择

25.6.1 平刃剪

根据剪切方式,平刃剪可分为上切式剪切机、下切式剪切机和水平方向剪切的剪切机。平刃剪切机还可分为:闭式剪切机,机架位于剪刃的两侧(一般是吨位比较大的剪切机);开式剪切机,机架位于剪刃的一侧(一般是吨位比较小的剪切机)。闭式机架通常做成门形的,刚性好,剪切断面大。但是操作人员不易观察剪切情况,不便于设备维修和事故处理。而开式机架通常做成悬臂式的,刚性较差,剪切断面小,但是便于检修维护和事故处理。

25.6.1.1 上切式剪切机

上切式剪切机,其下剪刃固定不动,上剪刃上下运动进行剪切。通常是曲柄连杆式结构,其特点是结构和运动较为简单,但被剪切轧件易弯曲,剪切断面不垂直。

25.6.1.2 下切式剪切机

下切式剪切机多用于剪切断面厚度较大的产品。剪切过程的特点是:在剪切开始,上剪刃首先下降,当压板压住材料并达到预定的压力后,即行停止,其后下剪刃上升进行剪切。剪切后,下剪刃首先下降回到原来位置,接着上剪刃上升恢复原位。

六连杆式下切式剪切机由主机座和附属设备组成。主机座包括:机架、剪切机构、传动系统、上刃台导行套定位调节机构及压板装置等。附属设备有:剪切机前后辊道、定尺挡板等。

六连杆式剪切机结构比较简单,操作方便,工作可靠,剪切质量好。其缺点是:设备重量较大,剪切效率低,检修时拆装麻烦,检修时间较长。

25.6.1.3 平刃剪的基本参数

平刃剪的基本参数包括:剪切力、剪刃行程、剪刃长度和剪切次数等。

A 剪刃行程

剪刃行程主要根据被剪切轧件的最大厚度来确定。应以保证工件顺利通过刃口并切断为原则。对曲轴剪切机来说,行程过大,必将导致偏心距增加,从而使扭矩和功率增大,其结构尺寸亦随之增大。反之,剪刃行程过小,工件稍有翘头就造成通过困难,影响生产效率。

根据实践经验,剪刃行程可按下式确定(如图 25-9 所示):

$$H = H_1 + \delta + \varepsilon + \gamma \tag{25-14}$$

式中 H_1——辊道上表面至压板下表面间的距离,mm;

δ——上下剪刃的重叠量,mm;

ε——压板低于上剪刃的量,mm;

γ——辊道上表面高出下剪刃的量,mm。

B 剪切次数

理论剪切次数是指每分钟内剪刃所能够不

间断地上下运动的周期次数。实际剪切次数是指每分钟内剪切机实际完成剪切坯料的次数。实际剪切次数总是小于理论剪切次数。在选用剪切机时,其实际剪切次数应能保证在生产周期内,剪完所要求的全部定尺和切头切尾。

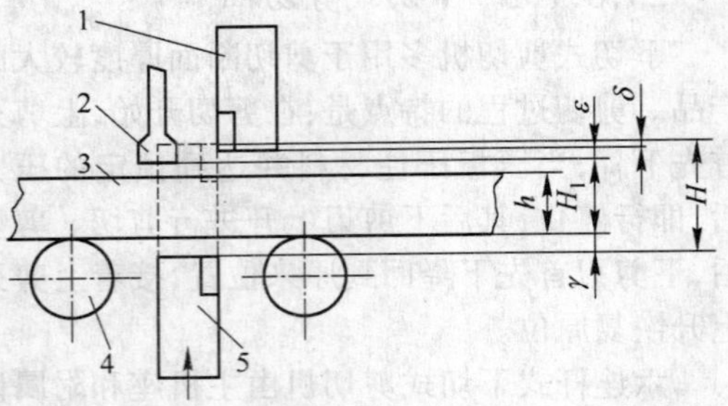

图 25-9 剪刃行程示意图(下切式)

1—上刃台;2—压料板;3—坯料;4—辊道;5—下刃台

C 剪切力

剪切力是剪切机的一个重要能力参数,它表示一台剪切机的最大剪切能力。在选择剪切机时,应根据被剪切工件的材质、温度以及最大横截面面积,计算出最大抗剪力。这个最大抗剪力要小于剪切机的允许剪切力,即名义剪切力。

25.6.2 斜刃剪

斜刃剪切机的两个剪刃互成一角度,一般为1°~12°之间,常用的角度一般小于6°。通常上剪刃是倾斜的,下剪刃是水平的(见图25-10)。

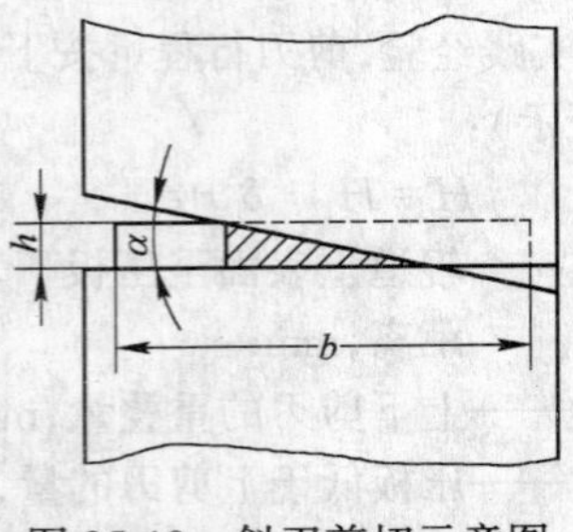

图 25-10 斜刃剪切示意图

由于剪刃倾斜,剪切时剪刃与工件是点接触,因此,剪切力比剪刃平放时要小。但剪刃的行程加大了,同时产生了侧向推力。

开式斜刃剪一般为上切式,而闭式斜刃剪有上切式和下切式之分。上切式剪切机上剪刃具有一定倾斜角度,而且是活动的,下剪刃是固定的,多布置于车间内单独使用,主要用于单张板材的切边、切头、切尾等。闭式斜刃下切剪切机应用广泛,其上剪刃是固定的,并有一定倾斜角度,下剪刃是活动的,剪切时板材能够正常地压在上刃台上,因此能够保证剪切面对板材中心线及表面垂直度。闭式斜刃下切剪切机的传动机构和动力结构等在剪切线以下,比较安全,但由于把压板系统放在辊道下面,导致结构复杂。

25.6.2.1 上切式剪切机

上切式剪切机的传动机构如图25-11所示。其电动机传动大小皮带轮,又通过摩擦离合器传动长轴,再经过齿轮传动曲轴,带动连杆和上剪架,使上剪架做上下直线运动,实现剪切动作。架体采用钢板焊接结构。

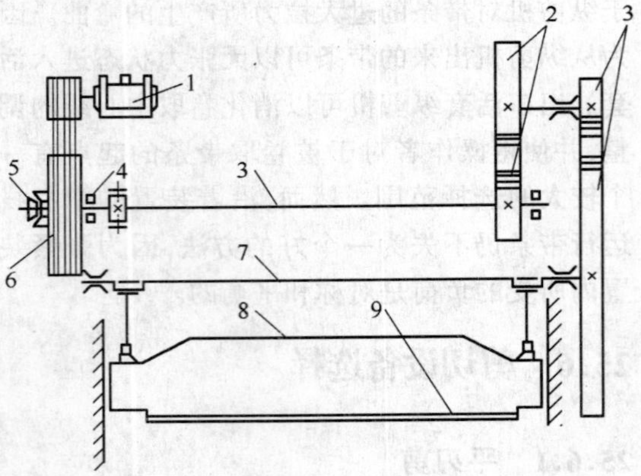

图 25-11 上切式剪切机简图

1—电动机;2、3—减速齿轮;4—滚动轴承 5—离合器;6—皮带轮;7—曲柄;8—上刃台;9—剪刃

25.6.2.2 液压摆式剪板机

液压摆式剪板机,主要由机械部分和液压系统组成。机械部分主要由机架和上下剪架组成。液压系统的动力通过主工作油缸传送给剪架,从而完成剪切动作。

剪切机的床身是整体焊接结构,重量较轻。

上剪架为摆动运动,并有作为液压驱动的液压系统。此外,尚有压料器和剪刃间隙调整机构等。

剪架由油缸带动绕固定轴摆动,实现剪切。剪架与油缸用销轴铰接,剪架两端的固定轴为一偏心轴,通过手轮转动蜗杆、蜗轮使偏心轴转动,借以调整剪刃间隙。

液压剪板机与同类型机械剪板机比较,具有工作平稳、安全可靠、重量轻、结构简单和工作行程可调等优点。但液压剪板机的剪切次数较低。

25.6.2.3 斜刃剪的基本参数

斜刃剪的基本参数包括:剪切力、剪刃行程、剪刃长度、剪切次数、剪刃倾斜角、剪刃侧向间隙和剪切倾角等。

(1) 剪切力。是剪切机的一个重要参数,它表示该剪切机的最大剪切能力。在选择剪切机时,剪切机的最大剪切能力应满足生产需要,即通过计算或测定得到的剪切力应当小于剪切机能力。

(2) 剪刃行程。斜刃剪剪刃行程的确定,除考虑平刃剪剪切时的各种因素外,还需考虑由于剪刃的倾斜所引起的行程增加。

(3) 剪刃长度。确定剪刃长度时,主要考虑被剪切板料的最大宽度,另外给一些附加量。

(4) 剪刃倾斜角。倾斜角过大会造成板材的弯曲和变形增大,使剪切质量降低。同时剪切时产生的侧向推力可能使剪切过程不稳定。但剪切时剪切力减小,设备重量减轻;反之,倾斜角减小,剪切力增大,设备重量加大,造价高。小的倾斜角,使变形和尺寸不准确性减小,有利于改善剪切质量。因此,目前斜刃剪剪刃的倾斜角趋向于采用较小值。

(5) 剪刃的侧向间隙。是影响板材剪切质量的重要因素,同时也关系到剪切力的大小及剪刃寿命。侧向间隙太小会使剪切力增加,同时会增加刃口同板边的摩擦,加速刃口磨损。侧向间隙太大,会使塑性材质的板材产生毛刺,脆性材质的板材断口粗糙。侧向间隙的取值同板材的机械性质及板材的厚度有关。

25.6.2.4 横剪机列

图25-12 为一台板材剪切机列布置示意图。剪切板材宽度 1050mm,设备主要由开卷机、直头刮刀、进口夹紧辊、切头剪、穿带台、废料车、边导装置、基座、切边圆盘剪、碎边机、矫直机、检查台、回套臂、喂料台、边导装置、进料辊、滑动台、高速剪、运输装置、垛板机组成。

25.6.2.5 部分剪切机技术性能

部分剪切机技术性能见表 25-5、表 25-6。

表 25-5 常用斜刃剪切机的主要技术性能

类型	规格 /mm×mm	被剪切板材 厚度/mm	被剪切板材 宽度/mm	被剪切板材 σ_b/N·mm^{-2}	剪刃倾角 /(°)	剪刃行程 /mm	行程次数 /次·min^{-1}	电动机 功率/kW	最大剪 切力/kN
上剪式	3×1800	3.0	1800	490	1°2′		38	3.5	50
	6×2500	6.0	2400	392	2°25′	150	35	10	200
	6.3×2000	6.3	1800	441	2°0′	81	44	7	
	13×2500	13.0	2400	392	3°10′	180	32	30	800
	16×3200	16.0	3000	490	3°30′		25	30	
下剪式	2.5×850	2.5	750	490	2°30′		20		30
	10×1200	10.0	1000	490	2°0′	130	30	47	600
	20×1700	20.0	1400	313	3°0′	160	15	75	1000
	23×1100	23.0	1100	313	3°0′	160	15	75	1000

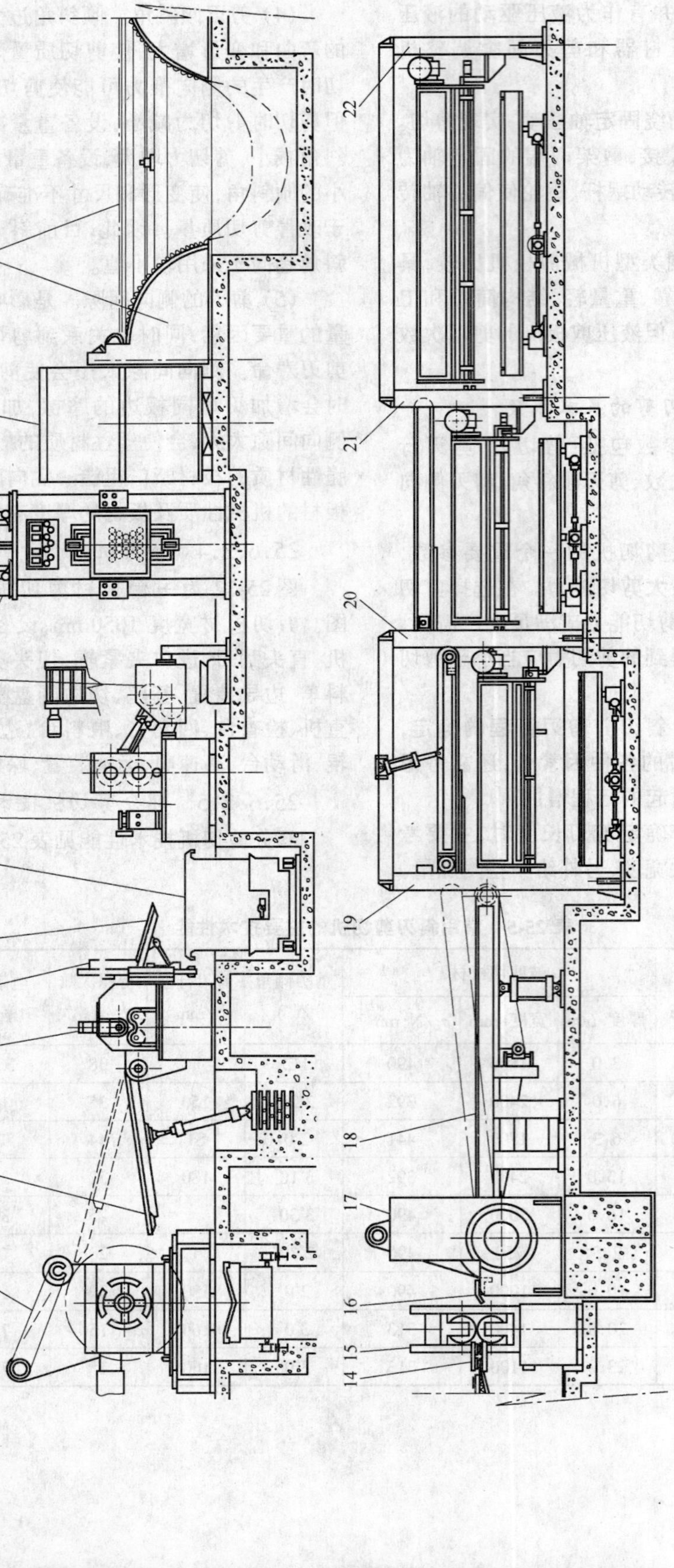

图 25-12 横剪板材机列布置示意图（剪切板材宽度 1070 mm）

1—开卷机；2—直头刮刀；3—进口夹紧辊；4—切头剪；5—穿带台；6—废料车；7，14—边导装置；8—基座；9—切边圆盘剪；10—碎边机；11—矫直机；12—检查台；13—回套臂和喂料台；15—进料辊；16—滑动台；17—高速剪；18—运输装置；19，20，21，22—垛板机

表 25-6 板材剪切机列主要技术性能

项 目	A	B	C
设备组成	11 辊矫直机、17 辊矫直机、铡刀剪、圆盘剪、运输辊道、翻板机	开卷机、直头机、5 辊矫直机、下切剪、圆盘剪切机、17 辊矫直机、运输机、回转台、垛板机	开卷机、3 辊矫直机、切头剪、圆盘剪切机、19 辊矫直机、高速剪、垛板机构
来料尺寸/mm	厚度:1.0～2.5 mm 宽度:600～1000 mm	内径:500 mm;外径 550～1100 mm 厚度:0.2～2.5 mm;宽度:330～750 mm	内径:450～550 mm;外径:≤1250 mm;厚度:0.5～3.0 mm;宽度:300～1070 mm
卷重/kg		≤2000	≤7500
剪切参数	上剪刃倾斜度:2°25′ 上剪刃行程:50 mm 剪切次数:35 次/min	剪切力:29.4 kN;每分钟切割数:20 次 上剪刃倾斜度:2°30′ 带材给料速度:20～40 m/min	剪切速度:80 m/min(最大) 高速剪 0.2 s 循环一个行程
圆盘剪参数	剪刃尺寸:ϕ235～268 mm 剪切速度:30～60 m/min 给料辊尺寸:ϕ150 mm	剪刃尺寸:ϕ268/235 mm×25 mm、ϕ268/235 mm×10 mm 剪切速度:0.33～0.66 m/s 给料辊尺寸:ϕ150 mm×850 mm 拉力:1.96 kN;上辊提升高度:40 mm	剪刃尺寸:ϕ280 mm×10 mm 外径不磨,只磨平面 电机功率:29.4 kW 转数:1500 r/min
矫直机参数		工作辊尺寸:ϕ60 mm×1200 mm 支承辊尺寸:ϕ62 mm×150 mm 矫直速度:45～90 m/min	工作辊尺寸:ϕ45 mm×1370 mm 中间辊尺寸:ϕ45 mm×1370 mm 支承辊尺寸:ϕ89 mm 转速:1500 r/min 电机功率:73.5 kW
板垛参数		垛板机垛板: 高度:500 mm 宽度:300～750 mm 长度:1000～2000 mm 给板速度:20～60 m/min 升降台提升高度:530 mm 升降台升降速度:0.018 m/s	自动垛板机垛板: 高度:450 mm 宽度:300～1000 mm 长度:2000/3000 mm 垛板机的整齐度: 长向 ±2 mm 宽向 ±1.5 mm 板材长度公差:±1 mm 板材对角线公差:±1.2 mm 承受最大重量:15 t

25.6.3 圆盘剪

圆盘式剪切机通常用于纵向剪切板材和带材,较多用于带材切边、分切窄带等。当它用来切边时,通常装有碎边机或残边缠卷机,将料边切成小段或卷成小卷,以便于回收。

圆盘式剪切机的结构可分为:每个圆盘剪刃都固定在单独轴上的两对圆盘式剪切机和所有的圆盘剪刃都固定在两根公用轴上的多对圆盘式剪切机。

拉力圆盘剪的剪轴是被动的,卷取机轴是主动的,并有直流电机带动,剪切速度可控制,有较高的生产效率,结构简单,占地面积小,投资少,容易安装调整和维护,操作方便,适用于剪切厚度薄、成品单卷重小的产品。

具有两对圆盘剪刃的剪切机,用于剪切厚坯料的两个边。每对圆盘剪刃都有自己单独的机架。移动这些机架,就可调整两对圆盘之间的距离,借以调整剪切坯料的宽度。其典型结构如图 25-13 所示。

纵剪机列的设备组成一般包括:卷取机、卷取机穿料台、切头剪、张力台、碎边机、导轨、活套移动、夹紧辊、圆盘剪、导边装置、机列传递辊、基座、废料车、穿带台、切头剪、进口夹紧辊、直头刮刀、开卷机等。图 25-14 和图 25-15 分别为剪切带材宽度 1050 mm 和 650 mm 圆盘剪机列布置示意图。

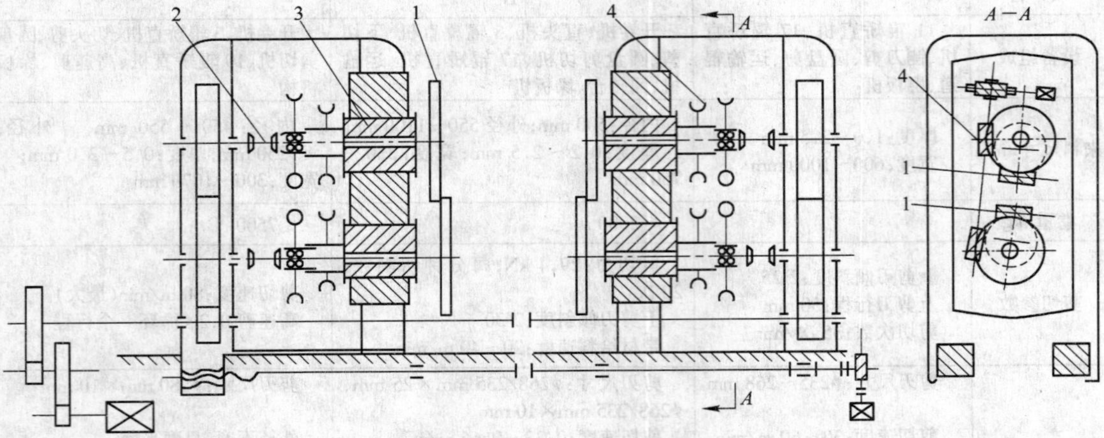

图 25-13 具有两对圆盘剪刃的剪切机结构示意图

1—刀片；2—万向接轴；3—偏心套筒；4—调整刀片距离机构

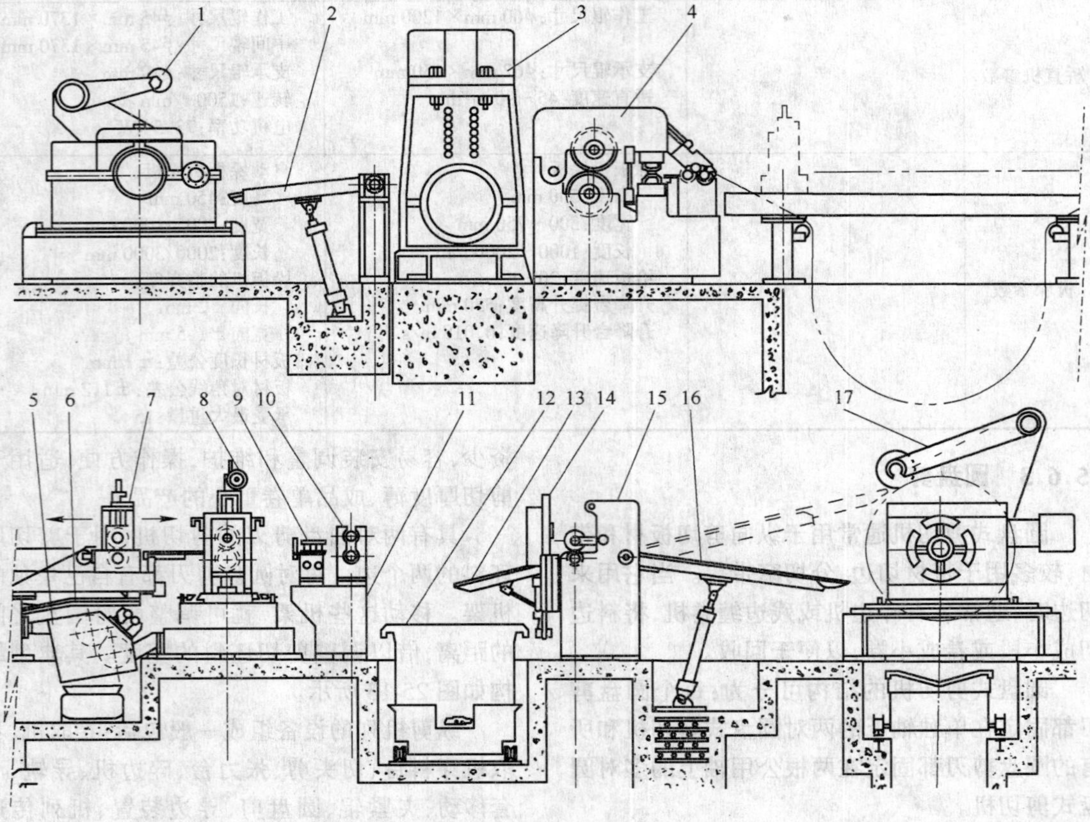

图 25-14 纵剪机列布置示意图(剪切带材宽度 1050 mm)

1—卷取机；2—卷取机穿料台；3—断开剪；4—张力台；5—碎边机；6—导轨；7—活套移动和夹紧辊；8—圆盘剪；9—导边装置；10—机列传递辊；11—基座；12—废料车；13—穿带台；14—切头剪；15—进口夹紧辊；16—直头刮刀；17—开卷机

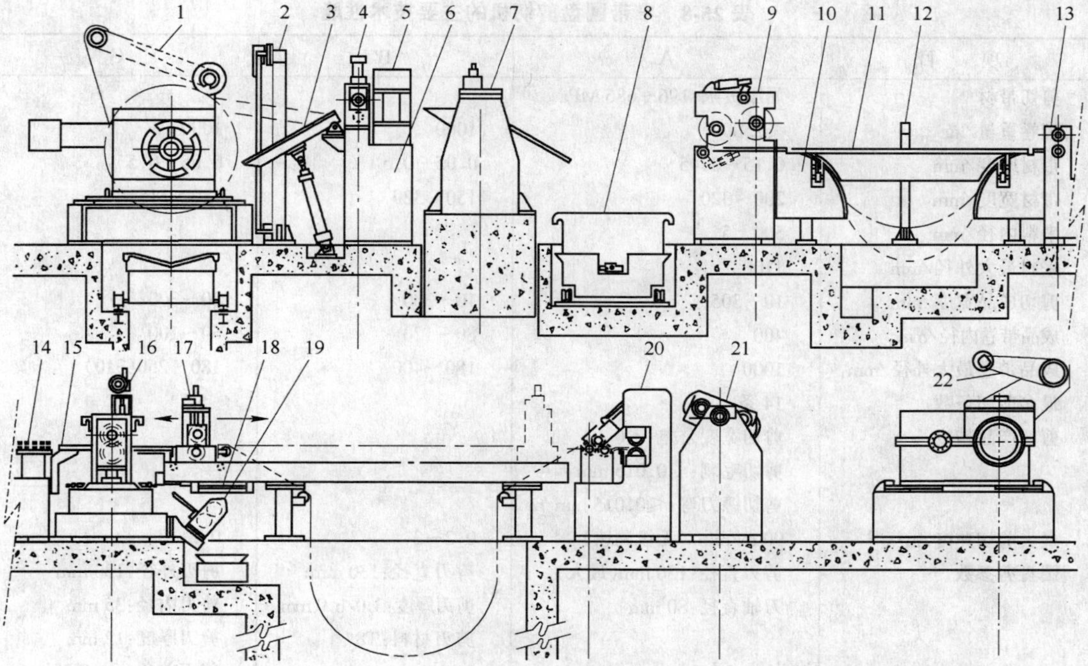

图 25-15　纵剪机列布置示意图(剪切带材宽度 650 mm)

1—开卷机;2—电子导向控制;3—直头刮刀;4—夹紧辊;5—针孔探测器;6—基座;7—切头剪;8—废料车;9—进口张力辊;10—回转臂;11—喂料台;12—声纳控制站;13—机列通过辊;14—导边装置;15—滑动台;16—圆盘剪;17—活套移动和夹紧辊;18—导轨;19—碎边机;20—张力台;21—出口张力辊;22—卷取机

典型圆盘剪切机和纵剪机列的主要性能参数见表 25-7、表 25-8 和表 25-9。

表 25-7　常用圆盘剪切机的主要技术性能

带材尺寸		分切条数	刀盘尺寸		剪切速度/m·s^{-1}	传动电机功率/kW
厚度/mm	宽度/mm		直径/mm	厚度/mm		
5.5～9.5	640	5	400	40～60	0.75	110
6.0	1300		400～440	40～60	1～3	95
6.0	900		400～445	40	1～3	67
1.0～5.0	640	5	230～350	20～40	2.2	37
3.0	640	3	230～270	25	0.5～1.0	17
0.4～2.5	750	15	230～270	25	0.33～0.66	8.5
0.2～1.0	750	15	235～270	15～20	1～3	19
0.12～0.8	640	25	150～200	15～20	1.5～7	5～15
0.05～0.5	350	18	70～150	15～20	1～3	5～10

表 25-8 窄带圆盘剪切机的主要技术性能

项 目	A	B	C
剪切带材	屈服极限：196～686 MPa		
带卷重量/kg	≤2500	1000	1000
带材厚度/mm	0.15～0.45	0.05～0.5	0.05～0.5
带材宽度/mm	200～320	150～320	180～315
来料内径/mm	500±5		
来料最大外径/mm	1100		
剪切成品宽度/mm	10～305	10～300	20～300
成品带卷内径/mm	400	80～120	60～100
成品带卷最大外径/mm	1000	180～400	180～250(310)
最多剪切条数	14条		
剪切产品精度	剪切宽度公差：±0.03 剪切毛刺：≤0.015 mm 剪切镰刀弯：≤0.015 mm/m		
最大剪切速度/$m \cdot s^{-1}$	90 m/min,(无级调速)	0.2～3	0.2～3
圆盘剪参数	剪刃直径：130 mm(最大) 刀轴直径：80 mm	剪刃直径：130 mm; 剪刃厚度：3.0/6.0 mm 剪刃材料：T8	剪刃外径：130 mm 剪刃内径：35 mm 剪刃厚度：12 mm 剪刃剪角：$\alpha = 9°28'$ 剪刃材料：T8/4CrW2Si 隔离环内径：35 mm(+0.03～0.08 mm) 隔离环外径：50 mm 隔离环材料：CT45 隔离环硬度：RC>38

表 25-9 宽带圆盘剪切机的主要技术性能

项 目	D	E	F	G
剪切材料	铜及铜合金	铜及铜合金	铜及铜合金	不锈钢铝铜及铜合金
抗拉强度/MPa	196～686	196～686	200～820	
屈服强度/MPa	68～490	68～490	120～660	
伸长率/%	3～50	3～50	3～50	
杨氏弹性模量/MPa	102900～112700	102900～112700		
带卷重量/kg	≤7500	≤4500	≤4500(成品)	≤6000
带材厚度/mm	0.5～2.5	0.08～0.8	0.12～2.0	0.10～2.0
带材宽度/mm	500～1070	300～650	300～670	
来料内径/mm	ϕ450～550	ϕ450～550		ϕ480～515
来料最大外径/mm	1250	1250(最大)	1250(最大)	1400
剪切成品宽度/mm	50～1000	16～600	20～600	
成品带卷内径/mm	400、500	250、300、400	250、300、400、500	306/406
成品带卷外径/mm	1250(最大)	1100(最大)	400～1250	1400(最大)

续表 25-9

项　目	D	E	F	G
最大剪切速度/m·min^{-1}	180	300	240(带材厚度 0.12～1.0 mm) 120(带材厚度 1.01～2.0 mm)	75～150
分条数	2.5 mm×8 条 2.0 mm×12 条 0.5 mm×20 条	0.8 mm×15 条	0.12～1.5 mm×26 条 1.6～2.0 mm×21 条	2.0 mm×6 条 0.1 mm×32 条
剪切精度	宽度公差±0.07 mm	宽度公差±0.03 mm (0.08 mm40 条)	宽度>100 mm：±0.05 mm 宽度≤100 mm：±0.03 mm 卷齐度：±0.25～1.0 mm	公差：0.01mm
圆盘剪参数	主传动电机：55.125 kW 转速：1750 r/min 剪刃规格： ϕ280/150 mm×5 mm ϕ280/150 mm×10 mm	主传动电机：18.4 kW 转速：1750 r/min 剪刃规格： ϕ150/90 mm×5 mm	毛刺高度≤0.01 mm 剪刃规格： ϕ177/254 mm×8 mm ϕ177/254 mm×10 mm	剪刃规格： ϕ100/200 mm×5 mm ϕ100/200 mm×3 mm

25.6.4　飞剪

飞剪是在材料运动中进行的同步剪切，飞剪机在横切时应能保证良好的剪切质量，即定尺准确、切面整齐和较宽的定尺调节范围，同时还要有一定的剪切速度。飞剪的结构和性能在剪切过程中必须满足以下要求：

(1) 剪刃的水平速度应该等于或稍大于带材运行速度；

(2) 两个剪刃应具有最佳的剪刃间隙；

(3) 剪切过程中，剪刃最好做平面平移运动，即剪刃垂直于带材的表面；

(4) 飞剪要按一定工作制度工作，以保证定尺长度；

(5) 飞剪的运动构件，其加速度和重量应力求最小，以减小惯性力和动负荷。

概括来说，飞剪一般由以下几部分组成：

(1) 飞剪本体。一般包括以下几种机构：

1) 剪切机构。能够独立完成剪切动作的机构。

2) 调长机构。改变飞剪剪切定尺长度的机构，一般包括调速装置、匀速机构和空切机构。

3) 剪刃间隙调整装置。根据所剪切轧件的规格，调整飞剪两个剪刃之间间隙的机构。

(2) 夹送系统。使轧件按照工艺要求的运动速度通过飞剪的系统，常用的夹送系统由夹送辊、夹送矫直机和辊道等组成。

(3) 传动系统。一般包括飞剪本体和夹送系统的传动装置。

(4) 控制系统。控制剪切长度精度、飞剪启动及制动位置等方面的电气或电气-液压控制系统。

上述各机构，尤其是调长机构中的各环节，并非每台飞剪都必须同时具备，而是根据工艺要求，结合具体情况，选择其中某些机构组成飞剪。在满足工艺要求的基础上，飞剪的机构要力求简单、适用。

25.6.4.1　圆盘式飞剪

飞剪由两个圆盘形剪刃组成。圆盘的轴线与钢材运动方向成60°角，如图25-16所示。

剪切前，坯料沿入口导管在飞剪的左方前进，当坯料作用到开关或光电管上时，入口导管带着坯料向右偏转，坯料进入两圆盘中间进行剪切。剪切以后下剪刃下降，导管带着坯料钢材返回原始的左方位置，下剪刃又重新上升，恢复原位。

此类飞剪的优点是应用广泛，工作可靠，允许较高的工作速度(可达 12 m/s 左右)其缺点是切口为斜的。

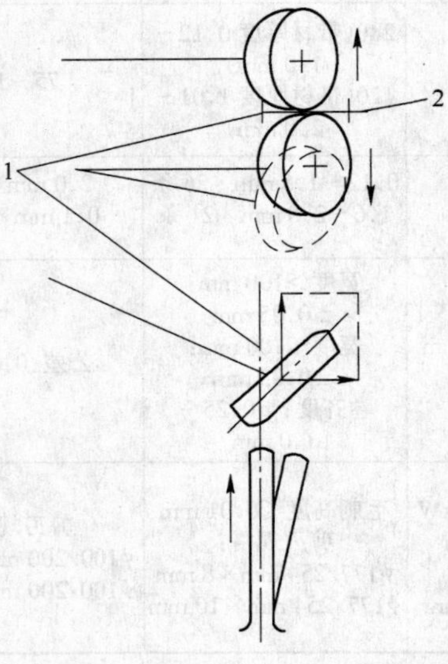

图 25-16 圆盘式飞剪机简图
1—剪切前板料位置;2—剪切后板料位置

25.6.4.2 双滚筒式飞剪

双滚筒式飞剪的结构形式多种多样,应用广泛。这种飞剪可以采用启动工作制,也可以采用有空切或无空切的连续工作制。

双滚筒式飞剪机是将剪刃分别固定在两个做等速旋转的滚筒体上,两剪刃随着滚筒做圆周运动,当两剪刃相遇时进行剪切,如图 25-17 所示。由于该飞剪的结构简单,旋转部分质量分布均匀,因此,可以用来剪切 15 m/s 或更大速度的轧件。

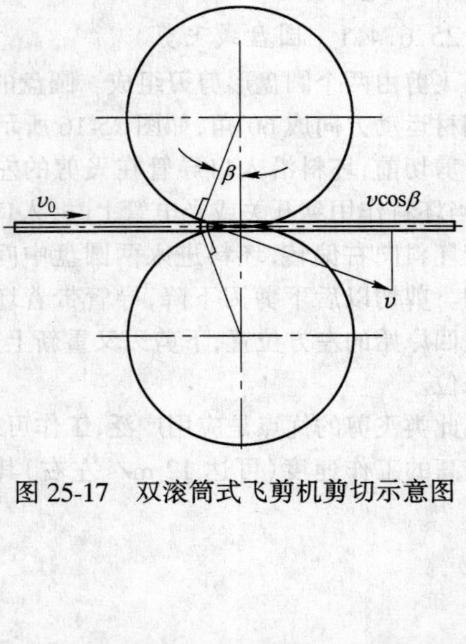

图 25-17 双滚筒式飞剪机剪切示意图

双滚筒式飞剪机的缺点是:在剪切过程中,剪刃的倾斜角随其转动而有相应的改变,因而在剪切宽料时,就不能保证剪刃所必需的重叠量,也就不能得到为降低剪切力所必需的剪刃倾斜度。当剪切板材厚度较大时,在剪切面上明显的不平齐。

近年来在国外有些双滚筒式飞剪机采用以下几项新技术:

(1) 为了降低剪切力和扭矩,剪刃以一倾斜角固定在滚筒体上,即剪刃与滚筒体母线成一倾斜角,恰似滚筒上一螺旋线。当滚筒转动时,两剪刃各点逐渐接触进行剪切。为了保证剪切线垂直于带材的轴线,滚筒转动轴线的法线与带材的轴线,布置成同一角度。

(2) 在某些新的滚筒式飞剪机上,开始采用椭圆齿轮系作为同步机构。这时产生的动负荷,同样通过椭圆齿轮系平衡。

(3) 为了提高剪切精度和剪切的可靠性,飞剪机装有易于调节剪刃间隙和其他间隙的机构,使间隙达到最佳值。

25.6.4.3 曲柄连杆式飞剪(斯米特曼式)

由于滚筒式飞剪机剪刃运动的轨迹是圆形的,所以剪刃是在一定的角度下和带材接触,因而剪切面不平直,剪切质量不好。为了使剪切面能够更平直(尤其是剪切较厚板材时),在剪切过程中剪刃彼此接近时,应保持相互平行并与运动的带材表面垂直。这时,两个剪刃可以倾斜放置,成为斜刃剪形式。这样既可以保证必要的重叠量,提高剪切断面质量,又可降低剪切力。曲柄连杆式飞剪机就能够满足这些要求。它的两个剪刃能够完成复杂的椭圆形运动轨迹。而在剪切区内,剪刃运动的轨迹几乎与带材的水平运动相一致。这里剪刃做平面平移运动,沿垂直面相互接近,实现剪切。

A 飞剪机的剪切机构和剪切原理

剪切机构如图 25-18 所示,剪刃 2 装在刀片架1上,刀片架1做成连杆状。连杆的一端铰接在做相遇运动的曲柄轴上,另一端,连接在自由摆动的拉杆 3 上,拉杆的长度稍大于曲柄轴的偏心距。当曲柄轴做相遇运动时,与刀片 1

相遇进行剪切。剪切长度为 2～4 m。当剪切定尺长度为 4～8 m 时，剪机采取有空切的工作制，这时剪刃每转两周剪切一次。固定有摆动拉杆 3 的升降杆 4，由曲折杆 5 带动做周期性的升降运动。此曲折杆和特殊的曲柄连杆机构彼此铰接在一起，曲柄的转数是飞剪转数的一半。当曲柄转动时，带动曲折杆弯曲和挺直，使升降杆上升或下降。升降杆下降，两剪刃不相遇，实现空切(见图 25-19)。无空切时的剪刃运动轨迹如图 25-20 所示。

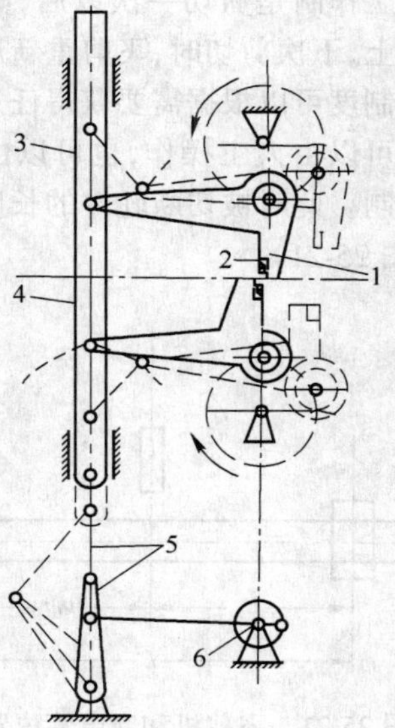

图 25-18　曲柄连杆式飞剪机(斯米特曼式)简图
1—刀片架；2—剪刃；3—摆动拉杆；4—升降杆；5—曲折杆；6—偏心轴

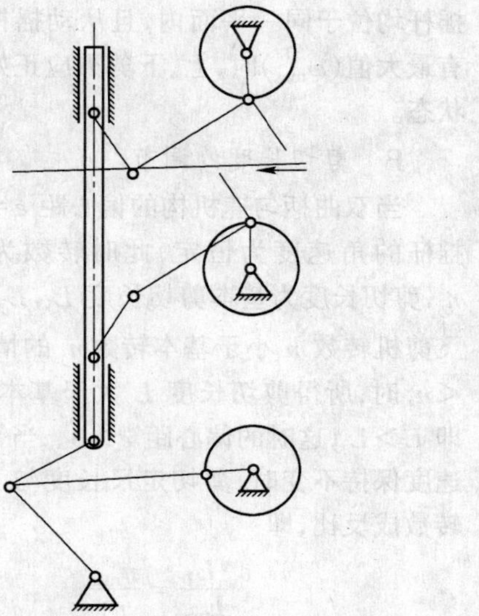

图 25-19　飞剪机处于空切状态

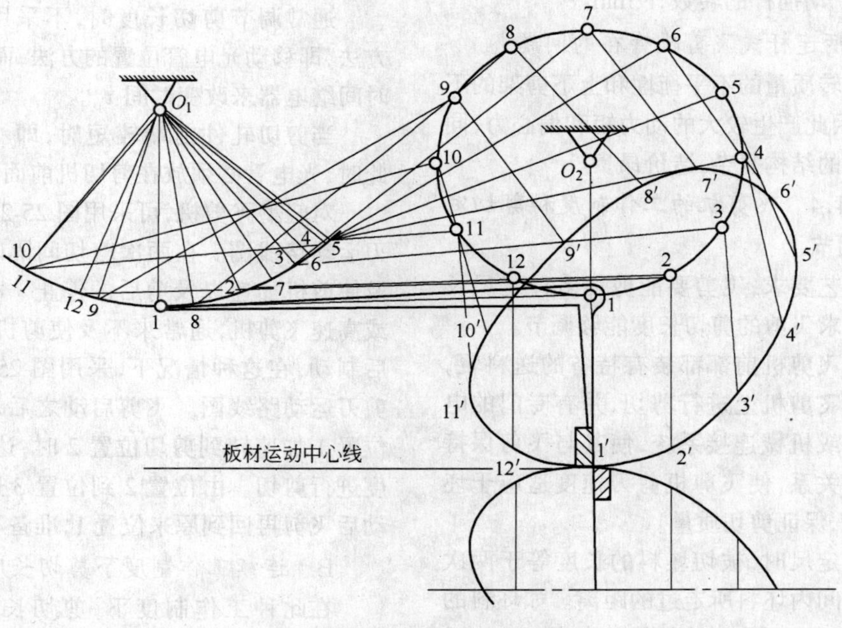

图 25-20　曲柄连杆式飞剪的剪刃运动轨迹

剪刃间隙的调节是通过手轮传动蜗杆蜗轮,改变空切机构的曲折杆最下面的偏心轴6的位置实现的。偏心轴6的偏心距为10 mm(见图25-18)。

该飞剪机采用了双曲柄匀速机构,双曲柄和飞剪机的连接应是:双曲柄与主动摇杆、从动摇杆均位于同一平面内,且从动摇杆的角速度有最大值(ω_{max})时,上、下剪刃应正好处于剪切状态。

B 剪切长度的调节

当双曲柄匀速机构的偏心距 $e=0$ 时,从动摇杆的角速度为恒定,此时转数为基本转数 n_j,剪切长度为基本剪切长度 L_j,$L_j=L_{min}$。在飞剪机转数 n 小于基本转数 n_j 的情况下,即 $n<n_j$ 时,所得剪切长度 L 大于基本剪切长度,即 $L>L_j$,这时的偏心距 $e>0$。当带材的运行速度保持不变时,剪切定尺长度与飞剪的平均转数成反比,即:

$$\frac{L_1}{L_{min}}=\frac{n_{max}}{n_1} \tag{25-15}$$

式中 n——剪切长度为 L_{min} 时,主动摇杆的转数,r/min;

n_1——剪切长度为 L_1 时,与之对应的主动摇杆的转数,r/min。

C 曲柄连杆式飞剪机存在的问题

由于旋转质量的不平衡性和上下剪架的不匀速转动,因此产生较大的动力矩和偏心力,同时该飞剪机的结构复杂,造价昂贵。

25.6.4.4 飞剪机的工作制度和剪切定尺长度的调节

根据工艺要求,飞剪要能剪切多种定尺长度,因此,要求飞剪的剪切长度能够调节。

一般在飞剪机前部都装有特备的送料辊,将坯料送到飞剪机上进行剪切,并有专门的电气控制系统或机械连接系统,使其与飞剪保持一定的转数关系,使飞剪机剪刃速度适应于坯料运行速度,保证剪切质量。

在剪切定尺时,被切坯料的长度等于两次剪切间隔时间内坯料所走过的距离。如坯料的速度 v_0 为常数,则剪切轧件的长度为:

$$L=v_0t \tag{25-16}$$

式中 t——两次剪切的间隔时间,s。

飞剪机有两种工作制度:启动工作制和连续工作制。

A 启动工作制时,剪切长度的调节

启动工作制是剪切一次以后,剪刃停止在某一位置上,下次剪切时,飞剪重新启动。采用此种工作制度可以根据需要获得任意长度的定尺。启动可以由人工操作,也可以由机械开关或光电控制。此时被切断轧件的长度可按下式确定(见图25-21)。

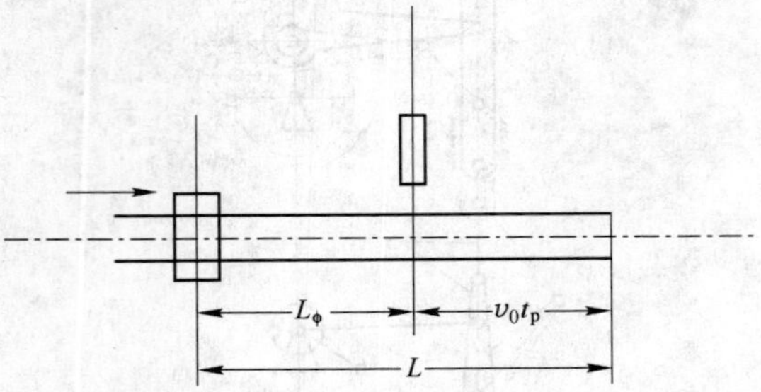

图25-21 飞剪机和光电管位置图

$$L=L_\phi+v_0t_p \tag{25-17}$$

式中 L_ϕ——从光电管到飞剪的距离,m;

t_p——飞剪由启动到剪切的时间,s。

通常调节剪切长度时,不采用改变 L_ϕ 的方法,即移动光电管位置的方法,而采用特殊的时间继电器来改变时间 t_p。

当剪切轧件前端较短时,即 $L<v_0t_p$ 时,此时,光电管必须放在剪切机前面。

对轻型飞剪机,可采用图25-22a 所示的剪刃运动路线图。在两次剪切间隔时间内,来得及使剪机加速以及剪后的停止。相反,对重型或高速飞剪机,通常来不及使剪机加速以及剪后制动,在这种情况下,采用图25-22b 所示的剪刃运动路线图。飞剪启动之后,剪刃由原来位置1加速转到剪切位置2时,达到轧件的速度进行剪切。由位置2到位置3进行制动,制动后飞剪再回到原来位置1,准备下一次剪切。

B 连续工作制度下剪切长度的调节

在此种工作制度下,剪切长度的计算公式为:

$$L = v_0 t \tag{25-18}$$

式中　t——两次剪切的间隔时间，s。

当剪刃不是每转相遇都进行剪切，并将 t 用剪刃转数 n 来表示时，则剪切长度公式可写为。

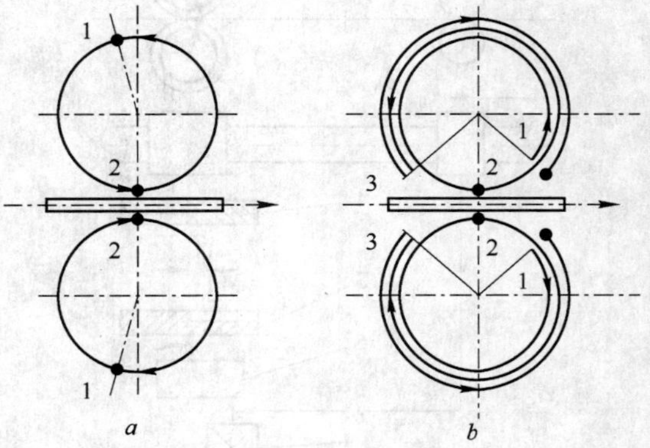

图 25-22　启动工作制工作的滚筒式飞剪剪刃运动轨迹

$$L = v_0 \times \frac{60}{n} K \tag{25-19}$$

式中　n——剪刃每分钟转数，r/min；

K——在相邻两次剪切时间内，剪刃所转的周数。剪刃每转一周剪切一次时，$K=1$，每转两周剪切一次时，$K=2$，依此类推。

通常用特殊的空切机构来保证要求的 K 值。这套机构可以周期性地使剪刃"离开"，即剪刃不在每周相遇时进行剪切。

从式 25-19 可看出，为了保证剪切长度的精确性，必须使 v_0/n 之比值在工作中保持为常数。因此要用电器的或机械的连接系统，以送料辊剪机之间工作的同步来实现。在连续工作制度下，这个同步关系是飞剪机传动的一个基本条件。一般 v_0 为常数，则被剪切坯料长度的调节可通过改变 n 和 K 值的方法来实现。

如果在剪机前面用送料辊来送进坯料时，则式 25-19 可写为：

$$L = \pi D_0 \frac{n_0}{n} K \tag{25-20}$$

式中　D_0——送料辊直径，m；

n_0——送料辊每分钟转数，r/min。

综上所述，在保持 v_0 不变的条件下，为获得各种不同的剪切长度 L，可通过改变 n 与 K 的方法来实现。至于如何调节，应取决于各种飞剪机的结构特点。下面分别介绍在连续工作制度下，调节剪切长度的三种常用方法。

a　最简单的飞剪工作制

这种工作制的特点为剪刃圆周速度 v 与坯料运行速度 v_0 仅在剪刃一定转数下才相等。保持坯料运行速度 v_0 不变，在一定范围内改变剪刃转数 n，使剪刃线速度稍大于带材线速度的条件下进行剪切，这时可以得到不同的剪切长度。

当 $K=1$ 及 $v_0=v$ 时，所得到的剪切长度称为基本剪切长度，可用下式表示：

$$L_{\mathrm{j}} = \pi D_0 \frac{n_0}{n_{\mathrm{j}}} \tag{25-21}$$

式中　n_{j}——剪刃的基本转数，r/min。

当剪机在空切制度下工作时，其剪切长度将为 L_{j} 的 K 倍，即：

$$L = KL_{\mathrm{j}} \tag{25-22}$$

在最简单的工作制度下进行长度调节时，剪刃的极限转数可在下列范围内变化：

$$n = (1.0 \sim 2.0) n_{\mathrm{j}} \tag{25-23}$$

相应的剪切定尺长度在下列范围内变化：

$$L = (1 \sim 0.5) L_{\mathrm{j}} K \tag{25-24}$$

该定尺长度调节的最大范围，如果与 L_{j} 相比较作成图 25-23，可用图中 OB 以与 OA 射线之间的线段来表示在一定的 K 值下剪切长度的调节范围。图 25-23 中第一条线 OB，相当于 $n=n_{\mathrm{j}}$；第二条线 OA，相当于 $n=2n_{\mathrm{j}}$。

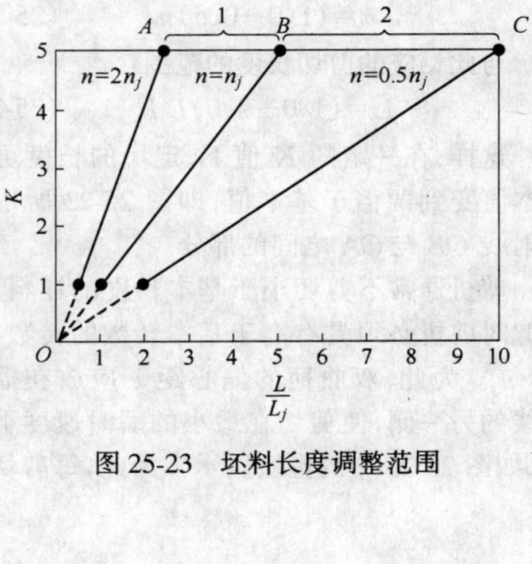

图 25-23　坯料长度调整范围

采用第一种方法时，尽量不采用 $n<n_j$ 的工作制度。因为这时坯料超前于剪刃，剪切时坯料会产生弯曲。同时有可能被剪刃顶住缠在滚筒上。由于坯料中产生的拉应力会增加飞剪的冲击负荷，而且也可能会损坏坯料的表面。因此不希望使剪刃的速度比坯料运行速度高很多。

b 具有均匀速度机构的飞剪工作制

这种工作制同样是利用变化 n 的方法来调节坯料长度的。前述方法尽量不采用 $n<n_j$ 的工作制度。为了补救这种方法的缺陷，在采用 $n<n_j$ 的工作制度时，应用了均匀速度机构。它的作用就是在保持平均转数 n 不变的情况下，改变飞剪剪刃的瞬时速度，即在一周内剪刃的瞬时速度随时改变，在最大速度时进行剪切。剪切时保持剪刃速度 v 与轧件速度 v_0 相适应。因此，平均转数较低，可获得 $n<n_j$ 的条件。

这类机构之一是双曲柄机构，如图 25-24 所示。它由电机经减速器等传动装置来传动，此机构的主动摇杆 3 做等速旋转，而从动摇杆 4 与飞剪机相连，带动飞剪机转动。双曲柄轴的回转轴心与摇杆轴心之间的偏心距 e 是可调节的。当 $e=0$ 时，剪刃等角速度旋转，这时称为基本转数 $n=n_j$（图 25-25 中的直线）。剪切的坯料长度最短，并称为基本剪切长度 L_j。如果要增加剪切长度，则应相应地减低主动摇杆的转数，并选择适当的偏心距 e，以使剪切时剪刃的瞬时速度与坯料的运行速度相等或略大些（图 25-25 中的曲线 2、3）。

实际上主动摇杆的转数是在下列范围内变化的：

$$n=(1.0\sim0.5)n_j \qquad (25\text{-}25)$$

与此相应的剪切长度的范围：

$$L=(1.0\sim2.0)L_jK \qquad (25\text{-}26)$$

这样，在一定的 K 值下，定尺的长度可由基本值变到两倍于基本值，即图 25-23 所示两条射线 OB 与 OA 之间的部分。

剪机通常不剪切小于基本长度的坯料，因为此时剪机必须具有高于基本转数的转数，即 $n>n_j$。为此，双曲柄的偏心距 e 应放在摇杆轴线的另一侧，使剪切在最小的瞬时速度下进行，如图 25-25 中的虚线所示。为此，每剪切一次后要马上加速。剪切前又要减速，因为一般剪切过程基本上是靠飞轮惯量的能量来实现的，所以这样做是不适宜的。

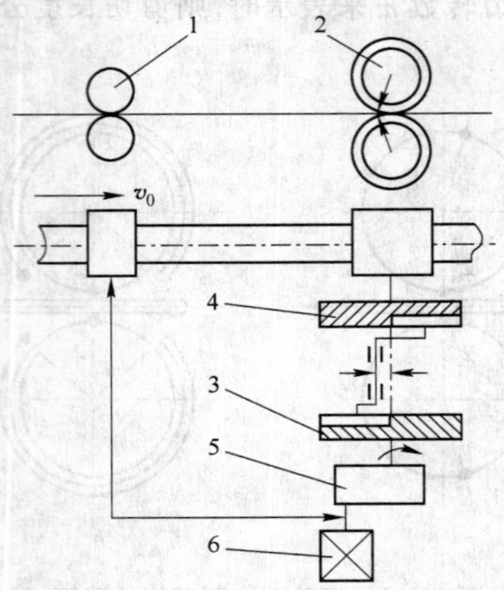

图 25-24 带双曲柄匀速机构的飞剪机布置简图

1—送料辊；2—飞剪；3—主动摇杆；4—从动摇杆；5—减速器；6—电机

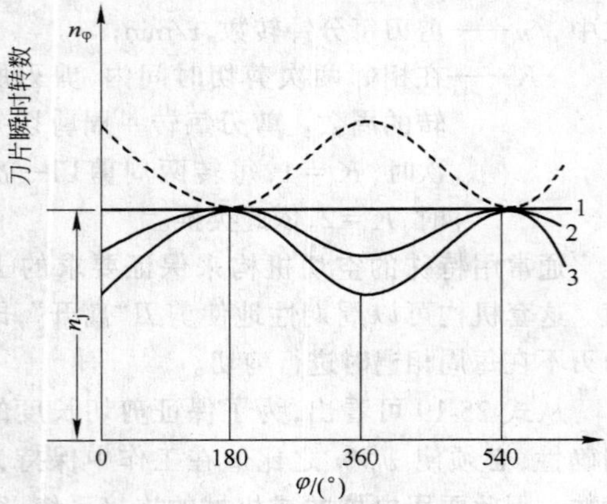

图 25-25 刀片速度与双曲柄主动摇杆转角的关系

这种机构的缺点在于：由于速度的经常变化，产生了很大的动负荷，因而需要提高电机功率和飞轮惯量。而且利用这种剪切机切头也有困难，因为此时要求剪机具有较高的加速度和减速度。

c 具有径向均匀速度机构的工作制

这种工作制免除了上述均匀速度方法的较大的惯性动力矩。这种方法是基于使剪刃的轨

迹半径允许在 R_{max} 与 R_{min} 之间来调节的(图 25-26 所示)。

当按照式 25-19 改变转数 n 调节剪切长度时,改变剪刃轨迹半径能保持剪刃具有与坯料相同的速度。例如,为了减小剪切长度,使 n 值增大,相应地使 R 值减小。

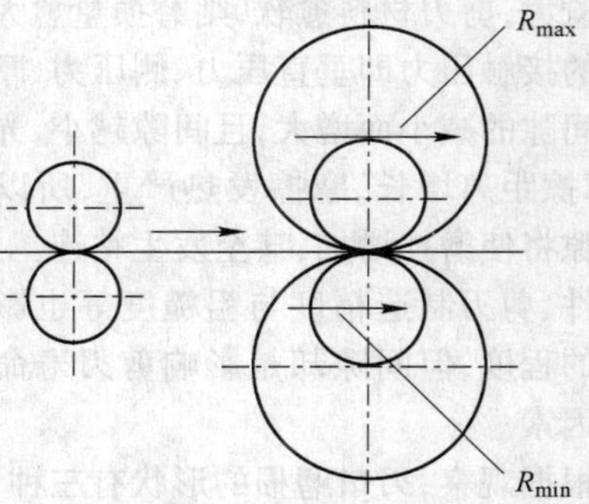

图 25-26 在径向均匀速度时,具有最大的惯性力矩

保持坯料运动速度 v_0 与剪刃速度 v 相等,即 $v_0=v$,得剪切长度为:

$$L=2\pi R \tag{25-27}$$

式中,$R=R_{max}$时的剪切长度和剪刃转数,称为基本剪切长度 L_j 和基本转数 n_j。其值分别为:

$$n_j=\frac{60v_0}{2\pi R_{max}} \tag{25-28}$$

$$L_j=2\pi R_{max} \tag{25-29}$$

此时剪刃的转数及其半径在下列范围内变化:

$$n=(1.0\sim2.0)n_j \tag{25-30}$$

$$R=(1.0\sim0.5)R_{max} \tag{25-31}$$

剪切长度则在下列范围内变化:

$$L=(1.0\sim0.5)L_jK \tag{25-32}$$

这个剪切长度的变化范围与飞剪在简单工作制度下工作的变化范围一样,用图 25-23 的两条射线 OB 与 OA 之间的线段来表示。所不同的是在于前者 v_0 与 v 之间的差值太大,使剪机产生较大的冲击负荷。

25.6.5 锯床

铜加工中常用的锯床有三类:条锯、圆盘锯和带锯。一般条锯结构简单,速度较慢,只用在断续零星使用的场合。带锯用在超厚板切边和头尾,以便获得四边整齐、尺寸精确的厚板。圆盘锯是最常用的精整设备。

圆盘锯机组的结构比较简单,主要包括锯片卡盘、主传动系统、锯片进给系统和夹料装置,有的还配有输送辊道和屑末回收装置。常用锯切设备的技术参数见表 25-10。

表 25-10 常用锯切设备的技术参数

设备名称	主电机功率 /kW	主电机转速 /r·min⁻¹	锯片直径 /mm	主轴转速 /r·min⁻¹	锯切管材直径 /mm	锯切棒材直径 /mm
1430 圆盘锯	20	735	1430		<420	<250
710 快速锯	20	1460	710	1345	60~300	60~160
510 快速锯	14	1460	510	1870	25~100	30~140
510 慢速锯	705	1450	510	290		<50
350 圆盘锯	405	2900	350	2730	3~45	3~45
75 圆盘锯	10	1450	75			
150 铣刀锯	2.7	1440	150		<45	
75r 铣刀锯	3.17	1430	75		<10	
72 铣刀锯	4.10	1410	72		<7	
1QJ111 切管机	5.3	1430	切刀		20~114	

25.7 剪切工具的设计和使用维护

25.7.1 圆盘剪剪刃

圆盘剪的刀盘形状如图 25-27 所示。可分为双面刃和单面刃。图 25-27a 型为双面刃,其他形状的刀刃均为单面刃。单面剪刃仅在剪切薄板带时采用。通常情况下,刀盘直径的大小主要是根据被剪切材料的厚度来决定。最小刀盘直径可按下式计算:

$$D=\frac{h+s}{1-\cos\alpha} \tag{25-33}$$

式中　h——被剪切材料的厚度,mm;

s——剪刃的重叠量,mm;

α——剪切时的咬入角,一般为10°～15°。

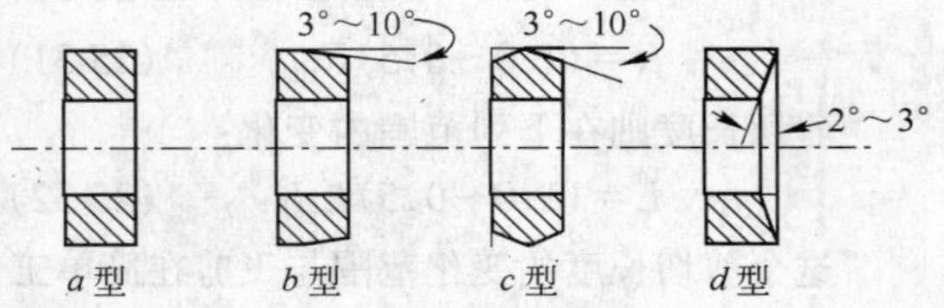

图25-27　圆盘剪的刀盘形状

25.7.2　剪刃磨损

剪切过程中作用于剪刃上的力为被剪切材料的反作用力,由于材料的弯曲,剪刃与材料的接触面仅局限于刃口附近的狭小区域,故使刃口受到极大的垂直压力与侧压力的作用,这种高压将引起刃口磨损,甚至崩刃。在剪切加工中,能量的大部分消耗在材料塑性变形部分的发热上面。剪切变形部分的变形相当大,特别是与刃口接触的光亮带部分,其塑性变形更大,所以有相当多的热量发生。并且,由于一般剪切加工时间只有0.01～0.1 s,产生的热量不能充分扩散,材料就在高温的情况下与刃口相接触。

一般的机械磨损按其形成原因分为:刮痕磨损、附着磨损、滚动磨损三种。由于高压使刃口与被剪切材料接触面之间产生局部附着现象,当接触面相对滑动时,附着部分就产生剪切而引起磨损,这种磨损称为附着磨损,是剪刃磨损的一个主要形式。这种磨损虽然根据前面叙述的刃口摩擦条件也可以推测到,但是,根据用X射线显微分析仪对磨损后的刀具表面进行分析的结果,才证实了刀具表面与被加工材料的附着现象。这种附着磨损,在高温、高压并且润滑条件不好时会更加剧烈,甚至发生粘连。不能用刀具与材料之间的简单硬度关系来确定磨损量。根据Holm法则,附着磨损时单位接触面上的磨损量为:

$$S=K\frac{pl}{\sigma_s} \tag{25-34}$$

式中　p——接触压力,kgf,1 kgf＝10 N。

l——相对滑动距离,mm;

σ_s——模具材料的屈服极限,kgf/mm^2,1 kgf/mm^2≈10 MPa;

K——由于附着而引起磨损的概率。

从上式中可看出接触压力愈大,相对滑动距离愈大,剪刃材料愈软,则磨损量愈大。而剪切中的接触压力即垂直压力、侧压力、摩擦力均随着间隙的减小而增大,且间隙越小,光亮带增大,摩擦距离增长,摩擦发热严重,所以采用较小间隙将使磨损增加,甚至发生粘连。当然,润滑条件、剪刃制造精度与粗糙度等也影响剪刃磨损的程度,但间隙却是影响剪刃寿命的一个主要因素。

根据观察,刃口磨损的形状有三种:倾斜磨损、坑洼磨损以及由两者混合而成的坑洼-倾斜磨损。这些磨损形状并不固定,随着剪切次数的增加而变化。例如,最初是坑洼磨损,随着冲裁次数的增加逐渐移向倾斜磨损。这是因为,随着刃口的磨损,刃口上的应力分布和滑动情况都发生了变化。

25.7.3　圆盘剪剥离环

根据剪切理论和实践,在产品较厚(超过15 mm)和剪切为拉剪形式时,剥离环的作用会大大削弱。只有在活套坑剪切而且带材厚度适中时,其作用会加强。剥离环不是随便套上就能用的,如果选择的剥离环不合适,剪切不出好的产品来。要么在成品上压出剪刃压痕,要么料夹在剪刃之间出不来,甚至会顶弯剪轴,啃坏剪刃等。

25.7.3.1　剥离环的作用

(1) 将带材从母刀中取出来,这是最主要的作用,剥离环的名称即源于此。当刀片配合水平间隙太小时(指侧间隙),会造成被切后的带材在母刀的两刀片之间"卡"住。在这种带材承受压缩下剪切时,从母刀下取出带材需要一个很大的力,换句话说,选择侧间隙为0或接近0时,剥离环的剥离作用显得尤为重要,可以说就是靠剥离环把料送出来的。

(2) 支撑刀片间的带材使得其沿着刀片之

间直线移动,保证宽度尺寸的准确性。剪切时由聚氨酯剥离环面托住带材的表面,防止了刀痕的产生。这在薄料剪切和活套坑剪切时作用显著,厚料剪切时不显著。

(3) 夹紧带材协助刀托着金属通过剪切机刀架,带材通过圆盘刀和剥离环的驱动,通过剪切被纵切成多条"流"入活套坑。这是适当外径尺寸的剥离环对带材进行夹紧、摩擦、传动的结果,使带材顺利通过剪床。当然,夹紧作用过大时(过大外径尺寸及大的重叠量)会造成产品产生刀痕,同时影响剪刃的水平间隙。这在薄料剪切和活套坑剪切时作用显著,厚料剪切时不显著。

25.7.3.2 剥离环及其使用效果

A 剥离环的材料

可以通过改进剥离环的组成和硬度来增强剥离环的作用。

剥离环常用的三种材料有:氯丁橡胶、丁腈橡胶和聚氨酯。

(1) 氯丁橡胶不是一种优良材料,因为它的化学成分和硬度在金属切割时受摩擦和溶剂的影响,会引起氯丁橡胶变质,硬度下降,增大延伸。

(2) 丁腈橡胶比氯丁橡胶性能好,而聚氨酯材料则具有更好的抗化学腐蚀能力,它比丁腈橡胶更能维持自己的硬度和形状。由于硬度始终不变,增强了剥离环的支撑作用。又由于外径尺寸和形状的保持,提高了剥离环的夹紧作用。

(3) 就目前所发现的以及国内外所使用的材料来说,聚氨酯是最好的剥离环材料。它有更好的形状回复性能,比丁腈、氯丁橡胶的抗化学腐蚀能力更强。聚氨酯剥离环的缺点是其价格比丁腈橡胶要贵 2 倍以上。

如果剥离环受到化学腐蚀,它们就会膨胀变软而影响使用。由于压缩过多会造成剥离环的延展,使内径变大,也会影响使用。

B 提高硬度的方法

传统上剥离环均采用 60/65 邵氏硬度(橡胶制品硬度测试的一种单位),为了提高丁腈橡胶或氯丁橡胶剥离环形状保持力,其方法是增加橡胶的硬度。通过增加硬度从 60/65 到 80/85,可以减少橡胶环的延伸。但硬度过高,弹性降低,会造成轴的弯曲。

C 三层双硬度剥离环

这种聚氨酯或丁腈橡胶剥离环有点像"夹心面包",从内圈到外圈共分三层,较硬的橡胶放在内、外圈的中间,较软的放在剥离环的外圈和内圈。这样做的好处是:较软的橡胶抓紧带材和钢隔离环的外圈,较硬的橡胶因为夹在中间,可以增加剥离环形状保持力,使用效果很好。其缺点是制造成本高。

D 双层双硬度剥离环

这种剥离环制造时在外圈用 60/65 硬度的橡胶,80/85 硬度的用在内圈。这样可增强剥离环的一些作用。它的缺点是:由于较硬的 80/85 硬度不具备充足的抓紧钢隔离环外圈的能力,使用不久便会在钢隔离环外圈上旋转打滑。

E 钢隔离环和聚氨酯环制造成一体

这种内圈是钢隔离环、外圈是聚氨酯的二合一剥离环,增强了剥离环所有的作用。其优点是:联结到钢隔离环上的聚氨酯剥离环不会延伸;不会在钢隔离环上转动;在修磨外径时,聚氨酯剥离环与钢隔离环的联合体容易被砂轮磨削出更准确的外径和形状;一环二用,使用方便。其缺点是:比起分开的钢隔离环和剥离环,增加了制造成本;由于制造成联合体,钢隔离环将受到外径的约束,不能只考虑厚度而增大宽度去使用。只能靠增加这种联合体的数量来满足装配需要。

F 考虑既能减少成本费用又能获得该联合体优点的方法

使用一定数量的钢隔离环和剥离环的联合体(或用 25 mm 整数尺寸规格),放在与刀相邻的位置。当剪切较宽的带材时,另外一个同样的环放在两个剪刃中间的位置提高附加支持。比如在剪切 305 mm 两条时,仅用 12 个这样的环就可以了。

25.7.3.3 剥离环设计

设计可考虑下列几个因素:软薄带对剥离

环的敏感性强(反之,硬厚带不太敏感);保证垂直重叠量;刀用钝后定量磨刀外圈;金属带材厚度;剥离环的三个作用;防止由于剥离环尺寸过大而引起刀轴偏斜。

适当尺寸的剥离环,不仅能起到剥离环的作用,而且能使剪切机加工出高质量的带材。

25.7.3.4 使用过大外径尺寸剥离环的危害

在生产中,会遇到剥离环相互干扰的情况。例如:剥离环必须尺寸合适,以保证有足够的压紧力帮助带材穿过活套坑,但又不能太大,否则会引起刀痕。当使用过大尺寸的剥离环时,上下刀重叠量随着增大,会引起剪轴的偏斜,产生刀轴弯曲,且造成以下危害:

(1) 剪轴轴承所受不必要的弯曲力;
(2) 增加剪轴轴承所受的载荷;
(3) 改变剪刃的水平间隙(侧隙);
(4) 需要增加剪刃的垂直重叠量;
(5) 加快剪刃的磨损;
(6) 橡胶或聚氨酯过多的延伸;
(7) 设备运行需要更大功率;
(8) 造成成品剪切表面产生剪刃压痕或板面变形等等。

25.7.4 剪刃刀片

剪切时刀片受到挤压、弯曲和磨损,因此刀片必须有足够的强度和韧性,并保证有高的硬度,刀片的硬度一般应大于55HRC。刀片硬度与被剪切板材厚度的关系如图25-28所示。当刀刃被磨钝时,刀片的厚度及外圆均应重磨。刀片设计时,应尽量利用所有的四个刃口,为了提高刀片的耐磨性,可在刃口上堆焊坚硬的合金钢。常用的剪刃材料有9Cr、5CrW2Si、55CrNiW、9SiCr及3Cr2W8等。

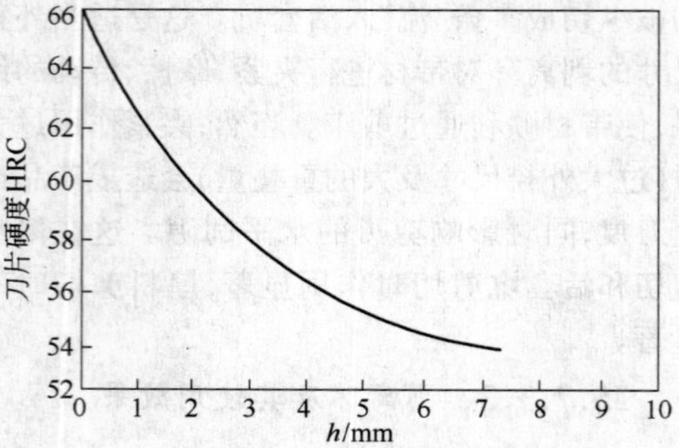

图25-28 刀片硬度与剪切板材厚度的关系

斜刃剪的刀片如图25-29所示,刀片尺寸见表25-11。

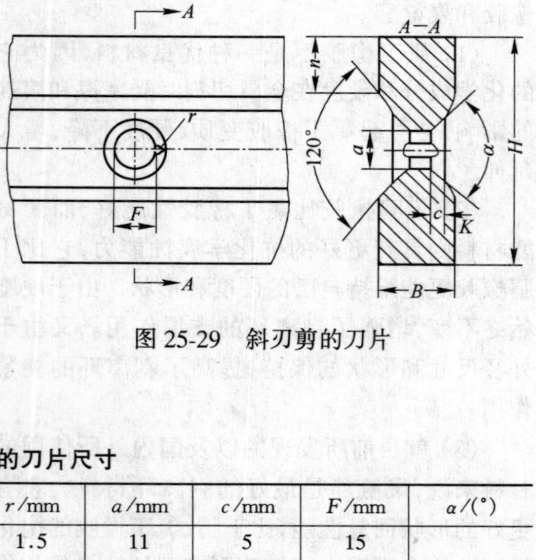

图25-29 斜刃剪的刀片

表25-11 斜刃剪的刀片尺寸

剪切力/kN	B/mm	H/mm	n/mm	K/mm	r/mm	a/mm	c/mm	F/mm	α/(°)
20～60	16	60	15	1.5	1.5	11	5	15	90
60～160	20	70	17.5	2	2	13	6	18	
160～250	25	80	20	2.5	2.5	18	8	25	
250～600	30	100	25	3	3	22	10	30	
600～1000	35	120	30	3.5	3	22	10	30	60
1000～1600	40	150	35	3.5	4	26	14	35	
1600～2500	50	180	45	5	5	32	16	42	
2500～4000	60	200	50	6	5	40	19	50	

26 热处理技术❶

26.1 热处理的分类和基本原理

铜合金热处理的目的与其他合金一样，都是借助于一定的热作用来改变其内部的组织结构，以获得所要求的使用性能和工艺性能。由于铜合金没有同素异构转变，因此其热处理与钢不同。铜及铜合金最常见的热处理工艺可分为均匀化退火、基于回复和再结晶过程的退火、固溶处理（淬火）及时效（回火）。

26.1.1 均匀化退火

均匀化退火是将铸锭或铸件加热到高温（一般低于合金的固相线温度 100～200℃）长时间保温并进行缓慢冷却的过程。均匀化退火的对象是铸锭或铸件，其目的是借助于高温时原子的扩散来消除或减小在实际结晶条件下，铸锭或铸件的晶内化学成分不均匀和偏离于平衡的组织状态，进而改善合金的加工性能和最终使用性能。均匀化退火过程是一个原子扩散的过程，因此均匀化退火也称扩散退火。

26.1.1.1 铸态合金的组织特征

在工业生产中，铜及铜合金锭坯一般采用半连续和连续铸造法生产，由于这种铸造工艺冷却速度较快，因此铸态合金的组织通常偏离平衡状态。为简单起见，现以二元共晶系合金为例分析。

简单的二元共晶系相图以及非平衡固相线如图 26-1 所示。成分为 x_1 的合金在平衡结晶时，α 固溶体的成分沿 bs 线变化，并在 s 点结晶结束，整个组织为成分均匀的固溶体。若在非平衡条件下结晶，先结晶的固相与随后析出的固相成分来不及扩散均匀，整个结晶过程中 α 固溶体的平均成分将沿 bc 线变化，达到共晶温度 c 点后，剩余的液相则以（$\alpha+\beta$）共晶的形式析出。因此，在非平衡结晶条件下，成分为 x_1 合金的组织由枝晶状的 α 固溶体及非平衡共晶组成，合金元素 B 的浓度在枝晶网胞心部（先结晶的枝晶干）最低，并逐渐向枝晶网胞界面的方向增加，在非平衡共晶中达到最大值。

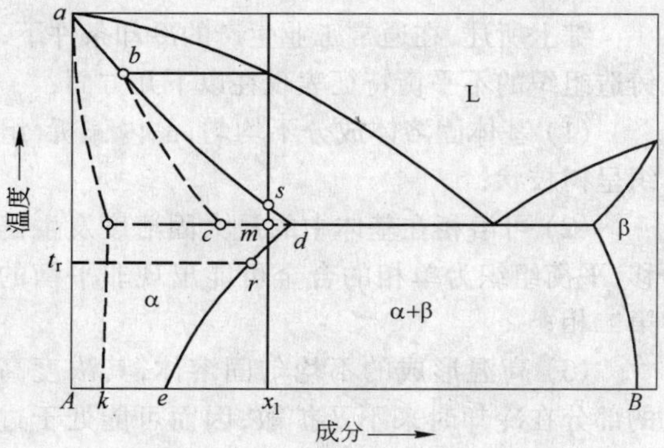

图 26-1 简单的二元共晶系相图及非平衡固相线

除上述主要特征外，由图 26-1 中的 de 线可知，x_1 合金固溶体后结晶部分，第二组元的浓度可能超过 e 点，若在结晶完毕后仍以较快速度继续冷却，合金元素来不及从固溶体中平衡析出，则此部分固溶体就会呈过饱和状态。

例如，Cu-Ni 合金的平衡组织应为均匀的单相固溶体，但在实际结晶条件下，显微组织是有偏析的树枝状固溶体，如图 26-2 所示。由图中可看出，α 固溶体呈树枝状，先结晶的枝干富 Ni，不易侵蚀而呈白亮色，后结晶的枝晶间富 Cu，易受侵蚀而呈暗黑色。

铸态组织偏离平衡状态的程度，主要取决于铸造时的冷却速度、原子的扩散能力以及合金的液、固相线之间的差别，冷却速度越快，偏析元素在固溶体中的扩散能力越小，合金的液、固相线之间的间隔越大，则铸态组织偏离平衡状态的程度越大。

❶ 本章撰稿人：张平、郭慧稳、金泉、程万林、唐雄雅、琚现超。

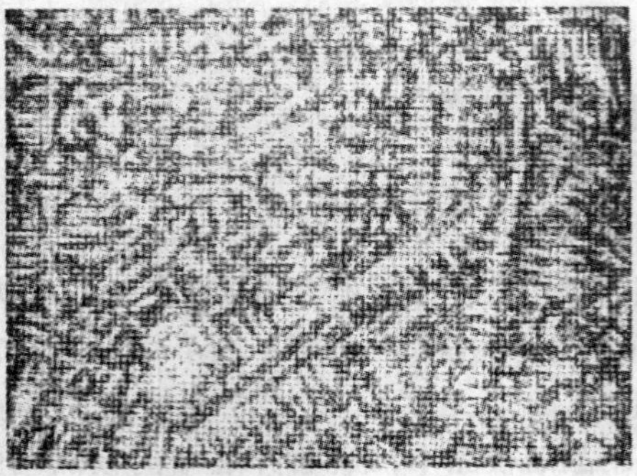

图 26-2 Cu-Ni 合金的铸态组织图

综上所述，在通常工业生产的冷却条件下，铸造组织的不平衡特征表现在以下几方面：

(1) 基体固溶体成分不均匀，晶内偏析，组织呈树枝状；

(2) 可溶相在基体中的最大固溶度发生偏移，平衡组织为单相的合金可能出现非平衡的第二相；

(3) 高温形成的不均匀固溶体，其浓度高的部分在冷却时来不及扩散，因而可能处于过饱和状态。

26.1.1.2 铸态合金的性能特征

上述铸态组织的非平衡特征对铸态合金的性能有很大影响，这种影响体现在：

(1) 若枝晶偏析使组织中出现非平衡脆性相，则合金的塑性降低，特别是在枝晶网胞边缘生成连续的粗大脆性化合物网状壳层时，合金的塑性将急剧下降。

(2) 枝晶网胞中心与边部化学成分不同，壳能形成浓差微电池，因此降低合金抗电化学腐蚀能力。固溶体中出现的非平衡过剩相一般也降低合金的耐蚀性。

(3) 铸锭进行轧制或挤压时，具有不同化学成分的各显微区域拉长并形成带状组织，这种组织壳导致成品工件产生各向异性和增加晶间断裂倾向。

(4) 固相线温度下移使工艺过程的一些参数难以掌握，如在压力加工前的加热及热处理时，局部区域会过早地发生熔化，即加热稍有不慎，就会发生过烧现象。

(5) 铸态合金的组织是亚稳定的，因此具有铸态组织的制件在高温工作时会逐渐发生固溶体成分均匀化和非平衡相的溶解，这将促进蠕变过程并使性能不断发生变化。

塑性是衡量铸锭质量的重要标志之一，为保证铸锭具有良好的塑性，显然不希望铸锭的组织处于非平衡状态。此外，考虑到铸态组织对半成品及成品性能的遗传影响，也应采取措施尽可能消除铸锭组织的成分不均匀现象。

生产中，均匀化退火工序的首要目的是提高铸锭的变形性能，以利于随后的冷、热压力加工。对于铸件，均匀化过程一般与固溶处理同完成。

26.1.1.3 均匀化退火时合金的组织变化

均匀化退火时，主要的组织变化是枝晶偏析的消除和非平衡相的溶解。对于非平衡状态下仍为单相的合金（如 Cu-Ni 合金），均匀化退火时所发生的主要过程为固溶体晶粒内成分均匀化而形成均匀单相固溶体（如图 26-3 所示）；当合金中含有非平衡过剩相时，则上述两个过程均会发生，如 QSn6.5-0.1 合金，经均匀化退火后，组织转变为成分均匀的单相固溶体。

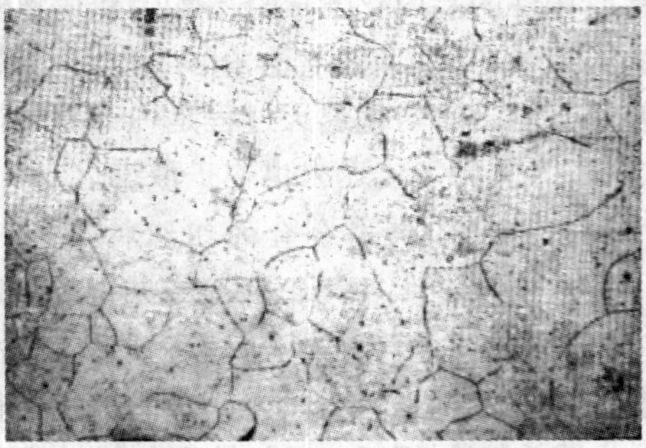

图 26-3 Cu-Ni 均匀化退火后的显微组织

枝晶偏析的消除及非平衡相的溶解是相互制约的两个过程。在均匀化过程的开始阶段，枝晶网胞与非平衡相的界面处将建立相应于该均匀化温度下的浓度关系，如图 26-1 所示的 x_1 合金，在 t_r 温度下均匀化时，α 固溶体成分发生均匀化过程，使 α 枝晶与 β 相界面处 α 固溶体浓度低于 r 所表示的浓度值。由于界面处浓度关系破坏，β 相将溶入 α 基体中，因而 α 固溶体枝晶边部浓度又升至平衡浓度。这样的过程不断进行，α/β 界面将逐渐向β相的方向移动，而固溶体内部成分逐渐均匀化。若合金在均匀化温度下的平衡状态为单相，则β相将完全溶解；若不为单相，则仍将保留一部分过剩相或共晶体。

应该指出，均匀化退火只能消除或减小晶内偏析，而对区域偏析的影响极其微弱。这是因为，消除偏析是通过原子的扩散实现的，而对于消除区域偏析所达到的扩散距离（假设几厘米），原子需扩散数年之久，这在实际生产中显然是不允许的；此外，消除区域偏析需要晶间相互扩散，而晶间扩散也因受到晶界夹杂及空隙的阻碍而难以实现。

除上述的主要组织变化外，均匀化退火时还可能发生下列组织变化。

A 过饱和固溶体的分解

在实际铸造时的快冷条件下，合金中某些元素所形成的相可能来不及从固溶体中析出而呈过饱和状态，若在均匀化退火温度下其溶解度仍然较小时，则这些相在均匀化退火的加热和保温阶段就会从固溶体中析出。

过饱和固溶体的分解不仅在加热保温阶段发生，在冷却阶段也常发现。因为多数情况下固溶体的平衡浓度随温度的降低而减小，所以生产条件下炉料随炉冷却或空冷时将伴随二次相的析出。冷却速度不同，析出相的尺寸和分布情况也不同。

B 聚集与球化

若合金在均匀化温度下的平衡组织不为单相，则均匀化退火时过剩相不能完全溶解。这些未溶的相在退火过程中就可能发生聚集和球化，以减小界面能，达到热力学更稳定的状态。

所谓聚集就是过剩相质点粗化过程，其特征是小尺寸质点溶解而大尺寸质点长大。球化是聚集的一种特殊形式，即非等轴的过剩相质点（如片状、针状、树枝状及其他不规则形状）转变为接近于等轴的形状。

C 淬火效应

铸态合金经均匀化退火后，过快的冷却可能产生淬火效应，结果得到一定过饱和度的固溶体。

26.1.1.4 均匀化退火对铸锭及制品性能的影响

铸锭经均匀化退火后，由于发生了非平衡相的溶解及过剩相的聚集、球化等组织变化，使室温下的塑性提高，并使冷、热加工性能大为改善。由此可降低铸锭热轧开裂的危险，改善热轧板带的边缘质量，提高挤压速度；同时，由于降低了变形抗力，还可减少变形功消耗，提高设备生产效率。

另外，半连续或连续铸造生产的铸锭往往存在较大的应力，影响铸锭锯切、铣面等机械加工的顺利进行（因可能发生翘曲等），如果应力过大，还可能造成铸锭爆裂，危及操作人员及设备的安全。均匀化退火可消除铸锭内的应力，改善铸锭的机械加工性能。因此，对于铸造应力较大需要进行均匀化退火的铸锭，锯切、铣面等工序应在均匀化退火后进行。

铸锭的组织状态不仅直接影响铸锭的加工性能，而且对后续的加工工序以及最终产品的性能也有影响。也就是说，铸锭组织的影响会遗传下去。这是因为铸锭虽经变形而使组织破碎，但不能完全消除成分的显微不均匀性。因此，未经均匀化退火的铸锭，非平衡结晶状态的影响会一直延续到成品的性能上。

均匀化退火消除了铸锭组织的非平衡状态，当然也就消除了这种状态的遗传影响，具体表现在：

(1) 提高合金在各冷变形工序中的塑性，因而可提高总的冷加工率，减少中间退火次数或退火时间。还可改善冷轧板带材的边缘状态及它们的深冲性能。

(2) 使制品的各向异性减小。这是因为均匀化退火减少了过剩相，因而减弱了过剩相在变形时拉长呈纤维状分布所造成的影响，有利于提高垂直于纤维方向的性能。

(3) 由于消除了化学成分的显微不均匀性，也可提高制品的耐蚀性能。

总之，铸锭均匀化退火作为热变形前的预备工序，其首要目的在于提高其加工性能，但它对整个加工过程及产品质量均有很大影响，因此往往是不可缺少的。均匀化退火的主要缺点是费时耗能，其次是高温长时间处理可能出现变形、氧化以及吸气等缺陷。

铸锭是否进行均匀化退火，主要根据合金特性及铸造方法而定，当铸态组织不均匀、晶内偏析严重、非平衡相及夹杂在晶界富集以及残余应力较大时，铸锭应进行均匀化退火。对于铜及铜合金铸锭而言，一般很少采用独立的均匀化退火工序，只有锡青铜以及白铜等偏析较大的合金才进行均匀化退火。

26.1.2　基于回复和再结晶过程的退火

此类退火主要用于消除金属及合金因冷变形而造成的组织与性能的亚稳定状态，其目的是：恢复与提高金属塑性，以利于后续工序顺利进行；满足产品使用性能要求，以获得塑性与强度指标的配合，良好的耐蚀性和尺寸稳定性等等。

金属冷变形后强度升高，塑性下降，组织处于亚稳状态，有时还出现织构，给进一步冷加工带来困难。若将其加热到一定温度，会发生回复和再结晶过程，变形织构也会发生变化，从而使金属的组织和性能恢复到冷变形前的状态或在一定程度上消除由冷变形造成的亚稳状态，使金属获得所需的组织、结构和性能。根据过程的实质，可将这类退火分为三种基本形式：回复退火、再结晶退火和消除内应力退火。

26.1.2.1　回复退火

冷变形后的金属在低温加热时（一般纯金属低于 $0.3T_m$），晶粒的形状和尺寸并不发生任何变化，但金属的某些性能以及晶粒的内部结构却发生了显著变化。一般把变形金属缺陷的密度和分布改变的过程称为回复，把以回复过程为主的热处理工艺称为回复退火。

A　回复过程概述

回复过程的本质是点缺陷运动和位错运动的组合。低温回复以前者为主，胞状亚组织等微细结构基本上不变化。在较高温度下，回复过程的主要变化是位错的运动及位错重新组合，包括异号位错的对消、多边化形成亚晶以及变形胞状亚组织转变成典型的亚晶粒。随着退火温度的升高或时间的延长，多边化和胞状亚组织形成的亚晶会通过亚晶界迁移和亚晶粒合并的方式逐渐粗化，在一定条件下亚晶可长到很大尺寸（大约 10 μm）。但应注意，此时相邻亚晶仍保持小角度晶界（小于 10°～15°），因此不是真正的再结晶过程。

堆垛层错能强烈影响回复阶段位错重新组合倾向，堆垛层错能越低，扩展位错越宽，越难发生亚晶形成和粗化所必需的交滑移过程。因此，在具有低堆垛层错能的黄铜中，一般观察不到亚晶形成及粗化等过程。

杂质原子形成柯垂耳气团，阻碍位错滑移和攀移，故也阻碍亚晶形成及粗化过程。所以，越纯的金属，多边化等过程开始温度越低；在相同的退火温度下，金属越纯，多边化等过程速度也越快。

B　回复阶段的性能变化

金属和合金的本质不同，它们在回复阶段的性能变化也有不同特点。图 26-4 所示为不同金属及合金的强度在回复阶段变化的三种典型情况。由图可看出，在回复阶段，加工硬化可相当完全地保留（曲线 1）、部分保留（曲线 2）以及几乎完全消失（曲线 3）。

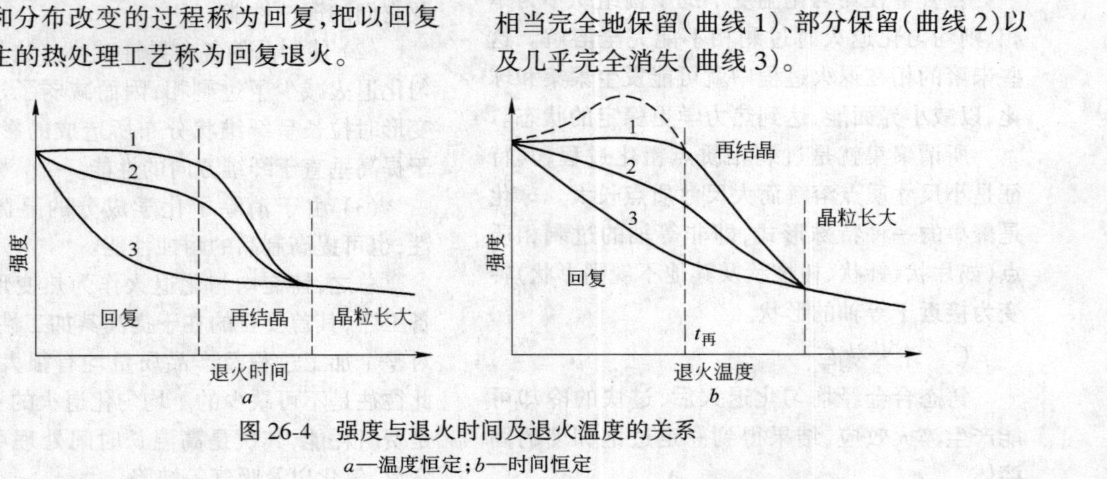

图 26-4　强度与退火时间及退火温度的关系

a—温度恒定；*b*—时间恒定

金属或合金的强度与位错结构和晶粒尺寸有关。若回复时只发生点缺陷运动而位错密度变化不大，则加工硬化将基本保留；若回复时发生了亚晶形成及粗化这一类过程，则由于消除了亚晶内位错，加工硬化可能大大降低。亚晶粗化程度越大，加工硬化降低越剧烈。

由于多边化等过程的倾向与金属的堆垛层错能有关，因而不同的金属及合金在回复阶段会表现出不同的软化倾向。在常用的金属及合金中，铜、镍及银等由于堆垛层错能较低，不易发生多边化等过程，因此它们在回复阶段软化很少；铝、铁、钛等堆垛层错能高，在回复阶段加工硬化明显降低；某些体心立方晶格的难熔金属如钨、钼等在回复阶段软化最剧烈。

C　回复阶段的硬化现象

某些金属及合金在回复退火温度下，硬度、强度特别是弹性极限不仅不降低，反而升高（图26-4*b*中的虚线），这种现象称为低温退火时的硬化效应。生产中可利用这种效应提高弹簧的弹性极限。

大多数铜基及镍基合金存在这种硬化效应，硬化值与合金的成分和冷变形程度有关。固溶体浓度越高，硬化值越大（图26-5）；冷变形程度越大，硬化值越大（图26-6）。

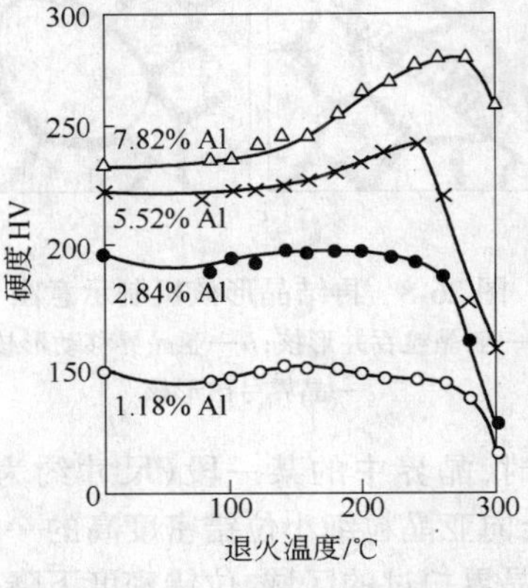

图26-5　退火温度对铝青铜硬度的影响

低温退火硬化效应的机制因合金不同而异，其可能的原因是：变形材料中的可动位错以及退火时由多边化产生的位错壁中的可动位错

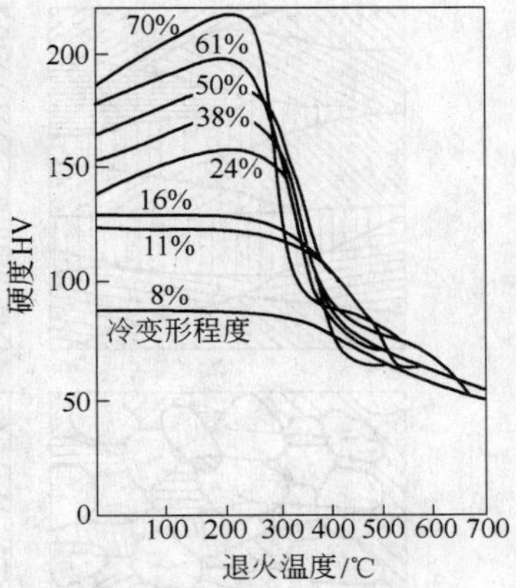

图26-6　退火温度对不同变形程度的H68硬度的影响

发生闭锁；杂质以及合金元素原子形成的气团使位错进一步被钉扎；在扩展位错堆垛层错上形成铃木气团以及在固溶体内发生短程有序化；发生了时效，此时在位错上析出杂质及合金元素组成的弥散相质点，阻碍了位错的运动。

生产中，回复退火一般作为半成品或成品的最终处理工序，以消除应力或保证制品的强度与塑性的良好结合。

26.1.2.2　再结晶退火

当冷变形的金属加热到一定温度后，在原来的变形组织中会产生新的无畸变的等轴晶粒，同时性能也发生明显的变化，并恢复到完全软化状态，这个过程称为再结晶。把冷变形金属加热到再结晶温度以上，使其发生再结晶的热处理作业，称为再结晶退火。生产中，再结晶退火主要用于成品和冷加工过程中间，用于成品（成品退火）是为了获得软态制品，用于冷加工过程中间（中间退火）是为了恢复金属的塑性以便于继续加工。

A　再结晶过程概述

再结晶过程是形核与长大过程，即再结晶过程的第一步是在变形基体中形成一些晶核，这些晶核由大角度界面包围且具有高度结构完整性；然后这些晶核就以“吞食”周围变形基体的方式长大，直至整个基体由新的无畸变晶粒占满为止。再结晶过程的示意图如图26-7所示。

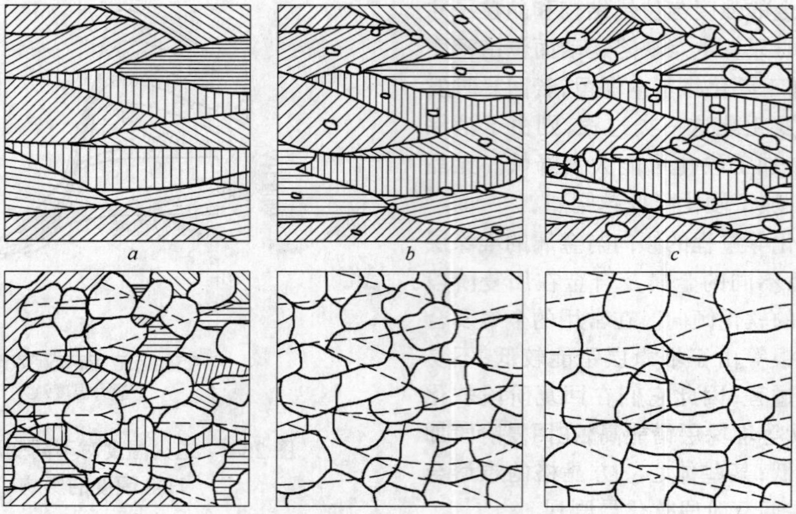

图 26-7 再结晶过程示意图

再结晶的形核是一个复杂的问题，目前提出下面两种主要机制。

a 亚晶长大形核机制

亚晶长大形核一般在大的变形程度下发生。前面已指出，在回复阶段会形成亚晶，其中有些亚晶粒会逐渐长大，发展成为再结晶的晶核。大量的实验观察表明，这种亚晶长大成为再结晶晶核的方式有两种：其一为亚晶合并形核，即相邻亚晶粒的某些边界上的位错，通过滑移和攀移转移到周围的晶界或亚晶界上，导致原来的亚晶界消失，然后通过原子的扩散和位置的调整，使两个或更多的亚晶粒的取向变为一致，合并成为一个大亚晶粒，成为再结晶的晶核，如图 26-8*a* 所示。图中的 A、B、C 三个亚晶粒合并成一个再结晶晶核。其二为亚晶界移动形核，如图 26-8*b* 所示。它是依靠某些局部位错密度很高的亚晶界的移动，吞并相邻的变形基体和亚晶而成长为再结晶晶核的。

b 晶界弓出形核机制

当变形程度较小时（约小于 40%），再结晶晶核常以这种方式形成。由于变形程度小，所以变形很不均匀，有的晶粒变形大，位错密度也大；有的晶粒变形小，位错密度也小。因此，回复退火后，它们的亚晶粒大小也不同。当再结晶退火时，晶界中的某一段（尺寸约为几个微米）就会向亚晶粒细小位错密度高的一侧弓出，被这段晶界扫过的区域，位错密度下降，成为无畸变的晶体，这就是再结晶晶核（见图 26-8*c*）。

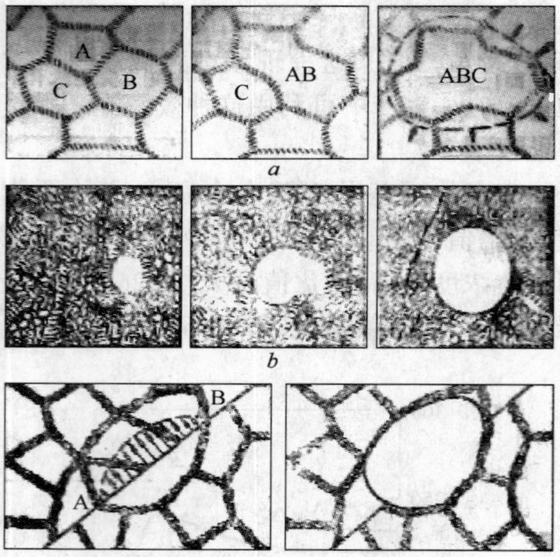

图 26-8 再结晶形核机制示意图

a—亚晶粒吞并形核；*b*—亚晶界移动形核；*c*—晶界弓出形核

由于再结晶晶核是消除了加工硬化、结构上较为完整的晶粒，而晶核外的基体仍处于变形状态，二者存在畸变能差，因此，再结晶晶核一旦形成，它就能以晶界向周围变形基体中推进的方式自发、稳定地生长。当旧的畸变晶粒完全消失，全部被新的无畸变的、再结晶晶粒所取代时，再结晶过程即告完成，此时的晶粒大小即为再结晶初始晶粒。

B 再结晶温度及其影响因素

再结晶温度通常定义为：经过大变形量（大于70%）的冷变形金属，在1小时保温时间内能完成再结晶（大于95%转变量）的最低温度。再结晶温度不是一个物理常数，这是因为再结晶前后晶格类型不变，化学成分不变，所以再结晶不是相变，没有一个恒定的转变温度，而是在一定条件下，自某一温度开始，随着加热温度的升高或保温时间的延长逐渐形核、长大的连续过程。因此金属或合金的再结晶温度与下列因素有关。

a 变形程度

变形程度越大，金属畸变能越高，组织也越不稳定，向低能量状态变化的倾向也越大，因而金属的再结晶温度越低。但应指出，当变形程度增加到一定数值后，再结晶温度趋向于一稳定值。

b 合金成分

在固溶体范围内，加入少量合金元素通常都急剧提高再结晶温度，元素含量继续增加，再结晶温度的增量逐渐减小，并在达到一定含量后基本上不变，有的甚至开始降低，在固溶线附近可能达到再结晶温度的最小值。这是因为杂质和合金元素溶入基体后易于偏聚在位错周围形成柯垂耳气团，阻碍位错重新组合，因而阻碍再结晶形核及晶核长大，只有在更高的温度下通过强烈的热扰动破坏柯垂耳气团后，再结晶过程才能进行，即意味着提高了再结晶温度。在原始条件不变的金属中，位错密度一定，气团中异种原子的浓度就会有一定的饱和值，因而在合金元素含量进一步增加时，再结晶温度的增量会逐渐减小，达到一定浓度后不再增加。

金属愈纯，少量元素的作用愈明显。因为金属纯度愈低，则位错上已存在杂质原子组成的气团，影响加入元素的作用。

上述规律具有普遍性，但也有例外。例如，被杂质污染的金属中加入能去除这些杂质的元素（如铜中加碳脱氧）不仅不会提高再结晶温度，反而会因金属得到净化而使再结晶温度降低。

由固溶体过渡到两相区时，随着第二相数量的增加，再结晶温度又急剧上升。这是因为第二相质点能阻碍再结晶晶核界面的迁移。

c 加热速度

加热速度过慢或过快均使再结晶温度升高。这是因为，若加热速度十分缓慢，则变形金属在加热的过程中有足够的回复时间，使畸变能减少，从而减少再结晶的驱动力，使再结晶温度升高。若加热速度过快，则变形金属在不同温度下停留的时间很短，进而使再结晶的形核和长大过程来不及进行，所以只能推迟到更高的温度下才能发生再结晶。

C 再结晶晶粒长大

再结晶过程刚刚结束时，得到的是无畸变的、等轴的细小晶粒，但是若继续保温，则晶粒之间就会互相吞并而长大，这一现象称为晶粒长大，或集聚再结晶。由于一方面无法准确掌握再结晶恰好完成的时间，另一方面在整个体积中再结晶晶粒也不会同时相互接触，所以退火所得到的晶粒通常都发生了一定程度的长大。

a 晶粒长大的驱动力

再结晶完成后，塑性变形引起的畸变能已基本释放完毕，此时晶粒长大的驱动力，从整体来看，是晶粒长大前后总的界面能差。细晶粒的晶界多，界面能高；粗晶粒的界面少，界面能低，所以细晶粒长大成为粗晶粒是自由能降低的自发过程。但对于某一段晶界来说，其移动的驱动力与界面能和晶界的弯曲度（曲率）有关。晶界的界面能越大，曲率半径越小（或曲率越大），则晶界移动的驱动力越大。图26-9为晶粒长大时晶界移动的示意图，图中表明，在足够高的温度下，原子具有足够大的扩散能力时，原子就由界面的凹侧晶粒向凸侧晶粒扩散，而界面则向曲率中心方向移动，结果使凸面一侧晶粒不断长大，而凹侧一面的晶粒不断缩小而消失，直到界面变为平面。

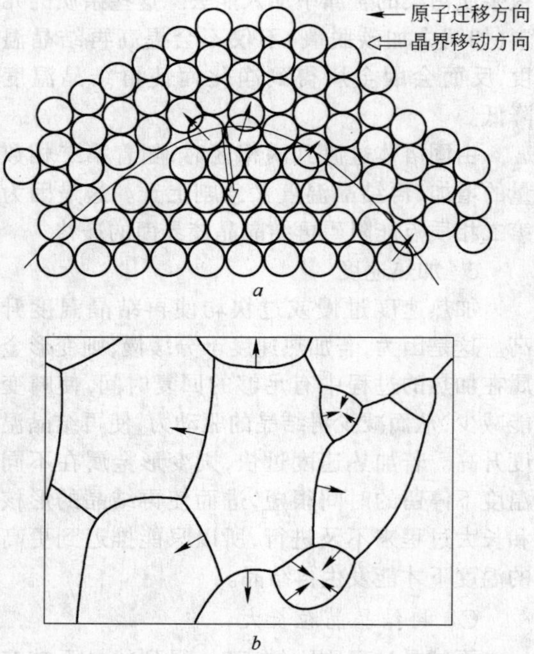

图 26-9 晶粒长大时的晶界移动示意图
a—原子通过晶界扩散；b—晶界移动方向

b 晶粒长大的一般规律

晶粒在正常长大时遵循以下规律：首先，弯曲晶界趋向于平直，即晶界向其曲率中心方向移动，以减少表面积，降低表面能；其次，当三个晶粒的晶界夹角不等于120°时，则晶界总是向角度较锐的晶粒方向移动，力图使三个夹角都趋向于120°；第三，在二维坐标中，晶粒边数少于6的晶粒（其晶界外凸）必然逐步缩小，甚至消失。当晶粒的边数为6且晶界平直、夹角为120°时，则晶界处于平衡状态，不再移动。而边数大于6的晶粒（其晶界外凹）则将逐渐长大。

实际上，由于各种原因，晶粒不会长大成规则的六边形，但它符合晶粒长大的一般规律。

c 影响晶粒长大的因素

再结晶晶粒长大是通过晶界迁移来实现的，因此，所有影响晶界迁移的因素都会影响晶粒长大。主要因素有：

(1) 温度。由于晶界迁移的过程就是原子扩散的过程，所以温度越高，晶粒长大速度就越快。通常在一定温度下，晶粒长大到一定尺寸后就不再长大，但升高温度后晶粒又会继续长大。

(2) 杂质及合金元素。杂质及合金元素溶入基体后都能阻碍晶界运动，特别是晶界偏聚现象严重的元素，其作用更大。一般认为，被吸附在晶界的溶质原子会降低晶界的界面能，从而降低了界面移动的驱动力，使晶界不易移动。

(3) 第二相质点。弥散的第二相质点对于阻碍晶界移动起着重要的作用。其规律是：晶粒大小与第二相质点半径成正比，与第二相质点的体积分数成反比。也就是说，第二相质点越细小、数量越多，则阻碍晶粒长大的能力越强，晶粒越细小。

(4) 相邻晶粒的位相差。晶界的界面能与相邻晶粒间的位相差有关，小角度晶界的界面能大于大角度晶界的界面能，而界面移动的驱动力又与界面能成正比，因此，前者的移动速度大于后者。

D 二次再结晶

再结晶完成后的晶粒长大是晶粒相对较为均匀的粗大化过程，但是，当具备了一定条件时，在晶粒较为均匀的再结晶基体中，少数晶粒可能会吞食周围再结晶基体而急剧长大（见图26-10），其尺寸超过初始晶粒的几十倍或者上百倍，这个过程称为二次再结晶。前面所讨论的再结晶可以称为一次再结晶，以示区别。

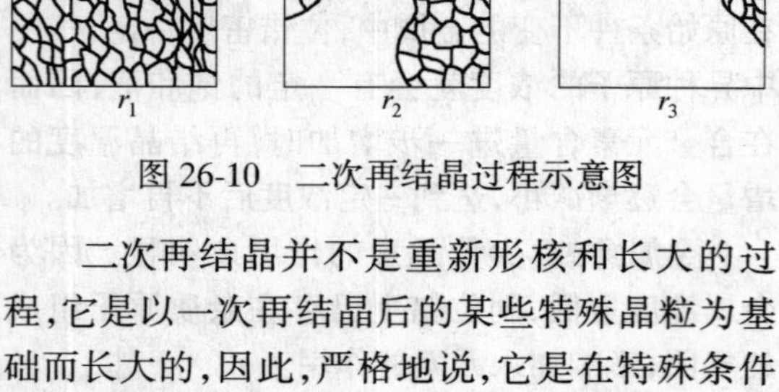

图 26-10 二次再结晶过程示意图

二次再结晶并不是重新形核和长大的过程，它是以一次再结晶后的某些特殊晶粒为基础而长大的，因此，严格地说，它是在特殊条件下的晶粒长大过程，并非是再结晶。二次再结晶的重要特点是：在一次再结晶完成后的继续保温或提高温度过程中，绝大多数晶粒长大速度很慢，只有少数晶粒的长大异常迅速，以至造成晶粒大小越来越悬殊，从而就更有利于大晶粒吞食周围的小晶粒，直至这些迅速长大的晶粒相互接触为止。

关于二次再结晶的机理研究还不够充分，大量实验结果表明，第二相夹杂物质点是一个重要影响因素。弥散的第二相或夹杂物质点可阻碍晶粒长大，但由于夹杂物的分布是不均匀的，而且它们在温度很高时要发生集聚或溶解于基体中。因此，含夹杂物的材料在适当高的温度下退火时，可能有少数晶粒能脱离夹杂物的约束，获得优先长大的机会，但大多数晶粒的晶界仍然被夹杂物阻挡，不能移动，这样就为反常的不均匀晶粒长大创造了条件。此时，每个大晶粒均与很多小晶粒为邻，在界面图上晶界的边数已大大超过 6 个，晶界间的夹角也不等于 120°，晶界弯曲且都弯向小晶粒，于是大晶粒吞食周围的小晶粒，直到这些大晶粒完全相互接触为止。

二次再结晶导致材料晶粒粗大，降低材料的强度、塑性和韧性，尤其是当晶粒很不均匀时，对产品性能非常有害。在零件服役时，往往在粗大晶粒处产生裂纹；此外，粗大晶粒还会使材料冷变形后的表面粗糙。因此，在制定材料的再结晶退火工艺时，一般应避免发生二次再结晶。

E　再结晶晶粒大小的控制

在再结晶退火过程中，回复、再结晶和晶粒长大往往是交替重叠进行的。对于某一个变形晶粒来说，它具有独立的回复、再结晶和晶粒长大三个阶段，但对于材料整体来说，三者是相互交织在一起的。因此，在控制再结晶退火后的晶粒大小时，影响再结晶温度、再结晶晶粒大小以及晶粒长大的诸因素都必须全面地予以考虑。对于给定的材料来说，在这些影响因素中，以变形程度和退火温度对再结晶退火后晶粒大小的影响最大。一般来说，变形程度越大，晶粒越细；而退火温度越高，则晶粒越粗大。通常将三个变量——晶粒大小、变形程度和退火温度之间的关系，绘制成立体图形，称为再结晶图，它是制定生产工艺、控制冷变形金属退火后晶粒大小的依据。

图 26-11 为 H68 的再结晶图，从图中可以看出，在某一变形程度下，材料经高温退火后存在粗大晶粒区，它是在再结晶退火时发生二次再结晶的结果。一般把再结晶退火时出现粗大晶粒区时的变形程度称为临界变形程度，对于一般结构材料而言，除非特殊要求，都必须避开临界变形程度。

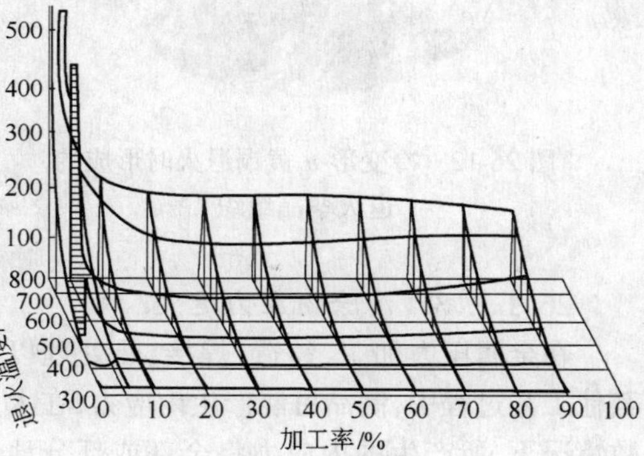

图 26-11　H68 的再结晶图

F　再结晶织构和退火孪晶

再结晶退火后所形成的织构称为再结晶织构。金属经过大量冷变形后会形成变形织构，具有变形织构的金属经过再结晶退火后，可能将变形织构保留下来，或出现新织构，也可能将织构消除。

再结晶织构的形成与变形程度和退火温度有关，变形程度越大，退火温度越高，所产生的织构越显著。例如铜板经 90% 冷变形并在 800℃ 退火时产生织构，但如果将变形程度减为 50%～75% 则不出现织构。即使变形程度很大，若降低退火温度也不形成织构。

再结晶织构的形成有时是不利的。如用于冲压的铜板，如果存在这种织构，则在冲压过程中形成制耳。

某些面心立方结构的金属，如铜及铜合金，经再结晶退火后经常出现孪晶组织，这种孪晶称为退火孪晶，以示与塑性变形时得到的变形孪晶相区别。图 26-12 是冷变形单相黄铜经退火后形成的退火孪晶组织。

图 26-12 冷变形 α 黄铜退火时形成的退火孪晶组织

26.1.2.3 消除内应力退火

在金属压力加工、铸造、焊接、热处理以及其他工艺过程中,制品可能产生内应力,在大多数情况下,所产生的内应力将全部或部分地保留在制品中,因此称为残余应力。残余应力可分为三类:在整个体积或局部区域中平衡的第一类应力、在单个晶体或晶体一部分中平衡的第二类应力以及由于晶格缺陷造成的第三类应力。下面介绍影响材料宏观变形、开裂等行为的第一类应力的产生、作用和消除方法。

A 残余应力的产生和作用

第一类残余应力的产生是制品不同部位发生不均匀塑性变形和比容变化不均的结果。根据其产生的原因,残余应力可分为变形应力、热应力和相变应力。在一个工序中可能同时产生几种不同的残余应力,例如,热变形时,除变形不均匀造成的应力外,还可能产生热应力以及热变形后快速冷却所造成的相变应力。

残余应力的存在会导致材料在加工、使用和储存时发生变形甚至开裂,因此应设法完全或部分消除。

B 消除内应力退火

均匀化退火、回复退火以及再结晶退火均可能使残余应力消除,但这只是主要热处理过程中的一种伴生现象。一般将专门为消除应力而进行的退火称为消除应力退火。

退火时,残余应力可以通过两种途径得到消除或降低:

(1) 当残余应力超过屈服极限时,通过塑性变形来消除或降低;

(2) 当残余应力小于屈服极限时,通过蠕变来消除或降低。

a 通过塑性变形降低或消除残余应力

残余应力是弹性应力,根据胡克定律,它正比于弹性模量和弹性应变量,即 $\sigma = E\varepsilon$。温度升高时,弹性模量稍降低,因此残余应力也相应减小(图 26-13 曲线 1)。对某种材料而言,温度升高,屈服极限也降低,且其下降的趋势比残余应力下降趋势大(图 26-13 曲线 2)。因此,必然存在一定温度 t_1,在此温度时残余应力与材料的屈服极限相等。若温度高于 t_1,则残余应力大于材料的屈服极限,从而发生塑性变形,结果残余应力下降到屈服极限之下。

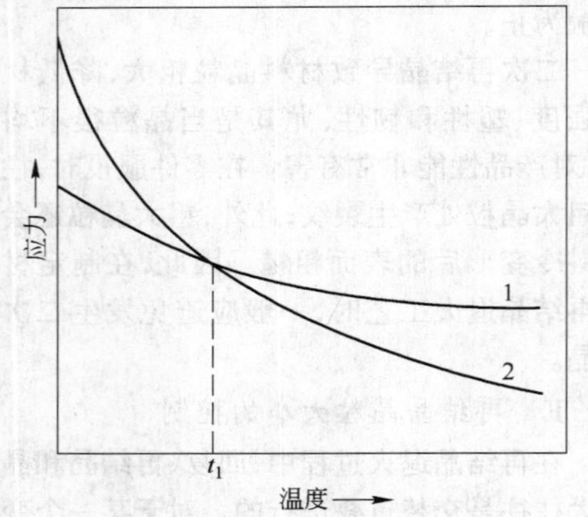

图 26-13 温度对残余应力和屈服极限的影响
1—残余应力;2—屈服极限

b 通过蠕变降低或消除残余应力

在残余应力低于屈服极限的温度范围内(图 26-13 中低于 t_1 的温度),尽管位错不可能大量增加和大量滑移,但总会有少量可动位错滑移,进而引起缓慢的塑性变形(蠕变);随着退火温度的升高或退火时间的延长,一些处于不利位置的位错也会参与蠕变过程,结果使残余应力逐渐降低。即使在室温，残余应力也会由于蠕变而有所降低，只不过需要较长的时间。如果材料加热到屈服极限小于残余应力的各温度，则由于位错大量增殖和滑移，残余应力首先迅速降低到屈服极限的数值；此后，残余应力通过蠕变的途径进一步得到降低和消除。

应该指出的是，一定的退火温度对应着一定的最终残余应力，当达到这个应力水平后，继续延长退火时间已无意义。

消除应力退火广泛应用于含 Zn 量大于 20%的黄铜，因为这些黄铜的应力腐蚀敏感性较高。此外，为了保持加工硬化金属的高强度特性，消除应力退火的温度不能高于金属的再结晶温度。对铜及铜合金而言，消除应力退火温度一般为 150～350℃。

26.1.3 固溶处理（淬火）及时效（回火）

淬火是将合金在高温时所具有的状态以过冷、过饱和状态固定至室温，或使基体转变成晶体结构与高温状态不同的亚稳状态的热处理作业。合金能否淬火可由相图确定，凡是在相图上有多型性转变或固溶度改变的合金，原则上均可淬火。

根据淬火时合金组织、结构变化的特点，可将淬火分为两类：无多型性转变合金（如铜、铝等）的淬火和有多型性转变合金（如钢）的淬火，前者一般又称固溶处理。

淬火后合金得到的是亚稳定的过饱和固溶体，因此存在向稳定状态自发分解的趋势，有些合金在室温就可分解，但大多数合金需要加热到一定温度才能分解。这种室温保持或加热以使过饱和固溶体分解的热处理称为时效或回火。在室温下进行的时效称为自然时效；在一定温度下进行的时效称为人工时效。

时效和回火具有相同的含义，铝合金习惯用时效，钢习惯用回火，而铜合金和钛合金两者均用。一般而言，时效用于淬火时基体不发生多型性转变的合金，回火用于淬火时基体发生多型性转变的合金。下面讨论淬火时基体不发生多型性转变合金的固溶处理及时效。

26.1.3.1 固溶化及固溶处理

淬火时基体不发生多型性转变合金系的典型二元状态图如图 26-14 所示。成分位于 C_0 的合金，室温时的平衡组织为 α + β，当合金加热至 T_q 时，β 相将溶入基体而得到单相 α 固溶体，这就是固溶化。如果将合金从 T_q 温度以足够大的速度冷却下来，以至使 β 相来不及从 α 固溶体中析出，则此时合金的室温组织是成分为 C_0 的 α 单相过饱和固溶体，这就是固溶处理（无多型性转变合金的淬火）。

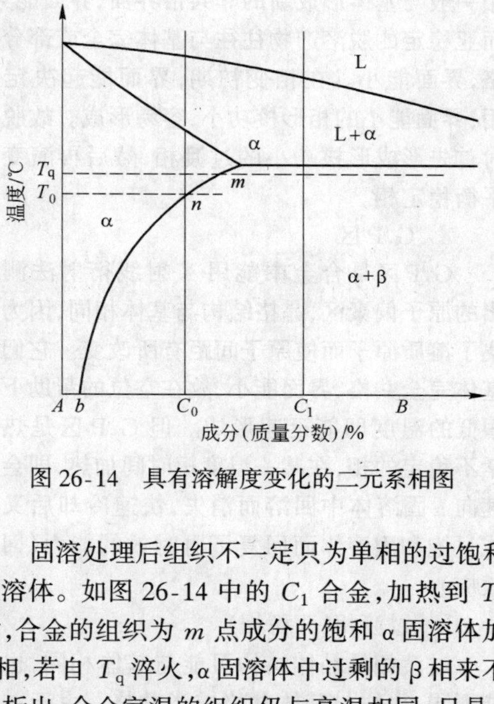

图 26-14 具有溶解度变化的二元系相图

固溶处理后组织不一定只为单相的过饱和固溶体。如图 26-14 中的 C_1 合金，加热到 T_q 时，合金的组织为 m 点成分的饱和 α 固溶体加 β 相，若自 T_q 淬火，α 固溶体中过剩的 β 相来不及析出，合金室温的组织仍与高温相同，只是 α 固溶体成为过饱和了（成分仍为 m）。

不同合金固溶处理后性能的变化大不相同，一些合金的强度升高、塑性降低，而另一些合金则相反；一些合金的强度、塑性均升高，而有些合金的性能变化不明显。变形合金固溶处理后最常见的情况是在保持高塑性的同时提高强度，其塑性可能与退火态的塑性相差不大，有少数合金（如铍青铜）固溶处理后与退火状态相比，强度降低而塑性升高。因此，在这类合金的半成品生产过程中，常采用固溶处理而不是退火作为冷变形前的软化手段。

固溶处理的主要目的是为了获得高浓度的过饱和固溶体，为时效处理做准备。

26.1.3.2 时效

时效过程就是过饱和固溶体的分解过程，根据固态相变的阶次规则，时效过程往往具有多阶段性，各阶段脱溶相的结构有一定的区别。

A 脱溶的一般序列及其特征

时效时脱溶的一般顺序如下：

G.P区⟶过渡相(亚稳相)⟶平衡相

脱溶时不直接析出平衡相的原因是：平衡相一般与基体形成新的非共格界面，界面能大，而亚稳定的脱溶产物往往与基体完全或部分共格，界面能小。在相变初期，界面能起决定作用，界面能小的相形核功小，容易形成。故脱溶时首先形成形核功小的过渡相，然后再演变成平衡稳定相。

a G.P区

G.P区是合金中能用X射线衍射法测定出的原子偏聚区，晶格结构与基体相同，因为富集了溶质原子而使原子间距有所改变。它们与基体完全共格，界面能小，故在空位的帮助下在很低的温度即能迅速形成。但G.P区是热力学不稳定的相，在某一温度短时间加热，即会迅速向α固溶体中回溶而消失，快速冷却后又变成过饱和固溶体而回复了再时效的能力(回归效应)。

b 过渡相(亚稳相)

过渡相的晶体结构可能与基体相同，也可能不同，往往与基体共格或半共格。由于在结构上过渡相与基体的差别较G.P区与基体的差别更大，故过渡相的形核功较G.P区大得多。为降低应变能和界面能，过渡相往往在位错、小角度界面、堆垛层错和空位团处不均匀形核，因此，其形核速率主要受合金中位错密度的影响。此外，过渡相也可以在G.P区中形核。

在大多数合金系中往往只存在一种过渡相，但有些合金系中存在两种过渡相，如Al-Cu合金有θ'和θ''两种过渡相。

c 平衡相

在更高温度或更长的保温时间下，过饱和固溶体会析出平衡相。平衡相的成分和结构均已处于平衡状态，一般与基体无共格结合。平衡相形核是不均匀的，由于界面能非常高，所以常常在晶界或其他晶格缺陷处形核以减小形核功。

对脱溶期产物来说，不管是平衡相还是过渡相，在连续脱溶的情况下，它们都易以片状或针状在基体的低指数面生成。

B 脱溶相的分布特征

根据显微组织特征，脱溶可分为普遍脱溶和局部脱溶两种。

a 普遍脱溶

即在整个固溶体中普遍地发生脱溶并析出均匀分布的脱溶相。一般情况下，普遍脱溶对合金的力学性能有较好的影响，它使合金具有较高的疲劳强度，并减轻合金晶间腐蚀及应力腐蚀的敏感性。

b 局部脱溶

这里指在普遍脱溶前，脱溶相较早地在晶界、滑移带、夹杂物分界面以及其他晶格缺陷处生成。晶界处的局部脱溶会造成周围基体溶质贫乏而无法析出脱溶相，结果往往在紧靠晶界处形成一条无沉淀带(无析出区)，显微组织中表现为一亮带，如图26-15所示。

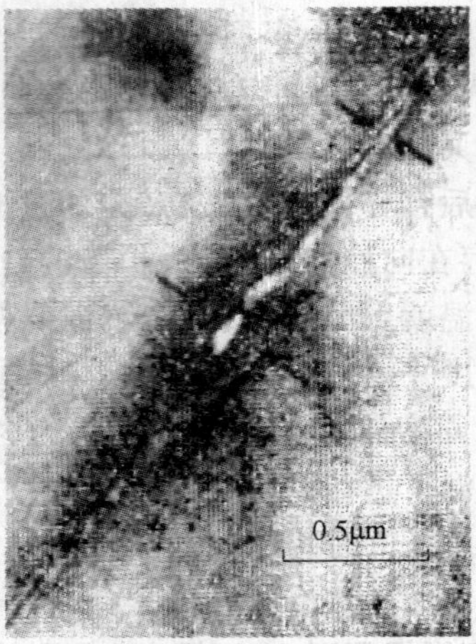

图26-15 Al-5.9%Zn-2.9%Mg合金，180℃时效3 h后的晶界无沉淀带

大多数人认为无沉淀带是有害的，因为无沉淀带屈服强度较低，在应力作用下塑性变形

容易集中在无沉淀带内，引起晶间断裂。但也有人认为无沉淀带是有益的，其原因是无沉淀带较软，应力在其中发生松弛，因而裂纹难以萌生和发展，这对塑性是有利的。

总之，目前对无沉淀带的利弊尚未定论，不过从强度和耐蚀性方面考虑，还是希望尽量缩小和消除。

C 时效硬化

Al-Cu 合金时效时硬度与时间的关系及不同条件下相应的脱溶产物如图 26-16 所示。

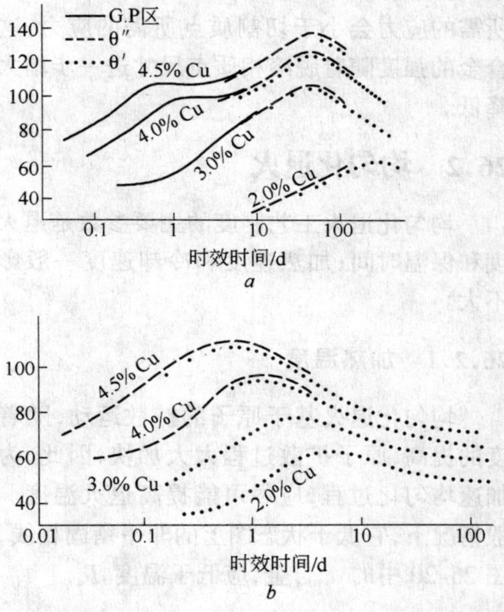

图 26-16 Al-Cu 合金 130℃（a）及 190℃（b）时效时硬度与时效时间和脱溶相结构的关系

由图可知：

(1) 硬度随时间延长而增高，这种现象称为时效硬化。在时效硬化达到某一极大值后，随时效时间的延长，硬度值下降，这种现象称为过时效。

(2) 130℃ 时效时，时效曲线上出现双峰，第一峰相当于 G.P 区，第二峰相当于 θ″，一旦出现 θ′就进入过时效阶段。说明不同时效产物有着不同的强化效果。

(3) 不同成分的合金在不同温度下具有不同的脱溶序列，过饱和度大的合金易首先出现 G.P 区。

以上特征也适用于其他合金系。

D 时效硬化的位错理论

位错运动的主要障碍或阻力来自脱溶相周围的应变场和脱溶相本身的强度。当脱溶相的尺寸小、强度低、能随基体一起变形时，位错是按切割模型克服应力场而切过脱溶相质点的（图 26-17）；如果脱溶相的尺寸大、强度高，不能被位错切割，则按 Orowan 的形环模型绕过质点继续前进（图 26-18），此时，每绕过一个位错，就在质点周围留下一个位错环。

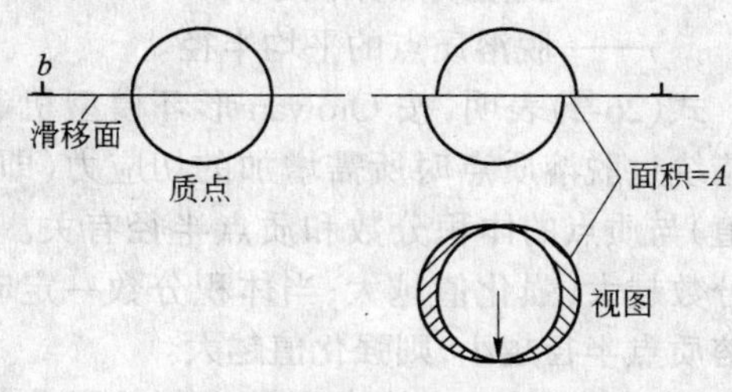

图 26-17 位错切割质点的模型

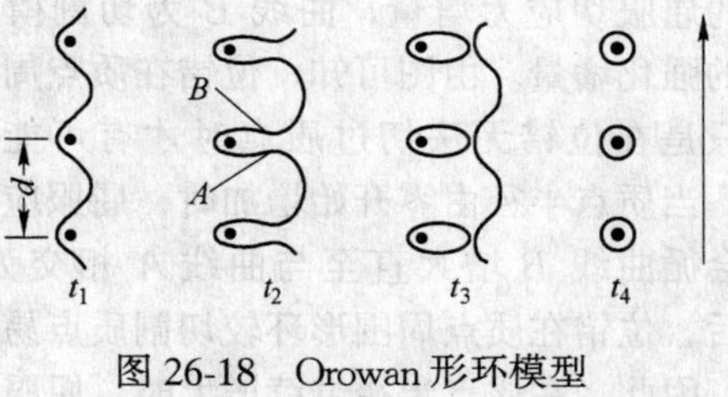

图 26-18 Orowan 形环模型

切割模型的强化效应来自两个方面：一是位错由质点内部通过时要切割更多的溶质-溶剂键，二是形成新的层错区。强化效应的大小由新形成的脱溶相与基体间的界面能大小，层错能的高低来决定。

Orowan 形环模型的强化效应可解释如下：根据位错理论，要使具有线张力 T 的位错线弯曲成曲率半径为 R 的曲线，需施加切应力 $\Delta\tau \approx \frac{T}{bR}$（$b$ 为该位错的柏氏矢量），该式说明，切应力与位错线弯曲曲率半径成反比。当位错线因受脱溶质点的钉扎而弓出时，最小的曲率半径相当于质点间距离的一半，即 $R_{min} = d/2$。此时位错在两质点间形成半径为 $d/2$ 的半圆，所需

切应力为最大,其值为:

$$\Delta\tau_{\max}\approx\frac{2T}{bd} \tag{26-1}$$

式(26-1)就是位错绕过质点所需的临界切应力。

将位错的线张力 T 及质点间平均距离 d 的表达式代入式(26-1)可得:

$$\Delta\tau\approx a\frac{\sqrt{v}}{r} \tag{26-2}$$

式中 a——系数;

v——脱溶质点体积分数;

r——脱溶质点的平均半径。

式(26-2)表明,按 Orowan 形环模型机制,位错绕过脱溶质点时所需增加的切应力(即强化值)与质点的体积分数和质点半径有关。体积分数越大,强化值越大;当体积分数一定时,脱溶质点半径越小,则强化值越大。

图 26-19 所示为综合两种机制的强化值,即屈服切应力增量,曲线 A 为形环模型所产生的屈服切应力增量,曲线 B 为切割模型导致的强化增量。由图可知,位错在质点周围形环只是在位错无法切过质点时才有可能,因此,当质点半径由零开始增加时,屈服应力增量会循曲线 B 增大直至与曲线 A 相交为止。此后,位错在质点周围形环较切割质点易于进行。因此,在质点半径继续增大时,屈服应力增量不断减小,说明强化作用在质点粗化时降低。

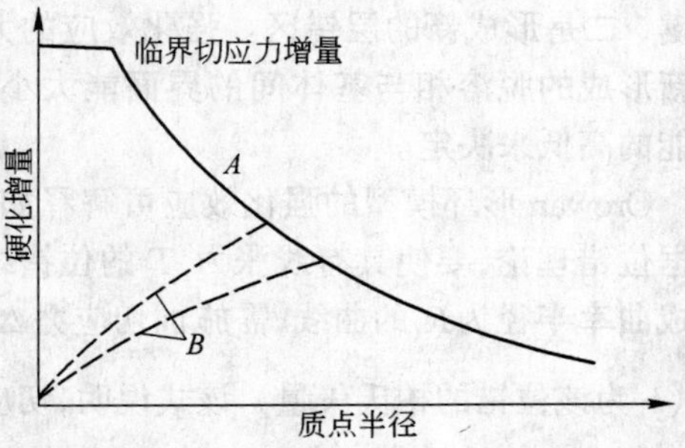

图 26-19 强化增量与质点半径(时效时间)的关系图

综上所述,合金在时效过程中强度变化的特征如下:开始阶段的脱溶相与基体共格,尺寸很小,因而位错可以切过,此时的强化增量取决于切割脱溶相所需的应力。继续时效时,脱溶相的体积分数和尺寸均增加,切割它们所需的应力加大,使强化值增加,经过一段时间后,脱溶相的体积分数会达到一定值,此后随时效时间的延长脱溶相的尺寸继续增大,使合金进一步强化。最后,脱溶相质点逐渐向半共格或非共格质点(过渡相或平衡相)转变,尺寸也不断增大,当达到一定尺寸时,位错在质点周围形环所需的应力会小于切割质点所需的应力,这时合金的强度随着脱溶相质点尺寸进一步增大而降低。

26.2 均匀化退火

均匀化退火工艺制度的主要参数是退火温度和保温时间;加热速度和冷却速度一般影响不大。

26.2.1 加热温度

均匀化退火基于原子的扩散运动,随着温度的提高,原子扩散过程大大加快,因此,为了加速均匀化过程,应尽可能提高退火温度。一般情况下,它低于状态图上的非平衡固相线,如图 26-20 中的 x 合金,应低于温度 T_4。

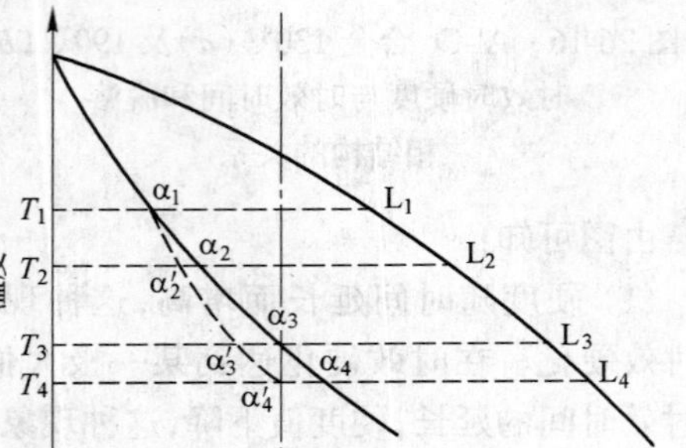

图 26-20 非平衡状态图

对于某些合金,在非平衡固相线温度以下退火难以达到组织均匀化的目的,或者费时极长,可采用高温均匀化退火,即在非平衡固相线温度以上，又低于平衡固相线温度以下的温度间进行退火，如图 26-20 中的温度 T_4—T_3 之间。实际生产中也有采用阶梯加热的退火工艺，对一些不能采用上述高温均匀化退火的合金，为了使组织均匀化更快速、彻底，且避免过烧，可先在低于非平衡固相线温度下加热、保温一定时间，待非平衡相部分溶解、固溶体内成分不均匀性降低，从而非平衡固相线温度升高以后，再加热到较高的温度并保温，在此温度下完成均匀化退火过程。

合理的退火温度区间往往需要经过试验确定，尤其对于多组元合金更是如此。一般根据状态图和经验大致确定一个范围，在此范围内选取不同温度保温相同时间后，观察显微组织及性能变化，由此确定最合理的温度参数。

26.2.2 保温时间

均匀化退火的保温时间主要取决于退火温度，同时也与合金本性、铸锭的组织特征（偏析程度）、第二相的形状、大小及分布等有关。铸态组织中各组成物越弥散，枝晶越细，第二相越小，则均匀化越迅速，因此，快速冷却的铸锭由于组织细密，其保温时间就比缓慢冷却的短。另外，在铸锭中存在较多的疏松、孔洞时，原子无法通过这些区域进行扩散，会降低均匀化效果。

根据扩散理论，扩散速度与浓度梯度成正比，随着保温时间增加和扩散的进行，浓度梯度不断降低，均匀化进程则不断减缓，也就是说，均匀化过程只在退火保温的开始阶段进行得最剧烈，随后就不断减慢，因此，过分延长均匀化的保温时间意义并不大。

最合适的保温时间，应当根据退火后的铸锭组织、加工性能和制品的性能等方面，通过试验确定。

在工业化生产中，大多数铜合金用热加工前的加热代替均匀化退火，而对于难以热加工的锡磷青铜等合金板带材在冷加工前必须采用专门的均匀化退火工艺。例如，厚度 14 mm 的锡磷青铜连铸卷坯需在钟罩炉内进行 650～750℃退火 4 小时后才能进行轧制。

26.3 热加工前的铸锭加热

对铸锭加热，可以显著提高金属塑性，大幅降低变形抗力，消除铸造应力，改善合金组织状态与性能。铸锭加热制度，包括加热温度、加热时间及加热炉内气氛控制。

26.3.1 加热温度

确定铸锭加热温度时通常考虑合金的化学成分、高温塑性、铸锭尺寸、设备条件等因素，一般是先参考合金状态图、塑性图等定出大致的温度范围，再根据实际情况进行调整。需要注意以下几点：

(1) 多数铜合金加热时的上限温度大约比熔点低 100～200℃，相当于合金熔点的 0.8～0.9 倍左右。除了考虑合金熔点外，还要考虑合金组织中低熔点相的数量、分布状态等情况。如果加热温度过高，会造成晶粒过大、晶间低熔点相熔化，导致过热、过烧，严重时甚至无法进行热加工。

(2) 根据塑性图确定热轧温度范围时，加热温度应接近塑性温度范围上限，同时考虑加工过程的温降和终了温度的高低，保证终了时的温度不低于塑性温度范围的下限。加热温度过高，会促使晶粒粗大、晶间低熔点化合物熔化而过烧，造成碎裂。如果铸锭加热温度过低，不能充分发挥合金高温塑性，增加变形抗力，导致压力过高甚至容易损坏热轧设备，且终了温度低于塑性温度范围时，会产生坯料过度硬化、轧件开裂等问题。所以确定加热温度，尤其是对热加工塑性温度范围较窄的合金，加热温度要控制准确，操作要迅速，确保在塑性区内完成热加工。

(3) 对于完全固溶状态的合金，随温度降低不会出现固态相变，终了温度一般相当于合金熔点的 0.6～0.7 倍，不超出热加工所要求的塑性与变形抗力；对热加工时随温度降低出现固态相变的合金，为了避免第二相析出造成的塑性降低、组织不均匀，应根据温降的大小，合理确定加热温度。

(4) 在生产对性能有一定要求的热加工产

品时，应控制好温度和变形程度。当终了温度较高、变形程度较小时，晶粒会过分长大，造成表面橘皮、麻点、粗糙；当终了温度较低时，因为再结晶不完全导致晶粒不均及性能不均匀。

(5) 在允许的范围内，加热温度并非越高越好，考虑热加工后制品的表面质量，过高的加热温度会加剧表面氧化，部分黄铜甚至会造成脱锌，降低表面质量；温度过高，还会增加金属烧损，加大能耗，造成不必要的损失。

(6) 一般来说，铸锭的尺寸较大、热加工设备能力较小时，选取较高的加热温度范围，反之，铸锭尺寸小、热加工设备能力大时，可选择较低的加热温度。

(7)与热轧不同，热挤压是在预热的挤压筒内进行的，因此，其加热温度一般比热轧时低50℃左右。

26.3.2 加热时间

加热时间通常包括升温时间和保温(均热)时间，加热时间的确定应考虑合金的导热性、金属热容，还要考虑加热炉的传热方式、装料方法及锭坯尺寸等因素。

(1) 加热时间的长短，首先要保证铸锭温度达到要求，并且锭坯各部分温度均匀，温差一般不超过15～20℃，在此前提下，加热时间越短越好。

(2) 对于导热性能较好的合金来说，快速加热可以减轻表面氧化程度，减少烧损，降低能耗，提高加热炉的生产效率。快速加热的主要方法是提高炉温或高温装炉，炉温越高，热传导越快，加热就越快。对煤气炉来说，升温的快慢还与煤气流量、炉膛压力有关。

(3) 当锭坯尺寸较大、装料方法及传热方式不利于快速加热时，应适当延长加热时间，反之，可减少加热时间。

(4) 加热时间必须与加热温度、合金本性综合考虑，如果控制不当，出现锭坯温度过高、过低及料温不均时，在热加工中易出现板材表面裂纹、裂边、翘曲、侧弯、厚薄不均、挤制品头部开花等缺陷，甚至闷车，无法加工。

(5) 铸锭加热时间可以根据理论公式进行计算，但由于受合金热容、热导率随温度变化以及炉况、传热方式、铸锭内外层温差等不确定因素的影响，计算过程复杂，结果并不适用，因此，生产中常采用经验公式估算，再根据实际情况进行修正。铜、镍及其合金的加热时间可按下式计算：

$$t=(12\sim20)H^{1/2} \qquad (26\text{-}3)$$

式中 t——铸锭加热时间，min；

H——锭坯厚度，mm。

通常，紫铜和黄铜的加热时间取下限，青铜、白铜取中限，镍及镍合金取上限。

26.3.3 常用合金锭坯加热制度

常见铜及铜合金的铸锭加热温度范围和制度参见表26-1～表26-4。

表 26-1 铜及铜合金加热温度范围

合金牌号	加热温度/℃	合金牌号	加热温度/℃
T1、T2、T3、TU1、TU2	750～875	HMn58-2	570～630
TAg0.1	750～875	HSn70-1	740～800
TP1、TP2	800～920	HSi80-3	740～790
H96	750～875	QAl5，QAl7，QAl9-2	830～900
H90、H80	750～875	QAl10-3-1.5	800～900
H85	820～920	QAl9-4	830～900
H70、H68	740～800	QAl10-4-4	850～900
H65	720～780	QAl10-5-5	850～900
H63、H62、	670～780	QSi1-3	850～900
HFe59-1-1	670～780	QSi3-1	750～850
HFe58-1-1、HSn62-1	670～780	QSn4-0.3	750～800
HPb59-1	620～700	QSn4-3	750～870
HPb61-1	630～700	QSn6.5-0.1，QSn6.5-0.4	700～820
HPb63-0.1	620～700	QSn7-0.2	700～820
HAl60-1-1	650～700	QCr0.5，QCr0.5-0.2-0.1，	800～850
HPb63-3	650～700	QCd1	800～850
HAl59-3-2	700～800	QZr0.2，QZr0.4	800～850
HAl67-2.5	700～800	QBe2，QBe1.9，QBe1.7	720～800
HAl66-6-3-2	700～800	B5	900～1000
HAl77-2	750～820	B10-1-1，B10	920～1000
HMn55-3-1	590～670	BAl13-3	870～930
HMn57-3-1	600～700	BFe30-1-1	950～1020
HNi56-3	600～700	BZn15-20	850～930
H59	600～700	BMn40-1.5	950～1100

表 26-2 铜及铜合金热轧前加热制度

合金牌号	铸锭尺寸/mm×mm	加热温度/℃	加热时间/min	炉内气氛
Tu1、Tu2	170/210×620/1050	820～880	150～210	微还原
T2～T4				微氧化
H96、H90	170×620	850～890	150～180	微还原
H70、H68、H65	170/210×620/1050	820～860	150～210	微氧化
H62、H59	170/210×620/1050	800～850	150～210	微氧化
QAl7、QAl5	140/170×620	850～900	150～210	微还原
B19、B30	140×620	980～1020	150～210	微还原

表 26-3 环形炉铸锭加热制度

合金牌号	铸锭尺寸/mm×mm×mm	加热Ⅰ区/℃	加热Ⅱ区/℃	加热时间/h	热轧温度/℃
T2	120×620×1040	800～820	780～800	1.5～2.5	720～760
Tu2	120×620×1040	800～820	780～800	1.5～2.5	720～760
TP2	120×620×1040	800～820	780～800	1.5～2.5	720～760
TAg0.1	120×620×1040	800～820	780～800	1.5～2.5	720～760
H62	120×620×1040	850～880	800～860	2.0～2.5	800～850
H65	120×620×1040	820～870	800～840	2.0～2.5	780～840
H68	120×620×1040	820～870	800～840	2.0～2.5	780～840
H70	120×620×1040	850～900	820～860	2.0～2.5	780～840
H90	120×620×1040	900～950	850～950	2.0～2.5	850～900
HPb59-1	120×620×1040	750～800	720～800	3.0～3.5	680～720
HSn62-1	120×620×1040	850～880	800～860	2.0～2.5	800～850
HMn58-2	120×620×1040	800～860	750～800	2.0～2.5	700～750
QSn6.5-0.1	120×620×1040	660～700	660～680	8.0	660～680
QSn7-0.2	120×620×1040	660～700	660～680	8.0	660～680
QAl9-2	120×620×1040	900～950	880～920	2.5～3.0	830～850
QSi3-1	120×620×1040	850～900	800～900	2.5～3.0	780～840
B10	120×620×1040	980～1000	950～980	2.0～2.5	900～950
BFe30-1-1	120×620×1040	1000～1050	980～1000	2.5～3.0	960～980

合金牌号	铸锭直径/mm	铸锭出炉温度/℃	加热时间/h	挤压制品
HMn58-2	145～195	580～630	1.0～2.0	棒
	195～295	580～630	1.0～2.0	棒
	295～410	580～630	1.5～2.5	棒
HPb59-1	145～195	580～630	1.0～2.0	棒
	145～195	600～650	1.0～2.0	管
	195～245	600～650	1.0～2.0	管、棒
	295～410	550～630	1.5～2.5	棒
H62	145～195	700～750	1.0～2.0	棒
	145～195	750～800	1.0～2.0	管

续表 26-3

合金牌号	铸锭直径/mm	铸锭出炉温度/℃	加热时间/h	挤压制品
H62	195～245	680～730	1.0～2.0	棒
	195～245	720～780	1.0～2.0	管
	295～410	660～710	1.5～2.5	棒
	295～410	720～780	1.5～2.5	管
HSn62-1	145～195	700～750	1.0～2.0	棒
	145～195	750～800	1.0～2.0	管
	195～245	680～730	1.0～2.0	棒
	195～245	720～780	1.0～2.0	管
	295～410	660～710	1.5～2.5	棒
	295～410	720～780	1.5～2.5	管
QSn6.5-0.1	145	710～750	1.0～2.0	棒
	145	730～780	2.0～3.0	管
	195	700～760	1.5～2.5	棒
	195	750～800	1.5～2.5	管
	295～360	680～750	2.5～3.5	棒
	295～360	780～840	3.0～4.0	管
HSn70-1	145～195	720～770	1.0～2.0	棒
	145	749～790	1.0～2.0	管
	195	680～730	1.5～2.5	棒
	195	700～750	1.5～2.5	管
	295～360	720～770	1.5～2.5	棒
	295～360	790～850	2.0～3.0	管
T2	145～195	780～850	0.75～1.5	棒
	145～195	820～900	0.75～1.5	管
	195～245	720～820	1.0～2.0	棒
	195～245	750～850	1.0～2.0	管
	295～410	780～730	1.5～2.5	棒
	295～410	850～900	1.5～2.5	管
QAl9-4	145～195	820～870	1.0～2.0	棒
	145～195	840～890	1.0～2.0	管
	195～245	820～870	1.0～2.0	棒
	195～245	840～890	1.0～2.0	管
	295～360	800～870	1.5～2.5	棒
	295～360	820～890	1.5～2.5	管
QAl10-5-5	145～195	830～880	1.5～2.5	棒
	145～195	830～880	1.5～2.5	管
	195～245	820～870	1.0～2.0	棒
	195～245	860～920	1.0～2.0	管
	295～360	820～870	1.5～2.5	棒
	295～360	840～890	1.5～2.5	管
BFe30-1-1	145	920～1000	1.5～2.5	棒
	145	950～1000	1.5～2.5	管
	195	950～1000	1.5～2.5	管
	295～360	920～1000	2.0～3.0	棒
	295～360	980～1050	3.0～4.0	管

表 26-4*a* 步进炉锭坯加热制度(一)

合金牌号	加热炉区段温度/℃		加热时间/h	热轧温度/℃		合金特性	
	锭坯加热段炉温	锭坯保温段炉温		开轧温度	终轧温度	热轧塑性区温度/℃	熔点温度/℃
T1，T2，T3，TU1，TU2，TUP，TP1，TP2，TAg0.1	850～950	850～920		820～850	500～650	500～930	1038
H96	850～950	820～930		780～870		550～900	1050
H90	900～950	850～950	2.0～2.5	850～900		550～900	1020
H80	850～900	840～880		800～850	550～650	600～870	965
H70，H68	820～870	800～840		780～840		600～680	909
H62	850～880	800～860		800～850		550～840	885
H59	780～820	800～840		780～800		550～800	883
HPb59-1	750～800	720～800	3.0～3.5	680～720	500～600	550～800	880
HSn62-1	850～880	800～860	2.0～2.5	800～850	500～600	550～800	885
HPb60-2	820～860	800～820	3.0～3.5	780～810	500～600	550～800	885
HMn58-2	800～860	750～800	2.0～2.5	700～750	550～600	500～760	880
HFe59-1-1	750～800	720～800	3.0～3.5	680～720	450～550	500～760	880
QSn6.5-0.1	660～700	660～680	8.0	660～680	450～500	500～650	995
QSn4-3	800～840	780～800	3.0～3.5	740～760	550～600	600～770	1015
QAl5，QAl7	900～950	880～920	2.5～3.0	850～880	550～600	600～880	1060
QAl9-2	900～950	880～920	2.5～3.0	830～850	500～600	500～860	1060
QSi3-1	850～900	800～900	2.5～3.0	780～840	500～550	500～860	1025
QMn5	900～950	800～900	1.5～2.0	800～850	600～650	600～860	1017
QCd1.0	820～870	810～840	2.5～3.0	780～820	550～650	600～950	1050
QCr0.5	900～1000	950～1000	1.0～1.5	900～950	550～650	600～950	1080
B19	1000～1050	980～1000	2.5～3.0	960～980	600～700	650～1100	1140
B30，BFe30-1-1	1000～1050	980～1000	2.5～3.0	960～980	600～700	650～1100	1170
BMn3-12，BMn1.5	900～950	850～880	2.0～2.5	800～850	600～650	650～900	960
BZn15-20	980～1020	970～1000	2.5～3.0	940～960	650～700	700～1000	1080
BMn40-1.5	1000～1 050	950～1000	3.0～3.5	960～980	750～850	800～1150	1260

表 26-4*b* 步进炉板坯加热制度(二)

合金牌号	坯料尺寸/mm	料温/℃	炉温/℃	炉膛压力/kPa	加热时间/min
	板厚＜5.0/板垛高＜100	580～640	800～850		40～120
T2	板厚 5.0～10.0/板垛高＜200	600～650	810～860		60～120
	板厚＞10.0/板垛高＜200	600～650	820～890		70～150
	板厚＜5.0/板垛高＜100	620～660	800～860	81～152	40～120
	板厚 5.0～10.0/板垛高＜150	640～680	820～860		60～120
H62	板厚＞10.0/板垛高＜150	640～680	840～880		70～150
	板厚＜5.0/板垛高＜80	500～560	740～780		150～240

续表 26-4*b*

合金牌号	坯料尺寸/mm	料温/℃	炉温/℃	炉膛压力/kPa	加热时间/min
H65	板厚 5.0～10.0/板垛高＜120	520～580	750～800	81～152	90～150
	板厚＞10.0/板垛高＜120	520～580	750～820		90～150
	板厚＜5.0/板垛高＜100	580～610	760～820		50～100
	板厚 5.0～10.0/板垛高＜150	600～630	780～840		60～120
HPb59-1	板厚＞10.0/板垛高＜150	620～650	800～850		70～150
	板厚＜5.0/板垛高＜80	550～600	750～820		50～90
	板厚 5.0～10.0/板垛高＜120	550～600	750～820		60～120
	板厚＞10.0/板垛高＜120	560～620	760～830		70～150
QSn6.5-0.1	板厚＜5.0/板垛高＜80	750～850	860～920		60～120
	板厚 5.0～10.0/板垛高＜120	750～850	880～940		70～150
	板厚＞10.0/板垛高＜120	750～850	900～950		70～180

26.4　退火

铜合金的退火方式主要有两种：间隙式(非连续式)和连续式。前者是成批的制品装炉后，经过升温加热、保温、冷却，然后一起出炉。后者则是单根(卷)或成批的制品连续不断地进入炉室，并在行进中完成升温加热、保持温度、冷却过程。

26.4.1　确定退火制度的原则

退火工艺参数包括退火温度、保温时间、加热速度和冷却速度。退火工艺制度的确定应满足以下要求：保证退火材料的加热均匀，以使材料的组织和性能一致；保证退火材料表面质量；节能、高效。

26.4.1.1　退火温度

退火温度是依据合金性质、加工硬化程度和产品技术条件的要求确定的，从以下几方面考虑：依据合金的力学性能与退火温度的关系曲线(即软化曲线)、合金的开始再结晶温度、晶粒度和退火温度的关系曲线等。中间退火温度应高于再结晶温度，成品退火则应按照产品状态的要求，根据软化曲线和晶粒度－温度曲线选择退火温度，消去应力退火的温度则应低于再结晶温度。此外，还应考虑到实际情况，如厚规格的退火温度应比薄规格的退火温度要高一些；装料量大的要比装料量小的退火温度高一些；板材要比带材的退火温度高一些。

高锌黄铜如 H68、HSn70-1、HAl77-2 等在退火时要严格控制温度。因为它们在 700℃ 以上的温度退火，锌就会蒸发，也易于和氧、水、二氧化碳反应生成氧化锌而产生“脱锌现象”，使制品表面出现麻点。

简单高锌黄铜、锡黄铜和硅黄铜等是对应力腐蚀敏感的合金。因此，它们在冷变形后应立即进行消除应力退火。消除应力退火的温度应低于再结晶温度。

26.4.1.2　加热速度

加热速度要根据合金性质、装料量、炉型结构、传热方式、金属温度、炉内温度差及产品的要求确定。快速升温可提高生产率，晶粒细，氧化少，半成品的中间退火大都采用快速升温；成品退火、装料量少、厚度薄时，都应采用慢速升温；锡磷青铜等类合金应采取缓慢加热方式，以防产生裂纹。

26.4.1.3　保温时间

应能使制品各部分温度均匀，再结晶充分完成，晶粒度符合标准的要求。

26.4.1.4　冷却速度

冷却速度的要求，对于大多数铜合金采用水冷或空冷就能基本满足，对于有严重氧化倾向的合金，可以在急冷下使氧化皮爆裂脱落。除紫铜、H96、H68、HAl77-2、B10 等合金外，一般均应缓慢冷却，以防止因急冷引起应力不均而发生扭曲、开裂。

26.4.2　板带材退火制度

26.4.2.1　钟罩炉

钟罩炉的退火制度见表 26-5。

表 26-5 钟罩炉的退火制度

牌号	带材厚度/mm	状态	炉温/℃	卷数		时间/h		
				料宽 650 mm	料宽 1050 mm	加热	保温	冷却
T2、Tu1、Tu2	0.3~0.6	M	340					
	0.6~0.9	M	360	1	1	3.5	4	8
	0.91~2.0	M	370	2	2	3.5	5	9
	2.1~3.0	M	400	3	3	3.5	6	10
	<1.0	Y/2	250	4		3.5	7	11
	1.0~3.0	Y/2	285					
H62、H65、H68、H70	0.3~0.5	M	450	1	1	3.5	4.5	8
	0.51~3.0	M	480	2	2	3.5	5.5	9
	3.1~13.0	M	510	3	3	3.5	6.5	10
				4		3.5	7.5	11
H62	1.0~2.0	Y/4	420	1	1			
	1.0~2.0	3Y/4	310	2	2	3.5	4.5	8
	0.3~0.6	Y/2	380	3	3	3.5	5.5	9
	0.61~2.0	Y/2	400	4				
H68	<0.7	TM	540			3.5	6.5	10
	0.7~2.0	TM	560			3.5	7.5	11
H80、H85	1.5~2.5	M	510			3.5	7.5	11
H90、H96	0.3~0.5	M	420			3.5	7.5	11
	0.6~2.5	M	460					
QSn6.5-0.1	14.0	均匀化	640	1		3.5	4	8
	1.1~2.0	M	500	2		3.5	5	9
	2.1~3.1	M	520	3		3.5	6	10
	3.1~6.0	M	540	4		3.5	7	11
	>6.0~<15	M	560					
	0.5~1.0	M	440					
	0.3~<0.5	M	420					
	0.15~<0.3	M	400					
QFe2.5	1.2~2.0	M	500	1		3.5	4	8
QFe0.1	1.2~3.0	M	500	2	或小卷料	3.5	5	9
TP0、TP1、TP2	1.2~3.0	M	400	3		3.5	6	10
				4		3.5	7	11
T2	<0.1	M	280	1		3	4	8
	0.15~0.2	M	300	2	或小卷料	3	5	9
	0.2~0.3	M	320	3		3	6	10
				4		3	7	11
H62	<0.3	M	440	1		3	4	8
	<0.3	Y/2	360	2		3	5	9
					或小卷料			
H65、H68、H90	<0.3	M	440	3		3	6	10
				4		3	7	11

26.4.2.2 气垫炉退火工艺参数

气垫炉退火工艺参数有炉温/料温、退火速度(相当于加热时间)和风机转速等,任何一个参数变化,都会导致性能的变化。

(1) 气垫炉内铜带的加热过程可以看做是恒温下的薄材加热。其温度制度基本可以分为三个阶段:加热、保温、冷却。

图26-21为气垫炉退火时实测炉内料温曲线。退火产品为H65黄铜,厚度0.5 mm,从图中可直观地了解到铜带退火的温度变化。炉温设定为700℃,料的最高温度约为644℃,退火速度15.2 m/min。

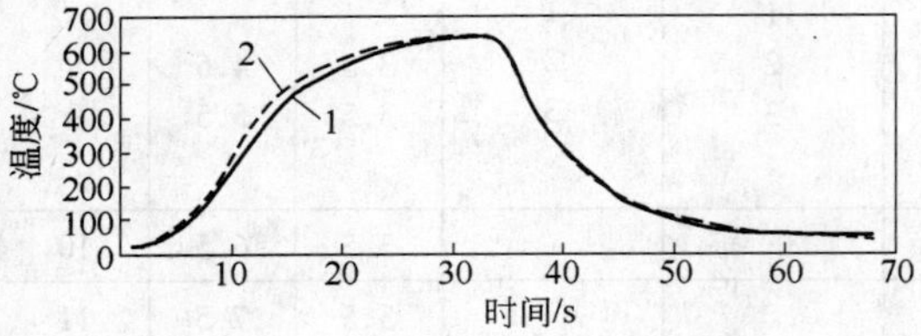

图26-21 气垫炉退火温度曲线
1—料的中部温度曲线;2—料的边部温度曲线

加热区,铜带刚一进入加热区,铜带与热气流的温度相差很大,在高热气流的冲击下,对流传热速度很快,铜带温度迅速升高。

保温区,此时铜带温度较高,气流与铜带间的温差减小,彼此间对流传热减弱,因此温升缓慢,铜带处于保温状态。

冷却区,铜带刚一进入冷却区,铜带即迅速降温,然后逐渐变缓。

(2) 由于气垫炉是单条连续退火,铜及铜合金的导热性好,高速热气流对带材有很高的传热量,所以在气垫炉内能实现高速退火。带材通过炉内的速度因厚度不同而异,同时也受风机转速的影响,风机转速快,气体排放速度、喷嘴压力越高,对带材的对流传热量也越多,带材的加热速度也越快。

(3) 喷嘴压力对加热制度有很大影响,使产品性能产生差异。同时,喷嘴压力和炉内张力决定着炉内带材的飘浮高度和波浪度,受到来料板形、生产实际情况的限制,加热区喷嘴压力只能在一定范围内设定。在不造成料表面划伤的情况下,采用较高的喷嘴压力,可在保证现有产品性能的基础上提高退火速度,从而提高生产效率;也可在不降低退火速度的情况下,提高产品性能。图26-22、图26-23所示为气垫炉控制计算机计算出的工艺参数曲线,其中,图26-22为厚度0.23 mmH65黄铜带材退火加热区喷嘴压力与速度的关系曲线(炉温设定650℃,料温设定590℃),图26-23是H65黄铜厚度分别为0.2 mm、0.23 mm、0.27 mm带材退火设定料温与加热区喷嘴压力的关系曲线(炉温设定650℃)。

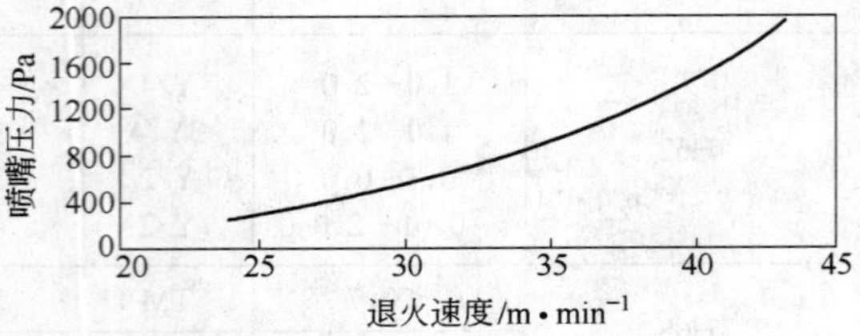

图26-22 退火速度与喷嘴压力的关系

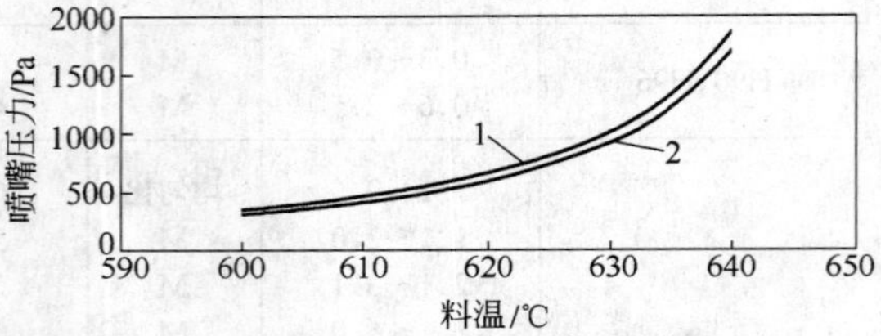

图26-23 料温和喷嘴压力的关系
1—带材厚度0.27 mm;2—带材厚度0.23 mm

可以看出,加热区喷嘴压力与退火的温度、速度密切相关。对同一种材料,在同样的温度、速度下,采用高的喷嘴压力可使料的温度更高一些,退火后料更软一些。

(4) 由于炉内热量交换是一个动态变化过程,炉温波动一般应控制在±5℃范围内。因此为保持炉温和料温的稳定,前料和后料的厚度变化要平缓(厚度比率一般不超过150%)。

(5) 气垫炉退火生产效率高,热效率高。喷气装置在上下两面使得热量几乎全部作用于退火带材上,气流速度为40~60 m/s,热传导系数为334.4~501.6 kJ/(m^2·h·℃),加热速度快,保温时间短,冷却亦快,因此炉体短,炉体散热损失少。

(6) 退火带材组织均匀，性能均一，晶粒细小。气垫炉设有合理的喷气系统和循环风机，单条退火，传热速度快，受热均匀，机列有精确的可无级调节的速度控制系统，带材退火的时间周期相同，保证了退火工艺稳定。

(7) 退火带材表面光亮，不产生斑痕及擦伤。机列上所有与带材接触的辊子表面均包有一层大于10 mm厚的橡胶；炉内为无接触式退火，避免了产生带材划伤。带材在退火前经表面脱脂处理，退火后又经过酸洗及刷洗，避免了带材表面留下任何斑痕及脏物。炉子气密性好，入口为辊封或气封，出口为水封，炉内保持正压，露点可保证在－40～－55℃，退火采用不同浓度的 N_2+H_2 混合保护气。带材在炉内时间极短，氧化及脱锌轻微。

(8) 带材炉内，张力很小，避免了在高温下被拉变形。由于喷气箱上下交错，薄带在炉内呈波浪式前进，避免了带材在高温下产生纵向皱折，卷取前，薄带(0.3 mm以下)可经带有弧度的展平辊使卷取平整。机列有若干对中控制辊，配有一个带光栅的带材中心控制系统。卷取机有边缘自动控制装置，可以防止带材跑偏、窝边，使卷取整齐。

(9) 在生产中经常出现带材退火后板形呈海鸥翼形（“M”形），甚至剪切时出现“死弯”现象，此种现象在薄带退火时更为常见。因此，为保证良好的板形，应防止加热、冷却速度过快，薄带退火加热温度不应太高，应和厚带退火温度区分开，薄带、厚带采用不同退火温度。例如，在670℃下厚度0.23 mm H65黄铜带材很难控制好退火后的板形，而在650℃退火时板形情况较稳定。为保证退火后的板形质量，还应控制好薄带的尺寸精度、来料板形，退火时根据实际情况适时调整炉内带材张力。

26.4.3 管棒材退火制度

管材的退火温度参见表26-6，棒材的退火温度参见表26-7。

表26-6 管材的退火温度

合金牌号	壁厚/mm	退火温度/℃			
		中间退火	软制品	半硬制品	硬制品
紫铜、H96	<1.0	520～550	420～480	380～400	
	1.0～1.75	530～580	480～550	450～500	
	1.8～2.5	550～600	520～580	480～510	
	2.6～4.0	550～580	520～550	480～510	
	>4.0	570～600	580～620	480～520	
	<1.0	600～650	620～640	480～520	
	1.0～1.75	520～600	450～520	420～480	340～400
H85	1.0～1.75	620～640			
	1.8～2.5	630～650			
	2.6～3.1	640～660			
	>3.1	660～680			
H80	1.0～1.75	620～630			
	1.8～2.5	620～650			
	>2.5	630～670			

续表 26-6

合金牌号	壁厚/mm	退火温度/℃			
		中间退火	软制品	半硬制品	硬制品
H65	1.8～2.7	580		480～510	
	2.8～3.3	600			
	3.3～5.0	620			
	>5	640			
H62 H63	1.8～2.5	520～620	450～520	430～500	350～400
	2.6～3.5	550～620	470～550	430～510	370～420
	>3.5	580～630	510～550	480～510	390～420
HSn70-1 (B、AB)H68	1.0～1.75	600～620	440～500	420～440	
	1.8～2.5	640～660	500～520	450～480	
	2.6～4.0	680～700	500～540	450～480	
	>4.0	640～670	540～570	500～530	
HAl77-2	<1.0	600～650	600～650	520～560	
	1.0～1.75	650～680	600～650	580～620	
	1.8～2.5	680～700	680～700	600～620	
	2.6～4.0	660～690			
QSn4-0.3	1.0～1.75	600～650	300～330	200～230	
	1.8～2.0	600～650	300～330	200～230	
	2.1～4.0	650～700	320～350	200～250	
	>4.0	650～700	320～350	200～250	
BFe10-1-1 BFe30-1-1 BZn15-20	1.0～1.75	700～750	650～670	580～610	500～550
	1.8～2.5	700～780	680～700	600～620	500～550
	2.6～4.0	760～780	720～740	630～650	500～550
BMn40-1.5	1.0～2.0	750～800	700～750		400～430
	>2.0	800～850	700～750		400～430

表 26-7 棒材的退火温度

合金牌号	退火温度/℃			
	中间退火	软制品	半硬制品	硬制品
紫铜、H96	600～650	580～650		
H68 H65 H62	580～640 580～620 600～640	580～600 580～600 500～580	370～500 460～500 450～500	430～480
HMn58-2	600～650			370～470

续表 26-7

合金牌号	退火温度/℃			
	中间退火	软制品	半硬制品	硬制品
HPb59-1	650～680		440～520	
HFe59-1-1 HFe58-1-1 HSn62-1	650～680			440～520
HPb63-3 HPb58-2.5	500～550		300～350	180～220
HMn57-3-1	600～650	500～550		
HMn57-3-1 HAl59-3-2		450～480		
HPb63-0.1	620～660		450～470	
QSn4-3 Sn6.5-0.1 QSn7-0.2	600～650			330～380
QCd0.1	570～620	520～570		
QAl9-2	700～750			550～600
QAl9-4	730～780			640～660
QAl10-4-4	730～780	700～750		
QAl10-3-1.5	650～750	600～650		
QSi1-3	650～750			420～450
QSi3-1	650～700			340～380
QSi1.8-0.5	620			
B10、B30、BMn40-1.5	700～780	700～750		380～420
BZn15-20	600～650	600～650		250～280

26.5 在线感应退火

在线感应退火是20世纪80年代末开发出来的，是一种适用于ACR铜管生产的高效能退火方式。它代替了ACR铜管生产过程中传统的钟罩炉和辊底式退火工艺，免去了重复成卷操作，大大提高了生产效率，节省了设备投资和运行成本，同时在产品组织和理化性能一致性方面有着不可比拟的优势。

26.5.1 在线感应退火的特点

在线感应退火的核心部分是感应加热系统，它是利用电磁感应原理，使铜管通过感应线圈的交变磁场而形成感生电流，达到把铜管加热的目的。由于热在铜管内部产生，所以升温速度极快，感应加热瞬时温度分布极其均匀，使形核几率加大；在线退火保温时间较短，所以晶粒得不到多余的能量使之继续长大，从而可获得细化和均匀的晶粒。一般在线感应退火制品的晶粒度在0.03 mm以下。

26.5.2 铜管在线感应退火的工艺过程

图26-24所示为典型的筐对筐式在线感应退火系统,可以满足较宽规格范围铜管的退火需求,从而实现铜管内外表面的光亮退火。其工艺过程如下:

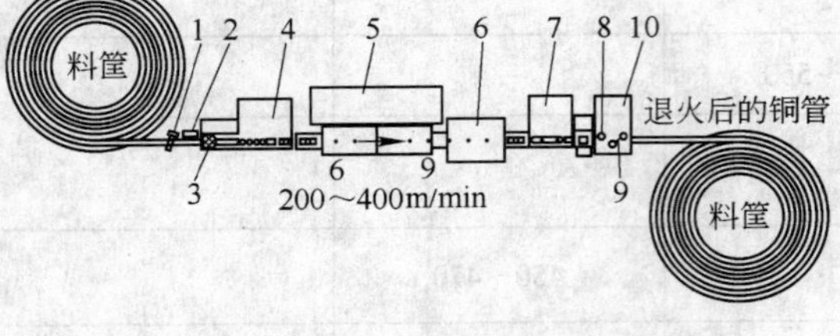

图26-24 在线感应退火设备的典型配置
1—导向轮;2—夹送辊;3—水平矫直;4—清洗装置;5—感应线圈;6—保温腔;7—冷却腔;8—张紧装置;9—润滑装置;10—支承轮

(1) 退火前管子应使用惰性气体吹扫其内表面;

(2) 管子开卷经过导轮进入矫直系统,再经过外表面清洗装置除油后进入感应线圈。由速度控制系统调节管材运动速度来达到设定的退火温度;

(3) 管子加热到退火温度后,进入保温腔进行再结晶,之后进入冷却腔,得到快速冷却的管子,经过自动张力系统和润滑系统后弯曲成卷;

(4) 感应变频器通过反馈来的速度信号自动调整功率水平,确保在速度发生变化时管子能够获得稳定的退火温度;

(5) 程序控制系统根据所选择的铜管规格对线速度、功率、管子张力以及开放卷速度进行调整。

26.5.3 在线感应退火工艺

26.5.3.1 在线感应退火温度曲线

铜管在线退火多用于内螺纹成形之前和直条铜管硬态的中间退火工序,其温度特性曲线如图26-25所示。

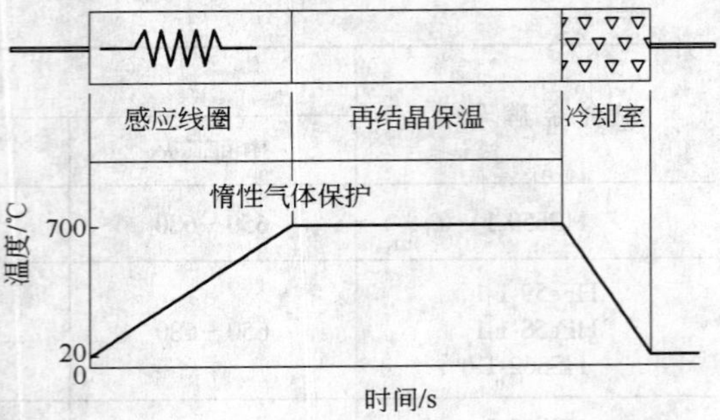

图26-25 在线退火温度曲线

铜管以一定速率经过感应线圈后被加热到所需退火温度,进入保温腔进行再结晶,随后进入水冷腔急速冷却,达到所需要的理化性能要求。

26.5.3.2 在线感应退火速度－电流曲线

图26-26、图26-27所示分别为内螺纹管(ϕ9.52 mm×0.38 mm规格)和半硬态直条管(ϕ19 mm×0.8 mm规格)中间工序在线感应退火"速度－电流"曲线。

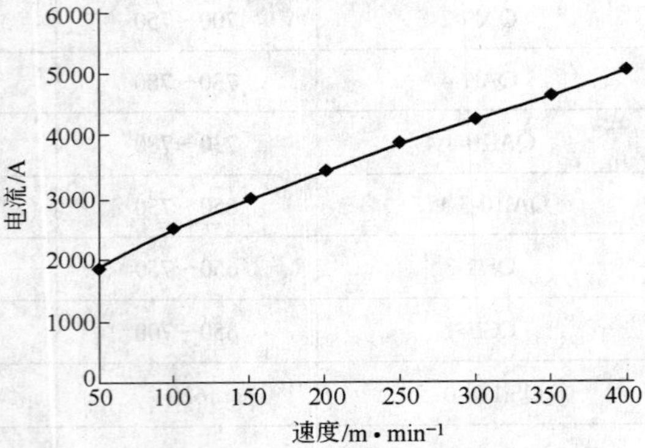

图26-26 内螺纹管退火"速度－电流"曲线

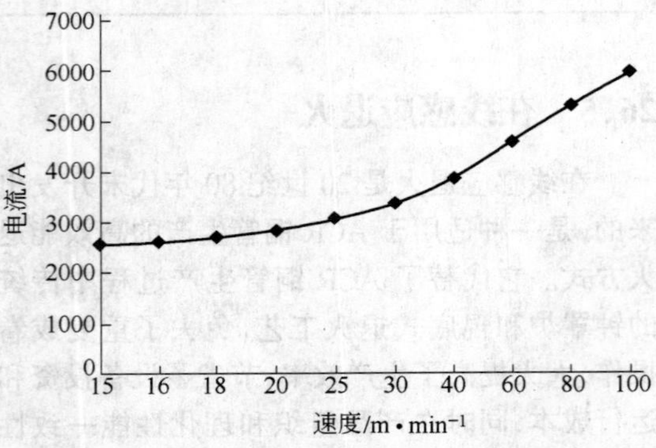

图26-27 半硬态直条管退火"速度－电流"曲线

26.5.3.3　典型感应退火工艺参数

表26-8所列为典型规格铜管的感应退火技术参数。

表 26-8　900 kW 在线感应退火工艺参数

规　格	每米克重 /g·m^{-1}	速　度 /m·min^{-1}	退火温度 /℃	加热能力 /kg·h^{-1}	能　耗 /kW·h·t^{-1}	感应线圈能力
ϕ9.52×0.38	97.06	300	700	1764	230	可以适合 ϕ9.52、ϕ10.5 和 ϕ12.7 规格铜管的生产
ϕ12.7×0.39	134.17	300	700	2386	198	
ϕ10.5×0.40	112.9	300	700	2098	217	

26.5.4　在线感应退火设备的配置

在线感应退火系统包括感应电源、清洗和润滑系统、冷却水源、干燥的压缩空气和保护性气体源等必要的配置，根据工艺的需要还可配置探伤系统。

26.5.4.1　中频电源

感应退火系统电源是一个电压馈电式变频器，能保证在任何负载条件下具有恒定的高功率因数。

(1) 整流元件和逆变元件的选择是按相当于常规同容量电源的2倍电压和电流容量选取，使中频电源的过负荷能力和可靠性有较显著的提高。

(2) 能自动实现工频三相电源的严格平衡。整流 α 角采用数字化同步调节；调节精度高，不受工频周波变化的影响，抗干扰能力强。

(3) 逆变启动采用零压扫频软启动方式，启动控制环节自动搜索负载，实时固有频率，并确定最佳启动频率，从而确保在轻载、重载、冷态、热态任何情况下，启动成功率都达到100%。

(4) 保护系统完全。一般包括：

1) 工频回路缺相保护。

2) 冷却水进水压力低保护。

3) 限流(载流)、限压(载压)保护。

4) 过电流保护，即任何时候超过电流整定值时实施过流保护。

5) 电压保护，即任何时候超过电压整定值时实施电压保护。

6) 逆变晶闸管过电压快速保护。

7) 控制电源电压低保护等。

26.5.4.2　加热炉体

加热炉体由下炉体、感应体、冷却水、分水器、集水器等构成。其中炉体下部设置补偿电容组；炉体上部设置感应体。感应体由感应线圈、耐火材料、导卫模、水冷却系统、不锈钢夹紧机构、双层通水防护罩等构成。感应线圈由异形铜管绕制而成，专用的导卫模导向可靠。

26.5.4.3　循环系统

A　离子水系统

它用于冷却感应加热炉的线圈和电源柜内的变频整流元件。由于其冷却对象为重要的电器元件，所以水质要求较严：pH值为7～8.5，总硬度小于10°，导电率小于500 μs/cm，溶解性固体小于300 mg/L，悬浮固体小于10 mg/L，碱度小于60 mg/L。

B　润滑泵站

它主要由滤油网、齿轮泵、电机、分油器等组成。由齿轮泵输出的压力油经分流器分流到各润滑点，润滑回油仍集中返回到油箱。其作用是对生产线中的对轮输出装置、水平矫直机、垂直矫直机以及相连接的各动力箱的各轴承和齿轮进行润滑。

C　清洗泵站

它的作用是去除铜管表面的尘埃、油污。铜管通过该装置时，由清洗泵站输出清洗液喷淋至铜管表面；出口处由抹干机构将铜管表面液体抹干，以达到清洗的目的。

26.6　淬火与时效

淬火是将合金可溶的析出相在高温溶解于

固溶体内，并通过过冷的方法将过饱和固溶体保存下来的热处理工艺。工艺参数主要有加热温度、加热速度、保温时间、冷却速度、冷却介质和冷却时的转移时间间隔等。淬火温度的上限要低于共晶温度，下限要高于固溶温度。保温时间主要取决于强化相的溶解速度。为了保持好的淬火效果，淬火的转移时间越短越好，生产中，冷却介质一般用水，水温一般不高于25℃，冷却速度主要考虑两个因素：冷却速度太慢过饱和固溶相会部分析出；太快易产生应力变形，甚至出现裂纹、破裂。

管棒材淬火大都利用水封挤压装置进行，它的转移时间极快，但制品依从头至尾顺序入水，因而制品头部与尾部的组织性能略有差别。

板带材的淬火通常在热轧卷取后进入水槽，一是转移时间长，二是大卷金属的热容量大，冷却速度慢，短时内温降难以达到要求，故淬火效果稍差。近年来开发出热轧在线水淬技术，解决了上述问题。它是在热轧机后输出辊道上设置多排喷嘴，从上下及两侧对单张带坯喷淋冷却水。这种方法已应用于引线框架铜带的生产。

回火(时效)是热处理强化的过程，经过淬火后的合金，其过饱和固溶体在低温回火后才能析出来，从而使合金强化。回火(时效)时主要应保证强化粒子析出时的均匀和弥散分布。过饱和固溶体相是不稳定相，它趋于稳定状态(析出第二相)。在常温下能析出的，称自然时效，在加热到一定温度才能完成析出的，称人工时效。铜合金大都采用人工时效。

近年来在框架铜带生产中开发出的分级时效技术，进一步提高了材料的综合性能(见引线框架铜带)。

26.7 热处理气氛及控制技术

26.7.1 加热炉内气氛控制

加热气氛一般分为氧化性气氛、还原性气氛和中性气氛。形成何种气氛，主要取决于炉内燃料与空气的比例关系，空气过剩的，形成氧化性气氛，其特征是炉门火焰呈金黄色，炉膛内明亮；燃料过剩的，形成还原性气氛，炉门火焰呈淡蓝色，炉内黯淡；燃料与空气的比例正好的，是中性气氛。

理想的加热气氛为中性气氛，但是实际生产中，中性气氛不容易稳定地获得。因此，加热炉内的气氛控制主要根据炉内气氛组成、性质及其与合金的相互作用特性来确定。最主要的是考虑炉内气氛中某些成分和杂质对合金的有害影响，以最大限度地减轻炉内气氛对被加热物料的不利影响，避免由此造成的产品缺陷。

含氧铜、高锌黄铜以及在高温下能形成致密氧化膜的合金，如镍合金等，一般采用中性或微氧化性气氛加热。紫铜在还原性气氛中加热时，氢或一氧化碳在高温下扩散与氧化亚铜中的氧作用形成水汽，这些水汽或者造成晶界破裂，或者在铸锭中形成气泡，在后续的轧制中引起表面起皮、起泡，甚至热轧开裂，致使产品报废。所以，大多数铜及铜合金都采用微氧化气氛加热，但氧化性气氛的最大害处是氧化烧损，造成金属损失。

无氧铜及高温下极易氧化且氧化膜不完整、易于脆裂的合金，如白铜、锡青铜、低锌黄铜等，加热时采用微还原性或中性气氛。

加热铜材时，对燃料中的硫含量要严格控制，因为铜中渗硫生成铜的硫化物，削弱了晶界，且在氧化性气氛加热时由于晶界氧化，导致热轧开裂。

控制炉内气氛，一般采用调节空气和燃料的比例、燃烧程度等来实现，实际的炉内气氛可以取样分析，也可以根据火焰颜色、料色和铸锭加热后的氧化程度来鉴别炉内气氛的性质。

炉膛压力也对炉内气氛有一定影响，一般采用微正压，即炉门微冒火焰为宜。炉膛压力为负压时，冷空气不断吸入炉内，一方面加剧氧化，另一方面也降低加热效果；炉膛正压过大时，不利于废气排出，会造成升温太慢，延长加热时间，也会加剧氧化。

26.7.2 热处理用保护性气氛

铜加工材在进行中间退火、成品退火时，为了防止表面氧化，经常采用适当组成的气体进行保护。保护性气体也称可控气氛。

26.7.2.1 可控气氛分类及代号

热处理用的可控气氛按其制备方式和气氛基本组分,可分为放热式气氛;吸热式气氛;放热-吸热式气氛;有机液体裂解气氛;氮基气氛;氨制备气氛;木炭制备气氛;氢气气氛八类。

可控气氛分类及代号与典型气氛基本组分、用途见表26-9。

表 26-9 可控气氛分类及代号与典型气氛基本组分、用途

气氛名称		代号		基本组分	一般用途
放热式气氛	普通放热式	FQ	PFQ10	$CO\text{-}CO_2\text{-}H_2\text{-}N_2$	铜光亮退火;粉末冶金烧结;低碳钢光亮退火、正火、回火
	净化放热式		JFQ20	$CO\text{-}H_2\text{-}N_2$	铜和低碳钢光亮退火;中碳和高碳钢洁净退火、淬火、回火
			JFQ60	H_2	
			JFQ50	$H_2\text{-}N_2$	不锈钢、高铬钢光亮淬火、粉末冶金烧结
吸热式气氛		XQ	XQ20	$CO\text{-}H_2\text{-}N_2$	渗碳、复碳、碳氮共渗、光亮淬火、钎焊、高速钢淬火
放热-吸热式气氛		FXQ	FXQ20	$CO\text{-}H_2\text{-}N_2$	渗碳、复碳、碳氮共渗、光亮淬火
有机液体裂解气氛		YLQ	YLQ30	$CO\text{-}H_2$	渗碳、碳氮共渗、一般保护加热
			YLQ31		
氮基气氛	$N_2\text{-}H_2$ 系列	DQ	DQ50	$H_2\text{-}N_2$	低碳钢光亮退火、淬火、回火;钎焊、烧结
	$N_2\text{-}CH$ 系列		DQ71	N_2	中碳钢光亮退火、淬火
	$N_2\text{-}CH\text{-}O$ 系列		DQ21	$CO\text{-}H_2\text{-}N_2$	渗碳
	$N_2\text{-}CH_3OH$ 系列		DQ20		渗碳、碳氮共渗、一般保护加热
			DQ21		
氨制备气氛	氨分解气氛	AQ	FAQ50	$H_2\text{-}N_2$	钎焊、粉末冶金烧结、表面氧化物还原;不锈钢、硅钢光亮退火
	氨燃烧气氛		RAQ50		硅钢光亮退火;不锈钢热处理;钎焊、粉末冶金烧结
			RAQ70	N_2	铜、低碳钢、高硅钢光亮退火;中碳和高碳钢光亮退火、淬火、回火
木炭制备气氛		MQ	MQ10	$CO\text{-}CO_2\text{-}H_2\text{-}N_2$	可锻铸铁退火,渗碳
			MQ40	$CO\text{-}N_2$	高碳钢光亮淬火、退火
氢气气氛		QQ	QQ60	H_2	不锈钢、低碳钢、电工钢有色合金退火;粉末冶金烧结;硬质合金烧结;不锈钢钎焊

A 放热式气氛

放热式气氛的制备是将碳氢化合物燃料在较高的空气消耗系数(0.5~0.99)条件下进行不完全燃烧获得,主要成分由还原性气体 CO、H_2,氧化性气体 CO_2、H_2O 和中性气体 N_2 及残余甲烷组成。在空气消耗系数为 0.5~0.8 的情况下,制得气氛为贫放热型气氛。

将放热式气氛经过净化,降低气氛中的 CO_2、H_2O 有害成分后的气氛,称为净化放热式气氛,其主要成分为氮气,其次还有少量的氢气,用于铜材的光亮退火时,氢气可根据需要调整含量。

B 氮基气氛

铜及铜合金用的氮基气氛为利用氮气与氨分解气混合而得。供氮方式一般有以下几种。

a 瓶装氮气

钢瓶容积 40 L,额定充压 15 MPa,瓶内贮气 6 m^3,瓶氮适合于生产规模较小、氮气需求总量不大的场合。

b 管道供氮

设有制氧站及其邻近的工厂,氮气通过管道送到热处理车间使用,是一种方便实惠的供氮方式。

c 液氮

氮气液化后体积缩小643倍(即1 m^3 液氮可在标准状态下气化成643 m^3 氮气),有利于贮运。液氮纯度高(99.99%),不需任何提纯便可直接使用,打开阀门,液氮经过汽化器的交换器,便可成为气态氮。通常液氮贮罐可以租赁,无论是连续还是间断使用,都是一种可靠、方便的供氮方式。

d 现场制氮

由工厂购置制氮设备制氮。

氮气制备方法有:

(1) 深冷法。即深冷空气分馏制氮,是以空气为原料,在深冷空分装置(俗称制氧机)中,把空气深冷液化,利用氧和氮的沸点不同,进行精馏分离而获得。适宜于大规模工业制氮,而对中小规模制氮就显得不很经济。

(2) 变压吸附法。以空气为原料,运用变压吸附原理,利用碳分子筛对氧和氮的选择性吸附,使氧和氮分离,从而获得氮气。变压吸附法制氮和传统的深冷法制氮相比,具有显著的特点:吸附在常温下进行,不涉及绝热问题;工艺流程简单,设备制造容易,操作维护方便;装置小巧,占地少,投资省;设备启动迅速,能耗少,运行成本低;产品氮气纯度可按热处理工艺要求进行调节等。从技术经济效益上看,在小于3000~5000 m^3/h(标准状态下)的制氮装置中,变压吸附优于深冷法制氮。

(3) 膜分离法。其基本原理是以空气为原料,在一定压力下,利用氧和氮等不同性质的气体在中空纤维膜中的不同渗透速率来使氧和氮分离。膜分离制氮和上述两种制氮方法相比,具有装置结构更简单、体积更小、操作和维护更加方便、产气更快的特点。其缺点是对压缩空气的清洁度要求较高,膜的过滤芯容易老化和腐蚀而失效,且中空纤维膜价格昂贵。膜分离制氮适合氮气纯度不大于98%的中、小型氮气的用户;当要求氮气纯度大于98%时,它和同规格的变压吸附装置相比,其价格要高出30%左右。

C 氨分解气氛

使氨在铁或镍做催化剂的条件下燃烧,即可得到含氢75%、含氮25%的氨分解气氛。根据氨分解发生装置所处的压力条件,氨分解可分为常压氨分解与加压氨分解。

加压氨分解制备纯氢氮混合气:加压氨分解是以液氨为原料,将液氨加热汽化后,经热交换器预热进入氨分解反应炉。氨分解是在有压力的情况下进行的,工艺条件为压力0.3~0.6 MPa,温度为650~850℃,催化剂为镍基催化剂。经过氨分解得到的加压氢氮混合气中氨为(500~2000)×10^{-4}%,残水在2%以下。

由此而得的分解气可与变压吸附制氮机制取的氮气在相等压力下直接混合,并一起进入催化脱氧器,以除去混合气中残氧。

脱氧后的混合气再经冷凝除去水分后,送入吸附净化器,在带压的条件下进行吸附净化,以除去混合气中残余的微量氨和微量水。

这样制取的带压高纯氢氮混合气中的氢气浓度可由使用条件加以调节,一般控制在0.1%~40%(体积分数)范围内,余量为氮气,杂质含量为:$NH_3<1\times10^{-4}$%、$O_2<1\times10^{-4}$%,气体露点为-70~-80℃,能满足光亮热处理的要求。

加压氨分解与常压氨分解制高纯氢氮混合气工艺相比,由于分解压力增加,氨在分解炉内的分解率则会随压力增加而下降,这无疑会增加后续吸附净化器的吸附负荷。对于吸附单元来说,在加压下的吸附残氨量要比常压时高,吸附净化后的残氨浓度仍可低于1×10^{-4}%。

加压氨分解的压力根据需要可很方便地加以调节,因此采用加压下的氨分解制高纯氢氮混合气技术,与变压吸附制氮技术相结合而制备的可控气氛,完全适用于金属光亮热处理。

该方法无需另设氢氮气压缩机增压,因此操作更为简便,维修量减少,运行稳定可靠。其缺点是炉胆工作压力高,寿命较常压氨分解低。

D 高纯度氢的制备

氢可采用水电解法制得。小型需氢用户以瓶装氢供应为主要来源。

26.7.2.2 常用保护性气体的成分

常用保护性气体的成分见表26-10。

表 26-10 常用保护性气体的成分(%)

序号	名 称	类 别	N_2	H_2	CO	CO_2	O_2	CH_4
1	完全燃烧的碳氢化合物	低放热性,纯	95~99	3~3.5	0.5~3	微		0~1
2	不完全燃烧的碳氢化合物	高放热性,纯	71	12	15	0.1		2
3	完全反应的碳氢化合物	高吸热性,干	25~40	40~46.5	19~25	微		0.4~1
4	分解氨		25	75				
5	分解氨	加氮	75	25				

26.7.2.3 退火的气氛控制

退火炉有多种炉型和炉内介质，以适应不同产品的需要。这里所说的退火气氛控制是指在保护性气体退火炉中的气氛控制。通常这种炉子分为两种：一种是采用加高比例还原气体的炉子，例如网链式光亮退火炉和罩式退火炉，网链式退火炉是敞开式的，即炉内为正压，气体始终处于放散状态，还原性气体可以采用很高的比例，而高锌黄铜退火需要较高比例的还原性气体。另一种是采用低比例还原气体的炉子，如白铜、紫铜和低锌黄铜退火不需要很高比例的还原气体，紫铜在真空度很高的炉子中退火，可以达到光亮退火的效果；白铜可以在低还原性气氛中退火，例如辊底式光亮退火炉炉型，炉内保持微正压状态。

26.7.3 热处理产品的主要缺陷及控制

热处理过程的主要缺陷是氧化、脱锌、过烧、组织/性能不均、开裂、粘连、表面发黑等。热处理缺陷产生的原因和控制措施见表 26-11。

表 26-11 热处理缺陷产生的原因和控制措施

缺陷名称	产生原因	控 制 措 施
表面氧化	炉室气氛中含氧过高	1. 燃气炉应调整燃气与空气的比例,控制在微氧化或中性气氛; 2. 感应加热或电阻加热时应采取气体保护措施

续表 26-11

缺陷名称	产生原因	控 制 措 施
过 烧	加热温度过高,致使晶粒过于长大;晶界处低熔点杂质或低熔点相熔化	降低加热温度
组织/性能不均	保温时间不足; 炉内各区温差过大	延长保温时间或降低升温速度; 检查设备、调整各区温度
黄铜脱锌	温度过高	降低加热温度
淬火裂纹或开裂	淬火介质温度选择过低	调整淬火工艺参数
粘 连	轧制薄带卷绕得过紧	退火前将带材重绕
产品表面发黑	退火产品表面油污过重	退火前彻底擦拭或清洗产品

26.8 加热炉的类型、特点及设备选择

铜锭坯对加热工序的主要要求是:加热温度准确、均匀,加热过程材料不发生氧化或不明显氧化,加热速度快并节省能源。在要求不高的场合,各种型号的加热炉都可使用,如燃煤炉、燃油炉、燃气炉、感应炉(工频炉、中频炉、高频炉)、电阻炉;但从环保、节能效果和产品质量的较高要求出发,最适用于铜及铜合金锭坯加热的炉型是燃气炉(煤气加热炉、天然气加热炉)和感应加热炉(工频加热炉、中频加热炉)。各种燃气加热炉和电加热炉的技术性能分别参见表 26-12 和表 26-13。

表 26-12 几种火焰加热炉的技术性能对比

项目	环形炉	环形炉	步进炉	链带式炉	推进式炉
用途	铸锭加热	铸锭加热	铸锭加热	铸锭加热	铸锭加热
金属及其合金	铜、镍及合金	铜、镍及合金	铜、镍及合金	铜、镍及合金	铜、镍及合金
最高工作温度/℃	1250	1250	1250	1250	1250
最大生产能力/$t\cdot h^{-1}$	20	20	12	6	4
炉膛尺寸/mm×mm×mm	1465×3000×ϕ7800	1465×3000×ϕ7800	1550×3600×10000	600×1700×4500	800×1400×8000
燃料	煤气	重油	煤气	煤气	煤气
发热值/$kJ\cdot m^{-3}$	5230	41868	5230	5230	5230
单位消耗/$J\cdot kg^{-1}$	紫铜、黄铜 250～300 青铜、镍 500	紫铜、黄铜 250～300 青铜、镍 500	紫铜、黄铜 280～330 青铜、镍 580		紫铜、黄铜 350～400 青铜、镍 670
最大燃料消耗量/$m^3\cdot t^{-1}(kg\cdot t^{-1})$	6000	770	4000	1500	1700
燃料压力/Pa	12000	98～147	12000	12000	12000
装料、出料方式	夹钳式	夹钳式	步进式	链带式	推进式

表 26-13 几种电加热炉的技术性能对比

项目	箱式电阻炉	推进式电阻炉	活盖箱式电阻炉	工频感应炉
用途	铸锭加热	铸锭加热	铸锭加热	铸锭加热
金属及合金	镍及合金	铜及合金	铜及合金	镍、铜及合金
工作制度	间歇式	连续式	连续式	连续式
最高工作温度/℃	1250	950	950	1200
最大生产能力/$t\cdot h^{-1}$			1.7～2.0	
功率容量/kW	50	1898	380	800
加热元件材料	碳硅棒	镍铬丝	镍铬丝	感应线圈
电流频率/Hz	50	50	50	50
单位能耗/$kW\cdot h\cdot t^{-1}$			150～180	200～350
炉膛尺寸/mm×mm×mm	450×430×980	300×1350×2250	250×1700×8200	300×800×1000

26.8.1 推料式连续加热炉

推料式连续加热炉结构简单，装料及出料均利用推杆实现连续工作，推料机有丝杠式或齿条式两种。根据炉温制度又可分为两段式、三段式、多点供热式加热炉。图 26-28 为三段式连续加热炉的示意图。

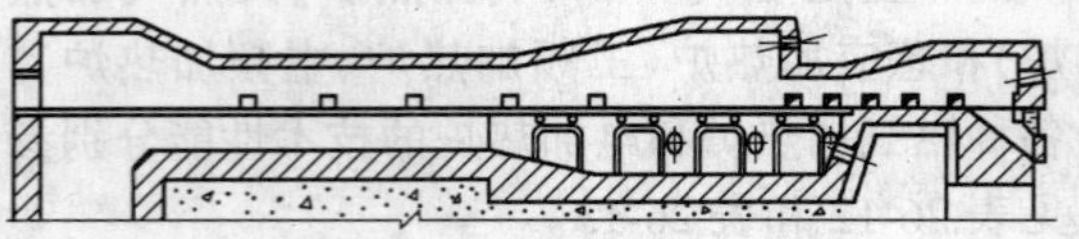

图 26-28 三段式连续加热炉

26.8.1.1 加热特点

三段式连续加热炉的结构相应地分为预热段、加热段和均热段，一般有三个供热点，多用于断面尺寸较大的坯料的加热。

铸锭由炉尾推入后，先进入预热段缓慢升温，然后被推入加热段，强化加热，迅速把铸锭表面升温到出炉所要求的温度，并允许铸锭内外有较大的温差，最后，铸锭进入温度较低的均热段进行均热，铸锭表面温度不再升高，而是使断面上的温度逐渐趋于均匀。

连续加热炉内火焰的组织与燃烧装置的形式、位置、角度、空气与燃料比例有关，也和炉内压力的大小和分布有关。端部烧嘴供热的炉子主要依靠烧嘴角度组织炉内火焰。烧嘴下倾角度大，则火焰直接冲向铸锭表面，容易使铸锭局部过热；如果烧嘴角度太小，火焰又向上飘，使对流热交换减弱。炉顶烧嘴和侧烧嘴的采用，改变了传统的组织火焰的概念。平焰烧嘴使火焰沿炉顶表面径向散开，轴向速度很小，火焰短而平，这种火焰靠增大辐射面积，加强定向辐射，使整个加热区域温度更加均匀，可避免长火焰温度不均匀的现象。这种供热方式只有在实现自动调节时才能更好显示它的优越性。随着连续加热炉向大型化方向发展，炉子采用侧烧嘴的逐渐增多。侧烧嘴的布置有一些优点，可以根据炉子产量和铸锭的类别，组织不同的炉温制度，可以使整个加热段沿炉长方向上温度相近，炉膛前后压差也比较小，操作起来灵活方便。它的缺点是在炉宽方向上温度不均匀，但如果采用火焰长度可调烧嘴，即使较宽的炉子也能保持炉宽方向上有合适的温度分布。

炉膛压力的分布对连续加热炉热工工况的影响很大，所以对炉压的控制基本要求是在出料端炉底平面保持压力为零或10～20 Pa的正压，这样炉气外逸和冷风漏入的危害可减到最低限度。炉压的波动也影响火焰的组织，抽力增大时，火焰被拉向炉尾，使加热段无异于增长；反之，炉尾温度则较低。所以炉压的波动造成炉内温度分布的波动，不能保证炉温制度的稳定。

三段连续加热炉各段燃料分配的比例大致是：均热段占20%～30%；上加热段占20%～40%，下加热段占40%～60%，总和为100%。但为了使炉子在生产中有一定的调节余地，所以供热能力的配置比例应大于燃料分配的比例，即烧嘴能力的总和应为燃料消耗量的120%～130%。这样大体上均热段、上加热段、下加热段的供热能力分配比例为30∶40∶60。

26.8.1.2　炉子结构特点

炉顶轮廓曲线大体与炉温曲线相一致，即炉温高的区域炉顶也高。在加热段与预热段之间，有一个比较明显的过渡，炉顶向预热段压下。这是为了避免加热段高温区域有许多热量向预热段的低温区域辐射。加热段，空间较大，有利于辐射换热；预热段是余热利用的区域，压低炉顶缩小炉膛空间，有利于强化对流给热。但也有的炉子着眼于强化加热，使加热段相对延长，加热段与预热段之间的界限也不再十分明显。在炉子的均热段和加热段之间将炉顶压下，是为了使端墙具有一定高度，以便于安装烧嘴。因此如果全部采用炉顶烧嘴及侧烧嘴，也可以使炉子结构更加简化，即炉顶完全是平的，上下加热都用安装在炉顶和侧墙上的平焰烧嘴。炉温制度可以靠调节烧嘴的供热量来实现。

连续加热炉的装料与出料方式有：端进端出、端进侧出和侧进侧出，一般采用前两种方式的较多。

推料式连续加热炉的炉底分为架空的水冷管部分和实炉底均热床（均热床也有架空或半架空的）两部分。热损失与冷却水量和进出水温度差成正比的。若采用耐热金属滑轨代替水冷却滑轨，在得到相同加热质量的情况下，能耗低，结构简单，施工维护方便。热滑轨的材质不但有耐热铸钢和耐热铸铁的，而且近年来还研制成功了非金属材质的耐热滑轨。

氧化皮粘结在实炉底上，造成炉底结渣上涨，影响推料。所以连续加热炉都要定期清渣。有一些炉子采取半架空的结构，在实炉底上面砌一些槽，主要是为了便于清渣。

连续加热炉各段的长度可以由加热时间计算出来，但计算结果往往和实际有出入，故还要参照经验数据来确定。确定炉膛高度要考虑热工因素和结构因素。要保证火焰能充满炉膛，炉膛太高则火焰不能充满炉膛，高温炉气飘在上面，靠近铸锭表面是温度较低的炉气，这对传热很不利。但炉膛太低，炉墙辐射面积减小，气层厚度减小，也对炉膛热交换不利。炉膛高度要考虑到端墙有一定高度，以便安装烧嘴。加热段供给的燃料量最多，应有较大的加热空间。均热段的高度比加热段低，因为这里供热量小，还要保持炉膛正压和炉气充满炉膛，避免吸风现象。

随着铸锭大型化和产量规模的扩大，出现了多点供热的大型连续加热炉。这种炉子从炉温制度的特点上看;仍属于三段式温度制度,只是供热点增多。例如五点供热式的供热点为均热段、第一上加热、第二上加热、第一下加热、第二下加热。六点供热式则又多了一个下均热供热点。有时也把这种炉子称为多段式连续加热炉。

26.8.1.3　典型举例

某厂加热铜锭使用的推料式连续加热炉,长度为20 m,其中预热段为5 m。在整个炉体长度方向上除预留的5个点火孔和热电偶插孔外,无其他开孔。炉顶和炉底是用耐火混凝土预制的,炉体内侧贴有50 mm厚的耐火陶瓷纤维毯,并涂有一层薄薄的耐火涂料。为提高加热强度和降低热损失,整个炉顶都压得较低,并采用了耐热铸钢ZGCr35Ni4Si作为无水冷的热滑轨。

设计参数:产量为20 t/h;铜锭单重为85 kg;炉温为1100±50℃;出锭温度为950±10℃;燃烧器为SPM-75型平焰烧嘴;炉膛面积为$1.6\times20=32\ m^2$;空气进预热器平均温度为20℃;空气出预热器温度为180℃;烟气进预热器温度为400℃;烟气出预热器的温度为250℃;空气预热器为列管式双程加热面积185 m^2;排烟形式为自然排烟;煤气单耗为728.5×10^3 kJ/t;计算热效率为53.7%。

26.8.2　环形加热炉

环形加热炉的外观结构如图26-29所示。环形加热炉是凭借炉底的旋转,使放置在炉底上的铸锭由装料口移到出料口的一种炉型,用侧烧嘴加热。沿炉长也可分为预热段、加热段、均热段,所以从热工特点看,仍属于连续加热炉。图26-30为环形炉的剖面图。

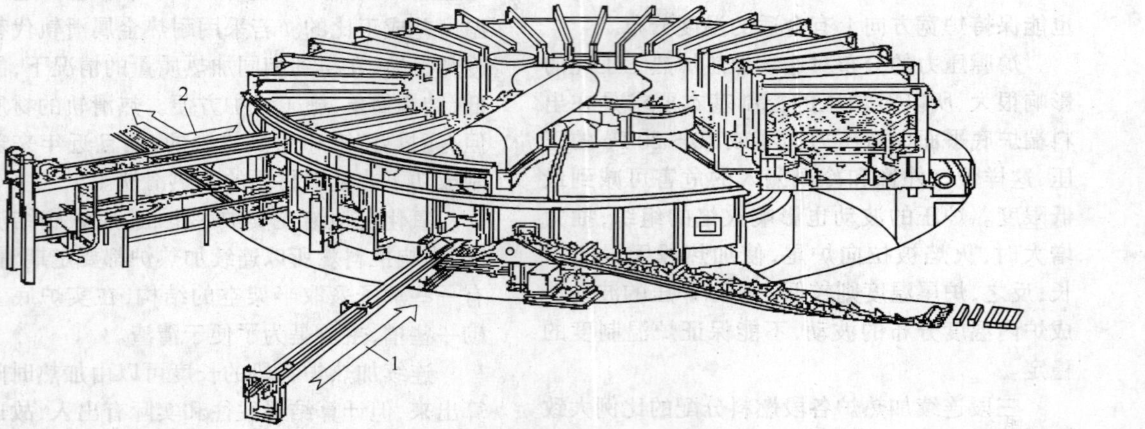

图26-29　环形加热炉
1—坯料入炉;2—坯料出炉

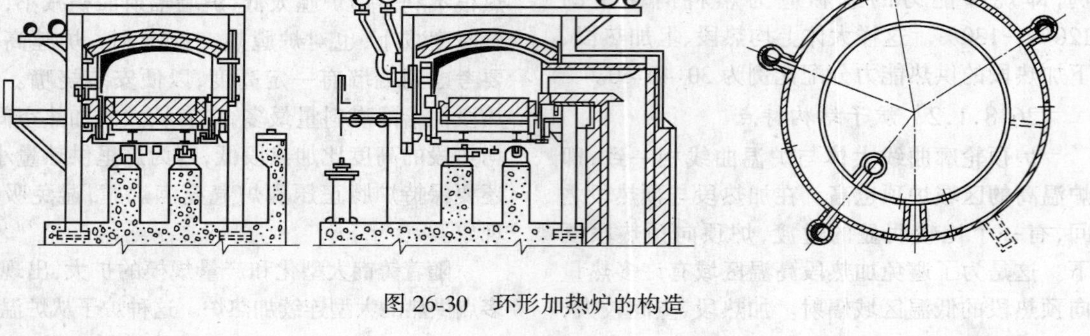

图26-30　环形加热炉的构造

26.8.2.1 加热特点

环形加热炉没有明显的分段,主要靠烧嘴的配置和供热强度来控制各段温度制度,各段的长度并不固定,例如炉子在低负荷下工作时,就可以关闭一部分加热段的烧嘴,预热段就相对延长,预热段一般不设烧嘴。

为了使炉子各段的温度更符合加热工艺的要求,炉子都设有水冷梁支托的吊挂式隔墙,一般设有三道隔墙:在加热段和预热段之间设一道隔墙,减少加热段向预热段的热辐射;在均热段和出料口之间设一道隔墙,防止因出料口经常开启而降低均热段的温度,还防止均热段热气直接进入排烟道;在装料口与出料口之间也有一道隔墙(有时有两道),以避免装料口吸入冷风,对出料口的热坯造成不良影响,也防止均热段热气直接进入排烟道。

26.8.2.2 结构特点

环形加热炉炉底的传动有两种方式:一种是机械传动,靠主动齿轮来传动炉底钢结构下面固定的环形齿条;另一种是液压传动,利用液压缸驱动拨杆拨动炉底,每次使炉底转动一个角度(约 5°~15°左右),即一个工位,隔 60 s 左右为一个工作周期。两种传动方式均应有逆转的机构。炉底全部环形钢结构和砌在它上面的耐火材料的重量,由若干个支承辊支承。为了保证炉底的旋转不发生偏心位移,还设有若干定心辊,与钢结构上的环形轨条接触,靠止推定心辊的弹簧压紧。

为了防止冷空气从固定炉墙与旋转炉底之间的缝隙漏入炉内,要采用密封装置。密封可以用沙封,也可以用水封。

铸锭的装炉和出炉采用专门的夹钳。每装一次料,炉底转动一个角度,然后又加下一块铸锭。装炉与出炉同时进行,并且可以与炉底传动装置连锁,实现装料出料的自动化。当装料出料的时间间隔较长时,则装料出料后可以关闭炉门,当装料出料比较频繁时,炉门则是敞开的,这时为了防止炉门吸入冷空气或冒火,可以在装料口及出料口设置气幕或火封烧嘴。

26.8.2.3 几种环形炉的主要技术性能

表 26-14 列出实际使用的几种环形炉的主要技术性能。它可用于加热圆锭和扁锭。

环形加热炉具有以下优点:

(1) 炉子的转速和料坯之间的间隔距离可以准确控制,各段的温度可以根据需要通过调整供热量及利用中间烟道实行控制。炉子的产量、热工制度等都有较大的灵活性。

(2) 由于铸锭之间有间隙,三面受热,温度均匀,加热时间短,加热质量好。

(3) 可以加热推料式炉和步进式炉所不能加热的异形铸锭。

(4) 由于几乎没有什么水冷件,热耗比较低。

环形加热炉的缺点是:机械设备复杂,占地面积大,投资费用高;由于料坯之间有间隙,炉底面积利用率低。

表 26-14 几种环形炉的主要技术性能

参 数	Ⅰ	Ⅱ	Ⅲ	Ⅳ
工作制度	连续的	连续的	连续的	连续的
加热铸锭规格/mm	ϕ130~150	(ϕ145~245)×(150~500)	(ϕ195~410)×(200~900)	(75~220)×(330~1100)×1360
最高工作温度/℃	1200	1200	1200	1250
炉底平均直径/mm		7000	7800	11700(最大)
炉底宽度/mm	1392	2200	3000	3000
炉底至炉顶高度/mm	975	1360	1465	1465
回转炉底有效面积/m²	9.5	11~14	15~27	24~34
炉膛容积/m³				110
燃 料	煤气	煤气	煤气	煤气

续表 26-14

参　数	Ⅰ	Ⅱ	Ⅲ	Ⅳ
燃料发热量/kJ·m^{-3}	5230	5230	5230	5230
炉前引入煤气压力/kPa	11.8	11.8	11.8	11.8
炉底回转速度/mm·s^{-1}		3200	4250	6500
回转 30°所需时间/s		0.2	0.2	0.2(ϕ10.34 m 圆)
生产能力/t·h^{-1}	7	10	15	15
				14
		8	14.5	15(紫铜、黄铜)

26.8.3 步进式加热炉

步进式加热炉与推料式加热炉相比,其基本的特征是铸锭在炉底上的移动靠炉底可动的步进梁做矩形轨迹的往复运动,把放置在固定梁上的铸锭一步一步地由进料端送到出料端。

26.8.3.1 铸锭运动轨迹

炉底由固定梁和移动梁(步进梁)两部分组成。图 26-31 为步进式炉内铸锭运动轨迹的示意图。

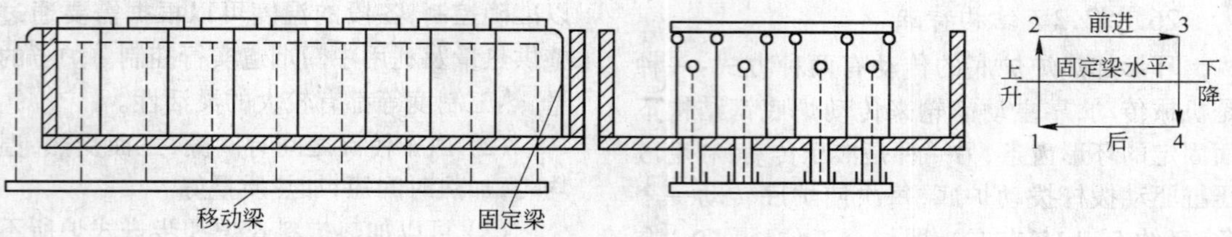

图 26-31　步进炉内铸锭的运动轨迹示意图

移动梁往复一个周期所需要的时间和进退行程,是按操作规程的要求设定的。移动梁的运动可以是原地踏步和可逆的,当轧机发生故障,要停炉检修,或因其他情况需要将铸锭退出炉子时,移动梁可以逆向工作,把铸锭从装料端退出炉外。

26.8.3.2 步进式加热炉的结构

从炉子的结构看,可分为上加热步进式炉、上下加热步进式炉、双步进梁步进式炉等。上加热步进式炉仅上部有加热装置,固定梁和移动梁是由耐热金属制作的,固定炉底是由耐火材料砌筑的。这种炉子基本上没有水冷构件,所以热耗较低。

由于加热大型铸锭的需要,步进式炉也逐步发展了下加热的方式,炉底是架空的,可以实现双面加热(步进式炉内铸锭与铸锭不是紧靠在一起的,中间有空隙,所以也可以认为是四面受热)。双步进梁式步进炉的一组移动梁上升前进期间,第二组移动梁就开始上升,接过铸锭使其继续前进。两组梁交替使钢坯前进,好像铸锭在辊底炉上前进一样。这种炉子同样也可以逆向运动。

图 26-32 为双步进梁式加热炉的结构简图。

为了减少热损失,铸锭多采用侧装方式,铸锭顺向进炉,炉门较小,有利于减少热量散失,较铸锭端装方式热损失减少 0.4%～0.8%,而且不需要推料装置。

(1) 炉衬和梁的耐热结构。炉顶及侧墙炉衬的厚度均为 225 mm,用六层隔热和耐火的纤维垫贴砌而成,整体用螺栓紧固在壳体上,每平方米为 20 个螺栓;内第一层厚为 25 mm 陶瓷纤维,散装密度 128 kg/m^2,第二、三层厚度均为

25 mm 陶瓷纤维，散装密度 96 kg/m²，第四层厚度为50 mm隔热板，散装密度 650 kg/m²，第五、六层厚度均为 50 mm 矿渣棉板，散装密度 144 kg/m²；固定梁和步进梁用三层隔热板和可注三氧化二铝耐火料砌筑而成，为了使加热扁锭不直接与耐火材料接触，在梁上有嵌镶在耐火材料内的耐热支承滑道；梁上耐火材料的厚度为 300 mm，第一层为隔热板，厚度为 50 mm，散装密度 200 kg/m²，第二层为隔热的可注耐火料，散装密度 400 kg/m²，第三层为可注耐火料，散装密度 2000 kg/m²；支承滑道与可注耐火料间填充有陶瓷纤维材料。

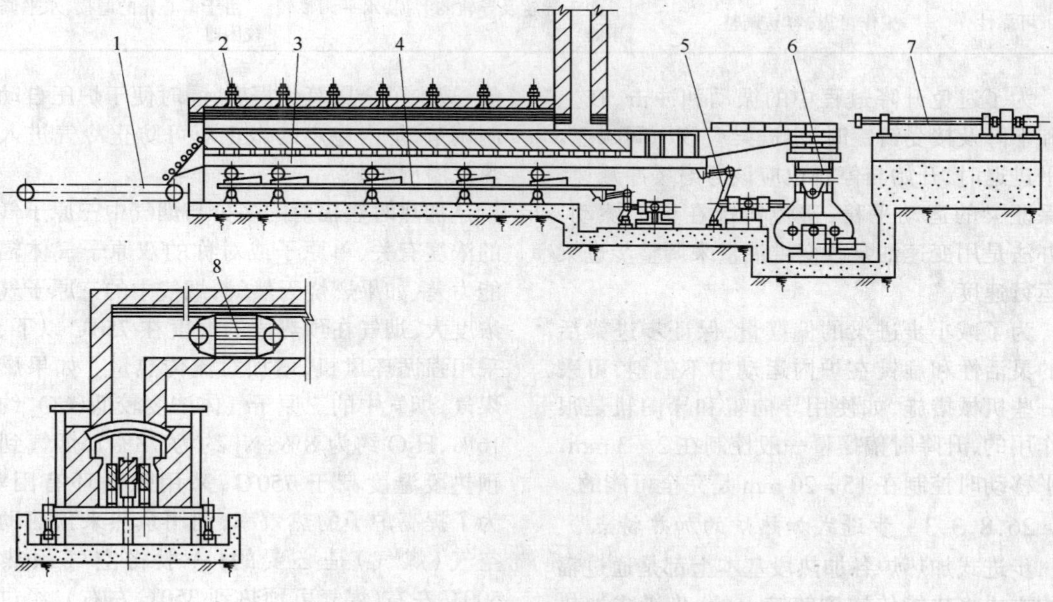

图 26-32 双步进梁式加热炉

1—出料辊道；2—平焰烧嘴；3—步进梁；4—提升机构；5—步进传动机构；6—上料机构；7—推锭机；8—空气预热

(2) 步进传动机构。步进式炉的关键设备是移动梁的传动机构。传动方式分为机械传动和油压传动两种。目前广泛采用液压传动的方式。现代大型加热炉的移动梁及上面的铸锭重达数十吨，使用油压传动机构运行稳定，结构简单，运行速度的控制比较准确，占地面积小，设备重量轻。油压传动机构可分为曲臂杠杆型、倾斜滑块型、偏心轮型三种，这三种传动机构的优缺点的比较见表 26-15。现在应用较多的是前两种传动机构。

表 26-15 各种油压传动机构的比较

项 目	曲臂杠杆型	倾斜滑块型	偏心轮型
传动系统	简单	较复杂	较复杂
前后移动方法	液压传动	液压传动	液压传动
升降方法	液压传动(使用曲臂杠杆)	液压传动(使用倾斜滑块)	电动机械传动(使用偏心轮)
步进梁框架	简单	比较复杂，有负责升降和进退的两个框架	简单
速度控制	速度控制性好	较好	较差

续表 26-15

项　目	曲臂杠杆型	倾斜滑块型	偏心轮型
中间减速	在步进梁的升降过程中采用中间减速，可以减少振动和冲击，延长设备寿命	未采用	难以采用中间减速
维护	炉下空间比较宽敞，维护方便	下面结构比较复杂，空间比较有限，维护困难	设备尺寸较大，下部空间小，维护比较困难
可靠性	工作可靠，容易调整	由于导轮及导轨的磨损，水平调整较困难	由于偏心轮的磨损，水平调整较困难

为了避免升降过程中的振动和冲击，在上升和下降及接受铸锭时，步进梁应该中间减速。水平进退时，开始与停止也应该考虑缓冲减速，以保证梁的运动平稳，避免铸锭在梁上擦动。其办法是用变速油泵改变供油量来调整步进梁的运行速度。

为了减小步进梁的偏摆量，保证步进梁活动的灵活性和扁锭在炉内运动中不偏斜，可采取一些机械措施，如使用导向辊和导向轨是很有作用的，升降时偏摆量一般控制在2～3 mm，水平移动时控制在15～20 mm是完全可能的。

26.8.3.3　步进式加热炉的加热特点

步进式加热炉各加热段基本上都是通过辐射的方式将热能传递到铸锭上的，步进式加热炉大多燃烧天然气、城市煤气或液体燃料。助燃空气和煤气可以先经预热器预热到450～600℃和350～450℃后送到各烧嘴。空气预热到300～350℃，可节省燃料的10%～15%，预热到400～450℃，可省燃料15%～20%。由于采用对流式预热器，烟气在预热器处会造成一定的压力损失，可以安装排烟机。

平焰烧嘴由烧嘴砖、助烧空气室外壳及一个或几个燃气入口组成，用钢座板吊挂在安装位置上，周围用陶瓷纤维材料密封，嘴底面与内壁平齐。平焰烧嘴的基本特点是使燃料在靠近炉壁的区域达到完全燃烧，炉内不会出现高温点(或冷区)，火焰扩散呈圆形，厚度在200～300 mm左右，直径达1～2 m，不同燃烧能力的烧嘴按需要装在炉顶各区段上，烧嘴数量多，均匀布满于整个炉顶，因此辐射到锭上的热量是均匀的。由于火焰厚度不大，锭上承受静压力，烟气流通速度稳定，炉内烟气很少在铸锭上回流，减少了金属氧化损失，同时便于炉压自动控制调节，炉内稳定的微正压可防止冷气进入和热气溢出炉外。

加热时热辐射的多少与烟气中三原子气体的浓度有关，单原子或对称的双原子气体辐射能力差，如果燃烧天然气，烟气中的三原子气体浓度大，烟气在预热段的温度在750℃以下，可采用强循环风机，增加对流传热量。如果燃烧煤气，烟气中的三原子气体浓度较低(CO_2约为16%，H_2O约为8%，N_2约为73%)，烟气到达预热段温度高于750℃，采用强循环有困难。为了提高炉子的热效率，利用余热来预热助燃空气(煤气)是必要的，一般将空气预热到500℃左右(煤气可预热到350℃左右)，经过热交换后烟气的温度可降到300℃以下，整个热效率可提高8%左右。

26.8.3.4　步进式加热炉的技术性能

表26-16列出实际使用的几种步进式加热炉的主要技术性能。它主要用于加热扁锭。

步进式炉具有以下优点：

(1) 可以加热各种尺寸、形状的铸锭，特别适合于推料式炉所不便加热的大板坯和异形料坯。

(2) 生产能力大，与推料式炉相比，加热等量的铸锭，炉子长度可以缩短10%～15%。

(3) 炉子的灵活性大，在炉长不变的情况下，通过改变铸锭之间的距离，就可以改变炉内料块的数目，以适应产量变化的需要。而且步进周期也是可调的，如果加大每一周期前进的步距，就意味着铸锭在炉内的时间缩短，从而可以适应不同加热的需要。

(4) 由于铸锭不在炉底滑道上滑动，铸锭的下面不会有划痕。推料式炉由于推力振动，使滑道及绝热材料经常损坏，而步进式炉不需要这方面的维修费用。

(5) 可以准确计算和控制加热时间，便于实现过程的自动化。炉子的机械运动，以及各工艺参数的控制都是自动完成的，或采用微处理机，或采用计算机实现最佳化控制。在使用微处理机的情况下，其系统可以完成下列功能：机械系统的运动，坯料的对中、称量，炉门的开启，步进梁的运动，各区的温度、炉腔压力、助燃空气与煤气的比率、空气与煤气的预热温度控制，以及报警等。炉子一般是分区控制的。出料端有温度光电检测。信息数据可以记录打印，并可用显示器显示。

步进式炉的缺点是，与同样生产能力的推料式加热炉相比，造价高 15%～20%。

表 26-16 几种步进式加热炉的技术性能

参 数	A	B
工作制度	连续的	连续的
加热铸锭规格/mm	(170～210)×(620～1050)×2000/4800	(70～290)×(610～1050)×(700～3180)
最高工作温度/℃	950	1250
炉膛有效尺寸/mm×mm×mm	17800×10500×1600	9340×3600×1550
炉底有效面积/m^2		35
燃 料	煤气	煤气
燃料发热量/$kJ \cdot m^{-3}$	5230～5520	5230
炉前引入煤气压力/kPa	9.83～12.8	11.8
燃料器的设备能力/$m^3 \cdot h^{-1}$	8570	4000
热效率/%	60	
生产能力/$t \cdot h^{-1}$	58	12

26.8.4 感应加热炉

感应加热炉是利用电磁感应原理，通过感应器线圈使电磁场穿过锭坯，在锭坯内部感生电流，引起锭坯自身发热，以达到加热的目的。

图 26-33 为中频感应加热装置示意图。把 50 Hz 的标准交流电通入电动机，电动机带动发电机使其旋转，从发电机的接线端就可以发出中频交流电。但是，电流通入加热器的感应线圈，线圈对中频交流电有明显的阻抗(感抗)，使电流滞后于电压 90°，使大量的能量以无功功率的形式存在于电路中，有效功率仅为网路功率的 44%。通过在网路中加电容器使电流相位超前电压 90°，提高感应器中的功率因数 ($\cos\phi$)，使其达到 0.9～1.0，另一方面移相电容加入过多会使电流相位超前，导致功率因数下降，所以，电炉上的电容是可调的。

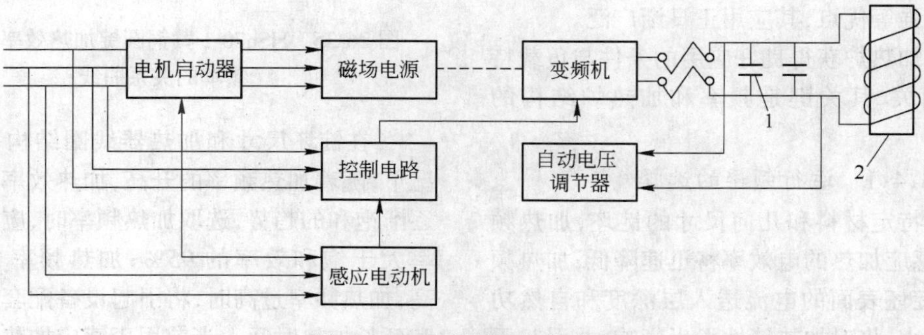

图 26-33 中频感应加热装置

1—电容器；2—感应器

中频电炉采用的频率为 960 kHz、3000 kHz、9600 kHz，发电机发出的电流频率取决于电动机的转数、发电机转子线圈数和发电机励磁线圈的电流频率，发电机输出的电压通过调整励磁电压实现自动控制。

感应加热方式无需宽大的炉膛，因而加热过程的热效率很高，可达 90%以上；感应加热方式的主要损耗是感应线圈内部的电耗，由此电耗使感应加热方式的电效率降低为 70%～40%；即使如此，感应加热方式的综合效率一般仍可稳定地达到 45%以上，且不受运行功率大小的影响。感应加热方式还具有加热速度快的优点，加热温度不受局限，因而在中小容量条件、高温加热条件、非连续生产条件下均获得了广泛应用。感应加热在圆锭加热中应用广泛，扁锭则应用较少。

常用于感应加热的电源频率在 50～4000 Hz 范围内。采用 50 Hz 电源加热的感应加热炉，称为工频炉，采用 50 Hz 以上频率电源加热的感应加热炉，称为中频炉。可见，在原理、结构方面，工频炉和中频炉并无差别，仅随着频率的变化，感应炉的特性和运行参数将发生变化，且对于特定的加热负载，其综合经济技术指标仅在一定的频率范围内达到最佳值。所以，设计应用感应加热炉时，正确选择加热频率是很重要的。除此之外，工频炉直接采用交流电源进行加热，中频炉须经变频器将工频电源变换成中频电源才能使用，两种电源似有简繁之别，但当今技术发展已使中频电源技术完全过关，工频和中频电源的设备费用已相差无几，中频电源更有使用方便、频率可调、负载变化的适应能力强等优点，其应用正日渐广泛。

感应加热炉获得良好应用的条件与负载特性密切相关，其关键是频率和加热炉结构的选择。

26.8.4.1 运行频率的选择

对于特定材料和几何尺寸的锭坯，加热频率过低，感应加热的电效率将迅速降低；加热频率过高，锭坯表面的电流透入层深度和自然功率因数减小，将对加热特性发生影响，并引起无功补偿电容器的配置量增加。同时满足上述条件的频率，称为最佳频率，最佳频率的确定应以电效率较高为主要依据。最佳频率有一个范围，随着锭坯尺寸增大和电阻率增高，最佳频率趋于下降。

紫铜圆锭加热效率与频率的关系如图 26-34所示。

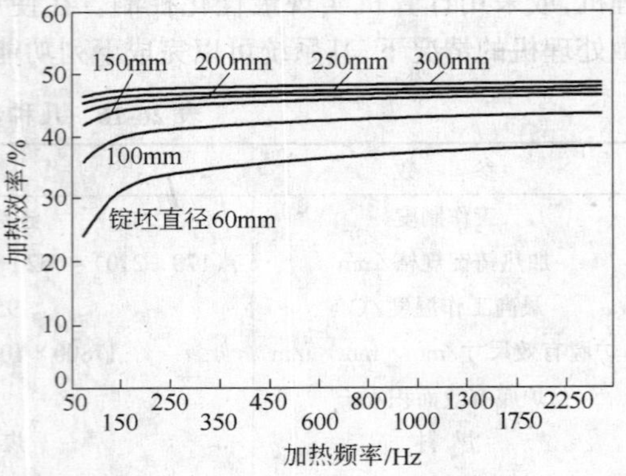

图 26-34 紫铜圆锭加热效率与加热频率的关系曲线

图 26-35 为 HSn70-1 黄铜圆锭加热效率与加热频率的关系曲线。

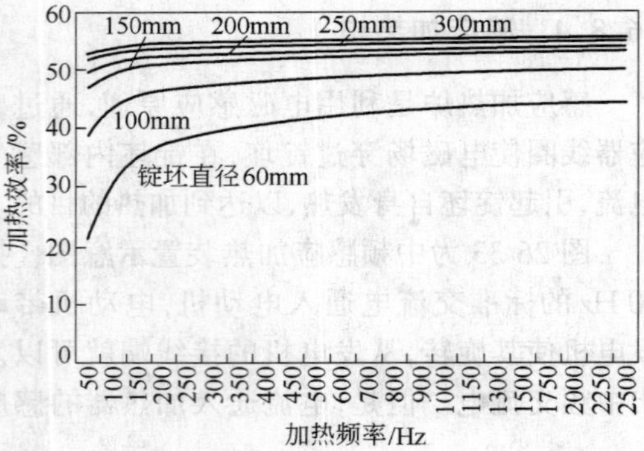

图 26-35 HSn70-1 黄铜圆锭加热效率与加热频率的关系曲线

在锭坯尺寸和加热器线圈结构一定的情况下，随着加热频率的升高，加热效率的提高呈逐渐饱和的趋势；选取加热频率时，应使加热效率大于饱和效率的 95%；加热频率也不宜过高，加热频率过高时，将引起设备配套费用增加和延长加热时间。当前用于感应加热的中频电源设备容量可达数千瓦，适用频率为 150～

2500 Hz。

26.8.4.2 感应加热炉的结构形式

锭坯内部的热能传导和温升取决于材料的热传导能力和几何尺寸，而加工工序要求锭坯的内外温差不大于一定值，这就要求加热过程必须保持一定的最短加热时间。最短加热时间可按要求的锭坯内外温差由热工计算得出。

配置感应加热炉时，锭坯所需的最短加热时间和生产率的要求往往发生矛盾；而加热炉长度受结构条件限制，很难超过 5 m。所以，当一台加热炉不能满足生产率要求时，常用的方法是配置多台加热炉，以交替出料方式来满足生产率和加热时间的要求。当前使用最多的配置方式是两台加热炉交替出料方式。

为了缩短加热时间，稳定加热过程，配置加热炉时经常采用的方法是把同一台加热炉分成两个区段，即加热区段和均热区段，两个区段各用一个电源供电。在加热区段，锭坯温度较低，以较大的功率加热，以达到快速升温的目的；在均热区段，锭坯温度已接近设定值，因此，均热区段的加热功率配置较小。此外，均热区段的加热方式有两种：一是直接对锭坯进行感应加热；二是对金属炉衬进行感应加热，由炉衬对锭坯进行均热化加热。加热炉分成两个区段后，加热段虽然功率大，但锭坯温度低，锭坯表面可以承受较大的功率密度，有利于锭坯的快速加热；而在均热区段，锭坯温度较高，较小的加热功率有利于温度控制的精度，且不易造成锭坯表面过热。

有的加热炉按预热和加热两个区段配置加热功率，两个区段的加热功率配置比较接近，使得锭坯在低温区和高温区的加热功率可以分别调节，同样起到了稳定加热过程的作用。

以上两种功率配置方式的加热效果，都比单电源加热方式好，这是因为锭坯在低温和高温条件下的电阻系数有很大差别，从而引起不同温度条件下的加热特性差别。在单电源加热的感应加热炉中，锭坯吸收热量的一半以上在高温区段，这就造成温度控制稳定性下降，特别是在加热熔点较低的合金时，容易发生烧熔故障。

目前工频感应加热存在以下问题：

(1) 由于频率低，磁场强度较大，漏磁和磁阻上的损失相应增加，工频感应器中多采用导磁体，而且常采用多层结构，构造复杂而笨重，维修不方便，设备容量及单位电能消耗均较高。

(2) 感应加热时间短、速度快，不利于锭坯成分和组织的均匀化，所以在工业生产中，感应加热多用于成分较纯、组织较均匀或预先经均匀化处理的锭坯。

感应加热时，锭坯内外层温度差可以控制在 ±20℃左右。如果在出料端增加煤气或电能加热装置，起保温及均热作用，这对于传热性较差的合金(如铝青铜、锌白铜、镍及镍合金等)行之有效。

26.8.4.3 感应加热炉举例

A 感应加热设备的结构形式和主要技术参数

表 26-17 列出了圆锭坯感应加热炉的结构形式和主要技术参数。

表 26-17 圆锭坯感应加热炉的主要技术参数

主要参数	2000 kW 中频炉	3600 kW 中频炉	2500 kW 工频炉
配套加工设备	20 MN 挤压机	40 MN 挤压机	30 MN 挤压机
加热铸锭材质	黄铜 HPb59-1	紫铜	紫铜
加热铸锭直径/mm	195	360	245
加热铸锭长度/mm	850	720	650
生产率/件·h^{-1}	30	20	20
电源频率/Hz	500	200	50

续表 26-17

主 要 参 数	2000 kW 中频炉	3600 kW 中频炉	2500 kW 工频炉
预热炉台数/台		2	
预热炉额定功率/kW		800×2	
加热炉台数/台	2	2	2
加热炉额定功率/kW	750×2	1000×2	1100×2
均热炉台数/台	2		1
均热炉额定功率/kW	250×2		300
均热炉的加热方式	直接加热锭坯		直接加热炉衬
计算电效率/%	57.6	50	48.3
测温方式	红外线测温	红外线测温	红外线测温
控温方式	PID 调节		手动调节

B　800 t 挤压机铜及铜合金铸锭工频感应加热炉的主要技术数据

(1) 炉子最大功率 610 kW；电源频率 50 Hz；电源相数 3；额定电压 380 V；铸锭加热温度 600～900℃，最高 950℃。

(2) 供电方式采用调压器－电力变压器串联方式供电；有载无级调压，调压范围为 0～400 V；采用移相电容器将电炉的功率因数补偿到 1，补偿电容器分为固定和可调两部分，可调部分又分为 16 挡。

(3) 采用手动、自动两种控制方式，当采用自动控制时，电炉的进出料按温度或时间两种原则自动进行。

C　1200 t 挤压机铜及铜合金铸锭工频感应加热炉主要技术数据

(1) 炉子最大功率 815 kW；最高电压 497 V；最大负载电流 1014 A；电流频率 50 Hz；电源相数 3；接线方式为△接线，中间相反接；补偿前功率因数 0.173～0.264；补偿后功率因数 0.95；铸锭加热温度：650～920℃。

(2) 采用调压电力变压器单独供电和调压电力变压器二次电压与低电压大电流变压器二次电压相叠加的方式供电；调压方式为无载有级调压，调压范围为 403～187 V，共 15 级；用移相电容器将电炉的功率因数补偿到 0.95 以上，补偿电容器分固定和可调两部分，可调部分又分为 13 挡。

(3) 为了限制电炉通电瞬间移相电容器产生的冲击电流，采用了阻流电阻。该电阻的切除是自动的；采用手动、自动两种控制方式，当采用自动控制时，电炉的进出料是按温度原则自动进行。

26.8.5　竖式加热炉

竖式炉能够加热铜锭和铝锭，热效率大于 55%。加热板坯的尺寸决定了炉子的结构设计。最初投入使用的竖式炉，加热坯料尺寸如下：1225 kg 的铝板坯长 3500 mm，宽 420～520 mm，厚 250 mm；2380 kg 的铜和黄铜板坯长 3500 mm，宽 400 mm，厚 200 mm。产量达到：铝板 10 t/h，铜和黄铜板 15 t/h。

炉子的结构如图 26-36 所示。炉子自上而下装料，板坯与炉气做相对运动。首先穿过倾斜度为 10°的烟道，用烟气余热烘干锭坯并收集烟气中的水分。可保证坯料升温到 140℃，能回收 1.675×10^5 J/h 的热量。板坯然后进入预热区，在 2.5 m 的高度上，有一 3.75 m×0.35 m 矩形垂直通道，足以使板坯通过炉气对流而预热。炉顶风机使炉气循环，换热后再用风机送入炉底。从而燃烧室温度可控制在 1200℃。

同时,这种回收保证了燃烧室的冷却,增大燃烧室的排气速度,既有利于炉内热交换,又有利于板坯上下温度均匀。加热区于离炉底约 0.5 m 高的地方,一次只能容纳一块板坯。12 个燃烧喷嘴分布在炉子的两侧(每侧 6 个)。炉子装上一种栅栏形的对流辐射装置,以适应不同的使用要求。

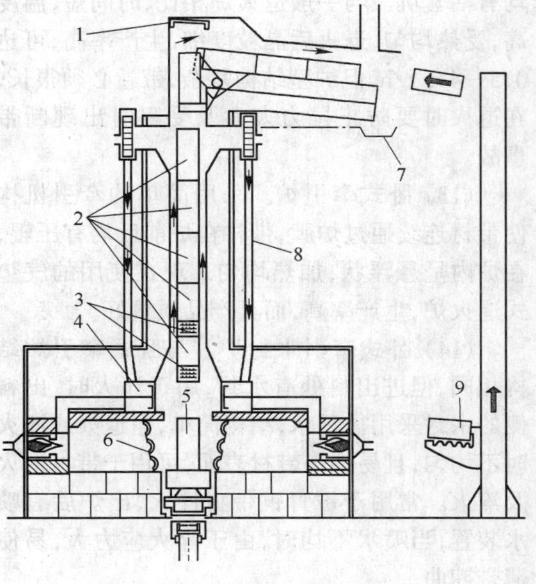

图 26-36　竖式加热炉

1—夹钳;2—第 1、2、3、4、5 块铸锭;3—滑动爪钳;4—贮气室;5—正在加热的铸锭;6—栅板;7—冷凝物的回收;8—节流阀;9—待装铸锭

加热室是由轻质绝热耐火砖砌成的,上面有 100 mm 厚的混凝土。炉壁外壳用厚为 15~10 mm 和 300 mm×300 mm 耐热钢板镶嵌而成。炉身用 200 mm 铝矾土和 200 mm 厚石棉进行隔热,它们之间用铝板隔开。隧道式高负荷喷嘴气流速度为 100 m/s,气流温度约 2000℃。为使 5 块预热板坯中最底层那一块的温度不至于升得太高,对加热区和预热区相连接的地方进行了特殊设计,加宽了炉膛,这样就减慢了炉气上升的速度。炉子包括一个预热区(第 1~6 块板坯)和一个加热区(第 6 块板坯)。用夹钳从上面装入炉料。滑动爪钳卡住 5 块预热板坯的最下面那一块,借助于立式推杆一边下降,一边得到预热。穿过栅板的热气流可以循环使用,通过贮气室,用节流阀调整又送入炉底。

26.9　退火炉的类型、特点及设备选择

26.9.1　铜板带退火设备

铜合金常用的退火炉的种类很多,按结构可分为箱式炉、井式炉、步进式炉、车底式炉、辊底式炉、链式水封炉、单膛炉、双膛炉、罩式炉等;按生产方式可分为单体分批式退火炉、气垫式连续退火炉等;按炉内气氛可分为无保护气氛退火炉、有保护气氛退火炉和真空炉等;按热源可分为煤炉、煤气炉、重油炉、电阻炉、感应炉等。淬火炉可分为立式、卧式、井式三种。

(1) 箱式炉。炉体和炉底通常是固定的,采用成批装出料,也可采用半机械化装置,经过升温、加热、保温、降温后成批出料。结构简单,投资少,但炉膛内部各部位温差大,退火不均匀,热效率低,仅为 12%~17%,生产率一般在 1 t/h 以下,通常用于板坯的氧化退火,仅在旧式加工车间采用。

(2) 马弗炉。炉体结构与箱式炉基本相同,在箱式炉中放置密封罐(马弗罐),退火料置于罐内,采用石棉或泥砂密封,有时罐内还放入木炭,以便退火时燃烧起保护作用,炉料不与炉气接触,温度均匀,但退火时间长,燃料消耗大,利用系数低,装料量一般在 50~200 kg 左右,仅在某些工厂小卷箔材成品退火时采用。

(3) 车底炉。由一个炉体及两个炉底组成,炉底由卷扬小车牵引,装出料处采用砂封,两个炉底可以轮换工作,装卸料比箱式炉方便,结构较简单,仅需要专门的台车移动机构,但炉底热量损失大,大多用于铜及铜合金板材中间退火。

(4) 矩形罩式炉。通常由可移动外罩和数目在两个以上的炉台组成,燃烧装置装在外罩上,有的还使用内罩。可以连续工作,一个炉台在加热,而另一个炉台则可冷却及装料。退火产品灵活性大,生产率一般为 1~3 t/h,装料量达 5~15 t。目前用耐热钢板制成的内罩及装料的底垫寿命低,外罩的升降需要大型吊车,大

多用于板材退火。

(5) 钟罩式炉。与矩形罩式炉相同，但内、外罩是圆形的，内罩常通入保护性气体，炉温较均匀，大多用于卷材退火。

(6) 井式炉。由炉体、炉胆及炉盖组成，炉体位于地平面下方，炉体、炉胆均为圆筒形，设有数个冷却井，炉胆内一般通入保护性气体，退火后炉胆再吊入冷却井中。井式炉密封性好，退火质量高，生产率一般约 0.2～1 t/h，功率一般为 80～150 kW，主要用于卷材成品光亮退火。

(7) 推料式连续退火炉。通常将卷材放在耐热钢底垫盘上，底垫盘在推料机的重复推动下，由装料端移向出料端，可以连续工作，生产率高，退火较均匀，电能消耗少，但不适于多品种及长方形的板条等产品，大多用于连续生产批量大、品种较少的卷材中间退火及成品退火。

(8) 步进炉。由步进梁的升进降退运动实现装卸料，炉料与炉底不会滑动，但传动机构较复杂，步进梁与炉底间的空隙有冷空气吸入，主要用于宽厚板材退火，也可供热轧前锭坯加热使用。

(9) 辊底炉。在炉内垒长装有传动辊，与连续式推料炉相似，但不采用底盘及推料机，生产率高，结构较复杂，需要耐热钢辊子及其传动机构，大多用于卷材退火。

(10) 链式炉。在炉底装有传动链带，生产率高，装出料方便，但结构复杂，且密封性不好。

(11) 链式水封炉。在装料及出料处设有水封，密封性比链式炉好。大多用于尺寸较小的板材及卷材的退火，但链式水封炉不适于出炉后浸水影响性能的合金。

(12) 立式牵引炉。用于带材连续光亮退火及淬火。先由开卷机开卷，随后通过电动剪及焊接机，进入除油槽或者烧除残余润滑油的煤气烧嘴，既去除润滑油，又使黄铜表面发暗，有利于退火时快速受热，带材牵引通过加热室、冷却室(有的还配置酸洗室)，最后卷取，炉前后均有活套坑。与一般退火炉相比，时间短，温度高，受热均匀，退火后晶粒度细，生产率高，可达 0.5～4.5 t/h，但炉型结构复杂，带卷必须很长，在退火时要防止拉力太大及受阻时出现断带事故。

(13) 卧式牵引炉。采用简单的牵引机构使带材连续通过炉膛，带材在炉前后均有压辊，在炉内呈悬浮状，加热均匀。现在使用的气垫式退火炉，生产率高，而且产品质量好。

(14) 卧式牵引水封炉。与卧式牵引炉结构相同，但进出料处有水封，用于淬火时，出料侧的水封采用循环水，结构简单，但退火或淬火时不均匀，且易擦伤带材表面，可用于带材退火及淬火。常用于铍青铜带材淬火，出炉后有喷水装置，当喷水不均时，由于淬火应力大，易使薄带翘曲。

(15) 立式炉底升降炉。可用于退火及淬火，炉底为耐热钢制成的平车，炉料放置于平车上，沿轨道将平车推至炉罩下面，用卷扬机或液压装置将炉料及平车升入炉内加热，通常几个平车交替使用，结构较简单，受热均匀，生产率较高，用于淬火时，放置炉料的平车下降浸入水槽中或用冷却水喷射。

各种铜板带退火炉的技术性能见表 26-18。

表 26-18　退火炉的主要技术性能

名称	用途	最高温度/℃	炉膛尺寸			加热参数			装料量/t	生产率/$t \cdot h^{-1}$	保护气
			高/mm	宽/mm	长/mm	类型	功率/kW	消耗/$m^3 \cdot t^{-1}$			
箱式炉	卷		900	1300	6700	煤气			3		
	板	950	1000	1800	5000	电	350		4～5		
车底炉	板	850	835	1400	4500	电	250			1.3	
		900	1100	2470	4400	煤气		400	10	3	
		950	835	1400	4500	煤气				1.5	

续表 26-18

名称	用途	最高温度/℃	炉膛尺寸			加热参数			装料量/t	生产率/t·h⁻¹	保护气
			高/mm	宽/mm	长/mm	类型	功率/kW	消耗/$m^3 \cdot t^{-1}$			
矩形罩式炉	板	900 800	1130	1163	3248	煤气 电	 375	200	10 4	2 1	
井式炉	卷	850 650	1900	ϕ960		电 电	144 85		0.3～1 0.3	0.35	氮气
双膛推料炉	卷	700	1245 600	1432 1000	31770 9700	电 电	640 280		60	4.5 3～4.5	
单膛推料炉	卷	700	1060	1050	9925	电	320		19	1.5	氮气
步进炉	板	1250	1550	3500	10000	煤气		800	50	5	
辊底式炉	卷	650 580 600	 533	 2048	 6710	甲烷 煤气 电	 150	20 135		2 1 2	
链式炉	卷	700 460	1050 700	1200 750	4845 10000	电	280		4 10	0.75～1	
立式牵引炉	卷	700				电	180		8	0.75	
立式淬火炉	铍铜卷	850	800	ϕ600		电	90				分解氨
卧式淬火炉	铍铜卷	950	270	330	500	电	160			0.25	分解氨
井式真空炉	卷	900	1070	ϕ800		电	100			0.12～0.18	氮气
钟罩炉	卷	900	3200	ϕ1600		电	330		22.5	2	N_2+H_2
气垫炉	卷	750		1250	7500	电	600		7.5	4.7	N_2 N_2+H_2

26.9.1.1 钟罩炉

在同等生产能力的情况下，钟罩式退火炉的建设费用只有气垫式退火炉的一半或三分之一，辅助设备少，占地小，能耗低，生产比较灵活，热效率可达55%以上，有较高的生产效率，适用于带卷的中间退火和最终退火。

A 炉子本体的设备组成

罩式炉如图26-37、图26-38所示。国内设计的内热式钟罩炉的性能见表26-19。

表 26-19 国内设计的内热式钟罩炉的性能

型号	温控精度/℃	功率/kW	规格(内置尺寸)/m×m	每炉装料量/t
RB-120-1	±2	90	ϕ1.2×1.8	>2
RB-120-2	±5	70	ϕ1.2×1.8	>2
RB-120-3	±5	70	ϕ1.2×1.8	>2
RB-90-1	±2	50	ϕ0.9×1.7	>1
RB-90-3	±5	50	ϕ0.9×1.7	>1

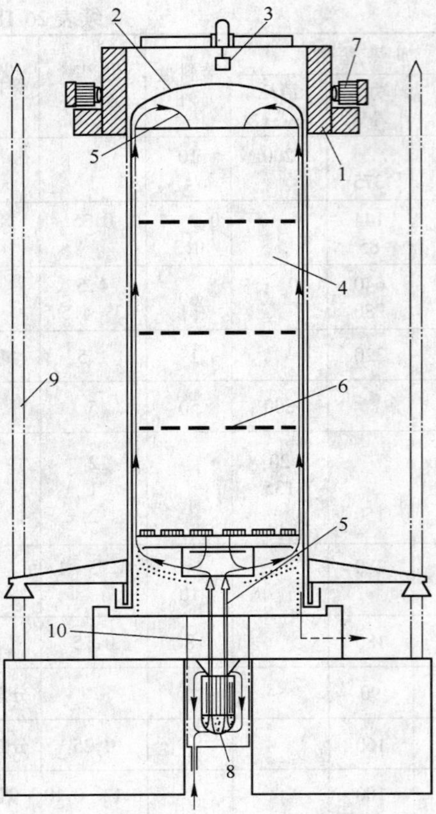

图 26-37 罩式炉(电加热)

1—冷却罩;2—内罩;3—喷水装置;4—料卷;
5—气流方向;6—对流盘;7—冷却风机;
8—循环风机;9—导向柱;10—密封装置

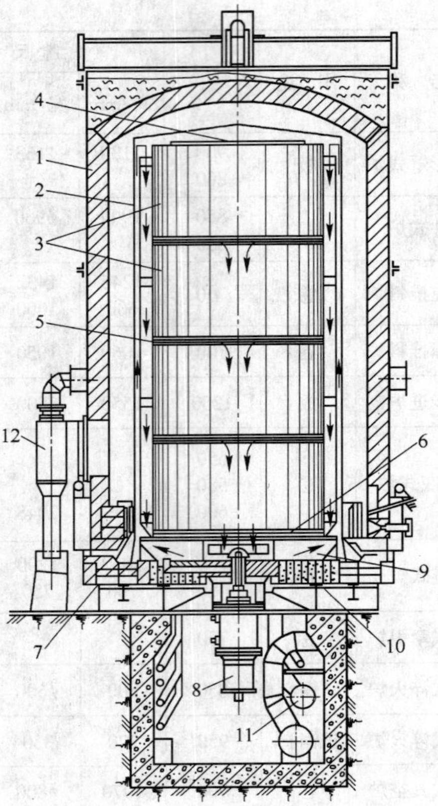

图 26-38 罩式炉(煤气加热)

1—加热罩;2—内罩;3—带卷;4—盖;5—中间垫层;
6—下部垫层;7—炉台;8—风扇;9—定向装置;
10—托圈;11—煤气及空气管道;12—喷射管

B 钟罩式退火炉设备组成和特点

(1) 每套炉组主要由两个炉台、两个内罩、一个加热罩、一个冷却罩、控制设备及其他辅助设备组成。加热罩内的电加热器单区控制,电阻丝排列在下部,约占整个罩内高度的1/2～2/3。炉丝缠绕在耐热陶瓷管上。炉衬材料为轻质耐热陶瓷纤维。退火时,加热罩、冷却罩、内罩、卷垛的起吊使用车间天车。

(2) 全金属外壳的炉台,组合气/水冷系统,由于设计采用强对流循环系统,炉料中的温差可控制在±5℃,可以使全部炉料获得较为均匀的力学性能。

(3) 内罩与炉台之间的机械连接用一个圆形橡皮密封圈(水冷却的)装配起来,然后用液压夹紧气缸自动地压紧,借助于在炉台法兰和内罩法兰之间的水冷橡皮密封件,可得到良好的真空密闭性。炉台中的绝热件完全嵌在金属中,炉台风扇马达有一个橡皮密封罩(风扇轴处无需任何机械密封),炉台风扇马达四周的密封罩没有运动件,以维持炉内气氛的低露点。

(4) 冷却罩上有两台风机,罩内绕顶部一周均安装有冷却水喷嘴,用于内罩冷却。

(5) 采用由电子点火和电动烧嘴控制系统的高速烧嘴(在燃烧煤气的钟罩式退火炉上),用来迅速和均匀地将热量传递到内罩。

(6) 控制中心,包括温控仪、超温安全断路器、多点式温度记录仪、选择开关、定时继电器、警报蜂鸣器等温控系统和记录系统。钟罩炉主要控制工艺参数为炉温(加热罩及保护罩内罩)、炉压、加热冷却时间、保护性气体、风机转速等,电控系统及仪表一般采用单板机,人工设定工艺参数,自动控制。由于对退火卷材质量要求高,所以对仪表及控制装置精度要求高。外罩、内罩内各有热电偶,以显示和记录炉温。

(7) 采用带卷堆垛倾翻机构装卸较大的料卷,线材卷和窄薄带卷可以通过装料架以水平方式装入退火炉。卷材外径较大的放在下层,卷与卷间用对流盘隔开,并对准中心。然后将翻转机转 90°,使卷材竖立,整垛吊放在炉底座上。亦可单卷吊放装炉。

(8) 利用气体的导热系数来控制氢气、氮气的混合比。在退火过程中,可以连续进行抽样,并通过氢气控制仪和露点分析仪对气氛及露点的变化进行连续分析并连续记录,自动按要求进行补充、调节。

(9) 保护气装置。钟罩炉退火要注意三个问题:一是炉内料温均匀性的问题,应选用大功率风机,实施强制循环;二是加热初期排除带材表面残油,防止残油高温炭化后在带材上产生黑斑点的问题;三是冷轧卷取后的薄带在钟罩炉内高温退火时可能发生粘连而损伤带材表面的问题,可采取冷轧后重卷的措施,避免缠绕过紧。

26.9.1.2 气垫炉

现代铜板带生产中,采用钟罩炉和气垫炉进行成卷或单条连续退火是最理想的方法。对于退火带材的厚度在 1.5 mm 以下,特别是薄带材时,以气垫炉为最佳,这是由于在钟罩炉内退火 0.3 mm 以下的薄带材将会发生粘连,很难处理。铜及铜合金的辐射系数很低(大约 0.1),辐射能力达不到要求,因此气垫炉带材加热靠对流传热。

气垫式退火炉广泛应用于铜、铝及其合金的带式退火。它要求在同一个炉上退火的带材,最厚规格与最薄规格之比小于 15:1,最宽规格与最窄规格之比小于 2:1。而且同一条带材的厚度与宽度应有一定的比例,约 1:250(最小),如 1.5 mm 厚度带材的最小宽度为400 mm,300 mm 宽的带材最大厚度为 1.2 mm,这主要是便于克服设计上的困难。退火铜材的厚度为 0.05~2.0 mm;宽 250~1000 mm;对铝材,宽可达 2300 mm。退火速度一般为 5~50 m/min,但 100~120 m/min 的已投入使用。生产效率可达 5~8 t/h,热效率在 55%以上(对电加热的),可以用电热或燃气作为热源。

A 气垫式退火炉设备的组成

水平式气垫炉的设备组成见图 26-39。

B 气垫式退火炉设备的特点

a 脱脂装置

虽然在现代轧机的轧制中采用了真空吸附等除油装置,但冷轧后的带材表面仍附有薄膜厚度在 2~5 μm 的油层,这是由于冷轧时采用油或乳液滑润残留的,并附有脏物。这些油脂带入炉内,在高温下汽化或裂化,或者在带材表面留下斑痕,或者大部分沉积在冷却区冷却器的管子上和喷气装置上引起污染,生产率降低(降低冷却效果),甚至会导致故障,使炉内部件渗碳,产生脆裂倾向。为了保证带材表面光洁和不致污染炉子,带材在退火前进行脱脂是十分必要的。

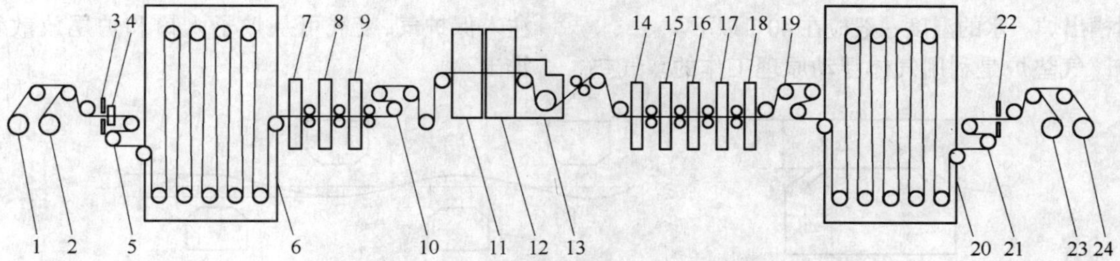

图 26-39 气垫式退火炉机列(水平式)简图

1、2—开卷机;3、22—切头尾剪;4—缝合机;5、10、19、21—S 形辊;6、20—活套塔;7—脱脂箱;8、15、17—水洗箱;9—干燥箱;11—加热区;12—冷却区;13—水封;14—酸洗箱;16—抛光箱;18—钝化箱;23、24—卷取机

b 对中控制系统

气垫式连续退火机列很长，从开卷到卷取，一般长度在100 m左右。生产时控制带材跑偏是关键，否则易于出现生产故障，卷边、刮坏设备和边缘卷取不齐，给下道生产工序造成困难。所以在前后活套塔出入口、气垫炉出口和卷取机前分别装有光电作用的控制辊，以保证带材不偏离机列中心线。

c 张力控制辊

为了调节和控制带材的张力和速度，机列设有若干对S形辊，分别由电机传动。为了不致擦伤带材表面，辊身(包括所有与带材接触的辊)均包有一层约1.5 mm厚的橡胶。带材通过炉内时，必须有一个向前的牵动力，但炉内张力必须是很小的，以免带材在高温下产生几何尺寸的改变。过大的张力，还可使带材出现纵向皱折被拉断。控制方式有别于S形辊的控制方式，采用气动控制张力辊、跳动辊等小张力控制系统，以实现炉内张力的精确控制和调整。

d 气垫炉加热区

它是带材气垫退火的关键设备。单条带材通过炉内退火，不采用辊道，而用气垫。气垫炉包括密封装置、加热段、冷却段及水封装置，并配备有穿带装置、加热器及循环风机。

炉套是一个焊接的气密性的外壳，它和内套之间用陶瓷纤维填充，内套内装有喷气系统、喷气箱及挡板和用于气体循环的导流板，并配有温度检测、记录仪表和自动控制装置。

为了使炉子有好的密封性，炉子的入口用“锁气室”、密封辊等装置进行气封。炉子的出口是水封的，带材经冷却段冷至80℃以下，然后经由水封槽出炉。水的温度一般应在40℃以下。

气垫炉是利用气体浮动原理工作的。气垫炉空气动力学的要求有以下两点：一是气垫必须保证带材飘浮高度 h 适宜，且移动稳定，波浪度 Δh 适宜；二是气流的流速应保证热交换的高速完成。图26-40*a*为喷嘴示意图，图26-40*b*为炉内带材运行状况示意图。气垫炉的供气系统布置很合理，这个系统主要由风机、流体通道、加热器、喷嘴等组成，上下喷箱有矩形的、人字形的，喷嘴上下交错排列。喷嘴喷出的气流，一方面形成使铜带具有恢复原位的自调节能力的气垫；另一方面气流动压转化为压力，形成对带材的支撑力。这些可保证铜带运行中波浪度适宜，运行平稳，且具有良好的稳定性，始终保持一定飘浮高度。通过喷嘴作用将热气流喷射至铜带表面，实行强制对流加热，即在铜带运行过程中就完成热交换，加热均匀，从而保证产品工艺质量要求。退火较厚的带材，一般有较高的风速。风速越快，气体排放速度越高，产生的浮力越大，对带材的对流传热量也越多。

气垫炉可用电或燃气加热。用电加热时，炉气(或保护气)通过热辐射管被加热到工艺要求的温度，再均匀地喷射到带材表面上。退火黄铜可不用保护气，而退火紫铜要用保护气，其成分有氮或氮中加少量氢。如采用燃烧煤气制氮，则保护性气体中还含有氢和一氧化碳，为安全起见，这些可燃性气体的总含量应小于5%。这些气体亦有利于从炉气中还原氧。如采用燃气加热，则炉气本身就可当保护气，当然要控制好助燃空气的比例，空/燃比小些。在气垫炉内退火紫铜，在有高质量保护性气体的情况下，可不经酸洗，就能得到光亮的表面。退火时炉子入口炉封装置保持20～50 Pa的压力，并不断注入保护气，废气可从炉子入口和炉尾放散管排出。

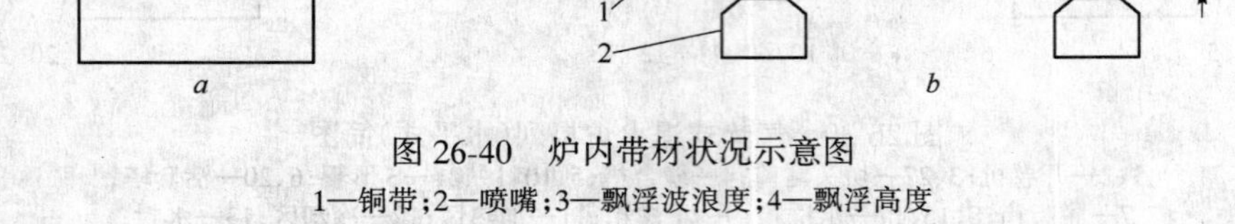

图26-40 炉内带材状况示意图

1—铜带；2—喷嘴；3—飘浮波浪度；4—飘浮高度

炉温可以分区控制或整体控制。由于单条连续退火,铜及铜合金的导热性好,高速热气体对带材有很高的传热量。所以在气垫炉内,能实现高温快速退火。一般加热段的长度约10 m,带材通过炉内的速度,因带材厚度的不同而异,从每分钟几米到几十米,加热的时间只有几秒至几十秒。所以退火时,带材的氧化极少。

e 冷却区

其结构大体与加热段相同,只是加热系统改成冷却系统,冷却气体先由冷却区尾部再到冷却区头部。其原因有三:其一,冷的气体经过冷却区尾部对带材的冷却后,温度有所升高,可避免从加热区过来的高温带材因急冷变形;其二,经过滤的气体比较干净,先进入冷却区尾部区,使出冷却段的带材有比较干净的表面;其三,可使带材经冷却后温度更低,冷却更彻底。一般情况下,带材通过冷却段入水封的带材温度应低于60~80℃。

f 钝化装置

为了防止退火后的带材表面变色,以便长期存放,可在带材抛光后加入钝化装置,或在抛光热水刷洗后安装喷涂保护剂的装置,一种是在带材上下安装自动供给保护剂的牛毛毡辊,另一种为上下喷雾状保护剂,在一个封闭箱内进行。最新的还有静电涂油的方法,效果很好,但设备多,投资大,它们可使带材表面有一层厚度小于2 μm的油保护层。

气垫炉最新的进展是在加热室前增加一个锁气室或气体置换室,此前用密封辊阻断空气,连续不断地抽走带材可能带入锁气室的气体,并采用高氢(H_2 可达 75%)保护,实现免酸洗、清刷的光亮退火。

国外和国内采用的气垫炉的主要技术性能分别见表26-20~表26-22。

表 26-20 德国铜加工企业采用的几种气垫炉的主要技术性能

项 目	Ⅰ	Ⅱ	Ⅲ
外形尺寸($L\times B\times H$)/m×m×m	82×7.5×10.5	78×8×6.5	20×2.4×3.4
热处理铜带宽度/mm	500~1050	200~660	约420
热处理铜带厚度/mm	0.1~1.5	0.08~1.2	0.05~0.8
最大单卷重/t	7.5	4.5	6
机列速度/m·min^{-1}	4~50	4~40	8~80
热处理温度/℃	450~750	700	620~750
热效率/%	55	55	55
生产能力/t·h^{-1}	4.7	2.0	0.895~1.38
产品晶粒度	0.1 mm,25±5 μm 0.8 mm,35±8 μm	(20~25)±5 μm	20±5 μm
保护气组成/%	2~5H_2 95~98N_2	不带保护气	2~5H_2 95~98N_2
附加装置	预留涂层装置位置	带辊式涂层装置	

表 26-21 几家国外铜加工企业采用的气垫炉的主要技术性能

项 目	美国斯考维尔公司	日本大同特殊钢公司	法国 Heurty Metallurgie
退火材料	铜及铜合金	铜及铜合金	铜、黄铜、白铜
厚度/mm	0.13~1.5	0.08~1.5	0.08~0.8
宽度/mm	700~750	350~650	500~630
工作温度/℃		400~720	(300~800)±3
退火速度/m·min^{-1}	7.5~75	20~80	4~50
生产能力	4.5 t/h	1200 t/月	1.5~2.2 t/h(0.4~0.5×630 mm)

表 26-22 国内铜加工企业采用的气垫炉的主要技术性能

项 目	A	B
用 途	铜及铜合金带材连续退火	铜及铜合金带材连续退火
热处理铜带宽度/mm	500～1050	300～670
热处理铜带厚度/mm	0.2～1.5	0.08～1.2
最大单卷重/t	7.5	4.5
机列速度/$m\cdot min^{-1}$	入口及出口侧的终端设备:4～60 炉子:4～50	机列进口和出口端:4～60 机列中心:4～50
热处理温度/℃	450～750	200～750
热效率/%	≥55	55左右
生产能力/$t\cdot h^{-1}$	退火带材厚度≤0.5 mm,2.7 退火带材厚度>0.5 mm,4.7	2.58
炉子参数	加热区长度:3×2500 mm 冷却区长度:2×2500 mm 炉膛宽度:1250 mm 加热区额定功率: 300 kW+150 kW+150 kW 风机:60 kW,1500 r/min	加热区长度:6500 mm 冷却区长度:6000 mm 炉膛宽度:870 mm 加热区循环风机:1400 m^3/min,90 kW 冷却区循环风机:930 m^3/min,55kW
保护气	N_2:大于96%,(H_2+CO):小于4% 消耗量:120 m^3/h,压力8.5 MPa	N_2:96%～97%,H_2:3%～4% 消耗量:100 m^3/h

26.9.2 铜管棒退火设备

常用的退火炉有辊底式退火炉、网链式退火炉、罩式退火炉和通过式感应退火炉。辊底式退火炉和网链式退火炉可用于直条产品和盘卷产品退火,罩式退火炉常用于盘状产品退火,通过式感应退火炉专用于单根产品退火。

上述退火炉既可用于铜及铜合金材料的中间退火,也可用于成品退火。用于中间退火和成品退火的退火炉在炉体的热工结构方面是相同的,仅在采用保护气氛的条件下,对炉体密封、炉压控制和循环风机选用方面有较高要求。冷却室必须同时满足制品冷却和防止制品表面氧化两项要求,因而其结构与普通的氧化退火炉有较大差别。

26.9.2.1 常用退火炉的结构、特点和用途

退火炉的类型、结构、特点、用途见表26-23。

表 26-23 退火炉的类型、结构、特点、用途

类 型	基本结构	用 途	技术特点	其他说明
辊底式中间退火炉	以炉辊作为承载体和传输部件,炉体部分分为加热和冷却两个区段,加热区以电阻加热方式工作,冷却区较简陋,一般采用风冷结构	用于制品加工过程中间退火,退火后制品表面需酸洗	退火炉结构简单,占地面积小,造价低,运行费用低。加热炉容量不受局限,可按需要设计	有分批退火和通过式退火两种工作方式,后者较易保证制品性能均匀
辊底式光亮退火炉	以炉辊作为承载体和传输部件,炉体部分分为前锁气室、加热室、冷却室、后锁气室等区段。炉内有保护气氛,且保持微正压状态,保护气氛中的H_2含量一般在5%以内。加热室设置循环风机。由电阻元件加热。冷却室采用水-风联合冷却方式,冷却效果较好	用于成品光亮退火和部分制品加工过程的中间退火	退火炉结构完善,性能优良,但造价较高;与其他类型的光亮退火炉相比,保护气氛消耗量较小,一般在100 m^3/t以下,但不能保证高锌黄铜制品退火的表面光亮性能。退火炉生产能力一般设计为1000～4000 kg/h	有分批退火和通过式退火两种工作方式,用于后者时,前锁气室和加热室之间应增设过渡室。用于紫铜盘管退火时,应有内吹扫装置

续表 26-23

类　型	基本结构	用　途	技术特点	其他说明
网链式光亮退火炉	以网链作为承载体和传输部件，炉体由加热室、冷却室组成。冷却室由水冷套构成。加热室内一般设有贯通式炉胆。由电阻元件对炉胆加热。炉内有保护气氛，保护气氛中的 H_2 含量可在 1%～75%范围调节。加热和冷却过程都无换热风机，完全靠辐射和对流形式进行热量传递	用于直条制品的成品光亮退火和部分制品加工过程的中间退火	退火炉结构简单，占地面积小，造价低；以通过退火方式工作，制品长度不受局限；对退火的光亮程度保证能力强，产品适应面广；但退火能力在 700 kg/h 以内，且保护气氛消耗量相对较大	该类型退火炉常用于直条黄铜管退火，进一步改进后产能可扩大至 1000 kg/h 以上
罩式退火炉	由炉台、内罩、加热罩、冷却罩组成，一般配置方式为两组炉台、两组内罩配一组加热罩和一组冷却罩，加热方式为电加热或燃气加热，加热和冷却两种工况都直接作用于内罩，内罩内部一般通以高氢保护气体(H_2 为 75%)，保护气兼有防止制品氧化和加强热传导两种功能。内罩内部设循环风机，实现强对流加热和冷却	用于带卷和盘卷材料中间退火或成品退火	相对于同等生产能力的辊底式退火炉，具有造价低、保护气体消耗量小等优点，但占地面积较大，热效率较低，单炉的生产能力一般为 2 t/h，适合于中小生产能力条件下选用	采用 100%全氢气体保护时，可获得最佳热交换性能，减少加热和冷却时间
通过式感应退火炉	以中频电流对单根制品进行加热，实现退火。退火过程中制品保持在匀速运动状态。退火炉由中频电源、感应线圈、炉衬、传动机构、冷却系统构成；在要求光亮退火的场合，还需要配置保护气系统	适宜长条制品和盘卷制品开卷后退火，常用于内螺纹管成型前和轧管后退火；在线配置时可充分发挥此退火方式的优越性	加热快速、充分，加热和冷却时间短；退火后材料晶粒细小，力学性能优良，有利于后部工序采用较大的加工率。该类退火炉的生产能力有限，且控制较复杂，仅适合于特殊条件下选用	紫铜退火时，宜用水冷；黄铜材料退火时，不宜急冷。由于快速加热和冷却过程中发生的弯曲现象，该退火方式不宜用于成品退火

在选型时应根据不同用途选择退火炉，注意以下几个方面的问题。

A　生产率需求与退火炉能力匹配

退火炉是热惯性很大的设备，其升温和降温过程都较长，只有在连续工作条件下，才能实现较好的经济指标。如在断续生产条件下运行，其单位产品消耗将大幅度升高。因此，在生产率不太高时，可选择一台退火炉满足工序要求；在工序需求较高时，可选择通过能力较大的设备或配置多台设备，以满足工序需求。一般情况下，大容量设备的相对消耗、占地面积、人力配置等指标都比小容量设备高，因而不宜配置多台小容量设备而应在较少配置台数的条件下增大单台设备容量。考虑到设备维修、生产不均衡以及负荷率不足等情况，可选择以退火炉 80%左右的额定通过能力来满足工序需求。

B　确保主要技术指标的先进性

炉温均匀性、测温和控温精度、能效比是衡量退火炉是否先进的重要技术指标，是保证金属制品力学性能均匀、稳定的条件。对于采用保护气氛，用于光亮退火的退火炉，还应有制品表面光亮程度和保护气体消耗量指标。

当前，退火炉的设计者和制造商已经普遍掌握了强对流循环技术和先进的控制技术，退火炉的加热室循环风机、炉温的 PID 控制系统已经广泛采用，在此条件下的炉温均匀性和控温精度完全能够控制在 ±5℃ 以内；只要选用优质测温元件，正确选取测温位置，就不难达到铜材退火的力学性能要求。

在感应退火炉中，能量损耗有两个方面：一是感应线圈带走的热量，约占输入能量的30%～50%，即感应退火的电效率为50%～70%；二是退火炉散热损失，约占输入能量的5%～10%；综合上述两项损耗，感应退火方式可实现的能源效率为40%～60%。

在辊底式退火炉中，能源损失包括散热损失和料筐带走的热量。在采用优质纤维炉衬材料、加强炉体保温性能、尽量减少散热损失的条件下，辊底式退火炉的能源利用率可达到60%以上。由于辊底式退火炉无需对炉胆、炉罩等辅助结构加热，有较高的能源利用率，还具有占地面积相对较小和单炉生产能力较大的优点，可作为铜材退火的优选炉型。

C　加热能源的选择

国内铜加工企业当前在用的退火炉以电加热为主；电是使用方便、有利于环保的清洁能源，比直接燃油或燃煤的退火炉的能源利用率高。

近年逐渐推广采用的燃气辐射管加热方式和可控燃气加热方式已在钢铁企业的大型加热炉获得应用，这种加热方式同样具有使用方便、能源利用率高的优点，同样满足环保要求。燃气加热采用天然气和煤气为能源，避免了发电转换过程，具有更高的经济性，是大容量退火炉的较好选项。

D　保证光亮退火性能和减小保护气消耗的技术措施

为了防止退火制品表面氧化，保持光亮，退火过程必须在保护气氛条件下进行。常用的保护气氛有氮气、二氧化碳气体、氢气、一氧化碳以及上述气氛的混合气体，其中氢气和一氧化碳具有还原能力，对于保证制品表面光亮有显著效果。不同的材料对保护气氛成分的要求是不同的：在氮氢混合气体保护条件下，保证紫铜材料表面光亮的保护气氛氢含量一般在2%左右，保证高锌黄铜材料表面光亮的保护气氛氢含量一般在10%以上；在应用罩式炉退火时，采用高氢或全氢气体保护不仅可以防止制品表面氧化，而且可以充分利用氢气良好的热传导能力。

为了防止保护气体泄漏，采用保护气氛的退火炉对接口部分的密封要求很高，特别是循环风机、炉门、辊道应加强密封。在退火和冷却过程中，炉内应保持一定的压力，以防止炉内的局部负压引起外部空气渗入。

不同结构形式的退火炉对保护气的消耗量有较大差别，对罩式炉和部分辊底式退火炉，采用抽真空后填充保护气的方法，使气体置换效率提高到1∶1，是当前减少保护气体消耗量的有效方法；对多数辊底式退火炉，采用自然置换方式时，保护气体消耗量与置换室容积有关，且大约为置换室容积的6～10倍，近年有的制造商试验采用均匀置换方法，已使保护气体消耗量减少，约为置换室容积的2～3倍。

退火炉的保护气体消耗量还取决于排除废气的需求量，退火过程中，材料表面的残留物加热后挥发形成的烟雾需排出炉外，这也增加了保护气体消耗。

在当前技术条件下，铜及铜合金材料的光亮退火炉保护气体消耗量一般为100～200 m^3/h。

E　保护气体的质量要求

对于采用保护气体的光亮退火炉，产品表面的光亮程度不仅靠退火炉的合理结构和优良性能提供保证，同样也需要高质量的保护气氛对产品的表面质量提供保证；已有的光亮退火炉运行经验表明，由于保护气体装置运行中的性能波动对产品质量的影响，比退火炉本身的故障对产品质量的影响更大。

良好的保护气体装置应具有以下性能：

(1) 在额定供气条件下，供出气体的含氧量在$(3\sim5)\times10^{-4}\%$以下。

(2) 在各种气候条件下，确保供出气体的露点在 −60～−65℃以下。

(3) 在正常调节范围内和供气量正常波动时，确保气体成分配比稳定。

(4) 由于保护气体装置内的工作介质性能在使用过程中逐渐衰退，保护气体装置的额定输出能力应大于实际用量20%左右，并注意定期更换工作介质。

26.9.2.2　几种退火炉的主要技术性能

A　通过式光亮退火炉

通过式光亮退火炉是一种连续退火炉(见图 26-41、图 26-42),需退火的管棒材的长度不受限制,非常适合超长管(如 18 m 以上的长冷凝管)的退火,退火后材料的组织性能一致性好,采用网链承载加热的管材,可避免热态时的擦划伤。而且炉子体积不大,只是炉体较长。其基本组成是:前上料辊道、吹洗室(进口处装有纤维挡气帘)、加热室(一般分为 4 区,加热区中有马弗炉胆将热源隔绝在外,退火料在马弗炉胆内通过)、冷却室、出料台、传动装置和气体保护装置等。

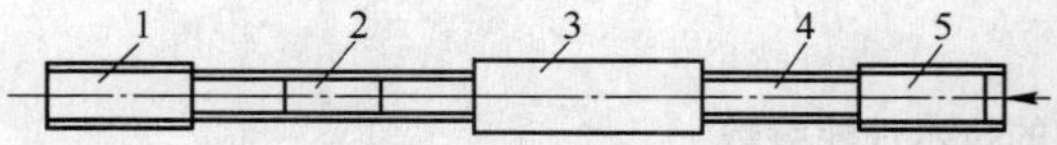

图 26-41　直条管通过式光亮退火炉示意图

1—出料台;2—冷却室;3—加热室;4—吹扫室;5—上料台

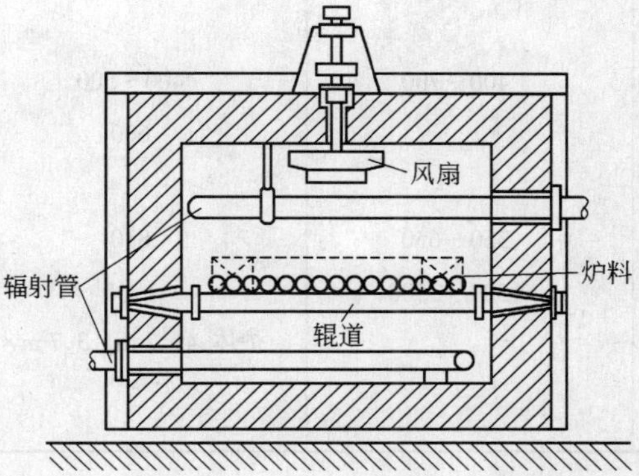

图 26-42　通过式光亮退火炉剖面图

某直条管通过式光亮退火炉的技术性能如下:炉子全长 24861 mm;吹洗室长 2438 mm;加热室长 6021 mm、宽 1755 mm;冷却室长 10973 mm;马弗炉胆内腔尺寸宽 914 mm、高 252.4 mm;冷却室内腔尺寸宽 914 mm、高 101.7 mm;马弗炉胆外温度不高于 982℃,胆内温度(退火温度)360～800℃,胆内温度偏差不高于 ±5℃;网链运行速度 0～660 mm/min;保护性气体成分见表 26-24。

表 26-24　保护性气体成分

合金牌号	氢气/%	氧　气/×10⁻⁴%	露点/℃	含尘量	氮气/%
紫、黄铜	5～30	<1	< -70	<3.5 颗/L	余量
白铜	20～75	<1	< -70	粒径<0.5 μm	余量

B　辊底式光亮退火炉

现代辊底式光亮退火炉大都由进、出料真空锁气室或气体置换室、加热室、冷却室和保护气系统等 5 部分组成。真空锁气室的密封要求十分严格,造价是普通炉子的两倍。气体置换室是先抽真空,压力小于 100 Pa,将进料时带入的空气抽尽,再充入高纯氮气(O_2 含量小于 $5\times10^{-4}\%$)。由于锁气室隔绝空气并充好保护气体,所以在加热、冷却过程中炉内保护气压力只需维持在 300 Pa 左右即可,因而可节省保护气体。有气体置换室的辊底炉的基本结构见图 26-43,其气体置换室结构见图 26-44。

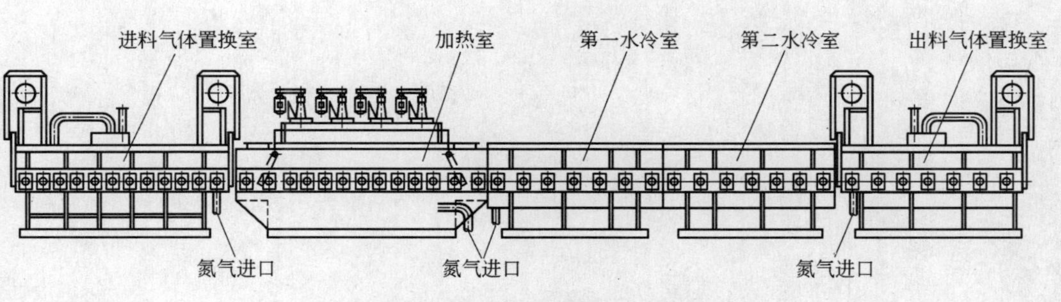

图 26-43　辊底式光亮退火炉示意图

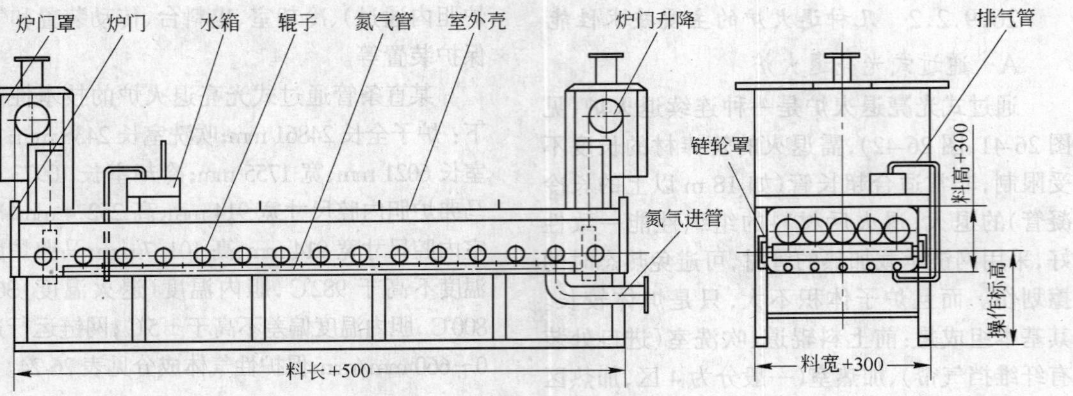

图 26-44 进料气体置换室示意图

典型的辊底炉的主要技术性能参数见表 26-25。

表 26-25 几种辊底炉的技术性能参数

参数	A	B	C(楼式)
退火产品规格/mm	(φ40~300)×(1.5~20)×7000(直条)	(4~22)×(0.25~2)	(φ4~22)×(0.3~2.0)
	圆盘外径 φ1300	圆盘外径 φ1230	圆盘外径 φ1050/620
最大负荷/$kg \cdot m^{-1}$	650℃时,400		
退火温度/℃	300~800	400~700	400~500
最高温度/℃	900		600
封闭炉压/Pa	200~250		
总功率/kW	280	350~650	810
生产能力/$kg \cdot h^{-1}$	1000	1500~3500	1.65
加热室($L \times W \times H$)/mm×mm×mm	7800×1800×1317		炉体:41.2 m×3.7 m×7.2 m
移动速度/$mm \cdot s^{-1}$	快速 220/摆动 13(可调)		

27 清洗与钝化技术[1]

27.1 铜材清洗与钝化的机理和原则

27.1.1 清洗

清洗是铜材加工中去除材料表面的工艺残留物的一个工序。残留物可分为氧化物、残留油及其他异物等。根据表面残留物的不同性质，清洗又可分为脱脂（去除表面残留油）、酸洗（去除表面氧化物）、吹扫和清刷等过程。

（1）脱脂：在铜材的冷加工过程中，会使用大量包括乳化剂、轧制油及其他油脂等各类润滑剂。而为了减少残留油脂对退火后表面质量的影响，需要在退火前对材料进行脱脂处理。脱脂通常采用碱液。脱脂是个复杂的化学－物理过程，除了皂化反应以外有时还有乳化反应和吸附反应等。典型的皂化反应式如下：

$$R-COOH+NaOH \rightarrow R-COONa+H_2O \qquad (27\text{-}1)$$

目前工业用脱脂剂都是复合试剂，例如德国汉高（Henkel）公司的 P3－T 7221 m 试剂水溶液，其浓度 0.3%～0.5%，溶液使用温度 60～70℃。

（2）酸洗：铜及铜合金材料经热加工（包括热轧、挤压及非保护性热处理等）后，需要采用酸洗方式清除表面残留的氧化层。酸洗后的材料一般要进一步进行清洗（冷水洗或热水洗）和干燥来保证酸洗的效果。生产中对酸洗工艺的要求包括：氧化物清除干净；酸洗时间短；酸的利用率高。铜及铜合金与酸液（硫酸）的化学反应式如下：

$$CuO+H_2SO_4 \rightarrow CuSO_4+H_2O \qquad (27\text{-}2)$$

$$Cu_2O+H_2SO_4 \rightarrow Cu+CuSO_4+H_2O \qquad (27\text{-}3)$$

酸洗时，铜材表面的氧化层（主要由氧化铜及氧化亚铜组成）被硫酸溶解。对于表面氧化比较重的铜材，以及铜合金中含有 Be、Si、Ni 元素的特殊青铜、白铜产品，可以在硫酸的基础上加入少量的硝酸（HNO_3）来提高其酸洗效果，其反应式为：

$$4HNO_3+H_2SO_4+2CuO \rightarrow 2CuSO_4+Cu(NO_3)_2+2NO_2+3H_2O \qquad (27\text{-}4)$$

加入少量的氧化剂重铬酸钾（$K_2Cr_2O_7$）也可以强化酸洗效果，其反应式为：

$$K_2Cr_2O_7+2H_2SO_4+3Cu_2O \rightarrow CuSO_4+Cu_5(CrO_4)+2H_2O+K_2SO_4 \qquad (27\text{-}5)$$

在使用硝酸和重铬酸钾时需要十分的慎重，因为会恶化劳动条件和影响环境质量。而废弃物的处理必须严格按照国家环境保护的法律、法规进行。

铜材的酸洗工艺制度见表 27-1。

表 27-1 铜材的酸洗工艺制度

合金牌号	硫酸含量/%	水含量/%	硝酸含量/%	双氧水含量/%	温度/℃	时间/min
紫铜、H96、H90、青铜	5～15	余量			60～80	0～40
	13～18	余量		4～6	30～50	5～20
黄铜	8～15	余量			40～60	2～15
	10～15	余量		5～6	40～60	3～8
BFe30-1-1、BZn15-20	13～18	余量		3～6	60～80	10～60
BMn40-1.5	8～15	余量	3～8		60～80	5～30
其他白铜	15～20	余量	8～12		60～80	5～20

[1] 本章撰稿人：方守谊、董顺德。

27.1.2 钝化

钝化是通过采用化学试剂使材料表面形成致密保护层,防止铜材表面氧化变色。

铜及铜合金的耐腐蚀性能主要是由于材料腐蚀电位较高及表面能形成保护性薄膜。通常情况下,在大气环境中生成的铜表面氧化膜的保护性取决于温度、湿度及环境中所含的污染物。总体上,铜及铜合金自然生成的氧化膜的保护能力不强,暴露在大气中的铜材表面会随着时间的推移而逐渐变色。防止铜材表面变色的对策,是用钝化的方式来处理表面。用铬酸盐处理是过去常用的一种方法,实际的防止变色效果很好,但基于六价铬酸盐的毒性和环保处理的困难,被严格限制使用。实际生产中,苯丙三氮唑(简称 B.T.A)及其衍生物是目前最广泛使用的有机钝化剂,其防止铜材表面的变色的效果很好。

27.2 清洗液和钝化液的类型、基本成分

27.2.1 酸液

一般情况下,铜材的酸洗普遍采用稀硫酸,浓度约5%~15%,温度约30~60℃,通过式酸洗的时间从10~60 s不等。具体的酸洗工艺参数根据材质、厚度、氧化程度及酸洗效果等情况作相应的调整。黄铜的酸液浓度较低,而青铜、纯铜等就要高一些。在酸洗过程中,酸的浓度会不断下降,酸中铜离子的浓度会不断上升而导致酸洗效果下降。当酸液中硫酸含量小于50~100g/mL,含铜量大于8~12 g/mL时,应及时换酸或补充新酸液。补充酸液时,必须注意应先放水,后加入浓酸;应小心缓倒,防止酸液灼伤人体皮肤。酸洗时间要根据铜材表面氧化程度和酸液浓度而定,不能太长,否则会使铜材基体受酸浸蚀而产生表面麻点。在非通过式酸洗时,不要将铜材静止地浸泡在酸液中,而要不停地晃动,以便使酸洗均匀。酸洗白铜等氧化皮较致密的铜合金时可在硫酸溶液中加入一些强氧化剂如硝酸、双氧水等。如加入1%~3%的硝酸,可以改善酸洗效果。

27.2.2 钝化剂

改进型铜材钝化剂的主要成分是苯丙三氮唑。为了进一步提高其钝化效果,在试剂中加入了部分有机酸类的成分。为了防止在材料表面有白色(B.T.A)结晶析出,在试剂中添加了促进B.T.A熔点下降的试剂成分。改进型铜材钝化剂具有与铜材表面良好的浸润性,能够在铜材表面快速形成均匀的钝化膜,防止材料锈蚀。由于该类试剂没有发泡性能,使用时既可以采用浸入通过方式,也可以采用表面喷洒方式进行钝化处理。针对材料钝化工序通常在酸洗之后进行的工艺特点,改进型铜材钝化剂能够在一定程度上抵御酸液的少量流入而造成的钝化剂 pH 值有所下降的情况,仍保持其防蚀的效果。钝化处理后的铜材,如果采用10%的硫酸(H_2SO_4)水溶液浸泡10 s,可以完全去除材料表面的钝化膜。循环使用的钝化剂,其水溶液中B.T.A浓度可以用紫外线或可见光的分光光度计进行检测,其原理是利用主成分B.T.A的吸光性。单纯的苯丙三氮唑呈白色絮状物,而改进型铜材钝化剂则多为淡黄色透明液体,苯丙三氮唑含量约10%,新液体的pH值为7.0~8.0,使用时加入的浓度为3%,实际B、T、A浓度约0.3%。现场控制范围为0.2%~0.5%,温度为60~85℃。为了保证钝化效果,应该使用去离子水稀释钝化剂,而普通的自来水中含有钙离子,与B、T、A反应生成结晶,影响使用效果。钝化过程中,还需要注意检测钝化液的离子浓度。循环冲刷过程中,铜材表面的金属粒子及其他残留污物的带入会造成钝化液中离子浓度的提高,影响钝化效果。

27.3 铜管内吹扫

铜管在拉伸过程中需对芯头和内表面进行润滑,残留在内表面的润滑油需清除。否则会影响内表面质量,特别是成品退火时会使润滑油在内表面碳化、发黑。对于直条管,常采用布、棉球进行机械擦拭。而对于空调、制冷用的盘管、毛细管则采用“内吹扫”的工艺措施。

拉伸后管材内表面的残留润滑油在退火时，随着温度的升高而不断蒸发。在残留润滑油蒸发的过程中不断地向管内吹送保护性气体，将蒸发的油气逐出管外，就可以实现铜管内表面的清洁。这一工艺过程称为内吹扫。

润滑油在铜管内蒸发或热分解气化的程度与起始吹扫温度、吹扫方式、吹扫气体压力的关系极大。实践证明，起始吹扫温度200～250℃、保护性气体采用间断性脉冲式吹进管内，并且，保护性气体保持较高的压力，就能够使内吹扫取得最佳效果，铜盘管、内螺纹管内表面的清洁度可以稳定在10 mg/m² 以下。

铜盘管内吹扫的应用实例见图27-1和图27-2。

图 27-1　辊底式退火炉铜盘管的连续吹扫

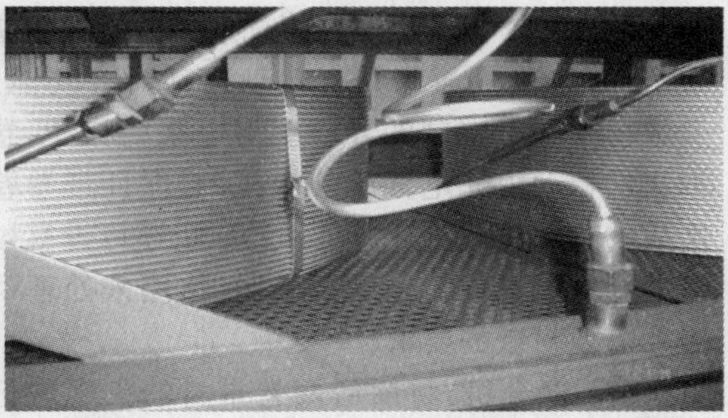

图 27-2　铜盘管连续吹扫管路的连接

27.4　清洗和钝化设备

27.4.1　酸洗槽组

传统的铜板材及多数直条管棒材生产中，酸洗采用简单的酸洗槽组，一般由酸槽、冷水槽、热水槽组成。将板条或管棒料装在专用的料筐或吊带内用吊车吊入酸洗槽内浸泡10～30 min后取出，随后进行冷热水洗、清刷及烘干（一般用蒸汽）。这样的酸洗方式设备简单，制造容易，但生产效率低，酸洗质量难以保证，职工劳动条件差。

27.4.2　清洗机列

现代铜带已广泛采用表面连续清洗机列，它的构成取决于产品及工艺对其的具体要求。图27-3是铜带表面连续清洗机典型的布置示意图。

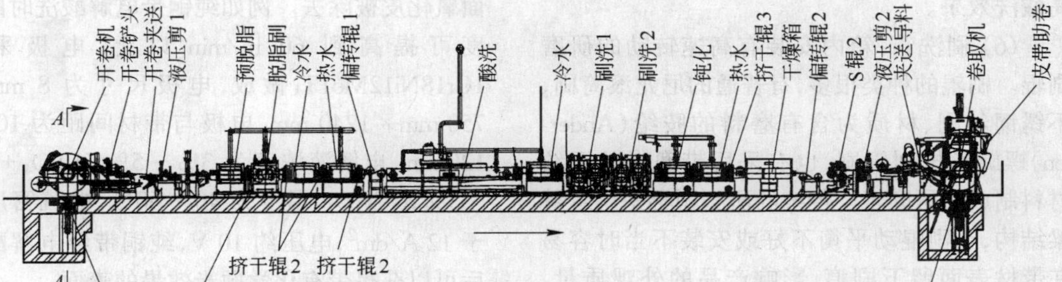

图 27-3　铜带清洗机列示意图

一般而言，铜带表面连续清洗机列由以下部分组成：

(1) 带卷的进料和出料：一般由储料台和带卷小车等组成。储存带卷的数量1～3卷不等。带卷小车由液压驱动。

(2) 开卷机和卷取机：用于带卷的展开和卷取。连续生产铜带表面清洗机列采用的张力一般较小，开卷或卷取机的负荷主要来自带卷本身的重量。为了保证经清洗处理后的带卷卷取整齐,卷取机通常具有自动边部对齐功能。卷取机安装于特制的导轨上可以来回移动,卷取机的移动由光电伺服液压控制,保证带卷卷取后的边部整齐。开卷机和卷取机还可带有衬纸的卷取装置或衬纸的开卷装置,用来处理铜带卷需要衬纸的要求。

(3) 缝合机:将前后两卷带材的头尾进行连接,保证作业的连续性。

(4) 脱脂清洗机:它由脱脂喷淋和洗刷箱、脱脂液槽、冷水清洗室、热水清洗室以及间隔挤干辊等部分组成。脱脂喷淋和洗刷箱安装有脱脂剂喷淋系统和尼龙刷辊,对带材进行脱脂清洗。脱脂剂是循环使用的,从脱脂液槽中由泵输送到洗刷箱中,然后回流到脱脂液槽中,脱脂液槽中还安装有浮油的撇油装置或油水分离器,去除脱脂液槽中的浮油。经喷淋和洗刷后的带材将分别通过冷水及热水清洗室进行清洗。

(5) 酸洗槽:分为上下两层,下层储酸,上层进行酸洗。下层的酸液通过酸泵打入上层酸槽,并不停地冲洗带材表面,达到酸洗的目的,酸液通过溢流孔回流到下面的储酸槽中。大多数情况下,铜材的酸洗采用5%~15%的硫酸水溶液。必要时,也可以采用其他强酸进行处理,还可通过蒸气或电加热,提高酸洗温度来提高酸洗效果。

(6) 刷洗箱:箱内安装有高速转动的研磨刷辊。刷辊的种类很多,有普通的尼龙滚筒刷、不锈钢丝刷、材质为含有磨料的胺纶(Anderlon)螺旋形排列辊刷,也有采用带磨料的无纺材料制成的研磨辊。传统的研磨刷辊采用悬臂梁结构,当刷辊动平衡不好或安装不当时容易在带材表面留下刷痕,影响产品的外观质量。目前刷辊采用两端支撑结构,不仅刷辊更换方便,也消除了刷痕,并使刷辊旋转速度可高达750~1200 r/min。同时,还可以增加研磨刷辊箱的数量以及配置不同类型和规格研磨刷辊,以保证带材经清刷和研磨后达到规定的表面粗糙度及表面质量。

(7) 钝化箱:循环使用的钝化剂采用喷淋或浸入通过方式与通过的带材进行反应,表面形成钝化膜,达到防锈的效果。

(8) 烘干室:烘热风的温度约为80℃左右。为了保证带材能够干燥,需要对带材用橡胶辊挤去表面水分,用“风力”吹干,在烘干以前,保持带材有足够高的温度(50~60℃)是十分必要的,最后进入热风烘干箱烘干处理。

27.4.3 超声波酸洗和电解酸洗

超声波酸洗是指在传统的酸洗槽内安装超声波装置。利用超声波在金属材料表面的高频振荡,可以使酸洗效率提高1.5倍,是一种快速酸洗的方式。

电解酸洗是利用电化学的作用原理来强化酸洗过程,提高酸洗的表面质量及酸的利用系数。其原理如下:在酸洗槽中装电极,金属带材通过两电极板之间,酸洗时将电极板及支撑带材的导辊通电,则带材(阳极)与电极板(阴极)之间形成电势,酸洗产生离子电解使带材的表面氧化皮被除去。例如纯铜带电解酸洗时的速度可提高到60 m/min以上,电极采用1Cr18Ni12Mo1Ti做成,电极尺寸为8 mm×750 mm×1240 mm,电极与带材间距为100~120 mm,电解液浓度为3%~5% H_2SO_4+2%~3% $K_2Cr_2O_7$,温度为40~60℃,电流密度小于12 A/dm^2,电压约10 V,纯铜带经电解酸洗后可以获得带有化学抛光效果的表面。

28 工艺润滑技术[1]

28.1 概述

金属压力加工中，工具与工件表面之间产生相对运动，从而发生摩擦。这种摩擦也叫外摩擦，它阻碍加工变形，增加功耗，损害工具和工件表面。为此，必须进行恰当的润滑，这种润滑也叫工艺润滑（相对于为了减少设备各运动部件之间的摩擦而进行的机械润滑）。

28.1.1 工艺润滑的作用

工艺润滑的作用如下：

(1) 降低金属变形的能量消耗。合理地使用工艺润滑液，可大大减少工模具与变形金属的直接接触，使接触表面的相对滑移剪切过程在润滑层内部进行，极大降低摩擦力以及由于摩擦造成的金属附加变形应力，进而减少加工过程的力能消耗。

(2) 保护制品表面质量。金属压力加工过程当工模具与变形金属直接接触时，会产生金属粘结，如不进行工艺润滑，可导致制品表面的粘伤、压入、划道等缺陷或废品；同时新生金属表面暴露在大气中极易氧化，采取有效的润滑方式，利用润滑液的防粘保护作用，可有效地改善制品表面质量。

(3) 减少工模具磨损，延长工模具使用寿命。润滑剂可在工具表面和材料表面之间形成一层隔离膜，模具不与金属直接摩擦，从而使工模具磨损减少，寿命延长。

(4) 对加工过程进行冷却。塑性变形是工具与制品在高压高摩擦下进行的，会产生变形热和摩擦热，使模具表面硬度下降。或者使工具膨胀变形，如轧辊凸度改变而使板形变坏，拉伸模模孔变小，造成制品公差不合。而好的润滑剂和润滑方法可以起到对加工过程进行冷却的作用，以改善工具使用状况和产品质量。

(5) 具有清洗作用。可以使加工材表面上的金属微粒（加工中的磨损物）和其他污垢冲洗下来，改善加工材的表面质量。

28.1.2 工艺润滑剂的要求

压力加工工艺润滑和机械润滑要求相比有所不同。主要由于压力加工具有高压、高温、高速以及金属连续变形、接触表面不断更新的特点。为适应不同加工条件的需要，对工艺润滑剂的一般要求如下：

(1) 对工具与变形金属表面有较强的黏附能力，以保证形成强度较大，而且完整的润滑膜。

(2) 有适当的黏度，既保证润滑层有一定的厚度，又有较小的流动剪切应力。

(3) 对设备和金属无腐蚀与污染，其残留物易于清除。好的润滑油在退火时可以完全挥发，不留污渍。

(4) 有适当的闪点及着火点，避免在压力加工过程中过快地挥发或烧掉、丧失润滑能力，同时也保证安全。

(5) 比热高，冷却效果好。

(6) 成分与性能应具有一定的化学稳定性，便于使用、管理、运输、储存。

(7) 润滑剂本身或生成物（烟、尘或气体）应无毒无害。

(8) 资源丰富，价格低廉，便于采购。

28.1.3 工艺润滑剂的类型

通常将工艺润滑剂分为四大类：水、油、乳化液和固体润滑剂。

---

[1] 本章撰稿人：黄春梅、董顺德。

28.1.3.1 水

水和金属有较好的浸润性,热容大、冷却效果好。但水膜强度低,润滑性能差。水作为一种最廉价和有效的润滑剂常被用于铜合金的高温热加工,如铸锭和线锭的热轧。水压一般为0.15~0.30 MPa,水温度一般在35℃以下。

28.1.3.2 油

铜加工工艺润滑油分为四种:矿物油、动植物油、混合油(矿物油+植物油)、调和油(矿物油+添加剂)。

(1) 矿物油:它是金属压力加工中使用最广泛的润滑油。属非极性物质,只能在金属表面形成非极性的物理吸附膜,润滑性能较差,在工艺润滑时较少直接使用,通常作为配制工艺润滑油的基础油。

(2) 动植物油:由动物基体或植物种子提炼所得到的油或脂肪,属于极性物质,不仅很容易在金属表面形成物理吸附膜,还能在润滑表面形成极性分子的化学吸附膜,起到很好的润滑作用。但动植物油化学稳定性差,容易老化变质,且价格较高,在实际生产中较少直接使用。

(3) 混合油:将矿物油和植物油以不同的比例进行混合制成。它具有较好的润滑性能,在生产中得到了一定的运用。

(4) 调和油:将少量添加剂加入矿物油中,可改善矿物油的各方面性能,在生产中得到了越来越广泛的应用。

配制调和油的添加剂按其作用可分为两大类:一类是改善润滑油物理性质的添加剂,如:黏度添加剂、油性添加剂、降凝剂、抗泡剂等;另一类是改善润滑油化学性质的添加剂,如:极压抗磨剂、抗氧化剂、抗腐剂、防锈剂、清净分散剂等。

28.1.3.3 乳化液

一种液体(如油)或多种液体以细小的液珠形式均匀分布于另一种液体(如水)中,构成两种或多种液相组成的稳定系统,它们互不相溶,均匀分散,是一种均一的混合物,这种混合物被称为乳化液。

成为液珠的液体叫做分散相(也称内相),其余的液体称为分散介质(也称连续相或外相)。

乳化液可分为两类:一种是油分散于水中,叫做水包油型乳化液,用O/W表示;另一类是水分散于油中,叫做油包水,用W/O表示。水包油和油包水是乳化液的截然不同的两种类型。其中,在铜材加工中大量使用的乳化液是水包油型。

A 乳化液的形成

由于油和水的性质不同,一般情况下,油和水是不能混溶的,为使油珠不至于聚积和防止乳化液分层,并均匀分散于水中,形成稳定的乳化液,必须添加乳化剂,使油水间发生乳化作用。所以,乳化液基本构成是由矿物油、水和乳化剂。矿物油起润滑作用,水起稀释和冷却作用,乳化剂起水和油之间互溶的桥梁作用——乳化作用。

乳化剂是乳液的重要组成部分,它是一种能强烈地吸附在液体表面或聚积于溶液表面,并改变液体性能,促使两种互不相溶的液体形成乳化液的表面活性物质,所以也称为表面活性剂。

a 乳化剂作用机理

油滴加入水中,因表面张力大,不能被水润湿,以单独层分散于水面。当水中添加乳化剂后,由于乳化剂的分子由两个基端即易溶于水的亲水基和易溶于油的亲油基组成,当将乳化剂加入油水混合物中并进行搅拌后,乳化剂的亲水基会插入水中,而亲油基插入油中,使油水两相连接在一起,从而防止了油珠的聚积长大和乳化液的分层,形成了乳化液。见图28-1。

b 乳化剂的种类

乳化剂的种类很多,分类方法也很多,常用的是根据乳化剂的离子种类分为阴离子表面活性剂、阳离子表面活性剂、两性表面活性剂和非离子表面活性剂。

需要指出的是:油酸作为乳化添加剂,被广泛应用于铜材加工生产中。实际上油酸对铜材具有腐蚀作用,主要原因是油酸能与铜反应形成油酸铜皂:

$$2C_{17}H_{33}COOH + Cu \rightarrow (C_{17}H_{33}COO)_2Cu + H_2 \quad (28\text{-}1)$$

此反应在常温下进行得非常缓慢，但是，当有 H_2O 和 CO_2 存在时，油酸铜皂的形成速度就会大大加快，这是因为铜很容易与水和 CO_2 生成碱式碳酸铜的缘故，即：

$$2Cu + 3H_2O + CO_2 + O_2 \rightarrow Cu_2(OH)_2CO_3 + H_2O \quad (28\text{-}2)$$

$$Cu_2(OH)_2CO_3 + 4C_{17}H_{33}COOH \rightarrow 2(C_{17}H_{33}COO)_2Cu + CO_2 + 3H_2O \quad (28\text{-}3)$$

因此，如果乳液中油酸的含量过多易腐蚀铜材及造成制品表面的污染，应尽量避免使用油酸作为铜材乳液用乳化剂。

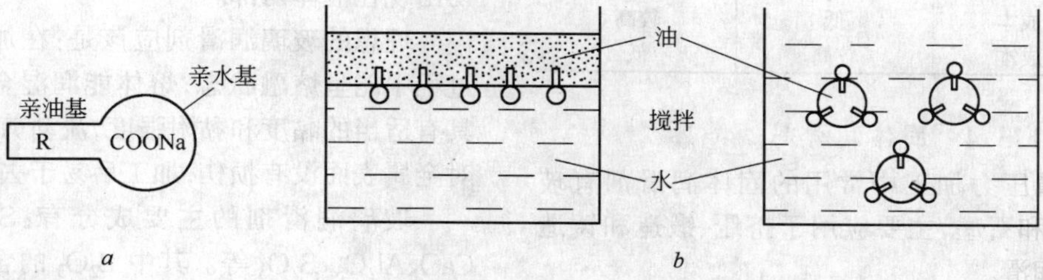

图 28-1　乳化过程示意图
a—乳化剂组成；*b*—乳化过程

B　乳化液的形貌

水包油性乳化液的油呈细小液滴分散于水中。由于油和水的比重不同，所以油滴在水中会有浮力。在其他条件相同的情况下，油滴越小，其上升趋势越缓慢。水包油性乳化液的油珠直径可用显微镜观察和测量。也可用外观估计油珠直径大小，见表 28-1。

表 28-1　油珠大小对乳化液外观的影响

油滴大小/μm	可分辨油、水两相存在
10～1	乳白色乳化液
1～0.1	蓝白色乳化液
0.1～0.05	半透明液体
0.05～更小	透明液体

C　乳化液中的添加剂

为改善乳化液的综合性能，常常会在乳化液配制时添加一定比例的添加剂，如：防锈剂、油性剂、消泡剂、杀菌剂等。

防锈剂：又称缓蚀剂，种类很多。常用的防锈剂有：磺酸盐类、高分子羧酸及其金属皂、酯类、苯丙三氮唑等。

D　乳化液的热分离性及使用性能

乳化液喷射到轧辊和带材表面，或其他变形工具和变形金属表面的流动过程中，由于受热，乳化液膜被破坏，乳液会失去稳定状态，油水被分离开来，分离出来的油吸附在润滑对象的表面上，形成润滑油膜，起到防粘减摩的作用，而水则起到冷却作用，这一过程被称为乳液的热分离过程。若在室温状态下乳液就出现油水分离或在使用温度下油水也不分离，这两种情况都不能很好地起到润滑作用。因此，乳化液的热分离性对其使用影响很大。

乳化液的热分离性因温度、喷射压力以及乳化剂种类、乳化方法等因素而异，尤其是温度影响最大，温度高，热分离性好。

E　乳化液和全油性能对比

由于乳化液中含有大量的水分，它与全油润滑相比冷却能力很大（20℃时，水的比热容为 4.18 J/(g·℃)，矿物油比热容为 2.09 J/(g·℃)；水的导热系数为 0.0055 J/(cm·℃)，矿物油的导热系数为 0.0015 J/(cm·℃)）。因此，乳化液在许多压力加工中得到了应用。尤其是热轧、初轧、中轧和高速拉拔时，为了冷却工具，控制辊型以及模孔尺寸，获得良好的制品形状和尺寸精度，常常采用乳化液做工艺润滑液。一般情况下，乳化液的润滑性能和使用性能决定于被分散油品的类型、浓度、润滑剂的类型和数量、水的硬度、循环润滑系统的结构、日常的维护等因素。

表 28-2 列出了乳化液与全油润滑在轧制

生产中的不同应用效果。

表 28-2 乳化液和全油润滑在轧制中的应用效果对比

性 能	乳化液	全 油
冷却效果	极好	可以
润滑效果	不良	很好
冲洗效果	很好	好
防腐性能	不良	好
原料成本	低	较高
维护成本	较高	低

28.1.3.4 固体润滑剂

金属压力加工中常用的固体润滑剂有玻璃、沥青和石墨，主要应用于挤压、锻造和铸造时工艺润滑。

A 石墨润滑剂

石墨是一种片层状物质，其具有耐高温、耐压和良好的润滑性能。片层组织在各层内有很强的结合力，但层间结合力很弱，具有很低的摩擦系数，在200～500℃有良好的润滑性能，但在500～550℃石墨会被急速氧化成为CO_2气体，失去润滑作用。影响石墨润滑性能的因素有：

(1) 结晶性。石墨种类很多，一般分为天然石墨和人造石墨。天然石墨又分为鳞片状石墨和土状石墨等。石墨结晶性好且硬度小，则润滑性能好。

(2) 纯度。石墨中杂质含量越高，则对工具的磨损越大，从而直接影响工具使用寿命。

(3) 粒度与粒子形状。通常作润滑剂的石墨粒度约为0.5～250 μm。研究表明，粒度越大，摩擦系数越小。然而，石墨在金属表面上的涂覆性能却相反，粒度越细，涂覆性能越好。为此，在选择石墨润滑剂粒度时要综合考虑。另外，形状越扁平的石墨，润滑性能越好，磨损越小。

(4) 周围气氛。石墨非常容易吸附气体和大气中的水汽，这有利于石墨的润滑性能。研究表明，石墨在干燥空气中（相对湿度6%）的摩擦系数极高，但当相对湿度提高到80%后，摩擦系数可降低到0.16。

B 玻璃润滑剂

玻璃润滑剂的作用机理与流体润滑剂相同。对于加工某些高温强度大，对工具表面黏着性强的合金，例如白铜合金时（尤其是挤压过程中），当它们与坯料表面接触时被融化，液态玻璃与金属表面的黏润性好，能牢固黏附在金属的表面，在摩擦界面上形成一层黏度很高的流体薄膜，使两表面脱离了直接接触，使相对剪切出现在液体内部。

理想的玻璃润滑剂应该是：在加工的整个过程中能呈熔融状态，熔体能润湿金属表面并具有适当的黏度和黏附强度，流动剪切强度低，对金属表面没有损伤，加工后易于去除等。

玻璃润滑剂的主要成分有：SiO_2、Na_2O、CaO、Al_2O_3、B_2O_3等。其中B_2O_3的含量可控制玻璃的黏度，并提高耐热性和热稳定性；SiO_2可以提高玻璃的熔点、强度、热稳定性及化学稳定性，降低膨胀系数。因此，如何选择玻璃的成分，配制出满足具体生产工艺要求的玻璃润滑剂十分重要，又是一个难度较大的问题，这也正是玻璃润滑剂未能得到广泛应用的主要原因。

28.1.4 工艺润滑剂的性能指标

工艺润滑剂的性能指标如下：

(1) 黏度：黏度是衡量润滑油流动阻力的参数，是润滑油最重要的参数之一，常用的黏度指标有运动黏度和动力黏度，它们的关系式为：

$$\nu = \eta / \rho \tag{28-4}$$

式中 ν——动力黏度，Pa·s；

η——润滑油密度；

ρ——运动黏度，m^2/s。

运动黏度的单位也常用 Cst（厘斯）表示，$1Cst = 10^{-6}\ m^2/s = 1\ mm^2/s$。

(2) 闪点：在规定条件下将润滑油加热到某一温度，用火苗引点能发生闪火而燃烧，但随后又熄灭，此时的温度称为闪点。测定闪点有两种形式：闭口闪点测定法和开口闪点测定法。

闪点可鉴定油品发生火灾的危险性，闪点越低，油品越容易燃烧，火灾危险性越大。在铜加工中，为使工艺润滑剂具有一定的洗涤性能，常含有一定数量的闪点很低的汽油或煤油，为了保证润滑油的安全性，对其闪点应作严格要求。

从润滑油的冷却性能及对制品的表面污染影响看,润滑油的黏度和闪点应适当低些;但考虑到润滑油的挥发和安全性,则要求恰恰相反。因此实际生产中在保证油品其他指标合格的情况下,闪点相对高一些为好。

(3) 凝点与倾点:凝点是指润滑油丧失流动性时最高温度;倾点则是用于表示润滑油能够流动的最低温度。凝点高的润滑油不能在低温下使用,否则由于润滑油在低温时凝固,失去流动性。故在选用润滑油时,要考虑润滑油的凝点,一般使用温度要比凝点高 10～20℃。

(4) 酸值:是用以衡量润滑油中酸含量的指标,采用中和 1 g 润滑油内的酸所需要的氢氧化钾毫克数(mg(KOH)/g)表示。

检测酸值,可鉴别油品中所含有机酸性组分的多少,概略判断油品对金属的腐蚀性质。油品中有机酸含量少,在无水分和温度低时,对金属不会产生腐蚀作用,否则相反。另一方面,酸值可判断油品的老化程度,油品使用一段时间后会产生氧化而变质,其酸值增大,酸值是油品老化的主要指标。

(5) 皂化值:皂化值用以测定动植物油中脂肪酸的含量,通常也以皂化 1 g 油样所需氢氧化钾毫克数(mg(KOH)/g)表示。

油氧化成高分子酸,其酸值是测不出来的,而用皂化值才能测出来,皂化值和酸值在测定方法或测定意义上都是不相同的,在数值上皂化值包含了酸值,在意义上它更全面地说明了油的劣化程度。

一般动植物油的皂化值比较大,可根据皂化值的大小,判断矿物油中是否混有动植物油。

(6) 灰分:油品在规定条件下灼燃后,所剩的不燃物质,称为灰分。灰分可作为油品洗涤精制是否正常的指标,如果油品精制时脱渣不完全,则残余之灰分增大。工艺润滑油如果灰分大,会影响产品的表面质量。润滑油在使用中由于接触金属、灰尘等原因,灰分会逐渐增加。

(7) 总碱值:中和 1 g 油样中的全部碱性成分所需的高氯酸量,以相当于氢氧化钾毫克数表示,单位是 mg(KOH)/g。

(8) 水溶性酸和碱:是一个定性的质量指标,它是指在油中加入相同体积的呈中性反应的蒸馏水,和润滑油在一定的温度下相混合、振荡,使蒸馏水将润滑油中的水溶性酸和碱抽出来,然后测定蒸馏水溶液的酸性和碱性。润滑油中的水溶性酸和碱会加速润滑油的老化;水溶性酸和碱要比油性酸和碱更为活泼,更有腐蚀性,能腐蚀金属构件,所以油品中存在微量的水溶性酸和碱都是不合格的。

(9) 机械杂质:主要是指润滑油在使用、贮存、保管和运输过程中,混入的外来物质:如灰尘、金属碎屑、金属粉尘、金属氧化物等物质。润滑油中的机械杂质,可用沉淀、过滤等方法去除。

(10) 碳:是润滑油在不通入空气的条件下,加热使其蒸发、分解和焦化排出燃烧的气体后,所残存的焦黑色碳渣残留物。它可粗略判断润滑油的精制程度,残碳高,会增加摩擦,降低润滑油的润滑性能。

常用的一些矿物油主要性能指标如表28-3所示,表 28-4 和表 28-5 为某公司生产的铜及铜合金轧制润滑油和乳化油基本性能指标。

表 28-3　常用的矿物油主要质量指标

性能指标	20～50 号机油	合成锭子油	变压器油	白　油	煤　油
运动黏度/$mm^2 \cdot s^{-1}$,不大于					
20℃		49	30		2.4
50℃	17～53	12～14	9.6	7.3	
酸值/mg(KOH)·g^{-1},不大于	0.16～0.35	0.07	0.05	0.05	
灰分/%	0.007	0.005	0.005		
水溶性酸或碱	无	无	无	无	无

续表 28-3

性能指标	20～50号机油	合成锭子油	变压器油	白油	煤油
机械杂质/%	0.005～0.007	无	无	无	
水分	无	无		无	
闪点(开口)/℃,不低于	170～200	163	135	130	65
凝点/℃,不高于	-10～-15	-43	-10～-25	0	
密度/kg·L^{-1},20℃		0.888～0.896			0.81～0.84
残碳/%,不大于	0.15～0.30				
硫含量/%,不大于					0.1

表 28-4 某油品公司铜及铜合金轧制润滑油基本性能指标

名称	密度(15℃) /kg·L^{-1}	黏度(40℃) /mm^2·s^{-1}	倾点/℃	闪点/℃	酸值 /mg(KOH)·g^{-1}	灰分(质量分数)/%
1号油	0.850	8.2	0	145	0.1	0.01
2号油	0.893	9.0	0	140	0.1	0.01

表 28-5 某油品公司铜及铜合金乳化油基本理化指标

名称	密度(15℃) /kg·L^{-1}	黏度(40℃) /mm^2·s^{-1}	色度/ASTM	倾点/℃	中和值 /mg(KOH)·g^{-1}	皂化值 /mg(KOH)·g^{-1}	总碱值 /mg(KOH)·g^{-1}
3号油	0.949	65	3.0	-41	1.6	20.6	8.6

28.2 工艺润滑剂选择

28.2.1 热轧工艺润滑剂的选择

铜及铜合金热轧温度范围通常在700～950℃之间。热轧时,大加工率轧制过程中,轧辊与高温轧件接触的瞬间,辊面温度急剧上升,如不及时对轧辊进行冷却,轧辊很快就会出现表面发黑、网纹及龟裂。严重影响轧辊的寿命和产品质量。

水是最常用的热轧工艺润滑液。一方面它可以带走大量的热量,使轧辊和轧件表面迅速降温,改善轧制工作条件,同时使新生成的金属表面得到保护,并带走氧化皮等,清洁轧件表面。但是,若以水作为润滑剂,有时则不能满足润滑性能要求,这时可在热轧终了道次,采用在轧辊表面涂抹机油或植物油,以弥补润滑性不够的缺陷。在热轧开始时,辊身温度低,采用润滑油可以降低摩擦系数及防止粘辊,特别是在热轧易粘辊及出现表面裂纹的合金时,有较好效果。工厂采用的润滑油一般是机油,冬季采用黏度低的机油,夏季采用黏度高的机油,也有采用植物油(如蓖麻油、菜子油)及乳液的。

当采用乳化液作为热轧工艺润滑剂,它可以较好地兼顾热轧过程中的冷却与润滑。由于热轧时,轧制温度很高,再加上金属的变形热,此时以冷却为主,故使用乳化液的浓度很低,一般0.1%～5%。浓度过大,摩擦力过小会恶化轧辊咬入能力,使轧制时打滑,不能保证轧制的稳定进行。热轧工艺润滑配置如图28-2所示。

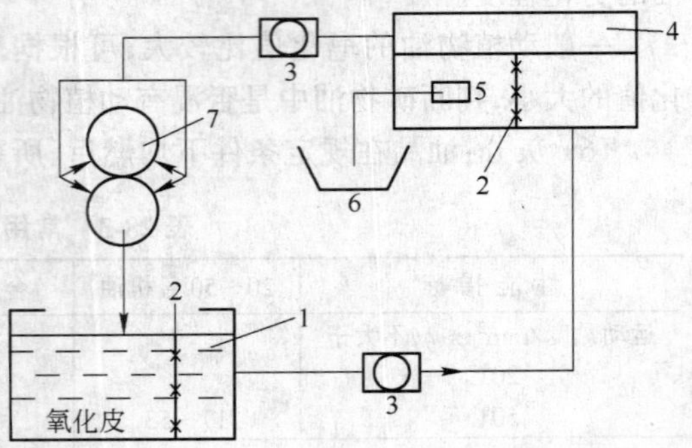

图 28-2 热轧工艺润滑示意图

1—沉淀箱;2—过滤网;3—泵;4—水箱;5—浮油收集器;6—废油箱;7—轧机

28.2.2 冷轧工艺润滑剂的选择

选择润滑剂必须结合具体轧制条件，包括轧制合金、产品要求、轧制压力及轧制速度等。为保证最佳的润滑效果，带材表面应保持均匀的油膜，油膜厚度取决于润滑剂的性能、轧件及轧辊的表面光滑程度、压下量及轧制速度等。

轧制压力：如果轧制加工率大、轧制压力高的带材时，应选择黏度较大的润滑油。因为黏度大，油膜厚而坚固，可承受的压力高。如果油膜太薄，易导致延伸不均及局部油膜破裂，降低润滑效果，严重时，破裂的油膜会造成带材板面的污染甚至出现局部粘结。但是，并非油膜越厚越好，如果油膜太厚，多余的润滑剂很难挤净，有的润滑剂挤在带材的边部，往往又重新流入带卷里面，以致在退火时难以烧尽，残留斑点。

轧制速度：高速轧制时需要润滑剂有好的流动填充性能，应选择黏度较小的润滑油。

表面：轧件表面质量要求高时，尤其在成品轧制时，往往对制品的表面质量要求很高，应使用在退火时不产生油斑的低黏度（37.8℃、7～20 $mm^2 \cdot s^{-1}$）、低含硫量的润滑剂。

薄带轧制：由于弹性压扁使带材的边部单位压力很小，而带材中部承受很高的单位压力，如果采用随压力增加而摩擦系数显著增加的润滑油，薄带会产生很大的边缘延伸而影响平直度，故薄带轧制时采用的润滑油应具有较好的润滑性能，并要求在轧制压力变化时摩擦系数不变。

在冷轧时常采用的工艺润滑剂有两大类：全油和乳化液。一般初轧总加工率和道次加工率较大，金属变形热大，为更好地改善轧制中冷却润滑条件，多采用乳化液进行工艺润滑；精轧对产品的精度和表面要求很高，多采用全油进行工艺润滑；中轧则可选择乳化液或全油。

28.2.2.1 常用全油润滑

常用全油润滑油分为 4 类：矿物油、植物油、混合油和调和油。

A 矿物油

常用的矿物油包括机油、煤油、白油、变压器油及合成锭子油等，铜加工冷轧常用的润滑油见表 28-6。

表 28-6 铜加工冷轧常用的润滑油

润滑油名称或组成	应用实例
矿物油	
机油	锡磷青铜、锌白铜
锭子油	黄铜、白铜
变压器油	镍铍青铜
机油 50% + 柴油 50%	铜及铜合金
机油 80%～50% + 煤油 20%～50%	铜及铜合金
锭子油 50%～20% + 煤油 50%～80%	黄铜冷轧
白油	成品精轧
植物油	
菜子油	铜、镍及其合金
蓖麻油	锡青铜、铝青铜冷轧
棉子油	板材粗轧及中轧
棕榈油	带材及箔材
混合油（矿物油 + 植物油）	
机油 50% + 柴油 50%	铜及铜合金
锭子油 20%～50% + 煤油 80%～50%	黄铜
调和油（矿物油 + 添加剂）	
煤油 96% + 油酸 4%	薄板带
煤油 96% + 甘油 4%	薄板带
变压器油 95% + 松香 5%	铜

煤油和汽油的润滑性能差，在冷轧厚板时使用少许的煤油有利于咬入，而且由于煤油的黏度低，能很好地润湿与洗涤金属，能有效防止粘辊及提高轧件的表面质量；煤油及汽油的焦化值最低，在低温退火时也可以全部挥发，不留下碳迹斑；此外，煤油和汽油可以作为润滑油的稀释剂，如果使用的基础油黏度过大时，可适当添加煤油或汽油稀释；单独使用汽油，容易着火，仅在箔材成品平整道次采用汽油清洗。

变压器油的黏度比锭子油及机油低，酸值及灰分少，适用于表面易变色和因杂质已形成污染斑的黄铜、白铜等合金。锡磷青铜及锌白铜等硬度较高的合金大多采用黏度较高，价格较便宜的机油。白油挥发性强，退火后表面光亮，大多用于成品冷轧。

B 植物油

植物油含有纯脂肪酸或甘油丙三醇的化合物，其润滑性优于矿物油，但挥发点高、化学稳定性差、易老化变质、侵蚀轧件、脱脂困难等，在生产中一般不直接使用。

C 混合油

生产中常采用植物油和矿物油混合而成。

如冷轧较硬的合金采用菜子油、汽油的混合油，既利用了植物油的润滑性，又利用了矿物油易除去的优点。表 28-4 和表 28-5 列出了几种冷轧铜及铜合金润滑油的性能参数。

D 调和油

目前在铜板带全油轧制中使用的轧制油基本上都是调和油，值得注意的是：润滑油中的硫化物含量如超过 0.5%，则在退火时极易与铜反应生成黑色的硫迹斑。因此，硫化物的含量应小于 0.2%。但是，硫迹斑的形成，还与硫化物的性质有关，因此，轧制铜时使用的润滑油，应尽量避免添加硫化物系极压添加剂。

碳迹斑是油挥发或热分解后残留物粘附在金属表面的斑迹。对于铜合金，退火温度一般在 200～500℃，故沸点高残碳多的润滑油易在其制品表面形成碳迹斑。这种污染，即使在脱脂清洗时也难以除去。为此，在选择润滑油时必须选用适当黏度的润滑油，满足光亮退火的要求。

为了适应冷轧铜及铜合金带材高速化、大压下量以及优质板型的要求，冷轧也常采用乳化液润滑。另外随着近年来能源紧张，使用乳化液润滑可大量节约油品，越来越受到重视。

28.2.2.2 常用冷轧乳化液性能

常用冷轧乳化液性能如下：

(1) 黏度：不同轧制条件下推荐采用的乳化油黏度(37.8℃)为：

铜及铜合金初、中轧　　20～40 mm^2/s

铜及铜合金精轧　　4～6 mm^2/s

锡磷青铜冷轧开坯　　＞40 mm^2/s

(2) 浓度：不同轧制条件下推荐乳化液浓度为：

铜及铜合金初轧　　1%～5%

铜及铜合金中轧　　5%～10%

铜及铜合金精轧　　10%～20%

使用乳化液的浓度还取决于乳化液的成分，不同成分的乳化液浓度使用会有差别，其变化约从 3%～10%。

(3) 外观和稳定性：乳化液的外观一般为均匀白色(牛奶状)或乳白色。稳定的乳化液液珠很小，在 0.1 μm 以下，该乳化液呈透明或半透明状；稍稳定的乳化液，液珠在 0.1～1 μm 之间；不稳定的乳化液液珠大于 1 μm，可分辨两相，即分层。并非越稳定越好，一般可根据自身特点进行选择。由于乳化液润滑机理是乳化液的"热分离性"，因此乳化液过分稳定，油相不容易从乳化液中分离出来，那么也不能起到良好的润滑性能。

新配制的乳化液润滑性能不佳，轧制力偏高，使用一段时间后润滑性能改善，轧制力正常。主要原因是：乳化剂消耗，乳化液稳定性降低，油珠尺寸增大，热分离性变好，使工具和轧件上粘附油量增多，表现出较好的润滑性能；如果乳化液的稳定性太差，则极容易产生漂皂，降低乳化液寿命。

(4) pH 值：反映了乳化液的酸碱度，一般应呈中性到弱碱性，pH 值为 7.5～9.0。

(5) 腐蚀性能：乳化液对铜带应具有一定的防腐蚀能力，即轧后的带材在一定的存放周期内表面不会发生变色腐蚀。按铜片腐蚀试验方法，腐蚀标准色板分为 4 级 12 挡。一般好的乳化液应保证铜片的腐蚀试验为 1 级(1a、1b)，即轻度变色。

28.2.3 拉伸润滑剂选择

28.2.3.1 拉伸润滑剂的种类

铜及铜合金拉伸润滑剂主要种类列于表 28-7。

表 28-7 铜及铜合金拉伸润滑剂主要种类

分类		品种	适用范围
液体润滑剂	油性润滑剂	植物油、矿物油、合成油、合成树脂	内外模
	水性润滑剂	金属皂化液(乳化液)	内外模
半固体润滑剂		金属皂类(乳膏)、牛油、软沥青	内外模
固体润滑剂		蜡膏、硬脂、二硫化钼、皂粉	外模

28.2.3.2 润滑剂对拉伸应力的影响

图 28-3 所示是拉伸铜管时不同润滑剂与拉伸应力的关系，从图中可知，使用合成脂肪酸混合物时拉伸应力最小，其次是皂化液(乳化液)、植物油，最后是矿物油。

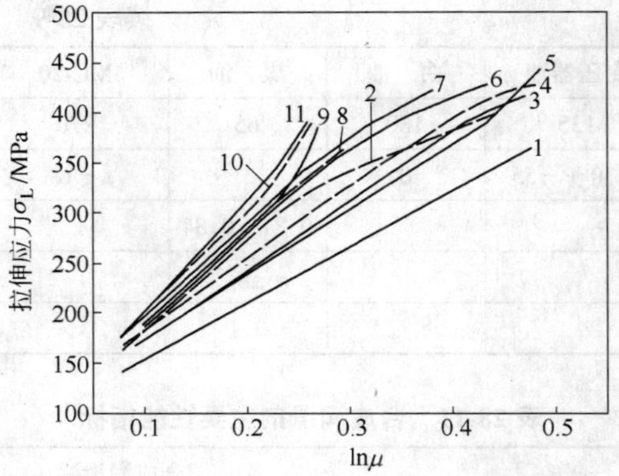

图 28-3 不同润滑剂拉伸铜管时拉伸应力与道次延伸系数的关系

1—合成脂肪酸混合物 $C_{10}\sim C_{17}$；2—乳化液，油酸 0.43%；3—蓖麻油；4—自然干性油；5—氯化石蜡；6、7—20 号航空润滑油；8—13 号压缩机油；9—机械油 HJ-40；10—机械油 HJ-20；11—变压器油

28.2.3.3 拉伸润滑剂的主要性能指标

拉伸润滑剂常用物理性能指标有密度、黏度、滴点、闪点、倾点、凝点、水分、沉淀物和机械杂质等。

拉伸润滑剂常用化学性能指标有酸碱值、碘值、皂化值、拉伸后残留灰分、残炭、焦值以及油性、抗污染性、耐热稳定性、乳化安定性和抗氧化性、防腐蚀性等。

28.2.3.4 拉伸润滑剂常用物理化学性能和技术质量指标

拉伸润滑剂常用物理化学性能和技术质量指标见表 28-8～表 28-12。

28.2.3.5 几种铜及铜合金拉伸润滑剂的主要成分

几种铜及铜合金拉伸润滑剂主要成分见表 28-13。

表 28-8 常用动植物油脂主要性能指标

名称	形式	密度/kg·L^{-1}	闪点/℃	碘值/g(I)·(100g)$^{-1}$	游离脂肪酸/%	倾点/℃	皂化值/mg(KOH)·g^{-1}	黏度/mm^2·s^{-1} 38℃	黏度/mm^2·s^{-1} 100℃
蓖麻油	不干性	0.960～0.970	277～293	82～92	0.1～0.6	−18～−12	176～187		19.4
菜子油	半干性	0.913～0.917	277～293	94～102	0.3～3	−9～−1	168～179	54.5	9.5
吹炼菜子油	半干性	0.960～0.985	221～233	47～73	3～8		195～216		
棉子油	半干性	0.921～0.926	293～329	100～120	0	−1～4	191～197	36.6	7.4
豆油	半干性	0.924～0.927	282	122～134	2	−12～−6	189～197	35.5	8.6
花生油	不干性	0.918～0.925	282～327	90～102	1～5	−3～3	186～197	45.6	7.7
牛蹄油	不干性	0.914～0.917	243～249	66～75	0.2～25	−18～4	198～204	45.6	7.7

表 28-9 常用矿物油脂主要性能指标

性能	合成锭子油	20～50 号机油	变压器油	白油	煤油	MC-20
运动黏度/mm^2·s^{-1}，不大于						
20℃	49		30		2.4	1240
50℃	12.0～14.0	17～53	9.6	7.3		151
酸值/mg(KOH)·g^{-1}，不大于	0.07	0.16～0.35	0.05	0.05		0.03
灰分/%，不大于	0.005	0.007	0.005			0.003
水溶性酸或碱	无	无	无	无	无	无
机械杂质/%	无	0.005～0.007	无	无		无
水分	无	无		无		无

续表 28-9

性　能	合成锭子油	20～50号机油	变压器油	白　油	煤　油	MC-20
闪点(开口)/℃,不低于	163	170～200	135	130	65	270
凝点/℃,不高于	－43	－10～－15	－10～－55	0		－18
密度(20℃)/kg·L^{-1}	0.888～0.896				0.81～0.84	
残炭/%,不大于		0.15～0.30				
硫含量/%,不大于					0.1	

表 28-10　常用皂化脂(乳膏)主要性能指标

性　能	指　标
运动黏度(5%)/mm^2·s^{-1}	80～120
pH值	7～8.5
凝固点(5%)/℃	≤－5
抗氧化性	好
含脂量/%	≥70
消泡性(10 min后)/mL	≤4
外　观	乳白、明亮
手　感	细腻

表 28-11　合成润滑剂主要性能指标

性　能	合成润滑油		
	特级	一级	二级
外　观	浅黄到棕黄透明体		
运动黏度(40℃)/mm^2·s^{-1}	15～20	10～15	10～15
酸值/mg(KOH)·g^{-1},不大于	0	2	3
碘值/g(I)·(100 g)$^{-1}$,不大于	20	30	40
皂化值/mg(KOH)·g^{-1},不大于	120		
凝点/℃	－10～－4		

表 28-12　常用高速拉伸润滑剂主要性能指标(盘管拉伸)

性　能	指　标	
	内 模 油	外 模 油
外　观	浅黄、浅棕	浅黄、浅棕
密度(20℃)/kg·L^{-1}	0.88～0.89	0.875～0.88
运动黏度(40℃)/mm^2·s^{-1}	2000～3000	30～40
残炭/%	≤0.025	≤0.1
灰分/%	≤0.005	≤0.005
油膜强度 P_b/N	≥647	≥510
摩擦系数	≤0.08	≤0.05

表 28-13　几种铜及铜合金拉伸润滑剂的主要成分

金　属	润滑剂成分/%												
品　种	肥 皂	机 油	切削油	火 碱	煤 油	油 酸	蓖麻油	苛性钠	石 蜡	变压器油	植物油	三乙醇胺	水
紫黄铜	0.5～1.0		3～4	0.2									余量
	0.65	0.4		0.5									余量
	1.6	0.8				0.4							余量
		2.5～3.0				1.5～2.0		0.5～1.0					余量
					35.4	5.9						3.7	余量

续表 28-13

金属	润滑剂成分/%												
品种	肥皂	机油	切削油	火碱	煤油	油酸	蓖麻油	苛性钠	石蜡	变压器油	植物油	三乙醇胺	水
紫铜空拉管					100								
光亮紫黄铜管	8~10	2~3		0.20		1~2							余量
导波管坯料、青铜、白铜管	0.5~1.0		3~4	0.20									余量
紫黄铜导波管坯料、特殊用H68管、镍及镍合金管	0.5~1.0		3~4			0.4							余量
紫黄铜导波管成品							10				90		
						15	25	8~10和20	1~2				余量
						25	15	余量和20	1~2			5	
						10				85		5	

28.3 工艺润滑液的维护和管理

28.3.1 乳化液的调制

28.3.1.1 乳化液调制的要点

乳化液调制的要点如下：

(1) 选择符合要求的水质，通常采用去离子水。

水质要求：电导率：＜10 μS/cm

pH值：5~7

细菌含量：0

采用普通水调配乳化液的缺点：电导率增加，离子量增多，易与铜粒子产生水合粒子，造成铜材的腐蚀和污染。

(2) 用专业调制乳化液的调制槽，避免与其他种类的物质混合而污染乳化液。

(3) 调制乳化液用水温应控制在30~40℃之间，过低不利于乳化油的溶解，温度过高乳化液的稳定性变差。

(4) 必须将乳化油加入水中，不可将水加入乳化油中，在加入轧机前最好配制成浓缩的乳化液。

(5) 调制时采用机械搅拌，尽量不用压缩空气搅拌。

28.3.1.2 润滑液维护

(1) 要保持乳化液的清洁，绝对防止人为造成的外来脏物进入乳化液，对于正常使用造成乳化液槽中浮油及表面飘浮脏物要及时清理，管道及收集槽、过滤器等要定期清洗，并根据使用情况定期更换及补充新乳化液。

(2) 过滤系统要处于良好运行状态。

(3) 乳化液箱要永久循环，不能静止。否则，细菌滋生，乳化液酸败。

(4) 细菌要严加控制，发现细菌增多，要使用杀菌剂。

(5) 轧机的漏油会恶化乳化液质量，尽可能避免。

(6) 定期对乳化液进行各项性能指标的监控，保证在合格范围内。乳液的主要监测指标有：外观、浓度、电导率、pH值、稳定性、杂油含量、腐蚀试验等。全油主要监测指标有：黏度、闪点、灰分、酸值、机械杂质等。

(7) 乳化液在使用过程中会随着时间的延长，乳化剂逐步被消耗，逐渐失去防黏减摩的作用。水的不断蒸发，会使乳化液浓度发生变化。在实际生产中，可根据乳化液的使用情况，适当添加乳化油和定期补充水分，保证乳化液的浓度和润滑性能。

(8) 如发现变质，应立即更换新乳化液。更换新乳化液时，要注意彻底清理乳化液箱，避免旧乳化液对新乳化液的污染。

28.3.2 工艺润滑液的净化技术

工艺润滑液随着使用时间的增长，由于极性添加剂的逐渐消耗和润滑液在使用过程中氧化变质以及金属颗粒与外来杂质增加等原因，不仅使润滑液的润滑性能大大降低，而且可使制品表面的污染程度增加。因此润滑液要循环使用，净化技术必不可少。

净化方式主要有四种：(1)机械过滤与离心分离。机械过滤常见的有滤网式的分级过滤；离心过滤是依靠离心机的高速旋转将润滑液中的颗粒与润滑液基体分离，然后将杂质分离。(2)静电分离。利用高电场作用吸引液体中的颗粒再予以去除，此法适于去除5 μm以下的颗粒。(3)化学法，即凝聚净化法。其原理是把润滑油加热，然后加入少量碳酸钠溶液并搅拌，使其在界面上与金属颗粒起反应，使之凝聚结块。(4)助滤剂过滤。利用硅藻土作为助滤剂，并配有一定比例的活性白土作为脱色剂，吸附油中的杂质，得到色泽和性能良好的润滑油。

28.3.2.1 乳化液的净化

在乳化液净化技术中使用的有：多级网状过滤、磁力过滤、真空过滤及平床过滤等。由粗到精逐步实现乳化液中杂质颗粒的过滤。

乳化液中的浮油则通过浮油收集器进行收集，由于油水的性质不同，不溶于乳化液中的杂油会漂浮在乳化液箱的上方，在乳化液箱上安装浮油收集器，定期清除浮油，可达到净化乳化液杂油的目的，见图28-4。

此外，乳化液箱的底部设有排污口，定期要对乳化液进行沉淀净化，从底部排出乳化液中的油泥等杂质。

28.3.2.2 轧制油的净化技术

由于轧制润滑油的使用成本较高，使用周期往往很长，一般数年到十几年，油在使用过程中不可避免地要被污染，如混入灰尘、金属颗粒，同时油品在使用中，经过轧制过程的高温高压，很容易氧化发红，所以在油品过滤时，除了考虑过滤其中的杂质外，油品的脱色必不可少。轧制润滑油过滤的作用是：(1)去除轧制润滑油中的杂质；(2)还原油品的本来颜色。

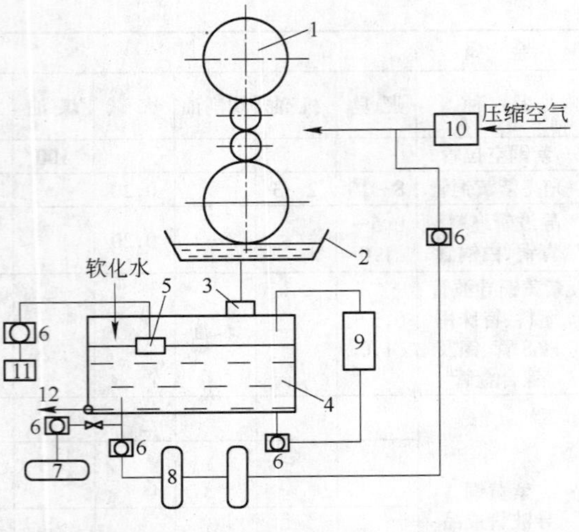

图28-4 乳化液循环装置示意图

1—工作辊；2—收集槽；3—网状过滤器；4—乳化液箱；5—捕集器；6—泵；7—新乳化液；8—精滤器；9—加热器；10—压力罐；11—浮油收集箱；12—排污口

实际生产中常采用与乳化液不同的过滤方式。常见的轧制润滑油的过滤器有：板式过滤器、管芯式过滤器。以上过滤器分为垂直式和水平式。

板式和管芯式过滤器使用时均需要采用助滤剂进行过滤。这类过滤器的优点是成本低，不易损坏，便于内部检查。它们具有最低的液体容量与面积比率，这对滤饼清洗极为有利。由于这种比率低，所以在循环结束时留下的未过滤的渣滓最少。

助滤剂过滤系统的基本组成主要包括：过滤器、过滤器进给泵、预涂用助滤箱、用于连续添加助滤剂的滤体进给泵等，见图28-5和图28-6。

图28-5 典型板式过滤器的外观

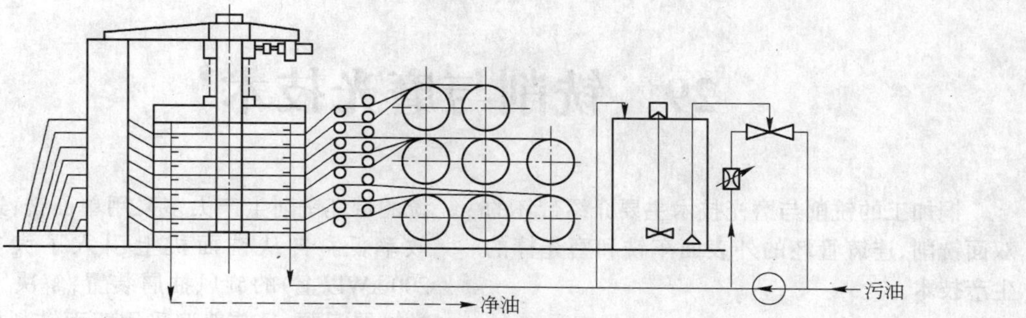

图 28-6 板式过滤器工作原理图

用硅藻土过滤分两步进行：首先使助滤剂泥浆重复循环运动，在过滤隔膜板上产生一层薄的助滤剂保护层，称为预涂层，这个过程一直循环到所有的助滤剂沉淀在过滤器隔膜板上为止；形成预涂层后，少量的助滤剂就会规则地加在要过滤的油品内，滤体供给喷射系统，接着便启动，过滤器以最小压力波动进行从预涂过程进入过滤过程的转换。在过滤过程进行时，助滤剂由于混有未过滤油品中混入的悬浮体，就会沉积在预涂层上，因此就会不断形成新的过滤面，细小的助滤剂粒子提供了无数的显微通道，它们截住悬浮杂质，让干净的液体通过而不堵塞。

在循环结束时，需清除滤饼，滤饼的清除可采用以下几种方法之一：回洗或震动（对管芯过滤器）、冲洗、吹风、刮削。无论滤饼的清除采用什么方式，极为重要的是要保持其完整性，否则，就会堵塞隔膜。

要实现助滤剂过滤，必须选择合格的硅藻土助滤剂、活性白土和无纺布等辅助材料。

经济有效的助滤剂应满足：(1)坚固的、形状复杂、多孔、单体颗粒。(2)形成一个具有很高渗透性的、稳定的不可压缩的滤饼。(3)能滤出高速流动的细小固体物质。(4)化学性质不活泼，在被过滤液体中基本不溶解。

活性白土可按国家标准Ⅰ类（H型或T型）活性白土采购。值得注意的是，由于活性白土活性度是很重要的指标，经验表明，湿度7%～12%时具有最大的活性，若储存白土的环境湿度高于此值，就会降低白土的脱色效果。因此应储存在干燥和无异味的环境中。

无纺布厚度和空隙度应均匀一致；有一定的强度、伸长率、过滤通过量、过滤精度等，可根据对润滑油不同的过滤精度、过滤速度要求，选择不同的参数。

29 铣削与磨光技术[1]

铜加工的铣削与磨光技术主要介绍带坯的双面铣削、连铸管坯的外表面车铣和磨光棒的生产技术。

29.1 板带材的铣面技术

29.1.1 带坯铣削方法

板带坯的铣面主要有热轧后的铣面和铸坯直接铣面。铣面的目的是为了去除加热、热轧或铸锭凝固过程中产生的表面氧化、脱锌、压痕、氧化皮压入、表面和边部裂纹、及铸造的表面气孔、偏析等缺陷。与热轧后酸洗的技术相比,采用专用铣面机对板带材的上下两个面或四个面进行铣削具有显著的优势,主要体现在:

(1) 利于改善劳动条件、提高生产效率和降低劳动强度;

(2) 可改善带坯表面因热轧或连铸所造成的板形不好,铣后厚度均匀,表面缺陷去除较彻底,不需要再进行表面修理,有利于减少工艺废品。

(3) 板带材表面没有酸迹和残存的氧化铜粉,有利于提高成品的表面质量。

(4) 铣屑和氧化皮可以集中收集,打包后入炉或直接入炉,提高了材料的利用率。

(5) 省去了废酸废水的处理工艺和设施,避免了对环境的污染。

但由于铣面几何损失较酸洗氧化损失大,降低了成品率。某些黏性较大或切削性能差的合金,如含镍、锰、铝的铜合金,铣削时容易黏刀,使用高速工具钢铣刀,每铣 900～1500 m 就需要重新磨刀,铣刀寿命低,需要经常更换。同时铣面时需要矫直、抽屑、刀具研磨等专用设备,投资多,占地面积大。

由于铣削带坯上表面时清除铣屑困难,传统的带坯铣削生产大多采用单面铣,这种方法效率低。自从铣面机上引入了大功率(达 200 kW以上)的旋风抽屑装置,解决了上表面的排屑问题,目前普遍采用双面铣削机。同时由于市场对高质量板带产品的需求,在双面铣削机的基础上又增加了铣边、刷洗表面,有的还有去应力倒角和张力衬纸卷取等多项功能。

随着铜板带生产技术的整体发展,对带坯铣面的要求也越来越高。在产能上要求铣削的坯料范围更大,厚度从 7～19 mm,宽度从 330～1300 mm;铣面机速度也从 5～10 m/min 发展到 10～25 m/min,目前世界上最大的铣面速度已达 35 m/min 以上。铣面时要求能最大限度地改善热轧或连铸带坯的表面质量,最大的铣面深度单面达 1 mm,单边铣边深度 10 mm,有效地防止热轧中部微凸起的板形缺陷;在工艺品质上要求产品厚度偏差更小,纵向厚度偏差小于 0.05 mm,横向厚度偏差小于 0.03 mm;在表面质量上要求表面粗糙度 $R_a<6.3$、$R_z<10$ 或 $R_y<15$,经处理后的带材表面不允许有任何形式的污渍、铜粉、表面残留物和表面划伤。

在布置的方式上,热轧后的坯料广泛采用离线铣削或离线和在线并用两种配置,在线配置必须考虑和热轧机的匹配问题,以避免换刀或停车影响热轧机或加热炉的产能;水平连铸的坯料铣面可采用在线式布置,也可采用离线式配置。水平连铸坯采用离线式的铣面与在线式的铣面相比多了一台卷取设备,增加了投资,但铣面的工艺更加灵活,刀可重磨,有利于提高产品的质量。

目前先进的带坯铣面工艺路线为:

开卷——矫直——液压剪切头尾——表面预处理——铣边——边部倒角(或去毛刺)——铣下面

[1] 本章撰稿人:刘敦伟、张文芹、俞显平。

——铣上面——带坯表面刷洗、挤干——张力衬纸卷取——称重并出料

带坯铣面配备的辅助系统主要有测厚、测宽、抽屑、铣刀冷却润滑、铣刀快速更换和表面清洗。

根据铣刀旋转方向，铣削分顺铣（铣刀的旋转方向与带坯运动方向相同）和逆铣（铣刀的旋转方向与带坯运动方向相反）。早期的铣面机由于考虑到顺铣可以减少喂料辊的功率，有的采用顺铣的方式，但顺铣时较难排屑，尤其是在铣削上表面时，高速飞溅的铣屑易划伤铣削后的带面，故现在的铣面机大多采用逆铣的方式。铣面机采用的AGC厚度控制主要有恒厚度和恒铣削量两种模式。采用恒厚度控制时可以纠正来料的厚度和宽度偏差，有利于后续的冷轧和成品厚度精度及板形的控制；采用恒铣削量控制时，压下系统必须与测厚仪和测宽仪器实现闭环控制，这种方法可以适应来料的侧弯和楔形，减少切削量，从而提高成品率。具体采用哪一种控制方式，应根据热轧情况或来料条件确定。

典型的铣面机结构如图29-1所示。

29.1.2 铣削设备

29.1.2.1 铣面机

上面铣机与下面铣机的基本结构相同，铣刀一般由直流或交流调速电机直接驱动，调速范围为0～1000 r/min，在布置上一般下面铣位于上面铣之前，以避免铣带坯下面时粉尘对上表面的污染。也有把上下面铣刀布置在同一轴线上，同时铣削带坯的上下两个表面，省去了背辊，设备结构简单，但铣刀调整和更换较困难。

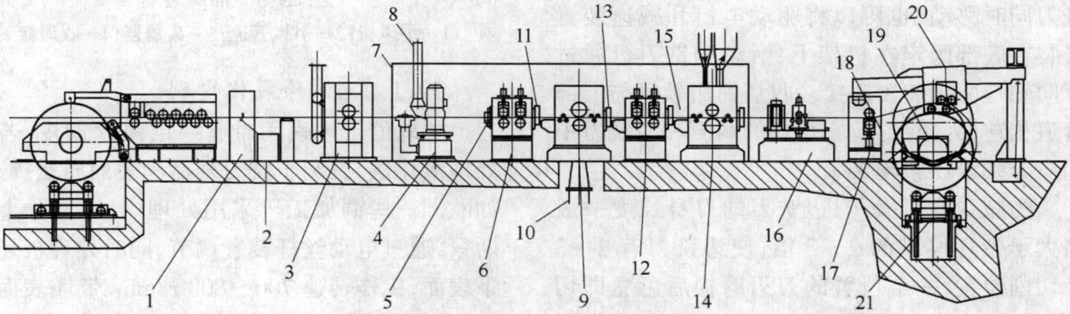

图29-1 铣面机结构图

1—液压剪；2—废料箱；3—除氧化皮辊刷；4—铣边机；5—边部倒角装置；6—喂料辊(1)；7—隔音罩；8、10—抽屑装置；9—下面铣；11—测厚仪(1)；12—喂料辊(2)；13—测厚仪(2)；14—上面铣；15—测厚仪(3)；16—清洗装置；17—夹紧辊；18—衬纸机；19—张力卷取机；20—预弯辊；21—卸料车和称重装置

A 铣刀和背辊的调节

铣面时一般铣刀固定，通过调节背辊压下调整铣削深度，背辊的调节可采用变速电动压下或液压压下，并配置位置传感器或其他位置显示计，要求位置精度大于±0.01 mm，响应时间小于0.02 s。当铣刀磨损较大时（超过0.02 mm），需要对铣刀位置进行归0调整，调整方式可手动也可用电动或液压装置，调整后锁紧。铣刀的支承还应能够平衡螺旋刀刃产生的轴向水平力。

B 铣刀的冷却润滑

铣刀（包括边铣刀）通常采用喷雾冷却润滑，介质的选用应综合考虑润滑和冷却性能，提高铣刀的切削效率和使用寿命。常用的冷却润滑液主要有3%～5%乳液和以植物油为基础的混合油。使用时由喷嘴喷入，压力：0.3～0.6 MPa；流量不宜过大，应根据需要能够调

节，以保持铣屑干燥方便回炉。

C 防止振动

为减少厚度偏差，提高铣削表面质量，铣面时应通过夹紧或张力严格固定带坯，防止振动。张力固定时使用夹紧辊或压板使带坯产生弹性弯曲，弯曲的方向应使带头偏向背辊，并使铣刀位置略低于压板和夹紧辊，避免入料时带坯头部对铣刀的冲击。

29.1.2.2 铣边机

铣边机边铣刀的调速范围一般为 0～500 r/min，铣边时一般两侧铣刀对称布置，铣边机前设测宽装置测量带坯宽度，通过 CPC 预设并调整左右铣刀的位置，控制铣边的深度。也可以根据左右铣刀的电流流量进行恒定铣削量的控制。铣刀安装在可移动架上，通过伺服电机或液压马达实现在固定轨道上的横向移动。铣刀的驱动电机和减速器可以设置在移动架上随铣刀同时移动，也可以将驱动电机和减速装置安装在底部固定在机架上，活动的铣刀盘通过万向轴与驱动装置连接。收屑筒用软管与上部管道相连，为减少振动，带坯的两侧和两铣刀中间应分别设压紧辊夹紧。

为减少换刀操作，边铣刀的刀身长度一般略大于带坯厚度的 2～3 倍，使边铣刀有 2～3 个切削位置，一个位置的刀刃磨损后可立即切换到下一个位置继续工作，铣刀切削位置的切换通过调整不同厚度的垫圈完成。铣刀轴可采用旋松螺母或可胀缩轴，以利于边铣刀的整体快速更换。换刀装置见图 29-2。

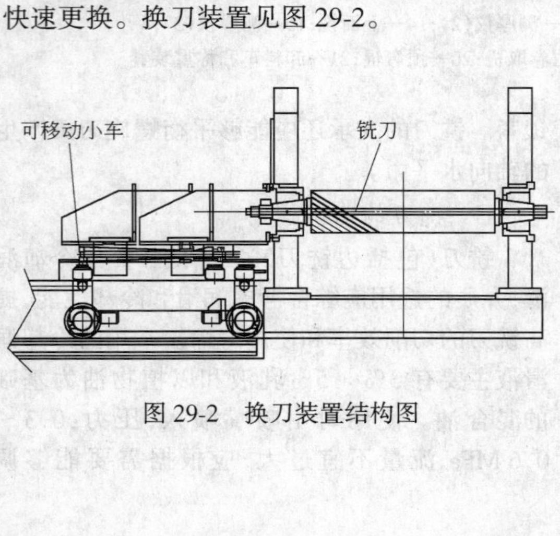

图 29-2 换刀装置结构图

29.1.2.3 抽屑装置

原则上上面铣、下面铣和铣边机应分别设置独立的铣屑抽吸系统，以保证抽屑效果。铣屑在引风机的作用下由机上的集屑器经管道进入各自的旋风收尘器收集，见图 29-3。尾气经二级收尘器（收集粉状铜屑）集中收尘后排空或直接排空。其具体形式应根据铣屑的大小和形状确定。

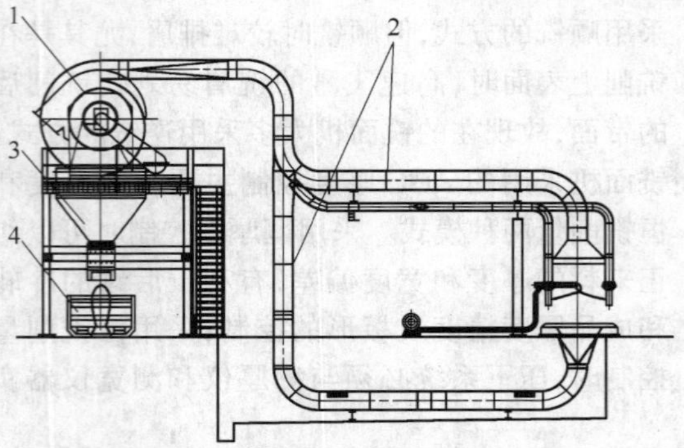

图 29-3 抽屑装置

1—引风机；2—引风管道；3—集屑器；4—收屑筐

29.1.2.4 除氧化皮刷

热轧的带坯表面带有一层氧化铜皮，若预处理氧化层，有利于铣刀寿命和表面质量提高。如欧洲一些铜加工厂采用处理刷，该刷分上下两只，通过电动丝杆装置调节，同时处理板坯上下表面，工作转速 700～800 r/min，带坯表面氧化皮厚时加快转速，反之则减慢。刷面呈带式，螺旋形缠绕在钢制筒形轴上，采用单独的抽风和收尘系统。

处理氧化皮可防止铣面时疏松的氧化铜皮形成粉末，污染铣削后的带坯表面；氧化铜皮较基体金属硬，对铣刀有研磨作用，从而缩短铣刀的使用寿命（10%～15%）；不处理时，氧化铜屑会随冷却液流出堵塞过滤器，或被抽屑装置抽走排空，污染环境。

29.1.2.5 铣刀快速更换装置

为方便面铣刀的更换，在上下铣面机的操作侧通常各设置一套铣刀快速更换装置，换刀装置大多是电动或液动，也可以是手动的，备用铣刀放在换刀架上。

29.1.2.6 表面刷洗装置

铣削后的带坯表面应进行刷磨、清洗和挤干处理。刷磨由刷辊完成，上、下面各设一只刷辊（有的工厂只在上面设一只刷辊，目的只是为了除屑），辊身表面缠耐磨尼龙材料，直径：ϕ200～300 mm；由调速电机驱动旋转，调速范围为：0～1500 r/min；辊缝由压下系统控制。刷辊在清除铣屑的同时还起到研磨和去毛刺的作用，由于刷子对细颗粒的铜粉具有吸附力，铜粉和氧化铜皮会粘附在刷身上，因此应设置滚刷清洗或抽吸装置，见图 29-4。带坯表面的清洗一般选用轻油或 3%～10% 的乳液，由喷嘴喷至上下表面。带坯清洗后由惰性的挤干辊将清洗介质擦除。挤干辊应保证能最大限度地去除残留在带面铣削波纹内的残油。

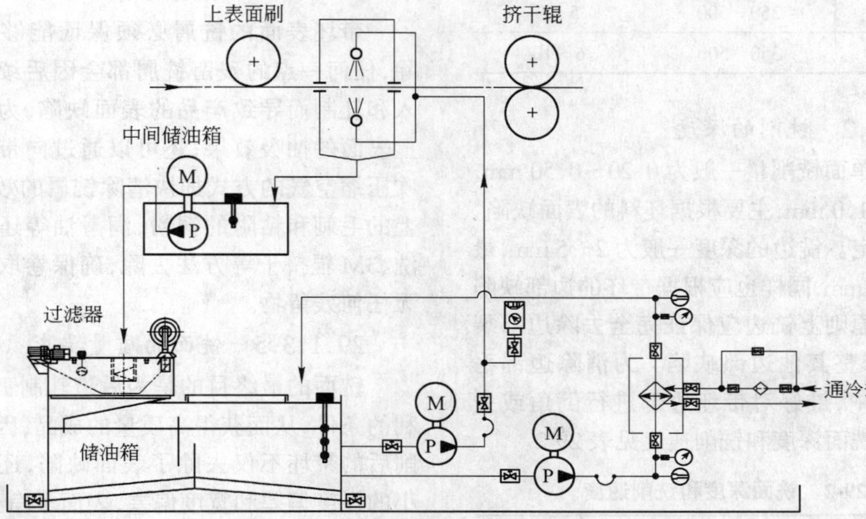

图 29-4 刷洗系统图

29.1.2.7 厚度的测量和控制

A 厚度测量

铣面机广泛使用的测厚仪有接触式和非接触式，要求测厚仪能够做到：跟踪铣面前带材轮廓；控制铣削厚度；控制和跟踪铣削后带材轮廓和检查铣刀的实际磨损。见图 29-5。

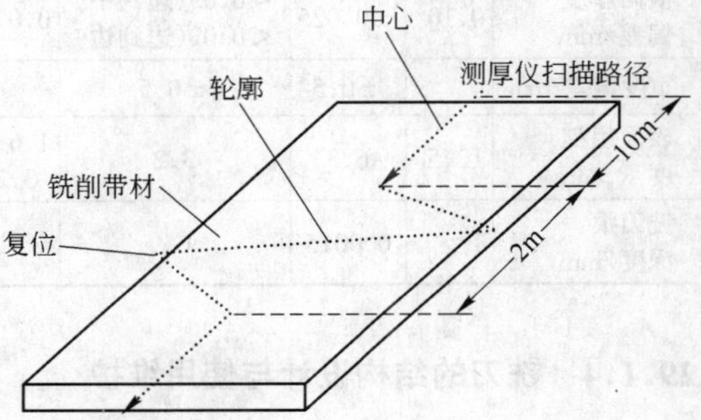

图 29-5 用激光测厚仪测量厚度和带材轮廓

B AGC 控制

AGC 系统一般采用三套测厚仪实现前向环路和反向环路控制。铣边和铣面通常均使用下面两种控制模式：

恒铣屑量模式——首先测量实际带材厚度，测量值用于初步设定两个铣刀的辊缝参数；再测量出口实际厚度，计算厚度与实际厚度之间的误差，反馈给控制器并实时调整铣刀的辊缝。在这种模式下，超差时报警。

恒出口宽度/厚度模式——根据实际测量的带材宽度/厚度，预设铣刀位置，正常情况下铣刀位置始终保持恒定，超差时报警。

29.1.3 铣削工艺参数选择原则

29.1.3.1 铣削的速度

在铣削功率和铣削深度一定的情况下，铣

削的速度主要取决于铣刀的转速(线速度),不同材料选用的铣削速度也不相同,主要应考虑铣刀的切削能力和成品表面的质量要求。高速工具钢铣刀转速和铣削速度见表29-1。

表29-1 高速工具钢铣刀转速和铣削速度

材料	铣刀转速/m·min^{-1}	喂料速度/m·min^{-1}
黄铜	400~600	8~14
紫铜	800~1000	10~15
青铜	250~500	5~8
白铜	350~500	6~10

29.1.3.2 铣削的深度

铣面的单面铣削量一般为0.20~0.50 mm,最大时可达1.0 mm,主要根据坯料的表面缺陷、轻重程度决定。铣边的深度一般为2~5 mm,最大时可到10 mm,同样也应根据带坯的边部缺陷程度确定。原则上铣边应保证完全去除边部裂纹,改善或修整其他边部缺陷。为消除边部毛刺和应力集中,最好对带坯边部进行倒角或去毛刺处理。铣面深度和铣削速度见表29-2。

表29-2 铣面深度和铣削速度

名称	铣面深度/mm	喂料速度/m·min^{-1}	铣刀功率/kW	坯料宽度/mm
铣面机1	0.8	12.8	480	1250
	0.67	15	480	1250
	0.56以下	18	480	1250
铣面机2	0.8以下	18	480	900
	0.7~1.0	12	432	1280
	0.2~0.7	18	432	1280
铣面机3	0.8	10	500	1250
	0.7	12	500	1250
	0.6	14	500	1250
	0.5	16	500	1250

29.1.3.3 铣削前的矫直和剪切头尾

铣面机铣削前矫直的目的是为了消除来料的翘曲,改善来料的平直度和板形。要求矫直后坯料的纵向不平直度小于2 mm/m,横向不平直度小于0.2 mm。常用矫直机主要有七辊、九辊或十一辊,下辊固定,上辊采用电动或液压压下。

矫直前的来料应进行切头,尤其是热轧的板坯会出现劈头或舌头,热轧时若没有切头尾,铣面时必须切头尾。辊式矫直机矫直后带头会略有上翘,为避免带头对铣刀的冲击,常采用液压剪切机切尾。在使用硬质合金铣刀时,有时还需要留头铣削,冷轧时切除。

29.1.3.4 铣屑的清除

带坯表面的铣屑必须保证能够被彻底清除,任何一点的残留铣屑都会因后续辊子的压入和轧制而导致产品的表面缺陷,为保证带坯上表面的抽吸效果,还可以通过向带坯表面反吹压缩空气的方式加快清除铣屑的效果。带面上的毛刺和粘附的铜粉、润滑油等还应通过刷洗、3M辊挤干等方法去除,确保卷取前的带面无任何残留物。

29.1.3.5 铣面的质量要求

铣面的最终目的是为后道轧制工序创造有利的条件,从而获得高质量的成品,因此要求铣削后的带坯不仅去除了表面缺陷,还应具有较小的厚度偏差和宽度偏差,表面干净光洁,无划伤、刀痕浅、无尖峰和毛刺等。较先进的铣面机主要精度指标见表29-3。

表29-3 较先进的铣面机主要的精度指标

精度指标	公司A	公司B	公司C	公司D
带坯宽度/mm	1050	1060	1250	1250
纵向厚度偏差/mm	0.15	±0.05	±0.05	±0.01
横向厚度偏差/mm	0.10	±0.025	<0.05(边到中) <0.02(边到边)	0.075
宽度偏差/mm	±0.5		±0.5	
表面粗糙度 R_a/μm	12.5	6.3	3.2	1.6~3.2
铣刀痕深度/mm		0.0015		

29.1.4 铣刀的结构设计与使用维护

29.1.4.1 铣刀的结构设计

螺旋刃铣刀相对于直刃铣刀具有切削轻

快、平稳、效率高等优点，被铜带铣面机广泛使用，铣刀的螺旋角通常为30°～45°。较大的螺旋角可以同时增加工作的齿数，减少铣削过程中的冲击，增加平稳性，并使实际前角增大，刀刃锋利。但同时，随螺旋角的增大，切向切削阻力减小，轴向切削阻力相应增大。一般来说，加工硬度低的材料用大的螺旋角，以增大前角提高刃口的锋利程度；加工硬度高的材料时用小的螺旋角，以减小前角提高刃口的刚度。

通常，铣刀向右旋转是用左螺旋线，向左旋转是用右螺旋线，因而铣刀可以是带有左螺旋线的向右旋转的铣刀也可以是带有右螺旋线的向左旋转的铣刀。铣刀的直径和刀片列数取决于铣面机的结构和切削条件。铣刀的设计除考虑必须具有必要的偏心度外，还应考虑刀片的材料和固定方式，要求刀片与刀片的配合完好。

广泛使用的刀具材料有高速钢和硬质合金两种，硬质合金刀具由于硬度高，耐磨性好，使用寿命相对较长。但与高速钢刀具相比其脆性大，使用时易损坏，磨削时易热裂。选用时取决于哪一种更经济。铣削正常磨损的材料如黄铜、青铜、紫铜时，使用坚韧的高速钢较合理。如果铣削磨损较重的含镍、银、铁铜合金时，应使用硬质合金刀片。铣刀材质的选择见表29-4。

表 29-4 铣刀材质选择

材 质	切削速度/m·min^{-1}	硬度 HRC	使用寿命/m·次磨削$^{-1}$	适于切削的材料
高速钢	500～700	61～67	2500～5000	紫铜、黄铜、青铜
硬质合金	1000以上	70以上	5000～10000	青铜、白铜等

刀片与刀轴的固定可以采用焊接和机嵌两种方式，焊接法主要用于硬质合金刀轴，采用高频焊或钎焊接，整体式焊接铣刀具的特点是：刀具齿槽宽度小，在刀片列数相同的情况下，可以大幅度减小铣刀的径向尺寸，对焊接的操作水平要求较高，铣刀损坏后不易更换；刀片与刀身焊接为一体，刚度大，稳定性好，但刀片、刀轴同时磨损，铣刀轴一次性使用。

机嵌式的固定方法是在螺旋型刀片的背面和铣刀轴的装刀槽内均设螺纹，用螺纹啮合使二者定位，刀片用楔形块和螺钉夹紧。设计时要求刀槽与刀体径向呈一定的斜角。这种夹紧方式的优点是：铣刀磨损后，刀片可以抽出重磨，因为铣刀的直径保持不变，铣面机不需要调整；当刀片磨完后，刀身仍可反复使用；一旦某一刀片损坏，可单独更换修理。系统由离心力自锁牢固，拆卸方便，安全性好，维护简单费用低。铣刀重磨量大，刀片可以抽出4个螺纹约合6 mm，假设理论上的一次磨削量为0.2 mm，这样就可以磨削25～30次。刀身长度可调，避免铣窄带时不必要的刀具消耗。

目前发展较快的是刀片上焊接硬质合金刀头，仍用螺钉、楔形块固定。它结合了硬质合金和机嵌固定两种铣刀的优点，具有更高的效率。

29.1.4.2 铣刀的使用和维护

铣刀直径的减少可以通过铣面机线调节设定或更换铣刀轴解决。铣刀磨损后，影响铣削的表面质量和铣屑的去除速度，应予以更换重磨，更换周期应视铣削速度和对成品的表面质量要求而定。铣刀采用铣刀专用磨床重磨，针对不同的刀具、铣削材料和铣削质量要求，铣刀磨削的角度也有所不同。推荐的数值如表29-5所示。

表 29-5 铣刀的磨削角度

铣削材料	A/(°)	B/(°)	C/(°)	D/mm	铣刀转速/m·min^{-1}	喂料速度/m·min^{-1}
黄 铜	7	12	5	1.58	475	15.2
紫 铜	9～10	15	10	1.58	475	15.2
青铜、白铜	3	8	5	1.58	244	10.6
铝	8	20	20	0.79	610	15.2

29.1.5 典型设备及工具的技术参数

典型设备及工具的技术参数见表29-6。

表 29-6 典型设备及工具的技术参数

序 号	名 称	A	B	C
1	生产线最大速度 /m·min^{-1}	18	15	15
2	装机总容量/kW	1600	1700	1855
3	铣削最大带宽/mm	1300	1250	1250
4	铣削精度/mm	纵向:±0.05 横向:0.0 25	纵向:<±0.05 横向:<0.02	
5	开卷机	液压双锥头式 开卷范围:ϕ700~800 mm	液压胀缩轴式 开卷范围:ϕ620~850 mm×1350 mm 横动范围:±100 mm 张力:50 kN 电机功率:14 kW	液压双锥头式 开卷范围:ϕ580~850 mm 锥头直径::ϕ560 mm
6	矫直机	辊矫直 辊尺寸:ϕ228 mm×1425 mm 矫直辊距:300 mm 功率:DC45 kW	辊矫直 辊尺寸 ϕ200 mm×1400 mm 矫直辊距:280 mm 功率:AC60 kW	辊矫直 辊尺寸 ϕ180 mm×1500 mm 功率:AC90 kW
7	液压剪切机	液压上切式 刀倾角:3° 剪切力:204 kN	液压上切式 刀倾角:6°	液压上切式 刀倾角:2°30′ 剪切力:1.2 MN(最大)
8	表面除氧化皮辊刷		辊刷尺寸:ϕ350 mm×1400 mm 工作转速:700~800 r/min	
9	铣边机	主电机:2×75 kW 铣削深度范围:2.5~10 mm 铣削速度:250~500 r/min 铣刀尺寸:ϕ308/ϕ300×58 mm 刀片材料:高速工具钢 刀片数量:36 只(机嵌式)	主电机:AC:2×48 kW 铣削深度范围:10 mm 铣削速度:18 m/min (max) 铣刀尺寸:ϕ300 mm 刀片材料:硬质合金 刀片数量:27 只(机嵌式)	主电机:AC:2×48 kW 铣削深度范围:2~5 mm 铣削速度:18 m/min(max) 铣刀尺寸:ϕ205 mm 刀片材料:硬质合金 刀片数量:32 只(焊接式)
10	铣面机	主电机:DC:480 kW 铣削深度:0.25~0.8 mm 铣刀转速:300~600 r/min 支承辊尺寸:ϕ400 mm×1425 mm 铣刀尺寸:ϕ308/ϕ300×1425 mm 刀片材料:高速工具钢 刀片数量:18 列(540 只)(机嵌式)	主电机:AC:432 kW 铣削深度:0.20~1.0 mm 铣刀转速:500~800 r/min 支承辊尺寸:ϕ415 mm×1400 mm 铣刀尺寸:ϕ305 mm×1400 mm 刀片材料:高速工具钢 刀片数量:16 列(736 只)(机嵌式)	主电机:DC:500 kW 铣削深度:0.20~0.8 mm 铣刀转速:0~850 r/min 支承辊尺寸:ϕ350 mm×1500 mm 铣刀尺寸:ϕ280 mm×1500 mm 刀片材料:硬质合金 刀片数量:24 列(焊接式)
11	带材表面清洁装置	喷轻油清洗,挤干辊挤干 挤干辊(3M):ϕ200/ϕ140×1425 mm	刷辊清理 刷辊:ϕ200 mm(尼龙材料)	刷辊刷磨后用乳液清洗,再由挤干辊挤干 刷辊:ϕ310×1500 mm
12	卷取机	预弯后的无芯上卷取 带卷内径:ϕ600~800 mm 主电机功率:DC:55 kW	预弯后的张力卷取 芯轴:ϕ680~710 mm×1400 mm 主电机功率:AC:20 kW	预弯后的有芯卷取 芯轴:ϕ800~850 mm×1500 mm 主电机功率:AC:37 kW
13	铣刀冷却	冷却介质:植物基油 流量:6 L/min	冷却介质:3%乳液 流量:53 L/h	冷却介质:2.5%乳液 流量:66 L/h

续表 29-6

序号	名称	A	B	C
14	铣屑回收装置	风量:810 m^3/min 风压:8820 Pa 功率:AC180 kW	风量::180 m^3/min 功率:AC75 kW	风量:330 m^3/min 风压:9800 Pa 功率:AC200 kW
15	测厚仪	激光测厚仪	接触式测厚仪	激光测厚仪

29.2 连铸管坯的表面车铣

紫铜盘管采用水平连铸管坯进行行星轧制前需要将表面的铸造缺陷去除,采取车铣表面的工艺措施,以保证后续盘拉时不因这些缺陷导致拉断、条状伤等废品。

29.3 铜棒磨光技术

为了满足高速自动车床的工作要求,常常对一些易切削铜合金棒材的尺寸精度、平直度、圆度、圆柱度及表面光洁度等提出更高的要求。此时挤制及拉制的成品棒材远远不能满足要求,必须对挤制或拉制成品棒材进行磨削处理。

29.3.1 棒材的磨光设备及原理

棒材磨光设备选用无芯外圆磨床,设备的主要构成有:磨架、导轮架 、进给机构、磨削轮修整器、导轮修整器、前后走料导轨等。其工作原理为:砂轮和导轮同时旋转,以导轮带动工件旋转,工件并作轴向运动,实现棒材的磨削。如图 29-6 所示。

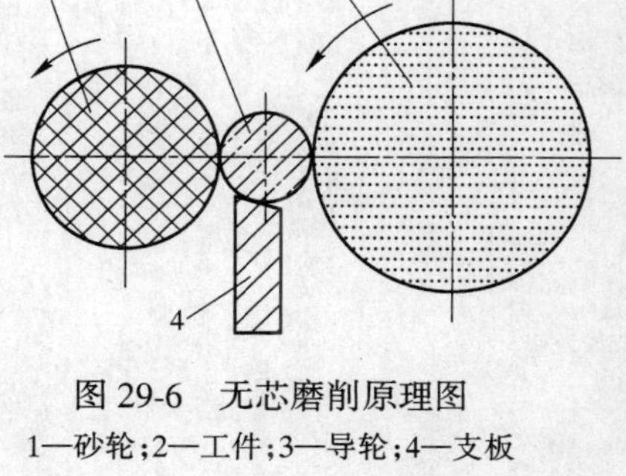

图 29-6 无芯磨削原理图

1—砂轮;2—工件;3—导轮;4—支板

无芯磨床常用的型号有 M1020、M1040、M1080 等,磨削直径最大分别为 20 mm、40 mm 和 80 mm。目前,最大的无芯磨床可以磨削直径为 200 mm 以下的棒料。

以 M1040 型无芯磨床为例,磨削轮的规格为 PSA 350 mm×125 mm×127 mm,磨料为白刚玉,粒度为 80 号;导轮规格为:PSA 250 mm ×125 mm × 75 mm,磨料为白刚玉,粒度为 240 号。导轮和磨削轮除粒度不同外,粘结剂也不同,导轮粘结剂为橡胶材料,而磨削轮粘结剂为陶瓷材料。

一般在对铜合金棒料磨削时,磨削轮的转速为:1870 r/min,导轮的转速为:在加工工件时,无极:20~180 r/min;在修整磨削轮时:280 r/min。

29.3.2 磨光工艺制度

29.3.2.1 磨光前的准备

(1) 对挤制或拉制棒的头、尾按尺寸进行锯切,锯口要平整、无毛刺。

(2) 对棒材进行矫直:锯切头、尾后的棒材根据棒材的平直情况,按下列工序进行矫直:粗矫——(预精矫)——(成品退火)——精矫。

(3) 磨光棒坯的平直度应达到:≤0.5mm/m。

(4) 磨光棒坯的吊运用麻绳或尼龙绳,防止划伤表面。

29.3.2.2 磨削工艺制度

(1) 棒材的成品磨光要依次经过粗磨和精磨。一般不得“一遍成”磨削,以免造成成品尺寸精度、光洁度等达不到要求,磨削量过大,还会造成设备损坏。

(2) 磨削裕量:磨削棒坯要根据磨削成品尺寸,预留一定的磨削量,一般情况下,精磨裕量为:0.03~0.07 mm,粗磨裕量为:0.07~0.15 mm。

(3) 磨削冷却液:在磨削过程中要不断地对砂轮、工件进行冷却和润滑。磨削冷却液为:切削液+水,切削液的配比为 1%~3%。

29.3.2.3 磨光棒的技术要求

磨光棒的技术要求见表 29-7。

表 29-7 磨光棒的技术要求

合金类别	规格/mm	直径允许偏差/mm		直径控制偏差/mm	圆度/mm	圆柱度/mm	粗糙度 R_a/μm
		较高级	普通级				
BZn15-24-1.5	ϕ7.0～10	−0.015	−0.020	−0.003～−0.018	0.0025	0.005	0.8～0.9
	>ϕ10～15	−0.018	−0.020	−0.003～−0.018	0.0025	0.005	0.8～0.9
HPb63-3 HPb 59-1 QSn10-1 QSn7-7-3	ϕ5.5～12.5		−0.020	−0.003～−0.018	0.0025	0.005	0.8
	>ϕ12.5～20		−0.020	−0.003～−0.018	0.0025	0.005	0.8
	>ϕ20～30		−0.030	−0.003～−0.020	0.0025	0.005	0.8

29.3.3 磨光工序注意事项

(1) 磨光时，粗磨要控制好尺寸偏差，为精磨打下基础；精磨要用千分尺逐根测量棒材尺寸，目测检查棒材的表面质量。精磨后，立即擦干棒材表面的冷却液，以防腐蚀和污染表面。

(2) 磨光过程中，应当保持棒材通过导轨的清洁、光滑，以防划伤表面。

(3) 当发现棒材表面质量达不到要求时，要及时采取修整砂轮，调整托板等措施；当发现圆柱度不合格时，应立即调整料架、导板和托板。

(4) 磨光时，装卸料要平稳，轻拿轻放，防止磕碰、划伤表面。

更换新砂轮，必须按下列步骤进行：预平衡——空回转 5～10 min——粗修整——精平衡——精修整。

30　粉末冶金和弥散强化铜合金生产技术[1]

30.1　粉末冶金的基本原理和特点

粉末冶金是制取金属粉末或用金属粉末(或金属粉末与非金属粉末的混合物)作为原料,经过压制成型和烧结,制造金属材料、复合材料以及各种类型制品的工艺技术。粉末冶金法与生产陶瓷有相似的地方,因此也叫金属陶瓷法。

粉末冶金在技术上和经济上具有一系列特点。从制取材料方面来看,粉末冶金方法能生产具有特殊性能的结构材料、功能材料和复合材料。

(1) 粉末冶金方法能生产用普通熔炼法无法生产的具有特殊性能的材料。

1) 能控制制品的孔隙度。例如,可生产多种多孔材料,如多孔含油轴承等。

2) 能利用金属和金属、金属和非金属的组合效果,生产各种特殊性能的材料,例如,钨-铜假合金型的电触头材料、金属和非金属组成的刹车片等摩擦材料。

3) 能生产各种复合材料。例如,难熔化合物和金属组成的硬质合金和金属陶瓷、弥散强化复合材料、纤维强化复合材料等。

(2) 粉末冶金方法生产的某些材料,与普通熔炼法相比,性能更优越。

1) 高合金粉末冶金材料的性能比熔铸法生产的好,例如,粉末高速钢等。粉末冶金可避免成分的偏析,保证合金具有均匀的组织和稳定的性能,同时,这种合金具有细晶组织,使热加工性大为改善。

2) 生产难熔金属材料或制品,一般要依靠粉末冶金法,例如,钨、钼等难熔金属,即使用熔炼法能制造,但比粉末冶金制品的晶粒要粗,强度要低。

从制造机械零件方面来看,粉末冶金法制造机械零件是一种少切削、无切削的工艺,可以大量减少机加工量,节约金属材料,提高劳动生产率。

总之,粉末冶金法既是一种能生产具有特殊性能材料的技术,又是一种制造廉价优质机械零件的少切削、无切削的加工工艺。

30.2　铜及铜合金粉制取工艺

30.2.1　水溶液电解法生产铜粉

电解法是生产工业铜粉的主要方法之一。电解法不仅能生产具有不同要求的铜粉,而且电解过程也是一个提纯过程,能生产出具有特殊要求的高纯铜粉。

电解铜粉的形貌如图 30-1 所示,是树枝状结构,粉末的成形性好,压坯强度高,不足之处是能耗大,粉末活性强,易氧化。

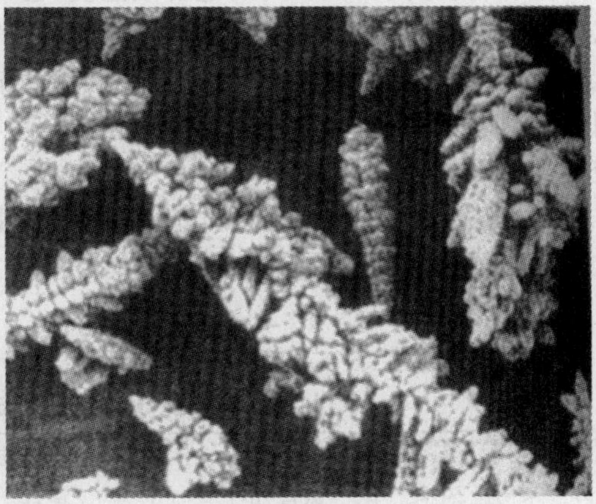

图 30-1　电解铜粉颗粒形貌图

[1] 本章撰稿人:曹先杰。

30.2.1.1　电解法生产铜粉的基本原理与工艺

A　基本原理

电解过程的基本原理如图30-2所示。当直流电通过硫酸铜水溶液时，电极上发生下列电化反应：

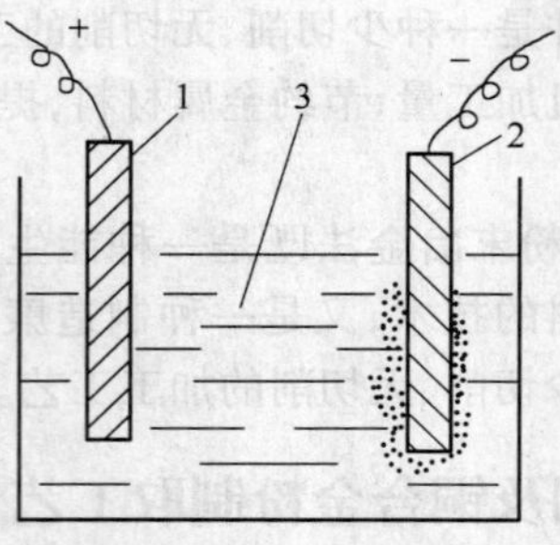

图30-2　电解过程示意图

1—阳极；2—阴极；3—电解液（$CuSO_4$）

在阳极，铜失去电子变成铜离子进入溶液，即：

$$Cu - 2e \rightarrow Cu^{2+}$$

在阴极，铜离子得到电子并在阴极上析出，即：

$$Cu^{2} + 2e \rightarrow Cu$$

工业上电解铜粉的生产可以采用高的铜离子浓度、高的电流密度和高的电解液温度，也可以采用低的铜离子浓度、低的电流密度和低的电解液温度。前者生产效率高，但能耗较大，车间内酸雾较大；后者生产效率较低，但能耗小，酸雾少。

电解法生产铜粉过程中，电流效率和电能效率是电解中两项重要技术指标。

所谓电流效率是指电解时电量的利用情况，即一定电量电解出的产物实际质量与理论上应电解出的产物质量之比。由于在电解时有副反应而多消耗一部分电量，所以，一般电流效率为90%，好的可达95%～97%。为了提高电流效率，在电解过程中应尽量减少副反应的发生，并防止电解槽漏电。

所谓电能效率是指电能的利用情况，即在电解过程中生产一定质量的产物，在理论上所需的电能与实际消耗的电能量之比。有时也用生产单位质量金属（如1 kg或1 t）所消耗的电能（kW·h）来计算，例如，每吨铜粉的电能消耗约为2700～3500 kW·h。降低槽电压可以降低电能消耗，是提高电能效率的主要措施。

B　生产工艺

电解法生产铜粉的工艺流程如图30-3所示。电解铜粉的生产工艺条件见表30-1。

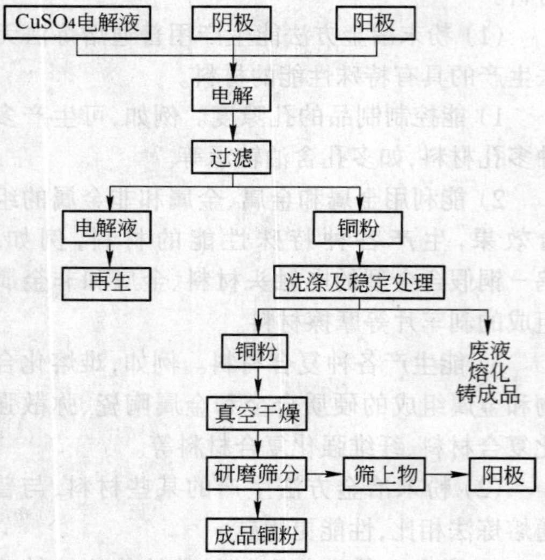

图30-3　电解法制备铜粉工艺流程

表30-1　电解法生产铜粉的工艺条件

工艺条件 / 方案	铜离子（Cu^{2+}）浓度/$g\cdot L^{-1}$	H_2SO_4 浓度/$g\cdot L^{-1}$	电流密度/$A\cdot dm^{-2}$	电解液温度/℃	槽电压/V
Ⅰ	12～14	120～150	25	50	1.5～1.8
Ⅱ	10	140～175	8～10	30	1.3～1.5

30.2.1.2 影响铜粉粒度和电流效率的因素

影响铜粉粒度和电流效率的因素如下：

(1) 在能析出粉末的金属离子浓度范围内[Cu^{2+}]浓度愈低，粉末颗粒愈细，如果提高[Cu^{2+}]浓度，则相应地扩大了致密沉积物区域，使粉末变粗。

从图 30-4 可知，随着[Cu^{2+}]浓度增加，电流效率也增加。因此，欲得到细粉末，则电流效率将降低。提高电流效率，则粉末变粗。因此要综合考虑铜离子浓度对粉末粒度和电流效率的影响，适当控制有关参数。

(2) 酸度的影响。酸度对电解铜粉末粒度和电流效率的影响比较复杂，要针对不同的电解条件加以分析，这里不作详述。

(3) 电流密度的影响。金属离子浓度一定时，能不能析出金属粉末，电流密度是关键。实践证明，在能够析出粉末的电流密度范围内，电流密度愈高粉末愈细，电流密度低时，所得粉末较粗，如图 30-5 所示。

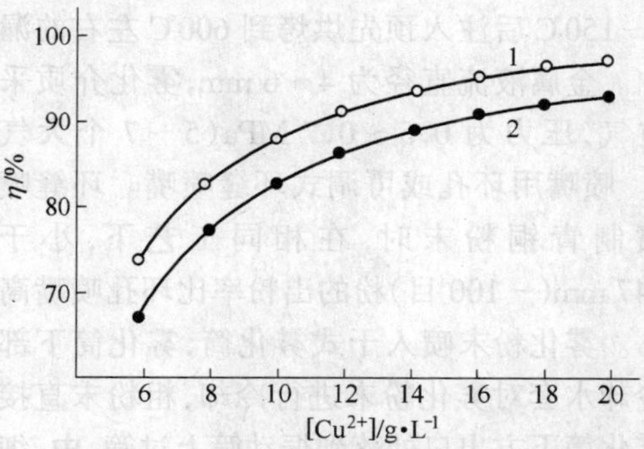

图 30-4 铜离子浓度对电流效率的影响
1—经过 30 min 取粉；2—经过 20 min 取粉

从图 30-6 可以看出，随着电流密度的增加，电流效率降低。因为电流密度增加，槽电压升高，副反应增多，使电流效率下降。

(4) 电解液温度的影响。提高电解液温度后，扩散速度增加，晶粒长大速度也增大，所得粉末变粗。电解液温度与电流效率的关系如图 30-7 所示。

升高电解液温度可提高电解液的导电能力，降低槽电压，减少副反应，从而提高电流效率；也可以使阳极均匀地溶解，减少残极率。当然，提高电解液温度是有限的。如电解铜时，温度升高会增大一价铜的电化学平衡浓度，有碍一价铜的化学反应，结果将降低阴极的电流效率。如果温度太高，电解液大量蒸发，恶化劳动条件。

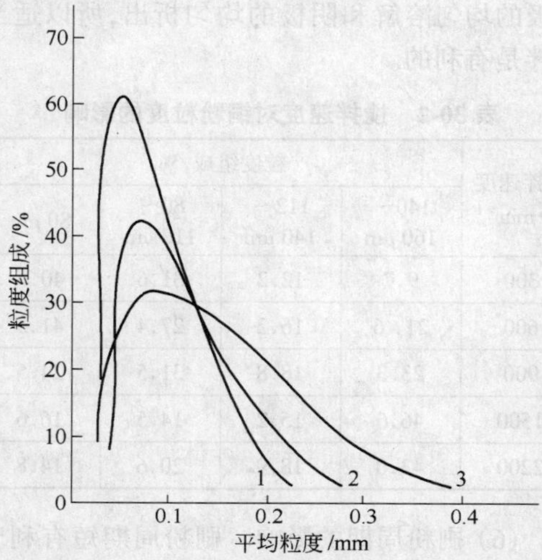

图 30-5 电流密度(i)对铜粉粒度组成的影响
1—i = 18.2 A/dm²；2—i = 15.3 A/dm²；3—i = 10.5 A/dm²

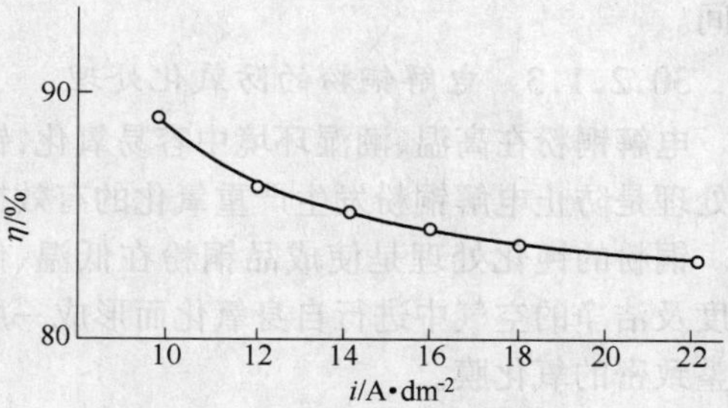

图 30-6 电解制取铜粉时的电流密度对电流效率的影响

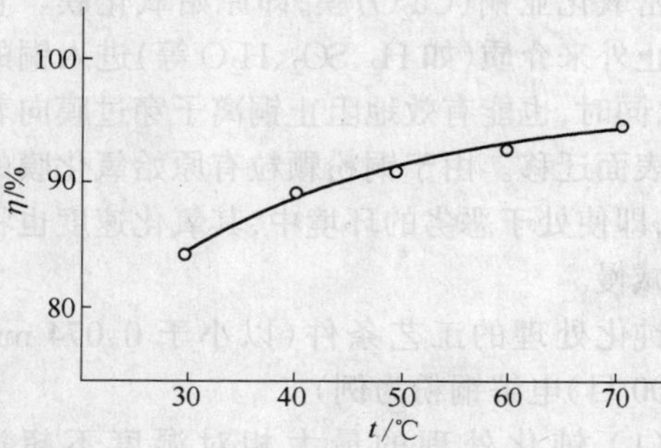

图 30-7 电解制取铜粉电解液温度对电流效率的影响

(5) 电解时搅拌速度的影响。电解过程中搅拌速度对粉末粒度有直接影响。从表 30-2 可以看出,搅拌速度高,粒度组成中粗颗粒增加。但是加快搅拌可以加快电解液循环,可使扩散层厚度减少,促进电解液的均匀度,有利于阳极的均匀溶解和阴极的均匀析出,所以适当搅拌是有利的。

表 30-2 搅拌速度对铜粉粒度的影响

搅拌速度 /r·min^{-1}	粒度组成/%			
	140～160 μm	112～140 μm	80～112 μm	80 μm
300	9.7	12.2	31.6	40.5
600	21.6	16.2	27.4	41.5
900	23.3	18.8	31.5	24.5
1500	46.6	15.2	14.5	16.6
2200	43.0	18.9	20.6	14.8

(6) 刷粉周期的影响。刷粉周期短有利于生成细粉,因为长时间不刷粉,使阴极表面积增大,相对降低了电流密度。因为低电流密度有利于生成细粉。因此,必须确定适当的刷粉时间。

30.2.1.3 电解铜粉的防氧化处理

电解铜粉在高温、潮湿环境中容易氧化,钝化处理是防止电解铜粉发生严重氧化的有效措施。铜粉的钝化处理是使成品铜粉在低温、低湿度及洁净的空气中进行自身氧化而形成一层完整致密的氧化膜。

实践表明,铜粉在一定的温度、湿度及洁净的空气中,其颗粒表面会形成一层 10～40 nm 的致密氧化亚铜(Cu_2O)膜,即原始氧化膜。它能阻止外来介质(如 H_2、SO_2、H_2O 等)进入铜的基体,同时,也能有效地阻止铜离子穿过膜向着膜的表面迁移。由于铜粉颗粒有原始氧化膜的存在,即使处于恶劣的环境中,其氧化速度也将大大减慢。

钝化处理的工艺条件(以小于 0.074 mm(－200 目)电解铜粉为例):

(1) 钝化处理的最大相对湿度不超过 48%。

(2) 钝化处理的最高室温不超过 17℃。

(3) 钝化处理时间最短不少于 10～15 d。

(4) 铜粉本身必须保持干燥,含水率在 0.05%以下。

(5) 钝化处理必须在洁净的空气中进行,严防各种活性气体介质进入。

(6) 在钝化处理期间内,出炉的环境条件是决定原始氧化膜性能的关键。因此,铜粉一经出炉,就应立即置于上述钝化处理环境中,以防水汽及其他气体介质对颗粒表面产生污染。

30.2.2 雾化法生产铜粉

雾化铜粉的生产方法有气体雾化法、水雾化法和机械雾化法(即离心雾化)。目前国内多采用气体雾化法和水雾化法。

30.2.2.1 气体雾化法

气体雾化法生产铜合金粉的设备如图 30-8 所示。

按铜合金粉末的成分要求,将配好的金属料,在移动式可燃油或燃气坩埚熔化炉熔化,也有的采用中频电炉熔化。金属熔液一般在过热 100～150℃后注入预先烘烤到 600℃左右的漏包中。金属液流直径为 4～6 mm,雾化介质采用空气,压力为 0.5～0.7 MPa(5～7 个大气压)。喷嘴用环孔或可调式环缝喷嘴。环缝喷嘴喷制青铜粉末时,在相同工艺下,小于 0.147 mm(－100 目)粉的出粉率比环孔喷嘴高 30%。雾化粉末喷入干式雾化筒,雾化筒下部有冷却水套对雾化粉末进行冷却,粗粉末直接从雾化筒下方出口处落到振动筛上过筛,中、细粉末从雾化筒抽出,经细粉收集器沉降。超细粉末进入风选器,抽风机的出口处装有面袋收尘器,净化后排入大气。

空气雾化铜或合金粉末,表面均有少量氧化,一般需要在 300～600℃用氢或分解氨气进行还原。为了制得球形铜合金粉末,通常在熔化时加入 0.05%～0.1%的磷,以降低黏度,增加熔液流动性,这样能使球形粉末大大增加。

30.2.2.2 工业生产应用实例

国内某厂利用压缩空气为雾化介质,采用可调式环喷嘴,生产 QSn6-6-3 青铜粉末。

A 主要工艺参数

工艺装置和流程如图 30-8 所示。

(1) 空气压力为 0.62～0.70 MPa。

(2) 喷嘴采用环缝型拉瓦尔式，喷射顶角 45°～60°，如图 30-9 所示。

(3) 漏嘴直径（金属液流直径）为 3.2～4.2 mm。

(4) 采用燃油石墨坩埚，每炉熔炼 200 kg。960℃熔融后再过热 100～150℃。若需喷制不规则形状的粉末，取过热度下限，喷制球形粉末，取过热温度上限。

(5) 小于 0.175 mm(－80 目)粉末收得率为 70%左右。

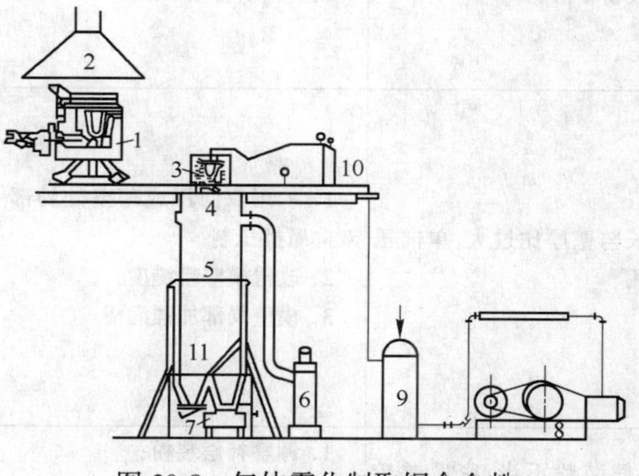

图 30-8 气体雾化制取铜合金粉的设备示意图

1—可倾燃油坩埚熔化炉；2—排气罩；3—保温漏包；4—喷嘴；5—集粉器；6—集细粉器；7—取粉车；8—空气压缩机；9—压缩空气容器；10—氮气瓶；11—分配阀

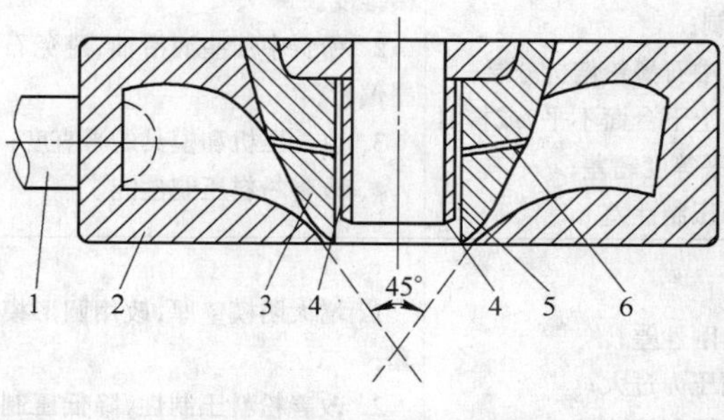

图 30-9 环缝型喷嘴结构

1—进风管；2—喷嘴；3—内环；4—导向套；5—二次风环；6—辅助风孔

B 喷粉操作要点

(1) 喷粉前，先将烘到规定温度的漏包放置在喷嘴上；

(2) 开启空压机送压缩空气，压缩空气的表压需达 0.8 MPa；

(3) 打开雾化筒冷却水套阀门；

(4) 上述设备正常后，将熔液注入漏包开始雾化；

(5) 开动筛分机；

(6) 雾化时常用通钩去掉漏包底部凝结的金属块；

(7) 雾化结束后，关闭空压机，将气包内的水放掉；

(8) 将已过筛的小于 0.175 mm(－80 目)粉末称重，标上日期；

(9) 清理雾化筒下部的粗粉末；

(10) 将大于 0.175 mm 的粗粉过磅，并记下重量。

该厂生产的 QSn6-6-3 青铜粉末化学成分为：Sn：5%～7%；Zn：5%～7%；Pb：2%～4%；Cu：余量。其物理性能为：粒度分布：0.175mm(－80 目)大于 55%，小于 0.043 mm(－320 目)小于 45%；松装密度：2.6～3.0 g/cm^3。

30.3 压型和烧结

30.3.1 压型

压制成形是粉末冶金零件生产中最重要及最基本的工序之一。它是将松装粉末通过模型压制成所需形状及强度(密度)的压坯。压制成形的产品可分为两大类：供进一步挤压用的圆柱形粉锭和各种零件毛坯。压制圆粉锭的工艺比较简单，主要要求密实性，可在大吨位压力机或等静压压力机上进行。零部件压坯工艺比较复杂，其工艺设计涉及模具设计、压制力、润滑方法、粉末补偿等，应根据零件具体形状选择工艺方法。

在压制生产过程中，压坯缺陷主要反映在以下 3 个方面：(1)表观缺陷，如表面细小的裂纹、局部皱纹、局部剥落、侧面龟裂、表面划伤等；(2)尺寸及形位精度超差，如同轴度端面跳动超差等；(3)内在缺陷，如局部密度超差等。

常见压坯的缺陷分析及控制方法见表 30-3。

表 30-3 常见压坯缺陷分析及控制方法

缺陷形式		简图	产生原因	控制方法
局部密度超差	中间密度过低	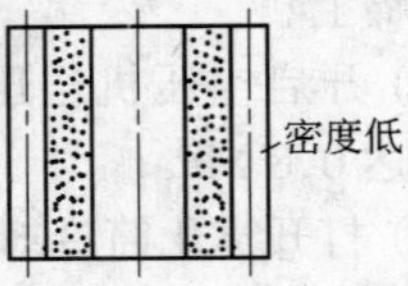	1. 侧面积过大,双向压制仍不适用; 2. 模壁粗糙度差; 3. 模壁润滑差 4. 粉料压制性差	1. 大孔薄壁改用双向摩擦压制; 2. 改善模壁粗糙度; 3. 在模壁或粉料中加润滑剂 4. 粉料还原退火
	一端密度过低	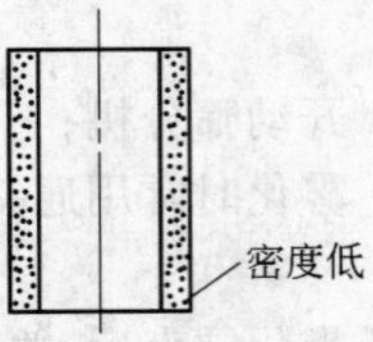	1. 长径比或长度壁厚比过大,单向压制不适用; 2. 模壁粗糙度差; 3. 模壁润滑差; 4. 粉料压制性差	1. 改用双向压,双向摩擦压或后压等; 2. 改善模壁粗糙度; 3. 在模壁或粉料中加润滑剂; 4. 粉料还原退火
	台阶密度过高或过低	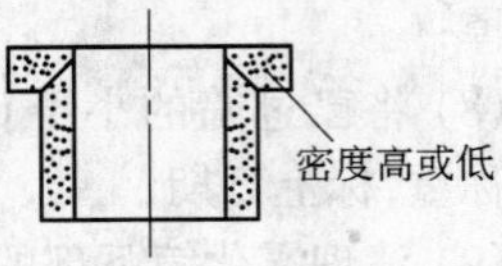	补偿装粉不恰当	调节补偿粉量
	薄壁处密度过低	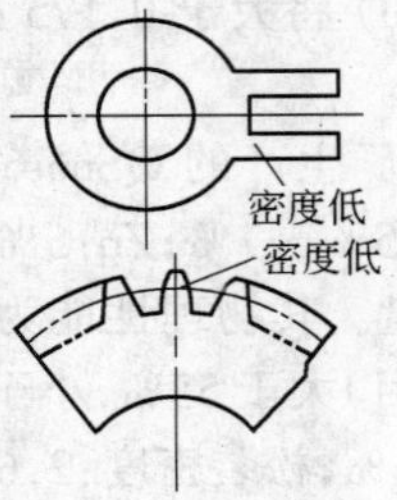	局部长与壁厚比过大 单向压制不适用	1. 采用双向压或薄壁处局部双向摩擦压制; 2. 改善模壁粗糙度; 3. 模壁局部加强润滑
裂纹	拐角处裂纹	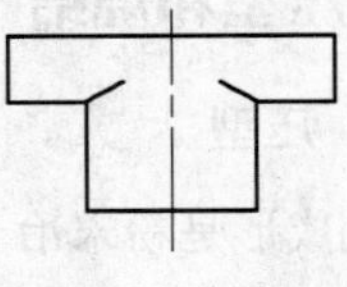	1. 补偿装粉不当,密度差较大; 2. 粉料压制性能差; 3. 脱模方式不对	1. 调整补偿装粉; 2. 改善粉料压制性; 3. 采用正确脱模方式,如带内台产品,应先脱薄壁部分;带外台产品,应带压套,用压套先脱凸缘
	侧面龟裂	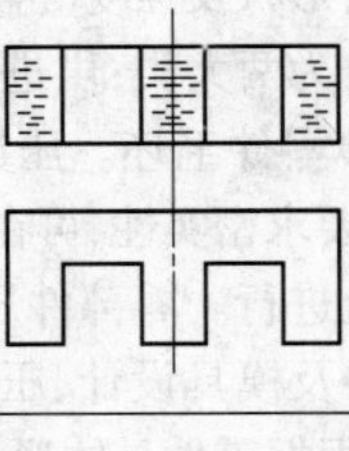	1. 阴模内孔沿脱模方向尺寸变小。成形部位已严重磨损,出口处有毛刺; 2. 粉料中石墨粉偏析分层; 3. 压机上下台面不平,或模具垂直度和平等度超差; 4. 粉末压制性差	1. 阴模沿脱模方向加工出脱模锥度。 2. 粉料中加些润滑油,避免石墨偏析; 3. 改善压机和模具的平直度; 4. 改善粉料压制性能
	对角裂纹	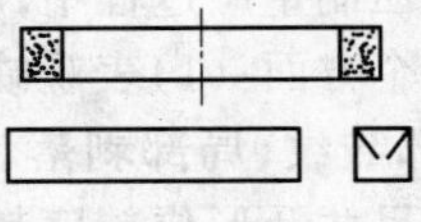	1. 模具刚性差; 2. 压制压力过大; 3. 粉料压制性能差	1. 增大阴模壁厚,改用圆形模套; 2. 改善粉料压制性,降低压制压力(达相同密度)

续表 30-3

缺陷形式		简图	产生原因	控制方法
皱纹（即轻度重皮）	波形裂纹	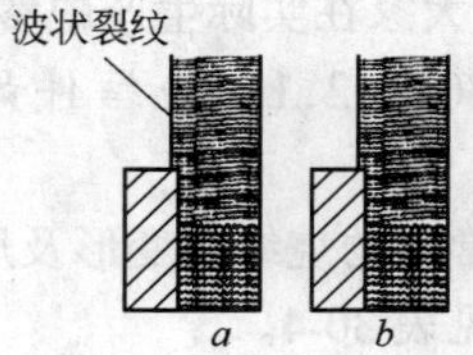	从阴模脱出时的弹性后效，可能形成波状水平裂纹	1. 阴模出口处带锥度或倒角； 2. 采用保压脱模
	内台拐角皱纹	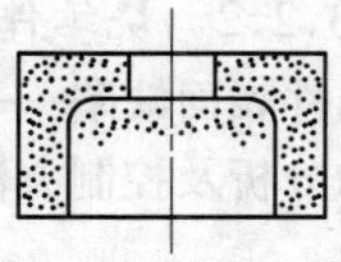	大孔芯棒过早压下，端台先已成形，薄壁套继续压制时，粉末流动冲破已成形部位，又重新成形，多次反复出皱纹	1. 加大大孔芯最终压下量，适当降低薄壁部位的密度； 2. 适当减小拐角处的圆角
	外球面皱纹	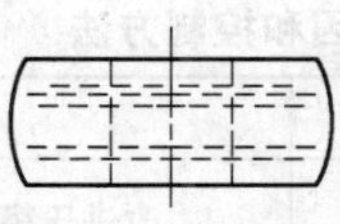	压制过程中，已成形的球面，不断地被流动粉末冲破，又不断重新成形的结果	1. 适当降低压坯密度； 2. 采用松装密度较大的粉末； 3. 最终滚压消除； 4. 改用弹性模压制
	过压皱纹	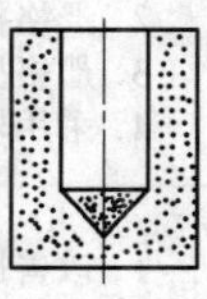	局部单位压力过大，已成形处表面被压碎，失去塑性，进一步压制时不能重新成形	1. 合理补偿装粉免局部过压； 2. 改善粉末压制性能
缺角掉边	掉棱角	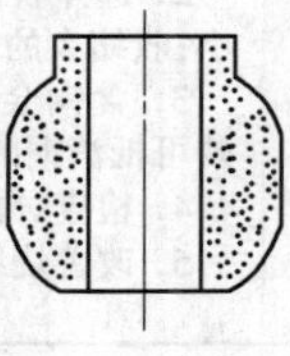	1. 密度不均，局部密度过低； 2. 脱模不当，如脱模时不平直，模具结构不合理，或脱模时有弹跳； 3. 存放搬动碰伤	1. 拼模时应无缝； 2. 拼缝时只许有不影响脱模的台阶，(即图中球部直径可小些，但不能太大，且要求球与柱同心)
	侧面局部剥落	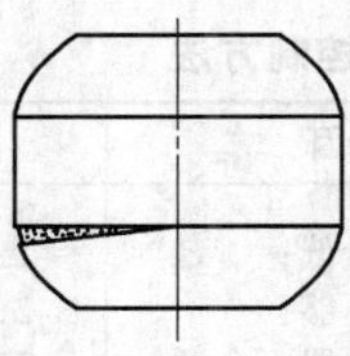	1. 镶拼阴模接缝处有缝； 2. 镶拼阴模接缝处有倒台阶，压坯脱模时必然局部剥落（即球径大于柱径，或球与柱同心）	1. 拼模时应无缝； 2. 拼缝处只许有不影响脱模的台阶，(即图中球部直径可小一些，但不能大，且要求球与柱同心)
表面划伤		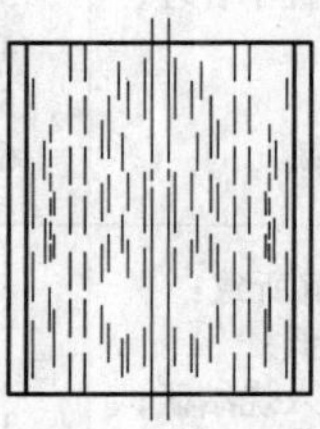	1. 模腔表面粗糙度值高，或模腔硬度低； 2. 模壁产生模瘤； 3. 模腔表面局部被啃或划伤	1. 提高模壁的硬度和降低其粗糙度值； 2. 消除模瘤，可加强润滑
尺寸超差			1. 模具磨损过大； 2. 工艺参数选择不合适	1. 采用硬质合金模； 2. 调整工艺参数
同轴度超差，端面跳动超差			1. 模具安装调中差； 2. 装粉不均； 3. 模具间隙过大； 4. 模冲导向段短	1. 调模对中要好； 2. 采用振动或吸入式装粉； 3. 合理选择间隙； 4. 增长模冲导向部分

30.3.2 烧结

烧结是将粉末或压坯在低于主要组分熔点的温度下进行的热处理。目的是使粉末颗粒间产生冶金结合，即使粉末颗粒之间由机械啮合转变成原子之间的晶界结合。烧结工艺参数主要包括烧结温度、升温速度、保温时间、烧结气氛、装炉方式和装炉量等。工艺参数的选择主要与合金特性（熔点、比热容等）、锭坯或零件尺寸、炉型等有关。

由于粉末冶金零件所用的材料差异较大，烧结工艺及使用设备不尽相同。因此，只能对烧结过程中可能出现的质量问题进行共性分析，供大家在实际生产中参考。

30.3.2.1 烧结件的变形及尺寸超差分析

常见的烧结件变形及尺寸超差原因和控制方法见表30-4。

30.3.2.2 烧结件表面缺陷分析

烧结件表面缺陷——炭黑沉积、脱碳、氧化等缺陷的分析及控制方法见表30-5。

表30-4 烧结零件变形及尺寸超差原因和控制方法

缺陷名称	产生原因	控制方法
变形及翘曲 （细长、薄壁件，大而扁平的零件）	1．压坯密度严重分布不均匀； 2．烧结升温过快； 3．烧结温度过高或烧结时间过长； 4．烧结舟底面不平，装舟方式不当	1．改进压模结构，改善压坯密度； 2．严格控制升温速度； 3．严格控制烧结温度及烧结时间； 4．采用填料，合理装舟
尺寸超差 （包括尺寸胀大或收缩过大）	1．压坯密度不均匀； 2．原料粉末（铁粉等）颗粒尺寸及形状变化； 3．合金元素的添加量变化； 4．形成液相烧结； 5．烧结温度和时间变化； 6．烧结炉的温度不均匀； 7．烧结炉内气体流动不畅	1．改善压坯密度分布； 2．选择合理的原料粉末（如选择颗粒小；收缩大的粉末等）； 3．含铜会造成尺寸胀大，添加碳、镍、磷可抵消铜的膨胀作用； 4．检查炉内温度分布状态； 5．改善烧结气氛流动方向

表30-5 烧结件表面缺陷分析及控制方法

缺陷名称		现象特征	产生原因	控制方法
沉积炭黑	黏附状炭黑	零件上有黑色斑点，且不易去除	1．脱蜡区露点太低； 2．脱蜡区长度不够； 3．脱蜡区温度设置不合理； 4．零件密度太高； 5．网带载荷过大； 6．温度曲线不正确	1．升高脱蜡区露点； 2．增加脱蜡区长度； 3．安装快速烧除装置； 4．减少网带负荷； 5．降低网带速度； 6．纠正炉温
	颗粒状炭黑	零件表面盖有一层黑色沉积物，易去除	润滑剂蒸气热分解所致： 1．脱蜡区露点太低； 2．润滑剂蒸气进入烧结区； 3．烧结气氛流速太低； 4．车间通风不当扰乱烧结气氛的流动； 5．排气装置设计不合理	1．加大烧结气氛流量； 2．改变脱蜡区气体流动方向； 3．调整各进气口的气体流量； 4．改进排气装置，避免通气忽高忽低； 5．调整露点
	闪亮状炭黑	零件所有暴露的表面上都有一层均匀的黑亮的外“衣”	在烧结区，天然气与烧结件表面发生催化裂解	1．减少天然气添加量； 2．改变天然气进炉的位置

续表 30-5

缺陷名称		现象特征	产生原因	控制方法
氧化	表面氧化(零件在冷却区产生表面氧化)	表面氧化零乱无章。氧化颜色因零件而异,先沿网带一边氧化,或仅烧结零件前沿氧化	烧结炉出料口进入空气: 1. 烧结气氛的流量不够大或不均衡; 2. 烧结炉两端压力差大; 3. 排气管通气量忽高忽低;出料口门帘设计不当	加大气流量; 1. 修理或更换出料口门帘; 2. 重新对进料口风扇定位,以防逆风; 3. 出料口炉门尽量低,进料口比出料口要高出约 12.7 mm
		氧化逐渐恶化并继续产生,零件所有表面都氧化。零件底面有明显的网带痕迹,被保护的表面却干净、明亮	冷却段漏进空气: 1. 烧结区与冷却区连接法兰松动(螺栓蠕动); 2. 气体管道漏进空气; 3. 水套法兰连接处开裂	1. 检查法兰,阻止泄漏; 2. 检验进炉的氧含量,应低于 10^{-5}
		氧化颜色较深,黏着较牢固。氧化是连续的,随时间而恶化	冷却区漏水: 1. 水套中有孔洞或裂纹; 2. 进炉气体太湿	1. 可用 Cu/Fe 试验法来判断是漏水还是漏气; 2. 找出泄漏处,予以修补; 3. 检查进炉气体中氧的含量
	严重氧化	零件严重氧化(发黑),相互黏附现象较多,零件强度低	1. O_2 或水蒸气从炉子进出口处或炉管(马带)裂纹处进入烧结区; 2. 进炉气体太湿; 3. 炉子进出口两端气体压差不合适	1. 找出并修复裂纹处; 2. 增加氢气百分比含量; 3. 调整进出口处气体压差
烧结不充分		烧结零件的强度,硬度低,力学性能差	1. 烧结温度太低; 2. 烧结气氛(氢、分解氨或吸热性气氛等)用量不足; 3. 烧结区露点太高,氧含量太高; 4. 压坯密度不合适; 5. 网带(烧结舟)速度或保温时间不当	1. 测定和控制烧结区露点及 O_2 含量; 2. 提高烧结气氛中氢的含量; 3. 调整网带(烧舟)速度和保温时间; 4. 提高烧结温度

30.4 弥散强化铜合金制备方法

20 世纪 50 和 60 年代,弥散强化铜合金的研制引起了人们极大的关注。当时常见的制备方法包括机械混合法、共沉淀法、硝酸盐熔融法、内氧化等。然而前三种方法制备的弥散相对于常规的析出强化型铜合金性能提高幅度不大,直到 1973 年,内氧化的供氧工艺参数较容易控制后,才由美国的 SCM 公司率先将其产业化。其后弥散强化铜合金的制备新方法不断涌现,合金体系不断扩大,工艺不断简化,合金性能也大为改善。下面介绍几种主要的制备方法。

30.4.1 内氧化法

在受控条件下,合金在氧化过程中,氧溶解到合金相中,并在合金相中扩散,合金中较活泼的组元与氧反应,在合金内部生成氧化物颗粒,这个过程定义为内氧化。

由于 Al_2O_3 等陶瓷粒子与铜熔体的润湿性很差,而且二者的密度相差较大,细小的陶瓷粒子易产生偏析和聚集,因此用传统的熔铸法制备这种材料较为困难。而采用粉末内氧化法获得的粒子尺寸细小,仅为 10～20 nm,而且分布均匀,制备的 $Cu-Al_2O_3$ 合金材料综合性能优异。国内外已有多家企业和科研单位进行了 $Cu-Al_2O_3$ 合金的内氧化工艺研究和生产。国际上,美国、日本、俄罗斯等国家的技术较为成熟。美国 SCM 公司制备的 Glidcop 系列产品,其成分、物理性能、力学性能如表 30-6、表 30-7 和表 30-8 所示。

表 30-6 Glidcop($Cu-Al_2O_3$)的成分及物理性能

特性	种类	Al-10	Al-35	Al-60
标准组成(质量分数)/%	$Al(Al_2O_3)$	0.1(0.2)	0.35(0.7)	0.6(1.2)
	Cu	99.8	99.3	98.8
熔点/℃		1082	1082	1082
密度/$g \cdot cm^{-3}$		8.82	8.80	8.78
电阻率(20℃)/$\mu\Omega \cdot cm$		1.92	2.03	2.10
导电率(20℃)/%IACS		90	85	80
热导率/$W \cdot (cm \cdot ℃)^{-1}$		3.59	3.39	3.22
线膨胀系数(约450℃)/$℃^{-1}$		19.5×10^{-6}	20.0×10^{-6}	20.4×10^{-6}
弹性模量/GPa		108	120	140

表 30-7 Glidcop($Cu-Al_2O_3$)的成分及力学性能

性能 / 合金	室温性能		高温性能							
			220℃		420℃		650℃		925℃	
	σ_b/MPa	δ/%	σ_b/MPa	δ/%	σ_b/MPa	δ/%	σ_b/MPa	δ/%	σ_b/MPa	δ/%
Al-10	500	10	500	11	440	24	415	26	395	27
Al-35	585	11	570	12	545	12	535	13	510	13
Al-60	620	3	620	3	600	4	600	4	550	5

表 30-8 高温暴露 1 h 后 Glidcop Al-35 与 182 铜合金的室温硬度 HRB 对比

暴露温度/℃	36	110	220	320	430	540	650	760	870
Al-35	83	83	83	82.5	82	82	82	81	80
182 铜	86	86	81	72	58	40	22	7	

30.4.2 机械合金化法(MA 法)

采用高能球磨使组成合金的原料粉末经过反复的变形、冷焊和粉碎形成平均颗粒细小稳定的微晶组织,然后经成形、热挤压和冷加工成材。近年来,关于弥散强化铜合金方面的研究也逐渐增多。Schroth 和 Franetovich 利用 MA 法制备了尺寸为 20~50 nm,间距为 100 nm 级的均匀弥散分布的 Cu-2% ZrO_2 合金(体积分数)。Morris 利用 MA 法制备了尺寸为 10~15 nm,间距为 72~94 nm 的 Cu-CrB_2 和 Cu-TiB_2 合金。日本在利用机械合金化制造弥散铜方面的研究开发也卓有成效。将硼粉、钛粉和铜粉混合,师冈利政等人和 ME. Yuasa 等人利用反应球磨法制备了 TiB_2/Cu 和 Al_2O_3/Cu 合金材料。

30.4.3 液相合金混合原位反应法

20 世纪 90 年代初,美国麻省理工学院采用新颖的混合合金工艺制备了 Cu-TiB_2 弥散强化铜合金,其工艺过程为:将一定比例的 Cu-B 和 Cu-Ti 原料,分别同时完成熔炼过程后,以紊流形式注入到混合容器内,两种液体在其内相互撞击,进行宏观和微观尺寸上的充分混合,金属液体中的 Ti 与 B 发生原位反应形成 TiB_2 陶瓷微粒,在保证 TiB_2 粒子尚未聚集长大时,以适当的凝固技术将其金属混合液体冷凝。凝固技术可采用锭坯浇铸,离心浇铸或快速冷凝方式。这取决于合金系的不同和对显微组织的要求。这种新型制备技术由于其工艺简单,适应性强,可以通过控制混合参数和凝固速度对显微组织进行调整。而强化相粒子是通过放热反应原位生成的,因此,粒子表面清洁,与基体的润湿性、结合性更好,使得这种新型制备方法更加引人注目。

30.4.4 喷射沉积法

喷射沉积技术最初是由 Singer 开发,由

Osprey Metals 公司投入生产应用的，因此又称 Osprey 技术。它是在雾化器内将陶瓷粒子与金属熔体相混合，随后被雾化喷射到水冷基底上。喷射沉积技术用于制备颗粒增强金属基复合材料具有以下优点：(1)所得基体组织属于快凝范畴；(2)陶瓷颗粒与金属熔滴接触时间极短，截面化学反应得到了有效控制；(3)控制工艺气氛可以最大限度地减少氧化；(4)几乎适合任何基体/陶瓷体系。

Tongsang Lee 和 J. T. Jung 等人(2000 年)利用喷射成型法和反应喷射成型法制备了 TiB_2 弥散强化铜合金。其具体工艺过程是：将适量的 Cu-Ti 和 Cu-B 两种合金于 1500℃ 熔炼后，氮气雾化形成液滴，雾化液滴喷射沉积到基体上形成。反应喷射成形方法和常规的氮气雾化方法一样，只是将 Cu-Ti 合金在熔炼炉中熔炼，而 Cu-B 合金粉末则由高压氮气从旁边得一个小孔送入。锭坯经 950℃、45 min 的热处理后再挤压成棒材。用常规喷射成形法制备的 Cu-2.67%TiB_2，力学性能 $R_m = 149$ MPa，而反应喷射成形法制备的则稍高，但也仅有 261.1 MPa，而导电性能数据则没有报道。总的来说，这种原位反应法制备的 TiB_2/Cu 合金中 TiB 及 TiB_2 等弥散相粒子容易在合金坯锭中出现宏观偏聚现象，且粒子尺寸较粗，强化效果不明显，性能及工艺有更进一步改善。

30.4.5 溶胶－凝胶法

溶胶－凝胶法较适合 Al_2O_3 弥散强化铜。将氨水缓慢滴入剧烈搅拌的硝酸铝溶液中至 pH=9。得到 $Al(OH)_3$ 溶胶，再将纯铜粉缓慢加入溶胶搅拌、静置、过滤，得到铜与氢氧化铝湿凝胶的混合物。将混合物放入球磨机中进行湿粉球磨 4～5 h，在室温下干燥 24 h 后，将其装入石墨模中进行热压烧结，然后加工成形。此法工艺过程容易控制，制得的材料性能较好，目前仍处于实验阶段。

30.5 内氧化法制备方法及性能影响因素

在早期研究中，虽然已应用了各种工艺成功地制造了弥散强化铜，但已证明以工业规模生产时，内氧化方法生产的材料质量最好。这种方法已用来制造了含有 ThO_2、BeO、SiO_2、Al_2O_3 弥散相的弥散强化铜，但含 Al_2O_3 的弥散强化铜是最易于生产的一种，应用这种方法时，Cu-Al 合金在受控气氛下氧化，此时，铜基体中的 Al 优先就地氧化。因为要求氧扩散进入合金基体，用 Cu-Al 合金粉就减少了扩散距离，因此，减少了内氧化时间，为实际应用所接受。

30.5.1 Cu-Al_2O_3 弥散强化铜合金内氧化制备工艺

传统内氧化工艺路线为：Cu-Al 合金熔炼→雾化制粉→混料→内氧化→破碎筛分→还原→封套→热挤压→拉拔→检测→成品。

30.5.1.1 Cu-Al 合金粉末制备

用中频、工频感应炉熔炼铜－铝合金，然后，采用氮气雾化或水雾化，将熔融的铜－铝合金雾化成约 0.351 mm(－40 目)或更细的粉末，然后进行干燥、筛分备用。

该工序是弥散强化铜合金制备过程中十分关键的环节，因为合金粉末成分的均匀性、粒度、纯净度将明显影响到内氧化工序的效果，并最终影响到材料的性能。为了获得性能优良的弥散强化铜合金，合金粉末粒度不宜太粗(0.147 mm，－100 目以下)，这样可增加氧渗透时的比表面积，又减少氧在铜基体中的扩散路径，缩短内氧化时间，减少粒子聚集长大的机会。一般说来，水雾化法制备的粉末比氮气雾化要好些，水雾化制备的粉末粒子较小。据有关报道，粉末颗粒表面 Al 的偏析在氮气雾化时比在水中雾化时更为强烈，因为粉末雾化时，Al 会极大地降低 Cu-Al 合金熔体表面张力，采用氮气雾化时过热 Cu-Al 合金熔体表面冷却速度比水雾化时小，Al 有较多时间向液滴表面扩散。Al 的这种非均匀分布将加剧 Al_2O_3 粒子的非均匀性，不利于合金的力学性能的提高。但是水雾化喷粉时会造成液滴中的部分 Al 过早地氧化生成较粗大的 Al_2O_3 粒子，也不利于合金的力学性能。

30.5.1.2 氧原制备

粉末的内氧化常用的方法有表面氧化法、双室法、混合及分离法、单纯混合法等。单纯混合法由于使用的设备比较简单，操作方便，工艺条件也比较容易控制。采用单纯混合法需先制备氧化剂。为增加与原始雾化粉的接触面积，氧化剂粉末必须与雾化粉形成良好的匹配，对此要求氧化剂颗粒要细，比表面积大；内氧化后氧化剂的成分必须与合金粉末内氧化后的成分相一致，可作为材料的组成部分而不必再分离。

所以，一般的氧原制备方法为：从原始雾化Cu-Al合金重粉中筛出约0.096 mm（-160目）的细粉末，在空气中加热200～450℃，使其表面形成CuO，然后在氮气保护下加热（800～900℃）分解成氧化剂，其主要成分为$Cu+Cu_2O+Al_2O_3$。

30.5.1.3 混料

将适量的氧源与Cu-Al合金粉在V形混料机中进行一定时间的混合，使其充分均匀。

氧源的配入量对于材料的力学性能起着决定性的作用，如果氧量刚好等于或低于Al的氧化所需要的氧量，而杂质的氧化会消耗相当一部分氧，那么铝就得不到充分的氧化，所获得的材料力学性能就会偏低，此外，由于未被氧化的铝和其他杂质与铜形成固体，必然导致材料的导电率降低。因此，实际的氧源配入量应高于理论配入量，理论配入量按以下公式计算：

$$\eta=\frac{8}{9}\times\frac{C_2}{C_1}m \qquad (30\text{-}1)$$

式中，m、η分别表示粉末和氧源重量，C_1、C_2分别表示合金粉末中Al和氧化剂的含量。

30.5.1.4 内氧化

把混入氧源的混合粉末装到密闭的容器中，在惰性气氛保护下进行内氧化处理。其目的是利用氧源将原始雾化Cu-Al合金粉末中的溶质Al全部优先氧化成Al_2O_3。内氧化物的析出对基体的力学和电学性能有重要的影响。因此控制内氧化的工艺参数如：温度、时间等对合金性能具有重要的意义。内氧化温度高有利于α-Al_2O_3形成及γ-Al_2O_3向α-Al_2O_3转化，而通常α-Al_2O_3较粗大，是要尽量避免形成的，因此，内氧化温度不宜过高。

30.5.1.5 破碎筛分

内氧化后的粉末有一定程度的结块，需要进行破碎，筛分后，易于还原。

30.5.1.6 还原

内氧化后的粉末中还存在以Cu_2O、CuO、$CuAlO_2$以及固态氧等形式存在的残余氧，这些残余氧是合金产生烧氢膨胀、钎焊起泡、性能下降的主要根源，因此，必须进行彻底还原。氢气是非常理想的还原剂，对铜的氧化物具有很好的还原作用。而在铜的熔点的温度以下与氢气不发生反应，在氢气中具有良好的热力学稳定性。同时氢气容易被铜粉所吸附，在铜中的扩散渗透快，还原的产物也容易自粉末的表面分解、逸出。为了保证粉末的还原质量，对氢气的露点和氧含量都有严格的规定和要求。氢气的露点必须控制在-40℃以下，氧含量要控制在0.0005%以下。

30.5.1.7 封套

将烧结后的弥散铜粉锭装入铜套中，进行真空密封、保存，防止存放及热挤压过程中氧的侵入。

30.5.1.8 热挤压成形

弥散铜粉末锭，虽然经过等静压和高温烧结处理，但锭坯中粉末颗粒间并未形成完全的冶金化结合，而仅是机械啮合。由于Al_2O_3对铜粉的烧结有很强的抑制作用，氧化铝的存在提高了基体铜扩散的起始位能，使体积扩散难以启动，阻碍了粉末颗粒间的空位流动，延缓了烧结颈的长大。因此，采用传统的粉末冶金工艺不能使粉末颗粒达到真正的全致密和全冶金化结合，必须在烧结后输入更大的能量突破，使扩散进入塑性流动状态，才能实现粉末颗粒间全致密和全冶金化结合。而挤压能使粉末锭在加工过程中进入最佳的受力（三向压应力）与变形状态（两向收缩，一向延伸），是粉末锭进一步致密化和全冶金化结合的理想加工方式。粉末锭在高温、高压挤压变形时将粉末焊合，消除空隙，实现致密化，粉末颗粒表面上的氧化物薄膜进一步破碎，粉末颗粒之间的结合面增多，材料的密度提高，粉末颗粒之间的结合由机械啮合变为冶金化结合。因此，热挤压是内氧化粉末成形、获得冶金化结合和全致密化的高性能 Cu-Al_2O_3 弥散强化铜合金材料的关键工序之一。

30.5.2　短流程工艺路线

采用传统的弥散铜工艺路线，虽然能生产出性能优良的弥散强化铜合金，但这一制备技术工艺复杂、周期长、导致生产成本太高（约合常规铜合金的 6～12 倍），这些问题极大地阻碍了弥散铜这一优异材料的推广应用。

为降低生产成本，简化工艺，国内有关企业和科研机构对传统的弥散铜工艺进行了简化，目前有两种简化工艺路线：

第一种：Cu-Al 合金熔炼→雾化制粉→氧源制备→混料→真空热压→热挤压→拉拔→检测 →成品。

第二种：Cu-Al 合金熔炼→雾化制粉→氧源制备→混料→等静压→综合热处理→热挤压→拉拔→检测→成品。

30.5.3　内氧化过程中 Al_2O_3 颗粒的形核、长大和粗化

将 Cu-Al 合金粉末与 Cu_2O 粉末（氧源）按一定比例混合，在一定温度下控制其初始氧分压，该体系将进行 Cu_2O 的分解和 Cu-Al 合金的内氧化，且体系氧分压将保持在 Cu-Al 合金在此温度下发生内氧化的最高氧分压（即 Cu_2O 的分解压）。在内氧化过程中。颗粒 Al_2O_3 的形核、长大和粗化过程如下：

(1) Cu_2O 的分解释放出 O_2。Cu_2O 的分解释放 O_2，O_2 吸附到 Cu-Al 合金粉末表面，吸附的氧分子再分解成吸附氧原子，即：

1/2 O_2(气)→1/2 O_2(吸附)→O(吸附)

(2) 形核。氧向内扩散，同时铝向外扩散（尽管铝向外扩散的速度远小于氧向内扩散的速度），并在反应前沿建立起脱溶形核的临界浓度积 $N_{Al}\cdot N_O$，发生 Al_2O_3 颗粒的脱溶形核。

(3) 长大。Al_2O_3 颗粒脱溶形核后，铝原子和氧原子继续在已形核的 Al_2O_3。颗粒表面聚集，导致 Al_2O_3 颗粒的初次长大，直到反应前沿向前移动并且铝供应不足为止，此处颗粒停止长大。氧继续向内扩散，反应前沿继续推进直到 Cu-Al 合金中所有铝全部被氧化为止。

(4) 粗化。Al_2O_3 颗粒的粗化主要分为以下几个步骤：1）较小的 Al_2O_3 颗粒溶入 Cu 基体中，变为 Al 和 O 原子；2）Al 原子和 O 原子在 Cu 集体中的扩散；3）Al 原子和 O 原子在较大 Al_2O_3 颗粒表面聚集长大。

Al_2O_3 颗粒的粗化实质上是 Ostwald 粗化（OstWflld Ripening）。若内氧化在较低温度下进行，Ostwald 粗化进程较慢；但因在低温下，完成内氧化所需时间较长，所以随着时间的延长，Ostwald 粗化使已形成的 Al_2O_3 颗粒数量减少，颗粒尺寸增加（Al_2O_3 颗粒的二次长大）。若内氧化在较高温度下进行，Ostwald 粗化进程较快，尤其是当温度超过 1000℃时，发生 Al_2O_3 颗粒的急剧粗化（Al_2O_3 颗粒的异常长大）。

由以上分析可知，Al_2O_3 颗粒尺寸是由当内氧化前沿通过时 Al_2O_3 颗粒的形核速率和这些颗粒随后的长大和粗化速率，两者哪个占优势所决定的。从氧和铝到达 Al_2O_3 颗粒表面起到相邻的形核点使铝供应耗尽为止。形核粒子长大时间较长，Al_2O_3 颗粒越大。因此，那些有助于提高形核速率的因素，会降低颗粒尺寸，而有助于提高长大速率的因素会增加颗粒尺寸。

通常情况下，温度对粒子长大速度的影响要比对粒子形核速率的影响更显著，由于温度升高，溶质 Al 与 O 的反应速度升高，粒子长大速度快，最后尺寸也大；温度低，氧化容易不彻底，析出 Al_2O_3 颗粒少。升温速率慢，析出的 Al_2O_3 颗粒少；升温速率快，材料内部容易产生裂纹，组织呈层片状。

30.5.4　影响 Cu-Al_2O_3 合金性能的因素

30.5.4.1　成分对合金性能与组织的影响

图 30-10 和图 30-11 示出了 Al_2O_3 含量对挤压合金的抗拉强度（σ_b）、屈服强度（$\sigma_{0.2}$）、伸长率、导电率的影响。从图中可以看出，随体积

分数的增加，σ_b 和 $\sigma_{0.2}$ 均逐渐升高，但其增速随 Al_2O_3 的增加有逐渐减缓之势。伸长率和导电率则随 Al_2O_3 含量的增加，基本呈线性下降。强度随成分增加增速减缓的现象与以下因素有关：随着溶质 Al 含量的增大，内氧化时 Al 的逆扩散趋势增大，致使粉末颗粒内部形成连续的内氧化物膜层，或 Al_2O_3 聚集长大，从而阻碍了内氧化的进一步发生。

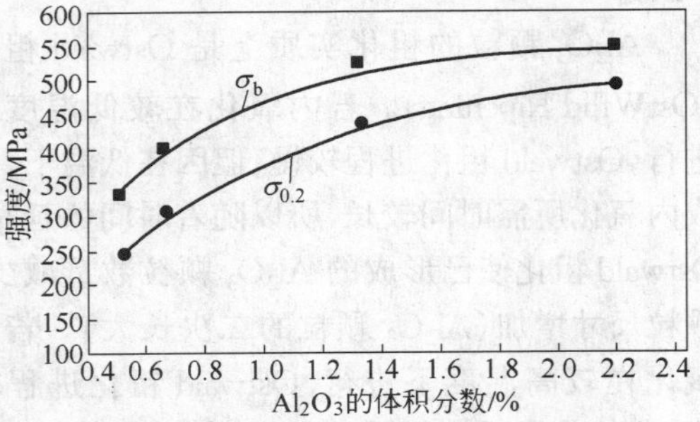

图 30-10 Al_2O_3 含量对挤压态合金的抗拉强度（σ_b）、屈服强度（$\sigma_{0.2}$）的影响

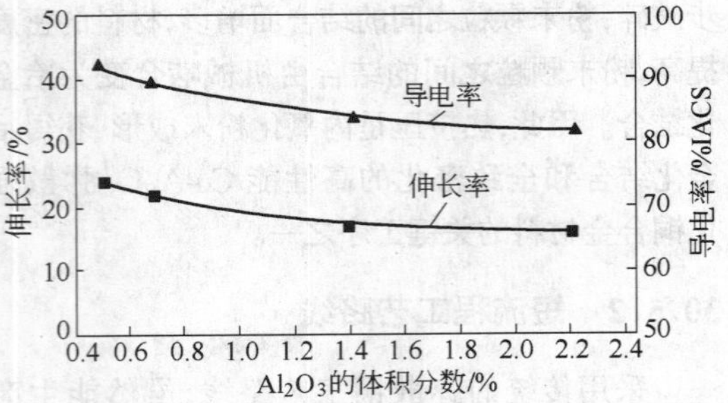

图 30-11 Al_2O_3 含量对挤压态合金伸长率、导电率的影响

不同成分的合金挤压态样品纵、横向的金相显微组织示于图30-12。从图中可以看到，挤压后所有合金的晶粒均沿挤压方向拉长，为典型的纤维组织；随着合金中 Al_2O_3 含量的增加，合金挤压时的变形抗力增加，粉末颗粒的塑性变形越来越困难，而且更不均匀，晶粒的长宽比 GAR 减小；较粗大的 Al_2O_3 粒子沿挤压方向呈流线状排列，且随 Al_2O_3 含量的增加越来越密集；所有合金的金相显微组织中在金相尺度内均未发现动态再结晶现象。

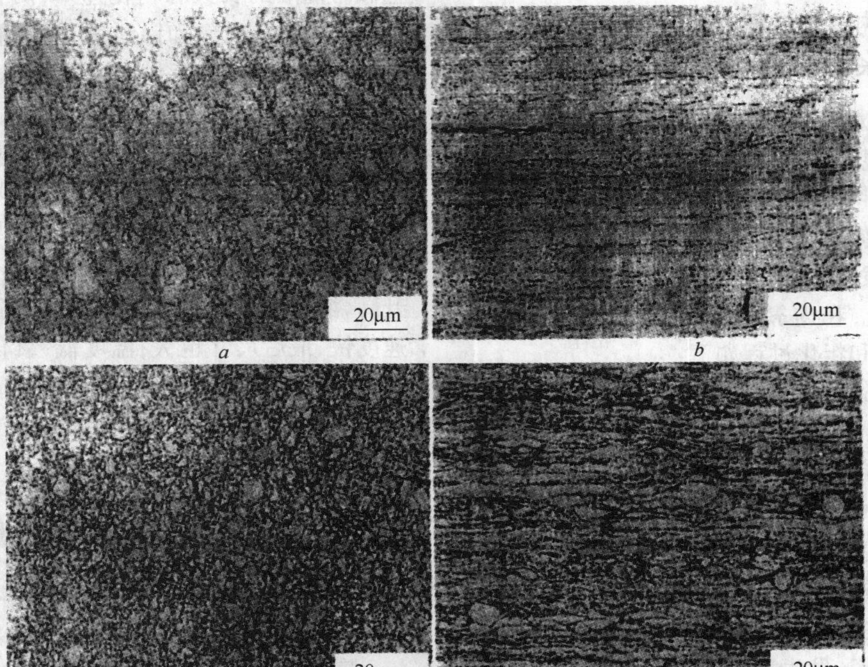

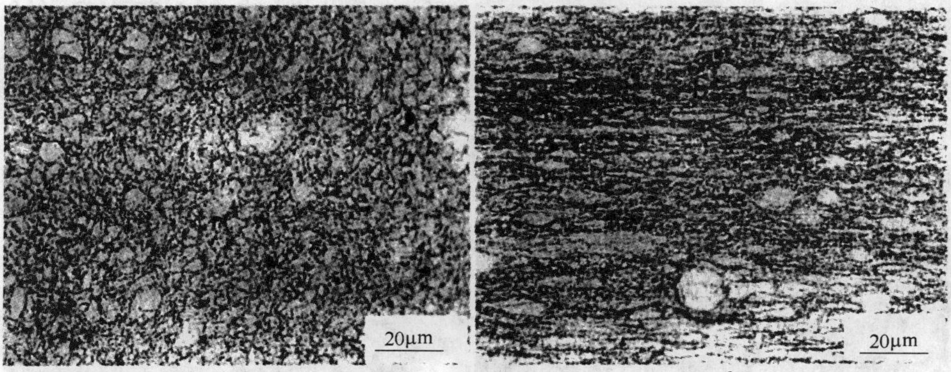

e *f*

图 30-12 不同含量的 Al_2O_3 合金挤压态的显微组织

a—Cu-0.68 Al_2O_3(横向);*b*—Cu-0.68 Al_2O_3(纵向),*c*—Cu-1.35 Al_2O_3(横向);
d—Cu-1.35 Al_2O_3(纵向),*e*—Cu-2.25 Al_2O_3(横向),*f*—Cu-2.25 Al_2O_3(纵向)

图 30-13 和图 30-14 给出了不同成分的 Cu-Al_2O_3 合金透射电镜显微典型照片及其相应的电子衍射花样,其具有如下特征:

(1) 弥散强化铜合金基体晶粒内分布着大量的弥散强化相 Al_2O_3 粒子,粒子形态多为球状、棒状、片状、三角状及不规则状等,其尺寸介于 5~30 nm 之间,粒子间距为 5~100 nm。随着合金中 Al_2O_3 粒子含量的增加,粒子的尺寸有增大的趋势,粒子间距则大大减小(图 30-13*c*、图 30-14*c*、图 30-15*d*)。

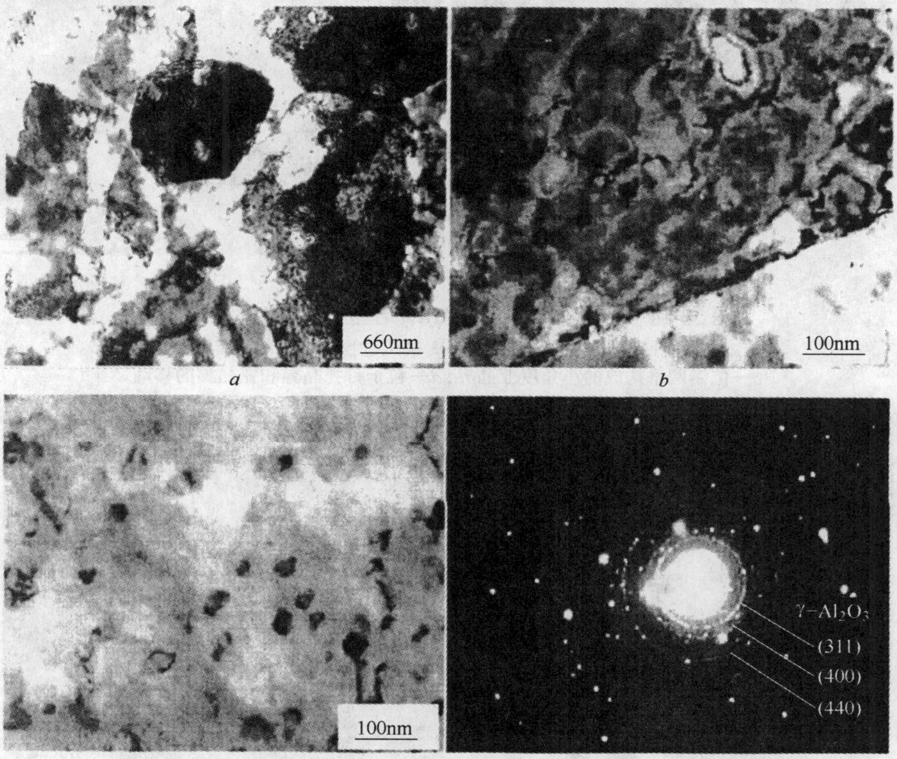

c *d*

图 30-13 挤压态 Cu-0.54 Al_2O_3 合金的 TEM 显微组织及其相应的电子衍射花样

a—动态回复形成的亚晶组织;*b*—粒子沿晶界呈线状分布;
c—粒子弥散分布于铜晶粒内部,并钉扎了位错的运动,*d*—*c* 图的选区电子衍射

(2) 在 Cu-0.54 Al_2O_3、Cu-1.35 Al_2O_3 合金显微组织 TEM 照片中可以看到部分粒子中间存在一条无衬度线(图 30-14*c*),或在粒子周围的基体中形成了共格衬度(图 30-13*c*),表明粒子与基体共格。在 Cu-2.25 Al_2O_3 合金中由于粒子较为粗大,部分粗大粒子和基体失去了共格,因此粒子周围已难以看到共格应变衬度(图 30-15*d*)。

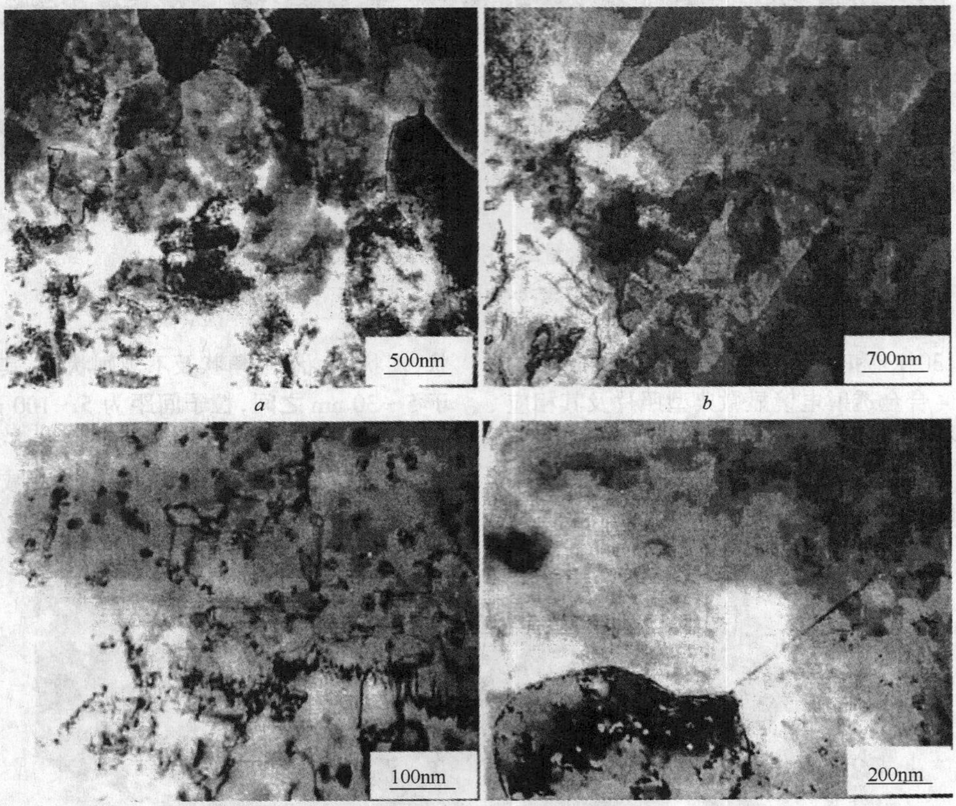

a *b* *c* *d*

图 30-14 挤压态 Cu-1.35 Al_2O_3 合金的 TEM 显微组织

a—动态回复形成的亚晶组织;*b*—挤压过程中形成的纤维组织;
c—位错网络构成的小角度亚晶界;*d*—粒子钉扎晶界和亚晶界的移动

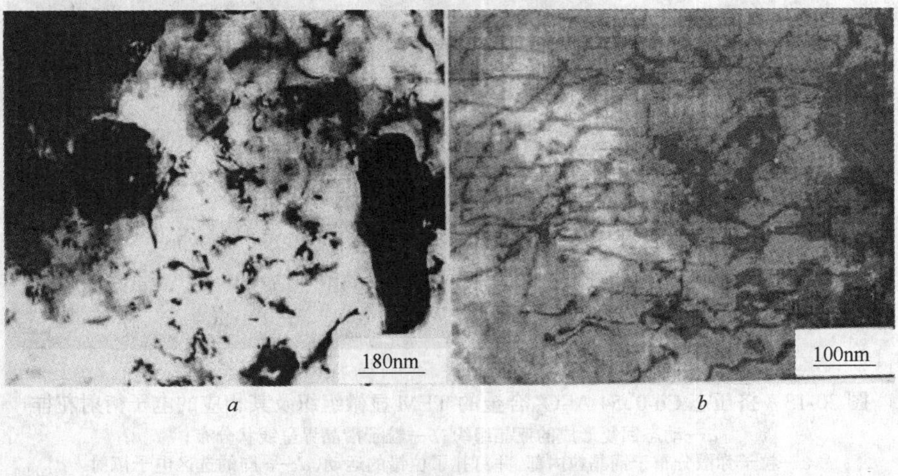

a *b*

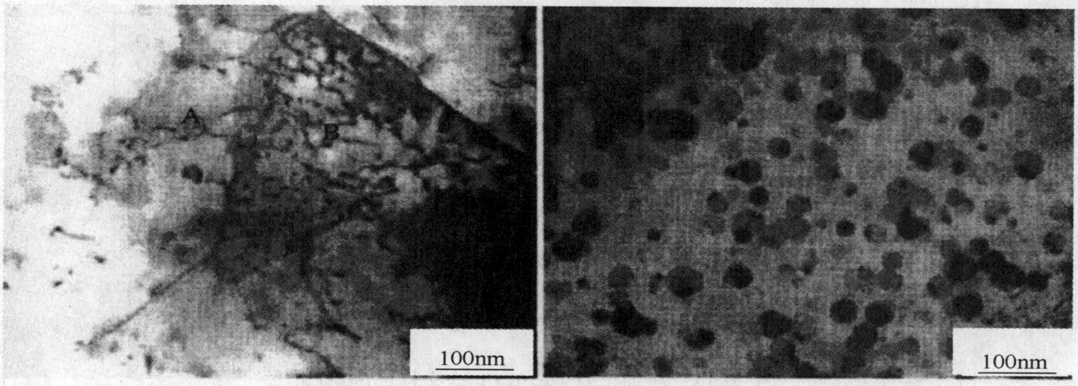

c *d*

图 30-15 挤压态 Cu-2.25 Al_2O_3 合金的 TEM 显微组织

a—位错受到粒子钉扎形成位错缠结；*b*—细小的亚晶组织；*c*—位错反应形成的位错网络将晶粒分成互成小角度的 A、B 亚晶粒，*d*—900℃，1 h 退火后粒子在晶内分布

(3) 合金经热挤压后，产生了大量的亚结构组织，弥散分布的 Al_2O_3 粒子对合金的形变组织中的这些亚结构起到了强烈的稳定化作用。在挤压态 Cu-0.54 Al_2O_3 合金中亚晶尺寸约为 3 μm(图 30-13*a*)，Al_2O_3 粒子对合金中的晶界和位错起着强烈的钉扎作用(图 30-13*b*、*c*)。合金的成分为 Cu-1.35 Al_2O_3，其亚晶尺寸约为 0.75 μm，挤压过程中晶粒拉长形成纤维组织，纤维中仍保留有较高的位错密度(图 30-14*b*、*c*)。图 30-14*c*、*d* 分别示出了由回复的位错网络构成的小角度晶界和亚晶界受到粒子钉扎的现象。挤压态 Cu-2.25 Al_2O_3 合金中，亚晶组织更为细小，约 0.5 μm(图 30-15*a*)，位错缠结相当严重(图 30-15*b*)，图 30-15*c* 示出了正在回复的位错网络，其将晶粒分成互成小角度的 A、B 区，即亚晶粒。可以说，挤压态材料强度的提高可以部分归因于挤压过程中引入细小的位错亚结构的存在。

(4) 在所有合金中均未发现有明显的再结晶现象，表明细小的 Al_2O_3 弥散相粒子阻碍了合金的挤压时的动态再结晶。

30.5.4.2 冷加工对合金性能与组织的影响

Cu-Al_2O_3 弥散强化铜合金具有良好的冷加工性能。Cu-0.54Al_2O_3 可以从 ϕ13 mm 的挤压态棒材经多道次的冷拉拔后直接加工到ϕ3 mm，而不用中间退火。且加工硬化速率明显低于大多数的其它铜合金。从图 30-16*a*、*b* 可以看出，不同 Al_2O_3 含量的挤压态合金分别经不同变形量的冷拉拔后，σ_b 和 $\sigma_{0.2}$基本呈相对均匀的速度增加，且随 Al_2O_3 含量的增加，加工硬化的速率逐渐变慢，伸长率则相应降低(图 30-16*c*)；导电率的下降幅度不大，反映了弥散强化铜合金的导电率对冷加工不敏感(图 30-16*d*)。

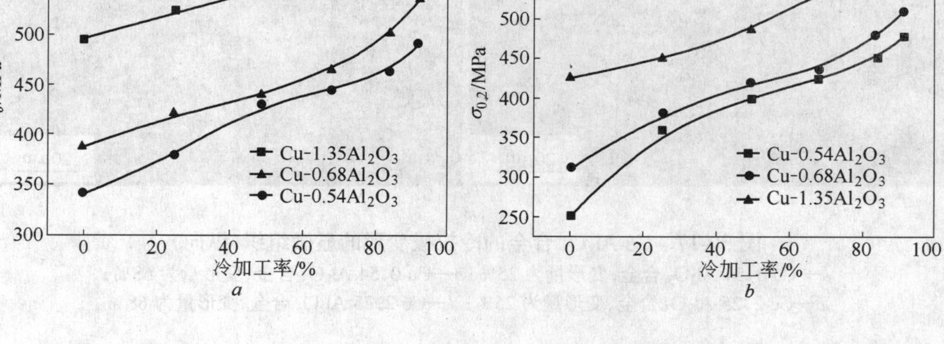

a *b*

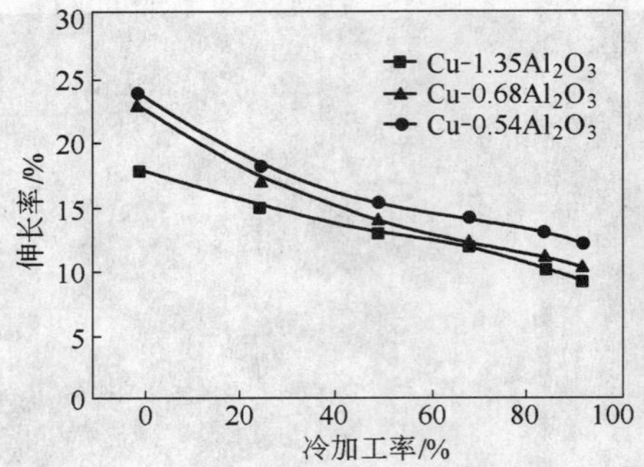

c

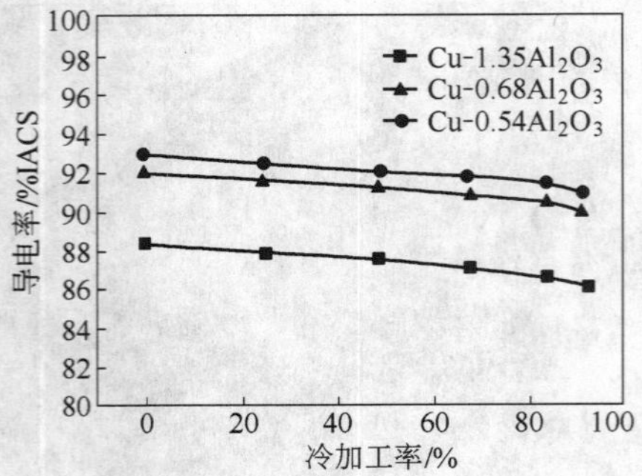

d

图 30-16 冷加工对 $Cu-Al_2O_3$ 合金性能的影响

a—冷加工率与 σ_b 的关系；*b*—冷加工率与 $\sigma_{0.2}$ 的关系；*c*—冷加工率与伸长率的关系；*d*—冷加工率与导电率的关系

图 30-17 为 Cu-0.54 Al_2O_3 合金和 Cu-2.25 Al_2O_3 合金冷拉拔至不同变形量的样品纵向金相照片，从整体上看，未发现任何显微裂纹和空洞。冷拉拔变形使合金中粉末颗粒沿拉拔方向延伸，组织进一步纤维化，随着变形量逐步增大，纤维组织逐步变细，且越来越挺直，纤维宽长比逐步加大，界面上粗大的 Al_2O_3 粒子分布更加均匀。

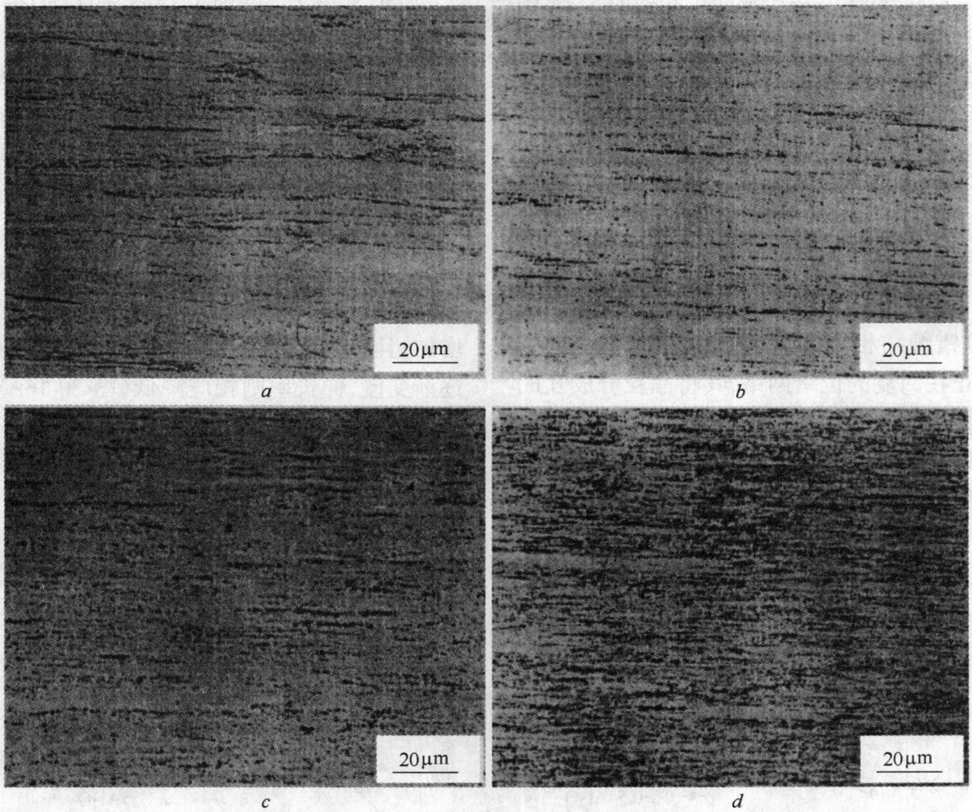

图 30-17 $Cu-Al_2O_3$ 合金的冷拉拔变形的显微组织（纵向）

a—Cu-0.54 Al_2O_3 合金，变形量为 25%；*b*—Cu-0.54 Al_2O_3 合金，变形量为 68%；*c*—Cu-2.25 Al_2O_3 合金，变形量为 25%；*d*—Cu-2.25 Al_2O_3 合金，变形量为 68%

30.5.4.3 退火对合金性能与组织的影响

不同成分的合金经68%、92%的冷加工后，分别于不同温度下进行1 h的退火处理，其性能的变化部分数据列于表30-9中。从表中可以看出，所有合金在退火前后均有较高的屈强比($\sigma_{0.2}/\sigma_b$)。高的屈强比对于设计需要在高应力环境中运行的元器件时非常重要。虽然大部分其他的铜合金如沉淀硬化型的Cu-Cr-Zr、Cu-Ni-Si等在冷加工后也具有较高的屈强比，但是当它们在高温退火后会急剧下降。而Cu-Al_2O_3合金在退火后均能保持其大部分强度(≥72%)，显示了优越的抗高温软化能力。同一成分的合金随冷加工量的增大，退火后$\sigma_{0.2}$的下降幅度加大，如成分为0.54 Al_2O_3的合金冷加工68%、92%后，900℃ 1 h的退火后$\sigma_{0.2}$分别下降了39%和49%。但对不同成分的合金来说，随着Al_2O_3含量的增加，同一变形量的冷加工态合金在相同温度下退火后，$\sigma_{0.2}$的下降幅度减小。例如体积分数为0.54%、0.68%、1.35%的Al_2O_3的合金冷加工92%和900℃ 1 h退火处理后，$\sigma_{0.2}$分别损失了其原始强度的49%、26%和23%。Cu-Al_2O_3弥散强化铜合金在不同退火条件下的性能见表30-9。

表30-9 Cu-Al_2O_3弥散强化铜合金在不同退火条件下的性能数据表

Al_2O_3含量(体积分数)/%	冷加工量/%	状态(退火温度)	σ_b/MPa	$\sigma_{0.2}$/MPa	伸长率/%	$\frac{\sigma_{0.2}}{\sigma_b}$/%	$\sigma_{0.2}$保持率 $\frac{\sigma_{0.2}(\text{Annealed})}{\sigma_{0.2}(\text{Drawn})}$/%
0.54	0	挤压态	340	250	24	74	
		600℃	340	250	24	74	100
		900℃	335	250	25	75	100
	68	加工态	445	425	14	96	
		600℃	405	340	17	84	80
		900℃	350	260	24	74	61
	92	加工态	495	479	12	97	
		600℃	400	310	16	78	65
		900℃	340	245	24	72	51
0.68	0	挤压态	386	310	23	80	
		600℃	386	309	23	80	100
		900℃	382	305	24	80	98
	68	加工态	465	435	12	94	
		600℃	410	361	16	88	83
		900℃	394	339	21	86	78
	92	加工态	535	508	10	95	
		600℃	454	400	18	88	79
		900℃	439	375	21	85	74
1.35	0	挤压态	495	426	18	86	
		600℃	495	425	18	86	100
		900℃	490	420	18	86	99
	68	加工态	564	536	12	95	
		600℃	510	466	14	94	89
		900℃	490	445	16	88	83
	92	加工态	581	565	9	97	
		600℃	530	487	12	92	82
		900℃	510	460	15	90	77

图 30-18 示出了不同 Al_2O_3 含量的合金经变形量为 68%后于 900℃ 1 h 退火后的金相显微组织。可见 Cu-0.54 Al_2O_3 合金退火后存在部分再结晶现象，而且再结晶主要发生在冷拉棒材的外表层部分(图 30-18)，这可能是由于冷拉拔时变形的不均匀造成的。拉制时表层的金属除了发生压缩延伸变形外，还产生剪切和附加弯曲变形，变形程度相对于中心层金属要高，因此在退火时在这些部位容易发生再结晶。而在 Cu-1.35 Al_2O_3 合金中，900℃ 1 h 退火后金相显微组织没有发现有再结晶现象(图 30-18)，同时从侧面反映，随着 Al_2O_3 含量的增加，在相同的冷加工变形量的情况下合金的抗高温软化的能力增强。

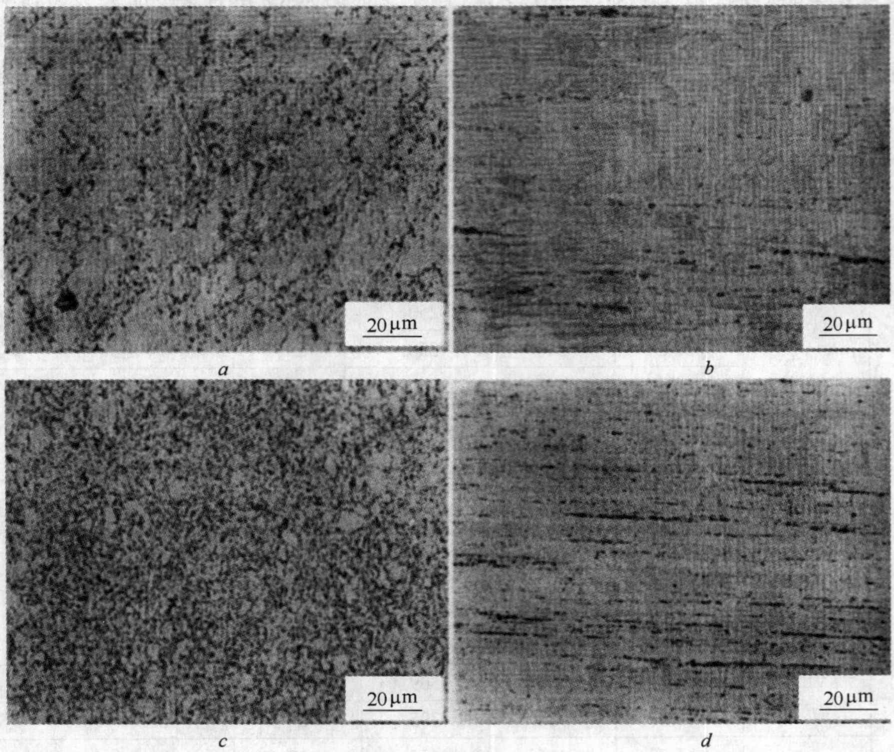

图 30-18 冷拉拔 Cu-Al_2O_3 合金 900℃ 1 h 退火后的显微组织(冷加工量为 68%)
a—Cu-0.54 Al_2O_3 合金(横向)；*b*—Cu-0.54 Al_2O_3合金(纵向)；
c—Cu-1.35 Al_2O_3合金(横向)；*d*—Cu-1.35 Al_2O_3合金(纵向)

Cu-Al_2O_3 弥散强化铜合金的这种优异的抗高温软化能力是由其弥散强化相——Al_2O_3 粒子的高温稳定性造成的。Al_2O_3 的熔点高(2054℃)、硬度高，其在接近于铜的熔点的高温下也不会明显粗化，仍能保持其原来的尺寸和分布。这种效应给弥散强化铜合金提供了优异的热稳定性，使得其在暴露于高温后，也能保持较高的强度和导电率，这是其和沉淀硬化型铜合金相比最大的不同之处。

31 铜材接合技术[1]

31.1 铜材连接方式及其选择

铜材连接方式主要包括机械连接、粘接和焊接。长期以来,铜及铜合金的连接主要是以焊接方式为主,而焊接主要是应用钎焊、气焊、电弧焊、气体保护焊、埋弧焊、扩散焊等方法。近年来,随着焊接技术的发展,又采用了电子束、激光、等离子弧等高能量热源进行焊接,取得了很好的效果。合理选择焊接方法,除了根据基材的合金元素、成分及组织外,还要考虑厚度和结构特点等。总之,焊接铜及铜合金需要大功率、高能束的熔焊源。不同合金成分和不同厚度的材料对焊接方法有其适应性,表 31-1 和表 31-2 分别提供了铜合金焊接方法的选择依据。

表 31-1 根据合金成分选择连接工艺

铜合金种类	熔化极气体保护焊	钨极气体保护焊	埋弧焊	电子束焊	电渣焊	激光焊	点焊	缝焊	硬钎焊	软钎焊	粘接	机械紧固
铜												
无氧铜	B	B	D	B、E	D	E	D	D	A	A	C	A
脱氧铜	A	A	D	B、E	D	E	D	D	A	A	C	A
高铜合金												
镉铜合金	B	B	D		D		D	D	A	A	C	A
铍铜合金	B	B	D		D		B	C	B	B	C	A
铬铜合金	B	B	D		D		D	D	B	B	C	A
黄铜												
红色黄铜	B	B	D		D		C	D	A	A	C	A
黄铜	C	C	D		D		B	D	A	A	C	A
青铜												
磷青铜	B	B	D		D		B	C	A	A	C	A
铝青铜	A	A	D		D		B	B	C	C	C	A
硅青铜	A	A	D		D		A	A	A	A	C	A

注: A 最满意;B 满意;C 限制使用;D 禁止使用;E 试验性。

表 31-2 根据连接部件厚度选择连接工艺

金属厚度/mm	熔化极气体保护焊	钨极气体保护焊	等离子弧焊	电子束焊	激光焊	点焊	缝焊	扩散焊	爆炸焊	超声波焊	摩擦焊	硬钎焊	软钎焊	粘接	机械紧固
0.025~0.25	D	B	A	A	B、E	C	C	A	D	A	D	B	C	B	C
0.25~0.50	D	A	B	A	C、E	A	A	A	D	A	D	B	B	A	B
0.50~1.25	C	A	B	A	D	A	A	A	D	C	B	B	A	A	A
1.25~2.50	A	A	A	A	D	A	A	A	D	D	B	B	C	A	A

[1] 本章撰稿人:刘黎明、曲刚。

续表 31-2

金属厚度/mm	熔化极气体保护焊	钨极气体保护焊	等离子弧焊	电子束焊	激光焊	点焊	缝焊	扩散焊	爆炸焊	超声波焊	摩擦焊	硬钎焊	软钎焊	粘接	机械紧固
2.50～3.75	A	A	A	A	D	A	A	A	C	D	B	B	C	A	A
3.75～6.25	A	A	A	A	D	C	C	A	C	D	B	C	D	B	A
6.25～12.50	A	A	C	A	D	D	D	A	C	D	B	C	D	C	A
12.50～25.0	A	A	D	A	D	D	D	A	C	D	B	D	D	D	A
25.0～62.5	B	B	D	A	D	D	D	A	C	D	C	D	D	D	A
超过62.5	C	B	D	A	D	D	D	A	C	D	C	D	D	D	A

注：A 最满意；B 满意；C 限制使用；D 禁止使用；E 试验性。

31.1.1 机械连接

铜及其合金材料可以通过机械连接方法，比如运用机械紧固件、卷边或加桩、或运用互锁连接等方法与其他铜合金、不同金属或非金属进行连接。只要加工适宜，所制得的组合件不但耐久，而且可靠。

(1) 紧固件。紧固件不但适合于连接非主要结构件，也适合于连接在中、低温或压力下使用的部件。铜合金制造的主要结构部件以及在高压或高真空下使用的零件，不应当用机械方法连接。铜和铜合金部件的机械连接设计通常只限于法兰连接、搭接、嵌接及夹板对接等形式。所有这些连接件都能承受剪切载荷或拉伸载荷，进行机械连接的铜合金的最小厚度为 0.25 mm。

在所有机械紧固件连接中，决定连接部位是否能承受使用时所施加的载荷的因素，是紧固件的尺寸、强度和数量，而不是被连接的部件所选用的合金。部件所用材料的主要要求是能够经受住紧固件施加的力，在组合时不产生变形，而且不会由于紧固件部位的应力集中而在使用中发生断裂。

机械紧固件可以用任何一种锻压铜或铜合金制成。当把铜合金构件用机械方法连接到其它金属上去的时候，选择紧固件材料必须特别考虑其电化学腐蚀特性。例如：可以用铜合金或不锈钢紧固件把铜金属连接到不锈钢上。同样，用铜合金或普通碳钢紧固件可将碳钢和铜金属连接在一起。但如果要把铜和铝连接在一起，则建议使用无磁性的不锈钢紧固件。

(2) 卷边和加桩。铜及其合金组件可用卷边和加桩的方法与同种或其他材料进行机械连接，这可作为紧固件连接的一种替代方法。在这种方法中，其中一个组件或两个组件通过物理变形，使部件固定在一起。连接部件必须有足够的延性，以保证所生产的组合件完好无缺，不产生开裂及破断，并且最后组合件必须有足够的强度以承受使用时的载荷。如在冷轧铜合金带材中，成形性变坏，并且带材的冷变形越大则各向异性越严重。为了改善成形性，可选用较软、延性较好的材料，但断面尺寸必须增加，使其有足够的强度。当必须使用高强合金时，应当重新设计卷边或加桩连接工艺，以适应材料比较差的延伸。

(3) 互锁连接设计。机械互锁连接设计是铜及其合金机械连接的特殊领域。这种技术可应用于由较小或较简单的冲压型材构成大的或不规则的建筑形状。型材设计为燕尾形、钩锁形或键槽形。当最终装配件断面形状太复杂或面积太大而不能冲压成一件时，以及不同种类的金属型材或铜合金与非金属连接时，往往使用以上设计。

(4) 连接方案的设计。在所有机械连接中，无论哪种连接方法，在连接的设计方案上，都必须考虑到特殊的使用条件和材料的特性。承受震动的连接设计方案应适用于使用时产生的预期的位移量，以避免松动和随之发生的摩擦或磨损。弹簧垫圈、弹性承载紧固件和Belleville垫圈提供了机械连接中适应位移需要的方法。当连接是否牢固取决于紧固件或楔形连锁部件的弹性状况时，受力零件中的应力松弛必须得到补偿。在室温以上时，这点特别重要。

在使用环境中有应力腐蚀断裂倾向的合金，不但要尽量避免使用紧固件，而且应尽量避免作为被紧固连接的部件。所有的机械连接都包含固有的裂缝，因而材料在缺氧电池中遭受电化学腐蚀的任何倾向均应加以考虑。在所有机械连接中，防止腐蚀的合适方法应包括在连接方案的设计中。

31.1.2 粘接

粘接技术是借助胶粘剂在固体表面上所产生的粘合力，将同种或不同种材料牢固地连接在一起的方法。

影响金属粘接的主要因素是金属材料的表面性能，铜的表面与钢有些相似，铜粘接困难不是由于出现在连续氧化层上，而是由于铜容易与某些胶粘剂中的固化剂反应生成脆性胺化物，使粘接接头强度变低或造成粘接接头破坏的缘故。另外，即使没有胶粘剂中的固化剂的因素存在，铜表面附着的氧化膜与铜基体结合力也较弱，新生表面会迅速氧化，也很难避免不使之氧化。因此新制备的表面应尽可能快地进行涂胶粘接或尽快涂上底胶，减少其表面的氧化与污染。另一方面，应使铜形成与铜本身粘接好的“阻挡层”，并与胶粘剂有良好的粘附性。这种“阻挡层”通常是黑色氧化物层和铬酸盐反应性涂层。所使用的胶粘剂若对铜具有轻微的腐蚀对提高粘接更为有利。其他浸蚀处理，如用硫酸铁处理时，再经重铬酸盐冲洗也可产生上述“阻挡层”，有利于提高铜及其合金的粘接性能。

铜及其合金常选用的胶粘剂有：环氧-多胺体系胶、环氧-多胺基酰胺胶、聚酯-聚异氰酸酯胶、酚醛-丁腈胶、环氧-尼龙胶、聚氨酯胶、有机硅胶、尼龙胶和丙烯酸酯类胶等。实施粘接的工艺过程包括：配胶、涂胶、晾置、粘合、固化、检验、修整或后加工和拆胶等工序。

31.1.3 焊接

焊接是指通过适当的手段，使两个分离的金属物体（同种金属或异种金属）产生原子（分子）间结合而连接成一体的连接方法。焊接方法种类繁多，按族系法划分，可将焊接方法分为三大类，即熔化焊、固相焊（压力焊）和钎焊，如图 31-1 所示。

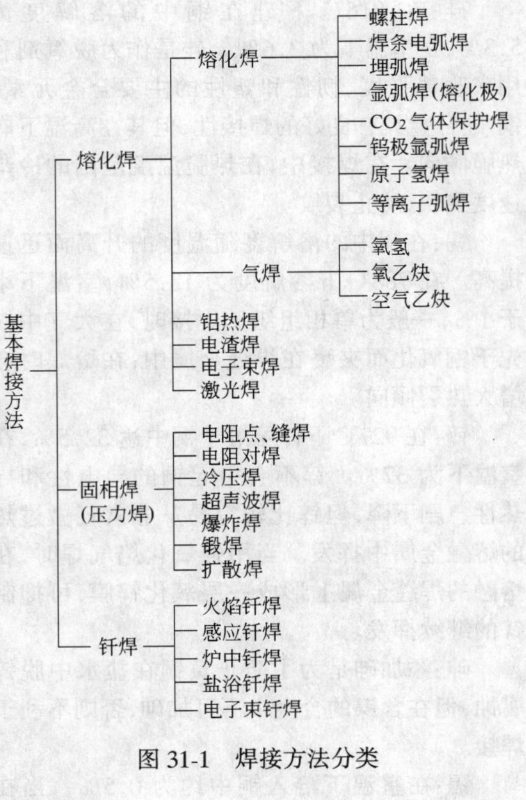

图 31-1 焊接方法分类

31.2 铜合金焊接性能

31.2.1 主要合金元素对铜焊接的影响

通常在铜中添加多种合金元素，从而达到提高其抗腐蚀性、使熔体脱氧、改善其力学性能及机加工性能的目的。多数铜合金虽经精炼仍不可避免地会有少量其他杂质元素。

各种合金元素在铜中的溶解度及其对铜焊接的影响如下：

铝：在高温下其溶解度近于7.8%，形成单相的铝青铜合金。当Al含量在9%～15%时，两相合金能够进行马氏体转变或共析型转变，该合金表面有一层难熔的氧化物存在，为顺利进行焊接，必须将其去除。

镍：可以无限固溶于铜，由于残余元素的作用会产生脆化和热裂纹，在填充金属中常加入锰使焊缝凝固前有一定的脱氧剂和脱硫剂，以防止缺陷的产生。

硅：在816℃下硅在铜中的溶解度为5.3%，在室温下为3.6%。硅是作为脱氧剂和用来改善强度、韧性和塑性的主要合金元素。铜-硅合金具有良好的焊接性，但其在高温下有热脆倾向。在焊接中，在热脆温度范围的冷却速度要快，防止裂纹。

锡：在铜中的溶解度随温度的升高而迅速提高。在788℃下溶解度为13.5%，室温下小于1%，一般为单相组织。焊接时，在大气中锡先于铜氧化而夹裹在焊缝金属中，在熔焊时会增大热裂倾向。

锌：在927℃下锌可溶于铜中达32.5%，在室温下为37%。锌不会引起铜的导电性和导热性急剧下降，但锌比较容易从非常轻微过热的熔融金属中挥发。当用强氧化焰气焊时，在熔融的焊缝金属上形成一层氧化锌膜，可抑制锌的继续挥发。

砷：添加砷是为了防止黄铜在盐水中脱锌腐蚀，但在含镍的合金中不可加砷，否则不利于焊接。

镉：在室温下溶入铜中约为0.5%。当在铜中的溶解度不大于1.25%时，熔焊时不会出现严重问题。但在焊接温度下，镉的挥发会对健康不利。焊接时，即使形成少量的氧化镉，也可以被溶解。

铬：在铜中的溶解度在1038℃下约为0.55%，而在室温下小于0.05%。在沉淀硬化过程中形成纯铬相，增加强度，但铬又极易形成难熔氧化物，使焊接变得困难。所以熔化焊接时应在保护性气氛中进行。

铍：铍在铜中的溶解度在871℃下约为2%，而在室温下只有0.3%。铍极易与铜形成过饱和的固溶体，在时效硬化反应中从该固溶体中将析出铍。焊接时，铍的氧化膜必须要清除。

铁：在1038℃下铁的溶解度约为3%，而在室温下小于0.1%。在铝青铜、锰青铜及铜-镍合金中加入铁是为了通过固溶和沉淀硬化来提高强度，同时也细化了晶粒，对焊接无不利影响。

锰：锰在铜中能高度溶解。在锰青铜、脱氧铜和铜-硅合金中按0.05%～1.25%比例使用。添加锰对铜合金的焊接性是无害的。

磷：在649℃的共晶温度下，磷在铜中的溶解度为1.7%，在室温下其溶解度约为0.4%。磷作为强化剂和脱氧剂对某些铜合金是有益的。在室温下若有0.4%溶入黄铜中，可以抑制脱锌现象的发生，通常情况下磷在铜合金中存在对焊接没有不良影响。

31.2.2 铜及铜合金的焊接性

与其他金属相比，铜及铜合金在化学成分、物理性能方面有独特之处，焊接时要根据内在和外在的缺陷对其焊接性进行综合判断。

(1) 热导率的影响。热导率对铜及铜合金焊接性能的影响很大，焊接铜及铜合金时，焊接热量很快传入母材中，填充金属与熔池金属不容易很好的熔合，易产生焊不透的现象，焊后变形比较严重，外观成形差。这是由于铜的高热导率造成的，铜的热导率在20℃和1000℃时分别为393.6 W/(m·K)和326.6 W/(m·K)，比普通碳钢大7～11倍，使母材与填充物难以熔合。即使采用热输入集中的电弧焊方法来焊接导热系数较低的铜合金，也需要预热或在焊接过程中同步加热。母材厚度越大，散热越严重，越难达到熔化温度。焊道层间温度应与预热温度相近。铜合金不像合金钢那样常进行焊后热处理，但它可能也需控制冷却速度以尽量减小残余应力和热脆性。焊接高导热的工业铜和低合金铜时，必须选用能保证最大热输入量的电流种类并使用保护气体，以补偿从焊接区迅速散失的热量。

(2) 热裂倾向大。焊接时，铜能与其中的杂质生成熔点为270℃的(Cu + Bi)、熔点为326℃的(Cu + Pb)、熔点为1064℃的(Cu_2 + Cu)、熔点为1067℃的(Cu + Cu_2S)等多种低熔点共晶物。他们在结晶过程中都分布在枝晶间或晶界处，使铜或铜合金具有明显的热脆性。同时铜和铜合金的膨胀系数和收缩率较大，增加了焊接接头的应力，更增加了接头的热裂倾向。为避免接头裂纹的出现，焊接时可采取一些冶金措施：严格限制铜中的杂质含量；增强对焊缝的脱氧能力，通过焊丝加入硅、锰、磷等合金元素；选用能获得双相组织的焊丝，使焊缝晶粒细化，晶界增多，使易熔共晶物分散、不连续。

(3) 气孔。熔焊铜及铜合金时，气孔出现的倾向比低碳钢要严重得多。由于铜及其合金导热系数大，熔池停留时间短，使得焊缝中出现气孔的倾向加剧，成为铜及其合金熔焊的主要困难之一，所形成的气孔几乎分布在焊缝的各个部位。铜中的气孔主要是由溶解的氢直接引起的扩散性气孔和氧化还原反应引起的反应性气孔，减少或消除铜焊缝中的气孔，主要的措施是减少氢、氧的来源和用预热来延长熔池存在时间，使气体易于逸出。采用含铝、钛等强脱氧剂的焊丝或在铜合金中加入铝、锡等元素都会获得良好的效果。

另外，铜中的镉、锌、磷等元素的沸点低，在焊接过程中这些元素的蒸发可能会导致形成气孔。因此，当焊接含有这些元素的铜合金时，可采用快速焊和含有这些元素的填充丝。

(4) 接头性能的变化。铜及铜合金在熔焊过程中，由于晶粒严重长大，杂质和合金元素的渗入，有用合金元素的氧化、蒸发等，使接头性能发生很大的变化，如塑性严重变坏、导电性下降、耐蚀性能下降及接头力学性能降低等。改善接头性能的措施，除了减弱热作用、焊后进行消除应力热处理外，主要的冶金措施是控制杂质含量和通过合金化对焊缝进行变质处理，但有时这些措施是相互矛盾的。例如变质处理、细化焊缝组织可改善塑性，提高耐蚀性能，但会带来导电性能的下降，因此需要根据不同铜合金接头的要求来选用。

31.3 熔焊

31.3.1 电弧焊

焊条电弧焊是一种简单灵活的熔焊方法，它是以外部涂有涂料的焊条做电极和填充金属，电弧是在焊条的端部和被焊工件表面之间燃烧。涂料在电弧热作用下一方面可以产生气体以保护电弧，另一方面可以产生熔渣盖在熔池表面，防止熔化金属与周围气体的相互作用。熔渣更重要作用是与熔化金属产生物理化学反应或添加合金元素，改善焊缝金属性能。但对纯铜和大多数铜合金的焊接是不推荐采用此方法的，因为焊条电弧焊的焊缝含氧、氢量较高，锌蒸发严重，容易出气孔，焊后接头强度低，导电性、导热性下降严重。

采用此种方法并选择近似低碳钢的焊接工艺参数焊接部分铝青铜锻件或铸件可获得较满意的接头，紫铜与锡青铜其次，黄铜最差。一般按母材的成分选择相应焊芯的电焊条。铜焊条的用途如表31-3所示。

表 31-3 铜及铜合金焊条的用途

焊条牌号	主要用途
T107	紫铜、脱氧铜的焊接
T227	紫铜、黄铜、磷青铜的焊接
T237	铝青铜的焊接
T247	高锰铝青铜的焊接

注：所有焊条药皮类型均是低氢型，采用直流反接电源。

铜及其合金的电弧焊施工要点：

(1) 焊条使用前要严格经200～250℃、2 h

烘干，去除药皮中吸附的水分。

(2) 焊前清除坡口表面油污、氧化物等。

(3) 预热温度的确定。在焊前或多层焊的层间对工件预热，以保证焊缝的良好成形和冷却中气体的析出，并与焊接工艺参数配合。预热温度要根据材料的热导率和工件的厚度等来确定。纯铜厚度在4～40 mm时，预热温度则在300～600℃内选择，甚至预热到750～800℃。白铜预热的目的主要是减少应力、防止热裂纹，一般温度偏低。黄铜预热至200～400℃以抑制锌蒸发，并配合小电流焊接。锡青铜和硅青铜具有明显的热脆性，预热温度和层间温度不应超过200℃；磷青铜流动性差，预热温度不低于250℃；铝青铜热导率高，厚板预热温度需高达600～650℃。

(4) 焊接工艺参数的制订。各种铜合金的焊条电弧焊规范都应采用直流反接、较高预热温度、小电流、高焊速、短弧焊的工艺规范。由于铜及其合金膨胀系数大，所以接头间隙要宽、坡口角度要大。表31-4为铜及铜合金焊条电弧焊的工艺参数。

(5) 焊后对焊接接头进行锤击，以改善接头性能，释放焊接应力。

表31-4 铜及铜合金焊条电弧焊工艺参数

材料	板厚/mm	坡口形式	焊条直径/mm	焊接电流/A
紫铜	2	I形	3.2	110～150
	3	I形	3.2～4	120～200
	4	I形	4	150～220
	5	V形	4～5	180～300
	6	V形	4～5	200～350
	8	V形	5～7	250～380
	10	V形	5～7	250～380
黄铜	2	I形	2.5	50～80
	3	I形	3.2	60～90
铝青铜	2	I形	3.2	60～90
	4	I形	3.2～4	120～150
	6	V形	5	230～250
	8	V形	5～6	250～280
	12	V形	5～6	280～300

续表31-4

材料	板厚/mm	坡口形式	焊条直径/mm	焊接电流/A
锡青铜	1.5	I形	3.2	60～100
	3	I形	3.2～4	80～150
	4.5	V形	3.2～4	150～180
	6	V形	4～5	200～300
	12	V形	6	300～350
白铜	6～7	I形	3.2	110～120
	6～7	V形	3.2	100～115

31.3.2 钨极气体保护焊

钨极气体保护焊(TIG)是一种非熔化极气体保护焊，是利用钨极和工件之间的电弧使金属熔化而形成焊缝的。焊接过程中钨极不熔化，只起电极的作用，由焊炬的喷嘴送进氩气或氦气作为保护气体，还可以根据需要另外添加填充金属。

钨极气体保护焊适用于铜和铜合金的焊接。该种方法的电弧能量密度高，能在接头产生高温区且热影响区窄。焊接铜和导热系数高的铜合金时，为了焊接接头完全熔合而又使其热影响区小，电弧的能量密度是非常重要的，当焊接已沉淀硬化的铜合金时，特别需要热影响区较窄。

钨极气体保护焊常用来焊接厚度小于3 mm、直边坡口的铜和铜合金对接接头，一般不需加填充金属。当厚度大于3 mm时，通常需加填充金属。当厚度大于12 mm时，要改用熔化极气体保护焊。

(1) 电流种类。大多数铜和铜合金的钨极气体保护焊时采用直流正接，此时在给定的焊接电流下，可能采用最小直径的电极并获得最大的熔透深度。焊接铍青铜和铝青铜时，一般采用直流反接或交流以清除母材上的氧化膜。

(2) 电极。焊接时，一般采用钍钨极(EWTh-2)，因其性能好，寿命长，抗玷污能力强。

(3) 填充金属。惰性气体保护焊主要通过填充金属来调节焊缝的成分及力学、物理性能来满足焊件的要求。钨极气体保护焊在焊接铜和铜合金时常用的填充金属列于表31-5。一般来说，通常选用成分与母材的相同或相近的填充金属，但也可选用与母材成分不同的填充金属。

表 31-5　钨极气体保护焊铜及铜合金常用填充金属

填充金属	AWS 型号	主要成分(质量分数)/%
铜	ERCu	(Cu+Ag)98.0(最小)，Sn1.0，Si0.50，P0.15
锡青铜	ERCuSn-A	(Cu+Ag)93.5(最小)，Sn4.0～6.0，P0.10～0.35
铝青铜	ERCuAl-A2 ERCuAl-B	Fe1.5，Al9.0～11.0，(Cu+Ag)余量 Fe3.0～4.25，Al11.0～12.0，(Cu+Ag)余量
硅青铜	ERCuSi-A	(Cu+Ag)94.0(最小)，Si2.8～4.0，Zn1.5，Sn1.5，Mn1.5，Fe0.5
铜镍	ERCuNi	Mn1.0，Fe0.40，Ni+Co29.0～32.0，Ti0.20～0.50，(Cu+Ag)余量

(4) 保护气体。不同的保护气体其电弧特性有明显区别，从图 31-2 可以看出，在相同的焊接电流下，采用氮气和氦气作为保护气体的功率分别为氩气的 3 倍和 1.5 倍。氦弧的穿透能力比氩弧增加 3～5 倍。用氮弧或氦弧焊接铜合金可以提高电弧的热效应，但在氮气中焊接熔池金属流动性降低，易生成气孔，而氦气密度小，气体量要增加 1～2 倍才能获得良好的保护效果，成本高，因此在一般情况下选用氩气作为保护气体焊接黄铜和青铜。在一些特殊情况下，有时不允许预热或要求获得较大的熔深，如焊接纯铜或高导热铝铜合金时，可采用 70%氩与 30%氦或氮的混合气。在焊接铝青铜时为了加强对熔池的保护和脱氧，有时采用氩气与涂焊剂联合保护的方法。

(5) 预热温度。工件厚度小于 4 mm 可以不预热。4～12 mm 厚的纯铜需预热至 200～450℃，青铜和白铜需预热至 150～200℃，硅青铜、磷青铜可不预热并严格控制道间温度低于 100℃。采用 Ar+He 混合保护气体焊接铜或铜合金时，可以不预热。补焊大尺寸的黄铜和青铜铸件时，一般需预热至 200～300℃。

(6) 坡口形式。坡口形式如图 31-3 所示。

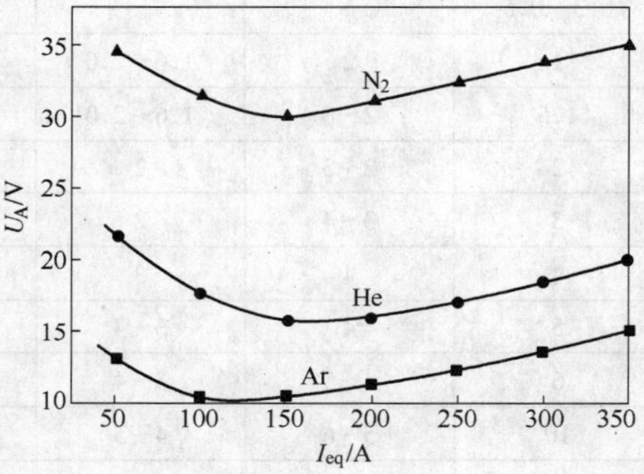

图 31-2　非熔化极在不同的保护气体中焊接铜时的电弧静特性

(电弧长度：N_2—12 mm；He—3 mm；Ar—3 mm)

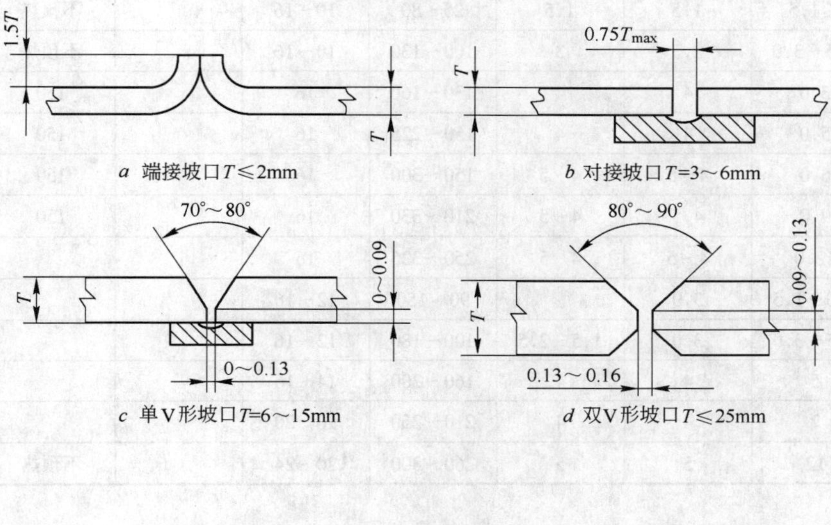

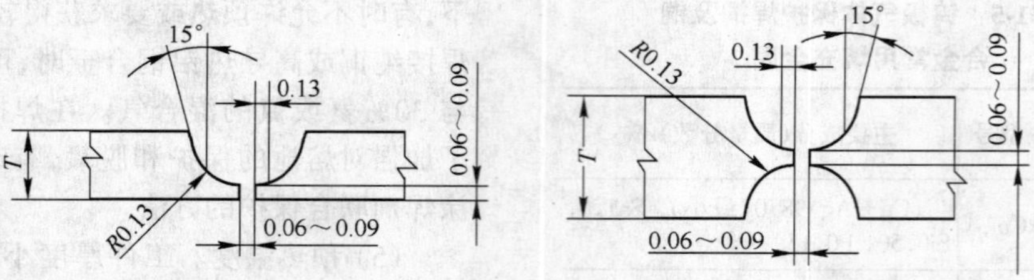

e 单U形坡口T=10～15mm　　*f* 双U形坡口T≥20mm

图31-3 纯铜TIG焊的坡口形式及尺寸

(7) 工艺参数。焊接纯铜和青铜的工艺参数列于表31-6和表31-7。

表31-6 纯铜的钨极气体保护焊工艺参数

板厚/mm	钨极直径/mm	焊丝直径/mm	电流/A	Ar气流量/L·min^{-1}	预热温度/℃	备 注
0.3～0.5	1	–	30～60	8～10	不预热	卷边接头
1	2	1.6～2.0	120～160	10～12	不预热	
1.5	2～3	1.6～2.0	140～180	10～12	不预热	
2	2～3	2	160～200	14～16	不预热	
3	3～4	2	200～240	14～16	不预热	单面焊双面成形
4	4	3	220～260	16～20	300～350	双面焊
5	4	3～4	240～320	16～20	350～400	双面焊
6	4～5	3～4	280～360	20～22	400～450	
10	5～6	4～5	340～400	20～22	450～500	
12	5～6	4～5	360～420	20～24	450～500	

表31-7 青铜和白铜的钨极气体保护焊工艺参数

材 料	板厚/mm	钨极直径/mm	焊丝直径/mm	电流/A	Ar气流量/L·min^{-1}	焊速/mm·min^{-1}	预热温度/℃	备 注
铝青铜	≤1.5	1.5	1.5	25～80	10～16		不预热	Ⅰ形接头
	1.5～3.0	2.5	3	100～130	10～16		不预热	Ⅰ形接头
	3.0	4	4	130～160	16		150	Ⅰ形接头
	5.0	4	4	150～225	16		150	V形接头
	6.0	4～5	4～5	150～300	16		150	V形接头
	9.0	4.5	4～5	210～330	16		150	V形接头
	12.0	4～5	4～5	250～325	16			V形接头
锡青铜	0.3～1.5	3.0		90～150	12～16			卷边焊
	1.5～3.0	3.0	1.5～2.5	100～180	12～16			Ⅰ形接头
	5	4	4	160～200	14～16			V形接头
	7	4	4	210～250	16～20			V形接头
	12	5	5	260～300	20～24		不预热	Ⅰ形接头

续表 31-7

材料	板厚/mm	钨极直径/mm	焊丝直径/mm	电流/A	Ar气流量/L·min^{-1}	焊速/mm·min^{-1}	预热温度/℃	备注
硅青铜	1.5	3	2	100～130	8～10		不预热	I形接头
	3	3	2～3	120～160	12～16		不预热	V形接头
	4.5	3～4	2～3	150～220	12～16		不预热	V形接头
	6	4	3	180～220	16～20		不预热	V形接头
	9	4	3～4	250～300	18～22		不预热	V形接头
	12	4	4	270～330	20～24		不预热	V形接头
白铜	3	4～5	1.5	310～320	12～16	350～450		B10自动焊，I形
	<3	4～5	3	300～310	12～16	130		B10自动焊，I形
	3～9	4～5	3～4	300～310	12～16	150		B10自动焊，V形
	<3	4～5	3	270～290	12～16	130		B10自动焊，I形
	3～9	4～5	5	270～290	12～16	150		B10自动焊，V形

31.3.3 熔化极气体保护焊

熔化极气体保护焊(MIG)是利用连续送进的焊丝与工件之间燃烧的电弧作热源，由焊炬喷嘴喷出的气体保护电弧进行焊接的。熔化极气体保护电弧焊通常用的保护气体有氩气、氦气、CO_2气或上述气体的混合气。

熔化极气体保护焊是焊接中、厚板铜及其合金的良好方法，可用于焊接所有种类的铜及铜合金。厚度大于3 mm的铝青铜、硅青铜和铜镍合金最好选用此种方法焊接。焊接厚度大于3 mm的铜及铜合金，几乎总是要选用熔化极气体保护焊，这是由于该种方法比钨极气体保护焊和手弧焊的熔敷速度快、熔深大。熔化极气体保护焊接过程中一般选用氩气作为保护气体。

(1) 焊接位置。铜合金的熔化极气体保护焊多数是在平焊位置采用射流过渡进行的，但许多角焊缝可在横焊位置时完成。当需要在非平焊位置进行焊接时，熔化极气体保护焊要优先于钨极气体保护焊和手弧焊。立焊和仰焊位置的熔化极气体保护焊，一般仅限于流动性较差的铜合金，如铝青铜，硅青铜和铜镍合金。此时最好选用细焊丝和小电流，而且通常采用滴状过渡或短路过渡。

(2) 接头构造。单道焊厚度3 mm以下的铜时，可采用I形坡口接头，根部间隙为零时可用铜衬垫；根部间隙最大值为1.5 mm时，可用开凹槽的铜衬垫。I形坡口接头也可以用于厚度小于约6 mm的铜板双面焊，每面焊一道。在焊接厚度为10～12 mm、V形坡口接头时，有时根部焊道用钨极气体保护焊接，随后的各焊道用熔化极气体保护焊焊接，以获得较高的焊接速度。对于厚度大于12 mm应开X形坡口接头或双面U形坡口，且如有可能，可交替焊接正、背面焊道，以减小焊件变形。

(3) 焊丝。惰性气体保护焊主要通过焊丝来调节焊缝的成分及力学、物理性能来满足焊件的要求。焊丝有专用的，也有通用的。不同的铜合金，选择时突出的重点不同。纯铜和白铜材料本身不含脱氧元素。一般选择含Si0.5%、P0.15%或含Ti0.3%～0.5%脱氧剂的无氧铜焊丝和白铜丝，如HSCuAl、ECu、RCuSi等。它们还具有较高的导电率和与母材颜色相同的特点。对于黄铜，为了抑制锌的蒸发烧损而造成的气氛污染和对电弧燃烧稳定性的影响，一般选择不含锌的焊丝。对普通黄铜，采用无氧铜加脱氧剂的锡青铜焊丝，如SCuSnA。对高强度黄铜，采用青铜加脱氧剂的硅青铜焊丝或铝青铜焊丝，如SCuAl、SCuSi、RCuSi等。对于青铜，材料本身所含合金元素就具有较强的脱氧能力。焊丝成分只需补足氧化烧损部分，即选用含合金元素量略高于基材的相应焊丝，如 SCuSi、RCuSi、铝青铜焊丝 SCuAl、锡青铜焊丝 SCuSn、RCuSn 等。铜及铜合金熔化极气体保护焊时用的填充金属参照表 31-8。

表 31-8 铜及铜合金熔化极气体保护焊时用的填充金属

裸焊丝	名 称	适用范围(母材)
ERCu	铜	铜
ERCuSi-A	硅青铜	硅青铜、黄铜
ERCuSn-A	磷青铜	磷青铜、黄铜
ERCuNi	铜镍合金	铜镍合金
ERCuAl-A_2	铝青铜	铝青铜、黄铜、硅青铜、锰青铜
ERCuAl-A_3	铝青铜	铝青铜
ERCuNiAl	铝青铜	镍铝青铜
ERCuMnNiAl	铝青铜	锰-镍-铝青铜
RBCuZn-A	船用铜合金	黄铜、铜
RCuZn-B	低烟黄铜	黄铜、锰青铜
RCuZn-C	低烟黄铜	黄铜、锰青铜

(4) 预热及焊后热处理。厚度大于 6 mm 或所用焊丝直径大于 1.6 mm 的 V 形坡口均需预热，对于硅青铜和铍青铜，根据其脆性及高强度的特点，焊后应该进行退火消除应力和 500℃保温 3 h 的时效硬化处理。

(5) 焊接工艺参数。熔化极气体保护焊采用大电流、高焊速的工艺参数可以提高焊接效率。由于焊接速度快，保护气体的流量相应也成倍增加。铜及铜合金熔化极气体保护焊工艺参数如表 31-9 和表 31-10。熔化极气体保护焊采用大电流有利于电弧的稳定，高速焊接对避免一些铜合金(如硅青铜、磷青铜)的热脆性和近缝区晶粒长大都有好处。电流密度的选择在焊接工艺参数中是很重要的，它决定着熔滴的过渡形式，而后者又是电弧稳定和焊缝成形的决定因素。在氩气气氛中，当焊接电流密度增加时，熔滴过渡形式会由短路过渡转变为喷射过渡。只有达到喷射过渡才会得到稳定的电弧和良好的焊缝成形。喷射过渡形式适用于平焊、横焊和角焊位置的焊接，而滴状和短路过渡则适合于立焊的位置进行焊接。熔化极气体保护焊不适于仰焊位置焊接，因焊道成形差。此时最好改用钨极气体保护焊。

熔化极气体保护焊具有较强的穿透力，不开坡口的极限尺寸钝边比钨极气体保护焊时要增大，坡口角度可偏小，一般不留间隙。只有在焊接流动性较差的硅青铜时才需要把坡口角度加大到 80°。所以，熔化极气体保护焊对焊接厚度小于 3 mm 的铜时，采用 I 形坡口接头，根部间隙为零时可用铜衬垫。I 形坡口根部间隙为 1.5 mm 时，可用开凹槽的铜衬垫。I 形坡口也用于厚度小于 6 mm 的铜板双面焊，每面焊一道。焊接厚度为 10～12 mm、V 形坡口接头时，在焊过多道焊缝后，在接头反面清根再焊一道。焊接厚度大于 12 mm 厚板时应开 X 形坡口或双面 U 形坡口，可交替焊接正、背面焊道，以减小变形。

表 31-9 纯铜的 MIG 焊工艺参数

板厚 /mm	坡口形式尺寸				焊丝直径 /mm	电流/A	电压/V	Ar 气流量 /L·min^{-1}	焊速 /m·h^{-1}	层数	预热温度 /℃
	形式	间隙 /mm	钝边 /mm	角度/(°)							
3	I	0			1.6	300～350	25～30	16～20	40～45	1	
5	I	0～1			1.6	350～400	25～30	16～20	30	1～2	100
6	V	0	3	70～90	1.6	400～425	32～34	16～20	30	2	250
6	I	0～2			2.5	450～480	25～30	20～25	30	1	100
8	V	0～2	1～3	70～90	2.5	460～480	32～35	25～30	25	2	250～300
9	V	0	2～3	80～90	2.5	500	25～30	25～30	21	2	250
10	V	0	2～3	80～90	2.5～3	480～500	32～35	25～30	20～23	2	400～500
12	V	0	3	80～90	2.5～3	550～650	28～32	25～30	18	2	450～500

续表 31-9

板厚 /mm	坡口形式尺寸				焊丝直径 /mm	电流/A	电压/V	Ar 气流量 /L·min⁻¹	焊速 /m·h⁻¹	层 数	预热温度 /℃
	形式	间隙 /mm	钝边 /mm	角度/(°)							
12	X	0～2	2～3	80～90	1.6	350～400	30～35	25～30	18～21	2～4	350～400
15	X	0	3	30	2.5～3	500～600	30～35	25～30	15～21	2～4	450
20	V	1～2	2～3	70～80	4	700	28～30	25～30	23～25	2～3	600
22～30	V	1～2	2～3	80～90	4	700～750	32～36	30～40	20	2～3	600

表 31-10　铜合金的 MIG 焊工艺参数

材　料	板厚/mm	坡口形式	焊丝直径 /mm	电流/A	电压/V	送丝速度 /m·min⁻¹	Ar(He)流量 /L·min⁻¹	备　注
黄铜	3	I	1.6	275～285	25～28		16	
	9	V	1.6	275～285	25～28		16	
	12	V	1.6	275～285	25～28		16	
锡青铜	1.5	I	0.8	130～140	25～26			
	3	I	1.0	140～160	26～27			
	6	V	1.0	165～185	27～28			
	9	V	1.6	275～285	28～29		(18)	预热 100～150℃
	12	V	1.6	315～335	29～30		(18)	预热 200～250℃
	18		2	365～385	31～32			
	25		2.5	440～460	33～34			
铝青铜	3	I	1.6	260～300	26～28		20	
	6	V	1.6～2.0	280～320	26～28	4.5～5.5	20	
	9	V	1.6	300～330	26～28	5.5～6.0	20～25	
	10	X	4.0	450～550	32～34		50～55	
	12	V	1.6	320～380	26～28	6.0～6.5	30～32	
	16	X	2.5	400～440	26～28		30～35	
	18	V	1.6	320～350	26～28	6.0～6.5	30～35	
	24	X	2.5	450～500	28～30	6.5～7.0	40～45	
硅青铜	3	I	1.6	260～270	27～30		16	
	6	I	1.6	300～320	26	5.5	16	
	9	V	1.6	300	27～30	5.5	16	
	12	V	1.6	310	27	5.5～7.5	16	
	20	X	2～2.5	350～380	27～30		16～20	
白铜	3	I	1.6	280	22～28		16	
	6	I	1.6	270～330	22～28		16	
	9	V	1.6	300～330	22～28		16	
	10	V	1.6	300～360	22～28		16	
	12	V	1.6	350～400	22～28			
	18			350～400	24～28			
	≥25			350～400	26～28			
	＞25			370～420	26～28			

31.3.4 埋弧焊

埋弧焊是以连续送进的焊丝作为电极和填充金属。焊接时，在焊接区的上面覆盖一层颗粒状焊剂，电弧在焊剂层下燃烧，将焊丝端部和局部母材熔化，形成焊缝。在电弧热作用下，一部分焊剂熔化成熔渣并与液态金属发生冶金反应。熔渣浮在金属熔池表面，一方面可以保护焊缝金属，防止空气的污染，并与熔化金属产生物理化学反应，改善焊缝金属的成分及性能；另一方面还可以使焊缝金属缓慢冷却。

埋弧焊具有电弧热效率高、对熔池的保护效果好、焊丝的熔化系数大的特点，又能采用大电流，因此它具有熔深大、生产率高、变形小等优点。20 mm厚度以下铜及铜合金的焊接工件可以在不预热和不开坡口的情况下获得优质接头，使焊接工艺大为简化。特别适合于中、厚板的长焊缝焊接。紫铜、青铜埋弧焊的焊接性能较好，黄铜的焊接性一般。

(1) 焊剂。焊接铜及铜合金可选用标准的高硅高锰(剂431)焊剂并且获得满意的工艺性能，但氧化性较强，不可避免会发生合金元素向焊缝过渡，使焊接接头的导电性、耐蚀性和塑性下降。因此，对于接头性能要求高的工件，宜选用氧化性较弱的HJ260、HJ150或选用近年研制成功的陶质焊剂、氟化物焊剂，这些焊剂配方见表31-11。

表31-11 几种铜及铜合金埋弧焊用焊丝和焊剂

母材	牌号	焊剂	焊丝
紫铜	T2 T3 T4	HJ430 HJ431 HJ260 HJ150 SJ570 SJ671	T1 T2 HSCu TuP
黄铜	H68 H62 H59		HSCuZn-3 HSCuSi HSCuSn
青铜	QSn6.5-0.4 QA19-2 QSi-1		HSCuSn HSCuAl HSCuSi

(2) 焊接工艺参数。铜的埋弧焊通常是采用单道焊进行。厚度小于20～25mm的铜及铜合金可采用不开坡口的单面焊或双面焊。厚度更大的工件最好开U形坡口(钝边为5～7 mm)并采用并列双丝焊接(丝距约为20 mm)，采用比较合理的焊接工艺参数，可避免热裂缝的出现，见表31-12。焊接纯铜时选用较大的电流和较高的电压可获得合理的焊接工艺参数。焊接黄铜时，则选用较小的电流(约减小15%～20%)和较低的电压，这是为了减少锌的蒸发烧损而采用的措施。纯铜焊丝的伸出长度与熔化速度无关，选用范围较大。黄铜、青铜焊丝熔化速度随焊丝的伸出长度增大而增大，一般伸出长度取20～40 mm。厚度在20 mm以下的铜件可以不预热，超过20 mm可以局部预热至300～400℃左右进行焊接。

(3) 选择垫板及引弧板。埋弧焊使用的焊接热输入较大，熔化金属多，为防止液体铜的流失和获得理想的反面成形，无论是单面焊或双面焊，反面均采用各种形式的垫板。常用的有石墨垫板、不锈钢垫板和型槽焊剂垫。前两种是刚性的，其上所开成型槽是根据焊缝尺寸要求而定，带有专用性。垫板与铜板的接触面积要吻合很好，需要专门机械加工，比较适合不太厚的工件和比较短的直线焊缝。由于石墨板的导热慢，保温性好，一般纯铜、黄铜、青铜焊接时都用它。白铜的导热率几乎和碳钢相同，个别牌号的铜镍合金的导热率比碳钢还低，焊接时就需选用铜垫板。厚大工件或环形焊缝选用焊剂垫比较适合，特别是柔性焊剂垫，它可随焊缝的宽窄、高低、形状而相应变化。使用时要求通过一定压力使焊剂垫能与铜底面紧密贴合，防止空气侵入和铜液流出。为了保持焊剂垫层有一定的透气性，以利焊缝中气体的析出，又不对反面成形造成很大的压力使焊缝底部向下凹，宜选颗粒度稍大的焊剂(2～3 mm)作垫剂层，而且焊垫层应有一定的厚度，一般不小于30 mm。为了保证焊缝的始末都具有良好的成形和性能，在工件两端焊上铜引弧板和收弧板。也可采用石墨板作焊缝的引弧板和收弧板。引、收弧板与工件的结合要好，间隙不得大于1 mm。引、收弧板的尺寸一般可取100 mm×100 mm×S mm(S为工件厚度)。

表 31-12 铜及铜合金埋弧焊焊接工艺参数

材料	板厚/mm	接头、坡口形式	焊丝直径/mm	焊接电流/A	电弧电压/V	焊接速度/m·h⁻¹	备注
纯铜	5～6	对接不开坡口		500～550	38～42	45～40	
	10～12			700～800	40～44	20～15	
	16～20			850～1000	45～50	12～8	
	25～30	对接U形坡口		1000～1100	45～50	8～6	
	35～40			1200～1400	48～55	6～4	
	16～20	对接、单面焊		850～1000	45～50	12～8	
	25～30	角接U形坡口		1000～1100	45～50	8～6	
	25～40			1200～1400	48～55	6～4	
	45～60			1400～1600	48～55	5～3	
黄铜	4		1.5	180～200	24～26	20	单面焊
	4		1.5	140～160	24～26	25	双面焊
	8		1.5	360～380	26～28	20	单面焊
	8		1.5	260～300	29～30	22	封底焊缝
	12		2.0	450～470	30～32	25	单面焊
	12		2.0	360～375	30～32	25	封底焊缝
	18		3.0	650～700	32～34	30	封底焊缝
	18		3.0	700～750	32～34	30	第二道
铝青铜	10	V形坡口	焊剂层厚度/mm	450	35～36	25	双面焊
	15	V形坡口	25	550	35～36	25	第一道
	15	V形坡口	30	650	36～38	20	第一道
	15	V形坡口	30	650	36～38	25	封底焊缝
	26	X形坡口	30	750	36～38	25	第一道
	26	X形坡口	30	800	36～38	20	第二道(外层)

31.3.5 等离子弧焊

等离子弧焊是由钨极气体保护电弧焊方法发展出来的一种方法，它利用电极和工件之间的压缩电弧(转移电弧)实现焊接的。所用的电极通常是钨极。产生等离子弧的等离子气可用氩气、氮气、氦气或其中二者的混合气。同时还通过喷嘴用惰性气体保护。焊接时可以外加填充金属，也可以不加填充金属。等离子弧焊具有比 TIG 和 MIG 电弧更高的能量密度和温度，具有焊接速度快、热影响区窄、焊接变形小等特点，很适合于焊接高热导率和对过热敏感的铜及铜合金，焊接黄铜时可减少锌烟雾的产生。厚度为 6～8 mm 的铜件可以不预热不开坡口一次焊成，接头质量达到基材水平。厚度在 8 mm 以上的铜件可以采用大钝边、开 V 形坡口的等离子焊与 MIG 或 TIG 联合工艺，即先用不填丝的等离子焊底层，然后用熔化极或加丝钨极焊满坡口。微束等离子焊接 0.1～1 mm的超薄件可使工件的变形减到最小程度。

为使工件受热增强，又可使电弧稳定，等离子弧焊接采用直流正接法转移弧。焊接铜及铜合金时，一般采用非穿透法而不用小孔法，这是因为铜及铜合金的流动性好，熔融态的表面张力较小，自重大，小孔效应不容易稳定，焊缝易烧穿。等离子焊的工艺参数很多，而焊接电流和离子气的成分及流量是调节等离子弧能量和电弧稳定性的主要参数。电流增大、离子气流量的增加都会增强对等离子弧的压缩效果，因而电弧能量密度提高、穿透力加大，电弧稳定性好，焊接速度可加快。为了获得更高的能量以有利于焊接铜，还可在采用单一氩气作离子气的基础上改用掺入5%H_2或30%He的混合气体。表31-13为等离子焊接工艺参数。等离子弧束很细，能量高度集中，焊前对工件边缘的加工精度、工件的装配精度、薄件的夹具精度等都要求很高。如坡口的直度、对接间隙的均匀性、错边及反面垫板的贴紧程度等，其误差值一般不允许超过1 mm。薄板结构不超过0.3～0.5 mm。板越薄，允许的误差值越小。否则焊接过程不稳定、焊缝成形差，甚至无法正常焊接。选用等离子弧焊工艺必须与相应的加工装配条件综合考虑，才能获得理想的结果。

表31-13 纯铜和黄铜等离子弧焊工艺参数

材料	板厚/mm	钨极直径/mm	钨极内缩量/mm	喷嘴孔径/mm	保护罩与焊件距离/mm	保护气流量/$L\cdot min^{-1}$	聚焦气流量/$L\cdot min^{-1}$	离子气流量/$L\cdot min^{-1}$	焊接电流/A	送丝速度/$cm\cdot min^{-1}$	备注
纯铜	6	5	3～3.5	4	8～10	12～14		正4～4.5 反4.5～5	正140～170 反160～190		不开坡口对接，正反面各焊一层
	10	5	3～3.5	4	8～10	20～22		正4～4.5 反4.5～5	正210～220 反220～240		V形坡口60°，钝边2±0.5 mm，正反面各焊三层
	16	5	10.2	4	8～10	12～23		5～5.5	正210～240 反240～260		正面焊四层，反面焊三层
	8	6	3			10	33.3	11.6	670	7.2	焊速48 cm/min，氩气压力0.15 MPa，喷嘴端部与聚焦孔间距4～5 cm
黄铜	6		3			正25 反10		4～4.5	280～290		无坡口，无间隙，不加丝，不预热

31.3.6 电子束焊接

电子束焊接是一个具有热力学耦合效应、热弹塑性变形以及伴随相变与潜热发生的复杂的热力学过程。由于高能量密度的电子束流集中作用的结果，使得电子束焊接熔池（“小孔”）形成机理与其他熔化焊有所不同。电子束焊接过程是高压加速装置形成的高功率电子束流，通过磁透镜汇聚，得到很小的焦点（其功率密度可达104～109 W/cm^2），轰击置于真空或非真空的焊件时，电子的动能迅速转变为热能，熔化金属，实现金属焊接目的。电子束的能量密度和穿透能力比等离子束还强。利用它对铜及铜合金做穿透性的焊接有很大的优越性。电子束焊接时一般不加填充焊丝。其冷速快、晶粒细，在真空下焊接不但可完全避免接头的氧化，还能对接头除气。铜的真空电子束焊缝的含气量远低于基材。焊缝的力学性能与热物理性能均可达到与母材相等的程度。

电子束焊接含锌、锡、磷等低元素的黄铜和青铜时，这些元素的蒸发会造成焊缝合金含量的损失而又不可能得到其他办法的补充。此时应该采用避免电子束直接长时间聚焦在焊缝同一处的焊接工艺。如使用摆动电子束的办法即可避免。焊接厚大铜件时会出现因电子束冲击表面发生熔化金属的飞溅问题，导致焊缝成形变坏。此时可采用散射电子束装饰焊缝的办法加以改善。表 31-14 和表 31-15 为铜的电子束焊接工艺参数。

表 31-14 电子束焊接铜工艺参数

工件厚度/mm	焊接电流/A	电压/kV	焊速/$m \cdot h^{-1}$
1	70	14	20
2	120	16	20
4	200	18	18
6	250	20	18

表 31-15 电子束焊点位置与熔深的关系

金属中杂质总含量/%	电子束功率/kW	熔化深度/mm			平均熔深/mm
		焦点低于工件表面	焦点在工件表面	焦点高于工作表面	
0.035	6.9	7.0	7.5	8	5.5
	5.7	5.0	5.75	6.25	
	4.0	2.5	3.25	3.5	
0.0048（无氧铜）	6.9	6.75	7.5	8.5	6.0
	5.7	5.5	6.0	6.5	
	4.0	4.5	4.25	3.75	

在实际焊接中，常采用横枪电子束焊的方法。横枪的电子束水平射向工件，得到的熔池横宽竖窄，并由于重力作用，熔池上出现空隙，熔池根部的气体经过很小的距离 h 就进入空隙而排出。对于竖枪电子束的熔池，根部的气体则要通过距离 H 才能排出。电子束焊缝的深宽比（$H:h$）大于 10:1，这说明横枪电子束焊接有利于气体的排出，可消除表面和内部缺陷。同时电子束传深阻力减小，焊缝熔深增加。竖枪电子束焊接时通过降低焊接速度，使熔池中的液体金属充分排气，以烧损金属元素和降低电子束焊枪工作的稳定性为代价而获得大熔深焊缝，对于横枪可较易实现，见图 31-4。

横枪电子束焊接紫铜时的焊接速度一般在 1000 mm/min 以上，这是因为液态紫铜表面张力小、流动性大、表面成形差，低的焊接速度会引起熔池液态金属的外流，使得横焊时通过降低焊接速度来提高熔深的方法受到局限。为了进一步提高焊缝的熔深，采用倾斜角度横枪电子束焊接新工艺，将电子束倾斜射入工件，使熔池与水平方向有一倾斜角 α，使熔池表面略高于熔池底部来抑制焊缝金属的流淌，从而能够降低焊接速度，获得更大的熔深。为了获得高质量焊缝，倾斜角度 α 一般为 3°左右为宜。

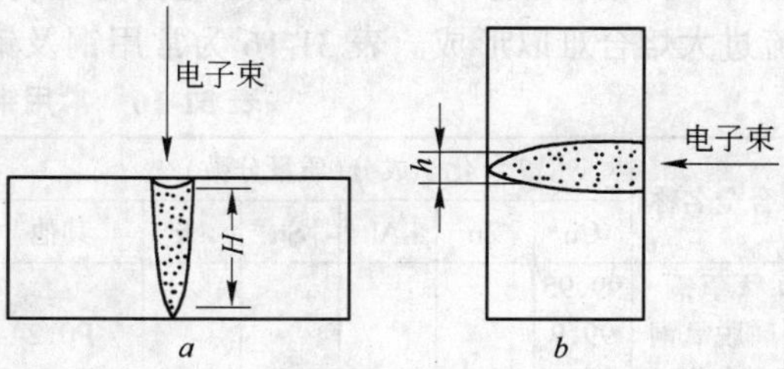

图 31-4 电子束焊接熔池排气情况示意图

a—竖枪电子束焊接熔池；*b*—横枪电子束焊接熔池

31.4 压力焊

压力焊是通过对焊接区施加一定的压力而实现两金属之间的连接。压力焊的种类繁多，其中常用于铜及铜合金结构件的压力焊方法有电阻点焊和缝焊、闪光焊、摩擦焊、扩散焊等。其中电阻点焊与缝焊主要用于铜合金薄板结构的连接。闪光焊与摩擦焊用于截面不太复杂的铜合金棒材、铜板和异形界面的对接接头。扩散焊则适用于各种接头的精密焊接。影响铜及铜合金压力焊焊接性能的主要因素是其自身的导热率和高温塑性。大多数铜合金具有很高的导电、导热率，加压的温度范围窄，液态流动性好，实施压力焊的工艺难度大。根据不同铜合金，所使用的焊接工艺参数、电极材料和焊机类型都有较大差别。

31.4.1 电阻点焊与缝焊

电阻点焊广泛用于焊接铜及其合金，主要应用于焊接厚度小于 1.5 mm 的板材。许多低导电率的铜合金可以进行缝焊，但铜本身难以缝焊。各种铜或铜合金电阻焊的焊接性与其导电率和热导率成反比，一般说来，导电率和热导率低的合金比较容易焊接，而且需要较低的焊接电流。与钢相比，大多数铜合金需要较短的焊接时间、较低的电极压力和较大的焊接电流，所用的电极材料也随被焊合金而异。纯铜具有较高的导电率和热导率，一般情况下难以采用点焊与缝焊进行加工，导电率、热导率达到纯铜值30%以上的铜合金难以进行点焊和缝焊。这是由于大电流密度会引起电极过热，造成电极与工件粘合、烧坏；工件的接触电阻过小，分流过大熔合难以形成。表31-16为常用铜及铜合金的电阻焊接性，从中可以看出，大多数的青铜和白铜可以进行点焊和缝焊；低锌黄铜因相对电导、热导率高，焊接困难较大，高锌黄铜的相对热导率虽有降低，但高温塑性差，因此对其进行点焊和缝焊也较困难；Pb含量大于1%的黄铜也因高温脆性不能进行点焊。

表31-16 常用铜及铜合金的电阻焊接性

合金名称	化学成分(质量分数)/%						熔点(液相线)/℃	相对热导率/%	相对导电系数/%	电阻焊焊接性
	Cu	Zn	Al	Sn	Ni	其他				
无氧铜	99.95						1083	100	100	不推荐
磷脱氧铜	99.9					P0.2	1083	87	85	不推荐
铍 铜	95.1					Be1.9	982	30	22	良好
黄铜H80	80	20					999	36	32	困难
黄铜H68	68	32					954	31	28	困难
黄铜H62	62	38					904	31	28	困难
锡黄铜	71	28		1			938	28	25	良好
磷青铜	95			5		P0.2	1049	18	15	良好
	92			8		P0.2	1027	16	13	良好
	90			10		P0.2	999	13	11	良好
铝青铜	91		7			Fe2Mn1	1046	17	14	良好
硅青铜	98.5					Si1.5	1060	15	12	良好
	97					Si3	1027	9	7	优良
白 铜	88.6				10	Fel.4Mn1	1149	12	9	优良
	70				30		1238	8	4.6	优良
锌白铜	65	20			15		1077	9	7	优良

(1) 电极。通常点焊铜合金所用电流比同厚度的碳钢要大得多，因而必须采用高导电率的电极以降低热量的积聚，如采用铜镉合金作电极。但通过电极过多的散失热量导致电极温度过高，又不利于焊点的加热和成核，也影响电极的寿命。为此采用在铜镉合金电极端部镶嵌钨块或钼块的办法。适当减少热量的损失，并使电极能承受较高的温度。有时也可在电极和工件间放置导热差的不锈钢隔热垫板。所选隔热板或镶块的材料以不造成工件合金化为提前，同时电极必须水冷，以减少粘附在工件上的金属和提高电极使用寿命。

电极端部的形状要根据工件的厚度来决定。对薄工件或要求表面压痕浅的情况，电极选用圆锥形(端部为小平面)。厚度超过2 mm的工件，电极端部可加工成半径为75～150 mm的球面。焊薄板时采用小球面半径。对表面要求高的，可用平面电极而无压痕。

(2) 焊接工艺参数。大多数铜合金电阻焊采用大电流短脉冲进行焊接。铜及铜合金的高温强度较低，加压温度区间窄，一般通电加热时间控制在0.2～0.4 s以内。时间过长容易使电极过热，与工件粘合或将工件烧穿，所以点焊时常采用较低电极压力，但压力过低时易引起飞溅或烧穿。常取电极压力为同厚度钢件的50%～70%。

对于铜和高铜合金几乎不可能采用缝焊工艺，但大多数导电率低的铜合金采用较大焊接电流和较低电极电压时可以进行缝焊。低热导率的铝青铜、硅青铜和白铜的点焊与缝焊的焊接工艺参数与碳钢接近，可参考碳钢数据来制定。主要参数，比如焊接时间、焊接电流、电极压力等，要有较精确的控制。导电率、热导率均较高的黄铜点焊工艺参数和缝焊工艺参数参见

表31-17和31-18。

(3) 焊前清理。焊前应清除工件表面的污垢、氧化皮、油污、润滑剂和其他杂质。为了获得最好的焊接结果,可采用机械和化学方法清理工件表面。用四氯甲烷或苛性钠去油,要求高的工件还必须用10%的硫酸和高铬酸的水溶液进行酸洗以除去氧化膜。

表31-17 H62黄铜电阻点焊规范

板厚/mm	电极表面半径/mm	电极压力/N	焊接电流/kA	通电时间/s	所需功率/kV·A
0.5+0.5	50	1200～1400	15～16	0.10～0.12	70～80
0.8+0.8	50	1600～2200	15～17	0.12～0.14	
1.0+1.0	50	1800～2200	18～22	0.16～0.20	90～100
1.3+1.3	75	2400～2600	21～23	0.18～0.20	
1.5+1.5	75	2400～2800	25～26	0.20～0.24	150～170
2.5+2.5	150	3100～3300	26～28	0.26～0.28	170～180
3.0+1.5	150	2800～3000	27～28	0.24～0.26	160～170
3.0+3.0	150	3200～3400	38～40	0.32～0.36	190～200

表31-18 H62黄铜电阻缝焊工艺参数

板厚/mm	滚盘宽度/mm	滚盘压力/N	焊接电流/kA	所需功率/V·A
0.5+0.5	3	2450	22～23	110
0.5+0.5	3～4	2450	25～26	140
1.0+1.0	4～5	3720	27	110

31.4.2 闪光对焊及摩擦焊

闪光对焊是一种电阻锻焊方法,将待焊两工件夹紧在通电钳口上,工件间实现良好的电接触,由电流加热并采用顶锻,实现焊接。闪光焊设备必须坚固耐用以承受夹紧力和顶锻力而不发生变形。摩擦焊是在工件界面间将机械能直接转换为热能加热施焊的方法,工件间不需要再加电能或其他热源。摩擦焊接头靠静止与转动工件间接触并施以恒定或递增压力,待界面达到焊接温度,随即停止转动,而产生在界面间的摩擦热,在极短的轴向距离内,使工件的温度很快地上升至接近但低于熔点的温度区间,在加热区处于塑性温度时施加压力而实现焊接。闪光焊和摩擦焊可用于焊接铜合金与铜合金的接头。

铜及铜合金闪光焊时,在被焊端面很难保持液态金属层,要把伸出长度部分加热至顶锻温度也不容易,需要采用一系列特殊的工艺措施。如采用带电顶锻工艺,尽量减小伸出长度,加大熔化速度和顶锻速度等。黄铜、青铜的闪光对焊比紫铜较为容易。表31-19为紫铜件闪光对焊工艺参数,表31-20为黄铜及青铜闪光对焊工艺参数。

铜合金同种或异种金属焊接接头的摩擦焊工艺参数如表31-21所示,采用表中所推荐的焊接工艺参数进行焊接,摩擦焊接头性能一般高于闪光焊。

表31-19 紫铜件闪光对焊工艺参数

参数	铜件规格		
	棒材 $\phi=100$ mm	管材 $\phi9.5$ mm×1.5 mm	带材 44.5 mm×10 mm
伸出长度/mm	20	20	20
单位顶锻压力/MPa	370	285	220
焊接电流/kA	33	20	60
二次电压/V	6	5	10
单位功率/kW·mm^{-2}	2.6	2.7	1.4

表 31-20 黄铜及青铜闪光对焊工艺参数

参 数	合金牌号		
	H62	QSn6.5-0.15	
材料厚度/mm	3～5	2～5	5～8
伸出长度(总计)/mm	30	30	45
闪光流量/mm	15	15	29
闪光时间/s	3	3	9
顶锻前的闪光速度/mm·s^{-1}	11	11	6
闪光平均速度/mm·s^{-1}	6	5	2.5
带电顶锻时间/s	0.3	0.3	0.5
单位顶锻力/MPa	157	177	137～157
闪光时的单位功率/kW·mm^{-2}	0.05	0.07	0.03～0.35
顶锻时的单位功率/kW·mm^{-2}	0.43	0.40	0.20

表 31-21 铜及铜合金摩擦焊工艺参数

工件金属	棒料直径/mm	旋转速度/r·min^{-1}	单位压力/MPa		顶锻量/mm	焊接时间/s
			加热时	顶锻时		
纯铜+纯铜	40	920	34.3	147	20	30
H62 黄铜+H62 黄铜	16	3000	32.4	32.4	6～7	3
铜+工业纯铝	8	1350	19.6～29.4	98～196		10～20
QAl9-2+20 钢	20	1500	24.5	24.5	6～8	8～9
HMn58-2+20 钢	30	1500	24.5	24.5	6～8	8

31.4.3 扩散焊

扩散焊是将两被焊工件紧压在一起，置于真空中或保护气氛中加热，使两焊接表面微观凸凹不平处产生塑性变形达到紧密接触，再经保温、原子相互扩散而形成牢固的冶金连接的一种焊接方法。

铜及铜合金的同种或异种材料接头的扩散焊可以根据材料的不同，选择在真空中或惰性气体、还原气体的介质中进行。例如，采用气体保护的典型工艺是：在氢气中加压到约 140 MPa，温度为 315℃，时间为 1 min。若采用真空，真空度的高低也因工件的化学活泼性不同而异，一般达到 0.133～0.0133 Pa(10^{-3}～10^{-4} mmHg)可以满足要求。铜合金扩散焊接头的变形小，性能优良。对容易与铜合金形成脆性相的异种金属接头，可以通过采用中间过渡层的办法来调整扩散成分、组织和接头质量。对铜合金最有效的中间层材料是镍和银。利用镍、银中间层几乎可使铜与所有金属实现扩散焊接。在扩散焊接前对被焊部位表面进行除污、去除氧化膜清洗和粗糙度加工，且有较高的要求。铜与各种金属的扩散焊接工艺参数如表 31-22 所示。

表 31-22 铜与各种金属的扩散焊接工艺参数

工件金属	焊接温度/℃	压力/MPa	焊接时间/min
铜+铜	880	5.5	8
铜+铜	800	6.9	20
H72 黄铜+H72 黄铜	750	7.8	5
铜+可伐铁镍钴合金	850	4.9	10
铜+陶瓷($Al_2O_3$94%，$SiO_2$3.5%，MnO_2.5%)	1000	15.7	15
铜+铝	520	9.8	10
铜+铝锰合金	510	6.9	15
铜+镍	900	14.7	30
铜+阿姆科铁	900	4.9	20
QCr0.8+12Cr18Ni10Ti	900	9.8	15
QCr0.8+高铬镍合金	900	1.0	10
QSnSi10-10+低碳钢	720	4.9	10
铜+低碳钢	850	4.9	10

31.5 钎焊

钎焊是现代焊接技术的三大主要组成部分之一。钎焊与其他二类焊接技术(熔化焊和压力焊)之间,虽有共同之处,但却存在本质的差别。材料钎焊连接时,一般是以搭接形式装配,彼此间保持很小的间隙,采用熔点比母材熔点低的填充材料(钎料)在低于母材熔点、高于钎料熔点的温度下,借钎料熔化填满母材间的间隙,然后冷凝形成牢固的接头。因此,钎焊与熔焊或压焊相比,主要有下列不同之处:钎焊时只有钎料熔化而母材保持固态;钎料的熔点低于母材的熔点,因而其成分也与母材有很大差别;熔化的钎料依靠浸润和毛细作用吸入并保持在母材间隙内;依靠液态钎料与固态母材之间的间隙并相互扩散形成结合的一类连接材料方法。

铜及铜合金具有较好的浸润性,表面氧化膜容易清除,所以铜及绝大部分铜合金都有优良的钎焊性。含铝的铜合金由于表面形成 Al_2O_3 膜较难去除,需要使用带腐蚀性的特殊钎剂去膜,给钎焊工艺带来一些困难。此外,含铝的黄铜、锡青铜具有高温脆性,需要较严格控制钎焊温度和加热速度。在铜及铜合金的钎焊中,一般将钎料的熔化温度高于 450℃ 的称为硬钎焊,而钎料熔化温度低于 450℃ 的称为软钎焊。

31.5.1 软钎焊

铜及铜合金是最容易软钎焊的工程材料。软钎焊用于连接包括下列这些方面的铜构件:管道工程、航空构件、汽车散热器及印刷电路。

铜合金的软钎焊性有好有坏,按照软钎焊性降低的次序,铜金属大致按下列顺序:铜、铜锡合金、铜锌合金、铜镍合金、铜铬合金、铜铍合金、铜硅合金和铜铝合金。

(1) 软钎料。最广泛使用的软钎料是锡铅合金钎料。锡是一种活泼的成分,容易与铜起反应,并扩散到铜里去。在软钎焊时,一种金属间 Cu_6Sn_5 化合生成,在钎料仍是液态时,这种相即在界面上形成。在使用软钎料钎焊时要严格控制钎焊温度和保温时间,提高温度和延长时间都会使铜表面形成脆性 Cu_6Sn_5 化合物含量增加,从而降低钎缝强度。

(2) 钎剂。钎剂与铜表面的金属氧化物发生反应,使之清除和溶解。有下列三种基本类型的钎焊焊剂:1)无机类(酸),2)有机类,3)树脂类。与锡铅钎料配用的软钎剂在生产中常用的有两种:1)有机钎剂,如采用活性松香酒精溶液,焊后不必清除钎剂残渣;2)弱腐蚀性钎剂,如 $ZnCl_2$-NH_4Cl 水溶液、$ZnCl_2$-HCl 溶液或 $ZnCl_2$-$SnCl_2$-HCl 水溶液。主要的钎料列于表 31-23。

表 31-23 软钎焊的锡铅钎料

钎料系列	牌 号	化学成分(质量分数)/%	熔化温度/℃		力学性能	推荐间隙/mm	用 途
			固相线	液相线	σ_b/MPa		
锡铅钎料	HL601	Sn17~18 Si2~2.5 Pb余量	183	277	28	0.05~0.20	钎焊铜及铜合金等强度要求不高的零件
	HL602	Sn29~31 Si1.5~2 Pb余量	183	245	38	0.05~0.20	钎焊纯铜、黄铜
	HJ603	Sn39~41 Si1.5~2 Pb余量	183	235	38	0.05~0.20	钎焊铜及铜合金
	HL605	Ag3~5 Sn余量	221	230	55	0.05~0.20	钎焊各种铜及铜合金

31.5.2 硬钎焊

铜及铜合金中坚固的、高质量的、耐久的连接可以通过硬钎焊获得。硬钎焊连接的强度与金属基体的强度相同或超过基体金属的强度,并且在 200~260℃ 或更高的温度下能保持连接强度和完整性。硬钎焊很容易实现自动化,对于连接不同金属以及生产良好外观的构件是合适的。

(1) 钎料金属。选择钎料金属的主要因素是液相线温度必须低于基体金属的固相线温度并达到一定程度,以及生产方法上提出的一些限制。我国目前生产并广泛应用的铜及铜合金钎焊用钎料主要包括以下系列：

1）银-铜钎料。这种钎料应用最广，对所有铜及铜合金，以及绝大多数铜与异种金属接头的钎焊都适用。银基钎料具有适中的熔点，大大降低钎焊温度，使工件的变形及接头内应力减小。工艺性优良，耐腐蚀性和综合力学性能好。主要缺点是成本高。

2）铜-锌钎料。这类钎料熔点较高，耐蚀性较差，对过热敏感，锌元素的蒸发又容易引起气孔的产生。一般只用于熔点较高的纯铜、铜-钢、铜-镍等钎焊接头上，且使用时配以钎剂。

3）铜磷钎料。这类钎料因含磷，不但熔点得到适当的降低，而且具有一定的自钎作用，钎焊时可少加或不加钎剂。其润湿性好，接头具有很高的耐蚀性，适用性广，价格便宜。缺点是由于含磷钎焊接头比较脆。不适宜钎焊铍-铜合金，因为出现气孔。

（2）钎剂。硬钎焊铜及铜合金的钎剂一般分为两大类：一类是以硼酸盐和氟硼酸盐为主，它能有效的清除表面氧化膜，并有很好的浸流性，配合银基钎料或铜基钎料使用可获得良好的效果。适用于各种铜合金工件；另一类是以氯化物-氟化物为主的高活性钎剂，是专门供铝青铜、铝黄铜及其他含铝的铜合金钎焊用。此类钎剂腐蚀性极强，要求焊后对接头进行严格的刷洗，以防止残渣对工件的腐蚀。

（3）硬钎焊工艺。影响选择硬钎焊工艺的因素是零件或构件的尺寸、形状、数量、成本、可用人力及设备。

炉内钎焊适用于批量或连续生产大量的零件，设备由电热、气体燃烧或油燃烧的炉子，加上温度和保护气氛控制器组成。在炉内钎焊时通常是使用较慢的、较均匀的加热和冷却。

焊枪钎焊最常用于低、中等生产率以及中等尺寸或复杂形状零件。连接件应获得均匀的温度，以使钎料金属自由熔化并充满全部连接部位。一种熔化温度稍低于钎料金属液相线温度的活性焊剂，可以用来指示温度是否已经接近硬钎焊范围。

电阻、感应加热因不同的铜合金的导电率、热导率相差较大而必须考虑功率的调整问题，并尽量选用导电率、热导率低的钎料。这两种方法最适用于铜与导电率较低的金属的异种接头钎焊。

31.6　铜管焊接

焊接铜管与拉伸铜管相比，最显著且最重要的优点是其沿圆周公差一致性好以及可以无限长，因而越来越被广泛应用。早期的拉杆天线（H62黄铜管）、目前正在实用的同轴通讯电缆、内螺纹空调管等都是实例。国外，特别是俄罗斯黄铜焊接冷凝管（H68A、HSn70-1）广泛应用于电站等冷凝器。

31.6.1　高频焊接铜管

国外从20世纪70、80年代开始发展高频感应焊接铜合金冷凝器管和热交换器管。

31.6.1.1　基本原理和工艺流程

高频焊接是熔焊的一种形式，它用高频交流电通过线圈产生高频交变磁场，使从线圈中通过的铜带中产生高频感应电流，从而使带边加热到熔焊温度，并在挤压辊挤压下完成焊接，再经冷却，定径和矫直而成为所需规格的铜管。铜及铜合金是非导磁材料，因而高频电流的穿透深度也较大，同时铜及铜合金又具有良好的导热性，所以管坯散热快。为此，焊接时，必须采用比较高的频率，以使电能更强地集中于会合面的表层，使之迅速加热到焊接温度或熔点；此外，还必须采用高的焊接速度，以减小热能的损失。高频焊接可在很广的频率范围内实现，频率高有利于提高焊接效率。而为了获得优质焊接，频率的选择还取决于管坯材质及其壁厚。对于空调制冷和热交换器用铜合金管，通常选用400～600 kHz。焊接速度高有利于熔化的金属层和氧化物析出，从而得到优质焊缝。然而在输出功率一定的情况下，焊接速度不能无限制地提高，否则易于产生焊接缺陷。同时焊接速度还取决于壁厚、直径、高频电流，通常为15～152 m/min。而焊接薄壁小管时可达200 m/min。铜合金管的高频感应焊接形式如图31-5所示。

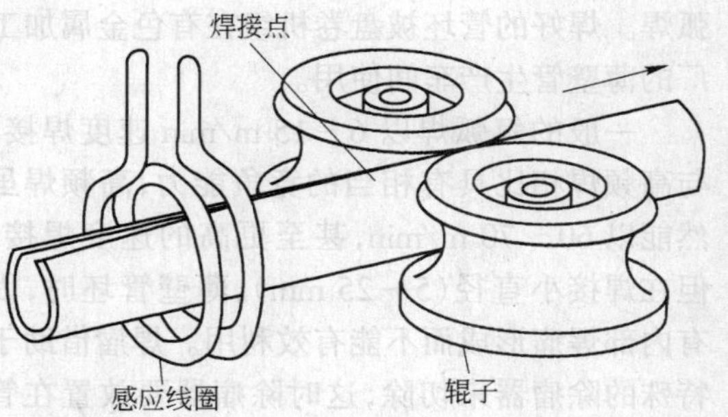

图 31-5 高频感应焊接铜合金管示意图

通常中小型高频焊管典型流程如下：开卷—铜带矫平—头尾剪切—铜带对焊—活套储料—成形—焊接—清除毛刺—定径—探伤—飞切—初检—铜管矫直—管段加工—水压试验—探伤检测—打印和涂层—成品。

特殊要求焊管还需增加带材边部处理、带材板面探伤、焊后退火等其他工序。

特点：

(1) 焊接过程不加金属，得到的焊接接头基本上是热变形组织，焊接速度高、焊接质量好，焊缝和热影响区非常窄。

(2) 与传统的无缝管生产相比，只有它才能保证较好的圆周厚度控制，并能达到更高的同心度。

(3) 焊管用铜及铜合金带卷的长度数千米，连续生产效率高，可获得超长管材。

31.6.1.2 设备组成

高频焊管设备已经机列化，在一条生产线上完成所有生产工序。连续式成形定径机组是高频焊管生产线的关键设备，它包括成形机、焊接机(图 31-6)、冷却装置和定径机在内的联合设备，承担着成形、焊接、定径等主要工序。高频焊管质量的提高，主要依赖于连续式成形定径机组的不断改进完善。

目前国内不同厂家为适应各种成形方式的需要，开发设计制造了多种辊式连续成形机组的焊管机系列，多应用在不锈钢及普通钢管的生产上。

A 成形机组

成形机组一般由若干个交错布置的传动的水平机架和被动的立辊机架组成。主要有普通辊式成形机(组合式成形机和普通龙门式成形机)、排辊式成形机组。

为了避免一般连续式成形机组上管坯成形时发生的带材边缘相对延伸和纵向回弹变形，在水平成形辊之间连续地配置许多小辊，以代替一般的水平成形辊，使带材边缘能够沿一条平滑的自然变形路程进行。这些装在一个笼式框架里的小辊就称为排辊。一般排辊式成形机由一架预弯辊、一套排辊装置、两架精轧辊组成。排辊直缘成形作为一种先进的新型直缝焊管成形技术，适用于各类规格焊管机组，与普通辊式成形机相比具有显著的优点：(1)成形机架次少、变形区短；(2)成形辊数量少，通用性强，换辊方便；(3)自然变形，可以生产更大范围的薄壁和厚壁管；(4)管表面质量好，能耗及辊耗减少；(5)成形机结构简单、调整精度高。

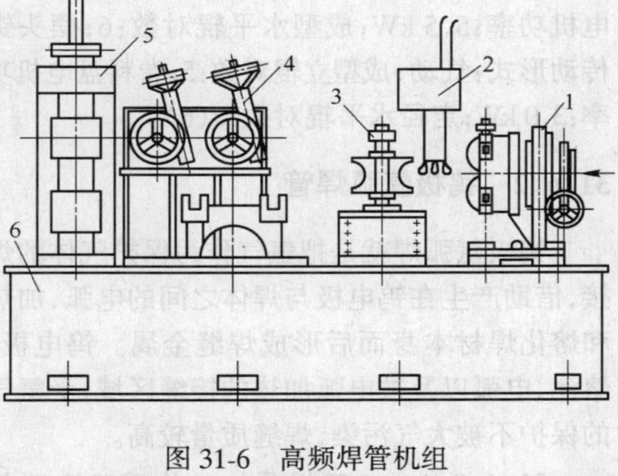

图 31-6 高频焊管机组

1—水平导向辊；2—高频发生器及输出变压器；3—挤压辊；4—外毛刺清除器；5—磨光辊；6—底座

B 焊接部位设备组成

焊接部位设备通常由导向辊机架、焊接装置、挤压辊、外毛刺清除机、外毛刺收集装置、内毛刺清除机、磨光辊等主要设备组成。挤压辊是其中最为重要的设备，它直接影响到焊缝的焊接质量，为此在不同规格的机组中配置了多种型式的挤压辊，有两辊式、三辊式、四辊式。

C 定径机组

定径机组通常由若干个传动的水平机架和被动的立辊机架以及矫正装置组成。最终保证铜管外径和断面形状的精度。

31.6.1.3 常见几种设备参数

(1) ϕ32 mm 高频焊管机主要技术参数:

轧制管径: 32～12 mm;立辊中心距:95～190 mm;最大焊管壁厚:1.2～0.3 mm;上下水平轴中心距: 125～195 mm;最高焊管速:80 m/min;轧辊安装形式:悬臂式;水平轴直径:50 mm;平间距:276 mm;轴辊套两端间距:100 mm;立间距:276 mm;焊前成形水平辊对数:6;调速形式:交流电磁;焊前成形立辊对数:5;焊接设备功率:60 kW;焊后定径水平辊对数:4;摆头锯电机功率:3.0 kW;焊后定径立辊对数:3;摆头锯传动形式:气动;主传动机功率:22 kW。

(2) ϕ50 mm 高频焊管机主要技术参数:

焊管直径范围:13～60 mm;定径立辊对数:7(6);焊管最大厚度:2.0 mm;主传动电机功率:45 kW;焊管最大速度:40～80 m/min;调速形式:交流;高频设备功率:100 kW;摆头锯电机功率:5.5 kW;成型水平辊对数:6;摆头锯传动形式:气动;成型立辊对数:5;卷料盘电机功率:3.0 kW;定径水平辊对数:8(6)。

31.6.2 钨极氩弧焊管

钨极氩弧焊就是把氩气作为保护气体的焊接,借助产生在钨电极与焊体之间的电弧,加热和熔化焊材本身而后形成焊缝金属。钨电极、熔池、电弧以及被电弧加热的接缝区域,受氩气的保护不被大气污染,焊缝质量较高。

31.6.2.1 亚弧焊管机工作原理及优点

用专门的装置将带材成形圆筒状的管坯(带材的侧边成为纵向对接头),在氩气的保护下用非熔化的钨电极以连续的纵向焊缝进行电弧焊。焊好的管坯被盘卷机组在有色金属加工厂的薄壁管生产车间使用。

一般的氩弧焊以 6～15 m/min 速度焊接,与高频焊相比具有相当的竞争能力,高频焊虽然能以 60～70 m/min,甚至更高的速度焊接,但在焊接小直径(5～25 mm)、薄壁管坯时,因有内部焊瘤形成而不能有效利用。焊瘤借助于特殊的除瘤器来切除,这时除瘤器要放置在管材内部,管材直径越小,其放置就愈困难,随着壁厚减小,内部焊瘤切除质量变差,拉伸时将引起管材拉断,并导致管内形成起皮。

31.6.2.2 АДСТ5-25-1 型氩弧焊管机

下面以我国 20 世纪 90 年代引进的国外 АДСТ5-25-1 型氩弧焊管机为例,介绍此种焊机的特性,此种型号的焊管机用于将各种牌号的紫铜和黄铜带焊成管坯,焊成的管坯随后需拉伸加工。

A 设备组成

氩弧焊机组设备包括:开卷机 1、对焊机 2,切边清除装置 3,焊接工作线,牵引装置 7,传动装置,盘管卷取装置 8。其中焊接工作线又包括:管坯成形装置 4,焊接装置 5,接触馈电线,冷却台 6,导向辊,焊接电弧电源,及相关电气设备及控制台,供水、空气、氩气罐支承架及管路仪表装置等(图 31-7)。

为了操作方便,该焊机配有对焊装置,它可将前一卷带材的尾部与后卷带材的头部对焊在一起,这就不需要重新穿料。焊管上的焊缝质量可允许进一步进行压力加工(拉伸),而不需进行热处理。氩弧焊管机装有直流传动装置,可

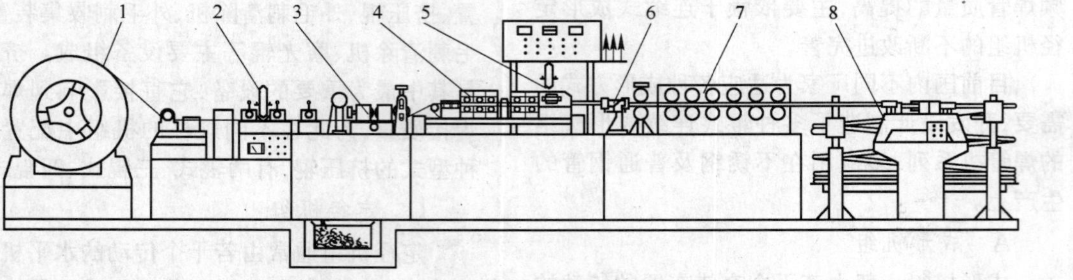

图 31-7 钨极氩弧焊机组示意图

均匀无级调速。传动装置的控制是采用稳定的可控硅整流器，可实现速度反馈和自动保持焊接速度。在焊管机上装有控制各种动态参数的传感器，采用液流继电器，保护性气体压力继电器和电磁阀，能对水、氩气和焊接电流的耗量进行工艺调节。

B　技术性能

(1) 焊管材质：

紫铜：T2、TP2

黄铜：H62 、H68 、H80、H90

(2) 成品规格：

焊管直径：5～25 mm

焊管壁厚：0.4～1.2 mm

盘卷直径：1500～1800 mm

盘卷最大重量：120 kg

(3) 原坯料：

带材壁厚：0.4～1.2 mm

带材最小宽度：14.2 mm

带材最大宽度：77.2 mm

带卷内径：400 mm

(4) 焊接性能：

焊接类型：不熔化钨电极氩弧焊

焊接速度：3～15 m/min

焊接的工作速度：6～12 m/min

设备的生产率：三班制，带长不小于 250 m (取决于焊管的规格)，24～160 kg/h

C　工作流程

带卷开卷→切掉卷材的前端和后尾→带材的对接及焊接→纵向边部修整(需要时切边)→连续把带弯曲成所需要直径的管材→用氩弧焊对弯成形的管边进行连续纵向焊接→焊接后管坯的冷却→焊缝的无损涡流检测→焊接管坯的定径和绕成所需直径的盘卷。

31.7　线材的连接

31.7.1　工艺方法和原理

铜及铜合金的线材的连接可采用冷压焊接，而冷压焊是一种无加热、无填充剂或焊剂的焊接方法。它的主要焊接原理是在没有加热的情况下，借助于压力使金属产生塑性变形，把接头间的氧化膜和其他杂质挤出去，使纯净的金属压接到一定的原子间距(约 $4\sim6\times10^{-6}$cm)，形成共用晶格面，从而产生原子之间的结合。由于冷压焊接的接头没有热影响区和软化区，因此接头的机械强度、电气性能和耐腐蚀性都很好，它的这些优点是其他焊接方法无法与之比拟的。

目前比较成熟可靠的冷压焊工艺是采用“多次顶镦”技术。只要把两根未做任何预处理的线插入模子中，模子就夹紧并向前送线，当两根线碰在一起后就相互挤压，使被氧化和其他不纯净的内表面从中心向外逐步排出。经过这样多次操作，就能把内表面的杂质完全排出，这样纯净的金属才能结合一起，从而实现焊接。因此，“多次顶镦”技术的最大优点是在焊接前不需对焊接件的头部作任何预处理。

只要根据型材的截面的情况，对焊机的模具作适当的修改，就能焊接各种形状的实心型材，如带材，扁线或其他多面体型材等。

31.7.2　冷压焊接设备

31.7.2.1　冷压焊接模具

一副模具是由 4 块模块组成，它的作用就是先夹紧线，然后把线往里送，实现顶镦。作用在模块上使线被牢牢夹紧的力大约是焊接线相互顶镦力的 3 倍，在顶镦过程中，焊接铜线时压力达到 1500 MPa，焊接铝线时压力达到 900 MPa。模具能接受线径的公差为 +3%～−1%。如果线径对模子的尺寸太小，会造成模具因夹线不够紧而使线在模具内打滑，从而引起焊接失败；如果线径对模子的尺寸太大，模具会夹伤焊接件或模具被损伤。另外，两焊接线头必须对齐以及模子内鼻冲间的距离不能过大，否则在顶镦时线容易弯曲，这种鼻冲间的距离取决于线径的大小。

另外，模具的“错位设计”使被挤出的围绕线的周围的飞边不在同一个面上，这主要有两个目的：首先这种飞边被分为两半，容易去除；其次，这种设计可降低模子鼻冲上的作用力，使焊接面上的杂质或其他污染物容易被挤出。

31.7.2.2 冷压焊接机

冷压焊接设备主要分3大类：手提式、台式和动力式。

A 手提式冷焊机

手提式冷焊机通常用在拉丝机的放线架、漆包线、束缆或绞线机上，它最大的优点是能在有限的空间内进行作业，携带方便。焊接范围：铜 ϕ0.10～1.20 mm。

B 台式冷焊机

台式冷焊机是固定在有两个轮子的小车上，移动方便。焊接范围：铜 ϕ0.30～3.25 mm。

C 动力型冷焊机

对于焊接线径较大的冷焊机，靠手动来操作是不可能的。因此设计了由气动、电动或液压传动的冷焊机。设备的底部装有轮子，可以移动。焊接范围：铜 ϕ1.00～13.00 mm。

32 包装技术[1]

32.1 产品包装及其作用

包装,即为在流通过程中保护产品,方便储运,促进销售,按一定技术方法而采用的容器、材料及辅助物等的总体名称。也指为了达到上述目的而采用容器、材料和辅助物的过程中施加一定技术方法等的操作活动。

产品包装是为保护产品数量与质量的完整性而必需的一道工序,对大多数产品来说,包装还是产品运输、储存、销售不可缺少的必要条件。因此,它具有保护产品,方便储运装卸,加速交接、点验、美化、宣传,促进销售等作用。

32.2 包装设计

包装设计主要包括确定包装方式、选择包装材料、规定包装方法和标识等。

32.2.1 包装设计的原则

(1) 安全性。包装设计要考虑的首要因素就是产品的防护。产品的包装应能保证产品在运输和贮存期间不致松散、变形损坏和受潮腐蚀。

(2) 科学性。包装设计要力求做到包装的机械化、标准化。

(3) 经济性。降低包装成本。

(4) 美观性。优良、精美的包装,不仅可以使好的产品与好的包装相得益彰,而且还能够抬高产品的身价,吸引消费者。

32.2.2 包装方式

铜及铜合金加工产品可选用:箱、桶、袋、夹板、托架、托盘、缠绕、捆扎等包装方式。

(1) 箱式包装。即用木板、胶合板、纸板、金属及塑料等材料制成的有一定刚性的包装容器,通常为长方体和正方体。常用的包装箱如下:

1) 普通木箱。用箱板、箱档等构成的木箱。

小件包装用普通方箱,其装箱重量一般不超过 200 kg。

大件或多件集装用普通方箱的结构,与小件包装用普通方箱的结构基本相同,不同点在于:第一,底部箱档用方木取代,规格一般为 75 mm×75 mm～100 mm×100 mm;第二,底板比其他木板厚,一般厚度为 30～35 mm。其尺寸规格一般不大于 1200 mm×1200 mm,装箱重量不超过 1000 kg。

板材用普通木箱的结构,如图 32-1 所示。其装箱重量一般不超过 1500 kg。

管、棒等直条产品用普通木箱的结构,如图 32-2 所示。其装箱重量一般不超过 1500 kg。

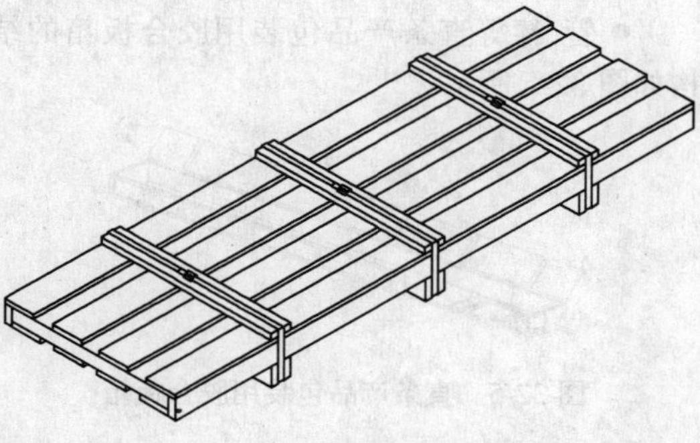

图 32-1 板材包装用普通木箱

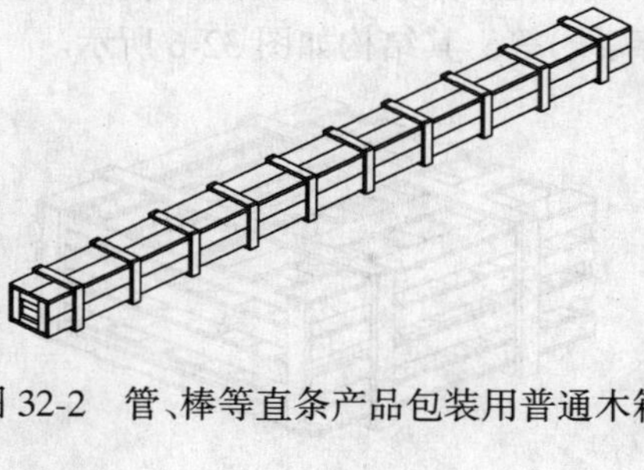

图 32-2 管、棒等直条产品包装用普通木箱

[1] 本章撰稿人:王红军、程万林、于克桂。

2) 胶合板箱。用木材作框架或箱档,胶合板作箱面制成的箱。

方箱。长、宽、高尺寸较为接近,主要用于块状产品和防护要求较高的带材(如出口铜带)的包装。其结构如图 32-3。

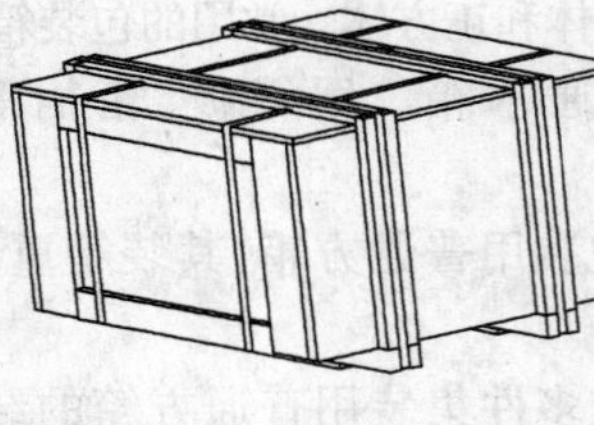

图 32-3 胶合板方箱

板材包装用胶合板箱的结构如图 32-4 所示。

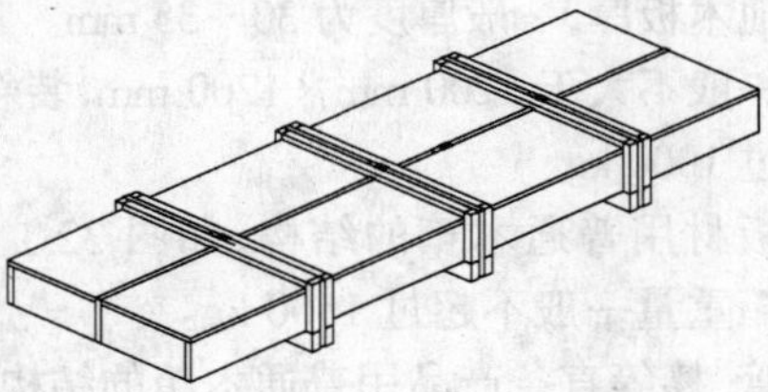

图 32-4 板材包装用胶合板箱

● 管、棒等直条产品包装用胶合板箱的结构如图 32-5 所示。

图 32-5 直条产品包装用胶合板箱

3) 花格木箱。箱面用木板等钉合成栅栏状的木箱。主要用于产品搬运防护,如挤制盘管(棒、线)等。其结构如图 32-6 所示。

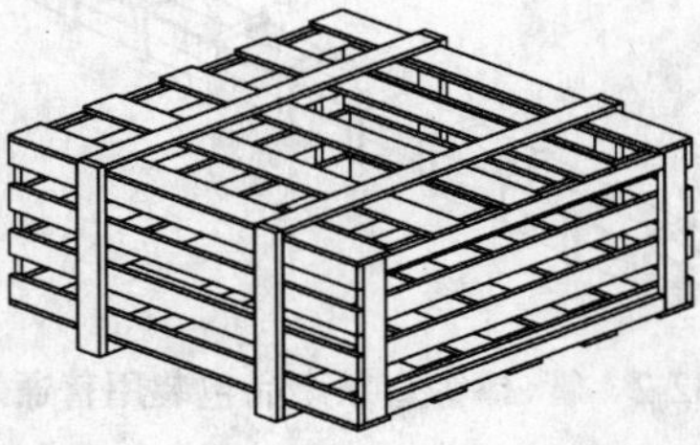

图 32-6 花格木箱

4) 铁箱。用型钢(角钢、槽钢等)作框架,用钢板作面板制成的包装箱。该箱对产品的防护性能较好,而制作和维护成本较高,除客户特殊要求外基本不用。

5) 钢－木结构箱。用型钢(角钢、槽钢等)作框架,用胶合板作面板制成的包装箱。该箱对产品的防护性能较好,而制作和维护成本较铁箱低。图 32-7 所示为直条产品包装用铁-木结构箱,主要用于 4 m 以上直条产品的包装。

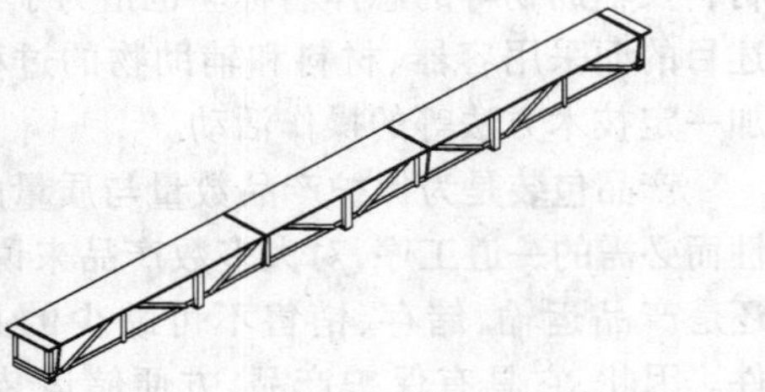

图 32-7 直条产品包装用铁－木结构箱

6) 纸－木结构箱。用木材作框架和箱底板,用开口纸箱作内衬箱面制成的包装箱。可用于小件产品的集装,重量一般不超过 1000 kg。

7) 瓦楞纸箱。用瓦楞纸板制成的箱。主要盛装重量较轻的产品,如螺旋盘管、线材、短管等产品的包装。

(2) 桶。用金属板、胶合板、塑料、纤维板或硬纸板制成的包装容器,通常为圆柱形。主要用于粉、块状产品的盛装。

(3) 夹板。由上盖板(或称为上夹板)和底板(或称为下夹板)组成,用于夹装产品。按所包装的产品可分为板材夹板、带材夹板、螺旋缠绕管材夹板;按外形可分为长夹板、方夹板、圆夹板;按制作材料可分为金属夹板、木夹板、胶合板夹板等。如图 32-8 为层绕盘管的圆夹板。

(4) 托架。用螺栓将方木连接“井”字形的结构。主要用于铜带卷产品的包装。其结构如图 32-9 所示。

(5) 托盘。用于集装、堆放、搬运和运输的放置作为单元负荷的货物和制品的水平平台装置。图 32-10、图 32-11 为缠绕管材集装用铁托盘和木托盘。托盘包装的运输包装技术条件可执行国家标准 GB/T16470《托盘包装》的规定。

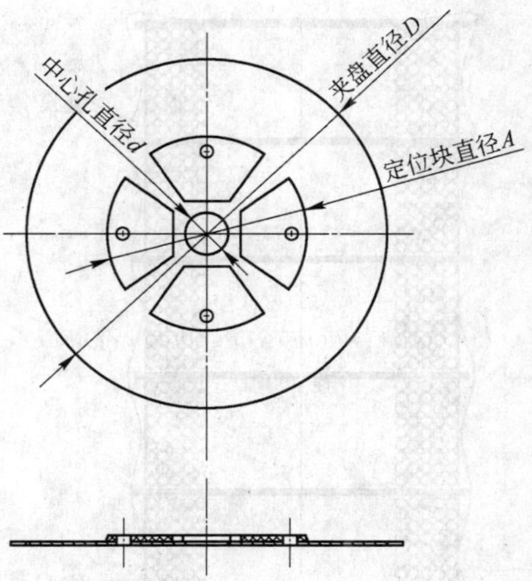

图 32-8　层绕盘管的圆夹板

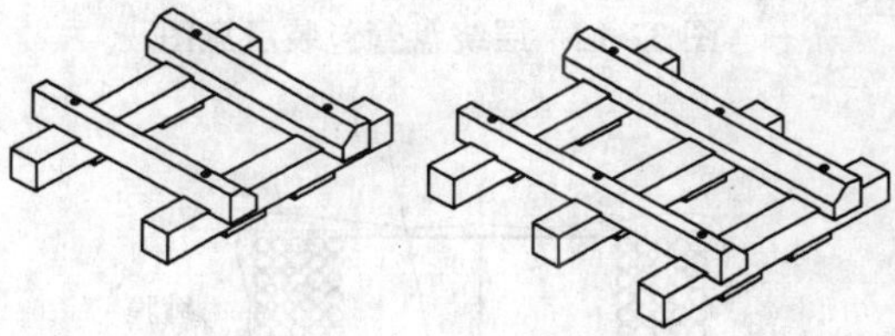
图 32-9　带材包装用木托架

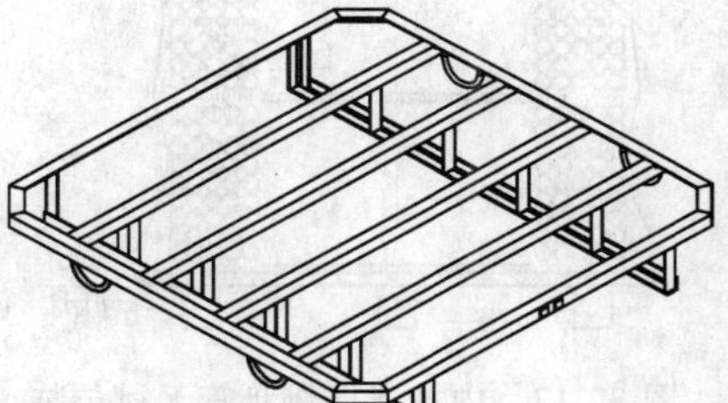
图 32-10　铁托盘

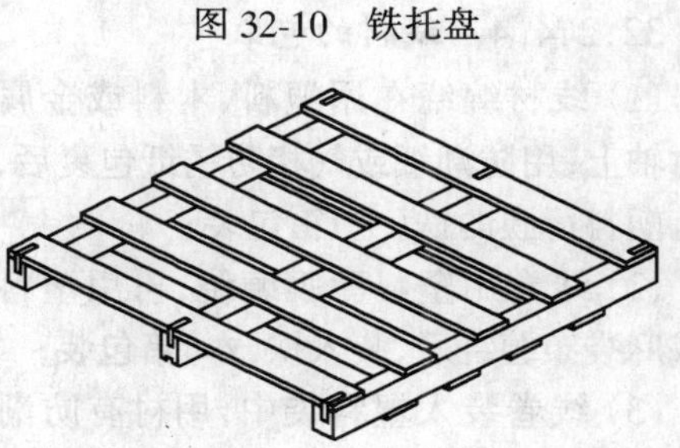
图 32-11　木托盘

32.2.3　包装材料

用于制造包装容器和构成产品包装的材料总称。包装材料大致可分为:容器材料、包裹材料、捆扎材料及其他辅助材料。

包装材料的选择原则:

(1) 对等性原则。在选择包装材料时,首先应区分被包装物的品性,即把它们分为高、中、低三挡。对于高档产品,本身价格较高,为确保安全流通,就应选用性能优良的包装材料。对于中档产品除考虑美观外,还要多考虑经济性,其包装材料应与之对等。对于低档产品,一般以经济性为第一考虑原则。

(2) 适应性原则。包装材料的选用应与流通条件相适应。流通条件包括气候、运输方式、流通对象与流通周期等。气候条件是指包装材料应适应流通区域的温度、湿度、温差等。运输方式包括人力、汽车、火车、船舶、飞机等,它们对包装材料的性能要求不尽相同。流通对象是指包装产品的接受者,由于国家、地区、民族的不同,对包装材料的规格、色彩、图案等均有不同要求,必须使之相适应。

(3) 美学性原则。主要是考虑材料的颜色、透明度、挺度等。

32.2.4　包装方法

32.2.4.1　板材的包装

(1) 用衬有塑料薄膜、防潮纸或气相防锈纸的铁(木)箱包装;

(2) 用内衬防潮纸或气相防锈纸、外罩塑料薄膜的纸箱包装,外用木夹板夹护;

(3) 用塑料编织布、塑料薄膜、防潮纸或气相防锈纸包裹后,外用木夹板(铁皮、纤维板)夹护;

(4) 宽度不大于 500 mm 的铜排,用铁夹夹护包装;

(5) 厚度为 10.5 mm 及以上的厚板,用钢带或铁丝捆扎。

32.2.4.2　带材的包装

(1) 带卷缠绕防潮纸后,用衬垫瓦楞纸板或防潮纸的铁箱包装;

(2) 带卷用防潮纸或气相防锈纸包裹后,用衬垫瓦楞纸板或防潮纸的木箱包装;

(3) 带卷用防潮纸或气相防锈纸和塑料薄膜包裹后,用木夹板夹护;

(4) 带卷用防潮纸或气相防锈纸和塑料薄膜包裹后，用钢带固定在木托架上；

(5) 带卷用钢带直接固定在木托架上（适用于热轧带坯的包装）；

(6) 带卷用防潮纸或气相防锈纸包裹、塑料编织布缠绕后捆扎。

32.2.4.3 管、棒材的包装

A 直管的包装

(1) 衬有塑料薄膜、防潮纸或气相防锈纸的铁（木）箱包装；

(2) 单根或多根用塑料薄膜封装，装入衬有瓦楞纸板的铁（木）包装箱；

(3) 管材两端用纸或其他制品封堵，装入衬有塑料薄膜、防潮纸或气相防锈纸的铁（木）包装箱；本方法适用于波导管、水道管和有特殊要求的管材；单根或多根用塑料薄膜封装，再用木夹板或金属U形槽包装；

(4) 用塑料编织布缠绕后，再用木夹板或金属U形槽包装；

(5) 用塑料编织布缠绕包装。

B 盘管的包装

(1) 层绕盘管（必要时，充入保护性气体后）两端封堵，装入衬有塑料薄膜、防潮纸或气相防锈纸的铁（木）包装箱；

(2) 蚊香形盘管用塑料袋经热收缩薄膜封装后，装入瓦楞纸箱；

(3) 平螺旋盘管、层绕盘管用圆木夹板（纤维板）固定，叠放在托盘上，并加以固定。如图32-12所示。

(4) 用于内抽式放卷方式的层绕盘管盘间用瓦楞纸隔垫，叠放在托盘上并用塑膜缠绕，不需要夹盘、内衬、钢带等固定，如图32-13所示。

C 棒材的包装

(1) 衬有塑料薄膜、防潮纸或气相防锈纸的铁（木）箱包装；

(2) 单根或多根捆扎后，用塑料编织布或麻袋布缠绕包装；

(3) 圆盘棒用花格木箱包装；

(4) 圆盘棒用塑料编织布或麻袋布缠绕包装。

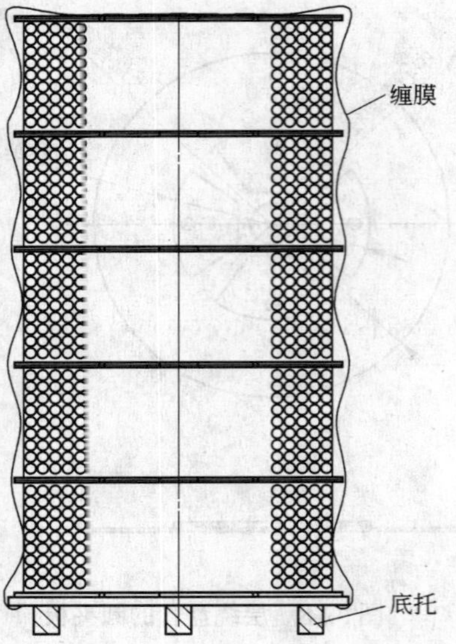

图32-12 层绕盘管包装示意图

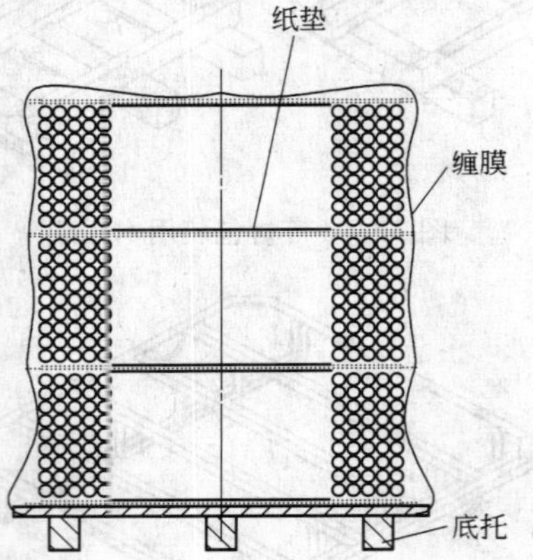

图32-13 内抽式层绕盘管无衬包装

32.2.4.4 线材的包装

(1) 线材缠绕在用塑料、木料或金属制成的衬轴上，用防潮纸或气相防锈纸包裹后，再用衬有塑料薄膜的铁（木）箱包装；

(2) 线卷用塑料薄膜缠绕，再用塑料编织布或麻袋布缠绕后，装入铁（木）箱包装；

(3) 线卷装入塑料袋中，用衬有防潮纸的铁（木）箱包装；

(4) 线卷装入衬有防潮纸的铁（木）包装箱包装；

(5) 线卷月塑料薄膜和塑料编织布或麻袋布缠绕包装。

32.2.4.5 粉材的包装

(1) 粉材用衬(或不衬)塑料袋的金属(木或塑料)桶包装;

(2) 粉材用内衬塑料袋的塑料编织袋包装;

(3) 粉材用塑料袋包装;

(4) 粉材装入经抽真空或充入保护气体的密封容器中,装入木(或塑料)箱包装。

32.2.5 包装标志

产品的每个包装单元上应有标牌或标签,其上注明:运输号码;到站;收货单位名称或代号;产品名称;数量(净重、毛重或件数);发货单位及发运站;发货日期。

包装上应有明显的"向上"、"防雨"、"禁止翻滚"、"由此吊起"等字样和标志,其图形应符合 GB191 的规定。

运输标志:产品发运时,应按承运部门要求填写和拴挂货物标记(货签)。

32.2.6 产品包装方案的基本内容

产品包装方案是对产品进行包装的指导性技术文件,可按产品技术标准或作业指导书的形式进行编写。其基本内容一般包括:主题内容和适用范围、引用标准、包装技术要求等。其中包装技术要求一般包括产品、包装的准备(包装环境、包装材料、包装容器)、包装计量、包装方法、随货文件和标识。

32.3 包装机械

铜及铜合金加工产品主要使用的包装机械可分为以下几大类:

(1) 封口机械。在包装容器内盛装产品后,对容器进行封口的机械。如:袋装产品的缝合机和热合机、使用金属钉封闭包装容器的钉合机、胶带封箱机等。

(2) 裹包机械。用挠性材料全部或局部裹包产品的机械。如:环体缠绕包装机可用于卷材(如带卷、线卷)的径向缠绕裹包;立式缠绕包装机通过产品或包装件的水平旋转和包装材料的上下移动,对产品或包装件的高度方向外表面进行裹包;卧式缠绕包装机通过包装材料的垂直旋转和直条产品的水平运动,对产品的长度方向外表面进行裹包;热收缩包装机使用热收缩塑料薄膜对产品或包装单元进行密封裹包,以及热收缩包装机等等。

(3) 捆扎机械。使用捆扎带缠绕产品或包装件,然后收紧并将两端通过热效应熔融或使用包扣等材料连接的机械。常用的有:手动、电动、气动钢带扣式捆扎机及免扣捆扎机,手动、电动、气动塑料扣式捆扎机,电动、气动塑料熔融式捆扎机,粘胶带捆扎机等。

(4) 其他。如:用于在产品或包装件上加标识的贴标机、喷码机,用于消除包装材料(如干燥剂)水分的干燥机、真空包装机,等等。

32.4 常用包装材料

32.4.1 木材

(1) 常用木材的树种有:

1) 针叶树材:可选用白松、落叶松、马尾松、云杉等。

2) 阔叶树材:可选用桦木、榆木、杨木等。

(2) 选择原则:

1) 主要受力构件(如滑木、枕木、箱档、木撑等)的材质优于端板等其他构件。

2) 出口产品包装用材优于国内产品包装用材。

3) 普通包装用材优于简易包装用材。

4) 应满足产品防护和搬运的要求和顾客提出的其他特殊要求。

(3) 质量要求:

1) 含水率。出口产品或有特殊防护要求的产品包装用木材含水率不大于 20%,国内一般产品包装用木材含水率不大于 25%,与产品接触的隔、衬用木材含水率不大于 15%。

2) 等级。可将使用的锯材分为一、二两个等级。主要受力构件、出口产品或有特殊防护要求的产品包装用材选用一等锯材,其他选用二等锯材。缺陷限度见表 32-1。

表 32-1　锯材缺陷限度

序号	缺陷名称	缺陷要求	
		一级	二级
1	腐朽	不允许	不允许
2	虫眼	任意材长1 m中,虫眼个数不得超过4个,已修补的和直径不足3 mm的虫眼不计	任意材长1 m中,虫眼个数不得超过10个,已修补的和直径不足3 mm的虫眼不计
3	死节和活节	任意材长1 m中,节子个数不得超过3个。最大节子直径不大于材宽的25%。死节必须修补。直径不足5 mm的不计	任意材长1 m中,节子个数不得超过10个。最大活节直径不大于材宽的40%,最大死节直径不大于材宽的25%。死节必须修补。直径不足5 mm的不计
4	裂纹	裂长不大于材长的10%,裂宽不大于1 mm,不允许横裂、贯通裂	裂长不大于材长的20%,裂宽不大于2 mm,不允许横裂、贯通裂
5	夹皮	不允许	不允许
6	斜纹	斜纹的倾斜度不得超过20%	斜纹的倾斜度不得超过20%
7	弯曲	顺弯、横弯不得超过1%,翘弯不得超过2%	顺弯、横弯不得超过2%,翘弯不得超过4%
8	钝棱	钝棱缺角尺寸不得大于材宽(厚)的25%	钝棱缺角尺寸不得大于材宽(厚)的40%

32.4.2　胶合板

胶合板常用树种为:选用针叶树材或阔叶树材胶合板均可。类别:选用Ⅲ类(耐潮NC)以上的胶合板。等级:二等以上。技术条件:执行GB738《阔叶树材胶合板》或GB1349《针叶树材胶合板》的规定。

钢材:用于制作包装容器的钢材主要有:钢板、角钢、槽钢、扁钢、圆钢、方管和矩形钢管等,应分别符合国家标准GB/T3524、GB9787、GB707、GB704、GB702、和GB3094的规定。

32.4.3　瓦楞纸板

瓦楞纸箱主要用于重量较轻、外形尺寸小、形状规则的产品的包装。产品的衬垫材料也常用瓦楞纸板。常用的瓦楞纸板有单瓦楞纸板(三层)和双瓦楞纸板(五层)。由于用瓦楞纸板箱所包装产品的搬运一般采用托盘包装或集装箱,因此箱重在15 kg以下、长宽不超过700 mm、高度不超过250 mm的包装箱可选用单瓦楞纸箱,否则选用双瓦楞纸板箱。瓦楞纸板箱制作的一般要求如下:

(1) 材料:

1) 加工瓦楞纸板使用的箱纸板应符合GB13024的规定,纸的用量为280±14 g/m^2,耐破度不小于980 kPa,环压强度(横向)不小于303.8 N,含水率为10±1%;使用的瓦楞原纸应符合GB13023的规定,用量为150±4.5 g/m^2,耐破度不小于294 kPa,环压强度(横向)不小于176.4 N,含水率为9±2%。

2) 粘合剂:应使用淀粉粘合剂或具有同等粘合效果的其他粘合剂,不得使用硅酸钠。要求:粘接力强,无毒、无味、无腐蚀。

(2) 工艺:

1) 楞型:制箱用瓦楞纸板的瓦楞高度为4.5~5 mm,楞数为34±2个/300 mm。

2) 涂胶:各接触面的涂胶应均匀充分,粘结牢固,每平方米纸板脱胶不超过0.2%。

3) 钉合:

- 折边宽度不得少于30 mm。
- 钉与折边边部距离不小于15 mm。
- 布钉应均匀,钉的间距不超过50 mm。
- 不准有虚钉、弯钉、漏钉现象。
- 尺寸与公差:尺寸根据实际需要确定。厚度的极限偏差为±0.5 mm;宽度和长度的极限偏差为+3/−2 mm。
- 物理力学性能:制箱后纸板的含水率为14±1%。空箱抗压力不小于6000 N。

32.4.4　麻袋布

用于对产品防护要求不高的包装,如挤制

管(棒)坯等。由于其防护性不好,且外观不美观,现在使用的较少。

32.4.5 塑料编织布

用途同麻袋布,但其防水性、适应性和外观比麻袋布要好,复合塑料编织布是一种比较经济的防潮包装材料,因此可取代麻袋布。复合塑料编织布的质量要求执行国家标准《复合塑料编织布》(GB10803)的规定。

32.4.6 塑料薄膜

塑料薄膜及其复合制品是比较常用的防潮包装材料,除要求有较好的平滑均一性外,一般还应具有一定的强度、防潮、防水、耐热,对内装物不产生污染、腐蚀等特性。各种塑料薄膜的特性及主要用途见表32-2。

表 32-2 各种塑料薄膜特性及主要用途

序号	项目	聚乙烯			未拉伸聚丙烯	聚偏二氯乙烯	聚氯乙烯	尼龙	聚酯
		低密度	中密度	高密度					
1	透明性	透－半透			透－半透	透－半透、乳白	透	透	透
2	厚度/mm	≥0.012			≥0.018	0.012～0.05	≥0.012		
3	密度/g·cm^{-3}	0.910～0.925	0.926～0.940	0.941～0.965	0.88～0.90	1.68	1.23～1.35	1.13	1.15～1.39
4	熔点/℃	105	115	120	120	150～160	160～180	215～220	250
5	伸长率/%	225～600	225～500	5～400	200～500	40～80	5～500	250～500	70～130
6	冲击强度/N·cm	70～110	40～60	10～30	10～30	120	120～200	40	250～300
7	粘合工艺	热合,脉冲热合				脉冲热合			
8	热封温度/℃	120～175	130～155	135～155	160～215	140～150	90～175	200～330	135～205
9	耐油、耐油脂性	浸透较少	良	优					
10	最高使用温度/℃	65(在110℃软化)	80～105	110	120	140℃软化,155℃熔解	约90	175～190	120
11	最低使用温度/℃	－50			0	－20℃时柔软	根据增塑剂含量	－70	－60
12	高温中尺寸变化率/%	无						4	无
13	印刷性	处理后良				特殊油墨		良	
14	热收缩性	特殊型	无		根据形状				
15	水蒸气透过率/g·m^{-2}·24 h^{-1}(0.025 mm, 38℃, 90%RH)	18	8～15	5～10	8～10	1.5～5	50以上	非常高	15
16	防氧气透过性	稍差～一般	一般			良	一般	良	良
17	防氮气透过性	一般	一般～良		良	良～优	稍差	良～优	良
18	主要用途	一般防潮包装	防潮包装		一般防潮包装	真空包装防潮包装	薄壁容器	真空包装耐高温包装	收缩包装

32.4.7 包装用纸

铜及铜合金加工产品常用的包装用纸主要有牛皮纸、中性包装纸、中性石蜡纸和气相防锈纸。

(1) 牛皮纸。牛皮纸是一种通用的高级包装纸,因其纸面色泽呈黄褐色,纸质坚韧,仿佛似牛皮而得名。由于其纸质坚韧结实,有良好的耐破度和纵向撕裂度,是最通用的商品包装用纸之一,广泛用于各种商品的内包装。根据纸的外观,有单面光、双面光和条纹等品种。

(2) 中性包装纸。由于中性包装纸纸质结实,纸面干整洁净,抗张强度及抗水性能均较高,纸张基本呈中性,水溶性氯化物含量极微,对产品包装能起防护作用,使产品不易被氧化及腐蚀,因此比较适用于金属产品的包装。中性包装纸的质量指标见表32-3。

表 32-3 中性包装纸的质量指标

指标名称	数值	
	B等	C等
厚度/μm	80±8、100±10、110±11	
耐破度/kPa	≥190	≥160
撕裂指数(纵)/MN·m^{-1}	≥75.0	≥65.0
抗张强度(横)/kN·m^{-1}	≥2.00	≥1.90
吸水性(605)/g·m^{-2}	≤30.0	
水抽出物 pH 值	6.5~8.0	
水溶性氯化物/mg·kg^{-1}	≤30	
交货水分/%	8.0±2.0	

(3) 中性石蜡纸。中性石蜡纸是用中性石蜡原纸浸渍涂蜡加工制成的特殊用途的包装纸之一。中性石蜡纸有较好的抗张强度和耐破度,两面涂有石蜡,纸质呈中性、不含氯化。中性石蜡纸的质量指标见表32-4。

表 32-4 中性石蜡纸的质量指标

指标名称	数值			
定量/g·m^{-2}	40±2.0	52±2.5	60±3.0	80±4.25
耐破度/kPa	≥50	≥60	≥80	≥150
抗张力(横)/kg	≥0.7	≥0.8	≥1.2	≥1.6

续表 32-4

指标名称	数值
裂断长(纵横平均)/m	≥2500
水溶性氯化物/mg·kg^{-1}	≤75
水抽出物 pH 值	7.0±0.7
水分/%	7.0±2

(4) 气相防锈纸。气相防锈纸分钢材用和通用两大类。铜材选用通用气相防锈纸,并应按 GB/T16266 的规定进行接触腐蚀性能试验:H62 试片的表面应无发黑、发绿和严重变色现象,轻微变色应能用甲醇擦去。气相防锈纸使用注意事项:

1) 气相防锈纸的生产日期距使用日期不得超过1年。

2) 气相防锈纸的包装打开后,涂药面在空气中暴露的时间不大于4 h。

3) 使用时,不得用手或油污手套直接接触纸张涂药面。

32.4.8 钢丝

主要用于对防护要求不高的产品或包装件的捆扎,如挤制管坯、棒材的外部捆扎。通常使用一般用途低碳钢丝(GB343)和一般用途电镀锌钢丝(GB9972)。

32.4.9 包装用钢带

钢带是较常用的捆扎材料(YB/T025-2002)。一般地,包装件重量在1000 kg以下的,可选用低强度钢带(Ⅰ、Ⅱ组);包装件重量在1000~5000 kg的,可选用中强度钢带(Ⅲ、Ⅳ组)。

32.4.10 塑料打包带(PE、PP、PET)

PE(聚乙烯)和PP(聚丙烯)打包带(GB12023)主要用于小件产品的集束捆扎、卷材的防松散捆扎和重量较轻的包装件(如纸箱包装)的捆扎。包装单元重量一般不超过500 kg。PET(聚对苯二甲酸乙二醇酯,俗称聚酯)打包带是近几年逐步推广使用的打包带,它目前世界上用于代替钢带的一种新型环保的包装材料。它与钢带相比,具有美观、环保、成本低、安全、抗冲击性能好、拉紧力保持性好、强度相近等特点。

32.4.11 塑料捆扎绳(PP)

聚丙烯捆扎绳(SG281-83)主要用于小件产品的集束捆扎、卷材的防松散捆扎。

32.4.12 干燥剂

32.4.12.1 硅胶干燥剂

硅胶是一种高活性吸附材料,通常是硅酸钠和硫酸反应并经老化、酸泡等一系列后处理过程而制得,硅胶属于非晶态物质,其化学分子式为:$m SiO_2 \cdot H_2O$,不溶于水和任何溶剂,无毒无味,化学性质稳定,除强碱、氢氟酸外不与任何物质发生反应。吸附性能高、热稳定性好、化学性质稳定、有较高的机械强度等。硅胶在全世界广泛应用的主要原因在于其无毒无害,无腐蚀性,是唯一通过美国官方认证的可以直接接触药品、试剂和食品等各个方面。同时硅胶吸附水分后,可通过热脱附将水除去,脱附加热的温度控制在120～180℃为宜,再生后的硅胶其水分一般控制在2%下即可重新投入使用。硅胶干燥剂的技术指标见表32-5。

表32-5 硅胶干燥剂的技术质量指标

指标项目	结果	备注
外观	透明或半透明颗粒	
粒度合格率/%	≥90	
堆积密度/g·L^{-1}	≥780	
热失重(120℃)/%	≤3	
pH值	4	
吸湿量/%	≥10.7	25℃,RH=20%
	≥22.3	25℃,RH=40%
	≥32.5	25℃,RH=80%
添加剂	无	

32.4.12.2 蒙脱石干燥剂

蒙脱石干燥剂是指以蒙脱土为主要成分的黏土干燥剂。蒙脱土为细小鳞片状,呈白、灰、浅黄、浅红、紫直至黑绿色。有些结构疏松而多孔;有些脆而硬;有些柔软且有滑腻感。蒙脱土最简单化学成分是$Al_2O_3 \cdot 4SiO_2 \cdot 3H_2O$,理论上各组分的百分比含量为$SiO_2$ 66.7%、Al_2O_3 25.3%、H_2O 5%。而蒙脱土的实际化学成分比较复杂,各地蒙脱土的化学成分差别很大。

蒙脱石干燥剂的技术质量指标执行中国军标GJB2714(美军标MIL-3464E)的规定(表32-6)。

表32-6 蒙脱石干燥剂的技术质量指标

指标项目	结果	备注
颜色	紫、紫红、白色	
粒度/mm	1～4	
堆积密度/g·L^{-1}	980	
热失重(170℃)/%	0.8	
pH值	7.0±0.5	
吸湿量/%	≥12.0	25℃,RH=20%
	≥19.2	25℃,RH=40%
	≥25.1	25℃,RH=80%
添加剂	无	
氯化物	无	

32.4.12.3 活矿干燥剂

活矿干燥剂是由天然蒙脱石矿活化而成,其吸湿机理分别有纯物理吸附与化学反应吸附组成,主要应用于集装箱海洋运输。通常在蒙脱石活化过程中结合加入适当比例的氯化钙及其他氯化物,由于氯化钙有很强的潮解作用,因此在和蒙脱石干燥剂的结合后能够有效提高其吸湿能力,同时潮解后的氯化钙及其他氯化物和蒙脱石有机结合,可以有效避免纯氯化钙产品潮解成液体影响货物的情况发生。以上这种物理化学吸附相结合的吸附方式,是目前世界上集装箱专用干燥剂的一种趋势,美、德等西方发达国家也普遍采用此种方式,其主要特点在于安全、经济、无毒且使用方便。

活矿干燥剂的技术质量指标执行中国军标GJB2714(美军标MIL-3464E)的规定(表32-7)。

表 32-7 活矿干燥剂的技术质量指标

指标项目	结果	备注
颜色	灰色、白色	
粒度/mm	1～4(95%)	
堆积密度/g·L^{-1}	≥670	
热失重(170℃)/%	≤2.0	
pH值	7.0±0.5	
吸湿量/%	≥18.3	25℃,RH=20%
	≥27.7	25℃,RH=40%
	≥52.0	25℃,RH=80%

分子筛干燥剂的主要特点是:在低湿度条件下(RH20%以下,25℃)有出色的吸湿能力;吸湿速度快。

分子筛干燥剂的技术质量指标执行GB10455(常用4A型分子筛)的规定。

32.4.13 蜂窝纸板

蜂窝纸板是由两层面板纸与中间蜂窝纸芯粘合制成的纸板。其蜂窝纸芯是由多条纸板通过胶接、拉伸成连续六边形孔格状的轻质芯材。由于其结构的特点,蜂窝纸板有较高的抗压能力。它可用作衬垫板和制作包装箱或托盘。用蜂窝纸板制成的包装箱或托盘强度高、重量轻、结构稳定、用途广,同时符合环保的要求。用它代替木包装可节省木材、节约成本。

32.4.14 泡沫塑料板

EPS(聚苯乙烯)泡沫塑料板(GB/T 10801.1)是较为常用的衬垫和缓冲材料,参见有关材料,这里不再详述。

33 特殊加工技术❶

33.1 旋压技术

33.1.1 概述

旋压是用于成形薄壁空心回转体工件的一种金属压力加工方法。它是借助旋轮等工具作进给运动，加压于随芯模沿同一轴线旋转的金属毛坯，使其产生连续的局部塑性变形而成为所需空心回转体工件。旋压包含普通旋压和强力旋压（变薄旋压）两大类。

33.1.1.1 普通旋压

A 变形特征

普通旋压的变形特征是金属板坯在变形中主要产生直径上的收缩或扩张，直径收缩称为缩径旋压，直径扩张称为扩径旋压，由此带来的壁厚变化是从属的。由于直径上的变化容易引起失稳或局部减薄，故普通旋压过程一般是多道次进给逐步完成的。

按旋轮进给方向，普通旋压有往程旋压与回程旋压之分，旋轮进给方向顺敞口端为往程旋压，反之，为回程旋压。

普通旋压成形过程中，缩径过程的往程旋压，径向受拉应力，切向受压应力；其回程旋压两向均受压应力，见图 33-1*a*、*b*。

扩径过程的往程旋压两向均受拉应力；而回程旋压，切向受拉应力，径向受压应力，见图 33-1*c*、*d*。

普通旋压成形区应力特征见表 33-1。

普通旋压成形形状较为复杂的零件时，要求操作者具有较高的技术水平。

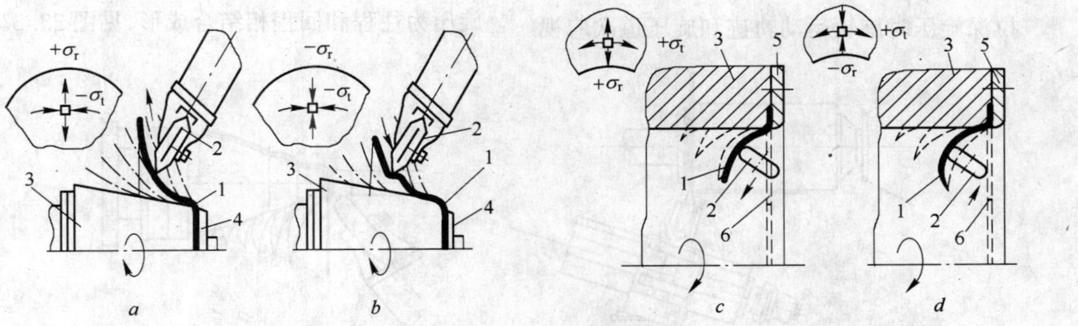

图 33-1 普通旋压不同进给方向

a—缩径往程旋压；*b*—缩径回程旋压；*c*—扩径往程旋压；*d*—扩径回程旋压

1—工件；2—旋轮；3—芯模；4—尾顶；5—压板；6—坯料

表 33-1 普通旋压成形区应力特征

旋压类别		成形区应力		主要成形限制
		径向	切向	
缩径旋压	往程旋压	拉应力	压应力	凸缘起皱，侧面局部过薄
	回程旋压	压应力	压应力	非敞口端起棱
扩径旋压	往程旋压	拉应力	拉应力	边缘过薄，径向开裂
	回程旋压	压应力	拉应力	

❶ 本章撰稿人：赵云豪、刘滨、朱卫光、赵双、谢水生、黄国杰、文继有、孙水珠。

B 工艺类别

按照变形温度的不同，普通旋压可分为室温旋压（冷旋）和加热旋压。

室温旋压适于塑性好，加工硬化指数低的材料。常用材料有铝及其合金、金、银、铜等。

当材料室温塑性低，硬化指数高，机床能力不足时，可采用加热旋压。加热旋压常用材料有铝-镁系合金，难熔金属，钛合金等。

普通旋压可以完成成形、压筋、收口、封口、翻边、卷边等各种工序。见图 33-2。

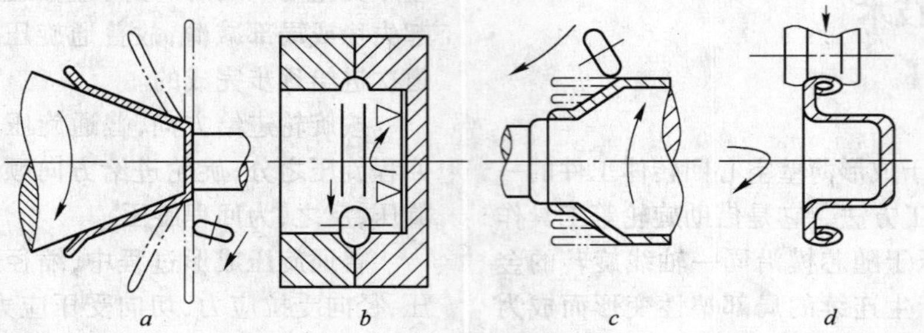

图 33-2 普通旋压成形工艺简图

a—成形；*b*—压筋；*c*—收口；*d*—卷边

根据机床的可能性和工件的成形需要，普通旋压的不同工序可在一次装卡中顺序完成，如气瓶先封口后收嘴，筒体先压筋后卷边等。

C 三种基本成形工艺

a 拉深旋压

拉深旋压时旋轮运动轨迹和旋压道次应视工件形状而定。旋轮运动轨迹依靠模板装置或计算机编程控制，采用渐开线形是较佳选择。旋轮运动轨迹可按简单拉深旋压或多道次拉深旋压控制，简单拉深旋压是特定旋轮进行单道次或数道单向进给，见图 33-3*a*。多道次拉深旋压为往程和回程相结合成形，见图 33-3*b*。

图 33-3 拉深旋压成形示意图

a—筒形拉深成形；*b*—异形拉深成形

b 缩径旋压

缩径旋压有缩径和缩口两种局部成形过程，缩口旋压见图 33-4，旋轮轨迹有 *a*、*b*、*c* 三种形式。缩口时采用往程旋压易使坯料减薄，采用回程旋压则相反，二者的结合可减少壁厚差。

工件缩径与缩口可以在液压传动的自动旋压机上进行，缩径成形时工件在减径的同时沿轴向延伸，壁厚的变化取决于旋轮的几何形状、缩径深度、坯料材质、变形力及进给量等因素。对于铜及合金的缩旋成形，由于其变形抗力较小，应该选择圆角半径较大的旋轮。

缩口旋压时，旋轮往返均有压下弯曲变形，以防止壁厚拉薄现象。当薄壁筒坯变形抗力低，易变形失稳时，旋轮轴向每道次进给量不宜过大，可采用小变形量多道次的成形工艺过程。

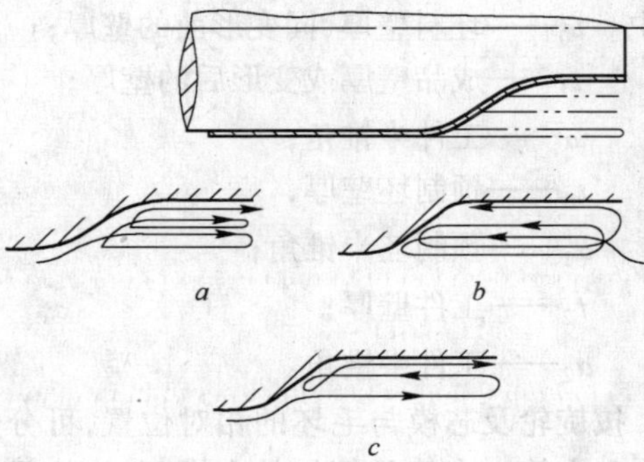

图 33-4　缩口旋压过程示意图

a—往程旋压；b—回程旋压；c—复合旋压

c　扩径旋压

扩径旋压是在旋压机上旋轮施力使预成形的坯料产生径向对称的扩张。扩旋成形多数为薄壁工件。

扩旋时，材料胀形的伸长量为：

$$\Delta L=(D_K-d_K)\pi$$

单位长度的伸长率为：

$$\delta=\Delta L/L_0\times100\%$$

式中　d_K——扩径旋压前直径，mm；

D_K——扩径旋压后直径，mm；

L_0——坯料长度，mm。

筒形段扩径旋压，成形前后壁厚和直径的关系可参考等式 $t_f/t_0=d_K/D_K$，即工件与坯料的壁厚之比等于其直径之比。不同工件扩径旋压工艺示意图见图 33-5 所示，图 a 为端部多道扩旋翻边；图 b 为端部压边成形；图 c 为内型扩径旋压。

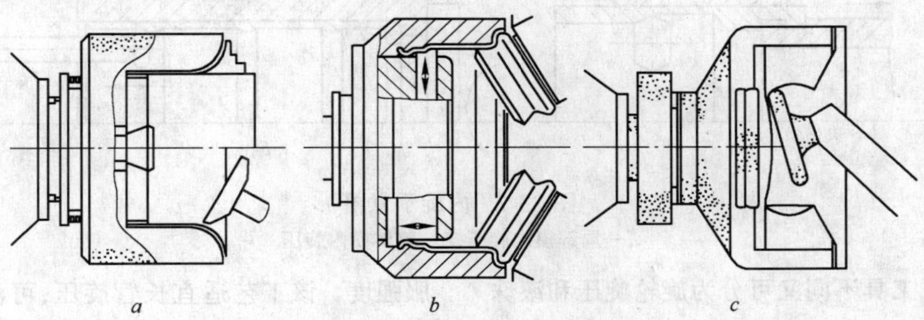

图 33-5　扩径旋压示意图

a—翻边；b—压边；c—扩旋

33.1.1.2　变薄旋压

A　成形特征

变薄旋压是在普通旋压的基础上发展起来的，其成形过程为：芯模带动坯料旋转，旋轮作进给运动，使毛坯连续地逐点变薄，并贴靠芯模而成为所需要的工件。旋轮的运动轨迹由靠模或计算机程序控制。

变薄旋压有流动旋压和剪切旋压两大类。流动旋压成形筒形件，剪切旋压成形异形件，参见图 33-6，a 为锥(异)形件剪切旋压，b 为筒形件流动旋压。材料流动方向与旋轮运动方向相同为正旋，反之为反旋。

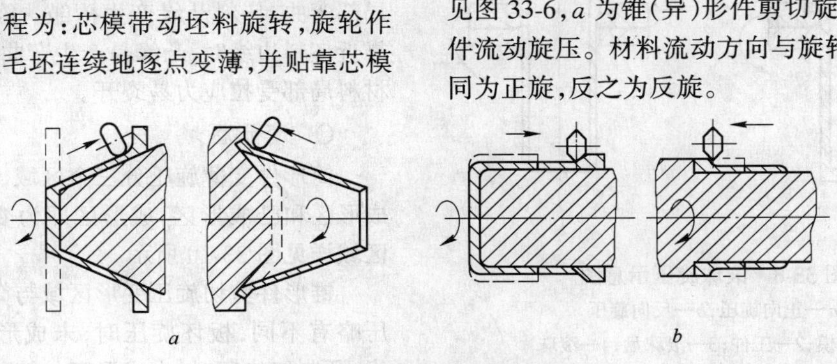

图 33-6　剪切旋压和流动旋压

a—剪切旋压；b—流动旋压

变薄旋压过程遵循体积不变原理,筒形件变薄旋压时,变形前后的体积相等,其公式为:

$$(D_m + t_0)t_0 l_0 = (D_m + t_f)tl \qquad (33\text{-}1)$$

式中 D_m——芯模直径,mm;

t_0、t——变形前后的壁厚,mm;

l_0、l——变形前后的长度,mm。

锥形变薄旋压即剪切旋压,见图 33-6*a*,变形遵循正弦规律。

在平板旋压时:

$$t_f = t_0 \sin\alpha \qquad (33\text{-}2)$$

在预制坯旋压时:

$$t_1/\sin\alpha_1 = t_2/\sin\alpha_2 \qquad (33\text{-}3)$$

式中 t_0——坯料壁厚,同变形前的壁厚;

t_f——成品壁厚或变形后的壁厚;

α——工件半锥角;

t_1——预制坯壁厚;

α_1——预制坯半锥角;

t_2——工件壁厚;

α_2——工件半锥角。

按旋轮及芯模与毛坯的相对位置,可分为外旋和内旋。内旋是管坯外有模环,旋轮置于管坯之内,旋轮与管坯相对转动,相当于外旋时旋轮与坯料位置的相对调换。图 33-7*a* 为局部外模内旋压,图 33-7*b* 为整体外模内旋压。

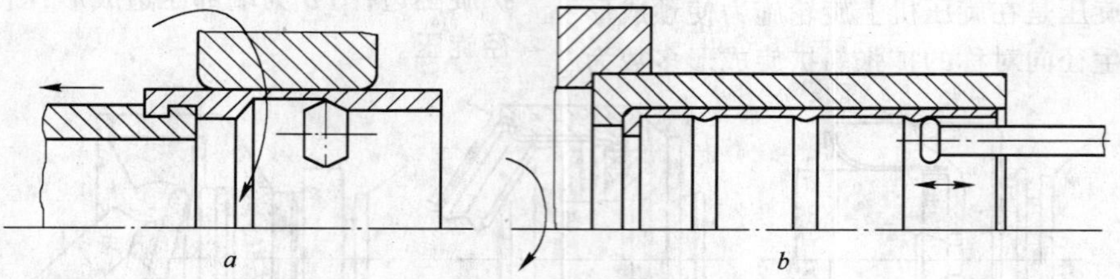

图 33-7 内旋示意图

a—局部模内旋压;*b*—整体模内旋压

按旋压工具不同又可分为旋轮旋压和滚珠旋压。图 33-8*a* 为正向滚珠旋压,图 33-8*b* 为反向滚珠旋压。按旋轮数量不同,可分单轮和多轮旋压。

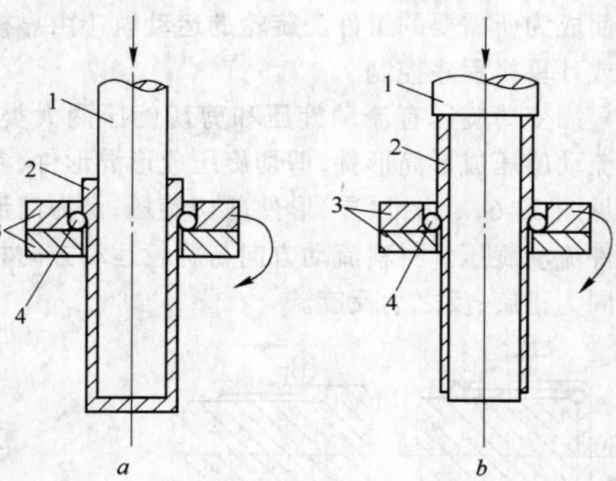

图 33-8 滚珠旋压示意图

a—正向旋压;*b*—反向旋压

1—芯模;2—工件;3—滚珠盘;4—滚珠

管材旋压时可进行拉力旋压,即工件轴向的自由端施一拉应力,拉应力小于变形材料屈服强度。该工艺适宜长管旋压,可消除变形失稳,提高管材平直度。

B 变形过程

变薄旋压的变形过程可分为起旋、稳定旋压和终旋三个阶段。

筒形件三个阶段的旋压状态见图 33-9*a* 和旋压力变化曲线见图 33-9*b*。

锥形件起旋阶段工艺参数选择不当易产生局部弯曲,坯料凸缘产生褶皱。终旋阶段旋轮靠近坯料边缘时,凸缘易产生弯曲和倾斜,外层材料局部受拉应力易裂开。

C 变形区域

筒形件变薄旋压分三个区域,即未成形区、成形区和已成形区,成形区即为变形区,三个区域详见图 33-10 所示。

锥形件剪切旋压变形区域与筒形件变薄旋压略有不同,板坯旋压时,未成形区是法兰凸缘;预制坯旋压时,未成形区与筒形件变薄旋压相近。锥形件剪切旋压多为正向旋压。

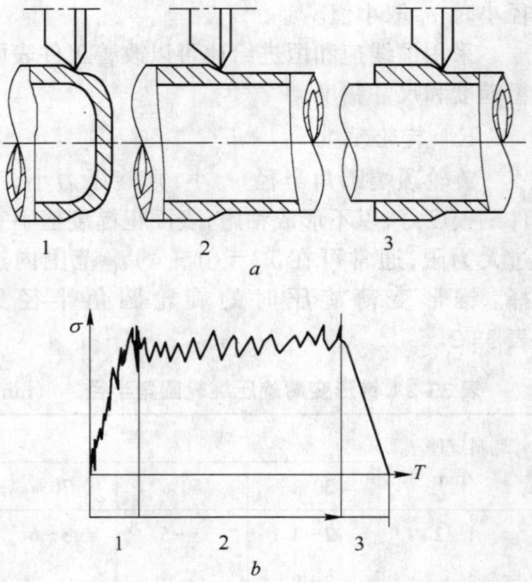

图 33-9 旋压三个阶段与旋压力变化曲线

a—三个阶段；*b*—力变化曲线

1—起旋；2—稳定旋压；3—终旋

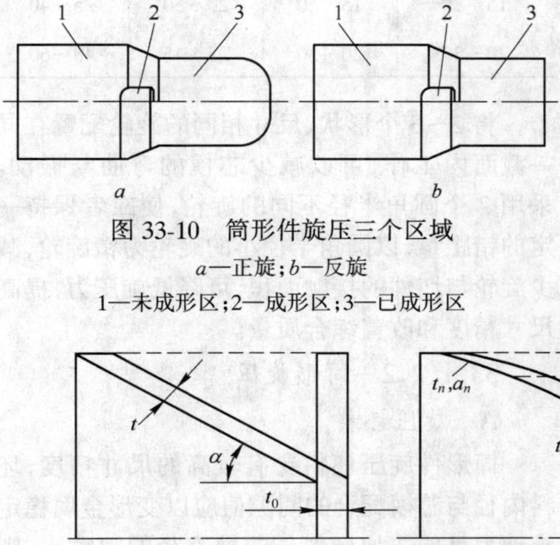

图 33-10 筒形件旋压三个区域

a—正旋；*b*—反旋

1—未成形区；2—成形区；3—已成形区

33.1.2 工艺参数

33.1.2.1 异形旋压

A 坯料与锥角

锥形件剪切旋压有三种典型形式，一是等壁厚坯料旋压等壁厚工件；二是等壁厚板坯旋压变壁厚工件；三是变壁厚坯料旋压等壁厚工件。锥形件剪切旋压坯料与锥角的关系见图 33-11。

图 33-11*a*、*d* 按正弦规律公式 33-2 计算坯料与锥角，即 $t_f = t_0\sin\alpha$；其余均将坯料与工件沿径向等分，一一对应计算。分段数量要充足，计算时以工件及坯料内径为准，算出各段平均锥角与壁厚，然后叠加，见图 33-11*b*、*c*、*e*。

对于图 33-11*b*、*c*、*e* 可分段按下式计算：

b 图：$t_1 = t_0\sin\alpha_1 \quad t_2 = t_0\sin\alpha_2 \quad \cdots$

$t_n = t_0\sin\alpha_n$

c 图：$t = t_{01}\sin\alpha_1 \quad t = t_{02}\sin\alpha_2 \quad \cdots$

$t = t_{0n}\sin\alpha_n$

e 图：$t_1/\sin\alpha_1 = t_0/\sin\alpha_{01}$

$t_2/\sin\alpha_2 = t_0/\sin\alpha_{02}$

$t_n/\sin\alpha_n = t_0/\sin\alpha_{0n}$

B 减薄率与道次

锥形件剪切旋压减薄率的计算式见公式 $\Psi_t = (t_0 - t_f)/t_0$。

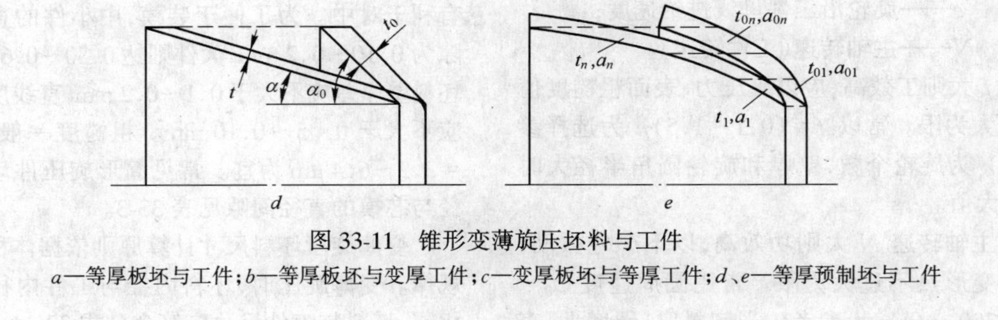

图 33-11 锥形变薄旋压坯料与工件

a—等厚板坯与工件；*b*—等厚板坯与变厚工件；*c*—变厚板坯与等厚工件；*d*、*e*—等厚预制坯与工件

板坯旋压时 $\Psi_t=1-\sin\alpha$；预制坯旋压时 $\Psi_t=1-\sin\alpha/\sin\alpha_0$。

小锥角工件剪切旋压后期道次的变形规律接近筒形变薄旋压，应采用较小的减薄率。经多道次旋压可获得小到3°～4°半锥角的工件。

C 正弦偏离率

偏离值为工件实际壁厚 t_f 与按正弦律计算值 t_t 的偏差，即 $\Delta=(t_f-t_t)/t_f$。$\Delta>0$，实际壁厚大于计算值为正偏离，有附加拉深变形，工件精度及材料可旋性降低，法兰边易起皱反之，$\Delta<0$，为负偏离，有附加轧压变形，旋压力急增，材料可旋性改善，旋轮前易堆积。剪切旋压变形偏离正弦律时法兰边易倾斜。负偏离时工件壁厚小于正弦律计算值，变形区出现周向拉应力，径向压应力，见图33-12。

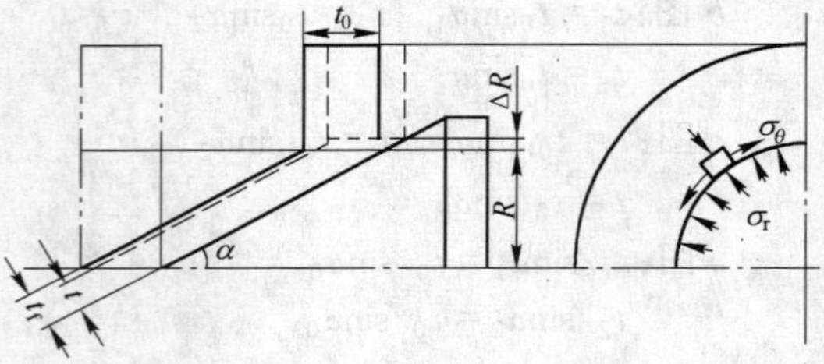

图33-12 负偏离应力简图

完全遵循正弦规律剪切旋压变形较难达到，而小量偏离也是允许的。平板锥形剪切旋压偏离率 $\Delta=-10\%\sim+5\%$。预制坯锥形剪切旋压时，薄料采用正偏离；厚料偏离率 Δ 可在 $-30\%\sim+30\%$ 之间。

D 进给比

旋轮进给比 f(进给率)为：

$$f=v/N \tag{33-4}$$

式中 v——旋轮沿工件母线进给速度；

N——主轴转速(工件转速)。

f 大则工效高，应以旋压力、表面粗糙度值不过大为限。常以 $f=(0.1\sim1.5)n$ 为选择参考。n 为旋轮个数，壁厚和旋轮圆角半径大时 f 取大值。

主轴转速 N 大则功效高，以不产生振动，旋压变形热不过大为限。常用圆周速度 $v_\theta=50\sim300$ m/min 为参考。当坯料厚，硬度大，直径小时 v_θ 取小值。

采用恒线速和恒进给比可以改善工件表面粗糙度和尺寸精度。

E 旋轮参数

旋轮顶端圆角半径 r_ρ 小，则旋压力小，工件贴模度好，以不形成粘附，表面粗糙度值不宜过大为限，通常可在 $r_\rho=(1\sim4)t_0$ 范围内选择。锥形变薄旋压时的旋轮圆角半径见表33-2。

表33-2 锥形变薄旋压旋轮圆角半径 (mm)

坯料壁厚 t_0 /mm	减薄率		
	30%	50%	70%
1～2	2～4	3～5	3～6
2～6	3～8	4～10	4～12
6～10	6～12	8～15	10～18
10～15	10～15	15～25	18～30
15～20	15～20	20～30	25～40
20～30	20～30	25～45	40～60

将2～3个形状、尺寸相同的旋轮配置在同一截面内工作，可以减少芯模的弯曲与振动。采用2个圆角半径不同的旋轮，使二者保持一定的错距量，以圆角半径小的旋轮为精旋轮，减少旋轮与坯件的接触面积，可降低旋压力，提高尺寸精度和改善综合质量。

33.1.2.2 筒形旋压

A 旋压坯料

筒形件旋压坯料要有较高的尺寸精度，坯料内径与芯模配合的间隙值应以变形金属稳定流动为目的。如坯料与芯模直径的间隙小，则有利于对中。为了便于装模，中小件的直径间隙为0.10～0.2 mm，大件则达0.30～0.60 mm。坯料壁厚差应不大于0.1～0.2 mm，直线度误差应不大于0.05～0.10 mm。粗糙度一般为 $R_a=3.2\sim6.4$ μm为宜。常见筒形旋压件坯料内径与芯模的直径间隙见表33-3。

变薄旋压坯料尺寸计算原则依据体积不变规律。变薄旋压时，坯料内径与工件内径大致相同，坯料与工件尺寸应符合公式33-1。

表 33-3 坯料内径与芯模的直径间隙 (mm)

坯料内径/mm	<100	100~200	200~400	400~700	700~1200	>1200
间隙小于坯料内径/%	0.25	0.2	0.15	0.1	0.08	0.06

对于壁厚变化的筒形件，坯料体积的计算应逐段求出工件的体积后，进行叠加。也可进行简化由纵向截面积叠加，求出坯料尺寸。筒形件变薄旋压的坯料为管坯，其壁厚大，则长度短，机械加工方便；要以旋压力不宜过大，中间热处理道次不宜过多为宜。

管坯的质量要求包括管坯的内外表面应光滑，不得有裂纹、擦伤、起皮等缺陷存在。

管坯的显微组织不得有过烧。低倍组织不得有夹层、缩尾、气泡、气孔等。

厚壁坯料起旋处形状应与旋轮工作部分形状相吻合。坯料带厚底时，起旋处宜越过底部，见图 33-13。在首道次旋压时，终旋点位置应距坯料尾端$(1.5\sim6)t_0$ 以上，随后道次则宜距前一道次终点 1~3 mm 以上。

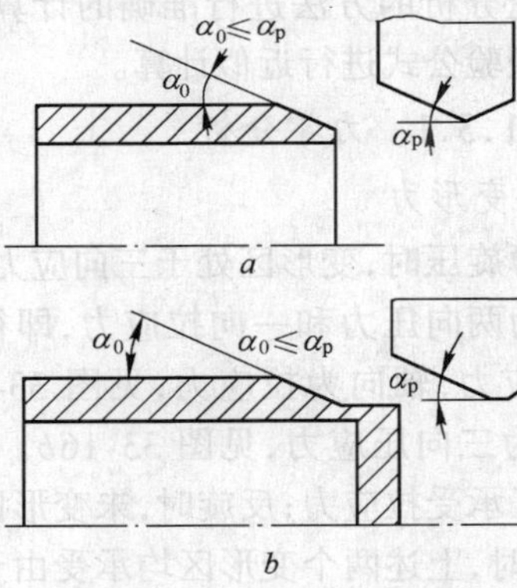

图 33-13 起旋示意图

a—反旋；*b*—正旋

带厚法兰时，在法兰与旋压段之间要设卸荷段；运动段不小于 3~8 mm，非运动段不小于 2~3 mm。见图 33-14。

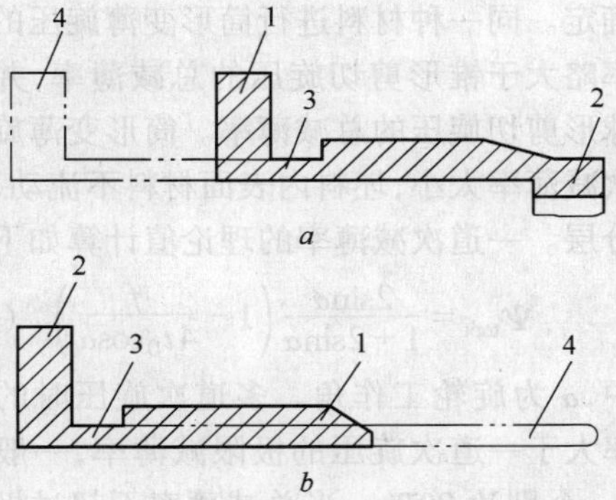

图 33-14 终旋卸荷段

a—正旋；*b*—反旋

1—坯料运动端点；2—坯料非动端点；3—卸荷槽；4—工件

B 正、反旋压

正旋压适用面较宽，旋压力较小，直径精度优于反旋压。反旋压的芯模及行程较短，其应用限于不带底的工件。

对于不带底的筒形件也可以采用正旋压，但需增加适当工装，详见图 3-15。

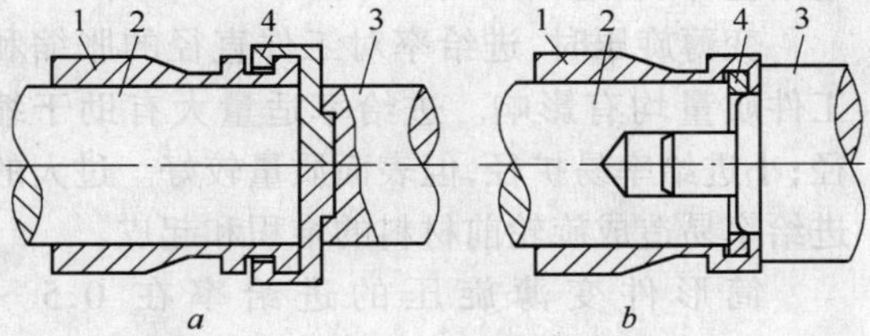

图 33-15 不带底正旋压

a—外定位；*b*—内定位

1—坯料；2—芯模；3—尾顶；4—定位环

C 减薄率与道次

变薄旋压减薄率反映工件的变形程度，计算公式与异形件旋压中式 33-4 相同。

变薄旋压道次减薄率对工件内径的胀缩量及尺寸精度的影响较大，在总减薄率确定后，根据工艺条件和工件尺寸精度要求，分成若干道次进行变薄旋压。道次减薄率过大会造成工件塑性流动失稳堆积，表面易出现起皮；道次减薄过小会引起工件厚度变形不均，工件内壁变形不充分而出现裂纹。通常道次变薄率 20%~30% 为最佳选择范围。旋压道次减薄率主要以工件壁厚为选择依据，为使壁厚变形均匀，壁厚偏厚取上限，壁厚偏薄取下限；还应考虑减薄量与旋轮压下台阶的关系，即减薄量 Δt 小于压下台阶H_ρ。

多道次旋压采用中间热处理的过程中，热处理后的旋压累计变形量决定工件的综合性能，旋压减薄率和旋压道次要根据工件性能要求确定。同一种材料进行筒形变薄旋压的总减薄率略大于锥形剪切旋压的总减薄率，并远大于球形剪切旋压的总减薄率。筒形变薄旋压的道次减薄率太小，坯料内表面材料不流动，并产生分层。一道次减薄率的理论值计算如下：

$$\Psi_{\text{topt}}=\frac{2\sin\alpha}{1+2\sin\alpha}\left(1-\frac{f}{4t_0\cos\alpha}\right) \quad (33\text{-}5)$$

式中，α 为旋轮工作角。多道次旋压时的总减薄率大于一道次旋压的极限减薄率，一般可达75%，个别达90%。当总减薄率不超过极限值时，通常不加中间退火。

D 进给率与转速

进给率为芯模每转一周旋轮沿工件母线的进给量，其表达式见式33-4。

变薄旋压时，进给率对工件直径的胀缩和工件质量均有影响。进给率适量大有助于缩径；小进给率易扩径，但表面质量较好。过大的进给率易造成旋轮前材料的堆积和起皮。

筒形件变薄旋压的进给率在0.5～3.0 mm/r的范围选取，常用的进给率是0.5～1.5 mm/r。在多道次变薄旋压厚壁管坯时，前期道次受设备能力限制，进给率不宜很大；进给率小易造成工件有一定的扩径量，在随后的道次进给率增加可以减径，提高工件尺寸精度。

在有中间热处理的旋压过程中，热处理后的进给率是控制工件直径，获取高精度旋压件的重要工艺因素。成品前的旋压道次采用大的进给率，使工件贴模。在成品旋压时道次进给率较慢使工件略为扩径，有助于脱模和提高表面质量。

在旋轮轴向进给速度一定时，转速高则进给率下降，转速低则进给率上升。转速过高易引起机床振动，变形热量增加，需要大量冷却。转速过低，为保持一定的进给率需用低进给速度配合，机床易出现爬行。

转速与圆周速度相关，通常圆周速度取50～100 m/min，较硬的材料取较小值，较软的材料取较大值。

进给率是最活跃的工艺参数，与变薄率、旋轮结构参数关系密切，是控制工件直径与壁厚的关键参数。一定范围调整进给率可有效控制壁厚尺寸精度。例如在一定工艺条件下，进给率为1.0 mm/r，壁厚为公差上限，降低进给率为0.8 mm/r，其壁厚将减小0.03～0.05 mm，进入壁厚公差中下限。

为有效控制工件直径，常以工件贴模保证尺寸精度为原则，当旋轮工作角不同时，进给率要相应变化。例如在相同减薄率时，旋轮工作角25°，其进给率2.5 mm/r，直径尺寸控制良好。旋轮工作角30°时，进给率选1.5 mm/r，可以收到相同效果。

33.1.3 力能参数

旋压力是设计旋压工艺、选择旋压机和设计模具时的重要依据。旋压力与坯料尺寸、材料力学性能、变薄率、旋压方式有很大关系；很难用理论分析的方法进行准确的计算。因此，常采用经验公式进行近似计算。

33.1.3.1 力学分析

A 变形力

变薄旋压时，变形区处于三向应力状态，正旋变形为两向压力和一向拉应力，即径向与切向为压应力，轴向为拉应力，见图33-16*a*。反旋变形为三向压应力，见图33-16*b*。正旋时，已变形区承受拉应力；反旋时，未变形区承受压应力；同时，上述两个变形区均承受由于传递扭转力矩所产生的周向剪切应力。

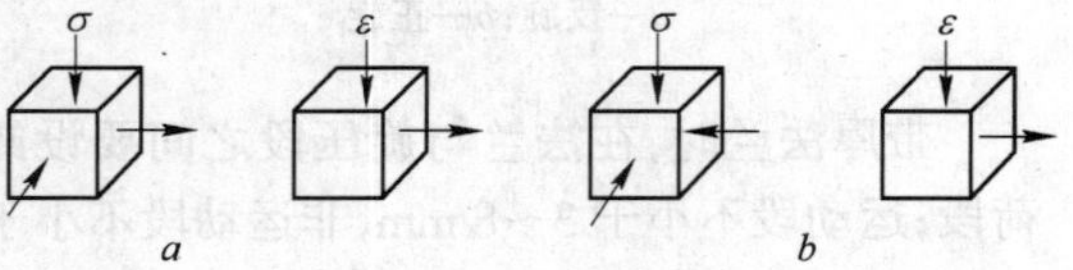

图33-16 变形力学简图

a—正旋；*b*—反旋

从图33-17变形区受力状况看出，正旋时，变形区与已变形区的界面上有拉应力σ_{zt}，变形区与未变形区的界面应力为零。反旋时，在变形区和未变形区的界面上有压应力σ_{z0}，变形区与已变形区的界面上应力为零，已变形区自由向后移动。

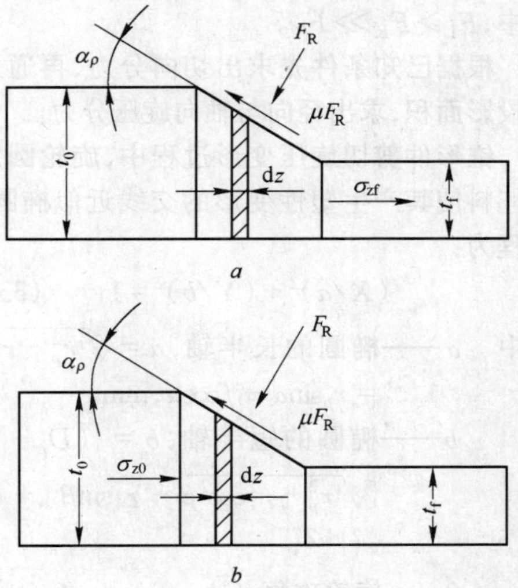

图 33-17 变形区受力

a—正旋；b—反旋

B 力的分解

筒形变薄旋压时，旋压力通过旋轮的工作面均匀地作用于工件和旋轮的接触面上。作用力的合力通过接触面的重心，其方向为接触面重心处的法向。

旋压分力可确定旋压设备所需的功率和进给机构的动力。一般将旋压合力分解为互相垂直的三个分力，即轴向分力 F_L、径向分力 F_R 和切向分力 F_T。图 33-18 是筒形件旋压时三个旋压分力分解示意图。

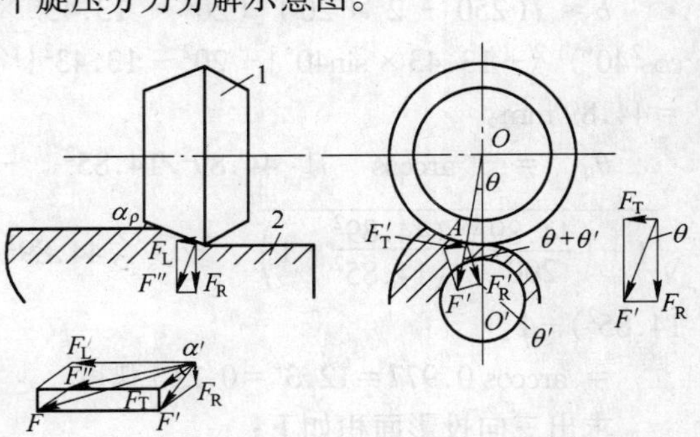

图 33-18 三个旋压分力分解示意图

1—旋轮；2—旋压件

由图看出，旋压合力首先分解为轴向力 F_L 和横向力 F'，F' 又可分解为径向力 F'_R 和切向力 F'_T，F 与 F' 的夹角为 α'，F' 与 F'_R 的夹角为 $\theta+\theta'$。由图可见，径向力 F'_R 不平行于旋轮与工件的中心连线 $O'O$。考虑到 θ' 角一般很小，将 F' 分解为 F_R 和 F_T 代替 F'_R 和 F'_T 作为径向分力和切向分力。各分力与合力之间以及各分力之间的关系如下：

$$F_L = F\sin\alpha' \tag{33-6}$$

$$F_R = F\cos\alpha'\cos\theta \tag{33-7}$$

$$F_T = F\cos\alpha'\sin\theta \tag{33-8}$$

根据计算公式，可求出各旋压分力之间的比值，以确定各旋压分力的大小。各旋压分力之间的比例关系如下：

$$F_R/F_L = 1/\tan\alpha_\rho;$$

$$F_R/F_T = [D_\rho/(f\times\tan\alpha_\rho)]^{1/2};$$

$$F_L/F_T = [(D_\rho\tan\alpha_\rho)/f]^{1/2}。$$

根据合金管材旋压常用值，$D_\rho = 100 \sim 300$ mm，$f = 1\sim3$ mm/转，$\alpha_\rho = 15°\sim30°$，可求得：

$F_R/F_L = 2\sim4$；$F_R/F_T = 8\sim34$；$F_L/F_T = 3\sim13$。

33.1.3.2 旋压力计算

A 普通旋压

a 模拟试验求解

按相似原理确定，由模拟试验测出旋压力 F'，即可推算出工件的旋压力为：

$$F = F'\, m_c\, m_r^2 \tag{33-9}$$

式中 m_c——力学相似系数，一般取 $m_c = 1$；

m_r——几何相似系数。

算例：已知工件坯料厚 $t_0 = 10$ mm，坯料直径 $D_0 = 1000$ mm，转速 $N = 100$ r/min，进给速度 $v = 60$ mm/min，求工件旋压分力。

解：

取 $m_r = 5$，则 $t'_0 = 2$ mm，$D'_0 = 200$ mm。

取 $N = N'$，则 $v' = 12$ mm/min。

取 $m_c = 1$，则 $m_c\, m_r^2 = 1\times5^2 = 25$。

由模拟试验测得：径向分力 $F'_r = 5000$ N，轴向分力 $F'_z = 5000$ N，可推算出工件旋压分力 $F_r = F_z = 5000\times25 = 125000$ N $= 125$ kN。

b 屈服线计算法

由变形模型的静态分析得：

$$F=(1/4)\sigma_s t_0^2[(r/r'_0)-k]^{-1}\times[1+(1-2k)^2](1+1/k)^{1/2} \quad (33\text{-}10)$$

式中　σ_s——屈服点，MPa；

k——r_1/r；

r_1——尾顶半径，mm；

r'_0——坯料半径，mm；

r——力的作用点，mm，$r'_0>r>r_1$。

算例：已知工件坯料厚 $t_0=10$ mm，$\sigma_s=500$ MPa，$r_1=200$ mm，$r'_0=500$ mm，$r=300$ mm。

解：

$k=r_1/r'_0=200/500=0.4$；$r/r'_0=300/500=0.6$；代入式33-10，得：

$F=0.25\times500\times100\times5\times(1+0.04)\times1.87=121550$ N $=121.55$ kN。

B　异形件剪切旋压

异形件剪切旋压力的计算方法较多，有纯剪切变形计算法，纯剪切变形及应变率、功率关系计算法，接触圆弧段纯剪变形计算法，剪切与弯曲叠加变形计算法等。

剪切旋压力计算的假设包括：变形材料各向同性，变形完全符合正弦规律，略去摩擦、温度效应。锥形件旋压变形与旋压力分解见图33-19所示，a 为锥件旋压变形，b 为三向旋压力分解。

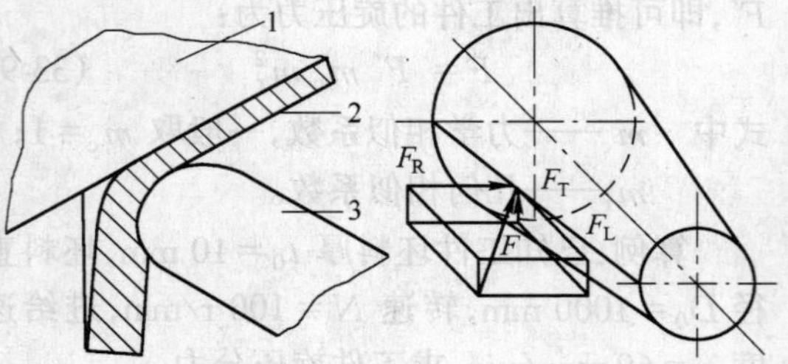

图33-19　三向旋压力分解示意图
a—锥形件旋压变形；b—旋压力分解
1—芯模；2—工件；3—旋轮

根据工程计算法，简化后切向分力与三向投影面积之间关系如下：

简化后切向分力 $F_T=t_0\,f\,\sin\alpha\sigma\varepsilon$

轴向分力 F_L 和径向分力 F_R 根据三向投影面积的比例求出，即：

$$F_L=F_T\times A_L/A_\theta$$

$$F_R=F_T\times A_R/A_\theta$$

式中，$F_L>F_R\gg F_T$。

根据已知条件先求出切向分力，再通过三向投影面积，求出径向与轴向旋压分力。

锥形件剪切旋压变形过程中，旋轮圆角挤压坯料使其产生塑性变形的交线近似椭圆，其方程为：

$$(X/a)^2+(Y/b)^2=1 \quad (33\text{-}11)$$

式中　a——椭圆的长半轴，$a=\sqrt{r_\rho^2-r_1^2}$，$r_1=r_\rho\sin\alpha-f\cos\alpha$，mm；

b——椭圆的短半轴，$b=\{(D_\rho-2r_\rho)[\sqrt{r_\rho^2-r_1^2\cos^2\beta}-r_1\sin\beta]+r_\rho^2-r_1^2\}^{1/2}$；

β——旋轮攻角，(°)；

f——进给率，mm/r。

变形区夹角为 θ_0，$\theta_0=\arccos\{b^2/a^2-[1+(b/R_0)^2(b^2/a^2-1)]^{1/2}/(b^2/a^2)-1\}$；变形区半径为 $R_0(R_a<R_0<R_b)$。

算例：

取：$r_\rho=20$ mm；$f=1$ mm/r；$\alpha=45°$；$D_\rho=250$ mm；$\beta=40°$；$R_0=200$ mm；$\sigma=500$ MPa；$t_0=10$ mm。

则：$r_1=20\sin45°-1\times\cos45°=13.43$ mm；

应变 $\varepsilon=\cot45°/\sqrt{3}=0.577$。

$a=(20^2-13.43^2)^{1/2}=14.85$ mm。

$b=\{(250-2\times20)[(20^2-13.43^2\times\cos^2 40°)^{1/2}-13.43\times\sin40°]+20^2-13.43^2\}^{1/2}=44.89$ mm。

$$\theta_0=\arccos\left\{\left[44.89^2/14.85^2-\sqrt{1+\left(\frac{44.89}{200}\right)^2\left(\frac{44.89^2}{14.85^2}-1\right)}\right]/[(44.89^2/14.85^2)-1]\right\}$$

$=\arccos 0.977=12.3°=0.215$ 弧度。

求出三向投影面积如下：

$A_\theta=1/2\times1\times20\times\cos^2 45°=5$ mm²；

$A_R=1/2\times20\times(1-\sin45°)\times200\times0.215=126$ mm²；

$A_L=1/2\times20\times\cos45°\times200\times0.215=$

$304\ mm^2$。

求出三向旋压分力如下：

$F_T = 10 \times 1 \times \sin45° \times 500 \times \cot45°/\sqrt{3} \approx 2041\ N$；

$F_L = F_T \times A_L/A_\theta = 2041 \times 304/5 = 124093\ N$；

$F_R = F_T \times A_R/A_\theta = 2041 \times 126/5 = 51433\ N$。

即：$F_L > F_R > F_T$。

C　筒形件流动旋压

筒形件变薄旋压的应力和变形状态复杂，变薄旋压力计算繁琐。根据工程实用要求，可简化计算。

切向分力：$F_T = N/(2\pi n_m R_n) = t_0 f\sigma \ln 1/(1-\varepsilon_t) = K t_0 f \sigma$，其中，$R_n$—变形区半径，mm；$n_m$—工件转速，r/min；$\varepsilon_t$—壁厚应变；$K$—系数。

三向分力有如下关系：

$$F_T = K t_0 f\sigma_m \tag{33-12}$$

$$F_R = F_T \cot\theta \tag{33-13}$$

$$F_L = F_R \tan\alpha_\rho \tag{33-14}$$

旋压力的计算依据三向投影接触面积，其计算因素有材料平均应力 σ_m，旋轮进给率 f，坯料壁厚 t_0，旋轮直径 D_ρ，工作角 α_ρ 及个数 m。每个旋轮的旋压分力按如下公式计算。

切向旋压分力：

$$F_T = (1/m) \times \sigma_m \times f \times t_0 \tag{33-15}$$

径向旋压分力：

$$F_R = (1/m^{1/2}) \times \sigma_m \times t_0 (D_\rho \times f \times \cot\alpha_\rho)^{1/2} \tag{33-16}$$

轴向旋压分力：

$$F_L = (1/m^{1/2}) \times \sigma_m \times t_0 (D_\rho \times f \times \tan\alpha_\rho)^{1/2} \tag{33-17}$$

算例：

已知：$t_0 = 20$ mm；$f = 1$ mm/r；$D_\rho = 310$ mm；$\alpha_\rho = 25°$；$\sigma_m = 500$ MPa；$m = 3$。

求解三向旋压分力如下：

$F_T = 1/3 \times 500 \times 1 \times 20 \approx 3333\ N$；

$F_R = 1/3^{1/2} \times 500 \times 20(310 \times 1 \times \cot25°)^{1/2} = 148862\ N$；

$F_L = 1/3^{1/2} \times 500 \times 20(310 \times 1 \times \tan25°)^{1/2} = 69416\ N$。

计算结果：$F_R > F_L > F_T$。

33.1.4　工艺举例

33.1.4.1　紫铜长管旋压

紫铜（T_2）塑性良好，很适宜变薄旋压；其管材规格，坯料及芯模尺寸见表 33-4。

表 33-4　长铜管变薄旋压试验条件　(mm)

规　格	1	2	3	4
产　品	$\phi 99^{+0.1} \times 2 \times 2500$	$\phi 123^{\pm 0.15} \times 1.5 \times 2500$	$\phi 156^{\pm 0.2} \times 1.8 \times 2500$	$\phi 236^{\pm 0.2} \times 3 \times 2500$
坯　料	$\phi 106^{+0.1} \times 5 \times 1200$	$\phi 131^{+0.15} \times 5 \times 900$	$\phi 165^{+0.2} \times 6 \times 1000$	$\phi 247^{+0.25} \times 8 \times 1000$
芯　模	$\phi 95^{-0.1} \times 4000$	$\phi 120^{-0.15} \times 4000$	$\phi 151.9^{-0.2} \times 4000$	$\phi 230^{-0.25} \times 4000$

长管变薄旋压需长芯模，长芯模的整体加工困难，采用螺纹连接假芯模的方法，可解决长芯模整体加工的困难。细长紫铜管变薄旋压时，芯模直径的设计参考产品内径公差下限。坯料的内径一般比芯模中限大 0.50～1.0 mm。

紫铜旋压道次减薄率在 30%～40% 范围，工件尺寸精度和表面质量好。在道次减薄率偏大时，堆积高度的增加引起工件表面起皮；扩径量和回弹量增加，降低其尺寸精度。

随着进给率的增加，工件的堆积高度、壁厚回弹量递增；其扩径量相应减小，进给率约为 1.0 mm/r，扩径量较小。

紫铜旋压采用工作角 $\alpha_\rho = 15° \sim 20°$，圆角半径 $r_\rho = 8 \sim 10$ mm 的旋轮，进给率为 $f = 0.5 \sim 1.5$ mm/r，道次变薄率选择 $\Psi_t = 30\% \sim 35\%$ 合适。

三道次旋压不同进给率的旋压工件尺寸精度见表 33-5。

工件内径随着进给率的降低而相应增加。

不同道次和不同旋轮结构参数旋压的工件精度见表 33-6，三道次旋压变形量适中，工件的尺寸精度优于两道次的结果。

表 33-5 不同进给率组合对工件尺寸精度的影响

工艺	进给率/mm·r⁻¹			内径/mm	外径/mm	椭圆度/mm	旋 轮
1	1.0	1.0	0.5	119.78	123.40	0.16	$\alpha_\rho=15°, R_\rho=8$ mm, $H_\rho=4$ mm
2	1.0	0.5	0.5	119.88	123.60	0.05	台阶旋轮
3	0.7	0.5	0.5	119.91	123.48	0.07	台阶旋轮
4	1.0	1.0	0.5	119.72	123.35	0.14	$\alpha_\rho=20°, R_\rho=8$ mm
5	0.8	0.6	0.6	119.84	123.25	0.16	双锥旋轮
6	0.5	0.5	0.5	119.95	123.12	0.20	双锥旋轮

表 33-6 不同道次和不同旋轮参数对尺寸精度的影响

道次	变薄率/%	内径/mm	椭圆度/mm	壁厚/mm	壁差/mm	外径/mm	表面	旋 轮 参 数
两道	41～48	152.6	0.40	2.05	0.10	157.01	起皮	$\alpha_\rho=15°, R_\rho=8, H_\rho=4$
三道	31～34～33	151.8	0.20	1.95	0.10	155.70	较光	台阶旋轮
两道	41～49	151.9	0.13	1.80	0.20	155.39	纹迹	$\alpha_\rho=20°, R_\rho=8$
三道	31～34～33	151.5	0.10	1.80	0.07	155.20	纹迹	双锥旋轮

长铜管旋压工艺参数见表33-7。前两道次以减壁为主，进给量不大；第三道次以缩径提高尺寸精度为主，进给量较大；第四道次以控制产品质量，易于脱模为宜，进给量适中。

表 33-7 ϕ152 mm 紫铜管变薄旋压工艺参数

道 次	转速/r·min⁻¹	进给量/mm·min⁻¹	减薄率/%$_D$	减薄率/%$_L$	减壁量/mm	壁厚/mm
1	65	70	25	25	1.50	4.5
2	65	80	25	44	1.10	3.4
3	65	90	30	60	1.00	2.4
4	65	70	30	70	0.70	1.7

注：%$_D$—道次减薄率；%$_L$—累计减薄率。

33.1.4.2 铜镍合金旋压

铜镍合金耐蚀性良好，可采用离心铸坯减薄旋压铜镍合金管材，其工艺过程为：

离心铸坯—均匀化处理—开坯旋压—中间退火—成品旋压—成品退火。

铜镍合金加入适量铁可提高机械性能和耐蚀性，其含量控制1.5%左右，耐海水腐蚀效果显著。铜与镍无限固溶形成连续固溶体，晶格结构为面心立方，具有优良可旋性，累计减薄率可达90%，成形效果很好。

B10是含镍10%的白铜合金，其离心浇铸时，熔炼温度1420～1520℃，浇铸温度1380～1420℃。离心机转速在600～800 r/min之间，可浇铸如下规格空心铸锭作为旋压坯料，见表33-8。

表 33-8 B10 合金旋压坯铸锭规格

牌 号	1	2	3	4	5
规格/mm×mm×mm	ϕ200×33×520	ϕ247×39×520	ϕ274×40×520	ϕ323×41×520	ϕ384×44×520
转速/r·min⁻¹	800	740	700	650	600

坯料均匀化处理可消除铸锭枝状组织，减少偏析。均匀化温度为1000℃×4 h，旋压性能较好。旋压累计减薄率为80%晶粒破碎充分，经650～700℃再结晶退火，可获得较细晶粒与良好的综合性能。

33.1.4.3 紫铜筒体热旋

紫铜筒形件规格为 ϕ576 mm×20 mm×3000 mm，在立式旋压机热旋成形容易对中。坯料采用离心浇铸成形，均匀化处理可改善铸坯质量，即加热650～680℃，2 h保温后水冷。筒形件热旋温度400～500℃，旋压工艺参数见表33-9。

表 33-9 旋压工艺参数

道 次	1	2	3	4	5
减薄量/mm	8	8	8	7	2
减薄率/%	15	16	20	22	8
进给率/mm·r^{-1}	1.0	1.0	1.2	1.2	1.0
温 度/℃	500	450	430	430	400

33.1.4.4 银铜合金旋压

银铜合金管材规格为 ϕ203 mm×2 mm×680 mm，坯料采用离心浇铸成形，铸坯经740℃，5 h保温后组织均匀，偏析消除。银铜合金管材可采用较小变形量多道次的旋压工艺参数见表33-10。

表 33-10 旋压工艺参数

道 次	1	2	3	4	5	6
减薄量/mm	2.3	2.0	1.35	1.0	0.9	1.15
减薄率/%	20	23	20	19	20	32
进给率/mm·r^{-1}	2.2	2.2	2.2	2.5	2.5	2.0

33.1.5 缺陷及消除措施

铜及合金变薄旋压工件的主要缺陷有起皮、波纹、粘结、鼓包、龟裂、断裂等。其产生原因及消除方法见表33-11。

表 33-11 铜及合金旋压常见缺陷极其消除方法

缺陷种类	产生的原因	防止措施
起 皮	减薄率过大，进给比过快，旋轮工作角偏大，无趋进角；旋轮不光及润滑不充分；坯料表面有缺陷	适量降低 Ψ_t, f, α_ρ，使用带趋进角旋轮；出现起皮及时修除，抛光旋轮表面，充分润滑冷却；消除坯料表面缺陷
波 纹	芯模偏摆较大，工件不圆及转速过高；传动系统油路含气；设备刚性差；坯料壁厚不均。	适量降低转速，排放油路气体，减小变形量，或加热旋压；改善冷却与润滑
鼓 包	进给比过小，工件扩径大；热旋温度偏高；材料退火不均，硬度值太低	适量增加进给比，控制工件缩径，降低椭圆度，有效控制热旋温度；控制工件均匀退火
裂 纹	减薄率、进给比、旋轮工作角同时较大；减薄量大于旋轮趋进带压下量	适量选择减薄率、进给比、旋轮工作角，以变形不失稳为原则
不直度大	坯料壁厚差偏大，定位环端面不平，旋轮间压力不平衡	坯料壁厚差不大于0.20 mm，修正定位环端面，匹配旋轮几何结构，采用压力平衡器
扩径量大	旋轮圆角半径过大，减薄率偏大，轴向进给量较小	选择合理的旋轮圆角半径和减薄率，适当提高轴向进给量

33.2 内螺纹管成形技术

在空调制冷行业，随着空调器向大容量、低能耗及体积小型化方向发展，具有高效传热特征的内螺纹铜管正逐步替代传统用光面铜管，成为制作高性能空调两器(蒸发器与冷凝器)专用传热管。这种铜管是在光面铜管的基础上深加工而成，其内表面有许多螺旋齿状筋，不但扩大了管内散热面积，而且改善了管内介质的流动状态(由层流变为紊流)，其散热系数可达同规格光面铜管2～3倍，提高了热交换率，被认为是理想的节能节材产品，受到空调制冷行业的普遍重视。

33.2.1 内螺纹铜管齿形参数

常用规格几何参数见表33-12，内螺纹管齿形图见图33-20。

表 33-12 内螺纹铜管齿形参数

序号	规格/mm	外径(±0.05)/mm	底壁厚(±0.03)/mm	齿高(±0.02)/mm	齿顶角(±5)/(°)	螺旋角(±2)/(°)	齿数
1	5.00×0.25	5	0.20	0.14	40	16	40
2	6.35×0.34	6.35	0.26	0.20	40	18	45
3	7.00×0.25	7.00	0.25	0.18	40	18	50
4	7.00×0.27	7.00	0.27	0.15	53	18	60
5	7.00×0.28	7.00	0.25	0.10	40	15	65
6	7.00×0.31	7.00	0.25	0.15	56	18	60
7	7.94×0.25	7.94	0.25	0.18	40	18	60
8	7.94×0.28	7.94	0.28	0.15	53	18	60
8	9.52×0.27	9.52	0.27	0.16	30	18	70
10	9.52×0.31	9.52	0.28	0.12	50	15	65
11	9.52×0.34	9.52	0.28	0.20	40	18	60
12	9.52×0.35	9.52	0.28	0.15	53	18	60
13	9.52×0.36	9.52	0.30	0.20	53	18	60
14	9.52×0.41	9.52	0.35	0.15	53	18	60
15	12.7×0.41	12.7	0.41	0.25	53	18	60
16	15.88×0.40	15.88	0.40	0.20	53	18	60

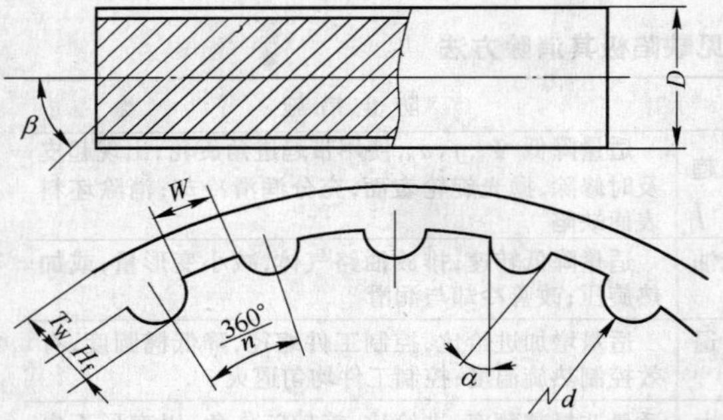

图 33-20 内螺纹管齿形图

D—外径；d—内径；T_W—底壁厚；
H_f—齿高；W—槽底宽；α—齿顶角；β—螺旋角

33.2.2 内螺纹铜管成形加工方法

33.2.2.1 焊接法

焊接法采用在铜带上直接轧制成纹再焊接的方法。

A 生产工艺流程

焊接法的工艺流程如下：

高精度铜带—螺纹轧制—成形焊接—定径—精整卷取—退火—包装。

焊接管的主要原料为 TP2 材质的紫铜带。生产时，铜带头尾焊接保证生产线连续运转。铜带首先经过滚压螺纹工序，根据螺纹形状的不同，选择不同数量的压纹辊。

压过螺纹的铜带经数道成型辊成型后进行高频焊接。为了保证管径的均匀和尺寸，焊接后首先用刮刀去除外毛刺，然后经过定径辊定径，以保证管材的外径和椭圆度符合技术要求。

B 生产的关键工序

焊接法内螺纹管成形工艺过程如图 33-21 所示。

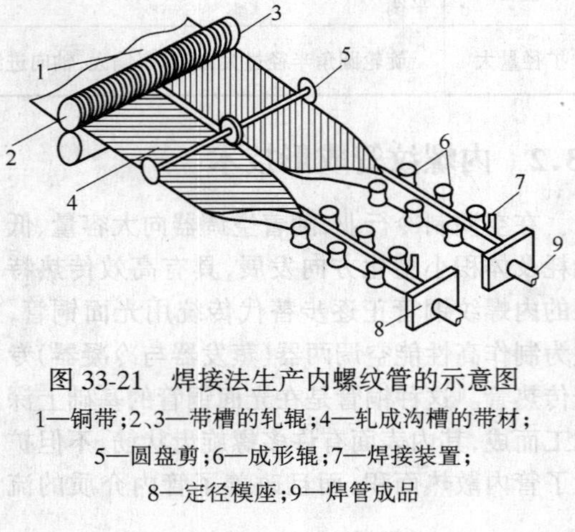

图 33-21 焊接法生产内螺纹管的示意图

1—铜带；2、3—带槽的轧辊；4—轧成沟槽的带材；
5—圆盘剪；6—成形辊；7—焊接装置；
8—定径模座；9—焊管成品

内螺纹焊接铜管生产流程中最关键的两个工序为螺纹轧制和焊接。

(1) 螺纹轧制。压纹辊的设计和制作是焊接成形的核心技术，设计不科学的压纹辊会导致铜带变形不均匀，造成周期性的焊接缺陷，同时缩短轧辊的使用寿命。

(2) 高频焊接。高频焊接的线速度非常快，一般平均速度在150 m/min左右，如此快的加工速度，对挤压和导向轧辊的精度提出了更高的要求。

在世界空调和制冷行业用铜管中，目前焊接管所占的比例还很小。除了对焊接管的传统认识障碍外，制约推广焊接管的重要原因之一是原材料铜带的成本较高，同时由于这种工艺技术难度大，目前还处在发展阶段。

33.2.2.2 拉伸法

拉伸法生产的内螺纹铜管为无缝内螺纹铜管，无缝内螺纹铜管是目前空调制冷行业普遍采用的传热管，其加工方法归纳起来主要有两种：一种是挤压拉伸法，一种是旋压拉伸法。

A 挤压拉伸法

挤压拉伸法与光面管衬拉相似，在拉伸过程中，由于受到力的作用，螺纹芯头在变形区内产生旋转运动，而管子不转动，只做轴向直线运动，在拉伸外模及螺纹芯头的作用下，管子内壁被迫挤压出螺旋凸筋，从而成形内螺纹管，见图33-22。这种方法虽然装置简单，但不易使螺纹沟槽深度达到理想状态，因在挤压成形过程中，材料在被拉伸的轴向上容易流动，而在成齿的径向上流动困难，且螺纹起槽处是滑动摩擦，应力大，温度高，更难加工小直径薄壁内螺纹管。

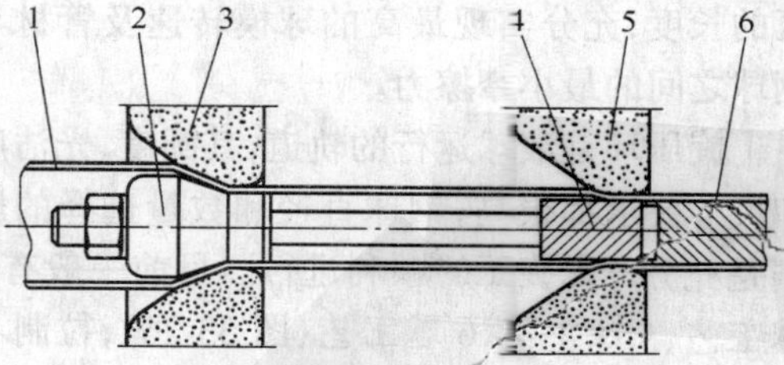

图33-22 挤压拉伸法示意图

1—管坯；2—游动芯头；3—减径外模；4—螺纹芯头；5—拉伸外模；6—内螺纹管

B 旋压拉伸法

旋压拉伸法有两种方式，一种是行星滚轮旋压，另一种是行星球模旋压。它的加工原理是用几个行星式回转的辊轮或滚球对管材外表面进行高速旋压，使材料产生塑性变形，使螺纹芯头上的螺旋齿映像到管材的内表面上，从而形成内表面上的螺纹。这种方法与挤压拉伸法相比，不但能变滑动摩擦为滚动摩擦，降低起槽应力，而且能加工较深的螺纹沟槽，管子经旋压加工也大大改善了其机械性能。

行星滚轮旋压是20世纪70年代日本发明的一种突破传统拉伸工艺的内螺纹管加工方法，如图33-23所示。但在实际生产中，辊轮的加工精度和安装精度很难达到理想状态，且磨损快，寿命短，加工成本高，经过铜管加工行业不断的技术创新与改进，目前，国内外绝大多数内螺纹管生产企业所采用的加工方法均为行星球模旋压法，此方法工艺先进，技术稳定，产品质量高。

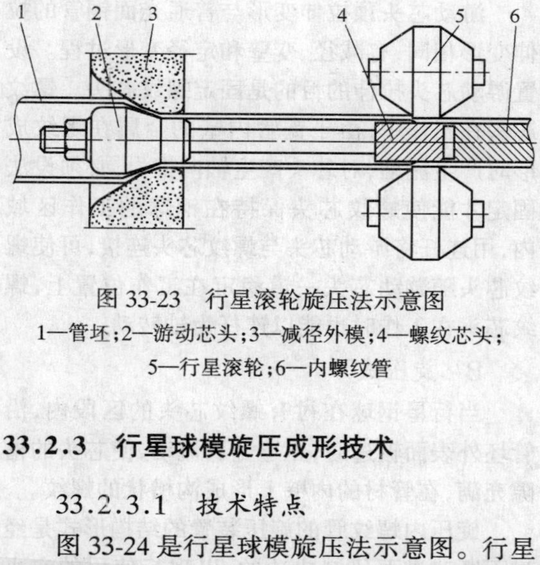

图33-23 行星滚轮旋压法示意图

1—管坯；2—游动芯头；3—减径外模；4—螺纹芯头；5—行星滚轮；6—内螺纹管

33.2.3 行星球模旋压成形技术

33.2.3.1 技术特点

图33-24是行星球模旋压法示意图。行星球模旋压采用钢球进行内螺纹的旋压起槽，由于钢球与管材是点接触，且产生行星式转动，因此所需拉伸力降低，球的使用寿命长；同时钢球安装简单，整个旋模结构小，重量轻，转动惯量低，有利于提高球模的旋转速度，适于高速拉伸；再者钢球加工难度低，易生产，可降低生产成本；更重要的是钢球尺寸均匀性好，对中方

便,安装精度高,使成形后的内螺纹铜管质量稳定,外表面粗糙度小,管内螺纹精度高。

33.2.3.2 成形工艺

行星球模旋压成形工艺由游动芯头预拉伸——行星钢球沿衬有螺纹芯头的管材外壁高速旋压——定径模空拉消除管材外表面上的钢球压痕三个连续步骤组成,也就是通常说的“减径、旋压、定径”的“三级变形”工艺。见图33-24。

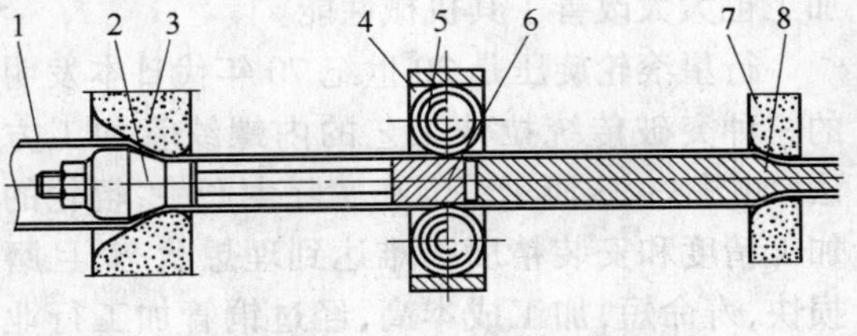

图 33-24 行星球模旋压法示意图

1—管坯;2—游动芯头;3—减径外模;4—旋压环;5—钢球;6—螺纹芯头;7—定径外模;8—内螺纹管

A 减径预拉伸

游动芯头预拉伸变形与普通光面铜管的拉伸变形相同,有减径、变壁和定径变形过程。设置游动芯头拉伸的目的是固定螺纹芯头。螺纹芯头在工作中,由于铜管内壁的金属在螺纹成形时产生流动,对芯头产生轴向推力,必须设法固定才能使螺纹芯头保持在钢球的工作区域内,用连杆将游动芯头与螺纹芯头连接,可使螺纹芯头随游动芯头一道稳定在工作位置上,螺纹芯头在工作时也能以连杆为轴转动。

B 旋压成形

当行星钢球在衬有螺纹芯头的区段内,沿管坯外表面辗过时,压迫金属流动,使芯头的槽隙充满,在管材的内壁上形成沟槽状的螺纹。

旋压内螺纹管的旋压装置的结构形式是经过不断改进而研制成功的,以现行使用的空心电动机传动方式最为先进合理,见图33-25。旋压装置被固定在电动机的空心轴上,通过调整电动机的电流频率来改变电动机的转速,使旋压与拉伸速度相匹配,拉伸速度与电动机的旋转速度的关系式如下:

$$V = nF_d \tag{33-18}$$

式中 V——拉伸速度,mm/min;

n——电动机的转速,r/min;

F_d——进给量,即电动机自转一周,管子在螺纹芯头上移动的距离,mm/r。

显然,拉伸速度的提高取决于电动机的转速。目前,国内外用于生产内螺纹管的成形设备(图 33-25),其空心电动机的转速一般在20000 r/min左右,拉伸速度仍维持在 50 m/min左右。也有用转速为 35000 r/min 电机的,其拉伸速度已达 80 m/min 左右。因此,要提高生产率,就必须解决电动机的高转速问题、相应的冷却问题、高速下模具的平衡问题等。

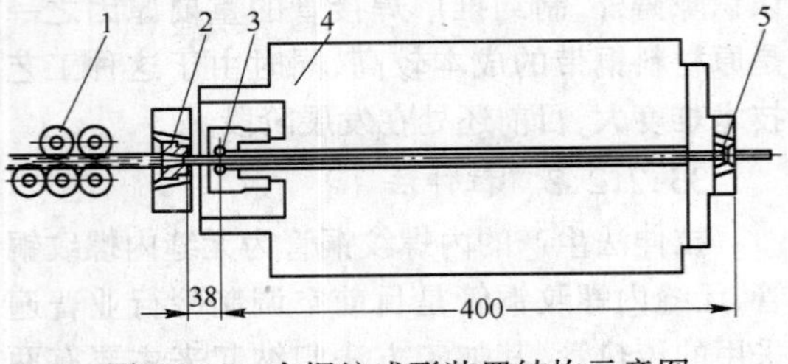

图 33-25 内螺纹成形装置结构示意图

1—矫直辊;2—减径拉伸;3—滚珠旋轮;4—空心轴高速调频电机;5—定径拉伸

旋压模具的设计是旋压成形的核心技术,其中行星钢球直径与数量的选择是极为重要的,钢球直径越大,旋压阻力越小,但势必造成旋压装置的重量加大,设备高转速动平衡难以控制;钢球直径过小,则旋压阻力增大,易造成打滑现象,也会影响管子的表面质量,而行星钢球的数量会直接影响加工量的大小,同时钢球的直径和数量决定了旋压环的尺寸,而旋压环的最佳尺寸必须确保球模在高速旋转工作状态时的稳定性,最大限度地减小摆震和成齿变形区的长度,充分实现最高的球模转速及管材与钢球之间的最小摩擦力。

旋压环是滚球运行的轨道,其圆度、光洁度和尺寸要求都很高,钢球直径和数量选择的原则是充分考虑旋压的顺利进行。目前一般有4球工艺、5球工艺、6球工艺(图 33-26),拉制不同参数的铜管也应采用最合适的工艺。实际操作中,钢球与钢球之间留有一定的间隙,保证钢球不跳动又能顺利自转,一般取 0.02 mm。

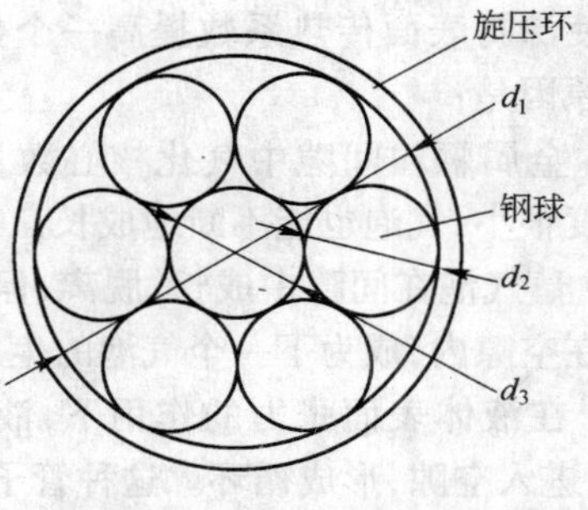

图 33-26 旋压几何模型(六球)

d_1—旋压环内径;d_2—钢球直径;d_3—行星钢球外切圆

在选配旋压模具时,首先依据产品的底壁厚技术要求,计算螺纹芯头的外径尺寸,然后根据内螺纹芯头外径设计内螺纹芯头上具体的齿型参数。

[例] $\phi 7\times 0.25+0.18\times 40\times 18^{\circ}$的工艺计算。

采用6球旋压工艺,钢球直径为11.1125 mm,旋压环内径尺寸为30.16 mm,则内螺纹芯头外径为:

$$d=d_2-2\times 底壁厚=(d_1-2\times d_3)-2\times 底壁厚$$
$$=30.16-2\times 11.1125-2\times 0.25=7.435\ \mathrm{mm}$$

在实际操作中,要充分考虑到行星球模的自由转动灵活性和产品尺寸的可调整性,螺纹芯头的外径实际尺寸要比计算出的尺寸大0.01~0.02 mm为宜。

C 定径拉伸

管材在旋压后,外表面留有较深的钢球压痕,增加一道空拉,便可消除,提高铜管表面光洁度,进一步控制外形尺寸。注意在定径过程中,螺旋角度会随直径而变小,螺纹芯头设计时应充分考虑到。

空拉后,管材表面的粗糙度可降到0.7~0.8 μm以下。

“三级变形”工艺既能使变形抗力降低到最小,又能保证内螺纹管的最终外形尺寸和增加外表面的光洁度。据实践,三级变形中拉力的分配一般是:第一级减径变形占65%,第二级旋压变形占25%,第三级定径变形占10%。

33.2.3.3 成形润滑

旋压成形中,由于钢球与管材是点接触,变形区接触面积很小,且钢球是高速运转,因此钢球极易磨损并产生大量摩擦热,这不但会影响模具寿命,增大阻力,而且会直接影响产品的表面质量,所以在行星球模旋压成形内螺纹管过程中,必须确保旋压变形区具有充分的冷却和润滑,以保障产品质量的稳定性。

33.3 外翅内螺纹管成形技术(高效传热管)

33.3.1 高效传热管的基本管型

33.3.1.1 高效冷凝传热管(Thermoexcel-C管)

C形冷凝管是把比低翅管更为细薄的翅片外缘,进一步加工成锯齿状,翅片的形状就好像圆锯片。这种三维的立体翅,近似于针状,其冷凝效果优于低翅管。翅尖表面上凝结的液膜很薄,强化了冷凝传热,然后冷凝液集中在沟槽内排出。其冷凝表面上的凝结换热系数可为光管的8~12倍,为环状低翅管的1.5~2倍。C形管可经二道工序滚轧而成,先滚轧出低翅,再沿45°方向滚出锯齿。

日本古河金属公司生产的CCS-35三维锥形齿管的表面如图33-27所示。它也具有三维的立体翅片,冷凝管的表面上密布着许多四方锥形的细翅。它和C形管的不同点在于:

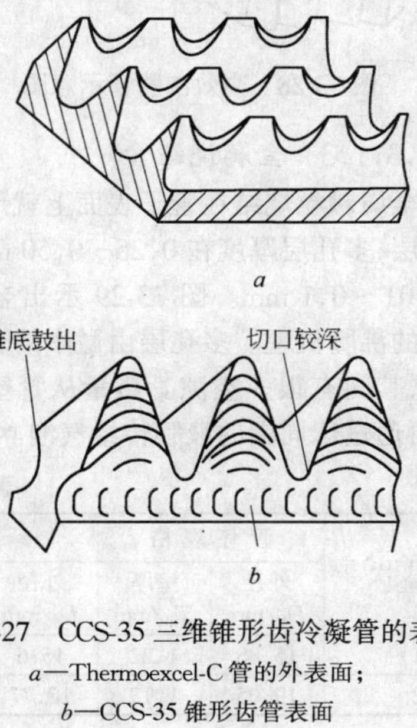

图 33-27 CCS-35三维锥形齿冷凝管的表面

a—Thermoexcel-C管的外表面;
b—CCS-35锥形齿管表面

(1) 环形翅上的锯齿形切口较深,把每个单独小翅片切成四方锥形,锥形一面呈凹形;

(2) 锥齿的底部鼓起,越出沟槽侧壁,环翅上的切口较深,使"格里谷里"效应更加显著,锥底鼓出槽壁,使冷凝液更容易集中于沟槽并迅速排走。实验证实这种管子表面的凝结换热系数为低翅管的两倍。

33.3.1.2 高效沸腾传热管

高效沸腾传热管外表面如图 33-28 所示。在翅顶开有许多更细小的沟槽,其方向与主沟槽相垂直或成45°角,从而形成许多小方格状的翅顶表面。这种管的性能十分接近于金属烧结多孔层管,它的气泡核心多,与液体的接触表面积大,从而促使沸腾剧烈。

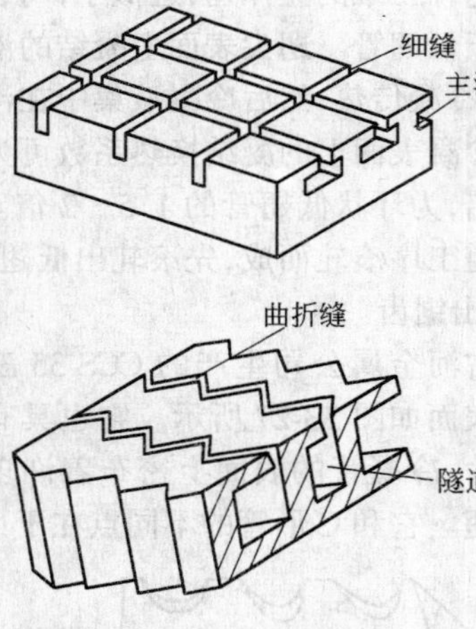

图 33-28 高效沸腾管示意图

33.3.1.3 金属烧结管

将金属颗粒烧结在管子表面上就形成了表面多孔层,多孔层厚度在 0.25～0.50 mm,孔径范围 0.01～0.1 mm。图 33-29 示出金属烧结多孔层的沸腾机理。多孔层由微小的金属球堆积而成,其间有很多空隙。热量从管壁传到金属球,再通过球周围的液膜传给气泡。金属多孔层能使沸腾表面传热系数提高一个数量级,其主要原因是:

(1) 金属颗粒间隙中气化核心数量多,即使过热度很小,气泡也能不断地成长;

(2) 蒸气泡在间隙中成长、脱离,但气化核心仍流在空隙内,成为下一个气泡的生成点;

(3) 在液体表面张力的作用下,液体不断的补充,进入空隙,形成循环。这种管子可以在很小的沸腾温差(<1℃)下保持沫态沸腾。烧结管的传热性能优于机加工的表面多孔管,但制造工艺较复杂,间隙率和平均孔径不易控制。

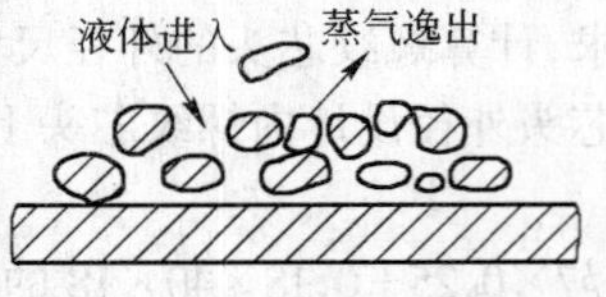

图 33-29 金属烧结多孔层的沸腾机理

33.3.2 常用高效传热管的品种和规格

33.3.2.1 冷凝管

冷凝管特殊设计的管外翅片形状(见图 33-30),增加了换热面积,减薄了翅片上液膜的厚度,从而增加了冷凝换热系数;同时管内具有螺旋槽道,强化管内换热;两面强化换热的综合效果可以大大提高总的换热系数。比普通光滑管的总换热系数提高了 2～3 倍。推荐规格见表 33-13。

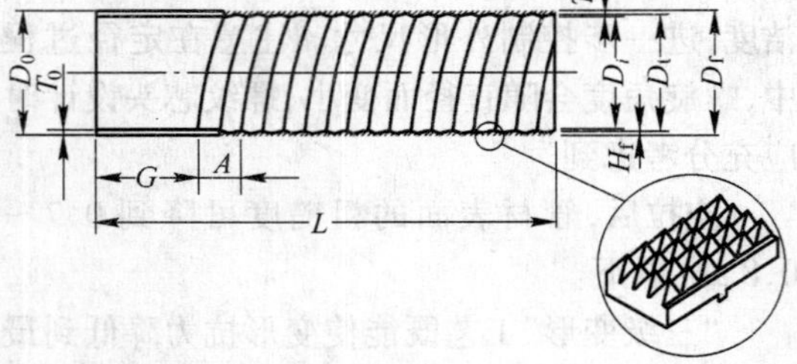

图 33-30 冷凝管示意图

表 33-13 推荐冷凝管规格

项次	管坯规格		翅片段尺寸规格					翅片段管内尺寸		
	外径 D_0/mm	壁厚 T_0/mm	外径 D_f/mm	齿根处壁厚/mm	内径 D_i/mm	翅片数 /个·in^{-1}	外翅片高度/mm	内齿数 /个	内齿高度/mm	螺旋角 /(°)
1	15.88	1.22	15.6	0.65	17.70	26	0.90	20	0.33	40
2	19.05	1.12	18.77	0.63	16.00	51	0.69	45	0.33	40

续表 33-13

项次	管坯规格		翅片段尺寸规格					翅片段管内尺寸		
	外径 D_0/mm	壁厚 T_0/mm	外径 D_f/mm	齿根处壁厚/mm	内径 D_i/mm	翅片数/个·in^{-1}	外翅片高度/mm	内齿数/个	内齿高度/mm	螺旋角/(°)
3	19.05	1.32	18.80	0.70	17.00	26	0.90	10	0.33	40
4	25.4	1.12	25.15	0.63	23.85	46	0.65	38	0.55	40
5	25.4	1.25	25.30	0.71	23.80	46	0.75	45	0.48	40

33.3.2.2 满液式蒸发管

蒸发管表面密布微孔，微孔下面有槽道相连接(见图 33-31)。这种结构提高了气化核心密度和提高了对空穴的补液速度，促进了沸腾的换热效果。它比普通光滑管的总换热系数提高了 3 倍左右。依据这种蒸发管的热工特性设计的蒸发器，可以减少蒸发器的体积，减少使用管子的数目，降低蒸发器的铜金属耗量与制造成本，并且在运行中降低能耗。推荐规格见表 33-14。

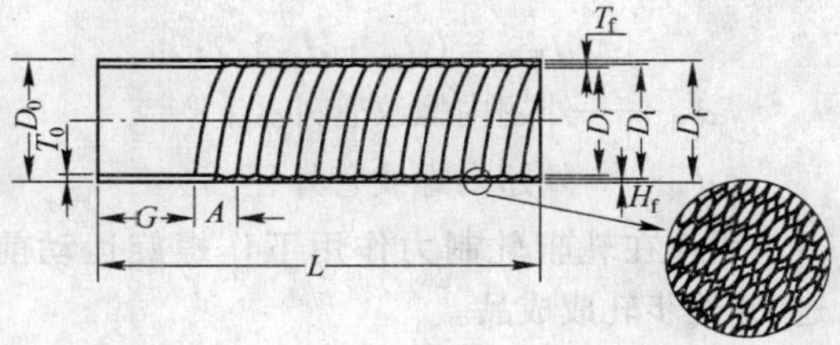

图 33-31 满液式蒸发管示意图

表 33-14 推荐蒸发管规格

项次	管坯规格		翅片段尺寸规格					翅片段管内尺寸		
	外径 D_0/mm	壁厚 T_0/mm	外径 D_f/mm	齿根处壁厚/mm	内径 D_i/mm	翅片数/个·in^{-1}	外翅片高度/mm	内齿数/个	内齿高度/mm	螺旋角/(°)
1	19.05	1.24	18.77	0.64	17.25	51	0.76	38	0.35	45
2	19.05	1.32	18.77	0.70	17.39	51	0.69	38	0.35	45
3	19.05	1.35	18.77	0.69	17.27	46	0.75	45	0.40	45
4	19.05	1.13	18.85	0.57	17.59	46	0.63	45	0.40	45
5	25.4	1.18	25.25	0.64	23.75	46	0.70	45	0.40	45

33.3.2.3 波纹管

波纹管表面具有沟槽(见图 33-32)。其作用一方面增加管外的换热效果；另一方面，内部的凸起改善管内流场的分布，从而增加管内的换热，二者的结合提高了总的换热效果。波纹管可以应用在空调和其他换热器中。推荐规格见表 33-15。

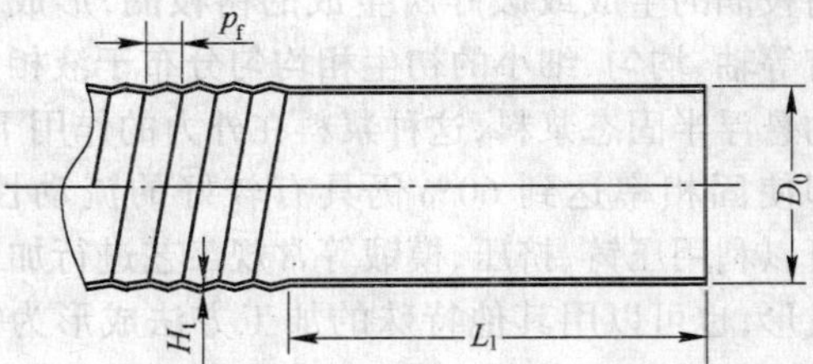

图 33-32 波纹管示意图

表 33-15 推荐波纹管的规格

项次	外径 D_0/mm	壁厚 H_t/mm	螺纹间距 p_f/mm	螺纹深度/mm
1	12.70	0.7	5.0	0.5
2	15.88	0.8	6.0	0.5
3	19.05	1.0	7.0	0.5
4	22.00	1.0	7.0	0.5

33.3.3 高效传热管的技术要求

高效传热管的详细技术要求可查阅 GB/T19447—2004 热交换器用铜及铜合金无缝翅片管。

33.3.4 轧制工艺

外翅内螺纹管轧制工艺过程是首先将管坯

送入三个轧辊的通孔中，在润滑条件下，三个轧辊同时压下，使孔型缩小，管坯受到切向力作用而旋转，三只轧辊刀片轧入管坯使其变形。三只轧辊中心线都偏转同一大小角度，这个角度称为导程角，其值可由下式计算：

$$\mathrm{tg}\alpha = S/\pi d_{平均} \qquad (33\text{-}19)$$

式中　α——导程角；

S——导程；

$d_{平均}$——外翅内螺纹管的平均直径，

$d_{平均} = (d_{外} + d_{根})/2$；

$d_{外}$——外翅内螺纹管外径；

$d_{根}$——外翅内螺纹管外径。

管坯在轧辊轧制力作用下作螺旋运动前进，并逐步轧成成品。

后处理工艺：成形后的外翅内螺纹管要达到成品状态，还须经过去除表面残留润滑油的清洗、定尺锯切、涡流探伤或气压泄漏检查、烘干和包装等工艺过程。

33.3.5　轧制设备

通过烧结工艺或是轧制工艺都可以制造高效传热管，然而，金属管表面通过烧结工艺形成的多孔介质薄层的技术复杂，表面多孔介质薄层的孔径不均匀，不易做成较大尺寸产品，而且复制性较差。所以采用此技术的厂家不是很多，而普遍采用的是三辊轧制法。

外翅内螺纹管三辊轧制设备结构见图33-33所示。设备动力由电动机供给，电动机经皮带轮和皮带将运动传给主轴，主轴通过主齿轮和三个刀轴上的分齿轮将运动传给三个刀轴，三个刀轴上分别安装若干相等数量的刀片组成三个轧辊，待加工的管坯内孔衬有螺纹芯头，在三只互成120°的轧辊的轧制下逐渐成形，轧成外翅内螺纹管。刀片和芯头的几何形状分别见图33-34和图33-35。因为在轧制过程中管子的变形是逐渐的，所以各刀片的几何形状不同。

刀片是直接使管坯变形的工具，其材料选择和热处理对产品有极重要影响。刀片与管坯是在受压下相互对滚，刀片上受的变载荷，其应力亦在时刻变化，故刀片应选择耐磨好、强度高、韧性好及疲劳强度高的材料。

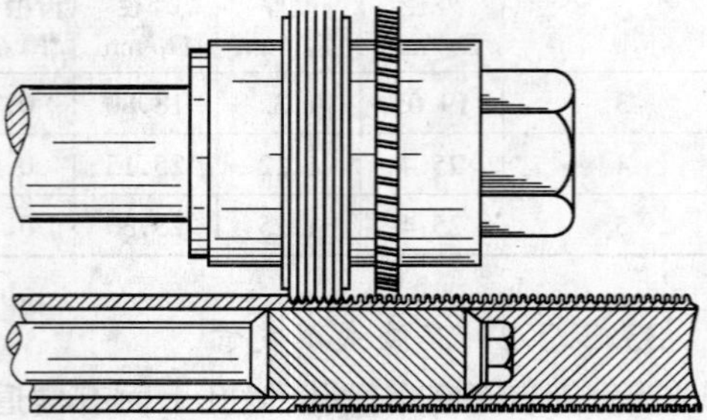

图 33-33　轧辊的结构示意图

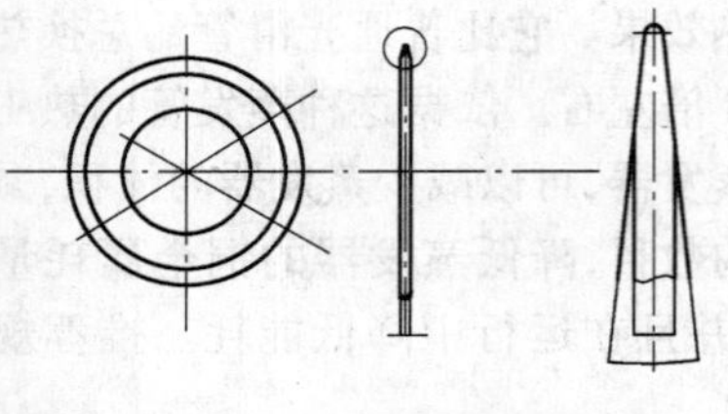

图 33-34　刀片几何形状示意图

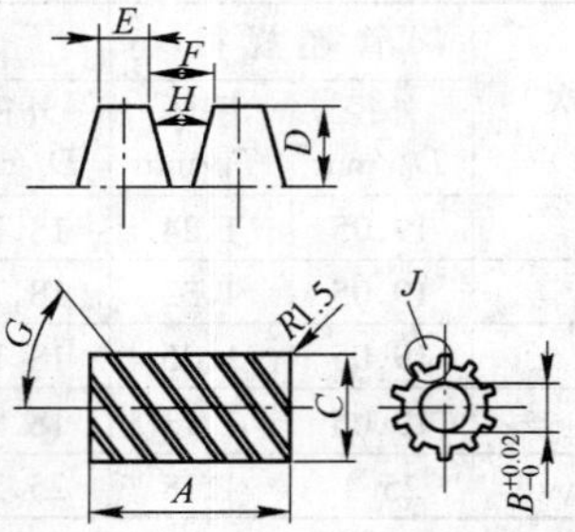

图 33-35　芯头几何形状示意图

33.4　半固态铜合金加工技术

半固态金属加工技术是21世纪前沿性金属加工技术。半固态金属加工是金属在凝固过程中，进行强烈搅拌或通过控制凝固条件，抑制树枝晶的生成或破碎所生成的树枝晶，形成具有等轴、均匀、细小的初生相均匀分布于液相中的悬浮半固态浆料，这种浆料在外力的作用下，即使固相率达到60%仍具有较好的流动性。可以利用压铸、挤压、模锻等常规工艺进行加工成形，也可以用其他特殊的加工方法成形为零件。这种既非完全液态，又非完全固态的金属浆料加工成形的方法，被称为半固态金属加工技术(Semi-Solid Metal Forming or Semi-Solid Metal Process,简称SSM)。

33.4.1 半固态成形的特点

与普通的加工方法相比,半固态成形具有许多优点:

(1) 应用范围广泛,凡具有固液两相区的合金均可实现半固态成形。可适用于多种成形工艺,如铸造、挤压、锻压和焊接。

(2) SSM充形平稳、无湍流和喷溅、加工温度低,凝固收缩小,因而铸件尺寸精度高。SSM成形件尺寸与成品零件几乎相同,极大地减少了机械加工量,可以做到少或无切屑加工,从而节约了资源。同时SSM凝固时间短,从而有利于提高生产率。

(3) 半固态合金已释放了部分结晶潜热,因而减轻了对成形装置,尤其是模具的热冲击,使其寿命大幅度提高。

(4) SSM成形件表面平整光滑,铸件内部组织致密、内部气孔、偏析等缺陷少,晶粒细小,力学性能高,可接近或达到变形材料的性能。

(5) 应用半固态成形工艺可改善制备复合材料时非金属增强相的漂浮、偏析以及与金属基体不润湿的技术难题,为复合材料的制备和成形提供了有利条件。

(6) 与固态金属模锻相比,SSM的流动应力显著降低,因此SSM模锻成形速度更高,而且可以成形十分复杂的零件。

33.4.2 半固态加工的组织特点

图33-36为常规铸造组织与半固态加工组织的比较。采用常规铸造方法,在合金熔体凝固早期,形核和长大的晶粒是可以自由移动的。但是,如果晶粒进一步长大成为大的枝晶后,它们将形成相互交错的枝晶网,那么晶粒间的相互移动就变得困难了,从而得到典型的枝晶组织,如图33-36*a*所示。在半固态加工的金属凝固过程中,由于进行了强烈搅拌,破碎所生成的树枝晶,或通过控制凝固条件,抑制树枝晶的生成。从而凝固组织中的一次相具有等轴、均匀、细小的近球形,如图33-36*b*所示。

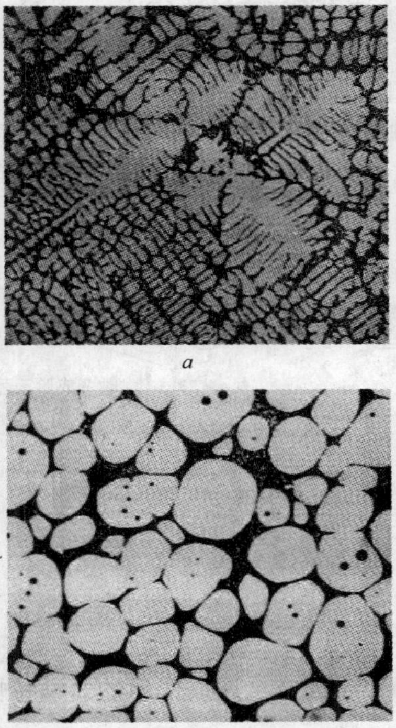

a

b

图33-36 常规铸造组织与半固态加工组织的比较
a—常规铸造组织;*b*—半固态加工组织

33.4.3 半固态金属加工的主要工艺流程

半固态金属加工技术适用于有较宽液固共存区的合金体系。研究和生产证明,适用于半固态加工的金属有:铝合金、镁合金、铜合金、锌合金、镍合金以及钢铁合金。其中铝合金、镁合金由于其熔点低,工业生产易于实现。因此,半固态金属加工技术在铝合金、镁合金方面,已得到一定的应用。

对于铜合金,由于其熔点较高,所以模具寿命的问题限制了半固态铜合金加工技术的发展。但是,近十年来,半固态浆料的制备方法有很大发展,因此高温合金的制浆问题也得到了一定程度的解决,铜合金的半固态加工技术也得到了发展。

半固态加工的主要成形手段有压铸和锻造,此外也有人试验用挤压和轧制等方法。其工艺路线主要有两条:一条是将搅拌获得的半固态浆料在保持其半固态温度的条件下直接成形，通常被称为流变铸造(Rheocasting)；另一条是将半固态浆料制备成坯料，根据产品尺寸下料，再重新加热到半固态温度进行成形，通常被称为触变成形(Thixoforming)，如图33-37所示。对触变成形，由于半固态坯料便于输送，易于实现自动化，因而在工业中较早得到了广泛应用。对于流变铸造，由于将搅拌后的半固态浆料直接成型，具有高效、节能、短流程的特点，近年来发展很快。

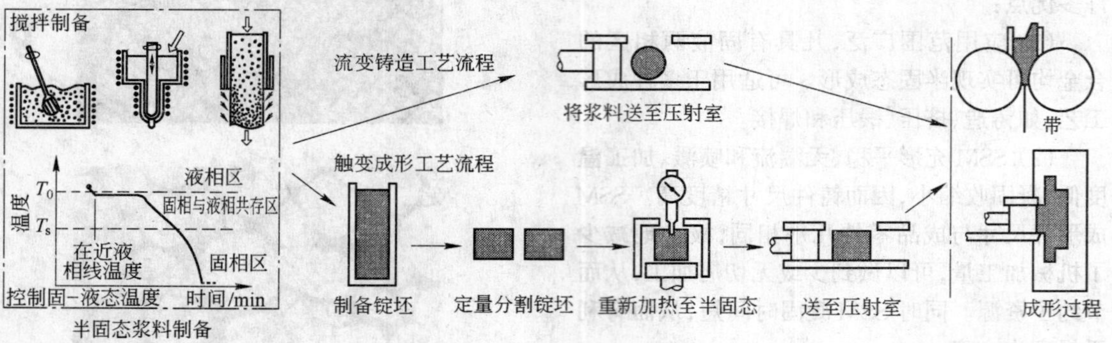

图33-37 固态金属加工的两种工艺流程

33.4.4 半固态金属成形后的力学特性

目前，半固态成形主要是采用流变铸造的铸锭重新加热到液固两相之间的温度，再挤压或锻造成零件。实践证明，由于半固态金属具有触变性，铸坯在成形中具有明显的超塑效应和充填性能，而且变形抗力也小，可在较高速度下变形。从变形机理分析，其变形过程是一个从塑性变形到超塑性变形的过程。半固态成形技术的特点是半固态成形的零件复杂程度相当于铸造，而材料的力学性能与锻件的性能相近。

33.4.5 半固态金属坯料(浆料)的制备方法

半固态坯料或浆料要求初生相固体呈细小、非枝晶的球状颗粒，并均匀分布在低熔点液相中。目前，浆料或坯料制备方法很多，具有代表性的有机械搅拌法、电磁搅拌法、应力诱发熔化激活法(Stress Induced Melt Activation)、喷射沉积法(Ospray)、控制合金浇注温度法、紊流效应法、粉末法等。其中，机械搅拌法和电磁搅拌法是目前最为成熟的工业化坯料制备方法，其他的一些坯料或浆料的制备方法目前还处于实验室研究或中试阶段，没有投入大规模工业化生产。

33.4.5.1 机械搅拌法

机械搅拌法是最早采用的方法，其设备构造简单，它可以通过控制搅拌温度、搅拌速度和冷却速度等工艺参数，使初生树枝晶破碎而成为颗粒结构，从而研究金属凝固规律和半固态金属流变性能。一般分为连续式和间歇式两种类型，如图33-38所示。

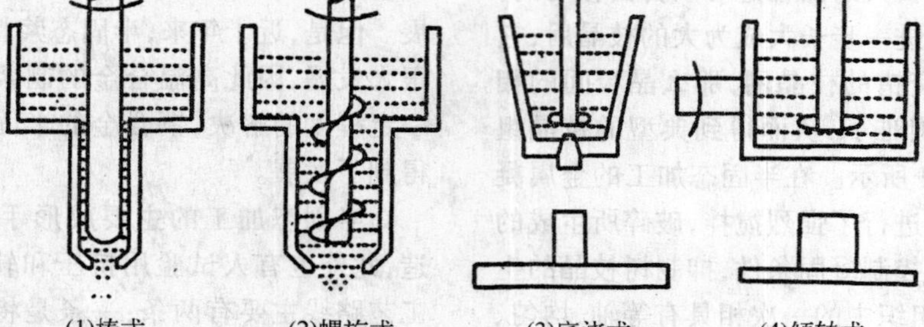

图33-38 几种机械搅拌装置的示意图

连续铸造的方式包括棒式和螺旋式。棒式装置具有金属液不易氧化、固相分数易控制、能连续生产的优点;其缺点是出料速度较慢,搅拌棒易损耗。螺旋式装置由于具有向下挤压流体的作用,使出料速度加快。

间歇铸造的方式包括底浇式和倾转式。底浇式装置的最大特点是结构简单,但是它的底部密封塞影响铸型的设置。倾转式装置的坩埚可以倾转,将部分凝固的合金倒入铸型,在坩埚倾转前需将搅拌棒从合金中提出,金属液的表观黏度会因为停止搅拌而上升。

33.4.5.2　电磁搅拌法(MHD-Magneto-Hydro-Dynamic Stirring Method)

目前,电磁搅拌法在国外已应用于工业化生产非枝晶原材料铸锭,并有一些公司能够进行商品化生产。

电磁搅拌法被认为是制备半固态合金中最理想、最有前途的方法。从搅拌金属液的流动方式来分,电磁搅拌有三种形式:一是水平式,即感应线圈平行于铸型的轴线方向;二是垂直式,即感应线圈与铸型的轴线方向垂直;三是上述两种旋转方式的结合-螺旋式,如图 33-39 所示。影响电磁搅拌效果的因素有搅拌功率、冷却速度、金属液温度、浇注速度等。由于电磁搅拌的"集肤"效应,通常直径大于 150 mm(6 英寸)的铸坯不宜采用电磁搅拌法生产。

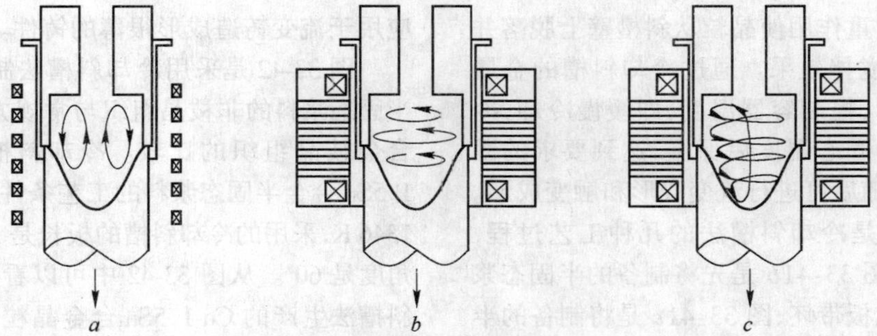

图 33-39　不同的电磁搅拌方式示意图
a—垂直式;*b*—水平式;*c*—螺旋式

33.4.6　半固态加工技术的发展趋势及制备新技术

尽管半固态加工技术有许多的优点,但它也存在一些不足,如流程较长。因此,半固态加工技术的发展趋势是:进一步简化加工工艺流程;进一步降低加工成本;扩宽半固态加工技术的应用范围。

最近几年来,出现了许多制备半固态浆料的新工艺和新技术。由于这些新工艺和新技术具有生产成本低、能耗低、生产效率高、设备简单、操作方便、可以生产尺寸较大的半固态坯料等优点,其主要方法有以下几种:

(1) MIT 新工艺。"MIT 新工艺"最近的实验研究认为,影响形成非枝晶半固态浆料的重要因素是合金的快速冷却和热传导。在一定的搅拌速度下,能获得半固态组织,进一步提高搅拌速度对产生球形晶粒没有太大影响,而且当搅拌时间为 2 s 时就能产生非枝晶半固态浆料。当合金温度低于液相线温度时,搅拌对最终的微观组织没有太大影响,只是利用搅拌消除过热,引起合金形核固化,而容器壁和浇注热传导(对流)起很大作用。

如图 33-40 所示为新 MIT 工艺过程:将容器内合金保持在液相线温度以上几度范围内;将一个带有冷却作用的镀铜棒搅拌器伸入到熔体内进行短时间搅拌,使合金温度降低到液相线温度,熔融合金内只有几个固相百分数;取出搅拌器,将合金静止在半固态区间,进行短时间缓慢冷却或保持在绝热状态,然后将合金冷却到指定成形温度。在液相线温度附近的搅拌-冷却会使合金熔体内产生大量晶核。

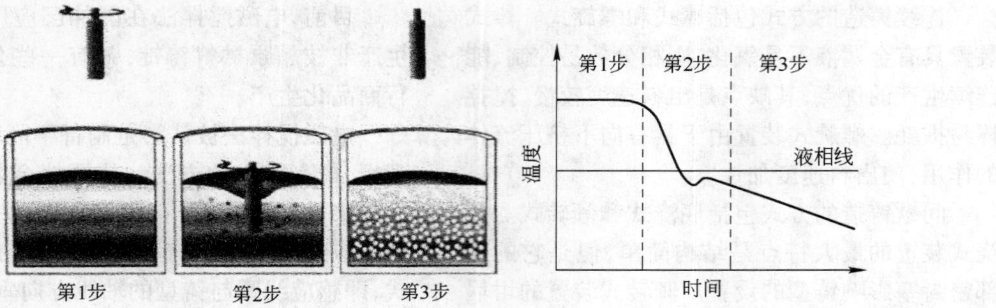

图 33-40 新 MIT 工艺的工艺过程

(2) 冷却斜槽法(Cooling Slope)。冷却斜槽法的原理为:将略高于液相线温度的熔融金属倒在冷却斜槽上,由于斜槽的冷却作用,在斜槽壁上有细小的晶粒形核长大,金属流体的冲击和材料的自重作用使晶粒从斜槽壁上脱落并翻转,以达到搅拌效果。通过冷却斜槽的金属浆料落入容器,控制容器温度,即缓慢冷却,冷却到一定的半固态温度后保温,达到要求的固相体积分数,随后可进行流变成形和触变成形。图 33-41 所示是冷却斜槽法的几种工艺过程,图 33-41*a* 和图 33-41*b* 是先将制备的半固态浆料直接铸轧成板带坯,图 33-41*c* 是将制备的半固态浆料铸造成坯锭后,再二次加热,重熔后触变成形的工艺过程。采用冷却斜槽法制备的半固态浆料的固相百分数在 3%～10%之间,其流动性同熔融金属一样。在流变铸造中,固相百分数越低,越容易铸造。因此,冷却斜槽法能应用于流变铸造成形很薄的铸件。

图 33-42 是采用冷却斜槽法制备的铜合金半固态浆料的非枝晶组织与常规方法生产的铜合金枝晶组织的比较。冷却斜槽法制备 Cu-1.5Sn 合金半固态浆料的工艺条件是,铸造温度 1346 K,采用的冷却斜槽的板长是 280 mm,倾斜角度是 60°。从图 33-42 中可以看出,采用冷却斜槽法生产的 Cu-1.5Sn 合金晶粒圆整,接近于球形,而常规铸造方法得到的是典型的树枝晶。

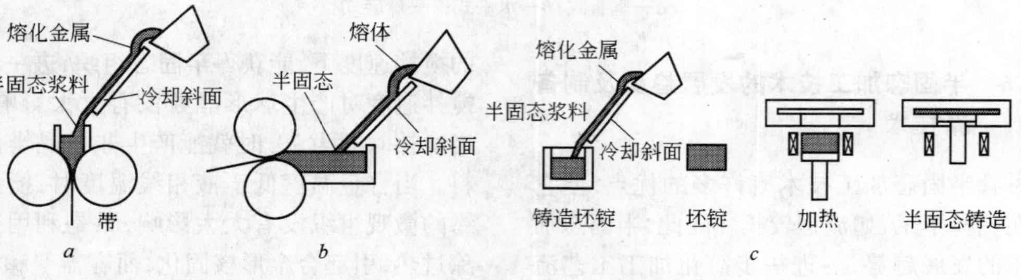

图 33-41 冷却斜槽法的几种工艺过程

(3) 双螺旋半固态金属流变注射成形法。双螺旋流变注射机由坩埚、双螺旋剪切装置和中央控制器等组成,双螺旋剪切装置是由筒体和一对相互紧密啮合的同向旋转螺旋组成,如图 33-43 所示。螺旋轴的齿形经过特殊设计,能使金属熔体得到较高的剪切速率和较高的湍流强度。在挤压筒外沿,沿着挤压机轴线方向分布着加热单元和冷却单元,形成一组加热-冷却带,温度控制精度可达到 ±1℃,能准确地控制半固态金属浆料固相体积百分数。

(4) 剪切-冷却-轧制法(Shear-cooling Roll)。剪切-冷却-轧制法(Shear-cooling Roll)简称 SCR 法。图 33-44 所示为 SCR 法的示意图,主要包括剪切-冷却轧辊、由耐火材料制造的靴形座与剥离器,轧辊内通水冷却,轧辊的转动引导熔融金属沿着靴形座流动。靴形座需要预热到一定温度,防止金属在靴座上凝固。在金属浆料出口处安装一个剥离器,将可能粘附在轧辊上的金属刮去。其工作原理是:将加热到一定温度的熔融金属经喷嘴注入辊缝上方的导向槽中,轧辊与靴形座之间留有一定的间隙,同时轧辊表面具有一定的粗糙度,轧辊内通水冷却。由于轧辊与靴形座的冷却作用,合金熔体发生凝固,转动的轧辊对部分凝固的合金产生剪切搅拌作用,使合金熔体转化为半固态浆料,并通过轧辊施加的摩擦力将半固态浆料从轧辊与靴形座间隙中拖出,同时通过安装在出料口的剥离器引导半固态浆料流动。获得的半固态浆料,可直接进行流变成形,也可制成所需尺寸的半固态坯料,然后进行触变成形。

图 33-42　Cu-1.5%Sn 合金铸锭的微观组织
a—采用冷却斜槽法;*b*—常规铸造方法

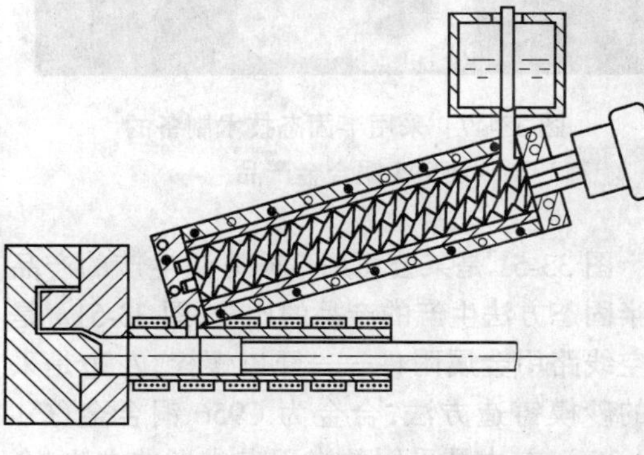

图 33-43　双螺旋流变注射成形示意图

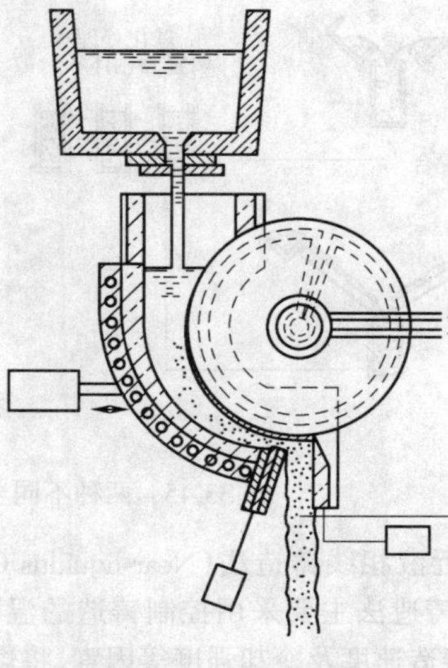

图 33-44　SCR 原理图

(5) 不同液体混合法(Liquid Mixing Process)。不同液体混合法是将两种或三种亚共晶成分的熔融金属混合,或将亚共晶和过共晶成分的熔融金属混合。通常,将要混合的熔融金属均保持在液相线以上,熔融金属内没有晶核或者晶核很少。混合是在绝热容器中进行,或者在一个通过向绝热容器的表面涂镀石墨的静止混合槽中进行。混合槽要预热,保证熔体流过混合槽时,其温度保持在液相线温度以上。熔体在混合槽上以湍流方式流动,使其混合程度良好。两种熔体的混合导致自发的热传导(热释放),亚共晶吸收过共晶热量,混合后得到的新合金温度在液相线温度上下,含有大量的晶核,进一步热处理可以形成具有细小,球状组织的半固态浆料,参见图 33-45 所示。图 33-45*a* 所示是两种不同金属熔体混合的工艺过程,图 33-45*b* 所示是两种不同金属熔体在混合前和混合后的温度变化情况。

通过控制不同熔体的成分和质量,能获得所需半固态浆料。如果两种将要混合的熔体是不同成分,通过控制热和质量传递(或扩散)获得含有大量初始 α 相颗粒。亚共晶合金温度、对流强度和初始相颗粒尺寸对半固态浆料最终微观组织有很大影响。

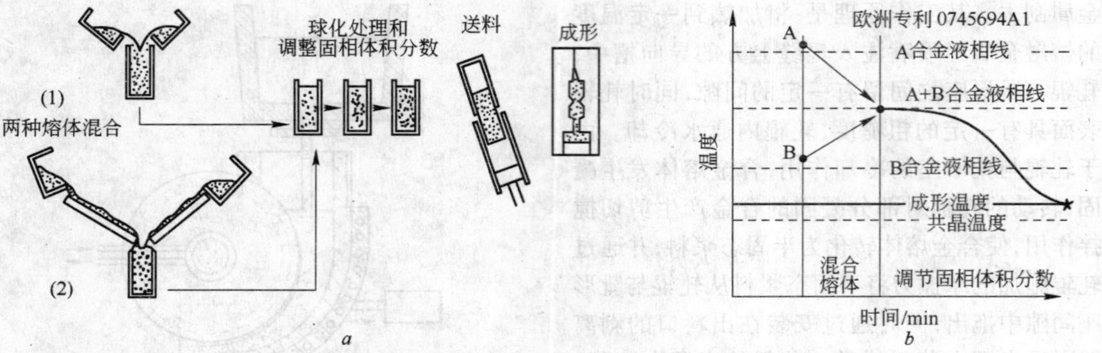

图 33-45　两种不同金属熔体混合的工艺过程及温度变化图

（6）近液相线铸造法（Near-liquidus Cast）。近液相线铸造法主要采用控制铸造的温度、静置时间、铸造速度及冷却强度等因素，将熔融温度在液相线温度以上或接近于液相线温度经保温静置后，并在一定的冷速下浇注，从而获得细小、近球形、非枝晶半固态组织。

33.4.7　半固态铜合金加工技术的应用

在铜加工行业，半固态加工技术也有着广泛的应用前景。半固态加工技术可以大幅度降低铸造温度，在高熔点铜合金的成形方面有着特别的意义。采用半固态加工技术制造机械零件，可以大幅度降低能源消耗，提高压铸模具的寿命。半固态加工生产铜合金等高熔点合金的困难主要来自于：半固态铜合金浆料的制备；适应较高的成形温度和热冲击的成形模具材料的选择；铜合金材料较窄的半固态加工范围，即半固态温度区间较窄等。

图 33-46 是半固态 C905 合金（Cu-10Sn-2Zn）的微观组织，在液相中保留下来的初生固相的粒子尺寸在 100μm 左右。图 33-47 是采用半固态技术制备的 C905 铜合金产品。

图 33-48*a* 是采用半固态加工方法制备的 C836（Cu-5Sn-5Zn-5Pb）和 C905 铜合金制品，图 33-48*b* 是其横断面及微观组织，横断面上的白色颗粒是成形过程中保留下来的初生一次相组织。

图 33-49 是制动器测厚仪零件，材料为 C642 铜合金（Cu-7Al-1.8Si-0.15As）。用 SIMA（应变诱发熔化激活）方法制备坯料，采用触变成形工艺。图 33-50 是采用与上述同样的方法制备的 C642 铜合金的高尔夫球棍底板。

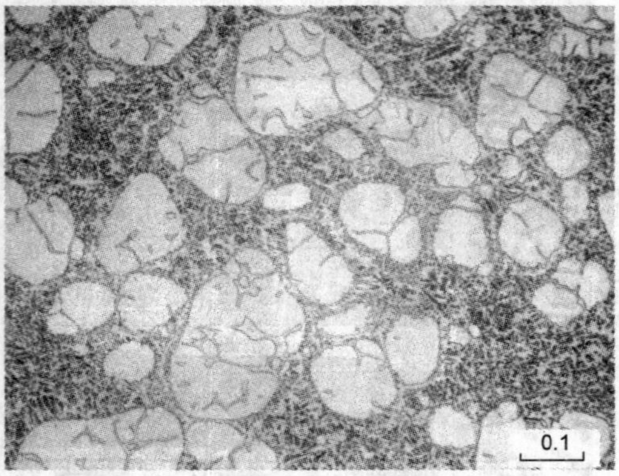

图 33-46　C905 合金的微观组织

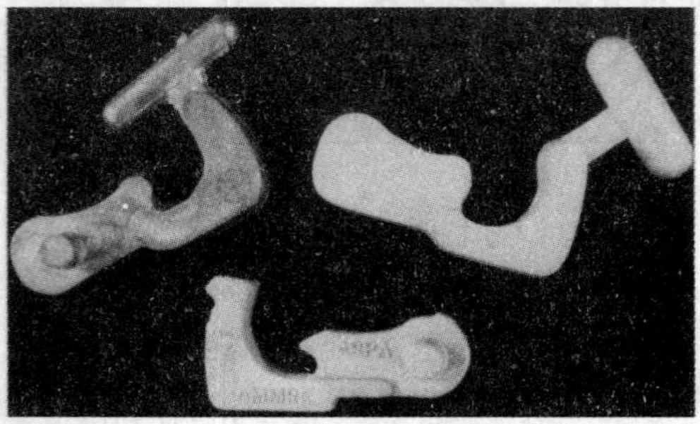

图 33-47　采用半固态技术制备的 C905 铜合金产品

图 33-51 是某公司用不同方法生产的产品与半固态方法生产的产品的比较，图 33-51*a* 是架空线路用金属附件——开口螺栓，左边是采用的砂模铸造方法，合金为 C956 铜合金（Cu-7Al-3Si），右边是采用的半固态成形的方法，合

金为 C642 铜合金；图 33-51b 是水泵壳体，左边是采用的砂模铸造方法，合金为 C844 铜合金（Cu-3Sn-9Zn-7Pb），右边是采用的半固态成形的方法，合金为 C377 铜合金；图 33-51c 是螺纹接管，左边是采用的闭合模锻方法，右边是采用的半固态成形的方法，合金为 C377 铜合金；图 33-51d 是柱帽，左边是采用的闭合模锻方法，右边是采用的半固态成形的方法，合金为 C377 铜合金。从图 33-51 可以看出，用半固态加工方法制得的成品比常规方法制得的成品表面质量要好，并且经过计算，半固态加工的成本比常规方法节省 34%～54%。

a

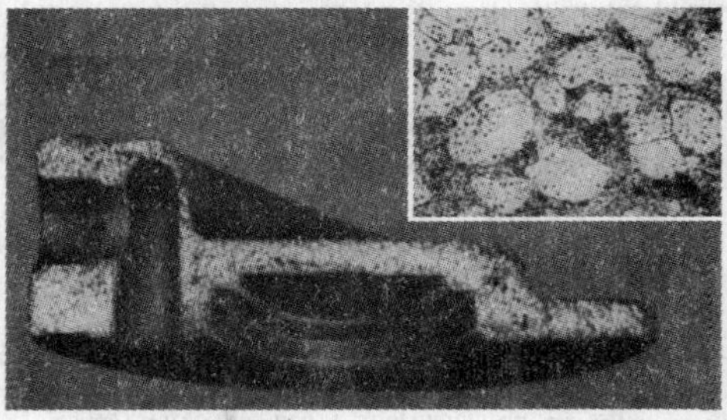

b

图 33-48　铜合金半固态制品、横断面及微观组织

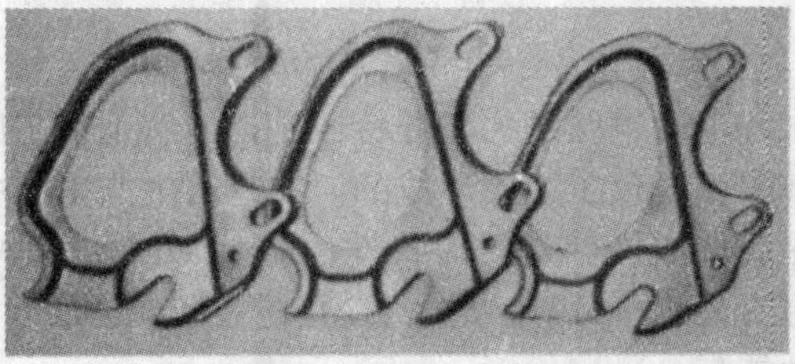

图 33-49　半固态加工成形的铜合金零件

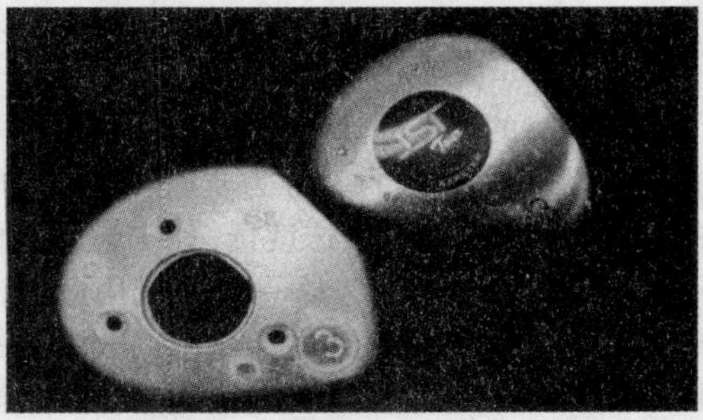

图 33-50　C642 合金的高尔夫球棍底板

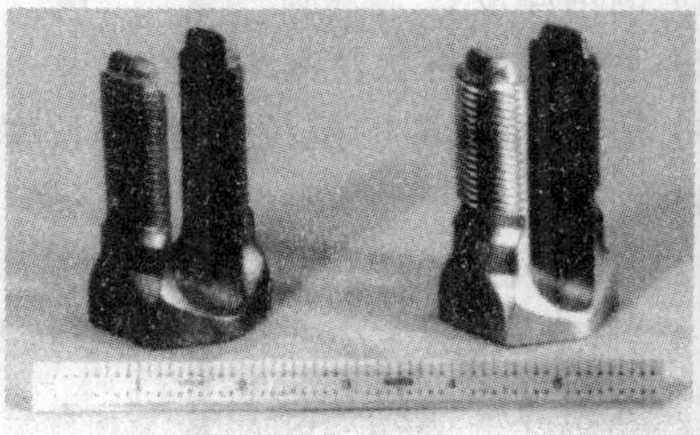

a

b

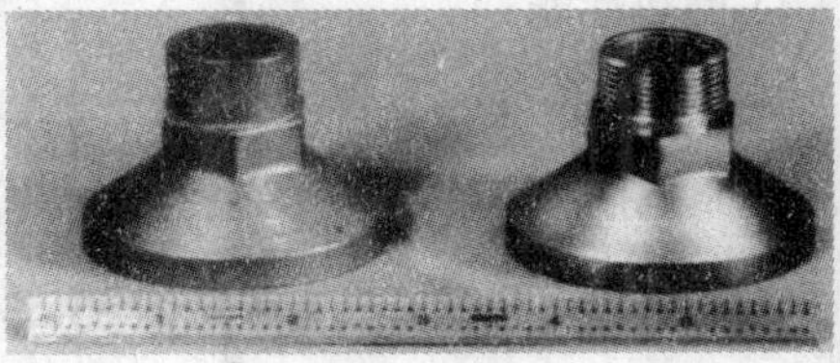

c

d

图 33-51　半固态加工零件与普通加工方法生产的产品比较

a—开口螺栓；*b*—水泵壳体；*c*—螺纹接管；*d*—柱帽

总之,随着科学技术的发展,半固态加工技术在铜合金的生产加工中将会有进一步的发展。

33.5 电解铜箔生产制造技术

33.5.1 概述

金属箔材的制造方法主要是压延法、湿法和干法三种。

(1) 压延法为最常见的生产方法,该方法工艺比较成熟,但具有下列几个缺点:

1) 生产流程长,工艺复杂,一次性投资大,只适宜大规模生产;

2) 箔材的最小厚度受到限制;

3) 对轧制设备精度和轧辊的质量要求较高;

4) 箔材的宽度受到限制。

(2) 湿法生产箔材又分为非电解法和电解法两种。前者皮膜生成速度慢,且皮膜的生成只限于少数几种金属。故一般多采用电解法(也称电铸法),该法得到的金属箔的表面结晶组织可以控制,可生产印刷电路用镍箔、铜箔、复合材料用箔、磁性铁箔等。

(3) 干法一般用来制造超薄膜,不能大量生产,价格高,多应用于半导体和记录材料的生产。

1920年,日本古河电工厂首先用电解法制得0.30~0.50 mm的铜箔,用于建筑防水层及装饰材料。同年,美国Anaconda公司对旋转阴极连续性电解铜箔生产进行研究,历时十载于1930年在其Raritan铜精炼厂试产成功,三年后大批生产。1932年,英国发明了不溶性阳极、旋转阴极生产无限长电解铜箔技术,把电解法生产铜箔的技术推向了连续、高效、自动化的时代。

20世纪40年代后期,电子工业的迅速发展,促进了电解铜箔生产技术的进步,相继研究出了多种铜箔表面处理技术,使电解铜箔由原来的建筑材料成为生产印刷电路的主要功能材料。除此之外,目前国际上还用它作为挠性母线、电波屏蔽板、高频汇流线及热能搜集器等。

33.5.2 电解铜箔要求的各种特性

33.5.2.1 电解铜箔的结构

图33-52是印刷电路用经表面处理的电解铜箔的显微截面结构模型图。A部分为毛箔,即电解铜箔的主体,是电解毛箔工序的产品。B部分为表面处理层,对应于电解铜箔电化学表面处理工艺的三个过程。

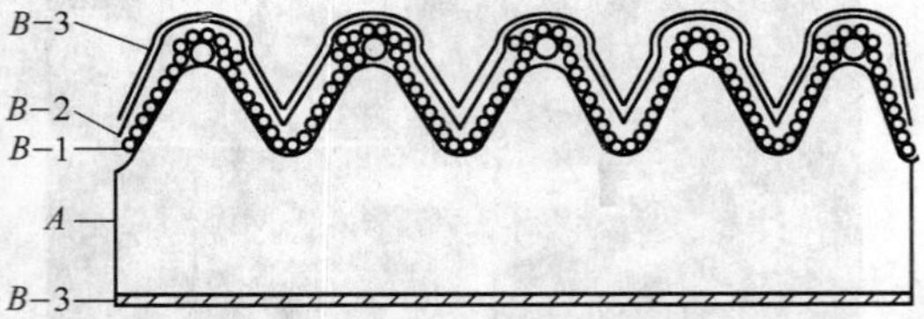

图33-52 经表面处理的电解铜箔断面结构模型图

33.5.2.2 电解铜箔的特性构成

电解铜箔的大部分特性是在电解毛箔工序和表面处理工序中形成的。在毛箔生产工序中主要形成机械方面的特性,在表面处理工序中主要是改善其化学性质,并进一步增强力学性能。

(1) 电解毛箔工序中形成的性能:

1) 铜箔厚度;

2) 毛面的峰谷状及其均匀性;

3) 常温、高温时的抗拉强度、伸长率;

4) 针孔。

(2) 表面处理过程中形成的特性:

1) 粗化微粒的大小、组成和分布状况;

2) 抗剥强度;

3) 化学性能(有无基板污染);

4) 耐热性能;

5) 抗氧化性能。

33.5.3 电解铜箔的生产工艺流程

电解铜箔的生产工艺流程见图33-53。

33.5.4 电解铜箔生产原理

阴极铜在蒸汽加热和强烈的空气搅拌下,在含有硫酸的酸性硫酸铜电解液中,发生下列化学反应，使电解液中含铜量增高，含酸量降低。

$$2Cu+O_2+2H_2SO_4 \xlongequal{\Delta} 2CuSO_4+2H_2O \quad (33\text{-}20)$$

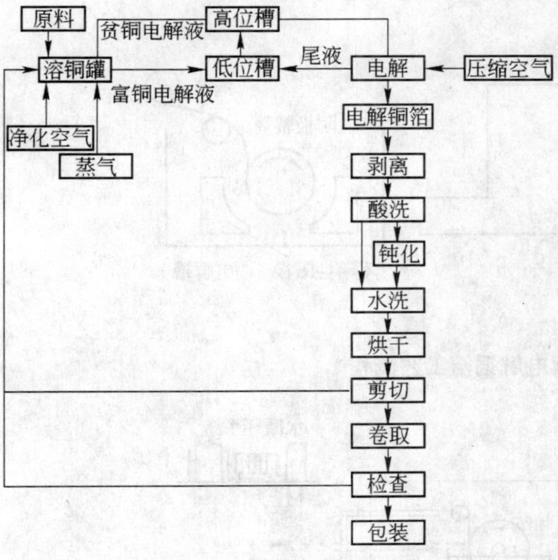

图 33-53 电解铜箔生产流程

含有硫酸的酸性硫酸铜电解液，在不溶性阳极电解槽中阴阳极通电后，在电场的作用下，使电解液中阳离子移向阴极，阴离子移向阳极。

铜离子含量很高，大量的铜离子移向阴极，得到电子被还原成铜原子。

即在阴极：$Cu^{2+}+2e \rightarrow Cu$

而电解液中的 SO_4^{2-} 离子移向不溶性阳极，立即与周围的水起反应，在不熔性阳极放出氧气的同时，生成硫酸。

即在阳极：$H_2O+SO_4^{2-}-2e \rightarrow H_2SO_4+O_2\uparrow$

故不溶性阳极电解槽中的电解过程可用下列反应式表示：

$$CuSO_4+H_2O \xrightarrow{\text{电解}} Cu+H_2SO_4+O_2\uparrow \quad (33\text{-}21)$$

不溶性阳极选用铅（含 1% Ag）作为阳极，由于电解中首先形成的硫酸铅是难溶的，而以固体薄膜形态覆盖在阳极表面上，使阳极电位上升，于是发生下列反应：

$$Pb(SO_4)_2+2H_2O \rightleftharpoons PbO_2+2H_2SO_4 \quad (33\text{-}22)$$

即当整个铅阳极被过氧化铅的钝性薄膜所紧密遮盖时，阳极成为真正的不溶性阳极。

33.5.5 电解铜箔的生产方法

33.5.5.1 辊式连续电解法

辊式连续电解法是以阴极铜或与阴极铜同等纯度的电线返回料为原料，使其在含有硫酸的酸性硫酸铜溶液中溶解并离子化，在以不溶性材料为阳极，底部浸在硫酸铜电解液中快速旋转的阴极辊为阴极的电解槽中进行电解，溶液中的铜离子沉积到阴极辊筒表面形成铜箔，铜箔的厚度由阴极辊电流密度和阴极辊转速（即电解时间）所控制。待铜箔随辊筒转出液面后，再连续地从阴极辊上剥离，经水洗、干燥、卷取而成毛箔。

33.5.5.2 环带式连续电解法

环带式连续电解法是在电解槽内，设置由导电材料制成的环形带，将此环形带的下侧运行部分浸在电解液中，环形带作为阴极连续运行，相当于辊式连续电解法中阴极辊筒。在电解槽内放置多组不溶性阳极板，电解液中的铜离子沉积到环形带上再连续地从环形带上剥离下来，卷成箔材。

33.5.5.3 用载体生产超薄铜箔的方法

用载体生产超薄铜箔的方法是采用一定厚度（0.040～0.100 mm）的金属箔作为载体，在载体上镀上极薄的铜层作为载体铜箔，以便在进一步的表面处理和层压覆铜板时支承铜箔，压制成层压板后再将载体与层压板分离。

用载体法生产超薄铜箔所用载体一般为可溶性的铝箔。具体工艺是：在经过表面处理的铝箔支承层面上镀一层厚度足以形成粗面的第一层铜箔，在该层铜箔上涂一层极薄的防粘层，再镀第二层非自承重厚度的铜箔层。

将上述支承层铝箔、第一层铜箔、防粘层统称为“载体层”，是为超薄铜箔提供容易分离、干净、不会擦伤表面的载体。第二层铜箔可用现有的方法进行表面处理，增加表面粘结强度，以便层压到基底材料上。层压的方法是将复合载体箔叠放到浸环氧树脂的绝缘基底上，超薄铜箔层与基底材料接触，在加热加压条件下压制成层压板，冷却后将载体层剥离，留下具有超薄铜箔的覆铜层压板。

采用这种生产方法生产超薄铜箔，能防止铜箔的焊接面在运输、储存和高温层压时损伤和氧化。层压时由于铜箔附在载体上，还能防止固化前的流动树脂穿过超薄铜箔的微小针孔，否则，将给下道的蚀刻和焊接工序造成不少困难，甚至产生废品。

图 33-54～图 33-57 为几种电解铜箔生产系统示意图。

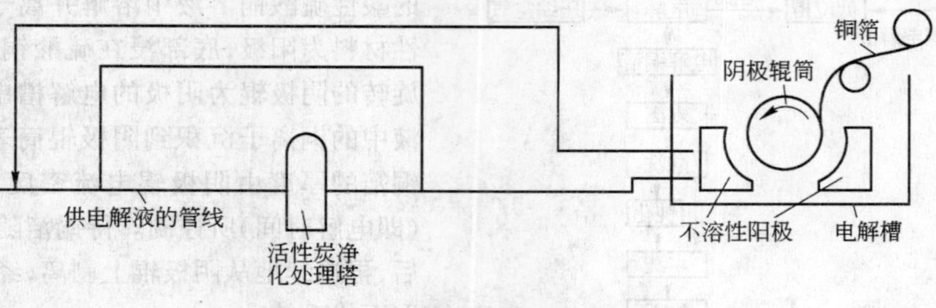

图 33-54 典型辊式连续电解铜箔工艺流程

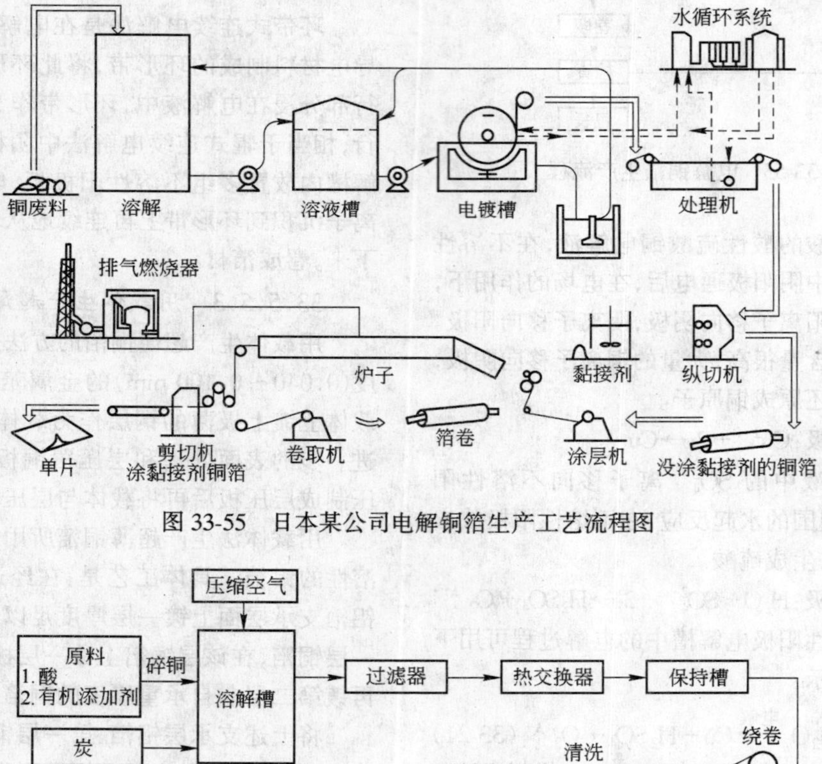

图 33-55 日本某公司电解铜箔生产工艺流程图

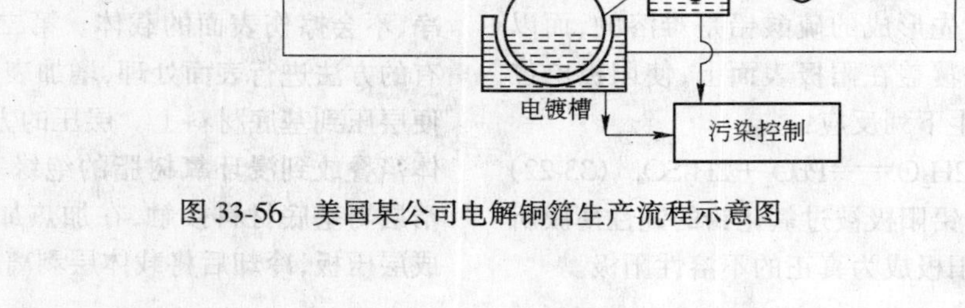

图 33-56 美国某公司电解铜箔生产流程示意图

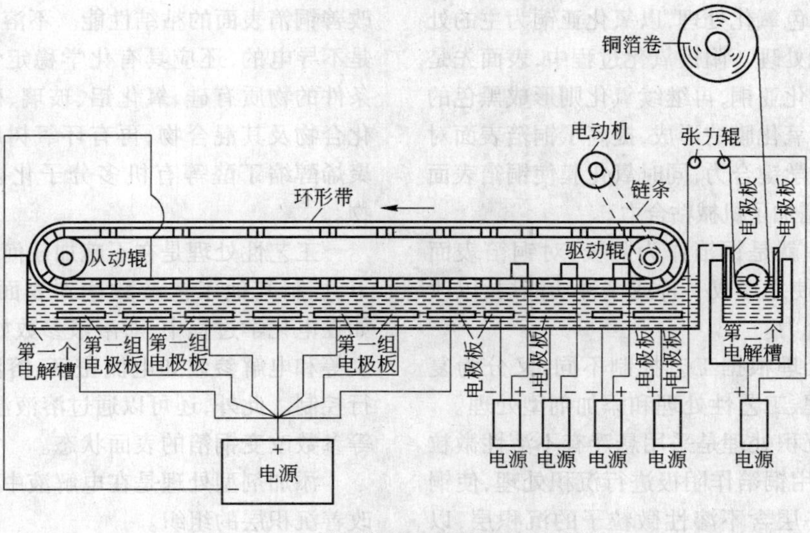

图 33-57 环形带式电解铜箔机示意图

33.5.6 电解铜箔的处理

电解后经剥离、水洗、干燥、卷取的铜箔被称为毛箔(生箔)。最后从阴极辊上剥离的一面(俗称光面或 S 面)就是层压板表面见到的一面。反面(俗称毛面或 M 面)就是下一步被粗化,在上胶或层压时与树脂粉粘接的一面。

直接从阴极辊上剥取的铜箔必须进行表面处理,才能满足印刷线路板用铜箔各种性能要求。表面处理主要是对铜箔毛面进行处理,处理的主要目的是在于提高铜箔抗氧化变色的性能。

电解铜箔的处理工艺是将电解铜箔预先洗净,再活化洗净,表面粗化处理,化学皮膜处理,防锈处理,经干燥后便成铜箔。图 33-52 中 B-1 为粗化层,B-2 为阻挡层,B-3 为防氧化处理层。

电解铜箔的处理方法可分为机械法、化学法和电化学法三种,其中电化学处理方法为目前主要使用的方法。

33.5.6.1 机械法

机械法是对铜箔的粗糙表面(毛面)进行机械的磨削加工,以提高铜箔表面粗糙度,改善其粘结强度。这种加工作用不明显,特别是对 0.035 mm 以下的铜箔。

33.5.6.2 化学法

化学法是在不加任何外部电源的情况下,采用浸渍或喷射的方式对铜箔表面进行镀覆或腐蚀处理,使铜箔表面产生一定的化学反应,形成一定形貌的凹凸表面结构,以达到改善铜箔表面粘结性能的目的。

33.5.6.3 电化学法

电化学法是借助于外部电源,对铜箔表面实施一定的电化学沉积或电化学氧化处理,来提高和改善铜箔表面的粘结性能,是处理电解铜箔的主要方法。

电化学粗化处理工艺分为三个过程:

第一过程是为了保持铜箔与树脂的粘结力,要在毛箔的毛面上采用极限电流密度,粘附上由铜及氧化铜组成的枝状结晶组织的粗化层。

第二过程是为了使铜箔具有耐热特性,要在粗化层表面电镀黄铜或锌做阻挡层。具有阻挡层的铜箔在生产印刷电路的过程中,完全没有处理微粒迁移等基板污染现象。而无阻挡层的粗化铜箔,它的长时间耐热性能很差且污染基板。

第三过程是为了防止在搬运、存放或层压时发生氧化,在铜箔的表面进行镀锌、镍、锡及其它金属或合金作为防氧化镀层。

电化学处理铜箔根据铜箔所处电极的不同,又分为阳极处理和阴极处理。

阳极处理是将铜箔作为阳极,使铜箔表面发生氧化反应生成氧化铜或氧化亚铜,以氧化铜为主的处理称黑色氧化处理，以氧化亚铜为主的处理称红色氧化处理。阳极氧化过程中，表面先是形成红色的氧化亚铜，再继续氧化则形成黑色的氧化铜薄膜。氧化膜的形成，提高了铜箔表面对绝缘树脂的化学键合力，同时氧化膜使铜箔表面凹凸不平，又增加了机械粘合力。

阴极处理就是铜箔作为阴极，对铜箔表面进行电沉积，使之形成一种或多种功能层，以改善铜箔的粘合力。

电化学处理根据工艺控制不同，又分为复合电沉积处理、工艺性处理和添加剂型处理。

复合电沉积处理是采用悬浮有不溶性微粒子的处理液，用铜箔作阴极进行沉积处理，使铜箔表面形成一层含不溶性微粒子的沉积层，以改善铜箔表面的粘结性能。不溶性微粒子必须是不导电的，还应具有化学稳定性。满足这些条件的物质有硅、氧化铝、玻璃、硫酸钡等无机化合物及其混合物；再有环氧树脂、酚醛树脂、聚烯醇缩丁醛等有机多分子化合物及其混合物。

工艺性处理是在不施加任何添加剂的情况下，控制其他工艺参数达到表面处理的方法。如在电化学过程中，对溶液参数如成分、溶液浓度等和电解参数如电流密度、溶液循环量等进行控制。此外，还可以通过溶液温度、脉冲电流等参数改变铜箔的表面状态。

添加剂型处理是在电解液中加入某种物质改善沉积层的组织。

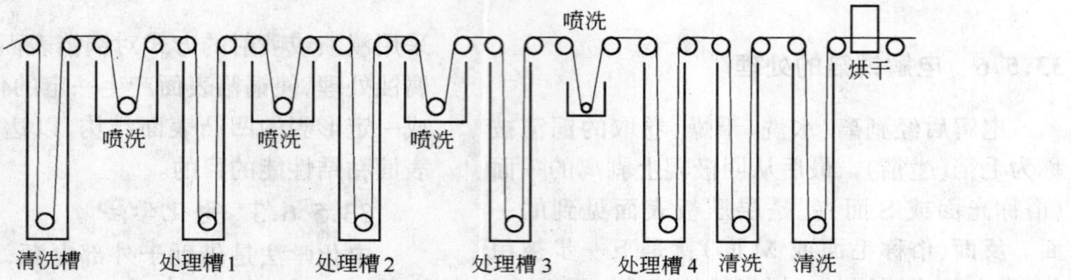

图 33-58 美国 MTI 公司表面处理流程

图 33-58、图 33-59 为美国某公司电解铜箔电解和表面处理流程示意图，是在电解铜箔的过程中，将阴极分为电镀区和表面处理区，在电镀区内加基准电流，在另一区内叠加一个大于阴极电流密度的电流，使铜箔在剥离前就进行了表面处理，大大简化了工艺流程。

表 33-16 为电解铜箔各种处理方法的比较。

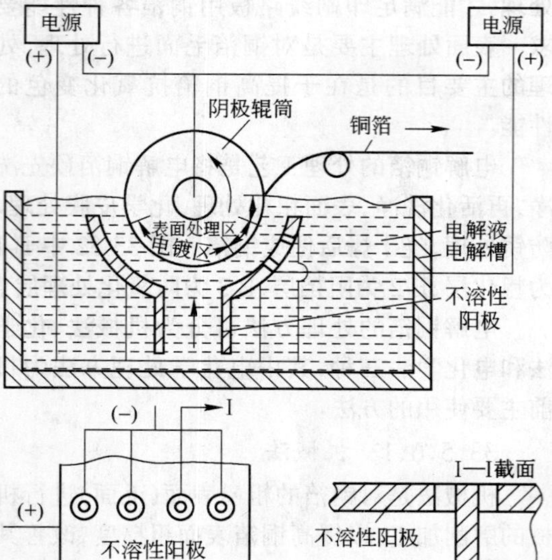

图 33-59 美国某公司电解铜箔电解和表面处理原理示意图

33.5.7 阴极辊材质、结构及抛光

33.5.7.1 材质与结构

阴极辊通常采用三层复合式结构，最外层为钛质层，是由钛经铸造、穿孔、旋压而成，具有良好的耐化学腐蚀性能；中间层为铜质层，是由铜板弯曲焊接而成，具有良好的导电性能；最内层是不锈钢质层，该层主要起支撑作用。另外，在阴极辊的内部还合理地分布许多导电铜排，使电流沿阴极辊的表面分布更加均匀。

表 33-16 电解铜箔各种处理方法的比较

分类	优点	缺点
化学处理	设备简单 厚度均匀 节省能源	粘结力提高不明显，反应速度慢、生产率低，槽液组成复杂、难控制
阳极氧化处理	工艺稳定，控制范围大，操作简单	粘结力提高不显著，不能进行无胶层压
复合电沉积处理	能明显提高粘结力，工序简单	槽液极难控制和维护，对铜箔电性能有一定影响，蚀刻条件要求苛刻
添加剂型表面处理	能明显提高粘结力，工序简单，添加剂种类多，潜力大	槽液难控制，有毒添加剂较多，对环境有影响
一般工艺处理	槽液稳定，易于控制和维护，阴极电流效率较高	粘结力提高不显著，易产生铜粉转移
脉冲电流处理	能大大提高粘结力，工序简单，槽液稳定，沉积速度快	阴极电流效率低，一次性投资较大

也有采用二层的阴极辊，如美国的 Yates 公司采用的是两层复合阴极辊，用温差法（即过盈热装配）将外壳钛筒套在辊芯上。这种配合，接触良好，可以解决大电流的导电问题。

33.5.7.2 阴极辊抛光

阴极辊一般使用半年到一年时间，由于腐蚀而需抛光。我国多采用线抛光工艺，美国 Yates 等公司采用每台电解机列都配有的抛光装置，在电解槽的尾端，通过连杆机构控制，使之与阴极辊表面接触或脱离。抛光轮工作时，一面高速旋转，一面往复运动。

当阴极辊表面出现微小砂眼或小孔时，采用氩弧焊和手提式抛光机进行抛光。

33.5.8 阳极结构

先进的阳极结构是由超级阳极和主阳极组合而成，超级阳极为高电流密度阳极，分布于阴极辊进出电解液的两侧，即在阴极辊开始进入电解液时，提供一个高电流密度，可以提高阴极辊的表面光洁程度，以提高铜箔光面的品质。在阴极辊快要出电解液时，又能提供一个高电流密度，使铜箔毛面产生一个预粗化效果。这种组合式阳极结构，对提高铜箔的表面品质的作用很大。

阳极多半是采用铅银合金（1% Ag）浇铸，经表面车削加工而成，也可用铅银合金板弯制而成。阳极弧面的同心度越高、表面加工的精度越高，电解铜箔的品质越好。

33.5.9 电解铜箔的主要工艺参数

33.5.9.1 电解液中各种成分及工艺条件的影响

(1) 硫酸。适当的硫酸含量可增加电解液的导电性，降低槽电压，相对地降低电解液中铜离子的浓度，从而提高阴极的极化作用和电解液的分散能力，使电流密度的极限增高，并防止电解液中硫酸亚铜水解生成氧化亚铜析出，增加电解液的稳定性。

电解液中硫酸含量不足时，硫酸亚铜易水解成氧化亚铜而夹杂在铜箔内，铜箔颜色变暗而疏松。

电解液中硫酸含量过高，会降低硫酸铜的溶解度。当有过量的硫酸，而铜不足时，氢就部分地在阴极放电，使产品表面呈斑点状。

(2) 温度。电解液温度高时，不仅使电解液的导电率增大，而且还可以减少铜粒子的生成，使铜结晶比较粗糙，弹性较差，但不易撕边。

电解液温度低时，则电解液的导电率降低，而铜结晶较细致，弹性好，有时易撕边。

(3) 添加剂。电解过程中，适量地添加明胶等添加剂，可以使铜箔结晶细致平滑，增加弹性。

但是，过量的添加剂，会使电解铜箔变脆，易折断，或有明显的粗糙条纹，影响铜箔的质量。

33.5.9.2 电解铜箔的主要工艺参数

(1) 溶铜工序。溶铜温度:高温溶铜温度为80～90℃;低温溶铜温度为60～70℃。酸液组成:含铜离子90～160 g/L,含硫酸30～60 g/L。

(2) 电解工序。槽电流一般为4000～8000 A,国外先进水平的槽电流为20000～100000 A;槽电压为6～8 V。电解液的组成:含铜为60～90 g/L,含酸70～100 g/L。电解液温度为40～70℃。添加剂适量。阴阳极距为10～30 mm。阴极辊转速为5～70 r/min。酸液酸度pH=2～3。电流密度大于3000 A/m²。

(3) 表面处理工序。

酸洗处理:含铜不大于10 g/L,含硫酸140～160 g/L,温度为65～80℃;

粗化处理:含铜20～40 g/L,含硫酸40～60 g/L,溶液温度为70～90℃;

镀锌处理:含锌80～100 g/L,含镍10～70 g/L,含酒石酸锑钾0.005 g/L;

防热变处理:含 $ZnSO_4$ 1～5 g/L,含 $K_2Cr_2O_7$ 1～5 g/L,含NaOH 10～30 g/L;防热变处理也可采用酸性溶液。

水洗时,一次水电导不大于200 $\mu\Omega^{-1}$。二次水电导不大于250 $\mu\Omega^{-1}$。

33.5.9.3 有关技术参数的计算方法

A 阴极电流强度、转速与铜箔厚度的关系

阴极电流强度、转速与铜箔厚度间的关系如下:

$$\frac{I}{v\delta}=K \tag{33-23}$$

式中 I——槽电流,A;

v——阴极转速,r/min;

δ——电解铜箔厚度,μm;

K——常数。

B 电流密度

铜箔电解电流密度是指阴极单位有效面积上通过的电流强度。

阴极有效面积是指阴极辊筒浸入电解液部分的有效面积。

33.5.10 电解铜箔的缺陷特征及原因分析

电解铜箔缺陷特征及原因分析见表33-17。

表33-17 电解铜箔缺陷特征及原因分析

缺陷名称	特 征	产 生 原 因
光面毛刺	在箔材光面规律性地出现微小的刺状突起,多半呈零星的或片状出现。有时在砂纸道末端	1. 阴极焊接处,有微小气孔和夹杂显露在表面; 2. 阴极材质不好,有白点等缺陷; 3. 阴极辊表面抛光不好; 4. 阴极和阳极局部短路造成阴极表面麻点
毛面疙瘩	在箔材的毛面生成一种超出粗糙度范围的微小铜粒子	1. 电解液中有铜粉或导电粒子; 2. 阴极局部电流密度过高; 3. 阴极表面抛光不好
光面铜粉	箔材光面机械附着的成片微小粉状的铜粒子	1. 阴极表面抛光不好,光面过亮; 2. 阴极表面有脏物附着; 3. 阴极表面由于电解液腐蚀而粗糙
表面氧化	箔材表面生成一种黑色或蓝色的氧化亚铜、棕色氧化铜或碱式碳酸铜薄膜	1. 电解液在箔材表面干结; 2. 酸洗过程酸液浓度太低而氧化膜没有洗掉; 3. 酸洗过程酸液浓度太高,水洗除酸不彻底; 4. 水洗后烘干除水不彻底; 5. 室内酸气及湿度过大
针 孔	在暗室中透光检查,成片状或零星的微小透光,针孔规定规格在 ϕ1 mm以下	1. 箔材结晶粗糙; 2. 阴极表面有微孔; 3. 阴极表面有脏物附着; 4. 光面铜粉严重
油 点	箔材表面有点状的油脂物,稀硫酸洗不掉	电解液或酸水洗中含油过多。吸附于铜箔表面或机械润滑油溅到箔的表面
破 洞	箔材由颗粒状压成的可见的大孔洞,规定规格为 ϕ1 mm以上	生产中阴极边缘产生粒状铜粒子,剥落到箔材表面,经导辊滚压

续表 33-17

缺陷名称	特　征	产生原因
划　痕	箔材表面明显的机械划道	箔材生产运行中,有外界硬质尖状物体与箔面接触
裂　边	箔材边缘有横向裂口或缺口	1. 阴极边缘处理不好,剥离时撕裂; 2. 阴极边缘电流密度过高或添加剂过量; 3. 酸、水洗时被外界物体划破
折　痕	箔面有明显直角折痕	1. 阴极辊、导辊不平行; 2. 烘干中导辊温度过高; 3. 收卷不紧,有窜动
波浪边	箔材边缘不平	剪刃不锋利,剪刃间隙和重叠量调整不当

33.6 异形带生产技术

33.6.1 概述

随着电子工业的高速发展 ,电子元器件向着高可靠性、高集成度及小型化方向发展。塑封半导体分立元件中的功率管,也对其所使用的铜加工产品提出了更高的要求,而高精度异形铜带正是制造功率管框架的关键材料。国外在 20 世纪 70 年代逐步研制出了大长度高精度异形铜带,当时世界上主要生产国家是德、日、法等国家。我国在 20 世纪 80 年代后期开始应用,完全依靠进口。洛铜于 1994 年初批量试产成功“U”形异形带,目前“T”、“W”、“M”形带等复杂端面异形带已形成产业规模化。

33.6.2 异形带的基本要求及适用铜合金

由于异形带用于制作高精度引线框架,依据材料的使用特性,主要要求如下:

(1) 适当的强度。必须保证在不过分损害高导电(热)性的前提下提高材料的强度,以满足材料钎焊及塑封时的支撑性。

(2) 耐高温软化性。在特定实验温度下保温 1～10 min,冷却后其硬度在原始硬度的 80%以上,也就是硬度损失不超过原始硬度的 20%,该温度是由功率管制造过程中的特定工艺所确定的。

(3) 精确的尺寸,均一的力学及物理性能,良好的表面质量。

(4) 内应力。在冲压或蚀刻的加工过程中,如果材料内部存在不均匀的内应力,随着应力释放,则容易产生芯片平直度不良及引线共面性缺陷。

(5) 冲压性能。要求保证一次研磨后模具的冲裁次数,且冲制端面无毛刺。

(6) 耐氧化性。引线框架表面氧化物危害芯片与内引线的连接性能,同时影响与包覆树脂之间的密着性。

(7) 焊接性。材料应有良好的焊接性能,保证内引线、框架外引线与电路联结的可靠性,材料应与焊料有良好的浸润性,钎焊后具有耐剥离性。

为了满足上述要求,世界各国用于制造异形带的合金多为添加微量元素的铜合金。添加微量元素的目的是提高合金强度,特别是提高软化温度。目前制造异形带的合金牌号主要有 TP0 (C1220)、TAg0.15 (C1094)、LE192 (TFe0.1)、CuSn12、OFHC(C10100)(特殊需要)、部分 H65 黄铜等。

33.6.3 异形带常用形状

异形带的规格取决于电子元器件的功率大小及设计要求,断面形状有 U 形、T 形及 M 形等其他复杂断面的组合形。异形带断面如图 33-60 所示。

我国电子工业部门及部分用户提出的异形带技术要求如下:

(1) 合金牌号及化学成分,见表 33-18。

(2) 具体的形状、尺寸、公差见图 33-61;具体规格尺寸见表 33-19,性能要求见表 33-20。

表 33-18 异形带合金牌号及化学成分(质量分数) (%)

牌号＼成分	P	Fe	Sn	Ni	Zn	Ag	O	Cu
C1220	0.02							余量
TFe0.1	0.009～0.05	0.05～0.20						余量
CuSn12	0.006		0.05～0.20					余量
C1094						0.1	≤0.001	余量

表 33-19 产品尺寸及其他要求 (mm)

尺寸＼规格	U形带		T形带	
	尺寸	公差	尺寸	公差
B	66(68)	+0.1/−0.20	65.8	±0.01
b	40	+0.085/+0.035	25.8	±0.05
b_1	13(14)		25.62	
b_2	13(14)		25.62	
$\|b_1-b_2\|$		≤0.2		≤0.15
T	1.27	±0.015	1.27	±0.015
t	0.38	±0.015	0.38	±0.015
α	7	+1/0	4	+1/0
R_1	≤0.2		≤0.2	
R_2	≤0.2		≤0.2	
侧弯	≤1.0 mm/m		≤1.0 mm/m	
R_a	≤0.4		≤0.4	
横弯	≤0.5/宽度		≤0.3/宽度	
表面质量	表面应光洁,不能有水迹、斑点、划伤、金属压入、表面氧化、起皮、边部毛刺等			
交货形式	卷装交货,卷重 150～220 kg			

表 33-20 产品性能

合金牌号	TP0	CuSn12	TFe0.1
带材厚度/mm	0.6	0.381	0.381
状态	Y2	Y2	Y2
抗拉强度/MPa	≥280	≥300	≥315
伸长率 δ_{10}/%	≥8	≥5	≥4
硬度 HV1	95～120	100～130	105～130

除上述要求外,异形带薄部在冲压后相当于外部引线,工艺要求弯曲 90°三次而不能断裂。另外,金属镀层应光滑、致密,这不仅与电镀工艺有关,而且与异形带的表面状况密切相关,因此异形带除尺寸公差要求严格外,对表面质量要求非常高。

33.6.4 高精度异形带生产方法

目前世界上规模化生产高精度异形带的方法主要有三种:

(1) 轧制法。以日本公司为代表,主要是通过轧辊轧制出相应异形断面,之后由型辊轧制成成品。

(2) 铣削法。以德国公司为代表,首先是以铣削法得到异形带毛坯,然后再用型辊轧制出成品。

(3) 锻压法。以法国公司为代表,以高速锻压机锻出异形毛坯,然后通过型辊轧制得到成品。

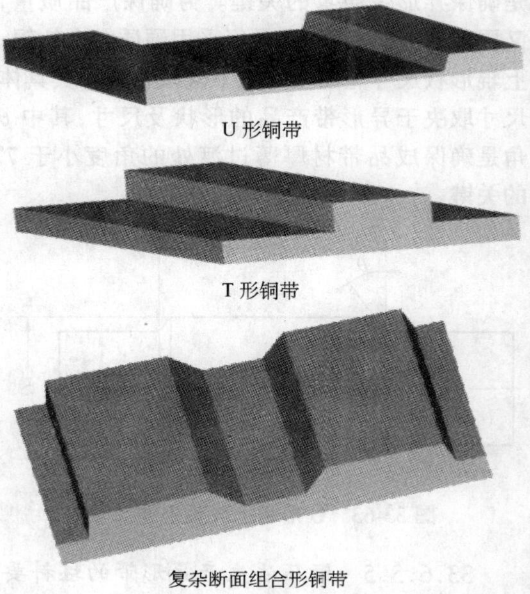

图 33-60 各类异形带的形状

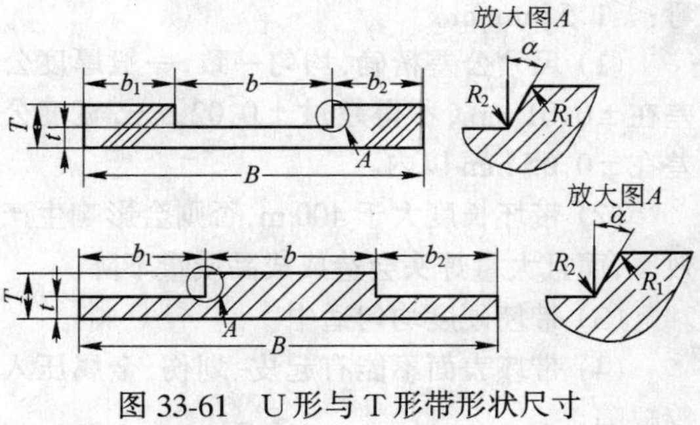

图 33-61 U形与T形带形状尺寸

上述三种方法目前以第一种和第三种最为流行和经济，后续其他国家引进的生产方法也以此为主。特别是第三种方法具有成品率高、产品性能好等优点。

33.6.5 锻压法生产技术

33.6.5.1 锻压成形的基本原理

常规的金属压力加工方法是金属在轧辊或工模具之间发生纵向延伸变形，达到所需的形状、尺寸和性能要求，如平辊轧制、孔型轧制、挤压、拉伸等。在这些塑性变形中，金属宽展及不均匀变形是不利的，需要尽量避免或减轻。而锻造法生产异形带则是“反其道而行之”，它专门利用金属的横向不均匀宽展变形，来形成异形断面的带坯。在上下平板中间，如果用上平板压缩中间金属，则由于平面之间的摩擦作用，工具与材料很容易发生粘合，致使带材发生塑性变形困难，如果令相对的工具之间有一适当的角度，则不容易发生由于摩擦引起的粘合，金属也就容易发生塑性变形。在楔状模压下后，带坯形成沟槽并横向扩展，纵向不延伸，如此反复进行，就形成了所需要的U形带坯。根据这一成形原理，锻压成型的上锤头设计成使平板状一面具有连续变化宽度的楔状(V字形)梯形凸出部，便可容易地加工成必要的沟槽。这种变形方法，为塑性加工带来了许多全新的工艺设计计算方法，具有新的生产特点，同时也有不同于以往的产品缺陷和控制方法。

33.6.5.2 锻压法的生产工艺流程

异形带生产线的工艺流程：平带坯→开卷→焊接→锻压预成形→切边→退火→表面清洗→精轧→成品卷取，如图 33-62 所示。

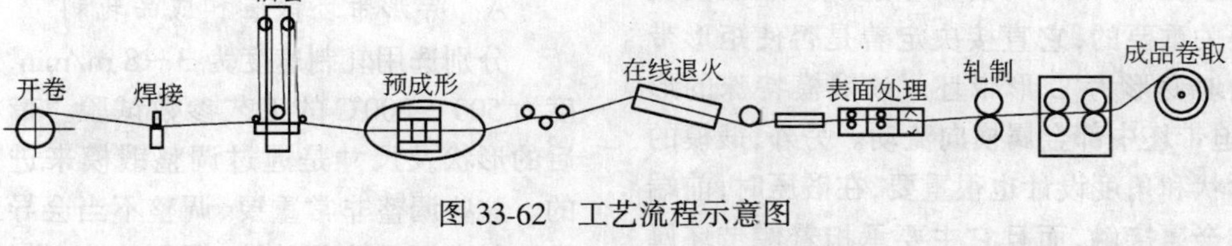

图 33-62 工艺流程示意图

33.6.5.3 锻压法生产线设备组成及主要技术参数

机列由 7 个系统组成。

7 个系统为：风动系统、液压系统、水冷系统、工艺润滑系统、设备润滑系统、消防系统及电控系统。

设备为：开卷机 1 台、焊接机 1 台、活套塔 1 座、压紧装置 2 套、涂油装置 1 套、导向装置 4

套、锻压机1台、废边卷取机2台、在线退火炉1套(包括感应预热炉1台、电阻炉1台)、擦拭辊1套、清刷机1台、擦拭器3套、预应力轧机1台、测厚仪1台、夹送辊2组、卷取机1台、纸带开卷装置1套、卸卷装置1台。

(1) 开卷机：

带卷最大外径：ϕ1400 mm；内径：ϕ400 mm、ϕ500 mm。

(2) 锻压机：

锻压力：500～1200 kN；

锻压速度：400～2000 r/min；

锻压机电机功率：45 kW；

锻压机精度：0.01 mm。

(3) 在线退火炉：

1) 感应炉。最大功率：25 kW；炉膛尺寸($L \times W \times H$)：930 mm×110 mm×8 mm。

2) 电阻炉。炉膛直径：ϕ250 mm；加热区数量：2区；每区加热器数量：2个；最高工作温度：1080℃。

(4) 预应力轧机：

最大轧制力：300 kN；

轧制速度：0～8 m/min。

(5) 卷取机：

带卷最大外径：ϕ1400 mm；带卷内径：ϕ400 mm；卷筒胀缩量：ϕ390～400 mm；最大卷重600 kg。

33.6.5.4　工模具设计

A　锻模设计

锻压变形是在有上下锻模所组成的密闭空间内实现的，通过变形，带坯断面由矩形变成U形。在锻压中，自动切去带坯边部。上锻模设计是至关重要的，它直接决定着是否使矩形带坯成功地变形为U形带坯。该锻模特殊的形状，强迫带坯中部金属横向流动。另外，锻模的前端形状和角度设计也很重要，在锻压时，前端最先与金属接触，而且它主要承担着使带坯厚部一分为二的任务，其形状过钝或过锐都不利于异型带坯的成形。

B　轧辊设计

异形带轧辊上辊为型辊，下辊为平辊，两辊装在预应力牌坊之内。轧辊的形状与尺寸设计是确保异形带质量的关键。为确保产品质量，又要考虑到工具寿命，最好采用硬质合金轧辊。上辊形状尺寸见图33-63，下辊图省略。其具体尺寸取决于异形带产品的形状及尺寸，其中θ角是确保成品带材厚薄过渡处的角度小于7°的关键。

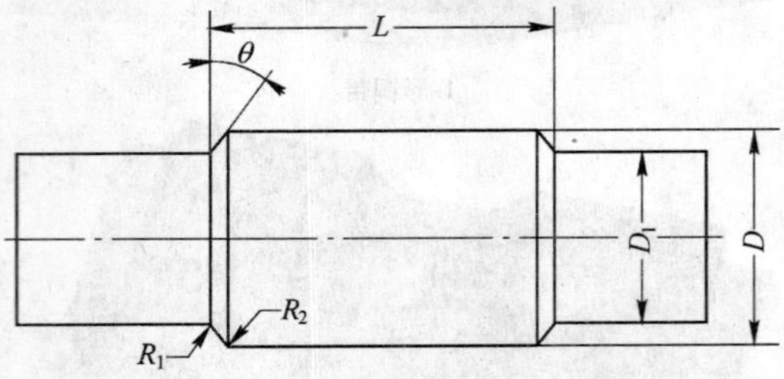

图33-63　U形带上轧辊主要尺寸

33.6.5.5　锻压法生产异形带的坯料要求

良好的坯料是生产高精度异形带的前提基础。坯料厚度：1～3 mm；宽度：30～70 mm；侧弯：≤1.5 mm/m。

(1) 尺寸公差精确，均匀一致，一般厚度公差在±0.01 mm，不得超过±0.02 mm，宽度公差在±0.05 mm以内。

(2) 带坯长度大于400 m，否则会影响生产效率，而且大量焊头会造成成品质量下降。

(3) 带坯硬度均匀适中。

(4) 带坯表面不能有起皮、划伤、金属压入等缺陷。

(5) 带坯板形良好，不能有波浪、扭曲、侧弯等影响使用的缺陷。

33.6.5.6　锻压法生产的工序控制

A　异形带坯锻压和成品轧制

分别选用轧制速度为3～8 m/min，退火温度为500～800℃的工艺参数试验。带材锻压后的形状及尺寸是通过调整锻模来进行控制的。这些调整非常重要，调整不当会导致异型带坯料中间及边部波浪、锻压痕迹、带坯扭曲、中间劈裂等问题，产生大量废品甚至使生产中断。另外，带坯厚度、硬度和锻模调整及锻压次数选择还直接影响着锻压力的大小。

带材成品轧制在高精度预应力轧机上进

行，采用专门轧制油润滑，厚度调整是人工调整压下来完成，产品的尺寸在机列测厚仪上检测，并辅以人工测量。自动测量和尺寸控制均反映在操作台的屏幕上，产品尺寸沿断面 a、b、c、d、e 五处测量，具体位置如图 33-64 所示。自动测量每米一次，十米累计计算平均值后加以记录，当产品尺寸波动超过上下控制线时，机列自动报警。

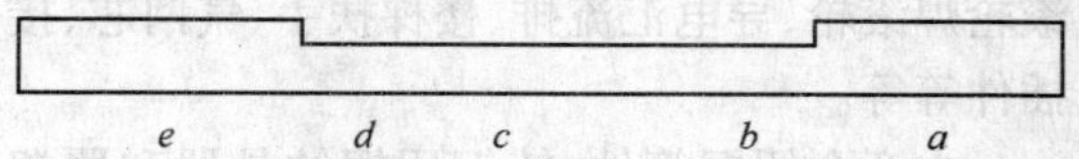

图 33-64　带材尺寸测量位置

在调整过程中，异形带成品的侧弯、硬度、表面光洁程度均在专用仪器上检测。带材退火是在氮气保护下进行的。感应炉是作为预退火工序，调整输出功率可以调节其温度，退火后坯料的成品晶粒细小，抗拉强度在 320 MPa 以上，伸长率大于 10%，综合技术指标完全达到用户要求。

B　锻坯表面的清刷

异形带的清刷机列对保证带材的质量十分重要，它的作用是：清除锻坯的表面缺陷及锻压痕迹，消除锻坯经中间退火形成的表面氧化层。

清刷机由两对清刷辊组成，清刷辊是由尼龙丝和细颗粒磨料加粘结剂制成。清刷辊压力可调，在平面内可以调整角度，清刷过程中用轧制油清洗和冷却，轧制油可以由循环系统过滤后重复循环使用。调试中通过清刷辊压力电机功率的调整，找出清刷压力与清刷质量之间的关系，保证带材表面质量。

34 铜材深加工[1]

深加工是20世纪60年代材料加工企业为了利益最大化而提出的使产品向下游延伸的一个战略措施。其中日本许多企业做得很好。例如,一些铜管棒厂利用铜管棒加工铜管件和螺栓、螺母、销钉等标准件;一些铜板带厂利用铜板带加工地板条、标牌、簧片、灯头等等。更有甚者,直接生产诸如汽车水箱、感应线圈,冲制引线框架等。由于深加工在同一工厂进行,因而具有材料利用率高,有利于边角废料的回收,节省材料及出厂包装和运输费用等一系列优点,大大提高了产品的附加值。我国在20世纪80年代,一些铜加工厂的劳动服务公司开展了深加工业务,取得很好的成效。

铜材深加工一般可分为两大类:一类是将铜材进行加工后仍然作为材料供其他部门使用。如给铜带电镀覆层、镀锡、镀镍、镀金等,钢棒外复合铜管、铜带上复合金丝银线,将普通光管加工成波纹管、螺纹管等。另一类则是将铜材加工成零件甚至部件供其他部门使用。这类产品门类甚广,如水道或油路管件、点焊接头或滚轮焊滚轮、导电汇流排、楼梯扶手、气门芯、接插件等等。

本章介绍铜管件、铸钢用铜结晶器和覆塑铜管加工,目的是想说明铜材深加工大有可为。

34.1　铜管件加工

34.1.1　概述

铜水(气)管管路连接必须通过各种形式的管接头来完成,这些管接头称为管件。

管件主要形式有:弯头(45°、90°、180°;弯径等于1.0D或1.5D等)、三通或四通(等径或异径)、套管接头(直接承口)、管帽等。其形状如图34-1所示。具体形状和尺寸见国家标准

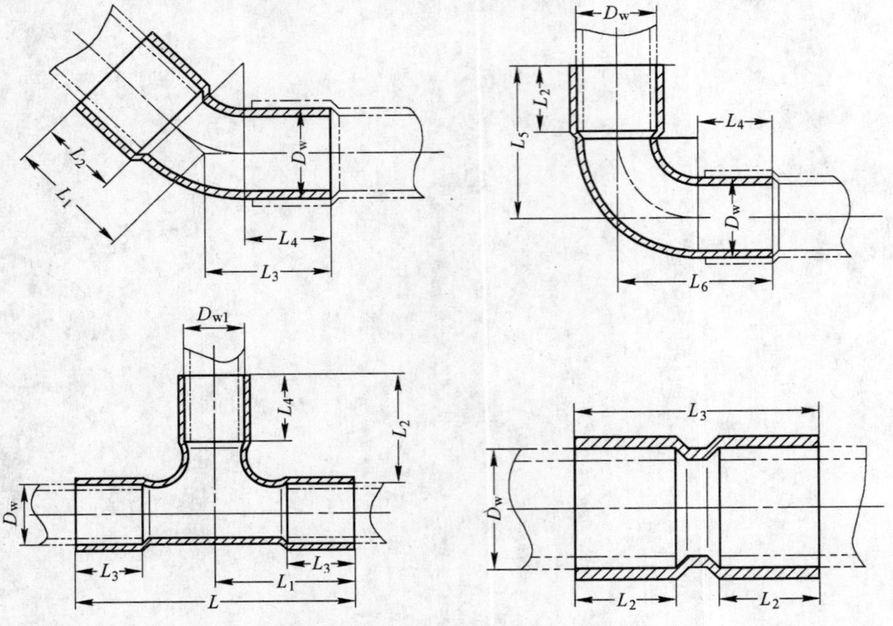

图34-1　典型管件的结构与尺寸

---

❶ 本章撰稿人:马可定、李耀群、杜春生。

GB/T11618—1999。

尽管接头形状各种各样,但其基本生产工艺流程是:

管坯→下料→成形→精整→清洗→检验→包装。

34.1.2　弯头生产

弯头成形方法有:绕动弯管成形、推弯成形以及压弯成形等。

弯头生产工艺流程为:

管坯→成形→清洗→整形→倒角→刻字→抛光→清洗→烘干→去毛刺→成品检验→入库。

34.1.2.1　绕动弯管成形

有芯弯管是在弯管机上利用芯棒使管料沿弯曲胎模绕动弯曲的成形方法。有芯弯管的工作原理如图34-2所示,弯曲胎模4固定在弯管机主轴上并随主轴一起旋转,管坯6的一端由夹持块3压紧在弯曲胎模上。在管坯与弯曲胎模的相切点附近,其弯曲外侧装有压块1,弯曲内侧装有防皱块5,而管坯内部塞有芯棒2。当弯曲胎模转动时,管坯即绕弯曲胎模逐渐弯曲成形。管件的弯曲角度由挡块(图中未示出)控制,当弯曲胎模转到管件要求的弯曲角度时,则碰到挡块,使弯曲胎模停止转动。

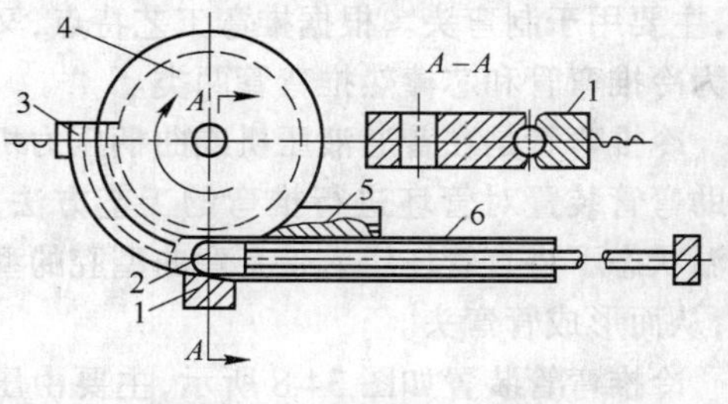

图34-2　有芯弯管工作原理
1—压块;2—芯棒;3—夹持块;
4—弯曲胎模;5—防皱块;6—管坯

(1) 芯棒。芯棒是有芯弯管装置中的重要零件,其作用是从管坯内部支撑管壁,防止管件截面变形和管壁折皱。常见的圆头芯棒和多球芯棒结构型式如图34-3所示。

圆头式芯棒形状简单,制造方便。但由于芯棒与管壁接触面积少,因此防截面变形的效果较差,通常用于要求不高的管件弯曲。芯棒常用3Cr2W8V材料制造,热处理硬度为HRC 52～56。

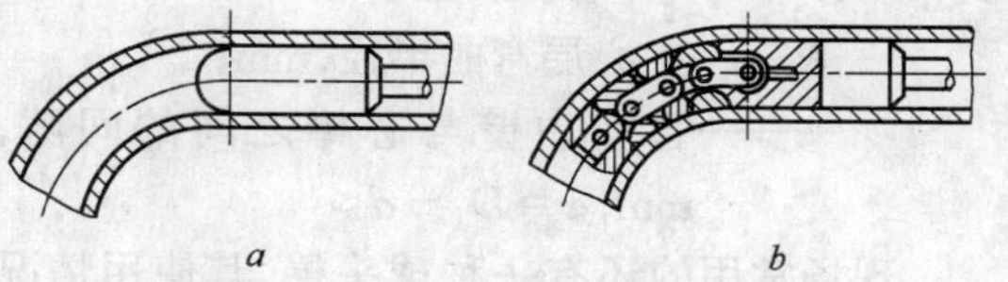

图34-3　芯棒的结构型式
a—圆头式芯棒;*b*—多球芯棒

软轴式多球芯棒是用一根软轴把多个碗状球体串接而成,可实现空间任意方向的摆动,适用于薄壁管的单一、多次和空间弯曲成形的管件。

采用多球芯棒弯管,在弯曲后借油缸抽出芯棒过程中,还可对管件矫圆。多球芯棒的主要缺点是制造麻烦,芯棒材料及热处理要求与圆头芯棒相同。

在有芯弯管中,芯棒的形状、尺寸及工作位置,对弯管质量有较大影响。圆头式芯棒的尺寸及进入管内的工作位置如图34-4所示。

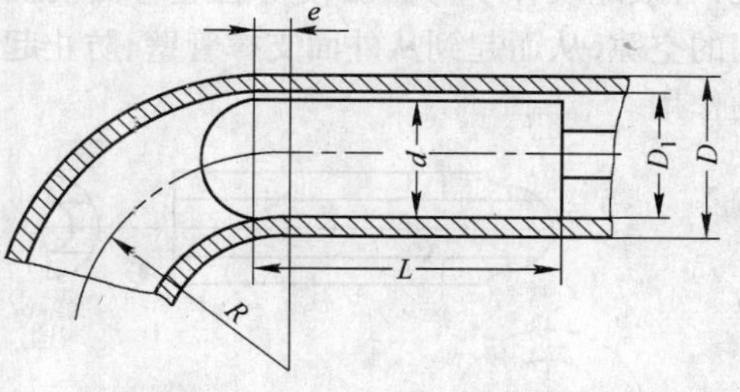

图34-4　芯棒的工作位置和尺寸

为使芯棒顺利插入管坯内,芯棒直径 d 一般应比管坯内径小0.5～1.5 mm左右,即:

$$d = D_1 - (0.5 \sim 1.5)\text{mm}$$

芯棒的圆柱体长度 L 为:

$$L = (3 \sim 5)d$$

当芯棒的直径 d 大时,系数取小值,反之取大值。

芯棒的工作位置应比弯曲中心线超前一段距离 e。一般说来,e 的大小应根据管坯直径、弯曲半径和管坯内径与芯棒之间的间隙大小而定,然后再视生产实际情况进行适当调整。e 值可按下式计算:

$$e=\sqrt{2\left(R+\frac{D_1}{2}\right)z-z^2} \qquad (34\text{-}1)$$

式中 D_1——管坯内径,mm;

R——中心层弯曲半径,mm;

z——管坯内壁与芯棒之间的间隙,mm,$z=D_1-d$。

现场常用的还有一种球头棒,其使用情况和制造难易程度正好介于上述两种芯棒之间。球头芯棒的零件图示于图34-5。

图34-5 球头芯棒的零件图

(2) 防皱块。靠近切点又未进入弯曲变形区的管坯材料,其外表没有得到弯曲胎模型槽的支撑,即使采用了芯棒,弯管时仍有可能在此处起皱,故应加装如图34-6所示的防皱块。防皱块的前端呈圆弧刃口形状,插在弯曲胎模与管坯之间,前端应紧靠管壁和弯曲胎模的相切处,有效地填补了弯曲胎模与管坯弯曲内侧之间的空隙,从而起到从外面支撑管壁、防止起皱的作用。

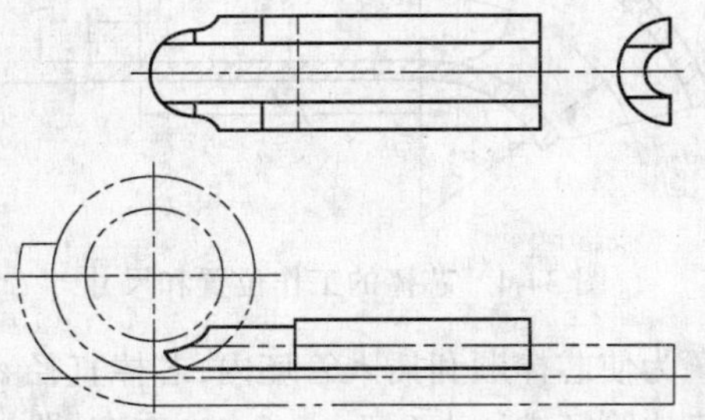

图34-6 防皱块示意图

由于防皱块上浅圆形凹槽与管坯外表面接触,工作时产生滑动摩擦,故要求防皱块的工作表面应具有一定的硬度和表面光洁度。防皱块一般用工具钢或铬钼钢制造,淬火后硬度达到HRC50~55。

(3) 弯曲胎模。弯曲胎模是有芯弯管装置中的另一重要零件,其半径取决于弯管的弯曲半径。但考虑到冷弯时弯管将产生一定的回弹量,故设计的弯曲胎模半径应比需要的弯管弯曲半径略小些,一般可按下列经验数据确定,即:

当 $R/D=3\sim4$ 时:$R_1=(0.96\sim0.98)R$

式中 R_1——弯曲胎模半径;

R——弯管中心层弯曲半径;

D——管坯外径。

当 R/D 较大时,取小值;当 R/D 较小时,取大值,最终靠试模时修正。

弯曲胎模除了采用轮式外,还有模柱式,模柱的零件图示于图34-7。

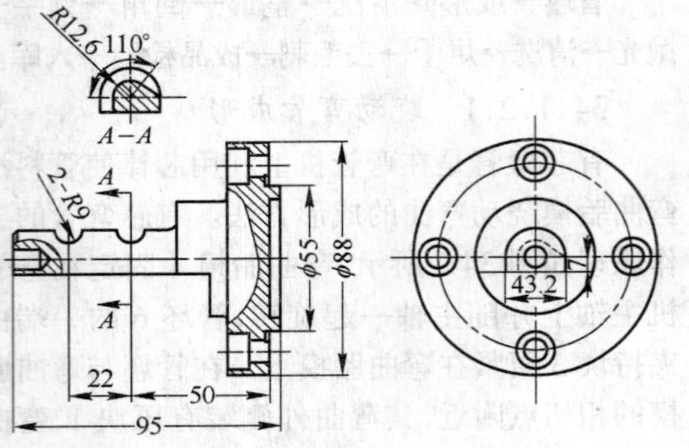

图34-7 模柱零件图

无芯弯管在管接头生产中基本不用。

34.1.2.2 推弯成形

推弯是管料弯曲加工中较为常见的弯管方法,主要用于制弯头。根据推弯工艺特点,又可分为冷推弯管和芯棒热推弯管两类。

冷推弯管是在普通液压机或曲柄压力机上借助弯管装置对管坯进行推弯的工艺方法,在常温状态下将直管坯压入带有弯曲型腔的型模中,从而形成管弯头。

冷推弯管装置如图34-8所示,主要由压柱1、导向套2和弯曲型模4组成。弯曲型模由对中的两块拼成,以方便其型腔加工。弯管时,把管坯3放在导向套中定位后,压柱下行,对管坯端口施加轴向推力,强迫管坯进入弯曲型腔,从而产生弯曲变形。

冷推弯管适用于弯制较小弯曲半径的弯头,能弯制的最小相对弯曲半径 $R/D\approx1.3$;弯头的截面椭圆度小(≤3%~5%);外侧管壁的减薄量小(≤9%);弯管装置结构简单,不需要专用设备,且生产率高。但一般要求管材的相

对厚度 $t/D \geqslant 0.06$,否则,管坯往往由于刚度差而丧失稳定性,导致弯头的内侧起皱或扭曲。

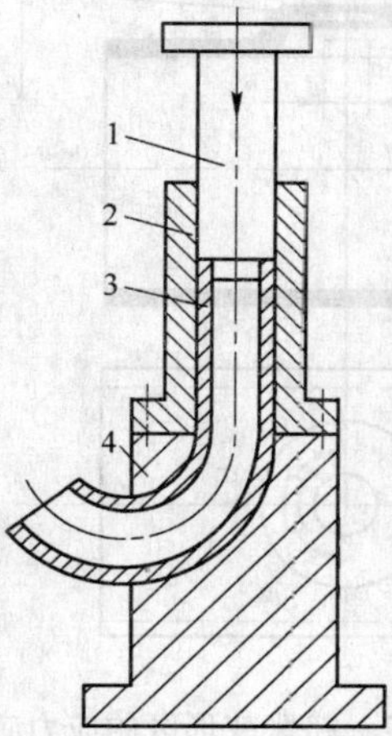

图 34-8 冷推弯管装置

1—压柱;2—导向套;3—管坯;4—弯曲型模

对于冷推弯管工艺,还应注意以下几点:

(1) 为了减少摩擦阻力,延长弯曲型模的使用寿命,提高弯头的表面质量,必须对管坯进行润滑处理。实践证明,在管坯表面涂刷 40~50 号机油,再涂上一层石墨粉,则可保证弯曲过程中有良好的润滑作用。

(2) 弯曲过程中,管坯端头在轴向推力作用下容易塌瘪,为此,可在管坯内放置一个如图 34-9 所示的芯子,它在弯曲过程中将随同管弯头一起被压柱推出。

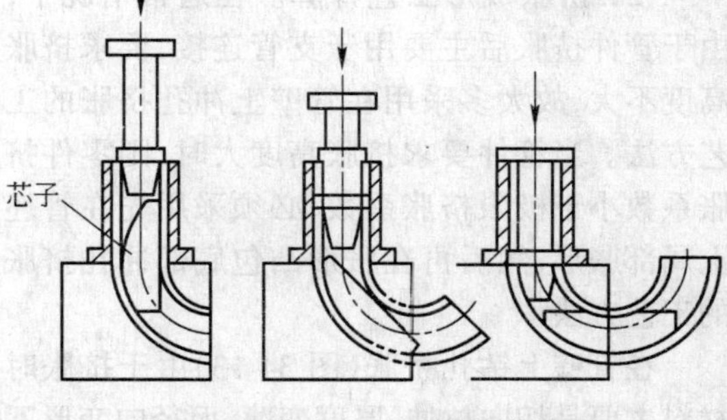

图 34-9 带芯子的型模推弯过程

(3) 对于薄壁弯头,为防止推弯过程中失稳起皱,应在管坯内装入填充料,不仅操作方便,而且防皱效果良好。

34.1.2.3 压弯成形

利用模具压制带直段的管件,优点是生产效率高,模具调整简单。为了防止管壁起皱和压扁,对于外径为 10 mm 以上的薄壁管,弯曲前需装入填充料或分别从两端放入芯头。模具压弯法也存在一些缺点,如管坯与凹、凸模开始接触处,其管截面总会有一些畸变,使弯管质量不够理想。另外弯曲半径、角度及其弯曲形状也受到一定限制,故在生产中的应用较少。图 34-10 为 V 形管件压弯模,图 34-11 为 U 形管件压弯模,其凸模的工作表面与管坯外形相吻合,并置于左、右摆动凹模的中间。

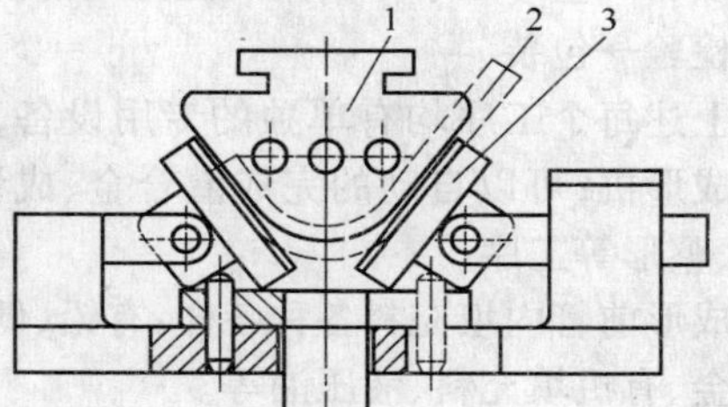

图 34-10 V 形管件压弯模

1—凸模;2—管坯;3—摆动凹模

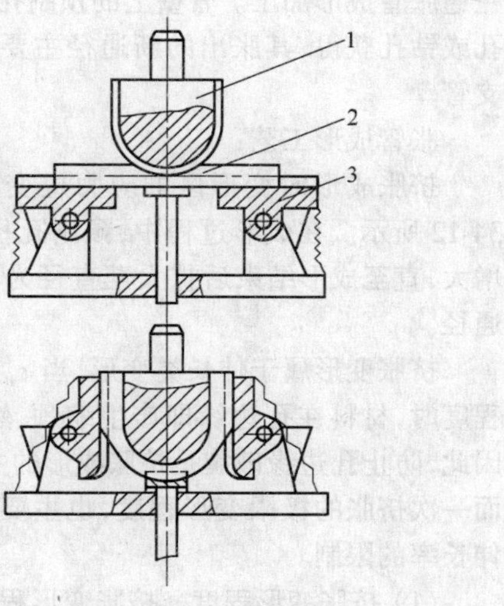

图 34-11 U 形压弯模

1—凸模;2—管坯;3—摆动凹模

压制弯头是在液压机上利用压制胎具对管坯进行压弯的工艺方法,它分为热压和冷压两种,可压制碳钢弯头、合金钢弯头、不锈钢弯头以及铜、铝弯头等。压制的弯头直径为 $\phi25\sim406$ mm，壁厚为 $2.5\sim40$ mm，弯曲半径为 $R=1.5D$ 或 $R=D$。

34.1.3　三通生产

在水(气)管工程布置过程中需要分流时，就需要使用三通或四通，其分流口径与原管径可一致(等径三通)，也可不一致(异径三通)，它们的工艺流程，制造方法均基本一样，只不过异径三通，分出口的凹模的内径不一样而已。

三通生产工艺流程：

管坯→下料→清洗→充填料→钻孔→成形→熔填料→整形压字→倒角→抛光→清洗→烘干→检验→包装

上述每个工序均有单独的专用设备，也有自动成形机，可以自动的完成灌合金、成形、熔合金、整形等工序。

成形前管内填充料各种各样：有铅、低熔点铅合金、有机填充料、液压油等。

将管壁上预制孔（也有不打孔）通过挤压内充填料从钻孔处胀出另一个通径口并与原管轴线成一定角度(大多为90°)的加工工艺，称为三通胀管成形加工。管壁上的预制孔可通过冲孔或钻孔获得，其胀出的新通径主要用以连接支管。

胀管成形工艺：

挤胀成形时变形区的应力应变状态如图34-12所示。在成形过程中，预制孔径 d_0 不断增大，直至成形结束后扩大至直径为 d 的垂直通径。

挤胀变形属于伸长类变形，当 ε_θ 大到一定程度时，材料在孔边缘即产生缩颈，然后破裂。因此，防止孔边缘破裂是挤胀成形的主要问题，而一次挤胀的极限变形程度，也主要是受材料伸长率的限制。

(1) 挤胀变形程度。挤胀变形程度用挤胀前后孔径之比表示，即：

$$m=\frac{d_0}{d} \tag{34-2}$$

式中　m——挤胀系数；

d_0——挤胀前预制孔直径；

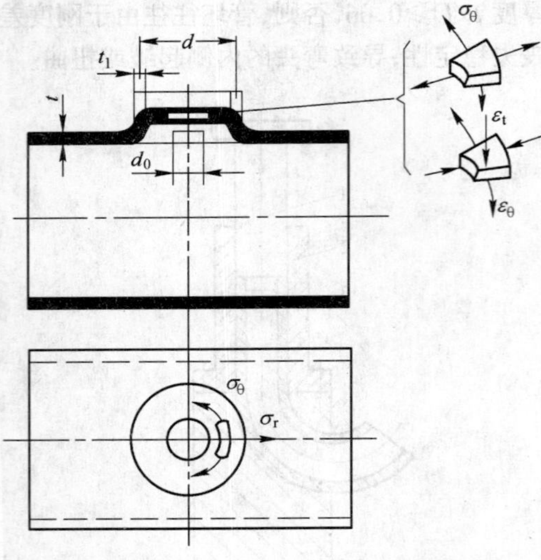

图 34-12　挤胀变形区的应力应变状态

d——挤胀后直径。

显然，m 越小，$d-d_0$ 差值越大，表明挤胀过程中切向伸长变形越大，则挤胀变形程度亦越大。当 m 过小时，就会在翻边口部产生破裂。因此，挤胀成形极限受材料伸长率的限制，通常用极限挤胀系数表示，它与材料伸长率的近似关系为：

$$m_{\min}=\frac{1}{1+\delta} \tag{34-3}$$

式中　$m_{\min}$——极限挤胀系数；

δ——材料伸长率。

一般黄铜H62(当 $t=0.5\sim4$ mm 时)的 m 约为0.68，$m_{\min}$ 约为0.62。

(2) 挤胀成形工艺计算。在通常情况下，由于管件挤胀后主要用于支管连接，要求挤胀高度不大，故大多采用在管壁上冲孔挤胀的工艺方法。当管件要求挤胀高度大时，则零件挤胀系数小于极限挤胀系数，必须采用先在管坯上局部胀形，然后再在胀形凸包底部冲孔挤胀的工艺方法。

在管壁上钻孔挤胀(图34-13)由于挤胀时材料主要是切向拉伸，厚度变薄，而径向变形不大，因此，可根据管料变形时中性层长度不变的原则近似地计算挤胀前的预制孔直径，其误差不大。

预制孔直径 d_0 为：

$$d_0 = d - 2(H - 0.43r - 0.72t) \quad (34\text{-}4)$$

挤胀高度 H 为：

$$H = \frac{d - d_0}{2} + 0.43r = 0.72t \quad (34\text{-}5)$$

或 $H = \frac{d}{2}\left(1 - \frac{d_0}{d}\right) + 0.43r + 0.72t$

式中各符号见图 34-13。

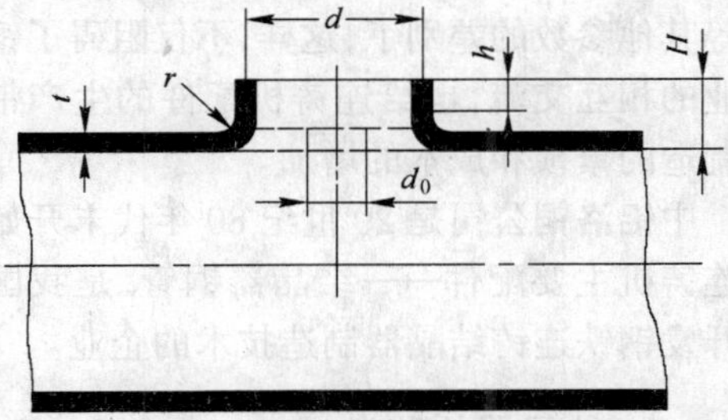

图 34-13 在管壁上钻孔挤胀

当选定挤胀系数 m 值时，d_0/d 即为定值，上式即可确定挤胀系数 m 与挤胀高度 H 的关系。如果用极限挤胀系数 m_{min} 代入，即可求出最大挤胀高度 H_{max} 为：

$$H_{max} = \frac{d}{2}(1 - m_{min}) + 0.43r + 0.72t \quad (34\text{-}6)$$

挤胀成形在一般液压挤压机上进行，其过程示于图 34-14。

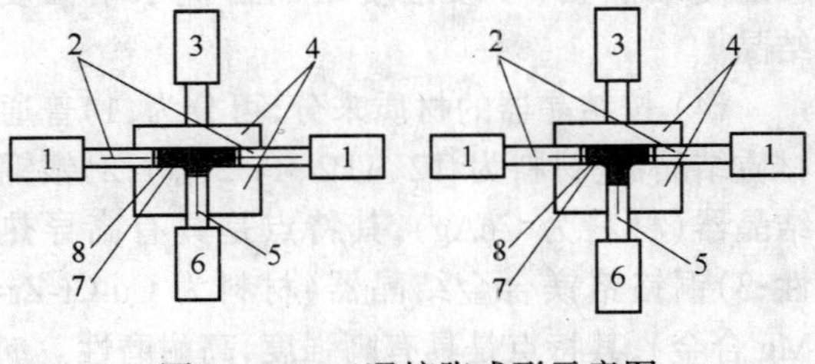

图 34-14 三通挤胀成形示意图

1—侧缸；2—成形旁模；3—主缸；4—成形上下模；5—背压顶杆；6—背压缸；7—填料；8—铜管

34.1.4 直接管接头生产

直接管接头主要用来作管子对接用，分为等径直接和异径直接，等径直接很简单，把管子锯成定长后，去毛刺，压槽即可，异径直接的另一端还需缩口。

异径直接的工艺流程如下：

管坯→下料→清洗→缩口→整形→倒角→补字→抛光→清洗→烘干→检验→包装

异径直接承口的缩口成形在缩口机上进行，其缩口过程示于图 34-15。

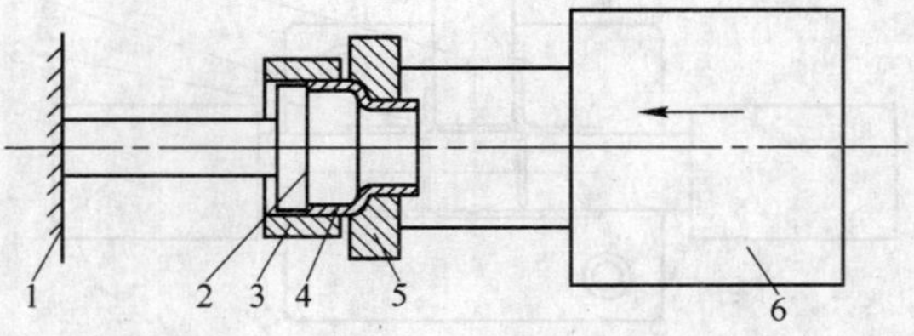

图 34-15 异径直接缩口成形示意图

1—挡板；2—芯棒；3—夹紧模；4—铜管；5—缩模；6—液压缸

根据缩径的大小不同，缩口需一道或几道次完成。

34.1.5 管接头的精整

管接头在成形之后还需经过一些精整工序，它们是整形、平头、刻字、抛光、清洗等。下面逐项简述之。

34.1.5.1 整形

一般管接件连接采用钎焊接，利用毛细现象，使熔解的焊条液流入管接件与铜管之间来完成连接。为了焊接后牢固需要管接件与铜管之间的承插配合间隙小而均匀。整形就是完成管接件内、外径的工序。对于管接件成形，三通、四通、弯头等生产方式多种多样，但整形方法基本相同。是承口内径的，利用芯棒进入管接件的管路内，完成尺寸要求；是插外径的，利用套模(一般为有芯套模)，使管接件进入套模内，完成外径尺寸要求。目前，使用的设备主要有压床及冲床。整形工作示于图 34-16，由于加工后有弹性恢复，一般情况下芯棒取规定尺寸最大值，套模内径取最小值。

34.1.5.2 端面平口

端面平口是将管接件各管路端口平整，并使管接件各管路长度尺寸达到规定要求。主要是在专用仪表车床上夹紧管接件，车端口，到一个定位，是保证长度尺寸要求的，专用平口机床，使管接定位，旋转的刀平端口，也同样到一挡块处，以保证长度尺寸要求。

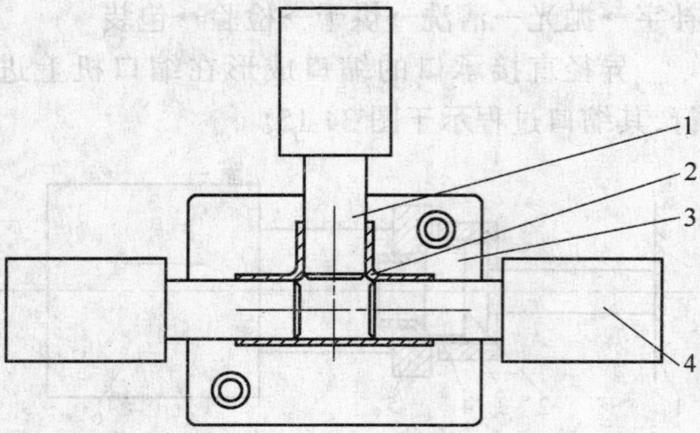

图 34-16　整形示意图
1—整形芯棒；2—被整三通；3—整形模；4—液压缸

34.1.5.3　抛光

由于管接件在生产过程中有可能氧化及杂物粘在表面。而管接件与铜水管连接后大部分用于饮用水，要求必须清洁卫生，因此抛光清洗是很重要的工序。对氧化的一般先酸洗。酸洗一般是利用15%～20%的 H_2SO_4（硫酸）溶液，浸泡5～30 min，取出冲洗再抛光。抛光是采用旋转振动机，将管接件和研磨球，再加入一些抛光剂，通过旋振动机的旋转振动，使管接件与研磨球之间充分研磨，使管接件内、外表面光亮，研磨时间一般在20～60 min不等。抛光后，将管接件用水冲刷二次，放入离心烘干炉内烘干即可。

34.2　钢铁连铸结晶器加工

34.2.1　连铸钢工艺发展概述

连铸工艺生产铸钢坯是西方发达国家于20世纪60年代末发展起来的新型铸钢工艺，并于20世纪中后期走向成熟。该工艺具有生产效率高，自动化程度高，劳动强度低，生产环境良好和产品质量稳定等诸多优点。20世纪80年代中期开始引入我国，目前我国的连铸比已达到95%以上。我国之所以能够大面积采用连铸工艺生产钢坯，得益于国家“八五”规划，要求我国钢铁企业连铸比每年以3%的速度增长，逐步取代传统的地条钢生产工艺。实际上，该工艺在我国的普及速度远大于国家规定的3%，90年代已达到了4%以上，目前该工艺已为我国大多数大中型钢铁企业所采用。

但是，由于我国在引进该技术时，缺乏统一管理和部署，致使我国钢铁企业引进的连铸设备和技术五花八门，各不相同，也因为这样，至今我国也没有出台有关连铸技术的统一标准。单就铸机半径来说，各企业就大不相同，从 $R2.5$ m 到 $R10$ m 规格多达十余种，不用说口径等其他参数的差别了，这样，不仅阻碍了钢铁企业的相互交流，也给连铸机配件的生产带来了制造的繁琐和成本的增加。

中铝洛铜公司是20世纪80年代末开始生产连铸机主要配件——结晶器铜管，是我国最早开发钢铁连铸结晶器制造技术的企业。

34.2.2　结晶器的种类

(1) 按铸锭的形状来分，有以下几种：1)小方坯结晶器；2)大方坯结晶器；3)圆坯结晶器；4)板坯结晶器。

(2) 按铸机半径来分，可以分为直形结晶器和弧形结晶器。

(3) 按锥度来分，可分为：1)单锥度结晶器；2)多级锥度结晶器；3)抛物面锥结晶器。

从应用效果来看，抛物面锥结晶器优于多级锥度结晶器，多级锥度结晶器优于单锥度结晶。

(4) 按结晶器的材质来分，可分为：1)普通材质结晶器(材料为T2、TP2、TU2等)；2)银铜结晶器(材料为CuAg)，其特点是具有高导热性；3)铜铬锆镁合金结晶器(材料为Cu-Cr-Zr-Mg合金)，其特点是具有高强度，高耐磨性。

从实际效果讲，铜铬锆镁合金结晶器的寿命最长，普通紫铜和磷脱氧铜结晶器的价格最低。

34.2.3　铸钢结晶器的技术要求

(1) 材质。要求导热性能好，导电率大于95%ICAS；有一定强度和耐磨性。常用合金有T2、TP2、TAg0.1等。

(2) 形状和尺寸公差。钢铁连铸结晶器的基本形状是截面为矩形(或方形)且有锥度带弧形的弧形管。锥度为1.2 mm(管长两端差)左右(0.5～1.5 mm 不等),弧形半径为 2.5～10.0 m 不等。外方尺寸公差要求≤$^{0}_{-0.2}$ mm、锥度公差为±0.1。

(3) 内表面粗糙度。内表面应抛光,粗糙度为 0.8 μm。

34.2.4 结晶器(异形铜管)的生产工艺

34.2.4.1 结晶器(异形铜管)生产工艺

结晶器异形铜管的生产工艺有很多,有代表性的有以下几种:

(1) 挤压弯曲后机械加工工艺:该工艺是将铜锭在大吨位挤压机上挤制成管坯,然后管内填沙弯曲,最后机加工而成。它主要适用于强度较高的材料,如铜铬锆镁结晶器的生产。

(2) 爆炸成形工艺:是将结晶器管坯套置在芯棒外,同时将结晶器管坯两端封闭,抽去内部空气,管坯外套以用柔性材料制成的筒体的外壁而构成药筒,然后,将其浸没于水中,引爆炸药,使爆炸产生的能量经柔性材料和水作用于结晶器管坯上而成型的一种工艺。其特点是不需要大型设备,但需要专业爆炸专家参与。

(3) 板材弯曲爆炸焊接工艺:本工艺是为了解决方形管坯价格高而产生的。具体是将铜板弯曲为方形,搭边加工成楔形,楔形边内外布置炸药,在炸药强力作用下,使楔形部分焊接成为一体,然后进行后序加工。

(4) 轧制成形工艺:是将圆管坯在压力机上压成方形,然后管内填沙弯曲,最后内放芯棒在特制的孔型轧机上来回轧制而成。

(5) 长芯杆拉伸成形工艺:是将芯杆制成结晶器铜管成品内腔的形状,在液压拉伸机上拉制而成,是应用较广的工艺方法。其特点是生产效率高,但需要严格控制成品拉伸前的坯料硬度(以控制拉伸后的回弹量)和精心设计模具及工艺参数。

34.2.4.2 长芯杆拉伸成形工艺

长芯杆拉伸成形工艺流程为:

备料 → 收口 → 过模 → 车外圆 → 过方 → 收口 → 整形 → 扩径 → 变形 → 退火 → 抛光 → 成品拉伸 → 划线 → 锯两端 → 镗端面 → 铣槽 → 抛光 → 涂油 → 包装 → 入库

长芯杆拉伸成形工序要点如下:

(1) 备料:圆形管坯的尺寸公差应严格控制,如 $\phi225\times17.5$ mm 的管坯,其尺寸公差应不大于±8%,表面应无气泡、划伤、金属压入、麻面、压坑等缺陷。将采购来的圆形管坯锯切为所需的长度(本例长度 680 m)并清除内外表面缺陷。

(2) 收口:将管坯顶在专用顶杆上,前置收口模,在液压拉伸机上将一端向内收口,收口长度小于等于 50 mm。

(3) 过模:将圆形芯杆强力穿入管坯内,在液压拉伸机上通过圆形拉伸模,有少量的减壁,使管坯紧贴于圆形芯杆上。本例延伸系数为 1.0215。

(4) 车外圆:将带有管坯的圆形芯杆一起卡在车床上车外圆,以消除管坯壁厚偏差。本例车圆后壁厚为 16.5 mm。

(5) 过方:在液压拉伸机上无芯杆空推过过渡模,为从圆管到方管的过渡工序。本例过渡后弧面为 205～172 mm,直面为 196～162 mm。

(6) 收口:第二次收口,以使收口形状适合于方形。

(7) 整形:同过方,为有芯杆整理形状(方形),有少量的减壁。

(8) 扩径:将管坯穿入成品芯杆,芯杆尺寸略大于管坯内径,使管坯与芯杆相对紧密结合。本例扩径后弧面为 206～170 mm、直面为 191.6～159 mm。

(9) 变形:通过变形模,使管坯呈弯曲的方形管坯。本例经两次变形,每次变形后的尺寸分别为:弧面 196.8～153 mm,直面 186.8～151 mm,内径 $r6$ mm 和弧面 188～153 mm、直面 186～151 mm、内径 $r6$ mm、外径 $R23$ mm。

(10) 退火:控制和调整成品拉伸前的硬度。本例退火温度为 550℃,保温 2 h。

(11) 抛光:清除内腔一切缺陷。

(12) 成品拉伸:将管坯穿入成品芯杆(见图 34-17),通过成品拉模(见图 34-18),使内腔形状和尺寸符合要求。实例的成品规格各部分参数如下:弧面 178～153 mm、直面 176～

151 mm、面积 7640 mm²、长度 990 mm + 50 mm、壁厚 12.5 mm、内径 r6 mm、外径 R22 mm、伸长率大于 1.5%。

后面为机加工工序，本文略。

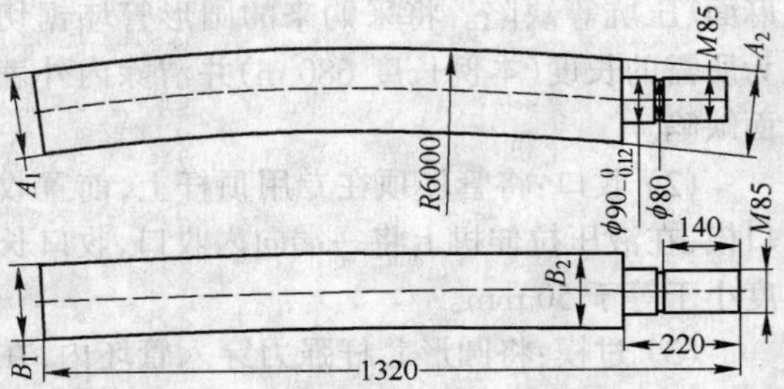

图 34-17 芯杆形状与尺寸(实例)

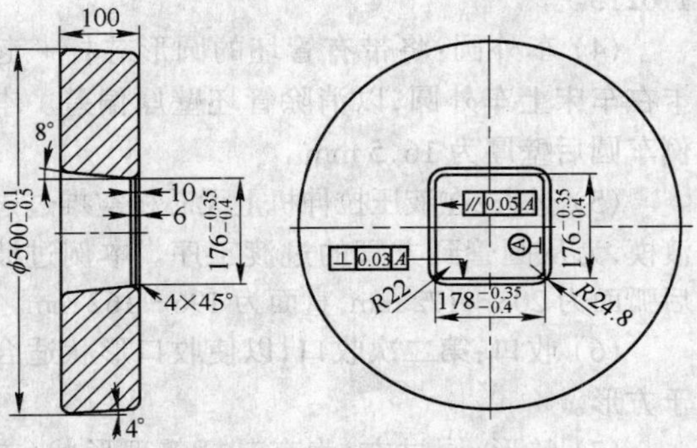

图 34-18 成品拉伸模的形状与尺寸(实例)

34.3 覆塑铜管

我国生产覆塑铜管始于 1996 年，采用 BS2871 标准。到目前已发展到几万吨的生产能力，但规模都不大。覆塑铜管在我国南方和东南亚潮湿地区有较好的市场。

34.3.1 覆塑铜管的特点和用途

在普通铜管外面包覆一层塑料就制成了覆塑铜管。这层塑料起到保护铜管免受磕碰、防止腐蚀损害的作用。覆塑铜管主要用作冷、热水管道、空调配管、燃气管、医疗气管等。覆塑铜管可埋入混凝土内或墙体；外层塑料色泽靓丽，可与室内装潢协调一致；潮湿季节外层不会像光铜管一样“出汗”；塑料的导热系数很低(LDPE 为 0.35 W/m·℃)，具有隔热保温作用；还可按不同用途包覆不同颜色的塑料加以标识等。

34.3.2 覆塑铜管生产流程和工艺

覆塑铜管的断面形状见图 34-19；热水管的规格见表 34-1；其生产流程见图 34-20，班产能力约 1.5～2.5 t。

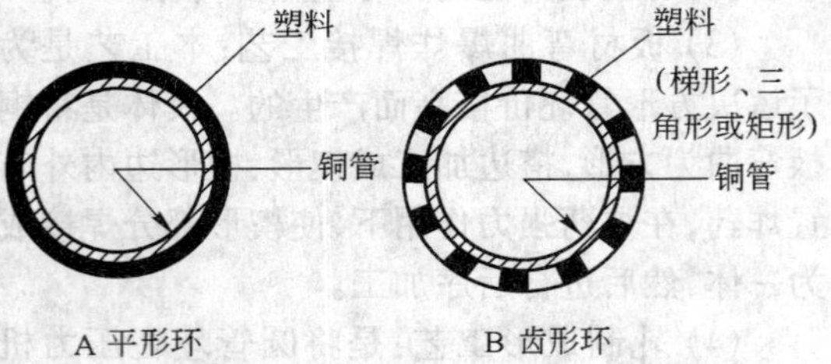

图 34-19 覆塑管断面形状

表 34-1 热水管规格

公称尺寸	ϕ12 mm	ϕ18 mm	ϕ22 mm	ϕ28 mm	ϕ35 mm	ϕ42 mm	ϕ54 mm
齿 数	14	16	18	20	22	24	26
塑料外径/mm	15	19	27	33	41	47	61

覆塑铜管的生产工艺要点：

(1) 塑料的配方。覆塑铜管一般用低密度聚乙烯(LDPE)，它无毒、无味、半透明、耐蚀，有很高的韧性，在高温下流动性好，附着能力强。价格低于中、高密度聚乙烯。但它也有缺点：在紫外光、太阳光影响下易老化、变色、龟裂；易燃而产生石蜡燃烧的气味。因此，覆塑铜管用的塑料应添加适当的紫外吸收剂、抗氧剂、阻燃剂等助剂，提高塑料的性能和寿命。原料一般选用颗粒型，以便于和添加剂混合均匀。常见的混合机示意如图 34-21。

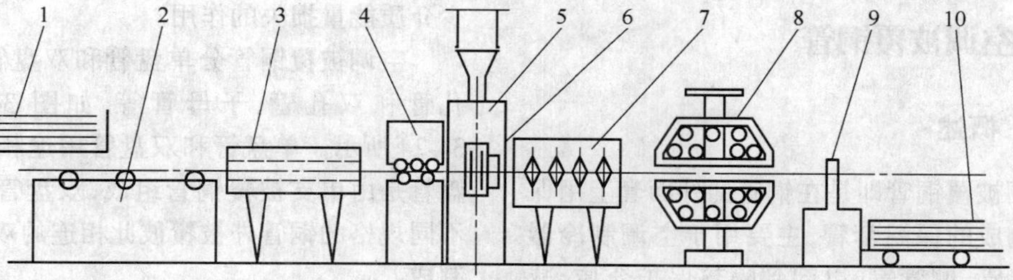

图 34-20 覆塑铜管生产流程及装备图

1—裸管上料架；2—送进辊道；3—预热器；4—调直送进装置；5—单螺杆挤出机；
6—成形定型装置；7—水冷装置；8—牵引装置；9—喷码或剪切装置；10—覆塑成品管存放台

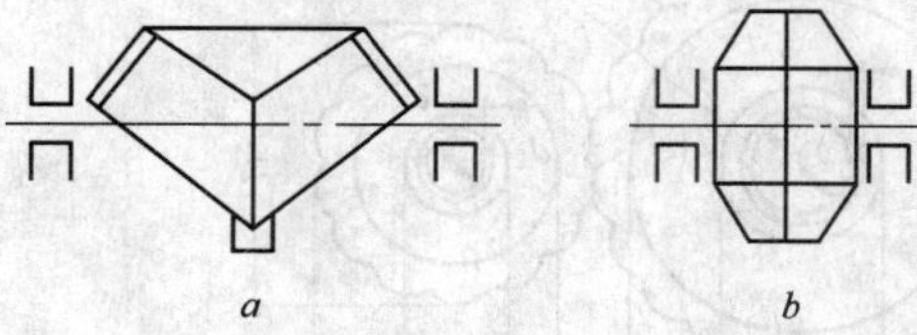

图 34-21 转鼓式混料机示意图

a—双筒式；*b*—双锥式

(2) 母管质量。母管尺寸公差、性能应符合标准要求；应经无损探伤或气/水压检查合格；表面应清洁无油污，经过脱脂或酸洗的则更好；母管应经过矫直，弯曲度越小越好。外表面油污严重会影响塑料的附着能力，油污还会在高温下气化分解，污染塑料熔体。而母管弯曲会造成包覆厚度不均。

(3) 挤塑工艺。包覆一般是在等距不等径螺旋叶片式单螺杆挤塑机上进行的。见图34-22。经过加料、熔融塑化、挤压包覆、定径整形四个阶段。其中塑化是否均匀是关键，为此，各区温度、挤压速度和母管进给速度参数必须严格控制。表 34-2 介绍了两种规格覆塑铜水管的工艺实例，供参考。应该注意的是挤塑后冷却速度应缓慢，离开模口后应风冷 3～5 s，再接受水喷淋冷却，既可使塑料表面光亮柔滑，又可使其内应力最小，有利于防止老化和开裂。

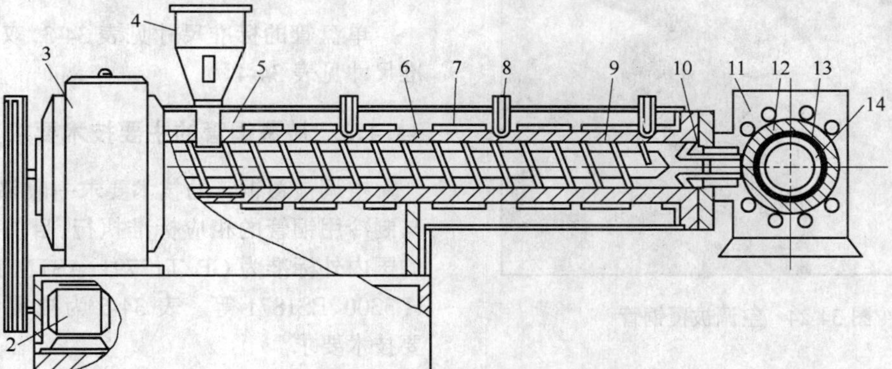

图 34-22 单螺杆挤出机结构示意图

1—机座；2—电动机；3—传动装置；4—料斗；5—料斗冷却区；6—料筒；7—料筒加热器；8—热电偶控温点；
9—螺杆；10—过滤网及多孔板；11—机头加热器；12—模口；13—挤出物；14—原铜管

表 34-2 覆塑铜管挤塑成形工艺参数举例

类别	规格 /mm	供料段 /℃	压缩段 /℃	计量段 /℃	模口 /℃	铜管预热器 /℃	挤压速度 /m·min^{-1}	铜管送进速度 /m·min^{-1}
冷水管	ϕ15	110	125	130	140	350	6	5.5
热水管	ϕ54	110	115	125	134	390	4	1.7

34.4 空调被覆铜管

34.4.1 概述

空调被覆铜管即是在铜管的外面套上用保温材料制成的保温套管，主要用于空调制冷器等的连接管、配管等，以起到隔热保护介质，减少介质能量损失的作用。

空调被覆铜管分单盘管和双盘管，又称单孔管和双孔管、子母管等，如图 34-23 和图 34-24 所示。单盘管和双盘管用途相同只是单盘管是由单支被覆铜管组成，双盘管是由二支不同规格的铜管外被覆彼此相连的双孔保温管制成。

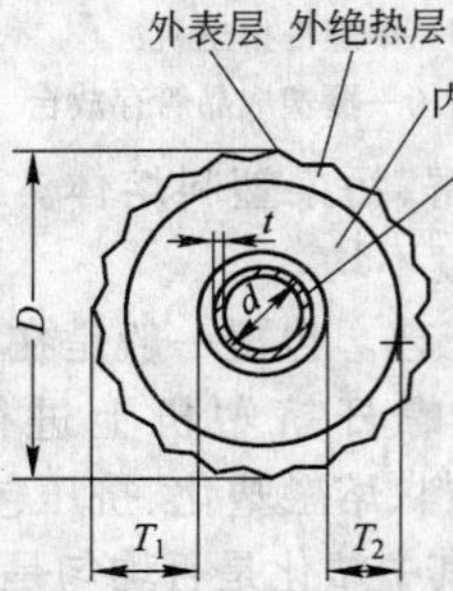

单盘管截面图

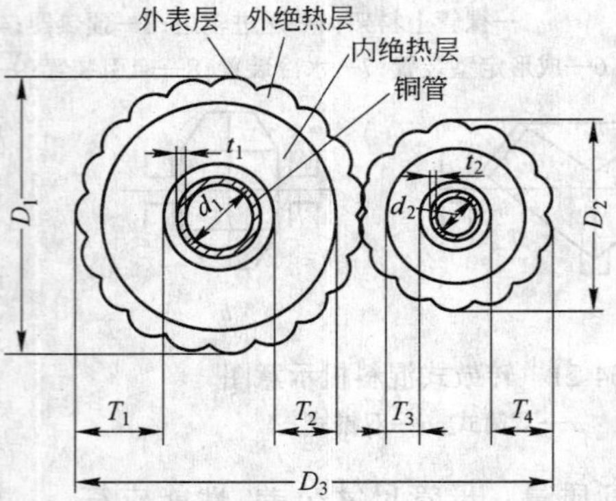

双盘管截面图

图 34-23 被覆铜管示意图

图 34-24 空调被覆铜管

34.4.2 常用空调被覆铜管的标准尺寸

单盘管的标准尺寸见表 34-3，双盘管的标准尺寸见表 34-4。

34.4.3 被覆铜管的主要技术要求

空调被覆铜管的技术要求一般都按照空调与制冷用铜管的相应标准执行，目前使用较多的国内外标准为 GB/T17791、ASTM B 280、JIS H 3300、BS1871 等。表 34-5 为被覆铜管的主要技术要求。

表 34-3 单盘管的标准尺寸

铜管尺寸 $d\times t$			保温管尺寸/mm			长度/m
公制/mm×mm	英制		T_1	T_2	D	
6×0.75(0.7)	6.35×0.75(0.7)	1/4″×0.030″(0.028″)	8	5	24	3~50
10×0.8(0.7)	9.52×0.8(0.7)	3/8″×0.032″(0.028″)	8	5	27	
12×0.8(0.7)	12.70×0.8(0.7)	1/2″×0.032″(0.028″)	8	5	30	
16×1.0(0.9)	15.88×1.0(0.9)	5/8″×0.040″(0.035″)	9	6	36	
19×1.0(0.9)	19.05×1.0(0.9)	3/4″×0.042″(0.035″)	9	6	40	

续表 34-3

铜管尺寸 $d\times t$			保温管尺寸/mm			长度/m
公制/mm×mm	英制		T_1	T_2	D	
22×1.2(1.1)	22.23×1.2(1.1)	7/8″×0.045″(0.042″)	10	6	45	3～50
25×1.2(1.1)	25.40×1.2(1.1)	1″×0.045″(0.042″)	10	6	48	
28×1.2(1.1)	28.58×1.2(1.1)	11/8″×0.045″(0.042″)	10	6	52	
32×1.5(1.4)	31.75×1.5(1.4)	11/4″×0.060″(0.055″)	10	6	55	
38×1.5	38.10×1.5	11/2″×0.060″	10	6	62	

表 34-4 双盘管的标准尺寸

铜管尺寸 $d_2\times t_2/d_1\times t_1$			保温管尺寸/mm							长度/m
公制/mm×mm	英制		T_1	T_2	T_3	T_4	D_1	D_2	D_3	
6×0.75/10×0.8	6.35×0.75/9.52×0.8	1/4″×0.030″/3/8″×0.032″	8	5	5	8	27	24	51	3～50
6×0.7/10×0.7	6.35×0.7/9.52×0.7	1/4″×0.028″/3/8″×0.028″								
6×0.8/12×0.8	6.35×0.8/12.70×0.8	1/4″×0.032″/1/2″×0.032″	10	6	5	8	34	24	58	
6×0.7/12×0.7	6.35×0.7/12.70×0.7	1/4″×0.028″/1/2″×0.028″								
6×0.8/16×1.0	6.35×0.8/15.88×1.0	1/4″×0.032″/5/8″×0.039″	10	6	5	8	38	24	62	
6×0.7/16×0.9	6.35×0.7/15.88×0.9	1/4″×0.028″/5/8″×0.035″								
10×0.8/16×1.0	9.52×0.8/15.88×1.0	3/8″×0.032″/5/8″×0.039″	10	6	5	8	38	27	65	
10×0.7/16×0.9	9.52×0.7/15.88×0.9	3/8″×0.028″/5/8″×0.035″								
10×0.8/19×1.0	9.52×0.8/19.05×1.0	3/8″×0.032″/3/4″×0.039″	10	6	5	8	41	27	68	
10×0.7/19×0.9	9.52×0.7/19.05×0.9	3/8″×0.028″/3/4″×0.035″								
12×0.8/19×1.0	12.70×0.8/19.05×1.0	5/8″×0.032″/3/4″×0.039″	10	6	6	10	41	34	75	
12×0.7/19×0.9	12.70×0.7/19.05×0.9	5/8″×0.028″/3/4″×0.035″								

表 34-5 被覆铜管的主要技术要求

牌号	状态	抗拉强度/MPa	伸长率/%	晶粒度/mm
TP2	软或轻软	≥205	≥40	≤0.04

34.4.4 保温套管的主要技术要求

空调被覆铜管用保温套管根据保温材料的层数分单层被覆保温套管、双层被覆保温套管和三层被覆保温套管，目前常用的为双层和三层被覆保温套管，表层为压花凹凸结构。

保温套管常用的保温材料主要有交联聚乙烯泡沫保温材料、高压聚乙烯保温材料以及其他橡塑发泡保温材料等，颜色通常为浅黄色、白色和黑、灰色。

表 34-6 为常用保温管材料的保温性能。

表 34-6 常用保温管材料的保温性能

名称	单位	指标				备注
发泡倍率	倍	30				
密度	kg/m³	33			65～85	
抗拉强度	MPa	0.31	0.32	0.3		≥0.25
断裂伸长率	%	250	70	100		≥60

续表 34-6

名称		单位	指标				备注
撕裂强度		MPa	1.5			3	
压缩强度(25%)		MPa	0.055	0.06			
压缩永久应变(25%)		%	2.1	3.4	6	7	
加热尺寸变化	70℃	%	-1.0				
	120℃,7天,≤	%				10	
吸水率(24 h)		g/cm^3	0.0007	0.0003	0.0008		
真空吸水率,≤		%				10	
导热系数,≤		kJ/m·h·℃	0.125	0.146	0.138	0.138	0.167
阻燃性能,≥		氧指数	32	32	32	32	≥26
耐热温度		℃	-40~120	-40~120	-40~120		
防腐蚀性			对金属和设备无腐蚀作用				

34.4.5 空调被覆铜管的制作方法

空调被覆铜管的制作比较简单,就是将加工完成的铜管按照一定的长度切定尺后,穿入保温套管内即可。但对于长度不小于6 m的长被覆铜管穿管,可以铜盘管和保温套管卷料相互放卷对穿后定尺裁断。空调被覆铜管通常以盘管供货,长度不大于6 m的也可直条供货。被覆铜管的制作工艺流程为:

软状态定尺成品管(或卷料)→整形(在平台上展平,保证一定的直度)→端口加帽塞→穿管→(定尺切断)→盘卷→装箱入库。

35 铜加工废料的回收和利用[❶]

铜具有优良的再生特性,是一种可以反复利用的资源,可用于再生的铜资源主要有两大类:第一类称为新资源,主要是指铜材加工过程中和铜材使用过程中产生的废料。这种废料在铜加工企业多以加工余料和边角料为主,在铜材使用企业多以边角料和机加工碎屑为主。如果采取严格管理的措施,可以分清铜及合金的牌号,这些资源就可以在铜加工企业直接得到利用。

第二类称为旧资源,是各类工业产品、设备、备件中的铜制品及民间杂铜。这种资源来源十分复杂,各类工业品寿命周期千差万别,其中再生用铜,只有在拆解工业产品之后才能得到,而且往往是多种铜合金混合在一起,难以直接利用;虽然有时也能从中挑出部分直接利用,但大部分还是走回收再生的途径加以利用。

美国在废铜的利用上有较完善的社会体系,他们可以将铜屑分别提供给铜的冶炼厂、熔铸厂和其他需要的地方,这些需要用铜屑来进行加工的企业都是为了降低生产成本,从而也推动了铜废料的合理流动。其中美国伊利诺斯州的Chemetco厂和乔治州的南方电力设备厂使用的原料都是没有杂质的旧铜屑。

南方电缆厂则利用高级铜屑和阴极铜一起用于电线和电缆的生产。Warrenton精炼厂是另一类铜屑加工企业,它主要从事火法精炼后的铸锭生产。在美国有许多铸锭厂和铸造厂都是依靠碎铜屑来获得原料,碎铜屑的消费占这类企业铜总消费量的90%以上。因为生产铸造产品对原料的要求一般来说没有像生产加工铜材产品那么苛刻。因此铸锭厂和铸造厂就可以用低级的铜和铜合金碎屑来进行生产。

轧铜厂是美国最大的铜屑消费者,约占合金铜屑消费总量的50%以上。这些轧铜厂既使用纯铜屑,也使用合金铜屑,但这些原料必须是高度纯净的。因为它们仅是再熔炼一次,并不进行任何精炼。其中大部分铜屑都是新的,在合金铜棒厂使用的铜屑很大部分是来自消费者的回炉废铜。回炉废铜同时也是铜条和铜板生产商的一个主要原料供应源。

发达国家在铜废料使用管理上的成功经验,值得我们借鉴。近年来,我国沿海地区的许多铜加工企业,在使用铜废料上也有了较大突破,被直接利用的铜废料的比例也在猛增。目前我国社会上铜废料的直接利用率已达50%以上。

我国已经是世界上铜消费第一大国,又是一个贫铜大国。无论是从循环经济发展战略、国家资源安全、建设节约型社会、环境友好、可持续发展的高度,还是从降低企业生产成本的微观角度看,搞好废铜回收利用都是一件大事情。

35.1 铜加工企业的废料管理

35.1.1 铜加工企业内部废料的分类

铜加工企业的厂内废料可分为化学废料、几何废料、碎屑和炉渣四类。

(1) 化学废料。化学废料又称化学成分废品废料,包括因炉后化学分析成分不合格的铸锭和因转换合金牌号时进行洗炉而产生的废料。

(2) 几何废料。几何废料本意是指加工过程中切头、切尾、切边而产生的边角废料。在废料管理范畴内,行业内人们也将加工过程中产生的除化学成分不合格以外的工艺废品也称为几何废料,如因表面质量、内部组织、性能等不合标准而报废的制品。

❶ 本章撰稿人:黄天增、肖恩奎。

(3) 碎屑。碎屑包括锯屑、铣屑和车屑，它们产生于铸锭的锯切、铸锭和坯料表面铣削以及检测试样的加工过程中。

(4) 炉渣。炉渣包括熔炼铸造过程中扒渣而带出的含铜炉渣；因漏炉、渗炉而报废的含铜炉衬以及各种热处理设备清扫出的铜氧化皮。

在上述企业内部废料中，化学废料、几何废料和切屑的化学成分是特定的、已知的。而炉渣的化学成分是未知的。

35.1.2 厂内废料的分级

厂内废料一般分为三级：一级包括化学废料、几何废料；碎屑属于二级废料；炉渣及各种不明成分的废料均属第三级。

分级是为了便于管理和使用。一级废料可以直接当原料使用；二级碎屑需制团或除油烘烤后制团才能用作炉料配制合金；而炉渣等不明化学成分的废料只能重新冶炼，再生后利用。

35.1.3 铜加工企业的废料管理

35.1.3.1 废料管理的主要内容

(1) 规定废料分类分级标准和标识方法；规定废料从产生、流转、处理、保存到使用的工作程序；规定废料管理的责任和权限。

(2) 确保工厂内每一个废料个体从产生到被重新利用都处于受控状态。

35.1.3.2 废料管理的主要环节与措施

废料管理是金属管理的一部分，从计划到统计分析，都要纳入企业管理的任务中。废料管理要抓住以下几个主要环节：

(1) 做好标识。企业内部的所有金属物料都必须有一个明显的标识，此标识应明确无误地标明其身份。标识应做到唯一性和可追溯性。唯一性是指每一个个体的标识是不重样的，确保不会相互混淆。可追溯性是指人们根据标识可通过查对记录就可以一直追溯到其产生时的状态。因此，标识的内容一般都包括合金牌号、规格、状态、数量、日期等。标识的方法很多，可以用标牌、卡片等，也可以直接书写或印刻在物料上。

(2) 专用料箱或料仓。在收集、运送、保存废料过程中，要确保专箱(仓)专料，即一种合金的废料只能装在标明该合金的料箱内。

(3) 抓好变料环节。综合性铜加工企业的许多工序在生产中经常变换合金牌号。在变料过程中要做好清理工作，防止前面清理不净造成后面混料，特别是铸造、铸锭锯切、铣面、带坯双面铣、管棒中断或切头尾等工序，在变换合金前要认真清理炉台、机床、料箱等。

(4) 制定并认真执行废料处理和利用计划。铜废料是资源，是金属原料的一部分。因而在计划中要明确废料的周转、处理和使用。加快废料的流转速度，既有利于物料管理，改善车间现场空间，又有利于加快资金周转。

(5) 做好金属平衡和统计分析。

35.2 社会铜废料的分类和利用

35.2.1 社会铜废料的分类

目前铜加工企业越来越多地使用外购废料，但外购废料比较复杂。可以大体分两种情况：一种是铜材使用企业返回的使用过程中产生的“边角料”，它们有明确的合金牌号，可视为铜材加工企业的内部几何废料。另一种是在社会上多次转手的废料，称为社会铜废料，它们的差别很大，需要经过仔细挑选、处理方可使用。

我国社会铜废料的分类起步较晚，到20世纪80年代在改革开放大潮的冲击下，大量废杂铜涌入我国，直到1992年我国才制订出铜废料的第一部相关标准，标准号为GB/T13587—1992《铜及铜合金废料、废件分类和技术条件》。由于该标准仅按照废铜的物理形态和铜含量分类，没有考虑到冶炼、加工企业成分的实际需求，近期正在重新修订。修订者参照了国际上较为通用的美国废料再生工业协会(ISRI)废料规格手册(2004版)，修订后的标准适用范围强调了“适用于废铜的国内外贸易，再生有色金属熔炼企业”，同时也适用于“加工制造企业使用的废铜”。

新标准按照废铜的物理形态以及废铜的存在方式将废铜分为七类：纯铜废料、铜合金废料、废水箱、屑末、切片、带皮电线和含铜灰渣。并将每类废铜按产品类型不同进行分组，其分组的名称和形状采用了 ISRI 废料规格手册的分类方法，详见表 35-1。

表 35-1 铜及铜合金废料、废件分类及处理方法

类别	组 别	名 称	ISRI 废铜名称	要 求	处 理 方 法
Ⅰ类：纯铜废料	废裸线	1 号铜线	No.1Copper Wire	1 级：包括裸露、无涂层、无合金的纯铜线，铜线直径不小于 1.6 mm； 2 级：包括洁净、无涂层、无锡、无合金的纯铜线和铜电缆线，铜线直径不小于 1.6mm。不含烧过的易碎的铜线	直接回炉处理；生产铜线、铜材、铸锭等
		2 号铜线	No.2Copper Wire	无合金的废铜线，含有杂质，含铜量为 96%（最小含量 94%）。不得有下述情况：过分铅化、锡化的铜线；焊接过的铜线；黄铜和青铜线；油含量过多；含铁和非金属；脆的过烧线；不含有绝缘性铜线和过多的细丝线；需用适当方式清除尘垢	精炼除杂后生产铸锭线材或配制合金
		废漆包线		1 级：纯漆包线，无杂质； 2 级：经过高温脱漆，表面有氧化层，无杂质	精炼后配制铜铅合金
	铜混合废料	特种紫杂铜		各种纯铜废料，主要包括铜材加工厂和加工制造厂产生的纯铜边角料、切头、废次材、半成品、线材、废品等；允许混入报废的纯铜裸线和其他纯铜制品，但不许有水垢、油污、涂层等；废铜料中不允许含有任何杂质和铜合金，也不许含有毛丝、车屑、磨屑和厚度小于 1 mm 的铜板，铜含量大于 99.95%	直接回炉处理，生产铜线、铜材、紫铜铸锭
		1 号紫杂铜	No.1 Heavy Copper	应包括干净的、无合金、无涂层的加工下脚料、导电板以及直径大于 1.6 mm 的铜线，材料中允许带有洁净的铜管和其他纯铜块状料。不得有焚烧过的脆质铜线	
		2 号紫杂铜	No.2 Heavy Copper	应包括混杂纯铜废料，不含铜合金、含铜量为 96%（最小含量 94%）。不得含有过多的铅和锡、焊接过的废铜、黄铜和青铜、过多的油、钢铁、非金属废料、带非铜接头的铜管或带有残渣的铜管、烧过的或有绝缘性的铜线、毛丝、焚烧后的脆质铜线、泥土等	精炼除杂后生产铸锭或配制合金
	铜米	1 号铜米	No.1 Copper Wire nodules	应包括 1 号裸露、无涂层、无合金的废铜线加工的铜米，最低含铜量为 99%。不含锡、铅、锌、铝、铁及其他金属杂质，无绝缘物，不含其他杂质	
		2 号铜米	No.2 Copper Wire Nodules	1 级：应包括无合金的废铜线加工的铜米，最低含铜量为 99%；不含过量的其他非金属和绝缘物。金属杂质最大限量如下： 铝 0.05%、镍 0.05%、铁 0.25%、锡 0.25%、锑 0.01%； 2 级：应包括 2 号无合金的废铜线加工的铜米。最低含铜量为 97%，金属杂质铝含量不超过 0.5%，其他金属或绝缘物均不超过 1%	精炼除杂后配制相应牌号合金
	废铜板	薄铜板	Light Copper	应包括混杂的无合金的废铜板，含铜量为 92%（最低含量 88%）。包括薄铜板、流水槽、落水管、铜壶、热水器及类似的废铜。不得含有：烧过的细铜线、包覆铜件、电镀板、磨屑料、未完全烧过的带有绝缘材料的电线、散热器、冰箱零件、印刷线路板、筛网、过量含铅、锡、焊料的废铜、黄铜和青铜、过量的油、铁和非金属、灰渣泥土	精炼除杂后配制相应牌号合金

续表 35-1

类别	组 别	名 称	ISRI 废铜名称	要 求	处 理 方 法
Ⅰ类：纯铜废料	废铜板	废铜箔		主要是铜箔厂和线路板厂产生的废铜箔。 1 级：纯废铜箔，无任何夹杂； 2 级：纯铜箔板，夹杂物的最大含量为 3%； 3 级：纯铜箔板，含有粘结剂	配制合金生产铸锭或生产化工产品
Ⅱ类：铜合金废料	黄铜废料	普通废黄铜		1 级：按照牌号分类的普通黄铜零件、块料及其边角料等，夹杂物小于 1%。不含绝缘线、磨屑料及非金属； 2 级：各种普通黄铜废料的混合物，合金含铜量至少为 57%，杂质含量小于 1%，包括普通黄铜零件、块料及其边角料。不含绝缘线、磨屑料及非金属	生产黄铜铸棒
		镍黄铜废料		应包括镍黄铜的零部件、加工余料、边角料等，不含屑料	生产镍黄铜铸件
		废黄铜铸件	Yellow BrassCastings	应包括黄铜铸造的机械零件。不含黄铜锻件，并且不得有含量超过 15% 的镀镍材料。不允许铸件长度超出 300 mm	生产黄铜铸件
		其他普通黄铜废料		除普通黄铜和镍黄铜之外的所有牌号的黄铜，包括零部件、加工余料、边角料、料头等，不含屑末。 1 级：按照牌号分类； 2 级：同名称的废料混合，如铅黄铜、铝黄铜等废料混合； 3 级：不同名称的混合废料，如铅黄铜与铝黄铜废料混合在一起	生产相同牌号的铸棒、铸件
		废红色黄铜	Composition of Red Brass	应包括红色黄铜废品、阀门、机械轴承和其他机械零件，包括各种各样由铜、锡、锌和/或铅制成的铸件。不含半红色黄铜铸件（含铜 78%～81%）；铁路车辆用轴瓦和其他类似的高铅合金、水龙头和出水嘴、封闭式水表、闸门、壶具的毛坯；铸块与燃烧过的黄铜；铁和非金属。 每个料件长度不超过 300 mm，重量不超过 50 kg	生产民用铸件或鼓风炉生产黑铜
		黄铜轴套	Genuine Babbitt-Lined BrassBushings	应包括来自汽车或其他机械上的红色黄铜轴套和轴承，含有不小于 12% 的以高锡为基本材料的巴氏合金，不得含有铁衬里的轴承	精炼后配制相应合金
		废黄铜管	Brass Pips	应包括黄铜管，不带镀件与焊接材料，不含用黄铜铸件连接的黄铜管。管件应完整、洁净。不含沉淀物和冷凝管	精炼后配制相应合金
		废海军黄铜管	Admiralty Brass Condenser Tubes	应包括洁净完整的海军黄铜冷凝管件，电镀、非电镀的均可，不得含有镍合金、铝合金以及腐蚀材料	精炼后配制相应合金
		废黄铜混合料	Yellow BrassScrap	由黄铜铸件、轧制黄铜、棒材、管材和多种黄铜组成，包括镀层黄铜。不能含有锰青铜、铝青铜、非烙焊散热器及散热器部件、铁以及较脏和受腐蚀的材料	生产黄铜棒或鼓风炉生产黑铜
	特殊黄铜废料	黄铜炮弹壳		已经发射的炮弹壳，一般为 70/30，其他牌号的炮弹壳的成分由供需方商定，不含雷管及其他杂质	经认真挑选去除雷管、底火后配制相应合金
		带雷管的黄铜炮弹壳		允许炮弹带有雷管，但必须在合同中标出，不含其他杂质	
		黄铜子弹弹壳		发射过的黄铜子弹壳，成分一般为 70/30，其他牌号的子弹壳的成分由供需方商定，不带弹头、铁和其他任何杂质	

续表 35-1

类别	组 别	名 称	ISRI 废铜名称	要 求	处 理 方 法
	铜镍合金废料	新白铜废料	New Cupro Nickel Clips and Solids	应包括洁净的、新的、分门别类的铜镍合金所制的管件、管、薄片、板或其他经过锻造的合金，其等级为 70/30、80/20、90/10，材料中不得含有其他杂质	精炼后配制相应合金
	废 料	旧白铜废料	Cupro Nickel Solids	应包括旧的和/或新制的、分类的废铜镍合金的管件、管、薄片、金属板或其他经过锻造的废件，其等级为 70/30、80/20、90/10，废料中最大容许杂质量为 2%。其他分别包括铸件、阀门、浇冒口等，根据协议可以包括在内，也可以不包括在内，但不得带有其他附件和杂质	生产白铜管材、铸锭、铸件等
	青铜废料	废锰青铜	Manganese Bronze Solids	应包括含铜量少于 55%、含铅量不超过 1% 的锰青铜块。不得夹带铝青铜和硅青铜	生产或配制相应合金
		其他青铜废料		1 级：单一牌号的青铜废料，夹杂物小于 1%； 2 级：同一名称的青铜废料混合，如锡青铜的若干个牌号混合废料，夹杂物小于 1%； 3 级：不同名称的青铜废料混合在一起，如锡青铜和铝青铜废料混合在一起，夹杂物小于 1%	精炼后配制青铜合金
Ⅱ类：铜合金废料	废车辆轴瓦	废车辆轴瓦	Unlined Standard Red (Clean Journals)	1 级：应包括标准的无衬里的和/或焊接的铁路车辆轴瓦及无衬里的和/或焊接的车辆轴颈轴承。不得混有黄铜轴瓦和铁衬里轴瓦	精炼后生产相应合金铸件
			Lined Standard Red (Lined Journals)	2 级：应包括标准的巴氏合金衬里的铁路(红)轴瓦或巴氏合金衬里的车辆焊接轴承。不含黄铜轴瓦和铁衬里轴瓦	精炼后配制相应合金
	废水暖零件	废水暖零件	Cocks and Faucets	应包括各式各样采用红色黄铜和黄铜制成的干净的水暖件，其中包括镀铬或镀镍构件。不得含有煤气开关(龙头)、啤酒的出酒嘴、以铝和锌为母材制成的水暖件和含有超过 35% 的半红黄铜	生产黄铜棒或鼓风炉生产黑铜
	铜合金新废料	铜合金新废料		此类废料主要包括铜材加工厂、机械制造厂产生的铜合金废料，其中包括边角料、切头、废次材、半成品、线材、废品等，表面无腐蚀，不含车屑和磨屑。 1 级：单一牌号，夹杂物小于 1%； 2 级：材料名称相同，夹杂物小于 1%； 3 级：材料名称相同，夹杂物大于 1%； 4 级：混合废料	严格分检后返回相应生产工序处理，混合送鼓风炉生产黑铜
Ⅲ类：废水箱	废水箱	废铜水箱		1 级：由同种合金的废水箱组成，去掉所有的铁件； 2 级：由混合牌号的废汽车水箱，去掉所有的铁件； 以上不能混入铝水箱、铁水箱	生产黄铜棒或铸件
Ⅳ类：屑末	纯铜屑末	纯铜屑		1 级：由纯铜屑组成，不含油、水分、合金铜屑和杂质； 2 级：由纯铜屑组成，允许含有少于 3% 的油或水，但不含其他杂质	生产紫铜铸件或配制合金
	铜合金屑末	铜合金屑		1 级：由纯净的单一牌号的铜合金屑组成，不含杂质、油、水分； 2 级：由单一牌号的铜合金屑组成，允许含有少于 3% 的水分和油； 3 级：混合的铜合金屑	分检后纯净的生产相应合金铸件，其余鼓风炉生产黑铜

续表 35-1

类别	组　别	名　称	ISRI 废铜名称	要　求	处理方法
Ⅴ类：切片	含铜切片	重有色金属切片	High Density	汽车切片分离出铁、铝等金属之后得到的重金属混合物，包括铜、黄铜、锌、不锈钢和铜线。材料必须干燥，不过度氧化。其中含其他金属的种类及其百分比，非金属杂质的含量应由买卖双方同意	分检后鼓风炉生产黑铜
Ⅵ类：带皮的电线电缆	废电缆	废铅皮电缆、塑料皮电缆、橡胶皮电缆		1级：同一名称、同一规格、无夹杂物； 2级：同一名称、不同规格，无夹杂； 3级：混合废电缆，无夹杂	电缆剥离机生产铜米，回收铅、塑料、橡胶
	废电线	带绝缘皮电线		1级：同一名称、同一规格、无夹杂物； 2级：同一名称、不同规格，无夹杂； 3级：不同名称和规格的混合电线	电缆剥离机生产铜米，回收塑料、橡胶
Ⅶ类：含铜灰渣	含铜灰			含铜的灰渣、烟尘等，铜含量由双方议定	鼓风炉生产黑铜
	含铜渣			含铜的炉底结块、熔渣，铜含量由双方议定	选矿处理后生产黑铜

35.2.2　铜废料的利用

35.2.2.1　铜废料的直接使用

对于企业自产的废料，各加工企业都有一套严格的管理办法，工序间都有严格的废料返回制度，按这些管理办法和制度，当班产出的废料必须及时返回。一是加快金属的流动；二是避免废料往下班传时造成混料分检困难。对于更换牌号前必须清理现场，腾空废料箱的要求，使现场造成混料的机会降至最低。保证了自产废料的直接返回利用，降低了废料返回使用的费用。

对于外购的纯净废铜和铜基合金，在确保没被污染的情况下具有明确的牌号和成分时，可直接投炉生产相同牌号的产品。对于表面有少许污染的废铜和铜基合金，可视其具体情况，采取预处理的办法去除污染后直接使用。对于一些虽然含有一部分杂物，但经过熔炼后，杂物完全可以除去，且不影响合金成分的废铜和铜基合金也可以直接投炉使用。

对于一些废铜和铜基合金，虽然有一些污染和少许混料，为了充分发挥其本身的价值。也可直接投炉使用。但不是生产自身相同的牌号，而是降一级使用。如 T1 废料改生产 T2，H65 废料改生产 H62 等。本环节把握的核心内容是用高牌号的废料生产低牌号的产品。在实际生产中，降低牌号层次越少，废料自身发挥的价值越大。但究竟降低几个牌号使用，要根据现场实际情况定。如果废料量大时，为了最大限度地发挥废料的作用，应进行整炉的熔次试验，根据熔炼后现场取样分析结果，再确定降低牌号的层次。

使用以上有一些污染和少许混料的废铜和铜基合金，除了可降低档次生产相近牌号的产品外，亦可配以新金属和中间合金生产本牌号的产品。但新料和旧料的比例是严格按试验结果给定的，其原则是确保产品的成分符合工艺要求，产品性能达到技术标准规范。

在我国，目前紫杂铜直接应用最好的例子是利用二号以上紫杂铜，经严格挑选，直接投入反射炉进行精炼。经氧化、还原、除气后使用连铸连轧设备生产低氧光亮铜杆。铜杆含铜量不小于 99%，导电率不小于 101% IACS，扭转力大于 45 N，伸长率为 40%～50%，含氧量为 0.03%～0.05%。每年的产量有数十万吨。

35.2.2.2　铜废料使用前的预处理

铜废料来源广、规格多、品种杂，给使用前的处理带来较大困难。为了给每种废料找到最佳的处理途径，并获得最大的经济效益和社会效益，在使用这些铜废料之前，必须进行严格的预处理。

A　防爆处理

防爆处理是对入厂原料首先进行安全检查，清除废料中有可能混入的带火药、带底火的旧炮弹、子弹、雷管等爆炸物，对于一些封闭的管件也必须做到件件检查，以防封闭的管中有液体物或其他物质入炉后产生爆炸，以确保生产安全。

B　分检

铜废料的分检是铜加工企业在原料使用前进行原料准备的较重要的工序。其目的是将铜废料按其使用价值进行挑选，并清除杂物。分检的原则是按其外观和化学成分进行分类，先挑选使用价值高的料，然后次之，最终无法直接使用的杂料进行冶金处理。分检工作主要靠手工进行，利用化学分析和仪器分析给以配合。由于这项工作耗费人工成本较高，一般用于二号紫杂铜以上的牌号。二号以下的杂铜大部分进入冶炼厂进行冶炼再生。对于专业生产铜合金的企业，对合金废料也进行类似分检后生产铜合金。

C　电磁分选

电磁分选的目的是从废料中清除铁磁性杂物。多用于铜废料中机加工废屑的预处理。因为这部分废屑中常掺杂有铁屑、车刀头、锯齿、铁粉等铁磁性物料。如剔除不净，必定影响到原料的化学成分和使用范围。

电磁分选常选用悬挂式电磁除铁器。选择设备时应根据物料中铁磁物料的块度，除铁效率及生产规模来决定。对于细粒物料，应考虑在水介质中用磁选分离的方法更有效。

D　压实打包

对于疏松的散料，在使用前通常用压实打包的方法进行处理。使其具有一定的密度、重量和块度。这样既有利于减少运输过程中的损失，又可提高运输的能力，还有利于投炉时减少金属的损耗。对于铜废料中的板、条、带、线、废管、废件、废器具等废料打包的尺寸、重量通常根据所投熔炼炉口的大小来确定。

打包机的结构和型号的选择必须考虑被打包的物料的厚度、硬度、尺寸和对包块质量的要求。供加工厂使用的包块通常在 200～500 kg/块。

对于铜米和机加工碎屑，打包机无法使用，可用压块机压实后投炉。目前多数企业对这两种料采用直接投炉的方式进行处理。

35.3　杂铜废料的回收和再生

对于大型的综合性铜加工企业，都设有综合回收系统，用于处理含铜的炉渣、炉灰、垃圾料、混杂料等无法直接使用的含铜物料，所用的设备多为鼓风炉。因产物含有较多的杂质，含铜仅为 80%～90%，且呈黑色，故称为黑铜。黑铜需经冶炼厂进一步精炼后，方能生产出合格的阳极板，供电解生产阴极铜用。

由于大部分综合性铜加工企业的炉渣、炉灰及废料中含有锌，所以鼓风炉的烟尘经回收后得到 70%～85% 含量的氧化锌。这些氧化锌可作为化工原料使用，亦可自己生产硫酸锌。其炉渣视其情况可作为水泥厂、建材厂的原料，亦可供机械或造船行业喷砂、除锈用。

35.3.1　鼓风炉料的预处理

35.3.1.1　筛分

对于垃圾料、炉渣、炉灰等粉料块料在一起的混合料，首先应将其筛分。筛孔多选用 40～50 mm 的直径，分出筛上物和筛下物。筛上物具有一定块度（40～150 mm），可直接搭配投炉。筛下物较碎影响到鼓风炉内的透气性，直接投炉也容易造成金属损失，所以需要进一步制团处理。

35.3.1.2　选矿分离

对于含铜的废渣、炉砖、炉料等，首先通过人工挑选，将含铜量大于 25% 的物料破碎至粒度为 40～150 mm，直接投炉。对于含铜较低的物料则进行选矿处理。

我国采用磁选—重选—浮选技术处理含铜 6%～15% 的铜灰和含铜垃圾，产出含铜约 60% 的重选精矿、含铜 15% 的浮选精矿。此法加工费用低、设备投资省，其工艺流程如图 35-1 所示。

对于含铜的炉砖、炉料，直接用颚式破碎机破碎后用球磨机磨碎，然后用重选和浮选的方法获得高品位的重选精矿（含铜50%～70%）

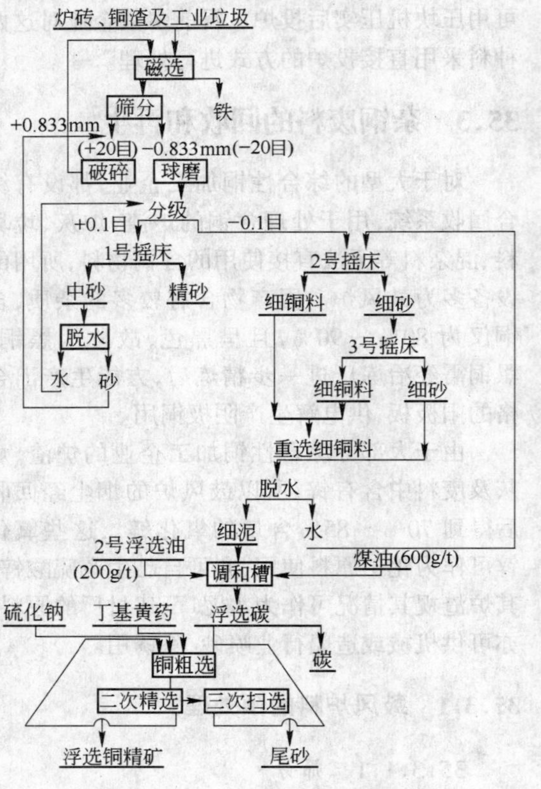

图 35-1　国内某厂炉砖、铜渣及工业垃圾预处理流程图

和含铜 14%～18% 的浮选精矿。此工艺金属回收率较高(含铜 85%～90%)，解决了不能直接投炉原料的预处理。其技术指标如表 35-2 所示。

35.3.1.3　制团

对于过筛后的铜灰和含铜垃圾以及选矿得到的精矿，均不能直接投入鼓风炉，需要先制成一定块度和强度的团料，才能投入鼓风炉使用。通常使用 300 号以上的普通硅酸盐水泥与含铜的粉料混为一体(亦有使用黄泥做粘结剂的)制成团块，晾干后投炉使用。水泥的配料量为 5%～7%。下列数据为国内某企业对团料的控制条件。

(1) 物理要求。块度：50～150 mm；抗压强度：>10 MPa；气孔率：20%～30%。

(2) 成分要求。Cu 含量：>20%、Al_2O_3 含量：<5%、MgO 含量：<5%、SiO_2 含量：<10%、水分：<1.5%。

该企业使用多功能混凝土搅拌机进行搅拌，使用改进的民用蜂窝煤机做制团机，制出的团料规格为 ϕ102 mm×70 mm，经自然干燥后投入鼓风炉生产。

表 35-2　磁选—重选—浮选处理铜灰、铜渣及工业垃圾技术指标

项　目	产出率/%	品位回收率/%				说　明
		$Cu_灰$	$Zn_灰$	$Cu_渣$	$Zn_渣$	
原　料	100	6～30	10～20			
重选粗铜精料	18～30	50～70	15～30	30～50	10～20	1 号摇床产品；
重选细铜精料	10～20	15～25	6～10	18～30	5～10	2 号、3 号摇床产品
浮选精矿	15～25	14～18	15～17	20～25	25～30	
尾　矿	35～60	0.9～2	15～20	10～15	40～60	

35.3.2　鼓风炉熔炼杂铜废料的基本原理

杂铜废料的鼓风炉熔炼是还原熔炼过程。熔炼时加入炉料量 10%～15% 的焦炭，燃烧放出的热足以使炉料熔化，熔化产物过热使锌和其他易挥发有色金属及其化合物挥发进入气相。

还原熔炼时的鼓风炉断面示意图如图 35-2 所示。

以下沿鼓风炉高度分成五个区域来说明各区的物理化学变化过程。

第一区：为熔炼准备区，位于炉子上部。从炉子风口区上升的炉气温度在此处约为 400～600℃。在此区域中进行炉料的加热和水分蒸发。炉料中易熔组分如金属铅和焊料等将熔化而出现液相。此外，从加料口吸入的空气将和炉料面上的锌蒸气和一氧化碳反应(燃烧)，并放出大量热，其反应如下：

图 35-2 还原熔炼鼓风炉断面示意图

$$2Zn + O_2 = 2ZnO + 696\ kJ \qquad (35\text{-}1)$$

$$2CO + O_2 = 2CO_2 \qquad (35\text{-}2)$$

因此,废气温度可达 650～800℃。

第二区域:其中的炉气和炉料的温度为 600～1000℃。在此区域发生碳酸钙分解,黄铜熔化,铜锌合金中部分锌蒸发,炉料中的金属氧化物开始还原。还原剂主要是 CO,有关反应如下。

碳酸钙分解:

$$CaCO_3 \rightleftharpoons CaO + CO_2\uparrow \qquad (35\text{-}3)$$

铜氧化物的还原:

$$Cu_2O + CO = 2Cu + CO_2\uparrow \qquad (35\text{-}4)$$

由此可见 Cu_2O 很容易被还原。

CuO 也易还原,即:

$$CuO + CO = Cu + CO_2\uparrow \qquad (35\text{-}5)$$

硅酸铜和铁酸铜的还原则要求高 CO 浓度,但在有 CaO 存在时反应加速,即:

$$CuO\cdot SiO_2 + CaO + CO = Cu + CaO\cdot SiO_2 + CO_2\uparrow \qquad (35\text{-}6)$$

$$CuO\cdot Fe_2O_3 + CaO + CO = Cu + CaO\cdot Fe_2O_3 + CO_2\uparrow \qquad (35\text{-}7)$$

当铅以硅酸盐和铁酸盐形式存在时,这种结合型 PbO 被 CO 的还原较游离 PbO 的还原困难,原因是游离 PbO 中的氧离子与铅离子直接键合,而在 $xPbO\cdot ySiO_2$ 中还有 $Si_xO_y^{2-}$ 离子,且 Si—O 键比 Pb—O 键牢固。氧化铅和二氧化硅可生成易熔的化合物和共晶体,如 $4PbO\cdot SiO_2$(725℃)、$2PbO\cdot SiO_2$(764℃)含 30% SiO_2 的共晶体(733℃)等。

由于这些铅氧化物熔点较低,在鼓风炉熔炼时大部分铅都在熔体状态下被还原。在炉温 800～850℃下,从液态硅酸盐化合物中还原铅反应的平衡 CO 浓度为 3%～6%。当有碱性氧化物特别是 CaO 存在时,可将熔体中 PbO 置换出来呈游离 PbO 而有利于还原,即:

$$PbO\cdot SiO_2 + CaO + CO = CaO\cdot SiO_2 + Pb + CO_2\uparrow \qquad (35\text{-}8)$$

$$2PbO\cdot SiO_2 + CaO + FeO + 2CO = CaO\cdot FeO\cdot SiO_2 + 2Pb + 2CO_2\uparrow \qquad (35\text{-}9)$$

铅的氧化物虽容易还原,但不可避免有部分氧化铅和其他造渣成分形成各种化合物进入炉渣而不被还原。

锡氧化物的还原:SnO_2 的还原较铜、铅氧化物的还原困难,且还原是分两步进行的,即:

$$SnO_2 + CO \rightleftharpoons SnO + CO_2\uparrow \qquad (35\text{-}10)$$

$$SnO + CO \rightleftharpoons Sn + CO_2\uparrow \qquad (35\text{-}11)$$

游离氧化亚锡不稳定,且按下式发生歧化反应,即:

$$2SnO \rightleftharpoons SnO_2 + Sn \qquad (35\text{-}12)$$

当有 CaO 和 FeO 等强碱性氧化物存在时,会促进已渣化的亚锡的还原,即:

$$SnO\cdot SiO_2 + CaO + C(或\ CO) = Sn + CaO\cdot SiO_2 + CO(或\ CO_2)\uparrow \qquad (35\text{-}13)$$

$$SnO\cdot SiO_2 + FeO + C(或\ CO) = Sn + FeO\cdot SiO_2 + CO(或\ CO_2)\uparrow \qquad (35\text{-}14)$$

此外,炉料中的金属铁可还原锡的化合物,其还原反应为:

$$SnO\cdot SiO_2 + Fe = Sn + FeO\cdot SiO_2$$

氧化锌的还原:氧化锌是难还原的氧化物之一,由于炉气中 CO 浓度较低,故还原反应

$$ZnO + CO = Zn_{(气)} + CO_2\uparrow \qquad (35\text{-}15)$$

较难进行。若鼓风炉熔炼含锌高的炉料,应需较强的还原气氛,以供锌还原进入气相。但是

当炉料有金属铁时，则氧化锌可能被金属铁还原，即

$$ZnO + Fe = Zn + FeO \quad (35\text{-}16)$$

$$2ZnO \cdot SiO_2 + 2Fe = 2Zn + 2FeO \cdot SiO_2 \quad (35\text{-}17)$$

$$ZnO \cdot Fe_2O_3 + Fe + CO = Zn + 3FeO + CO_2 \quad (35\text{-}18)$$

这些反应要在温度高于1000℃时才能进行。在鼓风炉熔炼铜锌合金废料时，除非在炉中造成强还原性气氛，一般氧化锌只部分还原为金属锌而大部分进入炉渣。

第三区域：温度为1000～1300℃，有色金属氧化物还原结束。炉料熔化生成黑铜和炉渣，锌和其他易挥发组分（氧化铅和氧化亚锡）继续进入气相。造渣反应：

$$Fe_3O_4 + CO = 3FeO + CO_2 \quad (35\text{-}19)$$

$$2FeO + SiO_2 = 2FeO \cdot SiO_2 \quad (35\text{-}20)$$

$$xCaO + ySiO_2 = xCaO \cdot ySiO_2 \quad (35\text{-}21)$$

第四区域：又称焦点区（风口区附近），温度约为1300～1400℃。风口区附近充满了赤热的焦炭，液态的熔炼产物经炽热焦炭层滤下进入炉缸中，焦炭与鼓入的空气燃烧产生CO_2，过剩焦炭又将CO_2还原成CO，其反应为：

$$C + O_2 = CO_2\uparrow \quad (35\text{-}22)$$

$$CO_2 + C = 2CO\uparrow \quad (35\text{-}23)$$

在风口区由于高温而发生易挥发组分的强烈蒸馏过程。当炉料中有硫时，则铅和锡形成PbS和SnS挥发进入气相。

第五区域（炉缸）：温度为1200～1250℃，炉缸中聚集了液态熔炼产物黑铜和炉渣。当鼓风炉未设前床（炉外澄清池）时，定期从炉中分别放出黑铜和炉渣。当有前床时，熔炼出的液态产物从炉中排出到前床内按密度分层，然后分别放黑铜和炉渣。

当含有锌的铜合金废料在鼓风炉熔炼时，其特点是产出高锌炉渣，其中含ZnO为8%～18%、含Al_2O_3为5%～13%，两者总和为20%～30%。炉渣中总锌量的60%以硅酸盐形式存在。以锌尖晶石（$ZnO \cdot Al_2O_3$，熔点为1930℃）形式存在的锌达40%。含尖晶石的炉渣熔点高，黏度大，使黑铜珠混杂在渣中而使渣含铜增高。因此，当氧化锌含量高时需提高炉渣中氧化亚铁含量，这可用适当加入金属铁使ZnO还原成锌，并产出FeO进入炉渣，或加入氧化钙以改善炉渣性能。

当炉料中含6%～10%以双金属形式（例如覆有铜的铁件）存在的铁时，便能保证有色金属氧化物还原完全，并产生氧化亚铁含量合乎规定的炉渣。但炉料中铁含量太多会在炉中生成铁瘤，缩小炉缸容积。

从鼓风炉操作实践可知，当炉渣成分为：$SiO_2$24%～26%，FeO35%～40%，CaO8%～12%时，可达到满意的锌挥发率，但渣含铜较高，一般为0.7%～0.8%。国内某厂用0.5 m^2鼓风炉熔炼黄杂铜时，炉渣成分为：SiO_2：CaO：FeO＝(30～32)：(26～32)：(5～10)，渣含铜0.3%。当FeO高于10%时，渣含铜迅速增加。在熔炼黑铜精炼渣时，炉渣一般成分（%）为：SiO_2：CaO：FeO＝(26～32)：(24～28)：(14～18)，炉料中加入萤石可降低渣熔点，改善渣的流动性。

鼓风炉熔炼杂铜废料时可用含铁双金属、石英和石灰石作为熔剂。

前面已提到熔炼时炉料中游离氧化钙能破坏有色金属硅酸盐和铁酸盐，促进渣中有色金属的还原。在处理富铜的返料（吹炼和精炼渣，熔炼铜基合金时产出的渣等）时，要特别注意加熔剂。因为这些返料中的铜、锌、铅都是以氧化物形式存在的。

35.3.3 鼓风炉熔炼杂铜废料的实践

熔炼杂铜废料的鼓风炉一般为长方形，风口区截面积为3～13 m^2，炉宽为1.1～2.1 m，炉高为3.7～4.57 m，国内大多用小于1 m^2的圆形鼓风炉进行处理。

前苏联某厂采用风口区截面积8.35 m^2（风口区宽为1300 mm，长6065 mm）的鼓风炉（图35-3）。炉子为全水套式，共有26个风嘴，每个直径为130 mm。炉身、炉喉和烟道的水套都与汽化冷却器相连。采用加料机加料，当料柱面低于加料口下2.0～2.5 m时则需加料。每批

料约为 20～25 t，加料次序为先加焦炭、熔剂、返渣和铜锌渣、旧废铜杂料和切屑，然后再加入双金属和其他配料。

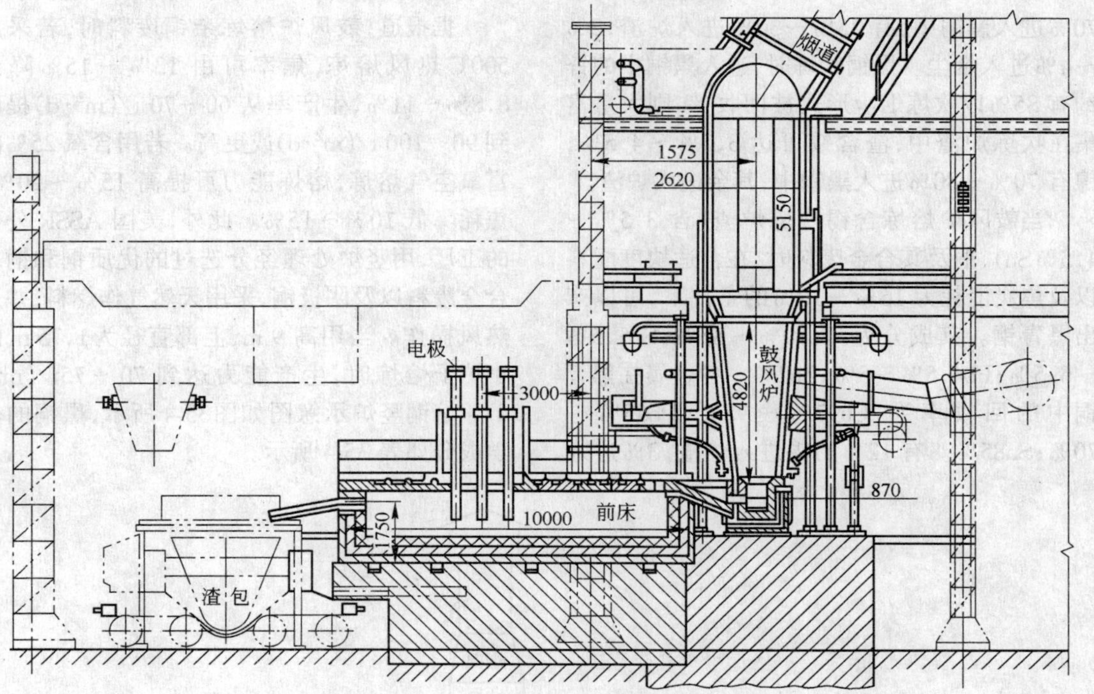

图 35-3　熔炼杂铜废料用的设有电热前床的鼓风炉

炉缸中的熔体经水冷虹吸装置流入电热前床，其中有三根 ϕ300 mm 石墨电极作加热用，所用变压器功率为 2000 kW，以保证前床熔体的温度而降低渣含铜。黑铜经前床放出口放出。炉气进入收尘系统，收尘后气体含尘小于 0.04 g/m^3。

鼓入炉内空气压力为 14692～24521 Pa，鼓风量为每平方米风口区截面积每分钟 50～70 m^3，此时炉子每天每平方米生产能力高达 80～100 t。

鼓风炉熔炼时各产品的产率(按炉料重的百分率计)为：黑铜 30%～33%，炉渣 53%～57%，粗尘 3%～4%，细尘 5%～10%；各熔炼产品组成列于表 35-3 中。

表 35-3　杂铜废料鼓风炉熔炼产物的组成　（%）

熔炼产品	Cu	Zn	Sn	Pb	Ni	SiO_2	CaO	FeO	Al_2O_3
黑　铜	82～87	5～8	1.2～2.2	1～2	0.5～1.5			Fe 为 1.5～3	
炉　渣	0.7～0.8	6～9	0.1～0.2	0.2～0.5	0.03～0.2	23～29	8～14	35～40	9～13
返回渣	1.0～4.0	5～8	0.2～0.5	0.2～0.6	0.05～0.2	20～26	8～14	33～38	5～10
粗　尘	10～15	25～30	0.2～0.3	3～4		15～20	2～3	10～12	3～5
细　尘	0.5～3.0	60～63	0.7～0.9	4～5					Cl 为 1～2

鼓风炉熔炼杂铜废料时，有关金属的分布情况是：铜进入黑洞为 97%～97.6%，进入炉渣为 1.8%～2.2%，进入细尘为 0.2%～0.4%；锌有 12%～15%进入黑铜，45%～55%

挥发进入气相以 ZnO 形式回收，30%～35%进入炉渣；铅有 60%～65%进入黑铜中，其分布在炉渣和烟尘中各大致占一半；锡有 65%～70%进入黑铜中，有 25%～30%进入炉渣，2%～4%进入烟尘。黑铜吹炼时，进入黑铜中的锌约有 85%以吹炼烟尘形式被回收；锡则大量富集在吹炼炉渣中，渣含锡可达 3.5%～4.5%；镍有 70%～80%进入黑铜中，其余进入炉渣。

当鼓风炉熔炼含锡吹炼炉渣（含 3.5%～4.5%Sn）、铜及其合金废料时，在合适块度配料以及焦炭消耗为 16%～18%的条件下，可以产出黑青铜。其成分为：Cu80%～85%；Sn5.5%～6.5%；Pb4.5%～5%；Zn2%。各金属在黑青铜中的回收率为：Cu97%～98%；Pb65%～70%；Sn85%。有 12%的锡进入炉渣，3%进入烟尘。炉渣含有：Cu0.8%～1%；Sn0.4%～0.6%；Pb0.4%～0.5%，此渣返回熔炼。将黑青铜熔炼为粗青铜，然后用于配制再生青铜。

据报道，鼓风炉熔炼杂铜废料时，若采用 500℃热风熔炼，焦率可由 13%～15%降到 8.8%～11%，生产率从 60～70 t/(m^2·d)提高到 90～100 t/(m^2·d)或更高。若用含氧 25%的富氧空气熔炼，熔炼能力可提高 15%～20%，焦耗降低 10%～15%。此外，美国 ASSR 公司的工厂，用竖炉处理经分选过的优质铜和铜基合金废料以及阴极铜，采用天然气作燃料，并用热风操作。当用高 9 m、上部直径为 1.75 m 的小炉子熔炼时，生产能力达到 70～75t/(m^2·d)。熔铜竖炉示意图如图35-4 所示，黑铜的化学成分如表 35-4 所示。

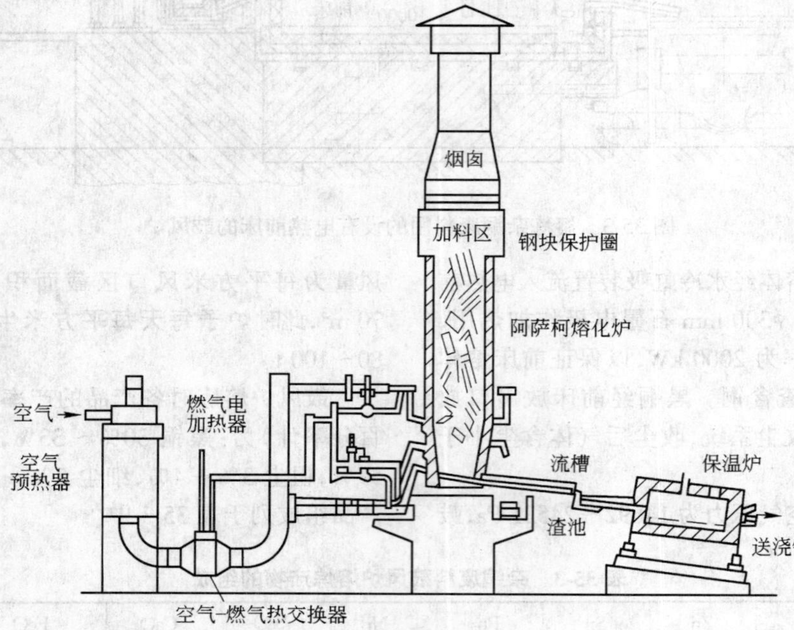

图 35-4 熔铜竖炉示意图

表 35-4 黑铜的化学成分（质量分数） （%）

名　称	Cu	Pb	Ni	Zn	As	Sb	Sn	Fe
处理黄杂铜时所得黑铜	85～90	2～4	0.3～0.5	3～6	0.07～0.1	0.4～0.6	2～3	0.5～8
处理白杂铜时所得黑铜	约 90	1～3	6～14	3～7			0.5～1	
处理含铜炉渣时所得次黑铜	60～70	3～9	0.4～1.0	1～1.5	0.08～0.2	0.6～0.9	10～12	

第 5 篇

铜合金板、带、箔材生产[1]

---

❶ 本篇负责人：吴维治、娄花芬。

36 铜合金板、带、箔材生产方法[1]

36.1 板、带、箔材生产方法及其特点

铜和铜合金板带材的生产方法大体上有4种：铸锭热轧开坯法、水平连铸带坯法、铸锭冷轧开坯法和热挤压开坯法。而其后续的加工方法则都是相同的，其工艺流程大体为：板(带)坯→(铣面)→粗轧→退火→精轧→精整→(退火)→成品。

热轧开坯是将铜及铜合金铸锭或锻坯加热到再结晶温度以上，并在热加工塑性区的温度范围内轧制板(带)坯。

水平连铸带坯多用于不易热轧的锡磷青铜、锌白铜、锡锌铅青铜和铅黄铜等带坯的生产，或小规模地生产普通黄铜带坯以及氧含量低于$50\times10^{-4}\%$的紫铜带坯，它省去了热轧工序和相应的设备投资，生产周期短，能提供长尺带坯。带坯的厚度一般为12～20 mm，宽度为320～650 mm，最宽达850 mm。不足之处是单台设备的生产能力小，可生产的合金品种和规格有局限性，不宜多品种、高产能、大规格地生产铜及铜合金带坯。

铸锭冷轧开坯是生产铜合金板带材最早采用的方法。20世纪20～30年代，几乎所有的铜合金板带材均以30～40 mm厚的扁锭进行冷轧开坯生产。冷轧后带坯厚度为8～10 mm。这种工艺轧制时变形抗力大，轧制道次多，需要经过多次中间退火，生产效率低，能耗大。随着冶炼技术的发展、金属纯度的提高和对有害杂质的控制，大部分铜合金逐步改为热轧开坯。必须冷轧开坯的仅为热轧易开裂、产量不太大的少数复杂合金。

热挤压开坯是20世纪60年代日本、英国用于生产紫铜、黄铜和铅黄铜窄带而开发的。带坯的厚度为5.0～8.5 mm，宽度小于250 mm。挤压带坯的表面和尺寸精度均优于热轧开坯，在允许宽度范围内便于调整带坯规格。不足之处是挤压压余、窄带切边和黄铜脱皮挤压与缩尾等几何损失较多，带材的成品率低于热轧开坯。这种方法适用于月产量1000t左右的紫黄铜生产线。

热轧开坯充分利用了合金的高温塑性好和变形抗力小的特点，生产率高，能耗小，可提供大卷重、长尺寸的带坯。带坯厚度为4～18 mm，宽度为200～1250 mm。除少量不宜热轧的锡磷青铜、锡锌铅青铜和高铅黄铜外，热轧开坯可生产所有的铜及铜合金。目前世界上90%以上的铜及铜合金带坯都是采用热轧开坯生产的。它与水平连铸相比具有以下优点：

(1) 金相组织和水平连铸带坯有显著区别。水平连铸带坯中间层呈羽毛形柱状晶分布的铸造组织；而热轧是经过90%以上热变形的加工组织，并在热轧过程中进行同步再结晶，所以带坯的晶粒细密，各项性能均一。

(2) 热轧开坯可将铸锭的部分缺陷如疏松、缩孔和晶间微裂纹等焊合。

(3) 对于需要固溶热处理的合金，如Cu-Be、Cu-Fe-P等，需采用热轧后淬火，才能满足将高温相保留到常温，晶内呈单相组织分布，以利于后续变形热处理或改善其物理性能的条件。20世纪70～80年代英国和其他一些国家进行了Cu-Be合金连铸带坯的实验研究，但到目前为止，热轧后急冷(淬火)仍是生产这类合金的成熟工艺。

热轧带坯的厚度因设备的大小不同而异。小型热轧机，如轧制带宽为200～330 mm的轧机，一般带坯轧到约4～6.5 mm厚，热轧后采用酸洗去除氧化皮，这种生产方式已逐渐被大规格热轧机所代替；大中型热轧机热轧后的带

[1] 本章撰稿人：吴维治。

坯一般厚度6.5～18 mm,轧制后采用双面铣削法去除表面氧化皮和表面缺陷。

由于铜及铜合金成分不同,再结晶温度和热加工塑性区范围也不同。铜及铜合金的加热温度一般为800～900℃,高铜合金品种,如铁青铜最高取980℃,黄铜取750～850℃;个别铜合金,如蒙乃尔合金(Cu-Ni-Fe)为1150～1200℃,康铜为1050～1130℃,白铜为1030～1100℃。

热轧的终轧温度必须保证在热塑性区内,既不能太高,也不可过低。终轧温度过高,热轧后不进行喷水冷却易产生晶粒长大;但是四六黄铜等合金不能进行喷水冷却,冷却过快会产生硬化或裂纹趋势,温度高、冷却慢,金属表面会大量氧化,增加金属损耗;终轧温度太低无法产生足够的再结晶效果,减少冷轧开坯的总加工率。

热轧开坯生产板带材的工艺,与其他方式相比,虽然耗能略大,但其可生产的合金牌号品种齐全,生产适应性强,且产品具有晶粒均匀度、深冲性能、再加工性能良好等特性,是其他生产方式所无法比拟的,热轧开坯一直是国内外生产铜及铜合金板带材的主要方式。

国际上铜及铜合金板带材最大铸锭质量已达到25 t,目前我国在建的铜加工厂,最大锭重为20 t。

36.2 热轧

36.2.1 热轧铸锭的选择

选择合格的铸锭,对于产品质量至关重要。无论是采用立式连续铸造还是半连续铸造方式生产的铸锭,都要经过端头切齐,其质量应符合以下要求:

(1) 化学成分必须符合相关标准的规定。

(2) 内部无缩孔、气孔、夹杂、偏析、裂纹等缺陷。

(3) 表面有铸瘤、裂纹、冷隔或夹杂等时,可进行局部加工去除。

(4) 尺寸和偏差应满足工艺要求。铸锭的厚薄不均严重时,轧制时会加剧不均匀变形,甚至造成热轧产品超差和镰刀弯;铸坯的宽度偏差过大,会导致轧边辊工作困难,增加切边损失。

确定铸锭规格时应考虑产品品种和规格、生产规模、设备条件及铸造方法等因素。铸锭尺寸为H(60～200)mm×B(220～440)mm×L(1000～7000)mm,重量(W)约在300～5000 kg之间时适用于中小型铜加工厂,较小尺寸的铸锭常用于具有特殊性能的合金锭,如框架材料、铍铜弹性材料等。国内外大型铜加工厂的铸锭规格一般为H(140～250)mm×B(625～1250)mm×L(2400～11000)mm,铸锭重量约4～25 t。最近国外刚投产的一条竖式火焰炉熔炼、哈兹列特铸造机连铸、单机架连续热轧机轧制的生产线,可生产断面尺寸为19 mm×1250 mm的紫铜带坯,卷重为25 t。

确定铸锭宽度,必须满足产品方案中最大带材宽度或数倍产品宽度,并要考虑到切边量的需要。我国目前是按200 mm和304.8 mm作为倍尺的基础值来考虑坯料宽度设计的;铸锭厚度的确定与铸造方式、铸锭宽厚比、加热炉的大小和轧制设备条件等有密切关系。铸锭长度确定是根据产品的长度倍尺的需要(kg/mm)和铸锭的厚度来确定的。但长度又常常受到铸锭加热炉宽度的限制。

生产中,铸锭的质量愈好,合金的高温塑性范围愈宽,设备能力及生产规模愈大,采用的锭坯尺寸及重量也相应增大。

铸锭厚度(H)与铸造方式及宽厚比也有密切关系。一般来说,全连续铸造的锭坯质量高于半连续铸造,半连续高于铁模及水冷模铸造。

36.2.2 热轧铸锭规格与热轧机的关系

采用厚的铸锭,总的热轧变形程度大,为改善铸造组织所要求的最小热轧总加工率应在80%以上提供了保证,有助于提供质量较好的冷轧坯料。热轧机的性能和铸锭的尺寸、材质与终轧温度要求息息相关。锭坯过厚也是不适宜的,易造成与热轧机的各项性能参数不相适应。

热轧辊直径(D)主要与轧制压力有关,铸锭厚,道次压下量相应也大,其确定与轧辊的咬入角和摩擦角的大小有关；咬入角的大小又靠轧制压力来保证。目前，铜铸锭一般锭厚在250 mm以下，轧辊直径(D)与铸锭厚度(H)之比大多在4～7之间。

热轧机轧制压力不足时，如果锭坯过厚，轧制道次增多，温降大，对保证终轧温度不利；同样铸锭过长，轧机轧制速度跟不上，也无法保证终轧温度。如高铜合金等，铸锭长度(L)一般不超过8000 mm，轧制速度(v)应设定在1～5 m/s之间(轧机基速为1.5～2 m/s)，否则难以保证终轧和/或淬火温度。

国内外铜带热轧机按机型一般可分为二辊轧机和四辊轧机两种形式，国内外90%左右的厂家采用二辊轧机开坯，也有以生产高温强度较高的铜合金为主的厂家采用四辊轧机，二辊热轧机仍是目前铜及铜合金热轧开坯的主流机型。三辊劳特等形式热轧机因不适应大铸锭生产，已逐渐退出。

选择热轧机时应尽量满足如下要求：

(1) 生产率适应生产需要；热轧机应有合理的轧制周期，与加热炉的加热能力相适应。

(2) 热轧机的辊径、辊长、开口度、最小热轧厚度和板形应满足生产要求；最好采用高精度轧辊轴承，以保证大轧制压力，速度变化范围大时，轴承摩擦系数小，轧出的坯料精度高。

(3) 轧辊应具有抗高温变形所要求的强度和刚度；轧机采用电动压下、液压纠偏和厚度自动补偿功能，以保证带坯厚度精度和防止镰刀弯。

(4) 压下速度、轧制速度应满足终轧温度的要求，在生产特殊合金时，应带有淬火系统；主传动应有足够的功率和调速能力，以保证带坯的终轧温度和组织性能。

(5) 应采用带有加热和冷却系统的乳液润滑系统，以便尽可能采用平辊轧制，以保证板形良好和延长轧辊寿命；轧机进出口应设有立轧边辊和导尺，并有足够的轧制能力，并能和主传动同步，以防止裂边，保证整齐的边部质量。

(6) 应带有坯料卷取设备，可热卷取，也可冷卷取，还可和双面铣削机联机运行，不卷取而直接将冷却后的带坯送入铣面机进行铣面。

36.2.3 热轧前铸锭的加热

热轧前对铸锭加热，可以保证热轧时轧件高温塑性，降低变形抗力，消除铸造应力，改善合金的组织状态和性能。确定轧件的加热温度时应考虑合金的品种、高温塑性区和变形抗力、铸锭规格及已有设备的条件。加热温度的上限一般为金属熔点的90%(绝对温度)，终轧温度相当于合金熔点的60%～70%(绝对温度)，其确定方法主要依据该合金的相图而定。

表36-1和表36-2给出了大部分铜及铜合金加工用铸锭的热轧温度范围。

表36-1 按中国牌号标准，重有色合金加工用铸锭的热轧温度范围

合金牌号	热轧前锭坯加热温度/℃	热轧开始温度/℃	热轧塑性范围/℃	终轧温度范围/℃
T2-4、TUP	800～860	≥760	930～500	500～460
H96、H90、HSn90-1	850～870	≥800	900～550	600～500
H80、HNi65-5	820～850	≥800	870～600	650～550
H70、H68、H65	820～840	≥780	860～600	650～550
H62	800～820	≥760	840～550	600～500
HPb59-1、HSn62-1、H59、HAl67-2.5、HAl66-6-3-2、HMn57-3-1	740～770	≥710	800～550	600～500
HMn58-2、HFe59-1-1	700～730	≥680	760～500	550～450
QAl 5、QAl 7	840～860	≥830	880～600	600～550
QAl 9-2	820～840	≥800	860～500	600～500
QSn4-3	730～750	≥680	770～600	600～550

续表 36-1

合 金 牌 号	热轧前锭坯加热温度/℃	热轧开始温度/℃	热轧塑性范围/℃	终轧温度范围/℃
QSn6.5-0.1	640～660	≥600	650～500	500～450
QSi3-1	800～840	≥760	860～500	550～500
QMn5	820～840	≥790	860～600	650～600
QCd1.0、QCr0.5	800～850	≥760	950～600	650～550
QBe2、QBe2.5	780～800	≥760	820～600	650～550
B19、B30、BFe30-1-1	1000～1030	≥950	1100～650	700～600
QMn1.5、BMn3-12	830～870	≥790	900～650	650～600
BZn15-20	950～970	≥900	1000～700	700～650
BMn40-1.5	1050～1130	≥1020	1150～800	850～750
Ni6-8、NY1-3	1150～1250	≥1100	1250～850	900～800
NiCu28-2.5-1.5	1100～1200	≥1050	1200～750	800～750
BAl 6-1.5	850～870	≥830	900～650	600～550
NiCu40-2-1	1050～1130	≥980	1150～800	850～750
Zn1、Zn2	160～180	≥150	250～140	220～150

表 36-2　美国主要铜及铜合金牌号的热加工温度和退火温度

金属牌号	热加工温度/℃	退火温度/℃	金属牌号	热加工温度/℃	退火温度/℃
C10100、C10200	750～875	375～650	C10300	750～850	375～650
C10400、C10500、C10700、C11000	750～875	475～750	C10800	750～875	375～650
C11100、C11300、C11400、C11500、C11600	750～875	475～750	C12500、C12700、C12800、C12900、C13000	750～950	400～650
C14300、C14310	750～875	535～750	C14500、C14700	750～875	425～650
C15000	固溶 900～925 加工 900～950	退火 600～700 时效 375～475	C15100	750～875	450～550
C15500	750～875	485～540	C15710		650～875
C15720、C15735		650～925	C16200	750～875	425～750
C17000	固溶 760～790 加工 650～825	淬火 775～800 时效 260～425	C17200、C17300	固溶 760～790 加工 650～800	淬火 760～790 时效 260～425
C17410	650～925	450～550	C18700	750～875	425～650
C17500	加工 700～925	淬火 900～925 时效 470～495	C17600	加工 750～925	淬火 900～950 时效 425～480
C18100	固溶 900～975 加工 790～925	退火 600～700 时效 400～500	C18200、C18400、C18500	加工 800～925	淬火 980～1000 时效 425～500
C19200	825～950	700～815	C19210	700～900	450～550
C19400、C19500、C19520			C19700	750～950	450～600
C21000、C22000	750～875	425～800	C22600	750～900	425～750
C23000	800～900	425～725	C24000	825～900	425～700
C26000	725～850	475～750	C26800、C27000	700～820	425～700

续表 36-2

金属牌号	热加工温度/℃	退火温度/℃	金属牌号	热加工温度/℃	退火温度/℃
C28000	625～800	425～600	C31400、C31600、C33000、		425～650
C33200、C34000		425～650	C33500		425～700
C34200、C35300	785～815	425～600	C34900	675～800	425～650
C35000	760～800	425～600	C35600、C36000	700～800	425～600
C36500、36600、36700、36800	625～800	425～600	37000	625～800	425～600
37700	650～800	425～600	C38500	625～725	425～600
C40500	830～890	510～670	C40800	830～890	450～675
C41100	830～890	500～700	C41500	730～845	400～705
C41900		480～680	C42200	830～890	500～670
C42500、C43000	790～840	425～700	C43400	815～870	425～675
C43500			C44300、C44400、C44500	650～890	425～600
C46400、C46500、C46600、C46700	650～825	425～600	C48500	650～760	425～600
C50500	800～875	425～650	C50710、C51000、C51100		475～675
C52100、C52400		475～675	C54400		
C60600	815～870	550～650	C60800	760～875	660～675
C61300	800～925	600～870	C61400	800～925	600～900
C61500	815～870	620～675	C62300	700～875	600～650
C62400	760～925	600～700	C62500	745～850	600～650
C63000	800～925	600～700	C63200	705～925	705～880
C63600	760～875		C63800、C65400		400～600
C65100	700～875	425～675	C65500	700～875	475～700
C64400			C68800	有序 280～320	400～600
C69000	790～840	400～600	C69400	650～875	425～650
C70400	815～950	565～815	C70600	850～950	600～825
C71000	875～1050	650～825	C71500	925～1050	650～825
C71900	900～1065	退火 900～1000 缓冷 760～425	C72200	900～1040	730～815
			C72500	850～950	650～800
C74500		600～750	C75200		600～815
C75700、C77000		600～825	C78200		500～620

注：热加工温度栏中，空白处代表本牌号金属热轧塑性区不清楚或不宜热加工。

轧件的预热、加热和均热时间必须和加热温度、铸锭规格和合金成分等条件综合考虑，以防铸锭过烧或烧不透。在保证轧件均匀热透的情况下，应尽量缩短加热时间。

加热时间主要和铸锭加热温度和锭坯厚度有关，可根据热交换理论公式计算。一般炉膛分三区，即预热区、加热区和均热区，最高炉膛温度一般比铸锭允许加热温度高30～50℃。常采用以下经验公式估算加热时间：

$$\tau = CH \tag{36-1}$$

式中　τ——加热时间，min；

H——铸锭厚度，mm；

C——经验系数，紫铜取0.9～1.3，黄铜取0.9～1.6，复杂黄铜及青铜取1.2～2，镍及镍合金取1.5～2.5。

36.2.4　热轧过程

热轧过程是在高温下对轧坯进行轧制加工的工序。其设备和铸锭加热炉紧密相关，与其他工序相比，设备庞大，占厂房面积多。由于加热炉和热轧机的参数是按产品性能和尺寸的需求推算出的铸锭尺寸和设备的特性要求来选择的，与拟建生产规模的大小没有绝对关系，因此产能大、负荷率不太饱满，是热轧机生产线的主要特点之一。

热轧过程中，坯料的温降主要由辐射导热、对流传热、轧辊传热、工艺润滑剂传热和变形热5种传热方式联合作用，前4项为降温，最后一项为升温，它们是研究热轧过程中温降的基础。

热轧时轧辊与轧件接触的瞬间，辊面温度急剧上升，之后随着润滑冷却剂的喷洒而降温。反复的热胀冷缩交替作用，造成辊面开始出现裂纹和龟裂。热轧时，通常采用水或低浓度乳化液作工艺润滑冷却剂，它可有效地防止轧辊受热产生过大凸度变形。一般来说，采用乳化液润滑，由于乳化液中水受辊面加热蒸发，带走辊面上大量热量，而油分子留在辊面上，形成薄薄的油膜，可防止辊面进一步划伤，因此用乳液作为工艺润滑剂，比直接用水可获得较高的轧辊寿命。在轧机设计时，尽可能采用乳液不抛落在轧件表面上的方案，此时工艺润滑剂传热的一项温降可忽略不计。

淬火必须在终轧温度接近合金金相转变的温度线时，采用高冷却速率，一般是用喷水或层流，压力0.2～2.5 MPa（由于设计思想不同，使用压力变化范围大），将轧件快速冷却到稳定相的温度线以下。这是使塑性好的高温相 α 相组织保存到无相变的常温下，以利于冷轧时塑性变形的一种工艺方法。常采用热轧淬火工艺的合金有铍青铜、钛青铜、镉青铜、硅青铜、铬青铜、铝白铜以及铝含量（质量分数）大于9%的铝青铜等。

为冷轧供坯的热轧总加工率一般应大于80%，最大在90%～95%之间；热轧板厚度一般为5～30 mm，最厚可达140 mm；热轧带坯厚度一般为9～16 mm。

热轧各道次的加工率分配除与轧机的力能参数有关外，还与合金的品种、开轧温度和终轧温度要求密切相关。道次加工率过大，产生变形热也过大，易使铸锭过烧；无论锭坯还是铸造组织，塑性较差，不宜采用大变形量；更重要的是，任何道次轧辊与材料之间的咬入角 α 必须小于摩擦角 β，否则轧制状态无法建立。

热轧后的坯料，表面带有氧化皮、氧化皮压入和其他表面缺陷，可采用酸洗或表面和边部铣削机铣去，铣面还可去除表面毛刺、带材中部凸形突起和金属颗粒等。每面铣削厚度一般在0.25～0.5 mm，它不仅取决于氧化膜的厚度，还与坯料的厚度公差、偏差和板形有关。

对于高温塑性范围窄、热塑性低、强度高或热轧易开裂的合金，如锡磷青铜、白铜等目前一般采用水平连铸方法生产（水平连铸需铣0.7～1 mm）。

36.2.5　热轧过程中温降的计算

热轧过程中的温降是热轧加工中一个非常重要的问题。为了定量地研究温降，一般把温降描述为辐射传热、对流传热、轧辊与带材接触传热、工艺润滑剂与带材接触传热和轧制变形热五部分，各部分有相应的公式计算。

36.2.5.1　热轧中坯料由于热辐射产生的温度降落

加热到温度 T 的物体，由于热辐射损失的热量可用斯蒂芬－玻耳兹曼定律来确定：

$$\Delta Q_\varepsilon = 4.88\varepsilon\left(\frac{T}{100}\right)^4 F\tau = cG(t_1 - t_2) = cG\Delta t_\varepsilon$$

经计算：

$$\Delta t_{\varepsilon}=2\times4.88\frac{\varepsilon}{c\gamma}\left(\frac{T}{100}\right)^{4}\frac{\tau}{h}$$

$$\approx k\left(\frac{T}{100}\right)^{4}\frac{t_{sec}}{h_{mm}} \quad (36\text{-}2)$$

式中 ΔQ_{ε}——辐射热量，kcal，1 cal≈4.18 J，下同；

k——常数，0.0012～0.0025；

T——辐射热的绝对温度，K；

Δt_{ε}——在辐射时间内温度降落，℃；

τ——辐射时间，h；

c——在轧制开始与终了时间内的比热容，kcal/(kg·℃)；

F——物体的表面积，m^2；

G——辐射物体重量，kg；

ε——辐射系数；

t——辐射时间，s；

h_{mm}——道次轧后厚度，mm。

36.2.5.2 热轧中由于与空气的对流作用产生的温度降落

热轧中由于与空气的对流作用产生的温度降落可用下式计算：

$$\Delta t_{v}=\frac{a_{v}}{c\gamma}(t_{1}-t_{2})\tau\times2\left(\frac{1}{h}+\frac{1}{b}+\frac{1}{l}\right)$$

$$\approx2\frac{a_{v}}{c\gamma}(t_{1}-t_{2})\frac{\tau}{h}$$

$$=k(t_{1}-t_{2})\frac{t_{sec}}{h_{mm}} \quad (36\text{-}3)$$

式中 Δt_{v}——对流作用产生的温度降落，℃；

a_{v}——热对流系数，kcal/(m^2·h·℃)；

t_1、t_2——分别为轧件温度与周围空气温度，℃；

t_{sec}——轧件冷却时间，s；

k——常数，0.003～0.005。

36.2.5.3 轧制过程中的变形热

如果假定金属的变形功全部转变为热量，则由于变形使金属的发热可以确定为：

$$W=p_{cp}v\ln\frac{H}{h}=427Gc\Delta t_{w}$$

由此得到：

$$\Delta t_{w}=p_{cp}v\frac{\ln\frac{H}{h}}{427cG}$$

$$\approx5.4\times1000p_{cp}\frac{\lg\frac{H}{h}}{c\gamma}$$

$$=5.4\times1000p_{cp}\frac{\lg\frac{1}{1-\varepsilon}}{c\gamma} \quad (36\text{-}4)$$

考虑前滑、后滑等因素：对紫铜，应在上式中乘0.9，对黄铜，乘0.8的散热系数。

式中 p_{cp}——轧辊与带材接触面上的平均单位压力，kgf/mm^2，1 kgf/mm^2≈10 MPa；

c——轧件的比热容，kcal/(kg·℃)；

γ——密度，kg/m^3。

36.2.5.4 轧制过程中轧辊的热传导温降

轧制过程中轧辊的热传导有多种算法，米列尔提出第一种方法是把轧件看成固定厚度为$2s=h_{cp}$的无穷个小条组成，假定表面层由内心层收入的热量总是等于其支出给轧辊的热量。这种计算以傅里叶准数为基准查表，而表中轧制接触时间以小时为单位。实践中，由于接触时间是以百分之几秒或千分之几秒计算的，根本无法查对。第二种由伊万佐夫提出的，也不适宜用来计算。

根据经验，可用温切里公式计算

$$\Delta t_{q}=\frac{2k}{H+h}\sqrt{\frac{2l_{弧}H}{v_{cp}(H+h)}}$$

式中 H、h——第 n 道次前后轧件厚度，mm；

$l_{弧}$——咬入弧，$l_{弧}=\sqrt{\Delta hR}$；

v_{cp}——平均轧制速度，m/s。

$$\Delta t_{q}=\frac{k}{\bar{h}}\sqrt{\frac{H\sqrt{\Delta hR}}{v_{cp}\bar{h}}}\cdot(t_{n-1}-60) \quad (36\text{-}5)$$

式中 $\bar{h}=\dfrac{H+h}{2}$（$k=0.13$～0.2）。

36.2.5.5 轧制过程中工艺润滑剂产生的温降

工艺润滑剂产生的温降较难描述，因为用水或使用乳液差别较大；喷流到轧件上或是轧件不接触工艺润滑剂，效果截然不同。一般简化为：

$$\Delta t_c = \frac{k}{h v_{cp}} \quad (36\text{-}6)$$

式中，k 为常数，视情况而定，取 50～300；$v_{cp} \geqslant 1$ m/s。

如果采用乳液润滑，并且乳液不喷流到带坯表面上，该项可忽略不计。

综上所述，第 n 道次的总温降可用下式确定：

$$t_n = t_{n-1} - (\Delta t_\varepsilon + \Delta t_v) - (\Delta t_q + \Delta t_c - \Delta t_w) \quad (36\text{-}7)$$

式中 t_n——在 n 道次的终轧件温度，℃；

t_{n-1}——在 $n-1$ 道次的轧件温度，℃。

36.2.6 热轧时铜及铜合金的摩擦系数

对于不经车、刨的紫铜铸造表面，其摩擦系数随温度变化而变化。巴甫洛夫的实验指出，变化曲线不太规则。刚磨光的热轧辊与坯料温度和咬入角、摩擦系数的关系见表 36-3。

表 36-3 刚磨光的热轧辊与坯料温度和咬入角、摩擦系数的关系

温度/℃	650	675	700	725	750	775	800	825	850
咬入角/(°)	10	11.5	14	17	19	19	18	17	15.5
摩擦系数，μ	0.175	0.2	0.25	0.31	0.35	0.35	0.33	0.31	0.28

磨光后经过 8～10 天热轧(同时用水作为工艺润滑冷却剂)后的轧辊就会呈现明显的网状结构，此时热轧辊与温度、咬入角和摩擦系数的关系见表 36-4。

表 36-4 8～10 天热轧后热轧辊与温度和咬入角、摩擦系数的关系

指标	紫铜			黄铜	
温度/℃	700	780	800	750	850
平均咬入角/(°)	22°56′	24°51′	24°12′	23°6′	18°58′
摩擦系数，μ	0.42	0.46	0.45	0.43	0.34

显然，轧辊越光滑，它和带坯表面之间的摩擦系数越小，热轧时的咬入角的大小与热轧辊表面光洁度有着直接的关系。

轧制速度对 μ 值也有直接影响。铜在光轧辊上轧制时，咬入角随轧制速度的增加而变小，见表 36-5。

表 36-5 轧制速度与 μ 值的关系

速度/m·s^{-1}	0.2	0.5	1.5	2	2.5	2.75	3	3.5	4	4.5	5
咬入角/(°)	24	23	21.5	20	15	12.5	12	11	11	11	11

轧制时，如果咬入角接近摩擦角，轧机轧制时易造成轧辊和轧件之间打滑振动，使轧制过程无法进行。因此

$$\mu > \tan\alpha \quad (36\text{-}8)$$

满足上述条件后，根据轧件的温度、变形速度、变形程度等计算出瞬时的屈服强度，采用采利可夫公式，很容易校核热轧机在某道次的轧制温度、轧制压力、轧制力矩和电机功率。

36.2.7 热轧时铜及铜合金屈服极限的确定

一般来说，某温度、变形程度和变形速度下的屈服极限按下式计算：

$$A_m = A'_m \times K_t \times K_\varepsilon \times K_\omega$$

式中 A_m——在已知轧制条件时的屈服极限，MPa；

A'_m——根据试验测出的平均屈服极限，MPa；

K_t——温度影响系数；

K_ε——加工率影响系数；

K_ω——速度影响系数。

热轧时计算屈服极限时的 A'_m 值及其与 K_t、K_ε、K_ω 的测定条件见表 36-6。

表 36-6 热轧时计算屈服极限时的 A'_m 值及其与 $K_t \cdot K_\varepsilon \cdot K_\omega$ 的测定条件

合金牌号	$K_t \cdot K_\varepsilon \cdot K_\omega$ 的测定条件			A'_m/MPa	A'_m 的测定条件		
	t/℃	ε/%	ω/s^{-1}		t/℃	ε/%	ω/s^{-1}
Zn	150～340	10～80	0.2～40	65	200	40	5
T2	450～950	10～80	0.2～40	95	600	40	5
TUP	450～950	10～80	0.2～40	100	600	40	5
H62	450～850	10～80	0.2～40	80	600	40	5
H68	450～850	10～80	0.2～40	107	600	40	5
H70	450～850	10～80	0.2～40	110	600	40	5
H90	450～900	10～80	0.2～40	103	600	40	5
NY1	600～1250	10～80	0.2～40	167	800	40	5
NY2	800～1250	10～80	0.2～40	137	800	40	5
NCu28-2.5-1.5	600～1200	10～80	0.2～40	192	800	40	5
BFe30-1-1	600～1050	10～80	0.2～40	146	800	40	5
B19	600～1030	10～80	0.2～40	124	800	40	5
BZn15-20	600～950	10～80	0.2～40	110	800	40	5

重有色金属合金热轧时的加工率影响系数 K_ε、速度影响系数 K_ω 和温度影响系数 K_t 分别与加工率、变形速度和变形温度的关系，分别见表 36-7～表 36-9。

表 36-7 重有色金属合金热轧时的加工率影响系数 K_ε 与加工率的关系

合金牌号	ε/%							
	10	20	30	40	50	60	70	80
TUP	0.65	0.79	0.91	1.02	1.11	1.18	1.23	1.24
T2	0.6	0.76	0.89	1.02	1.11	1.2	1.25	1.29
BFe30-1-1	0.64	0.8	0.91	1.0	1.08	1.15	1.20	1.23
B19	0.57	0.74	0.87	0.98	1.12	1.2	1.27	1.3
H70	0.5	0.7	0.86	1.0	1.15	1.25	1.3	1.32
H90	0.4	0.66	0.85	0.98	1.1	1.19	1.24	1.25
BZn15-20	0.45	0.72	0.92	1.05	1.16	1.25	1.32	1.37
H62	0.45	0.68	0.83	0.98	1.12	1.22	1.3	1.32
H68	0.52	0.72	0.88	0.98	1.08	1.17	1.23	1.3
NCu28-2.5-1.5	0.5	0.7	0.88	1.03	1.18	1.3	1.35	1.38
NY1、NY2	0.4	0.68	0.88	1.0	1.11	1.22	1.3	1.32
Zn	0.45	0.71	0.86	1.0	1.1	1.18	1.24	1.26

表 36-8 重有色金属合金热轧时的速度影响系数 K_ω 与变形速度 ω 的关系

合金牌号	ω/s^{-1}								
	0.2	0.3	0.4	0.5	0.6	0.8	1	2	3
T2	0.78	0.79	0.8	0.82	0.84	0.86	0.87	0.91	0.94
BZn15-20	0.68	0.7	0.71	0.72	0.76	0.79	0.82	0.88	0.92
NY2	0.64	0.67	0.7	0.71	0.73	0.74	0.79	0.86	0.92
NY1	0.6	0.61	0.64	0.66	0.69	0.74	0.76	0.86	0.92
H68、H70、BFe30-1-1	0.68	0.69	0.71	0.73	0.75	0.78	0.8	0.88	0.91
H90、H62	0.68	0.68	0.69	0.7	0.72	0.76	0.77	0.85	0.91
NiCu28-2.5-1.5、B19	0.73	0.73	0.75	0.77	0.78	0.8	0.82	0.89	0.91
TUP	0.78	0.79	0.80	0.81	0.82	0.84	0.86	0.89	0.92
Zn		0.5	0.55	0.6	0.64	0.69	0.71	0.81	0.9
合金牌号	4	5	6	8	10	20	30	40	50
T2	0.98	1.0	1.02	1.05	1.07	1.15	1.22	1.29	
BZn15-20	0.97	1.01	1.05	1.1	1.13	1.26	1.35	1.4	
NY2	0.97	1.01	1.05	1.1	1.13	1.26	1.35	1.4	
NY1	0.98	1.03	1.06	1.12	1.16	1.28	1.36	1.45	
H68、H70、BFe30-1-1	0.98	1.01	1.06	1.1	1.13	1.25	1.32	1.39	
H90、H62	0.96	1.0	1.04	1.07	1.1	1.21	1.3	1.36	
NiCu28-2.5-1.5、B19	0.97	1.0	1.03	1.07	1.1	1.15	1.22	1.28	
TUP	0.94	0.97	0.99	1.01	1.03	1.1	11.6	1.2	
Zn	0.95	1	1.03	1.1	1.15	1.3	1.4	1.5	

表 36-9a 重有色金属合金热轧时的温度影响系数 K_t 与变形温度 t 的关系(一)

合金牌号 \ 温度/℃	450	460	480	500	520	540	560	580	600	620
H62	1.77	1.7	1.6	1.5	1.4	1.3	1.2	1.1	1.0	0.9
H68	1.58	1.52	1.43	1.36	1.28	1.2	1.12	1.06	1.0	0.92
H70	1.66	1.6	1.5	1.4	1.31	1.22	1.14	1.07	1.0	0.92
H90	1.5	1.45	1.37	1.3	1.21	1.15	1.09	1.04	1.0	1.05
T2	1.32	1.3	1.22	1.18	1.13	1.09	1.06	1.03	1.0	0.97
TUP	1.3	1.28	1.21	1.18	1.13	1.09	1.06	1.03	1.0	0.97
BZn15-20									1.9	1.79
合金牌号 \ 温度/℃	640	660	680	700	720	740	760	780	800	820
H62	0.8	0.7	0.6	0.53	0.47	0.42	0.37	0.32	0.28	0.25
H68	0.86	0.8	0.74	0.68	0.62	0.57	0.51	0.48	0.45	0.41
H70	0.86	0.8	0.74	0.68	0.62	0.58	0.53	0.5	0.47	0.43
H90	0.9	0.87	0.82	0.78	0.75	0.72	0.69	0.65	0.62	0.59
T2	0.94	0.9	0.87	0.83	0.8	0.77	0.74	0.7	0.67	0.64
TPU	0.94	0.9	0.87	0.83	0.8	0.77	0.74	0.7	0.67	0.64
BZn15-20	1.69	1.59	1.50	1.60	1.31	1.22	1.14	1.07	1.0	0.91

续表 36-9a

温度/℃ 合金牌号	840	860	880	900	920	940	950
H62	0.22	0.2	0.195	0.19	0.185	0.18	0.18
H68	0.39	0.36	0.33	0.32	0.305	0.3	0.29
H70	0.41	0.39	0.37	0.35	0.33	0.32	0.32
H90	0.56	0.52	0.5	0.48	0.45	0.43	0.42
T2	0.6	0.57	0.54	0.51	0.48	0.45	0.42
TUP	0.61	0.69	0.57	0.54	0.51	0.5	
BZn15-20	0.82	0.77	0.7	0.62	0.55	0.5	

表 36-9*b* 重有色金属合金热轧时的温度影响系数 K_t 与变形温度 t 的关系(二)

温度/℃ 合金牌号	600	620	640	660	680	700	720	740	760	780
NiCu28-2.5-1.5	1.61	1.52	1.43	1.36	1.3	1.23	1.17	1.11	1.07	1.03
NY1	1.45	1.4	1.35	1.3	1.25	1.21	1.16	1.11	1.07	1.03
NY2、BFe30-1-1	1.45	1.4	1.35	1.3	1.25	1.21	1.16	1.11	1.07	1.03
B19	1.6	1.45	1.35	1.28	1.22	1.16	1.11	1.08	1.04	1.02

温度/℃ 合金牌号	800	820	840	860	880	900	920	940	960	980
NiCu28-2.5-1.5	1.0	0.96	0.92	0.87	0.83	0.76	0.7	0.65	0.6	0.56
NY1	1.0	0.96	0.92	0.87	0.83	0.77	0.72	0.67	0.63	0.6
NY2、BFe30-1-1	1.0	0.96	0.92	0.87	0.83	0.77	0.72	0.67	0.64	0.61
B19	1.0	0.97	0.93	0.9	0.87	0.83	0.8	0.77	0.74	0.71

温度/℃ 合金牌号	1000	1020	1040	1060	1080	1100	1120	1140	1160	1180	1200	1220	1240	1260
NiCu28-2.5-1.5	0.52	0.49	0.46	0.42	0.39	0.35	0.32	0.29	0.26	0.24	0.22			
NY1	0.56	0.52	0.49	0.46	0.44	0.41	0.39	0.36	0.33	0.31	0.29	0.26	0.23	
NY2、BFe30-1-1	0.57	0.54	0.51	0.48	0.46	0.45	0.43	0.42	0.41	0.4	0.39	0.38	0.37	0.37
B19	0.68	0.65	0.62	0.6										

36.2.8 热轧辊辊型的选择

轧制过程中轧件与轧辊间的热交换和产生的变形热使轧辊温度逐渐上升，而辊子中部的温度比两端放散得慢，由于热膨胀的作用，沿辊身的长度方向出现热凸度。假设辊身表面温度呈抛物线变化，在轧辊长度任意断面上其内层和表面层的温度相等，辊身的热膨胀凸度按下式计算：

$$y_{t.max}=\alpha R\Delta t \qquad (36\text{-}9)$$

$$y_{t,x}=\alpha R\Delta t\left[4\left(\frac{x}{L}\right)^2-1\right] \qquad (36\text{-}10)$$

式中 $y_{t.max}$——轧辊中部半径方向的热膨胀凸度，mm；

$y_{t.x}$——以轧辊中部为坐标原点距离为 x 处的热膨胀凸度，mm；

R——轧辊半径，mm；

L——辊身长度，mm；

Δt——辊身中部与边部的温度差，℃；

α——线膨胀系数，钢轧辊为$(11.3\sim13)\times10^{-6}/℃$。

实际上轧辊任意断面上的表面温度总是大于内层温度，出现温度差，妨碍热膨胀，所以采用上式计算时应乘以0.9的系数。

热轧辊的下辊一般用平辊，上辊计算凸度，即上辊凸度应为轧辊半径热膨胀的2倍，为补偿轧辊在热轧时热膨胀对板形的影响，应将轧辊磨成凹形。其主要目的在于抵消热膨胀凸度、改善轧件宽度方向的厚度均匀性，而且有利于轧件咬入及减少轧件边部的拉应力；在没有立轧辊的情况下，凹度有助于避免轧件沿宽度方向在辊面上滑动。热轧时轧辊在轧制压力作用下产生的弯曲挠度（y）一般小于热凸度值，计算轧辊磨削时的轧辊凸度Σf通常为总热凸度值Σyt与总弯曲挠度值Σy之差：

$$\Sigma f=\Sigma yt-\Sigma y$$

$$\Sigma y=yx=P\frac{12ab^2-7b^3}{6\pi ED^4}-P\frac{b}{2\pi GD^2} \quad (36\text{-}11)$$

式中 P——轧制压力，kgf，1 kgf≈10 N；

D、L——分别为辊身直径及辊身长度，mm；

a——轧辊两边轴承受力点之间的距离，mm；

b——轧件宽度，mm；

E、G——分别为轧辊材料的弹性模量及间切模量，kgf/mm^2，$1\ kgf/mm^2\approx10$ MPa。

一般来说，Σf与带坯的最终厚度与轧辊直径均有密切关系，二辊轧机一般取辊颈的$-0.02\%\sim-0.05\%$。

随着热轧技术的发展，热轧带坯越来越宽，使轧辊工作时的受热长度与辊身长度之比越来越接近于1，轧辊受热变形趋向于均匀。近期建设的热轧机厂采用乳液润滑，取得了润滑效果；特别是把上工作辊浸泡在乳液中，下辊采用均匀喷嘴冷却，使轧辊表面形成一层油质保护膜，有效地降低了轧辊的辊面温度，保护了轧辊，这种轧机设计可采用平辊轧制。为了使轧件出辊缝时不上翘，上辊直径可大于下辊直径。

36.2.9 热轧淬火系统

目前热轧淬火系统有多种方式，各有不同的特点，可归纳为以下几种：

(1) 在机架设备后建立高位水箱，采用大流量水，分段瞬时从辊道的上下方垂直喷向带材表面，类似于钢铁热轧的层流冷却；

(2) 采用高压水和低压水配合上下表面齐喷，靠高速水流导热；

(3) 采用大流量冷却水反向冲刷带材表面，以带走带材热量。

以上几种方式各有其特点，但其目的都是将带材从固溶状态温度快速冷却到过饱和固溶体析出温度的下限以下，以防止固溶组织中的β和γ相析出，造成沉淀硬化和伸长率降低而无法继续冷轧。

36.2.10 带材冷却系统

为了防止热轧后带材表面氧化，热轧后一般用冷却水冷却到60℃以下。应注意H62以下成分的铜及铜合金，如HPb59-1，H62水冷时易出现淬硬现象，不利于后续冷轧加工。

36.2.11 带材卷取系统

热轧卷取分热上卷卷取和冷上卷卷取两种形式。热上卷卷取没有带材冷却段，上卷取后进行水槽内冷却，其优点是管理方便，缺点是卷取机装机功率大（2～4 kW/cm带面宽度）、带卷头尾和中部性能有差异，带卷越大，差异越明显；带有带材冷却系统的机列为冷上卷取方式，卷取机装机功率因无速度要求，功率相对小一些（0.5～1 kW/cm带面宽度）。热轧后是否卷取，视情况而定。卷取节省占地，生产灵活，但易造成带材横断面变形，增加铣面量，甚至一次铣面不能全部消除缺陷。但采用储料台式，生产灵活性较差，占地面积较大。

36.2.12 热轧机辊道长度的确定

热轧机的辊道一般分为游动辊道、V形辊道、平辊道、单辊传动和分组传动辊道。V形辊道适用于宽度不大于600 mm的厚热轧带材，而带宽650 mm以上规格的应采用平辊道，以防止带材中间塌陷，主辊道采用电机传动。在单道次入口侧可采用部分游动辊道，降低投资。

前辊道长度应为倒数第二道的料长加机架辊的长度；后辊道为终轧后的带长加机架辊区长，再加上机架、冷却区和卷取机，现代化热轧机一般总长在250～270 m左右。淬火区横跨辊道上下，长度与辊道重合。

36.3 冷轧

36.3.1 带坯冷轧方法及其特点

冷轧是将带坯在常温状态下轧制，达到使带坯减薄到成品尺寸的加工工艺过程。铜及铜合金冷轧用带坯多采用热轧供坯，只有不宜热轧的合金品种，或者建设规模较小，需供坯量过少，无法采用热轧供坯时才采用水平连铸供坯，直接冷轧生产。

冷轧可分为初轧、中轧和精轧。冷轧中间退火前的总加工率因合金不同而异，一般在50%～90%，个别可达95%。加工工艺中常把厚12～18 mm的坯料卷冷轧到1～4 mm，这一工序称为初轧开坯。

冷轧机的形式分别见图36-1和图36-2。

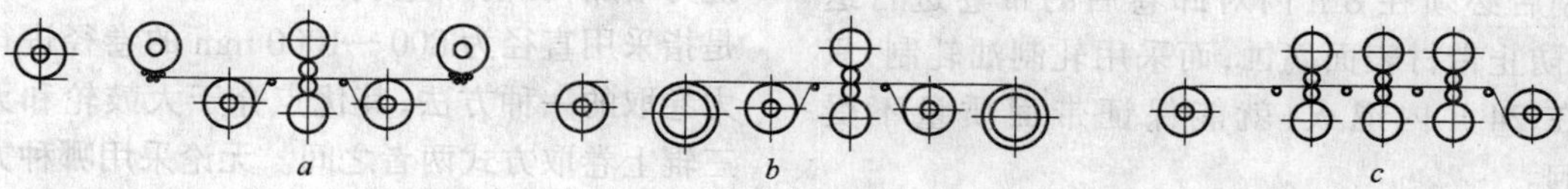

图36-1 冷轧机示意图

a—无芯上卷取单机架可逆式冷轧机；*b*—单机架大鼓轮可逆式冷轧机；*c*—三机架冷轧机

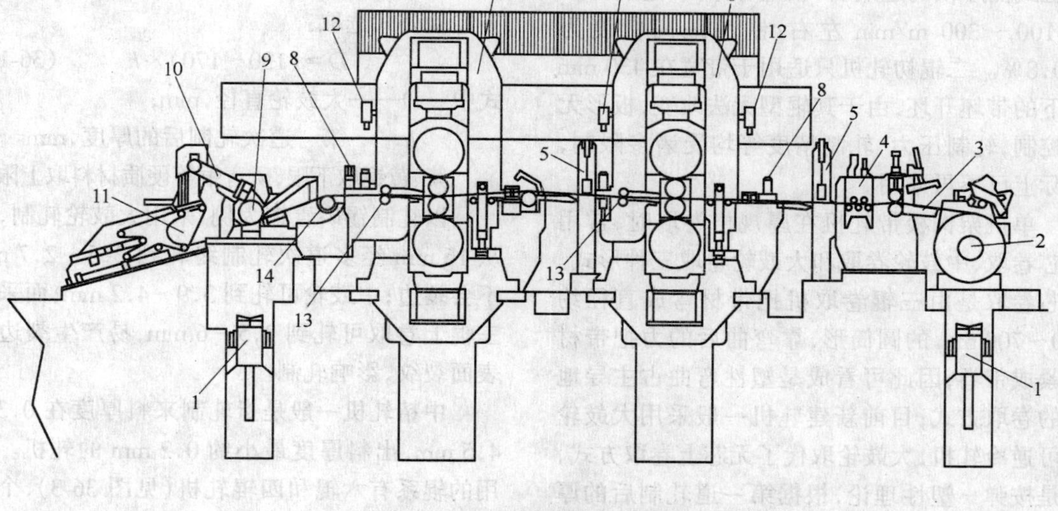

图36-2 二连轧冷轧机示意图

1—上料小车；2—开卷机；3—刮板直头机；4—五辊矫直机；5—切头剪；6—前机架；7—后机架；8—测厚仪；9—卷取机；10—压辊；11—助卷器；12—激光测速仪；13—挤油辊；14—板形仪

国内外常用的初轧开坯机有单机架可逆和不可逆轧机、二机架连轧、三机架连轧和四机架连轧等多机架连轧等形式；按机型又可分为六辊、四辊和二辊三种类型。

六辊轧机适用于带宽规格在850 mm以上的铜带开坯，在板形仪和AGC的联合作用下，采用质量流控制，国外轧制1250 mm带宽的二机架连轧六辊初轧机采用CVC控制，可在800 m/min的速度下，轧制最小断面为0.5 mm×1250 mm的紫铜带卷，卷重达25 t。

为了满足板形的要求，采用二机架四辊轧机轧制0.8 mm×850 mm以上断面的坯料。为了增大辊面和轧件间的摩擦系数和冷却效率，初轧机常用浓度5%～9%的乳化液作为工艺冷却润滑剂。在一机多用的场合下，初、精轧共用的轧机常选用轧制油作为工艺润滑冷却液。

一般来说，初轧机只用于开坯，采用乳液润滑，其润滑量只有轧制油润滑循环量的二分之一，同时省去相应的灭火系统，使运行成本和设备成本相应降低。采用乳液润滑的不足之处是轧制后必须在8 h内对卸卷后的带卷进行退火，防止带材表面腐蚀，而采用轧制油轧制，只要在24 h内退火，就能保证带面质量不受影响。

国内各铜加工厂相对国外生产规模较小，多采用单机架可逆四辊轧机，其控制理论建立在液压恒辊缝（IGC）轧制理论，由于辊缝仪和接触式测厚仪的运用、料较短等原因，速度一般在100～300 m/min左右，制品最高精度为±0.8%。二辊初轧机只适用于带宽在430 mm以下的带坯开坯，由于其辊型无法改变，板形无法控制，轧制压力、轧制精度等均受诸多限制，国际上已不再采用。

单机架铜板带轧机在厚规格卷取时，常用无芯卷取、中鼓轮卷取和大鼓轮卷取三种形式。无芯卷取是由三辊卷取机把带材弯成直径约500～700 mm的圆筒形，靠弯曲后的力把带材压紧成带卷，因此可看成是塑性弯曲占主导地位的卷取方式；目前新建轧机一般采用大鼓轮式可逆冷轧机，大鼓轮取代了无芯上卷取方式，它是按弹－塑性理论，根据第一道轧制后的厚度，在张力作用下弯曲，可将计算出的极限弹性弯曲半径作为大鼓轮卷取卷筒半径设计的参数。

带材卷曲可看成矩形断面梁的受力弯曲。根据铁摩辛柯弹－塑性力学理论中力矩与曲率的关系对带坯的弯矩与曲率进行分析，它们之间存在以下关系：对于小于屈服力矩 M_y 的弯矩值，其曲率 K，也就是带坯在卷曲力矩 M 的作用下所能被弯曲的曲率半径 ρ 的倒数应为 $M/(EI)$；当 M 增大到屈服弯矩 M_y 时，屈服曲率为 $K_y=M_y/(EI)$。通过受力分析，材料的屈服曲率 K_y 与屈服极限强度 σ_y、弹性极限强度 E 和带材弹性区的厚度 $2l$ 有以下关系：

$$K_y=\frac{1}{\rho}=\frac{M_y}{EI}=2\frac{\sigma_y}{El} \tag{36-12}$$

$$K=\frac{1}{\rho}=\sqrt{3-2\frac{M}{M_y}} \qquad (M_y\leqslant M\leqslant M_\rho) \tag{36-13}$$

采用大鼓轮，主要是解决带材坯料刚开坯几道次，因卷取弯曲产生塑性变形时带材变形抗力增加，提前产生表面裂纹的问题。中鼓轮是指采用直径为800～1000 mm的卷径进行张力卷取的一种方法，其优点介于大鼓轮和无芯三辊上卷取方式两者之间。无论采用哪种方式卷取6 mm以下带坯，采用直径为510 mm或610 mm的可逆张力卷取机都是必需的。大鼓轮和张力卷取、恒辊缝、大力矩、大压下量是现代单机架初轧机的主要特点。大鼓轮也可按以下经验公式选取：

$$D=(130\sim170)\times h \tag{36-14}$$

式中　D——大鼓轮直径，mm；

h——第一道次轧制后的厚度，mm。

紫、黄铜取下限，磷青铜等硬质材料取上限。

以轧制锡磷青铜为例，采用大鼓轮轧制，可从16 mm经多道次轧制终轧到2.5～2.7 mm不会裂边；中鼓轮可轧到3.9～4.2 mm；而采用三辊上卷取可轧到3.5～6 mm，易产生裂边和表面裂纹，影响轧制。

中精轧机一般是指轧制来料厚度在0.3～4.5 mm，出料厚度最小约0.2 mm的轧机。常用的辊系有六辊和四辊轧机（见图36-3），个别也有用二十辊轧机的。目前最宽的中轧轧制带宽约1100 mm。中轧机轧制由于来料较长，适当高的轧制速度有利于轧机生产率的提高；中轧机一般都承担出成品的任务，所以常用中轧机应采用质量流、液压压下、恒张力控制、全油工艺润滑等。中轧机设计最高轧制速度一般为600～800 m/min，视测厚仪和测速仪的形式而定。国际上中轧机可达到精度公差为带厚的±0.75%～1.5%，带有板形仪时，板形精度不大于15I。精度高、表面质量好、质量流控制、大单位轧制压力是现代中轧机的重要特征。

图 36-3 带有工作辊抽动的四辊轧机示意图

精轧机多采用六辊、十二辊和二十辊等多辊轧机，一般适应于轧制厚度薄、宽厚比大、精度高、板形要求高的场合。按带宽区分，轧制带宽在 630 mm 以上的精轧机，均应采用六辊以上的多辊轧机，二十辊轧机（见图 36-4）更适合于轧制强度要求高的合金薄带。

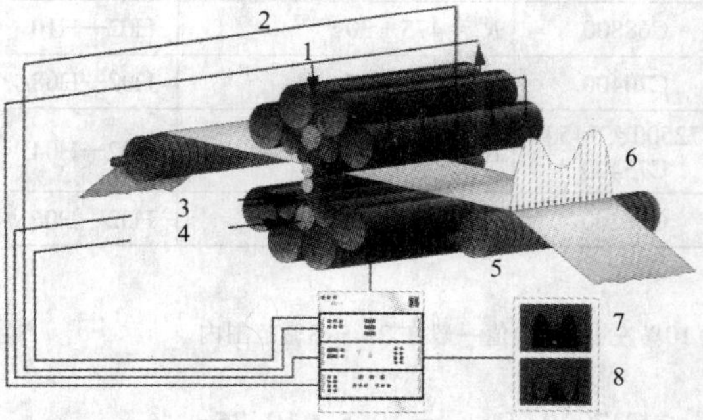

图 36-4 采用板形仪控制的二十辊轧机示意图
1—轧辊倾斜；2—支承辊弯辊系统；3—带有锥度可抽动的中间辊；4—带有凸度的中间辊；5—板形测量辊；6—径向压力分布；7—张力分布图；8—长度偏差分布图

精轧机主要用于出成品，精轧机一般设计最高轧制速度为 600～800 m/min，配上板形仪，采用质量流、全液压 AGC、张力 AGC、速度 AGC 和工艺润滑量自动调节等，好的多辊精轧机的成品厚度精度可达 0.6%，可轧 650 mm 宽、0.018 mm 厚的铜箔。

无论热轧还是冷轧，开始轧制时，必须满足顺利咬入的要求，咬入角必须小于摩擦角，因此摩擦角与压下量的关系如下：

$$\Delta h_{\max} \leqslant (1-\cos\beta)D \tag{36-15}$$

式中 $\Delta h_{\max}$——道次最大压下量，mm；

β——摩擦角，(°)。

所以轧辊的最小尺寸应按下式确定：

$$D_{\min} \geqslant \frac{\Delta h_{\max}}{1-\cos\beta}$$

一般来说，热轧最大咬入角为 20°～22°，在有张力和润滑的情况下，冷轧时的最大咬入角为 5°～10°，润滑良好时，摩擦系数降低。有资料介绍，为了使轧制状态稳定，精轧时轧制压力的侧分压力值与正压力之比不得大于 5%。

36.3.2 铜及铜合金加工硬化

加工铜及铜合金的状态表示法与变形量的关系如表 36-10 所示。

表 36-10 加工铜及铜合金的状态表示法与变形量的关系

状态标准		冷轧薄板材变形量	拉拔线材变形量	
旧的表示方法	新的表示方法	厚度和断面积的减缩量/%	直径减缩量/%	断面积减缩量/%
	H00			
1/4 硬	H01	10.9	10.9	20.7
1/2 硬	H02	20.7	20.7	37.1
3/4 硬	H03	29.4	29.4	50.1
硬	H04	37.1	37.1	60.5
超硬	H06	50.1	50.1	75.1
弹硬	H08	60.5	60.5	84.4
超弹硬	H10	68.6	68.6	90.2
特殊弹性	H12	75.1	75.1	93.8
特殊弹性	H14	80.3	80.3	96.1

为了能计算轧制压力，表 36-11 给出主要铜及铜合金的冷加工硬化情况。

但总加工率为 80% 时，有的资料推荐下列公式（单位 kgf/mm^2，1 kgf≈10 MPa）：

表 36-11 主要铜及铜合金牌号的冷轧变形程度与其屈服强度变化关系

合金牌号	屈服强度(MPa)曲线	适用范围	合金牌号	屈服强度(MPa)曲线	适用范围
C10100、C11000 C12500～C13000	$R_p=69+59.8\varepsilon^{0.376}$	H02—H10	C10400	$R_p=76+58\varepsilon^{0.38}$	H02—H10
C15100	$R_p=130+31.5\varepsilon^{0.573}$	H01—H08	C15500	$R_p=123+53.3\varepsilon^{0.46}$	H02—H14
C17000	$R_p=370+29.5\varepsilon^{0.715}$	H01—H04	C17200	$R_p=380+64\varepsilon^{0.498}$	H01—H04
C19200	$R_p=140+42\varepsilon^{0.52}$	H02—H14	C19400	$R_p=160+30.4\varepsilon^{0.572}$	H02—H10
C19700	$R_p=170+49.8\varepsilon^{0.47}$	H02—H08	C21000	$R_p=69+59.5\varepsilon^{0.425}$	H01—H08
C22000	$R_p=69+64.5\varepsilon^{0.42}$	H01—H08	C22600	$R_p=76+83.2\varepsilon^{0.361}$	H01—H08
C23000	$R_p=83+86.8\varepsilon^{0.342}$	H01—H08	C24000	$R_p=97+87.6\varepsilon^{0.342}$	H02—H08
C26000	$R_p=105+71.8\varepsilon^{0.412}$	H01—H06	C26800、C27000	$R_p=105+103.5\varepsilon^{0.282}$	H02—H10
C33500	$R_p=105+71.8\varepsilon^{0.4}$	H01—H06	C34000	$R_p=115+60\varepsilon^{0.43}$	H01—H06
C35000	$R_p=90+39\varepsilon^{0.59}$	H02—H10	C40500	$R_p=69+46.5\varepsilon^{0.54}$	H02—H10
C40800	$R_p=90+72.5\varepsilon^{0.46}$	H02—H10	C41500	$R_p=125+45.5\varepsilon^{0.557}$	H01—H10
C41900	$R_p=130+77.7\varepsilon^{0.419}$	H02—H08	C42200	$R_p=105+70\varepsilon^{0.46}$	H02—H10
C42500	$R_p=105+70\varepsilon^{0.475}$	H01—H10	C43000	$R_p=125+115\varepsilon^{0.29}$	H02—H10
C43400	$R_p=105+77\varepsilon^{0.403}$	H02—H10	C50500	$R_p=76+80\varepsilon^{0.405}$	H02—H10
C51000	$R_p=130+51\varepsilon^{0.545}$	H02—H06	C52100	$R_p=165+45\varepsilon^{0.55}$	H02—H06
C61500	$R_p=345+23.5\varepsilon^{0.685}$	H02—H08	C63800	$R_p=385+59.6\varepsilon^{0.476}$	H02—H10
C65100棒	$R_p=105+109\varepsilon^{0.341}$	H02—H08	C65500	$R_p=145+54\varepsilon^{0.405}$	H02—H08
C66400	$R_p=310+47.2\varepsilon^{0.476}$	H01—H10	C68800	$R_p=475+30\varepsilon^{0.57}$	H02—H10
C69000	$R_p=360+47.8\varepsilon^{0.537}$	H02—H10	C70400	$R_p=170+35\varepsilon^{0.564}$	H02—H08
C70600	$R_p=90+120\varepsilon^{0.328}$	H02—H10	C72500、C74500 C75400	$R_p=150+58\varepsilon^{0.55}$	H02—H04
C75200	$R_p=170+49\varepsilon^{0.545}$	H02—H06	C78200	$R_p=160+45\varepsilon^{0.545}$	H02—H06

注:1. 表中查不到 R_p 数值的,用 $R_{p0.2}$ 代替;

2. 一般来说,按上面公式 H00 和 H01 状态偏离实际强度 10%左右,其他值一般在 2%～3%范围内。

H90: $R_{p0.2}=10+5.8\varepsilon^{0.42}$; H68、H62、H59: $R_{p0.2}=10.5+4.1\varepsilon^{0.57}$; QSn4-0.15: $R_{p0.2}=18+5.1\varepsilon^{0.55}$。

国外实测0%～80%压下量时的单位屈服极限值,现回归为以下公式(单位 kgf/mm², 1 kgf≈10 MPa):

C17500: $R_{p0.2}=18+6.05\varepsilon^{0.44}$;

C17510: $R_{p0.2}=19+7.75\varepsilon^{0.415}$。

国外公司推荐0%～90%压下量时的单位屈服极限图表,现回归为以下公式(单位 kgf/mm², 1 kgf≈10 MPa):

C11000: $R_{p0.2}=6.9+6.7\varepsilon^{0.44}$;

C27000: $R_{p0.2}=10.5+10.35\varepsilon^{0.42}$;

C19400: $R_{p0.2}=16+6.8\varepsilon^{0.505}$;

C43400: $R_{p0.2}=10.5+12.78\varepsilon^{0.408}$;

C63800: $R_{p0.2}=38.5+5.4\varepsilon^{0.576}$。

36.3.3 轧制速度的选择

在冷轧机轧制过程的升速、减速阶段,所有以油润滑的部位的油膜厚度均发生改变,造成带材头尾公差不理想。一般要求轧程的废品率不得大于3%。

刚开始轧制时,带材屈服强度较低,轧制压力不高,在满足咬入角的正切值小于70%的轧辊和轧件间的摩擦系数的条件下，尽量增大压下量，使轧制力矩达到轧机的公称力矩；中间道次时，应注意轧制压力、轧制力矩和电机功率均在允许范围内；最后几道次，由于压下量的减少，接触弧变短，轧制力矩减小，应保证轧制压力在允许值范围内，调整轧制速度，使电机功率达到额定功率；最后一道为表面除油干净，速度一般降到较低的速度。

在轧机升速、减速时，所轧过的带材的精度仅为稳速轧制时的1/2，约有50%属超差品，所以轧机的最大速度的选取，必须保证轧制工序有最大的成品率。因此选择速度时必须符合下式：

$$kW = hb\gamma at^2/2000000 + W_a \tag{36-16}$$

式中　k——废品率；

W——带材卷重；

W_a——切头尾重量，kg；

h、b、γ——分别为带材厚度（mm）、宽度（mm）和密度（kg/m^3）；

a——轧机正常轧制时的升、减加速度，m/s^2；

t——升速、减速所用的时间，s。

轧制速度：　$v \leqslant at$　(36-17)

轧后带材退火采用钟罩式光亮退火炉或连续光亮退火炉均可。如果采用连续光亮退火炉进行退火，对带材的卷取张力无特殊要求；如果采用钟罩式光亮退火炉退火，卷取张力一般取5～20 MPa，否则层间易粘连；退火前，厚度在0.8 mm以下紫铜和高铜合金，厚度在0.5 mm以下黄铜及其他高强度铜合金应带套筒卷取，以免卸卷或退火时造成卷坯内层塌卷。

36.3.4　卷重的计算

带卷重量按下式计算：

$$G = k\pi \frac{b\gamma(D^2 - d^2)}{4} = hb\gamma L \tag{36-18}$$

式中　k——卷取松紧系数，1.03～1.15；

b、γ——分别为带材宽度，(m)和金属密度（t/m^3）；

D、d、L——分别为带卷外径、内径及带材长度，m。

带卷的松紧系数不仅与卷取张力有关，还与带面除油干净度、带材板形平直度等有关。理论上，卷重越大越好，而实际上目前的技术还做不到，因卷径过大会受到电机特性的限制，目前国内外均认为内径和最大卷外径比在3倍内较合适。

36.3.5　冷轧机总加工率和道次分配

除了极少数铜合金外，大多数铜及铜合金的两次退火间冷轧总加工率均在60%～90%，甚至高达95%，进行再结晶退火后，进一步轧制。

坯料厚度和终轧厚度确定以后，即总加工率已经确定，即可进行道次分配。道次数 n 为：

$$n = \frac{\lg\lambda_{\Sigma}}{\lg\lambda_{cp}} = \frac{\lg(1-\varepsilon_{\Sigma})}{\lg(1-\varepsilon_{cp})}$$

即

$$\varepsilon_{cp} = 1 - \sqrt[n]{1-\varepsilon_{\Sigma}} \tag{36-19}$$

式中　λ_{Σ}、λ_{cp}——分别为总延伸系数和平均延伸系数；

ε_{Σ}、ε_{cp}——分别为总加工率和平均道次加工率。

计算出道次平均加工率，首先求出道次压下量，看其是否满足咬入条件，轧制压力和轧制力矩是否分别低于许用轧制压力和许用轧制力矩；根据轧制力矩和主传动电机功率确定轧制速度大小。

对于薄铜带轧机，在轧制过程中板形如何直接影响到轧制的正常进行，这就要求每道次轧制出的带材板形都比较好。

轧辊辊型与道次轧制压力有密切关系，当轧辊承受某一轧制力后，将产生相应的挠曲变形，挠曲度与轧制力大小有关。为了获得良好的带材板形，根据轧制过程中所需的特定轧制压力，计算出轧辊凸度的大小，将轧辊磨削到相应的凸度，可保证两轧辊在轧制过程中辊缝处于平直。

4辊轧机的支撑辊直径 D_0 与工作辊直径 D 之比一般在1.5～3之间，弯曲力几乎全部由支撑辊承受，四辊轧机轧辊挠度计算时一般只考虑支撑辊变形。计算时把工作辊辊身长度当做轧件宽度。四辊轧机辊身中部与两轴承受力点的挠度可按下式计算：

$$y_1 = y_{1b} + y_{1s} \tag{36-20}$$

$$y_{1b} = P\frac{8a^3 - 4aL^2 + L^3 + 64c^3\left[\left(\frac{D_0}{d_0}\right)^4 - 1\right]}{6\pi ED_0^4}$$

$$y_{1s}=P\frac{\left[2c\left(\frac{D_0}{d_0}\right)^2+\frac{L}{2}\right]}{\pi G D_0^2}$$

式中　y_1——支撑辊辊身中部与轴承受力点的挠度差，mm；

y_{1b}、y_{1s}——分别为弯曲力矩、切向应力引起的挠度差，mm；

D_0、d_0——分别为支撑辊的辊身直径及辊颈直径，mm；

L——支撑辊辊身长度，mm；

c——支撑辊辊身边缘至轴承受力点的距离，mm；

P——轧制压力，kgf，1 kgf≈10 N；

E、G——支撑辊材料的弹性模量和剪切模量，kgf/mm^2，1 kgf/mm^2≈10 MPa。

辊身边缘对轴承受力点的挠度差 y_2 的计算公式为：

$$y_2=y_1\left(\frac{2c}{a}\right)^2 \qquad (36\text{-}21)$$

所以，支撑辊与辊身边缘的挠度可按下式算出：

$$y=y_1-y_2 \qquad (36\text{-}22)$$

从上式可以看出，轧辊轧制时的挠度的大小变化只与轧制力的大小变化有关，其他因素均为常量。为了抵消轧制时挠度的影响，需将轧辊磨制成相应的凸度。轧辊凸度一般只设在上工作辊上，它与所设定的轧制压力密切相关。为了满足在一台轧机上既能以最大轧制力进行轧制，又能进行控制性能轧制，为了保证好的板形，必须采用不同凸度的轧辊。

在生产过程中，随着轧制道次的增加，虽然工艺人员尽可能调整压下量，使轧制压力和辊型相适应，但由于厚度、材料硬度等的变化，每道次的轧制压力不可能完全一致，因此，四辊轧机一般都具有液压弯辊功能。但液压弯辊的弯辊力，最大仅有轧制压力的百分之几，一般只能作为微量调整辊型用。如果长期采用大弯辊力，会使工作辊轴承寿命显著降低。

为了强化弯辊功能，减少轧辊因挠曲对板形的影响，人们采用了六辊 HC 轧机和 UC 轧机（见图 36-5）。六辊 HC 轧机和 UC 轧机中间辊可以轴向抽动，使工作辊受中间辊的支撑力分布和带材宽度相同。HC 轧机只有工作辊弯辊，UC 轧机中间辊和工作辊弯辊可同时正弯辊或负弯辊，去掉了影响弯辊的有害分力，增强了弯辊效果，这种轧机结构可不用磨辊型，实现平辊轧制。CVC为可变凸度控制辊型，采用 UC 即能满足铜板带的轧制需要。

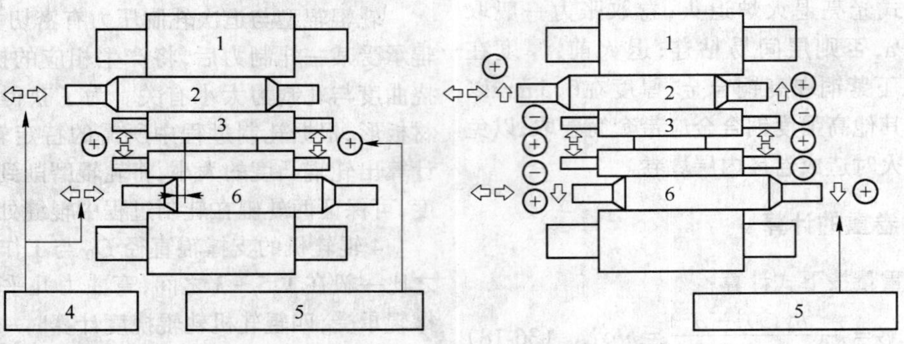

图 36-5　HC 与 UC 轧机原理示意图

1—支撑辊；2、6—中间辊；3—工作辊；4—中间辊轴向抽动；5—工作辊正弯辊

36.3.6　精轧机的轧制速度与机型的关系

根据最小可轧厚度的公式，辊径与最小可轧厚度有以下关系：

$$D\leqslant\frac{E\cdot h_{\min}}{3.58\mu(1.155R_p-q)}$$

故　$h_{\min} \geqslant 3.58\mu(1.155R_p - q)\dfrac{D}{E}$　(36-23)

式中　$h_{\min}$——最小轧件厚度，mm；

D——工作辊直径，mm；

E——轧辊材料弹性模量，kgf/mm^2，$1\ kgf/mm^2 \approx 10$ MPa；

μ——摩擦系数；

R_p——轧件材料屈服强度，kgf/mm^2，$1\ kgf/mm^2 \approx 10$ MPa；

q——平均张应力，kgf/mm^2，$1\ kgf/mm^2 \approx 10$ MPa。

由于一台轧机最小可轧厚度与工作辊直径成正比关系，要想轧制薄带，最直接的方法是减小轧机直径。因此轧制薄铜带一般采用多辊轧机。但轧制薄铜带时，轧制速度与轧件厚度有密切关系。

我国某厂引进的十二辊轧机，原设计最高速度为 600 m/min，生产中发现轧件厚度在 0.13 mm以上时没有问题，但在 0.13 mm 以下时轧制速度始终上不去，其他厂家引进的二十辊轧机存在同样问题；而另一家引进的同样尺寸工作辊辊径的四辊轧机，在轧制 0.045 mm 铜箔时速度可达到 450 m/min。

冷轧机轧制速度的高低，不仅取决于机型，还取决于金属的特性。铜加工所采用的工艺润滑油闪点约为 140℃，单位轧制压力越大，变形速度越高，金属变形时所产生的瞬时温升就越大，当温度接近闪点时，轧制油黏度显著降低，润滑效果降低，造成带面板形瓢曲，边部裂纹或断带，甚至产生电火花。有时可见到凸凹不平的皱纹和卸卷后带卷表面呈紫褐色，并有彩晕色花纹。许多铜合金，如复杂黄铜等，在 200～500℃间有一个脆性区，如果温度接近脆性区，塑性显著降低。而热轧时单位轧制压力越大，速度越高，可弥补部分热损失，反而有利于塑性的发挥；但变形速度过快，回复和再结晶来不及进行，塑性也会有所减低。

在上述情况下，如何有效带走变形热，是冷轧机能否采用高的轧制速度的主要问题。

综上所述，初轧、中轧和精轧机，相互间有很大的差异，辊径从 40 mm 到 500 mm 各有侧重，控制原理也不尽相同。设备选择时在条件许可的情况下，应尽量避免采用一机多能的机型，以免造成长期运行不合理。

36.4　铜箔轧制

铜箔分轧制铜箔和电解铜箔两类。铜箔，国外将厚度在 0.1 mm 以下的铜及铜合金带材称为铜箔。印刷电路铜箔的标准见美国 IPC (interconnecting and packaging electronic circuits)标准。

电解铜箔是采用阴极辊使铜阳离子沉析在阴极辊面，揭下后经表面处理而成。电解铜箔的厚度范围为 0.14～0.009 mm，常见的为 0.018 mm 和 0.035 mm。电解铜箔由于生产成本低，在印刷电路板制造行业中得到大量使用。但在柔性运动线路上，如手机、照相机和计算机的翻盖连接，复印机、智能机器的运行部件等运动型线路上，由于电解铜箔是沉积而成，组织性能与加工组织有本质区别，抗弯折性能远不如轧制铜箔。

轧制铜箔按化学成分可分为电子管用无氧铜箔、无氧铜箔和紫铜箔，添加有微量元素的耐腐蚀合金铜箔和耐热性合金铜箔。纯铜箔的用途主要用于柔性印刷电路板、纸板电路印刷版、电磁屏蔽带、复合扁电缆、绕组和锂电池的层电极等。随着电气电子元器件的小型化，铜及铜合金箔的用途将更加广泛。

一般来说，铝及铝合金质地较铜及铜合金软，铝箔轧制理论是轧制时，接触弧等于轧辊压扁，辊缝已全部压靠，其压下量与轧制压力大小已无绝对关系，轧制过程完全由控制张力和轧制速度的大小(平时常说的张力控制环和速度控制环)来完成的；铜板带轧制目前仍是以轧制压力压下(压力控制环)为主要形式来完成轧制过程的，因此，铝箔一般采用四辊不可逆轧机轧制，双合叠轧，可生产厚度为 0.0065 mm 的铝箔。目前铜箔多采用六辊或二十辊轧机轧制。

美、日等国多以 0.1 mm 作为铜带与铜箔的分界线，按我国习惯，轧制铜箔和铜板带是按厚度 0.05 mm 为铜箔和铜带的分界线；而铝箔，凡是等于或小于 0.2 mm 厚度以下的，均称为铝箔，所以按我国习惯，能划为压延铜箔范围内的产品并不多，而我国海关统计时，又多以0.15 mm为统计分界线，划分比较混乱。为了与国外接轨，建议今后按0.1 mm为铜板带和铜箔的分界线。但考虑到我国铜箔的规格、海关统计和电解铜箔的习惯名称，带宽为600 mm、厚度为0.15 mm以下的宽厚比大的铜带，称为铜箔更合适些。

铜箔轧制常用多辊轧机，如六辊、十二辊和二十辊等，最大轧制速度一般为600～800 m/min，国外报道有的设计为1200 m/min。国外在轧制0.025 mm窄幅超薄水箱带时，也有采用四辊轧机的，轧制带宽200～300 mm。用四辊轧机轧制0.025 mm窄带，轧制速度可达1200 m/min。

我国某厂采用120 mm的轧辊辊径可正常轧制0.07 mm以上的带材，用相同的轧制速度轧制0.06 mm厚度的铜带时，轧制压力为轧制0.07 mm时的3倍，轧制压力太大，轧制难以进行。显然，按最小可轧厚度公式分析，轧机已进入轧辊压靠状态。

从公式 $h_{\min}=3.58\ \mu KD$ 可以看出，除了减小辊径外，增大前后张力（张应力 q）和降低摩擦系数 μ 是最有效的方法。箔材轧机设计时一般取板带轧制时张应力的2～4倍。

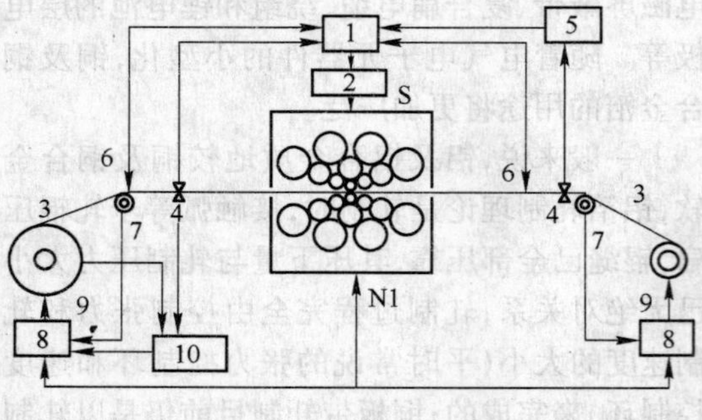

图36-6 二十辊轧机及质量流控制原理示意图

1—质量流控制；2—厚度自动控制；3—可逆卷取机1号和2号；4—前、后测厚仪；5—厚度反馈控制；6—前、后（激光）测速仪；7—前、后张力测量辊；8—张力控制；9—张力控制器；10—卷取张力反馈控制元件

实际上，轧制过程中，根据油膜轴承的原理，轧辊转动速度越高，油膜形成压力越大，油膜厚度越厚。所以，速度是在轧辊弹性压扁的情况下轧件能够减薄的主要条件之一。提高轧制速度，轧辊上由于瞬时产生的静压力使油膜加厚，带材变薄；油膜厚度还与接触弧的长度有关，接触弧越长，越不利于轧制油的流动，油膜产生的厚度就越厚，单位轧制压力也越大，为形成足够的接触弧长，辊径并非愈小愈好；速度增加时，带材轧制的变形热集聚，瞬时温度升高，使变形抗力有所降低；精确张力控制也是轧制箔材的必要条件，根据 $K=1.155(R_{p}-q)$ 的关系式，张力的波动直接影响 K 值的变化。张力愈大，K 值愈小，所以 $h_{\min}$ 也相应减小，愈能轧制较薄带材。而接触弧长与轧辊直径有直接关系。

另外，轧机轧制时，必须保证轧制压力的切向分力与正向分压力必须小于某一值时，才能保证轧制过程的稳定性，所以轧辊必须有一定的刚度。对于十二辊和二十辊轧机来讲，由于前后中间辊压紧工作辊，轧辊稳定性明显优于四辊和六辊轧机，一般适用于轧制高强度铜合金薄带。但过多和较细的轧辊辊系，散热性能明显降低，速度受到影响，给设备润滑和维护带来困难。

由于纯铜箔和铝箔的性能基本相似，采用减小轧辊直径轧制薄铜带和铜箔，即采用二十辊轧机并不是解决问题的唯一办法，采用较大轧辊直径，在速度和张力共同作用下，达到轧制目的，已成为目前轧制铜、铝箔材的主要方法。

铝箔轧机的辊缝全部压靠，即恒压力轧制，其厚度控制采用张力环和速度环控制解决。铝箔轧机一般为四辊轧机，双合轧制0.0065 mm厚度时，速度可达到2400 m/min，其原因是铝的变形抗力较铜小，比热为铜的2.3倍，所以冷轧时产生的变形热使铝产生的温升不太明显，铝合金轧制时可以采用闪点不太高的煤油作为基础油；铜合金的热容比铝合金小得多，变形抗力又大，轧制过程中产生的变形温升比轧制铝箔时大得多，高速、高温轧制时易使轧制油挥发或焦化，带面易发乌，因此轧制铜合金只能用闪点达140℃的机油做基础油，其黏度远比铝箔用轧制油大。由于轧制油黏度大，轧制铜箔时采用高速轧制带面除油相当困难，卷取机卷取时因带面有轧制油张力不易稳定，所以一般不宜用过高速度轧机轧制铜箔；二十辊轧机散热比四辊和六辊差，采用高速轧制更为困难。

张力和速度精确控制的先决条件是带材运行中无打滑现象，测量精确，与铝箔轧制相比，铜合金轧制过程中较难做到，所以一般 650 mm 以上带宽的铜箔轧制采用六辊 UC 轧机，提高轧机刚度，改善润滑和除油条件，以便满足轧制铜箔的要求。目前压延铜箔一般宽度为 650 mm。据报道，国外有的月产达 500 t，主要用于电机绕组、电池的电极和柔性印刷电路。

生产压延铜箔多采用 UC 轧机。虽然 HC 轧机和 UC 都是六辊轧机，都能根据带宽确定中间辊的抽动位置，其区别在于 HC 轧机只有工作辊弯辊，UC 轧机工作辊和中间辊均能弯辊，在板形仪的联合作用下，可达到更好调节板形的目的。

UC 轧机一般中间辊传动，适当采用铝箔轧制原理，采用大张力控制环和速度控制环，工作辊直径一般为 130～180 mm，轧制带宽为 350～850 mm 的铜箔，最小可轧到 0.018 mm，轧机设计最大轧制速度 800 m/min。目前，轧制铜箔的粗化，增加表面活性，提高和基体的结合强度以及双合轧制的可行性是正在研究的新课题。

铜箔的化学成分、特性及用途分别见表 36-12、表 36-13、表 36-14。

表 36-12 铜箔的重量和厚度规格（IPC—CF—150E）

名　称	E(1/8)	Q(1/4)	T(3/8)	H(1/2)	M(3/4)	1	2	3
重量/$g\cdot m^{-2}$	44.6	80.3	107	153	229	305	610	916
箔厚/μm	5	9	12	18	25	35	70	100

表 36-13 压延铜箔的性能与规格（IPC—CF—150E）

特性		板厚/μm	23℃		180℃		20℃	
序号	名称		抗拉强度/MPa	伸长率/%	抗拉强度/MPa	伸长率/%	电阻率/$\Omega g\cdot m^{-2}$	导电率/% IACS
5	压延箔	18	＞345	＞0.5			＜0.160	＞95.8
		35	＞345	＞0.5	＞138	＞2		
		70	＞345	＞1	＞276	＞3		
6	低加工箔	18					＜0.155～0.160	98.9～95.8
		35	177～345	10～0.5				
		70	177～345	20～1				
7	退火箔	18	＞103	＞5			＜0.155	＞98.9
		35	＞138	＞10	＞95	＞6		
		70	＞172	＞20	＞152	＞11		
8	低温软化箔	18	＞103	＞5			＜0.160	＞95.8
		35	＞138	＞10				
		70	＞172	＞10				

注：低温软化箔的特性是指在 177℃ 温度下加热 15 min 后的性能值。

表36-14　压延铜箔的化学成分、特性及用途

名称	牌号	化学成分(质量分数)/%			状态	特性				用途
		Cu	O	其他		厚度/μm	抗拉强度/MPa	伸长率/%	导电率/%IACS	
电子管用无氧铜	C10100	99.995	0.0003		压延箔	35	420	1	99	FPC
					退火箔	35	200	20	102	TCP
无氧铜	C10200	99.99	0.0005		压延箔	35	420	1	99	FPC、TCP、屏蔽带、钎焊材
					退火箔	35	200	20	102	小型电机、变压器用箔
铜　带	C11000	99.91	0.035		压延箔	35	430	1	98	FPC、TCP、屏蔽罩、锂电池电极、钎焊材、屏蔽带、FFC、容器料、变压器、小型电机用箔
					退火箔	35	200	20	101	
耐蚀铜箔		99.9	0.0003	0.035Sn-0.003Pb	压延箔	40～60	420	1	95	散热器用
		99.8		0.15Sn-0.003P	压延箔	40～60	硬度:HV=120～140			

注:FPC为柔性印刷电路;TCP为信号传送带;FFC为柔性扁电缆。

36.5　轧制压力、轧制力矩和电机功率的计算

热轧和冷轧轧制压力、轧制力矩和轧制功率计算,有多种公式和方法,热轧常采用采里可夫公式计算,冷轧一般按简化公式计算。

36.5.1　热轧轧制压力、轧制力矩和电机功率的计算

采里可夫在假设整个接触表面都符合干摩擦定律和以弦带弧的基础上,采用近似塑性条件,导出以下公式:

$$\frac{\bar{p}}{K}=\frac{2(1-\varepsilon)}{\varepsilon(\delta-1)}\left(\frac{h_\gamma}{h}\right)\left[\left(\frac{h_\gamma}{h}\right)^{\delta}-1\right] \tag{36-24}$$

式中　$\delta=\mu\sqrt{\frac{2D}{\Delta h}}=\frac{2\mu l}{\Delta h}$;

μ——摩擦系数;

D——轧辊直径,mm;

Δh——压下量,mm;

$$\Delta h=H-h$$

H、h——分别为轧前、轧后厚度,mm;

l——接触弧的水平投影长度,$l\approx\sqrt{R\Delta h}$,mm;

ε——加工率,%;

$$\varepsilon=\frac{\Delta h}{H}\times100\%$$

$$\frac{h_\gamma}{h}=\left[\frac{1+\sqrt{1+(\delta^2-1)\left(\frac{H}{h}\right)^{\delta}}}{\delta+1}\right]^{\frac{1}{\delta}} \tag{36-25}$$

36.5.1.1　热轧轧制压力计算

进行热轧计算时,可采用计算机电子表格进行计算。计算步骤如下:

(1) 首先列出轧前厚度 H、轧后厚度 h、轧前温度 T 和轧制速度 v,计算出压下量 Δh、道次加工率 ε、接触弧长 l 和 t_s。

(2) 按式(36-2)、式(36-3)、式(36-5)计算出辐射温降 Δt_ε、对流传热温降 Δt_v、轧件对轧辊传热温降 Δt_q。如果有工艺润滑剂落到轧件上,还要用式(36-6)计算出因润滑剂带走热量引起的温降 Δt_c。算出 n 道次的总温降 t_{n-1},得出初步轧后温度 t。

(3) 根据轧后温度 t 查表36-3,查出摩擦系数 μ;查表36-9,查出温度影响系数 K_t;按加工率 ε,查表36-7查出加工率影响系数 K_ε;根据轧制速度 v(mm/s),计算出平均变形速度 ω,$\omega=\frac{v}{H}\sqrt{\frac{\Delta h}{R}}$,$s^{-1}$。查表36-8,查出速度影响系数 K_ω。最后查表36-6,根据公式 $A_m=A'_m\times$

$K_t \times K_\varepsilon \times K_\omega$ 计算出屈服极限 A_m。

(4) 计算轧制流动应力 K，$K = 1.155A_m$，MPa。

(5) 按采里可夫公式(36-24)和式(36-25)，计算出 $\frac{\bar{p}}{K}$，求出平均单位轧制压力 $\bar{p}$。

(6) 将 $\bar{p}$ 值代入公式(36-4)中，求出 Δt_w，重新按公式(36-7)计算温降和轧制温度。

(7) 按步骤(3)查摩擦系数 μ、温度影响系数 K_t，计算出屈服极限 A_m。

(8) 计算轧制流动应力 K，$K = 1.155A_m$，MPa。

(9) 按采里可夫公式(36-24)和式(36-25)，计算出 $\frac{\bar{p}}{K}$，求出平均单位轧制压力 $\bar{p}$。

(10) 总轧制压力 P，$P = \bar{p} \times B \times l \div 1000$，MN。

在热轧压力计算中，流动应力是否合理考虑变形温度、变形速度及变形程度的综合影响、摩擦系数大小的选择等对计算结果影响很大。一般静力拉伸试验测定 A_m 时的变形速度为 $(2\sim3)\times10^{-3}\ s^{-1}$，而热轧时的变形速度一般在 $(1\sim100)s^{-1}$ 范围内，如果把一般静力拉伸试验测定的 A_m 值直接用于计算将会造成很大误差。

热轧时的 $\frac{l}{h}$ 值一般不超过 5，但在热轧厚轧件的开始道次，即在 $\frac{l}{h}<1$ 的情况下，由于外区及不均匀变形成为主要因素，外摩擦系数较小，一般轧制力的计算公式均不适用。在计算应力状态系数 $\frac{\bar{p}}{K}$ 时，应乘以外区影响系数 c。在 $0<\frac{l}{h}<1$ 时，推荐采用以下公式计算：

$$c = \left(\frac{l}{h}\right)^{-0.4} \tag{36-26}$$

式中　c——外区影响系数；

$\frac{l}{h}$——变形区形状系数；

$\bar{h}$——平均厚度，$(H+h)/2$。

热轧轧制压力计算时，一般计算两次即可满足温度温降的计算和设备设计对轧制压力精度的要求。考虑出炉温度与事故等因素，设备设计时必须留有充足的安全系数。

科技的进步使轧制压力的测量成为事实，目前热轧机上均带有液压压下或液压垫，很容易根据测出的液压缸液压油所受单位压力，计算出轧制过程中各道次的实际轧制压力。

关于轧件在热轧过程中发生宽展的问题，因为目前新建的热轧机轧件宽度均在 650～1280 mm 之间，并且带有轧边辊，使宽展控制在 10 mm 以内，对轧制压力计算的精度影响不大，一般可忽略不计。

对于无控制宽展设备的旧有热轧机，宽展量 Δb 一般采用下式计算：

$$\Delta b = c\frac{\Delta h}{H}\sqrt{R\Delta h}$$

式中　c——宽展系数，一般取 0.35～0.45，黄铜取上限。铜及高铜合金取下限。

36.5.1.2　轧制力矩的计算

金属对轧辊的合力 P 通过单位轧制压力面的重心，而且与两轧辊中心连线平行。传动两轧辊的轧制力矩为总压力 P 乘以合力作用点至轧辊中心线的距离(合力矩 α)之积的两倍。在计算轧制力矩时，采用下式：

$$M = 2P\alpha \tag{36-27}$$

式中　P——轧制时的总压力；

α——轧制力 P 作用点的力矩，通常以接触弧长 l 的倍数来表示，即 $\alpha = xl$。

实际计算中 x 取以下值：

$$当\frac{l}{h}<2时，x=0.5\sim0.6；当\frac{l}{h}>2时，x=0.35\sim0.5。 \tag{36-28}$$

热轧厚锭时取上限，冷轧薄板和带材时取下限。冷轧一般均带张力轧制，应考虑张力对 x 的影响，前张力使 x 增大，后张力使 x 减小。

接触弧长 l 一般用毫米(mm)来表示，在计算时一般换算成米(m)，方可得出单位兆牛·米(MN·m)。

36.5.1.3　传动负荷的力矩计算

在电机轴上用于传动轧辊的总力矩 M_Σ 按下式计算：

$$M_\Sigma = \frac{M}{i} + M_\mu + M_o + M_d \tag{36-29}$$

式中 M——克服金属变形抗力及在轧辊与轧件间摩擦力所需的轧制力矩；

i——轧辊至电机之间的传动比，$i=\frac{电动机的转速}{轧辊的转速}$；

M_μ——轧制时传动机构传到电机轴上的附加摩擦力矩；

M_o——空转力矩；

M_d——速度变化时的动力矩。

附加摩擦力矩 M_μ 按下式计算：

$$M_\mu=\frac{M_{\mu1}}{i}+M_{\mu2} \tag{36-30}$$

轧辊轴承的摩擦力矩：

$$M_{\mu1}=Pd_1f_1$$

式中 P——轧制压力；

d_1——轧辊的辊颈直径；

f_1——辊颈与轧辊轴承间的摩擦系数（见表20-3）。

对于工作辊传动的四辊轧机，$M_{\mu1}$ 可按下式确定：

$$M_{\mu1}=Pd_0f_1\times\frac{D}{D_0}$$

式中 d_0——支撑辊辊颈直径；

D_0——支撑辊直径；

D——工作辊直径。

组成附加力矩第二项 $M_{\mu2}$ 为传动机构及齿轮机座、减速箱等机构推算到电动机轴上在传动中由于摩擦力损耗的力矩，一般按下式确定：

$$M_{\mu2}=\left(\frac{1}{\eta}-1\right)\frac{M+M_{\mu1}}{i}$$

式中 η——电动机至轧辊间的传动效率（见表20-4）；

i——传动装置的传动比。

空转力矩为无负荷时转动轧辊所需的空转力矩 M_o 由下式确定：

$$M_o=\sum\frac{G_n\mu_nd_n}{2i_n} \tag{36-31}$$

式中 G_n——轧机主传动中该传动部件的重量；

μ_n——该部件的轴承摩擦系数；

d_n——该部件的辊颈直径；

i_n——电动机至该部件的传动比。

由于轧机上的运转部件（轧辊、接轴、轴套、齿轮、飞轮等）重量及摩擦系数的计算麻烦，一般根据实际经验，空转力矩约等于电机额定力矩的3%～6%，新轧机取下限，旧轧机取上限。

36.5.1.4 轧制功率的计算和电机的选取

在实际计算时，一般不知道轧辊的辊颈，按照常规方式计算轧制功率，很难得到满意结果。而计算电机的输出力矩对工艺计算的意义，没有电机的实际轧制功率那样重要，一般把附加摩擦力矩、空转力矩之和用轧制力矩的倍数来表示，并加上机械传动效率的倒数。按经验，电机的功率 N 为：

$$N=(0.125\sim0.18)M\frac{60v}{\pi D}\quad \text{kW} \tag{36-32}$$

式中 M——轧制力矩，MN·m；

v——轧制速度，m/s；

D——工作辊直径，m。

对老式热轧机，N 一般取高值，对新式薄带材冷轧机，N 一般取低值。

电机许用最大力矩，也可以说最大许用瞬时功率通常按下式选取：

$$N_{max}=(1.5\sim2.5)N\quad \text{kW} \tag{36-33}$$

式中 N——电动机额定输出功率。

电动机的过载系数必须考虑轧机过载时发热和轧制时各道次的轧制功率是不相等的，选取电机时通常以各道次的均方根值 $\overline{N}$ 作为轧机的电动机功率：

$$\overline{N}=\sqrt{\frac{\sum N^2t}{\sum(t+t')}} \tag{36-34}$$

式中 N——各道次的轧制功率；

t、t'——分别为轧制时间和间歇时间。

电动机的选取还要根据电动机技术特性来确定，如新式轧机到后面的道次轧制时间常常超出电机在超载负荷下所允许的超载时间，所以超载系数应取低值，薄板带冷轧机一般采用电机额定功率，就是为防止因电机长期超载发热而降低电机寿命或发生故障所采用的电机选取方法。

36.5.2 冷轧轧制压力、轧制力矩和电机功率的计算

冷轧因轧辊压扁等因素的影响远比对热轧影响大得多，因此所采用的计算公式和热轧略有不同。

两工作辊直径相等时，接触弧的平面投影可按$\sqrt{R\Delta h}$计算，当两工作辊辊径不等时，接触弧长度 l 应按下式计算：

$$l=\sqrt{\frac{2R_1R_2}{R_1+R_2}\times\Delta h} \tag{36-35}$$

式中 R_1、R_2——分别为上、下轧辊的半径，mm；

轧辊产生弹性压扁时，出辊面沿轧制方向前移超出轧辊中心线，接触弧不再是圆弧形，接触弧长度增加。考虑轧辊弹性压扁时的接触弧长度可按下式计算：

$$l'=\sqrt{\left[\frac{8R(1-\nu^2)\bar{p}}{\pi E}\right]^2+R\Delta h}+\frac{8R(1-\nu^2)\bar{p}}{\pi E} \tag{36-36}$$

式中 l'——考虑轧滚压的接触弧长度，mm；

ν——泊松系数；

E——轧辊的弹性模量，GPa。

钢轧辊：$\nu=0.25\sim0.3$，$E=2.1\times10^5$。

铸铁轧辊：$\nu=0.23\sim0.27$，$E=(1.15\sim1.6)\times10^5$。

所以，对钢轧辊：

$$\frac{8(1-\nu^2)}{\pi E}=\frac{1}{95000}$$

上式可简化为：

$$l'=\sqrt{\left(\frac{R\bar{p}}{95000}\right)^2+R\Delta h}+\frac{R\bar{p}}{95000} \tag{36-37}$$

将 $l=\sqrt{R\Delta h}$除以式(36-7)，得：

$$\frac{l'}{l}=\sqrt{\left[\frac{8(1-\nu^2)\bar{p}}{\pi E}\right]^2\frac{R}{\Delta h}+1}+\frac{8(1-\nu^2)\bar{p}}{\pi E}\sqrt{\frac{R}{\Delta h}}$$

$$=\sqrt{\left(\frac{\bar{p}}{95000}\right)^2\frac{R}{\Delta h}+1}+\frac{\bar{p}}{95000}\sqrt{\frac{R}{\Delta h}} \tag{36-38}$$

由此可见，轧辊的压扁与轧辊的弹性模量、轧件的性能和厚度、轧辊直径、变形程度及轧制速度等有关。轧辊直径愈大，变形程度愈大，轧件愈薄，外摩擦愈大，平均单位压力愈高，轧辊弹性压扁也愈大。

36.5.2.1 冷轧时轧制压力的计算

轧制时，加工硬化、张力对平均单位压力的影响，通常在轧制流动应力 K 中加以考虑：

$$K=1.155R_p-q \tag{36-39}$$

式中 R_p——轧前、轧后的平均屈服极限，MPa；

q——平均单位张力，MPa。

$$R_p=\frac{1}{3}R_{pH}+\frac{2}{3}R_{ph} \tag{36-40}$$

R_{pH}、R_{ph}——分别为轧制前、后的屈服极限，查表36-6。

当加工率在20%～50%之间时，后张力较前张力更显著地降低轧制压力，推荐采用以下公式：

$$q=q_H\times\frac{H}{H+h}+q_h\times\frac{h}{H+h} \tag{36-41}$$

冷轧常采用简化公式计算，将轧辊的圆弧看成平面锤头，将轧制过程看成是平面镦粗，假定整个接触表面都是常摩擦系数区，采用近似塑性条件，可得出以下简化的公式：

$$\frac{\bar{p}}{K}=\frac{e^m-1}{m} \tag{36-42}$$

式中 e——自然对数，$e=2.718$；

m——变形特征系数，$m=\frac{fl}{\bar{h}}$；

$\bar{h}$——轧件平均厚度，$\left(\frac{H+h}{2}\right)$；

l——接触弧长度，$l=\sqrt{R\Delta h}$；

f——摩擦系数。

A 冷轧计算步骤

(1) 按式(36-40)计算平均屈服极限 R_p；

(2) 按式(36-41)计算平均张力 q；

(3) 按式(36-39)计算轧制流动应力 K；

(4) 按式(36-42)计算轧制流动应力 $\bar{p}$；

(5) 将 $\bar{p}$ 代入式(36-37)，得出 l'；

(6) 令 $l'=l$，再次代入式(36-42)，计算新的 $\bar{p}$；

(7) 按上述方法反复迭代,经过3～4次后一般能满足工程需要的精度;

(8) 由于冷轧板带材时带材轧前、轧后宽展不大,可忽略不计,故可把轧件认为无宽展处理,计算 $P=\bar{p}\times l'\times B\div 1000$,即得出总轧制压力(单位为MN)。

另外,还可按下列近似公式计算:

$$\frac{\bar{p}}{K}=1.5-\left(1-\frac{\mu l}{h}\right)\left[\frac{2-\varepsilon}{4(1-\varepsilon)}\right] \quad (36\text{-}43)$$

B 计算轧制压力程序

(1) 按式(36-40)计算平均屈服极限 A_m;

(2) 按式(36-41)计算平均张力 A;

(3) 按式(36-39)计算轧制流动应力 K;

(4) 计算 $\frac{\mu l}{h}$ 和 $\varepsilon=\frac{H-h}{H}$;

(5) 按式(36-43)计算 $\bar{p}$;

(6) 计算 $P=\bar{p}\times l\times B/1000$,得出总轧制压力(单位为MN)。

冷轧轧制压力的计算准确与否,主要取决于各个系数选取是否切合实际轧制状态,只要选取得当,一般能满足工程需要。

36.5.2.2 轧制力矩的计算

冷轧轧制力矩计算和热轧基本相同,所不同的是轧制力 P 作用点的臂矩 $\alpha=xl$ 中 x 值的选取。一般取 $x=0.35\sim0.5$。

$$M=2P\alpha=2xlP$$

接触弧长 l 一般用"mm"来表示,在计算时一般换算成"m",所得出单位为"MN·m"。

36.5.2.3 轧制功率的计算和电机的选取

根据经验,电机的功率(kW) N 为:

$$N=(0.125\sim0.18)M\frac{60v}{\pi D}$$

式中 M——轧制力矩,MN·m;

v——轧制速度,m/s;

D——工作辊直径,m。

36.5.2.4 卷取机电机功率的计算

带材冷轧机一般要计算轧制过程中带材卷取时所消耗的电能,开卷机和卷取机一般用张力值来计算:

开卷机 $N_H=T_H\times\frac{v_H}{1000}$(kW)

卷取机 $N_h=T_h\times\frac{v_h}{1000}$(kW)

式中 T_H、T_h——分别为开卷机、卷取机的总张力,kN;

v_H、v_h——分别为开卷速度和卷取速度,m/s。

由于卷取机为电动机,而开卷机实际起到发电机的作用,实际计算时,电网实际消耗的电能为两者之差。考虑电机、减速装置等机械消耗,实际计算时还要考虑机械耗能。

现代化液压轧机均带有厚度补偿,最大轧制压力已在设计时考虑过,不会因轧制压力过大造成轧辊损坏,因此关于轧辊的校核可不考虑。关于铸锭加热、铣面、热处理、表面处理和精整已在有关的章节介绍,本章不再赘述。

37 典型铜板、带的生产工艺设计❶

37.1 H65 黄铜带

普通黄铜带具有良好的导电、导热性能，适当的强度和塑性以及华丽的色泽，广泛地应用在电器开关、接插片、五金零件和各种装饰件上，H65 黄铜带是黄铜中比较典型的板带产品。

37.1.1 产品技术要求

37.1.1.1 H65 黄铜带的厚度偏差

H65 黄铜带的厚度偏差见表 37-1。

表 37-1 黄铜带材厚度尺寸要求

厚度/mm	宽度/mm							
	≤200		>200～300		>300～600		>600～1000	
	厚度允许偏差(±)/mm							
	普通级	较高级	普通级	较高级	普通级	较高级	普通级	较高级
0.05～0.1	0.007	0.005	0.010	0.007				
>0.1～0.2	0.012	0.007	0.015	0.010	0.020	0.015		
>0.2～0.3	0.150	0.010	0.020	0.015	0.025	0.020		
>0.3～0.4	0.020	0.015	0.025	0.020	0.030	0.025		
>0.4～0.5	0.025	0.020	0.030	0.025	0.035	0.030	0.050	0.040
>0.5～0.8	0.030	0.025	0.040	0.035	0.045	0.040	0.070	0.060
>0.8～1.0	0.040	0.030	0.045	0.040	0.050	0.045	0.080	0.070
>1.0～1.2	0.045	0.035	0.050	0.045	0.060	0.050	0.10	0.080
>1.2～2.0	0.050	0.045	0.060	0.050	0.080	0.070	0.12	0.10
>2.0～3.0	0.060	0.050	0.070	0.060	0.10	0.080	0.14	0.12

注：需方只要求单向负偏差时，其值为表中数值的 2 倍。

37.1.1.2 H65 黄铜带的化学成分

H65 黄铜带的化学成分见表 37-2。

表 37-2 黄铜带化学成分(%)要求

名称	Cu	Fe①	Pb	Ni②	Zn	杂质总和
H65 黄铜	63.5～68.0	0.10	0.03	0.5	余量	0.3

① 抗磁用的黄铜铁含量不大于 0.03%。

② 含 Ni 量可计入铜量中。

37.1.1.3 H65 黄铜带的性能要求

(1) 产品力学性能要求见表 37-3。

(2) 产品弯曲性能要求见表 37-4。

(3) 产品杯突试验要求见表 37-5。

(4) 产品软态的晶粒度要求见表 37-6。

❶ 本章撰稿人：陈小祝、吕德贵、刘刚、陈少华、程万林、方守谊、钟致政、吴维治。

表 37-3 黄铜带力学性能要求

牌 号	状 态	拉伸试验			硬度试验		
		厚度/mm	抗拉强度 σ_b /MPa	伸长率 δ_{10}/%	厚度/mm	维氏硬度 HV	洛氏硬度 HRB
		不小于					
H65	M	0.3	290	40	0.3		
	Y_4		325~410	35		75~125	
	Y_2		340~460	25		85~145	
	Y		390~530	13		105~175	
	T		490	4		≥145	

注:厚度超出规定范围的带材,其性能由供需双方商定。

表 37-4 黄铜带弯曲性能要求(弯曲处不应有肉眼可见的裂纹)

牌 号	状 态	厚 度/mm	弯曲角度/(°)	内侧半径
H65	M	≤2	180	紧密粘合
	Y_2			1 倍带厚
	Y			1.5 倍带厚

表 37-5 黄铜带杯突试验要求

牌号	冲头半径/mm	状 态	厚 度/mm					
			0.10~0.19	>0.19~0.29	>0.29~0.40	>0.40~0.60	>0.60~1.10	>1.10~1.50
			杯 突 深 度/mm					
H65	10	M	≥7.5	≥8.5	≥9.0	≥10.0	≥10.5	≥10.5
		Y_2	5.0~7.5	6.0~8.5	7.5~9.5	8.0~10.0	8.5~10.5	8.5~11.0
		Y	2.5~5.5	3.5~6.5	5.5~7.5	6.5~8.5	7.0~8.5	—

表 37-6 黄铜带(软态)晶粒度要求

牌 号	状 态	晶 粒 度			
		级 别	公称粒度/mm	公称粒度/mm	公称粒度/mm
H65	M(软)	A级	0.015		0.025
		B级	0.025	0.015	0.035
		C级	0.035	0.025	0.050
		D级	0.050	0.035	0.070

37.1.1.4 H65 黄铜带的表面质量要求

H65 黄铜带的表面质量应符合国家相关标准的规定,并应满足客户的使用要求。

37.1.2 工艺流程

H65 黄铜带的生产工艺流程见图 37-1。

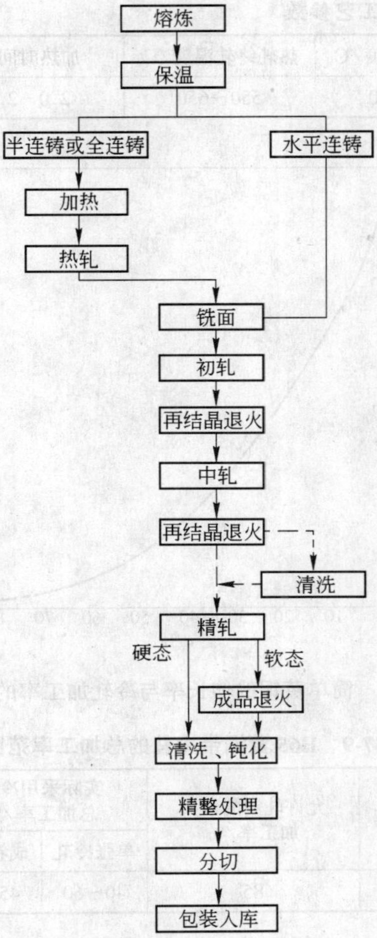

图 37-1 H65 黄铜带典型生产工艺流程图

37.1.3 主要工序及工艺参数

37.1.3.1 熔铸

由铜-锌相图可知，H65 黄铜的熔点为 936℃。为了使金属熔体中的气体和杂质得到上浮和排出，又不至于使 Zn 的挥发过大和金属液体吸气，熔化温度应控制在 1060～1100℃，出炉温度要适当提高到 1080～1120℃，待炉内液体“喷火”(即熔体沸腾，锌蒸气喷出炉口被氧化燃烧而产生的现象)2～3 次后，即可出炉铸造。在熔铸过程中，特别需要注意的操作事项有：

(1) 在使用废旧料时，细碎边料和铣屑等碎料比例应控制在 30%以下，不能含油水，最好打成包块，以便于加料和熔化并减少烧损。

(2) 在熔炼过程中，熔体表面要加烘烤过的木炭覆盖，以防金属液体吸气与氧化；覆盖厚度应大于 80 mm。

(3) 在扒渣前，可加入适量的除渣剂。扒渣一定要干净，这样才能保证铸锭内无夹渣和氧化物。

(4) 在熔炼过程中，一定要等到炉内熔体“喷火”后，才能取样做炉前成分分析。否则会因炉内金属成分不均匀，影响化验结果。

(5) 半连续铸造时结晶器液面要加硼砂覆盖。

(6) 拉铸速度要根据铸坯尺寸的大小以及在拉铸时的实际情况进行调整。水平连铸拉速一般为 1.20～2.50 mm/s；半连铸拉速为 1.60～8.0 mm/s。

37.1.3.2 热轧

A 加热温度及时间

由铜-锌相图可看出 H65 在 780℃以下为单相的 α 黄铜，超过这个温度时为 $\alpha+\beta$ 两相黄铜。而当温度升高时，H65 铜的塑性会提高，但当温度接近熔点时，由于晶间物质的强度丧失和微量液相的出现，塑性显著降低，见图 37-2。同时，在热轧过程中也要避开中温脆性区，并且要求在热轧终了时，热轧件能得到完全再结晶组织(H65 黄铜在 350～450℃时可以进行完全再结晶)。综合上述几点要求，H65 黄铜热轧的加热工艺见表 37-7。

图 37-2 H65 铜力学性能与温度关系图

表 37-7　H65 黄铜带热轧加热工艺参数

名　称	锭坯加热及炉温/℃	锭坯保温及炉温/℃	热轧开轧温度/℃	热轧终轧温度/℃	加热时间/h
H65	820～870	800～860	780～850	550～650	2.0～2.5

B　加热炉内气氛

H65 黄铜加热炉一般采用微氧化气氛和炉腔在微负压下工作，因为在这样气氛下加热，铜坯表面能生成一层薄而硬、致密度很高的氧化膜，可以减少铜坯进一步的氧化和脱锌，保证加热坯的质量。

C　热轧总加工率及道次加工率

H65 黄铜的高温塑性好，变形抗力低，热脆性小，热轧的总加工率一般都选择在 90%～95%范围内。

常用的最大道次加工率及平均道次加工率的范围见表 37-8。

表 37-8　H65 锭坯最大道次加工率及道次平均加工率的范围

合金牌号	锭坯宽/mm	最大道次加工率/%	道次平均加工率/%
H65	<340	40～50	30～36
	340～600	33～40	27～32
	>600	28～33	22～27

37.1.3.3　冷轧

H65 黄铜的冷加工性能良好，其硬化曲线见图 37-3 和图 37-4。

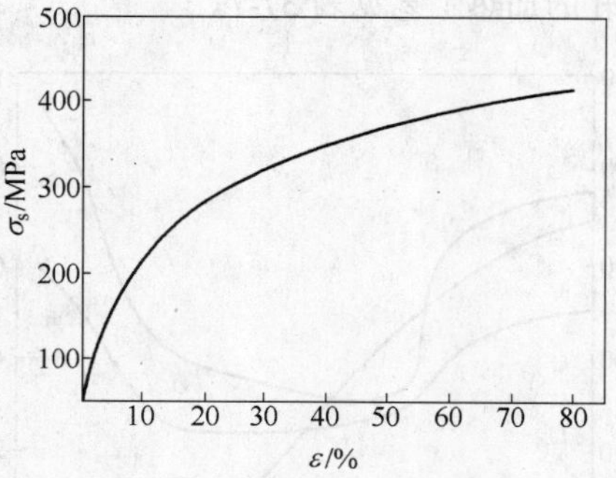

图 37-3　简单黄铜的屈服极限与总加工率的关系

一般情况下，H65 黄铜带的总加工率范围见表 37-9。

冷轧成品的加工率范围见表 37-10。

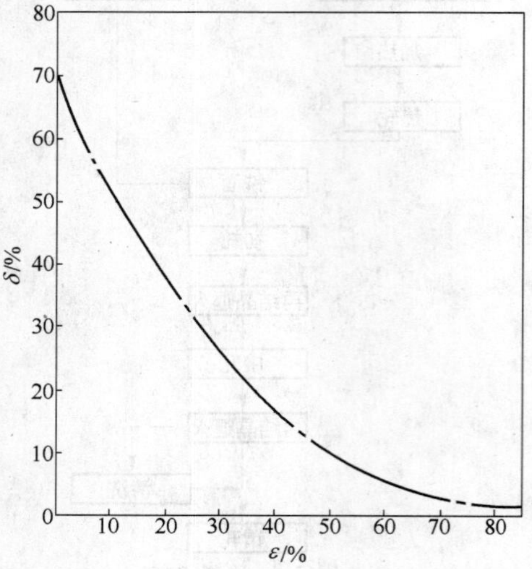

图 37-4　简单黄铜的伸长率与冷轧加工率的关系

表 37-9　H65 黄铜带冷轧的总加工率范围

合金牌号	允许轧制的最大加工率/%	实际采用冷轧总加工率/%	
		单张冷轧	成卷冷轧
H65	85	40～60	45～70

表 37-10　简单黄铜冷轧成品的加工率范围

合金牌号	单张冷轧时加工率/%				成卷冷轧时加工率/%			
	M	Y_2	Y	T	M	Y_2	Y	T
H65	18～25	6～15	18～25	≥40	20～35	6～15	20～35	≥45

冷轧压下制度实例见表 37-11 和表 37-12。

表 37-11　某企业初轧开坯实例

（轧机 ϕ280/ϕ600 mm×450 mm）

合金牌号	厚度/mm 坯　料	厚度/mm 成品	道次分配/mm
H65	水平铸坯 15	4.0	15.0—11.5—9.2—7.5—6.3—5.4—4.8—4.3—4.0
	热轧坯 9.0	2.8	9.0—6.5—5.3—4.3—3.4—2.8

表 37-12 某企业冷轧实例

（轧机 4×ϕ160 mm/ϕ550 mm×600 mm）

合金牌号	厚度/mm		每道次的厚度/mm
	来 料	成品	
H65	水平连铸坯 4.0	0.5	4.0—2.8—2.2—1.8—1.5（退火）—0.75—0.68（退火）—0.5
	热轧坯 2.8	0.5	2.8—1.90—1.35—1.05（退火）—0.75—0.67—0.5

37.1.3.4 H65 黄铜带的热处理

H65 黄铜带的热处理比较简单，有软化退火和成品退火。热处理制度的制定依据是合金的软化曲线（机械性能与退火温度关系曲线）、冷加工率对退火性能的影响曲线、晶粒度和退火温度/冷加工率关系曲线、采用的炉型及炉况。H65 黄铜的力学性能与退火温度的关系见图 37-5和图 37-6，其晶粒度与退火温度及冷加工率的关系见图 37-7。

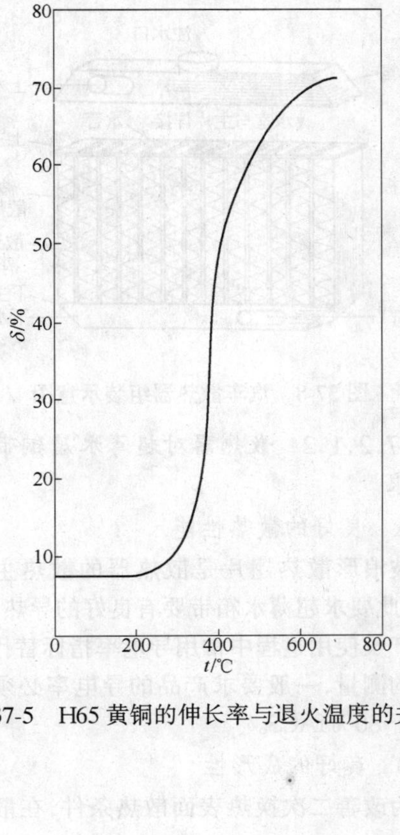

图 37-5 H65 黄铜的伸长率与退火温度的关系

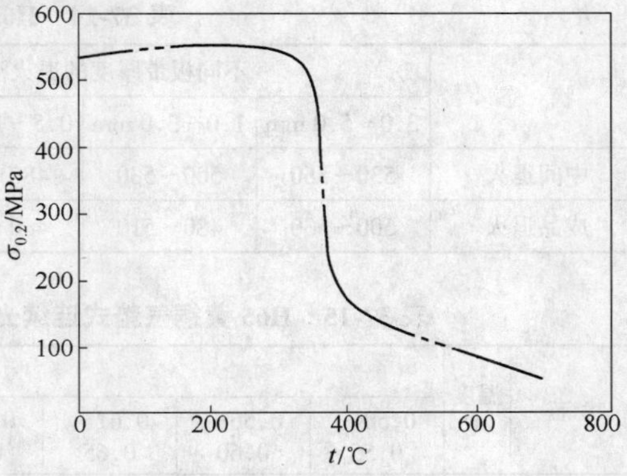

图 37-6 H65 黄铜的屈服强度与退火温度的关系

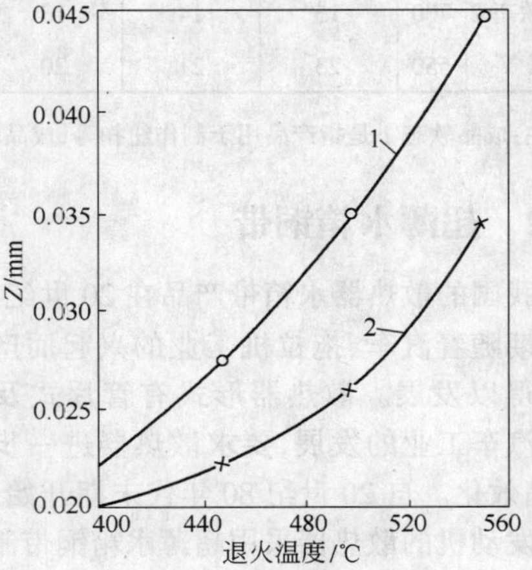

图 37-7 H65 黄铜晶粒度与退火温度及退火前总加工率的关系

1—退火前总加工率 34%；2—退火前总加工率 67%

（带材 0.33 mm，退火时间 45 min）

目前一般采用的 H65 黄铜退火制度见表 37-13～表 37-15。

表 37-13 H65 黄铜箱式退火炉退火制度

状态	不同板带厚度的退火温度/℃				保温时间/h
	3.0～5.0 mm	1.0～3.0 mm	0.5～1.0 mm	<0.5 mm	
中间退火	550～580	530～560	500～530	480～510	3.5～4.0
成品退火	530～560	500～530	480～500	470～490	3.0～3.5

表 37-14 H65 黄铜罩式炉退火制度

状 态	不同板带厚度的退火温度/℃				保温时间/h	出炉温度/℃	保温气氛
	3.0～5.0 mm	1.0～3.0 mm	0.5～1.0 mm	<0.5 mm			
中间退火	530～560	500～530	480～510	460～490	3.0～4.0	85 以下	25% H_2 + 75% N_2
成品退火	500～530	480～510	460～490	460～480	3.0～4.0	70 以下	

表 37-15 H65 黄铜气垫式连续光亮退火炉退火速度(m/min)与厚度的关系

状 态	温度/℃	厚度/mm								
		0.50～0.55	0.56～0.60	0.61～0.65	0.66～0.70	0.71～0.75	0.76～0.80	0.81～0.85	0.86～0.91	0.92～0.99
中间退火	700	19	19	16	14	13	11	11	10	10
成品软态 1	700	23	21	19	18	17	16	16	15	14
成品软态 2	700	15	14	13	11	10	10	9	8	8
成品 Y_2	550	23	21	20	19	18	17	16	15	14

注:成品软态1是指产品用于制作纽扣等;成品软态2是指硬度要求为 HV60～80。

37.2 超薄水箱铜带

我国的散热器水箱带产品在20世纪50年代中期随着汽车、拖拉机工业的兴起而产生并逐步得以发展。散热器形式有管片式及管带式。汽车工业的发展,要求散热器进一步轻量化、高效化。自20世纪80年代末期开始,我国汽车发动机的散热器采用超薄水箱铜带制作新型管带式水箱。

这种新式散热器结构紧凑,散热性能好,比老式管带式水箱节约铜材的消耗量,使水箱的制造成本下降了15%左右。新型管带式水箱需要的超薄水箱铜带,其厚度由原来的0.06～0.08 mm变为0.025～0.06 mm。当前国外的汽车水箱铜带平均厚度为0.038 mm。瑞典已经开发双波浪散热翅片的新型水箱,其所用铜带厚度仅为0.025 mm。目前我国常用的超薄水箱铜带厚度为0.045 mm,随着散热器制作过程钎焊工艺的改进,水箱带材厚度还有更薄的趋势,这就要求产品具有更高的技术性能和尺寸公差。

37.2.1 产品技术要求

37.2.1.1 超薄水箱铜带的使用环境

超薄水箱铜带是制造散热器波浪形散热翅片的重要材料。汽车散热器组装示意图如图37-8所示。其中水管、主片、水室盖、侧板由黄铜带制成;波浪形散热翅片由超薄水箱铜带制成。汽车散热器制造工艺流程如图37-9所示。

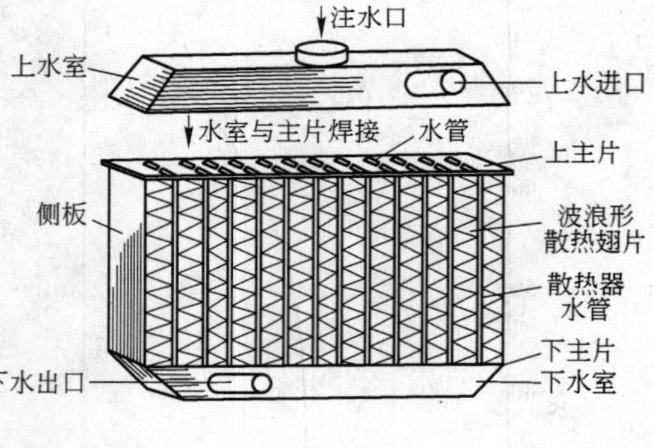

图 37-8 汽车散热器组装示意图

37.2.1.2 散热器对超薄水箱铜带的性能要求

A 良好的散热性能

波浪形散热翅片是散热器的散热主要部件,因此要求超薄水箱带要有良好的导热系数。在生产及使用过程中常用导电率指标替代导热系数的测量,一般要求产品的导电率必须大于或等于80% IACS。

B 良好的成形性

为改善二次换热表面散热条件,在散热带

上开有一系列密集的具有一定角度的百叶窗孔,窗孔的角度一般为 24°~36°。同时散热带被制成波浪形(见图 37-10)。其波高的相对大小直接影响散热器的钎焊工艺,波高越一致,钎焊的效果越好,一般要求波高的高度差小于 0.05 mm(见图 37-11)。这就要求超薄水箱带要有良好的机械性能,不能太硬也不能太软。太硬则弹性较大,不利于成形,百叶窗口会出现断裂;太软则百叶窗口不规范,波高公差难以控制。一般要求超薄水箱带的机械性能为:维氏硬度 110~130;抗拉强度 370 MPa 左右。同时要求带材厚度、宽度的公差均匀、严格,这也是良好成形的必要条件。

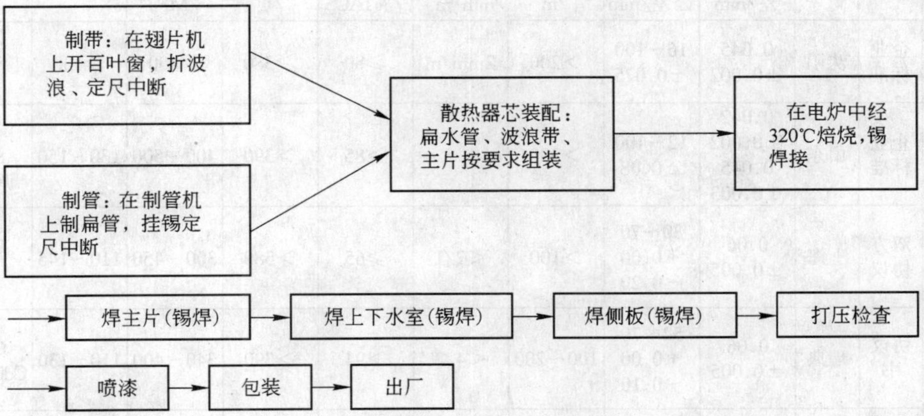

图 37-9 汽车散热器制造工艺流程图

图 37-10 制成的波浪形散热翅片

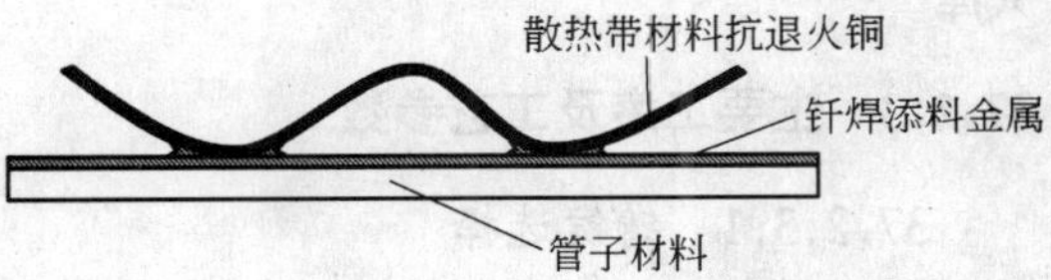

图 37-11 散热器管与带相互焊接示意图

C 较高的软化温度

由于波浪形散热器翅片与水管之间锡焊接是在电炉中进行焙烧完成的,焙烧温度在 320℃(锡的熔点),为保证波浪带不软化、不变形,因此要求超薄水箱带材的软化温度必须大于或等于 380℃。

D 良好的焊接性能

目前国内铜材散热器的焊接是以锡焊为主;而瑞典已经研制了铜硬钎焊的新工艺。无论采用哪种方法进行焊接,超薄水箱铜带的化学成分中都不能含有影响焊接质量的有害元素。因此在紫铜中添加微量元素而构成强化紫铜合金时,要限制有害元素的进入。

37.2.1.3 超薄水箱铜带的技术要求

A 超薄水箱铜带的化学成分

超薄水箱铜带是用强化紫铜合金生产出来的。在纯铜中添加一些微量元素,目的就是要改善材料的力学性能,提高耐软化温度和良好的钎焊性;微量元素添加很少,不会使材料的导热性、导电性大幅度下降。杂质和微量元素对铜的性能的影响见表 5-1。强化紫铜合金主要添加的微量元素是固溶于铜的微量元素。例如:向铜中添加微量的 Ag、Cd、Sn、Cr、Ti、Zr、Hf、Ni、Fe、Mg、P、As 等元素,可使铜带强度显著提高,而软化点温度提高到 350~435℃。

目前国内外还没有统一的超薄水箱铜带材化学成分标准及统一的牌号标识,而是根据用户对超薄水箱铜材力学性能、抗软化温度、导电率及硬度的具体指标要求，根据企业自身的生产能力，企业自行决定强化紫铜合金的化学成分及牌号标识。此材料的共同特点是铜含量一般都大于或等于99.6%。

B　超薄水箱铜带产品性能要求

国内外供应的超薄水箱铜带的技术性能要求见表37-16。

表37-16　国内外供应的超薄水箱铜带技术性能要求

材料牌号状态	执行标准	产地	尺寸允许偏差				物理力学性能				化学成分/%
			厚度及公差/mm	宽度及公差/mm	长度/m	侧弯度/mm·m^{-1}	导电率/%IACS	软化温度/℃	抗拉强度/MPa	硬度HV	
CST Y	企业标准	沈阳	0.045 ±0.002	16～100 ±0.075	>200	2mm/m	≥80	≥380	>400	≥100	Cu>99.6 Sn<0.12 Te<0.12
TS T	企业标准	山东	0.042 ±0.002 0.045 ±0.003	12～100 ±0.08	>300	1.5	>85	>390	400～500	130～150	Cu99.6 Sn<0.05 调质<0.01
TG Y	双方协议	上海	0.06 ±0.005	30～70 +0.00 −0.20	>100	<2/1	≥65	>380	300～450	110～145	Cu≥99.6 Sn≤0.5
SM 0802 Y_2	协议书	瑞典	0.06 ±0.005	52～70 +0.00 −0.10	100～200	<4/2	>94	>390	340～400	110～130	Cu≥99.6 Cd0.05～0.12
SCu R_3	协议书	日本	0.06 +0.00 −0.007	34～71 +0.00 −0.20	>200	<1.5/1	>85	>390	275～343	110～130	
冷却带	生产需要	汽车散热器厂	0.06 ±0.005	30～78 +0.00 −0.10	>200	<1.5/1	>85	>390	300～400	105～130	Cu≥99.6 Sn<0.5

表面外观质量：
表面应光滑，清洁，不应有皱纹（波纹）、裂缝、洞孔、起皮、起刺、气泡、结疤、斑点、水迹、酸迹、油迹。
带材两边应切齐、平直，无毛刺、缺口、卷裂、裂边、脏物等。

37.2.2　工艺流程

超薄水箱铜带的化学成分决定了该产品适合于采用半连续铸锭—热轧开坯的工艺方法进行带材生产。但也有的采用水平连铸、冷开坯的形式生产超薄水箱带材。其工艺流程如图37-12所示。

典型产品的生产工艺举例如下：半连续铸锭（140 mm厚×440 mm宽）→步进燃气炉加热→热轧开坯（13.5 mm厚）→铣面（12.5 mm厚）→四辊冷轧机开坯（1.5 mm厚）→切边及分剪（带坯分剪成220 mm、230 mm或245 mm宽的窄带卷）→钟罩炉光亮退火→预精轧→光亮退火→成品轧制→性能检测→成品剪切→包装入库。

37.2.3　主要工序及工艺参数

37.2.3.1　铸锭选择

采用半连续浇铸方式生产出铸锭。根据本企业热轧机、冷开坯轧机的生产能力及生产工艺路线确定铸锭尺寸的大小，对铸锭进行定尺剪切。在确定铸锭尺寸时应考虑成品轧制的带长及其宽度。铸锭锯切后一般不铣面，而是对铸锭表面进行局部打磨和修理，确保没有裂纹、气眼、夹杂及冷隔。

37.2.3.2　热轧开坯

A　铸锭加热

采用步进式煤气加热炉对铸锭进行加热，

炉膛气氛控制为微氧化性气氛，料温控制在850～900℃，铸锭应烧匀、烧透，防止过热及过烧现象发生。均热时间的长短，可根据铸锭的大小、装炉量的多少而定。

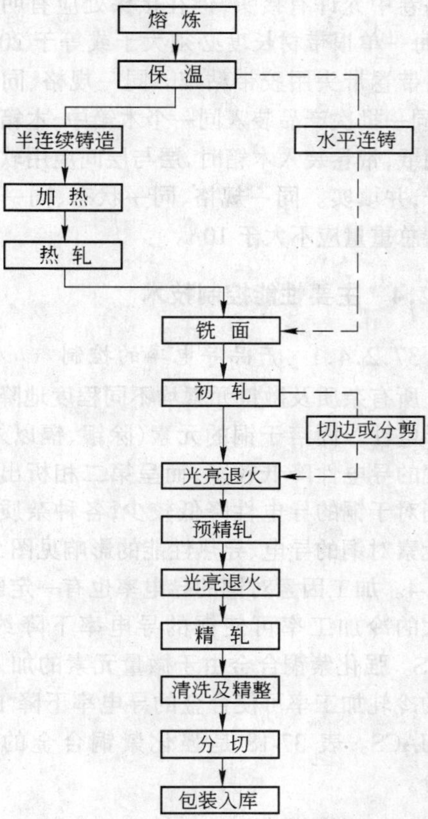

图 37-12 超薄水箱铜带生产工艺流程图

例如铸锭尺寸为 140 mm × 400 mm × 3500 mm，锭重 1.7 t，则均热时间为 3 h 左右。

B 热轧开坯

开轧温度不低于850℃，终轧温度不低于650℃。轧制道次根据热轧机的能力及铸锭的厚度、宽度尺寸确定。一般以5～9个道次为宜，终轧厚度以12～14 mm为宜，终轧厚度以有利于热轧带坯铣面为原则。

37.2.3.3 热轧带坯铣面

铣面质量的好坏将决定成品表面质量的好坏，铣完面的带坯表面质量应保证无氧化物，洁净、光滑，表面无任何影响成品表面质量的缺陷。铣面带坯厚度控制在10～12 mm。

37.2.3.4 冷开坯

一般采用四辊可逆式冷轧机进行冷开坯，开坯总加工率可控制在80%～90%范围内，冷开坯时应注意冷却与润滑。冷开坯过程中除注意板形控制、尺寸公差外，还应注意工艺卫生，防止发生划伤、夹灰的现象。轧制结束后，带材表面润滑液应除净。料卷从轧机上卸卷后应捆扎牢固。

37.2.3.5 带坯切边

超薄水箱带在生产过程中根据需要可考虑1～2次切边。带坯在1.5～2.0 mm厚时安排第一次切边，带坯在预精轧并经退火后进行第二次切边及分卷。成品轧制前预精轧带宽一般以420 mm或210 mm宽为好，这样有利于成品轧制及板形控制。二次切边可避免成品轧制时出现不必要的断带，以提高产品的成品率。

37.2.3.6 带坯热处理

带坯厚度为1.5～2.0 mm时，可在钟罩式光亮退火炉中进行热处理，热处理采用的保护性气氛为97% N_2 + 3% H_2，气氛的露点不高于−70℃，具体热处理制度见表37-17。

表 37-17 超薄水箱铜带钟罩炉热处理制度

序号	钟罩炉装料量/t	加热温度/℃	热处理时间/h		冷却后出炉温度/℃
			加热	保温	
1	10	450～470	3.5	3.5	≤60
2	16	450～470	4	4	≤60
3	30	470～500	5.5	5.5	≤60

预精轧的热处理原则上应在气垫式退火炉中进行。超薄水箱带的预精轧带坯厚度较薄，成品为0.045 mm的预精轧带坯厚度一般为0.13～0.25 mm（与化学成分有关），因此在钟罩炉退火时加热温度采用表37-17中的温度下限，同时热处理时间应适当减少，以防止料卷粘料。在气垫炉中退火可以避免粘料的发生，同时保证带材最终产品的性能良好。其退火工艺参数，应根据各区炉温、来料厚度及宽度合理地选择通过速度。

例如：0.13 mm×420 mm的坯料，气垫炉四区温度分别为700℃、690℃、680℃、660℃，则带

材的通过速度为65 m/min。

超薄水箱带气垫炉热处理采用的保护性气氛应为100% N_2或者97% N_2+3% H_2。

37.2.3.7 成品轧制

超薄水箱带材成品厚度范围为0.025～0.06 mm,其厚度公差不大于±0.003 mm,因此成品轧制应在高精度且带有自动厚度控制系统的多辊轧机上进行。工作辊直径范围一般为50～120 mm。国内一般采用小四辊轧机,可生产0.045～0.06 mm厚的成品,而0.025～0.04 mm厚的成品,则最好采用十二辊或二十辊轧机。

成品加工率应根据产品的力学性能来选择,成品轧制道次的安排、张力的选择应有利于成品的板形控制及其公差的保证。一般成品轧制道次不应超过3个道次。

37.2.3.8 成品剪切

超薄水箱带材成品宽度范围一般为30～88 mm,宽度公差的高精度为-0.1 mm,一般精度为±0.1 mm。由于带材很薄,宽度公差要求一般为负差且很小,侧弯度要求1.5 mm/m,因此成品剪切适合选用张力剪切,采用由宽度确认的固定剪刃。

采用活动剪刃经分组装配成固定宽度进行剪切也是允许的,但剪刃配置时一定要注意宽度公差界限值。

37.2.3.9 产品包装与标识

国内超薄水箱带成品卷内径尺寸范围一般为ϕ80～150 mm,并有塑料衬筒,带卷外径尺寸ϕ300～350 mm,单卷重量30～60 kg左右;每个成品卷中允许有接头,但在接头处应有明显标记,每一单根带材长度必须大于或等于200 m。成品带卷带头用胶带粘牢。同一规格、同一状态、同一批次产品装入同一个木箱中,木箱内衬防潮纸,带卷装入木箱时,层与层间应用软物隔离开,并填实。同一规格、同一状态、同一批次带卷总重量应不大于10 t。

37.2.4 主要性能控制技术

37.2.4.1 产品导电率的控制

所有杂质及微量元素均不同程度地降低铜的导电性。固溶于铜的元素(除银、镉以外)对于铜的导电性降低较多,而呈第二相析出的元素则对于铜的导电性降低较少,各种杂质及微量元素对铜的导电、导热性能的影响见图5-1～图5-4。加工因素对铜的导电率也有一定影响,很大的冷加工率可使铜的导电率下降约2% IACS。强化紫铜合金由于微量元素的加入,较大的冷轧加工率可使合金的导电率下降1%～5% IACS。表37-18是强化紫铜合金的化学成分。

表37-18 强化紫铜合金TSn的化学成分 (%)

Cu	Sn	Te	P	Bi	Sb	Fe	Ni	As	S	Zn	O	杂质总和
99.6	0.01 0.05	0.01 0.04	0.0 0.003	0.02	0.005	0.05	0.2	0.01	0.01	0.1	0.1	0.04

37.2.4.2 产品软化温度的控制

杂质及微量元素的加入可以提高铜的强度,对铜的软化温度和晶粒大小也有较大的影响。可固溶和生成弥散析出相的杂质和微量元素,均可提高铜的软化温度,见表37-19。在一定范围内随着这些元素含量的增加,铜的软化温度增高。但生成氧化物的杂质,大都对铜的软化温度没有明显影响。此外,铜的软化温度与很多工艺因素有关,例如,冷加工率大,冷加工前的退火温度低,冷却慢(此时固溶体的过饱和程度小),冷加工后的退火时间长等,均使铜的软化温度降低。

可以看出,在含氧的导电用铜中,锑、镉、铁、磷、锡等可与氧化亚铜中的氧作用生成氧化物,降低了其在铜中的固溶度,从而减弱甚至完全消除了它们对铜的软化温度的影响。砷含量在0.05%以下时,与铜中正常含量的氧无明显作用;硒、碲也与砷相似,因此,它们均提高导电用含氧铜的软化温度。镍虽与氧化亚铜作用生成氧化镍,但对铜的软化温度影响很小。

表 37-19 杂质对紫铜软化温度(℃)的影响

杂质元素	杂质含量/%							
	0.002		0.005		0.01		0.05	
	铜的种类							
	导电用铜	无氧铜	导电用铜	无氧铜	导电用铜	无氧铜	导电用铜	无氧铜
铋①	210	260	247	300	275	328		
锑①	180	192	258	282	296	317	336	336
锡	140	198	140	277	140	315	140	346
镉②		183		248	275	309	325	356
磷	140	258	140	284	140	300		
铅①	146	250	146	270	146	274	146	286
铬		152		190		260		320
硒②	222	222	234	234	240	240	250	250
碲②	212	212	228	228	238	238	250	250
银	148	148	172	172	207	207	330	330
砷	168	168	189	189	205	205	242	242
硅		161		181		198		242
硫②	181	181	183	183	183	183		
钴		145		152		161		161
铁	140	146	140	153	140	155	148	167
锌		148		151		152		156
氧	140	140	140	140	140	140	140	140
镍	140	140	140	140	140	140	140	140

① 表示对导电用铜的软化温度值,所用试样有部分氧化物形成;对无氧铜的软化温度值,所用试样为在700℃以上快冷,提高了固溶度;

② 表示软化温度值较高,因试样在700℃以上快冷,提高了固溶度。

注:1. 表中试样均经600℃退火后,冷加工75%,再在不同温度下退火半小时,用以观测其退火温度;

2. 导电用铜的含氧量为0.02%~0.06%,纯铜的软化温度为140℃。

在无氧铜中,杂质所提高的软化温度,通常比在含氧铜中要大;因为在无氧铜中,杂质不形成氧化物。银、磷、锑、镉、锡、铬等提高无氧铜的软化温度最多,砷、硒、碲等次之,硫、铁、镍、钴、锌等最少。

铜的软化温度提高值,不是单个元素影响的算术和,而只是比具有最大影响的元素所提高的软化温度略高一点。

综上所述,为了达到控制软化温度的目的,超薄水箱铜带材所使用的强化紫铜合金多采用在加磷脱氧铜中再加少量的锡、铬、镉、硒、碲等元素;主要应加哪种元素,每种元素含量控制在什么范围内,应以铸锭的导电率不低于85%及不影响材料的焊接性能为原则。

37.2.4.3 产品机械性能的控制

产品最终的机械性能与生产过程中的热处理及成品轧制加工率的大小有关,机械性能主要指标是抗拉强度及维氏硬度值。按合金高温软化曲线确认热处理制度,按合金加工硬化曲线确认成品加工率的大小;这里推荐两种不同化学成分的强化紫铜合金高温软化曲线及加工硬化曲线,见表37-20和图37-13~图37-16。

表 37-20 强化紫铜合金化学成分

合金牌号	微量元素含量/%			Cu 含量/%
TG_1	Sn0.15	Cr0.024	P0.0086	>99.6
TG_2	Sn0.11	Te0.011	P0.0073	>99.6

注:1. TG_1 铸锭导电率 86.2% IACS,TG_2 铸锭导电率 91.4% IACS。
2. $TG_1$0.05 mm Y 态成品:σ_b410 MPa,软化温度 400℃,HV 131,导电率 85.9% IACS。
$TG_2$0.05 mm Y 态成品:σ_b394 MPa,软化温度 390℃,HV 118,导电率 90.5% IACS。

由图 37-13 中可以看出,TG_1 材料软化点温度高于 380℃,而其再结晶的最佳温度区间为 430~500℃。

由图 37-14 中可以看出,TG_2 抗软化温度高于 380℃,其再结晶的最佳温度区间为 420~480℃。

由图 37-15 可以看出,TG_1 成品加工率选择 55%~60% 时,其最终产品性能 σ_b>400 MPa,σ_{10}>3%,硬度 HV 大于 124。

由图 37-16 可以看出,TG_2 成品加工率选择 65%~70% 时,σ_b>450 MPa,σ_{10}>2%,HV>115。

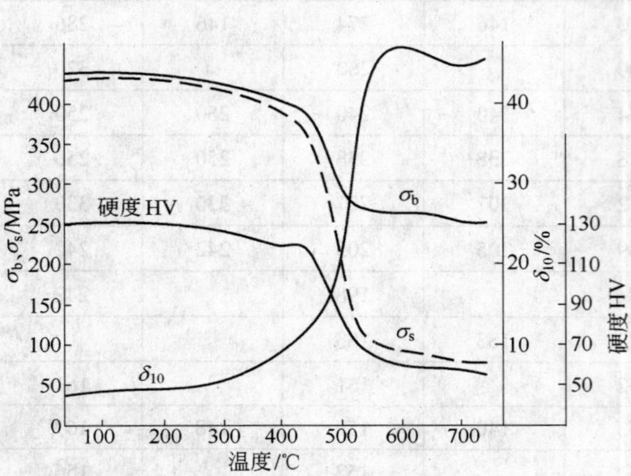

图 37-13 TG_1 高温软化曲线

注:试样厚度 1.5 mm(冷轧总加工率 81%),将 1.5 mm 厚的拉力试样及硬度试样各 4 个放入 QL-3 型管式电阻炉,由 TC-941 精密电脑控温仪控制温度,误差 ±1.0℃,每一温度点加热、保温共 40 min。

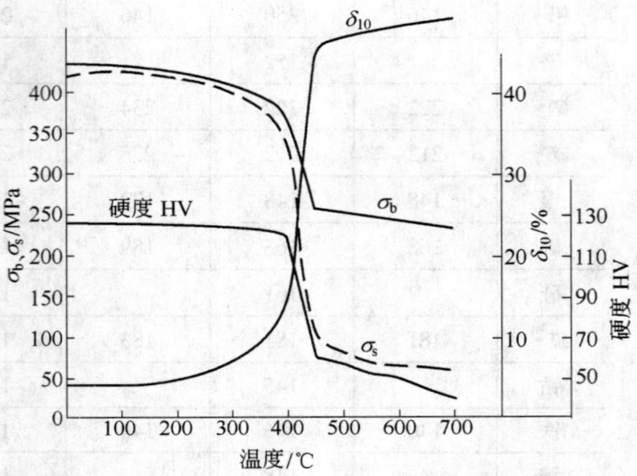

图 37-15 TG_2 高温软化曲线

注:试样厚度 1.5 mm,经 480℃ 退火,保温 2 h。退火后 σ_b = 272 MPa,δ_{10} = 44.5%,HV = 61.0;经 9 个道次轧至 0.13 mm,总加工率 91.3%,平均道次变形量为 0.15 mm。

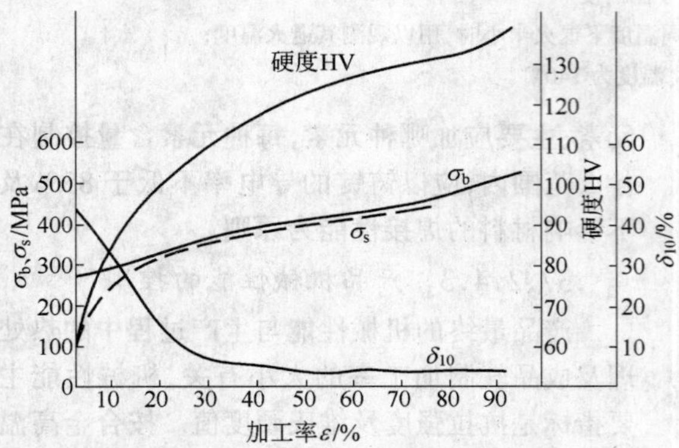

图 37-14 TG_1 加工率与力学性能曲线

注:试样厚度 1.46 mm(冷轧总加工率 81.52%),将 1.46 mm 厚的拉力试样及硬度试样各 4 个放入 QL-3 型管式电阻炉,由 TC-941 精密电脑控温仪控制温度,误差 ±1.0℃,每一温度点加热、保温共 40 min。

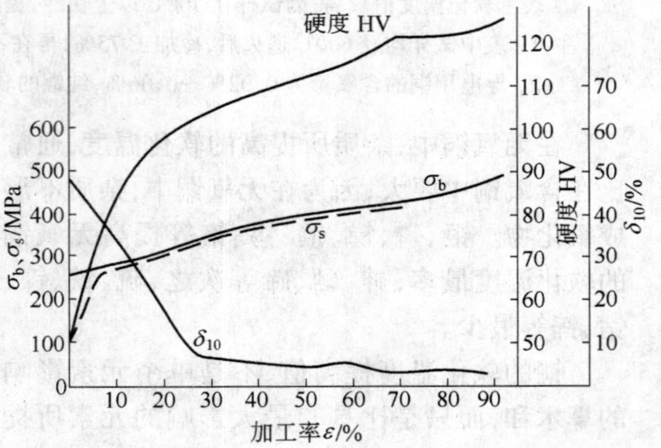

图 37-16 TG_2 加工率与力学性能曲线

注:试样厚度 1.46 mm,经 480℃ 退火,保温 2 h。退火后 σ_b = 254.5 MPa,δ_{10} = 48%,HV = 52.0;经 9 个道次轧至 0.12 mm,总加工率 91.78%,平均道次变形量为 0.1488 mm。

37.2.4.4 抗软化温度的测量

A 软化临界温度

经冷轧的铜箔带在达到某一温度时，由于发生再结晶而开始软化的温度，称为软化临界温度，简称软化温度。

B 测试使用设备

管式电阻炉，附有 EV-2 标准热电偶，并配有能达到 ±1℃ 控制精度的精密控温装置。显微硬度计应符合 GB4342《金属显微硬度试验方法》中第四章显微硬度计的要求。

C 试验方法

将炉子温度升至客户要求的产品软化温度后，稳定一段时间，放入试样（试样尺寸为 10 mm厚×50 mm 宽×长），保温 4 min 取出，冷却至室温，然后测试试样的维氏硬度值，检测结果应不低于初始硬度的 80%，则该产品为软化温度合格产品。

D 软化温度快速判定法

用手工方法检查弹性。将炉温升至产品软化温度并将炉温稳定一段时间，然后放入试样（10 mm 宽×50 mm 长），加热 4 min，取出试样冷却后用左手食指夹住试样一段（约三分之一处），用右手食指将试样弯曲 90°之后放松，使试样弹回。如弯曲后的试样回弹，原则上看没被软化，产品合格，如不能回弹而产生永久变形，则表明已被软化，产品为不合格。

37.3 变压器用铜带

随着电力工业的发展，由纯铜带材绕制而成的箔带绕组结构变压器（干式变压器）逐步取代了传统的导线绕组结构的变压器（油浸式变压器），以提高变压器运行效率和可靠性。它具有很高的动、热稳定性和空间利用率；制造工艺简单，缠绕效率高；热分布均匀、体积小，重量轻、容量大，节能效果好、散热性能好、使用寿命长等优点。

用于制作高压绕组的铜带称高压带，用于低压绕组的铜带称低压带。目前已采用的既有高低压带均采用铜带绕制的干式变压器，也有高压侧用铜线、低压侧用铜带的干式变压器，部分油浸式变压器的低压侧也用铜带来绕制。

37.3.1 产品技术要求

变压器作为电路传输的载体，其主要功能是保证良好的导电性能和稳定的电传输性能。因此新型的箔带绕组变压器要求所用的铜带必须具有相当高的导电性能、优良的综合力学性能和加工精度，特别是对带材的尺寸精度、几何形状（尤其是带材的边部形状）、侧弯、平直度、表面质量的要求都很高。

国外的变压器铜带全部采用无氧铜。国内由于生产能力的限制和降低生产制造成本的要求，较为普遍地使用普通紫铜，但对某些显著影响导电性能的杂质元素（如 Fe、P 等）进行严格控制，以保证产品的导电性能。

37.3.1.1 变压器带常用合金牌号

中国、日本和美国变压器带常用铜材合金牌号近似对照见表 37-21。

表 37-21 变压器带常用铜带材合金牌号对照

国 家	中 国	日 本	美 国
铜带材合金牌号	TU1 T2①	C1020	C10200

① 用于导电的 T2，其磷含量不大于 0.001%。

37.3.1.2 产品状态及规格

(1) 状态：M；

(2) 规格：(0.1～2.5) mm×(14～1200) mm，其中一般窄薄带用于高压侧，宽带用于低压侧。

37.3.1.3 性能要求

产品的性能要求见表 37-22。

表 37-22 产品的性能要求

牌号	状态	抗拉强度 σ_b/MPa	伸长率 δ_{10} /%	维氏硬度 HV	导电率 /%IACS
		不小于			不小于
TU1	M	195	35	45～65	100
T2①					98

① 同表 37-21。

37.3.1.4 带材侧边弯曲度

带材侧边弯曲度不大于2 mm/m。

37.3.1.5 产品边缘

产品边缘分为三种：剪切边、圆角和圆边。

(1) 带材的剪切边应切齐，无裂边和卷边。厚度不小于0.4 mm的带材，其边部毛刺应不大于0.05 mm；厚度小于0.4 mm的带材，其边部毛刺应不大于0.03 mm。

(2) 圆角如图37-17*a*所示。带材边部不应有尖角、粗糙或凸出的边棱。

(3) 圆边如图37-17*b*所示，*A*点允许为尖角，但不应为粗糙或凸出的边棱。

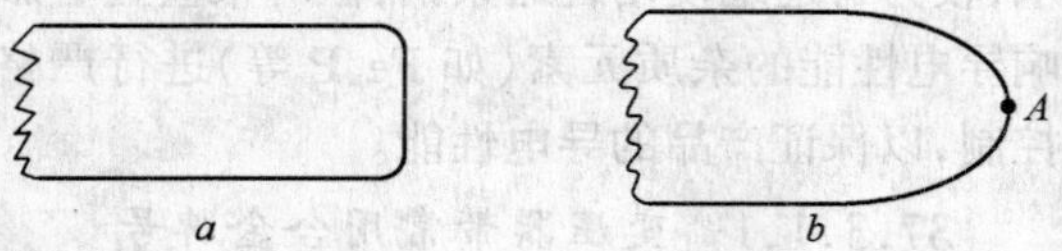

图37-17 变压器带边部形状
a—圆角；*b*—圆边

37.3.1.6 带材板形

要求带材板形平直，表面光滑、清洁，无缺陷。

37.3.2 工艺流程

变压器带材的生产方式大致分为两种：半连续或全连续铸造→热轧开坯生产方式和水平连铸→冷轧开坯生产方式。目前国内外较为常用的生产方式为半连续或全连续铸造-热轧开坯方式，适用于大规模、高效率生产。

变压器带材的生产工艺流程如图37-18所示。

国外某公司的生产工艺及流程如下：铸锭(200 mm×1300 mm×11000 mm)→步进炉煤气加热(860℃)→热轧(ϕ930 mm×2080 mm热轧机，轧至14～16 mm)→卷取(单卷重量25 t)、水冷→双面铣(铣面厚度0.4～1.0 mm，边铣)→初轧(ϕ1600 mm轧机)……分条、切边→成品轧制→罩式炉(或气垫炉)退火→成品剪切→(去毛刺)→包装。

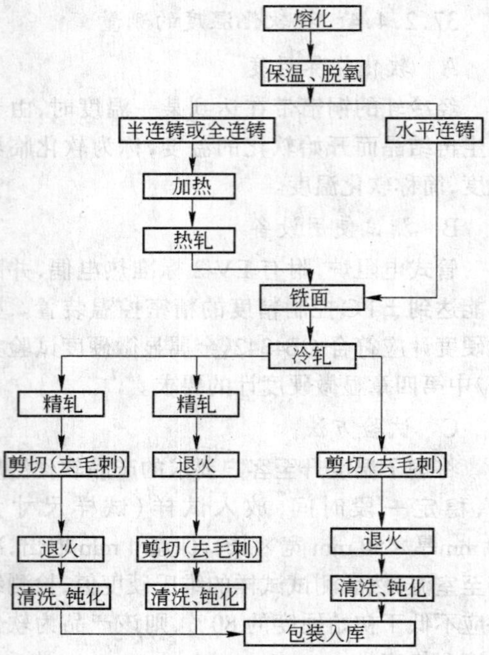

图37-18 变压器带生产工艺流程图

37.3.3 主要工序及工艺参数

37.3.3.1 无氧铜熔炼工艺及要求

无氧铜的熔铸工艺要点为“精料密封”。一般在密闭条件较好的工频有芯感应电炉内熔炼。原料采用含铜量大于99.97%，组织致密、表面光洁，无铜豆、铜绿，并切除挂耳和四边的高纯阴极铜，入炉前应对阴极铜经炉温500℃/料温200℃预热烘干处理。选用质量良好并经筛选和充分煅烧后的木炭作为熔炼覆盖剂。在熔铸操作中，要尽量减少装料次数，及时关闭炉门炉盖，木炭覆盖厚度应始终保持在150～200 mm。熔体转炉采用密闭流槽。为保证熔体杂质残留量低，尽可能少加或不加Cu-P合金，在Cu-P脱氧后应保证有充分的精炼过程。应在较低温度下进行熔铸，在装备允许的条件下，还应对保温炉进行惰性气体保护，以防止熔体大量吸气。

37.3.3.2 紫铜T2的熔炼工艺及要求

由于高温时液态铜中可以溶解大量的氧，随着铜中氧浓度的升高，熔体的黏度增大，因为在液态铜中产生一种铜-氧铬合物，增加了液态铜质点的内部摩擦力。

紫铜的液态流动性主要取决于温度和脱氧程度。在温度一定的情况下，随着黏度的提高，熔体的流动性将变坏，从而影响其铸造性能。

紫铜 T2 生产中出炉前一般采用磷铜中间合金进行熔体的脱氧除气，以保证铸锭的致密性。磷的加入极大地降低了氧在铜中的活性。脱氧过程中在熔化的铜中氧和磷的含量比较小时，在金属表面形成的炉渣数量也较少。磷脱氧时的生成物为 $2Cu_2O\cdot P_2O_5$，脱氧产物以强烈乳化的磷酸铜分散相形式存在，比较缓慢地浮到熔体表面，其大部分仍以 PO_3^-、PO_4^{2-} 形式呈颗粒状留在熔体中，它们比较牢固地同熔体（即 Cu^+ 和 Cu^{2+}）结合在一起，因此磷脱氧铜的产物将可能影响到熔体的质量。

要控制熔体中的氧含量，得到组织致密、无缺陷的铸锭，且保证成品带材的导电率，可以采取严格控制磷铜中间合金的加入量，并分次加入的方法来控制最终的残磷量，同时应控制熔体的原始纯净程度。因此在半连续铸造过程中对原料的选择及表面处理、熔体的净化及静置、铸造过程的保护、铸造工艺等要求严格。

紫铜变压器带材的生产应严格控制含气量，以防止成品带材产生气泡。

37.3.3.3　铸造工艺及要求

在半连续生产过程中，应防止铸造过程中的二次吸气。脱氧铜在浇铸过程中，如不进行保护，仍可吸收 0.01% 的氧。因此应采用埋管式浇铸，液面采用优质烟灰或经脱水处理的发生炉煤气进行铸造保护，操作中注意看稳液面。浇注前必须对引锭托座进行烘烤。铸造温度控制在 1140～1160℃。一般采用短结晶器，铸造速度和水压根据锭坯规格不同确定，以保证锭坯表面无冷隔、裂纹为宜。

高质量铸锭是带材稳定生产和保证产品质量的前提。热轧前应对铜铸锭表面易产生的冷隔、裂纹等进行修理或铣面，保证铸锭表面光滑、平整，同时内部应无夹杂、气孔等缺陷。当紫铜铸锭表面缺陷较少时，一般不宜进行铣面。因紫铜铸锭的结晶组织是表面为一层较薄的细等轴晶，若铣面会铣去表面细等轴晶，暴露出内部粗大的柱状晶，可能引起热轧时表面出现裂纹并加剧表面氧化。

37.3.3.4　加热及热轧

无氧铜 TU1 和含磷量小于 0.001% 的 T2 铸锭的高温性能分别如图 37-19 和图 37-20 所示。

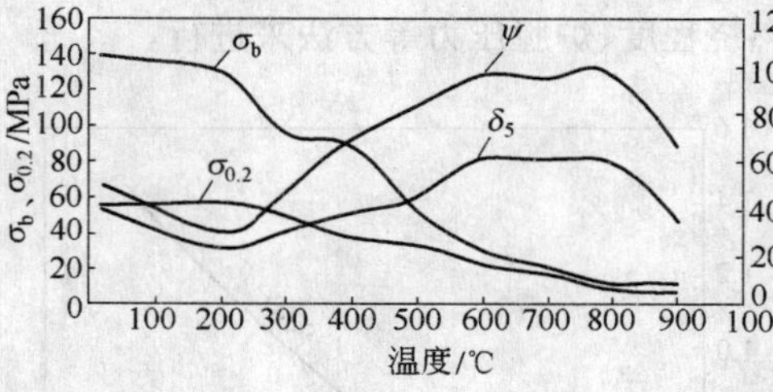

图 37-19　TU1 铸锭的高温力学性能
（210 mm×620 mm 半连续铸造）

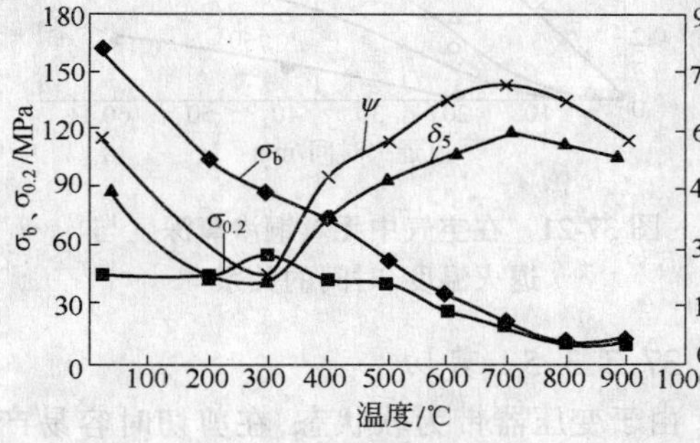

图 37-20　T2 铸锭的高温力学性能（含磷小于 0.001%，210 mm×620 mm 半连续铸造）

从图 37-19 和图 37-20 可以看出，无氧铜 TU1 和紫铜 T2 铸锭均在 200～300℃ 的中温区内呈现脆性，相关研究表明是由杂质氢或磷引起的。因为氢和磷均为表面活性元素，易吸附在铜的晶界上，引起中温脆性。

由于铜在高温下的氧化速度随温度的升高而显著加快，在高温加热过程中，氧会通过渗透渗入铜的表面层内。无氧铜在空气中的渗氧深度与退火时间的关系见图 37-21。

为了提高生产效率，减少氧化损失，保证带坯的正常轧制，在设备状况允许的情况下，变压器带材的生产一般采用“高温、快速、均匀、中性或微还原性气氛”条件进行锭坯的加热。

铸锭加热一般采用步进式加热炉，出炉料温应控制在 850～920℃；应保证铸锭温度均匀,防止过热及过烧。热轧开坯温度高于820℃,终轧温度不低于600℃。

变压器用纯铜铸锭的加热一般采用中性或微氧化性加热气氛,无氧铜的加热采用中性或还原性气氛,以避免产生"氢脆",引起热轧开裂。气氛的控制通常通过调节空气和燃料比例、燃烧程度、炉膛压力等方法来进行。

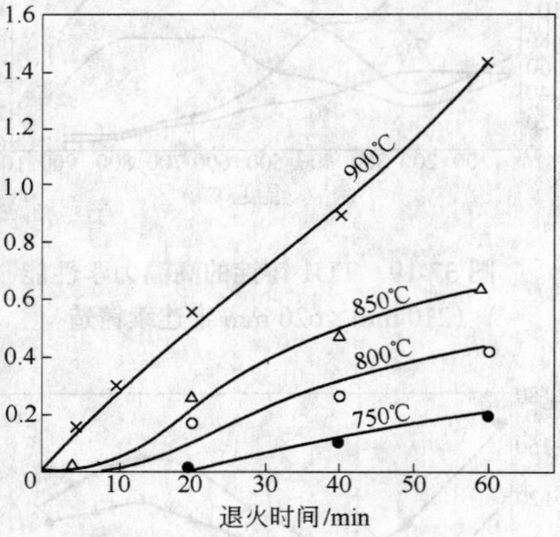

图 37-21 在空气中无氧铜渗氧深度与退火温度、时间的关系

37.3.3.5 剪切

由于变压器带为软状态,在剪切时容易产生毛刺、卷边、翻边、剪刃压痕、擦划伤、卷取不齐等缺陷。

剪切宜采用圆盘剪,主要控制参数是剪刃间隙和刀片重叠量。一般剪刃间隙为带材厚度的3%~5%。剪切主要工艺参数如表37-23所示。剪切过程应尽量专剪专用和保证剪刃质量良好。

表 37-23 变压器带材剪切工艺参数

带材厚度/mm	剪刃水平间隙/mm	剪刃垂直间隙/mm
<0.5	0.02~0.025	0.15~0.3
≥0.5	8%带材厚度	1/2带材厚度

注:剪切工艺参数应根据剪刃锐利程度、剪轴工作状态来选择。

37.3.3.6 退火

无氧铜TU1带材的软化曲线如图37-22所示。

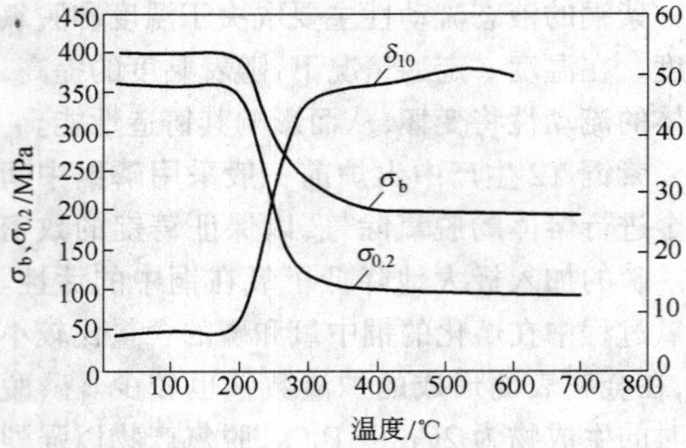

图 37-22 TU1 的退火软化曲线

退火制度及方式根据材料软化曲线、带材厚度及装备条件来确定。可采用罩式炉退火,然后进行清洗的生产方式,也可采用连续通过式退火方式。

由于连续通过式退火可以实现带材性能控制、脱脂、清洗及钝化一体化,产品性能均匀,表面良好,因此在装备能力许可的条件下应选择通过式退火方式。气垫炉推荐的典型退火工艺如下:0.5 mm × 600 mm,M状态,退火温度500℃,退火速度16 m/min。

37.3.3.7 带材的边部处理

高精度变压器带的边部处理是在专门的处理设备上进行的。进行带材边部处理必须保证来料具有良好的宽度及厚度公差、板形和边部原始剪切质量。边部处理设备,宽带可考虑在线,窄带则一般为单体离线。根据产品的精度要求不同,处理方式可选择机械方式,如刮、铣、滚压等。由于剪切一般形成塑性变形区、剪切区、断裂区和毛刺区四个区域,最简单的方法是采用滚压的方法对毛刺区形成的单边毛刺进行变形处理,但该方法没有从根本上去除毛刺,在使用过程中可能会因变压器的发热、振动等因素导致毛刺的翘起而引起放电。对于高端变压器带材产品则需采用刮、铣等机械方式去除毛刺。

37.3.4 主要性能控制技术

37.3.4.1 带材的导电率控制

影响导电率的主要因素有:

(1) 杂质及微量元素对铜的导电性的

影响。

(2) 密度。相同牌号的合金,密度越低,导电率也越低。而带材的密度主要受基体中残留的微观气孔、孔洞、疏松等缺陷的影响。为保证带材的高导电性能和优良的综合性能,在材料的合金化过程中对各微量元素应精确控制,同时保证材料应具有均匀、致密的内部组织。

37.3.4.2　带材的边部质量控制技术

对于一般要求的变压器带材,可通过控制带材的剪切质量来控制带材剪切后的边部毛刺;而对于要求较高的变压器带材,除需控制剪切质量外,还需对边部进行专门的处理。

带材的边部处理技术是一个世界性的难题,尤其是软态的紫铜带材。带材的边部毛刺应从工艺和装备两个方面加以解决。

工艺上,根据装备条件,对不同规格的带材采用不同的工艺制度:通常宽度大于 400 mm、厚度大于 1.5 mm 的成品带材采用先退火后剪切的方式;对于软切有难度的中厚(一般指 0.5～1.5 mm)、宽规格成品带材采用先分切后退火的方法;对于窄薄(一般指宽度在 100 mm 以下、厚度在 0.5 mm 以下)规格带材的生产,通常采用先退火后剪切的方法。

变压器带的剪切需采用装备良好的圆盘剪。在剪切过程中应重点把握剪刃质量、剪刃间隙、剪刃重叠量、橡胶环配置、剪切速度以及剪切过程中的开卷和收卷张力等工艺因素,以最大限度地减小边部毛刺。对于要求圆角或圆边的特殊产品,需采用专门的工艺技术及装备。而良好的原始剪切边部质量、带材尺寸公差精度、板形是实现边部处理的前提。其处理方法为:厚带材(厚度大于 0.5 mm)采用机械(如刮、铣、滚压等)方式修成圆角或圆边,薄带材(厚度小于 0.5 mm)则在严格控制剪切质量的同时,在剪切机列后部附加多辊矫平系统,将边部毛刺进行压平,以减小垂直毛刺。

37.4　电缆用铜带

电缆带是电信器材中使用的重要原材料,如同轴射频电缆、光缆、高山电缆、防火电缆、汽车电缆和电缆组件等(这里所说的电缆是指电信电缆),主要用在手机、网络、地铁系统的连接机站、天线中电讯信号的传输载体或屏蔽材料等。

目前电缆在制作过程中采用拉制无缝铜管或带材焊接管。铜带因具有良好的焊接性能且在长度上比管材更有优势而在电缆中得到广泛应用,其中在同轴射频电缆上的应用具有一定的代表性。

同轴射频电缆主要由四部分组成(见图 37-23):

(1) 内导体。即铜包铝线或实心铜线、光滑铜管或螺旋形波纹铜管,主要作为导体使用。

(2) 绝缘体。即特殊发泡聚乙烯。

(3) 外导体。包附于绝缘芯体上起屏蔽作用,一般使用铜带焊接成形的铜管,并旋压成波浪形。要求密封性好且柔软易弯曲。

(4) 外护套。有加强聚乙烯和无卤素聚乙烯两种,适合内外部安装使用。

图 37-23　同轴电缆

这里介绍的电缆带是作为内外导体用的铜带。其后续成形工艺流程为:开卷—(切边)—经模具使带材卷曲成管—氩弧焊或高频焊焊接—冷却—旋压—清洗—烘干—卷取。

根据其使用要求,电缆用铜带应具有高导电、导热性和优良的弯曲成形及焊接性能,因此一般选用无氧铜;对焊接有特殊要求的也可使用低磷脱氧铜,如 TP1;对较低用途的,也可使用 T2。但和传统的电缆用纯铜带 T2 相比,无氧铜电缆带具有更高的导电、导热性及焊接稳定性,同时可满足提高电缆的单位信息输入输出量的要求，因此采用无氧铜带作为电缆母材更适合。为提高下游生产厂家的生产效率，要求带材具有超长度、高精度、高表面质量等综合性能。这里主要介绍无氧铜电缆带的生产工艺。

37.4.1 产品技术要求

37.4.1.1 合金牌号及化学成分

电缆带所采用的铜合金牌号及化学成分见表 37-24。

表 37-24 电缆带所采用的铜合金牌号及化学成分

GB标准	ASTM标准	化学成分/%											
		Cu + Ag	P	Bi	Sb	As	Zn	Fe	Ni	Pb	Sn	S	O
TU1①		99.97	0.002	0.001	0.002	0.002	0.003	0.004	0.002	0.003	0.002	0.004	0.002
TU2		99.95	0.002	0.001	0.002	0.002	0.003	0.004	0.002	0.004	0.002	0.004	0.003
T2		99.90		0.001	0.002	0.002		0.005		0.005		0.005	
TP1		99.90	0.004～0.012										
	C10100③	99.99②	0.0003	0.0001	0.0004	0.0005	0.0001	0.001	0.001	0.0005	0.0002	0.0015	0.0005
	C10200④	99.95											0.0010
	C12000	99.90	0.004～0.012										

① 因电缆带不属于电真空器件，因此对于其氧含量检测可不进行氢脆试验，按标准含量进行检测。
② 铜含量为 100%减去杂质总和求得，其中 Ag 计入 Cu 中。
③ 其他杂质元素最大极限值为 Cd，0.0001%；Mn，0.00005%；Se，0.0003%；Ag，0.0025%；Te，0.0002%。
④ 经退火的高导电铜的最小导电率为 100%IACS。

37.4.1.2 外形尺寸及允许偏差

带材厚度、宽度尺寸及允许偏差见表 37-25。

表 37-25 产品外形尺寸及允许偏差

厚度/mm	厚度允许偏差(±)/mm		宽度/mm	宽度允许偏差(±)/mm	
	普通级	较高级		20～100	>100～305
0.1～0.3	0.01	0.008	20～305	0.10	0.20
>0.3～0.5	0.015	0.01			
>0.5～0.7	0.020	0.015			

带材长度一般要求在 1000～5000 m 以上，越长越好。目前国外带材长度可达到 8000 m。

37.4.1.3 带材力学性能

带材力学性能见表 37-26。

表 37-26 带材力学性能

牌　号	状态	抗拉强度 σ_b/MPa	屈服强度 $\sigma_{0.2}$/MPa	伸长率 δ_{10}/%	维氏硬度，HV
C10100、C10200、TU1、TU2	M	200～265	65～100	≥35	45～60
	Y_8	220～275	70～105	≥30	50～70

续表 37-26

牌　号	状态	抗拉强度 σ_b/MPa	屈服强度 $\sigma_{0.2}$/MPa	伸长率 δ_{10}/%	维氏硬度，HV
T2、TP1、C12000	M	220～270	70～110	≥30	50～65
	Y_8	230～285	75～120	≥28	55～70

37.4.1.4 电性能

在室温下，带材电性能应满足表 37-27 的要求。

表 37-27 带材电性能

牌　号	状态	导电率/%IACS 不小于	电阻系数/$\Omega\cdot mm^2\cdot m^{-1}$ 不大于
C10100	M	101	0.017069
	Y_8	100	0.017241
C10200、TU1	M	100	0.017241
	Y_8	99	0.017415
TU2	M	99	0.017415
	Y_8	98	0.017593
T2	M	98	0.017593
	Y_8	97	0.017774
C12000、TP1	M	90	0.019156
	Y_8	89	0.019372

37.4.1.5 晶粒度

软态：晶粒度为 0.015～0.035 mm。

37.4.1.6 侧边弯曲度及边部毛刺

带材的侧边弯曲度不超过 1.5 mm/m；边部毛刺不大于 0.03 mm。

37.4.1.7 表面质量

带材表面应光滑、清洁，无油污、起皮、擦划伤、孔洞、表面氧化，剪切端面不应有氧化变色。

37.4.2 工艺流程

电缆铜带生产工艺流程见图 37-24。

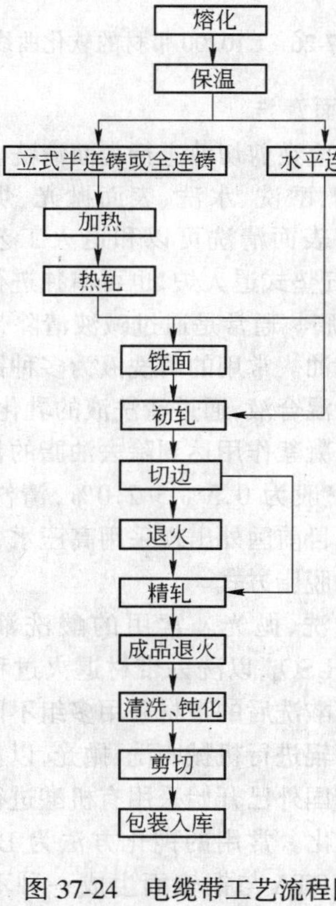

图 37-24 电缆带工艺流程图

随着连铸技术的成熟化，国外已普遍采用立式全连铸，进行大规格无氧铜锭的生产，以保证成品带材的长度要求，铸锭单重可达到 25 t。轧制成品带材长度可达到 8000 m 以上。国内在采用连体炉水平连铸加气体保护生产无氧铜技术方面进展较快，连铸带坯可不铣面。

37.4.3 主要工序及工艺参数

37.4.3.1 熔铸生产工艺

原料采用高纯阴极铜（Cu≥99.97%），并剪去杂质较高的四边及挂耳。目前先进高效的熔炼采用大吨位、全密封、全连铸有芯工频感应炉组，高纯阴极铜在通过式燃气炉内经 500℃（炉温）/200℃（料温）的预热及表面处理后入炉，从加料孔直接加入液面以下，熔炼炉、保温炉及转注系统均采用全密封。熔炼炉内用煅烧木炭覆盖，保温炉内用煅烧木炭或粉状、片状石墨覆盖，木炭厚度不小于 150 mm，保温炉内通入惰性气体保护。也有些企业在小吨位密封性能良好的有芯感应电炉内进行生产。

熔炼及铸造温度不宜过高，以避免熔体大量吸气，熔炼温度 1160～1180℃，铸造温度为 1140～1160℃。采用铜套或石墨短结晶器，铸造速度及水压根据铸锭规格及铸造方式而定，以表面光滑、无冷隔及裂纹为宜。

37.4.3.2 加工工艺

A 加热

C10200 铸锭的高温力学性能如图 37-25 所示。

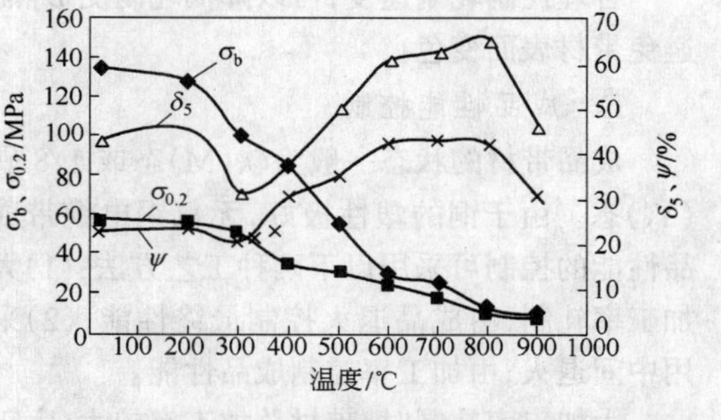

图 37-25 C10200 铸锭高温力学性能
（210 mm×620 mm，立式半连续铸造）

电缆带用铸锭均为大规格、长锭坯，因此铸锭加热一般采用步进式加热炉，出炉料温宜控制在 850～920℃；应保证铸锭温度均匀，各部分的温差小于±5℃；防止过热及过烧。热轧开坯温度不能低于 820℃，终轧温度应保证在 600℃以上。

根据加热炉的加热能力，在保证热透热均的前提下尽量缩短加热时间。

加热气氛宜采用中性或微还原性气氛。通常采用调节空气和燃料的比例、燃烧程度等方法来实现。

B 铣面

由于成品带材薄，材质软，电缆用铜带生产过程中极易产生孔洞缺陷。因此，必须保证带材表面及侧边的铣削质量，应无凸棱、凹坑、漏铣及粘屑等现象。

C 超长薄带的轧制

无氧铜电缆带的冷轧可充分利用铜的塑性，采用大加工率进行轧制。

由于电缆带成品薄、软，且较长，轧制过程存在易断带、板形控制困难、公差不易控制等问题，故电缆带生产要求有较高的设备配置及轧制技术。

为减少或避免断带，可采取以下措施：(1)合理调整道次压下制度，减小道次压下量，采用多道次、小压下量来减小道次轧制力；(2)控制轧制前后张力。(3)采用带有板形仪的精轧机，不但提高轧制生产效率，同时减少断带。

合理控制轧制速度，可以降低轧制变形热，避免带材表面变色。

D 成品性能控制

成品带材的状态一般为软(M)态或1/8硬(Y_8)态。由于铜的塑性极好，无氧铜电缆带成品性能的控制可采用以下两种工艺方法：(1)大加工率轧制，由成品退火控制最终性能；(2)采用中间退火，由加工率控制成品性能。

大加工率轧制时，带材总加工率较大(大于90%)，晶粒破碎充分，再结晶所需要的能量减少，因而降低了再结晶温度，导致抗拉强度和屈服强度同时下降；采用合适的中间退火，减少总加工率，可以减少材料内部组织的加工织构，使材料软化温度降低，在保证材料具有足够抗拉强度的同时，使材料屈服点下降，同时实现组织的均匀性。

带材的软化曲线如图37-26所示。由于带材薄且对表面要求高，一般均采用通过式连续退火方式。典型气垫炉退火工艺如下：0.25 mm×600 mm，Y_8状态，气垫炉，退火温度560℃，退火速度23 m/min。

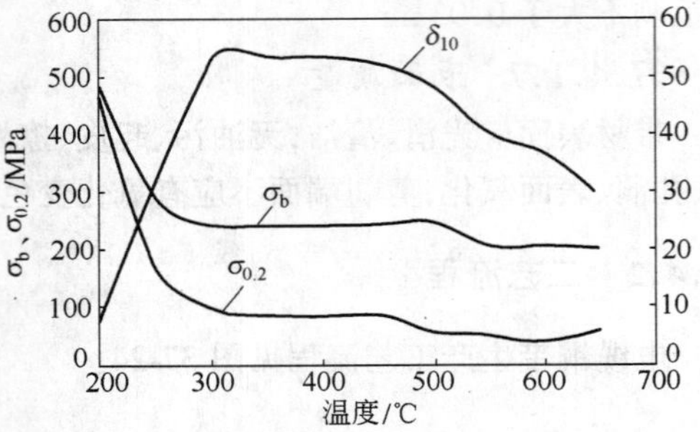

图37-26 C10200带材的软化曲线

E 表面清洗

电缆带应在剪切前进行表面清洗。清洗过程分为脱脂、酸洗、水洗、表面抛光、烘干和钝化。带材的表面清洗可以和退火工艺结合进行，如采用气垫式退火炉，也可单独进行。

(1) 脱脂。通常是通过碱液清除带材表面残留的轧制油。常用的清洗液为多种钠盐与表面湿润剂的混合液，通过清洗液的乳化作用、皂化作用及反凝絮作用达到除去油脂的目的。清洗液浓度一般为0.3%～2.0%，清洗温度为50～70℃。目前国外出现采用高压水、超声波、电解等多种脱脂方式。

(2) 酸洗、抛光。常用的酸洗液浓度为8%～15% H_2SO_4，以洗去带材退火过程中的表面氧化物。酸洗后的带材采用多组不同目数的刷子或研磨辊进行机械刷洗、抛光，以获得光亮表面。目前国外已开始采用有机酸进行酸洗。

(3) 钝化。常用的钝化方法为BTA单一钝化处理。BTA与铜表面生成一种不溶于水的络合物，附着在铜材表面，阻止腐蚀反应的发生，从而达到防止铜带表面变色的目的。钝化液的常用浓度为0.1%～0.5%，使用温度为60～80℃。温度过高或过低都有可能影响钝化效果。由于钝化剂使用前必须完全溶解后进入循环，若未彻底溶解，残存的钝化剂颗粒将会造成带材表面点状缺陷。

37.4.4 主要性能控制技术

电缆带的综合质量要求较高，主要性能要求为：优良的导电性、良好的弯曲成形性、焊接性、尺寸公差的一致性和超长度要求。

37.4.4.1 高纯度控制技术

无氧铜熔体的高纯度控制，一方面，采用精料来进行杂质(如磷、铁、硫等)含量的控制。另一方面，控制熔体的低氧含量，同时应保证氧的均匀分布。电缆带的焊接过程一般采用氩弧焊，以避免高温熔体的氧化，影响焊缝的稳定性，但铜母材自身残留的氧对带材焊接性能产生的影响却难以避免，这可能是国外电缆带均采用高纯无氧铜的原因之一。

除氧、除气的方法是采用全密封的被动型熔体处理技术，国外目前已采用多孔砖吹炼的熔体活化技术，即在熔炼炉或保温炉的炉底耐火层中预埋两块多孔砖，通过多孔砖反应发生气体或将中性气体吹入熔体中。反应气体如CO与铜中的氧反应生成CO_2，能够进一步降低氧含量，达到0.001%以下。

受凝固过程中温度梯度及熔体保护的影响，铸锭同一断面的不同位置、铸锭头尾的氧含量也存在着不均匀分布的情况，解决的办法除进行熔体的密封保护及实现快速同时凝固外，最重要的是应将熔体中的氧含量降低到不受其分布的影响。

同时应控制热加工过程的加热气氛，减少高温下氧的渗入。

37.4.4.2 带材的弯曲与焊接性能的控制

由于电缆用铜带需经弯曲成形后进行焊接，因此要求材料应有一定的强度，保持材料加工制作过程的顺利进行，但同时又要求尽量降低材料的屈服强度，以便易于旋压成形、保证焊缝结合的牢固性，避免卷取时焊缝的开裂。

焊接性能是带材性能的综合反应，铜材的各项指标均可能影响到材料的焊接性能，如氧含量、力学性能、板形、毛刺、公差一致性、表面质量等，均会影响焊接的稳定性和焊缝的严密性。

37.4.4.3 超长度带材的生产技术

电缆带成品软、薄、窄，轧制过程易断带，造成长度不够，因此超长度要求的软薄无氧铜带的轧制技术应在高精度轧机上进行，而且应从热轧开始就严格控制好板形和厚度公差。

37.5 锡磷青铜带

锡磷青铜是含锡、磷的弹性铜合金材料。锡在铜中起固溶强化作用，含量不超过10%；磷在合金中作为脱氧剂，含量不超过0.45%。锡磷青铜具有高的强度、优良的弹性、耐蚀、耐磨、抗磁、易钎焊、电镀及良好的冷加工性能，被广泛地应用于各类接插件、连接器、继电器、端子、触点、膜片和弹簧等元器件，是目前应用最广泛的弹性铜合金材料。

37.5.1 产品技术要求

37.5.1.1 化学成分

锡磷青铜化学成分的要求见表37-28。

表 37-28 锡磷青铜板带合金牌号及化学成分

合金牌号	化学成分/%									
	元 素	Sn	Al	Zn	Fe	Pb	Ni	As	P	Cu	杂质总和
QSn1.5-0.2	最小值	1.0							0.03	余量	
	最大值	1.7		0.3	0.1	0.05	0.2		0.05		
QSn4-0.3（板、带）	最小值	3.5							0.03	余量	
	最大值	4.9		0.3	0.01	0.05	0.2	0.002	0.05		
QSn4-3（板、带）	最小值	3.5		2.7						余量	
	最大值	4.5	0.002	3.3	0.05	0.02	0.2		0.03		0.2
QSn4-4-2.5（带）	最小值	3.0		3.0		1.5				余量	
	最大值	5.0	0.002	5.0	0.05	3.5	0.2		0.03		0.2

续表 37-28

合金牌号	化学成分/%										
	元素	Sn	Al	Zn	Fe	Pb	Ni	As	P	Cu	杂质总和
QSn4-4-4（带）	最小值	3.0		3.0		3.5				余量	
	最大值	5.0	0.002	5.0	0.05	4.5	0.2		0.03		0.2
QSn6.5-0.1（板、带）	最小值	6.0							0.10	余量	
	最大值	7.0	0.002	0.3	0.05	0.02	0.2		0.25		0.1
QSn6.5-0.4（板、带）	最小值	6.0							0.26	余量	
	最大值	7.0	0.002	0.3	0.02	0.02	0.2		0.40		0.1
QSn7-0.2（板、带）	最小值	6.0							0.10	余量	
	最大值	8.0	0.01	0.3	0.05	0.02	0.2		0.25		0.15
QSn8-0.3	最小值	7.0							0.03	余量	
	最大值	9.0		0.2	0.1	0.05	0.2		0.35		

注：1. 杂质砷、铋和锑可不分析，但供方必须保证不大于界限值；

2. Cu＋所列元素总和≥99.5%；

3. 杂质镍计入铜含量中；

4. 抗磁用的锡青铜，铁含量不大于0.020%。

37.5.1.2 力学性能

锡磷青铜带的力学性能要求见表37-29。

37.5.1.3 规格及尺寸允许偏差

锡磷青铜板带材厚度偏差要求见表37-30。

表 37-29 锡青铜带力学性能的要求

牌号	状态	拉伸试验			硬度试验		
		厚度/mm	抗拉强度/MPa	伸长率/%	厚度/mm	维氏硬度 HV	洛氏硬度 HRB
				不小于			
QSn6.5-0.1	M	0.15	290	40	0.2		
	Y_4		390～510	35		100～160	
	Y_2		440～570	10		150～205	
	Y		540～690	8		180～230	
	T		640	5		200	
QSn7-0.2 QSn6.5-0.4	M	0.15	295	40			
	Y		540～690	8			
	T		665	2			
QSn4-3 QSn4-0.3	M	0.15	290	40			
	Y		540～690	3			
	T		635	2			
QSn4-4-2.5	M	0.8	290	35	0.8		
	Y_3		390～490	10			65～85
QSn4-4-4	Y_2	＞1.0	420～510	9	＞1.0		70～90
	Y		490	5			

表 37-30 锡磷青铜带材厚度尺寸要求

厚度/mm	宽度/mm								
	≤400			>400～700			>700～1000		
	厚度允许偏差(±)/mm								
	普通级	较高级	高 级	普通级	较高级	高 级	普通级	较高级	高 级
0.2～0.3	0.030	0.025	0.015						
>0.3～0.4	0.035	0.030	0.020						
>0.4～0.5	0.040	0.035	0.025	0.060	0.050	0.045			
>0.5～0.8	0.050	0.040	0.030	0.070	0.060	0.050			
>0.8～1.2	0.060	0.050	0.040	0.080	0.070	0.060	0.150	0.120	0.080
>1.2～2.0	0.090	0.070	0.050	0.110	0.090	0.080	0.200	0.150	0.100
>2.0～3.2	0.110	0.090	0.060	0.140	0.120	0.100	0.250	0.200	0.150
>3.2～5.0	0.130	0.110	0.080	0.180	0.150	0.120	0.300	0.250	0.200
>5.0～8.0	0.150	0.130	0.100	0.200	0.180	0.150	0.350	0.300	0.250
>8.0～12.0	0.180	0.150	0.120	0.220	0.200	0.180	0.450	0.400	0.300

注:需方只要求单向偏差时,其值为表中数值的 2 倍。

37.5.2 工艺流程

20 世纪 80 年代前,锡磷青铜带生产常采用传统的铁模铸坯-冷轧的生产工艺,生产周期长,效率低,且卷重小,成材率低;也有生产厂家采用半连续铸锭-热轧开坯的方式,但由于锡磷青铜存在中温脆性区,热轧时开裂现象严重,成材率较低,影响了这种生产工艺的推广应用。

典型的半连续铸锭—热轧开坯工艺流程如下:

配料→有芯炉熔化、木炭覆盖(1240～1300℃)→立式半连续铸造(1180～1240℃、5～5.5 m/h、140 mm×640 mm)→铣面 3～5 mm→加热(均匀化退火 620～650℃、3～4h)→热轧至 12 mm→铣面(0.3～0.5 mm)→冷初轧至 5.5 mm→退火、中轧至 1.2 mm→剪切→退火→预精轧至 0.55 mm→退火→精轧(0.23 mm×200 mm)→剪切、精整→包装、入库

目前,国内外已普遍采用水平连续铸造带坯—冷轧工艺方式生产锡磷青铜板带。典型的水平连续铸造带坯—冷轧工艺流程如下:

配料→熔炼(1240～1260℃)→保温(1170～1190℃)→水平连续铸造(14～16 mm×320～650 mm、170～180 mm/min)→铣面(双面铣去 1.5 mm)→卷取→均匀化退火(640～690℃)→冷轧开坯(5.8～2.4 mm)→再结晶退火(500～560℃)→(清洗)→中轧(1.75～0.8 mm)→再结晶退火(470～520℃)→(清洗)→精轧(0.25 mm)→低温退火(210～250℃)→表面清洗→平整(拉弯矫处理)→分剪→包装→入库

37.5.3 主要工序及工艺参数

37.5.3.1 水平连续铸造

根据 Cu-Sn 二元相图可知,锡磷青铜合金材料的结晶温度范围较宽(约 150～160℃),且在凝固过程中合金元素的扩散速度慢,易产生严重的枝晶偏析;同时材料在凝固过程中,线收缩率和体积收缩率都较小,枝晶补缩困难,易形成分散的缩孔,宏观上形成疏松。

锡磷青铜在凝固过程中易产生锡含量外高内低的"反偏析"现象,即铸锭表层至中心层 Sn 含量逐渐降低,严重时铸锭表面可见灰白色析出物。Sn 含量的"反偏析"以富 Sn 低熔点组分形式存在,主要由 $Cu_{31}Sn_8$(δ 相、性硬脆)、Cu_3P 和 SnO_2 等共同组成,其 Sn 含量约 15%～18%,常温下硬、脆,易开裂。

生产锡磷青铜的主要原料有阴极铜、锡锭、

磷－铜中间合金及相应的铜废料等，所选用的阴极铜、锡锭、磷－铜中间合金应符合相应的国家标准，应注意防止其中的As、Sb、Bi、Pb及S等有害元素超标对产品生产和客户使用产生的不利影响。对于铜废料，特别是从废料市场上采购的废料，除了注意上述的有害元素外，还应注意其他牌号产品废料混入所产生的影响，例如易切削铜合金(常含有Pb)、黄铜(含有Zn)及硅－锰青铜等。

锡磷青铜的熔炼和保温通常采用低频有芯感应电炉。在熔炼和铸造过程中，应注意对熔液的保护，加强液面的覆盖。通常采用干燥的木炭或米糠覆盖。锡磷青铜的熔炼温度约为1180～1250℃，铸造温度约为1140～1180℃。

低频有芯感应熔炼炉和保温炉的筑炉材料有石英砂，也称硅砂。其主要成分为SiO_2，含量应大于98%，可能含有少量的Fe_2O_3(小于0.8%)、Al_2O_3(小于0.25%)及水分(小于0.5%)，并采用硼砂($Na_2B_4O_7 \cdot 10H_2O$)及硅酸钠(也称水玻璃)作为黏合剂。但由于石英砂属酸性耐火材料，其中主要成分SiO_2与合金成分中的磷在高温下会发生反应，炉衬侵蚀严重，并生成磷酸硅瘤块堵塞熔沟。在实际使用中，炉龄较短。近年来，在锡磷青铜生产中正逐步推广使用中性筑炉材料，此类以Al_2O_3为主要成分的高铝质耐火材料，通过浇注料整体筑炉技术，可大幅度提高锡磷青铜熔炼炉炉衬的使用寿命，时间长达1～2年。

通过水平连铸方式，QSn6.5-0.1锡磷青铜带坯组织的表层为细小的等轴晶，内层为大小不等的柱状晶。通常情况下，“拉—停”式水平连铸的结晶过程中存在“停”时形成的一次结晶区与“拉”后金属熔体在空出的结晶器壁上出现的新的二次结晶区，二者之间会形成一界面区，且易形成金属氧化物、夹杂、富Sn低熔点组分的集中区，外观上表现为铸坯表面的横向“结晶纹路”。在生产实践中，这种横向的“结晶纹路”是连铸结晶过程和铸坯质量的重要反映：良好的铸造“结晶纹路”应呈均匀扁平状，中间与边缘的高度差(液穴深度)不大，且表面色泽与其他部分差异很小；如果铸造“结晶纹路”呈深凹形，液穴深度大于100 mm，且表面色泽与其他部分差异明显，特别是表面出现灰白色析出物，表明铸造偏析很大，后续冷轧时容易形成边缘周期性裂口；当铸造“结晶纹路”呈明显不对称时，表明结晶器的冷却效果不均匀，同样会形成较严重的铸造偏析，往往在纹路超前的一侧会出现灰白色析出物，最终形成开裂源。

改进后的水平连铸采用“退—拉—停—退—拉—停”的程序，增加一个反推过程，能有效地提高铸坯的表面质量，获得均匀平滑的铸坯表面，同时消除表面裂纹，减少组织反偏析倾向。水平连铸的工艺主要包括水平连铸机的拉铸程序(退—拉—停的节奏)、铸造用结晶器的水冷控制和调整、连铸带坯出口温度等工艺参数。水平连铸的程序通常为：反推0～2 mm，拉出10～15 mm，停止1～3 s，再反推0～2 mm。连铸带坯出口温度一般控制在320～380℃左右。

由于水平连铸结晶器上、下表面冷却条件不同，因而容易导致上下组织和性能差异，枝晶偏析或比重偏析严重的合金更是如此。最近国外已开发研究青铜的立弯连铸技术，先是将铸造带坯垂直连续下引，然后逐渐弯曲成水平带坯的方式，以解决水平连铸方式容易发生的上下铸造结晶不一致的问题。

37.5.3.2　连铸带坯的铣面

锡磷青铜水平连铸带坯需经铣面，铣面的深度每面约0.5～1.0 mm。维持一定的铣削深度，不仅要保证将铸坯表面氧化皮铣去，而且希望能更多地铣去铸坯表层的偏析瘤等各类铸造缺陷，确保铣后坯料的表面质量。具体的铣削深度还与铸坯的板形有关，不良的板形(例如：横向拱起的铸坯板形)需要更大的铣削量才能保证表面氧化皮和表层缺陷被完全去除。为了保证后续轧制的正常进行，应严格控制铣面后的带坯尺寸偏差，其中带坯的横向厚度偏差应不大于0.10 mm，纵向厚度偏差应不大于0.10 mm。铣削后的带坯表面应光滑，不能留有影响后续加工的刀痕。

37.5.3.3　锡磷青铜连铸带坯的均匀化退火

适宜的均匀化退火可以消除水平连铸坯存

在的严重枝晶偏析，有效改善铸坯的组织状况，提高后续大加工率冷轧的适应性。均匀化退火温度650～700℃、保温7～9 h。过高的退火温度可能出现新的显微组织疏松以及带坯的粘接，这类粘接更多地产生于带坯的边缘“富锡区”，致使后续冷轧开卷困难和产生带坯表面缺陷；过低的退火温度则无法完全消除铸坯的枝晶偏析。长期以来，人们一直以为采用水平连铸坯“高温、长时间”的均匀化退火工艺，可以使铸坯组织内的δ相和Cu_3P等通过扩散而消失，从而提高其塑性，但大量的生产实践表明，由于合金元素的扩散速度很慢，对于明显的区域性偏析，利用现行的退火工艺，完全消除这种“反偏析”是很困难的。因此，运用合理的连铸工艺，尽可能减小偏析，特别是防止严重的区域性反偏析的出现，并配合合理的均匀化退火工艺才是可行的途径。

另一种处理锡磷青铜水平连铸带坯严重枝晶偏析的方法，是通过对铸造带坯进行小加工率预轧制（表面碾压）破碎粗大的柱状晶粒，然后进行退火，可以得到均匀、细小的再结晶组织。

在水平连铸带坯生产中，采用在线铣面或离线铣面以及先铣面后进行均匀化退火或相反工序的问题，主要从以下几个方面考虑并选择确定：生产线的规模，即对于只有单条水平连铸机的车间安排在线铣面方式可以节省设备投资，生产组织比较简单；而两条以上的水平连铸机，采用独立的铣面机组是合理的，可以提高生产设备的利用率，生产组织也比较灵活，有利于铣面质量的控制；采用离线独立铣面方式，为均匀化退火及铣面工序的先后程序安排提供了灵活性，从质量控制角度看，先均匀化退火后铣面更好一些，铸坯表面的氧化层可以减缓退火时的“粘结”，铣面后直接进行冷轧，可以减少带坯的工序损伤。

图37-27为锡磷青铜水平连铸机的设备布置示意图。

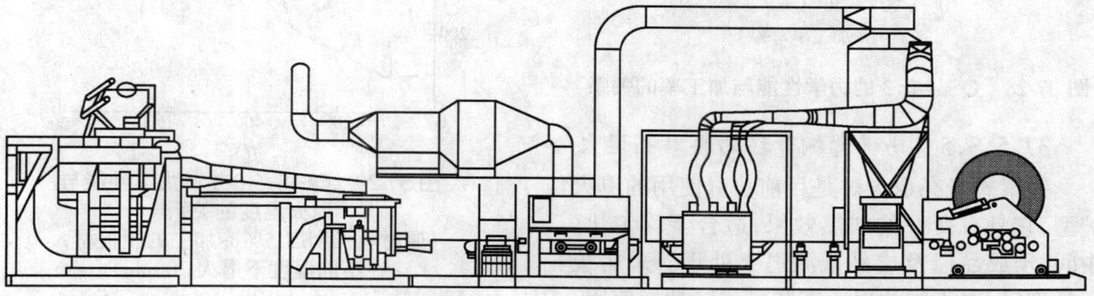

图37-27　带坯水平连铸生产线简图

37.5.3.4　连铸带坯的冷开坯

锡磷青铜具有良好的冷加工性能，冷轧的加工率可达60%～80%。特别是20世纪80年代后，国内锡磷青铜生产厂家大量引进国外先进水平连铸机组和冷轧机组，普遍采用大加工率的开坯工艺，14.0～16.0 mm厚的连铸带坯（经铣面和均匀化退火）可直接轧制到4.0～6.0 mm，最好的可直接轧制到2.4～2.7 mm左右。

水平连铸供坯生产锡青铜带方式还有另外两种加工工艺的技术报道，其一是某法国公司在连铸、铣面后紧接着在线均匀化退火，冷轧从16 mm轧到2.7 mm，卷取后再进行后续工序。其二是俄罗斯公司采用的工艺，连铸带坯在卷取前经摆式轧机轧到1～2 mm（加工率为90%～95%），卷取后再进行后续工序。

锡磷青铜水平连铸带坯在轧制中遇到的主要质量问题是各种形式的轧制开裂，包括带材边部开裂和中间开裂。防止带坯轧制开裂，除了需要铸造质量较好的水平连铸带坯外，轧机的技术参数及轧制卷取方式也是重要的。冷轧机（特别是冷初轧）的轧机类型（二辊、四辊及其他形式）、轧辊辊径及总轧制力、轧制速度等技术参数选择直接影响到水平连铸带坯轧制的生产效率和工艺质量。轧机的卷取形式和卷筒直径是影响带坯轧制正常进行的主要因素，理论分析和实际生产证明，对于锡磷青铜水平连铸带坯轧制，采用大辊径的轧机和卷筒直径1.5～2.0 m的直接张力卷取机(即“大鼓轮”)，可以避免或减小带坯轧制过程中发生带材边部开裂和中间开裂的可能性或程度。

典型锡磷青铜的硬化曲线见图 37-28，这是设计冷加工率、校核轧制力、控制制品性能的依据之一。其他硬化曲线图分别见图 7-8、图 7-10、图 7-12、图 7-21 等。

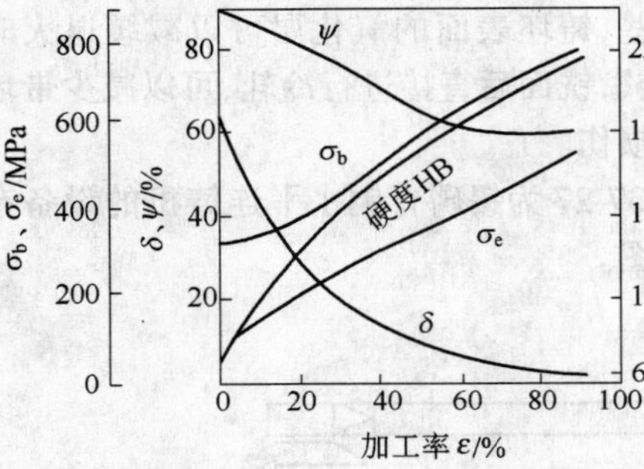

图 37-28 QSn4-0.3 的力学性能与加工率的关系

37.5.3.5 锡磷青铜带坯的再结晶退火

钟罩式光亮退火炉是目前普遍使用的退火炉型，它具有良好的加热效果，适合于均匀化、中间、预成品以及成品低温退火处理。采用统一的型号，对不同的退火工艺可相互替换使用。保护性气体的混合器可使氮气和氢气混合在一起，达到露点 −70℃。由于炉子的密封性能好，始终能使带材表面保持良好的光亮度。借助于安置在炉底的强对流气体循环风扇以及已编好程序的温度控制装置，在设定的退火工艺条件下，可保证带材的性能均一。

锡磷青铜带在可控气氛的钟罩式退火炉内进行再结晶退火，其优点是退火后能保持一定的表面光亮度，退火成本低，设备投资相对较小。其缺点是对于卷重较大、厚度较薄的带卷容易发生粘结。成卷带材在加热时会发生膨胀，卷内金属更趋绷紧，由于高温和高压的作用，一层金属可能焊合在下一层金属上，造成退火后的带卷无法打开，或者即使强行打开，也会在带材表面留下疤痕而造成报废。同时，钟罩式光亮退火炉的退火过程比较长，一般需要16～20 h才能完成一个退火过程。

目前，单张连续退火的方式正越来越多地运用于锡磷青铜薄带的再结晶退火。单张连续退火可有效地避免退火过程中的铜带粘结，同时连续式退火炉一般都带有带材的脱脂、酸洗、磨面及成品的钝化处理装置，因此退火处理后铜带的表面质量明显提高并满足不同用户的要求。

部分锡磷青铜退火工艺对材料性能的影响见图 37-29～图 37-33 及图 7-7、图 7-9、图 7-11、图 7-13、图 7-20 等。软化曲线是设计退火工艺、控制制品组织和性能的主要依据之一。

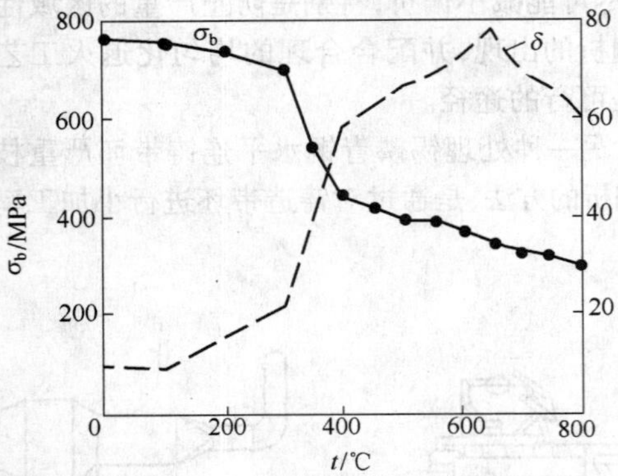

图 37-29 QSn6.5-0.1 的力学性能与退火温度的关系
(原材料：经 62.5%冷加工的硬板材，在不同温度下退火 30 min)

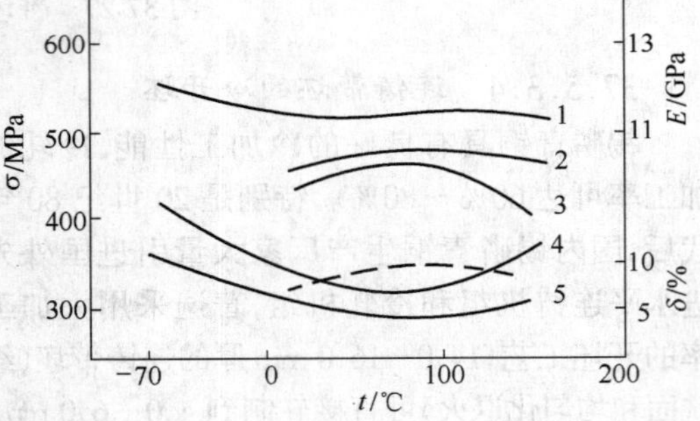

图 37-30 QSn6.5-0.1 的力学性能与退火温度的关系
(原材料：厚 0.0085～0.12 mm 带材，退火状态)
1—弯曲弹性模量 E；2—抗拉强度 σ_b；3—屈服强度 $\sigma_{0.2}$；4—弯曲弹性极限 $\sigma_{e0.01}$；5—弯曲弹性极限 $\sigma_{e0.005}$

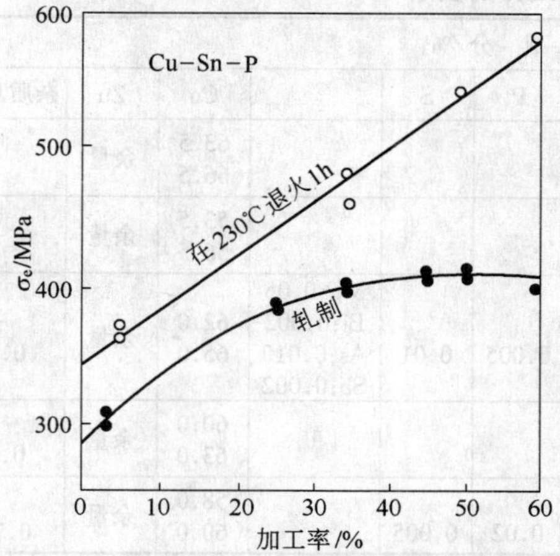

图 37-31 加工率与低温退火对 QSn7-0.2 弹性极限的影响

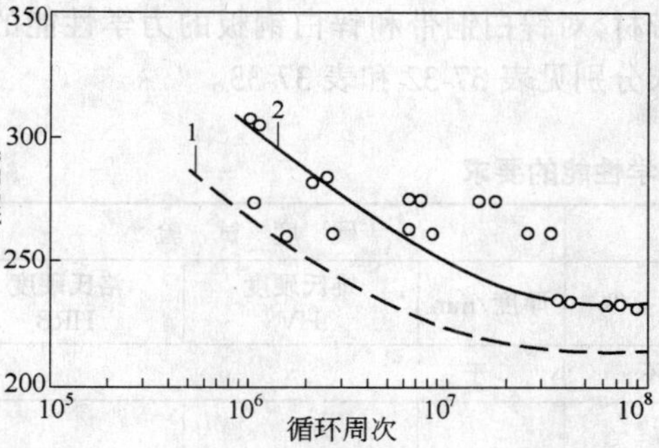

图 37-32 加工率与低温退火对 QSn7-0.2 疲劳强度的影响（原材料：Cu-8%Sn-0.1%P；0.508 mm 的条材）

1—加工率 60%；2—冷轧后经 250℃ 低温退火 100 h

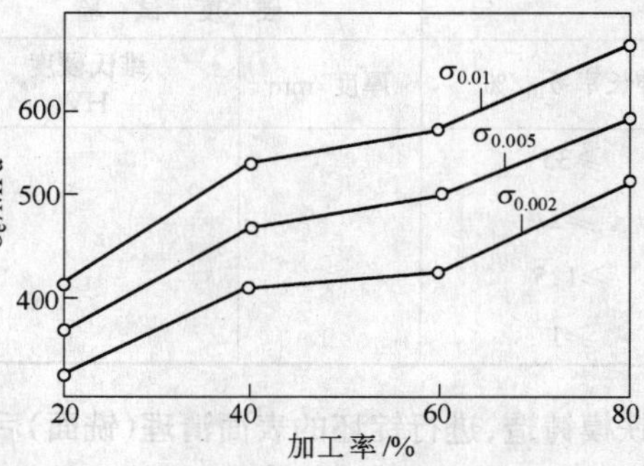

图 37-33 QSn6.5-0.1 的弹性极限与加工率的关系

37.5.3.6 表面清洗和钝化防锈处理

锡磷青铜带脱脂可以采用碱液（P3-T7221 脱脂剂），酸洗常用 5%～10% 的硫酸，钝化剂通常采用苯丙三氮唑（简称 B.T.A）或 B.T.A 的复合配方，以提高其钝化防锈效果。

37.5.3.7 带材的低温退火

锡磷青铜带材成品应进行低温退火，以消除内应力。在加工硬化过程中，材料的残余内应力并非十分均匀一致，多少会存在一定的差异，其结果是导致材料在随后的成形（冲压等）过程中回弹量不同。为了消除材料残余应力，需要将材料加热至再结晶温度以下，通常在 200～250℃ 之间，保温 1.0～2.0 h。这种低温热处理也可使材料的其他性能发生一定的变化，例如可进一步改善锡磷青铜加工材的强度、塑性、弹性极限和弹性模量等技术指标，低温处理还能增加锡磷青铜的弹性稳定性。锡磷青铜带的延伸率会有一定的提高，而抗拉强度稍有降低，这种变化对难成形零件的加工成形是有利的。

37.6 锌白铜带

锌白铜是铜-镍-锌三元合金。作为一种常用的结构白铜，具有良好的耐蚀性，优良的力学性能、压力加工性能和焊接性能。锌白铜广泛用于精密仪器、医疗器械和通讯工程等各种零件制造；也可用来制造弹性元件、餐具和其他日用品等。含铅的锌白铜切削性能很好，可用于制作钟表和各类仪表的精密零件。白铜不仅是很好的结构材料，还是重要的功能材料。锌白铜可作为电阻材料、热电偶材料和电磁屏蔽材料等。

37.6.1 产品技术要求

37.6.1.1 锌白铜板带化学成分

国家标准 GB/T 5231—2001《加工铜及铜合金化学成分和产品形状》对锌白铜化学成分的要求见表 37-31。

表 37-31 锌白铜带化学成分的要求

合金牌号	化学成分/%										
	元素	Ni+Co	Fe	Mn	Pb	Si	P	S		Cu	Zu	杂质总和
BZn18-18	最小值	16.5								63.5	余量	
	最大值	19.5	0.25	0.50	0.05					66.5		
BZn18-26	最小值	16.5								53.5	余量	
	最大值	19.5	0.25	0.50	0.05					56.5		
BZn15-20	最小值	13.5							Mg:0.05 Bi:0.002	62.0	余量	
	最大值	16.5	0.50	0.30	0.02	0.15	0.005	0.01	As:0.010 Sb:0.002	65.0		0.9
BZn15-21-1.8	最小值	14.0			1.50					60.0	余量	
	最大值	16.0	0.30	0.50	2.00	0.15				63.0		0.9
BZn15-24-1.5	最小值	12.5		0.05	1.40					58.0	余量	
	最大值	15.5	0.25	0.50	1.70		0.02	0.005		60.0		0.75

注:1. 杂质砷、铋和锑可不分析,但供方必须保证不大于界限值;

2. Cu+所列元素总和≥99.5%。

37.6.1.2 锌白铜带的力学性能

国家标准 GB/T 2059—2000《铜及铜合金带材》对锌白铜带和锌白铜板的力学性能的要求分别见表 37-32 和表 37-33。

表 37-32 锌白铜带力学性能的要求

合金牌号	状态	拉伸试验			硬度试验		
		厚度/mm	抗拉强度 σ_b/MPa	伸长率 δ_{10}/%	厚度/mm	维氏硬度 HV	洛氏硬度 HRB
			不小于				
BZn15-20	M	0.30	340	35			
	Y_2		440~570	5			
	Y		540~690	1.5			
	T		640	1			

表 37-33 锌白铜板力学性能的要求

合金牌号	状 态	拉伸试验			硬度试验	
		厚度/mm	抗拉强度 σ_b/MPa	伸长率 δ_{10}/%	厚度/mm	维氏硬度 HV
BZn15-20	M	0.5~10	≥340	≥35		
	Y_2		440~570	≥5		
	Y		540~690	≥1.5		
	T		≥640	≥1		

37.6.2 工艺流程

37.6.2.1 半连续铸造/铁模铸造—热轧方式

传统的锌白铜生产方式是采用半连续铸造或铁模铸造,进行锭坯的表面清理(铣面)后,送入加热炉加热,然后进行热轧,热轧后的带坯在进行表面清洗/清刷后即转入冷轧。

采用半连续铸造/铁模铸造—热轧的技术难点是锌白铜材料存在“中温脆性区”,即在热轧时容易发生边部开裂。热轧的开裂主要发生在350~650℃的中温范围，带坯的边部区域开始出现表面裂纹，边部裂纹的宽度由锭坯的浇口端至锭底逐步增宽。这种热轧开裂现象实质是"中温晶界脆裂"，主要与材料的晶界结构本身固有缺陷和存在于晶界偏聚物或沉积物有关。脆化的特点：一是沿晶界断裂，二是断口呈韧窝状延性裂纹。脆化的机制可归纳为三类：

(1) 液相脆化。主要是Pb、Bi类杂质与铜形成低熔点共晶体，在中温范围内以液相分布于晶界而显示脆化。

(2) 固相脆化。在中温范围内，由于固态脆性单质元素或化合物偏聚晶界所产生的脆性。锌白铜中随着Ni、Zn含量的增加，塑性下降，断口由穿晶变为沿晶界，就与Ni、Zn相关的枝晶偏析或晶界偏聚有关。

(3) 微孔或微裂脆化。由于晶界存在微小孔洞或裂纹导致的脆化。

减少热轧中温边部开裂的主要措施：一是注重提高铸锭的质量，严格控制合金成分和杂质含量在规定的范围内，调节和控制好铸造工艺参数，适当提高熔体铸造温度，控制结晶器冷却强度和熔体凝固速度，防止"疏松"、"孔洞"或"微裂纹"等的大面积形成。二是控制热加工工艺条件，避开"中温脆性区"，严格控制热轧温度范围（900～700℃，特别是终轧温度不小于700℃），见图37-34。

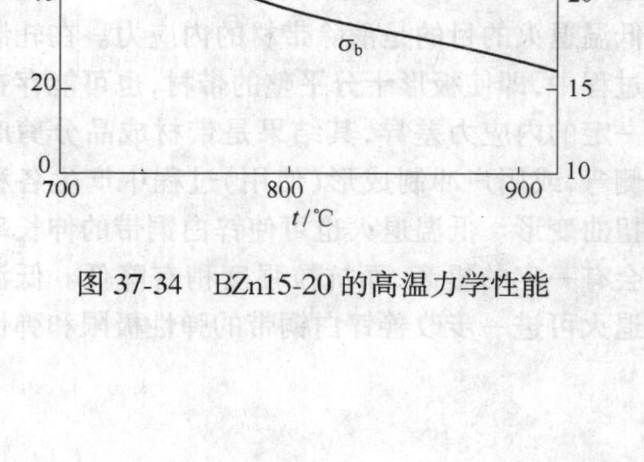

图37-34 BZn15-20的高温力学性能

半连续铸造/铁模铸造—热轧方式主要生产工艺流程为：

配料→熔炼→保温→半连续铸造→铣面→加热→热轧→卷取→表面清洗→初轧→再结晶退火→(清洗)→中轧→再结晶退火→(清洗)→精轧→退火/表面清洗→分剪→包装→入库

37.6.2.2 采用水平连铸—冷轧方式

根据锌白铜合金材料的冷加工性能优良，加之锌白铜材料价格贵而市场需求量较小（相对于紫铜、黄铜和青铜）的特点，也可采用水平连铸—冷轧方式生产。水平连铸—冷轧方式主要生产工艺流程为：

配料→熔炼→保温→水平连续铸造→铣面→卷取→冷轧开坯→再结晶退火→(清洗)→中轧→再结晶退火→(清洗)→精轧→表面清洗→平整(拉弯矫处理)→分剪→包装→入库

37.6.3 主要工序及工艺参数

37.6.3.1 锌白铜带坯铸造

生产锌白铜的主要原料有阴极铜、电解镍板、锌锭及相应的铜合金废料等，所选用的阴极铜、电解镍板、锌锭应符合相应的国家标准，应注意防止其中的As、Sb、Bi、Pb及S等有害元素超标对产品生产和客户使用产生的不利影响。对于铜废料，特别是从废料市场上采购的废料，除了注意上述的有害元素外，还应注意其他牌号产品废料的混入而产生的影响，例如易切削铜合金（常含有Pb）等。

锌白铜的熔炼和保温通常采用低频有芯感应电炉。在熔炼和铸造过程中，应注意对熔液的保护，加强液面的覆盖。锌白铜的熔炼和保温通常采用干燥的木炭。锌白铜的熔炼温度约为1280～1350℃，铸造温度约为1230～1280℃。

低频有芯感应熔炼炉和保温炉的筑炉材料为石英砂，也称硅砂。其主要成分为SiO_2，含量应大于98%。可能含有少量的Fe_2O_3（小于0.8%）、Al_2O_3（小于0.25%）及水分（小于0.5%），并采用硼砂（$Na_2B_4O_7\cdot10H_2O$）及硅酸钠（也称水玻璃，）作为黏合剂；筑打混合料，主要成分为：Al_2O_3、SiO_2、SiC、TiO_2、Fe_2O_3、CaO、

MgO及$Na_2O+K_2O+LiO_2$等,并根据炉体和炉底的不同需要,其成分含量和比例也有所调整。

锌白铜在结晶时的固—液温度区间较大,加之原子间相互扩散能力较差,合金在凝固结晶过程中易形成Ni、Zn等单质或化合物的枝晶偏析或晶界偏聚,并成为固相脆化的潜在起因。正常的锌白铜铜带坯的表层为细小的等轴晶,内层为大小不等的柱状晶。与锡磷青铜水平连铸的工艺相比较,锌白铜的拉铸温度更高;由于锌白铜材料的导热性较青铜差,一般拉铸速度更慢,结晶器需要较大的冷却强度;同时,其石墨结晶器的使用寿命也较短。锌白铜水平连铸带坯需经铣面,才能进行后续的冷轧。铣面的深度每面约0.5~1.0 mm。不仅要保证将铸坯表面氧化皮铣去,而且希望能更多地铣去铸坯表层的各类铸造缺陷,确保铣后坯料的表面质量。具体的铣削深度还与铸坯的板形有关,不良的板形需要更大的铣削量,为了保证后续轧制的正常进行,应严格控制铣面后的带坯尺寸偏差,其中带坯的横向厚度偏差应不大于0.10 mm,纵向厚度偏差应不大于0.10 mm。铣削后的带坯表面应光滑,不能留有影响后续加工的刀痕。

37.6.3.2 锌白铜板带的冷轧

锌白铜具有良好的冷加工性能,冷轧的加工率可达80%以上。但锌白铜板带的强度较高,加工时轧制负荷大,从某种程度上讲,材料的道次加工率取决于轧机的能力。锌白铜带坯在轧制中遇到的主要质量问题是各种形式的边部开裂和中间开裂。防止轧制开裂,除了需要较好的带坯铸造质量外,轧机的性能及轧制卷取方式等也是重要的影响因素。

37.6.3.3 锌白铜板带的再结晶退火

锌白铜带可在带保护气氛的钟罩式退火炉内进行再结晶退火,其退火温度约600~700℃,较紫、黄铜的退火温度高。采用钟罩式退火炉退火,其优点是退火后能保持一定的表面光亮度,设备投资相对较小,退火成本低,比较适合于厚带材的再结晶退火;其缺点是退火时容易发生带卷的粘结和表面的脱锌,同时,钟罩式光亮退火炉的退火过程比较长,一般需要18~20 h才能完成一个退火过程。

此外,还可以采用单张连续退火方式进行锌白铜板带的再结晶退火。单张连续退火可有效地避免钟罩式退火的缺点,特别是防止薄带的退火粘结。同时单张连续式退火炉一般都带有带材的脱脂、酸洗及成品的钝化防锈处理装置,能使处理后铜带的表面质量得到明显的提高并满足不同用户的要求。

图37-35为BZn15-20的再结晶图,其他相关内容可查图8-11、图8-12、图8-13等。

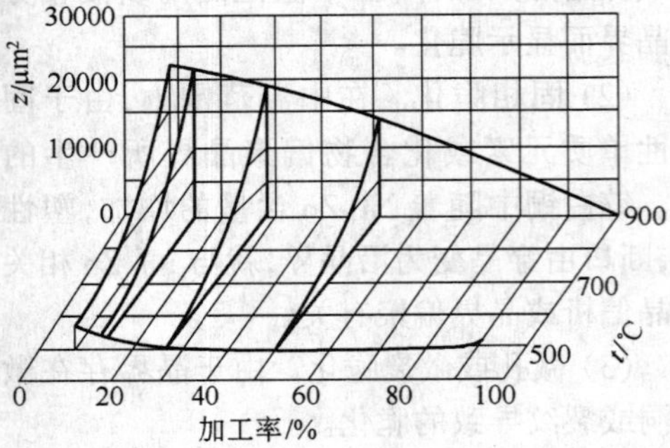

图37-35 BZn15-20的再结晶图

37.6.3.4 锌白铜带材的表面清洗

锌白铜带脱脂可以采用各种非腐蚀性的脱脂碱液,如P3-T7221试剂。锌白铜带酸洗可用10%~15%的稀硫酸,但表面严重氧化的锌白铜带,酸洗时需要在酸液中添加1%~5%的硝酸或其他强氧化剂。这是因为锌白铜合金中含有Ni元素,使锌白铜的氧化层显得十分致密,需要用硝酸等来提高酸洗效果。当然在使用硝酸或其他强氧化剂时需要认真解决好酸雾及废酸的环保问题。钝化剂通常采用苯丙三氮唑(简称B.T.A)或B.T.A的复合配方,以提高其钝化效果。

37.6.3.5 锌白铜带材的低温退火

轧制后的锌白铜带材需要进行低温退火,通常在200~250℃之间,保温3.0~4.0 h,进行低温退火的目的是消除带材的内应力。在轧制过程中,即使板形十分平整的带材,也可能存在一定的内应力差异,其结果是带材成品分剪时侧弯,或用户冲制成形(使用)过程中产生各种扭曲变形。低温退火也可使锌白铜带的伸长率会有一定的提高,而抗拉强度稍有降低。低温退火可进一步改善锌白铜带的弹性极限和弹性模量等技术指标，低温退火还能增加锌白铜的弹性稳定性。

37.7 引线框架铜带

引线框架铜带是指在半导体（集成）电路中起支撑作用的铜带。它既是芯片的载体，又是连接外部电路的引线，是实现半导体器件功能的关键结构件（如图37-36所示）。其主要功能为：支撑芯片、散失热量、连接外部电路、功率分配及环境保护。

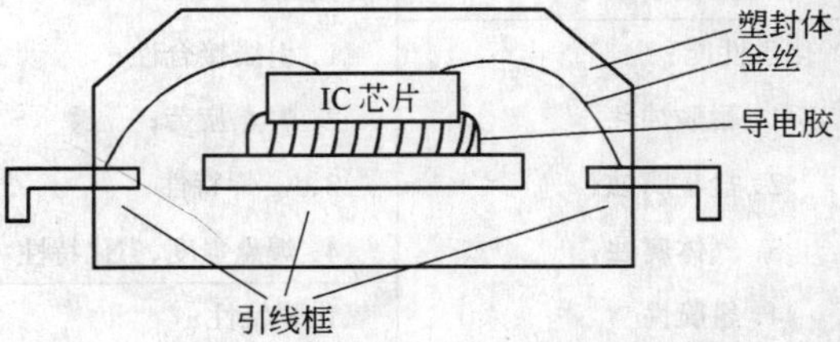

图37-36 半导体（集成电路）器件示意图

引线框架铜带，按其使用方向可分为分立器件用和集成电路（IC）用铜带，其冲制的框架形态分别如图37-37和图37-38所示；按其断面形状可分为异型带和平带；按其性能特点可分为高导电型（如KFC）、中强中导型（如C194）、高强中导型（如C195、KLF-1）和高强高导型（如OMCL-1）等（如表37-34所示）；按其强化机理可分为固溶强化型、时效强化型等；按其添加元素则可以分为Cu-P、Cu-Fe-P、Cu-Ni-Si、Cu-Cr-Zr、Cu-Ni-Sn、Cu-Co-P、Cu-Ni-P合金等。

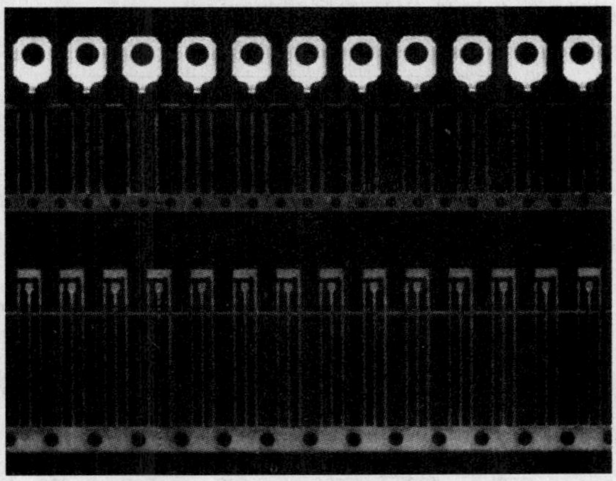

图37-37 接插件的代表产品

图37-38 IC框架的代表产品

表37-34 四种类型的引线框架铜带性能及典型合金牌号

类 型	导电率/%IACS	抗拉强度/MPa	典型合金牌号
高导电型	≥80	300～500	KFC、KLF2、TAMAC2、TAMAC4、SLF1、SLF10、SLF11、EFTEC3、EFTEC6、EFTEC7、DK1、DK2
		500～600	C197、OMCL-1、NK240、DK10、KFC-SH、SLF3
中导电、中强度型	60～79	300～550	C194、EFTEC4、DK2、DK3、DK4
		550～650	C194EX；C195、KLF194SHT、EFTEC164T、ML21、DFK21、PMC102
低导电、中强度型	40～59	500～600	C195、KLF-1、KLF-4、TAMAC5、ML-23、NB105
	30～39		KLF5、MF02、HF202、XK202、EFTEC8、DK7、KLF52
高强度型	25～59	≥600	KLF125、C7025、SLF7、MF224、DK5、NK164、TAMAC750、EFTEC232

不同铜合金系列引线框架材料性能范围如图 37-39 所示，目前国内外已研制的铜基引线框架合金的性能如图 37-40 所示。

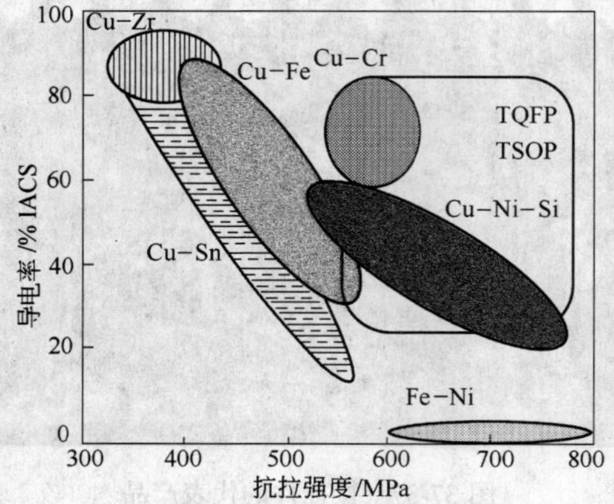

图 37-39 不同合金组成的引线框架铜合金性能范围

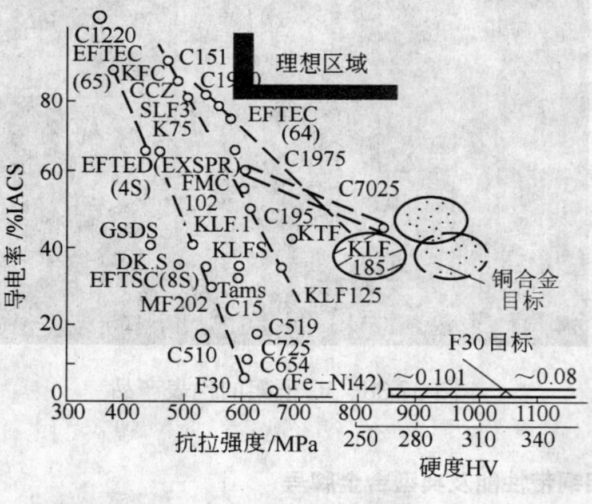

图 37-40 引线框架材料性能

37.7.1 产品技术要求

用户使用引线框架铜带的后续加工方式为：铜带→在高速精密冲床上冲压成形（或蚀刻、光刻）→电镀（局部选镀或全镀）→热压焊接芯片→线焊（焊内引线金丝 ϕ25～35 μm）→树脂封装。将封装好的分立器件或集成电路块，用钎焊方法将外引线焊接在印刷电路基板上的导体板上。因此材料应满足温度、接合、应力等诸多环境使用条件，引线框架材料应具有的一次特性和二次特性见表 37-35。

表 37-35 引线框架所要求的材料特性

一次特性	二次特性
物理性能：	冲压加工性：
1. 热传导率；	1. 材料、尺寸、形状；
2. 导电率；	2. 残余应力；
3. 磁化率；	3. 锻模寿命；
4. 热膨胀系数；	4. 弯曲加工性
5. 密度；	电镀性
6. 弹性系数	焊接性：
化学性能：	1. 引线接合性；
1. 耐酸蚀性；	2. 焊点疲劳；
2. 盐雾腐蚀；	3. Ag 焊特性；
3. 气体腐蚀；	4. 焊点强度、劣化特性
4. 氢脆性	氧化膜特性：
力学性能：	1. 空气氧化速度；
1. 抗拉强度、屈服强度、伸长率；	2. 氧化膜密着性
2. 硬度；	密封特性（玻璃、树脂）
3. 反复弯曲次数；	耐腐蚀性、其他
4. 耐热性（抗软化性）；	1. 抗应力腐蚀性；
5. 刚性；	2. 加湿氧化；
6. 弹性（弹性后滞）；	3. 蚀刻加工性；
7. 应力松弛；	4. 耐迁移性
8. 疲劳极限	
引线框架设计、加工成形所需要的材料特性	与封装可靠性有关的表面、物理化学特性

框架材料目前已有合金牌号近 80 个，基本上执行的是行业标准或企业内部标准。应用较广泛的合金材料多是国际上知名的铜加工企业自主开发的。

37.7.1.1 合金牌号和化学成分

典型引线框架铜合金材料的牌号及化学成分见表 37-36。

37.7.1.2 合金物理性能

合金物理性能见表 37-37。

37.7.1.3 带材的力学性能

带材的力学性能见表 37-38。

表 37-36 典型引线框架铜合金牌号及化学成分

序号	合金牌号	UNS标准(CDA)	化学成分(或名义成分)/%
1	C1220	12200	Cu≥99.99 P0.015~0.040 O≤0.001
2	TAMAC194	19400	Cu≥97 Zn0.05~0.20 Fe2.1~2.6 P0.015~0.15
3	TAMAC1	10700	Cu+Ag≥99.99 Ag≥0.08 O≤0.001
4	TAMAC2		Cu+Sn+P≥99.99 P≤0.003 Sn≥0.1
5	TAMAC4		Cu≥99.6 Fe0.05~0.15 P0.015~0.05
6	TAMAC5	19520	Cu≥96.6 Fe0.5~1.5 P0.01~0.35 Sn0.5~1.5
7	C151	15100	Cu余 Zr0.05~0.15
8	OMCL-1		Cu≥99.2 Zr0.07~0.13 Mg0.02~0.08 Cr0.02~0.40 Si0.01~0.03 其他≤0.10
9	TAMAC15		Cu余 Zn0.3 Sn2.0 Si0.3 Ni1.5
10	KFC KFC-SH	19210	Cu余 Fe0.1 P0.03 Cu余 Fe0.1 P0.034
11	KLF-1	64710	Cu余 Ni3.2 Si0.7 Zn3.2
12	KLF-116		Cu余 Fe0.15 Sn0.1 Zn0.1 P0.05 Ag0.1
13	KLF-125		Cu余 Ni1.6 Si0.35 Zn0.3
14	KLF-4		Cu余 Sn1 Fe0.1 P0.03
15	KLF-5	50715	Cu余 Sn2 Fe0.1 P0.03
16	CAC92	72500	Cu余 Ni9 Sn2.4
17	KLF194-SHT	19400	Cu余 Fe2.3 P0.03 Zn0.1
18	151	15100	Cu+Ag≥99.9 Zr0.05~0.15 Al≤0.005 Mn≤0.005 Fe≤0.005 Al+Mn+Fe≤0.01
19	194	19400	Cu97~97.8 Fe2.1~2.6 P0.015~0.15 Zn0.05~0.2 Pb≤0.03 Sn≤0.03 其他杂质之和≤0.1
20	195	19500	Cu≥96 Fe1.3~1.7 P0.08~0.12 Co0.6~1.0 Sn0.4~0.7 Zn≤0.2 Al≤0.2 Pb≤0.2
21	K50		Cu余 Ni2.4 Si0.5
22	K55	70250	Cu余 Ni3 Si0.7 Mg0.15
23	K60	18200	Cu余 Cr0.8 Zr0.1
24	K65	19400	Cu余 Fe2.4 Zn0.12 P0.03
25	K80	19210	Cu余 Fe0.1 P0.03
26	K85	19700	Cu余 Fe0.6 P0.1 Mg0.13

表 37-37 引线框架铜合金物理性能

合金牌号	密度 /$kg\cdot m^{-3}$	线膨胀系数 (20~300℃)/$℃^{-1}$	热导率 /J·cm·S·℃(20℃)	电阻率/μΩ·cm (20℃)	导电率/%IACS (20℃)	弹性模量 /MPa
TAMAC1	8.9	17.7×10^{-6}	3.881	1.72	100	118000
TAMAC2	8.9	17.7×10^{-6}	3.391	2.03	85	118000
TAMAC4	8.9	17.7×10^{-6}	3.475	1.92	90	118000
TAMAC5	8.9	16.7×10^{-6}	1.884	3.59	48	124000

续表 37-37

合金牌号	密度 /$kg \cdot m^{-3}$	线膨胀系数 (20～300℃)/$℃^{-1}$	热导率 /J·cm·S·℃(20℃)	电阻率/μΩ·cm (20℃)	导电率/%IACS (20℃)	弹性模量 /MPa
TAMAC15	8.9	17.0×10^{-6}	1.549	5.7	30	123000
TAMAC194	8.8	16.3×10^{-6}	2.617	2.54	65	121000
C151	8.9	17.7×10^{-6}	3.60	1.81	95	121000
DMCL-1	8.9	17.1×10^{-6}	3.02	2.14	82	137000
KFC	8.9	17.5×10^{-6}	3.64	1.9	85	128000
KFC-SH	8.9	17.0×10^{-6}	3.99	2.0	>85(87)	128000
KLF-1	8.9	17.6×10^{-6}	2.219	3.1	55	127000
KLF-116T	8.9	17.3×10^{-6}	2.76	2.6	65	117000
KLF-116H	8.9	17.3×10^{-6}	2.39	3.0	57	120000
KLF-4	8.9	17.6×10^{-6}	2.01	3.4	50	125000
KLF-5	8.9	17.6×10^{-6}	1.51	4.9	35	123000
KLF-125	8.8	17.0×10^{-6}	1.51	4.9	35	125000
KLF194-SHT 特殊强化处理	8.8	16.3×10^{-6}	2.72	2.46	70	120000
CAC92	8.9	16.6×10^{-6}	0.46	14.4	12	126000
122	8.94	17.7×10^{-6}	3.4	2.03	85	120000
1093	8.91	17.7×10^{-6}	3.9	1.71	101	120000
151	8.94	17.7×10^{-6}	3.6	1.9	90	120000
194	8.91	16.3×10^{-6}	2.6	2.54	65	120000
195	8.91	16.9×10^{-6}	1.97	3.94	50	121500
K80	8.89	17.0×10^{-6}	3.6	2.0	85	130000
K65	8.78	17.6×10^{-6}	2.6	2.54	≥60	123000

表 37-38　引线框架铜合金材料力学性能

合金牌号	状态	抗拉强度/MPa	伸长率/%	维氏硬度 HV	软化温度①/℃
TAMAC1	O	195～245	≥35	≤55	360
	1/4H	215～275	≥25	55～75	
	1/2H	245～315	≥15	75～90	
	H	275～345	≥4	90～105	
	EH	≥315	≥2	≥100	
TAMAC2	O	195～245	≥35	≤55	390
	1/4H	215～275	≥25	55～75	
	1/2H	245～315	≥15	75～90	
	H	275～345	≥4	90～105	
	EH	≥315	≥2	≥100	
TAMAC4	O	255～335	≥30	≤90	450
	1/4H	275～355	≥20	90～115	
	1/2H	295～375	≥10	100～125	
	H	335～410	≥5	110～135	
	EH	≥375		≥115	

续表 37-38

合金牌号	状态	抗拉强度/MPa	伸长率/%	维氏硬度 HV	软化温度[①]/℃
TAMAC5	O	355～410	≥30	90～115	440
	1/4H	370～450	≥20	115～135	
	1/2H	410～470	≥10	130～150	
	H	450～510	≥4	140～160	
	EH	490～570	≥2	150～170	
	SH	550～630	≥2	160～180	
	ESH	610～685	≥2	170～195	
	SSH	≥665		≥190	
C151	1/4H	275～315	≥13	70～100	500
	1/2H	295～355	≥6	80～110	
	3/4H	325～380	≥5	100～120	
	H	365～430	≥4	110～130	
	EH	400～450	≥3	120～140	
	SH	440～490	≥2	≥130	
OMCL-1	1/2H	470～550	≥6	135～160	1/2H:600 H:500
	H	510～590	≥3	145～170	
	EH	550～625	≥2	155～180	
	SH	≥590		≥165	
TAMAC15	1/2H	490～590	≥7	150～180	EH:425
	H	540～635	≥5	165～195	
	EH	590～685	≥5	180～210	
	SH	635～735	≥5	195～225	
TAMAC194	O_3	275～345	≥30 特殊说明	75～95	1/2H:700 SH:390
	O_2	310～380	≥25	80～105	
	O_1	345～415	≥15	100～125	
	1/2H	365～435	≥5	115～137	
	H		≥2	125～145	
	EH	460～505	≥2	135～150	
	SH	485～525	≥4	140～155	
	ESH	505～550 (530～575)	≥5 ≥5	145～160 (150～170)	
	SSH	≥550 (570～635)	≥5	≥155 ≥160	
KFC	1/4H	300～380	≥20	85～110	400
	1/2H	360～440	≥4	100～120	
	H	≥400		≥125	
KFC-SH	SH	≥480	≥5	≥145	>400
KLF-1	1/2H	≥480	≥10	≥160	580
	H	≥550	≥7	≥180	
KLF-116	1/2H	≥400	≥12	≥120	480
	H	≥480	≥6	≥145	
KLF-125	H	≥600	≥7	≥190	500
KLF-4	1/2H	≥370	≥12	120～145	430
	H	≥490	≥6	≥145	
KLF-5	1/2H	≥400	≥10	≥150	430
	H	≥550	≥7	≥180	

续表 37-38

合金牌号	状态	抗拉强度/MPa	伸长率/%	维氏硬度 HV	软化温度[①]/℃
CAC92	1/4H	350～455	≥20	85～135	580
	1/2H	420～525	≥10	115～160	
	H	475～580	≥9	140～180	
	EH	525～630	≥8	160～190	
	SH	560～665	≥7	170～200	
	ESH	616～715	≥5	185～210	
KLF194-SHT	SHT	≥550	≥5	≥150	>480
C194	O	280～350(281～443)	≥29		485
	专用光亮退火	370～440	10～19		
	光亮退火	320～390	23～32		
	1/2H	370～440	6～29	100～135	
	H	420～490	3～11	127～150	
	EH	470～510	2～3	145～153	
	SH	490～530	2～3	150～154	
	ES	510～560	≤2	153～155	
	SSH	≥560	≤2	≥155	
C195	O	350～420	22～31	47～57	500
	1/4H	420～510	5～23	135～153	
	1/2H	480～550	3～9	147～163	
	3/4H	530～600	2～5	157～175	
	H	580～630	2～3	170～184	
	SH	620～690	1～3	180～187	
	SSH	≥680	≤2	≥187	
K80	1/4H	300～380	≥23	80～110	410
	1/2H	360～440	≥5	100～130	
	H	400～500		120～150	
K65	1/2H	390～460	≥6	120～150	450
	H	430～500	≥3	130～160	
	SH	480～530	≥3	140～170	
	ESH	530～580	≥6	150～180	

① 软化温度评价标准是经过要求的温度及时间处理后材料的硬度损失不超过20%。

37.7.1.4　带材的规格及尺寸公差要求

A　带材的规格及尺寸公差要求如表37-39所示。

表37-39　引线框架铜带的尺寸公差要求

厚度/mm	厚度允许偏差/mm	宽度/mm	宽度偏差/mm
0.1～0.2	±0.005	>20～100	±0.05
>0.2～0.3	±0.08		
>0.3～0.7	±0.010		

B　其他尺寸要求

横向公差不大于±0.001 mm；侧弯不大于1 mm/1000 mm；边部毛刺不大于0.02 mm；卷弯不大于100 mm/1000 mm；表面粗糙度 R_a 不大于0.1 μm。

37.7.1.5　铜带表面

铜带表面应光洁，无划伤、擦伤、起皮、夹杂、分层、锈蚀等任何影响下道工序使用的表面缺陷。

37.7.1.6　残余应力

经冲压或蚀刻后材料应无残余应力释放引起的翘曲或扭曲。试验方法：一般取200 mm长试样，采用线切割或腐蚀的方法，沿带宽方向在边部2 mm处各切除2 mm宽长条，检测各部位的翘曲高度及扭曲角度。

37.7.1.7 冲压性能

冲压性能要求保证模具一次研磨后的冲裁次数,且冲制断面基本无毛刺。

37.7.1.8 反复弯曲性

对冲压成形的框架引脚形状的试样(宽度为2 mm)加载227 g负荷,进行90°反复弯曲试验。90°往返弯曲一次计为一次,计算至断裂为止的弯曲次数。

37.7.1.9 电镀密着性

对不同的合金材料,采用不同的镀层(如OMCL-1采用Ag、Ni镀层),在氧化性气氛下,经高温(如400℃,3 min)加热试验,电镀镀层不产生起泡现象,说明电镀密着性良好。

37.7.1.10 耐氧化性和耐腐蚀性

氧化膜在250℃时不剥离;材料不应对应力腐蚀敏感。

37.7.1.11 焊接性

材料应有良好的焊接性能,保证内引线与框架的连接,外引线与电路的连接,材料应与焊料有良好的浸润性,钎焊后具有耐剥离性。一般要求材料钎焊后以150℃×500 h加热,钎焊部位不产生热剥离现象,较为理想的材料在150℃×1000 h加热也不会产生剥离现象。

此外,还应具有较低的热膨胀系数(CTE),并与封装材料的CTE匹配,确保封装的气密性;材料不应有方向性。

37.7.2 工艺流程

37.7.2.1 工艺流程

引线框架铜带目前采用的生产方法有两种:一是立式半连续(或全连续)铸造→大锭热轧→高精度冷轧法;二是水平连铸→高精度冷轧法。其工艺流程见图37-41。

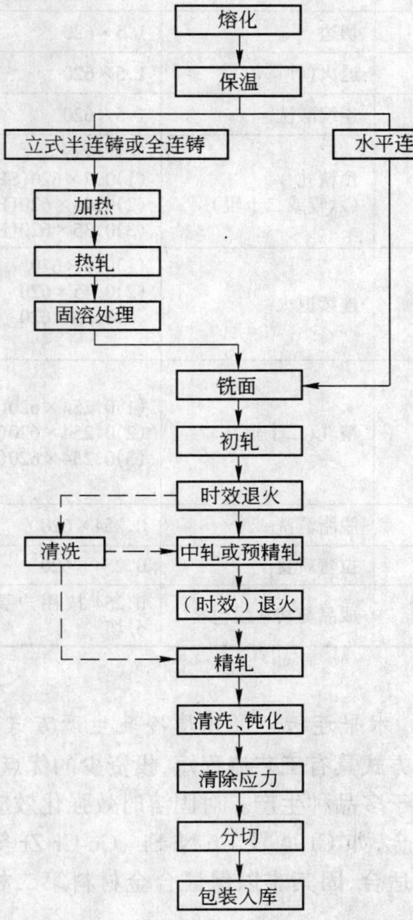

图37-41 引线框架铜带生产工艺流程图

37.7.2.2 典型工艺示例

A 半连续铸造→热轧生产方式

国外某公司生产引线框架C19400,其厚度0.254 mm,生产工艺流程见表37-40。

表37-40 引线框架铜带C19400生产工艺流程及工艺参数举例

序号	工序名称	工序后尺寸 /mm×mm×mm	工艺条件与检验项目
1	加热	200×600×6000	加热温度:900~950℃
2	热轧	10×660	终轧温度:700℃以上,总加工率95%,在线淬水
3	铣面	9.4×660	铣面:0.3 mm/面
4	初轧(六辊)	1.5×660	冷轧总加工率:84%

续表 37-40

序　号	工序名称	工序后尺寸/mm×mm×mm	工艺条件与检验项目
5	切边	1.5×620	切边:20 mm/边
6	退火(钟罩炉)	1.5×620	540℃/8 h,检验 ρ、σ_b、δ 值符合工序标准规定
7	连续酸洗	1.5×620	在线检验控制表面质量
8	预精轧(六辊或二十辊)	三种状态 (1)0.7×620(SH) (2)0.45×620(H) (3)0.35×620(H/2)	1. 总加工率 53.3%; 2. 总加工率 70%; 3. 总加工率 76.7%
9	连续退火	(1)0.7×620 (2)0.45×620 (3)0.35×620	1.650℃,34m/min; 2.610℃,40 m/min; 3.610℃,40 m/min; 检验 Ra、ρ、σ_b、δ 值符合工序标准要求
10	精轧(二十辊)	(1)0.254×620(SH) (2)0.254×620(H) (3)0.254×620(H/2)	成品加工率,检测值符合下面要求: 1.63.8%,σ_b482~524 MPa,$\delta \geqslant 3\%$; 2.43.6%,σ_b414~482 MPa,$\delta \geqslant 4\%$; 3.27.4%,σ_b366~434 MPa,$\delta \geqslant 1\%$; 厚度公差±0.005 mm
11	脱脂清洗	0.254×620	在线检验控制表面质量
12	拉弯矫直	0.254×620	在线检验控制表面与板形质量
13	成品剪切在线包装	0.254 按用户要求宽度分切	检验平直度、边部质量、宽度符合标准要求,按标准规定包装

B　水平连铸→高精度冷轧生产方式

该方式具有工艺流程短,投资少的优点,但不适合于多品种生产。对固溶时效强化效应显著的合金,如 C194 及 Cu-Ni-Si 、Cu-Cr-Zr 等合金也不适合,因其难以保证合金材料第二相的充分固溶析出,较难实现合金材料在具有高强度的同时兼备合适的导电性。但对生产 C12200 等高导低强合金带比较适合。

国内某公司 C19210 合金带生产工艺流程见表 37-41。

表 37-41　C19210 合金水平连铸法生产铜带的工艺流程

序　号	工序名称	工序后尺寸/mm×mm	工艺条件及检验项目
1	铣面	14×260	铣面:0.5 mm/面,检验表面质量
2	初轧(四辊)	2.2×264	总加工率:84.3%
3	切边	2.2×250	切边:14 mm
4	退火(钟罩炉)	2.2×250	退火温度 620℃/5 h,保护气体为 3%H_2+N_2(余)
5	连续酸洗	2.2×250	5%~10%H_2SO_4 溶液
6	中轧(四辊)	0.52×250	总加工率:76.4%
7	退火(钟罩炉)	0.52×250	退火温度 480℃/6 h,保护气体为 3%H_2+N_2(余)
8	连续酸洗	0.52×250	5%~10%H_2SO_4 溶液
9	精轧(四辊)	0.38×250	成品加工率 26.9%,公差控制:±0.005 mm
10	脱脂清洗磨面	0.38×250	碱性溶液脱脂清洗磨光后加钝化剂
11	拉弯矫直(二十三辊张力矫直机)	0.38×250	伸长率:0.5%
12	成品剪切	0.38×要求宽度	按用户宽度要求剪切,按标准检验
13	检验包装		离线包装打捆

因水平连铸在框架材料铜带的生产中并非主流生产方式，因此这里不做详细介绍。

37.7.3 主要工序及工艺参数

37.7.3.1 合金设计

A 合金设计原则

框架材料合金的主要强化方法有：

(1) 固溶强化。通过在一定范围内添加元素使晶格发生畸变而产生的硬化，但元素的添加造成导电率降低；

(2) 析出强化。选择高温和低温条件下在铜中固溶度差别较大的元素作为添加元素，通过元素的析出与母相呈现共格性的某些金属间化合物而使材料硬化；

(3) 利用偏聚分解组织的周期结构进行强化以及将固溶强化和析出强化相结合，使材料硬化。

合金设计的总原则为：在尽可能保持高传导性能的前提下，添加各种元素以改善其强度和综合使用性能。具体方法为通过多组元的微合金化或少合金化来形成固溶强化或时效强化型合金，主要研究内容为：添加元素、元素间相互作用、添加量及工艺流程选择等。一般引线框架材料均为微合金化或低合金化铜合金，其Cu含量基本在95%以上。

B 合金元素对框架材料性能的影响

(1) 锡。它是框架材料的常用添加元素。以固溶形式存在于铜合金中，提高材料的强度、反复弯曲性、弹性、刚性和耐热性。当其含量超过5 %时，将会恶化热加工性能，降低导电率，并提高产品成本。

(2) 铁。溶于Cu基体内提高材料的强度和刚性，但降低材料的导电率，与磷同时加入，形成Fe_2P或Fe_3P强化相，通过时效在铜基体中弥散、析出，可提高材料的强度、反复弯曲性能及刚性。含量小于0.05%时，与P(含量0.025%～0.05%)发生化合，尽管产生磷化铁，但对合金的强度作用不大。当含铁量超过0.15%时，多余的铁以单质铁质点(α-Fe或γ-Fe)形式存在，对合金材料有一定的强化作用，它可以阻止高温加热时晶粒的粗大化，使抗软化特性提高。但同时材料的导电性能降低。

(3) 磷。在熔炼时起到良好的脱氧作用，可以较好地防止Fe、Sn氧化，提高铸造流动性，得到质量良好的铸锭。与铁同时存在时，形成磷化铁，通过Fe_2P析出可提高材料的强度，同时减小对自由电子运动的阻碍，提高导电率。当含量超过0.05%时，将会形成Cu和Cu_3P的低熔点共晶，影响铸锭质量和加工性能，同时造成导电性能下降和应力腐蚀开裂。

(4) 锌。固溶于铜中，使强度与耐软化性提高，并防止晶粒粗化，具有承受焊剂热而不分层(即耐剥离性)和耐迁移的特性。当含量超过0.5%时，将会恶化软焊料的浸润性，小于0.1%时，加热后耐钎焊脱落效果变差。

(5) 镍。固溶于铜中，使强度、反复弯曲性、刚性、耐软化性、耐腐蚀性提高，特别是镍元素可以防止镀锡材料的软焊料浸润性恶化。但含量小于0.002%时，控制镀锡材料的软焊浸润性恶化的效果不明显。随着含量的提高，效果明显，但含量超过0.2%时，导电率降低，含量超过0.4%时，导电率明显降低。当与硅同时加入时，其最大加入量应不超过3.5%。

(6) 硅。与镍同时加入，形成Ni_2Si相，具有正交晶格，从图37-42可看出，Ni/Si元素比对合金性能的影响，Ni/Si比应控制在4.0～4.5范围内，才能获得良好的强度和导电率的配合。Ni_2Si于共晶温度(1025℃)在铜中的最大溶解度为9%。其溶解度随着温度的降低而急剧下降，在室温时几乎为零。Ni/Si比值为4:1的铜合金，通过时效处理，使合金因化合物Ni_2Si的沉淀而强化，提高材料的强度、刚性、反复弯曲性及耐软化性。此时硬度和导电率随Ni、Si元素含量变化而变化的情况见图37-43。

(7) 镁。与磷形成Mg_3P_2化合物，可提高材料刚性强度。它是脱氧及脱硫的元素，当含量小于0.002%时，熔体会出现氧化现象，影响铸锭质量。当熔体中同时含有镁和锌两种元素时，其总含量超过0.5 %时，熔体将出现氧化现象，并恶化软焊料浸润性。

(8) 铬、锆。锆在铜中的最大固溶度为

0.15%，铬与锆能形成固溶于铜的化合物 Cr_2Zr（此化合物中铬和锆的重量比值约为 1.14），随着温度的下降，铬、锆在铜中的固溶度急剧减小，可通过淬火与时效使合金时效析出稳定而细小的 Cr_2Zr 或（$Cr + Cr_2Zr$）等沉淀物，有效地阻碍合金在退火时位错的消失和晶界的移动，从而可进一步提高合金的强度、硬度、反复弯曲性和耐热性，同时具有较好的导电性。但含量小于 0.002% 时，效果不明显。当含量超过 0.03% 时，易使熔体氧化。锆对铜-铬合金的抗拉强度和电性能的影响见图 37-44。

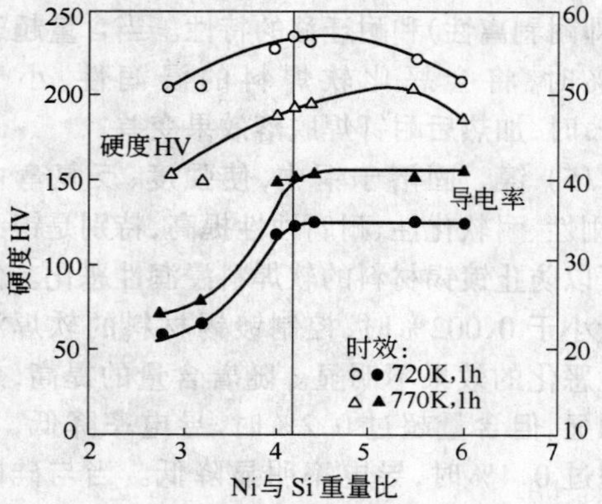

图 37-42 Ni、Si 合金元素重量比对合金性能的影响

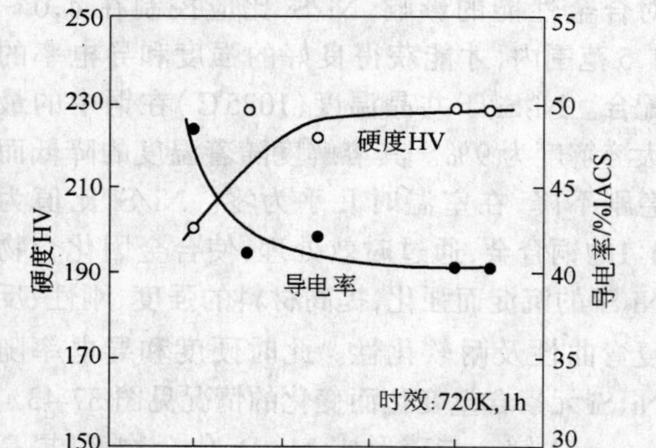

图 37-43 Ni、Si 合金元素含量对合金性能的影响

现有的引线框架铜合金的组成元素中，添加量小于 0.1% 的多采用磷，磷主要用做脱氧剂，以固溶状态残留在铜中。在部分合金中，磷与铁或镁等元素形成磷化物，使材料强化，按镁、锡、硅、锆、银的顺序采用，除硅为脱氧剂外，其他均为强化元素。当添加量在 0.1%～1% 时，按锡、铁、锌、铬、硅、钛的顺序使用，其中锌的加入主要是为了防止软钎焊料的剥离，适用于综合性能更高的铜合金。添加量大于 1% 的，按锡、镍、铁的顺序采用，这些均为强化元素。

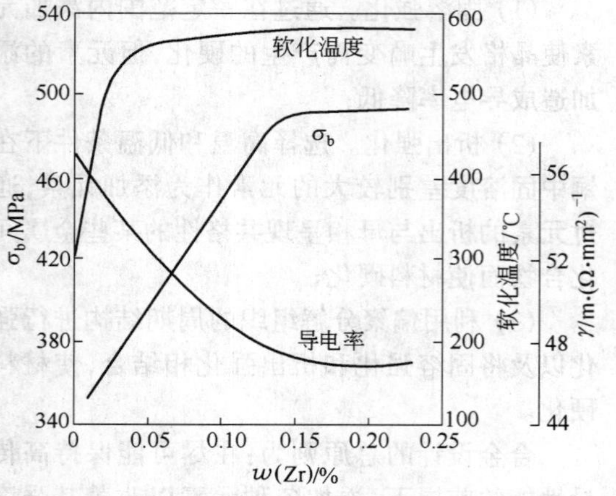

图 37-44 锆对铜-铬合金抗拉强度和电性能的影响

C 合金材料及其特性

引线框架用铜基材料通过时效过程中在 Cu 基体内形成弥散分布的第二相化合物颗粒对位错进行钉扎，阻遏位错的滑移，从而使合金得到强化，提高材料的再结晶温度和机械性能。而导电率的高低实质上取决于自由电子在定向运动时的受阻情况，固溶在铜晶格中的其他元素的原子，造成晶格畸变，阻碍自由电子的定向移动，从而使电阻率增大。而合金元素的原子从铜的晶格中析出，减少对自由电子的阻碍，从而提高合金的导电率。因此第二相颗粒的数量、颗粒大小及弥散程度都直接影响着产品的性能。

37.7.3.2 熔铸工艺

根据合金不同，熔炼可采用无芯中频感应电炉或有芯工频感应电炉，两炉、三炉一体或单体炉。原料一般为新旧料搭配使用，由于高熔点元素的存在，熔炼温度一般为 1200～1350℃，铸造温度根据合金和设备条件的不同，一般为 1140～1300℃。由于合金中 Fe、P、Zr、Mg、B 等活泼元素的存在，以及高熔点元素如 Ni、Fe 等和低熔点元素的同时存在，熔铸过程中应注意以下几个方面。

A　熔体质量控制

旧料投炉之前应进行预处理并打成包块，同时应带入适量的新金属，以减少熔体质量的污染和金属的熔炼损耗。熔炼过程应加强熔体的保护，炉内木炭覆盖厚度应不小于 100 mm；原料一般采用先加新金属，后加旧料的加入顺序；采用合适的脱氧剂及使用方法。

B　合金元素的精确控制

Fe、P、Zr、Mg 等均属于易损耗元素，在合金元素的添加过程中首先应保证原始熔体的纯净度，加料顺序一般以先加高熔点元素、后加低熔点元素为原则，而对于易损元素，根据不同合金系中各元素在高温熔体内的活度进行调整。对于熔铸生产较为困难的 Cu-Cr-Zr 系列合金，由于 Cr、Zr 与氧亲和力较大，目前基本采用真空熔炼铸造方式生产，较难满足大规格铸锭、大卷重、高速自动化生产方式的需要。在大气条件下生产时解决易氧化合金元素的烧损是目前正在积极研究的课题。通过对炉衬材料的合理选择，采用高效覆盖剂、精炼剂及气氛保护，并采用预先强脱氧技术、特别是 Zr 的特殊添加技术来控制 Zr 的氧化烧损，确保熔体净化质量和 Zr 含量的控制，可实现含 Zr 铜合金的非真空熔炼。

C　合金元素的均匀化

高熔点物质如 Fe、Ni、Cr、Zr 等元素可采用中间合金的方式加入，以保证充分的合金化，从而保证成分的均匀性。对于大气下易氧化的 Cr、Zr 元素，为减少氧化损失及夹杂物的形成，宜选择在真空条件下制备中间合金。

D　铸造应力控制技术

引线框架合金铸锭生产中的热应力是较为普遍的，因此一般采用红锭铸造、慢速、小水压铸造方式，否则易引起热轧开裂。

E　炉衬寿命

合金中的 Fe、Zr 等活泼元素，在高温熔体中将与炉衬材料发生造渣反应，导致炉衬寿命大幅度下降，严重影响生产效率。

F　炉型选择

合金元素如 P、Zr、Mg 等易损耗元素化学成分的精确及均匀性控制与炉型的选择有一定的关系，针对不同合金系列可考虑选择相应的炉型结构。

37.7.3.3　铸锭加热制度及热轧工艺

A　加热温度

铸造状态良好、热应力小的引线框架用铜合金铸锭在高温下一般具有良好的塑性和较低的变形抗力，且引线框架材料均为单相 α 合金，合金组元中无低熔点相，在热加工中无相变过程，较适合于大变形量热加工。综合考虑合金的熔点、高温塑性图（参见图 37-45、图 37-46、图 37-47、图 37-48 各种引线框架材料合金铸锭高温力学性能图）、热轧过程的温降、终轧温度等因素来确定合金的加热温度，加热温度一般比热轧开始温度高 20～30℃。

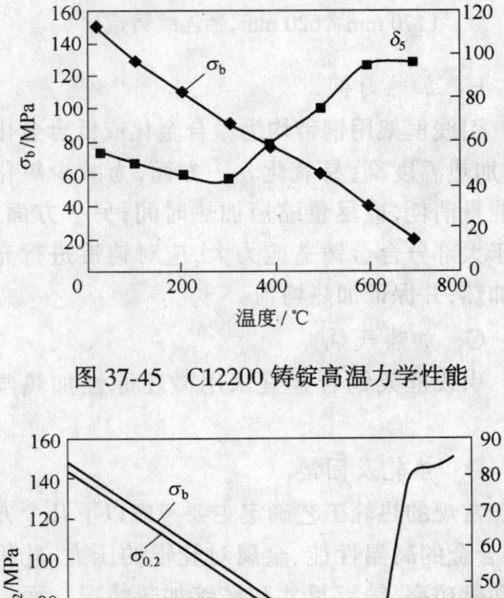

图 37-45　C12200 铸锭高温力学性能

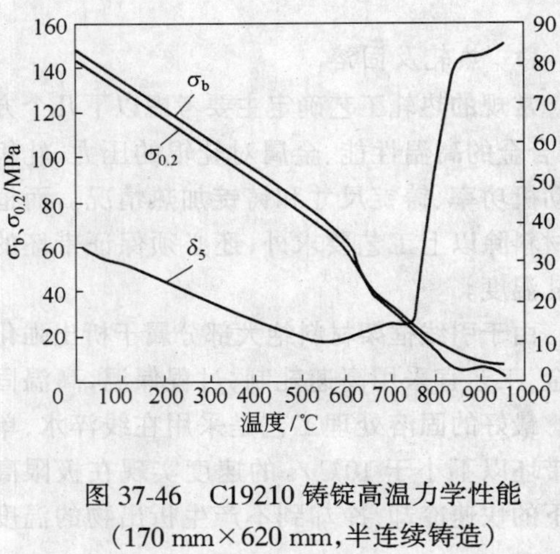

图 37-46　C19210 铸锭高温力学性能
（170 mm×620 mm，半连续铸造）

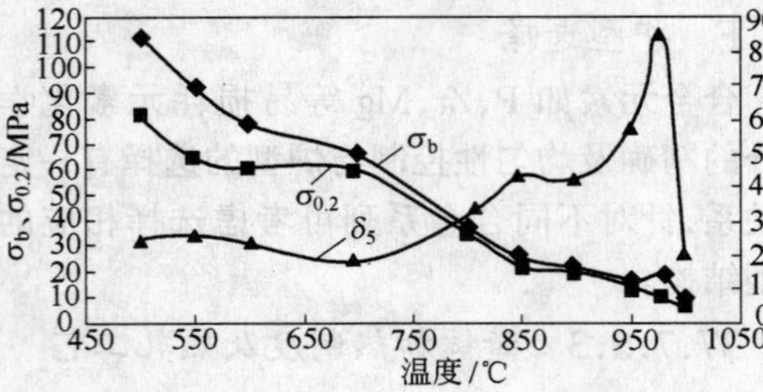

图37-47　C19400铸锭高温力学性能
（170 mm×620 mm，半连续铸造）

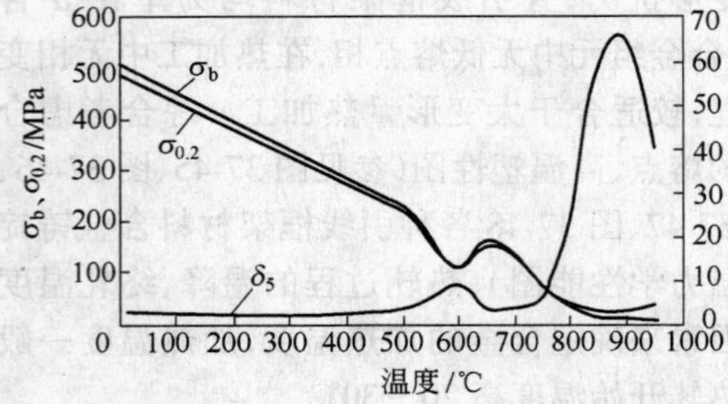

图37-48　C70250铸锭高温力学性能
（170 mm×620 mm，半连续铸造）

B　加热时间

引线框架用铜带均为微合金化或低合金化铜，加热温度高，易氧化。一方面，为减少氧化和能量消耗，应尽量缩短加热时间；另一方面，由于大部分合金铸造应力大，应对铸锭进行充分加热，并保证加热均匀。

C　加热气氛

引线框架铜合金宜采用微还原性加热气氛。

D　热轧及固溶

常规的热轧工艺确定主要考虑以下几个方面：合金的高温性能、金属对轧辊的压力、轧机电动机功率、铸锭尺寸和铸锭加热情况。而框架材料除以上工艺要求外，还必须保证带坯的终轧温度。

由于引线框架材料绝大部分属于析出强化合金，工艺宜采用高速轧制，过程保温，高温固溶。最好的固溶处理工艺是采用在线淬水，单张带坯以不小于10℃/s的速度实现在极限高温下的快速冷却，冷却到不产生析出物的温度以下（一般为200℃），以避免在热轧过程中析出过多粗大的第二相，造成时效后材料基体中起主要强化作用的第二相析出物数量减少，同时保证可实现继续冷轧。淬水时应保证热轧带坯头部、尾部以及带宽方向上固溶状态的一致性。

因此，合金的热轧工艺，轧制温度、轧制速度、轧制过程中的温降等都要与整体工艺进行统一的考虑与设计，大部分合金的固溶处理温度较高，在线淬水应保证在700℃以上。

37.7.3.4　形变热处理工艺

A　时效前的冷变形

时效处理之前的冷变形程度，对析出物的形成有很大影响。冷加工可使材料产生晶格缺陷，对析出物起到核心作用。因此，时效前进行适当的冷加工，具有促进析出的作用。当变形程度较高时，由于促进强化相的析出，虽可获得高的导电率，但对强度有影响。因此，为了保证材料的综合性能优良，可对材料进行适当的形变处理。冷变形量对C19400合金性能的影响见图37-49和图37-50。

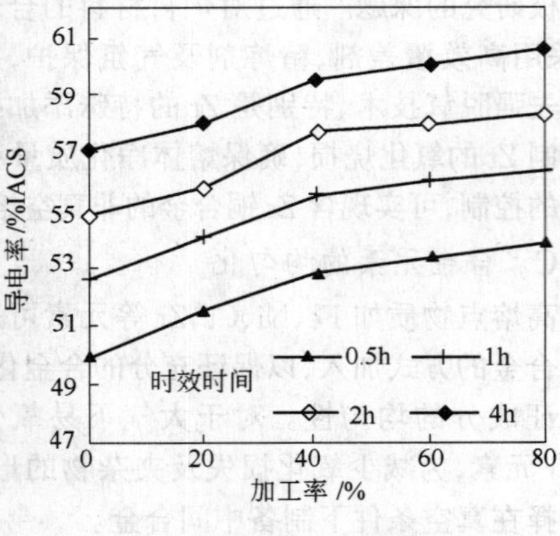

图37-49　C19400时效前冷变形量对时效后导电率的影响

B　时效工艺

时效工艺制度包括时效温度和时间，时效条件对析出物的形态影响很大，进而影响到成品带材的综合性能。C19400、C19210、C18150、Cu-Ni-Si系合金热处理工艺对其性能的影响见图37-51～图37-61。

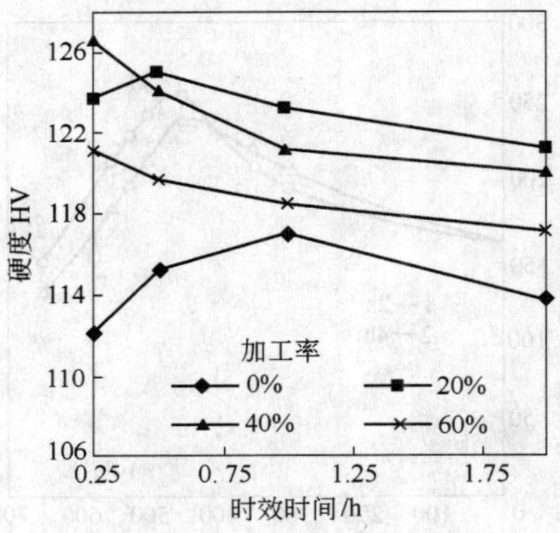

图 37-50 C19400 时效前冷变形量对时效后显微硬度的影响(500℃)

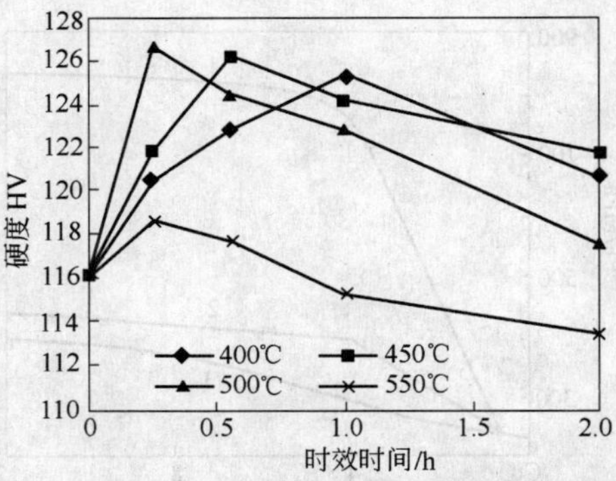

图 37-53 经 40%冷变形后时效温度对 C19400 硬度的影响

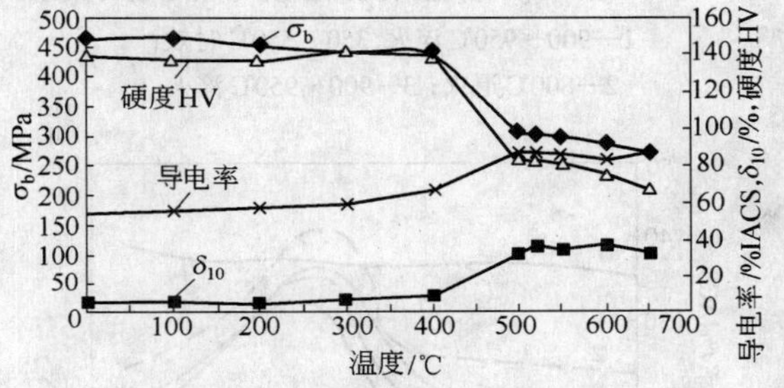

图 37-54 时效温度对 C19210 合金性能的影响(1 h)

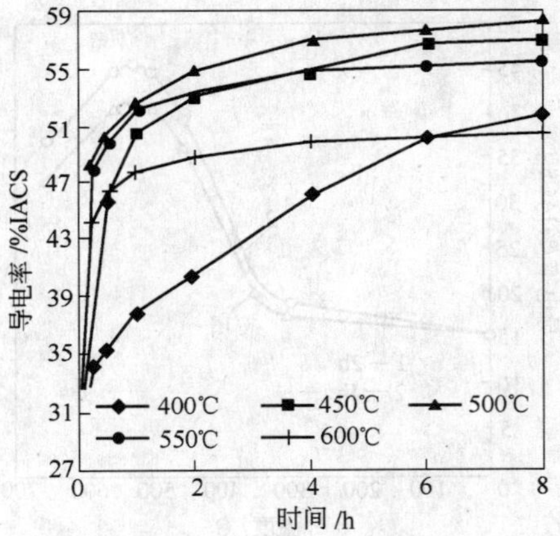

图 37-51 时效温度对 C19400 导电率的影响

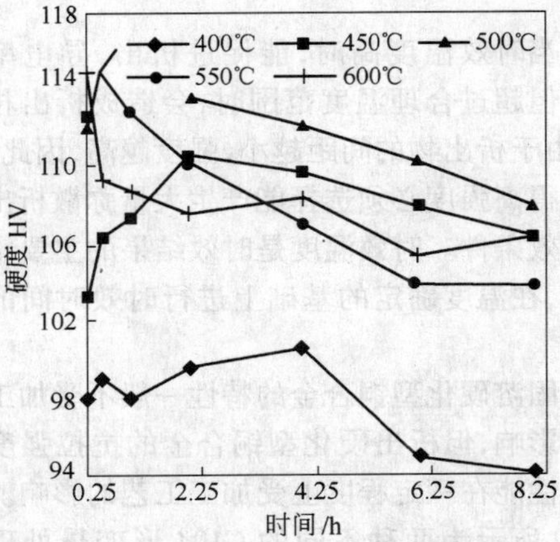

图 37-52 时效温度对 C19400 显微硬度的影响

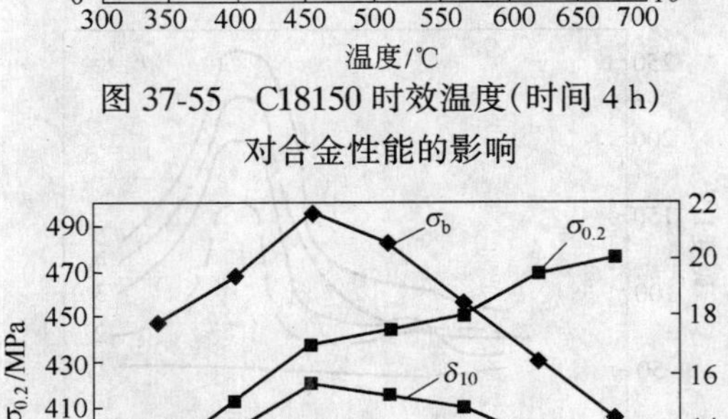

图 37-55 C18150 时效温度(时间 4 h)对合金性能的影响

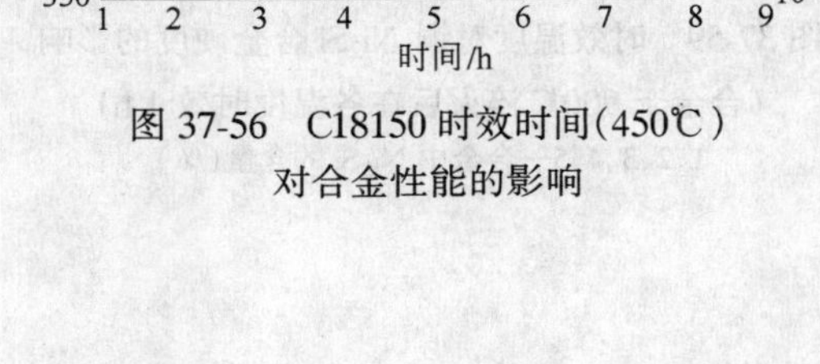

图 37-56 C18150 时效时间(450℃)对合金性能的影响

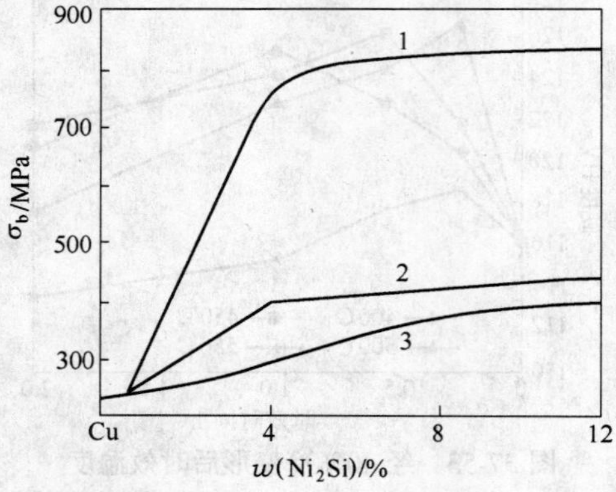

图 37-57　铜-Ni_2Si 合金的抗拉强度与热处理的关系

1—900～950℃淬火，350～550℃时效；

2—800℃退火；3—900～950℃淬火

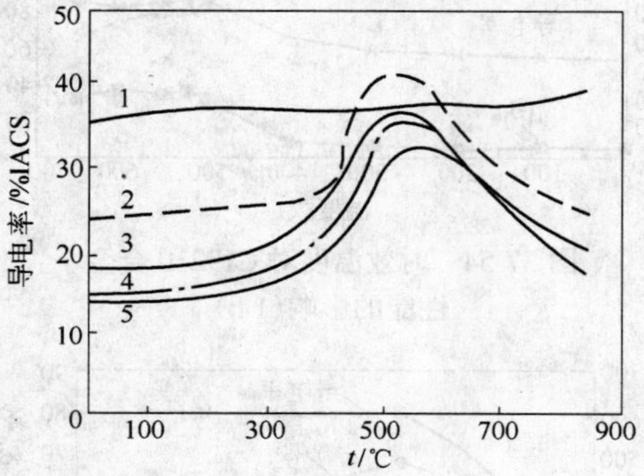

图 37-58　时效温度对铜-Ni_2Si 合金导电率的影响

(合金于 900℃淬火后在各温度时效 1 h)

1、2、3、4、5—代表合金中 Ni_2Si 的含量(%)

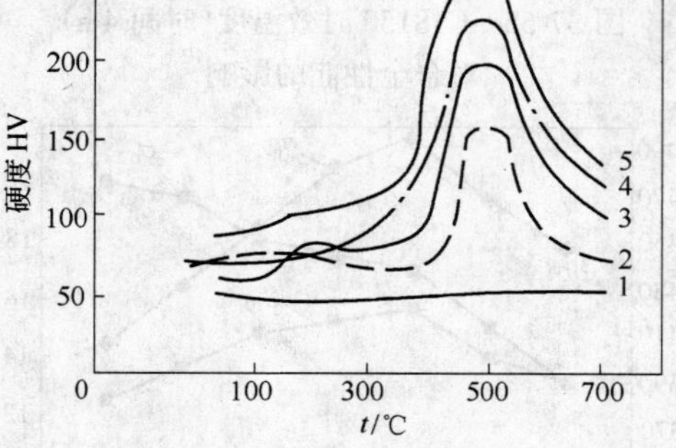

图 37-59　时效温度对铜-Ni_2Si 合金硬度的影响

(合金于 900℃淬火后在各温度时效 1 h)

1、2、3、4、5—合金中 Ni_2Si 的含量(%)

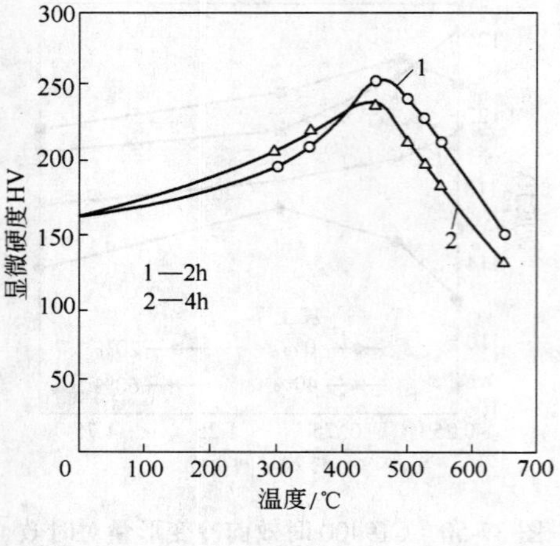

图 37-60　Cu-3.2Ni-0.75Si-0.3Zn 合金在不同温度时效后的显微硬度

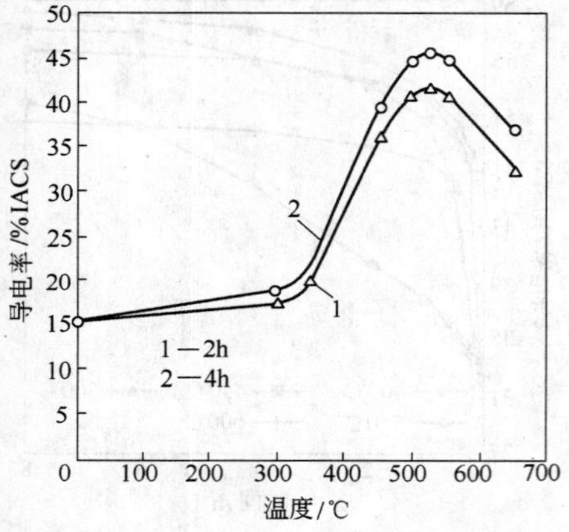

图 37-61　Cu-3.2Ni-0.75Si-0.3Zn 合金在不同温度时效后的导电率

当时效温度高时，能促进析出，导电率提高。但超过合理温度范围时，会造成析出相粗化，由于析出物的间距越小，强度越高，因此，要想取得高强度必须选择能产生大量弥散析出物的时效条件。时效温度是时效结果的主要影响条件，在温度确定的基础上进行时效时间的确定。

固溶硬化型铜合金的特性一般不受加工工艺的影响，但析出硬化型铜合金的抗拉强度和物理性能在一定程度上受加工工艺的影响。图 37-62 所示为两种不同的 C194 形变热处理加工工艺。其中图 37-62a 为常规的 C194 生产工艺，37-62b 为一次退火温度从 848 K 阶梯式连续退火到 773 K 的工艺,可抑制晶粒的大小、析出物的大小、数量及分布。图 37-62b 工艺得到材料的抗拉强度可达 569 MPa,提高 20%,导电率达到 71% IACS,约提高 6% IACS。图 37-63 所示为两种工艺材料的耐热性能比较。

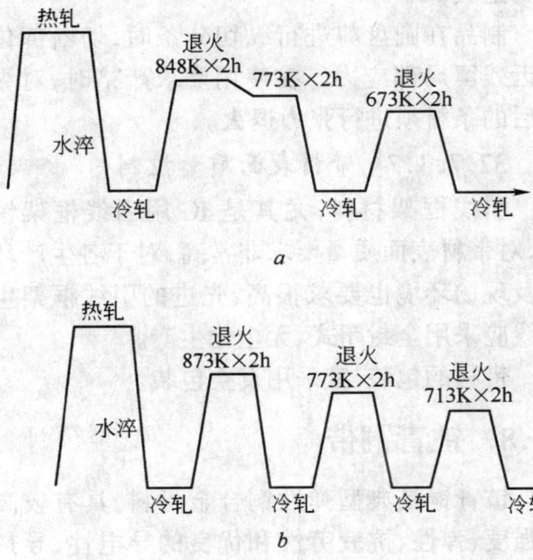

图 37-62　两种不同的 C194 形变热处理加工工艺

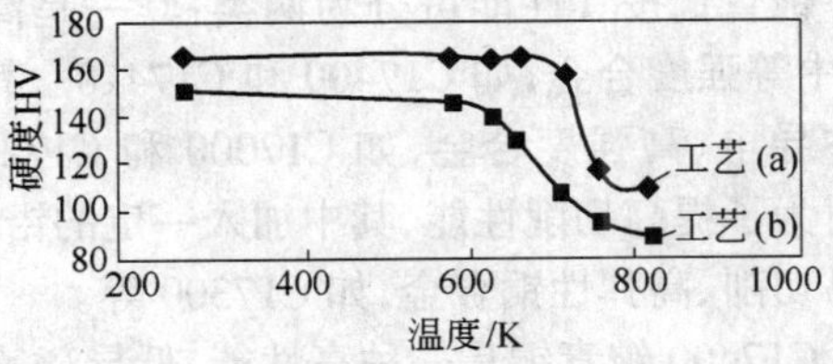

图 37-63　两种工艺材料的耐热性能比较
(退火时间:5 min)

37.7.3.5　成品性能的控制

带材冷轧后通过时效处理以获得所需的力学性能和物理性能,有的还需要进行冷加工。根据合金使用状态的不同,成品的性能要求有较大差异。因此,应根据不同性能要求来确定成品加工率。不同合金的退火软化曲线及加工硬化曲线分别见图 37-64～图 37-71。

随着加工率的增大,位错密度增加,造成再结晶温度降低,因而材料的抗软化温度降低,EH、SH、ESH 状态的带材抗软化温度将出现大幅度下降。

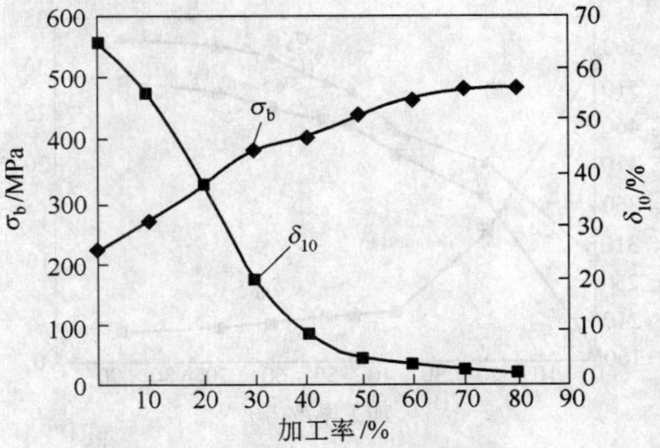

图 37-64　C12200 加工硬化曲线

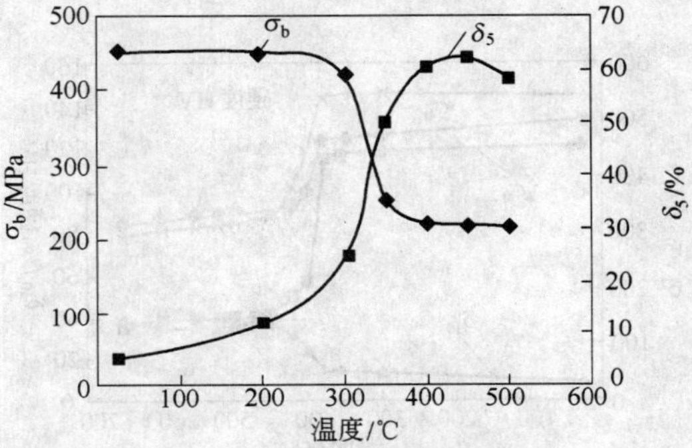

图 37-65　C12200 退火软化曲线

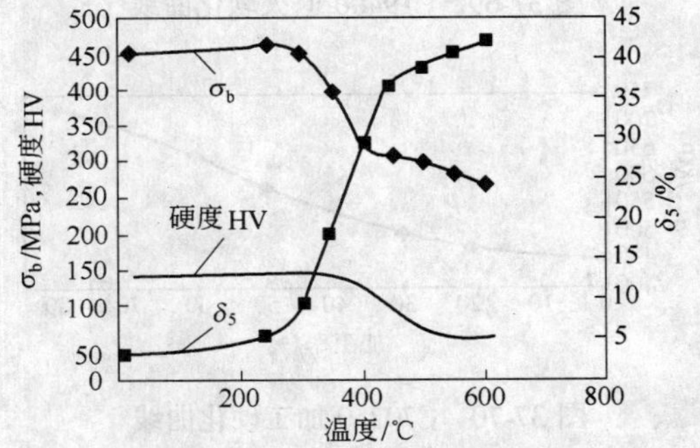

图 37-66　C19210 退火软化曲线

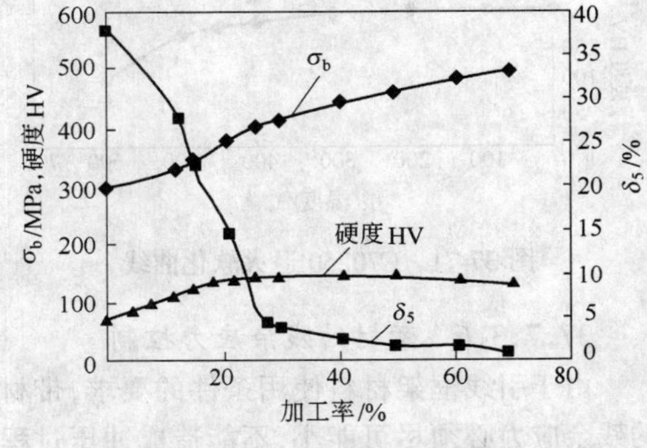

图 37-67　C19210 加工硬化曲线

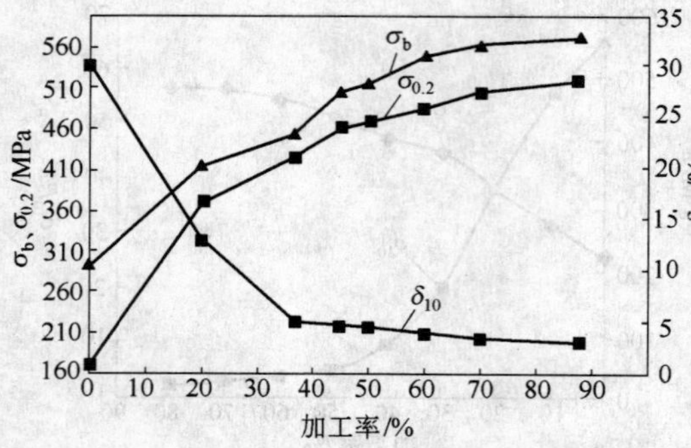

图 37-68 C19400 加工硬化曲线

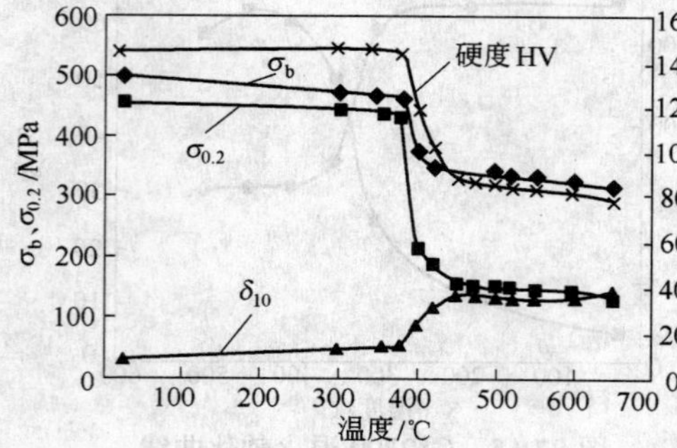

图 37-69 C19400 退火软化曲线

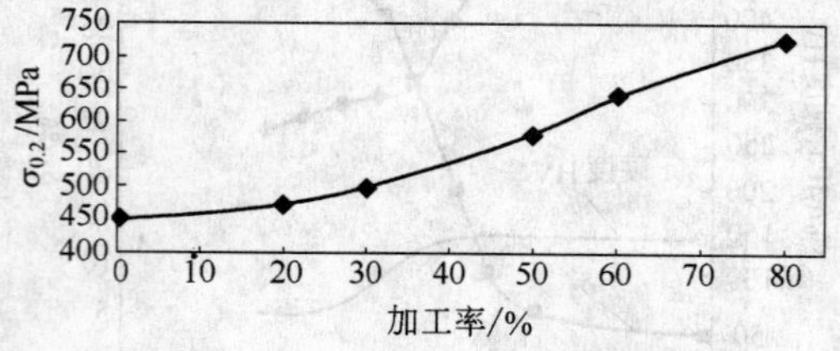

图 37-70 C70250 加工硬化曲线

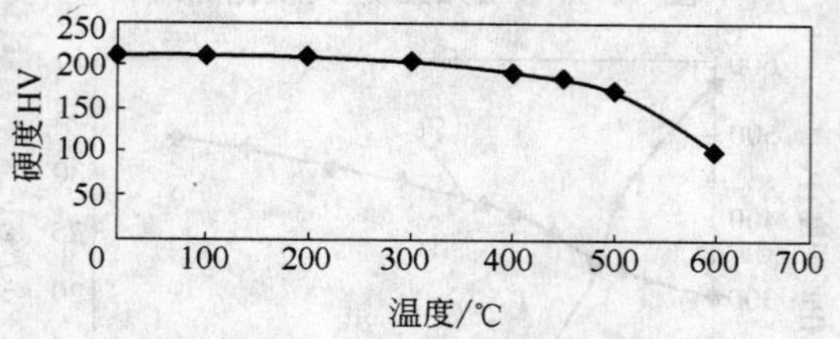

图 37-71 C70250 退火软化曲线

37.7.3.6 带材的残余应力控制

由于引线框架材料使用条件的要求,带材的残余应力必须尽可能小,不能造成冲压过程的扭曲、翘曲或其他变形。

消除引线框架带材残余应力的方法有以下几种:拉伸弯曲矫直、低温退火、张力退火。对于一般用途的冲压用带材采用拉弯矫,使带材内部应力得以均衡,从而消除残余应力,但对于蚀刻等高端部分用带材,则宜采用低温退火或张力退火。

制品在圆盘剪进行纵切分条时,切断部位附近残留局部应力。在使用要求严格时,对纵切后的条材须进行张力退火。

37.7.3.7 带材表面质量控制

引线框架材料,尤其是 IC 用引线框架铜带,对带材表面质量要求非常高,对于各生产环节及现场环境也要求很高,先进的引线框架生产线应采用全封闭式、无尘化生产。

带材的包装,宜采用真空包装。

37.8 铍青铜带

铍青铜是典型弹性铜合金材料,具有较高的强度、弹性、抗疲劳性和优良的导电性、导热性。它广泛用于制作各种弹性元件和精密仪器。

铍青铜按其性能可分为两类:其一是高导电、中等强度合金,如 C17400 和 C17410。其二为中导电、高强度合金,如 C17000 和 C17200。有时为了提高切削性能,其中加入一定的铅,成为易切削、高弹性铜合金,如 C17300 等。

C17400 铍青铜是一种高性能、低导磁率的无磁性合金材料,具有高屈服强度,比其他类似用途的金属具有高的导电、导热性能,高温下的优良抗应力松弛性能。由于它的特殊性能,被广泛应用于现代电子和电气工业的高密度封装、微型化、高电流和高工作温度的场合。这些独特的综合性能和具有吸引力的价格水平,决定了其使用的特殊性和不易替代性。C17410 与 C17400 合金的主要区别在于两种合金含 Co 量的不同。

国外对铍青铜的研究和开发较早,合金系列较齐全,我国的铍青铜合金牌号,只有少数的几种,典型的如 QBe2.5 和 QBe1.0,生产一直处于较落后的状态。这里重点介绍美国铍青铜带生产的情况。

因铍及铍的化合物的粉尘、烟雾能引起人体器官的急性或慢性中毒，因而铍青铜生产对环保、卫生防护和人体防护的要求均比较严格，其应用也受到较大的限制。

37.8.1　产品技术要求

37.8.1.1　合金牌号和化学成分

美国铍青铜合金牌号及化学成分见表37-42。

表 37-42　美国铍青铜合金牌号及化学成分

合金牌号＼合金成分			元素含量(质量分数)/%												
			Be	Co	Ni	Co+Ni	Co+Ni+Fe	Ag	Pb	Ti	Cr	C	Fe/Si	Cu	Al
UNS	CDA	KBI	加工铍青铜材												
C17000	CA170	Berylco 165	1.6～1.79	0.2～0.25		>0.2	<0.6							余量	
C17200	CA172	Berylco 25	1.8～2.0	0.2～0.25			<0.6							余量	
C17300	CA173	Berylco 25～33	1.8～2.0	0.2～0.25		≥0.2	≤0.6		0.2～0.6					余量	
C17400		Brush Alloy174	0.15～0.5	0.15～0.35									0.2/0.2	余量	0.2
C17410		Brush Alloy174	0.15～0.5	0.35～0.60									0.2/0.2	余量	0.2
C17500	CA175	Berylco 10	0.4～0.7	2.4～2.7										余量	
C17510		Berylco 14	0.2～0.6		1.4～2.2									余量	
C17600	CA176	Berylco 50	0.25～0.5	1.4～1.7				0.9～1.1						余量	
C17700	CA177	Berylco 10～52	0.4～0.7	2.4～2.7						0.5				余量	

37.8.1.2　力学性能

按照美国 ASTM B194 标准，铍青铜材料的性能见表 37-43～表 37-45。表 37-46 和表 37-47列出了 C17000 和 C17410 合金的力学性能及与其他合金性能的比较。

表 37-43　固溶热处理或固溶热处理后冷加工的 C17200 力学性能

合金状态		材料厚度/in①		抗拉强度/MPa	2 in 伸长率/%(最小)	硬度 RC		
新标准	旧标准	>	≤			B	30T	15T
TB00	A			410～540	35	45～78	46～67	75～85
TD01	1/4H		0.188	520～610	15	68～90	62～75	83～89
TD02	1/2H		0.188	590～690	9	88～96	74～79	88～91
TD04	H		0.188	690～900	2	96～104	79～83	91～94
TD04	H	0.188	0.375	660～900		91～103	77	90
TD04	H	0.375	1.0	620～830		90～102		
TD04	H	1.0		590～800	8	88～102		

注：1. B是指 0.04 in(1.016 mm)以上厚度规格的硬度。

2. 30 T 是指 0.02～0.04 in(0.508～1.016 mm)但不包括 0.04 in 的厚度规格。

3. 15 T 是指 0.015～0.02 in(0.381～0.508 mm)但不包括 0.02 in 的厚度规格。

① 1 in=25.4 mm。

表 37-44 时效热处理的铍青铜材料力学性能

合金状态		材料厚度/in①		抗拉强度/MPa	屈服强度/MPa	2 in 伸长率/%(最小)	硬度 RC(最小)		
新标准	旧标准	>	≤				C	30N	15N
C17000 合金									
TF00	AT		0.188	1030~1240	890	3	33	53	76.5
TF00	AT	0.188		1140~1340	890	3	36	56	78
TH01	1/4HT			1100~1310	930	2.5	35	55	77
TH02	1/2HT			1170~1380	1000	1	37	57	78.5
TH04	HT			1240~1450	1070	1	38	58	79.5
C17200 合金									
TF00	AT			1140~1340	960	3	36	56	78
TH01	1/4HT		0.188	1210~1410	1030	2.5	36	56	79
TH02	1/2HT		0.188	1280~1480	1100	1	38	58	79.5
TH04	HT		0.188	1310~1520	1140	1	38	58	80
TH04	HT	0.188	0.375	1240~1480	1100	1	38	58	80
TH04	HT	0.375	1.000	1240~1450	1070	1	38		
TH04	HT	1.000	2.000	1210~1410	1030	2	37		
TH04	HT	>	2.00	1140~1380	890	2	36		

注:1. C是指0.04 in(1.016 mm)以上厚度规格的硬度。

2. 30N是指0.02~0.04 in(0.508~1.016 mm)但不包括0.04 in的厚度规格。

3. 15N是指0.015~0.02 in(0.381~0.508 mm)但不包括0.02 in的厚度规格。

① 1 in=25.4 mm。

表 37-45 轧制铍青铜带材的力学性能

合金状态		抗拉强度 σ_b /MPa	屈服强度 $\sigma_{0.2}$ /MPa	2 in 伸长率/%(最小)	硬度 RC(最小)		
新标准	旧标准				C	30N	15N
C17000 合金							
TM00	AM	690~760	480~660	18	18	37	67.5
TM01	1/4HM	760~830	550~760	15	20	42	70
TM02	1/2HM	830~930	660~860	12	24	45	72
TM04	HM	930~1040	760~930	9	28	48	75
TM05	SHM	1030~1100	860~970	9	31	52	75.5
TM06	XHM	1070~1210	930~1140	3	32	52	76
C17200 合金							
TM00	AM	690~760	480~660	16	R95	37	67.5
TM01	1/4HM	760~830	550~760	15	20	42	70
TM02	1/2HM	830~930	660~860	12	23	44	72
TM04	HM	930~1030	760~930	9	28	48	75
TM05	SHM	1030~1100	860~970	9	31	52	75.5
TM06	XHM	1070~1210	930~1170	4	32	52	76
TM08	XHMS	1210~1310	1030~1240	3	33	53	76.5

注:1. C是指0.04 in(1.016 mm)以上厚度规格的硬度。

2. 30N是指0.02~0.04 in(0.508~1.016 mm)但不包括0.04 in的厚度规格。

3. 15N是指0.015~0.02 in(0.381~0.508 mm)但不包括0.02 in的厚度规格。

① 1 in=25.4 mm。

表 37-46　C17400 和 C17410 主要力学特性

合　金	C17400				C17410			
范　围	最小	最大	最小	最大	最小	最大	最小	最大
抗拉强度/MPa	63.3	80.9	620	790	77.3	91.4	760	895
屈服强度/MPa	59.8	77.3	585	760	66.8	87.9	655	860
伸长率(50.8 mm)/%	4		12		4		15	
硬度 RB	90		105		95		110	
硬度 HV	190		280		210		300	
导电率(20℃)/%IACS	40		55		45		60	

联邦德国 METALL.1980 年第 2 期 p.135～138 曾发表文章，可回归出从 0%～80% 的加工率 ε 与硬化屈服强度的关系式，C17500 和 C17510 的硬化屈服强度计算公式如下：

$$\text{C17500:}\quad \sigma_{0.2}=180+60.5\varepsilon^{0.44}\quad (\text{MPa}) \tag{37-1}$$

$$\text{C17510:}\quad \sigma_{0.2}=190+77.5\varepsilon^{0.415}\quad (\text{MPa}) \tag{37-2}$$

表 37-47　C17000 和 C17410 合金与其他合金性能的比较

合 金 牌 号		C17000	C17410	C51000×S (PBS)	C52100×S (PBC)	C68800×S	C72500×S
σ_b/MPa		633～809	773～914				
$\sigma_{0.2}$/MPa		598～773	468～879				
δ_5/%		4～12	4～15	<8	<5	≤2	≤1
硬度 RB		90～105	95～110	97	100	99	87～95
弹性模量							
横　向　msi		21	21				
纵　向　msi		19	19	16	16	16.8	20
导电率/%IACS		40～55	45～60	15	13	18	9
成形特性(R/T)							
纵　向	R—90°	1.2	0.5	1.3	1.1		1.7
横　向	T—90°	6.5	6.0	6.5	6.5		8
残余应力(75%的 $\sigma_{0.2}$)/%		84	85	49	46	约 25	约 55

注：残余应力测量条件为 150℃/1000 h。

37.8.2　工艺流程

目前各国铍青铜生产工艺虽不尽相同，但大体上为：

熔炼→铸造→加热→热轧(淬火)→铣面→初轧→固溶退火→冷轧→固溶退火→冷轧或精整→成品。

37.8.2.1　熔炼

由于金属铍在高温下极易氧化，其铍尘和废水中超标极易引起工人中毒反应，并且较难治愈，因此铍青铜熔铸的防护是非常重要的。较早期铍青铜采用真空感应电炉熔炼、真空铸造，以解决元素 Be 氧化和挥发的问题。随着技术的发展，真空铸造无法适应铸锭的快速冷却和向大锭发展的需求，又出现了真空熔炼，破真空后半连续铸造。由于对铸锭重量、长度提出了新的要求，真空熔炼炉的容量远远满足不了工业增长的需要，目前国内外普遍采用大型中频感应电炉熔炼；高质量的覆盖剂可防止 Be 和 Cu 金属氧化；采用防毒面罩防尘方法；Be 尘采用高效收尘系统可解决环保问题。

37.8.2.2 铸造

目前铍青铜多采用半连续铸造机铸造，它具有铸锭均匀、湍流与氧化最小、快速冷却、定向凝固、无严重的 β 相、高成品率和模具费用低等优点。目前国外铍青铜铸锭锭重约 5～7 t。由于铍青铜如 C17200 合金导热性能没有紫铜好，并且冷却时线收缩率大，所以铸锭的宽厚比不宜过大；铍青铜结晶属包晶反应，特别是体积收缩率大，铸造不当会产生偏析，一般铸锭铸造后应进行铣面处理。

铍青铜带材加工时的切头尾、铣面、剪边等几何废料可以作为旧料回炉。

铍青铜不能采用水平连铸的原因有以下四点：

(1) 由于铍和铜的熔点不同，造成铍大量偏析于表面并氧化，硬度高；

(2) 由于偏析体积严重收缩，引起吸气，使石墨结晶器模具寿命降低并损坏；

(3) 由于偏析，经铣面后大量的 Be 元素被铣去，而截面上成分分布不均匀引起产品加工性能不均；

(4) 由于铍青铜液固线没有明显的分界，共晶线与液固线的交点为含 2.7% Be，水平连铸容易形成伪共晶，易析出大量的 β 相，即使进行均匀化热处理，在铜基中扩散也较慢；偏析于晶界的 β 相形成脆性 γ 相，造成加工时破碎。因此迄今为止，水平连铸铸造铍青铜尚未研究成功。

37.8.2.3 加热

加热一般采用电阻炉或步进炉，对于 C17200 合金来说，温度最好控制在 790 ± 5℃，不得超过 802℃，否则会造成晶界熔化加宽，无法热轧；C17410、C17500 合金加热温度宜控制在 930℃以下。

37.8.2.4 热轧

铍青铜合金导热系数远不如紫黄铜大，所以轧制过程中没有紫黄铜散热快。由于铍青铜热轧后要求淬火，对终轧温度的要求严格，所以热轧机的轧制速度变化范围大，速度快，以缩短轧制时间，减少散热，及时淬火。

C17200 合金热轧温度范围为 650～800℃；C17500 合金热轧温度范围为 700～925℃。淬火的目的是使 β 相来不及析出，直接冷却到 200℃以下，使高温状态的 α 面心立方系无序结构保存下来，有利于冷加工。

37.8.2.5 冷轧

由于铍青铜硬度大，冷轧一般采用多辊轧机，初轧也有用四辊的，但精轧基本上采用二十辊轧机。其精度为 0.1 ± 0.0025 mm。冷轧加工率最大可达 60%～80%。

37.8.2.6 中间退火

铍青铜中间退火一般有两种形式：一种为传统的固溶热处理加淬火，但带厚时设备不易选择和操作；另一种为钟罩式光亮退火炉退火。不论采用哪一种，退火前一般都要进行剪边，以防止裂边。

37.8.2.7 成品热处理

成品退火，国内外一般选用连续淬火炉进行固溶热处理。20 世纪 70 年代末国外开发出连续淬火机组。淬火炉加热是采用气氛保护下电气加热，因气垫式带温无法达到 920℃，所以采用和带速同步的石墨辊托承带材。淬火已由水淬改为气淬工艺（水淬带面瓢曲，表面易氧化），方法是采用低温保护性气氛喷冷带面，以保证淬火性能，防止带面氧化和瓢曲。为改善表面质量，退火后进行酸洗、抛光及钝化。

热轧淬火可提供良好的冷加工特性和晶粒组织，成品热处理可保证产品特性，为提高产品的使用性能奠定基础。

37.8.2.8 拉弯矫直

铍青铜大多以 HR00、HR02 和 HR04 状态供货，加工到该状态时，应进行(R)拉弯矫直处理。拉矫前应进行脱脂等表面处理。

时效热处理一般在冲制零件成形后进行，

不属于加工厂的工序范围。

以前由于熔炼炉、铸造机和热轧机性能不过关，铸锭不可能满足现代化冷轧机的要求，一般采用焊接工艺解决带长较短的问题。目前随着设备性能的完善，国外已废除初轧后焊接合卷工序。

37.8.3 主要工序及工艺参数

37.8.3.1 固溶热处理

在铍青铜加工过程中，无论是冷轧还是冷拉伸加工，都会导致强度增大，延伸率降低，因此金属材料必须进行软化热处理（即退火处理）以恢复塑性。铍青铜的退火温度应选择在固溶退火温度范围内，以保证时效退火后得到完全沉淀硬化的特性。理论上，最合理的固溶热处理温度为788～802℃，这不仅能使经过冷加工的带材的变形晶粒发生再结晶，同时也使Be原子留在固溶晶粒内部。铍青铜生产工艺是采用金相检查法作为鉴定和控制热处理工序手段的。生产中偶尔发生的质量缺陷，也能采用这种方法鉴别出来。

固溶退火炉的工作温度和淬火速度是需要精心控制的两个重要环节。如果退火温度高于要求温度范围的上限，合金材料在晶界的位置就会出现部分熔化，在时效硬化之后，就会形成“过烧”的组织结构，呈现出晶粒粗大的特征（见图37-72）。在晶界出现熔化过的液态富铍相，而晶粒内会相应出现富铜现象。晶界中出现的这个新液态富铍相，大约含有4%的Be，基本上是β相（类似于前面所说的β相），并且无法再固溶到合金基体中去。由于这是一个很脆的脆性相，呈方块形的块状组织结构，并且包围在晶界上，延伸率几乎为零，在这种状态下材料是无法进行进一步加工的。

当退火温度达不到774℃时，带材会出现显著的α相区和β相区。从微观结构上说，这种β相在时效硬化时会转变成细小晶粒晶界间的黑色γ相。这种β相不同于前面所说的固溶体内所析出的β相。固溶体内所析出的β相实际上是一种固态变态相，它在晶内形成，在适宜的固溶热处理温度下，它会再次溶解到α相内。

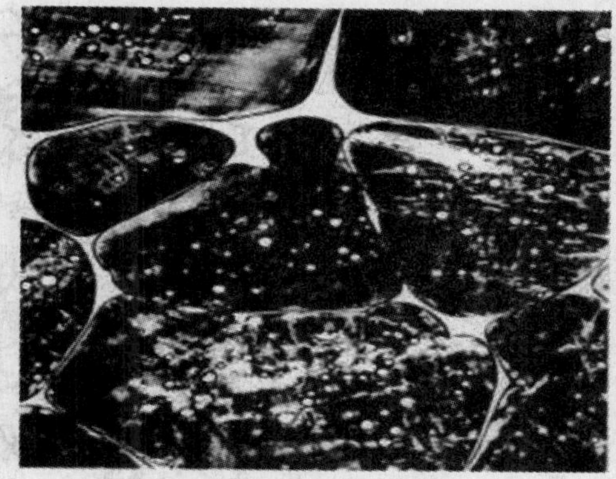

图37-72 铍青铜过烧后的晶粒与晶界

淬火过晚或速度较慢也是一个问题。在799℃下经15 min加热的试样，只是慢冷到649℃时才进行淬火（已进入了两相区——$\alpha+\beta$相区）。经时效后发现，因沉淀硬化热处理，晶界间的β相已转变成为γ相。

当退火温度太低或淬火温度不适当时，就会形成晶界中的β析出相，无法使Be原子完全固溶到基体铜中去，随着沉淀硬化热处理的进行，这种影响会相应增加。这种情况必将产生一系列的问题，特别是在最终产品的性能上。它将使材料的弹跳性能丧失。铍青铜在各种状态下的微观组织形貌见图37-73～图37-76。

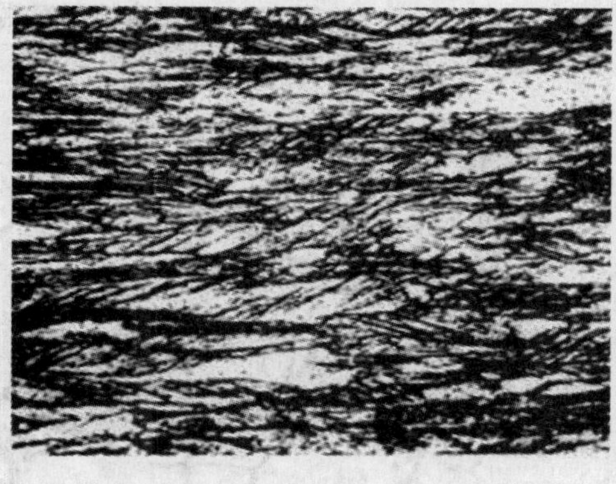

图37-73 全硬状态铍青铜的显微加工组织

一般来说，如果热处理温度适中，并且淬火及时，那么经沉淀硬化后就能产生理想的组织和性能。标准热处理工艺的改变主要取决于独特的生产工艺，例如与银铜合金钎焊接，导致铍青铜合金材料性能降低，在设计上是应该允许的。铍青铜时效曲线如图37-77所示。

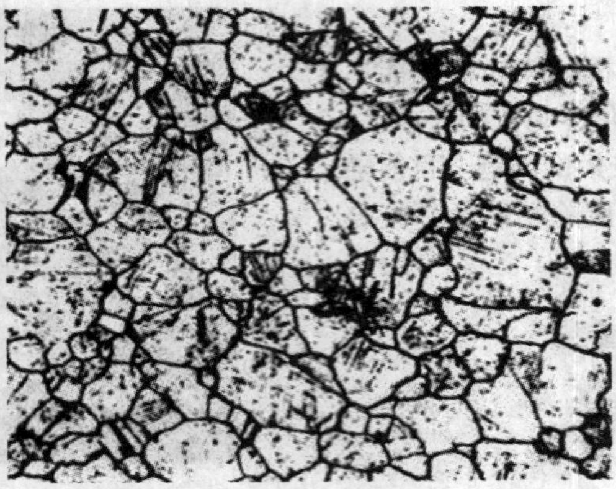

图 37-74　1450F 固溶热处理、水淬后铍青铜的晶粒结构

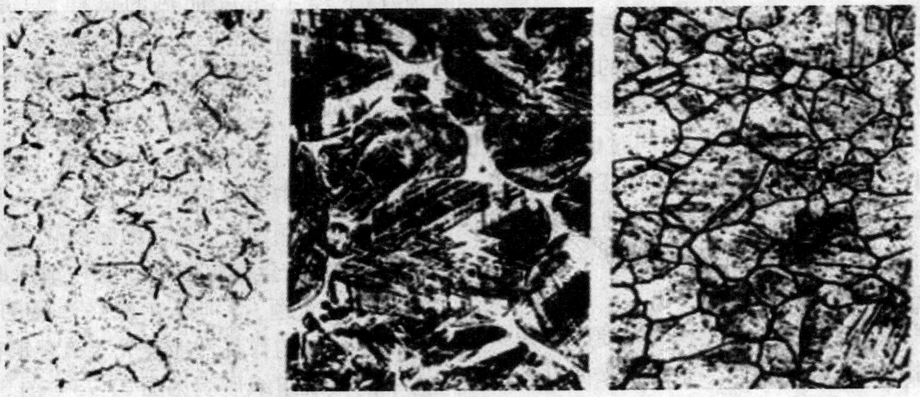

图 37-75　铍青铜固溶热处理、过烧和冷加工后的金相组织

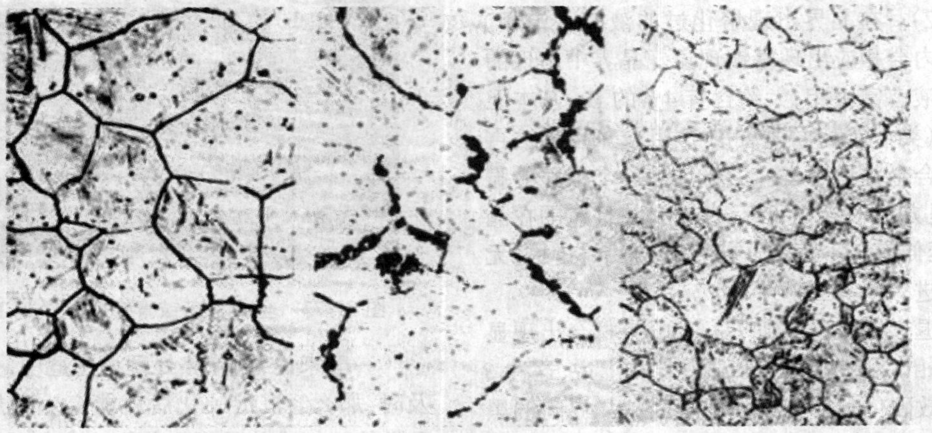

图 37-76　铍青铜固溶热处理、过烧和冷加工后进行时效后的金相组织

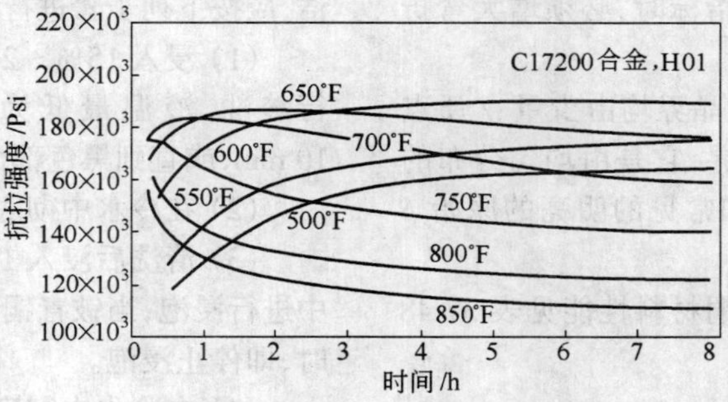

图 37-77　铍青铜时效曲线（$1Psi = 1lbf/in^2 \approx 6.9$ KPa，$1°F = \frac{5}{9}(F-32)℃$）

37.8.3.2　铍青铜的微观结构控制

C17200 合金中含有近 2% 的 Be 和 0.25% 的 Co，即国内牌号 QBe2 中再添加 0.25% 的 Co。它具有高弹性、高疲劳强度和耐磨蚀性。这一优良特性是由于 Be 原子固溶到铜基体内呈 α 相，经冷加工后时效热处理，在晶内 α 相基体中生成 β 相，产生弥散和沉淀，阻碍滑移线的滑动而产生的。在高温下，Be 能以固溶的形式存在于铜内；而在低温下，将产生被称为 γ 相的 Cu-Be 金属化合物。Be 可利用淬火工艺——在 773.9℃ 的温度下进行急冷，得到具有良好的延伸性能和成形性能的过饱和固溶体 α。如果进行二次加热，将温度升到 204.4℃ 以上，Be 原子就会和 Cu 生成 Cu-Be 中间化合物——β 相，发生沉淀硬化。如果连续出现这种晶格的应变，将导致室温下材料具有最大的强度。

铍青铜靠精确的温度控制，可得到晶粒度直径为 0.035 mm 的 α 相基体。C17200 合金控制晶粒长大是 Co 原子起的作用。在金相组织中还可看到另一相——Co-Be 质点，在金相图中呈均匀黑色的质点分布。这些化合物质点可阻止固溶热处理时晶粒长大，并防止时效时合金快速软化。从经过固溶热处理的 C17200 合金样品金相图中，可以明显看到晶粒内分布着明亮的黑色质点——β 相，这些微小的质点是一种非常硬的相组织，它不影响机械加工和成形加工，也不受热处理的影响。

在晶界上还有许多深黑色的组织，被称为 γ 相，它是由这些晶界附近的高能量区域析出而形成的，这种 γ 相在这类材料中总是或多或少出现。如果固溶热处理温度太低或材料发生过时效，晶界中 γ 相的数目就会大量增加。固溶热处理的目的是为了降低材料的强度，有利于提高延伸率和导电率。

标准 AT（固溶热处理后时效）状态下的 C17200 合金的典型特征是，包围晶界的 γ 相与细小的 Co-Be 相均匀分布于晶界。晶内出现清晰而细微的 β 相，并且没有发生偏析现象。这种典型的材料结构，可满足工业对于 AT 状态的合金的技术要求。

37.8.3.3　产品状态控制

冲裁和成形的操作会引起材料局部的应力集中，在沉淀硬化热处理时，将会导致不理想的失真现象。为了减少这种影响，并使屈服强度达到最大值，在不影响材料成形加工的条件下，应选用最硬的状态。C17200 能够采用轧制硬化的方式生产各种状态的半成品。

两种常用的状态是“H04（全硬）”和“H02（半硬）”状态。它们是对固溶热处理后的坯料进行适当的压下量冷精轧而生产出来的。“全硬”状态的材料，一般可以以材料厚度的 2 倍为曲率半径，垂直于轧制方向为轴线弯曲 90°而不折裂。如果沿轧制方向为轴线弯折，则要求曲率半径更大些。这一状态最适合冲裁和剪切操作。

“半硬”状态适用于常用的弯曲和成形工艺操作，包括垂直于轧制方向弯折成锐角，或沿轧制方向，以 2 倍于厚度的曲率半径弯折成形。如果厚度规格减薄，所有状态下都能弯成锐角。

当材料的外观作为重要指标时，必须增大弯折的曲率半径。

综上所述，绝大多数晶界均由少量 γ 质点组成一条非常细微的晶界，它是由均匀分布的Co-Be金属中间化合物和常见的明亮的原始 β 相质点构成的。

不同状态下的铍青铜材料性能见表37-48～表37-50。

表37-48　TB00（固溶热处理后）状态的铍青铜材料晶粒度

厚度规格/mm	标准晶粒尺寸/mm	最大平均晶粒尺寸/mm
≥0.254～0.762	OS035	0.035
≥0.762～2.24	OS045	0.045
≥2.24～4.78	OS060	0.060

表37-49　TF××（沉淀硬化）状态的铍青铜材料弯曲试验

新标准	旧标准	弯曲试验半径（为材料厚度的倍数）
TF00	AT	5t
TH01	1/4AT	6t
TH02	1/2HT	9t
TH04	HT	15t

注：t为试验材料的厚度。

表37-50　铍青铜材料沉淀硬化试验温度

时效热处理前的状态		316～357℃时效温度下的时间/h
新标准	旧标准	
TB00	A	3
TD01	1/4A	2
TD02	1/2H	2
TD04	H	2

37.8.3.4　*表面酸洗和光亮清洗*

在无惰性气体保护下的时效退火炉内进行时效硬化热处理后，要达到表面更加光亮、清洁，应按下列步骤进行酸洗：

(1) 浸入15%～25%浓度的硫酸溶液中进行酸洗，液温最低为71℃。浸泡时间大约10 min，或直到黑色部分全部洗掉为止。

(2) 在冷水中彻底清洗。

(3) 清洗后浸入15%～30%浓度的冷硝酸中进行浸泡，当铍青铜发生溶解，酸液冒出气泡时，即停止浸泡。

(4) 在冷水中彻底清洗。对于表面质量要求更高的状态的部件，还应采用以下方法洗面：

1) 在每加仑硫酸溶液（含15%硫酸）中加入4盎司重铬酸钠，做成冷溶液，将材料在溶液中浸泡15 s；

2) 在冷水中彻底清洗；

3) 在加热到65.6℃，1%浓度的磷酸三钠 $(Na_3)_2P_2O_7$ 中进行中和漂洗（国内采用2%～3% NaOH）。

(5) 采用空气吹干或其他方法彻底干燥。

比较好的方法是采用光亮退火或淬火炉进行热处理。美国于20世纪70年代研发出气体淬火方式，80年代开始采用，使带材表面质量大大改善，板形质量显著提高。我国于20世纪90年代引进一台光亮淬火热处理炉，它和气垫式光亮退火炉大同小异。两者在开卷机、卷取机、碱洗和酸洗部分基本类似，但由于淬火需要的温度比其他需退火合金高（一般达到788℃）所以其加热不能用气垫式，而是采用石墨辊同步托起带材加热，保护性气氛来自于淬火段溢流到加热段的惰性气体；淬火段采用高速循环的惰性气体淬火，气体通过外界冷却介质进行热交换，将气体冷却后直接喷到带面上；出炉口与气垫炉也不相同，气垫炉带材出口处为弯曲水封式封闭，而淬火炉则采用带材直通式毛毡封口。

C17200合金靠铜-铍金属中间化合物沉淀硬化，而C17500合金是靠钴-铍中间化合物沉淀硬化的。因此，热处理温度也不同。表37-51列出了这两种合金的标准热处理方式和成分。

表 37-51 铍青铜合金的固溶热处理方式和成分(%)

项 目	C17000 合金	C17200 合金	C17500 合金
Be	1.60~1.79	1.80~2.00	0.40~0.75
Co			2.4~2.7
Co+Ni	≥0.20	≥0.20	
Co+Ni+Fe	≤0.60	≤0.60	
Cu与其他名义元素	≥99.5	≥99.5	≥99.5
热处理	固溶热处理(SHT)		固溶热处理(SHT)
温 度	788~802℃		913~927℃
淬 火	水淬		水淬
时效热处理	316℃/3h		482℃/3h

注:1. 所有的焊接接缝均为直角形焊缝。

2. 焊接前,除了热处理出现氧化皮外,所有的接头可采用金属丝刷进行刷洗。C17200 合金清除氧化皮的方法是采用 50%硝酸加 50%的水溶液进行蚀洗。

第6篇

铜合金管、棒、型、线材生产[1]

[1] 本篇负责人:李耀群、郭莉。

38　铜合金管、棒、型、线材生产方式❶

38.1　管材生产方式及特点

铜及铜合金管材产品有挤制管和拉制管，其规格范围很宽，小至毛细管，大到直径达 300 mm 以上的大直径管。不同合金品种不同规格的铜管的生产方式不尽相同。铜管材分为有缝管和无缝管两大类。有缝管也称焊接铜管，是将铜板带经纵剪、冷弯成形后焊接成管坯或管材，再经冷加工和退火，达到所要求的状态和表面精度。其产品质量除受焊接工艺影响外，主要取决于铜板带的质量。由于我国高精度铜板带的质量及成本等原因，目前我国仅在天线套管生产中采用了焊接生产方式，而在供液供气铜管如热交换器管、制冷用管、水气管等生产中仅做了尝试，并未推广开。无缝管材仍占我国乃至世界铜管材的绝大多数。

管材生产可分为管坯制造和管材冷加工，无缝管材生产采用挤压、斜轧穿孔、水平连铸或上引连铸等方法供坯，有缝管采用铜带材冷弯成形后焊接成管坯。冷加工采用冷轧或拉伸的方法。管材的生产方法见图 38-1。

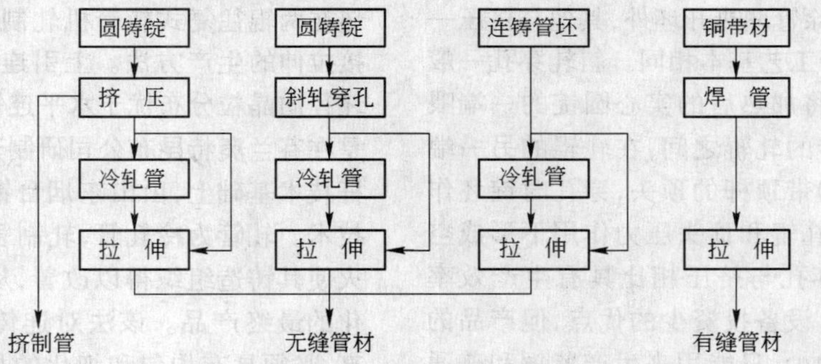

图 38-1　管材的生产方法

依据在加工过程中制品的形状，铜及铜合金管材生产又可用直条法和盘管法。近十几年来，紫铜小管如冰箱管、空调管、小直径水气管大都采用盘管法生产。

管材的生产方法的选择可根据各厂所生产的产品及具体条件而定。各种生产方法的特点如下。

38.1.1　挤压—轧管—拉伸法

挤压—轧管—拉伸法适用于各种铜及铜合金管材，是应用最广的铜管生产工艺。该法由圆锭铸造、挤压、轧管、拉伸等主要工序组成，又可分为挤压—拉伸、挤压—轧管—拉伸两种生产工艺。这两种生产工艺均采用挤压供坯，挤压管坯通常采用实心圆锭进行穿孔挤压，也可采用空心锭生产。先将铸锭加热至再结晶温度以上再进行挤压，挤出的管坯尺寸精确、表面质量好且细化晶粒组织。

挤压—拉伸法可生产各种形状及尺寸的拉制管，管材尺寸精度高、表面光洁。拉伸法的生产设备和工具较简单，维护方便，在一台设备上可生产多种规格和品种的产品。与轧制相比，道次变形量和两次退火间的总变形量较小，特别是在拉制薄壁管时尤为突出，从而使拉伸道次、退火等工

❶　本章撰稿人：闫建设、李惠中、王永如、张学士。

序增多,成品率降低,生产成本增加。

挤压—轧管—拉伸法集轧管拉伸优点为一体,是生产精密铜管如冷凝器管、空调制冷器盘管的主要生产工艺。冷轧管与拉伸相比道次加工率大,可达90%以上,纠正壁厚偏差能力强,挤压管坯经轧管后,壁厚偏差可降低50%以上。轧制管材截面小、长度大、单重大、精度高,从而减少后续拉伸道次,减少制夹头、退火、酸洗等工序,缩短了生产流程。挤压—轧管—拉伸法采用大锭挤压、大卷重制品生产,成品率高,生产效率高,产品质量好。轧管机结构较复杂,维护保养麻烦,轧辊孔型块加工制造要求专用机床,设备费及工具费较拉伸机高。

38.1.2　斜轧穿孔—轧管—拉伸法

该法由圆锭铸造、斜轧穿孔、轧管、拉伸等主要工序组成,除管坯热开坯外,其他与挤压—轧管—拉伸生产工艺基本相同。斜轧穿孔一般采用辊式斜轧,将加热后的实心圆锭的一端喂入同一方向旋转的轧辊之间,在轧辊的另一端固定着可旋转的带顶杆的顶头,穿孔时锭坯作螺旋运动,并在轧辊和顶头压力作用下形成空心管坯。斜轧穿孔与挤压相比具有生产效率高、几何废料少、设备投资少的优点,但产品的规格和合金品种少,只能用来生产紫铜和普通黄铜等部分铜合金管,管坯质量较挤压管坯差。随着挤压法的发展与普及,斜轧穿孔逐渐地退出铜管生产。在我国,仅少数厂家采用斜轧穿孔生产水道管等大直径无缝铜管。

38.1.3　连铸管坯—轧管—拉伸法

该法由铸造管坯、轧管、拉伸等主要工序组成。该工艺最大的特点是生产流程短,取消了铸锭加热、挤压等工序,直接由连铸机组生产出空心管坯。管坯不经加热进行轧制,能耗低,成品率高,属于一种短流程、低能耗、投资省、低运行成本的生产方法。与挤压、斜轧穿孔管坯相比连铸管坯的偏心率最低,在±2%以下。铸坯表面质量较好,生产一般铜管,不用铣面即可进行后续轧管、拉伸加工。但该法生产的产品规格及合金品种较少,一般用于中小紫铜管材及铜盘管生产。水平连铸—行星轧管—拉伸法、上引连铸—轧管—拉伸法是该法两种典型工艺。

水平连铸—行星轧管法是芬兰奥特昆布公司研制开发的紫铜盘管生产工艺,适用于磷脱氧铜管,包括空调制冷用管、中小水气管的生产。经铣面后的水平连铸管坯,由三辊行星轧管机轧制成一定规格的盘管坯。由于三辊行星轧制具有变形迅速、加工率高等特点,使轧件在变形区内的温度迅速升高至铜的再结晶温度以上,轧件由铸造状组织变为完全再结晶组织,晶粒均匀细致。轧制中采用氮气保护,轧件表面光亮。轧件单重大,可达到每根800 kg以上。该法生产的高质量大卷重盘管坯提高了铜盘管的生产效率和成品率,已成为我国空调制冷用铜管等紫铜盘管的主要生产工艺。

上引连铸—轧管—拉伸法是将上引连铸管坯在两辊往复式轧管机轧制,再进行拉伸或直接拉伸的生产方法。上引连铸系立式铸造,管坯径向晶粒分布优于水平连铸。铜管坯上引法是在芬兰奥特昆布公司研制开发的上引无氧铜杆技术基础上,由山东烟台铜材厂研制的生产技术。轧管为冷轧管,轧制管材需进行中间退火使其铸造组织得以改善,从而生产出晶粒细化的最终产品。该法对连铸管坯质量要求较高,必须具有均匀和细化的晶粒组织结构。受结晶冷却器结构等因素的制约,上引法一般上引直径100 mm以下、壁厚10 mm以下的管坯。上引管坯质量的稳定性有待进一步提高。该法目前主要用于中小水道管、空调连接管等磷脱氧铜管、无氧铜管生产上。

对于热加工性能差、冷加工性能较好的铜合金如锡磷青铜,可由水平连铸供管坯,管坯经均热化退火后,再进行冷轧、冷拉。水平连铸管材也可直接作为机械零件加工坯料使用。

铜及铜合金管材生产方法比较见表38-1。

表38-1　铜及铜合金管材生产方法比较

生产方法	优　点	缺　点	使用范围
挤压—轧管—拉伸	1. 产品质量好; 2. 产品品种多; 3. 生产灵活性大	1. 几何废料多; 2. 设备投资高; 3. 产品成本高	适于各种有色金属管材

续表 38-1

生产方法	优 点	缺 点	使用范围
斜轧穿孔—轧管—拉伸	1. 几何废料少； 2. 设备投资较挤压法少； 3. 生产率高	1. 产品品种少； 2. 管材质量差	适于紫铜管和部分黄铜管材
连铸管坯—轧管—拉伸	1. 设备投资少； 2. 生产工序少； 3. 坯料重量大，成品率高； 4. 生产成本低	1. 产品品种少； 2. 连铸生产效率低； 3. 对铸造管坯质量要求高	适于中小磷脱氧铜、无氧铜管材

38.2 型、棒材生产方式及特点

按合金分，铜及铜合金型棒材可分铜、黄铜、青铜、白铜四大类，其中黄铜棒约占铜及铜合金型棒的 90%，而黄铜棒中铅黄铜棒又占绝大多数，约占 80%～85%。

按棒材断面形状分，铜及铜合金型棒材产品可分为圆棒、型棒，型棒有方形棒、矩形棒、六角棒、异型棒等。

按加工方法分，铜及铜合金型棒材产品有挤制和拉制两大类。GB 国家标准中拉制棒的规格范围为 $\phi5 \sim 80$ mm，挤制棒为 $\phi10 \sim 180$ mm。美国、日本等国家不以产品尺寸而以交货形态划分，以直态交货的称为棒材，以盘交货的称为线材，棒材直径下限为 $\phi1$ mm，线材上限为 $\phi15$ mm。

型棒材生产可分为棒坯制造和型棒材冷加工，棒坯生产采用热挤压、孔型轧制、水平连铸或上引连铸等方法供坯。冷加工采用冷轧或拉伸的方法。型棒材的生产方法见图 38-2。

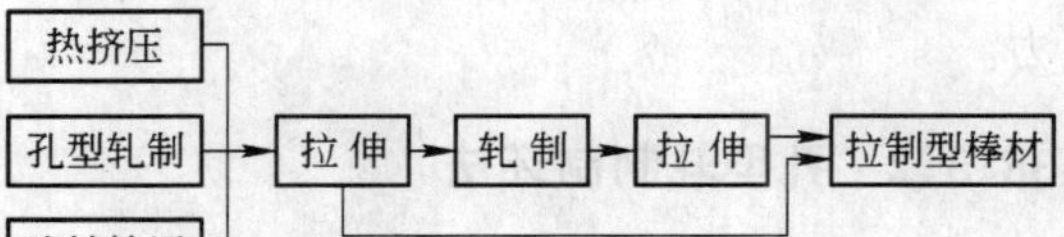

图 38-2 型棒材的生产方法

38.2.1 挤压供坯法

挤压法具有变形条件好，挤出的制品尺寸精确、表面质量好且有细化的晶粒组织、生产灵活性大的特点，适用于各种铜及铜合金型棒材，是应用最广的棒坯生产方法。该法可直接出产品，挤出的型棒材经矫直、锯切等精整后即为挤压型棒材成品。挤压法可以得到断面最近似于成品型棒材断面形状和尺寸的坯料。对于拉制圆棒，一般在挤压后只需进行一道次拉伸，型材可减少拉伸道次，生产流程短。为提高经济效益，棒材生产向连续化、盘卷化方向发展，盘卷化生产方式已在铜及铜合金中小棒材生产中广泛应用。挤压盘卷坯料的单重取决于挤压机吨位、收线装置及控制水平。很多工业发达国家可提供 $\phi32$ mm 棒坯的盘料，盘卷的棒坯直径最大可达 $\phi50$ mm，卷重达 1500 kg 。挤压有正向挤压和反向挤压，正向挤压因其设备结构较反向挤压机简单、价格便宜、操作简便，在棒材生产中广泛应用。反向挤压由于锭坯表面与挤压筒壁无相对滑动，挤压能耗低，因此在同样挤压条件下，所需的挤压力比正向挤压低 30%～40%。反向挤压较正向挤压变形均匀，制品尺寸精度高。目前反向挤压已大量应用于易切屑黄铜棒的生产中，随着经济的发展和科技进步，对产品质量的要求越来越高，将促进反向挤压技术的发展和应用。

38.2.2 孔型轧制供坯法

孔型轧制是将锭坯在横列式轧机上进行热轧，轧制是在有环形轧槽的轧辊中进行。坯料通过多个轧辊孔型，断面逐步缩小，从而获得预定的形状和尺寸。不同合金、不同规格、不同形状的型棒材所采用的孔型不同，小批量生产时需准备大量的轧辊，频繁更换轧辊不经济且效率低。该法设备投资比挤压法少，曾在铜及铜合金型棒材生产中起过主要作用，但由于该法生产的品种少，产品质量较差。随着挤压技术的发展，绝大多数铜及铜合金型棒材已不采用孔型轧制法供坯生产。

38.2.3 连铸供坯法

连铸供坯有水平连铸或上引连铸供坯，坯料直径一般为 $\phi8 \sim 20$ mm，盘重可任意选定，仅受卷取装置能力的限制。由于坯料为铸状晶组织，需经过反复拉伸、退火，不宜用来生产冷状态下塑性差的合金。然而对于热加工性能差、冷加工性能较好的锡青铜、硅青铜，其中小规格棒材采用连铸坯生产要比挤压法经济且质量有保证。目前该法主要用于小棒和对机械性能要求不高的棒材生产上。

38.2.4 棒材冷加工

拉伸是棒材生产最常用的冷加工方法，对于挤压棒坯多数情况下只需进行一道次拉伸冷加工，只是在生产难挤压合金小断面棒材时，拉伸次数才大大增加。拉伸有直拉和盘拉，多采用直拉，盘拉仅用于需多道次拉伸的小棒生产。直拉有间断式和连续式拉伸，间断式在链式拉伸机上进行，每一根拉伸坯料都需要预先制头，几何废料多、生产效率低。连续式拉伸在联合拉伸机上进行，联合拉伸机集拉伸、矫直、锯切、抛光、倒角、打捆等工序为一体，挤压盘卷棒坯经联合拉伸机加工后即为成品棒材，挤压—联合拉伸是当前最先进的棒材生产方法。盘拉在盘拉机上进行，最后在联合拉伸机或矫直切断机上进行精整。

冷轧多用于加工塑性差的合金小棒材。这些合金棒若采用拉伸法生产，需经过反复拉伸、退火，生产流程长、能耗高、生产成本高。而冷轧加工率大，可减少拉伸道次、减少中间退火。冷轧多采用两辊平立辊或三辊 Y 型连轧机。冷连轧机设备费用较高，一般用于批量较大的合金小棒生产。

38.3 线材生产方式及特点

金属线材是细而长且盘绕成盘交货的制品，常用铜及铜合金线材直径在 6 mm 以下，但也有粗的，粗细不是线材的唯一标准。线材的断面以圆断面最广泛，也有非圆断面的，如扁的、方的、异型的等。

线材生产可分为线坯制备和线材冷加工。一般线坯直径为 6～10mm，以可以柔软盘绕起来为原则，但也应为成品线留有足够的冷变形量，以保证成品线的质量。线坯越长越好，卷重越大越好，可减少拉伸时的对焊工作量，提高拉伸生产效率，提高有电性能要求的线材的性能。线坯制备有两大类，一类是非连续生产方式，即先铸成锭坯，再采用热挤压、孔型轧制等方法加工成线坯；另一类是连续生产式，即连铸或连铸连轧成线坯。冷加工采用冷轧或拉伸的方法。线材的生产方法见图 38-3。

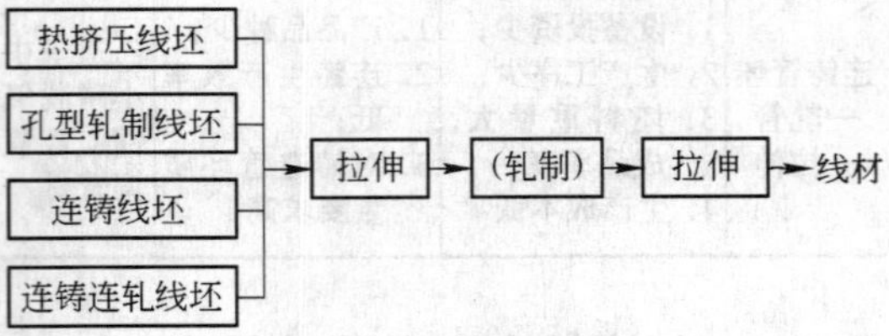

图 38-3 线材的生产方法

38.3.1 挤压制坯法

挤压法是将圆锭在挤压机上挤成线坯，并在线卷取成盘卷，盘卷经水冷或控制冷却后收入集线架。挤压能保证得到极好的坯料组织，有利于后序拉伸加工。挤压生产灵活性大，适于合金牌号多、批量小的铜合金线材生产，是生产优质线材的主要制坯方法。挤压线坯的规格、盘卷单重，取决于变形金属的性能、挤压机吨位、收线装置及控制水平。随着挤压技术的发展，大吨位挤压机的采用，挤压线坯的盘重已达 500 kg 以上。优质大卷重线坯有利于提高拉伸机效率，有利于改善产品质量的均一性。但由于铜合金线材的生产规模较小，采用大吨位挤压机势必造成投资过大，经济效益较低。随着中小棒材生产向连续化盘卷化方向发展，许多生产厂家采用大吨位挤压机，既生产盘卷棒坯，又生产线坯，充分发挥了挤压机的生产能力。

38.3.2 孔型轧制制坯法

孔型轧制法是指横列式轧制。该法使用平铸的 85～130 kg 船形线锭，加热后经横列式轧机轧得 $\phi 7.2$ mm“黑铜杆”。该法生产的线坯精度低、表面质量差，质量不均一，卷重小，劳动强度大，生产效率低，能耗高，在铜线杆生产中该法已被连铸连轧法所取代。黄铜、青铜和白铜的牌号多，批量小，材料软硬差异大，孔型的共用性较差，要适应小批量铜合金线坯的生产需准备大量的轧辊，频繁更换轧辊不经济且效率低。黄铜等合金的塑性较低，用轧制法生产时，线坯上易形成裂纹。目前绝大多数铜合金线材已不采用孔型轧制法制坯。

38.3.3 连铸制坯法

连铸法是通过铸造直接制成线坯，可免去轧制或挤压及其相关工序，这样缩短了生产流程，减少了生产设备和场地，降低了投资和生产费用。连铸法主要有上引连铸、浸涂成型和水平连铸。

上引法和浸涂成形法系光亮铜线坯主要生产方法之一，主要用于生产含氧量 20×10^{-6}以下的无氧铜线坯。在上引连铸中，石墨结晶器的下端插入铜水中，上端与冷却水套相连，铜水从其底部进入结晶器，经水套冷却后为固体线杆，引出的铜杆温度低于 100℃，铜杆表面光亮，不用酸洗即可进行后续加工。上引坯料直径一般为 ϕ8～20 mm，盘重 2 t 左右，ϕ8 mm 的线坯直接供大拉机拉伸，大规格线杆需经巨拉机或冷轧机加工后才能得到 ϕ8 mm 左右的线坯。上引机列的生产能力为 3000～30000 t/a，采用多头铸造，可通过改变上引杆的头数灵活增减上引机的产量。上引法的设备结构简单，容易掌握、生产灵活、生产成本低，适宜中小规模的生产企业，目前该生产方法已在我国普遍采用。但该法对原料的纯度要求较高，阴极铜的杂质总量应不大于 500×10^{-6}，否则不能得到质量稳定的产品，生产不能正常进行。

浸涂成型法是利用冷铜杆的吸热能力，用一根较细的铜芯杆（种子杆），垂直通过保持一定液位的铜水池，在移动的种子杆的铜表面形成牢固的凝结层，并逐步凝固成较粗的铜杆。铸造线坯经冷却管冷却到一定温度，进入热连轧机轧成 ϕ8 mm 的线坯，后经冷却、卷取成卷，整个生产过程是在惰性气体保护下连续进行。大部分线坯作为产品送去拉线，少部分返回作为种子杆，再进行浸涂。浸涂法的生产规模比上引法大，年产能 2～8 万 t。

水平连铸法与上引法同样采用多头连铸，可提供大盘重线坯。该法主要用于热加工性能差、冷加工性能较好的锡青铜、硅青铜及锌白铜线坯生产，线坯直径 ϕ8～12 mm。对于冷加工塑性差的合金，由于后续拉伸及退火次数多，生产流程长，生产成本高，不易采用水平连铸线坯，水平连铸法的生产规模较低，常作为挤压法的补充。

38.3.4 连铸连轧制坯法

连铸连轧法为光亮铜线坯的主要生产方法。典型的连铸连轧机列由竖式熔炼炉、保温炉、轮带式或双带式连铸机、连轧机、冷却清洗、卷取、包装等装置组成。阴极铜连续加入竖炉，依次经熔炼、保温、连铸、连轧、冷却清洗及卷取等工序，即为 ϕ8 mm 光亮线坯盘卷。连铸连轧法生产含氧量 $200\times10^{-6}\sim300\times10^{-6}$的低氧光亮铜线坯，最大线坯直径 ϕ25 mm，卷重达 5 t。不仅生产圆线杆，还能生产方形、矩形、窄带等产品。由于适中的含氧量可降低铜中有害杂质的影响，因此所生产的线坯导电率高、延伸性好、表面质量好，线坯性能可满足高速拉丝机的需要。该法对原料的要求没有上引法、浸涂成型法高，可采用较高比例的废料，所有工艺参数均可设定和自动控制。采用燃气熔炼、保温，开停灵活、生产成本低。在光亮铜线坯生产中连铸连轧法的生产能力最大，小时产量 5～60 t，目前全世界 80% 以上的铜导线是采用连铸连轧铜线坯生产。

38.3.5 线材冷加工

几乎所有的线材都由拉制而成，以获得高精度尺寸的线材。线材拉伸均采用盘拉，分为单道次和多道次拉伸。单道次拉伸用于铜合金线材粗拉或扒皮拉伸，多道次拉伸用于塑性好的紫铜、高铜合金线的拉伸、铜及铜合金线材的小拉和细拉。先进的铜线材拉丝采用多模多线、连续拉伸连续退火。大拉为 2 根，中拉 4～8根，小拉和细拉为 8～16 根，多根细线退火采用成束退火。多线拉丝不仅生产率较单线拉丝高，而且线材伸长率、直径的一致性较单线拉伸高。

不同形状的线材采用不同的拉模。拉模有整体模、组合模和辊式模。圆线、方线及六角线采用整体模拉制，扁线及异型线多采用组合模和辊式模。一套组合模和辊式模可做多种规格的扁线，节省大量的工装费用。

冷轧多用于加工塑性差的合金线的开坯、扁线或异型线的生产。冷轧加工率大，可减少拉伸道次、减少中间退火。在扁线或异型线实际生产中，常将一台或多台轧机和拉线机与放线机和收线机组成连续生产的作业线。

38.3.6 其他线材加工方法

连续挤压法是生产异型线材的新方法，Conform 连续挤压法是由英国原子能局（UKAEA）斯普林菲尔德研究所于 1971 年提出来的。Conform 连续挤压时由挤压轮（槽轮）、挤压模、挤压靴构成 1/4～1/5 圆周长的半封闭环形空间，以实现常规挤压法挤压筒的功能。随着挤压轮的不断旋转，借助于挤压轮凹槽表面的主动摩擦力作用，线杆连续不断地被送入，通过安装在挤压靴上的模子挤出所需断面形状的制品。Conform 连续挤压时利用摩擦热、塑性变形热使挤压坯料温度升高，坯料不需加热或低温预热即可实现热挤压，从而大大地节省能耗。Conform 连续挤压可直接生产细小断面的制品，具有生产周期短、成品率高、产品性能均匀性强等特点，已成功地应用于铝及软铝合金、铜及部分铜合金管材、线材、型材等制品生产。由于铜及铜合金的热挤压温度较高，受模具强度和寿命的影响，对于铜及铜合金制品，连续挤压法一般限于各种焊丝、$\phi 5$ mm 以下的线材以及小尺寸简单断面形状的异型线材。

39　典型管、棒材生产[1]

39.1　挤制管、棒材

通过挤压机可以生产铜及铜合金管材、棒材、线材和简单端面形状的型材，生产的制品可以直接提供给用户使用，也可以作为冷轧、拉伸的坯料。在挤压机上生产铜、镍等有色金属及其合金的产品规格范围，主要取决于设备能力。我国铜加工厂的挤压机多在10 MN以上，不同吨位的挤压机都有自己特定的挤压规格范围。如15～40 MN挤压机生产管棒材产品规格范围如表39-1所示。

表39-1　挤压产品规格

15 MN			25 MN			30 MN		35 MN			40 MN		
管　材		棒材	管　材		棒材	管　材		管　材		棒材	管　材		棒材
外径/mm	内径/mm	外径/mm	外径/mm	内径/mm	外径/mm	外径/mm	内径/mm	外径/mm	内径/mm	外径/mm	外径/mm	内径/mm	外径/mm
ϕ32～100	ϕ15～70	ϕ9～50	ϕ50～130	ϕ35～120	ϕ30～70	ϕ56～160	ϕ50～130	ϕ60～300	ϕ50～260	ϕ40～260	ϕ65～300	ϕ50～260	ϕ40～300

注：紫铜和黄铜可按表中规格范围生产，青铜、白铜、镍及其合金产品规格有一定限制，一般铝青铜棒材最大能挤压ϕ160 mm，管材最大外径为ϕ250 mm。

挤压不同金属及其合金的管棒材时，应考虑以下几点：

(1) 在选定的挤压机上实现所需工艺的可能性。

(2) 正确确定挤压工艺参数。

(3) 确定合理的锭坯尺寸。

(4) 选择优良的润滑条件。

(5) 采用最佳的挤压工具设计。

(6) 挤压过程中能否满足产品的质量要求。

39.1.1　铜及铜合金挤压

39.1.1.1　紫铜挤压

紫铜的导热性能好，可采用快速加热减少氧化程度，一般锭坯加热温度超过650℃后，铜的氧化将剧烈增强，在700～750℃范围内，氧化程度将是500℃时的4～6倍，温度在800～900℃时，将增至12～16倍。因此，决定紫铜的挤压温度，可根据挤压机的能力，尽量选择较低的挤压温度，加热紫铜不允许常开炉门或将锭坯提前出炉。

紫铜的挤压速度可采用快速挤压，金属流动速度可达5 m/s，一般棒材的挤压速度稍低于管材。

为防止氧化皮压入制品中，挤压紫铜一般要求使用平模。在挤压过程中经常采用水冷和清理粘附在模子端面上的氧化皮，挤压筒中的残留铜皮和氧化皮要逐根清理，否则会造成制品的皮下夹灰和表面起皮，挤压大直径管材时尤其容易出现这类问题。紫铜生产可采用水封挤压，防止氧化提高制品的表面质量。

39.1.1.2　黄铜挤压

适合于挤压的黄铜牌号很多，其工艺性能差异也很大，根据高温变形抗力和塑性可分为：

(1) 高温变形抗力大、塑性差的黄铜有H90；H80；H68；HSn70-1；HAl77-2；HNi56-3、

---

[1] 本章撰稿人：刘永亮、郭慧稳、曹延年、周尚智、郭莉、张玉民、钱俏鹂、万桂龙、董顺德、黄大可、狄大江、杨修堂、冯焕峰、罗晓玲、蒋春荣、赵祥伟。

HPb63-3 等。

(2) 高温变形抗力小，塑性好的黄铜有 H62；HPb59-1；HSn62-1；HMn58-2；HFe59-1-1；HAl66-6-3-2 等。

单向黄铜的高温塑性温度范围是 700～850℃，而两相 α+β 黄铜的高温塑性温度范围则较宽，为 500～850℃。因此，α 黄铜如 H68 可在 700～825℃内挤压，而 α+β 黄铜一般在 650～850℃内挤压。如 HPb59-1 的挤压温度为 650～700℃，这种合金在较高的温度下挤压时缩尾较长，压余增加。挤压黄铜时温度也不能太低，容易在挤制品尾端形成条状组织，引起性能不均匀。在高温变形抗力大，塑性差的黄铜中，如 HSn70-1、HAl77-2，挤压这类合金必须严格控制锭坯温度和挤压速度，否则会产生制品表面裂纹废品。

复杂黄铜中，添加元素对金属的工艺性能有一定影响。如 α 黄铜中加入铅和锡，使其塑性温度范围大大变窄，但是铅和锡对两相 α+β 黄铜的塑性温度范围影响却不大。

黄铜在高温状态下，若长时间加热会使晶粒迅速长大，因此黄铜的加热保温时间不得过长，加热温度也不应过高，过高会使制品表面脱锌，制品经冷加工后易产生表面黑麻点，且易降低耐蚀性。

39.1.1.3 青铜挤压

挤压加工的青铜有：铝青铜、硅青铜、锡青铜、镉青铜和铬青铜等。

对于铝青铜有较宽的塑性温度区间，热加工性能很好，但是，实际生产中，铝青铜的机械性能与挤压温度有一定关系，如 QAl10-3-1.5、QAl10-4-4 合金挤压温度低，会出现制品硬度偏高的废品，如 QAl10-3-1.5、QAl9-4 挤压温度偏高，会出现制品的抗拉强度偏低的废品。铝青铜对工具的黏性较大，要求挤压模、穿孔针必须进行很好的润滑。在挤压大直径管材时，使用的挤压工具预热温度应适当高一些，工具温度低会造成挤不动，制品表面起刺或制品内表面擦伤等。铝青铜挤压缩尾较长，必须采用脱皮挤压，如果锭坯表面好也可采取全润滑挤压。

锡青铜和硅青铜的高温变形抗力较高，塑性较差。挤压这类合金时，必须严格控制锭坯的加热温度和挤压速度，否则会产生挤压裂纹废品。锡青铜和硅青铜挤压管材时一般使用空心锭坯，空心锭坯内孔比穿孔针大 1.5～5 mm。

铍青铜的挤压，铍青铜在高温下塑性很好，其高温塑性区为 700～780℃，但 Be 的含量过高(大于 2.3%)时，这种合金的过热倾向严重，经常出现表面裂纹。

39.1.1.4 白铜、镍及镍合金挤压

挤压加工的白铜和铜镍合金有 B10、B30、BFe10-1-1、BFe30-1-1、BZn15-20、NiCu28-2.5-1.5、N6 等。挤压这类合金时，金属的加热温度高(825～1250℃)，变形抗力高，黏性大，在铜及铜合金挤压中，此类合金挤压难度较大。对镍及镍合金挤压要使用玻璃润滑剂，锭坯必须在感应炉内加热，使用煤气炉加热的锭坯表面氧化严重。挤压白铜时，要选择好的挤压工具，特别是挤压筒内衬和挤压模。白铜生产中，挤压工具磨损和变形很快，选择好的工具材料，可提高挤压工具的使用寿命和保证制品的质量。这类合金挤压管材时，除白铜使用实心锭坯，其余一律使用空心锭坯。

39.1.2 挤压生产流程及工艺参数的确定

39.1.2.1 挤压生产工艺流程

挤压生产工艺流程如图 39-1 所示。

39.1.2.2 挤压工艺参数确定

确定挤压工艺参数时，可以综合考虑金属与合金加工时的可挤压性和制品的质量要求，以满足提高成品率与生产效率的需要。一般是在理论分析的基础上进行各种工艺试验，并考虑实际生产经验值来确定合理的工艺参数。

A 锭坯尺寸的确定

挤压棒材的锭坯直径：

$$D_0 = d\sqrt{\lambda n} - \Delta D \tag{39-1}$$

挤压管材的锭坯直径：

$$D_0 = \sqrt{\lambda(d^2 - d_1^2) + d_1^2} - \Delta D \tag{39-2}$$

式中 D_0——锭坯直径，mm；

d——成品外径(对于棒材是成品直径)，mm；

d_1——成品内径，mm；

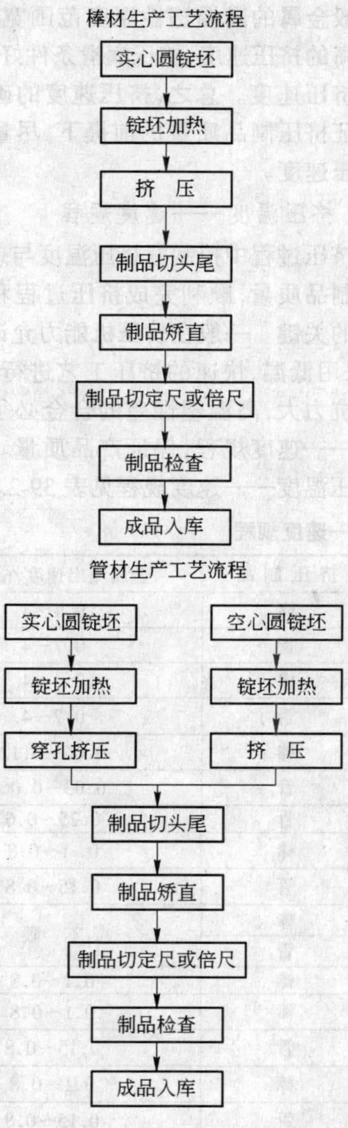

图 39-1 挤压生产工艺流程图

λ——挤压比；

n——模孔数，个；

ΔD——锭坯与挤压筒内衬间隙，mm；

$$\Delta D = D_t - D_0$$

锭坯长度：

$$L_0 = k\left(\frac{L + L_1}{\lambda} + h\right) \tag{39-3}$$

式中 L_0——锭坯长度，mm；

L_1——制品切头尾长度，mm；

L——制品成品长度，mm；

λ——挤压比；

h——挤压压余厚度，mm；

k——挤压填充系数，

$$k = \frac{F_t}{F_0} = \frac{D_t^2}{D_0}$$

F_t——挤压筒断面面积，mm^2；

F_0——铸锭断面面积，mm^2；

D_t——挤压筒内径，mm；

D_0——锭坯直径，mm。

在实际生产中，对不定尺产品，为了提高成品率，根据挤压机能力和已系列化的常用锭坯长度来选择。

B 挤压比的确定

$$\lambda = \frac{F_t}{\sum F} \tag{39-4}$$

挤压圆棒：

$$\lambda = \left(\frac{D_t^2}{d^2}\right) / n \tag{39-5}$$

挤压圆管：

$$\lambda = \frac{(D_t - S_t) \times S_t}{(d - S) \times S} \tag{39-6}$$

式中 λ——挤压比；

F_t——挤压筒的断面积，mm^2；

$\sum F$——挤压制品的总断面积，mm^2；

D_t——挤压筒内径，mm；

d——挤压制品直径，mm；

n——模孔个数；

S——挤压制品壁厚，mm；

S_t——锭坯穿孔后环形断面的壁厚，mm；

$$S_t = \frac{D_t - d_t}{2}$$

d_t——穿孔针直径，mm。

C 挤压温度的确定

合理的挤压温度范围，应以合金的塑性图、再结晶图、相图为依据，考虑挤压制品的形状、机械性能要求、变形程度、工具温度和润滑条件等，并参考生产实际情况来确定。一般挤压管材应比挤压棒材时温度高一些，挤压设备能力大时，温度可以低一些。

锭坯的加热时间可根据金属与合金的性质、金属的导热性和挤压锭坯尺寸大小等来确定。

D 挤压速度的确定

挤压速度是指挤压轴向前移动的速度。挤压速度与金属流出速度的关系：

$$V_L = \lambda V_J \qquad (39\text{-}7)$$

式中 V_L——金属流出模孔时的速度，m/s；

V_J——挤压轴移动速度，m/s。

为了提高生产效率应尽量采用快速挤压，但对高温塑性温度范围较窄的合金，以及在挤压温度高，挤压比较大时，应采用低挤压速度，否则将由于变形热效应较大，导致金属在变形区内造成过热或过烧，使金属流出模口时，由于表面拉付应力的作用而造成表面裂纹废品。在挤压型材和薄壁管材时，应采用较低的挤压速度。一般金属的高温塑性温度范围宽时，可以采用较高的挤压速度，挤压润滑条件好时，也可以提高挤压速度。总之，挤压速度的确定原则是在保证挤压制品质量的前提下，尽量采用较快的挤压速度。

E 挤压温度——速度规程

在挤压过程中控制好挤压温度与速度是保证挤压制品质量，顺利完成挤压过程和提高生产效率的关键。一般在挤压机能力允许的条件下，可采用低温、快速的挤压工艺进行生产，而对变形抗力大，高温塑性差的合金必须严格遵守温度——速度规程，保证产品质量。铜及铜合金挤压温度——速度规程见表39-2。

表 39-2 铜及铜合金挤压温度——速度规程

合金牌号	锭坯直径/mm	加热温度/℃	挤压制品	金属流出速度/$m \cdot s^{-1}$
HPb 59-1	145～410	550～680	棒	0.4～4
			管	0.7～4
H62	145～410	640～800	棒	0.4～4
			管	0.7～4
QSn 7-0.2；QSn 4-0.3 QSn 6.5-0.1；QSn 6.5-0.4	145～360	660～840	棒	0.06～0.12
			管	0.03～0.06
H68；HSn 70-1；HAl 77-2	145～360	700～850	管	0.25～0.6
QAl 9-2；QAl 10-3-1.5	195～360	740～840	棒	0.1～0.8
			管	0.15～0.8
紫铜	145～410	750～900	棒	不限
			管	
QCr0.5；QCd 10；QZr0.2	145～360	800～870	棒	0.1～0.8
QAl 9-4	145～360	800～890	棒	0.1～0.8
			管	0.15～0.8
QAl 10-4-4	145～360	820～910	棒	0.1～0.8
			管	0.15～0.8
QSn 4-3	145～360	770～860	棒	0.04～0.1
QSi1-3	145～360	850～940	棒	0.04～0.1
H80；H90	145～360	840～940	棒	0.2～1.0
			管	0.2～0.8
B30；B10；BFe 10-1-1；BFe 30-1-1	145～360	900～1050	管	0.3～1.2
镍	145～295	950～1050	棒	0.3～1.2
	145～245	1150～1250	管	0.3～1.2

39.1.3 典型挤压工艺

39.1.3.1 棒材挤压及典型工艺

挤压棒材时，为防止锭坯在浇铸或加热时产生的表面缺陷或氧化皮挤入到制品内，以及挤压后期容易产生挤压缩尾的现象，挤压棒材时多采用脱皮挤压。脱皮挤压的特点是：采用直径比挤压筒内径小2～4 mm的挤压垫片进行挤压，在挤压垫片与挤压筒内径之间形成一定的间隙，使锭坯的表面部分残留在挤压筒内，每次挤压结束后，必须用清理垫片将残留在挤压筒内的脱皮清除干净，一般脱皮厚度为1～2 mm。采用脱皮挤压时，需要较大的挤压力，这将影响中小设备的生产品种范围。有些合金可以不采用脱皮挤压，但对某些黄铜和铝青铜必须用脱皮挤压法，以确保制品质量。

挤压缩尾是铜及铜合金棒材在挤压中容易产生的缺陷，它从制品的尾部向前延伸而逐渐消失，缩尾的长度有时可达制品长度的一半。缩尾产生的主要原因是挤压金属流动不均匀、挤压后期产生紊乱所致。为减少和消除挤压缩尾，挤压时必须留有压余。根据合金、规格、锭坯直径大小等因素，压余厚度可取锭坯直径的10%～30%。

铜及铜合金棒材多采用平模挤压，为了减少模孔的磨损，防止模孔变形，一般将模孔入口处设计成半径为2～5 mm的圆弧。

典型挤压棒材工艺见表39-3和表39-4。

表 39-3 挤压棒材工艺(1)

合金牌号	制品规格外径 /mm	锭坯规格（直径×长度）/mm×mm	挤压系数 λ	制品长度/m	备注
QSn 6.5-0.1；QSn 6.5-0.4 QSn 7-0.2；QSn 8-0.4 QSn 4-0.3；QSn 4-3 QSi 3-1；QSi 1-3 QBe 2.0；QBe 2.5 B30；镍；BZn 15-20 BMn 40-1.5 NCu 28-2.5-1.5	35～39	145×200	18.4～14.8	2.8～2.2	不生产锡青铜
	40～70	195×200～400	25～8.15	3.8～2.7	
	71～90	245×300～400	12.4～7.71	2.9～2.5	
	91～140	295×300～400	10.9～4.6	2.6～1.5	
	145～190	360×300～400	6.55～3.78	1.4～1.2	
	190以上	360×500	3.78以下	1.5以下	

注：表39-3中 ϕ195 mm以上锭坯限于25 MN以上挤压机生产，ϕ360 mm锭坯不生产N6和NiCu 28-2.5-1.5。

表 39-4 挤压棒材工艺(2)

合金牌号	制品规格外径 /mm	锭坯规格（直径×长度）/mm×mm	模孔数个	挤压系数 λ	制品长度/m	备注
Ⅰ类合金： 紫铜；H96；H90 H62；HSn 62-1 HFe 59-1-1 HPb 59-1 HPb 63-3 HAl 66-6-3-2 HAl 60-1-1 HMn 57-3-1 HMn 58-2 Ⅱ类合金： QAl 9-2；QAl 9-4 QAl 10-3-1.5 QAl 10-4-4 QAl 10-5-5 Ⅲ类合金： H80；H68 HNi 65-5 HSi 80-3 HNi 56-3；QCr 0.5； QCd 1.0；QZr 0.2	10	145×250～350	1	225	43～65	H62、HPb59-1线坯
	12	145×250	1	156	30	T2线坯
	13～15	145×200	4	33.3～25	5.0～3.7	生产Ⅰ类合金
	16～18	145～250	3	29.3～23	5.5～4.4	生产Ⅰ类合金
	16～21	145×150～200	2	44～25.5	4.4～3.8	生产Ⅱ、Ⅲ类合金
	19～21	195×250	3	37.2～30.5	7.1～5.8	生产Ⅰ类合金
	22～25	195×250	2	41.3～32	7.8～6.1	生产Ⅰ类合金
	22～30	145×150～300	1	46.5～25	7.0～3.7	短锭生产Ⅲ类合金，长锭生产Ⅰ、Ⅱ类合金
	36～50	195×200～400	1	30.8～16	7.6～4.0	短锭生产Ⅲ类合金，长锭生产Ⅰ、Ⅱ类合金
	51～70	245×300～500	1	24～12.7	7.9～4.1	短锭生产Ⅲ类合金，长锭生产Ⅰ、Ⅱ类合金
	71～90	295×400～600	1	17.8～11.1	7.6～4.8	短锭生产Ⅲ类合金，长锭生产Ⅰ、Ⅱ类合金
	91～130	360×500～700	1	16.5～8.1	8.4～4.1	短锭生产Ⅲ类合金，长锭生产Ⅰ、Ⅱ类合金
	135～160	360×700	1	7.5～5.35	4.3～3.1	生产Ⅰ、Ⅱ、Ⅲ类合金
	160以上	360×800	1	5.35以下	3.7以下	生产Ⅰ、Ⅱ、Ⅲ类合金
		410×800	1	6.87以下	4.8以下	生产Ⅰ类合金

注：表39-4用于挤压Ⅱ、Ⅲ类合金时，ϕ245 mm以上锭坯限于35 MN以上挤压机生产。

39.1.3.2　管材挤压及典型工艺

铜及铜合金管材挤压多采用实心锭坯穿孔挤压，对某些高变形抗力的合金，穿孔针的刚度与强度问题较为突出，故也采用空心锭坯进行挤压。生产管材时，可在有独立穿孔装置的挤压机上进行，也可以在无独立穿孔装置的挤压机上进行。穿孔挤压的主要缺陷有内外表面缺陷和壁厚不均(挤压管材偏心)等。为确保挤压管材内外表面无氧化物压入，无气泡等缺陷，现代挤压生产中，也都采用管材脱皮挤压的方法，脱皮的厚度一般为 2～3 mm，尤其对表面质量要求较高的产品，如各种冷凝管、空调管等更是如此。采用管材脱皮挤压时，应考虑选择合理的脱皮挤压垫片，防止出现挤压管材偏心废品，为了不使挤压制品流出模孔后产生高温氧化，可采用水封挤压和保护性气体挤压等方法。

采用穿孔挤压生产管材时，要有一部分金属被穿孔针顶出成为几何残(废)料，这种废料在生产大直径管材时，是相当大的，可达锭坯的40%左右，所以生产大直径管材，可采用堵板挤压(联合挤压)法。一般挤压紫铜、黄铜时，管材内径大于 ϕ120 mm 以上的挤压管材可采用堵板挤压，堵板挤压时要考虑锭坯的加热温度偏高一些，防止工作期间的温降影响。另外，计算堵板挤压锭坯长度时，应考虑一次穿孔后锭坯产生回流后的长度，防止金属倒流后流出挤压筒。挤压大直径管材，如管材直径在 ϕ300 mm 以上的制品，也可在大型正向挤压机上实现反向挤压管材，采用这种方法不但可以获得大直径管材，而且也可以大大减少穿孔废品，但是挤压管材的长度受挤压轴长度和设备结构的限制，管材的表面质量也比较差。

挤压管材时，穿孔针与金属之间存在一定的摩擦，使挤压过程中金属流动相对于棒材更加均匀，挤压缩尾普遍较短，所以，管材挤压留压余的厚度比棒材挤压时要薄。挤压管材时的挤压温度要比棒材挤压温度略高一些，挤压大直径薄壁管的速度要低一些。管材挤压多采用圆锥模。

(1) 挤压管材规格与锭坯尺寸关系见表 39-5 和表 39-6。

表 39-5　12 MN 挤压机挤压管材规格与锭坯尺寸关系

金属合金	挤压管材外径/mm	挤压管材壁厚/mm										
		2	2.5	3～4.0	4.5～5.5	6～6.5	7～7.5	8～8.5	9～10	11～15	16～20	20～30
		锭坯直径×锭坯长度/mm×mm										
紫铜	34～37	145×200	145×200	145×250	145×300							
	38～41	145×200	145×250	145×300	145×300	145×300						
	42～45	145×200	145×250	145×300	145×300	145×300	180×300					
	46～60		145×300	145×300	145×300	180×300	180×300	180×300	180×400			
黄铜	61～66			180×300	180×300	180×300	180×300	180×400	180×400			
	67～80			180×300	180×300	180×300	180×400	180×400	180×400	180×400		
	81～90			180×300	180×300	180×300	180×400	180×400	180×400	180×400	180×400	180×400
青铜	42～55				145×300	145×300	145×300	180×300	180×300			
	56～70					180×300	180×300	180×300	180×300	180×300		
	71～90						180×300	180×300	180×300	180×300	180×300	180×300

表 39-6 15 MN、25 MN、35 MN、40 MN 挤压机挤压管材与锭坯尺寸关系

金属与合金	挤压管外径/mm	挤压管材壁厚/mm								
		2.5～3	3.5～4	4.5～5.5	6～6.5	7～7.5	8～9.5	10～11.5	12～14	≥15
		锭坯直径×锭坯长度/mm×mm								
紫 铜 H 96 H 62 HPb 59-1 HPb 60-1 HFe 59-1-1 HSn 62-1 HPb 63-3 HAl 59-3-2 HAl 66-6-3-2 HMn 57-3-1 HMn 58-2 QAl 9-2 QAl 9-4 QAl 10-4-4 QAl 10-3-1.5	26～32	145×150	145×150	145×150	145×150					
	34～39	145×150	145×200	145×200	145×200	145×200	145×200	145×200		
	40～44			145×250	145×250	145×250	145×250			
	45～47	145×200	145×250		145×300		195×250	195×250		
	48～53	145×200		145×300		195×250				
	54～67	145×300	145×300	195×250	195×250		195×300	195×300		
	68～77				195×300	195×300	245×300	245×300	245×300	
	78～89	195×250	195×250			295×300			245×400	245×400
	90～104		195×300	195×300	245×300		245×400	245×400	295×400	
	105～117		245×250	245×300	245×400	245×400	295×400	295×400		
	120～134					295×300	295×400	295×400		360×400
	135～155					295×400	295×400	295×400		
	156～165			295×300	295×300	295×400	295×400	360×400	360×400	
	170～205			360×250	360×250	360×400	360×400	360×400	360×500	360×500
	210～220					360×300	360×400	360×400	360×500	
	225～230								360×600	360×600
	235～265								410×500	410×500
	270～285					410×300	410×400	410×400	410×500	410×600

注：ϕ410 mm 锭坯不生产 QAl 9-2、QAl 9-4、QAl 10-3-1.5、QAl 10-4-4 如查表为该锭坯规格时改用锭坯直径为 ϕ360 mm 规格，长度另定。对 QAl 9-2、QAl 9-4、QAl 10-3-1.5、QAl 10-4-4 合金，生产管材最大内径为 ϕ200 mm。管材内径 ϕ30 mm 以下挤压时，使用空心锭坯。

(2) 典型挤压管材工艺见表 39-7、表 39-8 和表 39-9。

表 39-7 挤压管材工艺

合 金	制品规格（外径×壁厚）/mm×mm	锭坯规格（直径×长度）/mm×mm	穿孔针直径/mm	挤压系数 λ	制品长度/m	备 注
H 80 H 68 HSn 70-1 HAl 77-2 HSi 80-3 B 30 BFe 30-1-1 B 10	(100～120)×5	(195～245)×250	90～110	16.8～21.8	3.2～4.1	
	(55～165)×7.5	(195～295)×(250～300)	40～150	14.7～14.3	2.8～4.3	
	61×8	195×250	45	22.4	3.8	
	206×8	360×300	190	15.9	4.1	限于 H80
	58×9	195×250	40	21.7	3.6	
	(60～100)×10	(195～245)×(250～300)	40～80	19.2～15.6	4.2～3.7	
	(115～130)×12.5	245×300	90～105	10.6～8.8	2.5～2.1	
	155×15	295×350	125	5.6	1.3	
	155×17.5	360×300	120	12.7	2.6	
	(130～145)×20	360×400	90～105	14.6～12.6	4.3～3.7	
	(240～280)×10	410×300	220～260	13.9～10.1	3.3～2.4	限于 H80

注：ϕ195 mm 锭坯仅限于 25 MN 以上挤压机生产，ϕ245 mm 锭坯仅限于 35 MN 以上挤压机生产。

表 39-8 大管反挤工艺

合金	制品规格(外径×壁厚)/mm×mm	锭坯规格(直径×长度)/mm×mm	反挤垫直径/mm	挤压系数λ	制品长度/m	备 注
紫铜 H62	(370~420)×12	(360~410)×250	346~396	8~9	1.7~1.74	拉伸管坯
	(370~420)×15	(360~410)×250	340~390	6.5~7.3	1.4~1.59	
	(370~420)×17.5	(360~410)×300	335~385	5.6~6.3	1.45~1.65	
	(370~420)×20	(360~410)×(350~300)	330~380	4.9~5.5	1.5~1.44	
	(370~420)×25	(360~410)×(450~400)	320~370	4.0~4.5	1.59~1.58	
	(370~420)×30	(360~410)×450	310~360	3.4~3.8	1.34~1.51	
	(370~420)×35	(360~410)×(600~550)	300~350	2.9~3.3	1.56~1.60	
	370×37.5	360×650	295	2.8	1.59	
	(370~420)×40	(360~410)×(700~600)	290~340	2.6~2.9	1.62~1.55	
	(370~420)×45	(360~410)×(750~650)	280~330	2.3~2.6	1.56~1.52	
	(370~420)×50	(360~410)×750	270~320	2.2~2.4	1.44~1.6	
	(370~420)×55	(360~410)×(800~750)	260~310	2.0~2.2	1.41~1.46	
	370×(57.5~75)	360×(800~900)	255~220	1.9~1.6	1.37~1.25	
	420×(75~80)	410×900	270~260	1.7~1.62	1.37~1.31	

注：1. 本表适用 35 MN 以上卧式挤压机。锭坯长度可根据反挤轴长度和行程确定，定尺制品的锭坯长度另计算。

2. 反挤轴与反挤垫直径之差不得小于 15 mm。如挤压轴长度不足，挤压未到规定行程时，允许加补垫片并牢固套在挤压轴销上。

表 39-9 6 MN 立式挤压机挤压管材工艺

合 金	制品规格(外径×壁厚)/mm	锭坯规格(直径×长度)/mm	挤压系数λ	制品长度/m
H80;H68;H62 HSn70-1 HSn62-1 HAl77-2 HPb59-1 HFe59-1-1 HMn57-3-1 QAl9-2 QAl9-4 QAl10-3-1.5 QAl10-4-4	(25~35)×2	83.5×(120~140)	36.6~23.4	4.0~3.0
	(21~40)×2.5	83.5×(120~220)	37.4~15.3	4.1~3.3
	(21~45)×3	(83.5~97.5)×(140~220)	32.2~16.6	4.2 ~3.4
	(25~45)×3.5	(83.5~97.5)×(180~250)	22.7~14.5	3.8~3.4
	(24~38)×4	(83.5~97.5)×200	21.6~16.6	4.1~3.1
	(27~45)×4.5	97.5×(180~250)	23.8~11.9	4.0~2.8
	(24~45)×5	(83.5~97.5)×(180~250)	18.5~11	3.1~2.6
	(26~40)×6	(83.5~97.5)×200	14.6~11.1	2.8~2.1
	(34~38)×7	97.5×200	12.7~10.8	2.4~2.1
	(33~40)×7.5	97.5×200	12.6~9.6	2.4~2.0
	(30~40)×8	97.5×220	13.9~9.2	2.9~1.8
	(38~40)×10	97.5×220	8.6~8	1.8~1.7
B30 BZn15-20 BMn40-1.5	38×3.5	83.5×200	13	2.5
	47×5	97.5×200	10.3	2.0
	32×11	83.5×120	7.7	0.85
	42×14	97.5×200	6	1.13

注：1. 本表内所用锭坯为空心锭坯，锭坯内孔直径较穿孔针直径大 1.5~2 mm。

2. H68、H80、HSn70-1、HAl77-2 仅生产 ϕ38 mm×4 mm 以下挤制管。QAl 青铜仅生产壁厚 $S \geqslant 4$ 挤制管。

39.1.3.3 型材挤压及典型生产工艺

由于铜及铜合金的挤压温度较高，模具工作条件恶劣，复杂断面的实心与空心型材的成形非常困难，实际生产中的型材通常限于挤压简单断面型材。型材挤压时，挤压速度应适当慢一些。挤压工艺见表 39-10～表 39-12。

表 39-10 挤制方棒、六角棒工艺

合　金	制品规格外径/mm	锭坯规格（直径×长度）/mm×mm	模孔/个	方棒 挤压系数 λ	方棒 制品长度/m	六角棒 挤压系数 λ	六角棒 制品长度/m
紫铜 H62；HSn62-1 HPb59-1； HPb63-3 HMn58-2 HMn57-3-1 HFe59-1-1 HAl60-1-1 HAl66-6-3-2	10～11	145×200	6	29.5～24.3	4.3～3.5	34～28	4.9～4.1
	12～13	145×200	4	30.7～26.1	4.5～3.8	35.3～30.1	5.1～4.4
	14～21	145～195×200	3	30.0～23.8	4.4～3.5	34.6～27.5	5.0～4.1
	22～30	195×200～300	2	32.5～17.5	4.9～4.3	37.5～20.2	5.6～4.9
	31～50	195×200～400	1	32.7～12.6	4.9～4.3	37.7～14.6	5.6～4.9
	51～70	245～295×400	1	18.9～14.4	6.2～4.9	21.8～16.65	7.2～5.6
	75～100	360×400～500	1	19.1～10.8	6.1～4.4	22.0～12.5	7.0～5.1
	105～160	410×500～600	1	12.6～5.4	5.3～2.8	14.5～6.2	6.0～3.1

表 39-11 挤制矩形棒工艺

合　金	制品规格（宽×长）/mm×mm	锭坯规格（直径×长度）/mm×mm	模孔数/个	挤压系数 λ	制品长度/m
紫铜 H62 HPb 59-1	5.8～8.5×6.8～13.5	145×150～200	6	74.6～25.6	3.8～7.5
	10～12×14～18	145×200～300	4	31.7～20.5	4.7～4.9
	15×25	145×300	2	23.7	5.7
	19～20×27.5～32	145×250～300	1	33.8～27.7	6.6
	25～33×42～54	195×250～400	1	30～17.7	5.7～6.0
	45×60	245×400	1	18.2	6.2
	60×80	295×500	1	14.7	6.2
	75×100	360×500	1	14.4	6.0

注：本表适应于 15 MN 以上挤压机。

表 39-12 挤压异型管工艺

合　金	名　称	制品规格/mm×mm×mm	锭坯规格（直径×长度）/mm×mm	挤压系数 λ	制品长度/m	备　注
T2	偏心管 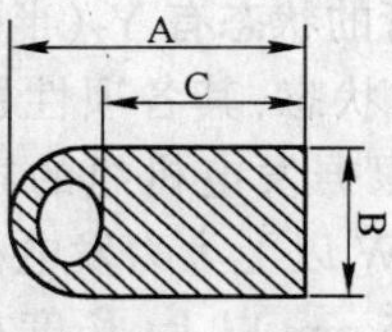	长×宽/内径×壁厚 42×25/φ19×3 （辅助孔 φ28）	195/(φ33)×300	23.2	5.7	空心锭
		47×38/φ30×4 （辅助孔 φ24）	295/(φ55)×550	49.9	23.5	空心锭
T2	双孔管 	长×宽×内径×壁厚 32×86×18×7	245/(2×φ33)×250	9.3	1.9	2孔空心锭

续表 39-12

合金	名称	制品规格 /mm×mm×mm	锭坯规格 (直径×长度) /mm×mm	挤压系数 λ	制品长度 /m	备注
H62	内筋管 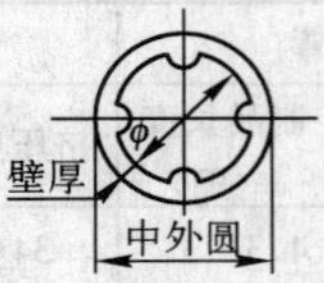	外圆×壁厚×R 95×9.5×R 9	245×400	14.6	4.9	
HPb 59-1	外方内圆管 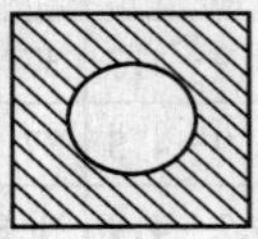	边长×边长×内径 36×36×ϕ26	145×250	22	4.1	
HPb 59-1-1	外椭内圆管	长轴×短轴×内径 78×53×ϕ18	195/(ϕ33)×300	9.7	2.3	空心锭

注：本表中挤压异型管采用瓶式针固定挤压，适用于 15 MN 以上挤压机生产。

39.1.4 挤压制品缺陷

常见挤压制品缺陷有，制品尺寸不合、性能不合、管材偏心、制品表面氧化皮压入和内外表面划伤、起泡、起皮、横向裂纹、挤压棒材缩尾过长、挤压型材扭曲、波浪、表面撕裂、挤压青铜出现竹节等。产生原因和解决办法参考第 22 章《挤压技术》中的 22.7“挤压产品的缺陷和控制”。

39.2 冷凝管

39.2.1 概述

铜合金冷凝管主要应用于火力发电、船舶制造、海水淡化及石油化工等多个领域，是制作管式热交换器、油轮冷却系统的一种重要材料。在用途各异的冷凝管产品中，火力发电机组覆水器用冷凝管所占比重最大，近几年来，海水淡化、船用冷凝管的比重有所上升。

火力发电机组用冷凝管的工作环境处于高温、高压的状态中，加之冷却水质的不断恶化，因而不仅对产品的化学成分、机械性能有着严格的要求，而且对产品工艺性能、内部组织等指标也要求很高。进而对产品在使用过程中的耐蚀性能和使用寿命也有着较高的期望值。冷凝管材料的发展过程先后经历的几个不同的时期，最初采用的是普通黄铜、锡黄铜、铝黄铜材料，由于黄铜在使用过程中脱锌腐蚀严重，大大缩短了铜管的使用寿命。经过不断的研究与探索，采用添加微量砷元素的方法较好地解决了铜管的脱锌腐蚀问题。由于我国幅员辽阔，全国各地水质情况有较大差异，同一地区不同时间的水质变化也较大，另外随着工业化的发展，水资源的短缺、水质的不断恶化都对冷凝管材料的耐蚀性提出了更高的要求。20 世纪 90 年代，在原来加砷的基础上，添加微量硼元素的新型冷凝管材料被广泛地应用，并取得良好的使用效果，进一步提高了黄铜冷凝管的使用寿命。经过电力行业和材料行业的多年实践，形成了现在大型火力发电机组凝汽器空抽区使用白铜管，其他部位根据水质的不同选用不同种类黄铜或白铜材料的合理布局。

常用冷凝管的状态有 Y_2(半硬)、M(软)两种状态，不同的状态，其各项性能指标不尽相同。产品规格根据发电机组的容量不同而各异，一般 300 MW 以上火力发电机组采用的规格多为外径 ϕ25 mm 以上，长度在 10 m 以上。除电力行业外其他用途的冷凝管规格范围更为宽泛，一般外径在 ϕ10～50 mm、壁厚 0.9～6 mm之间。常见火力发电机组冷凝管的规格与用量列于表 39-13。

表 39-13 常见火力发电机组冷凝管规格及用量

火电机组/MW	规 格 /mm×mm×mm	数量/t
50 以下	ϕ20~25×1×4000~6500	30 以下
100	ϕ25×1×6000~8000	50
200	ϕ25×1×8500~9500	100
300	ϕ25~28×1×9500~11000	145~160
600	ϕ25~28.6×1~1.25×10000~15000	273~438

注：1. 规格为：外径×壁厚×长度。

2. 总数量中其中 10%为白铜管。

39.2.2 常用产品标准

中国：GB8890《热交换器用铜及铜合金无缝管》

美国：ASTM B 111《铜及铜合金无缝冷凝管和管口密封件》

日本：JIS H 3300《铜及铜合金无缝管》

英国：BS2871《铜及铜合金管材——第三部分》

39.2.2.1 常用冷凝管化学成分、牌号、状态及规格

一些新开发的冷凝管材料在国家标准中尚未列出，表 39-14 中列出了目前国内经常使用的冷凝管材料的化学成分。其中牌号最后的英文字母 B 表示该材料加有硼元素；而 AB 表示该材料除加有硼元素外还加有镍和锰元素。表 39-15 显示了管材常用的牌号、状态及规格。

表 39-14 管材合金牌号及化学成分

合金牌号	化学成分(质量分数)/%											
	Cu	Fe	Pb	Al	Mn	Sn	As	Si	Ni	B	Zn	杂质总和
H68A	67.0~70.0	0.10	0.03				0.03~0.06		0.5		余量	0.3
HSn 70-1	69.0~71.0	0.10	0.05			0.8~1.3	0.03~0.06		0.5		余量	0.3
HAl 77-2	76.0~79.0	0.06	0.07	1.8~2.5			0.03~0.06				余量	
HSn 70-1B	69.0~71.0	0.10	0.05			0.8~1.3	0.03~0.06			0.0015~0.02	余量	0.3
HSn 70-1AB	69.0~71.0	0.10	0.05		0.02~2.0	0.8~1.3	0.03~0.06		0.05~1.0	0.0015~0.02	余量	0.3
合金牌号	Ni+Co	Fe	Mn	Zn	Pb	Si	P	S	C	Sn	Cu	杂质总和
BFe 10-1-1	9.0~11.0	1.0~1.5	0.5~1.0	0.3	0.02	0.15	0.006	0.01	0.05	0.03	余量	0.7
BFe 30-1-1	29.0~32.0	0.5~1.0	0.5~1.2	0.3	0.02	0.15	0.006	0.01	0.05	0.03	余量	0.7

表 39-15 管材的牌号、状态及规格

牌 号	状 态	规 格	
		外径/mm	壁厚/mm
BFe 30-1-1 BFe 10-1-1	软(M) 半硬(Y_2)	10~35	0.75~3.0
H68A HAl 77-2 HSn 70-1 HSn 70-1B HSn 70-1AB		10~45	0.75~3.5

39.2.2.2 使用要求

具体使用要求如下：

(1) 为抑制黄铜冷凝管的脱锌腐蚀，其材料化学成分中必须含有微量砷元素。根据我国科技工作者的研究与实践，在化学成分中添加微量硼元素除能提高管材耐脱锌腐蚀外，还能

够提高水质中水的浊度和溶解固形物指标。

(2) 不同用途的冷凝管对其性能的要求不尽相同。300 MW 以上大型火力发电机组由于其管材长度较长,管材的机械性能应适中,以保证产品在安装过程能够顺利地穿过多重管板;而对于用于高低压加热器、小型冷却器的管材,其机械性能指标应根据其制作工艺的不同来选择。

39.2.2.3 发展方向

其发展方向表现为:

(1) 由于火力发电厂冷却水浓缩倍率的不断提高和大型临界、超临界机组的投入使用,对管材耐蚀性的要求更为苛刻。为使材料能够适应更广泛的水质范围,保证大型机组的正常运行周期,研发具有更好耐腐蚀性能的冷凝管材料是材料领域的重要课题。

(2) 高效、节能已成为当今社会的主流,为提高换热效率,冷凝管也在原光面管的基础上向翅片、波纹等高换热效率的管形方面发展,一些形状各异的高性能传热管已研发成功,并首先在小型设备上成功应用,火力发电机组用新型冷凝管产品也在试用中。

(3) 目前,新建火力发电机组选用不锈钢冷凝管的呈大幅上升趋势,不锈钢冷凝管的导热性能虽比铜管稍差但因其壁厚薄可弥补导热性差的缺点,又因其具有良好耐腐蚀性能而受到青睐。

39.2.3 冷凝管生产方式及特点

39.2.3.1 冷凝管的生产工艺流程

冷凝管的生产方法有多种,但目前在生产中被广泛采用且产品质量稳定的有:

(1) 水平连铸(空心锭)⟶反向挤压⟶轧管或拉伸

(2) 半连续浇铸(实心锭)⟶脱皮挤压⟶轧管或拉伸

采用方式(1)的特点:管材尺寸公差小;几何损失少,成品率高;工具消耗少,生产成本低;产品的品种规格受到限制。

采用方式(2)的特点:适合采用大铸锭,生产效率高;生产的合金品种多;操作方便灵活。设备投资大、成品率低、生产成本较高。

冷凝管生产工艺流程列于表 39-16。

表 39-16 冷凝管生产工艺流程

生产工序	挤压—轧管—拉伸法	挤压—拉伸法
水平连铸或半连续铸造	○	○
锭坯加热	○	○
正向或反向挤压	○	○
切头尾	○	○
酸水洗	○	○
冷轧管	○	
锯 切	○	
退 火	○ ○	○
酸水洗	○ ○	○
拉 伸	○	○
成品拉伸	○	○
矫 直	○	○
切定尺	○	○
脱脂处理	○	○
检查及涡流探伤	○	○
成品退火	○	○
包装入库	○	

39.2.3.2 冷凝管的生产特点

冷凝管的生产特点主要是：

(1) 由于管材产品质量要求较高，产品须经反复的冷热加工过程才能保证最终产品质量，因而，所需生产工序较长。

(2) 挤压时采用低温、快速、脱皮挤压。

(3) 黄铜对应力腐蚀较为敏感，拉伸后的管材必须及时进行退火，成品管材不宜空拉。

(4) 成品退火前要认真进行脱脂处理，以减少最终产品的表面残碳。

(5) 成品必须采用光亮退火，铜管表面要求形成均匀致密、耐腐蚀的原始氧化膜。

39.2.4 工艺参数的选择

39.2.4.1 铸锭的生产

A 配料

在冷凝管熔炼工序，使用的原料主要是各种新金属、旧料、外购废料、中间合金和二次重熔料等。对于同时进行空调用盘管、直条冷凝器生产的单位，盘管 TP2 废品可以直接作为黄铜冷凝管的新料使用。

旧料使用比例最高不超过 70%，白铜旧料使用比例最高不超过 80% 。在熔铸投料时，无论新旧料，均不得粘有油污，水分、乳液，不得含其他金属及非金属夹杂物，否则采用脱脂、脱水及清除夹杂物等措施，对原料进行净化处理。

冷凝管合金原料最低品位要求见表 39-17。

冷凝管合金的配料比见表 39-18、表 39-19。

B 熔炼

(1) 熔炼温度及熔炼技术。合金熔炼技术条件见表 39-20。

(2) 合金熔炼时的操作要点。

熔炼黄铜时的操作要点：根据元素的损耗情况确定新料的配料比。黄铜中易损耗元素有锌、铝、砷、锑、锰等，这些元素的配料比应取标准成分的上限。黄铜中不易损耗元素有铜、锡、铁、镍、硅等，这些元素的配料比可取标准成分的中限或下限。

表 39-17 合金原料最低品位要求

牌号	原料最低品位要求						
	Cu	Zn	Sn	Al	Fe	Mn	Ni
H68A	Cu-CATH-2	99.99	99.99				
HAl77-2 HSn70-1 HSn70-1B HSn70-1AB	Cu-CATH-2	99.99	99.99	99.00			
BFe30-1-1 BFe10-1-1	Cu-CATH-2				20 号低碳钢	JMn95	99.50

表 39-18 黄铜冷凝管合金配料比

牌号	主要成分(质量分数)/%								脱氧剂/%
	Cu	Sn	Al	As	Fe	Mn	Ni	B	Zn	P
H68A	67.5			0.04					余量/0.2	0.006/0.003
HAl77-2	76.5		2.3/0.1	0.04					余量/0.7	
HSn70-1	69.5	1.0		0.04					余量/1.5	0.006/0.003
HSn70-1B	69.5	1.0		0.04				0.02	余量/1.5	0.006/0.003
HSn70-1AB	69.5	1.0		0.04		0.2	0.2	0.02	余量/1.5	0.006/0.003

注：HSn70-1AB 中镍可由 Ni-B 中间合金带入。

表 39-19 白铜炉料和脱氧剂的配料比

牌号	主要成分(质量分数)/%				脱氧剂/%
	Ni	Mn	Fe	Cu	Mg
BFe 30-1-1	30.5	0.9/0.2	0.7	余量	0.04/0.03
BFe 10-1-1	10	0.8/0.2	1.2	余量	0.04/0.03

表 39-20 冷凝管用合金的熔炼技术条件

牌号	熔炉	炉衬材料	出炉温度/℃	脱氧剂	覆盖剂	操作顺序
H68A	低频电炉	硅砂	喷火 1100~1160	铜—磷 新料:0.006%磷 旧料:0.003%磷	木炭	铜+(旧料)+木炭→熔化→加锌→搅拌捞渣→升温喷火→加 Cu—As—Cu-p→搅拌→取样→浇铸
HSn 70-1	低频电炉	硅砂	喷火 1100~1160	铜—磷 新料:0.006%磷 旧料:0.003%磷	木炭	铜—(旧料)+木炭→熔化→加锡+锌→加 Cu—As+P→搅拌捞渣→升温、喷火→Cu-P→搅拌→取样→浇铸
HAl 77-2	低频电炉	硅砂	喷火 1100~1150		冰晶石	铜+(旧料)+木炭→熔化→加铝+锌→加 Cu-P—As→加冰晶石→升温、喷火→取样→浇铸
HSn 70-1B	低频电炉	硅砂	喷火 1100~1160	铜—磷 新料:0.006%磷 旧料:0.003%磷	木炭	铜+(旧料)+木炭→熔化→加锡+锌→加 Cu-p—As→搅拌捞渣→升温喷火→加 Ni—B→搅拌取样→浇铸→取样
HSn 70-1AB	低频电炉	硅砂	喷火 1100~1160	铜—磷 新料:0.006%磷 旧料:0.003%磷	木炭	铜+(旧料)+木炭→熔化→加锡+锌→加 Cu—As+Cu—Mn→搅拌捞渣→升温喷火→加 Ni—B→搅拌、取样→浇铸→取样
BFe 30-1-1	低 中	硅砂 镁砂	低 1300~1350 中 1330~1370	镁 新料:0.03% 旧料:0.02%	木炭	镍+铁→铜+(旧料)+木炭→熔化→加锰→搅拌→加 Cu—Mg→搅拌→取样→测温→浇铸
BFe 10-1-1	低 中	硅砂 镁砂	低 1260~1310 中 1280~1330	镁 新料:0.03% 旧料:0.02%	木炭	镍+铁→铜+(旧料)+木炭→熔化→加锰→搅拌→加 Cu—Mg→搅拌→取样→测温→浇铸

注:水平连铸生产黄铜可以直接用硅酸棉覆盖炉顶,无需木炭覆盖。

1) 使用旧料时,冷凝管用黄铜锌的补偿量(按炉料计)为1.2%~2.0%;

其他元素的补偿量(按炉料计)为:锡0.05%;铝0.1%~0.15%;锰0.1%~0.3%;铍0~0.01%;砷0~0.01%;硼0.02%;

2) 锌的除气和脱氧性能很好,操作中加入脱氧剂铜—磷的目的,主要是改善合金的流动性,对于生产空调盘管的工厂,杂质含量合格的盘管废料可以作为冷凝管的原料,熔炼时无需再加P-Cu脱氧;

3) 冷凝管各牌号黄铜,均以喷火次数作为出炉依据;

4) 以冰晶石作为熔剂的合金,冰晶石加入量约为炉料重量的0.1%;

5) 尽量低温加锌,高温捞渣,减少熔炼损耗;

6) 熔炼HSn70-1B、HSn70-1AB料时,为减少硼的烧损和使硼在合金中成分均匀,如有条件,中间合金铜—硼或镍—硼可分3~4次加入,并将其迅速用勺子等压入到熔体内部,加中间合金前必须把炉内浮渣捞净,防止中间合金浮在液体表面。如采用水平连铸生产HSn70-1B、HSn70-1AB,硼的中间合金可以直接加入到保温炉中,但必须注意在倒包前加入,利用倒包时间对硼的中间合金充分的熔化和扩散。

7）硼在熔化过程中极易氧化烧损，为减少硼和氧的接触，除严格搞好熔体覆盖、熔池保护外，半连铸生产时，应注意熔炼、浇铸的过程越快越好。

白铜熔炼时的操作要点：

白铜中易损耗元素有锰、锌、铝等，这些元素的配料比应取标准成分的上限。白铜中不易损耗的元素有铜、镍、铁等，这些元素的配料比应取标准成分的中限或下限。

1）使用旧料时，易损耗元素的补偿量按炉料计为：锰 0.1%～0.3%；

2）BFe30-1-1，BFe10-1-1 熔炼时可用工频（有芯或无芯）感应电炉，也可用中频感应电炉，硅砂或镁砂炉衬。

C 铸造

冷凝管用合金铸锭的生产，被广泛采用的铸造方式有半连续铸造和水平连续铸造两种。水平连续铸造主要生产直径较小的空心铸锭，采用挤压、拉伸的加工方法生产，而半连续铸造用于生产直径在 200 mm 以上的实心黄铜铸锭和所有的白铜铸锭。

冷凝管合金半连续铸造工艺条件见表 39-21。

表 39-21 冷凝管合金半连续铸造工艺条件

牌 号	铸锭规格/mm	结晶器高度/mm	铸造温度/℃	铸造速度/s·(100 mm)$^{-1}$	熔剂	脱氧剂	覆盖剂	浇注水压/MPa	浇注方式
H68	ϕ145	165	喷火 1100～1160	20～30	木炭	P-Cu (0.006/0.003)	氮气＋变压器油	0.06～0.12	炉头（封闭）
	ϕ200	200	喷火 1100～1150	50～60	木炭	P-Cu (0.006/0.003)	氮气＋变压器油	0.06～0.12	炉头（封闭）
HAl77-2	ϕ145	155	喷火 1100～1150	40～50	木炭		熔盐	0.04～0.10	炉头（封闭）
	ϕ200	200	喷火 1100～1150	60～70	木炭		熔盐	0.04～0.10	炉头（封闭）
HSn 70-1	ϕ120		喷火 1100～1160						
	ϕ145	155	喷火 1100～1160	40～50	木炭	P-Cu (0.006/0.003)	氮气＋变压器油＋30%机油	0.04～0.10	炉头（封闭）
	ϕ200	200	喷火 1100～1160	60～70	木炭	P-Cu (0.006/0.003)	氮气＋变压器油＋30%机油	0.06～0.10	炉头（封闭）
HSn 70-1B	ϕ120		喷火 1100～1160						
	ϕ145	155	喷火 1100～1160	40～50	木炭	P-Cu (0.006/0.003)	氮气＋变压器油＋30%机油	0.04～0.10	炉头（封闭）
	ϕ200	200	喷火 1100～1160	60～70	木炭	P-Cu (0.006/0.003)	氮气＋变压器油＋30%机油	0.06～0.10	炉头（封闭）
HSn 70-1AB	ϕ120		喷火 1100～1160						
	ϕ145	155	喷火 1100～1160	40～50	木炭	P-Cu (0.006/0.003)	氮气＋变压器油＋30%机油	0.04～0.10	炉头（封闭）
	ϕ200	200	喷火 1100～1160	60～70	木炭	P-Cu (0.006/0.003)	氮气＋变压器油＋30%机油	0.06～0.10	炉头（封闭）

续表 39-21

牌 号	铸锭规格/mm	结晶器高度/mm	铸造温度/℃	铸造速度/s·(100 mm)$^{-1}$	熔剂	脱氧剂	覆盖剂	浇注水压/MPa	浇注方式
BFe30-1-1	ϕ145	155	低 1300～1335 中 1330～1370	中 85～100 低 100～120	干馏 木炭	Cu-Mg (0.04/0.03)	烤红烟灰	0.01～0.03 0.01～0.03	敞流 敞流
BFe10-1-1	ϕ145	155	低 1260～1310	低 80～100	干馏	Cu-Mg (0.04/0.03)	烤红烟灰	0.02～0.05	敞流

39.2.4.2 挤压工艺参数的选择

A 铸锭规格

冷凝管管坯挤压，一般采用圆形实心锭或空心锭。常用铸锭规格有 ϕ360 mm、ϕ245 mm、ϕ195 mm、ϕ116 mm×42 mm、ϕ90 mm×42 mm 等。

B 挤压比

冷凝管管坯最小挤压比一般应大于10，以防止制品中残留铸造组织，保证制品具有良好的组织性能。最大挤压比和常用挤压比见表39-22。

表 39-22 冷凝管的最大挤压比与常用挤压比

合 金	管 材	
	最大挤压比	常用挤压比
黄 铜	80～100	10～30
白 铜	30～50	约 20

C 挤压温度

冷凝管用合金锭坯加热温度范围见表39-23。

表 39-23 冷凝管用合金锭坯加热温度范围

合 金	加热温度/℃	合 金	加热温度/℃
H68	740～800	HSn70-1AB	720～750
HAl77-2	750～820	BFe10-1-1	900～950
HSn70-1	720～750	BFe30-1-1	900～980
HSn70-1B	720～750		

D 挤压速度

冷凝管合金挤压时金属流出模孔的速度列于表39-24。

表 39-24 挤压管材时金属流出模孔的速度

合 金 牌 号	金属流动速度/m·s^{-1}	
	λ＜40	λ≥40
H68A	0.1～0.8	
HAl77-2	0.1～0.5	
HSn70-1	0.1～0.6	
HSn70-1B	0.1～0.6	
HSn70-1AB	0.1～0.6	
BFe30-1-1	0.5～1.1	
BFe10-1-1	0.6～1.2	

E 工具的润滑、预热和冷却

(1) 润滑剂。冷凝管挤压生产中，常用到的润滑剂有：鳞片石墨＋高温钙基酯、无毒沥青、玻璃等。目前，关于石墨润滑剂，存在一种有争议的讲法，认为石墨润滑剂会残留在铜管表面形成残碳膜，从而使冷凝管发生早期泄漏，而生产实践证明，这一观点并不成立。

(2) 对润滑剂使用的要求：穿孔针的润滑——润滑剂一定要涂抹均匀，润滑剂量要适当，不能过多，薄薄地均匀一层，涂抹太多容易造成管子的内表面起泡。

挤压垫——挤压垫的端面一般不润滑，只润滑圆柱面，涂抹不宜太多，薄而均匀的一层即可。

挤压模——挤压模的内孔要涂抹均匀。

挤压筒——一般不润滑，只要求清理干净。

(3) 工具的预热。为防止工具的急热，减少工具与铸锭间的温差，并避免铸锭降温太快，工具在使用前必须预热。穿孔针、挤压垫、挤压模等小型工具在小型电阻内预热，挤压筒在专门设置的挤压筒预热器上预热。分感应加热和电阻加热两种。各种工具的预热温度见表 39-25。

表 39-25 挤压工具预热温度范围

工具名称	预热温度 /℃	备 注
挤压筒	250～450	换内衬时可预热到450℃，穿孔直径大的取上限
穿孔针	300～350	
挤压垫	200～300	
挤压模	200～350	

(4) 工具的冷却。挤压模如有条件可以几个模子交替使用，最好是空冷，如无条件交替使用，可适当配备水冷；挤压垫可以用空冷，也可以用油冷或水冷，水冷时注意缓冷，防止急冷。冷却后还要使工具保持预热的温度。

穿孔针一般是采用水冷，冷却方式可以是外冷，也可采用内冷。所谓外冷，是用一个特制的冷却水环，套进穿孔针前后移动进行冷却，冷却水环是用钢管弯成的一个圆环，圆环的内侧有许多小眼，冷却水从小眼喷向穿孔针，由于小眼沿周向分布均匀，穿插孔针受冷就比较均匀。内冷，就是往带有空心的穿孔针中通入冷却液，冷却穿孔针，冷却液一般是水。这种内冷的方式效果最好，但空心穿孔针的制作比较困难，穿孔针的规格越小，制作的难度就越大。所有工具的冷却全凭经验掌握，最好冷却到工具预热温度为好。

39.2.4.3 冷轧管工艺参数的选择

A 坯料

冷轧坯料，应根据孔型系列、合金性质以及设计要求的范围而定。对管坯的质量要求见表 39-26 外径允许偏差、表 39-27 壁厚允许偏差及其他有关规定。

表 39-26 外径允许偏差

名义外径 /mm	26	27	32	38	55	65	85	100
偏差/mm	±0.52	±0.54	±0.64	±0.72	±1.1	±1.3	±1.7	±2.0

表 39-27 壁厚允许偏差

名义壁厚 /mm	1.2	1.8	2	3.5	5	6	7.5	10
偏差/mm	±0.12	±0.18	±0.2	±0.35	±0.5	±0.6	±0.75	±1.0

内外表面质量：

(1) 不允许有飞边、金属压入物、裂纹、起皮、凹坑、夹杂和划沟等。

(2) 轻微的压坑、夹杂、划沟、擦伤等表面缺陷允许修理，修理后表面应平滑，深度不应超出外径壁厚的允许公差，端面应锯切齐，清除毛刺，吹净锯屑及其脏物。

(3) 管坯应矫直，确保芯棒顺利穿入和轧制顺利进行。

B 坯料尺寸和延伸系数

坯料尺寸和轧制孔型系列确定后，冷轧加工率也基本确定。冷轧管的坯料尺寸要根据选用的孔型系列、被轧合金的性能、轧机的能力、制品品质和轧制工艺要求来确定。

表 39-28 给出了铜及铜合金常用冷轧延伸系数范围。

表 39-28 二辊冷轧管延伸系数

轧机型号	合 金	延伸系数	轧机型号	合 金	延伸系数
LG30	紫 铜	4.5～9.5	LG30	铜合金	3.0～10
LG55		5.5～9.0	LG55		4.5～6.5
LG80		9.0～12.5	LG80		3.5～8.0

C 轧机的往复次数和送进量

冷凝管用铜合金轧制时的往复次数和送进量见表 39-29。

39.2.4.4 拉伸工艺流程举例

例 1 制定 HAl77-2 $\phi30$ mm × 2 mm × 1400 mm 冷凝管的生产工艺流程。

计算过程列于表 39-30 和表 39-31。根据计算结果得到 HAl77-2 $\phi30$ mm × 1.2 mm × 1400 mm 冷凝管生产工艺流程列于表 39-32。

表 39-29　冷凝管用铜合金轧制时的往复次数和送进量

轧机型号	机架双行程次数/次·mm⁻¹				送进量/mm
	孔型系列/mm×mm	延伸系数	轧机允许次数	H68A；HAl 77-2；HSn 70-1；HSn 70-1；HSn 70-1；HSn 70-1AB；BFe 10-1-1；BFe 30-1-1	H68A；HAl 77-2；HSn 70-1；HSn 70-1B；HSn 70-1AB；BFe 10-1-1；BFe 30-1-1
LG80	100×85 85×60 65×45 65×38	1.65～2.86 1.8～3.5 1.8～4 5～3	60～70	60～65	2～30 （常用 3～10）
LG55	65×45 65×38 55×32	1.86～6.08 5.24～3.13 2.34～5.46	68～90	75～85	2～30 （常用 8～10）
LG30	36×24 30×20	3.0～10	80～120	90～100	2～30 （常用 8～10）

表 39-30　HAl77-2 ϕ30 mm×1.2 mm×1400 mm 冷凝管生产工艺流程计算

序号	工艺流程计算
1	确定坯料尺寸 根据制品的尺寸和工厂的生产条件，并选用游动芯头拉伸，拉伸前的坯料规格为 ϕ45 mm×3 mm； 生产流程为铸锭（ϕ195 mm×300 mm）→挤压（ϕ65 mm×7.5 mm）→冷轧（ϕ45 mm×3 mm）→辊底式电炉退火
2	计算总延伸系数 $\lambda_{\Sigma}=\dfrac{(45-3)\times 3}{(30-1.2)\times 1.2}=3.65$
3	确定退火次数和拉伸道次，选两次退火之间的延伸系数为 3，选每道次延伸系数为 1.7。 $n_{退}=\dfrac{\lg 3.65}{\lg 3}=1.18$　　取整数 $n_{退}=1$ $n_{拉}=\dfrac{\lg 3.65}{\lg 1.7}=2.45$　　取整数 $n_{拉}=3$ 考虑退火炉和酸洗设备的长度和运输方便，中间退火安排在第一次拉完之后。 退火与拉伸道次安排以及拉伸配模计算见表 39-31

表 39-31　拉伸配模计算

序号	配模步骤	符号	拉伸道次和中间退火			
			第一道次	退火	第二道次	第三道次
1	预分配道次减壁量/mm 计算各道次的管材壁厚/mm	$\Delta S=S_0-\Delta S$ $S=S_0-\Delta S$	0.9 2.1	2.1	0.6 1.5	0.3 1.2
2	选取芯头大圆柱体与管坯内径的间隙	$D_{坯内}-D_{芯大圆}$	0.8		1.0	0.6
3	选取拉伸模角	$\alpha=12°$ $\beta=9°$				
4	预定芯头大圆柱体直径/mm	$d_{芯}$	34.2		30.2	27.6
5	计算芯头大圆柱体直径/mm	$D_{芯}$	39－0.8＝38.2		34.2－1＝33.2	30.2－0.6＝29.6
6	核对下面的公式是否符合 $D_{芯}-d_{芯}=(3\sim6)\Delta S$		4		3	2
7	经核对都已满足游动芯头拉管时对减径量的要求，并符合芯头尺寸规范的要求					

表 39-32 游动芯头拉伸工艺流程

序号	拉伸管子尺寸 $D_{外}\times D_{内}\times S$ /mm×mm×mm	选取的减壁量/mm	间隙量/mm	游动芯头主要尺寸				减径量/mm	延伸系数	拉伸后管长度/m
				$D_{大圆}$	$d_{小圆}$	$D_{大圆}-D_{小圆}$/mm	α/(°)			
1	坯料 ϕ45×3									4.30
2	38.4×34.2×2.1	0.9	0.8	38.2	34.2	4	9	6.6	1.65	6.94
3	△									
4	33.2×30.2×1.5	0.6	1.0	33.2	30.2	3	9	5.2	1.615	10.70
5	30.0×27.6×1.2	0.3	0.6	29.6	27.6	2	9	3.2	1.38	14.80

常用黄铜冷凝管规格拉伸工艺流程列于表39-33,白铜冷凝管拉伸工艺流程列于表39-34。

表 39-33 黄铜管生产工艺流程表

成品规格/mm×mm	挤压规程	拉伸工艺
19×1	46×2.15	38×1.75-32×1.38—△—○—25×1.08-19×1
25×2.0	46×3.1	38×2.7(或41×2.7)—32×2.4—△—○—25×2
25×1.5	46×2.5	38×2.2(或40×2.2)—32×1.9—△—○—25×1.5
25×1.2	46×2.5	38×2.1(或40×2.1)—32×1.75—△—○—25×1.2
28×1	46×2.15	41×1.75—35×1.45—△—○—28×1
25×1	46×2.15	38×1.75-32×1.45-△-○-25×1

注:"△"指刨皮,以下同;"○"指退火,以下同。

表 39-34 BFe30-1-1 拉伸工艺

成品规格/mm×mm	挤压规格/mm×mm	拉伸工艺
25×1.5	47.8×3.1	41×2.5—38×2.0—△—37.5—中修—○—32×1.65(或30×1.65)—25×1.5
25×1.2	47.8×3.1	44×2.5—41×2.1—38×1.75—△—38.5—中修—○—32×1.35—25×1.2
28×1	47.8×3.1 47.5×2.9	44×2.5—41×2.1—38×1.75—△—中修—○—35×1.15—28×1
25×1	47.8×3.14 47.5×2.9	44×2.5—41×2.1—38×1.75—△—37.5—中修—○—35×1.4—32×1.15(或30×1.15)—25×1

39.2.4.5 退火、酸洗及其他

A 退火工艺参数选择

退火温度与保温时间的确定要根据合金的软化曲线和制品的技术性能要求,并结合退火设备的具体情况进行确定,表39-35~表39-37列出了箱式退火炉和通过式退火炉冷凝管退火温度制度,仅供参考。

表 39-35 箱式退火炉冷凝管退火制度

合金牌号	壁厚/mm	中间退火温度/℃	成品退火温度/℃		保温时间/min
			软制品	半硬制品	
H68A	1.0~4.0	560~700	480~540	400~450	40~60
HAl77-2	1.0~4.0	650~700	600~700	500~600	60
HSn70-1、HSn70-1B	1~4.0	650~700	520~580	450~480	60
HSn70-1AB	>0.4	660~700	600~700	500~600	
BFe30-1-1	1.0~3.0	760~840	740~780	580~600	100
BFe10-1-1	1.0~3.0	730~790	680~720	510~600	80

表 39-36 通过式退火炉中间退火制度

牌号	炉温/℃ 壁厚/mm ≤1.0	1.0~2.5	>2.5	管材通过炉膛的运动速度/m·min⁻¹
H68A	560~580	600~660	660~700	0.42
HAl77-2	580~600	600~690	680~700	0.42
HSn70-1, HSn70-1B, HSn70-1AB	580~600	600~680	660~700	0.45
BFe30-1-1	760~780	780~800	780~840	0.3
BFe10-1-1	730~750	750~770	760~790	0.32

表 39-37 通过式退火炉成品退火制度

牌号	状态	炉温/℃ 壁厚/mm 0.75~1.0	>1.0~2.0	管材通过炉膛的运动速度/m·min⁻¹
H68A	Y_2	520~540	530~560	0.4
	M	540~560	570~590	0.35
HAl77-2	Y_2	600~620	620~630	0.4
	M	660~680	680~700	0.35
HSn70-1, HSn70-1B, HSn70-1AB	Y_2	530~580	570~600	0.4
	M	580~600	600~640	0.35
BFe30-1-1	Y_2	590~620	620~650	0.35
	M	740~750	740~790	0.28
BFe10-1-1	Y_2	500~520	520~550	0.35
	M	680~700	720~750	0.28

B 注意事项

有关注意事项包括：

(1) 采用煤气炉，箱式电炉退火时，应根据装炉量的多少、管坯规格大小和壁厚的厚薄灵活掌握退火温度和保温时间。管材装炉量多、规格大、壁厚厚时，退火温度应取上限，保温时间也应加长。

(2) 采用通过式退火炉，还要根据炉膛加热区的长度来调整速度关系，加热区长、速度慢时，退火温度可取下限。

(3) 冷凝管退火后的冷却速度应适中，出炉时除 H68 和 HAl77-2 允许急冷外，其余合金均应自然冷却。

(4) 黄铜中的锌在高温时易蒸发，产生脱锌现象。因此，对于黄铜冷凝管材料退火时应严格控制炉温，用增加保温时间来调整温度速度的关系。对于温度不易精确控制的煤气炉时，一般采用闷炉退火，即把炉温升到高于退火温度后再装料，装料后炉子停止加热，炉内保持正压。

(5) 黄铜冷凝管，拉伸后 72 h 内要及时退火，以防止产生应力裂纹。

(6) 采用通过式退火炉时，装料必须保持单层，以保证退火物料的性能均匀一致。

C 酸洗

酸、水洗的先后顺序为：酸洗→一次漂洗→二次漂洗→水冲洗。在热状态的单相黄铜和白铜，可以直接放入冷水水槽中冷却后再进行酸洗；对含锌高的黄铜必须自然冷却到 70℃ 以下才能酸洗。

酸洗液的成分与酸洗时间列于表 39-38。

表 39-38 酸洗液成分与酸洗时间

合金牌号	酸液成分/%			酸液温度/℃	酸洗时间/min
	硫酸	双氧水	水		
BFe 30-1-1, BFe 10-1-1	13～18	3～5	余量	室温	10～60
H68A, HAl 77-2, HSn 70-1, HSn 70-1B, HSn 70-1AB	3～15		余量	室温	5～30

D 脱脂

冷凝管成品拉伸、矫直后,制品表面总会残留一些润滑剂,如不对其进行清除,油污经退火后会残留在制品表面,影响冷凝管的表面质量及使用寿命,因而应在成品退火前进行脱脂处理。

脱脂处理常用的方式有:使用铜管清洗设备采用有机溶剂进行清洗;使用脱脂剂在水槽中进行浸泡而后水清洗;采用人工擦洗方式对管材的内外进行清洗等等。

39.3 铜水(气)管

39.3.1 概述

无缝铜水(气)管主要作为建筑业和建筑相关联产品的管道,其在国外的使用率很高。美国在2000年新安装的铜水管就有3.36亿m,铜管的当量重量在34万t以上。在有跟踪记录的40年时间内,平均年消耗量是23～25万t,应用比例达到85%;英国的应用比例在95%以上,加拿大、澳大利亚达到85%,香港为80%,新加坡为75%。中国在20世纪初的20～30年代之前,在沿海大城市中,有相当部分的商务、酒店、公馆、住宅等使用了铜管作供水管和煤气管,部分管道至今保存着。有可靠的实证和记载,在停顿了近60年之后的20世纪90年代,中国的开放和加入WTO以后,随着国内铜市场与国际贸易的接轨、国家经济发展和建设事业的进步,无缝铜水(气)管被现代中国人重新认识和使用,快速进入建筑体系中,已在住宅公寓、商务、酒店及公共建筑(诸如科研院校、医疗建筑、体育场馆、办公、商业、交通设施、园林、综合建筑的冷热给水、采暖供热、太阳能、燃气、医用气体、水冷风道等系统)中使用。

由于铜管的状态及大范围的外径和壁厚,其规格系列适配性强,适用性广,连接方法多样,可在各种领域里安装使用。连接方便、可靠、经济是选择铜管重新成为当代新一代管道材料的主要因素。也充分预示了无缝铜水(气)管的良好前程。

建筑业选择铜管作为水道管的七大理由:铜是经济性的;铜是轻便的;铜是可变形的;铜是易连接的;铜是安全的;铜是可靠的;铜是耐腐蚀的。

39.3.2 无缝铜水(气)管的分类和用途

世界上对铜水(气)管的类型规定和标准一般以美国标准和欧盟标准为代表。中国现行国家标准 GB/T 18033-2000 基本采纳欧盟 EN 1057标准体系。因此在本节中,着重介绍中国、欧盟、美国的铜水(气)管的分类、要求、用途。

39.3.2.1 无缝铜水(气)管的采用标准

中国:GB/T 18033(-2000);欧盟:EN 1057;美国:ASTM B88。

39.3.2.2 材料的牌号和表示方法

中国:T2、TP2 例 TP2 化学成分 Cu+Ag ≥99.90%,P:0.015%～0.040%

欧盟:Cu-DHP 或 CW024A 化学成分 Cu+Ag≥99.90%,P:0.015%～0.040%

美国:C12200 化学成分 Cu+Ag≥99.90%,P:0.015%～0.040%

说明:中国工程建设标准化协会出版的现行“CECS171:2004 建筑给水铜管管道工程技术规程”,规定了应用于建筑给水管道的铜管牌号推荐采用TP2。

39.3.2.3 铜水(气)管的类型和性能要求

A 铜水(气)管的类型

无缝铜水管和铜气管的外形尺寸见表39-39～表39-41所示。

B 铜水(气)管的性能要求

中国、欧盟、美国标准所规定的铜水(气)管的性能要求分别见表39-42～表39-44。

表 39-39 中国 GB/T 18033—2000 无缝铜水管和铜气管管材的外形尺寸系列

外径 /mm	平均外径公差 /mm		壁厚/mm 类型			理论重量 /kg·m^{-1}			硬态(Y) 最大工作压力 P /MPa			半硬态(Y_2) 最大工作压力 P /MPa			软态(M) 最大工作压力 P /MPa		
	普通级	高精级	A	B	C	A	B	C	A	B	C	A	B	C	A	B	C
6	±0.06	±0.03	1.0	0.8	0.6	0.140	0.116	0.091	24.23	18.81	13.70	19.23	14.92	10.87	15.82	12.30	8.96
8	±0.06	±0.03	1.0	0.8	0.6	0.196	0.161	0.124	17.50	13.70	10.05	13.89	10.87	8.00	11.44	8.96	6.57
10	±0.06	±0.03	1.0	0.8	0.6	0.252	0.206	0.158	13.70	10.77	7.94	10.87	8.55	6.30	8.96	7.04	5.19
12	±0.06	±0.03	1.2	0.8	0.6	0.362	0.251	0.191	13.69	8.87	6.56	10.87	7.04	5.21	8.96	5.80	4.29
15	±0.06	±0.03	1.2	1.0	0.7	0.463	0.391	0.280	10.79	8.87	6.11	8.56	7.04	4.85	7.04	5.80	3.99
18	±0.06	±0.03	1.2	1.0	0.8	0.564	0.475	0.385	8.87	7.31	5.81	7.04	5.81	4.61	5.80	4.79	3.80
22	±0.08	±0.04	1.5	1.2	0.9	0.860	0.698	0.531	9.08	7.19	5.92	7.21	5.70	4.23	5.94	4.70	3.48
28	±0.08	±0.04	1.5	1.2	0.9	1.111	0.899	0.682	7.05	5.59	4.62	5.60	4.44	3.30	4.61	3.66	2.72
35	±0.10	±0.05	2.0	1.5	1.2	1.845	1.405	1.134	7.54	5.59	4.44	5.99	4.44	3.51	4.93	3.66	2.90
42	±0.10	±0.05	2.0	1.5	1.2	2.237	1.699	1.369	6.23	4.63	3.68	4.95	3.68	2.92			
54	±0.20	±0.05	2.5	2.0	1.2	3.600	2.908	1.772	6.06	4.81	2.85	4.81	3.82	2.26			
67	±0.24	±0.06	2.5	2.0	1.5	4.509	3.635	2.747	4.85	3.85	2.87						
85	±0.24	±0.06	2.5	2.0	1.5	5.767	4.641	3.502	4.26	3.39	2.53						
108	±0.30	±0.06	3.5	2.5	1.5	10.226	7.374	4.467	4.19	2.97	1.77						
133	±0.40	±0.10	3.5	2.5	1.5	12.673	9.122	5.515	3.39	2.40	1.43						
159	±0.60	±0.18	4.0	3.0	2.0	17.335	13.085	8.779	3.23	2.41	1.60						
219	±0.70	±0.25	6.0	5.0	4.0	35.733	29.917	24.046	3.53	2.93	2.34						

注：1. 管材的平均外径是在任一横截面上测得的最大和最小外径的平均值。

2. 最大工作压力(P)指工作条件为65℃时，硬态管允许应力(S)为63 MPa；半硬态管允许应力(S)为50 MPa；软态管允许应力(S)为41.2 MPa。

表 39-40 欧盟 EN1057 用于卫生和供热装置的无缝圆形铜水管和铜气管名义外径和壁厚

名义外径/mm	名义壁厚/mm											
	0.5	0.6	0.7	0.8	0.9	1.0	1.1	1.2	1.5	2.0	2.5	3.0
6	×	R				R						
8	×	R				R						
10	×	R	R			R						
12	×	R	×	R		R						
14			×	×		×						
15	×		R	R				×	×			
16				×		×		×				
18		×		R		R		×	×			
22		×		×	R	R	×	R	R			
25						×		×	×			
28		×		×	R	R		R	R			

续表 39-40

名义外径/mm	名义壁厚/mm											
	0.5	0.6	0.7	0.8	0.9	1.0	1.1	1.2	1.5	2.0	2.5	3.0
35			×	×		×	×	R	R	×		
40						×	×					
42				×		×		R	R	×		
54				×	×	×		R	R	R		
64									×	R	×	
66.7						×		R	×	×	×	
70										×	×	
76.1								×	R	R	×	
80						×				×		
88.9										R	×	×
108								×	R	×	R	×
133									R	×		R
159									×	R		R
219												R
267												R

注：R—表示本标准推荐的尺寸；×—表示其他标准的尺寸。

表 39-41　ASTM B88M—96 无缝铜水管(公制)

公称或标准尺寸/mm	外径/mm	平均外径公差/mm		壁厚和允许公差/mm						理论重量/kg·m⁻¹		
				类型 A		类型 B		类型 C		类型 A	类型 B	类型 C
		退火	拉制	壁厚	公差 B	壁厚	公差 B	壁厚	公差 B			
6	6.0	0.05	0.03	0.80	0.08	0.70	0.07	0.60	C	0.117	0.104	0.091
8	8.0	0.05	0.03	0.90	0.09	0.80	0.08	0.60	C	0.179	0.162	0.125
10	10.0	0.05	0.03	0.90	0.09	0.80	0.08	0.60	C	0.230	0.207	0.158
12	12.0	0.06	0.03	1.2	0.1	0.90	0.09	0.60	0.06	0.364	0.280	0.192
15	15.0	0.06	0.03	1.2	0.1	1.0	0.1	0.70	0.07	0.465	0.393	0.281
18	18.0	0.06	0.03	1.2	0.1	1.0	0.1	0.70	0.07	0.566	0.477	0.340
22	22.0	0.06	0.03	1.6	0.15	1.1	0.1	0.80	0.08	0.917	0.646	0.476
28	28	0.07	0.04	1.6	0.15	1.2	0.1	0.90	0.09	1.19	0.903	0.685
35	35	0.10	0.04	1.6	0.15	1.4	0.15	1.1	0.1	1.50	1.32	1.05
42	42	0.10	0.05	1.8	0.2	1.5	0.15	1.2	0.1	2.03	1.71	1.37
54	54	0.10	0.05	2.1	0.2	1.7	0.15	1.5	0.15	3.06	2.50	2.21
67	67	0.12	0.05	2.4	0.25	2.0	0.2	1.6	0.15	4.35	3.65	2.94
79	79	0.12	0.05	2.8	0.3	2.3	0.25	1.8	0.2	5.99	4.95	3.90
105	105	0.12	0.05	3.4	0.35	2.8	0.3	2.4	0.25	9.70	8.04	6.92
130	130	0.12	0.05	4.0	0.4	3.1	0.3	2.7	0.25	14.2	11.0	9.65

续表 39-41

公称或标准尺寸/mm	外径/mm	平均外径公差/mm		壁厚和允许公差/mm						理论重量/kg·m⁻¹		
				类型 A		类型 B		类型 C		类型 A	类型 B	类型 C
		退火	拉制	壁厚	公差 B	壁厚	公差 B	壁厚	公差 B			
156	156	0.12	0.05	4.8	0.5	3.5	0.35	3.1	0.3	20.3	15.0	13.3
206	206	0.15	-0.10～+0.05	6.8	0.7	5.0	0.5	4.3	0.45	38.0	28.2	24.4
257	257	0.20	-0.15～+0.05	8.5	0.85	6.3	0.65	5.4	0.55	59.3	44.4	38.2
308	308	0.20	-0.15～+0.05	10.3	1.0	7.1	0.7	6.4	0.65	86.1	60.0	54.2

注：1. 管材的平均外径是在任一横截面上测得的最大和最小外径的平均值。
2. 任何一点上的最大偏差。
3. 表示该材料一般不供应或还没有确定允许偏差。
4. 除特殊指明者外，表中的偏差为正负偏差。

表 39-42　中国 GB/T 18033 规定的力学性能要求

牌　号	状　态	公称外径/mm	抗拉强度 σ_b/MPa	伸长率(不小于)	
			不小于	δ_5/%	δ_{10}/%
T2；TP2	Y	≤100	315		
		>100	295		
	Y_2	≤54	250	30	25
	M	≤35	205	40	35

表 39-43　欧盟 EN1057 规定的力学性能要求

材料状态标志		名义外径 d/mm		抗拉强度 σ_b/MPa	伸长率/%	硬度 HV_5
EN 1173 表示方法	普通术语	最小	最大	最小	最小	最小
R220	退火	6	54	200	40	
R250	半硬	6	66.7	200	30	(40～70)
		6	159		20	(75～100)
R290	硬	6	267	250	3	(最小 100)

注：1. 括号里的硬度值在本标准中不要求，仅供参考。
2. 1 MPa = 1N/mm²。

表 39-44　美国 ASTM B 88 规定的力学性能要求

状态标志		形　式	洛氏硬度		抗拉强度(最小)/MPa	平均晶粒度/mm
标　准	以　前		标　尺	数　值		
OS060	退　火	卷　材	F	≤50	200	≥0.040
OS035	退　火	直　状	F	≤55	200	≥0.025
H58	拉　制	拉　制	30T	≥30	250	

注：洛氏硬度应在管材内表面测定。当没有可用于测定规定洛氏硬度的合适设备时，可由供需双方商定采用其他洛氏硬度标尺和数值。

39.3.2.4 铜水(气)管的用途、商品供货形态

A 铜水(气)管的用途

铜水管主要应用:给水、配水系统;冷冻水主管;排水、排气系统;水加热、电炉辐射板、融雪系统;低压力蒸汽、冷凝水回路;太阳能收集器、热导管和传输管;燃料油 L.P、液态石油气、天然气系统;不可燃医用气体系统;空调和制冷系统;灌溉、喷淋、灭火系统。

B 铜水(气)管的商品供货形态

铜水(气)管的商品供货形态见表 39-45~表 39-47。

表 39-45 中国 GB/T 18033 规定的供货形态

牌号	状态	种类	规格/mm		
			外径	壁厚	长度
T2、TP2	硬(Y)	直管	6~219	0.6~6	3000
	半硬(Y_2)				
	软(M)		6~54		5800
	软(M)	盘管	6~35		≥15000

表 39-46 欧盟 EN1057 推荐的供货形态

交货形式	名义外径 d/mm	长度/m	材料状态
盘状	6~54	25、50	R220(退火)
直条状	6~267	3、5	R250(硬)
			R290(半硬)

表 39-47 美国 ASTM B 88 规定的供货形态

公称或标准尺寸/mm	类型	公称或标准长度/m	公称偏差/mm(全为正)
以直条长度供应的管材			
≤206	A、B、C	6.0	25
257	B、C	6.0	25
257	A	5.5	25
308	C	6.0	25
308	B	5.5	25
308	A	3.6	25
成卷供应的管材			
≤28	A、B	20、30	600
35、42	A、B	20	600
54	A、B	12、14	600

39.3.2.5 铜水(气)管使用性能

A 管材最大的工作压力计算和水压试验压力

(1) 铜管的最大工作压力按式 39-8 计算:

$$P = \frac{2St}{D - 0.8t} \tag{39-8}$$

式中 P——最大工作压力,MPa;

t——铜管壁厚,mm;

D——铜管外径,mm;

S——材料允许应力,硬态 $S=63$ MPa;半硬态 $S=50$ MPa;软态 $S=41.2$ MPa。

(2) 铜管的水压试验压力按式 39-9 计算:

$$P_t = np \qquad (39\text{-}9)$$

式中 P_t——试验压力，MPa；

n——系数(推荐值 $n=1\sim1.5$)。

B 铜管的压力衰减

当铜管连接采用铜焊或硬钎焊时，在加热和连接过程中会软化硬管，造成铜管的压力衰减，特别是在铜管与管件接近部位称热影响区，其内部工作压力就应以退火铜管为强度计算的额定值。

39.3.3 主要生产工艺

铜水(气)管的生产工艺见表39-48。

表39-48 铜水(气)管的生产工艺方法

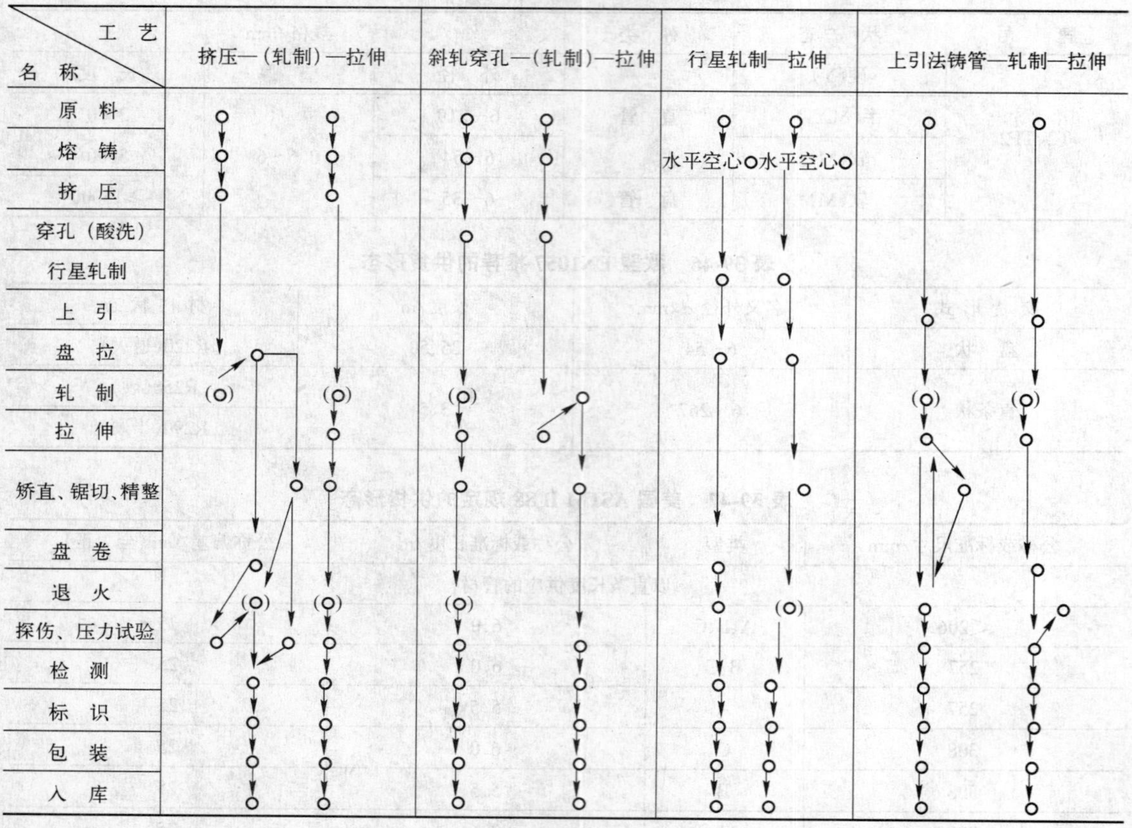

39.3.4 典型产品工艺举例

39.3.4.1 挤压—拉伸

采用挤压—拉伸法生产铜水(气)管是铜加工的经典传统工艺，在国内外普遍使用。采用适当的挤压比实现最佳的冷加工用母管坯料，是保证生产优质铜水(气)管的前提。表39-49是挤压—拉伸法生产铜水(气)管的典型产品工艺。

表39-49 TP2 ϕ42 mm×1.2 mm Y 工艺流程

牌号	TP2	规格	ϕ42 mm×1.2 mm	状态	硬态Y	标准	GB/T 18033
序号	工序名称	挤压—拉伸					
1	铸锭	半连续铸造 ϕ245 mm×500 mm					
2	加热	工频感应加热或煤气加热 800～900℃					
3	挤压	28 MN双动(水封)油压机 ϕ64 mm×4.0 mm					

续表 39-49

牌号	TP2	规格	ϕ42 mm×1.2 mm	状态	硬态 Y	标准	GB/T 18033
序号	工序名称	挤压——拉伸					
4	拉 伸	30 kN 拉伸机		ϕ56 mm×2.8 mm			
5	拉 伸	30 kN 拉伸机		ϕ50 mm×2.0 mm			
6	拉 伸	20 kN 拉伸机		ϕ46 mm×1.5 mm			
7	拉 伸	20 kN 拉伸机		ϕ42 mm×1.2 mm			
8	矫直、锯切 精整、检验	按 GB/T 18033		ϕ42 mm×1.2 mm×定尺			
9	压力试验	水压或气压 试验压力≥5.55 MPa					
10	打印、标识	按用途类型及 GB/T 18033 标准进行					
11	包装、入库	检验报告，合格证明订单文件提交 ϕ42 mm×1.2 mm×定尺支数					

39.3.4.2 斜轧穿孔——(轧制)——拉伸

采用斜轧穿孔——(轧制)——拉伸法生产铜水(气)管在我国已有 20 多年的历史了，主要适用于口径在 ϕ76 mm 以上的铜水管。用此法生产管材时，由一对相互交错的轧辊，导辊、穿孔顶头与圆形坯锭组成。轧辊的中心线与坯锭的中心线保持一定的角度，导辊将坯锭保持在轧辊之间的一定位置上。当坯锭被咬入轧辊时，螺旋前进并逐步减径，坯锭直径的中心部位压在穿孔顶头上，坯锭在两个按同一方向旋转的轧辊形成的孔型中变形，形成孔腔，随后芯头与孔型一起加工坯锭，孔腔的壁厚逐步均匀，坯锭被延伸，成为穿孔管坯。表 39-50 是斜轧穿孔—(轧制)—拉伸法生产铜水(气)管的工艺流程。

表 39-50 生产 TP2 ϕ267 mm×5.0 mm 铜水(气)管 工艺流程

牌号	TP2	规格	ϕ267 mm×5.0 mm	状态	硬态 Y	标准	GB/T 18033
序号	工序名称	斜轧穿孔—拉伸					
1	铸 锭	半连续铸造 ϕ260 mm×600 mm					
2	加 热	工频感应加热或煤气加热 800～900℃					
3	穿 孔	KP ϕ100 mm 穿孔机		ϕ255 mm×9.0 mm			
4	酸 洗	硫酸＋热水					
5	打 头	汽锤 1500 kN					
6	拉 伸	650 kN 拉伸机		ϕ245 mm×8.2 mm			
7	退火、酸洗	辊底式退火炉＋酸洗					
8	拉 伸	650 kN 拉伸机		ϕ235 mm×7.2 mm			
9	刨 皮	650 kN 拉伸机		ϕ235 mm			
10	退火、酸洗	辊底式退火炉＋酸洗					
11	拉 伸	650 kN 拉伸机 (扩径)		ϕ256 mm×6.2 mm			
12	退火、酸洗	辊底式退火炉＋酸洗					
13	拉 伸	650 kN 拉伸机 (扩径)		ϕ282 mm×6.2 mm			
14	拉 伸	650 kN 拉伸机		ϕ275 mm×5.6 mm			
15	拉 伸	650 kN 拉伸机		ϕ267 mm×5.0 mm			

续表 39-50

牌 号	TP2	规格	ϕ267 mm×5.0 mm	状态	硬态 Y	标准	GB/T 18033
序 号	工 序 名 称	斜轧穿孔—拉伸					
16	矫直、锯切 精整、检验	按 GB/T 18033		ϕ267 mm×5.0 mm×定尺 mm			
17	压力试验	水压或气压 试验压力≥3.6 MPa					
18	打印、标识	按用途类型及 GB/T 18033 标准进行					
19	包装、入库	检验报告，合格证明订单文件提交 ϕ267 mm×5.0 mm×定尺支数					

除了上述斜轧穿孔——(轧制)——拉伸法生产铜水(气)管外，还可以用斜轧穿孔——开坯——拉伸——精轧出成品的工艺路线。

例：TP2 ϕ108 mm×2.0 mm Y

铸锭 ϕ155 mm×600 mm——穿孔 ϕ150 mm×8.0 mm——酸洗——打头——拉伸 ϕ142 mm×7.0 mm——退火、酸洗——拉伸 ϕ132 mm×6.0 mm——刨皮 130 mm——拉伸 ϕ120 mm×4.8 mm——退火、酸洗—LG90 轧机精轧 ϕ120 mm×4.8 mm——ϕ108 mm×2.0 mm

这种工艺方法比较适合于薄壁系列的铜水管生产，壁厚精度较高，内外表面质量较好。值得注意的是，斜轧穿孔出来的管坯的外径和壁厚沿轴向是变化的，通常带有螺旋痕缺陷，故在拉伸的前第一，第二道次中，必须合理设计工艺，使管坯半成品外圆平直、消除环状痕是保证后续正常加工和成品质量的基础。扩径拉伸过程中，每次扩径量不宜超过 10%，扩径拉伸次数最多不宜超过 3 次。

39.3.4.3 水平连铸——行星轧制——盘拉

20 世纪以来，纯铜管实现了盘拉式生产，从而对于铜水(气)管这一类管道而言是唯一的可达到上千米之长而无接头的金属管道。扩大了铜管在诸如采暖、燃气输送等领域的应用，其典型产品生产如表 39-51 所示。

表 39-51 TP2 ϕ12 mm×0.6 mm 盘拉 M 工艺流程

牌 号	TP2	规格	ϕ12 mm×0.6 mm	状态	软态 M	标准	GB/T 18033
序 号	工 序 名 称	水平连铸空心管坯—(行星轧制)—盘拉					
1	水平连铸	XR-LZ500 熔炉保温炉水平空心连铸 ϕ90 mm×23 mm					
2	铣面	旋转铣面机组					
3	行星轧制	XR-SG90 三辊行星轧管机		ϕ48 mm×2.3 mm 加工率大于 90%			
4	连 拉	采用 2～3 道连拉		ϕ28 mm×1.2 mm 盘卷			
5	倒立式盘拉	ϕ2200 mm 盘拉机 ϕ25 mm×1.05 mm, ϕ21 mm×0.95 mm, ϕ18 mm×0.8 mm, ϕ15 mm×0.7 mm, ϕ12 mm×0.6 mm					
6	复绕在线探伤	双卷取水平复绕机 ϕ12 mm×0.6 mm×定尺(100～300 m) 按类型打印标识字符					
7	退 火	楼式退火炉或井式退火炉(保护性气氛)500℃左右					
8	包装、入库	塑封包装、检验报告，合格证明订单文件提交 GB/T 18033					

需要说明的是：行星轧机——盘拉法生产铜水(气)管一般适用于 ϕ28 mm 以下的管材。它还可以盘状交货，也可以通过联合拉拔机按标准定尺锯切成直条状交货。

39.3.4.4 上引连铸管坯——轧制——拉伸

20 世纪 80 年代后期，国内开始应用一次成型的铜管坯上引连铸技术，走轧制——拉伸路线来生产铜管，到了20世纪90年代末，用此法开始生产铜水(气)管。由于生产成本低，成材率相对较高，具有较强的价格竞争力。主要典型工艺如表39-52所示。

表39-52 T2 ϕ22 mm×0.9 mm×定尺 Y 工艺流程

牌号	T2	规格	ϕ22 mm×0.9 mm	状态	硬态Y	标准	GB/T 18033
序号	工序名称	上引连铸管坯——轧制——拉伸					
1	熔炼上引连铸	TSZR5连铸机		ϕ80 mm×8.0 mm			
2	铣面	旋转铣面机组		ϕ79 mm			
3	轧制	皮尔格轧管机		ϕ40 mm×2.0 mm(或加在线感应退火)			
4	打卷	ϕ40 mm×2.0 mm~ϕ2000 mm成卷					
5	退火	中间退火(井式或辊底式)580~600℃					
6	盘拉	连续拉伸至ϕ25 mm×0.95 mm					
7	散卷直拉切定尺	矫直切定尺ϕ22 mm×0.9 mm×定尺mm					
8	检验、探伤、打印	涡流探伤，按类型打印字符，按GB/T 18033					
9	包装、入库	塑封包装、检验报告，合格证明订单文件提交GB/T 18033					

需要说明的是：用上引法生产铜水(气)管较难达到TP2磷脱氧铜的牌号标准，其成分含量因生产方式所限，目前难以精确控制。另外，为了完全消除上引铸管中的铸态组织，在生产过程中必须保证充分的变形量和充分的再结晶退火(通常需要较高功率的退火温度，一般建议最好二次以上)，才能达到良好的铜管质量，并且适合于铜水(气)管管道系统要求。

39.3.5 铜水(气)管生产的控制要点

铜水(气)管多应用在终端商品上，与一般其他铜管材尚需后续进一步加工不同，应用的介质是给水、排水及各种气体，需要与管路附件、设备等组合成安全合理的系统，适配性要求较高。

39.3.5.1 规格类型

铜水(气)管与管路附件匹配组合，须以标准类型A、B、C的规格生产，与国家现行标准计量的标准件匹配，同颁布的技术规程、施工验收规范相适应。现行的铜管国家标准是GB/T 18033。非标准类型规格一般仅适用于特殊场合和作为管路附件产品生产的半成品材料。

39.3.5.2 尺寸偏差

铜水(气)管需要与管路附件连接成系统，其连接一般是承、插两种形式，其间隙量的特殊要求须严格控制外径和内径的偏差，从实际情况看，GB/T 18033标准中的高精级能与连接系统相适应。同时壁厚偏差也要严格控制，因为壁厚偏差太大的话，管道系统在经硬钎焊后热影响区的壁厚减薄量较大，在压力工作状态下，容易成为破坏性的薄弱点；另一方面壁厚偏差太大，将影响管配件的加工质量。

39.3.5.3 性能

铜水(气)管是管道系统的连接方式中应用最多的一种管材，诸如承插软、硬钎焊、螺纹、卡套、卡压、扩张、压紧、沟槽、法兰等，各种连接方式对管材的性能要求有所不同，必须区别对待，在生产工艺的设计上要特别注意铜材的机械和物理性能，充分保证管道系统安装和运行的安全可靠性。建议如下：

(1) 硬态铜管要有5%以上的伸长率。

(2) 机械式连接的铜管注意控制内外表面硬度；沟槽式连接用的铜管硬度值应偏高。

(3) 软态铜管一般以盘卷状供货，应用于无连接的暖通系统。

(4) 需要直接弯曲布管的铜管应选硬度值稍低的半硬态铜管，部分机械式连接的铜管选择中等硬度状态，外径壁厚与硬度性能要适当。

(5) 加工工艺设计时，内外层金属的变形量应充分和适当。

39.3.5.4 成分

根据国家对涉水产品、配件或材料评价规范的相关要求，铜水（气）管必须符合国家规范的卫生要求，其中有浸泡试验强制性检测，因此在生产铜水（气）管过程中，除严格控制 Cu、P 成分外，还必须内部控制其他各种杂质含量和生产过程中建立防污措施，保证管材清洁。

39.3.5.5 其他

铜水（气）管的生产必须配备无损探伤、气压或水压试验。成品管材必须按用途和类型执行标准规定的标识和打印，标识字符应保证较长时间内不消退（燃气、医用气体、真空系统等管道应保证铜管的清洁度要求）。

39.4 空调管

39.4.1 概述

空调管（ACR 管）全称为空调与制冷用铜管，是专门用于空调器和制冷系统热交换器的管材。这种管材有直径小、壁厚薄、尺寸精度高、表面粗糙度小、具有良好的散热性能等特点。目前，空调器已向着小型化、高效节能、环保型发展，铜管由光面铜管发展到内螺纹铜管，内螺纹铜管发展向着小径、薄壁、高齿，齿型的生产研究已由过去的等高齿、高低齿向交叉齿、瘦高齿、断续齿等方向发展。为了适应新型环保空调制冷剂的需要，铜管内壁的清洁度已经可以达到低残油、低杂质、无氟化、无水分。

经过缠绕包装的铜盘管在空调厂家使用，大多通过内、外抽头方式进行放线，经过矫直弯曲切割做成发卡管，把发卡管穿入密排的铝箔片中，放在胀管机上进行胀管和扩口，制作成蒸发器和冷凝器。两器铜管要求无内壁氧化，无扩口裂纹，弯管处不起皱，铜管内无残留物。

39.4.1.1 空调管的分类

空调管分类见表 39-53。

表 39-53 空调管的分类

特征	盘管	直管	蚊香盘管
类别	光面管、内螺纹管	光面管、内螺纹管、高效翅片管	单层、双层或多层光面管
规格/mm×mm	光面管 ϕ3.8～22.22×0.25～1.8 内螺纹管 ϕ5～15.88×0.25～0.3	光面管 ϕ9.52～28×0.7～1.8	ϕ6.35～28×0.4～1.8
重量或长度	80～500 kg	≤7 m	15～50 m
用途	蒸发器、冷凝器连接管	中央空调	连接管

39.4.1.2 典型空调管的规格

光面空调铜管典型规格见表 39-54。内螺纹铜管主要规格见表 39-55。

表 39-54 光面空调铜管规格

序号	产品规格/mm×mm	用途
1	ϕ9～12.7×0.3～0.38	用作房间空调冷凝器用管
2	ϕ7×0.3～0.35	用作房间空调蒸发器用管

续表 39-54

序号	产品规格/mm×mm	用途
3	ϕ7～9.52×0.41～0.5	用作房间空调冷凝、蒸发器小弯头连接管
4	ϕ6.35～12.7×0.7～0.8	用作房间空调连接管
5	ϕ15.88～22.22×0.41～1.0	用作中央空调冷凝、蒸发器用管及连接管

表 39-55 内螺纹铜管规格

序号	产品规格/mm							用途
	外径/mm	底壁厚/mm	齿高/mm	齿条数	齿顶角	螺旋角	米克重/g·m^{-1}	
1	5	0.20	0.14	40	40	18	33	空调蒸发器用管
2	6.35	0.26	0.20	55	40	10	57.5	空调蒸发器用管
3	7	0.27	0.18	60	53	18	61	空调蒸发器用管
4	7	0.25	0.15	50	40	18	55	空调蒸发器用管
5	9.52	0.30	0.20	60	53	18	90	空调冷凝器用管
6	9.52	0.28	0.15	60	53	18	85	空调冷凝器用管
7	9.52	0.28	0.12	65	50	15	80	空调冷凝器用管
9	12.7	0.41	0.25	60	53	18		
10	15.88	0.52	0.30	74	53	18		

39.4.2 产品要求

我国现行制冷空调用铜管的技术标准为GB/T 17791—1999。但国内或大部分空调生产厂家多采用国外标准或企业标准。

空调铜管产品质量控制项目列于表 39-56。

表 39-56 空调铜管产品质量控制项目

序号	质量控制项目	产品质量指标及要求
1	化学成分	Cu:≥99.90%, P:(150～400)×10^{-6}, O:≤10×10^{-6} Bi:≤10×10^{-6}, Pb:≤20×10^{-6}, Fe:≤50×10^{-6}, S:≤20×10^{-6}
2	尺寸及公差	外径：±0.05 mm, 壁厚：±0.02 mm
3	内腔清洁度	≤38 mg/m^2, 含油量≤10 mg/m^2
4	外表面质量	无划伤、花纹、锯齿伤、油污，不氧化
5	力学性能(M 或 M_2)	σ_b:220～260 MPa, δ_{50}≥45%, $\sigma_{0.2}$:50～80 MPa
6	金相组织	晶粒度：0.020～0.045 mm
7	工艺性能	扩口无裂纹；压扁时无肉眼可见的裂纹；水压试验

39.4.3 空调管生产方式

空调管常见的生产方式有挤压法和铸轧法。

39.4.3.1 工艺流程

两种生产方式的主要工艺流程见图 39-2。

39.4.3.2 生产特点

(1) 挤压法是传统铜管生产方式。其特点是：

1) 热状态下压缩变形，热变形量高达 95%以上，有利于铸锭内部缺陷的焊合，组织更加致密；能满足最终产品各种状态下晶粒和工艺性能要求。水封作用在细化了晶粒组织的同时可免除管坯的内外氧化；但存在挤压管坯的偏心，使最终产品的精度受到影响；几何废料多，制约了成品率的提高。设备投资大、占地面积大、辅助设施多、维修费用高；工模具消耗和能耗很大；人员需求多，对操作和维护人员素质要求高。

(2) 铸轧法是 20 世纪 80 年代中期研制开发出来的精密铜管生产方式。其特点是：

1) 生产流程短，省去了铸锭加热、挤压等工序，直接由水平连铸机组生产出空心管坯，轧制后在线卷取成盘，盘卷单重可达 1000 kg，有效地提高了生产效率和成品率，其综合成品率可高达 85%以上。

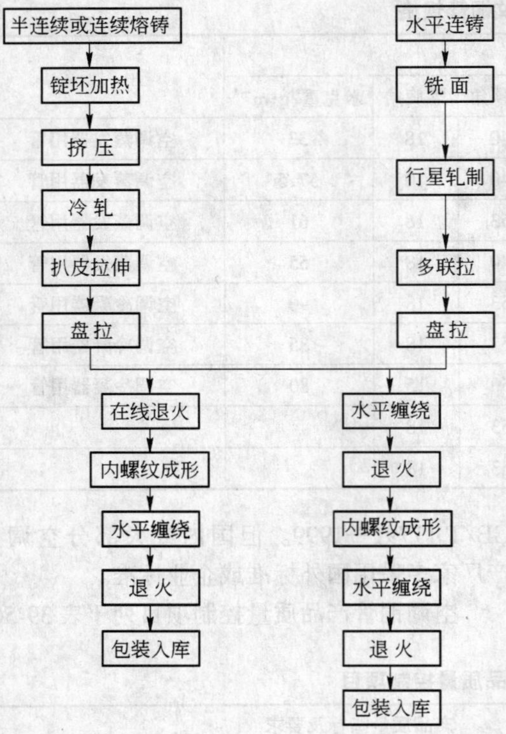

图 39-2　空调管生产工艺流程图

2) 三辊行星轧制，变形迅速，加工率大(可超过 90%)，其变形热可使管坯温度控制并维持高达 700～750℃，使铸态组织破坏后实现完全再结晶，在内、外均有气体保护和快速冷却区的冷淬作用下，得到表面光亮，内部组织为细小均匀等轴晶粒的管坯。根据实测资料，内部晶粒尺寸都在 30 μm 以下。

3) 铸轧法管材壁厚精度可控制在 ±5% 以内，壁厚偏差小，不仅使拉伸过程减少，也满足了内螺纹成型以及空调制冷行业连续流水线作业对产品性能均一性的要求。

4) 电力安装容量小，节能效果好。设备投资相对比挤压机少。占地面积小，操作人员少。在工模具消耗方面，一套轧辊寿命平均能轧 3000 t 铜管坯(含中间修磨若干次)，工模具费用较低；

5) 由于铸造工序采用的是石墨结晶器，故生产低氧的产品比较难；

6) 该方法是生产 ACR 管的 DHP(TP2) 铜管开发的专用生产线，它不适用于复杂铜合金管的供坯，因而一旦 ACR 管材市场处于饱和状态，这种供坯的方法有可能失去优势。

39.4.4　空调管典型生产工艺

39.4.4.1　水平连铸

高纯阴极铜板和铜磷合金(CuP14)加入有芯工频熔化炉中加热熔化，达到 1150℃ 以上，通过注有 N_2 保护的流槽倾倒保温炉中进行铸造。熔化炉、保温炉用木炭或石墨覆盖保护。

铸造采用高纯石墨模具，目前模具内表面多采用涂层工艺，模具要求致密性、抗压性好，一般石墨模具寿命达到 30～60 h。

质量控制：铜管外表面无裂纹、气泡和沟槽；截面无气孔、缩孔；内表面无拉道、坑疤印。

39.4.4.2　铣面和轧制

铣面机上下铣刀将铸坯表面的氧化皮、微小裂纹铣掉，铣面厚度为 0.3～0.5 mm，要求无楞、无氧化皮、无钝刀疤痕和压屑印。

轧制举例：ϕ90 mm×25 mm 铸坯经过行星轧机轧制成品 ϕ50 mm×2.45 mm，晶粒度为 0.025～0.035 mm，成材率达到 93% 以上。

质量控制：轧管表面光滑，不氧化，无裂纹，纹路均匀，尺寸控制良好。

轧辊采用了 3Cr2W8V 或 H13，轧辊寿命在 200 t 以上。

39.4.4.3　盘(直)拉

采用直线连拉和倒立式盘拉设备，经过拉伸工艺道次模具设计，选择不同黏度内外用润滑油，将轧管拉制成符合用户尺寸要求的铜管，目前，一根轧管经过拉伸重量可达 1 t 以上。最小规格为 ϕ3.8 mm×0.35 mm，长度为 20000 m 以上。

通过直拉和矫直切割，可以将盘拉下料拉成 ϕ(6.35～50) mm×(0.5～1.15) mm，长度为 3～7 m 的直管。

拉伸铜管质量控制：表面无划伤，无磕碰伤，无跳车印等明显缺陷，直管端头无毛刺和缺口。

39.4.4.4　精整

(1) 通过水平精整缠绕机缠绕，速度可达 450 m/min，经水平竖直矫直、清洗、涡流探伤

（内螺纹管采用旋转探伤）、圆辊和弯辊调整，按用户要求确定可允许的伤点数目，单盘重量达到 100～320 kg。盘管椭圆度控制为外径的 2%～3%。水平精整缠绕机现在多采用双卷筒交替缠绕。

（2）盘卷的内外直径应符合表 39-57。

表 39-57　空调管盘卷的内外直径（mm）

类 型	最小内径	最大外径	卷 宽	外　径
层绕管卷	610	≤1230	75～400	
平螺旋管卷	250	≤1000		
蚊香形管卷				ϕ300，ϕ400，ϕ500，ϕ600，ϕ800，ϕ900

39.4.4.5　在线退火、内螺纹成型

国内很多厂采用在线退火工艺，即用盘拉成筐下料，经过在线退火感应器加热，冷却，晶粒度为 0.01～0.04 mm，抗拉强度为 206～260 MPa，$\delta_5 \geqslant 45\%$，然后下料成筐直接在内螺纹成型机上进行内螺纹成齿，在线退火速度可达 450 m/min。

内螺纹成型机有直拉式，倒立盘式，V 形槽式三种。目前直流电机速度可达到 25000 r/min 以上。

成型多采用内衬组合芯头（光管游动芯头＋螺纹芯头），减径模减径，旋压环钢球成型，1～2次定径。

内螺纹芯头材料多采用 YG8，内螺纹管规格外径最小为 ϕ5 mm，最大为 ϕ15.88 mm。

内螺纹管质量的好坏关键在于坯管质量。

对坯管的质量要求：无线状伤，无点坑状伤，无扁管，伤点少，椭圆度小。

39.4.4.6　成品退火

成品退火均为保护性气体光亮退火。退火方式有井式，辊底连续式，辊底步进式。

为了提高内表面清洁度，在退火处理时采用了连续吹扫工艺，确保铜管内腔清洁度符合用户要求。

39.4.5　内螺纹成型工艺

39.4.5.1　内螺纹成型加工方法

（1）盘拉旋压法。此种方法目前用的最多，国内有近百台。它与光盘管拉伸方法及设备基本相似，只是把原有的模座、模盒改为旋压头。由于拉伸速度要与旋压速度匹配，所以内螺纹成型盘拉机的线速度较低。此外内螺纹在成型时主要是把盘管内表面旋压出齿形，外径变形量很小，壁厚几乎不变，所需拉伸力也小，主机电机功率也大大减小。

（2）V 形槽盘拉旋压法。此种方法采用的设备是 V 形槽盘拉内螺纹铜管成型机组，它与盘拉机在内螺纹旋压成型部分一样，只是把复杂、庞大的盘拉机变成了一个简单的带有 V 形槽的一个盘，盘的下部有一驱动装置，它带动管坯通过旋压头（高速直线电机），拉出的内螺纹铜管包在 V 形槽内一圈（包角 285°）并由一套两个压辊压紧，靠摩擦力与包角的作用拉着管子随 V 形槽盘旋转并与进口处呈直角方向出来，之后由收卷盘收卷。

（3）内螺纹铜管拉拔成型机组。该机组由江苏兴荣高新科技股份有限公司开发研制，其主传动由上、下两组履带式传送带，每节带上装有对称的夹块，几十对夹块靠摩擦力夹着管子向前运动，其最大特点是整个拉拔过程呈直线进行，不存在盘拉时的弯曲应力。

（4）轻型内螺纹旋压成型盘拉机。这种内螺纹盘管旋压机是由苏州冶金设备公司开发的，其结构基本上与内螺纹盘拉机一样，只是轻型化、主电机更小一些，为了防止拉拔力不够，在被拉盘管的外面有一段窄布带压着它。

（5）舒马格内螺纹联合拉拔机组。德国舒马格公司在原有舒马格联合拉拔机的前面加上内螺纹旋压设备就组成了舒马格内螺纹联合拉拔机组。整个拉拔过程在直线拉伸状态下完成，被拉管子无弯曲应力，是目前最好的内螺纹生产方式。但其制造成本和销售价格也相应较高。

39.4.5.2　内螺纹成型机构与高速旋压头

内螺纹旋压成型经过各种方式的试验研究，目前最成熟且被所有生产厂家采用的是行星球模旋压法，此方法技术先进、工艺稳定。其加工原理见第38章内螺纹管成形技术。

高速旋压头的主传动就是一部具有空心轴的高速电机，俗称电主轴，管子从主轴中通过完成上述的内螺纹成型加工。

39.4.5.3 内螺纹旋压成型工艺

对于旋压变形的三个阶段，各生产厂家选用参数有此差异。一般来说减径变形量占40%～60%，旋压变形量占25%左右，定径变形量约占10%。如以 ϕ9.52 mm×0.35 mm成品内螺纹管为例，管坯规格一般选用 ϕ12.7 mm×0.43 mm，减径变形后尺寸为 ϕ11.52 mm×0.43 mm，旋压成型后为 ϕ11.11 mm×0.35 mm，定径后至成品 ϕ9.52 mm×0.35 mm。

根据上述变形要求，来设计各个变形环节的模具、芯头。以 ϕ9.52 mm×0.35 mm、ϕ7.94 mm×0.32 mm、ϕ7 mm×0.32 mm三个规格为例，齿形参数与模具参数列于表39-58。

表 39-58 内螺纹成品、坯管和模具尺寸参数

规格/mm×mm		ϕ7×0.32	ϕ7.94×0.32	ϕ9.52×0.35
管坯	外径/mm	ϕ9.52±0.03	ϕ11±0.03	ϕ12.7±0.03
	壁厚/mm	0.37±0.02	0.38±0.02	0.42±0.02
模具	旋压环/mm	ϕ30.158	ϕ30.42	ϕ40.888
	螺纹芯头	ϕ7.31-0.16-60-18°	ϕ8.42-0.16-60-29°	ϕ10.06-0.16-60-18°
	游动模/mm	ϕ8.28	ϕ9.53	ϕ11.10
	定径模/mm	ϕ7	ϕ7.94	ϕ9.52
	钢球/mm	ϕ11.113/5	ϕ12.7/6	ϕ15.08/5
成品	外径/mm	ϕ7±0.03	ϕ7.94±0.03	ϕ9.52±0.03
	底壁厚/mm	0.27±0.02	0.28±0.02	0.35±0.02
	齿高/mm	0.15±0.02	0.15±0.02	0.2±0.02
	螺旋角	18°	18°	18°

模子要求基本与光管盘拉模一样，仅减径模的定径区要稍短些，定径模无明显的压缩区，定径区也稍长些。此外，定径后的成品外径尺寸要比定径模孔尺寸稍小些，所以在加工时定径模孔比名义成品外径稍大些。

旋压模由旋压环和置于其中的钢球组成，旋压模是钢球的旋转辊道，在高速下运转，所以其内表面光洁度和尺寸精度要求非常高。钢球相当一个旋转模，一般大都采用5球或6球，5球加工率小些，所耗功率也小些，6球加工率可大些，耗能也大些。

内螺纹芯头材料为硬质合金，好的内螺纹芯头目前可生产内螺纹管15 t。

39.4.5.4 内螺纹的精整与探伤

经过旋压成型后的内螺纹铜盘管是散盘，需要进行精整复绕，所采用的复绕机和光盘管完全一样，仅在涡流探伤上有所区别，探头不是通过式而是旋转探头，当然探伤仪要与之匹配。

国内所有内螺纹盘管生产厂家所用的旋转探伤仪大都选用的是德国FOERSTER公司的产品，国内已有该公司产品近百台，除钢铁外，铜加工用了近一半，也有少数企业使用的是美国MAC公司产品。德国产品的信噪比≥3:1，噪声9.5 dB，旋转头的转速为18000 r/min，而美国产品的转速为6000 r/min，所以其灵敏度与精度更高。旋转探伤仪主要用来检测沿被测盘管表面及沿管子长度方向的缺陷（通常称之为线性缺陷）。

39.4.6 其他新型生产工艺

39.4.6.1 带坯—焊接成型工艺

带坯—焊接工艺是选用一定规格的铜带（也可以在铜带上刻齿），再经焊接机组成型并焊接的工艺。主要工序包括铜带预成型—过渡—导向成型—焊接—去焊瘤—定径—探伤等，焊接方式一般采用氩弧焊(TIG)或高频焊(HF)，高频焊的速度可达 150～200 m/min，新型的氩弧焊速度也可达 100～150 m/min，采用先进的焊接技术，焊缝处的强度不低于基体强度，退火后金相组织同基体无差别，对 ϕ7.92 mm×0.3 mm 的产品其外径偏差仅为 0.04 mm，壁厚偏差小于 0.03 mm，伸长率大于 40%。采用多道次轧制的带坯可有效提高铜管的传热效率。

带坯—焊接工艺不仅解决了管材的壁厚不均的问题，而且解决了 ACR 管行业急需的高难齿形管材，如人字齿、高低齿、交叉齿、菱形齿管材的生产问题。由于该工艺成型过程不需润滑，因此管材内外表面非常干净。采用高频焊接时，即使速度达到 200 m/min，产品缺陷也只有 0.02%，生产率非常高。该工艺使管材单盘重量远远超过 500 kg，非常适合空调厂的流水作业线，而且投资省，资金实力不强的生产厂家也可以采用。

39.4.6.2 串连拉伸技术

由于皮尔格冷轧管机价格昂贵，维修复杂，Schumag 公司提出了在挤压后不采用冷轧，而采用串连拉伸的工艺技术。该技术是将 Schumag 联合拉拔机串连起来，并在每两台之间，增加 1 个长度补偿的活塞装置。在游动芯头直条拉伸中，管材不承受圆盘拉伸中生产的附加弯曲应力，受力条件好，管坯变形程度可达 90%以上，可以有效减轻上道工序留下来的管材偏心和壁厚不均，延伸系数可达 1.7 以上。串连拉伸工艺在挤压—轧管—拉伸工艺和水平连铸—行星轧管—拉伸工艺都有应用。采用大吨位挤压机，小挤压比方式挤出较大尺寸的管坯，通过大规格皮尔格冷轧机，然后串连拉伸，管坯可达到圆盘拉伸机所要求的进口尺寸，盘重可达 500 kg 以上。因冷轧管材品质好，尺寸精度高，这种圆盘拉伸坯料，可以用于对尺寸精度要求严格的空调管材生产。通过三辊行星轧管机加工出来的管坯通过串连拉伸，不仅提高了表面质量和尺寸精度，也有效的减轻了圆盘拉伸机的负荷，提高了圆盘拉伸机的效率。

39.4.6.3 在线吹扫技术

提高管材的外观质量，减少铜管内外表面残留物是铜管生产企业不断追求的目标。为此，近年来退火炉设备中，除增加了真空锁气室外，吹扫功能也越来越成为必备的手段。楼式退火炉、井式退火炉和钟罩式退火炉，单层进料的辊底式退火炉都要求具有吹扫功能。真空锁气和吹扫技术的采用，不仅提高了管材表面质量，也达到了节能、节气的效果。

39.4.6.4 连续在线感应退火

典型连续在线感应退火工艺参数列于表 39-59。

表 39-59 典型连续在线感应退火工艺参数

管材尺寸 /mm×mm	重量 /kg·m^{-1}	速度 /m·min^{-1}	退火温度/℃	加热能力 /kg·h^{-1}	能耗 /kW·h·t^{-1}	限制因素	感应器线圈
ϕ12.7×0.48	0.1648	300	700	2967	198	功率	一组
ϕ12.7×0.38	0.1316	300	700	2368	167	速度	一组
ϕ11.2×0.38	0.1155	300	700	2088	192	速度	一组
ϕ9.52×0.38	0.0976	300	700	1756	239	速度	一组

对于表中所列出的三种不同外径的管材只使用一种感应器线圈。与传统的炉子作经济比较，值得注意的是，感应退火没有辅助能耗。

39.4.7 空调管典型缺陷

空调管典型缺陷形貌、产生原因和解决措施见表 39-60。

表 39-60　空调管典型缺陷形貌、产生原因和解决措施

形　貌	产生原因	解决措施
表面变色，产品呈红、褐、灰、蓝、黑等颜色变化	退火时，炉内氧含量偏高，使产品氧化	控制炉内氧含量；检查与铜管接头处是否漏气
内壁含油、变色	油品未完全挥发，或炭化	选择易挥发、残油与残炭量小的内壁油作润滑剂；退火处理时，内壁充保护性气体吹气，并延长持续吹气时间
表面出现断续性似锯齿形状	生产各环节的碰伤、压入等造成	对各生产环节加强管理，防止磕碰；对轧制坯管进行连拉处理

39.5　大口径薄壁管

39.5.1　概述

目前无准确定量地划分大口径薄壁管的标准，一般习惯把外径大于 80 mm 且外径与壁厚之比 $D/S\geqslant 50$ 的管材，称为大口径薄壁管。就应用领域来说大口径薄壁紫铜管主要包括建筑用管、医疗用管（包括医疗建筑）、空调制冷用管和其他一般工程用管。

39.5.2　紫铜薄壁管

39.5.2.1　大口径无缝薄壁紫铜管的分类和用途

大口径无缝薄壁紫铜管的分类和用途见表 39-61。

表 39-61　大口径无缝薄壁紫铜管的分类和用途

<table>
<tr><th>序号</th><th>应用领域</th><th>牌　号</th><th>状态</th><th>规格范围/mm×mm</th><th>适用用途</th><th>执行标准</th></tr>
<tr><td rowspan="4">一</td><td rowspan="4">建筑类</td><td>TP2、C12200、C1220</td><td rowspan="4">软
硬
半硬</td><td>ϕ76～308×1.2～10.3</td><td>用作一般管道和类似的液体输送管道，如供水管、配水管等，通常与焊接型、扩口型或压紧型接头一起配用</td><td>中国 GB/T18033、美国 ASTM B88、欧洲 EN1057、日本 JIS3300</td></tr>
<tr><td>C12200、C1220</td><td>ϕ79.4～206×1.14～2.77</td><td>主要用于污水、废水和通风管道配件用无缝铜排水管</td><td>中国 GB/T18033、美国 ASTM B306、欧洲 EN1057、日本 JIS3300</td></tr>
<tr><td>C10300、C12200</td><td>ϕ73～324×1.65～7.95</td><td>主要用于在管道系统中与黄铜管接头配件一起使用的脱氧无螺纹无缝直长铜管</td><td>美国 ASTM B302</td></tr>
<tr><td>TP2、Cu-DHP CW024A、C1220</td><td>ϕ76.1～267×1.2～3.0</td><td>适用于热水和热装置系统（包括地下热装置系统）、民用天然气和煤气供应系统</td><td>中国 GB/T18033、欧洲 EN1057、日本 JIS3300</td></tr>
<tr><td rowspan="2">二</td><td rowspan="2">医疗用管</td><td>C12200、T2、TP2</td><td rowspan="2">硬
半硬</td><td>ϕ76.1～267×1.2～6.88</td><td>适用于医疗气体装置，管子装配时应符合相关的消防和医用气体管路要求</td><td>中国 GB/T18033、美国 ASTM B819</td></tr>
<tr><td>TP2、Cu-DHP CW024A</td><td>ϕ76.1～267×1.2～3.0</td><td>适用于热水和热装置系统（包括地下热装置系统）</td><td>中国 GB/T18033、欧洲 EN1057</td></tr>
<tr><td>三</td><td>空调制冷用管</td><td>C12200、C1220</td><td>硬
半硬
软</td><td>ϕ79.4～105×2.29～2.79</td><td>适用于空调及制冷设备的连接、维修、循环等场合的无缝铜管</td><td>美国 ASTM B280、日本 JIS3300</td></tr>
</table>

续表 39-61

序号	应用领域	牌号	状态	规格范围/mm×mm	适用用途	执行标准
四	一般工程用管	T2、T3 TU1、TU2 TP1、TP2	硬 半硬 软	$\phi75 \sim 360 \times 1.2 \sim 10.0$	适用于各工业部门一般工程用，如装饰、五金、仪表以及矿山、冶金等	中国 GB/T1527
		C10100、C10200、C10300、C10800、C12000、C12200				美国 ASTM B75
		C1010、C1020、C1030、C1080、C1200、C1220				日本 JISH3300

39.5.2.3　大口径无缝薄壁紫铜管的类型、尺寸

大口径无缝薄壁紫铜管的类型、尺寸请参见国家标准 GB/T1527 和 GB/T18033。

39.5.2.4　大口径无缝薄壁紫铜管的性能要求

管材力学性能见表 39-62 和表 39-63。

表 39-62　中国 GB/T1527 管材的室温力学性能

牌号	状态	公称外径/mm	抗拉强度 σ_b/MPa	伸长率/% δ_{10}	伸长率/% δ_5
			不小于		
T2、T3、TP1、TP2	硬(Y)	≤100	315		
		>100～360	295		
	半硬(Y_2)	≤100	235～345		
	软(M)	3～360	205	35	40

注：1. 仲裁时，伸长率指标以 δ_{10}为准。

2. TU1、TU2 管材无力学性能要求。

表 39-63　中国 GB/T 18033 管材的室温力学性能

牌号	状态	公称外径/mm	抗拉强度 σ_b/MPa	伸长率(不小于)/% δ_5	伸长率(不小于)/% δ_{10}
			不小于		
T2、TP2	Y	≤100	315		
		>100	295		
	Y_2	≤54	250	30	25
	M	≤35	205	40	35

39.5.2.5　大口径无缝薄壁紫铜管的生产方法及生产工艺

目前，大口径无缝薄壁紫铜管的生产方法大致有 6 种，即：挤压—轧制—拉伸法、挤压—拉伸法、挤压—长芯杆拉伸—拉伸法、挤压—扩径拉伸—拉伸法、斜轧穿孔—拉伸法、斜轧穿孔—扩径拉伸—拉伸法。大口径无缝薄壁紫铜管生产规格范围 ϕ75～350 mm、壁厚 1～10 mm，是铜管材加工产品中规格范围最宽的一类产品。

(1) 大口径无缝薄壁紫铜管主要生产工艺流程。大口径无缝薄壁紫铜管的生产工艺流程见表 39-64。

(2) 大口径无缝薄壁紫铜管生产工艺特点：

1) 挤压—轧制—拉伸。挤压—轧制—拉伸法，是常用的一种传统生产工艺。

表 39-64　大口径无缝薄壁紫铜管典型产品生产工艺

序号	工序名称	牌号 TP2；状态 Y；产品规格/mm×mm 85×2.5；标准 GB/T18033	牌号 TP2；状态 Y2；产品规格/mm×mm ϕ133×3.5；标准 GB/T18033	牌号 TP2；状态 Y；产品规格/mm×mm 159×4；标准 GB/T18033
		挤压—轧制—拉伸法	挤压—拉伸法	挤压—长芯杆拉伸—拉伸法
1	铸　锭	ϕ295×500	ϕ295×400	ϕ345×450
2	加　热			
3	挤　压	ϕ115×10	ϕ154×7	ϕ210×10
4	斜轧穿孔			
5	轧　制	ϕ90×3.5		
6	制　头			
7	扩径拉伸			
8	长芯杆拉伸			ϕ182×6
9	退　火			
10	拉　伸	ϕ85×2.5	ϕ145×5.5　ϕ138×4.5	ϕ170×5
11	拉　伸		ϕ133×3.5	ϕ159×4
12	拉　伸			
13	矫直、锯切	ϕ85×2.5×3000	ϕ133×3.5×3000	ϕ159×4×3000
14	整　理			
15	检　测	ϕ85×2.2×3000	ϕ133×3.5×3000	ϕ159×4×3000
16	探　伤			
17	成品退火			
18	包　装			
19	入　库	ϕ85×2.5×3000	ϕ133×3.5×3000	ϕ159×4×3000

工艺特点：工艺流程、生产周期短，产品的尺寸精度、成品率高，管材壁厚均匀、表面质量好。挤压、轧制、拉伸是最佳的设备组合，但受轧管机的限制，目前该生产方法还不能生产外径大于120 mm的管材。

2）挤压—拉伸法。挤压—拉伸法，是目前应用广泛的一种传统的生产工艺。

该生产方法的特点：设备投资少，更换模具方便、快捷、生产效率高，生产规格范围宽（外径ϕ3～250 mm）。但由于挤压壁厚不均、拉伸纠正偏心率差，拉伸允许道次加工率较小，故拉伸道次、中间退火次数多、工艺流程长。

3）挤压—长芯杆拉伸—拉伸法。挤压—长芯杆拉伸—拉伸法，是一种适合于大口径薄壁铜管生产的传统生产工艺。

其主要特点：拉伸时长芯杆随同管坯通过模孔，管子内壁与长芯杆间摩擦力方向与拉伸方向相同，其摩擦力有助于减小拉伸应力，与短芯头拉伸相比，拉伸力相应减少15%～20%，道次延伸系数可达1.8～2.0，可以实现大的道次减壁量。该生产方法具有工艺流程短、退火次数少，尤其适合大口径薄壁铜管的生产。但受长芯杆长度限制，难以生产长度大于3 m的管材。

4）挤压—扩径拉伸—拉伸法。挤压—扩径拉伸—拉伸法有别于其他传统生产工艺。

其主要特点：扩径拉伸的应力状态为轴向、径向为压缩应力，而周向为拉伸应力；变形状态为轴向、径向为压缩变形，周向为延伸变形，即扩径的管子的长度缩短、壁厚变薄、直径增大。

采用该生产方法，可以为拉伸工序提供远大于正向挤压最大直径的管坯。

5）斜轧穿孔—拉伸法。斜轧穿孔—拉伸法，是一种传统的逐步被淘汰的加工方法。

其特点：设备投资少、见效快，但生产管坯的内表面较差，在斜轧穿孔—拉伸法生产工艺中，加一至二道次扒皮，外表面质量可得到改观。

采用斜轧穿孔法生产管坯过程分两个阶段。锭坯在轧辊孔型第一阶段只受轧辊的辊压；在第二阶段，轧辊和芯头对管壁进行穿孔和横轧。斜轧穿孔的管坯的外径和壁厚沿轴向变化,内外表面呈周期性螺旋状缺陷。斜轧穿孔管坯经拉伸、扒皮、拉伸,可生产符合标准要求的铜水管和铜气管。

6) 斜轧穿孔—扩径拉伸—拉伸法。斜轧穿孔—扩径拉伸—拉伸法,是用少的设备投资,应用扩径拉伸的加工原理,把斜轧穿孔的管材加工成大口径薄壁铜水管、铜气管的一种传统的生产方法,该生产方法生产管材的质量较挤压—扩径拉伸—拉伸法低。

39.5.3 大口径薄壁黄铜管

大口径薄壁黄铜管材,可分为一般拉制黄铜管、输液管和装饰管。主要用作舰船海水管道、输液管道和装饰用管。这种管材具有外径大、壁厚薄、重量轻、强度高、耐腐蚀、表面粗糙度小的特点,并具有金黄的金属色泽。

39.5.3.1 大口径薄壁黄铜管技术要求

一般用途拉制黄铜管的技术条件应符合 GB/T1527—1997,管材外形尺寸及允许偏差应符合 GB/T16866—1997;舰船用拉制黄铜管的技术条件应符合德国 DIN86007;装饰行业用黄铜管目前尚未制定专用的技术标准。

管材的室温力学性能见表 39-65。

表 39-65 GB/T1527 管材的室温力学性能

牌号	状 态	公称外径 /mm	抗拉强度 σ_b /MPa	伸长率/%	
				δ_{10}	δ_5
			不小于		
H96	硬(Y)	80～200	295		
	软(M)	80～200	205	35	42
H62	硬(Y)	80～200	390		
	半硬(Y2)	80～200	335	30	34
	软(M)	80～200	295	38	43

A 工艺性能

CuZn20Al 管材应能承受冷却水管道中一般常用的表 39-66 规定的最大允许工作压力。

表 39-66 CuZn20Al 管材的最大允许工作压力

外径 ϕ/mm	壁厚 s/mm	最大工作允许压力/MPa		
		150℃	175℃	200℃
89	2	1.020	0.663	0.319
	2.5	1.611	1.047	0.503
	3.5	2.848	1.851	0.890
108	2.5	1.325	0.861	0.414
	3	1.825	1.186	0.570
	4	2.869	1.865	0.896
133	2.5	1.029	0.669	0.321
	3.5	1.783	1.159	0.557
	5	3.060	1.989	0.956
159	2.5	1.145	0.744	0.358
	3.5	1.987	1.291	0.621
	5	3.444	2.338	1.076
194	2.5	0.937	0.609	0.293
	3	1.280	0.832	0.400
	4	2.004	1.303	0.626
219	3	1.037	0.674	0.324
	4	1.661	1.080	0.519
	6	2.931	1.905	0.916
267	3	0.849	0.552	0.265
	4	1.360	0.884	0.425
	5	1.879	1.222	0.587
	7	2.917	1.896	0.911

续表 39-66

外径 φ/mm	壁厚 s/mm	最大工作允许压力/MPa		
		150℃	175℃	200℃
324	4	1.004	0.625	0.314
	6	1.808	1.125	0.565
	8	2.651	1.123	0.828
368	4	0.883	0.574	0.276
	5	1.236	0.803	0.386
	6	1.590	1.033	0.497
419	4	0.775	0.504	0.242
	5	1.084	0.705	0.339
	8	2.042	1.327	0.638

B 管材的表面品质

管材内、外表面应光滑、清洁、不允许存在影响管材使用的有害缺陷。

39.5.3.2 大口径薄壁黄铜管工艺流程

(1) 传统生产工艺。图 39-3 为我国大口径薄壁黄铜管的传统生产工艺流程。

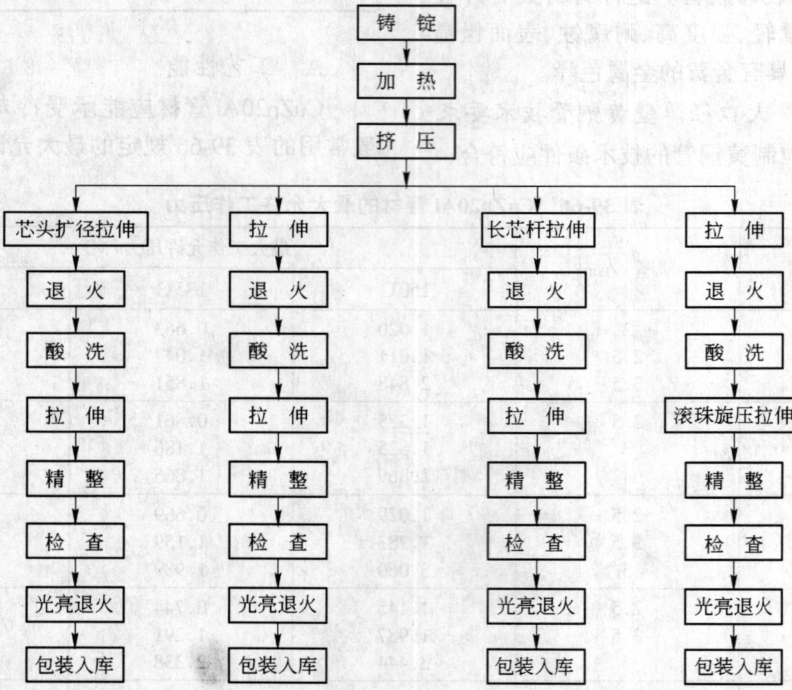

图 39-3 大口径薄壁黄铜管的传统生产工艺流程

(2) 离心铸造—旋压拉伸法工艺 (见图 39-4)。

(3) 挤压—扩径旋压—拉伸工艺 (见图 39-5)。

(4) 热轧板—氩弧焊—拉伸工艺 (见图 39-6)。

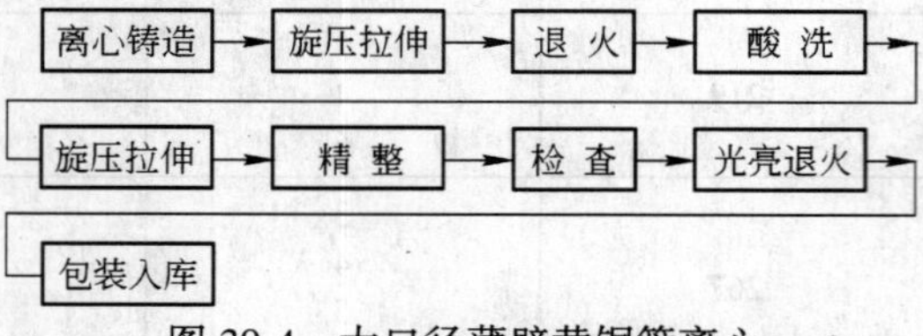

图 39-4 大口径薄壁黄铜管离心铸造—旋压拉伸法工艺流程

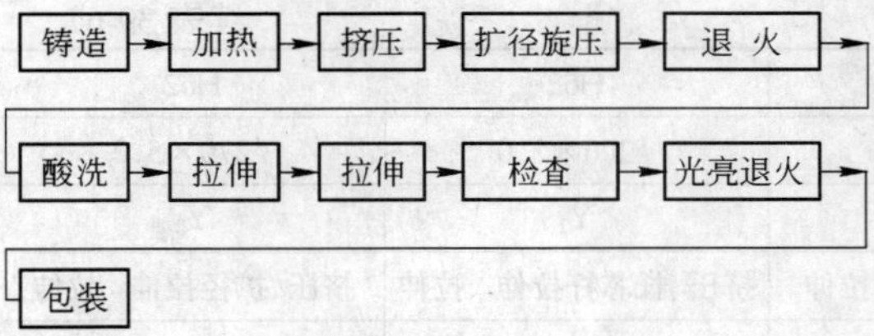

图 39-5　大口径薄壁黄铜管挤压—扩径旋压—拉伸工艺流程

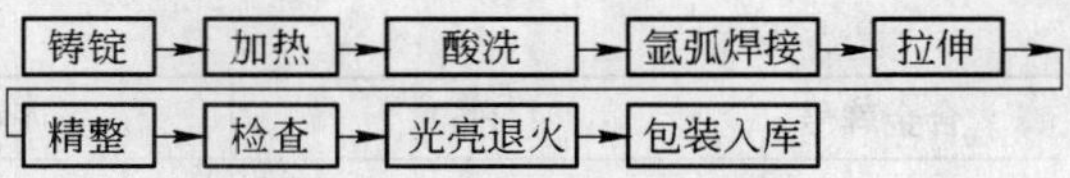

图 39-6　大口径薄壁黄铜管热轧板—氩弧焊接—拉伸工艺流程

39.5.3.3　大口径薄壁黄铜管典型产品生产工艺流程实例

大口径薄壁黄铜管典型产品生产工艺流程实例见表 39-67。

表 39-67　大口径薄壁黄铜管典型生产工艺流程

合金牌号		H62	H62	H62	H62
产品规格/mm×mm		φ100×1.5	φ155×1.0	φ200×2.0	φ270×5.0
产品状态		Y_2	Y_2	Y_2	Y_2
工序号	工序名称	挤压、拉伸	挤压、拉伸、旋压拉伸	挤压、长芯杆拉伸 、拉伸	挤压、扩径拉伸 、拉伸
1	铸锭	φ295×300	φ410×300	φ410×300	φ410×300
2	加热	环形加热炉 φ295×300	环形加热炉 φ410×300	环形加热炉 φ410×300	环形加热炉 φ410×300
3	挤压	40MN 油压机 φ140×5	40MN 油压机 φ234×7	40MN 油压机 φ275×7.5	40MN 油压机 φ275×7.5
4	拉伸	300 kN 拉伸机 φ129×4	750 kN 拉伸机 φ222×6	2000 kN 拉伸机 φ262×6(长芯杆)	2000 kN 拉伸机 φ285×7.5(扩径)
5	退火	φ129×4	φ222×6	φ262×6	φ285×7.5
6	酸洗	φ129×4	φ222×6	φ262×6	φ285×7.5
7	拉伸	300 kN 拉伸机 φ124×3	750 kN 拉伸机 φ210×5	750 kN 拉伸机 φ245×5	750 kN 拉伸机 φ274×7
8	退火	φ124×3	φ210×5	φ245×5	φ274×7
9	酸洗	φ124×3	φ210×5	φ245×5	φ274×7
10	拉伸	300 kN 拉伸机 φ119×2.5	750 kN 拉伸机 φ200×4	750 kN 拉伸机 φ233×4	750 kN 拉伸机 φ267×6
11	退火	φ119×2.5	φ200×4	φ233×4	φ267×6
12	酸洗	φ119×2.5	φ200×4	φ233×4	φ267×6
13	拉伸	300 kN 拉伸机 φ114×2.0	750 kN 拉伸机 φ190×3	750 kN 拉伸机 φ221×3	750 kN 拉伸机 φ260×5
14	退火	φ114×2.0	φ190×3	φ221×3	
15	酸洗	φ114×2.0	φ190×3	φ221×3	
16	拉伸	300 kN 拉伸机 φ107×1.7	500 kN 拉伸机 φ180×2.5	750 kN 拉伸机 φ207×2.5	
17	退火	φ107×1.7	φ180×2.5	φ207×2.5	
18	酸洗	φ107×1.7	φ180×2.5	φ207×2.5	
19	拉伸	300 kN 拉伸机 φ100×1.5	500 kN 拉伸机 φ171×2	750 kN 拉伸机 φ200×2	
20	退火		652 退火炉 φ171×2.0		

续表 39-67

合金牌号		H62	H62	H62	H62
产品规格/mm×mm		φ100×1.5	φ155×1.0	φ200×2.0	φ270×5.0
产品状态		Y_2	Y_2	Y_2	Y_2
工序号	工序名称	挤压、拉伸	挤压、拉伸、旋压拉伸	挤压、长芯杆拉伸、拉伸	挤压、扩径拉伸、拉伸
21	酸洗		φ171×2.0		
22	拉伸		500 kN 拉伸机 φ163.2×1.6		
23	退火		652℃退火炉 φ163.2×1.6		
24	酸洗		φ163.2×1.6		
25	旋压拉伸		φ155×1		
26	精整	φ100×1.5	φ155×1	φ200×2	φ260×5
27	检查	φ100×1.5	φ155×1	φ200×2	φ260×5
28	光亮退火	φ100×1.5	φ155×1	φ200×2	φ260×5
29	包装入库	φ100×1.5	φ155×1	φ200×2	φ260×5

39.5.3.4 大口径薄壁黄铜管生产工艺特点

(1) 挤压、短芯头拉伸法生产大口径薄壁黄铜管的工艺特点。采用挤压—拉伸工艺方法生产大口径薄壁黄铜管，是迄今为止普遍应用的一种加工方法。

该大口径薄壁黄铜管其生产工艺主要特点是：产品内部组织致密，挤压时的主应力－应变状态有利于发挥金属塑性，减轻铸锭内部缺陷的危害。但该生产工艺流程长、成品率低、生产周期长。

1) 正向挤压具有比轧制、锻造更有利于发挥金属的塑性，组织致密并减小铸锭内部缺陷的危害。

2) H62 为(α+β)黄铜，在室温下含有硬脆的有序β′相，故强度高、塑性低。(α+β)黄铜中的β相在高温下比α相更易软化，有利于热挤压。但该大口径薄壁黄铜管的挤压管坯，口径大、壁厚薄、径厚比＞2s，在较高温度(α相区)挤压，因挤压管坯自重和穿孔残料未被穿透引起管内负压，造成挤出管坯严重椭圆，影响拉伸工序的加工。

3) 正向挤压大口径薄壁黄铜管的挤压成品率约为 40%～60%(其中挤压穿孔残料损失约占 10%～36%)。

4) 挤压管坯壁厚不均，导致了该生产工艺流程长(拉伸道次、软化退火次数增多)。

5) (α+β)两相黄铜冷作硬化快，决定了该生产工艺须增加拉伸、软化退火次数。

6) 鉴于该(α+β)两相黄铜在高温状态下退火，管子口径大、壁厚薄、强度低，管子易产生椭圆和酸洗、吊运过程受撞碰压扁。为保证拉伸过程穿芯杆顺畅，势必加大管子内径与芯头直径的间隙值(一般间隙值为 5～15 mm)，相应减小了道次拉伸的壁厚减缩系数，增加了拉伸道次及软化退火次数。

(2) 正向挤压—短芯头拉伸—旋压拉伸法生产大口径薄壁黄铜管的工艺特点：该正向挤压—短芯头拉伸—旋压拉伸法生产大口径薄壁黄铜管除具有正向挤压—拉伸法的特点外，还具有旋压拉伸法其独有的优势，即该加工方法可以实现“小缩外径、多减壁厚”大道次加工率拉伸，减少拉伸道次及退火次数，缩短工艺流程，生产特薄壁厚的大口径薄壁黄铜管。

(3) 正向挤压—长芯杆拉伸—短芯头拉伸法生产大口径薄壁黄铜管的工艺特点：正向挤压—长芯杆拉伸—短芯头拉伸法，生产大口径薄壁黄铜管生产工艺具有正向挤压短芯头拉伸法的相同特点外，其主要特点是：拉伸时长杆随同管坯通过模孔，管子内壁与长芯杆间摩擦力方向与拉伸方向相同，其摩擦力有助于减小拉伸应力，与短芯头拉伸相比，拉伸力相应减少15%～20%，可以实现大的道次减壁量，道次拉伸及延伸系数可达1.8～2.0，适合于大直径薄壁管材生产。

(4) 正向挤压—扩径拉伸—短芯头拉伸法，生产大口径薄壁黄铜管的工艺特点：该生产大口径薄壁黄铜管的生产工艺有别于其他传统生产工艺的特点是：扩径拉伸的应力状态为轴向、径向为压缩应力而周向为拉伸应力，变形状态为轴向、径向为压缩变形和周向为延伸变形，即在扩径时管子长度缩短，壁厚变薄、直径增大。可提供远大于正向挤压直径的管坯，生产较其他传统生产工艺更大直径的大口径薄壁铜管。但生产管材的长度受到了限制。

39.5.3.5 大口径薄壁黄铜管生产工艺的发展趋势

随着国际贸易市场化进程加快，我国造船业等行业及科学技术的飞速发展，国内外铜加工材市场对大口径薄壁黄铜管材的需求量将日益增加，尤其是造船业海水管道装置用耐腐蚀、承压大口径薄壁黄铜管将成为增长的新亮点。

大口径薄壁黄铜管的合金牌号由目前单一的H62，向满足产品适用功能拓展，如HAl77-2等合金牌号，实现合金牌号多元化。

大口径薄壁黄铜管材的尺寸规格、产品精度，向扩大产品的直径(由目前的 ϕ300 mm 向 ϕ400 mm 以上扩展)，减薄管材的壁厚，提高管材的长度，提高产品的尺寸精度尤其是壁厚尺寸精度方向发展。

大口径薄壁黄铜管生产工艺改进的核心是减壁。在冷加工工艺制订应遵循："少缩、多薄"即少减外径，多减壁厚的原则，使金属塑性充分利用在壁厚减薄上，从而有效地消除管坯表面的缺陷，改善内部组织，缩短工艺流程，提高生产效率。

在上述生产方式普遍使用的同时，其他几种生产方式为大口径薄壁管的生产开辟了新的途径，成为该产品发展趋势。简述如下：

(1) 挤压管坯—扩径旋压—中式芯头拉伸法。该工艺方法采用 ϕ410 mm×400～500 mm 铸锭，正向堵板挤压 ϕ240 mm×10～15 mm×5300～6800 mm 管坯，经扩径旋压(2～4 道次)加工成外径 ϕ300～430 mm，壁厚 5～6 mm 的管子，接着进行光亮退火和中式芯头拉伸(2～3道次)，生产出 ϕ420 mm×4～5 mm 规格以下长度约 4000～6000 mm 的大口径薄壁黄铜管。

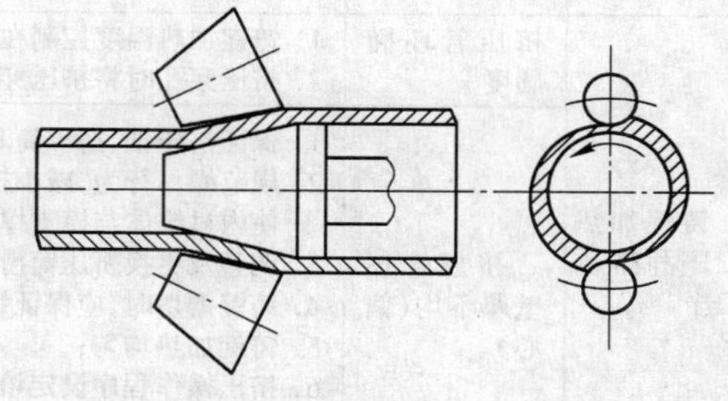

图 39-7 扩径旋压法

该生产工艺的显著特点是：

1) 采用正向堵板挤压可大大减小穿孔挤压残料的损失，管坯单重达 450 kg，挤压成品率可达 75%。

2) 扩径旋压法，在管子实现扩径过程中，同时实现了管子壁厚的减薄和壁厚的均整，是集扩径、减壁、纠正管子壁厚不均匀于一体的一种加工方法。该加工方法适用于大口径薄壁铜管的生产，已在国外的加工厂得到应用。

3) 单层摆放的通过式光亮退火，可最大极限地减小退火过程管子椭圆，为中式芯头拉伸"少缩、多薄"提供管坯尺寸精度的支持。

4) 中式芯头拉伸其主要特点是芯头与管坯内壁为线接触，故拉伸时摩擦力小，管子与芯头只需很小的间隙，芯头就可以顺畅地穿入管子。因而中式芯头拉伸可以实现"少缩、多薄"的原则，达到缩短工艺流程的目的。

(2) 热轧板、氩弧焊焊接成圆管坯——中式芯头拉伸法。该方法是生产效率最高、管材壁厚尺寸精度最高、管材长度最长的一种最有发展前途的大口径薄壁黄铜管加工生产工艺。

该生产工艺的关键工序是氩弧焊焊接技术。须保证焊接缝完整、无裂纹、无夹渣及焊接突起部分小、光滑。该焊接管材在国外已广泛应用于船用海水管道装置。

该焊接后的管子经1～2道次中式芯头拉伸和光亮软化退火，可完全形成均一的组织，经金相检验管子焊接处的组织与管子基体组织无明显差异。

39.5.3.6　大口径薄壁黄铜管生产的常见问题及控制方法

大口径薄壁黄铜管生产的关键工序、控制要点及控制方法见表39-68。

表39-68　大口径薄壁黄铜管关键生产工序、控制要点及控制方法

关键工序	控制要点	控制方法
铸锭加热工序和挤压工序	挤压管坯椭圆度	1. 铸锭加热温度控制在工艺加热制度的中、下限 2. 挤压穿孔时将挤压穿孔残料顶出，避免挤压过程管坯内膛出现负压
	挤压管坯壁厚不均（偏心）	1. 保证挤压轴、挤压筒和挤压模在工作中位于挤压中心线位置； 2. 规范操作行为，减小挤压筒内衬前后端圆锥体与模支撑（模套）圆锥体的不均匀变形，使内衬锥体与模支撑锥体对正； 3. 调整及更换挤压筒滑板保证挤出筒保持在挤压中心线位置； 4. 铸锭锯切时，应保证锯切垂直度； 5. 铸锭加热均匀； 6. 挤压操作程序设定填充挤压； 7. 规范挤压垫片外径、内径尺寸及挤压垫两端 $R=8\sim10$ mm； 8. 保证挤压轴端面的垂直度
退火工序	管子椭圆度	1. 管子中间软化退火和成品退火的退火炉应采用通过式单层摆放的光亮退火炉； 2. 管子中间软化退火和成品退火的温度应控制在规定的中、下限
	退火后管子性能不均	1. 采用通过式单层摆放的退火炉和制订中低温、慢速的退火制度； 2. 对辊底式或分批式退火炉，其退火制度采用中低温退火，延长保温时间
拉伸工序	拉伸管子椭圆度	1. 道次拉伸力太大，适当减小道次延伸系数； 2. 改善内外润滑条件，达到均匀润滑

39.6　毛细管

39.6.1　产品特点

用于制冷及仪器、仪表的高精密铜毛细管其特点是：

(1) 直径小且精度高O. D≤3.0±0.02 mm，I.D≤2.0±0.01 mm；

(2) 内外壁高清洁且极其光滑，杂质含量≤10 mg/m²，表面粗糙度 $R_a \leqslant 0.2\ \mu m$；

(3) 内孔通透性（即流量）十分稳定，流量偏差可达标样管±3%。

39.6.2　生产工艺流程

生产工艺流程见图39-8。

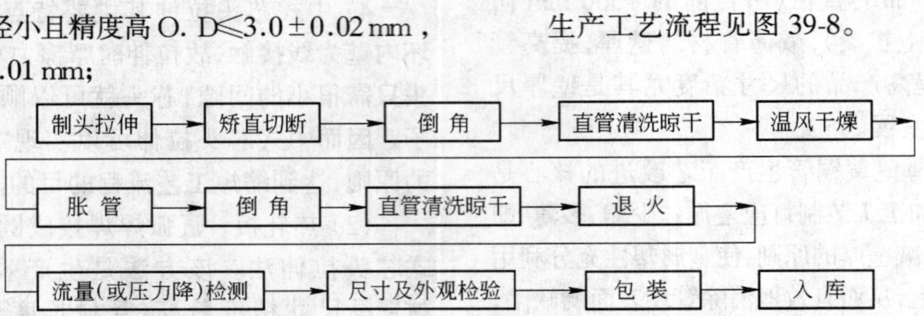

图39-8　带墩头直管生产工艺流程

39.6.3　关键工艺控制

39.6.3.1　坯料

毛细管内径尺寸精确度及内外壁光洁度是影响内孔流动性的关键因素。毛细管拉伸道次延伸系数一般取1.3～1.6，平均总变形量（断面收缩率）约为40%～65%，故拉伸成形对管材偏心纠偏影响较小，若内壁光洁度偏低，拉伸易于断管，管材内表面易出现微小凹坑。因此，坯料的选择十分重要，要求内壁清洁度不大于 10 mg/m^2，平均壁厚公差为：±0.04 mm，同时，对坯料外表面要求无划伤、粗拉道和凹坑，而且明确规定管坯缠绕必须全部通过旋转探伤检测。

39.6.3.2 模子

A 材料选择

在拉拔时，由于模具工作环境较为恶劣，模子的磨损很快，因此模子的材料选择至关重要，必须选择具有高硬度、高强度和良好耐磨性能的材料。

在毛细管生产中，拉模多用硬质合金制造，硬质合金的硬度仅次于金刚石，具有较高的耐磨及耐蚀性，使用寿命远高于钢制模具，其价格也较便宜。拉伸用硬质合金以碳化钨为基体，用钴为黏结剂经高温烧结而成。为了提高其使用性能，有时在碳化钨中添加碳化钛，可明显提高硬质合金的强度与硬度。拉伸用硬质合金材质多选用 YG6 与 YG8，根据不同工作条件选用不同的硬质合金牌号，选择原则主要是考虑其强度和韧性不至于太低，以免受力后遭到损坏。硬质合金模芯以热压配合装入外模钢套。

B 模子结构与尺寸

毛细管拉伸模结构见图 39-9。

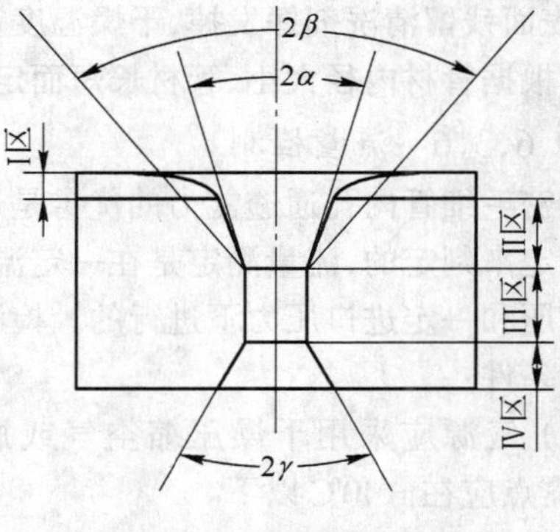

图 39-9 毛细管拉伸模结构

Ⅰ区—润滑区；Ⅱ区—变径区；Ⅲ区—定径区；Ⅳ区—出口区

(1) 润滑带。润滑带的作用是在拉伸时便于润滑剂进入模孔，保证变形材料得到充分润滑，并且带走由于变形和摩擦所产生的热量。润滑锥角大小决定润滑效果，过大使润滑剂不易储存，造成润滑不良；过小容易使金属屑停留在模孔中，擦伤制品表面。实际生产锥角 $\beta_{模}$ 为 35°～50°，润滑锥长度取制品直径的 0.8～1.2 倍。

(2) 变径带(压缩带)。变径带的作用主要使金属产生塑性变形并获得所需形状与尺寸，为保证毛细管的尺寸精度及其内表面的表面粗糙度，必须提高模具制造精度及耐磨性能。

拉伸模角 α 是主要参数之一，α 角过小，将使铜管与模子的接触面积增大，加大了摩擦能耗；α 角过大，将使铜管在变形区中的流线急剧转弯，导致附加剪切变形增大，从而使拉拔力和非接触变形增大；其次模角 α 过大，单位正压力增大，润滑剂很容易从模孔中被挤出使润滑条件恶化。传统工艺模子模角 $\alpha = 16° \sim 20°$，但实际生产中由于拉伸模具接触面积较大，从而摩擦能耗使模子寿命减短，根据实践得到最佳模角范围 $\alpha = 12° \sim 16°$。

(3) 定径带。定径带的作用是保证制品获得稳定而精确的形状和尺寸，并减轻模子磨损，提高模子使用寿命。定径带长度的确定应保证模子耐磨、抗拉、使用寿命长。实验证明定径带长度最佳范围 L_d：$(0.1 \sim 0.2)d$。

(4) 出口带。出口带的作用是防止制品出模孔时被划伤，实际生产出口带锥角 $\gamma_{模}$ 常取：25°～40°。

39.6.3.3 游动芯头

游动芯头结构见图 39-10。

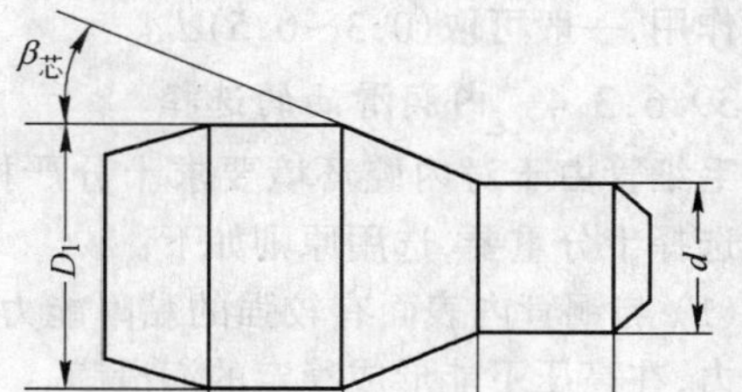

图 39-10 游动芯头结构

A 芯头锥角

为实现稳定的拉拔过程，根据游动芯头拉拔过程受力分析，芯头锥角 $\beta_{芯}$ 应小于模角 α 而大于摩擦角 γ 即 $\alpha > \beta_{芯} > \gamma$。为使拉拔过程稳定并得到良好润滑，拉模与芯头角度差以1°-3°为宜，由于游动芯头是完全自由的，其三维稳定性由管材与芯头圆锥段比较大的接触长度来保证，因此毛细管拉拔的芯头与拉模锥角差不宜过大。

B 芯头尺寸

小圆柱段（定径段）长度，可在较大范围内波动，实验证明圆柱段长度可用式39-10表示：

$$l = l_a + l_d + \rho \tag{39-10}$$

式中 l_a——轴向移动几何范围，实验数据近似于 $l_a = 4.8(S_0 - 0.995S_1)$；

l_d——模孔定径带长度；

ρ——芯头在后极限位置时，伸出模孔定径带的长度。一般取1～3 mm。

通常 l 取模孔定径带长度加4～6 mm。

圆锥长度 l_1：经实验证明圆锥长度 l_1 可用式39-11计算：

$$l_1 = (D_1 - d)/2\tan\beta_{芯} \tag{39-11}$$

式中 D_1——芯头大圆柱端直径；

d——芯头定径圆柱端直径；

$\beta_{芯}$——芯头锥角。

芯头大圆柱端直径 D_1 应小于拉拔管子的内径 d_0，毛细管常取 $D_1 \geqslant d_0 - 0.1$ mm。毛细管拉伸时，为使芯头与管尾分离，不随同管子被带出模孔，芯头大圆柱端直径 D_1 应比模孔直径大0.1 mm。大圆柱端长度 l_2 主要对管子起定向作用，一般可取 $(0.3～0.5)d_0$。

39.6.3.4 内润滑油的选择

毛细管由于对内腔环境要求十分严格，润滑油选择十分重要，选用原则如下：

(1) 与铜管内表面有较强的黏附能力和耐压能力，在高压下能形成稳定的润滑膜。

(2) 油要有适当黏度，保证润滑层有一定厚度并且有较小的流动剪切应力。

(3) 其性能受温度影响小，且能有效冷却芯头。

(4) 润滑油能完全溶解于清洗剂并在成品退火后有极少残碳。

39.6.3.5 清洗及晾干

A 直管清洗

本工序主要清洗内外表面由于拉伸和矫直切断带来的油污。由于毛细管内径小的固有特性，要求清洗剂必须满足以下要求：

(1) 内膜润滑油有极好的溶解性，衡量清洗能力主要指标的KB值原则上不小于120。

(2) 挥发性强并且无残迹，要求非常纯净，在常温下就能很好挥发并在低温热风干燥下能彻底挥发。

(3) 对清洗材料不会产生腐蚀和锈蚀，对操作时使用的塑料器皿无溶解作用。

(4) 不易燃烧，特别要求常温下用明火不易点燃即应属于无闪点物质。

(5) 无毒性并在常温下不会发生分解，不会产生对环境有害的物质。

B 晾干

主要使清洗过的毛细管尽快将内外表面清洗剂挥发掉并便于随后温风干燥，若不经晾干直接温风干燥，由于干燥温度较高，干燥时间过长势必造成外表氧化。

C 温风干燥

对已清洗并晾干后的毛细管表面再进行烘干，将表面残留清洗剂挥发掉，干燥温度及干燥时间应根据管材内径大小、管材长短而定。

39.6.3.6 流量检测

精密毛细管内孔通透能力的优劣是通过流量的测定来判定的，流量测定是在一定温度、一定大气压和一定进口压力下进行的。检测应具备以下条件：

(1) 气源应采用干燥压缩空气或瓶装氮气，其露点应在－40℃以下。

(2) 进口压力要稳定，其波动范围不得大于0.01 MPa。

(3) 气源压力不得小于工艺规定进口压力值的2.5倍，以保证进口压力稳定。

(4) 进口压力表采用最大刻度为1.5～2.5 MPa的压力表，其精度不低于0.5级。

(5) 为保证不同时间测定的数据具有可比性，要求气体温度应保持相对稳定，一般为(20±5)℃。

(6) 为保证测定的数据具有真实性和准确性，要求毛细管内孔必须清洁、无氧化、无油污及其他杂质，毛细管本身无变形和两端口无堵塞。

(7) 为确保产品流量符合需方要求，需方必须提供流量值及对应的标准流量管。

39.7 易切削铅黄铜棒

39.7.1 概述

易切削黄铜目前最主要的是铅黄铜。铅黄铜的特性已在第 6 章作了详细介绍。目前市场中的铜棒、型材、线材广泛应用于气门嘴、气门芯、制笔、电子、空调、钟表、水暖、通讯等行业，而此类行业的自动化程度极高，数控加工、数控机床等先进设备被广泛运用，而此等设备的转速高达 4000～5000 r/min，目前国内已拥有转速高达 7000～8000 r/min 甚至更高的进口数控车床、因此对棒材的直度、尺寸精度、金相组织、机械性能及切削加工性能的要求极高。传统的铜材加工方式已不能为现代化的生产提供合格的原料，因此，铜材的高切削化、精密化生产已成必然趋势。

39.7.2 易切削黄铜棒技术要求

39.7.2.1 化学成分

实际应用的易切削铅黄铜的合金牌号(化学成分)很多，针对客户的特定产品和特定加工工艺(如热锻、冷镦、干车、湿车等)开发专用合金。常用的易切削铅黄铜的化学成分见表 39-69。

表 39-69 常用易切削铅黄铜的化学成分

合金牌号	化学成分(质量分数)/%												所属国家
	Cu	Al	Fe	Sn	Pb	Sb	Bi	P	Mn	Ni	Zn	杂质总和	
HPb63-3	62.0～65.0	约 0.5	0～0.10		2.4～3.0	0～0.005	0～0.002	0～0.01			余量	0～0.75	
HPb59-1	57.0～60.0	约 0.2	0～0.5		0.8～1.9	0～0.01	0～0.003	0～0.02			余量	0～1.0	中国
HPb58-2	57.0～60.0		0～1.0		0～0.1	0～0.005	0～0.002	0～0.01	1～2		余量	0～1.2	
C3601	59.0～63.0		≤0.30	Fe+Sn ≤0.50	1.8～3.7						余量		
C3602	59.0～63.0		≤0.50	Fe+Sn ≤1.2	1.8～3.7						余量		
C3603	57.0～61.0		≤0.35	Fe+Sn ≤0.6	1.8～3.7						余量		
C3604	57.0～61.0		≤0.50	Fe+Sn ≤1.2	1.8～3.7						余量		日本
C3605	56.0～60.0		≤0.50	Fe+Sn ≤1.2	3.5～4.5						余量		
C3771	57.0～61.0	Fe+Sn≤1.0			1.0～2.5						余量		
C35600	60.0～63.0		0～0.15		2.0～3.0						余量		
C36000	60.0～63.0		0～0.35		2.5～3.7						余量		美国
C38500	55.0～60.0		0～0.35		2.0～3.8						余量		

续表 39-69

合金牌号	化学成分(质量分数)/%												所属国家
	Cu	Al	Fe	Sn	Pb	Sb	Bi	P	Mn	Ni	Zn	杂质总和	
C31400	87.0~90.5		0~0.10		1.3~2.5					0.7	余量		美国
C31600	87.5~90.0		0~0.10		1.3~2.5			0.04~0.1		0.7	余量		

39.7.2.2　力学性能

常用铅黄铜棒的力学性能见表 39-70 和表 39-71。

表 39-70　铅黄铜棒材的力学性能

合金牌号及标准	热处理状态	直径或 S 尺寸/mm		抗拉强度/MPa(ksi)不小于	屈服强度/MPa(ksi)不小于	伸长率/%不小于	直径或 S 尺寸/mm		洛氏硬度 HRB	
C36000 ASTM B16M－85	棒材:圆、六角形、八角形								六角形、八角形	
	O60(软化退火)	≤25		330(48)	140(20)	15	≥12		10~45	10~45
		>25~50		305(44)	135(18)	20				
		>50		275(40)	105(15)	25				
	H02(半硬)	≤12		395(57)	170(25)	7	>12~25		60~80	55~80
		>12~25		380(55)	170(25)	10				
		>25~50		345(50)	140(20)	15	>25~50		55~75	45~80
		>50~102		310(45)	105(15)	20				
		>102		375(40)	105(15)	20	>50~75		45~70	40~65
	条材:矩形									
		厚度、宽度/mm					厚度、宽度/mm			
	O60(软化退火)	≤25	≤15	305(44)	125(18)	20	O6、H02 状态		10~35	
		>12	≤15	275(40)	105(15)	25	≥12	≥12		
	H02(半硬)	≤12	≤25	345(50)	170(25)	10	≤12	≤25	45~85	
		≤12	>25~150	310(45)	115(17)	15	≤12	>25~150	35~70	
		>12~50	≤50	310(45)	115(17)	15	>12~50	≤50	40~80	
		>12~50	>50~150	275(40)	105(15)	20		>50~150	35~70	
		>50	>50~100	275(40)	105(15)	20	>50	>50~100	35~70	

表 39-71　铅黄铜棒材的力学性能

合金牌号	材料状态	合金标记	直径边长或对边距离/mm	拉伸试验		硬度试验	
				抗拉强度/MPa	伸长率/%	维氏 HV (≥0.5)	布氏 HB (10/3000)
C3601	O	C3601BD-O	≥6~75	≥295	≥25		
	1/2H	C3601BD-1/2H	≥6~50	≥345		≥95	
	H	C3601BD-H	≥6~20	≥450		≥130	
C3602	F	C3602BE-F C3602BD-F	≥6~75	≥315		≥75	

续表 39-71

合金牌号	材料状态	合金标记	直径边长或对边距离/mm	拉伸试验		硬度试验	
				抗拉强度/MPa	伸长率/%	维氏 HV (≥0.5)	布氏 HB (10/3000)
C3603	O	C3603BD-O	≥6~75	≥315	≥20		
	1/2H	C3603BD-1/2H	≥6~50	≥365		≥100	
	H	C3603BD-H	≥6~20	≥450		≥130	
C3604	F	C3604BE-F C3604BD-F	≥6~75	≥335		≥80	
C3605	F	C3605BE-F C3605BD-F	≥6~75	≥335		≥80	
C3771	F	C3771BE-F C3771BD-F	≥6	≥315	≥15		

39.7.2.3 尺寸精度

(1) 棒材直径(六角形、方形棒材直径内切圆直径或两平行面间的距离)允许偏差。圆棒直径允许偏差,见表 39-72。六角形、方形棒直径允许偏差,见表 39-73。六角形、方形棒横截面棱角处圆角半径见表 39-74。

表 39-72 圆棒直径允许偏差(mm)

直径		直径允许偏差(GB4423—92)			精密铜棒允许偏差
>	≤	高级	较高级	普通级	
≥2	3				−0.015
3	6	−0.05	−0.08	−0.12	−0.02
6	10	−0.06	−0.09	−0.15	−0.03
10	18	−0.07	−0.11	−0.18	
18	30	−0.08	−0.13	−0.21	−0.05
30	50	−0.16	−0.25	−0.39	
50	80	−0.19	−0.30	−0.46	−0.08

注:精密铜棒还要求整根铜棒尺寸的一致性。

表 39-73 六角形、方形棒直径允许偏差(mm)

直径		直径允许偏差(GB4423—92)			精密铜棒允许偏差
>	≤	高级	较高级	普通级	
3	6	−0.05	−0.08	−0.12	−0.03
6	10	−0.06	−0.09	−0.15	−0.05
10	18	−0.07	−0.11	−0.18	
18	30	−0.08	−0.13	−0.21	−0.08
30	50	−0.16	−0.25	−0.39	

注:精密铜棒还要求整根铜棒尺寸的一致性。

表 39-74 六角形、方形棒横截面棱角处圆角半径(mm)

名称	横截面棱角处圆角半径 r(不大于)					
	3≤S<5	5≤S≤6	6<S≤10	10<S≤18	18<S≤30	30<S≤50
GB4423-92		0.5	0.8	1.2	1.8	2.8
精密铜棒	0.3	0.4	0.6	1.0	1.5	2.0

(2) 棒材的不圆度(指棒材直径实际绝对偏差)。圆棒的不圆度,见表 39-75。六角形、方形铜棒的不圆度,见表 39-76。

表 39-75 圆棒允许的最大不圆度(mm)

直径		不圆度(不大于)(GB4423—92)			精密铜棒允许不圆度(不大于)
>	≤	高级	较高级	普通级	
≥2	3				0.005
3	6	0.025	0.04	0.06	0.005
6	10	0.03	0.045	0.075	0.008
10	18	0.035	0.55	0.09	0.015
18	30	0.04	0.65	0.105	0.02
30	50	0.08	0.125	0.195	0.03
50	80	0.095	0.15	0.23	0.05

表 39-76 六角形、方形铜棒允许的最大不圆度(mm)

直径		不圆度(不大于)(GB4423—92)			精密铜棒允许不圆度(不大于)
>	≤	高级	较高级	普通级	
3	6	0.025	0.04	0.06	0.005
6	10	0.03	0.045	0.075	0.01

续表 39-76

直径		不圆度(不大于)(GB4423—92)			精密铜棒允许不圆度(不大于)
>	≤	高级	较高级	普通级	
10	18	0.035	0.55	0.09	0.015
18	30	0.04	0.65	0.105	0.03
30	50	0.08	0.125	0.195	0.05

(3) 棒材的弯曲度。在现有的国家标准中所制定的棒材弯曲度已远远不能适应自动生产线的工作需要。目前从国外引进和国产的抛光机、矫直机已能将棒材的弯曲度控制在0.1 mm/m以下,供货标准应修改到0.5 mm/m以下,机器主轴转速在5400 r/min以下,对弯曲度不大于0.5 mm/m的棒材可以顺利使用。六角棒、方棒、矩形棒的每1 m弯曲度不应超过1 mm。

表39-77与表39-78所示为几种标准中规定的弯曲度对比。

表 39-77 ISO/DIS3491.3 平直度要求(mm)

棒的长度		最大弯曲度(弯曲度的深度)	
>	≤	非切削用材料	切削用材料
1000	2000	任意1000长为2.0	任意1000长为1.0
2000	3000	任意2000长为5.5	任意2000长为3.0
3000		任意3000长为12.0	任意3000长为7.0
局部长度		任意300长为0.6	任意300长为0.4

表 39-78 精密铜棒平直度要求(mm)

指标		圆棒		型棒
		5~18	18~22	
每1 m弯曲度(不大于)/mm	国家标准	3	2	6
	精密化要求	0.5	0.5	1

(4) 扭拧度。截面形状为六角形、方形和矩形等型棒的扭拧度会影响自动机床的自动化操作,规格20～50 mm的扭拧度要求小于3 mm/m。建议采用联合拉拔机或可作任意调位的拉伸机进行生产。

39.7.2.4 其他要求

(1) 定尺、定量。目前市场对铜材的定尺长度或对盘料的盘重有严格的要求,常见的直棒定尺长度为1.2 m、1.5 m、2 m、2.5 m、3.5 m,长度偏差在±5 mm;常见的盘料重量有每盘(每线)100 kg、150 kg、200 kg、250 kg。

(2) 倒角。棒材的倒锥角一般呈45°、60°或75°,由用户在合同中选定。凡要求一端倒锥角的棒材,另一端端面最好有一个0.5×45°的倒角处理。

(3) 切口。铜棒端面在不倒角的一端应锯切平整,切面与棒的轴线应基本垂直,切口不留毛刺。

(4) 表面质量:

1) 铜材表面应光洁,不允许有裂纹、起皮、气泡、夹杂和有手感的环状痕等缺陷,不允许有因拉制引起的细划痕、表面麻点。

2) 保持铜材表面没有锈斑、黄铜脱锌、发红、水迹等缺陷。

3) 表面粗糙度。一般用途的铜棒表面粗糙度 R_a 值为12.5~3.2 μm,作为精密铜棒,大多用户将棒料的原始表面作为零件表面而不再加工,因此棒材的表面粗糙度 R_a 值应在6.3 μm以上,拉制异形棒的表面粗糙度控制在 R_a 值12.5~6.3 μm之间(R_a 值能超过6.3 μm则更好)。

(5) 内部质量。棒材断口质量要求组织致密、无疏松、裂纹、气孔、缩孔、分层、夹杂、折叠和挤压缩尾等缺陷。在做微观检查时,要求金相组织均匀、晶粒细小、质点(铅、铁等元素)细小不成团块且分布均匀。

39.7.2.5 棒材工艺性能

成品棒材发到用户单位后,他们还经过诸如:切削加工、热加工、冷加工、钎焊、抛光、电镀等一种工序或多种工序组合加工,在选择合金牌号时,要帮助用户全面分析考虑后做出选择。

A 切削加工性能

为使制成的零件有精密的尺寸、准确的形状和光洁的表面,棒材大多要进行切削加工。为取得光洁的加工面、较高的生产率和低的工具损耗,要求棒材有优良的加工性能。除了众所周知的被加工材料的切削加工性、刀具几何角度、切削用量、切削润滑液等条件是否正确外,还要掌握以下情况:

(1) 为了提高挤压材的切削性,就要使结晶晶粒呈均匀细粒状,铅也要细且均匀分布,铅的点细和分布均匀,其效果甚至比提高铅含量还要好;

(2) 易切削黄铜进行拉伸加工,可使剪断力增大,在加上铅的影响,两相黄铜可以大大减少切削阻力。但拉伸缩径量也不能过大,冷作硬化过大,又会增加切削阻力,故拉伸变形率掌握在10%～15%左右,经低温退火后,σ_b 值以不超过470 MPa为宜;

(3) 单相 α 易切削黄铜在高温下和富 β 的易切削黄铜在低温下进行加工处理,可以得到均匀的组织,并有改善切削性能的作用;

(4) 易切削黄铜中只有杂质铁时,晶粒细对切削无害。但存在杂质锡时,随着锡含量增加,切削阻力变大。特别是同时含有杂质铁和锡时还可使切削阻力进一步加大,因此要尽量避免同时含有杂质铁和锡;

(5) 再结晶晶粒小的比大的切削阻力小,切削加工面光洁程度也好;

(6) 低温退火效果对切削性能也有一定的影响。由于在低温退火过程中,β相会分解为α相且呈微细晶粒析出,切削阻力也稍有降低,切屑呈细碎状。

近几十年来,美国等国家还成功地以元素碲、硒、硫加到铜合金中去。它们不能溶解到基体金属中去,以独立相存在于晶间或晶体中,分隔金属基体,使金属材料易于切削加工。在纯铜C14500、高铜C19100等合金加入0.5%碲,C14700加入0.4%硫,切削率可提高75%～85%。特别值得介绍的是,近年来国内外开发了不含铅的易切削黄铜,并已形成Cu-Zn-Ca、Cu-Zn-Si、Cu-Zn-Bi、Cu-Zn-Te等品种系列,其中用作制造阀门的Cu-Zn-Bi黄铜棒已经可以批量生产,动摇了王牌切削材料——铅黄铜的统治地位。这些材料被称为绿色黄铜棒,还可用来加工用于饮料、医卫等制造业的阀门、盛器等工件,以避免铅离子对人类健康的危害。

B 热变形加工性能

铜棒应确保在热态压力加工时具有足够的变形塑性。在模锻或冲压时,还要求铜棒既不粘模,容易脱模;又有一定的流动性,容易充满模型。这就要求棒材的化学成分配置与所要求性能相适应,又要合理控制添加剂(尤其是常用材料铅黄铜中的铝)的加入量。铝含量合适可改善高温塑性,锻、冲时降低单位压力,还容易充满模型;但铝含量过多会使工件脱模困难,又会影响随后的切削加工性能、抛光或电镀后易产生蝌蚪尾巴状小黑影。此外,要指导用户改进棒料加热工艺。温度过高易过热或过烧,使棒料晶粒粗大或熔化;温度过低加工时容易破裂或加大设备负载。保温时间过长或反复加热,会增加氧化烧损,氧化皮压入坯料,形成夹杂、起皮。要协同客户改进模具设计,选用合适的润滑剂。更重要的是帮助用户选择适用的材料,根据该用户热加工以后的工艺流程综合考虑,选择适用的合金牌号。

C 抛光性能

铅黄铜加工成零件后要做抛光加工。加工后经常在零件表面发现蝌蚪尾巴状小黑影。这是含铝硬相微小质点在作怪。因此要做抛光零件的铅黄铜棒必须严格控制铝含量不得超过0.05%(某些国家控制在0.01%以下),如原料中确实难以避免含铝元素,则要在熔化结束前加一道除铝精炼处理。

D 电镀性能

铅黄铜棒加工成零件后要做电镀处理,成品零件上经常发现微小的黑色质点,这是残留在零件表面上的铬、铁等质点。解决办法:一是适当提高熔炼温度,使高熔点杂质元素充分溶解到合金基体中去;二是在熔炼结束前加一道除渣精炼工序。

E 耐腐蚀性能

a 防内应力腐蚀

空气调节器内的管道接头通常用铅黄铜六角棒制作。因黄铜加工材对其工作环境的内应力腐蚀破坏作用特别敏感。故在有关标准中特设有氨熏或汞盐方法以测量材料是否存在内应力,而国内空调器厂商对验收黄铜棒还有特别苛刻的要求,即在做氨熏实验时,还要对做成的成品同时增加负载实验。日本通讯机械工业会社的《金属材料的应力腐蚀实验方法》中，具体规定了分规格加载（扭矩）的载荷，见表39-79。

按我国生产铅黄铜的常规工艺制作出来的管道接头做上述实验时，无一幸免，都会以零件破坏告终。经多次实验，棒坯在挤压或热轧后，加一道650～680℃的中间退火，而在成品退火工艺中，将常规的退火温度从280～320℃提高到350～380℃，这样就能保证零件安全过关。不过使用一般的台车式退火炉难以做到上述规范。因其炉内各点温差达100℃左右，要各点温度不低于350℃，则电热丝的铜棒受热温度必定超过400～450℃，退火出来的棒材表面会严重氧化发黑，如炉侧温度在380℃以下，则远离电热丝的棒料受热温度会在300℃以下，达不到提高退火温度的初衷。因此，一定要采用热风循环的退火炉，温差不超过8℃才行。

表39-79 日本空调C3771铅黄铜氨薰实验抗扭矩载荷标准

六角棒尺寸	螺纹规格 英制（英寸）/公制（mm×mm）	内应力实验加载（扭矩）/N	破坏性实验加载（扭矩）/N
S12、S14、S17	7/16″-20UNF (M12×1.25)	12～17	25
S17、S19、S22	5/8″-18UNF (M16×1.5)	20～25	50
S22、S24	3/4″-16UNF (M18×1.5)	25～30	65
S23、S24	7/8″-14UNF (M22×1.5)	35～40	80
S29、S30、S32	17/16″-14UNF (M27×2)	50～55	110

注：棒材牌号也可选用HPb59-1。

b 抗脱锌腐蚀

随着出口贸易不断增长以及国内人民生活水平的提高，对水暖及卫浴设施需求量与日俱增。生产厂家对制造管件、龙头的黄铜棒的耐脱锌腐蚀要求越来越高。不少厂家已提出了进行黄铜棒的耐脱锌腐蚀实验要求。国家标准《黄铜耐脱锌腐蚀性能的测定》GB10119—88规定的技术要求仅限于对脱锌形态提出是均匀脱锌还是局部脱锌，要求提供脱锌平均深度和最大深度要求。但对于验收标准（数值量化）未做明确规定。根据澳大利亚有关规定，对于锻件和铸件，允许最大的脱锌度不大于100 μm；对于挤压棒，纵向允许的平均脱锌深度为不大于300 μm；横向允许的平均脱锌深度为不大于100 μm；对于制成的零件还要进行铜焊的，则验收时允许平均深度各加100 μm。

提高黄铜的耐脱锌腐蚀性能，一是要求选择合适的化学成分和添加剂；二是最好选用挤压工艺，并将成品晶粒组织控制到细小均匀，晶粒度不大于0.015 mm。

39.7.3 控制和改善铅黄铜性能的措施

(1) 控制铅含量。由含铜量约为59%的H59黄铜的可切削性与铅含量关系的实验研究结果表明：当铅含量为1.0%时（HPb59-1）可切削性约为75%；当铅含量为2.0%时（即HPb59-2）可切削性约为92%；而铅含量为3.0%时，则可切削性约为100%；而当铅含量大于3.0%时，在一般情况下不会进一步改善合金的可切削性能，反而使合金的力学性能全面下降。并以57.92%Cu-2.95%Pb-0.05%Fe-余量锌组成的铅黄铜，作为同类合金切削性能的比较标准。在表39-69、表39-70、表39-71中列出了三个国家的三种典型铅黄铜合金牌号的成分与性能情况。

(2) 添加合金元素：

1) 向铅黄铜中添加微量Mg、Ca、Na及Re可进一步提高其可切削性；向HPb63-3中添加0.15%～0.30%Fe，0.15%～0.05%Ni，0.05%～0.08%Sn可提高其强度；含0.4%Al的HPb63-3可在720～750℃进行热轧，改变其原不可热轧性；少量铝也可扩大HPb59-1合金半连续铸造圆锭的热加工温度范围及提高其表面质量。

2) 对易切削HPb58-2.5黄铜棒研究表明：添加不大于0.3%SFe可细化晶粒，同时在热处理时可阻止铅及β相的富集与长大，大大改善合金力学性能。

3) 添加微量Ni、Fe及Re元素的HPb60-2，其切削性、耐磨性能良好。高温力学性能稳定，可作为不可热轧HPb63-3单相合金代用材料。

4) 在研究B元素影响中发现在HPb59-1

中，当添加量为0.15%时，对于合金的组织细化效果最佳，过量时效果逐渐减弱。

5）由于铅黄铜中铅含量的增加，其切削性能提高，但其热加工时的“热脆”性也增大，故日、美等国通过添加合金元素等方法，使铅黄铜中的铅含量高达4.25%，其特别适用于细小的深孔加工零件。而目前我国铅黄铜牌号中，铅含量均在3.0%以下，远不能满足生产发展的需要，因此开展添加元素方面的研究很有必要。

39.7.4 精密黄铜棒生产

39.7.4.1 生产流程

普通铅黄铜棒的产品生产方式有挤制、挤制-拉伸、水平连铸-拉伸和轧制-拉伸。而精密铅黄铜棒通常采用挤压和水平连铸棒坯，而以挤压坯为最好。其典型流程见图39-11。

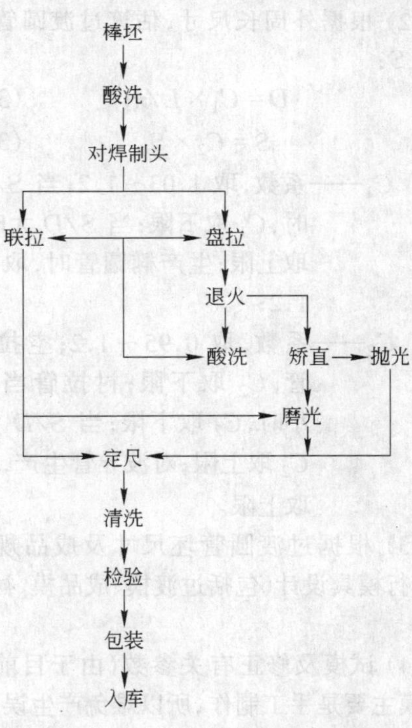

图39-11 精密化铜棒、型材、线材加工流程图

39.7.4.2 注意事项

（1）成分控制。传统观点认为铅黄铜的化学成分控制最宽松，似乎一切杂料都可以加入。其实不然，对于精密铅黄铜棒而言，必须保证棒材质量均匀，密度严格一致，必须控制每批材料的化学成分一致，使主要成分和比重较轻或较重的元素含量波动在一个极小的范围内。例如制作天平仪砝码的HPb59-1铅黄铜棒，铜的含量在58.5%～59.1%；铅的含量在1.35%～1.60%就较合适，否则砝码的车削就难以实现自动化，其底部的凹深就需要经常改变或返修；铅、锡等密度较大，在熔铸时要加强搅拌，防止发生比重偏析。

（2）铸锭组织控制。铅黄铜挤压时易出现层状断口和黄色组织，其根本原因是铸锭组织疏松引起的。因此在铸造时要适当控制速度，不可过快。

（3）挤压温度和速度控制。铅熔点较低，铅黄铜适宜低温挤压，挤压速度也不宜过快，防止变形热过大而导致挤压开裂。

（4）挤压断口。铅黄铜铸锭表面通常都不大理想，因此挤压时制品缩尾较长。应当进行探伤检查，将缩尾切净。

（5）消除应力。一般铅黄铜棒都是高锌黄铜，拉伸变形后内应力较大，应在18 h以内进行消除内应力的低温退火，否则易产生应力开裂。

（6）磨光。铅黄铜磨光棒生产技术见第29章铣削与磨光技术。

39.8 拉制异形管

异形管规格较多、范围较大，在核工业、电子工业、军工、仪器仪表、民用产品等各部门都会用到所需的各种形状和规格的异形管。如：原子能加速器及发电机线圈用外方内圆长导线或外矩内圆长导线、雷达用波导管，电子元器件用异形插件管、及日常我们所见的打火机壳、异形铜合金扶手管、异形铜合金灯饰管、异形铜合金装饰管等。

通常把非圆形管材或圆形但不等壁厚的管材称为异形管。异形管按壁厚可分为等壁厚异形管及不等壁厚异形管。

39.8.1 几种主要生产方式比较

几种主要生产方式比较见表39-80。

表 39-80　异形管主要生产方式特点比较

异形管主要生产方式	适用范围	产品质量
挤压法：由铸锭经挤压机直接挤压生产出所需产品的形状	尺寸规格大，壁厚或用拉伸法无法生产的场合，但长度受设备限制	表面质量稍差，尺寸偏差较大
挤压拉伸法：由铸锭经挤压机挤压成一定形状的异形管半制品，再经拉伸机若干道次拉伸得到所需产品的形状	适用范围较广，但需要异形挤压模及异形拉伸模生产成本高	表面质量较好，尺寸偏差小
拉伸法：由过渡圆（与成品异形管周长、壁厚近似相等的圆管坯）经拉伸机若干道次拉伸变形得到所需产品的形状	生产成本低、能生产批量小、尺寸规格小、壁薄及挤压法无法生产的产品，是异形管生产较普遍采用的方法。但其变形过渡模设计及制作较复杂	表面质量好，尺寸偏差小

39.8.2　等壁厚异形管生产方法

等壁厚异形管生产方式通常采用拉伸法生产，可分为成品衬拉和成品空拉两种。

对成品表面粗糙度、尺寸精度要求高、转角要求直挺（半径非常小）以及用空拉无法满足要求的异形管材，通常采用衬拉方式生产。如：波导管、打火机外壳管、电刷管、异形扶手管、各种异形装饰管、异形插件管等等。

对成品表面粗糙度、尺寸精度要求相对较低或变形相对较容易的异形管材，通常采用空拉方式生产。如：椭圆管、普通异形管等等。

由于异形管是从过渡圆经拉伸变形来的，所以其金属变形是不均匀的内层金属比外层金属变形量大；同时，变形的不均匀性随着管材的壁厚与直径比值 S/D 的增大而增加；外层金属受到附加拉应力，导致金属不能良好地充满模角。因此，在工艺计算时其过渡圆周长应比成品管周长大 3%～15%（但有些产品例外如薄壁异形管有时小于 1%，椭圆管有时大于 18% 以上）。

衬拉异形管在拉伸过程中其拉伸力、变形不均匀性及拉伸后产品的残余应力较同截面积圆管要大得多，若道次加工率大，在拉伸过程中容易产生拉断、模具磨损厉害甚至还会出现因残余应力大使制品出模孔后还在变形的现象，进而影响最终成品尺寸，因此其道次加工率不宜大（尤其对成品尺寸精度要求高的波导管更应注意），一般控制在 25% 以下。另外成品衬拉异形管道次减壁量又不能过小，否则成品质量无法保证。在工艺及模具设计中通常采用的方法是：在成品内模能自若放入过渡变形管坯内的前提下，其间隙值 2Δ 尽量取（$\Delta=0.07\sim0.15B$，B 为成品异形管短边尺寸），Δ 随长宽比、S/D 增大而增大。且 $2\Delta_{短}\geqslant2\Delta_{长}$（$2\Delta_{短}$、$2\Delta_{长}$ 分别为短、长边间隙值）。

39.8.3　异形管模具设计及生产工艺

39.8.3.1　模具设计步骤

(1) 计算所需生产异形管外形周长 L；

(2) 根据外周长尺寸，估算过渡圆管坯尺寸 D、S：

$$D=C_1\times L/\pi;\tag{39-12}$$

$$S=C_2\times S_0\tag{39-13}$$

式中　C_1——系数，取 1.03～1.2；当 S/D 小时，C_1 取下限；当 S/D 大时，C_1 取上限；生产椭圆管时，取 $C_1=1.2$；

C_2——系数，取 0.95～1.2；空拉异形管，C_2 取下限；衬拉管当 S/D 小时，C_2 取下限；当 S/D 大时，C_2 取上限；对波导管生产，则 C_2 取上限。

(3) 根据过渡圆管坯尺寸及成品规格尺寸，进行模具设计（包括过渡模、成品模、衬拉内模）；

(4) 试模及修正有关参数（由于目前拉伸过渡模主要是手工制作，所以难免产生误差）；

(5) 产品定型生产。

39.8.3.2　计算设计举例

［例 1］拉制成品尺寸如图 39-12 所示，38 mm×7.8 mm×0.7 mm 倒角 2×45°的 H65 打火机外壳。试对其进行工艺计算及模具设计。

(1) 计算模具参数。

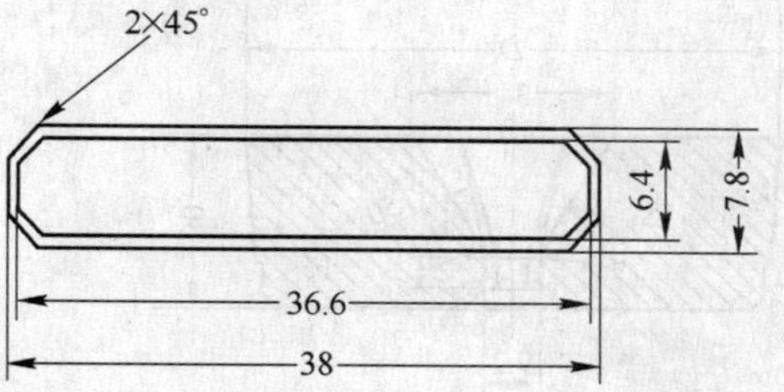

图 39-12 打火机外壳

1）计算所需生产异形管外形周长 L：

$$L=(38+7.8)\times 2-16+4\times 2\sqrt{2}=87\ \text{mm}$$

2）根据外周长尺寸，估算过渡圆管坯尺寸 D、S：

$$D=C_1L/\pi=1.08\times 87/3.14=30\ \text{mm}$$

$$S=C_2S_0=1.08\times 0.7=0.75\ \text{mm}$$

3）根据过渡圆管坯尺寸及成品规格尺寸，进行模具设计（包括过渡模、成品模、衬拉内模）：

成品内尺寸为：

$$a=A-2S=38-2\times 0.7=36.6\ \text{mm}$$

$$b=B-2S=7.8-2\times 0.7=6.4\ \text{mm}$$

过渡变形后内尺寸为：

$$a_1=a+2\Delta_{短}=36.6+2\times 0.55=37.7\ \text{mm}$$

$$b_1=b+2\Delta_{长}=6.4+2\times 0.65=7.7\ \text{mm}$$

过渡变形后外尺寸为：

$$A_1=a_1+2S=37.7+2\times 0.75=39.2\ \text{mm}$$

$$B_1=b_1+2S=7.7+2\times 0.75=9.2\ \text{mm}$$

（2）模具设计。

变形过渡模各参数确定：

1）入口平面尺寸的确定。入口平面是由两两相对的四个圆弧组成的弧矩形，弧矩形的最大高度 B'_0 等于 $D+(3\sim 5)$mm，最大宽度 A'_0 等于 $A_1+(8\sim 20)$mm。

2）弧矩形的弧边曲率半径 R_1 的确定。为了使弧边稳定地过渡到直边，通常取 $R_1\approx A'$。

3）模具高度 H 的确定：$H=(B_0-B_1)/2\times\tan\alpha'+l_{定}+2$。式中 α'为模弦角（入口变形压缩区圆弧的弦与拉制轴线的夹角）。拉制方形管时 $\alpha'=10°\sim 13°$；拉制矩形管时，由于长边（短轴）上的压缩变形量大 α'可增大到 25°，则定径带长度 $l_{定}$ 为：

$$l_{定}=5\sim 10\ \text{mm}$$

过渡变形模的入口变形锥圆弧与定径带应是相贯的，且与所有空拉模一样应予圆化（相切），这样才能保证型材出模后的尺寸。

4）成品外模与成品内模的模具参数确定。除在拉制矩形管，成品外模短边模角一般为 12°；长边模角一般取 8°～10°外。其他基本可参考普通衬拉模参数取法。

［例 2］ 拉制成品尺寸如图 39-13 所示，36 mm×12 mm×1.0 mm T_2 椭圆管。试对其进行工艺计算及模具设计。

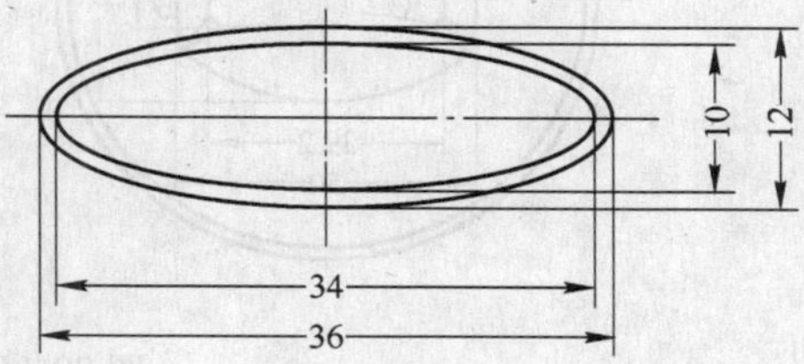

图 39-13 椭圆管

因椭圆管曲率与圆相同均为正曲率所以可直接进行一次空拉。

（1）计算所需生产异形管外形周长 L：

$$L=(36+12)\pi/2=75.4\ \text{mm}$$

（2）根据外周长尺寸，估算过渡圆管坯尺寸 D、S：

$$D=C_1L/\pi=1.20\times 75.4/3.14=28.8\ \text{mm}$$

$$S=C_2S_0=0.95\times 1.0=0.95\ \text{mm}$$

（3）根据过渡圆管坯尺寸及成品规格尺寸，进行模具设计（图 39-14～图 39-16）。

［例 3］ 拉制成品尺寸如图 39-17 所示，ϕ47 mm×0.85 mm，H65 灯饰管。试对其进行工艺计算及模具设计。

因灯饰管与圆管形状相近所以可直接进行一次短芯头衬拉，其过渡圆管坯尺寸为 ϕ51 mm×0.92 mm，模具设计略，其模具图如图 39-18 所示。

另外，在异形管拉伸中除紫铜管外，其他牌号的管材原则上每道次均应进行中间退火，其退化工艺参见同牌号相近规格产品的中间退火工艺。

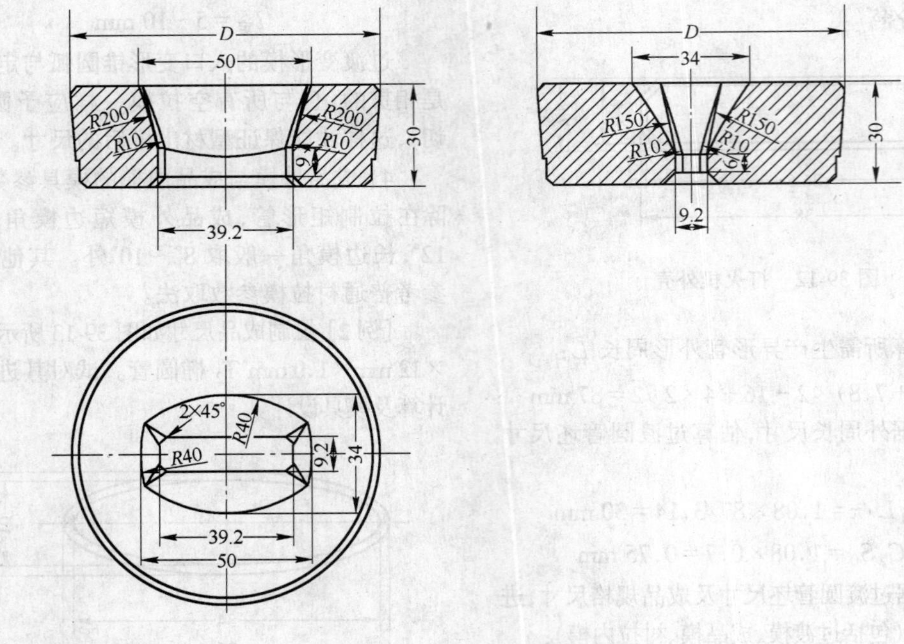

图 39-14 扁管过渡模示意图

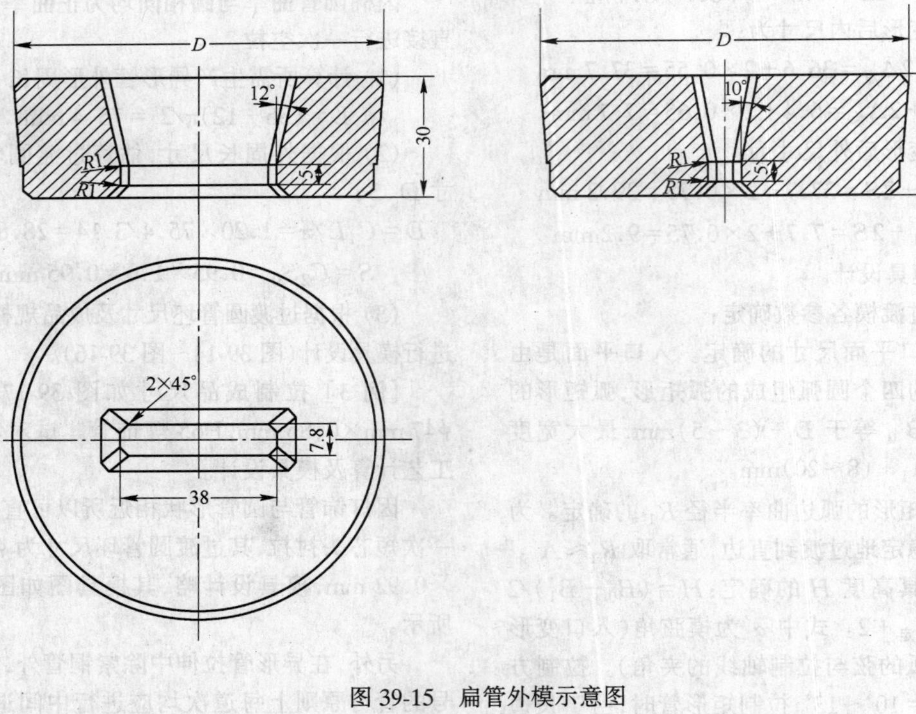

图 39-15 扁管外模示意图

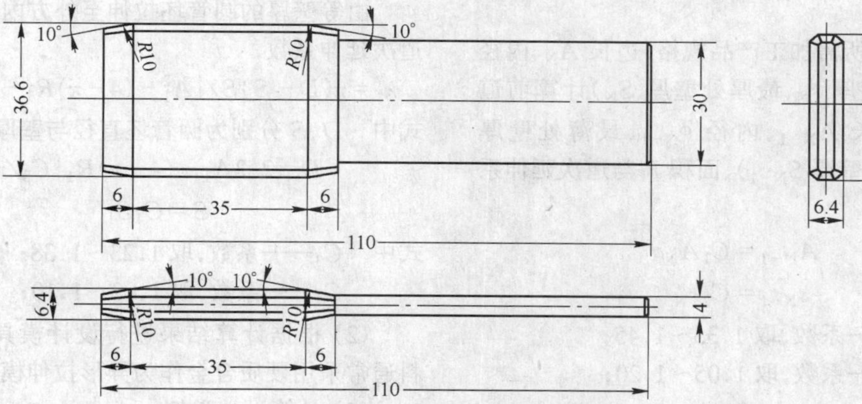

图 39-16 扁管芯头形状示意图

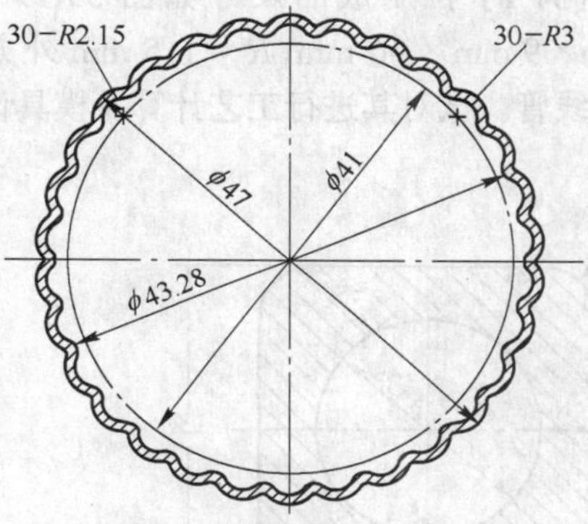

图 39-17 灯饰管示意图

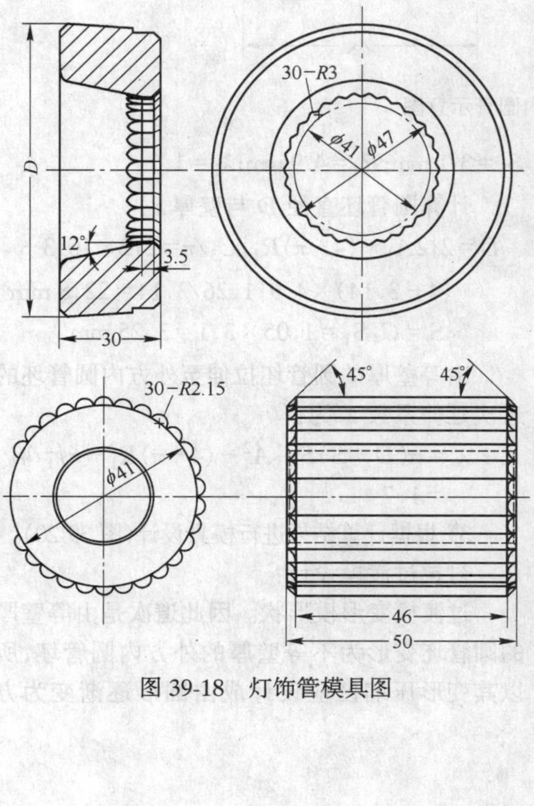

图 39-18 灯饰管模具图

39.8.4 不等壁厚异形管生产方法

对于规格较大，单支长度较短的不等壁厚异形管，生产上较多采用挤压法、挤压拉伸法或由过渡圆采用短芯头进行衬拉的拉伸法进行生产。此类产品生产只要满足设备能力相对较小；单支长度长的不等壁厚异形管，如外方内圆长导线管要容易的多，因此这里主要介绍中小规格在圆盘拉伸机上采用游动芯头拉伸工艺的外方内圆长导线管生产方式。

游动芯头拉伸外方内圆长导线管特点：由于是不等壁厚异形管生产，不仅包含而且还远大于异形管生产所有的变形不利因素；由于采用的是游动芯头拉伸工艺，因此必须满足游动芯头拉伸所有工艺技术要求；由于是从等壁厚的圆管坯拉伸变形来的，所以其壁厚变形不均匀及道次减壁量、道次延伸系数（道次加工率）均较大，尤其是第一道次过渡变形拉伸阶段其道次延伸系数甚至达到 1.8 以上，加大了生产与设计难度。因此，在可能的情况下，在第一道次过渡变形尽量采用短芯头衬拉或挤压异形管供坯。

39.8.5 外方内圆长导线管生产工艺及模具设计

（1）根据所需加工产品规格计算编制拉伸工艺及确定管坯规格。

1）根据所需加工产品规格确定由等壁厚的圆管坯拉伸至外方内圆成品管所需的拉伸道

次数 N。

2) 根据所需加工产品规格(边长 A_N、内径 ϕ_N、最薄处壁厚 s_N、最厚处壁厚 S_N)计算前道次规格(边长 A_{N-1}、内径 ϕ_{N-1}、最薄处壁厚 s_{N-1}、最厚处壁厚 S_{N-1})、面积 F 与道次延伸系数 λ

$$A_{N-1}=C_1A_N$$

$$s_{N-1}=C_2s_N$$

式中 C_1——系数,取1.33~1.45;

C_2——系数,取1.05~1.20;

$$S_{N-1}=C_2S_N$$

$$R_N=(\sqrt{2}A_N-2S_N-\phi_N)/2(\sqrt{2}-1)$$

$$\lambda_N=F_{N-1}/F_N\{A_{N-1}^2-(4-\pi)R_{N-1}^2-\pi\phi_{N-1}^2/4\}/\{A_N^2-(4-\pi)R_N^2-\pi\phi_N^2/4\}$$

由等壁厚的圆管坯拉伸至外方内圆管坯的道次延伸系数

$$\lambda'=\pi(D-S)S/\{A_1^2-(4-\pi)R_1^2-\pi\phi_1^2/4\}$$

式中 D、S 分别为圆管坯直径与壁厚

$$D=2\{2A_1-(4-\pi)R_1\}C_3/\pi$$

$$S=C_4S_1$$

式中 C_3——系数,取1.23~1.38;

C_4——系数,取1.02~1.10;

(2) 根据计算结果进行设计模具,模具材料通常采用硬质合金作为异形拉伸模材料。

(3) 计算设计举例。

[例1] 拉制成品尺寸如图39-19所示,9 mm×9 mm×ϕ6 mm,$R=1.5$ mm外方内圆长导线管。试对其进行工艺计算及模具设计。

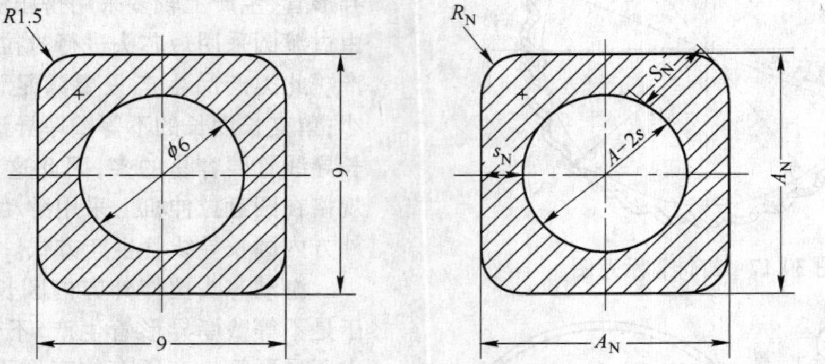

图39-19 外方内圆管示意图

1) 根据所需加工产品规格确定拉伸道次数 $N=3$ 道次。

2) 根据所需加工产品规格计算成品前道次规格、面积 F 与成品道次延伸系数 λ:

$$A_2=C_1A_3=1.35\times9=12.2\text{ mm}$$

$$S_2=C_2S_3=1.07\times1.5=1.60\text{ mm}$$

$$\phi_2=A_1-2s_2=12.2-2\times1.6=9\text{ mm}$$

$$S_2=C_2S_3=1.05\times2.74=2.88\text{ mm}$$

$$R_2=(\sqrt{2}A_2-2S_2-\phi_2)/2(\sqrt{2}-1)=3\text{ mm}$$

$$\lambda_3=\{A_2^2-(4-\pi)R_2^2-\pi\phi_2^2/4\}/\{A_3^2-(4-\pi)R_3^2-\pi\phi_3^2/4\}=1.52$$

用同样方法计算成品前二道次(第一道次过渡变形)规格、面积 F 与成品道次延伸系数 λ。

$A_1=16.3$ mm; $s_1=1.75$ mm; $\phi_1=12.8$ mm; $S_1=3.1$ mm; $R_1=4.9$ mm; $\lambda_2=1.5$

计算圆管坯直径 D 与壁厚 S:

$$D=2\{2A_1-(4-\pi)R_1\}C_3/\pi=2\{2\times16.3-(4-3.14)\times4.9\}1.26/3.14=22.8\text{ mm}$$

$$S=C_4S_1=1.05\times3.1=3.25\text{ mm}$$

由等壁厚的圆管坯拉伸至外方内圆管坯的道次延伸系数 λ' 为:

$$\lambda'=\pi(D-S)S/\{A_1^2-(4-\pi)R_1^2-\pi\phi_1^2/4\}=1.7$$

3) 根据计算结果进行模具设计(图39-20)。

衬拉过渡模设计:

过渡模变形模形状。因此道次是由等壁厚的圆管坯变形为不等壁厚的外方内圆管坯,所以其变形压缩区应设计成由圆形逐渐变为方

形，高度 $h\approx$游动芯头锥角 β 的长度。

过渡模变形模模角 α。过渡模变形模角上部分模角 $\alpha_{角}\approx11.5\sim13.5$：直边部分模角 $\alpha_{直}$因此部分减壁量很大，所以其模角差取 $\alpha_{直}-\beta=4^\circ\sim6^\circ$；高度 $h'\approx(1/3\sim1/2)h$。其余部分与入口锥组成圆弧与模角 α 相贯且圆化。

定径带长度取不小于过度圆管坯壁厚 S。

成品模与游动芯头设计可参考同规格圆管模具设计。

［例 2］拉制成品尺寸如图 39-19 所示，20 mm×20 mm×ϕ12 mm，$R=2$ mm 外方内圆长导线管。试对其进行工艺计算及模具设计（见图 39-20），具体工艺计算及模具设计过程同前略。

因该规格相对尺寸较大可考虑过渡变形及成品拉伸前几道次采用短芯头衬拉或者采用挤压机挤压成异形管坯且成品拉伸前几道次采用短芯头衬拉，最终成品拉伸采用游动芯头衬拉工艺。其工艺见表 39-81。

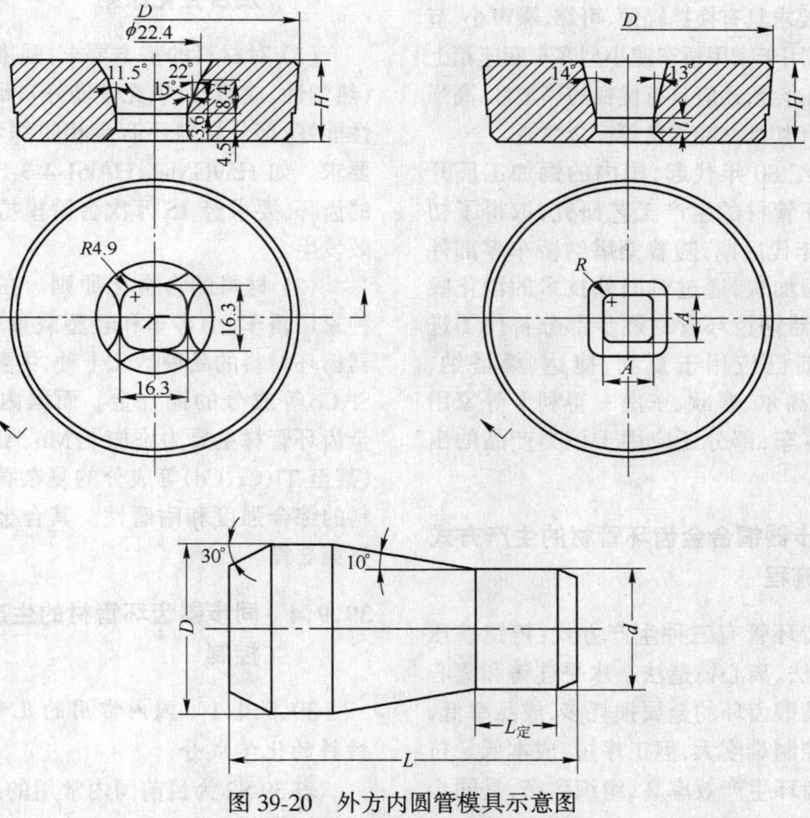

图 39-20 外方内圆管模具示意图

表 39-81 外方内圆长导线管工艺

工艺 1：拉伸法生产工艺						工艺 2：挤压拉伸法生产工艺					
1	由圆管坯拉伸至 ϕ50 mm×8.8 mm 退火					1	由挤压机挤压成外方内圆型材				
2	短芯头拉伸工艺及配模						$A=39.5,s=5.3,S=9.34,R=10$				
	A_N	s_N	S_N	R_N	λ_N	2	短芯头拉伸工艺及配模				
	38.5	5	8.62	10.5	1.519		A_N	s_N	S_N	R_N	λ_N
	32.5	4.6	7.95	8	1.324		32.5	4.6	7.95	8	1.44
	26.5	4.25	7.46	5.5	1.343		26.5	4.25	7.46	5.5	1.343

续表 39-81

工艺1:拉伸法生产工艺						工艺2:挤压拉伸法生产工艺					
3	游动芯头拉伸工艺及配模					3	游动芯头拉伸工艺及配模				
	A_N	s_N	S_N	R_N	λ_N		A_N	s_N	S_N	R_N	λ_N
	20	4	7.31	2	1.488		20	4	7.31	2	1.488

39.9 同步器齿环用铜合金管

39.9.1 概述

汽车同步器齿环是汽车变速箱中换挡操作的关键零件,要求具有换挡轻便、可靠、噪声小、节能的特点。而用于家用轿车或小型客车变速箱上的热精锻黄铜合金,还应具有优良的热塑性、高强度、高耐磨性和切削性能优良等综合性能。

从20世纪80年代起,国内的铜加工厂开始着手铜齿环管材的生产工艺研究,取得了初步成功。80年代后期,随着桑塔纳轿车零部件国产化进程的加快,通过对国外技术的消化吸收,国产同步器铜齿环管材逐步部分替代了进口材料。目前已应用于夏利、捷达、桑塔纳、POLO、金杯、高尔、赛欧、东南-得利卡等家用轿车或小型客车,部分还应用于该类产品的出口变速箱上。

39.9.2 同步器铜合金齿环管材的生产方式及流程

同步器齿环管有三种生产方式:铸锭挤压法、水平连铸法、离心铸造法。水平连铸和离心铸造的管坯精锻齿环的金属损耗多、成品率低,组织和性能控制难度大,但工序短、成本低。挤制管坯精锻齿环生产效率高,组织致密,是同步环普遍采用的方法。

轿车同步器齿环的生产工艺流程:

熔炼—铸造—挤压—管材—精整—切片—热精锻成型—机械精加工—齿环。

39.9.3 同步器铜合金齿环材料的基本要求及合金化原则

(1) 对材料的基本要求:强度高;热锻性好(热塑性、成型性、填充性能好);耐磨性好;切削性能好;部分材料还有金相组织和使用寿命的要求。如H59GM-1、HAl61-4-3-1管材,热锻后的齿环,要求经15万次台阶模拟试验后,无失效发生。

(2) 材料的合金化原则。在国外,可供各种家用轿车、小客车和轻型载重车选择的同步器齿环材料的品种达几十种,主要是含Mn、Al、Si、Co等成分的铜合金。而国内,同步器铜合金齿环管材主要为添加了Mn、Al、Si、Sn、Fe、Co(甚至Ti、Cr、Cd)等成分的复杂黄铜,以提高材料的综合强度和耐磨性。其合金化原理,可参见第2篇。

39.9.4 同步器齿环管材的生产工艺和质量控制

39.9.4.1 国内常用的几种铜合金齿环材料的化学成分

表39-82为目前国内常用的几种铜合金齿环材料化学成分。

表 39-82 同步器铜合金齿环材料化学成分

合金牌号	化学成分(质量分数)/%											杂质总和
	Cu	Al	Mn	Fe	Ni	Si	Pb	Sn	P	Co	Zn	
H59GM-1①	58.0~59.0	1.4~1.7	1.8~2.2	0.35~0.65	0.2	0.6~0.9	0.3~0.6	0.1~0.4			余量	
HMn62-3-3-0.7	61~63	2.4~3.4	2.7~3.7	0.10		0.5~1.0	0.10	0.10			余量	≤0.5
HAl61-4-3-1①	60~62	3.5~4.5		0.3~1.3	2.5~4.0	0.5~1.5				0.5~1.0	余量	≤0.5

续表 39-82

合金牌号	化学成分(质量分数)/%											杂质总和
	Cu	Al	Mn	Fe	Ni	Si	Pb	Sn	P	Co	Zn	
QN4080②	56.5~58.5	1.3~2.1	1.5~2.3	0.3~0.8	≤0.5	0.5~0.7	0.3~0.8	≤0.5			余量	≤0.5
ZHD58-2-2②	57.0~60.0	≤1.0	1.5~2.5	≤0.6			1.5~2.5	≤0.5	≤0.01		余量	≤0.5
084②	63.0~66.0	4.5~6.0	7.0~8.5	0.5~1.5	<0.5	1.0~2.0	0.3~0.8	<0.5			余量	≤0.5
MBA-4②	57~62	4.3~5.2		2.0~3.0						Ti1.2~2.0	余量	

① 为铜管生产厂自命名合金牌号(非国标);

② 为齿环生产商自命名合金牌号(非国标)。

39.9.4.2　熔铸生产工艺和质量控制

成分各异管材的加工、应用和成品性能有所不同。以表 39-82 所列合金为例,熔铸性能方面,由于 H59GM-1 的合金元素多,成分范围较窄,特别是铜含量较低,熔铸的难度最大。铸锭最易出现裂纹、表面冷隔等缺陷。生产中应根据各种材料的特点,采取相应的措施,保证满足用户的要求。

A　熔铸

熔炼设备为 1500 kg 工频有芯感应电炉。熔炼过程中应根据金属在黄铜合金熔炼中熔融和烧损规律加料。一般硅以纯金属形式加入,铁、锰可以中间合金形式加入,铝和锌因易烧损,应最后加入。加料后,用木炭覆盖液面。调整锰、硅的成分时,应去除熔体浮渣后,再加纯金属,并加强覆盖。另外,由于高锌黄铜中,锌易烧损,故无论是浇铸还是长时间保温均超过 2 h,应考虑补锌,一般熔体温度 1080℃,保温 2 h,可补加 Zn0.2~0.5 kg/100 kg。

(1) 熔铸温度。齿环类合金的喷火温度约 1100℃。熔铸温度过高易引起元素的烧损,并增加熔体的吸气倾向,使铸锭出现气孔。实际生产中的熔铸温度为 1050~1080℃。

(2) 铸造速度。铸造速度不宜过快,一般为 100~140 kg/h,否则,易出现拉漏。但速度太慢,也会出现冷隔等缺陷。

(3) 冷却速度。半连铸铸造,多为一次水直接水冷,冷却强度大,易使铸锭出现中心裂纹、纵向裂纹甚至劈裂。经多年的实践证明,应采用一、二次水分开,水量可调节的结晶器进行红锭铸造,这是铸造成功的关键。

(4) 铸造方式。通常为半连铸。为了减少铸锭内部夹杂、夹渣、气孔等铸造缺陷,最好用水平连铸的方式生产铸锭。

(5) 半连铸工艺。表 39-83 为部分牌号的半连铸工艺。

表 39-83　部分牌号的半连铸工艺

合金牌号	规格/mm	铸造速度/m·h⁻¹	润滑剂
H59GM-1	ϕ100	8~13	0 号/硼砂/烟灰
	ϕ135	7~11	0 号/硼砂/烟灰
	ϕ155	5~9	0 号/硼砂/烟灰
	ϕ180	5~7	0 号/硼砂/烟灰
	ϕ254	4~6	0 号/硼砂/烟灰
HMn62-3-3-0.7	ϕ155	7~11	0 号/硼砂/烟灰
小	ϕ155	7~11	0 号/硼砂/烟灰
QN4080	ϕ155	7~11	0 号/硼砂/烟灰

B　熔铸主要缺陷及解决办法

熔铸主要缺陷:中心裂纹、表面纵向或横向裂纹、表面夹渣、冷隔和气孔。

中心裂纹、表面纵向或横向裂纹的解决办法:避免过高的浇铸温度,采用红锭铸造及较慢的铸造速度。

表面夹渣、冷隔的解决办法:出炉前,注意除渣。浇注时,保持液面和速度的平稳和冷却强度。

气孔的解决办法:气孔的出现,与熔液吸气有关,应避免长时间高温吸气、保温,熔炼时注意覆盖,浇注前可适当提高温度,喷火后再回到操作温度,还应注意新、旧料搭配。

39.9.4.3 挤压工艺和质量控制

齿环管材具有很好的热加工性能。表39-84为部分牌号的挤压工艺参数。

表39-84 部分牌号的挤压工艺参数

合金牌号	压机/t	状态	管材规格/mm×mm	挤压温度/℃	冷却方式
H59GM-1	1250	R	$\phi68\times\phi46$	550~750	自然冷却
	2500	R	$\phi73\times\phi59$	550~750	自然冷却

挤压工艺流程：

铸锭($\phi155$ mm×350 mm)—加热(650℃)—穿孔挤压($\phi68$ mm×$\phi46$ mm)—切头、尾

为保证性能，挤压后，不宜用水封冷却。因强冷会引起收缩不均匀而造成管材弯曲，且易引起裂纹。

39.9.4.4 管材的性能控制

A 管材的性能要求

表39-85为部分汽车齿环管材室温组织、力学性能要求。

表39-85 汽车齿环管材室温组织及纵向力学性能

合金牌号	α混合晶	抗拉强度/MPa	伸长率δ_{10}/%	硬度HB
H59GM-1①	≤25%	≥550	≥5	168±8
HMn62-3-3-0.7		≥550	≥5	≥160
HAl61-4-3-1①		≥637	≥2	HRB≥98
QN4080②	≤25%			140~170
ZHD58-2-2②				160~170
084②	≤40%			210~260
MBA-4		≥600	≥10	HRB85~106

注：热锻后成品齿环中α相≤5%。必须含Si-Mn相，并一直到材料边缘。

① 为铜管生产厂自命名合金牌号(非国标)。

② 为齿环生产商自命名合金牌号(非国标)。

B 管材的性能控制

管材的性能可通过均匀化退火、时效及改变退火冷却方式等手段进行控制。

有些管材有金相组织要求，图39-21~图39-26为H59GM-1、084(进口)及QN4080(进口)管材经热锻加工成齿环成品后的金相组织。

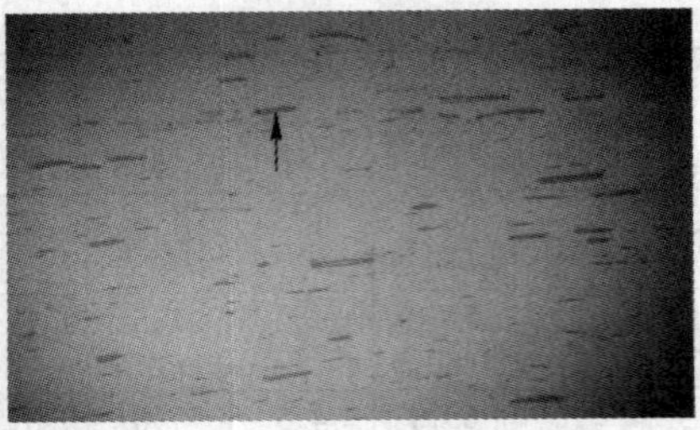

图39-21 H59GM-1横向组织

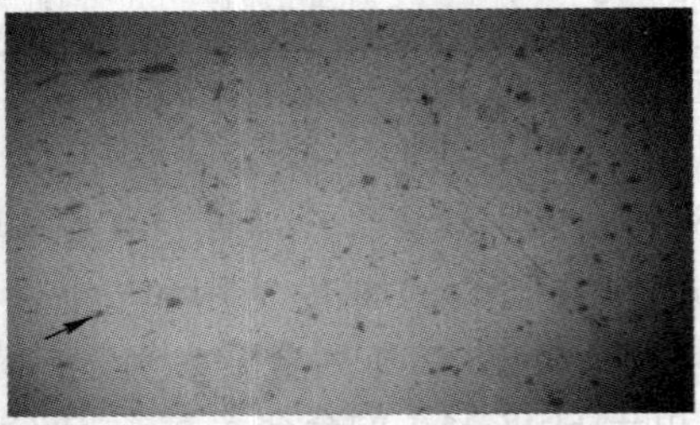

图39-22 H59GM-1纵向组织

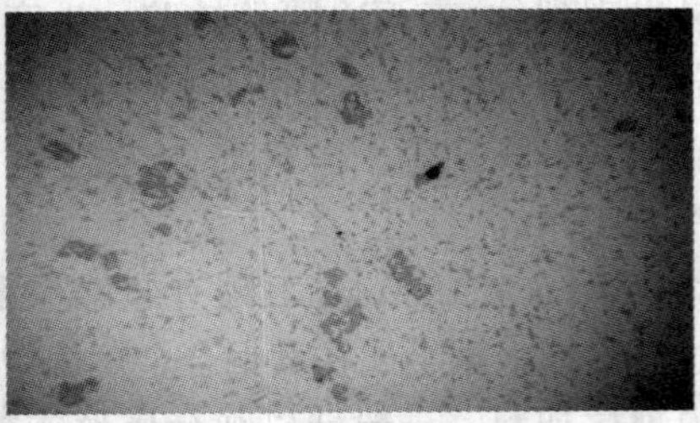

图39-23 084横向组织

图39-24 084纵向组织

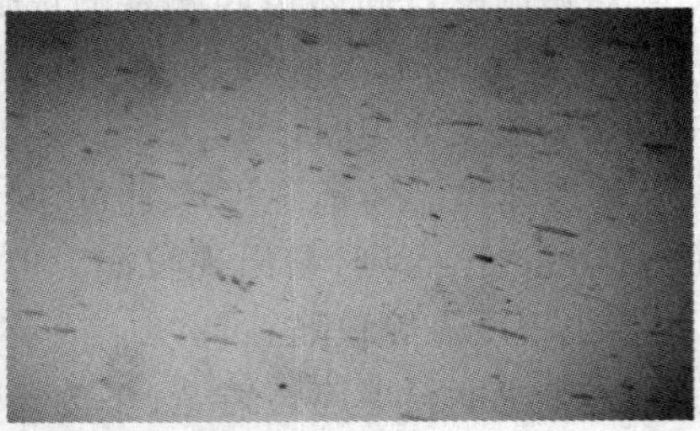

图39-25 QN4080横向组织

图 39-26 QN4080 纵向组织

说明：图 39-22 箭头所指（针状）为 α 相，基体为 β 相，图 39-23 箭头所指（颗粒状）为 Mn-Si 相。

表 39-86 列出了经电子探针所测的 H59GM-1 合金（管材）中，各相中主要元素组成及其显微硬度。

表 39-86 各相中主要元素组成及其显微硬度

相	化学成分（质量分数）/%								
	Cu	Mn	Al	Si	Fe	Sn	Pb	Zn	硬度 HV
α	68.166	0.336	0.896	0.224	0.044	0.03	0.099	余量	49.8
β	61.743	0.491	1.222	0.164	0.113	0.275	0.113	余量	162
Mn-Si	2.663	14.392	0.05	22.509	60.098	0.007	—	余量	672.8

在 H59GM-1 合金中，以弥散颗粒状分布 Mn-Si 相，可提高合金的强度和耐磨性，而 α 相则改善了材料的塑性，并提高了成品齿环与其喷钼层的附着强度。故 H59GM-1 管材需经退火满足工艺性能（见表 39-87）。

表 39-87 管材退火工艺及性能

合金牌号	退火温度/℃	保温时间/h	冷却方式	σ_b/MPa	δ_{10}/%	硬度 HB(2.5/62.5)	α 混合晶/%
H59GM-1	500～600	0.5～2	自然冷却	≥550	≥5	168±8	≤25

40　线材生产❶

40.1　概述

线材是指成盘拉制的实心产品，其直径并无特定界限，一般指6 mm以下的。

40.1.1　线材粗细表示方法

线材粗细表示方法有：

(1) 直径表示法，以mm为单位，是国际通用的方法，我国标准采用此法。也有用英制(英寸)为单位的。

(2) 线号表示法，也称线规表示法。线号越大，线径越细。我国曾使用过的线规有三种(AWG、SWG和BWG)，现已很少使用。

(3)重量表示法，用长200 mm的线材重量(mg)表示。一般用于螺旋测微计精度不够的超细线。

40.1.2　线材生产方法

线材生产一般分两个步骤：首先是制造线坯，再进行拉伸和热处理等。

线坯的制备方法多样，直接铸造的线坯有上引法、浸渍法、水平连铸法等。线坯直径一般在8～25 mm；另一类方法包括锭坯挤压法、连铸连轧法。上引法、浸渍法、连铸连轧法适合于单一紫铜线的生产，而连铸连轧法则特别适合大规模单一紫铜线坯的生产。挤压法特别适合多品种铜合金线坯的生产。几种生产工艺的技术指标见表40-1。

表 40-1　三种铜杆生产工艺的技术指标

序　号	项 目 名 称	连铸连轧法	浸涂成型法	上　引　法
1	产品技术水平	光亮低氧铜杆	光亮无氧铜杆	光亮无氧铜杆
2	铜杆导电率(%)IACH	101～102	101～102	101～101.6
3	含氧量/%	200×10^{-4}～400×10^{-4}	20×10^{-4}以下	1.5×10^{-4}～27×10^{-4}
4	单位产品铜耗损/$kg\cdot t^{-1}$	2	2	2
5	单位产品耗损(折标煤 kg/t)	138.57～160	165.7～175.28	221.57～223.81
	其中：电力/$度\cdot t^{-1}$	100～150	380～400	400～420
	燃　料	液化气 50 kg/t	天然气 3 m^3/t	天然气 1 m^3/t
6	生产能力/$t\cdot h^{-1}$	6～40	3.6～10	2
7	年产量/万 t	3.5～60	2～5	0.5～1.2
8	每班操作人数/人	6～10	6～7	2
9	铜杆卷重/t	3～8	3.5～10	2

40.2　线坯生产

挤压法生产的技术特点和工艺见挤压技术(第22章)和挤制管棒材(第39章)。

40.2.1　连铸线坯

连铸线坯生产工艺见线坯连铸技术(第19章)。

❶ 本章撰稿人：居敏刚、洪燮平、王永如、马可定、李惠中、李红卫。

(1) 上引连铸线坯。一般上引连铸规格的生产范围在 $\phi 8 \sim 32$ mm。紫铜系列常见的为 $\phi 8$、$\phi 14.4$、$\phi 17$、$\phi 20$、$\phi 25$ mm。一般来说规格越大,要求系统(主要指结晶器能力)的冷却能力越强。

对于紫铜而言,上引连铸 $\phi 8$ mm 铜杆时直接用拉丝机拉伸至 $\phi 2 \sim 3.5$ mm,上引连铸 $\phi 8$ mm 以上铜杆时则用轧机轧制或巨拉机拉伸,加工成 $\phi 8$ mm 的铜杆,再用拉丝机拉伸。

上引黄铜杆一般是采用拉丝机拉伸加工,为保证成品线的表面质量和物理性能,上引线坯的总加工率必须达到70%以上。

(2) 浸渍法线坯。浸渍法各道次工序后工件尺寸大体如表 40-2 所示。

表 40-2 各道次工序后工件尺寸

作业线能力/$t \cdot h^{-1}$	芯杆坯/mm	拉丝/mm	剥皮/mm	浸涂/mm	轧制尺寸/mm
3.5	$\phi 9.5$	$\phi 7.7$	$\phi 7.2$	$\phi 11.8$	$\phi 9.6$ $\phi 8.0$
6.0	$\phi 14.0$	$\phi 11.3$	$\phi 10.7$	$\phi 17.5$	$\phi 14.0$ $\phi 10.2$ $\phi 8.0$
12.0	$\phi 16.0$	$\phi 13.6$	$\phi 12.7$	$\phi 20.8$	$\phi 16.0$ $\phi 12.7$ $\phi 8.0$

40.2.2 连轧线坯

(1) 连轧坯料:由连铸坯如轮带式、双带式等提供,也有浸渍法提供的。

(2) 连轧工艺:由于铸坯生产方式不同,所提供的铸坯尺寸不同,其连轧工艺也各不相同。但紫铜类线坯生产线的设计基本上固化了连轧工艺,见表 40-3～表 40-6。

表 40-3 SCR-1300 型 $\phi 8$ mm 铜杆的工艺孔型

机架号		1V	2H	3V	4H	5V	6H	7V	8H	9V
孔型		梯形	长方形	圆	弧	圆	弧	圆	弧	圆
尺寸	宽/mm	40	42	24.45	33.44	16.14	21.48	10.56	14.68	8.14
	高/mm	33	17.7	23	13.6	15.3	8.1	10.8	6.32	8.0
	孔缝/mm	2.0	2.0	2.0	2.0	1.0	2.5	1.8	2.5	1.24
	面积/mm^2	982	613	394	260	175	119.1	89.6	65.3	50.27
	压缩/%	27.5	37.6	35.7	34	32.7	32	24.8	27.1	23

表 40-4 用于 1355 mm^2 铸坯的孔型

道次	孔型	面积/mm^2	λ	ε/%	尺寸/mm
铸坯		1355			
1H	矩	793.2	1.708	41.5	
2V	椭	573.2	1.546	35.3	
3H	圆	362.9	1.414	29.3	$\phi 21.5$
4V	椭	245.1	1.481	32.5	
5H	圆	169.6	1.445	30.8	$\phi 14.7$
6V	椭	115.9	1.463	31.6	
7H	圆	84.8	1.367	26.9	$\phi 10.4$
8V	椭	62.9	1.348	25.8	
9H	圆	50.3	1.251	20.1	$\phi 8.0$

注:线杆出口速度 4.97 m/s。

表 40-5 用于 1613 mm^2 铸坯的孔型

道次	孔型	$h_k \times b_k$	R	D	S
铸坯(梯)					
1	椭	19.5×593.0			2.6
2	圆			29.2×30.9	2.5
3	椭	15.8×42.5	39.0		2.5
4	圆			$\phi 19.6$	2.0
5	椭	10.4×30.2	28.6		2.0
6	圆			$\phi 14.3$	1.5
7	椭	8.4×17.2	16.0		1.5
8	圆			$\phi 10.3$	1.5
9	椭	6.8×14.7	15.1		1.0
10	圆			$\phi 8.0$	1.0

表 40-6 用于轧制 1935 mm^2 铸坯的孔型

道次	孔型	面积/mm^2	λ	ε/%	线径/mm
铸坯	(梯)	1935			
1 h	矩	1936	1.62	38.4	
2 v	椭	715.5	1.67	40.0	
3 h	圆	465.8	1.54	34.9	
4 v	椭	279.4	1.67	40.0	
5 h	圆	189.7	1.47	32.0	
6 v	椭	123.9	1.53	34.7	ϕ15.9
7 h	圆	91.9	1.35	26.2	ϕ12.7
8 v	椭	64.3	1.42	29.6	ϕ9.5
9 h	圆	49.5	1.28	21.8	ϕ8.0

40.3 铜线坯的其他生产方式

40.3.1 悬浮式连续浇铸法(GEKEC)

通用电气悬浮式连续浇铸法基本上是将电磁悬浮场与上引法中应用的高效热交换器联合使用的一种方法。这是一种简单而又经济的连续铸造成型方法,能克服其他浇铸技术中经常发生的模具与金属接触面上的摩擦和粘结问题。其优点是铸造速度快、铸坯可连续拉出、主宰材料的均匀性和晶粒结构良好、铸坯表面无缺陷或夹杂,还能延长与熔融金属接触件的使用周期。此方法特别适合于从各种纯金属和合金直接浇铸成小直径的细线杆。

40.3.2 电解沉积法

电解硫酸铜直接沉积出线杆,比上引法和浸涂法获得铸造铜杆的流程更短,设备更少,不失为一个很好的思路。

Finch 和 Cibula 代表英国有色金属研究协会(British Non-Ferrous Matais Research Association)发表了他们的研究成果:他们电解沉积出了 2.3~90 kg/捆,外形如蚊香的盘状铜杆,其截面为 6.3 mm×6.3 mm 和 12.7 mm×12.7 mm,先轧后拉,成为 ϕ1.6 mm 的线材。测得其导电率为 100.5% IACS,扭断值高达 70~90 次,低的 15~20 次(常规铜线为 35 次),软化温度升高 200~300℃,线杆的韧性则较差。

(1) 电解工艺:

1) 电解液中含:硫酸铜 200 g/L(相当于 Cu^{2+} 50 g/L)、硫酸 200 g/L、氯化物 30 mg/L、胶(GLUE)0.25~0.75 mg/L、木质磺酸钙 20~100 mg/L。

2) 种子板:要磨光或抛光,表面不能有尖锐的棱和刺。

3) 电解条件:温度 60℃,电流密度 380~480 A/m^2,电流不可中断,或短周期反向运行。电解液在阴极表面以 5~10 mm/s 的速度流动,并用空气搅动,且在循环系统中过滤。

(2) 控制要点:

1) 线杆表面必须光滑平整,才能在轧制和拉制时不出现裂纹和断线。如表面有疤、瘤、棱角,则在加工变形时,甚至在缠绕时开裂。

2) 需在电解液中添加有机物,如胶和木质磺酸钙等,且控制好浓度和均匀性,才能沉淀出表面光滑平整的线杆。

3) 但添加有机物于电解液中,就把非金属杂质引入线杆中,这就导致线材导电率的下降和软化温度的上升。

从以上实验过程看,用电解沉积法制造线杆是可能的。为了获得良好的理化性能和加工性能,必须严格控制各工艺因素和参数,难度还是很大的,至今尚未见工业生产的报道。

40.4 线材拉伸方法

40.4.1 线材拉伸工艺流程及特点

工艺流程及特点如下:

(1) 常用的铜金属拉伸生产工艺流程是线坯→轧头→拉伸→剥皮→拉伸→退火→对焊→拉伸→(成品退火)→成品线材。

(2) 线材拉伸的特点:

1) 拉伸的线材有较精确的尺寸,表面光洁,断面形状可以多样。

2) 多模、连续拉伸,能拉伸大长度和各种直径的线材,生产效率高。

3) 以冷加工为主的拉伸工艺,工具、设备简单。

(3) 拉线机种类。从类型上分,有单模

(头)拉线机和连续拉线机;而连续拉线机又有积蓄式连续拉线机、滑动式连续拉线机和非滑动式连续拉线机。

从进出线粗细的角度,铜线拉线机分为粗拉机、大拉机、中拉机、小拉机、微拉机。

从拉制的根数可分为单线拉线机和多线拉线机。

从绞盘放置方向分为卧式拉线机和立式拉线机等。

为使拉伸过程顺利进行,拉线机应具有它的放线机构和收线机构,还配备有自己的对焊机和轧头穿模机,以及模子和绞盘的冷却与润滑系统。

40.4.2 线材拉伸方法

40.4.2.1 线材的一次拉伸

线材一次拉伸的加工率较大、生产线坯较短、构造简单、操作简便、价格便宜,但生产效率低。单模拉线机主要用于一次拉伸的设备。该机型只配备一个模座和一个绞盘,故同时只能拉某一根线的某一道次。

单模拉线机的主要技术特性和工艺控制点为:绞盘直径和拉线速度。

40.4.2.2 积蓄式无滑动连续多次拉伸

多次拉伸总加工率大,拉伸速度快,自动化程度高。拉伸道次可根据被拉伸的铜线材所能允许的延伸系数、产品最终尺寸以及所要求的力学性能来确定。连续拉伸道次通常为2~25次。

这种形式的拉线机是由若干台(少则2台,多则13台)立式单模拉线机组合而成。每个绞盘都由自己的电动机拖动,既可以单独停止和开动,也可集体停止和开动。线材从上一个绞盘的引线滑环中引出,经上导轮和下导轮,进入下一道次模子和绞盘,进行下一道次的拉制。这样就能在同一时间里拉若干道次。

相关公式:积线系数J

$$J_n=\mu_{n+1}/\gamma_{n+1} \quad 或 \quad J_{n+1}=\mu_n/\gamma_n \qquad (40\text{-}1)$$

式中 μ——延伸系数;

γ——鼓轮速比。

通常J值可取1.03~1.05。过大将导致某些电机频繁停转或降速;过小将使积线圈数减少或消失,设备无法正常工作。对积线式拉丝机来说,J>1.0是必要条件。

40.4.2.3 滑动式连续多次拉伸

在滑动式连续拉丝机上生产线材时,各中间鼓轮均产生滑动,滚轮上一般绕1~4圈线材。在拉伸过程中鼓轮各级转数不能自动调整,只有在停车时才能进行调整,但不能改变各鼓轮的速比。

滑动式连续拉伸有三个特点:

(1) 除最后一道外,其余各道次都存在滑动。由于滑动式连续拉线机是鼓轮上的线材与绞轮之间的滑动摩擦力来牵引线材运动,所以增加了功率消耗,还会造成鼓轮表面磨损,形成沟槽,使线材在鼓轮上的轴向移动发生困难,线与线叠压,甚至断线,也会因为线材与鼓轮的摩擦使其表面质量下降。但它却能自动调节线材的张力,不至于中间断线或留有余线。

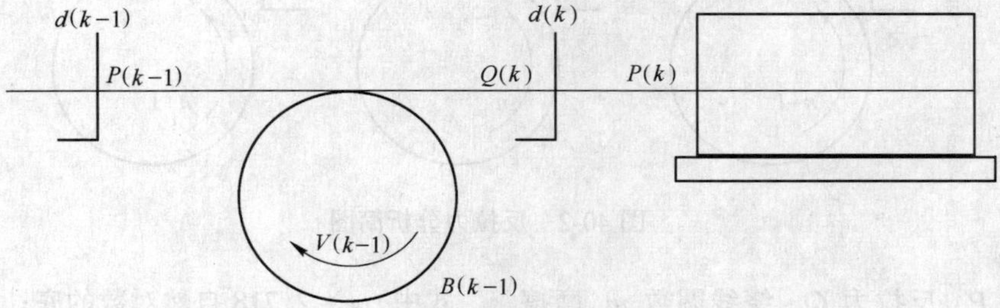

图40-1 K(最后一道)和$K-1$(最后前一道)拉丝鼓轮图

$B(k-1)$—最后前一道的线速度;$P(k)$—最后一道拉制力;$V(k-1)$—最后前一道绞轮速度;

$d(k)$—最后一道拉制模具;$Q(k)$—最后一道反拉力

K 道没有滑动，如果 $K-1$ 道也没有滑动，$d(k)$ 由于磨损而增大，假设这时 $d(k-1)$ 没有增大，那么通过 $d(k-1)$ 道模孔线材的秒体积没有变化，而通过 $d(k)$ 道线材的体积增加，则产生供不应求的现象，使 $Q(k)$ 急剧增加，从而 $P(k)$ 也急剧增大造成断线。

如果 K 道没有滑动，而 $K-1$ 道上设法使它存在一定的滑动，只要 $Q(k)$ 稍微有增加，那么在 $K-1$ 道鼓轮上的线材就会箍紧些，使滑动量减少，$B(k-1)$ 增加，自动满足 K 道需要。反之，如果出现 $d(k-1)$ 增大，$d(k)$ 没有变化的情况，则 $Q(k-1)$ 就会减小，使 $K-1$ 道的滑动量增加，避免了因供过于求而引起积线过多。

滑动还能应付多种情况，如拉线模的制造偏差，线的抖动，拉线机的振动，润滑剂供应不均匀，气流的波动等引起线材张力发生变化的许多情况，都能自动地予以调整。保证正常滑动的办法是在相邻两鼓轮间，如果让拉伸后的长度与拉伸前的长度之比大于后面和前面的鼓轮线速度之比，就会在前面鼓轮上产生需要的滑动。

相邻两鼓轮线速度之比叫做鼓轮的速比(γ_N)：

$$\gamma_N=\frac{V_{N+1}}{V_N} \tag{40-2}$$

式中 V_{N+1}——$N-1$ 道时鼓轮的线速度；

V_N——N 道时鼓轮的线速度。

根据以上分析可知，只要使 $\mu_n/\gamma_N>1$ 即可，我们把 μ_n/γ_n 叫做相对前滑系数，用 τ_n 表示：

$$\tau_n=\frac{\mu_n}{\gamma_n} \tag{40-3}$$

当 $\tau_n=1$ 时，$n-1$ 道没有滑动，由于模孔的摩擦不会按同一规律发展，和其他因素影响，这种情况几乎维持不住，很快就会发生断线。

当 $\tau_n<1$ 时，一开车就会断线，不能拉。

当 $\tau_n>1$ 时，在 $n-1$ 道有滑动，能自动调节张力，保持长时间不断线。那么 τ_n 取值可根据线径公差(设定线材的偏差为断面面积的 $\pm2\%$)，通过近似计算可得：

$$\tau_n=1+\frac{1.02S_n-0.98S_n}{0.98S_n}=1.0408 \tag{40-4}$$

因极限情况的可能性较小，同时为保证线材质量和减少鼓轮摩擦，τ_n 值也应较小。通常 τ_n 取 1.015～1.04，有时 τ_n 值可达 1.10。一般线径越细 τ_n 值越小，出口模的 τ_n 值也应较小。

(2) 除第一道外，其余道次均存在反拉力。

拉伸力是靠线材与鼓轮间的滑动摩擦产生的。滑动摩擦力的大小与摩擦系数、绕线圈数和线材对鼓轮的箍紧程度有关。绕线圈数和线材对鼓轮的箍紧程度决定正压力的大小，而离开鼓轮的线材的张力决定现场的箍紧程度。这个张力就是下一道的反拉力(图 40-2)。

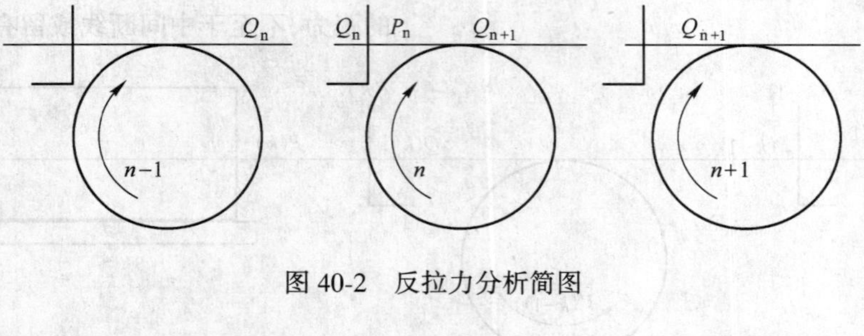

图 40-2 反拉力分析简图

拉伸力 P_n，反拉力 Q_n，绕线圈数 m，摩擦系数 f 之间的关系可根据柔性物体对表面间的摩擦定理来确定。

$$P_n=Q_n e^{2\pi mf} \tag{40-5}$$

式中 $e=2.718$ 自然对数的底；

m——第 n 道鼓轮上的绕线圈数；

f——圆铜线与鼓轮表面的摩擦系数；

$e^{2\pi mf}$ 的值可按表 40-7 确定。

表 40-7 $e^{2\pi mf}$值

缠绕圈数 m	摩擦系数				
	$f=0.05$	$f=0.10$	$f=0.15$	$f=0.20$	$f=0.25$
1	1.36	1.87	2.57	3.51	4.81
2	1.87	3.51	6.59	12.35	23.14
3	2.57	6.59	19.90	43.38	111.32
4	3.51	12.35	43.38	151.40	535.49
5	4.81	23.14	111.32	535.49	

由表 40-7 可以看出,绕线圈数的多少对下一道的反拉力影响很大。绕线圈数越少,下一道的反拉力越大;绕线圈数越多,下一道的反拉力越小。当绕线较多时,滑动对张力变化的反应迟钝,同时线材在绞轮上轴向移动困难,容易叠压造成断线。所以拉伸时要合理确定绞轮上的绕线圈数。

(3) 非滑动多次拉伸。

非滑动拉伸主要使用非滑动积储式拉线机,在铜线材加工行业大部分已被淘汰。

非滑动拉伸的主要特点是线材与鼓轮之间没有滑动,各中间鼓轮上线材的圈数可以增减。中间各鼓轮起拉线的作用,又起下一道次的放线架作用。

当 τ_k 储存系数等于 1 时,拉伸过程中 K 道次绞轮上的线材圈数保持不变,线材不发生扭转。但不能长时间维持不变。

当 τ_k 大于 1 时,拉伸过程中 K 道次的线材圈数逐渐减少,线材发生扭转。

当 τ_k 小于 1 时,拉伸过程中 K 道次的线材圈数逐渐增加,线材同样也发生扭转。

为了保证线材与鼓轮之间没有滑动,开始穿模时要使每个中间鼓轮上绕有 15 圈以上的线材。

40.4.3 线材连续拉伸的道次和道次加工率设计

40.4.3.1 影响线材拉伸力的因素

(1) 材料的抗拉强度。抗拉强度高,则拉伸力大;在其他条件相同时,拉伸力大,安全系数较低。

(2) 变形程度。变形强度越大,拉伸力也越大,因而增加了模孔对线材的正压力,摩擦力也随之增加,所以拉伸力也增加。

(3) 线材与模孔间的摩擦系数。摩擦系数越大,拉拔力也越大。摩擦系数由线材的材质、模芯材料的光洁度和润滑剂的成分与数量决定,铜线材表面酸洗不彻底,表面有残存的氧化亚铜细粉,也使拉伸力增加。

(4) 拉线模模孔工作区和定径区的尺寸和形状。在拉线模工作区圆锥角增加,有两个因素影响着拉伸力,一方面摩擦表面减少,摩擦力相应减小;另一方面铜金属在变形区的变形抗力随圆锥角的增大而增大,使拉伸力变大。拉线模中定径区越长,拉伸力也越大。但定径区长度关系到模具的使用寿命,不能过短。

(5) 拉线模的位置。拉线模安放不正或模座歪斜也会增加拉伸力,使线径及表面质量达不到标准要求。

(6) 各种外来因素。如铜线材进线不直,放线时打结,拉线过程中铜杆抖动,都会使拉拔力增大,严重时引起断线,尤其拉小线时更甚。

(7) 反拉力增大的因素。反拉力增大则拉拔力增加,如放线架制动过大,前一道离开鼓轮线材的张力增加等会增加后一道的反拉力。

40.4.3.2 拉伸的道次和道次加工率设计原则和方法

A 道次安全系数

在拉伸过程中,铜线材拉伸应力只有大于变形抗力时才能发生塑性变形,线材才能被连续拉伸。但是,拉伸应力 σ_L 大于模孔出口端铜金属屈服极限 σ_{Sk}时,就出现拉细或拉断现象。因此 σ_L 小于 σ_{Sk}是实现正常拉伸的一个必要条件。通常以 σ_L 与 σ_{Sk}的比值大小表示能否正常拉拔,即安全系数。

$$K_S=\frac{\sigma_{Sk}}{\sigma_L} \tag{40-6}$$

式中 K_S——安全系数;

σ_{Sk}——模孔出口端屈服极限;

σ_L——拉伸应力。

通常用抗拉强度 σ_b 代替 σ_{Sk},因此安全系数为:

$$K_S=\frac{\sigma_b}{\sigma_L} \quad (40\text{-}7)$$

在实际生产中，安全系数 $K_S=1.4\sim2.0$，如果 $K_S<1.4$，则表示拉伸应力过大，可能出现拉细或拉断现象；$K_S>2.0$，则表示拉伸应力和延伸系数较小，金属塑性没有充分利用。随着线径的减小，线材内部存在的缺陷，变形程度的加大，拉线模角度、拉伸速度、铜线材温度等因素的变化，对建立正常拉伸过程都有一定的影响。因此必须采用相应的安全系数，才能保证正常连续拉伸。一般安全系数与线径的关系如表40-8所示。

表 40-8 安全系数与线径关系

线材直径/mm	粗 线	>1.0	1.0～0.4	0.4～0.1	0.1～0.05	<0.05
安全系数	≥1.4	≥1.4	≥1.5	≥1.6	1.8	≥2.0

B 拉伸过程中常用参数

在多次拉伸过程中，各种参数之间的关系错综复杂，在不同形式的拉丝机上，由于工作原理的不同而有不同的计算关系，见表40-9。

表 40-9 不同形式多次拉伸中常用参数间的关系和公式

参数关系及计算公式	非滑动式		滑动式	
	直进式	积线式	递减延伸	等延伸
1. 延伸系数 $\mu_n=\gamma_n$，鼓轮线速度 $\gamma_n=V_K$	√	×	×	×
2. 延伸系数 $\mu_n>\gamma_n$，鼓轮线速度 $\gamma_n>V_K$	×	√	√	√
3. 各道秒体积相等(式23-1)	√	×	√	√
4. 相对前滑系数(式23-10)	×	×	√	√
5. 总相对前滑系数(式23-19)	×	×	×	√
6. 积线系数(式23-8)	×	√	×	×
7. 反拉力(式23-12)	√	×	√	√
8. 总延伸系数(式23-15)	√	√	√	√
9. 总减缩率(式23-5)	√	√	√	√
10. 拉伸道次(式23-16)	×	×	×	√

注：表中符号"√"表示适用，符号"×"表示不适用；V_K—实际线速度。

C 拉伸道次的计算

在设计和选择新的拉丝机时，拉伸道次的计算和设计可按下列公式进行：

(1) 用等延伸滑动式拉丝机时：如已知进线 d_0 和生产的成品线径 d_k 以及拉丝机各道延伸系数 $\mu=$常数，总延伸系数公式：

$$\mu'=d_0^2/d_k^2 \quad (40\text{-}8)$$

(2) 道次延伸系数相同的拉伸道次计算：

$$K=\frac{\lg\mu_s}{\lg\mu} \quad (40\text{-}9)$$

式中 K——拉伸道次；

$\lg\mu_s$——总延伸系数的对数；

$\lg\mu$——平均延伸系数的对数。

(3) 道次延伸系数顺次递减的拉伸道次计算：

$$K=\frac{\lg\mu_s}{C-\beta\lg\mu_s} \quad (40\text{-}10)$$

式中 C、β 与被拉伸线材尺寸有关的系数，具体数据见表40-10。

表 40-10 不同线径的 C、β 值

被拉伸的铜线直径/mm	β 值	C 值
4.50以上	0.03	0.20
4.49～1.00	0.03	0.18
0.99～0.40	0.02	0.14
0.39～0.20	0.01	0.12
0.19～0.10	0.01	0.11
0.09～0.05	0.00	0.10
0.04～0.03	0.00	0.09
0.02～0.01	0.00	0.08

(4) 采用非滑动式积线拉线机时，根据给定的成品线径和出线线径，以及预定的各道次鼓轮间的平均速比，先求总延伸系数（取积线系数 $J=1.03$），再按以上公式求得拉伸道次。

D 拉伸道次的加工率

拉伸道次的加工率，也就是确定各道次延伸系数，也是拉伸配模过程中重要的一个环节。

各道次延伸系数的分布规律一般是第一道次低一些，拉伸系数取 1.30～1.40 之间。这是因为线坯的接头强度较低，线坯弯曲不直，表面粗糙，粗细不均等因数的影响，所以安全系数要大些。第二、第三道次延伸系数可取大一些，经过第一道拉伸后，各种安全系数的因数逐道递减，这是因为随着变形硬化程度增加和线径的减少，金属塑性下降，其内部缺陷和外界条件对安全系数的影响也逐渐增大。一般情况下，各道次延伸系数的选取见表 40-11。

表 40-11 一般情况下，各道次延伸系数

线径/mm	铜丝各道次拉伸系数
≥1.0	1.30～1.55
0.1～1.0	1.20～1.35
0.01～0.1	1.10～1.25

40.4.4 线材连续拉伸的配模技术

拉伸配模计算步骤：

(1) 圆线配模计算。

1) 按式 40-8～式 40-10 确定拉伸道次 K。

2) 根据拉丝机各鼓轮速比计算总速比 γ_Σ

$$\gamma_\Sigma=\frac{V_k}{V_1}=\gamma_1,\gamma_2,\cdots,\gamma_{k-1}\gamma_k \tag{40-11}$$

式中 γ_Σ——总速比；

V_k——第 k 道鼓轮圆周上线速度；

V_1——第 1 道鼓轮圆周上线速度；

$\gamma_1,\cdots,\gamma_k$——相邻两绞轮的速比。

3) 计算总的相对前滑系数 τ_Σ

$$\tau_\Sigma=\frac{\mu_s/\mu_1}{\gamma_\Sigma} \tag{40-12}$$

式中 μ_1——第 1 道的延伸系数

4) 计算平均前滑系数 τ

$$\tau=\sqrt[k-1]{\tau_\Sigma} \tag{40-13}$$

根据 τ 值的大小，按照各道次延伸系数分配原则分配 τ_1 到 τ_k 的值，并计算出 μ_1 到 μ_k 的值。分配结果应满足：

τ_1 到 τ_k 的乘积等于 τ_Σ。

μ_1 到 μ_k 的乘积等于 μ_s。

5) 根据 μ_1 到 μ_k 的值，从成品直径开始，逐道往前计算各道次线径大小，

$$d_{n-1}=d_n\sqrt{\mu_n} \tag{40-14}$$

以上配模计算结果，进行尾数调整，上机试用，如拉伸过程正常，质量合格，则可定为正式生产工艺。

AWG 美国线规配模，每个线规尺寸为一个模子的尺寸。延伸系数如表 40-12。

表 40-12 AWG 美国线规配模的延伸系数

线 号	线 径	延伸系数	使用范围	线 号	线 径	延伸系数	使用范围
0	8.2525	1.2～1.5	大 拉	11	2.3048	1.2622	中 拉
1	7.3481	1.2～1.5		12	2.0525	1.2601	
2	6.5437	1.2610		13	1.8276	1.2629	
3	5.8273	1.2610		14	1.6277	1.2621	
4	5.1894	1.2610		15	1.4500	1.2607	
5	4.6213	1.2610		16	1.2909	1.2290	
6	4.1154	1.2610		17	1.1500	1.2631	
7	3.6648	1.2610		18	1.0237	1.2580	
8	3.2636	1.2610		19	0.9116	1.2672	
9	2.9064	1.2519		20	0.8118	1.2595	
10	2.5882	1.2604		21	0.7229	1.2617	

续表 40-12

线 号	线 径	延伸系数	使用范围	线 号	线 径	延伸系数	使用范围
22	0.6438	1.2601	中 拉	34	0.1601	1.2346	
23	0.5733	1.2644		35	0.1426	1.2656	
24	0.5106	1.2531		36	0.1270	1.2544	
25	0.4547	1.2609		37	0.1131	1.2913	
26	0.4049	1.2674		38	0.1007	1.2728	
27	0.3606	1.2538	小 拉	39	0.0897	1.2416	小 拉
28	0.3211	1.2701		40	0.0799	1.2747	
29	0.2860	1.2656		41	0.0711	1.2258	
30	0.2546	1.2544		42	0.0633	1.2645	
31	0.2268	1.2625		43	0.0564	1.2810	
32	0.2019	1.2533		44	0.0502	1.2471	
33	0.1798	1.2898		45	0.0447	1.2503	

(2) 扁线的拉伸配模。制造扁线有3种方法。一是用圆铜线坯经过数道拉制而成；二是用圆铜线坯经过一道或数道冷轧，再经过二道或数道拉制而成；三是用扁线坯经过数道拉制而成。

扁线生产通常在滑动式拉线机上拉制，或在轧扁机轧制后再拉制，或在轧拉连续生产线上进行。扁线配模是确定拉拔或轧制的道次和道次尺寸。

1) 扁线拉伸配模。扁线拉伸时各道次的尺寸，也是按各道次的变形程度来确定的。配模可根据标准的等比数列来进行，如：0.80、0.86、0.93、1.00、1.08、1.16、1.25、1.35、1.45、1.56、1.68、1.81、1.95、2.10、2.26、2.44、2.63、2.83、3.05、3.28、3.53、3.80、4.10、4.40、4.70、5.50、5.90、6.40、6.90、7.40、8.00、8.60、9.30、10.00、11.60、12.50、13.50、14.50。它们的公比为1.08。配模时，一般扁线宽度小于5.10的配模尺寸在此数列里变化，宽度大于5.10的配模，为保证成品线材的表面质量，一般出线模后的一只道数模，可另选择不在公比数列里的尺寸。

如果逐级变化，如 3.8×4.4/3.53×4.4/3.28×4.4/3.05×4.4…，这时道次的延伸系数等于公比1.08，即 $\mu=1.08$。如果变化二级，如 3.8×4.4/3.28×4.4/2.83×4.4/2.44×4.4…，这时道次的延伸系数等于公比的平方，即 $\mu=1.08^2=1.17$。如果变化三级，如 3.8×4.4/3.05×4.4/2.44×4.4/1.9×4.4…，这时道次的延伸系数等于公比的立方，即 $\mu=1.08^3=1.26$，依次类推。

配模时根据要求的道次变形程度，决定在宽度和厚度上的变化级数。因为用的是圆铜线坯，考虑到厚度方向上的变化应大于宽度方向上的变化，所以在厚度方向的级数变化应大于宽度方向的系数变化。但宽厚比接近1时，转入圆线坯。从而确定出圆线坯的尺寸，把这些数据组成的套模上机试用，并在实际中修整完善。

宽度较大的扁线，其成品模后的道数模可选择特殊尺寸配合，保证拉制成品表面中间不产生皱缩纹。

2) 轧制扁线的轧制道次及尺寸的确定。这种计算方法适用于由铜线坯经一道轧扁后再经一道拉制的方法生产扁线。轧制的扁线坯的尺寸应满足最后成品的质量要求和已确定的最后道次变形程度。最后道次的变形程度参照前面扁线的拉拔配模。当最后拉制前扁线坯的尺寸确定以后，按以下公式计算轧扁铜线坯的直径。

$$D=a+(1/1.5\sim1/1.8)(b-a) \quad (40\text{-}15)$$

式中 D——轧扁前铜线坯直径；

a——轧扁后扁线的厚度；

b——轧扁后扁线的宽度。

(1/1.5～1/1.8)为系数变化范围

由于轧辊表面粗糙度、轧辊直径、轧扁量、材料硬度的差别等多种因素的影响，都会导致宽展量的大小发生变化，因而(1/1.5～1/1.8)这个系数的选取应根据实际情况进行调整。不同设备的生产情况有所不同，重要的是理论结合实际。

40.4.5 线材连续拉伸的辅助技术

40.4.5.1 放线装置

(1) 成圈放线。这种方式，每放出一圈线，线材就受一次扭转，因此不适用于成型线材。放线架高度一般在 2～2.5 m。线缆行业的大拉机广泛采用成圈放线。

(2) 线架放线。将成圈的线坯放在特制的线架上，靠拉丝时的拉力使线架转动放线。在高速拉丝时，为防止拉丝机停机后由于惯性转动而造成线圈松落乱线和扭结，可加装制动装置。用扁坯拉制扁线的拉丝机一般采用此放线装置。

(3) 线盘放线。将拉拔的线材缠绕在线盘上放线。它可以避免因运输等原因使线材紊乱造成放线困难。这种放线方式也存在惯性转动造成乱线，为此可采用在放线盘轴上加装张力控制装置。

(4) 越端放线。将特制的曲柄放在放线盘的孔上，靠线的运动来带动曲柄旋转放线。这种放线方式，线材所受张力较小，停机时惯性也较小，适用于细线放线。

40.4.5.2 制头与穿模

线径较大的坯料一般用孔型碾(轧)头机制作。也可用电阻加热原理将线坯加热拉伸出细颈的方法制头。穿模机类似一个单模拉丝机，鼓轮与转轴间有一个锥度，起离合作用，将线材从模孔中拉出所需的长度。小拉、微拉的穿模，基本采用人工方法：用工具将铜线一端头锉细，穿过线模，用钳子夹住，用力拉出所需的长度。

40.4.5.3 收排线装置

(1) 鼓轮收线。将拉制的线材直接收绕在拉伸收线机的鼓轮上，用专用的吊钩取下，捆扎而成。

(2) 叠绕式成圈收线。将拉伸后的线材卷绕在特制的收线盘上，待线收满后可脱卸盘盖，取下成圈线材捆扎而成。这种装置一般适用于大、中规格的圆铜线和铜扁线。

(3) 立式连续自动收线。经过拉伸后的线材通过收线的回转导轮将线材绕在圆筒上，然后连续自动落至专用的收线架上。这种收线装置容量大，可装 1000 kg 的线材，适用于工序间周转，避免在运输过程中造成乱线。

将拉制的线材收绕在线盘上。它有单盘间隙式和双盘连续式两种。单盘式收线是每一盘绕满后都要停机换空盘。双盘收线当一只盘绕满后，线材自动绕到另一只空盘上，自动切换线材，并卸下满盘换上空盘，因此换盘不需要停机，提高了生产效率。

(4) 排线装置。为了使线材在线盘上收线整齐，要有排线装置，拉丝机最常用的有凸轮排线和皮带排线。

凸轮式排线通常采用"工"字型收线盘。通过调节螺杆可以改变排线宽度；调整凸轮转速可改变排线节距的大小；调节排线轮在导向的位置可改变排线的位置。

皮带排线的工作过程是电动机通过皮带轮带动皮带运转，由于电磁铁的吸力作用，夹紧元件在皮带轮一侧夹紧，皮带就带动排线导轮移动，当达到限定位置时，电磁铁释放，另一电磁铁工作，夹紧元件又在皮带轮一侧夹紧，于是排线导轮又以相反方向移动。这样反复运动完成排线。

线材连续拉伸的冷却与润滑见第 28 章"冷却与润滑技术"；接头技术见第 31 章"铜材接合技术"

40.4.6 线材连续拉伸的模具设计

40.4.6.1 拉线模的种类

广义的线材拉伸模具有下列 3 种形式，但通常都是指第 3 种。

(1) 扒皮模(与管棒材同)。

(2) 辊式模。其实质是一无动力的轧机,前张力拖动工件向前运行,工件又拖动辊子旋转,辊子上的轧槽将工件轧细。在理论上辊式模拉线变滑动摩擦为滚动摩擦,可以节能。但实测结果表明并不多。好处只是轧槽磨损小,故寿命长;不利的是费用较大,体积与重量也大。在有色行业中更适合于拉扁线和异形线。辊式模有两种结构:土耳其头和钳形辊式模。

(3) 拉线模。一般由模心和模套组成,模心常为硬质合金或钻石,模套为钢或黄铜,它对模心起加固作用。

40.4.6.2 拉线模的材料选择

(1) 硬质合金——用于大量生产时大拉机的各种规格用模;

(2) 钻石——用于生产细线的拉模;

(3) 人造钻石——用于拉制中、小规格线材的拉模,也叫聚晶模;

(4) 钢——用于生产小批量或大截面的型线的拉模。

模心用硬质合金的性能如表 40-13 所示 。

表 40-13 模心用硬质合金的性能

牌 号	硬度 HRA,不低于	抗弯强度/MPa,不低于	密度/kg·dm^{-3}	用 途
YG_3X	896.7	1078	15.0~15.3	拉制小于 ϕ2.00 mm 线材
YG_6	877.1	1421	14.6~15.0	拉制小于 ϕ20.0 mm 线材
YG_8	872.2	1470	14.5~14.9	拉制小于 ϕ50.0 mm 线材
YG_8N	877.1	1470	14.5~14.9	用于钢材的拉制
YG_{15}	852.6	2058	13.9~14.2	用于钢材的拉制

A 硬质合金模的技术要求

模孔各区内不允许有开裂、裂纹、砂眼和凹形存在。模孔内各区的连接部分应成圆弧形,不得有尖角存在。

模孔内的工作区、定径区在修模后应抛光,其表面粗糙度 $R_a \leqslant 0.1\ \mu m$,润滑区和出口区的表面粗糙度 $R_a \leqslant 0.8\ \mu m$。

模孔内不应有影响使用性能的缺陷。

B 钻石模

天然钻石又称天然金刚石,起源于 19 世纪后半叶,是化学成分极纯的透明体,具有最大的硬度与耐磨性,但价格昂贵。天然钻石非常脆,密度为 3.15~3.35 kg/dm^3。钻粒重量一般在 0.02~0.12 g。天然钻石有各种不同的色彩,以稍带黑色的硬度最高,其次是黄色,再其次是白色。在细线生产中用的钻石以选用中间硬度较为有利。

天然钻石模由于结晶尺寸、异向性结构及对切割平面的依赖关系,其性能(硬度、耐磨性)的均一性较差,且有八面劈裂的趋势。天然钻石模理论孔径可达 ϕ2.00 mm,一般适用于小于 0.5 mm 的孔径。

C 聚晶模(PCD)

人造钻石模又称聚晶模,起始于 20 世纪 70 年代。人造钻石与天然钻石一样,具有高硬度和耐磨性。有的已超过天然钻石。

聚晶模不存在天然钻石模的缺点,其具有均匀的硬度和各向耐磨性,有很高的耐破裂性,磨损均匀而缓慢。聚晶模最适合拉制有色金属的范围为 0.50~11.0 mm,也可用于更大或更小的线径。

对钻石模和聚晶模的技术要求:

(1) 模孔各区域应光洁,不允许有棱角,各区的中心线应重合,并与钻石的端面垂直,模孔内无裂纹。

(2) 定径区直径大于 0.20 mm 的模具,出线口处必须有明显的安全角。

(3) 工作区、定径区及安全角处呈亮光泽的光滑表面。

(4) 进口润滑区呈细麻砂的表面。

(5) 钻石应紧密牢固地镶嵌在模套内，模孔的中心线与模套的中心线重合，并垂直于模套的端面。

D 钢模(见第23章管棒材拉伸)

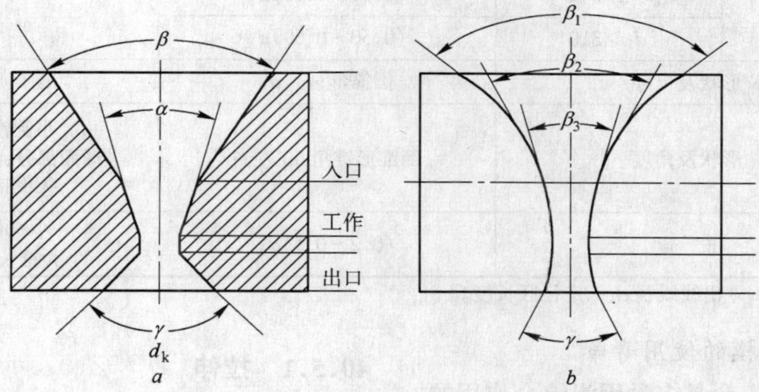

图 40-3 模孔形状
a—碳化钨模；b—钻石模

模孔一般可分为进口区、工作区、定径区和出口区四个部分。

进口区又分为入口区和润滑区。入口区的锥角为70°～80°；润滑区为40°左右的锥角，是储存润滑剂的区域。该段长度为模心长度的1/4左右，至少是模孔直径的一倍。润滑区角度选择过大，润滑剂不易储存；角度过小，产生的铜屑易堵塞模孔。

工作区又称变形区。它使铜线材在此进行塑性变形，以获得所需的尺寸和形状。工作区圆锥角度的大小可根据以下原则选择：

(1) 拉伸材料越硬，角度就越小；

(2) 加工率大，角度也要大；

(3) 拉伸线坯直径小时，角度一般也较小。

工作区的长度可按下式确定：

$$L = \frac{d_0 - d_1}{2\tan\alpha} \qquad (40\text{-}16)$$

式中 L——工作区长度；

d_0——工作区的进口直径；

d_1——定径区直径；

α——工作区喇叭半角，既圆锥角的一半(铜线材通常选择8°)。

定径区合理的形状是圆柱形，但在实际加工中，往往呈1°～2°的锥度。长度一般为0.4 d左右。

出口区又称出线口，分退出区和出口区。退出区是15°～20°的倒锥，区段长约0.1d；出口区外端采用更大的角度，此区不再与铜线材接触，起保护定径区不被碰伤和擦伤，常为60°锥角，长度为0.12～0.20d。模孔结构尺寸见表40-14。

40.4.6.3 模孔尺寸设计

本模孔尺寸只适用于圆铜线材的加工。模孔形状见图40-3。

表 40-14 模孔结构尺寸

模孔区域		碳化钨模	钻石模
润滑区	长 度	0.25H或不小于工作区长度	2/3$H-h$
	角 度	锥度50°～70°	$\beta_1=90°$、$\beta_2=60°$、$\beta_3=35°$
工作区	长 度	1～1.4 d_k	1.0d_k
	角 度	16°～18°	16°

续表 40-14

模孔区域			碳化钨模	钻石模
定径区	长度/mm	$d_k<1.0$	$1d_k$	$0.4d_k$
		$d_k=1.0\sim2.0$	$(0.75\sim1.0)d_k$	
		$d_k=2.0\sim3.0$	$(0.60\sim0.75)d_k$	
		$d_k>3.0$	$(0.50\sim0.60)d_k$	
	形状及尺寸		圆筒形 $d=d_k$	圆筒形 $d=d_k$
出口区	形状及角度		倒锥形锥角60°左右	小倒锥 $r_1=45°$ 半球面部分:半径 $r=0.2$ mm 大倒锥 $r_2=70°$
	长　度		$(0.2\sim0.5)d_k$	小锥长:$0.1d_k$ 大锥长:$H/3-h$

注:H—模坯高度;d_k—出线线径;h—定径区长度。

40.4.6.4　拉模的使用寿命

影响模具使用寿命是多种因素综合作用的结果,如制模材料的质量、模孔形状和尺寸、模孔的抛光质量,特别是工作区和定径区抛光质量、道次变形程度及被拉伸金属线材的质量;润滑剂的质量及添加润滑剂的方式和冷却效果、反拉力的存在和大小及拉拔速度等。各种模具的平均寿命见表40-15。

表 40-15　各种模具的平均寿命

制模材料		拉线直径 d/mm	平均使用寿命 k_m	平均使用寿命 k_g
钢	不镀铬	15.00~10.00	1	$7d^2$
	镀　铬	15.00~10.00	4	$28d^2$
硬质合金		16.00~10.00	50	$350d^2$
		9.90~1.00	143	$1000d^2$
		0.99~0.70	100	$700d^2$
		0.69~0.40	71	$500d^2$
天然钻石	0.4Car	1.59~1.00	5100	$4000d^2$
	0.2Car	0.99~0.40	7200	$5000d^2$
	0.1Car	0.39~0.20	8000	$6000d^2$
	0.05Car	0.19~0.10	10000	$7000d^2$
	0.032Car	0.09~0.03	11400	$8000d^2$

40.5　线材生产工艺

本节所谓生产工艺仅指从线坯开始到成品线材的加工工艺。

40.5.1　拉伸

线材的拉伸过程实质上是材料加工硬化的过程,其硬化的过程是由合金的成分和加工率所决定。图40-4是T2、H65、HPb63-3、QSn6.5-0.1、BZn15-20的力学性能与加工率的关系。

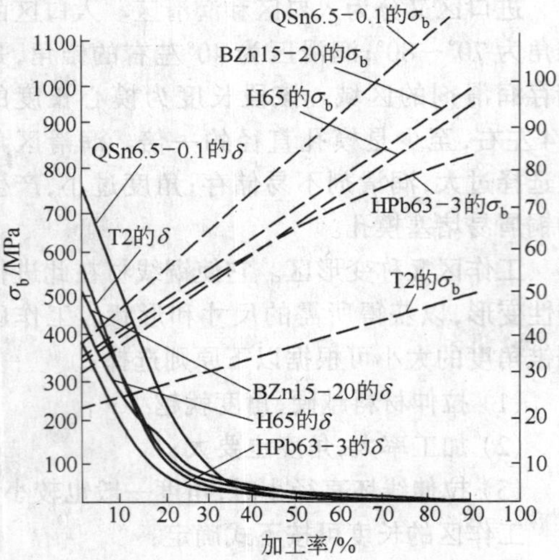

图 40-4　T2、H65、HPb63-3、QSn6.5-0.1、BZn15-20的力学性能与加工率的关系

目前,线材成品的加工,一般是用加工率来控制其最终性能,不同的牌号、不同的状态,选择不同的加工率。而坯子的拉伸则要依据设备和金属塑性等条件,尽量采用较大的加工率,以减少退火次数,缩短生产周期。各合金牌号两次退火间的总加工率和成品加工率的推荐,见

表 40-16。当然还可以用退火来控制成品最终的力学性能，那就先控制好成品前的总加工率，最后用退火温度和保温时间来达到力学性能的目的。各种合金的加工率推荐值见表 40-16。

表 40-16 各种合金的加工率推荐值

牌　号	两次退火间总加工率/%	成品直径/mm	成品加工率/%		
			软　性	半　硬	硬　性
T2、T3、T U_1、T U_2	30～99	0.02～6.0	30～99		60～99
T2、T3、铆钉	30～99	1.0～6.0		5～12	
H68	25～95	0.05～0.25	25～95		46～75
		>0.25～1.0		10～25	50～75
		>1.0～2.0		15～20	45～50
		>2.0～4.0		15～25	45～50
		>4.0～6.0		20～25	40～45
H65	25～95	0.05～0.25	25～95		35～75
		>0.25～1.0		17～20	55～75
		>1.0～2.0		18～21	50～55
		>2.0～4.0		19～24	40～50
		>4.0～6.0		22～24	40～45
H62	25～95	0.05～0.25	25～95		62～90
		>0.25～1.0		17～19	60～80
		>1.0～2.0		18～21	50～60
		>2.0～4.0		17～21	50～55
		>4.0～6.0		20～22	45～50
H62 铆钉	25～75	1.0～6.0		9～17	
HPb62-0.8	25～80	3.8～6.0		13～16	
HPb63-3	20～70	0.5～6.0	20～70	17～22	40～50
HPb59-1	20～80	0.5～6.0	20～80	15～20	25～45
HSn62-1 HSn60-1	20～70	0.5～6.0	20～80		20～55
QCd1	25～95	0.5～6.0	20～90		65～85
QBe2	25～80	0.1～0.5	25～80	17～21	64～75
		>0.5～1.1			48～61
		>1.1～2.5			38～47
		>2.5～6.0			34～37
QSn6.5-0.1	25～75	0.1～1.0	25～75		66～75
QSn6.5-0.4		>1.0～2.0			63～65
QSn7-0.2		>2.0～4.0			61～63
		>4.0～6.0			59～66

续表 40-16

牌 号	两次退火间总加工率/%	成品直径/mm	成品加工率/%		
			软 性	半 硬	硬 性
QSn4-3	35~95	0.1~1.0			91~93
		>1.0~2.0			90~92
		>2.0~4.0			86~91
		>4.0~6.0			81~88
QSi3-1	25~85	0.1~1.0			64~84
		>1.0~2.0			64~67
		>2.0~4.0			58~65
		>4.0~6.0			60~64
BZn15-20	30~95	0.1~0.2	30~95		80~89
		>0.2~0.5			60~75
		>0.5~2.0		18~22	43~59
		>2.0~6.0		18~22	40~45

注:软态成品加工到成品尺寸后,再进行光亮退火。

对于异形线的拉伸方法有2种,第1种是用圆线坯直接拉伸,如方线、六角线和宽厚之比小于1.6的扁线。

确定异形线所需要的圆坯尺寸时,方线、六角线坯按表40-17中的经验公式来确定;而扁线按表40-18中的经验公式来确定。

表 40-17 方线、六角线坯加工圆坯经验公式

形 状	经验公式	β值					
		H62	HPb59-1	QSn4-3	QSn6.5-0.1、QSn7-0.2	QSn6.5-0.4、QSi3-1	BZn15-20
方 形	$D_0=A_k\beta$	1.55	1.5	4.5	2.1	1.7	1.5
六角形	$D_0=A_k\beta$	1.4	1.25				

注:D_0—圆线坯的直径;A_k—型线成品边长。

表 40-18 扁线坯加工圆坯经验公式

成品宽厚之比	经 验 公 式
≤1.6	$D_0=1.5\sqrt{ab}$
>1.6	$D_0=\frac{a+b}{2}(1+\beta)$

注:D_0为圆线坯的直径;b为扁线宽度;a为扁线厚度;β为系数;由经验曲线查图40-5确定。

40.5.2 扒皮

为了消除成品表面的起皮、起刺、凹坑等缺陷,一般线坯表面要用扒皮模扒去一层。为了确保扒皮质量,在扒皮前须经一道加工率20%左右的拉伸,然后经过可调的导位装置,进入扒皮模。因为线坯的椭圆度较大,且材质较软,经拉一道后,线坯变圆,且已加工硬化,这样能保证线坯四周均匀的扒去一层。如不能完全消除线坯表面缺陷,还要重复扒皮。由于被扒金属材质不同,扒皮模的一般技术参数有所区别,见表40-19。

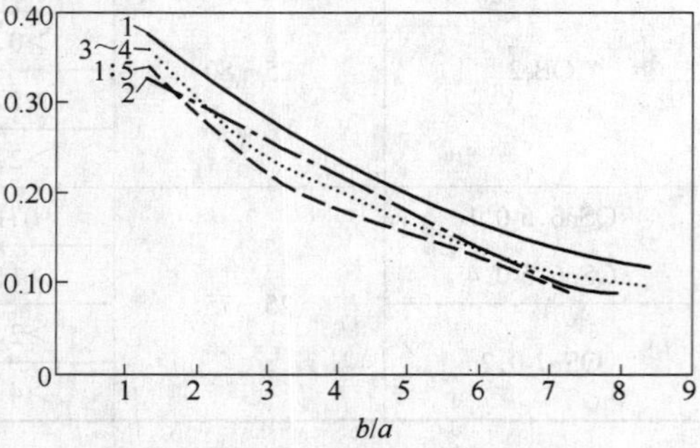

图 40-5 扁线坯确定系数

表 40-19 扒皮模的加工表

材 质	图 形	材料	定径区长/mm	刃口角度/(°)	加 工 顺 序
紫 铜	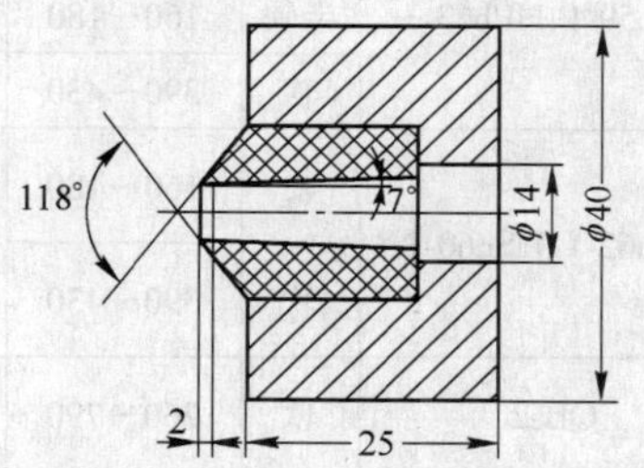	Cr12 YG6 YG8	1.5～2.5	59 ±2	1. 如采用合金工具钢，现在970℃，保温 5～15 min后在油中淬火。除去刃口面及定径区的氧化皮； 2. 磨刃口凹圆锥； 3. 磨定径区、出口圆锥、出口区； 4. 精磨定径区、刃口凹圆锥
黄 铜	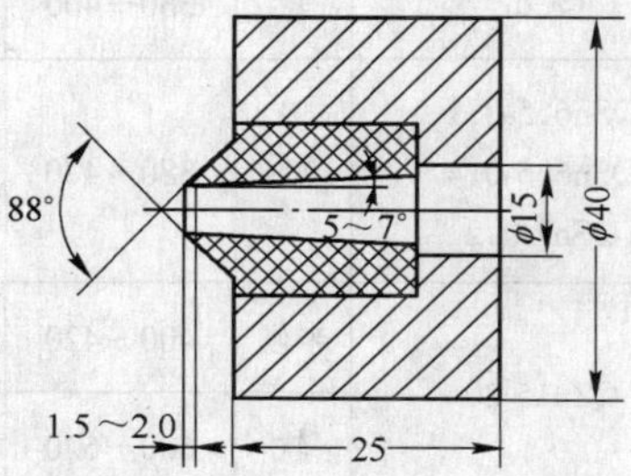	YG6 YG8	1.5～2.0	88 ±2	1. 磨刃口圆锥； 2. 磨定径区、出口圆锥、出口区； 3. 精磨定径区、刃口圆锥
铅黄铜	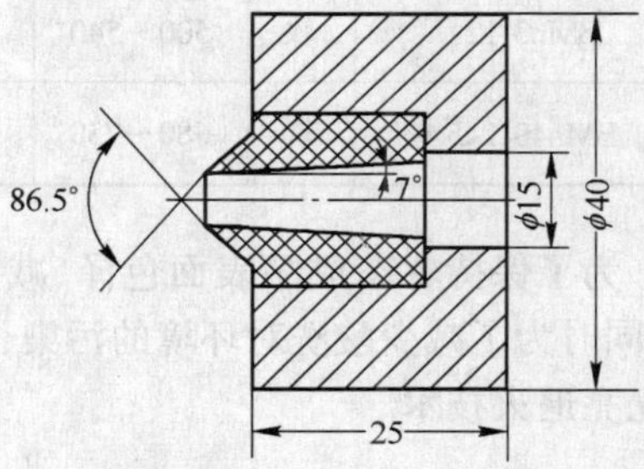	YG6 YG8		86 ±2	1. 磨刃口工作面； 2. 出口圆锥、出口区； 3. 精磨刃口工作面、出口圆锥
青铜、铜镍合金	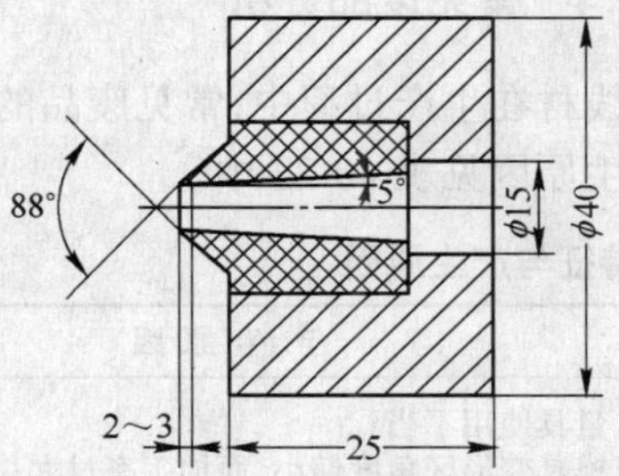	YG6 YG8	2～3	88 ±2	1. 磨刃口圆锥； 2. 磨定径区、出口圆锥、出口区； 3. 精磨定径区、刃口圆锥

每次金属扒皮量推荐值列于表 40-20。

表 40-20 每次金属扒皮量

金属名称	紫 铜	黄 铜	青 铜	白 铜
每次扒皮量/mm	0.3～0.5	0.3～0.5	0.2～0.4	0.2～0.4

40.5.3 热处理

(1) 中间退火：为了消除在冷拉变形时产生的加工硬化，恢复塑性，以利于进一步加工，通常将材料加热到再结晶温度以上进行退火。退火温度的选择主要根据不同成分的合金，而加工率的大小也有一定的影响。如图 40-6 为 T2、H65、HPb63-3、QSn6.5-0.1、BZn15-20 合金线坯经 50%左右的加工率后，在不同温度下保温 60 min 后的软化曲线。

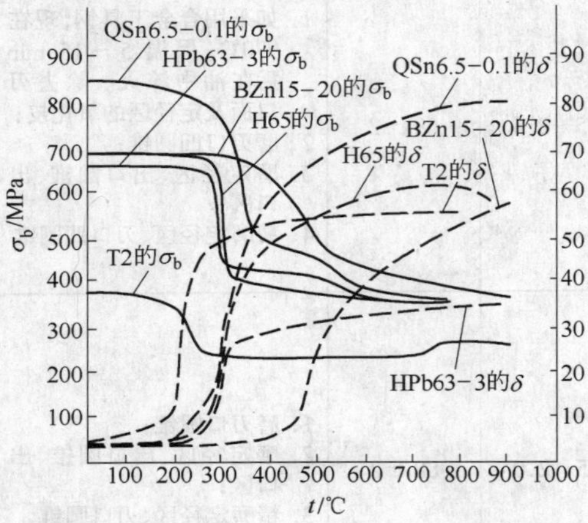

图 40-6　不同合金线坯经退火后的软化曲线

(2) 成品退火：消除成品在冷加工时产生的内应力，并达到成品的力学性能所进行的退火工艺参数推荐见表 40-21。去应力退火通常采用再结晶温度以下，退火后的成品仍保持原有的力学性能。

表 40-21　成品退火工艺参数推荐表

牌　　号	状态	退火温度/℃	保温时间/min
T2、T3、TU_1、TU_2	软	390～480	120～150
H68、H65、H62	硬	160～180	90～120
	半硬	260～370	
	软	390～490	
HPb59-1、HPb63-3	硬	160～180	90～120
	半硬	160～180	
	软	390～430	
HSn62-1、HSn60-1	硬	160～180	90～120
	软	390～430	
QBe2	软	760～790	60～90
QCd_1	软	380～400	110～130
QSn6.5-0.1 QSn6.5-0.4 QSn7-0.2	软	380～470	90～120
QZn15-20	半硬	400～420	120～150
	软	600～620	
BMn3-12	软	500～540	110～140
BMn40-1.5	软	680～730	110～140

为了保持软态成品表面色泽、减少金属损耗，同时为了减少酸洗对环境的污染，应推广在线光亮退火技术。

40.5.4　常见废品分析

线材在生产过程中，常见废品的种类、特征与产生原因见表 40-22 中。

表 40-22　线材常见废品种类、特征与产生原因

废品种类	特　征	产生原因
公差不合	线材直径全部或局部不符	量具使用不当； 模具变形区角度偏小，而加工率过大； 线坯没理通顺
椭　圆	线材横断面上各方向直径不等的现象	模孔不圆； 模孔中心线与绞盘的切线不一致
拉　痕	线材表面沿纵向局部或全部呈现拉道	模孔抛光不好或粘附金属； 润滑剂质量不好或供应不足； 线坯酸、水洗不彻底； 加工率过大

续表 40-22

废品种类	特 征	产生原因
擦 伤	线材表面呈沟状划痕	绞盘表面粗糙； 线坯表面机械磕碰伤； 润滑剂不清洁
“8”字线	线材从绞盘上卸下来呈现紊乱，扭成“8”字形现象	模孔中心线与绞盘切线不一致； 收线绞盘直径过大； 模孔定径区过短
裂 纹	线材表面出现的纵向或横向开裂现象	线坯有皮下气泡，夹渣物； 退火温度过低或过高； 线坯没有及时消除内应力退火； 加工率过大
起 皮	线材表面呈“舌状”或“鱼鳞状”的翘起薄片	扒皮不净； 坯锭皮下气泡，夹渣物加工后破裂；
竹 节	线材表面沿轴线方向环状痕迹	拉伸机有振动，不平稳； 润滑不良； 拉伸模角大，定径区短； 夹丝痕； 开、停车痕
毛 刺	线材表面呈现局部纵向的尖而薄的飞刺	扒皮不净； 模具拉裂； 机械磕碰伤； 坯锭皮下气泡、夹渣； 线坯表面裂纹、压折
断口不合	线材横断面有气孔、缩孔、夹渣等	坯锭带来缺陷； 挤压造成缺陷
表面腐蚀	线材表面局部呈现锈蚀现象	酸、碱、盐等腐蚀介质侵蚀表面造成
氧化色	线材表面失去光泽，发生氧化现象	退火时氧化； 酸、水洗不彻底； 变形量过大，使料变热； 放置时间过长
凹 坑	线材表面呈现的局部点状或块状凹陷现象	线材表面粘有金属或非金属压痕；
麻 面	线材表面呈现微细麻点粗糙面，有时连续一大片	线材过酸洗； 退火温度过高，时间过长； 加工率过小
黑斑点	线材退火后，表面出现碳化物的痕迹	线材表面有润滑剂或脏物，退火后残留在表面上

40.6 线材拉伸设备

线材的拉伸工艺较为简单，只需考虑通过拉伸模对材料进行减径变形，其采用了多道次组合盘拉的技术，使盘拉技术的优势得到了淋漓尽致的发挥。

随着科学技术的进步，大拉伸机采用了双盘连续收线技术；中小拉伸机用齿形带新技术代替了齿轮传动；喷镀硬质合金的高硬度、高耐磨的拉线鼓轮（圆盘）逐步推广应用；拉伸后连续退火，再收卷；应用推广的滑动量小、湿拉型（即拉线鼓轮完全浸入式或对模子及鼓轮进行喷射润滑）的铝线生产设备等。这些技术的应用进一步改善操作条件、提高了线材生产的高效率。目前，铜大拉伸机线速为 40 m/s，中拉伸机为 40 m/s，小拉伸机为 50 m/s。

线材拉伸机的主要工作原理如下：待加工的线坯经开卷装置开卷后，进入多个圆盘组合在一起的拉伸机组；在每一拉伸道次，以一个圆盘对材料施加拉伸力的作用，使材料在圆盘前面的拉伸模内产生减径变形，且通过圆盘结构及受力方向的变化，使材料进入圆盘及出圆盘保持在固定位置，圆盘上始终缠有设定圈数的拉伸线材；在每一拉伸道次之间，通过自动调速的设计使每一拉伸道次速度严格匹配，从而使多道次盘拉组合在一起，组合道次根据设备所需达到的功能而定，一般可20个道次左右组合起来，从而使线坯实现大的变形量；经拉伸机组加工后的成品或半成品线材再通过后续组合装置进行收卷或精整。

一次拉伸机的分类见表40-23中，典型一次拉伸机的技术参数见表40-24。

表40-23 一次拉伸机分类表

拉伸机的类型		优 点	缺 点	拉伸范围/mm
按收线分	按拉伸形式分			
绞盘收线	卧 式	卸线方便	收线少	16～6
	立 式	绕线整齐	卸线不方便，线材表面质量较差	6～0.8
	倒立式	卸线很方便，卷重大	绕线不整，结构复杂	10～2
线轴收线	直接收线	不用复绕	在较大张力下进行绕线	1～0.1
	经过牵引绞盘收线	不用复绕	占地面积大	<10

表40-24 典型一次拉伸机的技术参数

设备参数	ϕ650 mm拉伸机	ϕ550 mm拉伸机
绞盘直径/mm	650	550
线坯直径/mm	12～7.2	8～3
成品直径/mm	10～6	7～2
电机功率/kW	55	40
最大拉伸力/kN	50	20
拉伸速度/$m\cdot s^{-1}$	0.9	1.2～1.4
卷重/kg	250	150

多次拉伸机的分类见表40-25。

表40-25 多次拉伸机的分类

拉伸方法	优 点	缺 点	拉伸范围/mm
带滑动连续拉伸机	总加工率大 拉伸速度快	绞盘易磨损 线材表面质量较差	<16
无滑动连续拉伸机	绞盘磨损小 线材表面质量优	配模严格 电器较复杂	6～1.5
无滑动积蓄式拉伸机	可拉伸强度较低的、抗磨性能差的线材	拉伸速度慢 不适宜拉特细线	4～0.5

带滑动式多次拉伸机的技术性能见表40-26和表40-27。

表40-26 带滑动式多次拉伸机的技术性能(1)

名 称	1级5模拉伸机	1级9模拉伸机	2级9模拉伸机	3级13模拉伸机	3级12模拉伸机	751型拉伸机
模子个数/个	5	9	9	13	12	18
阶梯型牵引绞盘数/个	5	8	4	4	4	4
阶梯级数，级	1	1	2	3	3	3×4+1×5
牵引绞盘各阶梯直径/mm	700	650	211-380	158-244-380	100-144-207	101-302 72-302
收线绞盘直径/mm		450	450	450	180	
线坯直径/mm	17～10	10～7.2	8～7.2	8～7.2	3.2～1.8	3.0～2.0
成品直径/mm	12～5.5	5.5～4.0	4.0～1.6	2.3～1.0	1.0～0.4	1.0～0.35

续表 40-26

名称		1级5模拉伸机	1级9模拉伸机	2级9模拉伸机	3级13模拉伸机	3级12模拉伸机	751型拉伸机
出线速度/$m\cdot s^{-1}$	Ⅰ	1.0	3.0	8.0	8.0	12.0	8.5
	Ⅱ	1.6	4.4	10.0	10.0	15.5	12.2
	Ⅲ	2.9	7.3	15.0	15.0	20.0	16.5
	Ⅳ						23.2
线盘收线重量/kg		≤3000	≤400	≤400	≤400	40	100~15
拉伸机电机功率/kW		100	100	100	100	36	40
转速/$r\cdot min^{-1}$		1460	1460	1460	1460	1440	1450

表 40-27 带滑动式多次拉伸机的技术性能(2)

名称		418型拉伸机	4级19模拉伸机	5级21模拉伸机	771型拉伸机	6级18模拉伸机	7~8级18模拉伸机
模子个数/个		18	19	21	18	18	18
阶梯型牵引绞盘数/个		4	4	6	4	2	2
阶梯级数/级		3×4+1×5	2×4+2×5	4×3+2×4	7+2×8+9	2×9	2×9
牵引绞盘各阶梯直径/mm		106-300	60-294		53-184-190-233-226	40-141	45-99
收线绞盘直径/mm		75-153	180			141	71
线坯直径/mm		2.5~1.9	2.5~1.8	1.8~0.4	1.0~0.6	0.4~0.2	0.15~0.05
成品直径/mm		0.68~0.32	0.39~0.2	0.3~0.1	0.3~0.1	0.09~0.05	0.04~0.01
出线速度/$m\cdot s^{-1}$	Ⅰ	23.8	13.0	40	30	9.5	3.5
	Ⅱ		18.0			18.3	10.0
	Ⅲ		25.0			30	17.6
线盘收线重量/kg		10	40~10				
拉伸机电机功率/kW		22	29				
转速/$r\cdot min^{-1}$		975	1435				

无滑动的连续多次拉伸机的技术性能见表 40-28。

无滑动的积蓄式多次拉伸机的技术性能见表 40-29。

表 40-28 无滑动的连续式多次拉伸机的技术性能

名称	3~4/ϕ550 mm拉伸机	6~7/ϕ550 mm拉伸机
形式	直线式	活套式
模子数/个	3~4	6~7
绞盘直径/mm	425/550	430/550
绞盘个数/个	3	6
线坯直径/mm	9.2	6.5
成品直径/mm	6~3	3.2~1.5
拉伸速度/$m\cdot s^{-1}$	2.5~8.5	1.6~4.8
线卷的最大重量/kg	120~150	80~120
拉伸机的电机功率/kW	55×3	40×6

表 40-29　无滑动的积蓄式多次拉伸机的技术性能

名　称		拉伸机型号				
		2/550	4/550	2/450	6/350	8/250
模子数/个		2	4	2	6	8
绞盘数/个		2	4	2	6	8
绞盘直径/mm		550	550	450	350	250
线坯直径/mm		7.0	5.0	4.8	4.5	2.0
成品直径/mm		4.0	3.5～2.0	4～2	2～1.5	0.8～0.5
拉伸速度/$m\cdot s^{-1}$	Ⅰ			1.24	4.93	6.15
	Ⅱ	1.18	1.22～3.67	1.69	6.70	8.31
	Ⅲ			2.50	9.95	12.38
线卷的最大重量/kg		80～150	80～150	80	60～80	40～60
拉伸机的电机功率/kW				7/9/10	7/9/10	2.5/3/3.5

第7篇

铜加工过程及产品的检测技术[1]

[1] 本篇负责人:梅恒星。

铜及铜合金加工材产品的质量即适用性能，主要取决于其化学成分、组织结构和表面质量。因此，加工过程半成品及成品的检测就显得十分重要：既为企业控制产品质量、提高成品率提供指导，又向用户提供产品质量评价，促进产品销售和应用。

铜加工过程及产品的检测涉及化学成分检测、组织结构检测、力学性能检测、物理性能检测、无损检测、腐蚀试验、几何尺寸和表面质量检测。要做到准确、及时地检测，提供科学、公正的检测数据，不仅要求检测实验室具备先进的检测仪器、训练有素的人员和良好的检测技术，而且必须对实验室进行科学的管理。因此，本篇从实验室能力的通用要求开篇，然后逐一涉及检测的各个领域。

41 检测实验室能力的通用要求[1]

在铜加工企业内，实验室为生产提供质量信息；在市场经济中，实验室是为贸易双方提供检测服务的技术组织。因此，实验室需要依靠科学公正的组织管理和技术能力取得用户和社会的信任。目前，各国开展的实验室认可就是获得这种信任的主要途径。

实验室认可，是由经过授权的认可机构对实验室的管理能力和技术能力，按照约定的标准进行评定，并将评定结果向社会公告，以正式承认其能力的活动。

1947 年，澳大利亚出现世界上第一个实验室认可组织。1977 年，国际实验室认可联合会(I LAC)成立，1996 年更名为“国际实验室认可合作组织”。它在亚太地区的区域组织是“亚太实验室认可合作组织”(APLAC)。“中国实验室国家认可委员会”(CNAL)是 I LAC 的正式成员。

由实验室认可组织起草，经 ISO 和 IEC 于 1999 年发布的 ISO/IEC17025《检测和校准实验室能力的通用要求》是现行的对实验室认可和评定的国际标准(2005 年，该标准发布第二版，增加“改进”要素)。我国的 GB/T15481—2000 等同采用了这一标准，它主要评定实验室的管理能力和技术能力。

41.1 概念及术语

41.1.1 概述

检测，定义为“对实体的一个或多个特性进行诸如测量、检查、试验或度量，并将结果与规定要求进行比较，以确定每项特性的合格情况所进行的活动。”

依据《产品质量法》规定：“产品质量检验机构必须具备相应的检测条件和能力”。所谓的检测条件和能力，主要是应符合 ISO/IEC17025《检测和校准实验室能力的通用要求》。

实验室应按标准要求，将组织机构、检验人员、质量体系、环境、设备等 24 个要素(2005 年版为 25 个要素)，建立起质量体系，并使质量体系有效运转，获得实验室认可机构的认可，让社会承认其能力。

作为较大组织(如企业、研究院)一部分的实验室，或提供其他服务的实验室，要求其确保所运行的质量体系也要符合 ISO9000 系列标准的要求。为此，ISO/IEC17025 注意结合了 ISO9001、9002 中与实验室质量体系所覆盖的检测服务的要求。符合 ISO/IEC17025 要求的实验室，其运行也符合 ISO9001、9002 的要求；但仅仅经 ISO9001、9002 认证，并不能证明实验

[1] 本章撰稿人：梅恒星、张敬华、王庆彦。

室具有出具技术上有效数据和结果的能力。只有满足 ISO/IEC17025 的要求,并经国家实验室认可或计量认证合格的实验室,才能对社会出具公正的技术数据和检测结果。

41.1.2 术语

(1) 检测。对给定的产品、材料等,按照规定的程序确定一种或多种性能的技术操作。

(2) 校准。在规定条件下,为确定检测器具或测量系统所指示的量值,与对应的由测量标准所复现的值之间关系的一组操作。

(3) 标准样品(标准物质)。具有一种或多种足够均匀且确定的特性值,用来校准测量装备、评价检测方法或给材料赋值的样品(物质)。

(4) 有证标准样品(物质)。附有证书的标准样品(物质),某一种或多种特性值用建立了溯源性和程序确定,使之可溯源到准确复现的表示该特性值的测量单位,且每一个出证的值都附有给定置信水平的不确定度。

(5) 溯源性。通过一条具有规定不确定度的不间断的比较链,使测量结果或测量标准能够与规定的参考标准(通常是与国家测量标准或国际测量标准)联系起来的一种特性。

(6) 实验室间的比对。按照预先规定的条件,由两个或多个实验室对相同或类似的被测物品进行检测并组织实施和评价。

(7) (实验室)能力验证。利用实验室间比对确定实验室的检测能力。

(8) 质量体系。为实施质量管理所需的组织结构、程序、过程和资源构成的系统。

(9) 质量审核。确定质量活动和有关结果是否符合计划的安排,以及这些安排是否有效的实施并适合于达到预定目标的、有系统的、独立的检查。质量审核的目的是评价是否需采取改进或纠正措施。

(10) 管理评审。由最高管理者就质量方针和质量目标,对质量体系的现状和适应性进行的正式评价。

(11) (测量结果的)重复性。在相同测量条件下,对同一被测量进行多次测量所得结果之间的一致性。

(12) (测量结果的)重现性。在测量条件变化下,对同一被测量的测量结果之间的一致性。

(13) 测量不确定度。与测量结果关联的参数,它表征合理地赋予被测量之值的分散性。

41.2 检测实验室的管理要求

检测实验室的管理要求如下:

(1) 组织:

1) 实验室应是一个能够承担法律责任的实体。无论是法人单位(独立实验室)或是法人单位的一个组成部分(机构的二级单位),都应能承担起法律责任。

2) 实验室的检测工作应符合 ISO/IEC17025 的要求且满足客户的要求。

3) 实验室的管理体系应覆盖实验室所有的场所。对不具有法人资格的实验室(如企业的中心实验室),企业的领导和相关部门的行为应做到不影响实验室检测工作的科学性、公正性,并在其文件中或声明中作出明确规定,保证实验室独立自主地开展工作。

4) 实验室应有满足检测工作要求的管理人员、技术人员,其职责和权限应有明确的规定,这些人员应能识别实验室的质量体系、检测程序发生的偏离,授予其采取预防措施或减少偏离的权利。

5) 实验室应制订保护客户的机密信息和所有权的程序文件。

6) 实验室应以组织结构图的形式体现实验室的组织和管理结构,组织结构图应能显示其机构设置、岗位以及他们之间的关系。如果实验室是一个组织的一部分,应在组织结构图中标明其位置和与其它部门的相互关系。

7) 实验室应有量值传递图,所有的量值都能溯源到国家基准。

8) 实验室应根据实验室的实际情况设置岗位并制定相应的岗位责任制,明确规定所有管理、操作和审核人员的岗位职能、权限、各岗位人员素质的要求等。岗位的职能、责任、权限应清晰、明确、可操作、能检查。

9) 实验室应有对员工进行培训、监督的程序，应有一名质量负责人和技术负责人，并指定关键管理人员的代理人，行使其管理职能。

(2) 质量体系：

1) 实验室应建立、实施和维持与其活动范围相适应的质量体系。各实验室可结合本单位的情况，编制质量体系文件。质量体系文件一般分为三层，第一层为质量手册，第二层为程序文件，第三层为作业指导书、报告、表格等作业指导性文件及技术支持性文件(如检测标准、方法，设备校准规范等)，第三层文件可以目录形式列出。

2) 质量手册应包括质量方针、质量目标、组织实施质量管理所需要的组织结构、程序、过程和资源等，并由实验室最高管理者批准发布，使实验室所有员工知晓。

(3) 文件控制：

1) 实验室应建立和维持控制质量体系文件的程序，内容包括质量体系文件种类、范围、控制质量体系文件的要求(包括文件的制定、发布、修改、变更等)，使质量体系始终处于受控状态。

2) 实验室所有在用文件必须有授权人或审批人。所有文件的发放、借阅都要有记录，并有其文件识别修改状态(如第几版、修订时间等)的标识。

3) 实验室所有在用文件都要有文号。文件管理人员必须定期收回作废的文件，持续保持现场使用的文件是最新的有效版本。有时因需要而以参考资料性保留的过期文件，应有相应的标识以示区别。

(4) 合同评审：

实验室应根据客户的要求和实验室仪器、设备、人员、检测能力等情况，选择满足客户要求的取样方法、检测方法、试验方法等，并以口头或书面形式与客户协商，达成共识。如果有些项目需要分发给其他实验室(必须是合格分包方)进行检测，也必须征得客户的同意。如有偏离委托协议的情况应及时通知客户，并保留其所有的记录。

(5) 检测的分包：

1) 当实验室由于未预料的原因(如工作量、仪器设备、涉及到更多的专业领域或暂不具备检测能力等)需将检测工作分包时(仅指部分检测项目而不是转包)，应分包给合格分包方。

2) 实验室应调查分包方的能力，分包方应能满足 ISO/IEC17025 标准的要求。实验室应建立分包方的档案，保留分包方的实验室认可、计量认证、审查认可的证书复印件等注册资料。

3) 实验室应就其分包项目与分包方签定分包合同。

4) 实验室应就其分包方的工作对客户负责(由客户或法定机构指定的分包方除外)。

(6) 采购：

实验室应制定对检测有关的外购物品的采购程序，包括供应商的选择、评价，外购物品的计划、审批、验收、存储等。对重要物品(如试剂)，要保存验收及使用情况的记录和关键物资的供应商的评价资料。

(7) 客户服务：

实验室应对客户负责，及时收集客户的反馈信息，建立客户反馈意见登记表，并进行处理和与客户的沟通，如出现检测的延误和偏离应及时通知客户。在保证其他客户机密的前提下，应允许客户到实验室监督与其有关的工作。

(8) 抱怨：

实验室应制定客户抱怨的程序，保存所有抱怨的记录，并针对这些抱怨，指定部门、人员进行调查处理、验证，及时给予答复和纠正(如确因检测失误)。

(9) 不合格检测工作的控制：

实验室应制定不合格测试工作的控制程序，包括执行此程序的部门、职责、处理方法、纠正措施等。当实验室发生不合格测试时，应按程序采取暂停工作、查明原因、评价其严重性、采取纠正措施、修改程序(确因程序文件的漏洞时)、批准恢复工作、通知客户等措施，确保实验室的检测工作持续改进，不发生偏离。

(10) 纠正措施：

不合格测试工作可能发生在质量体系和检测工作的各个环节，如：客户抱怨、质量控制、仪器校准、试剂、员工技术操作水平、检测报告、管理评审、外部或内部审核等。实验室无论在哪一环节发生偏离和有可能造成不合格测试的情况,都应指定部门、人员进行调查分析,查找造成不合格测试的原因,制定纠正措施,进行试验和验证,并对纠正措施的结果进行跟踪和监控,保存其所有的原始记录,确保纠正措施的有效性。

(11) 预防措施:

实验室应按照持续改进的原则,加强对检测全过程的监督审核(如内部质量体系审核、质量抽查、实验室间比对试验、实验室能力验证等),落实部门、人员、时间、职责,及时发现有可能对检测工作造成偏离的行为和过程,并采取预防措施。

(12) 记录控制:

1) 实验室应建立记录控制程序,内容包括质量和技术记录的建立、维持、识别、收集、索引、存放、存档、维护、清理,还应包括内部质量审核、管理评审报告及纠正、预防措施等质量方面的内容。

2) 所有记录都应清晰、明了,并有安全的存放地点和环境条件。记录应明确规定保存期,对电子记录应存储备份,防止未经授权的人侵入或修改。

3) 对于技术记录,也即检测、校准等记录,应有足够的信息,详细记录原始的观测结果、导出数据、计算公式等,以便识别不确定度的影响因素,并保证该检测在尽可能接近原条件的情况下能够复现。记录应包括抽样人员、审核人员、校准人员等的标识(签字)。

4) 当记录中出现错误时,应执行杠改制度,即在错误数据上划一横杠(保证原始数据清晰可见),将正确的数据写在旁边,并加盖改动人印章或改动人签名。对电子存储记录也应采取同等措施,以避免原始数据的丢失或改动,从而做到各种操作的可追溯性。

(13) 内部审核:

1) 为验证实验室的各项活动是否持续符合质量体系和实验室能力的通用要求,实验室每年都应制定内部审核计划,由质量负责人和经过培训的内审员组成内审小组,对实验室质量体系的所有要素进行内部审核。

2) 内审人员一般应独立于被审核的活动,其方式可一次审核质量体系全部要素和涉及的科室,也可在一个周期(12个月)内分批审核质量体系的全部要素和涉及的科室。

3) 对审核中发现的问题和不合格项,应在规定的时间内制定整改措施,并通过检查、检验、校准、见证等手段,验证纠正措施的有效性。如果审核出的问题已经造成检测数据的偏离,应及时追回发出的检测报告,书面通知客户进行纠正。

4) 实验室所有的审核活动(计划、程序、内容、时间、审核人员、不合格项、纠正措施、验证结果等)都要予以记录,并作为管理评审的参考内容之一。

(14) 管理评审:

与内审主要是现场评审不同,管理评审是办公室的评审,它应由实验室的最高管理者或管理者代表组织管理层对实验室的质量体系、检测活动进行评审,确定其质量体系运行是否有效,是否需要进行改动或改进,以确保实验室的质量体系和检测活动持续适用和有效。

1) 管理评审应考虑到政策和程序的适用性,管理和监督人员的报告、近期内部审核的结果、纠正和预防措施、外部机构进行的评审、实验室间比对或能力验证结果、客户的反馈及抱怨、相关的质量控制活动、资源、职工的技术培训、实验室日常管理会议的有关议题等。对管理评审中发现的问题要采取措施并在规定的时间内实施完成。

2) 管理评审的典型周期为12个月。通过管理评审,确定质量体系文件是否运行有效,是否需要修改,同时制定下年度的质量目标、活动计划等,并以管理评审报告形式进行详细记录。

41.3 检测实验室的技术要求

检测实验室的技术要求如下:

(1) 为保证检测结果的准确性和可靠性,对影响测试数据的因素,如人员、设备、测量溯源性、取样及检测样品的处置等进行控制,实验室在制定检测方法、编制程序文件、选择设备及培训人员时,必须考虑这些因素。

(2) 人员。人员是最宝贵的资源，一个实验室的水平高低优劣，很大程度上取决于人员素质与水平，特别是对关键人员、重要岗位的任职资格条件应加以严格规定。

实验室应根据工作需要配备足够的管理、监督、检测人员。实验室各类人员的资格应有明确界定，包括任职条件和上岗条件，并制定各自的岗位职责。

实验室应有完善的培训计划，切实保证人员得到培训，使知识和技能不断更新，培训应包含以下内容：

1) 岗位专业培训，包括专业基础理论知识、实际工作能力、工作经验、知识更新等。

2) 应知应会培训，包括标准知识、质量控制与监督管理知识、计量理论知识、误差理论、数理统计与数据处理知识、产品质量监督等方面相关的法律法规、外语等内容。

3) 编制程序文件，按要求进行人员培训。

实验室的检测人员必须持证上岗。

(3) 设施和环境条件。

1) 实验室的设施、检验场地以及能源、照明、采暖和通风、恒温等应便于检测工作的正常运行。对影响检测结果的设施和环境条件的技术要求应制订成文件。

2) 实验室(包括临时的、可移动的设施)工作环境条件应能够确保测试结果的有效性和测量准确性。

3) 实验室应配备对环境条件进行有效监测、控制和记录的设施。对影响检测的因素，例如灰尘、电磁干扰、湿度、电源电压、温度、噪声、振动、雷电、有害气体等加以重视。同时配置停电、停水、防火等应急的安全设施，以免影响检测质量。

4) 实验室任何相邻区域的工作(活动)，在相互之间有不利影响时应采取有效的隔离措施，以防止交叉污染。

5) 实验室对进入检测工作区域的人员应有限制性的规定，并制订出实验室内务管理条例。

(4) 检测方法及其方法确认。检测方法是实施检验的技术依据，它既是实验室开展检测服务的重要资源，也是实施检测工作不可缺少的过程。

1) 方法选择：若用户没有明确检测方法，实验室可选用有效版本的标准分析方法进行分析。选择的依据应优先选择国际标准、国家标准、行业标准、企业标准及用户推荐的标准。

若用户提供检测方法，且实验室能够实施的，应按用户指定方法检测；若用户推荐的方法不适用或已失效、过时，实验室须与用户重新协商方法。

在征得用户同意时，也可使用非标准方法分析。

2) 方法确认：非标准方法、经扩充或更改的标准方法必须进行方法确认，即经过试验和验证，证实方法的不确定度达到检测要求，并以文件形式打印成册。

(5) 设备。仪器设备是实验室正常开展检测工作，并取得准确可靠的测量数据的重要资源之一。

1) 实验室应正确配备进行检测的全部仪器设备。仪器设备购置、验收、使用应受控。未经定型的专用检测仪器设备需提供相关技术单位的验证证明。

实验室应制订和实施设备的检定、校准的总体计划。设备应按检定、校准两种情况分类管理。

检定：有检定规程，已列入国家强制性检定目录的计量器具(仪器设备)，可由经授权的计量检定机构进行检定；

校准：列入国家强制性检定目录以外的计量器具(仪器设备)，可由计量器具使用单位，自行编制校准规程，并在计量管理部门备案后自行校准；或委托具有社会公用计量标准或授权的计量检定机构进行校准。

2) 每一台仪器设备，在投入使用前必须进行检定或校准，以证实其能够满足相应的标准、规范要求。

3) 实验室需检定(校准)的设备，必须在质量手册中规定其状态和相应标识的要求，如标识的颜色、内容等。

合格证：计量检定合格者；

准用证：一般为经检查其功能正常者；或经比对鉴定适用者；或多功能检测设备，某些功能已丧失，但检测工作所用功能正常，且经校准合格者；或设备某一量程准确度不合格，但检测工作所用量程合格者；或降级使用者。

停用证：检验仪器、设备损坏者；检测仪器、设备经计量检定不合格者；检测仪器、设备性能无法确定者；检验仪器、设备超过检定周期者。

4）实验室应对所有的仪器设备进行正常的维护，并有维护程序；如果任一仪器设备有过载或错误操作、或显示的结果可疑、或通过检定及其他方式表明有缺陷时，应立即停止使用，并加以明显标识，如可能将其贮存在规定的地方直至修复；修复的仪器设备必须经校准、检定或检验证明其功能指标已恢复。实验室应追溯由于这种缺陷对过去进行的检测所造成的影响。

5）实验室的仪器设备必须有经过授权的人员操作（有授权的文字记录）。

6）每一台仪器设备档案均应妥善保管。

（6）测量溯源性。测量溯源性是指通过不确定度明确的连续不间断的比较链，将测量结果或计量标准的量值与规定的标准（通常是国家基准、国际标准或自然常数）联系起来。

凡对检测准确性和有效性有影响的测量和检测仪器设备，在投入使用前必须进行检定或校准。实验室应制订有关测量和检测仪器设备的检定或校准的周期性计划，以确保实验室的测量可追溯到国际单位制或已有的国家计量基准。校准证书应能证明溯源到国家计量基准，并能提供测量结果和有关不确定度或经批准的计量规范的说明。

实验室自检定/校准的仪器设备，按国家计量检定系统的要求，绘制能溯源到国家计量基准的量值传递方框图，以确保在用的测量仪器设备量值符合计量法规的要求。

（7）抽样。抽样必须依据制定的抽样程序和抽样计划进行。

1）抽样程序。为了使抽取样品具有代表性，进而确保检测结果的有效性，必须对抽样过程严格控制。

抽样程序一般包括以下内容：抽样依据（如合同、标准的规定）；对抽样人员的要求；抽样单的设计、填写要求；有关抽样记录（包括有关抽样人员的标识、抽样环境条件）的要求。

2）抽样计划是抽样活动的安排，包括抽样对象、抽样人员、完成抽样的时间要求；抽样数量；样品运输、接收要求等。

3）当用户要求偏离抽样程序规定，如要求修改、增加或删减部分内容时，应详细记录用户要求和相关抽样资料，并告知相关人员。

（8）检测样品的处置。涉及样品接收状态、样品检测要求、样品标识系统和样品的流转、贮存等。

1）实验室应建立对检测样品的唯一识别系统，以及同一样品在检测前后不同阶段（不同状态）下的标识制度，以保证在任何时候对样品的识别不发生混淆。

2）实验室在接收样品时，应做必要记录，包括是否异常，是否与相应的检测方法中所描述的状态有所偏离。按照检测前样品检查确认程序，对样品的任何疑问必须澄清后方可检测。

3）实验室应有样品的运输、接收、处置、保护、存储、保留的程序。样品在检测过程中要按标识加以保护，避免受到非检测性破坏。检测完毕的样品，按规定予以保留，样品保管期不少于检测报告的申诉期。若用户提前取走样品或无法保留的样品，应有用户签字，实验室不再对样品负任何责任。保管期满的样品，实验室可自行处理。

（9）检测结果的质量保证。实验室应有质量控制程序以监控检测结果的有效性和准确性。定期使用有证标准物质或次级标准物质（如内控标准样品）进行内部质量控制。定期参加实验室间的比对或能力验证计划。组织经常性的质量抽查，使用相同或不同的方法或不同仪器，对同一样品进行重复测试或对保留样品进行再次测试。对发现的质量问题及时进行分析，制定相应对策进行整改。

（10）检测报告。检测报告是实验室检验的最终产品，也是实验室工作质量的最终体现。

1）实验室完成的每一项检验的结果，均应按照检测方法的规定，准确、清晰、明确、客观地在检测报告中表述。应采用法定计量单位。必要时,应评估测量不确定度。

2) 检测报告信息应全面,用户名称及联系方式、取样及样品数量、状态、检测和判定所采用的标准、是否存在偏离评审合同的环节、是否有分包等信息都应在报告中注明。

3) 实验室的检测报告应精心设计,合理编排,数据的表达应使用户易于理解,不同类型的检测报告格式应逐一专门设计,标题应尽量标准化。内部客户和有协议客户,报告可简化。

4) 报告的重大修改应另发书面的报告或修改单,并注明原报告编号、名称。

41.4 检测数据的处理

即使采用最可靠的分析方法,使用最精密的仪器,由熟练的技术人员在相同条件下,对同一样品进行多次测量,也不能得到一致(与真实值一致,彼此间一致)的结果。误差是客观存在的;测量结果与真值总会存在偏差。也就是说,测量结果存在不确定度。因此要对测量结果进行处理:计算平均值,评估不确定度。

41.4.1 基本概念

(1) 准确度:测量值与真值间相符合的程度。或在一定的测量精度下,多次测量的平均值与真值间相符合的程度。

(2) 精密度:相同条件下,重复测量值之间相符合的程度。

(3) 误差:测量值与真值的差值。(因真值得不到,误差也得不到。实际应用的是约定真值,如标准样品的定值)

(4) 偏差:多次测量中,某一测量值 X_i 与 n 次测量的算术平均值之间的差值。

(5) 系统误差:在重复性条件下,对同一被测量进行无限多次测量,所得结果的平均值与被测量的真值之差。

系统误差是由测量中某些确定的因素引起的,对测量结果影响较恒定;重复多次测量,不能减少和消除系统误差;通过校正可降低系统误差,或抵消一部分系统误差。

(6) 随机误差:某一测量结果,与在重复性条件下,对同一被测量进行无限多次测量所得结果的平均值之差。

随机误差是由于不可控制的因素引起的;难以确定随机误差的原因,但符合统计规律,重复测量并估算最佳值可消除一部分随机误差。

(7) 总体——研究对象的全体:即在指定条件下,无限次测量所得无限多个数据的集合。

个体——总体中一个基本单元。

样本(子样)——从总体中随机抽取出部分个体的集合体。

(8) 算术平均值:一组精密度相等的测量值的平均值(先剔除离群值后再计算平均值)。

样本的算术平均值以 $\overline{X}$ 表示:

$$\overline{X} = \sum X_i/n = (X_1 + X_2 + \cdots + X_n)/n \quad (41\text{-}1)$$

总体算术平均值以 μ 表示:

$$\mu = \sum X_i/n \quad (n \to \infty) \quad (41\text{-}2)$$

(9) 中位数:一组测量数据从小到大排列,排在中间的数(n 为奇数时)或中间的两个数的平均值(n 为偶数时)。以 $X_{中}$ 表示。

(10) 方差和、方差:个体与平均值的差值的平方之和叫方差和:

$$Q = \sum (X_i - \overline{X})^2 \quad (41\text{-}3)$$

方差和的统计平均叫方差。表征随机变量分布的离散程度。

总体方差:

$$\sigma^2 = \sum (X_i - \overline{X})^2/n \quad (n \to \infty) \quad (41\text{-}4)$$

样本方差:

$$S^2 = \sum (X_i - \overline{X})^2/(n-1) \quad (41\text{-}5)$$

(11) 标准偏差:方差的平方根的正值叫标准偏差。单位同测量值。

总体标准偏差:

$$\sigma = \sqrt{\sigma^2} = \sqrt{\sum (X_i - \overline{X})^2/n} \quad (n \to \infty) \quad (41\text{-}6)$$

样本标准偏差:

$$S = \sqrt{s^2} = \sqrt{\sum (X_i - \overline{X})^2/(n-1)} \quad (41\text{-}7)$$

(12) 自由度 f：能用于计算一组测量值分散程度的独立偏差数目。在不知道真值情况下，对某一量进行了1次测量，则独立偏差数为0，表示不可能计算测量值的分散度；若进行了两次测量，则独立的偏差数为1，即 $f=1$，分散度以两个测量值之差表示；若进行了 n 次测量，则

$$f=n-1 \quad (41\text{-}8)$$

(13) 极差 R：

$$R=X_{max}-X_{min} \quad (41\text{-}9)$$

(14) 标准偏差的估计：标准偏差本身精密度不高，当 $n\leqslant 50$ 时，取一位有效数字即可，最多2位。而且标准偏差的位数应与平均值的位数对齐。

用其他表示数据离散度的量，可以简便地估计标准偏差。

1) 用极差 R 估算标准偏差 S：$n\leqslant 10$ 时，

$$S=R/C_i \quad (41\text{-}10)$$

C_i 见表41-1。

表41-1 C_i 值

n	2	3	4	5	6	7	8	9	10
C_i	1.13	1.69	2.06	2.33	2.53	2.70	2.85	2.97	3.08

2) 用平均偏差 $\bar{d}$ 估算标准偏差 S：

n 较小时，$S=\sqrt{\pi/2}\bar{d}=1.25\bar{d}$ (41-11)

3) 用最大偏差 $|d_i|_{max}$ 估算标准偏差 S：

$$n\leqslant 10 \text{时}, S=C_n|d_i|_{max} \quad (41\text{-}12)$$

C_n 见表41-2。

表41-2 C_n 值

n	1	2	3	4	5	6	7	8	9	10
C_n	1.25	0.88	0.75	0.68	0.64	0.61	0.58	0.56	0.55	0.53

$n\leqslant 10$ 时，用最大偏差 $|d_i|_{max}$ 估算标准偏差是具有一定精度的可靠方法。

【例41-1】 一组数据：

66.57 66.58 66.61 66.77 66.69

66.67 66.67 66.70 66.70 66.64

$$n=10;\bar{X}=66.66$$

① 计算标准偏差：

方差和 $Q=\sum(X_i-\bar{X})^2=0.0338$

方 差 $S^2=Q/(n-1)=0.00375$

标准偏差 $S=\sqrt{S^2}=0.061\approx 0.06$

② 估计标准偏差：

用极差估计：$R=66.77-66.57=0.20$

$S=R/C_i=0.20/3.08=0.0649\approx 0.06$

用平均偏差估计：

$\bar{d}=(\sum|X_i-\bar{X}|)/n=0.048$

$S=1.25\bar{d}=0.06$

用最大偏差估计：

$|d_i|_{max}=66.77-66.66=0.11$

$S=C_n|d_i|_{max}=0.53\times 0.11=0.058\approx 0.06$

(15) 置信度 p 与显著性水平 α：

1) 置信度(p)就是对所作判断的把握程度。

置信度有两重含义：一是表示置信概率，二是影响置信区间。若选择的置信概率高，如99%，那么，置信区间就宽，失误的可能性就会小一些；若选择的置信概率低，如90%，那么，置信区间就窄，失误的可能性就会大一些(后面的【例41-2】具体计算可以说明)。

分析化学中作统计推断时，一般取95%置信度。

2) 显著性水平 α 也是表示概率的，是指数据落在置信区间以外的概率，因此，$p=1-\alpha$，即选用 $\alpha=5\%$ 的显著性水平时，置信度 p 就是95%。

(16) 平均值的不确定度：在理化检测中，进行无限次测量时，随机误差一般遵从正态分布：大小相等、符号相反的偏差出现概率相等；偏差小的测量值出现概率大，偏差大的测量值出现概率小；算术平均值比单个测量值可靠性大。

正态分布用总体平均值 μ 和总体不确定度 σ 描述；而在实际有限次测量时，用平均值 $\bar{X}$、单次测量不确定度 s 分别代替 μ、σ 来描述，这就带来了一定的不确定性。因此，需要在一定置信水平(置信度)上，对 $\bar{X}$ 附加一个估计出来、表示其不确定度的界限——置信界限，把以 $\bar{X}$ 为中心，包括总体平均值 μ 在内的具有一定置信水平的范围(置信区间)描述出来。

此时,平均值 $\bar{X}$ 的不确定度 $S_平$,表示了平均值 $\bar{X}$ 的不确定性。统计学证明,$S_平$ 与单次测量标准偏差 S_i 和测量次数 n 有关:

$$S_平 = S_i/\sqrt{n} \quad (41\text{-}13)$$

当 $n<5$ 时,随着 n 增加,$S_平$ 减少幅度较大;

当 $n>5$ 时,随着 n 增加,$S_平$ 减少幅度越来越少;

当 $n>10$ 时,随着 n 增加,$S_平$ 变化很小。

因此,重复检测次数超过 5 次后,再增加检测次数,对减少不确定度的作用不大。在常规检测时,重复 4 至 6 次已够了。

不仅以 $\bar{X}$ 代替 μ 带来不确定性,以 S 代替 σ 也会带来不确定性。此时随机不确定度不是正态分布,而是服从 t 分布(见表 41-3)。

$$\pm t = (\bar{X}-\mu)/S_平 = (\bar{X}-\mu)/(S_i/\sqrt{n}) \quad (41\text{-}14)$$

由上式:

$$\mu = \bar{X} \pm t_{(p,n-1)} S_i/\sqrt{n} \quad (41\text{-}15)$$

表 41-3 置信度为 95%和 99%时 t 分布值

$n-1$	1	2	3	4	5	6	7	8	9	10	20	∞
$t_{0.95}$	12.71	4.30	3.18	2.78	2.57	2.45	2.37	2.31	2.26	2.23	2.09	1.96
$t_{0.99}$	63.66	9.93	5.84	4.60	4.03	3.71	3.50	3.36	3.25	3.17	2.85	2.58

上式表示,在一定置信水平下,以平均值 $\bar{X}$ 为中心,包含总体平均值 μ 的置信区间,与置信水平 p 和自由度 f 有关,与单次测量的标准偏差 S_i 有关。

【例 41-2】 若 $n=4$(则 $f=n-1=3$),$\bar{X}=35.21\%$,$S=0.06\%$,

当 p 为 95%时,查表 $t=3.18$,

此时,平均值置信区间 $\mu=35.21\pm3.18\times0.06/\sqrt{n}=35.21\pm0.10(\%)$;

当 p 为 99%时,查表 41-3 得 $t=5.84$。

此时,平均值置信区间 $\mu=35.21\pm5.84\times0.06/\sqrt{n}=35.21\pm0.18(\%)$

35.21±0.10 应理解为:在此区间内,包含总体平均值 μ 的把握为 95%。即通过 4 次检测,有 95%的把握认为真实值 μ 在 35.11%至 35.31%之间。要提高置信水平,势必扩大置信区间来保证。

通过计算,可以看到相同置信水平(如 95%),随着检测次数增加,置信区间缩小(见表 41-4)。

表 41-4 检测次数 n 对置信区间影响(95%置信水平)

n	2	4	6	10	21
μ	35.21±0.54	35.21±0.10	35.21±0.06	35.21±0.04	35.21±0.03

可见,随着检测次数增加,置信区间缩小,仍可保证相同的置信水平。当 n>5,置信区间变化幅度越来越小。这再次证明,常规检测重复 4~6 次,用 $\bar{X}$ 代替 μ 产生的不确定度就不大了(在消除系统误差情况下)。

41.4.2 检测数据的取舍

定量检测中,即使检测人员、仪器、环境都处于受控状态,检测数据总有一定离散性。有时个别数据与其他数据相差较大,称为可疑值。如果回顾检测过程,存在可觉察的异常原因,即有过失存在,那么,可以将可疑值判为离群值弃去。但出现可疑值又找不到发生过失的原因时,就不能随意取舍。

无限次测量中,任何一个测量值,只要不是有证据的过失误差引起的,都应保留。但是,在有限次测量中,如果保留了可能属于过失误差的可疑值,会较大影响平均值的可靠性。这种可疑值的取舍,实质就是区分随机误差和过失误差。可疑值可以用以下取舍规则检验。

41.4.2.1 拉依达准则(2σ 法,3σ 法)

当总体标准偏差 σ 已知(如标准样品证书给出的标准偏差)时,检测中偏差大于 2σ 的数据出现概率为 5%,即平均每 20 次测量出现 1 次;偏差大于 3σ 的数据出现概率为 0.3%,即平均每1000次测量出现3次。因此,当进行几次测量就出现大于2σ或大于3σ的偏差时,该数据可视为过失误差引起的,判定为离群值弃去。

注意,用2σ或3σ法,测量次数应分别不少于5次或10次。

41.4.2.2 $4\bar{d}$ 法

可疑值X_i与其他保留值的平均值$\bar{X}_{留}$之差为$d(d=|X_i-\bar{X}_{留}|)$,其他保留值的平均偏差为$\bar{d}$,当$d\geqslant 4\bar{d}$时,可判定X_i为离群值而弃去。

此方法适于$n>4$,而且只有一个离群值的情况,可靠性不高。

41.4.2.3 格拉布斯法(Grubbs)——T值检验法

将数据从小到大顺序排列,$X_1, X_2, \cdots, X_{n-1}, X_n$,计算平均值$\bar{X}$和标准偏差$S$。当$X_1$为可疑值时,计算统计量$T_1=(\bar{X}-X_1)/S$;当$X_n$为可疑值时,计算统计量$T_n=(X_n-\bar{X})/S$($T$值近似半全距与标准偏差之比,其大小表明该可疑值与平均值的差距大小)。

当计算出的$T>T_{表}$时,X_1或X_n以显著性水平α被弃去。$T_{表}$是依据n值和α值,从"Grubbs舍弃界限值表"中查出的。

此方法适用于只有一个离群值的检验。

41.4.2.4 狄克逊法(Dixon)——Q值检验法

一组数据由小到大排列为$X_1, X_2, \cdots, X_{n-1}, X_n$,依据检测次数$n$的大小,按"Dixon舍弃商$Q$值表"中的计算公式,计算统计量$r_{ij}$。若$r_{ij}>Q_{(p,n)表}$,则$X_1$或$X_n$可以弃去。

统计量r_{ij}的计算公式随着检测次数n的不同而不同,不便记忆。当$n<10$时,计算公式可统一为:$Q=(X_2-X_1)/R$或$Q=(X_n-X_{n-1})/R$(R为数列的极差$R=X_n-X_1$)。

当$Q>Q_{(p,n)表}$时,X_1或X_n以p置信水平弃去($Q_{(p,n)表}$由Q值表查出)。

原则上Dixon法适用于只有一个离群值的检验。

41.4.2.5 皮尔松法(Pearson)——双侧可疑值检验

当X_1和X_n同为可疑值时,用Pearson法检验。

方法是:一组数据由小到大排列为$X_1, X_2, \cdots, X_i, \cdots, X_{n-1}, X_n$,计算极差$R$与标准偏差$S$的比值$R/S$。当$R/S$大于舍弃界限(由Pearson表"同时检验最大值和最小值时的舍弃界限"查出)时,则X_1或X_n,或者X_1和X_n为可疑值。然后,用Grubbs法检验与平均值偏离较大的一个,若属离群值,可弃去。再对余下的$(n-1)$个数据用Grubbs法检验。

总之,不管那种检验,都应慎重。若条件允许时,最好是重新进行检测。

41.4.3 数值修约与检测数值判定

检测结果是用数值表示的,这些通过试验、测量或计算得出的数值,一般需要进行修约,使其只保留有效位数。

为了判定某产品理化性能是否符合该产品标准规定的极限数值,需将检测数值与标准规定的极限值进行比较并进行判定。

41.4.3.1 有效数字

在测量中得到的有实际意义的数字叫有效数字。

有效数字的保留位数,应根据检测方法和检测仪器的不确定度来确定,使数值中只有最后一位是不确定的。因此,有效数字是包括全部可靠数字和一位不确定数字在内的有意义的数字。

例如:使用分析天平称量0.5 g样品时,应写作0.5000 g,是四位有效数字。

根据目前铜合金常用化学分析方法的不确定度,可参照本章附表1保留有效数字。

确定数字的有效位数时应注意:

若数字是若干零结尾的整数(非小数数值),则有效位数等于从非零数字最左一位向右数得到的位数,减去仅用于定位的无效零的个数。例如35000,从3向右数得到5位,若有两个无效零,则有效位数为3位,应写作350×10^2。

若数字是"以零结尾的整数"以外的十进位的数字,则有效位数等于从非零数字最左一位向右数，得到的位数。例如 35，3.5，0.30，0.0030 都是两位有效数字。

有效数字相加(减)时，其和(差)的有效数字，与小数点后位数最少的参与运算的数字的有效位数相同；有效数字相乘(除)时，其积(商)的有效数字，与有效位数最少的参与运算的数字的有效位数相同。一般先修约后计算。

41.4.3.2 数值修约

当检测数据或计算数据的位数超过检测方法应有的有效位数时，需要对数据进行修约。

(1) 修约间隔：

修约间隔是确定修约保留位数的方式。修约间隔一经确定，修约值即应为该修约间隔的整数倍。

修约间隔由产品标准规定(检测数据保留的有效位数与产品标准规定的产品性能指标的有效位数应一致)，也可由检测方法标准规定，或依据检测方法的不确定度确定。

若指定修约间隔为 0.1，相当于将数值修约到一位小数，使修约值为 0.1 的整数倍。

若指定修约间隔为 0.5，相当于将数值修约到一位小数为 0 或 5，使修约值为 0.5 的整数倍。

(2) 修约进、舍规则：采用四舍六入五成双规则，具体是：

1) 拟取舍数值的最左一位数字小于 5 时，则舍去。

如 12.14908 修约到一位小数(修约间隔为 0.1)。此时拟舍去数值 4908 的最左一位数字是 4，应舍去，得 12.1。

2) 拟取舍数值的最左一位数字大于 5，或等于 5 且后面有并非全部为零的数字时，则进一。

如将 1268 修约到“百”数位(修约间隔为 100)，得 13×10^2。

又如将 10.5001 修约到“个”数位(修约间隔为 1)，得 11。

3) 拟取舍数值的最左一位数字等于 5，且后面无数字或全部为零时，修约原则是，应使修约后的数值为偶数。

如将下列数值修约到两位有效位数：

0.0325→0.032；32500→32×10^3；0.0315→0.032；31500→32×10^3。

4) 负数修约时，先将绝对值按上述规定修约后，再加上负号。

5) 不能连续修约。

41.4.3.3 数值判定

依据检测数据判定产品是否符合标准规定时，有修约值比较法和全数值比较法两种。在冶金类标准中，未加说明时，均指采用修约值比较法判定。

当产品标准中规定的参数为大于(＞)或小于(＜)的情况时，若供货合同或质量管理部门有规定，也可以采用全数值比较法判定。

例如规定 Fe＜0.020% 为合格，当检测值为 0.0195% 时，按修约值 0.020%，应判不合格；若按全数值比较法，可判合格。

41.4.4 测量不确定度

1 张桌子，我们测量其长度。不同测量者或多次测量，尽管每次都精心测量，得到的测量值往往不尽相同：1000.5 mm、1001.0 mm、999.5 mm ……

我们不能随便拿其中一个数值作为桌子的长度值。

一般以算术平均值 $\bar{X}$ 作为最佳估计值。但 $\bar{X}$ 是由多个分散数据计算出来的，它也具有分散性。因此，只用 $\bar{X}$ 表达桌子的长度，显然是不严密、不科学的。应该把它的分散程度同时表达出来。也就是把 $\bar{X}$ 的不确定性设法表达出来。这种分散性、不确定性就以不确定度表示。

以不确定度评价测量结果，是传统误差理论的发展，是重要的观念改变。不确定度表达的是可观测量——测量结果及其变化；而误差表达的是不可知量——真值与误差。所以，前者比后者科学合理。当然，目前，有关专家对不确定度的概念和评定方法还多有争论。由于检测方法众多，而且不确定度的评定方法远未达到标准化程度。因此，对检测实验室而言，不确定度的评定依然困难重重。下面，仅介绍一些不确定度基本评定方法。

41.4.4.1 基本概念

(1) 测量不确定度

测量不确定度简称不确定度。其含义为：用以表征合理赋予被测量值的分散性，与测量结果相联系的参数。

不确定度是测量结果含有的一个参数，表明测量结果的分散程度。可以用定量数字描述。诸如用标准偏差或其倍数表示。

不确定度由多个分量组成。这些分量可用统计方法、概率分布、经验判断等来评定。

(2) 测量误差与测量不确定度的区别：见表41-5。

表41-5 测量误差与测量不确定度的区别

序号	测量误差	测量不确定度
1	其值等于“测量值－被测量的真值”。可为正数或负数	用标准差或其倍数或置信区间的半宽表示。为正值
2	客观存在，与人的认识程度无关	与人对测量的影响量的认识程度有关
3	是理想概念	是定量概念
4	真值不可知。用约定真值代替真值时，可得出误差估计值	可根据经验、资料、实验等进行评定，定量予以确定。有A、B两类评定方法
5	可分为随机、系统两类误差。都是无限次测量时的理想概念	只有评定方法的区别
6	表明测量结果偏离真值程度	表明被测量值的分散性
7	已知系统误差估计值时，可对结果进行修正	不能用不确定度对结果进行修正

(3) 以标准物质为例，分析不确定度的主要来源：

A 定值过程的不确定度

取样代表性不够，即被测样本不能完全代表所定义的被测量；

取样、制样带来的污染或改变，引起的不确定度；

测试方法本身的不确定度；

测试环境带来的不确定度；

分析人员操作、读数带来的不确定度；

所用仪器带来的不确定度；

基准物质的不确定度；

引用数据或其他运算常数的不确定度；

随机变化带来不确定度。

B 标准物质材料的不确定度

不均匀性带来的不确定度；

不稳定性带来的不确定度。

41.4.4.2 标准不确定度及其分量的评定

以标准偏差表示的不确定度称标准不确定度。（目前文献中多为标准不确定度评定）。

标准不确定度根据评定方法不同，分为A、B两类。A、B两类评定都基于概率分布，都用标准差或方差表示。

(1) 标准不确定度的评定程序

不确定度是表明测量结果的分散性，该分散性是有多个分量组成的。因此确定某一测量结果的不确定度应全面分析评定。

建立测量结果与输入量的数学模型 $Y=f(X_1, X_2, \cdots, X_n)$。

明确不确定度的来源。

量化不确定度分量。

综合评定总不确定度（合成、扩展）。

(2) 标准不确定度 的A类评定

用对观测列进行统计分析的方法，由实验标准差表示，来评定标准不确定度叫不确定度的A类评定。

记为：$u(X_i)=S(X_i)$ S为标准偏差

评定就是计算出观测列的标准差，方式有多种：

1) 常用是贝塞尔法：对被测量X作$n(n\geqslant 5)$次等精度独立测量，得：

$$X_1, X_2, \cdots, X_n$$

• 最佳值为算术平均值：$\bar{X}=(\sum X_i)/n$

• 单次测量的标准不确定度为：

$$u(X_i)=s(X_i)=\sqrt{\sum(X_i-\bar{X})^2/(n-1)} \tag{41-16}$$

• 平均值的标准不确定度：

$$u(\bar{X})=s(\bar{X})=s(X_i)/\sqrt{n} \tag{41-17}$$

• 实际应用：标样定值时，在给出平均值同时，也应给出平均值的不确定度 $u(\bar{X})$；检测方法的不确定度评定时，用该检测方法独立测量 n 次，计算出单次测量不确定度 $u(X_i)$；当日常检测时，若分析 n 次，则不确定度为 $u(X_i)/\sqrt{n}$。（一般 n 不少于5次，标样一般4次）。

2）当对同一个量 多组重复测量，总平均值标准偏差 $S_平$。例如共 m 组，各组为等精度测量时：

$$S_平(X)=\sqrt{\sum_{j=1}^{m}(\bar{X}_j-\bar{\bar{X}})^2/m(m-1)} \tag{41-18}$$

式中，$\bar{X}_j$ 为 j 组平均值，$\bar{\bar{X}}$ 为各组总平均值。

3）极差法评定不确定度：

$$S(X_i)=(X_{max}-X_{min})/C_i \quad (C_i \text{ 见表 41-1}) \tag{41-19}$$

（3）标准不确定度的B类评定。用不同于对观测列进行统计分析的办法评定不确定度，称为不确定度的B类评定。它是基于经验或其他信息的概率分布估计，来评定标准不确定度的。

记为 $u(X_j)$

1）B类不确定度的信息来源：

- 以前的测量数据；
- 仪器制造说明书；
- 仪器、器具校准证书；
- 有关手册、资料给出的信息；
- 有关标准中相关数据。

2）B类不确定度评定方法

倍数法：已知某量值 X_i 的扩展不确定度 $U(X_i)$ 和包含因子 k，则 X_i 的不确定度：

$$u(X_j)=U(X_i)/k \tag{41-20}$$

例如检验证书给出电子天平在1 g的扩展不确定度 $U=0.64$ mg，包含因子 $k=3$。

则该天平在称量1 g物质时的标准不确定度 $u(m)=0.64$ mg/3 $=0.213$ mg。

正态分布法：当一个量值 X_i 受3个以上相互独立的因素影响时，可视为 X_i 服从正态分布；或者资料给出 X_i 的扩展不确定度 $U(X_i)$ 及其置信概率，则其包含因子 k 与 X_i 的分布有关，除非另指明，一般均按正态分布考虑。

表41-6　正态分布置信概率 p 与包含因子 k_p 关系

p/%	50	68.27	90	95	95.45	99	99.73
k_p	0.67	1	1.645	1.96	2	2.576	3

【例41-3】 测铜板长度为 L，估计其长度以95%的概率在99.90 mm和100.08 m之间。最终给出结果为 $L=(99.99\pm0.09)$ mm。0.09 mm视为扩展不确定度。

由上表知，此时包含因子 $k_p=1.96$。

因此，测量的标准不确定度为：

$$u(L)=U_{95}(L)/k_{95}=0.09\text{ mm}/1.96=0.046\text{ mm}$$

均匀分布（矩形分布）时：当 X_i 在 $[X_i-a, X_i+a]$ 区间内出现的机会相等，而在区间外不出现时，则 X_i 服从均匀分布。

其标准不确定度为　$u(X_i)=a/\sqrt{3}$

(41-21)

式中，a 为量值变化的半宽度。

当B类评定无任何信息，仅知其在一区间变化时，常采用均匀分布法计算标准不确定度。

如仪器的最大允差除以 $\sqrt{3}$，就得该分量的不确定度。

例如，实验中用A级滴定管，满刻度为10 mL，最大允差 ±0.025 mL（1 mL刻20条线，每格0.05 mL），均匀分布。则该分量（滴定管）的标准不确定度为：0.025 mL/$\sqrt{3}$=0.014 mL。

t 分布时：在测量数据较少时，严格地讲，不服从正态分布，而服从 t 分布。（也就是给正态分布加一个修正系数）。

例如，置信概率为95%（即显著性水平5%）时，按正态分布，包含因子 $k_p=1.96$。但按 t 分布，它还与测量自由度有关。当测量次数 $n=5$（或5个实验室各报一个平均值）时，查表41-3。

$t_{(0.95,\ 5-1)}=2.78>k_p$。只有测量次数∞时，$t_{(0.95,\infty)}=1.96=k_p$。

因此，当指明一个分量的不确定度是服从 t 分布时，其标准不确定度：

$$u(X_i)=U(X_i)/t_{(p,n-1)} \tag{41-22}$$

这里，$t_{(p,n-1)}$ 是包含因子（查表41-3），代替了正态分布中的 k_p。

41.4.4.3 合成标准不确定度 u_c

当测量结果是由若干个其他量的值求得时,按各量的方差(标准差的平方)和协方差(由相关性导致的方差)合成标准不确定度

$$u_c = \sqrt{\sum u_i^2} \tag{41-23}$$

对于冶金行业标准样品而言,其不确定度主要来自两方面:一是统计分析定值数据时,得到的标准差 S,二是化学成分不均匀带来的不确定度 u_L。故其合成标准不确定度:

$$u_c = \sqrt{S^2 + u_L^2} \tag{41-24}$$

式中,S 可为单次测量标准差,也可为平均值的标准差,需加以说明。

41.4.4.4 扩展不确定度 U

将合成标准不确定度乘以包含因子得到扩展不确定度 U(也称总不确定度)。

扩展不确定度是确定测量结果区间的量,它由合成不确定度的倍数来表示:

$$U = ku_c \tag{41-25}$$

倍数 k 叫包含因子或扩展因子。

这样,测量结果可表示为:

$$\bar{X} \pm U = \bar{X} \pm ku_c \tag{41-26}$$

k 值的确定:

(1) t 分布中,$k = t_{(p,n-1)}$。式中:p 为置信水平;$n-1$ 为自由度。

当测量结果主要源自统计分析不确定度时,测量结果表示为:

$$\bar{X} \pm t_{(p,n-1)} S/\sqrt{n}$$

式中,S 为单次分析不确定度。

(2) 正态分布中,(当 n 足够大时,被测量接近正态分布),置信度为 95%、99%时:

$k_{0.95} \approx 2$;$k_{0.99} \approx 3$

(3) 赋予法:当无法确定自由度 f 时,一般取 $k = 2$(置信度 95%);或取 $k = 3$(置信度 99%)。

41.4.4.5 不确定度的数字修约

扩展不确定度一般保留一位有效数字,最多给出 2 位有效数字;

测量结果的最后一位与扩展不确定度相应的位数对齐;

中间计算时,可多取一位有效数字;

总不确定度的数字修约时,只进不舍或大于 1/3 进,如:41.4 修约为 42;41.3 修约为 41。

41.4.4.6 结论

(1) 测量报告中,应给出不确定度的有关信息,如包含因子、不确定度分量。

(2) 不确定度评定过程总结如下:

建立数学模型	→	标准不确定度评定	→	A类评定 B类评定	→	计算合成不确定度	→	计算扩展不确定度	→	不确定度报告

41.5 实验室检测能力验证结果的评价

检测能力验证是为了了解实验室或检测人员对能力验证项目的检测能力;识别实验室或检测人员之间管理和技术能力的差异;为标准物质赋值;提高认可机构和客户对实验室能力的信心;能力验证是实验室认可评审的组成部分。

41.5.1 概述

能力验证是由权威单位组织,采用实验室间比对的方法,评估实验室的测试能力的活动。

能力验证中采用稳健统计法($|Z|$值法)进行数据统计处理,是将极端值的影响降至最小的统计方法。

$|Z|$值法虽被广泛应用于能力验证的结果评价,但只能说明室间或室内测量值彼此接近程度,一般可以表明实验室的检测能力。但是,当多数实验室都存在系统偏差时,就可能把更接近真值的实验室的检测值评价为可疑值,甚至离群值。因此组织能力验证活动应注意:

(1) 选择具有较高水平的实验室参与,实验室在分布地域上不要太集中。

(2) 应使用标准方法或可靠方法检测。

(3) 从下发样品到报出结果,不应拖延时间太长,这样更能反映各实验室的真实能力。

41.5.2 经典 Z 值评价法

n 个实验室(或 n 个检测人员)检测同一均匀样品的某一参数,经格拉布斯或狄克逊法剔除离群值后,计算各实验室的 Z 值:

$$Z_i=(X_i-\bar{X})/S \quad (41\text{-}27)$$

式中 $\bar{X}$——剔除离群值后的算术平均值;

S——该组数据的标准偏差。

评价:当 $|Z_i|\leqslant 1$ 时,评价很满意,该室评审可免项;

$1<|Z_i|\leqslant 2$ 时,评价满意,该室评审可免项;

$2<|Z_i|\leqslant 3$ 时,评价为可疑,该室应采取纠正措施;

$|Z_i|>3$ 时,评价为不可接受,该室应被停用认可标志。

Z 的代数和为 0。

【例 41-4】 检测 HPb59-1 中 Pb 量。12 个实验室测得数据依次是:(%)

1.01 0.98 0.97 1.12 0.92 0.96
0.97 0.97 0.95 0.98 1.15 1.03

进行能力验证评价:

$$\sum X_i=12.01\ ;\bar{X}=1.00;$$

$$S=\sqrt{\sum(X_i-\bar{X})^2/(n-1)}=0.069$$

首先以格拉布斯法检验离群值:从小到大排列,检验 1.15 是否离群值。

$T=(X_n-\bar{X})/S=(1.15-1.00)/0.069=2.17$

$T_{(12,0.01)\text{表}}=2.25>2.17$

1.15 不是离群值。

按 41-27 式计算各实验室的 Z 值:

$Z_1=(X_1-\bar{X})/S=(1.01-1.00)/0.069$
$=0.14$ 很满意;

$Z_2=-0.29$ 很满意; …;

$Z_4=1.74$ 满意;

$Z_5=-1.16$ 满意;…;

$Z_{11}=2.17$ 可疑;

评价:$|Z_i|$ 值越小,该实验室能力评价越好。

41.5.3 稳健 Z 值评价法

稳健法不剔除离群值,以中位值 $X_{\text{中}}$ 代替 $\bar{X}$,以 IQR 取代 S,不仅计算简便,而且对于同一个离群值来说,其稳健 $|Z|$ 值比经典 $|Z|$ 值大得多,指示更明显。

$$Z_i=(X_i-X_{\text{中}})/IQR\times 0.7413 \quad (41\text{-}28)$$

评价:当 $|Z_i|\leqslant 2$ 时,评价满意(与各室一致性好),现场免评审;

当 $2<|Z_i|<3$ 时,评价为可疑值,复查或采取纠正措施;

当 $|Z_i|\geqslant 3$ 时,评价为不可接受,纠正或停用认可标志。

(1) $X_{\text{中}}$ 的计算:将测试值从小到大排列:$X_1,X_2,\cdots,X_n$。

n 为奇数时,

$$X_{\text{中}}=X_{(n+1)/2} \quad (41\text{-}29)$$

n 为偶数时,

$$X_{\text{中}}=[X_{(n/2)}+X_{(n/2)+1}]/2 \quad (41\text{-}30)$$

(2) IQR 的计算:IQR 是检测值数列的上四分位 Q_1 与下四分位 Q_3 之差

$$IQR=Q_3-Q_1 \quad (41\text{-}31)$$

Q_1 与 Q_3 是数列中 1/4 位和 3/4 位的两个数值。计算方法是:

- 当 $(n-1)$ 是 4 的整数倍时,Q_1 和 Q_3 就是数列中的两个数值:$X_{[(n-1)/4]+1}$ 和 $X_{3[(n-1)/4]+1}$;
- 当 $(n-1)$ 不是 4 的整数倍时,按以下计算:

设: $A=(n-1)/4 \quad (41\text{-}32)$

$B=3A \quad (41\text{-}33)$

以 $[A]$,$[B]$ 分别表示 A、B 的整数部分。

则 $Q_1=X_{([A]+1)}+(A-[A])\{X_{([A]+2)}-X_{([A]+1)}\}$ (41-34)

$Q_3=X_{([B]+1)}+(B-[B])\{X_{([B]+2)}-X_{([B]+1)}\}$ (41-35)

【例 41-5】 用稳健 Z 值法评价例 41-4 中各实验室能力。

将数据按大小顺序排列:

0.92 0.95 0.96 0.97 0.97 0.97
0.98 0.98 1.01 1.03 1.12 1.15

$X_{\text{中}}=[X_{(n/2)}+X_{(n/2)+1}]/2=[X_6+X_7]/2$
$=[0.97+0.98]/2=0.975$

计算 IQR:

$A=(n-1)/4=(12-1)/4=2.75$；则$[A]=2$；

$B=3A=8.25$ ； 则$[B]=8$；

$Q_1=X_{[A]+1}+(A-[A])\{X_{[A]+2}-X_{[A]+1}\}$

$=X_3+0.75\{X_4-X_3\}=0.96+0.75\{0.97-0.96\}=0.968$

$Q_3=1.01+0.25\{1.03-1.01\}=1.015$

$IQR=Q_3-Q_1=0.047$

带入41-28式，分别计算 Z_i 值(注意对照各室原始编号，切勿搞错!!!)。

$Z_1=(1.01-0.975)/0.047\times0.7413=+1.00$；$Z_2=+0.14$；…；$Z_4=+4.16$；$Z_5=-1.58$ ；…；$Z_7=-0.14$；…；$Z_{11}=+5.02$；…。

显然，4号和11号实验室的数据不能接受。与例41-4用经典Z值法评价比较，这里更明显看出4号和11号实验室的数值是离群值。

41.5.4 每室报出两个测试数据时的稳健评价法

每个实验室报出两个测试数据，分别为 X_i 和 Y_i。

(1) 计算平均值的室间Z值—$Z_{平均i}$：

先计算各室平均值 M_i，形成一组新数值。

按大小排列，计算中位值、IQR，然后带入下式：

$$Z_{平均i}=(M_i-M_{中})/IQR\times0.7413 \qquad (41\text{-}36)$$

按41.5.3的方法，评价室间一致性的好坏。

(2) 计算室间Z值—Z_{B_i}，用于评价室间相互一致性的好与差：

1) 计算各室的$(X_i+Y_i)/\sqrt{2}$之值，以 S_i 表示，为 i 室两个数据的标准化和。将 S_i 从小到大排列。

2) 计算中位值 $S_中$ 和 IQR。

3) 计算各室的 Z_{Bi}

$$Z_{Bi}=(S_i-S_中)/\text{IQR}\times0.7413 \qquad (41\text{-}37)$$

$Z_{平均i}$与Z_{Bi}略有差异，但其大小的相对顺序相同，都用于评价室间相互一致性。

(3) 计算室内Z值—Z_{Wi}，用于评价各实验室 室内两个值差异的大小：

1) 将 X_i 和 Y_i 分别由小到大排列成两列数据，分别计算 $X_中$，$Y_中$。

2) 当 $X_中>Y_中$ 时，计算各室的$(X_i-Y_i)/\sqrt{2}$，以 D_i 表示；

当 $Y_中>X_中$ 时，计算各室的$(Y_i-X_i)/\sqrt{2}$，以 D_i 表示。

D_i 为 i 室两个数据的标准化差，可能是正值，也可能是负值。

3) 按代数值 从小到大排列 D_i，计算 $D_中$、Q_1、Q_3 及 IQR(按代数运算规则!!)。

4) 计算 Z_{Wi}值：

$$Z_{Wi}=(D_i-D_中)/IQR\times0.7413 \qquad (41\text{-}38)$$

室内两个值 X_i、Y_i 相同时，室内Z值——Z_{Wi}不一定为零。

5) Z_{Wi}用于评价各实验室的室内两个值差异的大小。

【例41-6】 经均匀度检验合格的T_2软带，8个实验室深冲实验，各测2个数据如下：

室$_i$	1	2	3	4	5	6	7	8
X_i	8.0	7.4	5.6	8.2	9.4	8.2	7.8	8.2
Y_i	8.8	7.8	6.0	8.4	7.6	8.2	8.0	8.4

用稳健Z值法计算：室间Z_{Bi}和室内Z_{Wi}。并加以评价。

[提示](1) 计算中要排多个数列，切勿搞混。最后评价时对照原始数据和实验室编号。

(2) 计算Z_{W_i}时，有负数出现，按代数运算规则演算，勿忘“-”号。

解[1] 计算室间Z值—Z_{Bi}(计算过程省略)。

室$_i$	1	2	3	4	5	6	7	8
S_i	11.88	10.75	8.20	11.74	12.02	11.60	11.17	11.74
Z_{Bi}	0.399	-1.748	-6.593	0.133	0.665	-0.133	-0.950	0.133

由计算结果看，$|Z_{B3}|>3$，其室间一致性差，不可接受。其余满意。

[2] 计算室内Z值—Z_{Wi}

每室的两个数据按大小分别排列：

X_i：5.6　7.4　7.8　8.0　8.2　8.2　8.2　9.4　$X_{中}=8.1$

Y_i：6.0　7.6　7.8　8.0　8.2　8.4　8.4　8.8　$Y_{中}=8.1$

由于 $X_{中}=Y_{中}$，因此用 $(X_i-Y_i)/\sqrt{2}$ 或 $(Y_i-X_i)/\sqrt{2}$ 计算 D_i 都可以。计算出的 Z_{Wi} 应该数值相同，符号相反（注意：计算 Z_{Wi} 时，实验室编号要对应例题给出的原始数据 X_i、Y_i，勿对应按大小排列的数据列的编号）（计算过程省略）。

实验室 i：	1	2	3	4	5	6	7	8
D_i：	−0.565685	−0.282843	−0.282843	−0.141421	1.272792	0	0.141421	−0.141421
Z_{Wi}：	−1.799	−0.600	−0.600	0	5.995	0.600	1.199	0

计算结果表明，$|Z_{W5}|>3$，其室内一致性差，不可接受。其他实验室的室内一致性满意。

从各室测量值看：3 室报出的两个值都偏低，计算出 $|Z_{B3}|>3$，其室间一致性差；5 室报出的两个值之间相互差别大，计算出 $|Z_{W5}|>3$，其室内一致性差。计算结果与直观判断相吻合。

41.5.5　能力验证结果图解

41.5.5.1　尤登图（Youden didgrams）对数据直观图解

当每个实验室报出两个数据时，可以用尤登图直观图解各个室室间或室内的一致性。图中每个点代表一个实验室，其横坐标为该室第一个值，纵坐标为该室第二个值。如图 41-1 将[例 41-6]2 个实验室数据作示意图。

图中画一个 95% 置信度的椭圆，其检测值被评价为 $|Z|>3$ 的（室间 Z_{Bi} 或室内 Z_{Wi}）实验室，都在椭圆之外（虽然 $|Z|<3$，但个别值偏大或偏小，也有的在椭圆外）。

图中左下或右上象限的点，表示该室数据系统偏差大，两个 值都偏小或偏大；右下或左上象限的点，表示该室数据偶然偏差大，两个值一大一小。

41.5.5.2　直方图图解 Z 值

各种 Z 值（包括每室 1 个数据时）都可用直方图图解。能直观了解各个实验室与其他室一致性的优劣。图 41-2 和图 41-3 是[例 41-6]的示意图。

铜合金常用化学分析方法保留有效数字参考表见表 41-7。

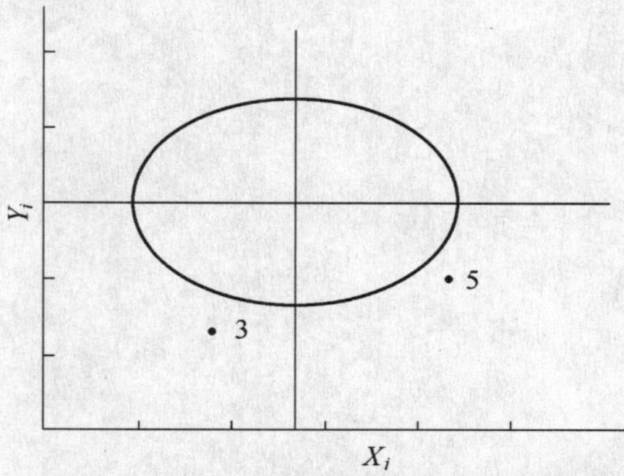

图 41-1　[例 41-6]中，3 实验室和 5 实验室在椭圆外（示意图）

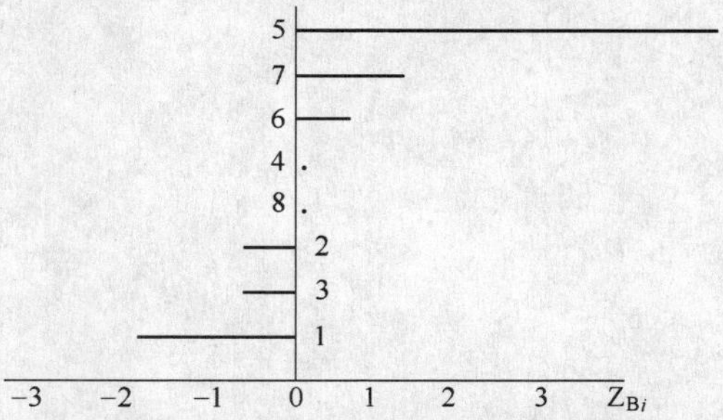

图 41-2　用代数值 Z_{Bi} 图解（示意图）

图 41-3　用绝对值 $|Z|$ 图解（示意图）

表 41-7 铜合金常用化学分析方法保留有效数字参考表

$w_B\times100$/%	≥99.95	≥10.0	≥1.0	≥0.1	≥0.01	≥0.001	≥0.0001
有效数字表示	××.×××	××.××	×.×× (×.×××)	0.×× (0.×××)	0.0×× (0.0×××)	0.00××	0.000× (0.000××)

注:标准样品定值分析时,由于选用标准检测方法和熟练操作人员进行检测,也可按()内的有效数字位数保留。

42 铜及铜合金化学成分检测[1]

42.1 概述

42.1.1 分析化学发展历程

分析化学，是化学学科的一个重要分支。随着科学技术的进步，分析化学也得到不断发展：

19 世纪，基于溶液的一系列平衡理论的建立，出现了以滴定分析和重量分析（虽然称量的是物质的质量，仍按习惯叫"重量分析法"。）为主的化学分析方法；

20 世纪初以来，随着物理学和电子学的发展，出现了分光光度法、原子发射光谱法（AES）、原子吸收光谱法（AAS）、X 射线荧光光谱法（XFS）、电感耦合高频等离子体发射光谱法（ICP—AES）、电化学分析法等仪器分析方法；

20 世纪 70 年代以来，计算机科学和材料科学的发展，促使分析化学第三次大发展：分析化学不仅进行元素分析，还要进行结构、状态分析；不仅进行总体分析，还要进行微区分析、逐层分析；不仅进行离线分析，而且发展到在线分析、无损分析、遥测分析。同时，分析仪器不断改进、完善，向智能化、精密化、小型化发展。

化学分析可分为经典化学分析方法和仪器分析方法。滴定法、重量法属于经典化学分析方法，仪器分析方法种类多、发展快，在日常检测中，逐渐代替经典化学分析方法。

42.1.2 铜及铜合金产品化学分析特点

铜加工过程和产品的化学分析，涉及三十多个元素。与钢铁材料和铝合金相比，铜合金的化学成分分析有两个特点：一是钢铁和铝合金不要求分析基体铁和铝，而铜合金要求分析高达百分之五、六十乃至 99.98% 的铜含量，这就要采用精确的电解分析方法；二是纯铜导电材料，需要分析其中十几个微量成分，有些成分要求分析到百万分之一的质量分数（μg/g），分析难度较大。

由于铜合金中的元素含量高低可相差五、六个数量级，有的同一元素在不同的合金中，含量也相差四、五个数量级。因此，铜合金所涉及的三十多个元素的分析方法就呈现多种多样。即使可以多元素同时分析的各种仪器分析方法中，任何一种方法也不能全部胜任铜合金所有分析任务。各种分析方法各有优劣，要根据分析对象和仪器配置选择分析方法：标准分析方法比较成熟，准确可靠；各企业的分析规程不仅快速，而且有些方法的准确性不亚于标准方法；大企业炉前快速分析可选用光电直读光谱法，若分析黄铜可使用 X 射线荧光光谱法；新产品研制，合金成分多变，选择 ICP 光谱法较宜；原子吸收光谱仪价格较便宜，与其它化学方法配合，可以作为中、小企业的选择。

因此，化学分析人员要根据不同合金、不同形状试样、不同的待测元素和不同质量分数，选择最合适的分析方法，才能作到分析既准确又及时。

42.1.3 化学分析取样和制样

正确取样、制样非常重要。有时，取样、制样带来的不确定度远大于检测的不确定度。

首先，样品要能代表所检测的一批（炉）产品。否则，检测就失去意义。如纯铜中微量的磷在浇铸样品时易逸失，须用坩埚在熔体中取样，否则，样品中的磷含量代表不了铸锭中的磷含量。样品的物理性能（组织、结构、密度、表面等）和化学组成应比较均匀，不能氧化、污染、夹

[1] 本章撰稿人：梅恒星、胡晓春。

杂。取样太少有时不能满足检测需要，因此，需要根据使用的检测方法确定取样和制样量，或者根据取样量选择检测方法。不同的检测方法对样品形状也有不同要求。

铜及铜合金一般比较均匀，制样相对简单。在样品制备加工时，也要注意不能氧化、油污。在制备碎屑样品时，要注意不要混入其它碎屑，要用磁铁把加工时可能混入的铁屑除去。化学成分易偏析的，如锡磷和锡锌铅青铜中的锡易偏析，加工时要弃去表皮（约 3～5 mm）然后再直接进行光谱激发检测或加工成碎屑用于溶解检测。检测纯铜中的铜含量时，试样轻微氧化就会影响检测结果的准确性，需要细心制样：样品要用冰乙酸(1+4)煮沸 2～3 min，用水、无水乙醇洗涤，干燥后备用。黄铜样品表面的油污，不能用盐酸溶液清洗，避免合金中的锌被溶解，改变了合金组成。

取样和制样时，都要及时对样品加以唯一标识(编号)。

42.1.4 现行铜及铜合金化学分析方法标准

42.1.4.1 国家标准方法

GB/T5121—1996“铜及铜合金化学分析方法”是现行的铜合金化学成分分析标准，涉及 24 个元素，33 个分析方法。这些方法分类见表 42-1。

表 42-1 GB/T5121—1996 中的分析方法分类表

分析方法类别	该类方法个数	分析的元素
分光光度法	12	Fe、Al、Mn、Sn、Zr、Ti、P①、Si①、As、Sb
原子吸收法	9	Zn、Ni、Pb、Co、Cr、Mg、Ag、Cd、Bi
滴定法	6	Fe、Zn、Al、Mn、Sn、Ni
脉冲加热红外吸收法	2	O、S、C
重量法（含电解重量法）	4	Cu①、Be、Si

①该元素有两个这一类的分析方法。

由表 42-1 可以看出，国标 33 个分析方法中有 12 个分光光度法，占 36%；9 个原子吸收法，占 27%；6 个滴定法，占 18%；2 个红外吸收法（分析 3 个元素），占 6%；2 个重量法、2 个电解重量法（也可以归入电化学方法）各占 6%。这些方法是目前铜加工行业普遍采用的方法，是比较成熟、可靠的分析方法。

分析结果以待测物质的质量分数表示。物质 B 的质量分数定义为物质 B 的质量与混合物（试验样品）的质量之比，以 w_B 表示。

计算通式为：$w_B = m_B/m_s$ (42-1)

（m_B—测得待测物质的质量；m_s—测出 m_B 的那部分试验样品的质量。）

习惯所称待测物质的含量，就是用“%”符号表示的质量分数：$w_B \times 100\%$。

42.1.4.2 行业标准方法

由于分析仪器的普遍采用，正在制定铜及铜合金化学成分光电直读光谱法、X 射线荧光光谱法、电感耦合等离子发射光谱法等行业分析标准方法。这些标准方法的制定，不仅规范仪器分析过程，保证检测质量，而且也会推动仪器分析在铜合金化学分析的进一步应用。

42.1.5 仪器分析的特点

42.1.5.1 仪器分析分类

仪器分析是以物质的光学、电学等物理或物理化学性质为基础的分析方法。可分为光学分析方法、电化学分析方法、色谱分析方法等。

(1) 光学分析法是根据物质吸收、发射、散射电磁波而建立起来的分析方法。可分为发射光谱法，如原子发射光谱法、电感耦合等离子体发射光谱法、原子荧光光谱法(AFS)、X 射线荧光光谱法等；吸收光谱法如原子吸收光谱法、紫外可见分光光度法、红外吸收光谱法(IR)、核磁共振波谱法(NMR)、电子能谱法等；拉曼光谱法等。

(2) 电化学分析法是以物质的电化学性质及其变化进行分析的方法，根据测量的电信号不同，可分为电位分析法、电导分析法、电解分析法、库仑分析法、极谱分析法等。

(3) 色谱分析法是利用混合物中有关组分的物理、化学或物理化学性质的不同将它们分开的方法。根据固定相和流动相的不同，可分为气相色谱法(GC)、液相色谱法(LC)、离子色谱法(IC)。

(4) 其他仪器分析法主要有质谱分析法(MS)、电子衍射法、放射化学法等。

本章中我们侧重对原子吸收光谱法、摄谱法、光电直读光谱法、ICP 光谱法、X 射线荧光光谱法进行阐述。

42.1.5.2 仪器分析的特点

(1) 分析速度快。仪器分析法普遍采用了电子和计算机技术,样品处理比化学分析法简单,大大地提高了分析速度。

(2) 灵敏度高。仪器分析法中除 X 射线荧光分析、示差光度分析、电重量分析等主要用于常量分析外,多数仪器分析方法适于痕微量分析。方法的相对灵敏度可达 $1\times10^{-4}\%$,甚至 $1\times10^{-10}\%$。

(3) 多元素、无损分析。一些仪器分析可同时进行多元素分析;激光光谱法、电子探针法、离子探针法和电子显微镜法等可以进行表面、微区、准无损分析;X 射线荧光光谱法可以进行无损分析。

(4) 大型仪器设备复杂,可多机联用。多数分析仪器及其附属设备比较精密贵重,需配备专业人员进行操作维护和管理。现代的仪器分析技术中,把两种甚至两种以上的仪器功能进行合并或嫁接,使一台仪器具有两种仪器或比两种仪器还多的功能。比如:ICP-MS(电感耦合等离子体炬 - 质谱分析等)。

(5) 在线实时分析技术。冶金过程需要实时、快速响应熔体的变化,以便实现过程控制。所以熔体在线分析成为炉前分析的发展趋势(即不需要取样、制样,直接对熔融状态的金属熔液进行分析)。如:熔体发射光谱分析、超细粒子引出—等离子体光谱法、熔体发射光谱全谱分析等。

(6) 原位分析技术。材料的化学成分一般系指材料的平均化学成分的含量,是平均值的概念。而原位成分分析则要准确地知道各元素在材料的不同位置的含量;偏析情况;疏松度的计算等等。利用现代采样和分析技术可进行原子团级、纳米级的分析。

(7) 仪器分析法必须与化学分析法配合使用。多数仪器分析法需用标准样品,而标准样品的成分要用化学分析法定值。多数仪器分析方法中的样品处理(溶样、分离等)需用化学分析基本操作技术。建立新的仪器分析方法时,往往需用化学分析法来验证。尤其对一些复杂物质分析时,常常需用仪器分析法和化学分析法进行综合分析,例如主含量用化学分析法、微量杂质用仪器分析法测定。因此,化学分析法和仪器分析法是相辅相成的。

42.1.6 分析化学的发展趋势

分析化学随着现代科学技术,尤其是计算机技术和芯片技术的引入,得到迅速发展。实现了从分析化学向分析科学的历史性转变。环境科学、生命科学和材料科学与分析化学结合,分别产生了新的交叉学科,满足着信息、能源、资源、健康、国民经济、国家安全等方面的需要。分析化学向着更高灵敏度和选择性发展,实现原位、实时、微区、微量检测。

21 世纪金属材料检测面临三大难题:高纯金属和复杂合金的痕量元素分析;金属材料的原位分析;材料加工过程的在线、实时、临界控制分析。

随着通信、电子行业对高纯铜材高导电性能的要求,材料中十几个或更多痕量元素的总和不能超过 0.01% ,单个元素含量控制在 $1\times10^{-4}\%$或更低。为此,使用等离子质谱(ICP—MS)等仪器,降低检出限,从检测各个环节降低测量空白,采取分离手段消除干扰等,有助于实现痕量元素的检测。

金属材料的化学组成和组织结构决定材料性能。但是,平均化学成分和组织结构分析,不能完全解释材料不同部位性能的异同。近年,出现了反映材料中不同组成分布规律的新技术——原位统计分布分析技术。它可以提供以下信息:材料化学组成的位置分布、特定部位的化学成分含量;材料中各个成分的存在状态及分布。如电真空器件用无氧铜中氧的形态和是否均匀分布,一直困扰着无氧铜生产企业和用户。因为氧的聚集对电真空材料是致命的。按分析对象的区域,原位统计分析可分为一维(深度)、二维、三维统计分析。了解这些信息,可以解释不同组分在材料中均匀性对强度、耐蚀性、电性能的影响;可以判断复合材料层间结合度、表面处理效果;可以清楚金属夹杂物和析出相的形态,如强化弥散铜中酸溶铝和酸不溶铝的化学形态是什么?它们对金属强度、耐蚀性等有什么不同影响?辉光质谱技术、火花单次放电解析技术、电化学扫描探针显微技术(ECSTM)等为原位统计分析技术的实现提供了手段。

全流程控制、实时性、闭环性是未来冶金分析的特点。实现产品流程在线分析、熔态金属直接分析、炉气在线分析等,将对工艺控制、提高生产效率、节约能源、环境监测提供帮助。浸入式探头、激光光谱、遥测技术为在线、实时分析的实现,创造了条件。

42.2 滴定法

滴定分析法是用能准确计量的滴定管,将一种已知准确浓度的试剂溶液(称滴定剂或称标准溶液),仔细地滴加到待测物质的溶液中,直到滴定剂与待测物质按化学计量进行的化学反应定量完成为止,即达到化学计量点。

按照等物质的量规则(在化学反应中,所消耗的每个反应物与所产生的每个生成物,其物质的量都相等),通过计量所消耗的已知浓度的滴定剂(标准溶液)的体积,计算待测物质的含量。

是否滴定到化学计量点,往往借助指示剂变色或用其他物理化学方法来确定。这一点也称滴定终点。实际滴定分析中,指示剂不一定恰好在理论化学计量点变色,其他物理化学方法指示的终点与理论终点也存在误差,这都会引起终点不确定度。

根据化学反应类型不同,滴定法分为酸碱滴定法、络合滴定法、氧化还原滴定法和沉淀滴定法等。

根据滴定过程与化学反应的形式,滴定法分为直接滴定法、间接滴定法、返滴定法、置换滴定法。

例如,GB/T5121.2 方法 2"重铬酸钾滴定法测定铁量",是用滴定剂重铬酸钾标准溶液与溶液中待测的铁(Ⅱ)发生氧化还原反应,依据重铬酸钾标准溶液的浓度和消耗的体积,计算铁的量。这个反应的滴定终点用二苯胺磺酸钠溶液为指示剂。这是氧化还原滴定法,是直接滴定法。

滴定用标准溶液是量值传递的载体,必须用纯度高(杂质少于 0.1%)、化学组成稳定、成分确切的基准物质或基准试剂,由专人配置,并注明有效日期。标准溶液正式使用前,有必要先用一级标准样品进行验证。

滴定法适用于含量不小于 0.*X*% 的待测物质的检测。铜合金中含量高的主要成分如铁、锌、铝、镍、锰、锡、铜、铅等,常采用滴定法检测,具有准确、快速、经济的优点。表 42-2 列举铜合金常用的滴定方法。

表 42-2 铜合金常用的滴定方法

元素	方法名称及检测范围(w_B)	方法提要
Cu	硫代硫酸钠滴定法(*X*%~98%)	在乙酸性溶液中,Cu^{2+} 与 KI 反应定量析出碘,以淀粉为指示剂,用硫代硫酸钠标准溶液滴定
Sn	碘酸钾滴定法(0.5%~10%)	在氨性介质中,用 $Fe(OH)_3$ 与锡共沉淀分离铜,$HgCl_2$ 为催化剂,次磷酸钠(NaH_2PO_2)还原四价锡为二价锡,淀粉为指示剂,碘酸钾标准溶液滴定(若不分离、直接还原、滴定,可快速检测,但检测不确定度增大)
Ni	1. EDTA 络合滴定法(1%~45%) 2. 重铬酸钾滴定法(0.5%~8%)	1. 电解除铜,以丁二酮肟沉淀富集镍,硫代硫酸钠和酒石酸掩蔽残余铜及铁、铝、铅等,加过量 EDTA 标准溶液络合镍,用铅标准溶液滴定过量的 EDTA 标准溶液,计算镍量(快速方法:硫代硫酸钠+硫脲掩蔽铜,加过量的 EDTA 标准溶液络合镍,用铅或锌标准溶液滴定过量的 EDTA 标准溶液); 2. 在硫代硫酸钠和酒石酸钠存在下,以丁二酮肟沉淀富集镍。沉淀溶于硫酸,定量生成羟胺$(NH_2OH)_2 \cdot H_2SO_4$,羟胺还原加入的硫酸高铁铵中 Fe^{3+} 为 Fe^{2+},以二苯胺磺酸钠为指示剂,重铬酸钾标准溶液氧化滴定 Fe^{2+},间接测定 Ni

续表 42-2

元 素	方法名称及检测范围(w_B)	方 法 提 要
Al	EDTA络合滴定法(0.5%～12%)	在pH4.4左右,铝与苯甲酸铵生成沉淀,分离铜等。加过量EDTA标准溶液煮沸络合铝,以二甲酚橙为指示剂,锌标准溶液滴定过量EDTA标准溶液。加氟化物夺取Al-EDTA中的Al,用锌标准溶液滴定释放的EDTA,间接测定Al(快速方法:不分离,直接加过量EDTA标准溶液煮沸络合。Sn、Ti对该方法有干扰)
Fe	重铬酸钾滴定法(0.5%～7%)	在氨性中沉淀铁,沉淀溶于盐酸,用三氯化钛还原Fe^{3+}为Fe^{2+},二苯胺磺酸钠为指示剂,重铬酸钾标准溶液氧化滴定Fe^{2+}(快速方法:不分离,用纯锌还原Fe^{3+}为Fe^{2+},Cu^{2+}被还原为单质。煮沸,过滤后重铬酸钾标准溶液滴定)
Mn	1.硫酸亚铁铵滴定法(1%～15%) 2.亚砷酸钠—亚硝酸钠滴定法(0.5%～3%)	1.在磷酸溶液中,用硝酸铵将锰氧化为三价,以苯代邻氨基苯甲酸为指示剂,亚铁标准溶液还原滴定; 2.在磷酸和硝酸银存在下,用过硫酸铵将锰氧化为七价,加氯化钠固定银离子,用亚砷酸钠—亚硝酸钠标准溶液滴定(该方法影响因素多,不确定度较大)
Pb	1.硫酸铅沉淀、EDTA滴定法(1%～20%) 2.重铬酸钾滴定法(0.5%～10%)	1.在20%硫酸溶液中,生成$PbSO_4$沉淀,过滤,$PbSO_4$溶于乙酸盐中,以二甲酚橙为指示剂,EDTA标准溶液滴定铅; 2.乙酸—乙酸钠溶液中,煮沸,Pb^{2+}与重铬酸钾标准溶液生成铬酸铅沉淀。以苯代邻氨基苯甲酸为指示剂,亚铁盐标准溶液滴定过量的重铬酸钾标准溶液(若硝酸银和硝酸锶共存在,可加速反应,不煮沸,稍放置即用亚铁盐标准溶液滴定)
Be	酸碱滴定法(X%)	pH8.5,氢氧化铍与氟化物络合,定量游离出OH^-,以酚酞为指示剂,用盐酸标准溶液滴定OH^-,间接测得Be量
Cd	EDTA络合滴定法(0.5%～X%)	pH5～6,以硫脲掩蔽铜、EDTA络合Cd、Zn、Ni、Fe、Mn等,二甲酚橙+次甲基蓝为指示剂,锌盐标准溶液滴定 过量EDTA。加入碘化钾,夺取Cd—EDTA中的Cd,锌盐标准溶液滴定定量释放的EDTA
Mg	EDTA络合滴定法(0.5%～X%)	pH10氨性介质中,用三乙醇胺掩蔽铁、铝及少量锰,氰化钾掩蔽铜、镍、锌等,铬黑T作指示剂,EDTA标准溶液滴定Mg^{2+}
Zn	EDTA络合滴定法(1%～10%)	1.用4-甲基-戊酮-2萃取富集,在六次甲基四胺缓冲溶液中,以二甲酚橙为指示剂,EDTA标准溶液滴定Zn^{2+}; 2.用氨水和硫氰酸钾分别沉淀过滤除铁和铜,氰化钾络合锌、镍等,用甲醛破坏锌-氰络合物,EDTA标准溶液滴定释放的锌。镉有正干扰; 3.采用沉淀分离、试剂掩蔽,不用氰化物直接滴定法
Ag	硫氰酸盐滴定法(X%～XX%)	0.5～4 mol/L硝酸中,以硫酸高铁铵为指示剂,利用Ag^+与SCN^-生成难溶硫氰酸银沉淀反应,用硫氰酸钾标准溶液滴定
Cr	硫酸亚铁铵滴定法(0.X%～X%)	硝酸溶解样品,加硫酸、磷酸发烟彻底溶解。酸性中,$AgNO_3$存在下,过硫酸铵氧化铬为Cr^{6+},冷却。以苯代邻氨基苯甲酸为指示剂,亚铁盐标准溶液还原滴定

42.3 重量法

重量法是设法将待测物质从样品中分离后,或形成单质,或形成化合物,精确称量其质量,计算待测物质的含量(质量分数)。

虽然称量的是其质量,一般仍沿用“重量法”这一称谓。

铜合金中常用硅酸脱水重量法检测硅、电解重量法检测铜、焦磷酸铍重量法检测铍。

重量法中,将待测物质从样品中分离是关键。

42.3.1 沉淀分离法

沉淀分离法是使待测物质以难溶物(单质或化合物)形式从溶液中沉淀出来,经过滤、洗涤、干燥或灼烧,然后用分析天平称量,计算待测物质的含量。

重量分析是根据沉淀的质量来计算待测组

分的含量，所以对形成沉淀的形式必须有一定的要求：沉淀的溶解度必须很小，保证待测组分沉淀完全；沉淀纯度要高，杂质尽可能少；沉淀易过滤和洗涤；沉淀可转化为合适的称量形式，这种称量形式应有确定且稳定的化学组成。

铜合金中含硅量较高时，常利用硅酸在无机酸中溶解度小形成沉淀，并反复加盐酸蒸干使硅酸脱水，过滤与铜等元素分离，灼烧，形成二氧化硅，称量。

42.3.2 挥发分离法

挥发分离法是利用物质挥发性，通过加热或其他方法使待测物质挥发逸出，根据样品质量减少量，计算待测物质的含量。例如，重量法测定硅时，沉淀分离后称量的二氧化硅尚有杂质，应加硫酸和氢氟酸并加热使硅生成四氟化硅挥发，再灼烧、称量，减量即为纯二氧化硅，计算即可得到铜合金含硅量。

42.3.3 其他分离法

金银等贵金属在高温熔融下能与熔铅形成合金，与其他组分分离，再在高温下使铅氧化为氧化铅渗入灰皿，得到贵金属合粒。这种火法试金分离重量法，可以检测样品中微量的贵金属含量。

电解分离重量法，可以检测纯铜中的铜含量。其原理是使 Cu^{2+} 在铂阴极上得到电子，还原为金属铜，称量后减去铂阴极的质量，即为待测溶液中含铜量（电解液中残余铜，以原子吸收法或分光光度法测出，合并于主量中）。要注意有的电解分析器整流滤波性能差，须改装加滤波器件。

42.4 分光光度法

42.4.1 分光光度法原理

分光光度法是利用在溶液中生成的含有待测物质的分子（一般形成有色溶液），对光具有选择性吸收的特性，建立的分析方法。它具有灵敏度较高、应用广泛两个明显特点。

光是一种电磁波。各种不同的光，只不过是波长（或频率）不同而已。可见光（波长 400～760 nm）和近紫外光（波长 200～400 nm）分光光度法在铜合金组分检测中应用广泛。

分光光度法属于分子吸收光谱。由于分子吸收入射光后，不仅产生电子能级跃迁，还伴有分子振动能量和转动能量的变化。因此，分子吸收光谱不是线光谱，而是有一定宽度的谱带。要通过试验，绘制吸收光谱图来选择吸收波长（一般选用最大吸收波长）。

分光光度法分析是依据朗伯-比尔定律：当一束平行的单色光入射到一均匀溶液，溶液对光产生选择吸收，其吸收的程度与溶液中待测物质的浓度 c、光通过的液层厚度 b 和溶液本身的吸光系数 k 有关：

$$\text{吸光度} \quad A = \lg(I_0/I) = kcb \tag{42-2}$$

式中 I_0——单色光通过溶液前的强度；

I——单色光通过溶液后的强度。

因此，首先配制一系列不同浓度的标准溶液，显色后于选定的吸收波长处分别测量吸光度。以浓度 c 为横坐标，吸光度为纵坐标，绘制工作曲线。那么，由测量样品显色溶液的吸光度，就可以从工作曲线查出样品显色溶液中待测元素的浓度，再依据显色溶液的体积和它相应的样品质量，可以计算待测元素在合金中的含量。

42.4.2 分光光度计的构造

分光光度计是用来完成检测的仪器。它的各部分功能是：

(1) 光源：一般使用钨灯或碘钨灯，用来稳定地发射连续光谱。

(2) 单色器：利用玻璃或石英棱镜使光折射，或者利用光栅使光发生衍射与干涉，将复合光分解成单色光。

(3) 吸收池：盛放待测溶液。用玻璃（可见光区）或石英材料制作，有不同厚度的吸收池可供选择。

(4) 检测器：利用光电池、光电管或光电倍增管，接受通过吸收池后的光，并转换为电信号。

(5) 显示、记录器：如检流计、微安表、记录仪、微处理机等。读出吸光度值或直接读出待测元素的含量值。

42.4.3 显色反应与显色条件

应用分光光度法分析，为了使待测物质的离子生成吸光性较强的化合物，必须选择合适的显色反应和控制显色条件。

42.4.3.1 显色反应

要求显色反应具有高灵敏度、选择性好(其他离子干扰少)、显色溶液稳定。

在无机溶液中，金属离子本身无色或颜色很浅，其吸光系数 k 很小，分光光度法的选择性和灵敏度都不理想。一般选用适当试剂(显色剂)，与待测物质的离子生成有色化合物，满足选择性好、干扰少和灵敏度高的要求。

络合反应是铜合金分光光度法最常用的显色反应。有机试剂又是最常用来与金属离子进行络合反应的显色剂。如偶氮胂Ⅲ、5-Br-PADAP等偶氮类显色剂，铬天青S、二甲酚橙等三苯甲烷类显色剂、丁二酮肟等肟类显色剂等。为了提高检测的灵敏度和选择性，使待测物质的离子生成多元络合物的显色反应，被日益广泛应用。如生成三元络合物的“锡—苯基荧光酮—聚乙二醇辛基苯基醚分光光度法测定锡”，可以检测铜合金中0.00X%的锡量。

42.4.3.2 显色条件

为保证显色反应正常进行，要控制显色剂用量、溶液酸度、温度、显色时间和消除干扰离子影响。因此，制定分光光度法时，必须对这些因素进行选择试验。由于试验条件较多，可以用正交试验法减少试验次数，提高试验效率。

42.4.4 工作曲线

绘制工作曲线是分光光度法的关键步骤，待分析样品溶液中，待测元素的浓度将从工作曲线上读出。因此，绘制工作曲线要注意以下几点：

(1) 待分析样品溶液中待测元素的浓度，应在工作曲线范围内。而且，控制吸光度在0.2～0.7之间最好。尤其不能随意延长曲线。

(2) 曲线实验过程应与待测样品实验过程一致，不能随意省略某些步骤。若经试验确定基体对待测元素的测定有影响，而分离基体又比较困难，那么，就不能只用待测元素的标准溶液配制曲线点，而要加入与待测溶液中相同量的基体元素，以便抵消影响。使用同一合金的标准样品配制曲线点是最理想的，不过至少需三个含量高低有适当差距的标样，但是研制固体标样相当费时。

(3) 要通过试验，选择工作曲线的参比溶液。曲线参比溶液和样品检测时的参比溶液可以相同，也可不同。选择适宜的参比溶液可以抵消试剂或样品其他组分带来的干扰。

(4) 每次应随同样品检测，随机插入标准样品同时检测，以检查工作曲线是否有变化，同时监控检测过程是否正常。

42.4.5 分光光度法在铜合金化学分析中的应用

分光光度法适用于含量不大于X%的待测物质的检测。由于可以用基准物质制作工作曲线，进行分光光度法检测，因此成为基础的化学分析方法，是铜合金分析检测中的主要方法。

表42-3列出铜合金常用的分光光度法。

表 42-3 铜合金常用的分光光度法

元 素	常用的分光光度法名称、要点	检测范围 w_B/%
Cu	氨性介质，双环己酮草酰二腙法检测电解残液中的Cu(新的产品标准中，增加了硒、碲，现标准未考虑干扰情况)	0.0025～0.05

续表 42-3

元素	常用的分光光度法名称、要点	检测范围 w_B/%
Fe	1. 4-甲基-戊酮-2萃取铁，以抗坏血酸溶液还原并反萃取，pH6.5左右，Fe^{2+}-1,10二氮杂菲红色络合物法（含Cr、Si样品，应改用聚四氟乙烯杯溶样，减少Fe的空白）； 2. 不分离、氨性，Fe^{3+}—EDTA—H_2O_2紫红色络合物法（铬、钴有干扰）。 3. 硫代硫酸钠掩蔽Cu，pH4左右，磺基水杨酸橙色络合物法（铬、钴及大量镍有干扰）	1. 0.0015～0.50 2. 0.5～7.0 3. 0.01～0.50
Ni	碱性，氧化剂（过硫酸铵）存在，镍—丁二酮肟酒红色络合物法。铜干扰，加EDTA络合（使铜—丁二酮肟分解）。以先加EDTA络合铜镍作参比液，抵消溶液中其他试剂和离子影响（参比液不稳定，镍—EDTA缓慢转化为镍—丁二酮肟，应在短时间内测量吸光）	0.05～8.0
Al	1. 当干扰元素含量高时，采取：电解除大量Pb；电解除Cu；偏锡酸（H_2SnO_3）沉淀加高氯酸发烟溶解、加溴氢酸发烟挥发除Sn；以MIBK+甲苯萃取除P；在EDTA掩蔽下，以氢氧化铍沉淀分离Be；在铂皿中，加硫酸、氢氟酸发烟，以SiF_4形式挥发除Si；在石英杯中高氯酸发烟并滴加盐酸以CrO_2Cl_2形式挥发Cr；加掩蔽剂抗坏血酸、苦杏仁酸和硫脲分别掩蔽Fe、Ti和残余Cu。锌、镍的影响，用在空白加入等量锌、镍来抵消；pH6，铬天青S紫红色络合物法； 2. 巯基乙酸存在，以苯萃取铝—钽试剂沉淀、分离铜、锡、铅、磷，以稀盐酸溶液反萃取。pH4.9～5.6，铝—铬天青S—十六烷基三甲基溴化铵三元络合物法	1. 0.001～0.6 2. 0.001～0.02
Mn	氢氟酸、硼酸、硝酸溶样，在煮沸时加高碘酸氧化，紫色高锰酸法（以亚硝酸钠还原试液为参比）	0.03～2.5
Sn	以硝酸、硫酸钾-硫酸长时间沸腾溶解，经二氧化锰共沉淀富集或直接在稀硫酸中，锡—苯芴光酮—聚乙二醇辛基苯基醚（OP）三元络合物法	0.001～0.5
Zr	1. 以盐酸、过氧化氢溶样，在EDTA存在下，高氯酸介质中，锆—二甲酚橙法（只加EDTA溶液，作参比）； 2. 硝酸溶样，硫酸蒸发或高氯酸蒸发、加盐酸溶解，0.12～0.5 mol/L盐酸溶液中，锆—偶氮胂Ⅲ蓝绿色络合物法	1. 0.1～0.7 2. 0.05～1.2
Ti	1. 硝酸溶样，硫酸发烟，硫酸性溶液中，Ti—H_2O_2黄色络合物法（不加H_2O_2为参比）； 2. 盐酸、过氧化氢溶样，pH2～3，钛—变色酸红色络合物法（加氟化物破坏络合物为参比）	1. 0.05～0.3 2. 0.02～0.08
P	1. 正丁醇-三氯甲烷萃取磷—钼酸铵杂多酸，$SnCl_2$还原，钼蓝法； 2. 硝酸介质，P—NH_4VO_3—$(NH_4)_2MoO_4$黄色络合物法	1. 0.0002～0.12 2. 0.01～0.5
As	1. 正丁醇—乙酸乙酯萃取As(Ⅴ)—钼酸铵杂多酸，$SnCl_2$还原，钼蓝法 2. 溴氢酸存在下，次磷酸钙{$Ca(H_2PO_2)_2$}还原砷为元素态胶体，比浊法	1. 0.001～0.1 2. 0.02～0.08
Si	1. 硝酸中，用MIBK(4-甲基-戊酮-2)萃取硅钼酸，$SnCl_2$还原，钼蓝法； 2. 正丁醇萃取硅钼酸，$SnCl_2$还原，钼蓝法； 3. 加硼酸络合F^-，硫脲还原硅钼酸，钼蓝法； 4. 加硼酸络合F^-，硅酸与钼酸铵黄色络合物法	1. 0.001～0.025 2. 0.0005～0.025 3. 0.025～0.4 4. 0.4～5.0
Sb	盐酸介质中，Sb(Ⅴ)络阴离子与结晶紫生成络合物，用甲苯萃取法	0.001～0.07
Bi	在氟化钾存在下，MnO_2共沉淀Bi，Bi—KI黄色络合物法	0.0005～0.006
稀土	硫脲、抗坏血酸、碘化钾掩蔽Cu、Fe、Al等，pH3，稀土—偶氮胂Ⅲ络合物法	0.02～0.1
B	1. 在14.0～14.5 mol/L硫酸中，硼—硼试剂（1-羟基-4-对甲苯胺蒽醌）蓝色络合物法； 2. 样品溶于盐酸+硝酸，用磷酸、硫酸在290℃分解硼化合物。在乙酸-乙酸盐缓冲介质中，硼酸与姜黄素形成有色化合物，540 nm光度法测定	1. 0.001～0.02 2. 0.0005～0.02
Be	硫代硫酸钠掩蔽Cu，EDTA掩蔽Al等，pH4.6，铍—铬天青S紫红色络合物法	0.6～2.4

42.5 原子吸收光谱法(AAS)

原子吸收光谱法是 20 世纪 50 年代提出、60 年代发展起来的仪器分析方法,70 年代广泛应用于铜加工行业,90 年代的铜及铜合金化学分析方法国家标准中,锌、镍、铅、钴、镁、银、镉、铋和电解液中残余铜的检测,都采用了原子吸收光谱法。方法数量仅次于分光光度法。

42.5.1 原子吸收光谱法原理

原子吸收光谱法,是基于待测物质的基态原子,具有选择性地吸收由光源辐射出的待测元素特征光的特性。光源辐射光被吸收程度与待测物质在样品中的含量成正比。因此,测量光源辐射光强度的衰减程度,就可以检测待测物质的含量。

原子处于游离状态时,其能量最低,也最稳定,称为基态原子。基态原子得到外界能量(如光辐射)后,其外层电子跃迁到较高能级,成为激发态原子。激发态原子不稳定,瞬间回到基态或较低能级,多余的能量以光或热的形式辐射出去。

每一种元素的原子,都有其独有的核外电子结构,电子的各个能级差也与其他元素原子的核外电子能级差不同。所以,基态原子能选择吸收与其电子能级差相当的辐射光的能量,这种辐射光就是该元素的特征光。例如,铜的基态原子吸收波长 324.75 nm 的辐射光,其他元素的原子则不吸收 324.75 nm 辐射光。因此,原子吸收法具有干扰少、选择性好的特点。每一种元素的原子,其原子核外有多个电子层,被激发时辐射的波长不同的特征光有多条,对应的吸收线也有多条。这些吸收线的测量灵敏度不同,如铜还有灵敏度较低的 327.4 nm 吸收线。

依据待测物质转化为基态原子的方式不同,原子吸收法分为火焰法、石墨炉法、氢化物发生法。铜合金化学成分检测多采用火焰法。它具有操作简单、检测稳定性好的特点;石墨炉法是将试液加入石墨管中,电加热使元素原子化,由于比火焰法可大大提高基态原子的浓度,所以检测灵敏度高;氢化物发生法采用硼氢化钾作还原剂,生成的氢化物导入石英管,用电或火焰加热实现原子化,适宜检测 As、Sb、Bi、Se、Te、Ge、Sn、Pb 等元素,灵敏度比火焰法提高 3～4 个数量级。

42.5.2 火焰法原子吸收光谱仪构造及各部分功能

42.5.2.1 仪器构造

该仪器主要有光源、原子化器、分光系统、检测控制系统,还有辅助的稳压电源、供气装置等。

(1) 光源:常用空心阴极灯。灯的阴极一般用含待测物质的金属或合金制作,通电后在阴极区发生辉光放电,待测物质的原子被激发,辐射出特征光。因此,空心阴极灯是个锐线光源。空心阴极灯大多是单元素灯。

空心阴极灯以直流脉冲电流供电,它的辐射光也是按脉冲频率断续相间。在检测系统的调解放大电路设计上,与空心阴极灯的直流脉冲电流频率相耦合,即只放大符合这一频率的光转换的电流,而对燃烧器火焰辐射的光转换的电流不放大。这样就消除了火焰的光谱干扰。

(2) 原子化器:由雾化器、雾室、燃烧器组成。含待测物质的溶液,由压缩空气带入雾化器喷成细雾,在雾室中与燃气(乙炔)和助燃气(空气)混合,并被带入燃烧器,细雾形成蒸汽分子,再解离成基态原子,基态原子选择性地吸收了光源辐射的特征光,使透过的特征光的强度减弱。溶液中待测物质的浓度越大,对光源辐射光的吸收越强,透过的特征光强度减弱得越多。因此可以实现定量检测。

雾化器的雾化效率和稳定性对检测灵敏度和稳定性有很大影响。

(3) 分光系统:将复合光分解为按波长顺序排列的单色光,通过出射狭缝,选出所需要的特征波长的分析线。由于使用了锐线光源——空心阴极灯,因此,原子吸收法对分光器的要求不高,一般光栅(甚至石英棱镜)可以满足分光要求。

(4) 检测系统:将光信号转换为电信号、放大,计算机处理,显示并记录。

光电倍增管是将光信号转变为电流并放大的器件。其阳极接地,处于负高压的光敏阴极接受空心阴极灯辐射光后,释放出电子。辐射光越强,释放出电子越多。阴极与阳极之间有十几个打拿极,直流高压均匀分配给各个打拿极。阴极释放的电子,逐级轰击各打拿极,释放电子数也逐级增多,到达阳极时的电子数可相当于光敏阴极释放电子数的 10^8 倍,起到放大电信号作用。

仪器一般配有计算机,对仪器条件自动选择,检测数据处理。

42.5.2.2 仪器性能

一台火焰法原子吸收光谱仪的性能主要是要求稳定性好,灵敏度较高。

(1) 基线稳定性:选用合格的空心阴极灯,开机预热 30 min 后,开始记录吸光度,30 min 内漂移应低于 $\pm 0.005A$。

(2) 波长分辨率:仪器在带宽(线色散率的倒数×狭缝实际宽度)为 0.2 nm 时,用锰灯,在波长扫描界面扫出波形图,计算 279.5 和 279.8 nm 双线的谷峰之比应小于 40%。

(3) 检出限($DL = 3\sigma/S$):例如测算铜的检出限 DL,可在 324.75 nm 波长重复测量空白溶液 10 次,计算标准偏差 σ;再测量 1μg/mLCu 溶液 10 次,计算此溶液与空白溶液的吸光度之差 ΔA 和铜的浓度之差 ΔC,则 $S = \Delta A/\Delta C$,从而计算 DL 值。

(4) 灵敏度:以产生 1%吸收(相当于吸光度 0.0044)时的浓度(μg/mL),表示某元素的灵敏度。若某元素浓度为 C(μg/mL),读出吸光度为 A,则灵敏度为 $C/(A/0.0044)$。

另外,工作曲线线性、测量相对标准偏差、波长示值重复性,也是评价仪器的指标。

42.5.3 火焰原子吸收法仪器条件选择

应根据检测的样品、元素及元素的浓度,通过试验选择仪器使用条件。

42.5.3.1 吸收线

一般待测元素浓度低时,选用最灵敏线;待测元素浓度高时,如果次灵敏线稳定而且干扰少,可选次灵敏线。以检测 Ni 为例:当溶液中镍浓度低于 20 μg/mL 时,选用最灵敏的 232.0 nm 吸收线;当溶液中镍的浓度高于 20 μg/mL 时,可选用次灵敏线 341.48 nm 吸收线。341.48 nm 附近其他吸收线很少,有更宽的线性关系,检测更稳定。

铜合金常用原子吸收分析元素的吸收线见表 42-4。

表 42-4 铜合金常用原子吸收分析元素的吸收线

元 素	Cu	Ni		Pb	Mn		Zn	Mg	Ag	Au
波长/nm	324.7	232.0	341.5	283.3	279.5	403.3	213.8	285.2	328.1	242.8
元 素	Sb	Bi		Cd	Cr		Co	In	Fe	Te
波长/nm	217.6	223.1		228.8	357.9		240.7	303.9	248.3	214.3

42.5.3.2 灯电流

灯电流低,灯内温度低,减少了辐射线多普勒变宽和自吸效应的程度,因此,测量线性好、灵敏度高。但光源辐射强度低,需要增大检测系统的高压,使检测稳定性变差。因此,要兼顾灵敏度和稳定性,通过试验选择适合的灯电流。

42.5.3.3 光谱通带

通带大小影响进入单色器的光通量和谱线纯度。通带小,谱线纯度好,可提高检测灵敏度和得到较好的线性。但进入单色器光通量小,需要增大光电倍增管的高压,影响检测稳定性。

吸收线附近谱线较简单时,光谱干扰少,一般选较大光谱通带。

42.5.3.4 火焰燃助比(燃气乙炔与助燃气空气流量之比)

火焰类型	燃助比	铜合金中适宜检测的元素
贫燃火焰	1:4～6	Ag、Pb、Bi …
中性火焰	1:4	Cu、Zn、Ni、Co、Cd、Mg
富燃火焰	1:3.5～2.5	Cr …

在应用时,需要根据所用仪器进行试验,选择合适的燃助比。

42.5.3.5 燃烧器高度(辐射光轴与燃烧器平面距离)

燃烧器高度 4～5 mm 处,可获得较高灵敏度,但稳定性差;燃烧器高度 6～10 mm 处,灵敏度下降,但稳定性改善;燃烧器高度大于 10 mm 处,灵敏度低,但稳定性好。

以上各条件相互影响,可通过具体试验选择。由于影响因素多,用正交试验可提高试验效率。

42.5.4 火焰原子吸收分析中的干扰与消除

火焰原子吸收法的干扰有化学干扰、物理干扰、背景干扰、电离干扰、光谱干扰等。

(1) 化学干扰:在火焰中,某些组分与待测元素形成难以进一步离解的化合物,阻碍了基态原子的形成。消除干扰的办法有:

1) 加释放剂,与干扰组分形成更稳定化合物,相当于把待测元素释放出来。如测定镁时,加入可溶性锶盐或镧盐,可消除铝、磷酸根的干扰。

2) 加保护剂,与待测元素或与干扰元素形成稳定络合物,避免待测元素形成难以进一步离解的化合物。如加 8-羟基喹啉与铝络合,消除铝对镁的干扰。

3) 采用高温火焰或富燃火焰。

4) 加助熔剂,减少干扰,提高灵敏度。如加氯化铵或高氯酸,可提高某些元素的测量灵敏度。

5) 采用标准加入法进行补偿。

(2) 物理干扰:溶液离子浓度大,黏度大,单位时间内提升的溶液量减少,造成干扰。可采用标准加入法,或用相同基体打底制作工作曲线,使曲线点与待测样品溶液中离子浓度相近。

(3) 背景干扰表现为火焰吸收、分子吸收等。可采用氘灯扣背景,塞曼效应校正等办法消除干扰。

(4) 光谱干扰。原子吸收光谱分析使用锐线光源,光谱干扰大为减少。可以采用窄通带、提高光源强度进一步减少干扰。

42.6 原子发射光谱法(AES)

42.6.1 基本知识

各种元素的原子在外界能量的激发下都能产生自己特有的光谱,根据元素被激发后所产生的特征光谱来确定金属的化学成分及含量的方法,称原子发射光谱分析法,图 42-1 为原子发射光谱仪原理示意图。

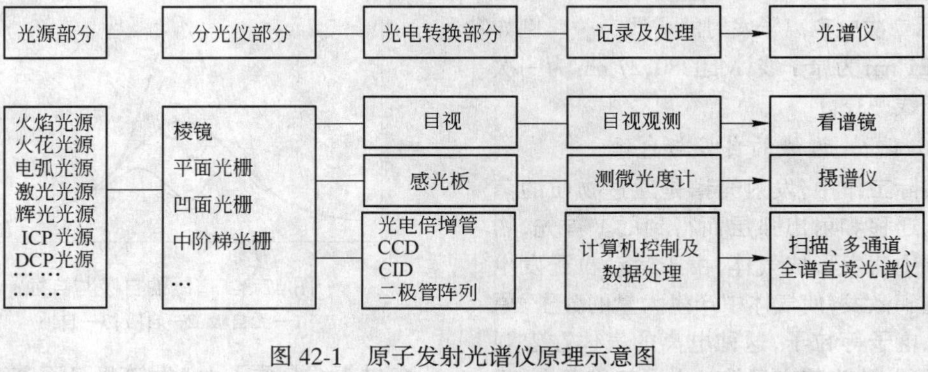

图 42-1 原子发射光谱仪原理示意图

通常借助于火焰、交直流电弧、高低压火花、激光、交直流电感耦合等离子体、微波等离子体等外界能源激发试样，使被测元素发出特征光谱。依光源的不同可分为火焰、交直流电弧、高低压火花、激光、交直流电感耦合等离子体、微波等离子体原子发射光谱分析。

依分光元件的不同又分为棱镜光谱仪、光栅光谱仪、中阶梯光栅光谱仪。

依接收系统的不同又分为看谱镜、摄谱仪、光电直读光谱仪。

依检测器的不同分为普通光电直读、准全谱直读光谱仪、全谱直读光谱仪。

42.6.1.1 原子光谱的产生

正常情况下，原子处于基态，能量最低，最稳定。从外界获得能量后，原子核外电子从基态跃迁到较高能态，成为激发态 。激发态极不稳定，约经 10^{-8} s，外层电子就从较高能级回到较低能级或基态，多余的能量以电磁波的形式发射出来。

原子中某一外层电子由基态激发到高能级所需要的能量称为激发电位。原子光谱中每一条谱线的产生各有其相应的激发电位。由各个激发态回到基态所发射的谱线称为共振线。由最低激发态回到基态所发射的谱线称为第一共振线，它具有最小的激发电位，因此最容易被激发，为该元素最灵敏的谱线。

离子也可能被激发，其外层电子跃迁也发射光谱。由于离子和原子具有不同的能级，所以离子发射的光谱与原子发射的光谱不一样。每一条离子线也有其激发电位。

在原子谱线表中，罗马数Ⅰ表示中性原子发射光谱的谱线，Ⅱ表示一次电离离子发射的谱线，Ⅲ表示二次电离离子发射的谱线……。例如MgⅠ285.21 nm为原子线，MgⅡ280.27 nm为一次电离离子线……。

42.6.1.2 谱线的自吸与自蚀

在实际工作中，发射光谱是通过物质的蒸发、激发、迁移和射出弧层而得到的。首先，物质在光源中蒸发形成气体，由于运动粒子发生相互碰撞和激发，使气体中产生大量的分子、原子、离子、电子等粒子，这种电离的气体在宏观上是中性的，称为等离子体。在一般光源中，是在弧焰中产生的，弧焰具有一定的厚度，如图 42-2 所示。

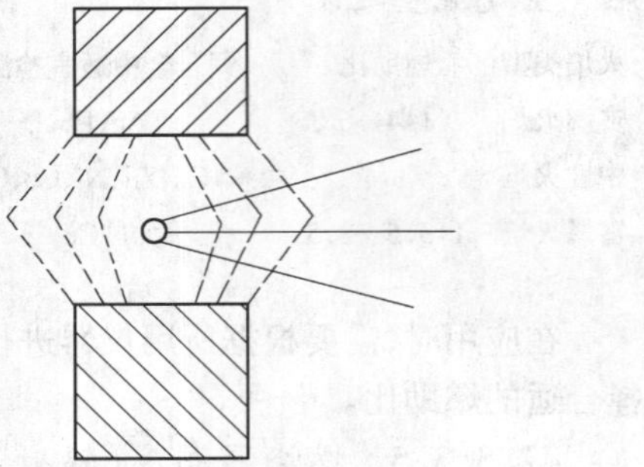

图 42-2 弧焰的产生

弧焰中心的温度最高，边缘的温度较低。由弧焰中心发射出来的辐射光，必须通过整个弧焰才能射出。由于弧层边缘的温度较低，因而这里处于基态的同类原子较多。这些低能态的同类原子能吸收高能态原子发射出来的光而产生吸收光谱。原子在高温时被激发，发射某一波长的谱线，而处于低温状态的同类原子又能吸收这一波长的辐射，这种现象称为自吸现象。

弧层越厚，弧焰中被测元素的原子浓度越大，则自吸现象越严重。

当原子浓度较低时，谱线不呈现自吸现象；原子浓度增大，谱线产生自吸现象（图 42-3）。由于发射谱线的宽度比吸收谱线的宽度大，所以，谱线中心的吸收程度要比边缘部分大，因而使谱线出现“边强中弱”的现象。当自吸现象非常严重时，谱线中心的辐射将完全被吸收，这种现象称为自蚀。

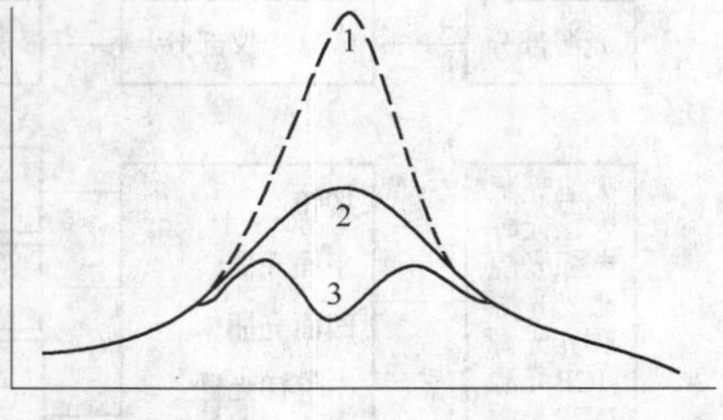

图 42-3 谱线的自吸与自蚀

1—无自吸；2—自吸；3—自蚀

共振线是原子由激发态跃迁至基态而产生的。由于这种迁移及激发所需要的能量最低，所以基态原子对共振线的吸收也最严重。当原子浓度很大时，共振线呈现自蚀现象。自吸现象严重的谱线，往往具有一定的宽度，这是由于同类原子的互相碰撞而引起的，称为共振变宽。

由于自吸现象严重影响谱线强度，所以在光谱定量分析中是一必须注意的问题。

42.6.2 光源

光源具有使试样蒸发、解离、原子化、激发、产生原子光谱的作用。光源稳定性、激发原子的灵敏性对光谱分析的检出限、精密度和准确度都有很大的影响。因此，光源的选择非常重要。

目前常用的光源有直流电弧、交流电弧、电火花及耦合高频等离子体。

在电光源中，两个电极之间是空气(或其他气体)。放电是在有气体的电极之间发生。由于在常压下，空气不能导电，所以要借助紫外线照射、电子轰击、电子或离子对中性原子碰撞以及金属灼热时发射电子等，使气体产生离子变成导体。

当气体电离后，还需在电极间加以足够的电压，才能维持放电。通常，当电极间的电压增大时，电流也随之增大；当电压增大到某一定值时，电流突然增大到差不多只受外电路中电阻的限制，即电极间的电阻突然变得很小，这种现象称为击穿。在电极间的气体被击穿后，即使没有外界电离作用，仍然继续保持电离，使放电持续，这种放电称为自持放电。光谱分析用的电光源(电弧和电火花)，都属于自持放电类型。

使电极间击穿而发生自持放电的最小电压称为“击穿电压”。要使空气中通过电流，必须要有很高的电压，在 0.1 MPa 压力下，若使 1 mm 的间隙中发生放电，必须具有 3.3 kV 的电压。

如果电极间采用低压(220 V)供电，为了使电极间持续地放电，必须采用其他方法使电极间的气体电离。通常使用一个小功率的高频振荡放电器使气体电离，称为“引燃”。

自持放电发生后，为了维持放电所必需的电压，称为“燃烧电压”。燃烧电压总是小于击穿电压，并和放电电流有关。

42.6.2.1 直流电弧

直流电弧光源的电源一般由可控硅整流器供电，用可变电阻调节电流大小，用高频火花引燃直流电弧。

直流电弧工作时，阴极释放出来的电子不断轰击阳极，使其表面上出现一个炽热的斑点。这个斑点称为阳极斑。阳极斑的温度较高，有利于试样的蒸发。因此，一般均将试样置于阳极碳棒孔穴中。在直流电弧中，弧焰温度取决于弧隙中气体的电离电位，一般为 4000～7000 K，尚难以激发电离电位高的元素。电极头的温度较弧焰的温度低，且与电流大小有关，一般阳极可达 3800℃，阴极则在 3000℃ 以下。

直流电弧的主要优点是：检出限低，可分析痕量元素；连续背景和空气谱线弱；预燃时间短；结构简单、安全。

直流电弧的主要缺点是：放电不稳定，分析再现性差；弧层较厚，自吸现象严重，不适用于高含量分析。应用于矿石等定性、半定量分析及痕量元素的定量分析。

42.6.2.2 交流电弧

将普通的 220 V 交流电直接连接在两个电极间是不可能形成弧焰的，这是因为电极间没有导电的电子和离子。可以采用高频高压引燃装置，借助高频高压电流，不断地“击穿”电极间的气体，造成电离，维持导电，低频低压交流电就能不断地流过，维持电弧的燃烧。这种高频高压引燃、低频低压燃弧的装置就是普通的交流电弧。

交流电弧是介于直流电弧和电火花之间的一种光源，与直流电弧相比，交流电弧较稳定。这种光源常用于金属、合金中低含量元素的定量分析。

42.6.2.3 电火花

高压电火花通常使用 8 kV 以上的高压交流电，通过间隙放电，产生电火花见图 42-4。

电源电压经过可调电阻后进入升压变压器的初级线圈，使初级线圈上产生 8 kV 以上的高电压，并向电容器充电。当电容器两极间的电压升高到分析间隙的击穿电压时，储存在电容器中的电能立即向分析间隙放电，产生电火花。由于高压火花放电时间极短，故在这一瞬间内通过分析间隙的电流密度很大，因此弧焰瞬间温度很高，可达 10000 K 以上，故激发能量大，可激发电离电位高的元素。

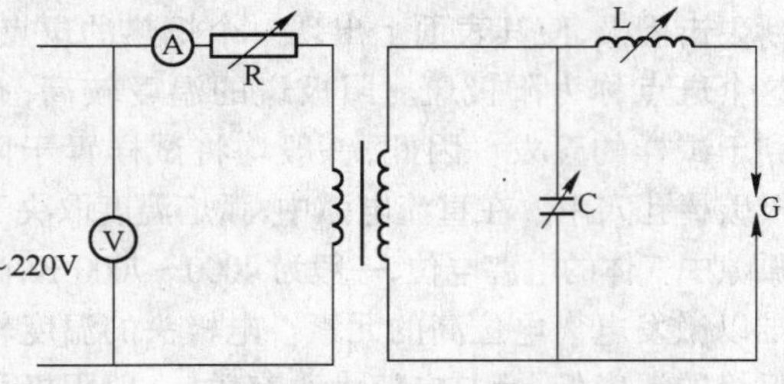

图 42-4 高压火花示意图

由于电火花是以间歇方式进行工作的，平均电流密度并不高，所以电极头温度较低，且弧焰半径较小。这种光源主要用于易熔金属合金试样的分析及高含量元素的定量分析。

42.6.2.4 等离子体光源

等离子体是一种电离度大于 0.1% 的电离气体，由电子、离子、原子和分子组成，其中电子数目和正离子数目基本相等，整体呈现电中性。

最常用的等离子体光源是直流等离子焰(DCP)、电感耦合高频等离子炬(ICP)、电容耦合微波等离子炬(CMP)和微波诱导等离子体(MIP)等。采用 ICP 光源的光谱分析将在 42.7 节中介绍。

42.6.3 色散系统

42.6.3.1 光栅

光栅是利用光的衍射现象进行色散的一种光学元件，也叫衍射光栅。它是排列在一个光学平面或凹面上的许多等距等宽相互平行的狭缝或刻槽。

如果光线通过狭缝产生衍射和干涉现象，这一类光栅称透射光栅；如果光线是通过刻槽面进行反射产生衍射和干涉的称为反射光栅。

一般的光栅是在镀有铝膜的玻璃上，用精密的刻划机刻制而成，叫机刻光栅。其刻划时间长、生产效率低、成本很高。在实际使用中多用复制的机刻光栅。由于刻划误差，存在鬼线、伴线和杂散光。利用干涉原理，将两束相干的平行光束(激光)以一定的角度投射到涂有光敏材料的光栅毛坯上，在毛坯上形成明暗交替、平行和等间距的干涉条纹，经显影、定影、真空镀膜后形成全息光栅。这是现在广泛使用的色散元件。由于全息光栅的槽形介于方波和正弦波之间，集光效率不如机刻光栅。

42.6.3.2 光栅衍射和衍射方程

我们以刻划反射光栅为例介绍光栅的衍射过程。当一束平行光投射到光栅表面时，光栅的每一个刻槽都进行衍射，而要每一个刻槽的衍射光互相干涉，必须使不同波长的光在不同的方向上出现衍射极大，才能将混合光分开并进行分析，如图 42-5 所示。

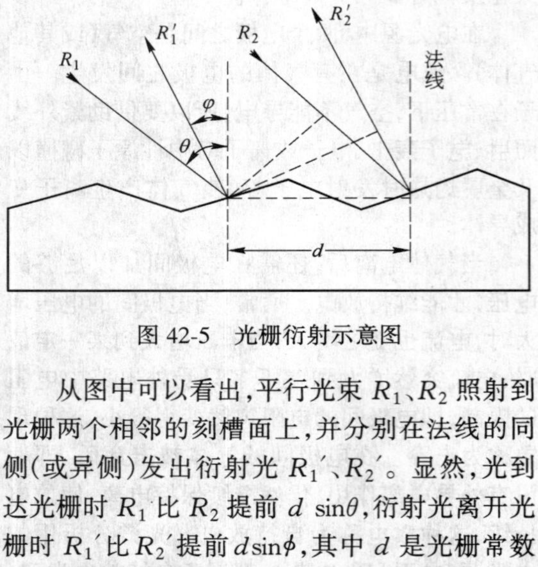

图 42-5 光栅衍射示意图

从图中可以看出，平行光束 R_1、R_2 照射到光栅两个相邻的刻槽面上，并分别在法线的同侧(或异侧)发出衍射光 R_1'、R_2'。显然，光到达光栅时 R_1 比 R_2 提前 $d\sin\theta$，衍射光离开光栅时 R_1' 比 R_2' 提前 $d\sin\phi$，其中 d 是光栅常数(两平行刻槽间的距离)，θ 为入射角(入射线与光栅法线的夹角)，ϕ 为衍射角(衍射线与法线的夹角)。两光线的净光程差为

$(d\sin\theta \pm d\sin\phi)$，依据干涉原理只有光程差是波长的整数倍时，光线在衍射方向上才会出现干涉极大，表示为：

$$m\lambda = d(\sin\theta \pm \sin\phi) \qquad (42\text{-}3)$$

这就是光栅的衍射方程。式中，$m = 0, \pm1, \pm2, \pm3, \cdots$ 为衍射级次，λ 为波长，负值表示入射线与衍射线在法线的异侧。

从方程可以看出，当光栅常数和入射角固定时，在衍射方向上，不同的衍射角对应不同的

值。也可以看出波长为 a 的一级光谱线与波长为 $a/2$ 的二级谱线重叠($1\times a=2\times a/2$),与波长为 $a/3$ 的三级谱线重叠($1\times a=3\times a/3$),依此类推。

42.6.3.3 光栅光谱仪的主要性能

A 色散率

光栅光谱仪的线色散率,简称色散率,评价把不同波长谱线分开的能力。一般用波长差 $\Delta\lambda$ 的两条谱线在焦面上色散开的距离 Δd 来表示:$\Delta d/\Delta\lambda$(单位是 mm/nm)。实际应用中更常用倒数色散率(nm/mm),表示在焦面上每毫米所包含的波长差,其值越小,分辨能力越强。

色散率的大小与光栅常数成反比;与光谱级次成正比;与光栅曲率半径或成像物镜焦距成正比。

B 分辨率

光谱仪的分辨率是指光学系统能够正确分辨出两条相邻谱线的能力。一般常用两条可以分开的光谱线波长的平均值 $\bar{\lambda}$ 与其波长之差 $\Delta\lambda$ 的比来表示,即 $R=\bar{\lambda}/\Delta\lambda$。

光栅的理论分辨率与光栅的刻划总数、光谱级次成正比,所以采用大面积、高刻线数的光栅,使用高级次谱线有利于提高分辨率。

$$R=m\cdot N=m\cdot W/d \qquad (42\text{-}4)$$

式中,R 为分辨率,m 为光谱级次,N 为光栅刻划数,W 为光栅宽度,d 为光栅常数。

42.6.4 试样激发方法

42.6.4.1 试样引入激发光源的方法

A 固体试样

金属与合金本身能导电,可直接做成电极,称为自电极;若金属箔、丝,可将其置于石墨或碳电极中;粉末样品,通常放入制成各种形状的孔或杯形石墨电极中。

B 溶液试样

ICP 光源,直接用雾化器将试样溶液引入等离子体内。

电弧或火花光源通常用溶液干渣法进样。将试液滴在平头或凹面电极上,烘干后激发。为了防止溶液渗入电极,预先滴聚苯乙烯－苯溶液,在电极表面形成一层有机物薄膜,试液也可以用石墨粉吸收,烘干后装入电极孔内。

常用的电极材料为石墨,常常将其加工成各种形状。石墨具有导电性能良好,沸点高(可达 4000 K),有利于试样蒸发,谱线简单,容易制纯及容易加工成型等优点。

C 气体试样

通常将其充入放电管内。

42.6.4.2 试样的蒸发与光谱的激发

试样在激发光源的作用下,蒸发进入等离子区内,随着试样蒸发的进行,各元素的蒸发速度不断发生变化,以致谱线强度也不断变化。一般地,易挥发的物质先蒸发出来,难挥发的物质后蒸发出来。试样中不同组分的蒸发有先后次序的现象称为分馏。试样的蒸发速度受许多因素的影响,如试样成分、试样装入量、电极形状、电极温度、试样在电极内产生的化学反应和电极周围的气氛等。在试样中加入一些添加剂等,也影响试样的蒸发速度。

物质蒸发到等离子区,发生原子化和电离。气态的原子或离子在等离子体内与高速运动的粒子碰撞而被激发,发射特征的电磁辐射。与粒子高速运动碰撞而引起的激发为热激发;与电子的碰撞所引起的激发为电激发。

42.6.5 发射光谱分析方法

原子发射光谱法可对约 70 种元素(金属元素及磷、硅、砷、碳、硼等非金属元素)进行定性、半定量和定量分析。在一般情况下,用于 1% 以下含量的组分测定,检出限可达 μg/g 级,相对标准偏差 ±10% 左右,线性范围约 2 个数量级。若采用电感耦合等离子体(ICP)作为光源,则可使某些元素的检出限降低至 10^{-3}～10^{-4}μg/g,相对标准偏差达到 ±1% 以下,线性范围可扩大至 7 个数量级。这种方法可有效地用于铜合金中质量分数 30% 以下的合金组分的检测。

42.6.5.1 目视法

用眼睛来观测谱线强度的方法称为目视法(看谱法)。这种方法仅适用于可见光波段。常用的仪器为看谱镜。看谱镜是一种小型的光谱仪,专门用于钢铁及有色金属的定性和半定量分析。

近年来,有一些仪器厂家出产的手提式光谱仪具有看谱镜的灵活,同时具有一定的准确度,非常适应现场使用。

42.6.5.2 摄谱法

摄谱分析法是曾长期应用的仪器分析方法。现在,正日益被其他仪器分析方法所替代。

(1) 摄谱过程。摄谱法是用感光板记录光谱。将光谱感光板置于摄谱仪焦面上,接受被激发的分析试样发出的光而感光,再经过显影、定影等过程后,制得光谱底片,其上有许多黑度不同的光谱线。然后用映谱仪观察谱线位置及大致强度,进行光谱定性及半定量分析。用测微光度计测量谱线的黑度,进行光谱定量分析。

感光板上谱线的黑度与作用其上的总曝光量有关。

感光板上谱线黑度,一般用测微光度计测量。设测量用光源强度为 a,通过感光板上没有谱线部分的光强为 I_0,通过谱线部分的光强为 I,则透过率 T 为:

$$T = I/I_0$$

黑度 S 定义为透过率倒数的对数,即

$$S = \lg(1/T) = \lg(I_0/I)$$

感光板上感光层的黑度 S 与曝光量 H 之间的关系极为复杂。通常用图解法表示。若以黑度为纵坐标,曝光量的对数为横坐标,得到实际的乳剂特征曲线,如图 42-6 所示。

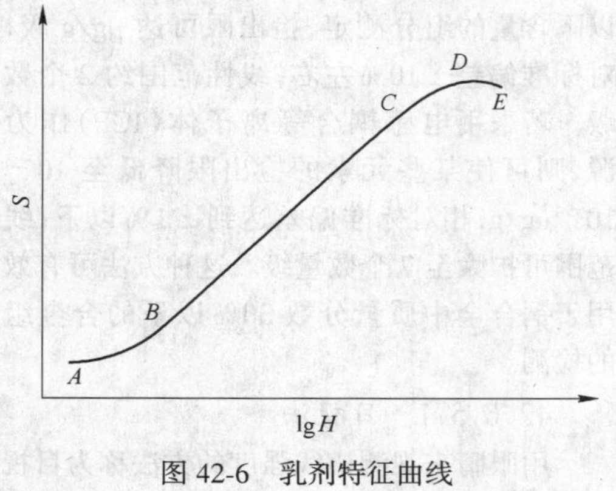

图 42-6 乳剂特征曲线

乳剂特征曲线是表示曝光量 H 的对数与黑度 S 之间关系的曲线。

乳剂特征曲线可分为四部分:AB 部分为曝光不足部分,BC 部分正常曝光部分,CD 为曝光过量部分,DE 为负感部分(黑度随曝光量的增加而降低部分)。

在光谱定量分析中,通常需要利用乳剂特征曲线的正常曝光部分 BC,因为此时黑度和曝光量 H 的对数之间可用简单的数学公式表示:

$$S = \gamma(\lg H - \lg H_i) = \gamma \lg H - i$$

式中,H_i 是感光板的惰延量,可从直线 BC 延长至横轴上的截距求出。$1/H_i$ 决定感光片的灵敏度,i 代表 $\gamma \lg H_i$。γ 为相应直线的斜率,称为“对比度”或“反衬度”。它表示感光板在曝光量改变时,黑度改变的程度。

定量分析用的感光板,γ 值应在 1 左右。光谱定量分析常选用反衬度较高的紫外Ⅰ型感光板,定性分析则选用灵敏度较高的紫外Ⅱ型感光板。

(2) 摄谱定性分析。由于各种元素的原子结构不同,在光源激发作用下,试样中每种元素都发射自己的特征光谱。

试样中所含元素只要达到一定的含量,都可以有谱线被摄谱在感光板上。摄谱法操作简单,仪器价格便宜,快速。它是进行元素定性检出的方法之一。

1) 元素的分析线与最后线。每种元素发射的特征谱线有多有少(多的可达几千条)。当进行定性分析时,只须检出几条谱线即可。

进行分析时所使用的谱线称为分析线。如果只见到某元素的一条谱线,尚不能断定该元素确实存在,因为有可能是其他元素谱线的干扰谱线。所以,检出某元素是否存在,必须用该元素原子的第一共振线(即最灵敏线或称最后线)和至少一条次灵敏线,鉴别干扰谱线,确保判别正确。

2) 铁光谱比较法。铁光谱线在 200～1000 nm 波长范围内有 4000 多条,平均每纳米有 5 条谱线。将铁谱与波长标尺拍摄在一起,通过对照准确确定铁谱线波长,再与其他元素

的谱线比较，确定这些元素谱线的波长。

标准光谱图是在相同条件下，在铁光谱上方准确地绘出绝大多数元素的逐条谱线并放大20倍的图片。

铁光谱比较法实际上是与标准光谱图进行比较，又称为标准光谱图比较法。标准光谱图中包括波长标尺、铁光谱、各元素常用分析线元素符号、波长等信息。

在实际进行分析时，将试样与纯铁在完全相同条件下并列并且紧挨着摄谱，摄得的谱片置于映谱仪（放大仪）上；谱片也放大20倍，再与标准光谱图进行比较。

比较时首先须将谱片上的铁谱与标准光谱图上的铁谱对准，然后检查试样中的各元素谱线。若试样中元素谱线与标准图谱中标明的某一元素谱线的波长位置相同，即判别为该元素的谱线。

3）标准试样光谱比较法。将要检出的元素的纯物质或纯化合物，与试样并列摄谱于同一感光板上，在映谱仪上检查试样光谱与纯物质光谱。若两者谱线出现在同一波长位置上，也可说明某一元素的某条谱线存在。

(3) 摄谱半定量分析。光谱半定量分析可以给出试样中某元素的大致含量。当对分析结果的准确度要求不高，特别是分析大批量样品时，采用半定量分析，较为简单、快速。

光谱半定量分析常采用摄谱法中的比较黑度法。首先需配制一个基体与试样组成近似的被测元素的标准系列。在相同条件下，在同一块感光板上，标准系列与试样并列摄谱。然后在映谱仪上，用目视法直接比较试样与标准系列中被测元素分析线的黑度。黑度若相同，则可做出试样中被测元素的含量，与标准样品中该被测元素含量近似相等的判断。如分析铜合金中的铅，即找出试样中铅灵敏线283.3 nm，再与标准系列中的铅283.3 nm线相比较，如果试样中的铅线的黑度，相当于铅质量分数为0.01%～0.001%的标样的黑度，则试样中铅量可表示为0.01%～0.001%。

(4) 光谱定量分析。

1）光谱定量分析的关系式

光谱定量分析主要是根据谱线强度与被测元素浓度的关系来进行的。当温度一定时谱线强度 I 与被测元素浓度 C 成正比，即

$$I = aC$$

当考虑到谱线自吸时，有如下关系式

$$I = aC^b \qquad (42\text{-}5)$$

这个公式称为罗马金公式，是定量分析的基本关系式。

式中 b 为自吸系数，$b \leqslant 1$。当浓度很小无自吸时，$b = 1$；浓度 C 增加，自吸程度增加，b 值减小，谱线强度 I 随之减小。因此，在定量分析中，选择合适的分析线是十分重要的。a 值受试样组成、形态及放电条件等的影响，在实验中很难保持为常数，故通常不采用谱线的绝对强度来进行光谱定量分析，而是采用“内标法”。

2）标准曲线法（三标准试样法）。光谱定量分析属于相对分析，需要与标准样品比较，才能确定未知样中被测元素的量。一般用三个或三个以上含有不同浓度被测元素的标准样品，与试样在相同的条件下激发光谱，以分析线强度 I 对浓度 C 或 $\lg C$ 做标准曲线。再由标准曲线求得试样被测元素含量。

3）内标法。在式42-5中，由于未知样很难与标准样的化学组成完全一致，光源放电不稳定等仪器分析条件也随时发生变化。受此影响 a 值不会是一个常数。a 值的改变必然影响谱线强度 I，从而影响分析结果准确性。

若采用相对强度测量，即采用分析线与比较线的相对强度测量，这种方法叫内标法。所用分析线与比较线称为分析线对，比较线又叫内标线，选作内标线的元素叫内标元素。内标法可以减小前述因素对谱线强度的影响，提高光谱定量分析的准确度。

一般在基体元素（或加入定量的其他元素）的谱线中选一根谱线，作为内标线。根据分析线对的相对强度与被分析元素含量的关系式进行定量分析。

此法可在很大程度上消除光源放电不稳定等因素带来的影响，因为尽管光源变化对分析线的绝对强度有较大的影响，但对分析线和内标线的影响基本是一致的，所以对其相对强度

影响不大。这就是内标法的优点。

设分析线强度 I,内标线强度 I_0,被测元素浓度与内标元素浓度分别为 C 和 C_0,b 和 b_0 分别为分析线和内标线的自吸系数。由式42-5:

$$I = aC^b$$

$$I_0 = a_0 {C_0}^{b_0}$$

分析线与内标线强度之比 R 称为相对强度。

$$R = I/I_0 = aC^b / a_0 {C_0}^{b_0}$$

式中内标元素 C_0 为常数,实验条件一定时,$A = a/a_0 {C_0}^{b_0}$ 为常数,则

$$R = I/I_0 = AC^b$$

取对数,得

$$\lg R = b\lg C + \lg A \tag{42-6}$$

分析线与内标线的黑度都落在感光板正常曝光部分,可直接用分析线对的黑度差 ΔS 与 $\lg C$ 建立标准曲线。选用的分析线对波长应比较靠近,此分析线对所在的感光板部位乳剂特征相同(见图42-7)。

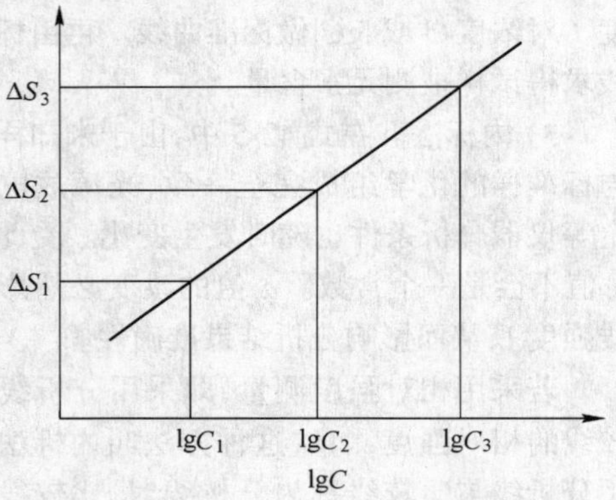

图42-7 建立标准曲线

若分析线的黑度 S_1,内标线的黑度 S_2,则由前面乳剂特性曲线一节谱线黑度与曝光量关系式,得:

$$S_1 = \gamma_1 \lg H_1 - i_1$$

$$S_2 = \gamma_2 \lg H_2 - i_2$$

因分析线对所在部位乳剂特征基本相同,故有:

$$\gamma_1 = \gamma_2 = \gamma$$

$$i_1 = i_2 = i$$

因此 $S_1 = \gamma \lg I_1 - i$

$$S_2 = \gamma \lg I_2 - i$$

黑度差 $\Delta S = S_1 - S_2 = \gamma(\lg I_1 - \lg I_2)$

$$= \gamma \lg \frac{I_1}{I_2} = \gamma \lg R$$

代入式42-6 $\lg R$ 值,得:

$$\Delta S = \gamma b \lg C + \gamma \lg A \tag{42-7}$$

上式为摄谱法定量分析内标法的基本关系式。分析线与内标线的黑度差 ΔS 与被测元素浓度的对数 $\lg C$ 呈线性关系。

在同样的条件下,将标样和未知样一起摄谱。测得标样分析线对的黑度差,与标样相应元素浓度的对数绘制工作曲线。以未知样的黑度差从曲线上查出未知样相应元素浓度的对数值,再换算出相应元素浓度。

内标元素与分析线对的选择:

铜合金分析中,内标元素一般采用基体元素铜。

内标元素与被测元素在光源作用下应有相近的蒸发性质;内标元素若是外加的,必须是试样中不含或含量极少可以忽略的;分析线对选择需匹配:两条原子线或两条离子线;分析线对两条谱线的激发电位相近(若内标元素与被测元素的电离电位相近,分析线对激发电位也相近,这样的分析线对称为"均匀线对");分析线对的波长应尽可能接近;分析线对两条谱线应没有自吸或自吸很小,并不受其他谱线的干扰;内标元素含量一定。

4) 光谱定量分析的其他方法。

标准加入法。当测定低含量元素,找不到合适的基体来配制标准试样时,一般采用标准加入法。

设试样中被测元素含量为 C_x,在几份试样中分别加入不同浓度 $C_1, C_2, C_3, \cdots$ 的被测元素;在同一实验条件下,激发光谱,然后测量试样与不同加入量样品分析线对的强度比 R。在被测元素浓度低时,自吸系数 $b = 1$,分析线对强度 R 正比于被测元素含量 C,R-C 图为一直线,将直线外推,与横坐标相交截距的绝对值即为试样中待测元素含量 C_x。

持久曲线法。如果激发条件稳定,其他条

件一致,式 42-7 中的 lg$A$ 和 b 的变化很小,影响工作曲线的主要原因就是乳剂的反衬度 γ。因此通过校正反衬度的影响,用一条相对固定的工作曲线进行工作的分析方法称“持久曲线法”。

控制试样法。实际工作中,激发条件不可能不变化,为了在变化的条件下能简便地工作,可使用控制试样法。采用一个已知含量的试样和待测试样一起摄谱,可以用已知含量的试样的黑度差来校正工作曲线的变化。(该方法是持久曲线法的引申)。

(5) 光谱定量分析工作条件的选择。

光谱仪:多采用中型摄谱仪,但对谱线复杂的元素(如稀土元素等)则需选用色散率大的大型摄谱仪。

光源:可根据被测元素的含量、元素的特征及分析要求等选择合适的光源。

狭缝:在定量分析中,为了减少由乳剂不均匀所引入的误差,宜使用较宽的狭缝,一般可达 20 μm 。

光谱载体:进行光谱定量分析时,在样品中加入一些有利于分析的高纯度物质称为光谱载体。它们多为一些化合物、盐类、碳粉等。

载体的作用主要是增加谱线强度,提高分析的灵敏度,并且提高准确度和消除干扰等。

42.6.6 光电直读分析方法

目视法是采用人的眼睛作为光谱线的接收“元件”;摄谱分析是用光谱干板作为谱线的接收元件。如果将谱线的接收元件用光电倍增管 PMT、光电二极管阵列 PDA、电荷耦合元件 CCD、电荷注入元件 CID 等来替代,此时由这些元件将光信号转换为电信号供分析处理,就称为光电光谱分析。由于检测到的电信号是由计算机直接读出光强大小或含量高低,所以又称为光电直读光谱分析。

依据工作范围的不同,光电直读光谱仪分为真空型和非真空型。非真空型直读光谱仪工作在紫外和可见光区(200～800 nm),真空型直读光谱仪可工作在波长下限更低的工作范围(120～800 nm)。

从仪器的结构来分,又可将光电直读光谱仪分为固定的多道型和单道扫描型两种。固定多道型适应于工厂大规模生产(产品种类变化不大)。其具有分析精度高、速度快的特点。但要想分析固定道以外的元素或新增加分析元素则是困难的。而单道扫描型直读光谱仪则更适应产品多变的用户,不过分析速度和精度要稍逊于固定型。然而,随着新型电子元器件 CCD、CID、PDA 的广泛使用,20 世纪 90 年代出现的全谱直读仪器使得分析的灵活性、精度高、速度快的特点得到较好的结合。

42.6.6.1 光电直读光谱仪的特点

光电直读光谱仪具有分析速度快、选择性好、检出限低(直接分析的相对检出限可以达到 0.1～10 μg/g)、准确度高(相对标准偏差能达到 0.5%～1.0%)、操作简便等优点。当然,光电直读仪价格昂贵,光电直读分析方法是一种相对分析方法,需依赖标样,这是限制它使用的方面。

42.6.6.2 光电直读分析对光源的要求

激发光源是光电直读光谱仪中关键部分。由于照相、测量过程已由计算机处理替代,所以光电直读光谱分析的主要不确定度来源于光源。选择光源时应尽量满足以下要求:高的灵敏度(分析元素的量较小的变化,检出信号有较大的反应)、低的检出限(能对痕量元素进行检测)、良好的稳定性、标准曲线线性范围宽、分析速度快、安全、易操作。

目前,常用的光源有:高压控波光源、低压火花高速光源、高能预火花光源,等离子体光源、辉光光源等。

42.6.6.3 控制气氛的使用

光谱分析中,分析气氛对分析结果的准确性和检出限有很大的影响,氩气的使用能取得较好的效果。当样品在氩气气氛中激发时,由于氩气取代了空气中的氮,防止了样品在激发过程中的选择性氧化,放电状态稳定。同时减少了带状光谱的出现(CN、CO、NO),降低了背景。并且,由于氩气的使用排开了氧气,使氧对短波区(140～195 nm)的强烈吸收大大降低,扩大了对这一波段中 C、P、S、B、Sn 等的分析，扩大了分析范围。

在氩气气氛中的火花放电一般有两个极端状态：凝聚放电和扩散放电。有氧存在时，激发斑点为白色，放电中心与边沿无明显分界，是扩散放电；没有氧存在时，激发斑点边沿成黑色，中心为麻点状，是凝聚放电。凝聚放电能形成均匀的熔融层，易得到稳定的分析结果。而扩散放电得不到均匀的熔融层，分析结果不稳定。

影响凝聚放电的因素：

氩气的纯度。一般要求氩气要达到 99.995%以上(可通过净化器获得较高纯度)。

元素对氧的亲和力。越易氧化的元素越易形成扩散放电。如含有 Al、Si、Cr 的样品就易产生扩散放电。

样品本身。氧化膜、汗渍、油渍、气泡、夹杂等。

42.6.6.4 定量分析方法

在摄谱分析中我们知道罗马金公式为：$I=aC^b$，在光电直读分析仪器中也存在着类似的关系：$V=KC^b$(V 是分析元素对应的电容的电压值，C 为分析元素的含量，b、K 是系数)。

当分析元素含量较低时，b 接近于 1，V 与 C 呈线性关系；

当分析含量较高时，可用 $\lg V$ 对 $\lg C$ 的线性关系进行分析。

也可以用多项式展开：$C=a_0+a_1V+a_2V^2+a_3V^3+\cdots+a_nV^n$(通常最多取三次方程足矣)。

在铜合金分析中，铜的高热导率和高导电率以及主量元素变化大等因素，使得第三元素影响和基体影响比较严重。在标样的选择时要注意尽可能选择基体相近的标样。

A 标准曲线法(三标准试样法)

在相同条件下激发试样与标样的光谱，测量标准样品的电压值，绘制标准曲线。根据被测试样中元素的强度，求出该元素的含量。一般要用三个或三个以上的标准样品，所以又称为三标准试样法。

用三个或三个以上的标准样品，在选定的工作条件下测得各自的相对强度值(相对电压) R_1、R_2、R_3，与各自的标准值 C_i 联立方程(如图 42-8)：

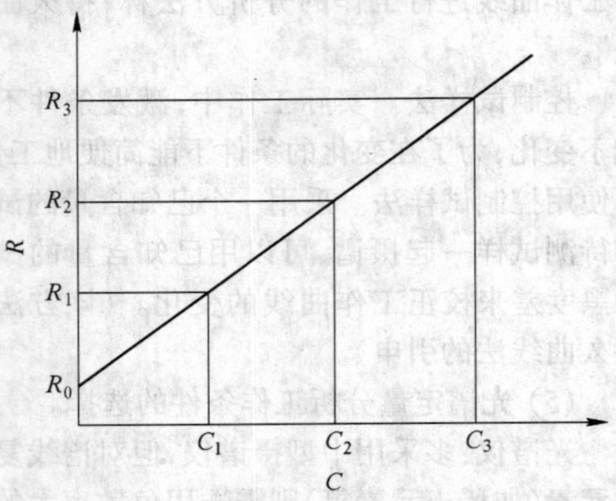

图 42-8 R-C 的关系

$$C_1=aR_1^2+bR_1+c$$
$$C_2=aR_2^2+bR_2+c$$
$$C_3=aR_3^2+bR_3+c$$

求解三元方程，得出系数 a、b、c，代入该方程可解出未知样的含量。

B 控制试样法

在实际工作中，由于分析试样和标准试样在组织结构等物理状态方面的差异，常使标准曲线发生偏移，需要使用一个与分析试样的物理状态(组织、结构、密度、表面等)一致的控制试样(控样)来校正，确保分析正确性。

在日常分析时，将控样与试样在相同的条件下进行分析，通过点($R_{控}$，$C_{控}$)作原曲线的平行线，得到控样法的校准曲线(图 42-9)。

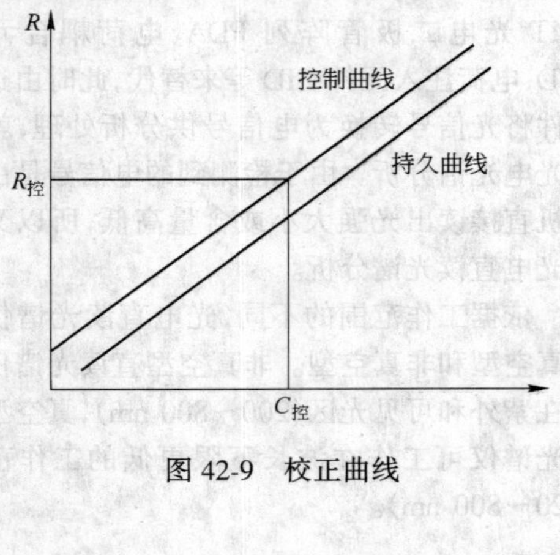

图 42-9 校正曲线

用一个标准样品作控样，进行曲线的漂移校正，只能是在微小含量区间进行校正。所以，除了要求控样定值准确、成分均匀之外，要严格保证与待分析试样含量尽可能一致、物理状态一致。尤其是曲线发生非平移的漂移时，校正更是有局限性。

C 标准化

标准化是对持久曲线的修正。由于受温度、湿度、振动、透镜和电极沾污等影响，持久曲线会发生位移、转动，在实际分析中需定期对它进行修正，这就是标准曲线的标准化。方法是，选取含量分别在标准曲线上限和下限的两个标样进行测量。测得 R_1，R_2，与原始值 R_1^0，R_2^0 组成方程组：

$$R_1 = aR_1{}^0 + b$$

$$R_2 = aR_2{}^0 + b$$

解出 a、b，即可修正曲线的变化，这就是两点标准化。

单点标准化仅选择一个含量靠近上限的点，利用 $R_1 = aR_1{}^0$ 进行校正。

D 高合金试样的定量分析方法

光电直读分析纯铜和合金元素含量低的试样时，常用基体铜作内标，并认为基体含量固定不变。但是对一些合金元素含量高的高合金试样，主量元素的变化使基体组成发生较大变化，会使结果发生较大偏移，常采用以下方法进行校正。

基体校正法（基体和部分主要成分的含量已知）：

基体元素百分含量 = 100% − 所有其他元素含量之和。

被测元素的校正含量 =（被测元素含量/基体元素百分含量）×100%。

被测元素的实际含量通过计算机对上述公式逆运算完成。

诱导含量法（基体含量未知，合金中其他元素含量已知）：

将各元素分析含量（不包括基体）全部考虑，基体含量 = 100 −（各元素含量之和）。

以四个元素分析为例，其含量分别是 a、b、c、d，基体为 M。

诱导含量分别为：

$$a' = a/[100-(a+b+c+d)]$$

$$b' = b/[100-(a+b+c+d)]$$

$$c' = c/[100-(a+b+c+d)]$$

$$d' = d/[100-(a+b+c+d)]$$

绘制校正曲线时用诱导含量代替含量来制作曲线，分析时得出的是未知样的诱导含量，再经计算机解出实际含量。

42.7 电感耦合等离子体发射光谱法（ICP—AES）

ICP 光谱法是以电感耦合等离子体为激发光源的发射光谱法。ICP 光谱法具有化学干扰少、基体效应小、动态范围宽（校准曲线的线性范围达 5～7 个数量级）、检测精密度好等优点，适于铜合金中质量分数 30% 以下的合金组分的检测。与分光光度法比较，ICP 方法可多元素同时检测，提高了检测效率；与光电直读光谱法比较，ICP 光谱法分析速度虽慢，但使用灵活，无须依赖固体标样。ICP 光谱法和原子吸收光谱分析都是可以用基准物质制作工作曲线，直接进行元素定量测定。因此，都是准确的测量方法，是铜合金新产品开发研制的好帮手。

氩气消耗量比较大是 ICP 光谱法的缺点。

42.7.1 ICP 方法原理及仪器各部分功能

电感耦合等离子体发射光谱法除了有独特的电感耦合等离子体光源之外，也有分光系统、检测器、测量系统。

42.7.1.1 等离子体光源

等离子体是一种高度电离的蒸气云，是物质的第四态，是电子、离子、原子、分子的混合体。

ICP 光源由高频发生器（R.F.）、进样雾化系统和石英矩管组成。

高频发生器提供稳定的高频电流，通过绕制在石英炬管外管上端的铜管或银质管（带聚四氟乙烯保护），形成耦合线圈，把能量传输到高温焰矩。高频发生器震荡频率为 27.12 或 40.68 MHz，输出功率一般在 750～1750 W 可调(有的仪器高频发生器功率可达2000 W)。高频发生器输出功率的稳定性是影响检测稳定性的关键因素,其功率波动应低于0.05%(有的仪器功率波动为0.01%)。

进样雾化器把样品溶液喷成气溶胶。常用同心雾化器,通过蠕动泵提升待测溶液,或通过自吸喷雾。喷雾进入雾室后,较大液滴撞向雾室壁,成为废液从低处排出(或用反抽系统排出),而细小液滴随载气通过石英矩管的内管进入等离子体。

石英矩管由内、中、外三层同心石英管组成,分别通入不同流量的氩气。内管是载气,输送待测溶液的气雾进入等离子体;中管是辅助气,流量最小,其作用是使火焰高出炬管;外管是冷却气,流量最大,使石英管与火焰之间形成热隔离,保护炬管。

高频发生器的耦合线圈在矩管上半部,产生强烈振荡磁场。通氩气并点火后,在强磁场作用下,氩气部分电离并形成带电粒子环。通过高频耦合线圈,继续从R.F.输入强大能量,使带电粒子高速运动,与气体碰撞,进一步使氩气充分电离,继续碰撞产生热量。这一过程像雪崩一样瞬间完成,形成等离子体焰矩。内管的载气将样品溶液形成的气雾(气溶胶)送入等离子体焰矩,经蒸发、原子化、激发。激发态瞬间回到低能态,并辐射试液所含元素的各自特定波长的光。

ICP焰矩在耦合线圈的中心部分是核心区;向上高出线圈1~3 cm是边缘区,是用于光谱分析的部位;再向上是尾焰区。

分光系统的入射狭缝,侧面接受激发原子辐射光的,是垂直火炬ICP。它的检测稳定性好;而水平火炬ICP的圆形入射狭缝是轴向正对焰炬的,它灵敏度高,但稳定性比垂直火炬差。

42.7.1.2　分光和检测测量系统

分光系统使用光栅作分光元件。使用中阶梯光栅+石英棱镜交叉色散系统,分光效果更好。

单道扫描ICP采用计算机控制的步进电动机转动光栅,使光谱线依次通过出射狭缝,被光电倍增管接收。或者计算机控制光电倍增管在罗兰圆上移动,实现波长扫描。扫描型ICP分析速度慢,但可检测的元素多,且价格低。

固定道(多道)ICP使用多个光电倍增管,而与之相对应的出射狭缝,是按用户要求检测的元素预先刻好。多道ICP稳定性好、分析速度快,但价格高。

近年来,由于采用电荷注入式检测器(CID)或电荷耦合式检测器(CCD),拥有十几万至二十几万个检测单元,实现了全谱检测。全谱ICP可以是垂直火炬或水平火炬或双向观察。

仪器操作和数据处理由计算机控制。新型的全谱ICP,由于计算机软件升级,可以将样品中所有谱线存储、调出,还可以进行远程计算机控制和仪器故障诊断。

42.7.2　仪器使用条件选择

仪器使用条件的选择主要包括:

(1) 分析线:从谱线强度、灵敏度、信号背景比、检出限、稳定性和共存元素有无干扰等方面综合考虑,选择合适分析线。常用分析线见表42-5。

表42-5　铜合金元素常用ICP分析线

元　素	Ag	Al	As	Au	B	Bi	Cd	Co
波长/nm	328.0	396.1	189.0	242.8	249.7	306.7 190.2	226.5	228.6
元　素	Cr	Cu	Fe	In	Mg	Mn	Ni	P
波长/nm	267.7	324.7 221.8	259.9	230.6	279.0	257.6	231.6 243.8	178.3 185.9
元　素	Pb	Sb	Si	Sn	Ti	Zn	Zr	
波长/nm	220.3	206.8	288.1	189.9	334.9	206.2 481.0	343.8	

(2) 高频发生器功率(W):功率增加,则净光强度(谱线强度减背景强度)也增加;但测量稳定性和工作曲线线性变差,同时也会降低功率管寿命。因此要综合考虑选择合适的功率。

(3) 雾化器压力(kPa):压力大小反映载气流量(L/min)大小。压力增加,则净光强度呈下降趋势,灵敏度下降,但测量稳定性好。通过试验,以灵敏度高且强度稳定性好综合考虑。

(4) 辅助气流量(L/min):辅助气流量增加,净光强度随之下降,可适当选较小流量。

(5) 积分时间(s):积分时间太短,谱线瞬间波动不能统计平均;积分时间太长,分析速度慢。根据具体的分析要求选择积分时间。

(6) 分析泵速:影响试液提升量(L/min),一般对光强影响较小。

(7) 除了仪器条件外,也要像其他分析方法一样,对溶液介质、酸度、基体和共存离子有无干扰进行试验、选择,才能得到准确的结果。

42.7.3　ICP分析中的干扰

ICP光谱分析中,样品的气雾通过高温等离子区,可认为被完全蒸发并原子化,因此化学干扰少,主要是基体效应和光谱干扰。

(1) 基体效应:当待分析元素含量低,称取的样品量大时,溶液中离子浓度大、黏度大,使得单位时间提升的溶液量降低,雾化效率降低。硫酸、磷酸也会降低雾化效率,而盐酸、高氯酸则对雾化效率影响不大。

克服基体效应的方法是使标准溶液与待测溶液的基体相一致,或用标准加入法测定,抵消影响。如果采用预先分离基体元素,更有利于降低基体效应。

(2) 光谱干扰:待测元素发射的谱线与其他元素或离子发射的谱线,在光谱仪上不能分辨时,产生光谱干扰。

可通过实际样品实验,来选择受光谱干扰尽可能小的谱线,避免干扰。也可通过仪器的背景校正装置,进行背景校正(如在正常测量后,程序驱动入射狭缝平移,进行背景测量,然后扣减。或其他校正办法)。

42.8　红外吸收气体分析法

铜合金对碳、硫、氧元素含量有限制要求。高频脉冲加热红外吸收气体分析法是目前准确快速地分析碳、硫、氧的方法。已作为标准分析方法被广泛采用。

(1) 碳、硫的测定。称量碎屑样品,置于瓷坩埚中,在高频炉中通入氧气,加热熔融,碳、硫分别转化为气体二氧化碳、二氧化硫,并随载气(氧气)流经二氧化碳红外检测器和二氧化硫红外检测器,吸收红外光,根据红外光被吸收程度进行定量测定。

瓷坩埚应不含碳、硫或含碳、硫量很低,而且同一批瓷坩埚必须质量稳定。瓷坩埚一般先经高温1200℃灼烧1 h。质量好的瓷坩埚可以再使用一次,降低分析成本。

作为载气的氧气参与形成二氧化碳、二氧化硫的化学反应。因此,要保证氧气的纯度高,含水少,质量稳定。

样品分析前,先用与待测样品含碳、硫量比较接近的标准样品对仪器进行标定。

为了降低样品的熔点,一般加入助熔剂,如钨粒、铁粉、锡等。

(2) 氧的测定。采用棒状或块状样品,加工至表面光洁。用混合酸浸蚀,除去氧化皮。再用水和无水乙醇洗净,吹干,称量后注入石墨坩埚,进入高频脉冲炉。先进行脱气除去系统中吸附的氧。然后加热熔融,样品中的氧与石墨反应,生成一氧化碳,随载气(氦气或氩气)进入氧化铜炉氧化成二氧化碳,再进入红外检测器,通过检测二氧化碳的量,间接测定氧量。

分析之前,使用含氧的标准样品校准仪器,标样中氧的含量与样品中氧的含量应相近。

42.9　X射线荧光光谱法

X射线荧光光谱分析法也属于原子发射光谱分析,但因其是原子内层电子跃迁,有别于原子发射光谱分析的原子外层电子跃迁。因此,无论是仪器和分析方法与一般原子发射光谱分析不同。

X射线荧光光谱分析(XFS),是利用物质吸收X射线辐射后再发射X射线的性质建立起来的分析方法。由于入射光是X射线，发射出的光(荧光)亦在X射线范围内，因此又称它为二次X射线光谱分析。主要用于常量元素分析。

X射线荧光光谱分析的特点：

操作简单，分析速度快，自动化程度高，可同时多元素快速分析；

非破坏性分析；

分析范围宽：可用于元素周期表C(12)～U(92)的分析，含量可覆盖*XX* μg/g至100%；

分析稳定性好，不确定度小，谱线简单，干扰少；

可进行镀层分析。

但是，X射线光谱分析是相对分析方法，需要标准样品校准；仪器结构复杂，价格高；对实验室环境要求较高；检出限不如光电直读，不适合痕量元素的分析；X射线光谱是表层分析，要求样品均匀性好。

42.9.1 X射线光谱

X射线与可见光一样是一种电磁波，波长范围是0.01～20 nm。使用于荧光分析的波段为0.04～4.4 nm。X射线光谱可分为连续光谱和特征光谱。

42.9.1.1 连续X射线的产生

当高速运动的电子撞击金属靶面被突然停止，有的电子在一次碰撞时全部丧失能量变成X光子；有的电子同靶进行多次碰撞逐步失去能量，产生具有不同波长的X光子，这就是连续X射线光谱。首次碰撞就被停止的电子产生的光子能量最大，波长最短(短波限)。短波限与加速电压的关系为：$\lambda_{min}=1.24/V$，λ_{min}为短波限，nm；V为加速电压，kV。

42.9.1.2 特征X射线的产生

特征X射线是样品元素的原子受高能辐射的激发，从原子内层逐出电子产生空穴，由外层电子填充空穴，并以光子形式释放能量的结果。不同原子的电子能量不同，相应产生的光谱的波长也不同，这就是特征谱线。X射线的波长可由下式获得：

$$\lambda = hc/(E_a - E_b)$$

式中，λ为X射线的波长，h为普朗克常数，c为光速，E_a为外层电子能量，E_b为内层电子能量。

施加到X光管的电压必须达到一定的值，才能产生X射线，这个电压称为临界激发电压。一般原子序数越大临界电压越高。

特征谱线的波长与原子序数存在一定的关系，莫塞莱定律为：

$$1/\lambda = KR(Z-\sigma)^2 \quad (42\text{-}8)$$

式中，λ为波长，K为常数，R为里德堡常数，Z为原子序数，σ为屏蔽常数。

电子不能从任意高层轨道向任一低层轨道跃迁，必须遵循选择定则。

42.9.1.3 分光晶体

分光晶体是波长色散光谱仪的核心。

X射线也是一种电磁波，其同样具有光的特性，也同样存在衍射现象。

晶体具有规则的几何点阵结构，X射线荧光光谱的波长较短，有一些晶体的晶面间距与X射线荧光的波长相当，可以起到衍射作用。所以选择晶体作为荧光的分光元件(表42-6)。晶体多由盐类组成，现在也有人工合成材料做成的人工累积膜晶体。

表42-6 常见的几种分光晶体

晶体名称	分子式（简称）	衍射面	2d(nm)
氟化锂	LiF	200	0.4027
酒石酸乙二胺	$C_6H_{14}N_2O_6$ (EDDT)	020	0.8803
异戊四醇	$C(CH_2OH)_4$ (PET)	002	0.876
锗	Ge	111	0.6533
氟化锂	LiF	220	0.2484
氯化钠	NaCl	200	0.564
石墨	C	002	0.6708

42.9.1.4 X射线的衍射——布拉格公式

图42-10所示：平行的X射线束λ以入射角θ照射到晶体上，并以同样的衍射角θ射出，晶面间距为d，光程差为$AO'+BO'$，也就是$d\sin\theta + d\sin\theta = 2d\sin\theta$，要想满足衍射加强，必

须使光程差等于波长的整数倍，即：

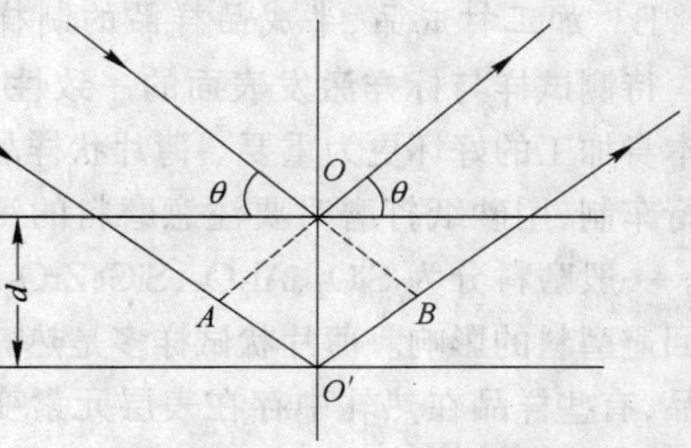

图 42-10 晶体衍射示意图

$$n\lambda = 2d \sin\theta \quad (42\text{-}9)$$

式中，n 为入射波长 λ 的整数倍；d 为晶格常数；θ 为衍射角。

这就是布拉格公式，也是荧光衍射色散的原理。

42.9.2 X射线荧光光谱仪

X射线荧光光谱仪按分离特征谱线的方法可分为波长色散型（波谱）和能量色散型（能谱）两类仪器。在有色金属定量分析中多数使用的是波长色散型荧光光谱仪。该类仪器又可分为顺序扫描型、同时多道型以及扫描多道混合型。

仪器主要由X射线发生器、分光系统、探测系统、数据处理系统等组成。由X射线管产生的一次X射线，激发试样，试样发出的各元素的混合荧光光束经准直器到达分光晶体，经晶体衍射后的单色荧光到达探测器，探测到的信号经放大整形，由计算机处理得出结果。

42.9.3 X射线荧光定性分析

X射线荧光光谱分析因其是原子内层电子跃迁发出的辐射，所以谱线简单，相对干扰少，对样品的非破坏性以及分析的跨度大等，比较适宜于定性分析。通常的定性分析分为两类，一类是利用现有的固定通道对有限元素进行定性分析，确定这些有限元素的情况；另一类是利用扫描道对样品进行分析，记录下顺序出现的谱峰，再对谱线一一解析。但不论哪一种情况都必须注意方法的局限性，固定道覆盖不了全部元素；扫描道分不同的元素段，不能同时进行全元素分析。

42.9.3.1 定性分析方法

由莫塞莱定律可知，分析元素产生的特征X射线的波长与其原子序数具有一一对应的关系，这是荧光定性分析的基础。在波长色散式光谱仪中，由布拉格公式可知波长和衍射角之间也存在着一一对应的关系，所以我们就可以通过式42-8和式42-9两个公式中原子序数与衍射角之间的关系，进行定性分析。

对指定元素的定性分析，只需要选择合适的分析条件，对该元素的主要谱线进行确认，即可判断该元素存在与否。

若对未知样进行全定性，则需用不同的测量条件对元素周期表中的可分析元素进行全扫描，然后由熟悉XRF专业知识的人员，对图谱中的各个峰逐一进行解析。

图谱解析的步骤一般为：

标出靶的特征线；从强度最大的谱峰着手，暂定归属；通过对暂定元素的其他线的分析判定暂定的正误；选次强峰来判断；选下一个次强峰来判断；依此类推。

现代的荧光分析仪器，有的具有自动定性解析程序，这可以大大提高定性分析的速度，但同样要由熟悉的专业人员判断。

42.9.3.2 定性分析的注意事项

探测角度的位移：先选择衍射角已知的高、中、低样品（如Ti、Cu、Sn）对扫描器定标，确认后进行分析。如角度位移大于0.1时应调整仪器后再分析。

谱线重叠的时候：像PbLa和AsKa重叠时，要检查该元素的其他谱线。例如PbLa和PbLa1的强度比是几乎不变的，当不存在这种关系时就要怀疑是否有重叠现象。

检出罕见元素的时候：不要轻易下结论，往往是主量元素的高次线、重元素的高次线，有时还会出现元素的其他线系的线。经过上述分析后还有罕见元素时，就要从样品的性质、来源加以判断，慎重处理。

区别样品峰和衬底材料峰：有时样品不够大，不能盖严试样盒，衬底材料的衍射线也进入计数器，此时要进行空白分析，也就是对衬底材料进行分析以扣除其干扰。

42.9.4 X射线荧光定量分析

影响X射线荧光定量分析准确度和精密度的主要因素有两个:一是制样技术,二是分析方法。

42.9.4.1 铜合金X射线荧光光谱分析样品的制备

X射线荧光光谱分析是一种相对分析方法,即在相同条件下测量出待测样品中元素的X射线荧光强度,与标准样品的X射线荧光强度进行对比的分析方法。因此,对样品制备的要求很高:需要保证标准样品与待测样品之间,待测样品与待测样品之间,有尽可能一致的物理性质(表面、组织、结构、密度等)和尽量相似的化学组成。

X射线荧光光谱分析的样品有块状样品法、粉末样品法、溶液法、熔融法等。铜及铜合金分析中最常使用的是块状样品。

样品制备需注意以下几个方面:

A 熔体样品的取样和制样

所取样不允许有气孔、夹杂;为使样品有代表性,要考虑取样部位、取样时熔体温度、样品的浇注形状;为了细化颗粒、减少偏析,浇注的样品应进行淬火。白铜样品的热收缩能力较强,淬火时不要在水中放凉后再取出,要让试样的余热烘干水分。

铜合金样品一般采用车床或铣床进行加工,样品的表面粗糙度 R_a 值要达到 10 μm 以下。为此,在样品加工时要注意刀具的选择:硬度较小的合金选用白刚刀(高速钢车刀),如普通黄铜、紫铜、白铜等;硬度较大的合金选用合金车刀,如铝青铜、铅黄铜、硅黄铜等。

在制样中还须注意锡磷青铜和锡锌铅系列青铜的化学成分容易偏析的问题,确保样品的代表性。注意Pb、Sn等元素的涂抹现象(车制过程中,由于车刀钝等原因,使软金属不能顺利车削掉,而以薄层形式涂覆在样品表面);

注意不同牌号样品不应用同一把车刀,否则会出现"记忆效应"(如车完铝青铜的刀紧接着就车制铅黄铜,那么,铝青铜中的高铝会影响铅黄铜中铝的分析)

B 加工材成品、半成品样品的制样

待测试样与标样激发表面的一致性,比样品本身加工的好坏更为重要。薄片状样品无法进行车制,用砂纸打磨时要注意磨料的污染问题。一般磨料分为 SiO_2、Al_2O_3、SiC、ZrO_2,选用时回避磨料的影响。薄片状试样多是热轧出的样品,有些样品在热轧中存在表层元素变化的问题(如黄铜脱锌等),要求分析这一类样品时,要磨去一层分析一次,直到分析结果稳定。

C 防止试样氧化

试样制备好后应尽快分析,否则,样面会随时间的变化而变化(氧化、附着、潮湿等)。

42.9.4.2 分析方法

X射线荧光光谱定量分析另一个主要影响因素是所谓基体效应。为消除基体效应必须采取的合适的分析方法。

A 基体效应

基体效应:是指样品的基本化学组成之间相互影响,及化学组成的变化和物理状态的变化对分析线的强度影响。包括元素间相互影响的吸收和增强效应以及反映样品特性的表面结构、颗粒度和不均匀性效应等。

增强效应是基体元素发射的X射线荧光波长在吸收元素吸收线的短波侧(能量高于分析元素的激发能),被分析元素再吸收而激发出二次荧光,使分析元素的特征谱线增强。

吸收效应是指基体对入射X射线的吸收以及基体对分析元素产生的特征线的吸收,前者影响分析元素的激发,后者影响分析元素的探测计数。

例如:在分析 QAl10-4-4 时,试样中的Cu、Fe、Ni之间就存在吸收-增强效应。如图42-11所示,试样元素发射的荧光X射线CuKa、NiKa都在 $Fe_{吸}$ 的短波侧,能量足以再次激发Fe产生二次荧光,从而使FeKa的谱线强度加强。同时由于一部分的CuKa、NiKa用来激发FeKa,使得CuKa、NiKa的强度被吸收掉一部分,测得值降低,形成吸收-增强效应。

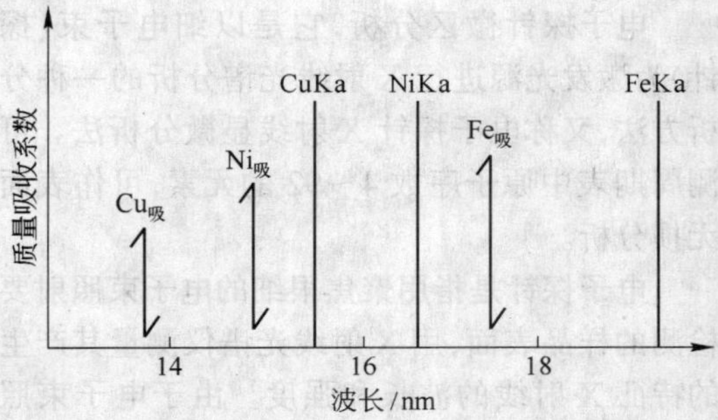

图 42-11 吸收系数与波长的关系

表面效应是固体样品表面的光洁程度影响谱线的强度，表面越平滑强度越高，一般将样品加工到一致的表面粗糙度以减小表面效应。铜合金分析中，表面加工的方法多为车、铣，车、铣的光滑程度应尽可能一致，否则会带来较大的误差。

B 分析方法

定量分析就是用各种分析方法，减小或消除上述基体效应，以求得到准确的分析结果。这些方法可分为实验校正方法和数学校正方法两类。前者包括标准曲线法、内标法、散射线标准法等；后者包括经验系数法、基本参数法、半基本参数法。

a 标准曲线法

标准曲线法是应用最广的一种方法，当基体变化不大、分析的合金含量相对变化较小时，选择成分相近的多个标样，以含量和强度的关系绘制标准曲线。由于基体影响小，含量范围窄，曲线简单，绘制容易。测定未知样品的荧光强度，从标准曲线上求得未知元素的含量，见图 42-12。

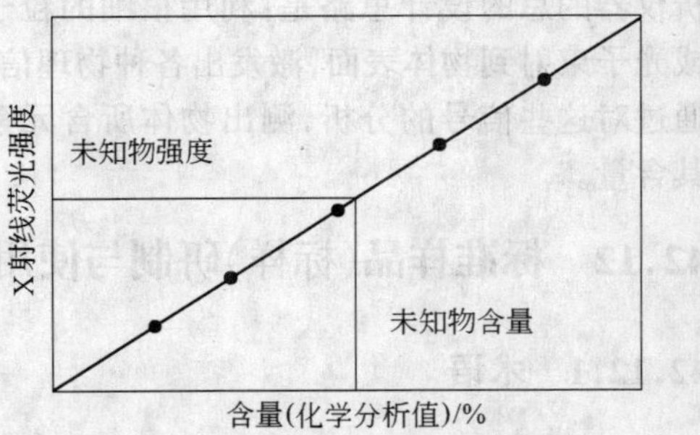

图 42-12 校正曲线

b 经验系数法

当基体的变化较大，并存在重叠等影响，简单的标准曲线已不能满足分析准确度的要求时，在经验的基础上，建立一个数学模型，用大量的标样计算出模型中的系数，然后将系数代入模型进行未知物的分析。经验模型较多，常见的有：

Beattie-Brissey 模型

$$\left(1-\frac{1}{R_i}\right)C_i+\sum_{j\neq i}K_{ij}C_j=0 \tag{42-10}$$

Lachance-Traill 模型

$$C_i=R_i\left(1+\sum_{j\neq i}a_{ij}C_{ij}\right) \tag{42-11}$$

Rousseau 模型

$$C_i=R_i\frac{1+\sum_j a_{ij}C_j}{1+\sum_j b_{ij}C_j} \tag{42-12}$$

以 L-T 模型为例，说明在一个四元体系(Cu-Ni-Fe-Zn)中对 Cu 的分析：

$$C_{Cu}=(AI_{Cu}^2+BI_{Cu}+C)(1+\alpha_{Cu\text{-}Fe}C_{Fe}+\alpha_{Cu\text{-}Ni}C_{Ni}+\alpha_{Cu\text{-}Zn}C_{Zn}) \tag{42-13}$$

式中，C_i 为各元素的含量(已知)，I 为分析元素的强度，A、B、C 为基本校正曲线系数，α_{ji} 为 j 对 i 的基体校正系数。在本例中需要六个或六个以上有准确定值的标准样品参与回归计算，求出各未知系数的值。分析未知样时只需要测得元素的强度，代入公式即可得到未知物含量。

C 基本参数法

基本参数法几乎是一种纯理论的分析方法，其摆脱或基本摆脱了对标样的依赖。简单说，基本参数法是根据各元素测得的强度，假设未知样品的近似组成，由假设含量计算出理论强度，将理论强度和测量强度相比较，调整假设含量，重新计算理论强度，经多次迭代回归，使理论强度与测量强度之差小于某一固定值，此时认为求得的含量为未知样品的含量。由于其需要输入相关的一系列参数，需要较为复杂的数学计算，该方法在现代仪器分析中正得以不断开发使用。尤其是其对标样较少的依赖更使人们关注。不过就目前看来，其准确度还逊于经验系数法。

经验系数法和基本参数法是典型的数学校正法，在实际应用中往往互相结合，没有绝对的基本参数法，也没有绝对的经验系数法。

42.10 其他仪器分析方法

42.10.1 原子荧光光谱法

原子荧光光谱法与原子吸收光谱法在仪器组成和操作技术上相似。只是原子吸收法是测量光源辐射光被基态原子吸收后减弱的程度，光源、原子化器、单色器在一条轴线上；原子荧光法是在光源辐射光的垂直方向检测，是检测待测元素的原子被光源激发后发射光谱线的强度的分析方法。

氢化物发生——原子荧光光谱法以硼氢化钾作为发生氢化物的还原剂，用于分析 Ge、Sn、Pb、As、Sb、Bi、Se、Te、Hg 等，方法灵敏、快速、准确。但 Cu 干扰氢化物的形成，故用于铜合金的检测方法不多。

42.10.2 极谱分析法

极谱分析法是以滴汞电极作为工作电极，根据电解过程中的电流—电压曲线进行分析。半波电位是定性分析依据。依据极谱波的波高、扩散电流、被测离子浓度三者正比关系，通过波高的测量，实现定量分析铜合金中微量的 Pb、Zn、Cd、Bi 等元素。

由于原子吸收光谱法和 ICP 光谱法的应用，现在，极谱分析法已较少在铜合金分析中被采用。

42.11 微区分析简介

分析区域的横向线度小于 100 μm 的分析称微区分析。样品区域限于表面薄层，从亚原子单层到几个纳米。常见的有 X 射线电子能谱、俄歇电子能谱、扫描电子显微镜等物理分析方法。

电子能谱分析(ESCA)，它是利用试样表面原子中被光子轰击、激发出来的自由电子的能量分布建立起来的分析方法。主要用于无机和有机化合物的结构分析和固体的表面、薄层分析。

电子探针微区分析，它是以细电子束(探针)为激发光源进行 X 射线光谱分析的一种分析方法，又称电子探针 X 射线显微分析法。可测周期表中原子序数 4～92 的元素，可作表面无损分析。

电子探针是指用聚焦很细的电子束照射要检测的样品表面，用 X 射线光谱仪测量其产生的特征 X 射线的波长和强度。由于电子束照射面积很小，因而相应的 X 射线特征谱线将反映出该微小区域内的元素种类及其含量。显然，如果将电子放大成像与 X 射线衍射分析结合起来，就能将所测微区的形状和物相分析对应起来(微区成分分析)，这是电子探针的最大优点。

物理分析方法的主要特点是：

(1) 非破坏的方法，即不破坏样品就能分析出其成分和含量，而通常的化学分析要破坏样品；

(2) 绝大多数物理分析方法的分析区域很小，可以小到几个立方微米，有利于分析微观区域的变化，例如合金析出相的成分，晶内和晶界的成分差别、成分偏析等，而通常化学法一般给出的是样品的平均成分；

(3) 物理分析方法多为表面分析方法，即分析的是表面的化学成分，例如俄歇电子能谱仪可分析几个原子层的表面成分。表面成分分析是进行表面研究的重要手段；

(4) 分析速度快，特别是在分析仪器配上计算机使其工作自动化，几分钟之内即可给出分析结果；

(5) 灵敏度高，可测出痕量元素。物理分析仪器的总的设计思路是：利用很细的粒子束或光子束射到物体表面，激发出各种物理信号，通过对这些信号的分析，测出物体所含元素及其含量。

42.12 标准样品(标样)研制与使用

42.12.1 术语

(1) 均匀性(homogeneity)。对同一编号的标准样品，不论其是否取自同一包装，通过检验，其被测定特性值都落在规定的不确定度范围内，就该标准样品的这一特性值而言称为均匀。

(2) 稳定性(stability)。标准样品在规定的条件下储存，在规定的时间间隔内，其特性值保持在规定的限制范围内的能力。

(3) 有效期(expiration)。由研制单位说明并经标准化管理机构确认的日期。指在规定的条件下储存时，能作为标准样品使用的最终有效日期。

(4) 定值(certificate)。采用技术上正确的方法，确定标准样品的一个或多个测定值的程序。

(5) 标准值(certified value)。该值为经过技术上有效的程序鉴定，并在证书或随同标准样品所附的其他文件上所确认的数值。

(6) 标准样品证书(reference material certificate)。说明标准样品的一个或多个性能特性值的技术文件。

42.12.2 标准样品的基本要求和在分析测试中的应用

标准样品应具备材质均匀、定值准确、性能稳定的条件，并附有证书。证书中一般包括：

标准值及不确定度；简要制备程序；定值方法及定值实验室；均匀性及检验方法；正确的使用方法等。

标样在分析测试中的应用主要有：

(1) 用于评价分析方法。一个新的分析方法，用它独立检测标准样品 n 次，计算其算术平均值 $\bar{x}$，标准偏差 S。

1) 评定精密度：计算 $F = S^2/S_n^2$（S_n^2…标样定值实验室室内标准偏差）。

若 $F < F_{\alpha,f,j}$，则被评价的方法精密度优于标样定值方法。

式中，$F_{\alpha,f,j}$ 由"F 检验临界值表"查出（显著性水平 α，计算 S 时的自由度 f，计算 S_n 时的自由度 j）。

2) 评定准确度：若 $|\bar{x} - A_c| \leqslant 2S_j$，则被评定的方法准确度至少与定值方法相当。

式中，A_c 是标样的标准值，S_j 是定值实验室室间标准偏差。

需要注意的是，当评价标准分析方法时，要选用一级标准样品，甚至只能使用基准物来验证。

(2) 用于仪器分析的工作标准（工作曲线、标准曲线、校准曲线）。仪器分析多为相对分析方法，常使用同类标准样品绘制工作曲线，然后分析未知试样。这样，不仅有利于消除基体影响和第三元素干扰，而且使用方便。

(3) 校准分析仪器。由于温度、湿度、振动、真空性能改变、粉尘等污染，造成仪器输出信号漂移。需用标准样品进行校准，以保证分析数值的准确性。

(4) 用于监控分析过程，保证分析质量。使用标准样品与待测试样同时分析，可监控分析中所用试剂、仪器、分析方法、操作程序有无偏差。尤其在仲裁分析时，更需用标准样品监控。

(5) 用来考核、评价试验室或分析人员的分析能力和水平。

42.12.3 有色金属标准样品技术标准、规范

(1) 国家标准：GB/T15000.1"在技术标准中陈述标准样品的一般规定"。

GB/T15000.2"标准样品常用术语及定义"。

GB/T15000.3"标准样品定值的一般原则和统计方法"。

GB/T15000.4"标准样品证书内容的规定"。

GB/T15000.5"化学成分标准样品技术通则"。

(2) 冶金标准：YB/T082—1996"冶金产品分析用标准样品技术规范"。

YS/T409—1998"有色金属产品分析用标准样品技术规范"。

(3) 计量技术规范：JJG1006—94"一级标准物质技术规范"。

42.12.4 铜合金标准样品研制程序

(1) 调研、下达任务：

调查国内外该种标样市场供应状况，判断研制的必要性。申报标准管理部门。依据下达的研制任务，按相应标准展开工作。

(2) 成分设计：

1) 产品标准定型合金标样，其主成分含量，一般在该合金技术条件所规定的范围上下限，向外延伸5%～15%。杂质含量上限值一般不超规定上限的30%。

系列标准样品应尽可能合理安排各元素含量值的梯度变化，以较少的标准样品覆盖更多的产品种类。每个元素的有效点一般设计5～6个点，最少应不少于4点。各标样点主量元素含量之和相差要小。不能因主量元素的变化导致样品性质发生变化。

在进行控样和校准样的成分设计时，考虑主量元素取产品标准的中间值，杂质元素取规定上限的90%～100%即可。

在一套标准样品中各点元素含量的设计应采取一部分元素含量递增，而另一部分元素含量递减相交叉的组合方法。尽可能减少元素的含量之和的变动，使每点标样的物理性质尽可能一致。同时还要考虑理论上相互干扰的元素，尽量使其含量变化无规律可循。

2) 化学、物理性质的影响：低熔点、低沸点的元素在熔化过程中极易损失，另一些氧化性较强的元素又极易氧化造渣而损失，如As、P、Zn、Cr、Mn、Si、Al、Fe…。因此必须考虑各元素加入的形式以及损失的补偿。对多数中、低、微量元素应以中间合金的形式加入，以减少损失。而对含量较高且易损失的元素，必须考虑增加补偿。

(3) 备料：

熔炼标样前要先将相关的纯金属、中间合金等备好，分析其化学成分。有时需对备料的表面进行去皮、酸洗等处理。

(4) 熔炼铸造：

1) 熔炼：可以在中、低频电炉或真空电炉中进行。要求炉温能达到1500℃，确保铜及其他金属及合金的熔化。

按预先配好的材料按一定的顺序和时间间隔投入熔炼炉。占炉料量最大的金属先加入，再加较难熔化而易还原的金属，易氧化易挥发的金属后加，易熔且量少的金属最后加。

加铝和加锌的操作：铝和锌的熔解产生大量的熔解热。加入铝锌时必须降低炉温，甚至有时需要有意识剩余一部分铜与铝锌一起加入，使部分热量用于新加入的铜的熔化。并注意将铝锌压入炉底熔化。

2) 脱氧。使金属中的氧化物还原而除去氧的过程称为脱氧。一般将表面脱氧剂和熔于金属中的脱氧剂结合使用。如用木炭或烟灰进行表面脱氧，同时加入一定量的铜磷合金脱氧。

3) 标样熔炼中易产生的缺陷及防止办法：

气孔：气体在高温时以一定的量熔入铜水中。温度降低时气体从铜水中逸出，如在凝固前来不及跑出就形成气孔。

防止办法：加覆盖剂；控制温度；控制时间；加脱氧剂；控制铜液凝固时间。

偏析：结晶过程中，各组分物理性能有较大差异时易偏析。铸件越大凝固越慢，偏析程度越大。

防止办法：控制铸造速度；半连续铸造。

夹杂：金属氧化剧烈或脱氧方法不当或加料方法不当易造成氧化物夹杂，而操作不当则造成夹灰等。

防止办法：熔炼过程中尽量使金属液面不暴露在大气中；脱氧要彻底；浇铸前浮渣等要清除干净。

4) 铸造：合金熔化完后，过热200℃左右即可出炉。扒去覆盖剂、加入脱氧剂、搅拌、加入易熔的元素，搅拌均匀，铸造。

要保证合金成分的均匀，必须保证在尽可能短的时间里完成浇铸。一般半连续铸造的速度约10 m/h。并严格控制速度一致。

5) 铸锭低倍检验：从两端切取试片，观察有无气孔、疏松、明显裂纹和夹杂物等缺陷。

(5) 均匀性初检：

采用高灵敏度和高精度的方法，在重复性条件下由同一人、短时间内完成。可以钻取碎屑，溶样湿法化学法检验。也可切片用发射光谱法检验。

对棒状样品应从头、中、尾、1/4、3/4处取样；短铸锭（不超过 1 m 的）可以截去头尾的铸造缺陷后从两端取样。每个端面按上、中、下 3 个点取样进行有限次（一般 3 次）独立测量，计算出标准偏差 S，然后与分析方法的允许差 Δ 进行比较。

若 $3S \leqslant \Delta$ 时，均匀度初检合格。

(6) 标样加工

铸锭通过车、铣、刨等方法，按要求尺寸加工成块状或柱状，或碎屑。也可经水压机、油压机挤制成型，再车制成所需大小。

热挤过程的退火有利于组分的均匀化。

加工后按要求包装成可销售商品。

(7) 均匀性检查

1) 抽样数量 m：总体单元数少于 1000 个（套）时取 15～20 个（套）；总体单元数大于 1000 个（套）时抽取 $2\times\sqrt[3]{N}$ 个。（N 为单元个数）。

2) 抽样时采用随机抽样法。

3) 检测：在相同条件下（同一人员、同一仪器、短时间内）、选择有代表性和易偏析的元素，使用高精度分析方法，以随机次序每样重复测定次数 n 不少于 2 次，（测定数据包括了检测不确定度和样品不均匀引起的不确定度）。

均匀性检验数据的保留位数应与仪器的精度保持一致，不得低于标准值的有效位数。

4) 均匀度的方差检验（F 统计量法）：

方差检验的实质是：通过组间方差与组内方差大小的比较，判断各组数值之间有无系统误差，即是否均匀。

设抽样 m 个（$1,2,\cdots,i,\cdots,m$），每样检测 n 次，样品 i 的 n 次检测得 $X_{i1},X_{i2},\cdots,X_{ij},\cdots,X_{in}$，所抽样品 i 的 n 次检测值的算术平均值 $\overline{X}_i$，m 个样品的总平均值 $\overline{\overline{X}}$（计算公式见式 42-23）。

组间方差和

$$Q_1 = \sum_{i=1}^{m} n_i(\overline{X}_i - \overline{\overline{X}})^2 \quad (42-14)$$

测量自由度 $f_1 = m-1$ (42-15)

组内方差和

$$Q_2 = \sum_{i=1}^{m}\sum_{j=1}^{n}(X_{ij} - \overline{X}_i)^2 \quad (42\text{-}16)$$

测量自由度 $f_2 = m(n-1)$ (42-17)

当每样检测次数不同时

$$f_2 = \sum_{i=1}^{m} n_i - m \quad (42\text{-}18)$$

统计量 $F = (Q_1/f_1)/(Q_2/f_2)$ (42-19)

若 $F < F_{\alpha,f_1,f_2}$，则均匀度合格。说明组间与组内无明显差异，样品均匀。

若 $F > F_{\alpha,f_1,f_2}$，则怀疑各组间有系统误差，样品均匀性不合格。

F_{α,f_1,f_2} 值根据所取的显著性水平 α，从“F 检验临界值表”（GB/T15000.5 附录 B，表中 m 应为 f_1，n 应为 f_2）查出。

5) 均匀度的极差检验：

各组平均值之间的极差 $R = \overline{X}_{\max} - \overline{X}_{\min}$，各组内极差之和的平均值 $\bar{r}$ 为：

$$\bar{r} = \frac{1}{m}\sum_{i=1}^{m}(X_{i(\max)} - X_{i(\min)}) \quad (42\text{-}20)$$

若 $(R/\bar{r}) \leqslant A_{\alpha,m,n}$，则认为均匀性合格。

查“A 值表”得 $A_{\alpha,m,n}$，见 GB/T15000.5 附录 C。

(8) 标准样品的定值分析

均匀性检验合格后方可定值，定值人员和定值方式应满足以下要求：

1) 人员、资质：定值人员应具备丰富分析专业知识和熟练的操作技能；负责定值的实验室应该经认可和授权。

2) 定值方式有 3 种：

• 1 个实验室，用绝对测量方法（重量法、库仑法等），2 个以上分析者独立测定，最好用不同仪器；

• 1 个实验室，用 2 种或以上的准确方法，并对方法准确度进行验证；

• 至少 6 个实验室，用 1 种或多种准确方法，每个样品的每个元素报出 4 个独立分析数据为一组，总共不少于 8 组。铜合金标样研制多采用该方式。

根据所用方法的精密度，确定有效数字。

(9) 数据统计处理

1) 数据汇总：设共有 m 组，每组 n 个数据，列表汇总。

2) 离群值（各室一致性）检验、数据补充：

用狄克逊法(Dixon)或格拉布斯法(Grubbs),分别对室内数据和各室平均值检验,确定离群值,通知该室补充检测数据。

3) 数据分布正态性检验:

● 直方图法:将各室数据按大小排列,分成组,分组数等于总数据的数目的平方根,但不少于5组(比如共8组、每组4个数据,总数据的数目为32个,$\sqrt{32}=5.6$,可分6组)。以横坐标为检测值,纵坐标为包括在每组数据的个数,画成直方图,观察是否服从正态分布(单峰、以平均值为中心两边对称)。

● 夏皮罗-威尔克法(Shapiro-Wilk):一组数据,从小到大排列成数列:$x_1, x_2, \cdots, x_i, \cdots x_n$。检验是否按正态分布。

数列中 n 个数据的平均值为$\bar{X}$。

设 k 取值 $1\sim h$(即 $1,2,\cdots,h$)。

h 值的确定:n 为偶数时,$h=n/2$;n 为奇数时,$h=(n-1)/2$。

计算统计值

$$W=\left[\sum_{k=1}^{h}\alpha_k(X_{n+1-k}-X_k)\right]^2 \Big/ \sum_{i=1}^{n}(X_i-\bar{X})^2 \tag{42-21}$$

系数 α_k 值可查“系数 α_k 值表”,见本章附表1。

由 n 和置信度 p,查“$W_{n,p}$ 表”得临界值 $W_{n,p}$,见本章附表2。

若 $W>W_{n,p}$,则该组数据符合正态分布。

4) 各室平均值等精度检验:

等精度检验就是用科克伦法(Cochran)比较各组方差中的最大值 S_{max}^2 与各组方差之和 $\sum_{i=1}^{m}S_i^2$ 的比值(方差计算见式41-5)。统计量为:

$$C=S_{max}^2\Big/\sum_{i=1}^{m}S_i^2 \tag{42-22}$$

查Cochran表(见有色金属职工培训教材“分析化学”下册,表9.10)得临界值:$C_{\alpha,m,n}$。

若 $C<C_{\alpha,m,n}$,则可判断各室平均值等精度检验合格。

若 $C>C_{\alpha,m,n}$,则把最大方差的一组舍去。

若选用0.01和选用0.05的显著性水平,查表结果为:$C_{0.01,m,n}>C>C_{0.05,m,n}$,则应斟酌后,再决定取舍。

5) 稳定性:

铜合金固体标样,在干燥保存条件下,只要不发生氧化,其组成至少15年不变。

6) 计算总平均值 $\bar{\bar{X}}$(等精度情况下):

$$\bar{\bar{X}}=\frac{1}{m}\sum_{i=1}^{m}\bar{X}_i \tag{42-23}$$

式中,$\bar{X}_i$ 为 i 室4个数据的算术平均值。

7) 评估不确定度:

不确定度 S 的来源:定值分析和数据取平均值带来不确定度 $S_{平}$,样品不均匀性带来不确定度 S_L,化学成分稳定性带来不确定度 S_W。

$$S=\sqrt{S_{平}^2+S_L^2+S_W^2} \tag{42-24}$$

$$S_{平}^2=\sum_{i=1}^{m}(\bar{X}_i-\bar{\bar{X}})^2/m(m-1) \tag{42-25}$$

$$S_L^2=1/n[(Q_1/f_1)-(Q_2/f_2)]$$

(由均匀度检查时数据得到) (42-26)

S_W 以最大偏差法估计:每半年对标样分析一次,持续两年。若分析值与定值的最大偏差为$|d_i|_{max}$,查表得 C_n,则:

$$S_W=C_n|d_i|_{max} \tag{42-27}$$

一般 S_L 和 S_W 的值,与 $S_{平}$ 相比都很小,可不计,只考虑 $S_{平}$。

以 $t_{\alpha,m-1}$ 作为扩展因子,查GB/T15000.5附录F,则总不确定度:

$$U=t_{\alpha,m-1}S_{平} \tag{42-28}$$

(10) 定值结果表达:

定值结果的表达式为:

$$\bar{\bar{X}}\pm t_{\alpha,m-1}S_{平} \tag{42-29}$$

系数 α_k 值见表42-7;$W(n,p)$值见表42-8。

表42-7 系数 α_k 值

k \ n	2	3	4	5	6	7	8	9	10	11	12
1	0.7071	0.7071	0.6872	0.6646	0.6431	0.6233	0.6052	0.5888	0.5739	0.5601	0.5475

续表 42-7

k \ n	2	3	4	5	6	7	8	9	10	11	12
2		0.0000	0.1677	0.2413	0.2806	0.3031	0.3164	0.3244	0.3291	0.3315	0.3325
3				0.0000	0.0875	0.1401	0.1743	0.1976	0.2141	0.2260	0.2347
4						0.0000	0.0561	0.0947	0.1224	0.1429	0.1586
5								0.0000	0.0399	0.0695	0.0922
6										0.0000	0.0303

k \ n	13	14	15	16	17	18	19	20	21	22	23
1	0.5359	0.5251	0.5150	0.5056	0.4968	0.4886	0.4808	0.4734	0.4643	0.4590	0.4542
2	0.3325	0.3318	0.3306	0.3290	0.3273	0.3253	0.3232	0.3211	0.3185	0.3156	0.3126
3	0.2412	0.2460	0.2495	0.2521	0.2540	0.2553	0.2561	0.2565	0.2578	0.2571	0.2563
4	0.1707	0.1802	0.1878	0.1939	0.1988	0.2027	0.2059	0.2085	0.2119	0.2131	0.2139
5	0.1099	0.1240	0.1353	0.1447	0.1524	0.1587	0.1641	0.1686	0.1736	0.1764	0.1787
6	0.0539	0.0727	0.0880	0.1005	0.1109	0.1197	0.1271	0.1334	0.1399	0.1443	0.1480
7	0.0000	0.0240	0.0433	0.0593	0.0725	0.0837	0.0932	0.1013	0.1092	0.1150	0.1201
8			0.0000	0.0196	0.0359	0.0496	0.0612	0.0711	0.0804	0.0878	0.0941
9					0.0000	0.0163	0.0303	0.0422	0.0530	0.0618	0.0696
10							0.0000	0.0140	0.0263	0.0368	0.0459
11									0.0000	0.0122	0.0228
12											0.0000

k \ n	24	25	26	27	28	29	30	31	32	33	34
1	0.4493	0.4450	0.4407	0.4366	0.4328	0.4291	0.4254	0.4220	0.4188	0.4156	0.4127
2	0.3098	0.3069	0.3043	0.3018	0.2992	0.2968	0.2944	0.2921	0.2898	0.2876	0.2854
3	0.2554	0.2543	0.2533	0.2522	0.2510	0.2499	0.2487	0.2475	0.2463	0.2451	0.2439
4	0.2145	0.2148	0.2151	0.2152	0.2151	0.2150	0.2148	0.2145	0.2141	0.2137	0.2132
5	0.1807	0.1822	0.1836	0.1848	0.1857	0.1864	0.1870	0.1874	0.1878	0.1880	0.1882
6	0.1512	0.1539	0.1563	0.1584	0.1601	0.1616	0.1630	0.1641	0.1651	0.1660	0.1667
7	0.1245	0.1283	0.1316	0.1346	0.1372	0.1395	0.1415	0.1433	0.1449	0.1463	0.1475
8	0.0997	0.1046	0.1089	0.1128	0.1162	0.1192	0.1219	0.1243	0.1265	0.1284	0.1301
9	0.0764	0.0823	0.0876	0.0923	0.0965	0.1002	0.1036	0.1066	0.1093	0.1118	0.1140
10	0.0539	0.0610	0.0672	0.0728	0.0778	0.0822	0.0862	0.0899	0.0931	0.0961	0.0988
11	0.0321	0.0403	0.0476	0.0540	0.0598	0.0650	0.0697	0.0739	0.0777	0.0812	0.0844
12	0.0107	0.0200	0.0284	0.0358	0.0424	0.0483	0.0537	0.0585	0.0629	0.0669	0.0706
13		0.0000	0.0094	0.0178	0.0253	0.0320	0.0381	0.0435	0.0485	0.0530	0.0572
14				0.0000	0.0084	0.0159	0.0227	0.0289	0.0344	0.0395	0.0441
15						0.0000	0.0076	0.0144	0.0206	0.0262	0.0314
16								0.0000	0.0068	0.0131	0.0187
17										0.0000	0.0062

表 42-8 W(n,p)值

n \ p	0.99	0.95	n \ p	0.99	0.95	n \ p	0.99	0.95
3	0.753	0.767	15	0.835	0.881	27	0.894	0.923
4	0.687	0.748	16	0.844	0.887	28	0.896	0.924
5	0.686	0.762	17	0.851	0.892	29	0.898	0.926
6	0.713	0.788	18	0.858	0.897	30	0.900	0.927
7	0.730	0.803	19	0.863	0.901	31	0.902	0.929
8	0.749	0.818	20	0.868	0.905	32	0.904	0.930
9	0.764	0.829	21	0.873	0.908	33	0.906	0.931
10	0.781	0.842	22	0.878	0.911	34	0.908	0.933
11	0.792	0.850	23	0.881	0.914	35	0.910	0.934
12	0.805	0.859	24	0.884	0.916	36	0.912	0.935
13	0.814	0.866	25	0.888	0.918	37	0.914	0.936
14	0.825	0.874	26	0.891	0.920	38	0.916	0.938

43 铜及铜合金铸锭及加工产品物理检验[1]

一般认为,物理检验涵盖了组织结构分析、力学性能和物理性能测试以及工艺试验等。

组织结构是材料性能的基础,是由化学成分、熔炼铸造、加工变形和热处理工艺决定的。通过组织结构的分析,可以反过来指导成分的优化配比和工艺改进。按照从宏观到微观的研究层次,组织结构包括了宏观组织结构、显微组织结构、原子(或分子)结构和电子结构等。本章重点讨论最基本的金相分析方法和铜及铜合金晶粒度检验、氢脆试验、缺陷分析、织构的基本概念。

力学性能指标是铜及铜合金用户最关注的材料特性,主要通过拉力试验、硬度试验和杯突试验而获得。根据不同用户需要,也要对产品进行压扁、扩口以及弯曲等各种工艺试验。

铜及铜合金是最主要的导电材料,在物理性能部分重点介绍导电性能的测量原理和方法,特别提到导电率的涡流测试方法。并简要介绍其他物理性能。

43.1 组织结构分析

43.1.1 概述

组织结构分析是揭示金属的化学成分、力学性能与组织结构之间联系,发现金属内部缺陷的实验技术。

组织一般包括宏观组织和显微组织。行业标准 YS/T448－2002《铜及铜合金铸造和加工制品宏观组织检验方法》和 YS/T449－2002《铜及铜合金铸造和加工制品显微组织检验方法》分别对这两种检验方法进行了规范。

宏观组织是指利用肉眼、放大镜或体视显微镜(≤30×)观察到的金属及合金所具有的组成物的直观形貌。宏观组织也称低倍组织,观察的分辨率一般为 0.15 mm。

显微组织是指利用金相显微镜观察金属及合金内部组织、相组成、相变、化学成分分布、夹杂物及缺陷等。显微组织也称高倍组织,观察的分辨率一般为 0.2 μm。

43.1.2 宏观组织检验

宏观组织检验用以显示金属及合金的宏观组织特征、缺陷和组织不均匀性。其操作包括试样的制备、试样浸蚀(断口检验无须浸蚀)和检验分析。

43.1.2.1 试样制备

铸造制品在浇口端横向切取宏观试样,挤压制品在切尾后沿尾端横向切取宏观试样。根据检验目的的需要,也可以在任意指定的部位取样。

除制品原始表面的检验外,试样被检验面均需铣削等加工,粗糙度 R_a 不大于 3.2 μm。试样锯切加工时应防止过热,以免引起组织变化。为了得到更光洁的表面或观察更细小的缺陷,可以用金相砂纸进行打磨。

断口检验试样应在欲折断部位进行锯切、刻槽或加工成楔形槽,要求断裂截面为原截面的 1/3～2/3 为宜。试样放在压力机上折断、撕裂或采用其他折断方法,应一次完成,不许反复多次。断口的表面应保持洁净,不允许受到污染或损伤。断口检验仅限于具有一定脆性的复杂合金,有时能检查出用酸侵蚀方法无法发现的质量缺陷。

43.1.2.2 试样浸蚀

宏观检验一般采用 30%～50% 的硝酸溶液为浸蚀剂,也可根据合金类别选择表 43-1 推荐的其他浸蚀剂。采用工业等级的试剂即可。溶液应干净透明,无悬浮颗粒、渣滓等。

[1] 本章撰稿人:路俊攀、王永翔、王艳杰。

表 43-1　铜及铜合金宏观检验用浸蚀剂

试验合金	浸蚀剂组成		浸蚀步骤	说明
铜及所有黄铜	硝酸(浓) 水	20 mL 80 mL	将试样在室温浸入溶液几分钟,在水中清洗并吹干	显示晶粒及裂纹
铜及所有黄铜	硝酸(浓) 水	50 mL 50 mL	试样在室温浸入溶液几分钟,及时搅拌,水中清洗并吹干	一般观察
铜及所有黄铜	盐酸 三氯化铁 水	30 mL 10 g 120 mL	将试样在室温浸入溶液几分钟,在水中清洗并吹干	良好的晶粒反差
铜、高铜(铜80%以上)合金、磷青铜、锡青铜	氯化钠饱和溶液 重铬酸钾 硫酸(浓) 水	4 mL 2 g 8 mL 100 mL	将试样在室温浸入溶液15～30 min,而后用新配溶液擦拭,在温水中清洗并吹干	显示晶界及氧化物夹杂
所有合金	硝酸(浓) 硝酸银 水	50 mL 5 g 50 mL	将试样浸入溶液,在温水中清洗并吹干	用于需要深浸蚀的合金
黄　铜	20%醋酸 5%铬酸 10%三氯化铁水溶液 水	20 mL 10 mL 5 mL 100 mL	将试样浸入溶液,在温水中清洗并吹干	显示应变线
硅黄铜或青铜	三氧化铬 氯化铵 硝酸(浓) 硫酸(浓) 水	40 g 7.5 g 50 mL 8 mL 100 mL	将试样浸入溶液,在温水中清洗并吹干	
锡黄铜、白铜	硝酸(浓) 双氧水	10 mL 90 mL	将试样在室温浸入溶液几分钟,在水中清洗并吹干	锡青铜用硝酸浸蚀时易产生黑色膜,此试剂可有效避免

配制浸蚀剂时必须小心,各种化学药品依次缓慢倒入水中或溶液中并搅拌。

浸蚀必须在通风橱内进行。可采用浸入法和均匀浇上一层浸蚀溶液这两种方法。浸蚀过程中应不断擦去腐蚀产生的表面膜,浸蚀时间以清晰显示组织及缺陷为准。浸蚀后迅速用大量清水冲洗。浸蚀要均匀适度。浸蚀过轻,组织和缺陷显示不充分;浸蚀过重,表面会出现腐蚀麻坑。

浸蚀后要立即擦干,如需保留或照相,应及时涂上一层透明保护油(如机油)以防氧化。

43.1.2.3　宏观组织检验

应根据技术标准或技术协议规定的质量要求进行检验。检查中应随时变换光线照射方向,详细观察各部位,如遇可疑之处,可用放大镜检验,也可进一步做断口或显微组织分析。对于细小的缺陷,用放大镜难以分辨时,可以借助体视显微镜予以确认。典型宏观组织见本章附图 43-1～附图 43-6。

应如实记录宏观组织和缺陷的形态、类型、大小和分布。

43.1.3 显微组织检验

显微组织检验用以显示金属及合金的微观组织及缺陷等，其操作包括试样制备、抛光、试样浸蚀和检验分析。

43.1.3.1 试样选择及切割

应根据有关标准或技术协议的规定，选取有代表性的部位。观察冷加工的金属变形程度的试样沿平行于加工方向的纵向切面截取；研究锭坯径向组织变化规律的试样沿垂直于锭坯轴线方向的截面截取。缺陷分析的试样，应在缺陷部位或缺陷附近取样，并同时在正常部位取样进行对比。

试样尺寸一般为 ϕ10～15 mm 或 10～15 mm×10 mm，对于带材厚度≤0.5 mm 及具有小截面的加工制品，可视具体情况灵活截取。对于细小的线材、丝材、箔材和颗粒状试样需要镶嵌，镶嵌方式有塑料镶嵌和机械镶嵌两类。

铜合金较软，不宜采用砂轮切取，可采用手锯、剪切、锯、刨、车、铣加工等取样，精细样品应采用线切割取样，硬脆的中间合金可用锤击取样。取样时应避免样品变形以及温度过高等。

43.1.3.2 磨光

切取后的试样应首先用锉刀锉去 1～2 mm 锉出一个平面，然后依次采用不同粒度的水砂纸磨光。磨光可以用手工磨光，也可采用电动磨盘磨光。粗磨通常使用 150～180 号水砂纸，用水冷却。粗磨磨出方向一致的磨痕后，采用 320～350 号金相砂纸进行细磨。更换一次砂纸，磨制方向应转换 90°，细磨磨痕达到一致后，即可进行抛光。

43.1.3.3 抛光

抛光方式有：机械抛光、电解抛光和化学抛光等。

(1) 机械抛光。经细磨后的试样，水洗后移至装有帆布的抛光盘上先进行粗抛，抛光剂可选用三氧化二铬、氧化铝、氧化镁等水的悬浮液或金刚砂研磨膏。转速一般采用 500～1000 r/min，抛至细磨痕完全消失为止，然后用水洗净，进行细抛光。细抛光在装有毛毡的抛光盘上进行，抛光剂使用浓度较稀的三氧化二铬悬浮液或粒度更细的金刚石研磨膏，细抛达到划痕方向一致时，用水冲洗试样，然后进行精抛光。精抛在装有呢绒或丝绒的抛光盘上进行，精抛时可以用水润滑，抛到试样表面无划痕为止。

(2) 电解抛光。电解抛光装置如图 43-1 所示，电解槽的尺寸以 ϕ100 mm×60 mm 为宜，每次使用适量抛光液。铜及铜合金最常用的抛光液是由 3 体积正磷酸和 4 体积水配制而成，工作电压为 30～50 V，时间 1～2 s。将磨光好的试样，用夹子夹住，接通电源，抛光后取出，放入水中清洗。本方法适用于大批量生产检验和一般的组织检查。

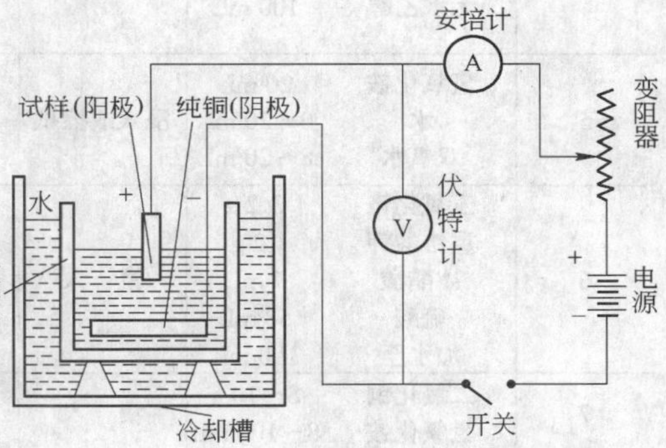

图 43-1 电解抛光装置示意图

(3) 化学抛光。通过化学试剂对试样表面的溶解，达到抛光的目的。常用化学抛光剂有两种。一种为正磷酸、硝酸和冰醋酸等体积混合，抛光温度为 60～70℃，时间 1～2 min，该试剂适用于纯铜；另一种为正磷酸∶盐酸∶硝酸∶冰醋酸＝1∶1∶3∶4(体积比)，抛光温度为 70～80℃，时间 1～2 min，该试剂适用于铜合金。

43.1.3.4 试样浸蚀

抛光好的试样，根据检查目的选用适当浸蚀剂以显示其显微组织，浸蚀剂应使用化学纯以上药品，并现用现配。铜及铜合金用浸蚀剂见表 43-2。常用 1 号试剂和 3 号试剂。1 号试剂作用柔和，使用时加入少量的水可使单相铜合金晶粒染色，3 号试剂对晶界浸蚀能力较强。

表 43-2 铜及铜合金显微组织检验用浸蚀剂

序号	试剂成分	浸蚀方法	适用范围	备注
1	硝酸铁 2 g 无水乙醇 50 mL	擦拭	铜及铜合金	加少量水可使单相合金晶粒染色。纯铜、铬青铜、碲铜抛光时，将几滴浸蚀剂倒在最后一道抛光布上，抛几秒，然后倒上水，抛至表面发亮，反复数次，较好效果
2	三氯化铁 g / 盐酸 mL / 水 mL / 注 1 20 100 3 10 100 + 5 10 100 ♀ 19(20) 6(5) 100 *	浸入或擦拭	纯铜、黄铜、青铜	使用时加入 50%酒精，黄铜中 β 相能变黑；+：可加入 1 g 二氯化铜；♀：格莱氏试剂№2，使用时可加入 1 g 二氯化铜及 0.5 g 二氯化锡；*：又称格莱氏试剂№1
3	三氯化铁 3 g 盐酸 2 mL 无水乙醇 96 mL	擦拭	铜及铜合金	
4	三氯化铁 3 g 无水乙醇 100 mL	反复擦拭	硅青铜等	试剂现配现用，腐蚀速度较慢
5	氢氧化铵 20 mL 水 0～20 mL 双氧水 8～20 mL	浸入或擦拭	铜及铜合金	先将氢氧化铵与水混合好，然后加入双氧水，必须现配现用
6	三氧化铬 7.2 g 重铬酸钾 12 g 冰醋酸 7 mL 硫酸 58 mL 加水至 100 mL	浸入	铜及铜合金	可显现铜合金晶界，浸蚀后再用格莱氏№1 试剂使晶粒染色
7	二氯化铜 8～10 g 氢氧化铵 8～100 mL	浸入	铍青铜、白铜	能使铍青铜 α 相变暗，β 相呈亮白色
8	硝酸 30 mL 冰醋酸 42 mL 水 28 mL	浸入	加工及退火锡青铜	有良好晶粒对比
9	铁氰化钾 1～5 g 水 100 mL	浸入	锡磷青铜	能区分 δ 相及 Cu_3P 相，δ 相浸蚀后颜色不变，Cu_3P 相由蓝色变至深灰色
10	重铬酸钾 2 g 硫酸 8 mL 氯化钠饱和水溶液 4 mL	浸入	纯铜及铍、锰、硅、铬、青铜、白铜	
11	醋酸(75%) 30 mL 硝酸 20 mL 丙酮 30 mL	擦拭	白铜	
12	氢氧化铵 25 mL 2.5%过硫酸铵溶液 50 mL 水 25 mL	冷浸或热浸	铜及铜合金	浸蚀后 NiAl 呈鸽灰色，Ni_3Al 呈暗灰色
13	铬酸 1 g 水 100 mL	V:6 V t:56 s	铍青铜	铝作阴极

续表 43-2

序　号	试剂成分	浸蚀方法	适用范围	备　注
14	硫酸亚铁 30 g 氢氧化钠 4 g 硫酸 100 mL 水 1900 mL	V:8～10 V t:10～15 s	黄　铜 青　铜 白　铜	纯铜作阴极
15	冰醋酸 5 mL 硝酸 10 mL 水 85 mL	V:0.5～10 V t:5～15 s	白　铜	纯铜作阴极

浸蚀时,先用夹子夹住蘸有浸蚀剂的脱脂棉球,轻轻在试样面上擦拭几下,使表面变形层溶去;然后一边在试样表面滴上浸蚀剂,一边观察,待试样表面光泽变暗、组织显示后,迅速用水冲去多余浸蚀剂,然后用少量酒精冲洗残留水珠后,用电吹风吹干试样。

浸蚀程度视金属的性质、检验目的而定,以显微镜下观察组织清晰为准。一般要先进行浅浸蚀,在显微镜下观察,若认为浸蚀程度不足,可继续浸蚀,或重新抛光后再浸蚀;若浸蚀过度则必须重新磨制、抛光后再浸蚀。

43.1.3.5　显微组织检验

试样的显微组织检验包括浸蚀前检验和浸蚀后检验。浸蚀前主要检验试样的夹杂物、裂纹、气孔等缺陷以及铜及铜合金中的部分组织;浸蚀后主要检验试样的组织。

显微组织检验一般先由低倍率 50～100 X 观察,对于有细微结构的组织,用高倍率作细致地观察分析。铜及铜合金常见显微组织见本章附图 43-7～附图43-12。

利用显微镜具有的多种照明方式,对组织的特征进行对比分析。比如:采用正交偏振光对退火样品的晶粒度观察。

43.1.4　晶粒度的测量

晶粒度是晶粒大小的量度,是单相铜及铜合金重要的特性指标。晶粒的大小反映了金属的软硬程度和塑性变形抗力即强度的大小。晶粒度的测量是假定金属在完全退火状态,晶粒结构在任何被测量方向上的直径基本相同且呈等轴状。在实际金属组织中,晶粒的形状和大小总是不一致的,所以晶粒度是测定平均直径。即使所有的晶粒大小和形状都一样,而观察晶粒尺寸的试样表面是穿透金属组织的一个随机切面,因而看到的晶粒可能从最大尺寸直到几乎接近于零。

GB/T6394—2002《金属平均晶粒度测定方法》是根据 ASTM E112－1996《金属平均晶粒度测定的标准方法》修改起草,主要技术内容基本相同,测定结果以晶粒度级别数 G 或每平方毫米晶粒数 n_a 或晶粒平均直径 $\overline{d}$(mm)或晶粒平均截面积 $\overline{a}$(mm^2)报出,该标准的比较法中提供了四个系列标准评级图,其中系列图片Ⅲ:有孪晶晶粒(深腐蚀)75 倍,适用于铜及铜合金。

YS/T347—2004《铜及铜合金平均晶粒度测定方法》是参照 GB/T6394,针对铜及铜合金而起草的标准。提供了一套制备精良、清晰完整的标准评级图,这套图片与 GB/T6394－2002 系列图片Ⅲ基本一致,从而保证了与 ASTM 标准的接轨。

晶粒度的评定方法有比较法、面积法和截距法。通常测量可以用比较法,当有异议时,以截距法为仲裁方法。

43.1.4.1　比较法

比较法是通过被测试样的图像与标准系列评级图对比来测定试样晶粒度。

试样制好后,在放大 100 倍的倍率下,通过金相显微镜投影图像或拍出有代表性视场的显微照片,与相应的标准评级图片直接比较,选出与试样图像最接近的标准图片,作为试样的晶粒度。通常应选择三个以上视场进行比较。

不具备投影或照相功能的显微镜,可以直接通过目镜观察,对照标准评级图,找出最接近的标准图片,报出试样晶粒度。

当试样晶粒度超过标准评级图片所包括的范围时,可采用其他放大倍率。在此放大倍率下的晶粒图像与标准放大倍率(100×)的标准评级图片进行比较,找出最接近的图片后,查标准中真实晶粒度与标准图的对照关系表,报出实际晶粒度。

43.1.4.2 面积法

面积法是通过统计给定面积内晶粒数来测定试样晶粒度:在显微镜毛玻璃上或照片上划一个直径 79.8 mm 的测量圆,面积近似为 5000 mm^2,选择适当放大倍率,使该圆内至少包含 50 个晶粒,计算测量圆包含的晶粒数,计算单位面积内的晶粒数,查标准中对应的表,得晶粒平均直径。

43.1.4.3 截距法

截距法是通过统计一定长度的一条或几条线段上所截的晶粒个数,计算晶粒平均截距来测定晶粒度的大小:在晶粒图像上,任画出一条或几条一定长度的线段作为测量线段,选择适当的放大倍率,以保证至少有 50 个晶粒被线段截过。统计出测量线段上截过的晶界总截点数。计算截点时,测量线段的终点不是截点的不计算;终点正好接触到晶界时,应计 0.5 个截点;测量线与晶界相切时,应计 1 个截点;测量线段明显与三晶界的汇合点重合时,应计 1.5 个截点。孪晶界不计算在内。为了获得准确的平均值,应选择 3~5 个视场进行测量。

根据线段的长度、放大倍率和截点数计算晶粒平均截距,查标准对应的表得出晶粒平均直径。

43.1.4.4 晶粒度的表述

使用任何一种测量方法,最终以晶粒平均直径表述晶粒度,需要时可查出对应的其他数值。

当试样存在着晶粒不均现象,且优势晶粒所占面积比例不大于视场面积的 90%时,则应筛选出两种优势晶粒,测量出两种晶粒的平均直径及所占百分比,报出两种晶粒的平均直径及所占比例作为最终晶粒度结果,如 0.025 mm,40%和 0.045 mm,60% 。否则,只报出优势晶粒的晶粒度。

43.1.5 纯铜中氧的测量(金相法)

氧是铜中的主要杂质元素,主要以氧化亚铜形式存在于铜中。根据铜－氧相图,氧化亚铜与铜形成共晶,凝固时主要聚集于晶界上,含量从低到高依次形成亚共晶、共晶和过共晶,含量极低时则看不到氧的存在。含氧铜经加工后,氧化亚铜呈弥散质点分布于铜基体上。

氧在纯铜中的主要危害是导致了铜的氢脆性;与其他杂质共存时,对铜的性能有复杂的影响。

铜中氧的测量主要有化学方法和金相方法。化学方法采用红外定氧,将试样融化直接测量一定质量的铜中的氧。而金相法主要借助于金相显微镜判断氧在铜中存在的形态和量的大小。

金相方法包括利用显微镜检验(方法 A)和经氢气退火后再利用显微镜检验(方法 B)。

方法 A 是将试样精细制备,不经浸蚀直接在显微镜下检查,根据氧在铜中的存在特点,并结合氧化亚铜在明场下呈蓝色,在偏光下呈红宝石色来判断氧化亚铜的存在与否。对于铸造紫铜和加工紫铜,已作废的 GB471—64《紫铜中氧量的测定(金相法)》均给出了系列标准图片,在放大 200 倍下,与标准图片比较,判断氧量的大小。

方法 B 是将试样制备好后,在氢气气氛下退火,随炉升温至 825~875℃,保温 20 min 以上,采用水淬或随炉冷却方式使试样冷却至室温,在显微镜下观察因含氧而导致起泡或开裂的程度,与 YS/T335－94《电真空器件用无氧铜含氧量金相检验方法》所提供的标准图片比较,判断开裂级别。这一方法又称“裂纹法”。

另外,检验铜中含氧还有闭合弯曲(方法 C)和反复弯曲(方法 D)两种方法。

ISO2626《铜-氢脆试验》和 ASTM B577《铜氢脆标准检验方法 》均提出了检验无氧铜和脱氧铜中是否存在氧化亚铜的闭合弯曲和反复弯曲方法。试样在氢气气氛中经 825~875℃保温30 min,然后水淬或随炉冷却方式使试样冷却至室温。将上述经处理的试样按照标准规定的方法闭合弯曲或反复弯曲后,用肉眼检查表面是否出现裂纹,如果出现裂纹,则表明材料存在氢脆性。

以上方法A、B、C、D构成了完整的铜的含氧量(氢脆性)检验方法。

43.1.6 铸锭及加工制品常见缺陷

43.1.6.1 铸锭缺陷

主要铸锭缺陷有偏析、气孔、缩孔与缩松、夹杂、裂纹及冷隔,见本章附图43-13～附图43-19。

(1) 偏析。金属凝固后,铸锭中化学成分不均匀现象称为偏析。偏析分为显微偏析和宏观偏析。显微偏析是指在一个晶粒范围内的偏析,它包括晶内偏析和晶界偏析。晶内偏析亦称枝晶偏析或树枝状偏析;宏观偏析是指在较大区域内的偏析,亦称区域偏析,它包括正偏析、反偏析、比重偏析等。

铜合金中最典型的反偏析合金为锡磷青铜,严重时铸锭表面出现大块状偏析瘤,这种偏析瘤表面呈灰白色,俗称"锡汗"。

引起偏析的原因较多:一是合金凝固特性引起显微偏析和正偏析,不同相比重不同,冷却缓慢引起比重偏析;二是在凝固过程中,由于体积收缩形成的较大压力差和粗大枝晶间孔隙构成的毛细管力联合作用以及其他原因而引起(锡磷青铜)反偏析。另外熔化温度低、时间短、搅拌不均匀等原因均能引起点状随机偏析或区域偏析。

(2) 气孔。金属在凝固过程中,气体未能及时逸出而滞留于熔体内形成气孔。气孔一般呈圆形、椭圆形或长条形,单个或成串状分布,内壁光滑。按气孔在铸锭中出现的位置分为内部气孔、皮下气孔和表面气孔。

气孔产生的主要原因有:炉衬、工模具、覆盖剂、原辅材料等潮湿或含气量高,除气、精炼不充分;铸造温度高,速度快,冷却水压大或二次冷却水射角大;熔铸时保护不良,熔体吸气或环境潮湿水气较大;另外结晶器渗水,润滑油中含水分或给油量过大等也能引起气孔。

(3) 缩孔与缩松。金属在凝固过程中,发生体积收缩,熔体不能及时补充,出现收缩孔洞,称为缩孔或缩松。容积大而集中的缩孔称为集中缩孔,细小而分散的缩孔称为缩松,其中出现在晶界和枝晶间借助于显微镜观察的缩松称为显微缩松。

缩孔表面多参差不齐,近似锯齿状,晶界和枝晶间的缩孔多带棱角,有些缩孔常为析出的气体所充填,孔壁较平滑,此时的缩孔也是气孔,缩孔内往往伴生低熔点物。

缩孔与缩松产生的主要原因有:熔炼工艺不合理,浇铸温度较低,补缩不良,断流;冷却强度较大,浇铸速度快;结晶器设计不合理,保温帽太低、潮湿;合金结晶温度范围宽,流动性差。

(4) 夹杂。与基体有明显分界面,性能相差悬殊的金属或非金属物称为夹杂。夹杂分金属夹杂和非金属夹杂两类。金属夹杂指不溶于基体金属的各种金属化合物初晶及未熔化完的高熔点纯金属颗粒以及外来异金属;非金属夹杂包括氧化物、硫化物、碳化物、熔剂、熔渣、涂料、炉衬碎屑以及硅酸盐等。

夹杂在金属基体内有一定的形状和颜色,常见的有:点状、球状、不规则块状以及针、片状或薄膜状等,经浸蚀后,颜色与基体有较大差异。

夹杂产生的主要原因有:熔炼温度低,时间短,纯金属颗粒较大,搅拌不充分;去渣精炼不良,扒渣不净,润滑油或涂料过多;铸造温度低,速度快或熔体翻动剧烈以及铸造工艺不当或炉料混杂等。

(5) 裂纹。金属在凝固过程中产生的裂纹称为热裂纹。凝固后产生的裂纹称为冷裂纹。

裂纹形态各异,种类繁多。热裂纹多沿晶界扩展,曲折而不规则,常出现分枝,裂纹内可能夹有氧化膜或表面略带氧化色;冷裂纹常为穿晶裂纹,多呈直线扩展,裂纹较规则、挺拔平直。

裂纹产生的主要原因有:铸造温度不合适,速度快,冷却速度过大或过小,冷却不均匀;连铸拉停工艺不当;合金本身有热脆性,强度差;

覆盖剂或润滑剂选择不合理；结晶器、坩埚、托座、浇铸管等设计不良，变形或安装不当。

(6) 冷隔。铸锭表面出现折皱或层叠状的缺陷，或者内部出现金属不连续现象统称冷隔。

冷隔的铸锭外表面不平整，层与层之间不连续，横断面分层，中间往往有氧化膜并伴生气孔等缺陷。冷隔按出现的部位不同分表面冷隔、皮下冷隔和中心冷隔。

冷隔产生的原因：浇铸温度低，冷却水压高，浇速不稳定，液面波动大；严重的表面冷隔向铸锭内延伸，引起皮下冷隔；中间断流，补缩不良；结晶器内壁结构设计不合理，选材不当。

(7) 表面缺陷。铸锭常见表面缺陷有：铜豆、疤痕、麻面、麻坑、毛刺、纵向条痕、横向竹节等。

43.1.6.2 加工制品缺陷

加工制品缺陷主要有过热与过烧、裂纹或开裂、夹杂、异物压入、鼓泡、分层、机械损伤、腐蚀、脱锌、应力腐蚀开裂、板带材板形缺陷、挤制品缩尾、挤制品断口缺陷等，见本章附图 43-20～附图 43-29。

(1) 过热与过烧。金属在加热或加工过程中，由于温度高，时间长，导致组织及晶粒粗大的现象称为过热；严重过热时，晶间局部低熔点组元熔化或晶界弱化现象称为过烧。

过热后表面出现麻点，橘皮，晶粒粗大，塑性下降；过烧后表面粗糙，轧制时或挤制后出现晶界裂纹、板材侧裂、棒材头部开花、张口裂或裂成碎块，开裂部位能看到粗大枝晶和熔化的痕迹，显微组织中出现晶界加粗，熔化空洞或共晶球，熔化的液相网等。

产生的主要原因有：加热温度高，时间长或局部长时间处于高温源处；热加工终了温度过高或者在高温区停留时间过长；合金中存在低熔点组元，或低熔点夹杂较多。

(2) 裂纹或开裂。加工或退火后形成断续或连续的不规则的分开裂缝，轻微的称为裂纹，严重的称为开裂。

裂开部位往往被氧化、有夹杂。裂纹或开裂的形态各异。常见的有：表面开裂、侧裂、张口裂、周期性横裂、断裂(断带)、氢脆开裂、头部开裂、纵向开裂、45°方向开裂等。

产生的主要原因有：铸锭存在裂纹、夹杂、缩孔、冷隔等缺陷；铸锭存在有害杂质或结晶组织、化学成分严重不均匀；铸锭中存在较大应力或加工工艺不当产生较大应力；加热温度过高、时间过长导致过烧或加热温度低、时间过短导致塑性不良或者加热温度不均匀；板材压下量过大，或应变速率不合适；管棒材挤压速度过快，加工率过大；热处理工艺不当，加工或热处理处于材料的脆性温度区。

(3) 夹杂。制品表面和内部出现的与基体有明显分界面，性能相差悬殊的金属或非金属物称为夹杂。

夹杂一般呈颗粒状、长条状沿加工方向分布，有一定形态和颜色，界面明显。

夹杂来源于：铸锭中未熔化完的金属颗粒，形成大块初晶或异金属进入；金属化合物；硅酸盐、覆盖剂等非金属化合物。

(4) 异物压入。金属或非金属压入制品表面称为异物压入。

金属压入物与基体有明显分界面，轮廓清楚，有不同的金属光泽，呈点状、块状，剥落后形成凹坑；非金属压入物形态不一，颜色各异，多呈脆性，无金属光泽，呈点状、片状、长条状沿加工方向分布，不易剥离。

异物来源：加热形成的氧化皮、润滑剂粘附在工模具和制品表面；工模具的碎片及粘附物；裂边的金属屑、毛刺及飞边；热处理炉的炉屑、油污；乳液内的杂物；轧道及导板上的异物。

(5) 鼓泡。制品经加工或退火后，表面出现沿加工方向分布的条状或泡状鼓起，剖开后为一空腔，这种鼓起称为鼓泡。

鼓泡多呈条状，表面光滑，沿加工方向拉长，剖开后内壁呈光亮的金属色泽，个别伴有氧化物或其他夹杂。鼓泡大多两面对称分布，在较薄的板带材或薄壁管中比较明显。

鼓泡产生的主要原因有：铸锭中存在气孔，缩孔等缺陷；坯料退火时，炉内气氛控制不当，炉温过高；管棒材挤压时铸锭与挤压筒、挤压垫配合不良或者挤压筒、穿孔针润滑过量，挤压筒清理不干净，穿孔针有裂纹等。

(6) 分层。在板带材厚度方向或管棒材径向上出现的、沿加工方向分布的缝隙称为分层。

层与层之间接触平整，面积较大，有些有氧化物或夹杂，常出现在薄带材中或薄带材经焊接后表现出来。管棒材断口检查时出现断口分层现象。

分层产生的主要原因有：铸锭中有气孔、缩孔、缩松夹杂等缺陷，经加工后形成分层；板带材热轧道次压下量分配不当，压下量过大；铸锭加热不均匀，加热温度过高或过低；管棒材挤压筒或穿孔针润滑过量，穿孔针有裂纹或挤制品缩尾未切净，经进一步拉伸、轧制形成分层。

(7) 机械损伤。外力作用于制品表面或制品之间的错动，引起表面呈条状、束状、凹坑状、尖锐沟槽状及其他形状的伤痕，常见的有：擦伤、划伤、碰伤和压伤。

(8) 腐蚀。制品表面与周围介质接触，发生化学或电化学反应，在表面形成产物膜的过程称为腐蚀。

腐蚀后表面失去金属光泽，形成颜色各异的腐蚀色斑。

腐蚀形成的原因有：加工材表面不清洁，残留有水、乳液等残液，或者放置保管不当，气候潮湿或水滴浸入表面；环境中有腐蚀性气氛。

(9) 脱锌。含锌铜合金退火或酸洗后表面出现灰白或泛红色斑现象称为脱锌。轻微脱锌出现上述色斑，严重的显微组织发生变化。

产生的主要原因有：热处理温度过高，火焰直接喷到制品表面上，使表面锌熔化、挥发或氧化；酸洗时，酸液浓度过高，酸洗时间过长引起表面脱锌；在环境介质作用下，发生化学或电化学反应形成腐蚀脱锌。

(10) 应力腐蚀开裂。黄铜或白铜在拉应力和特定腐蚀环境共同作用下发生脆性开裂现象称为应力腐蚀开裂。

裂纹垂直于应力方向，断口呈脆性，多为突发性。

产生的原因为材料存在拉应力并对应力腐蚀敏感，存在能引发腐蚀的介质，如硝酸盐、氨蒸气及溶液、汞盐溶液、二氧化硫大气、硫酸蒸汽、水蒸气等。

(11) 板带材板形缺陷。由于金属加热不均匀、辊型不当以及轧制工艺不当等因素导致轧制的板形不均匀。常见的有：板型波浪、侧弯、翘曲、楔形板和二筋板以及其他形状的板形缺陷。

(12) 挤制品缩尾。缩尾是挤制品尾部的一种特殊缺陷。在挤压末期，由于金属紊流，铸锭表面的氧化皮，润滑剂等污物往往流入其中，而导致金属之间的分层。

缩尾一般在制品横截面上呈环形、弧形或月牙形，个别多孔挤压缩尾呈条状，从中心向边缘延伸。位于制品中心横断面上长度小而严重的称为中心缩尾；位于稍外层呈环状或弧形的称为环状缩尾；位于制品表面的称为皮下缩尾。多孔挤压还出现各种形状的缩尾。

产生原因：挤压尾部金属流动紊乱；铸锭表面、次表面有缺陷，挤压筒有润滑剂等污染物。

(13) 挤制品断口缺陷。挤制品折断后，断口上出现针孔、夹杂、分层、撕裂、缩尾、层状断口及黄色组织，或者由于组织不均匀导致的其他缺陷统称为断口缺陷。

断口缺陷是管棒材挤制品最常见的缺陷，产生的主要原因是：铸锭中存在气孔、缩孔、缩松、夹杂、分层、组织不均匀等缺陷或者加热、挤压工艺不当。

(14) 其他缺陷。板带材常见缺陷还有烧粘、撕裂 压折、压漏等。常见表面缺陷有辊印、起皱、起皮、起刺、氧化、麻面、绿锈、印痕、污斑等。常见侧边缺陷有翘边、飞边、毛刺和剪刃压痕。其中毛刺是指在边缘形成尖而薄的金属细丝或金属刺。这是由于剪切时刀刃不锋利，剪刀润滑不良，剪刀间隙及重叠量调整不当引起的。

管棒型材常见缺陷还有偏心、破肚、型材扭拧、撕裂、凸筋、表面环状痕等。常见表面缺陷有起皮、起刺、过酸洗、酸洗不良、氧化、麻面、印痕、污斑。

43.1.7 织构分析

多晶体材料是由许多细小晶粒组成的，如果这些晶粒的晶体学取向是完全任意分布的，则各个方向的性能是接近的，即各向同性。当材料冷加工(如冷拉、冷轧等)塑性变形量很大时，滑移过程中晶体的转动，使各晶粒的某一晶向，或者某一晶面和某一晶向，都不同程度地转到与外力接近的方向，原来位向杂乱的晶粒取向趋于一致，这种现象称为择优取向，或称为织构。

在冷加工变形过程中出现的织构称为变形织构。同一种材料由于加工方式不同，可以出现不同的织构，常见的有丝织构和板织构。

丝织构是在拉丝时形成的，各晶粒的某一晶向与拉伸方向平行或接近平行；板织构是在轧制时形成的，各晶粒的某一晶向趋向于与轧向平行或某一晶面趋向于与轧制面平行。

变形织构即使经过再结晶退火也难以消除，有时还会出现再结晶织构(或称为退火织构)。再结晶织构的位向可能与原来变形织构相同，也可能不同。例如冷轧铜板在 350℃ 以上再结晶退火，就从原来的{110}＜112＞板织构转变为立方织构{100}＜001＞。

当金属板材中重叠出现几种织构时，其方向性会减弱，因此，加工紫铜板材时，有时要考虑其织构的组合，以减弱方向性。

关于再结晶织构的形成机理有不同的解释，一种说法认为是由于定向生长而形成的。即在变形基体中存在不同取向的晶核，其中只有那些取向最有利的晶核，才能获得最快的移动速度，而其他晶核的生长受到限制，这样就得到了接近于同一取向的再结晶晶粒，形成再结晶织构。

金属材料除了在冷加工和再结晶过程中出现织构外，在凝固过程中由于定向生长，也会产生铸造织构，在电解沉积过程中还会形成相应的织构。

织构测定的主要方法是采用 X 射线透射，通过图对晶体的指数进行标定。经过标定：紫铜丝织构为＜111＞+＜100＞，板织构为{110}＜112＞；再结晶织构为(100)[001]，(122)[21$\bar{2}$]。

对紫铜来说，最典型的织构莫过于深冲雷管带，本室对其工艺和织构进行了详细的研究。在 850～920℃之间对厚度为 170 mm 的扁锭退火 3～3.5 h，轧至 12 mm，然后连续冷轧到 0.25 mm。经过不同温度退火，通过 X 射线对轧制(111)极图和(200)极图的测定，再结晶织构为(100)[001]，轧制织构为(110)[1 $\bar{1}$2] + (112)[11 $\bar{1}$]。在 300～400℃ 退火 40 min，两种相互重叠的织构，织构度相当，经冲制后不出现制耳或制耳不明显，且各个方向性能基本均匀一致。

在实际生产检验中，除了采用 X 射线测定紫铜织构外，还可以通过拉力和冲杯试验来反映织构是否存在、织构的强弱以及组合情况。

分别在垂直和平行于轧制方向，以及与轧制方向成 45°方向取样，测量伸长率，出现强再结晶织构的，45°方向试样的伸长率将大大增加，而平行和垂直于轧向的试样伸长率较小且相当；制耳出现在与轧向成 45°方向的表明加工织构较强，出现在平行和垂直于轧向的表明再结晶织构较强。制耳的高低反映织构的强弱，不出现制耳则表明织构不明显或织构组合合理。

43.2　力学性能试验

43.2.1　室温拉伸试验

43.2.1.1　概述

金属材料的力学性能是指金属在外加载荷作用下或载荷与环境因素(温度、介质和加载速率)联合作用下所表现的行为。这种行为又称为力学行为。宏观上一般表现为金属的变形和断裂。国家标准定义金属力学性能是指“金属在力作用下所显示与反映弹性和非弹性相关或涉及应力-应变关系的性能”。

通过拉伸试验可以评定金属材料弹性性能、强度性能、延性性能等方面的多种性能。

需要注意的是，力学性能数据在很大程度上取决于采用的试验方法。其中包括试验的条件、设备、试样的形状、尺寸和制备，加载速度(或变形速度)及温度等，对试验的最终结果有极其重要的甚至决定性的影响。

43.2.1.2　原理

试验系用拉力拉伸试样，一般拉至断裂，测定定义的一项或几项力学性能。除非另有规定,试验一般在室温 10～35℃ 范围内进行。对温度要求严格的试验,试验温度应为(23 ± 5)℃。

43.2.1.3 定义

(1) 标距:分为原始标距(L_0)和断后标距(L_u)。

(2) 平行长度(L_c):试样两头部或两夹持部分(不带头试样)之间的平行部分的长度。

(3) 伸长:试验期间任一时刻原始标距(L_0)的增量。

(4) 伸长率:原始标距的伸长与原始标距(L_0)之比的百分率。

伸长率分为断后伸长率(A)、断裂总伸长率(A_t)、最大力总伸长率(A_{gt})和最大力非比例伸长率(A_g)(见图 43-2)。

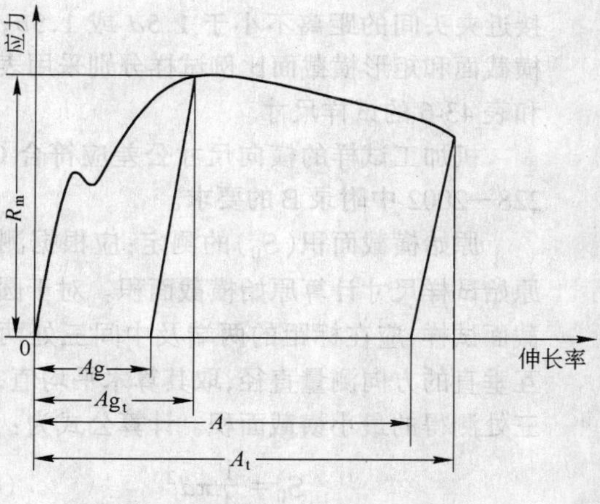

图 43-2 伸长的定义

(5) 引伸计标距(L_e):用引伸计测量试样延伸时,所使用试样平行长度部分的长度。

(6) 延伸:试验期间任一给定时刻引伸计标距的增量。

伸长率分为残余伸长率、非比例伸长率、总伸长率和屈服点伸长率(A_e)(定义见 GB/T 228—2002)。

(7) 断面收缩率(Z):断裂后试样横截面积的最大缩减量($S_0 - S_U$)与原始横截面积(S_0)之比的百分率(S_U 为断后最小横截面积)。

(8) 最大力(F_m):试样在屈服阶段之后所能抵抗的最大力。对于无明显屈服(连续屈服)的金属材料,为试验期间的最大力。

(9) 应力:试验期间任一时刻的力除以试样原始横截面积(S_0)的商。

强度分为抗拉强度(R_m)、规定非比例延伸强度(R_p)、上屈服强度(R_{eH})和下屈服强度(R_{eL})。相关定义见 GB/T 228—2002《金属材料 室温拉伸试验方法》。

规定非比例延伸强度(见图 43-3)使用的符号应附以下脚注说明所规定的百分率。

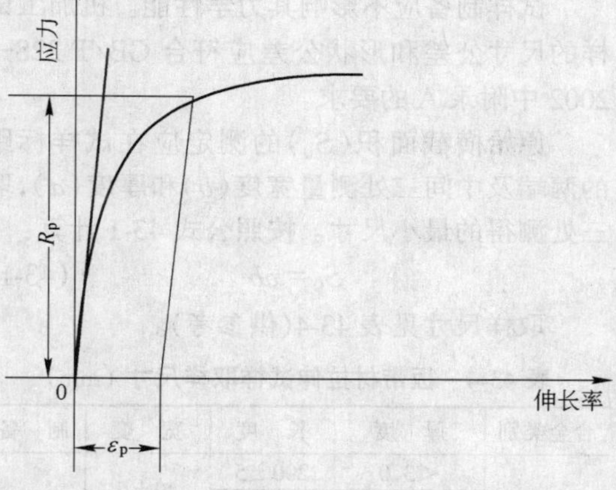

图 43-3 规定非比例延伸强度(R_p)

43.2.1.4 室温拉伸试验用试样类型及取样尺寸

(1) 取样。试样的真正意义在于它能代表所在的一批。正确取样是准确评定产品性能的重要一环。取样部位、取样方向、取样数量是取样三要素。应按照相关产品标准或 GB/T 2975《钢和钢产品 力学性能试验取样位置和试样制备》的要求切取样坯和制备试样。

(2) 厚度 $a = 0.1 \sim 3$ mm 薄板和薄带使用的试样类型。

试样头部与平行长度之间应有过渡半径(r)至少为 20 mm 的过渡弧相连接。其尺寸应符合表 43-3 的规定。

表 43-3 矩形横截面比例试样 (mm)

宽度 b	过渡半径 r	$k=5.65$ (短试样) L_0	L_c 带头	L_c 不带头	编号	$k=11.3$ (长试样) L_0	L_c 带头	L_c 不带头	编号
10	≥20	$5.65\sqrt{S_0}\geq 15$	$\geq L_0+b/2$ 仲裁试验：L_0+2b	L_0+3b	P1	$11.3\sqrt{S_0}\geq 15$	$\geq L_0+b/2$ 仲裁试验：L_0+2b	L_0+3b	P01
12.5					P2				P02
15					P3				P03
20					P4				P04

注：若比例标距小于15 mm，建议采用非比例试样。

矩形横截面非比例试样参见GB/T 228—2002中附录A。

试样制备应不影响其力学性能。机加工试样的尺寸公差和形状公差应符合GB/T 228—2002中附录A的要求。

原始横截面积(S_0)的测定应在试样标距的两端及中间三处测量宽度(b)和厚度(a)，取三处测得的最小尺寸。按照公式43-1计算：

$$S_0=ab \tag{43-1}$$

取样尺寸见表43-4(供参考)。

表 43-4 板带材拉伸试样取样尺寸 (mm)

合金类别	厚 度	长 度	宽 度	制 备
铜及铜合金	<3.0	200±5	40±5	铣
	3.0～<4.5	280±5		
	4.5～<10.0	380±5	40±5	
	10～<15.0	420±5		

(3) 厚度 $a\geq 3$ mm 的板材和扁材以及直径或厚度不小于4 mm线材、棒材和型材使用的试样类型：

试样夹持端和平行长度 L_c 之间的过渡弧半径 r 和平行长度见表43-5及表43-6(表中 d 为圆形横截面试样平行长度的直径或圆丝直径)。

不经机加工试样的平行长度：试验机两夹头间的自由长度应使试样原始标距的标记与最接近夹头间的距离不小于1.5d 或1.5b；圆形横截面和矩形横截面比例试样分别采用表43-5和表43-6的试样尺寸。

机加工试样的横向尺寸公差应符合GB/T 228—2002中附录B的要求。

原始横截面积(S_0)的测定：应根据测量的原始试样尺寸计算原始横截面积。对于圆形横截面试样，应在标距的两端及中间三处两个相互垂直的方向测量直径，取其算术平均值，取用三处测得的最小横截面积。计算公式为：

$$S_0=\frac{1}{4}\pi d^2 \tag{43-2}$$

对于矩形横截面试样，按照公式43-1计算。

表 43-5 圆形横截面比例试样

d/mm	r/mm	$k=5.65$ L_0/mm	L_c/mm	试样编号	$k=11.3$ L_0/mm	L_c/mm	试样编号
25	≥0.75d	5d	$\geq L_0+d/2$，仲裁试验：L_0+2d	$R1$	10d	$\geq L_0+d/2$，仲裁试验：L_0+2d	$R01$
20				$R2$			$R02$
15				$R3$			$R03$
10				$R4$			$R04$
8				$R5$			$R05$
6				$R6$			$R06$
5				$R7$			$R07$
3				$R8$			$R08$

表 43-6　矩形横截面比例试样

b/mm	r/mm	$k=5.65$			$k=11.3$		
		L_0/mm	L_c/mm	试样编号	L_0/mm	L_c/mm	试样编号
12.5	⩾12	$5.65\sqrt{S_0}$	$\geqslant L_0+1.5\sqrt{S_0}$ 仲裁试验： $L_0+1.5\sqrt{S_0}$	P7	$11.3\sqrt{S_0}$	$\geqslant L_0+1.5\sqrt{S_0}$ 仲裁试验： $L_0+1.5\sqrt{S_0}$	P07
15				P8			P08
20				P9			P09
25				P10			P010
30				P11			P011

注：如相关产品标准无具体规定，优先采用比例系数 $k=5.65$ 的比例试样。

矩形横截面非比例试样参见 GB/T228—2002 中附录 B。

厚度大于或等于 3 mm 板材的取样尺寸见表 43-4。

棒材拉伸试样取样尺寸应符合表 43-7 的规定。

表 43-7　棒材拉伸试样取样尺寸　(mm)

合金类别	直径 D	短试样	长试样	备注
纯铜、普通黄铜	⩽15	250±10		整拉
	>15	160±10	200±10	车 $\phi10$
其他铜合金	⩽10	220±10		整拉
	>10～15	160±10	200±10	车 $\phi8$
	>15			车 $\phi10$

(4) 直径或厚度小于 4 mm 线材、棒材和型材使用的试样类型，参见 GB/T228—2002 中的附录 C。

直径小于 4 mm 的棒材取样尺寸参见表 43-7 的规定。对于线材，原始标距为 100 mm 的，取样长度不小于 250 mm。

(5) 管材使用的试样。试样可以是全壁厚、纵向弧形试样，或管段试样，或从管壁厚度机加工的圆形横截面试样。仲裁试验采用带头试样。

纵向弧形试样采用表 43-8 规定的试样尺寸。具体要求参见 GB/T228—2002 中的附录 D。

表 43-8　纵向弧形试样　(mm)

D	b	a	r	$k=5.65$			$k=11.3$		
				L_0	L_c	试样编号	L_0	L_c	试样编号
30～50	10	原壁厚	⩾12	$5.65\sqrt{S_0}$	$\geqslant L_0+1.5\sqrt{S_0}$ 仲裁试验： $L_0+2\sqrt{S_0}$	S1	$11.3\sqrt{S_0}$	$\geqslant L_0+1.5\sqrt{S_0}$ 仲裁试验： $L_0+2\sqrt{S_0}$	S01
>50～70	15					S2			S02
>70	20					S3			S03
⩽100	19			50		S4			
>100～200	25					S5			
>200	38					S6			

注：采用比例试样时，优先采用比例系数 $k=5.65$ 的比例试样。

管段试样采用的试样尺寸和相关要求见 GB/T 228—2002 中附录 D 的规定。

管壁厚度机加工的纵向圆形横截面试样应采用表 43-5 规定的试样尺寸，如相关产品标准无具体规定，按照表 43-9 选定试样。

表 43-9　管壁厚度机加工的纵向圆形横截面试样

管壁厚度/mm	采用试样
8～13	$R7$ 号
>13～16	$R5$ 号
>16	$R4$ 号

原始横截面积(S_0)的测定:对于圆管纵向弧形试样,应在标距的两端及中间三处测量宽度(b)和壁厚(a),取三处测得的最小横截面积。按照公式43-3、公式43-4计算。计算时管外径 D 取其标称值。

当 $b/D<0.25$ 时:

$$S_0=ab\left[1+\frac{b^2}{6D(D-2a)}\right] \tag{43-3}$$

当 $b/D<0.17$ 时:

$$S_0=ab \tag{43-4}$$

对于管段试样,应在其一端相互垂直方向测量外径和四处壁厚,分别取其算术平均值。按照公式43-5计算:

$$S_0=\pi a(D-a) \tag{43-5}$$

管材取样尺寸见表43-10。

表 43-10 管材取样尺寸 (mm)

合金类别	外径 D	壁厚 a	短试样	长试样	备注
铜及其合金	<20	<4	260±10		整拉
	≥20~30		300±10		
	<20	>4~8	310±10		
	≥20~30		350±10		
	≥30	<8	220±5	260±5	铣
		8~13	80±10	120±10	车 $\phi5$
		>13~16	120±10	160±10	车 $\phi8$
		>16	130±10	180±10	车 $\phi10$

43.2.1.5 原始横截面积(S_0)的测定

试样原始横截面积(S_0)测定的方法和准确度应符合GB/T 228—2002中附录A~D有关规定的要求,按照GB/T 228—2002的规定选用量具或测量装置。应根据测定的试样原始尺寸计算原始横截面积,并至少保留4位有效数字。

43.2.1.6 原始标距(L_0)的标记

不得用引起过早断裂的缺口作标记。

对于比例试样,应将原始标距的计算值修约至最接近5 mm的倍数。中间数值向较大一方修约。原始标距的标记应准确到±1%。如平行长度(L_c)比原始标距长许多,可以标记一系列套叠的原始标距。

43.2.1.7 试验设备的准确度

试验机应按照GB/T 16825《静力单轴试验机的检验 第一部分:拉力和(或)压力试验机测力系统检验和校准》进行检验,并为1级或优于1级准确度。

测定 R_{eH}、R_{eL}、A_e、R_p,应使用不低于1级准确度的引伸计;测定其他性能,应不低于2级。

43.2.1.8 强度指标的测定

A 抗拉强度(R_m)的测定

按照定义和采用图解方法或指针方法测定抗拉强度。

对于呈无明显屈服(连续屈服)现象的金属材料,读取试验过程中的最大力。最大力除以试样原始横截面积(S_0)得到抗拉强度。

测定时的试验速率要求:

塑性范围:平行长度的应变速率不应超过0.008/s。

弹性范围:如试验不包括屈服强度或规定强度的测定,试验机的速率可以达到塑性范围内允许的最大速率。

B 规定非比例延伸强度(R_p)的测定

(1) 根据力-延伸曲线测定规定非比例延伸强度。在曲线图上,画一条与曲线的弹性直线段部分平行,且在延伸轴上与此直线段的距离等效于规定非比例伸长率的直线。此平行线与曲线的交截点给出相应于所求规定非比例延伸强度的力。此力除以试样原始横截面积(S_0)得到规定非比例延伸强度(见图43-3)。

(2) 如弹性直线段部分不能明确地确定,可采用滞后环方法。参见GB/T228－2002。

(3) 逐步逼近法既适用于有明显弹性直线段的材料,也适用于无明显弹性直线段的材料。

(4) 日常试验允许采用绘制力-夹头位移曲线的方法测定规定非比例伸长率(ε_P)等于或大于0.2%的规定非比例延伸强度。仲裁试验不采用此方法。

(5) 测定时的试验速率要求:弹性阶段的应力速率应在GB/T 228—2002中表4规定的范围内。在塑性范围和直至规定非比例延伸强度,应变速率不应超过0.0025/s。

43.2.1.9 塑性指标的测定

A 断后伸长率(A)的测定

应使用分辨力优于0.1 mm的量具或测量装置测定断后标距(L_u),准确到±0.25 mm。原则上只有断裂处与最接近的标距标记的距离不小于原始标距的1/3情况方为有效。但断后伸长率大于或等于规定值,不管断裂位置处于何处,测量均为有效。为了避免因发生规定的范围以外的断裂而造成试样报废,可以采用移位方法测定断后伸长率(参见GB/T 228－2002附录F)。

B 断面收缩率(Z)的测定

测量时,将试样断裂部分仔细地配接在一起,使其轴线处于同一直线上。对于圆形横截面试样,在缩颈最小处相互垂直方向测量直径,取其算术平均值计算最小横截面积;对于矩形横截面试样,测量缩颈处的最大宽度和最小厚度,两者之乘积为断后最小横截面积。

原始横截面积(S_0)与断后最小横截面积(S_u)之差除以原始横截面积的百分率得到断面收缩率。

C 最大力总伸长率(A_{gt})、最大力非比例伸长率(A_g)和屈服点伸长率(A_e)的测定参见GB/T 228—2002。

43.2.1.10 性能测定结果数值的修约

如相关产品标准未规定具体要求,应按照GB/T228—2002的要求进行修约。修约方法按照GB/T 8170《数值修约规则》。

43.2.1.11 试验结果处理

试验出现下列情况之一其试验结果无效,应重做同样数量试样的试验。

(1) 试样断在标距外或断在机械刻划的标距标记上,而且断后伸长率小于规定最小值;

(2) 试验期间设备发生故障,影响了试验结果。

试验后试样出现两个或两个以上的缩颈以及显示出肉眼可见的冶金缺陷(例如分层,气泡,夹渣,缩孔等),应在试验记录和报告中注明。

43.2.1.12 影响拉伸试验结果的主要因素

主要因素包括:拉伸速度;试样形状、尺寸及表面粗糙度;试样夹装等。

43.2.1.13 万能材料试验机

万能材料试验机分为液压式、机械式、电子式三种。

液压式材料试验机从外形看分为二大部分,即主体部分和测力计部分。

机械式材料试验机一般是以交、直流电动机为动力,通过蜗杆、蜗轮、螺母、螺杆等,作用力传递到机械传动测力机构,在度盘上指示出力值。

电子式材料试验机是将传感器的机械变形量转换成电信号,利用微机进行数据采集并对采集数据进行结果处理,可以达到测试数据准确、节省试验及数据处理时间、图形分析输出及试验报告输出简便等优越的测试效果。

43.2.2 高温拉伸试验

高温拉伸试验主要用来测定金属材料在高于室温时的规定非比例伸长应力σ_p、屈服点σ_s、抗拉强度σ_b、断后伸长率δ及断面收缩率ψ等性能指标。在一般拉伸试验机上,若加装电炉及测量和控制温度的仪表等装置就可进行试验。试样按常温试验要求制备,装入电炉中,两端用特制的连杆引出炉外,夹于试验机夹头内。为了准确测量试样温度,最好将热电偶的热接点用石棉绳绑在试样标距部分。试样加热到规定温度后,保温时间不少于15 min,然后进行拉伸试验。待试样冷却后,在常温下测定断后伸长率及断面收缩率。如需测定试样的规定非比例伸长应力 σ_p,则应采用特制的引伸计,使其能伸出炉外以便观察。

(1) 范围。适用于试验温度在高于室温至1100℃范围内测定金属材料的一项或多项拉伸力学性能。

(2) 原理。试验是在试验温度下用拉伸力将试样拉伸,一般拉伸至断裂以便测定拉伸力学性能。

(3) 试样。试样的形状和尺寸取决于要测量力学性能的金属产品的形状和尺寸。试样横截面形状可以为圆形、矩形,特殊情况可以为其他形状。

试样分为比例试样和非比例试样。常用试样见GB/T 4338—1995《金属材料 高温拉伸试验方法》中附录A。

(4) 试验设备。试验机应按检定规程进行校验,应不低于1级,同轴度不超过15%;试验机应备有调速指示装置,试验时能在标准规定的速度范围内灵活调节;引伸计应满足标准规定的需要。

加热装置应能把试样加热到规定温度,温度偏差应符合表43-11规定的要求。

温度测量的仪器分辨力应不大于1℃,误差不超过±2℃,并应定期校验。热电偶和补偿导线应按照相关检定规程进行校验。

表43-11 温度偏差规定的要求

试验温度/℃	温度允许偏差/℃
≤600	±3
>600~800	±4
>800~1100	±5

(5) 试样加热与温度测量。试样原始标距小于或等于50 mm时,在其两端各绑一支热电偶;大于50 mm时,在其两端及中间各绑一支热电偶;热电偶的测量端与试样表面应有良好的热接触。

试样装入炉内后,应在1 h内加热至规定的试验温度,并应避免温度超过规定温度上限。

试样在规定的试验温度至少保持15 min方能开始试验。保持温度期间和试验直至试样断裂前,温度偏差应符合标准规定的要求。

(6) 试验条件。除产品标准或协议另有规定外,试验速率应按照以下规定的要求:

测定规定非比例伸长应力和屈服点、上和下屈服点,从试验开始直至规定非比例伸长应力的测定或屈服阶段结束的范围内,试样平行长度的应变速率应在0.001/min和0.005/min之间尽可能保持恒定的速率;

在试验机不具备控制应变速率的能力情况下,采用试验机夹头空载移动速率为 $0.02L_c$/min;

仲裁试验采用中间速率;

如只测定抗拉强度,应变速率应在0.02/min和0.20/min之间尽可能恒定的值;

如试验机达不到这样的速率要求,可采用试验机夹头空载移动速率为 $0.1L_c$/min。仲裁试验采用中间应变速率;

一种试验速率到另一种试验速率的改变,应连续无冲击。

(7) 性能结果数值的修约。强度指标的修约同常温拉伸试验方法中的要求相同。塑性指标的修约规定如下:

$\delta \leqslant 10\%$时,修约到0.5%,$\delta > 10\%$时,修约到1%;$\psi \leqslant 25\%$时,修约到0.5%,$\psi > 25\%$时,修约到1%。

(8) 试验结果的处理。试验出现下列情况之一,试验结果无效:

1) 试样断在机械刻划的标记上或标距外,且造成断后伸长率不符合规定最小值者。

2) 操作不当。

3) 试验期间设备仪器发生故障,影响了性能的测定准确性。

遇到试验结果作废时,应补做同样数量的试验。

试验后试样出现两个或两个以上的缩颈以

及显示出肉眼可见的冶金缺陷(例如分层、气泡、夹渣、缩孔等),应在试验记录和报告中说明。

43.2.3 弹性模量试验(静态法)

适用于室温下用静态法测定金属材料弹性状态下的拉伸杨氏模量。试样施加轴向力,在其弹性范围内测定相应的轴向变形,以便测定GB/T 8653—1988《金属杨氏模量、弦线模量、切线模量和泊松比试验方法(静态法)》所定义的拉伸杨氏模量。

试验方法:用自动记录方法绘制轴向力-轴向变形曲线。绘制曲线时,力轴比例的选择应使轴向力-轴向变形曲线的弹性直线段的高度超过力轴量程的3/5以上。变形放大倍数的选择应使轴向力-轴向变形曲线的弹性直线段与力轴的夹角不小于40°为宜。在记录的轴向力-轴向变形曲线上,确定弹性直线段,在该直线段上读取相距尽量远的轴向力增量和相应的轴向变形增量。按照标准GB/T 8653—1988中的公式(3)计算拉伸杨氏模量。

圆形和矩形拉伸试样按GB/T 228—2002的规定。通过协商也可以采用其他类型的试样。

圆形试样和矩形试样的测量同拉伸试样的要求,然后将三处测得的横截面积的算术平均值作为试样原始横截面积。测量尺寸的量具应满足GB/T 8653—1988的要求。

试验设备误差应符合或优于1级试验机的要求。引伸计等级应符合或优于0.5级的要求。

43.2.4 硬度试验

43.2.4.1 概述

硬度是衡量金属材料软硬程度的一种性能指标。由于硬度能反映出金属材料在化学成分、金相组织结构和热处理工艺上的差异,因此硬度试验也是一种很好的理化分析和金相研究的方法。硬度所表示的量不仅取决于材料本身,而且还取决于试验方法和试验条件。常用的有:布氏、维氏、洛氏以及表面洛氏硬度等。近来,韦氏硬度试验开始引入铜及铜合金材料检验。

43.2.4.2 布氏硬度试验

该方法压痕较大,其试验结果分散度小,重复性好,能比较客观的反映出试样的宏观硬度。布氏硬度试验范围上限为650 HBW。

(1) 原理。对一定直径的硬质合金球施加试验力,压入试样表面,经规定保持时间后,卸除试验力,测量试样表面压痕直径,按下式计算:

$$HBW = 0.102 \times \frac{2F}{\pi D(D - \sqrt{D^2 - d^2})} \qquad (43\text{-}6)$$

式中 D——球直径,mm;

F——试验力,N;

d——压痕平均直径 $d = (d_1 + d_2)/2$,mm;

d_1、d_2——在两相互垂直方向测量的压痕直径,mm。

(2) 硬度计。硬度计和压痕测量装置应符合GB/T 231.2—2002《金属布氏硬度试验 第2部分:硬度计的检验与校准》的规定。

(3) 试样。试样表面应能保证压痕直径的精确测量。制备试样时,应对表面性能的影响减至最小。试样厚度至少应为压痕深度的8倍。试样最小厚度与压痕直径的关系见GB/T 231.1—2002《金属布氏硬度试验 第1部分:试验方法》附录A。试验后,试样背面如出现可见变形,则表明试样太薄。

(4) 试验方法。试验一般在室温进行。试验时使用的各级试验力见GB/T231.1—2002。试验力的选择应保证压痕直径在0.24~0.6 D之间。试验力—压头球直径平方的比率($0.102 \times F/D^2$比值)应根据材料和硬度值选择,见表43-12。

表 43-12 铜及铜合金材料的试验力-压头球直径平方的比率

材 料	布氏硬度 HBW	试验力—压头球直径平方的比率 $0.102F/D^2$
铜及铜合金	<35	5
	35~200	10
	>200	30

当试样尺寸允许时，应优先选用直径 10 mm 的压头球进行试验。

试样应稳固地放置，无冲击和振动地垂直于试样表面施加试验力，直至达到规定试验力值。试验力保持时间一般为 10～15 s。试验期间硬度计不应受到影响试验结果的冲击和振动。应在两相互垂直方向测量压痕直径。用两个读数的算术平均值计算布氏硬度(式 43-6)，或查表得到。

影响布氏硬度试验结果的主要因素有：硬度计的准确度，试验条件，试样和人为误差。

43.2.4.3　维氏硬度试验

(1) 原理。将顶部两相对面具有规定角度(136°)的正四棱锥体金刚石压头，用试验力压入试样表面，保持规定时间后，卸除试验力，测量试样表面压痕对角线长度。

维氏硬度值是试验力除以压痕表面积所得的商，压痕被视为具有正方形基面并与压头角度相同的理想形状。计算公式为：

$$HV \approx 0.1891\, F/d^2 \tag{43-7}$$

式中　F——试验力，N；

d——两压痕对角线长度 d_1 和 d_2 的算术平均值，$d=(d_1+d_2)/2$，mm。

(2) 硬度计。硬度计和压痕测量装置应符合 GB/T 4340.2—1999《金属维氏硬度试验　第 2 部分：硬度计的检验》规定。

(3) 试样。表面的质量应能保证压痕对角线长度的精确测量，试样厚度至少应为压痕对角线长度的 1.5 倍，试验后试样背面不应出现可见变形痕迹，对于在曲面试样上试验的结果，应按标准进行修正。

(4) 试验方法。试验一般在室温下按 GB/T 4340.1—1999《金属维氏硬度试验　第 1 部分：试验方法》进行，试样应稳固的放置。

垂直于试样表面施加试验力，加力过程中不应有冲击和振动，直至将试验力施加至规定值。试验力保持时间为 10～15 s。在整个试验期间，硬度计不应受到影响试验结果的冲击和振动。压痕中心距试样边缘以及两相邻压痕中心之间的距离应符合 GB/T 4340.1—1999 的要求。测量压痕两对角线的长度，用其算术平均值按标准的附录查出硬度值，也可按式 43-7 计算。

注：在平面上压痕两对角线长度之差，应不超过对角线平均值的 5%。若超过，则应在报告中注明。

影响试验结果的主要因素有：硬度计的准确度，试验条件，试样和人为误差。

43.2.4.4　洛氏硬度试验

(1) 原理。在初始试验力及总试验力的先后作用下，将压头(金刚石圆锥体或钢球)压入试样表面，经规定保持时间后，卸除主试验力，用测量的残余压痕深度增量计算硬度值。

试验条件及适用范围如表 43-13 中所示。

(2) 硬度计。用于进行洛氏硬度试验的硬度计应经计量检定合格。

(3) 试样。在制备过程中，应尽量避免对试样表面硬度的影响。试验面的状况应不影响示值的正确测定。试样或试验层厚度应不小于 *e* 值的 10 倍。试验后，试样背面不得有肉眼可见变形痕迹。GB/T 230《金属洛氏硬度试验方法》附录 A 给出了试样最小厚度与洛氏硬度值的关系图。

表 43-13　洛氏硬度试验条件及适用范围

洛氏硬度标尺	硬度符号	压头类型	初始试验力 F_0/N	主试验力 F_1/N	总试验力 F/N	洛氏硬度范围
A	HRA	金刚石圆锥	98.07	490.3	588.4	20～88HRA
B	HRB	1.5875 mm 钢球	98.07	882.6	980.7	20～100 HRB
C	HRC	金刚石圆锥	98.07	1373	1471	20～70 HRC
D	HRD	金刚石圆锥	98.07	882.6	980.7	40～77 HRD
E	HRE	3.175 mm 钢球	98.07	882.6	980.7	70～100 HRE
F	HRF	1.5875 mm 钢球	98.07	490.3	588.4	60～100 HRF

续表 43-13

洛氏硬度标尺	硬度符号	压头类型	初始试验力 F_0/N	主试验力 F_1/N	总试验力 F/N	洛氏硬度范围
G	HRG	1.5875 mm 钢球	98.07	1373	1471	30～94 HRG
H	HRH	3.175 mm 钢球	98.07	490.3	588.4	80～100 HRH
K	HRK	3.175 mm 钢球	98.07	1373	1471	40～100 HRK

(4) 试验。试验一般在室温下进行。试验前,应使用与试样硬度值相近的标准洛氏硬度块对硬度计进行校验。硬度计应符合国家计量的有关规定。试样应稳固地放置在试台上,以保证在试验过程中不产生位移及变形。试验时,必须保证试验力方向与试样的试验面垂直。在试验过程中,试验装置不应受到冲击和振动。

施加初始试验力时,指针或指示线不得超过硬度计规定范围,否则应卸除初始试验力,在试样另一位置试验。应均匀平稳地施加试验力,不得有冲击及振动。

施加主试验力后,总试验力的保持时间应以示值指示器指示基本不变为准。总试验力保持时间参见 GB/T 230—1991。卸除主试验力后,保持初始试验力,从相应的标尺刻度上读出硬度值。

两相邻压痕中心间距离,以及压痕中心距试样边缘距离应符合相关标准的规定。

试验结果处理:试验报告中给出的洛氏硬度值应精确至 0.5 个洛氏硬度单位;对于圆柱面上测得的洛氏硬度值,应按 GB/T 230—1991 中的附录进行修正。

影响洛氏硬度试验结果的主要因素有:硬度计的准确度、试验条件、试样和人为误差。

43.2.4.5 表面洛氏硬度试验

(1) 原理。在初始试验力及总试验力的先后作用下,将压头(金刚石圆锥体或钢球)压入试样表面,经规定保持时间后,卸除主试验力,用测量的残余压痕深度增量计算硬度值。

试验条件及适用范围在表 43-14 中列出。

(2) 硬度计。硬度计及压头应符合 GB/T 3773《表面洛氏硬度计技术条件》的要求。

(3) 试样。对试样的要求同洛氏硬度试验对试样的要求。GB/T1818—1994《金属表面洛氏硬度试验方法》中附录 A 给出了试样最小厚度与表面洛氏硬度值的关系图。

表 43-14 表面洛氏硬度试验条件及适用范围

表面洛氏硬度标尺	表面洛氏硬度符号	压头类型	初始试验力 F_0/N	主试验力 F_1/N	总试验力 F/N	适用范围
15N	HR15N	120° 金刚石圆锥	29.42	117.7	147.1	70～94HR15N
30N	HR30N			264.8	294.2	42～86HR30N
45N	HR45N			411.9	441.3	20～77HR45N
15T	HR15T	ϕ1.588 mm 钢球	29.42	117.7	147.1	67～93HR15T
30T	HR30T			264.8	294.2	29～82HR30T
45T	HR45T			411.9	441.3	1～72HR45T

(4) 试验。试验一般在室温下进行。

试验前,应使用与试样硬度值相近的标准表面洛氏硬度块对硬度计进行日常校验,其示值误差和重复性应符合 JJG 112—2003《金属洛氏硬度计检定规程》规定的要求。

试样应稳固地放置,以保证在试验过程中不产生位移和变形。圆柱形试样应使用 V 形试台进行试验。

试验时,必须保证试样的试验面与试验力作用方向垂直,试验装置不应受到冲击和振动。施加初始试验力时,指针或指示线不得超过硬度计规定范围。否则应卸除初始试验力,在试样另一位置试验。

施加主试验力后，总试验力的保持时间应以示值指示器指示基本不变为准。总试验力保持时间参见 GB/T 1818—1994。

两相邻压痕中心间距离以及压痕中心距试样边缘距离应符合相关标准的规定。表面洛氏硬度值与压痕直径的近似关系参见 GB/T1818－1994 中附录 C。

试验结果处理：表面洛氏硬度值应精确至0.5个表面洛氏硬度单位，修约方法按照 GB/T8170《数值修约规则》执行；对于凸圆柱面上测得的表面洛氏硬度值，应进行修正。

影响表面洛氏硬度试验结果的主要因素有：硬度计的准确度，试验条件，试样和人为误差。

43.2.4.6　韦氏硬度

(1) 原理。在一定压力下，将压针压入样品表面，材料的硬度与压入的深度成反比。韦氏硬度计便于携带，可在现场无损、快速检测。洛氏硬度 30～96HRF 和 53～92HRB 范围的铜及铜合金，适于进行韦氏硬度检测。

(2) 硬度值的表示，见表 43-15。

表 43-15　韦氏硬度值的表示

硬度计型号	硬度值表示	示　例
W－B75	HWA	11HWA 表示使用 W－B75 硬度计，测得韦氏硬度值为 11
W－BB75	HWB	9HWB 表示使用 W－BB75 硬度计，测得韦氏硬度值为 9

(3) 韦氏硬度计。该仪器由框架、操作手柄和压针套筒组件三部分组成。测量范围 0～20 HW，压针与砧座间距大于 6 mm。允许误差为 ±0.5 HW。使用标准硬度片对韦氏硬度计校准。

(4) 样品。厚度应为 1～13 mm（厚度＜1 mm，允许用相同材质、硬度相近的材料衬于样品下），样品最小尺寸为 25 mm×25 mm（板带）；内径不小于 ϕ6 mm（管）。样品表面应光洁，无损伤、毛刺，若有涂层，应清除干净。擦伤、模具痕等应磨光。

(5) 实验方法：

1) 样品置砧座与压针间，并垂直于压针。压下操作手柄，使压针压住样品；

2) 用力快速压下操作手柄，使套筒端面紧压样品，读表头上硬度值；软料检测时，表头读数在瞬间达到最大，然后可能稍有下降，应以最大值为准。

3) 读数完成后，用手压住样品，松开手柄，待压针从样品退出后，移去样品。

4) 注意：压痕中心距样品边缘应不小于 3 mm，相邻压痕中心间距应不小于 6 mm；试验后，样品背面不应出现可见变形痕迹；一般每样测 3 点，报出算术平均值。

(6) 适用性。

目前，国内外尚无铜及铜合金维氏硬度试验标准，通过比对试验证明，HW 与 HRB 和 HRF 有对应关系：

$$HRB = 0.1873\ HW^2 - 1.3199\ HW + 55.251$$

$$HRF = 4.7088\ HW + 11.332$$

有色金属行业标准："铜及铜合金维氏硬度试验方法"（YS/T 471—2004）已发布。

43.2.4.7　抗软化性能检验

(1) 术语。软化临界温度：经冷轧的铜箔带加热到某一温度时，由于发生再结晶而开始软化的温度称为软化临界温度，简称软化温度。

(2) 使用设备：

1) 管式电阻炉，附有 EV—2 标准热电偶，并配有能达到 ±1℃ 控制精度的精密控温装置。

2) 显微硬度计应符合 GB4342《金属显微硬度试验方法》第四章显微硬度计的要求。

(3) 试验方法：

将炉子温度升至客户要求的产品软化温度后，稳定一段时间，在炉子固定位置放入试样（试样尺寸：10 mm×50 mm），保温客户要求的时间 4 min 取出，冷却至室温，然后测试试样的维氏硬度值。检测结果应不低于初始硬度的80%，则该产品为软化温度合格产品。

(4) 软化温度快速判定法。用手工法检查弹性。将炉温升至产品软化温度时，并将炉温稳定一段时间，然后放入试样（10 mm 宽、50 mm 长）加热 4 min，取出试样，冷却后，用左手食指夹住试样一段（约 1/3 处），用右手食指将试样弯曲

90°之后放松，使试样弹回。如弯曲后的试样回弹，恢复原形，则产品合格；如不能回弹而产生永久变形，则已被软化，产品为不合格。

43.2.5　工艺性能试验

43.2.5.1　金属管扩口试验方法

金属管扩口试验方法是检验金属管由径向扩张到规定直径的变形性能，并显示其缺陷的一种试验方法。它适用于外径不超过 150 mm（有色金属管不超过 100 mm），管壁厚度不超过 10 mm 的圆形横截面金属管扩口塑性变形能力的测定。

（1）原理。用圆锥形顶芯扩大管段试样的一端，直至扩大端的最大外径达到相关产品标准所规定的值。

（2）试样。试样长度取决于顶芯的角度。当顶芯角度等于或小于 30°时，试样长度应近似为 $2D$（D 为管材原外径）；当顶芯角度大于 30°时，试样长度应近似为 $1.5D$。切取试样时应防止损伤试样表面和改变其性能。

（3）试验设备。试验应在可调节速率的试验机上进行。圆锥形顶芯应具有相关产品标准所规定的角度。

（4）试验程序：

试验一般应在室温范围内进行。

平稳地对圆锥形顶芯施加力使其压入试样端部进行扩口，直至达到所要求的外径。试样扩口后的最大外径或扩口率应由相关产品标准规定。扩口率 X_d 按公式 43-8 计算：

$$X_d = (D_u - D)/D \times 100\% \qquad (43\text{-}8)$$

式中　D_u、D——分别为试验后的最大外径和原始外径，mm。

允许润滑顶芯。

出现争议或仲裁试验时，顶芯的压入速率不应超过 50 mm/min。

（5）取样尺寸。取样长度等于 $2D$ + 10 mm，一般不超过 100 mm。

（6）试验结果评定。应按照相关产品标准的要求评定扩口试验结果。如未规定具体要求，试验后试样无肉眼可见裂纹应评定为合格。仅在试样棱边处出现轻微的开裂不应判报废。

43.2.5.2　金属管压扁试验方法

管材压扁试验是检验金属管（无缝或焊接管）压扁到规定尺寸时的变形性能，并显示其缺陷的一种试验方法。适用于外径不超过 400 mm，管壁厚度不超过外径的 15% 的圆形横截面无缝和焊接金属管压扁塑性变形能力的测定。

（1）原理。垂直于管的纵轴线方向对规定长度的试样或管的端部施加力进行压扁，直至在力的作用下两压板之间的距离达到相关产品标准所规定的值。如为闭合压扁，试样内表面接触的宽度应至少为试样压扁后其内宽度的 1/2。

（2）试样。试样长度应不小于 10 mm，但不超过 100 mm。通常，试样长度为 40 mm。切取试样时应防止损伤试样表面。

（3）试验设备。试验机应能将试样压扁至规定的两平行压板之间的距离；压板的尺寸应大于试样压扁后的尺寸。

（4）试验程序。试验通常在室温范围内进行。沿垂直于管的纵轴线方向移动压板压扁试样。出现争议或仲裁试验时，压板的移动速率不应超过 25 mm/min。

（5）取样尺寸。取样长度等于 $2D$ + 10 mm，最大不超过 100 mm。

（6）结果评定。如相关产品标准未规定具体要求，试验后试样无肉眼可见裂纹应评定为合格。仅在试样棱边处出现轻微的开裂不应判报废。

43.2.5.3　杯突试验方法

杯突试验主要用于测定薄板和带状金属材料的塑性变形性能。它的显著特点是试验过程同薄板加工到成品的工艺过程相似。一般适用于厚度为 0.2～2 mm 的板材和带材。

（1）原理。试验系用端部为球形的冲头，将夹紧的试样压入压模内，直至出现穿透裂缝为止，所测量的杯突深度即为试验结果。

（2）试验机。试验应在装备有合格的压模、垫模和冲头的试验机上进行。

试验机应能正确确定裂缝开始穿透试样厚度（透光）的瞬间；应具备测量杯突深度的标尺，其最小刻度为 0.1 mm；并应具备测量夹紧力的装置，对试样具有大约 10 kN(1000 kgf)的恒定夹紧力；冲头的起始位置应与夹紧的试样表面接触。

(3) 试样。试样宽度或直径为90～95 mm；试样应不经矫直进行试验。

(4) 试验程序：

试验一般应在10～35℃范围内进行。

在试验前，试样两面和冲头应轻微地涂以石墨润滑脂。经供需双方协商，可采用其他类型的润滑脂。

相邻两个压痕中心距离不得小于90 mm，任一压痕的中心距离至试样任一边缘的距离不得小于45 mm。

试验机调至零点后，试样放在压模和垫模之间夹紧，其夹紧力约为10 kN(1000 kgf)。在无冲击的情况下进行杯突试验，试验速度在5～20 mm/min之间。当裂缝开始穿透试样厚度(透光)时，试验即终止。

测量杯突值应精确到0.1 mm，杯突值以IE表示。

(5) 取样尺寸：

板带材杯突试验取样尺寸见表43-16。

表43-16　杯突试验取样尺寸(mm)

板带材宽度	取样宽度	取样长度
≥90	90±5	180±5
<90	原宽度	

43.2.5.4　弯曲试验方法

金属的弯曲试验，是检验金属材料承受规定的弯曲程度的变形能力，在一定程度上能反映材料的均匀性和质量。适用于金属材料相关产品标准规定试样的弯曲试验，但不适用于金属管材和金属焊接接头的弯曲试验。

(1) 原理。弯曲试验是以圆形、方形、矩形或多边形横截面试样在弯曲装置上经受弯曲塑性变形，不改变加力方向，直至达到规定的弯曲角度。

弯曲试验时，试样两臂的轴线保持在垂直于弯曲轴的平面内。

(2) 试验设备。应在配备下列弯曲装置之一的试验机上完成试验。

支辊式弯曲装置、虎钳式弯曲装置以及标准中所指的其他弯曲装置。

1) 支辊式弯曲装置。支辊长度应大于试样宽度和直径。支辊间距离(见GB/T 232—1999《金属弯曲试验方法》中图1)应按公式43-9确定：

$$l=(d+3a)\pm 0.5a \quad (43\text{-}9)$$

式中 l——支辊间或翻板间距离，mm；

d——弯曲压头或弯心直径，mm；

a——试样厚度或直径或多边形横截面内切圆直径，mm。

弯曲压头直径应在相关产品标准中规定。弯曲压头宽度应大于试样宽度或直径。

2) 虎钳式弯曲装置(见GB/T 232中图3)。弯心直径应按照相关产品标准要求，弯心宽度应大于试样宽度或直径。

(3) 试样。试验使用圆形、方形、矩形或多边形横截面的试样。样坯的切取位置和方向应按照相关产品标准的要求。如未具体规定，参照GB/T 2975《钢和钢产品 力学性能试验取样位置和试样制备》的要求。试样应通过机加工去除影响了材料性能的部分。

试样宽度应按照相关产品标准的要求。如未具体规定，试样宽度应按照如下要求：当产品宽度不大于20 mm时，试样宽度为原产品宽度；当产品宽度大于20 mm时，厚度小于3 mm时，试样宽度为20 mm±5 mm；厚度不小于3 mm时，试样宽度在20～50 mm之间。

试样厚度或直径应按照相关产品标准的要求。如未具体规定，应按照GB/T 232的要求。

试样长度L应根据试样厚度a和所使用的试验设备确定。采用支辊式弯曲装置的方法时，可以按照公式43-10确定：

$$L=0.5\pi(d+a)+140\text{ mm} \quad (43\text{-}10)$$

式中，π为圆周率，其取值3.1；d为弯曲压头或弯心直径，mm。

(4) 试验程序：试验一般在室温范围内进行。

按相关产品标准规定，采用GB/T232中的方法完成试验。弯曲至规定的弯曲角度；或弯曲至两臂相距规定距离且相互平行；或弯曲至两臂直接接触。

试样弯曲至规定弯曲角度的试验，应将试样放于两支辊上，试样轴线应与弯曲压头轴线垂直，弯曲压头在两支座之间的中点处对试样连续施加力使其弯曲，直至达到规定的弯曲角度。如不能直接达到规定的弯曲角度，应将试样置于两平行压板之间（见 GB/T 232 中图 6），连续施加力压其两端使进一步弯曲，直至达到规定的弯曲角度。

试样弯曲至180°角两臂相距规定距离且相互平行的试验，采用 GB/T 232 中图 1 的方法时，首先对试样初步弯曲，然后将试样置于两平行压板之间（见 GB/T 232 中图 6）连续施加力，直至两臂平行（见 GB/T 232 中图 7）。

试样弯曲至两臂直接接触的试验，应首先将试样进行初步弯曲，然后将试样置于两平行压板之间（见 GB/T 232 中图 6）施加力直至两臂直接接触（见 GB/T 232 中图 8）。

可以采用 GB/T 232 中图 3 所示的方法进行弯曲试验。试样一端固定，绕弯心进行弯曲，直至达到规定的弯曲角度。

(5) 取样尺寸。取样尺寸应符合表 43-17 的规定。

表 43-17　弯曲试验取样尺寸　(mm)

试样厚度 a	取样宽度 b	取样长度 L
$a \leqslant 10$	$2a+10$	$5a+150$
$10 < a \leqslant 30$	$2a+15$	

(6) 试验结果评定。如相关产品标准未规定具体要求，弯曲试验后试样弯曲外表面无肉眼可见裂纹评定为合格。

43.2.5.5　金属线材扭转试验

试验目的是检验线材在单向或双向扭转中承受塑性变形的能力及显示线材表面和内部缺陷。

(1) 原理。单向扭转：试样绕自身轴线向一个方向均匀旋转 360°作为一次扭转至规定次数或试样断裂。

双向扭转：试样绕自身轴线向一个方向均匀旋转 360°作为一次扭转至规定次数后，再向相反方向旋转相同次数或试样断裂。

(2) 试验设备。试验机夹头应具有足够的硬度；试验期间，两夹头应保持在同一轴线上，并对试样不施加任何弯曲力；夹头的一端应能绕试样轴线双向旋转，而另一端不得有任何转动，但能沿轴向自由移动；应有对试样施加拉紧力的装置；速度应能调节，并有自动记录扭转次数的装置及测量两夹头间标距长度的刻度尺。

(3) 试样。必要时，可以对试样进行轻轻矫直，但不得损伤试样表面，也不得扭曲试样；存在局部硬弯的线材不得用于试验。除非另有规定，试验机两夹头间的标距长度应符合表 43-18 规定。

表 43-18　试验机两夹头间的标距长度　(mm)

线材公称直径 d 或特征尺寸 D	两夹头间标距长度
0.3～<1.0	$200d(D)$
1.0～<5.0	$100d(D)$①
5.0～10.0	$50d(D)$②

① 特殊协议时可采用 $50d(D)$。
② 特殊协议时可采用 $30d(D)$。

(4) 试验程序

试验一般在 10～35℃ 的室温下进行，如有特殊要求，试验温度应为 23±5℃。

将试样置于试验机夹持钳口中，使其轴线与夹头轴线相重合。为使试样在试验过程中保持平直，应施加某种形式的拉紧力，这种拉紧力不得大于该线材公称抗拉强度相应力值的 2%。除非另有规定，否则应按表 43-19 选用相应的扭转速度，其偏差应控制在规定转速的 ±10%以内。

表 43-19　控制规定转速

线材公称直径 d 或特征尺寸 D/mm	单向扭转次数 /$r \cdot min^{-1}$ 铜及铜合金	单向扭转次数 /$r \cdot min^{-1}$
<1.0	300	60
1.0～<1.5	120	
1.5～<3.0	90	
3.0～<3.6	60	
3.6～<5.0		
5.0～<10.0	30	30

试样置于试验机后，以一合适的恒定速度旋转可转动夹头，计数装置同时自动记数，直至试样断裂或达到规定的次数为止。当试样的扭转次数、表面及断口符合有关标准规定时，则该试验有效。如果试样未达到规定的次数，且断口位置在离夹头 $2d(D)$ 范围内，则该试验无效。在试验过程中，如试样发生严重劈裂，则最后一次扭转不计。

43.3 物理性能检测

43.3.1 导电性能的检测

43.3.1.1 基本概念

铜是最主要的导电材料，导电性能是其关键物理性能之一。表征材料电学性能的参数常见的有：电阻、电导、电阻率、电导率、导电率以及电阻温度系数、电阻率温度系数等。

一定形状和尺寸的导体，当温度一定时导体中的电流强度与导体两端的电位差(电压)成正比，即：

$$I=GV \tag{43-11}$$

令 $G=1/R$，则上式改写为：

$$I=V/R \tag{43-12}$$

式中，I 为电流，V 为电压，G 和 R 是表征该导体材料特性的物理量，R 称为电阻，单位为欧姆(Ω)；G 称为电导，单位为西门子(S)。两者互为倒数。上式被称为一段导体的欧姆定律。

实验发现，对于粗细均匀的导体，电阻与导体尺寸及形状有关。设导体横截面积为 S，长度为 L，则这段导体的电阻为：

$$R=\rho L/S$$

式中，ρ 是表征电学性质的又一个物理参数，它只与导体的本征性质有关，而与形状和尺寸无关，称为电阻率，也称电阻系数，其单位为欧姆·米(Ω·m)。电阻率的倒数称为电导率。

电导率也称电导系数，用 σ 来表示，单位为西门子每米(S/m)。

表征电阻率的参量有体积电阻率和质量电阻率：单位横截面积、单位长度金属导体的电阻值称为体积电阻率，单位为 Ω·m；单位质量、单位长度金属导体的电阻值称为质量电阻率，单位为 $\Omega\cdot kg/m^2$。铜合金常用体积电阻率来表征电阻率。

除上述反映电学性能的参量外，国际上通行的铜合金导电性能的另一个表述方式是导电率。

试样电导率与某一标准值的比值的百分数称为该试样的导电率。

1913年，国际退火铜标准确定：采用密度为 $8.89\ g/cm^3$、长度为 1 m、重量为 1 g、电阻为 0.15328 Ω 的退火铜线作为测量标准。在 20℃ 温度下，上述退火铜线的体积电阻率为 0.017241×10^{-6} Ω·m(或电导率为 58.0×10^6 S/m)时确定为 100%IACS(国际退火铜标准)，其他任何材料的导电率(%IACS)可用下式进行计算：

导电率(%IACS) $=0.017241\times10^{-6}/\rho\times100\%$

或：导电率(%IACS) $=\sigma/(58.0\times10^6)\times100\%$

导电率是一个没有量纲的量，是一个以百分数表示的比值。

电阻、电阻率都随温度变化而变化，电阻温度系数、电阻率温度系数是表征它们随温度变化的特征参量。

电阻温度系数为每升高 1℃ 时导体电阻的相对变化值。公式为：

$$\alpha_R=1/R_1\cdot(R_2-R_1)/(T_2-T_1) \tag{43-13}$$

式中 α_R——电阻温度系数；

R_2、R_1——导体在温度 T_2 和 T_1 时的电阻。

当温度范围较大时，求得的 α_R 为该温度范围内的平均电阻温度系数。

电阻率温度系数为每升高 1℃ 时导体电阻率的相对变化值。公式为：

$$\alpha_\rho=1/\rho_1\cdot(\rho_2-\rho_1)/(T_2-T_1) \tag{43-14}$$

式中 α_ρ——电阻率温度系数；

ρ_2、ρ_1——导体在温度 T_2 和 T_1 时的电阻率。

研究表明：电阻温度系数近似地等于电阻率温度系数与线膨胀系数的差值。即：

$$\alpha_R=\alpha_\rho-\alpha_L(\alpha_L \text{ 为线膨胀系数}) \tag{43-15}$$

43.3.1.2 影响电阻率的因素

(1) 温度的影响。金属的电阻率取决于电子的平均自由时间。对于特定金属自由电子密度一定时,电子与障碍物碰撞频率越高,次数越多,自由时间越短,则电阻率越高。电子运动的障碍主要有在晶格平衡位置附近作热振动的原子和金属中的杂质及缺陷。根据马棣森定理:金属的电阻率分为取决于热振动的电阻率(声子电阻率)和取决于杂质及缺陷的电阻率(剩余电阻率)。

温度升高,晶格热振动加剧,声子电阻率升高,而剩余电阻率不变,则总电阻率升高。

(2) 合金元素的影响。合金元素的加入,如果对自由电子密度、晶体结构没有影响,则声子电阻率不变,而剩余电阻率升高,总电阻率升高;如果合金元素的加入,显著地改变了自由电子密度和晶体结构,比如使自由电子数减少,则电阻率升高,晶格规则性加强,则电阻率反而降低。

(3) 冷加工的影响。一般来说,冷加工使晶格发生畸变,产生缺陷,导致电阻率升高。如果冷加工使晶粒产生择优取向,就要作具体分析。

(4) 热处理的影响。一般来说,退火使畸变回复,则电阻率降低,淬火使晶粒畸变,则电阻率升高。如果热处理使晶体结构、微观组织发生变化则需具体分析。比如再结晶退火时,晶粒细化,晶界所占比例增加,晶界处晶格畸变严重,则电阻率升高。

43.3.1.3 测量方法

电阻的测量方法较多,有直接读数的伏安法、单电桥法、双电桥法、电位差计法等,另外还有直接读取导电率的涡流法。

表 43-20 是常用测试电阻的电桥型号和精度级别,从当前的市场趋势来看,数字显示电桥是新一代的更新换代产品,与数字万用表同样稳定可靠。数字微欧计是凯尔文电桥的更新换代产品,适用于对直流低电阻做精密测试。同行业广泛使用的是 QJ 型系列直流电桥,测试范围宽,精度高,可连接成单、双两种测量电路,生产厂家为国内知名企业,质量稳定可靠。

表 43-20 各种测试电阻电桥的型号和精度级别表

序号	型号	测试范围	精度级别
1	QJ19 直流单双臂电桥	双:10 μΩ~100 Ω;单:100 Ω~1.11110 MΩ	0.05
2	QJ36 直流单双臂电桥	双:1 μΩ~100 Ω;单:100 Ω~1.111110 MΩ	0.02
3	QJ48 比较式电桥	1 mΩ~10 kΩ	0.002
4	QJ49a 直流单臂电桥	1 Ω~1.11110 MΩ	0.05
5	QJ55 比较仪式电桥(含 FY93)	0.1 mΩ~1.1111110 kΩ	0.0001
6	QJ57 直流电阻电桥	0.01 μΩ~1.11110 kΩ	0.05
7	QJ58 比较仪式测温电桥	10 mΩ~1.11111110 kΩ	0.0001
8	SB2230 直流电阻测量仪(41/2LED 数显双臂电桥)	1 μΩ~1.9999 kΩ	0.05
9	SB2231 直流电阻测量仪(41/2LED 数显单臂电桥)	100 μΩ~1.9999 MΩ	0.05
10	SB2232 直流电阻测量仪(41/2LED 数显)	0.1 μΩ~0.19999 kΩ	0.07

对于铜及铜合金,在实验室中常用的方法有双电桥法和涡流法。下面重点介绍这两种方法。

A 双电桥法

凯尔文双电桥是测量电阻的精密仪器,QJ36 型工作原理如图 43-4 所示,实物连线如图 43-5 所示。

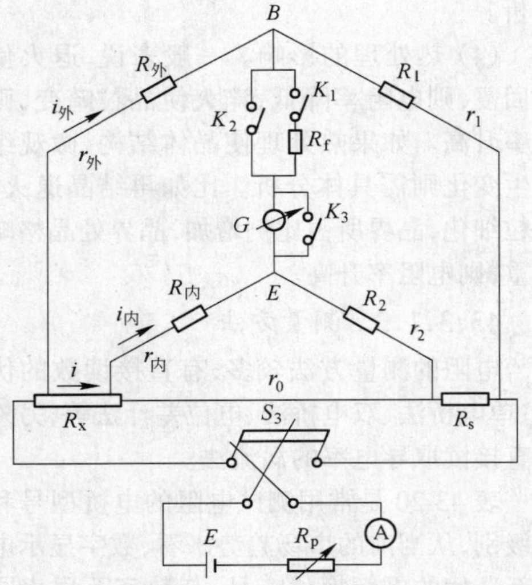

图 43-4　双电桥工作原理示意图

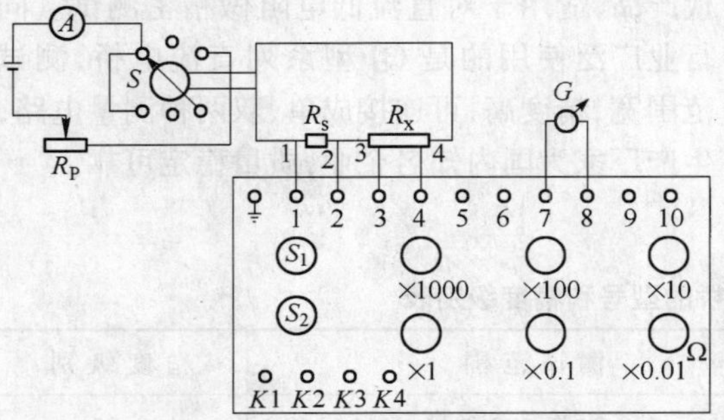

图 43-5　四端式电桥连线图

E 为直流电源；R 为可变电阻；$R_外$、$R_内$、R_1、R_2 为比例电阻，其中 R_1、R_2 即图 43-5 中的 S_1、S_2，$R_外$、$R_内$即图 43-5 调节旋钮及所连动的电阻；$r_外$、$r_内$、r_1、r_2 表示相应的引线和接触电阻，即图 43-5 中 11、22、33、44 对应的引线和接触电阻；R_s 为标准电阻；R_x 为被测电阻；G 为检流计；r_0 为连接电阻。S_3 为双掷双刀开关，可以改变电流方向。

测量时，调节 $R_外$、$R_内$、R_1 和 R_2，令检流计指零，B、E 两点电位相等，同时在电桥设计中令 $R_外$、$R_内$、R_1 和 R_2 具有较高的阻值，使 $r_外$、$r_内$、r_1 和 r_2 阻值很低，相比之下可以忽略，并令 $R_外/R_1=R_内/R_2$（实际上四端式电桥 $R_1=R_2$、$R_外=R_内$）且 r_0 很小，经电路计算有：

$$R_x=R_外/R_1\times R_s$$

已知标准电阻 R_s 和比例电阻 R_1，读出电桥平衡时的电阻 $R_外$，就可以求得 R_x。

在实际测量过程中除了选择合适的电桥外，最为重要的是线路的连接。

连线的关键是待测试样两个电压端子与电桥的连线（称为引线）和待测试样与标准电阻之间的连线（称为跨线）。一般情况下，连线由电桥供应商提供，为保证电路计算准确无误，引线电阻（含接触电阻）不大于0.002 Ω，跨线电阻不大于0.001 Ω。若自制引线和跨线，必须满足上述要求。引线和跨线与接触夹具连接时，应紧密接触，最好采用“铜焊”，与电桥或标准电阻连接时，可以直接用接触旋钮紧固，也可以先焊接在专用电阻连接片上，再紧固在电桥旋钮上。

为了消除接触电势的影响，连线时采用双掷双刀开关，改变电流方向测量电桥两次平衡的电阻值，取平均数。

电阻率（或导电率）的测量除了测量试样电阻外，还要准确测出试样的尺寸并对测试环境温度有严格要求。

B　涡流法

涡流法是适合工业测量的快速方法。

用涡流法测量的导电率，与电桥法的测量结果有某些差异。涡流法测得的是涡流流经的金属体积内产生的平均电阻，而在此体积内，主要是在平行或接近平行于表面的那些部位优先感应出涡流。此体积的厚度随导电率而变化。涡流的路径是环形的，并且只在平行于试样表面的平面内有分量，在垂直于表面的方向没有分量，所测得的导电率数值，可能较大地受到表面平度和光洁度的影响，并受到材料被测部位内的不均匀性的影响。而电桥法测量的是在试样单一方向上的整个截面的平均电阻。

涡流法的原理为当载有交变电流的线圈（也称探头）接近导电材料表面时，由于线圈交变磁场的作用，在材料表面和近表面感应出旋涡状电流称为涡流。材料中的涡流又产生自己的磁场反作用于线圈，这种反作用的大小与材料表面和近表面的导电率有关。

图 43-6 为涡流法测量导电率的检测单元——交流电桥示意图。

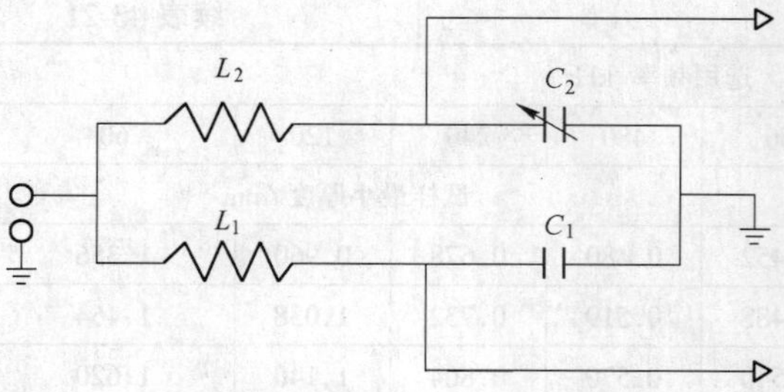

图 43-6 涡流法交流电桥示意图

图中，L_1 为检测线圈，L_2 为补偿线圈，C_2 为可变电容。根据电桥平衡原理，当 $L_1=L_2$、$C_1=C_2$ 时，电桥平衡，输出电压为零。

测量时将检测线圈放在试样上，导电率不同，涡流产生的磁场减弱线圈激励磁场的程度不同。检测线圈磁场的变化破坏了电桥平衡，调节可变电容 C_2 达到新的平衡，根据 C_2 的变化指示试样导电率的大小。通过涡流导电仪可直接检测出非铁磁性导电材料的导电率。

在实际测量中，对试样的厚度、仪器频率的选择有严格要求。

在电磁检测中，涡流密度在一个形状均匀的导体内降至表面涡流密度的37%时的深度，称为标准趋肤深度。对于非铁磁性导体，计算标准趋肤深度的公式为：

$$\delta = 5\times 10^5 \times \sqrt{\rho/f} \tag{43-16}$$

式中 δ——标准趋肤深度，mm；

ρ——被测试样的电阻率，Ω·m；

f——测试频率，Hz。

根据选用的频率相对应的不再能测出厚度方向质量信息的最小深度，称为有效趋肤深度。通常以涡流密度降到表面涡流密度的5%时的深度为有效趋肤深度，其值约为 2.6δ。

被测试样的最小厚度必须大于或等于其有效趋肤深度。在实际测量过程中，为了保证测量的有效性，试样最小厚度一般取 3δ。

感生的涡流渗透深度随频率而异：当激励频率高时，金属表面涡流密度大而渗透深度小；激励频率低时，渗透深度增加，但涡流密度下降，线圈与试样间能量耦合效率降低，灵敏度下降，因而应根据试样情况合理选择频率。不同导电率的试样，采用不同测试频率时所对应的标准趋肤深度及最小取样厚度见表43-21。

表 43-21 不同导电率不同频率对应的标准趋肤深度及试样最小厚度

导电率(%IACS)	选用频率/kHz							
	480	240	120	60	480	240	120	60
	标准趋肤深度/mm				试样最小厚度/mm			
102	0.094	0.133	0.188	0.266	0.282	0.399	0.564	0.798
100	0.095	0.134	0.190	0.268	0.285	0.402	0.570	0.804
95	0.097	0.138	0.194	0.276	0.291	0.414	0.582	0.828
90	0.100	0.141	0.200	0.282	0.300	0.423	0.600	0.846
85	0.103	0.145	0.206	0.290	0.309	0.435	0.618	0.870
80	0.106	0.150	0.212	0.300	0.318	0.450	0.636	0.900
75	0.109	0.155	0.218	0.310	0.327	0.465	0.654	0.930
70	0.113	0.160	0.226	0.320	0.339	0.480	0.678	0.960
65	0.118	0.166	0.236	0.332	0.354	0.498	0.708	0.996
60	0.122	0.173	0.244	0.346	0.366	0.519	0.732	1.038
55	0.128	0.181	0.256	0.362	0.384	0.543	0.768	1.086
50	0.134	0.190	0.268	0.380	0.402	0.570	0.804	1.140
45	0.141	0.200	0.282	0.400	0.423	0.600	0.846	1.200
40	0.150	0.212	0.300	0.424	0.450	0.636	0.900	1.272

续表 43-21

导电率(%IACS)	选用频率/kHz							
	480	240	120	60	480	240	120	60
	标准趋肤深度/mm				试样最小厚度/mm			
35	0.160	0.226	0.320	0.452	0.480	0.678	0.960	1.356
30	0.173	0.244	0.346	0.488	0.519	0.732	1.038	1.464
25	0.190	0.268	0.380	0.540	0.570	0.804	1.140	1.620
20	0.212	0.300	0.424	0.600	0.636	0.900	1.272	1.800
15	0.244	0.346	0.488	0.692	0.732	1.038	1.464	2.076
10	0.300	0.424	0.600	0.848	0.900	1.272	1.800	2.544
5	0.424	0.600	0.848	1.200	1.272	1.800	2.544	3.600

经试验,纯铜试样厚度大于0.7 mm时,采用120 kHz的频率;厚度为0.5~0.7 mm时,240 kHz的频率较为可靠;厚度为0.3~0.5 mm时,采用480 kHz的频率;厚度小于0.3 mm时,一般不宜采用涡流法直接测量,但可以采用多层叠加进行测量。叠加后的试样总厚度应不小于有效趋肤深度,叠加层数不能多于三层。叠加时,各层间必须紧密贴合,且能互换检测。

除了上述要求外,对试样表面状况、标准试块、测试环境等均有一定要求。测试面应为平面,材质均匀无铁磁性,表面粗糙度 R_a 不大于6.3 μm,应光滑、清洁,无氧化皮、油漆、腐蚀斑、灰尘和镀层等。对于无电磁屏蔽的仪器,探头必须离测试面边缘5 mm以上。

一般情况下,涡流导电仪应至少配备高低两块标准试块,高标导电率在95%~100%IACS;低标导电率在4%~10%IACS。标准试块表面和仪器探头应清洁、无污物、无划伤。涡流导电仪、标准试块应在无腐蚀、无磁场干扰的环境中保存和使用,避免仪器和探头受到振动和碰撞。测试的环境温度应保持在20±5℃范围内,并且探头、仪器、标准试块和试样的温度应达到一致。

涡流导电率测试仪,除了进口仪器外,国内厦门第二电子仪器厂也生产同类产品。常见的有:

(1) 英国霍金(HOCKING)公司的AutoSigma3000数字式导电率测量仪。测量频率有60 kHz和500 kHz两种,为便携式大数字、带背光的LCD液晶显示。尺寸为165 mm×7 mm×41 mm,导电率测量范围0.8%~110%IACS,0.45~64 MS/m,分辨率10%~110%IACS,读数10.1~110.0(1位数),精度为20℃时:在10%IACS:±0.1%IACS,在100%IACS:±0.5%IACS,0~40℃范围时:在10%IACS:±0.2%IACS,在100%IACS:±0.8%IACS。

(2) 德国FOERSTER公司的SIGMATEST D2.068型综合测试仪。具有AutoSigma3000类似特点,其测试频率有60 kHz、120 kHz、240 kHz、480 kHz四种。适合不同导电率、不同厚度的铜材试样。

(3) 美国FM-140XL数字导电率仪。测量频率为60 kHz,测试范围为10%~110%IACS。准确度:在20℃测试时误差比较小,为读数的±0.5或0.5%IACS。

(4) 国产7501、7502型涡流导电仪。为指针式测量仪,其中7501适用于金、银、铜、铝、镁、锌黄铜等金属及其合金。频率为60 kHz,误差为分度盘端值±2%;7502适用于具有较低导电率值的青铜、钛青铜、不锈钢等。频率为500 kHz,误差为分度盘端值±1%。

43.3.2 密度的检测

单位体积物质的质量称为该物质的密度。密度通常用符号 ρ 表示,单位为千克每立方米,记作 kg/m^3。常用的还有克每立方厘米,记作 g/cm^3。

设定物质的质量为 m，体积为 V，则密度由下式确定：

$$\rho = m/V \qquad (43\text{-}17)$$

密度是物质的基本特征参数，是物质致密程度的度量，与金属的成分、工艺、热处理等有密切关系。

根据密度的定义，测量密度须先测量试样的质量和体积。质量采用天平测量，而体积采用流体静力学法即借助阿基米德原理(Archimed)进行。

试样在液体中所受的浮力等于它排开液体的重量。已知液体的密度，根据试样受的浮力，计算出浸入液体的体积。

假定试样在空气中测得的质量为 m，完全浸没在液体中的质量为 m'，则所受浮力为$(m-m')g$，根据阿基米德原理：

$$(m-m')g = (V\cdot\rho_0)g$$

式中　V——试样的体积，cm^3，即浸没时排开液体的体积；

ρ_0——液体的密度，g/cm^3；

g——重力加速度。

由上式可得：

$$V = (m-m')/\rho_0$$

则试样密度为：

$$\rho = m/V = m\rho_0/(m-m') \qquad (43\text{-}18)$$

对于铜及铜合金试样，在实验室测量情况下，质量以 15～30 g 为宜，采用万分之一精密天平，液体一般采用纯水，纯水在不同温度下的密度参见有关文献。

测量密度的关键是测量试样浸没在液体中的质量，其装置一般如图 43-7 所示。试样和吊丝在液体中称得的质量为 m_1，不含试样的空吊丝在液体中质量为 m_0，则试样在液体中的质量 $m' = m_1 - m_0$。对于质量不超过 30 g 的试样，用一般头发丝可以充当吊丝，在工业测量中其质量可以忽略不记，即 $m' = m_1$。

称量前要仔细检查天平是否符合要求，严格按照说明书进行操作；试样表面不应有孔洞、缝隙和油污，必要时用酒精等有机溶剂清洗处理；纯水的温度应采用经过鉴定的温度计测量，

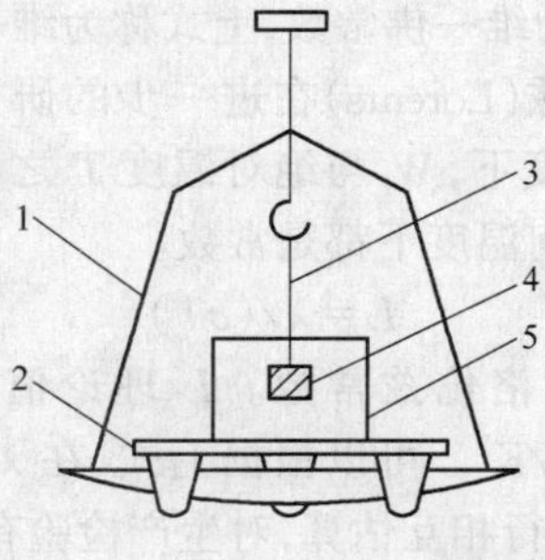

图 43-7　试样在液体中的称量示意图

1—秤盘；2—托架；3—吊丝；4—试样；5—容器

其精度一般应精确到 0.1℃。称量过程中试样表面不得出现气泡，一旦出现将导致密度测量值偏低。

对于细小试样，可以采用比重瓶法测量其密度；对于多孔材料，可以采用浸入介质法测量其密度。具体操作参见有关文献。

43.3.3　其他物理性能简介

43.3.3.1　热导率

铜及铜合金是最重要的热交换装置材料。比如用于汽车发动机的散热器、电厂热交换器以及空调的冷凝器等。随着半导体功率增大，对散热要求更高时，也用铜合金来制作引线框架。此时，热传导性能是其关键特性之一。

表征材料热传导能力的物理量有热导率(又称导热系数)和热扩散率(又称导温系数)。

如果物体两点之间存在温差，热能就会从温度高处流向低处。设金属试样是长为 L、截面为 S 的长方体，两端温度为 T_1 和 T_2，$T_1 > T_2$，则在时间 t 内从 T_1 端流向 T_2 端的总热能 Q 为：

$$Q = \lambda S(T_1 - T_2)/Lt \qquad (43\text{-}19)$$

式中，$(T_1 - T_2)/L$ 为该金属中的温度梯度；λ 为该金属的热导率，表示经过物体中 1 cm^2 截面积、长为 1 cm、温度梯度为 1℃/cm 时，在 1 s 内所传递的热量，其单位为 W/(m·K)。

维德曼(Wiedeman)和佛朗兹(Franz)在研究纯金属的热导率时发现，室温时任何金属的热导率与其导电率 σ 之比是一个常数。

$$W = \lambda/\sigma \qquad (43\text{-}20)$$

式中，W 为维—佛常数，上式称为维—佛定律。

洛伦兹(Lorents)在进一步的研究中发现，在其他温度下，W 与绝对温度 T 之比，对任何金属在任何温度下都是常数。

$$L=\lambda/(\sigma T) \tag{43-21}$$

式中，L 为洛伦兹常数。L 理论值为 $2.45\times 10^{-8}\ W\cdot\Omega/K^2$。可以根据上式，在 λ 或 σ 测量困难时，进行相互估算，对生产检验有一定应用价值。

热扩散率 α_λ 定义为：$\alpha_\lambda=\lambda/\rho c$ (43-22)

式中，ρ 为密度；c 为比热容。α_λ 的单位为平方米每秒，记作 m^2/s，反映的是温度变化的速度。在相同升、降温条件下，α_λ 越大，则材料内各处温差越小。

金属中热量的传导过程就是能量的输运过程。在固体中传导能量的主要是自由电子和晶格振动波(声子)。对于纯金属来说，电子导热是主要的传热机制；合金中声子导热也起一定作用。凡是影响自由电子运动和声子运动的因素都会导致热量传导能力的变化。

43.3.3.2 线膨胀系数

金属和合金在加热或冷却时体积和长度均发生变化，这种现象称为热膨胀。铜及铜合金常用于制作电子器件，在装配工序和使用条件下要承受高温环境，因而这种膨胀会影响到材料的使用。同时，作为结构件常与不同金属连接配合，也必须考虑由于膨胀性能而可能产生的应力甚至破坏。对于铜合金来说，除了导电、导热性能外，热膨胀性能也是最为重要的性能之一。

表征热膨胀特性的物理量有线膨胀系数、体膨胀系数等。

当温度由 t_1 变化到 t_2 时，长度相应地由 l_1 变化到 l_2 时，材料在该温区的平均线膨胀系数为：

$$\alpha=(l_2-l_1)/[l_1\cdot(t_2-t_1)]=\Delta l/(l_1\cdot\Delta t) \tag{43-23}$$

当 Δt 趋近于零时，上式极限值定义为微分线膨胀系数。α 的单位为每摄氏度，记作℃$^{-1}$或 K^{-1}。其中 $\Delta l/l_1$ 称为线膨胀率。

同理，当温度由 t_1 变化到 t_2 时，体积相应地由 V_1 变化到 V_2 时，材料在该温区的平均体膨胀系数为：

$$\beta=(V_2-V_1)/[V_1\cdot(t_2-t_1)]=\Delta V/(V_1\cdot\Delta t) \tag{43-24}$$

当 Δt 趋近于零时，上式极限值定义为微分体膨胀系数。β 与 α 的单位相同。

对于各向同性的材料，平均体膨胀系数约等于平均线膨胀系数的3倍，即：$\beta=3\alpha$；对于各向异性的材料，平均体膨胀系数约等于三个方向平均线膨胀系数之和，即：

$$\beta=\alpha_1+\alpha_2+\alpha_3 \tag{43-25}$$

金属和合金受热后，发生热膨胀的实质是温度升高，原子(离子)在晶体点阵上振动时，不但振幅增大，而且振动中心的位置发生位移，使点阵常数增加而导致体积的热膨胀。振动中心位置发生位移是原子排斥力的增加大于吸引力的增加，原子在平衡位置作不对称运动的结果。

热膨胀的大小反映了原子结合力的大小。

理论研究表明：在低温下体膨胀系数随温度升高急剧增大，到高温时则趋向平缓；熔点较高的金属具有较低的膨胀系数；所有金属从绝对零度升高到熔化温度，体积的相对膨胀量均为6%～7%；对于固溶体，溶质元素的膨胀系数高于溶剂基体时，将增大膨胀系数，反之将减小膨胀系数。

43.3.3.3 弹性模量

物体在外力作用下产生变形，去掉外力能立刻恢复的变形称为弹性变形。这种特性称为弹性。

在弹性变形范围内，应力与应变成正比，其比例系数称为弹性模量。根据物体不同的变形方式，弹性模量有三种表达形式：

(1) 在简单拉伸(或压缩)情况下，σ 为正应力，ε 为正应变，E 称为杨氏模量，即：

$$E=\sigma/\varepsilon \tag{43-26}$$

(2) 在纯剪切变形情况下，τ 为切应力，γ 为切应变，G 称为切变模量，即：

$$G=\tau/\gamma \tag{43-27}$$

(3) 在体积压缩应力情况下，P 为体积压缩应力，$\Delta V/V$ 为体积相对变化，K 称为体积压缩模量，即：

$$K = P/(\Delta V/V) = PV/\Delta V \quad (43\text{-}28)$$

弹性模量的单位与应力相同，为帕（斯卡）(Pa)，1 Pa = 1 N/mm^2。在实际使用中常用 MPa。

E、G、K 分别表示材料抵抗正应变、切应变和体积压缩应变的能力，即在弹性范围内材料对变形的抗力，所以弹性模量也是表征原子间结合力大小的物理量。

E、G、K 三者的关系为：

$$G = E/[2(\mu + 1)] \quad (43\text{-}29)$$

$$K = E/[3(1-2\mu)] \quad (43\text{-}30)$$

式中，μ 为泊松比，反映了杨氏模量与切变模量之间的联系，表示材料各向同性前提下，试样经受简单拉伸变形时，在弹性范围内横向相对收缩量与轴向相对伸长量之比。

影响弹性模量的因素较多，有温度、合金元素、原子结构以及冷加工等。

一般来说，随温度升高，原子间距增加，弹性模量差不多呈直线减少；第二相组元弹性模量高，则合金弹性模量高；室温下弹性模量是元素原子序数的周期函数；铜是面心立方点阵，随着冷加工率增大，弹性模量下降，但在深冷加工下如果出现织构则弹性模量增加。

43.3.3.4 铜加工过程中的温度检测

温度是铜加工过程中非常重要的工艺参数。主要检测点有铜液、加热炉、热轧坯料、中间和成品退火、有效温场的均匀性等。

(1) 铜液温度一般低于 1300℃，使用Ⅱ级 K 分度 $\phi 3.2$ mm 热电偶或 S 分度 $\phi 0.5$ mm 热电偶都可以测量。二者性能比较如表 43-22 所示。

表 43-22 Ⅱ级 K 分度与 S 分度热电偶性能比较

名 称	分度号	直 径	稳定性	允许差	使用上限	补偿导线
铂$_{10}$—铑铂	S	0.5 mm	1400℃ /200 h 变化小于 1℃	600～1600℃ ±0.25% t	短期 1600℃ 长期 1300℃	铜—铜镍 (SC)
镍铬—镍硅	K	3.2 mm	1300℃ /200 h 变化小于 9.75℃	400～1300℃ ±0.75% t	短期 1300℃ 长期 1200℃	铜—康铜 (KC)

实现铜液连续测温的关键是热电偶保护管的抗热震性和耐铜液腐蚀性能。保护管材质有石英、不锈钢、氧化铝、硼化锆、碳化硅、金属陶瓷等。金属陶瓷保护管是一种新型的较为适合铜液测温的材料，在各种铜及铜合金液体中连续使用达 1000 h 以上。应用中一定要考虑保护管损坏后铜液泄漏的问题，可以采用双层保护管或复合管型实体热电偶。铜液测温也可以使用快速热电偶、非接触测温仪、快速测温定氧探头等测温仪器。

(2) 热轧坯料的温度随合金牌号不同而有不同的要求范围，监测热轧过程中坯料的温度变化非常重要。目前测温方式主要是非接触式的红外热像仪、光纤测温仪、红外温度计等。

红外热像仪的测量范围：－170～2000℃；分辨率：0.1℃；可在几毫秒内测出坯料温度的二维分布情况，测量距离不受限制。但其复杂的结构（测量元件需用液氮制冷在－196℃）和较高的价格影响了推广。

光纤测温仪的测量范围：600～1800℃；准确度 0.5%；响应时间小于 0.5 s。

红外温度计的测量范围：600～3500℃（分测量段）；准确度 0.5%；响应时间小于 0.5 s。

其他如加热炉、退火炉等由于温度一般低于 1000℃，测温使用常规保护管（如不锈钢管）和 K 分度热电偶及配套补偿导线即可实现连续准确的测量。

加热炉、退火炉有效加热区温场均匀性定期检测是确保工序质量的关键环节。采用温场自动检测系统，依据 GB9452—88《热处理炉有效加热区测定方法》进行评价。温场自动检测系统使用多达几十支热电偶同时监测有效加热区各点温度分布，通过计算机软件自动生成检测报告和温区位置图。

(3) 温度测量的误差控制：有多种因素影响到温度的准确测量。控制测温误差的原则：

一是除了定期校准显示仪表外，还要定期校准热电偶和补偿导线，定期检查安装情况（如热电偶插入深度、热电偶测温头与保护管顶端是否紧贴等）；二是使用人员要了解修正值的大小，并进行正负值的抵消搭配组合。

43.4 铜及铜合金物理检验的发展

物理检验作为材料研究和工业生产的必要手段起着举足轻重的作用，任何一个新材料的开发都离不开检验技术的进步。近几十年来，铜及铜合金的应用日益普遍，新型合金、功能材料层出不穷，工业化生产逐步由粗放型向更优化的精加工时代转变，寻求更加合理的工艺必然要观察微观的组织结构、缺陷与宏观性能之间的细微联系，这就进一步加快了物理检验的进展。

材料的组织分析日益深入到原子结构和电子结构层面上，采用的手段也有较大发展：组织形貌主要依靠显微镜技术，光学显微镜是在微米级上观察材料的普遍方法。扫描电子显微镜和透射电子显微镜则把观察的尺度推进到纳米层次。扫描电镜观察材料的形貌，特别适合于断口分析。而透射电镜对于研究晶体材料的缺陷及相互作用、微小第二相质点的形貌与分布、原子排列状况等是十分有用的；场离子显微镜则可以直接显示晶界或位错露头处的原子排列；扫描隧道显微镜和原子力显微镜在三维空间内达到原子分辨率，得到材料表面原子分布的图像。

在材料结构测定方面，X射线衍射仍是最主要的方法，包括德拜粉末照相、衍射仪、背反射和透射劳厄照相、织构的极图测定等。对于测定细微晶体或材料的纳米级结构采用配置在透射电镜上的电子衍射。与X射线衍射相比，选区电子衍射可实现晶体样品的形貌和微区晶体结构相对应，并且能进行样品内相的位向关系与晶体缺陷分析。

现代材料研究在强调组织形貌结构分析的同时还关注微区成分，更加注重综合分析，即希望分析仪器同时具有形貌观察、晶体结构测定和微区及表面分析功能，这就给组织结构分析仪器提出了更高的要求。在扫描电镜上的电子探针和场离子显微镜上配置的原子探针以及其他能谱分析仪等能够实现微区成分分析。

在工业生产中，由于仪器昂贵和需要较高的操作技能，这些先进仪器应用尚不充分。随着精加工时代的到来，需求会逐步提高。另外由于计算机和软件技术的发展进一步推动仪器自动化程度的提升，因而新型的综合仪器必然是自动化技术更高的智能型“傻瓜式”仪器，它能快速给出数据从而减少工作量，提高工作效率。

在物理、力学性能检测方面，采用的仪器也朝着智能化方向发展。目前更为迫切的是检测标准的发展，这种发展主要体现以下趋势：

(1) 与国际标准的接轨。近几年来起草了一系列物理、力学性能方面的行业标准，这些标准逐步与国际标准和国外先进标准接轨，以适应经济贸易全球化的需要。

(2) 在与国际标准接轨的过程中，标准的结构体系也做了较大变化，减少标准数目，扩大技术覆盖面。比如布氏硬度试验相关三个标准（试验方法、硬度计检验、硬度块标定）合为一个标准，给使用者带来方便。

(3) 在物理、力学标准的技术内容中，逐步要求对测量不确定度的评估。同时强调加快标样研制，采用标样来测定试验方法的不确定度。

另外，在拉力和硬度试验方面，有两个方面不容忽视，其一是板带材拉力试样的定标距试验是一个发展趋势，另一个是采用“宏洛氏硬度”来综合洛氏硬度和布氏硬度的优点，克服其不足。目前有关部门正在着手制订方法标准，建立计量传递溯源体系。

现代物理检验越来越重视工艺试验和材料模拟试验。随着微电子、航天等高技术领域的发展，新型材料不断推出。用户提出一种应用新材料的期望，除要求传统检测项目外，还提出材料的进一步制作工艺和应用环境方面的要求，由生产厂家来满足这些特殊要求。这就催生了工艺试验和模拟试验。比如电子框架材料的软化试验，耐磨材料的特殊摩擦试验以及其他环境模拟试验。

本章附图如下：

附图 43-1 QAl5 圆锭宏观组织
柱状晶 （1/3×）

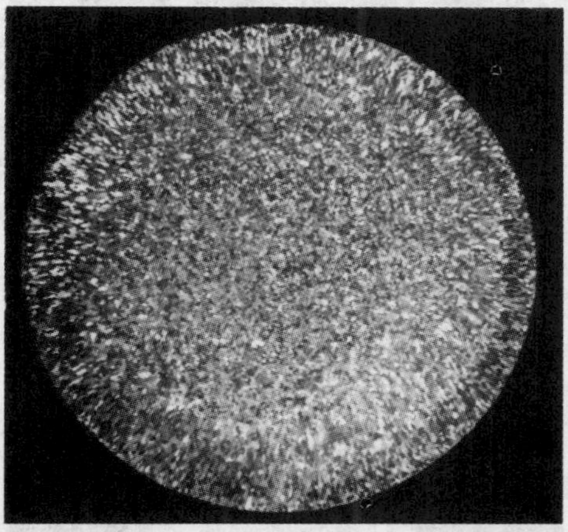

附图 43-2 QAl59-3-2 圆锭宏观组织
等轴晶 （1/3×）

附图 43-3 T2 扁锭宏观组织 （1/3×）

附图 43-4 HMn60-3-1 圆锭断面
及纵剖面宏观组织 （6/5×）

附图 43-5 QSn6.5-0.1 水平连铸带坯表面
宏观组织(原始表面) （1/3×）

附图 43-6 QSn6.5-0.1 水平连铸带坯
断面宏观组织 （1/2×）

附图 43-7 α 单相铜合金组织平均
晶粒度 0.035 mm （100×）

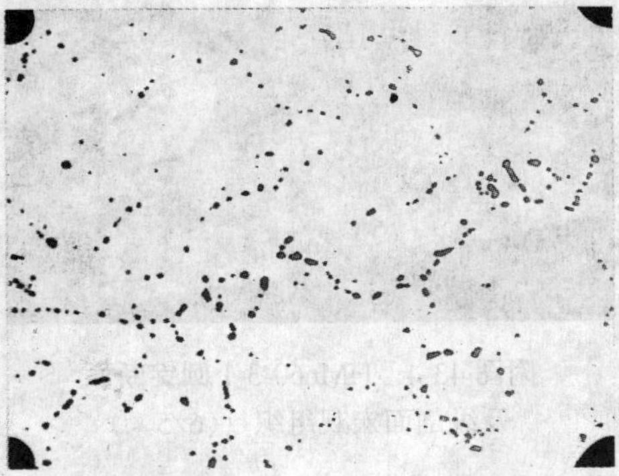

附图 43-8 T2 紫铜组织中的 Cu_2O 颗粒 （200×）

附图 43-9 H68 单相组织经 23% 冷加工率晶粒拉长 （70×）

附图 43-10 QSn7-0.2 冷拉棒（晶粒拉长出现滑移带） （120×）

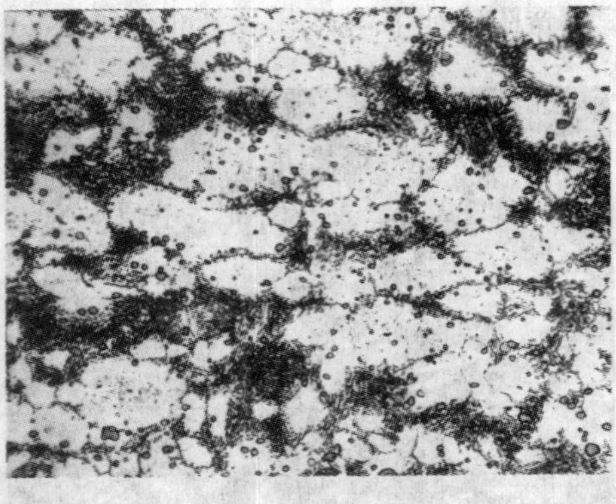

附图 43-11 QAl 10-4-4α + (α + K),K 相呈颗粒及层状 （400×）

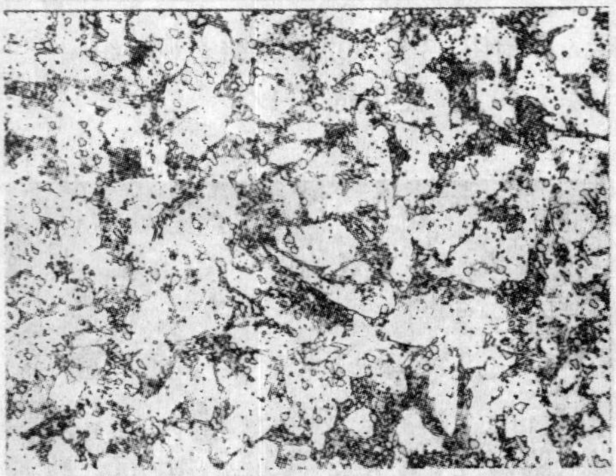

附图 43-12 C62400α + (α + γ_2) + 富 Fe 相 （200×）

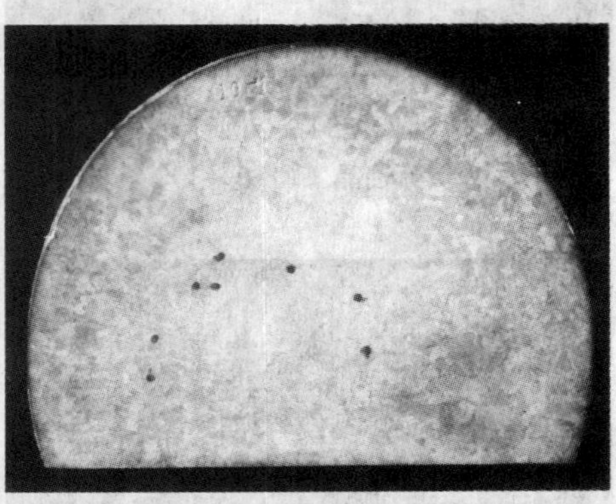

附图 43-13 QSn10-1 锡偏析点 （1/2×）

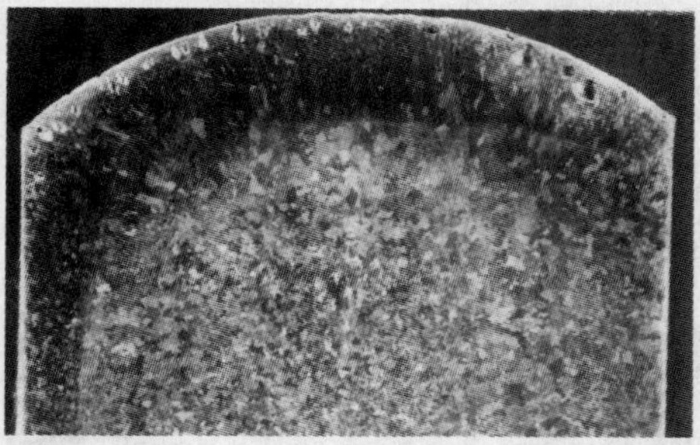

附图 43-14　BAl13-3 皮下气孔　(1/2×)

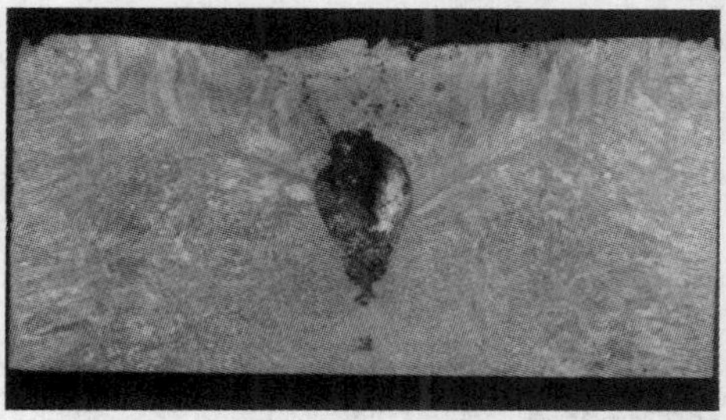

附图 43-15　HPb59-1 集中缩孔　(1/3×)

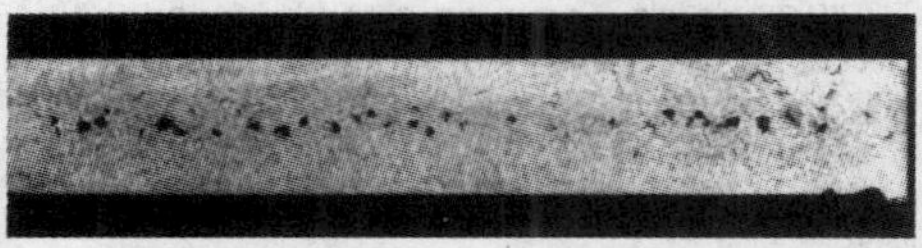

附图 43-16　QSn4-4-2.5 分散缩孔　(1/4×)

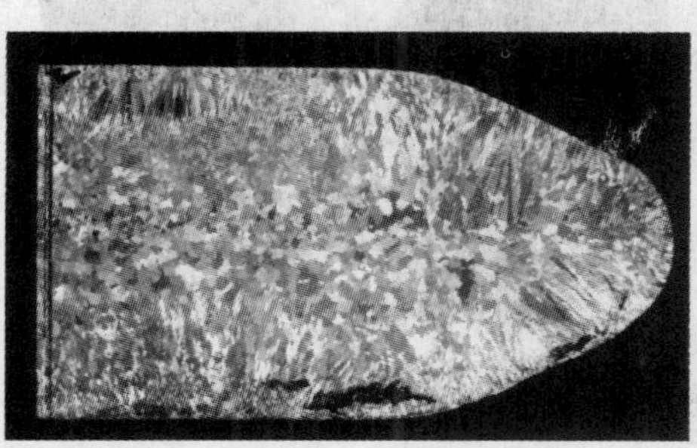

附图 43-17　HPb59-1 非金属夹杂　(1/4×)

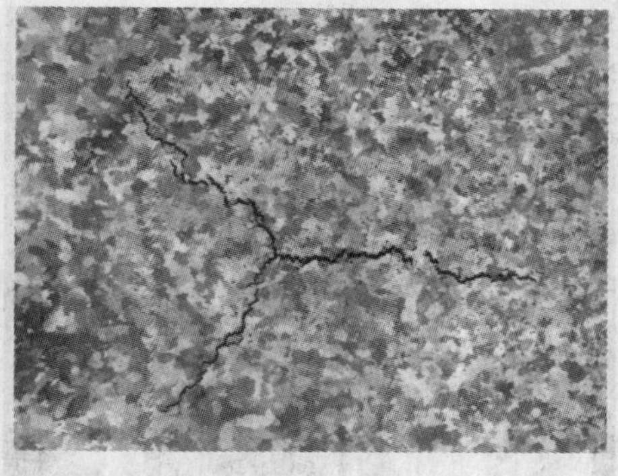

附图 43-18　BZn15-20 中心热裂纹　(1/2×)

附图 43-19　T2 表面冷隔　(1/6×)

附图 43-20　H62 过烧轧成碎块　(2/3×)

附图 43-21 QAl 10-4-4 挤制棒纵向开裂 （1/3×）

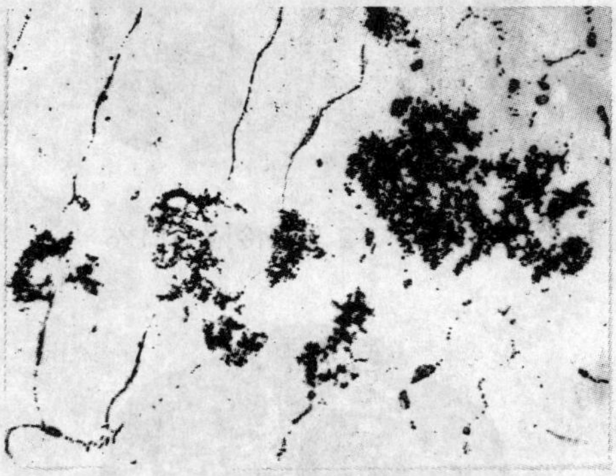

附图 43-22 QCr0.8 富铬夹杂 （150×）

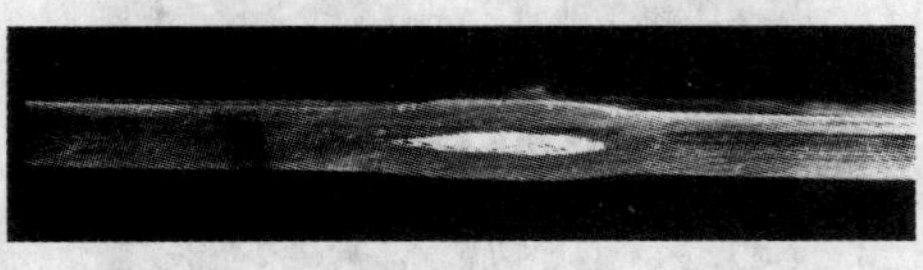

附图 43-23 HPb59-1 热轧板表面鼓泡纵剖面 （1×）

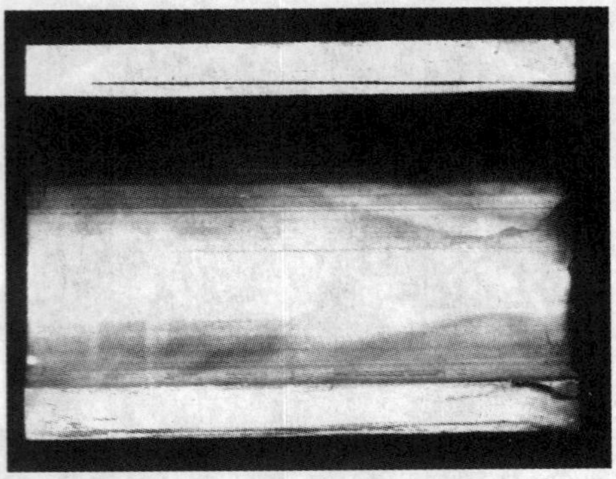

附图 43-24 QAl 10-3-1.5 分层 （2/5×）

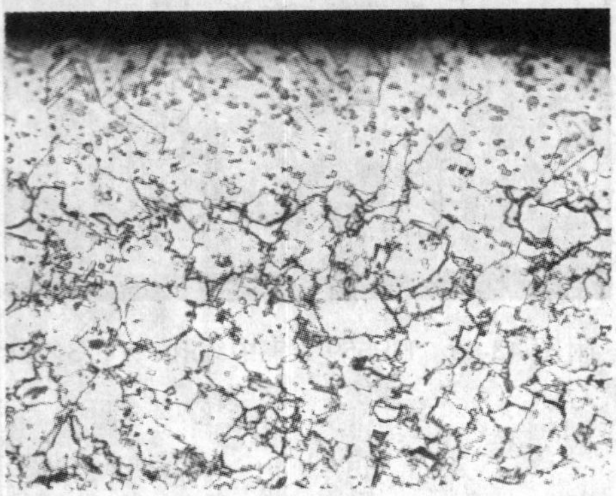

附图 43-25 HMn57-2 脱锌 （100×）

附图 43-26 QSn7-0.2 应力腐蚀开裂 （2/3×）

附图 43-27 TU1 中心缩尾 （1/3×）

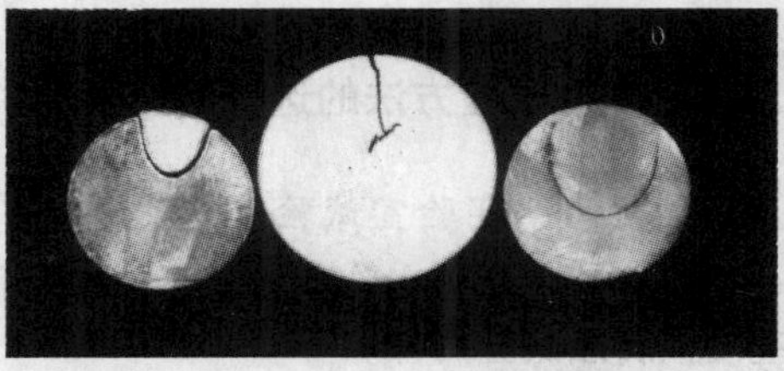

附图 43-28 HPb59-1 特殊形状缩尾 （1×）

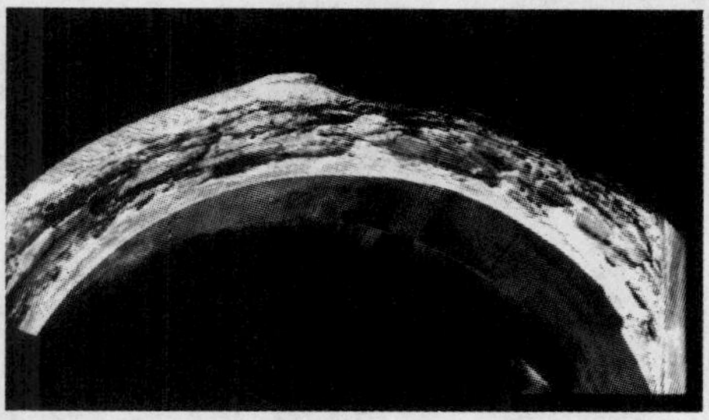

附图 43-29 QAl 10-3-1.5 层状断口 （1×）

44 铜合金腐蚀试验[1]

44.1 铜合金腐蚀的类型和特点

铜合金的腐蚀是指铜合金在周围环境介质作用下所产生的物理、化学反应而导致合金组织、性能等的变质或损坏。

造成铜合金腐蚀的因素繁杂多样，因此，给铜合金腐蚀的分类造成了很大困难。迄今为止尚未有一个非常严谨、系统的分类方法。

从造成铜合金腐蚀的原因以及产生的后果等方面，大致可把常见的腐蚀类型做如下分类：

(1) 按机理分可分为湿腐蚀和干腐蚀。湿腐蚀可分为化学腐蚀和电化学腐蚀；干腐蚀可分为高温氧化、熔盐腐蚀和液态金属腐蚀。

(2) 按破坏形态分可分为：电偶腐蚀、点蚀、缝隙腐蚀、晶间腐蚀、选择性腐蚀、丝状腐蚀和应力腐蚀等。其中，应力腐蚀又可分为应力腐蚀开裂、氢损伤（又可分为氢脆、氢鼓泡和氢腐蚀）、腐蚀疲劳、冲击腐蚀、湍流腐蚀、微振腐蚀、空泡腐蚀等。

(3) 按环境分可分为：大气腐蚀、土壤腐蚀、水环境腐蚀和微生物腐蚀等。大气腐蚀又可分为：工业大气腐蚀、生活大气腐蚀、海洋大气腐蚀；土壤腐蚀可分为：介质腐蚀、杂散电流腐蚀等；水环境腐蚀可分为酸、碱、盐腐蚀和工业水腐蚀等。

铜合金的腐蚀是材料和环境因素共同作用的结果。广义上，铜合金的腐蚀可以分为全面腐蚀和局部腐蚀两类。

全面腐蚀是铜合金最简单的腐蚀形式，突出表现在合金几何表面的均匀变质、减（增）重或减（增）厚等。如铜合金的自然氧化、酸中的溶解等。

局部腐蚀是铜合金最常见、危害最大、造成后果最严重的腐蚀形式。突出表现为：在构件整体性能完好的情况下，由于腐蚀而导致构件局部功能非预期的失效，且具有一定的突然性或不可预测性。如常见的应力腐蚀开裂(SCC)、腐蚀疲劳(CF)、点蚀(Pitting)等。

44.2 腐蚀试验方法

44.2.1 腐蚀试验方法的选择

44.2.1.1 实验室试验

实验室试验分为实验室加速腐蚀试验和实验室模拟腐蚀试验两种。

(1) 实验室加速腐蚀试验就是在试验中引入强化因素，力求在最短时间内确定材料的某种腐蚀倾向和腐蚀速度的试验方法。它是实验室最常采用的试验方法。该方法只能引入一个或少数几个关键因素，但不能引入实际不存在的因素，也不能因为加速因素的引入而改变实际条件下的腐蚀机理，否则就会得出错误的结论。

(2) 实验室模拟腐蚀试验是一种不加速、长期的模拟试验。它尽可能地模拟自然环境或实际环境条件，试验重现性较好。但存在试验周期长、成本较高等缺点。

44.2.1.2 现场（挂样）试验

现场试验就是把专门制备的样品（试片、样管等）置于实际使用环境条件之下进行试验。它解决了实验室无法再现实际环境条件的困难，试验结果可靠、方法简单。但存在现场环境因素无法控制、试验周期长、试验结果重现性差、样品可能丢失、腐蚀产物可能污染产品等缺点。

此外，还可以将试验材料制成实物部件、设备或装置，在实际使用条件下进行实物试验。

---

[1] 本章撰稿人：秦勇。

44.2.2 试验条件及影响因素

44.2.2.1 试验样品

应尽可能详尽掌握样品的各种原始资料，如原始表面状态、成分、加工工艺、金相组织、晶粒大小、晶面取向、晶界状态及夹杂物性质、数量、状态、分布等。

试样的形状和尺寸主要取决于试验的目的、方法、环境、材料性质、介质、试验设备、评价方法等。一般情况下，试样形状应尽可能简单、便于加工和测量，应减少样品边棱并尽可能增大试样在介质中的暴露面积，以减少边缘效应对试验结果的影响。

样品的表面粗糙度、均一性及清洁程度对试验结果有很大影响。样品的制备以不对合金基体附加残余应力、不改变合金组织和成分为原则。必要时，应保证样品原始表面免遭破坏。

每次试验所选取的平行样品的数量依试验目的、方法精确性、材料均一性、试验设备容量和结果分散程度而定。平行样品一般不少于3个。特殊情况下平行样品不少于5个。

每个样品都要有标识加以区分。但标识不得对试验结果产生影响。

样品在介质中的暴露方式取决于试验的目的、设备装置和样品形状。但必须保证不能妨碍样品与介质的自由接触；样品之间及其与设备之间不能有接触；样品应取、放方便；有特殊要求的应便于试验中对腐蚀过程的观察；支架应为惰性材料，且试验中不能因腐蚀而失效，也不能对介质造成污染。

44.2.2.2 试验介质

实验室腐蚀试验介质的配制依试验目的而定。选择介质成分时应严格控制主要成分，同时不应忽视微量成分的作用；为避免各类复杂因素对试验结果的影响，介质成分应尽可能简单；应用蒸馏水和化学纯（或分析纯）试剂配制腐蚀介质，严格控制各组分含量；高温试验时应充分考虑介质挥发对介质浓度的影响等。

44.2.2.3 试验条件

设计试验方案时除了要考虑试验样品和试验介质因素外，其外部环境条件也是不容忽视的。如温度、样品与介质的相对运动、系统的几何关系、样品暴露程度及试验周期等。

温度控制应以控制介质温度为宜，应避免由于样品受热不均引起温差电池腐蚀而影响试验结果；一般不宜直接对腐蚀介质进行加热，应采用水浴或油浴；控温设备内不应出现“静滞”空间，以免由于温度梯度的原因对试验结果产生较大影响；高温试验应配备必要的冷凝回流装置。

样品与介质之间相对运动速度（流速）的增加，可能增大或减小腐蚀速度，也可能通过对腐蚀机理的改变进而影响腐蚀类型。每种合金都有临界流速，合理选择流速是试验成败的关键。

介质溶气对腐蚀过程有很大影响，腐蚀试验中应严格控制溶液中充气状态。根据试验目的，无论充气、去气都应严格控制其浓度和速度，并保证通入气体尽可能弥散且与试验介质具有相同的温度。

44.2.2.4 样品暴露程度

样品可以全部、部分或周期性的暴露于腐蚀介质中，以模拟实际应用中可能遇到的各种状况。

全浸试验样品浸入深度不应少于2 cm，以保证样品各部位腐蚀状态的尽可能均一；部分浸入（半浸）试验对于研究合金水线腐蚀具有特殊价值。应保持平行试样的几何尺寸恒定，提高试验的重现性。

周期性暴露（间浸）试验应严格控制每次浸入、提出的时间，保持每次样品表面干湿变化程度一致。必要时要考虑保持液面恒定，辅助加热等。

44.2.2.5 试验周期

试验周期的长短一般取决于试验的目的、腐蚀规律和机理，以及方法和性质等。周期太长，既无必要又造成浪费；周期太短，则腐蚀可能还未开始，或未达稳态，试验结果并不充分有效，甚至错误。应结合实际工作环境腐蚀性强弱、腐蚀机理及合金特性合理选择试验周期。

44.2.3 常规腐蚀评定方法

44.2.3.1 表观检查

样品表观检查包括表面宏观检查和显微检

查两种方法。宏观检查应关注样品的外部形态、腐蚀产物的形态、分布和腐蚀介质的变化情况;显微观察主要关注样品组织结构的变化,如晶粒、晶界、夹杂、蚀坑、裂纹等。

44.2.3.2　重量法

重量法是评价腐蚀程度的基本方法之一,常用的有增重法和失重法两种。无论是增重法或失重法,一个样品在腐蚀－时间曲线上只能提供一个数据点。只有当腐蚀产物牢固附着在样品表面,且组分恒定时,才能在一个样品上获得腐蚀随时间变化的完整规律。

增重法和失重法所获得的重量变化与样品的暴露面积和暴露周期有很大关系。而且不同合金的密度互不相同,为增加不同试验间的可比性,常用侵蚀率(单位时间侵蚀深度)来表示腐蚀速度。

选用失重法评定时,应彻底清除样品上的腐蚀产物。根据合金的种类、性质及腐蚀产物剥离难易选择不同的清除方法。选用的清除方法既要能够彻底清除腐蚀产物,又要不损伤合金基体,以免影响对腐蚀试验结果的评定。

44.2.3.3　失厚测量与点蚀深度测量

对均匀腐蚀而言,测量腐蚀前后样品厚度的变化,可直接获得试验结果,或根据由于腐蚀而引起材料性质变化的特性进行测量,如涡流法、超声法、电阻法等;对于非均匀腐蚀,例如点蚀,则测量点蚀深度更有实际意义。

无论选用何种方法,要求所用测量工具的精度能满足所进行试验评定系统的测量精度要求。

44.2.3.4　电阻法

根据合金在腐蚀过程中有效导电截面积减少而导致电阻增加的原理,可以用电阻法测量腐蚀速度。

电阻法具有灵敏度高、不受介质状态和性质限制、不必清除腐蚀产物且可在线测量、可以现场实地监控等优点,成为最主要的现场试验方法之一。

44.2.3.5　力学性能与腐蚀评定

无论是全面腐蚀还是局部腐蚀,最终都会导致合金力学性能的恶化。通过测量样品腐蚀前后力学性能的变化,可以定量评定腐蚀的影响程度。特别对于一些无法用增重法或失重法来评定的腐蚀类型,如晶间腐蚀、选择性腐蚀、应力腐蚀和腐蚀疲劳等,它们在力学性能的变化上都非常敏感。

44.2.3.6　气体容量法

该方法适用于合金电极反应伴随析氢现象的水溶液电化学腐蚀或气相氧化过程。它通过腐蚀过程中放出或消耗的气体量来评价腐蚀程度。

44.2.4　常规腐蚀试验方法

44.2.4.1　氧化试验

合金的高温抗氧化性能是一项重要性能指标。氧化试验常用方法有重量法、气体容量法、压力计法和电阻法等。

重量法试验的目的是为了获得样品重量随时间变化的氧化曲线。试验可采用间断称重法或连续称重法进行。间断称重法就是将样品放入电炉(如马弗炉)保温(氧化)一段时间后取出冷却,再称重,然后再放入电炉保温,如此循环即可测得不同时刻样品重量的变化。连续称重法则是利用高温氧化试验热天平在线检测样品重量的变化。

44.2.4.2　水溶液腐蚀试验

水溶液腐蚀试验分为全浸试验、半浸试验、间浸试验、流动溶液试验等。

无论哪种试验,都要严格按试验要求控制一些重要影响因素,如样品表面状态、几何尺寸、悬挂或固定方式、浸入深度、运动状态、温度及其变化状态等。样品用板状试样为宜。平行试样的几何尺寸应严格规定,以免影响试验的重现性;溶液应有适宜的回流装置,以维持溶液成分相对稳定。

在强腐蚀环境(如强碱、强酸等)中试验时,应特别注意用来悬挂、固定样品的材料的稳定性,同时要注意悬挂、固定材料的存在既不能对样品的腐蚀行为产生任何影响(如电偶腐蚀),也不能污染试验溶液。

在进行不同合金材料比对试验时，要尽量避免不同种类的合金在同一容器中进行试验，以防止不同合金的腐蚀产物互相作用，改变腐蚀进程，影响试验结果。

44.2.4.3 应力腐蚀试验

常用应力腐蚀试验分为恒载荷、恒变形、慢应变速率和断裂力学四种腐蚀试验方法。

应力腐蚀试验可以在实际应用环境介质中进行，也可以在实验室人工介质中进行。实验室通过引入加速因素来实现加速模拟试验。其主要加速因素有：增加环境介质的腐蚀性、增加试验载荷（应力）、外加电流的电化学极化、改变合金组织增加其对应力腐蚀敏感性等。

44.2.4.4 点蚀试验

实验室常采用强化腐蚀介质而无外加电化学极化的浸泡试验来快速评价合金的耐点蚀性能。所用腐蚀介质除了根据合金特性引入含侵蚀性阴离子（如 Cl^-）外，还应引入能促进点蚀稳定发展的氧化剂如 $FeCl_3$、H_2O_2、$K_3Fe(CN)_6$ 等，以提高氧化还原电位，促使点蚀发生。

44.3 热交换器用铜合金管的残余应力试验

目前，我国用于热交换器的铜合金管残余应力检验的现行标准方法有三种。它们分别是：

等效采用 ISO196《加工铜及铜合金—残余应力测定—硝酸亚汞试验》的 GB/T10567.1《铜及铜合金加工材残余应力检验方法——硝酸亚汞试验法》；

等效采用 ISO6957《铜合金—抗应力腐蚀的氨熏试验》的 GB/T10567.2《铜及铜合金加工材残余应力检验方法——氨熏试验法》；

GB/T8000《热交换器用黄铜管残余应力检验方法》。

检验实践中，可根据合金类别、使用环境及工程设计要求选择合适的检验标准。

44.3.1 硝酸亚汞试验法

本方法理论上适用于所有的铜及铜合金加工材。由于汞盐及其析出物有毒，只有在必须采用该方法时（如非黄铜合金的残余应力检验）才会被采用。见 GB/T10567.1—《铜及铜合金加工材残余应力检验方法—硝酸亚汞试验法》。其试验方法是：

首先将试样用清洁的有机溶剂（三氯乙烯或热碱溶液等）除油，再将样品完全浸入含有15%（V/V）硫酸的水溶液或含有 60 份体积蒸馏水和 40 份体积浓硝酸混合的溶液中，时间不超过 30 s，以除去样品表面含碳物及氧化膜的所有痕迹。将试样从酸洗液中取出，立即在水洗槽中用自来水冲洗干净。然后除去试样表面过量的水，并将其完全浸入每升含有 10 g 硝酸亚汞和 10 mL 硝酸（$\rho_{20℃}$ 1.40～1.42 g/mL）的溶液中。

密闭保持 30 min 后，将样品从试验溶液中取出放在陶瓷托盘中，用自来水冲洗并用镊子夹药棉小心擦去样品表面多余的汞后立即检查样品开裂情况。

44.3.2 氨熏试验法

本方法适用于黄铜加工材中残余应力的检测。见 GB/T10567.2——《铜及铜合金加工材残余应力检验方法——氨熏试验法》。其试验方法为：

首先将试样用清洁的有机溶剂（三氯乙烯或热碱溶液等）脱脂除油，再将样品完全浸入含有 5% 硫酸的水溶液中清洗，清洗后立即先在流动冷水中，然后再在热水中清洗干净。最后用电热吹风机将试样完全干燥。

在试样温度达到 20～30℃ 后，将试样置于同样温度的干燥器（φ240～280 mm）中，立即密闭保持 24 h。干燥器内事先加入试验溶液（将 107±0.1 g 的氯化氨溶于水，配制成 500 mL 试验溶液，再用 30%～50% 的氢氧化钠溶液调节至 pH=10.0）。

试验溶液的量应保证每升容器总体积不少于 200 mL 及每 1 dm^2 试样表面积不少于 100 mL。试验期间试验温度应恒定在 ±1℃。仲裁时，试验温度为 25±1℃。

氨熏结束后，先将样品在水洗槽内漂洗，再

放进酸洗溶液内，于室温下清洗几分钟，直到样品表面腐蚀产物得以充分清除，可能产生的裂纹能够观察到为止。然后再充分水洗，并用电热吹风机吹干。

最后，用放大倍数为(10～15×)的放大镜或显微镜观察样品是否开裂。

44.3.3 热交换器用黄铜管残余应力检验方法

本方法是热交换器用黄铜管残余应力检验的专用标准(见GB/T 8000)。其试验方法为：

首先将试样用清洁的有机溶剂(乙醇或丙酮等)除油，再将样品在硝酸(1+1)溶液中除去氧化膜，然后用清洁水洗去样品表面的残酸，浸入水中备用。

将样品置于ϕ240～280 mm的干燥器中，立即倒入200 mL浓氨水(25%～28%)，并立即密闭。在室温下保持4 h。

从干燥器中取出样品，经水洗、酸洗除去样品表面腐蚀产物后，再充分水洗、晾(烘)干后用(10～15×)的放大镜观察样品是否开裂。

残余应力检测对于样品有严格的要求。如样品不得有压扁、砸伤、划伤、起皮、皱折等缺陷，制样时不得有夹持、人为折断等行为，以免产生附加应力；为排除切取样品或试样表面有磕碰伤时所造成的局部应力的影响，距试样端部5 mm以内的裂纹及表面的放射状或网状裂纹应忽略不计；试验中样品不得相互接触，以免因缝隙腐蚀或电偶腐蚀(尤其是不同合金共同试验时)影响试验结果；酸洗时应依据合金类别、酸洗液强弱适当控制酸洗时间，以免由于过酸洗影响对裂纹的判断；汞和氨对人体均有毒或有害，试验中应切实做好人身防护，注意操作安全，防止造成环境污染。

45　铜及铜合金的无损检测❶

45.1　概述

无损检测是指在不损坏和不破坏材料、机器和结构物的情况下，利用声、光、电、磁等方法对材料或制件进行宏观缺陷检测、几何特性测量、组织结构和力学性能变化评定的一门学科。目前无损检测技术已有50多种，工业产品常用的无损检测方法有超声、射线、涡流、渗透和磁粉等五种。铜及铜合金，从铸锭到挤压、轧制、拉伸、锻造、焊接工件等都需要进行无损检测，以确保产品的质量，满足用户的要求。

45.2　超声检测

45.2.1　基本原理

超声检测是利用超声波能在弹性介质中传播，在界面上产生反射、折射等特性来探测材料内部及表面缺陷的无损检测方法。其特点是检测厚度大，速度快，灵敏度高，成本低，能对缺陷进行定位和定量，根据波型特征，结合产品的生产工艺还可以对缺陷进行定性分析。

45.2.2　方法分类

超声检测方法按波型分有纵波法、横波法、表面波法和板波法，按耦合方式分有接触法和液浸法，按超声波的显示方式可分为A、B、C型。铜合金产品按不同的生产工艺和形状，根据标准或用户的使用要求可选择不同的超声检测方法进行检测。

45.2.3　超声检测仪器简介

超声检测仪器种类很多，根据显示方式和显示内容可分为A、B、C三种类型。A型主要显示反射面在试件中的埋藏深度及反射信号的幅度，B型主要显示反射面在试件中纵截面上的分布，C型则主要显示反射面在平面视图上的分布。铜及铜合金产品检测用的仪器主要是A型脉冲反射式超声波探伤仪，其典型电路方框图如图45-1所示。

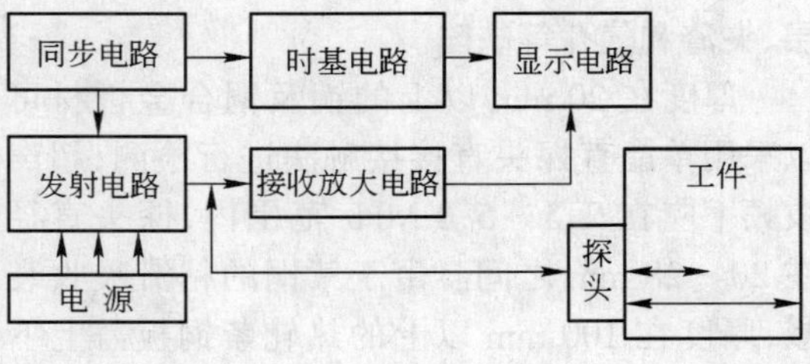

图45-1　A型超声检测仪电路方框图

国内铜加工行业常用的超声波检测仪的主要技术参数如表45-1所示。

表45-1　常用超声波检测仪的主要技术参数

型　号	频率/MHz	衰减量/dB	垂直线性/%	水平线性/%	动态范围/dB	灵敏度余量/dB	分辨力/mm
CTS－22	5～10	80	≤3	≤1	≥30	≥40	≤3(5N14)
CTS－26	5～20	90	≤3	≤1	≥40	≥40	≤1.2(10N6)

❶ 本章撰稿人：李湘海。

45.2.4 超声检测在铜及铜合金产品中的应用

(1) 铜及铜合金铸件的超声检测。铜及铜合金铸件内部主要存在裂纹、缩孔、夹渣、气孔等缺陷,最适合采用纵波接触法进行检测。但由于铜及铜合金铸锭组织不均匀、晶粒粗大,造成超声波的散射和衰减特别严重,尤其是厚度(或直径)大于 60 mm 的铸锭,超声波难以穿透,无法检测。只有较小厚度的铸件才能检测,而且必须选择高性能检测仪器。超声波频率宜采用低频率如 0.5～1.25 MHz,探头直径宜大些,一般直径在 20～28 mm 之间。对于离心铸造的铜合金产品,由于其铸锭组织较均匀、晶粒稍小,检测厚度可稍大些。但离心铸造产品内部气孔群对底波影响很大,检测时应仔细观察波型特征,与粗晶反射波区别开。

(2) 铜及铜合金板材的超声检测。铜及铜合金板材主要有热轧板和冷轧板两大类,主要检测板材在冶金和轧制过程中产生的裂纹、分层、夹渣和气孔等缺陷。

厚度在 20 mm 以上的铜及铜合金板材可以采用单晶直探头直接接触法进行检测,超声波频率应在 2.5～5.0 MHz 范围内,探头直径在 20～28 mm 之间。由于紫铜的粘滞吸收衰减,厚度在 100 mm 以上的热轧紫铜板需上下两面进行检测,超声波频率宜采用较低频率如 1.25～2.5 MHz。

厚度在 6～20 mm 之间的铜及铜合金板材需采用液浸纵波法或双晶直探头接触法检测,应使用较高的频率如 5～10 MHz,探头直径尽可能小,通常应小于 14 mm。

厚度小于 6 mm 的板材则需采用板波法进行检测。采用板波法检测时,最重要的是根据板波相速度与频率、板厚的关系曲线,选择合适的探头入射角,在板材内部激发出所希望的板波模式。

(3) 铜及铜合金棒材的超声检测。铜及铜合金棒材主要有挤制、轧制和拉制三类。直径在 45 mm 以上的棒材应采用纵波直探头接触法进行检测,探头直径要小,一般应小于 20 mm,频率较高如 5.0 MHz,便于发现缩尾、裂纹等危险性缺陷。直径在 45 mm 以下的棒材则要采用液浸聚焦纵波法进行检测,聚焦探头的曲率半径根据被检棒材的直径而定,应使用高的检测频率,一般应采用 5～10 MHz,以便减少声能的损失,提高检测灵敏度。

(4) 铜及铜合金管材的超声检测。铜及铜合金管材采用液浸法或接触法超声波检测,主要检测纵向缺陷。对于外径大于 200 mm 且壁厚不小于 25 mm 的管材可采用直探头接触法进行检测,探头直径应尽可能小,以便能与管材外壁吻合良好,探伤频率稍高些如 2.5～5.0 MHz;对于外径小于 200 mm 的管材则应采用液浸法使用线聚焦或点聚焦横波探头进行检测,聚焦探头的曲率半径根据被检管材的外径和壁厚而定,频率采用 5～10 MHz。

(5) 铜及铜合金锻件的超声检测。铜及铜合金锻件主要有法兰、管板、圆筒等产品,通常采用超声波检测锻件中的危害性冶金缺陷以及热处理过程中产生的裂纹。一般用纵波直探头对锻件进行检测,探头频率应为 2.5～5.0 MHz,直径在 20～28 mm 之间。所有大型铜合金锻件必须经充分锻造变形,以消除原有的铸造组织,才能进行检测。如果锻造比不够,锻件中仍存在有铸造组织,对超声波产生严重的散射和衰减,超声波难以穿透工件,因此无法实施检测。

(6) 铜及铜合金焊接件的超声检测。铜及铜合金焊接件主要有熔化焊和钎焊两大类产品,对于熔化焊的产品,由于铜的超声横波声速小于目前常用的探头晶片材料的纵波声速,其横波折射角太小,因此产品无法进行超声检测,只能采用射线检测。对于钎焊的产品,则可以用纵波直接接触法进行检测,使用的探头直径应尽可能大些,一般大于 20 mm,频率相对低些如 2.5 MHz,以便发现未钎合等危险性缺陷。

45.3 涡流检测

45.3.1 基本原理

涡流检测是以电磁感应理论为基础的。当

载有高频交变电流的线圈接近导电材料表面时，在材料表面感应出涡流，涡流又产生自己的磁场与线圈激励的磁场相互作用。当工件表面存在缺陷时，涡流磁场就发生变化，从而引起检测线圈磁场的变化。据此判断材料表面及近表面有无缺陷。材料中的涡流密度随深度呈指数规律衰减，当涡流密度衰减到表面的 1/e（约 37%）时的深度称为标准趋肤深度，可用公式表示如下：

$$\delta = 503.3\sqrt{\rho/(\mu_r \cdot f)} \qquad (45\text{-}1)$$

式中 δ——标准趋肤深度，mm；

ρ——材料的电阻率，$\Omega \cdot mm^2/m$；

f——激励频率，Hz；

μ_r——材料的相对磁导率，对于铜合金，μ_r 近似为 1。

涡流检测的优点是检测速度快，线圈与被检材料不直接接触，易于实现自动化。其缺点是只能探测出导电材料表面及亚表面的缺陷，对形状复杂的工件难作检查。涡流检测主要应用在铜及铜合金的管、线、棒、丝材等方面，检测厚度一般在 0.1～3.0 mm 范围。

45.3.2 方法分类

涡流检测方法根据检测线圈的形式分为穿过式线圈法、内插式线圈法和探头式线圈法 3 种。

穿过式线圈法是将被检工件轴向送进，使其穿过线圈实施检测的方法。此方法操作简单，检测速度快，一次能检测整个周向 360°的范围；内插式线圈法是将环形线圈以适当的方式插入管孔实施检测的方法，此方法主要用于厚壁管和孔壁易腐蚀的管内表面缺陷的检测；探头式线圈法一般采用很小的探头线圈，通过管材或探头的旋转对产品实施检测的方法。此方法检测速度慢，但能检测出表面很小的缺陷。

3 种探头线圈的特性比较如表 45-2 所示。不论是外穿过式线圈、内插式线圈还是探头式线圈就绕线方式而言，均可分为绝对式线圈与差动式线圈，二者的特性如表 45-3 所示。

表 45-2 不同检测线圈特性比较

探头式线圈	内插式、外穿过式线圈
能正确显示缺陷的位置	无法确定在线圈圆周方向上的缺陷位置
灵敏度、分辨率高	灵敏度、分辨率较低
检测速度较慢	检测速度较快
一般用于检测平板类	一般用于检测圆形的对称被检物
可检出周向缺陷	难以检出周向缺陷
对试件尺寸变化不灵敏	对试件尺寸变化较灵敏

表 45-3 绝对式线圈与差动式线圈性能比较

比较因素	线圈种类	
	绝对式线圈	差动式线圈
对缺陷形式的反应	对剧烈变化的因素（如裂纹）及缓慢变化的因素（如管壁厚度、导电率、热处理的变异）均可显示	对缓慢变化的因素不灵敏。自比较时，容易漏检缺陷
温度的影响	会受温度变化影响而产生热漂移现象	具有温度补偿功能，因此不易受温度变化的影响
缺陷尺寸的判定	可以显示缺陷的全长	自比较法对长缺陷仅显示其两端的信号，易误判为短缺陷
探头与试件间有相对振动时	易产生杂乱讯号	有相互补偿作用，杂乱讯号较小

45.3.3 涡流检测仪器简介

涡流检测设备种类很多，电路型式各不相同，就无损检测而言，都是为了把工件中的缺陷通过检测线圈的阻抗变化反映出来。典型涡流检测仪应包括激励单元、信号检测单元、信号放大单元、信号处理单元、信号报警单元和信号显示单元等，其原理框图如图 45-2 所示。

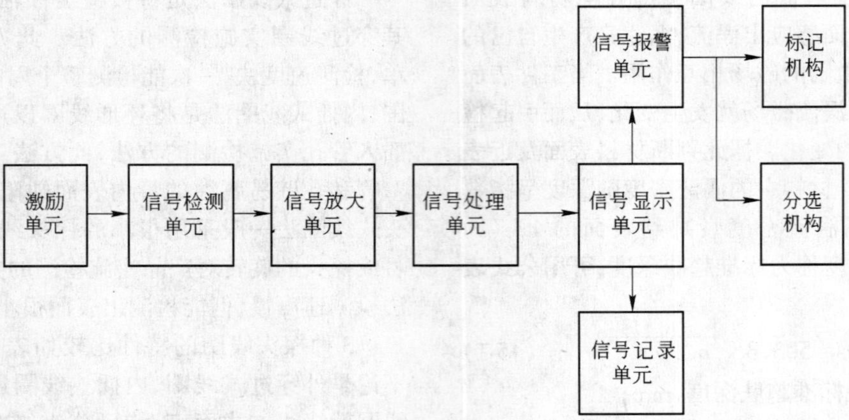

图 45-2 典型涡流检测仪原理框图

45.3.4 涡流检测在铜及铜合金产品中的应用

45.3.4.1 铜及铜合金管材的涡流检测

铜及铜合金管材可以采用外穿过式、内插式或点式涡流探头进行检测。无论采用哪种探头,都是根据标准能有效地检出管材内存在的危害性缺陷。因此在实施检测之前,首先必须考虑激励频率、检测速度、滤波形式、相位和检测灵敏度等技术参数的选取。

(1) 检测速度的设定。检测速度通常是按检测工艺要求和传动设备的情况进行设定。由于激励频率、滤波形式、标记延时时间都与检测速度有关,因此应先设定检测速度,再设定其他参数。

(2) 激励频率的确定。根据被检铜合金管材的厚度和导电率,按标准趋肤深度公式计算出激励频率范围,然后根据信噪比将激励频率设定在探伤信号与噪声信号在相位上最能分离的位置上。

(3) 滤波形式的设定。滤波器是完成调制分析的主要部件。为了使调制分析正确可靠,在试件与检测线圈的相对速度较慢且有变化的场合,应选用低通滤波器;而在相对速度较高且有变化的场合应选用高通滤波器;在上述二者之间速度恒定者可选用带通滤波器。

(4) 相位的设定。相位的设定有两种目的,一是提高伤信号的信噪比;二是利用不同的伤信号具有不同的相位以及表面伤与内部伤具有不同的相位来设定仪器的相位,从而可以区分不同深度和不同类型的缺陷。

(5) 灵敏度的设定。灵敏度的调整主要是用校准人工伤在所设定的激励频率、检测速度等条件下进行检测。通过调整仪器的衰减器,将校准人工伤的幅度调到示波屏的50%左右,使信噪比大于3以上。

45.3.4.2 铜及铜合金线棒材的涡流检测

铜及铜合金线棒材可以采用外穿过式或点式涡流探头进行检测。此类产品一般要求检测出表面及近表面的危害缺陷。由于涡流趋肤效应的影响,对于线棒材中心区域的缺陷很难检出。因此调整仪器,选取技术参数时应主要从提高表面检测灵敏度来考虑。此时激励频率适当高些,相位角的选取主要考虑能有效地检测出表面及近表面的裂纹等危害性缺陷。其他参数的设定和管材检测时一样。

45.4 射线检测

45.4.1 基本原理

利用某些射线(如X、γ射线)穿透工件时,有缺陷部位与无缺陷部位对射线的吸收与散射作用不同,采用适当的检测器(主要用射线胶片)来拾取透射射线强度分布图像,据此来判断材料内部有无缺陷的无损检测方法。射线照相检测的检测结果显示直观,可长期保存,检测技术和检验质量可以监测。但检测成本高,需考虑安全防护,对裂纹类缺陷有方向性限制。

45.4.2 方法分类

射线检测技术主要有射线照相检测、射线实时成像检测和射线层析检测等三种技术。铜及铜合金产品用得最多的是射线照相检测技术,主要用在铸件和焊接件的检验。

45.4.3 X射线机简介

工业射线照相检测用的低能X射线机由4个部分组成:X射线管、高压发生器、冷却系统、控制系统。其中X射线管是其核心部分,它是一个高真空器件,管内的真空度应达到1.33×10^{-4} Pa以上。目前国内外铜及合金产品常用的X射线机主要是气体绝缘变频便携式X射线机,其主要性能如表45-4所示。

表45-4 气体绝缘变频便携式X射线机的主要性能

型号	管电压/kV	管电流/mA	焦点/mm×mm	机头重量/kg
国产XXQ-2005	70~200	5	1.5×1.5	20
国产XXQ-2505	150~250	5	2.0×2.0	30
国产XXQ-3005	180~300	5	2.5×2.5	35
国外2005型	70~200	5	2.0×2.0	20
国外2505型	110~250	5	2.0×2.0	25
国外3005型	160~300	5	2.5×2.5	35

45.4.4 射线照相检测工艺

射线检测主要用于铜及铜合金铸件和焊接件,各种标准都规定采用线型像质计来衡量照相技术与胶片处理质量。而影响射线检测结果的主要因素是透照布置和透照参数的确定。

45.4.4.1 透照布置

透照布置的基本原则是使射线照相能有效地对缺陷进行检验,主要考虑的是灵敏度和黑度应符合有关标准规定的要求。铜及铜合金铸件和焊接件的主要透照布置如表45-5所示。

表45-5 典型铜合金产品的主要透照布置

工件类型	透照方式	透照布置的主要特点	
		射线源位置	中心射线束方向
平板工件	常规基本透照布置	有效透照区中心上方	垂直指向有效透照区中心
环焊缝或管件	源在外单壁透照布置	工件外侧有效透照区中心上方	垂直指向焊缝透照区中心
	源在外双壁透照布置	偏离焊缝平面一段距离	指向焊缝透照区中心
	周向透照布置	工件内焊缝中心点	垂直指向透照焊缝
小直径管对接焊缝	椭圆成像透照布置	偏离对接焊缝平面一段距离	指向焊缝中心
	垂直透照布置	对接焊缝平面上	垂直指向透照焊缝

45.4.4.2 透照参数的确定

透照参数主要包括:

(1) 射线能量选择原则是:在保证能穿透工件的前提下,尽量采用较低的能量,以提高射线照相灵敏度。

(2) 焦距:确定焦距时必须考虑满足射线照相对几何不清晰度的规定。通常的情况下,采用固定的焦距进行透照,如600 mm焦距。

(3) 曝光量:曝光量必须达到一定的大小,才能保证小细节影像的可识别性。对普通灵敏度技术,曝光量应不小于15 mA·min;对较高灵敏度技术,曝光量应不小于20 mA·min;对高灵敏度技术,曝光量应不小于30 mA·min。

(4) 散射线的控制:在射线照相中,散射线产生于射线照相的任何物体,其中最主要的散射源是被透照的工件和工件后方的物体。散射线对影像质量的影响主要表现在降低影像的对比度和产生“边蚀”现象，使影像的边界区域变得很模糊。因此，控制散射线的产生是非常关键的。减少到达胶片的散射线的主要方法有：滤波、光阑、遮蔽和屏蔽等。

45.4.4.3　暗室处理

胶片暗室处理的好坏不仅直接影响底片的质量以及底片的保存期，甚至会使透照工作前功尽弃。因此，正确的暗室处理是至关重要的。胶片暗室处理程序主要包括显影、停显、定影、水洗和干燥五个过程。

(1) 显影：目的是把胶片乳剂中已曝光形成潜影的溴化银微晶体还原成金属银。它是一种化学反应。其显影效果如底片黑度、衬度、灰雾度等与显影温度、时间、药液浓度、搅动次数等许多因素有关。因此，在显影过程中一定要确保显影液的温度在18～24℃之间，显影时间控制在4～7 min内，并且要不断地搅拌显影液，使胶片显影均匀。另外要及时更新显影液，以提高显影质量。

(2) 停影：停影的作用是使胶片显影立即停止。停影液一般是3%左右的醋酸水溶液，当胶片显影停止时，取出浸泡在停影液中30 s左右，再放入定影液中定影。

(3) 定影：定影的目的是去除显影后胶片中没有还原成金属银的感光物质，同时不损害金属银的影像，使底片呈透明状态，把经过显影后的图像固定下来。

影响定影效果的因素主要有定影温度、时间、定影液的浓度以及定影中的搅拌。一般定影液的温度应在16～24℃之间，定影时间应在15 min左右，定影时应不断搅拌定影液。当定影所需时间达到使用新药液所需时间的2倍时，就需更换定影液。

(4) 水洗：水洗的目的是去除在定影过程中底片乳剂膜吸附的硫代硫酸钠和各种化合物，使底片在有效保存期内不会变质。水洗时间一般要超过20 min，水温在20～30℃内。

(5) 干燥：底片干燥是暗室处理的最后一道工序。底片可以采用自然干燥和烘干箱热风干燥。当采用热风干燥时，温度不宜过高，应控制在50℃以下，否则容易产生干燥不均的条纹。

45.4.4.4　观察与评片

射线检测是为了从底片上来判断缺陷的有无，说明缺陷的性质、大小、数量以及分布情况。铜及铜合金主要是焊缝需进行射线检测。焊缝内部主要存在裂纹、未熔合、未焊透、夹渣和气孔等缺陷，这些缺陷在底片上的典型特征如下：

裂纹在底片上的影像一般比较清晰，常呈略带弯曲的锯齿状细纹，中间稍宽，两头尖锐。

未熔合在底片上不容易辨认，尤其是层间未熔合。未熔合在底片上的位置往往偏近焊缝中心线，断续分布的细条纹大多在同一直线上。坡口未熔合在底片上形成的细条纹一侧黑度较高且比较直，另一侧黑度较淡，轮廓线不直且有弯曲。

未焊透在底片上的影像一般呈直线状，黑度均匀，轮廓清晰，且位于焊缝宽度方向的中心。未焊透的长短不一，线条多为连续的，但有时会断续地分布在同一直线上。

夹渣往往呈现出点、块和条状，在底片上有明显的黑度不均匀的特征，一般边角轮廓清晰且不规则，尖角处黑度较低。

气孔在底片上一般呈现出外形规则的斑点，如圆形、椭圆形，也可能以针形、柱形和喇叭形出现。气孔的影像一般中间较黑，边缘渐淡，轮廓光滑，清晰分明。

45.5　渗透检测

45.5.1　基本原理

渗透检测是利用液体的毛细作用原理，施加在被检材料表面的渗透剂，能渗入到各种类型开口于表面的细小缺陷中，清除附着在材料表面上多余的渗透剂，经干燥和施加显像剂后，用目视观察缺陷的显示痕迹的无损检测方法。

渗透检测法的优点是不受被检工件形状、尺寸、化学成分和内部组织结构的限制，一次操作可以同时检测开口于表面的所有缺陷。检测速度快，操作简便，缺陷显示直观，检测灵敏度高。其局限性在于只能检出开口于工件表面的缺陷。

渗透检测广泛应用于铜及铜合金铸件、锻

轧件、挤压拉伸件和焊接件等的表面缺陷检验。

45.5.2 渗透检测的基本操作程序

(1) 表面处理。为了有效地检测出铜及铜合金材料的表面缺陷,被检工件表面粗糙度 $R_a \leqslant 6.3\ \mu m$。在实施检验前应对工件表面进行预清洗。在预清洗时,应使用清洗剂直接对试件表面进行清洗,再用不起毛的干抹布擦去工件表面的污物和多余的溶剂,清洁干燥表面。

(2) 渗透剂的施加:渗透剂的施加方法有浸涂、刷涂、流涂、喷涂和静电喷涂等,应根据工件的大小、形状、数量和检验部位来进行选择,所选方法应保证被检部位完全被渗透液所覆盖,并在整个时间内保持工件润湿。渗透液不应渗入的孔或通道应用塞子或胶纸封住,以防造成清洗困难。

渗透剂施加完成后,应保证渗透液在工件表面的停留时间达到渗透时间,致使渗透液能渗入到任何小缺陷,且能使多余的渗透液容易去除,一般渗透时间为 15~20 min。

(3) 多余渗透液的去除。把工件表面多余的渗透液清洗干净,而把缺陷中的渗透液保留下来。去除多余的渗透液就是改善渗透检验表面缺陷的对比度和可见度,以保证在得到合适背景的情况下,取得较满意的灵敏度。

去除渗透液的方法有水洗型、后乳化型、溶剂去除型等,根据渗透剂类型选择合适的去除方法。在去除渗透液过程中一定要避免过洗现象。

(4) 显像。渗透检验的目的是提供检验人员观察、解释和评定表面缺陷的可见显示,这些表面显示的形成过程称为显像。显像原理是利用毛细管作用:将渗入缺陷内的渗透剂通过显像剂膜层吸附到表面上来,同时引起渗透剂在显像剂中集聚,从而增大渗透剂显示的浓度和面积,以便观察。

在工件上施加薄薄的一层显像剂,等显像剂在工件表面上停留 5~10 min 后观察显示痕迹。根据显示痕迹判断工件表面有无开口型缺陷。

(5) 渗透剂显示的观察与评价:

1) 显示的观察。渗透剂显示的观察在施加显像剂之后进行,典型的显像时间大约为渗透时间的一半。因此,检验人员应在显像剂施加后不久开始检验被检工件,同时在整个显像时间内观察缺陷显示的最初形状和发展情况。在实际操作中,必须训练检验人员能正确判断相关显示、非相关显示或虚假显示。铜及铜合金产品常见缺陷的渗透剂显示特征如表 45-6 所示。

表 45-6 铜及铜合金产品常见缺陷的渗透剂显示特征

缺陷显示类型	缺陷名称	显示特征
连续线状显示	铸造冷裂纹	多呈较规则的微弯曲的直线状,起始较宽,随延伸方向逐渐变细
	铸造热裂纹	多呈连续半连续的曲折线状,起始较宽,尾部纤细;有时呈断续条状或树枝状,粗细均匀或参差不齐
	锻造裂纹	一般呈现没有规律的线状,抹去显示,肉眼仍可见
	疲劳裂纹	呈线状、曲折状,随延伸方向逐渐变细。多发生在应力集中的部位
	熔焊裂纹	呈纵向、横向线状或树枝状,多出现在焊缝及热影响区
	未焊透	呈线状,多出现在焊缝的中间,显示较清晰
断续线状显示	折 叠	呈与表面成一定夹角的线状,多发生在锻件的转接部位
	非金属夹渣	沿金属纤维方向呈连续或断续的线条,有时成群分布,位置不固定
圆形缺陷	气 孔	呈球形或圆形显示,擦掉后目视可见
	圆形疏松	多数呈长度等于或小于三倍宽度的线条,也有圆形显示,散乱分布
	缩 孔	呈不规则的窝坑,常出现在铸件的表面上
点状缺陷	针 孔	呈小点状显示

2）显示的评价。评价是指对缺陷不连续性的严重程度按规定的质量验收标准进行审查，判定是否准予验收的过程。因此在评价铜及铜合金产品的渗透剂显示时，检验人员应具有丰富的经验，在各种情况下，对检验获得显示数值应十分清楚。必须熟悉缺陷的种类及其大致量值，应能正确区分线性缺陷显示和圆形缺陷显示。线性缺陷显示是指长度超过宽度3倍的显示，在验收标准中此类缺陷是不允许的。而圆形缺陷显示是指缺陷的长宽比小于3倍的显示，圆形缺陷显示可根据质量验收标准和圆形渗透剂显示的程度判定其是否通过验收。

46 铜加工材几何尺寸检测[1]

46.1 板、带材几何尺寸检测

46.1.1 厚度测量

测量板材厚度的位置距边部应不少于10 mm;带材则应不少于5 mm。对于宽度大于200 mm的板、带材(未剖条的),横断面上,边部与中心都应测量。考虑到轧制中辊缝可能发生变化,应当分别测量头部和尾部。因此,板带材的测量点应不少于6个,即头尾的两个边部和一个中心。

46.1.2 板材的切斜度的测量

板材伪切斜度反映板材是否矩形的程度,用两个对角线长度的比值表示。因此板材几何尺寸的检查应测量两对角线的长度。

46.1.3 侧弯的测量

取1 m长的带材两条平放在平台上,两头对齐。测量两条间最大距离,除以2,此数值就是测出的侧弯值;或截1 m长的带平放在平台上,用1 m长的钢板尺靠在所测带材的侧边上,用塞尺或其他测量仪器测量带材侧边和钢板尺间的最大距离值。每卷头尾及两边测量不少于2次。

46.1.4 毛刺的测量

用平头千分尺测量。先测出起刺边的总高度,再距边部5 mm处测平带厚度,其差值视为毛刺值;若对毛刺要求高,可采用投影仪器进行测量,取试样长度100 mm。

46.1.5 平直度的测量

将产品切下2000 mm长,平放在光滑、平直的平板台面上,用塞尺测量材料平面与平台的间隙。测量不少于10张。

46.2 管、棒材几何尺寸检测

46.2.1 内、外径测量

管、棒材的外径测量:用外径千分尺(平头千分尺)或卡尺逐根在同一截面测量最大值和最小值,算出平均值。

管材内径测量:用内径千分尺测量。每根在同一截面测得最大值和最小值,算出平均值。

46.2.2 管材壁厚测量

管材壁厚用壁厚千分尺(尖头千分尺)逐根测量两端,测量时端部应打掉毛刺。在同一截面测出最大值和最小值,取其平均值。

46.2.3 管材偏心程度的测量

管材偏心程度通常以测得的最大壁厚与最小壁厚的差表示。

46.2.4 弯曲度的测量

弯曲度的测量方法是把管、棒材平放在平台上,用1 m长的钢板尺靠在所测管、棒材的凹面上,用塞尺或其他测量仪器测量管、棒和钢板尺间最大距离。

46.2.5 矩形管、棒或方管、棒扭曲的测量

把规定长度的管、棒材放置在平台上,宽面与平板相接,压住一端,用透明量角器紧贴另一端,测量横截面绕纵轴扭转的度数。

46.2.6 矩(方)形度测量

用光学投影仪测量 α 角。

---

[1] 本章撰稿人:马可定、徐红。

46.3 内、外螺纹管齿形测量和仪器选择

46.3.1 取样与制样

需要检测螺纹参数的内螺纹管应为硬态，即在螺纹成型后未退火前。无法得到硬态样品管时，可取软态管，但应防止样品变形。当同一批样品管，其不同状态下的螺纹参数测量数据不一致时，以硬态为准。

取未变形铜管一段（长度大于 100 mm）锯下 30 mm 一段的铜管样，得到锯切面，经 400 号、900 号两道砂纸研磨后，再用小毛刷清扫试样上的异物及管子内的小毛刺和卷边等，最后用酒精清洗、吹干。

46.3.2 显微镜测量方法

(1) 测量齿高、底壁厚、齿顶角。试样置于显微镜载物平台上，打开光源，初步调节 X、Y 方向旋钮，观察目镜，使得至少有一个较完整的齿处于视场内，任选一个齿进行测量。

1) 在目镜中测量齿高和底壁厚：

观测目镜，调节 X、Y 旋钮，旋转载物台及目镜，使齿顶与刻度线重叠并保证管的外壁与刻度线垂直，然后读出齿高和底壁厚数据。

2) 在毛玻璃上测量齿高、底壁厚、齿顶角：

将齿形打到毛玻璃上，齿高及底壁厚的测量方法同(1)；用透明纸从玻璃上描出齿形，用量角器测出齿顶角。

3) 在相纸上测量齿高、底壁厚、齿顶角：

为齿形拍出相片，烘干，然后用直尺在相纸上量出齿高、底壁厚，用量角器量出齿顶角。

(2) 测齿条数。将试样置于显微镜下，放大 10～40 倍，直接数出其齿条数。

(3) 测量螺旋角。将管材纵向剖开、展平，找出纵向基准线，用量角仪读出螺旋角。

(4) 测量方法选择。由于测量工具及方法不同，凸筋参数测量结果与精确度各不相同，可根据不同要求选择不同的测量方法：

目镜中测量：仅需要测量齿高和底壁厚时，应采用本方法；

毛玻璃上测量：当需要快速测量齿顶角时，应采用本方法；

相片上测量：须精确测量齿高、底壁厚和齿顶角时采用本方法。

(5) 数据修约：

1) 测量齿高、底壁厚。在目镜中测量精确到 0.004 mm；在毛玻璃上测量精确到 0.005 mm；在相纸上测量精确到 0.005 mm。

2) 测量齿顶角精确到 1°。

46.3.3 剖面放映仪测齿高、底壁厚、槽底宽和螺旋角方法

(1) 测齿高、底壁厚和槽底宽：

1) 将制备好的样品固定在剖面放映仪的载物台平面玻璃上，打开放映仪上底部的光源，使光线通过载物台平面玻璃底面反射到管材上。

2) 调节仪器上的 X、Y 轴，使得至少有一个较完整的齿处于剖面仪的光屏上，调节 X、Y 轴，使 X 轴线与齿底部的投影相切，Y 轴线与齿边缘相切，将 X、Y 轴的读数调整为 0，向上平行移动 X 轴线与齿顶相切，读出 X 轴的显示数即为齿高数值。

3) 将 X 轴复位，移动 Y 轴线，使之与相邻的齿边缘相切，读出 Y 轴显示值即为槽底宽数值。

4) 将 Y 轴线复位，向下移动 X 轴线与管材的外壁相切，读出 X 轴的显示值即为底壁厚数值。

(2) 测螺旋角：

1) 将内螺纹铜管样品沿轴向剖开压平待用。

2) 将制备好的样品固定在剖面放映仪的载物台平面玻璃上，打开放映仪上底部的光源，让光线通过载物台平面玻璃底面反射到管材上。

3) 调节仪器上 X、Y 轴，使齿形呈清晰状。调节 X、Y 轴线，使 Y 轴线与管端面相垂直，将显示仪器上的角度显示屏的任一条线调至与 X 轴重合，角度显示器读数调为 0，逆时针方向旋转该直线与 X 轴线重合，读出角度值，用 180°减去所读角度值，即为内螺纹铜管的螺旋角（注：用此检测方法，样管轴线切面是否精确，决定螺旋角实测值的准确性）。

47 铜加工材表面质量检查与测量[1]

铜加工材表面质量的要求越来越高，而加工过程中由于工艺、装备、管理和操作的因素，常出现擦划伤、碰伤、起皮、氧化发黑、麻面等缺陷。目前，表面质量的检查仍依靠有经验的人员进行人工目视检验。

47.1 管材内表面的检查方法

内径大于10 mm的直条管，一端端头用日光灯照明，在另一端用目视检查管材的内表面质量；

内径小于10 mm的管材：直条管，将管材一端截下一段120 mm，再将管材剖开两半，对内表面进行检查；盘管，将两端各截一段120 mm，再将其剖开两半进行内表面检查。

47.2 表面粗糙度测量及仪器选择

47.2.1 测量条件

(1) 环境：工作室内清洁、无尘、无振动，电源应符合仪器要求，室温20±3℃，温度变化不大于0.5℃/h，湿度不大于75%。

(2) 试样尺寸：板、带材尺寸60±5 mm，见方、圆柱及管材长度50±5 mm。

(3) 试样要求：试样应平、直，不应有明显的表面缺陷。

47.2.2 测量

(1) 测量次数选择。对于表面粗糙度不太均匀的表面，测量次数应不少于6次；对于表面粗糙度较均匀的表面，测量次数应不少于3次。

(2) 测量方向的选择。测量应在垂直于加工纹理方向上进行，若加工纹理无方向性，则选择不少于三个方向测量。

(3) 测量点的选择。选择测量点时应避开表面缺陷。测量点应在被测试样上均匀分布。

(4) 操作要求。测量前：应先校准样板，校对表面粗糙度测量仪。测量时：传感器的导头中部应与被测物体接触，传感器移动方向应垂直于被测物体加工纹路。测量物体平面时，为防止移动，应将被测物体固定(板或带固定在平板上；圆形管或棒固定在U型槽中)；测量较细的管材或圆柱形物体时，应用V型台固定；测量较大的圆柱形物体时，可将驱动箱直接放在被测物体进行测量。

47.2.3 测量工具

测量工具主要为便携式多参数表面粗糙度测量仪。

47.3 管材表面清洁度测量及仪器选择

47.3.1 试样

(1) 试样长度。直条管：长度大于1.5 m的管材，试样长度不应小于1.5 m；长度小于或等于1.5 m的直管材，试样长度即为成品管材长度。

(2) 试样制备。制备盘管和大于1.5 m的直管试样，应先在成品管上切取不小于1.5 m的一段管子，切割时应防止铜屑或铜粉混入管内，并对盘管加以矫直，再将接触溶剂的管外端清洗干净。

47.3.2 溶剂

用四氯化碳、三氯乙烯或精制的三氯甲烷及精制的三氯乙烯作为溶剂，溶剂的用量为：

(1) 空调与制冷用无缝铜管。所用溶剂量应随所检验的管子尺寸而变化，管材直径在13 mm以下者，最少需10 mL溶剂；对较大尺寸

[1] 本章撰稿人：徐红。

的管材，溶剂量应成正比增加。

(2) 内螺纹管。每 1.5 m 长度内螺纹管的溶剂用量应符合表 47-1。

表 47-1　检测螺纹管清洁度的溶剂用量

管子内径 d/mm	注入溶剂量/mL
$5 \leqslant d < 8$	30
$8 \leqslant d < 10$	50
$10 \leqslant d < 13$	80

47.3.3　操作步骤

47.3.3.1　空调与制冷用无缝铜管

将试样管一端堵住，并灌入试验管段 1/8 容积的溶剂，再将另一端堵住。把管子放在水平支架上振动或滚动，以便彻底清洗内壁。取下管端头，将溶剂倒入一个质量已知、清洁的容器(坩埚蒸发盘或烧杯均可)中，将容器置于 100～120℃的低温电炉或蒸汽槽上，使溶剂蒸发至干(注意不要让容器过热以免导致残余物碳化)。然后将容器置入 100～110℃的烘箱内烘干 10 min，取出后放在干燥器中冷却，用分析天平称量。再重复烘干、冷却，称量至恒重(两次称量相差小于 0.5 mg)。应用同样加入量的溶剂进行空白试验，将试样残余物质量减去空白试验的质量，计算出管子内表面上每 1 m^2 的残余物克数。

47.3.3.2　内螺纹管

将试样管一端堵塞，并灌入试验管段 1/8 容积的溶剂，再将另一端堵塞。把管子放在水平支架上振动或滚动，以便彻底清洗内壁。20 min 后，取下管端头，将溶剂倒入一个充分洗净烘干并已称质量为 G_1 的烧杯中，将烧杯置于温度为 100～120℃的控温板上，使溶剂蒸发为止。将烧杯放入 100～110℃的烘箱中烘 30 min，取出烧杯，放入干燥器中冷却 1 h，然后用分析天平称量。再重复烘干、冷却、称量至恒重 G_2。随同试样做空白试验，并测定空白值 G_3。

铜管单位内表面积上残留物质量 Q，即清洁度按下式计算

$$G = G_2 - G_1 \tag{47-1}$$

$$Q = (G - G_3)/(S \times L) \tag{47-2}$$

式中　Q——铜管清洁度，g/m^2；

G——铜管残留物的质量，g；

G_1——空烧杯的质量，g；

G_2——清洗管子的溶剂蒸发后烧杯的质量，g；

G_3——空白值，g；

S——铜管单位长度内表面积，m^2/m；

L——试样长度，m。

内螺纹铜管单位长度表面积 S 按式 47-3 计算：

$$S = [W + 2 \times H_f / \cos(\alpha/2)] \times n / \cos\beta \tag{47-3}$$

式中　W——槽底宽，mm；

H_f——齿高，mm；

α——齿顶角，(°)；

β——螺旋角；

n——螺纹数。

第8篇

工厂设计[1]

[1] 本篇负责人:吴维治。

48　工厂设计概述[1]

48.1　工厂设计的原则

工厂设计是根据业主的要求，对建设工厂所需的技术、经济、资源、环境等条件进行综合分析、论证、编制设计文件的活动。工厂设计应当坚持先设计、后施工的原则。

在设计过程和设计文件中，要体现和坚决贯彻执行国家有关经济建设的方针、政策，遵守国家有关的法律、法令、法规和基本建设程序。

工厂设计单位要精心设计，千方百计节约投资、能源和原材料，努力降低工程造价和生产成本，全面提高建设项目综合经济效益。

在设计过程中要重视和努力促进技术进步，积极采用国内外的先进、成熟、高效、可靠的新设备、新技术、新工艺、新材料。在采用先进技术的同时，要从我国的实际情况出发，正确合理地确定和掌握设计标准，使采用的设备、技术、工艺、材料既先进适用，又经济合理。

48.1.1　资质资格管理

国家对从事工厂设计的单位实行资质资格管理。从事工厂设计的单位必须具有国家建设行政主管部门颁发的相应专业范围和资质等级的设计证书，应当在其资质等级许可的范围内从事设计业务，严格执行工程建设强制性标准，并对设计文件的质量负责。

国家对从事工厂设计的专业技术人员实行执业资格注册管理。未经注册的设计人员，不得以注册执业人员的名义从事设计业务。

48.1.2　工厂设计文件的编制依据、内容和要求

编制工厂设计文件，应当以下列文件为依据：业主的委托书和项目的批准文件；建厂区域的城市规划；勘察成果文件；国家工程建设强制性标准和工厂设计内容深度规定。

工厂设计文件，应当真实、准确，满足业主进行项目决策和施工的要求。

编制机会研究、初步可行性研究（项目建议书）和可行性研究文件，应满足项目评价与决策分析的要求。

编制初步设计文件，应满足编制施工招标文件、主要设备材料订货、控制概算和编制施工图设计文件的要求。

编制施工图设计文件，应满足设备材料采购、非标准设备制作、工厂建筑物和构筑物等施工的需要，并注明工厂合理使用年限。

工厂设计文件中选用的材料、构配件、设备，应当注明其规格、型号、性能等指标，其质量要求必须符合国家规定的标准。除有特殊要求的建筑材料、专用设备和工艺生产线外，设计单位不得指定生产厂、供应商。

48.1.3　工厂设计文件的修改补充

建设单位、施工单位、监理单位不得修改工厂设计文件，必须由原设计单位修改补充工厂设计文件。经原设计单位同意，建设单位也可以委托其他具有相应资质的设计单位修改补充工厂设计文件，修改单位对修改的设计文件承担相应责任。

工厂设计文件内容需要做重大修改的，建设单位应报经原审批机关批准后，方可修改。

施工单位、监理单位发现设计单位的工厂设计文件不符合工程建设强制性标准、合同约定质量要求的，应报告建设单位，建设单位有权要求设计单位修改、补充工厂设计文件。

---

[1] 本章撰稿人：林道新、毕琳。

48.1.4 工厂设计的一般原则

(1) 先进性原则:应尽量采用先进的工艺流程和生产技术,选用先进的装备,决不选用国家或行业淘汰或限制的技术和装备,一般应保证10年内不落后。

(2) 实用性原则:应尽量结合具体资源条件,选择适用和成熟的技术和装备,决不一味求全求新。

(3) 环保性原则:应尽量采用环境友好的工艺技术,保证工厂各种排放物符合国家排放标准。

(4) 节能性原则:应尽量缩短工艺流程、减少厂内运输,选用节能型机电产品和装备,减少各个环节的能源消耗。

(5) 安全性原则:坚决贯彻安全第一的思想,采取必要的安全措施,确保符合国家消防、安全规范。

(6) 节约性原则:精打细算,不乱花一分钱,提高项目的投资效益。

48.2 工厂设计的一般程序

工厂设计大致分为三个阶段:项目决策分析与评价阶段,包括编制机会研究、初步可行性研究(项目建议书)和可行性研究文件;项目设计阶段,包括编制初步设计、施工图设计文件;项目施工现场服务阶段,包括解释说明设计文件,发出设计文件修改变更通知书等。

48.2.1 项目决策分析与评价

48.2.1.1 机会研究

主要目的是对政治经济、投资环境进行分析,寻找投资机会,鉴别投资方向,选定项目,确定初步可行性研究报告范围,确定辅助研究的关键方向。投资机会的识别一般可从三个方面入手:

(1) 对投资环境的客观分析,预测客观环境可能发生的变化,寻求投资机会。特别是要对市场供需态势进行分析,在市场经济条件下,市场是反应企业最佳投资机会的重要来源。

(2) 对企业经营目标和发展战略分析,不同的企业战略,投资机会的选择也有所不同。

(3) 对企业外部资源条件分析,主要是企业财力、物力和人力资源力量,企业技术能力和管理能力的分析,以及外部建设条件的分析。

48.2.1.2 初步可行性研究报告或项目建议书

初步可行性研究报告或项目建议书是在机会研究的基础上,对项目的技术、经济条件进一步论证,对项目是否可行进行初步判断。研究的目的是判断项目的构想是否有生命力;评价是否应当开始进行详细的可行性研究和辅助研究。初步可行性研究报告的内容包括:

(1) 市场分析与预测;

(2) 初步研究确定项目的建设方案;

(3) 初步估算拟建项目所需的建设投资和投产后运营期间所需的流动资金;

(4) 初步确定项目的资本金、债务资金需要数额和资金来源;

(5) 初步估算项目产品的销售收入与成本费用,测算项目的财务内部收益率和资本金内部收益率,并初步计算借款偿还能力;

(6) 初步估算项目的国民经济效益和费用,以及经济内部收益率;

(7) 对于必须进行社会评价的项目要以定性描述为主,对项目进行初步社会评价;

(8) 初步分析识别项目的风险因素及风险影响程度。

编制的初步可行性研究报告经批准后,可起到如下作用:

(1) 作为投资项目进行各项准备工作和列入可行性研究工作计划的依据;

(2) 作为选择厂址的依据;

(3) 作为进行环境综合评价和向环保部门申请建设的依据;

(4) 作为与建设项目有关各部门签订意向书的依据;

(5) 作为利用外资和技术引进项目编制引进技术和进口设备项目建议书和邀请外国厂商进行技术交流和出国考察的依据。

(6) 作为开展可行性研究工作的依据。

项目建议书(或初步可行性研究报告)经正

式评估后超过两年才开展可行性研究的项目，原则上应重新编制。

48.2.1.3　可行性研究报告

可行性研究报告是在初步可行性研究报告的基础上，通过与项目有关的资料数据的调查研究，对项目的技术、经济、工程环境等进行最终论证和分析预测，从而提出项目可行性结论的文件。因此，可行性报告的编制必须客观、公正、科学，不应有虚假说明和误导性陈述，各有关方面不得进行干预。

可行性研究报告的内容包括：

(1) 全面深入地进行市场分析与预测；初步确定产品方案和规模。

(2) 深入进行项目的建设方案研究，包括：通过比选优化推荐最佳方案；比选厂址、绘制厂址地理位置图；进一步研究确定工艺技术方案和主要设备方案；进一步研究主要原材料、辅助材料和燃料的品种、质量、年需要量、来源、运输方式等；确定项目构成，绘制总平面图；研究厂内外运输量、运输方式、厂内外运输设备；研究提出给排水、供电、供热、通讯、维修、仓储等公用辅助工程方案。

(3) 研究劳动安全卫生与消防，制订劳动安全卫生与消防设施方案。

(4) 研究项目建成投产及生产运营的组织机构与人力资源配置方案。

(5) 研究项目建设进度计划，确定建设工期，编制项目建设进度计划表。

(6) 详细研究拟建项目所需的建设投资和投产后运营期间所需的流动资金。

(7) 深入研究融资方案，确定项目的资本金、债务资金需要数额和资金来源。

(8) 详细估算项目产品的销售收入与成本费用，测算项目的财务内部收益率和资本金内部收益率，并计算借款偿还能力，编制财务报表，进行赢利能力和偿债能力分析。

(9) 对环境影响进行综合评价，包括环境对项目建设的影响和项目建设及投产后对环境污染和破坏影响的评价；主要污染源、污染物排放状况及治理污染物的措施。

(10) 分析项目的不确定性，包括敏感性分析和盈亏平衡分析。

(11) 深化风险分析，识别项目的主要风险因素，分析风险影响程度，研究防范和降低风险的对策措施。

(12) 对上述可行性研究内容进行综合评价，概述推荐方案，提出优缺点，概述主要对比方案，作出项目可行性研究结论，并提出对下一步工作和项目实施中需要解决的问题的建议。

48.2.2　项目设计阶段

项目设计阶段包括编制初步设计、施工图设计文件等。

48.2.2.1　初步设计

根据已批准的可行性研究报告，进一步结合建厂条件，在满足安全、质量、进度以及投资控制的前提下开展初步设计。初步设计是研究和解决工厂设计各项重大原则和方案的设计阶段，通过初步设计，要确定工厂实际规模和产品品种，确定工艺流程和主要设备，确定各种设施的主要方案，确定概算投资额。初步设计必须遵照国家规定的基本建设程序和已批准的可行性研究报告确定的原则，必须贯彻执行国家和有关部门、建厂地区制订的有关方针政策、规程、规范和标准，必须具备设计条件和基础资料。

初步设计文件编制内容包括：

(1) 设计说明书，包括：综述设计依据、建设条件、设计原则、设计范围以及主要技术经济指标等；厂区总平面设计；生产设施和辅助生产设施，产品方案、工艺流程、主要工艺设备的选择与计算、物料或金属平衡表、工作制度等；建设场地的自然特征，厂房等建、构筑物的建筑处理和结构选型，汇总全厂定员并据此计算有关生活设施的建筑面积等；电气系统的供电电源、负荷计算，电力及照明线路，变配电站，车间电力设备和控制照明以及防雷接地等；给排水等其他公用设施设计。

(2) 设计图纸，一般包括：区域位置图；厂区总平面图；全厂生产车间平、剖面布置图；建、构筑物特征一览表；其他专业主要的系统、总体图等。

(3) 设备表,应按专业分别填写,列出主要设备的型号、规格、技术性能、台数、重量、来源或设备图号等。附属设备可只填出型号、台数或重量以满足编制概算的要求。

(4) 概算书,分为编制说明和概算表格两部分,概算表格分总概算表和综合概算表。

48.2.2.2 施工图设计

施工图设计是把初步设计的内容转化为图纸的过程,是最后一道设计程序,为工厂设备的加工制造安装、厂房等建构筑物、厂区道路和各种管网等的施工提供技术依据。施工图设计一般在初步设计文件批准后进行,但有时为了满足工程进度要求,由设计单位参照批准的可行性研究报告文件,编制施工图设计方案,经批准后作为进行施工图设计的依据。

开展施工图设计的基本条件是:初步设计文件或施工图设计方案已经上级机关、主管部门或业主审查批准;初步设计文件或施工图设计方案审查中提出的重大问题、初步设计阶段的遗留问题已经解决;供水、供电、外部运输、征地等对外协作的协议已经签订或者基本落实;已经获得施工图设计所需要的工程地质详细勘探资料以及大比例尺地形测绘资料;主要设备订货基本落实,施工图设计所需要的设备总装图、基础图以及有关资料已经收集齐全并可以满足设计要求。

施工图的内容包括:

(1) 工程施工、安装所需要的全部图纸;

(2) 重要施工、安装部位和生产环节的施工操作说明;

(3) 施工图设计说明;

(4) 设备、材料明细表、汇总表。

在施工图设计阶段,有下列情况之一时,经上级机关、主管部门或业主同意,可以编制施工图修正概算:施工图设计与初步设计相比有较大变化;原初步设计概算的基础资料发生变化;业主提出要求重新编制概算。

根据国家有关规定或业主要求,施工图设计完成后,应编制施工图预算。

48.2.3 项目施工现场服务

项目施工现场服务阶段,包括解释说明设计文件、发出设计文件修改变更通知书等。

(1) 解释说明设计文件。解释说明设计文件又称设计交底,即向工程项目的建设单位、施工单位、基建管理部门等介绍设计意图和内容,并负责解释或解决施工图纸中可能存在的不清楚或不合理的问题。

(2) 发出设计文件修改变更通知书。在施工过程中,发出设计文件修改变更通知书,补充修改施工图设计中不合实际、不全面甚至错误的部分,协助解决施工过程中遇到的设备或材料代用、工程质量及施工安装等方面的设计问题。

(3) 参加为施工和生产服务的试验研究、试车、试生产工作。

(4) 参加竣工和验收工作。

(5) 了解设计文件执行情况,总结设计和施工服务的经验教训,不断提高设计工作水平。

49 工厂设计要点和注意事项[❶]

铜加工厂一般可分为专业加工厂和综合性加工厂两大类。前者指专门生产铜板带或铜管棒或铜线的工厂；而后者是兼有铜板带、铜管棒和铜线的生产工厂。历史表明，专业化生产是发展方向。只有专业化生产才能将产品做精；只有做精了，才会有高的质量、高的成品率、高的生产效率和高的综合经济效益。当然专业化并不排除企业生产的多样性，而是强调生产线的生产专业化或专一性。因此建议新建企业或老企业改造，都要首先定准产品方向。围绕选定的产品，设计专业化生产线。

49.1 铜加工厂设计规模、工作制度、主要设备负荷率

49.1.1 铜加工厂设计生产规模

1978年，结合当时国际铜板带加工业概况、产品结构和国内企业生产现状，原国家计委计[1978] 234号文件规定，划分我国铜板带厂大、中、小规模的标准如表49-1所示。

表 49-1 铜板带加工厂建设规模 (万 t/a)

工厂类别	大型	中型	小型
综合性铜加工厂	≥3	1～3	<1

随着国家体制改革和经济的发展，原有的企业规模划分方法已不适应当前国内企业生产现状，根据原国家经贸委、原国家计委、财政部、国家统计局2003年2月19日《关于印发中小企业标准暂行规定的通知》(国经贸中小企〔2003〕143号)，国家统计局2003年5月22日发布了《统计大中小型企业划分办法(暂行)》。

新的划型标准参照国际通行惯例，确定了以销售额、资产总额和从业人员数三项指标共同作为划分工业企业规模的依据，见表49-2。

表 49-2 统计大中小型企业划分标准

行业名称	指标名称	计算单位	大型	中型	小型
工业企业	从业人员数	人	2000及以上	300～2000以下	300以下
	销售额	万元/a	30000及以上	3000～30000以下	3000以下
	资产总额	万元/a	40000及以上	4000～40000以下	4000以下

注：1. 表中的“工业企业”，包括采矿业，制造业，电力、燃气及水的生产和供应业三个行业的企业。
2. 工业企业的销售额以现行统计制度中的年产品销售收入代替；建筑业企业的销售额以现行统计制度中的年工程结算收入代替；批发和零售业的销售额以现行报表制度中的年销售额代替；交通运输和邮政业、住宿和餐饮业的销售额以现行统计制度中的年营业收入代替；资产总额以现行统计制度中的资产合计代替。
3. 大型和中型企业须同时满足所列各项条件的下限指标，否则下划一档。
4. 新的划型标准参照国际通行惯例，确定了以从业人员数、销售额和资产总额三项指标共同作为划分工业企业规模的依据。大型工业企业的具体标准是：从业人员2000人及以上；销售额3亿元及以上；资产总额4亿元及以上。按此新标准，国家统计局工交司根据2002年全国工业企业的年度数据，划分出全国新的大型工业企业1588家。
5. 原国家经委等五部委1988年公布的《大中小型工业企业划分标准》及有关的补充标准同时废止。
6. 企业类型的确认以国家统计部门的法定统计数据为依据，不再沿用企业申请、政府审核的方式。

❶ 本章撰稿人：林道新、毕琳、马可定。

根据不同生产工艺的特点，铜板带厂单条生产线的设计规模见表49-3，铜管棒材主要产品单条生产线的设计规模见表49-4，铜线材主要产品单条生产线的设计规模见表49-5。

表49-3 不同生产工艺铜板带材单条生产线的设计规模

产品名称	设计规模/$kt \cdot a^{-1}$
热轧开坯轧制法	>10
水平连铸-冷轧法	3～10

表49-4 铜管棒材主要产品单条生产线的设计规模

产品名称	设计规模/$kt \cdot a^{-1}$
空调制冷管(挤轧法)	20～40
空调制冷管(铸轧法)	10～15
冷凝管	3～4
拉制黄铜棒	10～20

表49-5 铜线材主要产品单条生产线的设计规模

产品名称	设计规模/$kt \cdot a^{-1}$
紫铜线材(连铸连轧法)	30～300
无氧铜、黄铜、不易热加工的锡磷青铜和铅黄铜线材(连铸法)	1～30
普通黄铜和不适合热轧的铅黄铜线材(挤压法)	1～10

49.1.2 产品方案设计

如前所述，产品方案是项目成败的基础，是从充分的市场调研、分析中得来的。铜加工材的产品方案应细分为品种、合金牌号、规格、状态、数量。其中品种一项除了分为板、带、箔、管、棒、型、线外，还应进一步细分，以便按规格范围分组。如板材可分为厚板、中板、薄板、宽板、超厚板等；带材可分为厚带、薄带、超薄带、宽带、窄带等；管棒材可分为大管大棒、厚壁管、薄壁管、中小管、毛细管、六角棒、矩形管、盘管等；线材可分为粗线、中线、细线、扁线等等。产品方案中每一规格范围产品中要选定一个代表产品规格，如 $\phi(15 \sim 50) \times (0.8 \sim 3.0) \times$(约)8000 mm的黄铜管，其代表产品(典型产品)可选 $\phi 25 \times 1 \times 6000$ mmHSn70-1 黄铜冷凝管。代表性产品的规格、状态是工艺流程设计和设备配置的依据，也是计算工艺卡片(成品率)、设备台时和负荷率、销售收入和成本核算的依据。选择典型产品不一定是规格范围的中位产品(如上例中 $\phi 33 \times 1.6$ mm)，相反一般是该规格范围内数量最多的，或者相邻规格总和占大多数的。

49.1.3 工作制度

铜加工厂的工作制度指生产设备和操作工人的年工作天数、每天工作班次和每班工作小时数。

生产设备的工作制度与设备性能和生产负荷有关，可以是全年连续生产也可以是间断生产。铜熔铸生产设备一般采用三班连续工作制。铜板带和管棒车间一般采用三班可间断的连续工作制度，车间内主要生产设备如热轧机、冷轧机、表面清洗机、剪切机；挤压机、行星轧机、冷轧管机、拉伸机、精整机列；热处理炉等。工艺计算采用三班连续工作制，法定节假日不工作。根据部分设备的运行特点，如气垫式连续退火炉，管材连续光亮退火炉等，考虑到设备停炉重开时的开炉运行费用和对生产台时损失较大，采用三班连续工作制。

对于非连续(含一班、二班和三班)工作制

的工段、库房、室等,如包装工、库房管理(成品库、综合仓库)和三班/日以下能满足需要的工种,均采用每周工作5天。

工厂的辅助生产设施,如循环水泵站、压缩空气站、高压配电站、(天然气、液化气)气站、柴油站等,根据与其对应的车间生产设备的运行情况,采用三班可间断或不可间断连续工作制。

操作工人的工作制度必须执行国家劳动法的规定,按照国务院每人每周平均工作40h的规定和各厂生产岗位实际运行情况确定。

49.1.4 设备配置和主要设备负荷率

根据产品方案和工艺流程选择设备配置。工厂设计应提供设备明细表。设备明细表应包括设备名称、型号或规格、数量、重量、装机容量和价格等内容。

设备负荷指生产设备运转的忙闲程度,通常以设备负荷率表示。

(1) 设备负荷率:年需作业时间与年计划作业时间的比率。用下式表示:

$$V = T_{实}/T_{计} \times 100\%$$

式中 V——设备负荷率,%;

$T_{计}$——年计划作业时间,h;

$T_{实}$——年需作业时间,h。

(2) 年计划作业时间:按照设备全年连续运转,扣除设备必要的维护天数和设备每天的非生产时间后,设备可用于实际生产的时间(h)。

$$T_{计} = (D_1 - D_2) \times 24 \times n$$

式中 D_1——年日历天数,一般取365 d;

D_2——设备维护天数,根据具体设备取值;

n——设备利用系数,为每天实际工作时间与全天时间的比率。

(3) 年需作业时间:指为完成设计年产量所需的工作时间,以小时(h)表示。年需作业时间与产品品种、工艺路线(工艺流程)、生产设备的性能有关。

设备负荷率一般应在40%~90%之间。大于90%时应考虑增加一台;而如果大部分设备负荷率都小于40%时,说明生产规模的设计尚有余地,可作适当调整。

49.2 铜加工厂组成和总图布置

49.2.1 铜加工厂组成

铜加工厂由以下部分组成:主要生产车间;辅助生产设施(试验室、机修、工模具和包装箱制作等);公用设施(供配电、供热、供气与供油、给排水、采暖通风等);运输与仓储设施;办公与生活设施。

49.2.2 厂区总平面布置

厂区总平面布置应根据生产工艺要求、主要生产车间组成以及地形、地质、气象等条件,达到工艺流程短捷合理、物料运输通畅方便、设备操作生产安全、占地少、投资省的目标。厂区建筑系数不得低于30%。

厂区总平面布置应按功能分区进行布置,厂区可分为:主要生产区、辅助生产区、公用设施区、仓储设施区、办公与生活设施区等。应优先布置主要生产区,使其处于最适宜的地段,形成厂区的主体,其他各区则按服务方便的原则进行布置。

主要生产区应位于厂区常年最小频率风向的下风侧,地势平坦、工程地质良好、基岩埋藏较深、地下水位低的地段,一般应位于厂区的中央部位。

熔铸车间应位于压延、挤压、轧制、拉伸车间常年最小风向频率的上风侧,避免西晒,通风良好,以利于高温和烟气的散发。

加工车间应位于厂区常年最小频率风向的下风侧,环境清洁、远离产生大量烟尘、水汽和有害气体的建(构)筑物，靠近厂前区和主要通道，以保证产品质量、利于产品运出。

49.2.3 厂区竖向布置

厂区竖向布置应考虑厂区地形坡度、排水要求、厂区洪水位标高、厂区内外道路连接处标高、生产工艺要求以及地质等条件，达到物料运输通畅方便、排水顺畅、挖填土方量少、投资省的目标。

49.2.4 主要生产车间平面布置及厂房结构

铜加工厂的主要生产车间有熔铸车间与加工车间，其平面布置的原则是工艺流程合理、设备布置紧凑、物料运输通畅、工人操作和检修设备方便安全。在车间设备布置时，应使生产工序间合理衔接，各主要产品工艺流程间无交叉、不干扰，一般应以产量最大的品种为主布置生产设备，力求流程短、设备布置紧凑，适当预留发展余地；不仅要考虑生产设备的合理布置，而且要考虑附属设施布置的合理性，以便达到车间布置整体紧凑合理的目的。

熔铸车间与加工车间可分为原料存放处理区、熔炼铸造区、铸锭加工区、铸锭加热区、铸锭热轧/挤压区、冷加工区、热处理区、表面处理区、精整区、包装和成品存放区。

考虑到生产铸锭的熔铸车间生产环境较差，最好与加工车间厂房分开布置。若把熔铸车间厂房与加工车间厂房连接起来布置时，应将两部分厂房分隔开，防止熔铸车间的烟尘进入加工车间厂房，影响制品表面质量。加工车间在制品表面处理区有腐蚀性酸雾，除采取通风、除尘和酸雾回收措施减少散发量之外，平面布置上应尽量与车间内其他区域分隔开。

加工厂主要生产车间的厂房均为单层结构，熔铸车间的立式铸造机和压延车间的轧机等有较深的地下基础，进行厂房设计时应考虑这一因素。

49.3 主要生产车间起重运输设备选择

主要生产车间常用的运输设备有天车、电动平板车和叉车等，选取原则主要是依据车间物料运输要求和使用习惯等确定。目前，国内铜加工车间内运输大多采用起重机，盘管和大型线材厂已广泛使用辊道运输或悬排式运输。

49.3.1 起重机型式和主要参数

通常选用电动单/双梁桥式起重机，工作制度采用中级制(A5)，根据使用需要选用地面操作或驾驶室操作。

起重机吨位主要是根据生产过程中吊运物料的需要，如吊运铸锭、料卷、料箱、起吊加热炉罩、炉胆、更换轧辊、装卸大型工具等，其次考虑设备检修时起吊更换熔铜炉、零部件之用，即按设备最大检修件重量考虑，一般不考虑设备安装和大修所需的起吊吨位。卷扬高度须考虑地下室内物件的起吊。

49.3.2 起重机台数

大型工程一般要进行负荷计算确定起重机的台数，小型工程可不作计算。一般在车间内每台起重机行走距离不超过70～100 m。

起重机台数的计算公式为：

$$N=\frac{(1.1\sim1.2)T_{\Sigma}}{480K}$$

$$T_{\Sigma}=nT_0$$

式中 N——所需起重机台数，台；

T_{Σ}——起重机每班的作业时间，min；

K——起重机作业系数，一般为0.6～0.8；

n——每班需吊运次数；

T_0——起重机吊运一次平均周期时间，min。

49.4　铜加工厂主要技术经济指标

铜加工厂主要技术经济指标取决于规模的合理性、工艺的先进性和所选装备的水平。推荐的参考指标分别见表 49-6～表 49-8。

表 49-6　铜板带厂主要技术经济指标

指标名称	指　标
计划产量/$t \cdot a^{-1}$	15000～120000
综合成品率/%	60～80
职工在册人数/人	200～2000
全厂占地面积/m^2	15000～100000
用电设备安装容量/kW	8000～50000
总投资/万元	20000～180000

表 49-7　铜管厂主要技术经济指标

指标名称	指　标
计划产量/$t \cdot a^{-1}$	5000～20000
综合成品率/%	40～65
职工在册人数/人	300～600
全厂占地面积/m^2	5000～15000
用电设备安装容量/kW	8000～15000
总投资/万元	5000～50000

表 49-8　铜线材厂主要技术经济指标

指标名称	指　标
计划产量/$t \cdot a^{-1}$	1000～20000
综合成品率/%	40～90
职工在册人数/人	50～600
全厂占地面积/m^2	1500～40000
用电设备安装容量/kW	300～6000
总投资/万元	500～24000

49.5　铜板带厂板带材宽度的选择

通常把铜板带材的宽度分为 310 mm (305 mm)、620 mm (305 mm × 2)、1050 mm (305 mm×3)、1200 mm 四种。目前小型板带生产线普遍选择 310 mm,也有选择 450 mm 的。由于国际上用英寸的习惯,下料和设备都以英寸的整数倍或分数倍设计,因此 305 mm 几乎是世界通用的基本规格。这样 450 mm 的宽度就需要配尺套切,生产组织有一定难度。620 mm宽度是大型工厂的选择,规模应在(6～10)万 t 以上。当然,最终应根据主要目标产品的规格选择。

49.6　工艺卡片

计算工艺卡片是工厂设计中工艺设计的基础工作。铜加工中一般分为熔铸工艺卡片、板带工艺卡片、管棒工艺卡片和线材工艺卡片四种。后三者格式基本相同。

工艺卡片实际上是一张填写完整的表格。既是有负荷试车、生产安排和实际操作的依据和指南,也是成本核算和设备负荷计算的依据。

熔铸工艺卡片的内容应包括合金牌号、规格、配料比例和具体数量、熔炼温度、覆盖剂名称、覆盖厚度、转炉温度、炉前分析结果、补料或冲淡记录、结晶器型式和规格、铸造温度、水压、铸造速度、液面高度、液面覆盖剂名称、覆盖厚度、是否需要振动或振动频率与振幅、铸锭长度、表面状况、炉后分析结果、铸锭成品重量、成品率等。

加工材的工艺卡片应包括合金牌号、成品规格、状态、每件成品重量、锭坯尺寸、每件锭坯重量;工序名称、工序设备名称、工序工艺参数、工序制品尺寸、工序金属损失、工序成品率、工序设备台时、工序成本等。管棒材工艺卡片(举例)见表 49-9。

表 49-9 管棒材生产工艺卡片(举例)

年　　月　　日　　　　　　　　　　　　　　　　卡片编号

合金名称　　标准　　锭坯尺寸　　mm　　每个锭坯重量　　kg　　成品率　　%　　每吨成品投料量　　t

成品名称　　标准　　成品尺寸　　mm　　每个成品重量　　kg　　规格组　　成品状态

工序号	工序名称	设备名称	工艺特性		工序后制品尺寸/mm		单位长度重量/kg·m^{-1}	工序后个数	工序后制品单重/kg	工序后制品总重量/kg	金属损失(该工序金属损失与铸锭重量比的百分比)										本工序前的成品率 N/%	投料量系数 K	该工序设备台时定额 H/t·h^{-1}	设备台时消耗		成本核算/元
			工艺参数	延伸系数	外径×壁厚	长度					几何废料		技术检查废料		烧损和熔损		本工序的总损失		由开始至本工序前的累计总损失 P					1 t料的台时消耗 I/H /h·t^{-1}	1 t成品的台时消耗 K/H /h·t^{-1}	
											kg	%	kg	%	kg	%	kg	%	kg	%						
0	1	2	3	4	5	6	7	8	9	10	11	12	13	14	15	16	17	18	19	20	21	22	23	24	25	26

注:本工序前指不包括本工序;$N\% = (100 - P)\%$;$K = N/n$。

50 铜加工环境保护技术[1]

50.1 概述

环境保护是现代文明的标志,也是人类自身生存和发展的理性要求。因此保护环境、治理污染是企业的神圣职责。

铜加工主要污染物及污染因素有:熔炼烟尘、粉尘、油雾(乳液雾)、碱雾、酸雾、燃烧废气、焊接烟尘;含油废水(乳液)、酸性废水及废液、碱性废水及废液;设备噪声;熔铜炉炉渣、筑炉废料、废过滤介质、废油、废水处理站污泥、锅炉炉渣等。

铜加工厂公用辅助设施所产生的污染物具有共性,本篇只介绍铜加工行业特征污染物及其治理技术。

50.2 铜加工厂主要污染物

50.2.1 铜加工厂大气污染物

烟尘——熔炼和铸造是铜加工厂的主要工序之一,产生烟尘。铜及其合金熔炼,通常采用工频感应电炉、中频感应电炉、真空电炉及电渣炉、竖炉等。

铜加工材中以普通黄铜为主,其次为紫铜和青铜,复杂合金有砷黄铜、镉青铜、铍青铜、锡磷青铜等。熔化及铸造的合金不同,产生的粉尘成分不同。铜加工熔炼、铸造粉尘产生种类见表50-1。

表 50-1 铜熔铸产生粉尘种类

合金品种	粉尘种类
黄 铜	氧化锌
铍青铜	氧化铍
砷黄铜	氧化砷、氧化锌
铜-镉合金	氧化镉
铜-磷合金	五氧化二磷

黄铜是以锌为主要合金元素的铜合金,熔炼时,将金属锌加入熔炼炉。熔炼黄铜一般用工频有芯感应电炉,熔炼温度一般在1030~1220℃。锌的熔点为419.58℃,沸点为908℃,金属锌容易被气化并氧化成氧化锌,在搅拌、扒渣时,氧化锌大量逸散,氧化锌烟尘成分见表50-2。

表 50-2 黄铜电炉熔化烟尘成分(质量分数)(%)

Zn	ZnO	Cu	C
4.74	63.42	1.00	15.10

油雾——铜板带材轧制过程采用乳液或全油润滑时,散发油雾。热轧机和粗轧机通常采用乳液作为冷却润滑剂,铜锭热轧温度在660~1150℃之间。当向轧辊和板材表面喷射乳液时,产生大量的水蒸气及微量的油雾,因而排出的烟气主要成分为水蒸气,并含有少量油雾。中、精轧机一般采用矿物油作为冷却润滑剂,冷却润滑剂的主要成分为机油,轧制过程中产生油雾。

碱和酸雾——铜板带轧制车间、管棒材挤压车间的铜材需进行表面处理,传统生产工艺是在清洗机列中用热碱性脱脂液脱脂产生碱雾;酸洗槽中用硫酸、个别品种加硝酸等溶液进行酸洗,为提高酸洗效果,往往要在酸洗液中通入高压蒸汽和冲击工件抖动的工艺,在此过程中产生酸雾。加工车间气垫式退火炉、清洗机列和电解铜箔车间表面处理等在生产过程中散发碱雾和酸雾。

50.2.2 废水污染物

铜加工厂废水主要为含油废水(乳液)和含重金属离子的酸性废水。

含油废水——铸锭过程中,需要在铸锭表面

---

[1] 本章撰稿人:肖翠萍。

和结晶器内壁之间用油润滑，润滑油进入结晶器后，很快在其内壁表面的上部形成一层油膜，当用水对铸锭进行直接冷却时，产生含油废水。铜加工厂各车间及油地下室冲刷地坪、设备等产生的含油废水。油类物料在运输、贮存、发放等过程中的事故泄漏等所引起的含油废水。

废乳液——热轧机、粗轧机、轧管机、轧辊磨床等使用乳液润滑、冷却，定期报废，产生废乳液。金属切削、拉丝、压延等加工过程中产生废乳液，含各种添加剂和金属切屑等杂质较多。

含重金属离子酸性废水、废液——铜加工厂重金属一般是指铜、锌、镉、铅、镍、铬、锰等。

酸性废水、废液——铜加工生产中有酸洗、脱脂、钝化等工序，产生废酸液、废碱液及其含酸、碱废水。这些废液中均含有重金属离子。铜加工厂各车间酸洗废水典型组成见表50-3。

表 50-3 铜加工厂黄铜酸洗废水废液特征

名 称	酸洗槽/$g\cdot L^{-1}$	光亮浸浴槽/$g\cdot L^{-1}$	漂洗废水(百万分数)		
			管材车间	线材车间	板带车间
硫 酸	59.7～163.5	5.6～85.8	4～209	192～4942	140～199
铜	4.0～22.6	6.9～44.0	34～147	385～1582	10～87
锌	4.3～41.4	0.2～37.0	19～73	350～4300	28～112
六价铬		4.3～19.1			
总 铬		13.5～47.7			

50.2.3 噪声

铜加工厂主要噪声源为：轧机、铣面机、冲剪机、拉伸机、空气锤、轧管机、矫直机、鼓风机、空压机等，噪声值为78～102dB(A)，见表50-4。

表 50-4 铜加工厂主要噪声源及噪声值

噪声源	噪声值/dB(A)	备 注
铣 床	84～97	
热轧机	95～98	
轧 机	95～97	
轧管机	78～89	
锯 床	86～102	
拉丝机	93～96	
拉伸机	96～98	
轧头机	93～95	连续
锻打机	95～97	间歇
拉拔机	92～97	
矫直机	96～99	

50.2.4 固体废料

固体废料有熔铸车间熔炼-保温炉组生产过程中产生的熔渣；轧制车间轧机轧制油过滤后废弃的过滤介质；废水处理站产生的含油污泥，地沟、机坑中含铬、镍、铅的氢氧化物污泥等。

50.3 铜加工污染治理技术

50.3.1 废气污染物治理技术

氧化镉烟尘采取袋式和静电两级除尘器除尘；氧化铍采取旋风除尘器及袋式除尘器二级除尘；含铅烟尘采用布袋收尘器；砷化物粉尘采用文氏管除尘；五氧化二磷采用水吸收或酸雾吸收塔处理。上述污染物产生量较小，其处理方法和技术本篇不做详细介绍。

氧化锌粉尘治理——氧化锌为白色粉末状微粒，是铜加工厂特征污染物，可用作医药化工原料，铜加工厂氧化锌的特性见表50-5。

表 50-5 铜加工厂氧化锌粉尘特性

粉尘名称	粉尘浓度/$mg \cdot m^{-3}$		烟气温度/℃	特点
	一般	高时		
氧化锌	300～500	1500～2000	50～60	粉尘很细，粒径小于 10 μm 的占 35%～50%。比电阻为 10^{13} Ω·cm，有较强的吸湿性，吸湿后易板结

根据氧化锌粉尘的特性：氧化锌粉尘粒径很细小，其比电阻很高，且具有一定的回收价值，因此，不宜采用机械除尘、湿法除尘和静电除尘设备，采用袋式除尘器比较合适。一般粉尘的除尘方法及设备见表 50-6。

表 50-6 除尘方法及设备一览表

除尘方法	除尘原理	可净化污染物	除尘设备
机械力除尘	利用粉尘的重力、惯性力和离心力，粉尘从气体中分离出来	≥10 μm 烟尘	重力沉降室 惯性除尘器 旋风除尘器
湿式除尘	利用向含尘气体喷淋液体，以便液滴、液膜或鼓泡通过液层等方式进行洗涤，使粉尘从废气中分离	5 μm 烟尘	泡沫、水膜除尘器 水浴除尘器 文氏管除尘器 喷淋式除尘器
过滤除尘	利用含尘气体通过滤料，使粉尘与废气分离的过程	≥0.1 μm 烟尘	袋式除尘器 颗粒层除尘器
静电除尘	利用静电力的作用，使粉尘从气体中分离的过程	≥0.1 μm 烟尘	电除尘器

袋式除尘器是一种高效除尘器，常用来过滤微细粉尘，处理风量范围很宽，袋式除尘器的除尘效率一般可达 99%以上。袋式除尘器按清灰方式又分为机械振打袋式除尘器、反吹风袋式除尘器和脉冲袋式除尘器。

机械振打袋式除尘器目前基本已淘汰。反吹风袋式除尘器采用与过滤气流相反的气流使滤袋形状变化，粉尘层受挠曲力作用而脱落。这类除尘器通常设若干个过滤室，各个过滤室依次进行反吹清灰，其他过滤室仍正常工作。反吹风清灰的空气可以取自大气，也可以取自已经过净化的烟气（循环烟气），处理高温烟气时，后者有明显优点，可防止烟气结露糊袋。反吹风气流对滤袋损伤较小，但清灰力较弱，只允许较低的过滤风速，因而需要较大的过滤面积，对于中小型除尘系统，设备体积大，占地面积大。通常，反吹风滤袋的袋径大，最大可达 300 mm，在处理大烟气量时反吹风袋式除尘器的优势明显，能耗较小，占地面积小，维护管理简单。但系统运行一段时间后，由于反吹风清灰力量减弱，清灰不彻底，而氧化锌粉尘吸湿性又高，黏性较大，容易糊袋，导致系统阻力居高不下，布袋板结变硬。另外，熔炼炉掺入废料过多（废料表面粘有油、乳液、水等），使烟气含湿量过高，加剧了这种情况的发生。

脉冲袋式除尘器是将压缩空气在短暂时间内高速吹滤袋，同时诱导数倍于喷射气流的空气，造成袋内较高的压力峰值和较高的压力上升速度，使袋壁获得较高的向外加速度，从而清落灰尘。脉冲清灰能力最强，效果最好，可允许较高的过滤风速，且脉冲清灰不受系统的影响。脉冲袋式除尘器的过滤风速可比反吹风袋式除尘器提高 1.5～2.0 倍，布袋也可加长。随着技术的不断进步，脉冲阀、电磁阀、控制仪等的质量不断提高，故障率大大减少，而且过滤材料不断更新、改善，完全可经得起脉冲气流的喷吹。多种形式的低压脉冲、高压离线脉冲等新技术不断涌现，并在水泥、粮食等行业得到了广泛的应用，且能耗也大为降低。由于黄铜熔炼炉除尘系统以中、小风量为主，因而除尘器过滤面积大大减小，体积也大大降低，节约了收尘室建筑面积；由于脉冲清灰较为彻底，有效减少了氧化锌粉尘糊袋现象的发生。氧化锌粉尘受潮容易糊袋,为防止结露,袋式除尘器本体及其进口前面的风管均需保温。

50.3.2 油雾治理技术

目前,轧机油雾净化主要是对油雾进行拦截、过滤,油雾净化器的形式主要有波纹挡板式、填料式、丝网过滤式和立、卧组合式几种。

波纹挡板式油雾净化器利用挡板间的波纹状几何间隙,使油雾气流急剧、反复地改变流向,并借助油雾颗粒自身的惯性作用,使雾滴与波纹挡板表面充分接触,从而分离出液态的油雾颗粒。在分离过程中,大颗粒雾滴较小颗粒雾滴更易于被分离。气流速度愈高,曲率半径(波纹挡板)愈小,气流方向改变次数越多,净化效率越高。特点是,结构简单,维护管理简便。但对于粒径不大于2.5 μm的较小油雾颗粒,净化效果不理想。

填料式油雾净化器(见图50-1)采用充填塑料阶梯环的滤组净化油雾。当含油气流穿过阶梯环滤组时,阶梯环复杂的几何形状所形成的较大表面积使油雾在环隙内迂回前进、反复碰撞、充分接触,从而达到去除较大油雾颗粒的目的。填料式净化器效率不高,屋面排烟口附近积油严重,对屋面的浸蚀较大。测定数据表明,其除雾效率只有70%~80%。

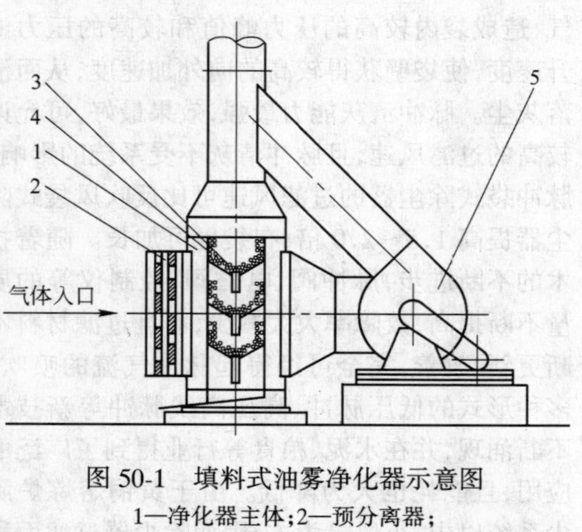

图50-1 填料式油雾净化器示意图
1—净化器主体;2—预分离器;
3—阶梯环;4—网;5—风机

丝网过滤式油雾净化器国内采用的最多,其净化效率较前两种要好。丝网式油雾净化器用多层松散的波浪状不锈钢丝及其与玻璃丝的混编丝网组成过滤组。当油雾气流穿过丝网填层时,通过吸附、扩散、凝聚及过滤等过程,使油雾颗粒逐渐由小聚大、形成油滴,并沿丝网滴入集油槽汇集回收。在上述油雾净化过程的同时,由于油滴的冲洗作用,对丝网也有相当的自净作用。丝网过滤式油雾净化器,按结构主要分为以下三种形式:

(1) 立、卧组合式(或称正、负压分级式)丝网油雾净化器(见图50-2)。该净化器从大的组成看,在风机前后,分为负压处理器和正压处理器。负压处理器为卧式安装,正压处理器兼作烟囱,位于风机上方,呈立式安装。卧式负压处理器,内设两段过滤网,先是一段立式安装的平面过滤网,丝网叠层厚度为50 mm,接下来是一段俯视呈W形安装的丝网过滤组,丝网叠层厚度为100 mm。立式正压处理器,内设一段过滤网,侧视呈W形安装,丝网叠层厚度为50 mm。丝网材质为不锈钢丝及不锈钢丝与玻璃纤维的混编丝网。这种设备的主要缺点是庞大、笨重,配置不够灵活,滤网的更换、清洗不易。

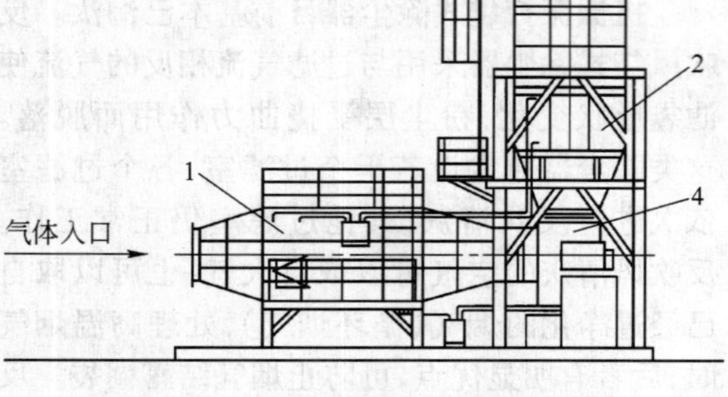

图50-2 立、卧组合式丝网油雾净化器
1—负压处理器;2—正压处理器;3—消声器;
4—风机;5—排气口

某铜加工厂从意大利米诺公司引进750 mm可逆式精轧机,采用全油润滑,生产中产生油雾,随轧机引进油雾净化装置(丝网式),运行2年时对其进行部分改进,改进后对油雾净化器的测试数据如表50-7所示。

表 50-7 丝网式油雾净化器

名 称	风量(标态)/$m^3 \cdot h^{-1}$	进口浓度(标态)/$mg \cdot m^{-3}$	出口浓度(标态)/$mg \cdot m^{-3}$	效率/%	备 注
750 mm 冷轧机	63000	142～297	20～93	80～84	轧紫铜
		112～354	27～78	82～84	轧黄铜

(2) 箱式丝网油雾净化器(见图50-3)。该净化器为负压工作,外形像一间屋子。过滤单元内填不锈钢丝及不锈钢丝与化学纤维的混编丝网,丝网填料总厚度为 250 mm。其中,混编丝网厚度为 50 mm,设于上层,用以精过滤。过滤单元倾斜 30°,呈多层摆放,每层过滤单元下设相应的集油盘,以盛接由于重力作用从丝网滴下的油滴。油雾气流则由下而上逆向穿过滤网,从而得以净化。

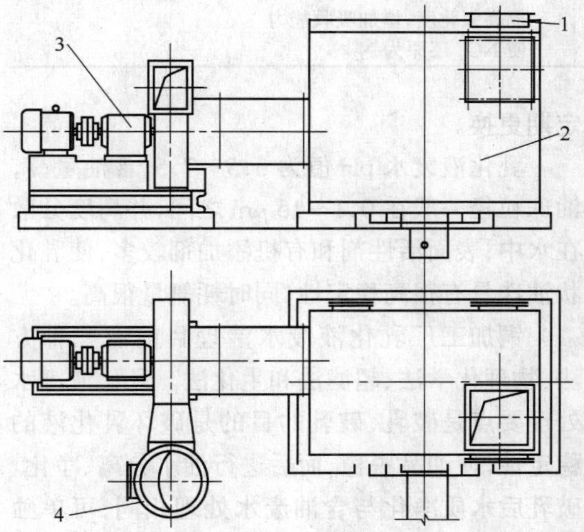

图 50-3 箱式丝网油雾净化器
1—进风口;2—油雾净化器;3—风机;4—烟囱

箱式丝网油雾净化器体积庞大、结构笨重,运输安装不易,布置不够灵活。由于过滤单元设计为箱内维护,人员需由维护门进入设备内部,拆下过滤单元搬出进行清洗或更换,给维修工作带来不便。

(3) 抽屉式丝网过滤油雾净化器(见图 50-4)。该净化器为中色科技股份有限公司开发,于 1997 年获得国家实用新型专利。其主要特点如下:

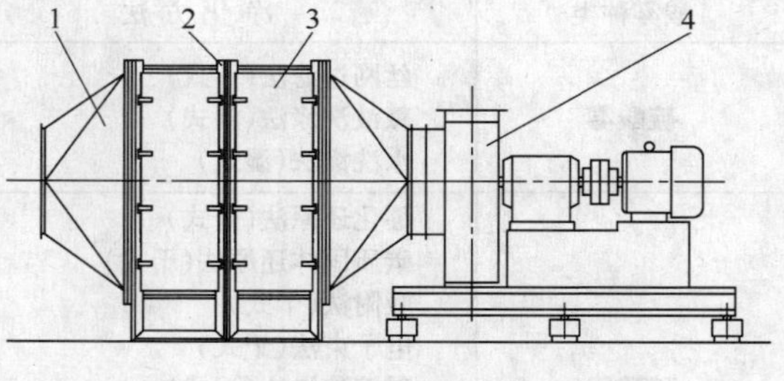

图 50-4 抽屉式丝网油雾净化器
1—进风口;2—两级净化器;3—抽屉式净化单元密封门;4—风机

1) 结构相同的两级分段处理使得其适用性比较广,既可用于以乳液为冷却润滑剂的轧机,也可用于以轧制油为冷却润滑剂的轧机。乳液轧机采用一级处理即可,轧制油轧机采用两级处理。

2) 丝网过滤单元水平安放,较之立、卧组合式的立式安放、箱式的倾斜安放及水平安放要好些,富油层丝网位于底层的迎风面,含油均匀,对油雾有吸附作用。因而,是理想的安放状态。

3) 过滤单元设计为抽屉式,使维护管理变得非常容易;即使在线更换、清洗过滤单元也完全可行。

4) 人员无须进入设备内部,设备体积及重量大大减小。进、出风段由箱式改为渐扩式及渐缩式,减少了进、出风段的涡流阻力消耗。灵活的进、出风方位选择,除雾器既可室内安放,也可室外安放。

净化效率为 95%,排放浓度小于 35 mg/m^3。

目前,正在开发的利用高闪点油对油雾吸附,采用馏程不同法分离已在铝加工上运用,净化效果更高。

50.3.3 酸雾治理技术

硫酸雾沸点高,形成的雾滴粒径大,且较为稳定,易于达到控制及净化要求。硝酸雾实际上以氮氧化物的形式存在,对于它们的控制和净化较为复杂。酸雾净化方法主要有物理法和化学法两大类。物理法包括吸附－解吸法、离心法、过滤法等;化学法包括燃烧法、氧化法、还原法、催化法、中和法、水解法等。常见的酸雾净化方法见表50-8。

表50-8 酸雾净化方法

酸雾种类	净化方法	净化机理
硫酸雾	丝网过滤法(干式) 碱液洗涤法(湿式) 水洗涤法(湿式)	拦截、碰撞、吸附、凝聚、静电 酸碱中和 利用酸雾的水溶性
硝酸雾	催化还原法(干式) 碳质固体还原法(干式) 吸附法(干式) 电子束法(干式) 碱液洗涤法(湿式) 稀硝酸吸收法(湿式) 硝酸液吸收法(湿式) 氧化-吸收法(湿式) 吸收-还原法(湿式)	催化剂作用使 NO_x 还原为 N_2 无催化剂作用,C将 NO_x 还原为 N_2 利用吸附材料的高吸附能力 酸碱中和 酸雾的溶解性 酸雾的溶解性 提高氧化度,增加吸收能力 使 NO_x 还原为 N_2

铜加工厂对硫酸雾、硝酸雾一般采用碱液洗涤法,采用2%～6%NaOH溶液做吸收液,对硫酸雾的去除率一般为90%～98%,对硝酸雾的去除率为89%～94%。净化设备主要为酸雾洗涤塔,环保设备厂均有成套设备,根据工程情况可任意选择。

50.3.4 废水治理技术

铜加工生产中使用乳液部位较多,尤其热轧机用量较大,因此,产生的废乳液需要妥善处置。乳化液是用乳化剂加水调制而成。乳化剂一般由基础油(85%)、油酸(10%)、三乙醇胺(5%)等组成,根据生产工艺的要求,一般配制成0.5%～10%的乳化液。

由于乳化液中含有大量的不饱和油脂、皂类、乳化剂和添加剂等有机物,在长期使用中会被氧化;另外,金属轧制或拉伸过程中产生热量使乳化液温度升高,加上金属的催化作用,使乳化液中部分物质发生氧化或分解;大量的金属屑以及机油的侵入,到一定程度也会使乳化液变质。但主要原因还是在使用过程中,缺少光照,温度为25～40℃,厌氧细菌大量繁殖形成缺氧,乳化液发霉、发臭而腐败变质。乳化液需定期更换。

乳化液废水pH值为6.5～7.5,含油量高,油珠粒径一般在0.1～15 μm之间,并高度分散在水中;表面活性剂和有机添加剂较多,使乳化状油珠具有很高稳定性,同时耗氧量很高。

铜加工厂乳化液废水治理目前有三种方法:物理化学法、超滤法和生化法。乳化液废水处理要点是破乳,破乳的目的是破坏乳化液的稳定性,使油品脱稳,而后进行油水分离、净化。破乳后水质净化与含油废水处理相同,可单独处理,也可与含油废水混合处理。

50.3.4.1 含油废水的治理技术

溶气气浮法是目前使用较多的一种方法,它利用压力下溶解的空气,在减压下释放出大量微气泡,油珠和絮凝体吸附了这些气泡后,便迅速浮到水面,被刮板刮去,油水得到分离。经气浮法处理后的废水,其油类物质去除率可达95%以上,CODcr去除率可达60%～80%。经气浮法处理后出水一般还需进一步过滤,一般采用压力过滤,滤料采用石英砂,过滤需定期反冲洗。反冲洗排水返回调节池,进行二次处理。

粗粒化法——将含油废水通过以亲油疏水

的纤维状、粒状、絮状或粉末状等粗粒化材料，微小油珠（1～2 μm）在运动过程中，不断被粗粒化材料吸附，并相互摩擦、碰撞和聚结，使微小油珠变成大油珠，然后上浮或经反冲洗等办法，使油类物质脱离粗粒化材料，达到除油目的。装置构造比较简单，外形为圆筒形或圆锥形，粗粒化材料固定在筒体内，含油废水通过后废水中的油得到分离。目前，国内市场上供应的粗粒化油水分离器的品种、规格较多，一般还带有自动控制装置。

砂滤和活性炭吸附——经破乳和油水分离后的废水，外观已清晰，含油浓度也已基本接近排放标准，但CODcr浓度仍很高。为了进一步去除细微的悬浮絮凝体和油类，一般废水还需经砂滤和活性炭吸附。经活性炭吸附处理后与工厂其他废水混合后在工厂总排出口处达标后排放。

50.3.4.2　重金属酸碱性废水及废液

铜加工厂的酸性废水中含有：Cu、Zn、Pb、Ni、Cd、Cr、Be等离子，在酸性条件下，污染物的毒性比通常条件下要大，其毒性见表50-9。

表 50-9　重金属离子危害

名　称	危　害
Cu	水中铜达 0.01 mg/L 时，对水体自净有明显的抑制作用。铜对水生生物毒性很大，铜对鱼类的起始毒性浓度为 0.002 mg/L。铜对水生生物的毒性与其在水体中的形态有关，游离铜离子的毒性比络合态铜要大得多
Zn	水中含锌 1 mg/L 时，对水体的生物氧化过程有轻微抑制作用
Pb	铅是可在人体和动物组织中积累的有毒金属。用含铅 0.1～4.4 mg/L 的水灌溉水稻和小麦时，作物中含铅量明显增加
Ni	镍盐易引起过敏性皮炎，并具有致癌性，对水生生物有明显毒害作用
Cd	能引起骨节变形，腰关节受损，有时引起心血管病
Cr	经常接触铬酸盐微粒和不同形态的铬离子会引起慢性中毒，导致呼吸器官损害，皮肤损害以致肺癌
Be	铍及其化合物都有较高的毒性，可溶性铍化物的毒性大于难溶性铍化物。可引起化学性肺炎及皮肤病等

重金属废水治理技术可分为两大类：使废水中呈溶解状态的重金属离子转化成不溶性的物质，经沉淀、气浮、过滤或其他途径从废水中分离出去。具体方法有中和沉淀法、中和气浮法、硫化物沉淀法、电解法等；使废水中的重金属在不改变其化学形态的条件下进行浓缩和分离。具体方法主要有离子交换法、吸附法、反渗透法、电渗析法等。

铜加工厂重金属酸性废水处理方法一般采用中和沉淀法、中和气浮法和离子交换法。

铜加工厂含酸浓度小于3%的重金属酸性废水一般采用中和沉淀法处理。中和沉淀法是向含酸废水投加碱性物质，经中和反应后生成盐类物质和水。但由于含酸废水中同时存在各种重金属离子，因此，还需根据废水中所含重金属离子的情况调节废水的pH值到一定范围，使废水中的重金属离子形成氢氧化物，经沉淀过滤而被去除。一般控制废水的pH值在8～12时，废水中的铜、锌、铅、镍、镉等重金属离子浓度均能达到排放标准。中和剂投加量见表50-10。

表 50-10　中和剂理论投加量　(kg(碱)/kg(酸))

名　称	CaO	$Ca(OH)_2$	$CaCO_3$	Na_2CO_3	$NaOH$
硫　酸	0.57	0.76	1.03	1.08	0.82
硝　酸	0.46	0.59	0.80	0.84	0.64
盐　酸	0.77	1.01	1.37	1.45	1.10

中和1 kg酸所需碱中和剂的理论投加量，在实际使用时一般为理论量的1.2～2.0倍。

气浮法是从液体中分离出低密度固体物或

液态颗粒的一种方法。它是通过将空气泡鼓入液相产生大量细微气泡产生的浮力，把水中的固体悬浮物带到上面，然后用刮板刮走，以达到固液分离的目的。在含重金属离子的废水中，重金属离子含量低，且以离子状态溶解在水体中，因此要采用气浮法，必须先使金属离子从废水中析出，并同时使含金属离子析出物的表面疏水化，这样才能被粘于上升气泡的表面，上浮到液面后再去除。中和气浮法去除率高，处理时间较沉淀法短，泥渣易脱水，处理设施占地面积也较大，但较沉淀法小，一次投资及运行费较沉淀法高，适宜处理比较轻的悬浮物。

离子交换法是用离子交换树脂、离子交换液、离子交换膜、无机离子交换体等，将重金属离子除去或者回收的方法。其特点在于主要吸附离子化的物质，而且在吸附过程中是等当量的离子交换。阳离子交换剂呈酸性，可以分为强酸性、弱酸性等，阴离子交换剂呈碱性，可以分为强碱性、弱碱性。阳离子交换剂的可交换离子为H^+时，称为氢型阳离子交换剂，阴离子交换剂的可交换离子转换为Cl^-时，即称氯离子交换剂。

一般来说，在水中离子浓度不大时，离子的价位越高，该离子与树脂母体离子的静电吸引力越大，吸附量也越大；对同样价位的不同离子，原子序数越大，则其离子交换结合力也越大，吸附量也越大。主要阳离子的交换亲和力顺序可排列如下：

$$Ba^{2+} > Pb^{2+} > Sr^{2+} > Ca^{2+} > Ni^{2+} > Cd^{2+} > Cu^{2+} > Co^{2+} > Zn^{2+} > Mg^{2+} > Ag^{2+} > K^{+} > Na^{+}$$

离子交换剂对亲和力大而优先吸取的离子，其交换容量也就大。在交换剂同时吸取数种不同离子时，各种离子的交换容量之间也有类似的关系。

废水中如含有较高的悬浮物及油类，则在进行离子交换前废水应进行预处理，以免堵塞交换剂的孔隙及油类裹胁树脂颗粒，降低交换能力。以风化煤为原料，用褐藻胶作粘结剂，在甲醛溶液中反应，研制出交换吸附剂，对镉吸附率达95%以上。用腐殖酸煤处理重金属废水具有效率高、容易再生、成本低廉等优点。离子交换树脂法投资较沉淀法和气浮法均高，处理效果好，占地面积小，一般适用于水量小或有一定回用价值、排放要求较高的废水处理。

根据出水水质要求不同，采用的处理方法也不同。如果出水水质要求达到渔业水质标准，重金属酸性废水除采取离子交换树脂、中和外，还可增加活性炭吸附塔、电渗析器等装置。

50.3.5 噪声防治技术

如果职工长时间处于高噪声环境下，会对身体产生各种危害，噪声危害见表50-11。

表50-11 噪声危害

影响方面	内容
影响正常生活	使人们没有一个安静的环境休息和学习，吵闹的噪声使人惶惶不安、烦恼异常、妨碍休息、睡眠，干扰谈话，影响听广播、打电话、上课和开会等
对人体听觉的损伤	长年累月在强噪声(>90 dB)下工作，将导致暂时性听阈偏移，久而久之会转变成永久性听阈偏移
引起多种疾病	1. 噪声作用于人的中枢神经系统，使人的基本生理过程失调，引起神经衰弱症； 2. 噪声对心血管系统的影响，将引起血管痉挛或血管紧张度降低，血压改变，心律不齐等； 3. 使人们的消化机能衰弱，胃功能紊乱，消化不良，食欲不振，体质减弱； 4. 其他
影响安全生产和降低劳动生产力	1. 在嘈杂环境里工作，人们心情烦躁，容易疲乏，反应迟钝，注意力不集中，影响工作进度和质量，也容易引起工伤事故； 2. 由于噪声的掩蔽效应，使人听不到事故的前兆和各种警戒信号，更容易发生事故

声音是由物体振动而产生的,凡是发出声音的设备、装置和场所都叫做声源。噪声是声源向空中以弹性波的形式辐射出去的一种压力脉动,只有当声源、声音传播的途径和接受者三个因素同时存在,才对听者形成干扰。因此,对高噪声源设备进行降噪一般从以下两方面着手:噪声源控制和噪声传播途径控制。主要方法是:选用低噪声源设备,进行消声、吸声、隔声处理。

控制声源是降低噪声的最根本和最有效的方法,因此,在选择设备时应尽量选择噪声低、振动小的机器设备;用低噪声工艺代替高噪声工艺,如以焊接代替铆接、以液压代替锻造。

对高噪声设备安装消声器降低声源的噪声,一般可降低10～40 dB(A)。

消声器种类很多,主要有三类:阻性消声器、抗性消声器和阻抗复合式消声器。国产消声器的技术性能见表50-12。

表50-12 国产消声器消声性能

类别	型号	用途	适用流量范围/$m^3 \cdot h^{-1}$	消声量 ΔL/dB(A)
阻性消声器	D型(折板式)	用于罗茨叶氏鼓风机及高压离心式风机进、排气消声	75～15000	≥30
	ZHZ-55型(直管式)		1680～6720	>25
	ZY型(圆筒式)		60～15000	20～25
	ZP型(阻片式)		7800～88200	20～30
	Z_1型(改良折板式)		75～12000	>20
	Z_2型(圆管加芯式)		75～12000	>20
	XZ-02型	低压离心式风机进、排气消声	1330～116900	>20
	XZ-03型	高、中压离心式风机进、排气消声	620～48800	20～25
	ZDL型	中、低压离心风机进、排气消声	1000～350000	15～40
抗性消声器	CP型(开孔扩压和迷路式)	柴油机排气消声	ϕ70～300	≥30
	GUK型(多级扩容减压式)	锅炉排汽放空消声	适用于锅炉容量1～65 t/h,出口压力0.4～3.5 MPa	
阻抗复合式消声器	F型	高压离心通风机进、排气及封闭式机房进风口	2000～50000	≥25
	K型(阻性和迷路抗性)	空压机进气口、消声	180～6000	20～25
	KZK型		90～15000	>30
	J型		60～3600	20～25
	T701-6型	空调采暖通风系统中的中、低压风机	2000～60000	10～30
	P	锅炉排汽消声	适用压力为0.1～18 MPa	30～40

利用吸声材料和吸声结构来吸收声能而达到降低噪声强度的目的。在车间厂房壁面、天花板采用吸声材料或吸声结构;在空间悬挂吸声体或设置吸声屏,以减弱反射声而使噪声降低。

当噪声在空气中传播碰到障碍物时,一部分被反射,只有其中一部分进入障碍物。进入障碍物的声能一部分在传播途径中被吸收,另一部分到达障碍物的另一面;到达另一面的声能中又有一部分被反射,只有一小部分能透过障碍物而重新进入空气中。这样,噪声经过障碍物就被大大的降低了。隔声就是把发声的物体封闭在一个小的空间内,有隔声罩和隔声间两种形式,这是工厂常用的降噪方法。

隔声罩一般采用经特殊处理的钢板，罩子内表面衬吸声材料、外表面涂弹性材料。钢板的隔声效果与其厚度成正比，隔声量为25～32 dB(A)。机座采用减震器等减振措施；对散发热量的设备，要考虑散热；隔声间一般砖混结构的隔声量为15～30 dB(A)，双层墙比同样重的单层墙隔声量大5～10 dB(A)，空气层厚8～10 cm时隔声效果较好，最小不宜小于6 cm。

50.3.6 炉渣等处理技术

熔铸车间熔炼炉的熔渣，经筛分后回收熔渣中的金属，送回熔铸车间作原料，余下灰渣另行处理。

铜渣：磨碎→筛分→铜块回收→铜灰送冶炼厂

锌渣：磨碎→筛分→锌块回炉重熔→锌灰制硫酸锌

含油废水处理污泥、含铍废渣、含镍铬废渣属危险固废，需按国家有关规定进行无害化处理。

50.4 铜加工污染物综合利用

工业企业排放的废气、废水和固体废弃物等，不仅常常造成环境负担，而且也是对资源、能源的浪费和破坏。所以必须与“废弃物资源化”相结合，即把排放的废弃物最大限度地予以综合利用。

50.4.1 含铜废硫酸液的再利用

铜加工厂硫酸洗液配方随工艺要求而定。一般含硫酸10%～20%，工作温度为40～80℃。但在不断的酸洗过程中当硫酸浓度不大于6%，含铜浓度不小于25g/L时就作为废酸液，废酸液中还含有锌、镍、铅离子和油污等杂质。将酸洗废液加热1～2 h浓缩至40～42波美度，冷却结晶析出，再经脱水、干燥得硫酸铜产品。酸液浓度为90～100 g/L、铜离子为20～30 g/L，将废液通蒸汽使其浓度达450 g/L、含铜50 g/L，冷却得硫酸铜结晶，再将硫酸铜电解得精铜。

采用电解沉积-浓缩结晶的联合方法回收酸洗废液（含H_2SO_4：60～90 g/L，Cu^{2+}：20～25 g/L，锌、镍少量）中的铜、镍、锌金属和硫酸。废酸经真空蒸发浓缩至：Cu：40～75 mg/L，H_2SO_4：240～400 g/L时结晶出$CuSO_4$，再进行电解得电解铜。析出铜后的母液再浓缩至含硫酸为1000～13000 g/L的溶液，而后再结晶过滤得含镍、锌、铁等金属的硫酸盐和较纯的再生浓硫酸。

50.4.2 熔渣的综合利用

铜加工厂产生的废铜渣和高锌渣可进行综合利用，废铜渣可用来生产电解铜，高锌渣可用来生产硫酸锌。

51　铜加工安全技术和职业卫生[1]

51.1　铜加工劳动安全技术

51.1.1　铜加工安全危害因素

(1) 熔炼。熔炼-保温炉组熔液温度一般在1030～1220℃，炉料投放不正确会导致熔液飞溅，引起伤害事故；附有油、水或乳液等的湿料装炉，会引起熔液大量吸气，操作工具若沾有液体，会引起熔液飞溅，严重者还会造成"放炮"事故，导致人员伤害或死亡；炉体长期使用会出现破损，导致熔体泄漏，引起伤害事故；扒渣时，如果操作不慎，熔渣蹦出渣箱外，可引起烫伤。

(2) 铸造。铸造时，如果结晶器、托座或铸造工具有水，则会造成金属熔液飞溅或放炮事故，引起烫伤。结晶器与托座之间若有缝隙，或液流调节装置系统不严密，发生熔液跑流，导致烫伤。

(3) 加工。轧机在轧制过程中，带材张力过限导致断带，会伤及操作人员。剪切机、挤压机、轧管机、拉伸机、锯床、矫直机等加工设备在操作过程中，操作人员若不按操作规程操作，将会引起机械伤害事故发生。

在铜材加工过程中，以矿物油为润滑剂，矿物油为可燃物，机架、油过滤器、油地下室有油箱、油泵，这些部位都有火灾危险，一旦起火，会引起烧伤事故。

加热炉、退火炉等热处理设备及炉料温度一般为450～950℃，操作不慎将会导致烫伤事故。

现代铜材热处理一般用氢气和氮气做保护气体，氢气为易燃易爆气体，若泄露将引起爆炸、火灾事故。

保护性气体发生站用氨分解生产氮气和氢气，若氨泄露，高浓度的氨气接触皮肤，可引起类似强碱的灼伤，局部初期有明显疼痛，出现伤斑或水泡，水泡破溃后形成糜烂面，或因水分吸收、脂肪皂化而引起组织溶解性坏死，造成深部组织的损伤，创面多为Ⅱ度灼伤，且愈合缓慢。

铜材在进行酸洗时一般用硫酸或硝酸配制溶液，硫酸、硝酸具有强烈的刺激和腐蚀作用，能使受接触的皮肤或粘膜局部组织细胞脱水、蛋白凝固变性，形成一层不溶性酸性蛋白的结痂。强酸的液体、蒸气或雾除能造成局部损害外，尚可经呼吸道、消化道、皮肤的吸收引起全身中毒，中毒严重时可引起肝、肾损害。硫酸溶液配制时，若加水顺序搞错将引起"放炮"，导致烧伤事故。

铜加工设备多数为电气设备，当电气设备金属外壳带电、电气设备或电气线路绝缘性能降低、供配电线路漏电时，会导致操作人员触电或电击造成伤亡。

(4) 运输。吊车在运输原料、半成品或成品时，可能会造成吊物坠落伤人。电瓶车、叉车等在运输物料时会引起伤亡事故。

51.1.2　铜加工安全防范措施

51.1.2.1　熔炼安全措施

(1) 按规定顺序进行加料和熔化。例如，某些低沸点金属(如锌、镉)应在炉温较低的情况下装炉熔化，否则容易引起金属液的喷溅现象。熔炼黄铜时，应坚持低温加锌的原则，否则将会引起锌的剧烈沸腾和大量熔损；同时，锌必须逐块(或逐批)地加入熔化。若把大量锌集中起来加入到铜液中时，由于锌的熔化将会使周围熔体急剧降温，甚至会造成熔池的局部表面凝结现象。如果熔池深处仍有大量锌蒸气继续产生，具有一定压力的锌蒸气将可能冲破凝壳

[1] 本章撰稿人：肖翠萍。

而造成铜液的喷溅现象。

较大块炉料应在预先垫加一定数量的小块料后再装炉,应由加料车轻轻地放入炉膛中,以防引起金属液的喷射和砸坏炉衬。屑料应在炉内已熔有一定数量的熔体之后再加入,并且在熔化过程中应及时搅拌、捞渣,以防炉料搭桥和损坏炉衬。

(2) 熔炉炉料及操作工具均应干燥。禁止使用大量含有水、冰雪或油等物的炉料,以防引起金属液喷溅或发生爆炸事故。凡将与高温熔体直接接触的工具或辅助材料,均应充分预热,以防引起放炮或爆炸事故。

(3) 防范炉内熔体伤人。对炉体进行经常性维护,防止出现破损现象。选用先进的带有报警系统的炉组,一旦出现铜液泄漏现象,熔炼炉和保温炉炉体上的传感器,会发出报警信号,提醒操作人员采取紧急措施,避免发生设备和人身伤害事故。

操作炉台周围有防护栏杆,防止非本岗位人员靠近。

开启炉盖或炉门的瞬间,操作者不得正视炉膛,以防从炉内冲出的高温炉气或火焰将人体烧伤。熔炼过程中,应经常观察炉膛内金属熔化情况,严格控制炉温,防止熔体过热和凝炉事故发生。生产实践表明:当炉膛上部固体料发生了搭桥现象时,其下部熔体极易过热,而极度过热了的金属熔体容易烧蚀炉衬。带熔沟的感应电炉遇有非正常凝炉情况时,常引起熔沟断裂事故;坩埚式感应电炉遇有凝炉现象,如果马上以高功率送电时,容易引起漏炉事故。停、开炉时,均应按规定的程序进行。

51.1.2.2 铜合金铸造安全防范措施

(1) 铸造前应仔细检查铸造机,确保铸造机安全运转。开始铸造时,铸造机升降底盘的调速开关必须置于零位。

(2) 结晶器应无漏水及渗水现象;托座应预先经过烘烤;铸造工具及其他辅助工具和材料,均需事先预热。

(3) 铸造前,结晶器、托座、漏斗(或浇注管)三者应对正同心;液流调节系统应灵活。

(4) 铸造过程中,严格控制各工艺参数。

(5) 选用铸造机带有可精确控制结晶器内熔体液位和报警功能。

51.1.2.3 加工过程安全防范措施

(1) 在一切必要的地方架设过桥或通道,严禁跨越辊道、冷床、传送带等。

(2) 在卷取、轧制、矫直、剪切、锯切等回转性作业的设备入口设置保护措施,防止卷(或绞)入。

(3) 及时清理地面、通道的积水、积液、油污,设置防滑装置和设施,防止滑倒和碰伤。

(4) 捆扎带卷、棒卷、管卷时,要选择合适的捆扎材料,确保捆扎结实、牢靠,防止断捆回弹伤人。

(5) 在加热、热轧、挤压、退火、淬火等热加工场合,要设置专用工具,防止人员与热料、热源的直接接触。

(6) 在集体作业和需要互相配合的场合,应当明确配合方式和责任。

(7) 在有火灾危险的场所,应设有自动灭火系统或人工灭火装置。在有可能发生机械伤害的设备附近设置危险警示标志。

51.1.2.4 电气安全防范措施

(1) 感应电炉的安全操作技术。主要安全操作技术如下:

1) 为避免发生感应器线圈匝间短路及人身触电事故,应该做到以下几点:感应器线圈内的冷却水畅通无阻,水流量大小适宜;中频及高频感应电炉,最好在停电状态下进行加料、拨料、搅拌、捞渣和取样等操作。

2) 遇到感应器线圈匝间放电现象时,应立即停电检查;漏炉时,立即停电并迅速将熔体倒出炉外;严重漏炉时,可采取迅速向熔体中加冷却料的办法,使炉内熔体很快凝固。

(2) 电气设备保护与接地。各供电、电控系统均应带有过压、失压、短路、过流、接地等安全保护装置,使故障能迅速排除以防止扩大。

电气设备均设有可靠的接地系统。所有变压器,正常不带电的设备外壳、电缆框架等均应采取可靠接地保护,以防触电危险。自动化控制系统中的电子设备、计算机系统设单独接地极。

输送油品、燃气的金属管道、油箱、油泵及电气设备,应设防静电接地装置,以防静电火花引起火灾。

(3) 电气照明。工作照明和事故照明电压采用220 V,车间所设供疏散用事故照明,工作照明和事故照明分别由不同的动力变压器供电。有酸碱性气体的车间采用节能型防腐卤素灯;在有爆炸、火灾危险的场所,电器线路和照明灯具应采用密闭防火防爆型电器。

(4) 设备检修应切断电源,并挂牌明示:“禁止合闸”。

51.1.2.5　其他安全防范措施

吊运物料,应注意安全。凡已腐蚀、硬化、退火、脱油、磨损及断股的钢丝绳,应即时报废。铸锭吊钳或C型钩应精心维护,用前应仔细检查。发现磨损、构件破裂时,应及时修理;损坏时应立即停用。严禁吊物从人头顶经过或人从吊物下经过;所有吊钩均应配备有效的防吊索脱出装置;严禁超载、斜吊、不走通道、不鸣铃等违章作业;经常检查卷扬机构,确保起升机构正常工作;培训挂吊工,学习合理的挂吊方法,规范手势,推广标准化挂吊作业。

51.1.3　安全生产要求

主要安全生产要求如下:

(1) 操作人员应穿戴完整的劳动防护用品和专业防护品。

(2) 生产设备应定期检修和精心维护,按章操作。

(3) 工作现场应实行严格管理,不断进行整理、整顿和清扫,保持整齐、清洁。

(4) 手持电灯应以36 V以下的安全电压供电。

(5) 道路应通畅无阻,危险区及施工区应设栏杆、围墙或有指示灯等明显标志。

(6) 在有明火和热源的场所附近严禁有油、氧气瓶等易燃或易爆的物质存在。在主要生产设备附近应备有泡沫灭火器、四氯化碳、干砂等常用灭火器材。

(7) 沟、地坑必须加盖或用围栏保护。

良好的安全意识是安全生产的基础,应经常不断地进行安全教育,开展群众性的安全整改活动。

51.2　铜加工工业卫生

51.2.1　铜加工工业卫生危害因素

高温余热——夏季,熔化炉区、加热炉区、退火炉区等高温作业区的辐射热导致作业区温度升高,使操作工人的产热大于散热时,体内可出现“蓄热”导致热调节障碍,严重时可引起中暑。

噪声——轧机、轧管机、链式拉伸机、锯床、锻锤、鼓风机、空压机等噪声值较高,长期在此环境下工作可引起听力下降,严重的可造成耳聋。

粉尘及有毒物质——铜加工厂生产中会使用或产生一些粉尘、酸雾、碱雾等有毒有害物质,对操作工人身体健康有害。

51.2.2　铜加工工业卫生危害防范措施

防暑降温措施——车间采取通风措施,利用天窗进行自然通风,排除余热;车间考虑全面送排风,岗位设岗位风机,工作点、主电室进行局部空调降温。高温时节,应向高温岗位人员发放冷饮和仁丹等预防中暑药品。

噪声防治措施——对可进行消声、隔声的设备采取措施,如风机安装消声器,并布置在风机房内;空压机安装消声器,机房贴消声材料,并设隔声值班室,保证值班室噪声不大于75 dB (A);生产设备基础减振。对于不便设隔声罩的生产设备,操作工人可佩戴防护用品。

防尘、防毒——车间设计时均需考虑车间通风,污染物量大或毒性较强的岗位设局部排烟罩,熔炼,保温炉应设排烟收尘装置,进行净化处理后排放,车间污染物浓度应满足《工作场所有害因素职业接触限值》(GBZ2—2002)标准要求。

51.2.3　铜加工职业病预防

当车间工业卫生危害因素超过一定的限值,高浓度急性或长期慢性作用于人体,从而导致操作人员发病则为职业病。

铜加工企业职业卫生应重点搞好环境绿化、烟尘和酸雾治理，还要注意安全使用各种有害物质。

铜加工职业病危害因素及主要危害表现、预防措施见表51-1。

表51-1 铜加工厂主要职业危害因素及职业病预防

类别	理化特性	危害性	危害表现	预防要点
锌及其化合物	锌是灰白色金属，锌不溶于水，溶于强酸强碱中。锌加热至500℃时能产生大量蒸气。锌蒸气在空气中迅速氧化成氧化锌烟，其颗粒细微，约0.01～0.04μm，生物活性很强	锌与锌盐属中等毒性到低毒性物质。不溶于水的锌盐是无毒的。高浓度氧化锌刺激性较大	高浓度的氧化锌可引起化学性肺炎。铸造热病，吸入氧化锌烟后4～8 h发病。发病时，口内有金属甜味，口渴、咽痒，继而胸部发闷、咳嗽、气短、倦怠无力、肌肉关节酸痛，并可伴有头痛、恶心、呕吐、腹痛等症状。然后出现寒战、发热，体温在38～39℃。体温达高峰时，开始出汗，以后体温下降。整个病程一般在24～48 h即可恢复	凡有哮喘病、支气管扩张、肺结核病者不宜从事接触氧化锌烟尘作业。车间空气中应保证ZnO含量不大于3 mg/m^3
铍及其化合物	铍是灰白色轻金属。金属铍质轻、坚硬、耐高热、耐腐蚀、不受磁力影响。铍难溶于水，可溶于硫酸和盐酸，遇碱生成盐。铍蒸气易被氧化为很轻的氧化铍粉尘	铍及其化合物都有较高的毒性。铍是全身性毒性物质。可溶性铍化物的毒性大于难溶性铍化物	可引起急性中毒和慢性铍病。铍的急性中毒可引起化学性肺炎、肝脏损伤，尿铍量明显增加。慢性中毒可引起铍肺和皮肤疾病	患心、肝、肾疾病及皮炎、湿疹病者不应从事铍作业。作业时带防尘面具。车间空气中浓度（按Be计）应不大于0.0005 mg/m^3
镉及其化合物	镉是微蓝色带银白光泽的软金属。镉易溶于稀硝酸，不溶于稀硫酸。镉能与氧、硫作用，形成镉化物。镉在空气中加热，会出现红褐色浓烟，即为氧化镉烟	镉及其化合物的毒性，随品种的不同而异。金属镉属微毒类物质。氧化镉、氯化镉、硫酸镉、硝酸镉属中等毒性物质。工人吸入高浓度的氧化镉烟尘，可致急性中毒，引起急性肺水肿。镉的慢性损害，主要损伤肾脏。镉污染环境，可引起“疼痛病”	急性中毒：吸入高浓度的氧化镉烟，可引起呼吸道明显损害。病人出现流涕、干咳、胸闷、呼吸困难。还可有头晕、乏力、关节酸痛、寒战、发热等类似流感表现。严重者出现支气管肺炎、肺水肿。慢性中毒：会导致肺水肿、肾损伤、嗅觉损伤、贫血等。接触氧化镉粉尘的工人，常在牙齿颈部釉质处出现黄褐色色素环，称镉环	凡有呼吸道疾病、肾脏疾病者不应从事镉作业。车间空气中浓度（按镉计）应不大于0.01 mg/m^3
镍及其化合物	镍是银白色硬金属。镍不溶于水，溶于硝酸中。镍的无机化合物中的氧化物和氢氧化物不溶于或稍溶于水，其盐则溶于水。镍有延展性和磁性	镍及其化合物属低毒类物质	镍对呼吸道粘膜有刺激作用，可引起化学性支气管炎和支气管肺炎。镍对皮肤有致敏作用，可引起皮炎或湿疹，称“镍痒疹”。镍有致癌性，可致肺癌、副鼻窦癌	防止皮肤接触镍电镀液。镍合金冶炼操作工人应戴防尘口罩。车间空气中浓度（按镍计）应不大于1 mg/m^3

续表 51-1

类 别	理化特性	危 害 性	危害表现	预防要点
铬及其化合物	铬是银灰色、质脆而硬的金属。不溶于水和硝酸,而溶于稀盐酸和硫酸中,形成相应的盐。铬在常温下不易被氧化。铬的化合物有二价、三价、六价三种。生产中遇到的多为六价铬化物。二价铬盐不稳定,极易氧化成高价铬。在酸性条件下,六价铬易还原成三价铬;在碱性条件下,低价铬可氧化成重铬酸盐。六价铬化物都易溶于水,氧化性强	铬及其化合物中以六价铬化合物毒性最大,三价铬次之,二价铬和金属铬毒性小。六价铬化合物有较强的氧化作用,对皮肤粘膜有刺激和腐蚀作用。可溶性铬酸盐可引致铬溃疡。铬及其化合物也是一种致敏物,可引起过敏性皮炎和过敏性哮喘。铬是工业致癌物	急性中毒:吸入六价铬化物粉尘或烟可引起急性呼吸道刺激症状,过敏体质可引起过敏性哮喘。当吸入高浓度铬酸雾时,还可发生肺炎。慢性中毒:(1) 皮肤损害:铬可引起接触性皮炎和湿疹。铬引起的湿疹呈慢性,长期不愈。铬皮炎容易复发。接触铬的工人可发生铬溃疡,又称铬疮。铬性溃疡深而圆,周边隆起,中央凹陷,有少许痂皮覆盖,形似鸟眼,故称"鸟眼形"溃疡。溃疡愈合缓慢,愈后留有萎缩瘢痕。(2) 呼吸系统损伤:铬酸雾和铬粉尘对鼻粘膜有刺激作用,可引起鼻中隔充血、糜烂、溃疡,进而形成穿孔。接触铬酸雾工人可发生萎缩性咽炎及慢性支气管炎。(3) 全身毒作用:长期接触铬化物可发生味觉或嗅觉减退,甚至消失。还可引起贫血及肾脏损伤	凡有皮肤病、呼吸道疾病、过敏性疾病者不应从事铬作业。皮肤暴露部位及鼻腔可涂油膏;用硫代硫酸钠溶液或肥皂洗手。车间空气中浓度(以铬计)应不大于 0.05 mg/m^3
铅及其化合物	铅(Pb)是一种银灰色重金属,质柔软,延性弱,展性强。当加热到 400～500℃时,即有铅蒸气逸出,铅蒸气在空气中迅速氧化为氧化亚铅(Pb_2O),并凝集成铅烟。铅依氧化程度不同可形成氧化铅(PbO)、三氧化二铅(Pb_2O_3)和四氧化三铅(Pb_3O_4)。铅的氧化物都以粉末状存在	铅及其化合物均有一定的毒性,其毒性基本相似。铅主要经呼吸道和消化道进入人体。生产环境中的铅以烟雾、粉尘、蒸气形式存在,吸入后由于呼吸道有 CO_2,遇水形成碳酸,呈弱酸性,使铅容易溶解,又借肺的弥散和吞噬细胞的作用,促使铅的吸收比较完全和迅速,因此,呼吸道吸入是生产性铅中毒的主要途径。经消化道食入的铅,大部分由大便排出,仅有 5%～10% 被吸收。进入体内的铅,主要经肾脏和肠道排出,小部分经唾液、乳汁、月经甚至头发排出。正常人每天由粪便排出铅约 0.02～0.39 mg,几乎等于食物中铅的含量,由尿排出的铅约 0.02～0.08 mg,由于	职业性铅中毒,多为慢性中毒。主要表现为神经系统、消化系统和造血系统症状,严重中毒可发生铅麻痹和中毒性脑病。 (1) 神经系统: 1) 神经衰弱症:常有头晕、头痛、记忆力减退、睡眠障碍(失眠、嗜睡或多梦等)、乏力、心悸等。这些症状出现较早,但不具特异性,经治疗或停止接触后,较容易恢复; 2) 多发性神经炎:有的患者早期诉手足发麻、乏力、四肢末端呈手套、袜套感觉障碍和植物神经功能障碍。进一步发展可出现握力减退,甚至伸肌无力,常发生于劳动最多的肌群,一般是先一侧受累,严重时可出现腕下垂,但这种典型的铅麻痹症状,目前已极少见; 中毒性神经炎,经驱铅治疗后,症状恢复较快,此点有助于与一般非职业性多发性神经炎相鉴别。 3) 中毒性脑病。呈中枢神经系统广泛弥漫性器质性病变,发病可急可缓,有类似脑血管硬化、症状性癫痫或麻痹性痴呆等症状。表现为顽固性头痛、严重记忆力衰退、情绪不稳定、精神异常、狂躁、谵妄甚至昏迷,并可有双侧瞳孔大	车间空气中浓度:铅尘不大于 0.05 mg/m^3,铅烟不大于 0.03 mg/m^3

续表 51-1

类 别	理化特性	危 害 性	危害表现	预防要点
铅及其化合物		尿铅在不定期程度上反映了血中含铅量,故临床上常以尿铅量作为诊断的依据之一。 铅具有蓄积作用,进入血液中的铅形成可溶性的磷酸氢铅或甘油磷酸铅,能迅速被组织吸收,分布于肝、肾、肺、脑、胰中,其中以肝肾浓度较高。除部分铅可经尿、粪便排出外,大部分铅很快离开软组织,以不溶解的磷酸铅在骨骼中沉积下来。正常情况下铅的吸收、蓄积和排出之间维持着动态平衡,当吸入少量的铅时,并不产生对人的危害,但长期过量的吸收、蓄积,就可产生铅中毒。 血和软组织中铅浓度过高时,可产生铅中毒作用。蓄积在骨骼中的铅较为稳定,即使长期存留,也可无毒害,但由于铅在体内的代谢与钙相似,凡能促使钙贮存和排泄的因素,也能影响铅的贮存和排泄。如食物中缺钙,或因过劳、感染、饮酒等原因,可促使骨内存积的铅转移至血液,从而诱发铅中毒的急性发作或症状加重。 铅对全身组织均有毒性作用,其中以神经系统、造血系统和血管等方面的改变为显著。铅中毒所引起的血液变化,主要表现为对血红蛋白合成过程中酶系统的抑制作用,出现贫血的临床表现	小不等,对光反应减弱,眼球及手指震颤等。 (2) 消化系统: 1) 消化不良症状。患者常感口内有金属味、流涎、食欲减退、腹胀、恶心、呕吐、便秘、腹部隐痛等。 2) 铅线。是一种蓝色、紫黑色的小点状线条,多位于齿龈的边缘与牙齿交界处,牙龈发炎部位尤为明显,有时颊部或口腔其他部位粘膜也可见类似的色素沉着。铅线是由于牙缝间蛋白质腐败后产生硫化氢,后者透过粘膜与血液中的铅反应形成硫化铅,沉着于粘膜中形成。 3) 腹绞痛。也称铅绞痛,是铅中毒的典型症状之一。绞痛发生之前,常先有腹胀、顽固性便秘及明显的食欲不振,多数为突然发作、痛的性质为阵发性,其间隔时间由数分钟至数小时不等。痛的部位多在脐的周围或下腹部。轻者仅有隐痛,重者则如撕裂痛或绞痛。发作时往往伴有呕吐、面色苍白、出冷汗、身体蜷曲,两手紧压腹部,借以减轻疼痛,腹软、肠鸣声减少或消失,并常有血压的暂时升高等。 (3) 血液系统: 中度以上的铅中毒可发生贫血,通常是低色素性正常细胞型贫血,也可见到小细胞型贫血。贫血多属轻度,网织红细胞和点采红细胞可增多,由于贫血和皮肤血管收缩,可出现"铅容",患者面色苍白	

续表 51-1

类别	理化特性	危害性	危害表现	预防要点
锰及其化合物	锰是灰白色脆而硬的金属，在自然界中以氧化物或盐类形式存在。易溶于稀酸而放出氢。锰蒸气在空中很快氧化为灰色一氧化锰及棕红色四氧化三锰	锰对神经系统造成损害，可引起脑血管内膜增厚，脑血循环障碍及脑实质弥漫性病变，以锥体外系脑基底节最为明显。锰能选择性蓄积在富有线粒体的神经突触，影响神经突触中的线粒体合成神经兴奋性传递介质的功能，从而破坏了神经突触的传导性能。锰可影响胆碱酯酶的合成，使乙酰胆碱蓄积，胆碱系统功能障碍是导致锰毒性震颤麻痹的原因之一	工业生产中急性锰中毒非常少见，仅偶见吸入大量氧化锰时，可发生“金属烟雾热”，出现头痛、恶心、寒战、高热以及咽痛、咳嗽、气喘等症状。数小时后烧退、全身大汗，次日遗留乏力感。 工业生产中的职业性锰中毒，主要为慢性中毒。其发病缓慢，一般可有数年或更长时间的接触史，在高浓度下工作时亦有少数经数月才发病。慢性锰中毒呈慢性进行性表现，脱离接触后，如未积极治疗，病情仍会发展，各种疾病、妊娠、外伤和精神刺激等因素均可促使症状加重	车间空气中浓度：MnO_2 不大于 0.15 mg/m^3
磷及其化合物	磷常见的有黄磷和红磷。黄磷，是白蜡样结晶，在光线中颜色变黄，有蒜臭味，不溶于水，易溶于脂肪及二硫化碳等有机溶剂中。在空气中34℃即自燃，易氧化成白烟，故常在水中保存。红磷为黄磷加热而成，呈棕红色粉末，熔点72℃，沸点350℃，不溶于水，也不溶于脂肪及有机溶剂，在常温下，不易挥发及氧化	黄磷属高毒类物质，毒性大。红磷毒性小于黄磷。紫磷和黑磷少见，毒性也小。生产环境中黄磷浓度 0.2～1.2 mg/m^3，工人可发生慢性黄磷中毒。黄磷对人的最小致死量为0.1～0.5 g	急性黄磷中毒，病人有肝脏损伤，出现肝脏肿大，肝功能异常。重症者可发生急性肝坏死和肝性昏迷。也可伴有肾脏损伤，出现蛋白尿、管型尿。黄磷灼伤皮肤时，表皮苍白，组织水肿，出现水泡和坏死，严重灼伤面广而深，肌肉、骨骼可被烧焦。慢性黄磷中毒，早期表现为鼻炎、喉炎、支气管炎并伴有神经衰弱综合症。病情进展，出现牙痛、牙松动和牙脱落，齿龈肢肿。X射线下颌骨片骨质疏松、脱钙和坏死。慢性黄磷中毒可有肝脏损伤和贫血	生产中应尽量不用黄磷作原料。凡患牙病、肝病、肾病、血液病者不应从事黄磷作业。使用黄磷时，应加强机械通风，对黄磷及其化合物进行捕集处理。 车间空气中黄磷含量：不大于 0.05 mg/m^3。 五氧化二磷含量：不大于 1 mg/m^3
砷及其化合物	砷为灰黑色结晶，熔点818℃，615℃时升华。在自然界多以硫化物形式存在，如雄黄（As_2S_2），雌黄（As_2S_3）等，或混杂于铅、锌、铜、铁等各种金属矿中	毒性作用：砷及其砷化物的毒性，与其水溶性的大小有关。元素砷不溶于水，故无毒，但极易氧化为三氧化二砷。雄黄、雌黄水溶性很小，故毒性较低。三价砷化物的毒性较五价砷化物大。三氧化二砷毒性极大，15～50 mg 致人中毒，60～200 mg 致人死亡	1. 急性中毒：少见。主要有呼吸道及神经系统症状。常有咳嗽、胸闷、呼吸困难；全身衰弱、烦躁不安。可有痉挛和昏迷。严重者可因呼吸中枢麻痹而死亡。 2. 慢性中毒：神经系统受损害的表现为头晕、乏力等。可有多发性周围神经炎。砷化物对粘膜的刺激作用，可引起口腔炎症、胃肠炎。慢性毒作用可损伤肝脏。 3. 皮肤损害：可引起毛囊丘疹、疱疹、皮肤过度角化。脱皮、脱发等。 4. 致癌性：砷化物可引起肺癌和皮肤癌	凡患肝脏疾病、顽固性皮肤病、过敏性疾病者，不应从事砷作业。车间空气中浓度（按砷计）不大于 0.01 mg/m^3

续表 51-1

类别	理化特性	危害性	危害表现	预防要点
氨	无色具有特殊臭味的刺激性气体，密度 597 kg/m^3，极易溶于水而形成氨水（氢氧化铵），呈强碱性	低浓度的氨，对眼及上呼吸道粘膜有刺激作用，且由于其水溶性大，故上呼吸道的毒性作用出现很快。高浓度的氨，对皮肤及粘膜有灼伤作用，呈组织溶解性坏死，使较深组织受损，引起化学性支气管炎、肺炎及肺水肿。高浓度的氨还通过刺激三叉神经末梢，反射性地引起呼吸、心跳停止	轻度中毒：主要表现在对眼睛及上呼吸道粘膜的刺激，患者眼、口有辛辣感、流泪、流涕、咳嗽、声嘶、吞咽困难、胸闷气急。 重度中毒：吸入高浓度氨气，少数患者可因反射性喉头痉挛或呼吸停止呈“闪电式”中毒死亡。 高浓度氨气可使患者的眼睑、口鼻咽部及喉头粘膜糜烂或溃疡，支气管损伤。严重时可咯大量黄痰或坏死组织，有时支气管的粘膜坏死脱落，可堵塞呼吸道，导致呼吸困难及窒息。肺水肿发生很快，通常于中毒后数小时内出现，表现为剧咳、呼吸困难、脉快而弱、咯血痰或大量粉红色泡沫痰、双肺满布湿啰音、体温升高、躁动不安，陷入休克或昏迷状态。中毒几天后，患者易继发呼吸道感染和败血症。重症患者还可合并中毒性心肌炎、中毒性肝炎，转氨酶增高、肝大、黄疸，但一般恢复较快。由于氨易挥发，刺激性强，当吸入大量高浓度氨气时，也可引起呼吸道灼伤及出现全身中毒症状	经常检修生产设备与管道，防止跑、冒、滴、漏。 液氨钢瓶要注意严密，不要在日光下曝晒；运送、存放时要防止损坏；灌注时要防止接头漏气。 车间空气中氨含量不大于 20 mg/m^3
硫酸	无色、油状、吸收湿气的液体，强酸性。在 30～40℃的空气中发烟而放出三氧化硫。以任意比例溶于水，放出大量热并稍缩小容积。与多数金属作用放出氢，有时放出二氧化硫或硫化氢，或分解出硫	能刺激并腐蚀所有粘膜，引起上呼吸道灼伤及肺部损害，侵蚀牙齿的珐琅质，对皮肤的腐蚀特别厉害	对眼、鼻、喉和肺有刺激性。牙齿长期受到侵蚀，牙齿变黄及珐琅质部分脱落；浓硫酸溅到皮肤上，引起烧伤	加强车间通风，配制酸液注意加水顺序，宜在低温下操作。车间空气中硫酸雾浓度不大于 1 mg/m^3
硝酸	无色、腐蚀性很强的液体；约 -47℃时凝固；86℃时沸腾且分解，约 256℃完全分解为二氧化氮、水和氧。与除镁以外的其他金属作用生成的气体常为一氧化二氮、一氧化氮和氮	放出棕色烟雾，严重腐蚀皮肤和粘膜，对肺组织产生刺激和腐蚀作用，引起肺水肿	低浓度时引起咳嗽，牙齿酸蚀症。高浓度时引起头痛、强烈咳嗽、胸闷等。严重者出现肺气肿，抢救不及时可引起死亡	加强车间通风，操作岗位采用排风罩，废气经净化后排放。车间空气中二氧化氮含量不大于 5 mg/m^3

续表 51-1

类 别	理化特性	危 害 性	危害表现	预防要点
氢氧化钠	俗名苛性钠,烧碱,苛性碱。白色硬而脆的棒状物或非结晶粉状物;很易潮解;强碱性;从空气中吸收二氧化碳,溶于水而放出大量热	对皮肤有强腐蚀性	溅到皮肤上可使组织破坏,有灼热感	车间空气中氢氧化钠含量不大于 2 mg/m³

附　　录[1]

[1] 本附录撰稿人:孟惠娟。

附录1　加工铜及铜合金牌号、标准对比

目前,国际上最具代表性且比较统一的标准有:中国国家标准(GB)、国际标准化组织标准(ISO)、德国工业标准(DIN)、美国材料与试验协会标准(ASTM)、日本工业标准(JIS)、英国标准(BS)、法国标准(NF)、俄罗斯标准(ГОСТ)。

一、加工铜及铜合金牌号的表示方法

(一) 中国国家标准(GB)

中国国家标准(GB340—76)规定,加工铜及铜合金的牌号命名以"铜的种类代号、化学符号后的元素含量或顺序号"表示,其中,铜的种类代号取第一个汉字汉语拼音的第一个大写字母,"T"代表纯铜,"H"代表黄铜,"Q"代表青铜,"B"代表白铜。

加工铜及铜合金牌号的组成如附表1所示。

(二) 国际标准化组织标准(ISO)

国际标准化组织标准(ISO 1190/1—1982)规定,铜及铜合金的牌号用材料的化学成分表示。所有牌号前均应有"ISO"前缀,但是在国际标准或通讯文件中已明显知道是用ISO牌号时,为简便起见可以省略"ISO"。基体元素和主要合金化元素应采用国际化学元素符号,其后加上表示金属特征的字母或表示合金名义成分的数字。

加工铜及铜合金牌号的组成如附表2所示。

附表1　GB340—76标准规定的加工铜及铜合金牌号组成

分　类	牌号组成	示　例
纯　铜	T+顺序号①	例如:T1、T3
纯铜(添加其他元素)	T+添加元素化学符号+顺序号①或添加元素含量②	例如:TP2、TAg0.1
无氧铜	TU+顺序号①	例如:TU1、TU2
普通黄铜(二元)	H+铜含量	例如:H90、H65
复杂黄铜(三元以上)	H+第二主添加元素化学符号+除锌以外的元素含量(数字间以"-"隔开)	例如:HPb89-2、HFe58-1-1、HMn62-3-3-0.7
青　铜	Q+第一主添加元素化学符号+除铜以外的元素含量(数字间以"-"隔开)	例如:QAl5、QSn6.5-0.1、QAl10-4-4
普通白铜(二元)	B+镍(含钴)含量	例如:B5、B30
复杂白铜(三元以上)	B+第二主添加元素符号+除铜以外的元素含量(数字间以"-"隔开)	例如:BZn15-20、BAl6-1.5、BFe30-1-1

① 铜含量随着顺序号的增加而降低。
② 元素含量为名义百分含量(以下同)。

附表 2 ISO1190/1—1982 标准规定的加工铜及铜合金牌号组成

分 类	牌号组成	示 例
纯 铜	Cu－铜类型的大写字母①	例如：Cu-FRHC、Cu-FRTP、Cu-OF
铜合金	Cu＋添加元素化学符号及其含量②	例如：CuZn37Pb1、CuCr1Zr、CuAl10Ni5Fe5

① 字母代号含意：ETP—电解精炼韧铜；FRHC—火法精炼高导电铜；FRTP—火法精炼韧铜；OF—无氧铜；HCP—含磷高导电铜；DLP—低磷脱氧铜；DHP—高磷脱氧铜。

② 元素含量尽量取整数。当元素含量小于 1％时，不标注元素含量。

（三）德国工业标准（DIN）

在德国工业标准（DIN）中，有色金属材料的表示方法有两个体系。一种是以化学元素符号、标记字母和阿拉伯数字组成的牌号；另一种是 7 位数字代号系统。在现行的 DIN 技术标准文件中，两种体系并用，相互对照列出。

1. 以化学元素为基础的牌号表示方法

按 DIN 1700—1954 的规定，加工铜及铜合金的牌号一般由两部分组成：

（1）说明制造方法和应用范围的标记字母。例如：见附表 3 中的纯铜。

（2）直接标明合金成分。例如：见附表 3 中的铜合金。

附表 3 DIN 1700—1954 标准规定的加工铜及铜合金的牌号组成

分 类	牌号组成	示 例
纯 铜	铜类型的字母代号①＋Cu（＋导电率值②）	例如：E-Cu58、SW-Cu、OF-Cu
铜合金	Cu＋添加元素化学符号及其含量③	例如：CuZn37Pb0.5、CuCrZr、CuAl10Ni5Fe4

① 字母代号含意：E—含氧铜；OF—无氧铜；SE—微残余磷脱氧铜；SW—低残余磷脱氧铜；SF—高残余磷脱氧铜。

② 当对材料有导电率要求时，标记出导电率值（$m/\Omega \cdot mm^2$）。

③ 当元素含量小于 1％时，不标注含量数值。

2. 数字代号表示方法

按 DIN 17007—1956 的规定，7 位数字代号的形式如下：

X·XXXX·XX（即：组别号·类别号·附加号）

其中：组别号——共分为 10 大组，铜及铜合金为第 2 组；

类别号——表示具体合金，主要根据材料的化学成分、制备方式编制；

附加号——用以标记诸如熔炼、浇注、热处理的方式及有否加工硬化和外形、表面状况等。

铜及铜合金的具体数字代号如附表 4 所示。

附表 4 DIN 17007—1956 标准规定的加工铜及铜合金牌号组成

分 类	数字代号
纯 铜	2.0000～2.0199
黄 铜	2.0200～2.0449

续附表 4

分 类	数字代号
特殊黄铜	2.0450～2.0599
备 用	2.0600～2.0699
白 铜	2.0700～2.0799
铜-镍合金	2.0800～2.0899
铜-铝合金	2.0900～2.0999
铜-锡合金	2.1000～2.1159
铜-铅合金	2.1160～2.1189
备 用	2.1190～2.1199
铜-银合金	2.1200～2.1229
备 用	2.1230～2.1239
铜-铍合金	2.1240～2.1259
铜-镉合金	2.1260～2.1279
铜-钴合金	2.1280～2.1289
铜-铬合金	2.1290～2.1299
备 用	2.1300～2.1309
铜-铁合金	2.1310～2.1319

续附表 4

分　类	数 字 代 号
铜-镁合金	2.1320～2.1349
铜-锰合金	2.1350～2.1389
含氧铜	2.1390～2.1399
备　用	2.1400～2.1459
铜-磷合金	2.1460～2.1469
铜-钯合金	2.1470～2.1479
铜-铂合金	2.1480～2.1489
备　用	2.1490～2.1499
铜-硒合金	2.1500～2.1509
铜-硅合金	2.1510～2.1539
铜-碲合金	2.1540～2.1549
备　用	2.1550～2.1559
铜-钛合金	2.1560～2.1579
铜-锆合金	2.1580～2.1599
备　用	2.1600～2.1799

(四) 美国材料与试验协会标准(ASTM)

美国 UNS 编号制度(ASTM E527)规定,铜及铜合金均采用 5 位数字作为代号,表示为“C+XXXXX(五位数字)”,其中,加工铜为“C10000～C15999”,加工铜合金为“C16000～C79999”。这种代号系统是在过去 3 位数字代号的基础上,经美国材料与试验协会和美国机动工程师协会共同研究和发展而成的,并成为美国金属与合金统一数字代号制度(UNS)的构成部分。

加工铜及铜合金具体编号情况如附表 5 所示。

附表 5　ASTME527 标准规定的加工铜及铜合金牌号组成

分　类	UNS 编号
铜	C10100～C15815
高铜合金	C16200～C19900
铜-锌合金(黄铜)	C21000～C28000
铜-锌-铅合金(铅黄铜)	C31200～C38500
铜-锌-锡合金(锡黄铜)	C40400～C48600
铜-锡-磷合金(磷青铜)	C50100～C52480
铜-锡-铅-磷合金(含铅磷青铜)	C53400～C54400
铜-磷和铜-银-磷合金(铜焊合金)	C55180～C55284

续附表 5

分　类	UNS 编号
铜-铝合金(铝青铜)	C60800～C64210
铜-硅合金(硅青铜)	C64700～C66100
其他铜-锌合金	C66300～C69710
铜-镍合金	C70100～C72950
铜-镍-锌合金(镍银)	C73500～C79830

(五) 日本工业标准(JIS)

按日本工业标准(JIS)的规定,加工铜及铜合金的牌号用铜的英文 Copper 的首字母 C 加四位数字表示,即:C + XXXX(四位数字)。其表示方法与美国 UNS 编号基本相同(较之少一位数字)。

第一位数字表示合金系列,用 1～9 表示。各数字的含意如下:

1—纯铜、高铜系合金;2—铜锌系合金;3—铜锌铅系合金;4—铜锌锡系合金;5—铜锡系、铜锡铅系合金;6—铜铝系、铜硅系、特殊铜锌系合金;7—铜镍系、铜镍锌系合金;8、9—尚未使用。

铜及铜合金加工产品的代号,是由其牌号和表示产品形状类别与用途的英文字头或缩写字母组成。

常用的表示加工产品形状类别与用途的英文字头或缩写字母如附表 6 所示。

附表 6　JIS 标准规定的加工产品的形状类别与用途的英文字头或缩写字母

缩写字母	类　别	缩写字母	类　别
P	板、条、圆板	TD	拉制无缝管
PC	复合板	TW	焊接管
R	带	TWA	电弧焊接管
BE	挤制棒	S	挤压型材
BD	拉制棒	BR	铆钉材料
BF	锻制棒	FD	模锻件
W	拉制线材	FH	自由锻件
TE	挤制无缝管		

(六) 英国标准(BS)

英国对有色金属牌号没有制定统一的表

示方法标准。从铜、铝、镁、镍等主要材料大类看，只有一些笼统的原则，如加工铜及铜合金的牌号由表示金属或合金的名称、制造方法或产品形状、用途、性能等的英文词首字母和以数字表示的顺序号组成，即“铜类型的字母代号+3位数字顺序号”。

字母代号代表的含意如下：C—纯铜；CA—铝青铜；CB—铍青铜；CC—铬青铜；CN—铜镍合金(白铜)；CS—硅青铜；CZ—黄铜；NS—锌白铜；PB—磷青铜。

顺序号数字本身没有确定含意，仅表示同一系列中不同成分的金属和合金。

（七）法国标准(NF)

法国标准(NFA02-009—1986)规定的加工铜及铜合金牌号，原则上由铜的化学元素符号和表示材料类型的字母代号或主要合金元素的化学符号及其名义含量成分数字组成，其原则与ISO1190/1的表示方法相同。

加工铜及铜合金牌号的组成如附表7所示。

附表7 NFA02-009—1986标准规定的加工铜及铜合金牌号组成

分 类	牌号组成	示 例
纯 铜	Cu-铜类型的大写字母①	例如：Cu-FRHC、Cu-FRPT、Cu-OF
合金化铜	Cu+添加元素化学符号(及其含量②)	例如：CuTeCuAg
铜合金	Cu+添加元素化学符号及其含量③	例如：CuZn37Pb1、CuCr1Zr、CuAl10Ni5Fe5

① 字母代号含意：ETP—电解精炼韧铜；FRHC—火法精炼高导电铜；FRTP—火法精炼韧铜；OF—无氧铜；HCP—含磷高导电铜；DLP—低磷脱氧铜；DHP—高磷脱氧铜。

② 一般不标注元素含量。下列情况应标注元素含量数值：当同一类合金化铜的添加元素含量不同时，为以示区别应标注；当添加元素含量(质量分数)接近1%时，应标注为1。

③ 元素含量小于1%时，不标注元素含量。

（八）俄罗斯标准(ГОСТ)

俄罗斯标准(ГОСТ)中的铜及铜合金牌号，是以“化学元素或产品名称的俄文字母代号、元素含量或顺序号”表示。

加工铜及铜合金牌号的组成如附表8所示。

附表8 ГОСТ标准规定的加工铜及铜合金牌号组成

分 类	牌号组成	示 例
纯 铜	М+顺序号①+铜种类字母②	例如：М1、М0$_{Ъ}$、М1$_{Ъ}$
普通黄铜(二元)	Л+铜含量	例如：Л90、Л80、Л63
复杂黄铜(三元以上)	Л+除锌以外的各个主添加元素俄文字母代号+除锌以外的元素含量(数字间以“-”隔开)	例如：ЛЖМ$_{Ц}$59-1-1、ЛС63-3、ЛО70-1
青 铜	Бр+各个主添加元素俄文字母代号+除铜以外的元素含量(数字间以“-”隔开)	例如：БрОФ6.5-0.15、БрАМ$_{Ц}$9-2、БрАЖН10-4-4
普通白铜	МН+镍(含钴)含量	例如：МН5、МН25
复杂白铜(三元以上)	МН+除镍以外的各个主添加元素俄文字母代号+除铜以外的元素含量(数字间以“-”隔开)	例如：МНЖМ$_{Ц}$10-1-1、МНМ$_{Ц}$40-1.5、МНЦ15-20

① 铜的纯度随着顺序号的增加而提高。当顺序号为0时，铜的纯度随着“0”的个数的增加而提高；顺序号为非0数字时，铜的纯度随着顺序号的增加而降低。

② 字母代号以下标的形式标注。各字母代号的含意：Ъ—无氧铜；Р—低磷脱氧铜；Ф—高磷脱氧铜。

常用的铜及铜合金俄文字母代号如附表9所示。

附表 9　常用的铜及铜合金俄文字母代号

名 称	代 号	名 称	代 号	名 称	代 号
铝	А	镁	Мг	碲	Т
铍	Б	白铜	МН	钛	Т
青铜	Бр	锰	М$_{\text{ц}}$	磷	Ф
铁	Ж	砷	М$_{\text{ш}}$	铬	Х
硅	К	镍	Н	锌	Ц
镉	КЛ	锡	О	锆	Цр
黄铜	Л	铅	С		
铜	М	银	Ср		

二、加工铜及铜合金牌号的对照

在我国加工铜及铜合金牌号中，T1、H59、HNi56-3、HFe58-1-1、HAl67-2.5、HAl66-6-3-2、HAl61-4-3-1、HMn62-3-3-0.7、HMn55-3-1、H85A、QAl9-5-1-1、QBe0.3-1.5、QSi3.5-3-1.5、QMn1.5、QMn2、QZr0.4、QCr0.5-0.2-0.1 共 17 个牌号没有相应国外牌号与之对照。

加工铜及铜合金相应牌号的对照见附表 10 所示。

由于各国使用的加工铜及铜合金类别上基本相近但又不完全一致，本对照表主要依据金属主成分或合金元素成分是否相同或相近而定，而不苛求各元素的含量完全相同，因此，附表 10 所列的各标准牌号是近似的对照，仅供参考。

附表 10　加工铜及铜合金牌号对照

材料名称	牌 号							
	GB	JIS	ASTM	ISO	DIN	BS	NF	ГОСТ
纯　铜	T2	C1100	C11000	Cu-FRHC	E-Cu58	C101/C102	Cu-FRHC	M1
	T3			Cu-FRTP		C104	Cu-FRTP	M2
无氧铜	TU0	C1011	C10100			C110	Cu-OFE	M00$_{\text{ъ}}$
	TU1	C1020						M0$_{\text{ъ}}$
	TU2	C1020	C10200	Cu-OF	OF-Cu	C103	Cu-OF	M1$_{\text{ъ}}$
磷脱氧铜	TP1	C1201	C12000	Cu-DLP	SW-Cu		Cu-DLP	M1$_{\text{Р}}$
	TP2	C1220	C12200	Cu-DHP	SF-Cu	C106	Cu-DHP	M1$_{\text{Ф}}$
银　铜	TAg0.1			CuAg0.1	CuAg0.1			MC0.1
普通黄铜	H96	C2100	C21000	CuZn5	CuZn5	CZ125	CuZn5	Л96
	H90	C2200	C22000	CuZn10	CuZn10	CZ101	CuZn10	Л90
	H85	C2300	C23000	CuZn15	CuZn15	CZ102	CuZn15	Л85
	H80	C2400	C24000	CuZn20	CuZn20	CZ103	CuZn20	Л80
	H70	C2600	C26000	CuZn30	CuZn30	CZ106	CuZn30	Л70
	H68		C26200	CuZn30	CuZn33			Л68
	H65	C2680、C2700	C26800、C27000	CuZn35	CuZn36	CZ107	CuZn33	
	H63	C2720	C27200	CuZn37	CuZn37	CZ108	CuZn36	Л63
	H62	C2800	C27400	CuZn40	CuZn40	CZ109	CuZn40	Л60
镍黄铜	HNi65-5							ЛН65-5
铁黄铜	HFe59-1-1							ЛЖМ$_{\text{ц}}$59-1-1

续附表 10

材料名称	牌号							
	GB	JIS	ASTM	ISO	DIN	BS	NF	ГОСТ
铅黄铜	HPb89-2		C31400					
	HPb66-0.5		C33000					
	HPb63-3	C3560	C35600		CuZn36Pb3			ЛС63-3
	HPb63-0.1				CuZn37Pb0.5			
	HPb62-0.8	C3710	C35000	CuZn37Pb1	CuZn36Pb1.5	CZ123		
	HPb62-3	C3601	C36000	CuZn36Pb3	CuZn36Pb3	CZ124	CuZn36Pb3	
	HPb62-2		C35300	CuZn37Pb2	CuZn38Pb1.5	CZ131	CuZn35Pb2	
	HPb61-1	C3710	C37100	CuZn39Pb1	CuZn39Pb0.5	CZ129	CuZn40Pb	ЛС60-1
	HPb60-2	C3771	C37700	CuZn38Pb2	CuZn39Pb2	CZ128	CuZn38Pb2	ЛС60-2
	HPb59-3	C3561	C38500	CuZn39Pb3	CuZn39Pb3	CZ120	CuZn40Pb3	ЛС59-3
	HPb59-1	C3713	C37710	CuZn39Pb1	CuZn40Pb2	CZ129	CuZn39Pb1.7	ЛС59-1
铝黄铜	HAl77-2	C6870	C68700	CuZn20Al2	CuZn20Al2	CZ110	CuZn22Al2	ЛАМ$_{\text{Ш}}$77-2-0.05
	HAl60-1-1			CuZn39-AlFeMn				ЛАЖ60-1-1
	HAl59-3-2							ЛАН59-3-2
锰黄铜	HMn58-2				CuZn40Mn2			ЛМ$_{\text{Ц}}$58-2
	HMn57-3-1			CuZn37Mn-3Al2Si		CZ135		ЛМ$_{\text{Ц}}$А57-3-1
锡黄铜	HSn90-1		C41100					ЛО90-1
	HSn70-1	C4430	C44300	CuZn28Sn1	CuZn28Sn	CZ111	CuZn29Sn1	ЛОМ$_{\text{Ш}}$70-1-0.05
	HSn62-1	C4621	C46400	CuZn38Sn1	CuZn38Sn	CZ112		ЛО62-1
	HSn60-1			CuZn38Sn1		CZ113	CuZn38Sn1	ЛО60-1
加砷黄铜	H70A		C26130	CuZn30As		CZ105	CuZn30	
	H68A			CuZn30As		CZ126		
硅黄铜	HSi80-3		C69400					ЛК80-3
锡青铜	QSn1.5-0.2		C50500	CuSn2				БрОФ2-0.25
	QSn4-0.3	C5101	C51100	CuSn4	CuSn4	PB101	CuSn4P	БрОФ4-0.25
	QSn4-3			CuSn4Zn2				БрОЦ4-3
	QSn4-4-2.5							БрОЦС4-4-2.5
	QSn4-4-4	C5441	C54400	CuSn4Pb4Zn3			CuSn4Zn4Pb4	БрОЦС4-4-
	QSn6.5-0.1	C5191	C51900	CuSn6	CuSn6	PB103	CuSn6P	БрОФ6.5-0.15

续附表 10

材料名称	牌号							
	GB	JIS	ASTM	ISO	DIN	BS	NF	ГОСТ
锡青铜	QSn6.5-0.4	C5191	C51900	CuSn6	CuSn6	PB103	CuSn6P	БрОФ6.5-0.4
	QSn7-0.2			CuSn8	CuSn8	PB103	CuSn8P	БрОФ7-0.2
	QSn8-0.3	C5210	C52100	CuSnP	CuSn8		CuSn8.5P	БрОФ8.0-0.3
铝青铜	QAl5		C60800	CuAl5	CuAl5As	CA101	CuAl6	БрА5
	QAl7		C61000	CuAl7、CuAl8	CuAl8	CA102	CuAl8	БрА7
	QAl9-2			CuAl9Mn2	CuAl9Mn2			БрАМЦ9-2
	QAl9-4		C62300	CuAl10Fe3	CuAl8Fe3			БрАЖ9-4
	QAl10-3-1.5				CuAl10-Fe3Mn2			БрАЖМЦ10-3-1.5
	QAl10-4-4		C63020			CA104	CuAl10-Ni5Fe4	БрАЖН10-4-4
	QAl10-5-5	C6301	C63280	CuAl10Ni-5Fe4	CuAl10-Ni5Fe4	CA105	CuAl10-Ni5Fe4	БрАЖНМЦ9-4-4-1
	QAl11-6-6				CuAl11-Ni6Fe5		CuAl11-Ni5Fe5	
铍青铜	QBe2	C1720	C17200	CuBe2	CuBe2		CuBe1.9	Бр·Б2
	QBe1.9			CuBe2				Бр·БНТ1.9
	QBe1.9-0.1							Бр·БНТ1Мг
	QBe1.7	C1700	C17000	CuBe1.7	CuBe1.7	CB101	CuBe1.7	Бр·БНТ1.7
	QBe0.6-2.5		C17500	CuCo2Be	CuCo2Be	C112		
	QBe0.4-1.8		C17510	CuNi2Be	CuNi2Be			
硅青铜	QSi3-1		C65500	CuSi3Mn1		CS101		БрКМЦ3-1
	QSi1-3			CuNi2Si			CuNi3Si	БрКН1-3
锰青铜	QMn5							БрМЦ5
锆青铜	QZr0.2		C15000		CuZr			
	QZr0.4							
铬青铜	QCr0.5		C18400	CuCr1		CC101		БрХ1
	QCr0.5-0.2-0.1							
	QCr0.6-0.4-0.05		C18100					
	QCr1		C18200	CuCr1		CC101		БрХ1
镉青铜	QCd1		C16200	CuCd1		C108		БрКД1
镁青铜	QMg0.8				CuMg0.7			
铁青铜	QFe2.5		C19400		CuFe2P			
碲青铜	QTe0.5		C14500	CuTe(P)	CuTeP	C109		(CuTeP)
普通白铜	B0.6							МН0.6
	B5						CuNi5	МН5

续附表 10

材料名称	牌号							
	GB	JIS	ASTM	ISO	DIN	BS	NF	ГОСТ
普通白铜	B19		C71000			CN104	CuNi20	МН19
	B25		C71300	CuNi25	CuNi25	CN105	CuNi25	МН25
	B30					CN106	CuNi30	
铁白铜	BFe5-1.5-0.5		C70400			CN101	CuNi5Fe	МНЖ5-1
	BFe10-1-1	C7060	C70600	CuNi10-Fe1Mn	CuNi10-Fe1Mn	CN102	CuNi10Fe1Mn CuNi10Fe	МНЖМц10-1-1
	BFe30-1-1	C7150	C71500	CuNi30-Mn1Fe	CuNi30-Mn1Fe	CN107	CuNi30Mn1Fe CuNi30FeMn	МНЖМц30-1-1
锰白铜	BMn3-12							МНМц3-12
	BMn40-1.5							МНМц40-1.5
	BMn43-0.5			CuNi44Mn1	CuNi44Mn1		CuNi44Mn	МНМц43-0.5
锌白铜	BZn18-18	C7521	C75200	CuNi18Zn20	CuNi18Zn20	NS106	CuNi18Zn20	МНЦ18-20
	BZn18-26	C7701	C77000	CuNi18Zn27	CuNi18Zn27	NS107		МНЦ18-27
	BZn15-20	C7541	C75400	CuNi15Zn21		NS105		МНЦ15-20
	BZn15-21-1.8	C7941						
	BZn15-24-1.5						CuNi13Zn-23Pb1	
铝白铜	BAl13-3							МНА13-3
	BAl6-1.5							МНА6-1.5

附录2　中国现行铜加工材国家标准目录

GB/T 1527—1997 铜及铜合金拉制管
GB/T 1528—1997 铜及铜合金挤制管
GB/T 1531—1994 铜及铜合金毛细管
GB/T 2040—2002 铜及铜合金板材
GB/T 2044—1980 镉青铜板
GB/T 2045—1980 铬青铜板
GB/T 2046—1980 锰青铜板
GB/T 2047—1980 硅青铜板
GB/T 2049—1980 锡锌铅青铜板
GB/T 2052—1980 锰白铜板
GB/T 2056—1980 铜阳极板
GB/T 2059—2000 铜及铜合金带材
GB/T 2061—2004 散热器散热片专用纯铜及黄铜带箔材
GB/T 2067—1980 锡锌铅青铜带
GB/T 2069—1980 铝白铜(BAl 6-1.5、BAl 13-3)带
GB/T 2529—2005 铜导电板和条
GB/T 2530—1989 照相制板用铜板
GB/T 2531—1981 热交换器固定板用黄铜板
GB/T 2532—2005 散热器水室和主片用黄铜带
GB/T 3114—1994 铜及铜合金扁线
GB/T 3125—1994 白铜线
GB/T 3134—1982 铍青铜线
GB/T 3952—1998 电工用铜线坯
GB/T 4423—1992 铜及铜合金拉制棒
GB/T 5187—1985 纯铜箔
GB/T 5188—1985 黄铜箔
GB/T 5189—1985 青铜箔
GB/T 5190—1985 镍及白铜箔
GB/T 8010—1987 气门嘴用 HPb 63-0.1 铅黄铜管
GB/T 8890—1998 热交换器用铜合金无缝管
GB/T 8891—2000 铜及铜合金散热扁管
GB/T 8892—2005 压力表用铜合金管
GB/T 8893—1988 矩形和方形铜及铜合金波导管
GB/T 8894—1988 圆形铜合金波导管
GB/T 11087—2001 散热器冷却管专用黄铜带
GB/T 11089—1989 专用铅黄铜带
GB/T 11091—2005 电缆用铜带
GB/T 13808—1992 铜及铜合金挤制棒
GB/T 13809—1992 铜及铜合金矩形棒
GB/T 13812—1992 黄铜磨光棒
GB/T 14594—2005 无氧铜板和带
GB/T 14953—1994 纯铜线
GB/T 14954—1994 黄铜线
GB/T 14955—1994 青铜线
GB/T 14956—1994 专用铜及铜合金线
GB/T 15714—1995 焊接管用 H65 黄铜带
GB/T 17791—1999 空调与制冷用无缝铜管
GB/T 17793—1999 一般用途的加工铜及铜合金板带材外形尺寸及允许偏差
GB/T 18033—2000 无缝铜水管和铜气管
GB/T 18813—2002 变压器铜带
GB/T 19447—2004 热交换器用铜及铜合金无缝翅片管
GB/T 19849—2005 电缆用无缝铜管
GB/T 19850—2005 导电用无缝圆形铜管

附录 3 元素周期表

原子序数 → 19 K ← 元素符号
钾 ← 元素名称
原子量 → 39.0983
注＊的是人造元素

族 周期	I_A	II_A	III_B	IV_B	V_B	VI_B	VII_B	Ⅷ			I_B	II_B	III_A	IV_A	V_A	VI_A	VII_A	0	电子层	0族电子数
1	1 H 氢 1.00794(7)																	2 He 氦 4.002602(2)	K	2
2	3 Li 锂 6.941(2)	4 Be 铍 9.012182(3)											5 B 硼 10.811(7)	6 C 碳 12.0107(8)	7 N 氮 14.0067(2)	8 O 氧 15.9994(3)	9 F 氟 18.9984032(5)	10 Ne 氖 20.1797(6)	L K	8 2
3	11 Na 钠 22.989770(2)	12 Mg 镁 24.3050(6)											13 Al 铝 26.981538(2)	14 Si 硅 28.0855(3)	15 P 磷 30.973761(2)	16 S 硫 32.065(5)	17 Cl 氯 35.453(2)	18 Ar 氩 39.948(1)	M L K	8 8 2
4	19 K 钾 39.0983(1)	20 Ca 钙 40.078(4)	21 Sc 钪 44.955910(8)	22 Ti 钛 47.867(1)	23 V 钒 50.9415(1)	24 Cr 铬 51.9961(6)	25 Mn 锰 54.938049(9)	26 Fe 铁 55.845(2)	27 Co 钴 58.933200(9)	28 Ni 镍 58.6934(2)	29 Cu 铜 63.546(3)	30 Zn 锌 65.39(2)	31 Ga 镓 69.723(1)	32 Ge 锗 72.64(1)	33 As 砷 74.92160(2)	34 Se 硒 78.96(3)	35 Br 溴 79.904(1)	36 Kr 氪 83.80(1)	N M L K	8 18 8 2
5	37 Rb 铷 85.4678(3)	38 Sr 锶 87.62(1)	39 Y 钇 88.90585(2)	40 Zr 锆 91.224(2)	41 Nb 铌 92.90638(2)	42 Mo 钼 95.94(1)	43 Tc 锝 (97.99)	44 Ru 钌 101.07(2)	45 Rh 铑 102.90550(2)	46 Pd 钯 106.42(1)	47 Ag 银 107.8682(2)	48 Cd 镉 112.411(8)	49 In 铟 114.818(3)	50 Sn 锡 118.710(7)	51 Sb 锑 121.760(1)	52 Te 碲 127.60(3)	53 I 碘 126.90447(3)	54 Xe 氙 131.293(6)	O N M L K	8 18 18 8 2
6	55 Cs 铯 132.90545(2)	56 Ba 钡 137.327(7)	57—71 La-Lu 镧系	72 Hf 铪 178.49(2)	73 Ta 钽 180.9479(1)	74 W 钨 183.84(1)	75 Re 铼 186.207(1)	76 Os 锇 190.23(3)	77 Ir 铱 192.217(3)	78 Pt 铂 195.078(2)	79 Au 金 196.96655(2)	80 Hg 汞 200.59(2)	81 Tl 铊 204.3833(2)	82 Pb 铅 207.2(1)	83 Bi 铋 208.98038(2)	84 Po 钋 (209,210)	85 At 砹 (210)	86 Rn 氡 (222)	P O N M L K	8 18 32 18 8 2
7	87 Fr 钫 (223)	88 Ra 镭 (226)	89—103 Ac-Lr 锕系	104 Rf 𬬻＊ (261)	105 Db 𬭊＊ (262)	106 Sg 𬭳＊ (263)	107 Bh 𬭛＊ (264)	108 Hs 𬭶＊ (265)	109 Mt 鿏＊ (268)	110 Ds 𫟼＊ (269)	111 Uuu ＊ (272)	112 Uub ＊ (277)								

镧系	57 La 镧 138.9055(2)	58 Ce 铈 140.116(1)	59 Pr 镨 140.90765(2)	60 Nd 钕 144.24(3)	61 Pm 钷＊ (147)	62 Sm 钐 150.36(3)	63 Eu 铕 151.964(1)	64 Gd 钆 157.25(3)	65 Tb 铽 158.92534(2)	66 Dy 镝 162.50(3)	67 Ho 钬 164.93032(2)	68 Er 铒 167.259(3)	69 Tm 铥 168.93421(2)	70 Yb 镱 173.04(3)	71 Lu 镥 174.967(1)
锕系	89 Ac 锕 (227)	90 Th 钍 232.0381(1)	91 Pa 镤 231.03588(2)	92 U 铀 238.02891(3)	93 Np 镎 (237)	94 Pu 钚 (239.244)	95 Am 镅＊ (243)	96 Cm 锔＊ (247)	97 Bk 锫＊ (247)	98 Cf 锎＊ (251)	99 Es 锿＊ (252)	100 Fm 镄＊ (257)	101 Md 钔＊ (258)	102 No 锘＊ (259)	103 Lr 铹＊ (260)

注：1. 原子量录自1999年国际原子量表，以$^{12}C=12$为基准。原子量的末位数的准确度加注在其后括号内。

2. 括号内数据是天然放射性元素较重要的同位素的质量数或人造元素半衰期最长的同位素的质量数。

参考文献

1 重有色金属材料加工手册编写组.重有色金属材料加工手册.北京:冶金工业出版社,1979
2 R.W.卡恩等主编.非铁合金的结构与性能.北京:科学出版社,1999.材料科学与技术丛书
3 虞觉奇等.二元合金状态图集.上海:上海科学技术出版社,1987
4 徐祖耀.金属学原理.上海:上海科学技术出版社,1964
5 林肇琦.有色金属材料学.沈阳:东北工学院出版社,1986
6 唐仁正.物理冶金基础.北京:冶金工业出版社,1997
7 赵祖德等编.铜及铜合金材料手册.北京:科学出版社,1993
8 《中国航空材料手册》编辑委员会.中国航空材料手册第4卷(第2版).北京:中国标准出版社,2002
9 陈北盈等译.铜及铜合金.长沙:中南工业大学出版社,1987
10 刘淑云主编.铜及铜合金热处理.北京:机械工业出版社,1990
11 舟久保,熙康编.形状记忆合金.北京:机械工业出版社,1992
12 杨大智主编.智能材料与智能系统.天津:天津大学出版社,2000
13 陈复民,李国俊,苏德达编著.弹性合金.上海:科学技术出版社,1986
14 朱中华,薛剑峰主编.世界有色金属牌号手册.北京:中国物资出版社,1999
15 李娜娜.铜钴铬硅电极合金的显微组织和性能:[硕士学位论文].长沙:中南大学,2004
16 宋练鹏.高强导电铜合金组织性能研究:[博士学位论文].长沙:中南大学,2004
17 陈存中.有色金属熔炼与铸锭.北京:冶金工业出版社,1988
18 E.G.West著.铜及铜合金.陈北盈等译.长沙:中南工业大学出版社,1987
19 陈新民.火法冶金过程物理化学.北京:冶金工业出版社,1984
20 B.M.丘尔辛.铜合金熔炼:物理及化学与工艺基础.张志超等译.北京:冶金工业出版社,1982
21 洛铜情报室译.铜熔炼的工艺特点(内部资料).1967
22 田口长兵卫,森本纯司.关于铜熔化方法的研究.铸物,1970;(4)
23 都兴海译.关于磷铜中间合金.铸物,1982;(4):48～52
24 戚文炽译.铜基合金的熔炼损失.现代铸造,1968;(2):91～98
25 戚文炽译.熔炼铜合金用的覆盖剂.原苏联发明证书第441318号
26 A.阿查里尼.铜合金的炉内熔炼进程和熔体的处理.史云亮,钱承欣译.铸造实践,1963;(11)
27 田中浩.二次大战后铜及铜合金熔铸的发展.骆渊译.伸铜月报,1981;(3):4～13
28 余怡谷,朱先俊.真空自耗电弧炉二次重熔无氧铜.铜加工,1981;(2):27
29 成重芳昭.熔融铜浇包精炼技术的开发.张庆斌译.伸铜技术研究会志,1998;(37卷):142～146
30 龙闻,陈庆莲.论电工用铜杆质量.铜加工,1992;(4):95～98
31 钟卫佳,肖恩奎.高品质无氧铜的生产.世界有色金属,2003;(9):8～11
32 中野耕作.铜合金的液面形貌-实际观察及其未来.王建军译.金属,42～44
33 肖恩奎.熔铜感应炉技术.中国铜铝加工装备研讨会论文集.北京:中国有色金属加工业协会,2004
34 钱之荣,范广举.耐火材料实用手册.北京:冶金工业出版社,1992
35 潘天明.工频和中频感应炉.北京:冶金工业出版社,1983
36 Г.А.库兹涅佐夫.有色金属熔炼与铸造.北京:重工业出版社,1955
37 唱鹤鸣,杨晓平,张德惠.感应炉熔炼与特种铸造技术.北京:冶金工业出版社,2002
38 翟清海.有芯感应电炉熔沟的近期发展与国内外技术状况.铜加工,1995;(1):15～18
39 郝印成.无芯感应电炉复合炉衬试验总结(内部资料).1963
40 丁永昌,徐曾启.特种熔炼.北京:冶金工业出版社,1995
41 李德富等.真空保护气氛水平连铸技术的研究开发.见:铜加工高新技术文集.北京,2001
42 李济富,沈小宇.铬锆青铜电渣重熔技术.铜加工,1993;(1):104

43 李正邦.电渣熔铸.北京:国防工业出版社,1981
44 川西清和.铜合金熔化自动浇注系统.蔡千华译.富士时报,1990;№5:6~10
45 A.M.卡茨,E.Г.沙杰克.有色金属及合金铸锭连续铸造的热物理基础.刘静安等译.重庆:科学技术文献出版社重庆分社,1989
46 南京工学院铸冶教研组.铸造合金原理.北京:中国工业出版社,1961
47 都兴海译.铸造有色金属及合金用的结晶器. 1969;(9):684~692
48 李庆春.铸件形成理论基础.北京:机械工业出版社,1982
49 轻金属材料加工手册编写组.轻金属材料加工手册(下册).北京:冶金工业出版社,1980
50 竹内胜彦等.铜合金半连续铸造凝固与熔体流动的联合分析.铜加工,2002;(2):3
51 孝云祯,马宏声.有色金属熔炼与铸锭.沈阳:东北大学出版社,1994
52 钟卫佳,肖恩奎.铸锭的结晶组织及压力加工性能.铜加工,2004;(2):2~14
53 肖恩奎.铜锡合金铸件的反偏析.特种铸造及有色合金,1987;(2):6~9
54 大野笃美.等轴晶的生成机构和铸锭凝固组织的控制.铸物,1970;(7)
55 雄谷重夫等.树枝的成长对 Cu-8%Sn 合金逆偏析的影响.铸物,1970;(9)
56 中野耕作,铃木键司,雄谷重夫.凝固条件对锡青铜逆偏析的影响.铸物,1973;(11)
57 中野耕作等.锡青铜的气体吸收与逆偏析.铸物,1973;(10)
58 石飞秀树.铜合金半连续铸造的热力学分析.李名洲译.伸铜技术研究会志,1998:37
59 肖恩奎.铜镍熔铸实践.北京:冶金工业出版社,1976
60 王体鸿.硼砂型保护剂在黄铜半连续铸造中的初步应用.铜加工,1981;(1):31~36
61 陈信德.熔融硼砂在普通黄铜半连铸中的应用.铜加工,1992;(2):163
62 钱淑英译.连续铸造用块状石墨模.美国专利:2946.100
63 李海平译.熔融金属的连续铸造法.日本公开特许:昭 52-136825
64 何宗永.往复移动式结晶器强化黄铜铸造工艺的探讨.铜加工,1984;(4):68~73
65 肖恩奎.锡磷青铜锭的自振式半连续铸造.铜加工,1984;(4):61~67
66 罗永元.现代铜及铜合金带坯水平连铸的发展概况.铜加工,1985;(3):4
67 肖恩奎.铜合金水平连续铸造技术.铜加工(国外考察报告专辑),1986;266~275
68 肖恩奎.我国铜合金带坯水平连铸机的引进与发展.铜加工,1992;(4):74
69 刘相甫.QSn6.5-0.1 水平连铸带坯质量的探讨.铜加工,1992;(4):86~91
70 廖彩堂.铜及铜合金水平连铸浅议.铜加工,1992;(4):92~94
71 稽敬.铜带坯水平连铸用石墨.铜加工,1992;(4):79
72 大野笃美.热顶铸造法.铜加工,1985;(4):59~65
73 大野笃美.采用大野连铸法的新材料开发.李名洲译.轻金属,1989;Vol:39,№10,735~740
74 陈亚爱,丁宝莉.铜合金的电磁铸造.铜加工,1996;(1):81~84
75 龚介衡.电磁铸造原理及在铜合金铸造中应用的探索.铜加工,1995;(3):79
76 E.泰勒.铜合金的电磁铸造.王祝堂译. Journal of Metals.1985;(9):51~53
77 夏光廉译.固定石墨结晶器连铸铜合金棒坯的实际观察.1978.(5):257~263
78 佟庆.铜及铜合金连续铸造时的凝固模型.伸铜技术研究会志,1995;(34):206~212
79 包玉平,陈风宝.垂直连铸在锡青铜管棒材生产中的应用.铜加工,2000;(2):23~26
80 肖恩奎.国外铜及铜合金熔炼与铸造技术考察报告(内部资料).1993
81 宁吉仁.铜锭中的泡沫状气孔.铜加工,1982;(2):10~15
82 马德江.磷脱氧铜 TP2 熔铸工艺研究.铜加工,2000;(1):17
83 张仁荣.减少 HPb59-1 半连续铸造气孔的工艺探讨.铜加工,1991;(3):65~68
84 舒清遥,李灼华.改善 HPb59-1 铅黄铜半连续浇注铸锭裂纹及热轧碎裂的工艺因素的探讨.铜加工,1983;(3):31

85 大福根康夫.70-30铜镍合金熔体流动对其铸锭组织的影响.姜树深译.伸铜技术研究会志,1984;(23):79～86
86 邓楚平.对BFe30-1-1白铜铸锭裂纹的形状的形成机理的金相分析及评述.铜加工,1995;(4):73～76
87 易德兴.B10空心铸锭的水平连续铸造.铜加工,1997;(3):96～100
88 M.H.杰姆钦科.锡青铜管坯水平连铸工艺改进.党守洁译.《Цветные металлы》,1983;(3):81～83
89 郭协取.稀土元素对HPb59-1铅黄铜组织与性能的影响.铜加工,1985;(2):8～14
90 洪旰衡.再论锡青铜板带表面绿色缺陷成因.铜加工,2002;(3):8
91 铸锭质量分析报告(化学、金相、物理及力学性能等检测).洛阳铜加工厂中心试验室(内部资料),1963～2004
92 舒清遥,李灼华.改善HPb59-1铅黄铜半连续浇注铸锭裂纹及热轧碎裂的工艺因素探讨.铜加工,1983;(3)
93 洛阳铜加工厂中心试验室金相组.铜及铜合金金相图谱.北京:冶金工业出版社,1983
94 洪伟.有色金属连铸设备.北京:冶金工业出版社,1987
95 上海铜厂.铜及铜合金水平连续铸造.北京:冶金工业出版社,1974
96 有色金属工业设计总设计师手册编写组.有色金属加工.北京:冶金工业出版社,1989
97 刘瑞,郭明恩.上引连铸法生产铜管坯.铜加工,1996;(1):77～79
98 曲延胜,李金熙.管径ϕ100以上铜管坯上引连铸机的研制开发.铜加工,2000;(2)71
99 袁鸽成.上引法铸造铜杆季节性断裂原因分析.铜加工,1991;(4):62～65
100 石裕.CCR光亮铜杆的主要质量缺陷及其对策.铜加工,1994;(1):57～58
101 前义治.真空熔化加压式上引连续铸造法.金玲译.日本金属学会会报,1988;27(4):275～277
102 余社如.光亮铜杆连铸连轧过程中的主要故障及处理.铜加工,1991;(3):63～65
103 村田谦三.最新的铜线材连铸连轧技术.金属学会学报,1982;(12):980～988
104 长治义裕.浸渍成形工艺.铜加工,1982;(4):9
105 长治义裕.浸渍成形铸造.铜加工,1982;(3):9～14
106 沈英福.采用浸涂成形法生产无氧铜杆.铜加工(国外考察报告专辑),1986
107 东北工学院《有色金属材料加工学》编写组.有色金属材料加工学.沈阳:东北工学院出版社,1977
108 马怀宪主编.金属塑性加工学.北京:冶金工业出版社,1991
109 谢建新,刘静安.金属挤压理论与技术.北京:冶金工业出版社,2002
110 魏军主编.有色金属挤压车间机械设备.北京:冶金工业出版社,1988
111 王树勋,林法禹,魏华光.实用模具设计与制造.北京:国防科技大学出版社,1991
112 徐进,姜先畲,陈再枝,陈景榕.模具钢.北京:冶金工业出版社,2002
113 CRANE ENFIELD金属加工有限公司.有关挤压工艺的改进.专利:1330670,1973
114 [日]武纪等.铬酸、重铬酸钾及苯丙三氮唑对铜及铜合金表面进行预处理的防腐蚀效果.铜加工,1993;(3):26
115 钢铁工程师协会编著.冷轧带钢生产.北京:机械工业出版社,1979;41,319
116 姚若浩.金属加工中的摩擦与润滑.北京:冶金工业出版社,1990
117 中国机械工程学会焊接学会编.焊接手册(第二版).材料的焊接.北京:机械工业出版社,2001.8
118 古列维奇著.有色金属焊接手册.北京:中国铁道出版社,1988
119 Ldenov G M ,Petrov P I. Physical and Thermal Processes during Electron Beam Welding. Materials and Manufacturing Processes, 1999, 14(3)
120 刘方军,王世卿,陈晓风等.大厚度紫铜电子束焊接的研究.中国机械工程,1996;7(3)
121 溶接学会编.溶接便览(改订第三版).丸善株式会社,昭和52年
122 董定元,苏学仕编著.金属管焊接.北京:机械工业出版社,1990
123 美国金属学会编.金属手册(第九版第六卷):焊接、硬钎焊、软钎焊.北京:机械工业出版社,2001
124 曹文斌.薄壁铜管的钎焊.焊接技术,1999;28(5)

125 中国机械工程学会焊接学会编. 焊接手册(第二版), 焊接方法及设备. 北京:机械工业出版社,2001
126 首钢电焊钢管厂等. 高频直缝焊管生产. 北京: 冶金工业出版社, 1982
127 American Society for Metals. Welding, Brazing, and Soldering, Metals Handbook, Nmth Edition Volume6. Ohio: American Society for Metals,1983
128 季世泽. 有色金属线材生产中冷压焊接的运用. 上海有色金属,2000; 21(3)
129 陈适先等. 锻压手册. 北京:机械工业出版社, 2002
130 徐洪烈. 强力旋压技术(第一版).北京:国防工业出版社,1984
131 陈适先等. 强力旋压工艺与设备(第一版). 北京:国防工业出版社,1986
132 王成和等.旋压技术(第一版). 北京: 机械工业出版社,1986
133 刘静安.国外铝加工技术的发展特点与趋势.轻合金加工技术,2000;28:9
134 金其坚.有色加工行业应加快发展连铸技术及现代凝固技术的开发.见:现代有色金属连铸技术文集,北京,1996:136～139
135 谢水生,黄声宏.半固态金属加工技术及其应用.北京:冶金工业出版社,1999
136 谢水生,朱琳.我国有色金属加工可持续性发展的战略与对策的探讨.中国有色金属学会第四届学术年会论文集,2001:274～277
137 Aland O, Bespedal A, Nedredery M, et al. Thin Gauge Twin-roll casting, Process Capabilities and Product Quality[A]. Light Metals[C],1997:745～752
138 Ierre Yves Menet, Robert, Cayol, Jacqaes Moriceau. Pechiney Jumbo 3CNTM: Start-up of the Neaf-Brisach Thin Strip Caster [A]. Light Metals[C]. 1997:753～756
139 黄贞源等.铝合金及其加工手册.长沙:中南大学出版社,2000
140 工艺操作规程.西北铝加工厂(内部资料),1998
141 谢建新.多素材押出し法による中空品の成形加工に关する研究:[博士学位论文].日本:东北大学,1991
142 村上,谢建新,高桥裕男. 多素材押出し法と圆管成形荷重. 塑性と加工,1990;31(351):495～501
143 谢建新,村上,池田圭介,高桥裕男.多素材押出しによる圆管成形における材料流动.塑性と加工,1990;31(351):502～508
144 村上,谢建新,高桥裕男,池田圭介,高久健一. 热间多素材押出し法によるA7475およびA5056パイプの成形.塑性と加工,1992;33(380):1045～1050
145 谢建新,池田圭介,村上.多素材押出し法による铜および铜合金异形中空品の成形. 伸铜技术研究会誌,1995;34:237～243
146 谢建新,村上,池田圭介,山梨涉.热间多素材押出し法による二层パイプの成形. 塑性と加工,1995;36(411):396～401
147 谢建新, 池田圭介, 村上. 铝-铝合金双金属管的多坯料挤压成形. 轻合金加工技术,1996;24(7):25～28
148 谢建新,池田圭介,高桥裕男. 多素材押出しによるクラッド材の成形. 塑性と加工,1993;34(388):538～543
149 沈健, 谢建新, 谢水生. 铝/铜合金复合材料的多坯料挤压成形. 机械工程学报, 1999;35(4): 107～110
150 星野伦彦. 押出し21世纪へ展望. 塑性と加工,1994;35(400):482～485
151 星野伦彦, 木内学. 机械的结合界面形状を采用した二轴接合化押出し. 塑性と加工,1995;36(410):225～230
152 谢建新,左铁镛,陈中春,池田圭介,村上. 新型复合材料成型方法——多坯料挤压法. 材料研究学报(增刊),1995;9:652～658
153 陈中春,谢建新,村上,池田圭介. 粉末多素材押出し法によるジルコニア/ステンレス二层パイプの成

形.塑性と加工,1995;36(416):1003~1008

154 Wenquan Zhang, Jianxin Xie, Zhiguo Yang, et al. Multi-Billet Extrusion of Multi-Layer Composite Pipes Composed of Stainless Steel and Partially Stabilized Zirconia. Materials Science Forum, 2003

155 杨如柏,张胜华等编译.CONFORM连续挤压译文集.长沙:中南工业大学出版社,1989

156 温景林主编.金属挤压与拉拔工艺学.沈阳:东北大学出版社,1996

157 中南工业大学等."软铝加工新工艺新设备的研究"技术鉴定资料(内部资料).1989

158 Merton C Flemings. Behavior of Alloys in the Semisolid State. Metallurgical Transactions, 1990; Vol. 22B: 269~293

159 谢水生,黄声宏.半固态金属加工技术及其应用.北京:冶金工业出版社,1999

160 唐靖林,曾大本.半固态加工技术的发展和应用现状.兵器材料科学与工程,1998;21(3):56~60

161 谢建新主编.材料加工新技术新工艺.北京:北京科技大学,2002

162 谢水生,潘洪平,丁志勇.半固态金属加工技术研究现状与应用.塑性工程学报,2002 ;9(2):1~11

163 郭钧.半固态合金的制备及变形性研究:[硕士学位论文].北京:北京有色金属研究总院,1998

164 张景新.金属半固态加工中的组织及其演变:[硕士学位论文].北京:北京有色金属研究总院, 2000

165 Kenneth P Young. Recent Advances in the Semi-solid Metal(SSM) Cast Aluminium and Magnesium Components. Proceedings of the 4th International Conference on Semi-solid of Alloys and Composites. The University of Sheffield, 1996: 229~233

166 Chiarmetta G. Thixoforming of Automobile Components. Ibid, 204~207

167 Stephen P Midson. The Commercial Status of Semi-solid Casting in the USA. Ibid, 251~255

168 Yang X, Xie S S, Altan T. Semi solid metal casting of aluminium alloys: the influence of shear rate on viscosity, 6th International Conference of Semi-solid Processing of Alloy and Composites, September 27~29th, 2000, Turin (Italy)

169 Xie S S, Ding Z, Guo J, Huang S, Yang X. Deformation behaviour of Al-6.6%Si alloy in the semi-solid aluminium alloy, 6th International Conference of Semi-solid Processing of Alloy and Composites, September 27~29th, 2000. Turin (Italy)

170 Ding Zhiyong, Xie Shuisheng, He Jinyu, Zhu Lin. Application of Semi-solid Aluminium Alloy Components to Automobile Industry. First International Conference Mechanical Engineering, 2000: 20~22

171 罗守靖,田文彤,谢水生,毛卫民.半固态加工技术应用.中国有色金属学报, 2000;10(6): 765

172 崔建忠,路贵民,乐启炽等.液相线半连续铸造——高效、经济的半固态制浆方法.首届中国国际轻金属冶炼加工与装备会议文集, 2002:16~20

173 Fan Z, Ji, Bevis S, Twin M J. Screw Rheomolding——a New Semi-solid Processing Technology

174 Flemings M C, Martins R, Figueredo A M, Yurko J. Efficient Formation of Structures Suitable for Semi-Solid Forming. The 21th international Die Casting Congress, 2001

175 UBE Industries, Ltd.: European Patent EP 0 745 694 Al, Dec. 4, 1996

176 Motegi T, et al. Continuous casting of semisolid Al-Si-Mg alloy. Proc. of the ICAA-6, 1998: 236~297

177 Zhang J X, etal. Semi-Solid Processing of AZ91D Alloy, Proceedings of the 7-th International Conference Semi-Solid Processing of Alloys and Composites, Tsukuba, Japan, 2002: 57~65

178 Apelian D. Semi-Solid Processing Routes and Microstructure Evolution, Proceedings of the 7-th International Conference Semi-Solid Processing of Alloys and Composites, Tsukuba, Japan, 2002: 25~30

179 Kopp R, Shimahara H. State of R & D and Future Trends in Semi-Solid Manufacturing, Proceedings of the 7-th International Conference Semi-Solid Processing of Alloys and Composites, Tsukuba, Japan, 2002: 57~65

180 Kang C G, Seo P K, Park K J. Semi-Solid Die Casting for Automotive Applications: Die Design, Filling Characteristics and Mechanical Properties, Proceedings of the 7-th International Conference Semi-Solid Processing of Alloys and Composites, Tsukuba, Japan, 2002: 67~74

181 Xie Shuisheng, Pan Hongping, Ding Zhiyong. An Experimental Investigation on Thixoforming Property of AlSi7Mg Alloy, Proceedings of the 7-th International Conference Semi-Solid Processing of Alloys and Composites, Tsukuba, Japan, 2002: 95～100
182 Ding Zhiyong, Pan Hongping, Xie Shuisheng. Rigid-Viscoplastic Finite Element Analysis of Semi-Solid Extrusion of AlSi7Mg Alloy, Proceedings of the 7-th International Conference Semi-Solid Processing of Alloys and Composites, Tsukuba, Japan, 2002: 455～460
183 Kang Yonglin, An Lin, Wang Kaikun et al. Experimental Study on Rheoformaing of Semi-Solid Magnesium Alloy, Proceedings of the 7-th International Conference Semi-Solid Processing of Alloys and Composites, Tsukuba, Japan, 2002: 287～292
184 丁志勇.半固态铝合金触变成形的成型特性及数学模型的研究:[博士学位论文].北京:北京有色金属研究总院,2002
185 Yong K P, Boylan J F, Bond B E, Riek R G, Bye R L, Flemings M C. Thixocasting copper-base alloys. Die casting Engineer, 1977; 21(2): 46～52
186 John Cowie G, Edwin F, Brush, Jr, Dale T, Peters, Stephen P, Midson. Materials & Modifications to Die Cast the Copper Conductors of the Induction Motor Rotor, Die Casting, September, 2001: 38～47
187 Cowie J G, Young K P, Brush, Jr E F, Peters D T. Reducing the Cost of Copper Alloy Parts by Semi-Solid Metal Forming, Die Casting, January, 2004: 30～40
188 Bührig Polaczek A, Aguilar J. Materials Development for Semi-Solid-Metal Processing (SSM)[C], Proceeding of the 8th International Conference on Semi-Solid Processing of Alloys and Composites, Limassol, Cyprus, 2004
189 Suichi Motegi, Fumi Tanabe. New Semi-Solid Casting of Copper Alloys Using an Inclined Cooling Plate [C], Proceeding of the 8th International Conference on Semi-Solid Processing of Alloys and Composites, Limassol, Cyprus, 2004
190 陈适先等. 锻压手册. 北京:机械工业出版社, 2002
191 徐洪烈. 强力旋压技术(第 1 版). 北京:国防工业出版社, 1984
192 陈适先等. 强力旋压工艺与设备(第 1 版). 北京: 国防工业出版社,1986
193 王成和等.旋压技术(第 1 版). 北京:机械工业出版社,1986
194 乐颂光,鲁君乐. 再生有色金属生产(第 2 版).长沙:中南工业大学出版社,1994
195 张声流.废杂铜和铜废渣鼓风炉熔炼.上冶科技,1981;4:1～10
196 太田昭夫等.采用鼓风炉熔炼铜渣.矿冶情报,1982;2:24～31
197 Nelemes W S.杂铜鼓风炉.有色冶炼,1984;10:13～18
198 吴德贤等.铜生产技术.重有色冶炼,1982;3:2～3
199 处理再生原料生产粗铜的一些技术发展方向.矿冶情报,1978; 1:57～59
200 田占欣.铜再生原料的综合处理.国外矿冶,1985;1:64～65
201 昆明工学院译.铜提取冶金.北京:冶金工业出版社,1980
202 陈云门.熔铜竖炉初析.有色冶炼,1985;1:50
203 米列尔主编.有色金属加工手册(上册).陈林保,李孝恩等译校.北京:中国工业出版社,1965
204 铁摩辛柯,J.盖尔著.材料力学.北京:科学出版社,1978
205 东北工学院有色金属及合金压力加工教研室编.有色金属及合金板带材生产(上册).北京:冶金工业出版社, 1959
206 赵祖德等.铜及铜合金材料手册.北京:科学出版社,1993
207 姚若浩.金属加工中的摩擦与润滑.北京:冶金工业出版社, 1990
208 汽车散热器翅片用材料及其生产工艺.铜加工,1993;4
209 肖毅平. 铜带用粗轧机选型探讨. 铜加工, 1998; (1): 19

210 吴维治.粗轧机采用大鼓轮卷取的探讨. 铜加工, 1994; (1): 128
211 现代锡磷青铜平面轧材生产方法.铜加工,1991;(4):78
212 赵祖德,姚良均,郭鸿运,彭如清,武恭等编.铜及铜合金材料手册. 北京: 科学出版社, 1993: 108
213 姚若浩. 铜合金加工开裂现象述评(Ⅰ)——QSn6.5-0.1 锡磷青铜的"反偏析"与轧制开裂. 铜加工, 2002; (1): 1
214 徐红. QSn6.5-0.1 锡磷青铜板带材表面裂纹缺陷的剖析和消除方法. 铜加工, 2002; (2): 9
215 余文桢.铜带坯水平连铸机铸造速度与质量关系的初探.铜加工,1992;(4):85
216 廖彩堂.铜及铜合金水平连铸浅议.铜加工,1992;(4):92
217 刘相甫. QSn6.5-0.1 水平连铸带坯质量的探讨. 铜加工, 1992; (4): 86
218 姚若浩.锌白铜材生产中的"中温晶界脆裂"现象及其分析与措施. 铜加工, 2002; (1): 4
219 [日]五十岗廉.引线框架材料.铜加工, 1991, 第1期
220 黄华清.轧钢机械.北京:冶金工业出版社,1980
221 王海文.轧钢机械设计. 北京:机械工业出版社,1983
222 佟明凯主编.重有色金属及其合金板带生产.中国有色金属工业总公司职工教育教材(内部资料),1986
223 史云译自《THE FABRICATOR》.如何提高薄带的剪切质量.铜加工,第65期,1997
224 《重有色金属材料加工手册》编写组.重有色金属材料加工手册(第三、四、五分册).北京:冶金工业出版社,1980
225 王振伦. 铜板带材剪切机列的考察和引进.国外考察报告和技术引进交流资料汇编.铜加工(专辑)
226 刘宝珩主编.轧钢机械设备.北京:冶金工业出版社,1984
227 肖景容,姜奎华主编.锻压工艺学.北京:机械工业出版社,1990
228 中川威雄,阿布邦雄,林丰合著.板料冲压加工.郭青山,杨友志,向英豪译.天津:天津科学技术出版社,1982
229 李应强主编.冶金生产工艺及设备.北京:冶金工业出版社,1999
230 兰利亚.铜板带材轧制生产国外考察报告.国外考察报告和技术引进交流资料汇编.铜加工(专辑)
231 蔡乔方主编.加热炉.北京:冶金工业出版社,1983
232 佟明凯主编.重有色金属及其合金板带生产.中国有色金属工业总公司职工教育教材(内部资料),1986
233 杨乔心,王京海.钟罩式保护性气氛退火炉.铜加工,第16期,1985
234 向觉安,铜及铜合金板带材生产热处理炉及工艺评价,铜加工,第75期,1999
235 牟鸽飞译.法国格里泽公司节能型加热炉.铜加工,第10期,1983
236 洛阳有色金属加工设计研究院.国外有色金属加工材生产工艺与装备的发展现状和动向.有色金属加工科技成果交流资料汇编,1982
237 蒲惠灵,周惠甫.双梁步进式煤气铜坯锭加热炉.有色金属加工科技成果交流资料汇编,1982
238 洛阳有色金属加工设计研究院.铜铝加工工业炉.有色金属加工科技成果交流资料汇编,1982
239 袁宝岐,蔡惕民,袁名炎.加热炉原理与设计.北京:航空工业出版社,1989
240 刘淑云.铜及铜合金热处理.北京:机械工业出版社,1990
241 [美]C.R.布鲁克斯.有色合金的热处理、组织与性能.丁夫等译校.北京:冶金工业出版社,1988
242 张宝昌主编.有色金属及其热处理.西安:西北工业大学出版社,1993
243 钱绍圣.测量不确定度.北京:清华大学出版社,2002
244 标准样品工作导则.GB/T15000.1～15000.5.北京:标准出版社,1994
245 中科院研究生教学丛书.X射线荧光光谱分析.北京:科学出版社,2003
246 中科院研究生教学丛书.21世纪的分析化学.北京:科学出版社,2001
247 徐秋心主编.实用发射光谱分析.成都:四川科学技术出版社,1993
248 分析化学编委会.有色金属职工培训教材——分析化学(上、下).北京:地质出版社,1996
249 有色金属总公司教材编审办.有色重金属及合金的熔炼与浇铸(内部资料),1985

250 《有色金属标准化基础知识读本》(内部资料).2002
251 金属材料物理性能手册(1).北京:冶金工业出版社,1987
252 曹明盛主编.物理冶金基础.北京:冶金工业出版社,1985
253 金属机械性能实验方法.北京:机械工业出版社,1988
254 束德林.金属力学性能(第2版).北京:机械工业出版社,1999
255 胡天明.超声探伤.武汉:武汉测绘科技大学出版社,1994
256 《超声波探伤》编写组编著.超声波探伤.北京:电力工业出版社,1980
257 任吉林.电磁无损检测.北京:航空工业出版社,1989
258 (日)无损检测学会编.射线探伤.李衍译.北京:机械工业出版社,1988
259 周大应.渗透检验.北京:机械工业出版社,1986
260 袁桐."十五"电子信息基础产品发展思路与电子材料.电子工业用铜合金材料研讨推广会论文集,北京,2002
261 谢水生,李彦利.引线框架材料发展的趋势.电子工业用铜合金材料研讨推广会论文集,北京,2002
262 曹育文,马莒生,唐祥云等.中国铜合金引线框架材料的现状与发展.功能材料,1998;10:714~718
263 赵冬梅,董企铭,刘平等.铜合金引线框架材料的发展.材料导报,2001;15(5):18~20
264 钟卫佳,娄花芬等.新一代大规模集成电路引线框架材料研制开发.国家级火炬计划可行性研究报告(内部资料),2002
265 程镇康.关于引线框架铜带研制开发.电子工业用铜合金材料研讨推广会论文集,北京,2002
266 郑雁军等.高强高导的研究现状及展望.材料导报,1997,11(6):52~55
267 李智成,朱正平.常用电子金属材料手册.北京:中国物资出版社,1994
268 尹志民,高培庆,汪明朴等.中国发明专利(99101884.9),1999
269 温宏权等.高速列车用新型铜合金接触线.材料导报,1998,1(2):25
270 Batra I S, Dey G K. Microstructure and Properties of CuCrZr alloy. Journal of Nucleaear Materials, 2000 (299):91~100
271 张晓辉,李永年等.高强度、高导电性CuAg合金的研究进展.贵金属,2001;3(1):47
272 左孝青,王吉坤等.有色金属矿产资源的开发及加工技术(加工部分).昆明:云南科技出版社,2000
273 Liu P, Kang B X, Cao X G. Interaction of precipitation and recrystallization in rapidly solidified alloy. Acta Metallargica Sinica, 1999, 12(3):273~277
274 孙世清等.高强高导铜基复合材料.河北科技大学学报,2000;21(1):20
275 Naotsugu Inakazu. Behavior of pricipitation and recrystallization affect upon texture of Cu-Cr-Zr-alloy. Journal of the Japan Copper and Brass Research Association, 1993, 32:115~121
276 佐佐木元,阿部元,西山进一等.半导体リードフレーム用铜合金C151[J].伸铜技术研究会誌,1987;26:1187~1192
277 Motohisa Miyafuji. High-strength and high-conductivity alloy of KLF201. Journal of the Japan Copper and Brass Research Association, 1988, 27:93~98
278 Motohisa Miyafuji. Development trends in new copper alloy for lead-frame. Journal of the Japan Copper and Brass Research Association, 1990; 29:18~21
279 刘平,曹兴国,康布熙等.快速凝固Cu-Cr-Zr-Mg合金时效析出与再结晶的交互作用及其对性能的影响.功能材料,2000;(2):32~36
280 W.K.赫奈康著.金属塑性变形(下).重庆:重庆大学出版社,1989
281 堀茂德,藤谷涉,董志力等.Cu-Cr-Zr合金の加工热处理.伸铜技术研究会誌,1990;29:160~168
282 铃木竹四,桑原万平,神原直男等.Cu-Ni-Si系铜合金における热处理と诸特性.伸铜技术研究会誌,1999;38:291~297
283 小仓哲造.Cu-Ni-Si系合金中の微量元素による耐应力缓和特性の向上.伸铜技术研究会誌,1999;38:

274～279
284 水野正隆，逸见义男，小仓哲造等. Cu-Ni-Si 系合金のMg 添加に伴う组织と特性の变化. 伸铜技术研究会誌，1999；38：291～297
285 山本佳纪，佐佐木元等. 高强度引线框架材料 HCl305 合金研发. 伸铜技术研究会誌，1999；38：204～209
286 中国机械工程学会铸造专业学会. 铸造手册(第 3 卷　铸造非铁合金). 北京：机械工业出版社，1994
287 黄福祥，马莒生. 引线框架铜氧化特性的研究现状. 功能材料，2002；33
288 陈树川. 材料物理性能. 上海：上海交通大学出版社，1999
289 施保球，张政林. 集成电路塑封中引线框架使用要求. 电子工业用铜合金材料研讨推广会论文集，北京，2002
290 兰利亚. 高精铜带板型及残余应力控制. 铜合金加工高技术论文集，北京，2000
291 赵冬梅，董企铭，刘平等. 超高强度 Cu-Ni-Si 合金时效过程研究. 材料热处理学报，2002；23(2)：20～23
292 卫英慧，黄源，王笑天. Cu-Ti 合金时效早期相变规律的研究. 金属热处理学报，1997；18(2)：9～13
293 郭可信，叶恒强，吴玉琨. 电子衍射图在晶体学中的应用. 北京：科学出版社，1989
294 李耀群，易茵菲. 现代铜盘管生产技术. 北京：冶金工业出版社，2005
295 李耀群，钱俏鹂. 铜水(气)管及管接件生产、使用技术. 北京：冶金工业出版社，2006